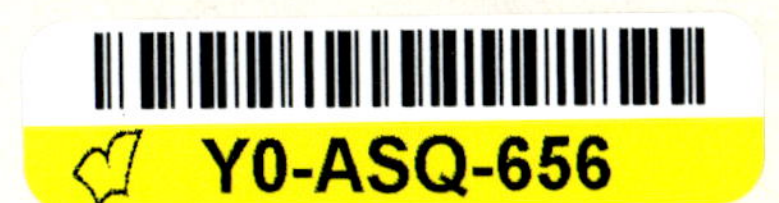

# ENERGY STATISTICS
# STATISTIQUES DE L'ÉNERGIE

## 1971/1981

**INTERNATIONAL ENERGY AGENCY**
**AGENCE INTERNATIONALE DE L'ÉNERGIE**

**ORGANISATION FOR ECONOMIC CO-OPERATION AND DEVELOPMENT**
**ORGANISATION DE COOPÉRATION ET DE DÉVELOPPEMENT ÉCONOMIQUES**

**PARIS 1983**

**INTERNATIONAL ENERGY AGENCY**

2, RUE ANDRÉ-PASCAL 75775 PARIS CEDEX 16, FRANCE

The International Energy Agency (IEA) is an autonomous body which was established in November 1974 within the framework of the Organisation for Economic Co-operation and Development (OECD) to implement an International Energy Program.

It carries out a comprehensive programme of energy co-operation among twenty-one* of the OECD's twenty-four Member countries. The basic aims of IEA are:

*i)* co-operation among IEA Participating Countries to reduce excessive dependence on oil through energy conservation, development of alternative energy sources and energy research and development;

*ii)* an information system on the international oil market as well as consultation with oil companies;

*iii)* co-operation with oil producing and other oil consuming countries with a view to developing a stable international energy trade as well as the rational management and use of world energy resources in the interest of all countries;

*iv)* a plan to prepare Participating Countries against the risk of a major disruption of oil supplies and to share available oil in the event of an emergency.

**IEA Member countries: Australia, Austria, Belgium, Canada, Denmark, Germany, Greece, Ireland, Italy, Japan, Luxembourg, Netherlands, New Zealand, Norway, Portugal, Spain, Sweden, Switzerland, Turkey, United Kingdom, United States.*

Pursuant to article 1 of the Convention signed in Paris on 14th December, 1960, and which came into force on 30th September, 1961, the Organisation for Economic Co-operation and Development (OECD) shall promote policies designed:

- to achieve the highest sustainable economic growth and employment and a rising standard of living in Member countries, while maintaining financial stability, and thus to contribute to the development of the world economy;
- to contribute to sound economic expansion in Member as well as non-member countries in the process of economic development; and
- to contribute to the expansion of world trade on a multilateral, non-discriminatory basis in accordance with international obligations.

The Signatories of the Convention on the OECD are Austria, Belgium, Canada, Denmark, France, the Federal Republic of Germany, Greece, Iceland, Ireland, Italy, Luxembourg, the Netherlands, Norway, Portugal, Spain, Sweden, Switzerland, Turkey, the United Kingdom and the United States. The following countries acceded subsequently to this Convention (the dates are those on which the instruments of accession were deposited): Japan (28th April, 1964), Finland (28th January, 1969), Australia (7th June, 1971) and New Zealand (29th May, 1973).

The Socialist Federal Republic of Yugoslavia takes part in certain work of the OECD (agreement of 28th October, 1961).

## AGENCE INTERNATIONALE DE L'ÉNERGIE

2, RUE ANDRÉ-PASCAL 75775 PARIS CEDEX 16, FRANCE

L'Agence Internationale de l'Énergie (AIE) est un organe autonome institué en novembre 1974 dans le cadre de l'Organisation de Coopération et de Développement Économiques (OCDE) afin de définir une politique internationale de l'énergie.

Elle met en œuvre un programme général de coopération à long terme entre vingt-et-un* des vingt-quatre pays Membres de l'OCDE. Les objectifs fondamentaux de l'AIE sont les suivants :

*i)* réaliser une coopération entre les pays participants de l'AIE, en vue de réduire leur dépendance excessive à l'égard du pétrole grâce à des économies d'énergie, le développement de sources d'énergie de remplacement, ainsi que la recherche et le développement dans le domaine de l'énergie ;

*ii)* l'établissement d'un système d'information sur le marché international du pétrole, ainsi que des consultations avec les compagnies pétrolières ;

*iii)* une coopération avec les pays producteurs de pétrole et les autres pays consommateurs de pétrole en vue de développer un commerce international stable de l'énergie et de réaliser une gestion et une utilisation rationnelle des ressources énergétiques dans le monde, dans l'intérêt de tous les pays ;

*iv)* l'élaboration d'un plan destiné à préparer les pays participants à l'éventualité d'un bouleversement important des approvisionnements pétroliers et de partager le pétrole disponible en cas de crise.

**Pays Membres de l'AIE : Allemagne, Australie, Autriche, Belgique, Canada, Danemark, Espagne, États-Unis, Grèce, Irlande, Italie, Japon, Luxembourg, Norvège, Nouvelle-Zélande, Pays-Bas, Portugal, Royaume-Uni, Suède, Suisse et Turquie.*

En vertu de l'article 1er de la Convention signée le 14 décembre 1960, à Paris, et entrée en vigueur le 30 septembre 1961, l'Organisation de Coopération et de Développement Économiques (OCDE) a pour objectif de promouvoir des politiques visant :

- à réaliser la plus forte expansion de l'économie et de l'emploi et une progression du niveau de vie dans les pays Membres, tout en maintenant la stabilité financière, et à contribuer ainsi au développement de l'économie mondiale ;
- à contribuer à une saine expansion économique dans les pays Membres, ainsi que non membres, en voie de développement économique ;
- à contribuer à l'expansion du commerce mondial sur une base multilatérale et non discriminatoire conformément aux obligations internationales.

Les signataires de la Convention relative à l'OCDE sont : la République Fédérale d'Allemagne, l'Autriche, la Belgique, le Canada, le Danemark, l'Espagne, les Etats-Unis, la France, la Grèce, l'Irlande, l'Islande, l'Italie, le Luxembourg, la Norvège, les Pays-Bas, le Portugal, le Royaume-Uni, la Suède, la Suisse et la Turquie. Les pays suivants ont adhéré ultérieurement à cette Convention (les dates sont celles du dépôt des instruments d'adhésion) : le Japon (28 avril 1964), la Finlande (28 janvier 1969), l'Australie (7 juin 1971) et la Nouvelle-Zélande (29 mai 1973).

La République socialiste fédérative de Yougoslavie prend part à certains travaux de l'OCDE (accord du 28 octobre 1961).

# TABLE OF CONTENTS


Introduction . . . . . . . . . . . . . . . . . . VII
General notes . . . . . . . . . . . . . . . . . . VIII

Notes regarding each source of energy . . XII

Notes relating to individual countries . . . XVII

Geographical notes . . . . . . . . . . . . XVII


## Annual tables (1971-1981)


OECD – Total . . . . . . . . . . . . . . . . . 2
OECD – North America . . . . . . . . . . . 24
OECD – Europe . . . . . . . . . . . . . . . 46
European Economic Community . . . . . . 68
International Energy Agency . . . . . . . 90
Canada . . . . . . . . . . . . . . . . . . . 112
United States . . . . . . . . . . . . . . . 134
Japan . . . . . . . . . . . . . . . . . . . 156
Australia . . . . . . . . . . . . . . . . . 178
New Zealand . . . . . . . . . . . . . . . 200
Austria . . . . . . . . . . . . . . . . . . 222
Belgium . . . . . . . . . . . . . . . . . . 244
Denmark . . . . . . . . . . . . . . . . . 266
Finland . . . . . . . . . . . . . . . . . . 288
France . . . . . . . . . . . . . . . . . . 310
Germany . . . . . . . . . . . . . . . . . 332
Greece . . . . . . . . . . . . . . . . . . 354
Iceland . . . . . . . . . . . . . . . . . . 376
Ireland . . . . . . . . . . . . . . . . . . 398
Italy . . . . . . . . . . . . . . . . . . . 420
Luxembourg . . . . . . . . . . . . . . . 442
Netherlands . . . . . . . . . . . . . . . 464
Norway . . . . . . . . . . . . . . . . . . 486
Portugal . . . . . . . . . . . . . . . . . 508
Spain . . . . . . . . . . . . . . . . . . . 530
Sweden . . . . . . . . . . . . . . . . . . 552
Switzerland . . . . . . . . . . . . . . . 574
Turkey . . . . . . . . . . . . . . . . . . 596
United Kingdom . . . . . . . . . . . . . 618


# TABLE DES MATIÈRES


Introduction . . . . . . . . . . . . . . . . . . XIX
Notes générales . . . . . . . . . . . . . . . . XX

Notes relatives à chaque source d'énergie XXIV

Notes particulières relatives à certains pays . . . . . . . . . . . . . . . . . . . . XXX

Couverture géographique . . . . . . . . . XXX


## Tableaux annuels (1971-1981)


OCDE – Total . . . . . . . . . . . . . . . . . 2
OCDE – Amérique du Nord . . . . . . . . 24
OCDE – Europe . . . . . . . . . . . . . . . 46
Communauté Économique Européenne . . 68
Agence Internationale de l'Énergie . . . . 90
Canada . . . . . . . . . . . . . . . . . . . 112
États-Unis . . . . . . . . . . . . . . . . . 134
Japon . . . . . . . . . . . . . . . . . . . 156
Australie . . . . . . . . . . . . . . . . . 178
Nouvelle-Zélande . . . . . . . . . . . . . 200
Autriche . . . . . . . . . . . . . . . . . . 222
Belgique . . . . . . . . . . . . . . . . . . 244
Danemark . . . . . . . . . . . . . . . . . 266
Finlande . . . . . . . . . . . . . . . . . . 248
France . . . . . . . . . . . . . . . . . . 310
Allemagne . . . . . . . . . . . . . . . . 332
Grèce . . . . . . . . . . . . . . . . . . . 354
Islande . . . . . . . . . . . . . . . . . . 376
Irlande . . . . . . . . . . . . . . . . . . 339
Italie . . . . . . . . . . . . . . . . . . . 420
Luxembourg . . . . . . . . . . . . . . . 442
Pays-Bas . . . . . . . . . . . . . . . . . 464
Norvège . . . . . . . . . . . . . . . . . . 486
Portugal . . . . . . . . . . . . . . . . . 508
Espagne . . . . . . . . . . . . . . . . . . 530
Suède . . . . . . . . . . . . . . . . . . . 552
Suisse . . . . . . . . . . . . . . . . . . . 574
Turquie . . . . . . . . . . . . . . . . . . 596
Royaume-Uni . . . . . . . . . . . . . . . 618

# INTRODUCTION

This publication is intended mainly for those involved in analytical and policy work related to international energy issues. It provides detailed statistics on production, trade and consumption for each source of energy in all OECD countries.

The data are presented in balances for individual energy sectors for each OECD country expressed in original units. All years from 1971 to 1981 are covered and aggregates are provided for OECD Total, IEA Total, OECD Europe, the European Economic Community and North America. A companion volume – *Energy Balances of OECD Countries, 1971-1981* – presents corresponding data in comprehensive balances expressed in a common unit [metric tons of oil equivalent (toe) with 1 toe = $10^7$Kcal].

Most data have been taken from questionnaires completed by Member Countries. Occasionally, data have been taken from national statistical publications or other reliable sources.

While every effort is made to ensure the accuracy of the data, quality is not homogeneous throughout the publication. Individual country notes provide some guidance in this respect. In general, data are likely to be more accurate for production, trade and total consumption than for individual sectors in final consumption which often need to be estimated by administrations.

In earlier volumes crude oil, refinery feedstocks and NGL have been listed under crude oil. From 1979 these three energy sources have been split. As a result, the tables are presented in two versions: the first version covers 1971-1978 and shows crude oil, feedstocks and NGL under the same column, while the second version separates the three for the years 1979-1981.

Readers requiring additional information on the publication are invited to contact the Head of Division, Energy Statistics, OECD, Combined Energy Staff, 2, rue André-Pascal, 75016 Paris.

# A. GENERAL NOTES

The tables include all "commercial" sources of energy, both primary (hard coal, brown coal/lignite, natural gas, crude oil and hydro-electric, geothermal and nuclear power) and secondary (coal products, manufactured gases petroleum products and electricity). No data are given for "non-commercial" sources such as peat and wood. Estimates for these are given in the companion volume *Energy Balances of OECD Countries, 1971-1981.*

Each table is divided into three main parts; the first shows supply elements and total requirements; the second gives the "transformation" and "energy" sectors; the third shows "final consumption" broken down into the various end-use sectors.

## I. SUPPLY AND REQUIREMENTS

The first part of the basic energy balance, shows the following elements of supply and total requirements:

| | |
|---|---|
| | Production |
| + | From other sources |
| + | Imports |
| − | Exports |
| − | Marine Bunkers |
| ± | Change in stocks |
| = | Domestic supply |
| + | Returns to supply |
| ± | Transfers |
| = | Domestic availability |

### 1. *Production*

"Production" refers to the quantities of fuels extracted or produced, calculated after any operation for removal of inert matter or impurities (e.g. sulphur from natural gas).

### 2. *From Other Sources*

All products of origin other than explicitly defined primary energy sources are listed under "From Other Sources" (e.g. alcohol used to substitute oil products, synthetic coal, shale oil, etc.). For petroleum products, this row also covers primary product receipts (primary combustibles directly used as derived products, e.g., natural gasoline used for transport purposes).

### 3. *Imports and Exports*

"Imports and exports" comprise the amount of fuels obtained from or supplied to other countries, whether or not there is an economic or customs union between the relevant countries. In principle, the amount of fuels in transit is not included, except for petroleum products and crude oil processed for other countries.

### 4. *International Marine Bunkers*

"International marine bunkers" covers the quantities of fuels delivered to sea-going ships of all flags, including warships and fishing vessels. Consumption by ships engaged in transport in inland and coastal waters is not included.

5. *Change in Stocks*

"Changes in stocks" reflect pithead stocks of coal, oil stocks such as those held by refineries and importers and large users in some countries mainly in power plants, and bulk storage of natural gas. Oil and gas stock changes in pipelines are not taken into account. With the exception of the large users mentioned above, changes in final users' stocks are not taken into account.

In the computation of consumption, stock drawdowns shown in the tables as positive numbers are added and stock increases deducted from the supply elements.

6. *Domestic Supply*

"Domestic supply" is defined as production plus supply from other sources, plus imports, minus exports, minus international marine bunkers and minus plus stock changes. "Domestic supply" is to be distinguished from "Domestic availability" (see para. 9 below).

7. *Returns to Supply*

"Returns to supply" refer to any fuel by-products resulting from processes outside the energy/transformation sectors. This covers petroleum products from the chemical and petrochemical industry returned to refineries or delivered to direct use, e.g. motor gasoline which is produced during the process of using naphtha to produce chemicals for plastics.

8. *Transfers*

This heading comprises "Interproduct transfers" and "Products transferred".

"Interproduct transfers" comprise finished petroleum products which are reclassifed or used for blending purposes, e.g. when aviation kerosene is stored for a long period it may deteriorate, causing it to be classified and sold as kerosene for heating or other purposes. The net effect of "Interproduct transfers" is zero.

"Products transferred" are fisnished products which have been reclassified and returned for use in the refineries.

9. *Domestic Availability*

"Domestic availability" includes both the new fuels of "recycled" fuels wich are covered in "returns to supply" and "transfers".

10. *Statistical differences*

The data for components of domestic availability are collected through surveys of the energy sector on deliveries made and through foreign trade statistics. In principle, the resulting figure for domestic availability should be equal to the sum of deliveries received as reported in other surveys by the energy sector and by all final consumption sectors. Owing to technical problems (concepts, coverage, timing, definitions) the results of the two groups of surveys do not match. This is expressed in the row "statistical differences".

The definition of stock changes mentioned above may also introduce a statistical difference. With consumption being defined as deliveries, stock changes as a supply component should be limited to stocks which are not held by consumers. However, as pointed out in 5, changes of large consumer stocks are part of the stock changes shown. This conceptual discrepancy contributes to statistical differences. For reasons inherent in national data systems, discrepancies cannot be avoided for the time being.

## II. TRANSFORMATION AND ENERGY SECTORS

The "transformation sector" comprises the conversion of primary fuels to secondary and any further transformation of secondary fuels e.g. coal to coke, crude to petroleum products, heavy fuel to electricity.

The "energy sector" comprises the amount of fuels used by energy industries in the transformation process (e.g. fuels used for lighting and space heating). It also includes fuels used in the extraction process, but not flared gas. Losses in transporting gas by pipeline and electricity by transmission line and electricity used in pumped storage are included.

The following categories are distinguished in the "transformation" and "energy" sectors:

*Transformation Sector*

- For solid fuels (covering the sub-sectors: patent fuel plants, coke ovens and BKB plants
- For gases (covering the sub-sectors: gas works, blast furnace gas and producer gas)
- Petroleum refineries
- Thermo electric plants (public service and autoproducers).

*Note:* non-specified energy consumed in this sector is included in the total, but not shown separately in the publication.

ENERGY SECTOR

- Coal mines (hard coal and brown coal)
- Oil and gas extraction
- Petroleum refineries
- Electric plants
- Distribution losses
- Pumped storage (electricity)
- Other energy sector (including patent fuel plants, coke ovens, gas works, BKB and coke plants as well as the non-specified energy sector use).

## III. FINAL CONSUMPTION

The term "final consumption" (equal to the sum of end use sector consumption) implies that energy used in the energy production and transformation sectors is excluded. Final consumption reflects for the most part deliveries to consumers (see note on stock changes above).

INDUSTRY SECTOR

Consumption of the "Industry Sector" is specified in the following subsectors (energy used for transport by industry is not included here but reported under transport):

- Iron and steel industry [ISIC No. 371][1]
- Chemical industry (excluding petrochemical industry) [ISIC Nos. 352, 355, 356 and part of ISIC No. 351, 354]
- Petrochemical industry. This is that part of the chemical industry not included above. It comprises processes such as steam cracking, catalytic reforming, refinery catalytic cracking, producing ethylene, propylene, butylene, synthesis gas, aromatics, butadiene and other hydrocarbon based raw materials. [Part of ISIC No. 351].

*Note:* When the split between chemical and petrochemical industry is not possible the chemical industry data covers both. The chemical and petrochemical industry includes energy used both as feedstocks and fuels.

- Non-ferrous metals basic industries [ISIC No. 372]
- Non-metallic mineral products such as glass, ceramic, cement and other building materials industries [ISIC No. 36]
- Transport equipment [ISIC No. 384]

1. International Standard Industrial Classification of All Economic Activities, Series M, No. 4/Rev. 2 United Nations, New York 1968.

- Machinery. Fabricated metal products, machinery and equipment other than transportation equipment [ISIC No. 38, less No. 384]
- Mining (excluding fuels) and quarrying [ISIC No. 23 and No. 29]
- Food processing, beverages and tobacco [ISIC No. 31]
- Pulp, paper and printing [ISIC No. 34]
- Wood and wood products (other than pulp and paper) [ISIC No. 33]
- Construction [ISIC No. 50]
- Textiles and leather [ISIC No. 32]
- Non-specified (any manufacturing industry not included in 1-13 above)
- Non energy use.

In this publication, non-energy use has been separated into two groups:

- non-energy use of 'energy products' (this category covers all energy sources, including naphtha, except petroleum products listed below in the Basic Energy Statistics.
- non-energy use of 'non-energy' petroleum products (white spirit, paraffin waxes, petroleum coke, lubricants, bitumen and other petroleum products).

The non-energy use of the first group has already been accounted for in industry sector under chemical or petrochemical industry. To avoid double counting this row appears as a memo-item, not added to total industry.

The second group is not included in the detail of consumption by industry but is included in total industry. It is assumed that the use of the non-energy products is exclusively non-energy use. In practice, however, some of these products may be used for energy purposes.

## TRANSPORT SECTOR

Consumption of the "Transport sector" covers all transport activity regardless of sector, and is specified in the following sub-sectors:

- Air Transport (international and domestic)
- Road Transport
- Railways
- Internal and coastal navigation

*Note:* Non-specified energy consumed in this sector is included in the total but not shown separately in the publication.

## OTHER SECTORS

- Commercial: All activities coming into ISIC categories 6, 719, 8 and 95.
- Public services: All activities coming into ISIC categories 4103, 42, 72, 91, 92, 93, 94 and 96.
- Residential: All consumption by households, no specific item in ISIC.
- Agriculture: Defined as all deliveries to users classified as agriculture, hunting and forestry by the ISIC, and therefore includes oil consumed by such users whether for traction (excluding agricultural highway use) power, or heating (agricultural and domestic). ISIC Nos. 11 and 12.

*Note:* Non-specified energy (all activities not included elsewhere e.g. military) consumed in this sector is included in the total but not shown separately in the publication.

# B. NOTES REGARDING EACH SOURCE OF ENERGY

## SOLID FUELS

### 1. *Hard Coal*

Hard coal refers to coal of gross calorific value greater than 5,700 Kcal/Kg (23,865 kilojoules) on an ash-free but moist basis. Hard coal comprises coking coal, other bituminous coal and anthracite (note that sub-bituminous coal is included in hard coal for USA, New Zealand and Australia reflecting the availability of historical data and the calorific value for this type of coal which comes very close to the range defined above).

- The tonnages shown are not adjusted to reflect differences in quality and calorific value for the various types of coal.
- The heading "coal mines" refers only to coal which is used directly within the coal industry. It excludes coal burned in pithead power stations (included under "transformation" – thermo-electric plants) and free allocations to miners and their families (considered as part of household consumption and therefore included under "other sectors").

### 2. *Patent Fuel*

Patent fuel is a composition fuel manufactured from coal fines with a binding agent such as pitch.

The amount of patent fuel produced is, therefore, slightly higher than the actual amount of coal consumed in the transformation process.

The heading "Other energy sector" refers to patent fuels partially consumed in the course of their own production.

### 3. *Coke Oven Coke*

Coke oven coke is the solid product obtained after coal has been carbonized at a high temperature.

Also included is semi-coke, a solid product obtained from the carbonization of coal at a low temperature.

Under the "transformation" sector, the following regarding the production of blast furnace gas should be noted: blast furnace gas is produced during the combustion of coke burnt in blast furnaces. This blast furnace gas is recovered and used as a fuel for various purposes. Therefore, part of the coke burned in blast furnaces is converted into another kind of fuel which is included under "consumption for transformation". In order to do this, blast furnace gas output figures have been converted into their coke equivalent (based on a calorific value of 6,700 Kcal/kg of coke).

The heading "Other energy sector" represents consumption at the coking plants themselves.

Consumption in the iron and steel industry does not include coke converted into blast furnace gas. To obtain the total consumption of coke oven coke in the iron and steel industry, the quantities converted into blast furnace gas have to be added (these are shown under "transformation", for gases.)

### 4. *Gas Coke*

Gas coke is a by-product of the coal used for the production of manufactured or town gas in gas works. "Other energy sector" data represent consumption of gas coke at the gasworks themselves.

### 5. *Brown Coal-Lignite*

Brown coal is a non-agglomerating coal with a gross calorific value of less than 5,700 Kcal/kg on an ash-free but moist basis, and greater than 31% volatile matter on a dry mineral matter free basis. (Sub-bituminous coal is included in this category but see exceptions listed in para. 1 "Hard coal" above).

Data in the table refer to brown coal and pitch coal. Weights are not adjusted to account for the different qualities and calorific values of the various brown coal categories.

The heading "coal mines" in the energy sector, refers only to brown coal used as a direct source of energy in the mines. This heading does not include the amount of fuel used in the industry's own power plants (included under "transformation" – thermo-electric plant) or free allocations to miners and their families (regarded as household consumption and thus included under "other sectors").

Probably most of the brown coal shown as consumed at brown coal mines is used for making brown coal briquettes.

### 6. *Brown Coal Briquettes (BKB)*

BKB are composition fuels manufactured from brown coal, produced by briquetting under high pressure.

These figures include peat briquettes, lignite coke, dried brown coal, fires and dust and brown coal breeze. The heading "other energy sector" includes consumption by briquetting plants.

## GASES

### 7. *Natural Gas*

Natural gas consists mainly of methane occuring naturally in underground deposits.

Production is measured after purification and extraction of NGL and sulphur, and excludes re-injected gas. It includes quantities rented or flared. Gas consumed by gas processing plants gas, transported by pipeline and natural gas produced in association with crude oil. Methane recovered from coal mines and sewage gas is also included.

### 8. *Gas Works Gas*

Gas works gas comprises all types of gas produced in public utility or private plants, whose main purpose is production, transport and distribution of manufactured gas. It includes gas produced by carbonization (including gas produced by coke ovens at gas works), by total gasification with or withut enrichment with oil products, by cracking of natural gas, and by reforming and simple mixing of gases and/or air.

### 9. *Coke Oven Gas*

Coke oven gas is obtained as a by-product of solid fuel carbonization and gasification operations carried out by industrial establishments which are not dependent on gas works and municipal gas plants.

### 10. *Blast Furnace Gas*

Blast furnace gas is produced during the combustion of coke oven coke in blast furnaces. It is recovered from the top of the furnace and used partly for the blast furnace plant and partly in other steel industry processes or in power stations equipped to burn it.

The figures for these four categories of gas are all expressed in teracalories based on the gross calorific values.

"Other energy sector" includes own consumption by coking plants and gas works.

## CRUDE OIL AND PETROLEUM PRODUCTS

"Production of petroleum products" shows gross refinery output for each individual product.

Refinery fuel (row "petroleum refineries", under "energy sector") represents consumption of petroleum products, both intermediate and finished, within refineries.

## CRUDE OIL, NGL, FEEDSTOCKS

### 11. *Crude Oil*

Crude oil is a mineral oil consisting of a mixture of hydrocarbons of natural origin, yellow to black in colour, of variable specific gravity and viscosity. This heading also includes mineral oils extracted from bituminous minerals (shales, bituminous sand, etc.). It also includes lease condensate (separator liquids) which are recovered from gaseous hydrocarbons in lease separation facilities.

Inputs of origin other than crude oil and NGL include hydrogen, natural gas (as refinery fuel), synthetic crude oil, benzole, alcohol and methanol produced from natural gas are included in row from other sources.

### 12. *Natural Gas Liquids (NGL)*

These are liquid or liquefied hydrocarbons produced in the manufacture, purification and stabilization of natural gas. Their characteristics vary, ranging from those of butane and propane to heavy oils. NGL's are either distilled with crude oil in refineries, blended with refined petroleum products or used directly, depending on their characteristics.

### 13. *Refinery Feedstocks*

A refinery feedstock is a product or a combination of products derived from crude oil destined for further processing other than blending in the refining industry. It is transformed into one or more components and/or finished products. This definition covers those finished products imported for refinery intake and those returned from the chemical industry to the refining industry; in the case of refineries integrated with petro-chemical plants, the amount of this flow is, when possible, estimated.

## PETROLEUM PRODUCTS

"Petroleum products" are any oil based products which can be obtained from primary distillation and are normally used outside the refinery industry. The exception to this are those finished products which are classified as refinery feedstocks above.

### 14. *Refinery Gas*

Refinery gas is defined as non-condensible gas obtained during distillation of crude oil or treatment of oil products (e.g. cracking) in refineries. It consists mainly of hydrogen, methane, ethane and olefins.

Refinery gas refers to gross production; refineries own consumption is shown under "petroleum refineries" in the "energy" sector.

### 15. *Liquefied Petroleum Gases (LPG)*

These are the light hydrocarbons fraction of the paraffin series, derived from the distillation of crude petroleum only, comprising propane ($C_3H_8$) and butane ($C_4H_{10}$) or a mixture of these two hydrocarbons.

Commercial propanes and butanes may be less than 99% pure. They can be liquefied at low pressure (5-10 atmospheres). In the liquid state and at a temperature of 38°C they have a relative vapour pressure less than or equal to 24.5 bars (ASTM D 1267 standard method). Their specific gravity varies from 0.50 to 0.58.

### 16. *Motor Gasoline*

This is light hydrocarbon oil for use in internal combustion engines excluding aircraft.

Motor gasoline is distilled between 70° an 200°C and treated to reach a sufficiently high octane number (>80 RON). Treatment may be by reforming, blending with an aromatic fraction, or the addition of benzole or other additives (such as tetraethyl lead). There are two types: Regular grade motor spirit with Octane number (RON) between 85 and 95, and premium grade (RON) with 96 or more.

17. *Aviation Gasoline*

Aviation gasoline is motor spirit prepared especially for aviation piston engines, with an octane number suited to the engine (varying from 80 to 145 RON) and freezing point of –60°C, and having a distillation range usually within the limits of 30° and 180°C.

18. *Jet Fuel*

This category comprises both gasoline and kerosene type jet fuels meeting specifications for use in aviation gas turbine power units.

*Gasoline type jet fuel*

This includes all light hydrocarbon oils, distilling between 100° and 250°C, that distills at least 20% in volume at 143°C, and are obtained by blending kerosenes and gasoline or naphthas in such a way that the aromatic content does not exceed 25% in volume. Additives are included to reduce the freezing point to –58°C or lower, and to keep the Reid vapour pressure between 0.14 and 0.21 $Kg/cm^2$.

*Kerosene type jet fuel*

This is medium oil with the same distillation characteristics and flash point as kerosene, with a maximum aromatic content of 20% in volume, and treated to give a kinematic viscosity of less than 15cST at –34° (and a freezing point below –50°C, octane number varying from 80 to 145 RON).

19. *Kerosene*

Kerosene comprises refined petroleum distillate intermediate in volatility between gasoline and gas/diesel oil.

It is a medium oil distilling between 150° and 300°C, which distills at least 65% in volume at 250°C. Its specific gravity is in the region of 0.80 and the flash point is above 38°C (Abel Pensky).

20. *Gas/Diesel Oil (Distillate Fuel Oil)*

Gas/diesel oil refers to heavy oils. Gas oils are obtained from the lowest fraction from atmospheric distillation of crude oil, but heavy gas oils are obtained by vacuum redistillation of the residual from atmospheric distils. Gas/diesel oil distills between 200° and 380°C, but distilling less than 65% in volume at 65°C, including losses, and 85% or more at 350°C. The flash point is always above 50°C and their specific gravity is higher than 0.82.

Heavy oils obtained by blending are grouped together with gas oils, on condition that their kinematic viscosity does not exceed 115'' Redwood I at 38°C.

21. *Heavy Fuel Oil (Residual)*

This heading defines heavy oils that make up the distillation residue. It comprises all fuel oils (including those obtained by blending). Its viscosity is above 115'' Redwood I at 38°C. The flash point is always above 50°C and the specific gravity is always more than 0.90.

22. *Naphtha*

Naphtha includes light or medium oils, a cut covering the end of the motor spirit and the beginning of the kerosene range. Naphtha distils between 30° and 210°C. The properties depend on consumer specifications; the C: H ratio is usually 84: 14 or 84: 16, with a very low sulphur content (–0.1%). There are two main types: full range naphtha and narrow cut naphtha, the latter may be divided into light naphtha, distilling between 30° and 70°C, medium naphtha (between 70° and 125°C) and heavy naphtha (125° to 210°C). Some narrow cut naphthas may therefore meet the specifications of industrial spirit.

Naphtha imported for blending in refineries is reported as refinery feedstocks. It is used as feedstock for reforming processes and in the chemical industry.

## 23. *"Non-Energy" Petroleum Products*[2]

The category "non-energy" petroleum products groups together white spirit and S.B.P., lubricants, bitumen, paraffin waxes, petroleum coke and others.

*a)* *White Spirit and SBP:* White spirit and SBP are defined distillate intermediates with a distillation range between gasoline and kerosene (130° – 220°C).

They are sub-divided as:

*i)* *Industrial Spirit (SBP):* Light oils distilling between 30° and 200°C, with a temperature difference between 5% volume and 90% volume distillation points, including losses, of not more than 60°C. In other words, a light oil of narrower cut than motor spirit. There 7 or 8 grades of industrial spirit, depending on the position of the cut in the distillation range defined above.

*ii)* *White Spirit:* Industrial spirit with a flash point above 21°C (generally ⩾30°C). The distillation range of White Spirit is 135° to 200°C.

*b)* *Lubricants:* Defined as liquid distillates obtained by refining crude petroleum. This category includes all grades of lubricant oils from spindle oil to cylinder and those used in grease. Lubricants are further defined as viscous or liquid hydrocarbons rich in paraffin waxes, distilling between 380° and 500°C and obtained by vacuum distillation of oil residues from atmospheric distillation. This category includes cutting oils, white oils, insulating oils, spindle oils (low-viscosity lubricating oils) and lubricating grease made of a stable mixture of lubricating oil and soap, clay, etc. The main characteristics of lubricating oils are: Flash point > 125°C; pour point between –25° and +5°C depending on the grade; strong acid number – normally 0.5 mg/g; ash content ⩽ 0.3%; water content ⩽0.2%.

*c)* *Bitumen:* Solid, semi-solid or viscous hydrocarbon with a colloidal structure, being brown to black in colour, obtained as a residue in the distillation of crude oil, vacuum distillation of oil residues from atmospheric distillation. It is soluble in carbon bisulphite, non-volative, thermoplastic (between 150° and 200°C), with insulating and adhesive properties.

*d)* *Paraffin Waxes:* Saturated aliphatic hydrocarbon (with the general formula $C_nH2_n+2$). These waxes are residues extracted when dewaxing lubricant oils, and they have a crystalline structure with C>12. Their main characteristics are as follows: they are colourless, odourless and translucent, with a melting point above 45°C, specific gravity of 0.76 to 0.78 at 80°C, viscosity between 3.7 and 5.5 cST at 99°C.

*e)* *Petroleum Coke:* Petroleum coke is defined as a shiny black solid residue, obtained by cracking and carbonization in furnaces, and distillation of heavier petroleum oils, consisting mainly of carbon (90 to 95%) and burning without leaving any ash.

## 24. *Electricity*

Gross electricity production is measured at the output terminals of all sets in a station; it therefore includes the energy taken by station auxiliaries and losses in transformers that are considered integral parts of the station.

Gross output has been used rather than the "net" output usually quoted in electricity statistics for the sake of uniformity with the figures for fuels. Where gross output figures were not available, they have been estimated by adding of 6% to the net output from thermal geothermal and nuclear stations, and 1% to the net output from hydro stations.

Net electricity production is the difference between gross and own use of power plants which appears under "Electric Plants" in the "Energy" sector.

Total electricity generated and fuel consumption for conventional thermal power plants include autogeneration (i.e. generation by industrial establishments namely for own use) as far as the information is available.

2. The conventional expression "non-energy product" should not be used uncritically. Petroleum coke, for example, is sometimes used as a boiler fuel.

Geothermal production also includes "other" electricity generation: (i.e. solar, biomass, etc.).

For all countries, electricity consumption in both the commercial and public service sectors are combined under the heading "commercial".

For the following countries there appear to be some inconsistencies between fossil fuel inputs to electricity generation and electricity output from fossil fuels:

Austria, France, Iceland, Luxembourg, New Zealand, Spain, Sweden, Switzerland.

These discrepancies arise in a variety of ways. Sometimes administrations can supply only data on deliveries of fuels to power stations rather than fuel actually burned during a given period. In other cases, output of electricity by autoproducers is measured but not their fuel consumption. Discussions are continuing with the administrations concerned and it is hoped progressively to introduce adjustments to account for factors such as stock changes and own use.

## NOTES RELATING TO INDIVIDUAL COUNTRIES

| | |
|---|---|
| AUSTRALIA | Oil and Electricity data refers to the fiscal year (July to June). |
| NEW ZEALAND | Electricity data refer to the fiscal year (April to March). |
| JAPAN | All Electricity data refer to the fiscal year (April to March). Coal data from 1971 to 1979 refers to the fiscal year, from 1980 it refers to the calendar year. |
| IRELAND | BKB production include peat and peat briquets. |

## GEOGRAPHICAL NOTES

- Denmark includes Greenland and the Danish Faroes.
- Japan includes Okinawa.
- The Netherlands excludes Surinam and the Netherlands Antilles.
- Spain includes the Canary Islands.
- United States includes Puerto Rico, Quam and the Virgin Islands and the Hawaiian Free Trade Zone.
- For the following countries, administrations have not been able to split some products in industrial end-use data. This is reflected in IEA and OECD Totals which must be used with special care for years prior to 1980:

| | | | |
|---|---|---|---|
| UNITED STATES | Natural Gas | Prior | 1980 |
| AUSTRALIA | Natural Gas | " | 1979 |
| AUSTRALIA | Some Petrol Products | " | 1979 |
| JAPAN | Some Petrol Products | " | 1976 |
| IRELAND | Some Petrol Products | " | 1978 |
| TURKEY | Some Petrol Products | " | 1978 |

# INTRODUCTION

Ce recueil s'adresse surtout aux lecteurs qui participent aux travaux d'analyse et à la prise de décision touchant les problèmes énergétiques internationaux. Il contient, pour chaque source d'énergie, des statistiques détaillées sur la production, le commerce et la consommation de tous les pays de l'OCDE.

Les données, exprimées en unités originales, sont présentées sous forme de bilans par secteur énergétique pour chaque pays de l'OCDE. Celles-ci couvrent toutes les années depuis 1971 jusqu'à 1981 et comprennent les agrégats pour l'ensemble de l'OCDE, l'ensemble de l'AIE, l'OCDE-Europe, la Communauté Économique Européenne et l'Amérique du Nord. Un recueil complémentaire – *Bilans énergétiques des pays de l'OCDE 1971-1981* – contient les données correspondantes sous forme de bilans d'ensemble exprimés dans une unité commune (les Tonnes Métriques d'Équivalent Pétrole, avec 1 TEP = $10^7$ kcal).

La plupart des données ont été extraites de questionnaires remplis par les pays membres. Certaines, cependant, ont été tirées de publications statistiques nationales ou d'autres sources sérieuses, le cas échéant.

L'effort nécessaire est fait pour assurer l'exactitude des données. Toutefois la qualité des chiffres dans cette publication n'est pas homogène. C'est pourquoi, des notes par pays sont publiées afin de guider le lecteur. D'une façon générale, les données sont vraisemblablement plus exactes pour la production, le commerce et la consommation totale que pour la consomation finale par secteur qui est souvent estimée par les administrations.

Dans les éditions précédentes le pétrole brut, les produits d'alimentation des raffineries et les GNL étaient classés dans la rubrique pétrole brut. Depuis 1979 ces trois sources d'énergie ont été séparées. En conséquence, les tableaux sont présentés en deux versions : la première version couvre la période 1971-1978 et classe le pétrole brut, les produits d'alimentation des raffineries et les GNL dans la même colonne, tandis que la dernière version différencie les trois pour les années 1979 à 1981.

Les lecteurs qui désireraient des informations supplémentaires sur cette publication sont invités à prendre contact avec le Chef de la Division des Statistiques Énergétiques, OCDE, Secrétariat Combiné de l'Énergie, 2, rue André Pascal, 75016 Paris.

# A. NOTES GÉNÉRALES

Les tableaux couvrent l'ensemble des sources « commerciales » d'énergie, c'est-à-dire à la fois les sources primaires (houille, lignite, gaz naturel, pétrole brut, électricité hydraulique, géothermique et nucléaire), et les sources secondaires (dérivés du charbon, gaz manufacturés, produits pétroliers, électricité secondaire). Aucune donnée n'est fournie pour les sources « non commerciales » comme la tourbe et le bois. Pour ces dernières, le recueil complémentaire « Bilans Énergétiques des Pays de l'OCDE 1971-1981 » donne des estimations.

Chaque tableau est divisé en trois parties : la première donne l'approvisionnement et la demande totale, la seconde fournit les secteurs « transformation » et « énergie », et la troisième indique la « consommation finale » répartie selon un certain nombre de secteurs d'utilisation finale.

## I. APPROVISIONNEMENT ET BESOINS

La première partie du bilan énergétique de base fournit les éléments suivants de l'approvisionnement et de la demande totale :

|   | Production |
|---|---|
| + | autres sources |
| + | importations |
| − | exportations |
| − | soutages |
| ± | variations de stocks |
| = | approvisionnement intérieur |
| + | retours vers l'approvisionnement |
| ± | transferts |
| = | disponibilité intérieure |

### 1. *Production*

La « Production » est définie comme les quantités de combustibles extraites ou produites après extraction des matières inertes ou des impuretés (ainsi le gaz naturel purifié du soufre).

### 2. *Autres sources*

Cette rubrique couvre tous les produits dont l'origine ne correspond pas aux définitions explicitement indiquées pour les sources d'énergie primaire (exemple : l'alcool se substituant aux produits pétroliers les « réceptions de produits primaires » sont aussi comprises dans cette ligne (c'est-à-dire les combustibles primaires directement utilisés comme produits secondaires, par exemple l'essence naturelle directement utilisée pour les transports).

### 3. *Importations et Exportations*

Les « Importations et Exportations » comprennent les quantités de combustibles en provenance de ou envoyées à d'autres pays, qu'il existe ou non une union douanière ou économique entre ces pays. En principe, les quantités en transit ne sont pas prises en compte, sauf en ce qui concerne le pétrole brut raffiné sur place pour les pays tiers et les pays pétroliers.

4. *Soutages Internationaux*

Les « Soutages Internationaux » comprennent les quantités de combustibles livrées à des navires de mer, quel que soit leur pavillon, navires de guerre et bateaux de pêche compris. Ils ne couvrent pas les quantités consommées pour la navigation intérieure et le cabotage.

5. *Variations de Stocks*

Les « Variations de Stocks » comprennent les variations de stocks de charbon à la mine, celles des stocks de pétrole en raffineries, chez les importateurs et, pour quelques pays, chez les grands consommateurs notamment dans les centrales électriques et les emplacements de stockage de gaz naturel. Les variations de stocks de pétrole et de gaz dans les pipe-lines ne sont pas prises en compte. A l'exception des quelques grands consommateurs mentionnés ci-dessus, les variations de stocks des utilisateurs finals ne sont pas prises en compte.

Dans le calcul de la consommation, les diminutions de stocks représentées dans les tableaux par des nombres positifs sont ajoutées et les augmentations de stocks retranchées des éléments de l'approvisionnement.

6. *Approvisionnement Intérieur*

L'« Approvisionnement Intérieur » est défini comme la somme de la production, de l'approvisionnement d'autres sources, des importations, diminuée des exportations, des soutages internationaux et augmentée ou diminuée des variations de stocks – l'« approvisionnement intérieur » étant à distinguer des « disponibilités intérieures » (voir paragraphe 9 ci-dessous).

7. *Retours à l'approvisionnement*

La rubrique « Retours à l'approvisionnement » couvre tous les sous-produits combustibles provenant de fabrications extérieures aux secteurs « Transformation » et « Énergie ». Elle comprend les produits pétroliers renvoyés aux raffineries par les industries chimiques et pétrochimiques ou les produits directement utilisés, par exemple l'essence-auto produite lors de l'utilisation de naphta pour la production des produits chimiques qui servent à la fabrication des plastiques.

8. *Transferts*

Cette rubrique couvre les « Transferts interproduits » et les « Produits transférés ». Les « transferts interproduits » comprennent les produits pétroliers finis qui sont reclassés ou utilisés pour des mélanges. Par exemple quand le kérosène d'aviation est emmagasiné trop longtemps, il peut se détériorer et par conséquent, être reclassé et vendu comme kérosène pour le chauffage ou pour d'autres usages. Le résultat net des « transferts interproduits » est nul.

Les « Produits transférés » sont des produits finis qui ont été reclassés et retournés pour être utilisés par les raffineries.

9. *Disponibilité intérieure*

La « Disponibilité intérieure » comprend les nouveaux combustibles de l'« approvisionnement intérieur » et les combustibles « recyclés » tels qu'ils apparaissent dans les rubriques « retours vers l'approvisionnement » et « transferts ».

10. *Écart statistique*

Les données correspondant aux éléments qui composent la disponibilité intérieure sont rassemblées à partir d'enquêtes du secteur de l'énergie sur les livraisons effectuées et des statistiques du commerce extérieur. En principe le chiffre auquel on aboutit pour la disponibilité intérieure devrait être égal à la somme des livraisons reçues telles que celles-ci apparaissent dans d'autres enquêtes du secteur de l'énergie et de tous les secteurs de consommation finale. A cause de difficultés d'ordre technique (concept, couverture, période, définitions) les résultats des deux séries d'enquêtes ne s'harmonisent pas et ce fait se matérialise dans la ligne de l'écart statistique.

La définition des variations de stocks mentionnée ci-dessus, peut également entraîner un écart statistique. Avec la consommation définie comme une somme de livraisons, les variations de stocks en tant qu'élément de l'approvisionnement devraient seulement comprendre les stocks qui ne sont pas détenus par les consommateurs. Cependant, ainsi qu'il est souligné dans le paragraphe 5, les variations de stocks des grands consommateurs font partie des chiffres de changement de stocks. Cette différence de concept contribue à l'écart statistique. Pour des raisons inhérentes aux systèmes statistiques nationaux, ces écarts ne peuvent être évités pour le moment.

## II. SECTEURS, TRANSFORMATION ET ÉNERGIE

Le secteur « Transformation » comprend la conversion de combustibles primaires en combustibles secondaires et toute transformation ultérieure de combustibles secondaires, par exemple la transformation du charbon en coke, du pétrole brut en produits pétroliers, de fuel oil lourd en électricité.

Le secteur « Énergie » comprend les quantités de combustibles qui sont utilisées par les industries productrices d'énergie (par exemple les combustibles utilisés pour l'électricité et le chauffage). Ce secteur comprend aussi les combustibles utilisés par les industries extractives, à l'exception des gaz de torchères. Les pertes dans le transport du gaz par gazoduc, les pertes dans les lignes électriques et l'électricité absorbée par le pompage, sont comprises dans ce secteur.

Dans les secteurs « Transformation » et « Énergie » on distingue les catégories suivantes :

SECTEUR DE TRANSFORMATION

- pour les combustibles solides (couvrant les sous-secteurs : fabriques d'agglomérés, cokeries, et fabriques de briquettes de lignite et de coke) ;
- pour les gaz (couvrant les sous-secteurs : usines à gaz, gaz de hauts fourneaux et gaz de gazogène) ;
- raffineries de pétrole ;
- centrales thermiques et électriques (production publique et autoproduction)

*NB.* L'énergie consommée non spécifiée dans ce secteur est incluse dans le total, mais n'est pas montrée séparément dans la publication.

SECTEUR ÉNERGIE

- mines de charbon (houille et lignite)
- extraction de pétrole et de gaz
- raffineries de pétrole
- centrales électriques
- pertes de distribution
- pompage (électricité)
- autres secteurs de l'énergie (comprenant les fabriques d'agglomérés, les cokeries, les usines à gaz, les fabriques de briquettes de lignite et de coke ainsi que les utilisations non spécifiées dans le secteur « énergie »).

## III. CONSOMMATION FINALE

Le terme « Consommation finale » (égale à la somme des consommations des secteurs d'utilisation finale) signifie que l'énergie utilisée dans les secteurs de production et de transformation en est exclue. La consommation finale recouvre en grande partie les livraisons aux consommateurs (voir note sur les variations de stocks ci-dessus).

## SECTEUR INDUSTRIEL

La consommation du « Secteur Industriel » est précisée dans les sous-secteurs suivants (l'énergie utilisée par l'industrie à des fins de transport n'est pas comprise ici mais reportée sous la rubrique « Transports »).

- sidérurgie [CITI n° 37][1]
- industrie chimique (exceptée la Pétrochimie) [CITI n^os^ 352, 355, 356 et une partie des n^os^ CITI 351, 354]
- industrie pétrochimique. C'est la partie de l'industrie chimique non incluse dans le paragraphe 2 ci-dessus. Elle comprend des procédés tels que le vapocraquage, le réformage catalytique, le craquage catalytique de raffinerie ; les produits en sont l'éthylène, le propylène, le butylène, les gaz de synthèse, les composés aromatiques, le butadiène, ainsi que d'autres matières premières dérivées des hydrocarbures [partiellement CITI n° 351].

*N.B :* Quand la séparation entre industries chimique et pétrochimique n'est pas réalisable, les données pour l'industrie chimique couvrent les deux. L'industrie chimique et pétrochimique comprend l'énergie utilisée à la fois comme combustible et comme produit d'alimentation de la pétrochimie.

- Industries de base des métaux non ferreux [CITI n° 372].
- Industries pour la fabrication de produits minéraux non métalliques tels que le verre, le ciment, la céramique, et autres matériaux de construction. [CITI n° 36].
- Industrie du matériel de transport [CITI n° 384].
- Industrie de fabrication de machines. Produits métalliques manufacturés, machines et matériels autres que le matériel de transport. [CITI n^os^ 38, excepté le n° 384.].
- Industries extractives (sauf celles qui concernent les produits énergétiques [CITI n^os^ 23 et 29].
- Industrie alimentaire, boissons et tabacs [CITI n^os^ 31].
- Imprimeries, articles en papier et papier [CITI n° 34].
- Industrie du bois et des ouvrages en bois autres que le papier [CITI n° 33].
- Industrie du bâtiment [CITI n° 50].
- Industrie textile et du cuir [CITI n° 32].
- Industries non spécifiées (toutes les industries manufacturières qui ne sont pas incluses dans les catégories 1 à 13 ci-dessus).
- Utilisations non énergétiques dans les industries.

Les utilisations non énergétiques ont été divisées en deux groupes :

- l'utilisation des produits pétroliers à des fins non énergétiques (white spirit, paraffines, coke de pétrole, lubrifiants, bitume et autres produits pétroliers).
- l'utilisation à des fins non énergétiques de « produits combustibles » (dans les statistiques de base, cette catégorie couvre toutes les sources d'énergie, y compris le naphta, sauf les produits pétroliers qui sont indiqués ci-dessous);

L'utilisation à des fins non énergétiques du premier groupe a déjà été prise en compte dans le secteur industrie sous la rubrique industrie chimique ou pétrochimique.

Celle du deuxième groupe n'est pas comprise dans le détail de la consommation par industrie mais apparaît dans le total du secteur. On suppose que l'emploi des produits non combustibles sert uniquement à des usages non énergétiques. Cependant, dans la pratique, certains de ces produits peuvent être utilisés à des fins énergétiques.

## SECTEUR TRANSPORT

La consommation du secteur « Transport » couvre tous les transports quels que soient les secteurs. Elle est précisée dans les sous-secteurs suivants :

- transports aériens (international et intérieur)
- transports routiers
- transports ferroviaires
- navigation intérieure, pêche et cabotage

*N.B. :* Une consommation d'énergie non spécifiée dans ce secteur est comprise dans le total mais n'est pas montrée séparément dans la publication.

1. Classification internationale type par industrie de toutes les branches d'activité économique, série M, n° 4/Rév. 2 des Nations Unies, New York 1968.

AUTRES SECTEURS

- Commerce : toutes les activités classées sous les rubriques CITI n$^{os}$ 719, 8 et 95.
- Services publics : toutes les activités classées sous les rubriques CITI n$^{os}$ 4103, 42, 72, 91, 92, 93, 94, et 96.
- Résidentiel : toute la consommation des ménages, pas de rubrique CITI particulière.
- Agriculture : toutes les livraisons aux usagers classées dans les rubriques agriculture, chasse et pêche de la CITI, et comprenant les produits pétroliers consommés par ces usagers pour la traction automobile (à l'exception des combustibles brûlés par les engins agricoles sur autoroute), l'électricité, le chauffage (dans les secteurs agricole ou résidentiel). Classification CITI n$^{os}$ 11 et 12.

*N.B.* : La consommation d'énergie non spécifiée (toutes les activités non incluses ailleurs, c'est-à-dire les activités militaires) dans ce secteur est comprise dans le total mais n'est pas montrée séparément dans la publication.

## B. NOTES PAR SOURCE D'ÉNERGIE

COMBUSTIBLES SOLIDES

1. *Houille*

La houille est un charbon d'une valeur calorifique brute supérieure à 5700 kcal/kg (23 865 kilojoules) mesurée sans cendres mais sur une base humide. La houille englobe le charbon à coke, les autres charbons bitumineux et l'anthracite (il faut noter que pour des questions de disponibilité des données historiques, le charbon sous-bitumineux est compris dans la houille aux États-Unis, en Nouvelle-Zélande et en Australie) et parce que la valeur calorifique de ce type de charbon est très proche de celle définie plus haut.

- Les quantités données ne tiennent ps compte des différences de qualité et de valeur calorifique des divers types de charbon.
- La rubrique « Mines de houille » ne comprend que le charbon utilisé directement dans l'industrie houillère. Elle exclut la houille consommée par les centrales minières (comprise dans la section transformation centrales thermiques) et les allocations de charbon aux mineurs et à leurs familles (considérées comme consommation domestique et comprises de ce fait, dans la rubrique « autres secteurs »).

2. *Agglomérés*

C'est un combustible fabriqué à partir de fines de charbon par moulage avec adjonction d'un liant (tel que la poix).

- La quantité d'agglomérés produite est par conséquent, légèrement supérieure au tonnage de houille utilisé.
- La rubrique « Autres secteurs énergétiques » concerne les agglomérés en partie consommés par les usines au cours de leur fabrication.

3. *Coke de Four*

C'est un produit solide obtenu par carbonisation de charbon à haute température.

Le semi-coke est aussi compris dans cette source d'énergie. C'est un produit solide obtenu par carbonisation du charbon à basse température.

Dans le secteur « Transformation » il faut noter le cas de la production de gaz de hauts fourneaux : le gaz de hauts fourneaux est produit lors de la combustion du coke utilisé dans les hauts fourneaux. Il est récupéré et utilisé à des fins énergétiques diverses. C'est pourquoi, le coke brûlé dans les hauts fourneaux est, en partie, transformé en une autre sorte de combustible qui est comptabilisé sous la rubrique « Consommation pour transformation ». Pour cela, les données correspondant à la production de gaz de hauts fourneaux ont été converties en tonnes d'équivalent coke (en admettant pour le coke un pouvoir calorifique de 6700 kcal/kg de coke).

La rubrique « Autres secteurs énergétiques » représente l'autoconsommation des cokeries.

La consommation dans la sidérurgie ne couvre pas le coke qui est transformé en gaz de hauts fourneaux. Pour obtenir la consommation totale de coke de four dans la sidérurgie, on doit ajouter les quantités transformées en gaz de hauts fourneaux (elles figurent à la ligne « Transformation » pour les gaz).

4. *Coke de Gaz*

C'est un sous-produit du charbon utilisé pour la fabrication du gaz de ville dans les usines à gaz.

Les données pour « Autres secteurs énergétiques » représentent l'autoconsommation de coke de gaz dans les usines à gaz.

5. *Lignite*

C'est un charbon non agglomérant de pouvoir calorifique brut inférieur à 5700 kcal/kg mesuré sans cendres mais sur une base humide et qui contient plus de 31 % de matières volatiles sur produit sec exempt de matières minérales (le charbon sous-bitumineux est compris dans cette catégorie mais il faut se reporter aux exceptions mentionnées dans le paragraphe 1 « Houille », ci-dessus).

Les données du tableau couvrent le lignite et le pitch coal. Les quantités ne tiennent pas compte des différences de qualité et de pouvoir calorifique existant entre les diverses catégories de lignite.

La rubrique « Mines de lignite » dans le secteur énergétique ne comprend que le lignite utilisé directement en tant que source d'énergie par les mines de lignite. Elle exclut le lignite consommé par les centrales minières (qui apparaît dans la rubrique « Transformation-centrales thermiques ») et les allocations de lignite aux mineurs et à leur famille (considérées comme une consommation domestique et de ce fait classées dans « Autres secteurs »).

La plus grande partie des tonnages de lignite qui apparaissent dans la consommation des mines de lignite semble correspondre à la production de briquettes de lignite. Ces tonnages auraient en fait dû figurer à la ligne « Production de briquettes de lignite » si l'information correspondante avait été disponible.

6. *Briquettes de lignite (BKB)*

Ce sont des combustibles composites fabriqués à partir du lignite, et produits par briquettage sous haute pression.

Ces données couvrent les briquettes de tourbe, le coke de lignite, le coke séché, le poussier de lignite, et la braise de lignite.

La rubrique « Autres secteurs énergétiques » couvre l'autoconsommation des usines de briquettes.

GAZ

7. *Gaz Naturel*

Le gaz naturel est principalement du méthane qui existe par nature dans des poches souterraines.

Les quantités de gaz naturel produit sont mesurées après purification et extraction des condensats et du soufre et déduction faite du gaz réinjecté et brûlé. Les gaz consommés par les unités de production, le gaz transporté par gazoduc, ainsi que le gaz naturel produit en même temps que le pétrole brut, le méthane récupéré dans les mines de charbon et les gaz récupérés à partir des eaux usées sont également comptabilisés ici.

8. *Gaz des usines à gaz*

Cette catégorie couvre tous les types de gaz produits par des sociétés publiques ou des entreprises privées dont la principale activité est la production, le transport et la distribution du gaz manufacturé. Elle comprend : le gaz produit par carbonisation (y compris celui qui est produit par des fours à coke dans les usines à gaz), par gazéification totale avec ou sans addition de produits pétroliers, par craquage de gaz naturel et par réformage et mélange simple de gaz et/ou d'air.

9. *Gaz de cokeries*

Cette catégorie couvre les sous-produits des opérations de carbonisation et de gazéification des combustibles solides exécutées par des établissements industriels indépendants des usines à gaz, municipales ou autres.

10. *Gaz de hauts fourneaux*

Cette catégorie couvre le gaz produit lors de la combustion de coke de four dans les hauts fourneaux. Il est récupéré à la sortie de ceux-ci et en partie utilisé par les hauts fourneaux eux-mêmes, en partie dans d'autres procédés de la sidérurgie, ou dans des centrales électriques spécialement équipées pour son utilisation.

Les chiffres relatifs à ces quatre catégories de gaz sont tous exprimés en teracalories et basés sur les valeurs calorifiques brutes.

Les «Autres secteurs énergétiques» comprennent l'autoconsommation des cokeries et des usines à gaz.

## PÉTROLE BRUT ET PRODUITS PÉTROLIERS

La rubrique «Production de produits pétroliers» indique la production brute pour chaque produit.

La consommation en combustibles des raffineries (ligne «raffineries de pétrole», secteur «énergie») représente leur consommation en produits pétroliers qu'il s'agisse de produits intermédiaires ou de produits finis.

## PÉTROLE BRUT, GAZ NATUREL LIQUIDE, PRODUITS D'ALIMENTATION

11. *Pétrole brut*

C'est une huile minérale, mélange d'hydrocarbures d'origine naturelle. Sa couleur varie du jaune au noir, sa densité et sa viscosité sont variables. Cette catégorie couvre aussi les huiles minérales extraites de minéraux bitumineux (schistes, sables bitumineux, etc.). Elle comprend aussi les condensats directement récupérés sur les périmètres d'exploitation des hydrocarbures gazeux (par intermédiaire des installations qui y sont prévues pour la séparation des phases liquide et gazeuse).

Les hydrocarbures dont l'origine n'est pas le pétrole brut ou le gaz naturel liquide couvrent l'hydrogène, le gaz naturel (comme combustible de raffineries), le pétrole brut synthétique, le benzole, l'alcool et le méthanol produits à partir du gaz naturel. Ils sont inclus dans la production de pétrole brut.

12. *Condensats de gaz naturel (GNL)*

Ce sont des hydrocarbures liquides ou liquéfiés produits pendant le traitement, la purification et la stabilisation du gaz naturel. Leurs caractéristiques varient et se classent entre celles du butane et du propane et celles des huiles lourdes. Ils sont distillés en même temps que le pétrole brut dans les raffineries, ou mélangés à des produits pétroliers raffinés, ou encore utilisés directement selon leurs caractéristiques.

13. *Produits d'alimentation des raffineries*

C'est un produit ou une combinaison de produits dérivés du pétrole brut et qui est destiné à subir un traitement ultérieur autre qu'un mélange dans l'industrie du raffinage. Il est transformé en un ou plusieurs constituants de mélange et/ou en produit fini. Cette définition recouvre les produits qui sont importés pour l'utilisation en raffineries et ceux qui sont retournés par l'industrie chimique aux raffineries ; lorsqu'il s'agit de complexes intégrés «raffineries/pétrochimie» les quantités considérées sont, si possible, estimées.

## PRODUITS PÉTROLIERS

Ce sont tous les produits dérivés du pétrole qui peuvent être obtenus par distillation primaire et qui sont, en général, utilisés en dehors des raffineries. Les produits d'alimentation, tels que définis ci-dessus, ne rentrent pas dans cette catégorie.

### 14. *Gaz de raffineries*

Cette catégorie couvre les gaz incondensables produits lors de la distillation du pétrole brut ou du traitement des produits pétroliers (par craquage, par exemple), dans les raffineries. Ce sont principalement, de l'hydrogène, du méthane, de l'éthane et des oléfines.

Les chiffres indiqués se réfèrent à la production brute des gaz de raffineries ; l'autoconsommation des raffineries est reportée à la ligne « raffineries de pétrole » dans le secteur « Énergie ».

### 15. *Gaz de pétrole liquéfiés (GPL)*

Fraction légère d'hydrocarbures, de la famille des paraffines qui ne s'obtient que par la distillation du pétrole brut. Les GPL comprennent le propane, ($C_3H_8$) le butane ($C_4H_{10}$) ou un mélange de ces deux hydrocarbures.

Les propanes et butanes du commerce peuvent avoir une pureté inférieure à 99 %. Ils peuvent être liquéfiés à basse pression (5-10 atmosphères). A l'état liquide et à la température de 38°C, leur tension de vapeur est égale ou inférieure à 24,5 bars (normes ASTM D 1267). Leur densité varie de 0,50 à 0.58.

### 16. *Essence auto*

C'est un hydrocarbure léger utilisé dans les moteurs à allumage par étincelles autres que les moteurs d'avion.

L'essence auto distille entre 70° et 200°C. Elle est chauffée de façon à atteindre un indice d'octane approprié (80 ROZ). Ce traitement peut se faire par reformage, par mélange avec une fraction de composés aromatiques, par adjonction de benzol ou d'autres additifs (tels que le tétraéthyle de plomb). Il y a deux sortes d'essence : l'essence normale avec un indice d'octane (RON) compris entre 85 et 95, et l'essence super avec un indice d'octane (RON) supérieur à 96.

### 17. *Essence avion*

Il s'agit d'essences-moteur spécialement préparées pour les moteurs à pistons des avions, avec un indice d'octane adapté au moteur (compris entre 80 et 145 ROZ) et un point de congélation de –60°, et avec un niveau de distillation habituellement compris entre 30° et 180°.

### 18. *Carburéacteurs*

Cette catégorie comprend les carburéacteurs type essence et les carburéacteurs type pétrole, qui répondent aux spécifications d'utilisation pour les turboréacteurs d'avions.

#### *Carburéacteurs type essence*

Cette catégorie comprend tous les hydrocarbures légers qui distillent entre 100 et 250°C, avec au moins 20 % du volume distillé à 143°C. Ils sont obtenus par mélange de pétrole lampant et d'essence ou de naphthas de telle sorte que la teneur en composés aromatiques soit égale ou inférieure à 25 % du volume. Des additifs sont ajoutés afin de réduire le point de congélation à une valeur inférieure ou égale à -58°C et pour maintenir la tension de vapeur Reid entre 0,14 et 0.21 kg/cm$^2$.

#### *Carburéacteurs type pétrole*

C'est une huile moyenne répondant aux mêmes caractéristiques de distillation que le pétrole lampant. Sa teneur en composés aromatiques est au maximum de 20 %. Elle est traitée de façon à avoir une viscosité cinétique inférieure à 15cSt à –34°C et un point de congélation inférieur à –50°C, l'indice d'octane variant de 80 à 145 ROZ.

19. *Pétrole lampant*

Il est constitué de distillats de pétrole raffiné dont la volatilité est comprise entre celle de l'essence et celle du gasoil.

C'est une huile moyenne qui distille entre 150° et 300°C avec au moins 65 % de volume distillé à 250°C. Sa densité est d'environ 0.80 et son point d'éclair supérieur à 38°C (Abel Pensky).

20. *Gaz/Diesel Oil (distillate fuel oil)*

Les gaz/diesel oils font partie des huiles lourdes. Ils sont extraits de la dernière fraction issue de la distillation atmosphérique du pétrole brut. Cependant, les gasoils lourds sont obtenus par redistillation sous vide du résidu de la distillation atmosphérique. Le gaz/diesel oil distille entre 200° et 380°C avec moins de 65 % du volume distillé à 65°C (y compris les pertes) et 85 % ou plus à 350°C. Leur point d'éclair est toujours supérieur à 50°C et leur densité à 0,82.

Les huiles lourdes obtenues par mélange sont classées avec les gasoils, à condition que leur viscosité cinétique ne dépasse pas 115'' Redwood à 38°C.

21. *Fuel Oil lourd (résiduel)*

C'est le résidu de la distillation. Sont classés sous ce nom, tous les fuels oils (y compris ceux obtenus par mélange) dont la viscosité est supérieure à 115'' Redwood 1 à 38°C, le point d'éclair supérieur à 50°C et la densité supérieure à 0.90.

22. *Naphtas*

Ils comprennent des huiles légères et moyennes. Ils sont classés entre l'essence-auto et le début de la gamme des pétroles lampants. Leur distillation se fait entre 30° et 210°C. Leurs caractéristiques dépendent des spécifications établies par les utilisateurs ; le rapport C/H est habituellement égal à 84/14 ou 84/16, leur teneur en soufre étant très faible (0,1 %). Il existe deux types principaux de naphta : les naphtas correspondant à tous les étages de distillation et les naphtas correspondant à une gamme étroite de températures de distillation. Ce dernier groupe peut être divisé en napthas légers qui distillent entre 30° et 70°C, naphtas moyens entre 70° et 125°C et naphtas lourds entre 125° et 210°C. Certains de ces naphtas peuvent donc répondre aux spécifications de l'essence spéciale.

Le naphta importé pour mélange dans les raffineries est classé comme produit d'alimentation. Il est aussi utilisé pour le reformage et dans l'industrie chimique.

23. *Produits pétroliers «non énergétiques»*[2]

Cette catégorie regroupe le white spirit et le SBP, les lubrifiants, le bitume, les paraffines, les cires, le coke de pétrole et d'autres produits.

*a)* *White spirit et SBP :* ce sont des distillats intermédiaires raffinés, dont le niveau de distillation se classe entre celui de l'essence et celui du pétrole lampant (130° à 220°C).

Ils se subdivisent en :

*i)* *Essences spéciales :* huiles légères dont la distillation se fait entre 30° et 200°C. 5 % à 90 % du volume, y compris les pertes, sont distillés dans un intervalle de température inférieur ou égal à 60°C. Autrement dit, il s'agit d'une huile légère d'une coupure plus étroite que les essences-moteur. Il y a 7 ou 8 grades d'essences spéciales suivant la position de la coupure dans les niveaux de distillation définie plus haut.

*ii)* *White spirit :* c'est une essence spéciale dont le point d'éclair est supérieur à 21°C (en général, supérieur à 30°C) ; le niveau de distillation du white spirit est 135° à 200°C.

2. L'expression «produit non énergétique» est une convention et devrait être utilisée avec précaution. Le coke de pétrole, par exemple, est parfois utilisé comme combustible.

*b)* *Lubrifiants :* Ce sont des distillats liquides obtenus par le raffinage du pétrole brut. Cette catégorie comprend tous les lubrifiants depuis les spindles jusqu'à l'huile de cylindre et ceux utilisés comme graisse. On les définit aussi comme des hydrocarbures riches en paraffines et dont la distillation se fait entre 380 et 500°C. Ils sont obtenus par distillation sous vide des résidus de la distillation atmosphérique. Cette catégorie comprend les huiles de coupes, les huiles blanches, les huiles isolantes, les spindles (huiles lubrifiantes à faible viscosité) et les graisses lubrifiantes obtenues par émulsion d'huile lubrifiante, de savon, d'argile, etc. Leurs caractéristiques principales sont : point d'éclair supérieur à 125°C, point d'écoulement entre 25° et 5°C, selon le grade ; acidité forte à 0,5 mg/g en général ; teneur en cendres inférieur ou égale à 0,3 %, teneur en eau 0.2 %.

*c)* *Bitume :* Hydrocarbure semi-solide ou visqueux, à structure colloïdale, de couleur brune à noire ; c'est un résidu de la distillation du pétrole brut, soluble dans le bisulfite de carbone, non volatile et thermoplastique (entre 150° et 200°C). Il a des propriétés isolantes et adhésives. C'est le résidu de la distillation sous vide des huiles résiduelles provenant de la distillation atmosphérique.

*d)* *Paraffines :* Hydrocarbure aliphatique saturé (dont la formule générale est $C_nH2_n+2$). Elles sont les résidus extraits lors du déparaffinage des huiles lubrifiantes ; elles présentent une structure cristalline, avec C 12. Leur principales caractéristiques sont les suivantes ; incolore, inodore et translucide. Leur point de fusion est supérieur à 45°C, leur densité varie de 0,76 à 0,78 à 80°C, leur viscosité est comprise entre 3,7 et 5,5 cSt, à 99°C.

*e)* *Coke de pétrole :* Résidu solide brillant et noir ; il est obtenu par craquage et carbonisation au four et par distillation des huiles de pétrole plus lourdes ; il contient principalement du carbone (90 à 95 %) et brûle sans laisser aucune cendre.

## 24. *Électricité*

La production brute d'électricité est mesurée aux bornes de tous les groupes d'une centrale ; par conséquent, elle comprend la puissance électrique absorbée par les services auxiliaires et les pertes dans les transformateurs qui sont considérés comme faisant intégralement partie de la centrale.

La production « brute » a été utilisée (alors qu'en général les statistiques indiquent la production « nette ») par souci d'homogénéité avec les autres sources d'énergie. Lorsque la production brute n'était pas disponible, elle a été estimée en ajoutant 6 % à la production nette d'origine thermique et géothermique, 6 % à celle d'origine nucléaire et 1 % à celle d'origine hydraulique.

La production nette d'électricité est la différence entre la production brute et l'autoconsommation des centrales. Celle-ci apparaît à la ligne « Centrales Électriques » du secteur « Énergie ».

Dans la mesure où les données sont disponibles, l'électricité produite par les entreprises elles-mêmes est comprise dans les chiffres de production totale d'électricité et dans ceux qui correspondent à la consommation de combustibles dans les centrales thermiques classiques.

Dans la mesure où les données sont disponibles, la production totale d'électricité et la consommation de combustibles dans les centrales thermiques classiques comprennent l'électricité produite par les entreprises elles-mêmes pour leur propre consommation.

La production géothermique comprend aussi les « autres productions électriques » (c'est-à-dire, l'énergie solaire, la biomasse, etc.).

Pour les pays suivants, il existe quelques contradictions entre les quantités de combustibles fossiles mises en œuvre et la production d'électricité correspondante :

Autriche, Espagne, France, Islande, Luxembourg, Nouvelle-Zélande, Suède, Suisse.

Ces contradictions apparaissent de différentes façons : quelquefois les administrations ne peuvent que fournir des renseignements sur les livraisons de combustibles fossiles aux centrales et non les quantités réellement brûlées pendant une période donnée. Dans d'autres cas, la production d'électricité par les autoproducteurs est mesurée mais pas leur consommation de combustibles. Les discussions se poursuivent avec les administrations concernées et nous espérons que des ajustements seront apportés pour tenir compte de facteurs tels que les changements de stocks et la consommation propre.

## NOTES PARTICULIÈRES RELATIVES A CERTAINS PAYS

| | |
|---|---|
| AUSTRALIE | Les données sur le pétrole et l'électricité sont basées sur l'année fiscale (1er juillet au 30 juin). |
| NOUVELLE-ZÉLANDE | Les données sur l'électricité sont basées sur l'année fiscale (1er avril au 31 mars). |
| JAPON | Les données sur l'électricité sont basées sur l'année fiscale (1er avril au 31 mars). Pour le charbon, les données sont relatives aux années fiscales de 1971 à 1979 et aux années calendaires à partir de 1980. |
| IRLANDE | La production de briquettes de lignite comprend la tourbe et les briquettes de tourbe. |

## COUVERTURE GÉOGRAPHIQUE

• Le Danemark comprend le Groenland et les Iles Faroes.
• Okinawa fait partie du Japon.
• Le Surinam et les Antilles Néerlandaises ne sont pas pris en compte pour les Pays-Bas.
• Les Iles Canaries font partie de l'Espagne.
• Les États-Unis comprennent Puerto-Rico, Quam, les Iles Vierges et la zone de libre échange de Hawai.
• Pour les pays suivants, les administrations n'ont pas pu envoyer le détail des données dans la consommation de l'industrie pour certains produits. Cela se répercute dans les totaux de l'AIE et de l'OCDE, lesquels doivent être utilisés avec une attention particulière pour les années antérieures à 1980.

| | | | |
|---|---|---|---|
| ÉTATS-UNIS | Gaz naturel | Avant | 1980 |
| AUSTRALIE | Gaz naturel | « | 1979 |
| AUSTRALIE | Quelques produits pétroliers | « | 1979 |
| JAPON | Quelques produits pétroliers | « | 1976 |
| IRLANDE | Quelques produits pétroliers | « | 1978 |
| TURQUIE | Quelques produits pétroliers | « | 1978 |

## ANNUAL TABLES

(1971-1981)

## TABLEAUX ANNUELS

(1971-1981)

## PRODUCTION AND USES OF ENERGY SOURCES : O. E. C. D. TOTAL

1971

| PRODUCTION AND USES \ ENERGY SOURCES | UNIT: 1000 METRIC TONS / UNITE: 1000 TONNES METRIQUES | | | | | | TCAL / TCAL | MANUFACTURED GAS (TCAL) / GAZ MANUFACTURE (TCAL) | | | MILLIONS OF (DE) KWH |
|---|---|---|---|---|---|---|---|---|---|---|---|
| | HARD COAL / HOUILLE | PATENT FUEL / AGGLOMERES | COKE OVEN COKE / COKE DE FOUR | GAS COKE / COKE DE GAZ | BROWN COAL / LIGNITE | BKB / BRIQ. DE LIGNITE | NATURAL GAS / GAZ NATUREL | GAS WORKS / USINES A GAZ | COKE OVENS / COKERIES | BLAST FURNACES / HAUT FOURNEAUX | ELECTRICITY* / ELECTRICITE* |
| | 1 | 2 | 3 | 4 | 5 | 6 | 7 | 8 | 9 | 10 | 11 |
| PRODUCTION | 920147 | 11061 | 200499 | 9188 | 168709 | 9465 | 7116346 | 112333 | 379841 | 401536 | 3703633 |
| FROM OTHER SOURCES | 3185 | - | - | - | - | - | 89 | 149123 | - | - | - |
| IMPORT | 124253 | 903 | 13661 | 202 | 1524 | 2315 | 484880 | 866 | - | - | 55364 |
| EXPORT | -100099 | -866 | -13520 | -484 | -45 | -712 | -398132 | -1104 | - | - | -54973 |
| INTL. MARINE BUNKERS | -58 | - | - | - | - | - | - | - | - | - | - |
| STOCK CHANGES | -1340 | -192 | -5912 | -110 | 89 | 45 | -100897 | -62 | - | - | - |
| DOMESTIC SUPPLY | 946088 | 10906 | 194728 | 8796 | 170277 | 11113 | 7102286 | 261156 | 379841 | 401536 | 3704024 |
| RETURNS TO SUPPLY | - | - | - | - | - | - | - | - | - | - | - |
| TRANSFERS | - | - | - | - | - | - | - | - | - | - | - |
| DOMESTIC AVAILABILITY | 946088 | 10906 | 194728 | 8796 | 170277 | 11113 | 7102286 | 261156 | 379841 | 401536 | 3704024 |
| STATISTICAL DIFFERENCE | -2218 | 17 | 52 | -1 | -270 | 15 | -6270 | -54 | 4322 | 5674 | -1312 |
| TRANSFORM. SECTOR ** | 771228 | - | 58386 | 181 | 148529 | 789 | 1358346 | 2424 | 58577 | 81791 | - |
| FOR SOLID FUELS | 278105 | - | 623 | - | 20237 | - | - | - | - | 1647 | - |
| FOR GASES | 12914 | - | 57584 | 152 | - | - | 111162 | - | 42204 | 1635 | - |
| PETROLEUM REFINERIES | - | - | - | - | - | - | 727 | - | - | - | - |
| THERMO-ELECTRIC PLANTS | 480209 | - | 179 | 29 | 128292 | 789 | 1246457 | 2424 | 16373 | 78509 | - |
| ENERGY SECTOR | 6380 | 53 | 1571 | 396 | 4984 | 28 | 1073219 | 38587 | 129570 | 40305 | 581921 |
| COAL MINES | 6276 | - | - | - | 4982 | - | - | - | 176 | - | 29539 |
| OIL AND GAS EXTRACTION | - | - | - | - | - | - | 690955 | - | - | - | 14718 |
| PETROLEUM REFINERIES | - | - | - | - | - | - | 275398 | - | - | - | 48687 |
| ELECTRIC PLANTS | - | - | - | - | - | - | - | - | - | - | 182855 |
| DISTRIBUTION LOSSES | 99 | - | 25 | - | 2 | - | 105981 | 28934 | 1779 | 10863 | 285726 |
| PUMP STORAGE (ELECTR.) | - | - | - | - | - | - | - | - | - | - | 18358 |
| OTHER ENERGY SECTOR | 5 | 53 | 1546 | 396 | - | 28 | 885 | 9653 | 127615 | 29442 | 2038 |
| FINAL CONSUMPTION | 170698 | 10836 | 134719 | 8220 | 17034 | 10281 | 4676991 | 220199 | 187372 | 273766 | 3123415 |
| INDUSTRY SECTOR | 110883 | 211 | 123330 | 5614 | 13202 | 1341 | 2386083 | 39839 | 187372 | 273766 | 1558950 |
| IRON AND STEEL | 12270 | 8 | 108635 | 4933 | 140 | 130 | 259498 | 13694 | 167147 | 269955 | 219561 |
| CHEMICAL | 7333 | - | 1547 | 3 | 3061 | 226 | 192093 | 2123 | 6769 | - | 287445 |
| PETROCHEMICAL | 23 | - | 62 | - | - | - | 15599 | - | - | - | 36661 |
| NON-FERROUS METAL | 3884 | - | 714 | - | 1379 | 14 | 17496 | 1475 | 66 | - | 202331 |
| NON-METALLIC MINERAL | 7258 | 15 | 1585 | - | 65 | 91 | 76898 | 3912 | 197 | 113 | 75677 |
| PAPER PULP AND PRINT | 2815 | - | 49 | - | 799 | 38 | 31856 | 308 | - | - | 166960 |
| MINING AND QUARRYING | 384 | - | 93 | - | 4 | - | 11502 | 22 | 1211 | - | 23692 |
| FOOD AND TOBACCO | 2978 | 3 | 359 | - | 167 | - | 26938 | 1629 | - | - | 73096 |
| WOOD AND WOOD PRODUCTS | 19 | - | 1 | - | - | - | 1983 | - | - | - | 22353 |
| MACHINERY | 287 | - | 757 | - | 46 | - | 15656 | 4616 | 238 | - | 108377 |
| TRANSPORT EQUIPMENT | 135 | - | 346 | - | - | - | 3548 | - | - | - | 53624 |
| CONSTRUCTION | 20 | - | - | - | 20 | - | - | - | - | - | 3948 |
| TEXTILES AND LEATHER | 357 | - | 4 | - | 34 | - | 1886 | - | - | - | 67202 |
| NON SPECIFIED | 73120 | 185 | 9178 | 678 | 7487 | 842 | 1731130 | 12060 | 11744 | 3698 | 218023 |
| NON-ENERGY USES: | | | | | | | | | | | |
| (1)ENERGY PRODUCTS | - | - | - | - | - | - | 16798 | - | - | - | - |
| (2)NON-ENERGY PRODUCTS | - | - | - | - | - | - | - | - | - | - | - |
| TRANSPORT. SECTOR ** | 4091 | 577 | 194 | 9 | 282 | 141 | 1232 | - | - | - | 46943 |
| AIR TRANSPORT | - | - | - | - | - | - | - | - | - | - | - |
| ROAD TRANSPORT | - | - | - | - | - | - | 1232 | - | - | - | - |
| RAILWAYS | 3840 | 577 | 194 | 9 | 282 | 141 | - | - | - | - | 46943 |
| INTERNAL NAVIGATION | 251 | - | - | - | - | - | - | - | - | - | - |
| OTHER SECTORS ** | 55724 | 10048 | 11195 | 2597 | 3550 | 8799 | 2289676 | 180360 | - | - | 1517522 |
| AGRICULTURE | - | - | 35 | - | 87 | - | - | - | - | - | 34116 |
| PUBLIC SERVICES | 100 | - | 540 | - | - | - | 1865 | 4046 | - | - | - |
| COMMERCE | - | - | 390 | - | - | - | 753864 | 33820 | - | - | 574591 |
| RESIDENTIAL | 50383 | 9863 | 9791 | 2513 | 3442 | 8775 | 1530119 | 142055 | - | - | 875459 |

(1) INCLUDED IN CHEMICAL OR PETROCHEMICAL INDUSTRY
(2) INCLUDED ONLY IN TOTAL INDUSTRY

| * OF WHICH: HYDRO | 810839 |
|---|---|
| NUCLEAR | 93953 |
| CONVENTIONAL THERMAL | 2618067 |
| GEOTHERMAL | 4506 |

** INCLUDED IN THESE TOTALS ARE THE NON-SPECIFIED ELEMENTS

## PRODUCTION ET UTILISATION DES SOURCES D ENERGIE : O.C.D.E. TOTAL

**1971**

UNIT: 1000 METRIC TONS
UNITE: 1000 TONNES METRIQUES

| OIL / PETROLE: CRUDE / BRUT | OIL / PETROLE: NGL / GNL | OIL / PETROLE: FEEDST. | REFINERY GAS / GAZ DE PETROLE | LIQUEFIED PETROLEUM GASES / GAZ LIQUEFIES DE PETROLE | AVIATION GASOLINE / ESSENCE AVION | MOTOR GASOLINE / ESSENCE AUTO | JET FUEL / CARBURANT REACTEUR | KEROSENE / PETROLE LAMPANT | GAS/DIESEL OIL / GAZ/DIESEL OIL | RESIDUAL FUEL OIL / FUEL OIL RESIDUEL | NAPHTHA / NAPHTHA | NON-ENERGY PRODUCTS / PRODUITS NON-ENERGETIQUES |
|---|---|---|---|---|---|---|---|---|---|---|---|---|
| 12 | 13 | 14 | 15 | 16 | 17 | 18 | 19 | 20 | 21 | 22 | 23 | 24 |
| 573796 | - | - | 41407 | 27312 | 2825 | 375404 | 60410 | 35836 | 351444 | 404680 | 70778 | 106940 |
| 28998 | - | - | 1 | 35396 | - | 815 | 3 | 161 | 200 | 32 | 51 | 771 |
| 960932 | - | - | - | 7914 | 468 | 17481 | 12810 | 2379 | 63780 | 148364 | 16009 | 12412 |
| -38314 | - | - | - | -3514 | -564 | -11517 | -6807 | -2948 | -41754 | -44352 | -11872 | -16191 |
| - | - | - | - | - | - | - | - | - | -7726 | -49998 | - | -274 |
| -7261 | - | - | 24 | -2365 | 38 | -1452 | -1475 | 68 | -5078 | -2302 | 85 | -2067 |
| 1518151 | - | - | 41432 | 64743 | 2767 | 380731 | 64941 | 35496 | 360866 | 456424 | 75051 | 101591 |
| - | - | - | - | - | - | - | - | - | - | - | -2072 | - |
| - | - | - | 238 | - | 8 | 1728 | -3 | -200 | 436 | -123 | -2503 | -2 |
| 1518151 | - | - | 41670 | 64743 | 2775 | 382459 | 64938 | 35296 | 361302 | 456301 | 70476 | 101589 |
| -49 | - | - | 87 | -142 | 5 | 41 | 9 | -62 | 702 | 172 | -1250 | 259 |
| 1518153 | - | - | 1230 | 1833 | 4 | 1400 | - | 10 | 6403 | 162047 | 5480 | 470 |
| - | - | - | - | - | - | - | - | - | - | - | - | 404 |
| 1100 | - | - | 771 | 1833 | - | 1400 | - | - | 92 | 203 | 4517 | - |
| 1507153 | - | - | - | - | 4 | - | - | - | - | - | - | - |
| 9900 | - | - | 459 | - | - | - | - | 10 | 6311 | 161844 | 963 | 66 |
| - | - | - | 37519 | 340 | - | 66 | 12 | 7 | 248 | 17824 | 199 | 1928 |
| - | - | - | - | - | - | - | - | - | - | - | - | - |
| - | - | - | 37519 | 218 | - | 26 | 2 | 2 | 193 | 17794 | 184 | 1928 |
| - | - | - | - | - | - | - | - | - | - | - | - | - |
| - | - | - | - | 122 | - | 40 | 10 | 5 | 55 | 30 | 15 | - |
| - | - | - | - | - | - | - | - | - | - | - | - | - |
| - | - | - | - | - | - | - | - | - | - | - | - | - |
| 47 | - | - | 2834 | 62712 | 2766 | 380952 | 64917 | 35341 | 353949 | 276258 | 66047 | 98932 |
| 47 | - | - | 2103 | 25273 | - | 152 | 9 | 3431 | 43608 | 181108 | 62556 | 98842 |
| - | - | - | - | 333 | - | 2 | - | 22 | 1939 | 32242 | 158 | 3 |
| - | - | - | 173 | 188 | - | 1 | - | 39 | 3208 | 20129 | 17627 | 75 |
| 47 | - | - | 1930 | 18628 | - | - | - | 449 | 618 | 5297 | 44766 | - |
| - | - | - | - | 53 | - | - | - | 12 | 886 | 1855 | - | - |
| - | - | - | - | 246 | - | - | - | 17 | 2476 | 22059 | - | 30 |
| - | - | - | - | 27 | - | - | - | 14 | 1710 | 23224 | - | 14 |
| - | - | - | - | 16 | - | - | - | 41 | 602 | 1089 | - | 116 |
| - | - | - | - | 36 | - | - | - | 36 | 2529 | 12767 | - | - |
| - | - | - | - | 17 | - | - | - | 12 | 90 | 741 | - | - |
| - | - | - | - | 2 | - | 45 | - | 9 | 926 | 3692 | - | - |
| - | - | - | - | 6 | - | - | - | 7 | 267 | 2084 | - | - |
| - | - | - | - | - | - | - | - | - | 90 | - | - | - |
| - | - | - | - | - | - | - | - | - | - |  | - | - |
| - | - | - | - | 5721 | - | 104 | 9 | 2773 | 28267 | 55929 | 5 | 71 |
| - | - | - | 236 | 1271 | - | - | - | 444 | 853 | 1862 | 58764 | - |
| - | - | - | - | - | - | - | - | - | - | - | - | 98533 |
| - | - | - | - | 4856 | 2766 | 379875 | 64723 | 91 | 92277 | 6995 | - | - |
| - | - | - | - | - | 2766 | - | 64723 | - | - | - | - | - |
| - | - | - | - | 4851 | - | 379637 | - | 9 | 60366 | 58 | - | - |
| - | - | - | - | 5 | - | 3 | - | 52 | 19366 | 1816 | - | - |
| - | - | - | - | - | - | 235 | - | 30 | 12545 | 5121 | - | - |
| - | - | - | 731 | 32583 | - | 925 | 185 | 31819 | 218064 | 88155 | 3491 | 90 |
| - | - | - | - | 76 | - | 504 | - | 1401 | 15708 | 1996 | - | - |
| - | - | - | - | - | - | 180 | 185 | 14 | 247 | 310 | - | - |
| - | - | - | - | - | - | 170 | - | 247 | 2877 | 36428 | - | - |
| - | - | - | - | 24860 | - | - | - | 26943 | 184917 | 27967 | - | 20 |

# PRODUCTION AND USES OF ENERGY SOURCES : O. E. C. D. TOTAL

1972

| X XX ENERGY XX XX SOURCES XX XX XX PRODUCTION XX XX AND USES XX | UNIT: 1000 METRIC TONS / UNITE: 1000 TONNES METRIQUES | | | | | | TCAL / TCAL | MANUFACTURED GAS (TCAL) / GAZ MANUFACTURE (TCAL) | | | MILLIONS OF (DE) KWH |
|---|---|---|---|---|---|---|---|---|---|---|---|
| | HARD COAL / HOUILLE | PATENT FUEL / AGGLOMERES | COKE OVEN COKE / COKE DE FOUR | GAS COKE / COKE DE GAZ | BROWN COAL / LIGNITE | BKB / BRIQ. DE LIGNITE | NATURAL GAS / GAZ NATUREL | GAS WORKS / USINES A GAZ | COKE OVENS / COKERIES | BLAST FURNACES / HAUT FOURNEAUX | ELECTRICITY* / ELECTRICITE* |
| | 1 | 2 | 3 | 4 | 5 | 6 | 7 | 8 | 9 | 10 | 11 |
| PRODUCTION | 920744 | 9851 | 199884 | 7226 | 178446 | 8420 | 7634642 | 107177 | 375507 | 407305 | 4007393 |
| FROM OTHER SOURCES | 3122 | - | - | - | - | - | 1186 | 128793 | - | - | - |
| IMPORT | 126934 | 810 | 14001 | 207 | 1905 | 2217 | 544997 | 374 | - | - | 65260 |
| EXPORT | -100890 | -785 | -13156 | -853 | -51 | -619 | -479857 | -637 | - | - | -64921 |
| INTL. MARINE BUNKERS | -43 | - | - | - | - | - | - | - | - | - | - |
| STOCK CHANGES | -29693 | -50 | -2562 | 295 | -589 | 177 | -42455 | -376 | - | - | - |
| DOMESTIC SUPPLY | 920174 | 9826 | 198167 | 6875 | 179711 | 10195 | 7658513 | 235331 | 375507 | 407305 | 4007732 |
| RETURNS TO SUPPLY | - | - | - | - | - | - | - | - | - | - | - |
| TRANSFERS | - | - | - | - | - | - | - | - | - | - | - |
| DOMESTIC AVAILABILITY | 920174 | 9826 | 198167 | 6875 | 179711 | 10195 | 7658513 | 235331 | 375507 | 407305 | 4007732 |
| STATISTICAL DIFFERENCE | -776 | -1 | 326 | - | -26 | 29 | -11931 | -120 | 5665 | -3116 | 157 |
| TRANSFORM. SECTOR ** | 761366 | - | 60105 | 120 | 158754 | 1080 | 1411072 | 1305 | 57795 | 86228 | - |
| FOR SOLID FUELS | 275309 | - | 542 | - | 18531 | - | - | - | - | 1396 | - |
| FOR GASES | 10651 | - | 59388 | 108 | - | - | 103977 | - | 34450 | 1523 | - |
| PETROLEUM REFINERIES | - | - | - | - | - | - | 1996 | - | - | - | - |
| THERMO-ELECTRIC PLANTS | 475406 | - | 175 | 12 | 140223 | 1080 | 1305099 | 1305 | 23345 | 83309 | - |
| ENERGY SECTOR | 5448 | 50 | 1275 | 160 | 4258 | 51 | 1101447 | 25193 | 124067 | 42631 | 629471 |
| COAL MINES | 5302 | - | - | - | 4258 | - | - | - | 151 | - | 29084 |
| OIL AND GAS EXTRACTION | - | - | - | - | - | - | 671348 | - | - | - | 15869 |
| PETROLEUM REFINERIES | - | - | - | - | - | - | 278161 | - | - | - | 49277 |
| ELECTRIC PLANTS | - | - | - | - | - | - | - | - | - | - | 201915 |
| DISTRIBUTION LOSSES | 143 | - | 25 | - | - | - | 150567 | 15442 | 1543 | 13152 | 312097 |
| PUMP STORAGE (ELECTR.) | - | - | - | - | - | - | - | - | - | - | 19333 |
| OTHER ENERGY SECTOR | 3 | 50 | 1250 | 160 | - | 51 | 1371 | 9751 | 122373 | 29479 | 1896 |
| FINAL CONSUMPTION | 154136 | 9777 | 136461 | 6595 | 16725 | 9035 | 5157925 | 208953 | 187980 | 281562 | 3378104 |
| INDUSTRY SECTOR | 103069 | 281 | 126318 | 4864 | 12504 | 1273 | 2765826 | 36306 | 187975 | 281562 | 1659858 |
| IRON AND STEEL | 12131 | 12 | 112665 | 4615 | 113 | 133 | 281587 | 9426 | 169692 | 277154 | 239221 |
| CHEMICAL | 4926 | 1 | 1423 | 2 | 2988 | 188 | 214095 | 2192 | 5345 | - | 305950 |
| PETROCHEMICAL | 18 | - | 46 | - | - | - | 15451 | - | - | - | 38512 |
| NON-FERROUS METAL | 3755 | - | 692 | - | 1280 | 5 | 19478 | 2698 | - | - | 215829 |
| NON-METALLIC MINERAL | 5644 | 8 | 1281 | - | 63 | 83 | 95190 | 1835 | 834 | 155 | 80612 |
| PAPER PULP AND PRINT | 2112 | - | 39 | - | 772 | 46 | 39300 | 340 | - | - | 176438 |
| MINING AND QUARRYING | 352 | - | 87 | - | 5 | - | 12221 | 12 | 762 | - | 24684 |
| FOOD AND TOBACCO | 2500 | 2 | 340 | - | 103 | - | 34514 | 1646 | - | - | 76693 |
| WOOD AND WOOD PRODUCTS | 20 | - | 1 | - | 2 | - | 2443 | - | - | - | 25177 |
| MACHINERY | 191 | - | 742 | - | 45 | - | 19653 | 4700 | 520 | - | 112852 |
| TRANSPORT EQUIPMENT | 128 | - | 334 | - | - | - | 4285 | - | - | - | 55610 |
| CONSTRUCTION | 25 | - | 21 | - | 20 | - | - | - | - | - | 4190 |
| TEXTILES AND LEATHER | 282 | - | 3 | - | 39 | - | 2895 | - | - | - | 70387 |
| NON SPECIFIED | 70985 | 258 | 8644 | 247 | 7074 | 818 | 2024714 | 13457 | 10822 | 4253 | 233703 |
| NON-ENERGY USES: | | | | | | | | | | | |
| (1)ENERGY PRODUCTS | - | - | - | - | - | - | 17080 | - | - | - | - |
| (2)NON-ENERGY PRODUCTS | - | - | - | - | - | - | - | - | - | - | - |
| TRANSPORT. SECTOR ** | 3103 | 675 | 182 | 3 | 233 | 123 | 1363 | - | - | - | 48534 |
| AIR TRANSPORT | - | - | - | - | - | - | - | - | - | - | - |
| ROAD TRANSPORT | - | - | - | - | - | - | 1363 | - | - | - | - |
| RAILWAYS | 2937 | 675 | 182 | 3 | 233 | 123 | - | - | - | - | 48534 |
| INTERNAL NAVIGATION | 166 | - | - | - | - | - | - | - | - | - | - |
| OTHER SECTORS ** | 47964 | 8821 | 9961 | 1728 | 3988 | 7639 | 2390736 | 172647 | 5 | - | 1669712 |
| AGRICULTURE | - | - | 40 | - | 79 | - | - | - | - | - | 33241 |
| PUBLIC SERVICES | 150 | - | 540 | - | 5 | - | 4561 | 4577 | - | - | - |
| COMMERCE | - | - | 390 | - | - | - | 745413 | 33258 | 5 | - | 624567 |
| RESIDENTIAL | 42985 | 8643 | 8619 | 1657 | 3887 | 7619 | 1635334 | 134254 | - | - | 974883 |

(1) INCLUDED IN CHEMICAL OR PETROCHEMICAL INDUSTRY
(2) INCLUDED ONLY IN TOTAL INDUSTRY

| * OF WHICH: | |
|---|---|
| HYDRO | 810839 |
| NUCLEAR | 93953 |
| CONVENTIONAL THERMAL | 2618067 |
| GEOTHERMAL | 4506 |

** INCLUDED IN THESE TOTALS ARE THE NON-SPECIFIED ELEMENTS

## PRODUCTION ET UTILISATION DES SOURCES D ENERGIE : O.C.D.E. TOTAL

1972

UNIT: 1000 METRIC TONS
UNITE: 1000 TONNES METRIQUES

| OIL / PETROLE: CRUDE / BRUT | OIL / PETROLE: NGL / GNL | OIL / PETROLE: FEEDST. | REFINERY GAS / GAZ DE PETROLE | LIQUEFIED PETROLEUM GASES / GAZ LIQUEFIES DE PETROLE | AVIATION GASOLINE / ESSENCE AVION | MOTOR GASOLINE / ESSENCE AUTO | JET FUEL / CARBURANT REACTEUR | KEROSENE / PETROLE LAMPANT | GAS/DIESEL OIL / GAZ/DIESEL OIL | RESIDUAL FUEL OIL / FUEL OIL RESIDUEL | NAPHTHA / NAPHTHA | NON-ENERGY PRODUCTS / PRODUITS NON-ENERGETIQUES |
|---|---|---|---|---|---|---|---|---|---|---|---|---|
| 12 | 13 | 14 | 15 | 16 | 17 | 18 | 19 | 20 | 21 | 22 | 23 | 24 |
| 585995 | - | - | 43872 | 28963 | 2587 | 400047 | 64697 | 36051 | 375969 | 425237 | 77622 | 109795 |
| 28977 | - | - | 2 | 37304 | - | 693 | 1 | 138 | 298 | 530 | 136 | 800 |
| 1046298 | - | - | - | 9145 | 386 | 18702 | 14655 | 2259 | 65958 | 160500 | 18417 | 13851 |
| -52606 | - | - | - | -3885 | -399 | -13090 | -9138 | -2640 | -42518 | -49910 | -12101 | -17412 |
| - | - | - | - | - | - | - | - | - | -8351 | -54235 | - | -275 |
| 5704 | - | - | 23 | 780 | -6 | -342 | -1284 | 1048 | 3267 | 2418 | -964 | -843 |
| 1614368 | - | - | 43897 | 72307 | 2568 | 406010 | 68931 | 36856 | 394623 | 484540 | 83110 | 105916 |
| - | - | - | - | - | - | - | - | - | - | - | -2000 | - |
| - | - | - | 151 | - | - | 2031 | -65 | -149 | 308 | -79 | -2500 | -92 |
| 1614368 | - | - | 44048 | 72307 | 2568 | 408041 | 68866 | 36707 | 394931 | 484461 | 78610 | 105824 |
| -52 | - | - | 38 | -161 | 5 | -77 | 25 | -31 | 794 | 492 | -1062 | -227 |
| 1614375 | - | - | 1166 | 1962 | 4 | 1500 | - | 5 | 12123 | 181785 | 4979 | 831 |
| - | - | - | - | - | - | - | - | - | - | - | - | 720 |
| 800 | - | - | 765 | 1962 | - | 1500 | - | - | 118 | 211 | 4065 | - |
| 1598075 | - | - | - | - | 4 | - | - | - | - | - | - | - |
| 15500 | - | - | 401 | - | - | - | - | 5 | 12005 | 181574 | 914 | 111 |
| - | - | - | 40498 | 458 | - | 67 | 11 | 30 | 213 | 19219 | 318 | 1567 |
| - | - | - | - | - | - | - | - | - | - | - | - | - |
| - | - | - | - | - | - | - | - | - | - | - | - | - |
| - | - | - | 40498 | 292 | - | 27 | 1 | 25 | 158 | 19189 | 303 | 1567 |
| - | - | - | - | - | - | - | - | - | - | - | - | - |
| - | - | - | - | 166 | - | 40 | 10 | 5 | 55 | 30 | 15 | - |
| - | - | - | - | - | - | - | - | - | - | - | - | - |
| - | - | - | - | - | - | - | - | - | - | - | - | - |
| 45 | - | - | 2346 | 70048 | 2559 | 406551 | 68830 | 36703 | 381801 | 282965 | 74375 | 103653 |
| 45 | - | - | 1862 | 28640 | - | 166 | 9 | 3795 | 44480 | 182772 | 70603 | 103566 |
| - | - | - | - | 255 | - | 3 | - | 24 | 2271 | 32537 | 113 | 3 |
| - | - | - | 152 | 248 | - | 1 | - | 41 | 3934 | 20641 | 19594 | 65 |
| 45 | - | - | 1710 | 20942 | - | - | - | 455 | 901 | 5819 | 50884 | - |
| - | - | - | - | 47 | - | - | - | 13 | 908 | 1791 | - | - |
| - | - | - | - | 260 | - | - | - | 18 | 2559 | 22268 | 8 | 30 |
| - | - | - | - | 31 | - | - | - | 14 | 1752 | 24628 | - | 17 |
| - | - | - | - | 25 | - | - | - | 42 | 748 | 1128 | - | 150 |
| - | - | - | - | 49 | - | - | - | 50 | 2694 | 13296 | - | - |
| - | - | - | - | 23 | - | - | - | 10 | 121 | 910 | - | - |
| - | - | - | - | 1 | - | 45 | - | 11 | 1451 | 3707 | - | - |
| - | - | - | - | 8 | - | - | - | 6 | 302 | 2308 | - | - |
| - | - | - | - | - | - | - | - | - | 95 | - | - | - |
| - | - | - | - | - | - | - | - | - | - | - | - | - |
| - | - | - | - | 6751 | - | 117 | 9 | 3111 | 26744 | 53739 | 4 | 89 |
| - | - | - | 199 | 1432 | - | - | - | 447 | 1308 | 2175 | 66293 | - |
| - | - | - | - | - | - | - | - | - | - | - | - | 103212 |
| - | - | - | - | 5203 | 2559 | 405403 | 68621 | 92 | 100174 | 6912 | - | - |
| - | - | - | - | - | 2559 | - | 68621 | - | - | - | - | - |
| - | - | - | - | 5195 | - | 405143 | - | 8 | 65663 | 62 | - | - |
| - | - | - | - | 5 | - | - | - | 54 | 20929 | 1653 | - | - |
| - | - | - | - | 3 | - | 260 | - | 30 | 13582 | 5197 | - | - |
| - | - | - | 484 | 36205 | - | 982 | 200 | 32816 | 237147 | 93281 | 3772 | 87 |
| - | - | - | - | 70 | - | 523 | - | 1436 | 16785 | 1994 | - | - |
| - | - | - | - | - | - | 200 | 200 | 13 | 393 | 372 | - | - |
| - | - | - | - | - | - | 170 | - | 241 | 3160 | 40171 | - | - |
| - | - | - | - | 27520 | - | - | - | 27981 | 201523 | 28221 | - | 21 |

## PRODUCTION AND USES OF ENERGY SOURCES : O.E.C.D. TOTAL

1973

| PRODUCTION AND USES \ ENERGY SOURCES | UNIT: 1000 METRIC TONS / UNITE: 1000 TONNES METRIQUES | | | | | | TCAL / TCAL | MANUFACTURED GAS (TCAL) / GAZ MANUFACTURE (TCAL) | | | MILLIONS OF (DE) KWH |
|---|---|---|---|---|---|---|---|---|---|---|---|
| | HARD COAL / HOUILLE | PATENT FUEL / AGGLOMERES | COKE OVEN COKE / COKE DE FOUR | GAS COKE / COKE DE GAZ | BROWN COAL / LIGNITE | BKB / BRIQ. DE LIGNITE | NATURAL GAS / GAZ NATUREL | GAS WORKS / USINES A GAZ | COKE OVENS / COKERIES | BLAST FURNACES / HAUT FOURNEAUX | ELECTRICITY* / ELECTRICITE* |
| | 1 | 2 | 3 | 4 | 5 | 6 | 7 | 8 | 9 | 10 | 11 |
| PRODUCTION | 910451 | 8835 | 216220 | 7100 | 193974 | 8083 | 7639194 | 104807 | 398742 | 464451 | 4302520 |
| FROM OTHER SOURCES | 2468 | - | - | - | - | - | 7 | 105971 | - | - | - |
| IMPORT | 133305 | 649 | 16074 | 32 | 1858 | 1960 | 655993 | 16 | - | - | 72221 |
| EXPORT | -107460 | -673 | -15964 | -596 | -58 | -576 | -561129 | -57 | - | - | -71122 |
| INTL. MARINE BUNKERS | -4 | - | - | - | - | - | - | - | - | - | - |
| STOCK CHANGES | 19313 | 206 | 3498 | -43 | 23 | 40 | -132132 | 1064 | - | - | - |
| DOMESTIC SUPPLY | 958073 | 9017 | 219828 | 6493 | 195797 | 9507 | 7601933 | 211801 | 398742 | 464451 | 4303619 |
| RETURNS TO SUPPLY | - | - | - | - | - | - | - | - | - | - | - |
| TRANSFERS | - | - | - | - | - | - | - | - | - | - | - |
| DOMESTIC AVAILABILITY | 958073 | 9017 | 219828 | 6493 | 195797 | 9507 | 7601933 | 211801 | 398742 | 464451 | 4303619 |
| STATISTICAL DIFFERENCE | -2810 | - | -213 | -235 | 104 | 32 | 21769 | 839 | 754 | 5294 | 7164 |
| TRANSFORM. SECTOR ** | 813323 | - | 67247 | 22 | 176099 | 1129 | 1359309 | 1512 | 66191 | 100903 | - |
| FOR SOLID FUELS | 292864 | - | 725 | - | 17702 | - | - | - | - | 1269 | - |
| FOR GASES | 10107 | - | 66359 | 15 | - | - | 83005 | - | 27918 | 1631 | - |
| PETROLEUM REFINERIES | - | - | - | - | - | - | 2412 | - | - | - | - |
| THERMO-ELECTRIC PLANTS | 510352 | - | 163 | 7 | 158397 | 1129 | 1273892 | 1512 | 38273 | 98003 | - |
| ENERGY SECTOR | 5013 | 52 | 3071 | 132 | 3951 | 76 | 1030052 | 21237 | 133933 | 51776 | 664245 |
| COAL MINES | 4735 | - | - | - | 3951 | - | 3310 | - | 277 | - | 30798 |
| OIL AND GAS EXTRACTION | - | - | - | - | - | - | 653996 | - | - | - | 17716 |
| PETROLEUM REFINERIES | - | - | - | - | - | - | 278099 | - | - | - | 52746 |
| ELECTRIC PLANTS | - | - | - | - | - | - | - | - | - | - | 216604 |
| DISTRIBUTION LOSSES | 98 | - | 25 | - | - | - | 91371 | 12799 | 2278 | 14138 | 319017 |
| PUMP STORAGE (ELECTR.) | - | - | - | - | - | - | - | - | - | - | 25525 |
| OTHER ENERGY SECTOR | 180 | 52 | 3046 | 132 | - | 76 | 3276 | 8438 | 131378 | 37638 | 1839 |
| FINAL CONSUMPTION | 142547 | 8965 | 149723 | 6574 | 15643 | 8270 | 5190803 | 188213 | 197864 | 306478 | 3632210 |
| INDUSTRY SECTOR | 99823 | 235 | 139903 | 5035 | 11870 | 1260 | 2709421 | 34257 | 197861 | 306478 | 1793090 |
| IRON AND STEEL | 10632 | 5 | 125573 | 4951 | 339 | 150 | 327225 | 8617 | 178681 | 301685 | 267958 |
| CHEMICAL | 6263 | 2 | 1350 | 40 | 5631 | 514 | 232074 | 2171 | 5024 | - | 334156 |
| PETROCHEMICAL | 15 | - | 38 | - | - | - | 31352 | - | - | - | 40667 |
| NON-FERROUS METAL | 3702 | - | 825 | - | 1072 | 5 | 22144 | 1967 | - | - | 229207 |
| NON-METALLIC MINERAL | 6648 | 3 | 1159 | - | 53 | 59 | 103084 | 1661 | 631 | 146 | 87071 |
| PAPER PULP AND PRINT | 2238 | - | 41 | - | 725 | 41 | 46273 | 411 | - | - | 189343 |
| MINING AND QUARRYING | 306 | - | 112 | - | 22 | 2 | 13825 | 6 | 1538 | 50 | 26613 |
| FOOD AND TOBACCO | 2218 | - | 354 | - | 81 | 10 | 41311 | 1325 | - | - | 81939 |
| WOOD AND WOOD PRODUCTS | 21 | - | 1 | - | 2 | - | 2893 | - | - | - | 28090 |
| MACHINERY | 182 | - | 755 | - | 41 | - | 24864 | 4245 | 527 | - | 125466 |
| TRANSPORT EQUIPMENT | 757 | - | 410 | - | - | - | 4563 | - | - | - | 58702 |
| CONSTRUCTION | 25 | - | 20 | - | 12 | - | - | - | - | - | 4689 |
| TEXTILES AND LEATHER | 297 | - | 2 | - | 18 | - | 2879 | - | - | - | 74247 |
| NON SPECIFIED | 66519 | 225 | 9263 | 44 | 3874 | 479 | 1856934 | 13854 | 11460 | 4597 | 244942 |
| NON-ENERGY USES: | | | | | | | | | | | |
| (1)ENERGY PRODUCTS | - | - | - | - | - | - | 34043 | - | - | - | - |
| (2)NON-ENERGY PRODUCTS | - | - | - | - | - | - | - | - | - | - | - |
| TRANSPORT. SECTOR ** | 2607 | 237 | 178 | - | 275 | 112 | 1527 | - | - | - | 49992 |
| AIR TRANSPORT | - | - | - | - | - | - | - | - | - | - | - |
| ROAD TRANSPORT | - | - | - | - | - | - | 1527 | - | - | - | - |
| RAILWAYS | 2441 | 237 | 178 | - | 275 | 112 | - | - | - | - | 49992 |
| INTERNAL NAVIGATION | 166 | - | - | - | - | - | - | - | - | - | - |
| OTHER SECTORS ** | 40117 | 8493 | 9642 | 1539 | 3498 | 6898 | 2479855 | 153956 | 3 | - | 1789128 |
| AGRICULTURE | 80 | - | 50 | - | 73 | - | 18 | - | - | - | 35956 |
| PUBLIC SERVICES | 2180 | - | 530 | - | 4 | - | 8492 | 4432 | - | - | - |
| COMMERCE | 340 | - | 380 | - | - | - | 839701 | 31014 | 3 | - | 691033 |
| RESIDENTIAL | 33866 | 8491 | 8342 | 1463 | 3405 | 6876 | 1623453 | 117686 | - | - | 1033403 |

(1) INCLUDED IN CHEMICAL OR PETROCHEMICAL INDUSTRY
(2) INCLUDED ONLY IN TOTAL INDUSTRY

| * OF WHICH: | |
|---|---|
| HYDRO | 851145 |
| NUCLEAR | 127058 |
| CONVENTIONAL THERMAL | 2830606 |
| GEOTHERMAL | 5394 |

** INCLUDED IN THESE TOTALS ARE THE NON-SPECIFIED ELEMENTS

## PRODUCTION ET UTILISATION DES SOURCES D ENERGIE : O.C.D.E. TOTAL

1973

UNIT: 1000 METRIC TONS
UNITE: 1000 TONNES METRIQUES

| OIL / PETROLE | | | REFINERY GAS | LIQUEFIED PETROLEUM GASES | AVIATION GASOLINE | MOTOR GASOLINE | JET FUEL | KEROSENE | GAS/DIESEL OIL | RESIDUAL FUEL OIL | NAPHTHA | NON-ENERGY PRODUCTS |
|---|---|---|---|---|---|---|---|---|---|---|---|---|
| CRUDE / BRUT | NGL / GNL | FEEDST. | GAZ DE PETROLE | GAZ LIQUEFIES DE PETROLE | ESSENCE AVION | ESSENCE AUTO | CARBURANT REACTEUR | PETROLE LAMPANT | GAZ/DIESEL OIL | FUEL OIL RESIDUEL | NAPHTHA | PRODUITS NON-ENERGETIQUES |
| 12 | 13 | 14 | 15 | 16 | 17 | 18 | 19 | 20 | 21 | 22 | 23 | 24 |
| 613006 | - | - | 50875 | 29705 | 2499 | 422184 | 67229 | 40751 | 415048 | 470454 | 88356 | 118750 |
| 1217 | - | - | - | 1363 | - | 711 | - | 91 | 40 | 14 | 168 | 735 |
| 1197652 | - | - | - | 11459 | 370 | 21288 | 15033 | 2330 | 76291 | 160147 | 23000 | 16388 |
| -59628 | - | - | - | -4139 | -308 | -14918 | -7483 | -2496 | -49144 | -53895 | -14511 | -19130 |
| - | - | - | - | - | - | - | - | - | -8817 | -60645 | - | -296 |
| -7400 | - | - | -4 | 91 | 30 | -1313 | -708 | -2376 | -8602 | 368 | 637 | 312 |
| 1744847 | - | - | 50871 | 38479 | 2591 | 427952 | 74071 | 38300 | 424816 | 516443 | 97650 | 116759 |
| - | - | - | - | - | - | 1 | - | 260 | 200 | - | - | 434 |
| -30682 | - | - | - | 31225 | - | -139 | -83 | -242 | -1039 | 920 | -3803 | -124 |
| 1714165 | - | - | 50871 | 69704 | 2591 | 427814 | 73988 | 38318 | 423977 | 517363 | 93847 | 117069 |
| -36708 | - | - | 35 | -1648 | -39 | 41 | 1528 | -277 | 1194 | -1967 | 1651 | -619 |
| 1750675 | - | - | 1359 | 2147 | - | - | 801 | 7 | 11897 | 213325 | 6842 | 881 |
| - | - | - | - | - | - | - | - | - | - | - | - | 804 |
| 400 | - | - | 882 | 2147 | - | - | - | - | 52 | 263 | 4589 | - |
| 1729676 | - | - | - | - | - | - | - | - | - | 160 | - | - |
| 20599 | - | - | 477 | - | - | - | 801 | 7 | 11845 | 212902 | 2253 | 77 |
| - | - | - | 47196 | 1039 | - | 25 | 18 | 7 | 286 | 28522 | 420 | 13901 |
| - | - | - | - | - | - | - | - | - | - | - | - | - |
| - | - | - | 47196 | 929 | - | 25 | 3 | 2 | 226 | 28482 | 400 | 13901 |
| - | - | - | - | - | - | - | - | - | - | - | - | - |
| - | - | - | - | 110 | - | - | 15 | 5 | 60 | 40 | 20 | - |
| - | - | - | - | - | - | - | - | - | - | - | - | - |
| - | - | - | - | - | - | - | - | - | - | - | - | - |
| 198 | - | - | 2281 | 68166 | 2630 | 427748 | 71641 | 38581 | 410600 | 277483 | 84934 | 102906 |
| 198 | - | - | 2226 | 32439 | - | 189 | 8 | 4392 | 48771 | 194537 | 81154 | 102821 |
| - | - | - | - | 262 | - | 3 | - | 10 | 2634 | 35057 | 122 | 2 |
| 133 | - | - | 356 | 235 | - | 2 | - | 48 | 4095 | 22333 | 2950 | 78 |
| 65 | - | - | 1870 | 24476 | - | 7 | - | 772 | 1026 | 6343 | 77972 | - |
| - | - | - | - | 72 | - | - | - | 11 | 1068 | 1902 | - | - |
| - | - | - | - | 277 | - | 1 | - | 16 | 3696 | 22422 | 8 | 34 |
| - | - | - | - | 46 | - | - | - | 13 | 1791 | 26484 | - | 17 |
| - | - | - | - | 48 | - | - | - | 65 | 1247 | 1944 | - | 150 |
| - | - | - | - | 45 | - | - | - | 43 | 2969 | 13588 | - | - |
| - | - | - | - | 25 | - | - | - | 14 | 645 | 937 | - | - |
| - | - | - | - | 3 | - | 50 | - | 11 | 1583 | 3828 | - | - |
| - | - | - | - | 8 | - | - | - | 9 | 446 | 2650 | - | - |
| - | - | - | - | - | - | - | - | - | 100 | - | - | - |
| - | - | - | - | - | - | - | - | - | - | - | - | - |
| - | - | - | - | 6942 | - | 126 | 8 | 3380 | 27471 | 57049 | 102 | 102 |
| 85 | - | - | 205 | 1781 | - | - | - | 766 | 1618 | 2890 | 75446 | - |
| - | - | - | - | - | - | - | - | - | - | - | - | 102438 |
| - | - | - | - | 5061 | 2630 | 426731 | 71353 | 102 | 112403 | 7397 | - | - |
| - | - | - | - | - | 2630 | - | 71353 | - | - | - | - | - |
| - | - | - | - | 5051 | - | 426440 | - | 10 | 77016 | 50 | - | - |
| - | - | - | - | 4 | - | - | - | 46 | 20712 | 1208 | - | - |
| - | - | - | - | 6 | - | 291 | - | 46 | 14675 | 6139 | - | - |
| - | - | - | 55 | 30666 | - | 828 | 280 | 34087 | 249426 | 75549 | 3780 | 85 |
| - | - | - | - | 207 | - | 468 | - | 1550 | 19267 | 2340 | - | - |
| - | - | - | - | - | - | - | 200 | 21 | 4185 | 2760 | - | - |
| - | - | - | - | - | - | 170 | - | 184 | 3421 | 32265 | - | - |
| - | - | - | - | 27641 | - | 19 | - | 29728 | 203312 | 25880 | - | 32 |

## PRODUCTION AND USES OF ENERGY SOURCES : O.E.C.D. TOTAL

1974

| PRODUCTION AND USES / ENERGY SOURCES | UNIT: 1000 METRIC TONS / UNITE: 1000 TONNES METRIQUES | | | | | | TCAL / TCAL | MANUFACTURED GAS (TCAL) / GAZ MANUFACTURE (TCAL) | | | MILLIONS OF (DE) KWH |
|---|---|---|---|---|---|---|---|---|---|---|---|
| | HARD COAL / HOUILLE | PATENT FUEL / AGGLOMERES | COKE OVEN COKE / COKE DE FOUR | GAS COKE / COKE DE GAZ | BROWN COAL / LIGNITE | BKB / BRIQ. DE LIGNITE | NATURAL GAS / GAZ NATUREL | GAS WORKS / USINES A GAZ | COKE OVENS / COKERIES | BLAST FURNACES / HAUT FOURNEAUX | ELECTRICITY* / ELECTRICITE* |
| | 1 | 2 | 3 | 4 | 5 | 6 | 7 | 8 | 9 | 10 | 11 |
| PRODUCTION | 892718 | 8429 | 213874 | 6570 | 205080 | 7858 | 7565721 | 95790 | 403989 | 465012 | 4323507 |
| FROM OTHER SOURCES | 2312 | - | - | - | - | - | 5 | 94960 | - | - | - |
| IMPORT | 150128 | 458 | 20535 | 17 | 2044 | 2284 | 773347 | 16 | - | - | 72632 |
| EXPORT | -116187 | -449 | -19227 | -898 | -68 | -648 | -632385 | -13 | - | - | -70747 |
| INTL. MARINE BUNKERS | - | - | - | - | - | - | - | - | - | - | - |
| STOCK CHANGES | 18926 | 176 | 6301 | 256 | 2 | 38 | -40165 | 534 | - | - | - |
| DOMESTIC SUPPLY | 947897 | 8614 | 221483 | 5945 | 207058 | 9532 | 7666523 | 191287 | 403989 | 465012 | 4325392 |
| RETURNS TO SUPPLY | - | - | - | - | - | - | - | - | - | - | - |
| TRANSFERS | - | - | - | - | - | - | - | - | - | - | - |
| DOMESTIC AVAILABILITY | 947897 | 8614 | 221483 | 5945 | 207058 | 9532 | 7666523 | 191287 | 403989 | 465012 | 4325392 |
| STATISTICAL DIFFERENCE | -4941 | -78 | -250 | 34 | 202 | 87 | 59056 | -494 | 4097 | 4093 | 4827 |
| TRANSFORM. SECTOR ** | 806022 | - | 67231 | 9 | 187479 | 1132 | 1385166 | 2102 | 70506 | 105706 | - |
| FOR SOLID FUELS | 294942 | - | 731 | - | 17206 | - | - | - | - | 1483 | - |
| FOR GASES | 9302 | - | 66342 | 7 | - | - | 70112 | - | 29807 | 1681 | - |
| PETROLEUM REFINERIES | - | - | - | - | - | - | 2287 | - | - | - | - |
| THERMO-ELECTRIC PLANTS | 501778 | - | 158 | 2 | 170273 | 1132 | 1312767 | 2102 | 40699 | 102542 | - |
| ENERGY SECTOR | 4704 | 48 | 2853 | 99 | 3747 | 122 | 991084 | 17535 | 135161 | 50395 | 618819 |
| COAL MINES | 4419 | - | - | - | 3747 | - | 5096 | - | 252 | - | 28712 |
| OIL AND GAS EXTRACTION | - | - | - | - | - | - | 630580 | - | - | - | 16861 |
| PETROLEUM REFINERIES | - | - | - | - | - | - | 269375 | - | - | - | 51408 |
| ELECTRIC PLANTS | - | - | - | - | - | - | - | - | - | - | 193947 |
| DISTRIBUTION LOSSES | 115 | - | 23 | - | - | - | 83003 | 9058 | 1794 | 12392 | 299703 |
| PUMP STORAGE (ELECTR.) | - | - | - | - | - | - | - | - | - | - | 25877 |
| OTHER ENERGY SECTOR | 170 | 48 | 2830 | 99 | - | 122 | 3030 | 8477 | 133115 | 38003 | 2311 |
| FINAL CONSUMPTION | 142112 | 8644 | 151649 | 5803 | 15630 | 8191 | 5231217 | 172144 | 194225 | 304818 | 3701746 |
| INDUSTRY SECTOR | 99966 | 156 | 141725 | 4951 | 11668 | 1282 | 2701092 | 39837 | 194201 | 304818 | 1795764 |
| IRON AND STEEL | 9780 | 7 | 127668 | 4854 | 355 | 172 | 326996 | 13691 | 175751 | 299452 | 269082 |
| CHEMICAL | 6422 | - | 1502 | 40 | 3459 | 555 | 246348 | 3328 | 5317 | - | 348473 |
| PETROCHEMICAL | - | - | 29 | - | - | - | 35719 | - | - | - | 40722 |
| NON-FERROUS METAL | 3675 | - | 992 | - | 1069 | 8 | 24355 | 1727 | - | - | 255673 |
| NON-METALLIC MINERAL | 6562 | 3 | 1205 | - | 157 | 44 | 113867 | 1862 | 478 | 141 | 88156 |
| PAPER PULP AND PRINT | 2540 | - | 34 | - | 861 | 36 | 51824 | 352 | - | - | 194267 |
| MINING AND QUARRYING | 330 | - | 96 | - | 62 | 2 | 16576 | 6 | 1444 | 70 | 24302 |
| FOOD AND TOBACCO | 2858 | - | 369 | - | 111 | 19 | 47351 | 1098 | - | - | 84500 |
| WOOD AND WOOD PRODUCTS | 29 | - | 1 | - | - | - | 2875 | - | - | - | 31410 |
| MACHINERY | 162 | - | 841 | - | 30 | - | 30494 | 2687 | 779 | - | 128291 |
| TRANSPORT EQUIPMENT | 724 | - | 376 | - | - | - | 4992 | - | - | - | 58287 |
| CONSTRUCTION | 27 | - | 11 | - | 12 | - | - | - | - | - | 4863 |
| TEXTILES AND LEATHER | 266 | - | 2 | - | 13 | - | 2874 | - | - | - | 74233 |
| NON SPECIFIED | 66591 | 146 | 8599 | 57 | 5539 | 446 | 1796821 | 15086 | 10432 | 5155 | 193505 |
| NON-ENERGY USES: | | | | | | | | | | | |
| (1)ENERGY PRODUCTS | - | - | - | - | - | - | 38741 | - | - | - | - |
| (2)NON-ENERGY PRODUCTS | - | - | - | - | - | - | - | - | - | - | - |
| TRANSPORT. SECTOR ** | 2090 | 178 | 142 | - | 279 | 120 | 2034 | - | - | - | 50942 |
| AIR TRANSPORT | - | - | - | - | - | - | - | - | - | - | - |
| ROAD TRANSPORT | - | - | - | - | - | - | 2034 | - | - | - | - |
| RAILWAYS | 1917 | 178 | 142 | - | 279 | 120 | - | - | - | - | 50942 |
| INTERNAL NAVIGATION | 173 | - | - | - | - | - | - | - | - | - | - |
| OTHER SECTORS ** | 40056 | 8310 | 9782 | 852 | 3683 | 6789 | 2528091 | 132307 | 24 | - | 1855040 |
| AGRICULTURE | 60 | - | 40 | - | 22 | - | 27 | - | - | - | 53813 |
| PUBLIC SERVICES | 2080 | - | 580 | - | 3 | - | 11090 | 2544 | - | - | - |
| COMMERCE | 460 | - | 350 | - | - | - | 850641 | 27762 | 24 | - | 717292 |
| RESIDENTIAL | 34039 | 8308 | 8522 | 812 | 3645 | 6769 | 1656706 | 101025 | - | - | 1056525 |

(1) INCLUDED IN CHEMICAL OR PETROCHEMICAL INDUSTRY
(2) INCLUDED ONLY IN TOTAL INDUSTRY

| * OF WHICH: | |
|---|---|
| HYDRO | 810839 |
| NUCLEAR | 93953 |
| CONVENTIONAL THERMAL | 2618067 |
| GEOTHERMAL | 4506 |

** INCLUDED IN THESE TOTALS ARE THE NON-SPECIFIED ELEMENTS

## PRODUCTION ET UTILISATION DES SOURCES D ENERGIE : O.C.D.E. TOTAL

**1974**

UNIT: 1000 METRIC TONS
UNITE: 1000 TONNES METRIQUES

| OIL / PETROLE: CRUDE / BRUT | OIL / PETROLE: NGL / GNL | OIL / PETROLE: FEEDST. | REFINERY GAS / GAZ DE PETROLE | LIQUEFIED PETROLEUM GASES / GAZ LIQUEFIES DE PETROLE | AVIATION GASOLINE / ESSENCE AVION | MOTOR GASOLINE / ESSENCE AUTO | JET FUEL / CARBURANT REACTEUR | KEROSENE / PETROLE LAMPANT | GAS/DIESEL OIL / GAZ/DIESEL OIL | RESIDUAL FUEL OIL / FUEL OIL RESIDUEL | NAPHTHA / NAPHTHA | NON-ENERGY PRODUCTS / PRODUITS NON-ENERGETIQUES |
|---|---|---|---|---|---|---|---|---|---|---|---|---|
| 12 | 13 | 14 | 15 | 16 | 17 | 18 | 19 | 20 | 21 | 22 | 23 | 24 |
| 623078 | - | - | 49374 | 27539 | 2419 | 413823 | 64694 | 34628 | 392777 | 452103 | 84110 | 115842 |
| 1326 | - | - | - | 1439 | - | 401 | - | 32 | 70 | 11 | 172 | 641 |
| 1160085 | - | - | - | 11726 | 376 | 22697 | 12678 | 1715 | 65623 | 141727 | 24731 | 17879 |
| -49781 | - | - | -21 | -3822 | -307 | -15046 | -6773 | -2029 | -42320 | -40733 | -13493 | -20300 |
| - | - | - | - | - | - | - | - | - | -7862 | -59854 | - | -287 |
| -22237 | - | - | -1 | -1406 | 43 | -1818 | -314 | 585 | -10355 | -6617 | -1134 | -1639 |
| 1712471 | - | - | 49352 | 35476 | 2531 | 420057 | 70285 | 34931 | 397933 | 486637 | 94386 | 112136 |
| - | - | - | 371 | 159 | - | 8 | 61 | 285 | 223 | - | 19 | 473 |
| -41017 | - | - | - | 39305 | - | -225 | -31 | -113 | -815 | 816 | -4886 | -205 |
| 1671454 | - | - | 49723 | 74940 | 2531 | 419840 | 70315 | 35103 | 397341 | 487453 | 89519 | 112404 |
| -11631 | - | - | 132 | 6380 | 66 | 52 | 1360 | -122 | 3188 | -1761 | 439 | 277 |
| 1682896 | - | - | 969 | 1975 | - | - | 638 | - | 12795 | 202687 | 6660 | 786 |
| - | - | - | - | - | - | - | - | - | - | - | - | 748 |
| 168 | - | - | 651 | 1975 | - | - | - | - | 36 | 205 | 3761 | - |
| 1662415 | - | - | - | - | - | - | - | - | - | 606 | - | - |
| 20313 | - | - | 318 | - | - | - | 638 | - | 12759 | 201876 | 2899 | 38 |
| - | - | - | 45790 | 950 | - | 26 | 18 | 8 | 482 | 29754 | 394 | 12573 |
| - | - | - | - | - | - | - | - | - | - | - | - | - |
| - | - | - | - | - | - | - | - | - | - | - | - | - |
| - | - | - | 45790 | 910 | - | 26 | 3 | 3 | 422 | 29714 | 374 | 12573 |
| - | - | - | - | - | - | - | - | - | - | - | - | - |
| - | - | - | - | 40 | - | - | 15 | 5 | 60 | 40 | 20 | - |
| - | - | - | - | - | - | - | - | - | - | - | - | - |
| - | - | - | - | - | - | - | - | - | - | - | - | - |
| 189 | - | - | 2832 | 65635 | 2465 | 419762 | 68299 | 35217 | 380876 | 256773 | 82026 | 98768 |
| 189 | - | - | 2803 | 31545 | - | 79 | 28 | 4458 | 46352 | 184052 | 78275 | 98675 |
| - | - | - | - | 225 | - | 1 | - | 9 | 2594 | 33612 | 76 | 1 |
| 180 | - | - | 566 | 271 | - | 1 | - | 39 | 4155 | 21038 | 2986 | 58 |
| 9 | - | - | 2237 | 23921 | - | 5 | - | 937 | 1264 | 5707 | 75135 | - |
| - | - | - | - | 76 | - | - | - | 14 | 954 | 2184 | - | - |
| - | - | - | - | 270 | - | - | - | 16 | 3139 | 32415 | - | 27 |
| - | - | - | - | 44 | - | - | - | 11 | 2169 | 26317 | - | 19 |
| - | - | - | - | 53 | - | - | - | 36 | 1244 | 2015 | - | 150 |
| - | - | - | - | 58 | - | - | - | 45 | 3443 | 13953 | - | - |
| - | - | - | - | 28 | - | - | - | 16 | 686 | 764 | - | - |
| - | - | - | - | 5 | - | 50 | - | 11 | 1346 | 3541 | - | - |
| - | - | - | - | 10 | - | - | - | 6 | 734 | 2597 | - | - |
| - | - | - | - | - | - | - | - | - | - | - | - | - |
| - | - | - | - | - | - | - | - | - | - | - | - | - |
| - | - | - | - | 6584 | - | 22 | 28 | 3318 | 24624 | 39909 | 78 | 66 |
| 126 | - | - | 144 | 1947 | - | - | - | 928 | 2014 | 2731 | 72223 | - |
| - | - | - | - | - | - | - | - | - | - | - | - | 98354 |
| - | - | - | - | 4844 | 2465 | 418937 | 68016 | 112 | 111176 | 8274 | - | - |
| - | - | - | - | - | 2465 | - | 68016 | - | - | - | - | - |
| - | - | - | - | 4831 | - | 418867 | - | 19 | 76168 | 39 | - | - |
| - | - | - | - | 5 | - | - | - | 43 | 20679 | 1124 | - | - |
| - | - | - | - | 8 | - | 70 | - | 50 | 14329 | 7111 | - | - |
| - | - | - | 29 | 29246 | - | 746 | 255 | 30647 | 223348 | 64447 | 3751 | 93 |
| - | - | - | - | 206 | - | 322 | - | 1333 | 19275 | 1897 | - | - |
| - | - | - | - | - | - | - | 175 | 4 | 3895 | 2377 | - | - |
| - | - | - | - | - | - | 170 | - | 172 | 3331 | 29334 | - | - |
| - | - | - | - | 26226 | - | 21 | - | 26992 | 180652 | 21097 | - | 26 |

## PRODUCTION AND USES OF ENERGY SOURCES : O. E. C. D. TOTAL

1975

| ENERGY SOURCES / PRODUCTION AND USES | UNIT: 1000 METRIC TONS / UNITE: 1000 TONNES METRIQUES | | | | | | TCAL / TCAL | MANUFACTURED GAS (TCAL) / GAZ MANUFACTURE (TCAL) | | | MILLIONS OF (DE) KWH |
|---|---|---|---|---|---|---|---|---|---|---|---|
| | HARD COAL / HOUILLE | PATENT FUEL / AGGLOMERES | COKE OVEN COKE / COKE DE FOUR | GAS COKE / COKE DE GAZ | BROWN COAL / LIGNITE | BKB / BRIQ. DE LIGNITE | NATURAL GAS / GAZ NATUREL | GAS WORKS / USINES A GAZ | COKE OVENS / COKERIES | BLAST FURNACES / HAUT FOURNEAUX | ELECTRICITY* / ELECTRICITE* |
| | 1 | 2 | 3 | 4 | 5 | 6 | 7 | 8 | 9 | 10 | 11 |
| PRODUCTION | 946467 | 6682 | 204850 | 5997 | 215168 | 6739 | 7241627 | 86722 | 390792 | 403348 | 4371852 |
| FROM OTHER SOURCES | 2095 | - | - | - | - | - | 150 | 81071 | - | - | - |
| IMPORT | 150496 | 374 | 14175 | 14 | 2071 | 1785 | 870867 | 16 | - | - | 74654 |
| EXPORT | -119161 | -387 | -13117 | -676 | -35 | -478 | -673653 | -11 | - | - | -76781 |
| INTL. MARINE BUNKERS | - | - | - | - | - | - | - | - | - | - | - |
| STOCK CHANGES | -51716 | -71 | -14001 | -37 | -935 | -3 | -113211 | 69 | - | - | - |
| DOMESTIC SUPPLY | 928181 | 6598 | 191907 | 5298 | 216269 | 8043 | 7325780 | 167867 | 390792 | 403348 | 4369725 |
| RETURNS TO SUPPLY | - | - | - | - | - | - | - | - | - | - | - |
| TRANSFERS | - | - | - | - | - | - | - | - | - | - | - |
| DOMESTIC AVAILABILITY | 928181 | 6598 | 191907 | 5298 | 216269 | 8043 | 7325780 | 167867 | 390792 | 403348 | 4369725 |
| STATISTICAL DIFFERENCE | -2144 | -96 | -433 | - | 408 | 91 | 29867 | -759 | 2737 | 5234 | 3970 |
| TRANSFORM. SECTOR ** | 800012 | 12 | 58843 | 5 | 204870 | 1249 | 1330018 | 2563 | 66093 | 104336 | - |
| FOR SOLID FUELS | 280138 | 3 | 694 | - | 16810 | 150 | - | - | - | 1342 | - |
| FOR GASES | 8592 | - | 57929 | 5 | - | - | 60832 | - | 28229 | 1567 | - |
| PETROLEUM REFINERIES | - | - | - | - | - | - | 2796 | - | - | - | - |
| THERMO-ELECTRIC PLANTS | 511282 | 9 | 220 | - | 188060 | 1099 | 1266390 | 2563 | 37864 | 101427 | - |
| ENERGY SECTOR | 4722 | 39 | 2335 | 85 | 733 | 60 | 927461 | 17118 | 133174 | 42887 | 645241 |
| COAL MINES | 4425 | 1 | 31 | - | 732 | - | 6880 | - | 302 | - | 30290 |
| OIL AND GAS EXTRACTION | - | - | - | - | - | - | 592796 | - | - | - | 15806 |
| PETROLEUM REFINERIES | - | - | - | - | - | - | 244899 | - | - | - | 49874 |
| ELECTRIC PLANTS | - | - | - | - | - | - | - | - | - | - | 197605 |
| DISTRIBUTION LOSSES | 100 | - | 20 | - | 1 | - | 79448 | 9287 | 2700 | 10326 | 323124 |
| PUMP STORAGE (ELECTR.) | - | - | - | - | - | - | - | - | - | - | 25944 |
| OTHER ENERGY SECTOR | 197 | 38 | 2284 | 85 | - | 60 | 3438 | 7831 | 130172 | 32561 | 2598 |
| FINAL CONSUMPTION | 125591 | 6643 | 131162 | 5208 | 10258 | 6643 | 5038434 | 148945 | 188788 | 250891 | 3720514 |
| INDUSTRY SECTOR | 90106 | 114 | 123460 | 4632 | 6548 | 930 | 2393517 | 34698 | 188785 | 250891 | 1731529 |
| IRON AND STEEL | 7770 | 2 | 111494 | 4558 | 333 | 73 | 277593 | 12074 | 170450 | 247050 | 242934 |
| CHEMICAL | 5452 | - | 1825 | 35 | 3136 | 315 | 250801 | 2924 | 5503 | 9 | 333469 |
| PETROCHEMICAL | - | - | - | - | - | - | 37219 | - | - | - | 40541 |
| NON-FERROUS METAL | 3125 | - | 1228 | - | 53 | 8 | 25454 | 1390 | - | - | 230158 |
| NON-METALLIC MINERAL | 7046 | 3 | 1220 | 12 | 92 | 111 | 114376 | 1375 | 555 | 123 | 84377 |
| PAPER PULP AND PRINT | 2331 | - | 25 | 17 | 953 | 70 | 47345 | 169 | - | - | 180804 |
| MINING AND QUARRYING | 358 | - | 101 | - | 7 | 1 | 17067 | 5 | 1565 | 98 | 24226 |
| FOOD AND TOBACCO | 2056 | 1 | 367 | 3 | 142 | 189 | 52197 | 696 | - | - | 87647 |
| WOOD AND WOOD PRODUCTS | 58 | - | 1 | - | 35 | 12 | 2970 | - | - | - | 31010 |
| MACHINERY | 216 | - | 681 | - | 82 | 29 | 33078 | 1264 | 790 | 9 | 127779 |
| TRANSPORT EQUIPMENT | 795 | - | 261 | - | 28 | 25 | 4781 | - | - | - | 58602 |
| CONSTRUCTION | - | - | - | - | - | - | - | - | - | - | 5191 |
| TEXTILES AND LEATHER | 144 | - | 2 | - | 20 | - | 2787 | - | - | - | 73555 |
| NON SPECIFIED | 60755 | 108 | 6255 | 7 | 1667 | 97 | 1527849 | 14801 | 9922 | 3602 | 211236 |
| NON-ENERGY USES: | | | | | | | | | | | |
| (1)ENERGY PRODUCTS | - | - | - | - | - | - | 40729 | - | - | - | - |
| (2)NON-ENERGY PRODUCTS | - | - | - | - | - | - | - | - | - | - | - |
| TRANSPORT. SECTOR ** | 1465 | 28 | 164 | - | 115 | 132 | 2884 | - | - | - | 52582 |
| AIR TRANSPORT | - | - | - | - | - | - | - | - | - | - | - |
| ROAD TRANSPORT | - | - | - | - | - | - | 2884 | - | - | - | - |
| RAILWAYS | 1332 | 28 | 161 | - | 115 | 132 | - | - | - | - | 52582 |
| INTERNAL NAVIGATION | 133 | - | 3 | - | - | - | - | - | - | - | - |
| OTHER SECTORS ** | 34020 | 6501 | 7538 | 576 | 3595 | 5581 | 2642033 | 114247 | 3 | - | 1936403 |
| AGRICULTURE | 42 | - | 30 | - | - | - | 37 | - | - | - | 53798 |
| PUBLIC SERVICES | 1851 | 1 | 465 | - | 5 | 62 | 13860 | 1201 | - | - | - |
| COMMERCE | 399 | - | 257 | - | 2 | - | 855221 | 25679 | 3 | - | 753941 |
| RESIDENTIAL | 28502 | 6498 | 6112 | 536 | 3557 | 5501 | 1761508 | 86369 | - | - | 1097443 |

(1) INCLUDED IN CHEMICAL OR PETROCHEMICAL INDUSTRY
(2) INCLUDED ONLY IN TOTAL INDUSTRY

| * OF WHICH: HYDRO | 851145 |
|---|---|
| NUCLEAR | 127058 |
| CONVENTIONAL THERMAL | 2830606 |
| GEOTHERMAL | 5394 |

** INCLUDED IN THESE TOTALS ARE THE NON-SPECIFIED ELEMENTS

PRODUCTION ET UTILISATION DES SOURCES D ENERGIE : O.C.D.E. TOTAL

1975

UNIT: 1000 METRIC TONS
UNITE: 1000 TONNES METRIQUES

| OIL / PETROLE: CRUDE / BRUT | OIL / PETROLE: NGL / GNL | OIL / PETROLE: FEEDST. | REFINERY GAS / GAZ DE PETROLE | LIQUEFIED PETROLEUM GASES / GAZ LIQUEFIES DE PETROLE | AVIATION GASOLINE / ESSENCE AVION | MOTOR GASOLINE / ESSENCE AUTO | JET FUEL / CARBURANT REACTEUR | KEROSENE / PETROLE LAMPANT | GAS/DIESEL OIL / GAZ/DIESEL OIL | RESIDUAL FUEL OIL / FUEL OIL RESIDUEL | NAPHTHA / NAPHTHA | NON-ENERGY PRODUCTS / PRODUITS NON-ENERGETIQUES |
|---|---|---|---|---|---|---|---|---|---|---|---|---|
| 12 | 13 | 14 | 15 | 16 | 17 | 18 | 19 | 20 | 21 | 22 | 23 | 24 |
| 596300 | - | - | 39021 | 26109 | 2093 | 430384 | 68466 | 33040 | 369552 | 447170 | 69089 | 111827 |
| 1212 | - | - | 3 | 2145 | - | 466 | - | - | 32 | 25 | 183 | 214 |
| 1113879 | - | - | - | 12009 | 342 | 18528 | 10696 | 1457 | 55719 | 102614 | 20573 | 14613 |
| -50708 | - | - | - | -3499 | -246 | -14893 | -6460 | -1591 | -36530 | -35584 | -10335 | -16906 |
| - | - | - | - | - | - | - | -15 | - | -8276 | -56153 | - | -275 |
| -1526 | - | - | 2 | -170 | 72 | -890 | -387 | 905 | 8883 | -5842 | 2037 | 92 |
| 1659157 | - | - | 39026 | 36594 | 2261 | 433595 | 72300 | 33811 | 389380 | 452230 | 81547 | 109565 |
| 16431 | - | - | 338 | 122 | - | 4 | 94 | 303 | 206 | 236 | -427 | 224 |
| -36324 | - | - | - | 34699 | - | 155 | -63 | -143 | - | 922 | -3417 | -720 |
| 1639264 | - | - | 39364 | 71415 | 2261 | 433754 | 72331 | 33971 | 389586 | 453388 | 77703 | 109069 |
| -9314 | - | - | -11 | 3337 | 10 | -803 | 1395 | 137 | 1295 | 320 | 237 | 214 |
| 1648405 | - | - | 814 | 2254 | - | 2 | 390 | - | 10380 | 191893 | 6649 | 726 |
| - | - | - | - | - | - | - | - | - | - | - | - | 663 |
| 68 | - | - | 489 | 2254 | - | - | - | - | 32 | 216 | 3085 | - |
| 1627003 | - | - | - | - | - | - | - | - | - | 62 | - | - |
| 21334 | - | - | 325 | - | - | 2 | 390 | - | 10208 | 191615 | 3564 | 63 |
| - | - | - | 36075 | 1245 | - | 37 | 17 | 12 | 1185 | 34056 | 370 | 16120 |
| - | - | - | - | - | - | - | - | - | - | - | - | - |
| - | - | - | - | - | - | - | - | - | - | - | - | - |
| - | - | - | 36075 | 1227 | - | 37 | 2 | 2 | 1125 | 34017 | 350 | 16119 |
| - | - | - | - | - | - | - | - | - | - | - | - | - |
| - | - | - | - | 18 | - | - | 15 | 10 | 60 | 39 | 20 | 1 |
| - | - | - | - | - | - | - | - | - | - | - | - | - |
| - | - | - | - | - | - | - | - | - | - | - | - | - |
| 173 | - | - | 2486 | 64579 | 2251 | 434518 | 70529 | 33822 | 376726 | 227119 | 70447 | 92009 |
| 173 | - | - | 2460 | 34286 | 1 | 181 | 10 | 4097 | 44673 | 157537 | 67219 | 91924 |
| - | - | - | - | 289 | - | 1 | - | 10 | 2318 | 28135 | 28 | 2 |
| 99 | - | - | 308 | 246 | - | 1 | - | 35 | 4294 | 22192 | 2746 | 56 |
| 61 | - | - | 2152 | 25611 | - | 17 | - | 830 | 1538 | 6049 | 64421 | - |
| - | - | - | - | 77 | - | - | - | 9 | 918 | 2111 | - | - |
| - | - | - | - | 290 | - | - | - | 12 | 4596 | 22792 | - | 27 |
| - | - | - | - | 56 | - | - | - | 12 | 2248 | 24129 | - | 8 |
| - | - | - | - | 55 | - | - | - | 19 | 1204 | 1838 | - | 128 |
| - | - | - | - | 79 | - | 1 | - | 33 | 3446 | 13025 | - | 1 |
| - | - | - | - | 21 | - | - | - | 14 | 249 | 788 | - | 1 |
| - | - | - | - | 7 | - | 44 | - | 11 | 1341 | 3418 | - | - |
| - | - | - | - | 12 | - | 15 | - | 4 | 713 | 1844 | - | - |
| - | - | - | - | - | - | - | - | - | - | - | - | - |
| - | - | - | - | - | - | - | - | - | - | - | - | - |
| 13 | - | - | - | 7543 | 1 | 102 | 10 | 3108 | 21808 | 31216 | 24 | 69 |
| 77 | - | - | 149 | 1569 | - | - | - | 826 | 2180 | 2513 | 62567 | - |
| - | - | - | - | - | - | - | - | - | - | - | - | 91632 |
| - | - | - | - | 5354 | 2242 | 433338 | 70227 | 114 | 111667 | 8044 | - | 3 |
| - | - | - | - | - | 2242 | - | 70222 | - | - | - | - | 1 |
| - | - | - | - | 5349 | - | 433259 | 5 | 52 | 81555 | 41 | - | 2 |
| - | - | - | - | 5 | - | - | - | 43 | 19131 | 1141 | - | - |
| - | - | - | - | - | - | 79 | - | 19 | 10981 | 6862 | - | - |
| - | - | - | 26 | 24939 | 8 | 999 | 292 | 29611 | 220386 | 61538 | 3228 | 82 |
| - | - | - | - | 195 | 8 | 532 | - | 1172 | 19634 | 1920 | - | - |
| - | - | - | - | 5 | - | - | 210 | 29 | 4083 | 2222 | - | 1 |
| - | - | - | - | 46 | - | 171 | - | 229 | 3335 | 26184 | - | - |
| - | - | - | - | 19446 | - | 39 | - | 26308 | 183103 | 20905 | 2 | 20 |

## PRODUCTION AND USES OF ENERGY SOURCES : O. E. C. D. TOTAL

1976

| ENERGY SOURCES / PRODUCTION AND USES | UNIT: 1000 METRIC TONS / UNITE: 1000 TONNES METRIQUES | | | | | | TCAL / TCAL | MANUFACTURED GAS (TCAL) / GAZ MANUFACTURE (TCAL) | | | MILLIONS / OF (DE) KWH |
|---|---|---|---|---|---|---|---|---|---|---|---|
| | HARD COAL / HOUILLE | PATENT FUEL / AGGLOMERES | COKE OVEN COKE / COKE DE FOUR | GAS COKE / COKE DE GAZ | BROWN COAL / LIGNITE | BKB / BRIQ. DE LIGNITE | NATURAL GAS / GAZ NATUREL | GAS WORKS / USINES A GAZ | COKE OVENS / COKERIES | BLAST FURNACES / HAUT FOURNEAUX | ELECTRICITY* / ELECTRICITE* |
| | 1 | 2 | 3 | 4 | 5 | 6 | 7 | 8 | 9 | 10 | 11 |
| PRODUCTION | 966079 | 5849 | 198388 | 5323 | 241055 | 6147 | 7303799 | 80517 | 381050 | 433577 | 4660191 |
| FROM OTHER SOURCES | 3093 | - | - | - | - | - | 246 | 51890 | 1432 | - | - |
| IMPORT | 147916 | 304 | 13049 | - | 1934 | 1687 | 990184 | 14 | - | - | 76532 |
| EXPORT | -115776 | -332 | -13191 | -614 | -46 | -480 | -716939 | -13 | - | - | -76797 |
| INTL. MARINE BUNKERS | - | - | - | - | - | - | - | - | - | - | - |
| STOCK CHANGES | -9266 | 35 | -7302 | 64 | 107 | 72 | -67157 | 434 | - | - | - |
| DOMESTIC SUPPLY | 992046 | 5856 | 190944 | 4773 | 243050 | 7426 | 7510133 | 132842 | 382482 | 433577 | 4659926 |
| RETURNS TO SUPPLY | - | - | - | - | - | - | - | - | - | - | - |
| TRANSFERS | - | - | - | - | - | - | - | - | - | - | - |
| DOMESTIC AVAILABILITY | 992046 | 5856 | 190944 | 4773 | 243050 | 7426 | 7510133 | 132842 | 382482 | 433577 | 4659926 |
| STATISTICAL DIFFERENCE | 7438 | -58 | -703 | 1 | 228 | 39 | 47798 | -126 | 3451 | 2683 | 1801 |
| TRANSFORM. SECTOR ** | 851934 | 19 | 63814 | 6 | 229291 | 1163 | 1322932 | 141 | 46318 | 108264 | - |
| FOR SOLID FUELS | 274716 | 7 | 717 | - | 15286 | 146 | - | - | - | 1496 | - |
| FOR GASES | 7323 | - | 63006 | 6 | - | - | 53604 | - | 7699 | 1356 | - |
| PETROLEUM REFINERIES | - | - | - | - | - | - | 3055 | - | - | - | - |
| THERMO-ELECTRIC PLANTS | 569895 | 12 | 91 | - | 214005 | 1017 | 1266273 | 141 | 38619 | 105412 | - |
| ENERGY SECTOR | 4047 | 29 | 382 | 78 | 629 | 99 | 902358 | 13108 | 127561 | 41310 | 692841 |
| COAL MINES | 3914 | - | 20 | - | 628 | - | 3889 | - | 938 | - | 31481 |
| OIL AND GAS EXTRACTION | - | - | - | - | - | - | 594494 | - | - | - | 16202 |
| PETROLEUM REFINERIES | - | - | - | - | - | - | 239155 | - | 68 | - | 54042 |
| ELECTRIC PLANTS | - | - | - | - | - | - | 485 | - | - | - | 210851 |
| DISTRIBUTION LOSSES | 2 | - | 15 | - | 1 | - | 60463 | 4876 | 2460 | 12518 | 345911 |
| PUMP STORAGE (ELECTR.) | - | - | - | - | - | - | - | - | - | - | 31754 |
| OTHER ENERGY SECTOR | 131 | 29 | 347 | 78 | - | 99 | 3872 | 8232 | 124095 | 28792 | 2600 |
| FINAL CONSUMPTION | 128627 | 5866 | 127451 | 4688 | 12902 | 6125 | 5237045 | 119719 | 205152 | 281320 | 3965284 |
| INDUSTRY SECTOR | 95552 | 112 | 120625 | 4206 | 9032 | 913 | 2430097 | 17228 | 201761 | 281320 | 1865658 |
| IRON AND STEEL | 7699 | 13 | 113186 | 4136 | 49 | 9 | 262616 | 809 | 178465 | 228699 | 263071 |
| CHEMICAL | 4979 | - | 1696 | 35 | 3573 | 449 | 265564 | 48 | 5971 | 10 | 367793 |
| PETROCHEMICAL | - | - | - | - | - | - | 40500 | - | - | - | 43360 |
| NON-FERROUS METAL | 3311 | - | 1302 | - | 49 | 8 | 27623 | 93 | 581 | - | 236893 |
| NON-METALLIC MINERAL | 6756 | 3 | 1072 | 12 | 85 | 107 | 119898 | 236 | 1542 | 94 | 91008 |
| PAPER PULP AND PRINT | 1981 | - | 20 | 14 | 886 | 60 | 55512 | 138 | - | - | 196719 |
| MINING AND QUARRYING | 340 | - | 89 | - | 10 | 1 | 16610 | 3 | 36 | 124 | 29655 |
| FOOD AND TOBACCO | 1954 | 1 | 351 | 3 | 131 | 140 | 54930 | 350 | 360 | - | 93426 |
| WOOD AND WOOD PRODUCTS | 63 | - | 1 | - | 30 | 12 | 4457 | 9 | - | - | 35808 |
| MACHINERY | 217 | - | 582 | - | 79 | 30 | 44623 | 498 | 1472 | 10 | 133521 |
| TRANSPORT EQUIPMENT | 949 | - | 211 | - | 12 | 20 | 5903 | 17 | 2060 | - | 63089 |
| CONSTRUCTION | - | - | - | - | - | - | - | - | - | - | 5527 |
| TEXTILES AND LEATHER | 176 | - | 1 | - | 20 | - | 2915 | 15 | 136 | - | 79984 |
| NON SPECIFIED | 67127 | 95 | 2114 | 6 | 4108 | 77 | 1528946 | 15012 | 11138 | 52383 | 225804 |
| NON-ENERGY USES: | | | | | | | | | | | |
| (1)ENERGY PRODUCTS | - | - | - | - | - | - | 44757 | - | - | - | - |
| (2)NON-ENERGY PRODUCTS | - | - | - | - | - | - | - | - | - | - | - |
| TRANSPORT. SECTOR ** | 1084 | 20 | 164 | - | 99 | 131 | 3358 | 26 | - | - | 53430 |
| AIR TRANSPORT | - | - | - | - | - | - | - | - | - | - | - |
| ROAD TRANSPORT | - | - | - | - | - | - | 3358 | - | - | - | - |
| RAILWAYS | 997 | 20 | 164 | - | 99 | 131 | - | 26 | - | - | 53430 |
| INTERNAL NAVIGATION | 87 | - | - | - | - | - | - | - | - | - | - |
| OTHER SECTORS ** | 31991 | 5734 | 6662 | 482 | 3771 | 5081 | 2803590 | 102465 | 3391 | - | 2046196 |
| AGRICULTURE | 31 | - | 25 | - | - | - | 55 | - | - | - | 57149 |
| PUBLIC SERVICES | 2067 | - | 424 | - | 5 | 60 | 16934 | 397 | - | - | - |
| COMMERCE | 313 | 1 | 219 | - | 88 | - | 894146 | 19877 | - | - | 807338 |
| RESIDENTIAL | 28431 | 5729 | 5780 | 450 | 3651 | 5004 | 1883975 | 82054 | - | - | 1148710 |

(1) INCLUDED IN CHEMICAL OR PETROCHEMICAL INDUSTRY
(2) INCLUDED ONLY IN TOTAL INDUSTRY

| * OF WHICH: | |
|---|---|
| HYDRO | 810839 |
| NUCLEAR | 93953 |
| CONVENTIONAL THERMAL | 2618067 |
| GEOTHERMAL | 4506 |

** INCLUDED IN THESE TOTALS ARE THE NON-SPECIFIED ELEMENTS

PRODUCTION ET UTILISATION DES SOURCES D ENERGIE : O.C.D.E. TOTAL

1976

UNIT: 1000 METRIC TONS
UNITE: 1000 TONNES METRIQUES

| OIL / PETROLE | | | REFINERY GAS | LIQUEFIED PETROLEUM GASES | AVIATION GASOLINE | MOTOR GASOLINE | JET FUEL | KEROSENE | GAS/DIESEL OIL | RESIDUAL FUEL OIL | NAPHTHA | NON-ENERGY PRODUCTS |
|---|---|---|---|---|---|---|---|---|---|---|---|---|
| CRUDE BRUT | NGL GNL | FEEDST. | GAZ DE PETROLE | GAZ LIQUEFIES DE PETROLE | ESSENCE AVION | ESSENCE AUTO | CARBURANT REACTEUR | PETROLE LAMPANT | GAZ/DIESEL OIL | FUEL OIL RESIDUEL | NAPHTHA | PRODUITS NON-ENERGETIQUES |
| 12 | 13 | 14 | 15 | 16 | 17 | 18 | 19 | 20 | 21 | 22 | 23 | 24 |
| 592946 | - | - | 40608 | 29439 | 2011 | 453969 | 70496 | 36473 | 407190 | 459887 | 85901 | 135222 |
| 1501 | - | - | 59 | 3836 | - | 368 | - | - | 28 | 60 | 240 | 328 |
| 1233064 | - | - | - | 13444 | 330 | 17017 | 8627 | 1705 | 58522 | 113163 | 23648 | 13820 |
| -48112 | - | - | -34 | -4241 | -213 | -14838 | -6525 | -1635 | -36412 | -35879 | -11317 | -17528 |
| - | - | - | - | - | - | - | -19 | - | -9253 | -56829 | - | -255 |
| -6346 | - | - | -2 | -832 | 23 | -1226 | -649 | -90 | 1593 | 5883 | -4063 | 170 |
| 1773053 | - | - | 40631 | 41646 | 2151 | 455290 | 71930 | 36453 | 421668 | 486285 | 94409 | 131757 |
| 19500 | - | - | 209 | 148 | - | 70 | 68 | 396 | 619 | 79 | 10 | 247 |
| -34962 | - | - | - | 30747 | - | - | -95 | - | - | 680 | -2310 | -19884 |
| 1757591 | - | - | 40840 | 72541 | 2151 | 455360 | 71903 | 36849 | 422287 | 487044 | 92109 | 112120 |
| -7990 | - | - | 98 | -77 | 81 | 1272 | 1172 | 837 | 763 | -1317 | 3636 | 1084 |
| 1765365 | - | - | 821 | 2196 | - | 1 | 512 | 128 | 10797 | 194724 | 5834 | 651 |
| - | - | - | - | 2 | - | - | - | - | 4 | 5 | 6 | 651 |
| 26 | - | - | 417 | 2194 | - | 1 | - | - | 35 | 219 | 3195 | - |
| 1746243 | - | - | - | - | - | - | - | - | - | - | - | - |
| 19096 | - | - | 404 | - | - | - | 512 | 2 | 10191 | 194500 | 2633 | - |
| - | - | - | 37466 | 1479 | - | 36 | 1 | 2 | 1031 | 34731 | 23 | 17964 |
| - | - | - | - | - | - | - | - | - | 13 | 15 | - | - |
| - | - | - | - | - | - | - | - | - | 1 | - | - | - |
| - | - | - | 37455 | 1472 | - | 36 | 1 | 2 | 1011 | 34716 | 21 | 17964 |
| - | - | - | - | - | - | - | - | - | 6 | - | - | - |
| - | - | - | - | - | - | - | - | - | - | - | - | - |
| - | - | - | - | - | - | - | - | - | - | - | - | - |
| - | - | - | 11 | 7 | - | - | - | - | - | - | 2 | - |
| 216 | - | - | 2455 | 68943 | 2070 | 454051 | 70218 | 35882 | 409696 | 258906 | 82616 | 92421 |
| 216 | - | - | 2432 | 39000 | 1 | 152 | 18 | 4418 | 49437 | 187025 | 76916 | 92348 |
| - | - | - | - | 272 | - | 1 | - | 6 | 3286 | 27532 | 119 | 1 |
| 62 | - | - | 459 | 288 | - | 1 | - | 39 | 3961 | 29440 | 1780 | 68 |
| 141 | - | - | 1973 | 29622 | - | 15 | - | 780 | 1822 | 5512 | 74515 | 1 |
| - | - | - | - | 186 | - | - | - | 5 | 1125 | 5065 | - | - |
| - | - | - | - | 425 | - | - | - | 12 | 3982 | 30317 | 5 | 28 |
| - | - | - | - | 66 | - | - | - | 10 | 2003 | 34543 | - | 25 |
| - | - | - | - | 43 | - | - | - | 69 | 1954 | 2666 | - | 132 |
| - | - | - | - | 121 | - | 4 | - | 24 | 3693 | 16388 | - | 3 |
| - | - | - | - | 25 | - | 1 | - | 13 | 1205 | 1569 | - | - |
| - | - | - | - | 41 | - | 50 | - | 15 | 2535 | 4255 | - | 1 |
| - | - | - | - | 195 | - | 4 | - | 4 | 1017 | 3178 | - | - |
| - | - | - | - | - | - | - | - | - | 108 | - | - | - |
| - | - | - | - | - | - | - | - | - | - | - | - | - |
| 13 | - | - | - | 7716 | 1 | 76 | 18 | 3441 | 22746 | 26560 | 497 | 60 |
| 154 | - | - | 174 | 4859 | - | - | - | 774 | 2600 | 2703 | 71061 | - |
| - | - | - | - | - | - | - | - | - | - | - | - | 92029 |
| - | - | - | - | 5225 | 2060 | 451897 | 69865 | 419 | 113016 | 8071 | - | 2 |
| - | - | - | - | - | 2060 | - | 69863 | - | 2 | 9 | - | - |
| - | - | - | - | 5224 | - | 451738 | 2 | 249 | 84061 | 43 | - | 2 |
| - | - | - | - | - | - | - | - | 149 | 19865 | 900 | - | - |
| - | - | - | - | 1 | - | 159 | - | 21 | 9088 | 7119 | - | - |
| - | - | - | 23 | 24718 | 9 | 2002 | 335 | 31045 | 247243 | 63810 | 5700 | 71 |
| - | - | - | - | 202 | 9 | 509 | 1 | 1131 | 20277 | 2012 | - | - |
| - | - | - | - | 9 | - | 208 | 245 | 45 | 6460 | 2626 | 1 | - |
| - | - | - | - | 1021 | - | 584 | - | 274 | 20914 | 29156 | - | - |
| - | - | - | - | 18828 | - | 20 | - | 27347 | 185643 | 18549 | - | 6 |

## PRODUCTION AND USES OF ENERGY SOURCES : O.E.C.D. TOTAL

1977

| PRODUCTION AND USES / ENERGY SOURCES | UNIT: 1000 METRIC TONS / UNITE: 1000 TONNES METRIQUES | | | | | | TCAL / TCAL | MANUFACTURED GAS (TCAL) / GAZ MANUFACTURE (TCAL) | | | MILLIONS OF (DE) KWH |
|---|---|---|---|---|---|---|---|---|---|---|---|
| | HARD COAL / HOUILLE | PATENT FUEL / AGGLOMERES | COKE OVEN COKE / COKE DE FOUR | GAS COKE / COKE DE GAZ | BROWN COAL / LIGNITE | BKB / BRIQ. DE LIGNITE | NATURAL GAS / GAZ NATUREL | GAS WORKS / USINES A GAZ | COKE OVENS / COKERIES | BLAST FURNACES / HAUT FOURNEAUX | ELECTRICITY* / ELECTRICITE* |
| | 1 | 2 | 3 | 4 | 5 | 6 | 7 | 8 | 9 | 10 | 11 |
| PRODUCTION | 973139 | 5351 | 182508 | 4731 | 239405 | 6193 | 7374474 | 76956 | 350730 | 374447 | 4845318 |
| FROM OTHER SOURCES | 3188 | - | - | - | - | - | - | 47220 | 2301 | - | - |
| IMPORT | 150339 | 334 | 11187 | - | 1925 | 1705 | 1059758 | 15 | - | - | 87177 |
| EXPORT | -115137 | -287 | -11635 | -445 | -36 | -587 | -754087 | -13 | - | - | -85938 |
| INTL. MARINE BUNKERS | - | - | - | - | - | - | - | - | - | - | - |
| STOCK CHANGES | -26372 | 35 | -4006 | -60 | 44 | 79 | -165054 | 23 | - | - | - |
| DOMESTIC SUPPLY | 985157 | 5433 | 178054 | 4226 | 241338 | 7390 | 7515091 | 124201 | 353031 | 374447 | 4846557 |
| RETURNS TO SUPPLY | - | - | - | - | - | - | - | - | - | - | - |
| TRANSFERS | - | - | - | - | - | - | - | - | - | - | - |
| DOMESTIC AVAILABILITY | 985157 | 5433 | 178054 | 4226 | 241338 | 7390 | 7515091 | 124201 | 353031 | 374447 | 4846557 |
| STATISTICAL DIFFERENCE | 284 | -12 | -358 | 1 | 49 | 30 | 12075 | -215 | -935 | 337 | 4037 |
| TRANSFORM. SECTOR ** | 862773 | 20 | 55445 | 6 | 227214 | 1275 | 1345689 | 133 | 40201 | 102088 | - |
| FOR SOLID FUELS | 250872 | 10 | 629 | - | 14715 | 150 | - | - | - | 1590 | - |
| FOR GASES | 6428 | - | 54736 | 6 | - | - | 49047 | - | 6673 | 1293 | - |
| PETROLEUM REFINERIES | - | - | - | - | - | - | 2872 | - | - | - | - |
| THERMO-ELECTRIC PLANTS | 605473 | 10 | 80 | - | 212499 | 1125 | 1293770 | 133 | 33528 | 99205 | - |
| ENERGY SECTOR | 3661 | 19 | 388 | 64 | 514 | 56 | 973508 | 11672 | 115364 | 34815 | 706580 |
| COAL MINES | 3369 | - | 18 | - | 513 | - | 3382 | - | 1040 | 29 | 31904 |
| OIL AND GAS EXTRACTION | - | - | - | - | - | - | 665097 | - | - | - | 16660 |
| PETROLEUM REFINERIES | - | - | - | - | - | - | 236654 | - | 39 | - | 56711 |
| ELECTRIC PLANTS | - | - | - | - | - | - | 580 | - | - | - | 221114 |
| DISTRIBUTION LOSSES | 89 | - | 15 | - | 1 | - | 63789 | 4286 | 2309 | 9117 | 352418 |
| PUMP STORAGE (ELECTR.) | - | - | - | - | - | - | - | - | - | - | 24945 |
| OTHER ENERGY SECTOR | 203 | 19 | 355 | 64 | - | 56 | 4006 | 7386 | 111976 | 25669 | 2828 |
| FINAL CONSUMPTION | 118439 | 5406 | 122579 | 4155 | 13561 | 6029 | 5183819 | 112611 | 198401 | 237207 | 4135940 |
| INDUSTRY SECTOR | 86553 | 108 | 116180 | 3782 | 9366 | 1225 | 2424830 | 17271 | 194398 | 237207 | 1916700 |
| IRON AND STEEL | 7925 | 9 | 109224 | 3718 | 59 | 138 | 249187 | 583 | 170167 | 194314 | 267167 |
| CHEMICAL | 4901 | 1 | 1384 | 20 | 3489 | 425 | 275445 | 69 | 6059 | 9 | 371302 |
| PETROCHEMICAL | - | - | - | - | - | - | 45068 | - | - | - | 45399 |
| NON-FERROUS METAL | 3420 | - | 1105 | - | 800 | 14 | 29954 | 94 | 499 | - | 261575 |
| NON-METALLIC MINERAL | 7167 | 3 | 913 | - | 78 | 231 | 128862 | 175 | 3072 | 116 | 97494 |
| PAPER PULP AND PRINT | 1984 | - | 23 | - | 821 | 49 | 59378 | 81 | - | - | 202011 |
| MINING AND QUARRYING | 101 | - | 91 | - | 11 | - | 15633 | 4 | 32 | 103 | 34392 |
| FOOD AND TOBACCO | 2160 | - | 349 | - | 126 | 10 | 57221 | 261 | 658 | - | 97468 |
| WOOD AND WOOD PRODUCTS | 41 | - | 1 | - | 2 | 9 | 4632 | 9 | - | - | 37967 |
| MACHINERY | 204 | - | 599 | - | 80 | 25 | 47368 | 254 | 1144 | 9 | 137962 |
| TRANSPORT EQUIPMENT | 865 | - | 228 | - | 14 | 23 | 6468 | 17 | 2103 | - | 65593 |
| CONSTRUCTION | - | - | - | - | - | - | - | - | - | - | 5598 |
| TEXTILES AND LEATHER | 170 | - | 1 | - | 20 | - | 3642 | 15 | 239 | - | 78905 |
| NON SPECIFIED | 57615 | 95 | 2262 | 44 | 3866 | 301 | 1501972 | 15709 | 10425 | 42656 | 213867 |
| NON-ENERGY USES: | | | | | | | | | | | |
| (1)ENERGY PRODUCTS | - | - | - | - | - | - | 50500 | - | - | - | - |
| (2)NON-ENERGY PRODUCTS | - | - | - | - | - | - | - | - | - | - | - |
| TRANSPORT. SECTOR ** | 1055 | 16 | 152 | - | 91 | 121 | 3354 | 17 | - | - | 53966 |
| AIR TRANSPORT | - | - | - | - | - | - | - | - | - | - | - |
| ROAD TRANSPORT | - | - | - | - | - | - | 3354 | - | - | - | - |
| RAILWAYS | 989 | 16 | 152 | - | 91 | 121 | - | 17 | - | - | 53966 |
| INTERNAL NAVIGATION | 66 | - | - | - | - | - | - | - | - | - | - |
| OTHER SECTORS ** | 30831 | 5282 | 6247 | 373 | 4104 | 4682 | 2755635 | 95323 | 4003 | - | 2165274 |
| AGRICULTURE | 27 | - | 20 | - | - | - | 152 | - | - | - | 59200 |
| PUBLIC SERVICES | 2215 | - | 422 | - | 27 | 60 | 17994 | 20 | - | - | - |
| COMMERCE | 309 | 31 | 220 | - | 73 | - | 828522 | 18766 | - | - | 850145 |
| RESIDENTIAL | 27285 | 5246 | 5369 | 343 | 3981 | 4589 | 1899112 | 76391 | - | - | 1218734 |

(1) INCLUDED IN CHEMICAL OR PETROCHEMICAL INDUSTRY
(2) INCLUDED ONLY IN TOTAL INDUSTRY

| * OF WHICH: HYDRO | 851145 |
|---|---|
| NUCLEAR | 127058 |
| CONVENTIONAL THERMAL | 2830606 |
| GEOTHERMAL | 5394 |

** INCLUDED IN THESE TOTALS ARE THE NON-SPECIFIED ELEMENTS

UNIT: 1000 METRIC TONS
UNITE: 1000 TONNES METRIQUES

| OIL / PETROLE: CRUDE / BRUT | OIL / PETROLE: NGL / GNL | OIL / PETROLE: FEEDST. | REFINERY GAS / GAZ DE PETROLE | LIQUEFIED PETROLEUM GASES / GAZ LIQUEFIES DE PETROLE | AVIATION GASOLINE / ESSENCE AVION | MOTOR GASOLINE / ESSENCE AUTO | JET FUEL / CARBURANT REACTEUR | KEROSENE / PETROLE LAMPANT | GAS/DIESEL OIL / GAZ/DIESEL OIL | RESIDUAL FUEL OIL / FUEL OIL RESIDUEL | NAPHTHA / NAPHTHA | NON-ENERGY PRODUCTS / PRODUITS NON-ENERGETIQUES |
|---|---|---|---|---|---|---|---|---|---|---|---|---|
| 12 | 13 | 14 | 15 | 16 | 17 | 18 | 19 | 20 | 21 | 22 | 23 | 24 |
| 623579 | - | - | 42854 | 30193 | 2093 | 466482 | 73752 | 39197 | 430791 | 475264 | 82033 | 143639 |
| 2138 | - | - | 765 | 4041 | - | 408 | - | - | 38 | 64 | 262 | 213 |
| 1277950 | - | - | - | 10667 | 297 | 19688 | 8872 | 2241 | 60543 | 113690 | 30396 | 15558 |
| -53295 | - | - | - | -4058 | -212 | -17173 | -6334 | -2860 | -34993 | -39845 | -10809 | -18873 |
| - | - | - | - | - | - | - | -2 | - | -10075 | -55580 | - | -270 |
| -7990 | - | - | -5 | -587 | -29 | -2132 | -347 | -2111 | -13279 | -6008 | -2131 | -636 |
| 1842382 | - | - | 43614 | 40256 | 2149 | 467273 | 75941 | 36467 | 433025 | 487585 | 99751 | 139631 |
| 19554 | - | - | 150 | 123 | - | 20 | 43 | 469 | 210 | 123 | 122 | 555 |
| -35652 | - | - | - | 34952 | - | -90 | 65 | -110 | 286 | 364 | -1974 | -20713 |
| 1826284 | - | - | 43764 | 75331 | 2149 | 467203 | 76049 | 36826 | 433521 | 488072 | 97899 | 119473 |
| -5592 | - | - | 201 | 135 | 26 | -6159 | 1351 | 737 | 938 | 272 | 4113 | -2454 |
| 1831715 | - | - | 996 | 2365 | - | 1 | 864 | 144 | 12434 | 197511 | 5831 | 624 |
| - | - | - | - | 3 | - | - | - | - | 4 | 5 | 6 | 624 |
| - | - | - | 592 | 2362 | - | - | - | - | 27 | 201 | 2944 | - |
| 1808460 | - | - | - | - | - | - | - | - | - | - | - | - |
| 23255 | - | - | 404 | - | - | 1 | 864 | - | 11783 | 197305 | 2881 | - |
| - | - | - | 38158 | 1421 | - | 25 | - | 2 | 1724 | 35873 | 72 | 16992 |
| - | - | - | - | - | - | - | - | - | 53 | 150 | - | - |
| - | - | - | - | - | - | - | - | - | 167 | - | - | - |
| - | - | - | 38147 | 1410 | - | 25 | - | 2 | 1483 | 35700 | 70 | 16992 |
| - | - | - | - | - | - | - | - | - | 6 | - | - | - |
| - | - | - | - | - | - | - | - | - | - | - | - | - |
| - | - | - | 11 | 11 | - | - | - | - | 15 | 23 | 2 | - |
| 161 | - | - | 4409 | 71410 | 2123 | 473336 | 73834 | 35943 | 418425 | 254416 | 87883 | 104311 |
| 161 | - | - | 4377 | 32328 | - | 181 | 13 | 4530 | 50299 | 184806 | 79120 | 104239 |
| - | - | - | - | 182 | - | 1 | - | 6 | 3193 | 23424 | 100 | - |
| 73 | - | - | 352 | 282 | - | 2 | - | 39 | 4581 | 31190 | 1594 | 69 |
| 83 | - | - | 4025 | 25409 | - | 58 | - | 893 | 1128 | 7309 | 77045 | - |
| - | - | - | - | 73 | - | - | - | 6 | 1058 | 6714 | - | - |
| - | - | - | - | 293 | - | - | - | 11 | 3601 | 27599 | 7 | 27 |
| - | - | - | - | 75 | - | - | - | 10 | 1447 | 28470 | - | 33 |
| - | - | - | - | 50 | - | - | - | 70 | 1311 | 2397 | - | 128 |
| - | - | - | - | 108 | - | 4 | - | 26 | 3740 | 16554 | - | 3 |
| - | - | - | - | 24 | - | 1 | - | 12 | 1261 | 2013 | - | - |
| - | - | - | - | 61 | - | 40 | - | 15 | 2517 | 4298 | - | 1 |
| - | - | - | - | 190 | - | 1 | - | 4 | 1055 | 3152 | - | - |
| - | - | - | - | - | - | - | - | - | 112 | - | - | - |
| - | - | - | - | - | - | - | - | - | - | - | - | - |
| 5 | - | - | - | 5581 | - | 74 | 13 | 3438 | 25295 | 31686 | 374 | 57 |
| 123 | - | - | 2414 | 4794 | - | - | - | 888 | 1818 | 2628 | 73336 | - |
| - | - | - | - | - | - | - | - | - | - | - | - | 103921 |
| - | - | - | - | 5291 | 2113 | 471238 | 73728 | 456 | 129001 | 7640 | - | 2 |
| - | - | - | - | - | 2113 | - | 73728 | - | 3 | 8 | - | - |
| - | - | - | - | 5291 | - | 471215 | - | 285 | 100434 | 37 | - | 2 |
| - | - | - | - | - | - | - | - | 151 | 19998 | 1047 | - | - |
| - | - | - | - | - | - | 23 | - | 20 | 8566 | 6548 | - | - |
| - | - | - | 32 | 33791 | 10 | 1917 | 93 | 30957 | 239125 | 61970 | 8763 | 70 |
| - | - | - | - | 233 | 10 | 428 | - | 1130 | 20508 | 2186 | - | - |
| - | - | - | - | 4 | - | 10 | - | 50 | 6040 | 2632 | - | 1 |
| - | - | - | - | 859 | - | 737 | - | 277 | 19428 | 26661 | - | - |
| - | - | - | - | 17482 | - | 20 | - | 27106 | 176575 | 18130 | - | 3 |

## PRODUCTION AND USES OF ENERGY SOURCES : O.E.C.D. TOTAL

1978

| PRODUCTION AND USES / ENERGY SOURCES | UNIT: 1000 METRIC TONS / UNITE: 1000 TONNES METRIQUES | | | | | | TCAL / TCAL | MANUFACTURED GAS (TCAL) / GAZ MANUFACTURE (TCAL) | | | MILLIONS OF (DE) KWH |
|---|---|---|---|---|---|---|---|---|---|---|---|
| | HARD COAL / HOUILLE | PATENT FUEL / AGGLOMERES | COKE OVEN COKE / COKE DE FOUR | GAS COKE / COKE DE GAZ | BROWN COAL / LIGNITE | BKB / BRIQ. DE LIGNITE | NATURAL GAS / GAZ NATUREL | GAS WORKS / USINES A GAZ | COKE OVENS / COKERIES | BLAST FURNACES / HAUT FOURNEAUX | ELECTRICITY* / ELECTRICITE* |
| | 1 | 2 | 3 | 4 | 5 | 6 | 7 | 8 | 9 | 10 | 11 |
| PRODUCTION | 940877 | 5314 | 170721 | 4239 | 245039 | 6399 | 7356968 | 75847 | 330190 | 373757 | 5050777 |
| FROM OTHER SOURCES | 3496 | - | - | - | - | - | - | 48769 | 1892 | - | - |
| IMPORT | 147471 | 475 | 15224 | - | 1861 | 1618 | 1197832 | 15 | - | - | 91478 |
| EXPORT | -112013 | -411 | -14876 | -582 | -113 | -604 | -766295 | -13 | - | - | -91807 |
| INTL. MARINE BUNKERS | - | - | - | - | - | - | - | - | - | - | - |
| STOCK CHANGES | 8702 | -33 | 7424 | 57 | -785 | 16 | -59744 | 12 | - | - | - |
| DOMESTIC SUPPLY | 988533 | 5345 | 178493 | 3714 | 246002 | 7429 | 7728761 | 124630 | 332082 | 373757 | 5050448 |
| RETURNS TO SUPPLY | - | - | - | - | - | - | - | - | - | - | - |
| TRANSFERS | - | - | - | - | - | - | - | - | - | - | - |
| DOMESTIC AVAILABILITY | 988533 | 5345 | 178493 | 3714 | 246002 | 7429 | 7728761 | 124630 | 332082 | 373757 | 5050448 |
| STATISTICAL DIFFERENCE | 12852 | -12 | 57 | - | 50 | 15 | -5826 | 2303 | 1251 | 4881 | 107 |
| TRANSFORM. SECTOR ** | 859080 | 20 | 54382 | 7 | 232073 | 1373 | 1365732 | 109 | 37122 | 99646 | - |
| FOR SOLID FUELS | 234679 | 10 | 553 | - | 15454 | 148 | - | - | - | 367 | - |
| FOR GASES | 5907 | - | 53752 | 7 | - | - | 54098 | - | 5872 | 1117 | - |
| PETROLEUM REFINERIES | - | - | - | - | - | - | 2926 | - | - | - | - |
| THERMO-ELECTRIC PLANTS | 618494 | 10 | 77 | - | 216619 | 1225 | 1308558 | 109 | 31250 | 98162 | - |
| ENERGY SECTOR | 3412 | 21 | 368 | 67 | 466 | 37 | 961624 | 10971 | 106205 | 32957 | 747340 |
| COAL MINES | 3107 | - | 21 | - | 465 | - | 2601 | - | 580 | 24 | 31631 |
| OIL AND GAS EXTRACTION | - | - | - | - | - | - | 673316 | - | - | - | 17596 |
| PETROLEUM REFINERIES | 212 | - | - | - | - | - | 208881 | - | 56 | - | 60368 |
| ELECTRIC PLANTS | - | - | - | - | - | - | 585 | - | - | - | 231201 |
| DISTRIBUTION LOSSES | 15 | - | - | - | 1 | - | 72023 | 3878 | 1800 | 8334 | 373550 |
| PUMP STORAGE (ELECTR.) | - | - | - | - | - | - | - | - | - | - | 28059 |
| OTHER ENERGY SECTOR | 78 | 21 | 347 | 67 | - | 37 | 4218 | 7093 | 103769 | 24599 | 4935 |
| FINAL CONSUMPTION | 113189 | 5316 | 123686 | 3640 | 13413 | 6004 | 5407231 | 111247 | 187504 | 236273 | 4303001 |
| INDUSTRY SECTOR | 82967 | 119 | 117949 | 3316 | 8931 | 1600 | 2437378 | 16546 | 184714 | 236273 | 1966135 |
| IRON AND STEEL | 7227 | 2 | 110896 | 3254 | 56 | 69 | 242015 | 454 | 163559 | 193584 | 278855 |
| CHEMICAL | 2814 | 1 | 1385 | 20 | 3321 | 427 | 249156 | 74 | 6529 | 9 | 370057 |
| PETROCHEMICAL | - | - | - | - | - | - | 44917 | - | - | - | 46637 |
| NON-FERROUS METAL | 2945 | - | 1011 | - | 1093 | 27 | 24094 | 53 | 493 | - | 270430 |
| NON-METALLIC MINERAL | 8610 | 3 | 899 | - | 54 | 640 | 113893 | 134 | 1858 | 108 | 102028 |
| PAPER PULP AND PRINT | 2014 | - | 19 | - | 894 | 37 | 63098 | 80 | - | - | 212644 |
| MINING AND QUARRYING | 96 | - | 76 | - | 6 | - | 16627 | 3 | 40 | 87 | 33229 |
| FOOD AND TOBACCO | 1856 | - | 330 | - | 125 | 6 | 59443 | 221 | 393 | - | 101123 |
| WOOD AND WOOD PRODUCTS | 40 | - | 1 | - | 2 | 10 | 4932 | 4 | - | - | 38006 |
| MACHINERY | 211 | - | 577 | - | 80 | 21 | 44944 | 182 | 943 | 8 | 144473 |
| TRANSPORT EQUIPMENT | 808 | - | 196 | - | 22 | 38 | 6086 | 17 | 1699 | - | 67589 |
| CONSTRUCTION | - | - | - | - | 54 | - | - | - | - | - | 5740 |
| TEXTILES AND LEATHER | 143 | - | - | - | 20 | - | 3882 | 14 | 400 | - | 78776 |
| NON SPECIFIED | 56203 | 113 | 2559 | 42 | 3204 | 325 | 1564291 | 15310 | 8800 | 42477 | 216548 |
| NON-ENERGY USES: | | | | | | | | | | | |
| (1)ENERGY PRODUCTS | - | - | - | - | - | - | 36742 | - | - | - | - |
| (2)NON-ENERGY PRODUCTS | - | - | - | - | - | - | - | - | - | - | - |
| TRANSPORT. SECTOR ** | 1007 | 15 | 164 | - | 83 | 115 | 2752 | 17 | - | - | 56470 |
| AIR TRANSPORT | - | - | - | - | - | - | - | - | - | - | - |
| ROAD TRANSPORT | - | - | - | - | - | - | 2752 | - | - | - | - |
| RAILWAYS | 946 | 15 | 164 | - | 83 | 115 | - | 17 | - | - | 56470 |
| INTERNAL NAVIGATION | 61 | - | - | - | - | - | - | - | - | - | - |
| OTHER SECTORS ** | 29215 | 5182 | 5573 | 324 | 4399 | 4289 | 2967101 | 94684 | 2790 | - | 2280396 |
| AGRICULTURE | 25 | - | 12 | - | - | - | 243 | - | - | - | 62586 |
| PUBLIC SERVICES | 2175 | - | 396 | - | 24 | - | 19862 | 20 | - | - | - |
| COMMERCE | 292 | 19 | 200 | - | 91 | - | 862123 | 18298 | - | - | 896071 |
| RESIDENTIAL | 26037 | 5163 | 4782 | 299 | 4266 | 4254 | 2074106 | 76229 | - | - | 1284185 |

(1) INCLUDED IN CHEMICAL OR PETROCHEMICAL INDUSTRY
(2) INCLUDED ONLY IN TOTAL INDUSTRY

| * OF WHICH: | |
|---|---|
| HYDRO | 810839 |
| NUCLEAR | 93953 |
| CONVENTIONAL THERMAL | 2618067 |
| GEOTHERMAL | 4506 |

** INCLUDED IN THESE TOTALS ARE THE NON-SPECIFIED ELEMENTS

PRODUCTION ET UTILISATION DES SOURCES D ENERGIE : O.C.D.E. TOTAL

1978

UNIT: 1000 METRIC TONS
UNITE: 1000 TONNES METRIQUES

| OIL / PETROLE: CRUDE / BRUT | OIL / PETROLE: NGL / GNL | OIL / PETROLE: FEEDST. | REFINERY GAS / GAZ DE PETROLE | LIQUEFIED PETROLEUM GASES / GAZ LIQUEFIES DE PETROLE | AVIATION GASOLINE / ESSENCE AVION | MOTOR GASOLINE / ESSENCE AUTO | JET FUEL / CARBURANT REACTEUR | KEROSENE / PETROLE LAMPANT | GAS/DIESEL OIL / GAZ/DIESEL OIL | RESIDUAL FUEL OIL / FUEL OIL RESIDUEL | NAPHTHA / NAPHTHA | NON-ENERGY PRODUCTS / PRODUITS NON-ENERGETIQUES |
|---|---|---|---|---|---|---|---|---|---|---|---|---|
| 12 | 13 | 14 | 15 | 16 | 17 | 18 | 19 | 20 | 21 | 22 | 23 | 24 |
| 666790 | - | - | 44870 | 30645 | 2058 | 479251 | 75233 | 38253 | 431583 | 462184 | 64701 | 155984 |
| 2472 | - | - | 852 | 4833 | - | 615 | - | - | 112 | 182 | 94 | 1207 |
| 1290512 | - | - | - | 11836 | 249 | 19617 | 9420 | 1342 | 62495 | 109140 | 32597 | 16873 |
| -108946 | - | - | - | -3708 | -189 | -17822 | -6678 | -3079 | -39540 | -36197 | -10902 | -20586 |
| - | - | - | - | - | - | - | -11 | -9 | -10481 | -56521 | - | -299 |
| -2766 | - | - | -3 | 217 | 55 | 4005 | 312 | 1281 | 10450 | 3692 | 518 | 730 |
| 1848062 | - | - | 45719 | 43823 | 2173 | 485666 | 78276 | 37788 | 454619 | 482480 | 87008 | 153909 |
| 24871 | - | - | 107 | 141 | - | -259 | 51 | -40 | 468 | 61 | -534 | 413 |
| -28860 | - | - | - | 34162 | - | 459 | -190 | 250 | -397 | 125 | -4830 | -21566 |
| 1844073 | - | - | 45826 | 78126 | 2173 | 485866 | 78137 | 37998 | 454690 | 482666 | 81644 | 132756 |
| -1442 | - | - | 32 | -251 | 18 | -12528 | 1376 | 854 | 768 | 1336 | 1966 | -7878 |
| 1845352 | - | - | 1008 | 2241 | - | 1 | 568 | 189 | 12813 | 198067 | 4552 | 581 |
| - | - | - | - | 3 | - | - | - | - | 4 | 5 | - | 581 |
| - | - | - | 693 | 2238 | - | - | - | - | 29 | 190 | 2524 | - |
| 1824287 | - | - | - | - | - | - | - | - | - | - | - | - |
| 21065 | - | - | 315 | - | - | 1 | 568 | - | 12041 | 197872 | 2028 | - |
| - | - | - | 39856 | 2589 | - | 78 | 22 | 21 | 1797 | 34615 | 641 | 17610 |
| - | - | - | - | - | - | - | - | - | 109 | 179 | - | - |
| - | - | - | - | - | - | - | - | - | 185 | - | - | - |
| - | - | - | 39843 | 2561 | - | 18 | 2 | 1 | 1423 | 34238 | 641 | 17610 |
| - | - | - | - | - | - | - | - | - | 2 | 179 | - | - |
| - | - | - | 2 | 15 | - | 60 | 20 | 20 | 67 | 2 | - | - |
| - | - | - | - | - | - | - | - | - | - | - | - | - |
| - | - | - | 11 | 13 | - | - | - | - | 11 | 17 | - | - |
| 163 | - | - | 4930 | 73547 | 2155 | 498315 | 76171 | 36934 | 439312 | 248648 | 74485 | 122443 |
| 163 | - | - | 4793 | 34621 | 3 | 166 | 13 | 4888 | 70370 | 177239 | 68091 | 122378 |
| - | - | - | - | 229 | - | - | - | 6 | 3138 | 22381 | 28 | - |
| 73 | - | - | 325 | 300 | - | - | - | 45 | 4709 | 30188 | 1175 | 14 |
| 90 | - | - | 4468 | 27148 | 2 | 59 | - | 565 | 19592 | 7526 | 66517 | 54 |
| - | - | - | - | 78 | - | - | - | 5 | 1502 | 5878 | - | - |
| - | - | - | - | 300 | - | - | - | 12 | 2935 | 28165 | 6 | 40 |
| - | - | - | - | 62 | - | - | - | 14 | 1668 | 27963 | - | 24 |
| - | - | - | - | 45 | - | - | - | 66 | 1535 | 1860 | - | 116 |
| - | - | - | - | 126 | - | 2 | - | 25 | 5006 | 16401 | - | 4 |
| - | - | - | - | 22 | - | 1 | - | 14 | 1243 | 1530 | - | - |
| - | - | - | - | 32 | - | 50 | - | 15 | 2632 | 4398 | - | 1 |
| - | - | - | - | 212 | - | - | 5 | - | 1070 | 2400 | - | - |
| - | - | - | - | - | - | - | - | - | 109 | - | - | - |
| - | - | - | - | - | - | - | - | - | - | - | - | - |
| - | - | - | - | 6067 | 1 | 54 | 8 | 4121 | 25231 | 28549 | 365 | 61 |
| 121 | - | - | 1887 | 5460 | - | - | - | 566 | 4169 | 3156 | 60940 | - |
| - | - | - | - | - | - | - | - | - | - | - | - | 122064 |
| - | - | - | - | 4980 | 2142 | 496704 | 76068 | 562 | 142419 | 7544 | - | 2 |
| - | - | - | - | - | 2142 | - | 76068 | - | 3 | 5 | - | - |
| - | - | - | - | 4980 | - | 496485 | - | 330 | 109369 | 40 | - | 2 |
| - | - | - | - | - | - | - | - | 164 | 20288 | 856 | - | - |
| - | - | - | - | - | - | 219 | - | 68 | 12759 | 6643 | - | - |
| - | - | - | 137 | 33946 | 10 | 1445 | 90 | 31484 | 226523 | 63865 | 6394 | 63 |
| - | - | - | - | 341 | 10 | 497 | 1 | 1408 | 17088 | 2031 | - | 1 |
| - | - | - | - | 5 | - | 8 | - | 72 | 7180 | 2504 | - | - |
| - | - | - | - | 921 | - | 193 | - | 293 | 22455 | 31382 | - | - |
| - | - | - | - | 18049 | - | 14 | - | 27574 | 167532 | 15830 | - | 2 |

## PRODUCTION AND USES OF ENERGY SOURCES : O.E.C.D. TOTAL

1979

| PRODUCTION AND USES \ ENERGY SOURCES | UNIT: 1000 METRIC TONS / UNITE: 1000 TONNES METRIQUES | | | | | | TCAL / TCAL | MANUFACTURED GAS (TCAL) / GAZ MANUFACTURE (TCAL) | | | MILLIONS OF (DE) KWH |
|---|---|---|---|---|---|---|---|---|---|---|---|
| | HARD COAL / HOUILLE | PATENT FUEL / AGGLOMERES | COKE OVEN COKE / COKE DE FOUR | GAS COKE / COKE DE GAZ | BROWN COAL / LIGNITE | BKB / BRIQ. DE LIGNITE | NATURAL GAS / GAZ NATUREL | GAS WORKS / USINES A GAZ | COKE OVENS / COKERIES | BLAST FURNACES / HAUT FOURNEAUX | ELECTRICITY* / ELECTRICITE* |
| | 1 | 2 | 3 | 4 | 5 | 6 | 7 | 8 | 9 | 10 | 11 |
| PRODUCTION | 1040316 | 5528 | 182808 | 4604 | 268020 | 7940 | 7684186 | 78873 | 352920 | 391324 | 5221827 |
| FROM OTHER SOURCES | 1847 | - | - | - | - | - | - | 51724 | 2068 | - | - |
| IMPORT | 173644 | 509 | 17185 | - | 2069 | 1580 | 1449280 | - | - | - | 111681 |
| EXPORT | -133816 | -450 | -19539 | -604 | -88 | -845 | -969488 | -9 | - | - | -109351 |
| INTL. MARINE BUNKERS | - | - | - | - | - | - | - | - | - | - | - |
| STOCK CHANGES | -29522 | -24 | 9182 | 9 | -778 | 73 | -76307 | - | - | - | - |
| DOMESTIC SUPPLY | 1052469 | 5563 | 189636 | 4009 | 269223 | 8748 | 8087671 | 130588 | 354988 | 391324 | 5224157 |
| RETURNS TO SUPPLY | - | - | - | - | - | - | - | - | - | - | - |
| TRANSFERS | - | - | - | - | - | - | - | - | - | - | - |
| DOMESTIC AVAILABILITY | 1052469 | 5563 | 189636 | 4009 | 269223 | 8748 | 8087671 | 130588 | 354988 | 391324 | 5224157 |
| STATISTICAL DIFFERENCE | 980 | -32 | 307 | - | 550 | 14 | -9586 | 254 | 1054 | -262 | 60 |
| TRANSFORM. SECTOR ** | 930699 | 19 | 57033 | 7 | 252640 | 1604 | 1464433 | 769 | 40106 | 111467 | - |
| FOR SOLID FUELS | 252903 | 5 | 615 | - | 19226 | 158 | - | - | - | 2001 | - |
| FOR GASES | 6318 | - | 56343 | 7 | - | - | 57587 | - | 6095 | 1123 | - |
| PETROLEUM REFINERIES | - | - | - | - | - | - | 3037 | - | - | - | - |
| THERMO-ELECTRIC PLANTS | 671478 | 14 | 75 | - | 233414 | 1446 | 1388599 | 769 | 34011 | 108343 | - |
| ENERGY SECTOR | 3239 | 17 | 382 | 74 | 249 | 7 | 979728 | 11698 | 116547 | 45681 | 773989 |
| COAL MINES | 2946 | - | 19 | - | 248 | - | 2148 | - | 744 | - | 32736 |
| OIL AND GAS EXTRACTION | - | - | - | - | - | - | 691889 | - | - | - | 18005 |
| PETROLEUM REFINERIES | 204 | - | - | - | - | - | 200363 | - | 73 | - | 68563 |
| ELECTRIC PLANTS | - | - | - | - | - | - | 473 | - | - | - | 238897 |
| DISTRIBUTION LOSSES | 16 | - | 20 | - | 1 | - | 80313 | 4021 | 1833 | 8820 | 374468 |
| PUMP STORAGE (ELECTR.) | - | - | - | - | - | - | - | - | - | - | 30555 |
| OTHER ENERGY SECTOR | 73 | 17 | 343 | 74 | - | 7 | 4542 | 7677 | 113897 | 36861 | 10765 |
| FINAL CONSUMPTION | 117551 | 5559 | 131914 | 3928 | 15784 | 7123 | 5653096 | 117867 | 197281 | 234438 | 4450108 |
| INDUSTRY SECTOR | 87245 | 118 | 125739 | 3356 | 10216 | 2041 | 2525748 | 15578 | 194832 | 234438 | 2041207 |
| IRON AND STEEL | 6549 | 10 | 117861 | 3283 | 99 | 89 | 251221 | 1141 | 172127 | 192175 | 296307 |
| CHEMICAL | 2967 | 1 | 1568 | 25 | 2703 | 469 | 264812 | 65 | 6932 | 9 | 375670 |
| PETROCHEMICAL | - | - | - | - | - | - | 85022 | - | - | - | 46502 |
| NON-FERROUS METAL | 3418 | - | 1129 | - | 1161 | 22 | 29204 | 56 | 503 | - | 275288 |
| NON-METALLIC MINERAL | 10001 | 2 | 1042 | - | 641 | 987 | 130911 | 126 | 2116 | 83 | 105118 |
| PAPER PULP AND PRINT | 2186 | - | 24 | - | 898 | 68 | 53716 | 54 | 47 | - | 216983 |
| MINING AND QUARRYING | 121 | - | 66 | - | 4 | - | 24749 | - | 40 | 69 | 36800 |
| FOOD AND TOBACCO | 1800 | - | 242 | - | 116 | - | 66222 | 250 | 329 | - | 102783 |
| WOOD AND WOOD PRODUCTS | 57 | - | 1 | - | 1 | 10 | 4019 | 10 | - | - | 38230 |
| MACHINERY | 66 | - | 408 | - | 83 | 24 | 52236 | 211 | 1014 | 12 | 150746 |
| TRANSPORT EQUIPMENT | 878 | - | 223 | - | 23 | 31 | 12316 | 17 | 2309 | - | 69186 |
| CONSTRUCTION | - | - | 31 | - | 152 | - | - | - | - | - | 5853 |
| TEXTILES AND LEATHER | 1 | - | - | - | - | - | 2628 | 13 | 202 | - | 78667 |
| NON SPECIFIED | 59201 | 105 | 3144 | 48 | 4335 | 341 | 1548692 | 13635 | 9213 | 42090 | 243074 |
| NON-ENERGY USES: | | | | | | | | | | | |
| (1)ENERGY PRODUCTS | - | - | - | - | - | - | 49123 | - | - | - | - |
| (2)NON-ENERGY PRODUCTS | - | - | - | - | - | - | - | - | - | - | - |
| TRANSPORT. SECTOR ** | 530 | 12 | 192 | - | 326 | 102 | 3409 | 52 | - | - | 59418 |
| AIR TRANSPORT | - | - | - | - | - | - | - | - | - | - | - |
| ROAD TRANSPORT | - | - | - | - | - | - | 2811 | - | - | - | - |
| RAILWAYS | 481 | 12 | 192 | - | 326 | 102 | 598 | 52 | - | - | 59418 |
| INTERNAL NAVIGATION | 49 | - | - | - | - | - | - | - | - | - | - |
| OTHER SECTORS ** | 29776 | 5429 | 5983 | 572 | 5242 | 4980 | 3123939 | 102237 | 2449 | - | 2349483 |
| AGRICULTURE | 31 | - | 15 | - | - | - | 3006 | 200 | - | - | 65372 |
| PUBLIC SERVICES | 2157 | - | 380 | - | 74 | - | 22389 | 20 | - | - | - |
| COMMERCE | 338 | - | 196 | - | 136 | - | 900150 | 19797 | - | - | 926770 |
| RESIDENTIAL | 26233 | 5429 | 5189 | 536 | 5006 | 4913 | 2007530 | 82080 | - | - | 1322331 |

(1) INCLUDED IN CHEMICAL OR PETROCHEMICAL INDUSTRY
(2) INCLUDED ONLY IN TOTAL INDUSTRY

| * OF WHICH: HYDRO | 851145 |
|---|---|
| NUCLEAR | 127058 |
| CONVENTIONAL THERMAL | 2830606 |
| GEOTHERMAL | 5394 |

** INCLUDED IN THESE TOTALS ARE THE NON-SPECIFIED ELEMENTS

## PRODUCTION ET UTILISATION DES SOURCES D ENERGIE : O.C.D.E. TOTAL

1979

UNIT: 1000 METRIC TONS
UNITE: 1000 TONNES METRIQUES

| OIL / PETROLE: CRUDE / BRUT | OIL / PETROLE: NGL / GNL | OIL / PETROLE: FEEDST. | REFINERY GAS / GAZ DE PETROLE | LIQUEFIED PETROLEUM GASES / GAZ LIQUEFIES DE PETROLE | AVIATION GASOLINE / ESSENCE AVION | MOTOR GASOLINE / ESSENCE AUTO | JET FUEL / CARBURANT REACTEUR | KEROSENE / PETROLE LAMPANT | GAS/DIESEL OIL / GAZ/DIESEL OIL | RESIDUAL FUEL OIL / FUEL OIL RESIDUEL | NAPHTHA / NAPHTHA | NON-ENERGY PRODUCTS / PRODUITS NON-ENERGETIQUES |
|---|---|---|---|---|---|---|---|---|---|---|---|---|
| 12 | 13 | 14 | 15 | 16 | 17 | 18 | 19 | 20 | 21 | 22 | 23 | 24 |
| 630363 | 63343 | - | 45749 | 32499 | 1926 | 471856 | 81420 | 41174 | 454885 | 467269 | 68912 | 164615 |
| 2017 | - | 40 | 921 | 5309 | - | 391 | - | - | 47 | 67 | 90 | 18117 |
| 1262920 | 11605 | 19076 | - | 13979 | 247 | 20062 | 9649 | 1499 | 63358 | 103910 | 35249 | 20305 |
| -75407 | -6905 | -1346 | - | -2966 | -205 | -21184 | -7879 | -3042 | -46230 | -38880 | -13392 | -25401 |
| - | - | - | - | - | - | -1 | -979 | -2 | -9886 | -62036 | - | -308 |
| -15198 | 968 | -2453 | 10 | -191 | 27 | -1498 | -1305 | -1149 | -8051 | -4256 | -873 | 671 |
| 1804695 | 69011 | 15317 | 46680 | 48630 | 1995 | 469626 | 80906 | 38480 | 454123 | 466074 | 89986 | 177999 |
| - | - | 8758 | - | -44 | - | -520 | -9 | -238 | -50 | -741 | -2757 | -196 |
| -677 | -43695 | 25039 | 262 | 42588 | 9 | 3377 | -251 | 348 | 466 | -679 | -5496 | -19985 |
| 1804018 | 25316 | 49114 | 46942 | 91174 | 2004 | 472483 | 80646 | 38590 | 454539 | 464654 | 81733 | 157818 |
| -1074 | 176 | -4049 | 310 | -365 | 35 | -13823 | 1259 | 577 | 370 | -783 | -2707 | -13407 |
| 1804901 | 23592 | 53141 | 1143 | 3892 | - | 3 | 400 | 186 | 9066 | 195057 | 4054 | 728 |
| - | - | - | - | 3 | - | - | - | - | - | - | - | 728 |
| - | - | - | 783 | 3356 | - | - | - | - | 16 | 180 | 2319 | - |
| 1787727 | 21352 | 53141 | - | - | - | - | - | - | - | - | - | - |
| 17174 | 2240 | - | 360 | 532 | - | 3 | 400 | - | 8350 | 193234 | 1735 | - |
| - | - | - | 40889 | 3060 | - | 20 | 1 | 1 | 1433 | 32583 | 539 | 17475 |
| - | - | - | - | - | - | 1 | - | - | 103 | 121 | - | - |
| - | - | - | - | 169 | - | - | - | - | 61 | - | - | - |
| - | - | - | 40878 | 2882 | - | 19 | 1 | 1 | 1248 | 32253 | 539 | 17475 |
| - | - | - | - | - | - | - | - | - | 8 | 179 | - | - |
| - | - | - | - | - | - | - | - | - | 2 | 1 | - | - |
| - | - | - | - | - | - | - | - | - | - | - | - | - |
| - | - | - | 11 | 9 | - | - | - | - | 11 | 29 | - | - |
| 191 | 1548 | 22 | 4600 | 84587 | 1969 | 486283 | 78986 | 37826 | 443670 | 237797 | 79847 | 153022 |
| 161 | 709 | 22 | 4504 | 32483 | 1 | 156 | 10 | 4841 | 72246 | 183096 | 74636 | 148516 |
| - | - | - | - | 203 | - | 3 | - | 6 | 2942 | 23083 | 2 | 1 |
| 146 | - | - | 162 | 633 | - | 2 | - | 51 | 5485 | 30168 | 898 | 62 |
| 13 | 536 | 22 | 4341 | 24691 | - | 10 | - | 860 | 22869 | 6236 | 73478 | 43 |
| - | - | - | - | 175 | - | 1 | - | - | 1601 | 8575 | 7 | - |
| - | - | - | - | 477 | - | 2 | - | 7 | 4648 | 31189 | - | - |
| - | - | - | - | 72 | - | 3 | - | 11 | 1350 | 28379 | - | 12 |
| - | - | - | - | 9 | - | 1 | - | 70 | 2336 | 2530 | - | 146 |
| - | - | - | - | 279 | - | - | - | 21 | 5018 | 16768 | - | 5 |
| - | - | - | - | 7 | - | 2 | - | 12 | 1123 | 1646 | - | - |
| - | - | - | - | 98 | - | 64 | - | 16 | 2581 | 4174 | - | 1 |
| - | - | - | - | 219 | - | 6 | 10 | - | 1074 | 2835 | - | - |
| - | - | - | - | - | - | - | - | - | - | - | - | - |
| - | - | - | - | - | - | - | - | - | - | - | - | - |
| 2 | 173 | - | 1 | 5620 | 1 | 62 | - | 3787 | 21219 | 27513 | 251 | 58 |
| 146 | 303 | - | 1576 | 7075 | - | - | - | 861 | 4470 | 4274 | 66509 | - |
| - | - | - | - | - | - | - | - | - | - | - | - | 148188 |
| - | 25 | - | - | 3959 | 1958 | 484619 | 78168 | 427 | 153859 | 8689 | - | - |
| - | - | - | - | - | 1958 | - | 78168 | - | 3 | 10 | - | - |
| - | 25 | - | - | 3958 | - | 484372 | - | 192 | 118732 | 31 | - | - |
| - | - | - | - | 1 | - | - | - | 171 | 21246 | 846 | - | - |
| - | - | - | - | - | - | 247 | - | 64 | 13423 | 7797 | - | - |
| 30 | 814 | - | 96 | 48145 | 10 | 1508 | 808 | 32558 | 217565 | 46012 | 5211 | 4506 |
| - | 99 | - | - | 484 | 10 | 480 | 2 | 1427 | 19194 | 2101 | - | - |
| - | - | - | - | 294 | - | 9 | 94 | 70 | 7251 | 2445 | - | 1 |
| - | 185 | - | - | 1108 | - | 192 | 26 | 277 | 22307 | 18155 | - | - |
| - | 530 | - | - | 20961 | - | 20 | - | 28862 | 144942 | 14648 | - | 3 |

## PRODUCTION AND USES OF ENERGY SOURCES : O.E.C.D. TOTAL

1980

| ENERGY SOURCES / PRODUCTION AND USES | UNIT: 1000 METRIC TONS / UNITE: 1000 TONNES METRIQUES | | | | | | TCAL / TCAL | MANUFACTURED GAS (TCAL) / GAZ MANUFACTURE (TCAL) | | | MILLIONS OF (DE) KWH |
|---|---|---|---|---|---|---|---|---|---|---|---|
| | HARD COAL / HOUILLE | PATENT FUEL / AGGLOMERES | COKE OVEN COKE / COKE DE FOUR | GAS COKE / COKE DE GAZ | BROWN COAL / LIGNITE | BKB / BRIQ. DE LIGNITE | NATURAL GAS / GAZ NATUREL | GAS WORKS / USINES A GAZ | COKE OVENS / COKERIES | BLAST FURNACES / HAUT FOURNEAUX | ELECTRICITY* / ELECTRICITE* |
| | 1 | 2 | 3 | 4 | 5 | 6 | 7 | 8 | 9 | 10 | 11 |
| PRODUCTION | 1093347 | 4734 | 175386 | 4458 | 281360 | 8196 | 7562761 | 82176 | 338870 | 343859 | 5273645 |
| FROM OTHER SOURCES | 1900 | - | - | - | - | - | - | 54477 | 929 | - | - |
| IMPORT | 195428 | 484 | 13762 | - | 2709 | 1997 | 1481838 | - | - | - | 114631 |
| EXPORT | -160244 | -396 | -16360 | -344 | -45 | -987 | -1005937 | -8 | - | - | -111175 |
| INTL. MARINE BUNKERS | - | - | - | - | - | - | - | - | - | - | - |
| STOCK CHANGES | -31005 | -79 | -4047 | -66 | -2160 | -11 | 29526 | 26 | - | - | - |
| DOMESTIC SUPPLY | 1099426 | 4743 | 168741 | 4048 | 281864 | 9195 | 8068188 | 136671 | 339799 | 343859 | 5277101 |
| RETURNS TO SUPPLY | - | - | - | - | - | - | - | - | - | - | - |
| TRANSFERS | - | - | - | - | - | - | - | - | - | - | - |
| DOMESTIC AVAILABILITY | 1099426 | 4743 | 168741 | 4048 | 281864 | 9195 | 8068188 | 136671 | 339799 | 343859 | 5277101 |
| STATISTICAL DIFFERENCE | 11455 | -38 | 373 | - | 489 | 18 | -6239 | 1583 | 1099 | -961 | -166 |
| TRANSFORM. SECTOR ** | 976073 | 4 | 52627 | 7 | 262376 | 1681 | 1519785 | 847 | 40694 | 93859 | - |
| FOR SOLID FUELS | 248255 | 1 | 506 | - | 19697 | 142 | 73 | - | - | 1693 | - |
| FOR GASES | 5658 | - | 52042 | 7 | - | - | 61738 | - | 5671 | 1183 | - |
| PETROLEUM REFINERIES | - | - | - | - | - | - | 3612 | - | - | - | - |
| THERMO-ELECTRIC PLANTS | 722160 | 3 | 79 | - | 242679 | 1539 | 1439382 | 847 | 35023 | 90983 | - |
| ENERGY SECTOR | 2923 | 52 | 428 | 179 | 264 | 12 | 837530 | 11145 | 113228 | 41876 | 795656 |
| COAL MINES | 2813 | - | 18 | - | 248 | - | 806 | - | 1067 | - | 34468 |
| OIL AND GAS EXTRACTION | - | - | - | - | - | - | 549697 | - | - | - | 18920 |
| PETROLEUM REFINERIES | - | - | - | - | - | - | 215778 | - | 804 | - | 70687 |
| ELECTRIC PLANTS | - | - | - | - | - | - | 199 | - | - | - | 240982 |
| DISTRIBUTION LOSSES | 63 | - | 20 | - | 16 | - | 65748 | 3803 | 1409 | 6709 | 384144 |
| PUMP STORAGE (ELECTR.) | - | - | - | - | - | - | - | - | - | - | 30378 |
| OTHER ENERGY SECTOR | 47 | 52 | 390 | 179 | - | 12 | 5302 | 7342 | 109948 | 35167 | 16077 |
| FINAL CONSUMPTION | 108975 | 4725 | 115313 | 3862 | 18735 | 7484 | 5717112 | 123096 | 184778 | 209085 | 4481611 |
| INDUSTRY SECTOR | 80754 | 76 | 109654 | 3392 | 10715 | 2458 | 2626518 | 18474 | 183838 | 209085 | 2003378 |
| IRON AND STEEL | 6763 | - | 101841 | 3365 | 47 | 110 | 322351 | 891 | 162239 | 177197 | 276191 |
| CHEMICAL | 3168 | 2 | 1686 | - | 2845 | 480 | 682609 | 47 | 6503 | 9 | 349752 |
| PETROCHEMICAL | - | - | - | - | - | - | 87731 | - | - | - | 44840 |
| NON-FERROUS METAL | 2250 | - | 914 | - | 1138 | 21 | 118399 | 230 | 509 | - | 277247 |
| NON-METALLIC MINERAL | 14417 | 1 | 976 | - | 841 | 1442 | 279431 | 127 | 1906 | - | 105164 |
| PAPER PULP AND PRINT | 1473 | - | 2 | - | 921 | 43 | 173700 | 69 | 90 | - | 220787 |
| MINING AND QUARRYING | 191 | - | 205 | - | 15 | - | 23873 | - | - | - | 38933 |
| FOOD AND TOBACCO | 1829 | - | 247 | - | 102 | 1 | 198322 | 222 | 247 | - | 106515 |
| WOOD AND WOOD PRODUCTS | 53 | - | 1 | - | 1 | 11 | 19881 | 34 | 478 | - | 37133 |
| MACHINERY | 136 | - | 417 | - | 83 | 15 | 84203 | 180 | 1414 | - | 152087 |
| TRANSPORT EQUIPMENT | 759 | - | 200 | - | 18 | 35 | 53912 | 17 | 1983 | - | 69793 |
| CONSTRUCTION | 4 | - | 95 | - | 164 | - | - | - | 170 | 86 | 5900 |
| TEXTILES AND LEATHER | 570 | - | 30 | - | 58 | 24 | 40710 | 13 | 275 | - | 76755 |
| NON SPECIFIED | 49141 | 73 | 3040 | 27 | 4482 | 276 | 541396 | 16644 | 8024 | 31793 | 242281 |
| NON-ENERGY USES: | | | | | | | | | | | |
| (1)ENERGY PRODUCTS | - | - | - | - | - | - | 102109 | - | - | - | - |
| (2)NON-ENERGY PRODUCTS | - | - | - | - | - | - | - | - | - | - | - |
| TRANSPORT. SECTOR ** | 445 | 14 | 187 | - | 211 | 121 | 21990 | 34 | - | - | 60119 |
| AIR TRANSPORT | - | - | - | - | - | - | 18 | - | - | - | - |
| ROAD TRANSPORT | - | - | - | - | - | - | 2945 | - | - | - | - |
| RAILWAYS | 410 | 14 | 187 | - | 211 | 121 | 660 | 34 | - | - | 60119 |
| INTERNAL NAVIGATION | 35 | - | - | - | - | - | - | - | - | - | - |
| OTHER SECTORS ** | 27776 | 4635 | 5472 | 470 | 7809 | 4905 | 3068604 | 104588 | 940 | - | 2418114 |
| AGRICULTURE | 38 | - | 10 | - | - | - | 3364 | 717 | - | - | 64246 |
| PUBLIC SERVICES | 1843 | - | 313 | - | 78 | - | 27711 | 962 | - | - | - |
| COMMERCE | 191 | - | - | - | 512 | - | 897383 | 18901 | - | - | 953190 |
| RESIDENTIAL | 24790 | 4631 | 4749 | 470 | 7217 | 4869 | 1978289 | 83760 | - | - | 1372393 |

(1) INCLUDED IN CHEMICAL OR PETROCHEMICAL INDUSTRY
(2) INCLUDED ONLY IN TOTAL INDUSTRY

** INCLUDED IN THESE TOTALS ARE THE NON-SPECIFIED ELEMENTS

| * OF WHICH: | |
|---|---|
| HYDRO | 810839 |
| NUCLEAR | 93953 |
| CONVENTIONAL THERMAL | 2618067 |
| GEOTHERMAL | 4506 |

## PRODUCTION ET UTILISATION DES SOURCES D ENERGIE : O.C.D.E. TOTAL

1980

UNIT: 1000 METRIC TONS
UNITE: 1000 TONNES METRIQUES

| OIL / PETROLE | | | REFINERY GAS | LIQUEFIED PETROLEUM GASES | AVIATION GASOLINE | MOTOR GASOLINE | JET FUEL | KEROSENE | GAS/DIESEL OIL | RESIDUAL FUEL OIL | NAPHTHA | NON-ENERGY PRODUCTS |
|---|---|---|---|---|---|---|---|---|---|---|---|---|
| CRUDE BRUT | NGL GNL | FEEDST. | GAZ DE PETROLE | GAZ LIQUEFIES DE PETROLE | ESSENCE AVION | ESSENCE AUTO | CARBURANT REACTEUR | PETROLE LAMPANT | GAZ/DIESEL OIL | FUEL OIL RESIDUEL | NAPHTHA | PRODUITS NON-ENERGETIQUES |
| 12 | 13 | 14 | 15 | 16 | 17 | 18 | 19 | 20 | 21 | 22 | 23 | 24 |
| 632672 | 69230 | - | 44033 | 30058 | 2111 | 457144 | 80627 | 34191 | 410515 | 418347 | 64196 | 139854 |
| 2008 | - | - | - | 1165 | - | 393 | - | - | 46 | 103 | 94 | 133 |
| 1099340 | 11819 | 18950 | - | 15671 | 241 | 22953 | 10511 | 684 | 62200 | 98730 | 31255 | 17355 |
| -76474 | -7959 | -1291 | - | -2796 | -374 | -20685 | -10476 | -2457 | -42972 | -36268 | -11269 | -22613 |
| - | - | - | - | - | - | - | -17 | - | -9498 | -64840 | - | -323 |
| -15502 | -1952 | -1476 | 4 | -179 | -6 | -4208 | -694 | 672 | -4402 | 2049 | -287 | -871 |
| 1642044 | 71138 | 16183 | 44037 | 43919 | 1972 | 455597 | 79951 | 33090 | 415889 | 418121 | 83989 | 133535 |
| - | - | 15723 | 44 | -429 | -1 | -536 | - | - | -1566 | -2298 | -9206 | -592 |
| -677 | -43241 | 15719 | -185 | 39932 | 49 | 645 | -209 | 690 | -509 | -3707 | -2794 | -3598 |
| 1641367 | 27897 | 47625 | 43896 | 83422 | 2020 | 455706 | 79742 | 33780 | 413814 | 412116 | 71989 | 129345 |
| 1898 | -1523 | -4356 | 305 | -1722 | 34 | -14117 | 1332 | 521 | 1134 | -4372 | 471 | -5502 |
| 1639320 | 26965 | 51981 | 1047 | 3816 | - | 9 | 252 | 212 | 5931 | 176415 | 3451 | 762 |
| - | - | - | 5 | 2 | - | - | - | - | - | 10 | - | 600 |
| - | - | - | 737 | 3137 | - | - | - | - | 12 | 62 | 2261 | - |
| 1627540 | 24822 | 51981 | - | - | - | - | - | - | - | - | - | - |
| 11780 | 2143 | - | 275 | 673 | - | 9 | 252 | - | 5104 | 174683 | 1190 | 162 |
| - | - | - | 39751 | 1846 | - | 12 | - | 4 | 811 | 30628 | 497 | 17605 |
| - | - | - | - | - | - | - | - | - | 82 | 66 | - | - |
| - | - | - | - | 188 | - | - | - | - | 69 | 12 | - | - |
| - | - | - | 39746 | 1658 | - | 12 | - | - | 636 | 30180 | 493 | 17605 |
| - | - | - | - | - | - | - | - | - | 8 | 205 | - | - |
| - | - | - | - | - | - | - | - | 4 | 5 | 2 | - | - |
| - | - | - | - | - | - | - | - | - | - | - | - | - |
| - | - | - | 5 | - | - | - | - | - | 11 | 163 | 4 | - |
| 149 | 2455 | - | 2793 | 79482 | 1986 | 469802 | 78158 | 33043 | 405938 | 209445 | 67570 | 116480 |
| 149 | 1716 | - | 2723 | 33266 | - | 479 | 37 | 5966 | 48405 | 151043 | 61870 | 111959 |
| - | - | - | - | 758 | - | 2 | - | 2 | 2274 | 16289 | 7 | - |
| 129 | - | - | 47 | 908 | - | 1 | - | 32 | 4085 | 25867 | 1044 | 55 |
| 14 | 1545 | - | 2581 | 21751 | - | 107 | - | 841 | 1975 | 4022 | 60698 | 18433 |
| - | - | - | - | 300 | - | 1 | - | 2 | 1259 | 5663 | 30 | - |
| - | - | - | - | 573 | - | - | - | 20 | 3387 | 23095 | - | - |
| - | - | - | - | 123 | - | 1 | - | 1 | 955 | 20977 | - | 38 |
| - | - | - | - | 6 | - | 1 | - | 54 | 1422 | 1905 | - | 110 |
| - | - | - | - | 496 | - | 9 | - | 59 | 4599 | 14843 | - | 1 |
| - | - | - | - | 55 | - | 1 | - | - | 760 | 1094 | - | - |
| - | - | - | - | 353 | - | 70 | - | 19 | 2169 | 3536 | - | 1 |
| - | - | - | - | 118 | - | 2 | - | 14 | 1095 | 2367 | - | - |
| - | - | - | - | 10 | - | 4 | - | 545 | 3809 | 239 | - | - |
| - | - | - | - | 104 | - | - | - | 5 | 1015 | 6074 | - | 1 |
| 6 | 171 | - | 95 | 7711 | - | 280 | 37 | 4372 | 19601 | 25072 | 91 | 49 |
| 129 | 643 | - | 1651 | 21460 | - | 100 | - | 837 | 2917 | 12818 | 57419 | - |
| - | - | - | - | - | - | - | - | - | - | - | - | 93271 |
| - | 25 | - | - | 4372 | 1975 | 465970 | 77360 | 437 | 145994 | 10202 | - | - |
| - | - | - | - | - | 1975 | 1 | 77360 | 2 | 2 | 6 | - | - |
| - | 25 | - | - | 4368 | - | 462310 | - | 118 | 114939 | 66 | - | - |
| - | - | - | - | 4 | - | - | - | 165 | 20415 | 859 | - | - |
| - | - | - | - | - | - | 267 | - | 23 | 8480 | 7752 | - | - |
| - | 714 | - | 70 | 41844 | 11 | 3353 | 761 | 26640 | 211539 | 48200 | 5700 | 4522 |
| - | 98 | - | - | 373 | 9 | 2361 | 2 | 1657 | 28111 | 1626 | - | - |
| - | 1 | - | - | 91 | - | 11 | 487 | 124 | 5691 | 2324 | - | 8 |
| - | 182 | - | - | 1253 | 1 | 263 | 172 | 1144 | 29233 | 16904 | - | 1 |
| - | 433 | - | - | 21208 | - | 9 | - | 20985 | 133236 | 12784 | - | 3 |

## PRODUCTION AND USES OF ENERGY SOURCES : O.E.C.D. TOTAL

1981

| PRODUCTION AND USES / ENERGY SOURCES | UNIT: 1000 METRIC TONS / UNITE: 1000 TONNES METRIQUES | | | | | | TCAL / TCAL | MANUFACTURED GAS (TCAL) / GAZ MANUFACTURE (TCAL) | | | MILLIONS OF (DE) KWH |
|---|---|---|---|---|---|---|---|---|---|---|---|
| | HARD COAL / HOUILLE | PATENT FUEL / AGGLOMERES | COKE OVEN COKE / COKE DE FOUR | GAS COKE / COKE DE GAZ | BROWN COAL / LIGNITE | BKB / BRIQ. DE LIGNITE | NATURAL GAS / GAZ NATUREL | GAS WORKS / USINES A GAZ | COKE OVENS / COKERIES | BLAST FURNACES / HAUT FOURNEAUX | ELECTRICITY* / ELECTRICITE* |
| | 1 | 2 | 3 | 4 | 5 | 6 | 7 | 8 | 9 | 10 | 11 |
| PRODUCTION | 1097880 | 4711 | 169137 | 3812 | 300530 | 7772 | 7599771 | 80474 | 331275 | 344682 | 5323936 |
| FROM OTHER SOURCES | 2074 | - | - | - | - | - | - | 58225 | 671 | - | - |
| IMPORT | 205560 | 409 | 11914 | - | 3510 | 2241 | 1469837 | - | - | - | 125099 |
| EXPORT | -192649 | -406 | -14625 | -192 | -39 | -931 | -967328 | - | - | - | -123525 |
| INTL. MARINE BUNKERS | - | - | - | - | - | - | - | - | - | - | - |
| STOCK CHANGES | -4598 | -98 | 1919 | 68 | -2654 | 2 | -84469 | - | - | - | - |
| DOMESTIC SUPPLY | 1108267 | 4616 | 168345 | 3688 | 301347 | 9084 | 8017811 | 138699 | 331946 | 344682 | 5325510 |
| RETURNS TO SUPPLY | - | - | - | - | - | - | - | - | - | - | - |
| TRANSFERS | - | - | - | - | - | - | - | - | - | - | - |
| DOMESTIC AVAILABILITY | 1108267 | 4616 | 168345 | 3688 | 301347 | 9084 | 8017811 | 138699 | 331946 | 344682 | 5325510 |
| STATISTICAL DIFFERENCE | -3213 | 1 | 326 | - | 81 | - | -7003 | 1537 | 7141 | 4750 | 272 |
| TRANSFORM. SECTOR ** | 992501 | 1 | 52077 | 8 | 279709 | 1617 | 1478759 | 166 | 42637 | 89511 | - |
| FOR SOLID FUELS | 242260 | 1 | 550 | - | 18484 | 152 | - | - | - | 1681 | - |
| FOR GASES | 5349 | - | 51445 | 8 | - | - | 63710 | 3 | 5197 | 1147 | - |
| PETROLEUM REFINERIES | - | - | - | - | - | - | 2190 | - | - | - | - |
| THERMO-ELECTRIC PLANTS | 744892 | - | 82 | - | 261225 | 1465 | 1397870 | 163 | 37440 | 86683 | - |
| ENERGY SECTOR | 2777 | 42 | 478 | 172 | 265 | 15 | 811194 | 10810 | 108530 | 41449 | 795882 |
| COAL MINES | 2682 | - | 16 | - | 252 | - | 756 | - | 1140 | - | 35199 |
| OIL AND GAS EXTRACTION | - | - | - | - | - | - | 543740 | - | - | - | 21127 |
| PETROLEUM REFINERIES | - | - | - | - | - | - | 199399 | - | 804 | - | 70180 |
| ELECTRIC PLANTS | - | - | - | - | - | - | 175 | - | - | - | 242956 |
| DISTRIBUTION LOSSES | 39 | - | 19 | - | 13 | - | 61456 | 3539 | 1480 | 6011 | 369634 |
| PUMP STORAGE (ELECTR.) | - | - | - | - | - | - | - | - | - | - | 33311 |
| OTHER ENERGY SECTOR | 56 | 42 | 443 | 172 | - | 15 | 5668 | 7271 | 105106 | 35438 | 23475 |
| FINAL CONSUMPTION | 116202 | 4572 | 115464 | 3508 | 21292 | 7452 | 5734861 | 126186 | 173638 | 208972 | 4529356 |
| INDUSTRY SECTOR | 88724 | 88 | 110435 | 3342 | 14052 | 3079 | 2557656 | 19792 | 173101 | 208972 | 1998720 |
| IRON AND STEEL | 6178 | - | 102894 | 3321 | 27 | 230 | 306496 | 302 | 158116 | 189040 | 277458 |
| CHEMICAL | 4112 | 1 | 1539 | - | 3696 | 566 | 671030 | 38 | 5713 | 7 | 347655 |
| PETROCHEMICAL | - | - | 49 | - | - | - | 88460 | - | - | - | 43555 |
| NON-FERROUS METAL | 2345 | - | 908 | - | 1313 | 24 | 113373 | 225 | 425 | - | 285982 |
| NON-METALLIC MINERAL | 18542 | 1 | 900 | - | 1093 | 1771 | 256708 | 122 | 1213 | - | 102846 |
| PAPER PULP AND PRINT | 1602 | - | 3 | - | 870 | 65 | 169774 | 64 | 113 | - | 217868 |
| MINING AND QUARRYING | 217 | - | 139 | - | 17 | - | 29077 | - | - | - | 42672 |
| FOOD AND TOBACCO | 1785 | - | 371 | - | 149 | 18 | 195152 | 217 | 230 | - | 108381 |
| WOOD AND WOOD PRODUCTS | 52 | - | 1 | - | 1 | 8 | 19351 | 211 | 239 | - | 36658 |
| MACHINERY | 154 | - | 457 | - | 74 | 12 | 78628 | 173 | 1206 | - | 152791 |
| TRANSPORT EQUIPMENT | 673 | - | 308 | - | 26 | 36 | 53583 | 17 | 1217 | - | 68930 |
| CONSTRUCTION | 8 | - | 122 | - | 149 | - | 11921 | - | 175 | 63 | 5982 |
| TEXTILES AND LEATHER | 622 | - | 51 | - | 58 | 47 | 79391 | 20 | 27 | - | 73334 |
| NON SPECIFIED | 52434 | 86 | 2693 | 21 | 6579 | 302 | 484712 | 18403 | 4427 | 19862 | 234608 |
| NON-ENERGY USES: | | | | | | | | | | | |
| (1)ENERGY PRODUCTS | - | - | - | - | - | - | 86391 | - | - | - | - |
| (2)NON-ENERGY PRODUCTS | - | - | - | - | - | - | - | - | - | - | - |
| TRANSPORT. SECTOR ** | 494 | 3 | 196 | - | 190 | 141 | 22562 | 35 | - | - | 60585 |
| AIR TRANSPORT | - | - | - | - | - | - | - | - | - | - | - |
| ROAD TRANSPORT | - | - | - | - | - | - | 2884 | - | - | - | - |
| RAILWAYS | 488 | 3 | 196 | - | 190 | 141 | 638 | 35 | - | - | 60585 |
| INTERNAL NAVIGATION | 6 | - | - | - | - | - | - | - | - | - | - |
| OTHER SECTORS ** | 26984 | 4481 | 4833 | 166 | 7050 | 4232 | 3154643 | 106359 | 537 | - | 2470051 |
| AGRICULTURE | 61 | - | 10 | - | - | - | 3588 | 717 | - | - | 64710 |
| PUBLIC SERVICES | 1717 | 50 | 288 | - | 72 | - | 43812 | 873 | - | - | - |
| COMMERCE | 95 | - | 1 | 2 | 425 | 24 | 921190 | 19578 | - | - | 994640 |
| RESIDENTIAL | 24164 | 4428 | 4126 | 164 | 6553 | 4185 | 1971228 | 84968 | - | - | 1384375 |

(1) INCLUDED IN CHEMICAL OR PETROCHEMICAL INDUSTRY
(2) INCLUDED ONLY IN TOTAL INDUSTRY

| * OF WHICH: HYDRO | 851145 |
|---|---|
| NUCLEAR | 127058 |
| CONVENTIONAL THERMAL | 2830606 |
| GEOTHERMAL | 5394 |

** INCLUDED IN THESE TOTALS ARE THE NON-SPECIFIED ELEMENTS

## PRODUCTION ET UTILISATION DES SOURCES D ENERGIE : O.C.D.E. TOTAL

1981

UNIT: 1000 METRIC TONS
UNITE: 1000 TONNES METRIQUES

| OIL / PETROLE | | | REFINERY GAS | LIQUEFIED PETROLEUM GASES | AVIATION GASOLINE | MOTOR GASOLINE | JET FUEL | KEROSENE | GAS/DIESEL OIL | RESIDUAL FUEL OIL | NAPHTHA | NON-ENERGY PRODUCTS |
|---|---|---|---|---|---|---|---|---|---|---|---|---|
| CRUDE BRUT | NGL GNL | FEEDST. | GAZ DE PETROLE | GAZ LIQUEFIES DE PETROLE | ESSENCE AVION | ESSENCE AUTO | CARBURANT REACTEUR | PETROLE LAMPANT | GAZ/DIESEL OIL | FUEL OIL RESIDUEL | NAPHTHA | PRODUITS NON-ENERGETIQUES |
| 12 | 13 | 14 | 15 | 16 | 17 | 18 | 19 | 20 | 21 | 22 | 23 | 24 |
| 630520 | 69684 | - | 41793 | 28627 | 2418 | 447837 | 77186 | 31959 | 374436 | 362236 | 56937 | 134855 |
| 2297 | - | - | - | 2361 | - | 362 | - | - | 35 | 76 | - | 110 |
| 948823 | 15406 | 23765 | - | 17898 | 183 | 25799 | 8820 | 1199 | 58704 | 94823 | 26651 | 19522 |
| -82518 | -6807 | -1032 | - | -4896 | -350 | -20611 | -9174 | -2446 | -41755 | -41499 | -10794 | -24225 |
| - | - | - | - | - | - | - | -20 | - | -9578 | -59546 | - | -302 |
| -14202 | 1073 | 2767 | -3 | -2508 | -35 | 1318 | -45 | 1317 | 13787 | 5466 | 763 | -1367 |
| 1484920 | 79356 | 25500 | 41790 | 41482 | 2216 | 454705 | 76767 | 32029 | 395629 | 361556 | 73557 | 128593 |
| - | - | 20100 | -231 | -324 | - | -1233 | - | - | -2439 | -2391 | -10349 | -2472 |
| -2940 | -47358 | 24264 | 64 | 42917 | 73 | -124 | -352 | 443 | -7623 | -4450 | -2708 | -3535 |
| 1481980 | 31998 | 69864 | 41623 | 84075 | 2289 | 453348 | 76415 | 32472 | 385567 | 354715 | 60500 | 122586 |
| -4444 | -461 | -1494 | -70 | -1643 | 29 | -5775 | 1718 | 827 | -1498 | -697 | 11 | -149 |
| 1486286 | 28995 | 71358 | 1240 | 3821 | - | 8 | 92 | 175 | 5390 | 151732 | 2741 | 699 |
| - | - | - | 5 | 1 | - | - | - | - | - | - | - | 570 |
| - | - | - | 863 | 3083 | - | - | - | - | 18 | 17 | 1915 | - |
| 1473622 | 27258 | 71358 | - | - | - | - | - | - | - | - | - | - |
| 12664 | 1737 | - | 343 | 737 | - | 8 | 92 | - | 4855 | 151339 | 826 | 129 |
| - | - | - | 36417 | 1457 | - | 9 | 1 | 10 | 775 | 26895 | 418 | 14498 |
| - | - | - | - | - | - | - | - | - | 76 | 51 | - | 4 |
| - | - | - | - | 186 | - | - | - | - | 59 | - | - | - |
| - | - | - | 36409 | 1271 | - | 7 | 1 | 10 | 543 | 26643 | 410 | 14477 |
| - | - | - | - | - | - | - | - | - | 2 | 166 | - | - |
| - | - | - | - | - | - | - | - | - | 5 | 9 | - | - |
| - | - | - | - | - | - | - | - | - | - | - | - | - |
| - | - | - | 8 | - | - | 2 | - | - | 90 | 26 | 8 | 17 |
| 138 | 3464 | - | 4036 | 80440 | 2260 | 459106 | 74604 | 31460 | 380900 | 176785 | 57330 | 107538 |
| 138 | 2473 | - | 3975 | 33530 | - | 428 | 39 | 5991 | 45002 | 122066 | 53872 | 103917 |
| - | - | - | - | 782 | - | 5 | - | 2 | 1761 | 11588 | 1 | - |
| 120 | - | - | 222 | 657 | - | 47 | - | 28 | 2132 | 21618 | 1086 | 55 |
| 10 | 2247 | - | 3700 | 22759 | - | 26 | - | 815 | 4202 | 4368 | 52676 | 15619 |
| - | - | - | - | 195 | - | 1 | - | 2 | 1063 | 5120 | 27 | - |
| 2 | - | - | - | 395 | - | 14 | - | 21 | 2948 | 12686 | - | - |
| - | - | - | - | 121 | - | 1 | - | 1 | 808 | 17128 | - | 34 |
| - | - | - | - | 8 | - | 6 | - | 74 | 1366 | 2181 | - | 100 |
| - | - | - | - | 466 | - | 79 | - | 61 | 4414 | 13759 | - | 1 |
| - | - | - | - | 55 | - | 1 | - | - | 666 | 831 | - | - |
| - | - | - | - | 209 | - | 77 | - | 20 | 1957 | 2625 | - | - |
| - | - | - | - | 98 | - | 12 | - | 14 | 948 | 1814 | - | - |
| - | - | - | - | 81 | - | 16 | - | 539 | 5085 | 3351 | - | - |
| - | - | - | - | 119 | - | 3 | - | 6 | 1208 | 7969 | - | 1 |
| 6 | 226 | - | 53 | 7585 | - | 140 | 39 | 4408 | 16444 | 17028 | 82 | 48 |
| 120 | 1565 | - | 2718 | 22122 | - | 65 | - | 817 | 2869 | 10770 | 48191 | - |
| - | - | - | - | - | - | - | - | - | - | - | - | 88059 |
| - | 33 | - | - | 4379 | 2066 | 453531 | 74046 | 422 | 146900 | 8011 | - | - |
| - | - | - | - | - | 2066 | - | 74046 | - | - | - | - | - |
| - | 33 | - | - | 4378 | - | 451839 | - | 123 | 116406 | 75 | - | - |
| - | - | - | - | 1 | - | - | - | 203 | 20429 | 477 | - | - |
| - | - | - | - | - | - | 198 | - | 19 | 7904 | 6385 | - | - |
| - | 958 | - | 61 | 42531 | 194 | 5147 | 519 | 25047 | 188998 | 46708 | 3458 | 3622 |
| - | 129 | - | - | 343 | 7 | 2246 | 2 | 1585 | 25818 | 1400 | - | - |
| - | 1 | - | - | 22 | - | 342 | 226 | 130 | 5504 | 2713 | - | 1 |
| - | 240 | - | - | 1125 | 1 | 1837 | 189 | 1747 | 26952 | 12643 | - | 12 |
| - | 588 | - | - | 19178 | - | 4 | - | 19604 | 100584 | 11058 | - | 7 |

## PRODUCTION AND USES OF ENERGY SOURCES : O.E.C.D. NORTH AMERICA

1971

| PRODUCTION AND USES / ENERGY SOURCES | UNIT: 1000 METRIC TONS / UNITE: 1000 TONNES METRIQUES | | | | | | TCAL / TCAL | MANUFACTURED GAS (TCAL) / GAZ MANUFACTURE (TCAL) | | | MILLIONS / OF (DE) KWH |
|---|---|---|---|---|---|---|---|---|---|---|---|
| | HARD COAL / HOUILLE | PATENT FUEL / AGGLOMERES | COKE OVEN COKE / COKE DE FOUR | GAS COKE / COKE DE GAZ | BROWN COAL / LIGNITE | BKB / BRIQ. DE LIGNITE | NATURAL GAS / GAZ NATUREL | GAS WORKS / USINES A GAZ | COKE OVENS / COKERIES | BLAST FURNACES / HAUT FOURNEAUX | ELECTRICITY* / ELECTRICITE* |
| | 1 | 2 | 3 | 4 | 5 | 6 | 7 | 8 | 9 | 10 | 11 |
| PRODUCTION | 510948 | 90 | 60424 | 355 | 14631 | - | 6185020 | 2260 | 133470 | 111385 | 2040643 |
| FROM OTHER SOURCES | - | - | - | - | - | - | 89 | 1375 | - | - | - |
| IMPORT | 16277 | 4 | 723 | - | - | - | 293405 | - | - | - | 10422 |
| EXPORT | -59645 | -65 | -1657 | - | -8 | - | -251391 | -34 | - | - | -10483 |
| INTL. MARINE BUNKERS | -40 | - | - | - | - | - | - | - | - | - | - |
| STOCK CHANGES | -686 | - | 717 | - | 350 | - | -94251 | - | - | - | - |
| DOMESTIC SUPPLY | 466854 | 29 | 60207 | 355 | 14973 | - | 6132872 | 3601 | 133470 | 111385 | 2040582 |
| RETURNS TO SUPPLY | - | - | - | - | - | - | - | - | - | - | - |
| TRANSFERS | - | - | - | - | - | - | - | - | - | - | - |
| DOMESTIC AVAILABILITY | 466854 | 29 | 60207 | 355 | 14973 | - | 6132872 | 3601 | 133470 | 111385 | 2040582 |
| STATISTICAL DIFFERENCE | -394 | - | - | - | -277 | - | -4208 | - | - | - | -1459 |
| TRANSFORM. SECTOR ** | 384455 | - | 16690 | - | 11563 | - | 1063816 | - | 1422 | - | - |
| FOR SOLID FUELS | 82278 | - | - | - | - | - | - | - | - | - | - |
| FOR GASES | 480 | - | 16690 | - | - | - | - | - | 1375 | - | - |
| PETROLEUM REFINERIES | - | - | - | - | - | - | - | - | - | - | - |
| THERMO-ELECTRIC PLANTS | 301697 | - | - | - | 11563 | - | 1063816 | - | 47 | - | - |
| ENERGY SECTOR | 20 | - | 822 | 10 | 90 | - | 1044045 | 406 | 47785 | 8441 | 329461 |
| COAL MINES | 20 | - | - | - | 90 | - | - | - | - | - | 8125 |
| OIL AND GAS EXTRACTION | - | - | - | - | - | - | 677667 | - | - | - | 14409 |
| PETROLEUM REFINERIES | - | - | - | - | - | - | 275398 | - | - | - | 30421 |
| ELECTRIC PLANTS | - | - | - | - | - | - | - | - | - | - | 106650 |
| DISTRIBUTION LOSSES | - | - | - | - | - | - | 90980 | - | 262 | 1659 | 164658 |
| PUMP STORAGE (ELECTR.) | - | - | - | - | - | - | - | - | - | - | 5166 |
| OTHER ENERGY SECTOR | - | - | 822 | 10 | - | - | - | 406 | 47523 | 6782 | 32 |
| FINAL CONSUMPTION | 82773 | 29 | 42695 | 345 | 3597 | - | 4029219 | 3195 | 84263 | 102944 | 1712580 |
| INDUSTRY SECTOR | 67867 | - | 42637 | - | 3199 | - | 1967420 | 877 | 84263 | 102944 | 750948 |
| IRON AND STEEL | 5756 | - | 37231 | - | - | - | 174962 | - | 75384 | 102944 | 75466 |
| CHEMICAL | - | - | - | - | - | - | 23357 | - | - | - | 131293 |
| PETROCHEMICAL | - | - | - | - | - | - | 15599 | - | - | - | 17065 |
| NON-FERROUS METAL | 731 | - | - | - | - | - | 6564 | - | - | - | 120811 |
| NON-METALLIC MINERAL | 231 | - | - | - | - | - | 13228 | - | - | - | 29024 |
| PAPER PULP AND PRINT | 480 | - | - | - | 130 | - | 16762 | - | - | - | 95266 |
| MINING AND QUARRYING | 54 | - | - | - | - | - | 7594 | - | - | - | 10724 |
| FOOD AND TOBACCO | 51 | - | - | - | - | - | 8981 | - | - | - | 42100 |
| WOOD AND WOOD PRODUCTS | 6 | - | - | - | - | - | 1638 | - | - | - | 16081 |
| MACHINERY | 13 | - | - | - | - | - | 1239 | - | - | - | 48382 |
| TRANSPORT EQUIPMENT | 135 | - | - | - | - | - | 3038 | - | - | - | 29601 |
| CONSTRUCTION | - | - | - | - | - | - | - | - | - | - | - |
| TEXTILES AND LEATHER | - | - | - | - | - | - | - | - | - | - | 34684 |
| NON SPECIFIED | 60410 | - | 5406 | - | 3069 | - | 1694458 | 877 | 8879 | - | 100451 |
| NON-ENERGY USES: | | | | | | | | | | | |
| (1)ENERGY PRODUCTS | - | - | - | - | - | - | 15599 | - | - | - | - |
| (2)NON-ENERGY PRODUCTS | - | - | - | - | - | - | - | - | - | - | - |
| TRANSPORT. SECTOR ** | 328 | - | - | - | 108 | - | - | - | - | - | 4537 |
| AIR TRANSPORT | - | - | - | - | - | - | - | - | - | - | - |
| ROAD TRANSPORT | - | - | - | - | - | - | - | - | - | - | - |
| RAILWAYS | 193 | - | - | - | 108 | - | - | - | - | - | 4537 |
| INTERNAL NAVIGATION | 135 | - | - | - | - | - | - | - | - | - | - |
| OTHER SECTORS ** | 14578 | 29 | 58 | 345 | 290 | - | 2061799 | 2318 | - | - | 957095 |
| AGRICULTURE | - | - | - | - | - | - | - | - | - | - | 16000 |
| PUBLIC SERVICES | - | - | - | - | - | - | - | - | - | - | - |
| COMMERCE | - | - | - | - | - | - | 699590 | 111 | - | - | 395351 |
| RESIDENTIAL | 14578 | 29 | 58 | 345 | 290 | - | 1362209 | 2207 | - | - | 543920 |

(1) INCLUDED IN CHEMICAL OR PETROCHEMICAL INDUSTRY
(2) INCLUDED ONLY IN TOTAL INDUSTRY

| * OF WHICH: HYDRO | 810839 |
|---|---|
| NUCLEAR | 93953 |
| CONVENTIONAL THERMAL | 2618067 |
| GEOTHERMAL | 4506 |

** INCLUDED IN THESE TOTALS ARE THE NON-SPECIFIED ELEMENTS

PRODUCTION ET UTILISATION DES SOURCES D ENERGIE : AMERIQUE DU NORD

1971

UNIT: 1000 METRIC TONS
UNITE: 1000 TONNES METRIQUES

| OIL PETROLE | | | REFINERY GAS | LIQUEFIED PETROLEUM GASES | AVIATION GASOLINE | MOTOR GASOLINE | JET FUEL | KEROSENE | GAS/DIESEL OIL | RESIDUAL FUEL OIL | NAPHTHA | NON-ENERGY PRODUCTS |
|---|---|---|---|---|---|---|---|---|---|---|---|---|
| CRUDE BRUT | NGL GNL | FEEDST. | GAZ DE PETROLE | GAZ LIQUEFIES DE PETROLE | ESSENCE AVION | ESSENCE AUTO | CARBURANT REACTEUR | PETROLE LAMPANT | GAZ/DIESEL OIL | FUEL OIL RESIDUEL | NAPHTHA | PRODUITS NON-ENERGETIQUES |
| 12 | 13 | 14 | 15 | 16 | 17 | 18 | 19 | 20 | 21 | 22 | 23 | 24 |
| 539879 | - | - | 27023 | 11532 | 2222 | 274859 | 39984 | 13454 | 141261 | 57196 | 19760 | 63155 |
| 28811 | - | - | - | 35393 | - | 589 | 1 | 161 | 184 | - | 39 | 266 |
| 125356 | - | - | - | 2175 | 10 | 3019 | 8162 | 210 | 9325 | 91200 | 977 | 1872 |
| -35874 | - | - | - | -796 | -140 | -119 | -222 | -33 | -578 | -3433 | -905 | -7618 |
| - | - | - | - | - | - | - | - | - | -917 | -6620 | - | - |
| -969 | - | - | - | -2527 | 82 | -592 | -8 | 375 | 459 | -739 | 63 | -1778 |
| 657203 | - | - | 27023 | 45777 | 2174 | 277756 | 47917 | 14167 | 149734 | 137604 | 19934 | 55897 |
| - | - | - | - | - | - | - | - | - | - | - | - | - |
| - | - | - | - | - | - | - | - | - | - | - | - | - |
| 657203 | - | - | 27023 | 45777 | 2174 | 277756 | 47917 | 14167 | 149734 | 137604 | 19934 | 55897 |
| - | - | - | 40 | -142 | 5 | 43 | 9 | -62 | -410 | 293 | 3 | - |
| 657203 | - | - | - | 375 | - | - | - | - | 4723 | 55372 | - | - |
| - | - | - | - | - | - | - | - | - | - | - | - | - |
| - | - | - | - | 375 | - | - | - | - | - | - | - | - |
| 657203 | - | - | - | - | - | - | - | - | - | - | - | - |
| - | - | - | - | - | - | - | - | - | 4723 | 55372 | - | - |
| - | - | - | 26983 | 222 | - | 26 | 2 | 2 | 76 | 2225 | 34 | 96 |
| - | - | - | - | - | - | - | - | - | - | - | - | - |
| - | - | - | - | - | - | - | - | - | - | - | - | - |
| - | - | - | 26983 | 212 | - | 26 | 2 | 2 | 76 | 2225 | 34 | 96 |
| - | - | - | - | - | - | - | - | - | - | - | - | - |
| - | - | - | - | 10 | - | - | - | - | - | - | - | - |
| - | - | - | - | - | - | - | - | - | - | - | - | - |
| - | - | - | - | - | - | - | - | - | - | - | - | - |
| - | - | - | - | 45322 | 2169 | 277687 | 47906 | 14227 | 145345 | 79714 | 19897 | 55801 |
| - | - | - | - | 19753 | - | - | - | 385 | 10865 | 26306 | 16406 | 55801 |
| - | - | - | - | 40 | - | - | - | 10 | 65 | 4985 | - | - |
| - | - | - | - | 18 | - | - | - | 13 | 2208 | 930 | - | - |
| - | - | - | - | 17282 | - | - | - | - | - | 112 | 16406 | - |
| - | - | - | - | 23 | - | - | - | 12 | 484 | 410 | - | - |
| - | - | - | - | 7 | - | - | - | 11 | 124 | 922 | - | - |
| - | - | - | - | 14 | - | - | - | 14 | 1227 | 13850 | - | - |
| - | - | - | - | 16 | - | - | - | 41 | - | - | - | - |
| - | - | - | - | 21 | - | - | - | 36 | 1075 | 2200 | - | - |
| - | - | - | - | 17 | - | - | - | 12 | - | 350 | - | - |
| - | - | - | - | 2 | - | - | - | - | - | - | - | - |
| - | - | - | - | 6 | - | - | - | 7 | - | 620 | - | - |
| - | - | - | - | - | - | - | - | - | - | - | - | - |
| - | - | - | - | - | - | - | - | - | - | - | - | - |
| - | - | - | - | 2307 | - | - | - | 229 | 5682 | 1927 | - | - |
| - | - | - | - | 87 | - | - | - | - | - | 112 | 16406 | - |
| - | - | - | - | - | - | - | - | - | - | - | - | 55801 |
| - | - | - | - | 2732 | 2169 | 277687 | 47906 | 40 | 38936 | 2347 | - | - |
| - | - | - | - | - | 2169 | - | 47906 | - | - | - | - | - |
| - | - | - | - | 2732 | - | 277687 | - | - | 23220 | - | - | - |
| - | - | - | - | - | - | - | - | 31 | 14921 | 721 | - | - |
| - | - | - | - | - | - | - | - | 9 | 795 | 1626 | - | - |
| - | - | - | - | 22837 | - | - | - | 13802 | 95544 | 51061 | 3491 | - |
| - | - | - | - | - | - | - | - | - | - | - | - | - |
| - | - | - | - | - | - | - | - | - | - | - | - | - |
| - | - | - | - | - | - | - | - | 247 | 2877 | 36369 | - | - |
| - | - | - | - | 15271 | - | - | - | 10647 | 82122 | 832 | - | - |

## PRODUCTION AND USES OF ENERGY SOURCES : O.E.C.D. NORTH AMERICA

1972

| ENERGY SOURCES / PRODUCTION AND USES | UNIT: 1000 METRIC TONS / UNITE: 1000 TONNES METRIQUES | | | | | | TCAL / TCAL | MANUFACTURED GAS (TCAL) / GAZ MANUFACTURE (TCAL) | | | MILLIONS OF (DE) KWH |
|---|---|---|---|---|---|---|---|---|---|---|---|
| | HARD COAL / HOUILLE | PATENT FUEL / AGGLOMERES | COKE OVEN COKE / COKE DE FOUR | GAS COKE / COKE DE GAZ | BROWN COAL / LIGNITE | BKB / BRIQ. DE LIGNITE | NATURAL GAS / GAZ NATUREL | GAS WORKS / USINES A GAZ | COKE OVENS / COKERIES | BLAST FURNACES / HAUT FOURNEAUX | ELECTRICITY* / ELECTRICITE* |
| | 1 | 2 | 3 | 4 | 5 | 6 | 7 | 8 | 9 | 10 | 11 |
| PRODUCTION | 547953 | 80 | 63450 | 150 | 17406 | - | 6461385 | 2646 | 135350 | 116185 | 2214788 |
| FROM OTHER SOURCES | - | - | - | - | - | - | 1186 | 1394 | - | - | - |
| IMPORT | 16879 | 5 | 630 | - | - | - | 268832 | - | - | - | 12876 |
| EXPORT | -59596 | -68 | -1356 | - | -7 | - | -274639 | -48 | - | - | -13816 |
| INTL. MARINE BUNKERS | -28 | - | - | - | - | - | - | - | - | - | - |
| STOCK CHANGES | -21601 | - | 754 | - | -1 | - | -35954 | - | - | - | - |
| DOMESTIC SUPPLY | 483607 | 17 | 63478 | 150 | 17398 | - | 6420810 | 3992 | 135350 | 116185 | 2213848 |
| RETURNS TO SUPPLY | - | - | - | - | - | - | - | - | - | - | - |
| TRANSFERS | - | - | - | - | - | - | - | - | - | - | - |
| DOMESTIC AVAILABILITY | 483607 | 17 | 63478 | 150 | 17398 | - | 6420810 | 3992 | 135350 | 116185 | 2213848 |
| STATISTICAL DIFFERENCE | 1537 | - | 91 | - | -26 | - | -7668 | - | 3540 | - | -934 |
| TRANSFORM. SECTOR ** | 405405 | - | 17420 | - | 14318 | - | 1068352 | - | 1442 | - | - |
| FOR SOLID FUELS | 86328 | - | - | - | - | - | - | - | - | - | - |
| FOR GASES | 400 | - | 17420 | - | - | - | - | - | 1394 | - | - |
| PETROLEUM REFINERIES | - | - | - | - | - | - | - | - | - | - | - |
| THERMO-ELECTRIC PLANTS | 318677 | - | - | - | 14318 | - | 1068352 | - | 48 | - | - |
| ENERGY SECTOR | 16 | - | 603 | 5 | 95 | - | 1051194 | 450 | 48446 | 7886 | 363643 |
| COAL MINES | 16 | - | - | - | 95 | - | - | - | - | - | 8590 |
| OIL AND GAS EXTRACTION | - | - | - | - | - | - | 655592 | - | - | - | 15518 |
| PETROLEUM REFINERIES | - | - | - | - | - | - | 278161 | - | - | - | 29038 |
| ELECTRIC PLANTS | - | - | - | - | - | - | - | - | - | - | 121185 |
| DISTRIBUTION LOSSES | - | - | - | - | - | - | 117441 | - | 267 | 1764 | 184534 |
| PUMP STORAGE (ELECTR.) | - | - | - | - | - | - | - | - | - | - | 4742 |
| OTHER ENERGY SECTOR | - | - | 603 | 5 | - | - | - | 450 | 48179 | 6122 | 36 |
| FINAL CONSUMPTION | 76649 | 17 | 45364 | 145 | 3011 | - | 4308932 | 3542 | 81922 | 108299 | 1851139 |
| INDUSTRY SECTOR | 65163 | - | 45302 | - | 2632 | - | 2245139 | 972 | 81922 | 108299 | 797357 |
| IRON AND STEEL | 6060 | - | 39631 | - | - | - | 181785 | - | 72921 | 108299 | 85269 |
| CHEMICAL | - | - | - | - | - | - | 14014 | - | - | - | 141700 |
| PETROCHEMICAL | - | - | - | - | - | - | 15451 | - | - | - | 17780 |
| NON-FERROUS METAL | 713 | - | - | - | - | - | 6562 | - | - | - | 126734 |
| NON-METALLIC MINERAL | 204 | - | - | - | - | - | 14414 | - | - | - | 30387 |
| PAPER PULP AND PRINT | 341 | - | - | - | 124 | - | 17636 | - | - | - | 100026 |
| MINING AND QUARRYING | 44 | - | - | - | - | - | 8102 | - | - | - | 11053 |
| FOOD AND TOBACCO | 6 | - | - | - | - | - | 10002 | - | - | - | 42938 |
| WOOD AND WOOD PRODUCTS | 5 | - | - | - | - | - | 2168 | - | - | - | 18140 |
| MACHINERY | 10 | - | - | - | - | - | 1401 | - | - | - | 50000 |
| TRANSPORT EQUIPMENT | 128 | - | - | - | - | - | 3635 | - | - | - | 29916 |
| CONSTRUCTION | - | - | - | - | - | - | - | - | - | - | - |
| TEXTILES AND LEATHER | - | - | - | - | - | - | - | - | - | - | 36187 |
| NON SPECIFIED | 57652 | - | 5671 | - | 2508 | - | 1969969 | 972 | 9001 | - | 107227 |
| NON-ENERGY USES: | | | | | | | | | | | |
| (1)ENERGY PRODUCTS | - | - | - | - | - | - | 15451 | - | - | - | - |
| (2)NON-ENERGY PRODUCTS | - | - | - | - | - | - | - | - | - | - | - |
| TRANSPORT. SECTOR ** | 264 | - | - | - | 76 | - | - | - | - | - | 4440 |
| AIR TRANSPORT | - | - | - | - | - | - | - | - | - | - | - |
| ROAD TRANSPORT | - | - | - | - | - | - | - | - | - | - | - |
| RAILWAYS | 158 | - | - | - | 76 | - | - | - | - | - | 4440 |
| INTERNAL NAVIGATION | 106 | - | - | - | - | - | - | - | - | - | - |
| OTHER SECTORS ** | 11222 | 17 | 62 | 145 | 303 | - | 2063793 | 2570 | - | - | 1049342 |
| AGRICULTURE | - | - | - | - | - | - | - | - | - | - | 14056 |
| PUBLIC SERVICES | - | - | - | - | 5 | - | - | - | - | - | - |
| COMMERCE | - | - | - | - | - | - | 661149 | 124 | - | - | 423645 |
| RESIDENTIAL | 11222 | 17 | 62 | 145 | 298 | - | 1402644 | 2446 | - | - | 609656 |

(1) INCLUDED IN CHEMICAL OR PETROCHEMICAL INDUSTRY
(2) INCLUDED ONLY IN TOTAL INDUSTRY

| * OF WHICH: HYDRO | 851145 |
|---|---|
| NUCLEAR | 127058 |
| CONVENTIONAL THERMAL | 2830606 |
| GEOTHERMAL | 5394 |

** INCLUDED IN THESE TOTALS ARE THE NON-SPECIFIED ELEMENTS

UNIT: 1000 METRIC TONS
UNITE: 1000 TONNES METRIQUES

| OIL / PETROLE | | | REFINERY GAS | LIQUEFIED PETROLEUM GASES | AVIATION GASOLINE | MOTOR GASOLINE | JET FUEL | KEROSENE | GAS/DIESEL OIL | RESIDUAL FUEL OIL | NAPHTHA | NON-ENERGY PRODUCTS |
|---|---|---|---|---|---|---|---|---|---|---|---|---|
| CRUDE BRUT | NGL GNL | FEEDST. | GAZ DE PETROLE | GAZ LIQUEFIES DE PETROLE | ESSENCE AVION | ESSENCE AUTO | CARBURANT REACTEUR | PETROLE LAMPANT | GAZ/DIESEL OIL | FUEL OIL RESIDUEL | NAPHTHA | PRODUITS NON-ENERGETIQUES |
| 12 | 13 | 14 | 15 | 16 | 17 | 18 | 19 | 20 | 21 | 22 | 23 | 24 |
| 550717 | - | - | 29404 | 11551 | 2070 | 291070 | 40925 | 12568 | 149511 | 62681 | 21944 | 64926 |
| 28629 | - | - | - | 37302 | - | 490 | - | 138 | 290 | 499 | 31 | 307 |
| 158314 | - | - | - | 2746 | 17 | 3253 | 9207 | 300 | 10660 | 99576 | 720 | 2299 |
| -46995 | - | - | - | -972 | -59 | -136 | -256 | -28 | -450 | -5745 | -803 | -8504 |
| - | - | - | - | - | - | - | - | - | -838 | -6385 | - | - |
| 2274 | - | - | - | 704 | 7 | 615 | 216 | 710 | 5309 | 962 | 163 | 58 |
| 692939 | - | - | 29404 | 51331 | 2035 | 295292 | 50092 | 13688 | 164482 | 151588 | 22055 | 59086 |
| - | - | - | - | - | - | - | - | - | - | - | - | - |
| - | - | - | - | - | - | - | - | - | - | - | - | - |
| 692939 | - | - | 29404 | 51331 | 2035 | 295292 | 50092 | 13688 | 164482 | 151588 | 22055 | 59086 |
| - | - | - | 11 | -161 | 5 | -77 | 25 | -31 | -150 | 380 | -7 | -56 |
| 692939 | - | - | - | 420 | - | - | - | - | 9430 | 61379 | - | - |
| - | - | - | - | - | - | - | - | - | - | - | - | - |
| - | - | - | - | 420 | - | - | - | - | - | - | - | - |
| 692939 | - | - | - | - | - | - | - | - | - | - | - | - |
| - | - | - | - | - | - | - | - | - | 9430 | 61379 | - | - |
| - | - | - | 29393 | 313 | - | 27 | 1 | 25 | 19 | 2399 | 44 | 112 |
| - | - | - | - | - | - | - | - | - | - | - | - | - |
| - | - | - | - | - | - | - | - | - | - | - | - | - |
| - | - | - | 29393 | 258 | - | 27 | 1 | 25 | 19 | 2399 | 44 | 112 |
| - | - | - | - | - | - | - | - | - | - | - | - | - |
| - | - | - | - | 55 | - | - | - | - | - | - | - | - |
| - | - | - | - | - | - | - | - | - | - | - | - | - |
| - | - | - | - | - | - | - | - | - | - | - | - | - |
| - | - | - | - | 50759 | 2030 | 295342 | 50066 | 13694 | 155183 | 87430 | 22018 | 59030 |
| - | - | - | - | 22139 | - | - | - | 375 | 11911 | 28879 | 18280 | 59030 |
| - | - | - | - | 46 | - | - | - | 11 | 63 | 5530 | - | - |
| - | - | - | - | 42 | - | - | - | 16 | 2758 | 1090 | - | - |
| - | - | - | - | 19359 | - | - | - | - | - | 119 | 18280 | - |
| - | - | - | - | 17 | - | - | - | 13 | 480 | 450 | - | - |
| - | - | - | - | 7 | - | - | - | 12 | 125 | 969 | - | - |
| - | - | - | - | 13 | - | - | - | 14 | 1202 | 15420 | - | - |
| - | - | - | - | 25 | - | - | - | 42 | - | - | - | - |
| - | - | - | - | 24 | - | - | - | 50 | 1080 | 2310 | - | - |
| - | - | - | - | 23 | - | - | - | 10 | - | 320 | - | - |
| - | - | - | - | 1 | - | - | - | 1 | 300 | - | - | - |
| - | - | - | - | 8 | - | - | - | 6 | - | 680 | - | - |
| - | - | - | - | - | - | - | - | - | - | - | - | - |
| - | - | - | - | - | - | - | - | - | - | - | - | - |
| - | - | - | - | 2574 | - | - | - | 200 | 5903 | 1991 | - | - |
| - | - | - | - | 112 | - | - | - | - | - | 119 | 18280 | - |
| - | - | - | - | - | - | - | - | - | - | - | - | 59030 |
| - | - | - | - | 2988 | 2030 | 295342 | 50066 | 45 | 42738 | 2567 | - | - |
| - | - | - | - | - | 2030 | - | 50066 | - | - | - | - | - |
| - | - | - | - | 2988 | - | 295342 | - | - | 25529 | - | - | - |
| - | - | - | - | - | - | - | - | 34 | 16295 | 801 | - | - |
| - | - | - | - | - | - | - | - | 11 | 914 | 1766 | - | - |
| - | - | - | - | 25632 | - | - | - | 13274 | 100534 | 55984 | 3738 | - |
| - | - | - | - | - | - | - | - | - | - | - | - | - |
| - | - | - | - | - | - | - | - | - | - | - | - | - |
| - | - | - | - | - | - | - | - | 241 | 3150 | 40106 | - | - |
| - | - | - | - | 17093 | - | - | - | 10190 | 86375 | 458 | - | - |

## PRODUCTION AND USES OF ENERGY SOURCES : O.E.C.D. NORTH AMERICA

1973

| ENERGY SOURCES / PRODUCTION AND USES | HARD COAL / HOUILLE | PATENT FUEL / AGGLOMERES | COKE OVEN COKE / COKE DE FOUR | GAS COKE / COKE DE GAZ | BROWN COAL / LIGNITE | BKB / BRIQ. DE LIGNITE | NATURAL GAS / GAZ NATUREL | GAS WORKS / USINES A GAZ | COKE OVENS / COKERIES | BLAST FURNACES / HAUT FOURNEAUX | ELECTRICITY* / ELECTRICITE* |
|---|---|---|---|---|---|---|---|---|---|---|---|
| | UNIT: 1000 METRIC TONS / UNITE: 1000 TONNES METRIQUES | | | | | | TCAL / TCAL | MANUFACTURED GAS (TCAL) / GAZ MANUFACTURE (TCAL) | | | MILLIONS OF (DE) KWH |
| | 1 | 2 | 3 | 4 | 5 | 6 | 7 | 8 | 9 | 10 | 11 |
| PRODUCTION | 541973 | - | 68173 | 150 | 21511 | - | 6300861 | 2734 | 140674 | 134954 | 2353357 |
| FROM OTHER SOURCES | - | - | - | - | - | - | 7 | 1520 | - | - | - |
| IMPORT | 15210 | 7 | 1335 | - | - | - | 271256 | - | - | - | 19097 |
| EXPORT | -59947 | -87 | -1634 | - | -5 | - | -278869 | -43 | - | - | -18856 |
| INTL. MARINE BUNKERS | - | - | - | - | - | - | - | - | - | - | - |
| STOCK CHANGES | 16504 | - | 1815 | - | -72 | - | -126439 | - | - | - | - |
| DOMESTIC SUPPLY | 513740 | -80 | 69689 | 150 | 21434 | - | 6166816 | 4211 | 140674 | 134954 | 2353598 |
| RETURNS TO SUPPLY | - | - | - | - | - | - | - | - | - | - | - |
| TRANSFERS | - | - | - | - | - | - | - | - | - | - | - |
| DOMESTIC AVAILABILITY | 513740 | -80 | 69689 | 150 | 21434 | - | 6166816 | 4211 | 140674 | 134954 | 2353598 |
| STATISTICAL DIFFERENCE | 1305 | -80 | -93 | - | -19 | - | 34051 | -17 | 115 | - | 3637 |
| TRANSFORM. SECTOR ** | 442250 | - | 20229 | - | 18533 | - | 980721 | - | 1557 | 465 | - |
| FOR SOLID FUELS | 93063 | - | - | - | - | - | - | - | - | - | - |
| FOR GASES | 300 | - | 20229 | - | - | - | - | - | 1520 | - | - |
| PETROLEUM REFINERIES | - | - | - | - | - | - | - | - | - | - | - |
| THERMO-ELECTRIC PLANTS | 348887 | - | - | - | 18533 | - | 980721 | - | 37 | 465 | - |
| ENERGY SECTOR | 12 | - | 2590 | 5 | 111 | - | 963618 | 430 | 51585 | 9750 | 378202 |
| COAL MINES | 12 | - | - | - | 111 | - | 2579 | - | - | - | 9068 |
| OIL AND GAS EXTRACTION | - | - | - | - | - | - | 627261 | - | - | - | 17356 |
| PETROLEUM REFINERIES | - | - | - | - | - | - | 278099 | - | - | - | 28557 |
| ELECTRIC PLANTS | - | - | - | - | - | - | - | - | - | - | 128372 |
| DISTRIBUTION LOSSES | - | - | - | - | - | - | 55679 | - | 261 | 1751 | 185465 |
| PUMP STORAGE (ELECTR.) | - | - | - | - | - | - | - | - | - | - | 9336 |
| OTHER ENERGY SECTOR | - | - | 2590 | 5 | - | - | - | 430 | 51324 | 7999 | 48 |
| FINAL CONSUMPTION | 70173 | - | 46963 | 145 | 2809 | - | 4188426 | 3798 | 87417 | 124739 | 1971759 |
| INDUSTRY SECTOR | 61131 | - | 46960 | - | 2526 | - | 2119217 | 1046 | 87417 | 124739 | 839238 |
| IRON AND STEEL | 4335 | - | 41267 | - | - | - | 210971 | - | 77909 | 124739 | 95298 |
| CHEMICAL | 324 | - | - | - | - | - | 12868 | - | - | - | 153722 |
| PETROCHEMICAL | - | - | - | - | - | - | 31352 | - | - | - | 18690 |
| NON-FERROUS METAL | 711 | - | - | - | - | - | 7669 | - | - | - | 130920 |
| NON-METALLIC MINERAL | 688 | - | - | - | - | - | 14811 | - | - | - | 32200 |
| PAPER PULP AND PRINT | 186 | - | - | - | 187 | - | 19966 | - | - | - | 102488 |
| MINING AND QUARRYING | 68 | - | - | - | - | - | 7966 | - | - | - | 11813 |
| FOOD AND TOBACCO | 5 | - | - | - | - | - | 10556 | - | - | - | 43917 |
| WOOD AND WOOD PRODUCTS | 7 | - | - | - | - | - | 2481 | - | - | - | 19988 |
| MACHINERY | 1 | - | - | - | - | - | 1578 | - | - | - | 52320 |
| TRANSPORT EQUIPMENT | 97 | - | - | - | - | - | 3943 | - | - | - | 30917 |
| CONSTRUCTION | - | - | - | - | - | - | - | - | - | - | - |
| TEXTILES AND LEATHER | - | - | - | - | - | - | - | - | - | - | 37357 |
| NON SPECIFIED | 54709 | - | 5693 | - | 2339 | - | 1795056 | 1046 | 9508 | - | 109608 |
| NON-ENERGY USES: | | | | | | | | | | | |
| (1)ENERGY PRODUCTS | - | - | - | - | - | - | 31352 | - | - | - | - |
| (2)NON-ENERGY PRODUCTS | - | - | - | - | - | - | - | - | - | - | - |
| TRANSPORT. SECTOR ** | 247 | - | - | - | 69 | - | - | - | - | - | 4286 |
| AIR TRANSPORT | - | - | - | - | - | - | - | - | - | - | - |
| ROAD TRANSPORT | - | - | - | - | - | - | - | - | - | - | - |
| RAILWAYS | 151 | - | - | - | 69 | - | - | - | - | - | 4286 |
| INTERNAL NAVIGATION | 96 | - | - | - | - | - | - | - | - | - | - |
| OTHER SECTORS ** | 8795 | - | 3 | 145 | 214 | - | 2069209 | 2752 | - | - | 1128235 |
| AGRICULTURE | - | - | - | - | - | - | - | - | - | - | 14471 |
| PUBLIC SERVICES | - | - | - | - | 4 | - | - | - | - | - | - |
| COMMERCE | - | - | - | - | - | - | 736955 | 129 | - | - | 480475 |
| RESIDENTIAL | 8795 | - | 3 | 145 | 210 | - | 1332254 | 2623 | - | - | 631217 |

(1) INCLUDED IN CHEMICAL OR PETROCHEMICAL INDUSTRY
(2) INCLUDED ONLY IN TOTAL INDUSTRY

* OF WHICH: HYDRO 854775
NUCLEAR 173172
CONVENTIONAL THERMAL 3060902
GEOTHERMAL 6443

** INCLUDED IN THESE TOTALS ARE THE NON-SPECIFIED ELEMENTS

PRODUCTION ET UTILISATION DES SOURCES D ENERGIE : AMERIQUE DU NORD

1973

UNIT: 1000 METRIC TONS
UNITE: 1000 TONNES METRIQUES

| OIL / PETROLE: CRUDE / BRUT | OIL / PETROLE: NGL / GNL | OIL / PETROLE: FEEDST. | REFINERY GAS / GAZ DE PETROLE | LIQUEFIED PETROLEUM GASES / GAZ LIQUEFIES DE PETROLE | AVIATION GASOLINE / ESSENCE AVION | MOTOR GASOLINE / ESSENCE AUTO | JET FUEL / CARBURANT REACTEUR | KEROSENE / PETROLE LAMPANT | GAS/DIESEL OIL / GAZ/DIESEL OIL | RESIDUAL FUEL OIL / FUEL OIL RESIDUEL | NAPHTHA / NAPHTHA | NON-ENERGY PRODUCTS / PRODUITS NON-ENERGETIQUES |
|---|---|---|---|---|---|---|---|---|---|---|---|---|
| 12 | 13 | 14 | 15 | 16 | 17 | 18 | 19 | 20 | 21 | 22 | 23 | 24 |
| 575062 | - | - | 30713 | 12056 | 2004 | 303137 | 41823 | 12806 | 160713 | 73130 | 23156 | 70746 |
| 800 | - | - | - | - | - | 355 | - | 91 | - | - | 25 | 404 |
| 216862 | - | - | - | 4074 | 13 | 5656 | 9574 | 152 | 19294 | 103645 | 739 | 2569 |
| -54470 | - | - | - | -844 | -22 | -560 | -405 | -21 | -674 | -6138 | -1010 | -8783 |
| - | - | - | - | - | - | - | - | - | -980 | -8536 | - | - |
| -1538 | - | - | - | 174 | 33 | 570 | -420 | -442 | -6574 | 413 | 118 | 839 |
| 736716 | - | - | 30713 | 15460 | 2028 | 309158 | 50572 | 12586 | 171779 | 162514 | 23028 | 65775 |
| - | - | - | - | - | - | - | - | - | - | - | - | - |
| -30682 | - | - | - | 30680 | - | - | - | - | 214 | 920 | - | - |
| 706034 | - | - | 30713 | 46140 | 2028 | 309158 | 50572 | 12586 | 171993 | 163434 | 23028 | 65775 |
| -27387 | - | - | 40 | -1675 | 3 | 66 | 22 | 104 | -832 | -1337 | -26 | -171 |
| 733421 | - | - | - | 695 | - | - | 801 | - | 9907 | 78801 | - | - |
| - | - | - | - | - | - | - | - | - | - | - | - | - |
| - | - | - | - | 695 | - | - | - | - | - | - | - | - |
| 733421 | - | - | - | - | - | - | - | - | - | - | - | - |
| - | - | - | - | - | - | - | 801 | - | 9907 | 78801 | - | - |
| - | - | - | 30673 | 927 | - | 25 | 3 | 2 | 80 | 9012 | 10 | 12538 |
| - | - | - | - | - | - | - | - | - | - | - | - | - |
| - | - | - | - | - | - | - | - | - | - | - | - | - |
| - | - | - | 30673 | 927 | - | 25 | 3 | 2 | 80 | 9012 | 10 | 12538 |
| - | - | - | - | - | - | - | - | - | - | - | - | - |
| - | - | - | - | - | - | - | - | - | - | - | - | - |
| - | - | - | - | - | - | - | - | - | - | - | - | - |
| - | - | - | - | - | - | - | - | - | - | - | - | - |
| - | - | - | - | 46193 | 2025 | 309067 | 49746 | 12480 | 162838 | 76958 | 23044 | 53408 |
| - | - | - | - | 24734 | - | - | - | 245 | 13494 | 35748 | 19266 | 53408 |
| - | - | - | - | 38 | - | - | - | 10 | 63 | 6155 | - | - |
| - | - | - | - | 5 | - | - | - | 16 | 2234 | 1100 | - | - |
| - | - | - | - | 22291 | - | - | - | - | - | 245 | 19266 | - |
| - | - | - | - | 42 | - | - | - | 11 | 594 | 489 | - | - |
| - | - | - | - | 7 | - | - | - | 10 | 128 | 1162 | - | - |
| - | - | - | - | 21 | - | - | - | 13 | 1237 | 16927 | - | - |
| - | - | - | - | 32 | - | - | - | 65 | 439 | 889 | - | - |
| - | - | - | - | 24 | - | - | - | 43 | 1333 | 2628 | - | - |
| - | - | - | - | 25 | - | - | - | 14 | 538 | 392 | - | - |
| - | - | - | - | 3 | - | - | - | 1 | 342 | 37 | - | - |
| - | - | - | - | 8 | - | - | - | 9 | 105 | 861 | - | - |
| - | - | - | - | - | - | - | - | - | - | - | - | - |
| - | - | - | - | - | - | - | - | - | - | - | - | - |
| - | - | - | - | 2238 | - | - | - | 53 | 6481 | 4863 | - | - |
| - | - | - | - | 142 | - | - | - | - | - | 245 | 19266 | - |
| - | - | - | - | - | - | - | - | - | - | - | - | 53408 |
| - | - | - | - | 2903 | 2025 | 309067 | 49746 | 36 | 49993 | 2309 | - | - |
| - | - | - | - | - | 2025 | - | 49746 | - | - | - | - | - |
| - | - | - | - | 2903 | - | 309067 | - | - | 33319 | - | - | - |
| - | - | - | - | - | - | - | - | 29 | 15741 | 370 | - | - |
| - | - | - | - | - | - | - | - | 7 | 933 | 1939 | - | - |
| - | - | - | - | 18556 | - | - | - | 12199 | 99351 | 38901 | 3778 | - |
| - | - | - | - | - | - | - | - | - | 946 | - | - | - |
| - | - | - | - | - | - | - | - | - | 519 | - | - | - |
| - | - | - | - | - | - | - | - | 184 | 2223 | 31645 | - | - |
| - | - | - | - | 15831 | - | - | - | 9733 | 81867 | 490 | - | - |

## PRODUCTION AND USES OF ENERGY SOURCES : O.E.C.D. NORTH AMERICA

1974

| ENERGY SOURCES / PRODUCTION AND USES | UNIT: 1000 METRIC TONS / UNITE: 1000 TONNES METRIQUES | | | | | | TCAL / TCAL | MANUFACTURED GAS (TCAL) / GAZ MANUFACTURE (TCAL) | | | MILLIONS OF (DE) KWH |
|---|---|---|---|---|---|---|---|---|---|---|---|
| | HARD COAL / HOUILLE | PATENT FUEL / AGGLOMERES | COKE OVEN COKE / COKE DE FOUR | GAS COKE / COKE DE GAZ | BROWN COAL / LIGNITE | BKB / BRIQ. DE LIGNITE | NATURAL GAS / GAZ NATUREL | GAS WORKS / USINES A GAZ | COKE OVENS / COKERIES | BLAST FURNACES / HAUT FOURNEAUX | ELECTRICITY* / ELECTRICITE* |
| | 1 | 2 | 3 | 4 | 5 | 6 | 7 | 8 | 9 | 10 | 11 |
| PRODUCTION | 552609 | - | 65929 | - | 21897 | - | 6050894 | 4470 | 145695 | 130999 | 2354734 |
| FROM OTHER SOURCES | - | - | - | - | - | - | 5 | - | - | - | - |
| IMPORT | 14250 | 44 | 3720 | - | - | - | 251834 | - | - | - | 17861 |
| EXPORT | -66136 | -104 | -1420 | - | -10 | - | -261603 | - | - | - | -18128 |
| INTL. MARINE BUNKERS | - | - | - | - | - | - | - | - | - | - | - |
| STOCK CHANGES | 9070 | - | -113 | - | -110 | - | -22830 | - | - | - | - |
| DOMESTIC SUPPLY | 509793 | -60 | 68116 | - | 21777 | - | 6018300 | 4470 | 145695 | 130999 | 2354467 |
| RETURNS TO SUPPLY | - | - | - | - | - | - | - | - | - | - | - |
| TRANSFERS | - | - | - | - | - | - | - | - | - | - | - |
| DOMESTIC AVAILABILITY | 509793 | -60 | 68116 | - | 21777 | - | 6018300 | 4470 | 145695 | 130999 | 2354467 |
| STATISTICAL DIFFERENCE | 857 | -60 | 134 | - | 105 | - | 67837 | - | 1709 | - | -17 |
| TRANSFORM. SECTOR ** | 439396 | - | 19605 | - | 20648 | - | 929543 | - | 39 | 462 | - |
| FOR SOLID FUELS | 89347 | - | - | - | - | - | - | - | - | - | - |
| FOR GASES | - | - | 19605 | - | - | - | - | - | - | - | - |
| PETROLEUM REFINERIES | - | - | - | - | - | - | - | - | - | - | - |
| THERMO-ELECTRIC PLANTS | 350049 | - | - | - | 20648 | - | 929543 | - | 39 | 462 | - |
| ENERGY SECTOR | 11 | - | 2415 | - | 111 | - | 926367 | 445 | 53170 | 8871 | 346892 |
| COAL MINES | 11 | - | - | - | 111 | - | 4416 | - | - | - | 7830 |
| OIL AND GAS EXTRACTION | - | - | - | - | - | - | 603694 | - | - | - | 16493 |
| PETROLEUM REFINERIES | - | - | - | - | - | - | 269375 | - | - | - | 28484 |
| ELECTRIC PLANTS | - | - | - | - | - | - | - | - | - | - | 106433 |
| DISTRIBUTION LOSSES | - | - | - | - | - | - | 48882 | - | 222 | 1800 | 175087 |
| PUMP STORAGE (ELECTR.) | - | - | - | - | - | - | - | - | - | - | 12513 |
| OTHER ENERGY SECTOR | - | - | 2415 | - | - | - | - | 445 | 52948 | 7071 | 52 |
| FINAL CONSUMPTION | 69529 | - | 45962 | - | 913 | - | 4094553 | 4025 | 90777 | 121666 | 2007592 |
| INDUSTRY SECTOR | 60111 | - | 45959 | - | 668 | - | 2047483 | 1120 | 90777 | 121666 | 830122 |
| IRON AND STEEL | 3593 | - | 40013 | - | - | - | 199831 | - | 82252 | 121666 | 92628 |
| CHEMICAL | 204 | - | - | - | - | - | 10394 | - | - | - | 163721 |
| PETROCHEMICAL | - | - | - | - | - | - | 35719 | - | - | - | 19605 |
| NON-FERROUS METAL | 394 | - | - | - | - | - | 7735 | - | - | - | 150973 |
| NON-METALLIC MINERAL | 246 | - | - | - | - | - | 17013 | - | - | - | 33899 |
| PAPER PULP AND PRINT | 572 | - | - | - | 146 | - | 21456 | - | - | - | 107606 |
| MINING AND QUARRYING | 214 | - | - | - | - | - | 9019 | - | - | - | 8959 |
| FOOD AND TOBACCO | 9 | - | - | - | - | - | 11524 | - | - | - | 44339 |
| WOOD AND WOOD PRODUCTS | 3 | - | - | - | - | - | 2495 | - | - | - | 21638 |
| MACHINERY | 3 | - | - | - | - | - | 1699 | - | - | - | 54932 |
| TRANSPORT EQUIPMENT | 74 | - | - | - | - | - | 4192 | - | - | - | 31148 |
| CONSTRUCTION | - | - | - | - | - | - | - | - | - | - | - |
| TEXTILES AND LEATHER | - | - | - | - | - | - | - | - | - | - | 38516 |
| NON SPECIFIED | 54799 | - | 5946 | - | 522 | - | 1726406 | 1120 | 8525 | - | 62158 |
| NON-ENERGY USES: | | | | | | | | | | | |
| (1)ENERGY PRODUCTS | - | - | - | - | - | - | 35719 | - | - | - | - |
| (2)NON-ENERGY PRODUCTS | - | - | - | - | - | - | - | - | - | - | - |
| TRANSPORT. SECTOR ** | 160 | - | - | - | 69 | - | - | - | - | - | 3944 |
| AIR TRANSPORT | - | - | - | - | - | - | - | - | - | - | - |
| ROAD TRANSPORT | - | - | - | - | - | - | - | - | - | - | - |
| RAILWAYS | 78 | - | - | - | 69 | - | - | - | - | - | 3944 |
| INTERNAL NAVIGATION | 82 | - | - | - | - | - | - | - | - | - | - |
| OTHER SECTORS ** | 9258 | - | 3 | - | 176 | - | 2047070 | 2905 | - | - | 1173526 |
| AGRICULTURE | - | - | - | - | - | - | - | - | - | - | 32088 |
| PUBLIC SERVICES | - | - | - | - | 3 | - | - | - | - | - | - |
| COMMERCE | - | - | - | - | - | - | 733637 | 135 | - | - | 500940 |
| RESIDENTIAL | 9258 | - | 3 | - | 173 | - | 1313433 | 2770 | - | - | 637479 |

(1) INCLUDED IN CHEMICAL OR PETROCHEMICAL INDUSTRY
(2) INCLUDED ONLY IN TOTAL INDUSTRY

| * OF WHICH: | |
|---|---|
| HYDRO | 925712 |
| NUCLEAR | 224022 |
| CONVENTIONAL THERMAL | 3029161 |
| GEOTHERMAL | 6496 |

** INCLUDED IN THESE TOTALS ARE THE NON-SPECIFIED ELEMENTS

1974

UNIT: 1000 METRIC TONS
UNITE: 1000 TONNES METRIQUES

| OIL / PETROLE | | | REFINERY GAS | LIQUEFIED PETROLEUM GASES | AVIATION GASOLINE | MOTOR GASOLINE | JET FUEL | KEROSENE | GAS/DIESEL OIL | RESIDUAL FUEL OIL | NAPHTHA | NON-ENERGY PRODUCTS |
|---|---|---|---|---|---|---|---|---|---|---|---|---|
| CRUDE BRUT | NGL GNL | FEEDST. | GAZ DE PETROLE | GAZ LIQUEFIES DE PETROLE | ESSENCE AVION | ESSENCE AUTO | CARBURANT REACTEUR | PETROLE LAMPANT | GAZ/DIESEL OIL | FUEL OIL RESIDUEL | NAPHTHA | PRODUITS NON-ENERGETIQUES |
| 12 | 13 | 14 | 15 | 16 | 17 | 18 | 19 | 20 | 21 | 22 | 23 | 24 |
| 585126 | - | - | 29541 | 10825 | 1945 | 297211 | 41014 | 9442 | 154474 | 79924 | 23452 | 70308 |
| 816 | - | - | - | - | - | - | - | 32 | - | - | 21 | 319 |
| 220107 | - | - | - | 3795 | 3 | 8725 | 7665 | 274 | 14054 | 88423 | 842 | 3154 |
| -43253 | - | - | - | -766 | -17 | -218 | -273 | -15 | -524 | -4953 | -930 | -10197 |
| - | - | - | - | - | - | - | - | - | -1096 | -9214 | - | - |
| -5587 | - | - | - | -1095 | 59 | -1453 | -169 | 810 | -911 | -1608 | -300 | -1224 |
| 757209 | - | - | 29541 | 12759 | 1990 | 304265 | 48237 | 10543 | 165997 | 152572 | 23085 | 62360 |
| - | - | - | - | - | - | - | - | - | - | - | - | - |
| -41017 | - | - | - | 38842 | - | - | - | - | 35 | 816 | - | - |
| 716192 | - | - | 29541 | 51601 | 1990 | 304265 | 48237 | 10543 | 166032 | 153388 | 23085 | 62360 |
| -2370 | - | - | 47 | 5972 | 4 | 82 | 47 | 93 | -320 | -1898 | -154 | 127 |
| 718562 | - | - | - | 720 | - | - | 638 | - | 10978 | 73780 | - | - |
| - | - | - | - | - | - | - | - | - | - | - | - | - |
| - | - | - | - | 720 | - | - | - | - | - | - | - | - |
| 718562 | - | - | - | - | - | - | - | - | - | - | - | - |
| - | - | - | - | - | - | - | 638 | - | 10978 | 73780 | - | - |
| - | - | - | 29494 | 902 | - | 26 | 3 | 3 | 142 | 8883 | 13 | 11394 |
| - | - | - | - | - | - | - | - | - | - | - | - | - |
| - | - | - | - | - | - | - | - | - | - | - | - | - |
| - | - | - | 29494 | 902 | - | 26 | 3 | 3 | 142 | 8883 | 13 | 11394 |
| - | - | - | - | - | - | - | - | - | - | - | - | - |
| - | - | - | - | - | - | - | - | - | - | - | - | - |
| - | - | - | - | - | - | - | - | - | - | - | - | - |
| - | - | - | - | 44007 | 1986 | 304157 | 47549 | 10447 | 155232 | 72623 | 23226 | 50839 |
| - | - | - | - | 24042 | - | - | - | 252 | 13049 | 35648 | 19477 | 50839 |
| - | - | - | - | 32 | - | - | - | 9 | 61 | 6807 | - | - |
| - | - | - | - | 5 | - | - | - | 8 | 2280 | 1044 | - | - |
| - | - | - | - | 21648 | - | - | - | - | - | 112 | 19477 | - |
| - | - | - | - | 37 | - | - | - | 14 | 519 | 663 | - | - |
| - | - | - | - | 7 | - | - | - | 11 | 144 | 993 | - | - |
| - | - | - | - | 17 | - | - | - | 11 | 1657 | 17273 | - | - |
| - | - | - | - | 38 | - | - | - | 36 | 507 | 864 | - | - |
| - | - | - | - | 35 | - | - | - | 45 | 1829 | 2608 | - | - |
| - | - | - | - | 28 | - | - | - | 16 | 566 | 363 | - | - |
| - | - | - | - | 5 | - | - | - | 1 | 26 | 24 | - | - |
| - | - | - | - | 10 | - | - | - | 6 | 412 | 860 | - | - |
| - | - | - | - | - | - | - | - | - | - | - | - | - |
| - | - | - | - | - | - | - | - | - | - | - | - | - |
| - | - | - | - | 2180 | - | - | - | 95 | 5048 | 4037 | - | - |
| - | - | - | - | 151 | - | - | - | - | - | 112 | 19477 | - |
| - | - | - | - | - | - | - | - | - | - | - | - | 50839 |
| - | - | - | - | 2643 | 1986 | 304157 | 47549 | 33 | 50338 | 2032 | - | - |
| - | - | - | - | - | 1986 | - | 47549 | - | - | - | - | - |
| - | - | - | - | 2643 | - | 304157 | - | - | 33527 | - | - | - |
| - | - | - | - | - | - | - | - | 26 | 15858 | 355 | - | - |
| - | - | - | - | - | - | - | - | 7 | 953 | 1677 | - | - |
| - | - | - | - | 17322 | - | - | - | 10162 | 91845 | 34943 | 3749 | - |
| - | - | - | - | - | - | - | - | - | 961 | - | - | - |
| - | - | - | - | - | - | - | - | - | 480 | - | - | - |
| - | - | - | - | - | - | - | - | 172 | 2268 | 28782 | - | - |
| - | - | - | - | 14590 | - | - | - | 8114 | 76056 | 816 | - | - |

## PRODUCTION AND USES OF ENERGY SOURCES : O.E.C.D. NORTH AMERICA

1975

| ENERGY SOURCES / PRODUCTION AND USES | UNIT: 1000 METRIC TONS / UNITE: 1000 TONNES METRIQUES | | | | | | TCAL / TCAL | MANUFACTURED GAS (TCAL) / GAZ MANUFACTURE (TCAL) | | | MILLIONS OF (DE) KWH |
|---|---|---|---|---|---|---|---|---|---|---|---|
| | HARD COAL / HOUILLE | PATENT FUEL / AGGLOMERES | COKE OVEN COKE / COKE DE FOUR | GAS COKE / COKE DE GAZ | BROWN COAL / LIGNITE | BKB / BRIQ. DE LIGNITE | NATURAL GAS / GAZ NATUREL | GAS WORKS / USINES A GAZ | COKE OVENS / COKERIES | BLAST FURNACES / HAUT FOURNEAUX | ELECTRICITY* / ELECTRICITE* |
| | 1 | 2 | 3 | 4 | 5 | 6 | 7 | 8 | 9 | 10 | 11 |
| PRODUCTION | 591687 | - | 61062 | - | 27486 | - | 5672681 | 6330 | 143425 | 114543 | 2381705 |
| FROM OTHER SOURCES | - | - | - | - | - | - | 150 | - | - | - | - |
| IMPORT | 16657 | 15 | 2262 | - | - | - | 249404 | - | - | - | 15240 |
| EXPORT | -71851 | -84 | -1251 | - | - | - | -257429 | - | - | - | -16492 |
| INTL. MARINE BUNKERS | - | - | - | - | - | - | - | - | - | - | - |
| STOCK CHANGES | -30860 | - | -4157 | - | -145 | - | -100909 | - | - | - | - |
| DOMESTIC SUPPLY | 505633 | -69 | 57916 | - | 27341 | - | 5563897 | 6330 | 143425 | 114543 | 2380453 |
| RETURNS TO SUPPLY | - | - | - | - | - | - | - | - | - | - | - |
| TRANSFERS | - | - | - | - | - | - | - | - | - | - | - |
| DOMESTIC AVAILABILITY | 505633 | -69 | 57916 | - | 27341 | - | 5563897 | 6330 | 143425 | 114543 | 2380453 |
| STATISTICAL DIFFERENCE | -190 | -69 | 181 | - | -102 | - | 40872 | - | 2218 | - | 11 |
| TRANSFORM. SECTOR ** | 441002 | - | 16927 | - | 25883 | - | 861702 | - | 76 | 432 | - |
| FOR SOLID FUELS | 83133 | - | - | - | - | - | - | - | - | - | - |
| FOR GASES | - | - | 16927 | - | - | - | - | - | - | - | - |
| PETROLEUM REFINERIES | - | - | - | - | - | - | - | - | - | - | - |
| THERMO-ELECTRIC PLANTS | 357869 | - | - | - | 25883 | - | 861702 | - | 76 | 432 | - |
| ENERGY SECTOR | 11 | - | 1972 | - | 124 | - | 857822 | 630 | 52204 | 8680 | 362161 |
| COAL MINES | 11 | - | - | - | 124 | - | 6149 | - | - | - | 8797 |
| OIL AND GAS EXTRACTION | - | - | - | - | - | - | 558041 | - | - | - | 15372 |
| PETROLEUM REFINERIES | - | - | - | - | - | - | 244899 | - | - | - | 28043 |
| ELECTRIC PLANTS | - | - | - | - | - | - | - | - | - | - | 105310 |
| DISTRIBUTION LOSSES | - | - | - | - | - | - | 48733 | - | 368 | 1800 | 189593 |
| PUMP STORAGE (ELECTR.) | - | - | - | - | - | - | - | - | - | - | 14976 |
| OTHER ENERGY SECTOR | - | - | 1972 | - | - | - | - | 630 | 51836 | 6880 | 70 |
| FINAL CONSUMPTION | 64810 | - | 38836 | - | 1436 | - | 3803501 | 5700 | 88927 | 105431 | 2018281 |
| INDUSTRY SECTOR | 56884 | - | 38836 | - | 1222 | - | 1729572 | 1660 | 88927 | 105431 | 797490 |
| IRON AND STEEL | 2463 | - | 33618 | - | - | - | 163501 | - | 80611 | 105431 | 77046 |
| CHEMICAL | 150 | - | - | - | - | - | 6798 | - | - | - | 157932 |
| PETROCHEMICAL | - | - | - | - | - | - | 37219 | - | - | - | 19313 |
| NON-FERROUS METAL | 209 | - | - | - | - | - | 7892 | - | - | - | 131024 |
| NON-METALLIC MINERAL | 247 | - | - | - | - | - | 15594 | - | - | - | 32050 |
| PAPER PULP AND PRINT | 359 | - | - | - | 136 | - | 17661 | - | - | - | 98738 |
| MINING AND QUARRYING | 197 | - | - | - | - | - | 9572 | - | - | - | 9133 |
| FOOD AND TOBACCO | 10 | - | - | - | - | - | 12094 | - | - | - | 45617 |
| WOOD AND WOOD PRODUCTS | 4 | - | - | - | - | - | 2430 | - | - | - | 21283 |
| MACHINERY | 3 | - | - | - | - | - | 1832 | - | - | - | 55616 |
| TRANSPORT EQUIPMENT | 47 | - | - | - | - | - | 3981 | - | - | - | 30113 |
| CONSTRUCTION | - | - | - | - | - | - | - | - | - | - | - |
| TEXTILES AND LEATHER | - | - | - | - | - | - | - | - | - | - | 37948 |
| NON SPECIFIED | 53195 | - | 5218 | - | 1086 | - | 1450998 | 1660 | 8316 | - | 81677 |
| NON-ENERGY USES: | | | | | | | | | | | |
| (1)ENERGY PRODUCTS | - | - | - | - | - | - | 37219 | - | - | - | - |
| (2)NON-ENERGY PRODUCTS | - | - | - | - | - | - | - | - | - | - | - |
| TRANSPORT. SECTOR ** | 84 | - | - | - | 64 | - | - | - | - | - | 3926 |
| AIR TRANSPORT | - | - | - | - | - | - | - | - | - | - | - |
| ROAD TRANSPORT | - | - | - | - | - | - | - | - | - | - | - |
| RAILWAYS | 22 | - | - | - | 64 | - | - | - | - | - | 3926 |
| INTERNAL NAVIGATION | 62 | - | - | - | - | - | - | - | - | - | - |
| OTHER SECTORS ** | 7842 | - | - | - | 150 | - | 2073929 | 4040 | - | - | 1216865 |
| AGRICULTURE | - | - | - | - | - | - | - | - | - | - | 31508 |
| PUBLIC SERVICES | - | - | - | - | - | - | - | - | - | - | - |
| COMMERCE | - | - | - | - | - | - | 723178 | 200 | - | - | 532405 |
| RESIDENTIAL | 7842 | - | - | - | 150 | - | 1350751 | 3840 | - | - | 652268 |

(1) INCLUDED IN CHEMICAL OR PETROCHEMICAL INDUSTRY
(2) INCLUDED ONLY IN TOTAL INDUSTRY

| * OF WHICH: | |
|---|---|
| HYDRO | 926874 |
| NUCLEAR | 313498 |
| CONVENTIONAL THERMAL | 2991217 |
| GEOTHERMAL | 7268 |

** INCLUDED IN THESE TOTALS ARE THE NON-SPECIFIED ELEMENTS

## PRODUCTION ET UTILISATION DES SOURCES D ENERGIE : AMERIQUE DU NORD

1975

UNIT: 1000 METRIC TONS
UNITE: 1000 TONNES METRIQUES

| OIL / PETROLE: CRUDE / BRUT | OIL / PETROLE: NGL / GNL | OIL / PETROLE: FEEDST. | REFINERY GAS / GAZ DE PETROLE | LIQUEFIED PETROLEUM GASES / GAZ LIQUEFIES DE PETROLE | AVIATION GASOLINE / ESSENCE AVION | MOTOR GASOLINE / ESSENCE AUTO | JET FUEL / CARBURANT REACTEUR | KEROSENE / PETROLE LAMPANT | GAS/DIESEL OIL / GAZ/DIESEL OIL | RESIDUAL FUEL OIL / FUEL OIL RESIDUEL | NAPHTHA / NAPHTHA | NON-ENERGY PRODUCTS / PRODUITS NON-ENERGETIQUES |
|---|---|---|---|---|---|---|---|---|---|---|---|---|
| 12 | 13 | 14 | 15 | 16 | 17 | 18 | 19 | 20 | 21 | 22 | 23 | 24 |
| 549185 | - | - | 18302 | 10310 | 1727 | 311191 | 44756 | 9288 | 157388 | 107207 | 21105 | 65666 |
| 861 | - | - | - | - | - | - | - | - | - | - | - | 111 |
| 289380 | - | - | - | 3490 | 2 | 3131 | 5410 | 42 | 4236 | 52279 | 1103 | 1922 |
| -38479 | - | - | - | -232 | -8 | -456 | -124 | -11 | -803 | -3681 | -1198 | -8373 |
| - | - | - | - | - | - | - | - | - | -993 | -9887 | - | - |
| -2164 | - | - | - | -201 | 44 | -1694 | -132 | 188 | -574 | -4171 | 248 | -180 |
| 798783 | - | - | 18302 | 13367 | 1765 | 312172 | 49910 | 9507 | 159254 | 141747 | 21258 | 59146 |
| - | - | - | - | - | - | - | - | - | - | - | - | - |
| -36324 | - | - | - | 34389 | - | - | - | - | - | 922 | - | - |
| 762459 | - | - | 18302 | 47756 | 1765 | 312172 | 49910 | 9507 | 159254 | 142669 | 21258 | 59146 |
| -754 | - | - | 79 | 3373 | 3 | 147 | -30 | 8 | -82 | 293 | -24 | 344 |
| 763213 | - | - | - | 1038 | - | - | 390 | - | 8678 | 71690 | - | - |
| - | - | - | - | - | - | - | - | - | - | - | - | - |
| - | - | - | - | 1038 | - | - | - | - | - | - | - | - |
| 763213 | - | - | - | - | - | - | - | - | - | - | - | - |
| - | - | - | - | - | - | - | 390 | - | 8678 | 71690 | - | - |
| - | - | - | 18223 | 971 | - | 24 | 2 | 2 | 1028 | 9027 | 12 | 12249 |
| - | - | - | - | - | - | - | - | - | - | - | - | - |
| - | - | - | - | - | - | - | - | - | - | - | - | - |
| - | - | - | 18223 | 971 | - | 24 | 2 | 2 | 1028 | 9027 | 12 | 12249 |
| - | - | - | - | - | - | - | - | - | - | - | - | - |
| - | - | - | - | - | - | - | - | - | - | - | - | - |
| - | - | - | - | - | - | - | - | - | - | - | - | - |
| - | - | - | - | - | - | - | - | - | - | - | - | - |
| - | - | - | - | 42374 | 1762 | 312001 | 49548 | 9497 | 149630 | 61659 | 21270 | 46553 |
| - | - | - | - | 26782 | - | - | - | 264 | 12525 | 29888 | 18044 | 46553 |
| - | - | - | - | 94 | - | - | - | 10 | 44 | 5546 | - | - |
| - | - | - | - | 5 | - | - | - | 6 | 2704 | 843 | - | - |
| - | - | - | - | 23987 | - | - | - | - | - | 72 | 18044 | - |
| - | - | - | - | 31 | - | - | - | 9 | 542 | 559 | - | - |
| - | - | - | - | 6 | - | - | - | 6 | 139 | 760 | - | - |
| - | - | - | - | 11 | - | - | - | 12 | 1659 | 15488 | - | - |
| - | - | - | - | 41 | - | - | - | 19 | 491 | 881 | - | - |
| - | - | - | - | 32 | - | - | - | 32 | 1791 | 2561 | - | - |
| - | - | - | - | 19 | - | - | - | 14 | 103 | 390 | - | - |
| - | - | - | - | 5 | - | - | - | 1 | 21 | 19 | - | - |
| - | - | - | - | 9 | - | - | - | 4 | 421 | 845 | - | - |
| - | - | - | - | - | - | - | - | - | - | - | - | - |
| - | - | - | - | - | - | - | - | - | - | - | - | - |
| - | - | - | - | 2542 | - | - | - | 151 | 4610 | 1924 | - | - |
| - | - | - | - | 238 | - | - | - | - | - | 72 | 18044 | - |
| - | - | - | - | - | - | - | - | - | - | - | - | 46553 |
| - | - | - | - | 2937 | 1762 | 312001 | 49548 | 33 | 52910 | 1599 | - | - |
| - | - | - | - | - | 1762 | - | 49548 | - | - | - | - | - |
| - | - | - | - | 2937 | - | 312001 | - | - | 37747 | - | - | - |
| - | - | - | - | - | - | - | - | 27 | 14451 | 247 | - | - |
| - | - | - | - | - | - | - | - | 6 | 712 | 1352 | - | - |
| - | - | - | - | 12655 | - | - | - | 9200 | 84195 | 30172 | 3226 | - |
| - | - | - | - | - | - | - | - | - | 961 | - | - | - |
| - | - | - | - | - | - | - | - | - | 436 | - | - | - |
| - | - | - | - | - | - | - | - | 190 | 2268 | 25643 | - | - |
| - | - | - | - | 7501 | - | - | - | 7346 | 75037 | 755 | - | - |

## PRODUCTION AND USES OF ENERGY SOURCES : O.E.C.D. NORTH AMERICA

1976

| PRODUCTION AND USES \ ENERGY SOURCES | UNIT: 1000 METRIC TONS / UNITE: 1000 TONNES METRIQUES | | | | | | TCAL / TCAL | MANUFACTURED GAS (TCAL) / GAZ MANUFACTURE (TCAL) | | | MILLIONS OF (DE) KWH |
|---|---|---|---|---|---|---|---|---|---|---|---|
| | HARD COAL / HOUILLE | PATENT FUEL / AGGLOMERES | COKE OVEN COKE / COKE DE FOUR | GAS COKE / COKE DE GAZ | BROWN COAL / LIGNITE | BKB / BRIQ. DE LIGNITE | NATURAL GAS / GAZ NATUREL | GAS WORKS / USINES A GAZ | COKE OVENS / COKERIES | BLAST FURNACES / HAUT FOURNEAUX | ELECTRICITY* / ELECTRICITE* |
| | 1 | 2 | 3 | 4 | 5 | 6 | 7 | 8 | 9 | 10 | 11 |
| PRODUCTION | 612630 | - | 58193 | - | 34187 | - | 5639894 | 6280 | 138692 | 141500 | 2527053 |
| FROM OTHER SOURCES | - | - | - | - | - | - | 246 | - | - | - | - |
| IMPORT | 15313 | 17 | 1777 | - | 2 | - | 250750 | - | - | - | 14575 |
| EXPORT | -66213 | -85 | -1363 | - | -6 | - | -257127 | - | - | - | -15181 |
| INTL. MARINE BUNKERS | - | - | - | - | - | - | - | - | - | - | - |
| STOCK CHANGES | -5085 | - | -1255 | - | -136 | - | -49235 | - | - | - | - |
| DOMESTIC SUPPLY | 556645 | -68 | 57352 | - | 34047 | - | 5584528 | 6280 | 138692 | 141500 | 2526447 |
| RETURNS TO SUPPLY | - | - | - | - | - | - | - | - | - | - | - |
| TRANSFERS | - | - | - | - | - | - | - | - | - | - | - |
| DOMESTIC AVAILABILITY | 556645 | -68 | 57352 | - | 34047 | - | 5584528 | 6280 | 138692 | 141500 | 2526447 |
| STATISTICAL DIFFERENCE | 4806 | -68 | 257 | - | -14 | - | 50882 | - | 1838 | - | -190 |
| TRANSFORM. SECTOR ** | 480013 | - | 20976 | - | 30067 | - | 830487 | - | 76 | 431 | - |
| FOR SOLID FUELS | 84231 | - | - | - | - | - | - | - | - | - | - |
| FOR GASES | - | - | 20976 | - | - | - | - | - | - | - | - |
| PETROLEUM REFINERIES | - | - | - | - | - | - | - | - | - | - | - |
| THERMO-ELECTRIC PLANTS | 395782 | - | - | - | 30067 | - | 830487 | - | 76 | 431 | - |
| ENERGY SECTOR | 18 | - | - | - | 154 | - | 837631 | 630 | 50510 | 3950 | 383868 |
| COAL MINES | 18 | - | - | - | 154 | - | 3133 | - | - | - | 9798 |
| OIL AND GAS EXTRACTION | - | - | - | - | - | - | 564065 | - | - | - | 15753 |
| PETROLEUM REFINERIES | - | - | - | - | - | - | 238900 | - | - | - | 29327 |
| ELECTRIC PLANTS | - | - | - | - | - | - | - | - | - | - | 108272 |
| DISTRIBUTION LOSSES | - | - | - | - | - | - | 31533 | - | 367 | 1800 | 206519 |
| PUMP STORAGE (ELECTR.) | - | - | - | - | - | - | - | - | - | - | 14170 |
| OTHER ENERGY SECTOR | - | - | - | - | - | - | - | 630 | 50143 | 2150 | 29 |
| FINAL CONSUMPTION | 71808 | - | 36119 | - | 3840 | - | 3865528 | 5650 | 86268 | 137119 | 2142769 |
| INDUSTRY SECTOR | 64373 | - | 36119 | - | 3565 | - | 1713364 | 1570 | 86268 | 137119 | 865884 |
| IRON AND STEEL | 2489 | - | 35300 | - | - | - | 152894 | - | 79044 | 89619 | 79999 |
| CHEMICAL | 100 | - | - | - | - | - | 7261 | - | - | - | 178339 |
| PETROCHEMICAL | - | - | - | - | - | - | 40500 | - | - | - | 20731 |
| NON-FERROUS METAL | 189 | - | - | - | - | - | 7949 | - | - | - | 133309 |
| NON-METALLIC MINERAL | 229 | - | - | - | - | - | 16409 | - | - | - | 33805 |
| PAPER PULP AND PRINT | 191 | - | - | - | 106 | - | 23011 | - | - | - | 110462 |
| MINING AND QUARRYING | 207 | - | - | - | - | - | 8754 | - | - | - | 14189 |
| FOOD AND TOBACCO | 10 | - | - | - | - | - | 12373 | - | - | - | 48048 |
| WOOD AND WOOD PRODUCTS | 5 | - | - | - | - | - | 3827 | - | - | - | 24755 |
| MACHINERY | 3 | - | - | - | - | - | 8385 | - | - | - | 56956 |
| TRANSPORT EQUIPMENT | 134 | - | - | - | - | - | 4241 | - | - | - | 32421 |
| CONSTRUCTION | - | - | - | - | - | - | - | - | - | - | - |
| TEXTILES AND LEATHER | - | - | - | - | - | - | - | - | - | - | 40128 |
| NON SPECIFIED | 60816 | - | 819 | - | 3459 | - | 1427760 | 1570 | 7224 | 47500 | 92742 |
| NON-ENERGY USES: | | | | | | | | | | | |
| (1)ENERGY PRODUCTS | - | - | - | - | - | - | 40500 | - | - | - | - |
| (2)NON-ENERGY PRODUCTS | - | - | - | - | - | - | - | - | - | - | - |
| TRANSPORT. SECTOR ** | 40 | - | - | - | 59 | - | - | - | - | - | 3301 |
| AIR TRANSPORT | - | - | - | - | - | - | - | - | - | - | - |
| ROAD TRANSPORT | - | - | - | - | - | - | - | - | - | - | - |
| RAILWAYS | 11 | - | - | - | 59 | - | - | - | - | - | 3301 |
| INTERNAL NAVIGATION | 29 | - | - | - | - | - | - | - | - | - | - |
| OTHER SECTORS ** | 7395 | - | - | - | 216 | - | 2152164 | 4080 | - | - | 1273584 |
| AGRICULTURE | - | - | - | - | - | - | - | - | - | - | 33275 |
| PUBLIC SERVICES | - | - | - | - | - | - | - | - | - | - | - |
| COMMERCE | - | - | - | - | 86 | - | 738053 | 190 | - | - | 563045 |
| RESIDENTIAL | 7395 | - | - | - | 130 | - | 1414111 | 3890 | - | - | 677264 |

(1) INCLUDED IN CHEMICAL OR PETROCHEMICAL INDUSTRY
(2) INCLUDED ONLY IN TOTAL INDUSTRY

| * OF WHICH: | |
|---|---|
| HYDRO | 810839 |
| NUCLEAR | 93953 |
| CONVENTIONAL THERMAL | 2618067 |
| GEOTHERMAL | 4506 |

** INCLUDED IN THESE TOTALS ARE THE NON-SPECIFIED ELEMENTS

PRODUCTION ET UTILISATION DES SOURCES D ENERGIE : AMERIQUE DU NORD

1976

UNIT: 1000 METRIC TONS
UNITE: 1000 TONNES METRIQUES

| OIL / PETROLE: CRUDE / BRUT | OIL / PETROLE: NGL / GNL | OIL / PETROLE: FEEDST. | REFINERY GAS / GAZ DE PETROLE | LIQUEFIED PETROLEUM GASES / GAZ LIQUEFIES DE PETROLE | AVIATION GASOLINE / ESSENCE AVION | MOTOR GASOLINE / ESSENCE AUTO | JET FUEL / CARBURANT REACTEUR | KEROSENE / PETROLE LAMPANT | GAS/DIESEL OIL / GAZ/DIESEL OIL | RESIDUAL FUEL OIL / FUEL OIL RESIDUEL | NAPHTHA / NAPHTHA | NON-ENERGY PRODUCTS / PRODUITS NON-ENERGETIQUES |
|---|---|---|---|---|---|---|---|---|---|---|---|---|
| 12 | 13 | 14 | 15 | 16 | 17 | 18 | 19 | 20 | 21 | 22 | 23 | 24 |
| 531461 | - | - | 19185 | 11363 | 1676 | 326628 | 46295 | 9854 | 173204 | 112437 | 29348 | 68284 |
| 872 | - | - | - | - | - | - | - | - | - | - | - | 133 |
| 344570 | - | - | - | 4065 | 3 | 1142 | 2835 | 27 | 1832 | 63780 | 198 | 1246 |
| -27691 | - | - | - | -782 | - | -393 | -44 | -12 | -104 | -2874 | -1241 | -8415 |
| - | - | - | - | - | - | - | - | - | -1350 | -13239 | - | - |
| -2475 | - | - | - | -939 | 23 | -39 | -98 | 448 | 3549 | 2248 | -355 | 574 |
| 846737 | - | - | 19185 | 13707 | 1702 | 327338 | 48988 | 10317 | 177131 | 162352 | 27950 | 61822 |
| - | - | - | - | - | - | - | - | - | - | - | - | - |
| -34962 | - | - | - | 30747 | - | - | - | - | - | 922 | - | - |
| 811775 | - | - | 19185 | 44454 | 1702 | 327338 | 48988 | 10317 | 177131 | 163274 | 27950 | 61822 |
| -370 | - | - | 77 | -49 | 4 | -64 | 62 | 354 | - | 140 | -16 | 226 |
| 812145 | - | - | - | 915 | - | - | 512 | - | 8530 | 77675 | - | - |
| - | - | - | - | - | - | - | - | - | - | - | - | - |
| - | - | - | - | 915 | - | - | - | - | - | - | - | - |
| 812145 | - | - | - | - | - | - | - | - | - | - | - | - |
| - | - | - | - | - | - | - | 512 | - | 8530 | 77675 | - | - |
| - | - | - | 19107 | 1211 | - | 26 | 1 | 2 | 888 | 8496 | 15 | 12328 |
| - | - | - | - | - | - | - | - | - | - | - | - | - |
| - | - | - | - | - | - | - | - | - | - | - | - | - |
| - | - | - | 19107 | 1211 | - | 26 | 1 | 2 | 888 | 8496 | 15 | 12328 |
| - | - | - | - | - | - | - | - | - | - | - | - | - |
| - | - | - | - | - | - | - | - | - | - | - | - | - |
| - | - | - | - | - | - | - | - | - | - | - | - | - |
| - | - | - | 1 | 42377 | 1698 | 327376 | 48413 | 9961 | 167713 | 76963 | 27951 | 49268 |
| - | - | - | - | 27865 | - | - | - | 111 | 14929 | 42893 | 22252 | 49268 |
| - | - | - | - | 94 | - | - | - | 6 | 1018 | 5723 | - | - |
| - | - | - | - | 5 | - | - | - | 9 | 2282 | 6943 | - | - |
| - | - | - | - | 24985 | - | - | - | - | - | 77 | 22252 | - |
| - | - | - | - | 28 | - | - | - | 4 | 613 | 1143 | - | - |
| - | - | - | - | 6 | - | - | - | 4 | 145 | 747 | - | - |
| - | - | - | - | 12 | - | - | - | 10 | 1606 | 20203 | - | - |
| - | - | - | - | 43 | - | - | - | 31 | 527 | 997 | - | - |
| - | - | - | - | 33 | - | - | - | 21 | 1840 | 2961 | - | - |
| - | - | - | - | 23 | - | - | - | 12 | 779 | 450 | - | - |
| - | - | - | - | 5 | - | - | - | 4 | 462 | 656 | - | - |
| - | - | - | - | 10 | - | - | - | 4 | 440 | 936 | - | - |
| - | - | - | - | - | - | - | - | - | - | - | - | - |
| - | - | - | - | - | - | - | - | - | - | - | - | - |
| - | - | - | - | 2621 | - | - | - | 6 | 5217 | 2057 | - | - |
| - | - | - | - | 478 | - | - | - | - | - | 77 | 22252 | - |
| - | - | - | - | - | - | - | - | - | - | - | - | 49268 |
| - | - | - | - | 2401 | 1698 | 327376 | 48413 | - | 51635 | 1511 | - | - |
| - | - | - | - | - | 1698 | - | 48413 | - | - | - | - | - |
| - | - | - | - | 2401 | - | 327376 | - | - | 35631 | - | - | - |
| - | - | - | - | - | - | - | - | - | 15283 | 64 | - | - |
| - | - | - | - | - | - | - | - | - | 721 | 1447 | - | - |
| - | - | - | 1 | 12111 | - | - | - | 9850 | 101149 | 32559 | 5699 | - |
| - | - | - | - | - | - | - | - | - | 960 | - | - | - |
| - | - | - | - | - | - | - | - | - | 480 | - | - | - |
| - | - | - | - | - | - | - | - | 259 | 2681 | 27871 | - | - |
| - | - | - | - | 7589 | - | - | - | 7531 | 86582 | 528 | - | - |

## PRODUCTION AND USES OF ENERGY SOURCES : O.E.C.D. NORTH AMERICA

1977

| X XX ENERGY XX SOURCES XX PRODUCTION XX AND USES XX | HARD COAL / HOUILLE (UNIT: 1000 METRIC TONS / UNITE: 1000 TONNES METRIQUES) | PATENT FUEL / AGGLOMERES | COKE OVEN COKE / COKE DE FOUR | GAS COKE / COKE DE GAZ | BROWN COAL / LIGNITE | BKB / BRIQ. DE LIGNITE | NATURAL GAS / GAZ NATUREL (TCAL / TCAL) | GAS WORKS / USINES A GAZ (MANUFACTURED GAS (TCAL) / GAZ MANUFACTURE (TCAL)) | COKE OVENS / COKERIES | BLAST FURNACES / HAUT FOURNEAUX | ELECTRICITY* / ELECTRICITE* (MILLIONS OF (DE) KWH) |
|---|---|---|---|---|---|---|---|---|---|---|---|
| | 1 | 2 | 3 | 4 | 5 | 6 | 7 | 8 | 9 | 10 | 11 |
| PRODUCTION | 622219 | - | 53388 | - | 39897 | - | 5664597 | 5961 | 125396 | 112900 | 2644746 |
| FROM OTHER SOURCES | - | - | - | - | - | - | - | - | - | - | - |
| IMPORT | 17075 | - | 2053 | - | 2 | - | 260108 | - | - | - | 22846 |
| EXPORT | -61655 | - | -1324 | - | -7 | - | -266258 | - | - | - | -22701 |
| INTL. MARINE BUNKERS | - | - | - | - | - | - | - | - | - | - | - |
| STOCK CHANGES | -17466 | - | -65 | - | -378 | - | -147226 | - | - | - | - |
| DOMESTIC SUPPLY | 560173 | - | 54052 | - | 39514 | - | 5511221 | 5961 | 125396 | 112900 | 2644891 |
| RETURNS TO SUPPLY | - | - | - | - | - | - | - | - | - | - | - |
| TRANSFERS | - | - | - | - | - | - | - | - | - | - | - |
| DOMESTIC AVAILABILITY | 560173 | - | 54052 | - | 39514 | - | 5511221 | 5961 | 125396 | 112900 | 2644891 |
| STATISTICAL DIFFERENCE | 477 | - | -103 | - | -103 | - | 17094 | - | - | - | -5 |
| TRANSFORM. SECTOR ** | 497594 | - | 16835 | - | 36168 | - | 855908 | - | 55 | 410 | - |
| FOR SOLID FUELS | 77188 | - | - | - | - | - | - | - | - | - | - |
| FOR GASES | - | - | 16835 | - | - | - | - | - | - | - | - |
| PETROLEUM REFINERIES | - | - | - | - | - | - | - | - | - | - | - |
| THERMO-ELECTRIC PLANTS | 420406 | - | - | - | 36168 | - | 855908 | - | 55 | 410 | - |
| ENERGY SECTOR | 15 | - | - | - | 148 | - | 903241 | 596 | 44850 | 2910 | 393438 |
| COAL MINES | 15 | - | - | - | 148 | - | 2500 | - | - | - | 10109 |
| OIL AND GAS EXTRACTION | - | - | - | - | - | - | 632556 | - | - | - | 16182 |
| PETROLEUM REFINERIES | - | - | - | - | - | - | 235124 | - | - | - | 31720 |
| ELECTRIC PLANTS | - | - | - | - | - | - | - | - | - | - | 116778 |
| DISTRIBUTION LOSSES | - | - | - | - | - | - | 33061 | - | 350 | 1560 | 207919 |
| PUMP STORAGE (ELECTR.) | - | - | - | - | - | - | - | - | - | - | 10702 |
| OTHER ENERGY SECTOR | - | - | - | - | - | - | - | 596 | 44500 | 1350 | 28 |
| FINAL CONSUMPTION | 62087 | - | 37320 | - | 3301 | - | 3734978 | 5365 | 80491 | 109580 | 2251458 |
| INDUSTRY SECTOR | 55526 | - | 37320 | - | 3173 | - | 1676885 | 1490 | 80491 | 109580 | 901327 |
| IRON AND STEEL | 3073 | - | 36605 | - | - | - | 138888 | - | 73591 | 72380 | 84438 |
| CHEMICAL | - | - | - | - | - | - | 6512 | - | - | - | 179694 |
| PETROCHEMICAL | - | - | - | - | - | - | 45068 | - | - | - | 22981 |
| NON-FERROUS METAL | 150 | - | - | - | - | - | 9919 | - | - | - | 144516 |
| NON-METALLIC MINERAL | 212 | - | - | - | - | - | 17424 | - | - | - | 36334 |
| PAPER PULP AND PRINT | 219 | - | - | - | 86 | - | 23400 | - | - | - | 113365 |
| MINING AND QUARRYING | - | - | - | - | - | - | 9174 | - | - | - | 15044 |
| FOOD AND TOBACCO | - | - | - | - | - | - | 12771 | - | - | - | 47789 |
| WOOD AND WOOD PRODUCTS | - | - | - | - | - | - | 3926 | - | - | - | 25388 |
| MACHINERY | - | - | - | - | - | - | 8355 | - | - | - | 57743 |
| TRANSPORT EQUIPMENT | 50 | - | - | - | - | - | 4438 | - | - | - | 33874 |
| CONSTRUCTION | - | - | - | - | - | - | - | - | - | - | - |
| TEXTILES AND LEATHER | - | - | - | - | - | - | - | - | - | - | 38375 |
| NON SPECIFIED | 51822 | - | 715 | - | 3087 | - | 1397010 | 1490 | 6900 | 37200 | 101786 |
| NON-ENERGY USES: | | | | | | | | | | | |
| (1)ENERGY PRODUCTS | - | - | - | - | - | - | 45068 | - | - | - | - |
| (2)NON-ENERGY PRODUCTS | - | - | - | - | - | - | - | - | - | - | - |
| TRANSPORT. SECTOR ** | 8 | - | - | - | 55 | - | - | - | - | - | 3398 |
| AIR TRANSPORT | - | - | - | - | - | - | - | - | - | - | - |
| ROAD TRANSPORT | - | - | - | - | - | - | - | - | - | - | - |
| RAILWAYS | 8 | - | - | - | 55 | - | - | - | - | - | 3398 |
| INTERNAL NAVIGATION | - | - | - | - | - | - | - | - | - | - | - |
| OTHER SECTORS ** | 6553 | - | - | - | 73 | - | 2058093 | 3875 | - | - | 1346733 |
| AGRICULTURE | - | - | - | - | - | - | - | - | - | - | 33885 |
| PUBLIC SERVICES | - | - | - | - | - | - | - | - | - | - | - |
| COMMERCE | - | - | - | - | 73 | - | 659030 | 179 | - | - | 587630 |
| RESIDENTIAL | 6553 | - | - | - | - | - | 1399063 | 3696 | - | - | 721845 |

(1) INCLUDED IN CHEMICAL OR PETROCHEMICAL INDUSTRY
(2) INCLUDED ONLY IN TOTAL INDUSTRY

** INCLUDED IN THESE TOTALS ARE THE NON-SPECIFIED ELEMENTS

| * OF WHICH: HYDRO | 851145 |
|---|---|
| NUCLEAR | 127058 |
| CONVENTIONAL THERMAL | 2830606 |
| GEOTHERMAL | 5394 |

UNIT: 1000 METRIC TONS
UNITE: 1000 TONNES METRIQUES

| OIL / PETROLE | | | REFINERY GAS | LIQUEFIED PETROLEUM GASES | AVIATION GASOLINE | MOTOR GASOLINE | JET FUEL | KEROSENE | GAS/DIESEL OIL | RESIDUAL FUEL OIL | NAPHTHA | NON-ENERGY PRODUCTS |
|---|---|---|---|---|---|---|---|---|---|---|---|---|
| CRUDE BRUT | NGL GNL | FEEDST. | GAZ DE PETROLE | GAZ LIQUEFIES DE PETROLE | ESSENCE AVION | ESSENCE AUTO | CARBURANT REACTEUR | PETROLE LAMPANT | GAZ/DIESEL OIL | FUEL OIL RESIDUEL | NAPHTHA | PRODUITS NON-ENERGETIQUES |
| 12 | 13 | 14 | 15 | 16 | 17 | 18 | 19 | 20 | 21 | 22 | 23 | 24 |
| 535883 | - | - | 21698 | 11716 | 1798 | 335309 | 49323 | 10835 | 192888 | 134251 | 29235 | 77510 |
| 1149 | - | - | 588 | - | - | - | - | - | - | - | - | - |
| 405500 | - | - | - | - | - | 3678 | 2662 | 387 | 6058 | 63262 | 6255 | 1860 |
| -22884 | - | - | - | -12 | - | -393 | -33 | -1 | -395 | -2819 | -1464 | -8595 |
| - | - | - | - | - | - | - | - | - | -1861 | -16017 | - | - |
| -6653 | - | - | -5 | -24 | -31 | -2797 | -342 | -764 | -9468 | -3233 | -26 | 61 |
| 912995 | - | - | 22281 | 11680 | 1767 | 335797 | 51610 | 10457 | 187222 | 175444 | 34000 | 70836 |
| - | - | - | - | - | - | - | - | - | - | - | - | - |
| -35652 | - | - | - | 34946 | - | - | - | - | 73 | 633 | - | - |
| 877343 | - | - | 22281 | 46626 | 1767 | 335797 | 51610 | 10457 | 187295 | 176077 | 34000 | 70836 |
| -1590 | - | - | 41 | -34 | -5 | -6060 | 32 | 156 | -88 | -212 | 219 | -1795 |
| 878933 | - | - | - | 1162 | - | - | 864 | - | 9876 | 88291 | - | - |
| - | - | - | - | - | - | - | - | - | - | - | - | - |
| - | - | - | - | 1162 | - | - | - | - | - | - | - | - |
| 878933 | - | - | - | - | - | - | - | - | - | - | - | - |
| - | - | - | - | - | - | - | 864 | - | 9876 | 88291 | - | - |
| - | - | - | 20011 | 1035 | - | 20 | - | 2 | 1370 | 9690 | 29 | 12772 |
| - | - | - | - | - | - | - | - | - | - | - | - | - |
| - | - | - | - | - | - | - | - | - | - | - | - | - |
| - | - | - | 20011 | 1035 | - | 20 | - | 2 | 1370 | 9690 | 29 | 12772 |
| - | - | - | - | - | - | - | - | - | - | - | - | - |
| - | - | - | - | - | - | - | - | - | - | - | - | - |
| - | - | - | - | - | - | - | - | - | - | - | - | - |
| - | - | - | - | - | - | - | - | - | - | - | - | - |
| - | - | - | 2229 | 44463 | 1772 | 341837 | 50714 | 10299 | 176137 | 78308 | 33752 | 59859 |
| - | - | - | 2219 | 21051 | - | - | - | 116 | 16471 | 45123 | 25139 | 59859 |
| - | - | - | - | 9 | - | - | - | 6 | 1058 | 4471 | - | - |
| - | - | - | - | 7 | - | - | - | 10 | 2988 | 7831 | - | - |
| - | - | - | 2219 | 20839 | - | - | - | - | - | - | 25139 | - |
| - | - | - | - | 14 | - | - | - | 5 | 649 | 2908 | - | - |
| - | - | - | - | 8 | - | - | - | 4 | 154 | 712 | - | - |
| - | - | - | - | 15 | - | - | - | 10 | 1091 | 15265 | - | - |
| - | - | - | - | 50 | - | - | - | 33 | 553 | 1045 | - | - |
| - | - | - | - | 33 | - | - | - | 22 | 2018 | 3265 | - | - |
| - | - | - | - | 23 | - | - | - | 12 | 802 | 429 | - | - |
| - | - | - | - | 26 | - | - | - | 4 | 537 | 643 | - | - |
| - | - | - | - | 10 | - | - | - | 4 | 451 | 991 | - | - |
| - | - | - | - | - | - | - | - | - | - | - | - | - |
| - | - | - | - | - | - | - | - | - | - | - | - | - |
| - | - | - | - | 17 | - | - | - | 6 | 6170 | 7563 | - | - |
| - | - | - | 2219 | 532 | - | - | - | - | - | - | 25139 | - |
| - | - | - | - | - | - | - | - | - | - | - | - | 59859 |
| - | - | - | - | 2350 | 1772 | 341837 | 50714 | - | 63050 | 1532 | - | - |
| - | - | - | - | - | 1772 | - | 50714 | - | - | - | - | - |
| - | - | - | - | 2350 | - | 341837 | - | - | 47081 | - | - | - |
| - | - | - | - | - | - | - | - | - | 15230 | 49 | - | - |
| - | - | - | - | - | - | - | - | - | 739 | 1483 | - | - |
| - | - | - | 10 | 21062 | - | - | - | 10183 | 96616 | 31653 | 8613 | - |
| - | - | - | - | - | - | - | - | - | 907 | - | - | - |
| - | - | - | - | - | - | - | - | - | 480 | - | - | - |
| - | - | - | - | - | - | - | - | 268 | 2792 | 25270 | - | - |
| - | - | - | - | 6000 | - | - | - | 7657 | 79904 | 530 | - | - |

## PRODUCTION AND USES OF ENERGY SOURCES : O.E.C.D. NORTH AMERICA

1978

| X ENERGY SOURCES / PRODUCTION AND USES | UNIT: 1000 METRIC TONS / UNITE: 1000 TONNES METRIQUES | | | | | | TCAL / TCAL | MANUFACTURED GAS (TCAL) / GAZ MANUFACTURE (TCAL) | | | MILLIONS / OF (DE) KWH |
|---|---|---|---|---|---|---|---|---|---|---|---|
| | HARD COAL / HOUILLE | PATENT FUEL / AGGLOMERES | COKE OVEN COKE / COKE DE FOUR | GAS COKE / COKE DE GAZ | BROWN COAL / LIGNITE | BKB / BRIQ. DE LIGNITE | NATURAL GAS / GAZ NATUREL | GAS WORKS / USINES A GAZ | COKE OVENS / COKERIES | BLAST FURNACES / HAUT FOURNEAUX | ELECTRICITY* / ELECTRICITE* |
| | 1 | 2 | 3 | 4 | 5 | 6 | 7 | 8 | 9 | 10 | 11 |
| PRODUCTION | 593934 | - | 49428 | - | 44505 | - | 5612033 | 5771 | 119556 | 119206 | 2740912 |
| FROM OTHER SOURCES | - | - | - | - | - | - | - | - | - | - | - |
| IMPORT | 16798 | - | 5674 | - | - | - | 247973 | - | - | - | 22529 |
| EXPORT | -50903 | - | -869 | - | -87 | - | -235539 | - | - | - | -23837 |
| INTL. MARINE BUNKERS | - | - | - | - | - | - | - | - | - | - | - |
| STOCK CHANGES | 11515 | - | 2631 | - | -485 | - | -24113 | - | - | - | - |
| DOMESTIC SUPPLY | 571344 | - | 56864 | - | 43933 | - | 5600354 | 5771 | 119556 | 119206 | 2739604 |
| RETURNS TO SUPPLY | - | - | - | - | - | - | - | - | - | - | - |
| TRANSFERS | - | - | - | - | - | - | - | - | - | - | - |
| DOMESTIC AVAILABILITY | 571344 | - | 56864 | - | 43933 | - | 5600354 | 5771 | 119556 | 119206 | 2739604 |
| STATISTICAL DIFFERENCE | 16128 | - | 203 | - | -7 | - | 7929 | - | - | 5250 | - |
| TRANSFORM. SECTOR ** | 490103 | - | 16176 | - | 41117 | - | 842968 | - | 50 | 415 | - |
| FOR SOLID FUELS | 71676 | - | - | - | - | - | - | - | - | - | - |
| FOR GASES | - | - | 16176 | - | - | - | - | - | - | - | - |
| PETROLEUM REFINERIES | - | - | - | - | - | - | - | - | - | - | - |
| THERMO-ELECTRIC PLANTS | 418427 | - | - | - | 41117 | - | 842968 | - | 50 | 415 | - |
| ENERGY SECTOR | 14 | - | - | - | 149 | - | 870842 | 577 | 42638 | 2895 | 418184 |
| COAL MINES | 14 | - | - | - | 149 | - | 1845 | - | - | - | 10344 |
| OIL AND GAS EXTRACTION | - | - | - | - | - | - | 625797 | - | - | - | 16655 |
| PETROLEUM REFINERIES | - | - | - | - | - | - | 206392 | - | - | - | 35479 |
| ELECTRIC PLANTS | - | - | - | - | - | - | - | - | - | - | 119427 |
| DISTRIBUTION LOSSES | - | - | - | - | - | - | 36808 | - | 365 | 1585 | 225678 |
| PUMP STORAGE (ELECTR.) | - | - | - | - | - | - | - | - | - | - | 10572 |
| OTHER ENERGY SECTOR | - | - | - | - | - | - | - | 577 | 42273 | 1310 | 29 |
| FINAL CONSUMPTION | 65099 | - | 40485 | - | 2674 | - | 3878615 | 5194 | 76868 | 110646 | 2321420 |
| INDUSTRY SECTOR | 56335 | - | 40485 | - | 2531 | - | 1681400 | 1443 | 76868 | 110646 | 920507 |
| IRON AND STEEL | 3420 | - | 39763 | - | - | - | 141007 | - | 71168 | 73546 | 90983 |
| CHEMICAL | - | - | - | - | - | - | 7500 | - | - | - | 176867 |
| PETROCHEMICAL | - | - | - | - | - | - | 31190 | - | - | - | 23240 |
| NON-FERROUS METAL | 110 | - | - | - | - | - | 9355 | - | - | - | 152073 |
| NON-METALLIC MINERAL | 293 | - | - | - | - | - | 16820 | - | - | - | 37992 |
| PAPER PULP AND PRINT | 215 | - | - | - | 165 | - | 23650 | - | - | - | 117745 |
| MINING AND QUARRYING | - | - | - | - | - | - | 9100 | - | - | - | 13739 |
| FOOD AND TOBACCO | - | - | - | - | - | - | 12810 | - | - | - | 48429 |
| WOOD AND WOOD PRODUCTS | - | - | - | - | - | - | 3950 | - | - | - | 25057 |
| MACHINERY | - | - | - | - | - | - | 4350 | - | - | - | 60663 |
| TRANSPORT EQUIPMENT | 57 | - | - | - | - | - | 4230 | - | - | - | 34862 |
| CONSTRUCTION | - | - | - | - | - | - | - | - | - | - | - |
| TEXTILES AND LEATHER | - | - | - | - | - | - | - | - | - | - | 37728 |
| NON SPECIFIED | 52240 | - | 722 | - | 2366 | - | 1417438 | 1443 | 5700 | 37100 | 101129 |
| NON-ENERGY USES: | | | | | | | | | | | |
| (1)ENERGY PRODUCTS | - | - | - | - | - | - | 31190 | - | - | - | - |
| (2)NON-ENERGY PRODUCTS | - | - | - | - | - | - | - | - | - | - | - |
| TRANSPORT. SECTOR ** | - | - | - | - | 52 | - | - | - | - | - | 4559 |
| AIR TRANSPORT | - | - | - | - | - | - | - | - | - | - | - |
| ROAD TRANSPORT | - | - | - | - | - | - | - | - | - | - | - |
| RAILWAYS | - | - | - | - | 52 | - | - | - | - | - | 4559 |
| INTERNAL NAVIGATION | - | - | - | - | - | - | - | - | - | - | - |
| OTHER SECTORS ** | 8764 | - | - | - | 91 | - | 2197215 | 3751 | - | - | 1396354 |
| AGRICULTURE | - | - | - | - | - | - | - | - | - | - | 35673 |
| PUBLIC SERVICES | - | - | - | - | - | - | - | - | - | - | - |
| COMMERCE | - | - | - | - | 91 | - | 678721 | 173 | - | - | 606192 |
| RESIDENTIAL | 8764 | - | - | - | - | - | 1518494 | 3578 | - | - | 753508 |

(1) INCLUDED IN CHEMICAL OR PETROCHEMICAL INDUSTRY
(2) INCLUDED ONLY IN TOTAL INDUSTRY

| * OF WHICH: HYDRO | 854775 |
|---|---|
| NUCLEAR | 173172 |
| CONVENTIONAL THERMAL | 3060902 |
| GEOTHERMAL | 6443 |

** INCLUDED IN THESE TOTALS ARE THE NON-SPECIFIED ELEMENTS

PRODUCTION ET UTILISATION DES SOURCES D ENERGIE : AMERIQUE DU NORD

1978

UNIT: 1000 METRIC TONS
UNITE: 1000 TONNES METRIQUES

| OIL / PETROLE | | | REFINERY GAS | LIQUEFIED PETROLEUM GASES | AVIATION GASOLINE | MOTOR GASOLINE | JET FUEL | KEROSENE | GAS/DIESEL OIL | RESIDUAL FUEL OIL | NAPHTHA | NON-ENERGY PRODUCTS |
|---|---|---|---|---|---|---|---|---|---|---|---|---|
| CRUDE BRUT | NGL GNL | FEEDST. | GAZ DE PETROLE | GAZ LIQUEFIES DE PETROLE | ESSENCE AVION | ESSENCE AUTO | CARBURANT REACTEUR | PETROLE LAMPANT | GAZ/DIESEL OIL | FUEL OIL RESIDUEL | NAPHTHA | PRODUITS NON-ENERGETIQUES |
| 12 | 13 | 14 | 15 | 16 | 17 | 18 | 19 | 20 | 21 | 22 | 23 | 24 |
| 556989 | - | - | 23255 | 12301 | 1756 | 341658 | 49096 | 9548 | 187540 | 128926 | 13998 | 93369 |
| 2411 | - | - | - | - | - | - | - | - | - | - | - | - |
| 385214 | - | - | - | - | 4 | 3103 | 3419 | - | 2418 | 63816 | 5651 | 1606 |
| -21099 | - | - | - | -38 | - | -663 | -343 | -2 | -1323 | -4529 | -374 | -10000 |
| - | - | - | - | - | - | - | - | - | -2030 | -19209 | - | - |
| -4059 | - | - | -2 | -3 | 32 | 2511 | 86 | 601 | 6096 | 3479 | -22 | -360 |
| 919456 | - | - | 23253 | 12260 | 1792 | 346609 | 52258 | 10147 | 192701 | 172483 | 19253 | 84615 |
| - | - | - | - | - | - | - | - | - | - | - | - | - |
| -34883 | - | - | - | 34153 | - | - | - | - | 73 | 649 | - | - |
| 884573 | - | - | 23253 | 46413 | 1792 | 346609 | 52258 | 10147 | 192774 | 173132 | 19253 | 84615 |
| -2298 | - | - | 60 | -20 | 6 | -9249 | 25 | 78 | 96 | 71 | -69 | -2662 |
| 886871 | - | - | - | 1020 | - | - | 568 | - | 10177 | 83190 | - | - |
| - | - | - | - | - | - | - | - | - | - | - | - | - |
| - | - | - | - | 1020 | - | - | - | - | - | - | - | - |
| 886871 | - | - | - | - | - | - | - | - | - | - | - | - |
| - | - | - | - | - | - | - | 568 | - | 10177 | 83190 | - | - |
| - | - | - | 21357 | 1321 | - | 17 | 2 | 1 | 1321 | 9306 | 156 | 12788 |
| - | - | - | - | - | - | - | - | - | - | - | - | - |
| - | - | - | - | - | - | - | - | - | - | - | - | - |
| - | - | - | 21357 | 1321 | - | 17 | 2 | 1 | 1321 | 9306 | 156 | 12788 |
| - | - | - | - | - | - | - | - | - | - | - | - | - |
| - | - | - | - | - | - | - | - | - | - | - | - | - |
| - | - | - | - | - | - | - | - | - | - | - | - | - |
| - | - | - | - | - | - | - | - | - | - | - | - | - |
| - | - | - | 1836 | 44092 | 1786 | 355841 | 51663 | 10068 | 181180 | 80565 | 19166 | 74489 |
| - | - | - | 1722 | 21562 | - | - | - | 151 | 33313 | 43719 | 12922 | 74489 |
| - | - | - | - | 6 | - | - | - | 6 | 1055 | 4878 | - | - |
| - | - | - | - | 6 | - | - | - | 10 | 2957 | 7481 | - | - |
| - | - | - | 1722 | 21390 | - | - | - | - | 16375 | - | 12922 | - |
| - | - | - | - | 20 | - | - | - | 5 | 666 | 2765 | - | - |
| - | - | - | - | 7 | - | - | - | 5 | 160 | 640 | - | - |
| - | - | - | - | 12 | - | - | - | 12 | 1124 | 14456 | - | - |
| - | - | - | - | 45 | - | - | - | 33 | 750 | 743 | - | - |
| - | - | - | - | 30 | - | - | - | 25 | 2063 | 3242 | - | - |
| - | - | - | - | 20 | - | - | - | 14 | 812 | 436 | - | - |
| - | - | - | - | 6 | - | - | - | 4 | 546 | 652 | - | - |
| - | - | - | - | 8 | - | - | - | - | 413 | 983 | - | - |
| - | - | - | - | - | - | - | - | - | - | - | - | - |
| - | - | - | - | - | - | - | - | - | - | - | - | - |
| - | - | - | - | 12 | - | - | - | 37 | 6392 | 7443 | - | - |
| - | - | - | 1722 | 458 | - | - | - | - | - | - | 12922 | - |
| - | - | - | - | - | - | - | - | - | - | - | - | 74489 |
| - | - | - | - | 2039 | 1786 | 355841 | 51663 | - | 68304 | 1576 | - | - |
| - | - | - | - | - | 1786 | - | 51663 | - | - | - | - | - |
| - | - | - | - | 2039 | - | 355841 | - | - | 52041 | - | - | - |
| - | - | - | - | - | - | - | - | - | 15368 | 31 | - | - |
| - | - | - | - | - | - | - | - | - | 895 | 1545 | - | - |
| - | - | - | 114 | 20491 | - | - | - | 9917 | 79563 | 35270 | 6244 | - |
| - | - | - | - | - | - | - | - | - | 1210 | 15 | - | - |
| - | - | - | - | - | - | - | - | - | 593 | - | - | - |
| - | - | - | - | - | - | - | - | 280 | 3064 | 29709 | - | - |
| - | - | - | - | 6000 | - | - | - | 7627 | 67528 | 356 | - | - |

## PRODUCTION AND USES OF ENERGY SOURCES : O.E.C.D. NORTH AMERICA

1979

| X XX ENERGY XX XX SOURCES XX XX XX PRODUCTION XX XX AND USES XX | UNIT: 1000 METRIC TONS / UNITE: 1000 TONNES METRIQUES | | | | | | TCAL / TCAL | MANUFACTURED GAS (TCAL) / GAZ MANUFACTURE (TCAL) | | | MILLIONS OF (DE) KWH |
|---|---|---|---|---|---|---|---|---|---|---|---|
| | HARD COAL / HOUILLE | PATENT FUEL / AGGLOMERES | COKE OVEN COKE / COKE DE FOUR | GAS COKE / COKE DE GAZ | BROWN COAL / LIGNITE | BKB / BRIQ. DE LIGNITE | NATURAL GAS / GAZ NATUREL | GAS WORKS / USINES A GAZ | COKE OVENS / COKERIES | BLAST FURNACES / HAUT FOURNEAUX | ELECTRICITY* / ELECTRICITE* |
| | 1 | 2 | 3 | 4 | 5 | 6 | 7 | 8 | 9 | 10 | 11 |
| PRODUCTION | 689052 | - | 53804 | - | 52594 | - | 5813374 | 5812 | 127332 | 116380 | 2793126 |
| FROM OTHER SOURCES | - | - | - | - | - | - | - | - | - | - | - |
| IMPORT | 19392 | - | 3987 | - | - | - | 322493 | - | - | - | 33170 |
| EXPORT | -73555 | - | -1535 | - | -55 | - | -266578 | - | - | - | -33237 |
| INTL. MARINE BUNKERS | - | - | - | - | - | - | - | - | - | - | - |
| STOCK CHANGES | -34266 | - | 1253 | - | -554 | - | -63965 | - | - | - | - |
| DOMESTIC SUPPLY | 600623 | - | 57509 | - | 51985 | - | 5805324 | 5812 | 127332 | 116380 | 2793059 |
| RETURNS TO SUPPLY | - | - | - | - | - | - | - | - | - | - | - |
| TRANSFERS | - | - | - | - | - | - | - | - | - | - | - |
| DOMESTIC AVAILABILITY | 600623 | - | 57509 | - | 51985 | - | 5805324 | 5812 | 127332 | 116380 | 2793059 |
| STATISTICAL DIFFERENCE | 754 | - | 104 | - | -259 | - | - | - | - | - | - |
| TRANSFORM. SECTOR ** | 532514 | - | 15607 | - | 48434 | - | 921406 | - | 45 | 430 | - |
| FOR SOLID FUELS | 78052 | - | - | - | - | - | - | - | - | - | - |
| FOR GASES | - | - | 15607 | - | - | - | - | - | - | - | - |
| PETROLEUM REFINERIES | - | - | - | - | - | - | - | - | - | - | - |
| THERMO-ELECTRIC PLANTS | 454462 | - | - | - | 48434 | - | 921406 | - | 45 | 430 | - |
| ENERGY SECTOR | 13 | - | - | - | 8 | - | 889833 | 610 | 46847 | 3230 | 425046 |
| COAL MINES | 13 | - | - | - | 8 | - | 1367 | - | - | - | 10534 |
| OIL AND GAS EXTRACTION | - | - | - | - | - | - | 649528 | - | - | - | 17031 |
| PETROLEUM REFINERIES | - | - | - | - | - | - | 198588 | - | - | - | 42342 |
| ELECTRIC PLANTS | - | - | - | - | - | - | - | - | - | - | 121328 |
| DISTRIBUTION LOSSES | - | - | - | - | - | - | 40350 | - | 416 | 1720 | 221213 |
| PUMP STORAGE (ELECTR.) | - | - | - | - | - | - | - | - | - | - | 12568 |
| OTHER ENERGY SECTOR | - | - | - | - | - | - | - | 610 | 46431 | 1510 | 30 |
| FINAL CONSUMPTION | 67342 | - | 41798 | - | 3802 | - | 3994085 | 5202 | 80440 | 112720 | 2368013 |
| INDUSTRY SECTOR | 59767 | - | 41798 | - | 3563 | - | 1726475 | 1460 | 80440 | 112720 | 938305 |
| IRON AND STEEL | 2823 | - | 41112 | - | - | - | 144587 | - | 74377 | 77490 | 95313 |
| CHEMICAL | 51 | - | - | - | - | - | 7795 | - | - | - | 172680 |
| PETROCHEMICAL | - | - | - | - | - | - | 44790 | - | - | - | 23048 |
| NON-FERROUS METAL | 314 | - | - | - | - | - | 6232 | - | - | - | 152904 |
| NON-METALLIC MINERAL | 418 | - | - | - | - | - | 15195 | - | - | - | 38403 |
| PAPER PULP AND PRINT | 269 | - | - | - | 166 | - | 14870 | - | - | - | 117166 |
| MINING AND QUARRYING | 59 | - | - | - | - | - | 13242 | - | - | - | 16301 |
| FOOD AND TOBACCO | - | - | - | - | - | - | 12681 | - | - | - | 47708 |
| WOOD AND WOOD PRODUCTS | - | - | - | - | - | - | 3046 | - | - | - | 24438 |
| MACHINERY | - | - | - | - | - | - | 1866 | - | - | - | 63107 |
| TRANSPORT EQUIPMENT | 52 | - | - | - | - | - | 4412 | - | - | - | 35124 |
| CONSTRUCTION | - | - | - | - | - | - | - | - | - | - | - |
| TEXTILES AND LEATHER | - | - | - | - | - | - | - | - | - | - | 36593 |
| NON SPECIFIED | 55781 | - | 686 | - | 3397 | - | 1457759 | 1460 | 6063 | 35230 | 115520 |
| NON-ENERGY USES: | | | | | | | | | | | |
| (1)ENERGY PRODUCTS | - | - | - | - | - | - | 20253 | - | - | - | - |
| (2)NON-ENERGY PRODUCTS | - | - | - | - | - | - | - | - | - | - | - |
| TRANSPORT. SECTOR ** | - | - | - | - | 54 | - | - | - | - | - | 5354 |
| AIR TRANSPORT | - | - | - | - | - | - | - | - | - | - | - |
| ROAD TRANSPORT | - | - | - | - | - | - | - | - | - | - | - |
| RAILWAYS | - | - | - | - | 54 | - | - | - | - | - | 5354 |
| INTERNAL NAVIGATION | - | - | - | - | - | - | - | - | - | - | - |
| OTHER SECTORS ** | 7575 | - | - | - | 185 | - | 2267610 | 3742 | - | - | 1424354 |
| AGRICULTURE | - | - | - | - | - | - | 2726 | - | - | - | 37450 |
| PUBLIC SERVICES | - | - | - | - | 44 | - | - | - | - | - | - |
| COMMERCE | - | - | - | - | 136 | - | 717116 | 182 | - | - | 620948 |
| RESIDENTIAL | 7575 | - | - | - | - | - | 1367463 | 3560 | - | - | 763013 |

(1) INCLUDED IN CHEMICAL OR PETROCHEMICAL INDUSTRY
(2) INCLUDED ONLY IN TOTAL INDUSTRY

* OF WHICH: HYDRO 925712
NUCLEAR 224022
CONVENTIONAL THERMAL 3029161
GEOTHERMAL 6496

** INCLUDED IN THESE TOTALS ARE THE NON-SPECIFIED ELEMENTS

## PRODUCTION ET UTILISATION DES SOURCES D ENERGIE : AMERIQUE DU NORD

**1979**

UNIT: 1000 METRIC TONS
UNITE: 1000 TONNES METRIQUES

| OIL / PETROLE | | | REFINERY GAS | LIQUEFIED PETROLEUM GASES | AVIATION GASOLINE | MOTOR GASOLINE | JET FUEL | KEROSENE | GAS/DIESEL OIL | RESIDUAL FUEL OIL | NAPHTHA | NON-ENERGY PRODUCTS |
|---|---|---|---|---|---|---|---|---|---|---|---|---|
| CRUDE BRUT | NGL GNL | FEEDST. | GAZ DE PETROLE | GAZ LIQUEFIES DE PETROLE | ESSENCE AVION | ESSENCE AUTO | CARBURANT REACTEUR | PETROLE LAMPANT | GAZ/DIESEL OIL | FUEL OIL RESIDUEL | NAPHTHA | PRODUITS NON-ENERGETIQUES |
| 12 | 13 | 14 | 15 | 16 | 17 | 18 | 19 | 20 | 21 | 22 | 23 | 24 |
| 499043 | 59854 | - | 23151 | 12451 | 1612 | 327649 | 52859 | 10804 | 187608 | 131722 | 16661 | 100878 |
| 2017 | - | - | - | 998 | - | - | - | - | - | - | - | 707 |
| 383665 | 7415 | 2446 | - | - | 4 | 3116 | 2840 | 43 | 3890 | 50564 | 4685 | 1972 |
| -17751 | -5153 | - | - | -55 | - | -624 | -233 | -150 | -2084 | -3060 | -489 | -12495 |
| - | - | - | - | - | - | - | - | - | -2261 | -24637 | - | - |
| -7087 | 1068 | -1278 | 5 | 141 | 22 | 7 | -502 | -177 | -2350 | -2252 | -87 | 1311 |
| 859887 | 63184 | 1168 | 23156 | 13535 | 1638 | 330148 | 54964 | 10520 | 184803 | 152337 | 20770 | 92373 |
| - | - | - | - | - | - | - | - | - | - | - | - | - |
| -677 | -42719 | - | 87 | 42136 | 9 | 930 | -64 | - | 1778 | -53 | -337 | 335 |
| 859210 | 20465 | 1168 | 23243 | 55671 | 1647 | 331078 | 54900 | 10520 | 186581 | 152284 | 20433 | 92708 |
| -986 | 178 | -4715 | 217 | 12 | 11 | -13509 | 47 | 32 | -34 | -42 | -127 | -7825 |
| 860166 | 19289 | 5883 | - | 1615 | - | - | 400 | - | 6593 | 76206 | - | - |
| - | - | - | - | - | - | - | - | - | - | - | - | - |
| - | - | - | - | 1615 | - | - | - | - | - | - | - | - |
| 860166 | 19289 | 5883 | - | - | - | - | - | - | - | - | - | - |
| - | - | - | - | - | - | - | 400 | - | 6593 | 75933 | - | - |
| - | - | - | 21606 | 1377 | - | 13 | 1 | 1 | 1171 | 7682 | 122 | 13674 |
| - | - | - | - | - | - | - | - | - | - | - | - | - |
| - | - | - | - | - | - | - | - | - | - | - | - | - |
| - | - | - | 21606 | 1377 | - | 13 | 1 | 1 | 1171 | 7682 | 122 | 13674 |
| - | - | - | - | - | - | - | - | - | - | - | - | - |
| - | - | - | - | - | - | - | - | - | - | - | - | - |
| - | - | - | - | - | - | - | - | - | - | - | - | - |
| - | - | - | - | - | - | - | - | - | - | - | - | - |
| 30 | 998 | - | 1420 | 52667 | 1636 | 344574 | 54452 | 10487 | 178851 | 68438 | 20438 | 86859 |
| - | 406 | - | 1349 | 17362 | - | - | - | 131 | 34158 | 47365 | 15246 | 82441 |
| - | - | - | - | 10 | - | - | - | 6 | 967 | 5198 | - | - |
| - | - | - | - | 6 | - | - | - | 10 | 2267 | 7851 | - | - |
| - | 233 | - | 1349 | 17101 | - | - | - | - | 19477 | 576 | 15246 | - |
| - | - | - | - | - | - | - | - | - | 571 | 3050 | - | - |
| - | - | - | - | - | - | - | - | - | 1941 | 2657 | - | - |
| - | - | - | - | - | - | - | - | 10 | 876 | 15065 | - | - |
| - | - | - | - | - | - | - | - | 44 | 820 | 1243 | - | - |
| - | - | - | - | - | - | - | - | 20 | 1795 | 3662 | - | - |
| - | - | - | - | - | - | - | - | 12 | 739 | 427 | - | - |
| - | - | - | - | - | - | - | - | - | 421 | 549 | - | - |
| - | - | - | - | - | - | - | - | - | 313 | 1083 | - | - |
| - | - | - | - | - | - | - | - | - | - | - | - | - |
| - | - | - | - | - | - | - | - | - | - | - | - | - |
| - | 173 | - | - | 245 | - | - | - | 29 | 3971 | 6004 | - | - |
| - | - | - | 1349 | 353 | - | - | - | - | - | 576 | 15246 | - |
| - | - | - | - | - | - | - | - | - | - | - | - | 82441 |
| - | 25 | - | - | 943 | 1636 | 344574 | 53859 | - | 74881 | 734 | - | - |
| - | - | - | - | - | 1636 | - | 53859 | - | - | - | - | - |
| - | 25 | - | - | 943 | - | 344574 | - | - | 57672 | - | - | - |
| - | - | - | - | - | - | - | - | - | 16363 | 37 | - | - |
| - | - | - | - | - | - | - | - | - | 821 | 697 | - | - |
| 30 | 567 | - | 71 | 34362 | - | - | 593 | 10356 | 69812 | 20339 | 5192 | 4418 |
| - | 99 | - | - | 149 | - | - | - | - | 1830 | 15 | - | - |
| - | - | - | - | 279 | - | - | - | - | 550 | - | - | - |
| - | 185 | - | - | - | - | - | - | 260 | 2636 | 16292 | - | - |
| - | 283 | - | - | 9000 | - | - | - | 8305 | 45351 | 515 | - | - |

## PRODUCTION AND USES OF ENERGY SOURCES : O.E.C.D. NORTH AMERICA

1980

| ENERGY SOURCES / PRODUCTION AND USES | UNIT: 1000 METRIC TONS / UNITE: 1000 TONNES METRIQUES | | | | | | TCAL / TCAL | MANUFACTURED GAS (TCAL) / GAZ MANUFACTURE (TCAL) | | | MILLIONS OF (DE) KWH |
|---|---|---|---|---|---|---|---|---|---|---|---|
| | HARD COAL / HOUILLE | PATENT FUEL / AGGLOMERES | COKE OVEN COKE / COKE DE FOUR | GAS COKE / COKE DE GAZ | BROWN COAL / LIGNITE | BKB / BRIQ. DE LIGNITE | NATURAL GAS / GAZ NATUREL | GAS WORKS / USINES A GAZ | COKE OVENS / COKERIES | BLAST FURNACES / HAUT FOURNEAUX | ELECTRICITY* / ELECTRICITE* |
| | 1 | 2 | 3 | 4 | 5 | 6 | 7 | 8 | 9 | 10 | 11 |
| PRODUCTION | 730536 | - | 47100 | - | 58820 | - | 5712438 | 5870 | 112290 | 90118 | 2834800 |
| FROM OTHER SOURCES | - | - | - | - | - | - | - | - | - | - | - |
| IMPORT | 16912 | - | 999 | - | - | - | 254643 | - | - | - | 32589 |
| EXPORT | -98496 | - | -2198 | - | - | - | -213401 | - | - | - | -34269 |
| INTL. MARINE BUNKERS | - | - | - | - | - | - | - | - | - | - | - |
| STOCK CHANGES | -20339 | - | -3039 | - | -844 | - | 33866 | - | - | - | - |
| DOMESTIC SUPPLY | 628613 | - | 42862 | - | 57976 | - | 5787546 | 5870 | 112290 | 90118 | 2833120 |
| RETURNS TO SUPPLY | - | - | - | - | - | - | - | - | - | - | - |
| TRANSFERS | - | - | - | - | - | - | - | - | - | - | - |
| DOMESTIC AVAILABILITY | 628613 | - | 42862 | - | 57976 | - | 5787546 | 5870 | 112290 | 90118 | 2833120 |
| STATISTICAL DIFFERENCE | 11636 | - | 49 | - | 412 | - | - | - | - | - | - |
| TRANSFORM. SECTOR ** | 560052 | - | 13457 | - | 52907 | - | 971972 | - | 41 | 391 | - |
| FOR SOLID FUELS | 68700 | - | - | - | - | - | - | - | - | - | - |
| FOR GASES | - | - | 13457 | - | - | - | - | - | - | - | - |
| PETROLEUM REFINERIES | - | - | - | - | - | - | - | - | - | - | - |
| THERMO-ELECTRIC PLANTS | 491352 | - | - | - | 52907 | - | 971972 | - | 41 | 391 | - |
| ENERGY SECTOR | 14 | - | - | - | 5 | - | 746732 | 587 | 41265 | 3197 | 437344 |
| COAL MINES | 14 | - | - | - | 5 | - | - | - | - | - | 10264 |
| OIL AND GAS EXTRACTION | - | - | - | - | - | - | 500601 | - | - | - | 17911 |
| PETROLEUM REFINERIES | - | - | - | - | - | - | 214311 | - | - | - | 43015 |
| ELECTRIC PLANTS | - | - | - | - | - | - | - | - | - | - | 122384 |
| DISTRIBUTION LOSSES | - | - | - | - | - | - | 31820 | - | 378 | 1730 | 230532 |
| PUMP STORAGE (ELECTR.) | - | - | - | - | - | - | - | - | - | - | 13208 |
| OTHER ENERGY SECTOR | - | - | - | - | - | - | - | 587 | 40887 | 1467 | 30 |
| FINAL CONSUMPTION | 56911 | - | 29356 | - | 4652 | - | 4068842 | 5283 | 70984 | 86530 | 2395776 |
| INDUSTRY SECTOR | 50849 | - | 29356 | - | 3934 | - | 1838418 | 1467 | 70984 | 86530 | 909317 |
| IRON AND STEEL | 3797 | - | 28837 | - | - | - | 219140 | - | 65025 | 60751 | 84064 |
| CHEMICAL | 67 | - | 165 | - | 311 | - | 414630 | - | - | - | 159027 |
| PETROCHEMICAL | - | - | - | - | - | - | 53488 | - | - | - | 23551 |
| NON-FERROUS METAL | 320 | - | 195 | - | - | - | 94536 | - | - | - | 152263 |
| NON-METALLIC MINERAL | 439 | - | - | - | - | - | 168024 | - | - | - | 36143 |
| PAPER PULP AND PRINT | 213 | - | - | - | 172 | - | 133251 | - | - | - | 121871 |
| MINING AND QUARRYING | 65 | - | 131 | - | 11 | - | 11576 | - | - | - | 17135 |
| FOOD AND TOBACCO | - | - | - | - | - | - | 140113 | - | - | - | 49671 |
| WOOD AND WOOD PRODUCTS | - | - | - | - | - | - | 19133 | - | - | - | 22996 |
| MACHINERY | - | - | - | - | - | - | 39176 | - | - | - | 63428 |
| TRANSPORT EQUIPMENT | 53 | - | - | - | - | - | 45520 | - | - | - | 33287 |
| CONSTRUCTION | - | - | - | - | - | - | - | - | - | - | - |
| TEXTILES AND LEATHER | - | - | - | - | - | - | 32454 | - | - | - | 36204 |
| NON SPECIFIED | 45895 | - | 28 | - | 3440 | - | 467377 | 1467 | 5959 | 25779 | 109677 |
| NON-ENERGY USES: | | | | | | | | | | | |
| (1)ENERGY PRODUCTS | - | - | - | - | - | - | 35670 | - | - | - | - |
| (2)NON-ENERGY PRODUCTS | - | - | - | - | - | - | - | - | - | - | - |
| TRANSPORT. SECTOR ** | - | - | - | - | 53 | - | 18173 | - | - | - | 5297 |
| AIR TRANSPORT | - | - | - | - | - | - | - | - | - | - | - |
| ROAD TRANSPORT | - | - | - | - | - | - | - | - | - | - | - |
| RAILWAYS | - | - | - | - | 53 | - | - | - | - | - | 5297 |
| INTERNAL NAVIGATION | - | - | - | - | - | - | - | - | - | - | - |
| OTHER SECTORS ** | 6062 | - | - | - | 665 | - | 2212251 | 3816 | - | - | 1481162 |
| AGRICULTURE | - | - | - | - | - | - | 3102 | - | - | - | 37860 |
| PUBLIC SERVICES | 65 | - | - | - | 55 | - | 3897 | - | - | - | - |
| COMMERCE | - | - | - | - | 510 | - | 722071 | 176 | - | - | 640861 |
| RESIDENTIAL | 5997 | - | - | - | 100 | - | 1325831 | 3640 | - | - | 802103 |

(1) INCLUDED IN CHEMICAL OR PETROCHEMICAL INDUSTRY
(2) INCLUDED ONLY IN TOTAL INDUSTRY

| * OF WHICH: | |
|---|---|
| HYDRO | 926874 |
| NUCLEAR | 313498 |
| CONVENTIONAL THERMAL | 2991217 |
| GEOTHERMAL | 7268 |

** INCLUDED IN THESE TOTALS ARE THE NON-SPECIFIED ELEMENTS

UNIT: 1000 METRIC TONS
UNITE: 1000 TONNES METRIQUES

| OIL PETROLE | | | REFINERY GAS | LIQUEFIED PETROLEUM GASES | AVIATION GASOLINE | MOTOR GASOLINE | JET FUEL | KEROSENE | GAS/DIESEL OIL | RESIDUAL FUEL OIL | NAPHTHA | NON-ENERGY PRODUCTS |
|---|---|---|---|---|---|---|---|---|---|---|---|---|
| CRUDE BRUT | NGL GNL | FEEDST. | GAZ DE PETROLE | GAZ LIQUEFIES DE PETROLE | ESSENCE AVION | ESSENCE AUTO | CARBURANT REACTEUR | PETROLE LAMPANT | GAZ/DIESEL OIL | FUEL OIL RESIDUEL | NAPHTHA | PRODUITS NON-ENERGETIQUES |
| 12 | 13 | 14 | 15 | 16 | 17 | 18 | 19 | 20 | 21 | 22 | 23 | 24 |
| 495055 | 64010 | - | 22619 | 11758 | 1637 | 314632 | 52264 | 8193 | 164952 | 119178 | 17194 | 93120 |
| 2008 | - | - | - | - | - | - | - | - | - | - | - | - |
| 312557 | 7312 | 1664 | - | - | 1 | 2212 | 3024 | 1 | 1578 | 41787 | 4749 | 2085 |
| -14274 | -5450 | - | - | -199 | -1 | -551 | -208 | -32 | -1952 | -3485 | -974 | -11899 |
| - | - | - | - | - | - | - | - | - | -2513 | -27940 | - | - |
| -4509 | -1917 | -1076 | 2 | -40 | 3 | -2832 | -478 | 519 | 2677 | -206 | -242 | 131 |
| 790837 | 63955 | 588 | 22621 | 11519 | 1640 | 313461 | 54602 | 8681 | 164742 | 129334 | 20727 | 83437 |
| - | - | - | - | - | - | - | - | - | - | - | - | - |
| -677 | -41747 | - | 86 | 40289 | 47 | 1523 | -32 | 5 | 1761 | 678 | -272 | 346 |
| 790160 | 22208 | 588 | 22707 | 51808 | 1687 | 314984 | 54570 | 8686 | 166503 | 130012 | 20455 | 83783 |
| -1270 | -1501 | -2634 | 213 | -281 | 34 | -12785 | 33 | 106 | 1189 | -1286 | -380 | -5243 |
| 791430 | 22721 | 3222 | - | 1220 | - | - | 252 | - | 2904 | 63552 | - | 162 |
| - | - | - | - | - | - | - | - | - | - | - | - | - |
| - | - | - | - | 1220 | - | - | - | - | - | - | - | - |
| 791430 | 22721 | 3222 | - | - | - | - | - | - | - | - | - | - |
| - | - | - | - | - | - | - | 252 | - | 2904 | 63307 | - | 162 |
| - | - | - | 20946 | 1208 | - | 11 | - | - | 502 | 6768 | 113 | 13646 |
| - | - | - | - | - | - | - | - | - | - | - | - | - |
| - | - | - | - | - | - | - | - | - | - | - | - | - |
| - | - | - | 20946 | 1208 | - | 11 | - | - | 502 | 6768 | 113 | 13646 |
| - | - | - | - | - | - | - | - | - | - | - | - | - |
| - | - | - | - | - | - | - | - | - | - | - | - | - |
| - | - | - | - | - | - | - | - | - | - | - | - | - |
| - | - | - | - | - | - | - | - | - | - | - | - | - |
| - | 988 | - | 1548 | 49661 | 1653 | 327758 | 54285 | 8580 | 161908 | 60978 | 20722 | 75218 |
| - | 402 | - | 1478 | 20639 | - | 201 | 26 | 1308 | 14709 | 32612 | 15023 | 70784 |
| - | - | - | - | 71 | - | - | - | - | 604 | 4278 | - | - |
| - | - | - | - | 209 | - | - | - | - | 1030 | 4592 | - | - |
| - | 231 | - | 1478 | 16049 | - | - | - | 6 | 143 | 266 | 15023 | 18430 |
| - | - | - | - | 76 | - | - | - | - | 325 | 681 | - | - |
| - | - | - | - | 123 | - | - | - | 15 | 1355 | 1670 | - | - |
| - | - | - | - | 66 | - | - | - | - | 499 | 8213 | - | - |
| - | - | - | - | - | - | - | - | 3 | 146 | 443 | - | - |
| - | - | - | - | 190 | - | - | - | 58 | 1696 | 2274 | - | - |
| - | - | - | - | 50 | - | - | - | - | 391 | 310 | - | - |
| - | - | - | - | 92 | - | - | - | 3 | 345 | 352 | - | - |
| - | - | - | - | 69 | - | - | - | 14 | 383 | 826 | - | - |
| - | - | - | - | - | - | - | - | - | 130 | 32 | - | - |
| - | - | - | - | 83 | - | - | - | 5 | 353 | 1380 | - | - |
| - | 171 | - | - | 3561 | - | 201 | 26 | 1204 | 7309 | 7295 | - | - |
| - | - | - | 1478 | 16049 | - | - | - | - | 143 | 266 | 15023 | - |
| - | - | - | - | - | - | - | - | - | - | - | - | 52354 |
| - | 25 | - | - | 1049 | 1653 | 325779 | 53909 | - | 71833 | 2202 | - | - |
| - | - | - | - | - | 1653 | - | 53909 | - | - | - | - | - |
| - | 25 | - | - | 1049 | - | 322423 | - | - | 54097 | - | - | - |
| - | - | - | - | - | - | - | - | - | 15780 | 98 | - | - |
| - | - | - | - | - | - | - | - | - | 842 | 937 | - | - |
| - | 561 | - | 70 | 27973 | - | 1778 | 350 | 7272 | 75366 | 26164 | 5699 | 4434 |
| - | 98 | - | - | 32 | - | 1778 | - | 268 | 11155 | 15 | - | - |
| - | 1 | - | - | 5 | - | - | 203 | 20 | 1015 | 202 | - | - |
| - | 182 | - | - | 74 | - | - | 147 | 1127 | 14132 | 16002 | - | - |
| - | 280 | - | - | 9112 | - | - | - | 3278 | 39090 | 144 | - | - |

## PRODUCTION AND USES OF ENERGY SOURCES : O.E.C.D. NORTH AMERICA

1981

| ENERGY SOURCES / PRODUCTION AND USES | UNIT: 1000 METRIC TONS / UNITE: 1000 TONNES METRIQUES | | | | | | TCAL / TCAL | MANUFACTURED GAS (TCAL) / GAZ MANUFACTURE (TCAL) | | | MILLIONS OF (DE) KWH |
|---|---|---|---|---|---|---|---|---|---|---|---|
| | HARD COAL / HOUILLE | PATENT FUEL / AGGLOMERES | COKE OVEN COKE / COKE DE FOUR | GAS COKE / COKE DE GAZ | BROWN COAL / LIGNITE | BKB / BRIQ. DE LIGNITE | NATURAL GAS / GAZ NATUREL | GAS WORKS / USINES A GAZ | COKE OVENS / COKERIES | BLAST FURNACES / HAUT FOURNEAUX | ELECTRICITY* / ELECTRICITE* |
| | 1 | 2 | 3 | 4 | 5 | 6 | 7 | 8 | 9 | 10 | 11 |
| PRODUCTION | 719801 | - | 43474 | - | 64759 | - | 5780189 | 5885 | 104956 | 95470 | 2856295 |
| FROM OTHER SOURCES | - | - | - | - | - | - | - | - | - | - | - |
| IMPORT | 15781 | - | 783 | - | - | - | 227554 | - | - | - | 34595 |
| EXPORT | -117801 | - | -1129 | - | - | - | -205017 | - | - | - | -37155 |
| INTL. MARINE BUNKERS | - | - | - | - | - | - | - | - | - | - | - |
| STOCK CHANGES | 18894 | - | 1690 | - | -2077 | - | -49225 | - | - | - | - |
| DOMESTIC SUPPLY | 636675 | - | 44818 | - | 62682 | - | 5753501 | 5885 | 104956 | 95470 | 2853735 |
| RETURNS TO SUPPLY | - | - | - | - | - | - | - | - | - | - | - |
| TRANSFERS | - | - | - | - | - | - | - | - | - | - | - |
| DOMESTIC AVAILABILITY | 636675 | - | 44818 | - | 62682 | - | 5753501 | 5885 | 104956 | 95470 | 2853735 |
| STATISTICAL DIFFERENCE | -661 | - | 9 | - | 71 | - | - | - | - | - | - |
| TRANSFORM. SECTOR ** | 578265 | - | 13828 | - | 57059 | - | 957565 | - | 50 | 390 | - |
| FOR SOLID FUELS | 64055 | - | - | - | - | - | - | - | - | - | - |
| FOR GASES | - | - | 13828 | - | - | - | - | - | - | - | - |
| PETROLEUM REFINERIES | - | - | - | - | - | - | - | - | - | - | - |
| THERMO-ELECTRIC PLANTS | 514210 | - | - | - | 57059 | - | 957565 | - | 50 | 390 | - |
| ENERGY SECTOR | 20 | - | - | - | 3 | - | 715434 | 590 | 38160 | 3430 | 423103 |
| COAL MINES | 20 | - | - | - | 3 | - | - | - | - | - | 10035 |
| OIL AND GAS EXTRACTION | - | - | - | - | - | - | 494312 | - | - | - | 19940 |
| PETROLEUM REFINERIES | - | - | - | - | - | - | 197819 | - | - | - | 43502 |
| ELECTRIC PLANTS | - | - | - | - | - | - | - | - | - | - | 123570 |
| DISTRIBUTION LOSSES | - | - | - | - | - | - | 23303 | - | 360 | 1900 | 212818 |
| PUMP STORAGE (ELECTR.) | - | - | - | - | - | - | - | - | - | - | 13208 |
| OTHER ENERGY SECTOR | - | - | - | - | - | - | - | 590 | 37800 | 1530 | 30 |
| FINAL CONSUMPTION | 59051 | - | 30981 | - | 5549 | - | 4080502 | 5295 | 66746 | 91650 | 2430632 |
| INDUSTRY SECTOR | 53185 | - | 30981 | - | 4942 | - | 1789439 | 1510 | 66746 | 91650 | 919582 |
| IRON AND STEEL | 3764 | - | 30417 | - | - | - | 211920 | - | 63296 | 78200 | 91009 |
| CHEMICAL | 77 | - | 147 | - | 352 | - | 401696 | - | - | - | 161592 |
| PETROCHEMICAL | - | - | - | - | - | - | 49268 | - | - | - | 24200 |
| NON-FERROUS METAL | 383 | - | 202 | - | - | - | 91439 | - | - | - | 166361 |
| NON-METALLIC MINERAL | 457 | - | - | - | - | - | 163726 | - | - | - | 35279 |
| PAPER PULP AND PRINT | 108 | - | - | - | 167 | - | 129578 | - | - | - | 120089 |
| MINING AND QUARRYING | 105 | - | 118 | - | 13 | - | 17574 | - | - | - | 21359 |
| FOOD AND TOBACCO | - | - | - | - | - | - | 136515 | - | - | - | 50020 |
| WOOD AND WOOD PRODUCTS | - | - | - | - | - | - | 18634 | - | - | - | 22611 |
| MACHINERY | - | - | - | - | - | - | 38072 | - | - | - | 65670 |
| TRANSPORT EQUIPMENT | 46 | - | - | - | - | - | 44349 | - | - | - | 32928 |
| CONSTRUCTION | - | - | - | - | - | - | - | - | - | - | - |
| TEXTILES AND LEATHER | - | - | - | - | - | - | 31610 | - | - | - | 34095 |
| NON SPECIFIED | 48245 | - | 97 | - | 4410 | - | 455058 | 1510 | 3450 | 13450 | 94369 |
| NON-ENERGY USES: | | | | | | | | | | | |
| (1)ENERGY PRODUCTS | - | - | - | - | - | - | 24454 | - | - | - | - |
| (2)NON-ENERGY PRODUCTS | - | - | - | - | - | - | - | - | - | - | - |
| TRANSPORT. SECTOR ** | - | - | - | - | 50 | - | 19040 | - | - | - | 5356 |
| AIR TRANSPORT | - | - | - | - | - | - | - | - | - | - | - |
| ROAD TRANSPORT | - | - | - | - | - | - | - | - | - | - | - |
| RAILWAYS | - | - | - | - | 50 | - | - | - | - | - | 5356 |
| INTERNAL NAVIGATION | - | - | - | - | - | - | - | - | - | - | - |
| OTHER SECTORS ** | 5866 | - | - | - | 557 | - | 2272023 | 3785 | - | - | 1505694 |
| AGRICULTURE | - | - | - | - | - | - | 3306 | - | - | - | 37660 |
| PUBLIC SERVICES | 23 | - | - | - | 48 | - | 4102 | - | - | - | - |
| COMMERCE | - | - | - | - | 423 | - | 758409 | 180 | - | - | 667962 |
| RESIDENTIAL | 5843 | - | - | - | 86 | - | 1291603 | 3605 | - | - | 799868 |

(1) INCLUDED IN CHEMICAL OR PETROCHEMICAL INDUSTRY
(2) INCLUDED ONLY IN TOTAL INDUSTRY

| * OF WHICH: | |
|---|---|
| HYDRO | 905322 |
| NUCLEAR | 362776 |
| CONVENTIONAL THERMAL | 3149068 |
| GEOTHERMAL | 7799 |

** INCLUDED IN THESE TOTALS ARE THE NON-SPECIFIED ELEMENTS

PRODUCTION ET UTILISATION DES SOURCES D ENERGIE : AMERIQUE DU NORD

1981

UNIT: 1000 METRIC TONS
UNITE: 1000 TONNES METRIQUES

| OIL / PETROLE: CRUDE / BRUT | OIL / PETROLE: NGL / GNL | OIL / PETROLE: FEEDST. | REFINERY GAS / GAZ DE PETROLE | LIQUEFIED PETROLEUM GASES / GAZ LIQUEFIES DE PETROLE | AVIATION GASOLINE / ESSENCE AVION | MOTOR GASOLINE / ESSENCE AUTO | JET FUEL / CARBURANT REACTEUR | KEROSENE / PETROLE LAMPANT | GAS/DIESEL OIL / GAZ/DIESEL OIL | RESIDUAL FUEL OIL / FUEL OIL RESIDUEL | NAPHTHA / NAPHTHA | NON-ENERGY PRODUCTS / PRODUITS NON-ENERGETIQUES |
|---|---|---|---|---|---|---|---|---|---|---|---|---|
| 12 | 13 | 14 | 15 | 16 | 17 | 18 | 19 | 20 | 21 | 22 | 23 | 24 |
| 485138 | 64712 | - | 21805 | 11170 | 1417 | 308154 | 50386 | 7011 | 157707 | 100348 | 15742 | 86844 |
| 2297 | - | - | - | - | - | - | - | - | - | - | - | - |
| 263680 | 9159 | 3334 | - | - | 1 | 4580 | 1429 | 86 | 4654 | 37098 | 2641 | 2164 |
| -10292 | -5834 | - | - | -316 | - | -599 | -182 | -3 | -1656 | -7219 | -846 | -11913 |
| - | - | - | - | - | - | - | - | - | -2601 | -24480 | - | - |
| -16547 | 1027 | 1873 | -2 | -2732 | -70 | 617 | 121 | 139 | 2278 | 3101 | 168 | -34 |
| 724276 | 69064 | 5207 | 21803 | 8122 | 1348 | 312752 | 51754 | 7233 | 160382 | 108848 | 17705 | 77061 |
| - | - | - | | - | - | - | - | - | - | - | - | - |
| -2875 | -44548 | 6850 | 16 | 43223 | 72 | 1149 | -102 | 8 | -5209 | 2648 | -105 | 477 |
| 721401 | 24516 | 12057 | 21819 | 51345 | 1420 | 313901 | 51652 | 7241 | 155173 | 111496 | 17600 | 77538 |
| -7686 | -506 | -2043 | 122 | -404 | - | -4746 | 40 | 147 | 897 | -473 | -164 | -615 |
| 729087 | 23719 | 14100 | - | 899 | - | - | 92 | - | 2496 | 55155 | - | 126 |
| - | - | - | - | - | - | - | - | - | - | - | - | - |
| - | - | - | - | 899 | - | - | - | - | - | - | - | - |
| 729087 | 23719 | 14100 | - | - | - | - | - | - | - | - | - | - |
| - | - | - | - | - | - | - | 92 | - | 2496 | 54945 | - | 126 |
| - | - | - | 19211 | 935 | - | 6 | 1 | 2 | 500 | 6264 | 138 | 11676 |
| - | - | - | - | - | - | - | - | - | - | - | - | - |
| - | - | - | - | - | - | - | - | - | - | - | - | - |
| - | - | - | 19211 | 935 | - | 6 | 1 | 2 | 500 | 6264 | 138 | 11676 |
| - | - | - | - | - | - | - | - | - | - | - | - | - |
| - | - | - | - | - | - | - | - | - | - | - | - | - |
| - | - | - | - | - | - | - | - | - | - | - | - | - |
| - | - | - | - | - | - | - | - | - | - | - | - | - |
| - | 1303 | - | 2486 | 49915 | 1420 | 318641 | 51519 | 7092 | 151280 | 50550 | 17626 | 66351 |
| - | 531 | - | 2425 | 20187 | - | 194 | 39 | 709 | 13923 | 24647 | 14169 | 62815 |
| - | - | - | - | 67 | - | - | - | - | 563 | 3127 | - | - |
| - | - | - | - | 198 | - | - | - | - | 959 | 3286 | - | - |
| - | 305 | - | 2425 | 15807 | - | - | - | 4 | 133 | 262 | 14169 | 15615 |
| - | - | - | - | 72 | - | - | - | - | 303 | 507 | - | - |
| - | - | - | - | 120 | - | 14 | - | 16 | 1293 | 1334 | - | - |
| - | - | - | - | 62 | - | - | - | - | 465 | 5897 | - | - |
| - | - | - | - | - | - | - | - | 8 | 146 | 389 | - | - |
| - | - | - | - | 188 | - | 72 | - | 60 | 1630 | 1701 | - | - |
| - | - | - | - | 47 | - | - | - | - | 364 | 225 | - | - |
| - | - | - | - | 88 | - | 7 | - | 4 | 327 | 256 | - | - |
| - | - | - | - | 68 | - | 12 | - | 14 | 367 | 623 | - | - |
| - | - | - | - | - | - | - | - | - | 127 | 35 | - | - |
| - | - | - | - | 84 | - | 3 | - | 6 | 333 | 1035 | - | - |
| - | 226 | - | - | 3386 | - | 86 | 39 | 597 | 6913 | 5970 | - | - |
| - | 305 | - | 2425 | 15807 | - | - | - | 4 | 133 | 262 | 14169 | - |
| - | - | - | - | - | - | - | - | - | - | - | - | 47200 |
| - | 33 | - | - | 1138 | 1420 | 314839 | 51094 | - | 71857 | 2179 | - | - |
| - | - | - | - | - | 1420 | - | 51094 | - | - | - | - | - |
| - | 33 | - | - | 1138 | - | 313562 | - | - | 54406 | - | - | - |
| - | - | - | - | - | - | - | - | - | 15472 | 27 | - | - |
| - | - | - | - | - | - | - | - | - | 742 | 1435 | - | - |
| - | 739 | - | 61 | 28590 | - | 3608 | 386 | 6383 | 65500 | 23724 | 3457 | 3536 |
| - | 129 | - | - | 23 | - | 1693 | - | 206 | 10643 | 25 | - | - |
| - | 1 | - | - | 4 | - | 333 | 226 | 38 | 967 | 161 | - | - |
| - | 240 | - | - | 57 | - | 1582 | 160 | 1713 | 12322 | 11153 | - | - |
| - | 369 | - | - | 8777 | - | - | - | 2569 | 33096 | 99 | - | - |

## PRODUCTION AND USES OF ENERGY SOURCES : O. E. C. D. EUROPE

1971

| ENERGY SOURCES / PRODUCTION AND USES | UNIT: 1000 METRIC TONS / UNITE: 1000 TONNES METRIQUES | | | | | | TCAL / TCAL | MANUFACTURED GAS (TCAL) / GAZ MANUFACTURE (TCAL) | | | MILLIONS OF (DE) KWH |
|---|---|---|---|---|---|---|---|---|---|---|---|
| | HARD COAL / HOUILLE | PATENT FUEL / AGGLOMERES | COKE OVEN COKE / COKE DE FOUR | GAS COKE / COKE DE GAZ | BROWN COAL / LIGNITE | BKB / BRIQ. DE LIGNITE | NATURAL GAS / GAZ NATUREL | GAS WORKS / USINES A GAZ | COKE OVENS / COKERIES | BLAST FURNACES / HAUT FOURNEAUX | ELECTRICITY* / ELECTRICITE* |
| | 1 | 2 | 3 | 4 | 5 | 6 | 7 | 8 | 9 | 10 | 11 |
| PRODUCTION | 329359 | 9251 | 92882 | 3915 | 130639 | 8074 | 883057 | 66075 | 176638 | 187983 | 1208610 |
| FROM OTHER SOURCES | 3185 | - | - | - | - | - | - | 132458 | - | - | - |
| IMPORT | 61472 | 899 | 12938 | 202 | 1524 | 2315 | 178485 | 866 | - | - | 44942 |
| EXPORT | -19630 | -801 | -11563 | -481 | -37 | -712 | -146741 | -1070 | - | - | -44490 |
| INTL. MARINE BUNKERS | -18 | - | - | - | - | - | - | - | - | - | - |
| STOCK CHANGES | -3934 | -192 | -6329 | -110 | -261 | 47 | -6566 | -62 | - | - | - |
| DOMESTIC SUPPLY | 370434 | 9157 | 87928 | 3526 | 131865 | 9724 | 908235 | 198267 | 176638 | 187983 | 1209062 |
| RETURNS TO SUPPLY | - | - | - | - | - | - | - | - | - | - | - |
| TRANSFERS | - | - | - | - | - | - | - | - | - | - | - |
| DOMESTIC AVAILABILITY | 370434 | 9157 | 87928 | 3526 | 131865 | 9724 | 908235 | 198267 | 176638 | 187983 | 1209062 |
| STATISTICAL DIFFERENCE | -2321 | 17 | 52 | -1 | 7 | 15 | -1582 | -54 | 12 | -36 | 175 |
| TRANSFORM. SECTOR ** | 289347 | - | 26611 | 151 | 115430 | 568 | 267708 | 2424 | 46415 | 46081 | - |
| FOR SOLID FUELS | 132452 | - | 623 | - | 16412 | - | - | - | - | 1647 | - |
| FOR GASES | 5443 | - | 25809 | 122 | - | - | 102462 | - | 35859 | 15 | - |
| PETROLEUM REFINERIES | - | - | - | - | - | - | 727 | - | - | - | - |
| THERMO-ELECTRIC PLANTS | 151452 | - | 179 | 29 | 99018 | 568 | 164519 | 2424 | 10556 | 44419 | - |
| ENERGY SECTOR | 5260 | 53 | 649 | 256 | 4894 | 28 | 25141 | 32362 | 72865 | 19896 | 196653 |
| COAL MINES | 5156 | - | - | - | 4892 | - | - | - | 176 | - | 19281 |
| OIL AND GAS EXTRACTION | - | - | - | - | - | - | 11188 | - | - | - | 309 |
| PETROLEUM REFINERIES | - | - | - | - | - | - | - | - | - | - | 14794 |
| ELECTRIC PLANTS | - | - | - | - | - | - | - | - | - | - | 60423 |
| DISTRIBUTION LOSSES | 99 | - | 25 | - | 2 | - | 13075 | 27874 | 1117 | 8461 | 89615 |
| PUMP STORAGE (ELECTR.) | - | - | - | - | - | - | - | - | - | - | 10225 |
| OTHER ENERGY SECTOR | 5 | 53 | 624 | 256 | - | 28 | 878 | 4488 | 71572 | 11435 | 2006 |
| FINAL CONSUMPTION | 78148 | 9087 | 60616 | 3120 | 11534 | 9113 | 616968 | 163535 | 57346 | 122042 | 1012234 |
| INDUSTRY SECTOR | 36193 | 211 | 49385 | 907 | 8314 | 641 | 393104 | 30777 | 57346 | 122042 | 541608 |
| IRON AND STEEL | 5948 | 8 | 42181 | 276 | 140 | 130 | 84286 | 13694 | 46000 | 118231 | 85621 |
| CHEMICAL | 7333 | - | 1547 | 3 | 3061 | 226 | 153566 | 2123 | 6769 | - | 121016 |
| PETROCHEMICAL | 23 | - | 62 | - | - | - | - | - | - | - | 8280 |
| NON-FERROUS METAL | 1853 | - | 714 | - | 179 | 14 | 10932 | 1475 | 66 | - | 57661 |
| NON-METALLIC MINERAL | 5927 | 15 | 1585 | - | 65 | 91 | 63670 | 3912 | 197 | 113 | 35135 |
| PAPER PULP AND PRINT | 2035 | - | 49 | - | 319 | 38 | 15094 | 308 | - | - | 54044 |
| MINING AND QUARRYING | 330 | - | 93 | - | 4 | - | 3908 | 22 | 1211 | - | 11072 |
| FOOD AND TOBACCO | 2677 | 3 | 359 | - | 167 | - | 17957 | 1629 | - | - | 27400 |
| WOOD AND WOOD PRODUCTS | - | - | 1 | - | - | - | 345 | - | - | - | 6272 |
| MACHINERY | 274 | - | 757 | - | 46 | - | 14417 | 4616 | 238 | - | 52540 |
| TRANSPORT EQUIPMENT | - | - | 346 | - | - | - | 510 | - | - | - | 15866 |
| CONSTRUCTION | 20 | - | - | - | 20 | - | - | - | - | - | 3948 |
| TEXTILES AND LEATHER | 357 | - | 4 | - | 34 | - | 1886 | - | - | - | 26044 |
| NON SPECIFIED | 9416 | 185 | 1687 | 628 | 4279 | 142 | 26533 | 2998 | 2865 | 3698 | 36709 |
| NON-ENERGY USES: | | | | | | | | | | | |
| (1)ENERGY PRODUCTS | - | - | - | - | - | - | 199 | - | - | - | - |
| (2)NON-ENERGY PRODUCTS | - | - | - | - | - | - | - | - | - | - | - |
| TRANSPORT. SECTOR ** | 3122 | 177 | 194 | 9 | 174 | 141 | 1232 | - | - | - | 30109 |
| AIR TRANSPORT | - | - | - | - | - | - | - | - | - | - | - |
| ROAD TRANSPORT | - | - | - | - | - | - | 1232 | - | - | - | - |
| RAILWAYS | 3010 | 177 | 194 | 9 | 174 | 141 | - | - | - | - | 30109 |
| INTERNAL NAVIGATION | 112 | - | - | - | - | - | - | - | - | - | - |
| OTHER SECTORS ** | 38833 | 8699 | 11037 | 2204 | 3046 | 8331 | 222632 | 132758 | - | - | 440517 |
| AGRICULTURE | - | - | 35 | - | - | - | - | - | - | - | 16093 |
| PUBLIC SERVICES | - | - | 540 | - | - | - | 1865 | 4046 | - | - | - |
| COMMERCE | - | - | 390 | - | - | - | 53049 | 21755 | - | - | 147253 |
| RESIDENTIAL | 33592 | 8514 | 9633 | 2120 | 3025 | 8307 | 167689 | 106832 | - | - | 249201 |

(1) INCLUDED IN CHEMICAL OR PETROCHEMICAL INDUSTRY
(2) INCLUDED ONLY IN TOTAL INDUSTRY

* OF WHICH: HYDRO 810839
NUCLEAR 93953
CONVENTIONAL THERMAL 2618067
GEOTHERMAL 4506

** INCLUDED IN THESE TOTALS ARE THE NON-SPECIFIED ELEMENTS

PRODUCTION ET UTILISATION DES SOURCES D ENERGIE : O.C.D.E. EUROPE

1971

UNIT: 1000 METRIC TONS
UNITE: 1000 TONNES METRIQUES

| OIL PETROLE | | | REFINERY GAS | LIQUEFIED PETROLEUM GASES | AVIATION GASOLINE | MOTOR GASOLINE | JET FUEL | KEROSENE | GAS/DIESEL OIL | RESIDUAL FUEL OIL | NAPHTHA | NON-ENERGY PRODUCTS |
|---|---|---|---|---|---|---|---|---|---|---|---|---|
| CRUDE BRUT | NGL GNL | FEEDST. | GAZ DE PETROLE | GAZ LIQUEFIES DE PETROLE | ESSENCE AVION | ESSENCE AUTO | CARBURANT REACTEUR | PETROLE LAMPANT | GAZ/DIESEL OIL | FUEL OIL RESIDUEL | NAPHTHA | PRODUITS NON-ENERGETIQUES |
| 12 | 13 | 14 | 15 | 16 | 17 | 18 | 19 | 20 | 21 | 22 | 23 | 24 |
| 18777 | - | - | 14166 | 11617 | 457 | 73924 | 17048 | 8558 | 183866 | 247111 | 30936 | 34625 |
| 187 | - | - | 1 | 3 | - | 226 | 2 | - | 16 | 32 | 12 | 505 |
| 627298 | - | - | - | 2038 | 386 | 13884 | 4377 | 2044 | 52269 | 42936 | 11310 | 9838 |
| -1881 | - | - | - | -2194 | -413 | -11146 | -5126 | -2481 | -40282 | -40300 | -10963 | -7820 |
| - | - | - | - | - | - | - | - | - | -6319 | -32323 | - | -274 |
| -3318 | - | - | 24 | 181 | -26 | -660 | -1437 | -152 | -5353 | -968 | -100 | -283 |
| 641063 | - | - | 14191 | 11645 | 404 | 76228 | 14864 | 7969 | 184197 | 216488 | 31195 | 36591 |
| - | - | - | - | - | - | - | - | - | - | - | -2072 | - |
| - | - | - | 238 | - | 8 | 1728 | -3 | -200 | 436 | - | -2503 | 17 |
| 641063 | - | - | 14429 | 11645 | 412 | 77956 | 14861 | 7769 | 184633 | 216488 | 26620 | 36608 |
| -49 | - | - | 47 | - | - | -2 | - | - | 580 | 32 | -2062 | 342 |
| 641065 | - | - | 1130 | 1077 | 4 | - | - | 10 | 1579 | 65235 | 4284 | 489 |
| - | - | - | - | - | - | - | - | - | - | - | - | 404 |
| - | - | - | 671 | 1077 | - | - | - | - | 91 | 190 | 3321 | - |
| 641065 | - | - | - | - | 4 | - | - | - | - | 123 | - | 19 |
| - | - | - | 459 | - | - | - | - | 10 | 1488 | 64922 | 963 | 66 |
| - | - | - | 10536 | 18 | - | 40 | 10 | 5 | 102 | 9981 | 15 | 1805 |
| - | - | - | - | - | - | - | - | - | - | - | - | - |
| - | - | - | - | - | - | - | - | - | - | - | - | - |
| - | - | - | 10536 | 6 | - | - | - | - | 47 | 9951 | - | 1805 |
| - | - | - | - | - | - | - | - | - | - | - | - | - |
| - | - | - | - | 12 | - | 40 | 10 | 5 | 55 | 30 | 15 | - |
| - | - | - | - | - | - | - | - | - | - | - | - | - |
| - | - | - | - | - | - | - | - | - | - | - | - | - |
| 47 | - | - | 2716 | 10550 | 408 | 77918 | 14851 | 7754 | 182372 | 141240 | 24383 | 33972 |
| 47 | - | - | 1985 | 3952 | - | 152 | 9 | 526 | 27918 | 109793 | 24383 | 33911 |
| - | - | - | - | 281 | - | 2 | - | 12 | 1496 | 15783 | 158 | 3 |
| - | - | - | 55 | 170 | - | 1 | - | 26 | 772 | 12172 | 128 | 75 |
| 47 | - | - | 1930 | 1346 | - | - | - | 449 | 618 | 5185 | 24092 | - |
| - | - | - | - | 30 | - | - | - | - | 402 | 1445 | - | - |
| - | - | - | - | 239 | - | - | - | 6 | 2352 | 21137 | - | 30 |
| - | - | - | - | 13 | - | - | - | - | 483 | 9374 | - | 14 |
| - | - | - | - | - | - | - | - | - | 602 | 1089 | - | 116 |
| - | - | - | - | 15 | - | - | - | - | 1454 | 10567 | - | - |
| - | - | - | - | - | - | - | - | - | 90 | 391 | - | - |
| - | - | - | - | - | - | 45 | - | 9 | 926 | 3692 | - | - |
| - | - | - | - | - | - | - | - | - | 267 | 1464 | - | - |
| - | - | - | - | - | - | - | - | - | 90 | - | - | - |
| - | - | - | - | - | - | - | - | - | - | - | - | - |
| - | - | - | - | 1858 | - | 104 | 9 | 24 | 18366 | 27494 | 5 | 71 |
| - | - | - | 236 | 1184 | - | - | - | 444 | 625 | 1750 | 20591 | - |
| - | - | - | - | - | - | - | - | - | - | - | - | 33602 |
| - | - | - | - | 624 | 408 | 76992 | 14657 | 51 | 40808 | 2204 | - | - |
| - | - | - | - | - | 408 | - | 14657 | - | - | - | - | - |
| - | - | - | - | 619 | - | 76754 | - | 9 | 31635 | - | - | - |
| - | - | - | - | 5 | - | 3 | - | 21 | 3077 | 1037 | - | - |
| - | - | - | - | - | - | 235 | - | 21 | 6096 | 1167 | - | - |
| - | - | - | 731 | 5974 | - | 774 | 185 | 7177 | 113646 | 29243 | - | 61 |
| - | - | - | - | 76 | - | 353 | - | 244 | 10382 | 1331 | - | - |
| - | - | - | - | - | - | 180 | 185 | 14 | 247 | 310 | - | - |
| - | - | - | - | - | - | 170 | - | - | - | 59 | - | - |
| - | - | - | - | 5818 | - | - | - | 6613 | 99947 | 20054 | - | 20 |

## PRODUCTION AND USES OF ENERGY SOURCES : O.E.C.D. EUROPE

1972

| ENERGY SOURCES / PRODUCTION AND USES | UNIT: 1000 METRIC TONS / UNITE: 1000 TONNES METRIQUES | | | | | | TCAL / TCAL | MANUFACTURED GAS (TCAL) / GAZ MANUFACTURE (TCAL) | | | MILLIONS OF (DE) KWH |
|---|---|---|---|---|---|---|---|---|---|---|---|
| | HARD COAL / HOUILLE | PATENT FUEL / AGGLOMERES | COKE OVEN COKE / COKE DE FOUR | GAS COKE / COKE DE GAZ | BROWN COAL / LIGNITE | BKB / BRIQ. DE LIGNITE | NATURAL GAS / GAZ NATUREL | GAS WORKS / USINES A GAZ | COKE OVENS / COKERIES | BLAST FURNACES / HAUT FOURNEAUX | ELECTRICITY* / ELECTRICITE* |
| | 1 | 2 | 3 | 4 | 5 | 6 | 7 | 8 | 9 | 10 | 11 |
| PRODUCTION | 288092 | 8255 | 88034 | 2540 | 136845 | 7091 | 1114403 | 56434 | 164578 | 192859 | 1290636 |
| FROM OTHER SOURCES | 3122 | - | - | - | - | - | - | 111139 | - | - | - |
| IMPORT | 59553 | 805 | 13371 | 207 | 1905 | 2217 | 262145 | 374 | - | - | 52384 |
| EXPORT | -17651 | -717 | -11500 | -827 | -44 | -619 | -205218 | -589 | - | - | -51105 |
| INTL. MARINE BUNKERS | -15 | - | - | - | - | - | - | - | - | - | - |
| STOCK CHANGES | -2982 | -50 | -3516 | 295 | -588 | 91 | -6261 | -376 | - | - | - |
| DOMESTIC SUPPLY | 330119 | 8293 | 86389 | 2215 | 138118 | 8780 | 1165069 | 166982 | 164578 | 192859 | 1291915 |
| RETURNS TO SUPPLY | - | - | - | - | - | - | - | - | - | - | - |
| TRANSFERS | - | - | - | - | - | - | - | - | - | - | - |
| DOMESTIC AVAILABILITY | 330119 | 8293 | 86389 | 2215 | 138118 | 8780 | 1165069 | 166982 | 164578 | 192859 | 1291915 |
| STATISTICAL DIFFERENCE | -2313 | -1 | 235 | - | - | 29 | -4223 | -120 | 5 | -176 | 580 |
| TRANSFORM. SECTOR ** | 259206 | - | 27020 | 105 | 122158 | 818 | 312917 | 1305 | 41163 | 47588 | - |
| FOR SOLID FUELS | 124239 | - | 542 | - | 14899 | - | - | - | - | 1396 | - |
| FOR GASES | 3816 | - | 26303 | 93 | - | - | 93917 | - | 28376 | 3 | - |
| PETROLEUM REFINERIES | - | - | - | - | - | - | 1996 | - | - | - | - |
| THERMO-ELECTRIC PLANTS | 131151 | - | 175 | 12 | 107259 | 818 | 217004 | 1305 | 12787 | 46189 | - |
| ENERGY SECTOR | 4432 | 50 | 572 | 117 | 4163 | 51 | 44072 | 18498 | 66011 | 22224 | 205438 |
| COAL MINES | 4286 | - | - | - | 4163 | - | - | - | 151 | - | 18534 |
| OIL AND GAS EXTRACTION | - | - | - | - | - | - | 11936 | - | - | - | 351 |
| PETROLEUM REFINERIES | - | - | - | - | - | - | - | - | - | - | 15964 |
| ELECTRIC PLANTS | - | - | - | - | - | - | - | - | - | - | 63984 |
| DISTRIBUTION LOSSES | 143 | - | 25 | - | - | - | 31157 | 13804 | 876 | 9309 | 93244 |
| PUMP STORAGE (ELECTR.) | - | - | - | - | - | - | - | - | - | - | 11501 |
| OTHER ENERGY SECTOR | 3 | 50 | 547 | 117 | - | 51 | 979 | 4694 | 64984 | 12915 | 1860 |
| FINAL CONSUMPTION | 68794 | 8244 | 58562 | 1993 | 11797 | 7882 | 812303 | 147299 | 57399 | 123223 | 1085897 |
| INDUSTRY SECTOR | 31354 | 281 | 48581 | 435 | 8159 | 585 | 491646 | 26629 | 57394 | 123223 | 569921 |
| IRON AND STEEL | 5801 | 12 | 42507 | 226 | 113 | 133 | 99552 | 9426 | 48112 | 118815 | 90198 |
| CHEMICAL | 4926 | 1 | 1423 | 2 | 2988 | 188 | 186391 | 2192 | 5345 | - | 126227 |
| PETROCHEMICAL | 18 | - | 46 | - | - | - | - | - | - | - | 8568 |
| NON-FERROUS METAL | 1722 | - | 692 | - | 80 | 5 | 12916 | 2698 | - | - | 61804 |
| NON-METALLIC MINERAL | 4340 | 8 | 1281 | - | 57 | 83 | 80776 | 1835 | 834 | 155 | 37482 |
| PAPER PULP AND PRINT | 1461 | - | 39 | - | 288 | 46 | 21664 | 340 | - | - | 57313 |
| MINING AND QUARRYING | 308 | - | 87 | - | 5 | - | 4119 | 12 | 762 | - | 11726 |
| FOOD AND TOBACCO | 2204 | 2 | 340 | - | 103 | - | 24512 | 1646 | - | - | 29605 |
| WOOD AND WOOD PRODUCTS | - | - | 1 | - | 2 | - | 275 | - | - | - | 7037 |
| MACHINERY | 181 | - | 742 | - | 45 | - | 18252 | 4700 | 520 | - | 54563 |
| TRANSPORT EQUIPMENT | - | - | 334 | - | - | - | 650 | - | - | - | 16418 |
| CONSTRUCTION | 25 | - | 21 | - | 20 | - | - | - | - | - | 4190 |
| TEXTILES AND LEATHER | 282 | - | 3 | - | 39 | - | 2895 | - | - | - | 27285 |
| NON SPECIFIED | 10086 | 258 | 1065 | 207 | 4419 | 130 | 39644 | 3780 | 1821 | 4253 | 37505 |
| NON-ENERGY USES: | | | | | | | | | | | |
| (1)ENERGY PRODUCTS | - | - | - | - | - | - | 429 | - | - | - | - |
| (2)NON-ENERGY PRODUCTS | - | - | - | - | - | - | - | - | - | - | - |
| TRANSPORT. SECTOR ** | 2583 | 75 | 182 | 3 | 157 | 123 | 1363 | - | - | - | 30896 |
| AIR TRANSPORT | - | - | - | - | - | - | - | - | - | - | - |
| ROAD TRANSPORT | - | - | - | - | - | - | 1363 | - | - | - | - |
| RAILWAYS | 2524 | 75 | 182 | 3 | 157 | 123 | - | - | - | - | 30896 |
| INTERNAL NAVIGATION | 59 | - | - | - | - | - | - | - | - | - | - |
| OTHER SECTORS ** | 34857 | 7888 | 9799 | 1555 | 3481 | 7174 | 319294 | 120670 | 5 | - | 485080 |
| AGRICULTURE | - | - | 40 | - | - | - | - | - | - | - | 16900 |
| PUBLIC SERVICES | - | - | 540 | - | - | - | 4561 | 4577 | - | - | - |
| COMMERCE | - | - | 390 | - | - | - | 82250 | 20340 | 5 | - | 163674 |
| RESIDENTIAL | 30028 | 7710 | 8457 | 1484 | 3464 | 7154 | 232422 | 95624 | - | - | 273458 |

(1) INCLUDED IN CHEMICAL OR PETROCHEMICAL INDUSTRY
(2) INCLUDED ONLY IN TOTAL INDUSTRY

| * OF WHICH: HYDRO | 851145 |
|---|---|
| NUCLEAR | 127058 |
| CONVENTIONAL THERMAL | 2830606 |
| GEOTHERMAL | 5394 |

** INCLUDED IN THESE TOTALS ARE THE NON-SPECIFIED ELEMENTS

UNIT: 1000 METRIC TONS
UNITE: 1000 TONNES METRIQUES

| OIL PETROLE – CRUDE BRUT 12 | NGL GNL 13 | FEEDST. 14 | REFINERY GAS / GAZ DE PETROLE 15 | LIQUEFIED PETROLEUM GASES / GAZ LIQUEFIES DE PETROLE 16 | AVIATION GASOLINE / ESSENCE AVION 17 | MOTOR GASOLINE / ESSENCE AUTO 18 | JET FUEL / CARBURANT REACTEUR 19 | KEROSENE / PETROLE LAMPANT 20 | GAS/DIESEL OIL / GAZ/DIESEL OIL 21 | RESIDUAL FUEL OIL / FUEL OIL RESIDUEL 22 | NAPHTHA / NAPHTHA 23 | NON-ENERGY PRODUCTS / PRODUITS NON-ENERGETIQUES 24 |
|---|---|---|---|---|---|---|---|---|---|---|---|---|
| 19104 | - | - | 14254 | 12821 | 387 | 80521 | 19624 | 9018 | 197262 | 258880 | 34416 | 35317 |
| 348 | - | - | 2 | 2 | - | 203 | 1 | - | 8 | 31 | 105 | 493 |
| 661910 | - | - | - | 1996 | 309 | 14702 | 5186 | 1813 | 52398 | 47757 | 12905 | 10894 |
| -5281 | - | - | - | -2199 | -333 | -12799 | -7060 | -2500 | -41179 | -43464 | -11296 | -8223 |
| - | - | - | - | - | - | - | - | - | -7045 | -35616 | - | -275 |
| 6878 | - | - | 23 | 109 | -20 | -847 | -1416 | 82 | -2291 | 1486 | -1083 | -893 |
| 682959 | - | - | 14279 | 12729 | 343 | 81780 | 16335 | 8413 | 199153 | 229074 | 35047 | 37313 |
| - | - | - | - | - | - | - | - | - | - | - | -2000 | - |
| - | - | - | 151 | - | - | 2031 | -65 | -149 | 308 | - | -2500 | 36 |
| 682959 | - | - | 14430 | 12729 | 343 | 83811 | 16270 | 8264 | 199461 | 229074 | 30547 | 37349 |
| -52 | - | - | 27 | - | - | - | - | - | 564 | 732 | -1372 | -27 |
| 682966 | - | - | 1066 | 1092 | 4 | - | - | 5 | 2543 | 76391 | 3377 | 959 |
| - | - | - | - | - | - | - | - | - | - | - | - | 720 |
| - | - | - | 665 | 1092 | - | - | - | - | 116 | 204 | 2584 | - |
| 682966 | - | - | - | - | 4 | - | - | - | - | 79 | - | 128 |
| - | - | - | 401 | - | - | - | - | 5 | 2427 | 76108 | 793 | 111 |
| - | - | - | 11105 | 45 | - | 40 | 10 | 5 | 112 | 10671 | 15 | 1413 |
| - | - | - | - | - | - | - | - | - | - | - | - | - |
| - | - | - | - | - | - | - | - | - | - | - | - | - |
| - | - | - | 11105 | 34 | - | - | - | - | 57 | 10641 | - | 1413 |
| - | - | - | - | - | - | - | - | - | - | - | - | - |
| - | - | - | - | 11 | - | 40 | 10 | 5 | 55 | 30 | 15 | - |
| - | - | - | - | - | - | - | - | - | - | - | - | - |
| - | - | - | - | - | - | - | - | - | - | - | - | - |
| 45 | - | - | 2232 | 11592 | 339 | 83771 | 16260 | 8254 | 196242 | 141280 | 28527 | 35004 |
| 45 | - | - | 1748 | 4831 | - | 166 | 9 | 540 | 26392 | 110493 | 28493 | 34943 |
| - | - | - | - | 196 | - | 3 | - | 13 | 1533 | 16286 | 113 | 3 |
| - | - | - | 38 | 206 | - | 1 | - | 25 | 775 | 13099 | 131 | 65 |
| 45 | - | - | 1710 | 1583 | - | - | - | 455 | 901 | 5700 | 28237 | - |
| - | - | - | - | 30 | - | - | - | - | 428 | 1341 | - | - |
| - | - | - | - | 253 | - | - | - | 6 | 2434 | 21299 | 8 | 30 |
| - | - | - | - | 18 | - | - | - | - | 550 | 9208 | - | 17 |
| - | - | - | - | - | - | - | - | - | 748 | 1128 | - | 150 |
| - | - | - | - | 25 | - | - | - | - | 1614 | 10986 | - | - |
| - | - | - | - | - | - | - | - | - | 121 | 590 | - | - |
| - | - | - | - | - | - | 45 | - | 10 | 1151 | 3707 | - | - |
| - | - | - | - | - | - | - | - | - | 302 | 1628 | - | - |
| - | - | - | - | - | - | - | - | - | 95 | - | - | - |
| - | - | - | - | - | - | - | - | - | - | - | - | - |
| - | - | - | - | 2520 | - | 117 | 9 | 31 | 15740 | 25521 | 4 | 89 |
| - | - | - | 199 | 1320 | - | - | - | 447 | 907 | 2056 | 24183 | - |
| - | - | - | - | - | - | - | - | - | - | - | - | 34589 |
| - | - | - | - | 715 | 339 | 82743 | 16051 | 47 | 43216 | 1922 | - | - |
| - | - | - | - | - | 339 | - | 16051 | - | - | - | - | - |
| - | - | - | - | 707 | - | 82483 | - | 8 | 33763 | - | - | - |
| - | - | - | - | 5 | - | - | - | 20 | 3199 | 789 | - | - |
| - | - | - | - | 3 | - | 260 | - | 19 | 6254 | 1133 | - | - |
| - | - | - | 484 | 6046 | - | 862 | 200 | 7667 | 126634 | 28865 | 34 | 61 |
| - | - | - | - | 70 | - | 403 | - | 220 | 11180 | 1318 | - | - |
| - | - | - | - | - | - | 200 | 200 | 13 | 393 | 372 | - | - |
| - | - | - | - | - | - | 170 | - | - | 10 | 65 | - | - |
| - | - | - | - | 5903 | - | - | - | 7132 | 111574 | 20144 | - | 21 |

## PRODUCTION AND USES OF ENERGY SOURCES : O.E.C.D. EUROPE

1973

| ENERGY SOURCES / PRODUCTION AND USES | UNIT: 1000 METRIC TONS / UNITE: 1000 TONNES METRIQUES | | | | | | TCAL / TCAL | MANUFACTURED GAS (TCAL) / GAZ MANUFACTURE (TCAL) | | | MILLIONS OF (DE) KWH |
|---|---|---|---|---|---|---|---|---|---|---|---|
| | HARD COAL / HOUILLE | PATENT FUEL / AGGLOMERES | COKE OVEN COKE / COKE DE FOUR | GAS COKE / COKE DE GAZ | BROWN COAL / LIGNITE | BKB / BRIQ. DE LIGNITE | NATURAL GAS / GAZ NATUREL | GAS WORKS / USINES A GAZ | COKE OVENS / COKERIES | BLAST FURNACES / HAUT FOURNEAUX | ELECTRICITY* / ELECTRICITE* |
| | 1 | 2 | 3 | 4 | 5 | 6 | 7 | 8 | 9 | 10 | 11 |
| PRODUCTION | 285580 | 7620 | 90744 | 2055 | 148099 | 6862 | 1269520 | 55599 | 173234 | 203604 | 1395545 |
| FROM OTHER SOURCES | 2468 | - | - | - | - | - | - | 79491 | - | - | - |
| IMPORT | 60095 | 642 | 14739 | 32 | 1858 | 1960 | 353787 | 16 | - | - | 53124 |
| EXPORT | -19364 | -586 | -13730 | -570 | -53 | -576 | -282260 | -14 | - | - | -52266 |
| INTL. MARINE BUNKERS | -4 | - | - | - | - | - | - | - | - | - | - |
| STOCK CHANGES | 4259 | 206 | 1583 | -43 | 95 | 23 | -5043 | 1064 | - | - | - |
| DOMESTIC SUPPLY | 333034 | 7882 | 93336 | 1474 | 149999 | 8269 | 1336004 | 136156 | 173234 | 203604 | 1396403 |
| RETURNS TO SUPPLY | - | - | - | - | - | - | - | - | - | - | - |
| TRANSFERS | - | - | - | - | - | - | - | - | - | - | - |
| DOMESTIC AVAILABILITY | 333034 | 7882 | 93336 | 1474 | 149999 | 8269 | 1336004 | 136156 | 173234 | 203604 | 1396403 |
| STATISTICAL DIFFERENCE | -3705 | 80 | -120 | -235 | 123 | 32 | -6062 | 856 | 379 | 124 | -1153 |
| TRANSFORM. SECTOR ** | 267838 | - | 28516 | 7 | 134884 | 948 | 328216 | 1512 | 42244 | 53988 | - |
| FOR SOLID FUELS | 126857 | - | 725 | - | 14503 | - | - | - | - | 1269 | - |
| FOR GASES | 2980 | - | 27628 | - | - | - | 64555 | - | 21518 | 1 | - |
| PETROLEUM REFINERIES | - | - | - | - | - | - | 2412 | - | - | - | - |
| THERMO-ELECTRIC PLANTS | 138001 | - | 163 | 7 | 120381 | 948 | 261249 | 1512 | 20726 | 52718 | - |
| ENERGY SECTOR | 4201 | 52 | 281 | 127 | 3840 | 76 | 52422 | 14410 | 70859 | 27041 | 220636 |
| COAL MINES | 3923 | - | - | - | 3840 | - | 731 | - | 277 | - | 20058 |
| OIL AND GAS EXTRACTION | - | - | - | - | - | - | 15621 | - | - | - | 360 |
| PETROLEUM REFINERIES | - | - | - | - | - | - | - | - | - | - | 19315 |
| ELECTRIC PLANTS | - | - | - | - | - | - | - | - | - | - | 68494 |
| DISTRIBUTION LOSSES | 98 | - | 25 | - | - | - | 33200 | 11512 | 1474 | 9808 | 99331 |
| PUMP STORAGE (ELECTR.) | - | - | - | - | - | - | - | - | - | - | 11287 |
| OTHER ENERGY SECTOR | 180 | 52 | 256 | 127 | - | 76 | 2870 | 2898 | 69108 | 17233 | 1791 |
| FINAL CONSUMPTION | 64700 | 7750 | 64659 | 1575 | 11152 | 7213 | 961428 | 119378 | 59752 | 122451 | 1176920 |
| INDUSTRY SECTOR | 32930 | 235 | 54942 | 199 | 7858 | 573 | 560070 | 23505 | 59749 | 122451 | 633657 |
| IRON AND STEEL | 6023 | 5 | 48055 | 179 | 339 | 150 | 115950 | 8617 | 50077 | 117658 | 100994 |
| CHEMICAL | 5749 | 2 | 1350 | - | 5631 | 214 | 205671 | 2171 | 5024 | - | 142244 |
| PETROCHEMICAL | 15 | - | 38 | - | - | - | - | - | - | - | 9106 |
| NON-FERROUS METAL | 1791 | - | 825 | - | 72 | 5 | 14475 | 1967 | - | - | 69505 |
| NON-METALLIC MINERAL | 4960 | 3 | 1159 | - | 46 | 59 | 88273 | 1661 | 631 | 146 | 41019 |
| PAPER PULP AND PRINT | 1802 | - | 41 | - | 198 | 41 | 26307 | 411 | - | - | 66177 |
| MINING AND QUARRYING | 238 | - | 112 | - | 22 | 2 | 5859 | 6 | 1538 | 50 | 12948 |
| FOOD AND TOBACCO | 1902 | - | 354 | - | 81 | 10 | 30755 | 1325 | - | - | 33422 |
| WOOD AND WOOD PRODUCTS | 1 | - | 1 | - | 2 | - | 412 | - | - | - | 8102 |
| MACHINERY | 181 | - | 755 | - | 41 | - | 23286 | 4245 | 527 | - | 64319 |
| TRANSPORT EQUIPMENT | 660 | - | 410 | - | - | - | 620 | - | - | - | 17724 |
| CONSTRUCTION | 25 | - | 20 | - | 12 | - | - | - | - | - | 4689 |
| TEXTILES AND LEATHER | 297 | - | 2 | - | 18 | - | 2879 | - | - | - | 29761 |
| NON SPECIFIED | 9286 | 225 | 1820 | 20 | 1396 | 92 | 45583 | 3102 | 1952 | 4597 | 33647 |
| NON-ENERGY USES: | | | | | | | | | | | |
| (1)ENERGY PRODUCTS | - | - | - | - | - | - | 696 | - | - | - | - |
| (2)NON-ENERGY PRODUCTS | - | - | - | - | - | - | - | - | - | - | - |
| TRANSPORT. SECTOR ** | 2227 | 37 | 178 | - | 206 | 112 | 1527 | - | - | - | 31776 |
| AIR TRANSPORT | - | - | - | - | - | - | - | - | - | - | - |
| ROAD TRANSPORT | - | - | - | - | - | - | 1527 | - | - | - | - |
| RAILWAYS | 2157 | 37 | 178 | - | 206 | 112 | - | - | - | - | 31776 |
| INTERNAL NAVIGATION | 70 | - | - | - | - | - | - | - | - | - | - |
| OTHER SECTORS ** | 29543 | 7478 | 9539 | 1376 | 3088 | 6528 | 399831 | 95873 | 3 | - | 511487 |
| AGRICULTURE | 80 | - | 50 | - | - | - | 18 | - | - | - | 18931 |
| PUBLIC SERVICES | 2030 | - | 530 | - | - | - | 8492 | 4432 | - | - | - |
| COMMERCE | 340 | - | 380 | - | - | - | 100396 | 16673 | 3 | - | 169013 |
| RESIDENTIAL | 23442 | 7476 | 8239 | 1300 | 3072 | 6506 | 290925 | 74640 | - | - | 301336 |

(1) INCLUDED IN CHEMICAL OR PETROCHEMICAL INDUSTRY
(2) INCLUDED ONLY IN TOTAL INDUSTRY

* OF WHICH: HYDRO 854775
NUCLEAR 173172
CONVENTIONAL THERMAL 3060902
GEOTHERMAL 6443

** INCLUDED IN THESE TOTALS ARE THE NON-SPECIFIED ELEMENTS

UNIT: 1000 METRIC TONS
UNITE: 1000 TONNES METRIQUES

| OIL / PETROLE | | | REFINERY GAS | LIQUEFIED PETROLEUM GASES | AVIATION GASOLINE | MOTOR GASOLINE | JET FUEL | KEROSENE | GAS/DIESEL OIL | RESIDUAL FUEL OIL | NAPHTHA | NON-ENERGY PRODUCTS |
|---|---|---|---|---|---|---|---|---|---|---|---|---|
| CRUDE BRUT | NGL GNL | FEEDST. | GAZ DE PETROLE | GAZ LIQUEFIES DE PETROLE | ESSENCE AVION | ESSENCE AUTO | CARBURANT REACTEUR | PETROLE LAMPANT | GAZ/DIESEL OIL | FUEL OIL RESIDUEL | NAPHTHA | PRODUITS NON-ENERGETIQUES |
| 12 | 13 | 14 | 15 | 16 | 17 | 18 | 19 | 20 | 21 | 22 | 23 | 24 |
| 18944 | - | - | 14944 | 13677 | 367 | 89527 | 21233 | 9126 | 216764 | 280092 | 39876 | 38337 |
| 417 | - | - | - | 321 | - | 356 | - | - | 40 | 14 | 143 | 331 |
| 723740 | - | - | - | 2182 | 277 | 14880 | 5191 | 1939 | 54143 | 44492 | 17644 | 11993 |
| -5140 | - | - | - | -2292 | -278 | -13955 | -6859 | -2352 | -46998 | -46639 | -13374 | -9591 |
| - | - | - | - | - | - | - | - | - | -7219 | -36261 | - | -294 |
| -3801 | - | - | -4 | -34 | 7 | -1629 | -290 | -234 | -925 | -14 | 763 | -613 |
| 734160 | - | - | 14940 | 13854 | 373 | 89179 | 19275 | 8479 | 215805 | 241684 | 45052 | 40163 |
| - | - | - | - | - | - | 1 | - | 260 | 200 | - | - | 434 |
| - | - | - | - | 545 | - | -139 | -83 | -242 | -1253 | - | -3803 | -124 |
| 734160 | - | - | 14940 | 14399 | 373 | 89041 | 19192 | 8497 | 214752 | 241684 | 41249 | 40473 |
| -9099 | - | - | -5 | 26 | -28 | 106 | 1496 | -454 | 1332 | 196 | 1257 | -354 |
| 743146 | - | - | 1130 | 1002 | - | - | - | 7 | 1819 | 84864 | 3588 | 881 |
| - | - | - | - | - | - | - | - | - | - | - | - | 804 |
| - | - | - | 653 | 1002 | - | - | - | - | 49. | 263 | 2993 | - |
| 743009 | - | - | - | - | - | - | - | - | - | 160 | - | - |
| 137 | - | - | 477 | - | - | - | - | 7 | 1770 | 84441 | 595 | 77 |
| - | - | - | 11675 | 12 | - | - | 15 | 5 | 138 | 12613 | 25 | 1347 |
| - | - | - | - | - | - | - | - | - | - | - | - | - |
| - | - | - | - | - | - | - | - | - | - | - | - | - |
| - | - | - | 11675 | 2 | - | - | - | - | 78 | 12573 | 5 | 1347 |
| - | - | - | - | - | - | - | - | - | - | - | - | - |
| - | - | - | - | 10 | - | - | 15 | 5 | 60 | 40 | 20 | - |
| - | - | - | - | - | - | - | - | - | - | - | - | - |
| - | - | - | - | - | - | - | - | - | - | - | - | - |
| 113 | - | - | 2140 | 13359 | 401 | 88935 | 17681 | 8939 | 211463 | 144011 | 36379 | 38599 |
| 113 | - | - | 2085 | 5633 | - | 189 | 8 | 847 | 27284 | 111868 | 36377 | 38524 |
| - | - | - | - | 210 | - | 3 | - | - | 1677 | 17045 | 122 | 2 |
| 48 | - | - | 215 | 230 | - | 2 | - | 32 | 1277 | 14169 | 148 | 78 |
| 65 | - | - | 1870 | 2185 | - | 7 | - | 772 | 1026 | 6098 | 35998 | - |
| - | - | - | - | 30 | - | - | - | - | 474 | 1413 | - | - |
| - | - | - | - | 270 | - | 1 | - | 6 | 3010 | 21260 | 8 | 34 |
| - | - | - | - | 25 | - | - | - | - | 554 | 9557 | - | 17 |
| - | - | - | - | 16 | - | - | - | - | 808 | 1055 | - | 150 |
| - | - | - | - | 21 | - | - | - | - | 1636 | 10960 | - | - |
| - | - | - | - | - | - | - | - | - | 107 | 545 | - | - |
| - | - | - | - | - | - | 50 | - | 10 | 1241 | 3791 | - | - |
| - | - | - | - | - | - | - | - | - | 341 | 1789 | - | - |
| - | - | - | - | - | - | - | - | - | 100 | - | - | - |
| - | - | - | - | - | - | - | - | - | - | - | - | - |
| - | - | - | - | 2646 | - | 126 | 8 | 27 | 15033 | 24186 | 101 | 102 |
| - | - | - | 205 | 1639 | - | - | - | 766 | 1034 | 2645 | 30670 | - |
| - | - | - | - | - | - | - | - | - | - | - | - | 38141 |
| - | - | - | - | 658 | 401 | 88031 | 17393 | 66 | 46463 | 2108 | - | - |
| - | - | - | - | - | 401 | - | 17393 | - | - | - | - | - |
| - | - | - | - | 648 | - | 87740 | - | 10 | 36587 | - | - | - |
| - | - | - | - | 4 | - | - | - | 17 | 3372 | 762 | - | - |
| - | - | - | - | 6 | - | 291 | - | 39 | 6504 | 1346 | - | - |
| - | - | - | 55 | 7068 | - | 715 | 280 | 8026 | 137716 | 30035 | 2 | 75 |
| - | - | - | - | 207 | - | 380 | - | 199 | 12150 | 1535 | - | - |
| - | - | - | - | - | - | - | 200 | 21 | 3466 | 2760 | - | - |
| - | - | - | - | - | - | 170 | - | - | 1198 | 620 | - | - |
| - | - | - | - | 6771 | - | 19 | - | 7484 | 117367 | 19666 | - | 32 |

## PRODUCTION AND USES OF ENERGY SOURCES : O.E.C.D. EUROPE

1974

| ENERGY SOURCES / PRODUCTION AND USES | UNIT: 1000 METRIC TONS / UNITE: 1000 TONNES METRIQUES | | | | | | TCAL / TCAL | MANUFACTURED GAS (TCAL) / GAZ MANUFACTURE (TCAL) | | | MILLIONS OF (DE) KWH |
|---|---|---|---|---|---|---|---|---|---|---|---|
| | HARD COAL / HOUILLE | PATENT FUEL / AGGLOMERES | COKE OVEN COKE / COKE DE FOUR | GAS COKE / COKE DE GAZ | BROWN COAL / LIGNITE | BKB / BRIQ. DE LIGNITE | NATURAL GAS / GAZ NATUREL | GAS WORKS / USINES A GAZ | COKE OVENS / COKERIES | BLAST FURNACES / HAUT FOURNEAUX | ELECTRICITY* / ELECTRICITE* |
| | 1 | 2 | 3 | 4 | 5 | 6 | 7 | 8 | 9 | 10 | 11 |
| PRODUCTION | 258395 | 7245 | 90532 | 1728 | 156670 | 6658 | 1441649 | 42878 | 171122 | 210195 | 1421586 |
| FROM OTHER SOURCES | 2312 | - | - | - | - | - | - | 65270 | - | - | - |
| IMPORT | 71295 | 414 | 16605 | 17 | 2044 | 2284 | 471523 | 16 | - | - | 54771 |
| EXPORT | -20682 | -345 | -17097 | -890 | -58 | -648 | -370782 | -13 | - | - | -52619 |
| INTL. MARINE BUNKERS | - | - | - | - | - | - | - | - | - | - | - |
| STOCK CHANGES | 8665 | 176 | 6414 | 256 | 112 | 38 | -17085 | 534 | - | - | - |
| DOMESTIC SUPPLY | 319985 | 7490 | 96454 | 1111 | 158768 | 8332 | 1525305 | 108685 | 171122 | 210195 | 1423738 |
| RETURNS TO SUPPLY | - | - | - | - | - | - | - | - | - | - | - |
| TRANSFERS | - | - | - | - | - | - | - | - | - | - | - |
| DOMESTIC AVAILABILITY | 319985 | 7490 | 96454 | 1111 | 158768 | 8332 | 1525305 | 108685 | 171122 | 210195 | 1423738 |
| STATISTICAL DIFFERENCE | -5546 | -18 | -384 | 34 | 97 | 87 | -2651 | -494 | 88 | 123 | 1580 |
| TRANSFORM. SECTOR ** | 258665 | - | 29396 | 7 | 142681 | 952 | 385477 | 2102 | 44857 | 59124 | - |
| FOR SOLID FUELS | 127467 | - | 731 | - | 14056 | - | - | - | - | 1483 | - |
| FOR GASES | 2581 | - | 28507 | 5 | - | - | 47272 | - | 24627 | 11 | - |
| PETROLEUM REFINERIES | - | - | - | - | - | - | 2287 | - | - | - | - |
| THERMO-ELECTRIC PLANTS | 128617 | - | 158 | 2 | 128625 | 952 | 335918 | 2102 | 20230 | 57630 | - |
| ENERGY SECTOR | 3843 | 48 | 238 | 99 | 3636 | 122 | 49984 | 10602 | 71961 | 27704 | 214238 |
| COAL MINES | 3558 | - | - | - | 3636 | - | 680 | - | 252 | - | 19272 |
| OIL AND GAS EXTRACTION | - | - | - | - | - | - | 15470 | - | - | - | 368 |
| PETROLEUM REFINERIES | - | - | - | - | - | - | - | - | - | - | 18194 |
| ELECTRIC PLANTS | - | - | - | - | - | - | - | - | - | - | 67433 |
| DISTRIBUTION LOSSES | 115 | - | 23 | - | - | - | 30809 | 8011 | 1406 | 9063 | 95349 |
| PUMP STORAGE (ELECTR.) | - | - | - | - | - | - | - | - | - | - | 11363 |
| OTHER ENERGY SECTOR | 170 | 48 | 215 | 99 | - | 122 | 3025 | 2591 | 70303 | 18641 | 2259 |
| FINAL CONSUMPTION | 63023 | 7460 | 67204 | 971 | 12354 | 7171 | 1092495 | 96475 | 54216 | 123244 | 1207920 |
| INDUSTRY SECTOR | 32058 | 156 | 57383 | 138 | 8763 | 622 | 621336 | 27193 | 54192 | 123244 | 649127 |
| IRON AND STEEL | 5899 | 7 | 50922 | 106 | 355 | 172 | 126817 | 13691 | 44267 | 117878 | 102513 |
| CHEMICAL | 6018 | - | 1502 | - | 3459 | 255 | 222799 | 3328 | 5317 | - | 147438 |
| PETROCHEMICAL | - | - | 29 | - | - | - | - | - | - | - | 9010 |
| NON-FERROUS METAL | 1781 | - | 992 | - | 69 | 8 | 16620 | 1727 | - | - | 76394 |
| NON-METALLIC MINERAL | 5116 | 3 | 1205 | - | 157 | 44 | 96854 | 1862 | 478 | 141 | 41044 |
| PAPER PULP AND PRINT | 1668 | - | 34 | - | 330 | 36 | 30368 | 352 | - | - | 67065 |
| MINING AND QUARRYING | 116 | - | 96 | - | 62 | 2 | 7557 | 6 | 1444 | 70 | 13506 |
| FOOD AND TOBACCO | 1840 | - | 369 | - | 86 | 19 | 35827 | 1098 | - | - | 34625 |
| WOOD AND WOOD PRODUCTS | 8 | - | 1 | - | - | - | 380 | - | - | - | 8222 |
| MACHINERY | 159 | - | 841 | - | 30 | - | 28795 | 2687 | 779 | - | 65364 |
| TRANSPORT EQUIPMENT | 650 | - | 376 | - | - | - | 800 | - | - | - | 17791 |
| CONSTRUCTION | 27 | - | 11 | - | 12 | - | - | - | - | - | 4776 |
| TEXTILES AND LEATHER | 266 | - | 2 | - | 13 | - | 2874 | - | - | - | 29540 |
| NON SPECIFIED | 8510 | 146 | 1003 | 32 | 4190 | 86 | 51645 | 2442 | 1907 | 5155 | 31839 |
| NON-ENERGY USES: | | | | | | | | | | | |
| (1)ENERGY PRODUCTS | - | - | - | - | - | - | 737 | - | - | - | - |
| (2)NON-ENERGY PRODUCTS | - | - | - | - | - | - | - | - | - | - | - |
| TRANSPORT. SECTOR ** | 1815 | 38 | 142 | - | 210 | 120 | 2034 | - | - | - | 32847 |
| AIR TRANSPORT | - | - | - | - | - | - | - | - | - | - | - |
| ROAD TRANSPORT | - | - | - | - | - | - | 2034 | - | - | - | - |
| RAILWAYS | 1724 | 38 | 142 | - | 210 | 120 | - | - | - | - | 32847 |
| INTERNAL NAVIGATION | 91 | - | - | - | - | - | - | - | - | - | - |
| OTHER SECTORS ** | 29150 | 7266 | 9679 | 833 | 3381 | 6429 | 469125 | 69282 | 24 | - | 525946 |
| AGRICULTURE | 60 | - | 40 | - | - | - | 27 | - | - | - | 19242 |
| PUBLIC SERVICES | 1870 | - | 580 | - | - | - | 11090 | 2544 | - | - | - |
| COMMERCE | 460 | - | 350 | - | - | - | 114753 | 12135 | 24 | - | 173741 |
| RESIDENTIAL | 23343 | 7264 | 8419 | 793 | 3368 | 6409 | 342955 | 54469 | - | - | 312627 |

(1) INCLUDED IN CHEMICAL OR PETROCHEMICAL INDUSTRY
(2) INCLUDED ONLY IN TOTAL INDUSTRY

** INCLUDED IN THESE TOTALS ARE THE NON-SPECIFIED ELEMENTS

| * OF WHICH: | |
|---|---|
| HYDRO | 810839 |
| NUCLEAR | 93953 |
| CONVENTIONAL THERMAL | 2618067 |
| GEOTHERMAL | 4506 |

# PRODUCTION ET UTILISATION DES SOURCES D ENERGIE : O.C.D.E. EUROPE

1974

UNIT: 1000 METRIC TONS
UNITE: 1000 TONNES METRIQUES

| OIL / PETROLE: CRUDE / BRUT 12 | OIL / PETROLE: NGL / GNL 13 | OIL / PETROLE: FEEDST. 14 | REFINERY GAS / GAZ DE PETROLE 15 | LIQUEFIED PETROLEUM GASES / GAZ LIQUEFIES DE PETROLE 16 | AVIATION GASOLINE / ESSENCE AVION 17 | MOTOR GASOLINE / ESSENCE AUTO 18 | JET FUEL / CARBURANT REACTEUR 19 | KEROSENE / PETROLE LAMPANT 20 | GAS/DIESEL OIL / GAZ/DIESEL OIL 21 | RESIDUAL FUEL OIL / FUEL OIL RESIDUEL 22 | NAPHTHA / NAPHTHA 23 | NON-ENERGY PRODUCTS / PRODUITS NON-ENERGETIQUES 24 |
|---|---|---|---|---|---|---|---|---|---|---|---|---|
| 19183 | - | - | 14487 | 13229 | 325 | 87006 | 19651 | 7669 | 202347 | 261710 | 37570 | 35878 |
| 510 | - | - | - | 312 | - | 401 | - | - | 70 | 11 | 151 | 322 |
| 687780 | - | - | - | 2160 | 276 | 13194 | 4723 | 1319 | 48316 | 42397 | 18595 | 12061 |
| -6528 | - | - | -21 | -2056 | -272 | -14654 | -6193 | -1800 | -40647 | -34269 | -12506 | -9455 |
| - | - | - | - | - | - | - | - | - | -6150 | -31309 | - | -287 |
| -10776 | - | - | -1 | -81 | -14 | -208 | -113 | -325 | -9585 | -5093 | -693 | -270 |
| 690169 | - | - | 14465 | 13564 | 315 | 85739 | 18068 | 6863 | 194351 | 233447 | 43117 | 38249 |
| - | - | - | 371 | 159 | - | 8 | 61 | 285 | 223 | - | 19 | 473 |
| - | - | - | - | 463 | - | -225 | -31 | -113 | -850 | - | -4886 | -205 |
| 690169 | - | - | 14836 | 14186 | 315 | 85522 | 18098 | 7035 | 193724 | 233447 | 38250 | 38517 |
| -9234 | - | - | 85 | 403 | 41 | 7 | 1286 | -256 | 2365 | 1153 | 518 | 289 |
| 699340 | - | - | 741 | 734 | - | - | - | - | 1663 | 86116 | 2217 | 786 |
| - | - | - | - | - | - | - | - | - | - | - | - | 748 |
| - | - | - | 423 | 734 | - | - | - | - | 32 | 205 | 2049 | - |
| 699180 | - | - | - | - | - | - | - | - | - | 606 | - | - |
| 160 | - | - | 318 | - | - | - | - | - | 1631 | 85305 | 168 | 38 |
| - | - | - | 11304 | 18 | - | - | 15 | 5 | 255 | 14385 | 49 | 1170 |
| - | - | - | - | - | - | - | - | - | - | - | - | - |
| - | - | - | - | - | - | - | - | - | - | - | - | - |
| - | - | - | 11304 | 8 | - | - | - | - | 195 | 14345 | 29 | 1170 |
| - | - | - | - | - | - | - | - | - | - | - | - | - |
| - | - | - | - | 10 | - | - | 15 | 5 | 60 | 40 | 20 | - |
| - | - | - | - | - | - | - | - | - | - | - | - | - |
| - | - | - | - | - | - | - | - | - | - | - | - | - |
| 63 | - | - | 2706 | 13031 | 274 | 85515 | 16797 | 7286 | 189441 | 131793 | 35466 | 36272 |
| 63 | - | - | 2677 | 5350 | - | 79 | 28 | 1006 | 24437 | 104367 | 35464 | 36199 |
| - | - | - | - | 179 | - | 1 | - | - | 1442 | 15571 | 76 | 1 |
| 54 | - | - | 440 | 266 | - | 1 | - | 31 | 1132 | 13185 | 239 | 58 |
| 9 | - | - | 2237 | 2273 | - | 5 | - | 937 | 1264 | 5595 | 35071 | - |
| - | - | - | - | 39 | - | - | - | - | 435 | 1521 | - | - |
| - | - | - | - | 263 | - | - | - | 5 | 2382 | 20851 | - | 27 |
| - | - | - | - | 27 | - | - | - | - | 512 | 9044 | - | 19 |
| - | - | - | - | 15 | - | - | - | - | 737 | 1151 | - | 150 |
| - | - | - | - | 23 | - | - | - | - | 1614 | 11345 | - | - |
| - | - | - | - | - | - | - | - | - | 120 | 401 | - | - |
| - | - | - | - | - | - | 50 | - | 10 | 1320 | 3517 | - | - |
| - | - | - | - | - | - | - | - | - | 322 | 1737 | - | - |
| - | - | - | - | - | - | - | - | - | - | - | - | - |
| - | - | - | - | - | - | - | - | - | - | - | - | - |
| - | - | - | - | 2265 | - | 22 | 28 | 23 | 13157 | 20449 | 78 | 66 |
| - | - | - | 144 | 1796 | - | - | - | 928 | 1271 | 2619 | 29412 | - |
| - | - | - | - | - | - | - | - | - | - | - | - | 35878 |
| - | - | - | - | 785 | 274 | 84715 | 16514 | 79 | 45431 | 2490 | - | - |
| - | - | - | - | - | 274 | - | 16514 | - | - | - | - | - |
| - | - | - | - | 772 | - | 84645 | - | 19 | 35651 | - | - | - |
| - | - | - | - | 5 | - | - | - | 17 | 3314 | 685 | - | - |
| - | - | - | - | 8 | - | 70 | - | 43 | 6466 | 1805 | - | - |
| - | - | - | 29 | 6896 | - | 721 | 255 | 6201 | 119573 | 24936 | 2 | 73 |
| - | - | - | - | 201 | - | 322 | - | 185 | 12290 | 1353 | - | - |
| - | - | - | - | - | - | - | 175 | 4 | 3254 | 2377 | - | - |
| - | - | - | - | - | - | 170 | - | - | 1063 | 552 | - | - |
| - | - | - | - | 6616 | - | 21 | - | 5742 | 100511 | 16352 | - | 26 |

## PRODUCTION AND USES OF ENERGY SOURCES : O.E.C.D. EUROPE

1975

| ENERGY SOURCES / PRODUCTION AND USES | UNIT: 1000 METRIC TONS / UNITE: 1000 TONNES METRIQUES | | | | | | TCAL / TCAL | MANUFACTURED GAS (TCAL) / GAZ MANUFACTURE (TCAL) | | | MILLIONS OF (DE) KWH |
|---|---|---|---|---|---|---|---|---|---|---|---|
| | HARD COAL / HOUILLE | PATENT FUEL / AGGLOMERES | COKE OVEN COKE / COKE DE FOUR | GAS COKE / COKE DE GAZ | BROWN COAL / LIGNITE | BKB / BRIQ. DE LIGNITE | NATURAL GAS / GAZ NATUREL | GAS WORKS / USINES A GAZ | COKE OVENS / COKERIES | BLAST FURNACES / HAUT FOURNEAUX | ELECTRICITY* / ELECTRICITE* |
| | 1 | 2 | 3 | 4 | 5 | 6 | 7 | 8 | 9 | 10 | 11 |
| PRODUCTION | 272883 | 6086 | 87214 | 1379 | 159316 | 5719 | 1492096 | 32770 | 165202 | 173860 | 1420361 |
| FROM OTHER SOURCES | 2095 | - | - | - | - | - | - | 47282 | - | - | - |
| IMPORT | 71489 | 359 | 11860 | 14 | 2071 | 1785 | 556413 | 16 | - | - | 59414 |
| EXPORT | -17428 | -303 | -10951 | -671 | -35 | -478 | -416224 | -11 | - | - | -60289 |
| INTL. MARINE BUNKERS | - | - | - | - | - | - | - | - | - | - | - |
| STOCK CHANGES | -20044 | -70 | -9074 | -36 | -789 | -3 | -12252 | 69 | - | - | - |
| DOMESTIC SUPPLY | 308995 | 6072 | 79049 | 686 | 160563 | 7023 | 1620033 | 80126 | 165202 | 173860 | 1419486 |
| RETURNS TO SUPPLY | - | - | - | - | - | - | - | - | - | - | - |
| TRANSFERS | - | - | - | - | - | - | - | - | - | - | - |
| DOMESTIC AVAILABILITY | 308995 | 6072 | 79049 | 686 | 160563 | 7023 | 1620033 | 80126 | 165202 | 173860 | 1419486 |
| STATISTICAL DIFFERENCE | -1050 | -27 | -614 | - | 510 | 91 | -4188 | -759 | 509 | 2674 | 4131 |
| TRANSFORM. SECTOR ** | 253704 | 12 | 24905 | 4 | 151238 | 931 | 384044 | 2563 | 42243 | 46720 | - |
| FOR SOLID FUELS | 122408 | 3 | 678 | - | 14040 | - | - | - | - | 1342 | - |
| FOR GASES | 2144 | - | 24007 | 4 | - | - | 33452 | - | 23379 | 7 | - |
| PETROLEUM REFINERIES | - | - | - | - | - | - | 2796 | - | - | - | - |
| THERMO-ELECTRIC PLANTS | 129152 | 9 | 220 | - | 137198 | 931 | 347796 | 2563 | 18864 | 45371 | - |
| ENERGY SECTOR | 4035 | 39 | 183 | 84 | 608 | 60 | 53462 | 9436 | 70696 | 21516 | 216699 |
| COAL MINES | 3740 | 1 | 31 | - | 608 | - | 731 | - | 302 | - | 19869 |
| OIL AND GAS EXTRACTION | - | - | - | - | - | - | 22551 | - | - | - | 434 |
| PETROLEUM REFINERIES | - | - | - | - | - | - | - | - | - | - | 16842 |
| ELECTRIC PLANTS | - | - | - | - | - | - | - | - | - | - | 67096 |
| DISTRIBUTION LOSSES | 98 | - | 20 | - | - | - | 26742 | 7612 | 2107 | 7086 | 100432 |
| PUMP STORAGE (ELECTR.) | - | - | - | - | - | - | - | - | - | - | 9498 |
| OTHER ENERGY SECTOR | 197 | 38 | 132 | 84 | - | 60 | 3438 | 1824 | 68287 | 14430 | 2528 |
| FINAL CONSUMPTION | 52306 | 6048 | 54575 | 598 | 8207 | 5941 | 1186715 | 68886 | 51754 | 102950 | 1198656 |
| INDUSTRY SECTOR | 26459 | 114 | 46930 | 42 | 4785 | 535 | 629528 | 21831 | 51751 | 102950 | 617924 |
| IRON AND STEEL | 5037 | 2 | 41488 | 36 | 332 | 73 | 113686 | 12074 | 41732 | 99109 | 95756 |
| CHEMICAL | 4903 | - | 1505 | - | 3136 | 259 | 230459 | 2924 | 5503 | 9 | 137558 |
| PETROCHEMICAL | - | - | - | - | - | - | - | - | - | - | 9698 |
| NON-FERROUS METAL | 1588 | - | 772 | - | 53 | 8 | 17562 | 1390 | - | - | 73012 |
| NON-METALLIC MINERAL | 4942 | 3 | 930 | - | 85 | 53 | 98782 | 1375 | 555 | 123 | 39635 |
| PAPER PULP AND PRINT | 1489 | - | 25 | - | 407 | 29 | 29684 | 169 | - | - | 61838 |
| MINING AND QUARRYING | 161 | - | 101 | - | 7 | 1 | 7495 | 5 | 1565 | 98 | 13310 |
| FOOD AND TOBACCO | 1458 | 1 | 367 | - | 112 | 16 | 40103 | 696 | - | - | 36073 |
| WOOD AND WOOD PRODUCTS | 38 | - | 1 | - | 4 | 8 | 540 | - | - | - | 8184 |
| MACHINERY | 213 | - | 681 | - | 82 | 29 | 31246 | 1264 | 790 | 9 | 64039 |
| TRANSPORT EQUIPMENT | 748 | - | 234 | - | 22 | 19 | 800 | - | - | - | 18747 |
| CONSTRUCTION | - | - | - | - | - | - | - | - | - | - | 5100 |
| TEXTILES AND LEATHER | 144 | - | 2 | - | 20 | - | 2787 | - | - | - | 28958 |
| NON SPECIFIED | 5738 | 108 | 824 | 6 | 525 | 40 | 56384 | 1934 | 1606 | 3602 | 26016 |
| NON-ENERGY USES: | | | | | | | | | | | |
| (1)ENERGY PRODUCTS | - | - | - | - | - | - | 846 | - | - | - | - |
| (2)NON-ENERGY PRODUCTS | - | - | - | - | - | - | - | - | - | - | - |
| TRANSPORT. SECTOR ** | 1329 | 28 | 164 | - | 51 | 132 | 2884 | - | - | - | 34013 |
| AIR TRANSPORT | - | - | - | - | - | - | - | - | - | - | - |
| ROAD TRANSPORT | - | - | - | - | - | - | 2884 | - | - | - | - |
| RAILWAYS | 1258 | 28 | 161 | - | 51 | 132 | - | - | - | - | 34013 |
| INTERNAL NAVIGATION | 71 | - | 3 | - | - | - | - | - | - | - | - |
| OTHER SECTORS ** | 24518 | 5906 | 7481 | 556 | 3371 | 5274 | 554303 | 47055 | 3 | - | 546719 |
| AGRICULTURE | 41 | - | 30 | - | - | - | 37 | - | - | - | 19648 |
| PUBLIC SERVICES | 1490 | 1 | 465 | - | - | - | 13860 | 1201 | - | - | - |
| COMMERCE | 351 | - | 257 | - | - | - | 129656 | 8758 | 3 | - | 174139 |
| RESIDENTIAL | 19410 | 5903 | 6055 | 516 | 3340 | 5256 | 410450 | 36966 | - | - | 326567 |

(1) INCLUDED IN CHEMICAL OR PETROCHEMICAL INDUSTRY
(2) INCLUDED ONLY IN TOTAL INDUSTRY

** INCLUDED IN THESE TOTALS ARE THE NON-SPECIFIED ELEMENTS

| * OF WHICH: HYDRO | 851145 |
|---|---|
| NUCLEAR | 127058 |
| CONVENTIONAL THERMAL | 2830606 |
| GEOTHERMAL | 5394 |

PRODUCTION ET UTILISATION DES SOURCES D ENERGIE : O.C.D.E. EUROPE

1975

UNIT: 1000 METRIC TONS
UNITE: 1000 TONNES METRIQUES

| OIL / PETROLE: CRUDE / BRUT 12 | OIL / PETROLE: NGL / GNL 13 | OIL / PETROLE: FEEDST. 14 | REFINERY GAS / GAZ DE PETROLE 15 | LIQUEFIED PETROLEUM GASES / GAZ LIQUEFIES DE PETROLE 16 | AVIATION GASOLINE / ESSENCE AVION 17 | MOTOR GASOLINE / ESSENCE AUTO 18 | JET FUEL / CARBURANT REACTEUR 19 | KEROSENE / PETROLE LAMPANT 20 | GAS/DIESEL OIL / GAZ/DIESEL OIL 21 | RESIDUAL FUEL OIL / FUEL OIL RESIDUEL 22 | NAPHTHA / NAPHTHA 23 | NON-ENERGY PRODUCTS / PRODUITS NON-ENERGETIQUES 24 |
|---|---|---|---|---|---|---|---|---|---|---|---|---|
| 27207 | - | - | 14779 | 12242 | 238 | 88023 | 19439 | 6096 | 175805 | 231003 | 26057 | 34202 |
| 351 | - | - | 3 | 564 | - | 466 | - | - | 32 | 25 | 183 | 103 |
| 588594 | - | - | - | 2629 | 276 | 14646 | 4986 | 1295 | 49073 | 42324 | 15059 | 10232 |
| -12229 | - | - | - | -2069 | -226 | -14236 | -6086 | -1558 | -35309 | -29468 | -9057 | -7750 |
| - | - | - | - | - | - | - | -15 | - | -6068 | -29235 | - | -275 |
| 2002 | - | - | 2 | 11 | 29 | 856 | -257 | 647 | 9297 | -2153 | 1579 | 253 |
| 605925 | - | - | 14784 | 13377 | 317 | 89755 | 18067 | 6480 | 192830 | 212496 | 33821 | 36765 |
| 162 | - | - | 338 | 122 | - | 4 | 94 | 303 | 206 | 236 | -427 | 224 |
| - | - | - | - | 310 | - | 155 | -63 | -143 | - | - | -3417 | -720 |
| 606087 | - | - | 15122 | 13809 | 317 | 89914 | 18098 | 6640 | 193036 | 212732 | 29977 | 36269 |
| -8464 | - | - | -93 | 39 | 24 | -805 | 1383 | -68 | 590 | 615 | 773 | -137 |
| 614455 | - | - | 567 | 644 | - | 2 | - | - | 1421 | 72818 | 1394 | 726 |
| - | - | - | - | - | - | - | - | - | - | - | - | 663 |
| - | - | - | 242 | 644 | - | - | - | - | 32 | 216 | 1301 | - |
| 614273 | - | - | - | - | - | - | - | - | - | 62 | - | - |
| 182 | - | - | 325 | - | - | 2 | - | - | 1389 | 72540 | 93 | 63 |
| - | - | - | 12277 | 274 | - | 13 | 15 | 10 | 157 | 19042 | 26 | 1524 |
| - | - | - | - | - | - | - | - | - | - | - | - | - |
| - | - | - | - | - | - | - | - | - | - | - | - | - |
| - | - | - | 12277 | 256 | - | 13 | - | - | 97 | 19003 | 6 | 1523 |
| - | - | - | - | - | - | - | - | - | - | - | - | - |
| - | - | - | - | 18 | - | - | 15 | 10 | 60 | 39 | 20 | 1 |
| - | - | - | - | - | - | - | - | - | - | - | - | - |
| - | - | - | - | - | - | - | - | - | - | - | - | - |
| 96 | - | - | 2371 | 12852 | 293 | 90704 | 16700 | 6698 | 190868 | 120257 | 27784 | 34156 |
| 96 | - | - | 2345 | 4855 | 1 | 123 | 10 | 937 | 24001 | 91897 | 27782 | 34092 |
| - | - | - | - | 179 | - | 1 | - | - | 1126 | 13302 | 28 | 2 |
| 22 | - | - | 193 | 241 | - | 1 | - | 29 | 958 | 10772 | 181 | 56 |
| 61 | - | - | 2152 | 1624 | - | 17 | - | 830 | 1538 | 5977 | 27549 | - |
| - | - | - | - | 46 | - | - | - | - | 376 | 1552 | - | - |
| - | - | - | - | 284 | - | - | - | 6 | 1996 | 18619 | - | 27 |
| - | - | - | - | 45 | - | - | - | - | 589 | 8641 | - | 8 |
| - | - | - | - | 14 | - | - | - | - | 713 | 957 | - | 128 |
| - | - | - | - | 47 | - | 1 | - | 1 | 1655 | 10464 | - | 1 |
| - | - | - | - | 2 | - | - | - | - | 146 | 398 | - | 1 |
| - | - | - | - | 2 | - | 44 | - | 10 | 1320 | 3399 | - | - |
| - | - | - | - | 3 | - | 15 | - | - | 292 | 999 | - | - |
| - | - | - | - | - | - | - | - | - | - | - | - | - |
| - | - | - | - | - | - | - | - | - | - | - | - | - |
| 13 | - | - | - | 2368 | 1 | 44 | 10 | 61 | 13292 | 16817 | 24 | 69 |
| - | - | - | 149 | 1331 | - | - | - | 826 | 1548 | 2441 | 23130 | - |
| - | - | - | - | - | - | - | - | - | - | - | - | 33800 |
| - | - | - | - | 849 | 292 | 89765 | 16398 | 79 | 46417 | 2051 | - | 3 |
| - | - | - | - | - | 292 | - | 16393 | - | - | - | - | 1 |
| - | - | - | - | 844 | - | 89686 | 5 | 50 | 36591 | 1 | - | 2 |
| - | - | - | - | 5 | - | - | - | 16 | 3177 | 644 | - | - |
| - | - | - | - | - | - | 79 | - | 13 | 6649 | 1406 | - | - |
| - | - | - | 26 | 7148 | - | 816 | 292 | 5682 | 120450 | 26309 | 2 | 61 |
| - | - | - | - | 188 | - | 418 | - | 146 | 12507 | 1401 | - | - |
| - | - | - | - | 5 | - | - | 210 | 29 | 3484 | 2222 | - | 1 |
| - | - | - | - | 46 | - | 171 | - | 39 | 1067 | 541 | - | - |
| - | - | - | - | 6816 | - | 39 | - | 5264 | 100394 | 15689 | 2 | 20 |

## PRODUCTION AND USES OF ENERGY SOURCES : O.E.C.D. EUROPE

1976

| ENERGY SOURCES / PRODUCTION AND USES | UNIT: 1000 METRIC TONS / UNITE: 1000 TONNES METRIQUES | | | | | | TCAL / TCAL | MANUFACTURED GAS (TCAL) / GAZ MANUFACTURE (TCAL) | | | MILLIONS OF (DE) KWH |
|---|---|---|---|---|---|---|---|---|---|---|---|
| | HARD COAL / HOUILLE | PATENT FUEL / AGGLOMERES | COKE OVEN COKE / COKE DE FOUR | GAS COKE / COKE DE GAZ | BROWN COAL / LIGNITE | BKB / BRIQ. DE LIGNITE | NATURAL GAS / GAZ NATUREL | GAS WORKS / USINES A GAZ | COKE OVENS / COKERIES | BLAST FURNACES / HAUT FOURNEAUX | ELECTRICITY* / ELECTRICITE* |
| | 1 | 2 | 3 | 4 | 5 | 6 | 7 | 8 | 9 | 10 | 11 |
| PRODUCTION | 263599 | 5338 | 84769 | 1086 | 175843 | 5207 | 1575028 | 24664 | 159614 | 175929 | 1523604 |
| FROM OTHER SOURCES | 3093 | - | - | - | - | - | - | 13530 | 1432 | - | - |
| IMPORT | 71651 | 287 | 11239 | - | 1932 | 1687 | 653479 | 14 | - | - | 61957 |
| EXPORT | -15418 | -247 | -11036 | -609 | -40 | -450 | -459812 | -13 | - | - | -61616 |
| INTL. MARINE BUNKERS | - | - | - | - | - | - | - | - | - | - | - |
| STOCK CHANGES | -2020 | 34 | -5517 | 63 | 244 | 72 | -17917 | 434 | - | - | - |
| DOMESTIC SUPPLY | 320905 | 5412 | 79455 | 540 | 177979 | 6516 | 1750778 | 38629 | 161046 | 175929 | 1523945 |
| RETURNS TO SUPPLY | - | - | - | - | - | - | - | - | - | - | - |
| TRANSFERS | - | - | - | - | - | - | - | - | - | - | - |
| DOMESTIC AVAILABILITY | 320905 | 5412 | 79455 | 540 | 177979 | 6516 | 1750778 | 38629 | 161046 | 175929 | 1523945 |
| STATISTICAL DIFFERENCE | 263 | 10 | -960 | 1 | 242 | 39 | -1036 | -126 | -17 | 1403 | 3667 |
| TRANSFORM. SECTOR ** | 269045 | 19 | 25650 | 5 | 168793 | 886 | 379619 | 141 | 25292 | 48423 | - |
| FOR SOLID FUELS | 118366 | 7 | 706 | - | 12757 | - | - | - | - | 1496 | - |
| FOR GASES | 1531 | - | 24853 | 5 | - | - | 18927 | - | 2529 | 6 | - |
| PETROLEUM REFINERIES | - | - | - | - | - | - | 3055 | - | - | - | - |
| THERMO-ELECTRIC PLANTS | 149148 | 12 | 91 | - | 156036 | 886 | 357637 | 141 | 22763 | 46921 | - |
| ENERGY SECTOR | 3423 | 29 | 202 | 77 | 474 | 99 | 54058 | 4974 | 67948 | 23555 | 235219 |
| COAL MINES | 3292 | - | 20 | - | 474 | - | 756 | - | 938 | - | 20065 |
| OIL AND GAS EXTRACTION | - | - | - | - | - | - | 24071 | - | - | - | 449 |
| PETROLEUM REFINERIES | - | - | - | - | - | - | 255 | - | 68 | - | 19276 |
| ELECTRIC PLANTS | - | - | - | - | - | - | 485 | - | - | - | 74416 |
| DISTRIBUTION LOSSES | - | - | 15 | - | - | - | 24800 | 3238 | 1902 | 8998 | 105404 |
| PUMP STORAGE (ELECTR.) | - | - | - | - | - | - | - | - | - | - | 13038 |
| OTHER ENERGY SECTOR | 131 | 29 | 167 | 77 | - | 99 | 3691 | 1736 | 65040 | 14557 | 2571 |
| FINAL CONSUMPTION | 48174 | 5354 | 54563 | 457 | 8470 | 5492 | 1318137 | 33640 | 67823 | 102548 | 1285059 |
| INDUSTRY SECTOR | 24153 | 112 | 47774 | 5 | 4922 | 518 | 674577 | 3601 | 64432 | 102548 | 662248 |
| IRON AND STEEL | 4950 | 13 | 42370 | - | 48 | 9 | 109135 | 809 | 48360 | 97427 | 105715 |
| CHEMICAL | 4460 | - | 1476 | - | 3531 | 307 | 244549 | 48 | 5971 | 10 | 150819 |
| PETROCHEMICAL | - | - | - | - | - | - | - | - | - | - | 10598 |
| NON-FERROUS METAL | 1634 | - | 726 | - | 49 | 8 | 19674 | 93 | 581 | - | 76843 |
| NON-METALLIC MINERAL | 4609 | 3 | 872 | - | 79 | 64 | 103489 | 236 | 1542 | 94 | 43457 |
| PAPER PULP AND PRINT | 1337 | - | 20 | - | 423 | 29 | 32501 | 138 | - | - | 64526 |
| MINING AND QUARRYING | 133 | - | 89 | - | 10 | 1 | 7856 | 3 | 36 | 124 | 13652 |
| FOOD AND TOBACCO | 1356 | 1 | 351 | - | 101 | 11 | 42557 | 350 | 360 | - | 38987 |
| WOOD AND WOOD PRODUCTS | 42 | - | 1 | - | 3 | 9 | 630 | 9 | - | - | 9173 |
| MACHINERY | 214 | - | 582 | - | 79 | 30 | 36238 | 498 | 1472 | 10 | 67283 |
| TRANSPORT EQUIPMENT | 815 | - | 184 | - | 7 | 15 | 1662 | 17 | 2060 | - | 19866 |
| CONSTRUCTION | - | - | - | - | - | - | - | - | - | - | 5442 |
| TEXTILES AND LEATHER | 176 | - | 1 | - | 20 | - | 2915 | 15 | 136 | - | 32834 |
| NON SPECIFIED | 4427 | 95 | 1102 | 5 | 572 | 35 | 73371 | 1385 | 3914 | 4883 | 23053 |
| NON-ENERGY USES: | | | | | | | | | | | |
| (1)ENERGY PRODUCTS | - | - | - | - | - | - | 1156 | - | - | - | - |
| (2)NON-ENERGY PRODUCTS | - | - | - | - | - | - | - | - | - | - | - |
| TRANSPORT. SECTOR ** | 1024 | 20 | 164 | - | 40 | 131 | 3358 | 26 | - | - | 34810 |
| AIR TRANSPORT | - | - | - | - | - | - | - | - | - | - | - |
| ROAD TRANSPORT | - | - | - | - | - | - | 3358 | - | - | - | - |
| RAILWAYS | 966 | 20 | 164 | - | 40 | 131 | - | 26 | - | - | 34810 |
| INTERNAL NAVIGATION | 58 | - | - | - | - | - | - | - | - | - | - |
| OTHER SECTORS ** | 22997 | 5222 | 6625 | 452 | 3508 | 4843 | 640202 | 30013 | 3391 | - | 588001 |
| AGRICULTURE | 30 | - | 25 | - | - | - | 55 | - | - | - | 21180 |
| PUBLIC SERVICES | 1691 | - | 424 | - | - | - | 16934 | 397 | - | - | - |
| COMMERCE | 261 | 1 | 219 | - | - | - | 153464 | 5875 | - | - | 193474 |
| RESIDENTIAL | 19866 | 5217 | 5743 | 420 | 3481 | 4826 | 469521 | 23604 | - | - | 344843 |

(1) INCLUDED IN CHEMICAL OR PETROCHEMICAL INDUSTRY
(2) INCLUDED ONLY IN TOTAL INDUSTRY

** INCLUDED IN THESE TOTALS ARE THE NON-SPECIFIED ELEMENTS

| * OF WHICH: HYDRO | 810839 |
|---|---|
| NUCLEAR | 93953 |
| CONVENTIONAL THERMAL | 2618067 |
| GEOTHERMAL | 4506 |

UNIT: 1000 METRIC TONS
UNITE: 1000 TONNES METRIQUES

| OIL / PETROLE: CRUDE / BRUT 12 | OIL / PETROLE: NGL / GNL 13 | OIL / PETROLE: FEEDST. 14 | REFINERY GAS / GAZ DE PETROLE 15 | LIQUEFIED PETROLEUM GASES / GAZ LIQUEFIES DE PETROLE 16 | AVIATION GASOLINE / ESSENCE AVION 17 | MOTOR GASOLINE / ESSENCE AUTO 18 | JET FUEL / CARBURANT REACTEUR 19 | KEROSENE / PETROLE LAMPANT 20 | GAS/DIESEL OIL / GAZ/DIESEL OIL 21 | RESIDUAL FUEL OIL / FUEL OIL RESIDUEL 22 | NAPHTHA / NAPHTHA 23 | NON-ENERGY PRODUCTS / PRODUITS NON-ENERGETIQUES 24 |
|---|---|---|---|---|---|---|---|---|---|---|---|---|
| 40878 | - | - | 16125 | 13394 | 278 | 94568 | 19785 | 6744 | 195452 | 244697 | 34455 | 36445 |
| 621 | - | - | 59 | 684 | - | 368 | - | - | 28 | 60 | 240 | 195 |
| 647496 | - | - | - | 2985 | 245 | 14833 | 5462 | 1610 | 54306 | 40232 | 17540 | 10467 |
| -20421 | - | - | -34 | -2322 | -202 | -14323 | -6241 | -1590 | -36004 | -32210 | -10076 | -8505 |
| - | - | - | - | - | - | - | -19 | - | -6488 | -30385 | - | -216 |
| -3646 | - | - | -2 | 51 | -2 | -1219 | -547 | -317 | -1240 | 4076 | -3259 | -422 |
| 664928 | - | - | 16148 | 14792 | 319 | 94227 | 18440 | 6447 | 206054 | 226470 | 38900 | 37964 |
| 236 | - | - | 209 | 148 | - | 70 | 68 | 396 | 619 | 79 | 10 | 247 |
| - | - | - | - | - | - | - | -95 |  | - | -242 | -2310 | -620 |
| 665164 | - | - | 16357 | 14940 | 319 | 94297 | 18413 | 6843 | 206673 | 226307 | 36600 | 37591 |
| -5571 | - | - | 28 | -32 | 76 | 1172 | 1055 | 232 | 441 | -403 | 2659 | 844 |
| 670673 | - | - | 634 | 653 | - | 1 | - | 2 | 1393 | 82946 | 1075 | 651 |
| - | - | - | - | 2 | - | - | - | - | 4 | 5 | 6 | 651 |
| - | - | - | 230 | 651 | - | 1 | - | - | 16 | 216 | 979 | - |
| 670380 | - | - | - | - | - | - | - | - | - | - | - | - |
| 293 | - | - | 404 | - | - | - | - | 2 | 1373 | 82725 | 90 | - |
| - | - | - | 13364 | 268 | - | 10 | - | - | 143 | 19538 | 8 | 3215 |
| - | - | - | - | - | - | - | - | - | 13 | 15 | - | - |
| - | - | - | - | - | - | - | - | - | 1 | - | - | - |
| - | - | - | 13353 | 261 | - | 10 | - | - | 123 | 19523 | 6 | 3215 |
| - | - | - | - | - | - | - | - | - | 6 | - | - | - |
| - | - | - | - | - | - | - | - | - | - | - | - | - |
| - | - | - | - | - | - | - | - | - | - | - | - | - |
| - | - | - | 11 | 7 | - | - | - | - | - | - | 2 | - |
| 62 | - | - | 2331 | 14051 | 243 | 93114 | 17358 | 6609 | 204696 | 124226 | 32858 | 32881 |
| 62 | - | - | 2309 | 5514 | 1 | 116 | 18 | 873 | 23728 | 94595 | 32857 | 32828 |
| - | - | - | - | 160 | - | 1 | - | - | 1103 | 12588 | - | 1 |
| - | - | - | 336 | 283 | - | 1 | - | 30 | 913 | 11841 | 143 | 68 |
| 49 | - | - | 1973 | 2002 | - | 15 | - | 780 | 1822 | 5435 | 32212 | 1 |
| - | - | - | - | 158 | - | - | - | 1 | 410 | 2326 | - | - |
| - | - | - | - | 419 | - | - | - | 8 | 2010 | 19786 | 5 | 28 |
| - | - | - | - | 54 | - | - | - | - | 382 | 8439 | - | 25 |
| - | - | - | - | - | - | - | - | - | 528 | 1300 | - | 132 |
| - | - | - | - | 88 | - | 4 | - | 3 | 1751 | 10547 | - | 3 |
| - | - | - | - | 2 | - | 1 | - | 1 | 400 | 1100 | - | - |
| - | - | - | - | 36 | - | 50 | - | 11 | 2062 | 3580 | - | 1 |
| - | - | - | - | 185 | - | 4 | - | - | 564 | 2214 | - | - |
| - | - | - | - | - | - | - | - | - | 108 | - | - | - |
| - | - | - | - | - | - | - | - | - | - | - | - | - |
| 13 | - | - | - | 2127 | 1 | 40 | 18 | 39 | 11675 | 15439 | 497 | 60 |
| - | - | - | 174 | 1746 | - | - | - | 774 | 1834 | 2626 | 27121 | - |
| - | - | - | - | - | - | - | - | - | - | - | - | 32509 |
| - | - | - | - | 1058 | 242 | 91190 | 17006 | 71 | 50263 | 2508 | - | 2 |
| - | - | - | - | - | 242 | - | 17004 | - | 2 | - | - | - |
| - | - | - | - | 1057 | - | 91031 | 2 | 54 | 40697 | 2 | - | 2 |
| - | - | - | - | - | - | - | - | 15 | 3155 | 472 | - | - |
| - | - | - | - | 1 | - | 159 | - | 2 | 6409 | 2034 | - | - |
| - | - | - | 22 | 7479 | - | 1808 | 334 | 5665 | 130705 | 27123 | 1 | 51 |
| - | - | - | - | 194 | - | 401 | - | 121 | 12742 | 1476 | - | - |
| - | - | - | - | 9 | - | 208 | 245 | 45 | 5739 | 2626 | 1 | - |
| - | - | - | - | 1021 | - | 584 | - | 15 | 17838 | 1218 | - | - |
| - | - | - | - | 6119 | - | 20 | - | 5303 | 91263 | 14579 | - | 6 |

## PRODUCTION AND USES OF ENERGY SOURCES : O.E.C.D. EUROPE

1977

| ENERGY SOURCES / PRODUCTION AND USES | UNIT: 1000 METRIC TONS / UNITE: 1000 TONNES METRIQUES | | | | | | TCAL / TCAL | MANUFACTURED GAS (TCAL) / GAZ MANUFACTURE (TCAL) | | | MILLIONS OF (DE) KWH |
|---|---|---|---|---|---|---|---|---|---|---|---|
| | HARD COAL | PATENT FUEL | COKE OVEN COKE | GAS COKE | BROWN COAL | BKB | NATURAL GAS | GAS WORKS | COKE OVENS | BLAST FURNACES | ELECTRICITY* |
| | HOUILLE | AGGLOMERES | COKE DE FOUR | COKE DE GAZ | LIGNITE | BRIQ. DE LIGNITE | GAZ NATUREL | USINES A GAZ | COKERIES | HAUT FOURNEAUX | ELECTRICITE* |
| | 1 | 2 | 3 | 4 | 5 | 6 | 7 | 8 | 9 | 10 | 11 |
| PRODUCTION | 258164 | 4831 | 76833 | 917 | 168264 | 5108 | 1604247 | 20100 | 143787 | 156652 | 1563922 |
| FROM OTHER SOURCES | 3188 | - | - | - | - | - | - | 9020 | 2301 | - | - |
| IMPORT | 74973 | 334 | 9131 | - | 1923 | 1705 | 701467 | 15 | - | - | 64331 |
| EXPORT | -17258 | -287 | -9652 | -434 | -29 | -463 | -487829 | -13 | - | - | -63237 |
| INTL. MARINE BUNKERS | - | - | - | - | - | - | - | - | - | - | - |
| STOCK CHANGES | -5025 | 35 | -2667 | -58 | 449 | 38 | -17796 | 23 | - | - | - |
| DOMESTIC SUPPLY | 314042 | 4913 | 73645 | 425 | 170607 | 6388 | 1800089 | 29145 | 146088 | 156652 | 1565016 |
| RETURNS TO SUPPLY | - | - | - | - | - | - | - | - | - | - | - |
| TRANSFERS | - | - | - | - | - | - | - | - | - | - | - |
| DOMESTIC AVAILABILITY | 314042 | 4913 | 73645 | 425 | 170607 | 6388 | 1800089 | 29145 | 146088 | 156652 | 1565016 |
| STATISTICAL DIFFERENCE | -265 | -12 | -255 | 1 | 152 | 30 | -4776 | -215 | -2735 | 87 | 5131 |
| TRANSFORM. SECTOR ** | 263184 | 20 | 22960 | 6 | 160993 | 877 | 362990 | 133 | 20616 | 47058 | - |
| FOR SOLID FUELS | 105278 | 10 | 619 | - | 12257 | - | - | - | - | 1590 | - |
| FOR GASES | 1261 | - | 22261 | 6 | - | - | 13581 | - | 2083 | 13 | - |
| PETROLEUM REFINERIES | - | - | - | - | - | - | 2872 | - | - | - | - |
| THERMO-ELECTRIC PLANTS | 156645 | 10 | 80 | - | 148736 | 877 | 346537 | 133 | 18533 | 45455 | - |
| ENERGY SECTOR | 3050 | 19 | 188 | 63 | 365 | 56 | 58678 | 3394 | 61705 | 19958 | 236228 |
| COAL MINES | 2760 | - | 18 | - | 365 | - | 882 | - | 1040 | 29 | 20256 |
| OIL AND GAS EXTRACTION | - | - | - | - | - | - | 26183 | - | - | - | 478 |
| PETROLEUM REFINERIES | - | - | - | - | - | - | 1530 | - | 39 | - | 19358 |
| ELECTRIC PLANTS | - | - | - | - | - | - | 580 | - | - | - | 74399 |
| DISTRIBUTION LOSSES | 87 | - | 15 | - | - | - | 25680 | 2111 | 1720 | 6840 | 107881 |
| PUMP STORAGE (ELECTR.) | - | - | - | - | - | - | - | - | - | - | 11056 |
| OTHER ENERGY SECTOR | 203 | 19 | 155 | 63 | - | 56 | 3823 | 1283 | 58906 | 13089 | 2800 |
| FINAL CONSUMPTION | 48073 | 4886 | 50752 | 355 | 9097 | 5425 | 1383197 | 25833 | 66502 | 89549 | 1323657 |
| INDUSTRY SECTOR | 24237 | 108 | 44384 | 4 | 5091 | 847 | 695023 | 2847 | 62499 | 89549 | 671605 |
| IRON AND STEEL | 4650 | 9 | 39312 | - | 59 | 138 | 109616 | 583 | 45168 | 83856 | 104394 |
| CHEMICAL | 4493 | 1 | 1224 | - | 3446 | 285 | 255232 | 69 | 6059 | 9 | 150843 |
| PETROCHEMICAL | - | - | - | - | - | - | - | - | - | - | 10175 |
| NON-FERROUS METAL | 1670 | - | 765 | - | 140 | 14 | 20035 | 94 | 499 | - | 79485 |
| NON-METALLIC MINERAL | 5161 | 3 | 743 | - | 73 | 231 | 111438 | 175 | 3072 | 116 | 44656 |
| PAPER PULP AND PRINT | 1365 | - | 23 | - | 387 | 49 | 35978 | 81 | - | - | 64123 |
| MINING AND QUARRYING | 101 | - | 91 | - | 11 | - | 6459 | 4 | 32 | 103 | 13503 |
| FOOD AND TOBACCO | 1443 | - | 349 | - | 96 | 10 | 44450 | 261 | 658 | - | 40211 |
| WOOD AND WOOD PRODUCTS | 41 | - | 1 | - | 2 | 9 | 706 | 9 | - | - | 9849 |
| MACHINERY | 204 | - | 599 | - | 80 | 25 | 39013 | 254 | 1144 | 9 | 70351 |
| TRANSPORT EQUIPMENT | 815 | - | 228 | - | 14 | 23 | 2030 | 17 | 2103 | - | 20039 |
| CONSTRUCTION | - | - | - | - | - | - | - | - | - | - | 5520 |
| TEXTILES AND LEATHER | 170 | - | 1 | - | 20 | - | 3642 | 15 | 239 | - | 33090 |
| NON SPECIFIED | 4124 | 95 | 1048 | 4 | 763 | 63 | 66424 | 1285 | 3525 | 5456 | 25366 |
| NON-ENERGY USES: | | | | | | | | | | | |
| (1)ENERGY PRODUCTS | - | - | - | - | - | - | 1825 | - | - | - | - |
| (2)NON-ENERGY PRODUCTS | - | - | - | - | - | - | - | - | - | - | - |
| TRANSPORT. SECTOR ** | 1038 | 16 | 152 | - | 36 | 121 | 3354 | 17 | - | - | 35077 |
| AIR TRANSPORT | - | - | - | - | - | - | - | - | - | - | - |
| ROAD TRANSPORT | - | - | - | - | - | - | 3354 | - | - | - | - |
| RAILWAYS | 972 | 16 | 152 | - | 36 | 121 | - | 17 | - | - | 35077 |
| INTERNAL NAVIGATION | 66 | - | - | - | - | - | - | - | - | - | - |
| OTHER SECTORS ** | 22798 | 4762 | 6216 | 351 | 3970 | 4456 | 684820 | 22969 | 4003 | - | 616975 |
| AGRICULTURE | 27 | - | 20 | - | - | - | 152 | - | - | - | 22347 |
| PUBLIC SERVICES | 1810 | - | 422 | - | - | - | 17994 | 20 | - | - | - |
| COMMERCE | 255 | 31 | 220 | - | - | - | 166751 | 4502 | - | - | 204163 |
| RESIDENTIAL | 19711 | 4726 | 5338 | 321 | 3947 | 4423 | 499670 | 18301 | - | - | 361709 |

(1) INCLUDED IN CHEMICAL OR PETROCHEMICAL INDUSTRY
(2) INCLUDED ONLY IN TOTAL INDUSTRY

| * OF WHICH: HYDRO | 851145 |
|---|---|
| NUCLEAR | 127058 |
| CONVENTIONAL THERMAL | 2830606 |
| GEOTHERMAL | 5394 |

** INCLUDED IN THESE TOTALS ARE THE NON-SPECIFIED ELEMENTS

# PRODUCTION ET UTILISATION DES SOURCES D ENERGIE : O.C.D.E. EUROPE

1977

UNIT: 1000 METRIC TONS
UNITE: 1000 TONNES METRIQUES

| OIL / PETROLE | | | REFINERY GAS | LIQUEFIED PETROLEUM GASES | AVIATION GASOLINE | MOTOR GASOLINE | JET FUEL | KEROSENE | GAS/DIESEL OIL | RESIDUAL FUEL OIL | NAPHTHA | NON-ENERGY PRODUCTS |
|---|---|---|---|---|---|---|---|---|---|---|---|---|
| CRUDE BRUT | NGL GNL | FEEDST. | GAZ DE PETROLE | GAZ LIQUEFIES DE PETROLE | ESSENCE AVION | ESSENCE AUTO | CARBURANT REACTEUR | PETROLE LAMPANT | GAZ/DIESEL OIL | FUEL OIL RESIDUEL | NAPHTHA | PRODUITS NON-ENERGETIQUES |
| 12 | 13 | 14 | 15 | 16 | 17 | 18 | 19 | 20 | 21 | 22 | 23 | 24 |
| 65843 | - | - | 15477 | 13755 | 240 | 96710 | 19628 | 7489 | 198167 | 238560 | 31141 | 35983 |
| 989 | - | - | 177 | 771 | - | 408 | - | - | 38 | 64 | 262 | 213 |
| 623205 | - | - | - | 3388 | 197 | 15079 | 5873 | 1776 | 52158 | 41396 | 18045 | 11491 |
| -30411 | - | - | - | -2659 | -196 | -16557 | -6021 | -2814 | -34087 | -36640 | -9345 | -9227 |
| - | - | - | - | - | - | - | -2 | - | -6723 | -28430 | - | -224 |
| 361 | - | - | - | -136 | 5 | 552 | 39 | -298 | -3536 | -2518 | -2006 | -698 |
| 659987 | - | - | 15654 | 15119 | 246 | 96192 | 19517 | 6153 | 206017 | 212432 | 38097 | 37538 |
| 207 | - | - | 150 | 123 | - | 20 | 43 | 469 | 210 | 123 | 122 | 555 |
| - | - | - | - | - | - | -90 | 65 | -110 | 213 | -269 | -1974 | -964 |
| 660194 | - | - | 15804 | 15242 | 246 | 96122 | 19625 | 6512 | 206440 | 212286 | 36245 | 37129 |
| -3934 | - | - | 143 | 205 | 19 | -279 | 1259 | 297 | 615 | 819 | 2917 | -91 |
| 664090 | - | - | 642 | 541 | - | 1 | - | - | 1636 | 70599 | 1079 | 624 |
| - | - | - | - | 3 | - | - | - | - | 4 | 5 | 6 | 624 |
| - | - | - | 238 | 538 | - | - | - | - | 9 | 198 | 973 | - |
| 663706 | - | - | - | - | - | - | - | - | - | - | - | - |
| 384 | - | - | 404 | - | - | 1 | - | - | 1623 | 70396 | 100 | - |
| - | - | - | 12935 | 386 | - | 5 | - | - | 354 | 19958 | 43 | 3760 |
| - | - | - | - | - | - | - | - | - | 53 | 150 | - | - |
| - | - | - | - | - | - | - | - | - | 167 | - | - | - |
| - | - | - | 12924 | 375 | - | 5 | - | - | 113 | 19785 | 41 | 3760 |
| - | - | - | - | - | - | - | - | - | 6 | - | - | - |
| - | - | - | - | - | - | - | - | - | - | - | - | - |
| - | - | - | - | - | - | - | - | - | - | - | - | - |
| - | - | - | 11 | 11 | - | - | - | - | 15 | 23 | 2 | - |
| 38 | - | - | 2084 | 14110 | 227 | 96395 | 18366 | 6215 | 203835 | 120910 | 32206 | 32836 |
| 38 | - | - | 2062 | 5440 | - | 179 | 13 | 972 | 23291 | 92275 | 32056 | 32782 |
| - | - | - | - | 155 | - | 1 | - | - | 1110 | 10826 | - | - |
| - | - | - | 256 | 275 | - | 2 | - | 29 | 918 | 12361 | 73 | 69 |
| 33 | - | - | 1806 | 1764 | - | 58 | - | 893 | 1128 | 7309 | 31602 | - |
| - | - | - | - | 59 | - | - | - | 1 | 409 | 2292 | - | - |
| - | - | - | - | 285 | - | - | - | 7 | 1947 | 17614 | 7 | 27 |
| - | - | - | - | 60 | - | - | - | - | 356 | 7900 | - | 33 |
| - | - | - | - | - | - | - | - | - | 524 | 1101 | - | 128 |
| - | - | - | - | 75 | - | 4 | - | 4 | 1693 | 10898 | - | 3 |
| - | - | - | - | 1 | - | 1 | - | - | 417 | 1584 | - | - |
| - | - | - | - | 35 | - | 40 | - | 11 | 1980 | 3655 | - | 1 |
| - | - | - | - | 180 | - | 1 | - | - | 604 | 2161 | - | - |
| - | - | - | - | - | - | - | - | - | 112 | - | - | - |
| - | - | - | - | - | - | - | - | - | - | - | - | - |
| 5 | - | - | - | 2551 | - | 72 | 13 | 27 | 12093 | 14574 | 374 | 57 |
| - | - | - | 195 | 1456 | - | - | - | 888 | 1143 | 2628 | 26372 | - |
| - | - | - | - | - | - | - | - | - | - | - | - | 32464 |
| - | - | - | - | 1251 | 227 | 94313 | 18260 | 71 | 54545 | 2123 | - | 2 |
| - | - | - | - | - | 227 | - | 18260 | - | 3 | - | - | - |
| - | - | - | - | 1251 | - | 94290 | - | 53 | 45329 | 5 | - | 2 |
| - | - | - | - | - | - | - | - | 15 | 3346 | 620 | - | - |
| - | - | - | - | - | - | 23 | - | 3 | 5867 | 1498 | - | - |
| - | - | - | 22 | 7419 | - | 1903 | 93 | 5172 | 125999 | 26512 | 150 | 52 |
| - | - | - | - | 225 | - | 414 | - | 109 | 12580 | 1617 | - | - |
| - | - | - | - | 4 | - | 10 | - | 50 | 5314 | 2632 | - | 1 |
| - | - | - | - | 859 | - | 737 | - | 9 | 16261 | 1330 | - | - |
| - | - | - | - | 6186 | - | 20 | - | 4872 | 88164 | 14498 | - | 3 |

## PRODUCTION AND USES OF ENERGY SOURCES : O.E.C.D. EUROPE

1978

| X XX ENERGY XX XX SOURCES XX XX XX PRODUCTION XX XX AND USES XX | UNIT: 1000 METRIC TONS / UNITE: 1000 TONNES METRIQUES | | | | | | TCAL / TCAL | MANUFACTURED GAS (TCAL) / GAZ MANUFACTURE (TCAL) | | | MILLIONS OF (DE) KWH |
|---|---|---|---|---|---|---|---|---|---|---|---|
| | HARD COAL / HOUILLE | PATENT FUEL / AGGLOMERES | COKE OVEN COKE / COKE DE FOUR | GAS COKE / COKE DE GAZ | BROWN COAL / LIGNITE | BKB / BRIQ. DE LIGNITE | NATURAL GAS / GAZ NATUREL | GAS WORKS / USINES A GAZ | COKE OVENS / COKERIES | BLAST FURNACES / HAUT FOURNEAUX | ELECTRICITY* / ELECTRICITE* |
| | 1 | 2 | 3 | 4 | 5 | 6 | 7 | 8 | 9 | 10 | 11 |
| PRODUCTION | 254531 | 4884 | 72292 | 892 | 169861 | 5298 | 1636882 | 17924 | 134714 | 155251 | 1637981 |
| FROM OTHER SOURCES | 3399 | - | - | - | - | - | - | 9479 | 1892 | - | - |
| IMPORT | 77801 | 475 | 9549 | - | 1861 | 1618 | 800528 | 15 | - | - | 68949 |
| EXPORT | -22371 | -411 | -12765 | -576 | -26 | -525 | -530756 | -13 | - | - | -67970 |
| INTL. MARINE BUNKERS | - | - | - | - | - | - | - | - | - | - | - |
| STOCK CHANGES | -867 | -33 | 4433 | 63 | -281 | 16 | -35563 | 12 | - | - | - |
| DOMESTIC SUPPLY | 312493 | 4915 | 73509 | 379 | 171415 | 6407 | 1871091 | 27417 | 136606 | 155251 | 1638960 |
| RETURNS TO SUPPLY | - | - | - | - | - | - | - | - | - | - | - |
| TRANSFERS | - | - | - | - | - | - | - | - | - | - | - |
| DOMESTIC AVAILABILITY | 312493 | 4915 | 73509 | 379 | 171415 | 6407 | 1871091 | 27417 | 136606 | 155251 | 1638960 |
| STATISTICAL DIFFERENCE | -577 | -12 | -146 | - | 57 | 15 | -7319 | -117 | -29 | 61 | 107 |
| TRANSFORM. SECTOR ** | 270038 | 20 | 23376 | 7 | 161786 | 884 | 345669 | 109 | 19722 | 45181 | - |
| FOR SOLID FUELS | 98801 | 10 | 543 | - | 12606 | - | - | - | - | 367 | - |
| FOR GASES | 1215 | - | 22756 | 7 | - | - | 9378 | - | 1892 | 17 | - |
| PETROLEUM REFINERIES | - | - | - | - | - | - | 2926 | - | - | - | - |
| THERMO-ELECTRIC PLANTS | 170022 | 10 | 77 | - | 149180 | 884 | 333215 | 109 | 17830 | 44797 | - |
| ENERGY SECTOR | 2824 | 21 | 148 | 66 | 316 | 37 | 72258 | 2755 | 55647 | 19332 | 247165 |
| COAL MINES | 2521 | - | 21 | - | 316 | - | 756 | - | 580 | 24 | 19724 |
| OIL AND GAS EXTRACTION | - | - | - | - | - | - | 34587 | - | - | - | 941 |
| PETROLEUM REFINERIES | 212 | - | - | - | - | - | 2489 | - | 56 | - | 19313 |
| ELECTRIC PLANTS | - | - | - | - | - | - | 585 | - | - | - | 78191 |
| DISTRIBUTION LOSSES | 13 | - | - | - | - | - | 29623 | 1741 | 1215 | 6039 | 111834 |
| PUMP STORAGE (ELECTR.) | - | - | - | - | - | - | - | - | - | - | 12256 |
| OTHER ENERGY SECTOR | 78 | 21 | 127 | 66 | - | 37 | 4218 | 1014 | 53796 | 13269 | 4906 |
| FINAL CONSUMPTION | 40208 | 4886 | 50131 | 306 | 9256 | 5471 | 1460483 | 24670 | 61266 | 90677 | 1391688 |
| INDUSTRY SECTOR | 20001 | 119 | 44426 | 2 | 4966 | 1190 | 702090 | 2183 | 58476 | 90677 | 690825 |
| IRON AND STEEL | 3393 | 2 | 39555 | - | 56 | 69 | 100258 | 454 | 43021 | 85088 | 109196 |
| CHEMICAL | 2503 | 1 | 1165 | - | 3292 | 277 | 228315 | 74 | 6529 | 9 | 153272 |
| PETROCHEMICAL | - | - | - | - | - | - | 13727 | - | - | - | 9695 |
| NON-FERROUS METAL | 1535 | - | 701 | - | 93 | 27 | 14739 | 53 | 493 | - | 83087 |
| NON-METALLIC MINERAL | 6367 | 3 | 709 | - | 51 | 640 | 97073 | 134 | 1858 | 108 | 46323 |
| PAPER PULP AND PRINT | 1423 | - | 19 | - | 381 | 37 | 39448 | 80 | - | - | 69348 |
| MINING AND QUARRYING | 96 | - | 76 | - | 6 | - | 7527 | 3 | 40 | 87 | 13591 |
| FOOD AND TOBACCO | 1417 | - | 330 | - | 100 | 6 | 46633 | 221 | 393 | - | 42613 |
| WOOD AND WOOD PRODUCTS | 40 | - | 1 | - | 2 | 10 | 982 | 4 | - | - | 10175 |
| MACHINERY | 211 | - | 577 | - | 80 | 21 | 40594 | 182 | 943 | 8 | 73039 |
| TRANSPORT EQUIPMENT | 751 | - | 196 | - | 22 | 38 | 1856 | 17 | 1699 | - | 20486 |
| CONSTRUCTION | - | - | - | - | 54 | - | - | - | - | - | 5660 |
| TEXTILES AND LEATHER | 143 | - | - | - | 20 | - | 3882 | 14 | 400 | - | 33460 |
| NON SPECIFIED | 2122 | 113 | 1097 | 2 | 809 | 65 | 107056 | 947 | 3100 | 5377 | 20880 |
| NON-ENERGY USES: | | | | | | | | | | | |
| (1)ENERGY PRODUCTS | - | - | - | - | - | - | 1952 | - | - | - | - |
| (2)NON-ENERGY PRODUCTS | - | - | - | - | - | - | - | - | - | - | - |
| TRANSPORT. SECTOR ** | 999 | 15 | 164 | - | 31 | 115 | 2752 | 17 | - | - | 36218 |
| AIR TRANSPORT | - | - | - | - | - | - | - | - | - | - | - |
| ROAD TRANSPORT | - | - | - | - | - | - | 2752 | - | - | - | - |
| RAILWAYS | 938 | 15 | 164 | - | 31 | 115 | - | 17 | - | - | 36218 |
| INTERNAL NAVIGATION | 61 | - | - | - | - | - | - | - | - | - | - |
| OTHER SECTORS ** | 19208 | 4752 | 5541 | 304 | 4259 | 4166 | 755641 | 22470 | 2790 | - | 664645 |
| AGRICULTURE | 25 | - | 12 | - | - | - | 243 | - | - | - | 23688 |
| PUBLIC SERVICES | 1704 | - | 396 | - | - | - | 19862 | 20 | - | - | - |
| COMMERCE | 250 | 19 | 200 | - | - | - | 179989 | 4048 | - | - | 224806 |
| RESIDENTIAL | 16543 | 4733 | 4750 | 279 | 4241 | 4131 | 555190 | 18265 | - | - | 384693 |

(1) INCLUDED IN CHEMICAL OR PETROCHEMICAL INDUSTRY
(2) INCLUDED ONLY IN TOTAL INDUSTRY

| * OF WHICH: | |
|---|---|
| HYDRO | 854775 |
| NUCLEAR | 173172 |
| CONVENTIONAL THERMAL | 3060902 |
| GEOTHERMAL | 6443 |

** INCLUDED IN THESE TOTALS ARE THE NON-SPECIFIED ELEMENTS

PRODUCTION ET UTILISATION DES SOURCES D ENERGIE : O.C.D.E. EUROPE

1978

UNIT: 1000 METRIC TONS
UNITE: 1000 TONNES METRIQUES

| OIL / PETROLE: CRUDE / BRUT | OIL / PETROLE: NGL / GNL | OIL / PETROLE: FEEDST. | REFINERY GAS / GAZ DE PETROLE | LIQUEFIED PETROLEUM GASES / GAZ LIQUEFIES DE PETROLE | AVIATION GASOLINE / ESSENCE AVION | MOTOR GASOLINE / ESSENCE AUTO | JET FUEL / CARBURANT REACTEUR | KEROSENE / PETROLE LAMPANT | GAS/DIESEL OIL / GAZ/DIESEL OIL | RESIDUAL FUEL OIL / FUEL OIL RESIDUEL | NAPHTHA / NAPHTHA | NON-ENERGY PRODUCTS / PRODUITS NON-ENERGETIQUES |
|---|---|---|---|---|---|---|---|---|---|---|---|---|
| 12 | 13 | 14 | 15 | 16 | 17 | 18 | 19 | 20 | 21 | 22 | 23 | 24 |
| 86917 | - | - | 15693 | 13696 | 243 | 101544 | 21092 | 7651 | 201945 | 235520 | 31490 | 33743 |
| 61 | - | - | 852 | 682 | - | 615 | - | - | 112 | 182 | 94 | 1207 |
| 658204 | - | - | - | 3821 | 163 | 15622 | 5580 | 1298 | 57896 | 37739 | 19465 | 12993 |
| -85912 | - | - | - | -2335 | -173 | -16869 | -6107 | -2855 | -37356 | -31385 | -10528 | -9962 |
| - | - | - | - | - | - | - | -11 | -9 | -7364 | -28004 | - | -254 |
| 3599 | - | - | -1 | -39 | 15 | 1109 | 219 | 42 | 3710 | -391 | 260 | 99 |
| 662869 | - | - | 16544 | 15825 | 248 | 102021 | 20773 | 6127 | 218943 | 213661 | 40781 | 37826 |
| 2513 | - | - | 107 | 141 | - | -259 | 51 | -40 | 468 | 61 | -534 | 413 |
| 6039 | - | - | - | -6 | - | 459 | 190 | 250 | -470 | -524 | -4830 | -1795 |
| 671421 | - | - | 16651 | 15960 | 248 | 102221 | 20634 | 6337 | 218941 | 213198 | 35417 | 36444 |
| -189 | - | - | -28 | -142 | 33 | 350 | 1042 | 301 | 217 | 283 | 1202 | 65 |
| 671568 | - | - | 609 | 513 | - | 1 | - | - | 1575 | 78028 | 908 | 581 |
| - | - | - | - | 3 | - | - | - | - | 4 | 5 | - | 581 |
| - | - | - | 294 | 510 | - | - | - | - | 8 | 190 | 865 | - |
| 671568 | - | - | - | - | - | - | - | - | - | - | - | - |
| - | - | - | 315 | - | - | 1 | - | - | 1563 | 77833 | 43 | - |
| - | - | - | 13073 | 300 | - | 61 | 20 | 20 | 476 | 20174 | 207 | 2514 |
| - | - | - | - | - | - | - | - | - | 109 | 179 | - | - |
| - | - | - | - | - | - | - | - | - | 185 | - | - | - |
| - | - | - | 13060 | 272 | - | 1 | - | - | 102 | 19797 | 207 | 2514 |
| - | - | - | - | - | - | - | - | - | 2 | 179 | - | - |
| - | - | - | 2 | 15 | - | 60 | 20 | 20 | 67 | 2 | - | - |
| - | - | - | - | - | - | - | - | - | - | - | - | - |
| - | - | - | 11 | 13 | - | - | - | - | 11 | 17 | - | - |
| 42 | - | - | 2997 | 15289 | 215 | 101809 | 19572 | 6016 | 216673 | 114713 | 33100 | 33284 |
| 42 | - | - | 2974 | 6147 | 3 | 165 | 13 | 655 | 25130 | 87877 | 32950 | 33219 |
| - | - | - | - | 203 | - | - | - | - | 973 | 10681 | 11 | - |
| - | - | - | 228 | 294 | - | - | - | 35 | 810 | 12387 | 106 | 14 |
| 42 | - | - | 2746 | 2334 | 2 | 59 | - | 565 | 3217 | 7526 | 32462 | 54 |
| - | - | - | - | 58 | - | - | - | - | 406 | 1551 | - | - |
| - | - | - | - | 293 | - | - | - | 7 | 1957 | 17471 | 6 | 40 |
| - | - | - | - | 50 | - | - | - | 2 | 316 | 7942 | - | 24 |
| - | - | - | - | - | - | - | - | - | 499 | 943 | - | 116 |
| - | - | - | - | 96 | - | 2 | - | - | 1871 | 10868 | - | 4 |
| - | - | - | - | 2 | - | 1 | - | - | 402 | 949 | - | - |
| - | - | - | - | 26 | - | 50 | - | 11 | 2086 | 3746 | - | 1 |
| - | - | - | - | 204 | - | - | 5 | - | 657 | 1417 | - | - |
| - | - | - | - | - | - | - | - | - | 109 | - | - | - |
| - | - | - | - | - | - | - | - | - | - | - | - | - |
| - | - | - | - | 2587 | 1 | 53 | 8 | 35 | 11827 | 12396 | 365 | 61 |
| - | - | - | 165 | 1578 | - | - | - | 566 | 3227 | 3156 | 26034 | - |
| - | - | - | - | - | - | - | - | - | - | - | - | 32905 |
| - | - | - | - | 1302 | 212 | 100205 | 19470 | 70 | 57595 | 1853 | - | 2 |
| - | - | - | - | - | 212 | - | 19470 | - | 3 | - | - | - |
| - | - | - | - | 1302 | - | 99986 | - | 52 | 49017 | 1 | - | 2 |
| - | - | - | - | - | - | - | - | 15 | 3360 | 450 | - | - |
| - | - | - | - | - | - | 219 | - | 3 | 5215 | 1402 | - | - |
| - | - | - | 23 | 7840 | - | 1439 | 89 | 5291 | 133948 | 24983 | 150 | 63 |
| - | - | - | - | 331 | - | 491 | - | 83 | 13031 | 1690 | - | 1 |
| - | - | - | - | 5 | - | 8 | - | 72 | 6421 | 2504 | - | - |
| - | - | - | - | 921 | - | 193 | - | 9 | 19011 | 1613 | - | - |
| - | - | - | - | 6449 | - | 14 | - | 5000 | 91365 | 12294 | - | 2 |

## PRODUCTION AND USES OF ENERGY SOURCES : O.E.C.D. EUROPE

1979

| PRODUCTION AND USES / ENERGY SOURCES | UNIT: 1000 METRIC TONS / UNITE: 1000 TONNES METRIQUES | | | | | | TCAL / TCAL | MANUFACTURED GAS (TCAL) / GAZ MANUFACTURE (TCAL) | | | MILLIONS OF (DE) KWH |
|---|---|---|---|---|---|---|---|---|---|---|---|
| | HARD COAL / HOUILLE | PATENT FUEL / AGGLOMERES | COKE OVEN COKE / COKE DE FOUR | GAS COKE / COKE DE GAZ | BROWN COAL / LIGNITE | BKB / BRIQ. DE LIGNITE | NATURAL GAS / GAZ NATUREL | GAS WORKS / USINES A GAZ | COKE OVENS / COKERIES | BLAST FURNACES / HAUT FOURNEAUX | ELECTRICITY* / ELECTRICITE* |
| | 1 | 2 | 3 | 4 | 5 | 6 | 7 | 8 | 9 | 10 | 11 |
| PRODUCTION | 257003 | 4998 | 75896 | 1216 | 182593 | 6727 | 1760552 | 17715 | 142961 | 171374 | 1726452 |
| FROM OTHER SOURCES | 1766 | - | - | - | - | - | - | 9703 | 2068 | - | - |
| IMPORT | 94849 | 509 | 13169 | - | 2069 | 1580 | 941575 | - | - | - | 78511 |
| EXPORT | -19816 | -450 | -15667 | -598 | -33 | -796 | -702910 | -9 | - | - | -76114 |
| INTL. MARINE BUNKERS | - | - | - | - | - | - | - | - | - | - | - |
| STOCK CHANGES | 4330 | -24 | 7041 | 11 | -224 | 73 | -12359 | - | - | - | - |
| DOMESTIC SUPPLY | 338132 | 5033 | 80439 | 629 | 184405 | 7584 | 1986858 | 27409 | 145029 | 171374 | 1728849 |
| RETURNS TO SUPPLY | - | - | - | - | - | - | - | - | - | - | - |
| TRANSFERS | - | - | - | - | - | - | - | - | - | - | - |
| DOMESTIC AVAILABILITY | 338132 | 5033 | 80439 | 629 | 184405 | 7584 | 1986858 | 27409 | 145029 | 171374 | 1728849 |
| STATISTICAL DIFFERENCE | 571 | -32 | 203 | - | 809 | 14 | -3648 | -46 | 84 | 218 | 61 |
| TRANSFORM. SECTOR ** | 292538 | 19 | 25976 | 7 | 173047 | 980 | 333142 | 769 | 20871 | 54197 | - |
| FOR SOLID FUELS | 105412 | 5 | 615 | - | 16098 | 15 | - | - | - | 2001 | - |
| FOR GASES | 1608 | - | 25286 | 7 | - | - | 10303 | - | 2045 | 43 | - |
| PETROLEUM REFINERIES | - | - | - | - | - | - | 3037 | - | - | - | - |
| THERMO-ELECTRIC PLANTS | 185518 | 14 | 75 | - | 156949 | 965 | 304592 | 769 | 18826 | 52153 | - |
| ENERGY SECTOR | 2655 | 17 | 172 | 73 | 240 | 7 | 72875 | 2747 | 60501 | 31361 | 265474 |
| COAL MINES | 2364 | - | 19 | - | 240 | - | 781 | - | 744 | - | 20694 |
| OIL AND GAS EXTRACTION | - | - | - | - | - | - | 31621 | - | - | - | 974 |
| PETROLEUM REFINERIES | 204 | - | - | - | - | - | 1775 | - | 73 | - | 20520 |
| ELECTRIC PLANTS | - | - | - | - | - | - | 473 | - | - | - | 82285 |
| DISTRIBUTION LOSSES | 14 | - | 20 | - | - | - | 33683 | 1392 | 1178 | 6350 | 116553 |
| PUMP STORAGE (ELECTR.) | - | - | - | - | - | - | - | - | - | - | 13713 |
| OTHER ENERGY SECTOR | 73 | 17 | 133 | 73 | - | 7 | 4542 | 1355 | 58506 | 25011 | 10735 |
| FINAL CONSUMPTION | 42368 | 5029 | 54088 | 549 | 10309 | 6583 | 1584489 | 23939 | 63573 | 85598 | 1463314 |
| INDUSTRY SECTOR | 20944 | 118 | 47957 | 3 | 5052 | 1625 | 739591 | 2958 | 61124 | 85598 | 729772 |
| IRON AND STEEL | 3348 | 10 | 42970 | - | 99 | 89 | 105209 | 1141 | 44482 | 78565 | 116604 |
| CHEMICAL | 2535 | 1 | 1258 | - | 2681 | 318 | 241549 | 65 | 6932 | 9 | 161577 |
| PETROCHEMICAL | - | - | - | - | - | - | 40232 | - | - | - | 9770 |
| NON-FERROUS METAL | 1722 | - | 789 | - | 80 | 22 | 16368 | 56 | 503 | - | 85841 |
| NON-METALLIC MINERAL | 6676 | 2 | 692 | - | 635 | 987 | 104899 | 126 | 2116 | 83 | 47924 |
| PAPER PULP AND PRINT | 1513 | - | 24 | - | 332 | 68 | 35044 | 54 | 47 | - | 72844 |
| MINING AND QUARRYING | 62 | - | 66 | - | 4 | - | 8103 | - | 40 | 69 | 14453 |
| FOOD AND TOBACCO | 1363 | - | 242 | - | 89 | - | 50372 | 250 | 329 | - | 44487 |
| WOOD AND WOOD PRODUCTS | 44 | - | 1 | - | 1 | 10 | 946 | 10 | - | - | 10812 |
| MACHINERY | 66 | - | 408 | - | 83 | 24 | 49979 | 211 | 1014 | 12 | 76049 |
| TRANSPORT EQUIPMENT | 826 | - | 223 | - | 23 | 31 | 6895 | 17 | 2309 | - | 20969 |
| CONSTRUCTION | - | - | 31 | - | 152 | - | - | - | - | - | 5779 |
| TEXTILES AND LEATHER | 1 | - | - | - | - | - | 2628 | 13 | 202 | - | 34326 |
| NON SPECIFIED | 2788 | 105 | 1253 | 3 | 873 | 76 | 77367 | 1015 | 3150 | 6860 | 28337 |
| NON-ENERGY USES: | | | | | | | | | | | |
| (1)ENERGY PRODUCTS | - | - | - | - | - | - | 22290 | - | - | - | - |
| (2)NON-ENERGY PRODUCTS | - | - | - | - | - | - | - | - | - | - | - |
| TRANSPORT. SECTOR ** | 524 | 12 | 192 | - | 272 | 102 | 3409 | 52 | - | - | 38053 |
| AIR TRANSPORT | - | - | - | - | - | - | - | - | - | - | - |
| ROAD TRANSPORT | - | - | - | - | - | - | 2811 | - | - | - | - |
| RAILWAYS | 475 | 12 | 192 | - | 272 | 102 | 598 | 52 | - | - | 38053 |
| INTERNAL NAVIGATION | 49 | - | - | - | - | - | - | - | - | - | - |
| OTHER SECTORS ** | 20900 | 4899 | 5939 | 546 | 4985 | 4856 | 841489 | 20929 | 2449 | - | 695489 |
| AGRICULTURE | 31 | - | 15 | - | - | - | 280 | - | - | - | 24848 |
| PUBLIC SERVICES | 1710 | - | 380 | - | - | - | 22389 | 20 | - | - | - |
| COMMERCE | 303 | - | 196 | - | - | - | 179336 | 3425 | - | - | 236539 |
| RESIDENTIAL | 17839 | 4899 | 5145 | 510 | 4964 | 4789 | 639455 | 17344 | - | - | 407344 |

(1) INCLUDED IN CHEMICAL OR PETROCHEMICAL INDUSTRY
(2) INCLUDED ONLY IN TOTAL INDUSTRY

| * OF WHICH: HYDRO | 810839 |
|---|---|
| NUCLEAR | 93953 |
| CONVENTIONAL THERMAL | 2618067 |
| GEOTHERMAL | 4506 |

** INCLUDED IN THESE TOTALS ARE THE NON-SPECIFIED ELEMENTS

PRODUCTION ET UTILISATION DES SOURCES D ENERGIE : O.C.D.E. EUROPE

1979

UNIT: 1000 METRIC TONS
UNITE: 1000 TONNES METRIQUES

| OIL PETROLE | | | REFINERY GAS | LIQUEFIED PETROLEUM GASES | AVIATION GASOLINE | MOTOR GASOLINE | JET FUEL | KEROSENE | GAS/DIESEL OIL | RESIDUAL FUEL OIL | NAPHTHA | NON-ENERGY PRODUCTS |
|---|---|---|---|---|---|---|---|---|---|---|---|---|
| CRUDE BRUT | NGL GNL | FEEDST. | GAZ DE PETROLE | GAZ LIQUEFIES DE PETROLE | ESSENCE AVION | ESSENCE AUTO | CARBURANT REACTEUR | PETROLE LAMPANT | GAZ/DIESEL OIL | FUEL OIL RESIDUEL | NAPHTHA | PRODUITS NON-ENERGETIQUES |
| 12 | 13 | 14 | 15 | 16 | 17 | 18 | 19 | 20 | 21 | 22 | 23 | 24 |
| 110287 | 1720 | - | 16595 | 15055 | 252 | 106637 | 23363 | 8107 | 222324 | 238714 | 33580 | 35171 |
| - | - | 40 | 921 | 1700 | - | 391 | - | - | 47 | 67 | 90 | 158 |
| 631705 | 513 | 15953 | - | 4488 | 161 | 16047 | 6363 | 1354 | 56807 | 44108 | 22919 | 15761 |
| -57655 | -184 | -1325 | - | -2877 | -192 | -20388 | -7427 | -2865 | -43384 | -35369 | -12764 | -12464 |
| - | - | - | - | - | - | -1 | -979 | -2 | -6628 | -27647 | - | -253 |
| -4879 | -72 | -393 | 5 | -24 | -5 | -1280 | -771 | -134 | -4842 | -2154 | -768 | 57 |
| 679458 | 1977 | 14275 | 17521 | 18342 | 216 | 101406 | 20549 | 6460 | 224324 | 217719 | 43057 | 38430 |
| - | - | 6438 | - | -44 | - | -520 | -9 | -238 | -50 | -741 | -437 | -196 |
| - | -808 | 4844 | 175 | 436 | 2 | 2447 | -187 | 348 | -1312 | -626 | -5159 | -127 |
| 679458 | 1169 | 25557 | 17696 | 18734 | 218 | 103333 | 20353 | 6570 | 222962 | 216352 | 37461 | 38107 |
| -752 | -2 | 1490 | 94 | -408 | 15 | -474 | 1223 | 247 | -186 | -546 | -908 | -1168 |
| 680127 | 924 | 24045 | 662 | 638 | - | 3 | - | - | 1724 | 81372 | 891 | 728 |
| - | - | - | - | 3 | - | - | - | - | - | - | - | 728 |
| - | - | - | 302 | 634 | - | - | - | - | 16 | 180 | 890 | - |
| 680127 | 924 | 24045 | - | - | - | - | - | - | - | - | - | - |
| - | - | - | 360 | - | - | 3 | - | - | 1546 | 80123 | 1 | - |
| - | - | - | 13822 | 665 | - | 7 | - | - | 261 | 20088 | 163 | 3045 |
| - | - | - | - | - | - | 1 | - | - | 103 | 121 | - | - |
| - | - | - | - | 169 | - | - | - | - | 61 | - | - | - |
| - | - | - | 13811 | 487 | - | 6 | - | - | 77 | 19758 | 163 | 3045 |
| - | - | - | - | - | - | - | - | - | 8 | 179 | - | - |
| - | - | - | - | - | - | - | - | - | 2 | 1 | - | - |
| - | - | - | - | - | - | - | - | - | - | - | - | - |
| - | - | - | 11 | 9 | - | - | - | - | 10 | 29 | - | - |
| 83 | 247 | 22 | 3118 | 17839 | 203 | 103797 | 19130 | 6323 | 221163 | 115438 | 37315 | 35502 |
| 83 | - | 22 | 3093 | 7889 | - | 155 | 10 | 984 | 26294 | 89797 | 37296 | 35420 |
| - | - | - | - | 183 | - | 3 | - | - | 1012 | 10540 | 2 | 1 |
| 68 | - | - | 100 | 530 | - | 2 | - | 41 | 2227 | 12376 | 15 | 62 |
| 13 | - | 22 | 2992 | 3568 | - | 10 | - | 860 | 3387 | 5658 | 37022 | 43 |
| - | - | - | - | 166 | - | 1 | - | - | 465 | 1820 | 6 | - |
| - | - | - | - | 456 | - | 2 | - | 7 | 1743 | 18399 | - | - |
| - | - | - | - | 72 | - | 3 | - | 1 | 240 | 7465 | - | 12 |
| - | - | - | - | 8 | - | 1 | - | - | 523 | 1008 | - | 146 |
| - | - | - | - | 261 | - | - | - | 1 | 2047 | 10807 | - | 5 |
| - | - | - | - | 7 | - | 2 | - | - | 347 | 1185 | - | - |
| - | - | - | - | 97 | - | 64 | - | 16 | 2150 | 3609 | - | 1 |
| - | - | - | - | 216 | - | 6 | 10 | - | 750 | 1734 | - | - |
| - | - | - | - | - | - | - | - | - | - | - | - | - |
| - | - | - | - | - | - | - | - | - | - | - | - | - |
| 2 | - | - | 1 | 2325 | - | 61 | - | 58 | 11403 | 15196 | 251 | 58 |
| 68 | - | - | 227 | 2702 | - | - | - | 861 | 3479 | 3698 | 29202 | - |
| - | - | - | - | - | - | - | - | - | - | - | - | 35092 |
| - | - | - | - | 1432 | 203 | 102137 | 18933 | 78 | 60910 | 3099 | - | - |
| - | - | - | - | - | 203 | - | 18933 | - | - | - | - | - |
| - | - | - | - | 1431 | - | 101890 | - | 59 | 51398 | - | - | - |
| - | - | - | - | 1 | - | - | - | 18 | 3238 | 438 | - | - |
| - | - | - | - | - | - | 247 | - | 1 | 5844 | 2656 | - | - |
| - | 247 | - | 25 | 8518 | - | 1505 | 187 | 5261 | 133959 | 22542 | 19 | 82 |
| - | - | - | - | 331 | - | 477 | - | 81 | 13710 | 1775 | - | - |
| - | - | - | - | 15 | - | 9 | 94 | 70 | 6572 | 2445 | - | 1 |
| - | - | - | - | 1108 | - | 192 | - | 17 | 19671 | 1793 | - | - |
| - | 247 | - | - | 6705 | - | 20 | - | 4962 | 90400 | 11404 | - | 3 |

## PRODUCTION AND USES OF ENERGY SOURCES : O.E.C.D. EUROPE

1980

| X / XX ENERGY / XX SOURCES / XX / PRODUCTION XX / AND USES XX/ | UNIT: 1000 METRIC TONS / UNITE: 1000 TONNES METRIQUES | | | | | | TCAL / TCAL | MANUFACTURED GAS (TCAL) / GAZ MANUFACTURE (TCAL) | | | MILLIONS / OF (DE) KWH |
|---|---|---|---|---|---|---|---|---|---|---|---|
| | HARD COAL / HOUILLE | PATENT FUEL / AGGLOMERES | COKE OVEN COKE / COKE DE FOUR | GAS COKE / COKE DE GAZ | BROWN COAL / LIGNITE | BKB / BRIQ. DE LIGNITE | NATURAL GAS / GAZ NATUREL | GAS WORKS / USINES A GAZ | COKE OVENS / COKERIES | BLAST FURNACES / HAUT FOURNEAUX | ELECTRICITY* / ELECTRICITE* |
| | 1 | 2 | 3 | 4 | 5 | 6 | 7 | 8 | 9 | 10 | 11 |
| PRODUCTION | 266148 | 4293 | 75346 | 912 | 189511 | 6916 | 1735695 | 18498 | 141236 | 148172 | 1742851 |
| FROM OTHER SOURCES | 1900 | - | - | - | - | - | - | 9477 | 929 | - | - |
| IMPORT | 109944 | 484 | 12747 | - | 2709 | 1997 | 1010082 | - | - | - | 82042 |
| EXPORT | -18798 | -396 | -12005 | -344 | -45 | -864 | -792536 | -8 | - | - | -76906 |
| INTL. MARINE BUNKERS | - | - | - | - | - | - | - | - | - | - | - |
| STOCK CHANGES | -14477 | -79 | -1520 | -59 | -1316 | -11 | -4340 | 26 | - | - | - |
| DOMESTIC SUPPLY | 344717 | 4302 | 74568 | 509 | 190859 | 8038 | 1948901 | 27993 | 142165 | 148172 | 1747987 |
| RETURNS TO SUPPLY | - | - | - | - | - | - | - | - | - | - | - |
| TRANSFERS | - | - | - | - | - | - | - | - | - | - | - |
| DOMESTIC AVAILABILITY | 344717 | 4302 | 74568 | 509 | 190859 | 8038 | 1948901 | 27993 | 142165 | 148172 | 1747987 |
| STATISTICAL DIFFERENCE | -494 | -38 | 324 | - | 77 | 18 | -131 | 1601 | -1 | 273 | -166 |
| TRANSFORM. SECTOR ** | 303604 | 4 | 23567 | 7 | 178108 | 983 | 295723 | 847 | 21499 | 51063 | - |
| FOR SOLID FUELS | 104906 | 1 | 506 | - | 16384 | 12 | 73 | - | - | 1693 | - |
| FOR GASES | 1234 | - | 22982 | 7 | - | - | 10034 | - | 1785 | 24 | - |
| PETROLEUM REFINERIES | - | - | - | - | - | - | 3612 | - | - | - | - |
| THERMO-ELECTRIC PLANTS | 197464 | 3 | 79 | - | 161724 | 971 | 267024 | 847 | 19714 | 49346 | - |
| ENERGY SECTOR | 2334 | 52 | 284 | 47 | 243 | 12 | 73093 | 2050 | 61621 | 27218 | 275430 |
| COAL MINES | 2274 | - | 18 | - | 243 | - | 806 | - | 1067 | - | 22695 |
| OIL AND GAS EXTRACTION | - | - | - | - | - | - | 39249 | - | - | - | 1009 |
| PETROLEUM REFINERIES | - | - | - | - | - | - | 1467 | - | 804 | - | 21267 |
| ELECTRIC PLANTS | - | - | - | - | - | - | 199 | - | - | - | 84463 |
| DISTRIBUTION LOSSES | 14 | - | 20 | - | - | - | 26247 | 939 | 831 | 3784 | 116218 |
| PUMP STORAGE (ELECTR.) | - | - | - | - | - | - | - | - | - | - | 13983 |
| OTHER ENERGY SECTOR | 46 | 52 | 246 | 47 | - | 12 | 5125 | 1111 | 58919 | 23434 | 15795 |
| FINAL CONSUMPTION | 39273 | 4284 | 50393 | 455 | 12431 | 7025 | 1580216 | 23495 | 59046 | 69618 | 1472723 |
| INDUSTRY SECTOR | 19196 | 76 | 44734 | 5 | 5241 | 2099 | 729860 | 2614 | 58106 | 69618 | 729439 |
| IRON AND STEEL | 2485 | - | 39984 | - | 47 | 110 | 101811 | 891 | 42944 | 63509 | 110719 |
| CHEMICAL | 2657 | 2 | 1184 | - | 2507 | 330 | 253846 | 47 | 6503 | 9 | 153529 |
| PETROCHEMICAL | - | - | - | - | - | - | 33589 | - | - | - | 9082 |
| NON-FERROUS METAL | 472 | - | 398 | - | 48 | 21 | 17013 | 230 | 509 | - | 88900 |
| NON-METALLIC MINERAL | 7588 | 1 | 656 | - | 840 | 1442 | 99107 | 127 | 1906 | - | 49395 |
| PAPER PULP AND PRINT | 813 | - | 2 | - | 376 | 43 | 36349 | 69 | 90 | - | 73179 |
| MINING AND QUARRYING | 126 | - | 74 | - | 4 | - | 8266 | - | - | - | 14689 |
| FOOD AND TOBACCO | 1181 | - | 247 | - | 58 | 1 | 53859 | 222 | 247 | - | 45984 |
| WOOD AND WOOD PRODUCTS | 40 | - | 1 | - | 1 | 11 | 718 | 34 | - | - | 11040 |
| MACHINERY | 116 | - | 417 | - | 83 | 15 | 44577 | 180 | 1414 | - | 75350 |
| TRANSPORT EQUIPMENT | 690 | - | 200 | - | 18 | 35 | 6692 | 17 | 1983 | - | 22438 |
| CONSTRUCTION | 4 | - | 95 | - | 164 | - | - | - | 170 | 86 | 5820 |
| TEXTILES AND LEATHER | 548 | - | 30 | - | 58 | 24 | 8256 | 13 | 275 | - | 33198 |
| NON SPECIFIED | 2476 | 73 | 1446 | 5 | 1037 | 67 | 65777 | 784 | 2065 | 6014 | 36116 |
| NON-ENERGY USES: | | | | | | | | | | | |
| (1)ENERGY PRODUCTS | - | - | - | - | - | - | 52306 | - | - | - | - |
| (2)NON-ENERGY PRODUCTS | - | - | - | - | - | - | - | - | - | - | - |
| TRANSPORT. SECTOR ** | 437 | 14 | 187 | - | 158 | 121 | 3567 | 34 | - | - | 38804 |
| AIR TRANSPORT | - | - | - | - | - | - | - | - | - | - | - |
| ROAD TRANSPORT | - | - | - | - | - | - | 2907 | - | - | - | - |
| RAILWAYS | 403 | 14 | 187 | - | 158 | 121 | 660 | 34 | - | - | 38804 |
| INTERNAL NAVIGATION | 34 | - | - | - | - | - | - | - | - | - | - |
| OTHER SECTORS ** | 19640 | 4194 | 5472 | 450 | 7032 | 4805 | 846789 | 20847 | 940 | - | 704480 |
| AGRICULTURE | 38 | - | 10 | - | - | - | 262 | - | - | - | 23350 |
| PUBLIC SERVICES | 1477 | - | 313 | - | - | - | 23814 | 962 | - | - | - |
| COMMERCE | 106 | - | - | - | - | - | 170476 | 2714 | - | - | 241695 |
| RESIDENTIAL | 17105 | 4190 | 4749 | 450 | 7030 | 4769 | 652211 | 16923 | - | - | 416878 |

(1) INCLUDED IN CHEMICAL OR PETROCHEMICAL INDUSTRY
(2) INCLUDED ONLY IN TOTAL INDUSTRY

| * OF WHICH: | |
|---|---|
| HYDRO | 851145 |
| NUCLEAR | 127058 |
| CONVENTIONAL THERMAL | 2830606 |
| GEOTHERMAL | 5394 |

** INCLUDED IN THESE TOTALS ARE THE NON-SPECIFIED ELEMENTS

PRODUCTION ET UTILISATION DES SOURCES D ENERGIE : O.C.D.E. EUROPE

1980

UNIT: 1000 METRIC TONS
UNITE: 1000 TONNES METRIQUES

| OIL / PETROLE | | | REFINERY GAS | LIQUEFIED PETROLEUM GASES | AVIATION GASOLINE | MOTOR GASOLINE | JET FUEL | KEROSENE | GAS/DIESEL OIL | RESIDUAL FUEL OIL | NAPHTHA | NON-ENERGY PRODUCTS |
|---|---|---|---|---|---|---|---|---|---|---|---|---|
| CRUDE BRUT | NGL GNL | FEEDST. | GAZ DE PETROLE | GAZ LIQUEFIES DE PETROLE | ESSENCE AVION | ESSENCE AUTO | CARBURANT REACTEUR | PETROLE LAMPANT | GAZ/DIESEL OIL | FUEL OIL RESIDUEL | NAPHTHA | PRODUITS NON-ENERGETIQUES |
| 12 | 13 | 14 | 15 | 16 | 17 | 18 | 19 | 20 | 21 | 22 | 23 | 24 |
| 117908 | 3512 | - | 15399 | 13755 | 394 | 105358 | 23019 | 6046 | 201852 | 213367 | 30461 | 35171 |
| - | - | - | - | 966 | - | 393 | - | - | 46 | 103 | 94 | 133 |
| 559824 | 257 | 16447 | - | 5946 | 176 | 19950 | 7014 | 592 | 58650 | 48669 | 21077 | 12156 |
| -62200 | -1019 | -1291 | - | -2591 | -367 | -19905 | -8652 | -2402 | -40349 | -32433 | -10295 | -10073 |
| - | - | - | - | - | - | - | -17 | - | -6072 | -24678 | - | -267 |
| -6874 | -19 | 355 | 2 | -69 | 18 | -1403 | -221 | 10 | -7002 | 3083 | -85 | -1069 |
| 608658 | 2731 | 15511 | 15401 | 18007 | 221 | 104393 | 21143 | 4246 | 207125 | 208111 | 41252 | 36051 |
| - | - | 13400 | 44 | -429 | -1 | -536 | - | - | -1566 | -2298 | -6883 | -592 |
| - | -1295 | 13903 | -271 | -357 | 2 | -878 | -177 | 685 | -2270 | -4385 | -2522 | -2128 |
| 608658 | 1436 | 42814 | 15174 | 17221 | 222 | 102979 | 20966 | 4931 | 203289 | 201428 | 31847 | 33331 |
| 1246 | -20 | -275 | 83 | -273 | 4 | -1103 | 1381 | -15 | -68 | 789 | 315 | 10 |
| 607331 | 632 | 43089 | 518 | 574 | - | 4 | - | - | 1960 | 78177 | 940 | 600 |
| - | - | - | 5 | 2 | - | - | - | - | - | 10 | - | 600 |
| - | - | - | 208 | 568 | - | - | - | - | 12 | 62 | 931 | - |
| 607331 | 632 | 43089 | - | - | - | - | - | - | - | - | - | - |
| - | - | - | 275 | - | - | 4 | - | - | 1761 | 77008 | 9 | - |
| - | - | - | 13375 | 628 | - | 1 | - | 4 | 296 | 19527 | 137 | 3195 |
| - | - | - | - | - | - | - | - | - | 82 | 66 | - | - |
| - | - | - | - | 188 | - | - | - | - | 56 | - | - | - |
| - | - | - | 13370 | 440 | - | 1 | - | - | 134 | 19091 | 137 | 3195 |
| - | - | - | - | - | - | - | - | - | 8 | 205 | - | - |
| - | - | - | - | - | - | - | - | 4 | 5 | 2 | - | - |
| - | - | - | - | - | - | - | - | - | - | - | - | - |
| - | - | - | 5 | - | - | - | - | - | 11 | 163 | - | - |
| 81 | 824 | - | 1198 | 16292 | 218 | 104077 | 19585 | 4942 | 201101 | 102935 | 30455 | 29526 |
| 81 | 671 | - | 1198 | 5907 | - | 234 | 10 | 949 | 23217 | 80938 | 30454 | 29465 |
| - | - | - | - | 195 | - | 2 | - | 2 | 886 | 7420 | 7 | - |
| 61 | - | - | - | 563 | - | 1 | - | 32 | 2123 | 12328 | - | 55 |
| 14 | 671 | - | 1103 | 1832 | - | 107 | - | 835 | 1832 | 3756 | 30350 | 3 |
| - | - | - | - | 198 | - | 1 | - | 2 | 425 | 1431 | 7 | - |
| - | - | - | - | 425 | - | - | - | 5 | 1224 | 14322 | - | - |
| - | - | - | - | 57 | - | 1 | - | 1 | 218 | 7653 | - | 38 |
| - | - | - | - | 5 | - | 1 | - | 1 | 512 | 1012 | - | 110 |
| - | - | - | - | 285 | - | - | - | 1 | 1791 | 10041 | - | 1 |
| - | - | - | - | 5 | - | 1 | - | - | 345 | 748 | - | - |
| - | - | - | - | 250 | - | 70 | - | 16 | 1815 | 3174 | - | 1 |
| - | - | - | - | 45 | - | 2 | - | - | 700 | 1529 | - | - |
| - | - | - | - | 10 | - | 4 | - | 1 | 1108 | 114 | - | - |
| - | - | - | - | 21 | - | - | - | - | 349 | 1600 | - | 1 |
| 6 | - | - | 95 | 2016 | - | 44 | 10 | 53 | 9889 | 15810 | 90 | 49 |
| 61 | - | - | 173 | 1544 | - | 100 | - | 837 | 1842 | 3719 | 23965 | - |
| - | - | - | - | - | - | - | - | - | - | - | - | 29207 |
| - | - | - | - | 1699 | 217 | 102459 | 19191 | 35 | 60941 | 3023 | - | - |
| - | - | - | - | - | 217 | 1 | 19191 | - | - | - | - | - |
| - | - | - | - | 1695 | - | 102191 | - | 10 | 52186 | - | - | - |
| - | - | - | - | 4 | - | - | - | 17 | 3046 | 402 | - | - |
| - | - | - | - | - | - | 267 | - | 8 | 5267 | 2603 | - | - |
| - | 153 | - | - | 8686 | 1 | 1384 | 384 | 3958 | 116943 | 18974 | 1 | 62 |
| - | - | - | - | 336 | - | 472 | - | 75 | 13311 | 1320 | - | - |
| - | - | - | - | 18 | - | 11 | 284 | 103 | 4547 | 2122 | - | 8 |
| - | - | - | - | 1179 | - | 190 | - | 15 | 14909 | 800 | - | 1 |
| - | 153 | - | - | 6993 | - | 8 | - | 3614 | 79811 | 9978 | - | 3 |

## PRODUCTION AND USES OF ENERGY SOURCES : O.E.C.D. EUROPE

1981

| PRODUCTION AND USES / ENERGY SOURCES | UNIT: 1000 METRIC TONS / UNITE: 1000 TONNES METRIQUES | | | | | | TCAL / TCAL | MANUFACTURED GAS (TCAL) / GAZ MANUFACTURE (TCAL) | | | MILLIONS OF (DE) KWH |
|---|---|---|---|---|---|---|---|---|---|---|---|
| | HARD COAL / HOUILLE | PATENT FUEL / AGGLOMERES | COKE OVEN COKE / COKE DE FOUR | GAS COKE / COKE DE GAZ | BROWN COAL / LIGNITE | BKB / BRIQ. DE LIGNITE | NATURAL GAS / GAZ NATUREL | GAS WORKS / USINES A GAZ | COKE OVENS / COKERIES | BLAST FURNACES / HAUT FOURNEAUX | ELECTRICITY* / ELECTRICITE* |
| | 1 | 2 | 3 | 4 | 5 | 6 | 7 | 8 | 9 | 10 | 11 |
| PRODUCTION | 266138 | 4373 | 73342 | 325 | 202590 | 6713 | 1691086 | 16002 | 142878 | 149314 | 1759651 |
| FROM OTHER SOURCES | 2074 | - | - | - | - | - | - | 8225 | 671 | - | - |
| IMPORT | 111819 | 409 | 11097 | - | 3510 | 2241 | 1018406 | - | - | - | 90504 |
| EXPORT | -23603 | -406 | -11523 | -192 | -39 | -842 | -762311 | - | - | - | -86370 |
| INTL. MARINE BUNKERS | - | - | - | - | - | - | - | - | - | - | - |
| STOCK CHANGES | -20418 | -98 | 774 | 75 | -563 | 2 | -35244 | - | - | - | - |
| DOMESTIC SUPPLY | 336010 | 4278 | 73690 | 208 | 205498 | 8114 | 1911937 | 24227 | 143549 | 149314 | 1763785 |
| RETURNS TO SUPPLY | - | - | - | - | - | - | - | - | - | - | - |
| TRANSFERS | - | - | - | - | - | - | - | - | - | - | - |
| DOMESTIC AVAILABILITY | 336010 | 4278 | 73690 | 208 | 205498 | 8114 | 1911937 | 24227 | 143549 | 149314 | 1763785 |
| STATISTICAL DIFFERENCE | -968 | 1 | 317 | - | 10 | - | 494 | 1537 | 2823 | 247 | 272 |
| TRANSFORM. SECTOR ** | 294892 | 1 | 23269 | 8 | 191168 | 1080 | 254797 | 166 | 22504 | 49705 | - |
| FOR SOLID FUELS | 102373 | 1 | 550 | - | 15785 | - | - | - | - | 1681 | - |
| FOR GASES | 462 | - | 22637 | 8 | - | - | 8579 | 3 | 1489 | 15 | - |
| PETROLEUM REFINERIES | - | - | - | - | - | - | 2190 | - | - | - | - |
| THERMO-ELECTRIC PLANTS | 192057 | - | 82 | - | 175383 | 1080 | 229039 | 163 | 21015 | 48009 | - |
| ENERGY SECTOR | 2234 | 42 | 325 | 40 | 249 | 15 | 77935 | 1304 | 60598 | 27730 | 284997 |
| COAL MINES | 2178 | - | 16 | - | 249 | - | 756 | - | 1140 | - | 23646 |
| OIL AND GAS EXTRACTION | - | - | - | - | - | - | 39494 | - | - | - | 1187 |
| PETROLEUM REFINERIES | - | - | - | - | - | - | 1580 | - | 804 | - | 20444 |
| ELECTRIC PLANTS | - | - | - | - | - | - | 175 | - | - | - | 83492 |
| DISTRIBUTION LOSSES | - | - | 19 | - | - | - | 30417 | 863 | 940 | 3633 | 116838 |
| PUMP STORAGE (ELECTR.) | - | - | - | - | - | - | - | - | - | - | 16159 |
| OTHER ENERGY SECTOR | 56 | 42 | 290 | 40 | - | 15 | 5513 | 441 | 57714 | 24097 | 23231 |
| FINAL CONSUMPTION | 39852 | 4234 | 49779 | 160 | 14071 | 7019 | 1578711 | 21220 | 57624 | 71632 | 1478516 |
| INDUSTRY SECTOR | 20275 | 88 | 44750 | 7 | 7547 | 2746 | 714432 | 2064 | 57087 | 71632 | 719952 |
| IRON AND STEEL | 2035 | - | 40185 | 3 | 27 | 230 | 91010 | 302 | 45791 | 65150 | 107865 |
| CHEMICAL | 3337 | 1 | 1103 | - | 3335 | 436 | 256130 | 38 | 5713 | 7 | 149885 |
| PETROCHEMICAL | - | - | 49 | - | - | - | 39192 | - | - | - | 7710 |
| NON-FERROUS METAL | 528 | - | 402 | - | 148 | 24 | 15557 | 225 | 425 | - | 88125 |
| NON-METALLIC MINERAL | 7181 | 1 | 636 | - | 1092 | 1771 | 80838 | 122 | 1213 | - | 48574 |
| PAPER PULP AND PRINT | 857 | - | 3 | - | 358 | 65 | 36215 | 64 | 113 | - | 73258 |
| MINING AND QUARRYING | 112 | - | 21 | - | 4 | - | 7358 | - | - | - | 13947 |
| FOOD AND TOBACCO | 1081 | - | 371 | - | 106 | 18 | 54357 | 217 | 230 | - | 47173 |
| WOOD AND WOOD PRODUCTS | 39 | - | 1 | - | 1 | 8 | 631 | 211 | - | - | 10984 |
| MACHINERY | 138 | - | 457 | - | 74 | 12 | 40022 | 173 | 1206 | - | 72745 |
| TRANSPORT EQUIPMENT | 615 | - | 308 | - | 26 | 36 | 8059 | 17 | 1217 | - | 21530 |
| CONSTRUCTION | 8 | - | 122 | - | 149 | - | 11921 | - | 175 | 63 | 5905 |
| TEXTILES AND LEATHER | 602 | - | 51 | - | 58 | 47 | 46429 | 20 | 27 | - | 31980 |
| NON SPECIFIED | 3742 | 86 | 1041 | 4 | 2169 | 99 | 26713 | 675 | 977 | 6412 | 40271 |
| NON-ENERGY USES: | | | | | | | | | | | |
| (1)ENERGY PRODUCTS | - | - | - | - | - | - | 41843 | - | - | - | - |
| (2)NON-ENERGY PRODUCTS | - | - | - | - | - | - | - | - | - | - | - |
| TRANSPORT. SECTOR ** | 486 | 3 | 196 | - | 140 | 141 | 3486 | 35 | - | - | 38968 |
| AIR TRANSPORT | - | - | - | - | - | - | - | - | - | - | - |
| ROAD TRANSPORT | - | - | - | - | - | - | 2848 | - | - | - | - |
| RAILWAYS | 481 | 3 | 196 | - | 140 | 141 | 638 | 35 | - | - | 38968 |
| INTERNAL NAVIGATION | 5 | - | - | - | - | - | - | - | - | - | - |
| OTHER SECTORS ** | 19091 | 4143 | 4833 | 153 | 6384 | 4132 | 860793 | 19121 | 537 | - | 719596 |
| AGRICULTURE | 61 | - | 10 | - | - | - | 282 | - | - | - | 23821 |
| PUBLIC SERVICES | 1400 | 50 | 288 | - | - | - | 39496 | 873 | - | - | - |
| COMMERCE | 2 | - | 1 | 2 | - | 24 | 153094 | 2466 | - | - | 250832 |
| RESIDENTIAL | 16681 | 4090 | 4126 | 151 | 6384 | 4085 | 667895 | 15559 | - | - | 424386 |

(1) INCLUDED IN CHEMICAL OR PETROCHEMICAL INDUSTRY
(2) INCLUDED ONLY IN TOTAL INDUSTRY

** INCLUDED IN THESE TOTALS ARE THE NON-SPECIFIED ELEMENTS

| * OF WHICH: | |
|---|---|
| HYDRO | 854775 |
| NUCLEAR | 173172 |
| CONVENTIONAL THERMAL | 3060902 |
| GEOTHERMAL | 6443 |

UNIT: 1000 METRIC TONS
UNITE: 1000 TONNES METRIQUES

| OIL PETROLE: CRUDE BRUT | OIL PETROLE: NGL GNL | OIL PETROLE: FEEDST. | REFINERY GAS / GAZ DE PETROLE | LIQUEFIED PETROLEUM GASES / GAZ LIQUEFIES DE PETROLE | AVIATION GASOLINE / ESSENCE AVION | MOTOR GASOLINE / ESSENCE AUTO | JET FUEL / CARBURANT REACTEUR | KEROSENE / PETROLE LAMPANT | GAS/DIESEL OIL / GAZ/DIESEL OIL | RESIDUAL FUEL OIL / FUEL OIL RESIDUEL | NAPHTHA / NAPHTHA | NON-ENERGY PRODUCTS / PRODUITS NON-ENERGETIQUES |
|---|---|---|---|---|---|---|---|---|---|---|---|---|
| 12 | 13 | 14 | 15 | 16 | 17 | 18 | 19 | 20 | 21 | 22 | 23 | 24 |
| 126094 | 3319 | - | 13978 | 12897 | 910 | 102043 | 21464 | 5662 | 174372 | 189428 | 27623 | 35588 |
| - | - | - | - | 713 | - | 362 | - | - | 35 | 76 | - | 110 |
| 482250 | 333 | 17482 | - | 7801 | 148 | 20534 | 6534 | 345 | 51345 | 49507 | 18670 | 14501 |
| -72226 | -973 | -1032 | - | -3178 | -337 | -19814 | -7443 | -2384 | -39319 | -33778 | -9948 | -11791 |
| - | - | - | - | - | - | - | -20 | - | -6028 | -23945 | - | -238 |
| 4892 | 46 | -252 | -1 | 62 | 20 | 460 | -118 | 344 | 11140 | 687 | 586 | -957 |
| 541010 | 2725 | 16198 | 13977 | 18295 | 741 | 103585 | 20417 | 3967 | 191545 | 181975 | 36931 | 37213 |
| - | - | 17787 | -231 | -324 | - | -1233 | - | - | -2439 | -2391 | -8036 | -2472 |
| -65 | -1162 | 15114 | 48 | -306 | 1 | -1273 | -250 | 435 | -2414 | -7098 | -2603 | -1712 |
| 540945 | 1563 | 49099 | 13794 | 17665 | 742 | 101079 | 20167 | 4402 | 186692 | 172486 | 26292 | 33029 |
| 2294 | 45 | -2082 | -82 | -137 | 16 | -998 | 1239 | 176 | -2651 | 794 | -556 | 1345 |
| 538567 | 617 | 51181 | 553 | 566 | - | 4 | - | 2 | 1952 | 65163 | 840 | 573 |
| - | - | - | 5 | 1 | - | - | - | - | - | - | - | 570 |
| - | - | - | 176 | 561 | - | - | - | - | 7 | 17 | 811 | - |
| 538567 | 617 | 51181 | - | - | - | - | - | - | - | - | - | - |
| - | - | - | 343 | 4 | - | 4 | - | - | 1816 | 65061 | 29 | 3 |
| - | - | - | 11940 | 518 | - | 3 | - | 8 | 275 | 16839 | 98 | 2807 |
| - | - | - | - | - | - | - | - | - | 76 | 51 | - | 4 |
| - | - | - | - | 186 | - | - | - | - | 59 | - | - | - |
| - | - | - | 11932 | 332 | - | 1 | - | 8 | 43 | 16587 | 94 | 2786 |
| - | - | - | - | - | - | - | - | - | 2 | 166 | - | - |
| - | - | - | - | - | - | - | - | - | 5 | 9 | - | - |
| - | - | - | - | - | - | - | - | - | - | - | - | - |
| - | - | - | 8 | - | - | 2 | - | - | 90 | 26 | 4 | 17 |
| 84 | 901 | - | 1383 | 16718 | 726 | 102070 | 18928 | 4216 | 187116 | 89690 | 25910 | 28304 |
| 84 | 682 | - | 1383 | 6482 | - | 192 | - | 908 | 19848 | 67813 | 25909 | 28238 |
| - | - | - | - | 297 | - | 5 | - | 2 | 680 | 6061 | 1 | - |
| 68 | - | - | 55 | 447 | - | 47 | - | 27 | 649 | 11084 | 220 | 55 |
| 10 | 682 | - | 1275 | 2936 | - | 26 | - | 811 | 4069 | 4106 | 25603 | 4 |
| - | - | - | - | 109 | - | 1 | - | 1 | 355 | 1831 | 3 | - |
| - | - | - | - | 252 | - | - | - | 4 | 873 | 8169 | - | - |
| - | - | - | - | 56 | - | 1 | - | 1 | 195 | 6971 | - | 34 |
| - | - | - | - | 5 | - | 1 | - | 1 | 520 | 1521 | - | 100 |
| - | - | - | - | 253 | - | - | - | 1 | 1641 | 9314 | - | 1 |
| - | - | - | - | 6 | - | 1 | - | - | 281 | 574 | - | - |
| - | - | - | - | 120 | - | 70 | - | 16 | 1623 | 2365 | - | - |
| - | - | - | - | 26 | - | - | - | - | 575 | 1184 | - | - |
| - | - | - | - | 81 | - | 4 | - | 2 | 1404 | 3237 | - | - |
| - | - | - | - | 33 | - | - | - | - | 461 | 2983 | - | 1 |
| 6 | - | - | 53 | 1861 | - | 36 | - | 42 | 6522 | 8413 | 82 | 48 |
| 68 | - | - | 293 | 2306 | - | 65 | - | 813 | 2212 | 3260 | 20590 | - |
| - | - | - | - | - | - | - | - | - | - | - | - | 27995 |
| - | - | - | - | 1878 | 541 | 100511 | 18826 | 43 | 61138 | 1622 | - | - |
| - | - | - | - | - | 541 | - | 18826 | - | - | - | - | - |
| - | - | - | - | 1878 | - | 100130 | - | 18 | 52273 | - | - | - |
| - | - | - | - | - | - | - | - | 17 | 3109 | 171 | - | - |
| - | - | - | - | - | - | 198 | - | 8 | 5375 | 1435 | - | - |
| - | 219 | - | - | 8358 | 185 | 1367 | 102 | 3265 | 106130 | 20255 | 1 | 67 |
| - | - | - | - | 313 | - | 447 | - | 73 | 12447 | 1209 | - | - |
| - | - | - | - | 14 | - | 9 | - | 91 | 4378 | 2541 | - | 1 |
| - | - | - | - | 989 | - | 190 | - | 30 | 14324 | 1423 | - | 12 |
| - | 219 | - | - | 4914 | - | 4 | - | 2947 | 53313 | 8481 | - | 7 |

PRODUCTION AND USES OF ENERGY SOURCES : E. E. C.

1971

| X XX ENERGY XX XX SOURCES XX XX XX PRODUCTION XX XX AND USES XX | UNIT: 1000 METRIC TONS / UNITE: 1000 TONNES METRIQUES | | | | | | TCAL / TCAL | MANUFACTURED GAS (TCAL) / GAZ MANUFACTURE (TCAL) | | | MILLIONS OF (DE) KWH |
|---|---|---|---|---|---|---|---|---|---|---|---|
| | HARD COAL / HOUILLE | PATENT FUEL / AGGLOMERES | COKE OVEN COKE / COKE DE FOUR | GAS COKE / COKE DE GAZ | BROWN COAL / LIGNITE | BKB / BRIQ. DE LIGNITE | NATURAL GAS / GAZ NATUREL | GAS WORKS / USINES A GAZ | COKE OVENS / COKERIES | BLAST FURNACES / HAUT FOURNEAUX | ELECTRICITY* / ELECTRICITE* |
| | 1 | 2 | 3 | 4 | 5 | 6 | 7 | 8 | 9 | 10 | 11 |
| PRODUCTION | 313316 | 9023 | 84992 | 3264 | 119571 | 8074 | 864394 | 53272 | 161589 | 163145 | 914066 |
| FROM OTHER SOURCES | 3185 | - | - | - | - | - | - | 132458 | - | - | - |
| IMPORT | 50444 | 818 | 9158 | 9 | 1363 | 1776 | 160380 | 361 | - | - | 26980 |
| EXPORT | -19372 | -801 | -11473 | -468 | -31 | -712 | -146723 | -1063 | - | - | -21829 |
| INTL. MARINE BUNKERS | - | - | - | - | - | - | - | - | - | - | - |
| STOCK CHANGES | -4707 | -193 | -5992 | -125 | -107 | 44 | -6119 | -61 | - | - | - |
| DOMESTIC SUPPLY | 342866 | 8847 | 76685 | 2680 | 120796 | 9182 | 871932 | 184967 | 161589 | 163145 | 919217 |
| RETURNS TO SUPPLY | - | - | - | - | - | - | - | - | - | - | - |
| TRANSFERS | - | - | - | - | - | - | - | - | - | - | - |
| DOMESTIC AVAILABILITY | 342866 | 8847 | 76685 | 2680 | 120796 | 9182 | 871932 | 184967 | 161589 | 163145 | 919217 |
| STATISTICAL DIFFERENCE | -2032 | - | -2 | -1 | - | 15 | -1591 | -124 | 12 | -36 | 464 |
| TRANSFORM. SECTOR ** | 270962 | - | 22894 | 151 | 109764 | 568 | 251558 | 2420 | 45542 | 41809 | - |
| FOR SOLID FUELS | 121400 | - | 623 | - | 16392 | - | - | - | - | 942 | - |
| FOR GASES | 4428 | - | 22092 | 122 | - | - | 96994 | - | 35782 | 15 | - |
| PETROLEUM REFINERIES | - | - | - | - | - | - | - | - | - | - | - |
| THERMO-ELECTRIC PLANTS | 145134 | - | 179 | 29 | 93372 | 568 | 154564 | 2420 | 9760 | 40852 | - |
| ENERGY SECTOR | 4670 | 51 | 642 | 144 | 4725 | 28 | 22994 | 30669 | 67503 | 16354 | 153906 |
| COAL MINES | 4566 | - | - | - | 4723 | - | - | - | 176 | - | 18075 |
| OIL AND GAS EXTRACTION | - | - | - | - | - | - | 9738 | - | - | - | 221 |
| PETROLEUM REFINERIES | - | - | - | - | - | - | - | - | - | - | 13024 |
| ELECTRIC PLANTS | - | - | - | - | - | - | - | - | - | - | 52760 |
| DISTRIBUTION LOSSES | 99 | - | 25 | - | 2 | - | 12378 | 26712 | 1082 | 7335 | 61386 |
| PUMP STORAGE (ELECTR.) | - | - | - | - | - | - | - | - | - | - | 6795 |
| OTHER ENERGY SECTOR | 5 | 51 | 617 | 144 | - | 28 | 878 | 3957 | 66245 | 9019 | 1645 |
| FINAL CONSUMPTION | 69266 | 8796 | 53151 | 2386 | 6307 | 8571 | 598971 | 152002 | 48532 | 105018 | 764847 |
| INDUSTRY SECTOR | 31342 | 125 | 43451 | 481 | 5943 | 639 | 376264 | 29650 | 48532 | 105018 | 397046 |
| IRON AND STEEL | 4931 | 8 | 37181 | 164 | 41 | 130 | 81482 | 13693 | 39227 | 101207 | 63877 |
| CHEMICAL | 6924 | - | 1495 | 3 | 2053 | 226 | 150081 | 2011 | 5997 | - | 98133 |
| PETROCHEMICAL | 23 | - | 62 | - | - | - | - | - | - | - | 8280 |
| NON-FERROUS METAL | 1823 | - | 711 | - | 162 | 14 | 10615 | 1472 | 66 | - | 34829 |
| NON-METALLIC MINERAL | 5875 | 15 | 1533 | - | 29 | 91 | 63111 | 3912 | 197 | 113 | 28224 |
| PAPER PULP AND PRINT | 2015 | - | 48 | - | 99 | 38 | 12792 | 278 | - | - | 26005 |
| MINING AND QUARRYING | 327 | - | 22 | - | - | - | 1550 | - | 1211 | - | 7041 |
| FOOD AND TOBACCO | 2673 | 3 | 338 | - | 145 | - | 17556 | 1437 | - | - | 21057 |
| WOOD AND WOOD PRODUCTS | - | - | 1 | - | - | - | 250 | - | - | - | 3323 |
| MACHINERY | 274 | - | 747 | - | 46 | - | 14417 | 4606 | 238 | - | 44060 |
| TRANSPORT EQUIPMENT | - | - | 346 | - | - | - | 510 | - | - | - | 13379 |
| CONSTRUCTION | - | - | - | - | - | - | - | - | - | - | 2121 |
| TEXTILES AND LEATHER | 356 | - | 4 | - | 32 | - | 1886 | - | - | - | 21270 |
| NON SPECIFIED | 6121 | 99 | 963 | 314 | 3336 | 140 | 22014 | 2241 | 1596 | 3698 | 25447 |
| NON-ENERGY USES: | | | | | | | | | | | |
| (1)ENERGY PRODUCTS | - | - | - | - | - | - | - | - | - | - | - |
| (2)NON-ENERGY PRODUCTS | - | - | - | - | - | - | - | - | - | - | - |
| TRANSPORT. SECTOR ** | 1959 | 51 | 135 | 9 | 1 | 43 | 1232 | - | - | - | 22365 |
| AIR TRANSPORT | - | - | - | - | - | - | - | - | - | - | - |
| ROAD TRANSPORT | - | - | - | - | - | - | 1232 | - | - | - | - |
| RAILWAYS | 1947 | 51 | 135 | 9 | 1 | 43 | - | - | - | - | 22365 |
| INTERNAL NAVIGATION | 12 | - | - | - | - | - | - | - | - | - | - |
| OTHER SECTORS ** | 35965 | 8620 | 9565 | 1896 | 363 | 7889 | 221475 | 122352 | - | - | 345436 |
| AGRICULTURE | - | - | 35 | - | - | - | - | - | - | - | 11242 |
| PUBLIC SERVICES | - | - | 540 | - | - | - | 1865 | 4032 | - | - | - |
| COMMERCE | - | - | 390 | - | - | - | 53049 | 21126 | - | - | 111079 |
| RESIDENTIAL | 30724 | 8435 | 8196 | 1812 | 342 | 7865 | 166561 | 97194 | - | - | 195213 |

(1) INCLUDED IN CHEMICAL OR PETROCHEMICAL INDUSTRY
(2) INCLUDED ONLY IN TOTAL INDUSTRY

| * OF WHICH: HYDRO | 810839 |
|---|---|
| NUCLEAR | 93953 |
| CONVENTIONAL THERMAL | 2618067 |
| GEOTHERMAL | 4506 |

** INCLUDED IN THESE TOTALS ARE THE NON-SPECIFIED ELEMENTS

## PRODUCTION ET UTILISATION DES SOURCES D ENERGIE : C.E.E

1971

UNIT: 1000 METRIC TONS
UNITE: 1000 TONNES METRIQUES

| OIL / PETROLE | | | REFINERY GAS | LIQUEFIED PETROLEUM GASES | AVIATION GASOLINE | MOTOR GASOLINE | JET FUEL | KEROSENE | GAS/DIESEL OIL | RESIDUAL FUEL OIL | NAPHTHA | NON-ENERGY PRODUCTS |
|---|---|---|---|---|---|---|---|---|---|---|---|---|
| CRUDE BRUT | NGL GNL | FEEDST. | GAZ DE PETROLE | GAZ LIQUEFIES DE PETROLE | ESSENCE AVION | ESSENCE AUTO | CARBURANT REACTEUR | PETROLE LAMPANT | GAZ/DIESEL OIL | FUEL OIL RESIDUEL | NAPHTHA | PRODUITS NON-ENERGETIQUES |
| 12 | 13 | 14 | 15 | 16 | 17 | 18 | 19 | 20 | 21 | 22 | 23 | 24 |
| 12318 | - | - | 13122 | 9595 | 456 | 63368 | 14684 | 7460 | 161668 | 207720 | 29066 | 29240 |
| 187 | - | - | 1 | 3 | - | 226 | 2 | - | 16 | - | 12 | 381 |
| 545303 | - | - | - | 1243 | 234 | 9596 | 3075 | 1547 | 36645 | 28027 | 10196 | 6812 |
| -1643 | - | - | - | -2014 | -409 | -10573 | -4673 | -2346 | -38003 | -36588 | -10232 | -7157 |
| - | - | - | - | - | - | - | - | - | -5022 | -28963 | - | -263 |
| -2473 | - | - | 24 | 129 | -16 | -77 | -1301 | -39 | -3651 | -610 | -120 | -217 |
| 553692 | - | - | 13147 | 8956 | 265 | 62540 | 11787 | 6622 | 151653 | 169586 | 28922 | 28796 |
| - | - | - | - | - | - | - | - | - | - | - | -2072 | - |
| - | - | - | 238 | - | 8 | 1728 | -3 | -200 | 436 | -123 | -2503 | -2 |
| 553692 | - | - | 13385 | 8956 | 273 | 64268 | 11784 | 6422 | 152089 | 169463 | 24347 | 28794 |
| - | - | - | -10 | - | - | -2 | - | - | 580 | -189 | -2018 | 269 |
| 553645 | - | - | 1087 | 1011 | 4 | - | - | - | 1307 | 55855 | 3882 | 470 |
| - | - | - | - | - | - | - | - | - | - | - | - | 404 |
| - | - | - | 648 | 1011 | - | - | - | - | 75 | 152 | 2924 | - |
| 553645 | - | - | - | - | 4 | - | - | - | - | - | - | - |
| - | - | - | 439 | - | - | - | - | - | 1232 | 55703 | 958 | 66 |
| - | - | - | 9669 | 11 | - | 40 | 10 | 5 | 90 | 9132 | 15 | 806 |
| - | - | - | - | - | - | - | - | - | - | - | - | - |
| - | - | - | - | - | - | - | - | - | - | - | - | - |
| - | - | - | 9669 | 1 | - | - | - | - | 35 | 9102 | - | 806 |
| - | - | - | - | - | - | - | - | - | - | - | - | - |
| - | - | - | - | 10 | - | 40 | 10 | 5 | 55 | 30 | 15 | - |
| - | - | - | - | - | - | - | - | - | - | - | - | - |
| - | - | - | - | - | - | - | - | - | - | - | - | - |
| 47 | - | - | 2639 | 7934 | 269 | 64230 | 11774 | 6417 | 150112 | 104665 | 22468 | 27249 |
| 47 | - | - | 1908 | 3575 | - | 60 | 9 | 506 | 25099 | 83874 | 22468 | 27220 |
| - | - | - | - | 229 | - | 2 | - | 12 | 1242 | 13270 | 94 | 3 |
| - | - | - | 55 | 166 | - | 1 | - | 22 | 640 | 10114 | 128 | 75 |
| 47 | - | - | 1853 | 1346 | - | - | - | 449 | 615 | 4998 | 22241 | - |
| - | - | - | - | 30 | - | - | - | - | 397 | 1380 | - | - |
| - | - | - | - | 172 | - | - | - | 6 | 2268 | 16727 | - | - |
| - | - | - | - | 13 | - | - | - | - | 426 | 5810 | - | - |
| - | - | - | - | - | - | - | - | - | 545 | 880 | - | 116 |
| - | - | - | - | 15 | - | - | - | - | 1297 | 8590 | - | - |
| - | - | - | - | - | - | - | - | - | 43 | 220 | - | - |
| - | - | - | - | - | - | 45 | - | 9 | 720 | 3174 | - | - |
| - | - | - | - | - | - | - | - | - | 236 | 1240 | - | - |
| - | - | - | - | - | - | - | - | - | - | - | - | - |
| - | - | - | - | - | - | - | - | - | - | - | - | - |
| - | - | - | - | 1604 | - | 12 | 9 | 8 | 16670 | 17471 | 5 | 62 |
| - | - | - | 236 | 1184 | - | - | - | 444 | 615 | 600 | 18979 | - |
| - | - | - | - | - | - | - | - | - | - | - | - | 26964 |
| - | - | - | - | 622 | 269 | 63542 | 11580 | 27 | 30691 | 774 | - | - |
| - | - | - | - | - | 269 | - | 11580 | - | - | - | - | - |
| - | - | - | - | 617 | - | 63469 | - | - | 23923 | - | - | - |
| - | - | - | - | 5 | - | 1 | - | 21 | 2487 | 417 | - | - |
| - | - | - | - | - | - | 72 | - | 6 | 4281 | 357 | - | - |
| - | - | - | 731 | 3737 | - | 628 | 185 | 5884 | 94322 | 20017 | - | 29 |
| - | - | - | - | 71 | - | 220 | - | 184 | 7017 | 1226 | - | - |
| - | - | - | - | - | - | 180 | 185 | - | 200 | 300 | - | - |
| - | - | - | - | - | - | 170 | - | - | - | 59 | - | - |
| - | - | - | - | 3618 | - | - | - | 5624 | 84710 | 11290 | - | 20 |

## PRODUCTION AND USES OF ENERGY SOURCES : E.E.C.

1972

| ENERGY SOURCES / PRODUCTION AND USES | UNIT: 1000 METRIC TONS / UNITE: 1000 TONNES METRIQUES | | | | | | TCAL / TCAL | MANUFACTURED GAS (TCAL) / GAZ MANUFACTURE (TCAL) | | | MILLIONS OF (DE) KWH |
|---|---|---|---|---|---|---|---|---|---|---|---|
| | HARD COAL / HOUILLE | PATENT FUEL / AGGLOMERES | COKE OVEN COKE / COKE DE FOUR | GAS COKE / COKE DE GAZ | BROWN COAL / LIGNITE | BKB / BRIQ. DE LIGNITE | NATURAL GAS / GAZ NATUREL | GAS WORKS / USINES A GAZ | COKE OVENS / COKERIES | BLAST FURNACES / HAUT FOURNEAUX | ELECTRICITY* / ELECTRICITE* |
| | 1 | 2 | 3 | 4 | 5 | 6 | 7 | 8 | 9 | 10 | 11 |
| PRODUCTION | 271646 | 8036 | 79612 | 2208 | 125349 | 7091 | 1095397 | 43853 | 149429 | 166745 | 974771 |
| FROM OTHER SOURCES | 3122 | - | - | - | - | - | - | 111139 | - | - | - |
| IMPORT | 49345 | 727 | 9554 | 38 | 1358 | 1753 | 237289 | 114 | - | - | 30228 |
| EXPORT | -17519 | -717 | -11290 | -799 | -38 | -619 | -205129 | -528 | - | - | -26043 |
| INTL. MARINE BUNKERS | - | - | - | - | - | - | - | - | - | - | - |
| STOCK CHANGES | -3519 | -50 | -3570 | 302 | -456 | 84 | -5828 | -373 | - | - | - |
| DOMESTIC SUPPLY | 303075 | 7996 | 74306 | 1749 | 126213 | 8309 | 1121729 | 154205 | 149429 | 166745 | 978956 |
| RETURNS TO SUPPLY | - | - | - | - | - | - | - | - | - | - | - |
| TRANSFERS | - | - | - | - | - | - | - | - | - | - | - |
| DOMESTIC AVAILABILITY | 303075 | 7996 | 74306 | 1749 | 126213 | 8309 | 1121729 | 154205 | 149429 | 166745 | 978956 |
| STATISTICAL DIFFERENCE | -1720 | - | -51 | - | - | 29 | -4360 | -212 | 5 | -176 | 482 |
| TRANSFORM. SECTOR ** | 240404 | - | 23181 | 105 | 115757 | 818 | 294948 | 1292 | 40362 | 43303 | - |
| FOR SOLID FUELS | 112639 | - | 542 | - | 14879 | - | - | - | - | 912 | - |
| FOR GASES | 3021 | - | 22464 | 93 | - | - | 87930 | - | 28301 | 3 | - |
| PETROLEUM REFINERIES | - | - | - | - | - | - | - | - | - | - | - |
| THERMO-ELECTRIC PLANTS | 124744 | - | 175 | 12 | 100878 | 818 | 207018 | 1292 | 12061 | 42388 | - |
| ENERGY SECTOR | 4104 | 48 | 567 | 83 | 4002 | 51 | 41435 | 16924 | 60399 | 18399 | 159018 |
| COAL MINES | 3958 | - | - | - | 4002 | - | - | - | 151 | - | 17305 |
| OIL AND GAS EXTRACTION | - | - | - | - | - | - | 10522 | - | - | - | 262 |
| PETROLEUM REFINERIES | - | - | - | - | - | - | - | - | - | - | 14047 |
| ELECTRIC PLANTS | - | - | - | - | - | - | - | - | - | - | 55620 |
| DISTRIBUTION LOSSES | 143 | - | 25 | - | - | - | 29964 | 12760 | 830 | 8180 | 62678 |
| PUMP STORAGE (ELECTR.) | - | - | - | - | - | - | - | - | - | - | 7616 |
| OTHER ENERGY SECTOR | 3 | 48 | 542 | 83 | - | 51 | 949 | 4164 | 59418 | 10219 | 1490 |
| FINAL CONSUMPTION | 60287 | 7948 | 50609 | 1561 | 6454 | 7411 | 789706 | 136201 | 48663 | 105219 | 819456 |
| INDUSTRY SECTOR | 26734 | 107 | 41968 | 211 | 6070 | 583 | 471618 | 25537 | 48658 | 105219 | 416135 |
| IRON AND STEEL | 4837 | 12 | 36781 | 137 | 31 | 133 | 96575 | 9425 | 41120 | 100811 | 67576 |
| CHEMICAL | 4532 | 1 | 1340 | 2 | 2021 | 188 | 182533 | 2074 | 4798 | - | 102082 |
| PETROCHEMICAL | 18 | - | 46 | - | - | - | - | - | - | - | 8568 |
| NON-FERROUS METAL | 1696 | - | 689 | - | 60 | 5 | 12175 | 2691 | - | - | 38001 |
| NON-METALLIC MINERAL | 4275 | 8 | 1223 | - | 21 | 83 | 79919 | 1835 | 834 | 155 | 29836 |
| PAPER PULP AND PRINT | 1439 | - | 38 | - | 53 | 46 | 18714 | 310 | - | - | 27225 |
| MINING AND QUARRYING | 304 | - | 16 | - | 1 | - | 1554 | - | 762 | - | 7347 |
| FOOD AND TOBACCO | 2202 | 2 | 318 | - | 88 | - | 24073 | 1451 | - | - | 22688 |
| WOOD AND WOOD PRODUCTS | - | - | 1 | - | - | - | 200 | - | - | - | 3705 |
| MACHINERY | 181 | - | 721 | - | 45 | - | 18252 | 4690 | 520 | - | 45403 |
| TRANSPORT EQUIPMENT | - | - | 334 | - | - | - | 650 | - | - | - | 13702 |
| CONSTRUCTION | - | - | - | - | - | - | - | - | - | - | 2164 |
| TEXTILES AND LEATHER | 281 | - | 3 | - | 36 | - | 2895 | - | - | - | 22201 |
| NON SPECIFIED | 6969 | 84 | 458 | 72 | 3714 | 128 | 34078 | 3061 | 624 | 4253 | 25637 |
| NON-ENERGY USES: | | | | | | | | | | | |
| (1)ENERGY PRODUCTS | - | - | - | - | - | - | - | - | - | - | - |
| (2)NON-ENERGY PRODUCTS | - | - | - | - | - | - | - | - | - | - | - |
| TRANSPORT. SECTOR ** | 1533 | 40 | 115 | 3 | - | 35 | 1363 | - | - | - | 22993 |
| AIR TRANSPORT | - | - | - | - | - | - | - | - | - | - | - |
| ROAD TRANSPORT | - | - | - | - | - | - | 1363 | - | - | - | - |
| RAILWAYS | 1524 | 40 | 115 | 3 | - | 35 | - | - | - | - | 22993 |
| INTERNAL NAVIGATION | 9 | - | - | - | - | - | - | - | - | - | - |
| OTHER SECTORS ** | 32020 | 7801 | 8526 | 1347 | 384 | 6793 | 316725 | 110664 | 5 | - | 380328 |
| AGRICULTURE | - | - | 40 | - | - | - | - | - | - | - | 11905 |
| PUBLIC SERVICES | - | - | 540 | - | - | - | 4561 | 4561 | - | - | - |
| COMMERCE | - | - | 390 | - | - | - | 82250 | 19727 | 5 | - | 122467 |
| RESIDENTIAL | 27191 | 7623 | 7190 | 1276 | 367 | 6773 | 229914 | 86376 | - | - | 214978 |

(1) INCLUDED IN CHEMICAL OR PETROCHEMICAL INDUSTRY
(2) INCLUDED ONLY IN TOTAL INDUSTRY

| * OF WHICH: HYDRO | 851145 |
|---|---|
| NUCLEAR | 127058 |
| CONVENTIONAL THERMAL | 2830606 |
| GEOTHERMAL | 5394 |

** INCLUDED IN THESE TOTALS ARE THE NON-SPECIFIED ELEMENTS

# PRODUCTION ET UTILISATION DES SOURCES D ENERGIE : C.E.E

1972

UNIT: 1000 METRIC TONS
UNITE: 1000 TONNES METRIQUES

| OIL / PETROLE | | | REFINERY GAS | LIQUEFIED PETROLEUM GASES | AVIATION GASOLINE | MOTOR GASOLINE | JET FUEL | KEROSENE | GAS/DIESEL OIL | RESIDUAL FUEL OIL | NAPHTHA | NON-ENERGY PRODUCTS |
|---|---|---|---|---|---|---|---|---|---|---|---|---|
| CRUDE BRUT | NGL GNL | FEEDST. | GAZ DE PETROLE | GAZ LIQUEFIES DE PETROLE | ESSENCE AVION | ESSENCE AUTO | CARBURANT REACTEUR | PETROLE LAMPANT | GAZ/DIESEL OIL | FUEL OIL RESIDUEL | NAPHTHA | PRODUITS NON-ENERGETIQUES |
| 12 | 13 | 14 | 15 | 16 | 17 | 18 | 19 | 20 | 21 | 22 | 23 | 24 |
| 11490 | - | - | 13021 | 10534 | 387 | 69331 | 16732 | 7974 | 172836 | 218208 | 32018 | 29798 |
| 348 | - | - | 2 | 2 | - | 203 | 1 | - | 8 | - | 105 | 361 |
| 573977 | - | - | - | 1265 | 199 | 9831 | 3605 | 1344 | 36983 | 33015 | 11520 | 8171 |
| -3668 | - | - | - | -1943 | -330 | -11689 | -6285 | -2364 | -38025 | -39622 | -10279 | -7443 |
| - | - | - | - | - | - | - | - | - | -5645 | -31979 | - | -264 |
| 7285 | - | - | 23 | 75 | -24 | -872 | -1336 | 69 | -1361 | 1198 | -956 | -450 |
| 589432 | - | - | 13046 | 9933 | 232 | 66804 | 12717 | 7023 | 164796 | 180820 | 32408 | 30173 |
| - | - | - | - | - | - | - | - | - | - | - | -2000 | - |
| - | - | - | 151 | - | - | 2031 | -65 | -149 | 308 | -79 | -2500 | -92 |
| 589432 | - | - | 13197 | 9933 | 232 | 68835 | 12652 | 6874 | 165104 | 180741 | 27908 | 30081 |
| - | - | - | -24 | - | - | - | - | - | 594 | 542 | -1349 | -63 |
| 589387 | - | - | 1026 | 1009 | 4 | - | - | - | 2136 | 66010 | 2945 | 831 |
| - | - | - | - | - | - | - | - | - | - | - | - | 720 |
| - | - | - | 642 | 1009 | - | - | - | - | 56 | 170 | 2167 | - |
| 589387 | - | - | - | - | 4 | - | - | - | - | - | - | - |
| - | - | - | 384 | - | - | - | - | - | 2080 | 65840 | 778 | 111 |
| - | - | - | 10066 | 40 | - | 40 | 10 | 5 | 100 | 9318 | 15 | 904 |
| - | - | - | - | - | - | - | - | - | - | - | - | - |
| - | - | - | - | - | - | - | - | - | - | - | - | - |
| - | - | - | 10066 | 30 | - | - | - | - | 45 | 9288 | - | 904 |
| - | - | - | - | - | - | - | - | - | - | - | - | - |
| - | - | - | - | 10 | - | 40 | 10 | 5 | 55 | 30 | 15 | - |
| - | - | - | - | - | - | - | - | - | - | - | - | - |
| - | - | - | - | - | - | - | - | - | - | - | - | - |
| 45 | - | - | 2129 | 8884 | 228 | 68795 | 12642 | 6869 | 162274 | 104871 | 26297 | 28409 |
| 45 | - | - | 1645 | 4523 | - | 74 | 9 | 513 | 23429 | 84729 | 26297 | 28381 |
| - | - | - | - | 146 | - | 3 | - | 13 | 1263 | 13541 | 50 | 3 |
| - | - | - | 38 | 199 | - | 1 | - | 20 | 657 | 10709 | 131 | 65 |
| 45 | - | - | 1607 | 1583 | - | - | - | 455 | 898 | 5515 | 26104 | - |
| - | - | - | - | 30 | - | - | - | - | 421 | 1278 | - | - |
| - | - | - | - | 183 | - | - | - | 6 | 2352 | 16594 | 8 | - |
| - | - | - | - | 18 | - | - | - | - | 452 | 5325 | - | - |
| - | - | - | - | - | - | - | - | - | 672 | 919 | - | 150 |
| - | - | - | - | 15 | - | - | - | - | 1442 | 8902 | - | - |
| - | - | - | - | - | - | - | - | - | 71 | 397 | - | - |
| - | - | - | - | - | - | 45 | - | 10 | 910 | 3187 | - | - |
| - | - | - | - | - | - | - | - | - | 269 | 1602 | - | - |
| - | - | - | - | - | - | - | - | - | - | - | - | - |
| - | - | - | - | - | - | - | - | - | - | - | - | - |
| - | - | - | - | 2349 | - | 25 | 9 | 9 | 14022 | 16760 | 4 | 70 |
| - | - | - | 199 | 1320 | - | - | - | 447 | 898 | 600 | 22306 | - |
| - | - | - | - | - | - | - | - | - | - | - | - | 28093 |
| - | - | - | - | 713 | 228 | 68031 | 12433 | 24 | 32368 | 630 | - | - |
| - | - | - | - | - | 228 | - | 12433 | - | - | - | - | - |
| - | - | - | - | 705 | - | 67951 | - | - | 25444 | - | - | - |
| - | - | - | - | 5 | - | - | - | 20 | 2580 | 327 | - | - |
| - | - | - | - | 3 | - | 80 | - | 4 | 4344 | 303 | - | - |
| - | - | - | 484 | 3648 | - | 690 | 200 | 6332 | 106477 | 19512 | - | 28 |
| - | - | - | - | 70 | - | 262 | - | 159 | 7546 | 1233 | - | - |
| - | - | - | - | - | - | 200 | 200 | - | 300 | 350 | - | - |
| - | - | - | - | - | - | 170 | - | - | - | 65 | - | - |
| - | - | - | - | 3537 | - | - | - | 6108 | 95846 | 11141 | - | 20 |

# PRODUCTION AND USES OF ENERGY SOURCES : E.E.C.

## 1973

| ENERGY SOURCES / PRODUCTION AND USES | UNIT: 1000 METRIC TONS / UNITE: 1000 TONNES METRIQUES | | | | | | TCAL / TCAL | MANUFACTURED GAS (TCAL) / GAZ MANUFACTURE (TCAL) | | | MILLIONS OF (DE) KWH |
|---|---|---|---|---|---|---|---|---|---|---|---|
| | HARD COAL / HOUILLE | PATENT FUEL / AGGLOMERES | COKE OVEN COKE / COKE DE FOUR | GAS COKE / COKE DE GAZ | BROWN COAL / LIGNITE | BKB / BRIQ. DE LIGNITE | NATURAL GAS / GAZ NATUREL | GAS WORKS / USINES A GAZ | COKE OVENS / COKERIES | BLAST FURNACES / HAUT FOURNEAUX | ELECTRICITY* / ELECTRICITE* |
| | 1 | 2 | 3 | 4 | 5 | 6 | 7 | 8 | 9 | 10 | 11 |
| PRODUCTION | 270310 | 7439 | 82148 | 1889 | 135730 | 6852 | 1247596 | 43327 | 157427 | 177928 | 1046254 |
| FROM OTHER SOURCES | 2468 | - | - | - | - | - | - | 79491 | - | - | - |
| IMPORT | 49214 | 559 | 10306 | 32 | 1369 | 1514 | 326759 | 2 | - | - | 31738 |
| EXPORT | -19260 | -586 | -13544 | -541 | -48 | -576 | -282260 | -14 | - | - | -23669 |
| INTL. MARINE BUNKERS | - | - | - | - | - | - | - | - | - | - | - |
| STOCK CHANGES | 3571 | 207 | 1391 | -43 | 8 | 15 | -5267 | 1062 | - | - | - |
| DOMESTIC SUPPLY | 306303 | 7619 | 80301 | 1337 | 137059 | 7805 | 1286828 | 123868 | 157427 | 177928 | 1054323 |
| RETURNS TO SUPPLY | - | - | - | - | - | - | - | - | - | - | - |
| TRANSFERS | - | - | - | - | - | - | - | - | - | - | - |
| DOMESTIC AVAILABILITY | 306303 | 7619 | 80301 | 1337 | 137059 | 7805 | 1286828 | 123868 | 157427 | 177928 | 1054323 |
| STATISTICAL DIFFERENCE | -3719 | 80 | -120 | -235 | 27 | 32 | -6041 | 795 | 43 | 124 | -1614 |
| TRANSFORM. SECTOR ** | 247949 | - | 24659 | 7 | 127283 | 947 | 309929 | 1512 | 41468 | 49944 | - |
| FOR SOLID FUELS | 114740 | - | 725 | - | 14489 | - | - | - | - | 854 | - |
| FOR GASES | 2481 | - | 23771 | - | - | - | 58708 | - | 21460 | 1 | - |
| PETROLEUM REFINERIES | - | - | - | - | - | - | - | - | - | - | - |
| THERMO-ELECTRIC PLANTS | 130728 | - | 163 | 7 | 112794 | 947 | 251221 | 1512 | 20008 | 49089 | - |
| ENERGY SECTOR | 3727 | 50 | 277 | 104 | 3683 | 76 | 49151 | 13009 | 64937 | 23559 | 170619 |
| COAL MINES | 3449 | - | - | - | 3683 | - | 731 | - | 277 | - | 18781 |
| OIL AND GAS EXTRACTION | - | - | - | - | - | - | 13963 | - | - | - | 269 |
| PETROLEUM REFINERIES | - | - | - | - | - | - | - | - | - | - | 17312 |
| ELECTRIC PLANTS | - | - | - | - | - | - | - | - | - | - | 59212 |
| DISTRIBUTION LOSSES | 98 | - | 25 | - | - | - | 31628 | 10571 | 1262 | 8836 | 66237 |
| PUMP STORAGE (ELECTR.) | - | - | - | - | - | - | - | - | - | - | 7370 |
| OTHER ENERGY SECTOR | 180 | 50 | 252 | 104 | - | 76 | 2829 | 2438 | 63398 | 14723 | 1438 |
| FINAL CONSUMPTION | 58346 | 7489 | 55485 | 1461 | 6066 | 6750 | 933789 | 108552 | 50979 | 104301 | 885318 |
| INDUSTRY SECTOR | 28895 | 87 | 47199 | 133 | 5887 | 572 | 536499 | 22408 | 50976 | 104301 | 463103 |
| IRON AND STEEL | 5060 | 5 | 41687 | 113 | 257 | 150 | 111775 | 8616 | 43111 | 99558 | 75018 |
| CHEMICAL | 5374 | 2 | 1265 | - | 4483 | 214 | 200937 | 2029 | 4433 | - | 116430 |
| PETROCHEMICAL | 15 | - | 38 | - | - | - | - | - | - | - | 9106 |
| NON-FERROUS METAL | 1770 | - | 799 | - | 63 | 5 | 13521 | 1962 | - | - | 44625 |
| NON-METALLIC MINERAL | 4909 | 3 | 1094 | - | 14 | 59 | 87014 | 1661 | 631 | 146 | 32668 |
| PAPER PULP AND PRINT | 1782 | - | 40 | - | 48 | 41 | 23090 | 365 | - | - | 32164 |
| MINING AND QUARRYING | 235 | - | 28 | - | 18 | 2 | 2593 | - | 1538 | - | 8131 |
| FOOD AND TOBACCO | 1899 | - | 333 | - | 67 | 10 | 29850 | 1111 | - | - | 25971 |
| WOOD AND WOOD PRODUCTS | - | - | 1 | - | - | - | 250 | - | - | - | 4327 |
| MACHINERY | 181 | - | 734 | - | 41 | - | 23286 | 4221 | 527 | - | 53921 |
| TRANSPORT EQUIPMENT | 660 | - | 410 | - | - | - | 620 | - | - | - | 14767 |
| CONSTRUCTION | - | - | - | - | - | - | - | - | - | - | 2491 |
| TEXTILES AND LEATHER | 295 | - | 2 | - | 15 | - | 2879 | - | - | - | 23974 |
| NON SPECIFIED | 6715 | 77 | 768 | 20 | 881 | 91 | 40684 | 2443 | 736 | 4597 | 19510 |
| NON-ENERGY USES: | | | | | | | | | | | |
| (1)ENERGY PRODUCTS | - | - | - | - | - | - | - | - | - | - | - |
| (2)NON-ENERGY PRODUCTS | - | - | - | - | - | - | - | - | - | - | - |
| TRANSPORT. SECTOR ** | 1253 | 33 | 91 | - | - | 30 | 1527 | - | - | - | 23569 |
| AIR TRANSPORT | - | - | - | - | - | - | - | - | - | - | - |
| ROAD TRANSPORT | - | - | - | - | - | - | 1527 | - | - | - | - |
| RAILWAYS | 1233 | 33 | 91 | - | - | 30 | - | - | - | - | 23569 |
| INTERNAL NAVIGATION | 20 | - | - | - | - | - | - | - | - | - | - |
| OTHER SECTORS ** | 28198 | 7369 | 8195 | 1328 | 179 | 6148 | 395763 | 86144 | 3 | - | 398646 |
| AGRICULTURE | 80 | - | 50 | - | - | - | 18 | - | - | - | 13559 |
| PUBLIC SERVICES | 2030 | - | 530 | - | - | - | 8492 | 4410 | - | - | - |
| COMMERCE | 340 | - | 380 | - | - | - | 100293 | 15945 | 3 | - | 124754 |
| RESIDENTIAL | 22097 | 7367 | 6911 | 1252 | 163 | 6126 | 286960 | 65789 | - | - | 238239 |

(1) INCLUDED IN CHEMICAL OR PETROCHEMICAL INDUSTRY
(2) INCLUDED ONLY IN TOTAL INDUSTRY

| * OF WHICH: HYDRO | 854775 |
|---|---|
| NUCLEAR | 173172 |
| CONVENTIONAL THERMAL | 3060902 |
| GEOTHERMAL | 6443 |

** INCLUDED IN THESE TOTALS ARE THE NON-SPECIFIED ELEMENTS

UNIT: 1000 METRIC TONS
UNITE: 1000 TONNES METRIQUES

| OIL / PETROLE: CRUDE / BRUT | OIL / PETROLE: NGL / GNL | OIL / PETROLE: FEEDST. | REFINERY GAS / GAZ DE PETROLE | LIQUEFIED PETROLEUM GASES / GAZ LIQUEFIES DE PETROLE | AVIATION GASOLINE / ESSENCE AVION | MOTOR GASOLINE / ESSENCE AUTO | JET FUEL / CARBURANT REACTEUR | KEROSENE / PETROLE LAMPANT | GAS/DIESEL OIL / GAZ/DIESEL OIL | RESIDUAL FUEL OIL / FUEL OIL RESIDUEL | NAPHTHA / NAPHTHA | NON-ENERGY PRODUCTS / PRODUITS NON-ENERGETIQUES |
|---|---|---|---|---|---|---|---|---|---|---|---|---|
| 12 | 13 | 14 | 15 | 16 | 17 | 18 | 19 | 20 | 21 | 22 | 23 | 24 |
| 10588 | - | - | 13624 | 11118 | 367 | 76596 | 18106 | 7983 | 190624 | 235605 | 37781 | 32471 |
| 417 | - | - | - | 321 | - | 356 | - | - | 40 | - | 143 | 194 |
| 628097 | - | - | - | 1331 | 172 | 9868 | 3653 | 1394 | 37849 | 28918 | 15997 | 9207 |
| -3609 | - | - | - | -2160 | -276 | -13016 | -6695 | -2263 | -43631 | -43651 | -12363 | -8954 |
| - | - | - | - | - | - | - | - | - | -5773 | -32820 | - | -278 |
| -3347 | - | - | -4 | -16 | 5 | -1232 | -188 | -106 | -879 | -214 | -147 | -654 |
| 632146 | - | - | 13620 | 10594 | 268 | 72572 | 14876 | 7008 | 178230 | 187838 | 41411 | 31986 |
| - | - | - | - | - | - | 1 | - | 260 | 200 | - | - | 434 |
| - | - | - | - | 545 | - | -139 | -83 | -242 | -1253 | -160 | -3803 | -124 |
| 632146 | - | - | 13620 | 11139 | 268 | 72434 | 14793 | 7026 | 177177 | 187678 | 37608 | 32296 |
| -9045 | - | - | -40 | 207 | 48 | -145 | 1428 | -431 | 1150 | 326 | 1379 | -324 |
| 641126 | - | - | 1087 | 907 | - | - | - | - | 1365 | 73297 | 3005 | 881 |
| - | - | - | - | - | - | - | - | - | - | - | - | 804 |
| - | - | - | 629 | 907 | - | - | - | - | 43 | 230 | 2416 | - |
| 640989 | - | - | - | - | - | - | - | - | - | - | - | - |
| 137 | - | - | 458 | - | - | - | - | - | 1322 | 73067 | 589 | 77 |
| - | - | - | 10567 | 10 | - | - | 15 | 5 | 119 | 10718 | 20 | 867 |
| - | - | - | - | - | - | - | - | - | - | - | - | - |
| - | - | - | - | - | - | - | - | - | - | - | - | - |
| - | - | - | 10567 | - | - | - | - | - | 59 | 10678 | - | 867 |
| - | - | - | - | - | - | - | - | - | - | - | - | - |
| - | - | - | - | 10 | - | - | 15 | 5 | 60 | 40 | 20 | - |
| - | - | - | - | - | - | - | - | - | - | - | - | - |
| - | - | - | - | - | - | - | - | - | - | - | - | - |
| 65 | - | - | 2006 | 10015 | 220 | 72579 | 13350 | 7452 | 174543 | 103337 | 33204 | 30872 |
| 65 | - | - | 1951 | 5082 | - | 80 | 8 | 829 | 23741 | 81864 | 33204 | 30840 |
| - | - | - | - | 131 | - | 3 | - | - | 1384 | 13635 | 92 | 2 |
| - | - | - | 215 | 218 | - | 1 | - | 28 | 1083 | 11098 | 148 | 78 |
| 65 | - | - | 1736 | 2034 | - | 7 | - | 772 | 1022 | 5839 | 32855 | - |
| - | - | - | - | 30 | - | - | - | - | 469 | 1351 | - | - |
| - | - | - | - | 191 | - | - | - | 6 | 2769 | 16264 | 8 | - |
| - | - | - | - | 25 | - | - | - | - | 501 | 5853 | - | - |
| - | - | - | - | 16 | - | - | - | - | 743 | 855 | - | 150 |
| - | - | - | - | 21 | - | - | - | - | 1490 | 8930 | - | - |
| - | - | - | - | - | - | - | - | - | 61 | 337 | - | - |
| - | - | - | - | - | - | 50 | - | 10 | 999 | 3229 | - | - |
| - | - | - | - | - | - | - | - | - | 311 | 1585 | - | - |
| - | - | - | - | - | - | - | - | - | - | - | - | - |
| - | - | - | - | - | - | - | - | - | - | - | - | - |
| - | - | - | - | 2416 | - | 19 | 8 | 13 | 12909 | 12888 | 101 | 69 |
| - | - | - | 205 | 1639 | - | - | - | 766 | 1022 | 800 | 27951 | - |
| - | - | - | - | - | - | - | - | - | - | - | - | 30541 |
| - | - | - | - | 634 | 220 | 71999 | 13142 | 24 | 35071 | 533 | - | - |
| - | - | - | - | - | 220 | - | 13142 | - | - | - | - | - |
| - | - | - | - | 624 | - | 71909 | - | - | 27519 | - | - | - |
| - | - | - | - | 4 | - | - | - | 16 | 2740 | 231 | - | - |
| - | - | - | - | 6 | - | 90 | - | 8 | 4812 | 302 | - | - |
| - | - | - | 55 | 4299 | - | 500 | 200 | 6599 | 115731 | 20940 | - | 32 |
| - | - | - | - | 198 | - | 269 | - | 138 | 8161 | 1452 | - | - |
| - | - | - | - | - | - | - | 200 | - | 3256 | 2735 | - | - |
| - | - | - | - | - | - | 170 | - | - | 1128 | 620 | - | - |
| - | - | - | - | 4062 | - | - | - | 6404 | 100495 | 11107 | - | 25 |

## PRODUCTION AND USES OF ENERGY SOURCES : E.E.C.

1974

| PRODUCTION AND USES / ENERGY SOURCES | UNIT: 1000 METRIC TONS / UNITE: 1000 TONNES METRIQUES | | | | | | TCAL / TCAL | MANUFACTURED GAS (TCAL) / GAZ MANUFACTURE (TCAL) | | | MILLIONS OF (DE) KWH |
|---|---|---|---|---|---|---|---|---|---|---|---|
| | HARD COAL / HOUILLE | PATENT FUEL / AGGLOMERES | COKE OVEN COKE / COKE DE FOUR | GAS COKE / COKE DE GAZ | BROWN COAL / LIGNITE | BKB / BRIQ. DE LIGNITE | NATURAL GAS / GAZ NATUREL | GAS WORKS / USINES A GAZ | COKE OVENS / COKERIES | BLAST FURNACES / HAUT FOURNEAUX | ELECTRICITY* / ELECTRICITE* |
| | 1 | 2 | 3 | 4 | 5 | 6 | 7 | 8 | 9 | 10 | 11 |
| PRODUCTION | 242360 | 7124 | 82691 | 1688 | 143817 | 6648 | 1420201 | 32034 | 155523 | 183744 | 1062615 |
| FROM OTHER SOURCES | 2312 | - | - | - | - | - | - | 65270 | - | - | - |
| IMPORT | 58642 | 341 | 11610 | 17 | 1517 | 1813 | 433555 | 2 | - | - | 33659 |
| EXPORT | -20534 | -345 | -16939 | -875 | -49 | -648 | -370782 | -13 | - | - | -24761 |
| INTL. MARINE BUNKERS | - | - | - | - | - | - | - | - | - | - | - |
| STOCK CHANGES | 10224 | 175 | 6654 | 256 | 84 | 51 | -15828 | 554 | - | - | - |
| DOMESTIC SUPPLY | 293004 | 7295 | 84016 | 1086 | 145369 | 7864 | 1467146 | 97847 | 155523 | 183744 | 1071513 |
| RETURNS TO SUPPLY | - | - | - | - | - | - | - | - | - | - | - |
| TRANSFERS | - | - | - | - | - | - | - | - | - | - | - |
| DOMESTIC AVAILABILITY | 293004 | 7295 | 84016 | 1086 | 145369 | 7864 | 1467146 | 97847 | 155523 | 183744 | 1071513 |
| STATISTICAL DIFFERENCE | -5483 | -18 | -384 | 34 | -10 | 87 | -2648 | -508 | 88 | 123 | 891 |
| TRANSFORM. SECTOR ** | 238521 | - | 25403 | 7 | 134950 | 952 | 367222 | 2102 | 44234 | 53826 | - |
| FOR SOLID FUELS | 115660 | - | 731 | - | 14042 | - | - | - | - | 1039 | - |
| FOR GASES | 2233 | - | 24514 | 5 | - | - | 42292 | - | 24617 | 11 | - |
| PETROLEUM REFINERIES | - | - | - | - | - | - | - | - | - | - | - |
| THERMO-ELECTRIC PLANTS | 120628 | - | 158 | 2 | 120908 | 952 | 324930 | 2102 | 19617 | 52776 | - |
| ENERGY SECTOR | 3419 | 42 | 238 | 91 | 3514 | 122 | 46304 | 9569 | 66044 | 24228 | 165171 |
| COAL MINES | 3134 | - | - | - | 3514 | - | 680 | - | 252 | - | 18052 |
| OIL AND GAS EXTRACTION | - | - | - | - | - | - | 13615 | - | - | - | 277 |
| PETROLEUM REFINERIES | - | - | - | - | - | - | - | - | - | - | 15807 |
| ELECTRIC PLANTS | - | - | - | - | - | - | - | - | - | - | 57714 |
| DISTRIBUTION LOSSES | 115 | - | 23 | - | - | - | 29058 | 7317 | 1370 | 7988 | 64218 |
| PUMP STORAGE (ELECTR.) | - | - | - | - | - | - | - | - | - | - | 7850 |
| OTHER ENERGY SECTOR | 170 | 42 | 215 | 91 | - | 122 | 2951 | 2252 | 64422 | 16240 | 1253 |
| FINAL CONSUMPTION | 56547 | 7271 | 58759 | 954 | 6915 | 6703 | 1056268 | 86684 | 45157 | 105567 | 905451 |
| INDUSTRY SECTOR | 28102 | 130 | 50149 | 138 | 6680 | 622 | 590928 | 26298 | 45133 | 105567 | 470852 |
| IRON AND STEEL | 4896 | 7 | 44570 | 106 | 285 | 172 | 122873 | 13689 | 36981 | 100271 | 75613 |
| CHEMICAL | 5565 | - | 1287 | - | 2123 | 255 | 215937 | 3273 | 4857 | - | 118939 |
| PETROCHEMICAL | - | - | 29 | - | - | - | - | - | - | - | 9010 |
| NON-FERROUS METAL | 1728 | - | 923 | - | 61 | 8 | 15582 | 1724 | - | - | 50498 |
| NON-METALLIC MINERAL | 4636 | 3 | 1117 | - | 16 | 44 | 95221 | 1862 | 478 | 141 | 30955 |
| PAPER PULP AND PRINT | 1610 | - | 34 | - | 69 | 36 | 24671 | 311 | - | - | 31443 |
| MINING AND QUARRYING | 112 | - | 14 | - | 55 | 2 | 3901 | - | 1444 | - | 8229 |
| FOOD AND TOBACCO | 1785 | - | 323 | - | 60 | 19 | 34776 | 902 | - | - | 26987 |
| WOOD AND WOOD PRODUCTS | - | - | 1 | - | - | - | 250 | - | - | - | 4372 |
| MACHINERY | 159 | - | 808 | - | 30 | - | 28795 | 2663 | 779 | - | 54430 |
| TRANSPORT EQUIPMENT | 650 | - | 376 | - | - | - | 800 | - | - | - | 14382 |
| CONSTRUCTION | - | - | - | - | - | - | - | - | - | - | 2582 |
| TEXTILES AND LEATHER | 256 | - | 2 | - | 9 | - | 2874 | - | - | - | 22873 |
| NON SPECIFIED | 6705 | 120 | 665 | 32 | 3972 | 86 | 45248 | 1874 | 594 | 5155 | 20539 |
| NON-ENERGY USES: | | | | | | | | | | | |
| (1)ENERGY PRODUCTS | - | - | - | - | - | - | - | - | - | - | - |
| (2)NON-ENERGY PRODUCTS | - | - | - | - | - | - | - | - | - | - | - |
| TRANSPORT. SECTOR ** | 918 | 32 | 83 | - | - | 33 | 2034 | - | - | - | 24559 |
| AIR TRANSPORT | - | - | - | - | - | - | - | - | - | - | - |
| ROAD TRANSPORT | - | - | - | - | - | - | 2034 | - | - | - | - |
| RAILWAYS | 902 | 32 | 83 | - | - | 33 | - | - | - | - | 24559 |
| INTERNAL NAVIGATION | 16 | - | - | - | - | - | - | - | - | - | - |
| OTHER SECTORS ** | 27527 | 7109 | 8527 | 816 | 235 | 6048 | 463306 | 60386 | 24 | - | 410040 |
| AGRICULTURE | 60 | - | 40 | - | - | - | 27 | - | - | - | 13869 |
| PUBLIC SERVICES | 1870 | - | 580 | - | - | - | 11090 | 2520 | - | - | - |
| COMMERCE | 460 | - | 350 | - | - | - | 114601 | 11370 | 24 | - | 128593 |
| RESIDENTIAL | 21720 | 7107 | 7274 | 776 | 222 | 6028 | 337588 | 46496 | - | - | 247559 |

(1) INCLUDED IN CHEMICAL OR PETROCHEMICAL INDUSTRY
(2) INCLUDED ONLY IN TOTAL INDUSTRY

* OF WHICH: HYDRO 925712
NUCLEAR 224022
CONVENTIONAL THERMAL 3029161
GEOTHERMAL 6496

** INCLUDED IN THESE TOTALS ARE THE NON-SPECIFIED ELEMENTS

# PRODUCTION ET UTILISATION DES SOURCES D ENERGIE : C.E.E

1974

UNIT: 1000 METRIC TONS
UNITE: 1000 TONNES METRIQUES

| OIL / PETROLE | | | REFINERY GAS | LIQUEFIED PETROLEUM GASES | AVIATION GASOLINE | MOTOR GASOLINE | JET FUEL | KEROSENE | GAS/DIESEL OIL | RESIDUAL FUEL OIL | NAPHTHA | NON-ENERGY PRODUCTS |
|---|---|---|---|---|---|---|---|---|---|---|---|---|
| CRUDE BRUT | NGL GNL | FEEDST. | GAZ DE PETROLE | GAZ LIQUEFIES DE PETROLE | ESSENCE AVION | ESSENCE AUTO | CARBURANT REACTEUR | PETROLE LAMPANT | GAZ/DIESEL OIL | FUEL OIL RESIDUEL | NAPHTHA | PRODUITS NON-ENERGETIQUES |
| 12 | 13 | 14 | 15 | 16 | 17 | 18 | 19 | 20 | 21 | 22 | 23 | 24 |
| 9985 | - | - | 13052 | 11048 | 325 | 74040 | 16316 | 6747 | 175902 | 215149 | 34243 | 31934 |
| 510 | - | - | - | 312 | - | 401 | - | - | 70 | - | 151 | 173 |
| 589443 | - | - | - | 1060 | 187 | 8611 | 3439 | 942 | 33425 | 27616 | 17129 | 9053 |
| -4317 | - | - | - | -1980 | -271 | -13319 | -5816 | -1781 | -37872 | -32340 | -11750 | -8724 |
| - | - | - | - | - | - | - | - | - | -4713 | -27802 | - | -273 |
| -9818 | - | - | -1 | -38 | -13 | -3 | -106 | -204 | -7380 | -4250 | -757 | -93 |
| 585803 | - | - | 13051 | 10402 | 228 | 69730 | 13833 | 5704 | 159432 | 178373 | 39016 | 32070 |
| - | - | - | 371 | 159 | - | 8 | 61 | 285 | 223 | - | 19 | 473 |
| - | - | - | - | 463 | - | -225 | -31 | -113 | -850 | -606 | -4886 | -205 |
| 585803 | - | - | 13422 | 11024 | 228 | 69513 | 13863 | 5876 | 158805 | 177767 | 34149 | 32338 |
| -9361 | - | - | 66 | 415 | 39 | -165 | 1300 | -266 | 1221 | 435 | 460 | 80 |
| 595155 | - | - | 698 | 647 | - | - | - | - | 1287 | 72172 | 1754 | 786 |
| - | - | - | - | - | - | - | - | - | - | - | - | 748 |
| - | - | - | 398 | 647 | - | - | - | - | 30 | 170 | 1591 | - |
| 594995 | - | - | - | - | - | - | - | - | - | - | - | - |
| 160 | - | - | 300 | - | - | - | - | - | 1257 | 72002 | 163 | 38 |
| - | - | - | 10116 | 12 | - | - | 15 | 5 | 236 | 11845 | 20 | 1161 |
| - | - | - | - | - | - | - | - | - | - | - | - | - |
| - | - | - | - | - | - | - | - | - | - | - | - | - |
| - | - | - | 10116 | 2 | - | - | - | - | 176 | 11805 | - | 1161 |
| - | - | - | - | - | - | - | - | - | - | - | - | - |
| - | - | - | - | 10 | - | - | 15 | 5 | 60 | 40 | 20 | - |
| - | - | - | - | - | - | - | - | - | - | - | - | - |
| - | - | - | - | - | - | - | - | - | - | - | - | - |
| 9 | - | - | 2542 | 9950 | 189 | 69678 | 12548 | 6137 | 156061 | 93315 | 31915 | 30311 |
| 9 | - | - | 2513 | 4880 | - | 64 | 6 | 988 | 21445 | 75700 | 31915 | 30272 |
| - | - | - | - | 108 | - | 1 | - | - | 1138 | 12416 | 76 | 1 |
| - | - | - | 440 | 236 | - | - | - | 27 | 949 | 9940 | 34 | 58 |
| 9 | - | - | 2073 | 2272 | - | 5 | - | 937 | 1261 | 5392 | 31727 | - |
| - | - | - | - | 39 | - | - | - | - | 430 | 1459 | - | - |
| - | - | - | - | 182 | - | - | - | 4 | 2222 | 15838 | - | 2 |
| - | - | - | - | 27 | - | - | - | - | 437 | 5350 | - | - |
| - | - | - | - | 15 | - | - | - | - | 672 | 977 | - | 150 |
| - | - | - | - | 23 | - | - | - | - | 1453 | 9208 | - | - |
| - | - | - | - | - | - | - | - | - | 74 | 206 | - | - |
| - | - | - | - | - | - | 50 | - | 10 | 1052 | 3004 | - | - |
| - | - | - | - | - | - | - | - | - | 292 | 1493 | - | - |
| - | - | - | - | - | - | - | - | - | - | - | - | - |
| - | - | - | - | - | - | - | - | - | - | - | - | - |
| - | - | - | - | 1978 | - | 8 | 6 | 10 | 11465 | 10417 | 78 | 48 |
| - | - | - | 144 | 1796 | - | - | - | 928 | 1261 | 741 | 26520 | - |
| - | - | - | - | - | - | - | - | - | - | - | - | 30013 |
| - | - | - | - | 765 | 189 | 69033 | 12367 | 21 | 34512 | 454 | - | - |
| - | - | - | - | - | 189 | - | 12367 | - | - | - | - | - |
| - | - | - | - | 752 | - | 69024 | - | - | 26999 | - | - | - |
| - | - | - | - | 5 | - | - | - | 16 | 2741 | 176 | - | - |
| - | - | - | - | 8 | - | 9 | - | 5 | 4772 | 278 | - | - |
| - | - | - | 29 | 4305 | - | 581 | 175 | 5128 | 100104 | 17161 | - | 39 |
| - | - | - | - | 190 | - | 276 | - | 132 | 7746 | 1272 | - | - |
| - | - | - | - | - | - | - | 175 | - | 3058 | 2347 | - | - |
| - | - | - | - | - | - | 170 | - | - | 1020 | 552 | - | - |
| - | - | - | - | 4077 | - | - | - | 4944 | 86213 | 9087 | - | 20 |

## PRODUCTION AND USES OF ENERGY SOURCES : E.E.C.

1975

| X XX ENERGY XX XX SOURCES XX XX XX PRODUCTION XX XX AND USES XX | UNIT: 1000 METRIC TONS / UNITE: 1000 TONNES METRIQUES | | | | | | TCAL / TCAL | MANUFACTURED GAS (TCAL) / GAZ MANUFACTURE (TCAL) | | | MILLIONS / OF (DE) KWH |
|---|---|---|---|---|---|---|---|---|---|---|---|
| | HARD COAL / HOUILLE | PATENT FUEL / AGGLOMERES | COKE OVEN COKE / COKE DE FOUR | GAS COKE / COKE DE GAZ | BROWN COAL / LIGNITE | BKB / BRIQ. DE LIGNITE | NATURAL GAS / GAZ NATUREL | GAS WORKS / USINES A GAZ | COKE OVENS / COKERIES | BLAST FURNACES / HAUT FOURNEAUX | ELECTRICITY* / ELECTRICITE* |
| | 1 | 2 | 3 | 4 | 5 | 6 | 7 | 8 | 9 | 10 | 11 |
| PRODUCTION | 256941 | 5982 | 79065 | 1379 | 146340 | 5699 | 1467099 | 23248 | 148193 | 147769 | 1045806 |
| FROM OTHER SOURCES | 2095 | - | - | - | - | - | - | 47282 | - | - | - |
| IMPORT | 58501 | 311 | 7746 | 14 | 1725 | 1400 | 514237 | 1 | - | - | 40532 |
| EXPORT | -17351 | -303 | -10892 | -671 | -25 | -478 | -416217 | -11 | - | - | -25466 |
| INTL. MARINE BUNKERS | - | - | - | - | - | - | - | - | - | - | - |
| STOCK CHANGES | -19110 | -70 | -9405 | -36 | -873 | -11 | -12143 | 67 | - | - | - |
| DOMESTIC SUPPLY | 281076 | 5920 | 66514 | 686 | 147167 | 6610 | 1552976 | 70587 | 148193 | 147769 | 1060872 |
| RETURNS TO SUPPLY | - | - | - | - | - | - | - | - | - | - | - |
| TRANSFERS | - | - | - | - | - | - | - | - | - | - | - |
| DOMESTIC AVAILABILITY | 281076 | 5920 | 66514 | 686 | 147167 | 6610 | 1552976 | 70587 | 148193 | 147769 | 1060872 |
| STATISTICAL DIFFERENCE | -1070 | -27 | -610 | - | 333 | 89 | -4189 | -762 | 56 | 2673 | 3654 |
| TRANSFORM. SECTOR ** | 232139 | 12 | 20955 | 4 | 143061 | 930 | 364587 | 2563 | 41643 | 42946 | - |
| FOR SOLID FUELS | 109918 | 3 | 678 | - | 14021 | - | - | - | - | 916 | - |
| FOR GASES | 1920 | - | 20057 | 4 | - | - | 29009 | - | 23374 | 7 | - |
| PETROLEUM REFINERIES | - | - | - | - | - | - | - | - | - | - | - |
| THERMO-ELECTRIC PLANTS | 120301 | 9 | 220 | - | 129040 | 930 | 335578 | 2563 | 18269 | 42023 | - |
| ENERGY SECTOR | 3684 | 20 | 183 | 84 | 487 | 60 | 47574 | 8491 | 64126 | 18933 | 165753 |
| COAL MINES | 3389 | 1 | 31 | - | 487 | - | 731 | - | 302 | - | 18419 |
| OIL AND GAS EXTRACTION | - | - | - | - | - | - | 18447 | - | - | - | 343 |
| PETROLEUM REFINERIES | - | - | - | - | - | - | - | - | - | - | 14421 |
| ELECTRIC PLANTS | - | - | - | - | - | - | - | - | - | - | 56413 |
| DISTRIBUTION LOSSES | 98 | - | 20 | - | - | - | 25035 | 6917 | 1831 | 5718 | 67867 |
| PUMP STORAGE (ELECTR.) | - | - | - | - | - | - | - | - | - | - | 7175 |
| OTHER ENERGY SECTOR | 197 | 19 | 132 | 84 | - | 60 | 3361 | 1574 | 61993 | 13215 | 1115 |
| FINAL CONSUMPTION | 46323 | 5915 | 45986 | 598 | 3286 | 5531 | 1145004 | 60295 | 42368 | 83217 | 891465 |
| INDUSTRY SECTOR | 22881 | 94 | 39492 | 42 | 3115 | 535 | 595854 | 21196 | 42365 | 83217 | 442506 |
| IRON AND STEEL | 4039 | 2 | 34946 | 36 | 310 | 73 | 110214 | 12072 | 34882 | 79483 | 68945 |
| CHEMICAL | 4318 | - | 1265 | - | 1916 | 259 | 221872 | 2913 | 4103 | - | 108775 |
| PETROCHEMICAL | - | - | - | - | - | - | - | - | - | - | 9686 |
| NON-FERROUS METAL | 1500 | - | 715 | - | 50 | 8 | 16481 | 1386 | - | - | 48036 |
| NON-METALLIC MINERAL | 4457 | 3 | 787 | - | 10 | 53 | 96709 | 1375 | 555 | 123 | 29419 |
| PAPER PULP AND PRINT | 1433 | - | 24 | - | 203 | 29 | 22733 | 129 | - | - | 28823 |
| MINING AND QUARRYING | 89 | - | 18 | - | 3 | 1 | 4310 | - | 1529 | - | 7838 |
| FOOD AND TOBACCO | 1406 | 1 | 304 | - | 102 | 16 | 39006 | 543 | - | - | 27976 |
| WOOD AND WOOD PRODUCTS | 38 | - | 1 | - | 4 | 8 | 400 | - | - | - | 4328 |
| MACHINERY | 213 | - | 650 | - | 82 | 29 | 31246 | 1240 | 790 | 9 | 52730 |
| TRANSPORT EQUIPMENT | 748 | - | 234 | - | 22 | 19 | 800 | - | - | - | 15242 |
| CONSTRUCTION | - | - | - | - | - | - | - | - | - | - | 2723 |
| TEXTILES AND LEATHER | 144 | - | 2 | - | 20 | - | 2787 | - | - | - | 22522 |
| NON SPECIFIED | 4496 | 88 | 546 | 6 | 393 | 40 | 49296 | 1538 | 506 | 3602 | 15463 |
| NON-ENERGY USES: | | | | | | | | | | | |
| (1)ENERGY PRODUCTS | - | - | - | - | - | - | - | - | - | - | - |
| (2)NON-ENERGY PRODUCTS | - | - | - | - | - | - | - | - | - | - | - |
| TRANSPORT. SECTOR ** | 530 | 24 | 73 | - | - | 48 | 2884 | - | - | - | 25903 |
| AIR TRANSPORT | - | - | - | - | - | - | - | - | - | - | - |
| ROAD TRANSPORT | - | - | - | - | - | - | 2884 | - | - | - | - |
| RAILWAYS | 515 | 24 | 70 | - | - | 48 | - | - | - | - | 25903 |
| INTERNAL NAVIGATION | 15 | - | 3 | - | - | - | - | - | - | - | - |
| OTHER SECTORS ** | 22912 | 5797 | 6421 | 556 | 171 | 4948 | 546266 | 39099 | 3 | - | 423056 |
| AGRICULTURE | 41 | - | 30 | - | - | - | 37 | - | - | - | 14106 |
| PUBLIC SERVICES | 1486 | - | 465 | - | - | - | 13860 | 1184 | - | - | - |
| COMMERCE | 350 | - | 257 | - | - | - | 129490 | 8034 | 3 | - | 126404 |
| RESIDENTIAL | 17809 | 5795 | 5003 | 516 | 140 | 4930 | 402879 | 29881 | - | - | 256272 |

(1) INCLUDED IN CHEMICAL OR PETROCHEMICAL INDUSTRY
(2) INCLUDED ONLY IN TOTAL INDUSTRY

* OF WHICH: HYDRO 810839
NUCLEAR 93953
CONVENTIONAL THERMAL 2618067
GEOTHERMAL 4506

** INCLUDED IN THESE TOTALS ARE THE NON-SPECIFIED ELEMENTS

## PRODUCTION ET UTILISATION DES SOURCES D ENERGIE : C.E.E

1975

UNIT: 1000 METRIC TONS
UNITE: 1000 TONNES METRIQUES

| OIL PETROLE | | | REFINERY GAS | LIQUEFIED PETROLEUM GASES | AVIATION GASOLINE | MOTOR GASOLINE | JET FUEL | KEROSENE | GAS/DIESEL OIL | RESIDUAL FUEL OIL | NAPHTHA | NON-ENERGY PRODUCTS |
|---|---|---|---|---|---|---|---|---|---|---|---|---|
| CRUDE BRUT | NGL GNL | FEEDST. | GAZ DE PETROLE | GAZ LIQUEFIES DE PETROLE | ESSENCE AVION | ESSENCE AUTO | CARBURANT REACTEUR | PETROLE LAMPANT | GAZ/DIESEL OIL | FUEL OIL RESIDUEL | NAPHTHA | PRODUITS NON-ENERGETIQUES |
| 12 | 13 | 14 | 15 | 16 | 17 | 18 | 19 | 20 | 21 | 22 | 23 | 24 |
| 10790 | - | - | 13206 | 10287 | 238 | 74295 | 15885 | 5334 | 150576 | 185456 | 22637 | 29192 |
| 351 | - | - | 3 | 305 | - | 417 | - | - | 32 | 12 | 182 | 103 |
| 493255 | - | - | - | 1278 | 190 | 9982 | 3607 | 963 | 34684 | 28620 | 14018 | 7642 |
| -4103 | - | - | - | -2000 | -226 | -13094 | -5643 | -1533 | -33042 | -27232 | -8263 | -6954 |
| - | - | - | - | - | - | - | -15 | - | -5073 | -26636 | - | -261 |
| 2246 | - | - | 2 | 34 | 27 | 468 | -70 | 570 | 9204 | -1253 | 1346 | 296 |
| 502539 | - | - | 13211 | 9904 | 229 | 72068 | 13764 | 5334 | 156381 | 158967 | 29920 | 30018 |
| - | - | - | 338 | 122 | - | 4 | 94 | 303 | 206 | 236 | -427 | 224 |
| - | - | - | - | 310 | - | 155 | -63 | -143 | - | -62 | -3417 | -720 |
| 502539 | - | - | 13549 | 10336 | 229 | 72227 | 13795 | 5494 | 156587 | 159141 | 26076 | 29522 |
| -8469 | - | - | -93 | 20 | 22 | -941 | 1387 | -91 | 421 | -2 | 848 | -152 |
| 510947 | - | - | 525 | 574 | - | 2 | - | - | 957 | 59521 | 1021 | 696 |
| - | - | - | - | - | - | - | - | - | - | - | - | 633 |
| - | - | - | 216 | 574 | - | - | - | - | 24 | 182 | 928 | - |
| 510765 | - | - | - | - | - | - | - | - | - | - | - | - |
| 182 | - | - | 309 | - | - | 2 | - | - | 933 | 59339 | 93 | 63 |
| - | - | - | 10767 | 233 | - | 11 | 15 | 10 | 124 | 16300 | 20 | 1506 |
| - | - | - | - | - | - | - | - | - | - | - | - | - |
| - | - | - | - | - | - | - | - | - | - | - | - | - |
| - | - | - | 10767 | 215 | - | 11 | - | - | 64 | 16261 | - | 1505 |
| - | - | - | - | - | - | - | - | - | - | - | - | - |
| - | - | - | - | 18 | - | - | 15 | 10 | 60 | 39 | 20 | 1 |
| - | - | - | - | - | - | - | - | - | - | - | - | - |
| - | - | - | - | - | - | - | - | - | - | - | - | - |
| 61 | - | - | 2350 | 9509 | 207 | 73155 | 12393 | 5575 | 155085 | 83322 | 24187 | 27472 |
| 61 | - | - | 2324 | 4327 | - | 73 | 8 | 918 | 20354 | 66456 | 24187 | 27444 |
| - | - | - | - | 109 | - | 1 | - | - | 949 | 10558 | 28 | 2 |
| - | - | - | 193 | 209 | - | - | - | 28 | 790 | 7835 | 6 | 56 |
| 61 | - | - | 2131 | 1624 | - | 17 | - | 830 | 1538 | 5734 | 24143 | - |
| - | - | - | - | 32 | - | - | - | - | 352 | 1486 | - | - |
| - | - | - | - | 197 | - | - | - | 4 | 1845 | 13252 | - | - |
| - | - | - | - | 34 | - | - | - | - | 440 | 4702 | - | - |
| - | - | - | - | 14 | - | - | - | - | 609 | 620 | - | 127 |
| - | - | - | - | 26 | - | - | - | - | 1487 | 8253 | - | - |
| - | - | - | - | - | - | - | - | - | 89 | 188 | - | - |
| - | - | - | - | - | - | 44 | - | 10 | 1027 | 2800 | - | - |
| - | - | - | - | - | - | - | - | - | 252 | 971 | - | - |
| - | - | - | - | - | - | - | - | - | - | - | - | - |
| - | - | - | - | - | - | - | - | - | - | - | - | - |
| - | - | - | - | 2082 | - | 11 | 8 | 46 | 10976 | 10057 | 10 | 47 |
| - | - | - | 149 | 1331 | - | - | - | 826 | 1538 | 600 | 20074 | - |
| - | - | - | - | - | - | - | - | - | - | - | - | 27212 |
| - | - | - | - | 826 | 207 | 72555 | 12175 | 19 | 34299 | 304 | - | 1 |
| - | - | - | - | - | 207 | - | 12175 | - | - | - | - | 1 |
| - | - | - | - | 821 | - | 72543 | - | 1 | 27213 | - | - | - |
| - | - | - | - | 5 | - | - | - | 16 | 2588 | 124 | - | - |
| - | - | - | - | - | - | 12 | - | 2 | 4498 | 180 | - | - |
| - | - | - | 26 | 4356 | - | 527 | 210 | 4638 | 100432 | 16562 | - | 27 |
| - | - | - | - | 177 | - | 255 | - | 112 | 7976 | 1239 | - | - |
| - | - | - | - | - | - | - | 210 | 14 | 3264 | 2188 | - | - |
| - | - | - | - | 40 | - | 170 | - | 13 | 1021 | 533 | - | - |
| - | - | - | - | 4094 | - | 11 | - | 4450 | 85491 | 8012 | - | 16 |

## PRODUCTION AND USES OF ENERGY SOURCES : E.E.C.

1976

| ENERGY SOURCES / PRODUCTION AND USES | UNIT: 1000 METRIC TONS / UNITE: 1000 TONNES METRIQUES | | | | | | TCAL / TCAL | MANUFACTURED GAS (TCAL) / GAZ MANUFACTURE (TCAL) | | | MILLIONS OF (DE) KWH |
|---|---|---|---|---|---|---|---|---|---|---|---|
| | HARD COAL / HOUILLE | PATENT FUEL / AGGLOMERES | COKE OVEN COKE / COKE DE FOUR | GAS COKE / COKE DE GAZ | BROWN COAL / LIGNITE | BKB / BRIQ. DE LIGNITE | NATURAL GAS / GAZ NATUREL | GAS WORKS / USINES A GAZ | COKE OVENS / COKERIES | BLAST FURNACES / HAUT FOURNEAUX | ELECTRICITY* / ELECTRICITE* |
| | 1 | 2 | 3 | 4 | 5 | 6 | 7 | 8 | 9 | 10 | 11 |
| PRODUCTION | 247717 | 5247 | 76364 | 1086 | 161365 | 5190 | 1550832 | 15870 | 142947 | 150575 | 1131751 |
| FROM OTHER SOURCES | 3093 | - | - | - | - | - | - | 13530 | 1432 | - | - |
| IMPORT | 58727 | 240 | 7148 | - | 1673 | 1300 | 597167 | 1 | - | - | 35318 |
| EXPORT | -15316 | -247 | -10900 | -609 | -31 | -450 | -459786 | -13 | - | - | -31454 |
| INTL. MARINE BUNKERS | - | - | - | - | - | - | - | - | - | - | - |
| STOCK CHANGES | -2215 | 34 | -5374 | 63 | 335 | 64 | -16903 | 434 | - | - | - |
| DOMESTIC SUPPLY | 292006 | 5274 | 67238 | 540 | 163342 | 6104 | 1671310 | 29822 | 144379 | 150575 | 1135615 |
| RETURNS TO SUPPLY | - | - | - | - | - | - | - | - | - | - | - |
| TRANSFERS | - | - | - | - | - | - | - | - | - | - | - |
| DOMESTIC AVAILABILITY | 292006 | 5274 | 67238 | 540 | 163342 | 6104 | 1671310 | 29822 | 144379 | 150575 | 1135615 |
| STATISTICAL DIFFERENCE | 51 | 10 | -872 | 1 | 72 | 40 | -1222 | -127 | -17 | 1402 | 1450 |
| TRANSFORM. SECTOR ** | 245954 | 19 | 21816 | 5 | 159704 | 886 | 356456 | 141 | 24634 | 44675 | - |
| FOR SOLID FUELS | 105504 | 7 | 706 | - | 12741 | - | - | - | - | 1078 | - |
| FOR GASES | 1421 | - | 21019 | 5 | - | - | 14910 | - | 2529 | 6 | - |
| PETROLEUM REFINERIES | - | - | - | - | - | - | - | - | - | - | - |
| THERMO-ELECTRIC PLANTS | 139029 | 12 | 91 | - | 146963 | 886 | 341546 | 141 | 22105 | 43591 | - |
| ENERGY SECTOR | 3087 | 13 | 202 | 77 | 350 | 99 | 47106 | 4226 | 61540 | 20706 | 177952 |
| COAL MINES | 2956 | - | 20 | - | 350 | - | 756 | - | 938 | - | 18569 |
| OIL AND GAS EXTRACTION | - | - | - | - | - | - | 18658 | - | - | - | 360 |
| PETROLEUM REFINERIES | - | - | - | - | - | - | 255 | - | 68 | - | 16605 |
| ELECTRIC PLANTS | - | - | - | - | - | - | 485 | - | - | - | 62605 |
| DISTRIBUTION LOSSES | - | - | 15 | - | - | - | 23342 | 2708 | 1570 | 7255 | 70389 |
| PUMP STORAGE (ELECTR.) | - | - | - | - | - | - | - | - | - | - | 8409 |
| OTHER ENERGY SECTOR | 131 | 13 | 167 | 77 | - | 99 | 3610 | 1518 | 58964 | 13451 | 1015 |
| FINAL CONSUMPTION | 42914 | 5232 | 46092 | 457 | 3216 | 5079 | 1268970 | 25582 | 58222 | 83792 | 956213 |
| INDUSTRY SECTOR | 21038 | 93 | 40367 | 5 | 3051 | 518 | 635319 | 3057 | 54831 | 83792 | 479528 |
| IRON AND STEEL | 4214 | 13 | 35881 | - | 27 | 9 | 104340 | 809 | 40323 | 78805 | 77643 |
| CHEMICAL | 3948 | - | 1237 | - | 2175 | 307 | 234121 | 42 | 5521 | - | 120706 |
| PETROCHEMICAL | - | - | - | - | - | - | - | - | - | - | 10585 |
| NON-FERROUS METAL | 1536 | - | 643 | - | 40 | 8 | 18355 | 93 | 581 | - | 50798 |
| NON-METALLIC MINERAL | 4227 | 3 | 705 | - | 13 | 64 | 101111 | 236 | 1542 | 94 | 32505 |
| PAPER PULP AND PRINT | 1273 | - | 19 | - | 205 | 29 | 23894 | 107 | - | - | 30093 |
| MINING AND QUARRYING | 50 | - | 12 | - | 3 | 1 | 4580 | - | - | - | 7927 |
| FOOD AND TOBACCO | 1310 | 1 | 290 | - | 97 | 11 | 41186 | 235 | 360 | - | 29844 |
| WOOD AND WOOD PRODUCTS | 42 | - | 1 | - | 3 | 9 | 499 | 9 | - | - | 4919 |
| MACHINERY | 214 | - | 556 | - | 79 | 30 | 36238 | 458 | 1472 | 10 | 55210 |
| TRANSPORT EQUIPMENT | 815 | - | 184 | - | 7 | 15 | 1662 | 17 | 2060 | - | 16201 |
| CONSTRUCTION | - | - | - | - | - | - | - | - | - | - | 2853 |
| TEXTILES AND LEATHER | 176 | - | 1 | - | 20 | - | 2915 | 15 | 136 | - | 24951 |
| NON SPECIFIED | 3233 | 76 | 838 | 5 | 382 | 35 | 66418 | 1036 | 2836 | 4883 | 15293 |
| NON-ENERGY USES: | | | | | | | | | | | |
| (1)ENERGY PRODUCTS | - | - | - | - | - | - | - | - | - | - | - |
| (2)NON-ENERGY PRODUCTS | - | - | - | - | - | - | - | - | - | - | - |
| TRANSPORT. SECTOR ** | 336 | 18 | 69 | - | - | 47 | 3358 | 26 | - | - | 26168 |
| AIR TRANSPORT | - | - | - | - | - | - | - | - | - | - | - |
| ROAD TRANSPORT | - | - | - | - | - | - | 3358 | - | - | - | - |
| RAILWAYS | 324 | 18 | 69 | - | - | 47 | - | 26 | - | - | 26168 |
| INTERNAL NAVIGATION | 12 | - | - | - | - | - | - | - | - | - | - |
| OTHER SECTORS ** | 21540 | 5121 | 5656 | 452 | 165 | 4514 | 630293 | 22499 | 3391 | - | 450517 |
| AGRICULTURE | 30 | - | 25 | - | - | - | 55 | - | - | - | 15228 |
| PUBLIC SERVICES | 1686 | - | 424 | - | - | - | 16934 | 379 | - | - | - |
| COMMERCE | 261 | - | 219 | - | - | - | 153239 | 5080 | - | - | 141260 |
| RESIDENTIAL | 18414 | 5117 | 4780 | 420 | 138 | 4497 | 460065 | 17040 | - | - | 265878 |

(1) INCLUDED IN CHEMICAL OR PETROCHEMICAL INDUSTRY
(2) INCLUDED ONLY IN TOTAL INDUSTRY

* OF WHICH: HYDRO 851145
NUCLEAR 127058
CONVENTIONAL THERMAL 2830606
GEOTHERMAL 5394

** INCLUDED IN THESE TOTALS ARE THE NON-SPECIFIED ELEMENTS

## PRODUCTION ET UTILISATION DES SOURCES D ENERGIE : C.E.E

1976

UNIT: 1000 METRIC TONS
UNITE: 1000 TONNES METRIQUES

| OIL / PETROLE: CRUDE / BRUT | OIL / PETROLE: NGL / GNL | OIL / PETROLE: FEEDST. | REFINERY GAS / GAZ DE PETROLE | LIQUEFIED PETROLEUM GASES / GAZ LIQUEFIES DE PETROLE | AVIATION GASOLINE / ESSENCE AVION | MOTOR GASOLINE / ESSENCE AUTO | JET FUEL / CARBURANT REACTEUR | KEROSENE / PETROLE LAMPANT | GAS/DIESEL OIL / GAZ/DIESEL OIL | RESIDUAL FUEL OIL / FUEL OIL RESIDUEL | NAPHTHA / NAPHTHA | NON-ENERGY PRODUCTS / PRODUITS NON-ENERGETIQUES |
|---|---|---|---|---|---|---|---|---|---|---|---|---|
| 12 | 13 | 14 | 15 | 16 | 17 | 18 | 19 | 20 | 21 | 22 | 23 | 24 |
| 21013 | - | - | 14395 | 11342 | 250 | 78905 | 16283 | 5807 | 164753 | 192576 | 29943 | 31376 |
| 621 | - | - | 59 | 372 | - | 368 | - | - | 28 | 60 | 238 | 47 |
| 536743 | - | - | - | 1578 | 161 | 10471 | 4143 | 1241 | 39312 | 27139 | 16230 | 7821 |
| -6809 | - | - | - | -2236 | -201 | -13246 | -5896 | -1545 | -33206 | -29274 | -9148 | -7690 |
| - | - | - | - | - | - | - | -19 | - | -5443 | -27465 | - | -198 |
| -4798 | - | - | -2 | -1 | -2 | -649 | -273 | -220 | 289 | 2993 | -2659 | 39 |
| 546770 | - | - | 14452 | 11055 | 208 | 75849 | 14238 | 5283 | 165733 | 166029 | 34604 | 31395 |
| - | - | - | 209 | 148 | - | 70 | 68 | 396 | 619 | 79 | 10 | 247 |
| - | - | - | - | - | - | - | -95 | - | - | -242 | -2310 | -620 |
| 546770 | - | - | 14661 | 11203 | 208 | 75919 | 14211 | 5679 | 166352 | 165866 | 32304 | 31022 |
| -4872 | - | - | 28 | -74 | 41 | 1105 | 1137 | 269 | 519 | -134 | 2620 | 941 |
| 551593 | - | - | 546 | 580 | - | - | - | - | 981 | 64496 | 712 | 645 |
| - | - | - | - | 2 | - | - | - | - | 4 | 5 | 6 | 645 |
| - | - | - | 205 | 578 | - | - | - | - | 16 | 182 | 616 | - |
| 551300 | - | - | - | - | - | - | - | - | - | - | - | - |
| 293 | - | - | 341 | - | - | - | - | - | 961 | 64309 | 90 | - |
| - | - | - | 11778 | 224 | - | 10 | - | - | 111 | 16388 | 2 | 3182 |
| - | - | - | - | - | - | - | - | - | 13 | 15 | - | - |
| - | - | - | - | - | - | - | - | - | 1 | - | - | - |
| - | - | - | 11767 | 217 | - | 10 | - | - | 97 | 16373 | - | 3182 |
| - | - | - | - | - | - | - | - | - | - | - | - | - |
| - | - | - | - | - | - | - | - | - | - | - | - | - |
| - | - | - | - | - | - | - | - | - | - | - | - | - |
| - | - | - | 11 | 7 | - | - | - | - | - | - | 2 | - |
| 49 | - | - | 2309 | 10473 | 167 | 74804 | 13074 | 5410 | 164741 | 85116 | 28970 | 26254 |
| 49 | - | - | 2287 | 4766 | - | 72 | 10 | 853 | 19951 | 67795 | 28970 | 26235 |
| - | - | - | - | 102 | - | 1 | - | - | 917 | 10344 | - | 1 |
| - | - | - | 336 | 219 | - | - | - | 28 | 766 | 8609 | 29 | 68 |
| 49 | - | - | 1951 | 2002 | - | 15 | - | 780 | 1822 | 5203 | 28454 | 1 |
| - | - | - | - | 44 | - | - | - | 1 | 378 | 1621 | - | - |
| - | - | - | - | 223 | - | - | - | 6 | 1838 | 12695 | - | - |
| - | - | - | - | 41 | - | - | - | - | 260 | 4790 | - | 2 |
| - | - | - | - | - | - | - | - | - | 393 | 742 | - | 130 |
| - | - | - | - | 55 | - | - | - | - | 1491 | 8060 | - | 1 |
| - | - | - | - | - | - | - | - | - | 305 | 626 | - | - |
| - | - | - | - | 35 | - | 50 | - | 11 | 1652 | 2975 | - | 1 |
| - | - | - | - | 155 | - | - | - | - | 524 | 1970 | - | - |
| - | - | - | - | - | - | - | - | - | - | - | - | - |
| - | - | - | - | - | - | - | - | - | - | - | - | - |
| - | - | - | - | 1890 | - | 6 | 10 | 27 | 9605 | 10160 | 487 | 33 |
| - | - | - | 174 | 1746 | - | - | - | 774 | 1822 | 772 | 23636 | - |
| - | - | - | - | - | - | - | - | - | - | - | - | 25998 |
| - | - | - | - | 988 | 167 | 73152 | 12819 | 18 | 37195 | 404 | - | - |
| - | - | - | - | - | 167 | - | 12819 | - | - | - | - | - |
| - | - | - | - | 987 | - | 73000 | - | 1 | 29621 | - | - | - |
| - | - | - | - | - | - | - | - | 15 | 2547 | 128 | - | - |
| - | - | - | - | 1 | - | 152 | - | 2 | 5027 | 276 | - | - |
| - | - | - | 22 | 4719 | - | 1580 | 245 | 4539 | 107595 | 16917 | - | 19 |
| - | - | - | - | 180 | - | 267 | - | 83 | 7760 | 1271 | - | - |
| - | - | - | - | 4 | - | 208 | 245 | 14 | 5090 | 2582 | - | - |
| - | - | - | - | 715 | - | 570 | - | 8 | 17510 | 843 | - | - |
| - | - | - | - | 3726 | - | 11 | - | 4361 | 74257 | 7742 | - | 2 |

## PRODUCTION AND USES OF ENERGY SOURCES : E.E.C.

1977

| ENERGY SOURCES / PRODUCTION AND USES | UNIT: 1000 METRIC TONS / UNITE: 1000 TONNES METRIQUES | | | | | | TCAL / TCAL | MANUFACTURED GAS (TCAL) / GAZ MANUFACTURE (TCAL) | | | MILLIONS OF (DE) KWH |
|---|---|---|---|---|---|---|---|---|---|---|---|
| | HARD COAL / HOUILLE | PATENT FUEL / AGGLOMERES | COKE OVEN COKE / COKE DE FOUR | GAS COKE / COKE DE GAZ | BROWN COAL / LIGNITE | BKB / BRIQ. DE LIGNITE | NATURAL GAS / GAZ NATUREL | GAS WORKS / USINES A GAZ | COKE OVENS / COKERIES | BLAST FURNACES / HAUT FOURNEAUX | ELECTRICITY* / ELECTRICITE* |
| | 1 | 2 | 3 | 4 | 5 | 6 | 7 | 8 | 9 | 10 | 11 |
| PRODUCTION | 241222 | 4754 | 68505 | 917 | 150776 | 5089 | 1552758 | 12490 | 128388 | 134384 | 1153118 |
| FROM OTHER SOURCES | 3188 | - | - | - | - | - | - | 9020 | 1819 | - | - |
| IMPORT | 61736 | 290 | 5789 | - | 1682 | 1363 | 648405 | 1 | - | - | 46331 |
| EXPORT | -17003 | -287 | -9479 | -434 | -21 | -463 | -462945 | -13 | - | - | -30238 |
| INTL. MARINE BUNKERS | - | - | - | - | - | - | - | - | - | - | - |
| STOCK CHANGES | -3578 | 35 | -2575 | -58 | 260 | 37 | -18388 | 23 | - | - | - |
| DOMESTIC SUPPLY | 285565 | 4792 | 62240 | 425 | 152697 | 6026 | 1719830 | 21521 | 130207 | 134384 | 1169211 |
| RETURNS TO SUPPLY | - | - | - | - | - | - | - | - | - | - | - |
| TRANSFERS | - | - | - | - | - | - | - | - | - | - | - |
| DOMESTIC AVAILABILITY | 285565 | 4792 | 62240 | 425 | 152697 | 6026 | 1719830 | 21521 | 130207 | 134384 | 1169211 |
| STATISTICAL DIFFERENCE | -231 | -12 | -243 | 1 | 152 | 30 | -4924 | -218 | -2735 | 87 | 1665 |
| TRANSFORM. SECTOR ** | 239983 | 20 | 19583 | 6 | 149074 | 877 | 342143 | 129 | 19616 | 42886 | - |
| FOR SOLID FUELS | 93343 | 10 | 619 | - | 12239 | - | - | - | - | 1186 | - |
| FOR GASES | 1191 | - | 18884 | 6 | - | - | 9871 | - | 2083 | 13 | - |
| PETROLEUM REFINERIES | - | - | - | - | - | - | - | - | - | - | - |
| THERMO-ELECTRIC PLANTS | 145449 | 10 | 80 | - | 136835 | 877 | 332272 | 129 | 17533 | 41687 | - |
| ENERGY SECTOR | 2974 | 7 | 188 | 63 | 244 | 56 | 49075 | 2813 | 55079 | 17945 | 179775 |
| COAL MINES | 2684 | - | 18 | - | 244 | - | 882 | - | 1040 | 29 | 18751 |
| OIL AND GAS EXTRACTION | - | - | - | - | - | - | 20328 | - | - | - | 390 |
| PETROLEUM REFINERIES | - | - | - | - | - | - | 280 | - | 39 | - | 16607 |
| ELECTRIC PLANTS | - | - | - | - | - | - | 580 | - | - | - | 62199 |
| DISTRIBUTION LOSSES | 87 | - | 15 | - | - | - | 23282 | 1697 | 1417 | 5546 | 73427 |
| PUMP STORAGE (ELECTR.) | - | - | - | - | - | - | - | - | - | - | 7460 |
| OTHER ENERGY SECTOR | 203 | 7 | 155 | 63 | - | 56 | 3723 | 1116 | 52583 | 12370 | 941 |
| FINAL CONSUMPTION | 42839 | 4777 | 42712 | 355 | 3227 | 5063 | 1333536 | 18797 | 58247 | 73466 | 987771 |
| INDUSTRY SECTOR | 21263 | 96 | 37309 | 4 | 3096 | 847 | 655932 | 2390 | 54244 | 73466 | 489212 |
| IRON AND STEEL | 3947 | 9 | 33070 | - | 42 | 138 | 104665 | 583 | 38333 | 67885 | 76902 |
| CHEMICAL | 4003 | - | 1014 | - | 2005 | 285 | 242981 | 65 | 5589 | - | 122222 |
| PETROCHEMICAL | - | - | - | - | - | - | - | - | - | - | 10164 |
| NON-FERROUS METAL | 1594 | - | 604 | - | 133 | 14 | 18576 | 94 | 499 | - | 52893 |
| NON-METALLIC MINERAL | 4698 | 3 | 593 | - | 3 | 231 | 108967 | 175 | 3072 | 116 | 33560 |
| PAPER PULP AND PRINT | 1323 | - | 22 | - | 159 | 49 | 27027 | 62 | - | - | 31203 |
| MINING AND QUARRYING | 31 | - | 10 | - | 6 | - | 3859 | - | - | - | 7972 |
| FOOD AND TOBACCO | 1412 | - | 288 | - | 92 | 10 | 43246 | 158 | 658 | - | 30580 |
| WOOD AND WOOD PRODUCTS | 41 | - | 1 | - | 2 | 9 | 586 | 9 | - | - | 5319 |
| MACHINERY | 204 | - | 567 | - | 80 | 25 | 39013 | 222 | 1144 | 9 | 58373 |
| TRANSPORT EQUIPMENT | 815 | - | 228 | - | 14 | 23 | 2030 | 17 | 2103 | - | 16351 |
| CONSTRUCTION | - | - | - | - | - | - | - | - | - | - | 2857 |
| TEXTILES AND LEATHER | 170 | - | 1 | - | 20 | - | 3642 | 15 | 239 | - | 24967 |
| NON SPECIFIED | 3025 | 84 | 911 | 4 | 540 | 63 | 61340 | 990 | 2607 | 5456 | 15849 |
| NON-ENERGY USES: | | | | | | | | | | | |
| (1)ENERGY PRODUCTS | - | - | - | - | - | - | - | - | - | - | - |
| (2)NON-ENERGY PRODUCTS | - | - | - | - | - | - | - | - | - | - | - |
| TRANSPORT. SECTOR ** | 266 | 14 | 57 | - | - | 45 | 3354 | 17 | - | - | 26287 |
| AIR TRANSPORT | - | - | - | - | - | - | - | - | - | - | - |
| ROAD TRANSPORT | - | - | - | - | - | - | 3354 | - | - | - | - |
| RAILWAYS | 254 | 14 | 57 | - | - | 45 | - | 17 | - | - | 26287 |
| INTERNAL NAVIGATION | 12 | - | - | - | - | - | - | - | - | - | - |
| OTHER SECTORS ** | 21310 | 4667 | 5346 | 351 | 131 | 4170 | 674250 | 16390 | 4003 | - | 472272 |
| AGRICULTURE | 27 | - | 20 | - | - | - | 50 | - | - | - | 16103 |
| PUBLIC SERVICES | 1805 | - | 422 | - | - | - | 17994 | - | - | - | - |
| COMMERCE | 250 | - | 220 | - | - | - | 165877 | 3701 | - | - | 149691 |
| RESIDENTIAL | 18233 | 4662 | 4472 | 321 | 108 | 4137 | 490329 | 12689 | - | - | 278023 |

(1) INCLUDED IN CHEMICAL OR PETROCHEMICAL INDUSTRY
(2) INCLUDED ONLY IN TOTAL INDUSTRY

| * OF WHICH: | |
|---|---|
| HYDRO | 854775 |
| NUCLEAR | 173172 |
| CONVENTIONAL THERMAL | 3060902 |
| GEOTHERMAL | 6443 |

** INCLUDED IN THESE TOTALS ARE THE NON-SPECIFIED ELEMENTS

PRODUCTION ET UTILISATION DES SOURCES D ENERGIE : C.E.E

1977

UNIT: 1000 METRIC TONS
UNITE: 1000 TONNES METRIQUES

| OIL / PETROLE: CRUDE / BRUT 12 | NGL / GNL 13 | FEEDST. 14 | REFINERY GAS / GAZ DE PETROLE 15 | LIQUEFIED PETROLEUM GASES / GAZ LIQUEFIES DE PETROLE 16 | AVIATION GASOLINE / ESSENCE AVION 17 | MOTOR GASOLINE / ESSENCE AUTO 18 | JET FUEL / CARBURANT REACTEUR 19 | KEROSENE / PETROLE LAMPANT 20 | GAS/DIESEL OIL / GAZ/DIESEL OIL 21 | RESIDUAL FUEL OIL / FUEL OIL RESIDUEL 22 | NAPHTHA / NAPHTHA 23 | NON-ENERGY PRODUCTS / PRODUITS NON-ENERGETIQUES 24 |
|---|---|---|---|---|---|---|---|---|---|---|---|---|
| 46946 | - | - | 13706 | 11623 | 240 | 80730 | 15955 | 6413 | 167088 | 189552 | 26323 | 30226 |
| 964 | - | - | 177 | 531 | - | 408 | - | - | 38 | 64 | 262 | 63 |
| 513374 | - | - | - | 1603 | 116 | 10483 | 4451 | 1150 | 37094 | 26850 | 16997 | 8931 |
| -18954 | - | - | - | -2545 | -187 | -15411 | -5794 | -2772 | -32273 | -31866 | -9065 | -8270 |
| - | - | - | - | - | - | - | -2 | - | -5685 | -25795 | - | -208 |
| 1574 | - | - | - | 9 | 4 | 554 | 207 | 113 | -1887 | -2126 | -918 | -72 |
| 543904 | - | - | 13883 | 11221 | 173 | 76764 | 14817 | 4904 | 164375 | 156679 | 33599 | 30670 |
| - | - | - | 150 | 123 | - | 20 | 43 | 469 | 210 | 123 | 122 | 555 |
| - | - | - | - | - | - | -90 | 65 | -110 | 213 | -269 | -1974 | -964 |
| 543904 | - | - | 14033 | 11344 | 173 | 76694 | 14925 | 5263 | 164798 | 156533 | 31747 | 30261 |
| -3496 | - | - | 143 | 181 | 15 | -227 | 1270 | 263 | 238 | 549 | 2904 | -81 |
| 547367 | - | - | 551 | 460 | - | - | - | - | 1257 | 57444 | 731 | 623 |
| - | - | - | - | 3 | - | - | - | - | 4 | 5 | 6 | 623 |
| - | - | - | 211 | 457 | - | - | - | - | 9 | 165 | 625 | - |
| 546983 | - | - | - | - | - | - | - | - | - | - | - | - |
| 384 | - | - | 340 | - | - | - | - | - | 1244 | 57274 | 100 | - |
| - | - | - | 11287 | 346 | - | - | - | - | 165 | 16741 | 2 | 3565 |
| - | - | - | - | - | - | - | - | - | 53 | 150 | - | - |
| - | - | - | - | - | - | - | - | - | 1 | - | - | - |
| - | - | - | 11276 | 335 | - | - | - | - | 96 | 16568 | - | 3565 |
| - | - | - | - | - | - | - | - | - | - | - | - | - |
| - | - | - | - | - | - | - | - | - | - | - | - | - |
| - | - | - | - | - | - | - | - | - | - | - | - | - |
| - | - | - | 11 | 11 | - | - | - | - | 15 | 23 | 2 | - |
| 33 | - | - | 2052 | 10357 | 158 | 76921 | 13655 | 5000 | 163138 | 81799 | 28110 | 26154 |
| 33 | - | - | 2030 | 4534 | - | 104 | 10 | 954 | 19758 | 65747 | 28110 | 26133 |
| - | - | - | - | 93 | - | 1 | - | - | 933 | 8786 | - | - |
| - | - | - | 256 | 214 | - | - | - | 28 | 754 | 9068 | 6 | 69 |
| 33 | - | - | 1774 | 1764 | - | 58 | - | 893 | 1128 | 5286 | 27739 | - |
| - | - | - | - | 42 | - | - | - | 1 | 374 | 1522 | - | - |
| - | - | - | - | 204 | - | - | - | 5 | 1754 | 11354 | - | - |
| - | - | - | - | 46 | - | - | - | - | 271 | 4545 | - | 2 |
| - | - | - | - | - | - | - | - | - | 391 | 552 | - | 125 |
| - | - | - | - | 60 | - | - | - | - | 1419 | 8209 | - | 1 |
| - | - | - | - | - | - | - | - | - | 319 | 639 | - | - |
| - | - | - | - | 34 | - | 40 | - | 11 | 1630 | 3096 | - | 1 |
| - | - | - | - | 155 | - | - | - | - | 560 | 1879 | - | - |
| - | - | - | - | - | - | - | - | - | - | - | - | - |
| - | - | - | - | - | - | - | - | - | - | - | - | - |
| - | - | - | - | 1922 | - | 5 | 10 | 16 | 10225 | 10811 | 365 | 28 |
| - | - | - | 184 | 1456 | - | - | - | 888 | 1128 | 736 | 22812 | - |
| - | - | - | - | - | - | - | - | - | - | - | - | 25907 |
| - | - | - | - | 1144 | 158 | 75148 | 13645 | 18 | 40721 | 597 | - | - |
| - | - | - | - | - | 158 | - | 13645 | - | - | - | - | - |
| - | - | - | - | 1144 | - | 75132 | - | - | 33072 | - | - | - |
| - | - | - | - | - | - | - | - | 15 | 2579 | 281 | - | - |
| - | - | - | - | - | - | 16 | - | 3 | 5070 | 316 | - | - |
| - | - | - | 22 | 4679 | - | 1669 | - | 4028 | 102659 | 15455 | - | 21 |
| - | - | - | - | 213 | - | 280 | - | 72 | 7941 | 1390 | - | - |
| - | - | - | - | 4 | - | 10 | - | 16 | 4610 | 2611 | - | - |
| - | - | - | - | 682 | - | 720 | - | 2 | 15767 | 873 | - | - |
| - | - | - | - | 3685 | - | 10 | - | 3884 | 71751 | 6655 | - | 1 |

## PRODUCTION AND USES OF ENERGY SOURCES : E.E.C.

1978

| PRODUCTION AND USES / ENERGY SOURCES | UNIT: 1000 METRIC TONS / UNITE: 1000 TONNES METRIQUES | | | | | | TCAL / TCAL | MANUFACTURED GAS (TCAL) / GAZ MANUFACTURE (TCAL) | | | MILLIONS OF (DE) KWH |
|---|---|---|---|---|---|---|---|---|---|---|---|
| | HARD COAL / HOUILLE | PATENT FUEL / AGGLOMERES | COKE OVEN COKE / COKE DE FOUR | GAS COKE / COKE DE GAZ | BROWN COAL / LIGNITE | BKB / BRIQ. DE LIGNITE | NATURAL GAS / GAZ NATUREL | GAS WORKS / USINES A GAZ | COKE OVENS / COKERIES | BLAST FURNACES / HAUT FOURNEAUX | ELECTRICITY* / ELECTRICITE* |
| | 1 | 2 | 3 | 4 | 5 | 6 | 7 | 8 | 9 | 10 | 11 |
| PRODUCTION | 238106 | 4822 | 64318 | 892 | 149334 | 5278 | 1482792 | 11081 | 120145 | 133392 | 1208422 |
| FROM OTHER SOURCES | 3399 | - | - | - | - | - | - | 9479 | 1518 | - | - |
| IMPORT | 64746 | 433 | 6403 | - | 1610 | 1275 | 741281 | 1 | - | - | 50633 |
| EXPORT | -22252 | -411 | -12528 | -576 | -21 | -525 | -406254 | -13 | - | - | -37237 |
| INTL. MARINE BUNKERS | - | - | - | - | - | - | - | - | - | - | - |
| STOCK CHANGES | -56 | -35 | 4018 | 63 | 11 | 17 | -31052 | 12 | - | - | - |
| DOMESTIC SUPPLY | 283943 | 4809 | 62211 | 379 | 150934 | 6045 | 1786767 | 20560 | 121663 | 133392 | 1221818 |
| RETURNS TO SUPPLY | - | - | - | - | - | - | - | - | - | - | - |
| TRANSFERS | - | - | - | - | - | - | - | - | - | - | - |
| DOMESTIC AVAILABILITY | 283943 | 4809 | 62211 | 379 | 150934 | 6045 | 1786767 | 20560 | 121663 | 133392 | 1221818 |
| STATISTICAL DIFFERENCE | -695 | -12 | -236 | - | 57 | 15 | -6124 | -119 | -29 | 58 | 109 |
| TRANSFORM. SECTOR ** | 246933 | 20 | 19635 | 7 | 147542 | 884 | 324999 | 101 | 19072 | 41172 | - |
| FOR SOLID FUELS | 87788 | 10 | 543 | - | 12587 | - | - | - | - | 44 | - |
| FOR GASES | 1145 | - | 19015 | 7 | - | - | 7026 | - | 1892 | 17 | - |
| PETROLEUM REFINERIES | - | - | - | - | - | - | - | - | - | - | - |
| THERMO-ELECTRIC PLANTS | 158000 | 10 | 77 | - | 134955 | 884 | 317973 | 101 | 17180 | 41111 | - |
| ENERGY SECTOR | 2761 | 11 | 148 | 66 | 237 | 37 | 58364 | 2224 | 49310 | 17670 | 187390 |
| COAL MINES | 2458 | - | 21 | - | 237 | - | 756 | - | 580 | 24 | 18254 |
| OIL AND GAS EXTRACTION | - | - | - | - | - | - | 25967 | - | - | - | 845 |
| PETROLEUM REFINERIES | 212 | - | - | - | - | - | 291 | - | 56 | - | 16532 |
| ELECTRIC PLANTS | - | - | - | - | - | - | 585 | - | - | - | 65086 |
| DISTRIBUTION LOSSES | 13 | - | - | - | - | - | 26647 | 1361 | 1073 | 5079 | 75177 |
| PUMP STORAGE (ELECTR.) | - | - | - | - | - | - | - | - | - | - | 8224 |
| OTHER ENERGY SECTOR | 78 | 11 | 127 | 66 | - | 37 | 4118 | 863 | 47601 | 12567 | 3272 |
| FINAL CONSUMPTION | 34944 | 4790 | 42664 | 306 | 3098 | 5109 | 1409528 | 18354 | 53310 | 74492 | 1034319 |
| INDUSTRY SECTOR | 17125 | 107 | 37856 | 2 | 2955 | 1190 | 664018 | 1799 | 50520 | 74492 | 500680 |
| IRON AND STEEL | 2654 | 2 | 33735 | - | 39 | 69 | 96310 | 454 | 36339 | 68999 | 81111 |
| CHEMICAL | 1948 | - | 986 | - | 1762 | 277 | 219541 | 58 | 6039 | - | 124386 |
| PETROCHEMICAL | - | - | - | - | - | - | 13727 | - | - | - | 9685 |
| NON-FERROUS METAL | 1434 | - | 585 | - | 89 | 27 | 12699 | 53 | 493 | - | 53612 |
| NON-METALLIC MINERAL | 5422 | 3 | 602 | - | 4 | 640 | 92100 | 134 | 1858 | 108 | 34807 |
| PAPER PULP AND PRINT | 1331 | - | 19 | - | 195 | 37 | 30896 | 65 | - | - | 32892 |
| MINING AND QUARRYING | 26 | - | 1 | - | 2 | - | 6964 | - | 4 | - | 8380 |
| FOOD AND TOBACCO | 1289 | - | 274 | - | 97 | 6 | 45395 | 140 | 393 | - | 32665 |
| WOOD AND WOOD PRODUCTS | 40 | - | 1 | - | 2 | 10 | 815 | 4 | - | - | 5422 |
| MACHINERY | 201 | - | 546 | - | 80 | 21 | 39780 | 150 | 943 | 8 | 60824 |
| TRANSPORT EQUIPMENT | 751 | - | 196 | - | 22 | 38 | 1674 | 17 | 1699 | - | 16467 |
| CONSTRUCTION | - | - | - | - | 54 | - | - | - | - | - | 3018 |
| TEXTILES AND LEATHER | 143 | - | - | - | 20 | - | 3882 | 14 | 400 | - | 25077 |
| NON SPECIFIED | 1886 | 102 | 911 | 2 | 589 | 65 | 100235 | 710 | 2352 | 5377 | 12334 |
| NON-ENERGY USES: | | | | | | | | | | | |
| (1)ENERGY PRODUCTS | - | - | - | - | - | - | - | - | - | - | - |
| (2)NON-ENERGY PRODUCTS | - | - | - | - | - | - | - | - | - | - | - |
| TRANSPORT. SECTOR ** | 239 | 13 | 55 | - | - | 42 | 2752 | 17 | - | - | 27147 |
| AIR TRANSPORT | - | - | - | - | - | - | - | - | - | - | - |
| ROAD TRANSPORT | - | - | - | - | - | - | 2752 | - | - | - | - |
| RAILWAYS | 232 | 13 | 55 | - | - | 42 | - | 17 | - | - | 27147 |
| INTERNAL NAVIGATION | 7 | - | - | - | - | - | - | - | - | - | - |
| OTHER SECTORS ** | 17580 | 4670 | 4753 | 304 | 143 | 3877 | 742758 | 16538 | 2790 | - | 506492 |
| AGRICULTURE | 25 | - | 12 | - | - | - | 133 | - | - | - | 16922 |
| PUBLIC SERVICES | 1699 | - | 396 | - | - | - | 19862 | - | - | - | - |
| COMMERCE | 250 | - | 200 | - | - | - | 178681 | 3243 | - | - | 164120 |
| RESIDENTIAL | 14920 | 4670 | 3965 | 279 | 125 | 3842 | 544082 | 13295 | - | - | 294473 |

(1) INCLUDED IN CHEMICAL OR PETROCHEMICAL INDUSTRY
(2) INCLUDED ONLY IN TOTAL INDUSTRY

** INCLUDED IN THESE TOTALS ARE THE NON-SPECIFIED ELEMENTS

| * OF WHICH: HYDRO | 925712 |
|---|---|
| NUCLEAR | 224022 |
| CONVENTIONAL THERMAL | 3029161 |
| GEOTHERMAL | 6496 |

## PRODUCTION ET UTILISATION DES SOURCES D ENERGIE : C.E.E

1978

UNIT: 1000 METRIC TONS
UNITE: 1000 TONNES METRIQUES

| OIL / PETROLE: CRUDE / BRUT | OIL / PETROLE: NGL / GNL | OIL / PETROLE: FEEDST. | REFINERY GAS / GAZ DE PETROLE | LIQUEFIED PETROLEUM GASES / GAZ LIQUEFIES DE PETROLE | AVIATION GASOLINE / ESSENCE AVION | MOTOR GASOLINE / ESSENCE AUTO | JET FUEL / CARBURANT REACTEUR | KEROSENE / PETROLE LAMPANT | GAS/DIESEL OIL / GAZ/DIESEL OIL | RESIDUAL FUEL OIL / FUEL OIL RESIDUEL | NAPHTHA / NAPHTHA | NON-ENERGY PRODUCTS / PRODUITS NON-ENERGETIQUES |
|---|---|---|---|---|---|---|---|---|---|---|---|---|
| 12 | 13 | 14 | 15 | 16 | 17 | 18 | 19 | 20 | 21 | 22 | 23 | 24 |
| 64411 | - | - | 13981 | 11725 | 243 | 85423 | 17183 | 6485 | 170160 | 187246 | 26967 | 27260 |
| 37 | - | - | 852 | 451 | - | 615 | - | - | 112 | 182 | 94 | 1207 |
| 548500 | - | - | - | 1694 | 101 | 10962 | 4301 | 905 | 42790 | 27294 | 18340 | 10111 |
| -69964 | - | - | - | -2230 | -172 | -15727 | -5730 | -2831 | -34755 | -27971 | -9925 | -8732 |
| - | - | - | - | - | - | - | -11 | -9 | -6234 | -25303 | - | -239 |
| 1432 | - | - | -1 | -87 | 9 | 787 | 22 | 225 | 3438 | -715 | 987 | 477 |
| 544416 | - | - | 14832 | 11553 | 181 | 82060 | 15765 | 4775 | 175511 | 160733 | 36463 | 30084 |
| 2028 | - | - | 107 | 141 | - | -243 | 68 | 6 | 724 | 61 | -318 | 413 |
| 5403 | - | - | - | -6 | - | 454 | -118 | 329 | -237 | -378 | -4830 | -1725 |
| 551847 | - | - | 14939 | 11688 | 181 | 82271 | 15715 | 5110 | 175998 | 160416 | 31315 | 28772 |
| 350 | - | - | -28 | -77 | 28 | 217 | 1077 | 299 | 447 | 553 | 1191 | -15 |
| 551455 | - | - | 544 | 422 | - | - | - | - | 1204 | 64372 | 563 | 570 |
| - | - | - | - | 3 | - | - | - | - | 4 | 5 | - | 570 |
| - | - | - | 268 | 419 | - | - | - | - | 8 | 157 | 520 | - |
| 551455 | - | - | - | - | - | - | - | - | - | - | - | - |
| - | - | - | 276 | - | - | - | - | - | 1192 | 64210 | 43 | - |
| - | - | - | 11470 | 271 | - | 61 | 20 | 20 | 282 | 17095 | 183 | 2260 |
| - | - | - | - | - | - | - | - | - | 109 | 179 | - | - |
| - | - | - | - | - | - | - | - | - | 1 | - | - | - |
| - | - | - | 11457 | 243 | - | 1 | - | - | 96 | 16720 | 183 | 2260 |
| - | - | - | - | - | - | - | - | - | - | 179 | - | - |
| - | - | - | 2 | 15 | - | 60 | 20 | 20 | 65 | - | - | - |
| - | - | - | - | - | - | - | - | - | - | - | - | - |
| - | - | - | 11 | 13 | - | - | - | - | 11 | 17 | - | - |
| 42 | - | - | 2953 | 11072 | 153 | 81993 | 14618 | 4791 | 174065 | 78396 | 29378 | 25957 |
| 42 | - | - | 2930 | 4867 | 2 | 114 | 5 | 635 | 21495 | 61818 | 29378 | 25946 |
| - | - | - | - | 134 | - | - | - | - | 774 | 8663 | 10 | - |
| - | - | - | 228 | 234 | - | - | - | 33 | 590 | 8973 | 8 | 14 |
| 42 | - | - | 2702 | 2022 | 2 | 59 | - | 565 | 3211 | 5402 | 28999 | 54 |
| - | - | - | - | 43 | - | - | - | - | 366 | 815 | - | - |
| - | - | - | - | 200 | - | - | - | 5 | 1750 | 11882 | - | - |
| - | - | - | - | 36 | - | - | - | - | 259 | 4683 | - | 2 |
| - | - | - | - | - | - | - | - | - | 396 | 450 | - | 115 |
| - | - | - | - | 75 | - | - | - | - | 1612 | 8255 | - | 1 |
| - | - | - | - | - | - | - | - | - | 302 | 184 | - | - |
| - | - | - | - | 25 | - | 50 | - | 11 | 1800 | 3166 | - | 1 |
| - | - | - | - | 180 | - | - | 5 | - | 607 | 1346 | - | - |
| - | - | - | - | - | - | - | - | - | - | - | - | - |
| - | - | - | - | - | - | - | - | - | - | - | - | - |
| - | - | - | - | 1918 | - | 5 | - | 21 | 9828 | 7999 | 361 | 40 |
| - | - | - | 138 | 1578 | - | - | - | 566 | 3211 | 1212 | 22842 | - |
| - | - | - | - | - | - | - | - | - | - | - | - | 25719 |
| - | - | - | - | 1189 | 151 | 80616 | 14613 | 19 | 42378 | 367 | - | - |
| - | - | - | - | - | 151 | - | 14613 | - | - | - | - | - |
| - | - | - | - | 1189 | - | 80404 | - | 1 | 35791 | - | - | - |
| - | - | - | - | - | - | - | - | 15 | 2612 | 100 | - | - |
| - | - | - | - | - | - | 212 | - | 3 | 3975 | 267 | - | - |
| - | - | - | 23 | 5016 | - | 1263 | - | 4137 | 110192 | 16211 | - | 11 |
| - | - | - | - | 317 | - | 356 | - | 71 | 8396 | 1425 | - | 1 |
| - | - | - | - | 5 | - | 8 | - | 14 | 5719 | 2418 | - | - |
| - | - | - | - | 734 | - | 190 | - | 1 | 18502 | 1039 | - | - |
| - | - | - | - | 3894 | - | 8 | - | 4005 | 74652 | 6366 | - | 2 |

## PRODUCTION AND USES OF ENERGY SOURCES : E.E.C.

1979

| X / XX ENERGY / XX / XX SOURCES / XX / XX / PRODUCTION XX / XX / AND USES XX/ | UNIT: 1000 METRIC TONS / UNITE: 1000 TONNES METRIQUES | | | | | | TCAL / TCAL | MANUFACTURED GAS (TCAL) / GAZ MANUFACTURE (TCAL) | | | MILLIONS OF (DE) KWH |
|---|---|---|---|---|---|---|---|---|---|---|---|
| | HARD COAL | PATENT FUEL | COKE OVEN COKE | GAS COKE | BROWN COAL | BKB | NATURAL GAS | GAS WORKS | COKE OVENS | BLAST FURNACES | ELECTRICITY* |
| | HOUILLE | AGGLOMERES | COKE DE FOUR | COKE DE GAZ | LIGNITE | BRIQ. DE LIGNITE | GAZ NATUREL | USINES A GAZ | COKERIES | HAUT FOURNEAUX | ELECTRICITE* |
| | 1 | 2 | 3 | 4 | 5 | 6 | 7 | 8 | 9 | 10 | 11 |
| PRODUCTION | 240766 | 4958 | 67527 | 1041 | 158091 | 6696 | 1526664 | 11073 | 127074 | 145969 | 1268327 |
| FROM OTHER SOURCES | 1766 | - | - | - | - | - | - | 9703 | 1497 | - | - |
| IMPORT | 79588 | 453 | 8621 | - | 1858 | 1205 | 880693 | - | - | - | 54307 |
| EXPORT | -19708 | -450 | -15570 | -598 | -21 | -796 | -497213 | -9 | - | - | -37725 |
| INTL. MARINE BUNKERS | - | - | - | - | - | - | - | - | - | - | - |
| STOCK CHANGES | 5385 | -22 | 7594 | 69 | 224 | 73 | -9482 | - | - | - | - |
| DOMESTIC SUPPLY | 307797 | 4939 | 68172 | 512 | 160152 | 7178 | 1900662 | 20767 | 128571 | 145969 | 1284909 |
| RETURNS TO SUPPLY | - | - | - | - | - | - | - | - | - | - | - |
| TRANSFERS | - | - | - | - | - | - | - | - | - | - | - |
| DOMESTIC AVAILABILITY | 307797 | 4939 | 68172 | 512 | 160152 | 7178 | 1900662 | 20767 | 128571 | 145969 | 1284909 |
| STATISTICAL DIFFERENCE | 605 | -32 | 106 | - | 808 | 14 | -4171 | -46 | 84 | 218 | 60 |
| TRANSFORM. SECTOR ** | 267745 | 19 | 21941 | 7 | 155542 | 968 | 313948 | 757 | 19868 | 48740 | - |
| FOR SOLID FUELS | 93047 | 5 | 615 | - | 16076 | 15 | - | - | - | 1477 | - |
| FOR GASES | 1333 | - | 21251 | 7 | - | - | 8385 | - | 2045 | 43 | - |
| PETROLEUM REFINERIES | - | - | - | - | - | - | - | - | - | - | - |
| THERMO-ELECTRIC PLANTS | 173365 | 14 | 75 | - | 139466 | 953 | 290603 | 757 | 17823 | 47220 | - |
| ENERGY SECTOR | 2625 | 13 | 172 | 73 | 191 | 7 | 59360 | 2263 | 53574 | 28845 | 202880 |
| COAL MINES | 2334 | - | 19 | - | 191 | - | 781 | - | 744 | - | 19147 |
| OIL AND GAS EXTRACTION | - | - | - | - | - | - | 22582 | - | - | - | 879 |
| PETROLEUM REFINERIES | 204 | - | - | - | - | - | 322 | - | 73 | - | 17432 |
| ELECTRIC PLANTS | - | - | - | - | - | - | 473 | - | - | - | 68503 |
| DISTRIBUTION LOSSES | 14 | - | 20 | - | - | - | 30704 | 969 | 780 | 4922 | 78700 |
| PUMP STORAGE (ELECTR.) | - | - | - | - | - | - | - | - | - | - | 9271 |
| OTHER ENERGY SECTOR | 73 | 13 | 133 | 73 | - | 7 | 4498 | 1294 | 51977 | 23923 | 8948 |
| FINAL CONSUMPTION | 36822 | 4939 | 45953 | 432 | 3611 | 6189 | 1531525 | 17793 | 55045 | 68166 | 1081969 |
| INDUSTRY SECTOR | 17838 | 103 | 40938 | 3 | 3464 | 1625 | 700278 | 2515 | 52596 | 68166 | 526012 |
| IRON AND STEEL | 2552 | 10 | 36587 | - | 89 | 89 | 100734 | 1141 | 37203 | 61211 | 85294 |
| CHEMICAL | 2119 | - | 1113 | - | 2042 | 318 | 234611 | 62 | 6462 | - | 130640 |
| PETROCHEMICAL | - | - | - | - | - | - | 35164 | - | - | - | 9760 |
| NON-FERROUS METAL | 1608 | - | 645 | - | 68 | 22 | 14620 | 56 | 503 | - | 55275 |
| NON-METALLIC MINERAL | 5379 | 2 | 621 | - | 10 | 987 | 99466 | 126 | 2116 | 83 | 35894 |
| PAPER PULP AND PRINT | 1422 | - | 21 | - | 157 | 68 | 26192 | 46 | 47 | - | 34224 |
| MINING AND QUARRYING | 1 | - | 2 | - | 2 | - | 7536 | - | - | - | 8727 |
| FOOD AND TOBACCO | 1249 | - | 200 | - | 87 | - | 48760 | 178 | 329 | - | 34109 |
| WOOD AND WOOD PRODUCTS | 44 | - | 1 | - | 1 | 10 | 749 | 10 | - | - | 5669 |
| MACHINERY | 56 | - | 369 | - | 83 | 24 | 49538 | 175 | 1014 | 12 | 62833 |
| TRANSPORT EQUIPMENT | 826 | - | 223 | - | 23 | 31 | 6700 | 17 | 2309 | - | 16818 |
| CONSTRUCTION | - | - | 31 | - | 152 | - | - | - | - | - | 3124 |
| TEXTILES AND LEATHER | 1 | - | - | - | - | - | 2628 | 13 | 202 | - | 25706 |
| NON SPECIFIED | 2581 | 91 | 1125 | 3 | 750 | 76 | 73580 | 691 | 2411 | 6860 | 17939 |
| NON-ENERGY USES: | | | | | | | | | | | |
| (1)ENERGY PRODUCTS | - | - | - | - | - | - | 15162 | - | - | - | - |
| (2)NON-ENERGY PRODUCTS | - | - | - | - | - | - | - | - | - | - | - |
| TRANSPORT. SECTOR ** | 202 | 10 | 51 | - | - | 44 | 3409 | 52 | - | - | 28517 |
| AIR TRANSPORT | - | - | - | - | - | - | - | - | - | - | - |
| ROAD TRANSPORT | - | - | - | - | - | - | 2811 | - | - | - | - |
| RAILWAYS | 194 | 10 | 51 | - | - | 44 | 598 | 52 | - | - | 28517 |
| INTERNAL NAVIGATION | 8 | - | - | - | - | - | - | - | - | - | - |
| OTHER SECTORS ** | 18782 | 4826 | 4964 | 429 | 147 | 4520 | 827838 | 15226 | 2449 | - | 527440 |
| AGRICULTURE | 31 | - | 15 | - | - | - | 165 | - | - | - | 17685 |
| PUBLIC SERVICES | 1705 | - | 380 | - | - | - | 22389 | - | - | - | - |
| COMMERCE | 303 | - | 196 | - | - | - | 178060 | 2469 | - | - | 173028 |
| RESIDENTIAL | 15727 | 4826 | 4174 | 393 | 126 | 4453 | 627224 | 12757 | - | - | 310452 |

(1) INCLUDED IN CHEMICAL OR PETROCHEMICAL INDUSTRY
(2) INCLUDED ONLY IN TOTAL INDUSTRY

| * OF WHICH: | |
|---|---|
| HYDRO | 810839 |
| NUCLEAR | 93953 |
| CONVENTIONAL THERMAL | 2618067 |
| GEOTHERMAL | 4506 |

** INCLUDED IN THESE TOTALS ARE THE NON-SPECIFIED ELEMENTS

PRODUCTION ET UTILISATION DES SOURCES D ENERGIE : C.E.E.

1979

UNIT: 1000 METRIC TONS
UNITE: 1000 TONNES METRIQUES

| OIL / PETROLE | | | REFINERY GAS | LIQUEFIED PETROLEUM GASES | AVIATION GASOLINE | MOTOR GASOLINE | JET FUEL | KEROSENE | GAS/DIESEL OIL | RESIDUAL FUEL OIL | NAPHTHA | NON-ENERGY PRODUCTS |
|---|---|---|---|---|---|---|---|---|---|---|---|---|
| CRUDE BRUT | NGL GNL | FEEDST. | GAZ DE PETROLE | GAZ LIQUEFIES DE PETROLE | ESSENCE AVION | ESSENCE AUTO | CARBURANT REACTEUR | PETROLE LAMPANT | GAZ/DIESEL OIL | FUEL OIL RESIDUEL | NAPHTHA | PRODUITS NON-ENERGETIQUES |
| 12 | 13 | 14 | 15 | 16 | 17 | 18 | 19 | 20 | 21 | 22 | 23 | 24 |
| 86393 | 1142 | - | 14972 | 12806 | 251 | 89550 | 19397 | 7047 | 188778 | 190032 | 28983 | 28709 |
| - | - | 40 | 921 | 1091 | - | 391 | - | - | 47 | 67 | 90 | 157 |
| 520173 | 266 | 15096 | - | 2023 | 115 | 11003 | 4954 | 937 | 41188 | 30615 | 21498 | 12806 |
| -41211 | -23 | -1172 | - | -2789 | -190 | -18923 | -7331 | -2794 | -41023 | -31762 | -12097 | -10713 |
| - | - | - | - | - | - | -1 | -17 | -2 | -5590 | -24542 | - | -243 |
| -4532 | -42 | -192 | 5 | 22 | -12 | -906 | -537 | -184 | -3477 | -413 | -768 | -691 |
| 560823 | 1343 | 13772 | 15898 | 13153 | 164 | 81114 | 16466 | 5004 | 179923 | 163997 | 37706 | 30025 |
| - | - | 5017 | - | -3 | - | -494 | -1 | - | 84 | -633 | -35 | 87 |
| - | -808 | 4410 | 175 | 436 | 1 | 2444 | -144 | 403 | -1228 | -454 | -5159 | -43 |
| 560823 | 535 | 23199 | 16073 | 13586 | 165 | 83064 | 16321 | 5407 | 178779 | 162910 | 32512 | 30069 |
| -626 | -2 | 1411 | 95 | -380 | 19 | -634 | 1220 | 239 | -359 | -854 | -643 | -962 |
| 561436 | 537 | 21766 | 571 | 547 | - | - | - | - | 1254 | 66310 | 541 | 725 |
| - | - | - | - | 3 | - | - | - | - | - | - | - | 725 |
| - | - | - | 274 | 543 | - | - | - | - | 16 | 150 | 540 | - |
| 561436 | 537 | 21766 | - | - | - | - | - | - | - | - | - | - |
| - | - | - | 297 | - | - | - | - | - | 1076 | 65091 | 1 | - |
| - | - | - | 12368 | 544 | - | 6 | - | - | 175 | 17235 | 162 | 2462 |
| - | - | - | - | - | - | - | - | - | 97 | 112 | - | - |
| - | - | - | - | 169 | - | - | - | - | - | - | - | - |
| - | - | - | 12357 | 366 | - | 6 | - | - | 68 | 16928 | 162 | 2462 |
| - | - | - | - | - | - | - | - | - | - | 179 | - | - |
| - | - | - | - | - | - | - | - | - | - | - | - | - |
| - | - | - | - | - | - | - | - | - | - | - | - | - |
| - | - | - | 11 | 9 | - | - | - | - | 10 | 16 | - | - |
| 13 | - | 22 | 3039 | 12875 | 146 | 83692 | 15101 | 5168 | 177709 | 80219 | 32452 | 27844 |
| 13 | - | 22 | 3014 | 6310 | - | 77 | 10 | 932 | 22202 | 64610 | 32450 | 27834 |
| - | - | - | - | 101 | - | - | - | - | 789 | 8376 | - | 1 |
| - | - | - | 100 | 393 | - | 1 | - | 37 | 1858 | 8971 | 15 | 62 |
| 13 | - | 22 | 2914 | 2982 | - | 10 | - | 860 | 3381 | 5468 | 32179 | 43 |
| - | - | - | - | 47 | - | - | - | - | 400 | 1106 | 6 | - |
| - | - | - | - | 215 | - | - | - | 7 | 1444 | 12114 | - | - |
| - | - | - | - | 36 | - | - | - | 1 | 160 | 4549 | - | 1 |
| - | - | - | - | 5 | - | - | - | - | 410 | 439 | - | 146 |
| - | - | - | - | 218 | - | - | - | 1 | 1644 | 8404 | - | 1 |
| - | - | - | - | - | - | - | - | - | 226 | 62 | - | - |
| - | - | - | - | 29 | - | 60 | - | 16 | 1788 | 3022 | - | 1 |
| - | - | - | - | 190 | - | - | 10 | - | 621 | 1323 | - | - |
| - | - | - | - | - | - | - | - | - | - | - | - | - |
| - | - | - | - | - | - | - | - | - | - | - | - | - |
| - | - | - | - | 2094 | - | 6 | - | 10 | 9481 | 10776 | 250 | 37 |
| - | - | - | 174 | 2692 | - | - | - | 861 | 3271 | 1622 | 24712 | - |
| - | - | - | - | - | - | - | - | - | - | - | - | 27542 |
| - | - | - | - | 1279 | 146 | 82369 | 15091 | 24 | 45637 | 428 | - | - |
| - | - | - | - | - | 146 | - | 15091 | - | - | - | - | - |
| - | - | - | - | 1279 | - | 82132 | - | 5 | 38650 | - | - | - |
| - | - | - | - | - | - | - | - | 18 | 2663 | 86 | - | - |
| - | - | - | - | - | - | 237 | - | 1 | 3894 | 337 | - | - |
| - | - | - | 25 | 5286 | - | 1246 | - | 4212 | 109870 | 15181 | 2 | 10 |
| - | - | - | - | 314 | - | 346 | - | 71 | 8758 | 1478 | - | - |
| - | - | - | - | 4 | - | 9 | - | 51 | 5852 | 2346 | - | 1 |
| - | - | - | - | 735 | - | 190 | - | - | 18982 | 1503 | - | - |
| - | - | - | - | 4007 | - | 11 | - | 4044 | 73846 | 6037 | - | 3 |

## PRODUCTION AND USES OF ENERGY SOURCES : E. E. C.

1980

| PRODUCTION AND USES / ENERGY SOURCES | UNIT: 1000 METRIC TONS / UNITE: 1000 TONNES METRIQUES | | | | | | TCAL / TCAL | MANUFACTURED GAS (TCAL) / GAZ MANUFACTURE (TCAL) | | | MILLIONS OF (DE) KWH |
|---|---|---|---|---|---|---|---|---|---|---|---|
| | HARD COAL / HOUILLE | PATENT FUEL / AGGLOMERES | COKE OVEN COKE / COKE DE FOUR | GAS COKE / COKE DE GAZ | BROWN COAL / LIGNITE | BKB / BRIQ. DE LIGNITE | NATURAL GAS / GAZ NATUREL | GAS WORKS / USINES A GAZ | COKE OVENS / COKERIES | BLAST FURNACES / HAUT FOURNEAUX | ELECTRICITY* / ELECTRICITE* |
| | 1 | 2 | 3 | 4 | 5 | 6 | 7 | 8 | 9 | 10 | 11 |
| PRODUCTION | 249275 | 4233 | 66863 | 758 | 157553 | 6885 | 1464468 | 11902 | 125047 | 125843 | 1277640 |
| FROM OTHER SOURCES | 1900 | - | - | - | - | - | - | 27000 | 499 | - | - |
| IMPORT | 92795 | 434 | 8716 | - | 2459 | 1573 | 947032 | - | - | - | 55418 |
| EXPORT | -18676 | -396 | -11852 | -344 | -21 | -863 | -547664 | -8 | - | - | -41197 |
| INTL. MARINE BUNKERS | - | - | - | - | - | - | - | - | - | - | - |
| STOCK CHANGES | -13300 | -69 | -991 | -25 | -423 | -8 | -2999 | - | - | - | - |
| DOMESTIC SUPPLY | 311994 | 4202 | 62736 | 389 | 159568 | 7587 | 1860837 | 38894 | 125546 | 125843 | 1291861 |
| RETURNS TO SUPPLY | - | - | - | - | - | - | - | - | - | - | - |
| TRANSFERS | - | - | - | - | - | - | - | - | - | - | - |
| DOMESTIC AVAILABILITY | 311994 | 4202 | 62736 | 389 | 159568 | 7587 | 1860837 | 38894 | 125546 | 125843 | 1291861 |
| STATISTICAL DIFFERENCE | -450 | -38 | 99 | - | 74 | 18 | -513 | 1262 | 250 | 273 | 996 |
| TRANSFORM. SECTOR ** | 276526 | 17 | 19683 | 7 | 155922 | 969 | 276906 | 2339 | 35933 | 45825 | - |
| FOR SOLID FUELS | 92672 | 14 | 506 | - | 16364 | 12 | 73 | - | - | 1343 | - |
| FOR GASES | 1003 | - | 19098 | 7 | - | - | 8232 | - | 17285 | - | - |
| PETROLEUM REFINERIES | - | - | - | - | - | - | - | - | - | - | - |
| THERMO-ELECTRIC PLANTS | 182851 | 3 | 79 | - | 139558 | 957 | 253871 | 2339 | 18648 | 44482 | - |
| ENERGY SECTOR | 2304 | 32 | 284 | 47 | 193 | 12 | 58027 | 1606 | 52673 | 28724 | 211681 |
| COAL MINES | 2244 | - | 18 | - | 193 | 12 | 806 | - | - | - | 21070 |
| OIL AND GAS EXTRACTION | - | - | - | - | - | - | 28330 | - | - | - | 910 |
| PETROLEUM REFINERIES | - | - | - | - | - | - | 367 | - | - | - | 18049 |
| ELECTRIC PLANTS | - | - | - | - | - | - | 199 | - | - | - | 68659 |
| DISTRIBUTION LOSSES | 14 | - | 20 | - | - | - | 23250 | 543 | 317 | 6403 | 79890 |
| PUMP STORAGE (ELECTR.) | - | - | - | - | - | - | - | - | - | - | 8951 |
| OTHER ENERGY SECTOR | 46 | 32 | 246 | 47 | - | - | 5075 | 1063 | 52356 | 22321 | 14152 |
| FINAL CONSUMPTION | 33614 | 4191 | 42670 | 335 | 3379 | 6588 | 1526417 | 33687 | 36690 | 51021 | 1079184 |
| INDUSTRY SECTOR | 15538 | 51 | 38139 | 5 | 3267 | 2099 | 691800 | 17557 | 36690 | 51021 | 519458 |
| IRON AND STEEL | 1772 | - | 34020 | - | 40 | 110 | 97410 | 11421 | 30599 | 48903 | 79881 |
| CHEMICAL | 2187 | 1 | 1036 | - | 1899 | 330 | 247928 | 2814 | 3256 | - | 122183 |
| PETROCHEMICAL | - | - | - | - | - | - | 28397 | - | - | - | 9072 |
| NON-FERROUS METAL | 398 | - | 282 | - | 25 | 21 | 15228 | 725 | 14 | - | 55699 |
| NON-METALLIC MINERAL | 5781 | 1 | 503 | - | 97 | 1442 | 93665 | 1412 | 619 | - | 36806 |
| PAPER PULP AND PRINT | 673 | - | 2 | - | 181 | 43 | 27810 | 147 | - | - | 34420 |
| MINING AND QUARRYING | 71 | - | 2 | - | 2 | - | 7663 | - | 1067 | - | 8890 |
| FOOD AND TOBACCO | 1050 | - | 197 | - | 57 | 1 | 52064 | 405 | - | - | 35015 |
| WOOD AND WOOD PRODUCTS | 40 | - | 1 | - | 1 | 11 | 494 | - | - | - | 5736 |
| MACHINERY | 54 | - | 380 | - | 83 | 15 | 44140 | 101 | 698 | - | 63081 |
| TRANSPORT EQUIPMENT | 690 | - | 200 | - | 18 | 35 | 6488 | - | - | - | 16770 |
| CONSTRUCTION | 4 | - | 95 | - | 164 | - | - | - | 170 | 86 | 3102 |
| TEXTILES AND LEATHER | 548 | - | 30 | - | 56 | 24 | 8256 | - | - | - | 24828 |
| NON SPECIFIED | 2270 | 49 | 1391 | 5 | 644 | 67 | 62257 | 532 | 267 | 2032 | 23975 |
| NON-ENERGY USES: | | | | | | | | | | | |
| (1)ENERGY PRODUCTS | - | - | - | - | - | - | 46073 | - | - | - | - |
| (2)NON-ENERGY PRODUCTS | - | - | - | - | - | - | - | - | - | - | - |
| TRANSPORT. SECTOR ** | 118 | 10 | 49 | - | - | 37 | 3567 | - | - | - | 28786 |
| AIR TRANSPORT | - | - | - | - | - | - | - | - | - | - | - |
| ROAD TRANSPORT | - | - | - | - | - | - | 2907 | - | - | - | - |
| RAILWAYS | 112 | 10 | 49 | - | - | 37 | 660 | - | - | - | 28786 |
| INTERNAL NAVIGATION | 6 | - | - | - | - | - | - | - | - | - | - |
| OTHER SECTORS ** | 17958 | 4130 | 4482 | 330 | 112 | 4452 | 831050 | 16130 | - | - | 530940 |
| AGRICULTURE | 38 | - | 10 | - | - | - | 152 | - | - | - | 17533 |
| PUBLIC SERVICES | 1471 | - | 313 | - | - | - | 23814 | 94 | - | - | - |
| COMMERCE | 106 | - | - | - | - | - | 169245 | 2875 | - | - | 175435 |
| RESIDENTIAL | 15430 | 4126 | 3759 | 330 | 110 | 4416 | 637839 | 13061 | - | - | 315917 |

(1) INCLUDED IN CHEMICAL OR PETROCHEMICAL INDUSTRY
(2) INCLUDED ONLY IN TOTAL INDUSTRY

| * OF WHICH: HYDRO | 851145 |
|---|---|
| NUCLEAR | 127058 |
| CONVENTIONAL THERMAL | 2830606 |
| GEOTHERMAL | 5394 |

** INCLUDED IN THESE TOTALS ARE THE NON-SPECIFIED ELEMENTS

## PRODUCTION ET UTILISATION DES SOURCES D ENERGIE : C.E.E.

1980

UNIT: 1000 METRIC TONS
UNITE: 1000 TONNES METRIQUES

| OIL PETROLE | | | REFINERY GAS | LIQUEFIED PETROLEUM GASES | AVIATION GASOLINE | MOTOR GASOLINE | JET FUEL | KEROSENE | GAS/DIESEL OIL | RESIDUAL FUEL OIL | NAPHTHA | NON-ENERGY PRODUCTS |
|---|---|---|---|---|---|---|---|---|---|---|---|---|
| CRUDE BRUT | NGL GNL | FEEDST. | GAZ DE PETROLE | GAZ LIQUEFIES DE PETROLE | ESSENCE AVION | ESSENCE AUTO | CARBURANT REACTEUR | PETROLE LAMPANT | GAZ/DIESEL OIL | FUEL OIL RESIDUEL | NAPHTHA | PRODUITS NON-ENERGETIQUES |
| 12 | 13 | 14 | 15 | 16 | 17 | 18 | 19 | 20 | 21 | 22 | 23 | 24 |
| 89421 | 2269 | - | 13703 | 11589 | 378 | 88200 | 19365 | 5210 | 167879 | 162717 | 25771 | 28328 |
| - | - | - | - | 766 | - | 393 | - | - | 46 | 97 | 94 | 133 |
| 446396 | 104 | 14872 | - | 3521 | 122 | 15291 | 4954 | 440 | 44175 | 36890 | 19977 | 9042 |
| -42212 | -511 | -1192 | - | -2504 | -367 | -18402 | -7890 | -2350 | -37270 | -27814 | -9594 | -7836 |
| - | - | - | - | - | - | - | -17 | - | -5099 | -21827 | - | -256 |
| -4582 | -5 | -104 | 2 | -26 | 23 | -876 | 11 | 77 | -5008 | 2591 | -132 | -1013 |
| 489023 | 1857 | 13576 | 13705 | 13346 | 156 | 84606 | 16423 | 3377 | 164723 | 152654 | 36116 | 28398 |
| - | - | 12656 | -51 | -414 | -1 | -536 | - | - | -1566 | -2207 | -6535 | -377 |
| - | -1248 | 13473 | -271 | -357 | 3 | -869 | -99 | 669 | -2063 | -4256 | -2423 | -2047 |
| 489023 | 609 | 39705 | 13383 | 12575 | 158 | 83201 | 16324 | 4046 | 161094 | 146191 | 27158 | 25974 |
| 1574 | -2 | -458 | 84 | -296 | 8 | -1244 | 1443 | 64 | 21 | 163 | 555 | 162 |
| 487435 | 611 | 40163 | 450 | 472 | - | - | - | - | 1512 | 60690 | 587 | 600 |
| - | - | - | 5 | 2 | - | - | - | - | - | - | - | 600 |
| - | - | - | 180 | 470 | - | - | - | - | 8 | 45 | 578 | - |
| 487435 | 611 | 40163 | - | - | - | - | - | - | - | - | - | - |
| - | - | - | 235 | - | - | - | - | - | 1317 | 59549 | 9 | - |
| - | - | - | 11716 | 527 | - | 1 | - | 4 | 211 | 16329 | 135 | 2599 |
| - | - | - | - | - | - | - | - | - | 75 | 66 | - | - |
| - | - | - | - | 188 | - | - | - | - | - | - | - | - |
| - | - | - | 11711 | 339 | - | 1 | - | - | 125 | 15976 | 135 | 2599 |
| - | - | - | - | - | - | - | - | - | - | 205 | - | - |
| - | - | - | - | - | - | - | - | 4 | - | - | - | - |
| - | - | - | - | - | - | - | - | - | - | - | - | - |
| - | - | - | 5 | - | - | - | - | - | 11 | 82 | - | - |
| 14 | - | - | 1133 | 11872 | 150 | 84444 | 14881 | 3978 | 159350 | 69009 | 25881 | 22613 |
| 14 | - | - | 1133 | 4885 | - | 184 | 10 | 902 | 19370 | 56301 | 25880 | 22604 |
| - | - | - | - | 104 | - | 1 | - | 2 | 680 | 5442 | - | - |
| - | - | - | - | 488 | - | - | - | 32 | 1819 | 9063 | - | 55 |
| 14 | - | - | 1039 | 1731 | - | 107 | - | 835 | 1827 | 3581 | 25783 | 3 |
| - | - | - | - | 49 | - | - | - | - | 343 | 670 | 7 | - |
| - | - | - | - | 204 | - | - | - | 5 | 1012 | 8274 | - | - |
| - | - | - | - | 38 | - | - | - | 1 | 136 | 4110 | - | 1 |
| - | - | - | - | 5 | - | - | - | - | 387 | 444 | - | 110 |
| - | - | - | - | 246 | - | - | - | 1 | 1407 | 7616 | - | 1 |
| - | - | - | - | 4 | - | - | - | - | 234 | 316 | - | - |
| - | - | - | - | 181 | - | 70 | - | 16 | 1481 | 2639 | - | 1 |
| - | - | - | - | 20 | - | - | - | - | 544 | 1115 | - | - |
| - | - | - | - | 10 | - | - | - | - | 814 | 114 | - | - |
| - | - | - | - | 21 | - | - | - | - | 335 | 1583 | - | 1 |
| - | - | - | 94 | 1784 | - | 6 | 10 | 10 | 8351 | 11334 | 90 | 36 |
| - | - | - | 129 | 1469 | - | 100 | - | 837 | 1682 | 1807 | 19583 | - |
| - | - | - | - | - | - | - | - | - | - | - | - | 22396 |
| - | - | - | - | 1558 | 149 | 83009 | 14646 | 26 | 45831 | 474 | - | - |
| - | - | - | - | - | 149 | 1 | 14646 | - | - | - | - | - |
| - | - | - | - | 1555 | - | 82753 | - | 3 | 39181 | - | - | - |
| - | - | - | - | 3 | - | - | - | 17 | 2599 | 76 | - | - |
| - | - | - | - | - | - | 255 | - | 6 | 3615 | 393 | - | - |
| - | - | - | - | 5429 | 1 | 1251 | 225 | 3050 | 94149 | 12234 | 1 | 10 |
| - | - | - | - | 323 | - | 349 | - | 66 | 8335 | 1098 | - | - |
| - | - | - | - | 18 | - | 9 | 202 | 21 | 3982 | 2105 | - | - |
| - | - | - | - | 814 | - | 190 | - | 6 | 13987 | 605 | - | 1 |
| - | - | - | - | 4156 | - | 8 | - | 2850 | 64698 | 5005 | - | 3 |

## PRODUCTION AND USES OF ENERGY SOURCES : E.E.C.

1981

| PRODUCTION AND USES / ENERGY SOURCES | HARD COAL / HOUILLE | PATENT FUEL / AGGLOMERES | COKE OVEN COKE / COKE DE FOUR | GAS COKE / COKE DE GAZ | BROWN COAL / LIGNITE | BKB / BRIQ. DE LIGNITE | NATURAL GAS / GAZ NATUREL | GAS WORKS / USINES A GAZ | COKE OVENS / COKERIES | BLAST FURNACES / HAUT FOURNEAUX | ELECTRICITY* / ELECTRICITE* |
|---|---|---|---|---|---|---|---|---|---|---|---|
| | UNIT: 1000 METRIC TONS / UNITE: 1000 TONNES METRIQUES | | | | | | TCAL / TCAL | MANUFACTURED GAS (TCAL) / GAZ MANUFACTURE (TCAL) | | | MILLIONS OF (DE) KWH |
| | 1 | 2 | 3 | 4 | 5 | 6 | 7 | 8 | 9 | 10 | 11 |
| PRODUCTION | 247401 | 4313 | 64340 | 167 | 162754 | 6713 | 1425688 | 10077 | 126231 | 127000 | 1274399 |
| FROM OTHER SOURCES | 2074 | - | - | - | - | - | - | 22094 | 310 | - | - |
| IMPORT | 91827 | 344 | 7494 | - | 3005 | 1784 | 943349 | - | - | - | 62126 |
| EXPORT | -23502 | -406 | -11181 | -192 | -19 | -842 | -517646 | - | - | - | -40298 |
| INTL. MARINE BUNKERS | - | - | - | - | - | - | - | - | - | - | - |
| STOCK CHANGES | -14846 | -96 | 1099 | 131 | -879 | 5 | -26350 | - | - | - | - |
| DOMESTIC SUPPLY | 302954 | 4155 | 61752 | 106 | 164861 | 7660 | 1825041 | 32171 | 126541 | 127000 | 1296227 |
| RETURNS TO SUPPLY | - | - | - | - | - | - | - | - | - | - | - |
| TRANSFERS | - | - | - | - | - | - | - | - | - | - | - |
| DOMESTIC AVAILABILITY | 302954 | 4155 | 61752 | 106 | 164861 | 7660 | 1825041 | 32171 | 126541 | 127000 | 1296227 |
| STATISTICAL DIFFERENCE | -913 | 1 | 298 | - | 10 | - | 202 | -775 | 56 | 247 | 964 |
| TRANSFORM. SECTOR ** | 268047 | 15 | 19470 | 8 | 161307 | 1068 | 232957 | 2093 | 34372 | 44088 | - |
| FOR SOLID FUELS | 88318 | 15 | 550 | - | 15785 | - | - | - | - | 1396 | - |
| FOR GASES | 224 | - | 18838 | 8 | - | - | 7007 | 3 | 16489 | - | - |
| PETROLEUM REFINERIES | - | - | - | - | - | - | - | - | - | - | - |
| THERMO-ELECTRIC PLANTS | 179505 | - | 82 | - | 145522 | 1068 | 211821 | 2090 | 17883 | 42692 | - |
| ENERGY SECTOR | 2204 | 21 | 258 | 40 | 186 | 15 | 64774 | 859 | 51873 | 29398 | 220156 |
| COAL MINES | 2148 | - | 16 | - | 186 | 15 | 756 | - | - | - | 21890 |
| OIL AND GAS EXTRACTION | - | - | - | - | - | - | 30204 | - | - | - | 1085 |
| PETROLEUM REFINERIES | - | - | - | - | - | - | 520 | - | - | - | 17156 |
| ELECTRIC PLANTS | - | - | - | - | - | - | 175 | - | - | - | 68502 |
| DISTRIBUTION LOSSES | - | - | 19 | - | - | - | 27659 | 457 | 449 | 6144 | 79060 |
| PUMP STORAGE (ELECTR.) | - | - | - | - | - | - | - | - | - | - | 10938 |
| OTHER ENERGY SECTOR | 56 | 21 | 223 | 40 | - | - | 5460 | 402 | 51424 | 23254 | 21525 |
| FINAL CONSUMPTION | 33616 | 4118 | 41726 | 58 | 3358 | 6577 | 1527108 | 29994 | 40240 | 53267 | 1075107 |
| INDUSTRY SECTOR | 16253 | 62 | 37773 | 7 | 3242 | 2732 | 678205 | 15454 | 40240 | 53267 | 507212 |
| IRON AND STEEL | 1297 | - | 33751 | 3 | 22 | 217 | 86911 | 8193 | 34431 | 50499 | 78290 |
| CHEMICAL | 2812 | - | 971 | - | 1973 | 436 | 250169 | 1960 | 3312 | - | 118666 |
| PETROCHEMICAL | - | - | 49 | - | - | - | 34177 | - | - | - | 7700 |
| NON-FERROUS METAL | 431 | - | 279 | - | 126 | 24 | 13691 | 637 | 13 | - | 53489 |
| NON-METALLIC MINERAL | 5377 | 1 | 495 | - | 114 | 1771 | 75538 | 861 | 473 | - | 35683 |
| PAPER PULP AND PRINT | 659 | - | 3 | - | 146 | 65 | 27694 | 165 | - | - | 33675 |
| MINING AND QUARRYING | 61 | - | 11 | - | 3 | - | 6760 | - | 1140 | - | 8447 |
| FOOD AND TOBACCO | 932 | - | 320 | - | 100 | 18 | 52739 | 384 | - | - | 35767 |
| WOOD AND WOOD PRODUCTS | 39 | - | 1 | - | 1 | 8 | 415 | 211 | - | - | 5777 |
| MACHINERY | 62 | - | 419 | - | 74 | 12 | 39631 | 806 | 553 | - | 60614 |
| TRANSPORT EQUIPMENT | 615 | - | 308 | - | 26 | 36 | 7865 | 1234 | - | - | 15956 |
| CONSTRUCTION | 8 | - | 122 | - | 149 | - | 11921 | - | 175 | 63 | 3207 |
| TEXTILES AND LEATHER | 600 | - | 51 | - | 56 | 47 | 46252 | 47 | - | - | 23988 |
| NON SPECIFIED | 3360 | 61 | 993 | 4 | 452 | 98 | 24442 | 956 | 143 | 2705 | 25953 |
| NON-ENERGY USES: | | | | | | | | | | | |
| (1)ENERGY PRODUCTS | - | - | - | - | - | - | 35758 | - | - | - | - |
| (2)NON-ENERGY PRODUCTS | - | - | - | - | - | - | - | - | - | - | - |
| TRANSPORT. SECTOR ** | 113 | - | 31 | - | - | 35 | 3486 | 35 | - | - | 28884 |
| AIR TRANSPORT | - | - | - | - | - | - | - | - | - | - | - |
| ROAD TRANSPORT | - | - | - | - | - | - | 2848 | - | - | - | - |
| RAILWAYS | 108 | - | 31 | - | - | 35 | 638 | 35 | - | - | 28884 |
| INTERNAL NAVIGATION | 5 | - | - | - | - | - | - | - | - | - | - |
| OTHER SECTORS ** | 17250 | 4056 | 3922 | 51 | 116 | 3810 | 845417 | 14505 | - | - | 539011 |
| AGRICULTURE | 61 | - | 10 | - | - | - | 146 | - | - | - | 17696 |
| PUBLIC SERVICES | 1386 | 50 | 288 | - | - | - | 38894 | 89 | - | - | - |
| COMMERCE | - | - | - | 2 | - | 24 | 152236 | 2515 | - | - | 180290 |
| RESIDENTIAL | 14857 | 4003 | 3216 | 49 | 116 | 3763 | 654141 | 11826 | - | - | 321006 |

(1) INCLUDED IN CHEMICAL OR PETROCHEMICAL INDUSTRY
(2) INCLUDED ONLY IN TOTAL INDUSTRY

* OF WHICH: HYDRO 854775
NUCLEAR 173172
CONVENTIONAL THERMAL 3060902
GEOTHERMAL 6443

** INCLUDED IN THESE TOTALS ARE THE NON-SPECIFIED ELEMENTS

UNIT: 1000 METRIC TONS
UNITE: 1000 TONNES METRIQUES

| OIL / PETROLE | | | REFINERY GAS / GAZ DE PETROLE | LIQUEFIED PETROLEUM GASES / GAZ LIQUEFIES DE PETROLE | AVIATION GASOLINE / ESSENCE AVION | MOTOR GASOLINE / ESSENCE AUTO | JET FUEL / CARBURANT REACTEUR | KEROSENE / PETROLE LAMPANT | GAS/DIESEL OIL / GAZ/DIESEL OIL | RESIDUAL FUEL OIL / FUEL OIL RESIDUEL | NAPHTHA / NAPHTHA | NON-ENERGY PRODUCTS / PRODUITS NON-ENERGETIQUES |
|---|---|---|---|---|---|---|---|---|---|---|---|---|
| CRUDE / BRUT | NGL / GNL | FEEDST. | | | | | | | | | | |
| 12 | 13 | 14 | 15 | 16 | 17 | 18 | 19 | 20 | 21 | 22 | 23 | 24 |
| 98750 | 2213 | - | 12380 | 10861 | 910 | 85312 | 17764 | 5072 | 142811 | 144321 | 22728 | 29125 |
| - | - | - | - | 713 | - | 362 | - | - | 35 | 76 | - | 110 |
| 378318 | 114 | 16356 | - | 5255 | 97 | 16121 | 4513 | 289 | 39614 | 38498 | 17690 | 11225 |
| -53894 | -583 | -940 | - | -3090 | -337 | -18044 | -7160 | -2376 | -35447 | -29706 | -8949 | -9858 |
| - | - | - | - | - | - | - | -20 | - | -5161 | -21471 | - | -238 |
| 4602 | 27 | -63 | -1 | 43 | 19 | -106 | 451 | 307 | 10158 | 993 | 820 | -435 |
| 427776 | 1771 | 15353 | 12379 | 13782 | 689 | 83645 | 15548 | 3292 | 152010 | 132711 | 32289 | 29929 |
| - | - | 17374 | -231 | -324 | - | -1233 | - | - | -2439 | -2391 | -7733 | -2472 |
| -65 | -1162 | 14693 | 22 | -280 | - | -1280 | -90 | 348 | -2365 | -6930 | -2543 | -1575 |
| 427711 | 609 | 47420 | 12170 | 13178 | 689 | 81132 | 15458 | 3640 | 147206 | 123390 | 22013 | 25882 |
| 1194 | 6 | -1986 | -82 | -164 | 20 | -1087 | 1242 | 158 | -2560 | 842 | -217 | 1272 |
| 426507 | 603 | 49406 | 481 | 502 | - | - | - | - | 1396 | 49390 | 509 | 573 |
| - | - | - | 5 | 1 | - | - | - | - | - | - | - | 570 |
| - | - | - | 150 | 497 | - | - | - | - | 7 | 2 | 480 | - |
| 426507 | 603 | 49406 | - | - | - | - | - | - | - | - | - | - |
| - | - | - | 297 | 4 | - | - | - | - | 1260 | 49303 | 29 | 3 |
| - | - | - | 10443 | 486 | - | 1 | - | 8 | 198 | 13890 | 98 | 2284 |
| - | - | - | - | - | - | - | - | - | 67 | 51 | - | 4 |
| - | - | - | - | 186 | - | - | - | - | 1 | - | - | - |
| - | - | - | 10435 | 300 | - | 1 | - | 8 | 40 | 13667 | 94 | 2263 |
| - | - | - | - | - | - | - | - | - | - | 166 | - | - |
| - | - | - | - | - | - | - | - | - | - | - | - | - |
| - | - | - | - | | - | - | - | - | - | - | - | - |
| - | - | - | 8 | - | - | - | - | - | 90 | 6 | 4 | 17 |
| 10 | - | - | 1328 | 12354 | 669 | 82218 | 14216 | 3474 | 148172 | 59268 | 21623 | 21753 |
| 10 | - | - | 1328 | 5415 | - | 142 | - | 875 | 16103 | 45846 | 21622 | 21735 |
| - | - | - | - | 94 | - | 1 | - | 1 | 503 | 3582 | - | - |
| - | - | - | 55 | 311 | - | 44 | - | 27 | 365 | 7737 | - | 53 |
| 10 | - | - | 1220 | 2712 | - | 26 | - | 811 | 4065 | 3728 | 21545 | 4 |
| - | - | - | - | 46 | - | - | - | - | 214 | 890 | 3 | - |
| - | - | - | - | 168 | - | - | - | 4 | 715 | 3799 | - | - |
| - | - | - | - | 37 | - | - | - | 1 | 98 | 3545 | - | 1 |
| - | - | - | - | 5 | - | - | - | - | 372 | 275 | - | 100 |
| - | - | - | - | 234 | - | - | - | 1 | 1270 | 7086 | - | 1 |
| - | - | - | - | 4 | - | - | - | - | 192 | 264 | - | - |
| - | - | - | - | 105 | - | 70 | - | 16 | 1341 | 2007 | - | - |
| - | - | - | - | 21 | - | - | - | - | 453 | 942 | - | - |
| - | - | - | - | 6 | - | - | - | - | 950 | 3102 | - | - |
| - | - | - | - | 33 | - | - | - | - | 428 | 2600 | - | 1 |
| - | - | - | 53 | 1639 | - | 1 | - | 14 | 5137 | 6289 | 74 | 34 |
| - | - | - | 238 | 2049 | - | 65 | - | 813 | 2062 | 1713 | 16434 | - |
| - | - | - | - | - | - | - | - | - | - | - | - | 21541 |
| - | - | - | - | 1752 | 484 | 80835 | 14200 | 26 | 46078 | 429 | - | - |
| - | - | - | - | - | 484 | - | 14200 | - | - | - | - | - |
| - | - | - | - | 1752 | - | 80459 | - | 3 | 39846 | - | - | - |
| - | - | - | - | - | - | - | - | 17 | 2525 | 62 | - | - |
| - | - | - | - | - | - | 193 | - | 6 | 3326 | 367 | - | - |
| - | - | - | - | 5187 | 185 | 1241 | 16 | 2573 | 85991 | 12993 | 1 | 19 |
| - | - | - | - | 298 | - | 321 | - | 57 | 7653 | 1001 | - | - |
| - | - | - | - | 14 | - | 9 | - | 20 | 3778 | 2032 | - | - |
| - | - | - | - | 562 | - | 190 | - | 8 | 12601 | 1254 | - | 5 |
| - | - | - | - | 2228 | - | 4 | - | 2398 | 40636 | 4686 | - | 7 |

## PRODUCTION AND USES OF ENERGY SOURCES : I.E.A

1971

| X XX ENERGY XX XX SOURCES XX XX XX PRODUCTION XX XX AND USES XX | UNIT: 1000 METRIC TONS / UNITE: 1000 TONNES METRIQUES | | | | | | TCAL / TCAL | MANUFACTURED GAS (TCAL) / GAZ MANUFACTURE (TCAL) | | | MILLIONS OF (DE) KWH |
|---|---|---|---|---|---|---|---|---|---|---|---|
| | HARD COAL / HOUILLE | PATENT FUEL / AGGLOMERES | COKE OVEN COKE / COKE DE FOUR | GAS COKE / COKE DE GAZ | BROWN COAL / LIGNITE | BKB / BRIQ. DE LIGNITE | NATURAL GAS / GAZ NATUREL | GAS WORKS / USINES A GAZ | COKE OVENS / COKERIES | BLAST FURNACES / HAUT FOURNEAUX | ELECTRICITY* / ELECTRICITE* |
| | 1 | 2 | 3 | 4 | 5 | 6 | 7 | 8 | 9 | 10 | 11 |
| PRODUCTION | 887133 | 7326 | 187994 | 9072 | 165957 | 9465 | 7048994 | 98034 | 354015 | 362378 | 3524469 |
| FROM OTHER SOURCES | 2300 | - | - | - | - | - | 89 | 149123 | - | - | - |
| IMPORT | 107686 | 758 | 10151 | 202 | 1524 | 2061 | 440472 | 651 | - | - | 48588 |
| EXPORT | -99272 | -796 | -12922 | -484 | -26 | -712 | -398047 | -969 | - | - | -49365 |
| INTL. MARINE BUNKERS | -58 | - | - | - | - | - | - | - | - | - | - |
| STOCK CHANGES | -2344 | -167 | -5456 | -110 | 222 | 54 | -97514 | 8 | - | - | - |
| DOMESTIC SUPPLY | 895445 | 7121 | 179767 | 8680 | 167677 | 10868 | 6993994 | 246847 | 354015 | 362378 | 3523692 |
| RETURNS TO SUPPLY | - | - | - | - | - | - | - | - | - | - | - |
| TRANSFERS | - | - | - | - | - | - | - | - | - | - | - |
| DOMESTIC AVAILABILITY | 895445 | 7121 | 179767 | 8680 | 167677 | 10868 | 6993994 | 246847 | 354015 | 362378 | 3523692 |
| STATISTICAL DIFFERENCE | -2204 | 17 | 44 | -1 | -270 | 15 | -6270 | -338 | 4322 | 5674 | -1800 |
| TRANSFORM. SECTOR ** | 733989 | - | 52723 | 181 | 146487 | 789 | 1334372 | 2420 | 54099 | 69715 | - |
| FOR SOLID FUELS | 258487 | - | 161 | - | 20237 | - | - | - | - | 705 | - |
| FOR GASES | 12755 | - | 52383 | 152 | - | - | 104397 | - | 39815 | 1635 | - |
| PETROLEUM REFINERIES | - | - | - | - | - | - | 727 | - | - | - | - |
| THERMO-ELECTRIC PLANTS | 462747 | - | 179 | 29 | 126250 | 789 | 1229248 | 2420 | 14284 | 67375 | - |
| ENERGY SECTOR | 5573 | 43 | 1528 | 395 | 4978 | 28 | 1065513 | 37326 | 116691 | 37458 | 555275 |
| COAL MINES | 5469 | - | - | - | 4976 | - | - | - | 176 | - | 27187 |
| OIL AND GAS EXTRACTION | - | - | - | - | - | - | 690358 | - | - | - | 14667 |
| PETROLEUM REFINERIES | - | - | - | - | - | - | 275398 | - | - | - | 44764 |
| ELECTRIC PLANTS | - | - | - | - | - | - | - | - | - | - | 175249 |
| DISTRIBUTION LOSSES | 99 | - | 25 | - | 2 | - | 99750 | 28281 | 1033 | 8016 | 273442 |
| PUMP STORAGE (ELECTR.) | - | - | - | - | - | - | - | - | - | - | 18157 |
| OTHER ENERGY SECTOR | 5 | 43 | 1503 | 395 | - | 28 | 7 | 9045 | 115482 | 29442 | 1809 |
| FINAL CONSUMPTION | 158087 | 7061 | 125472 | 8105 | 16482 | 10036 | 4600379 | 207439 | 178903 | 249531 | 2970217 |
| INDUSTRY SECTOR | 104072 | 195 | 114690 | 5500 | 12752 | 1341 | 2340457 | 38213 | 178903 | 249531 | 1467511 |
| IRON AND STEEL | 9914 | 6 | 101567 | 4821 | 140 | 130 | 252767 | 13079 | 161646 | 245816 | 207091 |
| CHEMICAL | 6405 | - | 1152 | 3 | 3010 | 226 | 172051 | 2086 | 3974 | - | 266720 |
| PETROCHEMICAL | 23 | - | 62 | - | - | - | 15599 | - | - | - | 36661 |
| NON-FERROUS METAL | 3712 | - | 401 | - | 1217 | 14 | 16892 | 1475 | 66 | - | 189875 |
| NON-METALLIC MINERAL | 6842 | 7 | 1278 | - | 49 | 91 | 66902 | 3912 | 197 | 113 | 69979 |
| PAPER PULP AND PRINT | 2586 | - | 49 | - | 798 | 38 | 29525 | 308 | - | - | 152611 |
| MINING AND QUARRYING | 73 | - | 72 | - | 4 | - | 11328 | 22 | 1211 | - | 21635 |
| FOOD AND TOBACCO | 2786 | - | 272 | - | 129 | - | 25859 | 1595 | - | - | 68683 |
| WOOD AND WOOD PRODUCTS | 19 | - | 1 | - | - | - | 1983 | - | - | - | 20800 |
| MACHINERY | 43 | - | 384 | - | 45 | - | 15656 | 4616 | 238 | - | 102482 |
| TRANSPORT EQUIPMENT | 135 | - | 346 | - | - | - | 3548 | - | - | - | 49528 |
| CONSTRUCTION | 20 | - | - | - | 20 | - | - | - | - | - | 3164 |
| TEXTILES AND LEATHER | 8 | - | 1 | - | 2 | - | 1603 | - | - | - | 62962 |
| NON SPECIFIED | 71506 | 182 | 9105 | 676 | 7338 | 842 | 1726744 | 11120 | 11571 | 3602 | 215320 |
| NON-ENERGY USES: | | | | | | | | | | | |
| (1)ENERGY PRODUCTS | - | - | - | - | - | - | 16798 | - | - | - | - |
| (2)NON-ENERGY PRODUCTS | - | - | - | - | - | - | - | - | - | - | - |
| TRANSPORT. SECTOR ** | 3960 | 528 | 165 | 9 | 282 | 137 | 1052 | - | - | - | 41064 |
| AIR TRANSPORT | - | - | - | - | - | - | - | - | - | - | - |
| ROAD TRANSPORT | - | - | - | - | - | - | 1052 | - | - | - | - |
| RAILWAYS | 3709 | 528 | 165 | 9 | 282 | 137 | - | - | - | - | 41064 |
| INTERNAL NAVIGATION | 251 | - | - | - | - | - | - | - | - | - | - |
| OTHER SECTORS ** | 50055 | 6338 | 10617 | 2596 | 3448 | 8558 | 2258870 | 169226 | - | - | 1461642 |
| AGRICULTURE | - | - | 35 | - | 87 | - | - | - | - | - | 32995 |
| PUBLIC SERVICES | 100 | - | 540 | - | - | - | 1865 | 4046 | - | - | - |
| COMMERCE | - | - | 390 | - | - | - | 744495 | 31542 | - | - | 557079 |
| RESIDENTIAL | 44714 | 6153 | 9213 | 2512 | 3340 | 8534 | 1508682 | 133199 | - | - | 848004 |

(1) INCLUDED IN CHEMICAL OR PETROCHEMICAL INDUSTRY
(2) INCLUDED ONLY IN TOTAL INDUSTRY

| * OF WHICH: | |
|---|---|
| HYDRO | 810839 |
| NUCLEAR | 93953 |
| CONVENTIONAL THERMAL | 2618067 |
| GEOTHERMAL | 4506 |

** INCLUDED IN THESE TOTALS ARE THE NON-SPECIFIED ELEMENTS

UNIT: 1000 METRIC TONS
UNITE: 1000 TONNES METRIQUES

| OIL PETROLE | | | REFINERY GAS | LIQUEFIED PETROLEUM GASES | AVIATION GASOLINE | MOTOR GASOLINE | JET FUEL | KEROSENE | GAS/DIESEL OIL | RESIDUAL FUEL OIL | NAPHTHA | NON-ENERGY PRODUCTS |
|---|---|---|---|---|---|---|---|---|---|---|---|---|
| CRUDE BRUT | NGL GNL | FEEDST. | GAZ DE PETROLE | GAZ LIQUEFIES DE PETROLE | ESSENCE AVION | ESSENCE AUTO | CARBURANT REACTEUR | PETROLE LAMPANT | GAZ/DIESEL OIL | FUEL OIL RESIDUEL | NAPHTHA | PRODUITS NON-ENERGETIQUES |
| 12 | 13 | 14 | 15 | 16 | 17 | 18 | 19 | 20 | 21 | 22 | 23 | 24 |
| 571935 | - | - | 38669 | 24493 | 2798 | 360321 | 57542 | 35785 | 308409 | 368472 | 68820 | 98385 |
| 28998 | - | - | 1 | 35396 | - | 815 | 3 | 161 | 200 | 32 | 51 | 771 |
| 844400 | - | - | - | 7623 | 400 | 16712 | 12677 | 2363 | 57203 | 146289 | 14764 | 11781 |
| -38314 | - | - | - | -2947 | -564 | -10102 | -6324 | -2881 | -38051 | -40701 | -10741 | -15185 |
| - | - | - | - | - | - | - | - | - | -7146 | -46383 | - | -236 |
| -6541 | - | - | 24 | -2220 | 67 | -1470 | -627 | -12 | -2987 | -3871 | 134 | -2067 |
| 1400478 | - | - | 38694 | 62345 | 2701 | 366276 | 63271 | 35416 | 317628 | 423838 | 73028 | 93449 |
| - | - | - | - | - | - | - | - | - | - | - | -2072 | - |
| - | - | - | 238 | - | 8 | 1728 | -3 | -200 | 436 | -123 | -2503 | -2 |
| 1400478 | - | - | 38932 | 62345 | 2709 | 368004 | 63268 | 35216 | 318064 | 423715 | 68453 | 93447 |
| -49 | - | - | 87 | -142 | 5 | 41 | 9 | -62 | 702 | 172 | 626 | 96 |
| 1400480 | - | - | 988 | 1515 | 4 | 1400 | - | 10 | 6174 | 153578 | 5225 | 470 |
| - | - | - | - | - | - | - | - | - | - | - | - | 404 |
| 1100 | - | - | 529 | 1515 | - | 1400 | - | - | 92 | 203 | 4267 | - |
| 1389480 | - | - | - | - | 4 | - | - | - | - | - | - | - |
| 9900 | - | - | 459 | - | - | - | - | 10 | 6082 | 153375 | 958 | 66 |
| - | - | - | 35023 | 340 | - | 66 | 12 | 7 | 248 | 14972 | 199 | 1734 |
| - | - | - | - | - | - | - | - | - | - | - | - | - |
| - | - | - | - | - | - | - | - | - | - | - | - | - |
| - | - | - | 35023 | 218 | - | 26 | 2 | 2 | 193 | 14942 | 184 | 1734 |
| - | - | - | - | - | - | - | - | - | - | - | - | - |
| - | - | - | - | 122 | - | 40 | 10 | 5 | 55 | 30 | 15 | - |
| - | - | - | - | - | - | - | - | - | - | - | - | - |
| - | - | - | - | - | - | - | - | - | - | - | - | - |
| 47 | - | - | 2834 | 60632 | 2700 | 366497 | 63247 | 35261 | 310940 | 254993 | 62403 | 91147 |
| 47 | - | - | 2103 | 24706 | - | 152 | 9 | 3428 | 33295 | 162745 | 58912 | 91077 |
| - | - | - | - | 332 | - | 2 | - | 22 | 1717 | 30209 | 37 | 3 |
| - | - | - | 173 | 158 | - | 1 | - | 39 | 3005 | 17709 | 17512 | 75 |
| 47 | - | - | 1930 | 18628 | - | - | - | 449 | 618 | 5297 | 41358 | - |
| - | - | - | - | 53 | - | - | - | 12 | 846 | 1461 | - | - |
| - | - | - | - | 246 | - | - | - | 17 | 2228 | 18069 | - | 30 |
| - | - | - | - | 27 | - | - | - | 14 | 1604 | 21014 | - | - |
| - | - | - | - | 16 | - | - | - | 41 | 576 | 605 | - | 116 |
| - | - | - | - | 36 | - | - | - | 36 | 2461 | 10262 | - | - |
| - | - | - | - | 17 | - | - | - | 12 | 73 | 609 | - | - |
| - | - | - | - | 2 | - | 45 | - | 9 | 876 | 3314 | - | - |
| - | - | - | - | 6 | - | - | - | 7 | 253 | 1684 | - | - |
| - | - | - | - | - | - | - | - | - | - | - | - | - |
| - | - | - | - | - | - | - | - | - | - | - | - | - |
| - | - | - | - | 5185 | - | 104 | 9 | 2770 | 19038 | 52512 | 5 | 70 |
| - | - | - | 236 | 1271 | - | - | - | 444 | 853 | 1782 | 58616 | - |
| - | - | - | - | - | - | - | - | - | - | - | - | 90783 |
| - | - | - | - | 4854 | 2700 | 365444 | 63053 | 76 | 85282 | 6830 | - | - |
| - | - | - | - | - | 2700 | - | 63053 | - | - | - | - | - |
| - | - | - | - | 4849 | - | 365244 | - | 9 | 54694 | 58 | - | - |
| - | - | - | - | 5 | - | 3 | - | 47 | 18826 | 1698 | - | - |
| - | - | - | - | - | - | 197 | - | 20 | 11762 | 5074 | - | - |
| - | - | - | 731 | 31072 | - | 901 | 185 | 31757 | 192363 | 85418 | 3491 | 70 |
| - | - | - | - | 72 | - | 480 | - | 1390 | 13213 | 1810 | - | - |
| - | - | - | - | - | - | 180 | 185 | 14 | 247 | 310 | - | - |
| - | - | - | - | - | - | 170 | - | 247 | 2877 | 36428 | - | - |
| - | - | - | - | 23354 | - | - | - | 26912 | 161801 | 27225 | - | - |

## PRODUCTION AND USES OF ENERGY SOURCES : I.E.A

1972

| X XX ENERGY XX XX SOURCES XX XX XX PRODUCTION XX XX AND USES XX | UNIT: 1000 METRIC TONS / UNITE: 1000 TONNES METRIQUES | | | | | | TCAL / TCAL | MANUFACTURED GAS (TCAL) / GAZ MANUFACTURE (TCAL) | | | MILLIONS OF (DE) KWH |
|---|---|---|---|---|---|---|---|---|---|---|---|
| | HARD COAL / HOUILLE | PATENT FUEL / AGGLOMERES | COKE OVEN COKE / COKE DE FOUR | GAS COKE / COKE DE GAZ | BROWN COAL / LIGNITE | BKB / BRIQ. DE LIGNITE | NATURAL GAS / GAZ NATUREL | GAS WORKS / USINES A GAZ | COKE OVENS / COKERIES | BLAST FURNACES / HAUT FOURNEAUX | ELECTRICITY* / ELECTRICITE* |
| | 1 | 2 | 3 | 4 | 5 | 6 | 7 | 8 | 9 | 10 | 11 |
| PRODUCTION | 890981 | 6500 | 188339 | 7137 | 175484 | 8420 | 7564779 | 94994 | 351325 | 368621 | 3811068 |
| FROM OTHER SOURCES | 2311 | - | - | - | - | - | 1186 | 128793 | - | - | - |
| IMPORT | 112571 | 690 | 10161 | 207 | 1905 | 1983 | 483387 | 308 | - | - | 58036 |
| EXPORT | -100025 | -697 | -12504 | -853 | -28 | -619 | -479106 | -589 | - | - | -55989 |
| INTL. MARINE BUNKERS | -43 | - | - | - | - | - | - | - | - | - | - |
| STOCK CHANGES | -29756 | -100 | -2358 | 295 | -310 | 196 | -39965 | -508 | - | - | - |
| DOMESTIC SUPPLY | 876039 | 6393 | 183638 | 6786 | 177051 | 9980 | 7530281 | 222998 | 351325 | 368621 | 3813115 |
| RETURNS TO SUPPLY | - | - | - | - | - | - | - | - | - | - | - |
| TRANSFERS | - | - | - | - | - | - | - | - | - | - | - |
| DOMESTIC AVAILABILITY | 876039 | 6393 | 183638 | 6786 | 177051 | 9980 | 7530281 | 222998 | 351325 | 368621 | 3813115 |
| STATISTICAL DIFFERENCE | -766 | -1 | 317 | - | -26 | 29 | -11931 | 277 | 5665 | -3116 | -310 |
| TRANSFORM. SECTOR ** | 729416 | - | 54582 | 120 | 156463 | 1080 | 1383896 | 1292 | 52691 | 73968 | - |
| FOR SOLID FUELS | 257139 | - | 116 | - | 18531 | - | - | - | - | 484 | - |
| FOR GASES | 10532 | - | 54291 | 108 | - | - | 98541 | - | 32672 | 1523 | - |
| PETROLEUM REFINERIES | - | - | - | - | - | - | 1996 | - | - | - | - |
| THERMO-ELECTRIC PLANTS | 461745 | - | 175 | 12 | 137932 | 1080 | 1283359 | 1292 | 20019 | 71961 | - |
| ENERGY SECTOR | 4794 | 39 | 1248 | 160 | 4252 | 51 | 1093061 | 23973 | 112372 | 39952 | 601320 |
| COAL MINES | 4648 | - | - | - | 4252 | - | - | - | 151 | - | 26858 |
| OIL AND GAS EXTRACTION | - | - | - | - | - | - | 670596 | - | - | - | 15819 |
| PETROLEUM REFINERIES | - | - | - | - | - | - | 278161 | - | - | - | 45120 |
| ELECTRIC PLANTS | - | - | - | - | - | - | - | - | - | - | 193485 |
| DISTRIBUTION LOSSES | 143 | - | 25 | - | - | - | 143882 | 14926 | 1097 | 10473 | 299269 |
| PUMP STORAGE (ELECTR.) | - | - | - | - | - | - | - | - | - | - | 19093 |
| OTHER ENERGY SECTOR | 3 | 39 | 1223 | 160 | - | 51 | 422 | 9047 | 111124 | 29479 | 1676 |
| FINAL CONSUMPTION | 142595 | 6355 | 127491 | 6506 | 16362 | 8820 | 5065255 | 197456 | 180597 | 257817 | 3212105 |
| INDUSTRY SECTOR | 96840 | 271 | 117906 | 4775 | 12218 | 1273 | 2714317 | 34889 | 180592 | 257817 | 1562963 |
| IRON AND STEEL | 9540 | 10 | 105694 | 4526 | 113 | 133 | 273406 | 8710 | 164398 | 253512 | 225739 |
| CHEMICAL | 4183 | 1 | 1119 | 2 | 2955 | 188 | 194138 | 2156 | 3445 | - | 284620 |
| PETROCHEMICAL | 18 | - | 46 | - | - | - | 15451 | - | - | - | 38512 |
| NON-FERROUS METAL | 3559 | - | 366 | - | 1222 | 5 | 18831 | 2698 | - | - | 203190 |
| NON-METALLIC MINERAL | 5405 | 5 | 1017 | - | 50 | 83 | 83956 | 1835 | 834 | 155 | 74511 |
| PAPER PULP AND PRINT | 1845 | - | 39 | - | 772 | 46 | 37326 | 340 | - | - | 160909 |
| MINING AND QUARRYING | 57 | - | 71 | - | 5 | - | 11971 | 12 | 762 | - | 22488 |
| FOOD AND TOBACCO | 2325 | - | 258 | - | 64 | - | 32988 | 1612 | - | - | 71976 |
| WOOD AND WOOD PRODUCTS | 20 | - | 1 | - | 2 | - | 2443 | - | - | - | 23428 |
| MACHINERY | 30 | - | 402 | - | 41 | - | 19653 | 4700 | 520 | - | 106500 |
| TRANSPORT EQUIPMENT | 128 | - | 334 | - | - | - | 4285 | - | - | - | 51171 |
| CONSTRUCTION | 25 | - | 21 | - | 20 | - | - | - | - | - | 3308 |
| TEXTILES AND LEATHER | 3 | - | 1 | - | 3 | - | 2099 | - | - | - | 65964 |
| NON SPECIFIED | 69702 | 255 | 8537 | 247 | 6971 | 818 | 2017770 | 12826 | 10633 | 4150 | 230647 |
| NON-ENERGY USES: | | | | | | | | | | | |
| (1)ENERGY PRODUCTS | - | - | - | - | - | - | 17080 | - | - | - | - |
| (2)NON-ENERGY PRODUCTS | - | - | - | - | - | - | - | - | - | - | - |
| TRANSPORT. SECTOR ** | 3031 | 636 | 160 | 3 | 233 | 120 | 1208 | - | - | - | 42390 |
| AIR TRANSPORT | - | - | - | - | - | - | - | - | - | - | - |
| ROAD TRANSPORT | - | - | - | - | - | - | 1208 | - | - | - | - |
| RAILWAYS | 2865 | 636 | 160 | 3 | 233 | 120 | - | - | - | - | 42390 |
| INTERNAL NAVIGATION | 166 | - | - | - | - | - | - | - | - | - | - |
| OTHER SECTORS ** | 42724 | 5448 | 9425 | 1728 | 3911 | 7427 | 2349730 | 162567 | 5 | - | 1606752 |
| AGRICULTURE | - | - | 40 | - | 79 | - | - | - | - | - | 31964 |
| PUBLIC SERVICES | 150 | - | 540 | - | 5 | - | 4561 | 4577 | - | - | - |
| COMMERCE | - | - | 390 | - | - | - | 731342 | 30921 | 5 | - | 604859 |
| RESIDENTIAL | 37745 | 5270 | 8083 | 1657 | 3810 | 7407 | 1608399 | 126511 | - | - | 943608 |

(1) INCLUDED IN CHEMICAL OR PETROCHEMICAL INDUSTRY
(2) INCLUDED ONLY IN TOTAL INDUSTRY

** INCLUDED IN THESE TOTALS ARE THE NON-SPECIFIED ELEMENTS

| * OF WHICH: HYDRO | 851145 |
|---|---|
| NUCLEAR | 127058 |
| CONVENTIONAL THERMAL | 2830606 |
| GEOTHERMAL | 5394 |

UNIT: 1000 METRIC TONS
UNITE: 1000 TONNES METRIQUES

| OIL PETROLE | | | REFINERY GAS | LIQUEFIED PETROLEUM GASES | AVIATION GASOLINE | MOTOR GASOLINE | JET FUEL | KEROSENE | GAS/DIESEL OIL | RESIDUAL FUEL OIL | NAPHTHA | NON-ENERGY PRODUCTS |
|---|---|---|---|---|---|---|---|---|---|---|---|---|
| CRUDE BRUT | NGL GNL | FEEDST. | GAZ DE PETROLE | GAZ LIQUEFIES DE PETROLE | ESSENCE AVION | ESSENCE AUTO | CARBURANT REACTEUR | PETROLE LAMPANT | GAZ/DIESEL OIL | FUEL OIL RESIDUEL | NAPHTHA | PRODUITS NON-ENERGETIQUES |
| 12 | 13 | 14 | 15 | 16 | 17 | 18 | 19 | 20 | 21 | 22 | 23 | 24 |
| 584511 | - | - | 40805 | 25844 | 2546 | 382974 | 61443 | 35975 | 330008 | 384626 | 75163 | 100647 |
| 28977 | - | - | 2 | 37304 | - | 693 | 1 | 138 | 298 | 530 | 136 | 800 |
| 918854 | - | - | - | 8870 | 345 | 17912 | 14549 | 2224 | 59483 | 156691 | 17077 | 13247 |
| -52606 | - | - | - | -3364 | -399 | -11440 | -8536 | -2571 | -38140 | -46890 | -11088 | -16108 |
| - | - | - | - | - | - | - | - | - | -7717 | -49991 | - | -236 |
| 5176 | - | - | 23 | 1084 | 20 | 115 | -434 | 1020 | 4773 | 1745 | -1003 | -844 |
| 1484912 | - | - | 40830 | 69738 | 2512 | 390254 | 67023 | 36786 | 348705 | 446711 | 80285 | 97506 |
| - | - | - | - | - | - | - | - | - | - | - | -2000 | - |
| - | - | - | 151 | - | - | 2031 | -65 | -149 | 308 | -79 | -2500 | -92 |
| 1484912 | - | - | 40981 | 69738 | 2512 | 392285 | 66958 | 36637 | 349013 | 446632 | 75785 | 97414 |
| -52 | - | - | 38 | -161 | 5 | -77 | 25 | -31 | 794 | 492 | 630 | 12 |
| 1484919 | - | - | 893 | 1592 | 4 | 1500 | - | 5 | 11933 | 170177 | 4658 | 831 |
| - | - | - | - | - | - | - | - | - | - | - | - | 720 |
| 800 | - | - | 492 | 1592 | - | 1500 | - | - | 118 | 211 | 3814 | - |
| 1468619 | - | - | - | - | 4 | - | - | - | - | - | - | - |
| 15500 | - | - | 401 | - | - | - | - | 5 | 11815 | 169966 | 844 | 111 |
| - | - | - | 37704 | 458 | - | 67 | 11 | 30 | 213 | 16146 | 318 | 1311 |
| - | - | - | - | - | - | - | - | - | - | - | - | - |
| - | - | - | - | - | - | - | - | - | - | - | - | - |
| - | - | - | 37704 | 292 | - | 27 | 1 | 25 | 158 | 16116 | 303 | 1311 |
| - | - | - | - | - | - | - | - | - | - | - | - | - |
| - | - | - | - | 166 | - | 40 | 10 | 5 | 55 | 30 | 15 | - |
| - | - | - | - | - | - | - | - | - | - | - | - | - |
| - | - | - | - | - | - | - | - | - | - | - | - | - |
| 45 | - | - | 2346 | 67849 | 2503 | 390795 | 66922 | 36633 | 336073 | 259817 | 70179 | 95260 |
| 45 | - | - | 1862 | 27798 | - | 166 | 9 | 3792 | 37496 | 162581 | 66407 | 95193 |
| - | - | - | - | 252 | - | 3 | - | 24 | 2026 | 30197 | 35 | 3 |
| - | - | - | 152 | 176 | - | 1 | - | 41 | 3709 | 17787 | 19467 | 65 |
| 45 | - | - | 1710 | 20942 | - | - | - | 455 | 901 | 5819 | 46901 | - |
| - | - | - | - | 47 | - | - | - | 13 | 875 | 1368 | - | - |
| - | - | - | - | 260 | - | - | - | 18 | 2299 | 17952 | - | 30 |
| - | - | - | - | 31 | - | - | - | 14 | 1606 | 22358 | - | - |
| - | - | - | - | 25 | - | - | - | 42 | 717 | 587 | - | 150 |
| - | - | - | - | 49 | - | - | - | 50 | 2621 | 10648 | - | - |
| - | - | - | - | 23 | - | - | - | 10 | 101 | 751 | - | - |
| - | - | - | - | 1 | - | 45 | - | 11 | 1380 | 3327 | - | - |
| - | - | - | - | 8 | - | - | - | 6 | 285 | 1898 | - | - |
| - | - | - | - | - | - | - | - | - | - | - | - | - |
| - | - | - | - | - | - | - | - | - | - | - | - | - |
| - | - | - | - | 5984 | - | 117 | 9 | 3108 | 20976 | 49889 | 4 | 87 |
| - | - | - | 199 | 1432 | - | - | - | 447 | 1308 | 2101 | 66106 | - |
| - | - | - | - | - | - | - | - | - | - | - | - | 94858 |
| - | - | - | - | 5203 | 2503 | 389672 | 66713 | 78 | 92463 | 6811 | - | - |
| - | - | - | - | - | 2503 | - | 66713 | - | - | - | - | - |
| - | - | - | - | 5195 | - | 389455 | - | 8 | 59365 | 62 | - | - |
| - | - | - | - | 5 | - | - | - | 50 | 20282 | 1604 | - | - |
| - | - | - | - | 3 | - | 217 | - | 20 | 12816 | 5145 | - | - |
| - | - | - | 484 | 34848 | - | 957 | 200 | 32763 | 206114 | 90425 | 3772 | 67 |
| - | - | - | - | 70 | - | 498 | - | 1429 | 14022 | 1804 | - | - |
| - | - | - | - | - | - | 200 | 200 | 13 | 393 | 372 | - | - |
| - | - | - | - | - | - | 170 | - | 241 | 3160 | 40171 | - | - |
| - | - | - | - | 26164 | - | - | - | 27950 | 173348 | 27385 | - | 1 |

## PRODUCTION AND USES OF ENERGY SOURCES : I.E.A

1973

| ENERGY SOURCES / PRODUCTION AND USES | UNIT: 1000 METRIC TONS / UNITE: 1000 TONNES METRIQUES | | | | | | TCAL / TCAL | MANUFACTURED GAS (TCAL) / GAZ MANUFACTURE (TCAL) | | | MILLIONS OF (DE) KWH |
|---|---|---|---|---|---|---|---|---|---|---|---|
| | HARD COAL / HOUILLE | PATENT FUEL / AGGLOMERES | COKE OVEN COKE / COKE DE FOUR | GAS COKE / COKE DE GAZ | BROWN COAL / LIGNITE | BKB / BRIQ. DE LIGNITE | NATURAL GAS / GAZ NATUREL | GAS WORKS / USINES A GAZ | COKE OVENS / COKERIES | BLAST FURNACES / HAUT FOURNEAUX | ELECTRICITY* / ELECTRICITE* |
| | 1 | 2 | 3 | 4 | 5 | 6 | 7 | 8 | 9 | 10 | 11 |
| PRODUCTION | 884769 | 5602 | 204339 | 7034 | 191210 | 8083 | 7568963 | 94643 | 373589 | 423622 | 4091570 |
| FROM OTHER SOURCES | 1800 | - | - | - | - | - | 7 | 105971 | - | - | - |
| IMPORT | 117832 | 547 | 11596 | 32 | 1858 | 1724 | 571097 | 14 | - | - | 63011 |
| EXPORT | -106582 | -610 | -14928 | -596 | -29 | -576 | -560251 | -57 | - | - | -63265 |
| INTL. MARINE BUNKERS | -4 | - | - | - | - | - | - | - | - | - | - |
| STOCK CHANGES | 16825 | 165 | 3244 | -43 | -17 | 73 | -128237 | 367 | - | - | - |
| DOMESTIC SUPPLY | 914640 | 5704 | 204251 | 6427 | 193022 | 9304 | 7451579 | 200938 | 373589 | 423622 | 4091316 |
| RETURNS TO SUPPLY | - | - | - | - | - | - | - | - | - | - | - |
| TRANSFERS | - | - | - | - | - | - | - | - | - | - | - |
| DOMESTIC AVAILABILITY | 914640 | 5704 | 204251 | 6427 | 193022 | 9304 | 7451579 | 200938 | 373589 | 423622 | 4091316 |
| STATISTICAL DIFFERENCE | -2236 | 8 | -215 | -235 | 80 | 33 | 21769 | 546 | 754 | 5294 | 7589 |
| TRANSFORM. SECTOR ** | 780809 | - | 61423 | 22 | 173662 | 1129 | 1330778 | 1512 | 60268 | 87748 | - |
| FOR SOLID FUELS | 274436 | - | 291 | - | 17702 | - | - | - | - | 415 | - |
| FOR GASES | 10023 | - | 60969 | 15 | - | - | 77694 | - | 26646 | 1631 | - |
| PETROLEUM REFINERIES | - | - | - | - | - | - | 2412 | - | - | - | - |
| THERMO-ELECTRIC PLANTS | 496350 | - | 163 | 7 | 155960 | 1129 | 1250672 | 1512 | 33622 | 85702 | - |
| ENERGY SECTOR | 4538 | 39 | 3045 | 132 | 3946 | 76 | 1020591 | 20692 | 121930 | 48652 | 634977 |
| COAL MINES | 4260 | - | - | - | 3946 | - | 3310 | - | 277 | - | 28680 |
| OIL AND GAS EXTRACTION | - | - | - | - | - | - | 652518 | - | - | - | 17667 |
| PETROLEUM REFINERIES | - | - | - | - | - | - | 278099 | - | - | - | 48962 |
| ELECTRIC PLANTS | - | - | - | - | - | - | - | - | - | - | 207522 |
| DISTRIBUTION LOSSES | 98 | - | 25 | - | - | - | 84504 | 12383 | 1543 | 11014 | 305203 |
| PUMP STORAGE (ELECTR.) | - | - | - | - | - | - | - | - | - | - | 25301 |
| OTHER ENERGY SECTOR | 180 | 39 | 3020 | 132 | - | 76 | 2160 | 8309 | 120110 | 37638 | 1642 |
| FINAL CONSUMPTION | 131529 | 5657 | 139998 | 6508 | 15334 | 8066 | 5078441 | 178188 | 190637 | 281928 | 3448750 |
| INDUSTRY SECTOR | 93750 | 230 | 130679 | 4969 | 11619 | 1260 | 2648426 | 32938 | 190634 | 281928 | 1683439 |
| IRON AND STEEL | 8195 | 3 | 117873 | 4885 | 339 | 150 | 317160 | 7880 | 173605 | 277239 | 253146 |
| CHEMICAL | 5590 | 2 | 1027 | 40 | 5612 | 514 | 208390 | 2159 | 3041 | - | 310923 |
| PETROCHEMICAL | 15 | - | 38 | - | - | - | 31352 | - | - | - | 40667 |
| NON-FERROUS METAL | 3426 | - | 451 | - | 1031 | 5 | 21460 | 1967 | - | - | 216024 |
| NON-METALLIC MINERAL | 6344 | 3 | 967 | - | 45 | 59 | 91167 | 1661 | 631 | 146 | 80689 |
| PAPER PULP AND PRINT | 2049 | - | 41 | - | 724 | 41 | 43645 | 411 | - | - | 173019 |
| MINING AND QUARRYING | 85 | - | 85 | - | 4 | 2 | 12923 | 6 | 1538 | 50 | 24313 |
| FOOD AND TOBACCO | 2060 | - | 255 | - | 49 | 10 | 39480 | 1266 | - | - | 76604 |
| WOOD AND WOOD PRODUCTS | 21 | - | 1 | - | 2 | - | 2893 | - | - | - | 26115 |
| MACHINERY | 24 | - | 394 | - | 34 | - | 24864 | 4245 | 527 | - | 116088 |
| TRANSPORT EQUIPMENT | 757 | - | 410 | - | - | - | 4563 | - | - | - | 54594 |
| CONSTRUCTION | 25 | - | 20 | - | 12 | - | - | - | - | - | 3710 |
| TEXTILES AND LEATHER | 5 | - | 1 | - | 3 | - | 2040 | - | - | - | 69614 |
| NON SPECIFIED | 65154 | 222 | 9116 | 44 | 3764 | 479 | 1848489 | 13343 | 11292 | 4493 | 237933 |
| NON-ENERGY USES: | | | | | | | | | | | |
| (1)ENERGY PRODUCTS | - | - | - | - | - | - | 34043 | - | - | - | - |
| (2)NON-ENERGY PRODUCTS | - | - | - | - | - | - | - | - | - | - | - |
| TRANSPORT. SECTOR ** | 2542 | 205 | 160 | - | 275 | 109 | 1372 | - | - | - | 43534 |
| AIR TRANSPORT | - | - | - | - | - | - | - | - | - | - | - |
| ROAD TRANSPORT | - | - | - | - | - | - | 1372 | - | - | - | - |
| RAILWAYS | 2376 | 205 | 160 | - | 275 | 109 | - | - | - | - | 43534 |
| INTERNAL NAVIGATION | 166 | - | - | - | - | - | - | - | - | - | - |
| OTHER SECTORS ** | 35237 | 5222 | 9159 | 1539 | 3440 | 6697 | 2428643 | 145250 | 3 | - | 1721777 |
| AGRICULTURE | 80 | - | 50 | - | 73 | - | 18 | - | - | - | 34547 |
| PUBLIC SERVICES | 2180 | - | 530 | - | 4 | - | 8492 | 4432 | - | - | - |
| COMMERCE | 340 | - | 380 | - | - | - | 820899 | 28812 | 3 | - | 668873 |
| RESIDENTIAL | 28986 | 5220 | 7859 | 1463 | 3347 | 6675 | 1591043 | 111182 | - | - | 997658 |

(1) INCLUDED IN CHEMICAL OR PETROCHEMICAL INDUSTRY
(2) INCLUDED ONLY IN TOTAL INDUSTRY

** INCLUDED IN THESE TOTALS ARE THE NON-SPECIFIED ELEMENTS

| * OF WHICH: HYDRO | 854775 |
|---|---|
| NUCLEAR | 173172 |
| CONVENTIONAL THERMAL | 3060902 |
| GEOTHERMAL | 6443 |

PRODUCTION ET UTILISATION DES SOURCES D ENERGIE : A. I. E.

1973

UNIT: 1000 METRIC TONS
UNITE: 1000 TONNES METRIQUES

| OIL / PETROLE: CRUDE / BRUT | OIL / PETROLE: NGL / GNL | OIL / PETROLE: FEEDST. | REFINERY GAS / GAZ DE PETROLE | LIQUEFIED PETROLEUM GASES / GAZ LIQUEFIES DE PETROLE | AVIATION GASOLINE / ESSENCE AVION | MOTOR GASOLINE / ESSENCE AUTO | JET FUEL / CARBURANT REACTEUR | KEROSENE / PETROLE LAMPANT | GAS/DIESEL OIL / GAZ/DIESEL OIL | RESIDUAL FUEL OIL / FUEL OIL RESIDUEL | NAPHTHA / NAPHTHA | NON-ENERGY PRODUCTS / PRODUITS NON-ENERGETIQUES |
|---|---|---|---|---|---|---|---|---|---|---|---|---|
| 12 | 13 | 14 | 15 | 16 | 17 | 18 | 19 | 20 | 21 | 22 | 23 | 24 |
| 611752 | - | - | 47686 | 26882 | 2456 | 403997 | 63769 | 40710 | 365001 | 420637 | 83179 | 109381 |
| 1217 | - | - | - | 1046 | - | 355 | - | 91 | 6 | 14 | 168 | 735 |
| 1053208 | - | - | - | 11182 | 331 | 20777 | 14917 | 2291 | 71504 | 155884 | 21557 | 15510 |
| -59628 | - | - | - | -3504 | -308 | -13388 | -6857 | -2486 | -44719 | -50135 | -13261 | -17752 |
| - | - | - | - | - | - | - | - | - | -8081 | -55819 | - | -273 |
| -5926 | - | - | -4 | 87 | 32 | -779 | -636 | -2385 | -9601 | 2515 | 637 | 312 |
| 1600623 | - | - | 47682 | 35693 | 2511 | 410962 | 71193 | 38221 | 374110 | 473096 | 92280 | 107913 |
| - | - | - | - | - | - | 1 | - | 260 | 200 | - | - | 434 |
| -30682 | - | - | - | 31225 | - | -139 | -83 | -242 | -1039 | 920 | -3803 | -124 |
| 1569941 | - | - | 47682 | 66918 | 2511 | 410824 | 71110 | 38239 | 373271 | 474016 | 88477 | 108223 |
| -36765 | - | - | 35 | -1647 | -60 | 147 | 713 | -287 | 1064 | -1967 | 1808 | -454 |
| 1606508 | - | - | 1314 | 1781 | - | - | 801 | 7 | 11705 | 196304 | 6564 | 881 |
| - | - | - | - | - | - | - | - | - | - | - | - | 804 |
| 400 | - | - | 837 | 1781 | - | - | - | - | 52 | 256 | 4367 | - |
| 1585509 | - | - | - | - | - | - | - | - | - | 160 | - | - |
| 20599 | - | - | 477 | - | - | - | 801 | 7 | 11653 | 195888 | 2197 | 77 |
| - | - | - | 44222 | 1039 | - | 25 | 18 | 7 | 286 | 25121 | 420 | 13639 |
| - | - | - | - | - | - | - | - | - | - | - | - | - |
| - | - | - | - | - | - | - | - | - | - | - | - | - |
| - | - | - | 44222 | 929 | - | 25 | 3 | 2 | 226 | 25081 | 400 | 13639 |
| - | - | - | - | - | - | - | - | - | - | - | - | - |
| - | - | - | - | 110 | - | - | 15 | 5 | 60 | 40 | 20 | - |
| - | - | - | - | - | - | - | - | - | - | - | - | - |
| - | - | - | - | - | - | - | - | - | - | - | - | - |
| 198 | - | - | 2111 | 65745 | 2571 | 410652 | 69578 | 38512 | 360216 | 254558 | 79685 | 94157 |
| 198 | - | - | 2056 | 31806 | - | 189 | 8 | 4389 | 42068 | 175449 | 75905 | 94097 |
| - | - | - | - | 258 | - | 3 | - | 10 | 2321 | 32318 | - | 2 |
| 133 | - | - | 186 | 162 | - | 2 | - | 48 | 3486 | 19277 | 2845 | 78 |
| 65 | - | - | 1870 | 24476 | - | 7 | - | 772 | 1026 | 6343 | 72977 | - |
| - | - | - | - | 72 | - | - | - | 11 | 1032 | 1450 | - | - |
| - | - | - | - | 277 | - | 1 | - | 16 | 3014 | 18026 | - | 34 |
| - | - | - | - | 46 | - | - | - | 13 | 1677 | 24220 | - | - |
| - | - | - | - | 48 | - | - | - | 65 | 1227 | 1408 | - | 150 |
| - | - | - | - | 45 | - | - | - | 43 | 2914 | 10738 | - | - |
| - | - | - | - | 25 | - | - | - | 14 | 629 | 745 | - | - |
| - | - | - | - | 3 | - | 50 | - | 11 | 1541 | 3371 | - | - |
| - | - | - | - | 8 | - | - | - | 9 | 434 | 2165 | - | - |
| - | - | - | - | - | - | - | - | - | - | - | - | - |
| - | - | - | - | - | - | - | - | - | - | - | - | - |
| - | - | - | - | 6386 | - | 126 | 8 | 3377 | 22767 | 55388 | 83 | 101 |
| 85 | - | - | 205 | 1781 | - | - | - | 766 | 1618 | 2782 | 75172 | - |
| - | - | - | - | - | - | | - | - | - | - | - | 93732 |
| - | - | - | - | 5061 | 2571 | 409647 | 69290 | 92 | 103936 | 7338 | - | - |
| - | - | - | - | - | 2571 | - | 69290 | - | - | - | - | - |
| - | - | - | - | 5051 | - | 409401 | - | 10 | 70101 | 50 | - | - |
| - | - | - | - | 4 | - | - | - | 46 | 19951 | 1179 | - | - |
| - | - | - | - | 6 | - | 246 | - | 36 | 13884 | 6109 | - | - |
| - | - | - | 55 | 28878 | - | 816 | 280 | 34031 | 214212 | 71771 | 3780 | 60 |
| - | - | - | - | 98 | - | 456 | - | 1545 | 16256 | 2130 | - | - |
| - | - | - | - | - | - | - | 200 | 21 | 4185 | 2760 | - | - |
| - | - | - | - | - | - | 170 | - | 184 | 3421 | 32265 | - | - |
| - | - | - | - | 25963 | - | 19 | - | 29693 | 171217 | 24992 | - | 7 |

## PRODUCTION AND USES OF ENERGY SOURCES : I. E. A

1974

| X / XX ENERGY / XX SOURCES / XX PRODUCTION XX / AND USES XX/ | UNIT: 1000 METRIC TONS / UNITE: 1000 TONNES METRIQUES | | | | | | TCAL / TCAL | MANUFACTURED GAS (TCAL) / GAZ MANUFACTURE (TCAL) | | | MILLIONS OF (DE) KWH |
|---|---|---|---|---|---|---|---|---|---|---|---|
| | HARD COAL | PATENT FUEL | COKE OVEN COKE | GAS COKE | BROWN COAL | BKB | NATURAL GAS | GAS WORKS | COKE OVENS | BLAST FURNACES | ELECTRICITY* |
| | HOUILLE | AGGLOMERES | COKE DE FOUR | COKE DE GAZ | LIGNITE | BRIQ. DE LIGNITE | GAZ NATUREL | USINES A GAZ | COKERIES | HAUT FOURNEAUX | ELECTRICITE* |
| | 1 | 2 | 3 | 4 | 5 | 6 | 7 | 8 | 9 | 10 | 11 |
| PRODUCTION | 869823 | 5032 | 201592 | 6570 | 202320 | 7858 | 7494949 | 87554 | 378116 | 421387 | 4106779 |
| FROM OTHER SOURCES | 1200 | - | - | - | - | - | 5 | 94960 | - | - | - |
| IMPORT | 129776 | 399 | 14928 | 17 | 2022 | 2034 | 667675 | 14 | - | - | 62623 |
| EXPORT | -115600 | -389 | -18091 | -898 | -41 | -648 | -631026 | -13 | - | - | -63692 |
| INTL. MARINE BUNKERS | - | - | - | - | - | - | - | - | - | - | - |
| STOCK CHANGES | 19738 | 177 | 6147 | 256 | -96 | 50 | -26204 | 343 | - | - | - |
| DOMESTIC SUPPLY | 904937 | 5219 | 204576 | 5945 | 204205 | 9294 | 7505399 | 182858 | 378116 | 421387 | 4105710 |
| RETURNS TO SUPPLY | - | - | - | - | - | - | - | - | - | - | - |
| TRANSFERS | - | - | - | - | - | - | - | - | - | - | - |
| DOMESTIC AVAILABILITY | 904937 | 5219 | 204576 | 5945 | 204205 | 9294 | 7505399 | 182858 | 378116 | 421387 | 4105710 |
| STATISTICAL DIFFERENCE | -4710 | -76 | -237 | 34 | 203 | 82 | 59056 | -340 | 4097 | 4093 | 4838 |
| TRANSFORM. SECTOR ** | 773607 | - | 61034 | 9 | 185017 | 1132 | 1355199 | 2102 | 65768 | 90664 | - |
| FOR SOLID FUELS | 275657 | - | 347 | - | 17206 | - | - | - | - | 444 | - |
| FOR GASES | 9302 | - | 60529 | 7 | - | - | 65911 | - | 28598 | 1681 | - |
| PETROLEUM REFINERIES | - | - | - | - | - | - | 2287 | - | - | - | - |
| THERMO-ELECTRIC PLANTS | 488648 | - | 158 | 2 | 167811 | 1132 | 1287001 | 2102 | 37170 | 88539 | - |
| ENERGY SECTOR | 4239 | 40 | 2825 | 99 | 3746 | 122 | 984702 | 17012 | 122457 | 47257 | 590627 |
| COAL MINES | 3954 | - | - | - | 3746 | - | 5096 | - | 252 | - | 26360 |
| OIL AND GAS EXTRACTION | - | - | - | - | - | - | 628739 | - | - | - | 16812 |
| PETROLEUM REFINERIES | - | - | - | - | - | - | 269375 | - | - | - | 47614 |
| ELECTRIC PLANTS | - | - | - | - | - | - | - | - | - | - | 186493 |
| DISTRIBUTION LOSSES | 115 | - | 23 | - | - | - | 79347 | 8611 | 903 | 9254 | 285735 |
| PUMP STORAGE (ELECTR.) | - | - | - | - | - | - | - | - | - | - | 25497 |
| OTHER ENERGY SECTOR | 170 | 40 | 2802 | 99 | - | 122 | 2145 | 8401 | 121302 | 38003 | 2116 |
| FINAL CONSUMPTION | 131801 | 5255 | 140954 | 5803 | 15239 | 7958 | 5106442 | 164084 | 185794 | 279373 | 3510245 |
| INDUSTRY SECTOR | 94346 | 151 | 131453 | 4951 | 11347 | 1282 | 2632920 | 38543 | 185770 | 279373 | 1683687 |
| IRON AND STEEL | 7529 | 6 | 119004 | 4854 | 355 | 172 | 316130 | 12884 | 169812 | 274105 | 255813 |
| CHEMICAL | 5801 | - | 1181 | 40 | 3437 | 555 | 221366 | 3318 | 2974 | - | 325933 |
| PETROCHEMICAL | - | - | 29 | - | - | - | 35719 | - | - | - | 40722 |
| NON-FERROUS METAL | 3427 | - | 558 | - | 1028 | 8 | 23765 | 1727 | - | - | 242137 |
| NON-METALLIC MINERAL | 6275 | 3 | 948 | - | 150 | 44 | 100949 | 1862 | 478 | 141 | 82713 |
| PAPER PULP AND PRINT | 2385 | - | 34 | - | 861 | 36 | 47182 | 352 | - | - | 178344 |
| MINING AND QUARRYING | 222 | - | 82 | - | 7 | 2 | 14485 | 6 | 1444 | 70 | 21838 |
| FOOD AND TOBACCO | 2726 | - | 269 | - | 80 | 19 | 45167 | 1040 | - | - | 78782 |
| WOOD AND WOOD PRODUCTS | 29 | - | 1 | - | - | - | 2875 | - | - | - | 29337 |
| MACHINERY | 29 | - | 470 | - | 24 | - | 30494 | 2687 | 779 | - | 117224 |
| TRANSPORT EQUIPMENT | 724 | - | 376 | - | - | - | 4992 | - | - | - | 53831 |
| CONSTRUCTION | 27 | - | 11 | - | 12 | - | - | - | - | - | 3764 |
| TEXTILES AND LEATHER | 12 | - | 1 | - | 4 | - | 2100 | - | - | - | 69728 |
| NON SPECIFIED | 65160 | 142 | 8489 | 57 | 5389 | 446 | 1787696 | 14667 | 10283 | 5057 | 183521 |
| NON-ENERGY USES: | | | | | | | | | | | |
| (1)ENERGY PRODUCTS | - | - | - | - | - | - | 38741 | - | - | - | - |
| (2)NON-ENERGY PRODUCTS | - | - | - | - | - | - | - | - | - | - | - |
| TRANSPORT. SECTOR ** | 2042 | 147 | 124 | - | 279 | 117 | 1931 | - | - | - | 44479 |
| AIR TRANSPORT | - | - | - | - | - | - | - | - | - | - | - |
| ROAD TRANSPORT | - | - | - | - | - | - | 1931 | - | - | - | - |
| RAILWAYS | 1869 | 147 | 124 | - | 279 | 117 | - | - | - | - | 44479 |
| INTERNAL NAVIGATION | 173 | - | - | - | - | - | - | - | - | - | - |
| OTHER SECTORS ** | 35413 | 4957 | 9377 | 852 | 3613 | 6559 | 2471591 | 125541 | 24 | - | 1782079 |
| AGRICULTURE | 60 | - | 40 | - | 22 | - | 27 | - | - | - | 52312 |
| PUBLIC SERVICES | 2080 | - | 580 | - | 3 | - | 11090 | 2544 | - | - | - |
| COMMERCE | 460 | - | 350 | - | - | - | 829762 | 25963 | 24 | - | 693348 |
| RESIDENTIAL | 29396 | 4955 | 8117 | 812 | 3575 | 6539 | 1621385 | 96058 | - | - | 1017850 |

(1) INCLUDED IN CHEMICAL OR PETROCHEMICAL INDUSTRY
(2) INCLUDED ONLY IN TOTAL INDUSTRY

| * OF WHICH: HYDRO | 810839 |
|---|---|
| NUCLEAR | 93953 |
| CONVENTIONAL THERMAL | 2618067 |
| GEOTHERMAL | 4506 |

** INCLUDED IN THESE TOTALS ARE THE NON-SPECIFIED ELEMENTS

PRODUCTION ET UTILISATION DES SOURCES D ENERGIE : A.I.E.

1974

UNIT: 1000 METRIC TONS
UNITE: 1000 TONNES METRIQUES

| OIL / PETROLE: CRUDE / BRUT | OIL / PETROLE: NGL / GNL | OIL / PETROLE: FEEDST. | REFINERY GAS / GAZ DE PETROLE | LIQUEFIED PETROLEUM GASES / GAZ LIQUEFIES DE PETROLE | AVIATION GASOLINE / ESSENCE AVION | MOTOR GASOLINE / ESSENCE AUTO | JET FUEL / CARBURANT REACTEUR | KEROSENE / PETROLE LAMPANT | GAS/DIESEL OIL / GAZ/DIESEL OIL | RESIDUAL FUEL OIL / FUEL OIL RESIDUEL | NAPHTHA / NAPHTHA | NON-ENERGY PRODUCTS / PRODUITS NON-ENERGETIQUES |
|---|---|---|---|---|---|---|---|---|---|---|---|---|
| 12 | 13 | 14 | 15 | 16 | 17 | 18 | 19 | 20 | 21 | 22 | 23 | 24 |
| 621998 | - | - | 46543 | 24614 | 2375 | 396188 | 61290 | 34579 | 346544 | 404070 | 79138 | 107215 |
| 1326 | - | - | - | 1132 | - | - | - | 32 | - | 11 | 172 | 600 |
| 1019967 | - | - | - | 11502 | 341 | 22288 | 12599 | 1689 | 61317 | 137019 | 23424 | 16964 |
| -49781 | - | - | -21 | -3160 | -307 | -12980 | -6161 | -2024 | -38494 | -38454 | -12847 | -18922 |
| - | - | - | - | - | - | - | - | - | -7211 | -55341 | - | -264 |
| -18447 | - | - | -1 | -1371 | 40 | -1645 | -268 | 592 | -8636 | -4040 | -1134 | -1639 |
| 1575063 | - | - | 46521 | 32717 | 2449 | 403851 | 67460 | 34868 | 353520 | 443265 | 88753 | 103954 |
| - | - | - | 371 | 159 | - | 8 | 61 | 285 | 223 | - | 19 | 473 |
| -41017 | - | - | - | 39305 | - | -225 | -31 | -113 | -815 | 816 | -4886 | -205 |
| 1534046 | - | - | 46892 | 72181 | 2449 | 403634 | 67490 | 35040 | 352928 | 444081 | 83886 | 104222 |
| -11657 | - | - | 128 | 6044 | 34 | 329 | 592 | -132 | 3047 | -2122 | 454 | 47 |
| 1545514 | - | - | 969 | 1624 | - | - | 638 | - | 12702 | 186688 | 6459 | 786 |
| - | - | - | - | - | - | - | - | - | - | - | - | 748 |
| 168 | - | - | 651 | 1624 | - | - | - | - | 36 | 198 | 3565 | - |
| 1525033 | - | - | - | - | - | - | - | - | - | 606 | - | - |
| 20313 | - | - | 318 | - | - | - | 638 | - | 12666 | 185884 | 2894 | 38 |
| - | - | - | 43133 | 950 | - | 26 | 18 | 8 | 482 | 26041 | 394 | 12364 |
| - | - | - | - | - | - | - | - | - | - | - | - | - |
| - | - | - | - | - | - | - | - | - | - | - | - | - |
| - | - | - | 43133 | 910 | - | 26 | 3 | 3 | 422 | 26001 | 374 | 12364 |
| - | - | - | - | - | - | - | - | - | - | - | - | - |
| - | - | - | - | 40 | - | - | 15 | 5 | 60 | 40 | 20 | - |
| - | - | - | - | - | - | - | - | - | - | - | - | - |
| - | - | - | - | - | - | - | - | - | - | - | - | - |
| 189 | - | - | 2662 | 63563 | 2415 | 403279 | 66242 | 35164 | 336697 | 233474 | 76579 | 91025 |
| 189 | - | - | 2633 | 31337 | - | 79 | 28 | 4457 | 40103 | 164139 | 72828 | 90952 |
| - | - | - | - | 218 | - | 1 | - | 9 | 2256 | 30871 | 3 | 1 |
| 180 | - | - | 396 | 183 | - | 1 | - | 39 | 3595 | 17500 | 2781 | 58 |
| 9 | - | - | 2237 | 23921 | - | 5 | - | 937 | 1264 | 5707 | 69966 | - |
| - | - | - | - | 76 | - | - | - | 14 | 918 | 1713 | - | - |
| - | - | - | - | 270 | - | - | - | 16 | 2552 | 27948 | - | 27 |
| - | - | - | - | 44 | - | - | - | 11 | 2044 | 24002 | - | - |
| - | - | - | - | 53 | - | - | - | 36 | 1223 | 1248 | - | 150 |
| - | - | - | - | 58 | - | - | - | 45 | 3383 | 10983 | - | - |
| - | - | - | - | 28 | - | - | - | 16 | 670 | 579 | - | - |
| - | - | - | - | 5 | - | 50 | - | 11 | 1278 | 3088 | - | - |
| - | - | - | - | 10 | - | - | - | 6 | 722 | 2107 | - | - |
| - | - | - | - | - | - | - | - | - | - | - | - | - |
| - | - | - | - | - | - | - | - | - | - | - | - | - |
| - | - | - | - | 6471 | - | 22 | 28 | 3317 | 20198 | 38393 | 78 | 65 |
| 126 | - | - | 144 | 1947 | - | - | - | 928 | 2014 | 2623 | 72051 | - |
| - | - | - | - | - | - | - | - | - | - | - | - | 90651 |
| - | - | - | - | 4844 | 2415 | 402464 | 65959 | 109 | 102312 | 8236 | - | - |
| - | - | - | - | - | 2415 | - | 65959 | - | - | - | - | - |
| - | - | - | - | 4831 | - | 402436 | - | 19 | 68919 | 39 | - | - |
| - | - | - | - | 5 | - | - | - | 43 | 19894 | 1107 | - | - |
| - | - | - | - | 8 | - | 28 | - | 47 | 13499 | 7090 | - | - |
| - | - | - | 29 | 27382 | - | 736 | 255 | 30598 | 194282 | 61099 | 3751 | 73 |
| - | - | - | - | 104 | - | 312 | - | 1331 | 16260 | 1636 | - | - |
| - | - | - | - | - | - | - | 175 | 4 | 3895 | 2377 | - | - |
| - | - | - | - | - | - | 170 | - | 172 | 3331 | 29334 | - | - |
| - | - | - | - | 24464 | - | 21 | - | 26955 | 154650 | 20376 | - | 6 |

## PRODUCTION AND USES OF ENERGY SOURCES : I.E.A

1975

| ENERGY SOURCES / PRODUCTION AND USES | UNIT: 1000 METRIC TONS / UNITE: 1000 TONNES METRIQUES | | | | | | TCAL / TCAL | MANUFACTURED GAS (TCAL) / GAZ MANUFACTURE (TCAL) | | | MILLIONS OF (DE) KWH |
|---|---|---|---|---|---|---|---|---|---|---|---|
| | HARD COAL / HOUILLE | PATENT FUEL / AGGLOMERES | COKE OVEN COKE / COKE DE FOUR | GAS COKE / COKE DE GAZ | BROWN COAL / LIGNITE | BKB / BRIQ. DE LIGNITE | NATURAL GAS / GAZ NATUREL | GAS WORKS / USINES A GAZ | COKE OVENS / COKERIES | BLAST FURNACES / HAUT FOURNEAUX | ELECTRICITY* / ELECTRICITE* |
| | 1 | 2 | 3 | 4 | 5 | 6 | 7 | 8 | 9 | 10 | 11 |
| PRODUCTION | 924053 | 3887 | 193405 | 5997 | 211974 | 6739 | 7172701 | 80034 | 366211 | 369116 | 4157973 |
| FROM OTHER SOURCES | 857 | - | - | - | - | - | 150 | 81071 | - | - | - |
| IMPORT | 129251 | 335 | 10514 | 14 | 2061 | 1603 | 758319 | 15 | - | - | 61727 |
| EXPORT | -118659 | -344 | -12387 | -676 | -19 | -478 | -672373 | -11 | - | - | -70346 |
| INTL. MARINE BUNKERS | - | - | - | - | - | - | - | - | - | - | - |
| STOCK CHANGES | -48109 | -52 | -13145 | -37 | -647 | -1 | -114970 | 69 | - | - | - |
| DOMESTIC SUPPLY | 887393 | 3826 | 178387 | 5298 | 213369 | 7863 | 7143827 | 161178 | 366211 | 369116 | 4149354 |
| RETURNS TO SUPPLY | - | - | - | - | - | - | - | - | - | - | - |
| TRANSFERS | - | - | - | - | - | - | - | - | - | - | - |
| DOMESTIC AVAILABILITY | 887393 | 3826 | 178387 | 5298 | 213369 | 7863 | 7143827 | 161178 | 366211 | 369116 | 4149354 |
| STATISTICAL DIFFERENCE | -2208 | -96 | -424 | - | 392 | 91 | 29867 | -675 | 2737 | 5234 | 2738 |
| TRANSFORM. SECTOR ** | 768802 | 12 | 53860 | 5 | 202273 | 1249 | 1294474 | 2563 | 61314 | 92486 | - |
| FOR SOLID FUELS | 262414 | 3 | 390 | - | 16810 | 150 | - | - | - | 426 | - |
| FOR GASES | 8592 | - | 53250 | 5 | - | - | 56506 | - | 27364 | 1567 | - |
| PETROLEUM REFINERIES | - | - | - | - | - | - | 2796 | - | - | - | - |
| THERMO-ELECTRIC PLANTS | 497796 | 9 | 220 | - | 185463 | 1099 | 1235172 | 2563 | 33950 | 90493 | - |
| ENERGY SECTOR | 3332 | 35 | 2317 | 85 | 732 | 60 | 918036 | 16493 | 120894 | 41425 | 616244 |
| COAL MINES | 3035 | 1 | 31 | - | 731 | - | 6880 | - | 302 | - | 27990 |
| OIL AND GAS EXTRACTION | - | - | - | - | - | - | 590654 | - | - | - | 15757 |
| PETROLEUM REFINERIES | - | - | - | - | - | - | 244899 | - | - | - | 46410 |
| ELECTRIC PLANTS | - | - | - | - | - | - | - | - | - | - | 189675 |
| DISTRIBUTION LOSSES | 100 | - | 20 | - | 1 | - | 73384 | 8720 | 1332 | 8864 | 308357 |
| PUMP STORAGE (ELECTR.) | - | - | - | - | - | - | - | - | - | - | 25642 |
| OTHER ENERGY SECTOR | 197 | 34 | 2266 | 85 | - | 60 | 2219 | 7773 | 119260 | 32561 | 2413 |
| FINAL CONSUMPTION | 117467 | 3875 | 122634 | 5208 | 9972 | 6463 | 4901450 | 142797 | 181266 | 229971 | 3530372 |
| INDUSTRY SECTOR | 85895 | 110 | 115291 | 4632 | 6327 | 930 | 2319136 | 33707 | 181263 | 229971 | 1628141 |
| IRON AND STEEL | 5974 | 1 | 104562 | 4558 | 333 | 73 | 266885 | 11414 | 164831 | 226205 | 230297 |
| CHEMICAL | 4987 | - | 1582 | 35 | 3116 | 315 | 224598 | 2919 | 3730 | 9 | 310931 |
| PETROCHEMICAL | - | - | - | - | - | - | 37219 | - | - | - | 40541 |
| NON-FERROUS METAL | 2934 | - | 913 | - | 12 | 8 | 24866 | 1390 | - | - | 218107 |
| NON-METALLIC MINERAL | 6875 | 3 | 1037 | 12 | 87 | 111 | 99259 | 1375 | 555 | 123 | 79265 |
| PAPER PULP AND PRINT | 2250 | - | 25 | 17 | 953 | 70 | 41702 | 169 | - | - | 166615 |
| MINING AND QUARRYING | 271 | - | 85 | - | 5 | 1 | 14917 | 5 | 1565 | 98 | 21816 |
| FOOD AND TOBACCO | 1972 | 1 | 267 | 3 | 114 | 189 | 49794 | 644 | - | - | 81509 |
| WOOD AND WOOD PRODUCTS | 58 | - | 1 | - | 35 | 12 | 2970 | - | - | - | 29097 |
| MACHINERY | 86 | - | 389 | - | 76 | 29 | 33078 | 1264 | 790 | 9 | 117379 |
| TRANSPORT EQUIPMENT | 795 | - | 261 | - | 28 | 25 | 4781 | - | - | - | 53943 |
| CONSTRUCTION | - | - | - | - | - | - | - | - | - | - | 4003 |
| TEXTILES AND LEATHER | 2 | - | 1 | - | - | - | 2002 | - | - | - | 68719 |
| NON SPECIFIED | 59691 | 105 | 6168 | 7 | 1568 | 97 | 1517065 | 14527 | 9792 | 3527 | 205919 |
| NON-ENERGY USES: | | | | | | | | | | | |
| (1)ENERGY PRODUCTS | - | - | - | - | - | - | 40729 | - | - | - | - |
| (2)NON-ENERGY PRODUCTS | - | - | - | - | - | - | - | - | - | - | - |
| TRANSPORT. SECTOR ** | 1430 | 4 | 151 | - | 115 | 129 | 2800 | - | - | - | 45182 |
| AIR TRANSPORT | - | - | - | - | - | - | - | - | - | - | - |
| ROAD TRANSPORT | - | - | - | - | - | - | 2800 | - | - | - | - |
| RAILWAYS | 1297 | 4 | 148 | - | 115 | 129 | - | - | - | - | 45182 |
| INTERNAL NAVIGATION | 133 | - | 3 | - | - | - | - | - | - | - | - |
| OTHER SECTORS ** | 30142 | 3761 | 7192 | 576 | 3530 | 5404 | 2579514 | 109090 | 3 | - | 1857049 |
| AGRICULTURE | 42 | - | 30 | - | - | - | 37 | - | - | - | 52240 |
| PUBLIC SERVICES | 1851 | 1 | 465 | - | 5 | 62 | 13860 | 1201 | - | - | - |
| COMMERCE | 399 | - | 257 | - | 2 | - | 830099 | 24092 | 3 | - | 734752 |
| RESIDENTIAL | 24624 | 3758 | 5766 | 536 | 3492 | 5324 | 1724411 | 82799 | - | - | 1053168 |

(1) INCLUDED IN CHEMICAL OR PETROCHEMICAL INDUSTRY
(2) INCLUDED ONLY IN TOTAL INDUSTRY

| * OF WHICH: HYDRO | 851145 |
|---|---|
| NUCLEAR | 127058 |
| CONVENTIONAL THERMAL | 2830606 |
| GEOTHERMAL | 5394 |

** INCLUDED IN THESE TOTALS ARE THE NON-SPECIFIED ELEMENTS

UNIT: 1000 METRIC TONS
UNITE: 1000 TONNES METRIQUES

| OIL PETROLE | | | REFINERY GAS | LIQUEFIED PETROLEUM GASES | AVIATION GASOLINE | MOTOR GASOLINE | JET FUEL | KEROSENE | GAS/DIESEL OIL | RESIDUAL FUEL OIL | NAPHTHA | NON-ENERGY PRODUCTS |
|---|---|---|---|---|---|---|---|---|---|---|---|---|
| CRUDE BRUT | NGL GNL | FEEDST. | GAZ DE PETROLE | GAZ LIQUEFIES DE PETROLE | ESSENCE AVION | ESSENCE AUTO | CARBURANT REACTEUR | PETROLE LAMPANT | GAZ/DIESEL OIL | FUEL OIL RESIDUEL | NAPHTHA | PRODUITS NON-ENERGETIQUES |
| 12 | 13 | 14 | 15 | 16 | 17 | 18 | 19 | 20 | 21 | 22 | 23 | 24 |
| 595272 | - | - | 36732 | 23251 | 2057 | 413114 | 64742 | 33001 | 331514 | 406380 | 65544 | 104124 |
| 1212 | - | - | 3 | 1844 | - | 49 | - | - | - | 13 | 183 | 159 |
| 998156 | - | - | - | 11761 | 291 | 17834 | 10633 | 1403 | 51671 | 98243 | 19411 | 13629 |
| -50708 | - | - | - | -2845 | -231 | -13053 | -5708 | -1477 | -32933 | -32378 | -10192 | -15716 |
| - | - | - | - | - | - | - | - | - | -7617 | -52008 | - | -254 |
| -2566 | - | - | 2 | -196 | 76 | -1063 | -334 | 836 | 4175 | -4930 | 2016 | 92 |
| 1541366 | - | - | 36737 | 33815 | 2193 | 416881 | 69333 | 33763 | 346810 | 415320 | 76962 | 102034 |
| 16431 | - | - | 338 | 122 | - | 4 | 94 | 303 | 206 | 236 | -427 | 224 |
| -36324 | - | - | - | 34699 | - | 155 | -63 | -143 | - | 922 | -3417 | -720 |
| 1521473 | - | - | 37075 | 68636 | 2193 | 417040 | 69364 | 33923 | 347016 | 416478 | 73118 | 101538 |
| -9462 | - | - | -12 | 3350 | -8 | -123 | 559 | 140 | 1181 | 324 | 265 | 308 |
| 1530762 | - | - | 814 | 1951 | - | 2 | 390 | - | 10300 | 178769 | 6540 | 726 |
| - | - | - | - | - | - | - | - | - | - | - | - | 663 |
| 68 | - | - | 489 | 1951 | - | - | - | - | 31 | 210 | 2976 | - |
| 1509360 | - | - | - | - | - | - | - | - | - | 62 | - | - |
| 21334 | - | - | 325 | - | - | 2 | 390 | - | 10129 | 178497 | 3564 | 63 |
| - | - | - | 33932 | 1130 | - | 26 | 17 | 12 | 1160 | 30400 | 370 | 16001 |
| - | - | - | - | - | - | - | - | - | - | - | - | - |
| - | - | - | 33932 | 1112 | - | 26 | 2 | 2 | 1100 | 30361 | 350 | 16000 |
| - | - | - | - | - | - | - | - | - | - | - | - | - |
| - | - | - | - | 18 | - | - | 15 | 10 | 60 | 39 | 20 | 1 |
| - | - | - | - | - | - | - | - | - | - | - | - | - |
| - | - | - | - | - | - | - | - | - | - | - | - | - |
| 173 | - | - | 2341 | 62205 | 2201 | 417135 | 68398 | 33771 | 334375 | 206985 | 65943 | 84503 |
| 173 | - | - | 2315 | 33787 | 1 | 181 | 10 | 4097 | 39066 | 140949 | 62715 | 84433 |
| - | - | - | - | 282 | - | 1 | - | 10 | 2141 | 26151 | - | 2 |
| 99 | - | - | 163 | 173 | - | 1 | - | 35 | 3890 | 18807 | 2571 | 56 |
| 61 | - | - | 2152 | 25611 | - | 17 | - | 830 | 1538 | 6049 | 60120 | - |
| - | - | - | - | 77 | - | - | - | 9 | 881 | 1661 | - | - |
| - | - | - | - | 290 | - | - | - | 12 | 4173 | 19027 | - | 27 |
| - | - | - | - | 56 | - | - | - | 12 | 2053 | 21676 | - | - |
| - | - | - | - | 55 | - | - | - | 19 | 1158 | 1387 | - | 128 |
| - | - | - | - | 79 | - | 1 | - | 33 | 3365 | 10138 | - | 1 |
| - | - | - | - | 21 | - | - | - | 14 | 227 | 624 | - | 1 |
| - | - | - | - | 7 | - | 44 | - | 11 | 1257 | 2990 | - | - |
| - | - | - | - | 12 | - | 15 | - | 4 | 693 | 1404 | - | - |
| - | - | - | - | - | - | - | - | - | - | - | - | - |
| - | - | - | - | - | - | - | - | - | - | - | - | - |
| 13 | - | - | - | 7124 | 1 | 102 | 10 | 3108 | 17690 | 31035 | 24 | 68 |
| 77 | - | - | 149 | 1569 | - | - | - | 826 | 2180 | 2408 | 62175 | - |
| - | - | - | - | - | - | - | - | - | - | - | - | 84150 |
| - | - | - | - | 5354 | 2192 | 415955 | 68096 | 109 | 102713 | 8030 | - | 3 |
| - | - | - | - | - | 2192 | - | 68091 | - | - | - | - | 1 |
| - | - | - | - | 5349 | - | 415921 | 5 | 47 | 74168 | 41 | - | 2 |
| - | - | - | - | 5 | - | - | - | 43 | 18389 | 1128 | - | - |
| - | - | - | - | - | - | 34 | - | 19 | 10156 | 6861 | - | - |
| - | - | - | 26 | 23064 | 8 | 999 | 292 | 29565 | 192596 | 58006 | 3228 | 67 |
| - | - | - | - | 101 | 8 | 532 | - | 1172 | 16829 | 1639 | - | - |
| - | - | - | - | 5 | - | - | 210 | 29 | 4083 | 2222 | - | 1 |
| - | - | - | - | 46 | - | 171 | - | 229 | 3335 | 26184 | - | - |
| - | - | - | - | 17666 | - | 39 | - | 26272 | 158183 | 19781 | 2 | 5 |

## PRODUCTION AND USES OF ENERGY SOURCES : I.E.A

1976

| X / XX ENERGY / XX SOURCES / PRODUCTION AND USES | UNIT: 1000 METRIC TONS / UNITE: 1000 TONNES METRIQUES | | | | | | TCAL / TCAL | MANUFACTURED GAS (TCAL) / GAZ MANUFACTURE (TCAL) | | | MILLIONS OF (DE) KWH |
|---|---|---|---|---|---|---|---|---|---|---|---|
| | HARD COAL / HOUILLE | PATENT FUEL / AGGLOMERES | COKE OVEN COKE / COKE DE FOUR | GAS COKE / COKE DE GAZ | BROWN COAL / LIGNITE | BKB / BRIQ. DE LIGNITE | NATURAL GAS / GAZ NATUREL | GAS WORKS / USINES A GAZ | COKE OVENS / COKERIES | BLAST FURNACES / HAUT FOURNEAUX | ELECTRICITY* / ELECTRICITE* |
| | 1 | 2 | 3 | 4 | 5 | 6 | 7 | 8 | 9 | 10 | 11 |
| PRODUCTION | 944200 | 3333 | 187075 | 5323 | 237866 | 6147 | 7237728 | 75483 | 356814 | 398000 | 4425164 |
| FROM OTHER SOURCES | 1592 | - | - | - | - | - | 246 | 51890 | 1432 | - | - |
| IMPORT | 126300 | 256 | 9421 | - | 1923 | 1522 | 850823 | 13 | - | - | 62659 |
| EXPORT | -115208 | -323 | -12152 | -614 | -26 | -480 | -715679 | -13 | - | - | -69086 |
| INTL. MARINE BUNKERS | - | - | - | - | - | - | - | - | - | - | - |
| STOCK CHANGES | -11627 | 8 | -7094 | 64 | -122 | 84 | -59072 | 434 | - | - | - |
| DOMESTIC SUPPLY | 945257 | 3274 | 177250 | 4773 | 239641 | 7273 | 7314046 | 127807 | 358246 | 398000 | 4418737 |
| RETURNS TO SUPPLY | - | - | - | - | - | - | - | - | - | - | - |
| TRANSFERS | - | - | - | - | - | - | - | - | - | - | - |
| DOMESTIC AVAILABILITY | 945257 | 3274 | 177250 | 4773 | 239641 | 7273 | 7314046 | 127807 | 358246 | 398000 | 4418737 |
| STATISTICAL DIFFERENCE | 7489 | -63 | -665 | 1 | 222 | 39 | 47798 | 1 | 3451 | 2683 | 1359 |
| TRANSFORM. SECTOR ** | 814489 | 19 | 58666 | 6 | 226244 | 1163 | 1294531 | 141 | 41113 | 94985 | - |
| FOR SOLID FUELS | 257634 | 7 | 388 | - | 15286 | 146 | - | - | - | 418 | - |
| FOR GASES | 7323 | - | 58187 | 6 | - | - | 50280 | - | 6811 | 1356 | - |
| PETROLEUM REFINERIES | - | - | - | - | - | - | 3055 | - | - | - | - |
| THERMO-ELECTRIC PLANTS | 549532 | 12 | 91 | - | 210958 | 1017 | 1241196 | 141 | 34302 | 93211 | - |
| ENERGY SECTOR | 2499 | 29 | 365 | 78 | 549 | 99 | 894203 | 12478 | 116401 | 38956 | 659358 |
| COAL MINES | 2366 | - | 20 | - | 548 | - | 3889 | - | 938 | - | 29182 |
| OIL AND GAS EXTRACTION | - | - | - | - | - | - | 591997 | - | - | - | 16151 |
| PETROLEUM REFINERIES | - | - | - | - | - | - | 239155 | - | 68 | - | 49633 |
| ELECTRIC PLANTS | - | - | - | - | - | - | 485 | - | - | - | 201010 |
| DISTRIBUTION LOSSES | 2 | - | 15 | - | 1 | - | 56029 | 4297 | 1800 | 10164 | 329846 |
| PUMP STORAGE (ELECTR.) | - | - | - | - | - | - | - | - | - | - | 31097 |
| OTHER ENERGY SECTOR | 131 | 29 | 330 | 78 | - | 99 | 2648 | 8181 | 113595 | 28792 | 2439 |
| FINAL CONSUMPTION | 120780 | 3289 | 118884 | 4688 | 12626 | 5972 | 5077514 | 115187 | 197281 | 261376 | 3758020 |
| INDUSTRY SECTOR | 91512 | 108 | 112392 | 4206 | 8817 | 913 | 2344282 | 16247 | 193890 | 261376 | 1756755 |
| IRON AND STEEL | 5956 | 11 | 106075 | 4136 | 49 | 9 | 252758 | 112 | 172404 | 208827 | 246989 |
| CHEMICAL | 4493 | - | 1460 | 35 | 3549 | 449 | 234033 | 46 | 4266 | 10 | 344801 |
| PETROCHEMICAL | - | - | - | - | - | - | 40500 | - | - | - | 43360 |
| NON-FERROUS METAL | 3143 | - | 1045 | - | 9 | 8 | 27021 | 93 | 581 | - | 224053 |
| NON-METALLIC MINERAL | 6584 | 3 | 959 | 12 | 80 | 107 | 103381 | 236 | 1542 | 94 | 84460 |
| PAPER PULP AND PRINT | 1926 | - | 20 | 14 | 886 | 60 | 48577 | 138 | - | - | 183447 |
| MINING AND QUARRYING | 292 | - | 79 | - | 8 | 1 | 14575 | 3 | 36 | 124 | 27284 |
| FOOD AND TOBACCO | 1874 | 1 | 279 | 3 | 96 | 140 | 52431 | 302 | 360 | - | 87074 |
| WOOD AND WOOD PRODUCTS | 63 | - | 1 | - | 30 | 12 | 4457 | 9 | - | - | 33668 |
| MACHINERY | 89 | - | 489 | - | 73 | 30 | 44623 | 498 | 1472 | 10 | 124089 |
| TRANSPORT EQUIPMENT | 949 | - | 211 | - | 12 | 20 | 5903 | 17 | 2060 | - | 57915 |
| CONSTRUCTION | - | - | - | - | - | - | - | - | - | - | 4247 |
| TEXTILES AND LEATHER | 2 | - | - | - | - | - | 1934 | 15 | 136 | - | 74744 |
| NON SPECIFIED | 66141 | 93 | 1774 | 6 | 4025 | 77 | 1514089 | 14778 | 11033 | 52311 | 220624 |
| NON-ENERGY USES: | | | | | | | | | | | |
| (1)ENERGY PRODUCTS | - | - | - | - | - | - | 44757 | - | - | - | - |
| (2)NON-ENERGY PRODUCTS | - | - | - | - | - | - | - | - | - | - | - |
| TRANSPORT. SECTOR ** | 1058 | 2 | 153 | - | 99 | 129 | 3303 | 26 | - | - | 46250 |
| AIR TRANSPORT | - | - | - | - | - | - | - | - | - | - | - |
| ROAD TRANSPORT | - | - | - | - | - | - | 3303 | - | - | - | - |
| RAILWAYS | 971 | 2 | 153 | - | 99 | 129 | - | 26 | - | - | 46250 |
| INTERNAL NAVIGATION | 87 | - | - | - | - | - | - | - | - | - | - |
| OTHER SECTORS ** | 28210 | 3179 | 6339 | 482 | 3710 | 4930 | 2729929 | 98914 | 3391 | - | 1955015 |
| AGRICULTURE | 31 | - | 25 | - | - | - | 55 | - | - | - | 55491 |
| PUBLIC SERVICES | 2067 | - | 424 | - | 5 | 60 | 16934 | 397 | - | - | - |
| COMMERCE | 313 | 1 | 219 | - | 88 | - | 863845 | 18883 | - | - | 782661 |
| RESIDENTIAL | 24650 | 3174 | 5457 | 450 | 3590 | 4853 | 1840843 | 79497 | - | - | 1098905 |

(1) INCLUDED IN CHEMICAL OR PETROCHEMICAL INDUSTRY
(2) INCLUDED ONLY IN TOTAL INDUSTRY

| * OF WHICH: | |
|---|---|
| HYDRO | 854775 |
| NUCLEAR | 173172 |
| CONVENTIONAL THERMAL | 3060902 |
| GEOTHERMAL | 6443 |

** INCLUDED IN THESE TOTALS ARE THE NON-SPECIFIED ELEMENTS

UNIT: 1000 METRIC TONS
UNITE: 1000 TONNES METRIQUES

| OIL / PETROLE CRUDE / BRUT 12 | NGL / GNL 13 | FEEDST. 14 | REFINERY GAS / GAZ DE PETROLE 15 | LIQUEFIED PETROLEUM GASES / GAZ LIQUEFIES DE PETROLE 16 | AVIATION GASOLINE / ESSENCE AVION 17 | MOTOR GASOLINE / ESSENCE AUTO 18 | JET FUEL / CARBURANT REACTEUR 19 | KEROSENE / PETROLE LAMPANT 20 | GAS/DIESEL OIL / GAZ/DIESEL OIL 21 | RESIDUAL FUEL OIL / FUEL OIL RESIDUEL 22 | NAPHTHA / NAPHTHA 23 | NON-ENERGY PRODUCTS / PRODUITS NON-ENERGETIQUES 24 |
|---|---|---|---|---|---|---|---|---|---|---|---|---|
| 591889 | - | - | 37847 | 26437 | 1973 | 434080 | 66791 | 36349 | 362869 | 415159 | 79363 | 128925 |
| 1501 | - | - | 59 | 3543 | - | - | - | - | - | - | 240 | 325 |
| 1100785 | - | - | - | 13206 | 291 | 16431 | 8562 | 1691 | 54042 | 108913 | 22357 | 12701 |
| -48112 | - | - | -34 | -3747 | -213 | -12992 | -5789 | -1627 | -33456 | -32874 | -10440 | -16516 |
| - | - | - | - | - | - | - | - | - | -8512 | -52070 | - | -236 |
| -5563 | - | - | -2 | -833 | 22 | -1238 | -653 | -9 | 3368 | 4703 | -2902 | 170 |
| 1640500 | - | - | 37870 | 38606 | 2073 | 436281 | 68911 | 36404 | 378311 | 443831 | 88618 | 125369 |
| 19500 | - | - | 209 | 148 | - | 70 | 68 | 396 | 619 | 79 | 10 | 247 |
| -34962 | - | - | - | 30747 | - | - | -95 | - | - | 680 | -2310 | -19884 |
| 1625038 | - | - | 38079 | 69501 | 2073 | 436351 | 68884 | 36800 | 378930 | 444590 | 86318 | 105732 |
| -7659 | - | - | 98 | -227 | 53 | 427 | 381 | 841 | 805 | -1586 | 3584 | 973 |
| 1632481 | - | - | 772 | 1890 | - | 1 | 512 | 128 | 10715 | 177750 | 5834 | 651 |
| - | - | - | - | 2 | - | - | - | - | 4 | 5 | 6 | 651 |
| 26 | - | - | 417 | 1888 | - | 1 | - | - | 35 | 215 | 3195 | - |
| 1613359 | - | - | - | - | - | - | - | - | - | - | - | - |
| 19096 | - | - | 355 | - | - | - | 512 | 2 | 10109 | 177530 | 2633 | - |
| - | - | - | 34895 | 1353 | - | 26 | 1 | 2 | 993 | 31326 | 23 | 17535 |
| - | - | - | - | - | - | - | - | - | 13 | 15 | - | - |
| - | - | - | - | - | - | - | - | - | 1 | - | - | - |
| - | - | - | 34884 | 1346 | - | 26 | 1 | 2 | 973 | 31311 | 21 | 17535 |
| - | - | - | - | - | - | - | - | - | 6 | - | - | - |
| - | - | - | - | - | - | - | - | - | - | - | - | - |
| - | - | - | - | - | - | - | - | - | - | - | - | - |
| - | - | - | 11 | 7 | - | - | - | - | - | - | 2 | - |
| 216 | - | - | 2314 | 66485 | 2020 | 435897 | 67990 | 35829 | 366417 | 237100 | 76877 | 86573 |
| 216 | - | - | 2291 | 38470 | 1 | 152 | 18 | 4418 | 43869 | 169881 | 71177 | 86500 |
| - | - | - | - | 264 | - | 1 | - | 6 | 3112 | 25434 | 119 | 1 |
| 62 | - | - | 318 | 203 | - | 1 | - | 39 | 3561 | 25992 | 1666 | 68 |
| 141 | - | - | 1973 | 29622 | - | 15 | - | 780 | 1822 | 5512 | 69362 | 1 |
| - | - | - | - | 186 | - | - | - | 5 | 1090 | 4510 | - | - |
| - | - | - | - | 425 | - | - | - | 12 | 3558 | 26599 | 5 | 28 |
| - | - | - | - | 66 | - | - | - | 10 | 1842 | 32498 | - | 2 |
| - | - | - | - | 43 | - | - | - | 69 | 1908 | 2147 | - | 132 |
| - | - | - | - | 121 | - | 4 | - | 24 | 3620 | 13684 | - | 3 |
| - | - | - | - | 25 | - | 1 | - | 13 | 1173 | 1414 | - | - |
| - | - | - | - | 41 | - | 50 | - | 15 | 2388 | 3825 | - | 1 |
| - | - | - | - | 195 | - | 4 | - | 4 | 997 | 2688 | - | - |
| - | - | - | - | - | - | - | - | - | - | - | - | - |
| - | - | - | - | - | - | - | - | - | - | - | - | - |
| 13 | - | - | - | 7279 | 1 | 76 | 18 | 3441 | 18798 | 25578 | 25 | 59 |
| 154 | - | - | 174 | 4859 | - | - | - | 774 | 2600 | 2605 | 70552 | - |
| - | - | - | - | - | - | - | - | - | - | - | - | 86205 |
| - | - | - | - | 5225 | 2010 | 433778 | 67637 | 414 | 103119 | 8071 | - | 2 |
| - | - | - | - | - | 2010 | - | 67635 | - | 2 | 9 | - | - |
| - | - | - | - | 5224 | - | 433619 | 2 | 244 | 75565 | 43 | - | 2 |
| - | - | - | - | - | - | - | - | 149 | 19232 | 900 | - | - |
| - | - | - | - | 1 | - | 159 | - | 21 | 8320 | 7119 | - | - |
| - | - | - | 23 | 22790 | 9 | 1967 | 335 | 30997 | 219429 | 59148 | 5700 | 71 |
| - | - | - | - | 100 | 9 | 474 | 1 | 1131 | 17395 | 1704 | - | - |
| - | - | - | - | 9 | - | 208 | 245 | 45 | 6460 | 2626 | 1 | - |
| - | - | - | - | 861 | - | 584 | - | 274 | 20914 | 29156 | - | - |
| - | - | - | - | 17163 | - | 20 | - | 27299 | 160711 | 17751 | - | 6 |

## PRODUCTION AND USES OF ENERGY SOURCES : I.E.A

1977

| PRODUCTION AND USES / ENERGY SOURCES | HARD COAL / HOUILLE | PATENT FUEL / AGGLOMERES | COKE OVEN COKE / COKE DE FOUR | GAS COKE / COKE DE GAZ | BROWN COAL / LIGNITE | BKB / BRIQ. DE LIGNITE | NATURAL GAS / GAZ NATUREL | GAS WORKS / USINES A GAZ | COKE OVENS / COKERIES | BLAST FURNACES / HAUT FOURNEAUX | ELECTRICITY* / ELECTRICITE* |
|---|---|---|---|---|---|---|---|---|---|---|---|
| | UNIT: 1000 METRIC TONS / UNITE: 1000 TONNES METRIQUES | | | | | | TCAL / TCAL | MANUFACTURED GAS (TCAL) / GAZ MANUFACTURE (TCAL) | | | MILLIONS OF (DE) KWH |
| | 1 | 2 | 3 | 4 | 5 | 6 | 7 | 8 | 9 | 10 | 11 |
| PRODUCTION | 951811 | 3129 | 171738 | 4731 | 236325 | 6193 | 7302967 | 73850 | 327511 | 341400 | 4598906 |
| FROM OTHER SOURCES | 1476 | - | - | - | - | - | - | 47220 | 2301 | - | - |
| IMPORT | 124720 | 257 | 8150 | - | 1915 | 1547 | 911212 | 14 | - | - | 73677 |
| EXPORT | -114597 | -280 | -10771 | -445 | -26 | -587 | -752495 | -13 | - | - | -78169 |
| INTL. MARINE BUNKERS | - | - | - | - | - | - | - | - | - | - | - |
| STOCK CHANGES | -25363 | 30 | -4156 | -60 | -26 | 87 | -151125 | 21 | - | - | - |
| DOMESTIC SUPPLY | 938047 | 3136 | 164961 | 4226 | 238188 | 7240 | 7310559 | 121092 | 329812 | 341400 | 4594414 |
| RETURNS TO SUPPLY | - | - | - | - | - | - | - | - | - | - | - |
| TRANSFERS | - | - | - | - | - | - | - | - | - | - | - |
| DOMESTIC AVAILABILITY | 938047 | 3136 | 164961 | 4226 | 238188 | 7240 | 7310559 | 121092 | 329812 | 341400 | 4594414 |
| STATISTICAL DIFFERENCE | 309 | -12 | -465 | 1 | 39 | 30 | 12075 | 3 | -935 | 337 | 3481 |
| TRANSFORM. SECTOR ** | 824504 | 20 | 50533 | 6 | 224404 | 1275 | 1321666 | 133 | 35977 | 89165 | - |
| FOR SOLID FUELS | 235165 | 10 | 343 | - | 14715 | 150 | - | - | - | 404 | - |
| FOR GASES | 6428 | - | 50110 | 6 | - | - | 47212 | - | 6007 | 1293 | - |
| PETROLEUM REFINERIES | - | - | - | - | - | - | 2872 | - | - | - | - |
| THERMO-ELECTRIC PLANTS | 582911 | 10 | 80 | - | 209689 | 1125 | 1271582 | 133 | 29970 | 87468 | - |
| ENERGY SECTOR | 2191 | 19 | 371 | 64 | 464 | 56 | 967466 | 11242 | 104727 | 33087 | 672265 |
| COAL MINES | 1899 | - | 18 | - | 463 | - | 3382 | - | 1040 | 29 | 29639 |
| OIL AND GAS EXTRACTION | - | - | - | - | - | - | 662850 | - | - | - | 16605 |
| PETROLEUM REFINERIES | - | - | - | - | - | - | 236654 | - | 39 | - | 52186 |
| ELECTRIC PLANTS | - | - | - | - | - | - | 580 | - | - | - | 211494 |
| DISTRIBUTION LOSSES | 89 | - | 15 | - | 1 | - | 61124 | 3884 | 1588 | 7389 | 335415 |
| PUMP STORAGE (ELECTR.) | - | - | - | - | - | - | - | - | - | - | 24248 |
| OTHER ENERGY SECTOR | 203 | 19 | 338 | 64 | - | 56 | 2876 | 7358 | 102060 | 25669 | 2678 |
| FINAL CONSUMPTION | 111043 | 3109 | 114522 | 4155 | 13281 | 5879 | 5009352 | 109714 | 190043 | 218811 | 3918668 |
| INDUSTRY SECTOR | 82773 | 106 | 108435 | 3782 | 9146 | 1225 | 2331325 | 16491 | 186040 | 218811 | 1805429 |
| IRON AND STEEL | 6395 | 8 | 102566 | 3718 | 49 | 138 | 236126 | 78 | 163518 | 175918 | 251253 |
| CHEMICAL | 4411 | 1 | 1154 | 20 | 3459 | 425 | 238388 | 66 | 4377 | 9 | 347541 |
| PETROCHEMICAL | - | - | - | - | - | - | 45068 | - | - | - | 45399 |
| NON-FERROUS METAL | 3258 | - | 832 | - | 760 | 14 | 29214 | 94 | 499 | - | 248126 |
| NON-METALLIC MINERAL | 7005 | 3 | 805 | - | 75 | 231 | 112545 | 175 | 3072 | 116 | 90757 |
| PAPER PULP AND PRINT | 1931 | - | 23 | - | 821 | 49 | 53059 | 81 | - | - | 188447 |
| MINING AND QUARRYING | 71 | - | 82 | - | 6 | - | 13459 | 4 | 32 | 103 | 32024 |
| FOOD AND TOBACCO | 2051 | - | 253 | - | 96 | 10 | 54304 | 220 | 658 | - | 90793 |
| WOOD AND WOOD PRODUCTS | 41 | - | 1 | - | 2 | 9 | 4632 | 9 | - | - | 35750 |
| MACHINERY | 64 | - | 517 | - | 74 | 25 | 47368 | 254 | 1144 | 9 | 128352 |
| TRANSPORT EQUIPMENT | 865 | - | 228 | - | 14 | 23 | 6468 | 17 | 2103 | - | 60248 |
| CONSTRUCTION | - | - | - | - | - | - | - | - | - | - | 4417 |
| TEXTILES AND LEATHER | 1 | - | 1 | - | - | - | 2639 | 15 | 239 | - | 73869 |
| NON SPECIFIED | 56680 | 94 | 1973 | 44 | 3790 | 301 | 1488055 | 15478 | 10398 | 42656 | 208453 |
| NON-ENERGY USES: | | | | | | | | | | | |
| (1)ENERGY PRODUCTS | - | - | - | - | - | - | 50500 | - | - | - | - |
| (2)NON-ENERGY PRODUCTS | - | - | - | - | - | - | - | - | - | - | - |
| TRANSPORT. SECTOR ** | 1034 | 2 | 142 | - | 91 | 119 | 3300 | 17 | - | - | 46734 |
| AIR TRANSPORT | - | - | - | - | - | - | - | - | - | - | - |
| ROAD TRANSPORT | - | - | - | - | - | - | 3300 | - | - | - | - |
| RAILWAYS | 968 | 2 | 142 | - | 91 | 119 | - | 17 | - | - | 46734 |
| INTERNAL NAVIGATION | 66 | - | - | - | - | - | - | - | - | - | - |
| OTHER SECTORS ** | 27236 | 3001 | 5945 | 373 | 4044 | 4534 | 2674727 | 93206 | 4003 | - | 2066505 |
| AGRICULTURE | 27 | - | 20 | - | - | - | 152 | - | - | - | 57593 |
| PUBLIC SERVICES | 2215 | - | 422 | - | 27 | 60 | 17994 | 20 | - | - | - |
| COMMERCE | 309 | 31 | 220 | - | 73 | - | 794468 | 18183 | - | - | 823850 |
| RESIDENTIAL | 23690 | 2965 | 5067 | 343 | 3921 | 4441 | 1852511 | 74857 | - | - | 1163836 |

(1) INCLUDED IN CHEMICAL OR PETROCHEMICAL INDUSTRY
(2) INCLUDED ONLY IN TOTAL INDUSTRY

* OF WHICH: HYDRO 810839
NUCLEAR 93953
CONVENTIONAL THERMAL 2618067
GEOTHERMAL 4506

** INCLUDED IN THESE TOTALS ARE THE NON-SPECIFIED ELEMENTS

PRODUCTION ET UTILISATION DES SOURCES D ENERGIE : A.I.E.

1977

UNIT: 1000 METRIC TONS
UNITE: 1000 TONNES METRIQUES

| OIL / PETROLE: CRUDE / BRUT | OIL / PETROLE: NGL / GNL | OIL / PETROLE: FEEDST. | REFINERY GAS / GAZ DE PETROLE | LIQUEFIED PETROLEUM GASES / GAZ LIQUEFIES DE PETROLE | AVIATION GASOLINE / ESSENCE AVION | MOTOR GASOLINE / ESSENCE AUTO | JET FUEL / CARBURANT REACTEUR | KEROSENE / PETROLE LAMPANT | GAS/DIESEL OIL / GAZ/DIESEL OIL | RESIDUAL FUEL OIL / FUEL OIL RESIDUEL | NAPHTHA / NAPHTHA | NON-ENERGY PRODUCTS / PRODUITS NON-ENERGETIQUES |
|---|---|---|---|---|---|---|---|---|---|---|---|---|
| 12 | 13 | 14 | 15 | 16 | 17 | 18 | 19 | 20 | 21 | 22 | 23 | 24 |
| 622542 | - | - | 40228 | 27094 | 2064 | 447297 | 69968 | 39094 | 386584 | 431259 | 75821 | 137570 |
| 2138 | - | - | 765 | 3719 | - | - | - | - | - | - | 262 | 207 |
| 1149036 | - | - | - | 10394 | 267 | 19028 | 8704 | 2221 | 55775 | 110728 | 28892 | 14075 |
| -53295 | - | - | - | -3379 | -212 | -15114 | -5506 | -2778 | -31173 | -34217 | -9969 | -17771 |
| - | - | - | - | - | - | - | - | - | -9126 | -50863 | - | -250 |
| -7764 | - | - | -5 | -569 | -27 | -2107 | -335 | -2122 | -12076 | -6155 | -985 | -636 |
| 1712657 | - | - | 40988 | 37259 | 2092 | 449104 | 72831 | 36415 | 389984 | 450752 | 94021 | 133195 |
| 19554 | - | - | 150 | 123 | - | 20 | 43 | 469 | 210 | 123 | 122 | 555 |
| -35652 | - | - | - | 34952 | - | -90 | 65 | -110 | 286 | 364 | -1974 | -20713 |
| 1696559 | - | - | 41138 | 72334 | 2092 | 449034 | 72939 | 36774 | 390480 | 451239 | 92169 | 113037 |
| -4430 | - | - | 201 | 68 | 20 | -5940 | 646 | 740 | 521 | 161 | 4122 | -2545 |
| 1700828 | - | - | 940 | 2116 | - | 1 | 864 | 144 | 12369 | 185903 | 5791 | 624 |
| - | - | - | - | 3 | - | - | - | - | 4 | 5 | 6 | 624 |
| - | - | - | 592 | 2113 | - | - | - | - | 27 | 198 | 2904 | - |
| 1677573 | - | - | - | - | - | - | - | - | - | - | - | - |
| 23255 | - | - | 348 | - | - | 1 | 864 | - | 11718 | 185700 | 2881 | - |
| - | - | - | 35708 | 1290 | - | 25 | - | 2 | 1680 | 32482 | 72 | 16388 |
| - | - | - | - | - | - | - | - | - | 53 | 150 | - | - |
| - | - | - | - | - | - | - | - | - | 167 | - | - | - |
| - | - | - | 35697 | 1279 | - | 25 | - | 2 | 1439 | 32309 | 70 | 16388 |
| - | - | - | - | - | - | - | - | - | 6 | - | - | - |
| - | - | - | - | - | - | - | - | - | - | - | - | - |
| - | - | - | - | - | - | - | - | - | - | - | - | - |
| - | - | - | 11 | 11 | - | - | - | - | 15 | 23 | 2 | - |
| 161 | - | - | 4289 | 68860 | 2072 | 454948 | 71429 | 35888 | 375910 | 232693 | 82184 | 98570 |
| 161 | - | - | 4257 | 31761 | - | 153 | 13 | 4530 | 45001 | 168248 | 73421 | 98498 |
| - | - | - | - | 171 | - | 1 | - | 6 | 3041 | 21471 | 100 | - |
| 73 | - | - | 243 | 185 | - | 2 | - | 39 | 4202 | 27725 | 1527 | 69 |
| 83 | - | - | 4014 | 25409 | - | 58 | - | 893 | 1128 | 7309 | 71768 | - |
| - | - | - | - | 73 | - | - | - | 6 | 1022 | 6190 | - | - |
| - | - | - | - | 293 | - | - | - | 11 | 3160 | 23856 | 7 | 27 |
| - | - | - | - | 75 | - | - | - | 10 | 1324 | 26620 | - | 2 |
| - | - | - | - | 50 | - | - | - | 70 | 1286 | 1978 | - | 128 |
| - | - | - | - | 108 | - | 4 | - | 26 | 3680 | 13794 | - | 3 |
| - | - | - | - | 24 | - | 1 | - | 12 | 1228 | 1846 | - | - |
| - | - | - | - | 61 | - | 40 | - | 15 | 2416 | 3927 | - | 1 |
| - | - | - | - | 190 | - | 1 | - | 4 | 1034 | 2652 | - | - |
| - | - | - | - | - | - | - | - | - | - | - | - | - |
| - | - | - | - | - | - | - | - | - | - | - | - | - |
| 5 | - | - | - | 5122 | - | 46 | 13 | 3438 | 21480 | 30880 | 19 | 57 |
| 123 | - | - | 2403 | 4794 | - | - | - | 888 | 1818 | 2536 | 72833 | - |
| - | - | - | - | - | - | - | - | - | - | - | - | 98211 |
| - | - | - | - | 5291 | 2062 | 452913 | 71323 | 452 | 119052 | 7628 | - | 2 |
| - | - | - | - | - | 2062 | - | 71323 | - | 3 | 8 | - | - |
| - | - | - | - | 5291 | - | 452890 | - | 281 | 91874 | 37 | - | 2 |
| - | - | - | - | - | - | - | - | 151 | 19379 | 1047 | - | - |
| - | - | - | - | - | - | 23 | - | 20 | 7796 | 6536 | - | - |
| - | - | - | 32 | 31808 | 10 | 1882 | 93 | 30906 | 211857 | 56817 | 8763 | 70 |
| - | - | - | - | 109 | 10 | 393 | - | 1130 | 17540 | 1851 | - | - |
| - | - | - | - | 4 | - | 10 | - | 50 | 6040 | 2632 | - | 1 |
| - | - | - | - | 692 | - | 737 | - | 277 | 19428 | 26661 | - | - |
| - | - | - | - | 15791 | - | 20 | - | 27055 | 152281 | 16289 | - | 3 |

## PRODUCTION AND USES OF ENERGY SOURCES : I.E.A

**1978**

| X / XX ENERGY / XX SOURCES / PRODUCTION XX / AND USES XX | HARD COAL / HOUILLE | PATENT FUEL / AGGLOMERES | COKE OVEN COKE / COKE DE FOUR | GAS COKE / COKE DE GAZ | BROWN COAL / LIGNITE | BKB / BRIQ. DE LIGNITE | NATURAL GAS / GAZ NATUREL | GAS WORKS / USINES A GAZ | COKE OVENS / COKERIES | BLAST FURNACES / HAUT FOURNEAUX | ELECTRICITY* / ELECTRICITE* |
|---|---|---|---|---|---|---|---|---|---|---|---|
| | UNIT: 1000 METRIC TONS / UNITE: 1000 TONNES METRIQUES | | | | | | TCAL / TCAL | MANUFACTURED GAS (TCAL) / GAZ MANUFACTURE (TCAL) | | | MILLIONS OF (DE) KWH |
| | 1 | 2 | 3 | 4 | 5 | 6 | 7 | 8 | 9 | 10 | 11 |
| PRODUCTION | 921187 | 3134 | 160039 | 4239 | 242309 | 6399 | 7283568 | 74043 | 307716 | 341296 | 4785667 |
| FROM OTHER SOURCES | 2020 | - | - | - | - | - | - | 48769 | 1892 | - | - |
| IMPORT | 119241 | 225 | 12578 | - | 1851 | 1458 | 1034937 | 14 | - | - | 74110 |
| EXPORT | -111570 | -411 | -14071 | -582 | -103 | -604 | -764755 | -13 | - | - | -80004 |
| INTL. MARINE BUNKERS | - | - | - | - | - | - | - | - | - | - | - |
| STOCK CHANGES | 7664 | -23 | 7010 | 57 | -675 | 16 | -47354 | 13 | - | - | - |
| DOMESTIC SUPPLY | 938542 | 2925 | 165556 | 3714 | 243382 | 7269 | 7506396 | 122826 | 309608 | 341296 | 4779773 |
| RETURNS TO SUPPLY | - | - | - | - | - | - | - | - | - | - | - |
| TRANSFERS | - | - | - | - | - | - | - | - | - | - | - |
| DOMESTIC AVAILABILITY | 938542 | 2925 | 165556 | 3714 | 243382 | 7269 | 7506396 | 122826 | 309608 | 341296 | 4779773 |
| STATISTICAL DIFFERENCE | 12798 | 3 | -34 | - | 50 | 15 | -5771 | 2422 | 1251 | 4880 | 107 |
| TRANSFORM. SECTOR ** | 818018 | 20 | 49013 | 7 | 229733 | 1373 | 1346117 | 109 | 32766 | 87648 | - |
| FOR SOLID FUELS | 219609 | 10 | 306 | - | 15454 | 148 | - | - | - | 323 | - |
| FOR GASES | 5907 | - | 48630 | 7 | - | - | 53274 | - | 5341 | 1117 | - |
| PETROLEUM REFINERIES | - | - | - | - | - | - | 2926 | - | - | - | - |
| THERMO-ELECTRIC PLANTS | 592502 | 10 | 77 | - | 214279 | 1225 | 1289767 | 109 | 27425 | 86208 | - |
| ENERGY SECTOR | 2062 | 21 | 328 | 67 | 456 | 37 | 954091 | 10748 | 97070 | 31272 | 709202 |
| COAL MINES | 1757 | - | 21 | - | 455 | - | 2601 | - | 580 | 24 | 29479 |
| OIL AND GAS EXTRACTION | - | - | - | - | - | - | 670891 | - | - | - | 17538 |
| PETROLEUM REFINERIES | 212 | - | - | - | - | - | 208881 | - | 56 | - | 55726 |
| ELECTRIC PLANTS | - | - | - | - | - | - | 585 | - | - | - | 220030 |
| DISTRIBUTION LOSSES | 15 | - | - | - | 1 | - | 68264 | 3664 | 970 | 6649 | 355294 |
| PUMP STORAGE (ELECTR.) | - | - | - | - | - | - | - | - | - | - | 27306 |
| OTHER ENERGY SECTOR | 78 | 21 | 307 | 67 | - | 37 | 2869 | 7084 | 95464 | 24599 | 3829 |
| FINAL CONSUMPTION | 105664 | 2881 | 116249 | 3640 | 13143 | 5844 | 5211959 | 109547 | 178521 | 217496 | 4070464 |
| INDUSTRY SECTOR | 79285 | 117 | 110819 | 3316 | 8731 | 1600 | 2335061 | 15957 | 175731 | 217496 | 1850729 |
| IRON AND STEEL | 5657 | - | 104763 | 3254 | 56 | 69 | 228160 | 54 | 156107 | 174807 | 262456 |
| CHEMICAL | 2419 | 1 | 1165 | 20 | 3311 | 427 | 209016 | 74 | 5106 | 9 | 345451 |
| PETROCHEMICAL | - | - | - | - | - | - | 44917 | - | - | - | 46637 |
| NON-FERROUS METAL | 2822 | - | 751 | - | 1071 | 27 | 23390 | 53 | 493 | - | 257446 |
| NON-METALLIC MINERAL | 7980 | 3 | 794 | - | 53 | 640 | 94498 | 134 | 1858 | 108 | 95117 |
| PAPER PULP AND PRINT | 1902 | - | 19 | - | 894 | 37 | 55887 | 80 | - | - | 197818 |
| MINING AND QUARRYING | 71 | - | 76 | - | 4 | - | 14281 | 3 | 40 | 87 | 30665 |
| FOOD AND TOBACCO | 1635 | - | 235 | - | 88 | 6 | 56057 | 181 | 393 | - | 93902 |
| WOOD AND WOOD PRODUCTS | 40 | - | 1 | - | 2 | 10 | 4904 | 4 | - | - | 35656 |
| MACHINERY | 66 | - | 506 | - | 74 | 21 | 44944 | 182 | 943 | 8 | 134478 |
| TRANSPORT EQUIPMENT | 808 | - | 196 | - | 22 | 38 | 6086 | 17 | 1699 | - | 62011 |
| CONSTRUCTION | - | - | - | - | 54 | - | - | - | - | - | 4558 |
| TEXTILES AND LEATHER | 1 | - | - | - | - | - | 2683 | 14 | 400 | - | 73729 |
| NON SPECIFIED | 55884 | 113 | 2313 | 42 | 3102 | 325 | 1550238 | 15161 | 8692 | 42477 | 210805 |
| NON-ENERGY USES: | | | | | | | | | | | |
| (1)ENERGY PRODUCTS | - | - | - | - | - | - | 36742 | - | - | - | - |
| (2)NON-ENERGY PRODUCTS | - | - | - | - | - | - | - | - | - | - | - |
| TRANSPORT. SECTOR ** | 987 | 2 | 156 | - | 83 | 115 | 2702 | 17 | - | - | 48991 |
| AIR TRANSPORT | - | - | - | - | - | - | - | - | - | - | - |
| ROAD TRANSPORT | - | - | - | - | - | - | 2702 | - | - | - | - |
| RAILWAYS | 926 | 2 | 156 | - | 83 | 115 | - | 17 | - | - | 48991 |
| INTERNAL NAVIGATION | 61 | - | - | - | - | - | - | - | - | - | - |
| OTHER SECTORS ** | 25392 | 2762 | 5274 | 324 | 4329 | 4129 | 2874196 | 93573 | 2790 | - | 2170744 |
| AGRICULTURE | 25 | - | 12 | - | - | - | 243 | - | - | - | 60805 |
| PUBLIC SERVICES | 2175 | - | 396 | - | 24 | - | 19862 | 20 | - | - | - |
| COMMERCE | 292 | 19 | 200 | - | 91 | - | 822161 | 18004 | - | - | 867159 |
| RESIDENTIAL | 22214 | 2743 | 4483 | 299 | 4196 | 4094 | 2021520 | 75412 | - | - | 1222762 |

(1) INCLUDED IN CHEMICAL OR PETROCHEMICAL INDUSTRY
(2) INCLUDED ONLY IN TOTAL INDUSTRY

** INCLUDED IN THESE TOTALS ARE THE NON-SPECIFIED ELEMENTS

| * OF WHICH: HYDRO | 851145 |
|---|---|
| NUCLEAR | 127058 |
| CONVENTIONAL THERMAL | 2830606 |
| GEOTHERMAL | 5394 |

# PRODUCTION ET UTILISATION DES SOURCES D ENERGIE : A.I.E.



UNIT: 1000 METRIC TONS
UNITE: 1000 TONNES METRIQUES

| OIL / PETROLE: CRUDE / BRUT | OIL / PETROLE: NGL / GNL | OIL / PETROLE: FEEDST. | REFINERY GAS / GAZ DE PETROLE | LIQUEFIED PETROLEUM GASES / GAZ LIQUEFIES DE PETROLE | AVIATION GASOLINE / ESSENCE AVION | MOTOR GASOLINE / ESSENCE AUTO | JET FUEL / CARBURANT REACTEUR | KEROSENE / PETROLE LAMPANT | GAS/DIESEL OIL / GAZ/DIESEL OIL | RESIDUAL FUEL OIL / FUEL OIL RESIDUEL | NAPHTHA / NAPHTHA | NON-ENERGY PRODUCTS / PRODUITS NON-ENERGETIQUES |
|---|---|---|---|---|---|---|---|---|---|---|---|---|
| 12 | 13 | 14 | 15 | 16 | 17 | 18 | 19 | 20 | 21 | 22 | 23 | 24 |
| 664847 | - | - | 42625 | 27617 | 2016 | 458371 | 70912 | 38158 | 388000 | 420237 | 58372 | 149832 |
| 2472 | - | - | 852 | 4527 | - | 203 | - | - | 75 | 120 | 94 | 1107 |
| 1164402 | - | - | - | 11602 | 222 | 19146 | 9302 | 1331 | 57303 | 105558 | 30997 | 15154 |
| -108946 | - | - | - | -3152 | -189 | -15497 | -5625 | -3075 | -34898 | -32131 | -10192 | -19050 |
| - | - | - | - | - | - | - | - | - | -9580 | -52411 | - | -283 |
| -4999 | - | - | -3 | 248 | 52 | 3482 | 294 | 1263 | 7214 | 4265 | 432 | 615 |
| 1717776 | - | - | 43474 | 40842 | 2101 | 465705 | 74883 | 37677 | 408114 | 445638 | 79703 | 147375 |
| 24672 | - | - | 107 | 141 | - | -259 | 51 | -40 | 468 | 61 | -534 | 413 |
| -28034 | - | - | - | 34162 | - | 459 | -190 | 250 | -397 | 125 | -4830 | -21566 |
| 1714414 | - | - | 43581 | 75145 | 2101 | 465905 | 74744 | 37887 | 408185 | 445824 | 74339 | 126222 |
| -1795 | - | - | 74 | -129 | -7 | -13457 | 529 | 908 | 306 | 1589 | 1736 | -7787 |
| 1716046 | - | - | 976 | 2014 | - | 1 | 568 | 189 | 12749 | 184972 | 4530 | 581 |
| - | - | - | - | 3 | - | - | - | - | 4 | 5 | - | 581 |
| - | - | - | 693 | 2011 | - | - | - | - | 29 | 187 | 2502 | - |
| 1694981 | - | - | - | - | - | - | - | - | - | - | - | - |
| 21065 | - | - | 283 | - | - | 1 | 568 | - | 11977 | 184780 | 2028 | - |
| - | - | - | 37735 | 2477 | - | 78 | 22 | 21 | 1776 | 31313 | 641 | 16941 |
| - | - | - | - | - | - | - | - | - | 109 | 179 | - | - |
| - | - | - | - | - | - | - | - | - | 185 | - | - | - |
| - | - | - | 37722 | 2449 | - | 18 | 2 | 1 | 1402 | 30936 | 641 | 16941 |
| - | - | - | - | - | - | - | - | - | 2 | 179 | - | - |
| - | - | - | 2 | 15 | - | 60 | 20 | 20 | 67 | 2 | - | - |
| - | - | - | - | - | - | - | - | - | - | - | - | - |
| - | - | - | 11 | 13 | - | - | - | - | 11 | 17 | - | - |
| 163 | - | - | 4796 | 70783 | 2108 | 479283 | 73625 | 36769 | 393354 | 227950 | 67432 | 116487 |
| 163 | - | - | 4659 | 33986 | 3 | 166 | 13 | 4888 | 63747 | 162056 | 61038 | 116423 |
| - | - | - | - | 211 | - | - | - | 6 | 2969 | 20303 | 18 | - |
| 73 | - | - | 218 | 185 | - | - | - | 45 | 4453 | 26685 | 1077 | 14 |
| 90 | - | - | 4441 | 27148 | 2 | 59 | - | 565 | 19586 | 7486 | 59927 | 54 |
| - | - | - | - | 78 | - | - | - | 5 | 1484 | 5764 | - | - |
| - | - | - | - | 300 | - | - | - | 12 | 2638 | 24928 | 6 | 40 |
| - | - | - | - | 62 | - | - | - | 14 | 1576 | 26113 | - | 2 |
| - | - | - | - | 45 | - | - | - | 66 | 1529 | 1554 | - | 116 |
| - | - | - | - | 126 | - | 2 | - | 25 | 4944 | 13606 | - | 4 |
| - | - | - | - | 22 | - | 1 | - | 14 | 1212 | 1316 | - | - |
| - | - | - | - | 32 | - | 50 | - | 15 | 2559 | 3832 | - | 1 |
| - | - | - | - | 212 | - | - | 5 | - | 1041 | 2054 | - | - |
| - | - | - | - | - | - | - | - | - | - | - | - | - |
| - | - | - | - | - | - | - | - | - | - | - | - | - |
| - | - | - | - | 5565 | 1 | 54 | 8 | 4121 | 19756 | 28415 | 10 | 61 |
| 121 | - | - | 1860 | 5460 | - | - | - | 566 | 4169 | 3075 | 60429 | - |
| - | - | - | - | - | - | - | - | - | - | - | - | 116131 |
| - | - | - | - | 4980 | 2095 | 477787 | 73522 | 562 | 131951 | 7534 | - | 2 |
| - | - | - | - | - | 2095 | - | 73522 | - | 3 | 5 | - | - |
| - | - | - | - | 4980 | - | 477568 | - | 330 | 100139 | 40 | - | 2 |
| - | - | - | - | - | - | - | - | 164 | 19591 | 849 | - | - |
| - | - | - | - | - | - | 219 | - | 68 | 12218 | 6640 | - | - |
| - | - | - | 137 | 31817 | 10 | 1330 | 90 | 31319 | 197656 | 58360 | 6394 | 62 |
| - | - | - | - | 171 | 10 | 382 | 1 | 1404 | 14041 | 1640 | - | - |
| - | - | - | - | 5 | - | 8 | - | 72 | 7180 | 2504 | - | - |
| - | - | - | - | 738 | - | 193 | - | 293 | 22455 | 31382 | - | - |
| - | - | - | - | 16274 | - | 14 | - | 27413 | 141743 | 14999 | - | 2 |

## PRODUCTION AND USES OF ENERGY SOURCES : I.E.A

1979

| X XX ENERGY XX XX SOURCES XX XX XX PRODUCTION XX XX AND USES XX | UNIT: 1000 METRIC TONS / UNITE: 1000 TONNES METRIQUES | | | | | | TCAL / TCAL | MANUFACTURED GAS (TCAL) / GAZ MANUFACTURE (TCAL) | | | MILLIONS / OF (DE) KWH |
|---|---|---|---|---|---|---|---|---|---|---|---|
| | HARD COAL / HOUILLE | PATENT FUEL / AGGLOMERES | COKE OVEN COKE / COKE DE FOUR | GAS COKE / COKE DE GAZ | BROWN COAL / LIGNITE | BKB / BRIQ. DE LIGNITE | NATURAL GAS / GAZ NATUREL | GAS WORKS / USINES A GAZ | COKE OVENS / COKERIES | BLAST FURNACES / HAUT FOURNEAUX | ELECTRICITY* / ELECTRICITE* |
| | 1 | 2 | 3 | 4 | 5 | 6 | 7 | 8 | 9 | 10 | 11 |
| PRODUCTION | 1019686 | 3398 | 171198 | 4604 | 265570 | 7940 | 7611686 | 77559 | 328898 | 357757 | 4938325 |
| FROM OTHER SOURCES | 1847 | - | - | - | - | - | - | 51724 | 2068 | - | - |
| IMPORT | 141683 | 289 | 13593 | - | 2029 | 1400 | 1275264 | - | - | - | 93007 |
| EXPORT | -133296 | -450 | -17929 | -604 | -78 | -845 | -967888 | -9 | - | - | -96983 |
| INTL. MARINE BUNKERS | - | - | - | - | - | - | - | - | - | - | - |
| STOCK CHANGES | -30203 | -14 | 8542 | 9 | -938 | 73 | -72210 | - | - | - | - |
| DOMESTIC SUPPLY | 999717 | 3223 | 175404 | 4009 | 266583 | 8568 | 7846852 | 129274 | 330966 | 357757 | 4934349 |
| RETURNS TO SUPPLY | - | - | - | - | - | - | - | - | - | - | - |
| TRANSFERS | - | - | - | - | - | - | - | - | - | - | - |
| DOMESTIC AVAILABILITY | 999717 | 3223 | 175404 | 4009 | 266583 | 8568 | 7846852 | 129274 | 330966 | 357757 | 4934349 |
| STATISTICAL DIFFERENCE | 1198 | -32 | 175 | - | 550 | 14 | -9642 | 300 | 1054 | -262 | 60 |
| TRANSFORM. SECTOR ** | 886454 | 19 | 50963 | 7 | 250290 | 1604 | 1444396 | 769 | 35056 | 97182 | - |
| FOR SOLID FUELS | 236223 | 5 | 295 | - | 19226 | 158 | - | - | - | 524 | - |
| FOR GASES | 6318 | - | 50593 | 7 | - | - | 57157 | - | 5467 | 1123 | - |
| PETROLEUM REFINERIES | - | - | - | - | - | - | 3037 | - | - | - | - |
| THERMO-ELECTRIC PLANTS | 643913 | 14 | 75 | - | 231064 | 1446 | 1368992 | 769 | 29589 | 95535 | - |
| ENERGY SECTOR | 1899 | 17 | 372 | 74 | 239 | 7 | 972528 | 11262 | 106506 | 32940 | 728488 |
| COAL MINES | 1606 | - | 19 | - | 238 | - | 2148 | - | 744 | - | 30598 |
| OIL AND GAS EXTRACTION | - | - | - | - | - | - | 689889 | - | - | - | 17945 |
| PETROLEUM REFINERIES | 204 | - | - | - | - | - | 200363 | - | 73 | - | 63518 |
| ELECTRIC PLANTS | - | - | - | - | - | - | 473 | - | - | - | 226723 |
| DISTRIBUTION LOSSES | 16 | - | 20 | - | 1 | - | 76313 | 3592 | 1296 | 7185 | 355997 |
| PUMP STORAGE (ELECTR.) | - | - | - | - | - | - | - | - | - | - | 29523 |
| OTHER ENERGY SECTOR | 73 | 17 | 333 | 74 | - | 7 | 3342 | 7670 | 104393 | 25755 | 4184 |
| FINAL CONSUMPTION | 110166 | 3219 | 123894 | 3928 | 15504 | 6943 | 5439570 | 116943 | 188350 | 227897 | 4205801 |
| INDUSTRY SECTOR | 83606 | 118 | 118023 | 3356 | 9996 | 2041 | 2415453 | 14942 | 185901 | 227897 | 1916505 |
| IRON AND STEEL | 5069 | 10 | 111195 | 3283 | 69 | 89 | 236786 | 719 | 164522 | 185634 | 278859 |
| CHEMICAL | 2455 | 1 | 1338 | 25 | 2693 | 469 | 218425 | 64 | 5636 | 9 | 351500 |
| PETROCHEMICAL | - | - | - | - | - | - | 85022 | - | - | - | 46502 |
| NON-FERROUS METAL | 3198 | - | 829 | - | 1121 | 22 | 28555 | 56 | 503 | - | 261523 |
| NON-METALLIC MINERAL | 9569 | 2 | 947 | - | 641 | 987 | 117378 | 126 | 2116 | 83 | 97997 |
| PAPER PULP AND PRINT | 2066 | - | 24 | - | 898 | 68 | 46752 | 54 | 47 | - | 200921 |
| MINING AND QUARRYING | 121 | - | 66 | - | 4 | - | 22235 | - | 40 | 69 | 34192 |
| FOOD AND TOBACCO | 1705 | - | 242 | - | 86 | - | 62276 | 213 | 329 | - | 95113 |
| WOOD AND WOOD PRODUCTS | 57 | - | 1 | - | 1 | 10 | 3999 | 10 | - | - | 35669 |
| MACHINERY | 66 | - | 408 | - | 83 | 24 | 52236 | 211 | 1014 | 12 | 140560 |
| TRANSPORT EQUIPMENT | 878 | - | 223 | - | 23 | 31 | 12316 | 17 | 2309 | - | 63486 |
| CONSTRUCTION | - | - | 31 | - | 152 | - | - | - | - | - | 4720 |
| TEXTILES AND LEATHER | 1 | - | - | - | - | - | 2628 | 13 | 202 | - | 73569 |
| NON SPECIFIED | 58421 | 105 | 2719 | 48 | 4225 | 341 | 1526845 | 13459 | 9183 | 42090 | 231894 |
| NON-ENERGY USES: | | | | | | | | | | | |
| (1)ENERGY PRODUCTS | - | - | - | - | - | - | 49123 | - | - | - | - |
| (2)NON-ENERGY PRODUCTS | - | - | - | - | - | - | - | - | - | - | - |
| TRANSPORT. SECTOR ** | 510 | 2 | 182 | - | 326 | 102 | 3356 | 52 | - | - | 51709 |
| AIR TRANSPORT | - | - | - | - | - | - | - | - | - | - | - |
| ROAD TRANSPORT | - | - | - | - | - | - | 2758 | - | - | - | - |
| RAILWAYS | 461 | 2 | 182 | - | 326 | 102 | 598 | 52 | - | - | 51709 |
| INTERNAL NAVIGATION | 49 | - | - | - | - | - | - | - | - | - | - |
| OTHER SECTORS ** | 26050 | 3099 | 5689 | 572 | 5182 | 4800 | 3020761 | 101949 | 2449 | - | 2237587 |
| AGRICULTURE | 31 | - | 15 | - | - | - | 3006 | 200 | - | - | 63464 |
| PUBLIC SERVICES | 2157 | - | 380 | - | 74 | - | 22389 | 20 | - | - | - |
| COMMERCE | 338 | - | 196 | - | 136 | - | 856621 | 19746 | - | - | 896092 |
| RESIDENTIAL | 22507 | 3099 | 4895 | 536 | 4946 | 4733 | 1947910 | 81843 | - | - | 1255750 |

(1) INCLUDED IN CHEMICAL OR PETROCHEMICAL INDUSTRY
(2) INCLUDED ONLY IN TOTAL INDUSTRY

| * OF WHICH: HYDRO | 854775 |
|---|---|
| NUCLEAR | 173172 |
| CONVENTIONAL THERMAL | 3060902 |
| GEOTHERMAL | 6443 |

** INCLUDED IN THESE TOTALS ARE THE NON-SPECIFIED ELEMENTS

PRODUCTION ET UTILISATION DES SOURCES D ENERGIE : A.I.E.

1979

UNIT: 1000 METRIC TONS
UNITE: 1000 TONNES METRIQUES

| OIL / PETROLE | | | REFINERY GAS | LIQUEFIED PETROLEUM GASES | AVIATION GASOLINE | MOTOR GASOLINE | JET FUEL | KEROSENE | GAS/DIESEL OIL | RESIDUAL FUEL OIL | NAPHTHA | NON-ENERGY PRODUCTS |
|---|---|---|---|---|---|---|---|---|---|---|---|---|
| CRUDE BRUT | NGL GNL | FEEDST. | GAZ DE PETROLE | GAZ LIQUEFIES DE PETROLE | ESSENCE AVION | ESSENCE AUTO | CARBURANT REACTEUR | PETROLE LAMPANT | GAZ/DIESEL OIL | FUEL OIL RESIDUEL | NAPHTHA | PRODUITS NON-ENERGETIQUES |
| 12 | 13 | 14 | 15 | 16 | 17 | 18 | 19 | 20 | 21 | 22 | 23 | 24 |
| 629166 | 62535 | - | 43203 | 29044 | 1885 | 450440 | 76795 | 41056 | 405102 | 422757 | 62505 | 158625 |
| 2017 | - | 40 | 921 | 5011 | - | - | - | - | - | - | 90 | 18024 |
| 1124308 | 11605 | 17816 | - | 13589 | 223 | 19592 | 9547 | 1482 | 59752 | 98655 | 33229 | 18047 |
| -75407 | -6905 | -1346 | - | -2270 | -197 | -18909 | -6659 | -3040 | -41963 | -32432 | -12491 | -23698 |
| - | - | - | - | - | - | -1 | -962 | - | -9001 | -57437 | - | -291 |
| -13398 | 968 | -2515 | 10 | -169 | 31 | -532 | -1241 | -1146 | -6764 | -3415 | -912 | 628 |
| 1666686 | 68203 | 13995 | 44134 | 45205 | 1942 | 450590 | 77480 | 38352 | 407126 | 428128 | 82421 | 171335 |
| - | - | 8569 | - | -44 | - | -520 | -9 | -238 | -50 | -741 | -2568 | -196 |
| -677 | -42887 | 25039 | 262 | 42588 | 9 | 1883 | -251 | 348 | 466 | -679 | -5496 | -20719 |
| 1666009 | 25316 | 47603 | 44396 | 87749 | 1951 | 451953 | 77220 | 38462 | 407542 | 426708 | 74357 | 150420 |
| -1185 | 176 | -3440 | 253 | -228 | 25 | -15148 | 584 | 518 | -206 | -1674 | -1774 | -12989 |
| 1667003 | 23592 | 51021 | 1101 | 3694 | - | 3 | 400 | 186 | 9003 | 181171 | 4034 | 728 |
| - | - | - | - | 3 | - | - | - | - | - | - | - | 728 |
| - | - | - | 783 | 3158 | - | - | - | - | 16 | 180 | 2299 | - |
| 1649829 | 21352 | 51021 | - | - | - | - | - | - | - | - | - | - |
| 17174 | 2240 | - | 318 | 532 | - | 3 | 400 | - | 8287 | 180417 | 1735 | - |
| - | - | - | 38495 | 2931 | - | 15 | 1 | 1 | 1417 | 29253 | 539 | 16323 |
| - | - | - | - | - | - | 1 | - | - | 103 | 121 | - | - |
| - | - | - | - | 169 | - | - | - | - | 61 | - | - | - |
| - | - | - | 38484 | 2753 | - | 14 | 1 | 1 | 1232 | 28923 | 539 | 16323 |
| - | - | - | - | - | - | - | - | - | 8 | 179 | - | - |
| - | - | - | - | - | - | - | - | - | 2 | 1 | - | - |
| - | - | - | - | - | - | - | - | - | - | - | - | - |
| - | - | - | 11 | 9 | - | - | - | - | 11 | 29 | - | - |
| 191 | 1548 | 22 | 4547 | 81352 | 1926 | 467083 | 76235 | 37757 | 397328 | 217958 | 71558 | 146358 |
| 161 | 709 | 22 | 4451 | 31550 | 1 | 156 | 10 | 4841 | 65164 | 166928 | 66347 | 141852 |
| - | - | - | - | 185 | - | 3 | - | 6 | 2763 | 21076 | 2 | 1 |
| 146 | - | - | 162 | 388 | - | 2 | - | 51 | 4065 | 26698 | 898 | 62 |
| 13 | 536 | 22 | 4288 | 24681 | - | 10 | - | 860 | 22863 | 6177 | 65439 | 43 |
| - | - | - | - | 173 | - | 1 | - | - | 1595 | 8153 | 7 | - |
| - | - | - | - | 462 | - | 2 | - | 7 | 4592 | 28060 | - | - |
| - | - | - | - | 61 | - | 3 | - | 11 | 1331 | 26555 | - | 1 |
| - | - | - | - | 9 | - | 1 | - | 70 | 2316 | 2269 | - | 146 |
| - | - | - | - | 148 | - | - | - | 21 | 4958 | 13869 | - | 5 |
| - | - | - | - | 7 | - | 2 | - | 12 | 1088 | 1557 | - | - |
| - | - | - | - | 91 | - | 64 | - | 16 | 2509 | 3841 | - | 1 |
| - | - | - | - | 219 | - | 6 | 10 | - | 1045 | 2444 | - | - |
| - | - | - | - | - | - | - | - | - | - | - | - | - |
| - | - | - | - | - | - | - | - | - | - | - | - | - |
| 2 | 173 | - | 1 | 5126 | 1 | 62 | - | 3787 | 16039 | 26229 | 1 | 58 |
| 146 | 303 | - | 1523 | 7065 | - | - | - | 861 | 4470 | 4199 | 65864 | - |
| - | - | - | - | - | - | - | - | - | - | - | - | 141535 |
| - | 25 | - | - | 3959 | 1915 | 465531 | 75417 | 427 | 142510 | 8677 | - | - |
| - | - | - | - | - | 1915 | - | 75417 | - | 3 | 10 | - | - |
| - | 25 | - | - | 3958 | - | 465284 | - | 192 | 108822 | 31 | - | - |
| - | - | - | - | 1 | - | - | - | 171 | 20545 | 842 | - | - |
| - | - | - | - | - | - | 247 | - | 64 | 13115 | 7794 | - | - |
| 30 | 814 | - | 96 | 45843 | 10 | 1396 | 808 | 32489 | 189654 | 42353 | 5211 | 4506 |
| - | 99 | - | - | 267 | 10 | 368 | 2 | 1422 | 16226 | 1828 | - | - |
| - | - | - | - | 294 | - | 9 | 94 | 70 | 7251 | 2445 | - | 1 |
| - | 185 | - | - | 988 | - | 192 | 26 | 277 | 22307 | 18155 | - | - |
| - | 530 | - | - | 19118 | - | 20 | - | 28798 | 119999 | 13758 | - | 3 |

## PRODUCTION AND USES OF ENERGY SOURCES : I.E.A

1980

| PRODUCTION AND USES / ENERGY SOURCES | UNIT: 1000 METRIC TONS / UNITE: 1000 TONNES METRIQUES | | | | | | TCAL / TCAL | MANUFACTURED GAS (TCAL) / GAZ MANUFACTURE (TCAL) | | | MILLIONS OF (DE) KWH |
|---|---|---|---|---|---|---|---|---|---|---|---|
| | HARD COAL / HOUILLE | PATENT FUEL / AGGLOMERES | COKE OVEN COKE / COKE DE FOUR | GAS COKE / COKE DE GAZ | BROWN COAL / LIGNITE | BKB / BRIQ. DE LIGNITE | NATURAL GAS / GAZ NATUREL | GAS WORKS / USINES A GAZ | COKE OVENS / COKERIES | BLAST FURNACES / HAUT FOURNEAUX | ELECTRICITY* / ELECTRICITE* |
| | 1 | 2 | 3 | 4 | 5 | 6 | 7 | 8 | 9 | 10 | 11 |
| PRODUCTION | 1073157 | 2974 | 164266 | 4458 | 278800 | 8196 | 7493709 | 81551 | 315592 | 312119 | 4971835 |
| FROM OTHER SOURCES | 1900 | - | - | - | - | - | - | 54477 | 929 | - | - |
| IMPORT | 161337 | 354 | 9517 | - | 2699 | 1837 | 1291859 | - | - | - | 96628 |
| EXPORT | -159814 | -386 | -15490 | -344 | -35 | -987 | -1004473 | -8 | - | - | -97475 |
| INTL. MARINE BUNKERS | - | - | - | - | - | - | - | - | - | - | - |
| STOCK CHANGES | -30947 | -59 | -3977 | -66 | -2170 | -11 | 39082 | 26 | - | - | - |
| DOMESTIC SUPPLY | 1045633 | 2883 | 154316 | 4048 | 279294 | 9035 | 7820177 | 136046 | 316521 | 312119 | 4970988 |
| RETURNS TO SUPPLY | - | - | - | - | - | - | - | - | - | - | - |
| TRANSFERS | - | - | - | - | - | - | - | - | - | - | - |
| DOMESTIC AVAILABILITY | 1045633 | 2883 | 154316 | 4048 | 279294 | 9035 | 7820177 | 136046 | 316521 | 312119 | 4970988 |
| STATISTICAL DIFFERENCE | 11493 | -38 | 205 | - | 489 | 18 | -6628 | 1595 | 1022 | -961 | -166 |
| TRANSFORM. SECTOR ** | 931277 | 4 | 46554 | 7 | 260016 | 1681 | 1504829 | 847 | 35627 | 78724 | - |
| FOR SOLID FUELS | 231965 | 1 | 176 | - | 19697 | 142 | 73 | - | - | 374 | - |
| FOR GASES | 5658 | - | 46299 | 7 | - | - | 61228 | - | 5243 | 1183 | - |
| PETROLEUM REFINERIES | - | - | - | - | - | - | 3612 | - | - | - | - |
| THERMO-ELECTRIC PLANTS | 693654 | 3 | 79 | - | 240319 | 1539 | 1424936 | 847 | 30384 | 77167 | - |
| ENERGY SECTOR | 1653 | 22 | 408 | 179 | 264 | 12 | 830894 | 11120 | 103740 | 29979 | 741580 |
| COAL MINES | 1543 | - | 18 | - | 248 | - | 806 | - | 1067 | - | 32362 |
| OIL AND GAS EXTRACTION | - | - | - | - | - | - | 547361 | - | - | - | 18838 |
| PETROLEUM REFINERIES | - | - | - | - | - | - | 215778 | - | 804 | - | 65647 |
| ELECTRIC PLANTS | - | - | - | - | - | - | 199 | - | - | - | 227706 |
| DISTRIBUTION LOSSES | 63 | - | 20 | - | 16 | - | 62748 | 3782 | 1236 | 5492 | 364528 |
| PUMP STORAGE (ELECTR.) | - | - | - | - | - | - | - | - | - | - | 29420 |
| OTHER ENERGY SECTOR | 47 | 22 | 370 | 179 | - | 12 | 4002 | 7338 | 100633 | 24487 | 3079 |
| FINAL CONSUMPTION | 101210 | 2895 | 107149 | 3862 | 18525 | 7324 | 5491082 | 122484 | 176132 | 204377 | 4229574 |
| INDUSTRY SECTOR | 76558 | 76 | 101772 | 3392 | 10555 | 2458 | 2511583 | 18017 | 175192 | 204377 | 1870511 |
| IRON AND STEEL | 5576 | - | 94975 | 3365 | 47 | 110 | 305193 | 644 | 154881 | 172489 | 258796 |
| CHEMICAL | 2624 | 2 | 1436 | - | 2835 | 480 | 617260 | 47 | 5233 | 9 | 325969 |
| PETROCHEMICAL | - | - | - | - | - | - | 87731 | - | - | - | 44840 |
| NON-FERROUS METAL | 2238 | - | 898 | - | 1138 | 21 | 117882 | 55 | 495 | - | 263198 |
| NON-METALLIC MINERAL | 13857 | 1 | 976 | - | 841 | 1442 | 266526 | 127 | 1906 | - | 97875 |
| PAPER PULP AND PRINT | 1328 | - | 2 | - | 921 | 43 | 166423 | 69 | 90 | - | 204287 |
| MINING AND QUARRYING | 121 | - | 205 | - | 15 | - | 21376 | - | - | - | 36263 |
| FOOD AND TOBACCO | 1641 | - | 247 | - | 102 | 1 | 193673 | 188 | 247 | - | 98257 |
| WOOD AND WOOD PRODUCTS | 53 | - | 1 | - | 1 | 11 | 19861 | 34 | 478 | - | 34408 |
| MACHINERY | 136 | - | 417 | - | 83 | 15 | 84203 | 180 | 1412 | - | 141232 |
| TRANSPORT EQUIPMENT | 759 | - | 200 | - | 18 | 35 | 53912 | 17 | 1983 | - | 64137 |
| CONSTRUCTION | 4 | - | 95 | - | 164 | - | - | - | 170 | 86 | 4766 |
| TEXTILES AND LEATHER | 480 | - | 30 | - | 58 | 24 | 40710 | 13 | 275 | - | 71805 |
| NON SPECIFIED | 47741 | 73 | 2290 | 27 | 4332 | 276 | 536833 | 16643 | 8022 | 31793 | 224678 |
| NON-ENERGY USES: | | | | | | | | | | | |
| (1)ENERGY PRODUCTS | - | - | - | - | - | - | 102109 | - | - | - | - |
| (2)NON-ENERGY PRODUCTS | - | - | - | - | - | - | - | - | - | - | - |
| TRANSPORT. SECTOR ** | 435 | 4 | 177 | - | 211 | 121 | 21935 | 34 | - | - | 52309 |
| AIR TRANSPORT | - | - | - | - | - | - | 18 | - | - | - | - |
| ROAD TRANSPORT | - | - | - | - | - | - | 2890 | - | - | - | - |
| RAILWAYS | 400 | 4 | 177 | - | 211 | 121 | 660 | 34 | - | - | 52309 |
| INTERNAL NAVIGATION | 35 | - | - | - | - | - | - | - | - | - | - |
| OTHER SECTORS ** | 24217 | 2815 | 5200 | 470 | 7759 | 4745 | 2957564 | 104433 | 940 | - | 2306754 |
| AGRICULTURE | 38 | - | 10 | - | - | - | 3364 | 717 | - | - | 62285 |
| PUBLIC SERVICES | 1843 | - | 313 | - | 78 | - | 27711 | 944 | - | - | - |
| COMMERCE | 191 | - | - | - | 512 | - | 849480 | 18901 | - | - | 921470 |
| RESIDENTIAL | 21231 | 2811 | 4477 | 470 | 7167 | 4709 | 1915178 | 83623 | - | - | 1303268 |

(1) INCLUDED IN CHEMICAL OR PETROCHEMICAL INDUSTRY
(2) INCLUDED ONLY IN TOTAL INDUSTRY

** INCLUDED IN THESE TOTALS ARE THE NON-SPECIFIED ELEMENTS

| * OF WHICH: | |
|---|---|
| HYDRO | 810839 |
| NUCLEAR | 93953 |
| CONVENTIONAL THERMAL | 2618067 |
| GEOTHERMAL | 4506 |

UNIT: 1000 METRIC TONS
UNITE: 1000 TONNES METRIQUES

| OIL PETROLE | | | REFINERY GAS | LIQUEFIED PETROLEUM GASES | AVIATION GASOLINE | MOTOR GASOLINE | JET FUEL | KEROSENE | GAS/DIESEL OIL | RESIDUAL FUEL OIL | NAPHTHA | NON-ENERGY PRODUCTS |
|---|---|---|---|---|---|---|---|---|---|---|---|---|
| CRUDE BRUT | NGL GNL | FEEDST. | GAZ DE PETROLE | GAZ LIQUEFIES DE PETROLE | ESSENCE AVION | ESSENCE AUTO | CARBURANT REACTEUR | PETROLE LAMPANT | GAZ/DIESEL OIL | FUEL OIL RESIDUEL | NAPHTHA | PRODUITS NON-ENERGETIQUES |
| 12 | 13 | 14 | 15 | 16 | 17 | 18 | 19 | 20 | 21 | 22 | 23 | 24 |
| 631181 | 68391 | - | 41642 | 26809 | 2081 | 438205 | 75763 | 34049 | 364748 | 380198 | 59109 | 132971 |
| 2008 | - | - | - | 865 | - | - | - | - | - | 6 | 94 | 54 |
| 976969 | 11819 | 14888 | - | 15112 | 214 | 22221 | 10452 | 677 | 57000 | 93811 | 28843 | 15053 |
| -76474 | -7959 | -1291 | - | -2136 | -373 | -18361 | -9273 | -2447 | -39428 | -30487 | -10565 | -21088 |
| - | - | - | - | - | - | - | - | - | -8799 | -60900 | - | -278 |
| -15156 | -1952 | -1145 | 4 | -243 | -7 | -4360 | -650 | 678 | -1709 | 1406 | -245 | -816 |
| 1518528 | 70299 | 12452 | 41646 | 40407 | 1915 | 437705 | 76292 | 32957 | 371812 | 384034 | 77236 | 125896 |
| - | - | 15546 | 44 | -429 | -1 | -536 | - | - | -1566 | -2298 | -9029 | -592 |
| -677 | -42402 | 15719 | -355 | 39932 | 49 | -673 | -209 | 690 | -509 | -4196 | -2794 | -3598 |
| 1517851 | 27897 | 43717 | 41335 | 79910 | 1963 | 436496 | 76083 | 33647 | 369737 | 377540 | 65413 | 121706 |
| 655 | -1523 | -3869 | 214 | -1575 | 17 | -14156 | 378 | 467 | 1165 | -6024 | 780 | -5934 |
| 1517047 | 26965 | 47586 | 1017 | 3648 | - | 9 | 252 | 212 | 5884 | 164404 | 3431 | 762 |
| - | - | - | 5 | 2 | - | - | - | - | - | 10 | - | 600 |
| - | - | - | 737 | 2969 | - | - | - | - | 12 | 62 | 2241 | - |
| 1505267 | 24822 | 47586 | - | - | - | - | - | - | - | - | - | - |
| 11780 | 2143 | - | 245 | 673 | - | 9 | 252 | - | 5057 | 163768 | 1190 | 162 |
| - | - | - | 37437 | 1732 | - | 12 | - | 4 | 792 | 27534 | 497 | 16420 |
| - | - | - | - | - | - | - | - | - | 82 | 66 | - | - |
| - | - | - | - | 188 | - | - | - | - | 69 | 12 | - | - |
| - | - | - | 37432 | 1544 | - | 12 | - | - | 617 | 27086 | 493 | 16420 |
| - | - | - | - | - | - | - | - | - | 8 | 205 | - | - |
| - | - | - | - | - | - | - | - | 4 | 5 | 2 | - | - |
| - | - | - | - | - | - | - | - | - | - | - | - | - |
| - | - | - | 5 | - | - | - | - | - | 11 | 163 | 4 | - |
| 149 | 2455 | - | 2667 | 76105 | 1946 | 450631 | 75453 | 32964 | 361896 | 191626 | 60705 | 110458 |
| 149 | 1716 | - | 2597 | 32237 | - | 479 | 37 | 5966 | 41164 | 136487 | 55005 | 105937 |
| - | - | - | - | 739 | - | 2 | - | 2 | 2099 | 14763 | 7 | - |
| 129 | - | - | 47 | 535 | - | 1 | - | 32 | 2588 | 22853 | 1044 | 55 |
| 14 | 1545 | - | 2537 | 21735 | - | 107 | - | 841 | 1970 | 3967 | 53923 | 18433 |
| - | - | - | - | 297 | - | 1 | - | 2 | 1253 | 5615 | 30 | - |
| - | - | - | - | 558 | - | - | - | 20 | 3338 | 22958 | - | - |
| - | - | - | - | 109 | - | 1 | - | 1 | 938 | 19213 | - | 1 |
| - | - | - | - | 6 | - | 1 | - | 54 | 1404 | 1607 | - | 110 |
| - | - | - | - | 348 | - | 9 | - | 59 | 4546 | 12135 | - | 1 |
| - | - | - | - | 55 | - | 1 | - | - | 729 | 1011 | - | - |
| - | - | - | - | 345 | - | 70 | - | 19 | 2105 | 3195 | - | 1 |
| - | - | - | - | 118 | - | 2 | - | 14 | 1069 | 2037 | - | - |
| - | - | - | - | 10 | - | 4 | - | 545 | 3696 | 239 | - | - |
| - | - | - | - | 104 | - | - | - | 5 | 1015 | 6074 | - | 1 |
| 6 | 171 | - | 13 | 7278 | - | 280 | 37 | 4372 | 14414 | 20820 | 1 | 49 |
| 129 | 643 | - | 1607 | 21444 | - | 100 | - | 837 | 2917 | 12745 | 56843 | - |
| - | - | - | - | - | - | - | - | - | - | - | - | 87286 |
| - | 25 | - | - | 4356 | 1935 | 446895 | 74655 | 431 | 134328 | 10192 | - | - |
| - | - | - | - | - | 1935 | 1 | 74655 | 2 | 2 | 6 | - | - |
| - | 25 | - | - | 4352 | - | 443240 | - | 118 | 104663 | 66 | - | - |
| - | - | - | - | 4 | - | - | - | 165 | 19747 | 855 | - | - |
| - | - | - | - | - | - | 262 | - | 17 | 8194 | 7749 | - | - |
| - | 714 | - | 70 | 39512 | 11 | 3257 | 761 | 26567 | 186404 | 44947 | 5700 | 4522 |
| - | 98 | - | - | 153 | 9 | 2265 | 2 | 1651 | 25166 | 1374 | - | - |
| - | 1 | - | - | 91 | - | 11 | 487 | 124 | 5691 | 2324 | - | 8 |
| - | 182 | - | - | 1054 | 1 | 263 | 172 | 1144 | 29233 | 16904 | - | 1 |
| - | 433 | - | - | 19295 | - | 9 | - | 20918 | 111046 | 12014 | - | 3 |

## PRODUCTION AND USES OF ENERGY SOURCES : I.E.A

1981

| PRODUCTION AND USES / ENERGY SOURCES | HARD COAL / HOUILLE | PATENT FUEL / AGGLOMERES | COKE OVEN COKE / COKE DE FOUR | GAS COKE / COKE DE GAZ | BROWN COAL / LIGNITE | BKB / BRIQ. DE LIGNITE | NATURAL GAS / GAZ NATUREL | GAS WORKS / USINES A GAZ | COKE OVENS / COKERIES | BLAST FURNACES / HAUT FOURNEAUX | ELECTRICITY* / ELECTRICITE* |
|---|---|---|---|---|---|---|---|---|---|---|---|
| | UNIT: 1000 METRIC TONS / UNITE: 1000 TONNES METRIQUES | | | | | | TCAL / TCAL | MANUFACTURED GAS (TCAL) / GAZ MANUFACTURE (TCAL) | | | MILLIONS OF (DE) KWH |
| | 1 | 2 | 3 | 4 | 5 | 6 | 7 | 8 | 9 | 10 | 11 |
| PRODUCTION | 1077580 | 3111 | 158417 | 3812 | 297590 | 7772 | 7534852 | 79865 | 304629 | 311408 | 5003506 |
| FROM OTHER SOURCES | 2074 | - | - | - | - | - | - | 58225 | 671 | - | - |
| IMPORT | 172386 | 289 | 8404 | - | 3500 | 2091 | 1267818 | - | - | - | 111429 |
| EXPORT | -191949 | -386 | -13655 | -192 | -29 | -931 | -965864 | - | - | - | -107305 |
| INTL. MARINE BUNKERS | - | - | - | - | - | - | - | - | - | - | - |
| STOCK CHANGES | 961 | -128 | 2019 | 68 | -2434 | 2 | -69229 | - | - | - | - |
| DOMESTIC SUPPLY | 1061052 | 2886 | 155185 | 3688 | 298627 | 8934 | 7767577 | 138090 | 305300 | 311408 | 5007630 |
| RETURNS TO SUPPLY | - | - | - | - | - | - | - | - | - | - | - |
| TRANSFERS | - | - | - | - | - | - | - | - | - | - | - |
| DOMESTIC AVAILABILITY | 1061052 | 2886 | 155185 | 3688 | 298627 | 8934 | 7767577 | 138090 | 305300 | 311408 | 5007630 |
| STATISTICAL DIFFERENCE | -3165 | -9 | 268 | - | 71 | - | -7003 | 1537 | 7141 | 4750 | 269 |
| TRANSFORM. SECTOR ** | 954702 | 1 | 46137 | 8 | 277179 | 1617 | 1469280 | 166 | 36981 | 73470 | - |
| FOR SOLID FUELS | 226860 | 1 | 210 | - | 18484 | 152 | - | - | - | 300 | - |
| FOR GASES | 5349 | - | 45845 | 8 | - | - | 63210 | 3 | 4866 | 1147 | - |
| PETROLEUM REFINERIES | - | - | - | - | - | - | 2190 | - | - | - | - |
| THERMO-ELECTRIC PLANTS | 722493 | - | 82 | - | 258695 | 1465 | 1388891 | 163 | 32115 | 72023 | - |
| ENERGY SECTOR | 1497 | 22 | 458 | 172 | 265 | 15 | 804134 | 10784 | 98004 | 28944 | 734351 |
| COAL MINES | 1402 | - | 16 | - | 252 | - | 756 | - | 1140 | - | 33099 |
| OIL AND GAS EXTRACTION | - | - | - | - | - | - | 541240 | - | - | - | 21019 |
| PETROLEUM REFINERIES | - | - | - | - | - | - | 199399 | - | 804 | - | 65360 |
| ELECTRIC PLANTS | - | - | - | - | - | - | 175 | - | - | - | 228853 |
| DISTRIBUTION LOSSES | 39 | - | 19 | - | 13 | - | 58396 | 3518 | 1176 | 4776 | 349882 |
| PUMP STORAGE (ELECTR.) | - | - | - | - | - | - | - | - | - | - | 32111 |
| OTHER ENERGY SECTOR | 56 | 22 | 423 | 172 | - | 15 | 4168 | 7266 | 94884 | 24168 | 4027 |
| FINAL CONSUMPTION | 108018 | 2872 | 108322 | 3508 | 21112 | 7302 | 5501166 | 125603 | 163174 | 204244 | 4273010 |
| INDUSTRY SECTOR | 83743 | 88 | 103553 | 3342 | 13922 | 3079 | 2435056 | 19339 | 162637 | 204244 | 1864722 |
| IRON AND STEEL | 5383 | - | 96939 | 3321 | 27 | 230 | 290437 | 44 | 149443 | 184312 | 259637 |
| CHEMICAL | 3476 | 1 | 1199 | - | 3656 | 566 | 600256 | 38 | 3936 | 7 | 325740 |
| PETROCHEMICAL | - | - | 49 | - | - | - | 88460 | - | - | - | 43555 |
| NON-FERROUS METAL | 2325 | - | 881 | - | 1313 | 24 | 112856 | 65 | 412 | - | 272607 |
| NON-METALLIC MINERAL | 17920 | 1 | 880 | - | 1093 | 1771 | 243864 | 122 | 1213 | - | 95661 |
| PAPER PULP AND PRINT | 1438 | - | 3 | - | 870 | 65 | 161338 | 64 | 113 | - | 200995 |
| MINING AND QUARRYING | 157 | - | 129 | - | 17 | - | 26666 | - | - | - | 40032 |
| FOOD AND TOBACCO | 1575 | - | 261 | - | 109 | 18 | 189469 | 183 | 230 | - | 100056 |
| WOOD AND WOOD PRODUCTS | 52 | - | 1 | - | 1 | 8 | 19329 | 211 | 239 | - | 33801 |
| MACHINERY | 154 | - | 457 | - | 74 | 12 | 78628 | 173 | 1205 | - | 141826 |
| TRANSPORT EQUIPMENT | 673 | - | 308 | - | 26 | 36 | 53583 | 17 | 1217 | - | 62930 |
| CONSTRUCTION | 8 | - | 122 | - | 149 | - | 11921 | - | 175 | 63 | 4833 |
| TEXTILES AND LEATHER | 512 | - | 51 | - | 58 | 47 | 79391 | 20 | 27 | - | 68124 |
| NON SPECIFIED | 50070 | 86 | 2273 | 21 | 6529 | 302 | 478858 | 18402 | 4427 | 19862 | 214925 |
| NON-ENERGY USES: | | | | | | | | | | | |
| (1)ENERGY PRODUCTS | - | - | - | - | - | - | 86391 | - | - | - | - |
| (2)NON-ENERGY PRODUCTS | - | - | - | - | - | - | - | - | - | - | - |
| TRANSPORT. SECTOR ** | 484 | 3 | 196 | - | 190 | 141 | 22562 | 35 | - | - | 52620 |
| AIR TRANSPORT | - | - | - | - | - | - | - | - | - | - | - |
| ROAD TRANSPORT | - | - | - | - | - | - | 2884 | - | - | - | - |
| RAILWAYS | 478 | 3 | 196 | - | 190 | 141 | 638 | 35 | - | - | 52620 |
| INTERNAL NAVIGATION | 6 | - | - | - | - | - | - | - | - | - | - |
| OTHER SECTORS ** | 23791 | 2781 | 4573 | 166 | 7000 | 4082 | 3043548 | 106229 | 537 | - | 2355668 |
| AGRICULTURE | 61 | - | 10 | - | - | - | 3588 | 717 | - | - | 62670 |
| PUBLIC SERVICES | 1717 | 50 | 288 | - | 72 | - | 29185 | 861 | - | - | - |
| COMMERCE | 95 | - | 1 | 2 | 425 | 24 | 886396 | 19578 | - | - | 962873 |
| RESIDENTIAL | 20971 | 2728 | 3866 | 164 | 6503 | 4035 | 1909580 | 84850 | - | - | 1310327 |

(1) INCLUDED IN CHEMICAL OR PETROCHEMICAL INDUSTRY
(2) INCLUDED ONLY IN TOTAL INDUSTRY

| * OF WHICH: HYDRO | 851145 |
|---|---|
| NUCLEAR | 127058 |
| CONVENTIONAL THERMAL | 2830606 |
| GEOTHERMAL | 5394 |

** INCLUDED IN THESE TOTALS ARE THE NON-SPECIFIED ELEMENTS

UNIT: 1000 METRIC TONS
UNITE: 1000 TONNES METRIQUES

| OIL / PETROLE: CRUDE / BRUT | OIL / PETROLE: NGL / GNL | OIL / PETROLE: FEEDST. | REFINERY GAS / GAZ DE PETROLE | LIQUEFIED PETROLEUM GASES / GAZ LIQUEFIES DE PETROLE | AVIATION GASOLINE / ESSENCE AVION | MOTOR GASOLINE / ESSENCE AUTO | JET FUEL / CARBURANT REACTEUR | KEROSENE / PETROLE LAMPANT | GAS/DIESEL OIL / GAZ/DIESEL OIL | RESIDUAL FUEL OIL / FUEL OIL RESIDUEL | NAPHTHA / NAPHTHA | NON-ENERGY PRODUCTS / PRODUITS NON-ENERGETIQUES |
|---|---|---|---|---|---|---|---|---|---|---|---|---|
| 12 | 13 | 14 | 15 | 16 | 17 | 18 | 19 | 20 | 21 | 22 | 23 | 24 |
| 628779 | 68924 | - | 39343 | 25653 | 2418 | 427403 | 72572 | 31770 | 339251 | 329123 | 54272 | 126911 |
| 2297 | - | - | - | 2074 | - | - | - | - | - | - | - | 45 |
| 847760 | 15406 | 18921 | - | 16935 | 177 | 24345 | 8739 | 1188 | 53417 | 90662 | 23489 | 17548 |
| -82518 | -6807 | -1032 | - | -4214 | -350 | -18632 | -7895 | -2406 | -38123 | -34353 | -9874 | -22841 |
| - | - | - | - | - | - | - | - | - | -9043 | -55539 | - | -259 |
| -15210 | 1073 | 2801 | -3 | -2453 | -52 | 1121 | -96 | 1302 | 10809 | 5043 | 578 | -993 |
| 1381108 | 78596 | 20690 | 39340 | 37995 | 2193 | 434237 | 73320 | 31854 | 356311 | 334936 | 68465 | 120411 |
| - | - | 18142 | -83 | -324 | - | -62 | - | - | -2439 | -1964 | -10137 | -2472 |
| -2875 | -46598 | 23985 | 64 | 42917 | 73 | -124 | -352 | 443 | -7623 | -4450 | -2708 | -3256 |
| 1378233 | 31998 | 62817 | 39321 | 80588 | 2266 | 434051 | 72968 | 32297 | 346249 | 328522 | 55620 | 114683 |
| -6872 | -461 | 766 | 9 | -1512 | 13 | -5524 | 854 | 726 | -717 | -1354 | 840 | -1314 |
| 1384967 | 28995 | 62051 | 1199 | 3674 | - | 8 | 92 | 173 | 5332 | 143859 | 2741 | 699 |
| - | - | - | 5 | 1 | - | - | - | - | - | - | - | 570 |
| - | - | - | 863 | 2936 | - | - | - | - | 18 | 17 | 1915 | - |
| 1372303 | 27258 | 62051 | - | - | - | - | - | - | - | - | - | - |
| 12664 | 1737 | - | 302 | 737 | - | 8 | 92 | - | 4797 | 143551 | 826 | 129 |
| - | - | - | 34182 | 1362 | - | 9 | 1 | 10 | 760 | 24340 | 418 | 13350 |
| - | - | - | - | - | - | - | - | - | 76 | 51 | - | 4 |
| - | - | - | - | 186 | - | - | - | - | 59 | - | - | - |
| - | - | - | 34174 | 1176 | - | 7 | 1 | 10 | 528 | 24088 | 410 | 13329 |
| - | - | - | - | - | - | - | - | - | 2 | 166 | - | - |
| - | - | - | - | - | - | - | - | - | 5 | 9 | - | - |
| - | - | - | - | - | - | - | - | - | - | - | - | - |
| - | - | - | 8 | - | - | 2 | - | - | 90 | 26 | 8 | 17 |
| 138 | 3464 | - | 3931 | 77064 | 2253 | 439558 | 72021 | 31388 | 340874 | 161677 | 51621 | 101948 |
| 138 | 2473 | - | 3870 | 32419 | - | 428 | 39 | 5991 | 40116 | 110714 | 48163 | 98327 |
| - | - | - | - | 762 | - | 5 | - | 2 | 1730 | 10704 | 1 | - |
| 120 | - | - | 222 | 486 | - | 47 | - | 28 | 2099 | 19506 | 1086 | 53 |
| 10 | 2247 | - | 3645 | 22396 | - | 26 | - | 815 | 2261 | 4167 | 47041 | 15619 |
| - | - | - | - | 192 | - | 1 | - | 2 | 1058 | 4807 | 27 | - |
| 2 | - | - | - | 379 | - | 14 | - | 21 | 2904 | 12541 | - | - |
| - | - | - | - | 107 | - | 1 | - | 1 | 793 | 15615 | - | 1 |
| - | - | - | - | 8 | - | 6 | - | 74 | 1350 | 2007 | - | 100 |
| - | - | - | - | 324 | - | 79 | - | 61 | 4367 | 11142 | - | 1 |
| - | - | - | - | 55 | - | 1 | - | - | 638 | 743 | - | - |
| - | - | - | - | 200 | - | 77 | - | 20 | 1900 | 2576 | - | - |
| - | - | - | - | 98 | - | 12 | - | 14 | 925 | 1537 | - | - |
| - | - | - | - | 81 | - | 16 | - | 539 | 4971 | 3351 | - | - |
| - | - | - | - | 119 | - | 3 | - | 6 | 1208 | 7556 | - | 1 |
| 6 | 226 | - | 3 | 7212 | - | 140 | 39 | 4408 | 13912 | 14462 | 8 | 48 |
| 120 | 1565 | - | 2663 | 22095 | - | 65 | - | 817 | 2869 | 10700 | 47669 | - |
| - | - | - | - | - | - | - | - | - | - | - | - | 82504 |
| - | 33 | - | - | 4337 | 2059 | 434064 | 71463 | 416 | 135078 | 7974 | - | - |
| - | - | - | - | - | 2059 | - | 71463 | - | - | - | - | - |
| - | 33 | - | - | 4336 | - | 432555 | - | 123 | 105859 | 75 | - | - |
| - | - | - | - | 1 | - | - | - | 203 | 19788 | 473 | - | - |
| - | - | - | - | - | - | 198 | - | 13 | 7651 | 6352 | - | - |
| - | 958 | - | 61 | 40308 | 194 | 5066 | 519 | 24981 | 165680 | 42989 | 3458 | 3622 |
| - | 129 | - | - | 152 | 7 | 2165 | 2 | 1569 | 23041 | 1160 | - | - |
| - | 1 | - | - | 22 | - | 342 | 226 | 130 | 5504 | 2713 | - | 1 |
| - | 240 | - | - | 1124 | 1 | 1837 | 189 | 1747 | 26952 | 12643 | - | 12 |
| - | 588 | - | - | 19150 | - | 4 | - | 19554 | 98545 | 10500 | - | 7 |

## PRODUCTION AND USES OF ENERGY SOURCES : CANADA

1971

| PRODUCTION AND USES \ ENERGY SOURCES | HARD COAL / HOUILLE (1000 t) | PATENT FUEL / AGGLOMERES (1000 t) | COKE OVEN COKE / COKE DE FOUR (1000 t) | GAS COKE / COKE DE GAZ (1000 t) | BROWN COAL / LIGNITE (1000 t) | BKB / BRIQ. DE LIGNITE (1000 t) | NATURAL GAS / GAZ NATUREL (TCAL) | GAS WORKS / USINES A GAZ (TCAL) | COKE OVENS / COKERIES (TCAL) | BLAST FURNACES / HAUT FOURNEAUX (TCAL) | ELECTRICITY* / ELECTRICITE* (MILLIONS OF (DE) KWH) |
|---|---|---|---|---|---|---|---|---|---|---|---|
| | 1 | 2 | 3 | 4 | 5 | 6 | 7 | 8 | 9 | 10 | 11 |
| PRODUCTION | 9712 | - | 4631 | - | 7009 | - | 574574 | - | 9366 | 13818 | 219070 |
| FROM OTHER SOURCES | - | - | - | - | - | - | 89 | - | - | - | - |
| IMPORT | 16176 | - | 565 | - | - | - | 3616 | - | - | - | 3378 |
| EXPORT | -7008 | - | -288 | - | -8 | - | -229516 | - | - | - | -6969 |
| INTL. MARINE BUNKERS | - | - | - | - | - | - | - | - | - | - | - |
| STOCK CHANGES | -53 | - | -139 | - | 350 | - | 1009 | - | - | - | - |
| DOMESTIC SUPPLY | 18827 | - | 4769 | - | 7351 | - | 349772 | - | 9366 | 13818 | 215479 |
| RETURNS TO SUPPLY | - | - | - | - | - | - | - | - | - | - | - |
| TRANSFERS | - | - | - | - | - | - | - | - | - | - | - |
| DOMESTIC AVAILABILITY | 18827 | - | 4769 | - | 7351 | - | 349772 | - | 9366 | 13818 | 215479 |
| STATISTICAL DIFFERENCE | -394 | - | - | - | -277 | - | -4208 | - | - | - | -1459 |
| TRANSFORM. SECTOR ** | 16173 | - | 2060 | - | 6258 | - | 23560 | - | 47 | - | - |
| FOR SOLID FUELS | 6661 | - | - | - | - | - | - | - | - | - | - |
| FOR GASES | - | - | 2060 | - | - | - | - | - | - | - | - |
| PETROLEUM REFINERIES | - | - | - | - | - | - | - | - | - | - | - |
| THERMO-ELECTRIC PLANTS | 9512 | - | - | - | 6258 | - | 23560 | - | 47 | - | - |
| ENERGY SECTOR | 20 | - | 24 | - | 90 | - | 97514 | - | 262 | 2352 | 25581 |
| COAL MINES | 20 | - | - | - | 90 | - | - | - | - | - | 380 |
| OIL AND GAS EXTRACTION | - | - | - | - | - | - | 67234 | - | - | - | 1409 |
| PETROLEUM REFINERIES | - | - | - | - | - | - | - | - | - | - | 2363 |
| ELECTRIC PLANTS | - | - | - | - | - | - | - | - | - | - | 2598 |
| DISTRIBUTION LOSSES | - | - | - | - | - | - | 30280 | - | 262 | 1659 | 18799 |
| PUMP STORAGE (ELECTR.) | - | - | - | - | - | - | - | - | - | - | - |
| OTHER ENERGY SECTOR | - | - | 24 | - | - | - | - | - | - | 693 | 32 |
| FINAL CONSUMPTION | 3028 | - | 2685 | - | 1280 | - | 232906 | - | 9057 | 11466 | 191357 |
| INDUSTRY SECTOR | 2100 | - | 2682 | - | 882 | - | 114081 | - | 9057 | 11466 | 97039 |
| IRON AND STEEL | - | - | 1944 | - | - | - | 9157 | - | 9057 | 11466 | 5276 |
| CHEMICAL | - | - | - | - | - | - | - | - | - | - | 11036 |
| PETROCHEMICAL | - | - | - | - | - | - | 15599 | - | - | - | - |
| NON-FERROUS METAL | 731 | - | - | - | - | - | 6564 | - | - | - | 23552 |
| NON-METALLIC MINERAL | 231 | - | - | - | - | - | 13228 | - | - | - | 3279 |
| PAPER PULP AND PRINT | 480 | - | - | - | 130 | - | 16762 | - | - | - | 25255 |
| MINING AND QUARRYING | 54 | - | - | - | - | - | 7594 | - | - | - | 10724 |
| FOOD AND TOBACCO | 51 | - | - | - | - | - | 8981 | - | - | - | 3002 |
| WOOD AND WOOD PRODUCTS | 6 | - | - | - | - | - | 1638 | - | - | - | 1661 |
| MACHINERY | 13 | - | - | - | - | - | 1239 | - | - | - | 1934 |
| TRANSPORT EQUIPMENT | 135 | - | - | - | - | - | 3038 | - | - | - | 2313 |
| CONSTRUCTION | - | - | - | - | - | - | - | - | - | - | - |
| TEXTILES AND LEATHER | - | - | - | - | - | - | - | - | - | - | 1936 |
| NON SPECIFIED | 399 | - | 738 | - | 752 | - | 30281 | - | - | - | 7071 |
| NON-ENERGY USES: | | | | | | | | | | | |
| (1)ENERGY PRODUCTS | - | - | - | - | - | - | 15599 | - | - | - | - |
| (2)NON-ENERGY PRODUCTS | - | - | - | - | - | - | - | - | - | - | - |
| TRANSPORT. SECTOR ** | 140 | - | - | - | 108 | - | - | - | - | - | - |
| AIR TRANSPORT | - | - | - | - | - | - | - | - | - | - | - |
| ROAD TRANSPORT | - | - | - | - | - | - | - | - | - | - | - |
| RAILWAYS | 5 | - | - | - | 108 | - | - | - | - | - | - |
| INTERNAL NAVIGATION | 135 | - | - | - | - | - | - | - | - | - | - |
| OTHER SECTORS ** | 788 | - | 3 | - | 290 | - | 118825 | - | - | - | 94318 |
| AGRICULTURE | - | - | - | - | - | - | - | - | - | - | - |
| PUBLIC SERVICES | - | - | - | - | - | - | - | - | - | - | - |
| COMMERCE | - | - | - | - | - | - | 55549 | - | - | - | 43351 |
| RESIDENTIAL | 788 | - | 3 | - | 290 | - | 63276 | - | - | - | 49143 |

Units: columns 1–6 UNIT: 1000 METRIC TONS / UNITE: 1000 TONNES METRIQUES; column 7 TCAL / TCAL; columns 8–10 MANUFACTURED GAS (TCAL) / GAZ MANUFACTURE (TCAL); column 11 MILLIONS OF (DE) KWH.

(1) INCLUDED IN CHEMICAL OR PETROCHEMICAL INDUSTRY
(2) INCLUDED ONLY IN TOTAL INDUSTRY

| * OF WHICH: | |
|---|---|
| HYDRO | 162594 |
| NUCLEAR | 4267 |
| CONVENTIONAL THERMAL | 55105 |
| GEOTHERMAL | 0 |

** INCLUDED IN THESE TOTALS ARE THE NON-SPECIFIED ELEMENTS

PRODUCTION ET UTILISATION DES SOURCES D ENERGIE : CANADA

1971

UNIT: 1000 METRIC TONS
UNITE: 1000 TONNES METRIQUES

| OIL / PETROLE | | | REFINERY GAS | LIQUEFIED PETROLEUM GASES | AVIATION GASOLINE | MOTOR GASOLINE | JET FUEL | KEROSENE | GAS/DIESEL OIL | RESIDUAL FUEL OIL | NAPHTHA | NON-ENERGY PRODUCTS |
|---|---|---|---|---|---|---|---|---|---|---|---|---|
| CRUDE* / BRUT* | NGL / GNL | FEEDST. | GAZ DE PETROLE | GAZ LIQUEFIES DE PETROLE | ESSENCE AVION | ESSENCE AUTO | CARBURANT REACTEUR | PETROLE LAMPANT | GAZ/DIESEL OIL | FUEL OIL RESIDUEL | NAPHTHA | PRODUITS NON-ENERGETIQUES |
| 12 | 13 | 14 | 15 | 16 | 17 | 18 | 19 | 20 | 21 | 22 | 23 | 24 |
| 70615 | - | - | 2329 | 497 | 148 | 19397 | 2007 | 2295 | 19180 | 15952 | 1576 | 4053 |
| - | - | - | - | - | - | - | - | - | - | - | - | 122 |
| 34312 | - | - | - | 1 | 10 | 480 | 198 | 186 | 1847 | 4485 | 77 | 668 |
| -35806 | - | - | - | - | - | -72 | -35 | -10 | -208 | -1448 | -29 | -98 |
| - | - | - | - | - | - | - | - | - | - | - | - | - |
| -300 | - | - | - | -183 | 6 | 591 | 6 | -66 | -372 | -570 | 4 | -449 |
| 68821 | - | - | 2329 | 315 | 164 | 20396 | 2176 | 2405 | 20447 | 18419 | 1628 | 4296 |
| - | - | - | - | - | - | - | - | - | - | - | - | - |
| - | - | - | - | - | - | - | - | - | - | - | - | - |
| 68821 | - | - | 2329 | 315 | 164 | 20396 | 2176 | 2405 | 20447 | 18419 | 1628 | 4296 |
| - | - | - | 40 | -142 | 5 | 43 | 9 | -62 | -410 | 293 | 3 | - |
| 68821 | - | - | - | - | - | - | - | - | 296 | 2240 | - | - |
| - | - | - | - | - | - | - | - | - | - | - | - | - |
| - | - | - | - | - | - | - | - | - | - | - | - | - |
| 68821 | - | - | - | - | - | - | - | - | - | - | - | - |
| - | - | - | - | - | - | - | - | - | 296 | 2240 | - | - |
| - | - | - | 2289 | 222 | - | 26 | 2 | 2 | 76 | 2225 | 34 | 96 |
| - | - | - | - | - | - | - | - | - | - | - | - | - |
| - | - | - | - | - | - | - | - | - | - | - | - | - |
| - | - | - | 2289 | 212 | - | 26 | 2 | 2 | 76 | 2225 | 34 | 96 |
| - | - | - | - | - | - | - | - | - | - | - | - | - |
| - | - | - | - | 10 | - | - | - | - | - | - | - | - |
| - | - | - | - | - | - | - | - | - | - | - | - | - |
| - | - | - | - | - | - | - | - | - | - | - | - | - |
| - | - | - | - | 235 | 159 | 20327 | 2165 | 2465 | 20485 | 13661 | 1591 | 4200 |
| - | - | - | - | 235 | - | - | - | 385 | 3118 | 6041 | 1591 | .4200 |
| - | - | - | - | 5 | - | - | - | 10 | 65 | 410 | - | - |
| - | - | - | - | 18 | - | - | - | 13 | 58 | 930 | - | - |
| - | - | - | - | 87 | - | - | - | - | - | 112 | 1591 | - |
| - | - | - | - | 23 | - | - | - | 12 | 79 | 410 | - | - |
| - | - | - | - | 7 | - | - | - | 11 | 124 | 922 | - | - |
| - | - | - | - | 14 | - | - | - | 14 | 117 | 2050 | - | - |
| - | - | - | - | 16 | - | - | - | 41 | - | - | - | - |
| - | - | - | - | 21 | - | - | - | 36 | - | - | - | - |
| - | - | - | - | 17 | - | - | - | 12 | - | - | - | - |
| - | - | - | - | 2 | - | - | - | - | - | - | - | - |
| - | - | - | - | 6 | - | - | - | 7 | - | - | - | - |
| - | - | - | - | - | - | - | - | - | - | - | - | - |
| - | - | - | - | - | - | - | - | - | - | - | - | - |
| - | - | - | - | 19 | - | - | - | 229 | 2675 | 1207 | - | - |
| - | - | - | - | 87 | - | - | - | - | - | 112 | 1591 | - |
| - | - | - | - | - | - | - | - | - | - | - | - | 4200 |
| - | - | - | - | - | 159 | 20327 | 2165 | 40 | 3700 | 1847 | - | - |
| - | - | - | - | - | 159 | - | 2165 | - | - | - | - | - |
| - | - | - | - | - | - | 20327 | - | - | 1127 | - | - | - |
| - | - | - | - | - | - | - | - | 31 | 1778 | 221 | - | - |
| - | - | - | - | - | - | - | - | 9 | 795 | 1626 | - | - |
| - | - | - | - | - | - | - | - | 2040 | 13667 | 5773 | - | - |
| - | - | - | - | - | - | - | - | - | - | - | - | - |
| - | - | - | - | - | - | - | - | - | - | - | - | - |
| - | - | - | - | - | - | - | - | 247 | 2877 | 4941 | - | - |
| - | - | - | - | - | - | - | - | 1793 | 10790 | 832 | - | - |

*INCLUDED IN THIS COLUMN IS NGL AND FEEDSTOCKS.

## PRODUCTION AND USES OF ENERGY SOURCES : CANADA

1972

| ENERGY SOURCES / PRODUCTION AND USES | UNIT: 1000 METRIC TONS / UNITE: 1000 TONNES METRIQUES | | | | | | TCAL / TCAL | MANUFACTURED GAS (TCAL) / GAZ MANUFACTURE (TCAL) | | | MILLIONS /OF (DE) KWH |
|---|---|---|---|---|---|---|---|---|---|---|---|
| | HARD COAL / HOUILLE | PATENT FUEL / AGGLOMERES | COKE OVEN COKE / COKE DE FOUR | GAS COKE / COKE DE GAZ | BROWN COAL / LIGNITE | BKB / BRIQ. DE LIGNITE | NATURAL GAS / GAZ NATUREL | GAS WORKS / USINES A GAZ | COKE OVENS / COKERIES | BLAST FURNACES / HAUT FOURNEAUX | ELECTRICITY* / ELECTRICITE* |
| | 1 | 2 | 3 | 4 | 5 | 6 | 7 | 8 | 9 | 10 | 11 |
| PRODUCTION | 11359 | - | 4676 | - | 7428 | - | 648633 | - | 9534 | 14658 | 243096 |
| FROM OTHER SOURCES | - | - | - | - | - | - | 1186 | - | - | - | - |
| IMPORT | 16836 | - | 462 | - | - | - | 3955 | - | - | - | 2381 |
| EXPORT | -7716 | - | -238 | - | -7 | - | -254370 | - | - | - | -11037 |
| INTL. MARINE BUNKERS | - | - | - | - | - | - | - | - | - | - | - |
| STOCK CHANGES | -1044 | - | 125 | - | -1 | - | -689 | - | - | - | - |
| DOMESTIC SUPPLY | 19435 | - | 5025 | - | 7420 | - | 398715 | - | 9534 | 14658 | 234440 |
| RETURNS TO SUPPLY | - | - | - | - | - | - | - | - | - | - | - |
| TRANSFERS | - | - | - | - | - | - | - | - | - | - | - |
| DOMESTIC AVAILABILITY | 19435 | - | 5025 | - | 7420 | - | 398715 | - | 9534 | 14658 | 234440 |
| STATISTICAL DIFFERENCE | 1537 | - | 91 | - | -26 | - | -7668 | - | - | - | -934 |
| TRANSFORM. SECTOR ** | 15315 | - | 2190 | - | 6643 | - | 34645 | - | 48 | - | - |
| FOR SOLID FUELS | 6656 | - | - | - | - | - | - | - | - | - | - |
| FOR GASES | - | - | 2190 | - | - | - | - | - | - | - | - |
| PETROLEUM REFINERIES | - | - | - | - | - | - | - | - | - | - | - |
| THERMO-ELECTRIC PLANTS | 8659 | - | - | - | 6643 | - | 34645 | - | 48 | - | - |
| ENERGY SECTOR | 16 | - | 14 | - | 95 | - | 110584 | - | 267 | 2499 | 28470 |
| COAL MINES | 16 | - | - | - | 95 | - | - | - | - | - | 390 |
| OIL AND GAS EXTRACTION | - | - | - | - | - | - | 78362 | - | - | - | 1718 |
| PETROLEUM REFINERIES | - | - | - | - | - | - | - | - | - | - | 2528 |
| ELECTRIC PLANTS | - | - | - | - | - | - | - | - | - | - | 2883 |
| DISTRIBUTION LOSSES | - | - | - | - | - | - | 32222 | - | 267 | 1764 | 20915 |
| PUMP STORAGE (ELECTR.) | - | - | - | - | - | - | - | - | - | - | - |
| OTHER ENERGY SECTOR | - | - | 14 | - | - | - | - | - | - | 735 | 36 |
| FINAL CONSUMPTION | 2567 | - | 2730 | - | 708 | - | 261154 | - | 9219 | 12159 | 206904 |
| INDUSTRY SECTOR | 1850 | - | 2726 | - | 329 | - | 123229 | - | 9219 | 12159 | 105089 |
| IRON AND STEEL | - | - | 1924 | - | - | - | 10627 | - | 9219 | 12159 | 5758 |
| CHEMICAL | - | - | - | - | - | - | - | - | - | - | 9981 |
| PETROCHEMICAL | - | - | - | - | - | - | 15451 | - | - | - | - |
| NON-FERROUS METAL | 713 | - | - | - | - | - | 6562 | - | - | - | 23234 |
| NON-METALLIC MINERAL | 204 | - | - | - | - | - | 14414 | - | - | - | 3557 |
| PAPER PULP AND PRINT | 341 | - | - | - | 124 | - | 17636 | - | - | - | 28126 |
| MINING AND QUARRYING | 44 | - | - | - | - | - | 8102 | - | - | - | 11053 |
| FOOD AND TOBACCO | 6 | - | - | - | - | - | 10002 | - | - | - | 3158 |
| WOOD AND WOOD PRODUCTS | 5 | - | - | - | - | - | 2168 | - | - | - | 1950 |
| MACHINERY | 10 | - | - | - | - | - | 1401 | - | - | - | 2010 |
| TRANSPORT EQUIPMENT | 128 | - | - | - | - | - | 3635 | - | - | - | 2446 |
| CONSTRUCTION | - | - | - | - | - | - | - | - | - | - | - |
| TEXTILES AND LEATHER | - | - | - | - | - | - | - | - | - | - | 2027 |
| NON SPECIFIED | 399 | - | 802 | - | 205 | - | 33231 | - | - | - | 11789 |
| NON-ENERGY USES: | | | | | | | | | | | |
| (1)ENERGY PRODUCTS | - | - | - | - | - | - | 15451 | - | - | - | - |
| (2)NON-ENERGY PRODUCTS | - | - | - | - | - | - | - | - | - | - | - |
| TRANSPORT. SECTOR ** | 116 | - | - | - | 76 | - | - | - | - | - | - |
| AIR TRANSPORT | - | - | - | - | - | - | - | - | - | - | - |
| ROAD TRANSPORT | - | - | - | - | - | - | - | - | - | - | - |
| RAILWAYS | 10 | - | - | - | 76 | - | - | - | - | - | - |
| INTERNAL NAVIGATION | 106 | - | - | - | - | - | - | - | - | - | - |
| OTHER SECTORS ** | 601 | - | 4 | - | 303 | - | 137925 | - | - | - | 101815 |
| AGRICULTURE | - | - | - | - | - | - | - | - | - | - | - |
| PUBLIC SERVICES | - | - | - | - | 5 | - | - | - | - | - | - |
| COMMERCE | - | - | - | - | - | - | 67073 | - | - | - | 51872 |
| RESIDENTIAL | 601 | - | 4 | - | 298 | - | 70852 | - | - | - | 47958 |

(1) INCLUDED IN CHEMICAL OR PETROCHEMICAL INDUSTRY
(2) INCLUDED ONLY IN TOTAL INDUSTRY

| * OF WHICH: HYDRO | 181743 |
|---|---|
| NUCLEAR | 7211 |
| CONVENTIONAL THERMAL | 57277 |
| GEOTHERMAL | 0 |

** INCLUDED IN THESE TOTALS ARE THE NON-SPECIFIED ELEMENTS

PRODUCTION ET UTILISATION DES SOURCES D ENERGIE : CANADA

1972

UNIT: 1000 METRIC TONS
UNITE: 1000 TONNES METRIQUES

| OIL / PETROLE: CRUDE* / BRUT* 12 | OIL / PETROLE: NGL / GNL 13 | OIL / PETROLE: FEEDST. 14 | REFINERY GAS / GAZ DE PETROLE 15 | LIQUEFIED PETROLEUM GASES / GAZ LIQUEFIES DE PETROLE 16 | AVIATION GASOLINE / ESSENCE AVION 17 | MOTOR GASOLINE / ESSENCE AUTO 18 | JET FUEL / CARBURANT REACTEUR 19 | KEROSENE / PETROLE LAMPANT 20 | GAS/DIESEL OIL / GAZ/DIESEL OIL 21 | RESIDUAL FUEL OIL / FUEL OIL RESIDUEL 22 | NAPHTHA / NAPHTHA 23 | NON-ENERGY PRODUCTS / PRODUITS NON-ENERGETIQUES 24 |
|---|---|---|---|---|---|---|---|---|---|---|---|---|
| 83780 | - | - | 2503 | 502 | 161 | 21577 | 2226 | 2345 | 20502 | 18760 | 1556 | 4295 |
| - | - | - | - | - | - | - | - | - | - | - | - | 179 |
| 38930 | - | - | - | - | 17 | 347 | 294 | 232 | 1761 | 3870 | 193 | 633 |
| -46970 | - | - | - | - | - | -86 | -140 | -16 | -287 | -3934 | -32 | -409 |
| - | - | - | - | - | - | - | - | - | - | - | - | - |
| 30 | - | - | - | -58 | -11 | -142 | -63 | 21 | 442 | 291 | -4 | 11 |
| 75770 | - | - | 2503 | 444 | 167 | 21696 | 2317 | 2582 | 22418 | 18987 | 1713 | 4709 |
| - | - | - | - | - | - | - | - | - | - | - | - | - |
| - | - | - | - | - | - | - | - | - | - | - | - | - |
| 75770 | - | - | 2503 | 444 | 167 | 21696 | 2317 | 2582 | 22418 | 18987 | 1713 | 4709 |
| - | - | - | 11 | -161 | 5 | -77 | 25 | -31 | -150 | 380 | -7 | -56 |
| 75770 | - | - | - | - | - | - | - | - | 273 | 2266 | - | - |
| - | - | - | - | - | - | - | - | - | - | - | - | - |
| - | - | - | - | - | - | - | - | - | - | - | - | - |
| 75770 | - | - | - | - | - | - | - | - | - | - | - | - |
| - | - | - | - | - | - | - | - | - | 273 | 2266 | - | - |
| - | - | - | 2492 | 313 | - | 27 | 1 | 25 | 19 | 2399 | 44 | 112 |
| - | - | - | - | - | - | - | - | - | - | - | - | - |
| - | - | - | - | - | - | - | - | - | - | - | - | - |
| - | - | - | 2492 | 258 | - | 27 | 1 | 25 | 19 | 2399 | 44 | 112 |
| - | - | - | - | - | - | - | - | - | - | - | - | - |
| - | - | - | - | 55 | - | - | - | - | - | - | - | - |
| - | - | - | - | - | - | - | - | - | - | - | - | - |
| - | - | - | - | - | - | - | - | - | - | - | - | - |
| - | - | - | - | 292 | 162 | 21746 | 2291 | 2588 | 22276 | 13942 | 1676 | 4653 |
| - | - | - | - | 292 | - | - | - | 375 | 3399 | 6333 | 1676 | 4653 |
| - | - | - | - | 7 | - | - | - | 11 | 63 | 440 | - | - |
| - | - | - | - | 42 | - | - | - | 16 | 58 | 1090 | - | - |
| - | - | - | - | 112 | - | - | - | - | - | 119 | 1676 | - |
| - | - | - | - | 17 | - | - | - | 13 | 80 | 450 | - | - |
| - | - | - | - | 7 | - | - | - | 12 | 125 | 969 | - | - |
| - | - | - | - | 13 | - | - | - | 14 | 120 | 2300 | - | - |
| - | - | - | - | 25 | - | - | - | 42 | - | - | - | - |
| - | - | - | - | 24 | - | - | - | 50 | - | - | - | - |
| - | - | - | - | 23 | - | - | - | 10 | - | - | - | - |
| - | - | - | - | 1 | - | - | - | 1 | - | - | - | - |
| - | - | - | - | 8 | - | - | - | 6 | - | - | - | - |
| - | - | - | - | - | - | - | - | - | - | - | - | - |
| - | - | - | - | - | - | - | - | - | - | - | - | - |
| - | - | - | - | 13 | - | - | - | 200 | 2953 | 965 | - | - |
| - | - | - | - | 112 | - | - | - | - | - | 119 | 1676 | - |
| - | - | - | - | - | - | - | - | - | - | - | - | 4653 |
| - | - | - | - | - | 162 | 21746 | 2291 | 45 | 4020 | 2011 | - | - |
| - | - | - | - | - | 162 | - | 2291 | - | - | - | - | - |
| - | - | - | - | - | - | 21746 | - | - | 1253 | - | - | - |
| - | - | - | - | - | - | - | - | 34 | 1853 | 245 | - | - |
| - | - | - | - | - | - | - | - | 11 | 914 | 1766 | - | - |
| - | - | - | - | - | - | - | - | 2168 | 14857 | 5598 | - | - |
| - | - | - | - | - | - | - | - | - | - | - | - | - |
| - | - | - | - | - | - | - | - | - | - | - | - | - |
| - | - | - | - | - | - | - | - | 241 | 3150 | 5140 | - | - |
| - | - | - | - | - | - | - | - | 1927 | 11707 | 458 | - | - |

*INCLUDED IN THIS COLUMN IS NGL AND FEEDSTOCKS.

## PRODUCTION AND USES OF ENERGY SOURCES : CANADA

1973

| ENERGY SOURCES / PRODUCTION AND USES | UNIT: 1000 METRIC TONS / UNITE: 1000 TONNES METRIQUES | | | | | | TCAL / TCAL | MANUFACTURED GAS (TCAL) / GAZ MANUFACTURE (TCAL) | | | MILLIONS / OF (DE) KWH |
|---|---|---|---|---|---|---|---|---|---|---|---|
| | HARD COAL / HOUILLE | PATENT FUEL / AGGLOMERES | COKE OVEN COKE / COKE DE FOUR | GAS COKE / COKE DE GAZ | BROWN COAL / LIGNITE | BKB / BRIQ. DE LIGNITE | NATURAL GAS / GAZ NATUREL | GAS WORKS / USINES A GAZ | COKE OVENS / COKERIES | BLAST FURNACES / HAUT FOURNEAUX | ELECTRICITY* / ELECTRICITE* |
| | 1 | 2 | 3 | 4 | 5 | 6 | 7 | 8 | 9 | 10 | 11 |
| PRODUCTION | 12337 | - | 5370 | - | 8135 | - | 689745 | - | 11083 | 14589 | 266495 |
| FROM OTHER SOURCES | - | - | - | - | - | - | 7 | - | - | - | - |
| IMPORT | 15095 | - | 357 | - | - | - | 3735 | - | - | - | 2249 |
| EXPORT | -10903 | - | -368 | - | -5 | - | -258882 | - | - | - | -16286 |
| INTL. MARINE BUNKERS | - | - | - | - | - | - | - | - | - | - | - |
| STOCK CHANGES | 1027 | - | 95 | - | -72 | - | -12089 | - | - | - | - |
| DOMESTIC SUPPLY | 17556 | - | 5454 | - | 8058 | - | 422516 | - | 11083 | 14589 | 252458 |
| RETURNS TO SUPPLY | - | - | - | - | - | - | - | - | - | - | - |
| TRANSFERS | - | - | - | - | - | - | - | - | - | - | - |
| DOMESTIC AVAILABILITY | 17556 | - | 5454 | - | 8058 | - | 422516 | - | 11083 | 14589 | 252458 |
| STATISTICAL DIFFERENCE | -444 | - | -93 | - | -19 | - | 5076 | - | - | - | 3637 |
| TRANSFORM. SECTOR ** | 15466 | - | 2179 | - | 7371 | - | 46940 | - | 37 | 465 | - |
| FOR SOLID FUELS | 7696 | - | - | - | - | - | - | - | - | - | - |
| FOR GASES | - | - | 2179 | - | - | - | - | - | - | - | - |
| PETROLEUM REFINERIES | - | - | - | - | - | - | - | - | - | - | - |
| THERMO-ELECTRIC PLANTS | 7770 | - | - | - | 7371 | - | 46940 | - | 37 | 465 | - |
| ENERGY SECTOR | 12 | - | 13 | - | 111 | - | 115487 | - | 261 | 2480 | 31504 |
| COAL MINES | 12 | - | - | - | 111 | - | 2579 | - | - | - | 388 |
| OIL AND GAS EXTRACTION | - | - | - | - | - | - | 78983 | - | - | - | 2756 |
| PETROLEUM REFINERIES | - | - | - | - | - | - | - | - | - | - | 2737 |
| ELECTRIC PLANTS | - | - | - | - | - | - | - | - | - | - | 3160 |
| DISTRIBUTION LOSSES | - | - | - | - | - | - | 33925 | - | 261 | 1751 | 22415 |
| PUMP STORAGE (ELECTR.) | - | - | - | - | - | - | - | - | - | - | - |
| OTHER ENERGY SECTOR | - | - | 13 | - | - | - | - | - | - | 729 | 48 |
| FINAL CONSUMPTION | 2522 | - | 3355 | - | 595 | - | 255013 | - | 10785 | 11644 | 217317 |
| INDUSTRY SECTOR | 1921 | - | 3352 | - | 312 | - | 122198 | - | 10785 | 11644 | 106340 |
| IRON AND STEEL | - | - | 2269 | - | - | - | 11891 | - | 10785 | 11644 | 6015 |
| CHEMICAL | 26 | - | - | - | - | - | - | - | - | - | 11011 |
| PETROCHEMICAL | - | - | - | - | - | - | 31352 | - | - | - | - |
| NON-FERROUS METAL | 711 | - | - | - | - | - | 7669 | - | - | - | 24150 |
| NON-METALLIC MINERAL | 688 | - | - | - | - | - | 14811 | - | - | - | 4080 |
| PAPER PULP AND PRINT | 186 | - | - | - | 187 | - | 19966 | - | - | - | 28708 |
| MINING AND QUARRYING | 68 | - | - | - | - | - | 7966 | - | - | - | 11813 |
| FOOD AND TOBACCO | 5 | - | - | - | - | - | 10556 | - | - | - | 3357 |
| WOOD AND WOOD PRODUCTS | 7 | - | - | - | - | - | 2481 | - | - | - | 2278 |
| MACHINERY | 1 | - | - | - | - | - | 1578 | - | - | - | 3060 |
| TRANSPORT EQUIPMENT | 97 | - | - | - | - | - | 3943 | - | - | - | 2767 |
| CONSTRUCTION | - | - | - | - | - | - | - | - | - | - | - |
| TEXTILES AND LEATHER | - | - | - | - | - | - | - | - | - | - | 2137 |
| NON SPECIFIED | 132 | - | 1083 | - | 125 | - | 9985 | - | - | - | 6964 |
| NON-ENERGY USES: | | | | | | | | | | | |
| (1)ENERGY PRODUCTS | - | - | - | - | - | - | 31352 | - | - | - | - |
| (2)NON-ENERGY PRODUCTS | - | - | - | - | - | - | - | - | - | - | - |
| TRANSPORT. SECTOR ** | 142 | - | - | - | 69 | - | - | - | - | - | - |
| AIR TRANSPORT | - | - | - | - | - | - | - | - | - | - | - |
| ROAD TRANSPORT | - | - | - | - | - | - | - | - | - | - | - |
| RAILWAYS | 46 | - | - | - | 69 | - | - | - | - | - | - |
| INTERNAL NAVIGATION | 96 | - | - | - | - | - | - | - | - | - | - |
| OTHER SECTORS ** | 459 | - | 3 | - | 214 | - | 132815 | - | - | - | 110977 |
| AGRICULTURE | - | - | - | - | - | - | - | - | - | - | - |
| PUBLIC SERVICES | - | - | - | - | 4 | - | - | - | - | - | - |
| COMMERCE | - | - | - | - | - | - | 64322 | - | - | - | 56956 |
| RESIDENTIAL | 459 | - | 3 | - | 210 | - | 68493 | - | - | - | 51949 |

(1) INCLUDED IN CHEMICAL OR PETROCHEMICAL INDUSTRY
(2) INCLUDED ONLY IN TOTAL INDUSTRY

| * OF WHICH: HYDRO | 194771 |
|---|---|
| NUCLEAR | 15254 |
| CONVENTIONAL THERMAL | 60173 |
| GEOTHERMAL | 0 |

** INCLUDED IN THESE TOTALS ARE THE NON-SPECIFIED ELEMENTS

UNIT: 1000 METRIC TONS
UNITE: 1000 TONNES METRIQUES

| OIL / PETROLE: CRUDE* / BRUT* | NGL / GNL | FEEDST. | REFINERY GAS / GAZ DE PETROLE | LIQUEFIED PETROLEUM GASES / GAZ LIQUEFIES DE PETROLE | AVIATION GASOLINE / ESSENCE AVION | MOTOR GASOLINE / ESSENCE AUTO | JET FUEL / CARBURANT REACTEUR | KEROSENE / PETROLE LAMPANT | GAS/DIESEL OIL / GAZ/DIESEL OIL | RESIDUAL FUEL OIL / FUEL OIL RESIDUEL | NAPHTHA / NAPHTHA | NON-ENERGY PRODUCTS / PRODUITS NON-ENERGETIQUES |
|---|---|---|---|---|---|---|---|---|---|---|---|---|
| 12 | 13 | 14 | 15 | 16 | 17 | 18 | 19 | 20 | 21 | 22 | 23 | 24 |
| 94122 | - | - | 2905 | 461 | 160 | 23838 | 2608 | 2531 | 22731 | 19887 | 1532 | 4878 |
| - | - | - | - | - | - | - | - | - | - | - | - | 271 |
| 45528 | - | - | - | 23 | 13 | 16 | 275 | 50 | 695 | 3539 | 216 | 752 |
| -54376 | - | - | - | - | - | -388 | -211 | -10 | -240 | -4752 | -38 | -287 |
| - | - | - | - | - | - | - | - | - | - | - | - | - |
| - | - | - | - | - | -2 | 170 | -33 | -194 | -925 | 152 | -16 | -139 |
| 85274 | - | - | 2905 | 484 | 171 | 23636 | 2639 | 2377 | 22261 | 18826 | 1694 | 5475 |
| - | - | - | - | - | - | - | - | - | - | - | - | - |
| -864 | - | - | - | 864 | - | - | - | - | - | - | - | - |
| 84410 | - | - | 2905 | 1348 | 171 | 23636 | 2639 | 2377 | 22261 | 18826 | 1694 | 5475 |
| 1899 | - | - | 40 | 73 | 3 | 66 | 20 | 104 | -832 | -1338 | -26 | -171 |
| 82511 | - | - | - | - | - | - | - | - | 309 | 2306 | - | - |
| - | - | - | - | - | - | - | - | - | - | - | - | - |
| - | - | - | - | - | - | - | - | - | - | - | - | - |
| 82511 | - | - | - | - | - | - | - | - | - | - | - | - |
| - | - | - | - | - | - | - | - | - | 309 | 2306 | - | - |
| - | - | - | 2865 | 65 | - | 25 | 3 | 2 | 80 | 2455 | 10 | 108 |
| - | - | - | - | - | - | - | - | - | - | - | - | - |
| - | - | - | - | - | - | - | - | - | - | - | - | - |
| - | - | - | 2865 | 65 | - | 25 | 3 | 2 | 80 | 2455 | 10 | 108 |
| - | - | - | - | - | - | - | - | - | - | - | - | - |
| - | - | - | - | - | - | - | - | - | - | - | - | - |
| - | - | - | - | - | - | - | - | - | - | - | - | - |
| - | - | - | - | - | - | - | - | - | - | - | - | - |
| - | - | - | - | 1210 | 168 | 23545 | 2616 | 2271 | 22704 | 15403 | 1710 | 5538 |
| - | - | - | - | 346 | - | - | - | 245 | 4472 | 9383 | 1710 | 5538 |
| - | - | - | - | 8 | - | - | - | 10 | 63 | 443 | - | - |
| - | - | - | - | 5 | - | - | - | 16 | 59 | 1100 | - | - |
| - | - | - | - | 142 | - | - | - | - | - | 245 | 1710 | - |
| - | - | - | - | 42 | - | - | - | 11 | 84 | 489 | - | - |
| - | - | - | - | 7 | - | - | - | 10 | 128 | 1162 | - | - |
| - | - | - | - | 21 | - | - | - | 13 | 112 | 3827 | - | - |
| - | - | - | - | 32 | - | - | - | 65 | 439 | 889 | - | - |
| - | - | - | - | 24 | - | - | - | 43 | 223 | 518 | - | - |
| - | - | - | - | 25 | - | - | - | 14 | 128 | 62 | - | - |
| - | - | - | - | 3 | - | - | - | 1 | 22 | 37 | - | - |
| - | - | - | - | 8 | - | - | - | 9 | 105 | 141 | - | - |
| - | - | - | - | - | - | - | - | - | - | - | - | - |
| - | - | - | - | - | - | - | - | - | - | - | - | - |
| - | - | - | - | 29 | - | - | - | 53 | 3109 | 470 | - | - |
| - | - | - | - | 142 | - | - | - | - | - | 245 | 1710 | - |
| - | - | - | - | - | - | - | - | - | - | - | - | 5538 |
| - | - | - | - | - | 168 | 23545 | 2616 | 36 | 4532 | 2127 | - | - |
| - | - | - | - | - | 168 | - | 2616 | - | - | - | - | - |
| - | - | - | - | - | - | 23545 | - | - | 1642 | - | - | - |
| - | - | - | - | - | - | - | - | 29 | 1957 | 188 | - | - |
| - | - | - | - | - | - | - | - | 7 | 933 | 1939 | - | - |
| - | - | - | - | 864 | - | - | - | 1990 | 13700 | 3893 | - | - |
| - | - | - | - | - | - | - | - | - | 946 | - | - | - |
| - | - | - | - | - | - | - | - | - | 519 | - | - | - |
| - | - | - | - | - | - | - | - | 184 | 2223 | 3403 | - | - |
| - | - | - | - | - | - | - | - | 1806 | 10012 | 490 | - | - |

*INCLUDED IN THIS COLUMN IS NGL AND FEEDSTOCKS.

## PRODUCTION AND USES OF ENERGY SOURCES : CANADA

1974

| PRODUCTION AND USES / ENERGY SOURCES | UNIT: 1000 METRIC TONS / UNITE: 1000 TONNES METRIQUES | | | | | | TCAL / TCAL | MANUFACTURED GAS (TCAL) / GAZ MANUFACTURE (TCAL) | | | MILLIONS / OF (DE) KWH |
|---|---|---|---|---|---|---|---|---|---|---|---|
| | HARD COAL / HOUILLE | PATENT FUEL / AGGLOMERES | COKE OVEN COKE / COKE DE FOUR | GAS COKE / COKE DE GAZ | BROWN COAL / LIGNITE | BKB / BRIQ. DE LIGNITE | NATURAL GAS / GAZ NATUREL | GAS WORKS / USINES A GAZ | COKE OVENS / COKERIES | BLAST FURNACES / HAUT FOURNEAUX | ELECTRICITY* / ELECTRICITE* |
| | 1 | 2 | 3 | 4 | 5 | 6 | 7 | 8 | 9 | 10 | 11 |
| PRODUCTION | 12541 | - | 5443 | - | 8561 | - | 686219 | - | 11248 | 15000 | 282989 |
| FROM OTHER SOURCES | - | - | - | - | - | - | 5 | - | - | - | - |
| IMPORT | 12363 | - | 509 | - | - | - | 3379 | - | - | - | 2441 |
| EXPORT | -10774 | - | -261 | - | -10 | - | -241715 | - | - | - | -15402 |
| INTL. MARINE BUNKERS | - | - | - | - | - | - | - | - | - | - | - |
| STOCK CHANGES | 2648 | - | -213 | - | -110 | - | -1161 | - | - | - | - |
| DOMESTIC SUPPLY | 16778 | - | 5478 | - | 8441 | - | 446727 | - | 11248 | 15000 | 270028 |
| RETURNS TO SUPPLY | - | - | - | - | - | - | - | - | - | - | - |
| TRANSFERS | - | - | - | - | - | - | - | - | - | - | - |
| DOMESTIC AVAILABILITY | 16778 | - | 5478 | - | 8441 | - | 446727 | - | 11248 | 15000 | 270028 |
| STATISTICAL DIFFERENCE | -646 | - | 134 | - | 105 | - | 13036 | - | - | - | -17 |
| TRANSFORM. SECTOR ** | 15326 | - | 2205 | - | 7675 | - | 41372 | - | 39 | 462 | - |
| FOR SOLID FUELS | 7527 | - | - | - | - | - | - | - | - | - | - |
| FOR GASES | - | - | 2205 | - | - | - | - | - | - | - | - |
| PETROLEUM REFINERIES | - | - | - | - | - | - | - | - | - | - | - |
| THERMO-ELECTRIC PLANTS | 7799 | - | - | - | 7675 | - | 41372 | - | 39 | 462 | - |
| ENERGY SECTOR | 11 | - | 16 | - | 111 | - | 111633 | - | 222 | 2550 | 33894 |
| COAL MINES | 11 | - | - | - | 111 | - | 4416 | - | - | - | 443 |
| OIL AND GAS EXTRACTION | - | - | - | - | - | - | 78315 | - | - | - | 2893 |
| PETROLEUM REFINERIES | - | - | - | - | - | - | - | - | - | - | 2773 |
| ELECTRIC PLANTS | - | - | - | - | - | - | - | - | - | - | 3073 |
| DISTRIBUTION LOSSES | - | - | - | - | - | - | 28902 | - | 222 | 1800 | 24660 |
| PUMP STORAGE (ELECTR.) | - | - | - | - | - | - | - | - | - | - | - |
| OTHER ENERGY SECTOR | - | - | 16 | - | - | - | - | - | - | 750 | 52 |
| FINAL CONSUMPTION | 2087 | - | 3123 | - | 550 | - | 280686 | - | 10987 | 11988 | 236151 |
| INDUSTRY SECTOR | 1597 | - | 3120 | - | 305 | - | 135128 | - | 10987 | 11988 | 111818 |
| IRON AND STEEL | - | - | 2300 | - | - | - | 13351 | - | 10987 | 11988 | 7556 |
| CHEMICAL | 9 | - | - | - | - | - | - | - | - | - | 11180 |
| PETROCHEMICAL | - | - | - | - | - | - | 35719 | - | - | - | - |
| NON-FERROUS METAL | 394 | - | - | - | - | - | 7735 | - | - | - | 27290 |
| NON-METALLIC MINERAL | 246 | - | - | - | - | - | 17013 | - | - | - | 4106 |
| PAPER PULP AND PRINT | 572 | - | - | - | 146 | - | 21456 | - | - | - | 30093 |
| MINING AND QUARRYING | 214 | - | - | - | - | - | 9019 | - | - | - | 8959 |
| FOOD AND TOBACCO | 9 | - | - | - | - | - | 11524 | - | - | - | 3568 |
| WOOD AND WOOD PRODUCTS | 3 | - | - | - | - | - | 2495 | - | - | - | 2327 |
| MACHINERY | 3 | - | - | - | - | - | 1699 | - | - | - | 3143 |
| TRANSPORT EQUIPMENT | 74 | - | - | - | - | - | 4192 | - | - | - | 2723 |
| CONSTRUCTION | - | - | - | - | - | - | - | - | - | - | - |
| TEXTILES AND LEATHER | - | - | - | - | - | - | - | - | - | - | 2276 |
| NON SPECIFIED | 73 | - | 820 | - | 159 | - | 10925 | - | - | - | 8597 |
| NON-ENERGY USES: | | | | | | | | | | | |
| (1)ENERGY PRODUCTS | - | - | - | - | - | - | 35719 | - | - | - | - |
| (2)NON-ENERGY PRODUCTS | - | - | - | - | - | - | - | - | - | - | - |
| TRANSPORT. SECTOR ** | 87 | - | - | - | 69 | - | - | - | - | - | - |
| AIR TRANSPORT | - | - | - | - | - | - | - | - | - | - | - |
| ROAD TRANSPORT | - | - | - | - | - | - | - | - | - | - | - |
| RAILWAYS | 5 | - | - | - | 69 | - | - | - | - | - | - |
| INTERNAL NAVIGATION | 82 | - | - | - | - | - | - | - | - | - | - |
| OTHER SECTORS ** | 403 | - | 3 | - | 176 | - | 145558 | - | - | - | 124333 |
| AGRICULTURE | - | - | - | - | - | - | - | - | - | - | - |
| PUBLIC SERVICES | - | - | - | - | 3 | - | - | - | - | - | - |
| COMMERCE | - | - | - | - | - | - | 71732 | - | - | - | 62019 |
| RESIDENTIAL | 403 | - | 3 | - | 173 | - | 73826 | - | - | - | 59295 |

(1) INCLUDED IN CHEMICAL OR PETROCHEMICAL INDUSTRY
(2) INCLUDED ONLY IN TOTAL INDUSTRY

| * OF WHICH: | |
|---|---|
| HYDRO | 210774 |
| NUCLEAR | 13865 |
| CONVENTIONAL THERMAL | 58350 |
| GEOTHERMAL | 0 |

** INCLUDED IN THESE TOTALS ARE THE NON-SPECIFIED ELEMENTS

UNIT: 1000 METRIC TONS
UNITE: 1000 TONNES METRIQUES

| OIL PETROLE | | | REFINERY GAS | LIQUEFIED PETROLEUM GASES | AVIATION GASOLINE | MOTOR GASOLINE | JET FUEL | KEROSENE | GAS/DIESEL OIL | RESIDUAL FUEL OIL | NAPHTHA | NON-ENERGY PRODUCTS |
|---|---|---|---|---|---|---|---|---|---|---|---|---|
| CRUDE* BRUT* | NGL GNL | FEEDST. | GAZ DE PETROLE | GAZ LIQUEFIES DE PETROLE | ESSENCE AVION | ESSENCE AUTO | CARBURANT REACTEUR | PETROLE LAMPANT | GAZ/DIESEL OIL | FUEL OIL RESIDUEL | NAPHTHA | PRODUITS NON-ENERGETIQUES |
| 12 | 13 | 14 | 15 | 16 | 17 | 18 | 19 | 20 | 21 | 22 | 23 | 24 |
| 88589 | - | - | 3019 | 374 | 159 | 25045 | 2914 | 2114 | 23943 | 21292 | 1476 | 5609 |
| - | - | - | - | - | - | - | - | - | - | - | - | 228 |
| 40461 | - | - | - | 6 | 3 | 3 | 227 | 48 | 317 | 2274 | 146 | 841 |
| -43107 | - | - | - | - | - | -116 | -153 | -10 | -410 | -4207 | -32 | -688 |
| - | - | - | - | - | - | - | - | - | - | - | - | - |
| -280 | - | - | - | 83 | 6 | -406 | -55 | 66 | -426 | -675 | -12 | -330 |
| 85663 | - | - | 3019 | 463 | 168 | 24526 | 2933 | 2218 | 23424 | 18684 | 1578 | 5660 |
| - | - | - | - | - | - | - | - | - | - | - | - | - |
| -880 | - | - | - | 880 | - | - | - | - | - | - | - | - |
| 84783 | - | - | 3019 | 1343 | 168 | 24526 | 2933 | 2218 | 23424 | 18684 | 1578 | 5660 |
| -2370 | - | - | 47 | 11 | 4 | 82 | 47 | 93 | -216 | -2001 | -154 | 127 |
| 87153 | - | - | - | - | - | - | - | - | 322 | 2428 | - | - |
| - | - | - | - | - | - | - | - | - | - | - | - | - |
| - | - | - | - | - | - | - | - | - | - | - | - | - |
| 87153 | - | - | - | - | - | - | - | - | - | - | - | - |
| - | - | - | - | - | - | - | - | - | 322 | 2428 | - | - |
| - | - | - | 2972 | 65 | - | 26 | 3 | 3 | 142 | 2343 | 13 | 77 |
| - | - | - | - | - | - | - | - | - | - | - | - | - |
| - | - | - | - | - | - | - | - | - | - | - | - | - |
| - | - | - | 2972 | 65 | - | 26 | 3 | 3 | 142 | 2343 | 13 | 77 |
| - | - | - | - | - | - | - | - | - | - | - | - | - |
| - | - | - | - | - | - | - | - | - | - | - | - | - |
| - | - | - | - | - | - | - | - | - | - | - | - | - |
| - | - | - | - | - | - | - | - | - | - | - | - | - |
| - | - | - | - | 1267 | 164 | 24418 | 2883 | 2122 | 23176 | 15914 | 1719 | 5456 |
| - | - | - | - | 387 | - | - | - | 252 | 4465 | 9598 | 1719 | 5456 |
| - | - | - | - | 9 | - | - | - | 9 | 61 | 471 | - | - |
| - | - | - | - | 5 | - | - | - | 8 | 70 | 1044 | - | - |
| - | - | - | - | 151 | - | - | - | - | - | 112 | 1719 | - |
| - | - | - | - | 37 | - | - | - | 14 | 79 | 663 | - | - |
| - | - | - | - | 7 | - | - | - | 11 | 144 | 993 | - | - |
| - | - | - | - | 17 | - | - | - | 11 | 150 | 4173 | - | - |
| - | - | - | - | 38 | - | - | - | 36 | 507 | 864 | - | - |
| - | - | - | - | 35 | - | - | - | 45 | 219 | 488 | - | - |
| - | - | - | - | 28 | - | - | - | 16 | 136 | 53 | - | - |
| - | - | - | - | 5 | - | - | - | 1 | 26 | 24 | - | - |
| - | - | - | - | 10 | - | - | - | 6 | 102 | 150 | - | - |
| - | - | - | - | - | - | - | - | - | - | - | - | - |
| - | - | - | - | - | - | - | - | - | - | - | - | - |
| - | - | - | - | 45 | - | - | - | 95 | 2971 | 563 | - | - |
| - | - | - | - | 151 | - | - | - | - | - | 112 | 1719 | - |
| - | - | - | - | - | - | - | - | - | - | - | - | 5456 |
| - | - | - | - | - | 164 | 24418 | 2883 | 33 | 4996 | 1855 | - | - |
| - | - | - | - | - | 164 | - | 2883 | - | - | - | - | - |
| - | - | - | - | - | - | 24418 | - | - | 1932 | - | - | - |
| - | - | - | - | - | - | - | - | 26 | 2111 | 178 | - | - |
| - | - | - | - | - | - | - | - | 7 | 953 | 1677 | - | - |
| - | - | - | - | 880 | - | - | - | 1837 | 13715 | 4461 | - | - |
| - | - | - | - | - | - | - | - | - | 961 | - | - | - |
| - | - | - | - | - | - | - | - | - | 480 | - | - | - |
| - | - | - | - | - | - | - | - | 172 | 2268 | 3645 | - | - |
| - | - | - | - | - | - | - | - | 1665 | 10006 | 816 | - | - |

*INCLUDED IN THIS COLUMN IS NGL AND FEEDSTOCKS.

## PRODUCTION AND USES OF ENERGY SOURCES : CANADA

1975

| PRODUCTION AND USES / ENERGY SOURCES | UNIT: 1000 METRIC TONS / UNITE: 1000 TONNES METRIQUES | | | | | | TCAL / TCAL | MANUFACTURED GAS (TCAL) / GAZ MANUFACTURE (TCAL) | | | MILLIONS OF (DE) KWH |
|---|---|---|---|---|---|---|---|---|---|---|---|
| | HARD COAL / HOUILLE | PATENT FUEL / AGGLOMERES | COKE OVEN COKE / COKE DE FOUR | GAS COKE / COKE DE GAZ | BROWN COAL / LIGNITE | BKB / BRIQ. DE LIGNITE | NATURAL GAS / GAZ NATUREL | GAS WORKS / USINES A GAZ | COKE OVENS / COKERIES | BLAST FURNACES / HAUT FOURNEAUX | ELECTRICITY* / ELECTRICITE* |
| | 1 | 2 | 3 | 4 | 5 | 6 | 7 | 8 | 9 | 10 | 11 |
| PRODUCTION | 15786 | - | 5281 | - | 9507 | - | 690459 | - | 11894 | 15000 | 276635 |
| FROM OTHER SOURCES | - | - | - | - | - | - | 150 | - | - | - | - |
| IMPORT | 15804 | - | 612 | - | - | - | 2575 | - | - | - | 3972 |
| EXPORT | -11697 | - | -96 | - | - | - | -238606 | - | - | - | -11409 |
| INTL. MARINE BUNKERS | - | - | - | - | - | - | - | - | - | - | - |
| STOCK CHANGES | -2100 | - | -329 | - | -145 | - | -11799 | - | - | - | - |
| DOMESTIC SUPPLY | 17793 | - | 5468 | - | 9362 | - | 442779 | - | 11894 | 15000 | 269198 |
| RETURNS TO SUPPLY | - | - | - | - | - | - | - | - | - | - | - |
| TRANSFERS | - | - | - | - | - | - | - | - | - | - | - |
| DOMESTIC AVAILABILITY | 17793 | - | 5468 | - | 9362 | - | 442779 | - | 11894 | 15000 | 269198 |
| STATISTICAL DIFFERENCE | 1177 | - | 181 | - | -102 | - | -2210 | - | - | - | 11 |
| TRANSFORM. SECTOR ** | 15071 | - | 1997 | - | 8811 | - | 46662 | - | 76 | 432 | - |
| FOR SOLID FUELS | 7294 | - | - | - | - | - | - | - | - | - | - |
| FOR GASES | - | - | 1997 | - | - | - | - | - | - | - | - |
| PETROLEUM REFINERIES | - | - | - | - | - | - | - | - | - | - | - |
| THERMO-ELECTRIC PLANTS | 7777 | - | - | - | 8811 | - | 46662 | - | 76 | 432 | - |
| ENERGY SECTOR | 11 | - | - | - | 124 | - | 115206 | - | 368 | 2550 | 36943 |
| COAL MINES | 11 | - | - | - | 124 | - | 6149 | - | - | - | 417 |
| OIL AND GAS EXTRACTION | - | - | - | - | - | - | 78124 | - | - | - | 2472 |
| PETROLEUM REFINERIES | - | - | - | - | - | - | - | - | - | - | 2903 |
| ELECTRIC PLANTS | - | - | - | - | - | - | - | - | - | - | 3242 |
| DISTRIBUTION LOSSES | - | - | - | - | - | - | 30933 | - | 368 | 1800 | 27839 |
| PUMP STORAGE (ELECTR.) | - | - | - | - | - | - | - | - | - | - | - |
| OTHER ENERGY SECTOR | - | - | - | - | - | - | - | - | - | 750 | 70 |
| FINAL CONSUMPTION | 1534 | - | 3290 | - | 529 | - | 283121 | - | 11450 | 12018 | 232244 |
| INDUSTRY SECTOR | 1105 | - | 3290 | - | 315 | - | 134188 | - | 11450 | 12018 | 102372 |
| IRON AND STEEL | - | - | 2490 | - | - | - | 14074 | - | 11450 | 12018 | 6750 |
| CHEMICAL | - | - | - | - | - | - | - | - | - | - | 9726 |
| PETROCHEMICAL | - | - | - | - | - | - | 37219 | - | - | - | - |
| NON-FERROUS METAL | 209 | - | - | - | - | - | 7892 | - | - | - | 25579 |
| NON-METALLIC MINERAL | 247 | - | - | - | - | - | 15594 | - | - | - | 3723 |
| PAPER PULP AND PRINT | 359 | - | - | - | 136 | - | 17661 | - | - | - | 25250 |
| MINING AND QUARRYING | 197 | - | - | - | - | - | 9572 | - | - | - | 9133 |
| FOOD AND TOBACCO | 10 | - | - | - | - | - | 12094 | - | - | - | 3738 |
| WOOD AND WOOD PRODUCTS | 4 | - | - | - | - | - | 2430 | - | - | - | 2594 |
| MACHINERY | 3 | - | - | - | - | - | 1832 | - | - | - | 4197 |
| TRANSPORT EQUIPMENT | 47 | - | - | - | - | - | 3981 | - | - | - | 2569 |
| CONSTRUCTION | - | - | - | - | - | - | - | - | - | - | - |
| TEXTILES AND LEATHER | - | - | - | - | - | - | - | - | - | - | 2620 |
| NON SPECIFIED | 29 | - | 800 | - | 179 | - | 11839 | - | - | - | 6493 |
| NON-ENERGY USES: | | | | | | | | | | | |
| (1)ENERGY PRODUCTS | - | - | - | - | - | - | 37219 | - | - | - | - |
| (2)NON-ENERGY PRODUCTS | - | - | - | - | - | - | - | - | - | - | - |
| TRANSPORT. SECTOR ** | 62 | - | - | - | 64 | - | - | - | - | - | - |
| AIR TRANSPORT | - | - | - | - | - | - | - | - | - | - | - |
| ROAD TRANSPORT | - | - | - | - | - | - | - | - | - | - | - |
| RAILWAYS | - | - | - | - | 64 | - | - | - | - | - | - |
| INTERNAL NAVIGATION | 62 | - | - | - | - | - | - | - | - | - | - |
| OTHER SECTORS ** | 367 | - | - | - | 150 | - | 148933 | - | - | - | 129872 |
| AGRICULTURE | - | - | - | - | - | - | - | - | - | - | - |
| PUBLIC SERVICES | - | - | - | - | - | - | - | - | - | - | - |
| COMMERCE | - | - | - | - | - | - | 73530 | - | - | - | 65060 |
| RESIDENTIAL | 367 | - | - | - | 150 | - | 75403 | - | - | - | 64128 |

(1) INCLUDED IN CHEMICAL OR PETROCHEMICAL INDUSTRY
(2) INCLUDED ONLY IN TOTAL INDUSTRY

| * OF WHICH: HYDRO | 202569 |
|---|---|
| NUCLEAR | 11859 |
| CONVENTIONAL THERMAL | 62207 |
| GEOTHERMAL | 0 |

** INCLUDED IN THESE TOTALS ARE THE NON-SPECIFIED ELEMENTS

## PRODUCTION ET UTILISATION DES SOURCES D ENERGIE : CANADA

1975

UNIT: 1000 METRIC TONS
UNITE: 1000 TONNES METRIQUES

| OIL / PETROLE: CRUDE* / BRUT* | OIL / PETROLE: NGL / GNL | OIL / PETROLE: FEEDST. | REFINERY GAS / GAZ DE PETROLE | LIQUEFIED PETROLEUM GASES / GAZ LIQUEFIES DE PETROLE | AVIATION GASOLINE / ESSENCE AVION | MOTOR GASOLINE / ESSENCE AUTO | JET FUEL / CARBURANT REACTEUR | KEROSENE / PETROLE LAMPANT | GAS/DIESEL OIL / GAZ/DIESEL OIL | RESIDUAL FUEL OIL / FUEL OIL RESIDUEL | NAPHTHA / NAPHTHA | NON-ENERGY PRODUCTS / PRODUITS NON-ENERGETIQUES |
|---|---|---|---|---|---|---|---|---|---|---|---|---|
| 12 | 13 | 14 | 15 | 16 | 17 | 18 | 19 | 20 | 21 | 22 | 23 | 24 |
| 83029 | - | - | 3196 | 549 | 166 | 26058 | 3066 | 1764 | 22421 | 19198 | 1381 | 4775 |
| - | - | - | - | - | - | - | - | - | - | - | - | 111 |
| 41367 | - | - | - | 1 | 2 | 3 | 50 | 36 | 181 | 1103 | 68 | 742 |
| -37677 | - | - | - | -4 | - | -441 | -82 | -7 | -790 | -2931 | -42 | -160 |
| - | - | - | - | - | - | - | - | - | - | - | - | - |
| -805 | - | - | - | 8 | -1 | -87 | -11 | 199 | 633 | 323 | 15 | 133 |
| 85914 | - | - | 3196 | 554 | 167 | 25533 | 3023 | 1992 | 22445 | 17693 | 1422 | 5601 |
| - | - | - | - | - | - | - | - | - | - | - | - | - |
| -1410 | - | - | - | 1410 | - | - | - | - | - | - | - | - |
| 84504 | - | - | 3196 | 1964 | 167 | 25533 | 3023 | 1992 | 22445 | 17693 | 1422 | 5601 |
| -754 | - | - | 79 | 37 | 3 | 147 | -30 | 8 | -82 | 293 | -24 | 344 |
| 85258 | - | - | - | - | - | - | - | - | 361 | 2459 | - | - |
| - | - | - | - | - | - | - | - | - | - | - | - | - |
| - | - | - | - | - | - | - | - | - | - | - | - | - |
| 85258 | - | - | - | - | - | - | - | - | - | - | - | - |
| - | - | - | - | - | - | - | - | - | 361 | 2459 | - | - |
| - | - | - | 3117 | 69 | - | 24 | 2 | 2 | 78 | 2269 | 12 | 56 |
| - | - | - | - | - | - | - | - | - | - | - | - | - |
| - | - | - | - | - | - | - | - | - | - | - | - | - |
| - | - | - | 3117 | 69 | - | 24 | 2 | 2 | 78 | 2269 | 12 | 56 |
| - | - | - | - | - | - | - | - | - | - | - | - | - |
| - | - | - | - | - | - | - | - | - | - | - | - | - |
| - | - | - | - | - | - | - | - | - | - | - | - | - |
| - | - | - | - | - | - | - | - | - | - | - | - | - |
| - | - | - | - | 1858 | 164 | 25362 | 3051 | 1982 | 22088 | 12672 | 1434 | 5201 |
| - | - | - | - | 448 | - | - | - | 264 | 3947 | 8052 | 1434 | 5201 |
| - | - | - | - | 10 | - | - | - | 10 | 44 | 396 | - | - |
| - | - | - | - | 5 | - | - | - | 6 | 54 | 843 | - | - |
| - | - | - | - | 238 | - | - | - | - | - | 72 | 1434 | - |
| - | - | - | - | 31 | - | - | - | 9 | 72 | 559 | - | - |
| - | - | - | - | 6 | - | - | - | 6 | 139 | 760 | - | - |
| - | - | - | - | 11 | - | - | - | 12 | 125 | 3283 | - | - |
| - | - | - | - | 41 | - | - | - | 19 | 491 | 881 | - | - |
| - | - | - | - | 32 | - | - | - | 32 | 211 | 461 | - | - |
| - | - | - | - | 19 | - | - | - | 14 | 103 | 40 | - | - |
| - | - | - | - | 5 | - | - | - | 1 | 21 | 19 | - | - |
| - | - | - | - | 9 | - | - | - | 4 | 61 | 175 | - | - |
| - | - | - | - | - | - | - | - | - | - | - | - | - |
| - | - | - | - | - | - | - | - | - | - | - | - | - |
| - | - | - | - | 41 | - | - | - | 151 | 2626 | 563 | - | - |
| - | - | - | - | 238 | - | - | - | - | - | 72 | 1434 | - |
| - | - | - | - | - | - | - | - | - | - | - | - | 5201 |
| - | - | - | - | - | 164 | 25362 | 3051 | 33 | 4737 | 1511 | - | - |
| - | - | - | - | - | 164 | - | 3051 | - | - | - | - | - |
| - | - | - | - | - | - | 25362 | - | - | 2066 | - | - | - |
| - | - | - | - | - | - | - | - | 27 | 1959 | 159 | - | - |
| - | - | - | - | - | - | - | - | 6 | 712 | 1352 | - | - |
| - | - | - | - | 1410 | - | - | - | 1685 | 13404 | 3109 | - | - |
| - | - | - | - | - | - | - | - | - | 961 | - | - | - |
| - | - | - | - | - | - | - | - | - | 436 | - | - | - |
| - | - | - | - | - | - | - | - | 190 | 2268 | 2354 | - | - |
| - | - | - | - | - | - | - | - | 1495 | 9739 | 755 | - | - |

*INCLUDED IN THIS COLUMN IS NGL AND FEEDSTOCKS.

## PRODUCTION AND USES OF ENERGY SOURCES : CANADA

1976

| PRODUCTION AND USES \ ENERGY SOURCES | UNIT: 1000 METRIC TONS / UNITE: 1000 TONNES METRIQUES | | | | | | TCAL / TCAL | MANUFACTURED GAS (TCAL) / GAZ MANUFACTURE (TCAL) | | | MILLIONS OF (DE) KWH |
|---|---|---|---|---|---|---|---|---|---|---|---|
| | HARD COAL / HOUILLE | PATENT FUEL / AGGLOMERES | COKE OVEN COKE / COKE DE FOUR | GAS COKE / COKE DE GAZ | BROWN COAL / LIGNITE | BKB / BRIQ. DE LIGNITE | NATURAL GAS / GAZ NATUREL | GAS WORKS / USINES A GAZ | COKE OVENS / COKERIES | BLAST FURNACES / HAUT FOURNEAUX | ELECTRICITY* / ELECTRICITE* |
| | 1 | 2 | 3 | 4 | 5 | 6 | 7 | 8 | 9 | 10 | 11 |
| PRODUCTION | 14389 | - | 5274 | - | 11086 | - | 693289 | - | 11869 | 15000 | 297411 |
| FROM OTHER SOURCES | - | - | - | - | - | - | 246 | - | - | - | - |
| IMPORT | 14224 | - | 588 | - | - | - | 1134 | - | - | - | 3587 |
| EXPORT | -11762 | - | -170 | - | - | - | -240367 | - | - | - | -12803 |
| INTL. MARINE BUNKERS | - | - | - | - | - | - | - | - | - | - | - |
| STOCK CHANGES | 757 | - | 96 | - | -136 | - | -12935 | - | - | - | - |
| DOMESTIC SUPPLY | 17608 | - | 5788 | - | 10950 | - | 441367 | - | 11869 | 15000 | 288195 |
| RETURNS TO SUPPLY | - | - | - | - | - | - | - | - | - | - | - |
| TRANSFERS | - | - | - | - | - | - | - | - | - | - | - |
| DOMESTIC AVAILABILITY | 17608 | - | 5788 | - | 10950 | - | 441367 | - | 11869 | 15000 | 288195 |
| STATISTICAL DIFFERENCE | -142 | - | 257 | - | 41 | - | 2052 | - | - | - | -190 |
| TRANSFORM. SECTOR ** | 16208 | - | 2096 | - | 10275 | - | 33267 | - | 76 | 431 | - |
| FOR SOLID FUELS | 7389 | - | - | - | - | - | - | - | - | - | - |
| FOR GASES | - | - | 2096 | - | - | - | - | - | - | - | - |
| PETROLEUM REFINERIES | - | - | - | - | - | - | - | - | - | - | - |
| THERMO-ELECTRIC PLANTS | 8819 | - | - | - | 10275 | - | 33267 | - | 76 | 431 | - |
| ENERGY SECTOR | 18 | - | - | - | 154 | - | 98931 | - | 367 | 2550 | 38886 |
| COAL MINES | 18 | - | - | - | 154 | - | 3133 | - | - | - | 517 |
| OIL AND GAS EXTRACTION | - | - | - | - | - | - | 82265 | - | - | - | 2253 |
| PETROLEUM REFINERIES | - | - | - | - | - | - | - | - | - | - | 3050 |
| ELECTRIC PLANTS | - | - | - | - | - | - | - | - | - | - | 3367 |
| DISTRIBUTION LOSSES | - | - | - | - | - | - | 13533 | - | 367 | 1800 | 29670 |
| PUMP STORAGE (ELECTR.) | - | - | - | - | - | - | - | - | - | - | - |
| OTHER ENERGY SECTOR | - | - | - | - | - | - | - | - | - | 750 | 29 |
| FINAL CONSUMPTION | 1524 | - | 3435 | - | 480 | - | 307117 | - | 11426 | 12019 | 249499 |
| INDUSTRY SECTOR | 1279 | - | 3435 | - | 291 | - | 149203 | - | 11426 | 12019 | 107066 |
| IRON AND STEEL | - | - | 2616 | - | - | - | 12994 | - | 11426 | 12019 | 6143 |
| CHEMICAL | - | - | - | - | - | - | - | - | - | - | 11363 |
| PETROCHEMICAL | - | - | - | - | - | - | 40500 | - | - | - | - |
| NON-FERROUS METAL | 189 | - | - | - | - | - | 7949 | - | - | - | 19991 |
| NON-METALLIC MINERAL | 229 | - | - | - | - | - | 16409 | - | - | - | 4128 |
| PAPER PULP AND PRINT | 191 | - | - | - | 106 | - | 23011 | - | - | - | 31039 |
| MINING AND QUARRYING | 207 | - | - | - | - | - | 8754 | - | - | - | 14189 |
| FOOD AND TOBACCO | 10 | - | - | - | - | - | 12373 | - | - | - | 5304 |
| WOOD AND WOOD PRODUCTS | 5 | - | - | - | - | - | 3827 | - | - | - | 4133 |
| MACHINERY | 3 | - | - | - | - | - | 8385 | - | - | - | 4171 |
| TRANSPORT EQUIPMENT | 134 | - | - | - | - | - | 4241 | - | - | - | 2709 |
| CONSTRUCTION | - | - | - | - | - | - | - | - | - | - | - |
| TEXTILES AND LEATHER | - | - | - | - | - | - | - | - | - | - | 2720 |
| NON SPECIFIED | 311 | - | 819 | - | 185 | - | 10760 | - | - | - | 1176 |
| NON-ENERGY USES: | | | | | | | | | | | |
| (1)ENERGY PRODUCTS | - | - | - | - | - | - | 40500 | - | - | - | - |
| (2)NON-ENERGY PRODUCTS | - | - | - | - | - | - | - | - | - | - | - |
| TRANSPORT. SECTOR ** | 29 | - | - | - | 59 | - | - | - | - | - | - |
| AIR TRANSPORT | - | - | - | - | - | - | - | - | - | - | - |
| ROAD TRANSPORT | - | - | - | - | - | - | - | - | - | - | - |
| RAILWAYS | - | - | - | - | 59 | - | - | - | - | - | - |
| INTERNAL NAVIGATION | 29 | - | - | - | - | - | - | - | - | - | - |
| OTHER SECTORS ** | 216 | - | - | - | 130 | - | 157914 | - | - | - | 142433 |
| AGRICULTURE | - | - | - | - | - | - | - | - | - | - | - |
| PUBLIC SERVICES | - | - | - | - | - | - | - | - | - | - | - |
| COMMERCE | - | - | - | - | - | - | 79083 | - | - | - | 71621 |
| RESIDENTIAL | 216 | - | - | - | 130 | - | 78831 | - | - | - | 70812 |

(1) INCLUDED IN CHEMICAL OR PETROCHEMICAL INDUSTRY
(2) INCLUDED ONLY IN TOTAL INDUSTRY

| * OF WHICH: HYDRO | 212792 |
|---|---|
| NUCLEAR | 16431 |
| CONVENTIONAL THERMAL | 68188 |
| GEOTHERMAL | 0 |

** INCLUDED IN THESE TOTALS ARE THE NON-SPECIFIED ELEMENTS

## PRODUCTION ET UTILISATION DES SOURCES D ENERGIE : CANADA

1976

UNIT: 1000 METRIC TONS
UNITE: 1000 TONNES METRIQUES

| OIL / PETROLE | | | REFINERY GAS | LIQUEFIED PETROLEUM GASES | AVIATION GASOLINE | MOTOR GASOLINE | JET FUEL | KEROSENE | GAS/DIESEL OIL | RESIDUAL FUEL OIL | NAPHTHA | NON-ENERGY PRODUCTS |
|---|---|---|---|---|---|---|---|---|---|---|---|---|
| CRUDE* BRUT* | NGL GNL | FEEDST. | GAZ DE PETROLE | GAZ LIQUEFIES DE PETROLE | ESSENCE AVION | ESSENCE AUTO | CARBURANT REACTEUR | PETROLE LAMPANT | GAZ/DIESEL OIL | FUEL OIL RESIDUEL | NAPHTHA | PRODUITS /NON-ENERGETIQUES |
| 12 | 13 | 14 | 15 | 16 | 17 | 18 | 19 | 20 | 21 | 22 | 23 | 24 |
| 75939 | - | - | 2914 | 741 | 160 | 26817 | 3030 | 1975 | 22829 | 17610 | 1941 | 4703 |
| - | - | - | - | - | - | - | - | - | - | - | - | 133 |
| 36430 | - | - | - | - | 3 | 5 | 26 | 27 | 124 | 1247 | 8 | 521 |
| -26523 | - | - | - | -10 | - | -363 | - | -8 | -91 | -2282 | -119 | -75 |
| - | - | - | - | - | - | - | - | - | - | - | - | - |
| -15 | - | - | - | 45 | 5 | -360 | 38 | 64 | 930 | 1084 | -69 | 228 |
| 85831 | - | - | 2914 | 776 | 168 | 26099 | 3094 | 2058 | 23792 | 17659 | 1761 | 5510 |
| - | - | - | - | - | - | - | - | - | - | - | - | - |
| -922 | - | - | - | 922 | - | - | - | - | - | - | - | - |
| 84909 | - | - | 2914 | 1698 | 168 | 26099 | 3094 | 2058 | 23792 | 17659 | 1761 | 5510 |
| -370 | - | - | 77 | -49 | 4 | -64 | 62 | 354 | - | 140 | -16 | 226 |
| 85279 | - | - | - | - | - | - | - | - | 416 | 2852 | - | - |
| - | - | - | - | - | - | - | - | - | - | - | - | - |
| - | - | - | - | - | - | - | - | - | - | - | - | - |
| 85279 | - | - | - | - | - | - | - | - | - | - | - | - |
| - | - | - | - | - | - | - | - | - | 416 | 2852 | - | - |
| - | - | - | 2836 | 126 | - | 26 | 1 | 2 | 91 | 2081 | 15 | 414 |
| - | - | - | - | - | - | - | - | - | - | - | - | - |
| - | - | - | - | - | - | - | - | - | - | - | - | - |
| - | - | - | 2836 | 126 | - | 26 | 1 | 2 | 91 | 2081 | 15 | 414 |
| - | - | - | - | - | - | - | - | - | - | - | - | - |
| - | - | - | - | - | - | - | - | - | - | - | - | - |
| - | - | - | - | - | - | - | - | - | - | - | - | - |
| - | - | - | - | - | - | - | - | - | - | - | - | - |
| - | - | - | 1 | 1621 | 164 | 26137 | 3031 | 1702 | 23285 | 12586 | 1762 | 4870 |
| - | - | - | - | 699 | - | - | - | 111 | 2351 | 8417 | 1762 | 4870 |
| - | - | - | - | 10 | - | - | - | 6 | 43 | 387 | - | - |
| - | - | - | - | 5 | - | - | - | 9 | 96 | 1067 | - | - |
| - | - | - | - | 478 | - | - | - | - | - | 77 | 1762 | - |
| - | - | - | - | 28 | - | - | - | 4 | 83 | 574 | - | - |
| - | - | - | - | 6 | - | - | - | 4 | 145 | 747 | - | - |
| - | - | - | - | 12 | - | - | - | 10 | 55 | 3701 | - | - |
| - | - | - | - | 43 | - | - | - | 31 | 527 | 997 | - | - |
| - | - | - | - | 33 | - | - | - | 21 | 192 | 461 | - | - |
| - | - | - | - | 23 | - | - | - | 12 | 206 | 45 | - | - |
| - | - | - | - | 5 | - | - | - | 4 | 90 | 113 | - | - |
| - | - | - | - | 10 | - | - | - | 4 | 62 | 157 | - | - |
| - | - | - | - | - | - | - | - | - | - | - | - | - |
| - | - | - | - | - | - | - | - | - | - | - | - | - |
| - | - | - | - | 46 | - | - | - | 6 | 852 | 91 | - | - |
| - | - | - | - | 478 | - | - | - | - | - | 77 | 1762 | - |
| - | - | - | - | - | - | - | - | - | - | - | - | 4870 |
| - | - | - | - | - | 164 | 26137 | 3031 | - | 5698 | 1447 | - | - |
| - | - | - | - | - | 164 | - | 3031 | - | - | - | - | - |
| - | - | - | - | - | - | 26137 | - | - | 3081 | - | - | - |
| - | - | - | - | - | - | - | - | - | 1896 | - | - | - |
| - | - | - | - | - | - | - | - | - | 721 | 1447 | - | - |
| - | - | - | 1 | 922 | - | - | - | 1591 | 15236 | 2722 | - | - |
| - | - | - | - | - | - | - | - | - | 960 | - | - | - |
| - | - | - | - | - | - | - | - | - | 480 | - | - | - |
| - | - | - | - | - | - | - | - | 259 | 2681 | 2194 | - | - |
| - | - | - | - | - | - | - | - | 1332 | 11115 | 528 | - | - |

*INCLUDED IN THIS COLUMN IS NGL AND FEEDSTOCKS.

## PRODUCTION AND USES OF ENERGY SOURCES : CANADA

1977

| X ENERGY SOURCES / PRODUCTION AND USES | HARD COAL / HOUILLE | PATENT FUEL / AGGLOMERES | COKE OVEN COKE / COKE DE FOUR | GAS COKE / COKE DE GAZ | BROWN COAL / LIGNITE | BKB / BRIQ. DE LIGNITE | NATURAL GAS / GAZ NATUREL | GAS WORKS / USINES A GAZ | COKE OVENS / COKERIES | BLAST FURNACES / HAUT FOURNEAUX | ELECTRICITY* / ELECTRICITE* |
|---|---|---|---|---|---|---|---|---|---|---|---|
| | UNIT: 1000 METRIC TONS / UNITE: 1000 TONNES METRIQUES | | | | | | TCAL / TCAL | MANUFACTURED GAS (TCAL) / GAZ MANUFACTURE (TCAL) | | | MILLIONS OF (DE) KWH |
| | 1 | 2 | 3 | 4 | 5 | 6 | 7 | 8 | 9 | 10 | 11 |
| PRODUCTION | 15301 | - | 4845 | - | 13380 | - | 734361 | - | 10896 | 13000 | 320933 |
| FROM OTHER SOURCES | - | - | - | - | - | - | - | - | - | - | - |
| IMPORT | 15439 | - | 393 | - | - | - | - | - | - | - | 2687 |
| EXPORT | -12384 | - | -199 | - | -3 | - | -251945 | - | - | - | -19957 |
| INTL. MARINE BUNKERS | - | - | - | - | - | - | - | - | - | - | - |
| STOCK CHANGES | -581 | - | -102 | - | -378 | - | -6755 | - | - | - | - |
| DOMESTIC SUPPLY | 17775 | - | 4937 | - | 12999 | - | 475661 | - | 10896 | 13000 | 303663 |
| RETURNS TO SUPPLY | - | - | - | - | - | - | - | - | - | - | - |
| TRANSFERS | - | - | - | - | - | - | - | - | - | - | - |
| DOMESTIC AVAILABILITY | 17775 | - | 4937 | - | 12999 | - | 475661 | - | 10896 | 13000 | 303663 |
| STATISTICAL DIFFERENCE | -254 | - | -103 | - | -83 | - | 17094 | - | - | - | -5 |
| TRANSFORM. SECTOR ** | 16618 | - | 1925 | - | 12543 | - | 35395 | - | 55 | 410 | - |
| FOR SOLID FUELS | 6664 | - | - | - | - | - | - | - | - | - | - |
| FOR GASES | - | - | 1925 | - | - | - | - | - | - | - | - |
| PETROLEUM REFINERIES | - | - | - | - | - | - | - | - | - | - | - |
| THERMO-ELECTRIC PLANTS | 9954 | - | - | - | 12543 | - | 35395 | - | 55 | 410 | - |
| ENERGY SECTOR | 15 | - | - | - | 148 | - | 104207 | - | 350 | 2210 | 35540 |
| COAL MINES | 15 | - | - | - | 148 | - | 2500 | - | - | - | 609 |
| OIL AND GAS EXTRACTION | - | - | - | - | - | - | 87646 | - | - | - | 2182 |
| PETROLEUM REFINERIES | - | - | - | - | - | - | - | - | - | - | 3238 |
| ELECTRIC PLANTS | - | - | - | - | - | - | - | - | - | - | 3994 |
| DISTRIBUTION LOSSES | - | - | - | - | - | - | 14061 | - | 350 | 1560 | 25489 |
| PUMP STORAGE (ELECTR.) | - | - | - | - | - | - | - | - | - | - | - |
| OTHER ENERGY SECTOR | - | - | - | - | - | - | - | - | - | 650 | 28 |
| FINAL CONSUMPTION | 1396 | - | 3115 | - | 391 | - | 318965 | - | 10491 | 10380 | 268128 |
| INDUSTRY SECTOR | 1211 | - | 3115 | - | 336 | - | 158047 | - | 10491 | 10380 | 114206 |
| IRON AND STEEL | - | - | 2400 | - | - | - | 13448 | - | 10491 | 10380 | 6712 |
| CHEMICAL | - | - | - | - | - | - | - | - | - | - | 11423 |
| PETROCHEMICAL | - | - | - | - | - | - | 45068 | - | - | - | - |
| NON-FERROUS METAL | 150 | - | - | - | - | - | 9919 | - | - | - | 24518 |
| NON-METALLIC MINERAL | 212 | - | - | - | - | - | 17424 | - | - | - | 4957 |
| PAPER PULP AND PRINT | 219 | - | - | - | 86 | - | 23400 | - | - | - | 30862 |
| MINING AND QUARRYING | - | - | - | - | - | - | 9174 | - | - | - | 15044 |
| FOOD AND TOBACCO | - | - | - | - | - | - | 12771 | - | - | - | 4148 |
| WOOD AND WOOD PRODUCTS | - | - | - | - | - | - | 3926 | - | - | - | 4774 |
| MACHINERY | - | - | - | - | - | - | 8355 | - | - | - | 4105 |
| TRANSPORT EQUIPMENT | 50 | - | - | - | - | - | 4438 | - | - | - | 2889 |
| CONSTRUCTION | - | - | - | - | - | - | - | - | - | - | - |
| TEXTILES AND LEATHER | - | - | - | - | - | - | - | - | - | - | 2275 |
| NON SPECIFIED | 580 | - | 715 | - | 250 | - | 10124 | - | - | - | 2499 |
| NON-ENERGY USES: | | | | | | | | | | | |
| (1)ENERGY PRODUCTS | - | - | - | - | - | - | 45068 | - | - | - | - |
| (2)NON-ENERGY PRODUCTS | - | - | - | - | - | - | - | - | - | - | - |
| TRANSPORT. SECTOR ** | - | - | - | - | 55 | - | - | - | - | - | - |
| AIR TRANSPORT | - | - | - | - | - | - | - | - | - | - | - |
| ROAD TRANSPORT | - | - | - | - | - | - | - | - | - | - | - |
| RAILWAYS | - | - | - | - | 55 | - | - | - | - | - | - |
| INTERNAL NAVIGATION | - | - | - | - | - | - | - | - | - | - | - |
| OTHER SECTORS ** | 185 | - | - | - | - | - | 160918 | - | - | - | 153922 |
| AGRICULTURE | - | - | - | - | - | - | - | - | - | - | - |
| PUBLIC SERVICES | - | - | - | - | - | - | - | - | - | - | - |
| COMMERCE | - | - | - | - | - | - | 81851 | - | - | - | 73943 |
| RESIDENTIAL | 185 | - | - | - | - | - | 79067 | - | - | - | 76606 |

(1) INCLUDED IN CHEMICAL OR PETROCHEMICAL INDUSTRY
(2) INCLUDED ONLY IN TOTAL INDUSTRY

| * OF WHICH: HYDRO | 220268 |
|---|---|
| NUCLEAR | 24851 |
| CONVENTIONAL THERMAL | 76558 |
| GEOTHERMAL | 0 |

** INCLUDED IN THESE TOTALS ARE THE NON-SPECIFIED ELEMENTS

## PRODUCTION ET UTILISATION DES SOURCES D ENERGIE : CANADA

1977

UNIT: 1000 METRIC TONS
UNITE: 1000 TONNES METRIQUES

| OIL / PETROLE | | | REFINERY GAS | LIQUEFIED PETROLEUM GASES | AVIATION GASOLINE | MOTOR GASOLINE | JET FUEL | KEROSENE | GAS/DIESEL OIL | RESIDUAL FUEL OIL | NAPHTHA | NON-ENERGY PRODUCTS |
|---|---|---|---|---|---|---|---|---|---|---|---|---|
| CRUDE* BRUT* | NGL GNL | FEEDST. | GAZ DE PETROLE | GAZ LIQUEFIES DE PETROLE | ESSENCE AVION | ESSENCE AUTO | CARBURANT REACTEUR | PETROLE LAMPANT | GAZ/DIESEL OIL | FUEL OIL RESIDUEL | NAPHTHA | PRODUITS NON-ENERGETIQUES |
| 12 | 13 | 14 | 15 | 16 | 17 | 18 | 19 | 20 | 21 | 22 | 23 | 24 |
| 76095 | - | - | 3129 | 790 | 168 | 27220 | 3126 | 1739 | 24431 | 18931 | 2592 | 5809 |
| - | - | - | - | - | - | - | - | - | - | - | - | - |
| 33772 | - | - | - | - | - | 2 | 13 | - | 181 | 1912 | - | 1088 |
| -19876 | - | - | - | -12 | - | -361 | -6 | - | -391 | -2526 | -304 | -120 |
| - | - | - | - | - | - | - | - | - | - | - | - | - |
| -8 | - | - | -5 | 30 | -5 | -119 | -51 | -40 | -1156 | -498 | -73 | -103 |
| 89983 | - | - | 3124 | 808 | 163 | 26742 | 3082 | 1699 | 23065 | 17819 | 2215 | 6674 |
| - | - | - | - | - | - | - | - | - | - | - | - | - |
| -606 | - | - | - | 606 | - | - | - | - | - | - | - | - |
| 89377 | - | - | 3124 | 1414 | 163 | 26742 | 3082 | 1699 | 23065 | 17819 | 2215 | 6674 |
| -254 | - | - | 41 | -34 | -5 | 243 | 32 | 156 | -88 | -212 | 164 | 58 |
| 89631 | - | - | - | - | - | - | - | - | 442 | 3035 | - | - |
| - | - | - | - | - | - | - | - | - | - | - | - | - |
| - | - | - | - | - | - | - | - | - | - | - | - | - |
| 89631 | - | - | - | - | - | - | - | - | - | - | - | - |
| - | - | - | - | - | - | - | - | - | 442 | 3035 | - | - |
| - | - | - | 3073 | 98 | - | 20 | - | 2 | 93 | 1926 | 29 | 710 |
| - | - | - | - | - | - | - | - | - | - | - | - | - |
| - | - | - | - | - | - | - | - | - | - | - | - | - |
| - | - | - | 3073 | 98 | - | 20 | - | 2 | 93 | 1926 | 29 | 710 |
| - | - | - | - | - | - | - | - | - | - | - | - | - |
| - | - | - | - | - | - | - | - | - | - | - | - | - |
| - | - | - | - | - | - | - | - | - | - | - | - | - |
| - | - | - | - | - | - | - | - | - | - | - | - | - |
| - | - | - | 10 | 1350 | 168 | 26479 | 3050 | 1541 | 22618 | 13070 | 2022 | 5906 |
| - | - | - | - | 744 | - | - | - | 116 | 2662 | 8787 | 2022 | 5906 |
| - | - | - | - | 9 | - | - | - | 6 | 45 | 401 | - | - |
| - | - | - | - | 7 | - | - | - | 10 | 107 | 1188 | - | - |
| - | - | - | - | 532 | - | - | - | - | - | - | 2022 | - |
| - | - | - | - | 14 | - | - | - | 5 | 103 | 716 | - | - |
| - | - | - | - | 8 | - | - | - | 4 | 154 | 712 | - | - |
| - | - | - | - | 15 | - | - | - | 10 | 56 | 3763 | - | - |
| - | - | - | - | 50 | - | - | - | 33 | 553 | 1045 | - | - |
| - | - | - | - | 33 | - | - | - | 22 | 198 | 476 | - | - |
| - | - | - | - | 23 | - | - | - | 12 | 211 | 46 | - | - |
| - | - | - | - | 26 | - | - | - | 4 | 89 | 112 | - | - |
| - | - | - | - | 10 | - | - | - | 4 | 45 | 164 | - | - |
| - | - | - | - | - | - | - | - | - | - | - | - | - |
| - | - | - | - | - | - | - | - | - | - | - | - | - |
| - | - | - | - | 17 | - | - | - | 6 | 1101 | 164 | - | - |
| - | - | - | - | 532 | - | - | - | - | - | - | 2022 | - |
| - | - | - | - | - | - | - | - | - | - | - | - | 5906 |
| - | - | - | - | - | 168 | 26479 | 3050 | - | 5873 | 1483 | - | - |
| - | - | - | - | - | 168 | - | 3050 | - | - | - | - | - |
| - | - | - | - | - | - | 26479 | - | - | 3216 | - | - | - |
| - | - | - | - | - | - | - | - | - | 1918 | - | - | - |
| - | - | - | - | - | - | - | - | - | 739 | 1483 | - | - |
| - | - | - | 10 | 606 | - | - | - | 1425 | 14083 | 2800 | - | - |
| - | - | - | - | - | - | - | - | - | 907 | - | - | - |
| - | - | - | - | - | - | - | - | - | 480 | - | - | - |
| - | - | - | - | - | - | - | - | 268 | 2792 | 2270 | - | - |
| - | - | - | - | - | - | - | - | 1157 | 9904 | 530 | - | - |

*INCLUDED IN THIS COLUMN IS NGL AND FEEDSTOCKS.

## PRODUCTION AND USES OF ENERGY SOURCES : CANADA

1978

| PRODUCTION AND USES \ ENERGY SOURCES | UNIT: 1000 METRIC TONS / UNITE: 1000 TONNES METRIQUES | | | | | | TCAL / TCAL | MANUFACTURED GAS (TCAL) / GAZ MANUFACTURE (TCAL) | | | MILLIONS OF (DE) KWH |
|---|---|---|---|---|---|---|---|---|---|---|---|
| | HARD COAL / HOUILLE | PATENT FUEL / AGGLOMERES | COKE OVEN COKE / COKE DE FOUR | GAS COKE / COKE DE GAZ | BROWN COAL / LIGNITE | BKB / BRIQ. DE LIGNITE | NATURAL GAS / GAZ NATUREL | GAS WORKS / USINES A GAZ | COKE OVENS / COKERIES | BLAST FURNACES / HAUT FOURNEAUX | ELECTRICITY* / ELECTRICITE* |
| | 1 | 2 | 3 | 4 | 5 | 6 | 7 | 8 | 9 | 10 | 11 |
| PRODUCTION | 17141 | - | 4968 | - | 13336 | - | 701550 | - | 11171 | 13200 | 341315 |
| FROM OTHER SOURCES | - | - | - | - | - | - | - | - | - | - | - |
| IMPORT | 14119 | - | 483 | - | - | - | 18 | - | - | - | 2092 |
| EXPORT | -13988 | - | -240 | - | -12 | - | -222050 | - | - | - | -21602 |
| INTL. MARINE BUNKERS | - | - | - | - | - | - | - | - | - | - | - |
| STOCK CHANGES | 1321 | - | -9 | - | -167 | - | -5367 | - | - | - | - |
| DOMESTIC SUPPLY | 18593 | - | 5202 | - | 13157 | - | 474151 | - | 11171 | 13200 | 321805 |
| RETURNS TO SUPPLY | - | - | - | - | - | - | - | - | - | - | - |
| TRANSFERS | - | - | - | - | - | - | - | - | - | - | - |
| DOMESTIC AVAILABILITY | 18593 | - | 5202 | - | 13157 | - | 474151 | - | 11171 | 13200 | 321805 |
| STATISTICAL DIFFERENCE | -205 | - | 40 | - | -6 | - | 7929 | - | - | - | - |
| TRANSFORM. SECTOR ** | 17259 | - | 1976 | - | 12625 | - | 24217 | - | 50 | 415 | - |
| FOR SOLID FUELS | 6909 | - | - | - | - | - | - | - | - | - | - |
| FOR GASES | - | - | 1976 | - | - | - | - | - | - | - | - |
| PETROLEUM REFINERIES | - | - | - | - | - | - | - | - | - | - | - |
| THERMO-ELECTRIC PLANTS | 10350 | - | - | - | 12625 | - | 24217 | - | 50 | 415 | - |
| ENERGY SECTOR | 14 | - | - | - | 149 | - | 105049 | - | 365 | 2245 | 44445 |
| COAL MINES | 14 | - | - | - | 149 | - | 1845 | - | - | - | 544 |
| OIL AND GAS EXTRACTION | - | - | - | - | - | - | 85396 | - | - | - | 2155 |
| PETROLEUM REFINERIES | - | - | - | - | - | - | - | - | - | - | 6951 |
| ELECTRIC PLANTS | - | - | - | - | - | - | - | - | - | - | 5126 |
| DISTRIBUTION LOSSES | - | - | - | - | - | - | 17808 | - | 365 | 1585 | 29640 |
| PUMP STORAGE (ELECTR.) | - | - | - | - | - | - | - | - | - | - | - |
| OTHER ENERGY SECTOR | - | - | - | - | - | - | - | - | - | 660 | 29 |
| FINAL CONSUMPTION | 1525 | - | 3186 | - | 389 | - | 336956 | - | 10756 | 10540 | 277360 |
| INDUSTRY SECTOR | 1299 | - | 3186 | - | 337 | - | 152678 | - | 10756 | 10540 | 120964 |
| IRON AND STEEL | - | - | 2464 | - | - | - | 14757 | - | 10756 | 10540 | 8516 |
| CHEMICAL | - | - | - | - | - | - | - | - | - | - | 12461 |
| PETROCHEMICAL | - | - | - | - | - | - | 31190 | - | - | - | - |
| NON-FERROUS METAL | 110 | - | - | - | - | - | 9355 | - | - | - | 28473 |
| NON-METALLIC MINERAL | 293 | - | - | - | - | - | 16820 | - | - | - | 4782 |
| PAPER PULP AND PRINT | 215 | - | - | - | 165 | - | 23650 | - | - | - | 34916 |
| MINING AND QUARRYING | - | - | - | - | - | - | 9100 | - | - | - | 13739 |
| FOOD AND TOBACCO | - | - | - | - | - | - | 12810 | - | - | - | 4301 |
| WOOD AND WOOD PRODUCTS | - | - | - | - | - | - | 3950 | - | - | - | 3818 |
| MACHINERY | - | - | - | - | - | - | 4350 | - | - | - | 4330 |
| TRANSPORT EQUIPMENT | 57 | - | - | - | - | - | 4230 | - | - | - | 3091 |
| CONSTRUCTION | - | - | - | - | - | - | - | - | - | - | - |
| TEXTILES AND LEATHER | - | - | - | - | - | - | - | - | - | - | 2324 |
| NON SPECIFIED | 624 | - | 722 | - | 172 | - | 22466 | - | - | - | 213 |
| NON-ENERGY USES: | | | | | | | | | | | |
| (1)ENERGY PRODUCTS | - | - | - | - | - | - | 31190 | - | - | - | - |
| (2)NON-ENERGY PRODUCTS | - | - | - | - | - | - | - | - | - | - | - |
| TRANSPORT. SECTOR ** | - | - | - | - | 52 | - | - | - | - | - | 1926 |
| AIR TRANSPORT | - | - | - | - | - | - | - | - | - | - | - |
| ROAD TRANSPORT | - | - | - | - | - | - | - | - | - | - | - |
| RAILWAYS | - | - | - | - | 52 | - | - | - | - | - | 1926 |
| INTERNAL NAVIGATION | - | - | - | - | - | - | - | - | - | - | - |
| OTHER SECTORS ** | 226 | - | - | - | - | - | 184278 | - | - | - | 154470 |
| AGRICULTURE | - | - | - | - | - | - | - | - | - | - | - |
| PUBLIC SERVICES | - | - | - | - | - | - | - | - | - | - | - |
| COMMERCE | - | - | - | - | - | - | 85517 | - | - | - | 74447 |
| RESIDENTIAL | 226 | - | - | - | - | - | 98761 | - | - | - | 79042 |

(1) INCLUDED IN CHEMICAL OR PETROCHEMICAL INDUSTRY
(2) INCLUDED ONLY IN TOTAL INDUSTRY

| * OF WHICH: HYDRO | 235374 |
|---|---|
| NUCLEAR | 29436 |
| CONVENTIONAL THERMAL | 77230 |
| GEOTHERMAL | 0 |

** INCLUDED IN THESE TOTALS ARE THE NON-SPECIFIED ELEMENTS

UNIT: 1000 METRIC TONS
UNITE: 1000 TONNES METRIQUES

| OIL / PETROLE | | | REFINERY GAS | LIQUEFIED PETROLEUM GASES | AVIATION GASOLINE | MOTOR GASOLINE | JET FUEL | KEROSENE | GAS/DIESEL OIL | RESIDUAL FUEL OIL | NAPHTHA | NON-ENERGY PRODUCTS |
|---|---|---|---|---|---|---|---|---|---|---|---|---|
| CRUDE* BRUT* | NGL GNL | FEEDST. | GAZ DE PETROLE | GAZ LIQUEFIES DE PETROLE | ESSENCE AVION | ESSENCE AUTO | CARBURANT REACTEUR | PETROLE LAMPANT | GAZ/DIESEL OIL | FUEL OIL RESIDUEL | NAPHTHA | PRODUITS NON-ENERGETIQUES |
| 12 | 13 | 14 | 15 | 16 | 17 | 18 | 19 | 20 | 21 | 22 | 23 | 24 |
| 75080 | - | - | 3713 | 807 | 171 | 27921 | 3443 | 1489 | 24386 | 18354 | 3195 | 5453 |
| - | - | - | - | - | - | - | - | - | - | - | - | - |
| 31057 | - | - | - | - | - | - | 24 | - | 72 | 1775 | 11 | 1161 |
| -16653 | - | - | - | -38 | - | -639 | -315 | - | -1245 | -3914 | -228 | -289 |
| - | - | - | - | - | - | - | - | - | - | - | - | - |
| 673 | - | - | -2 | -33 | 9 | 274 | 40 | 148 | 1209 | 365 | -8 | 403 |
| 90157 | - | - | 3711 | 736 | 180 | 27556 | 3192 | 1637 | 24422 | 16580 | 2970 | 6728 |
| - | - | - | - | - | - | - | - | - | - | - | - | - |
| -558 | - | - | - | 550 | - | - | - | - | - | - | - | - |
| 89599 | - | - | 3711 | 1286 | 180 | 27556 | 3192 | 1637 | 24422 | 16580 | 2970 | 6728 |
| 795 | - | - | 60 | -20 | 6 | 321 | 25 | 78 | 96 | 71 | -69 | 128 |
| 88804 | - | - | - | - | - | - | - | - | 363 | 3091 | - | - |
| - | - | - | - | - | - | - | - | - | - | - | - | - |
| - | - | - | - | - | - | - | - | - | - | - | - | - |
| 88804 | - | - | - | - | - | - | - | - | - | - | - | - |
| - | - | - | - | - | - | - | - | - | 363 | 3091 | - | - |
| - | - | - | 3537 | 95 | - | 17 | 2 | 1 | 132 | 1792 | 156 | 917 |
| - | - | - | - | - | - | - | - | - | - | - | - | - |
| - | - | - | - | - | - | - | - | - | - | - | - | - |
| - | - | - | 3537 | 95 | - | 17 | 2 | 1 | 132 | 1792 | 156 | 917 |
| - | - | - | - | - | - | - | - | - | - | - | - | - |
| - | - | - | - | - | - | - | - | - | - | - | - | - |
| - | - | - | - | - | - | - | - | - | - | - | - | - |
| - | - | - | - | - | - | - | - | - | - | - | - | - |
| - | - | - | 114 | 1211 | 174 | 27218 | 3165 | 1558 | 23831 | 11626 | 2883 | 5683 |
| - | - | - | - | 630 | - | - | - | 151 | 2880 | 8001 | 2883 | 5683 |
| - | - | - | - | 6 | - | - | - | 6 | 24 | 877 | - | - |
| - | - | - | - | 6 | - | - | - | 10 | 24 | 951 | - | - |
| - | - | - | - | 458 | - | - | - | - | - | - | 2883 | - |
| - | - | - | - | 20 | - | - | - | 5 | 110 | 610 | - | - |
| - | - | - | - | 7 | - | - | - | 5 | 160 | 640 | - | - |
| - | - | - | - | 12 | - | - | - | 12 | 70 | 3150 | - | - |
| - | - | - | - | 45 | - | - | - | 33 | 750 | 743 | - | - |
| - | - | - | - | 30 | - | - | - | 25 | 210 | 500 | - | - |
| - | - | - | - | 20 | - | - | - | 14 | 210 | 60 | - | - |
| - | - | - | - | 6 | - | - | - | 4 | 90 | 130 | - | - |
| - | - | - | - | 8 | - | - | - | - | - | 170 | - | - |
| - | - | - | - | - | - | - | - | - | - | - | - | - |
| - | - | - | - | - | - | - | - | - | - | - | - | - |
| - | - | - | - | 12 | - | - | - | 37 | 1232 | 170 | - | - |
| - | - | - | - | 458 | - | - | - | - | - | - | 2883 | - |
| - | - | - | - | - | - | - | - | - | - | - | - | 5683 |
| - | - | - | - | - | 174 | 27218 | 3165 | - | 6556 | 1545 | - | - |
| - | - | - | - | - | 174 | - | 3165 | - | - | - | - | - |
| - | - | - | - | - | - | 27218 | - | - | 3677 | - | - | - |
| - | - | - | - | - | - | - | - | - | 1984 | - | - | - |
| - | - | - | - | - | - | - | - | - | 895 | 1545 | - | - |
| - | - | - | 114 | 581 | - | - | - | 1407 | 14395 | 2080 | - | - |
| - | - | - | - | - | - | - | - | - | 1210 | 15 | - | - |
| - | - | - | - | - | - | - | - | - | 593 | - | - | - |
| - | - | - | - | - | - | - | - | 280 | 3064 | 1709 | - | - |
| - | - | - | - | - | - | - | - | 1127 | 9528 | 356 | - | - |

*INCLUDED IN THIS COLUMN IS NGL AND FEEDSTOCKS.

## PRODUCTION AND USES OF ENERGY SOURCES : CANADA

1979

| X XX ENERGY XX XX SOURCES XX XX XX PRODUCTION XX XX AND USES XX | UNIT: 1000 METRIC TONS / UNITE: 1000 TONNES METRIQUES | | | | | | TCAL / TCAL | MANUFACTURED GAS (TCAL) / GAZ MANUFACTURE (TCAL) | | | MILLIONS OF (DE) KWH |
|---|---|---|---|---|---|---|---|---|---|---|---|
| | HARD COAL / HOUILLE | PATENT FUEL / AGGLOMERES | COKE OVEN COKE / COKE DE FOUR | GAS COKE / COKE DE GAZ | BROWN COAL / LIGNITE | BKB / BRIQ. DE LIGNITE | NATURAL GAS / GAZ NATUREL | GAS WORKS / USINES A GAZ | COKE OVENS / COKERIES | BLAST FURNACES / HAUT FOURNEAUX | ELECTRICITY* / ELECTRICITE* |
| | 1 | 2 | 3 | 4 | 5 | 6 | 7 | 8 | 9 | 10 | 11 |
| PRODUCTION | 18432 | - | 5775 | - | 14581 | - | 754364 | - | 12987 | 14300 | 358245 |
| FROM OTHER SOURCES | - | - | - | - | - | - | - | - | - | - | - |
| IMPORT | 17524 | - | 382 | - | - | - | 18 | - | - | - | 1792 |
| EXPORT | -13669 | - | -229 | - | -29 | - | -252256 | - | - | - | -31378 |
| INTL. MARINE BUNKERS | - | - | - | - | - | - | - | - | - | - | - |
| STOCK CHANGES | -1913 | - | -245 | - | -162 | - | -7102 | - | - | - | - |
| DOMESTIC SUPPLY | 20374 | - | 5683 | - | 14390 | - | 495024 | - | 12987 | 14300 | 328659 |
| RETURNS TO SUPPLY | - | - | - | - | - | - | - | - | - | - | - |
| TRANSFERS | - | - | - | - | - | - | - | - | - | - | - |
| DOMESTIC AVAILABILITY | 20374 | - | 5683 | - | 14390 | - | 495024 | - | 12987 | 14300 | 328659 |
| STATISTICAL DIFFERENCE | 271 | - | 104 | - | -258 | - | - | - | - | - | - |
| TRANSFORM. SECTOR ** | 18555 | - | 2133 | - | 14073 | - | 23369 | - | 45 | 430 | - |
| FOR SOLID FUELS | 7865 | - | - | - | - | - | - | - | - | - | - |
| FOR GASES | - | - | 2133 | - | - | - | - | - | - | - | - |
| PETROLEUM REFINERIES | - | - | - | - | - | - | - | - | - | - | - |
| THERMO-ELECTRIC PLANTS | 10690 | - | - | - | 14073 | - | 23369 | - | 45 | 430 | - |
| ENERGY SECTOR | 13 | - | - | - | 8 | - | 133584 | - | 416 | 2430 | 43285 |
| COAL MINES | 13 | - | - | - | 8 | - | 1367 | - | - | - | 584 |
| OIL AND GAS EXTRACTION | - | - | - | - | - | - | 109367 | - | - | - | 2431 |
| PETROLEUM REFINERIES | - | - | - | - | - | - | - | - | - | - | 7060 |
| ELECTRIC PLANTS | - | - | - | - | - | - | - | - | - | - | 5191 |
| DISTRIBUTION LOSSES | - | - | - | - | - | - | 22850 | - | 416 | 1720 | 27989 |
| PUMP STORAGE (ELECTR.) | - | - | - | - | - | - | - | - | - | - | - |
| OTHER ENERGY SECTOR | - | - | - | - | - | - | - | - | - | 710 | 30 |
| FINAL CONSUMPTION | 1535 | - | 3446 | - | 567 | - | 338071 | - | 12526 | 11440 | 285374 |
| INDUSTRY SECTOR | 1434 | - | 3446 | - | 464 | - | 167477 | - | 12526 | 11440 | 122312 |
| IRON AND STEEL | 101 | - | 2760 | - | - | - | 15190 | - | 12526 | 11440 | 9071 |
| CHEMICAL | 51 | - | - | - | - | - | - | - | - | - | 12857 |
| PETROCHEMICAL | - | - | - | - | - | - | 44790 | - | - | - | - |
| NON-FERROUS METAL | 314 | - | - | - | - | - | 6232 | - | - | - | 24707 |
| NON-METALLIC MINERAL | 418 | - | - | - | - | - | 15195 | - | - | - | 5037 |
| PAPER PULP AND PRINT | 269 | - | - | - | 166 | - | 14870 | - | - | - | 34405 |
| MINING AND QUARRYING | 59 | - | - | - | - | - | 13242 | - | - | - | 16301 |
| FOOD AND TOBACCO | - | - | - | - | - | - | 12681 | - | - | - | 4698 |
| WOOD AND WOOD PRODUCTS | - | - | - | - | - | - | 3046 | - | - | - | 4067 |
| MACHINERY | - | - | - | - | - | - | 1866 | - | - | - | 5250 |
| TRANSPORT EQUIPMENT | 52 | - | - | - | - | - | 4412 | - | - | - | 3151 |
| CONSTRUCTION | - | - | - | - | - | - | - | - | - | - | - |
| TEXTILES AND LEATHER | - | - | - | - | - | - | - | - | - | - | 2534 |
| NON SPECIFIED | 170 | - | 686 | - | 298 | - | 35953 | - | - | - | 234 |
| NON-ENERGY USES: | | | | | | | | | | | |
| (1)ENERGY PRODUCTS | - | - | - | - | - | - | 20253 | - | - | - | - |
| (2)NON-ENERGY PRODUCTS | - | - | - | - | - | - | - | - | - | - | - |
| TRANSPORT. SECTOR ** | - | - | - | - | 54 | - | - | - | - | - | 2285 |
| AIR TRANSPORT | - | - | - | - | - | - | - | - | - | - | - |
| ROAD TRANSPORT | - | - | - | - | - | - | - | - | - | - | - |
| RAILWAYS | - | - | - | - | 54 | - | - | - | - | - | 2285 |
| INTERNAL NAVIGATION | - | - | - | - | - | - | - | - | - | - | - |
| OTHER SECTORS ** | 101 | - | - | - | 49 | - | 170594 | - | - | - | 160777 |
| AGRICULTURE | - | - | - | - | - | - | 2726 | - | - | - | - |
| PUBLIC SERVICES | - | - | - | - | 44 | - | - | - | - | - | - |
| COMMERCE | - | - | - | - | - | - | 77897 | - | - | - | 77640 |
| RESIDENTIAL | 101 | - | - | - | - | - | 89971 | - | - | - | 80194 |

(1) INCLUDED IN CHEMICAL OR PETROCHEMICAL INDUSTRY
(2) INCLUDED ONLY IN TOTAL INDUSTRY

| * OF WHICH: HYDRO | 244233 |
|---|---|
| NUCLEAR | 33275 |
| CONVENTIONAL THERMAL | 77115 |
| GEOTHERMAL | 0 |

** INCLUDED IN THESE TOTALS ARE THE NON-SPECIFIED ELEMENTS

UNIT: 1000 METRIC TONS
UNITE: 1000 TONNES METRIQUES

| OIL / PETROLE | | | REFINERY GAS | LIQUEFIED PETROLEUM GASES | AVIATION GASOLINE | MOTOR GASOLINE | JET FUEL | KEROSENE | GAS/DIESEL OIL | RESIDUAL FUEL OIL | NAPHTHA | NON-ENERGY PRODUCTS |
|---|---|---|---|---|---|---|---|---|---|---|---|---|
| CRUDE BRUT | NGL GNL | FEEDST. | GAZ DE PETROLE | GAZ LIQUEFIES DE PETROLE | ESSENCE AVION | ESSENCE AUTO | CARBURANT REACTEUR | PETROLE LAMPANT | GAZ/DIESEL OIL | FUEL OIL RESIDUEL | NAPHTHA | PRODUITS NON-ENERGETIQUES |
| 12 | 13 | 14 | 15 | 16 | 17 | 18 | 19 | 20 | 21 | 22 | 23 | 24 |
| 78268 | 6118 | - | 3749 | 1315 | 166 | 28148 | 3878 | 1518 | 25252 | 18993 | 4241 | 6069 |
| - | - | - | - | 998 | - | - | - | - | - | - | - | 30 |
| 30820 | - | - | - | - | - | 58 | - | - | 142 | 671 | 3 | 1087 |
| -14236 | -4690 | - | - | -55 | - | -606 | -154 | -6 | -1806 | -2657 | -251 | -221 |
| - | - | - | - | - | - | - | - | - | -224 | -1380 | - | - |
| -422 | 284 | - | 5 | 17 | 4 | -124 | -40 | -25 | -415 | -74 | -39 | -110 |
| 94430 | 1712 | - | 3754 | 2275 | 170 | 27476 | 3684 | 1487 | 22949 | 15553 | 3954 | 6855 |
| - | - | - | - | - | - | - | - | - | - | - | - | - |
| - | - | - | 87 | -583 | 9 | 930 | -64 | - | 1778 | -53 | -337 | 335 |
| 94430 | 1712 | - | 3841 | 1692 | 179 | 28406 | 3620 | 1487 | 24727 | 15500 | 3617 | 7190 |
| -370 | 178 | - | 217 | 12 | 11 | 253 | 47 | 32 | -34 | -42 | -127 | -123 |
| 94770 | 536 | - | - | - | - | - | - | - | 349 | 3138 | - | - |
| - | - | - | - | - | - | - | - | - | - | - | - | - |
| - | - | - | - | - | - | - | - | - | - | - | - | - |
| 94770 | 536 | - | - | - | - | - | - | - | - | - | - | - |
| - | - | - | - | - | - | - | - | - | 349 | 2865 | - | - |
| - | - | - | 3553 | 172 | - | 13 | 1 | 1 | 395 | 1760 | 122 | 1044 |
| - | - | - | - | - | - | - | - | - | - | - | - | - |
| - | - | - | - | - | - | - | - | - | - | - | - | - |
| - | - | - | 3553 | 172 | - | 13 | 1 | 1 | 395 | 1760 | 122 | 1044 |
| - | - | - | - | - | - | - | - | - | - | - | - | - |
| - | - | - | - | - | - | - | - | - | - | - | - | - |
| - | - | - | - | - | - | - | - | - | - | - | - | - |
| 30 | 998 | - | 71 | 1508 | 168 | 28140 | 3572 | 1454 | 24017 | 10644 | 3622 | 6269 |
| - | 406 | - | - | 614 | - | - | - | 131 | 2226 | 8037 | 3622 | 6269 |
| - | - | - | - | 10 | - | - | - | 6 | 25 | 849 | - | - |
| - | - | - | - | 6 | - | - | - | 10 | 50 | - | - | - |
| - | 233 | - | - | 353 | - | - | - | - | - | 576 | 3622 | - |
| - | - | - | - | - | - | - | - | - | 25 | 531 | - | - |
| - | - | - | - | - | - | - | - | - | 25 | 702 | - | - |
| - | - | - | - | - | - | - | - | 10 | 29 | 3063 | - | - |
| - | - | - | - | - | - | - | - | 44 | 820 | 1243 | - | - |
| - | - | - | - | - | - | - | - | 20 | - | 410 | - | - |
| - | - | - | - | - | - | - | - | 12 | 107 | 30 | - | - |
| - | - | - | - | - | - | - | - | - | - | 25 | - | - |
| - | - | - | - | - | - | - | - | - | - | 181 | - | - |
| - | - | - | - | - | - | - | - | - | - | - | - | - |
| - | - | - | - | - | - | - | - | - | - | - | - | - |
| - | 173 | - | - | 245 | - | - | - | 29 | 1145 | 427 | - | - |
| - | - | - | - | 353 | - | - | - | - | - | 576 | 3622 | - |
| - | - | - | - | - | - | - | - | - | - | - | - | 6269 |
| - | 25 | - | - | 38 | 168 | 28140 | 2979 | - | 8238 | 697 | - | - |
| - | - | - | - | - | 168 | - | 2979 | - | - | - | - | - |
| - | 25 | - | - | 38 | - | 28140 | - | - | 5326 | - | - | - |
| - | - | - | - | - | - | - | - | - | 2066 | - | - | - |
| - | - | - | - | - | - | - | - | - | 821 | 697 | - | - |
| 30 | 567 | - | 71 | 856 | - | - | 593 | 1323 | 13553 | 1910 | - | - |
| - | 99 | - | - | 149 | - | - | - | - | 1830 | 15 | - | - |
| - | - | - | - | 279 | - | - | - | - | 550 | - | - | - |
| - | 185 | - | - | - | - | - | - | 260 | 2636 | 1380 | - | - |
| - | 283 | - | - | - | - | - | - | 1063 | 8537 | 515 | - | - |

# PRODUCTION AND USES OF ENERGY SOURCES : CANADA

1980

| ENERGY SOURCES / PRODUCTION AND USES | HARD COAL / HOUILLE | PATENT FUEL / AGGLOMERES | COKE OVEN COKE / COKE DE FOUR | GAS COKE / COKE DE GAZ | BROWN COAL / LIGNITE | BKB / BRIQ. DE LIGNITE | NATURAL GAS / GAZ NATUREL | GAS WORKS / USINES A GAZ | COKE OVENS / COKERIES | BLAST FURNACES / HAUT FOURNEAUX | ELECTRICITY* / ELECTRICITE* |
|---|---|---|---|---|---|---|---|---|---|---|---|
| | UNIT: 1000 METRIC TONS / UNITE: 1000 TONNES METRIQUES | | | | | | TCAL / TCAL | MANUFACTURED GAS (TCAL) / GAZ MANUFACTURE (TCAL) | | | MILLIONS OF (DE) KWH |
| | 1 | 2 | 3 | 4 | 5 | 6 | 7 | 8 | 9 | 10 | 11 |
| PRODUCTION | 20151 | - | 5250 | - | 16513 | - | 732217 | - | 11805 | 14300 | 371762 |
| FROM OTHER SOURCES | - | - | - | - | - | - | - | - | - | - | - |
| IMPORT | 15829 | - | 401 | - | - | - | 27 | - | - | - | 2940 |
| EXPORT | -15269 | - | -319 | - | - | - | -200806 | - | - | - | -30174 |
| INTL. MARINE BUNKERS | - | - | - | - | - | - | - | - | - | - | - |
| STOCK CHANGES | 358 | - | 84 | - | -249 | - | 3355 | - | - | - | - |
| DOMESTIC SUPPLY | 21069 | - | 5416 | - | 16264 | - | 534793 | - | 11805 | 14300 | 344528 |
| RETURNS TO SUPPLY | - | - | - | - | - | - | - | - | - | - | - |
| TRANSFERS | - | - | - | - | - | - | - | - | - | - | - |
| DOMESTIC AVAILABILITY | 21069 | - | 5416 | - | 16264 | - | 534793 | - | 11805 | 14300 | 344528 |
| STATISTICAL DIFFERENCE | -466 | - | 49 | - | 412 | - | - | - | - | - | - |
| TRANSFORM. SECTOR ** | 19933 | - | 2157 | - | 15130 | - | 20072 | - | 41 | 391 | - |
| FOR SOLID FUELS | 7240 | - | - | - | - | - | - | - | - | - | - |
| FOR GASES | - | - | 2157 | - | - | - | - | - | - | - | - |
| PETROLEUM REFINERIES | - | - | - | - | - | - | - | - | - | - | - |
| THERMO-ELECTRIC PLANTS | 12693 | - | - | - | 15130 | - | 20072 | - | 41 | 391 | - |
| ENERGY SECTOR | 14 | - | - | - | 5 | - | 102941 | - | 378 | 2439 | 46175 |
| COAL MINES | 14 | - | - | - | 5 | - | - | - | - | - | 584 |
| OIL AND GAS EXTRACTION | - | - | - | - | - | - | 88621 | - | - | - | 2431 |
| PETROLEUM REFINERIES | - | - | - | - | - | - | - | - | - | - | 7060 |
| ELECTRIC PLANTS | - | - | - | - | - | - | - | - | - | - | 4560 |
| DISTRIBUTION LOSSES | - | - | - | - | - | - | 14320 | - | 378 | 1730 | 31510 |
| PUMP STORAGE (ELECTR.) | - | - | - | - | - | - | - | - | - | - | - |
| OTHER ENERGY SECTOR | - | - | - | - | - | - | - | - | - | 709 | 30 |
| FINAL CONSUMPTION | 1588 | - | 3210 | - | 717 | - | 411780 | - | 11386 | 11470 | 298353 |
| INDUSTRY SECTOR | 1476 | - | 3210 | - | 509 | - | 198460 | - | 11386 | 11470 | 129137 |
| IRON AND STEEL | 137 | - | 2691 | - | - | - | 16575 | - | 11386 | 11470 | 9532 |
| CHEMICAL | 67 | - | 165 | - | 311 | - | - | - | - | - | 14041 |
| PETROCHEMICAL | - | - | - | - | - | - | 53488 | - | - | - | - |
| NON-FERROUS METAL | 320 | - | 195 | - | - | - | 7492 | - | - | - | 25986 |
| NON-METALLIC MINERAL | 439 | - | - | - | - | - | 22430 | - | - | - | 5300 |
| PAPER PULP AND PRINT | 213 | - | - | - | 172 | - | 16142 | - | - | - | 36187 |
| MINING AND QUARRYING | 65 | - | 131 | - | 11 | - | 11576 | - | - | - | 17135 |
| FOOD AND TOBACCO | - | - | - | - | - | - | 18258 | - | - | - | 4940 |
| WOOD AND WOOD PRODUCTS | - | - | - | - | - | - | 3307 | - | - | - | 4271 |
| MACHINERY | - | - | - | - | - | - | 2778 | - | - | - | 5519 |
| TRANSPORT EQUIPMENT | 53 | - | - | - | - | - | 5954 | - | - | - | 3319 |
| CONSTRUCTION | - | - | - | - | - | - | - | - | - | - | - |
| TEXTILES AND LEATHER | - | - | - | - | - | - | 3969 | - | - | - | 2663 |
| NON SPECIFIED | 182 | - | 28 | - | 15 | - | 36491 | - | - | - | 244 |
| NON-ENERGY USES: | | | | | | | | | | | |
| (1)ENERGY PRODUCTS | - | - | - | - | - | - | 35670 | - | - | - | - |
| (2)NON-ENERGY PRODUCTS | - | - | - | - | - | - | - | - | - | - | - |
| TRANSPORT. SECTOR ** | - | - | - | - | 53 | - | 18173 | - | - | - | 2200 |
| AIR TRANSPORT | - | - | - | - | - | - | - | - | - | - | - |
| ROAD TRANSPORT | - | - | - | - | - | - | - | - | - | - | - |
| RAILWAYS | - | - | - | - | 53 | - | - | - | - | - | 2200 |
| INTERNAL NAVIGATION | - | - | - | - | - | - | - | - | - | - | - |
| OTHER SECTORS ** | 112 | - | - | - | 155 | - | 195147 | - | - | - | 167016 |
| AGRICULTURE | - | - | - | - | - | - | 3102 | - | - | - | - |
| PUBLIC SERVICES | 65 | - | - | - | 55 | - | 3897 | - | - | - | - |
| COMMERCE | - | - | - | - | - | - | 90994 | - | - | - | 82070 |
| RESIDENTIAL | 47 | - | - | - | 100 | - | 97154 | - | - | - | 84608 |

(1) INCLUDED IN CHEMICAL OR PETROCHEMICAL INDUSTRY
(2) INCLUDED ONLY IN TOTAL INDUSTRY

| * OF WHICH: HYDRO | 251249 |
|---|---|
| NUCLEAR | 35880 |
| CONVENTIONAL THERMAL | 84633 |
| GEOTHERMAL | 0 |

** INCLUDED IN THESE TOTALS ARE THE NON-SPECIFIED ELEMENTS

PRODUCTION ET UTILISATION DES SOURCES D ENERGIE : CANADA

1980

UNIT: 1000 METRIC TONS
UNITE: 1000 TONNES METRIQUES

| OIL / PETROLE: CRUDE / BRUT | OIL / PETROLE: NGL / GNL | FEEDST. | REFINERY GAS / GAZ DE PETROLE | LIQUEFIED PETROLEUM GASES / GAZ LIQUEFIES DE PETROLE | AVIATION GASOLINE / ESSENCE AVION | MOTOR GASOLINE / ESSENCE AUTO | JET FUEL / CARBURANT REACTEUR | KEROSENE / PETROLE LAMPANT | GAS/DIESEL OIL / GAZ/DIESEL OIL | RESIDUAL FUEL OIL / FUEL OIL RESIDUEL | NAPHTHA / NAPHTHA | NON-ENERGY PRODUCTS / PRODUITS NON-ENERGETIQUES |
|---|---|---|---|---|---|---|---|---|---|---|---|---|
| 12 | 13 | 14 | 15 | 16 | 17 | 18 | 19 | 20 | 21 | 22 | 23 | 24 |
| 70902 | 10487 | - | 3716 | 973 | 252 | 29789 | 3684 | 1410 | 26629 | 17233 | 3705 | 5517 |
| - | - | - | - | - | - | - | - | - | - | - | - | - |
| 27305 | 3 | - | - | - | - | 136 | 86 | 1 | 83 | 1060 | 41 | 1206 |
| -10153 | -4786 | - | - | -199 | -1 | -494 | -149 | -29 | -1788 | -2572 | -750 | -266 |
| - | - | - | - | - | - | - | - | - | -223 | -1292 | - | - |
| -688 | -328 | - | 2 | -6 | 3 | -430 | -39 | -9 | -339 | 305 | -96 | 6 |
| 87366 | 5376 | - | 3718 | 768 | 254 | 29001 | 3582 | 1373 | 24362 | 14734 | 2900 | 6463 |
| - | - | - | - | - | - | - | - | - | - | - | - | - |
| - | - | - | 86 | -457 | -26 | 931 | -32 | - | 1666 | 74 | -272 | 37 |
| 87366 | 5376 | - | 3804 | 311 | 228 | 29932 | 3550 | 1373 | 26028 | 14808 | 2628 | 6500 |
| 347 | -1501 | - | 213 | -281 | 34 | 1238 | 33 | 106 | 1189 | -1286 | -380 | -207 |
| 87019 | 5889 | - | - | - | - | - | - | - | 371 | 2608 | - | - |
| - | - | - | - | - | - | - | - | - | - | - | - | - |
| - | - | - | - | - | - | - | - | - | - | - | - | - |
| 87019 | 5889 | - | - | - | - | - | - | - | - | - | - | - |
| - | - | - | - | - | - | - | - | - | 371 | 2363 | - | - |
| - | - | - | 3521 | 275 | - | 11 | - | - | 88 | 1686 | 113 | 914 |
| - | - | - | - | - | - | - | - | - | - | - | - | - |
| - | - | - | - | - | - | - | - | - | - | - | - | - |
| - | - | - | 3521 | 275 | - | 11 | - | - | 88 | 1686 | 113 | 914 |
| - | - | - | - | - | - | - | - | - | - | - | - | - |
| - | - | - | - | - | - | - | - | - | - | - | - | - |
| - | - | - | - | - | - | - | - | - | - | - | - | - |
| - | - | - | - | - | - | - | - | - | - | - | - | - |
| - | 988 | - | 70 | 317 | 194 | 28683 | 3517 | 1267 | 24380 | 11800 | 2895 | 5793 |
| - | 402 | - | - | 63 | - | 201 | 26 | 201 | 3168 | 8053 | 2895 | 5793 |
| - | - | - | - | - | - | - | - | - | 6 | 403 | - | - |
| - | - | - | - | - | - | - | - | - | - | - | - | - |
| - | 231 | - | - | 23 | - | - | - | 6 | 143 | 266 | 2895 | - |
| - | - | - | - | - | - | - | - | - | 3 | 298 | - | - |
| - | - | - | - | 3 | - | - | - | 15 | 453 | 854 | - | - |
| - | - | - | - | - | - | - | - | - | - | 111 | - | - |
| - | - | - | - | - | - | - | - | 3 | 146 | 443 | - | - |
| - | - | - | - | 9 | - | - | - | 58 | 716 | 451 | - | - |
| - | - | - | - | - | - | - | - | - | - | 23 | - | - |
| - | - | - | - | 1 | - | - | - | 3 | 67 | 24 | - | - |
| - | - | - | - | 2 | - | - | - | 14 | 149 | 193 | - | - |
| - | - | - | - | - | - | - | - | - | 130 | 32 | - | - |
| - | - | - | - | 5 | - | - | - | 5 | 67 | 290 | - | - |
| - | 171 | - | - | 20 | - | 201 | 26 | 97 | 1288 | 4665 | - | - |
| - | - | - | - | 23 | - | - | - | - | 143 | 266 | 2895 | - |
| - | - | - | - | - | - | - | - | - | - | - | - | 5793 |
| - | 25 | - | - | 6 | 194 | 26704 | 3141 | - | 7871 | 2104 | - | - |
| - | - | - | - | - | 194 | - | 3141 | - | - | - | - | - |
| - | 25 | - | - | 6 | - | 23348 | - | - | 3811 | - | - | - |
| - | - | - | - | - | - | - | - | - | 2104 | - | - | - |
| - | - | - | - | - | - | - | - | - | 842 | 937 | - | - |
| - | 561 | - | 70 | 248 | - | 1778 | 350 | 1066 | 13341 | 1643 | - | - |
| - | 98 | - | - | 32 | - | 1778 | - | - | 1287 | 15 | - | - |
| - | 1 | - | - | 5 | - | - | 203 | 20 | 1015 | 202 | - | - |
| - | 182 | - | - | 74 | - | - | 147 | 201 | 1782 | 1282 | - | - |
| - | 280 | - | - | 137 | - | - | - | 845 | 8613 | 144 | - | - |

## PRODUCTION AND USES OF ENERGY SOURCES : CANADA

1981

| ENERGY SOURCES / PRODUCTION AND USES | UNIT: 1000 METRIC TONS / UNITE: 1000 TONNES METRIQUES | | | | | | TCAL / TCAL | MANUFACTURED GAS (TCAL) / GAZ MANUFACTURE (TCAL) | | | MILLIONS OF (DE) KWH |
|---|---|---|---|---|---|---|---|---|---|---|---|
| | HARD COAL / HOUILLE | PATENT FUEL / AGGLOMERES | COKE OVEN COKE / COKE DE FOUR | GAS COKE / COKE DE GAZ | BROWN COAL / LIGNITE | BKB / BRIQ. DE LIGNITE | NATURAL GAS / GAZ NATUREL | GAS WORKS / USINES A GAZ | COKE OVENS / COKERIES | BLAST FURNACES / HAUT FOURNEAUX | ELECTRICITY* / ELECTRICITE* |
| | 1 | 2 | 3 | 4 | 5 | 6 | 7 | 8 | 9 | 10 | 11 |
| PRODUCTION | 21739 | - | 4659 | - | 18349 | - | 715087 | - | 10456 | 14500 | 383625 |
| FROM OTHER SOURCES | - | - | - | - | - | - | - | - | - | - | - |
| IMPORT | 14836 | - | 305 | - | - | - | 27 | - | - | - | 1497 |
| EXPORT | -15705 | - | -68 | - | - | - | -192093 | - | - | - | -35346 |
| INTL. MARINE BUNKERS | - | - | - | - | - | - | - | - | - | - | - |
| STOCK CHANGES | -114 | - | -36 | - | -1124 | - | -5269 | - | - | - | - |
| DOMESTIC SUPPLY | 20756 | - | 4860 | - | 17225 | - | 517752 | - | 10456 | 14500 | 349776 |
| RETURNS TO SUPPLY | - | - | - | - | - | - | - | - | - | - | - |
| TRANSFERS | - | - | - | - | - | - | - | - | - | - | - |
| DOMESTIC AVAILABILITY | 20756 | - | 4860 | - | 17225 | - | 517752 | - | 10456 | 14500 | 349776 |
| STATISTICAL DIFFERENCE | -471 | - | 9 | - | 71 | - | - | - | - | - | - |
| TRANSFORM. SECTOR ** | 19817 | - | 1728 | - | 16424 | - | 16425 | - | 50 | 390 | - |
| FOR SOLID FUELS | 6378 | - | - | - | - | - | - | - | - | - | - |
| FOR GASES | - | - | 1728 | - | - | - | - | - | - | - | - |
| PETROLEUM REFINERIES | - | - | - | - | - | - | - | - | - | - | - |
| THERMO-ELECTRIC PLANTS | 13439 | - | - | - | 16424 | - | 16425 | - | 50 | 390 | - |
| ENERGY SECTOR | 20 | - | - | - | 3 | - | 93584 | - | 360 | 2610 | 44187 |
| COAL MINES | 20 | - | - | - | 3 | - | - | - | - | - | 815 |
| OIL AND GAS EXTRACTION | - | - | - | - | - | - | 87781 | - | - | - | 3650 |
| PETROLEUM REFINERIES | - | - | - | - | - | - | - | - | - | - | 10458 |
| ELECTRIC PLANTS | - | - | - | - | - | - | - | - | - | - | 4488 |
| DISTRIBUTION LOSSES | - | - | - | - | - | - | 5803 | - | 360 | 1900 | 24746 |
| PUMP STORAGE (ELECTR.) | - | - | - | - | - | - | - | - | - | - | - |
| OTHER ENERGY SECTOR | - | - | - | - | - | - | - | - | - | 710 | 30 |
| FINAL CONSUMPTION | 1390 | - | 3123 | - | 727 | - | 407743 | - | 10046 | 11500 | 305589 |
| INDUSTRY SECTOR | 1315 | - | 3123 | - | 543 | - | 200638 | - | 10046 | 11500 | 133642 |
| IRON AND STEEL | 84 | - | 2559 | - | - | - | 15671 | - | 10046 | 11500 | 8889 |
| CHEMICAL | 77 | - | 147 | - | 352 | - | - | - | - | - | 15802 |
| PETROCHEMICAL | - | - | - | - | - | - | 49268 | - | - | - | - |
| NON-FERROUS METAL | 383 | - | 202 | - | - | - | 7113 | - | - | - | 29581 |
| NON-METALLIC MINERAL | 457 | - | - | - | - | - | 22672 | - | - | - | 4919 |
| PAPER PULP AND PRINT | 108 | - | - | - | 167 | - | 16122 | - | - | - | 33839 |
| MINING AND QUARRYING | 105 | - | 118 | - | 13 | - | 17574 | - | - | - | 21359 |
| FOOD AND TOBACCO | - | - | - | - | - | - | 18459 | - | - | - | 5100 |
| WOOD AND WOOD PRODUCTS | - | - | - | - | - | - | 3302 | - | - | - | 4021 |
| MACHINERY | - | - | - | - | - | - | 2809 | - | - | - | 5430 |
| TRANSPORT EQUIPMENT | 46 | - | - | - | - | - | 6019 | - | - | - | 2028 |
| CONSTRUCTION | - | - | - | - | - | - | - | - | - | - | - |
| TEXTILES AND LEATHER | - | - | - | - | - | - | 4013 | - | - | - | 2505 |
| NON SPECIFIED | 55 | - | 97 | - | 11 | - | 37616 | - | - | - | 169 |
| NON-ENERGY USES: | | | | | | | | | | | |
| (1)ENERGY PRODUCTS | - | - | - | - | - | - | 24454 | - | - | - | - |
| (2)NON-ENERGY PRODUCTS | - | - | - | - | - | - | - | - | - | - | - |
| TRANSPORT. SECTOR ** | - | - | - | - | 50 | - | 19040 | - | - | - | 2028 |
| AIR TRANSPORT | - | - | - | - | - | - | - | - | - | - | - |
| ROAD TRANSPORT | - | - | - | - | - | - | - | - | - | - | - |
| RAILWAYS | - | - | - | - | 50 | - | - | - | - | - | 2028 |
| INTERNAL NAVIGATION | - | - | - | - | - | - | - | - | - | - | - |
| OTHER SECTORS ** | 75 | - | - | - | 134 | - | 188065 | - | - | - | 169919 |
| AGRICULTURE | - | - | - | - | - | - | 3306 | - | - | - | - |
| PUBLIC SERVICES | 23 | - | - | - | 48 | - | 4102 | - | - | - | - |
| COMMERCE | - | - | - | - | - | - | 80994 | - | - | - | 84075 |
| RESIDENTIAL | 52 | - | - | - | 86 | - | 99663 | - | - | - | 85640 |

(1) INCLUDED IN CHEMICAL OR PETROCHEMICAL INDUSTRY
(2) INCLUDED ONLY IN TOTAL INDUSTRY

| * OF WHICH: HYDRO | 263427 |
|---|---|
| NUCLEAR | 36891 |
| CONVENTIONAL THERMAL | 83307 |
| GEOTHERMAL | 0 |

** INCLUDED IN THESE TOTALS ARE THE NON-SPECIFIED ELEMENTS

UNIT: 1000 METRIC TONS
UNITE: 1000 TONNES METRIQUES

| OIL / PETROLE | | | REFINERY GAS | LIQUEFIED PETROLEUM GASES | AVIATION GASOLINE | MOTOR GASOLINE | JET FUEL | KEROSENE | GAS/DIESEL OIL | RESIDUAL FUEL OIL | NAPHTHA | NON-ENERGY PRODUCTS |
|---|---|---|---|---|---|---|---|---|---|---|---|---|
| CRUDE BRUT | NGL GNL | FEEDST. | GAZ DE PETROLE | GAZ LIQUEFIES DE PETROLE | ESSENCE AVION | ESSENCE AUTO | CARBURANT REACTEUR | PETROLE LAMPANT | GAZ/DIESEL OIL | FUEL OIL RESIDUEL | NAPHTHA | PRODUITS NON-ENERGETIQUES |
| 12 | 13 | 14 | 15 | 16 | 17 | 18 | 19 | 20 | 21 | 22 | 23 | 24 |
| 63377 | 10354 | - | 3497 | 989 | 177 | 28586 | 3614 | 1074 | 23524 | 15272 | 3805 | 5398 |
| - | - | - | - | - | - | - | - | - | - | - | - | - |
| 25031 | - | - | - | - | - | 93 | 16 | 16 | 189 | 1141 | 12 | 1171 |
| -8075 | -4528 | - | - | -316 | - | -517 | -70 | - | -1449 | -2292 | -846 | -423 |
| - | - | - | - | - | - | - | - | - | -198 | -776 | - | - |
| 449 | -126 | - | -2 | -10 | 12 | -60 | -8 | 58 | 261 | -194 | 25 | -50 |
| 80782 | 5700 | - | 3495 | 663 | 189 | 28102 | 3552 | 1148 | 22327 | 13151 | 2996 | 6096 |
| - | - | - | - | - | - | - | - | - | - | - | - | - |
| - | - | - | 16 | -531 | - | 949 | -102 | - | 1136 | 265 | -105 | -24 |
| 80782 | 5700 | - | 3511 | 132 | 189 | 29051 | 3450 | 1148 | 23463 | 13416 | 2891 | 6072 |
| -251 | -506 | - | 122 | -404 | - | 1293 | 40 | 147 | 897 | -473 | -164 | -435 |
| 81033 | 4903 | - | - | - | - | - | - | - | 472 | 1769 | - | - |
| - | - | - | - | - | - | - | - | - | - | - | - | - |
| - | - | - | - | - | - | - | - | - | - | - | - | - |
| 81033 | 4903 | - | - | - | - | - | - | - | - | - | - | - |
| - | - | - | - | - | - | - | - | - | 472 | 1559 | - | - |
| - | - | - | 3328 | 232 | - | 6 | 1 | 2 | 73 | 1520 | 138 | 891 |
| - | - | - | - | - | - | - | - | - | - | - | - | - |
| - | - | - | - | - | - | - | - | - | - | - | - | - |
| - | - | - | 3328 | 232 | - | 6 | 1 | 2 | 73 | 1520 | 138 | 891 |
| - | - | - | - | - | - | - | - | - | - | - | - | - |
| - | - | - | - | - | - | - | - | - | - | - | - | - |
| - | - | - | - | - | - | - | - | - | - | - | - | - |
| - | - | - | - | - | - | - | - | - | - | - | - | - |
| - | 1303 | - | 61 | 304 | 189 | 27752 | 3409 | 999 | 22021 | 10600 | 2917 | 5616 |
| - | 531 | - | - | 121 | - | 194 | 39 | 208 | 3171 | 7075 | 2917 | 5616 |
| - | - | - | - | - | - | - | - | - | 6 | 354 | - | - |
| - | - | - | - | - | - | - | - | - | - | - | - | - |
| - | 305 | - | - | 44 | - | - | - | 4 | 133 | 262 | 2917 | - |
| - | - | - | - | - | - | - | - | - | 3 | 233 | - | - |
| - | - | - | - | 6 | - | 14 | - | 16 | 453 | 750 | - | - |
| - | - | - | - | - | - | - | - | - | - | 100 | - | - |
| - | - | - | - | - | - | - | - | 8 | 146 | 389 | - | - |
| - | - | - | - | 17 | - | 72 | - | 60 | 717 | 396 | - | - |
| - | - | - | - | - | - | - | - | - | - | 20 | - | - |
| - | - | - | - | 2 | - | 7 | - | 4 | 67 | 21 | - | - |
| - | - | - | - | 4 | - | 12 | - | 14 | 149 | 170 | - | - |
| - | - | - | - | - | - | - | - | - | 127 | 35 | - | - |
| - | - | - | - | 10 | - | 3 | - | 6 | 67 | 255 | - | - |
| - | 226 | - | - | 38 | - | 86 | 39 | 96 | 1303 | 4090 | - | - |
| - | 305 | - | - | 44 | - | - | - | 4 | 133 | 262 | 2917 | - |
| - | - | - | - | - | - | - | - | - | - | - | - | 5616 |
| - | 33 | - | - | 8 | 189 | 23950 | 2984 | - | 7603 | 2152 | - | - |
| - | - | - | - | - | 189 | - | 2984 | - | - | - | - | - |
| - | 33 | - | - | 8 | - | 22673 | - | - | 3621 | - | - | - |
| - | - | - | - | - | - | - | - | - | 2003 | - | - | - |
| - | - | - | - | - | - | - | - | - | 742 | 1435 | - | - |
| - | 739 | - | 61 | 175 | - | 3608 | 386 | 791 | 11247 | 1373 | - | - |
| - | 129 | - | - | 23 | - | 1693 | - | - | 1305 | 25 | - | - |
| - | 1 | - | - | 4 | - | 333 | 226 | 38 | 967 | 161 | - | - |
| - | 240 | - | - | 57 | - | 1582 | 160 | 131 | 1777 | 1088 | - | - |
| - | 369 | - | - | 91 | - | - | - | 622 | 6635 | 99 | - | - |

## PRODUCTION AND USES OF ENERGY SOURCES : UNITED STATES

1971

| PRODUCTION AND USES / ENERGY SOURCES | UNIT: 1000 METRIC TONS / UNITE: 1000 TONNES METRIQUES | | | | | | TCAL / TCAL | MANUFACTURED GAS (TCAL) / GAZ MANUFACTURE (TCAL) | | | MILLIONS OF (DE) KWH |
|---|---|---|---|---|---|---|---|---|---|---|---|
| | HARD COAL / HOUILLE | PATENT FUEL / AGGLOMERES | COKE OVEN COKE / COKE DE FOUR | GAS COKE / COKE DE GAZ | BROWN COAL / LIGNITE | BKB / BRIQ. DE LIGNITE | NATURAL GAS / GAZ NATUREL | GAS WORKS / USINES A GAZ | COKE OVENS / COKERIES | BLAST FURNACES / HAUT FOURNEAUX | ELECTRICITY* / ELECTRICITE* |
| | 1 | 2 | 3 | 4 | 5 | 6 | 7 | 8 | 9 | 10 | 11 |
| PRODUCTION | 501236 | 90 | 55793 | 355 | 7622 | - | 5610446 | 2260 | 124104 | 97567 | 1821573 |
| FROM OTHER SOURCES | - | - | - | - | - | - | - | 1375 | - | - | - |
| IMPORT | 101 | 4 | 158 | - | - | - | 289789 | - | - | - | 7044 |
| EXPORT | -52637 | -65 | -1369 | - | - | - | -21875 | -34 | - | - | -3514 |
| INTL. MARINE BUNKERS | -40 | - | - | - | - | - | - | - | - | - | - |
| STOCK CHANGES | -633 | - | 856 | - | - | - | -95260 | - | - | - | - |
| DOMESTIC SUPPLY | 448027 | 29 | 55438 | 355 | 7622 | - | 5783100 | 3601 | 124104 | 97567 | 1825103 |
| RETURNS TO SUPPLY | - | - | - | - | - | - | - | - | - | - | - |
| TRANSFERS | - | - | - | - | - | - | - | - | - | - | - |
| DOMESTIC AVAILABILITY | 448027 | 29 | 55438 | 355 | 7622 | - | 5783100 | 3601 | 124104 | 97567 | 1825103 |
| STATISTICAL DIFFERENCE | - | - | - | - | - | - | - | - | - | - | - |
| TRANSFORM. SECTOR ** | 368282 | - | 14630 | - | 5305 | - | 1040256 | - | 1375 | - | - |
| FOR SOLID FUELS | 75617 | - | - | - | - | - | - | - | - | - | - |
| FOR GASES | 480 | - | 14630 | - | - | - | - | - | 1375 | - | - |
| PETROLEUM REFINERIES | - | - | - | - | - | - | - | - | - | - | - |
| THERMO-ELECTRIC PLANTS | 292185 | - | - | - | 5305 | - | 1040256 | - | - | - | - |
| ENERGY SECTOR | - | - | 798 | 10 | - | - | 946531 | 406 | 47523 | 6089 | 303880 |
| COAL MINES | - | - | - | - | - | - | - | - | - | - | 7745 |
| OIL AND GAS EXTRACTION | - | - | - | - | - | - | 610433 | - | - | - | 13000 |
| PETROLEUM REFINERIES | - | - | - | - | - | - | 275398 | - | - | - | 28058 |
| ELECTRIC PLANTS | - | - | - | - | - | - | - | - | - | - | 104052 |
| DISTRIBUTION LOSSES | - | - | - | - | - | - | 60700 | - | - | - | 145859 |
| PUMP STORAGE (ELECTR.) | - | - | - | - | - | - | - | - | - | - | 5166 |
| OTHER ENERGY SECTOR | - | - | 798 | 10 | - | - | - | 406 | 47523 | 6089 | - |
| FINAL CONSUMPTION | 79745 | 29 | 40010 | 345 | 2317 | - | 3796313 | 3195 | 75206 | 91478 | 1521223 |
| INDUSTRY SECTOR | 65767 | - | 39955 | - | 2317 | - | 1853339 | 877 | 75206 | 91478 | 653909 |
| IRON AND STEEL | 5756 | - | 35287 | - | - | - | 165805 | - | 66327 | 91478 | 70190 |
| CHEMICAL | - | - | - | - | - | - | 23357 | - | - | - | 120257 |
| PETROCHEMICAL | - | - | - | - | - | - | - | - | - | - | 17065 |
| NON-FERROUS METAL | - | - | - | - | - | - | - | - | - | - | 97259 |
| NON-METALLIC MINERAL | - | - | - | - | - | - | - | - | - | - | 25745 |
| PAPER PULP AND PRINT | - | - | - | - | - | - | - | - | - | - | 70011 |
| MINING AND QUARRYING | - | - | - | - | - | - | - | - | - | - | - |
| FOOD AND TOBACCO | - | - | - | - | - | - | - | - | - | - | 39098 |
| WOOD AND WOOD PRODUCTS | - | - | - | - | - | - | - | - | - | - | 14420 |
| MACHINERY | - | - | - | - | - | - | - | - | - | - | 46448 |
| TRANSPORT EQUIPMENT | - | - | - | - | - | - | - | - | - | - | 27288 |
| CONSTRUCTION | - | - | - | - | - | - | - | - | - | - | - |
| TEXTILES AND LEATHER | - | - | - | - | - | - | - | - | - | - | 32748 |
| NON SPECIFIED | 60011 | - | 4668 | - | 2317 | - | 1664177 | 877 | 8879 | - | 93380 |
| NON-ENERGY USES: | | | | | | | | | | | |
| (1)ENERGY PRODUCTS | - | - | - | - | - | - | - | - | - | - | - |
| (2)NON-ENERGY PRODUCTS | - | - | - | - | - | - | - | - | - | - | - |
| TRANSPORT. SECTOR ** | 188 | - | - | - | - | - | - | - | - | - | 4537 |
| AIR TRANSPORT | - | - | - | - | - | - | - | - | - | - | - |
| ROAD TRANSPORT | - | - | - | - | - | - | - | - | - | - | - |
| RAILWAYS | 188 | - | - | - | - | - | - | - | - | - | 4537 |
| INTERNAL NAVIGATION | - | - | - | - | - | - | - | - | - | - | - |
| OTHER SECTORS ** | 13790 | 29 | 55 | 345 | - | - | 1942974 | 2318 | - | - | 862777 |
| AGRICULTURE | - | - | - | - | - | - | - | - | - | - | 16000 |
| PUBLIC SERVICES | - | - | - | - | - | - | - | - | - | - | - |
| COMMERCE | - | - | - | - | - | - | 644041 | 111 | - | - | 352000 |
| RESIDENTIAL | 13790 | 29 | 55 | 345 | - | - | 1298933 | 2207 | - | - | 494777 |

(1) INCLUDED IN CHEMICAL OR PETROCHEMICAL INDUSTRY
(2) INCLUDED ONLY IN TOTAL INDUSTRY

| * OF WHICH: | |
|---|---|
| HYDRO | 272276 |
| NUCLEAR | 40552 |
| CONVENTIONAL THERMAL | 1508159 |
| GEOTHERMAL | 586 |

** INCLUDED IN THESE TOTALS ARE THE NON-SPECIFIED ELEMENTS

PRODUCTION ET UTILISATION DES SOURCES D ENERGIE : ETATS-UNIS

1971

UNIT: 1000 METRIC TONS
UNITE: 1000 TONNES METRIQUES

| OIL / PETROLE | | | REFINERY GAS | LIQUEFIED PETROLEUM GASES | AVIATION GASOLINE | MOTOR GASOLINE | JET FUEL | KEROSENE | GAS/DIESEL OIL | RESIDUAL FUEL OIL | NAPHTHA | NON-ENERGY PRODUCTS |
|---|---|---|---|---|---|---|---|---|---|---|---|---|
| CRUDE* BRUT* | NGL GNL | FEEDST. | GAZ DE PETROLE | GAZ LIQUEFIES DE PETROLE | ESSENCE AVION | ESSENCE AUTO | CARBURANT REACTEUR | PETROLE LAMPANT | GAZ/DIESEL OIL | FUEL OIL RESIDUEL | NAPHTHA | PRODUITS NON-ENERGETIQUES |
| 12 | 13 | 14 | 15 | 16 | 17 | 18 | 19 | 20 | 21 | 22 | 23 | 24 |
| 469264 | - | - | 24694 | 11035 | 2074 | 255462 | 37977 | 11159 | 122081 | 41244 | 18184 | 59102 |
| 28811 | - | - | - | 35393 | - | 589 | 1 | 161 | 184 | - | 39 | 144 |
| 91044 | - | - | - | 2174 | - | 2539 | 7964 | 24 | 7478 | 86715 | 900 | 1204 |
| -68 | - | - | - | -796 | -140 | -47 | -187 | -23 | -370 | -1985 | -876 | -7520 |
| - | - | - | - | - | - | - | - | - | -917 | -6620 | - | - |
| -669 | - | - | - | -2344 | 76 | -1183 | -14 | 441 | 831 | -169 | 59 | -1329 |
| 588382 | - | - | 24694 | 45462 | 2010 | 257360 | 45741 | 11762 | 129287 | 119185 | 18306 | 51601 |
| - | - | - | - | - | - | - | - | - | - | - | - | - |
| - | - | - | - | - | - | - | - | - | - | - | - | - |
| 588382 | - | - | 24694 | 45462 | 2010 | 257360 | 45741 | 11762 | 129287 | 119185 | 18306 | 51601 |
| - | - | - | - | - | - | - | - | - | - | - | - | - |
| 588382 | - | - | - | 375 | - | - | - | - | 4427 | 53132 | - | - |
| - | - | - | - | - | - | - | - | - | - | - | - | - |
| - | - | - | - | 375 | - | - | - | - | - | - | - | - |
| 588382 | - | - | - | - | - | - | - | - | - | - | - | - |
| - | - | - | - | - | - | - | - | - | 4427 | 53132 | - | - |
| - | - | - | 24694 | - | - | - | - | - | - | - | - | - |
| - | - | - | - | - | - | - | - | - | - | - | - | - |
| - | - | - | - | - | - | - | - | - | - | - | - | - |
| - | - | - | 24694 | - | - | - | - | - | - | - | - | - |
| - | - | - | - | - | - | - | - | - | - | - | - | - |
| - | - | - | - | - | - | - | - | - | - | - | - | - |
| - | - | - | - | - | - | - | - | - | - | - | - | - |
| - | - | - | - | - | - | - | - | - | - | - | - | - |
| - | - | - | - | 45087 | 2010 | 257360 | 45741 | 11762 | 124860 | 66053 | 18306 | 51601 |
| - | - | - | - | 19518 | - | - | - | - | 7747 | 20265 | 14815 | 51601 |
| - | - | - | - | 35 | - | - | - | - | - | 4575 | - | - |
| - | - | - | - | - | - | - | - | - | 2150 | - | - | - |
| - | - | - | - | 17195 | - | - | - | - | - | - | 14815 | - |
| - | - | - | - | - | - | - | - | - | 405 | - | - | - |
| - | - | - | - | - | - | - | - | - | - | - | - | - |
| - | - | - | - | - | - | - | - | - | 1110 | 11800 | - | - |
| - | - | - | - | - | - | - | - | - | - | - | - | - |
| - | - | - | - | - | - | - | - | - | 1075 | 2200 | - | - |
| - | - | - | - | - | - | - | - | - | - | 350 | - | - |
| - | - | - | - | - | - | - | - | - | - | - | - | - |
| - | - | - | - | - | - | - | - | - | - | 620 | - | - |
| - | - | - | - | - | - | - | - | - | - | - | - | - |
| - | - | - | - | - | - | - | - | - | - | - | - | - |
| - | - | - | - | 2288 | - | - | - | - | 3007 | 720 | - | - |
| - | - | - | - | - | - | - | - | - | - | - | 14815 | - |
| - | - | - | - | - | - | - | - | - | - | - | - | 51601 |
| - | - | - | - | 2732 | 2010 | 257360 | 45741 | - | 35236 | 500 | - | - |
| - | - | - | - | - | 2010 | - | 45741 | - | - | - | - | - |
| - | - | - | - | 2732 | - | 257360 | - | - | 22093 | - | - | - |
| - | - | - | - | - | - | - | - | - | 13143 | 500 | - | - |
| - | - | - | - | - | - | - | - | - | - | - | - | - |
| - | - | - | - | 22837 | - | - | - | 11762 | 81877 | 45288 | 3491 | - |
| - | - | - | - | - | - | - | - | - | - | - | - | - |
| - | - | - | - | - | - | - | - | - | - | - | - | - |
| - | - | - | - | - | - | - | - | - | - | 31428 | - | - |
| - | - | - | - | 15271 | - | - | - | 8854 | 71332 | - | - | - |

*INCLUDED IN THIS COLUMN IS NGL AND FEEDSTOCKS.

## PRODUCTION AND USES OF ENERGY SOURCES : UNITED STATES

1972

| ENERGY SOURCES / PRODUCTION AND USES | UNIT: 1000 METRIC TONS / UNITE: 1000 TONNES METRIQUES | | | | | | TCAL / TCAL | MANUFACTURED GAS (TCAL) / GAZ MANUFACTURE (TCAL) | | | MILLIONS / OF (DE) KWH |
|---|---|---|---|---|---|---|---|---|---|---|---|
| | HARD COAL / HOUILLE | PATENT FUEL / AGGLOMERES | COKE OVEN COKE / COKE DE FOUR | GAS COKE / COKE DE GAZ | BROWN COAL / LIGNITE | BKB / BRIQ. DE LIGNITE | NATURAL GAS / GAZ NATUREL | GAS WORKS / USINES A GAZ | COKE OVENS / COKERIES | BLAST FURNACES / HAUT FOURNEAUX | ELECTRICITY* / ELECTRICITE* |
| | 1 | 2 | 3 | 4 | 5 | 6 | 7 | 8 | 9 | 10 | 11 |
| PRODUCTION | 536594 | 80 | 58774 | 150 | 9978 | - | 5812752 | 2646 | 125816 | 101527 | 1971692 |
| FROM OTHER SOURCES | - | - | - | - | - | - | - | 1394 | - | - | - |
| IMPORT | 43 | 5 | 168 | - | - | - | 264877 | - | - | - | 10495 |
| EXPORT | -51880 | -68 | -1118 | - | - | - | -20269 | -48 | - | - | -2779 |
| INTL. MARINE BUNKERS | -28 | - | - | - | - | - | - | - | - | - | - |
| STOCK CHANGES | -20557 | - | 629 | - | - | - | -35265 | - | - | - | - |
| DOMESTIC SUPPLY | 464172 | 17 | 58453 | 150 | 9978 | - | 6022095 | 3992 | 125816 | 101527 | 1979408 |
| RETURNS TO SUPPLY | - | - | - | - | - | - | - | - | - | - | - |
| TRANSFERS | - | - | - | - | - | - | - | - | - | - | - |
| DOMESTIC AVAILABILITY | 464172 | 17 | 58453 | 150 | 9978 | - | 6022095 | 3992 | 125816 | 101527 | 1979408 |
| STATISTICAL DIFFERENCE | - | - | - | - | - | - | - | - | 3540 | - | - |
| TRANSFORM. SECTOR ** | 390090 | - | 15230 | - | 7675 | - | 1033707 | - | 1394 | - | - |
| FOR SOLID FUELS | 79672 | - | - | - | - | - | - | - | - | - | - |
| FOR GASES | 400 | - | 15230 | - | - | - | - | - | 1394 | - | - |
| PETROLEUM REFINERIES | - | - | - | - | - | - | - | - | - | - | - |
| THERMO-ELECTRIC PLANTS | 310018 | - | - | - | 7675 | - | 1033707 | - | - | - | - |
| ENERGY SECTOR | - | - | 589 | 5 | - | - | 940610 | 450 | 48179 | 5387 | 335173 |
| COAL MINES | - | - | - | - | - | - | - | - | - | - | 8200 |
| OIL AND GAS EXTRACTION | - | - | - | - | - | - | 577230 | - | - | - | 13800 |
| PETROLEUM REFINERIES | - | - | - | - | - | - | 278161 | - | - | - | 26510 |
| ELECTRIC PLANTS | - | - | - | - | - | - | - | - | - | - | 118302 |
| DISTRIBUTION LOSSES | - | - | - | - | - | - | 85219 | - | - | - | 163619 |
| PUMP STORAGE (ELECTR.) | - | - | - | - | - | - | - | - | - | - | 4742 |
| OTHER ENERGY SECTOR | - | - | 589 | 5 | - | - | - | 450 | 48179 | 5387 | - |
| FINAL CONSUMPTION | 74082 | 17 | 42634 | 145 | 2303 | - | 4047778 | 3542 | 72703 | 96140 | 1644235 |
| INDUSTRY SECTOR | 63313 | - | 42576 | - | 2303 | - | 2121910 | 972 | 72703 | 96140 | 692268 |
| IRON AND STEEL | 6060 | - | 37707 | - | - | - | 171158 | - | 63702 | 96140 | 79511 |
| CHEMICAL | - | - | - | - | - | - | 14014 | - | - | - | 131719 |
| PETROCHEMICAL | - | - | - | - | - | - | - | - | - | - | 17780 |
| NON-FERROUS METAL | - | - | - | - | - | - | - | - | - | - | 103500 |
| NON-METALLIC MINERAL | - | - | - | - | - | - | - | - | - | - | 26830 |
| PAPER PULP AND PRINT | - | - | - | - | - | - | - | - | - | - | 71900 |
| MINING AND QUARRYING | - | - | - | - | - | - | - | - | - | - | - |
| FOOD AND TOBACCO | - | - | - | - | - | - | - | - | - | - | 39780 |
| WOOD AND WOOD PRODUCTS | - | - | - | - | - | - | - | - | - | - | 16190 |
| MACHINERY | - | - | - | - | - | - | - | - | - | - | 47990 |
| TRANSPORT EQUIPMENT | - | - | - | - | - | - | - | - | - | - | 27470 |
| CONSTRUCTION | - | - | - | - | - | - | - | - | - | - | - |
| TEXTILES AND LEATHER | - | - | - | - | - | - | - | - | - | - | 34160 |
| NON SPECIFIED | 57253 | - | 4869 | - | 2303 | - | 1936738 | 972 | 9001 | - | 95438 |
| NON-ENERGY USES: | | | | | | | | | | | |
| (1)ENERGY PRODUCTS | - | - | - | - | - | - | - | - | - | - | - |
| (2)NON-ENERGY PRODUCTS | - | - | - | - | - | - | - | - | - | - | - |
| TRANSPORT. SECTOR ** | 148 | - | - | - | - | - | - | - | - | - | 4440 |
| AIR TRANSPORT | - | - | - | - | - | - | - | - | - | - | - |
| ROAD TRANSPORT | - | - | - | - | - | - | - | - | - | - | - |
| RAILWAYS | 148 | - | - | - | - | - | - | - | - | - | 4440 |
| INTERNAL NAVIGATION | - | - | - | - | - | - | - | - | - | - | - |
| OTHER SECTORS ** | 10621 | 17 | 58 | 145 | - | - | 1925868 | 2570 | - | - | 947527 |
| AGRICULTURE | - | - | - | - | - | - | - | - | - | - | 14056 |
| PUBLIC SERVICES | - | - | - | - | - | - | - | - | - | - | - |
| COMMERCE | - | - | - | - | - | - | 594076 | 124 | - | - | 371773 |
| RESIDENTIAL | 10621 | 17 | 58 | 145 | - | - | 1331792 | 2446 | - | - | 561698 |

(1) INCLUDED IN CHEMICAL OR PETROCHEMICAL INDUSTRY
(2) INCLUDED ONLY IN TOTAL INDUSTRY

* OF WHICH: HYDRO 278884
NUCLEAR 57813
CONVENTIONAL THERMAL 1633440
GEOTHERMAL 1555

** INCLUDED IN THESE TOTALS ARE THE NON-SPECIFIED ELEMENTS

## PRODUCTION ET UTILISATION DES SOURCES D ENERGIE : ETATS-UNIS

1972

UNIT: 1000 METRIC TONS
UNITE: 1000 TONNES METRIQUES

| OIL / PETROLE: CRUDE* / BRUT* | OIL / PETROLE: NGL / GNL | OIL / PETROLE: FEEDST. | REFINERY GAS / GAZ DE PETROLE | LIQUEFIED PETROLEUM GASES / GAZ LIQUEFIES DE PETROLE | AVIATION GASOLINE / ESSENCE AVION | MOTOR GASOLINE / ESSENCE AUTO | JET FUEL / CARBURANT REACTEUR | KEROSENE / PETROLE LAMPANT | GAS/DIESEL OIL / GAZ/DIESEL OIL | RESIDUAL FUEL OIL / FUEL OIL RESIDUEL | NAPHTHA / NAPHTHA | NON-ENERGY PRODUCTS / PRODUITS NON-ENERGETIQUES |
|---|---|---|---|---|---|---|---|---|---|---|---|---|
| 12 | 13 | 14 | 15 | 16 | 17 | 18 | 19 | 20 | 21 | 22 | 23 | 24 |
| 466937 | - | - | 26901 | 11049 | 1909 | 269493 | 38699 | 10223 | 129009 | 43921 | 20388 | 60631 |
| 28629 | - | - | - | 37302 | - | 490 | - | 138 | 290 | 499 | 31 | 128 |
| 119384 | - | - | - | 2746 | - | 2906 | 8913 | 68 | 8899 | 95706 | 527 | 1666 |
| -25 | - | - | - | -972 | -59 | -50 | -116 | -12 | -163 | -1811 | -771 | -8095 |
| - | - | - | - | - | - | - | - | - | -838 | -6385 | - | - |
| 2244 | - | - | - | 762 | 18 | 757 | 279 | 689 | 4867 | 671 | 167 | 47 |
| 617169 | - | - | 26901 | 50887 | 1868 | 273596 | 47775 | 11106 | 142064 | 132601 | 20342 | 54377 |
| - | - | - | - | - | - | - | - | - | - | - | - | - |
| - | - | - | - | - | - | - | - | - | - | - | - | - |
| 617169 | - | - | 26901 | 50887 | 1868 | 273596 | 47775 | 11106 | 142064 | 132601 | 20342 | 54377 |
| - | - | - | - | - | - | - | - | - | - | - | - | - |
| 617169 | - | - | - | 420 | - | - | - | - | 9157 | 59113 | - | - |
| - | - | - | - | - | - | - | - | - | - | - | - | - |
| - | - | - | - | 420 | - | - | - | - | - | - | - | - |
| 617169 | - | - | - | - | - | - | - | - | - | - | - | - |
| - | - | - | - | - | - | - | - | - | 9157 | 59113 | - | - |
| - | - | - | 26901 | - | - | - | - | - | - | - | - | - |
| - | - | - | - | - | - | - | - | - | - | - | - | - |
| - | - | - | - | - | - | - | - | - | - | - | - | - |
| - | - | - | 26901 | - | - | - | - | - | - | - | - | - |
| - | - | - | - | - | - | - | - | - | - | - | - | - |
| - | - | - | - | - | - | - | - | - | - | - | - | - |
| - | - | - | - | - | - | - | - | - | - | - | - | - |
| - | - | - | - | - | - | - | - | - | - | - | - | - |
| - | - | - | - | 50467 | 1868 | 273596 | 47775 | 11106 | 132907 | 73488 | 20342 | 54377 |
| - | - | - | - | 21847 | - | - | - | - | 8512 | 22546 | 16604 | 54377 |
| - | - | - | - | 39 | - | - | - | - | - | 5090 | - | - |
| - | - | - | - | - | - | - | - | - | 2700 | - | - | - |
| - | - | - | - | 19247 | - | - | - | - | - | - | 16604 | - |
| - | - | - | - | - | - | - | - | - | 400 | - | - | - |
| - | - | - | - | - | - | - | - | - | - | - | - | - |
| - | - | - | - | - | - | - | - | - | 1082 | 13120 | - | - |
| - | - | - | - | - | - | - | - | - | - | - | - | - |
| - | - | - | - | - | - | - | - | - | 1080 | 2310 | - | - |
| - | - | - | - | - | - | - | - | - | - | 320 | - | - |
| - | - | - | - | - | - | - | - | - | 300 | - | - | - |
| - | - | - | - | - | - | - | - | - | - | 680 | - | - |
| - | - | - | - | - | - | - | - | - | - | - | - | - |
| - | - | - | - | - | - | - | - | - | - | - | - | - |
| - | - | - | - | 2561 | - | - | - | - | 2950 | 1026 | - | - |
| - | - | - | - | - | - | - | - | - | - | - | 16604 | - |
| - | - | - | - | - | - | - | - | - | - | - | - | 54377 |
| - | - | - | - | 2988 | 1868 | 273596 | 47775 | - | 38718 | 556 | - | - |
| - | - | - | - | - | 1868 | - | 47775 | - | - | - | - | - |
| - | - | - | - | 2988 | - | 273596 | - | - | 24276 | - | - | - |
| - | - | - | - | - | - | - | - | - | 14442 | 556 | - | - |
| - | - | - | - | - | - | - | - | - | - | - | - | - |
| - | - | - | - | 25632 | - | - | - | 11106 | 85677 | 50386 | 3738 | - |
| - | - | - | - | - | - | - | - | - | - | - | - | - |
| - | - | - | - | - | - | - | - | - | - | - | - | - |
| - | - | - | - | - | - | - | - | - | - | 34966 | - | - |
| - | - | - | - | 17093 | - | - | - | 8263 | 74668 | - | - | - |

*INCLUDED IN THIS COLUMN IS NGL AND FEEDSTOCKS.

# PRODUCTION AND USES OF ENERGY SOURCES : UNITED STATES

1973

| ENERGY SOURCES / PRODUCTION AND USES | UNIT: 1000 METRIC TONS / UNITE: 1000 TONNES METRIQUES | | | | | | TCAL / TCAL | MANUFACTURED GAS (TCAL) / GAZ MANUFACTURE (TCAL) | | | MILLIONS OF (DE) KWH |
|---|---|---|---|---|---|---|---|---|---|---|---|
| | HARD COAL / HOUILLE | PATENT FUEL / AGGLOMERES | COKE OVEN COKE / COKE DE FOUR | GAS COKE / COKE DE GAZ | BROWN COAL / LIGNITE | BKB / BRIQ. DE LIGNITE | NATURAL GAS / GAZ NATUREL | GAS WORKS / USINES A GAZ | COKE OVENS / COKERIES | BLAST FURNACES / HAUT FOURNEAUX | ELECTRICITY* / ELECTRICITE* |
| | 1 | 2 | 3 | 4 | 5 | 6 | 7 | 8 | 9 | 10 | 11 |
| PRODUCTION | 529636 | - | 62803 | 150 | 13376 | - | 5611116 | 2734 | 129591 | 120365 | 2086862 |
| FROM OTHER SOURCES | - | - | - | - | - | - | - | 1520 | - | - | - |
| IMPORT | 115 | 7 | 978 | - | - | - | 267521 | - | - | - | 16848 |
| EXPORT | -49044 | -87 | -1266 | - | - | - | -19987 | -43 | - | - | -2570 |
| INTL. MARINE BUNKERS | - | - | - | - | - | - | - | - | - | - | - |
| STOCK CHANGES | 15477 | - | 1720 | - | - | - | -114350 | - | - | - | - |
| DOMESTIC SUPPLY | 496184 | -80 | 64235 | 150 | 13376 | - | 5744300 | 4211 | 129591 | 120365 | 2101140 |
| RETURNS TO SUPPLY | - | - | - | - | - | - | - | - | - | - | - |
| TRANSFERS | - | - | - | - | - | - | - | - | - | - | - |
| DOMESTIC AVAILABILITY | 496184 | -80 | 64235 | 150 | 13376 | - | 5744300 | 4211 | 129591 | 120365 | 2101140 |
| STATISTICAL DIFFERENCE | 1749 | -80 | - | - | - | - | 28975 | -17 | 115 | - | - |
| TRANSFORM. SECTOR ** | 426784 | - | 18050 | - | 11162 | - | 933781 | - | 1520 | - | - |
| FOR SOLID FUELS | 85367 | - | - | - | - | - | - | - | - | - | - |
| FOR GASES | 300 | - | 18050 | - | - | - | - | - | 1520 | - | - |
| PETROLEUM REFINERIES | - | - | - | - | - | - | - | - | - | - | - |
| THERMO-ELECTRIC PLANTS | 341117 | - | - | - | 11162 | - | 933781 | - | - | - | - |
| ENERGY SECTOR | - | - | 2577 | 5 | - | - | 848131 | 430 | 51324 | 7270 | 346698 |
| COAL MINES | - | - | - | - | - | - | - | - | - | - | 8680 |
| OIL AND GAS EXTRACTION | - | - | - | - | - | - | 548278 | - | - | - | 14600 |
| PETROLEUM REFINERIES | - | - | - | - | - | - | 278099 | - | - | - | 25820 |
| ELECTRIC PLANTS | - | - | - | - | - | - | - | - | - | - | 125212 |
| DISTRIBUTION LOSSES | - | - | - | - | - | - | 21754 | - | - | - | 163050 |
| PUMP STORAGE (ELECTR.) | - | - | - | - | - | - | - | - | - | - | 9336 |
| OTHER ENERGY SECTOR | - | - | 2577 | 5 | - | - | - | 430 | 51324 | 7270 | - |
| FINAL CONSUMPTION | 67651 | - | 43608 | 145 | 2214 | - | 3933413 | 3798 | 76632 | 113095 | 1754442 |
| INDUSTRY SECTOR | 59210 | - | 43608 | - | 2214 | - | 1997019 | 1046 | 76632 | 113095 | 732898 |
| IRON AND STEEL | 4335 | - | 38998 | - | - | - | 199080 | - | 67124 | 113095 | 89283 |
| CHEMICAL | 298 | - | - | - | - | - | 12868 | - | - | - | 142711 |
| PETROCHEMICAL | - | - | - | - | - | - | - | - | - | - | 18690 |
| NON-FERROUS METAL | - | - | - | - | - | - | - | - | - | - | 106770 |
| NON-METALLIC MINERAL | - | - | - | - | - | - | - | - | - | - | 28120 |
| PAPER PULP AND PRINT | - | - | - | - | - | - | - | - | - | - | 73780 |
| MINING AND QUARRYING | - | - | - | - | - | - | - | - | - | - | - |
| FOOD AND TOBACCO | - | - | - | - | - | - | - | - | - | - | 40560 |
| WOOD AND WOOD PRODUCTS | - | - | - | - | - | - | - | - | - | - | 17710 |
| MACHINERY | - | - | - | - | - | - | - | - | - | - | 49260 |
| TRANSPORT EQUIPMENT | - | - | - | - | - | - | - | - | - | - | 28150 |
| CONSTRUCTION | - | - | - | - | - | - | - | - | - | - | - |
| TEXTILES AND LEATHER | - | - | - | - | - | - | - | - | - | - | 35220 |
| NON SPECIFIED | 54577 | - | 4610 | - | 2214 | - | 1785071 | 1046 | 9508 | - | 102644 |
| NON-ENERGY USES: | | | | | | | | | | | |
| (1)ENERGY PRODUCTS | - | - | - | - | - | - | - | - | - | - | - |
| (2)NON-ENERGY PRODUCTS | - | - | - | - | - | - | - | - | - | - | - |
| TRANSPORT. SECTOR ** | 105 | - | - | - | - | - | - | - | - | - | 4286 |
| AIR TRANSPORT | - | - | - | - | - | - | - | - | - | - | - |
| ROAD TRANSPORT | - | - | - | - | - | - | - | - | - | - | - |
| RAILWAYS | 105 | - | - | - | - | - | - | - | - | - | 4286 |
| INTERNAL NAVIGATION | - | - | - | - | - | - | - | - | - | - | - |
| OTHER SECTORS ** | 8336 | - | - | 145 | - | - | 1936394 | 2752 | - | - | 1017258 |
| AGRICULTURE | - | - | - | - | - | - | - | - | - | - | 14471 |
| PUBLIC SERVICES | - | - | - | - | - | - | - | - | - | - | - |
| COMMERCE | - | - | - | - | - | - | 672633 | 129 | - | - | 423519 |
| RESIDENTIAL | 8336 | - | - | 145 | - | - | 1263761 | 2623 | - | - | 579268 |

(1) INCLUDED IN CHEMICAL OR PETROCHEMICAL INDUSTRY
(2) INCLUDED ONLY IN TOTAL INDUSTRY

| * OF WHICH: HYDRO | 278083 |
|---|---|
| NUCLEAR | 89167 |
| CONVENTIONAL THERMAL | 1717161 |
| GEOTHERMAL | 2451 |

** INCLUDED IN THESE TOTALS ARE THE NON-SPECIFIED ELEMENTS

UNIT: 1000 METRIC TONS
UNITE: 1000 TONNES METRIQUES

| OIL PETROLE | | | REFINERY GAS | LIQUEFIED PETROLEUM GASES | AVIATION GASOLINE | MOTOR GASOLINE | JET FUEL | KEROSENE | GAS/DIESEL OIL | RESIDUAL FUEL OIL | NAPHTHA | NON-ENERGY PRODUCTS |
|---|---|---|---|---|---|---|---|---|---|---|---|---|
| CRUDE* BRUT* | NGL GNL | FEEDST. | GAZ DE PETROLE | GAZ LIQUEFIES DE PETROLE | ESSENCE AVION | ESSENCE AUTO | CARBURANT REACTEUR | PETROLE LAMPANT | GAZ/DIESEL OIL | FUEL OIL RESIDUEL | NAPHTHA | PRODUITS NON-ENERGETIQUES |
| 12 | 13 | 14 | 15 | 16 | 17 | 18 | 19 | 20 | 21 | 22 | 23 | 24 |
| 480940 | - | - | 27808 | 11595 | 1844 | 279299 | 39215 | 10275 | 137982 | 53243 | 21624 | 65868 |
| 800 | - | - | - | - | - | 355 | - | 91 | - | - | 25 | 133 |
| 171334 | - | - | - | 4051 | - | 5640 | 9299 | 102 | 18599 | 100106 | 523 | 1817 |
| -94 | - | - | - | -844 | -22 | -172 | -194 | -11 | -434 | -1386 | -972 | -8496 |
| - | - | - | - | - | - | - | - | - | -980 | -8536 | - | - |
| -1538 | - | - | - | 174 | 35 | 400 | -387 | -248 | -5649 | 261 | 134 | 978 |
| 651442 | - | - | 27808 | 14976 | 1857 | 285522 | 47933 | 10209 | 149518 | 143688 | 21334 | 60300 |
| - | - | - | - | - | - | - | - | - | - | - | - | - |
| -29818 | - | - | - | 29816 | - | - | - | - | 214 | 920 | - | - |
| 621624 | - | - | 27808 | 44792 | 1857 | 285522 | 47933 | 10209 | 149732 | 144608 | 21334 | 60300 |
| -29286 | - | - | - | -1748 | - | - | 2 | - | - | 1 | - | - |
| 650910 | - | - | - | 695 | - | - | 801 | - | 9598 | 76495 | - | - |
| - | - | - | - | - | - | - | - | - | - | - | - | - |
| - | - | - | - | 695 | - | - | - | - | - | - | - | - |
| 650910 | - | - | - | - | - | - | - | - | - | - | - | - |
| - | - | - | - | - | - | - | 801 | - | 9598 | 76495 | - | - |
| - | - | - | 27808 | 862 | - | - | - | - | - | 6557 | - | 12430 |
| - | - | - | - | - | - | - | - | - | - | - | - | - |
| - | - | - | - | - | - | - | - | - | - | - | - | - |
| - | - | - | 27808 | 862 | - | - | - | - | - | 6557 | - | 12430 |
| - | - | - | - | - | - | - | - | - | - | - | - | - |
| - | - | - | - | - | - | - | - | - | - | - | - | - |
| - | - | - | - | - | - | - | - | - | - | - | - | - |
| - | - | - | - | - | - | - | - | - | - | - | - | - |
| - | - | - | - | 44983 | 1857 | 285522 | 47130 | 10209 | 140134 | 61555 | 21334 | 47870 |
| - | - | - | - | 24388 | - | - | - | - | 9022 | 26365 | 17556 | 47870 |
| - | - | - | - | 30 | - | - | - | - | - | 5712 | - | - |
| - | - | - | - | - | - | - | - | - | 2175 | - | - | - |
| - | - | - | - | 22149 | - | - | - | - | - | - | 17556 | - |
| - | - | - | - | - | - | - | - | - | 510 | - | - | - |
| - | - | - | - | - | - | - | - | - | - | - | - | - |
| - | - | - | - | - | - | - | - | - | 1125 | 13100 | - | - |
| - | - | - | - | - | - | - | - | - | - | - | - | - |
| - | - | - | - | - | - | - | - | - | 1110 | 2110 | - | - |
| - | - | - | - | - | - | - | - | - | 410 | 330 | - | - |
| - | - | - | - | - | - | - | - | - | 320 | - | - | - |
| - | - | - | - | - | - | - | - | - | - | 720 | - | - |
| - | - | - | - | - | - | - | - | - | - | - | - | - |
| - | - | - | - | - | - | - | - | - | - | - | - | - |
| - | - | - | - | 2209 | - | - | - | - | 3372 | 4393 | - | - |
| - | - | - | - | - | - | - | - | - | - | - | 17556 | - |
| - | - | - | - | - | - | - | - | - | - | - | - | 47870 |
| - | - | - | - | 2903 | 1857 | 285522 | 47130 | - | 45461 | 182 | - | - |
| - | - | - | - | - | 1857 | - | 47130 | - | - | - | - | - |
| - | - | - | - | 2903 | - | 285522 | - | - | 31677 | - | - | - |
| - | - | - | - | - | - | - | - | - | 13784 | 182 | - | - |
| - | - | - | - | - | - | - | - | - | - | - | - | - |
| - | - | - | - | 17692 | - | - | - | 10209 | 85651 | 35008 | 3778 | - |
| - | - | - | - | - | - | - | - | - | - | - | - | - |
| - | - | - | - | - | - | - | - | - | - | - | - | - |
| - | - | - | - | - | - | - | - | - | - | 28242 | - | - |
| - | - | - | - | 15831 | - | - | - | 7927 | 71855 | - | - | - |

*INCLUDED IN THIS COLUMN IS NGL AND FEEDSTOCKS.

## PRODUCTION AND USES OF ENERGY SOURCES : UNITED STATES

1974

| ENERGY SOURCES / PRODUCTION AND USES | UNIT: 1000 METRIC TONS / UNITE: 1000 TONNES METRIQUES | | | | | | TCAL / TCAL | MANUFACTURED GAS (TCAL) / GAZ MANUFACTURE (TCAL) | | | MILLIONS / OF (DE) KWH |
|---|---|---|---|---|---|---|---|---|---|---|---|
| | HARD COAL / HOUILLE | PATENT FUEL / AGGLOMERES | COKE OVEN COKE / COKE DE FOUR | GAS COKE / COKE DE GAZ | BROWN COAL / LIGNITE | BKB / BRIQ. DE LIGNITE | NATURAL GAS / GAZ NATUREL | GAS WORKS / USINES A GAZ | COKE OVENS / COKERIES | BLAST FURNACES / HAUT FOURNEAUX | ELECTRICITY* / ELECTRICITE* |
| | 1 | 2 | 3 | 4 | 5 | 6 | 7 | 8 | 9 | 10 | 11 |
| PRODUCTION | 540068 | - | 60486 | - | 13336 | - | 5364675 | 4470 | 134447 | 115999 | 2071745 |
| FROM OTHER SOURCES | - | - | - | - | - | - | - | - | - | - | - |
| IMPORT | 1887 | 44 | 3211 | - | - | - | 248455 | - | - | - | 15420 |
| EXPORT | -55362 | -104 | -1159 | - | - | - | -19888 | - | - | - | -2726 |
| INTL. MARINE BUNKERS | - | - | - | - | - | - | - | - | - | - | - |
| STOCK CHANGES | 6422 | - | 100 | - | - | - | -21669 | - | - | - | - |
| DOMESTIC SUPPLY | 493015 | -60 | 62638 | - | 13336 | - | 5571573 | 4470 | 134447 | 115999 | 2084439 |
| RETURNS TO SUPPLY | - | - | - | - | - | - | - | - | - | - | - |
| TRANSFERS | - | - | - | - | - | - | - | - | - | - | - |
| DOMESTIC AVAILABILITY | 493015 | -60 | 62638 | - | 13336 | - | 5571573 | 4470 | 134447 | 115999 | 2084439 |
| STATISTICAL DIFFERENCE | 1503 | -60 | - | - | - | - | 54801 | - | 1709 | - | - |
| TRANSFORM. SECTOR ** | 424070 | - | 17400 | - | 12973 | - | 888171 | - | - | - | - |
| FOR SOLID FUELS | 81820 | - | - | - | - | - | - | - | - | - | - |
| FOR GASES | - | - | 17400 | - | - | - | - | - | - | - | - |
| PETROLEUM REFINERIES | - | - | - | - | - | - | - | - | - | - | - |
| THERMO-ELECTRIC PLANTS | 342250 | - | - | - | 12973 | - | 888171 | - | - | - | - |
| ENERGY SECTOR | - | - | 2399 | - | - | - | 814734 | 445 | 52948 | 6321 | 312998 |
| COAL MINES | - | - | - | - | - | - | - | - | - | - | 7387 |
| OIL AND GAS EXTRACTION | - | - | - | - | - | - | 525379 | - | - | - | 13600 |
| PETROLEUM REFINERIES | - | - | - | - | - | - | 269375 | - | - | - | 25711 |
| ELECTRIC PLANTS | - | - | - | - | - | - | - | - | - | - | 103360 |
| DISTRIBUTION LOSSES | - | - | - | - | - | - | 19980 | - | - | - | 150427 |
| PUMP STORAGE (ELECTR.) | - | - | - | - | - | - | - | - | - | - | 12513 |
| OTHER ENERGY SECTOR | - | - | 2399 | - | - | - | - | 445 | 52948 | 6321 | - |
| FINAL CONSUMPTION | 67442 | - | 42839 | - | 363 | - | 3813867 | 4025 | 79790 | 109678 | 1771441 |
| INDUSTRY SECTOR | 58514 | - | 42839 | - | 363 | - | 1912355 | 1120 | 79790 | 109678 | 718304 |
| IRON AND STEEL | 3593 | - | 37713 | - | - | - | 186480 | - | 71265 | 109678 | 85072 |
| CHEMICAL | 195 | - | - | - | - | - | 10394 | - | - | - | 152541 |
| PETROCHEMICAL | - | - | - | - | - | - | - | - | - | - | 19605 |
| NON-FERROUS METAL | - | - | - | - | - | - | - | - | - | - | 123683 |
| NON-METALLIC MINERAL | - | - | - | - | - | - | - | - | - | - | 29793 |
| PAPER PULP AND PRINT | - | - | - | - | - | - | - | - | - | - | 77513 |
| MINING AND QUARRYING | - | - | - | - | - | - | - | - | - | - | - |
| FOOD AND TOBACCO | - | - | - | - | - | - | - | - | - | - | 40771 |
| WOOD AND WOOD PRODUCTS | - | - | - | - | - | - | - | - | - | - | 19311 |
| MACHINERY | - | - | - | - | - | - | - | - | - | - | 51789 |
| TRANSPORT EQUIPMENT | - | - | - | - | - | - | - | - | - | - | 28425 |
| CONSTRUCTION | - | - | - | - | - | - | - | - | - | - | - |
| TEXTILES AND LEATHER | - | - | - | - | - | - | - | - | - | - | 36240 |
| NON SPECIFIED | 54726 | - | 5126 | - | 363 | - | 1715481 | 1120 | 8525 | - | 53561 |
| NON-ENERGY USES: | | | | | | | | | | | |
| (1)ENERGY PRODUCTS | - | - | - | - | - | - | - | - | - | - | - |
| (2)NON-ENERGY PRODUCTS | - | - | - | - | - | - | - | - | - | - | - |
| TRANSPORT. SECTOR ** | 73 | - | - | - | - | - | - | - | - | - | 3944 |
| AIR TRANSPORT | - | - | - | - | - | - | - | - | - | - | - |
| ROAD TRANSPORT | - | - | - | - | - | - | - | - | - | - | - |
| RAILWAYS | 73 | - | - | - | - | - | - | - | - | - | 3944 |
| INTERNAL NAVIGATION | - | - | - | - | - | - | - | - | - | - | - |
| OTHER SECTORS ** | 8855 | - | - | - | - | - | 1901512 | 2905 | - | - | 1049193 |
| AGRICULTURE | - | - | - | - | - | - | - | - | - | - | 32088 |
| PUBLIC SERVICES | - | - | - | - | - | - | - | - | - | - | - |
| COMMERCE | - | - | - | - | - | - | 661905 | 135 | - | - | 438921 |
| RESIDENTIAL | 8855 | - | - | - | - | - | 1239607 | 2770 | - | - | 578184 |

(1) INCLUDED IN CHEMICAL OR PETROCHEMICAL INDUSTRY
(2) INCLUDED ONLY IN TOTAL INDUSTRY

| * OF WHICH: | |
|---|---|
| HYDRO | 307282 |
| NUCLEAR | 121251 |
| CONVENTIONAL THERMAL | 1719440 |
| GEOTHERMAL | 2600 |

** INCLUDED IN THESE TOTALS ARE THE NON-SPECIFIED ELEMENTS

PRODUCTION ET UTILISATION DES SOURCES D ENERGIE : ETATS-UNIS

1974

UNIT: 1000 METRIC TONS
UNITE: 1000 TONNES METRIQUES

| OIL / PETROLE | | | REFINERY GAS | LIQUEFIED PETROLEUM GASES | AVIATION GASOLINE | MOTOR GASOLINE | JET FUEL | KEROSENE | GAS/DIESEL OIL | RESIDUAL FUEL OIL | NAPHTHA | NON-ENERGY PRODUCTS |
|---|---|---|---|---|---|---|---|---|---|---|---|---|
| CRUDE* BRUT* | NGL GNL | FEEDST. | GAZ DE PETROLE | GAZ LIQUEFIES DE PETROLE | ESSENCE AVION | ESSENCE AUTO | CARBURANT REACTEUR | PETROLE LAMPANT | GAZ/DIESEL OIL | FUEL OIL RESIDUEL | NAPHTHA | PRODUITS NON-ENERGETIQUES |
| 12 | 13 | 14 | 15 | 16 | 17 | 18 | 19 | 20 | 21 | 22 | 23 | 24 |
| 496537 | - | - | 26522 | 10451 | 1786 | 272166 | 38100 | 7328 | 130531 | 58632 | 21976 | 64699 |
| 816 | - | - | - | - | - | - | - | 32 | - | - | 21 | 91 |
| 179646 | - | - | - | 3789 | - | 8722 | 7438 | 226 | 13737 | 86149 | 696 | 2313 |
| -146 | - | - | - | -766 | -17 | -102 | -120 | -5 | -114 | -746 | -898 | -9509 |
| - | - | - | - | - | - | - | - | - | -1096 | -9214 | - | - |
| -5307 | - | - | - | -1178 | 53 | -1047 | -114 | 744 | -485 | -933 | -288 | -894 |
| 671546 | - | - | 26522 | 12296 | 1822 | 279739 | 45304 | 8325 | 142573 | 133888 | 21507 | 56700 |
| - | - | - | - | - | - | - | - | - | - | - | - | - |
| -40137 | - | - | - | 37962 | - | - | - | - | 35 | 816 | - | - |
| 631409 | - | - | 26522 | 50258 | 1822 | 279739 | 45304 | 8325 | 142608 | 134704 | 21507 | 56700 |
| - | - | - | - | 5961 | - | - | - | - | -104 | 103 | - | - |
| 631409 | - | - | - | 720 | - | - | 638 | - | 10656 | 71352 | - | - |
| - | - | - | - | - | - | - | - | - | - | - | - | - |
| - | - | - | - | 720 | - | - | - | - | - | - | - | - |
| 631409 | - | - | - | - | - | - | - | - | - | - | - | - |
| - | - | - | - | - | - | - | 638 | - | 10656 | 71352 | - | - |
| - | - | - | 26522 | 837 | - | - | - | - | - | 6540 | - | 11317 |
| - | - | - | - | - | - | - | - | - | - | - | - | - |
| - | - | - | 26522 | 837 | - | - | - | - | - | 6540 | - | 11317 |
| - | - | - | - | - | - | - | - | - | - | - | - | - |
| - | - | - | - | - | - | - | - | - | - | - | - | - |
| - | - | - | - | - | - | - | - | - | - | - | - | - |
| - | - | - | - | 42740 | 1822 | 279739 | 44666 | 8325 | 132056 | 56709 | 21507 | 45383 |
| - | - | - | - | 23655 | - | - | - | - | 8584 | 26050 | 17758 | 45383 |
| - | - | - | - | 23 | - | - | - | - | - | 6336 | - | - |
| - | - | - | - | - | - | - | - | - | 2210 | - | - | - |
| - | - | - | - | 21497 | - | - | - | - | - | - | 17758 | - |
| - | - | - | - | - | - | - | - | - | 440 | - | - | - |
| - | - | - | - | - | - | - | - | - | - | - | - | - |
| - | - | - | - | - | - | - | - | - | 1507 | 13100 | - | - |
| - | - | - | - | - | - | - | - | - | - | - | - | - |
| - | - | - | - | - | - | - | - | - | 1610 | 2120 | - | - |
| - | - | - | - | - | - | - | - | - | 430 | 310 | - | - |
| - | - | - | - | - | - | - | - | - | - | - | - | - |
| - | - | - | - | - | - | - | - | - | 310 | 710 | - | - |
| - | - | - | - | - | - | - | - | - | - | - | - | - |
| - | - | - | - | - | - | - | - | - | - | - | - | - |
| - | - | - | - | 2135 | - | - | - | - | 2077 | 3474 | - | - |
| - | - | - | - | - | - | - | - | - | - | - | 17758 | - |
| - | - | - | - | - | - | - | - | - | - | - | - | 45383 |
| - | - | - | - | 2643 | 1822 | 279739 | 44666 | - | 45342 | 177 | - | - |
| - | - | - | - | - | 1822 | - | 44666 | - | - | - | - | - |
| - | - | - | - | 2643 | - | 279739 | - | - | 31595 | - | - | - |
| - | - | - | - | - | - | - | - | - | 13747 | 177 | - | - |
| - | - | - | - | - | - | - | - | - | - | - | - | - |
| - | - | - | - | 16442 | - | - | - | 8325 | 78130 | 30482 | 3749 | - |
| - | - | - | - | - | - | - | - | - | - | - | - | - |
| - | - | - | - | - | - | - | - | - | - | 25137 | - | - |
| - | - | - | - | 14590 | - | - | - | 6449 | 66050 | - | - | - |

*INCLUDED IN THIS COLUMN IS NGL AND FEEDSTOCKS.

## PRODUCTION AND USES OF ENERGY SOURCES : UNITED STATES

1975

| PRODUCTION AND USES \ ENERGY SOURCES | UNIT: 1000 METRIC TONS / UNITE: 1000 TONNES METRIQUES | | | | | | TCAL / TCAL | MANUFACTURED GAS (TCAL) / GAZ MANUFACTURE (TCAL) | | | MILLIONS OF (DE) KWH |
|---|---|---|---|---|---|---|---|---|---|---|---|
| | HARD COAL / HOUILLE | PATENT FUEL / AGGLOMERES | COKE OVEN COKE / COKE DE FOUR | GAS COKE / COKE DE GAZ | BROWN COAL / LIGNITE | BKB / BRIQ. DE LIGNITE | NATURAL GAS / GAZ NATUREL | GAS WORKS / USINES A GAZ | COKE OVENS / COKERIES | BLAST FURNACES / HAUT FOURNEAUX | ELECTRICITY* / ELECTRICITE* |
| | 1 | 2 | 3 | 4 | 5 | 6 | 7 | 8 | 9 | 10 | 11 |
| PRODUCTION | 575901 | - | 55781 | - | 17979 | - | 4982222 | 6330 | 131531 | 99543 | 2105070 |
| FROM OTHER SOURCES | - | - | - | - | - | - | - | - | - | - | - |
| IMPORT | 853 | 15 | 1650 | - | - | - | 246829 | - | - | - | 11268 |
| EXPORT | -60154 | -84 | -1155 | - | - | - | -18823 | - | - | - | -5083 |
| INTL. MARINE BUNKERS | - | - | - | - | - | - | - | - | - | - | - |
| STOCK CHANGES | -28760 | - | -3828 | - | - | - | -89110 | - | - | - | - |
| DOMESTIC SUPPLY | 487840 | -69 | 52448 | - | 17979 | - | 5121118 | 6330 | 131531 | 99543 | 2111255 |
| RETURNS TO SUPPLY | - | - | - | - | - | - | - | - | - | - | - |
| TRANSFERS | - | - | - | - | - | - | - | - | - | - | - |
| DOMESTIC AVAILABILITY | 487840 | -69 | 52448 | - | 17979 | - | 5121118 | 6330 | 131531 | 99543 | 2111255 |
| STATISTICAL DIFFERENCE | -1367 | -69 | - | - | - | - | 43082 | - | 2218 | - | - |
| TRANSFORM. SECTOR ** | 425931 | - | 14930 | - | 17072 | - | 815040 | - | - | - | - |
| FOR SOLID FUELS | 75839 | - | - | - | - | - | - | - | - | - | - |
| FOR GASES | - | - | 14930 | - | - | - | - | - | - | - | - |
| PETROLEUM REFINERIES | - | - | - | - | - | - | - | - | - | - | - |
| THERMO-ELECTRIC PLANTS | 350092 | - | - | - | 17072 | - | 815040 | - | - | - | - |
| ENERGY SECTOR | - | - | 1972 | - | - | - | 742616 | 630 | 51836 | 6130 | 325218 |
| COAL MINES | - | - | - | - | - | - | - | - | - | - | 8380 |
| OIL AND GAS EXTRACTION | - | - | - | - | - | - | 479917 | - | - | - | 12900 |
| PETROLEUM REFINERIES | - | - | - | - | - | - | 244899 | - | - | - | 25140 |
| ELECTRIC PLANTS | - | - | - | - | - | - | - | - | - | - | 102068 |
| DISTRIBUTION LOSSES | - | - | - | - | - | - | 17800 | - | - | - | 161754 |
| PUMP STORAGE (ELECTR.) | - | - | - | - | - | - | - | - | - | - | 14976 |
| OTHER ENERGY SECTOR | - | - | 1972 | - | - | - | - | 630 | 51836 | 6130 | - |
| FINAL CONSUMPTION | 63276 | - | 35546 | - | 907 | - | 3520380 | 5700 | 77477 | 93413 | 1786037 |
| INDUSTRY SECTOR | 55779 | - | 35546 | - | 907 | - | 1595384 | 1660 | 77477 | 93413 | 695118 |
| IRON AND STEEL | 2463 | - | 31128 | - | - | - | 149427 | - | 69161 | 93413 | 70296 |
| CHEMICAL | 150 | - | - | - | - | - | 6798 | - | - | - | 148206 |
| PETROCHEMICAL | - | - | - | - | - | - | - | - | - | - | 19313 |
| NON-FERROUS METAL | - | - | - | - | - | - | - | - | - | - | 105445 |
| NON-METALLIC MINERAL | - | - | - | - | - | - | - | - | - | - | 28327 |
| PAPER PULP AND PRINT | - | - | - | - | - | - | - | - | - | - | 73488 |
| MINING AND QUARRYING | - | - | - | - | - | - | - | - | - | - | - |
| FOOD AND TOBACCO | - | - | - | - | - | - | - | - | - | - | 41879 |
| WOOD AND WOOD PRODUCTS | - | - | - | - | - | - | - | - | - | - | 18689 |
| MACHINERY | - | - | - | - | - | - | - | - | - | - | 51419 |
| TRANSPORT EQUIPMENT | - | - | - | - | - | - | - | - | - | - | 27544 |
| CONSTRUCTION | - | - | - | - | - | - | - | - | - | - | - |
| TEXTILES AND LEATHER | - | - | - | - | - | - | - | - | - | - | 35328 |
| NON SPECIFIED | 53166 | - | 4418 | - | 907 | - | 1439159 | 1660 | 8316 | - | 75184 |
| NON-ENERGY USES: | | | | | | | | | | | |
| (1)ENERGY PRODUCTS | - | - | - | - | - | - | - | - | - | - | - |
| (2)NON-ENERGY PRODUCTS | - | - | - | - | - | - | - | - | - | - | - |
| TRANSPORT. SECTOR ** | 22 | - | - | - | - | - | - | - | - | - | 3926 |
| AIR TRANSPORT | - | - | - | - | - | - | - | - | - | - | - |
| ROAD TRANSPORT | - | - | - | - | - | - | - | - | - | - | - |
| RAILWAYS | 22 | - | - | - | - | - | - | - | - | - | 3926 |
| INTERNAL NAVIGATION | - | - | - | - | - | - | - | - | - | - | - |
| OTHER SECTORS ** | 7475 | - | - | - | - | - | 1924996 | 4040 | - | - | 1086993 |
| AGRICULTURE | - | - | - | - | - | - | - | - | - | - | 31508 |
| PUBLIC SERVICES | - | - | - | - | - | - | - | - | - | - | - |
| COMMERCE | - | - | - | - | - | - | 649648 | 200 | - | - | 467345 |
| RESIDENTIAL | 7475 | - | - | - | - | - | 1275348 | 3840 | - | - | 588140 |

(1) INCLUDED IN CHEMICAL OR PETROCHEMICAL INDUSTRY
(2) INCLUDED ONLY IN TOTAL INDUSTRY

| * OF WHICH: | |
|---|---|
| HYDRO | 306214 |
| NUCLEAR | 183512 |
| CONVENTIONAL THERMAL | 1693229 |
| GEOTHERMAL | 3424 |

** INCLUDED IN THESE TOTALS ARE THE NON-SPECIFIED ELEMENTS

PRODUCTION ET UTILISATION DES SOURCES D ENERGIE : ETATS-UNIS

1975

UNIT: 1000 METRIC TONS
UNITE: 1000 TONNES METRIQUES

| OIL / PETROLE | | | REFINERY GAS | LIQUEFIED PETROLEUM GASES | AVIATION GASOLINE | MOTOR GASOLINE | JET FUEL | KEROSENE | GAS/DIESEL OIL | RESIDUAL FUEL OIL | NAPHTHA | NON-ENERGY PRODUCTS |
|---|---|---|---|---|---|---|---|---|---|---|---|---|
| CRUDE* BRUT* | NGL GNL | FEEDST. | GAZ DE PETROLE | GAZ LIQUEFIES DE PETROLE | ESSENCE AVION | ESSENCE AUTO | CARBURANT REACTEUR | PETROLE LAMPANT | GAZ/DIESEL OIL | FUEL OIL RESIDUEL | NAPHTHA | PRODUITS /NON-ENERGETIQUES |
| 12 | 13 | 14 | 15 | 16 | 17 | 18 | 19 | 20 | 21 | 22 | 23 | 24 |
| 466156 | - | - | 15106 | 9761 | 1561 | 285133 | 41690 | 7524 | 134967 | 88009 | 19724 | 60891 |
| 861 | - | - | - | - | - | - | - | - | - | - | - | - |
| 248013 | - | - | - | 3489 | - | 3128 | 5360 | 6 | 4055 | 51176 | 1035 | 1180 |
| -802 | - | - | - | -228 | -8 | -15 | -42 | -4 | -13 | -750 | -1156 | -8213 |
| - | - | - | - | - | - | - | - | - | -993 | -9887 | - | - |
| -1359 | - | - | - | -209 | 45 | -1607 | -121 | -11 | -1207 | -4494 | 233 | -313 |
| 712869 | - | - | 15106 | 12813 | 1598 | 286639 | 46887 | 7515 | 136809 | 124054 | 19836 | 53545 |
| - | - | - | - | - | - | - | - | - | - | - | - | - |
| -34914 | - | - | - | 32979 | - | - | - | - | - | 922 | - | - |
| 677955 | - | - | 15106 | 45792 | 1598 | 286639 | 46887 | 7515 | 136809 | 124976 | 19836 | 53545 |
| - | - | - | - | 3336 | - | - | - | - | - | - | - | - |
| 677955 | - | - | - | 1038 | - | - | 390 | - | 8317 | 69231 | - | - |
| - | - | - | - | - | - | - | - | - | - | - | - | - |
| - | - | - | - | 1038 | - | - | - | - | - | - | - | - |
| 677955 | - | - | - | - | - | - | - | - | - | - | - | - |
| - | - | - | - | - | - | - | 390 | - | 8317 | 69231 | - | - |
| - | - | - | 15106 | 902 | - | - | - | - | 950 | 6758 | - | 12193 |
| - | - | - | - | - | - | - | - | - | - | - | - | - |
| - | - | - | - | - | - | - | - | - | - | - | - | - |
| - | - | - | 15106 | 902 | - | - | - | - | 950 | 6758 | - | 12193 |
| - | - | - | - | - | - | - | - | - | - | - | - | - |
| - | - | - | - | - | - | - | - | - | - | - | - | - |
| - | - | - | - | - | - | - | - | - | - | - | - | - |
| - | - | - | - | 40516 | 1598 | 286639 | 46497 | 7515 | 127542 | 48987 | 19836 | 41352 |
| - | - | - | - | 26334 | - | - | - | - | 8578 | 21836 | 16610 | 41352 |
| - | - | - | - | 84 | - | - | - | - | - | 5150 | - | - |
| - | - | - | - | - | - | - | - | - | 2650 | - | - | - |
| - | - | - | - | 23749 | - | - | - | - | - | - | 16610 | - |
| - | - | - | - | - | - | - | - | - | 470 | - | - | - |
| - | - | - | - | - | - | - | - | - | - | - | - | - |
| - | - | - | - | - | - | - | - | - | 1534 | 12205 | - | - |
| - | - | - | - | - | - | - | - | - | - | - | - | - |
| - | - | - | - | - | - | - | - | - | 1580 | 2100 | - | - |
| - | - | - | - | - | - | - | - | - | - | 350 | - | - |
| - | - | - | - | - | - | - | - | - | - | - | - | - |
| - | - | - | - | - | - | - | - | - | 360 | 670 | - | - |
| - | - | - | - | - | - | - | - | - | - | - | - | - |
| - | - | - | - | - | - | - | - | - | - | - | - | - |
| - | - | - | - | 2501 | - | - | - | - | 1984 | 1361 | - | - |
| - | - | - | - | - | - | - | - | - | - | - | 16610 | - |
| - | - | - | - | - | - | - | - | - | - | - | - | 41352 |
| - | - | - | - | 2937 | 1598 | 286639 | 46497 | - | 48173 | 88 | - | - |
| - | - | - | - | - | 1598 | - | 46497 | - | - | - | - | - |
| - | - | - | - | 2937 | - | 286639 | - | - | 35681 | - | - | - |
| - | - | - | - | - | - | - | - | - | 12492 | 88 | - | - |
| - | - | - | - | - | - | - | - | - | - | - | - | - |
| - | - | - | - | 11245 | - | - | - | 7515 | 70791 | 27063 | 3226 | - |
| - | - | - | - | - | - | - | - | - | - | - | - | - |
| - | - | - | - | - | - | - | - | - | - | - | - | - |
| - | - | - | - | - | - | - | - | - | - | 23289 | - | - |
| - | - | - | - | 7501 | - | - | - | 5851 | 65298 | - | - | - |

*INCLUDED IN THIS COLUMN IS NGL AND FEEDSTOCKS.

## PRODUCTION AND USES OF ENERGY SOURCES : UNITED STATES

1976

| X XX ENERGY XX XX SOURCES XX XX XX PRODUCTION XX XX AND USES XX | UNIT: 1000 METRIC TONS / UNITE: 1000 TONNES METRIQUES | | | | | | TCAL / TCAL | MANUFACTURED GAS (TCAL) / GAZ MANUFACTURE (TCAL) | | | MILLIONS OF (DE) KWH |
|---|---|---|---|---|---|---|---|---|---|---|---|
| | HARD COAL / HOUILLE | PATENT FUEL / AGGLOMERES | COKE OVEN COKE / COKE DE FOUR | GAS COKE / COKE DE GAZ | BROWN COAL / LIGNITE | BKB / BRIQ. DE LIGNITE | NATURAL GAS / GAZ NATUREL | GAS WORKS / USINES A GAZ | COKE OVENS / COKERIES | BLAST FURNACES / HAUT FOURNEAUX | ELECTRICITY* / ELECTRICITE* |
| | 1 | 2 | 3 | 4 | 5 | 6 | 7 | 8 | 9 | 10 | 11 |
| PRODUCTION | 598241 | - | 52919 | - | 23101 | - | 4946605 | 6280 | 126823 | 126500 | 2229642 |
| FROM OTHER SOURCES | - | - | - | - | - | - | - | - | - | - | - |
| IMPORT | 1089 | 17 | 1189 | - | 2 | - | 249616 | - | - | - | 10988 |
| EXPORT | -54451 | -85 | -1193 | - | -6 | - | -16760 | - | - | - | -2378 |
| INTL. MARINE BUNKERS | - | - | - | - | - | - | - | - | - | - | - |
| STOCK CHANGES | -5842 | - | -1351 | - | - | - | -36300 | - | - | - | - |
| DOMESTIC SUPPLY | 539037 | -68 | 51564 | - | 23097 | - | 5143161 | 6280 | 126823 | 126500 | 2238252 |
| RETURNS TO SUPPLY | - | - | - | - | - | - | - | - | - | - | - |
| TRANSFERS | - | - | - | - | - | - | - | - | - | - | - |
| DOMESTIC AVAILABILITY | 539037 | -68 | 51564 | - | 23097 | - | 5143161 | 6280 | 126823 | 126500 | 2238252 |
| STATISTICAL DIFFERENCE | 4948 | -68 | - | - | -55 | - | 48830 | - | 1838 | - | - |
| TRANSFORM. SECTOR ** | 463805 | - | 18880 | - | 19792 | - | 797220 | - | - | - | - |
| FOR SOLID FUELS | 76842 | - | - | - | - | - | - | - | - | - | - |
| FOR GASES | - | - | 18880 | - | - | - | - | - | - | - | - |
| PETROLEUM REFINERIES | - | - | - | - | - | - | - | - | - | - | - |
| THERMO-ELECTRIC PLANTS | 386963 | - | - | - | 19792 | - | 797220 | - | - | - | - |
| ENERGY SECTOR | - | - | - | - | - | - | 738700 | 630 | 50143 | 1400 | 344982 |
| COAL MINES | - | - | - | - | - | - | - | - | - | - | 9281 |
| OIL AND GAS EXTRACTION | - | - | - | - | - | - | 481800 | - | - | - | 13500 |
| PETROLEUM REFINERIES | - | - | - | - | - | - | 238900 | - | - | - | 26277 |
| ELECTRIC PLANTS | - | - | - | - | - | - | - | - | - | - | 104905 |
| DISTRIBUTION LOSSES | - | - | - | - | - | - | 18000 | - | - | - | 176849 |
| PUMP STORAGE (ELECTR.) | - | - | - | - | - | - | - | - | - | - | 14170 |
| OTHER ENERGY SECTOR | - | - | - | - | - | - | - | 630 | 50143 | 1400 | - |
| FINAL CONSUMPTION | 70284 | - | 32684 | - | 3360 | - | 3558411 | 5650 | 74842 | 125100 | 1893270 |
| INDUSTRY SECTOR | 63094 | - | 32684 | - | 3274 | - | 1564161 | 1570 | 74842 | 125100 | 758818 |
| IRON AND STEEL | 2489 | - | 32684 | - | - | - | 139900 | - | 67618 | 77600 | 73856 |
| CHEMICAL | 100 | - | - | - | - | - | 7261 | - | - | - | 166976 |
| PETROCHEMICAL | - | - | - | - | - | - | - | - | - | - | 20731 |
| NON-FERROUS METAL | - | - | - | - | - | - | - | - | - | - | 113318 |
| NON-METALLIC MINERAL | - | - | - | - | - | - | - | - | - | - | 29677 |
| PAPER PULP AND PRINT | - | - | - | - | - | - | - | - | - | - | 79423 |
| MINING AND QUARRYING | - | - | - | - | - | - | - | - | - | - | - |
| FOOD AND TOBACCO | - | - | - | - | - | - | - | - | - | - | 42744 |
| WOOD AND WOOD PRODUCTS | - | - | - | - | - | - | - | - | - | - | 20622 |
| MACHINERY | - | - | - | - | - | - | - | - | - | - | 52785 |
| TRANSPORT EQUIPMENT | - | - | - | - | - | - | - | - | - | - | 29712 |
| CONSTRUCTION | - | - | - | - | - | - | - | - | - | - | - |
| TEXTILES AND LEATHER | - | - | - | - | - | - | - | - | - | - | 37408 |
| NON SPECIFIED | 60505 | - | - | - | 3274 | - | 1417000 | 1570 | 7224 | 47500 | 91566 |
| NON-ENERGY USES: | | | | | | | | | | | |
| (1)ENERGY PRODUCTS | - | - | - | - | - | - | - | - | - | - | - |
| (2)NON-ENERGY PRODUCTS | - | - | - | - | - | - | - | - | - | - | - |
| TRANSPORT. SECTOR ** | 11 | - | - | - | - | - | - | - | - | - | 3301 |
| AIR TRANSPORT | - | - | - | - | - | - | - | - | - | - | - |
| ROAD TRANSPORT | - | - | - | - | - | - | - | - | - | - | - |
| RAILWAYS | 11 | - | - | - | - | - | - | - | - | - | 3301 |
| INTERNAL NAVIGATION | - | - | - | - | - | - | - | - | - | - | - |
| OTHER SECTORS ** | 7179 | - | - | - | 86 | - | 1994250 | 4080 | - | - | 1131151 |
| AGRICULTURE | - | - | - | - | - | - | - | - | - | - | 33275 |
| PUBLIC SERVICES | - | - | - | - | - | - | - | - | - | - | - |
| COMMERCE | - | - | - | - | 86 | - | 658970 | 190 | - | - | 491424 |
| RESIDENTIAL | 7179 | - | - | - | - | - | 1335280 | 3890 | - | - | 606452 |

(1) INCLUDED IN CHEMICAL OR PETROCHEMICAL INDUSTRY
(2) INCLUDED ONLY IN TOTAL INDUSTRY

* OF WHICH: HYDRO 289786
NUCLEAR 202570
CONVENTIONAL THERMAL 1733471
GEOTHERMAL 3815

** INCLUDED IN THESE TOTALS ARE THE NON-SPECIFIED ELEMENTS

PRODUCTION ET UTILISATION DES SOURCES D ENERGIE : ETATS-UNIS

1976

UNIT: 1000 METRIC TONS
UNITE: 1000 TONNES METRIQUES

| OIL / PETROLE: CRUDE* / BRUT* | OIL / PETROLE: NGL / GNL | OIL / PETROLE: FEEDST. | REFINERY GAS / GAZ DE PETROLE | LIQUEFIED PETROLEUM GASES / GAZ LIQUEFIES DE PETROLE | AVIATION GASOLINE / ESSENCE AVION | MOTOR GASOLINE / ESSENCE AUTO | JET FUEL / CARBURANT REACTEUR | KEROSENE / PETROLE LAMPANT | GAS/DIESEL OIL / GAZ/DIESEL OIL | RESIDUAL FUEL OIL / FUEL OIL RESIDUEL | NAPHTHA / NAPHTHA | NON-ENERGY PRODUCTS / PRODUITS NON-ENERGETIQUES |
|---|---|---|---|---|---|---|---|---|---|---|---|---|
| 12 | 13 | 14 | 15 | 16 | 17 | 18 | 19 | 20 | 21 | 22 | 23 | 24 |
| 455522 | - | - | 16271 | 10622 | 1516 | 299811 | 43265 | 7879 | 150375 | 94827 | 27407 | 63581 |
| 872 | - | - | - | - | - | - | - | - | - | - | - | - |
| 308140 | - | - | - | 4065 | - | 1137 | 2809 | - | 1708 | 62533 | 190 | 725 |
| -1168 | - | - | - | -772 | - | -30 | -44 | -4 | -13 | -592 | -1122 | -8340 |
| - | - | - | - | - | - | - | - | - | -1350 | -13239 | - | - |
| -2460 | - | - | - | -984 | 18 | 321 | -136 | 384 | 2619 | 1164 | -286 | 346 |
| 760906 | - | - | 16271 | 12931 | 1534 | 301239 | 45894 | 8259 | 153339 | 144693 | 26189 | 56312 |
| - | - | - | - | - | - | - | - | - | - | - | - | - |
| -34040 | - | - | - | 29825 | - | - | - | - | - | 922 | - | - |
| 726866 | - | - | 16271 | 42756 | 1534 | 301239 | 45894 | 8259 | 153339 | 145615 | 26189 | 56312 |
| - | - | - | - | - | - | - | - | - | - | - | - | - |
| 726866 | - | - | - | 915 | - | - | 512 | - | 8114 | 74823 | - | - |
| - | - | - | - | - | - | - | - | - | - | - | - | - |
| - | - | - | - | 915 | - | - | - | - | - | - | - | - |
| 726866 | - | - | - | - | - | - | - | - | - | - | - | - |
| - | - | - | - | - | - | - | 512 | - | 8114 | 74823 | - | - |
| - | - | - | 16271 | 1085 | - | - | - | - | 797 | 6415 | - | 11914 |
| - | - | - | - | - | - | - | - | - | - | - | - | - |
| - | - | - | - | - | - | - | - | - | - | - | - | - |
| - | - | - | 16271 | 1085 | - | - | - | - | 797 | 6415 | - | 11914 |
| - | - | - | - | - | - | - | - | - | - | - | - | - |
| - | - | - | - | - | - | - | - | - | - | - | - | - |
| - | - | - | - | - | - | - | - | - | - | - | - | - |
| - | - | - | - | - | - | - | - | - | - | - | - | - |
| - | - | - | - | 40756 | 1534 | 301239 | 45382 | 8259 | 144428 | 64377 | 26189 | 44398 |
| - | - | - | - | 27166 | - | - | - | - | 12578 | 34476 | 20490 | 44398 |
| - | - | - | - | 84 | - | - | - | - | 975 | 5336 | - | - |
| - | - | - | - | - | - | - | - | - | 2186 | 5876 | - | - |
| - | - | - | - | 24507 | - | - | - | - | - | - | 20490 | - |
| - | - | - | - | - | - | - | - | - | 530 | 569 | - | - |
| - | - | - | - | - | - | - | - | - | - | - | - | - |
| - | - | - | - | - | - | - | - | - | 1551 | 16502 | - | - |
| - | - | - | - | - | - | - | - | - | - | - | - | - |
| - | - | - | - | - | - | - | - | - | 1648 | 2500 | - | - |
| - | - | - | - | - | - | - | - | - | 573 | 405 | - | - |
| - | - | - | - | - | - | - | - | - | 372 | 543 | - | - |
| - | - | - | - | - | - | - | - | - | 378 | 779 | - | - |
| - | - | - | - | - | - | - | - | - | - | - | - | - |
| - | - | - | - | - | - | - | - | - | - | - | - | - |
| - | - | - | - | 2575 | - | - | - | - | 4365 | 1966 | - | - |
| - | - | - | - | - | - | - | - | - | - | - | 20490 | - |
| - | - | - | - | - | - | - | - | - | - | - | - | 44398 |
| - | - | - | - | 2401 | 1534 | 301239 | 45382 | - | 45937 | 64 | - | - |
| - | - | - | - | - | 1534 | - | 45382 | - | - | - | - | - |
| - | - | - | - | 2401 | - | 301239 | - | - | 32550 | - | - | - |
| - | - | - | - | - | - | - | - | - | 13387 | 64 | - | - |
| - | - | - | - | - | - | - | - | - | - | - | - | - |
| - | - | - | - | 11189 | - | - | - | 8259 | 85913 | 29837 | 5699 | - |
| - | - | - | - | - | - | - | - | - | - | - | - | - |
| - | - | - | - | - | - | - | - | - | - | - | - | - |
| - | - | - | - | - | - | - | - | - | - | 25677 | - | - |
| - | - | - | - | 7589 | - | - | - | 6199 | 75467 | - | - | - |

*INCLUDED IN THIS COLUMN IS NGL AND FEEDSTOCKS.

## PRODUCTION AND USES OF ENERGY SOURCES : UNITED STATES

1977

| PRODUCTION AND USES / ENERGY SOURCES | HARD COAL / HOUILLE | PATENT FUEL / AGGLOMERES | COKE OVEN COKE / COKE DE FOUR | GAS COKE / COKE DE GAZ | BROWN COAL / LIGNITE | BKB / BRIQ. DE LIGNITE | NATURAL GAS / GAZ NATUREL | GAS WORKS / USINES A GAZ | COKE OVENS / COKERIES | BLAST FURNACES / HAUT FOURNEAUX | ELECTRICITY* / ELECTRICITE* |
|---|---|---|---|---|---|---|---|---|---|---|---|
| | UNIT: 1000 METRIC TONS / UNITE: 1000 TONNES METRIQUES | | | | | | TCAL / TCAL | MANUFACTURED GAS (TCAL) / GAZ MANUFACTURE (TCAL) | | | MILLIONS OF (DE) KWH |
| | 1 | 2 | 3 | 4 | 5 | 6 | 7 | 8 | 9 | 10 | 11 |
| PRODUCTION | 606918 | - | 48543 | - | 26517 | - | 4930236 | 5961 | 114500 | 99900 | 2323813 |
| FROM OTHER SOURCES | - | - | - | - | - | - | - | - | - | - | - |
| IMPORT | 1636 | - | 1660 | - | 2 | - | 260108 | - | - | - | 20159 |
| EXPORT | -49271 | - | -1125 | - | -4 | - | -14313 | - | - | - | -2744 |
| INTL. MARINE BUNKERS | - | - | - | - | - | - | - | - | - | - | - |
| STOCK CHANGES | -16885 | - | 37 | - | - | - | -140471 | - | - | - | - |
| DOMESTIC SUPPLY | 542398 | - | 49115 | - | 26515 | - | 5035560 | 5961 | 114500 | 99900 | 2341228 |
| RETURNS TO SUPPLY | - | - | - | - | - | - | - | - | - | - | - |
| TRANSFERS | - | - | - | - | - | - | - | - | - | - | - |
| DOMESTIC AVAILABILITY | 542398 | - | 49115 | - | 26515 | - | 5035560 | 5961 | 114500 | 99900 | 2341228 |
| STATISTICAL DIFFERENCE | 731 | - | - | - | -20 | - | - | - | - | - | - |
| TRANSFORM. SECTOR ** | 480976 | - | 14910 | - | 23625 | - | 820513 | - | - | - | - |
| FOR SOLID FUELS | 70524 | - | - | - | - | - | - | - | - | - | - |
| FOR GASES | - | - | 14910 | - | - | - | - | - | - | - | - |
| PETROLEUM REFINERIES | - | - | - | - | - | - | - | - | - | - | - |
| THERMO-ELECTRIC PLANTS | 410452 | - | - | - | 23625 | - | 820513 | - | - | - | - |
| ENERGY SECTOR | - | - | - | - | - | - | 799034 | 596 | 44500 | 700 | 357898 |
| COAL MINES | - | - | - | - | - | - | - | - | - | - | 9500 |
| OIL AND GAS EXTRACTION | - | - | - | - | - | - | 544910 | - | - | - | 14000 |
| PETROLEUM REFINERIES | - | - | - | - | - | - | 235124 | - | - | - | 28482 |
| ELECTRIC PLANTS | - | - | - | - | - | - | - | - | - | - | 112784 |
| DISTRIBUTION LOSSES | - | - | - | - | - | - | 19000 | - | - | - | 182430 |
| PUMP STORAGE (ELECTR.) | - | - | - | - | - | - | - | - | - | - | 10702 |
| OTHER ENERGY SECTOR | - | - | - | - | - | - | - | 596 | 44500 | 700 | - |
| FINAL CONSUMPTION | 60691 | - | 34205 | - | 2910 | - | 3416013 | 5365 | 70000 | 99200 | 1983330 |
| INDUSTRY SECTOR | 54315 | - | 34205 | - | 2837 | - | 1518838 | 1490 | 70000 | 99200 | 787121 |
| IRON AND STEEL | 3073 | - | 34205 | - | - | - | 125440 | - | 63100 | 62000 | 77726 |
| CHEMICAL | - | - | - | - | - | - | 6512 | - | - | - | 168271 |
| PETROCHEMICAL | - | - | - | - | - | - | - | - | - | - | 22981 |
| NON-FERROUS METAL | - | - | - | - | - | - | - | - | - | - | 119998 |
| NON-METALLIC MINERAL | - | - | - | - | - | - | - | - | - | - | 31377 |
| PAPER PULP AND PRINT | - | - | - | - | - | - | - | - | - | - | 82503 |
| MINING AND QUARRYING | - | - | - | - | - | - | - | - | - | - | - |
| FOOD AND TOBACCO | - | - | - | - | - | - | - | - | - | - | 43641 |
| WOOD AND WOOD PRODUCTS | - | - | - | - | - | - | - | - | - | - | 20614 |
| MACHINERY | - | - | - | - | - | - | - | - | - | - | 53638 |
| TRANSPORT EQUIPMENT | - | - | - | - | - | - | - | - | - | - | 30985 |
| CONSTRUCTION | - | - | - | - | - | - | - | - | - | - | - |
| TEXTILES AND LEATHER | - | - | - | - | - | - | - | - | - | - | 36100 |
| NON SPECIFIED | 51242 | - | - | - | 2837 | - | 1386886 | 1490 | 6900 | 37200 | 99287 |
| NON-ENERGY USES: | | | | | | | | | | | |
| (1)ENERGY PRODUCTS | - | - | - | - | - | - | - | - | - | - | - |
| (2)NON-ENERGY PRODUCTS | - | - | - | - | - | - | - | - | - | - | - |
| TRANSPORT. SECTOR ** | 8 | - | - | - | - | - | - | - | - | - | 3398 |
| AIR TRANSPORT | - | - | - | - | - | - | - | - | - | - | - |
| ROAD TRANSPORT | - | - | - | - | - | - | - | - | - | - | - |
| RAILWAYS | 8 | - | - | - | - | - | - | - | - | - | 3398 |
| INTERNAL NAVIGATION | - | - | - | - | - | - | - | - | - | - | - |
| OTHER SECTORS ** | 6368 | - | - | - | 73 | - | 1897175 | 3875 | - | - | 1192811 |
| AGRICULTURE | - | - | - | - | - | - | - | - | - | - | 33885 |
| PUBLIC SERVICES | - | - | - | - | - | - | - | - | - | - | - |
| COMMERCE | - | - | - | - | 73 | - | 577179 | 179 | - | - | 513687 |
| RESIDENTIAL | 6368 | - | - | - | - | - | 1319996 | 3696 | - | - | 645239 |

(1) INCLUDED IN CHEMICAL OR PETROCHEMICAL INDUSTRY
(2) INCLUDED ONLY IN TOTAL INDUSTRY

| * OF WHICH: | |
|---|---|
| HYDRO | 226172 |
| NUCLEAR | 265936 |
| CONVENTIONAL THERMAL | 1827926 |
| GEOTHERMAL | 3779 |

** INCLUDED IN THESE TOTALS ARE THE NON-SPECIFIED ELEMENTS

UNIT: 1000 METRIC TONS
UNITE: 1000 TONNES METRIQUES

| OIL / PETROLE: CRUDE* / BRUT* | NGL / GNL | FEEDST. | REFINERY GAS / GAZ DE PETROLE | LIQUEFIED PETROLEUM GASES / GAZ LIQUEFIES DE PETROLE | AVIATION GASOLINE / ESSENCE AVION | MOTOR GASOLINE / ESSENCE AUTO | JET FUEL / CARBURANT REACTEUR | KEROSENE / PETROLE LAMPANT | GAS/DIESEL OIL / GAZ/DIESEL OIL | RESIDUAL FUEL OIL / FUEL OIL RESIDUEL | NAPHTHA / NAPHTHA | NON-ENERGY PRODUCTS / PRODUITS NON-ENERGETIQUES |
|---|---|---|---|---|---|---|---|---|---|---|---|---|
| 12 | 13 | 14 | 15 | 16 | 17 | 18 | 19 | 20 | 21 | 22 | 23 | 24 |
| 459788 | - | - | 18569 | 10926 | 1630 | 308089 | 46197 | 9096 | 168457 | 115320 | 26643 | 71701 |
| 1149 | - | - | 588 | - | - | - | - | - | - | - | - | - |
| 371728 | - | - | - | - | - | 3676 | 2649 | 387 | 5877 | 61350 | 6255 | 772 |
| -3008 | - | - | - | - | - | -32 | -27 | -1 | -4 | -293 | -1160 | -8475 |
| - | - | - | - | - | - | - | - | - | -1861 | -16017 | - | - |
| -6645 | - | - | - | -54 | -26 | -2678 | -291 | -724 | -8312 | -2735 | 47 | 164 |
| 823012 | - | - | 19157 | 10872 | 1604 | 309055 | 48528 | 8758 | 164157 | 157625 | 31785 | 64162 |
| - | - | - | - | - | - | - | - | - | - | - | - | - |
| -35046 | - | - | - | 34340 | - | - | - | - | 73 | 633 | - | - |
| 787966 | - | - | 19157 | 45212 | 1604 | 309055 | 48528 | 8758 | 164230 | 158258 | 31785 | 64162 |
| -1336 | - | - | - | - | - | -6303 | - | - | - | - | 55 | -1853 |
| 789302 | - | - | - | 1162 | - | - | 864 | - | 9434 | 85256 | - | - |
| - | - | - | - | - | - | - | - | - | - | - | - | - |
| - | - | - | - | 1162 | - | - | - | - | - | - | - | - |
| 789302 | - | - | - | - | - | - | - | - | - | - | - | - |
| - | - | - | - | - | - | - | 864 | - | 9434 | 85256 | - | - |
| - | - | - | 16938 | 937 | - | - | - | - | 1277 | 7764 | - | 12062 |
| - | - | - | - | - | - | - | - | - | - | - | - | - |
| - | - | - | - | - | - | - | - | - | - | - | - | - |
| - | - | - | 16938 | 937 | - | - | - | - | 1277 | 7764 | - | 12062 |
| - | - | - | - | - | - | - | - | - | - | - | - | - |
| - | - | - | - | - | - | - | - | - | - | - | - | - |
| - | - | - | - | - | - | - | - | - | - | - | - | - |
| - | - | - | 2219 | 43113 | 1604 | 315358 | 47664 | 8758 | 153519 | 65238 | 31730 | 53953 |
| - | - | - | 2219 | 20307 | - | - | - | - | 13809 | 36336 | 23117 | 53953 |
| - | - | - | - | - | - | - | - | - | 1013 | 4070 | - | - |
| - | - | - | - | - | - | - | - | - | 2881 | 6643 | - | - |
| - | - | - | 2219 | 20307 | - | - | - | - | - | - | 23117 | - |
| - | - | - | - | - | - | - | - | - | 546 | 2192 | - | - |
| - | - | - | - | - | - | - | - | - | - | - | - | - |
| - | - | - | - | - | - | - | - | - | 1035 | 11502 | - | - |
| - | - | - | - | - | - | - | - | - | - | - | - | - |
| - | - | - | - | - | - | - | - | - | 1820 | 2789 | - | - |
| - | - | - | - | - | - | - | - | - | 591 | 383 | - | - |
| - | - | - | - | - | - | - | - | - | 448 | 531 | - | - |
| - | - | - | - | - | - | - | - | - | 406 | 827 | - | - |
| - | - | - | - | - | - | - | - | - | - | - | - | - |
| - | - | - | - | - | - | - | - | - | - | - | - | - |
| - | - | - | - | - | - | - | - | - | 5069 | 7399 | - | - |
| - | - | - | 2219 | - | - | - | - | - | - | - | 23117 | - |
| - | - | - | - | - | - | - | - | - | - | - | - | 53953 |
| - | - | - | - | 2350 | 1604 | 315358 | 47664 | - | 57177 | 49 | - | - |
| - | - | - | - | - | 1604 | - | 47664 | - | - | - | - | - |
| - | - | - | - | 2350 | - | 315358 | - | - | 43865 | - | - | - |
| - | - | - | - | - | - | - | - | - | 13312 | 49 | - | - |
| - | - | - | - | - | - | - | - | - | - | - | - | - |
| - | - | - | - | 20456 | - | - | - | 8758 | 82533 | 28853 | 8613 | - |
| - | - | - | - | - | - | - | - | - | - | - | - | - |
| - | - | - | - | - | - | - | - | - | - | - | - | - |
| - | - | - | - | - | - | - | - | - | - | 23000 | - | - |
| - | - | - | - | 6000 | - | - | - | 6500 | 70000 | - | - | - |

*INCLUDED IN THIS COLUMN IS NGL AND FEEDSTOCKS.

## PRODUCTION AND USES OF ENERGY SOURCES : UNITED STATES

1978

| X / XX ENERGY / XX SOURCES / XX / PRODUCTION XX / AND USES XX/ | UNIT: 1000 METRIC TONS / UNITE: 1000 TONNES METRIQUES | | | | | | TCAL / TCAL | MANUFACTURED GAS (TCAL) / GAZ MANUFACTURE (TCAL) | | | MILLIONS OF (DE) KWH |
|---|---|---|---|---|---|---|---|---|---|---|---|
| | HARD COAL / HOUILLE | PATENT FUEL / AGGLOMERES | COKE OVEN COKE / COKE DE FOUR | GAS COKE / COKE DE GAZ | BROWN COAL / LIGNITE | BKB / BRIQ. DE LIGNITE | NATURAL GAS / GAZ NATUREL | GAS WORKS / USINES A GAZ | COKE OVENS / COKERIES | BLAST FURNACES / HAUT FOURNEAUX | ELECTRICITY* / ELECTRICITE* |
| | 1 | 2 | 3 | 4 | 5 | 6 | 7 | 8 | 9 | 10 | 11 |
| PRODUCTION | 576793 | - | 44460 | - | 31169 | - | 4910483 | 5771 | 108385 | 106006 | 2399597 |
| FROM OTHER SOURCES | - | - | - | - | - | - | - | - | - | - | - |
| IMPORT | 2679 | - | 5191 | - | - | - | 247955 | - | - | - | 20437 |
| EXPORT | -36915 | - | -629 | - | -75 | - | -13489 | - | - | - | -2235 |
| INTL. MARINE BUNKERS | - | - | - | - | - | - | - | - | - | - | - |
| STOCK CHANGES | 10194 | - | 2640 | - | -318 | - | -18746 | - | - | - | - |
| DOMESTIC SUPPLY | 552751 | - | 51662 | - | 30776 | - | 5126203 | 5771 | 108385 | 106006 | 2417799 |
| RETURNS TO SUPPLY | - | - | - | - | - | - | - | - | - | - | - |
| TRANSFERS | - | - | - | - | - | - | - | - | - | - | - |
| DOMESTIC AVAILABILITY | 552751 | - | 51662 | - | 30776 | - | 5126203 | 5771 | 108385 | 106006 | 2417799 |
| STATISTICAL DIFFERENCE | 16333 | - | 163 | - | -1 | - | - | - | - | 5250 | - |
| TRANSFORM. SECTOR ** | 472844 | - | 14200 | - | 28492 | - | 818751 | - | - | - | - |
| FOR SOLID FUELS | 64767 | - | - | - | - | - | - | - | - | - | - |
| FOR GASES | - | - | 14200 | - | - | - | - | - | - | - | - |
| PETROLEUM REFINERIES | - | - | - | - | - | - | - | - | - | - | - |
| THERMO-ELECTRIC PLANTS | 408077 | - | - | - | 28492 | - | 818751 | - | - | - | - |
| ENERGY SECTOR | - | - | - | - | - | - | 765793 | 577 | 42273 | 650 | 373739 |
| COAL MINES | - | - | - | - | - | - | - | - | - | - | 9800 |
| OIL AND GAS EXTRACTION | - | - | - | - | - | - | 540401 | - | - | - | 14500 |
| PETROLEUM REFINERIES | - | - | - | - | - | - | 206392 | - | - | - | 28528 |
| ELECTRIC PLANTS | - | - | - | - | - | - | - | - | - | - | 114301 |
| DISTRIBUTION LOSSES | - | - | - | - | - | - | 19000 | - | - | - | 196038 |
| PUMP STORAGE (ELECTR.) | - | - | - | - | - | - | - | - | - | - | 10572 |
| OTHER ENERGY SECTOR | - | - | - | - | - | - | - | 577 | 42273 | 650 | - |
| FINAL CONSUMPTION | 63574 | - | 37299 | - | 2285 | - | 3541659 | 5194 | 66112 | 100106 | 2044060 |
| INDUSTRY SECTOR | 55036 | - | 37299 | - | 2194 | - | 1528722 | 1443 | 66112 | 100106 | 799543 |
| IRON AND STEEL | 3420 | - | 37299 | - | - | - | 126250 | - | 60412 | 63006 | 82467 |
| CHEMICAL | - | - | - | - | - | - | 7500 | - | - | - | 164406 |
| PETROCHEMICAL | - | - | - | - | - | - | - | - | - | - | 23240 |
| NON-FERROUS METAL | - | - | - | - | - | - | - | - | - | - | 123600 |
| NON-METALLIC MINERAL | - | - | - | - | - | - | - | - | - | - | 33210 |
| PAPER PULP AND PRINT | - | - | - | - | - | - | - | - | - | - | 82829 |
| MINING AND QUARRYING | - | - | - | - | - | - | - | - | - | - | - |
| FOOD AND TOBACCO | - | - | - | - | - | - | - | - | - | - | 44128 |
| WOOD AND WOOD PRODUCTS | - | - | - | - | - | - | - | - | - | - | 21239 |
| MACHINERY | - | - | - | - | - | - | - | - | - | - | 56333 |
| TRANSPORT EQUIPMENT | - | - | - | - | - | - | - | - | - | - | 31771 |
| CONSTRUCTION | - | - | - | - | - | - | - | - | - | - | - |
| TEXTILES AND LEATHER | - | - | - | - | - | - | - | - | - | - | 35404 |
| NON SPECIFIED | 51616 | - | - | - | 2194 | - | 1394972 | 1443 | 5700 | 37100 | 100916 |
| NON-ENERGY USES: | | | | | | | | | | | |
| (1)ENERGY PRODUCTS | - | - | - | - | - | - | - | - | - | - | - |
| (2)NON-ENERGY PRODUCTS | - | - | - | - | - | - | - | - | - | - | - |
| TRANSPORT. SECTOR ** | - | - | - | - | - | - | - | - | - | - | 2633 |
| AIR TRANSPORT | - | - | - | - | - | - | - | - | - | - | - |
| ROAD TRANSPORT | - | - | - | - | - | - | - | - | - | - | - |
| RAILWAYS | - | - | - | - | - | - | - | - | - | - | 2633 |
| INTERNAL NAVIGATION | - | - | - | - | - | - | - | - | - | - | - |
| OTHER SECTORS ** | 8538 | - | - | - | 91 | - | 2012937 | 3751 | - | - | 1241884 |
| AGRICULTURE | - | - | - | - | - | - | - | - | - | - | 35673 |
| PUBLIC SERVICES | - | - | - | - | - | - | - | - | - | - | - |
| COMMERCE | - | - | - | - | 91 | - | 593204 | 173 | - | - | 531745 |
| RESIDENTIAL | 8538 | - | - | - | - | - | 1419733 | 3578 | - | - | 674466 |

(1) INCLUDED IN CHEMICAL OR PETROCHEMICAL INDUSTRY
(2) INCLUDED ONLY IN TOTAL INDUSTRY

| * OF WHICH: HYDRO | 286664 |
|---|---|
| NUCLEAR | 292987 |
| CONVENTIONAL THERMAL | 1817253 |
| GEOTHERMAL | 3142 |

** INCLUDED IN THESE TOTALS ARE THE NON-SPECIFIED ELEMENTS

## PRODUCTION ET UTILISATION DES SOURCES D ENERGIE : ETATS-UNIS

1978

UNIT: 1000 METRIC TONS
UNITE: 1000 TONNES METRIQUES

| OIL PETROLE | | | REFINERY GAS | LIQUEFIED PETROLEUM GASES | AVIATION GASOLINE | MOTOR GASOLINE | JET FUEL | KEROSENE | GAS/DIESEL OIL | RESIDUAL FUEL OIL | NAPHTHA | NON-ENERGY PRODUCTS |
|---|---|---|---|---|---|---|---|---|---|---|---|---|
| CRUDE* BRUT* | NGL GNL | FEEDST. | GAZ DE PETROLE | GAZ LIQUEFIES DE PETROLE | ESSENCE AVION | ESSENCE AUTO | CARBURANT REACTEUR | PETROLE LAMPANT | GAZ/DIESEL OIL | FUEL OIL RESIDUEL | NAPHTHA | PRODUITS NON-ENERGETIQUES |
| 12 | 13 | 14 | 15 | 16 | 17 | 18 | 19 | 20 | 21 | 22 | 23 | 24 |
| 481909 | - | - | 19542 | 11494 | 1585 | 313737 | 45653 | 8059 | 163154 | 110572 | 10803 | 87916 |
| 2411 | - | - | - | - | - | - | - | - | - | - | - | - |
| 354157 | - | - | - | - | 4 | 3103 | 3395 | - | 2346 | 62041 | 5640 | 445 |
| -4446 | - | - | - | - | - | -24 | -28 | -2 | -78 | -615 | -146 | -9711 |
| - | - | - | - | - | - | - | - | - | -2030 | -19209 | - | - |
| -4732 | - | - | - | 30 | 23 | 2237 | 46 | 453 | 4887 | 3114 | -14 | -763 |
| 829299 | - | - | 19542 | 11524 | 1612 | 319053 | 49066 | 8510 | 168279 | 155903 | 16283 | 77887 |
| - | - | - | - | - | - | - | - | - | - | - | - | - |
| -34325 | - | - | - | 33603 | - | - | - | - | 73 | 649 | - | - |
| 794974 | - | - | 19542 | 45127 | 1612 | 319053 | 49066 | 8510 | 168352 | 156552 | 16283 | 77887 |
| -3093 | - | - | - | - | - | -9570 | - | - | - | - | - | -2790 |
| 798067 | - | - | - | 1020 | - | - | 568 | - | 9814 | 80099 | - | - |
| | | | | | | | | | | | | |
| - | - | - | - | - | - | - | - | - | - | - | - | - |
| - | - | - | - | 1020 | - | - | - | - | - | - | - | - |
| 798067 | - | - | - | - | - | - | - | - | - | - | - | - |
| - | - | - | - | - | - | - | 568 | - | 9814 | 80099 | - | - |
| - | - | - | 17820 | 1226 | - | - | - | - | 1189 | 7514 | - | 11871 |
| | | | | | | | | | | | | |
| - | - | - | - | - | - | - | - | - | - | - | - | - |
| - | - | - | - | - | - | - | - | - | - | - | - | - |
| - | - | - | 17820 | 1226 | - | - | - | - | 1189 | 7514 | - | 11871 |
| - | - | - | - | - | - | - | - | - | - | - | - | - |
| - | - | - | - | - | - | - | - | - | - | - | - | - |
| - | - | - | - | - | - | - | - | - | - | - | - | - |
| - | - | - | - | - | - | - | - | - | - | - | - | - |
| - | - | - | 1722 | 42881 | 1612 | 328623 | 48498 | 8510 | 157349 | 68939 | 16283 | 68806 |
| - | - | - | 1722 | 20932 | - | - | - | - | 30433 | 35718 | 10039 | 68806 |
| | | | | | | | | | | | | |
| - | - | - | - | - | - | - | - | - | 1031 | 4001 | - | - |
| - | - | - | - | - | - | - | - | - | 2933 | 6530 | - | - |
| - | - | - | 1722 | 20932 | - | - | - | - | 16375 | - | 10039 | - |
| - | - | - | - | - | - | - | - | - | 556 | 2155 | - | - |
| - | - | - | - | - | - | - | - | - | - | - | - | - |
| - | - | - | - | - | - | - | - | - | 1054 | 11306 | - | - |
| - | - | - | - | - | - | - | - | - | - | - | - | - |
| - | - | - | - | - | - | - | - | - | 1853 | 2742 | - | - |
| - | - | - | - | - | - | - | - | - | 602 | 376 | - | - |
| - | - | - | - | - | - | - | - | - | 456 | 522 | - | - |
| - | - | - | - | - | - | - | - | - | 413 | 813 | - | - |
| - | - | - | - | - | - | - | - | - | - | - | - | - |
| - | - | - | - | - | - | - | - | - | - | - | - | - |
| - | - | - | - | - | - | - | - | - | 5160 | 7273 | - | - |
| | | | | | | | | | | | | |
| - | - | - | 1722 | - | - | - | - | - | - | - | 10039 | - |
| - | - | - | - | - | - | - | - | - | - | - | - | 68806 |
| - | - | - | - | 2039 | 1612 | 328623 | 48498 | - | 61748 | 31 | - | - |
| | | | | | | | | | | | | |
| - | - | - | - | - | 1612 | - | 48498 | - | - | - | - | - |
| - | - | - | - | 2039 | - | 328623 | - | - | 48364 | - | - | - |
| - | - | - | - | - | - | - | - | - | 13384 | 31 | - | - |
| - | - | - | - | - | - | - | - | - | - | - | - | - |
| - | - | - | - | 19910 | - | - | - | 8510 | 65168 | 33190 | 6244 | - |
| | | | | | | | | | | | | |
| - | - | - | - | - | - | - | - | - | - | - | - | - |
| - | - | - | - | - | - | - | - | - | - | - | - | - |
| - | - | - | - | - | - | - | - | - | - | 28000 | - | - |
| - | - | - | - | 6000 | - | - | - | 6500 | 58000 | - | - | - |

*INCLUDED IN THIS COLUMN IS NGL AND FEEDSTOCKS.

## PRODUCTION AND USES OF ENERGY SOURCES : UNITED STATES

1979

| ENERGY SOURCES / PRODUCTION AND USES | HARD COAL / HOUILLE | PATENT FUEL / AGGLOMERES | COKE OVEN COKE / COKE DE FOUR | GAS COKE / COKE DE GAZ | BROWN COAL / LIGNITE | BKB / BRIQ. DE LIGNITE | NATURAL GAS / GAZ NATUREL | GAS WORKS / USINES A GAZ | COKE OVENS / COKERIES | BLAST FURNACES / HAUT FOURNEAUX | ELECTRICITY* / ELECTRICITE* |
|---|---|---|---|---|---|---|---|---|---|---|---|
| | UNIT: 1000 METRIC TONS / UNITE: 1000 TONNES METRIQUES | | | | | | TCAL / TCAL | MANUFACTURED GAS (TCAL) / GAZ MANUFACTURE (TCAL) | | | MILLIONS OF (DE) KWH |
| | 1 | 2 | 3 | 4 | 5 | 6 | 7 | 8 | 9 | 10 | 11 |
| PRODUCTION | 670620 | - | 48029 | - | 38013 | - | 5059010 | 5812 | 114345 | 102080 | 2434881 |
| FROM OTHER SOURCES | - | - | - | - | - | - | - | - | - | - | - |
| IMPORT | 1868 | - | 3605 | - | - | - | 322475 | - | - | - | 31378 |
| EXPORT | -59886 | - | -1306 | - | -26 | - | -14322 | - | - | - | -1859 |
| INTL. MARINE BUNKERS | - | - | - | - | - | - | - | - | - | - | - |
| STOCK CHANGES | -32353 | - | 1498 | - | -392 | - | -56863 | - | - | - | - |
| DOMESTIC SUPPLY | 580249 | - | 51826 | - | 37595 | - | 5310300 | 5812 | 114345 | 102080 | 2464400 |
| RETURNS TO SUPPLY | - | - | - | - | - | - | - | - | - | - | - |
| TRANSFERS | - | - | - | - | - | - | - | - | - | - | - |
| DOMESTIC AVAILABILITY | 580249 | - | 51826 | - | 37595 | - | 5310300 | 5812 | 114345 | 102080 | 2464400 |
| STATISTICAL DIFFERENCE | 483 | - | - | - | -1 | - | - | - | - | - | - |
| TRANSFORM. SECTOR ** | 513959 | - | 13474 | - | 34361 | - | 898037 | - | - | - | - |
| FOR SOLID FUELS | 70187 | - | - | - | - | - | - | - | - | - | - |
| FOR GASES | - | - | 13474 | - | - | - | - | - | - | - | - |
| PETROLEUM REFINERIES | - | - | - | - | - | - | - | - | - | - | - |
| THERMO-ELECTRIC PLANTS | 443772 | - | - | - | 34361 | - | 898037 | - | - | - | - |
| ENERGY SECTOR | - | - | - | - | - | - | 756249 | 610 | 46431 | 800 | 381761 |
| COAL MINES | - | - | - | - | - | - | - | - | - | - | 9950 |
| OIL AND GAS EXTRACTION | - | - | - | - | - | - | 540161 | - | - | - | 14600 |
| PETROLEUM REFINERIES | - | - | - | - | - | - | 198588 | - | - | - | 35282 |
| ELECTRIC PLANTS | - | - | - | - | - | - | - | - | - | - | 116137 |
| DISTRIBUTION LOSSES | - | - | - | - | - | - | 17500 | - | - | - | 193224 |
| PUMP STORAGE (ELECTR.) | - | - | - | - | - | - | - | - | - | - | 12568 |
| OTHER ENERGY SECTOR | - | - | - | - | - | - | - | 610 | 46431 | 800 | - |
| FINAL CONSUMPTION | 65807 | - | 38352 | - | 3235 | - | 3656014 | 5202 | 67914 | 101280 | 2082639 |
| INDUSTRY SECTOR | 58333 | - | 38352 | - | 3099 | - | 1558998 | 1460 | 67914 | 101280 | 815993 |
| IRON AND STEEL | 2722 | - | 38352 | - | - | - | 129397 | - | 61851 | 66050 | 86242 |
| CHEMICAL | - | - | - | - | - | - | 7795 | - | - | - | 159823 |
| PETROCHEMICAL | - | - | - | - | - | - | - | - | - | - | 23048 |
| NON-FERROUS METAL | - | - | - | - | - | - | - | - | - | - | 128197 |
| NON-METALLIC MINERAL | - | - | - | - | - | - | - | - | - | - | 33366 |
| PAPER PULP AND PRINT | - | - | - | - | - | - | - | - | - | - | 82761 |
| MINING AND QUARRYING | - | - | - | - | - | - | - | - | - | - | - |
| FOOD AND TOBACCO | - | - | - | - | - | - | - | - | - | - | 43010 |
| WOOD AND WOOD PRODUCTS | - | - | - | - | - | - | - | - | - | - | 20371 |
| MACHINERY | - | - | - | - | - | - | - | - | - | - | 57857 |
| TRANSPORT EQUIPMENT | - | - | - | - | - | - | - | - | - | - | 31973 |
| CONSTRUCTION | - | - | - | - | - | - | - | - | - | - | - |
| TEXTILES AND LEATHER | - | - | - | - | - | - | - | - | - | - | 34059 |
| NON SPECIFIED | 55611 | - | - | - | 3099 | - | 1421806 | 1460 | 6063 | 35230 | 115286 |
| NON-ENERGY USES: | | | | | | | | | | | |
| (1)ENERGY PRODUCTS | - | - | - | - | - | - | - | - | - | - | - |
| (2)NON-ENERGY PRODUCTS | - | - | - | - | - | - | - | - | - | - | - |
| TRANSPORT. SECTOR ** | - | - | - | - | - | - | - | - | - | - | 3069 |
| AIR TRANSPORT | - | - | - | - | - | - | - | - | - | - | - |
| ROAD TRANSPORT | - | - | - | - | - | - | - | - | - | - | - |
| RAILWAYS | - | - | - | - | - | - | - | - | - | - | 3069 |
| INTERNAL NAVIGATION | - | - | - | - | - | - | - | - | - | - | - |
| OTHER SECTORS ** | 7474 | - | - | - | 136 | - | 2097016 | 3742 | - | - | 1263577 |
| AGRICULTURE | - | - | - | - | - | - | - | - | - | - | 37450 |
| PUBLIC SERVICES | - | - | - | - | - | - | - | - | - | - | - |
| COMMERCE | - | - | - | - | 136 | - | 639219 | 182 | - | - | 543308 |
| RESIDENTIAL | 7474 | - | - | - | - | - | 1277492 | 3560 | - | - | 682819 |

(1) INCLUDED IN CHEMICAL OR PETROCHEMICAL INDUSTRY
(2) INCLUDED ONLY IN TOTAL INDUSTRY

| * OF WHICH: | |
|---|---|
| HYDRO | 284371 |
| NUCLEAR | 270464 |
| CONVENTIONAL THERMAL | 1875418 |
| GEOTHERMAL | 4103 |

** INCLUDED IN THESE TOTALS ARE THE NON-SPECIFIED ELEMENTS

## PRODUCTION ET UTILISATION DES SOURCES D ENERGIE : ETATS-UNIS

1979

UNIT: 1000 METRIC TONS
UNITE: 1000 TONNES METRIQUES

| OIL / PETROLE: CRUDE / BRUT 12 | OIL / PETROLE: NGL / GNL 13 | OIL / PETROLE: FEEDST. 14 | REFINERY GAS / GAZ DE PETROLE 15 | LIQUEFIED PETROLEUM GASES / GAZ LIQUEFIES DE PETROLE 16 | AVIATION GASOLINE / ESSENCE AVION 17 | MOTOR GASOLINE / ESSENCE AUTO 18 | JET FUEL / CARBURANT REACTEUR 19 | KEROSENE / PETROLE LAMPANT 20 | GAS/DIESEL OIL / GAZ/DIESEL OIL 21 | RESIDUAL FUEL OIL / FUEL OIL RESIDUEL 22 | NAPHTHA / NAPHTHA 23 | NON-ENERGY PRODUCTS / PRODUITS NON-ENERGETIQUES 24 |
|---|---|---|---|---|---|---|---|---|---|---|---|---|
| 420775 | 53736 | - | 19402 | 11136 | 1446 | 299501 | 48981 | 9286 | 162356 | 112729 | 12420 | 94809 |
| 2017 | - | - | - | - | - | - | - | - | - | - | - | 677 |
| 352845 | 7415 | 2446 | - | - | 4 | 3058 | 2840 | 43 | 3748 | 49893 | 4682 | 885 |
| -3515 | -463 | - | - | - | - | -18 | -79 | -144 | -278 | -403 | -238 | -12274 |
| - | - | - | - | - | - | - | - | - | -2037 | -23257 | - | - |
| -6665 | 784 | -1278 | - | 124 | 18 | 131 | -462 | -152 | -1935 | -2178 | -48 | 1421 |
| 765457 | 61472 | 1168 | 19402 | 11260 | 1468 | 302672 | 51280 | 9033 | 161854 | 136784 | 16816 | 85518 |
| - | - | - | - | - | - | - | - | - | - | - | - | - |
| -677 | -42719 | - | - | 42719 | - | - | - | - | - | - | - | - |
| 764780 | 18753 | 1168 | 19402 | 53979 | 1468 | 302672 | 51280 | 9033 | 161854 | 136784 | 16816 | 85518 |
| -616 | - | -4715 | - | - | - | -13762 | - | - | - | - | - | -7702 |
| 765396 | 18753 | 5883 | - | 1615 | - | - | 400 | - | 6244 | 73068 | - | - |
| - | - | - | - | - | - | - | - | - | - | - | - | - |
| - | - | - | - | 1615 | - | - | - | - | - | - | - | - |
| 765396 | 18753 | 5883 | - | - | - | - | - | - | - | - | - | - |
| - | - | - | - | - | - | - | 400 | - | 6244 | 73068 | - | - |
| - | - | - | 18053 | 1205 | - | - | - | - | 776 | 5922 | - | 12630 |
| - | - | - | - | - | - | - | - | - | - | - | - | - |
| - | - | - | - | - | - | - | - | - | - | - | - | - |
| - | - | - | 18053 | 1205 | - | - | - | - | 776 | 5922 | - | 12630 |
| - | - | - | - | - | - | - | - | - | - | - | - | - |
| - | - | - | - | - | - | - | - | - | - | - | - | - |
| - | - | - | - | - | - | - | - | - | - | - | - | - |
| - | - | - | 1349 | 51159 | 1468 | 316434 | 50880 | 9033 | 154834 | 57794 | 16816 | 80590 |
| - | - | - | 1349 | 16748 | - | - | - | - | 31932 | 39328 | 11624 | 76172 |
| - | - | - | - | - | - | - | - | - | 942 | 4349 | - | - |
| - | - | - | - | - | - | - | - | - | 2217 | 7851 | - | - |
| - | - | - | 1349 | 16748 | - | - | - | - | 19477 | - | 11624 | - |
| - | - | - | - | - | - | - | - | - | 546 | 2519 | - | - |
| - | - | - | - | - | - | - | - | - | 1916 | 1955 | - | - |
| - | - | - | - | - | - | - | - | - | 847 | 12002 | - | - |
| - | - | - | - | - | - | - | - | - | - | - | - | - |
| - | - | - | - | - | - | - | - | - | 1795 | 3252 | - | - |
| - | - | - | - | - | - | - | - | - | 632 | 397 | - | - |
| - | - | - | - | - | - | - | - | - | 421 | 524 | - | - |
| - | - | - | - | - | - | - | - | - | 313 | 902 | - | - |
| - | - | - | - | - | - | - | - | - | - | - | - | - |
| - | - | - | - | - | - | - | - | - | - | - | - | - |
| - | - | - | - | - | - | - | - | - | 2826 | 5577 | - | - |
| - | - | - | 1349 | - | - | - | - | - | - | - | 11624 | - |
| - | - | - | - | - | - | - | - | - | - | - | - | 76172 |
| - | - | - | - | 905 | 1468 | 316434 | 50880 | - | 66643 | 37 | - | - |
| - | - | - | - | - | 1468 | - | 50880 | - | - | - | - | - |
| - | - | - | - | 905 | - | 316434 | - | - | 52346 | - | - | - |
| - | - | - | - | - | - | - | - | - | 14297 | 37 | - | - |
| - | - | - | - | - | - | - | - | - | - | - | - | - |
| - | - | - | - | 33506 | - | - | - | 9033 | 56259 | 18429 | 5192 | 4418 |
| - | - | - | - | - | - | - | - | - | - | - | - | - |
| - | - | - | - | - | - | - | - | - | - | - | - | - |
| - | - | - | - | - | - | - | - | - | - | 14912 | - | - |
| - | - | - | - | 9000 | - | - | - | 7242 | 36814 | - | - | - |

## PRODUCTION AND USES OF ENERGY SOURCES : UNITED STATES

1980

| X XX ENERGY XX SOURCES XX XX XX PRODUCTION XX XX AND USES XX | UNIT: 1000 METRIC TONS / UNITE: 1000 TONNES METRIQUES | | | | | | TCAL / TCAL | MANUFACTURED GAS (TCAL) / GAZ MANUFACTURE (TCAL) | | | MILLIONS OF (DE) KWH |
|---|---|---|---|---|---|---|---|---|---|---|---|
| | HARD COAL / HOUILLE | PATENT FUEL / AGGLOMERES | COKE OVEN COKE / COKE DE FOUR | GAS COKE / COKE DE GAZ | BROWN COAL / LIGNITE | BKB / BRIQ. DE LIGNITE | NATURAL GAS / GAZ NATUREL | GAS WORKS / USINES A GAZ | COKE OVENS / COKERIES | BLAST FURNACES / HAUT FOURNEAUX | ELECTRICITY* / ELECTRICITE* |
| | 1 | 2 | 3 | 4 | 5 | 6 | 7 | 8 | 9 | 10 | 11 |
| PRODUCTION | 710385 | - | 41850 | - | 42307 | - | 4980221 | 5870 | 100485 | 75818 | 2463038 |
| FROM OTHER SOURCES | - | - | - | - | - | - | - | - | - | - | - |
| IMPORT | 1083 | - | 598 | - | - | - | 254616 | - | - | - | 29649 |
| EXPORT | -83227 | - | -1879 | - | - | - | -12595 | - | - | - | -4095 |
| INTL. MARINE BUNKERS | - | - | - | - | - | - | - | - | - | - | - |
| STOCK CHANGES | -20697 | - | -3123 | - | -595 | - | 30511 | - | - | - | - |
| DOMESTIC SUPPLY | 607544 | - | 37446 | - | 41712 | - | 5252753 | 5870 | 100485 | 75818 | 2488592 |
| RETURNS TO SUPPLY | - | - | - | - | - | - | - | - | - | - | - |
| TRANSFERS | - | - | - | - | - | - | - | - | - | - | - |
| DOMESTIC AVAILABILITY | 607544 | - | 37446 | - | 41712 | - | 5252753 | 5870 | 100485 | 75818 | 2488592 |
| STATISTICAL DIFFERENCE | 12102 | - | - | - | - | - | - | - | - | - | - |
| TRANSFORM. SECTOR ** | 540119 | - | 11300 | - | 37777 | - | 951900 | - | - | - | - |
| FOR SOLID FUELS | 61460 | - | - | - | - | - | - | - | - | - | - |
| FOR GASES | - | - | 11300 | - | - | - | - | - | - | - | - |
| PETROLEUM REFINERIES | - | - | - | - | - | - | - | - | - | - | - |
| THERMO-ELECTRIC PLANTS | 478659 | - | - | - | 37777 | - | 951900 | - | - | - | - |
| ENERGY SECTOR | - | - | - | - | - | - | 643791 | 587 | 40887 | 758 | 391169 |
| COAL MINES | - | - | - | - | - | - | - | - | - | - | 9680 |
| OIL AND GAS EXTRACTION | - | - | - | - | - | - | 411980 | - | - | - | 15480 |
| PETROLEUM REFINERIES | - | - | - | - | - | - | 214311 | - | - | - | 35955 |
| ELECTRIC PLANTS | - | - | - | - | - | - | - | - | - | - | 117824 |
| DISTRIBUTION LOSSES | - | - | - | - | - | - | 17500 | - | - | - | 199022 |
| PUMP STORAGE (ELECTR.) | - | - | - | - | - | - | - | - | - | - | 13208 |
| OTHER ENERGY SECTOR | - | - | - | - | - | - | - | 587 | 40887 | 758 | - |
| FINAL CONSUMPTION | 55323 | - | 26146 | - | 3935 | - | 3657062 | 5283 | 59598 | 75060 | 2097423 |
| INDUSTRY SECTOR | 49373 | - | 26146 | - | 3425 | - | 1639958 | 1467 | 59598 | 75060 | 780180 |
| IRON AND STEEL | 3660 | - | 26146 | - | - | - | 202565 | - | 53639 | 49281 | 74532 |
| CHEMICAL | - | - | - | - | - | - | 414630 | - | - | - | 144986 |
| PETROCHEMICAL | - | - | - | - | - | - | - | - | - | - | 23551 |
| NON-FERROUS METAL | - | - | - | - | - | - | 87044 | - | - | - | 126277 |
| NON-METALLIC MINERAL | - | - | - | - | - | - | 145594 | - | - | - | 30843 |
| PAPER PULP AND PRINT | - | - | - | - | - | - | 117109 | - | - | - | 85684 |
| MINING AND QUARRYING | - | - | - | - | - | - | - | - | - | - | - |
| FOOD AND TOBACCO | - | - | - | - | - | - | 121855 | - | - | - | 44731 |
| WOOD AND WOOD PRODUCTS | - | - | - | - | - | - | 15826 | - | - | - | 18725 |
| MACHINERY | - | - | - | - | - | - | 36398 | - | - | - | 57909 |
| TRANSPORT EQUIPMENT | - | - | - | - | - | - | 39566 | - | - | - | 29968 |
| CONSTRUCTION | - | - | - | - | - | - | - | - | - | - | - |
| TEXTILES AND LEATHER | - | - | - | - | - | - | 28485 | - | - | - | 33541 |
| NON SPECIFIED | 45713 | - | - | - | 3425 | - | 430886 | 1467 | 5959 | 25779 | 109433 |
| NON-ENERGY USES: | | | | | | | | | | | |
| (1)ENERGY PRODUCTS | - | - | - | - | - | - | - | - | - | - | - |
| (2)NON-ENERGY PRODUCTS | - | - | - | - | - | - | - | - | - | - | - |
| TRANSPORT. SECTOR ** | - | - | - | - | - | - | - | - | - | - | 3097 |
| AIR TRANSPORT | - | - | - | - | - | - | - | - | - | - | - |
| ROAD TRANSPORT | - | - | - | - | - | - | - | - | - | - | - |
| RAILWAYS | - | - | - | - | - | - | - | - | - | - | 3097 |
| INTERNAL NAVIGATION | - | - | - | - | - | - | - | - | - | - | - |
| OTHER SECTORS ** | 5950 | - | - | - | 510 | - | 2017104 | 3816 | - | - | 1314146 |
| AGRICULTURE | - | - | - | - | - | - | - | - | - | - | 37860 |
| PUBLIC SERVICES | - | - | - | - | - | - | - | - | - | - | - |
| COMMERCE | - | - | - | - | 510 | - | 631077 | 176 | - | - | 558791 |
| RESIDENTIAL | 5950 | - | - | - | - | - | 1228677 | 3640 | - | - | 717495 |

(1) INCLUDED IN CHEMICAL OR PETROCHEMICAL INDUSTRY
(2) INCLUDED ONLY IN TOTAL INDUSTRY

| * OF WHICH: HYDRO | 278781 |
|---|---|
| NUCLEAR | 266183 |
| CONVENTIONAL THERMAL | 1912722 |
| GEOTHERMAL | 5352 |

** INCLUDED IN THESE TOTALS ARE THE NON-SPECIFIED ELEMENTS

## PRODUCTION ET UTILISATION DES SOURCES D ENERGIE : ETATS-UNIS

**1980**

UNIT: 1000 METRIC TONS
UNITE: 1000 TONNES METRIQUES

| OIL / PETROLE: CRUDE / BRUT | OIL / PETROLE: NGL / GNL | OIL / PETROLE: FEEDST. | REFINERY GAS / GAZ DE PETROLE | LIQUEFIED PETROLEUM GASES / GAZ LIQUEFIES DE PETROLE | AVIATION GASOLINE / ESSENCE AVION | MOTOR GASOLINE / ESSENCE AUTO | JET FUEL / CARBURANT REACTEUR | KEROSENE / PETROLE LAMPANT | GAS/DIESEL OIL / GAZ/DIESEL OIL | RESIDUAL FUEL OIL / FUEL OIL RESIDUEL | NAPHTHA / NAPHTHA | NON-ENERGY PRODUCTS / PRODUITS NON-ENERGETIQUES |
|---|---|---|---|---|---|---|---|---|---|---|---|---|
| 12 | 13 | 14 | 15 | 16 | 17 | 18 | 19 | 20 | 21 | 22 | 23 | 24 |
| 424153 | 53523 | - | 18903 | 10785 | 1385 | 284843 | 48580 | 6783 | 138323 | 101945 | 13489 | 87603 |
| 2008 | - | - | - | - | - | - | - | - | - | - | - | - |
| 285252 | 7309 | 1664 | - | - | 1 | 2076 | 2938 | - | 1495 | 40727 | 4708 | 879 |
| -4121 | -664 | - | - | - | - | -57 | -59 | -3 | -164 | -913 | -224 | -11633 |
| - | - | - | - | - | - | - | - | - | -2290 | -26648 | - | - |
| -3821 | -1589 | -1076 | - | -34 | - | -2402 | -439 | 528 | 3016 | -511 | -146 | 125 |
| 703471 | 58579 | 588 | 18903 | 10751 | 1386 | 284460 | 51020 | 7308 | 140380 | 114600 | 17827 | 76974 |
| - | - | - | - | - | - | - | - | - | - | - | - | - |
| -677 | -41747 | - | - | 40746 | 73 | 592 | - | 5 | 95 | 604 | - | 309 |
| 702794 | 16832 | 588 | 18903 | 51497 | 1459 | 285052 | 51020 | 7313 | 140475 | 115204 | 17827 | 77283 |
| -1617 | - | -2634 | - | - | - | -14023 | - | - | - | - | - | -5036 |
| 704411 | 16832 | 3222 | - | 1220 | - | - | 252 | - | 2533 | 60944 | - | 162 |
| - | - | - | - | - | - | - | - | - | - | - | - | - |
| - | - | - | - | 1220 | - | - | - | - | - | - | - | - |
| 704411 | 16832 | 3222 | - | - | - | - | - | - | - | - | - | - |
| - | - | - | - | - | - | - | 252 | - | 2533 | 60944 | - | 162 |
| - | - | - | 17425 | 933 | - | - | - | - | 414 | 5082 | - | 12732 |
| - | - | - | - | - | - | - | - | - | - | - | - | - |
| - | - | - | - | - | - | - | - | - | - | - | - | - |
| - | - | - | 17425 | 933 | - | - | - | - | 414 | 5082 | - | 12732 |
| - | - | - | - | - | - | - | - | - | - | - | - | - |
| - | - | - | - | - | - | - | - | - | - | - | - | - |
| - | - | - | - | - | - | - | - | - | - | - | - | - |
| - | - | - | 1478 | 49344 | 1459 | 299075 | 50768 | 7313 | 137528 | 49178 | 17827 | 69425 |
| - | - | - | 1478 | 20576 | - | - | - | 1107 | 11541 | 24559 | 12128 | 64991 |
| - | - | - | - | 71 | - | - | - | - | 598 | 3875 | - | - |
| - | - | - | - | 209 | - | - | - | - | 1030 | 4592 | - | - |
| - | - | - | 1478 | 16026 | - | - | - | - | - | - | 12128 | 18430 |
| - | - | - | - | 76 | - | - | - | - | 322 | 383 | - | - |
| - | - | - | - | 120 | - | - | - | - | 902 | 816 | - | - |
| - | - | - | - | 66 | - | - | - | - | 499 | 8102 | - | - |
| - | - | - | - | - | - | - | - | - | - | - | - | - |
| - | - | - | - | 181 | - | - | - | - | 980 | 1823 | - | - |
| - | - | - | - | 50 | - | - | - | - | 391 | 287 | - | - |
| - | - | - | - | 91 | - | - | - | - | 278 | 328 | - | - |
| - | - | - | - | 67 | - | - | - | - | 234 | 633 | - | - |
| - | - | - | - | - | - | - | - | - | - | - | - | - |
| - | - | - | - | 78 | - | - | - | - | 286 | 1090 | - | - |
| - | - | - | - | 3541 | - | - | - | 1107 | 6021 | 2630 | - | - |
| - | - | - | 1478 | 16026 | - | - | - | - | - | - | 12128 | - |
| - | - | - | - | - | - | - | - | - | - | - | - | 46561 |
| - | - | - | - | 1043 | 1459 | 299075 | 50768 | - | 63962 | 98 | - | - |
| - | - | - | - | - | 1459 | - | 50768 | - | - | - | - | - |
| - | - | - | - | 1043 | - | 299075 | - | - | 50286 | - | - | - |
| - | - | - | - | - | - | - | - | - | 13676 | 98 | - | - |
| - | - | - | - | - | - | - | - | - | - | - | - | - |
| - | - | - | - | 27725 | - | - | - | 6206 | 62025 | 24521 | 5699 | 4434 |
| - | - | - | - | - | - | - | - | 268 | 9868 | - | - | - |
| - | - | - | - | - | - | - | - | - | - | - | - | - |
| - | - | - | - | - | - | - | - | 926 | 12350 | 14720 | - | - |
| - | - | - | - | 8975 | - | - | - | 2433 | 30477 | - | - | - |

## PRODUCTION AND USES OF ENERGY SOURCES : UNITED STATES

1981

| ENERGY SOURCES / PRODUCTION AND USES | UNIT: 1000 METRIC TONS / UNITE: 1000 TONNES METRIQUES | | | | | | TCAL / TCAL | MANUFACTURED GAS (TCAL) / GAZ MANUFACTURE (TCAL) | | | MILLIONS OF (DE) KWH |
|---|---|---|---|---|---|---|---|---|---|---|---|
| | HARD COAL / HOUILLE | PATENT FUEL / AGGLOMERES | COKE OVEN COKE / COKE DE FOUR | GAS COKE / COKE DE GAZ | BROWN COAL / LIGNITE | BKB / BRIQ. DE LIGNITE | NATURAL GAS / GAZ NATUREL | GAS WORKS / USINES A GAZ | COKE OVENS / COKERIES | BLAST FURNACES / HAUT FOURNEAUX | ELECTRICITY* / ELECTRICITE* |
| | 1 | 2 | 3 | 4 | 5 | 6 | 7 | 8 | 9 | 10 | 11 |
| PRODUCTION | 698062 | - | 38815 | - | 46410 | - | 5065102 | 5885 | 94500 | 80970 | 2472670 |
| FROM OTHER SOURCES | - | - | - | - | - | - | - | - | - | - | - |
| IMPORT | 945 | - | 478 | - | - | - | 227527 | - | - | - | 33098 |
| EXPORT | -102096 | - | -1061 | - | - | - | -12924 | - | - | - | -1809 |
| INTL. MARINE BUNKERS | - | - | - | - | - | - | - | - | - | - | - |
| STOCK CHANGES | 19008 | - | 1726 | - | -953 | - | -43956 | - | - | - | - |
| DOMESTIC SUPPLY | 615919 | - | 39958 | - | 45457 | - | 5235749 | 5885 | 94500 | 80970 | 2503959 |
| RETURNS TO SUPPLY | - | - | - | - | - | - | - | - | - | - | - |
| TRANSFERS | - | - | - | - | - | - | - | - | - | - | - |
| DOMESTIC AVAILABILITY | 615919 | - | 39958 | - | 45457 | - | 5235749 | 5885 | 94500 | 80970 | 2503959 |
| STATISTICAL DIFFERENCE | -190 | - | - | - | - | - | - | - | - | - | - |
| TRANSFORM. SECTOR ** | 558448 | - | 12100 | - | 40635 | - | 941140 | - | - | - | - |
| FOR SOLID FUELS | 57677 | - | - | - | - | - | - | - | - | - | - |
| FOR GASES | - | - | 12100 | - | - | - | - | - | - | - | - |
| PETROLEUM REFINERIES | - | - | - | - | - | - | - | - | - | - | - |
| THERMO-ELECTRIC PLANTS | 500771 | - | - | - | 40635 | - | 941140 | - | - | - | - |
| ENERGY SECTOR | - | - | - | - | - | - | 621850 | 590 | 37800 | 820 | 378916 |
| COAL MINES | - | - | - | - | - | - | - | - | - | - | 9220 |
| OIL AND GAS EXTRACTION | - | - | - | - | - | - | 406531 | - | - | - | 16290 |
| PETROLEUM REFINERIES | - | - | - | - | - | - | 197819 | - | - | - | 33044 |
| ELECTRIC PLANTS | - | - | - | - | - | - | - | - | - | - | 119082 |
| DISTRIBUTION LOSSES | - | - | - | - | - | - | 17500 | - | - | - | 188072 |
| PUMP STORAGE (ELECTR.) | - | - | - | - | - | - | - | - | - | - | 13208 |
| OTHER ENERGY SECTOR | - | - | - | - | - | - | - | 590 | 37800 | 820 | - |
| FINAL CONSUMPTION | 57661 | - | 27858 | - | 4822 | - | 3672759 | 5295 | 56700 | 80150 | 2125043 |
| INDUSTRY SECTOR | 51870 | - | 27858 | - | 4399 | - | 1588801 | 1510 | 56700 | 80150 | 785940 |
| IRON AND STEEL | 3680 | - | 27858 | - | - | - | 196249 | - | 53250 | 66700 | 82120 |
| CHEMICAL | - | - | - | - | - | - | 401696 | - | - | - | 145790 |
| PETROCHEMICAL | - | - | - | - | - | - | - | - | - | - | 24200 |
| NON-FERROUS METAL | - | - | - | - | - | - | 84326 | - | - | - | 136780 |
| NON-METALLIC MINERAL | - | - | - | - | - | - | 141054 | - | - | - | 30360 |
| PAPER PULP AND PRINT | - | - | - | - | - | - | 113456 | - | - | - | 86250 |
| MINING AND QUARRYING | - | - | - | - | - | - | - | - | - | - | - |
| FOOD AND TOBACCO | - | - | - | - | - | - | 118056 | - | - | - | 44920 |
| WOOD AND WOOD PRODUCTS | - | - | - | - | - | - | 15332 | - | - | - | 18590 |
| MACHINERY | - | - | - | - | - | - | 35263 | - | - | - | 60240 |
| TRANSPORT EQUIPMENT | - | - | - | - | - | - | 38330 | - | - | - | 30900 |
| CONSTRUCTION | - | - | - | - | - | - | - | - | - | - | - |
| TEXTILES AND LEATHER | - | - | - | - | - | - | 27597 | - | - | - | 31590 |
| NON SPECIFIED | 48190 | - | - | - | 4399 | - | 417442 | 1510 | 3450 | 13450 | 94200 |
| NON-ENERGY USES: | | | | | | | | | | | |
| (1)ENERGY PRODUCTS | - | - | - | - | - | - | - | - | - | - | - |
| (2)NON-ENERGY PRODUCTS | - | - | - | - | - | - | - | - | - | - | - |
| TRANSPORT. SECTOR ** | - | - | - | - | - | - | - | - | - | - | 3328 |
| AIR TRANSPORT | - | - | - | - | - | - | - | - | - | - | - |
| ROAD TRANSPORT | - | - | - | - | - | - | - | - | - | - | - |
| RAILWAYS | - | - | - | - | - | - | - | - | - | - | 3328 |
| INTERNAL NAVIGATION | - | - | - | - | - | - | - | - | - | - | - |
| OTHER SECTORS ** | 5791 | - | - | - | 423 | - | 2083958 | 3785 | - | - | 1335775 |
| AGRICULTURE | - | - | - | - | - | - | - | - | - | - | 37660 |
| PUBLIC SERVICES | - | - | - | - | - | - | - | - | - | - | - |
| COMMERCE | - | - | - | - | 423 | - | 677415 | 180 | - | - | 583887 |
| RESIDENTIAL | 5791 | - | - | - | - | - | 1191940 | 3605 | - | - | 714228 |

(1) INCLUDED IN CHEMICAL OR PETROCHEMICAL INDUSTRY
(2) INCLUDED ONLY IN TOTAL INDUSTRY

| * OF WHICH: HYDRO | 263291 |
|---|---|
| NUCLEAR | 289034 |
| CONVENTIONAL THERMAL | 1914346 |
| GEOTHERMAL | 5999 |

** INCLUDED IN THESE TOTALS ARE THE NON-SPECIFIED ELEMENTS

UNIT: 1000 METRIC TONS
UNITE: 1000 TONNES METRIQUES

| OIL PETROLE | | | REFINERY GAS | LIQUEFIED PETROLEUM GASES | AVIATION GASOLINE | MOTOR GASOLINE | JET FUEL | KEROSENE | GAS/DIESEL OIL | RESIDUAL FUEL OIL | NAPHTHA | NON-ENERGY PRODUCTS |
|---|---|---|---|---|---|---|---|---|---|---|---|---|
| CRUDE BRUT | NGL GNL | FEEDST. | GAZ DE PETROLE | GAZ LIQUEFIES DE PETROLE | ESSENCE AVION | ESSENCE AUTO | CARBURANT REACTEUR | PETROLE LAMPANT | GAZ/DIESEL OIL | FUEL OIL RESIDUEL | NAPHTHA | PRODUITS NON-ENERGETIQUES |
| 12 | 13 | 14 | 15 | 16 | 17 | 18 | 19 | 20 | 21 | 22 | 23 | 24 |
| 421761 | 54358 | - | 18308 | 10181 | 1240 | 279568 | 46772 | 5937 | 134183 | 85076 | 11937 | 81446 |
| 2297 | - | - | - | - | - | - | - | - | - | - | - | - |
| 238649 | 9159 | 3334 | - | - | 1 | 4487 | 1413 | 70 | 4465 | 35957 | 2629 | 993 |
| -2217 | -1306 | - | - | - | - | -82 | -112 | -3 | -207 | -4927 | - | -11490 |
| - | - | - | - | - | - | - | - | - | -2403 | -23704 | - | - |
| -16996 | 1153 | 1873 | - | -2722 | -82 | 677 | 129 | 81 | 2017 | 3295 | 143 | 16 |
| 643494 | 63364 | 5207 | 18308 | 7459 | 1159 | 284650 | 48202 | 6085 | 138055 | 95697 | 14709 | 70965 |
| - | - | - | - | - | - | - | - | - | - | - | - | - |
| -2875 | -44548 | 6850 | - | 43754 | 72 | 200 | - | 8 | -6345 | 2383 | - | 501 |
| 640619 | 18816 | 12057 | 18308 | 51213 | 1231 | 284850 | 48202 | 6093 | 131710 | 98080 | 14709 | 71466 |
| -7435 | - | -2043 | - | - | - | -6039 | - | - | - | - | - | -180 |
| 648054 | 18816 | 14100 | - | 899 | - | - | 92 | - | 2024 | 53386 | - | 126 |
| - | - | - | - | - | - | - | - | - | - | - | - | - |
| - | - | - | - | 899 | - | - | - | - | - | - | - | - |
| 648054 | 18816 | 14100 | - | - | - | - | - | - | - | - | - | - |
| - | - | - | - | - | - | - | 92 | - | 2024 | 53386 | - | 126 |
| - | - | - | 15883 | 703 | - | - | - | - | 427 | 4744 | - | 10785 |
| - | - | - | - | - | - | - | - | - | - | - | - | - |
| - | - | - | - | - | - | - | - | - | - | - | - | - |
| - | - | - | 15883 | 703 | - | - | - | - | 427 | 4744 | - | 10785 |
| - | - | - | - | - | - | - | - | - | - | - | - | - |
| - | - | - | - | - | - | - | - | - | - | - | - | - |
| - | - | - | - | - | - | - | - | - | - | - | - | - |
| - | - | - | 2425 | 49611 | 1231 | 290889 | 48110 | 6093 | 129259 | 39950 | 14709 | 60735 |
| - | - | - | 2425 | 20066 | - | - | - | 501 | 10752 | 17572 | 11252 | 57199 |
| - | - | - | - | 67 | - | - | - | - | 557 | 2773 | - | - |
| - | - | - | - | 198 | - | - | - | - | 959 | 3286 | - | - |
| - | - | - | 2425 | 15763 | - | - | - | - | - | - | 11252 | 15615 |
| - | - | - | - | 72 | - | - | - | - | 300 | 274 | - | - |
| - | - | - | - | 114 | - | - | - | - | 840 | 584 | - | - |
| - | - | - | - | 62 | - | - | - | - | 465 | 5797 | - | - |
| - | - | - | - | - | - | - | - | - | - | - | - | - |
| - | - | - | - | 171 | - | - | - | - | 913 | 1305 | - | - |
| - | - | - | - | 47 | - | - | - | - | 364 | 205 | - | - |
| - | - | - | - | 86 | - | - | - | - | 260 | 235 | - | - |
| - | - | - | - | 64 | - | - | - | - | 218 | 453 | - | - |
| - | - | - | - | - | - | - | - | - | - | - | - | - |
| - | - | - | - | 74 | - | - | - | - | 266 | 780 | - | - |
| - | - | - | - | 3348 | - | - | - | 501 | 5610 | 1880 | - | - |
| - | - | - | 2425 | 15763 | - | - | - | - | - | - | 11252 | - |
| - | - | - | - | - | - | - | - | - | - | - | - | 41584 |
| - | - | - | - | 1130 | 1231 | 290889 | 48110 | - | 64254 | 27 | - | - |
| - | - | - | - | - | 1231 | - | 48110 | - | - | - | - | - |
| - | - | - | - | 1130 | - | 290889 | - | - | 50785 | - | - | - |
| - | - | - | - | - | - | - | - | - | 13469 | 27 | - | - |
| - | - | - | - | - | - | - | - | - | - | - | - | - |
| - | - | - | - | 28415 | - | - | - | 5592 | 54253 | 22351 | 3457 | 3536 |
| - | - | - | - | - | - | - | - | 206 | 9338 | - | - | - |
| - | - | - | - | - | - | - | - | - | - | - | - | - |
| - | - | - | - | - | - | - | - | 1582 | 10545 | 10065 | - | - |
| - | - | - | - | 8686 | - | - | - | 1947 | 26461 | - | - | - |

## PRODUCTION AND USES OF ENERGY SOURCES : JAPAN

1971

| PRODUCTION AND USES / ENERGY SOURCES | UNIT: 1000 METRIC TONS / UNITE: 1000 TONNES METRIQUES | | | | | | TCAL / TCAL | MANUFACTURED GAS (TCAL) / GAZ MANUFACTURE (TCAL) | | | MILLIONS OF (DE) KWH |
|---|---|---|---|---|---|---|---|---|---|---|---|
| | HARD COAL / HOUILLE | PATENT FUEL / AGGLOMERES | COKE OVEN COKE / COKE DE FOUR | GAS COKE / COKE DE GAZ | BROWN COAL / LIGNITE | BKB / BRIQ. DE LIGNITE | NATURAL GAS / GAZ NATUREL | GAS WORKS / USINES A GAZ | COKE OVENS / COKERIES | BLAST FURNACES / HAUT FOURNEAUX | ELECTRICITY* / ELECTRICITE* |
| | 1 | 2 | 3 | 4 | 5 | 6 | 7 | 8 | 9 | 10 | 11 |
| PRODUCTION | 33800 | 1700 | 42400 | 4657 | 100 | - | 27180 | 40344 | 60350 | 92210 | 385600 |
| FROM OTHER SOURCES | - | - | - | - | - | - | - | 15290 | - | - | - |
| IMPORT | 46500 | - | - | - | - | - | 12990 | - | - | - | - |
| EXPORT | - | - | -300 | - | - | - | - | - | - | - | - |
| INTL. MARINE BUNKERS | - | - | - | - | - | - | - | - | - | - | - |
| STOCK CHANGES | 1100 | - | -300 | - | - | - | -80 | - | - | - | - |
| DOMESTIC SUPPLY | 81400 | 1700 | 41800 | 4657 | 100 | - | 40090 | 55634 | 60350 | 92210 | 385600 |
| RETURNS TO SUPPLY | - | - | - | - | - | - | - | - | - | - | - |
| TRANSFERS | - | - | - | - | - | - | - | - | - | - | - |
| DOMESTIC AVAILABILITY | 81400 | 1700 | 41800 | 4657 | 100 | - | 40090 | 55634 | 60350 | 92210 | 385600 |
| STATISTICAL DIFFERENCE | - | - | - | - | - | - | -480 | - | 4310 | 5710 | -28 |
| TRANSFORM. SECTOR ** | 75100 | - | 13600 | - | - | - | 20940 | - | 10740 | 35710 | - |
| FOR SOLID FUELS | 54700 | - | - | - | - | - | - | - | - | - | - |
| FOR GASES | 6500 | - | 13600 | - | - | - | 8700 | - | 4970 | 1620 | - |
| PETROLEUM REFINERIES | - | - | - | - | - | - | - | - | - | - | - |
| THERMO-ELECTRIC PLANTS | 13900 | - | - | - | - | - | 12240 | - | 5770 | 34090 | - |
| ENERGY SECTOR | 1100 | - | 100 | - | - | - | 600 | 5693 | 5820 | 9600 | 45387 |
| COAL MINES | 1100 | - | - | - | - | - | - | - | - | - | 2115 |
| OIL AND GAS EXTRACTION | - | - | - | - | - | - | 600 | - | - | - | - |
| PETROLEUM REFINERIES | - | - | - | - | - | - | - | - | - | - | 3472 |
| ELECTRIC PLANTS | - | - | - | - | - | - | - | - | - | - | 12600 |
| DISTRIBUTION LOSSES | - | - | - | - | - | - | - | 934 | - | - | 24600 |
| PUMP STORAGE (ELECTR.) | - | - | - | - | - | - | - | - | - | - | 2600 |
| OTHER ENERGY SECTOR | - | - | 100 | - | - | - | - | 4759 | 5820 | 9600 | - |
| FINAL CONSUMPTION | 5200 | 1700 | 28100 | 4657 | 100 | - | 19030 | 49941 | 39480 | 41190 | 340241 |
| INDUSTRY SECTOR | 2700 | - | 28000 | 4657 | - | - | 18040 | 5060 | 39480 | 41190 | 243084 |
| IRON AND STEEL | 500 | - | 26300 | 4657 | - | - | - | - | 39480 | 41190 | 58474 |
| CHEMICAL | - | - | - | - | - | - | 14170 | - | - | - | 35136 |
| PETROCHEMICAL | - | - | - | - | - | - | - | - | - | - | 11316 |
| NON-FERROUS METAL | - | - | - | - | - | - | - | - | - | - | 23859 |
| NON-METALLIC MINERAL | - | - | - | - | - | - | - | - | - | - | 11518 |
| PAPER PULP AND PRINT | - | - | - | - | - | - | - | - | - | - | 17650 |
| MINING AND QUARRYING | - | - | - | - | - | - | - | - | - | - | 1896 |
| FOOD AND TOBACCO | - | - | - | - | - | - | - | - | - | - | 3596 |
| WOOD AND WOOD PRODUCTS | - | - | - | - | - | - | - | - | - | - | - |
| MACHINERY | - | - | - | - | - | - | - | - | - | - | 7455 |
| TRANSPORT EQUIPMENT | - | - | - | - | - | - | - | - | - | - | 8157 |
| CONSTRUCTION | - | - | - | - | - | - | - | - | - | - | - |
| TEXTILES AND LEATHER | - | - | - | - | - | - | - | - | - | - | 6474 |
| NON SPECIFIED | 2200 | - | 1700 | - | - | - | 3870 | 5060 | - | - | 57553 |
| NON-ENERGY USES: | | | | | | | | | | | |
| (1)ENERGY PRODUCTS | - | - | - | - | - | - | - | - | - | - | - |
| (2)NON-ENERGY PRODUCTS | - | - | - | - | - | - | - | - | - | - | - |
| TRANSPORT. SECTOR ** | 500 | 400 | - | - | - | - | - | - | - | - | 11600 |
| AIR TRANSPORT | - | - | - | - | - | - | - | - | - | - | - |
| ROAD TRANSPORT | - | - | - | - | - | - | - | - | - | - | - |
| RAILWAYS | 500 | 400 | - | - | - | - | - | - | - | - | 11600 |
| INTERNAL NAVIGATION | - | - | - | - | - | - | - | - | - | - | - |
| OTHER SECTORS ** | 2000 | 1300 | 100 | - | 100 | - | 990 | 44881 | - | - | 85557 |
| AGRICULTURE | - | - | - | - | - | - | - | - | - | - | 837 |
| PUBLIC SERVICES | - | - | - | - | - | - | - | - | - | - | - |
| COMMERCE | - | - | - | - | - | - | - | 11954 | - | - | 22262 |
| RESIDENTIAL | 2000 | 1300 | 100 | - | 100 | - | - | 32613 | - | - | 58896 |

(1) INCLUDED IN CHEMICAL OR PETROCHEMICAL INDUSTRY
(2) INCLUDED ONLY IN TOTAL INDUSTRY

| * OF WHICH: HYDRO | 86900 |
|---|---|
| NUCLEAR | 8000 |
| CONVENTIONAL THERMAL | 290700 |
| GEOTHERMAL | 0 |

** INCLUDED IN THESE TOTALS ARE THE NON-SPECIFIED ELEMENTS

UNIT: 1000 METRIC TONS
UNITE: 1000 TONNES METRIQUES

| OIL / PETROLE: CRUDE* / BRUT* | OIL / PETROLE: NGL / GNL | OIL / PETROLE: FEEDST. | REFINERY GAS / GAZ DE PETROLE | LIQUEFIED PETROLEUM GASES / GAZ LIQUEFIES DE PETROLE | AVIATION GASOLINE / ESSENCE AVION | MOTOR GASOLINE / ESSENCE AUTO | JET FUEL / CARBURANT REACTEUR | KEROSENE / PETROLE LAMPANT | GAS/DIESEL OIL / GAZ/DIESEL OIL | RESIDUAL FUEL OIL / FUEL OIL RESIDUEL | NAPHTHA / NAPHTHA | NON-ENERGY PRODUCTS / PRODUITS NON-ENERGETIQUES |
|---|---|---|---|---|---|---|---|---|---|---|---|---|
| 12 | 13 | 14 | 15 | 16 | 17 | 18 | 19 | 20 | 21 | 22 | 23 | 24 |
| 800 | - | - | 100 | 3300 | 100 | 17800 | 2100 | 13600 | 22032 | 92743 | 19212 | 7153 |
| - | - | - | - | - | - | - | - | - | - | - | - | - |
| 195100 | - | - | - | 3700 | - | - | - | - | 1638 | 12228 | 3722 | 327 |
| - | - | - | - | - | - | -100 | -1200 | -400 | -876 | -99 | -4 | -430 |
| - | - | - | - | - | - | - | - | - | -100 | -8800 | - | - |
| -3300 | - | - | - | - | - | -200 | - | -100 | -176 | -595 | 122 | -6 |
| 192600 | - | - | 100 | 7000 | 100 | 17500 | 900 | 13100 | 22518 | 95477 | 23052 | 7044 |
| - | - | - | - | - | - | - | - | - | - | - | - | - |
| - | - | - | - | - | - | - | - | - | - | - | - | - |
| 192600 | - | - | 100 | 7000 | 100 | 17500 | 900 | 13100 | 22518 | 95477 | 23052 | 7044 |
| - | - | - | - | - | - | - | - | - | 532 | -153 | 809 | -83 |
| 192600 | - | - | 100 | 300 | - | 1400 | - | - | 1 | 41187 | 1196 | - |
| - | - | - | - | - | - | - | - | - | - | - | - | - |
| 1100 | - | - | 100 | 300 | - | 1400 | - | - | 1 | - | 1196 | - |
| 181600 | - | - | - | - | - | - | - | - | - | - | - | - |
| 9900 | - | - | - | - | - | - | - | - | - | 41187 | - | - |
| - | - | - | - | 100 | - | - | - | - | 70 | 5018 | 150 | 27 |
| - | - | - | - | - | - | - | - | - | - | - | - | - |
| - | - | - | - | - | - | - | - | - | - | - | - | - |
| - | - | - | - | - | - | - | - | - | 70 | 5018 | 150 | 27 |
| - | - | - | - | - | - | - | - | - | - | - | - | - |
| - | - | - | - | 100 | - | - | - | - | - | - | - | - |
| - | - | - | - | - | - | - | - | - | - | - | - | - |
| - | - | - | - | - | - | - | - | - | - | - | - | - |
| - | - | - | - | 6600 | 100 | 16100 | 900 | 13100 | 21915 | 49425 | 20897 | 7100 |
| - | - | - | - | 1500 | - | - | - | 2520 | 3824 | 39871 | 20897 | 7100 |
| - | - | - | - | - | - | - | - | - | 328 | 10274 | - | - |
| - | - | - | - | - | - | - | - | - | 228 | 6727 | 16629 | - |
| - | - | - | - | - | - | - | - | - | - | - | 4268 | - |
| - | - | - | - | - | - | - | - | - | - | - | - | - |
| - | - | - | - | - | - | - | - | - | - | - | - | - |
| - | - | - | - | - | - | - | - | - | - | - | - | - |
| - | - | - | - | - | - | - | - | - | - | - | - | - |
| - | - | - | - | - | - | - | - | - | - | - | - | - |
| - | - | - | - | - | - | - | - | - | - | - | - | - |
| - | - | - | - | - | - | - | - | - | - | - | - | - |
| - | - | - | - | - | - | - | - | - | - | - | - | - |
| - | - | - | - | - | - | - | - | - | - | - | - | - |
| - | - | - | - | - | - | - | - | - | - | - | - | - |
| - | - | - | - | 1500 | - | - | - | 2520 | 3268 | 22870 | - | - |
| - | - | - | - | - | - | - | - | - | 228 | - | 20897 | - |
| - | - | - | - | - | - | - | - | - | - | - | - | 7100 |
| - | - | - | - | 1500 | 100 | 16100 | 900 | - | 11065 | 2444 | - | - |
| - | - | - | - | - | 100 | - | 900 | - | - | - | - | - |
| - | - | - | - | 1500 | - | 16100 | - | - | 4498 | 58 | - | - |
| - | - | - | - | - | - | - | - | - | 958 | 58 | - | - |
| - | - | - | - | - | - | - | - | - | 5609 | 2328 | - | - |
| - | - | - | - | 3600 | - | - | - | 10580 | 7026 | 7110 | - | - |
| - | - | - | - | - | - | - | - | 1100 | 4348 | 399 | - | - |
| - | - | - | - | - | - | - | - | - | - | - | - | - |
| - | - | - | - | - | - | - | - | - | - | - | - | - |
| - | - | - | - | 3600 | - | - | - | 9480 | 2678 | 6711 | - | - |

*INCLUDED IN THIS COLUMN IS NGL AND FEEDSTOCKS.

## PRODUCTION AND USES OF ENERGY SOURCES : JAPAN

1972

| PRODUCTION AND USES / ENERGY SOURCES | HARD COAL / HOUILLE | PATENT FUEL / AGGLOMERES | COKE OVEN COKE / COKE DE FOUR | GAS COKE / COKE DE GAZ | BROWN COAL / LIGNITE | BKB / BRIQ. DE LIGNITE | NATURAL GAS / GAZ NATUREL | GAS WORKS / USINES A GAZ | COKE OVENS / COKERIES | BLAST FURNACES / HAUT FOURNEAUX | ELECTRICITY* / ELECTRICITE* |
|---|---|---|---|---|---|---|---|---|---|---|---|
| | UNIT: 1000 METRIC TONS / UNITE: 1000 TONNES METRIQUES | | | | | | TCAL / TCAL | MANUFACTURED GAS (TCAL) / GAZ MANUFACTURE (TCAL) | | | MILLIONS OF (DE) KWH |
| | 1 | 2 | 3 | 4 | 5 | 6 | 7 | 8 | 9 | 10 | 11 |
| PRODUCTION | 28100 | 1500 | 44000 | 4389 | 100 | - | 27490 | 44544 | 66780 | 88450 | 428500 |
| FROM OTHER SOURCES | - | - | - | - | - | - | - | 16260 | - | - | - |
| IMPORT | 50500 | - | - | - | - | - | 14020 | - | - | - | - |
| EXPORT | - | - | -300 | - | - | - | - | - | - | - | - |
| INTL. MARINE BUNKERS | - | - | - | - | - | - | - | - | - | - | - |
| STOCK CHANGES | -800 | - | 200 | - | - | - | -240 | - | - | - | - |
| DOMESTIC SUPPLY | 77800 | 1500 | 43900 | 4389 | 100 | - | 41270 | 60804 | 66780 | 88450 | 428500 |
| RETURNS TO SUPPLY | - | - | - | - | - | - | - | - | - | - | - |
| TRANSFERS | - | - | - | - | - | - | - | - | - | - | - |
| DOMESTIC AVAILABILITY | 77800 | 1500 | 43900 | 4389 | 100 | - | 41270 | 60804 | 66780 | 88450 | 428500 |
| STATISTICAL DIFFERENCE | - | - | - | - | - | - | -40 | - | 2120 | -2940 | 510 |
| TRANSFORM. SECTOR ** | 72800 | - | 14200 | - | - | - | 22090 | - | 15190 | 38640 | - |
| FOR SOLID FUELS | 55900 | - | - | - | - | - | - | - | - | - | - |
| FOR GASES | 6200 | - | 14200 | - | - | - | 10060 | - | 4680 | 1520 | - |
| PETROLEUM REFINERIES | - | - | - | - | - | - | - | - | - | - | - |
| THERMO-ELECTRIC PLANTS | 10700 | - | - | - | - | - | 12030 | - | 10510 | 37120 | - |
| ENERGY SECTOR | 1000 | - | 100 | - | - | - | 2220 | 6199 | 6510 | 8930 | 49715 |
| COAL MINES | 1000 | - | - | - | - | - | - | - | - | - | 1940 |
| OIL AND GAS EXTRACTION | - | - | - | - | - | - | 2220 | - | - | - | - |
| PETROLEUM REFINERIES | - | - | - | - | - | - | - | - | - | - | 4275 |
| ELECTRIC PLANTS | - | - | - | - | - | - | - | - | - | - | 13400 |
| DISTRIBUTION LOSSES | - | - | - | - | - | - | - | 1592 | - | - | 27400 |
| PUMP STORAGE (ELECTR.) | - | - | - | - | - | - | - | - | - | - | 2700 |
| OTHER ENERGY SECTOR | - | - | 100 | - | - | - | - | 4607 | 6510 | 8930 | - |
| FINAL CONSUMPTION | 4000 | 1500 | 29600 | 4389 | 100 | - | 17000 | 54605 | 42960 | 43820 | 378275 |
| INDUSTRY SECTOR | 2300 | - | 29500 | 4389 | - | - | 16360 | 5471 | 42960 | 43820 | 267307 |
| IRON AND STEEL | 200 | - | 27900 | 4389 | - | - | - | - | 42960 | 43820 | 63754 |
| CHEMICAL | - | - | - | - | - | - | 12490 | - | - | - | 38023 |
| PETROCHEMICAL | - | - | - | - | - | - | - | - | - | - | 12164 |
| NON-FERROUS METAL | - | - | - | - | - | - | - | - | - | - | 27291 |
| NON-METALLIC MINERAL | - | - | - | - | - | - | - | - | - | - | 12743 |
| PAPER PULP AND PRINT | - | - | - | - | - | - | - | - | - | - | 19099 |
| MINING AND QUARRYING | - | - | - | - | - | - | - | - | - | - | 1905 |
| FOOD AND TOBACCO | - | - | - | - | - | - | - | - | - | - | 4150 |
| WOOD AND WOOD PRODUCTS | - | - | - | - | - | - | - | - | - | - | - |
| MACHINERY | - | - | - | - | - | - | - | - | - | - | 8289 |
| TRANSPORT EQUIPMENT | - | - | - | - | - | - | - | - | - | - | 9276 |
| CONSTRUCTION | - | - | - | - | - | - | - | - | - | - | - |
| TEXTILES AND LEATHER | - | - | - | - | - | - | - | - | - | - | 6915 |
| NON SPECIFIED | 2100 | - | 1600 | - | - | - | 3870 | 5471 | - | - | 63698 |
| NON-ENERGY USES: | | | | | | | | | | | |
| (1)ENERGY PRODUCTS | - | - | - | - | - | - | - | - | - | - | - |
| (2)NON-ENERGY PRODUCTS | - | - | - | - | - | - | - | - | - | - | - |
| TRANSPORT. SECTOR ** | 200 | 600 | - | - | - | - | - | - | - | - | 12500 |
| AIR TRANSPORT | - | - | - | - | - | - | - | - | - | - | - |
| ROAD TRANSPORT | - | - | - | - | - | - | - | - | - | - | - |
| RAILWAYS | 200 | 600 | - | - | - | - | - | - | - | - | 12500 |
| INTERNAL NAVIGATION | - | - | - | - | - | - | - | - | - | - | - |
| OTHER SECTORS ** | 1500 | 900 | 100 | - | 100 | - | 640 | 49134 | - | - | 98468 |
| AGRICULTURE | - | - | - | - | - | - | - | - | - | - | 1036 |
| PUBLIC SERVICES | - | - | - | - | - | - | - | - | - | - | - |
| COMMERCE | - | - | - | - | - | - | - | 12794 | - | - | 27010 |
| RESIDENTIAL | 1500 | 900 | 100 | - | 100 | - | - | 35911 | - | - | 66434 |

(1) INCLUDED IN CHEMICAL OR PETROCHEMICAL INDUSTRY
(2) INCLUDED ONLY IN TOTAL INDUSTRY

| * OF WHICH: | |
|---|---|
| HYDRO | 87900 |
| NUCLEAR | 9500 |
| CONVENTIONAL THERMAL | 331100 |
| GEOTHERMAL | 0 |

** INCLUDED IN THESE TOTALS ARE THE NON-SPECIFIED ELEMENTS

UNIT: 1000 METRIC TONS
UNITE: 1000 TONNES METRIQUES

| OIL / PETROLE | | | REFINERY GAS / GAZ DE PETROLE | LIQUEFIED PETROLEUM GASES / GAZ LIQUEFIES DE PETROLE | AVIATION GASOLINE / ESSENCE AVION | MOTOR GASOLINE / ESSENCE AUTO | JET FUEL / CARBURANT REACTEUR | KEROSENE / PETROLE LAMPANT | GAS/DIESEL OIL / GAZ/DIESEL OIL | RESIDUAL FUEL OIL / FUEL OIL RESIDUEL | NAPHTHA / NAPHTHA | NON-ENERGY PRODUCTS / PRODUITS NON-ENERGETIQUES |
|---|---|---|---|---|---|---|---|---|---|---|---|---|
| CRUDE* BRUT* | NGL GNL | FEEDST. | | | | | | | | | | |
| 12 | 13 | 14 | 15 | 16 | 17 | 18 | 19 | 20 | 21 | 22 | 23 | 24 |
| 700 | - | - | 100 | 3500 | 100 | 19300 | 2900 | 14300 | 25002 | 96441 | 20212 | 7608 |
| - | - | - | - | - | - | - | - | - | - | - | - | - |
| 214100 | - | - | - | 4400 | - | - | - | - | 2257 | 11167 | 4792 | 275 |
| - | - | - | - | - | - | -100 | -1600 | -100 | -874 | -71 | -2 | -407 |
| - | - | - | - | - | - | - | - | - | -100 | -10000 | - | - |
| -3300 | - | - | - | - | - | -100 | -100 | 300 | 236 | -45 | -44 | -8 |
| 211500 | - | - | 100 | 7900 | 100 | 19100 | 1200 | 14500 | 26521 | 97492 | 24958 | 7468 |
| - | - | - | - | - | - | - | - | - | - | - | - | - |
| - | - | - | - | - | - | - | - | - | - | - | - | - |
| 211500 | - | - | 100 | 7900 | 100 | 19100 | 1200 | 14500 | 26521 | 97492 | 24958 | 7468 |
| - | - | - | - | - | - | - | - | - | 380 | -620 | 317 | -144 |
| 211500 | - | - | 100 | 400 | - | 1500 | - | - | 2 | 43612 | 1602 | - |
| - | - | - | - | - | - | - | - | - | - | - | - | - |
| 800 | - | - | 100 | 400 | - | 1500 | - | - | 2 | - | 1481 | - |
| 195200 | - | - | - | - | - | - | - | - | - | - | - | - |
| 15500 | - | - | - | - | - | - | - | - | - | 43612 | 121 | - |
| - | - | - | - | 100 | - | - | - | - | 82 | 5549 | 259 | 42 |
| - | - | - | - | - | - | - | - | - | - | - | - | - |
| - | - | - | - | - | - | - | - | - | - | - | - | - |
| - | - | - | - | - | - | - | - | - | 82 | 5549 | 259 | 42 |
| - | - | - | - | - | - | - | - | - | - | - | - | - |
| - | - | - | - | 100 | - | - | - | - | - | - | - | - |
| - | - | - | - | - | - | - | - | - | - | - | - | - |
| - | - | - | - | - | - | - | - | - | - | - | - | - |
| - | - | - | - | 7400 | 100 | 17600 | 1200 | 14500 | 26057 | 48951 | 22780 | 7570 |
| - | - | - | - | 1600 | - | - | - | 2880 | 5356 | 38921 | 22780 | 7570 |
| - | - | - | - | - | - | - | - | - | 625 | 9621 | - | - |
| - | - | - | - | - | - | - | - | - | 401 | 6102 | 18413 | - |
| - | - | - | - | - | - | - | - | - | - | - | 4367 | - |
| - | - | - | - | - | - | - | - | - | - | - | - | - |
| - | - | - | - | - | - | - | - | - | - | - | - | - |
| - | - | - | - | - | - | - | - | - | - | - | - | - |
| - | - | - | - | - | - | - | - | - | - | - | - | - |
| - | - | - | - | - | - | - | - | - | - | - | - | - |
| - | - | - | - | - | - | - | - | - | - | - | - | - |
| - | - | - | - | - | - | - | - | - | - | - | - | - |
| - | - | - | - | - | - | - | - | - | - | - | - | - |
| - | - | - | - | - | - | - | - | - | - | - | - | - |
| - | - | - | - | - | - | - | - | - | - | - | - | - |
| - | - | - | - | 1600 | - | - | - | 2880 | 4330 | 23198 | - | - |
| - | - | - | - | - | - | - | - | - | 401 | - | 22780 | - |
| - | - | - | - | - | - | - | - | - | - | - | - | 7570 |
| - | - | - | - | 1500 | 100 | 17600 | 1200 | - | 12699 | 2423 | - | - |
| - | - | - | - | - | 100 | - | 1200 | - | - | - | - | - |
| - | - | - | - | 1500 | - | 17600 | - | - | 5318 | 62 | - | - |
| - | - | - | - | - | - | - | - | - | 1005 | 63 | - | - |
| - | - | - | - | - | - | - | - | - | 6376 | 2298 | - | - |
| - | - | - | - | 4300 | - | - | - | 11620 | 8002 | 7607 | - | - |
| - | - | - | - | - | - | - | - | 1160 | 4624 | 352 | - | - |
| - | - | - | - | - | - | - | - | - | - | - | - | - |
| - | - | - | - | - | - | - | - | - | - | - | - | - |
| - | - | - | - | 4300 | - | - | - | 10460 | 3378 | 7255 | - | - |

*INCLUDED IN THIS COLUMN IS NGL AND FEEDSTOCKS.

## PRODUCTION AND USES OF ENERGY SOURCES : JAPAN

1973

| X / XX ENERGY / XX SOURCES / XX / PRODUCTION XX / AND USES XX | UNIT: 1000 METRIC TONS / UNITE: 1000 TONNES METRIQUES | | | | | | TCAL / TCAL | MANUFACTURED GAS (TCAL) / GAZ MANUFACTURE (TCAL) | | | MILLIONS / OF (DE) KWH |
|---|---|---|---|---|---|---|---|---|---|---|---|
| | HARD COAL / HOUILLE | PATENT FUEL / AGGLOMERES | COKE OVEN COKE / COKE DE FOUR | GAS COKE / COKE DE GAZ | BROWN COAL / LIGNITE | BKB / BRIQ. DE LIGNITE | NATURAL GAS / GAZ NATUREL | GAS WORKS / USINES A GAZ | COKE OVENS / COKERIES | BLAST FURNACES / HAUT FOURNEAUX | ELECTRICITY* / ELECTRICITE* |
| | 1 | 2 | 3 | 4 | 5 | 6 | 7 | 8 | 9 | 10 | 11 |
| PRODUCTION | 25090 | 1200 | 52300 | 4772 | 100 | - | 28100 | 43080 | 74330 | 114490 | 470287 |
| FROM OTHER SOURCES | - | - | - | - | - | - | - | 24960 | - | - | - |
| IMPORT | 58000 | - | - | - | - | - | 30950 | - | - | - | - |
| EXPORT | - | - | -600 | - | - | - | - | - | - | - | - |
| INTL. MARINE BUNKERS | - | - | - | - | - | - | - | - | - | - | - |
| STOCK CHANGES | -1400 | - | 100 | - | - | - | -650 | - | - | - | - |
| DOMESTIC SUPPLY | 81690 | 1200 | 51800 | 4772 | 100 | - | 58400 | 68040 | 74330 | 114490 | 470287 |
| RETURNS TO SUPPLY | - | - | - | - | - | - | - | - | - | - | - |
| TRANSFERS | - | - | - | - | - | - | - | - | - | - | - |
| DOMESTIC AVAILABILITY | 81690 | 1200 | 51800 | 4772 | 100 | - | 58400 | 68040 | 74330 | 114490 | 470287 |
| STATISTICAL DIFFERENCE | -410 | - | - | - | - | - | -6220 | - | 260 | 5170 | 4680 |
| TRANSFORM. SECTOR ** | 78300 | - | 16800 | - | - | - | 40710 | - | 22390 | 46450 | - |
| FOR SOLID FUELS | 63400 | - | - | - | - | - | - | - | - | - | - |
| FOR GASES | 6600 | - | 16800 | - | - | - | 18450 | - | 4880 | 1630 | - |
| PETROLEUM REFINERIES | - | - | - | - | - | - | - | - | - | - | - |
| THERMO-ELECTRIC PLANTS | 8300 | - | - | - | - | - | 22260 | - | 17510 | 44820 | - |
| ENERGY SECTOR | 800 | - | 200 | - | - | - | 7720 | 6167 | 8140 | 10860 | 50466 |
| COAL MINES | 800 | - | - | - | - | - | - | - | - | - | 1653 |
| OIL AND GAS EXTRACTION | - | - | - | - | - | - | 7720 | - | - | - | - |
| PETROLEUM REFINERIES | - | - | - | - | - | - | - | - | - | - | 4874 |
| ELECTRIC PLANTS | - | - | - | - | - | - | - | - | - | - | 15737 |
| DISTRIBUTION LOSSES | - | - | - | - | - | - | - | 1078 | - | - | 23456 |
| PUMP STORAGE (ELECTR.) | - | - | - | - | - | - | - | - | - | - | 4746 |
| OTHER ENERGY SECTOR | - | - | 200 | - | - | - | - | 5089 | 8140 | 10860 | - |
| FINAL CONSUMPTION | 3000 | 1200 | 34800 | 4772 | 100 | - | 16190 | 61873 | 43540 | 52010 | 415141 |
| INDUSTRY SECTOR | 1500 | - | 34700 | 4772 | - | - | 16190 | 6807 | 43540 | 52010 | 291381 |
| IRON AND STEEL | 200 | - | 33200 | 4772 | - | - | - | - | 43540 | 52010 | 71666 |
| CHEMICAL | - | - | - | - | - | - | 11540 | - | - | - | 38190 |
| PETROCHEMICAL | - | - | - | - | - | - | - | - | - | - | 12871 |
| NON-FERROUS METAL | - | - | - | - | - | - | - | - | - | - | 28782 |
| NON-METALLIC MINERAL | - | - | - | - | - | - | - | - | - | - | 13852 |
| PAPER PULP AND PRINT | - | - | - | - | - | - | - | - | - | - | 20678 |
| MINING AND QUARRYING | - | - | - | - | - | - | - | - | - | - | 1852 |
| FOOD AND TOBACCO | - | - | - | - | - | - | - | - | - | - | 4600 |
| WOOD AND WOOD PRODUCTS | - | - | - | - | - | - | - | - | - | - | - |
| MACHINERY | - | - | - | - | - | - | - | - | - | - | 8827 |
| TRANSPORT EQUIPMENT | - | - | - | - | - | - | - | - | - | - | 10061 |
| CONSTRUCTION | - | - | - | - | - | - | - | - | - | - | - |
| TEXTILES AND LEATHER | - | - | - | - | - | - | - | - | - | - | 7129 |
| NON SPECIFIED | 1300 | - | 1500 | - | - | - | 4650 | 6807 | - | - | 72873 |
| NON-ENERGY USES: | | | | | | | | | | | |
| (1)ENERGY PRODUCTS | - | - | - | - | - | - | - | - | - | - | - |
| (2)NON-ENERGY PRODUCTS | - | - | - | - | - | - | - | - | - | - | - |
| TRANSPORT. SECTOR ** | 100 | 200 | - | - | - | - | - | - | - | - | 13233 |
| AIR TRANSPORT | - | - | - | - | - | - | - | - | - | - | - |
| ROAD TRANSPORT | - | - | - | - | - | - | - | - | - | - | - |
| RAILWAYS | 100 | 200 | - | - | - | - | - | - | - | - | 13233 |
| INTERNAL NAVIGATION | - | - | - | - | - | - | - | - | - | - | - |
| OTHER SECTORS ** | 1400 | 1000 | 100 | - | 100 | - | - | 55066 | - | - | 110527 |
| AGRICULTURE | - | - | - | - | - | - | - | - | - | - | 1198 |
| PUBLIC SERVICES | - | - | - | - | - | - | - | - | - | - | - |
| COMMERCE | - | - | - | - | - | - | - | 14212 | - | - | 30135 |
| RESIDENTIAL | 1400 | 1000 | 100 | - | 100 | - | - | 40158 | - | - | 74737 |

(1) INCLUDED IN CHEMICAL OR PETROCHEMICAL INDUSTRY
(2) INCLUDED ONLY IN TOTAL INDUSTRY

| * OF WHICH: HYDRO | 71678 |
|---|---|
| NUCLEAR | 9707 |
| CONVENTIONAL THERMAL | 388633 |
| GEOTHERMAL | 269 |

** INCLUDED IN THESE TOTALS ARE THE NON-SPECIFIED ELEMENTS

## PRODUCTION ET UTILISATION DES SOURCES D ENERGIE : JAPON

1973

UNIT: 1000 METRIC TONS
UNITE: 1000 TONNES METRIQUES

| OIL / PETROLE | | | REFINERY GAS | LIQUEFIED PETROLEUM GASES | AVIATION GASOLINE | MOTOR GASOLINE | JET FUEL | KEROSENE | GAS/DIESEL OIL | RESIDUAL FUEL OIL | NAPHTHA | NON-ENERGY PRODUCTS |
|---|---|---|---|---|---|---|---|---|---|---|---|---|
| CRUDE* BRUT* | NGL GNL | FEEDST. | GAZ DE PETROLE | GAZ LIQUEFIES DE PETROLE | ESSENCE AVION | ESSENCE AUTO | CARBURANT REACTEUR | PETROLE LAMPANT | GAZ/DIESEL OIL | FUEL OIL RESIDUEL | NAPHTHA | PRODUITS NON-ENERGETIQUES |
| 12 | 13 | 14 | 15 | 16 | 17 | 18 | 19 | 20 | 21 | 22 | 23 | 24 |
| 700 | - | - | 4947 | 3600 | 100 | 19600 | 2800 | 18600 | 31104 | 110508 | 23444 | 7370 |
| - | - | - | - | - | - | - | - | - | - | - | - | - |
| 245199 | - | - | - | 5200 | - | - | - | 100 | 2087 | 9739 | 4604 | 1510 |
| - | - | - | - | - | - | -100 | - | -100 | -885 | -498 | -127 | -334 |
| - | - | - | - | | - | - | - | - | -100 | -13500 | - | - |
| -1937 | - | - | - | - | - | -300 | - | -1700 | -1066 | -33 | -244 | 71 |
| 243962 | - | - | 4947 | 8800 | 100 | 19200 | 2800 | 16900 | 31140 | 106216 | 27677 | 8617 |
| - | - | - | - | - | - | - | - | - | - | - | - | - |
| - | - | - | - | - | - | - | - | - | - | - | - | - |
| 243962 | - | - | 4947 | 8800 | 100 | 19200 | 2800 | 16900 | 31140 | 106216 | 27677 | 8617 |
| - | - | - | - | - | - | - | - | - | 761 | -617 | 420 | -114 |
| 243877 | - | - | 229 | 400 | - | - | - | - | 3 | 49032 | 3242 | - |
| - | - | - | - | - | - | - | - | - | - | - | - | - |
| 400 | - | - | 229 | 400 | - | - | - | - | 3 | - | 1584 | - |
| 223015 | - | - | - | - | - | - | - | - | - | - | - | - |
| 20462 | - | - | - | - | - | - | - | - | - | 49032 | 1658 | - |
| - | - | - | 4718 | 100 | - | - | - | - | 68 | 6281 | 385 | 16 |
| - | - | - | - | - | - | - | - | - | - | - | - | - |
| - | - | - | - | - | - | - | - | - | - | - | - | - |
| - | - | - | 4718 | - | - | - | - | - | 68 | 6281 | 385 | 16 |
| - | - | - | - | - | - | - | - | - | - | - | - | - |
| - | - | - | - | 100 | - | - | - | - | - | - | - | - |
| - | - | - | - | - | - | - | - | - | - | - | - | - |
| - | - | - | - | - | - | - | - | - | - | - | - | - |
| 85 | - | - | - | 8300 | 100 | 19200 | 2800 | 16900 | 30308 | 51520 | 23630 | 8715 |
| 85 | - | - | - | 2000 | - | - | - | 3300 | 7055 | 42707 | 23630 | 8715 |
| - | - | - | - | - | - | - | - | - | 836 | 10837 | - | - |
| 85 | - | - | - | - | - | - | - | - | 584 | 6780 | 922 | - |
| - | - | - | - | - | - | - | - | - | - | - | 22708 | - |
| - | - | - | - | - | - | - | - | - | - | - | - | - |
| - | - | - | - | - | - | - | - | - | 558 | - | - | - |
| - | - | - | - | - | - | - | - | - | - | - | - | - |
| - | - | - | - | - | - | - | - | - | - | - | - | - |
| - | - | - | - | - | - | - | - | - | - | - | - | - |
| - | - | - | - | - | - | - | - | - | - | - | - | - |
| - | - | - | - | - | - | - | - | - | - | - | - | - |
| - | - | - | - | - | - | - | - | - | - | - | - | - |
| - | - | - | - | - | - | - | - | - | - | - | - | - |
| - | - | - | - | - | - | - | - | - | - | - | - | - |
| - | - | - | - | 2000 | - | - | - | 3300 | 5077 | 25090 | - | - |
| 85 | - | - | - | - | - | - | - | - | 584 | - | 23630 | - |
| - | - | - | - | - | - | - | - | - | - | - | - | 8715 |
| - | - | - | - | 1500 | 100 | 19200 | 2800 | - | 14246 | 2964 | - | - |
| - | - | - | - | - | 100 | - | 2800 | - | - | - | - | - |
| - | - | - | - | 1500 | - | 19200 | - | - | 5943 | 50 | - | - |
| - | - | - | - | - | - | - | - | - | 1079 | 76 | - | - |
| - | - | - | - | - | - | - | - | - | 7224 | 2838 | - | - |
| - | - | - | - | 4800 | - | - | - | 13600 | 9007 | 5849 | - | - |
| - | - | - | - | - | - | - | - | 1300 | 4973 | 395 | - | - |
| - | - | - | - | - | - | - | - | - | - | - | - | - |
| - | - | - | - | - | - | - | - | - | - | - | - | - |
| - | - | - | - | 4800 | - | - | - | 12300 | 4034 | 5454 | - | - |

*INCLUDED IN THIS COLUMN IS NGL AND FEEDSTOCKS.

## PRODUCTION AND USES OF ENERGY SOURCES : JAPAN

1974

| ENERGY SOURCES / PRODUCTION AND USES | UNIT: 1000 METRIC TONS / UNITE: 1000 TONNES METRIQUES | | | | | | TCAL / TCAL | MANUFACTURED GAS (TCAL) / GAZ MANUFACTURE (TCAL) | | | MILLIONS OF (DE) KWH |
|---|---|---|---|---|---|---|---|---|---|---|---|
| | HARD COAL / HOUILLE | PATENT FUEL / AGGLOMERES | COKE OVEN COKE / COKE DE FOUR | GAS COKE / COKE DE GAZ | BROWN COAL / LIGNITE | BKB / BRIQ. DE LIGNITE | NATURAL GAS / GAZ NATUREL | GAS WORKS / USINES A GAZ | COKE OVENS / COKERIES | BLAST FURNACES / HAUT FOURNEAUX | ELECTRICITY* / ELECTRICITE* |
| | 1 | 2 | 3 | 4 | 5 | 6 | 7 | 8 | 9 | 10 | 11 |
| PRODUCTION | 21350 | 1180 | 52200 | 4748 | 100 | - | 26800 | 44580 | 76200 | 111730 | 459041 |
| FROM OTHER SOURCES | - | - | - | - | - | - | - | 29690 | - | - | - |
| IMPORT | 64580 | - | 210 | - | - | - | 49990 | - | - | - | - |
| EXPORT | - | - | -710 | - | - | - | - | - | - | - | - |
| INTL. MARINE BUNKERS | - | - | - | - | - | - | - | - | - | - | - |
| STOCK CHANGES | 770 | - | - | - | - | - | -250 | - | - | - | - |
| DOMESTIC SUPPLY | 86700 | 1180 | 51700 | 4748 | 100 | - | 76540 | 74270 | 76200 | 111730 | 459041 |
| RETURNS TO SUPPLY | - | - | - | - | - | - | - | - | - | - | - |
| TRANSFERS | - | - | - | - | - | - | - | - | - | - | - |
| DOMESTIC AVAILABILITY | 86700 | 1180 | 51700 | 4748 | 100 | - | 76540 | 74270 | 76200 | 111730 | 459041 |
| STATISTICAL DIFFERENCE | - | - | - | - | - | - | -6130 | - | 2300 | 3970 | 2950 |
| TRANSFORM. SECTOR ** | 82540 | - | 16430 | - | - | - | 59810 | - | 25610 | 46120 | - |
| FOR SOLID FUELS | 68700 | - | - | - | - | - | - | - | - | - | - |
| FOR GASES | 6500 | - | 16430 | - | - | - | 22840 | - | 5180 | 1670 | - |
| PETROLEUM REFINERIES | - | - | - | - | - | - | - | - | - | - | - |
| THERMO-ELECTRIC PLANTS | 7340 | - | - | - | - | - | 36970 | - | 20430 | 44450 | - |
| ENERGY SECTOR | 850 | - | 200 | - | - | - | 7530 | 6211 | 7120 | 9820 | 46477 |
| COAL MINES | 850 | - | - | - | - | - | - | - | - | - | 1592 |
| OIL AND GAS EXTRACTION | - | - | - | - | - | - | 7530 | - | - | - | - |
| PETROLEUM REFINERIES | - | - | - | - | - | - | - | - | - | - | 4730 |
| ELECTRIC PLANTS | - | - | - | - | - | - | - | - | - | - | 16691 |
| DISTRIBUTION LOSSES | - | - | - | - | - | - | - | 793 | - | - | 22054 |
| PUMP STORAGE (ELECTR.) | - | - | - | - | - | - | - | - | - | - | 1410 |
| OTHER ENERGY SECTOR | - | - | 200 | - | - | - | - | 5418 | 7120 | 9820 | - |
| FINAL CONSUMPTION | 3310 | 1180 | 35070 | 4748 | 100 | - | 15330 | 68059 | 41170 | 51820 | 409614 |
| INDUSTRY SECTOR | 2010 | - | 34970 | 4748 | - | - | 15330 | 8323 | 41170 | 51820 | 280935 |
| IRON AND STEEL | 200 | - | 33570 | 4748 | - | - | - | - | 41170 | 51820 | 71819 |
| CHEMICAL | - | - | - | - | - | - | 10870 | - | - | - | 37103 |
| PETROCHEMICAL | - | - | - | - | - | - | - | - | - | - | 12107 |
| NON-FERROUS METAL | - | - | - | - | - | - | - | - | - | - | 28306 |
| NON-METALLIC MINERAL | - | - | - | - | - | - | - | - | - | - | 12980 |
| PAPER PULP AND PRINT | - | - | - | - | - | - | - | - | - | - | 19596 |
| MINING AND QUARRYING | - | - | - | - | - | - | - | - | - | - | 1761 |
| FOOD AND TOBACCO | - | - | - | - | - | - | - | - | - | - | 4669 |
| WOOD AND WOOD PRODUCTS | - | - | - | - | - | - | - | - | - | - | - |
| MACHINERY | - | - | - | - | - | - | - | - | - | - | 7692 |
| TRANSPORT EQUIPMENT | - | - | - | - | - | - | - | - | - | - | 9348 |
| CONSTRUCTION | - | - | - | - | - | - | - | - | - | - | - |
| TEXTILES AND LEATHER | - | - | - | - | - | - | - | - | - | - | 5969 |
| NON SPECIFIED | 1810 | - | 1400 | - | - | - | 4460 | 8323 | - | - | 69585 |
| NON-ENERGY USES: | | | | | | | | | | | |
| (1)ENERGY PRODUCTS | - | - | - | - | - | - | - | - | - | - | - |
| (2)NON-ENERGY PRODUCTS | - | - | - | - | - | - | - | - | - | - | - |
| TRANSPORT. SECTOR ** | 100 | 140 | - | - | - | - | - | - | - | - | 13453 |
| AIR TRANSPORT | - | - | - | - | - | - | - | - | - | - | - |
| ROAD TRANSPORT | - | - | - | - | - | - | - | - | - | - | - |
| RAILWAYS | 100 | 140 | - | - | - | - | - | - | - | - | 13453 |
| INTERNAL NAVIGATION | - | - | - | - | - | - | - | - | - | - | - |
| OTHER SECTORS ** | 1200 | 1040 | 100 | - | 100 | - | - | 59736 | - | - | 115226 |
| AGRICULTURE | - | - | - | - | - | - | - | - | - | - | 1121 |
| PUBLIC SERVICES | - | - | - | - | - | - | - | - | - | - | - |
| COMMERCE | - | - | - | - | - | - | - | 15492 | - | - | 31171 |
| RESIDENTIAL | 1200 | 1040 | 100 | - | 100 | - | - | 43402 | - | - | 78879 |

(1) INCLUDED IN CHEMICAL OR PETROCHEMICAL INDUSTRY
(2) INCLUDED ONLY IN TOTAL INDUSTRY

| * OF WHICH: HYDRO | 84780 |
|---|---|
| NUCLEAR | 19699 |
| CONVENTIONAL THERMAL | 354250 |
| GEOTHERMAL | 100 |

** INCLUDED IN THESE TOTALS ARE THE NON-SPECIFIED ELEMENTS

## PRODUCTION ET UTILISATION DES SOURCES D ENERGIE : JAPON

1974

UNIT: 1000 METRIC TONS
UNITE: 1000 TONNES METRIQUES

| OIL / PETROLE | | | REFINERY GAS / GAZ DE PETROLE | LIQUEFIED PETROLEUM GASES / GAZ LIQUEFIES DE PETROLE | AVIATION GASOLINE / ESSENCE AVION | MOTOR GASOLINE / ESSENCE AUTO | JET FUEL / CARBURANT REACTEUR | KEROSENE / PETROLE LAMPANT | GAS/DIESEL OIL / GAZ/DIESEL OIL | RESIDUAL FUEL OIL / FUEL OIL RESIDUEL | NAPHTHA / NAPHTHA | NON-ENERGY PRODUCTS / PRODUITS NON-ENERGETIQUES |
|---|---|---|---|---|---|---|---|---|---|---|---|---|
| CRUDE* BRUT* | NGL GNL | FEEDST. | | | | | | | | | | |
| 12 | 13 | 14 | 15 | 16 | 17 | 18 | 19 | 20 | 21 | 22 | 23 | 24 |
| 671 | - | - | 5080 | 3100 | 100 | 19400 | 2400 | 17300 | 29300 | 104225 | 21176 | 7445 |
| - | - | - | - | 100 | - | - | - | - | - | - | - | - |
| 239810 | - | - | - | 5770 | - | - | - | - | 2410 | 7989 | 5282 | 2178 |
| - | - | - | - | - | - | - | - | -200 | -819 | -1088 | -57 | -352 |
| - | - | - | - | - | - | - | - | - | -100 | -17000 | - | - |
| -5800 | - | - | - | -190 | - | -100 | - | 100 | 176 | 205 | -141 | -147 |
| 234681 | - | - | 5080 | 8780 | 100 | 19300 | 2400 | 17200 | 30967 | 94331 | 26260 | 9124 |
| - | - | - | - | - | - | - | - | - | - | - | - | - |
| - | - | - | - | - | - | - | - | - | - | - | - | - |
| 234681 | - | - | 5080 | 8780 | 100 | 19300 | 2400 | 17200 | 30967 | 94331 | 26260 | 9124 |
| 30 | - | - | - | - | - | - | - | - | 1103 | -1215 | 75 | -157 |
| 234525 | - | - | 228 | 500 | - | - | - | - | 4 | 41850 | 4431 | - |
| | | | | | | | | | | | | |
| - | - | - | - | - | - | - | - | - | - | - | - | - |
| 168 | - | - | 228 | 500 | - | - | - | - | 4 | - | 1700 | - |
| 214204 | - | - | - | - | - | - | - | - | - | - | - | - |
| 20153 | - | - | - | - | - | - | - | - | - | 41850 | 2731 | - |
| - | - | - | 4852 | 30 | - | - | - | - | 85 | 5783 | 332 | 9 |
| | | | | | | | | | | | | |
| - | - | - | - | - | - | - | - | - | - | - | - | - |
| - | - | - | - | - | - | - | - | - | - | - | - | - |
| - | - | - | 4852 | - | - | - | - | - | 85 | 5783 | 332 | 9 |
| - | - | - | - | - | - | - | - | - | - | - | - | - |
| - | - | - | - | 30 | - | - | - | - | - | - | - | - |
| - | - | - | - | - | - | - | - | - | - | - | - | - |
| - | - | - | - | - | - | - | - | - | - | - | - | - |
| 126 | - | - | - | 8250 | 100 | 19300 | 2400 | 17200 | 29775 | 47913 | 21422 | 9272 |
| 126 | - | - | - | 2050 | - | - | - | 3200 | 7239 | 39863 | 21422 | 9272 |
| | | | | | | | | | | | | |
| - | - | - | - | - | - | - | - | - | 932 | 10068 | - | - |
| 126 | - | - | - | - | - | - | - | - | 743 | 6336 | 835 | - |
| - | - | - | - | - | - | - | - | - | - | - | 20587 | - |
| - | - | - | - | - | - | - | - | - | - | - | - | - |
| - | - | - | - | - | - | - | - | - | 613 | 10571 | - | - |
| - | - | - | - | - | - | - | - | - | - | - | - | - |
| - | - | - | - | - | - | - | - | - | - | - | - | - |
| - | - | - | - | - | - | - | - | - | - | - | - | - |
| - | - | - | - | - | - | - | - | - | - | - | - | - |
| - | - | - | - | - | - | - | - | - | - | - | - | - |
| - | - | - | - | - | - | - | - | - | - | - | - | - |
| - | - | - | - | - | - | - | - | - | - | - | - | - |
| - | - | - | - | - | - | - | - | - | - | - | - | - |
| - | - | - | - | 2050 | - | - | - | 3200 | 4951 | 12888 | - | - |
| 126 | - | - | - | - | - | - | - | - | 743 | - | 21422 | - |
| - | - | - | - | - | - | - | - | - | - | - | - | 9272 |
| - | - | - | - | 1400 | 100 | 19300 | 2400 | - | 13594 | 3687 | - | - |
| | | | | | | | | | | | | |
| - | - | - | - | - | 100 | - | 2400 | - | - | - | - | - |
| - | - | - | - | 1400 | - | 19300 | - | - | 5652 | 39 | - | - |
| - | - | - | - | - | - | - | - | - | 1032 | 84 | - | - |
| - | - | - | - | - | - | - | - | - | 6910 | 3564 | - | - |
| - | - | - | - | 4800 | - | - | - | 14000 | 8942 | 4363 | - | - |
| | | | | | | | | | | | | |
| - | - | - | - | - | - | - | - | 1100 | 4891 | 538 | - | - |
| - | - | - | - | - | - | - | - | - | - | - | - | - |
| - | - | - | - | - | - | - | - | - | - | - | - | - |
| - | - | - | - | 4800 | - | - | - | 12900 | 4051 | 3825 | - | - |

*INCLUDED IN THIS COLUMN IS NGL AND FEEDSTOCKS.

## PRODUCTION AND USES OF ENERGY SOURCES : JAPAN

1975

| PRODUCTION AND USES / ENERGY SOURCES | HARD COAL / HOUILLE | PATENT FUEL / AGGLOMERES | COKE OVEN COKE / COKE DE FOUR | GAS COKE / COKE DE GAZ | BROWN COAL / LIGNITE | BKB / BRIQ. DE LIGNITE | NATURAL GAS / GAZ NATUREL | GAS WORKS / USINES A GAZ | COKE OVENS / COKERIES | BLAST FURNACES / HAUT FOURNEAUX | ELECTRICITY* / ELECTRICITE* |
|---|---|---|---|---|---|---|---|---|---|---|---|
| | UNIT: 1000 METRIC TONS / UNITE: 1000 TONNES METRIQUES | | | | | | TCAL / TCAL | MANUFACTURED GAS (TCAL) / GAZ MANUFACTURE (TCAL) | | | MILLIONS OF (DE) KWH |
| | 1 | 2 | 3 | 4 | 5 | 6 | 7 | 8 | 9 | 10 | 11 |
| PRODUCTION | 18600 | 580 | 50970 | 4517 | 50 | - | 26610 | 44810 | 71250 | 103560 | 475794 |
| FROM OTHER SOURCES | - | - | - | - | - | - | - | 33789 | - | - | - |
| IMPORT | 62340 | - | 50 | - | - | - | 65050 | - | - | - | - |
| EXPORT | - | - | -540 | - | - | - | - | - | - | - | - |
| INTL. MARINE BUNKERS | - | - | - | - | - | - | - | - | - | - | - |
| STOCK CHANGES | 420 | - | -770 | - | - | - | -50 | - | - | - | - |
| DOMESTIC SUPPLY | 81360 | 580 | 49710 | 4517 | 50 | - | 91610 | 78599 | 71250 | 103560 | 475794 |
| RETURNS TO SUPPLY | - | - | - | - | - | - | - | - | - | - | - |
| TRANSFERS | - | - | - | - | - | - | - | - | - | - | - |
| DOMESTIC AVAILABILITY | 81360 | 580 | 49710 | 4517 | 50 | - | 91610 | 78599 | 71250 | 103560 | 475794 |
| STATISTICAL DIFFERENCE | -620 | - | - | - | - | - | -6490 | - | 10 | 2560 | - |
| TRANSFORM. SECTOR ** | 77880 | - | 15230 | - | - | - | 75960 | - | 23774 | 57184 | - |
| FOR SOLID FUELS | 64450 | - | - | - | - | - | - | - | - | - | - |
| FOR GASES | 6250 | - | 15230 | - | - | - | 27380 | - | 4850 | 1560 | - |
| PETROLEUM REFINERIES | - | - | - | - | - | - | - | - | - | - | - |
| THERMO-ELECTRIC PLANTS | 7180 | - | - | - | - | - | 48580 | - | 18924 | 55624 | - |
| ENERGY SECTOR | 670 | - | 180 | - | - | - | 7460 | 6765 | 6980 | 9200 | 54052 |
| COAL MINES | 670 | - | - | - | - | - | - | - | - | - | 1606 |
| OIL AND GAS EXTRACTION | - | - | - | - | - | - | 7460 | - | - | - | - |
| PETROLEUM REFINERIES | - | - | - | - | - | - | - | - | - | - | 4989 |
| ELECTRIC PLANTS | - | - | - | - | - | - | - | - | - | - | 21994 |
| DISTRIBUTION LOSSES | - | - | - | - | - | - | - | 1403 | - | - | 24677 |
| PUMP STORAGE (ELECTR.) | - | - | - | - | - | - | - | - | - | - | 786 |
| OTHER ENERGY SECTOR | - | - | 180 | - | - | - | - | 5362 | 6980 | 9200 | - |
| FINAL CONSUMPTION | 3430 | 580 | 34300 | 4517 | 50 | - | 14680 | 71834 | 40486 | 34616 | 421742 |
| INDUSTRY SECTOR | 2390 | - | 34250 | 4517 | - | - | 14680 | 8919 | 40486 | 34616 | 278670 |
| IRON AND STEEL | 180 | - | 33150 | 4517 | - | - | - | - | 40486 | 34616 | 67803 |
| CHEMICAL | 260 | - | 320 | - | - | - | 10880 | - | - | - | 37771 |
| PETROCHEMICAL | - | - | - | - | - | - | - | - | - | - | 11530 |
| NON-FERROUS METAL | - | - | 300 | - | - | - | - | - | - | - | 26122 |
| NON-METALLIC MINERAL | 400 | - | 290 | - | - | - | - | - | - | - | 12462 |
| PAPER PULP AND PRINT | 100 | - | - | - | - | - | - | - | - | - | 20228 |
| MINING AND QUARRYING | - | - | - | - | - | - | - | - | - | - | 1682 |
| FOOD AND TOBACCO | - | - | - | - | - | - | - | - | - | - | 5024 |
| WOOD AND WOOD PRODUCTS | - | - | - | - | - | - | - | - | - | - | - |
| MACHINERY | - | - | - | - | - | - | - | - | - | - | 7829 |
| TRANSPORT EQUIPMENT | - | - | - | - | - | - | - | - | - | - | 9742 |
| CONSTRUCTION | - | - | - | - | - | - | - | - | - | - | - |
| TEXTILES AND LEATHER | - | - | - | - | - | - | - | - | - | - | 6427 |
| NON SPECIFIED | 1450 | - | 190 | - | - | - | 3800 | 8919 | - | - | 72050 |
| NON-ENERGY USES: | | | | | | | | | | | |
| (1)ENERGY PRODUCTS | - | - | - | - | - | - | - | - | - | - | - |
| (2)NON-ENERGY PRODUCTS | - | - | - | - | - | - | - | - | - | - | - |
| TRANSPORT. SECTOR ** | 40 | - | - | - | - | - | - | - | - | - | 13916 |
| AIR TRANSPORT | - | - | - | - | - | - | - | - | - | - | - |
| ROAD TRANSPORT | - | - | - | - | - | - | - | - | - | - | - |
| RAILWAYS | 40 | - | - | - | - | - | - | - | - | - | 13916 |
| INTERNAL NAVIGATION | - | - | - | - | - | - | - | - | - | - | - |
| OTHER SECTORS ** | 1000 | 580 | 50 | - | 50 | - | - | 62915 | - | - | 129156 |
| AGRICULTURE | - | - | - | - | - | - | - | - | - | - | 1250 |
| PUBLIC SERVICES | - | - | - | - | - | - | - | - | - | - | - |
| COMMERCE | - | - | - | - | - | - | - | 16611 | - | - | 35728 |
| RESIDENTIAL | 1000 | 580 | 50 | - | 50 | - | - | 45436 | - | - | 88006 |

(1) INCLUDED IN CHEMICAL OR PETROCHEMICAL INDUSTRY
(2) INCLUDED ONLY IN TOTAL INDUSTRY

| * OF WHICH: HYDRO | 85906 |
|---|---|
| NUCLEAR | 25125 |
| CONVENTIONAL THERMAL | 364385 |
| GEOTHERMAL | 100 |

** INCLUDED IN THESE TOTALS ARE THE NON-SPECIFIED ELEMENTS

PRODUCTION ET UTILISATION DES SOURCES D ENERGIE : JAPON

1975

UNIT: 1000 METRIC TONS
UNITE: 1000 TONNES METRIQUES

| OIL / PETROLE | | | REFINERY GAS | LIQUEFIED PETROLEUM GASES | AVIATION GASOLINE | MOTOR GASOLINE | JET FUEL | KEROSENE | GAS/DIESEL OIL | RESIDUAL FUEL OIL | NAPHTHA | NON-ENERGY PRODUCTS |
|---|---|---|---|---|---|---|---|---|---|---|---|---|
| CRUDE* BRUT* | NGL GNL | FEEDST. | GAZ DE PETROLE | GAZ LIQUEFIES DE PETROLE | ESSENCE AVION | ESSENCE AUTO | CARBURANT REACTEUR | PETROLE LAMPANT | GAZ/DIESEL OIL | FUEL OIL RESIDUEL | NAPHTHA | PRODUITS NON-ENERGETIQUES |
| 12 | 13 | 14 | 15 | 16 | 17 | 18 | 19 | 20 | 21 | 22 | 23 | 24 |
| 603 | - | - | 5713 | 3220 | 100 | 20790 | 2570 | 17460 | 29086 | 103546 | 20127 | 7610 |
| - | - | - | - | 400 | - | - | - | - | - | - | - | - |
| 224699 | - | - | - | 5890 | - | - | - | - | 1618 | 5964 | 4395 | 2221 |
| - | - | - | - | -10 | - | - | - | - | -100 | -1719 | -80 | -450 |
| - | - | - | - | - | - | - | - | - | -710 | -15000 | - | - |
| -1277 | - | - | - | 20 | - | -50 | 20 | 70 | 169 | 446 | 210 | 22 |
| 224025 | - | - | 5713 | 9520 | 100 | 20740 | 2590 | 17530 | 30063 | 93237 | 24652 | 9403 |
| 16269 | - | - | - | - | - | - | - | - | - | - | - | - |
| - | - | - | - | - | - | - | - | - | - | - | - | - |
| 240294 | - | - | 5713 | 9520 | 100 | 20740 | 2590 | 17530 | 30063 | 93237 | 24652 | 9403 |
| -334 | - | - | - | - | - | 120 | -10 | 190 | 638 | -397 | -510 | 91 |
| 240551 | - | - | 247 | 560 | - | - | - | - | 140 | 46752 | 5237 | - |
| - | - | - | - | - | - | - | - | - | - | - | - | - |
| 68 | - | - | 247 | 560 | - | - | - | - | - | - | 1766 | - |
| 219331 | - | - | - | - | - | - | - | - | - | - | - | - |
| 21152 | - | - | - | - | - | - | - | - | - | 46752 | 3471 | - |
| - | - | - | 5466 | - | - | - | - | - | - | 5451 | 332 | 26 |
| - | - | - | - | - | - | - | - | - | - | - | - | - |
| - | - | - | - | - | - | - | - | - | - | - | - | - |
| - | - | - | 5466 | - | - | - | - | - | - | 5451 | 332 | 26 |
| - | - | - | - | - | - | - | - | - | - | - | - | - |
| - | - | - | - | - | - | - | - | - | - | - | - | - |
| - | - | - | - | - | - | - | - | - | - | - | - | - |
| - | - | - | - | - | - | - | - | - | - | - | - | - |
| 77 | - | - | - | 8960 | 100 | 20620 | 2600 | 17340 | 29285 | 41431 | 19593 | 9286 |
| 77 | - | - | - | 2520 | - | - | - | 2890 | 6233 | 32241 | 19593 | 9286 |
| - | - | - | - | - | - | - | - | - | 815 | 8346 | - | - |
| 77 | - | - | - | - | - | - | - | - | 632 | 10182 | 765 | - |
| - | - | - | - | - | - | - | - | - | - | - | 18828 | - |
| - | - | - | - | - | - | - | - | - | - | - | - | - |
| - | - | - | - | - | - | - | - | - | 2461 | 3413 | - | - |
| - | - | - | - | - | - | - | - | - | - | - | - | - |
| - | - | - | - | - | - | - | - | - | - | - | - | - |
| - | - | - | - | - | - | - | - | - | - | - | - | - |
| - | - | - | - | - | - | - | - | - | - | - | - | - |
| - | - | - | - | - | - | - | - | - | - | - | - | - |
| - | - | - | - | - | - | - | - | - | - | - | - | - |
| - | - | - | - | - | - | - | - | - | - | - | - | - |
| - | - | - | - | - | - | - | - | - | - | - | - | - |
| - | - | - | - | 2520 | - | - | - | 2890 | 2325 | 10300 | - | - |
| 77 | - | - | - | - | - | - | - | - | 632 | - | 19593 | - |
| - | - | - | - | - | - | - | - | - | - | - | - | 9286 |
| - | - | - | - | 1550 | 100 | 20620 | 2600 | - | 10420 | 4316 | - | - |
| - | - | - | - | - | 100 | - | 2600 | - | - | - | - | - |
| - | - | - | - | 1550 | - | 20620 | - | - | 5800 | 40 | - | - |
| - | - | - | - | - | - | - | - | - | 1000 | 250 | - | - |
| - | - | - | - | - | - | - | - | - | 3620 | 4026 | - | - |
| - | - | - | - | 4890 | - | - | - | 14450 | 12632 | 4874 | - | - |
| - | - | - | - | - | - | - | - | 980 | 4990 | 515 | - | - |
| - | - | - | - | - | - | - | - | - | - | - | - | - |
| - | - | - | - | - | - | - | - | - | - | - | - | - |
| - | - | - | - | 4890 | - | - | - | 13470 | 7642 | 4359 | - | - |

*INCLUDED IN THIS COLUMN IS NGL AND FEEDSTOCKS.

# PRODUCTION AND USES OF ENERGY SOURCES : JAPAN

1976

| X XX ENERGY XX SOURCES XX XX PRODUCTION XX AND USES XX | UNIT: 1000 METRIC TONS / UNITE: 1000 TONNES METRIQUES | | | | | | TCAL / TCAL | MANUFACTURED GAS (TCAL) / GAZ MANUFACTURE (TCAL) | | | MILLIONS OF (DE) KWH |
|---|---|---|---|---|---|---|---|---|---|---|---|
| | HARD COAL / HOUILLE | PATENT FUEL / AGGLOMERES | COKE OVEN COKE / COKE DE FOUR | GAS COKE / COKE DE GAZ | BROWN COAL / LIGNITE | BKB / BRIQ. DE LIGNITE | NATURAL GAS / GAZ NATUREL | GAS WORKS / USINES A GAZ | COKE OVENS / COKERIES | BLAST FURNACES / HAUT FOURNEAUX | ELECTRICITY* / ELECTRICITE* |
| | 1 | 2 | 3 | 4 | 5 | 6 | 7 | 8 | 9 | 10 | 11 |
| PRODUCTION | 19480 | 500 | 50140 | 4131 | 55 | - | 24431 | 46790 | 71730 | 103850 | 511793 |
| FROM OTHER SOURCES | - | - | - | - | - | - | - | 38360 | - | - | - |
| IMPORT | 60940 | - | 30 | - | - | - | 85955 | - | - | - | - |
| EXPORT | - | - | -560 | - | - | - | - | - | - | - | - |
| INTL. MARINE BUNKERS | - | - | - | - | - | - | - | - | - | - | - |
| STOCK CHANGES | 140 | - | -530 | - | - | - | - | - | - | - | - |
| DOMESTIC SUPPLY | 80560 | 500 | 49080 | 4131 | 55 | - | 110386 | 85150 | 71730 | 103850 | 511793 |
| RETURNS TO SUPPLY | - | - | - | - | - | - | - | - | - | - | - |
| TRANSFERS | - | - | - | - | - | - | - | - | - | - | - |
| DOMESTIC AVAILABILITY | 80560 | 500 | 49080 | 4131 | 55 | - | 110386 | 85150 | 71730 | 103850 | 511793 |
| STATISTICAL DIFFERENCE | 290 | - | - | - | - | - | -2040 | - | 1630 | 1280 | -1677 |
| TRANSFORM. SECTOR ** | 76180 | - | 15270 | - | - | - | 97634 | - | 20950 | 59410 | - |
| FOR SOLID FUELS | 62820 | - | - | - | - | - | - | - | - | - | - |
| FOR GASES | 5590 | - | 15270 | - | - | - | 34677 | - | 5170 | 1350 | - |
| PETROLEUM REFINERIES | - | - | - | - | - | - | - | - | - | - | - |
| THERMO-ELECTRIC PLANTS | 7770 | - | - | - | - | - | 62957 | - | 15780 | 58060 | - |
| ENERGY SECTOR | 600 | - | 180 | - | - | - | 666 | 7210 | 5860 | 9820 | 61040 |
| COAL MINES | 600 | - | - | - | - | - | - | - | - | - | 1598 |
| OIL AND GAS EXTRACTION | - | - | - | - | - | - | 666 | - | - | - | - |
| PETROLEUM REFINERIES | - | - | - | - | - | - | - | - | - | - | 5439 |
| ELECTRIC PLANTS | - | - | - | - | - | - | - | - | - | - | 24405 |
| DISTRIBUTION LOSSES | - | - | - | - | - | - | - | 1360 | - | - | 25679 |
| PUMP STORAGE (ELECTR.) | - | - | - | - | - | - | - | - | - | - | 3919 |
| OTHER ENERGY SECTOR | - | - | 180 | - | - | - | - | 5850 | 5860 | 9820 | - |
| FINAL CONSUMPTION | 3490 | 500 | 33630 | 4131 | 55 | - | 14126 | 77940 | 43290 | 33340 | 452430 |
| INDUSTRY SECTOR | 2560 | - | 33600 | 4131 | 44 | - | 14121 | 9810 | 43290 | 33340 | 298480 |
| IRON AND STEEL | 170 | - | 32590 | 4131 | - | - | - | - | 43290 | 33340 | 74570 |
| CHEMICAL | 300 | - | 220 | - | 42 | - | 10653 | - | - | - | 38456 |
| PETROCHEMICAL | - | - | - | - | - | - | - | - | - | - | 12031 |
| NON-FERROUS METAL | - | - | 420 | - | - | - | - | - | - | - | 26741 |
| NON-METALLIC MINERAL | 480 | - | 200 | - | - | - | - | - | - | - | 13477 |
| PAPER PULP AND PRINT | 50 | - | - | - | - | - | - | - | - | - | 21731 |
| MINING AND QUARRYING | - | - | - | - | - | - | - | - | - | - | 1710 |
| FOOD AND TOBACCO | - | - | - | - | - | - | - | - | - | - | 5413 |
| WOOD AND WOOD PRODUCTS | - | - | - | - | - | - | - | - | - | - | - |
| MACHINERY | - | - | - | - | - | - | - | - | - | - | 8973 |
| TRANSPORT EQUIPMENT | - | - | - | - | - | - | - | - | - | - | 10802 |
| CONSTRUCTION | - | - | - | - | - | - | - | - | - | - | - |
| TEXTILES AND LEATHER | - | - | - | - | - | - | - | - | - | - | 6786 |
| NON SPECIFIED | 1560 | - | 170 | - | 2 | - | 3468 | 9810 | - | - | 77790 |
| NON-ENERGY USES: | | | | | | | | | | | |
| (1)ENERGY PRODUCTS | - | - | - | - | - | - | - | - | - | - | - |
| (2)NON-ENERGY PRODUCTS | - | - | - | - | - | - | - | - | - | - | - |
| TRANSPORT. SECTOR ** | 10 | - | - | - | - | - | - | - | - | - | 14583 |
| AIR TRANSPORT | - | - | - | - | - | - | - | - | - | - | - |
| ROAD TRANSPORT | - | - | - | - | - | - | - | - | - | - | - |
| RAILWAYS | 10 | - | - | - | - | - | - | - | - | - | 14583 |
| INTERNAL NAVIGATION | - | - | - | - | - | - | - | - | - | - | - |
| OTHER SECTORS ** | 920 | 500 | 30 | - | 11 | - | 5 | 68130 | - | - | 139367 |
| AGRICULTURE | - | - | - | - | - | - | - | - | - | - | 1258 |
| PUBLIC SERVICES | - | - | - | - | - | - | - | - | - | - | - |
| COMMERCE | - | - | - | - | - | - | - | 13700 | - | - | 38711 |
| RESIDENTIAL | 920 | 500 | 30 | - | 11 | - | - | 54430 | - | - | 94903 |

(1) INCLUDED IN CHEMICAL OR PETROCHEMICAL INDUSTRY
(2) INCLUDED ONLY IN TOTAL INDUSTRY

| * OF WHICH: | |
|---|---|
| HYDRO | 88390 |
| NUCLEAR | 34079 |
| CONVENTIONAL THERMAL | 388924 |
| GEOTHERMAL | 200 |

** INCLUDED IN THESE TOTALS ARE THE NON-SPECIFIED ELEMENTS

# PRODUCTION ET UTILISATION DES SOURCES D ENERGIE : JAPON

1976

UNIT: 1000 METRIC TONS
UNITE: 1000 TONNES METRIQUES

| OIL PETROLE | | | REFINERY GAS | LIQUEFIED PETROLEUM GASES | AVIATION GASOLINE | MOTOR GASOLINE | JET FUEL | KEROSENE | GAS/DIESEL OIL | RESIDUAL FUEL OIL | NAPHTHA | NON-ENERGY PRODUCTS |
|---|---|---|---|---|---|---|---|---|---|---|---|---|
| CRUDE* BRUT* | NGL GNL | FEEDST. | GAZ DE PETROLE | GAZ LIQUEFIES DE PETROLE | ESSENCE AVION | ESSENCE AUTO | CARBURANT REACTEUR | PETROLE LAMPANT | GAZ/DIESEL OIL | FUEL OIL RESIDUEL | NAPHTHA | PRODUITS NON-ENERGETIQUES |
| 12 | 13 | 14 | 15 | 16 | 17 | 18 | 19 | 20 | 21 | 22 | 23 | 24 |
| 576 | - | - | 5060 | 4344 | 24 | 22019 | 2753 | 19615 | 30952 | 96473 | 21248 | 25842 |
| - | - | - | - | 1882 | - | - | - | - | - | - | - | - |
| 229643 | - | - | - | 6394 | - | - | - | - | 1542 | 7235 | 5895 | 1950 |
| - | - | - | - | -1 | - | - | - | - | -19 | -7 | - | -192 |
| - | - | - | - | - | - | - | - | - | -826 | -11162 | - | -39 |
| -376 | - | - | - | 56 | 1 | 40 | -6 | -221 | -713 | -493 | -447 | 31 |
| 229843 | - | - | 5060 | 12675 | 25 | 22059 | 2747 | 19394 | 30936 | 92046 | 26696 | 27592 |
| 19264 | - | - | - | - | - | - | - | - | - | - | - | - |
| - | - | - | - | - | - | - | - | - | - | - | - | -19264 |
| 249107 | - | - | 5060 | 12675 | 25 | 22059 | 2747 | 19394 | 30936 | 92046 | 26696 | 8328 |
| -2 | - | - | - | -8 | - | 113 | 16 | 242 | 215 | -591 | 992 | 24 |
| 248955 | - | - | 187 | 614 | - | - | - | 126 | 567 | 33499 | 4747 | - |
| - | - | - | - | - | - | - | - | - | - | - | - | - |
| 26 | - | - | 187 | 614 | - | - | - | - | - | - | 2204 | - |
| 230134 | - | - | - | - | - | - | - | - | - | - | - | - |
| 18795 | - | - | - | - | - | - | - | - | - | 33499 | 2543 | - |
| - | - | - | 4873 | - | - | - | - | - | - | 6102 | - | - |
| - | - | - | - | - | - | - | - | - | - | - | - | - |
| - | - | - | - | - | - | - | - | - | - | - | - | - |
| - | - | - | 4873 | - | - | - | - | - | - | 6102 | - | - |
| - | - | - | - | - | - | - | - | - | - | - | - | - |
| - | - | - | - | - | - | - | - | - | - | - | - | - |
| - | - | - | - | - | - | - | - | - | - | - | - | - |
| - | - | - | - | - | - | - | - | - | - | - | - | - |
| 154 | - | - | - | 12069 | 25 | 21946 | 2731 | 19026 | 30154 | 53036 | 20957 | 8304 |
| 154 | - | - | - | 5474 | - | - | - | 3431 | 8608 | 45128 | 20957 | 8304 |
| - | - | - | - | - | - | - | - | - | 823 | 8307 | 119 | - |
| 62 | - | - | - | - | - | - | - | - | 635 | 10417 | 787 | - |
| 92 | - | - | - | 2635 | - | - | - | - | - | - | 20051 | - |
| - | - | - | - | - | - | - | - | - | - | 1441 | - | - |
| - | - | - | - | - | - | - | - | - | 1669 | 9388 | - | - |
| - | - | - | - | - | - | - | - | - | - | 5737 | - | - |
| - | - | - | - | - | - | - | - | 38 | 188 | 269 | - | - |
| - | - | - | - | - | - | - | - | - | - | 2459 | - | - |
| - | - | - | - | - | - | - | - | - | - | - | - | - |
| - | - | - | - | - | - | - | - | - | - | - | - | - |
| - | - | - | - | - | - | - | - | - | - | - | - | - |
| - | - | - | - | - | - | - | - | - | - | - | - | - |
| - | - | - | - | - | - | - | - | - | - | - | - | - |
| - | - | - | - | 2839 | - | - | - | 3393 | 5293 | 7110 | - | - |
| 154 | - | - | - | 2635 | - | - | - | - | 635 | - | 20838 | - |
| - | - | - | - | - | - | - | - | - | - | - | - | 8304 |
| - | - | - | - | 1746 | 25 | 21946 | 2731 | 331 | 9015 | 3946 | - | - |
| - | - | - | - | - | 25 | - | 2731 | - | - | - | - | - |
| - | - | - | - | 1746 | - | 21946 | - | 195 | 6146 | 41 | - | - |
| - | - | - | - | - | - | - | - | 117 | 911 | 364 | - | - |
| - | - | - | - | - | - | - | - | 19 | 1958 | 3541 | - | - |
| - | - | - | - | 4849 | - | - | - | 15264 | 12531 | 3962 | - | - |
| - | - | - | - | - | - | - | - | 976 | 5200 | 526 | - | - |
| - | - | - | - | - | - | - | - | - | - | - | - | - |
| - | - | - | - | - | - | - | - | - | - | - | - | - |
| - | - | - | - | 4849 | - | - | - | 14288 | 7331 | 3436 | - | - |

*INCLUDED IN THIS COLUMN IS NGL AND FEEDSTOCKS.

## PRODUCTION AND USES OF ENERGY SOURCES : JAPAN

1977

| PRODUCTION AND USES \ ENERGY SOURCES | HARD COAL / HOUILLE | PATENT FUEL / AGGLOMERES | COKE OVEN COKE / COKE DE FOUR | GAS COKE / COKE DE GAZ | BROWN COAL / LIGNITE | BKB / BRIQ. DE LIGNITE | NATURAL GAS / GAZ NATUREL | GAS WORKS / USINES A GAZ | COKE OVENS / COKERIES | BLAST FURNACES / HAUT FOURNEAUX | ELECTRICITY* / ELECTRICITE* |
|---|---|---|---|---|---|---|---|---|---|---|---|
| | UNIT: 1000 METRIC TONS / UNITE: 1000 TONNES METRIQUES | | | | | | TCAL / TCAL | MANUFACTURED GAS (TCAL) / GAZ MANUFACTURE (TCAL) | | | MILLIONS OF (DE) KWH |
| | 1 | 2 | 3 | 4 | 5 | 6 | 7 | 8 | 9 | 10 | 11 |
| PRODUCTION | 19720 | 510 | 47380 | 3717 | 52 | - | 27479 | 46600 | 68880 | 94140 | 532609 |
| FROM OTHER SOURCES | - | - | - | - | - | - | - | 38200 | - | - | - |
| IMPORT | 58290 | - | - | - | - | - | 98183 | - | - | - | - |
| EXPORT | -20 | - | -520 | - | - | - | - | - | - | - | - |
| INTL. MARINE BUNKERS | - | - | - | - | - | - | - | - | - | - | - |
| STOCK CHANGES | -1390 | - | -1100 | - | - | - | -29 | - | - | - | - |
| DOMESTIC SUPPLY | 76600 | 510 | 45760 | 3717 | 52 | - | 125633 | 84800 | 68880 | 94140 | 532609 |
| RETURNS TO SUPPLY | - | - | - | - | - | - | - | - | - | - | - |
| TRANSFERS | - | - | - | - | - | - | - | - | - | - | - |
| DOMESTIC AVAILABILITY | 76600 | 510 | 45760 | 3717 | 52 | - | 125633 | 84800 | 68880 | 94140 | 532609 |
| STATISTICAL DIFFERENCE | 240 | - | - | - | - | - | -29 | - | 1800 | 250 | -1090 |
| TRANSFORM. SECTOR ** | 72690 | - | 13840 | - | - | - | 104477 | - | 19530 | 54620 | - |
| FOR SOLID FUELS | 59630 | - | - | - | - | - | - | - | - | - | - |
| FOR GASES | 4920 | - | 13840 | - | - | - | 35466 | - | 4590 | 1280 | - |
| PETROLEUM REFINERIES | - | - | - | - | - | - | - | - | - | - | - |
| THERMO-ELECTRIC PLANTS | 8140 | - | - | - | - | - | 69011 | - | 14940 | 53340 | - |
| ENERGY SECTOR | 590 | - | 200 | - | - | - | 755 | 7120 | 5470 | 9130 | 62097 |
| COAL MINES | 590 | - | - | - | - | - | - | - | - | - | 1517 |
| OIL AND GAS EXTRACTION | - | - | - | - | - | - | 755 | - | - | - | - |
| PETROLEUM REFINERIES | - | - | - | - | - | - | - | - | - | - | 5633 |
| ELECTRIC PLANTS | - | - | - | - | - | - | - | - | - | - | 25859 |
| DISTRIBUTION LOSSES | - | - | - | - | - | - | - | 1620 | - | - | 26576 |
| PUMP STORAGE (ELECTR.) | - | - | - | - | - | - | - | - | - | - | 2512 |
| OTHER ENERGY SECTOR | - | - | 200 | - | - | - | - | 5500 | 5470 | 9130 | - |
| FINAL CONSUMPTION | 3080 | 510 | 31720 | 3717 | 52 | - | 20430 | 77680 | 42080 | 30140 | 471602 |
| INDUSTRY SECTOR | 2290 | - | 31690 | 3717 | 43 | - | 20420 | 9370 | 42080 | 30140 | 305465 |
| IRON AND STEEL | 90 | - | 30730 | 3717 | - | - | - | - | 42080 | 30140 | 71139 |
| CHEMICAL | 290 | - | 160 | - | 43 | - | 10094 | - | - | - | 38274 |
| PETROCHEMICAL | - | - | - | - | - | - | - | - | - | - | 12243 |
| NON-FERROUS METAL | - | - | 340 | - | - | - | - | - | - | - | 29114 |
| NON-METALLIC MINERAL | 460 | - | 170 | - | - | - | - | - | - | - | 14124 |
| PAPER PULP AND PRINT | 50 | - | - | - | - | - | - | - | - | - | 22226 |
| MINING AND QUARRYING | - | - | - | - | - | - | - | - | - | - | 1659 |
| FOOD AND TOBACCO | - | - | - | - | - | - | - | - | - | - | 5824 |
| WOOD AND WOOD PRODUCTS | - | - | - | - | - | - | - | - | - | - | - |
| MACHINERY | - | - | - | - | - | - | - | - | - | - | 9552 |
| TRANSPORT EQUIPMENT | - | - | - | - | - | - | - | - | - | - | 11680 |
| CONSTRUCTION | - | - | - | - | - | - | - | - | - | - | - |
| TEXTILES AND LEATHER | - | - | - | - | - | - | - | - | - | - | 6504 |
| NON SPECIFIED | 1400 | - | 290 | - | - | - | 10326 | 9370 | - | - | 83126 |
| NON-ENERGY USES: | | | | | | | | | | | |
| (1)ENERGY PRODUCTS | - | - | - | - | - | - | - | - | - | - | - |
| (2)NON-ENERGY PRODUCTS | - | - | - | - | - | - | - | - | - | - | - |
| TRANSPORT. SECTOR ** | - | - | - | - | - | - | - | - | - | - | 14761 |
| AIR TRANSPORT | - | - | - | - | - | - | - | - | - | - | - |
| ROAD TRANSPORT | - | - | - | - | - | - | - | - | - | - | - |
| RAILWAYS | - | - | - | - | - | - | - | - | - | - | 14761 |
| INTERNAL NAVIGATION | - | - | - | - | - | - | - | - | - | - | - |
| OTHER SECTORS ** | 790 | 510 | 30 | - | 9 | - | 10 | 68310 | - | - | 151376 |
| AGRICULTURE | - | - | - | - | - | - | - | - | - | - | 1376 |
| PUBLIC SERVICES | - | - | - | - | - | - | - | - | - | - | - |
| COMMERCE | - | - | - | - | - | - | - | 14000 | - | - | 43483 |
| RESIDENTIAL | 790 | 510 | 30 | - | 9 | - | - | 54310 | - | - | 101451 |

(1) INCLUDED IN CHEMICAL OR PETROCHEMICAL INDUSTRY
(2) INCLUDED ONLY IN TOTAL INDUSTRY

| * OF WHICH: HYDRO | 76268 |
|---|---|
| NUCLEAR | 31659 |
| CONVENTIONAL THERMAL | 424282 |
| GEOTHERMAL | 300 |

** INCLUDED IN THESE TOTALS ARE THE NON-SPECIFIED ELEMENTS

## PRODUCTION ET UTILISATION DES SOURCES D ENERGIE : JAPON

1977

UNIT: 1000 METRIC TONS
UNITE: 1000 TONNES METRIQUES

| OIL / PETROLE: CRUDE* / BRUT* | OIL / PETROLE: NGL / GNL | OIL / PETROLE: FEEDST. | REFINERY GAS / GAZ DE PETROLE | LIQUEFIED PETROLEUM GASES / GAZ LIQUEFIES DE PETROLE | AVIATION GASOLINE / ESSENCE AVION | MOTOR GASOLINE / ESSENCE AUTO | JET FUEL / CARBURANT REACTEUR | KEROSENE / PETROLE LAMPANT | GAS/DIESEL OIL / GAZ/DIESEL OIL | RESIDUAL FUEL OIL / FUEL OIL RESIDUEL | NAPHTHA / NAPHTHA | NON-ENERGY PRODUCTS / PRODUITS NON-ENERGETIQUES |
|---|---|---|---|---|---|---|---|---|---|---|---|---|
| 12 | 13 | 14 | 15 | 16 | 17 | 18 | 19 | 20 | 21 | 22 | 23 | 24 |
| 589 | - | - | 5451 | 4339 | 18 | 23003 | 3036 | 20619 | 32294 | 96981 | 20995 | 26801 |
| - | - | - | - | 1857 | - | - | - | - | - | - | - | - |
| 237598 | - | - | - | 7279 | - | - | - | 29 | 1185 | 7008 | 6085 | 1979 |
| - | - | - | - | -8 | - | - | - | - | -23 | -11 | - | -326 |
| - | - | - | - | - | - | - | - | - | -758 | -9056 | - | -46 |
| -1613 | - | - | - | -427 | -3 | 118 | -39 | -1049 | -273 | -254 | -99 | -2 |
| 236574 | - | - | 5451 | 13040 | 15 | 23121 | 2997 | 19599 | 32425 | 94668 | 26981 | 28406 |
| 19347 | - | - | - | - | - | - | - | - | - | - | - | - |
| - | - | - | - | - | - | - | - | - | - | - | - | -19749 |
| 255921 | - | - | 5451 | 13040 | 15 | 23121 | 2997 | 19599 | 32425 | 94668 | 26981 | 8657 |
| 31 | - | - | - | -6 | -3 | 164 | 18 | 298 | 216 | -119 | 977 | 5 |
| 255767 | - | - | 354 | 648 | - | - | - | 144 | 620 | 38146 | 4741 | - |
| - | - | - | - | - | - | - | - | - | - | - | - | - |
| - | - | - | 354 | 648 | - | - | - | - | - | - | 1960 | - |
| 232896 | - | - | - | - | - | - | - | - | - | - | - | - |
| 22871 | - | - | - | - | - | - | - | - | - | 38146 | 2781 | - |
| - | - | - | 5097 | - | - | - | - | - | - | 5695 | - | - |
| - | - | - | - | - | - | - | - | - | - | - | - | - |
| - | - | - | - | - | - | - | - | - | - | - | - | - |
| - | - | - | 5097 | - | - | - | - | - | - | 5695 | - | - |
| - | - | - | - | - | - | - | - | - | - | - | - | - |
| - | - | - | - | - | - | - | - | - | - | - | - | - |
| - | - | - | - | - | - | - | - | - | - | - | - | - |
| - | - | - | - | - | - | - | - | - | - | - | - | - |
| 123 | - | - | - | 12398 | 18 | 22957 | 2979 | 19157 | 31589 | 50946 | 21263 | 8652 |
| 123 | - | - | - | 5694 | - | - | - | 3436 | 8424 | 43369 | 21263 | 8652 |
| - | - | - | - | - | - | - | - | - | 700 | 7301 | 100 | - |
| 73 | - | - | - | - | - | - | - | - | 550 | 10782 | 859 | - |
| 50 | - | - | - | 2806 | - | - | - | - | - | - | 20304 | - |
| - | - | - | - | - | - | - | - | - | - | 1514 | - | - |
| - | - | - | - | - | - | - | - | - | 1500 | 9273 | - | - |
| - | - | - | - | - | - | - | - | - | - | 5305 | - | - |
| - | - | - | - | - | - | - | - | 37 | 196 | 251 | - | - |
| - | - | - | - | - | - | - | - | - | - | 2391 | - | - |
| - | - | - | - | - | - | - | - | - | - | - | - | - |
| - | - | - | - | - | - | - | - | - | - | - | - | - |
| - | - | - | - | - | - | - | - | - | - | - | - | - |
| - | - | - | - | - | - | - | - | - | - | - | - | - |
| - | - | - | - | - | - | - | - | - | - | - | - | - |
| - | - | - | - | 2888 | - | - | - | 3399 | 5478 | 6552 | - | - |
| 123 | - | - | - | 2806 | - | - | - | - | 550 | - | 21163 | - |
| - | - | - | - | - | - | - | - | - | - | - | - | 8652 |
| - | - | - | - | 1671 | 18 | 22957 | 2979 | 384 | 9387 | 3914 | - | - |
| - | - | - | - | - | 18 | - | 2979 | - | - | - | - | - |
| - | - | - | - | 1671 | - | 22957 | - | 232 | 6495 | 32 | - | - |
| - | - | - | - | - | - | - | - | 135 | 932 | 378 | - | - |
| - | - | - | - | - | - | - | - | 17 | 1960 | 3504 | - | - |
| - | - | - | - | 5033 | - | - | - | 15337 | 13778 | 3663 | - | - |
| - | - | - | - | - | - | - | - | 990 | 5704 | 568 | - | - |
| - | - | - | - | - | - | - | - | - | - | - | - | - |
| - | - | - | - | - | - | - | - | - | - | - | - | - |
| - | - | - | - | 5033 | - | - | - | 14347 | 8074 | 3095 | - | - |

*INCLUDED IN THIS COLUMN IS NGL AND FEEDSTOCKS.

## PRODUCTION AND USES OF ENERGY SOURCES : JAPAN

1978

| PRODUCTION AND USES \ ENERGY SOURCES | HARD COAL / HOUILLE | PATENT FUEL / AGGLOMERES | COKE OVEN COKE / COKE DE FOUR | GAS COKE / COKE DE GAZ | BROWN COAL / LIGNITE | BKB / BRIQ. DE LIGNITE | NATURAL GAS / GAZ NATUREL | GAS WORKS / USINES A GAZ | COKE OVENS / COKERIES | BLAST FURNACES / HAUT FOURNEAUX | ELECTRICITY* / ELECTRICITE* |
|---|---|---|---|---|---|---|---|---|---|---|---|
| | UNIT: 1000 METRIC TONS / UNITE: 1000 TONNES METRIQUES | | | | | | TCAL / TCAL | MANUFACTURED GAS (TCAL) / GAZ MANUFACTURE (TCAL) | | | MILLIONS OF (DE) KWH |
| | 1 | 2 | 3 | 4 | 5 | 6 | 7 | 8 | 9 | 10 | 11 |
| PRODUCTION | 18549 | 420 | 43970 | 3253 | 37 | - | 25882 | 47930 | 64420 | 88550 | 563990 |
| FROM OTHER SOURCES | 97 | - | - | - | - | - | - | 39290 | - | - | - |
| IMPORT | 52858 | - | - | - | - | - | 149331 | - | - | - | - |
| EXPORT | -56 | - | -1030 | - | - | - | - | - | - | - | - |
| INTL. MARINE BUNKERS | - | - | - | - | - | - | - | - | - | - | - |
| STOCK CHANGES | -1642 | - | 360 | - | 1 | - | -68 | - | - | - | - |
| DOMESTIC SUPPLY | 69806 | 420 | 43300 | 3253 | 38 | - | 175145 | 87220 | 64420 | 88550 | 563990 |
| RETURNS TO SUPPLY | - | - | - | - | - | - | - | - | - | - | - |
| TRANSFERS | - | - | - | - | - | - | - | - | - | - | - |
| DOMESTIC AVAILABILITY | 69806 | 420 | 43300 | 3253 | 38 | - | 175145 | 87220 | 64420 | 88550 | 563990 |
| STATISTICAL DIFFERENCE | -2607 | - | - | - | - | - | -6516 | 2420 | 1280 | -430 | - |
| TRANSFORM. SECTOR ** | 68635 | - | 13020 | - | - | - | 154899 | - | 17350 | 54050 | - |
| FOR SOLID FUELS | 55543 | - | - | - | - | - | - | - | - | - | - |
| FOR GASES | 4520 | - | 13020 | - | - | - | 44720 | - | 3980 | 1100 | - |
| PETROLEUM REFINERIES | - | - | - | - | - | - | - | - | - | - | - |
| THERMO-ELECTRIC PLANTS | 8572 | - | - | - | - | - | 110179 | - | 13370 | 52950 | - |
| ENERGY SECTOR | 560 | - | 220 | - | - | - | 7232 | 7120 | 4700 | 7920 | 66851 |
| COAL MINES | 560 | - | - | - | - | - | - | - | - | - | 1540 |
| OIL AND GAS EXTRACTION | - | - | - | - | - | - | 7232 | - | - | - | - |
| PETROLEUM REFINERIES | - | - | - | - | - | - | - | - | - | - | 5576 |
| ELECTRIC PLANTS | - | - | - | - | - | - | - | - | - | - | 29355 |
| DISTRIBUTION LOSSES | - | - | - | - | - | - | - | 1620 | - | - | 25786 |
| PUMP STORAGE (ELECTR.) | - | - | - | - | - | - | - | - | - | - | 4594 |
| OTHER ENERGY SECTOR | - | - | 220 | - | - | - | - | 5500 | 4700 | 7920 | - |
| FINAL CONSUMPTION | 3218 | 420 | 30060 | 3253 | 38 | - | 19530 | 77680 | 41090 | 27010 | 497139 |
| INDUSTRY SECTOR | 2638 | - | 30030 | 3253 | 31 | - | 19520 | 9370 | 41090 | 27010 | 315218 |
| IRON AND STEEL | 290 | - | 28770 | 3253 | - | - | - | - | 41090 | 27010 | 71231 |
| CHEMICAL | 198 | - | 220 | - | 29 | - | 9741 | - | - | - | 37331 |
| PETROCHEMICAL | - | - | - | - | - | - | - | - | - | - | 13702 |
| NON-FERROUS METAL | - | - | 310 | - | - | - | - | - | - | - | 26481 |
| NON-METALLIC MINERAL | 710 | - | 190 | - | - | - | - | - | - | - | 15291 |
| PAPER PULP AND PRINT | 46 | - | - | - | - | - | - | - | - | - | 23168 |
| MINING AND QUARRYING | - | - | - | - | - | - | - | - | - | - | 1631 |
| FOOD AND TOBACCO | - | - | - | - | - | - | - | - | - | - | 6252 |
| WOOD AND WOOD PRODUCTS | - | - | - | - | - | - | - | - | - | - | - |
| MACHINERY | - | - | - | - | - | - | - | - | - | - | 10462 |
| TRANSPORT EQUIPMENT | - | - | - | - | - | - | - | - | - | - | 12241 |
| CONSTRUCTION | - | - | - | - | - | - | - | - | - | - | |
| TEXTILES AND LEATHER | - | - | - | - | - | - | - | - | - | - | 6640 |
| NON SPECIFIED | 1394 | - | 540 | - | 2 | - | 9779 | 9370 | - | - | 90788 |
| NON-ENERGY USES: | | | | | | | | | | | |
| (1)ENERGY PRODUCTS | - | - | - | - | - | - | - | - | - | - | - |
| (2)NON-ENERGY PRODUCTS | - | - | - | - | - | - | - | - | - | - | - |
| TRANSPORT. SECTOR ** | - | - | - | - | - | - | - | - | - | - | 14961 |
| AIR TRANSPORT | - | - | - | - | - | - | - | - | - | - | - |
| ROAD TRANSPORT | - | - | - | - | - | - | - | - | - | - | - |
| RAILWAYS | - | - | - | - | - | - | - | - | - | - | 14961 |
| INTERNAL NAVIGATION | - | - | - | - | - | - | - | - | - | - | - |
| OTHER SECTORS ** | 580 | 420 | 30 | - | 7 | - | 10 | 68310 | - | - | 166960 |
| AGRICULTURE | - | - | - | - | - | - | - | - | - | - | 1551 |
| PUBLIC SERVICES | - | - | - | - | - | - | - | - | - | - | - |
| COMMERCE | - | - | - | - | - | - | - | 14000 | - | - | 49121 |
| RESIDENTIAL | 580 | 420 | 30 | - | 7 | - | - | 54310 | - | - | 111173 |

(1) INCLUDED IN CHEMICAL OR PETROCHEMICAL INDUSTRY
(2) INCLUDED ONLY IN TOTAL INDUSTRY

| * OF WHICH: HYDRO | 74646 |
|---|---|
| NUCLEAR | 59314 |
| CONVENTIONAL THERMAL | 429630 |
| GEOTHERMAL | 600 |

** INCLUDED IN THESE TOTALS ARE THE NON-SPECIFIED ELEMENTS

## PRODUCTION ET UTILISATION DES SOURCES D ENERGIE : JAPON

1978

UNIT: 1000 METRIC TONS
UNITE: 1000 TONNES METRIQUES

| OIL / PETROLE: CRUDE* / BRUT* | OIL / PETROLE: NGL / GNL | OIL / PETROLE: FEEDST. | REFINERY GAS / GAZ DE PETROLE | LIQUEFIED PETROLEUM GASES / GAZ LIQUEFIES DE PETROLE | AVIATION GASOLINE / ESSENCE AVION | MOTOR GASOLINE / ESSENCE AUTO | JET FUEL / CARBURANT REACTEUR | KEROSENE / PETROLE LAMPANT | GAS/DIESEL OIL / GAZ/DIESEL OIL | RESIDUAL FUEL OIL / FUEL OIL RESIDUEL | NAPHTHA / NAPHTHA | NON-ENERGY PRODUCTS / PRODUITS NON-ENERGETIQUES |
|---|---|---|---|---|---|---|---|---|---|---|---|---|
| 12 | 13 | 14 | 15 | 16 | 17 | 18 | 19 | 20 | 21 | 22 | 23 | 24 |
| 543 | - | - | 5726 | 4299 | 20 | 24604 | 3289 | 20849 | 34481 | 92645 | 18933 | 23452 |
| - | - | - | - | 2841 | - | - | - | - | - | - | - | - |
| 235033 | - | - | - | 8015 | - | - | 21 | - | 1234 | 5617 | 7476 | 1938 |
| - | - | - | - | -35 | - | - | -4 | -184 | -110 | -5 | - | -297 |
| - | - | - | - | - | - | - | - | - | -772 | -7814 | - | -45 |
| -2313 | - | - | - | 264 | - | -183 | -38 | 472 | 472 | 381 | 182 | 809 |
| 233263 | - | - | 5726 | 15384 | 20 | 24421 | 3268 | 21137 | 35305 | 90824 | 26591 | 25857 |
| 22250 | - | - | - | - | - | - | - | - | - | - | - | - |
| - | - | - | - | - | - | - | - | - | - | - | - | -19771 |
| 255513 | - | - | 5726 | 15384 | 20 | 24421 | 3268 | 21137 | 35305 | 90824 | 26591 | 6086 |
| 909 | - | - | - | 2 | 12 | 50 | -21 | 370 | 138 | -102 | 674 | -4452 |
| 254483 | - | - | 399 | 688 | - | - | - | 189 | 739 | 36486 | 3638 | - |
| - | - | - | - | - | - | - | - | - | - | - | - | - |
| - | - | - | 399 | 688 | - | - | - | - | - | - | 1653 | - |
| 233418 | - | - | - | - | - | - | - | - | - | - | - | - |
| 21065 | - | - | - | - | - | - | - | - | - | 36486 | 1985 | - |
| - | - | - | 5327 | 968 | - | - | - | - | - | 4765 | 278 | - |
| - | - | - | - | - | - | - | - | - | - | - | - | - |
| - | - | - | - | - | - | - | - | - | - | - | - | - |
| - | - | - | 5327 | 968 | - | - | - | - | - | 4765 | 278 | - |
| - | - | - | - | - | - | - | - | - | - | - | - | - |
| - | - | - | - | - | - | - | - | - | - | - | - | - |
| - | - | - | - | - | - | - | - | - | - | - | - | - |
| - | - | - | - | - | - | - | - | - | - | - | - | - |
| 121 | - | - | - | 13726 | 8 | 24371 | 3289 | 20578 | 34428 | 49675 | 22001 | 10538 |
| 121 | - | - | - | 6757 | - | - | - | 4076 | 9745 | 42124 | 22001 | 10538 |
| - | - | - | - | - | - | - | - | - | 785 | 6020 | 17 | - |
| 73 | - | - | - | - | - | - | - | - | 812 | 10120 | 851 | - |
| 48 | - | - | - | 3424 | - | - | - | - | - | - | 21133 | - |
| - | - | - | - | - | - | - | - | - | 430 | 1562 | - | - |
| - | - | - | - | - | - | - | - | - | 818 | 10054 | - | - |
| - | - | - | - | - | - | - | - | - | 228 | 5565 | - | - |
| - | - | - | - | - | - | - | - | 33 | 268 | 170 | - | - |
| - | - | - | - | - | - | - | - | - | 1039 | 2142 | - | - |
| - | - | - | - | - | - | - | - | - | - | - | - | - |
| - | - | - | - | - | - | - | - | - | - | - | - | - |
| - | - | - | - | - | - | - | - | - | - | - | - | - |
| - | - | - | - | - | - | - | - | - | - | - | - | - |
| - | - | - | - | - | - | - | - | - | - | - | - | - |
| - | - | - | - | 3333 | - | - | - | 4043 | 5365 | 6491 | - | - |
| 121 | - | - | - | 3424 | - | - | - | - | 812 | - | 21984 | - |
| - | - | - | - | - | - | - | - | - | - | - | - | 10538 |
| - | - | - | - | 1619 | 8 | 24371 | 3289 | 491 | 14523 | 4056 | - | - |
| - | - | - | - | - | 8 | - | 3289 | - | - | - | - | - |
| - | - | - | - | 1619 | - | 24371 | - | 277 | 6814 | 39 | - | - |
| - | - | - | - | - | - | - | - | 149 | 1060 | 375 | - | - |
| - | - | - | - | - | - | - | - | 65 | 6649 | 3642 | - | - |
| - | - | - | - | 5350 | - | - | - | 16011 | 10160 | 3495 | - | - |
| - | - | - | - | - | - | - | - | 1300 | 1541 | 320 | - | - |
| - | - | - | - | - | - | - | - | - | - | - | - | - |
| - | - | - | - | - | - | - | - | - | - | - | - | - |
| - | - | - | - | 5350 | - | - | - | 14711 | 8619 | 3175 | - | - |

*INCLUDED IN THIS COLUMN IS NGL AND FEEDSTOCKS.

## PRODUCTION AND USES OF ENERGY SOURCES : JAPAN

1979

| X XX ENERGY XX XX SOURCES XX XX XX PRODUCTION XX XX AND USES XX | UNIT: 1000 METRIC TONS / UNITE: 1000 TONNES METRIQUES | | | | | | TCAL / TCAL | MANUFACTURED GAS (TCAL) / GAZ MANUFACTURE (TCAL) | | | MILLIONS / OF (DE) KWH |
|---|---|---|---|---|---|---|---|---|---|---|---|
| | HARD COAL / HOUILLE | PATENT FUEL / AGGLOMERES | COKE OVEN COKE / COKE DE FOUR | GAS COKE / COKE DE GAZ | BROWN COAL / LIGNITE | BKB / BRIQ. DE LIGNITE | NATURAL GAS / GAZ NATUREL | GAS WORKS / USINES A GAZ | COKE OVENS / COKERIES | BLAST FURNACES / HAUT FOURNEAUX | ELECTRICITY* / ELECTRICITE* |
| | 1 | 2 | 3 | 4 | 5 | 6 | 7 | 8 | 9 | 10 | 11 |
| PRODUCTION | 17760 | 520 | 47630 | 3282 | 29 | - | 23657 | 51359 | 69730 | 91870 | 589643 |
| FROM OTHER SOURCES | 81 | - | - | - | - | - | - | 42021 | - | - | - |
| IMPORT | 59386 | - | - | - | - | - | 185212 | - | - | - | - |
| EXPORT | -45 | - | -2240 | - | - | - | - | - | - | - | - |
| INTL. MARINE BUNKERS | - | - | - | - | - | - | - | - | - | - | - |
| STOCK CHANGES | -38 | - | 1240 | - | - | - | 10 | - | - | - | - |
| DOMESTIC SUPPLY | 77144 | 520 | 46630 | 3282 | 29 | - | 208879 | 93380 | 69730 | 91870 | 589643 |
| RETURNS TO SUPPLY | - | - | - | - | - | - | - | - | - | - | - |
| TRANSFERS | - | - | - | - | - | - | - | - | - | - | - |
| DOMESTIC AVAILABILITY | 77144 | 520 | 46630 | 3282 | 29 | - | 208879 | 93380 | 69730 | 91870 | 589643 |
| STATISTICAL DIFFERENCE | -331 | - | - | - | - | - | -5615 | 300 | 970 | -480 | -1 |
| TRANSFORM. SECTOR ** | 73649 | - | 13510 | - | - | - | 189461 | - | 19190 | 56840 | - |
| FOR SOLID FUELS | 60008 | - | - | - | - | - | - | - | - | - | - |
| FOR GASES | 4560 | - | 13510 | - | - | - | 47284 | - | 4050 | 1080 | - |
| PETROLEUM REFINERIES | - | - | - | - | - | - | - | - | - | - | - |
| THERMO-ELECTRIC PLANTS | 9081 | - | - | - | - | - | 142177 | - | 15140 | 55760 | - |
| ENERGY SECTOR | 558 | - | 210 | - | - | - | 6125 | 7560 | 5930 | 8140 | 67761 |
| COAL MINES | 558 | - | - | - | - | - | - | - | - | - | 1483 |
| OIL AND GAS EXTRACTION | - | - | - | - | - | - | 6125 | - | - | - | - |
| PETROLEUM REFINERIES | - | - | - | - | - | - | - | - | - | - | 5701 |
| ELECTRIC PLANTS | - | - | - | - | - | - | - | - | - | - | 30891 |
| DISTRIBUTION LOSSES | - | - | - | - | - | - | - | 1850 | - | - | 26192 |
| PUMP STORAGE (ELECTR.) | - | - | - | - | - | - | - | - | - | - | 3494 |
| OTHER ENERGY SECTOR | - | - | 210 | - | - | - | - | 5710 | 5930 | 8140 | - |
| FINAL CONSUMPTION | 3268 | 520 | 32910 | 3282 | 29 | - | 18908 | 85520 | 43640 | 27370 | 521883 |
| INDUSTRY SECTOR | 2602 | - | 32870 | 3282 | 24 | - | 18898 | 10490 | 43640 | 27370 | 331775 |
| IRON AND STEEL | 243 | - | 30980 | 3282 | - | - | - | - | 43640 | 27370 | 76583 |
| CHEMICAL | 278 | - | 310 | - | 22 | - | 8888 | - | - | - | 38781 |
| PETROCHEMICAL | - | - | - | - | - | - | - | - | - | - | 13684 |
| NON-FERROUS METAL | - | - | 340 | - | - | - | - | - | - | - | 27129 |
| NON-METALLIC MINERAL | 1724 | - | 350 | - | - | - | - | - | - | - | 16292 |
| PAPER PULP AND PRINT | 152 | - | - | - | - | - | - | - | - | - | 24486 |
| MINING AND QUARRYING | - | - | - | - | - | - | - | - | - | - | 1668 |
| FOOD AND TOBACCO | - | - | - | - | - | - | - | - | - | - | 6663 |
| WOOD AND WOOD PRODUCTS | - | - | - | - | - | - | - | - | - | - | - |
| MACHINERY | - | - | - | - | - | - | - | - | - | - | 11271 |
| TRANSPORT EQUIPMENT | - | - | - | - | - | - | - | - | - | - | 13093 |
| CONSTRUCTION | - | - | - | - | - | - | - | - | - | - | - |
| TEXTILES AND LEATHER | - | - | - | - | - | - | - | - | - | - | 6768 |
| NON SPECIFIED | 205 | - | 890 | - | 2 | - | 10010 | 10490 | - | - | 95357 |
| NON-ENERGY USES: | | | | | | | | | | | |
| (1)ENERGY PRODUCTS | - | - | - | - | - | - | - | - | - | - | - |
| (2)NON-ENERGY PRODUCTS | - | - | - | - | - | - | - | - | - | - | - |
| TRANSPORT. SECTOR ** | - | - | - | - | - | - | - | - | - | - | 15302 |
| AIR TRANSPORT | - | - | - | - | - | - | - | - | - | - | - |
| ROAD TRANSPORT | - | - | - | - | - | - | - | - | - | - | - |
| RAILWAYS | - | - | - | - | - | - | - | - | - | - | 15302 |
| INTERNAL NAVIGATION | - | - | - | - | - | - | - | - | - | - | - |
| OTHER SECTORS ** | 666 | 520 | 40 | - | 5 | - | 10 | 75030 | - | - | 174806 |
| AGRICULTURE | - | - | - | - | - | - | - | - | - | - | 1446 |
| PUBLIC SERVICES | - | - | - | - | - | - | - | - | - | - | - |
| COMMERCE | - | - | - | - | - | - | - | 15600 | - | - | 52250 |
| RESIDENTIAL | 666 | 520 | 40 | - | 5 | - | - | 59430 | - | - | 115801 |

(1) INCLUDED IN CHEMICAL OR PETROCHEMICAL INDUSTRY
(2) INCLUDED ONLY IN TOTAL INDUSTRY

| * OF WHICH: HYDRO | 85043 |
|---|---|
| NUCLEAR | 70393 |
| CONVENTIONAL THERMAL | 434207 |
| GEOTHERMAL | 900 |

** INCLUDED IN THESE TOTALS ARE THE NON-SPECIFIED ELEMENTS

PRODUCTION ET UTILISATION DES SOURCES D ENERGIE : JAPON

1979

UNIT: 1000 METRIC TONS
UNITE: 1000 TONNES METRIQUES

| OIL / PETROLE | | | REFINERY GAS | LIQUEFIED PETROLEUM GASES | AVIATION GASOLINE | MOTOR GASOLINE | JET FUEL | KEROSENE | GAS/DIESEL OIL | RESIDUAL FUEL OIL | NAPHTHA | NON-ENERGY PRODUCTS |
|---|---|---|---|---|---|---|---|---|---|---|---|---|
| CRUDE BRUT | NGL GNL | FEEDST. | GAZ DE PETROLE | GAZ LIQUEFIES DE PETROLE | ESSENCE AVION | ESSENCE AUTO | CARBURANT REACTEUR | PETROLE LAMPANT | GAZ/DIESEL OIL | FUEL OIL RESIDUEL | NAPHTHA | PRODUITS NON-ENERGETIQUES |
| 12 | 13 | 14 | 15 | 16 | 17 | 18 | 19 | 20 | 21 | 22 | 23 | 24 |
| 480 | 5 | - | 5841 | 4661 | 15 | 25358 | 3361 | 21608 | 36897 | 91664 | 18486 | 25949 |
| - | - | - | - | 2459 | - | - | - | - | - | - | - | 17252 |
| 235419 | 3677 | - | - | 9491 | - | - | - | 63 | 1788 | 6829 | 7639 | 2402 |
| - | - | - | - | -34 | - | - | - | - | -31 | -18 | - | -277 |
| - | - | - | - | - | - | - | - | - | -646 | -8329 | - | -55 |
| -3285 | - | -825 | - | -310 | 1 | 35 | - | -855 | -897 | 103 | -44 | -817 |
| 232614 | 3682 | -825 | 5841 | 16267 | 16 | 25393 | 3361 | 20816 | 37111 | 90249 | 26081 | 44454 |
| - | - | 2320 | - | - | - | - | - | - | - | - | -2320 | - |
| - | - | 20195 | - | - | - | - | - | - | - | - | - | -20195 |
| 232614 | 3682 | 21690 | 5841 | 16267 | 16 | 25393 | 3361 | 20816 | 37111 | 90249 | 23761 | 24259 |
| 426 | - | -825 | - | -1 | - | 49 | -109 | 404 | 209 | -276 | -1656 | -4307 |
| 232110 | 3379 | 22515 | 481 | 1587 | - | - | - | 186 | 538 | 36918 | 3102 | - |
| - | - | - | - | - | - | - | - | - | - | - | - | - |
| - | - | - | 481 | 1055 | - | - | - | - | - | - | 1368 | - |
| 214936 | 1139 | 22515 | - | - | - | - | - | - | - | - | - | - |
| 17174 | 2240 | - | - | 532 | - | - | - | - | - | 36617 | 1734 | - |
| - | - | - | 5360 | 1018 | - | - | - | - | - | 4813 | 254 | - |
| - | - | - | - | - | - | - | - | - | - | - | - | - |
| - | - | - | - | - | - | - | - | - | - | - | - | - |
| - | - | - | 5360 | 1018 | - | - | - | - | - | 4813 | 254 | - |
| - | - | - | - | - | - | - | - | - | - | - | - | - |
| - | - | - | - | - | - | - | - | - | - | - | - | - |
| - | - | - | - | - | - | - | - | - | - | - | - | - |
| - | - | - | - | - | - | - | - | - | - | - | - | - |
| 78 | 303 | - | - | 13663 | 16 | 25344 | 3470 | 20226 | 36364 | 48794 | 22061 | 28566 |
| 78 | 303 | - | - | 7024 | - | - | - | 3713 | 10293 | 41620 | 22061 | 28566 |
| - | - | - | - | - | - | - | - | - | 848 | 6379 | - | - |
| 78 | - | - | - | - | - | - | - | - | 900 | 9785 | 875 | - |
| - | 303 | - | - | 4020 | - | - | - | - | - | - | 21186 | - |
| - | - | - | - | - | - | - | - | - | 488 | 1668 | - | - |
| - | - | - | - | - | - | - | - | - | 874 | 9893 | - | - |
| - | - | - | - | - | - | - | - | - | 224 | 5678 | - | - |
| - | - | - | - | - | - | - | - | 18 | 271 | 172 | - | - |
| - | - | - | - | - | - | - | - | - | 1061 | 2120 | - | - |
| - | - | - | - | - | - | - | - | - | - | - | - | - |
| - | - | - | - | - | - | - | - | - | - | - | - | - |
| - | - | - | - | - | - | - | - | - | - | - | - | - |
| - | - | - | - | - | - | - | - | - | - | - | - | - |
| - | - | - | - | - | - | - | - | - | - | - | - | - |
| - | - | - | - | 3004 | - | - | - | 3695 | 5627 | 5925 | - | - |
| 78 | 303 | - | - | 4020 | - | - | - | - | 900 | - | 22061 | - |
| - | - | - | - | - | - | - | - | - | - | - | - | 28566 |
| - | - | - | - | 1538 | 16 | 25344 | 3470 | 348 | 15134 | 4138 | - | - |
| - | - | - | - | - | 16 | - | 3470 | - | - | - | - | - |
| - | - | - | - | 1538 | - | 25344 | - | 132 | 7584 | 31 | - | - |
| - | - | - | - | - | - | - | - | 153 | 1073 | 371 | - | - |
| - | - | - | - | - | - | - | - | 63 | 6477 | 3736 | - | - |
| - | - | - | - | 5101 | - | - | - | 16165 | 10937 | 3036 | - | - |
| - | - | - | - | - | - | - | - | 1323 | 1758 | 307 | - | - |
| - | - | - | - | - | - | - | - | - | - | - | - | - |
| - | - | - | - | - | - | - | - | - | - | - | - | - |
| - | - | - | - | 5101 | - | - | - | 14842 | 9179 | 2729 | - | - |

## PRODUCTION AND USES OF ENERGY SOURCES : JAPAN

1980

| ENERGY SOURCES / PRODUCTION AND USES | UNIT: 1000 METRIC TONS / UNITE: 1000 TONNES METRIQUES | | | | | | TCAL / TCAL | MANUFACTURED GAS (TCAL) / GAZ MANUFACTURE (TCAL) | | | MILLIONS OF (DE) KWH |
|---|---|---|---|---|---|---|---|---|---|---|---|
| | HARD COAL / HOUILLE | PATENT FUEL / AGGLOMERES | COKE OVEN COKE / COKE DE FOUR | GAS COKE / COKE DE GAZ | BROWN COAL / LIGNITE | BKB / BRIQ. DE LIGNITE | NATURAL GAS / GAZ NATUREL | GAS WORKS / USINES A GAZ | COKE OVENS / COKERIES | BLAST FURNACES / HAUT FOURNEAUX | ELECTRICITY* / ELECTRICITE* |
| | 1 | 2 | 3 | 4 | 5 | 6 | 7 | 8 | 9 | 10 | 11 |
| PRODUCTION | 18027 | 432 | 47463 | 3497 | 27 | - | 21531 | 54123 | 75067 | 93858 | 577521 |
| FROM OTHER SOURCES | - | - | - | - | - | - | - | 45000 | - | - | - |
| IMPORT | 68570 | - | - | - | - | - | 217113 | - | - | - | - |
| EXPORT | -61 | - | -2068 | - | - | - | - | - | - | - | - |
| INTL. MARINE BUNKERS | - | - | - | - | - | - | - | - | - | - | - |
| STOCK CHANGES | 1163 | - | 400 | - | - | - | - | - | - | - | - |
| DOMESTIC SUPPLY | 87699 | 432 | 45795 | 3497 | 27 | - | 238644 | 99123 | 75067 | 93858 | 577521 |
| RETURNS TO SUPPLY | - | - | - | - | - | - | - | - | - | - | - |
| TRANSFERS | - | - | - | - | - | - | - | - | - | - | - |
| DOMESTIC AVAILABILITY | 87699 | 432 | 45795 | 3497 | 27 | - | 238644 | 99123 | 75067 | 93858 | 577521 |
| STATISTICAL DIFFERENCE | 199 | - | - | - | - | - | -6166 | -18 | 1100 | -1234 | - |
| TRANSFORM. SECTOR ** | 78913 | - | 13803 | - | - | - | 230571 | - | 19154 | 42405 | - |
| FOR SOLID FUELS | 66100 | - | - | - | - | - | - | - | - | - | - |
| FOR GASES | 4319 | - | 13803 | - | - | - | 51704 | - | 3886 | 1159 | - |
| PETROLEUM REFINERIES | - | - | - | - | - | - | - | - | - | - | - |
| THERMO-ELECTRIC PLANTS | 8494 | - | - | - | - | - | 178867 | - | 15268 | 41246 | - |
| ENERGY SECTOR | 514 | - | 144 | 132 | - | - | 5547 | 7729 | 7142 | 8066 | 64252 |
| COAL MINES | 514 | - | - | - | - | - | - | - | - | - | 1484 |
| OIL AND GAS EXTRACTION | - | - | - | - | - | - | 5547 | - | - | - | - |
| PETROLEUM REFINERIES | - | - | - | - | - | - | - | - | - | - | 5492 |
| ELECTRIC PLANTS | - | - | - | - | - | - | - | - | - | - | 29454 |
| DISTRIBUTION LOSSES | - | - | - | - | - | - | - | 2087 | - | - | 25390 |
| PUMP STORAGE (ELECTR.) | - | - | - | - | - | - | - | - | - | - | 2432 |
| OTHER ENERGY SECTOR | - | - | 144 | 132 | - | - | - | 5642 | 7142 | 8066 | - |
| FINAL CONSUMPTION | 8073 | 432 | 31848 | 3365 | 27 | - | 8692 | 91412 | 47671 | 44621 | 513269 |
| INDUSTRY SECTOR | 6549 | - | 31848 | 3365 | 22 | - | 8476 | 14017 | 47671 | 44621 | 322398 |
| IRON AND STEEL | 344 | - | 29731 | 3365 | - | - | - | - | 47671 | 44621 | 73504 |
| CHEMICAL | 144 | - | 337 | - | 21 | - | 7633 | - | - | - | 34895 |
| PETROCHEMICAL | - | - | - | - | - | - | - | - | - | - | 12207 |
| NON-FERROUS METAL | - | - | 321 | - | - | - | - | - | - | - | 26506 |
| NON-METALLIC MINERAL | 5384 | - | 320 | - | - | - | - | - | - | - | 17221 |
| PAPER PULP AND PRINT | 173 | - | - | - | - | - | - | - | - | - | 23130 |
| MINING AND QUARRYING | - | - | - | - | - | - | - | - | - | - | 1666 |
| FOOD AND TOBACCO | - | - | - | - | - | - | - | - | - | - | 6631 |
| WOOD AND WOOD PRODUCTS | - | - | - | - | - | - | - | - | - | - | - |
| MACHINERY | - | - | - | - | - | - | - | - | - | - | 11918 |
| TRANSPORT EQUIPMENT | - | - | - | - | - | - | - | - | - | - | 13836 |
| CONSTRUCTION | - | - | - | - | - | - | - | - | - | - | - |
| TEXTILES AND LEATHER | - | - | - | - | - | - | - | - | - | - | 6419 |
| NON SPECIFIED | 504 | - | 1139 | - | 1 | - | 843 | 14017 | - | - | 94465 |
| NON-ENERGY USES: | | | | | | | | | | | |
| (1)ENERGY PRODUCTS | - | - | - | - | - | - | 7633 | - | - | - | - |
| (2)NON-ENERGY PRODUCTS | - | - | - | - | - | - | - | - | - | - | - |
| TRANSPORT. SECTOR ** | - | - | - | - | - | - | - | - | - | - | 15227 |
| AIR TRANSPORT | - | - | - | - | - | - | - | - | - | - | - |
| ROAD TRANSPORT | - | - | - | - | - | - | - | - | - | - | - |
| RAILWAYS | - | - | - | - | - | - | - | - | - | - | 15227 |
| INTERNAL NAVIGATION | - | - | - | - | - | - | - | - | - | - | - |
| OTHER SECTORS ** | 1524 | 432 | - | - | 5 | - | 216 | 77395 | - | - | 175644 |
| AGRICULTURE | - | - | - | - | - | - | - | - | - | - | 1206 |
| PUBLIC SERVICES | - | - | - | - | - | - | - | - | - | - | - |
| COMMERCE | - | - | - | - | - | - | - | 15936 | - | - | 52957 |
| RESIDENTIAL | 1524 | 432 | - | - | 5 | - | - | 61459 | - | - | 116091 |

(1) INCLUDED IN CHEMICAL OR PETROCHEMICAL INDUSTRY
(2) INCLUDED ONLY IN TOTAL INDUSTRY

| * OF WHICH: HYDRO | 92092 |
|---|---|
| NUCLEAR | 82591 |
| CONVENTIONAL THERMAL | 402838 |
| GEOTHERMAL | 900 |

** INCLUDED IN THESE TOTALS ARE THE NON-SPECIFIED ELEMENTS

PRODUCTION ET UTILISATION DES SOURCES D ENERGIE : JAPON

1980

UNIT: 1000 METRIC TONS
UNITE: 1000 TONNES METRIQUES

| OIL PETROLE | | | REFINERY GAS | LIQUEFIED PETROLEUM GASES | AVIATION GASOLINE | MOTOR GASOLINE | JET FUEL | KEROSENE | GAS/DIESEL OIL | RESIDUAL FUEL OIL | NAPHTHA | NON-ENERGY PRODUCTS |
|---|---|---|---|---|---|---|---|---|---|---|---|---|
| CRUDE BRUT | NGL GNL | FEEDST. | GAZ DE PETROLE | GAZ LIQUEFIES DE PETROLE | ESSENCE AVION | ESSENCE AUTO | CARBURANT REACTEUR | PETROLE LAMPANT | GAZ/DIESEL OIL | FUEL OIL RESIDUEL | NAPHTHA | PRODUITS NON-ENERGETIQUES |
| 12 | 13 | 14 | 15 | 16 | 17 | 18 | 19 | 20 | 21 | 22 | 23 | 24 |
| 521 | 5 | - | 5824 | 4210 | 14 | 25149 | 3597 | 19405 | 35774 | 81175 | 16441 | 8849 |
| - | - | - | - | - | - | - | - | - | - | - | - | - |
| 215567 | 4250 | - | - | 9725 | - | - | 29 | 61 | 982 | 5766 | 5427 | 2616 |
| - | - | - | - | -6 | - | - | -1450 | - | -67 | -5 | - | -357 |
| - | - | - | - | - | - | - | - | - | -720 | -11205 | - | -56 |
| -4076 | - | -701 | - | -72 | -1 | 233 | -9 | 167 | 106 | -633 | 34 | -33 |
| 212012 | 4255 | -701 | 5824 | 13857 | 13 | 25382 | 2167 | 19633 | 36075 | 75098 | 21902 | 11019 |
| - | - | 2323 | - | - | - | - | - | - | - | - | -2323 | - |
| - | - | 1816 | - | - | - | - | - | - | - | - | - | -1816 |
| 212012 | 4255 | 3438 | 5824 | 13857 | 13 | 25382 | 2167 | 19633 | 36075 | 75098 | 19579 | 9203 |
| 2095 | - | -701 | - | -1085 | - | -50 | -174 | 544 | 23 | -3832 | 755 | -586 |
| 209849 | 3612 | 4139 | 528 | 1969 | - | - | - | 212 | 628 | 34021 | 2473 | - |
| - | - | - | - | - | - | - | - | - | - | - | - | - |
| - | - | - | 528 | 1296 | - | - | - | - | - | - | 1292 | - |
| 198069 | 1469 | 4139 | - | - | - | - | - | - | - | - | - | - |
| 11780 | 2143 | - | - | 673 | - | - | - | - | - | 33703 | 1181 | - |
| - | - | - | 5296 | 10 | - | - | - | - | - | 4321 | 243 | - |
| - | - | - | - | - | - | - | - | - | - | - | - | - |
| - | - | - | - | - | - | - | - | - | - | - | - | - |
| - | - | - | 5296 | 10 | - | - | - | - | - | 4321 | 243 | - |
| - | - | - | - | - | - | - | - | - | - | - | - | - |
| - | - | - | - | - | - | - | - | - | - | - | - | - |
| - | - | - | - | - | - | - | - | - | - | - | - | - |
| - | - | - | - | - | - | - | - | - | - | - | - | - |
| 68 | 643 | - | - | 12963 | 13 | 25432 | 2341 | 18877 | 35424 | 40588 | 16108 | 9789 |
| 68 | 643 | - | - | 6431 | - | - | - | 3695 | 9424 | 33609 | 16108 | 9789 |
| - | - | - | - | 481 | - | - | - | - | 733 | 4163 | - | - |
| 68 | - | - | - | - | - | - | - | - | 825 | 8833 | 783 | - |
| - | 643 | - | - | 3867 | - | - | - | - | - | - | 15325 | - |
| - | - | - | - | - | - | - | - | - | 436 | 1697 | - | - |
| - | - | - | - | - | - | - | - | - | 746 | 6926 | - | - |
| - | - | - | - | - | - | - | - | - | 225 | 4964 | - | - |
| - | - | - | - | - | - | - | - | 42 | 280 | 158 | - | - |
| - | - | - | - | - | - | - | - | - | 1007 | 2072 | - | - |
| - | - | - | - | - | - | - | - | - | - | - | - | - |
| - | - | - | - | - | - | - | - | - | - | - | - | - |
| - | - | - | - | - | - | - | - | - | - | - | - | - |
| - | - | - | - | - | - | - | - | 544 | 2571 | 93 | - | - |
| - | - | - | - | - | - | - | - | - | 313 | 3094 | - | - |
| - | - | - | - | 2083 | - | - | - | 3109 | 2288 | 1609 | - | - |
| 68 | 643 | - | - | 3867 | - | - | - | - | 825 | 8833 | 18431 | - |
| - | - | - | - | - | - | - | - | - | - | - | - | 9789 |
| - | - | - | - | 1548 | 13 | 25432 | 2341 | 392 | 10013 | 4028 | - | - |
| - | - | - | - | - | 13 | - | 2341 | - | - | - | - | - |
| - | - | - | - | 1548 | - | 25432 | - | 100 | 6787 | 62 | - | - |
| - | - | - | - | - | - | - | - | 148 | 965 | 359 | - | - |
| - | - | - | - | - | - | - | - | 15 | 2001 | 3539 | - | - |
| - | - | - | - | 4984 | - | - | - | 14790 | 15987 | 2951 | - | - |
| - | - | - | - | - | - | - | - | 1287 | 1658 | 289 | - | - |
| - | - | - | - | - | - | - | - | - | - | - | - | - |
| - | - | - | - | - | - | - | - | - | - | - | - | - |
| - | - | - | - | 4984 | - | - | - | 13503 | 14329 | 2662 | - | - |

## PRODUCTION AND USES OF ENERGY SOURCES : JAPAN

1981

| X ENERGY / SOURCES / PRODUCTION AND USES | UNIT: 1000 METRIC TONS / UNITE: 1000 TONNES METRIQUES | | | | | | TCAL / TCAL | MANUFACTURED GAS (TCAL) / GAZ MANUFACTURE (TCAL) | | | MILLIONS / OF (DE) KWH |
|---|---|---|---|---|---|---|---|---|---|---|---|
| | HARD COAL / HOUILLE | PATENT FUEL / AGGLOMERES | COKE OVEN COKE / COKE DE FOUR | GAS COKE / COKE DE GAZ | BROWN COAL / LIGNITE | BKB / BRIQ. DE LIGNITE | NATURAL GAS / GAZ NATUREL | GAS WORKS / USINES A GAZ | COKE OVENS / COKERIES | BLAST FURNACES / HAUT FOURNEAUX | ELECTRICITY* / ELECTRICITE* |
| | 1 | 2 | 3 | 4 | 5 | 6 | 7 | 8 | 9 | 10 | 11 |
| PRODUCTION | 17687 | 331 | 47241 | 3450 | 8 | - | 20600 | 55173 | 73642 | 89621 | 583249 |
| FROM OTHER SOURCES | - | - | - | - | - | - | - | 50000 | - | - | - |
| IMPORT | 77958 | - | - | - | - | - | 223877 | - | - | - | - |
| EXPORT | -46 | - | -1968 | - | - | - | - | - | - | - | - |
| INTL. MARINE BUNKERS | - | - | - | - | - | - | - | - | - | - | - |
| STOCK CHANGES | 907 | - | -258 | - | - | - | - | - | - | - | - |
| DOMESTIC SUPPLY | 96506 | 331 | 45015 | 3450 | 8 | - | 244477 | 105173 | 73642 | 89621 | 583249 |
| RETURNS TO SUPPLY | - | - | - | - | - | - | - | - | - | - | - |
| TRANSFERS | - | - | - | - | - | - | - | - | - | - | - |
| DOMESTIC AVAILABILITY | 96506 | 331 | 45015 | 3450 | 8 | - | 244477 | 105173 | 73642 | 89621 | 583249 |
| STATISTICAL DIFFERENCE | -1280 | - | - | - | - | - | -7981 | - | 4318 | 4503 | - |
| TRANSFORM. SECTOR ** | 84995 | - | 13180 | - | - | - | 238984 | - | 20083 | 39416 | - |
| FOR SOLID FUELS | 66629 | - | - | - | - | - | - | - | - | - | - |
| FOR GASES | 4807 | - | 13180 | - | - | - | 55131 | - | 3708 | 1132 | - |
| PETROLEUM REFINERIES | - | - | - | - | - | - | - | - | - | - | - |
| THERMO-ELECTRIC PLANTS | 13559 | - | - | - | - | - | 183853 | - | 16375 | 38284 | - |
| ENERGY SECTOR | 475 | - | 153 | 132 | - | - | 5762 | 8143 | 6792 | 7811 | 67454 |
| COAL MINES | 475 | - | - | - | - | - | - | - | - | - | 1488 |
| OIL AND GAS EXTRACTION | - | - | - | - | - | - | 5762 | - | - | - | - |
| PETROLEUM REFINERIES | - | - | - | - | - | - | - | - | - | - | 5371 |
| ELECTRIC PLANTS | - | - | - | - | - | - | - | - | - | - | 30844 |
| DISTRIBUTION LOSSES | - | - | - | - | - | - | - | 1905 | - | - | 26641 |
| PUMP STORAGE (ELECTR.) | - | - | - | - | - | - | - | - | - | - | 3110 |
| OTHER ENERGY SECTOR | - | - | 153 | 132 | - | - | - | 6238 | 6792 | 7811 | - |
| FINAL CONSUMPTION | 12316 | 331 | 31682 | 3318 | 8 | - | 7712 | 97030 | 42449 | 37891 | 515795 |
| INDUSTRY SECTOR | 10860 | - | 31682 | 3318 | 3 | - | 7516 | 15850 | 42449 | 37891 | 315202 |
| IRON AND STEEL | 260 | - | 29486 | 3318 | - | - | - | - | 42449 | 37891 | 70518 |
| CHEMICAL | 333 | - | 289 | - | 3 | - | 6820 | - | - | - | 33803 |
| PETROCHEMICAL | - | - | - | - | - | - | - | - | - | - | 11645 |
| NON-FERROUS METAL | - | - | 304 | - | - | - | - | - | - | - | 20886 |
| NON-METALLIC MINERAL | 9821 | - | 264 | - | - | - | - | - | - | - | 16523 |
| PAPER PULP AND PRINT | 356 | - | - | - | - | - | - | - | - | - | 21873 |
| MINING AND QUARRYING | - | - | - | - | - | - | - | - | - | - | 1634 |
| FOOD AND TOBACCO | - | - | - | - | - | - | - | - | - | - | 6824 |
| WOOD AND WOOD PRODUCTS | - | - | - | - | - | - | - | - | - | - | - |
| MACHINERY | - | - | - | - | - | - | - | - | - | - | 12953 |
| TRANSPORT EQUIPMENT | - | - | - | - | - | - | - | - | - | - | 14236 |
| CONSTRUCTION | - | - | - | - | - | - | - | - | - | - | - |
| TEXTILES AND LEATHER | - | - | - | - | - | - | - | - | - | - | 6288 |
| NON SPECIFIED | 90 | - | 1339 | - | - | - | 696 | 15850 | - | - | 98019 |
| NON-ENERGY USES: | | | | | | | | | | | |
| (1)ENERGY PRODUCTS | - | - | - | - | - | - | 6820 | - | - | - | - |
| (2)NON-ENERGY PRODUCTS | - | - | - | - | - | - | - | - | - | - | - |
| TRANSPORT. SECTOR ** | - | - | - | - | - | - | - | - | - | - | 15436 |
| AIR TRANSPORT | - | - | - | - | - | - | - | - | - | - | - |
| ROAD TRANSPORT | - | - | - | - | - | - | - | - | - | - | - |
| RAILWAYS | - | - | - | - | - | - | - | - | - | - | 15436 |
| INTERNAL NAVIGATION | - | - | - | - | - | - | - | - | - | - | - |
| OTHER SECTORS ** | 1456 | 331 | - | - | 5 | - | 196 | 81180 | - | - | 185157 |
| AGRICULTURE | - | - | - | - | - | - | - | - | - | - | 1326 |
| PUBLIC SERVICES | - | - | - | - | - | - | - | - | - | - | - |
| COMMERCE | - | - | - | - | - | - | - | 16862 | - | - | 57002 |
| RESIDENTIAL | 1456 | 331 | - | - | 5 | - | - | 64318 | - | - | 121264 |

(1) INCLUDED IN CHEMICAL OR PETROCHEMICAL INDUSTRY
(2) INCLUDED ONLY IN TOTAL INDUSTRY

| * OF WHICH: HYDRO | 90567 |
|---|---|
| NUCLEAR | 87820 |
| CONVENTIONAL THERMAL | 404862 |
| GEOTHERMAL | 900 |

** INCLUDED IN THESE TOTALS ARE THE NON-SPECIFIED ELEMENTS

## PRODUCTION ET UTILISATION DES SOURCES D ENERGIE : JAPON

**1981**

UNIT: 1000 METRIC TONS
UNITE: 1000 TONNES METRIQUES

| OIL / PETROLE: CRUDE / BRUT | OIL / PETROLE: NGL / GNL | OIL / PETROLE: FEEDST. | REFINERY GAS / GAZ DE PETROLE | LIQUEFIED PETROLEUM GASES / GAZ LIQUEFIES DE PETROLE | AVIATION GASOLINE / ESSENCE AVION | MOTOR GASOLINE / ESSENCE AUTO | JET FUEL / CARBURANT REACTEUR | KEROSENE / PETROLE LAMPANT | GAS/DIESEL OIL / GAZ/DIESEL OIL | RESIDUAL FUEL OIL / FUEL OIL RESIDUEL | NAPHTHA / NAPHTHA | NON-ENERGY PRODUCTS / PRODUITS NON-ENERGETIQUES |
|---|---|---|---|---|---|---|---|---|---|---|---|---|
| 12 | 13 | 14 | 15 | 16 | 17 | 18 | 19 | 20 | 21 | 22 | 23 | 24 |
| 487 | 5 | - | 5805 | 4221 | 13 | 25735 | 3522 | 18929 | 34560 | 68522 | 13457 | 8512 |
| - | - | - | - | - | - | - | - | - | - | - | - | - |
| 193625 | 5914 | - | - | 10097 | - | - | 458 | 756 | 1898 | 6203 | 5337 | 2394 |
| - | - | - | - | -6 | - | - | -1331 | -3 | -140 | -175 | - | -281 |
| - | - | - | - | - | - | - | - | - | -776 | -10160 | - | -64 |
| -2249 | - | 1033 | - | 171 | - | 204 | -23 | 737 | 370 | 1536 | 27 | 32 |
| 191863 | 5919 | 1033 | 5805 | 14483 | 13 | 25939 | 2626 | 20419 | 35912 | 65926 | 18821 | 10593 |
| - | - | 2313 | - | - | - | - | - | - | - | - | -2313 | - |
| - | - | 2300 | - | - | - | - | - | - | - | - | - | -2300 |
| 191863 | 5919 | 5646 | 5805 | 14483 | 13 | 25939 | 2626 | 20419 | 35912 | 65926 | 16508 | 8293 |
| 2124 | - | 1033 | - | -986 | - | 112 | 390 | 533 | 218 | -1074 | 1034 | -1627 |
| 189687 | 4659 | 4613 | 687 | 2309 | - | - | - | 173 | 388 | 30800 | 1864 | - |
| - | - | - | - | - | - | - | - | - | - | - | - | - |
| - | - | - | 687 | 1576 | - | - | - | - | - | - | 1067 | - |
| 177023 | 2922 | 4613 | - | - | - | - | - | - | - | - | - | - |
| 12664 | 1737 | - | - | 733 | - | - | - | - | - | 30719 | 797 | - |
| - | - | - | 5118 | 4 | - | - | - | - | - | 3792 | 178 | - |
| - | - | - | - | - | - | - | - | - | - | - | - | - |
| - | - | - | - | - | - | - | - | - | - | - | - | - |
| - | - | - | 5118 | 4 | - | - | - | - | - | 3792 | 178 | - |
| - | - | - | - | - | - | - | - | - | - | - | - | - |
| - | - | - | - | - | - | - | - | - | - | - | - | - |
| - | - | - | - | - | - | - | - | - | - | - | - | - |
| - | - | - | - | - | - | - | - | - | - | - | - | - |
| 52 | 1260 | - | - | 13156 | 13 | 25827 | 2236 | 19713 | 35306 | 32408 | 13432 | 9920 |
| 52 | 1260 | - | - | 6581 | - | - | - | 4361 | 9562 | 26580 | 13432 | 9920 |
| - | - | - | - | 405 | - | - | - | - | 472 | 2196 | - | - |
| 52 | - | - | - | - | - | - | - | - | 460 | 7152 | 528 | - |
| - | 1260 | - | - | 3874 | - | - | - | - | - | - | 12904 | - |
| - | - | - | - | - | - | - | - | - | 328 | 1061 | - | - |
| - | - | - | - | - | - | - | - | - | 723 | 3055 | - | - |
| - | - | - | - | - | - | - | - | - | 137 | 4150 | - | - |
| - | - | - | - | - | - | - | - | 60 | 226 | 87 | - | - |
| - | - | - | - | - | - | - | - | - | 1049 | 2417 | - | - |
| - | - | - | - | - | - | - | - | - | - | - | - | - |
| - | - | - | - | - | - | - | - | - | - | - | - | - |
| - | - | - | - | - | - | - | - | - | - | - | - | - |
| - | - | - | - | - | - | - | - | 535 | 2827 | 73 | - | - |
| - | - | - | - | - | - | - | - | - | 410 | 3927 | - | - |
| - | - | - | - | 2302 | - | - | - | 3766 | 2930 | 2462 | - | - |
| 52 | 1260 | - | - | 3874 | - | - | - | - | 460 | 7152 | 13432 | - |
| - | - | - | - | - | - | - | - | - | - | - | - | 9920 |
| - | - | - | - | 1241 | 13 | 25827 | 2236 | 372 | 10293 | 3186 | - | - |
| - | - | - | - | - | 13 | - | 2236 | - | - | - | - | - |
| - | - | - | - | 1241 | - | 25827 | - | 99 | 7424 | 71 | - | - |
| - | - | - | - | - | - | - | - | 186 | 938 | 279 | - | - |
| - | - | - | - | - | - | - | - | 11 | 1504 | 2741 | - | - |
| - | - | - | - | 5334 | - | - | - | 14980 | 15451 | 2642 | - | - |
| - | - | - | - | - | - | - | - | 1282 | 1329 | 164 | - | - |
| - | - | - | - | - | - | - | - | - | - | - | - | - |
| - | - | - | - | - | - | - | - | - | - | - | - | - |
| - | - | - | - | 5334 | - | - | - | 13698 | 14122 | 2478 | - | - |

## PRODUCTION AND USES OF ENERGY SOURCES : AUSTRALIA

1971

| X / XX ENERGY / XX / XX SOURCES / XX / XX / XX / PRODUCTION XX / XX / AND USES XX/ | UNIT: 1000 METRIC TONS / UNITE: 1000 TONNES METRIQUES | | | | | | TCAL / TCAL | MANUFACTURED GAS (TCAL) / GAZ MANUFACTURE (TCAL) | | | MILLIONS / OF (DE) KWH |
|---|---|---|---|---|---|---|---|---|---|---|---|
| | HARD COAL / HOUILLE | PATENT FUEL / AGGLOMERES | COKE OVEN COKE / COKE DE FOUR | GAS COKE / COKE DE GAZ | BROWN COAL / LIGNITE | BKB / BRIQ. DE LIGNITE | NATURAL GAS / GAZ NATUREL | GAS WORKS / USINES A GAZ | COKE OVENS / COKERIES | BLAST FURNACES / HAUT FOURNEAUX | ELECTRICITY* / ELECTRICITE* |
| | 1 | 2 | 3 | 4 | 5 | 6 | 7 | 8 | 9 | 10 | 11 |
| PRODUCTION | 44077 | - | 4785 | 200 | 23180 | 1391 | 19921 | 3125 | 9383 | 9958 | 53302 |
| FROM OTHER SOURCES | - | - | - | - | - | - | - | - | - | - | - |
| IMPORT | - | - | - | - | - | - | - | - | - | - | - |
| EXPORT | -20824 | - | - | - | - | - | - | - | - | - | - |
| INTL. MARINE BUNKERS | - | - | - | - | - | - | - | - | - | - | - |
| STOCK CHANGES | 2212 | - | - | - | - | -2 | - | - | - | - | - |
| DOMESTIC SUPPLY | 25465 | - | 4785 | 200 | 23180 | 1389 | 19921 | 3125 | 9383 | 9958 | 53302 |
| RETURNS TO SUPPLY | - | - | - | - | - | - | - | - | - | - | - |
| TRANSFERS | - | - | - | - | - | - | - | - | - | - | - |
| DOMESTIC AVAILABILITY | 25465 | - | 4785 | 200 | 23180 | 1389 | 19921 | 3125 | 9383 | 9958 | 53302 |
| STATISTICAL DIFFERENCE | 497 | - | - | - | - | - | - | - | - | - | - |
| TRANSFORM. SECTOR ** | 21736 | - | 1485 | - | 21536 | 221 | 5712 | - | - | - | - |
| FOR SOLID FUELS | 8633 | - | - | - | 3825 | - | - | - | - | - | - |
| FOR GASES | 390 | - | 1485 | - | - | - | - | - | - | - | - |
| PETROLEUM REFINERIES | - | - | - | - | - | - | - | - | - | - | - |
| THERMO-ELECTRIC PLANTS | 12713 | - | - | - | 17711 | 221 | 5712 | - | - | - | - |
| ENERGY SECTOR | - | - | - | 130 | - | - | 3000 | - | 3100 | 2368 | 8032 |
| COAL MINES | - | - | - | - | - | - | - | - | - | - | - |
| OIL AND GAS EXTRACTION | - | - | - | - | - | - | 1500 | - | - | - | - |
| PETROLEUM REFINERIES | - | - | - | - | - | - | - | - | - | - | - |
| ELECTRIC PLANTS | - | - | - | - | - | - | - | - | - | - | 2898 |
| DISTRIBUTION LOSSES | - | - | - | - | - | - | 1500 | - | 400 | 743 | 4767 |
| PUMP STORAGE (ELECTR.) | - | - | - | - | - | - | - | - | - | - | 367 |
| OTHER ENERGY SECTOR | - | - | - | 130 | - | - | - | - | 2700 | 1625 | - |
| FINAL CONSUMPTION | 3232 | - | 3300 | 70 | 1644 | 1168 | 11209 | 3125 | 6283 | 7590 | 45270 |
| INDUSTRY SECTOR | 3000 | - | 3300 | 50 | 1644 | 700 | 7400 | 3125 | 6283 | 7590 | 19592 |
| IRON AND STEEL | - | - | 2915 | - | - | - | 250 | - | 6283 | 7590 | - |
| CHEMICAL | - | - | - | - | - | - | 1000 | - | - | - | - |
| PETROCHEMICAL | - | - | - | - | - | - | - | - | - | - | - |
| NON-FERROUS METAL | 1300 | - | - | - | 1200 | - | - | - | - | - | - |
| NON-METALLIC MINERAL | 1100 | - | - | - | - | - | - | - | - | - | - |
| PAPER PULP AND PRINT | 300 | - | - | - | 350 | - | - | - | - | - | - |
| MINING AND QUARRYING | - | - | - | - | - | - | - | - | - | - | - |
| FOOD AND TOBACCO | 250 | - | - | - | - | - | - | - | - | - | - |
| WOOD AND WOOD PRODUCTS | 13 | - | - | - | - | - | - | - | - | - | - |
| MACHINERY | - | - | - | - | - | - | - | - | - | - | - |
| TRANSPORT EQUIPMENT | - | - | - | - | - | - | - | - | - | - | - |
| CONSTRUCTION | - | - | - | - | - | - | - | - | - | - | - |
| TEXTILES AND LEATHER | - | - | - | - | - | - | - | - | - | - | - |
| NON SPECIFIED | 37 | - | 385 | 50 | 94 | 700 | 6150 | 3125 | - | - | 19592 |
| NON-ENERGY USES: | | | | | | | | | | | |
| (1)ENERGY PRODUCTS | - | - | - | - | - | - | 1000 | - | - | - | - |
| (2)NON-ENERGY PRODUCTS | - | - | - | - | - | - | - | - | - | - | - |
| TRANSPORT. SECTOR ** | 132 | - | - | - | - | - | - | - | - | - | 653 |
| AIR TRANSPORT | - | - | - | - | - | - | - | - | - | - | - |
| ROAD TRANSPORT | - | - | - | - | - | - | - | - | - | - | - |
| RAILWAYS | 132 | - | - | - | - | - | - | - | - | - | 653 |
| INTERNAL NAVIGATION | - | - | - | - | - | - | - | - | - | - | - |
| OTHER SECTORS ** | 100 | - | - | 20 | - | 468 | 3809 | - | - | - | 25025 |
| AGRICULTURE | - | - | - | - | - | - | - | - | - | - | 840 |
| PUBLIC SERVICES | 100 | - | - | - | - | - | - | - | - | - | - |
| COMMERCE | - | - | - | - | - | - | 1000 | - | - | - | 7557 |
| RESIDENTIAL | - | - | - | 20 | - | 468 | - | - | - | - | 16628 |

(1) INCLUDED IN CHEMICAL OR PETROCHEMICAL INDUSTRY
(2) INCLUDED ONLY IN TOTAL INDUSTRY

| * OF WHICH: HYDRO | 11838 |
|---|---|
| NUCLEAR | 0 |
| CONVENTIONAL THERMAL | 41464 |
| GEOTHERMAL | 0 |

** INCLUDED IN THESE TOTALS ARE THE NON-SPECIFIED ELEMENTS

UNIT: 1000 METRIC TONS
UNITE: 1000 TONNES METRIQUES

| OIL / PETROLE | | | REFINERY GAS | LIQUEFIED PETROLEUM GASES | AVIATION GASOLINE | MOTOR GASOLINE | JET FUEL | KEROSENE | GAS/DIESEL OIL | RESIDUAL FUEL OIL | NAPHTHA | NON-ENERGY PRODUCTS |
|---|---|---|---|---|---|---|---|---|---|---|---|---|
| CRUDE* BRUT* | NGL GNL | FEEDST. | GAZ DE PETROLE | GAZ LIQUEFIES DE PETROLE | ESSENCE AVION | ESSENCE AUTO | CARBURANT REACTEUR | PETROLE LAMPANT | GAZ/DIESEL OIL | FUEL OIL RESIDUEL | NAPHTHA | PRODUITS NON-ENERGETIQUES |
| 12 | 13 | 14 | 15 | 16 | 17 | 18 | 19 | 20 | 21 | 22 | 23 | 24 |
| 14340 | - | - | 118 | 863 | 46 | 7607 | 1278 | 224 | 3741 | 6655 | 870 | 1899 |
| - | - | - | - | - | - | - | - | - | - | - | - | - |
| 10228 | - | - | - | - | 48 | 358 | 68 | 100 | 350 | 2000 | - | 237 |
| -559 | - | - | - | -524 | -11 | -152 | -259 | -34 | - | -520 | - | -323 |
| - | - | - | - | - | - | - | - | - | -378 | -1947 | - | - |
| 326 | - | - | - | -19 | -18 | -7 | -30 | -56 | - | - | - | - |
| 24335 | - | - | 118 | 320 | 65 | 7806 | 1057 | 234 | 3713 | 6188 | 870 | 1813 |
| - | - | - | - | - | - | - | - | - | - | - | - | - |
| - | - | - | - | - | - | - | - | - | - | - | - | - |
| 24335 | - | - | 118 | 320 | 65 | 7806 | 1057 | 234 | 3713 | 6188 | 870 | 1813 |
| - | - | - | - | - | - | - | - | - | - | - | - | - |
| 24335 | - | - | - | 81 | - | - | - | - | 100 | 270 | - | - |
| - | - | - | - | - | - | - | - | - | - | - | - | - |
| - | - | - | - | 81 | - | - | - | - | - | - | - | - |
| 24335 | - | - | - | - | - | - | - | - | - | - | - | - |
| - | - | - | - | - | - | - | - | - | 100 | 270 | - | - |
| - | - | - | - | - | - | - | - | - | - | 600 | - | - |
| - | - | - | - | - | - | - | - | - | - | - | - | - |
| - | - | - | - | - | - | - | - | - | - | - | - | - |
| - | - | - | - | - | - | - | - | - | - | 600 | - | - |
| - | - | - | - | - | - | - | - | - | - | - | - | - |
| - | - | - | - | - | - | - | - | - | - | - | - | - |
| - | - | - | - | - | - | - | - | - | - | - | - | - |
| - | - | - | - | - | - | - | - | - | - | - | - | - |
| - | - | - | 118 | 239 | 65 | 7806 | 1057 | 234 | 3613 | 5318 | 870 | 1813 |
| - | - | - | 118 | 68 | - | - | - | - | 903 | 4948 | 870 | 1813 |
| - | - | - | - | 12 | - | - | - | - | 50 | 1200 | - | - |
| - | - | - | 118 | - | - | - | - | - | - | 300 | 870 | - |
| - | - | - | - | - | - | - | - | - | - | - | - | - |
| - | - | - | - | - | - | - | - | - | - | - | - | - |
| - | - | - | - | - | - | - | - | - | - | - | - | - |
| - | - | - | - | - | - | - | - | - | - | - | - | - |
| - | - | - | - | - | - | - | - | - | - | - | - | - |
| - | - | - | - | - | - | - | - | - | - | - | - | - |
| - | - | - | - | - | - | - | - | - | - | - | - | - |
| - | - | - | - | - | - | - | - | - | - | - | - | - |
| - | - | - | - | - | - | - | - | - | - | - | - | - |
| - | - | - | - | - | - | - | - | - | - | - | - | - |
| - | - | - | - | - | - | - | - | - | - | - | - | - |
| - | - | - | - | 56 | - | - | - | - | 853 | 3448 | - | - |
| - | - | - | - | - | - | - | - | - | - | - | 870 | - |
| - | - | - | - | - | - | - | - | - | - | - | - | 1813 |
| - | - | - | - | - | 65 | 7806 | 1057 | - | 1210 | - | - | - |
| - | - | - | - | - | 65 | - | 1057 | - | - | - | - | - |
| - | - | - | - | - | - | 7806 | - | - | 900 | - | - | - |
| - | - | - | - | - | - | - | - | - | 310 | - | - | - |
| - | - | - | - | - | - | - | - | - | - | - | - | - |
| - | - | - | - | 171 | - | - | - | 234 | 1500 | 370 | - | - |
| - | - | - | - | - | - | - | - | 57 | 800 | - | - | - |
| - | - | - | - | - | - | - | - | - | - | - | - | - |
| - | - | - | - | - | - | - | - | - | - | - | - | - |
| - | - | - | - | 171 | - | - | - | 177 | - | 370 | - | - |

*INCLUDED IN THIS COLUMN IS NGL AND FEEDSTOCKS.

## PRODUCTION AND USES OF ENERGY SOURCES : AUSTRALIA

1972

| X ENERGY SOURCES / PRODUCTION AND USES | UNIT: 1000 METRIC TONS / UNITE: 1000 TONNES METRIQUES | | | | | | TCAL / TCAL | MANUFACTURED GAS (TCAL) / GAZ MANUFACTURE (TCAL) | | | MILLIONS OF (DE) KWH |
|---|---|---|---|---|---|---|---|---|---|---|---|
| | HARD COAL / HOUILLE | PATENT FUEL / AGGLOMERES | COKE OVEN COKE / COKE DE FOUR | GAS COKE / COKE DE GAZ | BROWN COAL / LIGNITE | BKB / BRIQ. DE LIGNITE | NATURAL GAS / GAZ NATUREL | GAS WORKS / USINES A GAZ | COKE OVENS / COKERIES | BLAST FURNACES / HAUT FOURNEAUX | ELECTRICITY* / ELECTRICITE* |
| | 1 | 2 | 3 | 4 | 5 | 6 | 7 | 8 | 9 | 10 | 11 |
| PRODUCTION | 54570 | - | 4383 | 88 | 23946 | 1329 | 28699 | 3234 | 8799 | 9811 | 55856 |
| FROM OTHER SOURCES | - | - | - | - | - | - | - | - | - | - | - |
| IMPORT | - | - | - | - | - | - | - | - | - | - | - |
| EXPORT | -23643 | - | - | - | - | - | - | - | - | - | - |
| INTL. MARINE BUNKERS | - | - | - | - | - | - | - | - | - | - | - |
| STOCK CHANGES | -4318 | - | - | - | - | 86 | - | - | - | - | - |
| DOMESTIC SUPPLY | 26609 | - | 4383 | 88 | 23946 | 1415 | 28699 | 3234 | 8799 | 9811 | 55856 |
| RETURNS TO SUPPLY | - | - | - | - | - | - | - | - | - | - | - |
| TRANSFERS | - | - | - | - | - | - | - | - | - | - | - |
| DOMESTIC AVAILABILITY | 26609 | - | 4383 | 88 | 23946 | 1415 | 28699 | 3234 | 8799 | 9811 | 55856 |
| STATISTICAL DIFFERENCE | - | - | - | - | - | - | - | - | - | - | 1 |
| TRANSFORM. SECTOR ** | 23312 | - | 1465 | - | 22278 | 262 | 6972 | - | - | - | - |
| FOR SOLID FUELS | 8787 | - | - | - | 3632 | - | - | - | - | - | - |
| FOR GASES | 137 | - | 1465 | - | - | - | - | - | - | - | - |
| PETROLEUM REFINERIES | - | - | - | - | - | - | - | - | - | - | - |
| THERMO-ELECTRIC PLANTS | 14388 | - | - | - | 18646 | 262 | 6972 | - | - | - | - |
| ENERGY SECTOR | - | - | - | 38 | - | - | 3100 | - | 3100 | 3591 | 8093 |
| COAL MINES | - | - | - | - | - | - | - | - | - | - | - |
| OIL AND GAS EXTRACTION | - | - | - | - | - | - | 1600 | - | - | - | - |
| PETROLEUM REFINERIES | - | - | - | - | - | - | - | - | - | - | - |
| ELECTRIC PLANTS | - | - | - | - | - | - | - | - | - | - | 2987 |
| DISTRIBUTION LOSSES | - | - | - | - | - | - | 1500 | - | 400 | 2079 | 4716 |
| PUMP STORAGE (ELECTR.) | - | - | - | - | - | - | - | - | - | - | 390 |
| OTHER ENERGY SECTOR | - | - | - | 38 | - | - | - | - | 2700 | 1512 | - |
| FINAL CONSUMPTION | 3297 | - | 2918 | 50 | 1668 | 1153 | 18627 | 3234 | 5699 | 6220 | 47762 |
| INDUSTRY SECTOR | 3091 | - | 2918 | 40 | 1668 | 688 | 12400 | 3234 | 5699 | 6220 | 20408 |
| IRON AND STEEL | - | - | 2610 | - | - | - | 250 | - | 5699 | 6220 | - |
| CHEMICAL | - | - | - | - | - | - | 1200 | - | - | - | - |
| PETROCHEMICAL | - | - | - | - | - | - | - | - | - | - | - |
| NON-FERROUS METAL | 1320 | - | - | - | 1200 | - | - | - | - | - | - |
| NON-METALLIC MINERAL | 1100 | - | - | - | 6 | - | - | - | - | - | - |
| PAPER PULP AND PRINT | 310 | - | - | - | 360 | - | - | - | - | - | - |
| MINING AND QUARRYING | - | - | - | - | - | - | - | - | - | - | - |
| FOOD AND TOBACCO | 290 | - | - | - | - | - | - | - | - | - | - |
| WOOD AND WOOD PRODUCTS | 15 | - | - | - | - | - | - | - | - | - | - |
| MACHINERY | - | - | - | - | - | - | - | - | - | - | - |
| TRANSPORT EQUIPMENT | - | - | - | - | - | - | - | - | - | - | - |
| CONSTRUCTION | - | - | - | - | - | - | - | - | - | - | - |
| TEXTILES AND LEATHER | - | - | - | - | - | - | - | - | - | - | - |
| NON SPECIFIED | 56 | - | 308 | 40 | 102 | 688 | 10950 | 3234 | - | - | 20408 |
| NON-ENERGY USES: | | | | | | | | | | | |
| (1)ENERGY PRODUCTS | - | - | - | - | - | - | 1200 | - | - | - | - |
| (2)NON-ENERGY PRODUCTS | - | - | - | - | - | - | - | - | - | - | - |
| TRANSPORT. SECTOR ** | 56 | - | - | - | - | - | - | - | - | - | 656 |
| AIR TRANSPORT | - | - | - | - | - | - | - | - | - | - | - |
| ROAD TRANSPORT | - | - | - | - | - | - | - | - | - | - | - |
| RAILWAYS | 55 | - | - | - | - | - | - | - | - | - | 656 |
| INTERNAL NAVIGATION | 1 | - | - | - | - | - | - | - | - | - | - |
| OTHER SECTORS ** | 150 | - | - | 10 | - | 465 | 6227 | - | - | - | 26698 |
| AGRICULTURE | - | - | - | - | - | - | - | - | - | - | 875 |
| PUBLIC SERVICES | 150 | - | - | - | - | - | - | - | - | - | - |
| COMMERCE | - | - | - | - | - | - | 1500 | - | - | - | 7872 |
| RESIDENTIAL | - | - | - | 10 | - | 465 | - | - | - | - | 17951 |

(1) INCLUDED IN CHEMICAL OR PETROCHEMICAL INDUSTRY
(2) INCLUDED ONLY IN TOTAL INDUSTRY

| * OF WHICH: HYDRO | 11846 |
|---|---|
| NUCLEAR | 0 |
| CONVENTIONAL THERMAL | 44010 |
| GEOTHERMAL | 0 |

** INCLUDED IN THESE TOTALS ARE THE NON-SPECIFIED ELEMENTS

## PRODUCTION ET UTILISATION DES SOURCES D ENERGIE : AUSTRALIE

1972

UNIT: 1000 METRIC TONS
UNITE: 1000 TONNES METRIQUES

| OIL / PETROLE | | | REFINERY GAS | LIQUEFIED PETROLEUM GASES | AVIATION GASOLINE | MOTOR GASOLINE | JET FUEL | KEROSENE | GAS/DIESEL OIL | RESIDUAL FUEL OIL | NAPHTHA | NON-ENERGY PRODUCTS |
|---|---|---|---|---|---|---|---|---|---|---|---|---|
| CRUDE* BRUT* | NGL GNL | FEEDST. | GAZ DE PETROLE | GAZ LIQUEFIES DE PETROLE | ESSENCE AVION | ESSENCE AUTO | CARBURANT REACTEUR | PETROLE LAMPANT | GAZ/DIESEL OIL | FUEL OIL RESIDUEL | NAPHTHA | PRODUITS NON-ENERGETIQUES |
| 12 | 13 | 14 | 15 | 16 | 17 | 18 | 19 | 20 | 21 | 22 | 23 | 24 |
| 15333 | - | - | 114 | 1091 | 30 | 7866 | 1248 | 165 | 3629 | 6029 | 1050 | 1847 |
| - | - | - | - | - | - | - | - | - | - | - | - | - |
| 8814 | - | - | - | - | 35 | 493 | 62 | 115 | 400 | 2000 | - | 243 |
| -330 | - | - | - | -714 | -7 | -55 | -222 | -12 | - | -630 | - | -278 |
| - | - | - | - | - | - | - | - | - | -364 | -1905 | - | - |
| -148 | - | - | - | -33 | 7 | -44 | 16 | -39 | - | - | - | - |
| 23669 | - | - | 114 | 344 | 65 | 8260 | 1104 | 229 | 3665 | 5494 | 1050 | 1812 |
| - | - | - | - | - | - | - | - | - | - | - | - | - |
| 23669 | - | - | 114 | 344 | 65 | 8260 | 1104 | 229 | 3665 | 5494 | 1050 | 1812 |
| - | - | - | - | - | - | - | - | - | - | - | - | - |
| 23669 | - | - | - | 50 | - | - | - | - | 100 | 310 | - | - |
| - | - | - | - | - | - | - | - | - | - | - | - | - |
| - | - | - | - | 50 | - | - | - | - | - | - | - | - |
| 23669 | - | - | - | - | - | - | - | - | - | - | - | - |
| - | - | - | - | - | - | - | - | - | 100 | 310 | - | - |
| - | - | - | - | - | - | - | - | - | - | 600 | - | - |
| - | - | - | - | - | - | - | - | - | - | - | - | - |
| - | - | - | - | - | - | - | - | - | - | - | - | - |
| - | - | - | - | - | - | - | - | - | - | 600 | - | - |
| - | - | - | - | - | - | - | - | - | - | - | - | - |
| - | - | - | - | - | - | - | - | - | - | - | - | - |
| - | - | - | - | - | - | - | - | - | - | - | - | - |
| - | - | - | - | - | - | - | - | - | - | - | - | - |
| - | - | - | 114 | 294 | 65 | 8260 | 1104 | 229 | 3565 | 4584 | 1050 | 1812 |
| - | - | - | 114 | 70 | - | - | - | - | 715 | 4220 | 1050 | 1812 |
| - | - | - | - | 13 | - | - | - | - | 50 | 1100 | - | - |
| - | - | - | 114 | - | - | - | - | - | - | 350 | 1050 | - |
| - | - | - | - | - | - | - | - | - | - | - | - | - |
| - | - | - | - | - | - | - | - | - | - | - | - | - |
| - | - | - | - | - | - | - | - | - | - | - | - | - |
| - | - | - | - | - | - | - | - | - | - | - | - | - |
| - | - | - | - | - | - | - | - | - | - | - | - | - |
| - | - | - | - | - | - | - | - | - | - | - | - | - |
| - | - | - | - | - | - | - | - | - | - | - | - | - |
| - | - | - | - | - | - | - | - | - | - | - | - | - |
| - | - | - | - | - | - | - | - | - | - | - | - | - |
| - | - | - | - | - | - | - | - | - | - | - | - | - |
| - | - | - | - | - | - | - | - | - | - | - | - | - |
| - | - | - | - | 57 | - | - | - | - | 665 | 2770 | - | - |
| - | - | - | - | - | - | - | - | - | - | - | 1050 | - |
| - | - | - | - | - | - | - | - | - | - | - | - | 1812 |
| - | - | - | - | - | 65 | 8260 | 1104 | - | 1250 | - | - | - |
| - | - | - | - | - | 65 | - | 1104 | - | - | - | - | - |
| - | - | - | - | - | - | 8260 | - | - | 920 | - | - | - |
| - | - | - | - | - | - | - | - | - | 330 | - | - | - |
| - | - | - | - | - | - | - | - | - | - | - | - | - |
| - | - | - | - | 224 | - | - | - | 229 | 1600 | 364 | - | - |
| - | - | - | - | - | - | - | - | 56 | 800 | - | - | - |
| - | - | - | - | - | - | - | - | - | - | - | - | - |
| - | - | - | - | - | - | - | - | - | - | - | - | - |
| - | - | - | - | 224 | - | - | - | 173 | - | 364 | - | - |

*INCLUDED IN THIS COLUMN IS NGL AND FEEDSTOCKS.

# PRODUCTION AND USES OF ENERGY SOURCES : AUSTRALIA

1973

| ENERGY SOURCES / PRODUCTION AND USES | UNIT: 1000 METRIC TONS / UNITE: 1000 TONNES METRIQUES | | | | | | TCAL / TCAL | MANUFACTURED GAS (TCAL) / GAZ MANUFACTURE (TCAL) | | | MILLIONS / OF (DE) KWH |
|---|---|---|---|---|---|---|---|---|---|---|---|
| | HARD COAL / HOUILLE | PATENT FUEL / AGGLOMERES | COKE OVEN COKE / COKE DE FOUR | GAS COKE / COKE DE GAZ | BROWN COAL / LIGNITE | BKB / BRIQ. DE LIGNITE | NATURAL GAS / GAZ NATUREL | GAS WORKS / USINES A GAZ | COKE OVENS / COKERIES | BLAST FURNACES / HAUT FOURNEAUX | ELECTRICITY* / ELECTRICITE* |
| | 1 | 2 | 3 | 4 | 5 | 6 | 7 | 8 | 9 | 10 | 11 |
| PRODUCTION | 55483 | - | 4983 | 64 | 24121 | 1221 | 37573 | 3079 | 10504 | 11403 | 64800 |
| FROM OTHER SOURCES | - | - | - | - | - | - | - | - | - | - | - |
| IMPORT | - | - | - | - | - | - | - | - | - | - | - |
| EXPORT | -28149 | - | - | - | - | - | - | - | - | - | - |
| INTL. MARINE BUNKERS | - | - | - | - | - | - | - | - | - | - | - |
| STOCK CHANGES | -42 | - | - | - | - | 17 | - | - | - | - | - |
| DOMESTIC SUPPLY | 27292 | - | 4983 | 64 | 24121 | 1238 | 37573 | 3079 | 10504 | 11403 | 64800 |
| RETURNS TO SUPPLY | - | - | - | - | - | - | - | - | - | - | - |
| TRANSFERS | - | - | - | - | - | - | - | - | - | - | - |
| DOMESTIC AVAILABILITY | 27292 | - | 4983 | 64 | 24121 | 1238 | 37573 | 3079 | 10504 | 11403 | 64800 |
| STATISTICAL DIFFERENCE | - | - | - | - | - | - | - | - | - | - | - |
| TRANSFORM. SECTOR ** | 24083 | - | 1702 | - | 22682 | 181 | 8761 | - | - | - | - |
| FOR SOLID FUELS | 9486 | - | - | - | 3199 | - | - | - | - | - | - |
| FOR GASES | 128 | - | 1702 | - | - | - | - | - | - | - | - |
| PETROLEUM REFINERIES | - | - | - | - | - | - | - | - | - | - | - |
| THERMO-ELECTRIC PLANTS | 14469 | - | - | - | 19483 | 181 | 8761 | - | - | - | - |
| ENERGY SECTOR | - | - | - | - | - | - | 5337 | 180 | 3349 | 4125 | 12338 |
| COAL MINES | - | - | - | - | - | - | - | - | - | - | - |
| OIL AND GAS EXTRACTION | - | - | - | - | - | - | 3394 | - | - | - | - |
| PETROLEUM REFINERIES | - | - | - | - | - | - | - | - | - | - | - |
| ELECTRIC PLANTS | - | - | - | - | - | - | - | - | - | - | 3584 |
| DISTRIBUTION LOSSES | - | - | - | - | - | - | 1943 | 159 | 543 | 2579 | 8598 |
| PUMP STORAGE (ELECTR.) | - | - | - | - | - | - | - | - | - | - | 156 |
| OTHER ENERGY SECTOR | - | - | - | - | - | - | - | 21 | 2806 | 1546 | - |
| FINAL CONSUMPTION | 3209 | - | 3281 | 64 | 1439 | 1057 | 23475 | 2899 | 7155 | 7278 | 52462 |
| INDUSTRY SECTOR | 3026 | - | 3281 | 64 | 1439 | 687 | 13584 | 2899 | 7155 | 7278 | 23191 |
| IRON AND STEEL | - | - | 3031 | - | - | - | 304 | - | 7155 | 7278 | - |
| CHEMICAL | 190 | - | - | 40 | - | 300 | 1995 | - | - | - | - |
| PETROCHEMICAL | - | - | - | - | - | - | - | - | - | - | - |
| NON-FERROUS METAL | 1200 | - | - | - | 1000 | - | - | - | - | - | - |
| NON-METALLIC MINERAL | 1000 | - | - | - | 7 | - | - | - | - | - | - |
| PAPER PULP AND PRINT | 250 | - | - | - | 340 | - | - | - | - | - | - |
| MINING AND QUARRYING | - | - | - | - | - | - | - | - | - | - | - |
| FOOD AND TOBACCO | 200 | - | - | - | - | - | - | - | - | - | - |
| WOOD AND WOOD PRODUCTS | 13 | - | - | - | - | - | - | - | - | - | - |
| MACHINERY | - | - | - | - | - | - | - | - | - | - | - |
| TRANSPORT EQUIPMENT | - | - | - | - | - | - | - | - | - | - | - |
| CONSTRUCTION | - | - | - | - | - | - | - | - | - | - | - |
| TEXTILES AND LEATHER | - | - | - | - | - | - | - | - | - | - | - |
| NON SPECIFIED | 173 | - | 250 | 24 | 92 | 387 | 11285 | 2899 | - | - | 23191 |
| NON-ENERGY USES: | | | | | | | | | | | |
| (1)ENERGY PRODUCTS | - | - | - | - | - | - | 1995 | - | - | - | - |
| (2)NON-ENERGY PRODUCTS | - | - | - | - | - | - | - | - | - | - | - |
| TRANSPORT. SECTOR ** | 33 | - | - | - | - | - | - | - | - | - | 658 |
| AIR TRANSPORT | - | - | - | - | - | - | - | - | - | - | - |
| ROAD TRANSPORT | - | - | - | - | - | - | - | - | - | - | - |
| RAILWAYS | 33 | - | - | - | - | - | - | - | - | - | 658 |
| INTERNAL NAVIGATION | - | - | - | - | - | - | - | - | - | - | - |
| OTHER SECTORS ** | 150 | - | - | - | - | 370 | 9891 | - | - | - | 28613 |
| AGRICULTURE | - | - | - | - | - | - | - | - | - | - | 994 |
| PUBLIC SERVICES | 150 | - | - | - | - | - | - | - | - | - | - |
| COMMERCE | - | - | - | - | - | - | 1700 | - | - | - | 8945 |
| RESIDENTIAL | - | - | - | - | - | 370 | - | - | - | - | 18674 |

(1) INCLUDED IN CHEMICAL OR PETROCHEMICAL INDUSTRY
(2) INCLUDED ONLY IN TOTAL INDUSTRY

| * OF WHICH: HYDRO | 11800 |
|---|---|
| NUCLEAR | 0 |
| CONVENTIONAL THERMAL | 53000 |
| GEOTHERMAL | 0 |

** INCLUDED IN THESE TOTALS ARE THE NON-SPECIFIED ELEMENTS

## PRODUCTION ET UTILISATION DES SOURCES D ENERGIE : AUSTRALIE

1973

UNIT: 1000 METRIC TONS
UNITE: 1000 TONNES METRIQUES

| OIL / PETROLE | | | REFINERY GAS / GAZ DE PETROLE | LIQUEFIED PETROLEUM GASES / GAZ LIQUEFIES DE PETROLE | AVIATION GASOLINE / ESSENCE AVION | MOTOR GASOLINE / ESSENCE AUTO | JET FUEL / CARBURANT REACTEUR | KEROSENE / PETROLE LAMPANT | GAS/DIESEL OIL / GAZ/DIESEL OIL | RESIDUAL FUEL OIL / FUEL OIL RESIDUEL | NAPHTHA / NAPHTHA | NON-ENERGY PRODUCTS / PRODUITS NON-ENERGETIQUES |
|---|---|---|---|---|---|---|---|---|---|---|---|---|
| CRUDE* BRUT* | NGL GNL | FEEDST. | | | | | | | | | | |
| 12 | 13 | 14 | 15 | 16 | 17 | 18 | 19 | 20 | 21 | 22 | 23 | 24 |
| 18140 | - | - | 141 | 371 | 28 | 8787 | 1373 | 219 | 5866 | 5425 | 1880 | 2195 |
| - | - | - | - | 1042 | - | - | - | - | - | - | - | - |
| 8675 | - | - | - | - | 49 | 409 | 79 | 91 | 448 | 2271 | - | 233 |
| -18 | - | - | - | -1003 | -8 | -303 | -219 | -23 | -587 | -620 | - | -422 |
| - | - | - | - | - | - | - | - | - | -428 | -2121 | - | - |
| - | - | - | - | -49 | - | - | - | - | - | - | - | - |
| 26797 | - | - | 141 | 361 | 69 | 8893 | 1233 | 287 | 5299 | 4955 | 1880 | 2006 |
| - | - | - | - | - | - | - | - | - | - | - | - | - |
| - | - | - | - | - | - | - | - | - | - | - | - | - |
| 26797 | - | - | 141 | 361 | 69 | 8893 | 1233 | 287 | 5299 | 4955 | 1880 | 2006 |
| -123 | - | - | - | - | -5 | -1 | 8 | 48 | 114 | -221 | - | 39 |
| 26920 | - | - | - | 50 | - | - | - | - | 110 | 314 | - | - |
| - | - | - | - | - | - | - | - | - | - | - | - | - |
| - | - | - | - | 50 | - | - | - | - | - | - | - | - |
| 26920 | - | - | - | - | - | - | - | - | - | - | - | - |
| - | - | - | - | - | - | - | - | - | 110 | 314 | - | - |
| - | - | - | - | - | - | - | - | - | - | 616 | - | - |
| - | - | - | - | - | - | - | - | - | - | - | - | - |
| - | - | - | - | - | - | - | - | - | - | 616 | - | - |
| - | - | - | - | - | - | - | - | - | - | - | - | - |
| - | - | - | - | - | - | - | - | - | - | - | - | - |
| - | - | - | - | - | - | - | - | - | - | - | - | - |
| - | - | - | - | - | - | - | - | - | - | - | - | - |
| - | - | - | 141 | 311 | 74 | 8894 | 1225 | 239 | 5075 | 4246 | 1880 | 1967 |
| - | - | - | 141 | 72 | - | - | - | - | 811 | 3976 | 1880 | 1967 |
| - | - | - | - | 14 | - | - | - | - | 58 | 1020 | - | - |
| - | - | - | 141 | - | - | - | - | - | - | 284 | 1880 | - |
| - | - | - | - | - | - | - | - | - | - | - | - | - |
| - | - | - | - | - | - | - | - | - | - | - | - | - |
| - | - | - | - | - | - | - | - | - | - | - | - | - |
| - | - | - | - | - | - | - | - | - | - | - | - | - |
| - | - | - | - | - | - | - | - | - | - | - | - | - |
| - | - | - | - | - | - | - | - | - | - | - | - | - |
| - | - | - | - | - | - | - | - | - | - | - | - | - |
| - | - | - | - | - | - | - | - | - | - | - | - | - |
| - | - | - | - | - | - | - | - | - | - | - | - | - |
| - | - | - | - | - | - | - | - | - | - | - | - | - |
| - | - | - | - | - | - | - | - | - | - | - | - | - |
| - | - | - | - | 58 | - | - | - | - | 753 | 2672 | - | - |
| - | - | - | - | - | - | - | - | - | - | - | 1880 | - |
| - | - | - | - | - | - | - | - | - | - | - | - | 1967 |
| - | - | - | - | - | 74 | 8894 | 1225 | - | 1370 | - | - | - |
| - | - | - | - | - | 74 | - | 1225 | - | - | - | - | - |
| - | - | - | - | - | - | 8894 | - | - | 915 | - | - | - |
| - | - | - | - | - | - | - | - | - | 455 | - | - | - |
| - | - | - | - | - | - | - | - | - | - | - | - | - |
| - | - | - | - | 239 | - | - | - | 239 | 2894 | 270 | - | - |
| - | - | - | - | - | - | - | - | 51 | 984 | - | - | - |
| - | - | - | - | - | - | - | - | - | - | - | - | - |
| - | - | - | - | - | - | - | - | - | - | - | - | - |
| - | - | - | - | 239 | - | - | - | 188 | - | 270 | - | - |

*INCLUDED IN THIS COLUMN IS NGL AND FEEDSTOCKS.

## PRODUCTION AND USES OF ENERGY SOURCES : AUSTRALIA

1974

| X / XX ENERGY / XX SOURCES / XX / PRODUCTION XX / AND USES XX | UNIT: 1000 METRIC TONS / UNITE: 1000 TONNES METRIQUES | | | | | | TCAL / TCAL | MANUFACTURED GAS (TCAL) / GAZ MANUFACTURE (TCAL) | | | MILLIONS OF (DE) KWH |
|---|---|---|---|---|---|---|---|---|---|---|---|
| | HARD COAL / HOUILLE | PATENT FUEL / AGGLOMERES | COKE OVEN COKE / COKE DE FOUR | GAS COKE / COKE DE GAZ | BROWN COAL / LIGNITE | BKB / BRIQ. DE LIGNITE | NATURAL GAS / GAZ NATUREL | GAS WORKS / USINES A GAZ | COKE OVENS / COKERIES | BLAST FURNACES / HAUT FOURNEAUX | ELECTRICITY* / ELECTRICITE* |
| | 1 | 2 | 3 | 4 | 5 | 6 | 7 | 8 | 9 | 10 | 11 |
| PRODUCTION | 57943 | - | 5180 | 65 | 26270 | 1200 | 43028 | 3400 | 10972 | 12088 | 69606 |
| FROM OTHER SOURCES | - | - | - | - | - | - | - | - | - | - | - |
| IMPORT | - | - | - | - | - | - | - | - | - | - | - |
| EXPORT | -29368 | - | - | - | - | - | - | - | - | - | - |
| INTL. MARINE BUNKERS | - | - | - | - | - | - | - | - | - | - | - |
| STOCK CHANGES | 402 | - | - | - | - | - | - | - | - | - | - |
| DOMESTIC SUPPLY | 28977 | - | 5180 | 65 | 26270 | 1200 | 43028 | 3400 | 10972 | 12088 | 69606 |
| RETURNS TO SUPPLY | - | - | - | - | - | - | - | - | - | - | - |
| TRANSFERS | - | - | - | - | - | - | - | - | - | - | - |
| DOMESTIC AVAILABILITY | 28977 | - | 5180 | 65 | 26270 | 1200 | 43028 | 3400 | 10972 | 12088 | 69606 |
| STATISTICAL DIFFERENCE | -252 | - | - | - | - | - | - | - | - | - | 314 |
| TRANSFORM. SECTOR ** | 24504 | - | 1800 | - | 24150 | 180 | 10034 | - | - | - | - |
| FOR SOLID FUELS | 9374 | - | - | - | 3150 | - | - | - | - | - | - |
| FOR GASES | 130 | - | 1800 | - | - | - | - | - | - | - | - |
| PETROLEUM REFINERIES | - | - | - | - | - | - | - | - | - | - | - |
| THERMO-ELECTRIC PLANTS | 15000 | - | - | - | 21000 | 180 | 10034 | - | - | - | - |
| ENERGY SECTOR | - | - | - | - | - | - | 6111 | 199 | 2910 | 4000 | 8926 |
| COAL MINES | - | - | - | - | - | - | - | - | - | - | - |
| OIL AND GAS EXTRACTION | - | - | - | - | - | - | 3886 | - | - | - | - |
| PETROLEUM REFINERIES | - | - | - | - | - | - | - | - | - | - | - |
| ELECTRIC PLANTS | - | - | - | - | - | - | - | - | - | - | 3202 |
| DISTRIBUTION LOSSES | - | - | - | - | - | - | 2225 | 176 | 166 | 1529 | 5133 |
| PUMP STORAGE (ELECTR.) | - | - | - | - | - | - | - | - | - | - | 591 |
| OTHER ENERGY SECTOR | - | - | - | - | - | - | - | 23 | 2744 | 2471 | - |
| FINAL CONSUMPTION | 4725 | - | 3380 | 65 | 2120 | 1020 | 26883 | 3201 | 8062 | 8088 | 60366 |
| INDUSTRY SECTOR | 4500 | - | 3380 | 65 | 2120 | 660 | 15556 | 3201 | 8062 | 8088 | 29793 |
| IRON AND STEEL | - | - | 3130 | - | - | - | 348 | - | 8062 | 8088 | - |
| CHEMICAL | 200 | - | - | 40 | - | 300 | 2285 | - | - | - | - |
| PETROCHEMICAL | - | - | - | - | - | - | - | - | - | - | - |
| NON-FERROUS METAL | 1500 | - | - | - | 1000 | - | - | - | - | - | - |
| NON-METALLIC MINERAL | 1200 | - | - | - | - | - | - | - | - | - | - |
| PAPER PULP AND PRINT | 300 | - | - | - | 350 | - | - | - | - | - | - |
| MINING AND QUARRYING | - | - | - | - | - | - | - | - | - | - | - |
| FOOD AND TOBACCO | 300 | - | - | - | - | - | - | - | - | - | - |
| WOOD AND WOOD PRODUCTS | 18 | - | - | - | - | - | - | - | - | - | - |
| MACHINERY | - | - | - | - | - | - | - | - | - | - | - |
| TRANSPORT EQUIPMENT | - | - | - | - | - | - | - | - | - | - | - |
| CONSTRUCTION | - | - | - | - | - | - | - | - | - | - | - |
| TEXTILES AND LEATHER | - | - | - | - | - | - | - | - | - | - | - |
| NON SPECIFIED | 982 | - | 250 | 25 | 770 | 360 | 12923 | 3201 | - | - | 29793 |
| NON-ENERGY USES: | | | | | | | | | | | |
| (1)ENERGY PRODUCTS | - | - | - | - | - | - | 2285 | - | - | - | - |
| (2)NON-ENERGY PRODUCTS | - | - | - | - | - | - | - | - | - | - | - |
| TRANSPORT. SECTOR ** | 15 | - | - | - | - | - | - | - | - | - | 661 |
| AIR TRANSPORT | - | - | - | - | - | - | - | - | - | - | - |
| ROAD TRANSPORT | - | - | - | - | - | - | - | - | - | - | - |
| RAILWAYS | 15 | - | - | - | - | - | - | - | - | - | 661 |
| INTERNAL NAVIGATION | - | - | - | - | - | - | - | - | - | - | - |
| OTHER SECTORS ** | 210 | - | - | - | - | 360 | 11327 | - | - | - | 29912 |
| AGRICULTURE | - | - | - | - | - | - | - | - | - | - | 992 |
| PUBLIC SERVICES | 210 | - | - | - | - | - | - | - | - | - | - |
| COMMERCE | - | - | - | - | - | - | 2000 | - | - | - | 8932 |
| RESIDENTIAL | - | - | - | - | - | 360 | - | - | - | - | 19988 |

(1) INCLUDED IN CHEMICAL OR PETROCHEMICAL INDUSTRY
(2) INCLUDED ONLY IN TOTAL INDUSTRY

| * OF WHICH: HYDRO | 13418 |
|---|---|
| NUCLEAR | 0 |
| CONVENTIONAL THERMAL | 56188 |
| GEOTHERMAL | 0 |

** INCLUDED IN THESE TOTALS ARE THE NON-SPECIFIED ELEMENTS

PRODUCTION ET UTILISATION DES SOURCES D ENERGIE : AUSTRALIE

1974

UNIT: 1000 METRIC TONS
UNITE: 1000 TONNES METRIQUES

| OIL PETROLE | | | REFINERY GAS | LIQUEFIED PETROLEUM GASES | AVIATION GASOLINE | MOTOR GASOLINE | JET FUEL | KEROSENE | GAS/DIESEL OIL | RESIDUAL FUEL OIL | NAPHTHA | NON-ENERGY PRODUCTS |
|---|---|---|---|---|---|---|---|---|---|---|---|---|
| CRUDE* BRUT* | NGL GNL | FEEDST. | GAZ DE PETROLE | GAZ LIQUEFIES DE PETROLE | ESSENCE AVION | ESSENCE AUTO | CARBURANT REACTEUR | PETROLE LAMPANT | GAZ/DIESEL OIL | FUEL OIL RESIDUEL | NAPHTHA | PRODUITS NON-ENERGETIQUES |
| 12 | 13 | 14 | 15 | 16 | 17 | 18 | 19 | 20 | 21 | 22 | 23 | 24 |
| 17926 | - | - | 126 | 383 | 49 | 8940 | 1629 | 217 | 6052 | 4875 | 1912 | 2090 |
| - | - | - | - | 1027 | - | - | - | - | - | - | - | - |
| 8921 | - | - | - | - | 67 | 380 | 77 | 77 | 459 | 2877 | - | 277 |
| - | - | - | - | -1000 | -18 | -174 | -307 | -14 | -330 | -423 | - | -296 |
| - | - | - | - | - | - | - | - | - | -453 | -2070 | - | - |
| - | - | - | - | -40 | - | - | - | - | - | - | - | - |
| 26847 | - | - | 126 | 370 | 98 | 9146 | 1399 | 280 | 5728 | 5259 | 1912 | 2071 |
| - | - | - | - | - | - | - | - | - | - | - | - | - |
| - | - | - | - | - | - | - | - | - | - | - | - | - |
| 26847 | - | - | 126 | 370 | 98 | 9146 | 1399 | 280 | 5728 | 5259 | 1912 | 2071 |
| -58 | - | - | - | 5 | 23 | -37 | 27 | 21 | 16 | 265 | - | 18 |
| 26905 | - | - | - | 21 | - | - | - | - | 113 | 479 | - | - |
| - | - | - | - | - | - | - | - | - | - | - | - | - |
| - | - | - | - | 21 | - | - | - | - | - | - | - | - |
| 26905 | - | - | - | - | - | - | - | - | - | - | - | - |
| - | - | - | - | - | - | - | - | - | 113 | 479 | - | - |
| - | - | - | - | - | - | - | - | - | - | 703 | - | - |
| - | - | - | - | - | - | - | - | - | - | - | - | - |
| - | - | - | - | - | - | - | - | - | - | - | - | - |
| - | - | - | - | - | - | - | - | - | - | 703 | - | - |
| - | - | - | - | - | - | - | - | - | - | - | - | - |
| - | - | - | - | - | - | - | - | - | - | - | - | - |
| - | - | - | - | - | - | - | - | - | - | - | - | - |
| - | - | - | - | - | - | - | - | - | - | - | - | - |
| - | - | - | 126 | 344 | 75 | 9183 | 1372 | 259 | 5599 | 3812 | 1912 | 2053 |
| - | - | - | 126 | 103 | - | - | - | - | 1392 | 3708 | 1912 | 2053 |
| - | - | - | - | 14 | - | - | - | - | 156 | 1150 | - | - |
| - | - | - | 126 | - | - | - | - | - | - | 473 | 1912 | - |
| - | - | - | - | - | - | - | - | - | - | - | - | - |
| - | - | - | - | - | - | - | - | - | - | - | - | - |
| - | - | - | - | - | - | - | - | - | - | - | - | - |
| - | - | - | - | - | - | - | - | - | - | - | - | - |
| - | - | - | - | - | - | - | - | - | - | - | - | - |
| - | - | - | - | - | - | - | - | - | - | - | - | - |
| - | - | - | - | - | - | - | - | - | - | - | - | - |
| - | - | - | - | - | - | - | - | - | - | - | - | - |
| - | - | - | - | - | - | - | - | - | - | - | - | - |
| - | - | - | - | - | - | - | - | - | - | - | - | - |
| - | - | - | - | - | - | - | - | - | - | - | - | - |
| - | - | - | - | 89 | - | - | - | - | 1236 | 2085 | - | - |
| - | - | - | - | - | - | - | - | - | - | - | 1912 | - |
| - | - | - | - | - | - | - | - | - | - | - | - | 2053 |
| - | - | - | - | 16 | 75 | 9183 | 1372 | - | 1513 | - | - | - |
| - | - | - | - | - | 75 | - | 1372 | - | - | - | - | - |
| - | - | - | - | 16 | - | 9183 | - | - | 1038 | - | - | - |
| - | - | - | - | - | - | - | - | - | 475 | - | - | - |
| - | - | - | - | - | - | - | - | - | - | - | - | - |
| - | - | - | - | 225 | - | - | - | 259 | 2694 | 104 | - | - |
| - | - | - | - | 5 | - | - | - | 48 | 1034 | - | - | - |
| - | - | - | - | - | - | - | - | - | - | - | - | - |
| - | - | - | - | - | - | - | - | - | - | - | - | - |
| - | - | - | - | 220 | - | - | - | 211 | - | 104 | - | - |

*INCLUDED IN THIS COLUMN IS NGL AND FEEDSTOCKS.

## PRODUCTION AND USES OF ENERGY SOURCES : AUSTRALIA

1975

| PRODUCTION AND USES \ ENERGY SOURCES | HARD COAL / HOUILLE (1000 METRIC TONS) | PATENT FUEL / AGGLOMERES (1000 METRIC TONS) | COKE OVEN COKE / COKE DE FOUR (1000 METRIC TONS) | GAS COKE / COKE DE GAZ (1000 METRIC TONS) | BROWN COAL / LIGNITE (1000 METRIC TONS) | BKB / BRIQ. DE LIGNITE (1000 METRIC TONS) | NATURAL GAS / GAZ NATUREL (TCAL) | MANUFACTURED GAS (TCAL): GAS WORKS / USINES A GAZ | MANUFACTURED GAS (TCAL): COKE OVENS / COKERIES | MANUFACTURED GAS (TCAL): BLAST FURNACES / HAUT FOURNEAUX | ELECTRICITY* / ELECTRICITE* (MILLIONS OF (DE) KWH) |
|---|---|---|---|---|---|---|---|---|---|---|---|
| | 1 | 2 | 3 | 4 | 5 | 6 | 7 | 8 | 9 | 10 | 11 |
| PRODUCTION | 61021 | - | 5566 | 68 | 28179 | 1020 | 46571 | 2342 | 10915 | 11385 | 73761 |
| FROM OTHER SOURCES | - | - | - | - | - | - | - | - | - | - | - |
| IMPORT | 6 | - | - | - | - | - | - | - | - | - | - |
| EXPORT | -29881 | - | -375 | - | - | - | - | - | - | - | - |
| INTL. MARINE BUNKERS | - | - | - | - | - | - | - | - | - | - | - |
| STOCK CHANGES | -1224 | - | - | - | - | - | - | - | - | - | - |
| DOMESTIC SUPPLY | 29922 | - | 5191 | 68 | 28179 | 1020 | 46571 | 2342 | 10915 | 11385 | 73761 |
| RETURNS TO SUPPLY | - | - | - | - | - | - | - | - | - | - | - |
| TRANSFERS | - | - | - | - | - | - | - | - | - | - | - |
| DOMESTIC AVAILABILITY | 29922 | - | 5191 | 68 | 28179 | 1020 | 46571 | 2342 | 10915 | 11385 | 73761 |
| STATISTICAL DIFFERENCE | -284 | - | - | - | - | - | - | - | - | - | -172 |
| TRANSFORM. SECTOR ** | 26572 | - | 1765 | - | 27749 | 318 | 7888 | - | - | - | - |
| FOR SOLID FUELS | 10084 | - | - | - | 2770 | 150 | - | - | - | - | - |
| FOR GASES | 118 | - | 1765 | - | - | - | - | - | - | - | - |
| PETROLEUM REFINERIES | - | - | - | - | - | - | - | - | - | - | - |
| THERMO-ELECTRIC PLANTS | 16370 | - | - | - | 24979 | 168 | 7888 | - | - | - | - |
| ENERGY SECTOR | 1 | - | - | - | - | - | 7338 | 203 | 3294 | 3491 | 9730 |
| COAL MINES | 1 | - | - | - | - | - | - | - | - | - | - |
| OIL AND GAS EXTRACTION | - | - | - | - | - | - | 4744 | - | - | - | - |
| PETROLEUM REFINERIES | - | - | - | - | - | - | - | - | - | - | - |
| ELECTRIC PLANTS | - | - | - | - | - | - | - | - | - | - | 3003 |
| DISTRIBUTION LOSSES | - | - | - | - | - | - | 2594 | 188 | 225 | 1440 | 6043 |
| PUMP STORAGE (ELECTR.) | - | - | - | - | - | - | - | - | - | - | 684 |
| OTHER ENERGY SECTOR | - | - | - | - | - | - | - | 15 | 3069 | 2051 | - |
| FINAL CONSUMPTION | 3633 | - | 3426 | 68 | 430 | 702 | 31345 | 2139 | 7621 | 7894 | 64203 |
| INDUSTRY SECTOR | 3407 | - | 3421 | 68 | 430 | 395 | 18138 | 2139 | 7621 | 7894 | 31341 |
| IRON AND STEEL | - | - | 3215 | - | 1 | - | 406 | - | 7621 | 7894 | - |
| CHEMICAL | 139 | - | - | 35 | - | 56 | 2664 | - | - | - | - |
| PETROCHEMICAL | - | - | - | - | - | - | - | - | - | - | - |
| NON-FERROUS METAL | 1328 | - | 156 | - | - | - | - | - | - | - | - |
| NON-METALLIC MINERAL | 1162 | - | - | 12 | 7 | 58 | - | - | - | - | - |
| PAPER PULP AND PRINT | 303 | - | - | 17 | 376 | 41 | - | - | - | - | - |
| MINING AND QUARRYING | - | - | - | - | - | - | - | - | - | - | - |
| FOOD AND TOBACCO | 296 | - | - | 3 | 6 | 173 | - | - | - | - | - |
| WOOD AND WOOD PRODUCTS | 16 | - | - | - | 31 | 4 | - | - | - | - | - |
| MACHINERY | - | - | - | - | - | - | - | - | - | - | - |
| TRANSPORT EQUIPMENT | - | - | 27 | - | 6 | 6 | - | - | - | - | - |
| CONSTRUCTION | - | - | - | - | - | - | - | - | - | - | - |
| TEXTILES AND LEATHER | - | - | - | - | - | - | - | - | - | - | - |
| NON SPECIFIED | 163 | - | 23 | 1 | 3 | 57 | 15068 | 2139 | - | - | 31341 |
| NON-ENERGY USES: | | | | | | | | | | | |
| (1)ENERGY PRODUCTS | - | - | - | - | - | - | 2664 | - | - | - | - |
| (2)NON-ENERGY PRODUCTS | - | - | - | - | - | - | - | - | - | - | - |
| TRANSPORT. SECTOR ** | 12 | - | - | - | - | - | - | - | - | - | 689 |
| AIR TRANSPORT | - | - | - | - | - | - | - | - | - | - | - |
| ROAD TRANSPORT | - | - | - | - | - | - | - | - | - | - | - |
| RAILWAYS | 12 | - | - | - | - | - | - | - | - | - | 689 |
| INTERNAL NAVIGATION | - | - | - | - | - | - | - | - | - | - | - |
| OTHER SECTORS ** | 214 | - | 5 | - | - | 307 | 13207 | - | - | - | 32173 |
| AGRICULTURE | - | - | - | - | - | - | - | - | - | - | 997 |
| PUBLIC SERVICES | 193 | - | - | - | - | 62 | - | - | - | - | - |
| COMMERCE | 21 | - | - | - | - | - | 2100 | - | - | - | 8977 |
| RESIDENTIAL | - | - | 5 | - | - | 245 | - | - | - | - | 22199 |

(1) INCLUDED IN CHEMICAL OR PETROCHEMICAL INDUSTRY
(2) INCLUDED ONLY IN TOTAL INDUSTRY

** INCLUDED IN THESE TOTALS ARE THE NON-SPECIFIED ELEMENTS

| * OF WHICH: | |
|---|---|
| HYDRO | 15045 |
| NUCLEAR | 0 |
| CONVENTIONAL THERMAL | 58716 |
| GEOTHERMAL | 0 |

PRODUCTION ET UTILISATION DES SOURCES D ENERGIE : AUSTRALIE

1975

UNIT: 1000 METRIC TONS
UNITE: 1000 TONNES METRIQUES

| OIL PETROLE | | | REFINERY GAS | LIQUEFIED PETROLEUM GASES | AVIATION GASOLINE | MOTOR GASOLINE | JET FUEL | KEROSENE | GAS/DIESEL OIL | RESIDUAL FUEL OIL | NAPHTHA | NON-ENERGY PRODUCTS |
|---|---|---|---|---|---|---|---|---|---|---|---|---|
| CRUDE* BRUT* | NGL GNL | FEEDST. | GAZ DE PETROLE | GAZ LIQUEFIES DE PETROLE | ESSENCE AVION | ESSENCE AUTO | CARBURANT REACTEUR | PETROLE LAMPANT | GAZ/DIESEL OIL | FUEL OIL RESIDUEL | NAPHTHA | PRODUITS NON-ENERGETIQUES |
| 12 | 13 | 14 | 15 | 16 | 17 | 18 | 19 | 20 | 21 | 22 | 23 | 24 |
| 19125 | - | - | 118 | 337 | 28 | 9169 | 1701 | 196 | 6718 | 4415 | 1800 | 4267 |
| - | - | - | - | 1181 | - | - | - | - | - | - | - | - |
| 8294 | - | - | - | - | 44 | 292 | 74 | 76 | 401 | 2047 | - | 154 |
| - | - | - | - | -1188 | -12 | -201 | -250 | -22 | -318 | -716 | - | -333 |
| - | - | - | - | - | - | - | - | - | -411 | -1804 | - | - |
| - | - | - | - | - | - | - | - | - | - | - | - | - |
| 27419 | - | - | 118 | 330 | 60 | 9260 | 1525 | 250 | 6390 | 3942 | 1800 | 4088 |
| - | - | - | - | - | - | - | - | - | - | - | - | - |
| - | - | - | - | - | - | - | - | - | - | - | - | - |
| 27419 | - | - | 118 | 330 | 60 | 9260 | 1525 | 250 | 6390 | 3942 | 1800 | 4088 |
| 238 | - | - | 3 | -75 | -12 | -273 | 44 | 7 | 172 | -179 | - | -84 |
| 27181 | - | - | - | 12 | - | - | - | - | 138 | 414 | - | - |
| - | - | - | - | - | - | - | - | - | - | - | - | - |
| - | - | - | - | 12 | - | - | - | - | - | - | - | - |
| 27181 | - | - | - | - | - | - | - | - | - | - | - | - |
| - | - | - | - | - | - | - | - | - | 138 | 414 | - | - |
| - | - | - | - | - | - | - | - | - | - | 527 | - | 2321 |
| - | - | - | - | - | - | - | - | - | - | - | - | - |
| - | - | - | - | - | - | - | - | - | - | - | - | - |
| - | - | - | - | - | - | - | - | - | - | 527 | - | 2321 |
| - | - | - | - | - | - | - | - | - | - | - | - | - |
| - | - | - | - | - | - | - | - | - | - | - | - | - |
| - | - | - | - | - | - | - | - | - | - | - | - | - |
| - | - | - | - | - | - | - | - | - | - | - | - | - |
| - | - | - | 115 | 393 | 72 | 9533 | 1481 | 243 | 6080 | 3180 | 1800 | 1851 |
| - | - | - | 115 | 129 | - | - | - | - | 1671 | 3078 | 1800 | 1851 |
| - | - | - | - | 16 | - | - | - | - | 330 | 932 | - | - |
| - | - | - | 115 | - | - | - | - | - | - | 395 | 1800 | - |
| - | - | - | - | - | - | - | - | - | - | - | - | - |
| - | - | - | - | - | - | - | - | - | - | - | - | - |
| - | - | - | - | - | - | - | - | - | - | - | - | - |
| - | - | - | - | - | - | - | - | - | - | - | - | - |
| - | - | - | - | - | - | - | - | - | - | - | - | - |
| - | - | - | - | - | - | - | - | - | - | - | - | - |
| - | - | - | - | - | - | - | - | - | - | - | - | - |
| - | - | - | - | - | - | - | - | - | - | - | - | - |
| - | - | - | - | - | - | - | - | - | - | - | - | - |
| - | - | - | - | - | - | - | - | - | - | - | - | - |
| - | - | - | - | - | - | - | - | - | - | - | - | - |
| - | - | - | - | 113 | - | - | - | - | 1341 | 1751 | - | - |
| - | - | - | - | - | - | - | - | - | - | - | 1800 | - |
| - | - | - | - | - | - | - | - | - | - | - | - | 1851 |
| - | - | - | - | 18 | 72 | 9533 | 1481 | - | 1593 | - | - | - |
| - | - | - | - | - | 72 | - | 1481 | - | - | - | - | - |
| - | - | - | - | 18 | - | 9533 | - | - | 1090 | - | - | - |
| - | - | - | - | - | - | - | - | - | 503 | - | - | - |
| - | - | - | - | - | - | - | - | - | - | - | - | - |
| - | - | - | - | 246 | - | - | - | 243 | 2816 | 102 | - | - |
| - | - | - | - | 7 | - | - | - | 43 | 1076 | - | - | - |
| - | - | - | - | - | - | - | - | - | - | - | - | - |
| - | - | - | - | - | - | - | - | - | - | - | - | - |
| - | - | - | - | 239 | - | - | - | 200 | - | 102 | - | - |

*INCLUDED IN THIS COLUMN IS NGL AND FEEDSTOCKS.

## PRODUCTION AND USES OF ENERGY SOURCES : AUSTRALIA

1976

| X XX ENERGY XX XX SOURCES XX XX XX PRODUCTION XX XX AND USES XX | UNIT: 1000 METRIC TONS / UNITE: 1000 TONNES METRIQUES | | | | | | TCAL / TCAL | MANUFACTURED GAS (TCAL) / GAZ MANUFACTURE (TCAL) | | | MILLIONS / OF (DE) KWH |
|---|---|---|---|---|---|---|---|---|---|---|---|
| | HARD COAL / HOUILLE | PATENT FUEL / AGGLOMERES | COKE OVEN COKE / COKE DE FOUR | GAS COKE / COKE DE GAZ | BROWN COAL / LIGNITE | BKB / BRIQ. DE LIGNITE | NATURAL GAS / GAZ NATUREL | GAS WORKS / USINES A GAZ | COKE OVENS / COKERIES | BLAST FURNACES / HAUT FOURNEAUX | ELECTRICITY* / ELECTRICITE* |
| | 1 | 2 | 3 | 4 | 5 | 6 | 7 | 8 | 9 | 10 | 11 |
| PRODUCTION | 68053 | - | 5258 | 65 | 30800 | 940 | 54841 | 2300 | 11014 | 12298 | 76597 |
| FROM OTHER SOURCES | - | - | - | - | - | - | - | - | - | - | - |
| IMPORT | 11 | - | - | - | - | - | - | - | - | - | - |
| EXPORT | -34135 | - | -232 | - | - | -30 | - | - | - | - | - |
| INTL. MARINE BUNKERS | - | - | - | - | - | - | - | - | - | - | - |
| STOCK CHANGES | -2300 | - | - | - | - | - | - | - | - | - | - |
| DOMESTIC SUPPLY | 31629 | - | 5026 | 65 | 30800 | 910 | 54841 | 2300 | 11014 | 12298 | 76597 |
| RETURNS TO SUPPLY | - | - | - | - | - | - | - | - | - | - | - |
| TRANSFERS | - | - | - | - | - | - | - | - | - | - | - |
| DOMESTIC AVAILABILITY | 31629 | - | 5026 | 65 | 30800 | 910 | 54841 | 2300 | 11014 | 12298 | 76597 |
| STATISTICAL DIFFERENCE | 2079 | - | - | - | - | - | - | - | - | - | 2 |
| TRANSFORM. SECTOR ** | 25822 | - | 1907 | - | 30431 | 277 | 10032 | - | - | - | - |
| FOR SOLID FUELS | 9252 | - | - | - | 2529 | 146 | - | - | - | - | - |
| FOR GASES | 116 | - | 1907 | - | - | - | - | - | - | - | - |
| PETROLEUM REFINERIES | - | - | - | - | - | - | - | - | - | - | - |
| THERMO-ELECTRIC PLANTS | 16454 | - | - | - | 27902 | 131 | 10032 | - | - | - | - |
| ENERGY SECTOR | 1 | - | - | - | - | - | 8409 | 205 | 3243 | 3985 | 10259 |
| COAL MINES | 1 | - | - | - | - | - | - | - | - | - | - |
| OIL AND GAS EXTRACTION | - | - | - | - | - | - | 5692 | - | - | - | - |
| PETROLEUM REFINERIES | - | - | - | - | - | - | - | - | - | - | - |
| ELECTRIC PLANTS | - | - | - | - | - | - | - | - | - | - | 3487 |
| DISTRIBUTION LOSSES | - | - | - | - | - | - | 2717 | 190 | 191 | 1720 | 6145 |
| PUMP STORAGE (ELECTR.) | - | - | - | - | - | - | - | - | - | - | 627 |
| OTHER ENERGY SECTOR | - | - | - | - | - | - | - | 15 | 3052 | 2265 | - |
| FINAL CONSUMPTION | 3727 | - | 3119 | 65 | 369 | 633 | 36400 | 2095 | 7771 | 8313 | 66336 |
| INDUSTRY SECTOR | 3504 | - | 3114 | 65 | 369 | 395 | 25949 | 2095 | 7771 | 8313 | 32070 |
| IRON AND STEEL | - | - | 2908 | - | 1 | - | 587 | - | 7771 | 8313 | - |
| CHEMICAL | 119 | - | - | 35 | - | 142 | 3101 | - | - | - | - |
| PETROCHEMICAL | - | - | - | - | - | - | - | - | - | - | - |
| NON-FERROUS METAL | 1488 | - | 156 | - | - | - | - | - | - | - | - |
| NON-METALLIC MINERAL | 1134 | - | - | 12 | 6 | 43 | - | - | - | - | - |
| PAPER PULP AND PRINT | 315 | - | - | 14 | 322 | 31 | - | - | - | - | - |
| MINING AND QUARRYING | - | - | - | - | - | - | - | - | - | - | - |
| FOOD AND TOBACCO | 293 | - | - | 3 | 5 | 129 | - | - | - | - | - |
| WOOD AND WOOD PRODUCTS | 16 | - | - | - | 27 | 3 | - | - | - | - | - |
| MACHINERY | - | - | - | - | - | - | - | - | - | - | - |
| TRANSPORT EQUIPMENT | - | - | 27 | - | 5 | 5 | - | - | - | - | - |
| CONSTRUCTION | - | - | - | - | - | - | - | - | - | - | - |
| TEXTILES AND LEATHER | - | - | - | - | - | - | - | - | - | - | - |
| NON SPECIFIED | 139 | - | 23 | 1 | 3 | 42 | 22261 | 2095 | - | - | 32070 |
| NON-ENERGY USES: | | | | | | | | | | | |
| (1)ENERGY PRODUCTS | - | - | - | - | - | - | 3101 | - | - | - | - |
| (2)NON-ENERGY PRODUCTS | - | - | - | - | - | - | - | - | - | - | - |
| TRANSPORT. SECTOR ** | 10 | - | - | - | - | - | - | - | - | - | 700 |
| AIR TRANSPORT | - | - | - | - | - | - | - | - | - | - | - |
| ROAD TRANSPORT | - | - | - | - | - | - | - | - | - | - | - |
| RAILWAYS | 10 | - | - | - | - | - | - | - | - | - | 700 |
| INTERNAL NAVIGATION | - | - | - | - | - | - | - | - | - | - | - |
| OTHER SECTORS ** | 213 | - | 5 | - | - | 238 | 10451 | - | - | - | 33566 |
| AGRICULTURE | - | - | - | - | - | - | - | - | - | - | 1026 |
| PUBLIC SERVICES | 191 | - | - | - | - | 60 | - | - | - | - | - |
| COMMERCE | 22 | - | - | - | - | - | 2204 | - | - | - | 9238 |
| RESIDENTIAL | - | - | 5 | - | - | 178 | - | - | - | - | 23302 |

(1) INCLUDED IN CHEMICAL OR PETROCHEMICAL INDUSTRY
(2) INCLUDED ONLY IN TOTAL INDUSTRY

| * OF WHICH: HYDRO | 15588 |
|---|---|
| NUCLEAR | 0 |
| CONVENTIONAL THERMAL | 61009 |
| GEOTHERMAL | 0 |

** INCLUDED IN THESE TOTALS ARE THE NON-SPECIFIED ELEMENTS

## PRODUCTION ET UTILISATION DES SOURCES D ENERGIE : AUSTRALIE

1976

UNIT: 1000 METRIC TONS
UNITE: 1000 TONNES METRIQUES

| OIL / PETROLE: CRUDE* / BRUT* 12 | OIL / PETROLE: NGL / GNL 13 | OIL / PETROLE: FEEDST. 14 | REFINERY GAS / GAZ DE PETROLE 15 | LIQUEFIED PETROLEUM GASES / GAZ LIQUEFIES DE PETROLE 16 | AVIATION GASOLINE / ESSENCE AVION 17 | MOTOR GASOLINE / ESSENCE AUTO 18 | JET FUEL / CARBURANT REACTEUR 19 | KEROSENE / PETROLE LAMPANT 20 | GAS/DIESEL OIL / GAZ/DIESEL OIL 21 | RESIDUAL FUEL OIL / FUEL OIL RESIDUEL 22 | NAPHTHA / NAPHTHA 23 | NON-ENERGY PRODUCTS / PRODUITS NON-ENERGETIQUES 24 |
|---|---|---|---|---|---|---|---|---|---|---|---|---|
| 19554 | - | - | 116 | 338 | 33 | 9378 | 1663 | 260 | 6897 | 5122 | 850 | 4541 |
| - | - | - | - | 1270 | - | - | - | - | - | - | - | - |
| 8404 | - | - | - | - | 57 | 772 | 115 | 26 | 510 | 1916 | - | 75 |
| - | - | - | - | -1136 | -11 | -122 | -240 | -33 | -285 | -788 | - | -416 |
| - | - | - | - | - | - | - | - | - | -463 | -1769 | - | - |
| 62 | - | - | - | - | - | - | - | - | - | - | - | - |
| 28020 | - | - | 116 | 472 | 79 | 10028 | 1538 | 253 | 6659 | 4481 | 850 | 4200 |
| - | - | - | - | - | - | - | - | - | - | - | - | - |
| - | - | - | - | - | - | - | - | - | - | - | - | - |
| 28020 | - | - | 116 | 472 | 79 | 10028 | 1538 | 253 | 6659 | 4481 | 850 | 4200 |
| -2071 | - | - | -7 | 12 | 1 | 52 | 44 | 9 | 106 | -453 | - | -10 |
| 30091 | - | - | - | 14 | - | - | - | - | 303 | 276 | - | - |
| - | - | - | - | - | - | - | - | - | - | - | - | - |
| - | - | - | - | 14 | - | - | - | - | 18 | 3 | - | - |
| 30091 | - | - | - | - | - | - | - | - | - | - | - | - |
| - | - | - | - | - | - | - | - | - | 285 | 273 | - | - |
| - | - | - | - | - | - | - | - | - | - | 585 | - | 2421 |
| - | - | - | - | - | - | - | - | - | - | - | - | - |
| - | - | - | - | - | - | - | - | - | - | - | - | - |
| - | - | - | - | - | - | - | - | - | - | 585 | - | 2421 |
| - | - | - | - | - | - | - | - | - | - | - | - | - |
| - | - | - | - | - | - | - | - | - | - | - | - | - |
| - | - | - | - | - | - | - | - | - | - | - | - | - |
| - | - | - | - | - | - | - | - | - | - | - | - | - |
| - | - | - | 123 | 446 | 78 | 9976 | 1494 | 244 | 6250 | 4073 | 850 | 1789 |
| - | - | - | 123 | 147 | - | - | - | - | 2022 | 3991 | 850 | 1789 |
| - | - | - | - | 18 | - | - | - | - | 339 | 906 | - | - |
| - | - | - | 123 | - | - | - | - | - | 131 | 239 | 850 | - |
| - | - | - | - | - | - | - | - | - | - | - | - | - |
| - | - | - | - | - | - | - | - | - | 102 | 155 | - | - |
| - | - | - | - | - | - | - | - | - | 158 | 396 | - | - |
| - | - | - | - | - | - | - | - | - | 15 | 164 | - | - |
| - | - | - | - | - | - | - | - | - | 711 | 100 | - | - |
| - | - | - | - | - | - | - | - | - | 102 | 421 | - | - |
| - | - | - | - | - | - | - | - | - | 26 | 19 | - | - |
| - | - | - | - | - | - | - | - | - | 11 | 19 | - | - |
| - | - | - | - | - | - | - | - | - | 13 | 28 | - | - |
| - | - | - | - | - | - | - | - | - | - | - | - | - |
| - | - | - | - | - | - | - | - | - | - | - | - | - |
| - | - | - | - | 129 | - | - | - | - | 414 | 1544 | - | - |
| - | - | - | - | - | - | - | - | - | 131 | - | 850 | - |
| - | - | - | - | - | - | - | - | - | - | - | - | 1789 |
| - | - | - | - | 20 | 78 | 9976 | 1494 | - | 1736 | 9 | - | - |
| - | - | - | - | - | 78 | - | 1494 | - | - | 9 | - | - |
| - | - | - | - | 20 | - | 9976 | - | - | 1220 | - | - | - |
| - | - | - | - | - | - | - | - | - | 516 | - | - | - |
| - | - | - | - | - | - | - | - | - | - | - | - | - |
| - | - | - | - | 279 | - | - | - | 244 | 2492 | 73 | - | - |
| - | - | - | - | 8 | - | - | - | 31 | 1275 | - | - | - |
| - | - | - | - | - | - | - | - | - | - | - | - | - |
| - | - | - | - | - | - | - | - | - | 395 | 67 | - | - |
| - | - | - | - | 271 | - | - | - | 213 | 442 | 6 | - | - |

*INCLUDED IN THIS COLUMN IS NGL AND FEEDSTOCKS.

## PRODUCTION AND USES OF ENERGY SOURCES : AUSTRALIA

1977

| X XX ENERGY XX SOURCES XX PRODUCTION XX AND USES XX | HARD COAL / HOUILLE | PATENT FUEL / AGGLOMERES | COKE OVEN COKE / COKE DE FOUR | GAS COKE / COKE DE GAZ | BROWN COAL / LIGNITE | BKB / BRIQ. DE LIGNITE | NATURAL GAS / GAZ NATUREL | GAS WORKS / USINES A GAZ | COKE OVENS / COKERIES | BLAST FURNACES / HAUT FOURNEAUX | ELECTRICITY* / ELECTRICITE* |
|---|---|---|---|---|---|---|---|---|---|---|---|
| | UNIT: 1000 METRIC TONS / UNITE: 1000 TONNES METRIQUES | | | | | | TCAL / TCAL | MANUFACTURED GAS (TCAL) / GAZ MANUFACTURE (TCAL) | | | MILLIONS OF (DE) KWH |
| | 1 | 2 | 3 | 4 | 5 | 6 | 7 | 8 | 9 | 10 | 11 |
| PRODUCTION | 70809 | - | 4876 | 60 | 31028 | 1085 | 62771 | 3824 | 12667 | 10755 | 82522 |
| FROM OTHER SOURCES | - | - | - | - | - | - | - | - | - | - | - |
| IMPORT | - | - | - | - | - | - | - | - | - | - | - |
| EXPORT | -36193 | - | -139 | - | - | -124 | - | - | - | - | - |
| INTL. MARINE BUNKERS | - | - | - | - | - | - | - | - | - | - | - |
| STOCK CHANGES | -2507 | - | -174 | - | - | 41 | - | - | - | - | - |
| DOMESTIC SUPPLY | 32109 | - | 4563 | 60 | 31028 | 1002 | 62771 | 3824 | 12667 | 10755 | 82522 |
| RETURNS TO SUPPLY | - | - | - | - | - | - | - | - | - | - | - |
| TRANSFERS | - | - | - | - | - | - | - | - | - | - | - |
| DOMESTIC AVAILABILITY | 32109 | - | 4563 | 60 | 31028 | 1002 | 62771 | 3824 | 12667 | 10755 | 82522 |
| STATISTICAL DIFFERENCE | -168 | - | - | - | - | - | - | - | - | - | - |
| TRANSFORM. SECTOR ** | 28547 | - | 1800 | - | 30053 | 398 | 11669 | - | - | - | - |
| FOR SOLID FUELS | 8722 | - | - | - | 2458 | 150 | - | - | - | - | - |
| FOR GASES | 157 | - | 1800 | - | - | - | - | - | - | - | - |
| PETROLEUM REFINERIES | - | - | - | - | - | - | - | - | - | - | - |
| THERMO-ELECTRIC PLANTS | 19668 | - | - | - | 27595 | 248 | 11669 | - | - | - | - |
| ENERGY SECTOR | - | - | - | - | - | - | 8763 | 478 | 3339 | 2817 | 12185 |
| COAL MINES | - | - | - | - | - | - | - | - | - | - | - |
| OIL AND GAS EXTRACTION | - | - | - | - | - | - | 5603 | - | - | - | - |
| PETROLEUM REFINERIES | - | - | - | - | - | - | - | - | - | - | - |
| ELECTRIC PLANTS | - | - | - | - | - | - | - | - | - | - | 3783 |
| DISTRIBUTION LOSSES | - | - | - | - | - | - | 3160 | 478 | 239 | 717 | 7727 |
| PUMP STORAGE (ELECTR.) | - | - | - | - | - | - | - | - | - | - | 675 |
| OTHER ENERGY SECTOR | - | - | - | - | - | - | - | - | 3100 | 2100 | - |
| FINAL CONSUMPTION | 3730 | - | 2763 | 60 | 975 | 604 | 42339 | 3346 | 9328 | 7938 | 70337 |
| INDUSTRY SECTOR | 3504 | - | 2763 | 60 | 975 | 378 | 30183 | 3346 | 9328 | 7938 | 31202 |
| IRON AND STEEL | - | - | 2554 | - | - | - | 683 | - | 9328 | 7938 | 4358 |
| CHEMICAL | 118 | - | - | 20 | - | 140 | 3607 | - | - | - | 2309 |
| PETROCHEMICAL | - | - | - | - | - | - | - | - | - | - | - |
| NON-FERROUS METAL | 1600 | - | - | - | 660 | - | - | - | - | - | 8460 |
| NON-METALLIC MINERAL | 1100 | - | - | - | - | - | - | - | - | - | 2119 |
| PAPER PULP AND PRINT | 300 | - | - | - | 315 | - | - | - | - | - | 2297 |
| MINING AND QUARRYING | - | - | - | - | - | - | - | - | - | - | 4064 |
| FOOD AND TOBACCO | 250 | - | - | - | - | - | - | - | - | - | 2643 |
| WOOD AND WOOD PRODUCTS | - | - | - | - | - | - | - | - | - | - | 815 |
| MACHINERY | - | - | - | - | - | - | - | - | - | - | - |
| TRANSPORT EQUIPMENT | - | - | - | - | - | - | - | - | - | - | - |
| CONSTRUCTION | - | - | - | - | - | - | - | - | - | - | - |
| TEXTILES AND LEATHER | - | - | - | - | - | - | - | - | - | - | 694 |
| NON SPECIFIED | 136 | - | 209 | 40 | - | 238 | 25893 | 3346 | - | - | 3443 |
| NON-ENERGY USES: | | | | | | | | | | | |
| (1)ENERGY PRODUCTS | - | - | - | - | - | - | 3607 | - | - | - | - |
| (2)NON-ENERGY PRODUCTS | - | - | - | - | - | - | - | - | - | - | - |
| TRANSPORT. SECTOR ** | 9 | - | - | - | - | - | - | - | - | - | 698 |
| AIR TRANSPORT | - | - | - | - | - | - | - | - | - | - | - |
| ROAD TRANSPORT | - | - | - | - | - | - | - | - | - | - | - |
| RAILWAYS | 9 | - | - | - | - | - | - | - | - | - | 698 |
| INTERNAL NAVIGATION | - | - | - | - | - | - | - | - | - | - | - |
| OTHER SECTORS ** | 217 | - | - | - | - | 226 | 12156 | - | - | - | 38437 |
| AGRICULTURE | - | - | - | - | - | - | - | - | - | - | 1157 |
| PUBLIC SERVICES | 197 | - | - | - | - | 60 | - | - | - | - | - |
| COMMERCE | 20 | - | - | - | - | - | 2564 | - | - | - | 11865 |
| RESIDENTIAL | - | - | - | - | - | 166 | - | - | - | - | 25415 |

(1) INCLUDED IN CHEMICAL OR PETROCHEMICAL INDUSTRY
(2) INCLUDED ONLY IN TOTAL INDUSTRY

| * OF WHICH: HYDRO | 13714 |
|---|---|
| NUCLEAR | 0 |
| CONVENTIONAL THERMAL | 68808 |
| GEOTHERMAL | 0 |

** INCLUDED IN THESE TOTALS ARE THE NON-SPECIFIED ELEMENTS

# PRODUCTION ET UTILISATION DES SOURCES D ENERGIE : AUSTRALIE

1977

UNIT: 1000 METRIC TONS
UNITE: 1000 TONNES METRIQUES

| OIL PETROLE | | | REFINERY GAS | LIQUEFIED PETROLEUM GASES | AVIATION GASOLINE | MOTOR GASOLINE | JET FUEL | KEROSENE | GAS/DIESEL OIL | RESIDUAL FUEL OIL | NAPHTHA | NON-ENERGY PRODUCTS |
|---|---|---|---|---|---|---|---|---|---|---|---|---|
| CRUDE* BRUT* | NGL GNL | FEEDST. | GAZ DE PETROLE | GAZ LIQUEFIES DE PETROLE | ESSENCE AVION | ESSENCE AUTO | CARBURANT REACTEUR | PETROLE LAMPANT | GAZ/DIESEL OIL | FUEL OIL RESIDUEL | NAPHTHA | PRODUITS NON-ENERGETIQUES |
| 12 | 13 | 14 | 15 | 16 | 17 | 18 | 19 | 20 | 21 | 22 | 23 | 24 |
| 20602 | - | - | 113 | 383 | 37 | 10184 | 1765 | 254 | 6786 | 4425 | 662 | 3209 |
| - | - | - | - | 1413 | - | - | - | - | - | - | - | - |
| 8953 | - | - | - | - | 72 | 507 | 105 | 4 | 711 | 2024 | - | 84 |
| - | - | - | - | -1379 | -16 | -223 | -280 | -45 | -488 | -359 | - | -725 |
| - | - | - | - | - | - | - | - | - | -587 | -1847 | - | - |
| - | - | - | - | - | - | - | - | - | - | - | - | - |
| 29555 | - | - | 113 | 417 | 93 | 10468 | 1590 | 213 | 6422 | 4243 | 662 | 2568 |
| - | - | - | - | - | - | - | - | - | - | - | - | - |
| - | - | - | - | - | - | - | - | - | - | - | - | - |
| 29555 | - | - | 113 | 417 | 93 | 10468 | 1590 | 213 | 6422 | 4243 | 662 | 2568 |
| -102 | - | - | 17 | -30 | 13 | -11 | 45 | -32 | 194 | -225 | - | -573 |
| 29657 | - | - | - | 14 | - | - | - | - | 288 | 250 | - | - |
| - | - | - | - | - | - | - | - | - | - | - | - | - |
| - | - | - | - | 14 | - | - | - | - | 17 | 3 | - | - |
| 29657 | - | - | - | - | - | - | - | - | - | - | - | - |
| - | - | - | - | - | - | - | - | - | 271 | 247 | - | - |
| - | - | - | - | - | - | - | - | - | - | 530 | - | 434 |
| - | - | - | - | - | - | - | - | - | - | - | - | - |
| - | - | - | - | - | - | - | - | - | - | 530 | - | 434 |
| - | - | - | - | - | - | - | - | - | - | - | - | - |
| - | - | - | - | - | - | - | - | - | - | - | - | - |
| - | - | - | - | - | - | - | - | - | - | - | - | - |
| - | - | - | 96 | 433 | 80 | 10479 | 1545 | 245 | 5940 | 3688 | 662 | 2707 |
| - | - | - | 96 | 143 | - | - | - | - | 1922 | 3613 | 662 | 2707 |
| - | - | - | - | 18 | - | - | - | - | 322 | 820 | - | - |
| - | - | - | 96 | - | - | - | - | - | 125 | 216 | 662 | - |
| - | - | - | - | - | - | - | - | - | - | - | - | - |
| - | - | - | - | - | - | - | - | - | - | - | - | - |
| - | - | - | - | - | - | - | - | - | - | - | - | - |
| - | - | - | - | - | - | - | - | - | - | - | - | - |
| - | - | - | - | - | - | - | - | - | - | - | - | - |
| - | - | - | - | - | - | - | - | - | - | - | - | - |
| - | - | - | - | - | - | - | - | - | - | - | - | - |
| - | - | - | - | - | - | - | - | - | - | - | - | - |
| - | - | - | - | - | - | - | - | - | - | - | - | - |
| - | - | - | - | - | - | - | - | - | - | - | - | - |
| - | - | - | - | - | - | - | - | - | - | - | - | - |
| - | - | - | - | 125 | - | - | - | - | 1475 | 2577 | - | - |
| - | - | - | - | - | - | - | - | - | 125 | - | 662 | - |
| - | - | - | - | - | - | - | - | - | - | - | - | 2707 |
| - | - | - | - | 19 | 80 | 10479 | 1545 | - | 1650 | 8 | - | - |
| - | - | - | - | - | 80 | - | 1545 | - | - | 8 | - | - |
| - | - | - | - | 19 | - | 10479 | - | - | 1160 | - | - | - |
| - | - | - | - | - | - | - | - | - | 490 | - | - | - |
| - | - | - | - | - | - | - | - | - | - | - | - | - |
| - | - | - | - | 271 | - | - | - | 245 | 2368 | 67 | - | - |
| - | - | - | - | 8 | - | - | - | 31 | 1212 | - | - | - |
| - | - | - | - | - | - | - | - | - | - | - | - | - |
| - | - | - | - | - | - | - | - | - | 375 | 61 | - | - |
| - | - | - | - | 263 | - | - | - | 214 | 420 | 6 | - | - |

*INCLUDED IN THIS COLUMN IS NGL AND FEEDSTOCKS.

# PRODUCTION AND USES OF ENERGY SOURCES : AUSTRALIA

1978

| X / XX ENERGY / XX SOURCES / XX / PRODUCTION XX / AND USES XX | UNIT: 1000 METRIC TONS / UNITE: 1000 TONNES METRIQUES | | | | | | TCAL / TCAL | MANUFACTURED GAS (TCAL) / GAZ MANUFACTURE (TCAL) | | | MILLIONS / OF (DE) KWH |
|---|---|---|---|---|---|---|---|---|---|---|---|
| | HARD COAL / HOUILLE | PATENT FUEL / AGGLOMERES | COKE OVEN COKE / COKE DE FOUR | GAS COKE / COKE DE GAZ | BROWN COAL / LIGNITE | BKB / BRIQ. DE LIGNITE | NATURAL GAS / GAZ NATUREL | GAS WORKS / USINES A GAZ | COKE OVENS / COKERIES | BLAST FURNACES / HAUT FOURNEAUX | ELECTRICITY* / ELECTRICITE* |
| | 1 | 2 | 3 | 4 | 5 | 6 | 7 | 8 | 9 | 10 | 11 |
| PRODUCTION | 71831 | - | 5003 | 60 | 30485 | 1101 | 67966 | 3800 | 11500 | 10750 | 85982 |
| FROM OTHER SOURCES | - | - | - | - | - | - | - | - | - | - | - |
| IMPORT | 13 | - | - | - | - | - | - | - | - | - | - |
| EXPORT | -38683 | - | -212 | - | - | -79 | - | - | - | - | - |
| INTL. MARINE BUNKERS | - | - | - | - | - | - | - | - | - | - | - |
| STOCK CHANGES | -285 | - | - | - | - | - | - | - | - | - | - |
| DOMESTIC SUPPLY | 32876 | - | 4791 | 60 | 30485 | 1022 | 67966 | 3800 | 11500 | 10750 | 85982 |
| RETURNS TO SUPPLY | - | - | - | - | - | - | - | - | - | - | - |
| TRANSFERS | - | - | - | - | - | - | - | - | - | - | - |
| DOMESTIC AVAILABILITY | 32876 | - | 4791 | 60 | 30485 | 1022 | 67966 | 3800 | 11500 | 10750 | 85982 |
| STATISTICAL DIFFERENCE | -92 | - | - | - | - | - | - | - | - | - | - |
| TRANSFORM. SECTOR ** | 29580 | - | 1800 | - | 29170 | 489 | 12000 | - | - | - | - |
| FOR SOLID FUELS | 8609 | - | - | - | 2848 | 148 | - | - | - | - | - |
| FOR GASES | 89 | - | 1800 | - | - | - | - | - | - | - | - |
| PETROLEUM REFINERIES | - | - | - | - | - | - | - | - | - | - | - |
| THERMO-ELECTRIC PLANTS | 20882 | - | - | - | 26322 | 341 | 12000 | - | - | - | - |
| ENERGY SECTOR | 9 | - | - | - | - | - | 10538 | 450 | 3220 | 2810 | 12168 |
| COAL MINES | 9 | - | - | - | - | - | - | - | - | - | - |
| OIL AND GAS EXTRACTION | - | - | - | - | - | - | 5700 | - | - | - | - |
| PETROLEUM REFINERIES | - | - | - | - | - | - | - | - | - | - | - |
| ELECTRIC PLANTS | - | - | - | - | - | - | - | - | - | - | 3966 |
| DISTRIBUTION LOSSES | - | - | - | - | - | - | 4838 | 450 | 220 | 710 | 7565 |
| PUMP STORAGE (ELECTR.) | - | - | - | - | - | - | - | - | - | - | 637 |
| OTHER ENERGY SECTOR | - | - | - | - | - | - | - | - | 3000 | 2100 | - |
| FINAL CONSUMPTION | 3379 | - | 2991 | 60 | 1315 | 533 | 45428 | 3350 | 8280 | 7940 | 73814 |
| INDUSTRY SECTOR | 3159 | - | 2991 | 60 | 1315 | 410 | 32028 | 3350 | 8280 | 7940 | 32345 |
| IRON AND STEEL | - | - | 2791 | - | - | - | 750 | - | 8280 | 7940 | 4527 |
| CHEMICAL | 113 | - | - | 20 | - | 150 | 3600 | - | - | - | 2411 |
| PETROCHEMICAL | - | - | - | - | - | - | - | - | - | - | - |
| NON-FERROUS METAL | 1300 | - | - | - | 1000 | - | - | - | - | - | 8789 |
| NON-METALLIC MINERAL | 1060 | - | - | - | - | - | - | - | - | - | 2183 |
| PAPER PULP AND PRINT | 300 | - | - | - | 315 | - | - | - | - | - | 2383 |
| MINING AND QUARRYING | - | - | - | - | - | - | - | - | - | - | 4140 |
| FOOD AND TOBACCO | 250 | - | - | - | - | - | - | - | - | - | 2756 |
| WOOD AND WOOD PRODUCTS | - | - | - | - | - | - | - | - | - | - | 840 |
| MACHINERY | - | - | - | - | - | - | - | - | - | - | - |
| TRANSPORT EQUIPMENT | - | - | - | - | - | - | - | - | - | - | - |
| CONSTRUCTION | - | - | - | - | - | - | - | - | - | - | - |
| TEXTILES AND LEATHER | - | - | - | - | - | - | - | - | - | - | 716 |
| NON SPECIFIED | 136 | - | 200 | 40 | - | 260 | 27678 | 3350 | - | - | 3600 |
| NON-ENERGY USES: | | | | | | | | | | | |
| (1)ENERGY PRODUCTS | - | - | - | - | - | - | 3600 | - | - | - | - |
| (2)NON-ENERGY PRODUCTS | - | - | - | - | - | - | - | - | - | - | - |
| TRANSPORT. SECTOR ** | 8 | - | - | - | - | - | - | - | - | - | 700 |
| AIR TRANSPORT | - | - | - | - | - | - | - | - | - | - | - |
| ROAD TRANSPORT | - | - | - | - | - | - | - | - | - | - | - |
| RAILWAYS | 8 | - | - | - | - | - | - | - | - | - | 700 |
| INTERNAL NAVIGATION | - | - | - | - | - | - | - | - | - | - | - |
| OTHER SECTORS ** | 212 | - | - | - | - | 123 | 13400 | - | - | - | 40769 |
| AGRICULTURE | - | - | - | - | - | - | - | - | - | - | 1269 |
| PUBLIC SERVICES | 212 | - | - | - | - | - | - | - | - | - | - |
| COMMERCE | - | - | - | - | - | - | 3000 | - | - | - | 12870 |
| RESIDENTIAL | - | - | - | - | - | 123 | - | - | - | - | 26630 |

(1) INCLUDED IN CHEMICAL OR PETROCHEMICAL INDUSTRY
(2) INCLUDED ONLY IN TOTAL INDUSTRY

** INCLUDED IN THESE TOTALS ARE THE NON-SPECIFIED ELEMENTS

| * OF WHICH: HYDRO | 14537 |
|---|---|
| NUCLEAR | 0 |
| CONVENTIONAL THERMAL | 71445 |
| GEOTHERMAL | 0 |

PRODUCTION ET UTILISATION DES SOURCES D ENERGIE : AUSTRALIE

1978

UNIT: 1000 METRIC TONS
UNITE: 1000 TONNES METRIQUES

| OIL PETROLE | | | REFINERY GAS | LIQUEFIED PETROLEUM GASES | AVIATION GASOLINE | MOTOR GASOLINE | JET FUEL | KEROSENE | GAS/DIESEL OIL | RESIDUAL FUEL OIL | NAPHTHA | NON-ENERGY PRODUCTS |
|---|---|---|---|---|---|---|---|---|---|---|---|---|
| CRUDE* BRUT* | NGL GNL | FEEDST. | GAZ DE PETROLE | GAZ LIQUEFIES DE PETROLE | ESSENCE AVION | ESSENCE AUTO | CARBURANT REACTEUR | PETROLE LAMPANT | GAZ/DIESEL OIL | FUEL OIL RESIDUEL | NAPHTHA | PRODUITS NON-ENERGETIQUES |
| 12 | 13 | 14 | 15 | 16 | 17 | 18 | 19 | 20 | 21 | 22 | 23 | 24 |
| 21763 | - | - | 97 | 349 | 39 | 10203 | 1756 | 205 | 6988 | 4242 | 280 | 5287 |
| - | - | - | - | 1310 | - | - | - | - | - | - | - | - |
| 9644 | - | - | - | - | 50 | 465 | 120 | 9 | 566 | 1968 | - | 173 |
| -1935 | - | - | - | -1300 | -16 | -290 | -224 | -38 | -751 | -237 | - | -327 |
| - | - | - | - | - | - | - | - | - | -199 | -1287 | - | - |
| -2 | - | - | - | -5 | 13 | 553 | 38 | 170 | 149 | 193 | 96 | 186 |
| 29470 | - | - | 97 | 354 | 86 | 10931 | 1690 | 346 | 6753 | 4879 | 376 | 5319 |
| 108 | - | - | - | - | - | - | - | - | - | - | - | - |
| - | - | - | - | - | - | - | - | - | - | - | - | - |
| 29578 | - | - | 97 | 354 | 86 | 10931 | 1690 | 346 | 6753 | 4879 | 376 | 5319 |
| 137 | - | - | - | -91 | -33 | -3671 | 319 | 110 | 303 | 1079 | 158 | -829 |
| 29441 | - | - | - | 15 | - | - | - | - | 290 | 250 | - | - |
| - | - | - | - | - | - | - | - | - | - | - | - | - |
| - | - | - | - | 15 | - | - | - | - | 20 | - | - | - |
| 29441 | - | - | - | - | - | - | - | - | - | - | - | - |
| - | - | - | - | - | - | - | - | - | 270 | 250 | - | - |
| - | - | - | - | - | - | - | - | - | - | 370 | - | 2277 |
| - | - | - | - | - | - | - | - | - | - | - | - | - |
| - | - | - | - | - | - | - | - | - | - | - | - | - |
| - | - | - | - | - | - | - | - | - | - | 370 | - | 2277 |
| - | - | - | - | - | - | - | - | - | - | - | - | - |
| - | - | - | - | - | - | - | - | - | - | - | - | - |
| - | - | - | - | - | - | - | - | - | - | - | - | - |
| - | - | - | - | - | - | - | - | - | - | - | - | - |
| - | - | - | 97 | 430 | 119 | 14602 | 1371 | 236 | 6160 | 3180 | 218 | 3871 |
| - | - | - | 97 | 150 | - | - | - | - | 1950 | 3110 | 218 | 3871 |
| - | - | - | - | 20 | - | - | - | - | 320 | 800 | - | - |
| - | - | - | 97 | - | - | - | - | - | 130 | 200 | 218 | - |
| - | - | - | - | - | - | - | - | - | - | - | - | - |
| - | - | - | - | - | - | - | - | - | - | - | - | - |
| - | - | - | - | - | - | - | - | - | - | - | - | - |
| - | - | - | - | - | - | - | - | - | - | - | - | - |
| - | - | - | - | - | - | - | - | - | - | - | - | - |
| - | - | - | - | - | - | - | - | - | - | - | - | - |
| - | - | - | - | - | - | - | - | - | - | - | - | - |
| - | - | - | - | - | - | - | - | - | - | - | - | - |
| - | - | - | - | - | - | - | - | - | - | - | - | - |
| - | - | - | - | - | - | - | - | - | - | - | - | - |
| - | - | - | - | - | - | - | - | - | - | - | - | - |
| - | - | - | - | 130 | - | - | - | - | 1500 | 2110 | - | - |
| - | - | - | - | - | - | - | - | - | 130 | - | - | - |
| - | - | - | - | - | - | - | - | - | - | - | - | 3871 |
| - | - | - | - | 20 | 119 | 14602 | 1371 | - | 1650 | 5 | - | - |
| - | - | - | - | - | 119 | - | 1371 | - | - | 5 | - | - |
| - | - | - | - | 20 | - | 14602 | - | - | 1150 | - | - | - |
| - | - | - | - | - | - | - | - | - | 500 | - | - | - |
| - | - | - | - | - | - | - | - | - | - | - | - | - |
| - | - | - | - | 260 | - | - | - | 236 | 2560 | 65 | - | - |
| - | - | - | - | 10 | - | - | - | 24 | 1200 | - | - | - |
| - | - | - | - | - | - | - | - | - | - | - | - | - |
| - | - | - | - | - | - | - | - | - | 380 | 60 | - | - |
| - | - | - | - | 250 | - | - | - | 212 | - | 5 | - | - |

*INCLUDED IN THIS COLUMN IS NGL AND FEEDSTOCKS.

## PRODUCTION AND USES OF ENERGY SOURCES : AUSTRALIA

1979

| ENERGY SOURCES / PRODUCTION AND USES | UNIT: 1000 METRIC TONS / UNITE: 1000 TONNES METRIQUES | | | | | | TCAL / TCAL | MANUFACTURED GAS (TCAL) / GAZ MANUFACTURE (TCAL) | | | MILLIONS OF (DE) KWH |
|---|---|---|---|---|---|---|---|---|---|---|---|
| | HARD COAL / HOUILLE | PATENT FUEL / AGGLOMERES | COKE OVEN COKE / COKE DE FOUR | GAS COKE / COKE DE GAZ | BROWN COAL / LIGNITE | BKB / BRIQ. DE LIGNITE | NATURAL GAS / GAZ NATUREL | GAS WORKS / USINES A GAZ | COKE OVENS / COKERIES | BLAST FURNACES / HAUT FOURNEAUX | ELECTRICITY* / ELECTRICITE* |
| | 1 | 2 | 3 | 4 | 5 | 6 | 7 | 8 | 9 | 10 | 11 |
| PRODUCTION | 74762 | - | 5475 | 70 | 32595 | 1213 | 77192 | 3582 | 12897 | 11700 | 90857 |
| FROM OTHER SOURCES | - | - | - | - | - | - | - | - | - | - | - |
| IMPORT | 16 | - | 28 | - | - | - | - | - | - | - | - |
| EXPORT | -40390 | - | -97 | - | - | -49 | - | - | - | - | - |
| INTL. MARINE BUNKERS | - | - | - | - | - | - | - | - | - | - | - |
| STOCK CHANGES | 473 | - | -352 | - | - | - | - | - | - | - | - |
| DOMESTIC SUPPLY | 34861 | - | 5054 | 70 | 32595 | 1164 | 77192 | 3582 | 12897 | 11700 | 90857 |
| RETURNS TO SUPPLY | - | - | - | - | - | - | - | - | - | - | - |
| TRANSFERS | - | - | - | - | - | - | - | - | - | - | - |
| DOMESTIC AVAILABILITY | 34861 | - | 5054 | 70 | 32595 | 1164 | 77192 | 3582 | 12897 | 11700 | 90857 |
| STATISTICAL DIFFERENCE | -14 | - | - | - | - | - | - | - | - | - | - |
| TRANSFORM. SECTOR ** | 31557 | - | 1940 | - | 31159 | 624 | 14414 | - | - | - | - |
| FOR SOLID FUELS | 9391 | - | - | - | 3128 | 143 | - | - | - | - | - |
| FOR GASES | 54 | - | 1940 | - | - | - | - | - | - | - | - |
| PETROLEUM REFINERIES | - | - | - | - | - | - | - | - | - | - | - |
| THERMO-ELECTRIC PLANTS | 22112 | - | - | - | 28031 | 481 | 14414 | - | - | - | - |
| ENERGY SECTOR | 8 | - | - | - | - | - | 10071 | 716 | 3269 | 2950 | 12974 |
| COAL MINES | 8 | - | - | - | - | - | - | - | - | - | - |
| OIL AND GAS EXTRACTION | - | - | - | - | - | - | 4615 | - | - | - | - |
| PETROLEUM REFINERIES | - | - | - | - | - | - | - | - | - | - | - |
| ELECTRIC PLANTS | - | - | - | - | - | - | - | - | - | - | 4205 |
| DISTRIBUTION LOSSES | - | - | - | - | - | - | 5456 | 716 | 239 | 750 | 7989 |
| PUMP STORAGE (ELECTR.) | - | - | - | - | - | - | - | - | - | - | 780 |
| OTHER ENERGY SECTOR | - | - | - | - | - | - | - | - | 3030 | 2200 | - |
| FINAL CONSUMPTION | 3310 | - | 3114 | 70 | 1436 | 540 | 52707 | 2866 | 9628 | 8750 | 77883 |
| INDUSTRY SECTOR | 3111 | - | 3114 | 70 | 1436 | 416 | 38837 | 478 | 9628 | 8750 | 33913 |
| IRON AND STEEL | - | - | 2799 | - | - | - | 1425 | - | 9628 | 8750 | 4849 |
| CHEMICAL | 103 | - | - | 25 | - | 151 | 6580 | - | - | - | 2440 |
| PETROCHEMICAL | - | - | - | - | - | - | - | - | - | - | - |
| NON-FERROUS METAL | 1382 | - | - | - | 1081 | - | 6604 | - | - | - | 9414 |
| NON-METALLIC MINERAL | 1010 | - | - | - | - | - | 10817 | - | - | - | 2275 |
| PAPER PULP AND PRINT | 227 | - | - | - | 355 | - | 3802 | - | - | - | 2487 |
| MINING AND QUARRYING | - | - | - | - | - | - | 3404 | - | - | - | 4257 |
| FOOD AND TOBACCO | 241 | - | - | - | - | - | 3169 | - | - | - | 2847 |
| WOOD AND WOOD PRODUCTS | 13 | - | - | - | - | - | 27 | - | - | - | 875 |
| MACHINERY | - | - | - | - | - | - | 391 | - | - | - | - |
| TRANSPORT EQUIPMENT | - | - | - | - | - | - | 1009 | - | - | - | - |
| CONSTRUCTION | - | - | - | - | - | - | - | - | - | - | - |
| TEXTILES AND LEATHER | - | - | - | - | - | - | - | - | - | - | 745 |
| NON SPECIFIED | 135 | - | 315 | 45 | - | 265 | 1609 | 478 | - | - | 3724 |
| NON-ENERGY USES: | | | | | | | | | | | |
| (1)ENERGY PRODUCTS | - | - | - | - | - | - | 6580 | - | - | - | - |
| (2)NON-ENERGY PRODUCTS | - | - | - | - | - | - | - | - | - | - | - |
| TRANSPORT. SECTOR ** | 6 | - | - | - | - | - | - | - | - | - | 679 |
| AIR TRANSPORT | - | - | - | - | - | - | - | - | - | - | - |
| ROAD TRANSPORT | - | - | - | - | - | - | - | - | - | - | - |
| RAILWAYS | 6 | - | - | - | - | - | - | - | - | - | 679 |
| INTERNAL NAVIGATION | - | - | - | - | - | - | - | - | - | - | - |
| OTHER SECTORS ** | 193 | - | - | - | - | 124 | 13870 | 2388 | - | - | 43291 |
| AGRICULTURE | - | - | - | - | - | - | - | 200 | - | - | 1220 |
| PUBLIC SERVICES | 193 | - | - | - | - | - | - | - | - | - | - |
| COMMERCE | - | - | - | - | - | - | 3350 | 516 | - | - | 13807 |
| RESIDENTIAL | - | - | - | - | - | 124 | - | 1672 | - | - | 28264 |

(1) INCLUDED IN CHEMICAL OR PETROCHEMICAL INDUSTRY
(2) INCLUDED ONLY IN TOTAL INDUSTRY

| * OF WHICH: HYDRO | 16173 |
|---|---|
| NUCLEAR | 0 |
| CONVENTIONAL THERMAL | 74684 |
| GEOTHERMAL | 0 |

** INCLUDED IN THESE TOTALS ARE THE NON-SPECIFIED ELEMENTS

PRODUCTION ET UTILISATION DES SOURCES D ENERGIE : AUSTRALIE

1979

UNIT: 1000 METRIC TONS
UNITE: 1000 TONNES METRIQUES

| OIL PETROLE | | | REFINERY GAS | LIQUEFIED PETROLEUM GASES | AVIATION GASOLINE | MOTOR GASOLINE | JET FUEL | KEROSENE | GAS/DIESEL OIL | RESIDUAL FUEL OIL | NAPHTHA | NON-ENERGY PRODUCTS |
|---|---|---|---|---|---|---|---|---|---|---|---|---|
| CRUDE BRUT | NGL GNL | FEEDST. | GAZ DE PETROLE | GAZ LIQUEFIES DE PETROLE | ESSENCE AVION | ESSENCE AUTO | CARBURANT REACTEUR | PETROLE LAMPANT | GAZ/DIESEL OIL | FUEL OIL RESIDUEL | NAPHTHA | PRODUITS NON-ENERGETIQUES |
| 12 | 13 | 14 | 15 | 16 | 17 | 18 | 19 | 20 | 21 | 22 | 23 | 24 |
| 20183 | 1748 | - | 61 | 332 | 47 | 10930 | 1837 | 655 | 7404 | 4289 | 185 | 2495 |
| - | - | - | - | 152 | - | - | - | - | - | - | - | - |
| 10196 | - | - | - | - | 52 | 490 | 122 | 7 | 473 | 2409 | - | 46 |
| - | -1568 | - | - | - | -13 | -172 | -219 | -27 | -731 | -392 | -139 | -165 |
| - | - | - | - | - | - | - | - | - | -196 | -1108 | - | - |
| -34 | -28 | - | - | 2 | 6 | -235 | -25 | 19 | 79 | 30 | 25 | 133 |
| 30345 | 152 | - | 61 | 486 | 92 | 11013 | 1715 | 654 | 7029 | 5228 | 71 | 2509 |
| - | - | - | - | - | - | - | - | - | - | - | - | - |
| - | -152 | - | - | - | - | - | - | - | - | - | - | - |
| 30345 | - | - | 61 | 486 | 92 | 11013 | 1715 | 654 | 7029 | 5228 | 71 | 2509 |
| 232 | - | - | -1 | 32 | 4 | 94 | 95 | -105 | 409 | 66 | -17 | -107 |
| 30113 | - | - | - | 46 | - | - | - | - | 210 | 539 | 55 | - |
| - | - | - | - | - | - | - | - | - | - | - | - | - |
| - | - | - | - | 46 | - | - | - | - | - | - | 55 | - |
| 30113 | - | - | - | - | - | - | - | - | - | - | - | - |
| - | - | - | - | - | - | - | - | - | 210 | 539 | - | - |
| - | - | - | - | - | - | - | - | - | - | - | - | 733 |
| - | - | - | - | - | - | - | - | - | - | - | - | - |
| - | - | - | - | - | - | - | - | - | - | - | - | - |
| - | - | - | - | - | - | - | - | - | - | - | - | 733 |
| - | - | - | - | - | - | - | - | - | - | - | - | - |
| - | - | - | - | - | - | - | - | - | - | - | - | - |
| - | - | - | - | - | - | - | - | - | - | - | - | - |
| - | - | - | - | - | - | - | - | - | - | - | - | - |
| - | - | - | 62 | 408 | 88 | 10919 | 1620 | 759 | 6410 | 4623 | 33 | 1883 |
| - | - | - | 62 | 203 | - | - | - | 9 | 1231 | 3877 | 33 | 1883 |
| - | - | - | - | 10 | - | - | - | - | 110 | 964 | - | - |
| - | - | - | 62 | 97 | - | - | - | - | 91 | 156 | 8 | - |
| - | - | - | - | 2 | - | - | - | - | 5 | 2 | 24 | - |
| - | - | - | - | 9 | - | - | - | - | 77 | 2037 | 1 | - |
| - | - | - | - | 21 | - | - | - | - | 90 | 240 | - | - |
| - | - | - | - | - | - | - | - | - | 10 | 171 | - | - |
| - | - | - | - | 1 | - | - | - | 8 | 706 | 104 | - | - |
| - | - | - | - | 18 | - | - | - | - | 83 | 41 | - | - |
| - | - | - | - | - | - | - | - | - | 20 | 32 | - | - |
| - | - | - | - | 1 | - | - | - | - | 10 | 16 | - | - |
| - | - | - | - | 3 | - | - | - | - | 11 | 18 | - | - |
| - | - | - | - | - | - | - | - | - | - | - | - | - |
| - | - | - | - | - | - | - | - | - | - | - | - | - |
| - | - | - | - | 41 | - | - | - | 1 | 18 | 96 | - | - |
| - | - | - | - | - | - | - | - | - | 91 | - | - | - |
| - | - | - | - | - | - | - | - | - | - | - | - | 1883 |
| - | - | - | - | 46 | 88 | 10919 | 1620 | - | 2572 | 676 | - | - |
| - | - | - | - | - | 88 | - | 1620 | - | 3 | 10 | - | - |
| - | - | - | - | 46 | - | 10919 | - | - | 1716 | - | - | - |
| - | - | - | - | - | - | - | - | - | 572 | - | - | - |
| - | - | - | - | - | - | - | - | - | 281 | 666 | - | - |
| - | - | - | - | 159 | - | - | - | 750 | 2607 | 70 | - | - |
| - | - | - | - | 4 | - | - | - | 23 | 1787 | - | - | - |
| - | - | - | - | - | - | - | - | - | - | - | - | - |
| - | - | - | - | - | - | - | - | - | - | 70 | - | - |
| - | - | - | - | 155 | - | - | - | 727 | - | - | - | - |

# PRODUCTION AND USES OF ENERGY SOURCES : AUSTRALIA

1980

| PRODUCTION AND USES / ENERGY SOURCES | UNIT: 1000 METRIC TONS / UNITE: 1000 TONNES METRIQUES | | | | | | TCAL / TCAL | MANUFACTURED GAS (TCAL) / GAZ MANUFACTURE (TCAL) | | | MILLIONS OF (DE) KWH |
|---|---|---|---|---|---|---|---|---|---|---|---|
| | HARD COAL / HOUILLE | PATENT FUEL / AGGLOMERES | COKE OVEN COKE / COKE DE FOUR | GAS COKE / COKE DE GAZ | BROWN COAL / LIGNITE | BKB / BRIQ. DE LIGNITE | NATURAL GAS / GAZ NATUREL | GAS WORKS / USINES A GAZ | COKE OVENS / COKERIES | BLAST FURNACES / HAUT FOURNEAUX | ELECTRICITY* / ELECTRICITE* |
| | 1 | 2 | 3 | 4 | 5 | 6 | 7 | 8 | 9 | 10 | 11 |
| PRODUCTION | 76553 | - | 5474 | 13 | 32794 | 1280 | 82936 | 3346 | 10277 | 11711 | 96199 |
| FROM OTHER SOURCES | - | - | - | - | - | - | - | - | - | - | - |
| IMPORT | 2 | - | 16 | - | - | - | - | - | - | - | - |
| EXPORT | -42819 | - | -89 | - | - | -123 | - | - | - | - | - |
| INTL. MARINE BUNKERS | - | - | - | - | - | - | - | - | - | - | - |
| STOCK CHANGES | 2803 | - | 112 | - | - | - | - | - | - | - | - |
| DOMESTIC SUPPLY | 36539 | - | 5513 | 13 | 32794 | 1157 | 82936 | 3346 | 10277 | 11711 | 96199 |
| RETURNS TO SUPPLY | - | - | - | - | - | - | - | - | - | - | - |
| TRANSFERS | - | - | - | - | - | - | - | - | - | - | - |
| DOMESTIC AVAILABILITY | 36539 | - | 5513 | 13 | 32794 | 1157 | 82936 | 3346 | 10277 | 11711 | 96199 |
| STATISTICAL DIFFERENCE | 114 | - | - | - | - | - | - | - | - | - | - |
| TRANSFORM. SECTOR ** | 33100 | - | 1800 | - | 31361 | 698 | 16764 | - | - | - | - |
| FOR SOLID FUELS | 8527 | - | - | - | 3313 | 130 | - | - | - | - | - |
| FOR GASES | 25 | - | 1800 | - | - | - | - | - | - | - | - |
| PETROLEUM REFINERIES | - | - | - | - | - | - | - | - | - | - | - |
| THERMO-ELECTRIC PLANTS | 24548 | - | - | - | 28048 | 568 | 16764 | - | - | - | - |
| ENERGY SECTOR | 8 | - | - | - | - | - | 10166 | 717 | 3200 | 3395 | 15871 |
| COAL MINES | 8 | - | - | - | - | - | - | - | - | - | - |
| OIL AND GAS EXTRACTION | - | - | - | - | - | - | 4300 | - | - | - | - |
| PETROLEUM REFINERIES | - | - | - | - | - | - | - | - | - | - | 913 |
| ELECTRIC PLANTS | - | - | - | - | - | - | - | - | - | - | 4471 |
| DISTRIBUTION LOSSES | - | - | - | - | - | - | 5866 | 717 | 200 | 1195 | 9480 |
| PUMP STORAGE (ELECTR.) | - | - | - | - | - | - | - | - | - | - | 755 |
| OTHER ENERGY SECTOR | - | - | - | - | - | - | - | - | 3000 | 2200 | 252 |
| FINAL CONSUMPTION | 3317 | - | 3713 | 13 | 1433 | 459 | 56006 | 2629 | 7077 | 8316 | 80328 |
| INDUSTRY SECTOR | 3137 | - | 3713 | 13 | 1433 | 359 | 47321 | 239 | 7077 | 8316 | 34546 |
| IRON AND STEEL | - | - | 3288 | - | - | - | 1400 | - | 6599 | 8316 | 4972 |
| CHEMICAL | 94 | - | - | - | - | 150 | 6500 | - | - | - | 2106 |
| PETROCHEMICAL | - | - | - | - | - | - | 654 | - | - | - | - |
| NON-FERROUS METAL | 1451 | - | - | - | 1090 | - | 6850 | - | - | - | 9578 |
| NON-METALLIC MINERAL | 997 | - | - | - | - | - | 12300 | - | - | - | 2167 |
| PAPER PULP AND PRINT | 213 | - | - | - | 343 | - | 4100 | - | - | - | 2607 |
| MINING AND QUARRYING | - | - | - | - | - | - | 4031 | - | - | - | 5324 |
| FOOD AND TOBACCO | 263 | - | - | - | - | - | 4350 | - | - | - | 3074 |
| WOOD AND WOOD PRODUCTS | 13 | - | - | - | - | - | 30 | - | 478 | - | 823 |
| MACHINERY | - | - | - | - | - | - | 450 | - | - | - | 1066 |
| TRANSPORT EQUIPMENT | - | - | - | - | - | - | 1700 | - | - | - | 232 |
| CONSTRUCTION | - | - | - | - | - | - | - | - | - | - | - |
| TEXTILES AND LEATHER | 22 | - | - | - | - | - | - | - | - | - | 699 |
| NON SPECIFIED | 84 | - | 425 | 13 | - | 209 | 4956 | 239 | - | - | 1898 |
| NON-ENERGY USES: | | | | | | | | | | | |
| (1)ENERGY PRODUCTS | - | - | - | - | - | - | 6500 | - | - | - | - |
| (2)NON-ENERGY PRODUCTS | - | - | - | - | - | - | - | - | - | - | - |
| TRANSPORT. SECTOR ** | 6 | - | - | - | - | - | 212 | - | - | - | 761 |
| AIR TRANSPORT | - | - | - | - | - | - | 18 | - | - | - | - |
| ROAD TRANSPORT | - | - | - | - | - | - | - | - | - | - | - |
| RAILWAYS | 6 | - | - | - | - | - | - | - | - | - | 761 |
| INTERNAL NAVIGATION | - | - | - | - | - | - | - | - | - | - | - |
| OTHER SECTORS ** | 174 | - | - | - | - | 100 | 8473 | 2390 | - | - | 45021 |
| AGRICULTURE | - | - | - | - | - | - | - | 717 | - | - | 1373 |
| PUBLIC SERVICES | 174 | - | - | - | - | - | - | - | - | - | - |
| COMMERCE | - | - | - | - | - | - | 4208 | - | - | - | 14362 |
| RESIDENTIAL | - | - | - | - | - | 100 | - | 1673 | - | - | 29286 |

(1) INCLUDED IN CHEMICAL OR PETROCHEMICAL INDUSTRY
(2) INCLUDED ONLY IN TOTAL INDUSTRY

| * OF WHICH: HYDRO | 13787 |
|---|---|
| NUCLEAR | 0 |
| CONVENTIONAL THERMAL | 82412 |
| GEOTHERMAL | 0 |

** INCLUDED IN THESE TOTALS ARE THE NON-SPECIFIED ELEMENTS

PRODUCTION ET UTILISATION DES SOURCES D ENERGIE : AUSTRALIE

1980

UNIT: 1000 METRIC TONS
UNITE: 1000 TONNES METRIQUES

| OIL / PETROLE: CRUDE / BRUT | OIL / PETROLE: NGL / GNL | OIL / PETROLE: FEEDST. | REFINERY GAS / GAZ DE PETROLE | LIQUEFIED PETROLEUM GASES / GAZ LIQUEFIES DE PETROLE | AVIATION GASOLINE / ESSENCE AVION | MOTOR GASOLINE / ESSENCE AUTO | JET FUEL / CARBURANT REACTEUR | KEROSENE / PETROLE LAMPANT | GAS/DIESEL OIL / GAZ/DIESEL OIL | RESIDUAL FUEL OIL / FUEL OIL RESIDUEL | NAPHTHA / NAPHTHA | NON-ENERGY PRODUCTS / PRODUITS NON-ENERGETIQUES |
|---|---|---|---|---|---|---|---|---|---|---|---|---|
| 12 | 13 | 14 | 15 | 16 | 17 | 18 | 19 | 20 | 21 | 22 | 23 | 24 |
| 18868 | 1676 | - | 57 | 335 | 66 | 10795 | 1747 | 547 | 7283 | 3842 | 100 | 2593 |
| - | - | - | - | 172 | - | - | - | - | - | - | - | - |
| 9403 | - | 195 | - | - | 27 | 359 | 140 | - | 566 | 2498 | - | 424 |
| - | -1490 | - | - | - | -6 | -229 | -166 | -23 | -604 | -325 | - | -284 |
| - | - | - | - | - | - | - | - | - | -193 | -1017 | - | - |
| -23 | -16 | -33 | - | 2 | -14 | -206 | 19 | -18 | -165 | -160 | 2 | 100 |
| 28248 | 170 | 162 | 57 | 509 | 73 | 10719 | 1740 | 506 | 6887 | 4838 | 102 | 2833 |
| - | - | - | - | - | - | - | - | - | - | - | - | - |
| - | -172 | - | - | - | - | - | - | - | - | - | - | - |
| 28248 | -2 | 162 | 57 | 509 | 73 | 10719 | 1740 | 506 | 6887 | 4838 | 102 | 2833 |
| -171 | -2 | -747 | 9 | -83 | -7 | -171 | 85 | -114 | -8 | -35 | -220 | 317 |
| 28419 | - | 909 | 1 | 53 | - | - | - | - | 438 | 662 | 38 | - |
| - | - | - | - | - | - | - | - | - | - | - | - | - |
| - | - | - | 1 | 53 | - | - | - | - | - | - | 38 | - |
| 28419 | - | 909 | - | - | - | - | - | - | - | - | - | - |
| - | - | - | - | - | - | - | - | - | 438 | 662 | - | - |
| - | - | - | - | - | - | - | - | - | 13 | 12 | - | 747 |
| - | - | - | - | - | - | - | - | - | - | - | - | - |
| - | - | - | - | - | - | - | - | - | 13 | 12 | - | - |
| - | - | - | - | - | - | - | - | - | - | - | - | 747 |
| - | - | - | - | - | - | - | - | - | - | - | - | - |
| - | - | - | - | - | - | - | - | - | - | - | - | - |
| - | - | - | - | - | - | - | - | - | - | - | - | - |
| - | - | - | - | - | - | - | - | - | - | - | - | - |
| - | - | - | 47 | 539 | 80 | 10890 | 1655 | 620 | 6444 | 4199 | 284 | 1769 |
| - | - | - | 47 | 280 | - | - | - | 10 | 921 | 3468 | 284 | 1769 |
| - | - | - | - | 11 | - | - | - | - | 46 | 427 | - | - |
| - | - | - | 47 | 136 | - | - | - | - | 107 | 114 | 261 | - |
| - | - | - | - | 3 | - | - | - | - | - | - | - | - |
| - | - | - | - | 26 | - | - | - | - | 73 | 1854 | 23 | - |
| - | - | - | - | 25 | - | - | - | - | 62 | 177 | - | - |
| - | - | - | - | - | - | - | - | - | 13 | 147 | - | - |
| - | - | - | - | 1 | - | - | - | 8 | 484 | 292 | - | - |
| - | - | - | - | 21 | - | - | - | - | 74 | 338 | - | - |
| - | - | - | - | - | - | - | - | - | 24 | 36 | - | - |
| - | - | - | - | 11 | - | - | - | - | 9 | 10 | - | - |
| - | - | - | - | 4 | - | - | - | - | 12 | 12 | - | - |
| - | - | - | - | - | - | - | - | - | - | - | - | - |
| - | - | - | - | - | - | - | - | - | - | - | - | - |
| - | - | - | - | 42 | - | - | - | 2 | 17 | 61 | - | - |
| - | - | - | - | - | - | - | - | - | 107 | - | - | - |
| - | - | - | - | - | - | - | - | - | - | - | - | 1769 |
| - | - | - | - | 67 | 80 | 10890 | 1655 | - | 2711 | 679 | - | - |
| - | - | - | - | - | 80 | - | 1655 | - | 2 | 6 | - | - |
| - | - | - | - | 67 | - | 10890 | - | - | 1770 | - | - | - |
| - | - | - | - | - | - | - | - | - | 573 | - | - | - |
| - | - | - | - | - | - | - | - | - | 366 | 673 | - | - |
| - | - | - | - | 192 | - | - | - | 610 | 2812 | 52 | - | - |
| - | - | - | - | 5 | - | - | - | 25 | 1883 | - | - | - |
| - | - | - | - | 68 | - | - | - | 1 | - | - | - | - |
| - | - | - | - | - | - | - | - | - | - | 52 | - | - |
| - | - | - | - | 119 | - | - | - | 584 | - | - | - | - |

# PRODUCTION AND USES OF ENERGY SOURCES : AUSTRALIA

1981

| X XX ENERGY XX XX SOURCES XX XX XX PRODUCTION XX XX AND USES XX | UNIT: 1000 METRIC TONS / UNITE: 1000 TONNES METRIQUES | | | | | | TCAL / TCAL | MANUFACTURED GAS (TCAL) / GAZ MANUFACTURE (TCAL) | | | MILLIONS OF (DE) KWH |
|---|---|---|---|---|---|---|---|---|---|---|---|
| | HARD COAL / HOUILLE | PATENT FUEL / AGGLOMERES | COKE OVEN COKE / COKE DE FOUR | GAS COKE / COKE DE GAZ | BROWN COAL / LIGNITE | BKB / BRIQ. DE LIGNITE | NATURAL GAS / GAZ NATUREL | GAS WORKS / USINES A GAZ | COKE OVENS / COKERIES | BLAST FURNACES / HAUT FOURNEAUX | ELECTRICITY* / ELECTRICITE* |
| | 1 | 2 | 3 | 4 | 5 | 6 | 7 | 8 | 9 | 10 | 11 |
| PRODUCTION | 92104 | - | 5077 | 10 | 32961 | 1059 | 97027 | 3107 | 9799 | 10277 | 101609 |
| FROM OTHER SOURCES | - | - | - | - | - | - | - | - | - | - | - |
| IMPORT | 2 | - | 34 | - | - | - | - | - | - | - | - |
| EXPORT | -50967 | - | -5 | - | - | -89 | - | - | - | - | - |
| INTL. MARINE BUNKERS | - | - | - | - | - | - | - | - | - | - | - |
| STOCK CHANGES | -4060 | - | -287 | - | - | - | - | - | - | - | - |
| DOMESTIC SUPPLY | 37079 | - | 4819 | 10 | 32961 | 970 | 97027 | 3107 | 9799 | 10277 | 101609 |
| RETURNS TO SUPPLY | - | - | - | - | - | - | - | - | - | - | - |
| TRANSFERS | - | - | - | - | - | - | - | - | - | - | - |
| DOMESTIC AVAILABILITY | 37079 | - | 4819 | 10 | 32961 | 970 | 97027 | 3107 | 9799 | 10277 | 101609 |
| STATISTICAL DIFFERENCE | -304 | - | - | - | - | - | - | - | - | - | - |
| TRANSFORM. SECTOR ** | 33938 | - | 1800 | - | 31482 | 537 | 22658 | - | - | - | - |
| FOR SOLID FUELS | 9183 | - | - | - | 2699 | 152 | - | - | - | - | - |
| FOR GASES | 19 | - | 1800 | - | - | - | - | - | - | - | - |
| PETROLEUM REFINERIES | - | - | - | - | - | - | - | - | - | - | - |
| THERMO-ELECTRIC PLANTS | 24736 | - | - | - | 28783 | 385 | 22658 | - | - | - | - |
| ENERGY SECTOR | 6 | - | - | - | - | - | 10146 | 717 | 2980 | 2478 | 17270 |
| COAL MINES | 6 | - | - | - | - | - | - | - | - | - | - |
| OIL AND GAS EXTRACTION | - | - | - | - | - | - | 4172 | - | - | - | - |
| PETROLEUM REFINERIES | - | - | - | - | - | - | - | - | - | - | 863 |
| ELECTRIC PLANTS | - | - | - | - | - | - | - | - | - | - | 4832 |
| DISTRIBUTION LOSSES | - | - | - | - | - | - | 5974 | 717 | 180 | 478 | 10527 |
| PUMP STORAGE (ELECTR.) | - | - | - | - | - | - | - | - | - | - | 834 |
| OTHER ENERGY SECTOR | - | - | - | - | - | - | - | - | 2800 | 2000 | 214 |
| FINAL CONSUMPTION | 3439 | - | 3019 | 10 | 1479 | 433 | 64223 | 2390 | 6819 | 7799 | 84339 |
| INDUSTRY SECTOR | 3278 | - | 3019 | 10 | 1479 | 333 | 44024 | 239 | 6819 | 7799 | 36233 |
| IRON AND STEEL | - | - | 2805 | - | - | - | 3566 | - | 6580 | 7799 | 5118 |
| CHEMICAL | 107 | - | - | - | - | 130 | 6384 | - | - | - | 2167 |
| PETROCHEMICAL | - | - | - | - | - | - | - | - | - | - | - |
| NON-FERROUS METAL | 1428 | - | - | - | 1165 | - | 6377 | - | - | - | 10610 |
| NON-METALLIC MINERAL | 1075 | - | - | - | - | - | 12144 | - | - | - | 2219 |
| PAPER PULP AND PRINT | 219 | - | - | - | 314 | - | 3981 | - | - | - | 2648 |
| MINING AND QUARRYING | - | - | - | - | - | - | 4145 | - | - | - | 5610 |
| FOOD AND TOBACCO | 279 | - | - | - | - | - | 4280 | - | - | - | 3133 |
| WOOD AND WOOD PRODUCTS | 13 | - | - | - | - | - | 86 | - | 239 | - | 848 |
| MACHINERY | - | - | - | - | - | - | 534 | - | - | - | 1089 |
| TRANSPORT EQUIPMENT | - | - | - | - | - | - | 1175 | - | - | - | 236 |
| CONSTRUCTION | - | - | - | - | - | - | - | - | - | - | - |
| TEXTILES AND LEATHER | 20 | - | - | - | - | - | 1352 | - | - | - | 735 |
| NON SPECIFIED | 137 | - | 214 | 10 | - | 203 | - | 239 | - | - | 1820 |
| NON-ENERGY USES: | | | | | | | | | | | |
| (1)ENERGY PRODUCTS | - | - | - | - | - | - | 13274 | - | - | - | - |
| (2)NON-ENERGY PRODUCTS | - | - | - | - | - | - | - | - | - | - | - |
| TRANSPORT. SECTOR ** | 6 | - | - | - | - | - | - | - | - | - | 796 |
| AIR TRANSPORT | - | - | - | - | - | - | - | - | - | - | - |
| ROAD TRANSPORT | - | - | - | - | - | - | - | - | - | - | - |
| RAILWAYS | 6 | - | - | - | - | - | - | - | - | - | 796 |
| INTERNAL NAVIGATION | - | - | - | - | - | - | - | - | - | - | - |
| OTHER SECTORS ** | 155 | - | - | - | - | 100 | 20199 | 2151 | - | - | 47310 |
| AGRICULTURE | - | - | - | - | - | - | - | 717 | - | - | 1427 |
| PUBLIC SERVICES | 155 | - | - | - | - | - | 214 | - | - | - | - |
| COMMERCE | - | - | - | - | - | - | 9059 | - | - | - | 15291 |
| RESIDENTIAL | - | - | - | - | - | 100 | 10926 | 1434 | - | - | 30592 |

(1) INCLUDED IN CHEMICAL OR PETROCHEMICAL INDUSTRY
(2) INCLUDED ONLY IN TOTAL INDUSTRY

| * OF WHICH: HYDRO | 14917 |
|---|---|
| NUCLEAR | 0 |
| CONVENTIONAL THERMAL | 86692 |
| GEOTHERMAL | 0 |

** INCLUDED IN THESE TOTALS ARE THE NON-SPECIFIED ELEMENTS

## PRODUCTION ET UTILISATION DES SOURCES D ENERGIE : AUSTRALIE

1981

UNIT: 1000 METRIC TONS
UNITE: 1000 TONNES METRIQUES

| OIL / PETROLE | | | REFINERY GAS | LIQUEFIED PETROLEUM GASES | AVIATION GASOLINE | MOTOR GASOLINE | JET FUEL | KEROSENE | GAS/DIESEL OIL | RESIDUAL FUEL OIL | NAPHTHA | NON-ENERGY PRODUCTS |
|---|---|---|---|---|---|---|---|---|---|---|---|---|
| CRUDE BRUT | NGL GNL | FEEDST. | GAZ DE PETROLE | GAZ LIQUEFIES DE PETROLE | ESSENCE AVION | ESSENCE AUTO | CARBURANT REACTEUR | PETROLE LAMPANT | GAZ/DIESEL OIL | FUEL OIL RESIDUEL | NAPHTHA | PRODUITS NON-ENERGETIQUES |
| 12 | 13 | 14 | 15 | 16 | 17 | 18 | 19 | 20 | 21 | 22 | 23 | 24 |
| 18397 | 1607 | - | 57 | 339 | 78 | 10643 | 1814 | 357 | 7119 | 3376 | 115 | 3806 |
| - | - | - | - | 1607 | - | - | - | - | - | - | - | - |
| 7409 | - | 2505 | - | - | 27 | 310 | 118 | - | 545 | 1972 | - | 394 |
| - | - | - | - | -1396 | -13 | -198 | -218 | -56 | -640 | -307 | - | -240 |
| - | - | - | - | - | - | - | - | - | -169 | -920 | - | - |
| -322 | - | 108 | - | -9 | 1 | 19 | -17 | 89 | -76 | 102 | -19 | -417 |
| 25484 | 1607 | 2613 | 57 | 541 | 93 | 10774 | 1697 | 390 | 6779 | 4223 | 96 | 3543 |
| - | - | - | - | - | - | - | - | - | - | - | - | - |
| - | -1607 | - | - | - | - | - | - | - | - | - | - | - |
| 25484 | - | 2613 | 57 | 541 | 93 | 10774 | 1697 | 390 | 6779 | 4223 | 96 | 3543 |
| -1155 | - | 1598 | -110 | -116 | 13 | -148 | 52 | -34 | 29 | 61 | -303 | 748 |
| 26637 | - | 1015 | - | 47 | - | - | - | - | 553 | 604 | 37 | - |
| - | - | - | - | - | - | - | - | - | - | - | - | - |
| - | - | - | - | 47 | - | - | - | - | 11 | - | 37 | - |
| 26637 | - | 1015 | - | - | - | - | - | - | - | - | - | - |
| - | - | - | - | - | - | - | - | - | 542 | 604 | - | - |
| - | - | - | - | - | - | - | - | - | - | - | - | - |
| - | - | - | - | - | - | - | - | - | - | - | - | - |
| - | - | - | - | - | - | - | - | - | - | - | - | - |
| - | - | - | - | - | - | - | - | - | - | - | - | - |
| - | - | - | - | - | - | - | - | - | - | - | - | - |
| - | - | - | - | - | - | - | - | - | - | - | - | - |
| - | - | - | - | - | - | - | - | - | - | - | - | - |
| - | - | - | - | - | - | - | - | - | - | - | - | - |
| 2 | - | - | 167 | 610 | 80 | 10922 | 1645 | 424 | 6197 | 3558 | 362 | 2795 |
| 2 | - | - | 167 | 274 | - | - | - | 8 | 1435 | 2736 | 362 | 2795 |
| - | - | - | - | 13 | - | - | - | - | 41 | 203 | - | - |
| - | - | - | 167 | 12 | - | - | - | 1 | 64 | 96 | 338 | - |
| - | - | - | - | 142 | - | - | - | - | - | - | - | - |
| - | - | - | - | 14 | - | - | - | 1 | 77 | 1721 | 24 | - |
| 2 | - | - | - | 23 | - | - | - | 1 | 59 | 128 | - | - |
| - | - | - | - | 3 | - | - | - | - | 11 | 110 | - | - |
| - | - | - | - | 3 | - | - | - | 5 | 419 | 178 | - | - |
| - | - | - | - | 25 | - | - | - | - | 65 | 224 | - | - |
| - | - | - | - | 2 | - | - | - | - | 21 | 32 | - | - |
| - | - | - | - | 1 | - | - | - | - | 7 | 4 | - | - |
| - | - | - | - | 4 | - | - | - | - | 6 | 7 | - | - |
| - | - | - | - | - | - | - | - | - | 661 | 4 | - | - |
| - | - | - | - | 2 | - | - | - | - | 4 | 24 | - | - |
| - | - | - | - | 30 | - | - | - | - | - | 5 | - | - |
| - | - | - | - | 135 | - | - | - | - | 64 | 96 | - | - |
| - | - | - | - | - | - | - | - | - | - | - | - | 2795 |
| - | - | - | - | 93 | 80 | 10922 | 1645 | - | 3153 | 774 | - | - |
| - | - | - | - | - | 80 | - | 1645 | - | - | - | - | - |
| - | - | - | - | 92 | - | 10922 | - | - | 2200 | - | - | - |
| - | - | - | - | 1 | - | - | - | - | 674 | - | - | - |
| - | - | - | - | - | - | - | - | - | 279 | 774 | - | - |
| - | - | - | - | 243 | - | - | - | 416 | 1609 | 48 | - | - |
| - | - | - | - | 7 | - | - | - | 23 | 1296 | - | - | - |
| - | - | - | - | 4 | - | - | - | 1 | 90 | 11 | - | - |
| - | - | - | - | 79 | - | - | - | 2 | 170 | 37 | - | - |
| - | - | - | - | 153 | - | - | - | 390 | 53 | - | - | - |

## PRODUCTION AND USES OF ENERGY SOURCES : NEW ZEALAND

1971

| PRODUCTION AND USES \ ENERGY SOURCES | UNIT: 1000 METRIC TONS / UNITE: 1000 TONNES METRIQUES | | | | | | TCAL / TCAL | MANUFACTURED GAS (TCAL) / GAZ MANUFACTURE (TCAL) | | | MILLIONS OF (DE) KWH |
|---|---|---|---|---|---|---|---|---|---|---|---|
| | HARD COAL / HOUILLE | PATENT FUEL / AGGLOMERES | COKE OVEN COKE / COKE DE FOUR | GAS COKE / COKE DE GAZ | BROWN COAL / LIGNITE | BKB / BRIQ. DE LIGNITE | NATURAL GAS / GAZ NATUREL | GAS WORKS / USINES A GAZ | COKE OVENS / COKERIES | BLAST FURNACES / HAUT FOURNEAUX | ELECTRICITY* / ELECTRICITE* |
| | 1 | 2 | 3 | 4 | 5 | 6 | 7 | 8 | 9 | 10 | 11 |
| PRODUCTION | 1963 | 20 | 8 | 61 | 159 | - | 1168 | 529 | - | - | 15478 |
| FROM OTHER SOURCES | - | - | - | - | - | - | - | - | - | - | - |
| IMPORT | 4 | - | - | - | - | - | - | - | - | - | - |
| EXPORT | - | - | - | -3 | - | - | - | - | - | - | - |
| INTL. MARINE BUNKERS | - | - | - | - | - | - | - | - | - | - | - |
| STOCK CHANGES | -32 | - | - | - | - | - | - | - | - | - | - |
| DOMESTIC SUPPLY | 1935 | 20 | 8 | 58 | 159 | - | 1168 | 529 | - | - | 15478 |
| RETURNS TO SUPPLY | - | - | - | - | - | - | - | - | - | - | - |
| TRANSFERS | - | - | - | - | - | - | - | - | - | - | - |
| DOMESTIC AVAILABILITY | 1935 | 20 | 8 | 58 | 159 | - | 1168 | 529 | - | - | 15478 |
| STATISTICAL DIFFERENCE | - | - | - | - | - | - | - | - | - | - | - |
| TRANSFORM. SECTOR ** | 590 | - | - | 30 | - | - | 170 | - | - | - | - |
| FOR SOLID FUELS | 42 | - | - | - | | | - | - | - | - | - |
| FOR GASES | 101 | - | - | 30 | | | - | - | - | - | - |
| PETROLEUM REFINERIES | - | - | - | - | | | - | - | - | - | - |
| THERMO-ELECTRIC PLANTS | 447 | - | - | - | | - | 170 | - | - | - | - |
| ENERGY SECTOR | - | - | - | - | - | - | 433 | 126 | - | - | 2388 |
| COAL MINES | - | - | - | - | - | - | - | - | - | - | 18 |
| OIL AND GAS EXTRACTION | - | - | - | - | - | - | - | - | - | - | - |
| PETROLEUM REFINERIES | - | - | - | - | - | - | - | - | - | - | - |
| ELECTRIC PLANTS | - | - | - | - | - | - | - | - | - | - | 284 |
| DISTRIBUTION LOSSES | - | - | - | - | - | - | 426 | 126 | - | - | 2086 |
| PUMP STORAGE (ELECTR.) | - | - | - | - | - | - | - | - | - | - | - |
| OTHER ENERGY SECTOR | - | - | - | - | - | - | 7 | - | - | - | - |
| FINAL CONSUMPTION | 1345 | 20 | 8 | 28 | 159 | - | 565 | 403 | - | - | 13090 |
| INDUSTRY SECTOR | 1123 | - | 8 | - | 45 | - | 119 | - | - | - | 3718 |
| IRON AND STEEL | 66 | - | 8 | - | - | - | - | - | - | - | - |
| CHEMICAL | - | - | - | - | - | - | - | - | - | - | - |
| PETROCHEMICAL | - | - | - | - | - | - | - | - | - | - | - |
| NON-FERROUS METAL | - | - | - | - | - | - | - | - | - | - | - |
| NON-METALLIC MINERAL | - | - | - | - | - | - | - | - | - | - | - |
| PAPER PULP AND PRINT | - | - | - | - | - | - | - | - | - | - | - |
| MINING AND QUARRYING | - | - | - | - | - | - | - | - | - | - | - |
| FOOD AND TOBACCO | - | - | - | - | - | - | - | - | - | - | - |
| WOOD AND WOOD PRODUCTS | - | - | - | - | - | - | - | - | - | - | - |
| MACHINERY | - | - | - | - | - | - | - | - | - | - | - |
| TRANSPORT EQUIPMENT | - | - | - | - | - | - | - | - | - | - | - |
| CONSTRUCTION | - | - | - | - | - | - | - | - | - | - | - |
| TEXTILES AND LEATHER | - | - | - | - | - | - | - | - | - | - | - |
| NON SPECIFIED | 1057 | - | - | - | 45 | - | 119 | - | - | - | 3718 |
| NON-ENERGY USES: | | | | | | | | | | | |
| (1)ENERGY PRODUCTS | - | - | - | - | - | - | - | - | - | - | - |
| (2)NON-ENERGY PRODUCTS | - | - | - | - | - | - | - | - | - | - | - |
| TRANSPORT. SECTOR ** | 9 | - | - | - | - | - | - | - | - | - | 44 |
| AIR TRANSPORT | - | - | - | - | - | - | - | - | - | - | - |
| ROAD TRANSPORT | - | - | - | - | - | - | - | - | - | - | - |
| RAILWAYS | 5 | - | - | - | - | - | - | - | - | - | 44 |
| INTERNAL NAVIGATION | 4 | - | - | - | - | - | - | - | - | - | - |
| OTHER SECTORS ** | 213 | 20 | - | 28 | 114 | - | 446 | 403 | - | - | 9328 |
| AGRICULTURE | - | - | - | - | 87 | - | - | - | - | - | 346 |
| PUBLIC SERVICES | - | - | - | - | - | - | - | - | - | - | - |
| COMMERCE | - | - | - | - | - | - | 225 | - | - | - | 2168 |
| RESIDENTIAL | 213 | 20 | - | 28 | 27 | - | 221 | 403 | - | - | 6814 |

(1) INCLUDED IN CHEMICAL OR PETROCHEMICAL INDUSTRY
(2) INCLUDED ONLY IN TOTAL INDUSTRY

| * OF WHICH: HYDRO | 13117 |
|---|---|
| NUCLEAR | 0 |
| CONVENTIONAL THERMAL | 1105 |
| GEOTHERMAL | 1256 |

** INCLUDED IN THESE TOTALS ARE THE NON-SPECIFIED ELEMENTS

PRODUCTION ET UTILISATION DES SOURCES D ENERGIE : NOUVELLE ZELANDE

1971

UNIT: 1000 METRIC TONS
UNITE: 1000 TONNES METRIQUES

| OIL PETROLE | | | REFINERY GAS | LIQUEFIED PETROLEUM GASES | AVIATION GASOLINE | MOTOR GASOLINE | JET FUEL | KEROSENE | GAS/DIESEL OIL | RESIDUAL FUEL OIL | NAPHTHA | NON-ENERGY PRODUCTS |
|---|---|---|---|---|---|---|---|---|---|---|---|---|
| CRUDE* BRUT* | NGL GNL | FEEDST. | GAZ DE PETROLE | GAZ LIQUEFIES DE PETROLE | ESSENCE AVION | ESSENCE AUTO | CARBURANT REACTEUR | PETROLE LAMPANT | GAZ/DIESEL OIL | FUEL OIL RESIDUEL | NAPHTHA | PRODUITS NON-ENERGETIQUES |
| 12 | 13 | 14 | 15 | 16 | 17 | 18 | 19 | 20 | 21 | 22 | 23 | 24 |
| - | - | - | - | - | - | 1214 | - | - | 544 | 975 | - | 108 |
| - | - | - | - | - | - | - | - | - | - | - | - | - |
| 2950 | - | - | - | 1 | 24 | 220 | 203 | 25 | 198 | - | - | 138 |
| - | - | - | - | - | - | - | - | - | -18 | - | - | - |
| - | - | - | - | - | - | - | - | - | -12 | -308 | - | - |
| - | - | - | - | - | - | 7 | - | 1 | -8 | - | - | - |
| 2950 | - | - | - | 1 | 24 | 1441 | 203 | 26 | 704 | 667 | - | 246 |
| - | - | - | - | - | - | - | - | - | - | - | - | - |
| - | - | - | - | - | - | - | - | - | - | - | - | - |
| 2950 | - | - | - | 1 | 24 | 1441 | 203 | 26 | 704 | 667 | - | 246 |
| - | - | - | - | - | - | - | - | - | - | - | - | - |
| 2950 | - | - | - | - | - | - | - | - | - | 106 | - | - |
| - | - | - | - | - | - | - | - | - | - | - | - | - |
| - | - | - | - | - | - | - | - | - | - | 13 | - | - |
| 2950 | - | - | - | - | - | - | - | - | - | - | - | - |
| - | - | - | - | - | - | - | - | - | - | 93 | - | - |
| - | - | - | - | - | - | - | - | - | - | - | - | - |
| - | - | - | - | - | - | - | - | - | - | - | - | - |
| - | - | - | - | - | - | - | - | - | - | - | - | - |
| - | - | - | - | - | - | - | - | - | - | - | - | - |
| - | - | - | - | - | - | - | - | - | - | - | - | - |
| - | - | - | - | - | - | - | - | - | - | - | - | - |
| - | - | - | - | - | - | - | - | - | - | - | - | - |
| - | - | - | - | - | - | - | - | - | - | - | - | - |
| - | - | - | - | 1 | 24 | 1441 | 203 | 26 | 704 | 561 | - | 246 |
| - | - | - | - | - | - | - | - | - | 98 | 190 | - | 217 |
| - | - | - | - | - | - | - | - | - | - | - | - | - |
| - | - | - | - | - | - | - | - | - | - | - | - | - |
| - | - | - | - | - | - | - | - | - | - | - | - | - |
| - | - | - | - | - | - | - | - | - | - | - | - | - |
| - | - | - | - | - | - | - | - | - | - | - | - | - |
| - | - | - | - | - | - | - | - | - | - | - | - | - |
| - | - | - | - | - | - | - | - | - | - | - | - | - |
| - | - | - | - | - | - | - | - | - | - | - | - | - |
| - | - | - | - | - | - | - | - | - | - | - | - | - |
| - | - | - | - | - | - | - | - | - | - | - | - | - |
| - | - | - | - | - | - | - | - | - | - | - | - | - |
| - | - | - | - | - | - | - | - | - | - | - | - | - |
| - | - | - | - | - | - | - | - | - | - | - | - | - |
| - | - | - | - | - | - | - | - | - | 98 | 190 | - | - |
| - | - | - | - | - | - | - | - | - | - | - | - | - |
| - | - | - | - | - | - | - | - | - | - | - | - | 217 |
| - | - | - | - | - | 24 | 1290 | 203 | - | 258 | - | - | - |
| - | - | - | - | - | 24 | - | 203 | - | - | - | - | - |
| - | - | - | - | - | - | 1290 | - | - | 113 | - | - | - |
| - | - | - | - | - | - | - | - | - | 100 | - | - | - |
| - | - | - | - | - | - | - | - | - | 45 | - | - | - |
| - | - | - | - | 1 | - | 151 | - | 26 | 348 | 371 | - | 29 |
| - | - | - | - | - | - | 151 | - | - | 178 | 266 | - | - |
| - | - | - | - | - | - | - | - | - | - | - | - | - |
| - | - | - | - | - | - | - | - | - | - | - | - | - |
| - | - | - | - | - | - | - | - | 26 | 170 | - | - | - |

*INCLUDED IN THIS COLUMN IS NGL AND FEEDSTOCKS.

## PRODUCTION AND USES OF ENERGY SOURCES : NEW ZEALAND

1972

| PRODUCTION AND USES / ENERGY SOURCES | UNIT: 1000 METRIC TONS / UNITE: 1000 TONNES METRIQUES | | | | | | TCAL / TCAL | MANUFACTURED GAS (TCAL) / GAZ MANUFACTURE (TCAL) | | | MILLIONS OF (DE) KWH |
|---|---|---|---|---|---|---|---|---|---|---|---|
| | HARD COAL / HOUILLE | PATENT FUEL / AGGLOMERES | COKE OVEN COKE / COKE DE FOUR | GAS COKE / COKE DE GAZ | BROWN COAL / LIGNITE | BKB / BRIQ. DE LIGNITE | NATURAL GAS / GAZ NATUREL | GAS WORKS / USINES A GAZ | COKE OVENS / COKERIES | BLAST FURNACES / HAUT FOURNEAUX | ELECTRICITY* / ELECTRICITE* |
| | 1 | 2 | 3 | 4 | 5 | 6 | 7 | 8 | 9 | 10 | 11 |
| PRODUCTION | 2029 | 16 | 17 | 59 | 149 | - | 2665 | 319 | - | - | 17613 |
| FROM OTHER SOURCES | - | - | - | - | - | - | - | - | - | - | - |
| IMPORT | 2 | - | - | - | - | - | - | - | - | - | - |
| EXPORT | - | - | - | -26 | - | - | - | - | - | - | - |
| INTL. MARINE BUNKERS | - | - | - | - | - | - | - | - | - | - | - |
| STOCK CHANGES | 8 | - | - | - | - | - | - | - | - | - | - |
| DOMESTIC SUPPLY | 2039 | 16 | 17 | 33 | 149 | - | 2665 | 319 | - | - | 17613 |
| RETURNS TO SUPPLY | - | - | - | - | - | - | - | - | - | - | - |
| TRANSFERS | - | - | - | - | - | - | - | - | - | - | - |
| DOMESTIC AVAILABILITY | 2039 | 16 | 17 | 33 | 149 | - | 2665 | 319 | - | - | 17613 |
| STATISTICAL DIFFERENCE | - | - | - | - | - | - | - | - | - | - | - |
| TRANSFORM. SECTOR ** | 643 | - | - | 15 | - | - | 741 | - | - | - | - |
| FOR SOLID FUELS | 55 | - | - | - | - | - | - | - | - | - | - |
| FOR GASES | 98 | - | - | 15 | - | - | - | - | - | - | - |
| PETROLEUM REFINERIES | - | - | - | - | - | - | - | - | - | - | - |
| THERMO-ELECTRIC PLANTS | 490 | - | - | - | - | - | 741 | - | - | - | - |
| ENERGY SECTOR | - | - | - | - | - | - | 861 | 46 | - | - | 2582 |
| COAL MINES | - | - | - | - | - | - | - | - | - | - | 20 |
| OIL AND GAS EXTRACTION | - | - | - | - | - | - | - | - | - | - | - |
| PETROLEUM REFINERIES | - | - | - | - | - | - | - | - | - | - | - |
| ELECTRIC PLANTS | - | - | - | - | - | - | - | - | - | - | 359 |
| DISTRIBUTION LOSSES | - | - | - | - | - | - | 469 | 46 | - | - | 2203 |
| PUMP STORAGE (ELECTR.) | - | - | - | - | - | - | - | - | - | - | - |
| OTHER ENERGY SECTOR | - | - | - | - | - | - | 392 | - | - | - | - |
| FINAL CONSUMPTION | 1396 | 16 | 17 | 18 | 149 | - | 1063 | 273 | - | - | 15031 |
| INDUSTRY SECTOR | 1161 | - | 17 | - | 45 | - | 281 | - | - | - | 4865 |
| IRON AND STEEL | 70 | - | 17 | - | - | - | - | - | - | - | - |
| CHEMICAL | - | - | - | - | - | - | - | - | - | - | - |
| PETROCHEMICAL | - | - | - | - | - | - | - | - | - | - | - |
| NON-FERROUS METAL | - | - | - | - | - | - | - | - | - | - | - |
| NON-METALLIC MINERAL | - | - | - | - | - | - | - | - | - | - | - |
| PAPER PULP AND PRINT | - | - | - | - | - | - | - | - | - | - | - |
| MINING AND QUARRYING | - | - | - | - | - | - | - | - | - | - | - |
| FOOD AND TOBACCO | - | - | - | - | - | - | - | - | - | - | - |
| WOOD AND WOOD PRODUCTS | - | - | - | - | - | - | - | - | - | - | - |
| MACHINERY | - | - | - | - | - | - | - | - | - | - | - |
| TRANSPORT EQUIPMENT | - | - | - | - | - | - | - | - | - | - | - |
| CONSTRUCTION | - | - | - | - | - | - | - | - | - | - | - |
| TEXTILES AND LEATHER | - | - | - | - | - | - | - | - | - | - | - |
| NON SPECIFIED | 1091 | - | - | - | 45 | - | 281 | - | - | - | 4865 |
| NON-ENERGY USES: | | | | | | | | | | | |
| (1)ENERGY PRODUCTS | - | - | - | - | - | - | - | - | - | - | - |
| (2)NON-ENERGY PRODUCTS | - | - | - | - | - | - | - | - | - | - | - |
| TRANSPORT. SECTOR ** | - | - | - | - | - | - | - | - | - | - | 42 |
| AIR TRANSPORT | - | - | - | - | - | - | - | - | - | - | - |
| ROAD TRANSPORT | - | - | - | - | - | - | - | - | - | - | - |
| RAILWAYS | - | - | - | - | - | - | - | - | - | - | 42 |
| INTERNAL NAVIGATION | - | - | - | - | - | - | - | - | - | - | - |
| OTHER SECTORS ** | 235 | 16 | - | 18 | 104 | - | 782 | 273 | - | - | 10124 |
| AGRICULTURE | - | - | - | - | 79 | - | - | - | - | - | 374 |
| PUBLIC SERVICES | - | - | - | - | - | - | - | - | - | - | - |
| COMMERCE | - | - | - | - | - | - | 514 | - | - | - | 2366 |
| RESIDENTIAL | 235 | 16 | - | 18 | 25 | - | 268 | 273 | - | - | 7384 |

(1) INCLUDED IN CHEMICAL OR PETROCHEMICAL INDUSTRY
(2) INCLUDED ONLY IN TOTAL INDUSTRY

| * OF WHICH: | |
|---|---|
| HYDRO | 14275 |
| NUCLEAR | 0 |
| CONVENTIONAL THERMAL | 2081 |
| GEOTHERMAL | 1257 |

** INCLUDED IN THESE TOTALS ARE THE NON-SPECIFIED ELEMENTS

PRODUCTION ET UTILISATION DES SOURCES D ENERGIE : NOUVELLE ZELANDE

1972

UNIT: 1000 METRIC TONS
UNITE: 1000 TONNES METRIQUES

| OIL PETROLE: CRUDE* BRUT* 12 | OIL PETROLE: NGL GNL 13 | OIL PETROLE: FEEDST. 14 | REFINERY GAS / GAZ DE PETROLE 15 | LIQUEFIED PETROLEUM GASES / GAZ LIQUEFIES DE PETROLE 16 | AVIATION GASOLINE / ESSENCE AVION 17 | MOTOR GASOLINE / ESSENCE AUTO 18 | JET FUEL / CARBURANT REACTEUR 19 | KEROSENE / PETROLE LAMPANT 20 | GAS/DIESEL OIL / GAZ/DIESEL OIL 21 | RESIDUAL FUEL OIL / FUEL OIL RESIDUEL 22 | NAPHTHA / NAPHTHA 23 | NON-ENERGY PRODUCTS / PRODUITS NON-ENERGETIQUES 24 |
|---|---|---|---|---|---|---|---|---|---|---|---|---|
| 141 | - | - | - | - | - | 1290 | - | - | 565 | 1206 | - | 97 |
| - | - | - | - | - | - | - | - | - | - | - | - | - |
| 3160 | - | - | - | 3 | 25 | 254 | 200 | 31 | 243 | - | - | 140 |
| - | - | - | - | - | - | - | - | - | -15 | - | - | - |
| - | - | - | - | - | - | - | - | - | -4 | -329 | - | - |
| - | - | - | - | - | - | 34 | - | -5 | 13 | 15 | - | - |
| 3301 | - | - | - | 3 | 25 | 1578 | 200 | 26 | 802 | 892 | - | 237 |
| - | - | - | - | - | - | - | - | - | - | - | - | - |
| - | - | - | - | - | - | - | - | - | - | - | - | - |
| 3301 | - | - | - | 3 | 25 | 1578 | 200 | 26 | 802 | 892 | - | 237 |
| - | - | - | - | - | - | - | - | - | - | - | - | - |
| 3301 | - | - | - | - | - | - | - | - | 48 | 172 | - | - |
| - | - | - | - | - | - | - | - | - | - | - | - | - |
| - | - | - | - | - | - | - | - | - | - | 7 | - | - |
| 3301 | - | - | - | - | - | - | - | - | - | - | - | - |
| - | - | - | - | - | - | - | - | - | 48 | 165 | - | - |
| - | - | - | - | - | - | - | - | - | - | - | - | - |
| - | - | - | - | - | - | - | - | - | - | - | - | - |
| - | - | - | - | - | - | - | - | - | - | - | - | - |
| - | - | - | - | - | - | - | - | - | - | - | - | - |
| - | - | - | - | - | - | - | - | - | - | - | - | - |
| - | - | - | - | - | - | - | - | - | - | - | - | - |
| - | - | - | - | - | - | - | - | - | - | - | - | - |
| - | - | - | - | - | - | - | - | - | - | - | - | - |
| - | - | - | - | 3 | 25 | 1578 | 200 | 26 | 754 | 720 | - | 237 |
| - | - | - | - | - | - | - | - | - | 106 | 259 | - | 211 |
| - | - | - | - | - | - | - | - | - | - | - | - | - |
| - | - | - | - | - | - | - | - | - | - | - | - | - |
| - | - | - | - | - | - | - | - | - | - | - | - | - |
| - | - | - | - | - | - | - | - | - | - | - | - | - |
| - | - | - | - | - | - | - | - | - | - | - | - | - |
| - | - | - | - | - | - | - | - | - | - | - | - | - |
| - | - | - | - | - | - | - | - | - | - | - | - | - |
| - | - | - | - | - | - | - | - | - | - | - | - | - |
| - | - | - | - | - | - | - | - | - | - | - | - | - |
| - | - | - | - | - | - | - | - | - | - | - | - | - |
| - | - | - | - | - | - | - | - | - | - | - | - | - |
| - | - | - | - | - | - | - | - | - | - | - | - | - |
| - | - | - | - | - | - | - | - | - | - | - | - | - |
| - | - | - | - | - | - | - | - | - | 106 | 259 | - | - |
| - | - | - | - | - | - | - | - | - | - | - | - | - |
| - | - | - | - | - | - | - | - | - | - | - | - | 211 |
| - | - | - | - | - | 25 | 1458 | 200 | - | 271 | - | - | - |
| - | - | - | - | - | 25 | - | 200 | - | - | - | - | - |
| - | - | - | - | - | - | 1458 | - | - | 133 | - | - | - |
| - | - | - | - | - | - | - | - | - | 100 | - | - | - |
| - | - | - | - | - | - | - | - | - | 38 | - | - | - |
| - | - | - | - | 3 | - | 120 | - | 26 | 377 | 461 | - | 26 |
| - | - | - | - | - | - | 120 | - | - | 181 | 324 | - | - |
| - | - | - | - | - | - | - | - | - | - | - | - | - |
| - | - | - | - | - | - | - | - | - | - | - | - | - |
| - | - | - | - | - | - | - | - | 26 | 196 | - | - | - |

*INCLUDED IN THIS COLUMN IS NGL AND FEEDSTOCKS.

## PRODUCTION AND USES OF ENERGY SOURCES : NEW ZEALAND

1973

| PRODUCTION AND USES / ENERGY SOURCES | HARD COAL / HOUILLE (UNIT: 1000 METRIC TONS / UNITE: 1000 TONNES METRIQUES) | PATENT FUEL / AGGLOMERES | COKE OVEN COKE / COKE DE FOUR | GAS COKE / COKE DE GAZ | BROWN COAL / LIGNITE | BKB / BRIQ. DE LIGNITE | NATURAL GAS / GAZ NATUREL (TCAL) | GAS WORKS / USINES A GAZ (MANUFACTURED GAS (TCAL) / GAZ MANUFACTURE (TCAL)) | COKE OVENS / COKERIES | BLAST FURNACES / HAUT FOURNEAUX | ELECTRICITY* / ELECTRICITE* (MILLIONS OF (DE) KWH) |
|---|---|---|---|---|---|---|---|---|---|---|---|
| | 1 | 2 | 3 | 4 | 5 | 6 | 7 | 8 | 9 | 10 | 11 |
| PRODUCTION | 2325 | 15 | 20 | 59 | 143 | - | 3140 | 315 | - | - | 18531 |
| FROM OTHER SOURCES | - | - | - | - | - | - | - | - | - | - | - |
| IMPORT | - | - | - | - | - | - | - | - | - | - | - |
| EXPORT | - | - | - | -26 | - | - | - | - | - | - | - |
| INTL. MARINE BUNKERS | - | - | - | - | - | - | - | - | - | - | - |
| STOCK CHANGES | -8 | - | - | - | - | - | - | - | - | - | - |
| DOMESTIC SUPPLY | 2317 | 15 | 20 | 33 | 143 | - | 3140 | 315 | - | - | 18531 |
| RETURNS TO SUPPLY | - | - | - | - | - | - | - | - | - | - | - |
| TRANSFERS | - | - | - | - | - | - | - | - | - | - | - |
| DOMESTIC AVAILABILITY | 2317 | 15 | 20 | 33 | 143 | - | 3140 | 315 | - | - | 18531 |
| STATISTICAL DIFFERENCE | - | - | - | - | - | - | - | - | - | - | - |
| TRANSFORM. SECTOR ** | 852 | - | - | 15 | - | - | 901 | - | - | - | - |
| FOR SOLID FUELS | 58 | - | - | - | - | - | - | - | - | - | - |
| FOR GASES | 99 | - | - | 15 | - | - | - | - | - | - | - |
| PETROLEUM REFINERIES | - | - | - | - | - | - | - | - | - | - | - |
| THERMO-ELECTRIC PLANTS | 695 | - | - | - | - | - | 901 | - | - | - | - |
| ENERGY SECTOR | - | - | - | - | - | - | 955 | 50 | - | - | 2603 |
| COAL MINES | - | - | - | - | - | - | - | - | - | - | 19 |
| OIL AND GAS EXTRACTION | - | - | - | - | - | - | - | - | - | - | - |
| PETROLEUM REFINERIES | - | - | - | - | - | - | - | - | - | - | - |
| ELECTRIC PLANTS | - | - | - | - | - | - | - | - | - | - | 417 |
| DISTRIBUTION LOSSES | - | - | - | - | - | - | 549 | 50 | - | - | 2167 |
| PUMP STORAGE (ELECTR.) | - | - | - | - | - | - | - | - | - | - | - |
| OTHER ENERGY SECTOR | - | - | - | - | - | - | 406 | - | - | - | - |
| FINAL CONSUMPTION | 1465 | 15 | 20 | 18 | 143 | - | 1284 | 265 | - | - | 15928 |
| INDUSTRY SECTOR | 1236 | - | 20 | - | 47 | - | 360 | - | - | - | 5623 |
| IRON AND STEEL | 74 | - | 20 | - | - | - | - | - | - | - | - |
| CHEMICAL | - | - | - | - | - | - | - | - | - | - | - |
| PETROCHEMICAL | - | - | - | - | - | - | - | - | - | - | - |
| NON-FERROUS METAL | - | - | - | - | - | - | - | - | - | - | - |
| NON-METALLIC MINERAL | - | - | - | - | - | - | - | - | - | - | - |
| PAPER PULP AND PRINT | - | - | - | - | - | - | - | - | - | - | - |
| MINING AND QUARRYING | - | - | - | - | - | - | - | - | - | - | - |
| FOOD AND TOBACCO | 111 | - | - | - | - | - | - | - | - | - | - |
| WOOD AND WOOD PRODUCTS | - | - | - | - | - | - | - | - | - | - | - |
| MACHINERY | - | - | - | - | - | - | - | - | - | - | - |
| TRANSPORT EQUIPMENT | - | - | - | - | - | - | - | - | - | - | - |
| CONSTRUCTION | - | - | - | - | - | - | - | - | - | - | - |
| TEXTILES AND LEATHER | - | - | - | - | - | - | - | - | - | - | - |
| NON SPECIFIED | 1051 | - | - | - | 47 | - | 360 | - | - | - | 5623 |
| NON-ENERGY USES: | | | | | | | | | | | |
| (1)ENERGY PRODUCTS | - | - | - | - | - | - | - | - | - | - | - |
| (2)NON-ENERGY PRODUCTS | - | - | - | - | - | - | - | - | - | - | - |
| TRANSPORT. SECTOR ** | - | - | - | - | - | - | - | - | - | - | 39 |
| AIR TRANSPORT | - | - | - | - | - | - | - | - | - | - | - |
| ROAD TRANSPORT | - | - | - | - | - | - | - | - | - | - | - |
| RAILWAYS | - | - | - | - | - | - | - | - | - | - | 39 |
| INTERNAL NAVIGATION | - | - | - | - | - | - | - | - | - | - | - |
| OTHER SECTORS ** | 229 | 15 | - | 18 | 96 | - | 924 | 265 | - | - | 10266 |
| AGRICULTURE | - | - | - | - | 73 | - | - | - | - | - | 362 |
| PUBLIC SERVICES | - | - | - | - | - | - | - | - | - | - | - |
| COMMERCE | - | - | - | - | - | - | 650 | - | - | - | 2465 |
| RESIDENTIAL | 229 | 15 | - | 18 | 23 | - | 274 | 265 | - | - | 7439 |

(1) INCLUDED IN CHEMICAL OR PETROCHEMICAL INDUSTRY
(2) INCLUDED ONLY IN TOTAL INDUSTRY

| * OF WHICH: | |
|---|---|
| HYDRO | 14316 |
| NUCLEAR | 0 |
| CONVENTIONAL THERMAL | 2972 |
| GEOTHERMAL | 1243 |

** INCLUDED IN THESE TOTALS ARE THE NON-SPECIFIED ELEMENTS

PRODUCTION ET UTILISATION DES SOURCES D ENERGIE : NOUVELLE ZELANDE

1973

UNIT: 1000 METRIC TONS
UNITE: 1000 TONNES METRIQUES

| OIL / PETROLE | | | REFINERY GAS | LIQUEFIED PETROLEUM GASES | AVIATION GASOLINE | MOTOR GASOLINE | JET FUEL | KEROSENE | GAS/DIESEL OIL | RESIDUAL FUEL OIL | NAPHTHA | NON-ENERGY PRODUCTS |
|---|---|---|---|---|---|---|---|---|---|---|---|---|
| CRUDE* BRUT* | NGL GNL | FEEDST. | GAZ DE PETROLE | GAZ LIQUEFIES DE PETROLE | ESSENCE AVION | ESSENCE AUTO | CARBURANT REACTEUR | PETROLE LAMPANT | GAZ/DIESEL OIL | FUEL OIL RESIDUEL | NAPHTHA | PRODUITS NON-ENERGETIQUES |
| 12 | 13 | 14 | 15 | 16 | 17 | 18 | 19 | 20 | 21 | 22 | 23 | 24 |
| 160 | - | - | 130 | 1 | - | 1133 | - | - | 601 | 1299 | - | 102 |
| - | - | - | - | - | - | - | - | - | - | - | - | - |
| 3176 | - | - | - | 3 | 31 | 343 | 189 | 48 | 319 | - | 13 | 83 |
| - | - | - | - | - | - | - | - | - | - | - | - | - |
| - | - | - | - | - | - | - | - | - | -90 | -227 | - | -2 |
| -124 | - | - | - | - | -10 | 46 | 2 | - | -37 | 2 | - | 15 |
| 3212 | - | - | 130 | 4 | 21 | 1522 | 191 | 48 | 793 | 1074 | 13 | 198 |
| - | - | - | - | - | - | - | - | - | - | - | - | - |
| - | - | - | - | - | - | - | - | - | - | - | - | - |
| 3212 | - | - | 130 | 4 | 21 | 1522 | 191 | 48 | 793 | 1074 | 13 | 198 |
| -99 | - | - | - | 1 | -9 | -130 | 2 | 25 | -181 | 12 | - | -19 |
| 3311 | - | - | - | - | - | - | - | - | 58 | 314 | 12 | - |
| - | - | - | - | - | - | - | - | - | - | - | - | - |
| - | - | - | - | - | - | - | - | - | - | - | 12 | - |
| 3311 | - | - | - | - | - | - | - | - | - | - | - | - |
| - | - | - | - | - | - | - | - | - | 58 | 314 | - | - |
| - | - | - | 130 | - | - | - | - | - | - | - | - | - |
| - | - | - | - | - | - | - | - | - | - | - | - | - |
| - | - | - | - | - | - | - | - | - | - | - | - | - |
| - | - | - | 130 | - | - | - | - | - | - | - | - | - |
| - | - | - | - | - | - | - | - | - | - | - | - | - |
| - | - | - | - | - | - | - | - | - | - | - | - | - |
| - | - | - | - | - | - | - | - | - | - | - | - | - |
| - | - | - | - | - | - | - | - | - | - | - | - | - |
| - | - | - | - | 3 | 30 | 1652 | 189 | 23 | 916 | 748 | 1 | 217 |
| - | - | - | - | - | - | - | - | - | 127 | 238 | 1 | 207 |
| - | - | - | - | - | - | - | - | - | - | - | - | - |
| - | - | - | - | - | - | - | - | - | - | - | - | - |
| - | - | - | - | - | - | - | - | - | - | - | - | - |
| - | - | - | - | - | - | - | - | - | - | - | - | - |
| - | - | - | - | - | - | - | - | - | - | - | - | - |
| - | - | - | - | - | - | - | - | - | - | - | - | - |
| - | - | - | - | - | - | - | - | - | - | - | - | - |
| - | - | - | - | - | - | - | - | - | - | - | - | - |
| - | - | - | - | - | - | - | - | - | - | - | - | - |
| - | - | - | - | - | - | - | - | - | - | - | - | - |
| - | - | - | - | - | - | - | - | - | - | - | - | - |
| - | - | - | - | - | - | - | - | - | - | - | - | - |
| - | - | - | - | - | - | - | - | - | - | - | - | - |
| - | - | - | - | - | - | - | - | - | 127 | 238 | 1 | - |
| - | - | - | - | - | - | - | - | - | - | - | - | - |
| - | - | - | - | - | - | - | - | - | - | - | - | 207 |
| - | - | - | - | - | 30 | 1539 | 189 | - | 331 | 16 | - | - |
| - | - | - | - | - | 30 | - | 189 | - | - | - | - | - |
| - | - | - | - | - | - | 1539 | - | - | 252 | - | - | - |
| - | - | - | - | - | - | - | - | - | 65 | - | - | - |
| - | - | - | - | - | - | - | - | - | 14 | 16 | - | - |
| - | - | - | - | 3 | - | 113 | - | 23 | 458 | 494 | - | 10 |
| - | - | - | - | - | - | 88 | - | - | 214 | 410 | - | - |
| - | - | - | - | - | - | - | - | - | 200 | - | - | - |
| - | - | - | - | - | - | - | - | - | - | - | - | - |
| - | - | - | - | - | - | - | - | 23 | 44 | - | - | - |

*INCLUDED IN THIS COLUMN IS NGL AND FEEDSTOCKS.

## PRODUCTION AND USES OF ENERGY SOURCES : NEW ZEALAND

1974

| ENERGY SOURCES / PRODUCTION AND USES | UNIT: 1000 METRIC TONS / UNITE: 1000 TONNES METRIQUES | | | | | | TCAL / TCAL | MANUFACTURED GAS (TCAL) / GAZ MANUFACTURE (TCAL) | | | MILLIONS / OF (DE) KWH |
|---|---|---|---|---|---|---|---|---|---|---|---|
| | HARD COAL / HOUILLE | PATENT FUEL / AGGLOMERES | COKE OVEN COKE / COKE DE FOUR | GAS COKE / COKE DE GAZ | BROWN COAL / LIGNITE | BKB / BRIQ. DE LIGNITE | NATURAL GAS / GAZ NATUREL | GAS WORKS / USINES A GAZ | COKE OVENS / COKERIES | BLAST FURNACES / HAUT FOURNEAUX | ELECTRICITY* / ELECTRICITE* |
| | 1 | 2 | 3 | 4 | 5 | 6 | 7 | 8 | 9 | 10 | 11 |
| PRODUCTION | 2421 | 4 | 33 | 29 | 143 | - | 3350 | 462 | - | - | 18540 |
| FROM OTHER SOURCES | - | - | - | - | - | - | - | - | - | - | - |
| IMPORT | 3 | - | - | - | - | - | - | - | - | - | - |
| EXPORT | -1 | - | - | -8 | - | - | - | - | - | - | - |
| INTL. MARINE BUNKERS | - | - | - | - | - | - | - | - | - | - | - |
| STOCK CHANGES | 19 | - | - | - | - | - | - | - | - | - | - |
| DOMESTIC SUPPLY | 2442 | 4 | 33 | 21 | 143 | - | 3350 | 462 | - | - | 18540 |
| RETURNS TO SUPPLY | - | - | - | - | - | - | - | - | - | - | - |
| TRANSFERS | - | - | - | - | - | - | - | - | - | - | - |
| DOMESTIC AVAILABILITY | 2442 | 4 | 33 | 21 | 143 | - | 3350 | 462 | - | - | 18540 |
| STATISTICAL DIFFERENCE | - | - | - | - | - | - | - | - | - | - | - |
| TRANSFORM. SECTOR ** | 917 | - | - | 2 | - | - | 302 | - | - | - | - |
| FOR SOLID FUELS | 54 | - | - | - | - | - | - | - | - | - | - |
| FOR GASES | 91 | - | - | 2 | - | - | - | - | - | - | - |
| PETROLEUM REFINERIES | - | - | - | - | - | - | - | - | - | - | - |
| THERMO-ELECTRIC PLANTS | 772 | - | - | - | - | - | 302 | - | - | - | - |
| ENERGY SECTOR | - | - | - | - | - | - | 1092 | 78 | - | - | 2286 |
| COAL MINES | - | - | - | - | - | - | - | - | - | - | 18 |
| OIL AND GAS EXTRACTION | - | - | - | - | - | - | - | - | - | - | - |
| PETROLEUM REFINERIES | - | - | - | - | - | - | - | - | - | - | - |
| ELECTRIC PLANTS | - | - | - | - | - | - | - | - | - | - | 188 |
| DISTRIBUTION LOSSES | - | - | - | - | - | - | 1087 | 78 | - | - | 2080 |
| PUMP STORAGE (ELECTR.) | - | - | - | - | - | - | - | - | - | - | - |
| OTHER ENERGY SECTOR | - | - | - | - | - | - | 5 | - | - | - | - |
| FINAL CONSUMPTION | 1525 | 4 | 33 | 19 | 143 | - | 1956 | 384 | - | - | 16254 |
| INDUSTRY SECTOR | 1287 | - | 33 | - | 117 | - | 1387 | - | - | - | 5787 |
| IRON AND STEEL | 88 | - | 33 | - | - | - | - | - | - | - | 2122 |
| CHEMICAL | - | - | - | - | - | - | - | - | - | - | 211 |
| PETROCHEMICAL | - | - | - | - | - | - | - | - | - | - | - |
| NON-FERROUS METAL | - | - | - | - | - | - | - | - | - | - | - |
| NON-METALLIC MINERAL | - | - | - | - | - | - | - | - | - | - | 233 |
| PAPER PULP AND PRINT | - | - | - | - | 35 | - | - | - | - | - | - |
| MINING AND QUARRYING | - | - | - | - | - | - | - | - | - | - | 76 |
| FOOD AND TOBACCO | 709 | - | - | - | 25 | - | - | - | - | - | 867 |
| WOOD AND WOOD PRODUCTS | - | - | - | - | - | - | - | - | - | - | 1550 |
| MACHINERY | - | - | - | - | - | - | - | - | - | - | 303 |
| TRANSPORT EQUIPMENT | - | - | - | - | - | - | - | - | - | - | - |
| CONSTRUCTION | - | - | - | - | - | - | - | - | - | - | 87 |
| TEXTILES AND LEATHER | - | - | - | - | - | - | - | - | - | - | 208 |
| NON SPECIFIED | 490 | - | - | - | 57 | - | 1387 | - | - | - | 130 |
| NON-ENERGY USES: | | | | | | | | | | | |
| (1)ENERGY PRODUCTS | - | - | - | - | - | - | - | - | - | - | - |
| (2)NON-ENERGY PRODUCTS | - | - | - | - | - | - | - | - | - | - | - |
| TRANSPORT. SECTOR ** | - | - | - | - | - | - | - | - | - | - | 37 |
| AIR TRANSPORT | - | - | - | - | - | - | - | - | - | - | - |
| ROAD TRANSPORT | - | - | - | - | - | - | - | - | - | - | - |
| RAILWAYS | - | - | - | - | - | - | - | - | - | - | 37 |
| INTERNAL NAVIGATION | - | - | - | - | - | - | - | - | - | - | - |
| OTHER SECTORS ** | 238 | 4 | - | 19 | 26 | - | 569 | 384 | - | - | 10430 |
| AGRICULTURE | - | - | - | - | 22 | - | - | - | - | - | 370 |
| PUBLIC SERVICES | - | - | - | - | - | - | - | - | - | - | - |
| COMMERCE | - | - | - | - | - | - | 251 | - | - | - | 2508 |
| RESIDENTIAL | 238 | 4 | - | 19 | 4 | - | 318 | 384 | - | - | 7552 |

(1) INCLUDED IN CHEMICAL OR PETROCHEMICAL INDUSTRY
(2) INCLUDED ONLY IN TOTAL INDUSTRY

| * OF WHICH: HYDRO | 14197 |
|---|---|
| NUCLEAR | 0 |
| CONVENTIONAL THERMAL | 2819 |
| GEOTHERMAL | 1294 |

** INCLUDED IN THESE TOTALS ARE THE NON-SPECIFIED ELEMENTS

## PRODUCTION ET UTILISATION DES SOURCES D ENERGIE : NOUVELLE ZELANDE

1974

UNIT: 1000 METRIC TONS
UNITE: 1000 TONNES METRIQUES

| OIL PETROLE | | | REFINERY GAS | LIQUEFIED PETROLEUM GASES | AVIATION GASOLINE | MOTOR GASOLINE | JET FUEL | KEROSENE | GAS/DIESEL OIL | RESIDUAL FUEL OIL | NAPHTHA | NON-ENERGY PRODUCTS |
|---|---|---|---|---|---|---|---|---|---|---|---|---|
| CRUDE* BRUT* | NGL GNL | FEEDST. | GAZ DE PETROLE | GAZ LIQUEFIES DE PETROLE | ESSENCE AVION | ESSENCE AUTO | CARBURANT REACTEUR | PETROLE LAMPANT | GAZ/DIESEL OIL | FUEL OIL RESIDUEL | NAPHTHA | PRODUITS NON-ENERGETIQUES |
| 12 | 13 | 14 | 15 | 16 | 17 | 18 | 19 | 20 | 21 | 22 | 23 | 24 |
| 172 | - | - | 140 | 2 | - | 1266 | - | - | 604 | 1369 | - | 121 |
| - | - | - | - | - | - | - | - | - | - | - | - | - |
| 3467 | - | - | - | 1 | 30 | 398 | 213 | 45 | 384 | 41 | 12 | 209 |
| - | - | - | - | - | - | - | - | - | - | - | - | - |
| - | - | - | - | - | - | - | - | - | -63 | -261 | - | - |
| -74 | - | - | - | - | -2 | -57 | -32 | - | -35 | -121 | - | 2 |
| 3565 | - | - | 140 | 3 | 28 | 1607 | 181 | 45 | 890 | 1028 | 12 | 332 |
| - | - | - | - | - | - | - | - | - | - | - | - | - |
| - | - | - | - | - | - | - | - | - | - | - | - | - |
| 3565 | - | - | 140 | 3 | 28 | 1607 | 181 | 45 | 890 | 1028 | 12 | 332 |
| 1 | - | - | - | - | -2 | - | - | 20 | 24 | -66 | - | - |
| 3564 | - | - | - | - | - | - | - | - | 37 | 462 | 12 | - |
| - | - | - | - | - | - | - | - | - | - | - | - | - |
| - | - | - | - | - | - | - | - | - | - | - | 12 | - |
| 3564 | - | - | - | - | - | - | - | - | - | - | - | - |
| - | - | - | - | - | - | - | - | - | 37 | 462 | - | - |
| - | - | - | 140 | - | - | - | - | - | - | - | - | - |
| - | - | - | - | - | - | - | - | - | - | - | - | - |
| - | - | - | 140 | - | - | - | - | - | - | - | - | - |
| - | - | - | - | - | - | - | - | - | - | - | - | - |
| - | - | - | - | - | - | - | - | - | - | - | - | - |
| - | - | - | - | - | - | - | - | - | - | - | - | - |
| - | - | - | - | - | - | - | - | - | - | - | - | - |
| - | - | - | - | 3 | 30 | 1607 | 181 | 25 | 829 | 632 | - | 332 |
| - | - | - | - | - | - | - | - | - | 235 | 466 | - | 312 |
| - | - | - | - | - | - | - | - | - | 3 | 16 | - | - |
| - | - | - | - | - | - | - | - | - | - | - | - | - |
| - | - | - | - | - | - | - | - | - | - | - | - | - |
| - | - | - | - | - | - | - | - | - | - | - | - | - |
| - | - | - | - | - | - | - | - | - | - | - | - | - |
| - | - | - | - | - | - | - | - | - | - | - | - | - |
| - | - | - | - | - | - | - | - | - | - | - | - | - |
| - | - | - | - | - | - | - | - | - | - | - | - | - |
| - | - | - | - | - | - | - | - | - | - | - | - | - |
| - | - | - | - | - | - | - | - | - | - | - | - | - |
| - | - | - | - | - | - | - | - | - | - | - | - | - |
| - | - | - | - | - | - | - | - | - | - | - | - | - |
| - | - | - | - | - | - | - | - | - | - | - | - | - |
| - | - | - | - | - | - | - | - | - | 232 | 450 | - | - |
| - | - | - | - | - | - | - | - | - | - | - | - | - |
| - | - | - | - | - | - | - | - | - | - | - | - | 312 |
| - | - | - | - | - | 30 | 1582 | 181 | - | 300 | 65 | - | - |
| - | - | - | - | - | 30 | - | 181 | - | - | - | - | - |
| - | - | - | - | - | - | 1582 | - | - | 300 | - | - | - |
| - | - | - | - | - | - | - | - | - | - | - | - | - |
| - | - | - | - | - | - | - | - | - | - | 65 | - | - |
| - | - | - | - | 3 | - | 25 | - | 25 | 294 | 101 | - | 20 |
| - | - | - | - | - | - | - | - | - | 99 | 6 | - | - |
| - | - | - | - | - | - | - | - | - | 161 | - | - | - |
| - | - | - | - | - | - | - | - | - | - | - | - | - |
| - | - | - | - | - | - | - | - | 25 | 34 | - | - | - |

*INCLUDED IN THIS COLUMN IS NGL AND FEEDSTOCKS.

## PRODUCTION AND USES OF ENERGY SOURCES : NEW ZEALAND

1975

| X XX ENERGY XX SOURCES XX XX XX PRODUCTION XX XX AND USES XX | UNIT: 1000 METRIC TONS / UNITE: 1000 TONNES METRIQUES | | | | | | TCAL / TCAL | MANUFACTURED GAS (TCAL) / GAZ MANUFACTURE (TCAL) | | | MILLIONS OF (DE) KWH |
|---|---|---|---|---|---|---|---|---|---|---|---|
| | HARD COAL / HOUILLE | PATENT FUEL / AGGLOMERES | COKE OVEN COKE / COKE DE FOUR | GAS COKE / COKE DE GAZ | BROWN COAL / LIGNITE | BKB / BRIQ. DE LIGNITE | NATURAL GAS / GAZ NATUREL | GAS WORKS / USINES A GAZ | COKE OVENS / COKERIES | BLAST FURNACES / HAUT FOURNEAUX | ELECTRICITY* / ELECTRICITE* |
| | 1 | 2 | 3 | 4 | 5 | 6 | 7 | 8 | 9 | 10 | 11 |
| PRODUCTION | 2276 | 16 | 38 | 33 | 137 | - | 3669 | 470 | - | - | 20231 |
| FROM OTHER SOURCES | - | - | - | - | - | - | - | - | - | - | - |
| IMPORT | 4 | - | 3 | - | - | - | - | - | - | - | - |
| EXPORT | -1 | - | - | -5 | - | - | - | - | - | - | - |
| INTL. MARINE BUNKERS | - | - | - | - | - | - | - | - | - | - | - |
| STOCK CHANGES | -8 | -1 | - | -1 | -1 | - | - | - | - | - | - |
| DOMESTIC SUPPLY | 2271 | 15 | 41 | 27 | 136 | - | 3669 | 470 | - | - | 20231 |
| RETURNS TO SUPPLY | - | - | - | - | - | - | - | - | - | - | - |
| TRANSFERS | - | - | - | - | - | - | - | - | - | - | - |
| DOMESTIC AVAILABILITY | 2271 | 15 | 41 | 27 | 136 | - | 3669 | 470 | - | - | 20231 |
| STATISTICAL DIFFERENCE | - | - | - | - | - | - | -327 | - | - | - | - |
| TRANSFORM. SECTOR ** | 854 | - | 16 | 1 | - | - | 424 | - | - | - | - |
| FOR SOLID FUELS | 63 | - | 16 | - | - | - | - | - | - | - | - |
| FOR GASES | 80 | - | - | 1 | - | - | - | - | - | - | - |
| PETROLEUM REFINERIES | - | - | - | - | - | - | - | - | - | - | - |
| THERMO-ELECTRIC PLANTS | 711 | - | - | - | - | - | 424 | - | - | - | - |
| ENERGY SECTOR | 5 | - | - | 1 | 1 | - | 1379 | 84 | - | - | 2599 |
| COAL MINES | 3 | - | - | - | - | - | - | - | - | - | 18 |
| OIL AND GAS EXTRACTION | - | - | - | - | - | - | - | - | - | - | - |
| PETROLEUM REFINERIES | - | - | - | - | - | - | - | - | - | - | - |
| ELECTRIC PLANTS | - | - | - | - | - | - | - | - | - | - | 202 |
| DISTRIBUTION LOSSES | 2 | - | - | - | 1 | - | 1379 | 84 | - | - | 2379 |
| PUMP STORAGE (ELECTR.) | - | - | - | - | - | - | - | - | - | - | - |
| OTHER ENERGY SECTOR | - | - | - | 1 | - | - | - | - | - | - | - |
| FINAL CONSUMPTION | 1412 | 15 | 25 | 25 | 135 | - | 2193 | 386 | - | - | 17632 |
| INDUSTRY SECTOR | 966 | - | 23 | 5 | 111 | - | 1599 | 149 | - | - | 6104 |
| IRON AND STEEL | 90 | - | 23 | 5 | - | - | - | - | - | - | 2329 |
| CHEMICAL | - | - | - | - | - | - | - | - | - | - | 208 |
| PETROCHEMICAL | - | - | - | - | - | - | - | - | - | - | - |
| NON-FERROUS METAL | - | - | - | - | - | - | - | - | - | - | - |
| NON-METALLIC MINERAL | 295 | - | - | - | - | - | - | - | - | - | 230 |
| PAPER PULP AND PRINT | 80 | - | - | - | 34 | - | - | - | - | - | - |
| MINING AND QUARRYING | - | - | - | - | - | - | - | - | - | - | 101 |
| FOOD AND TOBACCO | 292 | - | - | - | 24 | - | - | - | - | - | 933 |
| WOOD AND WOOD PRODUCTS | - | - | - | - | - | - | - | - | - | - | 1543 |
| MACHINERY | - | - | - | - | - | - | - | - | - | - | 295 |
| TRANSPORT EQUIPMENT | - | - | - | - | - | - | - | - | - | - | - |
| CONSTRUCTION | - | - | - | - | - | - | - | - | - | - | 91 |
| TEXTILES AND LEATHER | - | - | - | - | - | - | - | - | - | - | 222 |
| NON SPECIFIED | 209 | - | - | - | 53 | - | 1599 | 149 | - | - | 152 |
| NON-ENERGY USES: | | | | | | | | | | | |
| (1)ENERGY PRODUCTS | - | - | - | - | - | - | - | - | - | - | - |
| (2)NON-ENERGY PRODUCTS | - | - | - | - | - | - | - | - | - | - | - |
| TRANSPORT. SECTOR ** | - | - | - | - | - | - | - | - | - | - | 38 |
| AIR TRANSPORT | - | - | - | - | - | - | - | - | - | - | - |
| ROAD TRANSPORT | - | - | - | - | - | - | - | - | - | - | - |
| RAILWAYS | - | - | - | - | - | - | - | - | - | - | 38 |
| INTERNAL NAVIGATION | - | - | - | - | - | - | - | - | - | - | - |
| OTHER SECTORS ** | 446 | 15 | 2 | 20 | 24 | - | 594 | 237 | - | - | 11490 |
| AGRICULTURE | 1 | - | - | - | - | - | - | - | - | - | 395 |
| PUBLIC SERVICES | 168 | - | - | - | 5 | - | - | - | - | - | - |
| COMMERCE | 27 | - | - | - | 2 | - | 287 | 110 | - | - | 2692 |
| RESIDENTIAL | 250 | 15 | 2 | 20 | 17 | - | 307 | 127 | - | - | 8403 |

(1) INCLUDED IN CHEMICAL OR PETROCHEMICAL INDUSTRY
(2) INCLUDED ONLY IN TOTAL INDUSTRY

| * OF WHICH: HYDRO | 16873 |
|---|---|
| NUCLEAR | 0 |
| CONVENTIONAL THERMAL | 1943 |
| GEOTHERMAL | 1261 |

** INCLUDED IN THESE TOTALS ARE THE NON-SPECIFIED ELEMENTS

UNIT: 1000 METRIC TONS
UNITE: 1000 TONNES METRIQUES

| | OIL / PETROLE | | | REFINERY GAS / GAZ DE PETROLE | LIQUEFIED PETROLEUM GASES / GAZ LIQUEFIES DE PETROLE | AVIATION GASOLINE / ESSENCE AVION | MOTOR GASOLINE / ESSENCE AUTO | JET FUEL / CARBURANT REACTEUR | KEROSENE / PETROLE LAMPANT | GAS/DIESEL OIL / GAZ/DIESEL OIL | RESIDUAL FUEL OIL / FUEL OIL RESIDUEL | NAPHTHA / NAPHTHA | NON-ENERGY PRODUCTS / PRODUITS NON-ENERGETIQUES |
|---|---|---|---|---|---|---|---|---|---|---|---|---|---|
| | CRUDE* BRUT* | NGL GNL | FEEDST. | | | | | | | | | | |
| | 12 | 13 | 14 | 15 | 16 | 17 | 18 | 19 | 20 | 21 | 22 | 23 | 24 |
| | 180 | - | - | 109 | - | - | 1211 | - | - | 555 | 999 | - | 82 |
| | - | - | - | - | - | - | - | - | - | - | - | - | - |
| | 2912 | - | - | - | - | 20 | 459 | 226 | 44 | 391 | - | 16 | 84 |
| | - | - | - | - | - | - | - | - | - | - | - | - | - |
| | - | - | - | - | - | - | - | - | - | -94 | -227 | - | - |
| | -87 | - | - | - | - | -1 | -2 | -18 | - | -9 | 36 | - | -3 |
| | 3005 | - | - | 109 | - | 19 | 1668 | 208 | 44 | 843 | 808 | 16 | 163 |
| | - | - | - | - | - | - | - | - | - | - | - | - | - |
| | - | - | - | - | - | - | - | - | - | - | - | - | - |
| | 3005 | - | - | 109 | - | 19 | 1668 | 208 | 44 | 843 | 808 | 16 | 163 |
| | - | - | - | - | - | -5 | 8 | 8 | - | -23 | -12 | -2 | - |
| | 3005 | - | - | - | - | - | - | - | - | 3 | 219 | 18 | - |
| | - | - | - | - | - | - | - | - | - | - | - | - | - |
| | - | - | - | - | - | - | - | - | - | - | - | 18 | - |
| | 3005 | - | - | - | - | - | - | - | - | - | - | - | - |
| | - | - | - | - | - | - | - | - | - | 3 | 219 | - | - |
| | - | - | - | 109 | - | - | - | - | - | - | 9 | - | - |
| | - | - | - | - | - | - | - | - | - | - | - | - | - |
| | - | - | - | - | - | - | - | - | - | - | - | - | - |
| | - | - | - | 109 | - | - | - | - | - | - | 9 | - | - |
| | - | - | - | - | - | - | - | - | - | - | - | - | - |
| | - | - | - | - | - | - | - | - | - | - | - | - | - |
| | - | - | - | - | - | - | - | - | - | - | - | - | - |
| | - | - | - | - | - | - | - | - | - | - | - | - | - |
| | - | - | - | - | - | 24 | 1660 | 200 | 44 | 863 | 592 | - | 163 |
| | - | - | - | - | - | - | 58 | - | 6 | 243 | 433 | - | 142 |
| | - | - | - | - | - | - | - | - | - | 3 | 9 | - | - |
| | - | - | - | - | - | - | - | - | - | - | - | - | - |
| | - | - | - | - | - | - | - | - | - | - | - | - | - |
| | - | - | - | - | - | - | - | - | - | - | - | - | - |
| | - | - | - | - | - | - | - | - | - | - | - | - | - |
| | - | - | - | - | - | - | - | - | - | - | - | - | - |
| | - | - | - | - | - | - | - | - | - | - | - | - | - |
| | - | - | - | - | - | - | - | - | - | - | - | - | - |
| | - | - | - | - | - | - | - | - | - | - | - | - | - |
| | - | - | - | - | - | - | - | - | - | - | - | - | - |
| | - | - | - | - | - | - | - | - | - | - | - | - | - |
| | - | - | - | - | - | - | - | - | - | - | - | - | - |
| | - | - | - | - | - | - | - | - | - | - | - | - | - |
| | - | - | - | - | - | - | 58 | - | 6 | 240 | 424 | - | - |
| | - | - | - | - | - | - | - | - | - | - | - | - | - |
| | - | - | - | - | - | - | - | - | - | - | - | - | 142 |
| | - | - | - | - | - | 16 | 1419 | 200 | 2 | 327 | 78 | - | - |
| | - | - | - | - | - | 16 | - | 200 | - | - | - | - | - |
| | - | - | - | - | - | - | 1419 | - | 2 | 327 | - | - | - |
| | - | - | - | - | - | - | - | - | - | - | - | - | - |
| | - | - | - | - | - | - | - | - | - | - | 78 | - | - |
| | - | - | - | - | - | 8 | 183 | - | 36 | 293 | 81 | - | 21 |
| | - | - | - | - | - | 8 | 114 | - | 3 | 100 | 4 | - | - |
| | - | - | - | - | - | - | - | - | - | 163 | - | - | - |
| | - | - | - | - | - | - | - | - | - | - | - | - | - |
| | - | - | - | - | - | - | - | - | 28 | 30 | - | - | - |

*INCLUDED IN THIS COLUMN IS NGL AND FEEDSTOCKS.

## PRODUCTION AND USES OF ENERGY SOURCES : NEW ZEALAND

1976

| PRODUCTION AND USES \ ENERGY SOURCES | UNIT: 1000 METRIC TONS / UNITE: 1000 TONNES METRIQUES | | | | | | TCAL / TCAL | MANUFACTURED GAS (TCAL) / GAZ MANUFACTURE (TCAL) | | | MILLIONS OF (DE) KWH |
|---|---|---|---|---|---|---|---|---|---|---|---|
| | HARD COAL / HOUILLE | PATENT FUEL / AGGLOMERES | COKE OVEN COKE / COKE DE FOUR | GAS COKE / COKE DE GAZ | BROWN COAL / LIGNITE | BKB / BRIQ. DE LIGNITE | NATURAL GAS / GAZ NATUREL | GAS WORKS / USINES A GAZ | COKE OVENS / COKERIES | BLAST FURNACES / HAUT FOURNEAUX | ELECTRICITY* / ELECTRICITE* |
| | 1 | 2 | 3 | 4 | 5 | 6 | 7 | 8 | 9 | 10 | 11 |
| PRODUCTION | 2317 | 11 | 28 | 41 | 170 | - | 9605 | 483 | - | - | 21144 |
| FROM OTHER SOURCES | - | - | - | - | - | - | - | - | - | - | - |
| IMPORT | 1 | - | 3 | - | - | - | - | - | - | - | - |
| EXPORT | -10 | - | - | -5 | - | - | - | - | - | - | - |
| INTL. MARINE BUNKERS | - | - | - | - | - | - | - | - | - | - | - |
| STOCK CHANGES | -1 | 1 | - | 1 | -1 | - | -5 | - | - | - | - |
| DOMESTIC SUPPLY | 2307 | 12 | 31 | 37 | 169 | - | 9600 | 483 | - | - | 21144 |
| RETURNS TO SUPPLY | - | - | - | - | - | - | - | - | - | - | - |
| TRANSFERS | - | - | - | - | - | - | - | - | - | - | - |
| DOMESTIC AVAILABILITY | 2307 | 12 | 31 | 37 | 169 | - | 9600 | 483 | - | - | 21144 |
| STATISTICAL DIFFERENCE | - | - | - | - | - | - | -8 | - | - | - | -1 |
| TRANSFORM. SECTOR ** | 874 | - | 11 | 1 | - | - | 5160 | - | - | - | - |
| FOR SOLID FUELS | 47 | - | 11 | - | - | - | - | - | - | - | - |
| FOR GASES | 86 | - | - | 1 | - | - | - | - | - | - | - |
| PETROLEUM REFINERIES | - | - | - | - | - | - | - | - | - | - | - |
| THERMO-ELECTRIC PLANTS | 741 | - | - | - | - | - | 5160 | - | - | - | - |
| ENERGY SECTOR | 5 | - | - | 1 | 1 | - | 1594 | 89 | - | - | 2455 |
| COAL MINES | 3 | - | - | - | - | - | - | - | - | - | 20 |
| OIL AND GAS EXTRACTION | - | - | - | - | - | - | - | - | - | - | - |
| PETROLEUM REFINERIES | - | - | - | - | - | - | - | - | - | - | - |
| ELECTRIC PLANTS | - | - | - | - | - | - | - | - | - | - | 271 |
| DISTRIBUTION LOSSES | 2 | - | - | - | 1 | - | 1413 | 88 | - | - | 2164 |
| PUMP STORAGE (ELECTR.) | - | - | - | - | - | - | - | - | - | - | - |
| OTHER ENERGY SECTOR | - | - | - | 1 | - | - | 181 | 1 | - | - | - |
| FINAL CONSUMPTION | 1428 | 12 | 20 | 35 | 168 | - | 2854 | 394 | - | - | 18690 |
| INDUSTRY SECTOR | 962 | - | 18 | 5 | 132 | - | 2086 | 152 | - | - | 6976 |
| IRON AND STEEL | 90 | - | 18 | 5 | - | - | - | - | - | - | 2787 |
| CHEMICAL | - | - | - | - | - | - | - | - | - | - | 179 |
| PETROCHEMICAL | - | - | - | - | - | - | - | - | - | - | - |
| NON-FERROUS METAL | - | - | - | - | - | - | - | - | - | - | - |
| NON-METALLIC MINERAL | 304 | - | - | - | - | - | - | - | - | - | 269 |
| PAPER PULP AND PRINT | 88 | - | - | - | 35 | - | - | - | - | - | - |
| MINING AND QUARRYING | - | - | - | - | - | - | - | - | - | - | 104 |
| FOOD AND TOBACCO | 295 | - | - | - | 25 | - | - | - | - | - | 978 |
| WOOD AND WOOD PRODUCTS | - | - | - | - | - | - | - | - | - | - | 1880 |
| MACHINERY | - | - | - | - | - | - | - | - | - | - | 309 |
| TRANSPORT EQUIPMENT | - | - | - | - | - | - | - | - | - | - | - |
| CONSTRUCTION | - | - | - | - | - | - | - | - | - | - | 85 |
| TEXTILES AND LEATHER | - | - | - | - | - | - | - | - | - | - | 236 |
| NON SPECIFIED | 185 | - | - | - | 72 | - | 2086 | 152 | - | - | 149 |
| NON-ENERGY USES: | | | | | | | | | | | |
| (1)ENERGY PRODUCTS | - | - | - | - | - | - | - | - | - | - | - |
| (2)NON-ENERGY PRODUCTS | - | - | - | - | - | - | - | - | - | - | - |
| TRANSPORT. SECTOR ** | - | - | - | - | - | - | - | - | - | - | 36 |
| AIR TRANSPORT | - | - | - | - | - | - | - | - | - | - | - |
| ROAD TRANSPORT | - | - | - | - | - | - | - | - | - | - | - |
| RAILWAYS | - | - | - | - | - | - | - | - | - | - | 36 |
| INTERNAL NAVIGATION | - | - | - | - | - | - | - | - | - | - | - |
| OTHER SECTORS ** | 466 | 12 | 2 | 30 | 36 | - | 768 | 242 | - | - | 11678 |
| AGRICULTURE | 1 | - | - | - | - | - | - | - | - | - | 410 |
| PUBLIC SERVICES | 185 | - | - | - | 5 | - | - | - | - | - | - |
| COMMERCE | 30 | - | - | - | 2 | - | 425 | 112 | - | - | 2870 |
| RESIDENTIAL | 250 | 12 | 2 | 30 | 29 | - | 343 | 130 | - | - | 8398 |

(1) INCLUDED IN CHEMICAL OR PETROCHEMICAL INDUSTRY
(2) INCLUDED ONLY IN TOTAL INDUSTRY

| * OF WHICH: HYDRO | 14927 |
|---|---|
| NUCLEAR | 0 |
| CONVENTIONAL THERMAL | 4956 |
| GEOTHERMAL | 1261 |

** INCLUDED IN THESE TOTALS ARE THE NON-SPECIFIED ELEMENTS

## PRODUCTION ET UTILISATION DES SOURCES D ENERGIE : NOUVELLE ZELANDE

1976

UNIT: 1000 METRIC TONS
UNITE: 1000 TONNES METRIQUES

| OIL PETROLE: CRUDE* BRUT* | OIL PETROLE: NGL GNL | OIL PETROLE: FEEDST. | REFINERY GAS / GAZ DE PETROLE | LIQUEFIED PETROLEUM GASES / GAZ LIQUEFIES DE PETROLE | AVIATION GASOLINE / ESSENCE AVION | MOTOR GASOLINE / ESSENCE AUTO | JET FUEL / CARBURANT REACTEUR | KEROSENE / PETROLE LAMPANT | GAS/DIESEL OIL / GAZ/DIESEL OIL | RESIDUAL FUEL OIL / FUEL OIL RESIDUEL | NAPHTHA / NAPHTHA | NON-ENERGY PRODUCTS / PRODUITS NON-ENERGETIQUES |
|---|---|---|---|---|---|---|---|---|---|---|---|---|
| 12 | 13 | 14 | 15 | 16 | 17 | 18 | 19 | 20 | 21 | 22 | 23 | 24 |
| 477 | - | - | 122 | - | - | 1376 | - | - | 685 | 1158 | - | 110 |
| 8 | - | - | - | - | - | - | - | - | - | - | - | - |
| 2951 | - | - | - | - | 25 | 270 | 215 | 42 | 332 | - | 15 | 82 |
| - | - | - | - | - | - | - | - | - | - | - | - | - |
| - | - | - | - | - | - | - | - | - | -126 | -274 | - | - |
| 89 | - | - | - | - | 1 | -8 | 2 | - | -3 | 52 | -2 | -13 |
| 3525 | - | - | 122 | - | 26 | 1638 | 217 | 42 | 888 | 936 | 13 | 179 |
| - | - | - | - | - | - | - | - | - | - | - | - | - |
| - | - | - | - | - | - | - | - | - | - | - | - | - |
| 3525 | - | - | 122 | - | 26 | 1638 | 217 | 42 | 888 | 936 | 13 | 179 |
| 24 | - | - | - | - | - | -1 | -5 | - | 1 | -10 | 1 | - |
| 3501 | - | - | - | - | - | - | - | - | 4 | 328 | 12 | - |
| - | - | - | - | - | - | - | - | - | - | - | - | - |
| - | - | - | - | - | - | - | - | - | 1 | - | 12 | - |
| 3493 | - | - | - | - | - | - | - | - | - | - | - | - |
| 8 | - | - | - | - | - | - | - | - | 3 | 328 | - | - |
| - | - | - | 122 | - | - | - | - | - | - | 10 | - | - |
| - | - | - | - | - | - | - | - | - | - | - | - | - |
| - | - | - | - | - | - | - | - | - | - | - | - | - |
| - | - | - | 122 | - | - | - | - | - | - | 10 | - | - |
| - | - | - | - | - | - | - | - | - | - | - | - | - |
| - | - | - | - | - | - | - | - | - | - | - | - | - |
| - | - | - | - | - | - | - | - | - | - | - | - | - |
| - | - | - | - | - | - | - | - | - | - | - | - | - |
| - | - | - | - | - | 26 | 1639 | 222 | 42 | 883 | 608 | - | 179 |
| - | - | - | - | - | - | 36 | - | 3 | 150 | 418 | - | 159 |
| - | - | - | - | - | - | - | - | - | 3 | 8 | - | - |
| - | - | - | - | - | - | - | - | - | - | - | - | - |
| - | - | - | - | - | - | - | - | - | - | - | - | - |
| - | - | - | - | - | - | - | - | - | - | - | - | - |
| - | - | - | - | - | - | - | - | - | - | - | - | - |
| - | - | - | - | - | - | - | - | - | - | - | - | - |
| - | - | - | - | - | - | - | - | - | - | - | - | - |
| - | - | - | - | - | - | - | - | - | - | - | - | - |
| - | - | - | - | - | - | - | - | - | - | - | - | - |
| - | - | - | - | - | - | - | - | - | - | - | - | - |
| - | - | - | - | - | - | - | - | - | - | - | - | - |
| - | - | - | - | - | - | - | - | - | - | - | - | - |
| - | - | - | - | - | - | - | - | - | - | - | - | - |
| - | - | - | - | - | - | 36 | - | 3 | 147 | 410 | - | - |
| - | - | - | - | - | - | - | - | - | - | - | - | - |
| - | - | - | - | - | - | - | - | - | - | - | - | 159 |
| - | - | - | - | - | 17 | 1409 | 221 | 17 | 367 | 97 | - | - |
| - | - | - | - | - | 17 | - | 221 | - | - | - | - | - |
| - | - | - | - | - | - | 1409 | - | - | 367 | - | - | - |
| - | - | - | - | - | - | - | - | 17 | - | - | - | - |
| - | - | - | - | - | - | - | - | - | - | 97 | - | - |
| - | - | - | - | - | 9 | 194 | 1 | 22 | 366 | 93 | - | 20 |
| - | - | - | - | - | 9 | 108 | 1 | 3 | 100 | 10 | - | - |
| - | - | - | - | - | - | - | - | - | 241 | - | - | - |
| - | - | - | - | - | - | - | - | - | - | - | - | - |
| - | - | - | - | - | - | - | - | 12 | 25 | - | - | - |

*INCLUDED IN THIS COLUMN IS NGL AND FEEDSTOCKS.

## PRODUCTION AND USES OF ENERGY SOURCES : NEW ZEALAND

1977

| PRODUCTION AND USES / ENERGY SOURCES | UNIT: 1000 METRIC TONS / UNITE: 1000 TONNES METRIQUES | | | | | | TCAL / TCAL | MANUFACTURED GAS (TCAL) / GAZ MANUFACTURE (TCAL) | | | MILLIONS OF (DE) KWH |
|---|---|---|---|---|---|---|---|---|---|---|---|
| | HARD COAL / HOUILLE | PATENT FUEL / AGGLOMERES | COKE OVEN COKE / COKE DE FOUR | GAS COKE / COKE DE GAZ | BROWN COAL / LIGNITE | BKB / BRIQ. DE LIGNITE | NATURAL GAS / GAZ NATUREL | GAS WORKS / USINES A GAZ | COKE OVENS / COKERIES | BLAST FURNACES / HAUT FOURNEAUX | ELECTRICITY* / ELECTRICITE* |
| | 1 | 2 | 3 | 4 | 5 | 6 | 7 | 8 | 9 | 10 | 11 |
| PRODUCTION | 2227 | 10 | 31 | 37 | 164 | - | 15380 | 471 | - | - | 21519 |
| FROM OTHER SOURCES | - | - | - | - | - | - | - | - | - | - | - |
| IMPORT | 1 | - | 3 | - | - | - | - | - | - | - | - |
| EXPORT | -11 | - | - | -11 | - | - | - | - | - | - | - |
| INTL. MARINE BUNKERS | - | - | - | - | - | - | - | - | - | - | - |
| STOCK CHANGES | 16 | - | - | -2 | -27 | - | -3 | - | - | - | - |
| DOMESTIC SUPPLY | 2233 | 10 | 34 | 24 | 137 | - | 15377 | 471 | - | - | 21519 |
| RETURNS TO SUPPLY | - | - | - | - | - | - | - | - | - | - | - |
| TRANSFERS | - | - | - | - | - | - | - | - | - | - | - |
| DOMESTIC AVAILABILITY | 2233 | 10 | 34 | 24 | 137 | - | 15377 | 471 | - | - | 21519 |
| STATISTICAL DIFFERENCE | - | - | - | - | - | - | -214 | - | - | - | 1 |
| TRANSFORM. SECTOR ** | 758 | - | 10 | - | - | - | 10645 | - | - | - | - |
| FOR SOLID FUELS | 54 | - | 10 | - | - | - | - | - | - | - | - |
| FOR GASES | 90 | - | - | - | - | - | - | - | - | - | - |
| PETROLEUM REFINERIES | - | - | - | - | - | - | - | - | - | - | - |
| THERMO-ELECTRIC PLANTS | 614 | - | - | - | - | - | 10645 | - | - | - | - |
| ENERGY SECTOR | 6 | - | - | 1 | 1 | - | 2071 | 84 | - | - | 2632 |
| COAL MINES | 4 | - | - | - | - | - | - | - | - | - | 22 |
| OIL AND GAS EXTRACTION | - | - | - | - | - | - | - | - | - | - | - |
| PETROLEUM REFINERIES | - | - | - | - | - | - | - | - | - | - | - |
| ELECTRIC PLANTS | - | - | - | - | - | - | - | - | - | - | 295 |
| DISTRIBUTION LOSSES | 2 | - | - | - | 1 | - | 1888 | 77 | - | - | 2315 |
| PUMP STORAGE (ELECTR.) | - | - | - | - | - | - | - | - | - | - | - |
| OTHER ENERGY SECTOR | - | - | - | 1 | - | - | 183 | 7 | - | - | - |
| FINAL CONSUMPTION | 1469 | 10 | 24 | 23 | 136 | - | 2875 | 387 | - | - | 18886 |
| INDUSTRY SECTOR | 996 | - | 23 | 1 | 84 | - | 2319 | 218 | - | - | 7101 |
| IRON AND STEEL | 112 | - | 23 | 1 | - | - | - | - | - | - | 2838 |
| CHEMICAL | - | - | - | - | - | - | - | - | - | - | 182 |
| PETROCHEMICAL | - | - | - | - | - | - | - | - | - | - | - |
| NON-FERROUS METAL | - | - | - | - | - | - | - | - | - | - | - |
| NON-METALLIC MINERAL | 234 | - | - | - | 5 | - | - | - | - | - | 261 |
| PAPER PULP AND PRINT | 50 | - | - | - | 33 | - | - | - | - | - | - |
| MINING AND QUARRYING | - | - | - | - | - | - | - | - | - | - | 122 |
| FOOD AND TOBACCO | 467 | - | - | - | 30 | - | - | - | - | - | 1001 |
| WOOD AND WOOD PRODUCTS | - | - | - | - | - | - | - | - | - | - | 1915 |
| MACHINERY | - | - | - | - | - | - | - | - | - | - | 316 |
| TRANSPORT EQUIPMENT | - | - | - | - | - | - | - | - | - | - | - |
| CONSTRUCTION | - | - | - | - | - | - | - | - | - | - | 78 |
| TEXTILES AND LEATHER | - | - | - | - | - | - | - | - | - | - | 242 |
| NON SPECIFIED | 133 | - | - | - | 16 | - | 2319 | 218 | - | - | 146 |
| NON-ENERGY USES: | | | | | | | | | | | |
| (1)ENERGY PRODUCTS | - | - | - | - | - | - | - | - | - | - | - |
| (2)NON-ENERGY PRODUCTS | - | - | - | - | - | - | - | - | - | - | - |
| TRANSPORT. SECTOR ** | - | - | - | - | - | - | - | - | - | - | 32 |
| AIR TRANSPORT | - | - | - | - | - | - | - | - | - | - | - |
| ROAD TRANSPORT | - | - | - | - | - | - | - | - | - | - | - |
| RAILWAYS | - | - | - | - | - | - | - | - | - | - | 32 |
| INTERNAL NAVIGATION | - | - | - | - | - | - | - | - | - | - | - |
| OTHER SECTORS ** | 473 | 10 | 1 | 22 | 52 | - | 556 | 169 | - | - | 11753 |
| AGRICULTURE | - | - | - | - | - | - | - | - | - | - | 435 |
| PUBLIC SERVICES | 208 | - | - | - | 27 | - | - | - | - | - | - |
| COMMERCE | 34 | - | - | - | - | - | 177 | 85 | - | - | 3004 |
| RESIDENTIAL | 231 | 10 | 1 | 22 | 25 | - | 379 | 84 | - | - | 8314 |

(1) INCLUDED IN CHEMICAL OR PETROCHEMICAL INDUSTRY
(2) INCLUDED ONLY IN TOTAL INDUSTRY

| * OF WHICH: HYDRO | 14592 |
|---|---|
| NUCLEAR | 0 |
| CONVENTIONAL THERMAL | 5741 |
| GEOTHERMAL | 1186 |

** INCLUDED IN THESE TOTALS ARE THE NON-SPECIFIED ELEMENTS

PRODUCTION ET UTILISATION DES SOURCES D ENERGIE : NOUVELLE ZELANDE

1977

UNIT: 1000 METRIC TONS
UNITE: 1000 TONNES METRIQUES

| OIL PETROLE | | | REFINERY GAS | LIQUEFIED PETROLEUM GASES | AVIATION GASOLINE | MOTOR GASOLINE | JET FUEL | KEROSENE | GAS/DIESEL OIL | RESIDUAL FUEL OIL | NAPHTHA | NON-ENERGY PRODUCTS |
|---|---|---|---|---|---|---|---|---|---|---|---|---|
| CRUDE* BRUT* | NGL GNL | FEEDST. | GAZ DE PETROLE | GAZ LIQUEFIES DE PETROLE | ESSENCE AVION | ESSENCE AUTO | CARBURANT REACTEUR | PETROLE LAMPANT | GAZ/DIESEL OIL | FUEL OIL RESIDUEL | NAPHTHA | PRODUITS NON-ENERGETIQUES |
| 12 | 13 | 14 | 15 | 16 | 17 | 18 | 19 | 20 | 21 | 22 | 23 | 24 |
| 662 | - | - | 115 | - | - | 1276 | - | - | 656 | 1047 | - | 136 |
| - | - | - | - | - | - | - | - | - | - | - | - | - |
| 2694 | - | - | - | - | 28 | 424 | 232 | 45 | 431 | - | 11 | 144 |
| - | - | - | - | - | - | - | - | - | - | -16 | - | - |
| - | - | - | - | - | - | - | - | - | -146 | -230 | - | - |
| -85 | - | - | - | - | - | -5 | -5 | - | -2 | -3 | - | 3 |
| 3271 | - | - | 115 | - | 28 | 1695 | 227 | 45 | 939 | 798 | 11 | 283 |
| - | - | - | - | - | - | - | - | - | - | - | - | - |
| - | - | - | - | 6 | - | - | - | - | - | - | - | - |
| 3271 | - | - | 115 | 6 | 28 | 1695 | 227 | 45 | 939 | 798 | 11 | 283 |
| 3 | - | - | - | - | 2 | 27 | -3 | 18 | 1 | 9 | - | - |
| 3268 | - | - | - | - | - | - | - | - | 14 | 225 | 11 | - |
| - | - | - | - | - | - | - | - | - | - | - | - | - |
| - | - | - | - | - | - | - | - | - | 1 | - | 11 | - |
| 3268 | - | - | - | - | - | - | - | - | - | - | - | - |
| - | - | - | - | - | - | - | - | - | 13 | 225 | - | - |
| - | - | - | 115 | - | - | - | - | - | - | - | - | 26 |
| - | - | - | - | - | - | - | - | - | - | - | - | - |
| - | - | - | - | - | - | - | - | - | - | - | - | - |
| - | - | - | 115 | - | - | - | - | - | - | - | - | 26 |
| - | - | - | - | - | - | - | - | - | - | - | - | - |
| - | - | - | - | - | - | - | - | - | - | - | - | - |
| - | - | - | - | - | - | - | - | - | - | - | - | - |
| - | - | - | - | - | - | - | - | - | - | - | - | - |
| - | - | - | - | 6 | 26 | 1668 | 230 | 27 | 924 | 564 | - | 257 |
| - | - | - | - | - | - | 2 | - | 6 | 191 | 426 | - | 239 |
| - | - | - | - | - | - | - | - | - | 3 | 6 | - | - |
| - | - | - | - | - | - | - | - | - | - | - | - | - |
| - | - | - | - | - | - | - | - | - | - | - | - | - |
| - | - | - | - | - | - | - | - | - | - | - | - | - |
| - | - | - | - | - | - | - | - | - | - | - | - | - |
| - | - | - | - | - | - | - | - | - | - | - | - | - |
| - | - | - | - | - | - | - | - | - | 38 | - | - | - |
| - | - | - | - | - | - | - | - | - | 29 | - | - | - |
| - | - | - | - | - | - | - | - | - | 42 | - | - | - |
| - | - | - | - | - | - | - | - | - | - | - | - | - |
| - | - | - | - | - | - | - | - | - | - | - | - | - |
| - | - | - | - | - | - | - | - | - | - | - | - | - |
| - | - | - | - | - | - | - | - | - | - | - | - | - |
| - | - | - | - | - | - | 2 | - | 6 | 79 | 420 | - | - |
| - | - | - | - | - | - | - | - | - | - | - | - | - |
| - | - | - | - | - | - | - | - | - | - | - | - | 239 |
| - | - | - | - | - | 16 | 1652 | 230 | 1 | 369 | 63 | - | - |
| - | - | - | - | - | 16 | - | 230 | - | - | - | - | - |
| - | - | - | - | - | - | 1652 | - | - | 369 | - | - | - |
| - | - | - | - | - | - | - | - | 1 | - | - | - | - |
| - | - | - | - | - | - | - | - | - | - | 63 | - | - |
| - | - | - | - | 6 | 10 | 14 | - | 20 | 364 | 75 | - | 18 |
| - | - | - | - | - | 10 | 14 | - | - | 105 | 1 | - | - |
| - | - | - | - | - | - | - | - | - | 246 | - | - | - |
| - | - | - | - | - | - | - | - | - | - | - | - | - |
| - | - | - | - | - | - | - | - | 16 | 13 | 1 | - | - |

*INCLUDED IN THIS COLUMN IS NGL AND FEEDSTOCKS.

# PRODUCTION AND USES OF ENERGY SOURCES : NEW ZEALAND

1978

| X / XX ENERGY / XX SOURCES / PRODUCTION AND USES | UNIT: 1000 METRIC TONS / UNITE: 1000 TONNES METRIQUES | | | | | | TCAL / TCAL | MANUFACTURED GAS (TCAL) / GAZ MANUFACTURE (TCAL) | | | MILLIONS / OF (DE) KWH |
|---|---|---|---|---|---|---|---|---|---|---|---|
| | HARD COAL | PATENT FUEL | COKE OVEN COKE | GAS COKE | BROWN COAL | BKB | NATURAL GAS | GAS WORKS | COKE OVENS | BLAST FURNACES | ELECTRICITY* |
| | HOUILLE | AGGLOMERES | COKE DE FOUR | COKE DE GAZ | LIGNITE | BRIQ. DE LIGNITE | GAZ NATUREL | USINES A GAZ | COKERIES | HAUT FOURNEAUX | ELECTRICITE* |
| | 1 | 2 | 3 | 4 | 5 | 6 | 7 | 8 | 9 | 10 | 11 |
| PRODUCTION | 2032 | 10 | 28 | 34 | 151 | - | 14205 | 422 | - | - | 21912 |
| FROM OTHER SOURCES | - | - | - | - | - | - | - | - | - | - | - |
| IMPORT | 1 | - | 1 | - | - | - | - | - | - | - | - |
| EXPORT | - | - | - | -6 | - | - | - | - | - | - | - |
| INTL. MARINE BUNKERS | - | - | - | - | - | - | - | - | - | - | - |
| STOCK CHANGES | -19 | - | - | -6 | -20 | - | - | - | - | - | - |
| DOMESTIC SUPPLY | 2014 | 10 | 29 | 22 | 131 | - | 14205 | 422 | - | - | 21912 |
| RETURNS TO SUPPLY | - | - | - | - | - | - | - | - | - | - | - |
| TRANSFERS | - | - | - | - | - | - | - | - | - | - | - |
| DOMESTIC AVAILABILITY | 2014 | 10 | 29 | 22 | 131 | - | 14205 | 422 | - | - | 21912 |
| STATISTICAL DIFFERENCE | - | - | - | - | - | - | 80 | - | - | - | - |
| TRANSFORM. SECTOR ** | 724 | - | 10 | - | - | - | 10196 | - | - | - | - |
| FOR SOLID FUELS | 50 | - | 10 | - | - | - | - | - | - | - | - |
| FOR GASES | 83 | - | - | - | - | - | - | - | - | - | - |
| PETROLEUM REFINERIES | - | - | - | - | - | - | - | - | - | - | - |
| THERMO-ELECTRIC PLANTS | 591 | - | - | - | - | - | 10196 | - | - | - | - |
| ENERGY SECTOR | 5 | - | - | 1 | 1 | - | 754 | 69 | - | - | 2972 |
| COAL MINES | 3 | - | - | - | - | - | - | - | - | - | 23 |
| OIL AND GAS EXTRACTION | - | - | - | - | - | - | - | - | - | - | - |
| PETROLEUM REFINERIES | - | - | - | - | - | - | - | - | - | - | - |
| ELECTRIC PLANTS | - | - | - | - | - | - | - | - | - | - | 262 |
| DISTRIBUTION LOSSES | 2 | - | - | - | 1 | - | 754 | 67 | - | - | 2687 |
| PUMP STORAGE (ELECTR.) | - | - | - | - | - | - | - | - | - | - | - |
| OTHER ENERGY SECTOR | - | - | - | 1 | - | - | - | 2 | - | - | - |
| FINAL CONSUMPTION | 1285 | 10 | 19 | 21 | 130 | - | 3175 | 353 | - | - | 18940 |
| INDUSTRY SECTOR | 834 | - | 17 | 1 | 88 | - | 2340 | 200 | - | - | 7240 |
| IRON AND STEEL | 124 | - | 17 | 1 | - | - | - | - | - | - | 2918 |
| CHEMICAL | - | - | - | - | - | - | - | - | - | - | 176 |
| PETROCHEMICAL | - | - | - | - | - | - | - | - | - | - | - |
| NON-FERROUS METAL | - | - | - | - | - | - | - | - | - | - | - |
| NON-METALLIC MINERAL | 180 | - | - | - | 3 | - | - | - | - | - | 239 |
| PAPER PULP AND PRINT | 30 | - | - | - | 33 | - | - | - | - | - | - |
| MINING AND QUARRYING | - | - | - | - | - | - | - | - | - | - | 128 |
| FOOD AND TOBACCO | 189 | - | - | - | 25 | - | - | - | - | - | 1073 |
| WOOD AND WOOD PRODUCTS | - | - | - | - | - | - | - | - | - | - | 1934 |
| MACHINERY | - | - | - | - | - | - | - | - | - | - | 309 |
| TRANSPORT EQUIPMENT | - | - | - | - | - | - | - | - | - | - | - |
| CONSTRUCTION | - | - | - | - | - | - | - | - | - | - | 80 |
| TEXTILES AND LEATHER | - | - | - | - | - | - | - | - | - | - | 232 |
| NON SPECIFIED | 311 | - | - | - | 27 | - | 2340 | 200 | - | - | 151 |
| NON-ENERGY USES: | | | | | | | | | | | |
| (1)ENERGY PRODUCTS | - | - | - | - | - | - | - | - | - | - | - |
| (2)NON-ENERGY PRODUCTS | - | - | - | - | - | - | - | - | - | - | - |
| TRANSPORT. SECTOR ** | - | - | - | - | - | - | - | - | - | - | 32 |
| AIR TRANSPORT | - | - | - | - | - | - | - | - | - | - | - |
| ROAD TRANSPORT | - | - | - | - | - | - | - | - | - | - | - |
| RAILWAYS | - | - | - | - | - | - | - | - | - | - | 32 |
| INTERNAL NAVIGATION | - | - | - | - | - | - | - | - | - | - | - |
| OTHER SECTORS ** | 451 | 10 | 2 | 20 | 42 | - | 835 | 153 | - | - | 11668 |
| AGRICULTURE | - | - | - | - | - | - | - | - | - | - | 405 |
| PUBLIC SERVICES | 259 | - | - | - | 24 | - | - | - | - | - | - |
| COMMERCE | 42 | - | - | - | - | - | 413 | 77 | - | - | 3082 |
| RESIDENTIAL | 150 | 10 | 2 | 20 | 18 | - | 422 | 76 | - | - | 8181 |

(1) INCLUDED IN CHEMICAL OR PETROCHEMICAL INDUSTRY
(2) INCLUDED ONLY IN TOTAL INDUSTRY

| * OF WHICH: HYDRO | 16209 |
|---|---|
| NUCLEAR | 0 |
| CONVENTIONAL THERMAL | 4487 |
| GEOTHERMAL | 1216 |

** INCLUDED IN THESE TOTALS ARE THE NON-SPECIFIED ELEMENTS

UNIT: 1000 METRIC TONS
UNITE: 1000 TONNES METRIQUES

| OIL PETROLE | | | REFINERY GAS | LIQUEFIED PETROLEUM GASES | AVIATION GASOLINE | MOTOR GASOLINE | JET FUEL | KEROSENE | GAS/DIESEL OIL | RESIDUAL FUEL OIL | NAPHTHA | NON-ENERGY PRODUCTS |
|---|---|---|---|---|---|---|---|---|---|---|---|---|
| CRUDE* BRUT* | NGL GNL | FEEDST. | GAZ DE PETROLE | GAZ LIQUEFIES DE PETROLE | ESSENCE AVION | ESSENCE AUTO | CARBURANT REACTEUR | PETROLE LAMPANT | GAZ/DIESEL OIL | FUEL OIL RESIDUEL | NAPHTHA | PRODUITS NON-ENERGETIQUES |
| 12 | 13 | 14 | 15 | 16 | 17 | 18 | 19 | 20 | 21 | 22 | 23 | 24 |
| 578 | - | - | 99 | - | - | 1242 | - | - | 629 | 851 | - | 133 |
| - | - | - | - | - | - | - | - | - | - | - | - | - |
| 2417 | - | - | - | - | 32 | 427 | 280 | 35 | 381 | - | 5 | 163 |
| - | - | - | - | - | - | - | - | - | - | -41 | - | - |
| - | - | - | - | - | - | - | - | - | -116 | -207 | - | - |
| 9 | - | - | - | - | -5 | 15 | 7 | -4 | 23 | 30 | 2 | -4 |
| 3004 | - | - | 99 | - | 27 | 1684 | 287 | 31 | 917 | 633 | 7 | 292 |
| - | - | - | - | - | - | - | - | - | - | - | - | - |
| -16 | - | - | - | 15 | - | - | - | - | - | - | - | - |
| 2988 | - | - | 99 | 15 | 27 | 1684 | 287 | 31 | 917 | 633 | 7 | 292 |
| -1 | - | - | - | - | - | -8 | 11 | -5 | 14 | 5 | 1 | - |
| 2989 | - | - | - | 5 | - | - | - | - | 32 | 113 | 6 | - |
| - | - | - | - | - | - | - | - | - | - | - | - | - |
| - | - | - | - | 5 | - | - | - | - | 1 | - | 6 | - |
| 2989 | - | - | - | - | - | - | - | - | - | - | - | - |
| - | - | - | - | - | - | - | - | - | 31 | 113 | - | - |
| - | - | - | 99 | - | - | - | - | - | - | - | - | 31 |
| - | - | - | - | - | - | - | - | - | - | - | - | - |
| - | - | - | - | - | - | - | - | - | - | - | - | - |
| - | - | - | 99 | - | - | - | - | - | - | - | - | 31 |
| - | - | - | - | - | - | - | - | - | - | - | - | - |
| - | - | - | - | - | - | - | - | - | - | - | - | - |
| - | - | - | - | - | - | - | - | - | - | - | - | - |
| - | - | - | - | - | - | - | - | - | - | - | - | - |
| - | - | - | - | 10 | 27 | 1692 | 276 | 36 | 871 | 515 | - | 261 |
| - | - | - | - | 5 | - | 1 | - | 6 | 232 | 409 | - | 261 |
| - | - | - | - | - | - | - | - | - | 5 | 2 | - | - |
| - | - | - | - | - | - | - | - | - | - | - | - | - |
| - | - | - | - | - | - | - | - | - | - | - | - | - |
| - | - | - | - | - | - | - | - | - | - | - | - | - |
| - | - | - | - | - | - | - | - | - | - | - | - | - |
| - | - | - | - | - | - | - | - | - | - | - | - | - |
| - | - | - | - | - | - | - | - | - | 18 | 4 | - | - |
| - | - | - | - | - | - | - | - | - | 33 | 149 | - | - |
| - | - | - | - | - | - | - | - | - | 29 | 145 | - | - |
| - | - | - | - | - | - | - | - | - | - | - | - | - |
| - | - | - | - | - | - | - | - | - | - | - | - | - |
| - | - | - | - | - | - | - | - | - | - | - | - | - |
| - | - | - | - | - | - | - | - | - | - | - | - | - |
| - | - | - | - | 5 | - | 1 | - | 6 | 147 | 109 | - | - |
| - | - | - | - | - | - | - | - | - | - | - | - | - |
| - | - | - | - | - | - | - | - | - | - | - | - | 261 |
| - | - | - | - | - | 17 | 1685 | 275 | 1 | 347 | 54 | - | - |
| - | - | - | - | - | 17 | - | 275 | - | - | - | - | - |
| - | - | - | - | - | - | 1685 | - | 1 | 347 | - | - | - |
| - | - | - | - | - | - | - | - | - | - | - | - | - |
| - | - | - | - | - | - | - | - | - | - | 54 | - | - |
| - | - | - | - | 5 | 10 | 6 | 1 | 29 | 292 | 52 | - | - |
| - | - | - | - | - | 10 | 6 | 1 | 1 | 106 | 6 | - | - |
| - | - | - | - | - | - | - | - | - | 166 | - | - | - |
| - | - | - | - | - | - | - | - | 4 | - | - | - | - |
| - | - | - | - | - | - | - | - | 24 | 20 | - | - | - |

*INCLUDED IN THIS COLUMN IS NGL AND FEEDSTOCKS.

## PRODUCTION AND USES OF ENERGY SOURCES : NEW ZEALAND

1979

| PRODUCTION AND USES / ENERGY SOURCES | UNIT: 1000 METRIC TONS / UNITE: 1000 TONNES METRIQUES | | | | | | TCAL / TCAL | MANUFACTURED GAS (TCAL) / GAZ MANUFACTURE (TCAL) | | | MILLIONS OF (DE) KWH |
|---|---|---|---|---|---|---|---|---|---|---|---|
| | HARD COAL / HOUILLE | PATENT FUEL / AGGLOMERES | COKE OVEN COKE / COKE DE FOUR | GAS COKE / COKE DE GAZ | BROWN COAL / LIGNITE | BKB / BRIQ. DE LIGNITE | NATURAL GAS / GAZ NATUREL | GAS WORKS / USINES A GAZ | COKE OVENS / COKERIES | BLAST FURNACES / HAUT FOURNEAUX | ELECTRICITY* / ELECTRICITE* |
| | 1 | 2 | 3 | 4 | 5 | 6 | 7 | 8 | 9 | 10 | 11 |
| PRODUCTION | 1739 | 10 | 3 | 36 | 209 | - | 9411 | 405 | - | - | 21749 |
| FROM OTHER SOURCES | - | - | - | - | - | - | - | - | - | - | - |
| IMPORT | 1 | - | 1 | - | - | - | - | - | - | - | - |
| EXPORT | -10 | - | - | -6 | - | - | - | - | - | - | - |
| INTL. MARINE BUNKERS | - | - | - | - | - | - | - | - | - | - | - |
| STOCK CHANGES | -21 | - | - | -2 | - | - | 7 | - | - | - | - |
| DOMESTIC SUPPLY | 1709 | 10 | 4 | 28 | 209 | - | 9418 | 405 | - | - | 21749 |
| RETURNS TO SUPPLY | - | - | - | - | - | - | - | - | - | - | - |
| TRANSFERS | - | - | - | - | - | - | - | - | - | - | - |
| DOMESTIC AVAILABILITY | 1709 | 10 | 4 | 28 | 209 | - | 9418 | 405 | - | - | 21749 |
| STATISTICAL DIFFERENCE | - | - | - | - | - | - | -323 | - | - | - | - |
| TRANSFORM. SECTOR ** | 441 | - | - | - | - | - | 6010 | - | - | - | - |
| FOR SOLID FUELS | 40 | - | - | - | - | - | - | - | - | - | - |
| FOR GASES | 96 | - | - | - | - | - | - | - | - | - | - |
| PETROLEUM REFINERIES | - | - | - | - | - | - | - | - | - | - | - |
| THERMO-ELECTRIC PLANTS | 305 | - | - | - | - | - | 6010 | - | - | - | - |
| ENERGY SECTOR | 5 | - | - | 1 | 1 | - | 824 | 65 | - | - | 2734 |
| COAL MINES | 3 | - | - | - | - | - | - | - | - | - | 25 |
| OIL AND GAS EXTRACTION | - | - | - | - | - | - | - | - | - | - | - |
| PETROLEUM REFINERIES | - | - | - | - | - | - | - | - | - | - | - |
| ELECTRIC PLANTS | - | - | - | - | - | - | - | - | - | - | 188 |
| DISTRIBUTION LOSSES | 2 | - | - | - | 1 | - | 824 | 63 | - | - | 2521 |
| PUMP STORAGE (ELECTR.) | - | - | - | - | - | - | - | - | - | - | - |
| OTHER ENERGY SECTOR | - | - | - | 1 | - | - | - | 2 | - | - | - |
| FINAL CONSUMPTION | 1263 | 10 | 4 | 27 | 208 | - | 2907 | 340 | - | - | 19015 |
| INDUSTRY SECTOR | 821 | - | - | 1 | 141 | - | 1947 | 192 | - | - | 7442 |
| IRON AND STEEL | 135 | - | - | 1 | - | - | - | - | - | - | 2958 |
| CHEMICAL | - | - | - | - | - | - | - | - | - | - | 192 |
| PETROCHEMICAL | - | - | - | - | - | - | - | - | - | - | - |
| NON-FERROUS METAL | - | - | - | - | - | - | - | - | - | - | - |
| NON-METALLIC MINERAL | 173 | - | - | - | 6 | - | - | - | - | - | 224 |
| PAPER PULP AND PRINT | 25 | - | - | - | 45 | - | - | - | - | - | - |
| MINING AND QUARRYING | - | - | - | - | - | - | - | - | - | - | 121 |
| FOOD AND TOBACCO | 196 | - | - | - | 27 | - | - | - | - | - | 1078 |
| WOOD AND WOOD PRODUCTS | - | - | - | - | - | - | - | - | - | - | 2105 |
| MACHINERY | - | - | - | - | - | - | - | - | - | - | 319 |
| TRANSPORT EQUIPMENT | - | - | - | - | - | - | - | - | - | - | - |
| CONSTRUCTION | - | - | - | - | - | - | - | - | - | - | 74 |
| TEXTILES AND LEATHER | - | - | - | - | - | - | - | - | - | - | 235 |
| NON SPECIFIED | 292 | - | - | - | 63 | - | 1947 | 192 | - | - | 136 |
| NON-ENERGY USES: | | | | | | | | | | | |
| (1)ENERGY PRODUCTS | - | - | - | - | - | - | - | - | - | - | - |
| (2)NON-ENERGY PRODUCTS | - | - | - | - | - | - | - | - | - | - | - |
| TRANSPORT. SECTOR ** | - | - | - | - | - | - | - | - | - | - | 30 |
| AIR TRANSPORT | - | - | - | - | - | - | - | - | - | - | - |
| ROAD TRANSPORT | - | - | - | - | - | - | - | - | - | - | - |
| RAILWAYS | - | - | - | - | - | - | - | - | - | - | 30 |
| INTERNAL NAVIGATION | - | - | - | - | - | - | - | - | - | - | - |
| OTHER SECTORS ** | 442 | 10 | 4 | 26 | 67 | - | 960 | 148 | - | - | 11543 |
| AGRICULTURE | - | - | - | - | - | - | - | - | - | - | 408 |
| PUBLIC SERVICES | 254 | - | - | - | 30 | - | - | - | - | - | - |
| COMMERCE | 35 | - | - | - | - | - | 348 | 74 | - | - | 3226 |
| RESIDENTIAL | 153 | 10 | 4 | 26 | 37 | - | 612 | 74 | - | - | 7909 |

(1) INCLUDED IN CHEMICAL OR PETROCHEMICAL INDUSTRY
(2) INCLUDED ONLY IN TOTAL INDUSTRY

** INCLUDED IN THESE TOTALS ARE THE NON-SPECIFIED ELEMENTS

| * OF WHICH: | |
|---|---|
| HYDRO | 18692 |
| NUCLEAR | 0 |
| CONVENTIONAL THERMAL | 1969 |
| GEOTHERMAL | 1088 |

## PRODUCTION ET UTILISATION DES SOURCES D ENERGIE : NOUVELLE ZELANDE

1979

UNIT: 1000 METRIC TONS
UNITE: 1000 TONNES METRIQUES

| OIL / PETROLE | | | REFINERY GAS | LIQUEFIED PETROLEUM GASES | AVIATION GASOLINE | MOTOR GASOLINE | JET FUEL | KEROSENE | GAS/DIESEL OIL | RESIDUAL FUEL OIL | NAPHTHA | NON-ENERGY PRODUCTS |
|---|---|---|---|---|---|---|---|---|---|---|---|---|
| CRUDE BRUT | NGL GNL | FEEDST. | GAZ DE PETROLE | GAZ LIQUEFIES DE PETROLE | ESSENCE AVION | ESSENCE AUTO | CARBURANT REACTEUR | PETROLE LAMPANT | GAZ/DIESEL OIL | FUEL OIL RESIDUEL | NAPHTHA | PRODUITS NON-ENERGETIQUES |
| 12 | 13 | 14 | 15 | 16 | 17 | 18 | 19 | 20 | 21 | 22 | 23 | 24 |
| 370 | 16 | - | 101 | - | - | 1282 | - | - | 652 | 880 | - | 122 |
| - | - | - | - | - | - | - | - | - | - | - | - | - |
| 1935 | - | 677 | - | - | 30 | 409 | 324 | 32 | 400 | - | 6 | 124 |
| -1 | - | -21 | - | - | - | - | - | - | - | -41 | - | - |
| - | - | - | - | - | - | - | - | - | -155 | -315 | - | - |
| 87 | - | 43 | - | - | 3 | -25 | -7 | -2 | -41 | 17 | 1 | -13 |
| 2391 | 16 | 699 | 101 | - | 33 | 1666 | 317 | 30 | 856 | 541 | 7 | 233 |
| - | - | - | - | - | - | - | - | - | - | - | - | - |
| - | -16 | - | - | 16 | -2 | - | - | - | - | - | - | 2 |
| 2391 | - | 699 | 101 | 16 | 31 | 1666 | 317 | 30 | 856 | 541 | 7 | 235 |
| 6 | - | 1 | - | - | 5 | 17 | 3 | -1 | -28 | 15 | 1 | - |
| 2385 | - | 698 | - | 6 | - | - | - | - | 1 | 22 | 6 | - |
| - | - | - | - | - | - | - | - | - | - | - | - | - |
| - | - | - | - | 6 | - | - | - | - | - | - | 6 | - |
| 2385 | - | 698 | - | - | - | - | - | - | - | - | - | - |
| - | - | - | - | - | - | - | - | - | 1 | 22 | - | - |
| - | - | - | 101 | - | - | - | - | - | 1 | - | - | 23 |
| - | - | - | - | - | - | - | - | - | - | - | - | - |
| - | - | - | - | - | - | - | - | - | - | - | - | - |
| - | - | - | 101 | - | - | - | - | - | - | - | - | 23 |
| - | - | - | - | - | - | - | - | - | - | - | - | - |
| - | - | - | - | - | - | - | - | - | - | - | - | - |
| - | - | - | - | - | - | - | - | - | - | - | - | - |
| - | - | - | - | - | - | - | - | - | 1 | - | - | - |
| - | - | - | - | 10 | 26 | 1649 | 314 | 31 | 882 | 504 | - | 212 |
| - | - | - | - | 5 | 1 | 1 | - | 4 | 270 | 437 | - | 206 |
| - | - | - | - | - | - | - | - | - | 5 | 2 | - | - |
| - | - | - | - | - | - | - | - | - | - | - | - | - |
| - | - | - | - | - | - | - | - | - | - | - | - | - |
| - | - | - | - | - | - | - | - | - | - | - | - | - |
| - | - | - | - | - | - | - | - | - | - | - | - | - |
| - | - | - | - | - | - | - | - | - | - | - | - | - |
| - | - | - | - | - | - | - | - | - | 16 | 3 | - | - |
| - | - | - | - | - | - | - | - | - | 32 | 138 | - | - |
| - | - | - | - | - | - | - | - | - | 17 | 2 | - | - |
| - | - | - | - | - | - | - | - | - | - | - | - | - |
| - | - | - | - | - | - | - | - | - | - | - | - | - |
| - | - | - | - | - | - | - | - | - | - | - | - | - |
| - | - | - | - | - | - | - | - | - | - | - | - | - |
| - | - | - | - | 5 | 1 | 1 | - | 4 | 200 | 292 | - | - |
| - | - | - | - | - | - | - | - | - | - | - | - | - |
| - | - | - | - | - | - | - | - | - | - | - | - | 206 |
| - | - | - | - | - | 15 | 1645 | 286 | 1 | 362 | 42 | - | - |
| - | - | - | - | - | 15 | - | 286 | - | - | - | - | - |
| - | - | - | - | - | - | 1645 | - | 1 | 362 | - | - | - |
| - | - | - | - | - | - | - | - | - | - | - | - | - |
| - | - | - | - | - | - | - | - | - | - | 42 | - | - |
| - | - | - | - | 5 | 10 | 3 | 28 | 26 | 250 | 25 | - | 6 |
| - | - | - | - | - | 10 | 3 | 2 | - | 109 | 4 | - | - |
| - | - | - | - | - | - | - | - | - | 129 | - | - | - |
| - | - | - | - | - | - | - | 26 | - | - | - | - | - |
| - | - | - | - | - | - | - | - | 26 | 12 | - | - | - |

## PRODUCTION AND USES OF ENERGY SOURCES : NEW ZEALAND

1980

| PRODUCTION AND USES / ENERGY SOURCES | UNIT: 1000 METRIC TONS / UNITE: 1000 TONNES METRIQUES | | | | | | TCAL / TCAL | MANUFACTURED GAS (TCAL) / GAZ MANUFACTURE (TCAL) | | | MILLIONS OF (DE) KWH |
|---|---|---|---|---|---|---|---|---|---|---|---|
| | HARD COAL / HOUILLE | PATENT FUEL / AGGLOMERES | COKE OVEN COKE / COKE DE FOUR | GAS COKE / COKE DE GAZ | BROWN COAL / LIGNITE | BKB / BRIQ. DE LIGNITE | NATURAL GAS / GAZ NATUREL | GAS WORKS / USINES A GAZ | COKE OVENS / COKERIES | BLAST FURNACES / HAUT FOURNEAUX | ELECTRICITY* / ELECTRICITE* |
| | 1 | 2 | 3 | 4 | 5 | 6 | 7 | 8 | 9 | 10 | 11 |
| PRODUCTION | 2083 | 9 | 3 | 36 | 208 | - | 10161 | 339 | - | - | 22274 |
| FROM OTHER SOURCES | - | - | - | - | - | - | - | - | - | - | - |
| IMPORT | - | - | - | - | - | - | - | - | - | - | - |
| EXPORT | -70 | - | - | - | - | - | - | - | - | - | - |
| INTL. MARINE BUNKERS | - | - | - | - | - | - | - | - | - | - | - |
| STOCK CHANGES | -155 | - | - | -7 | - | - | - | - | - | - | - |
| DOMESTIC SUPPLY | 1858 | 9 | 3 | 29 | 208 | - | 10161 | 339 | - | - | 22274 |
| RETURNS TO SUPPLY | - | - | - | - | - | - | - | - | - | - | - |
| TRANSFERS | - | - | - | - | - | - | - | - | - | - | - |
| DOMESTIC AVAILABILITY | 1858 | 9 | 3 | 29 | 208 | - | 10161 | 339 | - | - | 22274 |
| STATISTICAL DIFFERENCE | - | - | - | - | - | - | 58 | - | - | - | - |
| TRANSFORM. SECTOR ** | 404 | - | - | - | - | - | 4755 | - | - | - | - |
| FOR SOLID FUELS | 22 | - | - | - | - | - | - | - | - | - | - |
| FOR GASES | 80 | - | - | - | - | - | - | - | - | - | - |
| PETROLEUM REFINERIES | - | - | - | - | - | - | - | - | - | - | - |
| THERMO-ELECTRIC PLANTS | 302 | - | - | - | - | - | 4755 | - | - | - | - |
| ENERGY SECTOR | 53 | - | - | - | 16 | - | 1992 | 62 | - | - | 2759 |
| COAL MINES | 3 | - | - | - | - | - | - | - | - | - | 25 |
| OIL AND GAS EXTRACTION | - | - | - | - | - | - | - | - | - | - | - |
| PETROLEUM REFINERIES | - | - | - | - | - | - | - | - | - | - | - |
| ELECTRIC PLANTS | - | - | - | - | - | - | - | - | - | - | 210 |
| DISTRIBUTION LOSSES | 49 | - | - | - | 16 | - | 1815 | 60 | - | - | 2524 |
| PUMP STORAGE (ELECTR.) | - | - | - | - | - | - | - | - | - | - | - |
| OTHER ENERGY SECTOR | 1 | - | - | - | - | - | 177 | 2 | - | - | - |
| FINAL CONSUMPTION | 1401 | 9 | 3 | 29 | 192 | - | 3356 | 277 | - | - | 19515 |
| INDUSTRY SECTOR | 1023 | - | 3 | 9 | 85 | - | 2443 | 137 | - | - | 7678 |
| IRON AND STEEL | 137 | - | 1 | - | - | - | - | - | - | - | 2932 |
| CHEMICAL | 206 | - | - | - | 6 | - | - | - | - | - | 195 |
| PETROCHEMICAL | - | - | - | - | - | - | - | - | - | - | - |
| NON-FERROUS METAL | 7 | - | - | - | - | - | - | - | - | - | - |
| NON-METALLIC MINERAL | 9 | - | - | - | 1 | - | - | - | - | - | 238 |
| PAPER PULP AND PRINT | 61 | - | - | - | 30 | - | - | - | - | - | - |
| MINING AND QUARRYING | - | - | - | - | - | - | - | - | - | - | 119 |
| FOOD AND TOBACCO | 385 | - | - | - | 44 | - | - | - | - | - | 1155 |
| WOOD AND WOOD PRODUCTS | - | - | - | - | - | - | - | - | - | - | 2274 |
| MACHINERY | 20 | - | - | - | - | - | - | - | - | - | 325 |
| TRANSPORT EQUIPMENT | 16 | - | - | - | - | - | - | - | - | - | - |
| CONSTRUCTION | - | - | - | - | - | - | - | - | - | - | 80 |
| TEXTILES AND LEATHER | - | - | - | - | - | - | - | - | - | - | 235 |
| NON SPECIFIED | 182 | - | 2 | 9 | 4 | - | 2443 | 137 | - | - | 125 |
| NON-ENERGY USES: | | | | | | | | | | | |
| (1)ENERGY PRODUCTS | - | - | - | - | - | - | - | - | - | - | - |
| (2)NON-ENERGY PRODUCTS | - | - | - | - | - | - | - | - | - | - | - |
| TRANSPORT. SECTOR ** | 2 | - | - | - | - | - | 38 | - | - | - | 30 |
| AIR TRANSPORT | - | - | - | - | - | - | - | - | - | - | - |
| ROAD TRANSPORT | - | - | - | - | - | - | 38 | - | - | - | - |
| RAILWAYS | 1 | - | - | - | - | - | - | - | - | - | 30 |
| INTERNAL NAVIGATION | 1 | - | - | - | - | - | - | - | - | - | - |
| OTHER SECTORS ** | 376 | 9 | - | 20 | 107 | - | 875 | 140 | - | - | 11807 |
| AGRICULTURE | - | - | - | - | - | - | - | - | - | - | 457 |
| PUBLIC SERVICES | 127 | - | - | - | 23 | - | - | - | - | - | - |
| COMMERCE | 85 | - | - | - | 2 | - | 628 | 75 | - | - | 3315 |
| RESIDENTIAL | 164 | 9 | - | 20 | 82 | - | 247 | 65 | - | - | 8035 |

(1) INCLUDED IN CHEMICAL OR PETROCHEMICAL INDUSTRY
(2) INCLUDED ONLY IN TOTAL INDUSTRY

| * OF WHICH: HYDRO | 18928 |
|---|---|
| NUCLEAR | 0 |
| CONVENTIONAL THERMAL | 2161 |
| GEOTHERMAL | 1185 |

** INCLUDED IN THESE TOTALS ARE THE NON-SPECIFIED ELEMENTS

UNIT: 1000 METRIC TONS
UNITE: 1000 TONNES METRIQUES

| OIL PETROLE | | | REFINERY GAS | LIQUEFIED PETROLEUM GASES | AVIATION GASOLINE | MOTOR GASOLINE | JET FUEL | KEROSENE | GAS/DIESEL OIL | RESIDUAL FUEL OIL | NAPHTHA | NON-ENERGY PRODUCTS |
|---|---|---|---|---|---|---|---|---|---|---|---|---|
| CRUDE BRUT | NGL GNL | FEEDST. | GAZ DE PETROLE | GAZ LIQUEFIES DE PETROLE | ESSENCE AVION | ESSENCE AUTO | CARBURANT REACTEUR | PETROLE LAMPANT | GAZ/DIESEL OIL | FUEL OIL RESIDUEL | NAPHTHA | PRODUITS NON-ENERGETIQUES |
| 12 | 13 | 14 | 15 | 16 | 17 | 18 | 19 | 20 | 21 | 22 | 23 | 24 |
| 320 | 27 | - | 134 | - | - | 1210 | - | - | 654 | 785 | - | 121 |
| - | - | - | - | 27 | - | - | - | - | - | - | - | - |
| 1989 | - | 644 | - | - | 37 | 432 | 304 | 30 | 424 | 10 | 2 | 74 |
| - | - | - | - | - | - | - | - | - | - | -20 | - | - |
| - | - | - | - | - | - | - | - | - | - | - | - | - |
| -20 | - | -21 | - | - | -12 | - | -5 | -6 | -18 | -35 | 4 | - |
| 2289 | 27 | 623 | 134 | 27 | 25 | 1642 | 299 | 24 | 1060 | 740 | 6 | 195 |
| - | - | - | - | - | - | - | - | - | - | - | - | - |
| - | -27 | - | - | - | - | - | - | - | - | - | - | - |
| 2289 | - | 623 | 134 | 27 | 25 | 1642 | 299 | 24 | 1060 | 740 | 6 | 195 |
| -2 | - | 1 | - | - | 3 | -8 | 7 | - | -2 | -8 | 1 | - |
| 2291 | - | 622 | - | - | - | 5 | - | - | 1 | 3 | - | - |
| - | - | - | - | - | - | - | - | - | - | - | - | - |
| - | - | - | - | - | - | - | - | - | - | - | - | - |
| 2291 | - | 622 | - | - | - | - | - | - | - | - | - | - |
| - | - | - | - | - | - | 5 | - | - | 1 | 3 | - | - |
| - | - | - | 134 | - | - | - | - | - | - | - | 4 | 17 |
| - | - | - | - | - | - | - | - | - | - | - | - | - |
| - | - | - | - | - | - | - | - | - | - | - | - | - |
| - | - | - | 134 | - | - | - | - | - | - | - | - | 17 |
| - | - | - | - | - | - | - | - | - | - | - | - | - |
| - | - | - | - | - | - | - | - | - | - | - | - | - |
| - | - | - | - | - | - | - | - | - | - | - | - | - |
| - | - | - | - | - | - | - | - | - | - | - | 4 | - |
| - | - | - | - | 27 | 22 | 1645 | 292 | 24 | 1061 | 745 | 1 | 178 |
| - | - | - | - | 9 | - | 44 | 1 | 4 | 134 | 416 | 1 | 152 |
| - | - | - | - | - | - | - | - | - | 5 | 1 | - | - |
| - | - | - | - | - | - | - | - | - | - | - | - | - |
| - | - | - | - | - | - | - | - | - | - | - | - | - |
| - | - | - | - | - | - | - | - | - | - | - | - | - |
| - | - | - | - | - | - | - | - | - | - | - | - | - |
| - | - | - | - | - | - | - | - | - | - | - | - | - |
| - | - | - | - | - | - | - | - | - | - | - | - | - |
| - | - | - | - | - | - | 9 | - | - | 31 | 118 | - | - |
| - | - | - | - | - | - | - | - | - | - | - | - | - |
| - | - | - | - | - | - | - | - | - | - | - | - | - |
| - | - | - | - | - | - | - | - | - | - | - | - | - |
| - | - | - | - | - | - | - | - | - | - | - | - | - |
| - | - | - | - | - | - | - | - | - | - | - | - | - |
| - | - | - | - | 9 | - | 35 | 1 | 4 | 98 | 297 | 1 | - |
| - | - | - | - | - | - | - | - | - | - | - | - | - |
| - | - | - | - | - | - | - | - | - | - | - | - | 152 |
| - | - | - | - | 9 | 12 | 1410 | 264 | 10 | 496 | 270 | - | - |
| - | - | - | - | - | 12 | - | 264 | 2 | - | - | - | - |
| - | - | - | - | 9 | - | 1374 | - | 8 | 99 | 4 | - | - |
| - | - | - | - | - | - | - | - | - | 51 | - | - | - |
| - | - | - | - | - | - | - | - | - | 4 | - | - | - |
| - | - | - | - | 9 | 10 | 191 | 27 | 10 | 431 | 59 | - | 26 |
| - | - | - | - | - | 9 | 111 | 2 | 2 | 104 | 2 | - | - |
| - | - | - | - | - | - | - | - | - | 129 | - | - | - |
| - | - | - | - | - | 1 | 73 | 25 | 2 | 192 | 50 | - | - |
| - | - | - | - | - | - | 1 | - | 6 | 6 | - | - | - |

## PRODUCTION AND USES OF ENERGY SOURCES : NEW ZEALAND

1981

| PRODUCTION AND USES / ENERGY SOURCES | UNIT: 1000 METRIC TONS / UNITE: 1000 TONNES METRIQUES | | | | | | TCAL / TCAL | MANUFACTURED GAS (TCAL) / GAZ MANUFACTURE (TCAL) | | | MILLIONS OF (DE) KWH |
|---|---|---|---|---|---|---|---|---|---|---|---|
| | HARD COAL / HOUILLE | PATENT FUEL / AGGLOMERES | COKE OVEN COKE / COKE DE FOUR | GAS COKE / COKE DE GAZ | BROWN COAL / LIGNITE | BKB / BRIQ. DE LIGNITE | NATURAL GAS / GAZ NATUREL | GAS WORKS / USINES A GAZ | COKE OVENS / COKERIES | BLAST FURNACES / HAUT FOURNEAUX | ELECTRICITY* / ELECTRICITE* |
| | 1 | 2 | 3 | 4 | 5 | 6 | 7 | 8 | 9 | 10 | 11 |
| PRODUCTION | 2150 | 7 | 3 | 27 | 212 | - | 10869 | 307 | - | - | 23132 |
| FROM OTHER SOURCES | - | - | - | - | - | - | - | - | - | - | - |
| IMPORT | - | - | - | - | - | - | - | - | - | - | - |
| EXPORT | -232 | - | - | - | - | - | - | - | - | - | - |
| INTL. MARINE BUNKERS | - | - | - | - | - | - | - | - | - | - | - |
| STOCK CHANGES | 79 | - | - | -7 | -14 | - | - | - | - | - | - |
| DOMESTIC SUPPLY | 1997 | 7 | 3 | 20 | 198 | - | 10869 | 307 | - | - | 23132 |
| RETURNS TO SUPPLY | - | - | - | - | - | - | - | - | - | - | - |
| TRANSFERS | - | - | - | - | - | - | - | - | - | - | - |
| DOMESTIC AVAILABILITY | 1997 | 7 | 3 | 20 | 198 | - | 10869 | 307 | - | - | 23132 |
| STATISTICAL DIFFERENCE | - | - | - | - | - | - | 484 | - | - | - | - |
| TRANSFORM. SECTOR ** | 411 | - | - | - | - | - | 4755 | - | - | - | - |
| FOR SOLID FUELS | 20 | - | - | - | - | - | - | - | - | - | - |
| FOR GASES | 61 | - | - | - | - | - | - | - | - | - | - |
| PETROLEUM REFINERIES | - | - | - | - | - | - | - | - | - | - | - |
| THERMO-ELECTRIC PLANTS | 330 | - | - | - | - | - | 4755 | - | - | - | - |
| ENERGY SECTOR | 42 | - | - | - | 13 | - | 1917 | 56 | - | - | 3058 |
| COAL MINES | 3 | - | - | - | - | - | - | - | - | - | 30 |
| OIL AND GAS EXTRACTION | - | - | - | - | - | - | - | - | - | - | - |
| PETROLEUM REFINERIES | - | - | - | - | - | - | - | - | - | - | - |
| ELECTRIC PLANTS | - | - | - | - | - | - | - | - | - | - | 218 |
| DISTRIBUTION LOSSES | 39 | - | - | - | 13 | - | 1762 | 54 | - | - | 2810 |
| PUMP STORAGE (ELECTR.) | - | - | - | - | - | - | - | - | - | - | - |
| OTHER ENERGY SECTOR | - | - | - | - | - | - | 155 | 2 | - | - | - |
| FINAL CONSUMPTION | 1544 | 7 | 3 | 20 | 185 | - | 3713 | 251 | - | - | 20074 |
| INDUSTRY SECTOR | 1126 | - | 3 | 7 | 81 | - | 2245 | 129 | - | - | 7751 |
| IRON AND STEEL | 119 | - | 1 | - | - | - | - | - | - | - | 2948 |
| CHEMICAL | 258 | - | - | - | 6 | - | - | - | - | - | 208 |
| PETROCHEMICAL | - | - | - | - | - | - | - | - | - | - | - |
| NON-FERROUS METAL | 6 | - | - | - | - | - | - | - | - | - | - |
| NON-METALLIC MINERAL | 8 | - | - | - | 1 | - | - | - | - | - | 251 |
| PAPER PULP AND PRINT | 62 | - | - | - | 31 | - | - | - | - | - | - |
| MINING AND QUARRYING | - | - | - | - | - | - | - | - | - | - | 122 |
| FOOD AND TOBACCO | 425 | - | - | - | 43 | - | - | - | - | - | 1231 |
| WOOD AND WOOD PRODUCTS | - | - | - | - | - | - | - | - | - | - | 2215 |
| MACHINERY | 16 | - | - | - | - | - | - | - | - | - | 334 |
| TRANSPORT EQUIPMENT | 12 | - | - | - | - | - | - | - | - | - | - |
| CONSTRUCTION | - | - | - | - | - | - | - | - | - | - | 77 |
| TEXTILES AND LEATHER | - | - | - | - | - | - | - | - | - | - | 236 |
| NON SPECIFIED | 220 | - | 2 | 7 | - | - | 2245 | 129 | - | - | 129 |
| NON-ENERGY USES: | | | | | | | | | | | |
| (1)ENERGY PRODUCTS | - | - | - | - | - | - | - | - | - | - | - |
| (2)NON-ENERGY PRODUCTS | - | - | - | - | - | - | - | - | - | - | - |
| TRANSPORT. SECTOR ** | 2 | - | - | - | - | - | 36 | - | - | - | 29 |
| AIR TRANSPORT | - | - | - | - | - | - | - | - | - | - | - |
| ROAD TRANSPORT | - | - | - | - | - | - | 36 | - | - | - | - |
| RAILWAYS | 1 | - | - | - | - | - | - | - | - | - | 29 |
| INTERNAL NAVIGATION | 1 | - | - | - | - | - | - | - | - | - | - |
| OTHER SECTORS ** | 416 | 7 | - | 13 | 104 | - | 1432 | 122 | - | - | 12294 |
| AGRICULTURE | - | - | - | - | - | - | - | - | - | - | 476 |
| PUBLIC SERVICES | 139 | - | - | - | 24 | - | - | - | - | - | - |
| COMMERCE | 93 | - | - | - | 2 | - | 628 | 70 | - | - | 3553 |
| RESIDENTIAL | 184 | 7 | - | 13 | 78 | - | 804 | 52 | - | - | 8265 |

(1) INCLUDED IN CHEMICAL OR PETROCHEMICAL INDUSTRY
(2) INCLUDED ONLY IN TOTAL INDUSTRY

** INCLUDED IN THESE TOTALS ARE THE NON-SPECIFIED ELEMENTS

| * OF WHICH: HYDRO | 19539 |
|---|---|
| NUCLEAR | 0 |
| CONVENTIONAL THERMAL | 0 |
| GEOTHERMAL | 1107 |

## PRODUCTION ET UTILISATION DES SOURCES D ENERGIE : NOUVELLE ZELANDE

1981

UNIT: 1000 METRIC TONS
UNITE: 1000 TONNES METRIQUES

| OIL PETROLE | | | REFINERY GAS | LIQUEFIED PETROLEUM GASES | AVIATION GASOLINE | MOTOR GASOLINE | JET FUEL | KEROSENE | GAS/DIESEL OIL | RESIDUAL FUEL OIL | NAPHTHA | NON-ENERGY PRODUCTS |
|---|---|---|---|---|---|---|---|---|---|---|---|---|
| CRUDE BRUT | NGL GNL | FEEDST. | GAZ DE PETROLE | GAZ LIQUEFIES DE PETROLE | ESSENCE AVION | ESSENCE AUTO | CARBURANT REACTEUR | PETROLE LAMPANT | GAZ/DIESEL OIL | FUEL OIL RESIDUEL | NAPHTHA | PRODUITS NON-ENERGETIQUES |
| 12 | 13 | 14 | 15 | 16 | 17 | 18 | 19 | 20 | 21 | 22 | 23 | 24 |
| 404 | 41 | - | 148 | - | - | 1262 | - | - | 678 | 562 | - | 105 |
| - | - | - | - | 41 | - | - | - | - | - | - | - | - |
| 1859 | - | 444 | - | - | 7 | 375 | 281 | 12 | 262 | 43 | 3 | 69 |
| - | - | - | - | - | - | - | - | - | - | -20 | - | - |
| - | - | - | - | - | - | - | - | - | -4 | -41 | - | - |
| 24 | - | 5 | - | - | 14 | 18 | -8 | 8 | 75 | 40 | 1 | 9 |
| 2287 | 41 | 449 | 148 | 41 | 21 | 1655 | 273 | 20 | 1011 | 584 | 4 | 183 |
| - | - | - | - | - | - | - | - | - | - | - | - | - |
| - | -41 | - | - | - | - | - | - | - | - | - | - | - |
| 2287 | - | 449 | 148 | 41 | 21 | 1655 | 273 | 20 | 1011 | 584 | 4 | 183 |
| -21 | - | - | - | - | - | 5 | -3 | 5 | 9 | -5 | - | - |
| 2308 | - | 449 | - | - | - | 4 | - | - | 1 | 10 | - | - |
| - | - | - | - | - | - | - | - | - | - | - | - | - |
| - | - | - | - | - | - | - | - | - | - | - | - | - |
| 2308 | - | 449 | - | - | - | - | - | - | - | - | - | - |
| - | - | - | - | - | - | 4 | - | - | 1 | 10 | - | - |
| - | - | - | 148 | - | - | - | - | - | - | - | 4 | 15 |
| - | - | - | - | - | - | - | - | - | - | - | - | - |
| - | - | - | - | - | - | - | - | - | - | - | - | - |
| - | - | - | 148 | - | - | - | - | - | - | - | - | 15 |
| - | - | - | - | - | - | - | - | - | - | - | - | - |
| - | - | - | - | - | - | - | - | - | - | - | - | - |
| - | - | - | - | - | - | - | - | - | - | - | - | - |
| - | - | - | - | - | - | - | - | - | - | - | 4 | - |
| - | - | - | - | 41 | 21 | 1646 | 276 | 15 | 1001 | 579 | - | 168 |
| - | - | - | - | 6 | - | 42 | - | 5 | 234 | 290 | - | 149 |
| - | - | - | - | - | - | - | - | - | 5 | 1 | - | - |
| - | - | - | - | - | - | - | - | - | - | - | - | - |
| - | - | - | - | - | - | - | - | - | - | - | - | - |
| - | - | - | - | - | - | - | - | - | - | - | - | - |
| - | - | - | - | - | - | - | - | - | - | - | - | - |
| - | - | - | - | - | - | - | - | - | - | - | - | - |
| - | - | - | - | - | - | 5 | - | - | 55 | 6 | - | - |
| - | - | - | - | - | - | 7 | - | - | 29 | 103 | - | - |
| - | - | - | - | - | - | - | - | - | - | - | - | - |
| - | - | - | - | - | - | - | - | - | - | - | - | - |
| - | - | - | - | - | - | - | - | - | - | - | - | - |
| - | - | - | - | - | - | 12 | - | 2 | 66 | 2 | - | - |
| - | - | - | - | - | - | - | - | - | - | - | - | - |
| - | - | - | - | 6 | - | 18 | - | 3 | 79 | 178 | - | - |
| - | - | - | - | - | - | - | - | - | - | - | - | - |
| - | - | - | - | - | - | - | - | - | - | - | - | 149 |
| - | - | - | - | 29 | 12 | 1432 | 245 | 7 | 459 | 250 | - | - |
| - | - | - | - | - | 12 | - | 245 | - | - | - | - | - |
| - | - | - | - | 29 | - | 1398 | - | 6 | 103 | 4 | - | - |
| - | - | - | - | - | - | - | - | - | 236 | - | - | - |
| - | - | - | - | - | - | - | - | - | 4 | - | - | - |
| - | - | - | - | 6 | 9 | 172 | 31 | 3 | 308 | 39 | - | 19 |
| - | - | - | - | - | 7 | 106 | 2 | 1 | 103 | 2 | - | - |
| - | - | - | - | - | - | - | - | - | 69 | - | - | - |
| - | - | - | - | - | 1 | 65 | 29 | 2 | 136 | 30 | - | - |
| - | - | - | - | - | - | - | - | - | - | - | - | - |

## PRODUCTION AND USES OF ENERGY SOURCES : AUSTRIA

1971

| X ENERGY SOURCES / PRODUCTION AND USES | UNIT: 1000 METRIC TONS / UNITE: 1000 TONNES METRIQUES | | | | | | TCAL / TCAL | MANUFACTURED GAS (TCAL) / GAZ MANUFACTURE (TCAL) | | | MILLIONS OF (DE) KWH |
|---|---|---|---|---|---|---|---|---|---|---|---|
| | HARD COAL / HOUILLE | PATENT FUEL / AGGLOMERES | COKE OVEN COKE / COKE DE FOUR | GAS COKE / COKE DE GAZ | BROWN COAL / LIGNITE | BKB / BRIQ. DE LIGNITE | NATURAL GAS / GAZ NATUREL | GAS WORKS / USINES A GAZ | COKE OVENS / COKERIES | BLAST FURNACES / HAUT FOURNEAUX | ELECTRICITY* / ELECTRICITE* |
| | 1 | 2 | 3 | 4 | 5 | 6 | 7 | 8 | 9 | 10 | 11 |
| PRODUCTION | - | - | 1638 | - | 3770 | - | 18368 | 5463 | 3931 | 4990 | 28755 |
| FROM OTHER SOURCES | - | - | - | - | - | - | - | - | - | - | - |
| IMPORT | 2748 | 58 | 871 | - | 156 | 440 | 13765 | 5 | - | - | 2170 |
| EXPORT | - | - | -18 | - | -6 | - | - | - | - | - | -4771 |
| INTL. MARINE BUNKERS | - | - | - | - | - | - | - | - | - | - | - |
| STOCK CHANGES | 120 | - | -15 | - | -173 | - | -292 | -1 | - | - | - |
| DOMESTIC SUPPLY | 2868 | 58 | 2476 | - | 3747 | 440 | 31841 | 5467 | 3931 | 4990 | 26154 |
| RETURNS TO SUPPLY | - | - | - | - | - | - | - | - | - | - | - |
| TRANSFERS | - | - | - | - | - | - | - | - | - | - | - |
| DOMESTIC AVAILABILITY | 2868 | 58 | 2476 | - | 3747 | 440 | 31841 | 5467 | 3931 | 4990 | 26154 |
| STATISTICAL DIFFERENCE | - | - | - | - | - | - | - | - | - | - | - |
| TRANSFORM. SECTOR ** | 2313 | - | 745 | - | 2133 | - | 14290 | - | 241 | 1496 | - |
| FOR SOLID FUELS | 2165 | - | - | - | - | - | - | - | - | 705 | - |
| FOR GASES | 120 | - | 745 | - | - | - | 4668 | - | 71 | - | - |
| PETROLEUM REFINERIES | - | - | - | - | - | - | - | - | - | - | - |
| THERMO-ELECTRIC PLANTS | 28 | - | - | - | 2133 | - | 9622 | - | 170 | 791 | - |
| ENERGY SECTOR | - | - | - | - | 138 | - | 1541 | 814 | 1426 | 470 | 4350 |
| COAL MINES | - | - | - | - | 138 | - | - | - | - | - | 76 |
| OIL AND GAS EXTRACTION | - | - | - | - | - | - | 1108 | - | - | - | 81 |
| PETROLEUM REFINERIES | - | - | - | - | - | - | - | - | - | - | 300 |
| ELECTRIC PLANTS | - | - | - | - | - | - | - | - | - | - | 1049 |
| DISTRIBUTION LOSSES | - | - | - | - | - | - | 433 | 568 | 33 | 470 | 2054 |
| PUMP STORAGE (ELECTR.) | - | - | - | - | - | - | - | - | - | - | 790 |
| OTHER ENERGY SECTOR | - | - | - | - | - | - | - | 246 | 1393 | - | - |
| FINAL CONSUMPTION | 555 | 58 | 1731 | - | 1476 | 440 | 16010 | 4653 | 2264 | 3024 | 21804 |
| INDUSTRY SECTOR | 59 | - | 1062 | - | 602 | 2 | 15162 | 306 | 2264 | 3024 | 10866 |
| IRON AND STEEL | 4 | - | 1006 | - | 99 | - | 2616 | 1 | 1395 | 3024 | 1679 |
| CHEMICAL | 3 | - | 31 | - | 44 | - | 3286 | 22 | - | - | 1849 |
| PETROCHEMICAL | - | - | - | - | - | - | - | - | - | - | - |
| NON-FERROUS METAL | 2 | - | - | - | 17 | - | 60 | 3 | - | - | 1793 |
| NON-METALLIC MINERAL | 17 | - | 5 | - | 36 | - | - | - | - | - | 997 |
| PAPER PULP AND PRINT | - | - | 1 | - | 220 | - | 2185 | - | - | - | 1609 |
| MINING AND QUARRYING | 3 | - | 1 | - | 4 | - | 2358 | 22 | - | - | 388 |
| FOOD AND TOBACCO | - | - | 16 | - | 22 | - | 342 | 58 | - | - | 503 |
| WOOD AND WOOD PRODUCTS | - | - | - | - | - | - | 95 | - | - | - | 308 |
| MACHINERY | - | - | - | - | - | - | - | - | - | - | 825 |
| TRANSPORT EQUIPMENT | - | - | - | - | - | - | - | - | - | - | 196 |
| CONSTRUCTION | 20 | - | - | - | 20 | - | - | - | - | - | 46 |
| TEXTILES AND LEATHER | 1 | - | - | - | 2 | - | - | - | - | - | 595 |
| NON SPECIFIED | 9 | - | 2 | - | 138 | 2 | 4220 | 200 | 869 | - | 78 |
| NON-ENERGY USES: | | | | | | | | | | | |
| (1)ENERGY PRODUCTS | - | - | - | - | - | - | - | - | - | - | - |
| (2)NON-ENERGY PRODUCTS | - | - | - | - | - | - | - | - | - | - | - |
| TRANSPORT. SECTOR ** | 256 | 12 | 55 | - | 73 | 98 | - | - | - | - | 1589 |
| AIR TRANSPORT | - | - | - | - | - | - | - | - | - | - | - |
| ROAD TRANSPORT | - | - | - | - | - | - | - | - | - | - | - |
| RAILWAYS | 256 | 12 | 55 | - | 73 | 98 | - | - | - | - | 1589 |
| INTERNAL NAVIGATION | - | - | - | - | - | - | - | - | - | - | - |
| OTHER SECTORS ** | 240 | 46 | 614 | - | 801 | 340 | 848 | 4347 | - | - | 9349 |
| AGRICULTURE | - | - | - | - | - | - | - | - | - | - | 693 |
| PUBLIC SERVICES | - | - | - | - | - | - | - | - | - | - | - |
| COMMERCE | - | - | - | - | - | - | - | - | - | - | 3771 |
| RESIDENTIAL | 240 | 46 | 614 | - | 801 | 340 | 848 | 4347 | - | - | 4885 |

(1) INCLUDED IN CHEMICAL OR PETROCHEMICAL INDUSTRY
(2) INCLUDED ONLY IN TOTAL INDUSTRY

| * OF WHICH: HYDRO | 16770 |
|---|---|
| NUCLEAR | 0 |
| CONVENTIONAL THERMAL | 11985 |
| GEOTHERMAL | 0 |

** INCLUDED IN THESE TOTALS ARE THE NON-SPECIFIED ELEMENTS

PRODUCTION ET UTILISATION DES SOURCES D ENERGIE : AUTRICHE

1971

UNIT: 1000 METRIC TONS
UNITE: 1000 TONNES METRIQUES

| OIL PETROLE | | | REFINERY GAS | LIQUEFIED PETROLEUM GASES | AVIATION GASOLINE | MOTOR GASOLINE | JET FUEL | KEROSENE | GAS/DIESEL OIL | RESIDUAL FUEL OIL | NAPHTHA | NON-ENERGY PRODUCTS |
|---|---|---|---|---|---|---|---|---|---|---|---|---|
| CRUDE* BRUT* | NGL GNL | FEEDST. | GAZ DE PETROLE | GAZ LIQUEFIES DE PETROLE | ESSENCE AVION | ESSENCE AUTO | CARBURANT REACTEUR | PETROLE LAMPANT | GAZ/DIESEL OIL | FUEL OIL RESIDUEL | NAPHTHA | PRODUITS NON-ENERGETIQUES |
| 12 | 13 | 14 | 15 | 16 | 17 | 18 | 19 | 20 | 21 | 22 | 23 | 24 |
| 2589 | - | - | 159 | 200 | - | 1359 | 97 | 6 | 1678 | 3406 | 24 | 584 |
| - | - | - | - | - | - | - | - | - | - | - | - | - |
| 5095 | - | - | - | 17 | 2 | 489 | 4 | - | 35 | 1746 | 93 | 438 |
| - | - | - | - | - | - | - | -54 | - | -2 | - | - | -115 |
| - | - | - | - | - | - | - | - | - | - | - | - | - |
| -16 | - | - | - | - | - | -50 | -3 | 5 | -35 | -43 | 3 | -11 |
| 7668 | - | - | 159 | 217 | 2 | 1798 | 44 | 11 | 1676 | 5109 | 120 | 896 |
| - | - | - | - | - | - | - | - | - | - | - | - | - |
| - | - | - | - | - | - | - | - | - | - | - | - | - |
| 7668 | - | - | 159 | 217 | 2 | 1798 | 44 | 11 | 1676 | 5109 | 120 | 896 |
| - | - | - | - | - | - | - | - | - | - | - | - | - |
| 7668 | - | - | - | 33 | - | - | - | - | 1 | 626 | 30 | - |
| - | - | - | - | - | - | - | - | - | - | - | - | - |
| - | - | - | - | 33 | - | - | - | - | 1 | - | 30 | - |
| 7668 | - | - | - | - | - | - | - | - | - | - | - | - |
| - | - | - | - | - | - | - | - | - | - | 626 | - | - |
| - | - | - | 159 | - | - | - | - | - | - | - | - | - |
| - | - | - | - | - | - | - | - | - | - | - | - | - |
| - | - | - | - | - | - | - | - | - | - | - | - | - |
| - | - | - | 159 | - | - | - | - | - | - | - | - | - |
| - | - | - | - | - | - | - | - | - | - | - | - | - |
| - | - | - | - | - | - | - | - | - | - | - | - | - |
| - | - | - | - | - | - | - | - | - | - | - | - | - |
| - | - | - | - | - | - | - | - | - | - | - | - | - |
| - | - | - | - | 184 | 2 | 1798 | 44 | 11 | 1675 | 4483 | 90 | 896 |
| - | - | - | - | 156 | - | 1 | - | 1 | 27 | 2397 | 90 | 896 |
| - | - | - | - | 2 | - | - | - | - | 1 | 574 | - | - |
| - | - | - | - | 3 | - | - | - | - | 4 | 197 | - | - |
| - | - | - | - | - | - | - | - | - | - | - | 90 | - |
| - | - | - | - | - | - | - | - | - | - | - | - | - |
| - | - | - | - | 20 | - | - | - | - | 22 | 420 | - | - |
| - | - | - | - | - | - | - | - | - | - | 127 | - | - |
| - | - | - | - | - | - | - | - | - | - | - | - | - |
| - | - | - | - | - | - | - | - | - | - | 130 | - | - |
| - | - | - | - | - | - | - | - | - | - | 59 | - | - |
| - | - | - | - | - | - | - | - | - | - | 40 | - | - |
| - | - | - | - | - | - | - | - | - | - | 24 | - | - |
| - | - | - | - | - | - | - | - | - | - | - | - | - |
| - | - | - | - | - | - | - | - | - | - | - | - | - |
| - | - | - | - | 131 | - | 1 | - | 1 | - | 826 | - | 1 |
| - | - | - | - | - | - | - | - | - | - | - | 90 | - |
| - | - | - | - | - | - | - | - | - | - | - | - | 895 |
| - | - | - | - | - | 2 | 1744 | 44 | - | 690 | 28 | - | - |
| - | - | - | - | - | 2 | - | 44 | - | - | - | - | - |
| - | - | - | - | - | - | 1738 | - | - | 611 | - | - | - |
| - | - | - | - | - | - | 1 | - | - | 56 | 28 | - | - |
| - | - | - | - | - | - | 5 | - | - | 23 | - | - | - |
| - | - | - | - | 28 | - | 53 | - | 10 | 958 | 2058 | - | - |
| - | - | - | - | - | - | 53 | - | 4 | 331 | - | - | - |
| - | - | - | - | - | - | - | - | - | - | - | - | - |
| - | - | - | - | - | - | - | - | - | - | - | - | - |
| - | - | - | - | 28 | - | - | - | - | 627 | 2058 | - | - |

*INCLUDED IN THIS COLUMN IS NGL AND FEEDSTOCKS.

## PRODUCTION AND USES OF ENERGY SOURCES : AUSTRIA

1972

| ENERGY SOURCES / PRODUCTION AND USES | UNIT: 1000 METRIC TONS / UNITE: 1000 TONNES METRIQUES | | | | | | TCAL / TCAL | MANUFACTURED GAS (TCAL) / GAZ MANUFACTURE (TCAL) | | | MILLIONS OF (DE) KWH |
|---|---|---|---|---|---|---|---|---|---|---|---|
| | HARD COAL / HOUILLE | PATENT FUEL / AGGLOMERES | COKE OVEN COKE / COKE DE FOUR | GAS COKE / COKE DE GAZ | BROWN COAL / LIGNITE | BKB / BRIQ. DE LIGNITE | NATURAL GAS / GAZ NATUREL | GAS WORKS / USINES A GAZ | COKE OVENS / COKERIES | BLAST FURNACES / HAUT FOURNEAUX | ELECTRICITY* / ELECTRICITE* |
| | 1 | 2 | 3 | 4 | 5 | 6 | 7 | 8 | 9 | 10 | 11 |
| PRODUCTION | - | - | 1666 | - | 3755 | - | 18988 | 5432 | 3753 | 4733 | 29388 |
| FROM OTHER SOURCES | - | - | - | - | - | - | - | - | - | - | - |
| IMPORT | 2815 | 57 | 903 | - | 509 | 405 | 15744 | 6 | - | - | 3006 |
| EXPORT | - | - | -84 | - | -5 | - | - | - | - | - | -4524 |
| INTL. MARINE BUNKERS | - | - | - | - | - | - | - | - | - | - | - |
| STOCK CHANGES | -6 | - | -7 | - | -98 | - | -347 | -1 | - | - | - |
| DOMESTIC SUPPLY | 2809 | 57 | 2478 | - | 4161 | 405 | 34385 | 5437 | 3753 | 4733 | 27870 |
| RETURNS TO SUPPLY | - | - | - | - | - | - | - | - | - | - | - |
| TRANSFERS | - | - | - | - | - | - | - | - | - | - | - |
| DOMESTIC AVAILABILITY | 2809 | 57 | 2478 | - | 4161 | 405 | 34385 | 5437 | 3753 | 4733 | 27870 |
| STATISTICAL DIFFERENCE | - | - | - | - | - | - | - | - | - | - | - |
| TRANSFORM. SECTOR ** | 2315 | - | 706 | - | 2805 | - | 14023 | - | 224 | 1341 | - |
| FOR SOLID FUELS | 2208 | - | - | - | - | - | - | - | - | 484 | - |
| FOR GASES | 70 | - | 706 | - | - | - | 4601 | - | 69 | - | - |
| PETROLEUM REFINERIES | - | - | - | - | - | - | - | - | - | - | - |
| THERMO-ELECTRIC PLANTS | 37 | - | - | - | 2805 | - | 9422 | - | 155 | 857 | - |
| ENERGY SECTOR | - | - | - | - | 130 | - | 1923 | 743 | 1475 | 360 | 4369 |
| COAL MINES | - | - | - | - | 130 | - | - | - | - | - | 77 |
| OIL AND GAS EXTRACTION | - | - | - | - | - | - | 1232 | - | - | - | 82 |
| PETROLEUM REFINERIES | - | - | - | - | - | - | - | - | - | - | 369 |
| ELECTRIC PLANTS | - | - | - | - | - | - | - | - | - | - | 994 |
| DISTRIBUTION LOSSES | - | - | - | - | - | - | 661 | 484 | 28 | 360 | 2186 |
| PUMP STORAGE (ELECTR.) | - | - | - | - | - | - | - | - | - | - | 661 |
| OTHER ENERGY SECTOR | - | - | - | - | - | - | 30 | 259 | 1447 | - | - |
| FINAL CONSUMPTION | 494 | 57 | 1772 | - | 1226 | 405 | 18439 | 4694 | 2054 | 3032 | 23501 |
| INDUSTRY SECTOR | 57 | - | 1139 | - | 474 | 2 | 16898 | 279 | 2054 | 3032 | 11351 |
| IRON AND STEEL | 1 | - | 1044 | - | 82 | - | 2820 | 1 | 1264 | 3032 | 1716 |
| CHEMICAL | 2 | - | 36 | - | 18 | - | 3429 | 22 | - | - | 1947 |
| PETROCHEMICAL | - | - | - | - | - | - | - | - | - | - | - |
| NON-FERROUS METAL | - | - | - | - | 20 | - | 86 | 3 | - | - | 1753 |
| NON-METALLIC MINERAL | 24 | - | 6 | - | 36 | - | - | - | - | - | 1108 |
| PAPER PULP AND PRINT | - | - | 1 | - | 235 | - | 2691 | - | - | - | 1694 |
| MINING AND QUARRYING | 4 | - | 2 | - | 4 | - | 2565 | 12 | - | - | 398 |
| FOOD AND TOBACCO | - | - | 17 | - | 15 | - | 315 | 58 | - | - | 552 |
| WOOD AND WOOD PRODUCTS | - | - | - | - | 2 | - | 75 | - | - | - | 363 |
| MACHINERY | - | - | - | - | - | - | - | - | - | - | 881 |
| TRANSPORT EQUIPMENT | - | - | - | - | - | - | - | - | - | - | 197 |
| CONSTRUCTION | 25 | - | 21 | - | 20 | - | - | - | - | - | 62 |
| TEXTILES AND LEATHER | 1 | - | - | - | 3 | - | - | - | - | - | 618 |
| NON SPECIFIED | - | - | 12 | - | 39 | 2 | 4917 | 183 | 790 | - | 62 |
| NON-ENERGY USES: | | | | | | | | | | | |
| (1)ENERGY PRODUCTS | - | - | - | - | - | - | - | - | - | - | - |
| (2)NON-ENERGY PRODUCTS | - | - | - | - | - | - | - | - | - | - | - |
| TRANSPORT. SECTOR ** | 214 | 6 | 65 | - | 57 | 88 | - | - | - | - | 1663 |
| AIR TRANSPORT | - | - | - | - | - | - | - | - | - | - | - |
| ROAD TRANSPORT | - | - | - | - | - | - | - | - | - | - | - |
| RAILWAYS | 214 | 6 | 65 | - | 57 | 88 | - | - | - | - | 1663 |
| INTERNAL NAVIGATION | - | - | - | - | - | - | - | - | - | - | - |
| OTHER SECTORS ** | 223 | 51 | 568 | - | 695 | 315 | 1541 | 4415 | - | - | 10487 |
| AGRICULTURE | - | - | - | - | - | - | - | - | - | - | 771 |
| PUBLIC SERVICES | - | - | - | - | - | - | - | - | - | - | - |
| COMMERCE | - | - | - | - | - | - | - | - | - | - | 4214 |
| RESIDENTIAL | 223 | 51 | 568 | - | 695 | 315 | 1541 | 4415 | - | - | 5502 |

(1) INCLUDED IN CHEMICAL OR PETROCHEMICAL INDUSTRY
(2) INCLUDED ONLY IN TOTAL INDUSTRY

| * OF WHICH: HYDRO | 17238 |
|---|---|
| NUCLEAR | 0 |
| CONVENTIONAL THERMAL | 12150 |
| GEOTHERMAL | 0 |

** INCLUDED IN THESE TOTALS ARE THE NON-SPECIFIED ELEMENTS

## PRODUCTION ET UTILISATION DES SOURCES D ENERGIE : AUTRICHE

1972

UNIT: 1000 METRIC TONS
UNITE: 1000 TONNES METRIQUES

| OIL / PETROLE | | | REFINERY GAS | LIQUEFIED PETROLEUM GASES | AVIATION GASOLINE | MOTOR GASOLINE | JET FUEL | KEROSENE | GAS/DIESEL OIL | RESIDUAL FUEL OIL | NAPHTHA | NON-ENERGY PRODUCTS |
|---|---|---|---|---|---|---|---|---|---|---|---|---|
| CRUDE* BRUT* | NGL GNL | FEEDST. | GAZ DE PETROLE | GAZ LIQUEFIES DE PETROLE | ESSENCE AVION | ESSENCE AUTO | CARBURANT REACTEUR | PETROLE LAMPANT | GAZ/DIESEL OIL | FUEL OIL RESIDUEL | NAPHTHA | PRODUITS NON-ENERGETIQUES |
| 12 | 13 | 14 | 15 | 16 | 17 | 18 | 19 | 20 | 21 | 22 | 23 | 24 |
| 2478 | - | - | 151 | 84 | - | 1392 | 99 | 10 | 2017 | 3362 | 112 | 654 |
| - | - | - | - | - | - | - | - | - | - | - | - | - |
| 5828 | - | - | - | 15 | 3 | 624 | - | - | 26 | 1571 | 59 | 438 |
| - | - | - | - | - | - | - | -54 | - | -2 | - | -21 | -146 |
| - | - | - | - | - | - | - | - | - | - | - | - | - |
| -15 | - | - | - | -1 | -1 | 8 | -1 | - | - | 10 | 2 | 3 |
| 8291 | - | - | 151 | 98 | 2 | 2024 | 44 | 10 | 2041 | 4943 | 152 | 949 |
| - | - | - | - | - | - | - | - | - | - | - | - | - |
| - | - | - | - | - | - | - | - | - | - | - | - | - |
| 8291 | - | - | 151 | 98 | 2 | 2024 | 44 | 10 | 2041 | 4943 | 152 | 949 |
| - | - | - | - | - | - | - | - | - | - | - | - | - |
| 8291 | - | - | - | 35 | - | - | - | - | 1 | 801 | 37 | - |
| - | - | - | - | - | - | - | - | - | - | - | - | - |
| - | - | - | - | 35 | - | - | - | - | 1 | - | 37 | - |
| 8291 | - | - | - | - | - | - | - | - | - | - | - | - |
| - | - | - | - | - | - | - | - | - | - | 801 | - | - |
| - | - | - | 151 | - | - | - | - | - | - | - | - | - |
| - | - | - | - | - | - | - | - | - | - | - | - | - |
| - | - | - | - | - | - | - | - | - | - | - | - | - |
| - | - | - | 151 | - | - | - | - | - | - | - | - | - |
| - | - | - | - | - | - | - | - | - | - | - | - | - |
| - | - | - | - | - | - | - | - | - | - | - | - | - |
| - | - | - | - | - | - | - | - | - | - | - | - | - |
| - | - | - | - | - | - | - | - | - | - | - | - | - |
| - | - | - | - | 63 | 2 | 2024 | 44 | 10 | 2040 | 4142 | 115 | 949 |
| - | - | - | - | 33 | - | 2 | - | 1 | 34 | 2180 | 115 | 948 |
| - | - | - | - | 2 | - | - | - | - | 2 | 536 | - | - |
| - | - | - | - | 3 | - | - | - | - | 7 | 172 | - | - |
| - | - | - | - | - | - | - | - | - | - | - | 115 | - |
| - | - | - | - | - | - | - | - | - | - | - | - | - |
| - | - | - | - | 18 | - | - | - | - | 25 | 410 | - | - |
| - | - | - | - | - | - | - | - | - | - | 131 | - | - |
| - | - | - | - | - | - | - | - | - | - | - | - | - |
| - | - | - | - | - | - | - | - | - | - | 240 | - | - |
| - | - | - | - | - | - | - | - | - | - | 62 | - | - |
| - | - | - | - | - | - | - | - | - | - | 40 | - | - |
| - | - | - | - | - | - | - | - | - | - | 26 | - | - |
| - | - | - | - | - | - | - | - | - | - | - | - | - |
| - | - | - | - | - | - | - | - | - | - | - | - | - |
| - | - | - | - | 10 | - | 2 | - | 1 | - | 563 | - | 1 |
| - | - | - | - | - | - | - | - | - | - | - | 115 | - |
| - | - | - | - | - | - | - | - | - | - | - | - | 947 |
| - | - | - | - | 2 | 2 | 1962 | 44 | - | 767 | 26 | - | - |
| - | - | - | - | - | 2 | - | 44 | - | - | - | - | - |
| - | - | - | - | 2 | - | 1955 | - | - | 676 | - | - | - |
| - | - | - | - | - | - | - | - | - | 65 | 26 | - | - |
| - | - | - | - | - | - | 7 | - | - | 26 | - | - | - |
| - | - | - | - | 28 | - | 60 | - | 9 | 1239 | 1936 | - | 1 |
| - | - | - | - | - | - | 60 | - | 3 | 370 | - | - | - |
| - | - | - | - | - | - | - | - | - | - | - | - | - |
| - | - | - | - | - | - | - | - | - | - | - | - | - |
| - | - | - | - | 28 | - | - | - | - | 869 | 1936 | - | 1 |

*INCLUDED IN THIS COLUMN IS NGL AND FEEDSTOCKS.

## PRODUCTION AND USES OF ENERGY SOURCES : AUSTRIA

1973

| ENERGY SOURCES / PRODUCTION AND USES | UNIT: 1000 METRIC TONS / UNITE: 1000 TONNES METRIQUES | | | | | | TCAL / TCAL | MANUFACTURED GAS (TCAL) / GAZ MANUFACTURE (TCAL) | | | MILLIONS OF (DE) KWH |
|---|---|---|---|---|---|---|---|---|---|---|---|
| | HARD COAL / HOUILLE | PATENT FUEL / AGGLOMERES | COKE OVEN COKE / COKE DE FOUR | GAS COKE / COKE DE GAZ | BROWN COAL / LIGNITE | BKB / BRIQ. DE LIGNITE | NATURAL GAS / GAZ NATUREL | GAS WORKS / USINES A GAZ | COKE OVENS / COKERIES | BLAST FURNACES / HAUT FOURNEAUX | ELECTRICITY* / ELECTRICITE* |
| | 1 | 2 | 3 | 4 | 5 | 6 | 7 | 8 | 9 | 10 | 11 |
| PRODUCTION | - | - | 1719 | - | 3634 | - | 21910 | 5052 | 3820 | 4936 | 31325 |
| FROM OTHER SOURCES | - | - | - | - | - | - | - | - | - | - | - |
| IMPORT | 2804 | 61 | 1055 | - | 467 | 380 | 15009 | - | - | - | 3261 |
| EXPORT | - | - | -82 | - | -4 | - | - | - | - | - | -4808 |
| INTL. MARINE BUNKERS | - | - | - | - | - | - | - | - | - | - | - |
| STOCK CHANGES | - | - | 22 | - | 11 | - | 87 | 3 | - | - | - |
| DOMESTIC SUPPLY | 2804 | 61 | 2714 | - | 4108 | 380 | 37006 | 5055 | 3820 | 4936 | 29778 |
| RETURNS TO SUPPLY | - | - | - | - | - | - | - | - | - | - | - |
| TRANSFERS | - | - | - | - | - | - | - | - | - | - | - |
| DOMESTIC AVAILABILITY | 2804 | 61 | 2714 | - | 4108 | 380 | 37006 | 5055 | 3820 | 4936 | 29778 |
| STATISTICAL DIFFERENCE | - | - | 1 | - | 82 | - | - | - | - | - | - |
| TRANSFORM. SECTOR ** | 2299 | - | 737 | - | 2791 | 1 | 13073 | - | 209 | 1313 | - |
| FOR SOLID FUELS | 2249 | - | - | - | - | - | - | - | - | 415 | - |
| FOR GASES | - | - | 737 | - | - | - | 4509 | - | 53 | - | - |
| PETROLEUM REFINERIES | - | - | - | - | - | - | - | - | - | - | - |
| THERMO-ELECTRIC PLANTS | 50 | - | - | - | 2791 | 1 | 8564 | - | 156 | 898 | - |
| ENERGY SECTOR | - | - | - | - | 129 | - | 2499 | 593 | 1636 | 376 | 4479 |
| COAL MINES | - | - | - | - | 129 | - | - | - | - | - | 74 |
| OIL AND GAS EXTRACTION | - | - | - | - | - | - | 1340 | - | - | - | 84 |
| PETROLEUM REFINERIES | - | - | - | - | - | - | - | - | - | - | 406 |
| ELECTRIC PLANTS | - | - | - | - | - | - | - | - | - | - | 1019 |
| DISTRIBUTION LOSSES | - | - | - | - | - | - | 1118 | 372 | 151 | 376 | 2312 |
| PUMP STORAGE (ELECTR.) | - | - | - | - | - | - | - | - | - | - | 584 |
| OTHER ENERGY SECTOR | - | - | - | - | - | - | 41 | 221 | 1485 | - | - |
| FINAL CONSUMPTION | 505 | 61 | 1976 | - | 1106 | 379 | 21434 | 4462 | 1975 | 3247 | 25299 |
| INDUSTRY SECTOR | 60 | - | 1231 | - | 350 | 1 | 19046 | 231 | 1975 | 3247 | 12121 |
| IRON AND STEEL | 8 | - | 1083 | - | 82 | - | 3980 | 1 | 1159 | 3247 | 1849 |
| CHEMICAL | 4 | - | 39 | - | 11 | - | 4038 | 12 | - | - | 2071 |
| PETROCHEMICAL | - | - | - | - | - | - | - | - | - | - | - |
| NON-FERROUS METAL | - | - | 23 | - | 9 | - | 74 | 1 | - | - | 1849 |
| NON-METALLIC MINERAL | 16 | - | 7 | - | 32 | - | - | - | - | - | 1168 |
| PAPER PULP AND PRINT | - | - | 1 | - | 150 | - | 2871 | 3 | - | - | 1801 |
| MINING AND QUARRYING | 3 | - | 2 | - | 4 | - | 3266 | 6 | - | - | 435 |
| FOOD AND TOBACCO | - | - | 17 | - | 14 | - | 693 | 53 | - | - | 592 |
| WOOD AND WOOD PRODUCTS | 1 | - | - | - | 2 | - | 162 | - | - | - | 398 |
| MACHINERY | - | - | - | - | - | - | - | - | - | - | 964 |
| TRANSPORT EQUIPMENT | - | - | - | - | - | - | - | - | - | - | 212 |
| CONSTRUCTION | 25 | - | 20 | - | 12 | - | - | - | - | - | 76 |
| TEXTILES AND LEATHER | 2 | - | - | - | 3 | - | - | - | - | - | 641 |
| NON SPECIFIED | 1 | - | 39 | - | 31 | 1 | 3962 | 155 | 816 | - | 65 |
| NON-ENERGY USES: | | | | | | | | | | | |
| (1)ENERGY PRODUCTS | - | - | - | - | - | - | - | - | - | - | - |
| (2)NON-ENERGY PRODUCTS | - | - | - | - | - | - | - | - | - | - | - |
| TRANSPORT. SECTOR ** | 202 | 4 | 87 | - | 46 | 82 | - | - | - | - | 1752 |
| AIR TRANSPORT | - | - | - | - | - | - | - | - | - | - | - |
| ROAD TRANSPORT | - | - | - | - | - | - | - | - | - | - | - |
| RAILWAYS | 202 | 4 | 87 | - | 46 | 82 | - | - | - | - | 1752 |
| INTERNAL NAVIGATION | - | - | - | - | - | - | - | - | - | - | - |
| OTHER SECTORS ** | 243 | 57 | 658 | - | 710 | 296 | 2388 | 4231 | - | - | 11426 |
| AGRICULTURE | - | - | - | - | - | - | - | - | - | - | 809 |
| PUBLIC SERVICES | - | - | - | - | - | - | - | - | - | - | - |
| COMMERCE | - | - | - | - | - | - | - | - | - | - | 4547 |
| RESIDENTIAL | 243 | 57 | 658 | - | 710 | 296 | 2388 | 4231 | - | - | 6070 |

(1) INCLUDED IN CHEMICAL OR PETROCHEMICAL INDUSTRY
(2) INCLUDED ONLY IN TOTAL INDUSTRY

** INCLUDED IN THESE TOTALS ARE THE NON-SPECIFIED ELEMENTS

| * OF WHICH: | |
|---|---|
| HYDRO | 19159 |
| NUCLEAR | 0 |
| CONVENTIONAL THERMAL | 12166 |
| GEOTHERMAL | 0 |

## PRODUCTION ET UTILISATION DES SOURCES D ENERGIE : AUTRICHE

1973

UNIT: 1000 METRIC TONS
UNITE: 1000 TONNES METRIQUES

| OIL / PETROLE: CRUDE* / BRUT* | OIL / PETROLE: NGL / GNL | OIL / PETROLE: FEEDST. | REFINERY GAS / GAZ DE PETROLE | LIQUEFIED PETROLEUM GASES / GAZ LIQUEFIES DE PETROLE | AVIATION GASOLINE / ESSENCE AVION | MOTOR GASOLINE / ESSENCE AUTO | JET FUEL / CARBURANT REACTEUR | KEROSENE / PETROLE LAMPANT | GAS/DIESEL OIL / GAZ/DIESEL OIL | RESIDUAL FUEL OIL / FUEL OIL RESIDUEL | NAPHTHA / NAPHTHA | NON-ENERGY PRODUCTS / PRODUITS NON-ENERGETIQUES |
|---|---|---|---|---|---|---|---|---|---|---|---|---|
| 12 | 13 | 14 | 15 | 16 | 17 | 18 | 19 | 20 | 21 | 22 | 23 | 24 |
| 2596 | - | - | 151 | 243 | - | 1558 | 108 | 12 | 2362 | 3746 | 134 | 594 |
| - | - | - | - | - | - | - | - | - | - | - | - | - |
| 6633 | - | - | - | 18 | 3 | 715 | - | - | 54 | 1801 | 49 | 507 |
| - | - | - | - | - | - | - | - | - | -1 | -10 | - | -134 |
| - | - | - | - | - | - | - | - | - | - | - | - | - |
| - | - | - | - | - | - | - | - | - | - | - | - | - |
| 9229 | - | - | 151 | 261 | 3 | 2273 | 108 | 12 | 2415 | 5537 | 183 | 967 |
| - | - | - | - | - | - | - | - | - | - | - | - | - |
| - | - | - | - | - | - | - | - | - | - | - | - | - |
| 9229 | - | - | 151 | 261 | 3 | 2273 | 108 | 12 | 2415 | 5537 | 183 | 967 |
| 3 | - | - | - | - | - | 55 | -1 | -1 | 41 | 20 | 37 | -27 |
| 9226 | - | - | - | 36 | - | - | - | - | 7 | 843 | 4 | - |
| - | - | - | - | - | - | - | - | - | - | - | - | - |
| - | - | - | - | 36 | - | - | - | - | - | - | 4 | - |
| 9226 | - | - | - | - | - | - | - | - | - | - | - | - |
| - | - | - | - | - | - | - | - | - | 7 | 843 | - | - |
| - | - | - | 151 | - | - | - | - | - | - | - | - | - |
| - | - | - | - | - | - | - | - | - | - | - | - | - |
| - | - | - | - | - | - | - | - | - | - | - | - | - |
| - | - | - | 151 | - | - | - | - | - | - | - | - | - |
| - | - | - | - | - | - | - | - | - | - | - | - | - |
| - | - | - | - | - | - | - | - | - | - | - | - | - |
| - | - | - | - | - | - | - | - | - | - | - | - | - |
| - | - | - | - | - | - | - | - | - | - | - | - | - |
| - | - | - | - | 225 | 3 | 2218 | 109 | 13 | 2367 | 4674 | 142 | 994 |
| - | - | - | - | 188 | - | - | - | 3 | 142 | 3150 | 142 | 993 |
| - | - | - | - | 8 | - | - | - | - | 4 | 570 | - | - |
| - | - | - | - | 3 | - | - | - | - | 13 | 230 | - | - |
| - | - | - | - | 151 | - | - | - | - | - | - | 142 | - |
| - | - | - | - | - | - | - | - | - | - | - | - | - |
| - | - | - | - | 19 | - | - | - | - | 50 | 630 | - | - |
| - | - | - | - | - | - | - | - | - | - | 110 | - | - |
| - | - | - | - | - | - | - | - | - | - | - | - | - |
| - | - | - | - | - | - | - | - | - | - | 220 | - | - |
| - | - | - | - | - | - | - | - | - | - | 70 | - | - |
| - | - | - | - | - | - | - | - | - | - | 30 | - | - |
| - | - | - | - | - | - | - | - | - | - | 24 | - | - |
| - | - | - | - | - | - | - | - | - | - | - | - | - |
| - | - | - | - | - | - | - | - | - | - | - | - | - |
| - | - | - | - | 7 | - | - | - | 3 | 75 | 1266 | - | 1 |
| - | - | - | - | - | - | - | - | - | - | - | 142 | - |
| - | - | - | - | - | - | - | - | - | - | - | - | 992 |
| - | - | - | - | 2 | 3 | 2163 | 109 | 2 | 773 | 27 | - | - |
| - | - | - | - | - | 3 | - | 109 | - | - | - | - | - |
| - | - | - | - | 2 | - | 2156 | - | - | 697 | - | - | - |
| - | - | - | - | - | - | - | - | 1 | 56 | 27 | - | - |
| - | - | - | - | - | - | 7 | - | 1 | 20 | - | - | - |
| - | - | - | - | 35 | - | 55 | - | 8 | 1452 | 1497 | - | 1 |
| - | - | - | - | - | - | 41 | - | 3 | 420 | - | - | - |
| - | - | - | - | - | - | - | - | - | - | - | - | - |
| - | - | - | - | - | - | - | - | - | - | - | - | - |
| - | - | - | - | 35 | - | - | - | - | 1032 | 1497 | - | 1 |

*INCLUDED IN THIS COLUMN IS NGL AND FEEDSTOCKS.

## PRODUCTION AND USES OF ENERGY SOURCES : AUSTRIA

1974

| X XX ENERGY XX XX SOURCES XX XX XX PRODUCTION XX XX AND USES XX | UNIT: 1000 METRIC TONS / UNITE: 1000 TONNES METRIQUES | | | | | | TCAL / TCAL | MANUFACTURED GAS (TCAL) / GAZ MANUFACTURE (TCAL) | | | MILLIONS OF (DE) KWH |
|---|---|---|---|---|---|---|---|---|---|---|---|
| | HARD COAL / HOUILLE | PATENT FUEL / AGGLOMERES | COKE OVEN COKE / COKE DE FOUR | GAS COKE / COKE DE GAZ | BROWN COAL / LIGNITE | BKB / BRIQ. DE LIGNITE | NATURAL GAS / GAZ NATUREL | GAS WORKS / USINES A GAZ | COKE OVENS / COKERIES | BLAST FURNACES / HAUT FOURNEAUX | ELECTRICITY* / ELECTRICITE* |
| | 1 | 2 | 3 | 4 | 5 | 6 | 7 | 8 | 9 | 10 | 11 |
| PRODUCTION | - | - | 1733 | - | 3629 | - | 21300 | 4243 | 3895 | 5389 | 33881 |
| FROM OTHER SOURCES | - | - | - | - | - | - | - | - | - | - | - |
| IMPORT | 2884 | 50 | 1192 | - | 525 | 392 | 19570 | - | - | - | 3170 |
| EXPORT | - | - | -8 | - | -9 | - | - | - | - | - | -6129 |
| INTL. MARINE BUNKERS | - | - | - | - | - | - | - | - | - | - | - |
| STOCK CHANGES | - | - | -8 | - | 28 | - | -678 | -20 | - | - | - |
| DOMESTIC SUPPLY | 2884 | 50 | 2909 | - | 4173 | 392 | 40192 | 4223 | 3895 | 5389 | 30922 |
| RETURNS TO SUPPLY | - | - | - | - | - | - | - | - | - | - | - |
| TRANSFERS | - | - | - | - | - | - | - | - | - | - | - |
| DOMESTIC AVAILABILITY | 2884 | 50 | 2909 | - | 4173 | 392 | 40192 | 4223 | 3895 | 5389 | 30922 |
| STATISTICAL DIFFERENCE | - | - | - | - | 82 | - | - | - | - | - | - |
| TRANSFORM. SECTOR ** | 2438 | - | 804 | - | 2789 | - | 12762 | - | 95 | 1205 | - |
| FOR SOLID FUELS | 2286 | - | - | - | - | - | - | - | - | 444 | - |
| FOR GASES | - | - | 804 | - | - | - | 3824 | - | 10 | - | - |
| PETROLEUM REFINERIES | - | - | - | - | - | - | - | - | - | - | - |
| THERMO-ELECTRIC PLANTS | 152 | - | - | - | 2789 | - | 8938 | - | 85 | 761 | - |
| ENERGY SECTOR | - | - | - | - | 122 | - | 2534 | 494 | 1519 | 467 | 4510 |
| COAL MINES | - | - | - | - | 122 | - | - | - | - | - | 73 |
| OIL AND GAS EXTRACTION | - | - | - | - | - | - | 1424 | - | - | - | 82 |
| PETROLEUM REFINERIES | - | - | - | - | - | - | - | - | - | - | 391 |
| ELECTRIC PLANTS | - | - | - | - | - | - | - | - | - | - | 1005 |
| DISTRIBUTION LOSSES | - | - | - | - | - | - | 1036 | 306 | 17 | 467 | 2280 |
| PUMP STORAGE (ELECTR.) | - | - | - | - | - | - | - | - | - | - | 679 |
| OTHER ENERGY SECTOR | - | - | - | - | - | - | 74 | 188 | 1502 | - | - |
| FINAL CONSUMPTION | 446 | 50 | 2105 | - | 1180 | 392 | 24896 | 3729 | 2281 | 3717 | 26412 |
| INDUSTRY SECTOR | 76 | - | 1462 | - | 451 | - | 21546 | 216 | 2281 | 3717 | 12667 |
| IRON AND STEEL | 4 | - | 1327 | - | 70 | - | 3608 | 2 | 1368 | 3717 | 2028 |
| CHEMICAL | 3 | - | 43 | - | 10 | - | 5453 | 8 | - | - | 2196 |
| PETROCHEMICAL | - | - | - | - | - | - | - | - | - | - | - |
| NON-FERROUS METAL | - | - | 31 | - | 8 | - | 77 | 1 | - | - | 1907 |
| NON-METALLIC MINERAL | 16 | - | 5 | - | 36 | - | - | - | - | - | 1187 |
| PAPER PULP AND PRINT | - | - | - | - | 251 | - | 2808 | 5 | - | - | 1866 |
| MINING AND QUARRYING | 4 | - | 2 | - | 7 | - | 3656 | 6 | - | - | 462 |
| FOOD AND TOBACCO | 1 | - | 17 | - | 26 | - | 770 | 41 | - | - | 620 |
| WOOD AND WOOD PRODUCTS | 8 | - | - | - | - | - | 130 | - | - | - | 391 |
| MACHINERY | - | - | - | - | - | - | - | - | - | - | 1011 |
| TRANSPORT EQUIPMENT | - | - | - | - | - | - | - | - | - | - | 216 |
| CONSTRUCTION | 27 | - | 11 | - | 12 | - | - | - | - | - | 70 |
| TEXTILES AND LEATHER | 10 | - | - | - | 4 | - | - | - | - | - | 646 |
| NON SPECIFIED | 3 | - | 26 | - | 27 | - | 5044 | 153 | 913 | - | 67 |
| NON-ENERGY USES: | | | | | | | | | | | |
| (1)ENERGY PRODUCTS | - | - | - | - | - | - | - | - | - | - | - |
| (2)NON-ENERGY PRODUCTS | - | - | - | - | - | - | - | - | - | - | - |
| TRANSPORT. SECTOR ** | 151 | - | 59 | - | 52 | 87 | - | - | - | - | 1779 |
| AIR TRANSPORT | - | - | - | - | - | - | - | - | - | - | - |
| ROAD TRANSPORT | - | - | - | - | - | - | - | - | - | - | - |
| RAILWAYS | 151 | - | 59 | - | 52 | 87 | - | - | - | - | 1779 |
| INTERNAL NAVIGATION | - | - | - | - | - | - | - | - | - | - | - |
| OTHER SECTORS ** | 219 | 50 | 584 | - | 677 | 305 | 3350 | 3513 | - | - | 11966 |
| AGRICULTURE | - | - | - | - | - | - | - | - | - | - | 808 |
| PUBLIC SERVICES | - | - | - | - | - | - | - | - | - | - | - |
| COMMERCE | - | - | - | - | - | - | - | - | - | - | 4756 |
| RESIDENTIAL | 219 | 50 | 584 | - | 677 | 305 | 3350 | 3513 | - | - | 6402 |

(1) INCLUDED IN CHEMICAL OR PETROCHEMICAL INDUSTRY
(2) INCLUDED ONLY IN TOTAL INDUSTRY

| * OF WHICH: HYDRO | 22662 |
|---|---|
| NUCLEAR | 0 |
| CONVENTIONAL THERMAL | 11219 |
| GEOTHERMAL | 0 |

** INCLUDED IN THESE TOTALS ARE THE NON-SPECIFIED ELEMENTS

PRODUCTION ET UTILISATION DES SOURCES D ENERGIE : AUTRICHE

1974

UNIT: 1000 METRIC TONS
UNITE: 1000 TONNES METRIQUES

| OIL PETROLE | | | REFINERY GAS | LIQUEFIED PETROLEUM GASES | AVIATION GASOLINE | MOTOR GASOLINE | JET FUEL | KEROSENE | GAS/DIESEL OIL | RESIDUAL FUEL OIL | NAPHTHA | NON-ENERGY PRODUCTS |
|---|---|---|---|---|---|---|---|---|---|---|---|---|
| CRUDE* BRUT* | NGL GNL | FEEDST. | GAZ DE PETROLE | GAZ LIQUEFIES DE PETROLE | ESSENCE AVION | ESSENCE AUTO | CARBURANT REACTEUR | PETROLE LAMPANT | GAZ/DIESEL OIL | FUEL OIL RESIDUEL | NAPHTHA | PRODUITS NON-ENERGETIQUES |
| 12 | 13 | 14 | 15 | 16 | 17 | 18 | 19 | 20 | 21 | 22 | 23 | 24 |
| 2261 | - | - | 126 | 89 | - | 1542 | 91 | 9 | 2135 | 3550 | 50 | 666 |
| - | - | - | - | - | - | - | - | - | - | - | - | - |
| 6505 | - | - | - | 24 | 2 | 471 | 1 | - | 110 | 1250 | 65 | 490 |
| - | - | - | -21 | - | - | - | - | - | -40 | -11 | - | -149 |
| - | - | - | - | - | - | - | - | - | - | - | - | - |
| - | - | - | - | - | - | - | - | - | - | - | - | - |
| 8766 | - | - | 105 | 113 | 2 | 2013 | 92 | 9 | 2205 | 4789 | 115 | 1007 |
| - | - | - | - | - | - | - | - | - | - | - | - | - |
| - | - | - | - | - | - | - | - | - | - | - | - | - |
| 8766 | - | - | 105 | 113 | 2 | 2013 | 92 | 9 | 2205 | 4789 | 115 | 1007 |
| 68 | - | - | - | 1 | - | -17 | 1 | - | 23 | -13 | - | 37 |
| 8698 | - | - | - | 32 | - | - | - | - | 10 | 686 | 3 | - |
| - | - | - | - | - | - | - | - | - | - | - | - | - |
| - | - | - | - | 32 | - | - | - | - | - | - | 3 | - |
| 8698 | - | - | - | - | - | - | - | - | - | - | - | - |
| - | - | - | - | - | - | - | - | - | 10 | 686 | - | - |
| - | - | - | 105 | - | - | - | - | - | - | - | - | - |
| - | - | - | - | - | - | - | - | - | - | - | - | - |
| - | - | - | - | - | - | - | - | - | - | - | - | - |
| - | - | - | 105 | - | - | - | - | - | - | - | - | - |
| - | - | - | - | - | - | - | - | - | - | - | - | - |
| - | - | - | - | - | - | - | - | - | - | - | - | - |
| - | - | - | - | - | - | - | - | - | - | - | - | - |
| - | - | - | - | - | - | - | - | - | - | - | - | - |
| - | - | - | - | 80 | 2 | 2030 | 91 | 9 | 2172 | 4116 | 112 | 970 |
| - | - | - | - | 40 | - | - | - | 4 | 109 | 2842 | 112 | 969 |
| - | - | - | - | 1 | - | - | - | - | 6 | 464 | - | - |
| - | - | - | - | 4 | - | - | - | - | 5 | 149 | - | - |
| - | - | - | - | - | - | - | - | - | - | - | 112 | - |
| - | - | - | - | - | - | - | - | - | - | - | - | - |
| - | - | - | - | 21 | - | - | - | - | 23 | 550 | - | - |
| - | - | - | - | - | - | - | - | - | - | 102 | - | - |
| - | - | - | - | - | - | - | - | - | - | - | - | - |
| - | - | - | - | - | - | - | - | - | - | 185 | - | - |
| - | - | - | - | - | - | - | - | - | - | 76 | - | - |
| - | - | - | - | - | - | - | - | - | - | 28 | - | - |
| - | - | - | - | - | - | - | - | - | - | 24 | - | - |
| - | - | - | - | - | - | - | - | - | - | - | - | - |
| - | - | - | - | - | - | - | - | - | - | - | - | - |
| - | - | - | - | 14 | - | - | - | 4 | 75 | 1264 | - | 1 |
| - | - | - | - | - | - | - | - | - | - | - | 112 | - |
| - | - | - | - | - | - | - | - | - | - | - | - | 968 |
| - | - | - | - | - | 2 | 1987 | 91 | 1 | 753 | 24 | - | - |
| - | - | - | - | - | 2 | - | 91 | - | - | - | - | - |
| - | - | - | - | - | - | 1980 | - | - | 678 | - | - | - |
| - | - | - | - | - | - | - | - | 1 | 50 | 24 | - | - |
| - | - | - | - | - | - | 7 | - | - | 25 | - | - | - |
| - | - | - | - | 40 | - | 43 | - | 4 | 1310 | 1250 | - | 1 |
| - | - | - | - | - | - | 36 | - | 2 | 390 | - | - | - |
| - | - | - | - | - | - | - | - | - | - | - | - | - |
| - | - | - | - | - | - | - | - | - | - | - | - | - |
| - | - | - | - | 40 | - | - | - | - | 920 | 1250 | - | 1 |

*INCLUDED IN THIS COLUMN IS NGL AND FEEDSTOCKS.

## PRODUCTION AND USES OF ENERGY SOURCES : AUSTRIA

1975

| X XX ENERGY XX XX SOURCES XX XX XX PRODUCTION XX XX AND USES XX | UNIT: 1000 METRIC TONS / UNITE: 1000 TONNES METRIQUES | | | | | | TCAL / TCAL | MANUFACTURED GAS (TCAL) / GAZ MANUFACTURE (TCAL) | | | MILLIONS OF (DE) KWH |
|---|---|---|---|---|---|---|---|---|---|---|---|
| | HARD COAL | PATENT FUEL | COKE OVEN COKE | GAS COKE | BROWN COAL | BKB | NATURAL GAS | GAS WORKS | COKE OVENS | BLAST FURNACES | ELECTRICITY* |
| | HOUILLE | AGGLOMERES | COKE DE FOUR | COKE DE GAZ | LIGNITE | BRIQ. DE LIGNITE | GAZ NATUREL | USINES A GAZ | COKERIES | HAUT FOURNEAUX | ELECTRICITE* |
| | 1 | 2 | 3 | 4 | 5 | 6 | 7 | 8 | 9 | 10 | 11 |
| PRODUCTION | - | - | 1607 | - | 3397 | - | 23054 | 3482 | 3679 | 4597 | 35205 |
| FROM OTHER SOURCES | - | - | - | - | - | - | - | - | - | - | - |
| IMPORT | 2582 | 31 | 968 | - | 346 | 331 | 17379 | 2 | - | - | 2420 |
| EXPORT | - | - | -13 | - | -10 | - | - | - | - | - | -6962 |
| INTL. MARINE BUNKERS | - | - | - | - | - | - | - | - | - | - | - |
| STOCK CHANGES | - | - | -15 | - | 51 | - | -268 | 2 | - | - | - |
| DOMESTIC SUPPLY | 2582 | 31 | 2547 | - | 3784 | 331 | 40165 | 3486 | 3679 | 4597 | 30663 |
| RETURNS TO SUPPLY | - | - | - | - | - | - | - | - | - | - | - |
| TRANSFERS | - | - | - | - | - | - | - | - | - | - | - |
| DOMESTIC AVAILABILITY | 2582 | 31 | 2547 | - | 3784 | 331 | 40165 | 3486 | 3679 | 4597 | 30663 |
| STATISTICAL DIFFERENCE | - | - | - | - | 66 | - | - | - | - | - | - |
| TRANSFORM. SECTOR ** | 2222 | - | 686 | - | 2627 | 1 | 11533 | - | 64 | 1045 | - |
| FOR SOLID FUELS | 2189 | - | - | - | - | - | - | - | - | 426 | - |
| FOR GASES | - | - | 686 | - | - | - | 3144 | - | - | - | - |
| PETROLEUM REFINERIES | - | - | - | - | - | - | - | - | - | - | - |
| THERMO-ELECTRIC PLANTS | 33 | - | - | - | 2627 | 1 | 8389 | - | 64 | 619 | - |
| ENERGY SECTOR | - | - | - | - | 121 | - | 2523 | 446 | 1404 | 354 | 4394 |
| COAL MINES | - | - | - | - | 121 | - | - | - | - | - | 69 |
| OIL AND GAS EXTRACTION | - | - | - | - | - | - | 1652 | - | - | - | 84 |
| PETROLEUM REFINERIES | - | - | - | - | - | - | - | - | - | - | 425 |
| ELECTRIC PLANTS | - | - | - | - | - | - | - | - | - | - | 1068 |
| DISTRIBUTION LOSSES | - | - | - | - | - | - | 794 | 292 | 18 | 354 | 2360 |
| PUMP STORAGE (ELECTR.) | - | - | - | - | - | - | - | - | - | - | 388 |
| OTHER ENERGY SECTOR | - | - | - | - | - | - | 77 | 154 | 1386 | - | - |
| FINAL CONSUMPTION | 360 | 31 | 1861 | - | 970 | 330 | 26109 | 3040 | 2211 | 3198 | 26269 |
| INDUSTRY SECTOR | 47 | - | 1251 | - | 304 | - | 21461 | 172 | 2211 | 3198 | 11896 |
| IRON AND STEEL | 11 | - | 1141 | - | 22 | - | 3040 | 2 | 1321 | 3198 | 1798 |
| CHEMICAL | 3 | - | 30 | - | 4 | - | 6248 | 7 | - | - | 2065 |
| PETROCHEMICAL | - | - | - | - | - | - | - | - | - | - | - |
| NON-FERROUS METAL | - | - | 21 | - | 3 | - | 65 | - | - | - | 1845 |
| NON-METALLIC MINERAL | 25 | - | 4 | - | 45 | - | - | - | - | - | 1071 |
| PAPER PULP AND PRINT | - | - | 1 | - | 201 | - | 2934 | 4 | - | - | 1779 |
| MINING AND QUARRYING | 3 | - | 3 | - | 4 | - | 3185 | 5 | - | - | 421 |
| FOOD AND TOBACCO | - | - | 14 | - | 10 | - | 735 | 31 | - | - | 650 |
| WOOD AND WOOD PRODUCTS | - | - | - | - | - | - | 140 | - | - | - | 387 |
| MACHINERY | - | - | - | - | - | - | - | - | - | - | 984 |
| TRANSPORT EQUIPMENT | - | - | - | - | - | - | - | - | - | - | 203 |
| CONSTRUCTION | - | - | - | - | - | - | - | - | - | - | 78 |
| TEXTILES AND LEATHER | - | - | - | - | - | - | - | - | - | - | 566 |
| NON SPECIFIED | 5 | - | 37 | - | 15 | - | 5114 | 123 | 890 | - | 49 |
| NON-ENERGY USES: | | | | | | | | | | | |
| (1)ENERGY PRODUCTS | - | - | - | - | - | - | - | - | - | - | - |
| (2)NON-ENERGY PRODUCTS | - | - | - | - | - | - | - | - | - | - | - |
| TRANSPORT. SECTOR ** | 116 | - | 91 | - | 51 | 84 | - | - | - | - | 1745 |
| AIR TRANSPORT | - | - | - | - | - | - | - | - | - | - | - |
| ROAD TRANSPORT | - | - | - | - | - | - | - | - | - | - | - |
| RAILWAYS | 116 | - | 91 | - | 51 | 84 | - | - | - | - | 1745 |
| INTERNAL NAVIGATION | - | - | - | - | - | - | - | - | - | - | - |
| OTHER SECTORS ** | 197 | 31 | 519 | - | 615 | 246 | 4648 | 2868 | - | - | 12628 |
| AGRICULTURE | - | - | - | - | - | - | - | - | - | - | 866 |
| PUBLIC SERVICES | - | - | - | - | - | - | - | - | - | - | - |
| COMMERCE | - | - | - | - | - | - | - | - | - | - | 4975 |
| RESIDENTIAL | 197 | 31 | 519 | - | 615 | 246 | 4648 | 2868 | - | - | 6787 |

(1) INCLUDED IN CHEMICAL OR PETROCHEMICAL INDUSTRY
(2) INCLUDED ONLY IN TOTAL INDUSTRY

| * OF WHICH: | |
|---|---|
| HYDRO | 23745 |
| NUCLEAR | 0 |
| CONVENTIONAL THERMAL | 11460 |
| GEOTHERMAL | 0 |

** INCLUDED IN THESE TOTALS ARE THE NON-SPECIFIED ELEMENTS

## PRODUCTION ET UTILISATION DES SOURCES D ENERGIE : AUTRICHE

1975

UNIT: 1000 METRIC TONS
UNITE: 1000 TONNES METRIQUES

| OIL / PETROLE: CRUDE* / BRUT* | OIL / PETROLE: NGL / GNL | OIL / PETROLE: FEEDST. | REFINERY GAS / GAZ DE PETROLE | LIQUEFIED PETROLEUM GASES / GAZ LIQUEFIES DE PETROLE | AVIATION GASOLINE / ESSENCE AVION | MOTOR GASOLINE / ESSENCE AUTO | JET FUEL / CARBURANT REACTEUR | KEROSENE / PETROLE LAMPANT | GAS/DIESEL OIL / GAZ/DIESEL OIL | RESIDUAL FUEL OIL / FUEL OIL RESIDUEL | NAPHTHA / NAPHTHA | NON-ENERGY PRODUCTS / PRODUITS NON-ENERGETIQUES |
|---|---|---|---|---|---|---|---|---|---|---|---|---|
| 12 | 13 | 14 | 15 | 16 | 17 | 18 | 19 | 20 | 21 | 22 | 23 | 24 |
| 2037 | - | - | 222 | 101 | - | 1468 | 78 | 8 | 2099 | 3350 | 54 | 745 |
| - | - | - | - | - | - | - | - | - | - | - | - | - |
| 6145 | - | - | - | 30 | 3 | 639 | 2 | - | 121 | 1160 | 60 | 404 |
| - | - | - | - | -9 | - | -7 | - | - | -10 | -18 | - | -126 |
| - | - | - | - | - | - | - | - | - | - | - | - | - |
| 66 | - | - | - | - | - | 40 | 7 | - | 111 | 7 | - | 5 |
| 8248 | - | - | 222 | 122 | 3 | 2140 | 87 | 8 | 2321 | 4499 | 114 | 1028 |
| - | - | - | - | - | - | - | - | - | - | - | - | - |
| - | - | - | - | - | - | - | - | - | - | - | - | - |
| 8248 | - | - | 222 | 122 | 3 | 2140 | 87 | 8 | 2321 | 4499 | 114 | 1028 |
| - | - | - | - | -2 | 1 | - | - | - | - | - | - | - |
| 8248 | - | - | - | 27 | - | - | - | - | 10 | 727 | - | - |
| - | - | - | - | - | - | - | - | - | - | - | - | - |
| - | - | - | - | 27 | - | - | - | - | - | - | - | - |
| 8248 | - | - | - | - | - | - | - | - | - | - | - | - |
| - | - | - | - | - | - | - | - | - | 10 | 727 | - | - |
| - | - | - | 222 | 15 | - | - | - | - | - | 40 | - | - |
| - | - | - | - | - | - | - | - | - | - | - | - | - |
| - | - | - | - | - | - | - | - | - | - | - | - | - |
| - | - | - | 222 | 15 | - | - | - | - | - | 40 | - | - |
| - | - | - | - | - | - | - | - | - | - | - | - | - |
| - | - | - | - | - | - | - | - | - | - | - | - | - |
| - | - | - | - | - | - | - | - | - | - | - | - | - |
| - | - | - | - | 82 | 2 | 2140 | 87 | 8 | 2311 | 3732 | 114 | 1028 |
| - | - | - | - | 51 | - | - | - | 1 | 77 | 2051 | 114 | 1027 |
| - | - | - | - | 1 | - | - | - | - | 4 | 394 | - | - |
| - | - | - | - | 4 | - | - | - | - | 6 | 126 | - | - |
| - | - | - | - | - | - | - | - | - | - | - | 114 | - |
| - | - | - | - | - | - | - | - | - | - | - | - | - |
| - | - | - | - | 20 | - | - | - | - | 24 | 506 | - | - |
| - | - | - | - | - | - | - | - | - | - | 105 | - | - |
| - | - | - | - | - | - | - | - | - | - | 81 | - | - |
| - | - | - | - | - | - | - | - | - | - | 210 | - | - |
| - | - | - | - | - | - | - | - | - | - | 77 | - | - |
| - | - | - | - | - | - | - | - | - | - | 47 | - | - |
| - | - | - | - | - | - | - | - | - | - | 25 | - | - |
| - | - | - | - | - | - | - | - | - | - | - | - | - |
| - | - | - | - | - | - | - | - | - | - | - | - | - |
| - | - | - | - | 26 | - | - | - | 1 | 43 | 480 | - | 1 |
| - | - | - | - | - | - | - | - | - | - | - | 114 | - |
| - | - | - | - | - | - | - | - | - | - | - | - | 1026 |
| - | - | - | - | - | 2 | 2093 | 87 | - | 725 | 25 | - | - |
| - | - | - | - | - | 2 | - | 87 | - | - | - | - | - |
| - | - | - | - | - | - | 2086 | - | - | 650 | - | - | - |
| - | - | - | - | - | - | - | - | - | 50 | 25 | - | - |
| - | - | - | - | - | - | 7 | - | - | 25 | - | - | - |
| - | - | - | - | 31 | - | 47 | - | 7 | 1509 | 1656 | - | 1 |
| - | - | - | - | - | - | 40 | - | 2 | 390 | - | - | - |
| - | - | - | - | - | - | - | - | - | - | - | - | - |
| - | - | - | - | - | - | - | - | - | - | - | - | - |
| - | - | - | - | 31 | - | - | - | - | 1119 | 1656 | - | 1 |

*INCLUDED IN THIS COLUMN IS NGL AND FEEDSTOCKS.

## PRODUCTION AND USES OF ENERGY SOURCES : AUSTRIA

1976

| PRODUCTION AND USES \ ENERGY SOURCES | HARD COAL / HOUILLE | PATENT FUEL / AGGLOMERES | COKE OVEN COKE / COKE DE FOUR | GAS COKE / COKE DE GAZ | BROWN COAL / LIGNITE | BKB / BRIQ. DE LIGNITE | NATURAL GAS / GAZ NATUREL | GAS WORKS / USINES A GAZ | COKE OVENS / COKERIES | BLAST FURNACES / HAUT FOURNEAUX | ELECTRICITY* / ELECTRICITE* |
|---|---|---|---|---|---|---|---|---|---|---|---|
| | UNIT: 1000 METRIC TONS / UNITE: 1000 TONNES METRIQUES | | | | | | TCAL / TCAL | MANUFACTURED GAS (TCAL) / GAZ MANUFACTURE (TCAL) | | | MILLIONS OF (DE) KWH |
| | 1 | 2 | 3 | 4 | 5 | 6 | 7 | 8 | 9 | 10 | 11 |
| PRODUCTION | - | - | 1615 | - | 3215 | - | 20950 | 2970 | 3657 | 4901 | 35332 |
| FROM OTHER SOURCES | - | - | - | - | - | - | - | - | - | - | - |
| IMPORT | 2610 | 31 | 1080 | - | 259 | 339 | 25932 | - | - | - | 3166 |
| EXPORT | - | - | -59 | - | -9 | - | - | - | - | - | -5355 |
| INTL. MARINE BUNKERS | - | - | - | - | - | - | - | - | - | - | - |
| STOCK CHANGES | - | - | 4 | - | -98 | - | -1143 | - | - | - | - |
| DOMESTIC SUPPLY | 2610 | 31 | 2640 | - | 3367 | 339 | 45739 | 2970 | 3657 | 4901 | 33143 |
| RETURNS TO SUPPLY | - | - | - | - | - | - | - | - | - | - | - |
| TRANSFERS | - | - | - | - | - | - | - | - | - | - | - |
| DOMESTIC AVAILABILITY | 2610 | 31 | 2640 | - | 3367 | 339 | 45739 | 2970 | 3657 | 4901 | 33143 |
| STATISTICAL DIFFERENCE | - | - | - | - | - | - | - | - | - | - | - |
| TRANSFORM. SECTOR ** | 2245 | - | 730 | - | 2288 | - | 12207 | - | 108 | 1157 | - |
| FOR SOLID FUELS | 2231 | - | - | - | - | - | - | - | - | 418 | - |
| FOR GASES | - | - | 730 | - | - | - | 2646 | - | - | - | - |
| PETROLEUM REFINERIES | - | - | - | - | - | - | - | - | - | - | - |
| THERMO-ELECTRIC PLANTS | 14 | - | - | - | 2288 | - | 9561 | - | 108 | 739 | - |
| ENERGY SECTOR | - | - | - | - | 124 | - | 2683 | 351 | 1386 | 471 | 4903 |
| COAL MINES | - | - | - | - | 124 | - | - | - | - | - | 65 |
| OIL AND GAS EXTRACTION | - | - | - | - | - | - | 1850 | - | - | - | 83 |
| PETROLEUM REFINERIES | - | - | - | - | - | - | - | - | - | - | 436 |
| ELECTRIC PLANTS | - | - | - | - | - | - | - | - | - | - | 1248 |
| DISTRIBUTION LOSSES | - | - | - | - | - | - | 752 | 207 | 17 | 471 | 2363 |
| PUMP STORAGE (ELECTR.) | - | - | - | - | - | - | - | - | - | - | 708 |
| OTHER ENERGY SECTOR | - | - | - | - | - | - | 81 | 144 | 1369 | - | - |
| FINAL CONSUMPTION | 365 | 31 | 1910 | - | 955 | 339 | 30849 | 2619 | 2163 | 3273 | 28240 |
| INDUSTRY SECTOR | 57 | - | 1337 | - | 316 | - | 24745 | 141 | 2163 | 3273 | 12676 |
| IRON AND STEEL | 21 | - | 1231 | - | 21 | - | 4336 | - | 1310 | 3273 | 1958 |
| CHEMICAL | 2 | - | 30 | - | 3 | - | 7894 | 6 | - | - | 2234 |
| PETROCHEMICAL | - | - | - | - | - | - | - | - | - | - | - |
| NON-FERROUS METAL | 1 | - | 45 | - | 9 | - | 71 | - | - | - | 1858 |
| NON-METALLIC MINERAL | 27 | - | 2 | - | 45 | - | - | - | - | - | 1113 |
| PAPER PULP AND PRINT | - | - | 1 | - | 215 | - | 3425 | 2 | - | - | 1929 |
| MINING AND QUARRYING | 4 | - | 3 | - | 7 | - | 3276 | 3 | - | - | 423 |
| FOOD AND TOBACCO | - | - | 13 | - | 4 | - | 865 | 21 | - | - | 682 |
| WOOD AND WOOD PRODUCTS | - | - | - | - | - | - | 131 | - | - | - | 451 |
| MACHINERY | - | - | - | - | - | - | - | - | - | - | 1060 |
| TRANSPORT EQUIPMENT | - | - | - | - | - | - | - | - | - | - | 216 |
| CONSTRUCTION | - | - | - | - | - | - | - | - | - | - | 81 |
| TEXTILES AND LEATHER | - | - | - | - | - | - | - | - | - | - | 619 |
| NON SPECIFIED | 2 | - | 12 | - | 12 | - | 4747 | 109 | 853 | - | 52 |
| NON-ENERGY USES: | | | | | | | | | | | |
| (1)ENERGY PRODUCTS | - | - | - | - | - | - | - | - | - | - | - |
| (2)NON-ENERGY PRODUCTS | - | - | - | - | - | - | - | - | - | - | - |
| TRANSPORT. SECTOR ** | 72 | - | 95 | - | 40 | 84 | - | - | - | - | 1895 |
| AIR TRANSPORT | - | - | - | - | - | - | - | - | - | - | - |
| ROAD TRANSPORT | - | - | - | - | - | - | - | - | - | - | - |
| RAILWAYS | 72 | - | 95 | - | 40 | 84 | - | - | - | - | 1895 |
| INTERNAL NAVIGATION | - | - | - | - | - | - | - | - | - | - | - |
| OTHER SECTORS ** | 236 | 31 | 478 | - | 599 | 255 | 6104 | 2478 | - | - | 13669 |
| AGRICULTURE | - | - | - | - | - | - | - | - | - | - | 916 |
| PUBLIC SERVICES | - | - | - | - | - | - | - | - | - | - | - |
| COMMERCE | - | - | - | - | - | - | - | - | - | - | 5375 |
| RESIDENTIAL | 236 | 31 | 478 | - | 599 | 255 | 6104 | 2478 | - | - | 7378 |

(1) INCLUDED IN CHEMICAL OR PETROCHEMICAL INDUSTRY
(2) INCLUDED ONLY IN TOTAL INDUSTRY

| * OF WHICH: HYDRO | 20516 |
|---|---|
| NUCLEAR | 0 |
| CONVENTIONAL THERMAL | 14816 |
| GEOTHERMAL | 0 |

** INCLUDED IN THESE TOTALS ARE THE NON-SPECIFIED ELEMENTS

UNIT: 1000 METRIC TONS
UNITE: 1000 TONNES METRIQUES

| OIL / PETROLE | | | REFINERY GAS | LIQUEFIED PETROLEUM GASES | AVIATION GASOLINE | MOTOR GASOLINE | JET FUEL | KEROSENE | GAS/DIESEL OIL | RESIDUAL FUEL OIL | NAPHTHA | NON-ENERGY PRODUCTS |
|---|---|---|---|---|---|---|---|---|---|---|---|---|
| CRUDE* BRUT* | NGL GNL | FEEDST. | GAZ DE PETROLE | GAZ LIQUEFIES DE PETROLE | ESSENCE AVION | ESSENCE AUTO | CARBURANT REACTEUR | PETROLE LAMPANT | GAZ/DIESEL OIL | FUEL OIL RESIDUEL | NAPHTHA | PRODUITS NON-ENERGETIQUES |
| 12 | 13 | 14 | 15 | 16 | 17 | 18 | 19 | 20 | 21 | 22 | 23 | 24 |
| 1931 | - | - | 262 | 115 | - | 1579 | 109 | 45 | 2459 | 3856 | 26 | 567 |
| - | - | - | - | - | - | - | - | - | - | - | - | - |
| 7387 | - | - | - | 31 | 3 | 665 | - | 3 | 95 | 1373 | 10 | 470 |
| -39 | - | - | -34 | -8 | - | -31 | - | - | - | -24 | - | -111 |
| - | - | - | - | - | - | - | - | - | - | - | - | - |
| 75 | - | - | - | - | - | -37 | - | -37 | -73 | -35 | - | -10 |
| 9354 | - | - | 228 | 138 | 3 | 2176 | 109 | 11 | 2481 | 5170 | 36 | 916 |
| - | - | - | - | - | - | - | - | - | - | - | - | - |
| - | - | - | - | - | - | - | - | - | - | - | - | - |
| 9354 | - | - | 228 | 138 | 3 | 2176 | 109 | 11 | 2481 | 5170 | 36 | 916 |
| 35 | - | - | - | -3 | 1 | 16 | 1 | 3 | -3 | -53 | -1 | 13 |
| 9319 | - | - | - | 29 | - | - | - | - | 5 | 1200 | - | - |
| - | - | - | - | - | - | - | - | - | - | - | - | - |
| - | - | - | - | 29 | - | - | - | - | - | - | - | - |
| 9319 | - | - | - | - | - | - | - | - | - | - | - | - |
| - | - | - | - | - | - | - | - | - | 5 | 1200 | - | - |
| - | - | - | 228 | 19 | - | - | - | - | - | 99 | - | - |
| - | - | - | - | - | - | - | - | - | - | - | - | - |
| - | - | - | - | - | - | - | - | - | - | - | - | - |
| - | - | - | 228 | 19 | - | - | - | - | - | 99 | - | - |
| - | - | - | - | - | - | - | - | - | - | - | - | - |
| - | - | - | - | - | - | - | - | - | - | - | - | - |
| - | - | - | - | - | - | - | - | - | - | - | - | - |
| - | - | - | - | - | - | - | - | - | - | - | - | - |
| - | - | - | - | 93 | 2 | 2160 | 108 | 8 | 2479 | 3924 | 37 | 903 |
| - | - | - | - | 53 | - | - | - | 1 | 80 | 2100 | 37 | 902 |
| - | - | - | - | 1 | - | - | - | - | 4 | 400 | - | - |
| - | - | - | - | 5 | - | - | - | - | 7 | 130 | - | - |
| - | - | - | - | - | - | - | - | - | - | - | 37 | - |
| - | - | - | - | - | - | - | - | - | - | - | - | - |
| - | - | - | - | 21 | - | - | - | - | 25 | 520 | - | - |
| - | - | - | - | - | - | - | - | - | - | 142 | - | - |
| - | - | - | - | - | - | - | - | - | - | 75 | - | - |
| - | - | - | - | - | - | - | - | - | - | 170 | - | - |
| - | - | - | - | - | - | - | - | - | - | 68 | - | - |
| - | - | - | - | - | - | - | - | - | - | 36 | - | - |
| - | - | - | - | - | - | - | - | - | - | 25 | - | - |
| - | - | - | - | - | - | - | - | - | - | - | - | - |
| - | - | - | - | - | - | - | - | - | - | - | - | - |
| - | - | - | - | 26 | - | - | - | 1 | 44 | 534 | - | 1 |
| - | - | - | - | - | - | - | - | - | - | - | 37 | - |
| - | - | - | - | - | - | - | - | - | - | - | - | 901 |
| - | - | - | - | 8 | 2 | 2112 | 108 | - | 763 | 25 | - | - |
| - | - | - | - | - | 2 | - | 108 | - | - | - | - | - |
| - | - | - | - | 8 | - | 2105 | - | - | 685 | - | - | - |
| - | - | - | - | - | - | - | - | - | 52 | 25 | - | - |
| - | - | - | - | - | - | 7 | - | - | 26 | - | - | - |
| - | - | - | - | 32 | - | 48 | - | 7 | 1636 | 1799 | - | 1 |
| - | - | - | - | - | - | 40 | - | 2 | 403 | - | - | - |
| - | - | - | - | - | - | - | - | - | - | - | - | - |
| - | - | - | - | - | - | - | - | - | - | - | - | - |
| - | - | - | - | 32 | - | - | - | - | 1233 | 1799 | - | 1 |

*INCLUDED IN THIS COLUMN IS NGL AND FEEDSTOCKS.

## PRODUCTION AND USES OF ENERGY SOURCES : AUSTRIA

1977

| ENERGY SOURCES / PRODUCTION AND USES | UNIT: 1000 METRIC TONS / UNITE: 1000 TONNES METRIQUES | | | | | | TCAL / TCAL | MANUFACTURED GAS (TCAL) / GAZ MANUFACTURE (TCAL) | | | MILLIONS / OF (DE) KWH |
|---|---|---|---|---|---|---|---|---|---|---|---|
| | HARD COAL / HOUILLE | PATENT FUEL / AGGLOMERES | COKE OVEN COKE / COKE DE FOUR | GAS COKE / COKE DE GAZ | BROWN COAL / LIGNITE | BKB / BRIQ. DE LIGNITE | NATURAL GAS / GAZ NATUREL | GAS WORKS / USINES A GAZ | COKE OVENS / COKERIES | BLAST FURNACES / HAUT FOURNEAUX | ELECTRICITY* / ELECTRICITE* |
| | 1 | 2 | 3 | 4 | 5 | 6 | 7 | 8 | 9 | 10 | 11 |
| PRODUCTION | - | - | 1458 | - | 3127 | - | 22083 | 1967 | 2823 | 4098 | 37684 |
| FROM OTHER SOURCES | - | - | - | - | - | - | - | - | 482 | - | - |
| IMPORT | 2318 | 30 | 955 | - | 229 | 297 | 22887 | - | - | - | 2409 |
| EXPORT | - | - | -67 | - | -8 | - | - | - | - | - | -6350 |
| INTL. MARINE BUNKERS | - | - | - | - | - | - | - | - | - | - | - |
| STOCK CHANGES | - | - | -1 | - | -88 | - | 484 | - | - | - | - |
| DOMESTIC SUPPLY | 2318 | 30 | 2345 | - | 3260 | 297 | 45454 | 1967 | 3305 | 4098 | 33743 |
| RETURNS TO SUPPLY | - | - | - | - | - | - | - | - | - | - | - |
| TRANSFERS | - | - | - | - | - | - | - | - | - | - | - |
| DOMESTIC AVAILABILITY | 2318 | 30 | 2345 | - | 3260 | 297 | 45454 | 1967 | 3305 | 4098 | 33743 |
| STATISTICAL DIFFERENCE | - | - | - | - | - | - | 38 | - | - | - | - |
| TRANSFORM. SECTOR ** | 1987 | - | 646 | - | 2228 | - | 11750 | - | 193 | 1033 | - |
| FOR SOLID FUELS | 1974 | - | - | - | - | - | - | - | - | 404 | - |
| FOR GASES | - | - | 646 | - | - | - | 2500 | - | - | - | - |
| PETROLEUM REFINERIES | - | - | - | - | - | - | - | - | - | - | - |
| THERMO-ELECTRIC PLANTS | 13 | - | - | - | 2228 | - | 9250 | - | 193 | 629 | - |
| ENERGY SECTOR | - | - | - | - | 113 | - | 4100 | 242 | 1219 | 293 | 4506 |
| COAL MINES | - | - | - | - | 113 | - | - | - | - | - | 60 |
| OIL AND GAS EXTRACTION | - | - | - | - | - | - | 1800 | - | - | - | 85 |
| PETROLEUM REFINERIES | - | - | - | - | - | - | 1250 | - | - | - | 436 |
| ELECTRIC PLANTS | - | - | - | - | - | - | - | - | - | - | 1132 |
| DISTRIBUTION LOSSES | - | - | - | - | - | - | 950 | 128 | 17 | 293 | 2427 |
| PUMP STORAGE (ELECTR.) | - | - | - | - | - | - | - | - | - | - | 366 |
| OTHER ENERGY SECTOR | - | - | - | - | - | - | 100 | 114 | 1202 | - | - |
| FINAL CONSUMPTION | 331 | 30 | 1699 | - | 919 | 297 | 29566 | 1725 | 1893 | 2772 | 29237 |
| INDUSTRY SECTOR | 50 | - | 1178 | - | 326 | - | 23066 | 104 | 1893 | 2772 | 13017 |
| IRON AND STEEL | 13 | - | 1090 | - | 17 | - | 4500 | - | 1268 | 2772 | 1923 |
| CHEMICAL | 4 | - | 24 | - | 2 | - | 8000 | 4 | - | - | 2345 |
| PETROCHEMICAL | - | - | - | - | - | - | - | - | - | - | - |
| NON-FERROUS METAL | 1 | - | 41 | - | 7 | - | 66 | - | - | - | 1906 |
| NON-METALLIC MINERAL | 28 | - | 1 | - | 40 | - | - | - | - | - | 1148 |
| PAPER PULP AND PRINT | - | - | 1 | - | 228 | - | 3762 | - | - | - | 1998 |
| MINING AND QUARRYING | 3 | - | 6 | - | 5 | - | 2600 | 4 | - | - | 431 |
| FOOD AND TOBACCO | - | - | 13 | - | 4 | - | 700 | 13 | - | - | 697 |
| WOOD AND WOOD PRODUCTS | - | - | - | - | - | - | 120 | - | - | - | 472 |
| MACHINERY | - | - | - | - | - | - | - | - | - | - | 1104 |
| TRANSPORT EQUIPMENT | - | - | - | - | - | - | - | - | - | - | 219 |
| CONSTRUCTION | - | - | - | - | - | - | - | - | - | - | 99 |
| TEXTILES AND LEATHER | - | - | - | - | - | - | - | - | - | - | 622 |
| NON SPECIFIED | 1 | - | 2 | - | 23 | - | 3318 | 83 | 625 | - | 53 |
| NON-ENERGY USES: | | | | | | | | | | | |
| (1)ENERGY PRODUCTS | - | - | - | - | - | - | - | - | - | - | - |
| (2)NON-ENERGY PRODUCTS | - | - | - | - | - | - | - | - | - | - | - |
| TRANSPORT. SECTOR ** | 65 | - | 95 | - | 36 | 76 | - | - | - | - | 1903 |
| AIR TRANSPORT | - | - | - | - | - | - | - | - | - | - | - |
| ROAD TRANSPORT | - | - | - | - | - | - | - | - | - | - | - |
| RAILWAYS | 65 | - | 95 | - | 36 | 76 | - | - | - | - | 1903 |
| INTERNAL NAVIGATION | - | - | - | - | - | - | - | - | - | - | - |
| OTHER SECTORS ** | 216 | 30 | 426 | - | 557 | 221 | 6500 | 1621 | - | - | 14317 |
| AGRICULTURE | - | - | - | - | - | - | - | - | - | - | 958 |
| PUBLIC SERVICES | - | - | - | - | - | - | - | - | - | - | - |
| COMMERCE | - | - | - | - | - | - | - | - | - | - | 5691 |
| RESIDENTIAL | 216 | 30 | 426 | - | 557 | 221 | 6500 | 1621 | - | - | 7668 |

(1) INCLUDED IN CHEMICAL OR PETROCHEMICAL INDUSTRY
(2) INCLUDED ONLY IN TOTAL INDUSTRY

| * OF WHICH: | |
|---|---|
| HYDRO | 24871 |
| NUCLEAR | 0 |
| CONVENTIONAL THERMAL | 12813 |
| GEOTHERMAL | 0 |

** INCLUDED IN THESE TOTALS ARE THE NON-SPECIFIED ELEMENTS

## PRODUCTION ET UTILISATION DES SOURCES D ENERGIE : AUTRICHE

1977

UNIT: 1000 METRIC TONS
UNITE: 1000 TONNES METRIQUES

| OIL / PETROLE: CRUDE* / BRUT* | OIL / PETROLE: NGL / GNL | OIL / PETROLE: FEEDST. | REFINERY GAS / GAZ DE PETROLE | LIQUEFIED PETROLEUM GASES / GAZ LIQUEFIES DE PETROLE | AVIATION GASOLINE / ESSENCE AVION | MOTOR GASOLINE / ESSENCE AUTO | JET FUEL / CARBURANT REACTEUR | KEROSENE / PETROLE LAMPANT | GAS/DIESEL OIL / GAZ/DIESEL OIL | RESIDUAL FUEL OIL / FUEL OIL RESIDUEL | NAPHTHA / NAPHTHA | NON-ENERGY PRODUCTS / PRODUITS NON-ENERGETIQUES |
|---|---|---|---|---|---|---|---|---|---|---|---|---|
| 12 | 13 | 14 | 15 | 16 | 17 | 18 | 19 | 20 | 21 | 22 | 23 | 24 |
| 1762 | - | - | 244 | 126 | - | 1463 | 102 | 40 | 2346 | 3492 | 10 | 598 |
| 25 | - | - | - | - | - | - | - | - | - | - | - | - |
| 7018 | - | - | - | 50 | 3 | 805 | - | 4 | 169 | 1231 | 26 | 434 |
| - | - | - | - | -27 | - | - | - | - | - | -52 | - | -107 |
| - | - | - | - | - | - | - | - | - | - | - | - | - |
| -63 | - | - | - | - | - | -52 | - | -5 | 19 | -13 | - | 2 |
| 8742 | - | - | 244 | 149 | 3 | 2216 | 102 | 39 | 2534 | 4658 | 36 | 927 |
| - | - | - | - | - | - | - | - | - | - | - | - | - |
| - | - | - | - | - | - | - | - | - | - | - | - | - |
| 8742 | - | - | 244 | 149 | 3 | 2216 | 102 | 39 | 2534 | 4658 | 36 | 927 |
| -17 | - | - | - | -19 | - | -74 | - | 30 | 7 | 90 | 18 | 14 |
| 8759 | - | - | - | 29 | - | - | - | - | 6 | 815 | - | - |
| - | - | - | - | - | - | - | - | - | - | - | - | - |
| - | - | - | - | 29 | - | - | - | - | - | - | - | - |
| 8759 | - | - | - | - | - | - | - | - | - | - | - | - |
| - | - | - | - | - | - | - | - | - | 6 | 815 | - | - |
| - | - | - | 244 | 24 | - | - | - | - | - | 91 | - | - |
| - | - | - | - | - | - | - | - | - | - | - | - | - |
| - | - | - | - | - | - | - | - | - | - | - | - | - |
| - | - | - | 244 | 24 | - | - | - | - | - | 91 | - | - |
| - | - | - | - | - | - | - | - | - | - | - | - | - |
| - | - | - | - | - | - | - | - | - | - | - | - | - |
| - | - | - | - | - | - | - | - | - | - | - | - | - |
| - | - | - | - | - | - | - | - | - | - | - | - | - |
| - | - | - | - | 115 | 3 | 2290 | 102 | 9 | 2521 | 3662 | 18 | 913 |
| - | - | - | - | 39 | - | - | - | 1 | 156 | 1810 | 18 | 913 |
| - | - | - | - | 1 | - | - | - | - | 4 | 289 | - | - |
| - | - | - | - | - | - | - | - | - | 7 | 130 | - | - |
| - | - | - | - | - | - | - | - | - | - | - | 18 | - |
| - | - | - | - | - | - | - | - | - | - | 27 | - | - |
| - | - | - | - | 8 | - | - | - | - | 25 | 457 | - | - |
| - | - | - | - | - | - | - | - | - | 2 | 161 | - | - |
| - | - | - | - | - | - | - | - | - | 9 | 93 | - | - |
| - | - | - | - | - | - | - | - | - | 13 | 242 | - | - |
| - | - | - | - | - | - | - | - | - | 4 | 77 | - | - |
| - | - | - | - | - | - | - | - | - | 3 | 42 | - | - |
| - | - | - | - | - | - | - | - | - | 2 | 24 | - | - |
| - | - | - | - | - | - | - | - | - | - | - | - | - |
| - | - | - | - | - | - | - | - | - | - | - | - | - |
| - | - | - | - | 30 | - | - | - | 1 | 87 | 268 | - | 1 |
| - | - | - | - | - | - | - | - | - | - | - | 18 | - |
| - | - | - | - | - | - | - | - | - | - | - | - | 912 |
| - | - | - | - | 14 | 3 | 2242 | 102 | - | 817 | 20 | - | - |
| - | - | - | - | - | 3 | - | 102 | - | - | - | - | - |
| - | - | - | - | 14 | - | 2235 | - | - | 739 | - | - | - |
| - | - | - | - | - | - | - | - | - | 58 | 20 | - | - |
| - | - | - | - | - | - | 7 | - | - | 20 | - | - | - |
| - | - | - | - | 62 | - | 48 | - | 8 | 1548 | 1832 | - | - |
| - | - | - | - | - | - | 40 | - | 2 | 364 | - | - | - |
| - | - | - | - | - | - | - | - | - | - | - | - | - |
| - | - | - | - | - | - | - | - | - | - | - | - | - |
| - | - | - | - | 62 | - | - | - | - | 1184 | 1832 | - | - |

*INCLUDED IN THIS COLUMN IS NGL AND FEEDSTOCKS.

## PRODUCTION AND USES OF ENERGY SOURCES : AUSTRIA

1978

| X / XX ENERGY / XX SOURCES / XX / PRODUCTION XX / AND USES XX/ | UNIT: 1000 METRIC TONS / UNITE: 1000 TONNES METRIQUES | | | | | | TCAL / TCAL | MANUFACTURED GAS (TCAL) / GAZ MANUFACTURE (TCAL) | | | MILLIONS / OF (DE) KWH |
|---|---|---|---|---|---|---|---|---|---|---|---|
| | HARD COAL / HOUILLE | PATENT FUEL / AGGLOMERES | COKE OVEN COKE / COKE DE FOUR | GAS COKE / COKE DE GAZ | BROWN COAL / LIGNITE | BKB / BRIQ. DE LIGNITE | NATURAL GAS / GAZ NATUREL | GAS WORKS / USINES A GAZ | COKE OVENS / COKERIES | BLAST FURNACES / HAUT FOURNEAUX | ELECTRICITY* / ELECTRICITE* |
| | 1 | 2 | 3 | 4 | 5 | 6 | 7 | 8 | 9 | 10 | 11 |
| PRODUCTION | - | - | 1484 | - | 3076 | - | 22742 | 1337 | 2838 | 3959 | 38069 |
| FROM OTHER SOURCES | - | - | - | - | - | - | - | - | 374 | - | - |
| IMPORT | 2277 | 30 | 984 | - | 245 | 299 | 26640 | - | - | - | 2941 |
| EXPORT | - | - | -62 | - | -5 | - | - | - | - | - | -5703 |
| INTL. MARINE BUNKERS | - | - | - | - | - | - | - | - | - | - | - |
| STOCK CHANGES | - | - | 5 | - | -186 | - | -4282 | - | - | - | - |
| DOMESTIC SUPPLY | 2277 | 30 | 2411 | - | 3130 | 299 | 45100 | 1337 | 3212 | 3959 | 35307 |
| RETURNS TO SUPPLY | - | - | - | - | - | - | - | - | - | - | - |
| TRANSFERS | - | - | - | - | - | - | - | - | - | - | - |
| DOMESTIC AVAILABILITY | 2277 | 30 | 2411 | - | 3130 | 299 | 45100 | 1337 | 3212 | 3959 | 35307 |
| STATISTICAL DIFFERENCE | - | - | - | - | - | - | -998 | - | - | - | - |
| TRANSFORM. SECTOR ** | 1939 | - | 591 | - | 2179 | - | 10945 | - | 219 | 866 | - |
| FOR SOLID FUELS | 1938 | - | - | - | - | - | - | - | - | 323 | - |
| FOR GASES | - | - | 591 | - | - | - | 1049 | - | - | - | - |
| PETROLEUM REFINERIES | - | - | - | - | - | - | - | - | - | - | - |
| THERMO-ELECTRIC PLANTS | 1 | - | - | - | 2179 | - | 9896 | - | 219 | 543 | - |
| ENERGY SECTOR | - | - | - | - | 71 | - | 5856 | 187 | 1288 | 125 | 4815 |
| COAL MINES | - | - | - | - | 71 | - | - | - | - | - | 59 |
| OIL AND GAS EXTRACTION | - | - | - | - | - | - | 1800 | - | - | - | 88 |
| PETROLEUM REFINERIES | - | - | - | - | - | - | 2198 | - | - | - | 446 |
| ELECTRIC PLANTS | - | - | - | - | - | - | - | - | - | - | 1140 |
| DISTRIBUTION LOSSES | - | - | - | - | - | - | 1758 | 93 | 16 | 125 | 2523 |
| PUMP STORAGE (ELECTR.) | - | - | - | - | - | - | - | - | - | - | 559 |
| OTHER ENERGY SECTOR | - | - | - | - | - | - | 100 | 94 | 1272 | - | - |
| FINAL CONSUMPTION | 338 | 30 | 1820 | - | 880 | 299 | 29297 | 1150 | 1705 | 2968 | 30492 |
| INDUSTRY SECTOR | 44 | - | 1266 | - | 259 | - | 21214 | 55 | 1705 | 2968 | 13246 |
| IRON AND STEEL | 11 | - | 1188 | - | 17 | - | 3419 | - | 1232 | 2968 | 1970 |
| CHEMICAL | 4 | - | 23 | - | 2 | - | 5135 | 4 | - | - | 2364 |
| PETROCHEMICAL | - | - | - | - | - | - | - | - | - | - | - |
| NON-FERROUS METAL | - | - | 38 | - | 4 | - | 104 | - | - | - | 1982 |
| NON-METALLIC MINERAL | 24 | - | 1 | - | 38 | - | 2686 | - | - | - | 1171 |
| PAPER PULP AND PRINT | - | - | - | - | 186 | - | 3491 | - | - | - | 2070 |
| MINING AND QUARRYING | 4 | - | 5 | - | 4 | - | 563 | 3 | - | - | 431 |
| FOOD AND TOBACCO | - | - | 11 | - | 3 | - | 580 | 6 | - | - | 703 |
| WOOD AND WOOD PRODUCTS | - | - | - | - | - | - | 139 | - | - | - | 487 |
| MACHINERY | - | - | - | - | - | - | 814 | - | - | - | 1085 |
| TRANSPORT EQUIPMENT | - | - | - | - | - | - | 182 | - | - | - | 226 |
| CONSTRUCTION | - | - | - | - | - | - | - | - | - | - | 97 |
| TEXTILES AND LEATHER | - | - | - | - | - | - | - | - | - | - | 611 |
| NON SPECIFIED | 1 | - | - | - | 5 | - | 4101 | 42 | 473 | - | 49 |
| NON-ENERGY USES: | | | | | | | | | | | |
| (1)ENERGY PRODUCTS | - | - | - | - | - | - | - | - | - | - | - |
| (2)NON-ENERGY PRODUCTS | - | - | - | - | - | - | - | - | - | - | - |
| TRANSPORT. SECTOR ** | 58 | - | 109 | - | 31 | 73 | - | - | - | - | 2012 |
| AIR TRANSPORT | - | - | - | - | - | - | - | - | - | - | - |
| ROAD TRANSPORT | - | - | - | - | - | - | - | - | - | - | - |
| RAILWAYS | 58 | - | 109 | - | 31 | 73 | - | - | - | - | 2012 |
| INTERNAL NAVIGATION | - | - | - | - | - | - | - | - | - | - | - |
| OTHER SECTORS ** | 236 | 30 | 445 | - | 590 | 226 | 8083 | 1095 | - | - | 15234 |
| AGRICULTURE | - | - | - | - | - | - | - | - | - | - | 1011 |
| PUBLIC SERVICES | - | - | - | - | - | - | - | - | - | - | - |
| COMMERCE | - | - | - | - | - | - | - | - | - | - | 6069 |
| RESIDENTIAL | 236 | 30 | 445 | - | 590 | 226 | 8083 | 1095 | - | - | 8154 |

(1) INCLUDED IN CHEMICAL OR PETROCHEMICAL INDUSTRY
(2) INCLUDED ONLY IN TOTAL INDUSTRY

| * OF WHICH: HYDRO | 24891 |
|---|---|
| NUCLEAR | 0 |
| CONVENTIONAL THERMAL | 13178 |
| GEOTHERMAL | 0 |

** INCLUDED IN THESE TOTALS ARE THE NON-SPECIFIED ELEMENTS

PRODUCTION ET UTILISATION DES SOURCES D ENERGIE : AUTRICHE

1978

UNIT: 1000 METRIC TONS
UNITE: 1000 TONNES METRIQUES

| OIL / PETROLE | | | REFINERY GAS | LIQUEFIED PETROLEUM GASES | AVIATION GASOLINE | MOTOR GASOLINE | JET FUEL | KEROSENE | GAS/DIESEL OIL | RESIDUAL FUEL OIL | NAPHTHA | NON-ENERGY PRODUCTS |
|---|---|---|---|---|---|---|---|---|---|---|---|---|
| CRUDE* BRUT* | NGL GNL | FEEDST. | GAZ DE PETROLE | GAZ LIQUEFIES DE PETROLE | ESSENCE AVION | ESSENCE AUTO | CARBURANT REACTEUR | PETROLE LAMPANT | GAZ/DIESEL OIL | FUEL OIL RESIDUEL | NAPHTHA | PRODUITS NON-ENERGETIQUES |
| 12 | 13 | 14 | 15 | 16 | 17 | 18 | 19 | 20 | 21 | 22 | 23 | 24 |
| 1791 | - | - | 263 | 122 | - | 1620 | 102 | 26 | 2640 | 4329 | 4 | 768 |
| 24 | - | - | - | - | - | - | - | - | - | - | - | - |
| 8158 | - | - | - | 59 | 4 | 680 | 1 | 6 | 182 | 1015 | 16 | 428 |
| - | - | - | - | -34 | - | - | - | - | - | -36 | -1 | -106 |
| - | - | - | - | - | - | - | - | - | - | - | - | - |
| -123 | - | - | - | -2 | - | -20 | - | -20 | -7 | -474 | - | -20 |
| 9850 | - | - | 263 | 145 | 4 | 2280 | 103 | 12 | 2815 | 4834 | 19 | 1070 |
| - | - | - | - | - | - | - | - | - | - | - | - | - |
| - | - | - | - | - | - | - | - | - | - | - | - | - |
| 9850 | - | - | 263 | 145 | 4 | 2280 | 103 | 12 | 2815 | 4834 | 19 | 1070 |
| -139 | - | - | - | -6 | - | -1 | - | - | -4 | -186 | 3 | -48 |
| 9989 | - | - | - | 38 | - | - | - | - | 2 | 1137 | - | - |
| - | - | - | - | - | - | - | - | - | - | - | - | - |
| - | - | - | - | 38 | - | - | - | - | - | - | - | - |
| 9989 | - | - | - | - | - | - | - | - | - | - | - | - |
| - | - | - | - | - | - | - | - | - | 2 | 1137 | - | - |
| - | - | - | 263 | 13 | - | - | - | - | 2 | 87 | - | - |
| - | - | - | - | - | - | - | - | - | - | - | - | - |
| - | - | - | - | - | - | - | - | - | - | - | - | - |
| - | - | - | 263 | 13 | - | - | - | - | 2 | 87 | - | - |
| - | - | - | - | - | - | - | - | - | - | - | - | - |
| - | - | - | - | - | - | - | - | - | - | - | - | - |
| - | - | - | - | - | - | - | - | - | - | - | - | - |
| - | - | - | - | - | - | - | - | - | - | - | - | - |
| - | - | - | - | 100 | 4 | 2281 | 103 | 12 | 2815 | 3796 | 16 | 1118 |
| - | - | - | - | 50 | - | - | - | - | - | 1898 | 16 | 1118 |
| - | - | - | - | 1 | - | - | - | - | - | 274 | - | - |
| - | - | - | - | - | - | - | - | - | - | 129 | - | - |
| - | - | - | - | - | - | - | - | - | - | - | 16 | - |
| - | - | - | - | - | - | - | - | - | - | 23 | - | - |
| - | - | - | - | 19 | - | - | - | - | - | 498 | - | - |
| - | - | - | - | - | - | - | - | - | - | 193 | - | - |
| - | - | - | - | - | - | - | - | - | - | 104 | - | - |
| - | - | - | - | - | - | - | - | - | - | 228 | - | - |
| - | - | - | - | - | - | - | - | - | - | 76 | - | - |
| - | - | - | - | - | - | - | - | - | - | 99 | - | - |
| - | - | - | - | - | - | - | - | - | - | 23 | - | - |
| - | - | - | - | - | - | - | - | - | - | - | - | - |
| - | - | - | - | - | - | - | - | - | - | - | - | - |
| - | - | - | - | 30 | - | - | - | - | - | 251 | - | 1 |
| - | - | - | - | - | - | - | - | - | - | - | 16 | - |
| - | - | - | - | - | - | - | - | - | - | - | - | 1117 |
| - | - | - | - | 13 | 4 | 2233 | 103 | - | 1424 | 20 | - | - |
| - | - | - | - | - | 4 | - | 103 | - | - | - | - | - |
| - | - | - | - | 13 | - | 2226 | - | - | 1344 | - | - | - |
| - | - | - | - | - | - | - | - | - | 60 | 20 | - | - |
| - | - | - | - | - | - | 7 | - | - | 20 | - | - | - |
| - | - | - | - | 37 | - | 48 | - | 12 | 1391 | 1878 | - | - |
| - | - | - | - | - | - | 40 | - | - | 350 | - | - | - |
| - | - | - | - | - | - | - | - | - | - | - | - | - |
| - | - | - | - | - | - | - | - | - | - | - | - | - |
| - | - | - | - | 37 | - | - | - | - | 1041 | 1878 | - | - |

*INCLUDED IN THIS COLUMN IS NGL AND FEEDSTOCKS.

## PRODUCTION AND USES OF ENERGY SOURCES : AUSTRIA

### 1979

| X ENERGY SOURCES / PRODUCTION AND USES | UNIT: 1000 METRIC TONS / UNITE: 1000 TONNES METRIQUES | | | | | | TCAL / TCAL | MANUFACTURED GAS (TCAL) / GAZ MANUFACTURE (TCAL) | | | MILLIONS OF (DE) KWH |
|---|---|---|---|---|---|---|---|---|---|---|---|
| | HARD COAL / HOUILLE | PATENT FUEL / AGGLOMERES | COKE OVEN COKE / COKE DE FOUR | GAS COKE / COKE DE GAZ | BROWN COAL / LIGNITE | BKB / BRIQ. DE LIGNITE | NATURAL GAS / GAZ NATUREL | GAS WORKS / USINES A GAZ | COKE OVENS / COKERIES | BLAST FURNACES / HAUT FOURNEAUX | ELECTRICITY* / ELECTRICITE* |
| | 1 | 2 | 3 | 4 | 5 | 6 | 7 | 8 | 9 | 10 | 11 |
| PRODUCTION | - | - | 1689 | - | 2741 | - | 20487 | 335 | 3255 | 4713 | 40645 |
| FROM OTHER SOURCES | - | - | - | - | - | - | - | - | 571 | - | - |
| IMPORT | 2803 | 37 | 1241 | - | 211 | 328 | 25724 | - | - | - | 2854 |
| EXPORT | - | - | -11 | - | -12 | - | - | - | - | - | -6689 |
| INTL. MARINE BUNKERS | - | - | - | - | - | - | - | - | - | - | - |
| STOCK CHANGES | - | - | - | - | 86 | - | -2596 | - | - | - | - |
| DOMESTIC SUPPLY | 2803 | 37 | 2919 | - | 3026 | 328 | 43615 | 335 | 3826 | 4713 | 36810 |
| RETURNS TO SUPPLY | - | - | - | - | - | - | - | - | - | - | - |
| TRANSFERS | - | - | - | - | - | - | - | - | - | - | - |
| DOMESTIC AVAILABILITY | 2803 | 37 | 2919 | - | 3026 | 328 | 43615 | 335 | 3826 | 4713 | 36810 |
| STATISTICAL DIFFERENCE | - | - | - | - | - | - | 10 | - | - | - | 1 |
| TRANSFORM. SECTOR ** | 2399 | - | 704 | - | 2079 | 12 | 8029 | - | 435 | 1182 | - |
| FOR SOLID FUELS | 2350 | - | - | - | - | - | - | - | - | 524 | - |
| FOR GASES | - | - | 704 | - | - | - | 718 | - | - | - | - |
| PETROLEUM REFINERIES | - | - | - | - | - | - | - | - | - | - | - |
| THERMO-ELECTRIC PLANTS | 49 | - | - | - | 2079 | 12 | 7311 | - | 435 | 658 | - |
| ENERGY SECTOR | - | - | - | - | 47 | - | 4917 | 28 | 1501 | 98 | 4941 |
| COAL MINES | - | - | - | - | 47 | - | - | - | - | - | 61 |
| OIL AND GAS EXTRACTION | - | - | - | - | - | - | 1600 | - | - | - | 91 |
| PETROLEUM REFINERIES | - | - | - | - | - | - | 1453 | - | - | - | 485 |
| ELECTRIC PLANTS | - | - | - | - | - | - | - | - | - | - | 1140 |
| DISTRIBUTION LOSSES | - | - | - | - | - | - | 1820 | 26 | 18 | 98 | 2524 |
| PUMP STORAGE (ELECTR.) | - | - | - | - | - | - | - | - | - | - | 640 |
| OTHER ENERGY SECTOR | - | - | - | - | - | - | 44 | 2 | 1483 | - | - |
| FINAL CONSUMPTION | 404 | 37 | 2215 | - | 900 | 316 | 30659 | 307 | 1890 | 3433 | 31868 |
| INDUSTRY SECTOR | 53 | - | 1521 | - | 219 | - | 21417 | 35 | 1890 | 3433 | 13878 |
| IRON AND STEEL | 16 | - | 1441 | - | 10 | - | 3970 | - | 1426 | 3433 | 2129 |
| CHEMICAL | 1 | - | 25 | - | 2 | - | 2978 | 3 | - | - | 2451 |
| PETROCHEMICAL | - | - | - | - | - | - | 5068 | - | - | - | - |
| NON-FERROUS METAL | - | - | 36 | - | 3 | - | 106 | - | - | - | 2008 |
| NON-METALLIC MINERAL | 31 | - | 1 | - | 22 | - | 3119 | - | - | - | 1210 |
| PAPER PULP AND PRINT | - | - | 1 | - | 175 | - | 3890 | - | - | - | 2182 |
| MINING AND QUARRYING | 4 | - | 6 | - | 2 | - | 567 | - | - | - | 471 |
| FOOD AND TOBACCO | - | - | 11 | - | 2 | - | 824 | 7 | - | - | 755 |
| WOOD AND WOOD PRODUCTS | - | - | - | - | - | - | 177 | - | - | - | 516 |
| MACHINERY | - | - | - | - | - | - | 204 | - | - | - | 1135 |
| TRANSPORT EQUIPMENT | - | - | - | - | - | - | 195 | - | - | - | 245 |
| CONSTRUCTION | - | - | - | - | - | - | - | - | - | - | 90 |
| TEXTILES AND LEATHER | - | - | - | - | - | - | - | - | - | - | 629 |
| NON SPECIFIED | 1 | - | - | - | 3 | - | 319 | 25 | 464 | - | 57 |
| NON-ENERGY USES: | | | | | | | | | | | |
| (1)ENERGY PRODUCTS | - | - | - | - | - | - | 5068 | - | - | - | - |
| (2)NON-ENERGY PRODUCTS | - | - | - | - | - | - | - | - | - | - | - |
| TRANSPORT. SECTOR ** | 64 | - | 140 | - | 31 | 58 | - | - | - | - | 2194 |
| AIR TRANSPORT | - | - | - | - | - | - | - | - | - | - | - |
| ROAD TRANSPORT | - | - | - | - | - | - | - | - | - | - | - |
| RAILWAYS | 64 | - | 140 | - | 31 | 58 | - | - | - | - | 2194 |
| INTERNAL NAVIGATION | - | - | - | - | - | - | - | - | - | - | - |
| OTHER SECTORS ** | 287 | 37 | 554 | - | 650 | 258 | 9242 | 272 | - | - | 15796 |
| AGRICULTURE | - | - | - | - | - | - | - | - | - | - | 1044 |
| PUBLIC SERVICES | - | - | - | - | - | - | - | - | - | - | - |
| COMMERCE | - | - | - | - | - | - | - | - | - | - | 6368 |
| RESIDENTIAL | 287 | 37 | 554 | - | 650 | 258 | 9242 | 272 | - | - | 8384 |

(1) INCLUDED IN CHEMICAL OR PETROCHEMICAL INDUSTRY
(2) INCLUDED ONLY IN TOTAL INDUSTRY

** INCLUDED IN THESE TOTALS ARE THE NON-SPECIFIED ELEMENTS

| * OF WHICH: HYDRO | 28047 |
|---|---|
| NUCLEAR | 0 |
| CONVENTIONAL THERMAL | 12598 |
| GEOTHERMAL | 0 |

PRODUCTION ET UTILISATION DES SOURCES D ENERGIE : AUTRICHE

1979

UNIT: 1000 METRIC TONS
UNITE: 1000 TONNES METRIQUES

| OIL PETROLE: CRUDE BRUT | OIL PETROLE: NGL GNL | OIL PETROLE: FEEDST. | REFINERY GAS / GAZ DE PETROLE | LIQUEFIED PETROLEUM GASES / GAZ LIQUEFIES DE PETROLE | AVIATION GASOLINE / ESSENCE AVION | MOTOR GASOLINE / ESSENCE AUTO | JET FUEL / CARBURANT REACTEUR | KEROSENE / PETROLE LAMPANT | GAS/DIESEL OIL / GAZ/DIESEL OIL | RESIDUAL FUEL OIL / FUEL OIL RESIDUEL | NAPHTHA / NAPHTHA | NON-ENERGY PRODUCTS / PRODUITS NON-ENERGETIQUES |
|---|---|---|---|---|---|---|---|---|---|---|---|---|
| 12 | 13 | 14 | 15 | 16 | 17 | 18 | 19 | 20 | 21 | 22 | 23 | 24 |
| 1726 | 25 | - | 313 | 159 | - | 1758 | 113 | 11 | 2812 | 4437 | 17 | 993 |
| - | - | - | - | - | - | - | - | - | - | - | - | - |
| 8827 | - | 50 | - | 49 | 3 | 689 | 8 | 9 | 227 | 862 | 9 | 481 |
| - | - | -8 | - | -7 | - | - | - | - | - | - | -5 | -151 |
| - | - | - | - | - | - | - | - | - | - | - | - | - |
| -36 | - | -158 | - | -2 | - | -31 | 6 | -3 | -59 | -59 | - | -12 |
| 10517 | 25 | -116 | 313 | 199 | 3 | 2416 | 127 | 17 | 2980 | 5240 | 21 | 1311 |
| - | - | 350 | - | - | - | - | - | - | -14 | -53 | - | -283 |
| - | - | - | - | - | - | - | - | - | - | - | - | - |
| 10517 | 25 | 234 | 313 | 199 | 3 | 2416 | 127 | 17 | 2966 | 5187 | 21 | 1028 |
| 58 | - | - | - | -3 | - | 1 | 2 | -3 | - | - | -1 | -96 |
| 10459 | 25 | 234 | - | 28 | - | - | - | - | 7 | 1376 | - | - |
| - | - | - | - | - | - | - | - | - | - | - | - | - |
| - | - | - | - | 28 | - | - | - | - | - | - | - | - |
| 10459 | 25 | 234 | - | - | - | - | - | - | - | - | - | - |
| - | - | - | - | - | - | - | - | - | 7 | 1376 | - | - |
| - | - | - | 313 | 48 | - | - | - | - | - | 82 | - | - |
| - | - | - | - | - | - | - | - | - | - | - | - | - |
| - | - | - | - | - | - | - | - | - | - | - | - | - |
| - | - | - | 313 | 48 | - | - | - | - | - | 82 | - | - |
| - | - | - | - | - | - | - | - | - | - | - | - | - |
| - | - | - | - | - | - | - | - | - | - | - | - | - |
| - | - | - | - | - | - | - | - | - | - | - | - | - |
| - | - | - | - | - | - | - | - | - | - | - | - | - |
| - | - | - | - | 126 | 3 | 2415 | 125 | 20 | 2959 | 3729 | 22 | 1124 |
| - | - | - | - | 34 | - | - | - | - | - | 1874 | 22 | 1124 |
| - | - | - | - | 7 | - | - | - | - | - | 424 | - | - |
| - | - | - | - | - | - | - | - | - | - | 135 | - | - |
| - | - | - | - | - | - | - | - | - | - | - | 22 | - |
| - | - | - | - | 5 | - | - | - | - | - | - | - | - |
| - | - | - | - | 15 | - | - | - | - | - | 444 | - | - |
| - | - | - | - | 2 | - | - | - | - | - | 174 | - | - |
| - | - | - | - | - | - | - | - | - | - | 114 | - | - |
| - | - | - | - | 1 | - | - | - | - | - | 238 | - | - |
| - | - | - | - | - | - | - | - | - | - | 85 | - | - |
| - | - | - | - | 2 | - | - | - | - | - | 86 | - | - |
| - | - | - | - | - | - | - | - | - | - | 25 | - | - |
| - | - | - | - | - | - | - | - | - | - | - | - | - |
| - | - | - | - | - | - | - | - | - | - | - | - | - |
| - | - | - | - | 2 | - | - | - | - | - | 149 | - | - |
| - | - | - | - | - | - | - | - | - | - | - | 22 | - |
| - | - | - | - | - | - | - | - | - | - | - | - | 1124 |
| - | - | - | - | 25 | 3 | 2368 | 125 | - | 1484 | 54 | - | - |
| - | - | - | - | - | 3 | - | 125 | - | - | - | - | - |
| - | - | - | - | 25 | - | 2361 | - | - | 1406 | - | - | - |
| - | - | - | - | - | - | - | - | - | 58 | 54 | - | - |
| - | - | - | - | - | - | 7 | - | - | 20 | - | - | - |
| - | - | - | - | 67 | - | 47 | - | 20 | 1475 | 1801 | - | - |
| - | - | - | - | - | - | 40 | - | - | 300 | - | - | - |
| - | - | - | - | - | - | - | - | - | - | - | - | - |
| - | - | - | - | - | - | - | - | - | - | - | - | - |
| - | - | - | - | 67 | - | - | - | - | 1175 | 1801 | - | - |

## PRODUCTION AND USES OF ENERGY SOURCES : AUSTRIA

1980

| PRODUCTION AND USES / ENERGY SOURCES | UNIT: 1000 METRIC TONS / UNITE: 1000 TONNES METRIQUES | | | | | | TCAL / TCAL | MANUFACTURED GAS (TCAL) / GAZ MANUFACTURE (TCAL) | | | MILLIONS OF (DE) KWH |
|---|---|---|---|---|---|---|---|---|---|---|---|
| | HARD COAL / HOUILLE | PATENT FUEL / AGGLOMERES | COKE OVEN COKE / COKE DE FOUR | GAS COKE / COKE DE GAZ | BROWN COAL / LIGNITE | BKB / BRIQ. DE LIGNITE | NATURAL GAS / GAZ NATUREL | GAS WORKS / USINES A GAZ | COKE OVENS / COKERIES | BLAST FURNACES / HAUT FOURNEAUX | ELECTRICITY* / ELECTRICITE* |
| | 1 | 2 | 3 | 4 | 5 | 6 | 7 | 8 | 9 | 10 | 11 |
| PRODUCTION | - | - | 1729 | - | 2865 | - | 16863 | 331 | 3335 | 4387 | 41966 |
| FROM OTHER SOURCES | - | - | - | - | - | - | - | - | 430 | - | - |
| IMPORT | 2898 | 32 | 1013 | - | 243 | 372 | 26840 | - | - | - | 3164 |
| EXPORT | - | - | - | - | -24 | - | - | - | - | - | -7136 |
| INTL. MARINE BUNKERS | - | - | - | - | - | - | - | - | - | - | - |
| STOCK CHANGES | - | - | -16 | - | 10 | - | -1799 | 26 | - | - | - |
| DOMESTIC SUPPLY | 2898 | 32 | 2726 | - | 3094 | 372 | 41904 | 357 | 3765 | 4387 | 37994 |
| RETURNS TO SUPPLY | - | - | - | - | - | - | - | - | - | - | - |
| TRANSFERS | - | - | - | - | - | - | - | - | - | - | - |
| DOMESTIC AVAILABILITY | 2898 | 32 | 2726 | - | 3094 | 372 | 41904 | 357 | 3765 | 4387 | 37994 |
| STATISTICAL DIFFERENCE | 1 | - | - | - | - | - | -9 | - | - | - | - |
| TRANSFORM. SECTOR ** | 2424 | - | 653 | - | 2128 | 14 | 6743 | - | 285 | 980 | - |
| FOR SOLID FUELS | 2365 | - | - | - | - | - | - | - | - | 374 | - |
| FOR GASES | - | - | 653 | - | - | - | 700 | - | - | - | - |
| PETROLEUM REFINERIES | - | - | - | - | - | - | - | - | - | - | - |
| THERMO-ELECTRIC PLANTS | 59 | - | - | - | 2128 | 14 | 6043 | - | 285 | 606 | - |
| ENERGY SECTOR | - | - | - | - | 47 | - | 3757 | 22 | 1570 | 91 | 4978 |
| COAL MINES | - | - | - | - | 47 | - | - | - | - | - | 63 |
| OIL AND GAS EXTRACTION | - | - | - | - | - | - | 1300 | - | - | - | 93 |
| PETROLEUM REFINERIES | - | - | - | - | - | - | 1100 | - | - | - | 490 |
| ELECTRIC PLANTS | - | - | - | - | - | - | - | - | - | - | 1182 |
| DISTRIBUTION LOSSES | - | - | - | - | - | - | 1307 | 22 | 17 | 91 | 2628 |
| PUMP STORAGE (ELECTR.) | - | - | - | - | - | - | - | - | - | - | 522 |
| OTHER ENERGY SECTOR | - | - | - | - | - | - | 50 | - | 1553 | - | - |
| FINAL CONSUMPTION | 473 | 32 | 2073 | - | 919 | 358 | 31413 | 335 | 1910 | 3316 | 33016 |
| INDUSTRY SECTOR | 76 | - | 1405 | - | 253 | - | 20992 | 27 | 1910 | 3316 | 14172 |
| IRON AND STEEL | 19 | - | 1326 | - | 7 | - | 3828 | - | 1565 | 3316 | 2047 |
| CHEMICAL | 1 | - | 28 | - | 11 | - | 2632 | 1 | - | - | 2508 |
| PETROCHEMICAL | - | - | - | - | - | - | 5192 | - | - | - | - |
| NON-FERROUS METAL | - | - | 30 | - | 1 | - | 115 | - | - | - | 2035 |
| NON-METALLIC MINERAL | 53 | - | 1 | - | 20 | - | 3172 | 2 | - | - | 1239 |
| PAPER PULP AND PRINT | - | - | - | - | 195 | - | 3722 | - | - | - | 2246 |
| MINING AND QUARRYING | 2 | - | 5 | - | 2 | - | 603 | - | - | - | 491 |
| FOOD AND TOBACCO | - | - | 15 | - | 1 | - | 815 | 10 | - | - | 775 |
| WOOD AND WOOD PRODUCTS | - | - | - | - | - | - | 204 | - | - | - | 552 |
| MACHINERY | - | - | - | - | - | - | 168 | 3 | - | - | 1218 |
| TRANSPORT EQUIPMENT | - | - | - | - | - | - | 204 | - | - | - | 275 |
| CONSTRUCTION | - | - | - | - | - | - | - | - | - | - | 88 |
| TEXTILES AND LEATHER | - | - | - | - | 2 | - | - | - | - | - | 637 |
| NON SPECIFIED | 1 | - | - | - | 14 | - | 337 | 11 | 345 | - | 61 |
| NON-ENERGY USES: | | | | | | | | | | | |
| (1)ENERGY PRODUCTS | - | - | - | - | - | - | 5192 | - | - | - | - |
| (2)NON-ENERGY PRODUCTS | - | - | - | - | - | - | - | - | - | - | - |
| TRANSPORT. SECTOR ** | 65 | - | 137 | - | 33 | 84 | - | - | - | - | 2277 |
| AIR TRANSPORT | - | - | - | - | - | - | - | - | - | - | - |
| ROAD TRANSPORT | - | - | - | - | - | - | - | - | - | - | - |
| RAILWAYS | 65 | - | 137 | - | 33 | 84 | - | - | - | - | 2277 |
| INTERNAL NAVIGATION | - | - | - | - | - | - | - | - | - | - | - |
| OTHER SECTORS ** | 332 | 32 | 531 | - | 633 | 274 | 10421 | 308 | - | - | 16567 |
| AGRICULTURE | - | - | - | - | - | - | - | - | - | - | 1072 |
| PUBLIC SERVICES | - | - | - | - | - | - | - | - | - | - | - |
| COMMERCE | - | - | - | - | - | - | - | - | - | - | 6727 |
| RESIDENTIAL | 332 | 32 | 531 | - | 633 | 274 | 10421 | 308 | - | - | 8768 |

(1) INCLUDED IN CHEMICAL OR PETROCHEMICAL INDUSTRY
(2) INCLUDED ONLY IN TOTAL INDUSTRY

| * OF WHICH: HYDRO | 29090 |
|---|---|
| NUCLEAR | 0 |
| CONVENTIONAL THERMAL | 12876 |
| GEOTHERMAL | 0 |

** INCLUDED IN THESE TOTALS ARE THE NON-SPECIFIED ELEMENTS

UNIT: 1000 METRIC TONS
UNITE: 1000 TONNES METRIQUES

| OIL / PETROLE | | | REFINERY GAS | LIQUEFIED PETROLEUM GASES | AVIATION GASOLINE | MOTOR GASOLINE | JET FUEL | KEROSENE | GAS/DIESEL OIL | RESIDUAL FUEL OIL | NAPHTHA | NON-ENERGY PRODUCTS |
|---|---|---|---|---|---|---|---|---|---|---|---|---|
| CRUDE BRUT | NGL GNL | FEEDST. | GAZ DE PETROLE | GAZ LIQUEFIES DE PETROLE | ESSENCE AVION | ESSENCE AUTO | CARBURANT REACTEUR | PETROLE LAMPANT | GAZ/DIESEL OIL | FUEL OIL RESIDUEL | NAPHTHA | PRODUITS NON-ENERGETIQUES |
| 12 | 13 | 14 | 15 | 16 | 17 | 18 | 19 | 20 | 21 | 22 | 23 | 24 |
| 1475 | 21 | - | 344 | 151 | - | 1778 | 132 | 4 | 2543 | 4350 | 18 | 907 |
| - | - | - | - | - | - | - | - | - | - | - | - | - |
| 8318 | - | 268 | - | 51 | 3 | 792 | 6 | 9 | 394 | 1036 | 17 | 466 |
| - | - | -1 | - | -8 | - | -4 | - | - | - | - | -1 | -168 |
| - | - | - | - | - | - | - | - | - | - | - | - | - |
| -122 | - | 161 | - | -3 | - | -130 | -5 | 3 | -223 | -216 | - | -38 |
| 9671 | 21 | 428 | 344 | 191 | 3 | 2436 | 133 | 16 | 2714 | 5170 | 34 | 1167 |
| - | - | 136 | - | - | - | - | - | - | - | -73 | - | -63 |
| - | - | - | - | - | - | - | - | - | - | - | - | - |
| 9671 | 21 | 564 | 344 | 191 | 3 | 2436 | 133 | 16 | 2714 | 5097 | 34 | 1104 |
| -44 | - | -21 | - | 1 | - | - | - | -1 | -6 | - | -1 | -4 |
| 9715 | 21 | 585 | - | 28 | - | - | - | - | 7 | 1516 | - | - |
| - | - | - | - | - | - | - | - | - | - | - | - | - |
| - | - | - | - | 28 | - | - | - | - | - | - | - | - |
| 9715 | 21 | 585 | - | - | - | - | - | - | - | - | - | - |
| - | - | - | - | - | - | - | - | - | 7 | 1516 | - | - |
| - | - | - | 344 | 34 | - | - | - | - | - | 160 | - | - |
| - | - | - | - | - | - | - | - | - | - | - | - | - |
| - | - | - | - | - | - | - | - | - | - | - | - | - |
| - | - | - | 344 | 34 | - | - | - | - | - | 160 | - | - |
| - | - | - | - | - | - | - | - | - | - | - | - | - |
| - | - | - | - | - | - | - | - | - | - | - | - | - |
| - | - | - | - | - | - | - | - | - | - | - | - | - |
| - | - | - | - | - | - | - | - | - | - | - | - | - |
| - | - | - | - | 128 | 3 | 2436 | 133 | 17 | 2713 | 3421 | 35 | 1108 |
| - | - | - | - | 34 | - | - | - | - | - | 1900 | 35 | 1108 |
| - | - | - | - | 7 | - | - | - | - | - | 430 | - | - |
| - | - | - | - | - | - | - | - | - | - | 137 | - | - |
| - | - | - | - | - | - | - | - | - | - | - | 35 | - |
| - | - | - | - | 5 | - | - | - | - | - | - | - | - |
| - | - | - | - | 15 | - | - | - | - | - | 450 | - | - |
| - | - | - | - | 2 | - | - | - | - | - | 177 | - | - |
| - | - | - | - | - | - | - | - | - | - | 116 | - | - |
| - | - | - | - | 1 | - | - | - | - | - | 241 | - | - |
| - | - | - | - | - | - | - | - | - | - | 86 | - | - |
| - | - | - | - | 2 | - | - | - | - | - | 87 | - | - |
| - | - | - | - | - | - | - | - | - | - | 25 | - | - |
| - | - | - | - | - | - | - | - | - | - | - | - | - |
| - | - | - | - | - | - | - | - | - | - | - | - | - |
| - | - | - | - | 2 | - | - | - | - | - | 151 | - | - |
| - | - | - | - | - | - | - | - | - | - | - | 35 | - |
| - | - | - | - | - | - | - | - | - | - | - | - | 1108 |
| - | - | - | - | 25 | 3 | 2389 | 133 | - | 1496 | 54 | - | - |
| - | - | - | - | - | 3 | - | 133 | - | - | - | - | - |
| - | - | - | - | 25 | - | 2382 | - | - | 1416 | - | - | - |
| - | - | - | - | - | - | - | - | - | 60 | 54 | - | - |
| - | - | - | - | - | - | 7 | - | - | 20 | - | - | - |
| - | - | - | - | 69 | - | 47 | - | 17 | 1217 | 1467 | - | - |
| - | - | - | - | - | - | 40 | - | - | 200 | - | - | - |
| - | - | - | - | - | - | - | - | - | - | - | - | - |
| - | - | - | - | - | - | - | - | - | - | - | - | - |
| - | - | - | - | 69 | - | - | - | - | 1017 | 1467 | - | - |

## PRODUCTION AND USES OF ENERGY SOURCES : AUSTRIA

1981

| ENERGY SOURCES / PRODUCTION AND USES | UNIT: 1000 METRIC TONS / UNITE: 1000 TONNES METRIQUES | | | | | | TCAL / TCAL | MANUFACTURED GAS (TCAL) / GAZ MANUFACTURE (TCAL) | | | MILLIONS OF (DE) KWH |
|---|---|---|---|---|---|---|---|---|---|---|---|
| | HARD COAL / HOUILLE | PATENT FUEL / AGGLOMERES | COKE OVEN COKE / COKE DE FOUR | GAS COKE / COKE DE GAZ | BROWN COAL / LIGNITE | BKB / BRIQ. DE LIGNITE | NATURAL GAS / GAZ NATUREL | GAS WORKS / USINES A GAZ | COKE OVENS / COKERIES | BLAST FURNACES / HAUT FOURNEAUX | ELECTRICITY* / ELECTRICITE* |
| | 1 | 2 | 3 | 4 | 5 | 6 | 7 | 8 | 9 | 10 | 11 |
| PRODUCTION | - | - | 1652 | - | 3061 | - | 12680 | 233 | 3224 | 4101 | 42894 |
| FROM OTHER SOURCES | - | - | - | - | - | - | - | - | 361 | - | - |
| IMPORT | 2727 | 48 | 1079 | - | 498 | 412 | 35310 | - | - | - | 2862 |
| EXPORT | - | - | - | - | -20 | - | - | - | - | - | -7441 |
| INTL. MARINE BUNKERS | - | - | - | - | - | - | - | - | - | - | - |
| STOCK CHANGES | - | - | - | - | 97 | - | -8079 | - | - | - | - |
| DOMESTIC SUPPLY | 2727 | 48 | 2731 | - | 3636 | 412 | 39911 | 233 | 3585 | 4101 | 38315 |
| RETURNS TO SUPPLY | - | - | - | - | - | - | - | - | - | - | - |
| TRANSFERS | - | - | - | - | - | - | - | - | - | - | - |
| DOMESTIC AVAILABILITY | 2727 | 48 | 2731 | - | 3636 | 412 | 39911 | 233 | 3585 | 4101 | 38315 |
| STATISTICAL DIFFERENCE | -2 | - | -34 | - | - | - | 123 | - | - | - | - |
| TRANSFORM. SECTOR ** | 2257 | - | 640 | - | 2576 | 12 | 6437 | - | 395 | 938 | - |
| FOR SOLID FUELS | 2204 | - | - | - | - | - | - | - | - | 300 | - |
| FOR GASES | - | - | 640 | - | - | - | 450 | - | - | - | - |
| PETROLEUM REFINERIES | - | - | - | - | - | - | - | - | - | - | - |
| THERMO-ELECTRIC PLANTS | 53 | - | - | - | 2576 | 12 | 5987 | - | 395 | 638 | - |
| ENERGY SECTOR | - | - | - | - | 59 | - | 3877 | 20 | 1463 | 81 | 5054 |
| COAL MINES | - | - | - | - | 59 | - | - | - | - | - | 59 |
| OIL AND GAS EXTRACTION | - | - | - | - | - | - | 1000 | - | - | - | 96 |
| PETROLEUM REFINERIES | - | - | - | - | - | - | 1060 | - | - | - | 511 |
| ELECTRIC PLANTS | - | - | - | - | - | - | - | - | - | - | 1166 |
| DISTRIBUTION LOSSES | - | - | - | - | - | - | 1764 | 20 | 16 | 81 | 2427 |
| PUMP STORAGE (ELECTR.) | - | - | - | - | - | - | - | - | - | - | 795 |
| OTHER ENERGY SECTOR | - | - | - | - | - | - | 53 | - | 1447 | - | - |
| FINAL CONSUMPTION | 472 | 48 | 2125 | - | 1001 | 400 | 29474 | 213 | 1727 | 3082 | 33261 |
| INDUSTRY SECTOR | 121 | - | 1498 | - | 363 | 14 | 19955 | 6 | 1727 | 3082 | 14090 |
| IRON AND STEEL | 18 | - | 1432 | - | 5 | 13 | 3586 | - | 1659 | 3082 | 1994 |
| CHEMICAL | 1 | - | 23 | - | 49 | - | 2540 | - | - | - | 2501 |
| PETROCHEMICAL | - | - | - | - | - | - | 5015 | - | - | - | - |
| NON-FERROUS METAL | - | - | 26 | - | 2 | - | 105 | - | - | - | 2032 |
| NON-METALLIC MINERAL | 94 | - | - | - | 19 | - | 2988 | 1 | - | - | 1221 |
| PAPER PULP AND PRINT | - | - | - | - | 212 | - | 3436 | - | - | - | 2245 |
| MINING AND QUARRYING | 2 | - | 4 | - | 1 | - | 598 | - | - | - | 446 |
| FOOD AND TOBACCO | - | - | 13 | - | 6 | - | 747 | 2 | - | - | 819 |
| WOOD AND WOOD PRODUCTS | - | - | - | - | - | - | 194 | - | - | - | 521 |
| MACHINERY | - | - | - | - | - | - | 164 | - | - | - | 1230 |
| TRANSPORT EQUIPMENT | - | - | - | - | - | - | 194 | - | - | - | 290 |
| CONSTRUCTION | - | - | - | - | - | - | - | - | - | - | 84 |
| TEXTILES AND LEATHER | - | - | - | - | 2 | - | - | - | - | - | 636 |
| NON SPECIFIED | 6 | - | - | - | 67 | 1 | 388 | 3 | 68 | - | 71 |
| NON-ENERGY USES: | | | | | | | | | | | |
| (1)ENERGY PRODUCTS | - | - | - | - | - | - | 5015 | - | - | - | - |
| (2)NON-ENERGY PRODUCTS | - | - | - | - | - | - | - | - | - | - | - |
| TRANSPORT. SECTOR ** | 67 | - | 164 | - | 22 | 106 | - | - | - | - | 2258 |
| AIR TRANSPORT | - | - | - | - | - | - | - | - | - | - | - |
| ROAD TRANSPORT | - | - | - | - | - | - | - | - | - | - | - |
| RAILWAYS | 67 | - | 164 | - | 22 | 106 | - | - | - | - | 2258 |
| INTERNAL NAVIGATION | - | - | - | - | - | - | - | - | - | - | - |
| OTHER SECTORS ** | 284 | 48 | 463 | - | 616 | 280 | 9519 | 207 | - | - | 16913 |
| AGRICULTURE | - | - | - | - | - | - | - | - | - | - | 1103 |
| PUBLIC SERVICES | - | - | - | - | - | - | - | - | - | - | - |
| COMMERCE | - | - | - | - | - | - | - | - | - | - | 6957 |
| RESIDENTIAL | 284 | 48 | 463 | - | 616 | 280 | 9519 | 207 | - | - | 8853 |

(1) INCLUDED IN CHEMICAL OR PETROCHEMICAL INDUSTRY
(2) INCLUDED ONLY IN TOTAL INDUSTRY

| * OF WHICH: HYDRO | 30830 |
|---|---|
| NUCLEAR | 0 |
| CONVENTIONAL THERMAL | 12064 |
| GEOTHERMAL | 0 |

** INCLUDED IN THESE TOTALS ARE THE NON-SPECIFIED ELEMENTS

## PRODUCTION ET UTILISATION DES SOURCES D ENERGIE : AUTRICHE

1981

UNIT: 1000 METRIC TONS
UNITE: 1000 TONNES METRIQUES

| OIL / PETROLE: CRUDE / BRUT 12 | OIL / PETROLE: NGL / GNL 13 | OIL / PETROLE: FEEDST. 14 | REFINERY GAS / GAZ DE PETROLE 15 | LIQUEFIED PETROLEUM GASES / GAZ LIQUEFIES DE PETROLE 16 | AVIATION GASOLINE / ESSENCE AVION 17 | MOTOR GASOLINE / ESSENCE AUTO 18 | JET FUEL / CARBURANT REACTEUR 19 | KEROSENE / PETROLE LAMPANT 20 | GAS/DIESEL OIL / GAZ/DIESEL OIL 21 | RESIDUAL FUEL OIL / FUEL OIL RESIDUEL 22 | NAPHTHA / NAPHTHA 23 | NON-ENERGY PRODUCTS / PRODUITS NON-ENERGETIQUES 24 |
|---|---|---|---|---|---|---|---|---|---|---|---|---|
| 1338 | 14 | - | 287 | 139 | - | 1885 | 148 | 12 | 2113 | 3320 | 17 | 800 |
| - | - | - | - | - | - | - | - | - | - | - | - | - |
| 7533 | - | 137 | - | 45 | 3 | 540 | 1 | 3 | 246 | 997 | 3 | 470 |
| - | - | - | - | -6 | - | -1 | - | - | - | - | - | -188 |
| - | - | - | - | - | - | - | - | - | - | - | - | - |
| -18 | - | -155 | - | - | - | -14 | -2 | -4 | 58 | -48 | - | 24 |
| 8853 | 14 | -18 | 287 | 178 | 3 | 2410 | 147 | 11 | 2417 | 4269 | 20 | 1106 |
| - | - | 58 | - | - | - | - | - | - | - | - | - | - |
| - | - | - | - | - | - | - | - | - | - | - | - | - |
| 8853 | 14 | 40 | 287 | 178 | 3 | 2410 | 147 | 11 | 2417 | 4269 | 20 | 1106 |
| 15 | - | - | - | - | - | 2 | -1 | 1 | -2 | 2 | - | 1 |
| 8838 | 14 | 40 | - | 20 | - | - | - | - | 5 | 1112 | - | - |
| - | - | - | - | - | - | - | - | - | - | - | - | - |
| - | - | - | - | 20 | - | - | - | - | - | - | - | - |
| 8838 | 14 | 40 | - | - | - | - | - | - | - | - | - | - |
| - | - | - | - | - | - | - | - | - | 5 | 1112 | - | - |
| - | - | - | 287 | 30 | - | - | - | - | - | 183 | - | - |
| - | - | - | - | - | - | - | - | - | - | - | - | - |
| - | - | - | - | - | - | - | - | - | - | - | - | - |
| - | - | - | 287 | 30 | - | - | - | - | - | 183 | - | - |
| - | - | - | - | - | - | - | - | - | - | - | - | - |
| - | - | - | - | - | - | - | - | - | - | - | - | - |
| - | - | - | - | - | - | - | - | - | - | - | - | - |
| - | - | - | - | - | - | - | - | - | - | - | - | - |
| - | - | - | - | 128 | 3 | 2408 | 148 | 10 | 2414 | 2972 | 20 | 1105 |
| - | - | - | - | 40 | - | - | - | - | - | 1545 | 20 | 1105 |
| - | - | - | - | 5 | - | - | - | - | - | 141 | - | - |
| - | - | - | - | - | - | - | - | - | - | 126 | - | - |
| - | - | - | - | - | - | - | - | - | - | - | 20 | - |
| - | - | - | - | 7 | - | - | - | - | - | 23 | - | - |
| - | - | - | - | 12 | - | - | - | - | - | 353 | - | - |
| - | - | - | - | 2 | - | - | - | - | - | 163 | - | - |
| - | - | - | - | - | - | - | - | - | - | 93 | - | - |
| - | - | - | - | 2 | - | - | - | - | - | 257 | - | - |
| - | - | - | - | - | - | - | - | - | - | 64 | - | - |
| - | - | - | - | 2 | - | - | - | - | - | 40 | - | - |
| - | - | - | - | - | - | - | - | - | - | 24 | - | - |
| - | - | - | - | 4 | - | - | - | - | - | 70 | - | - |
| - | - | - | - | - | - | - | - | - | - | 108 | - | - |
| - | - | - | - | 6 | - | - | - | - | - | 83 | - | - |
| - | - | - | - | - | - | - | - | - | - | - | 20 | - |
| - | - | - | - | - | - | - | - | - | - | - | - | 1105 |
| - | - | - | - | 21 | 3 | 2368 | 148 | - | 1441 | 22 | - | - |
| - | - | - | - | - | 3 | - | 148 | - | - | - | - | - |
| - | - | - | - | 21 | - | 2368 | - | - | 1383 | - | - | - |
| - | - | - | - | - | - | - | - | - | 58 | 22 | - | - |
| - | - | - | - | - | - | - | - | - | - | - | - | - |
| - | - | - | - | 67 | - | 40 | - | 10 | 973 | 1405 | - | - |
| - | - | - | - | - | - | 40 | - | - | 200 | - | - | - |
| - | - | - | - | - | - | - | - | - | - | - | - | - |
| - | - | - | - | - | - | - | - | - | - | - | - | - |
| - | - | - | - | 67 | - | - | - | - | 773 | 1405 | - | - |

# PRODUCTION AND USES OF ENERGY SOURCES : BELGIUM

1971

| X / XX ENERGY / XX SOURCES / PRODUCTION AND USES | UNIT: 1000 METRIC TONS / UNITE: 1000 TONNES METRIQUES | | | | | | TCAL / TCAL | MANUFACTURED GAS (TCAL) / GAZ MANUFACTURE (TCAL) | | | MILLIONS OF (DE) KWH |
|---|---|---|---|---|---|---|---|---|---|---|---|
| | HARD COAL / HOUILLE | PATENT FUEL / AGGLOMERES | COKE OVEN COKE / COKE DE FOUR | GAS COKE / COKE DE GAZ | BROWN COAL / LIGNITE | BKB / BRIQ. DE LIGNITE | NATURAL GAS / GAZ NATUREL | GAS WORKS / USINES A GAZ | COKE OVENS / COKERIES | BLAST FURNACES / HAUT FOURNEAUX | ELECTRICITY* / ELECTRICITE* |
| | 1 | 2 | 3 | 4 | 5 | 6 | 7 | 8 | 9 | 10 | 11 |
| PRODUCTION | 10960 | 574 | 6783 | - | - | - | 421 | 50 | 12870 | 17244 | 33261 |
| FROM OTHER SOURCES | - | - | - | - | - | - | - | 522 | - | - | - |
| IMPORT | 5283 | 205 | 1006 | - | - | 34 | 52373 | - | - | - | 1070 |
| EXPORT | -378 | -51 | -530 | - | - | - | - | -12 | - | - | -1564 |
| INTL. MARINE BUNKERS | - | - | - | - | - | - | - | - | - | - | - |
| STOCK CHANGES | -156 | -5 | -36 | - | - | - | -425 | - | - | - | - |
| DOMESTIC SUPPLY | 15709 | 723 | 7223 | - | - | 34 | 52369 | 560 | 12870 | 17244 | 32767 |
| RETURNS TO SUPPLY | - | - | - | - | - | - | - | - | - | - | - |
| TRANSFERS | - | - | - | - | - | - | - | - | - | - | - |
| DOMESTIC AVAILABILITY | 15709 | 723 | 7223 | - | - | 34 | 52369 | 560 | 12870 | 17244 | 32767 |
| STATISTICAL DIFFERENCE | - | - | - | - | - | - | - | -120 | - | -41 | -23 |
| TRANSFORM. SECTOR ** | 11846 | - | 2466 | - | - | - | 16570 | - | 2468 | 4552 | - |
| FOR SOLID FUELS | 9028 | - | - | - | - | - | - | - | - | - | - |
| FOR GASES | - | - | 2466 | - | - | - | 50 | - | 332 | - | - |
| PETROLEUM REFINERIES | - | - | - | - | - | - | - | - | - | - | - |
| THERMO-ELECTRIC PLANTS | 2818 | - | - | - | - | - | 16520 | - | 2136 | 4552 | - |
| ENERGY SECTOR | 133 | 19 | 1 | - | - | - | 2318 | 4 | 5542 | 1107 | 4811 |
| COAL MINES | 133 | - | - | - | - | - | - | - | - | - | 916 |
| OIL AND GAS EXTRACTION | - | - | - | - | - | - | 378 | - | - | - | - |
| PETROLEUM REFINERIES | - | - | - | - | - | - | - | - | - | - | 497 |
| ELECTRIC PLANTS | - | - | - | - | - | - | - | - | - | - | 1664 |
| DISTRIBUTION LOSSES | - | - | - | - | - | - | 1940 | - | - | - | 1671 |
| PUMP STORAGE (ELECTR.) | - | - | - | - | - | - | - | - | - | - | 37 |
| OTHER ENERGY SECTOR | - | 19 | 1 | - | - | - | - | 4 | 5542 | 1107 | 26 |
| FINAL CONSUMPTION | 3730 | 704 | 4756 | - | - | 34 | 33481 | 676 | 4860 | 11626 | 27979 |
| INDUSTRY SECTOR | 614 | 9 | 4670 | - | - | - | 23641 | - | 4860 | 11626 | 18445 |
| IRON AND STEEL | 212 | 1 | 4191 | - | - | - | 6045 | - | 3923 | 9921 | 4382 |
| CHEMICAL | 10 | - | 87 | - | - | - | 9760 | - | 462 | - | 5523 |
| PETROCHEMICAL | - | - | - | - | - | - | - | - | - | - | - |
| NON-FERROUS METAL | 105 | - | 60 | - | - | - | 1705 | - | - | - | 1025 |
| NON-METALLIC MINERAL | - | - | 15 | - | - | - | 2421 | - | - | - | 1576 |
| PAPER PULP AND PRINT | 4 | - | - | - | - | - | 45 | - | - | - | 1103 |
| MINING AND QUARRYING | - | - | - | - | - | - | - | - | - | - | 233 |
| FOOD AND TOBACCO | 41 | - | 19 | - | - | - | 87 | - | - | - | 1086 |
| WOOD AND WOOD PRODUCTS | - | - | - | - | - | - | - | - | - | - | 189 |
| MACHINERY | 17 | - | - | - | - | - | - | - | - | - | 1236 |
| TRANSPORT EQUIPMENT | - | - | - | - | - | - | - | - | - | - | 580 |
| CONSTRUCTION | - | - | - | - | - | - | - | - | - | - | 61 |
| TEXTILES AND LEATHER | 4 | - | - | - | - | - | - | - | - | - | 1227 |
| NON SPECIFIED | 221 | 8 | 298 | - | - | - | 3578 | - | 475 | 1705 | 224 |
| NON-ENERGY USES: | | | | | | | | | | | |
| (1)ENERGY PRODUCTS | - | - | - | - | - | - | - | - | - | - | - |
| (2)NON-ENERGY PRODUCTS | - | - | - | - | - | - | - | - | - | - | - |
| TRANSPORT. SECTOR ** | 22 | 1 | 6 | - | - | - | - | - | - | - | 770 |
| AIR TRANSPORT | - | - | - | - | - | - | - | - | - | - | - |
| ROAD TRANSPORT | - | - | - | - | - | - | - | - | - | - | - |
| RAILWAYS | 22 | 1 | 6 | - | - | - | - | - | - | - | 770 |
| INTERNAL NAVIGATION | - | - | - | - | - | - | - | - | - | - | - |
| OTHER SECTORS ** | 3094 | 694 | 80 | - | - | 34 | 9840 | 676 | - | - | 8764 |
| AGRICULTURE | - | - | - | - | - | - | - | - | - | - | - |
| PUBLIC SERVICES | - | - | - | - | - | - | - | - | - | - | - |
| COMMERCE | - | - | - | - | - | - | 2273 | 187 | - | - | 3324 |
| RESIDENTIAL | 2856 | 513 | 59 | - | - | 34 | 7567 | 489 | - | - | 5440 |

(1) INCLUDED IN CHEMICAL OR PETROCHEMICAL INDUSTRY
(2) INCLUDED ONLY IN TOTAL INDUSTRY

| * OF WHICH: HYDRO | 158 |
|---|---|
| NUCLEAR | 0 |
| CONVENTIONAL THERMAL | 33103 |
| GEOTHERMAL | 0 |

** INCLUDED IN THESE TOTALS ARE THE NON-SPECIFIED ELEMENTS

UNIT: 1000 METRIC TONS
UNITE: 1000 TONNES METRIQUES

| OIL / PETROLE: CRUDE* / BRUT* | NGL / GNL | FEEDST. | REFINERY GAS / GAZ DE PETROLE | LIQUEFIED PETROLEUM GASES / GAZ LIQUEFIES DE PETROLE | AVIATION GASOLINE / ESSENCE AVION | MOTOR GASOLINE / ESSENCE AUTO | JET FUEL / CARBURANT REACTEUR | KEROSENE / PETROLE LAMPANT | GAS/DIESEL OIL / GAZ/DIESEL OIL | RESIDUAL FUEL OIL / FUEL OIL RESIDUEL | NAPHTHA / NAPHTHA | NON-ENERGY PRODUCTS / PRODUITS NON-ENERGETIQUES |
|---|---|---|---|---|---|---|---|---|---|---|---|---|
| 12 | 13 | 14 | 15 | 16 | 17 | 18 | 19 | 20 | 21 | 22 | 23 | 24 |
| - | - | - | 167 | 369 | - | 3762 | 1131 | 58 | 9876 | 10523 | 1114 | 1523 |
| - | - | - | - | - | - | - | - | - | - | - | - | - |
| 30867 | - | - | - | 214 | 16 | 354 | 61 | 48 | 2228 | 2980 | 606 | 613 |
| -72 | - | - | - | -120 | - | -1853 | -826 | -89 | -3268 | -2291 | -263 | -928 |
| - | - | - | - | - | - | - | - | - | -444 | -2168 | - | -17 |
| -552 | - | - | - | 6 | -3 | 50 | 20 | 8 | -327 | -122 | -48 | -51 |
| 30243 | - | - | 167 | 469 | 13 | 2313 | 386 | 25 | 8065 | 8922 | 1409 | 1140 |
| - | - | - | - | - | - | - | - | - | - | - | - | - |
| - | - | - | - | - | - | - | - | - | - | - | - | - |
| 30243 | - | - | 167 | 469 | 13 | 2313 | 386 | 25 | 8065 | 8922 | 1409 | 1140 |
| - | - | - | - | - | - | - | - | - | - | - | - | - |
| 30243 | - | - | 167 | 1 | - | - | - | - | 36 | 4164 | 25 | - |
| - | - | - | - | - | - | - | - | - | - | - | - | - |
| - | - | - | - | 1 | - | - | - | - | - | - | - | - |
| 30243 | - | - | - | - | - | - | - | - | - | - | - | - |
| - | - | - | 167 | - | - | - | - | - | 36 | 4164 | 25 | - |
| - | - | - | - | - | - | - | - | - | - | - | - | - |
| - | - | - | - | - | - | - | - | - | - | - | - | - |
| - | - | - | - | - | - | - | - | - | - | - | - | - |
| - | - | - | - | - | - | - | - | - | - | - | - | - |
| - | - | - | - | - | - | - | - | - | - | - | - | - |
| - | - | - | - | - | - | - | - | - | - | - | - | - |
| - | - | - | - | - | - | - | - | - | - | - | - | - |
| - | - | - | - | - | - | - | - | - | - | - | - | - |
| - | - | - | - | 468 | 13 | 2313 | 386 | 25 | 8029 | 4758 | 1384 | 1140 |
| - | - | - | - | 82 | - | - | 5 | 12 | 1334 | 3529 | 1384 | 1131 |
| - | - | - | - | 4 | - | - | - | 12 | 77 | 621 | 2 | - |
| - | - | - | - | 6 | - | - | - | - | 75 | 790 | 13 | - |
| - | - | - | - | - | - | - | - | - | - | 110 | 1364 | - |
| - | - | - | - | - | - | - | - | - | - | - | - | - |
| - | - | - | - | - | - | - | - | - | 220 | 410 | - | - |
| - | - | - | - | - | - | - | - | - | 7 | - | - | - |
| - | - | - | - | - | - | - | - | - | 9 | - | - | - |
| - | - | - | - | - | - | - | - | - | 97 | 210 | - | - |
| - | - | - | - | - | - | - | - | - | - | - | - | - |
| - | - | - | - | - | - | - | - | - | 112 | 116 | - | - |
| - | - | - | - | - | - | - | - | - | - | - | - | - |
| - | - | - | - | - | - | - | - | - | - | - | - | - |
| - | - | - | - | - | - | - | - | - | - | - | - | - |
| - | - | - | - | 72 | - | - | 5 | - | 737 | 1272 | 5 | 12 |
| - | - | - | 167 | - | - | - | - | - | - | - | 1364 | - |
| - | - | - | - | - | - | - | - | - | - | - | - | 1119 |
| - | - | - | - | 16 | 13 | 2308 | 381 | - | 1480 | - | - | - |
| - | - | - | - | - | 13 | - | 381 | - | - | - | - | - |
| - | - | - | - | 16 | - | 2308 | - | - | 1063 | - | - | - |
| - | - | - | - | - | - | - | - | - | 139 | - | - | - |
| - | - | - | - | - | - | - | - | - | 278 | - | - | - |
| - | - | - | - | 370 | - | 5 | - | 13 | 5215 | 1229 | - | 9 |
| - | - | - | - | 8 | - | 5 | - | 5 | 290 | 109 | - | - |
| - | - | - | - | - | - | - | - | - | - | - | - | - |
| - | - | - | - | - | - | - | - | - | - | - | - | - |
| - | - | - | - | 362 | - | - | - | 8 | 4795 | 700 | - | - |

*INCLUDED IN THIS COLUMN IS NGL AND FEEDSTOCKS.

## PRODUCTION AND USES OF ENERGY SOURCES : BELGIUM

1972

| ENERGY SOURCES / PRODUCTION AND USES | UNIT: 1000 METRIC TONS / UNITE: 1000 TONNES METRIQUES | | | | | | TCAL / TCAL | MANUFACTURED GAS (TCAL) / GAZ MANUFACTURE (TCAL) | | | MILLIONS / OF (DE) KWH |
|---|---|---|---|---|---|---|---|---|---|---|---|
| | HARD COAL / HOUILLE | PATENT FUEL / AGGLOMERES | COKE OVEN COKE / COKE DE FOUR | GAS COKE / COKE DE GAZ | BROWN COAL / LIGNITE | BKB / BRIQ. DE LIGNITE | NATURAL GAS / GAZ NATUREL | GAS WORKS / USINES A GAZ | COKE OVENS / COKERIES | BLAST FURNACES / HAUT FOURNEAUX | ELECTRICITY* / ELECTRICITE* |
| | 1 | 2 | 3 | 4 | 5 | 6 | 7 | 8 | 9 | 10 | 11 |
| PRODUCTION | 10500 | 496 | 7239 | - | - | - | 439 | 9 | 13445 | 19422 | 37461 |
| FROM OTHER SOURCES | - | - | - | - | - | - | - | 19 | - | - | - |
| IMPORT | 6204 | 180 | 864 | - | - | 30 | 65146 | - | - | - | 1560 |
| EXPORT | -369 | -43 | -375 | - | - | - | - | - | - | - | -2096 |
| INTL. MARINE BUNKERS | - | - | - | - | - | - | - | - | - | - | - |
| STOCK CHANGES | -65 | 13 | 132 | - | - | - | 445 | - | - | - | - |
| DOMESTIC SUPPLY | 16270 | 646 | 7860 | - | - | 30 | 66030 | 28 | 13445 | 19422 | 36925 |
| RETURNS TO SUPPLY | - | - | - | - | - | - | - | - | - | - | - |
| TRANSFERS | - | - | - | - | - | - | - | - | - | - | - |
| DOMESTIC AVAILABILITY | 16270 | 646 | 7860 | - | - | 30 | 66030 | 28 | 13445 | 19422 | 36925 |
| STATISTICAL DIFFERENCE | - | - | - | - | - | - | -196 | -21 | - | -177 | 16 |
| TRANSFORM. SECTOR ** | 12606 | - | 2778 | - | - | - | 20281 | - | 2938 | 5880 | - |
| FOR SOLID FUELS | 9823 | - | - | - | - | - | - | - | - | - | - |
| FOR GASES | - | - | 2778 | - | - | - | - | - | - | - | - |
| PETROLEUM REFINERIES | - | - | - | - | - | - | - | - | - | - | - |
| THERMO-ELECTRIC PLANTS | 2783 | - | - | - | - | - | 20281 | - | 2938 | 5880 | - |
| ENERGY SECTOR | 130 | 15 | 1 | - | - | - | 3209 | - | 5412 | 1379 | 5690 |
| COAL MINES | 130 | - | - | - | - | - | - | - | - | - | 907 |
| OIL AND GAS EXTRACTION | - | - | - | - | - | - | 612 | - | - | - | - |
| PETROLEUM REFINERIES | - | - | - | - | - | - | - | - | - | - | 573 |
| ELECTRIC PLANTS | - | - | - | - | - | - | - | - | - | - | 1797 |
| DISTRIBUTION LOSSES | - | - | - | - | - | - | 2597 | - | - | - | 1829 |
| PUMP STORAGE (ELECTR.) | - | - | - | - | - | - | - | - | - | - | 562 |
| OTHER ENERGY SECTOR | - | 15 | 1 | - | - | - | - | - | 5412 | 1379 | 22 |
| FINAL CONSUMPTION | 3534 | 631 | 5081 | - | - | 30 | 42736 | 49 | 5095 | 12340 | 31219 |
| INDUSTRY SECTOR | 514 | 6 | 5006 | - | - | - | 29500 | - | 5095 | 12340 | 20590 |
| IRON AND STEEL | 213 | - | 4586 | - | - | - | 8786 | - | 4402 | 10179 | 4973 |
| CHEMICAL | 5 | - | 85 | - | - | - | 11058 | - | 480 | - | 6356 |
| PETROCHEMICAL | - | - | - | - | - | - | - | - | - | - | - |
| NON-FERROUS METAL | 81 | - | 82 | - | - | - | 1846 | - | - | - | 1317 |
| NON-METALLIC MINERAL | - | - | 9 | - | - | - | 3568 | - | - | - | 1671 |
| PAPER PULP AND PRINT | 22 | - | - | - | - | - | 120 | - | - | - | 1163 |
| MINING AND QUARRYING | - | - | - | - | - | - | - | - | - | - | 237 |
| FOOD AND TOBACCO | 17 | - | 14 | - | - | - | 403 | - | - | - | 1161 |
| WOOD AND WOOD PRODUCTS | - | - | - | - | - | - | - | - | - | - | 221 |
| MACHINERY | 11 | - | - | - | - | - | - | - | - | - | 1318 |
| TRANSPORT EQUIPMENT | - | - | - | - | - | - | - | - | - | - | 586 |
| CONSTRUCTION | - | - | - | - | - | - | - | - | - | - | 79 |
| TEXTILES AND LEATHER | 1 | - | - | - | - | - | - | - | - | - | 1269 |
| NON SPECIFIED | 164 | 6 | 230 | - | - | - | 3719 | - | 213 | 2161 | 239 |
| NON-ENERGY USES: | | | | | | | | | | | |
| (1)ENERGY PRODUCTS | - | - | - | - | - | - | - | - | - | - | - |
| (2)NON-ENERGY PRODUCTS | - | - | - | - | - | - | - | - | - | - | - |
| TRANSPORT. SECTOR ** | 14 | 1 | 7 | - | - | - | - | - | - | - | 782 |
| AIR TRANSPORT | - | - | - | - | - | - | - | - | - | - | - |
| ROAD TRANSPORT | - | - | - | - | - | - | - | - | - | - | - |
| RAILWAYS | 14 | 1 | 7 | - | - | - | - | - | - | - | 782 |
| INTERNAL NAVIGATION | - | - | - | - | - | - | - | - | - | - | - |
| OTHER SECTORS ** | 3006 | 624 | 68 | - | - | 30 | 13236 | 49 | - | - | 9847 |
| AGRICULTURE | - | - | - | - | - | - | - | - | - | - | - |
| PUBLIC SERVICES | - | - | - | - | - | - | - | - | - | - | - |
| COMMERCE | - | - | - | - | - | - | 3143 | 8 | - | - | 3732 |
| RESIDENTIAL | 2796 | 451 | 49 | - | - | 30 | 10093 | 41 | - | - | 6115 |

(1) INCLUDED IN CHEMICAL OR PETROCHEMICAL INDUSTRY
(2) INCLUDED ONLY IN TOTAL INDUSTRY

| * OF WHICH: HYDRO | 581 |
|---|---|
| NUCLEAR | 11 |
| CONVENTIONAL THERMAL | 36869 |
| GEOTHERMAL | 0 |

** INCLUDED IN THESE TOTALS ARE THE NON-SPECIFIED ELEMENTS

PRODUCTION ET UTILISATION DES SOURCES D ENERGIE : BELGIQUE

1972

UNIT: 1000 METRIC TONS
UNITE: 1000 TONNES METRIQUES

| OIL PETROLE | | | REFINERY GAS | LIQUEFIED PETROLEUM GASES | AVIATION GASOLINE | MOTOR GASOLINE | JET FUEL | KEROSENE | GAS/DIESEL OIL | RESIDUAL FUEL OIL | NAPHTHA | NON-ENERGY PRODUCTS |
|---|---|---|---|---|---|---|---|---|---|---|---|---|
| CRUDE* BRUT* | NGL GNL | FEEDST. | GAZ DE PETROLE | GAZ LIQUEFIES DE PETROLE | ESSENCE AVION | ESSENCE AUTO | CARBURANT REACTEUR | PETROLE LAMPANT | GAZ/DIESEL OIL | FUEL OIL RESIDUEL | NAPHTHA | PRODUITS NON-ENERGETIQUES |
| 12 | 13 | 14 | 15 | 16 | 17 | 18 | 19 | 20 | 21 | 22 | 23 | 24 |
| - | - | - | 98 | 397 | - | 4536 | 1201 | 147 | 11626 | 13436 | 1595 | 1489 |
| - | - | - | - | - | - | - | - | - | - | - | - | - |
| 36172 | - | - | - | 251 | 14 | 419 | 70 | 9 | 1917 | 2344 | 355 | 763 |
| -83 | - | - | - | -117 | -6 | -2339 | -843 | -110 | -4215 | -4064 | -436 | -1042 |
| - | - | - | - | - | - | - | - | - | -485 | -2419 | - | -19 |
| 412 | - | - | - | -4 | 3 | -94 | -11 | -18 | 76 | 51 | 56 | -19 |
| 36501 | - | - | 98 | 527 | 11 | 2522 | 417 | 28 | 8919 | 9348 | 1570 | 1172 |
| - | - | - | - | - | - | - | - | - | - | - | - | - |
| - | - | - | - | - | - | - | - | - | - | - | - | - |
| 36501 | - | - | 98 | 527 | 11 | 2522 | 417 | 28 | 8919 | 9348 | 1570 | 1172 |
| - | - | - | - | - | - | - | - | - | - | - | - | - |
| 36501 | - | - | 98 | 1 | - | - | - | - | 42 | 4553 | 15 | - |
| - | - | - | - | - | - | - | - | - | - | - | - | - |
| - | - | - | - | 1 | - | - | - | - | - | - | 1 | - |
| 36501 | - | - | - | - | - | - | - | - | - | - | - | - |
| - | - | - | 98 | - | - | - | - | - | 42 | 4553 | 14 | - |
| - | - | - | - | - | - | - | - | - | - | - | - | - |
| - | - | - | - | - | - | - | - | - | - | - | - | - |
| - | - | - | - | - | - | - | - | - | - | - | - | - |
| - | - | - | - | - | - | - | - | - | - | - | - | - |
| - | - | - | - | - | - | - | - | - | - | - | - | - |
| - | - | - | - | - | - | - | - | - | - | - | - | - |
| - | - | - | - | - | - | - | - | - | - | - | - | - |
| - | - | - | - | - | - | - | - | - | - | - | - | - |
| - | - | - | - | 526 | 11 | 2522 | 417 | 28 | 8877 | 4795 | 1555 | 1172 |
| - | - | - | - | 101 | - | - | 4 | 13 | 1224 | 3530 | 1555 | 1164 |
| - | - | - | - | 6 | - | - | - | 13 | 82 | 634 | - | - |
| - | - | - | - | 12 | - | - | - | - | 68 | 745 | 4 | - |
| - | - | - | - | - | - | - | - | - | - | 79 | 1547 | - |
| - | - | - | - | - | - | - | - | - | - | - | - | - |
| - | - | - | - | - | - | - | - | - | 205 | 380 | - | - |
| - | - | - | - | - | - | - | - | - | 9 | 87 | - | - |
| - | - | - | - | - | - | - | - | - | 16 | - | - | - |
| - | - | - | - | - | - | - | - | - | 108 | 205 | - | - |
| - | - | - | - | - | - | - | - | - | - | - | - | - |
| - | - | - | - | - | - | - | - | - | 116 | 130 | - | - |
| - | - | - | - | - | - | - | - | - | - | - | - | - |
| - | - | - | - | - | - | - | - | - | - | - | - | - |
| - | - | - | - | - | - | - | - | - | - | - | - | - |
| - | - | - | - | 83 | - | - | 4 | - | 620 | 1270 | 4 | 11 |
| - | - | - | 98 | - | - | - | - | - | - | - | 1547 | - |
| - | - | - | - | - | - | - | - | - | - | - | - | 1153 |
| - | - | - | - | 16 | 11 | 2518 | 413 | - | 1541 | - | - | - |
| - | - | - | - | - | 11 | - | 413 | - | - | - | - | - |
| - | - | - | - | 16 | - | 2518 | - | - | 1163 | - | - | - |
| - | - | - | - | - | - | - | - | - | 142 | - | - | - |
| - | - | - | - | - | - | - | - | - | 236 | - | - | - |
| - | - | - | - | 409 | - | 4 | - | 15 | 6112 | 1265 | - | 8 |
| - | - | - | - | 10 | - | 4 | - | 5 | 320 | 90 | - | - |
| - | - | - | - | - | - | - | - | - | - | - | - | - |
| - | - | - | - | - | - | - | - | - | - | - | - | - |
| - | - | - | - | 399 | - | - | - | 10 | 5672 | 730 | - | - |

*INCLUDED IN THIS COLUMN IS NGL AND FEEDSTOCKS.

## PRODUCTION AND USES OF ENERGY SOURCES : BELGIUM

1973

| X / XX ENERGY / XX SOURCES / XX / XX / PRODUCTION XX / AND USES XX | UNIT: 1000 METRIC TONS / UNITE: 1000 TONNES METRIQUES | | | | | | TCAL / TCAL | MANUFACTURED GAS (TCAL) / GAZ MANUFACTURE (TCAL) | | | MILLIONS OF (DE) KWH |
|---|---|---|---|---|---|---|---|---|---|---|---|
| | HARD COAL / HOUILLE | PATENT FUEL / AGGLOMERES | COKE OVEN COKE / COKE DE FOUR | GAS COKE / COKE DE GAZ | BROWN COAL / LIGNITE | BKB / BRIQ. DE LIGNITE | NATURAL GAS / GAZ NATUREL | GAS WORKS / USINES A GAZ | COKE OVENS / COKERIES | BLAST FURNACES / HAUT FOURNEAUX | ELECTRICITY* / ELECTRICITE* |
| | 1 | 2 | 3 | 4 | 5 | 6 | 7 | 8 | 9 | 10 | 11 |
| PRODUCTION | 8842 | 453 | 7774 | - | - | - | 457 | 10 | 14471 | 18709 | 41067 |
| FROM OTHER SOURCES | - | - | - | - | - | - | - | - | - | - | - |
| IMPORT | 7179 | 162 | 1110 | - | - | 29 | 79331 | - | - | - | 1650 |
| EXPORT | -349 | -50 | -469 | - | - | - | - | - | - | - | -2405 |
| INTL. MARINE BUNKERS | - | - | - | - | - | - | - | - | - | - | - |
| STOCK CHANGES | 304 | 8 | 14 | - | - | - | 96 | - | - | - | - |
| DOMESTIC SUPPLY | 15976 | 573 | 8429 | - | - | 29 | 79884 | 10 | 14471 | 18709 | 40312 |
| RETURNS TO SUPPLY | - | - | - | - | - | - | - | - | - | - | - |
| TRANSFERS | - | - | - | - | - | - | - | - | - | - | - |
| DOMESTIC AVAILABILITY | 15976 | 573 | 8429 | - | - | 29 | 79884 | 10 | 14471 | 18709 | 40312 |
| STATISTICAL DIFFERENCE | -355 | -2 | -2 | - | - | - | - | - | - | -43 | -1000 |
| TRANSFORM. SECTOR ** | 13045 | - | 2675 | - | - | - | 21161 | - | 3142 | 5990 | - |
| FOR SOLID FUELS | 10293 | - | - | - | - | - | - | - | - | - | - |
| FOR GASES | - | - | 2675 | - | - | - | - | - | - | - | - |
| PETROLEUM REFINERIES | - | - | - | - | - | - | - | - | - | - | - |
| THERMO-ELECTRIC PLANTS | 2752 | - | - | - | - | - | 21161 | - | 3142 | 5990 | - |
| ENERGY SECTOR | 103 | 11 | 1 | - | - | - | 2087 | 2 | 6137 | 1284 | 5928 |
| COAL MINES | 103 | - | - | - | - | - | - | - | - | - | 815 |
| OIL AND GAS EXTRACTION | - | - | - | - | - | - | 708 | - | - | - | - |
| PETROLEUM REFINERIES | - | - | - | - | - | - | - | - | - | - | 587 |
| ELECTRIC PLANTS | - | - | - | - | - | - | - | - | - | - | 1946 |
| DISTRIBUTION LOSSES | - | - | - | - | - | - | 1379 | 2 | - | - | 1915 |
| PUMP STORAGE (ELECTR.) | - | - | - | - | - | - | - | - | - | - | 639 |
| OTHER ENERGY SECTOR | - | 11 | 1 | - | - | - | - | - | 6137 | 1284 | 26 |
| FINAL CONSUMPTION | 3183 | 564 | 5755 | - | - | 29 | 56636 | 8 | 5192 | 11478 | 35384 |
| INDUSTRY SECTOR | 449 | 8 | 5659 | - | - | - | 40511 | - | 5192 | 11478 | 23603 |
| IRON AND STEEL | 208 | 3 | 5270 | - | - | - | 10171 | - | 4551 | 8886 | 5267 |
| CHEMICAL | 7 | 1 | 80 | - | - | - | 14093 | - | 331 | - | 7347 |
| PETROCHEMICAL | - | - | - | - | - | - | - | - | - | - | - |
| NON-FERROUS METAL | 79 | - | 81 | - | - | - | 2115 | - | - | - | 1507 |
| NON-METALLIC MINERAL | - | - | 66 | - | - | - | 3509 | - | - | - | 1756 |
| PAPER PULP AND PRINT | 15 | - | - | - | - | - | 485 | - | - | - | 1240 |
| MINING AND QUARRYING | - | - | - | - | - | - | - | - | - | - | 252 |
| FOOD AND TOBACCO | 24 | - | 19 | - | - | - | 772 | - | - | - | 1281 |
| WOOD AND WOOD PRODUCTS | - | - | - | - | - | - | - | - | - | - | 258 |
| MACHINERY | 16 | - | - | - | - | - | - | - | - | - | 1439 |
| TRANSPORT EQUIPMENT | - | - | - | - | - | - | - | - | - | - | 631 |
| CONSTRUCTION | - | - | - | - | - | - | - | - | - | - | 81 |
| TEXTILES AND LEATHER | 2 | - | - | - | - | - | - | - | - | - | 1312 |
| NON SPECIFIED | 98 | 4 | 143 | - | - | - | 9366 | - | 310 | 2592 | 1232 |
| NON-ENERGY USES: | | | | | | | | | | | |
| (1)ENERGY PRODUCTS | - | - | - | - | - | - | - | - | - | - | - |
| (2)NON-ENERGY PRODUCTS | - | - | - | - | - | - | - | - | - | - | - |
| TRANSPORT. SECTOR ** | 13 | 1 | 3 | - | - | - | - | - | - | - | 817 |
| AIR TRANSPORT | - | - | - | - | - | - | - | - | - | - | - |
| ROAD TRANSPORT | - | - | - | - | - | - | - | - | - | - | - |
| RAILWAYS | 13 | 1 | 3 | - | - | - | - | - | - | - | 817 |
| INTERNAL NAVIGATION | - | - | - | - | - | - | - | - | - | - | - |
| OTHER SECTORS ** | 2721 | 555 | 93 | - | - | 29 | 16125 | 8 | - | - | 10964 |
| AGRICULTURE | - | - | - | - | - | - | - | - | - | - | - |
| PUBLIC SERVICES | - | - | - | - | - | - | - | - | - | - | - |
| COMMERCE | - | - | - | - | - | - | 4191 | 1 | - | - | 4264 |
| RESIDENTIAL | 2721 | 555 | 93 | - | - | 29 | 11934 | 7 | - | - | 6700 |

(1) INCLUDED IN CHEMICAL OR PETROCHEMICAL INDUSTRY
(2) INCLUDED ONLY IN TOTAL INDUSTRY

| * OF WHICH: HYDRO | 649 |
|---|---|
| NUCLEAR | 76 |
| CONVENTIONAL THERMAL | 40342 |
| GEOTHERMAL | 0 |

** INCLUDED IN THESE TOTALS ARE THE NON-SPECIFIED ELEMENTS

## PRODUCTION ET UTILISATION DES SOURCES D ENERGIE : BELGIQUE

1973

UNIT: 1000 METRIC TONS
UNITE: 1000 TONNES METRIQUES

| OIL<br>PETROLE | | | REFINERY GAS | LIQUEFIED PETROLEUM GASES | AVIATION GASOLINE | MOTOR GASOLINE | JET FUEL | KEROSENE | GAS/DIESEL OIL | RESIDUAL FUEL OIL | NAPHTHA | NON-ENERGY PRODUCTS |
|---|---|---|---|---|---|---|---|---|---|---|---|---|
| CRUDE*<br>BRUT* | NGL<br>GNL | FEEDST. | GAZ DE PETROLE | GAZ LIQUEFIES DE PETROLE | ESSENCE AVION | ESSENCE AUTO | CARBURANT REACTEUR | PETROLE LAMPANT | GAZ/DIESEL OIL | FUEL OIL RESIDUEL | NAPHTHA | PRODUITS NON-ENERGETIQUES |
| 12 | 13 | 14 | 15 | 16 | 17 | 18 | 19 | 20 | 21 | 22 | 23 | 24 |
| - | - | - | 84 | 405 | - | 4768 | 1111 | 171 | 12054 | 13715 | 1682 | 1520 |
| - | - | - | - | - | - | - | - | - | - | - | - | - |
| 37650 | - | - | - | 231 | 10 | 567 | 73 | 72 | 2488 | 2882 | 646 | 1055 |
| -330 | - | - | - | -93 | - | -2560 | -637 | -204 | -4817 | -4352 | -651 | -1193 |
| - | - | - | - | - | - | - | - | - | -503 | -2615 | - | -20 |
| -11 | - | - | - | -1 | - | -174 | -49 | 4 | 70 | -23 | -18 | -9 |
| 37309 | - | - | 84 | 542 | 10 | 2601 | 498 | 43 | 9292 | 9607 | 1659 | 1353 |
| - | - | - | - | - | - | - | - | - | - | - | - | - |
| - | - | - | - | - | - | - | - | - | - | - | - | - |
| 37309 | - | - | 84 | 542 | 10 | 2601 | 498 | 43 | 9292 | 9607 | 1659 | 1353 |
| 61 | - | - | - | 1 | -1 | 28 | -1 | 6 | 17 | -57 | 4 | -13 |
| 37248 | - | - | 84 | 1 | - | - | - | - | 28 | 4986 | 9 | - |
| - | - | - | - | - | - | - | - | - | - | - | - | - |
| - | - | - | - | 1 | - | - | - | - | - | - | - | - |
| 37248 | - | - | - | - | - | - | - | - | - | - | - | - |
| - | - | - | 84 | - | - | - | - | - | 28 | 4986 | 9 | - |
| - | - | - | - | - | - | - | - | - | - | - | - | - |
| - | - | - | - | - | - | - | - | - | - | - | - | - |
| - | - | - | - | - | - | - | - | - | - | - | - | - |
| - | - | - | - | - | - | - | - | - | - | - | - | - |
| - | - | - | - | - | - | - | - | - | - | - | - | - |
| - | - | - | - | - | - | - | - | - | - | - | - | - |
| - | - | - | - | - | - | - | - | - | - | - | - | - |
| - | - | - | - | - | - | - | - | - | - | - | - | - |
| - | - | - | - | 540 | 11 | 2573 | 499 | 37 | 9247 | 4678 | 1646 | 1366 |
| - | - | - | - | 105 | - | - | 2 | 13 | 1298 | 3431 | 1646 | 1359 |
| - | - | - | - | 5 | - | - | - | - | 135 | 651 | - | - |
| - | - | - | - | 20 | - | - | - | - | 65 | 730 | 28 | - |
| - | - | - | - | - | - | - | - | - | - | 3 | 1614 | - |
| - | - | - | - | - | - | - | - | - | - | - | - | - |
| - | - | - | - | - | - | - | - | - | 196 | 379 | - | - |
| - | - | - | - | - | - | - | - | - | 11 | 92 | - | - |
| - | - | - | - | - | - | - | - | - | 23 | - | - | - |
| - | - | - | - | - | - | - | - | - | 110 | 197 | - | - |
| - | - | - | - | - | - | - | - | - | - | - | - | - |
| - | - | - | - | - | - | - | - | - | 125 | 122 | - | - |
| - | - | - | - | - | - | - | - | - | - | - | - | - |
| - | - | - | - | - | - | - | - | - | - | - | - | - |
| - | - | - | - | - | - | - | - | - | - | - | - | - |
| - | - | - | - | 80 | - | - | 2 | 13 | 633 | 1257 | 4 | 13 |
| - | - | - | 84 | - | - | - | - | - | - | - | 1614 | - |
| - | - | - | - | - | - | - | - | - | - | - | - | 1346 |
| - | - | - | - | 15 | 11 | 2569 | 497 | - | 1593 | - | - | - |
| - | - | - | - | - | 11 | - | 497 | - | - | - | - | - |
| - | - | - | - | 15 | - | 2569 | - | - | 1251 | - | - | - |
| - | - | - | - | - | - | - | - | - | 149 | - | - | - |
| - | - | - | - | - | - | - | - | - | 193 | - | - | - |
| - | - | - | - | 420 | - | 4 | - | 24 | 6356 | 1247 | - | 7 |
| - | - | - | - | 10 | - | 4 | - | 4 | 300 | 132 | - | - |
| - | - | - | - | - | - | - | - | - | - | - | - | - |
| - | - | - | - | - | - | - | - | - | - | - | - | - |
| - | - | - | - | 410 | - | - | - | 20 | 5926 | 680 | - | - |

*INCLUDED IN THIS COLUMN IS NGL AND FEEDSTOCKS.

# PRODUCTION AND USES OF ENERGY SOURCES : BELGIUM

1974

| PRODUCTION AND USES / ENERGY SOURCES | UNIT: 1000 METRIC TONS / UNITE: 1000 TONNES METRIQUES | | | | | | TCAL / TCAL | MANUFACTURED GAS (TCAL) / GAZ MANUFACTURE (TCAL) | | | MILLIONS OF (DE) KWH |
|---|---|---|---|---|---|---|---|---|---|---|---|
| | HARD COAL / HOUILLE | PATENT FUEL / AGGLOMERES | COKE OVEN COKE / COKE DE FOUR | GAS COKE / COKE DE GAZ | BROWN COAL / LIGNITE | BKB / BRIQ. DE LIGNITE | NATURAL GAS / GAZ NATUREL | GAS WORKS / USINES A GAZ | COKE OVENS / COKERIES | BLAST FURNACES / HAUT FOURNEAUX | ELECTRICITY* / ELECTRICITE* |
| | 1 | 2 | 3 | 4 | 5 | 6 | 7 | 8 | 9 | 10 | 11 |
| PRODUCTION | 8111 | 414 | 8050 | - | - | - | 510 | 10 | 14882 | 19721 | 42761 |
| FROM OTHER SOURCES | - | - | - | - | - | - | - | - | - | - | - |
| IMPORT | 9486 | 87 | 1351 | - | - | 34 | 92503 | - | - | - | 2557 |
| EXPORT | -450 | -25 | -464 | - | - | - | - | - | - | - | -2882 |
| INTL. MARINE BUNKERS | - | - | - | - | - | - | - | - | - | - | - |
| STOCK CHANGES | -61 | 4 | -171 | - | - | - | - | - | - | - | - |
| DOMESTIC SUPPLY | 17086 | 480 | 8766 | - | - | 34 | 93013 | 10 | 14882 | 19721 | 42436 |
| RETURNS TO SUPPLY | - | - | - | - | - | - | - | - | - | - | - |
| TRANSFERS | - | - | - | - | - | - | - | - | - | - | - |
| DOMESTIC AVAILABILITY | 17086 | 480 | 8766 | - | - | 34 | 93013 | 10 | 14882 | 19721 | 42436 |
| STATISTICAL DIFFERENCE | -78 | -5 | -78 | - | - | - | - | - | - | -10 | - |
| TRANSFORM. SECTOR ** | 13900 | - | 2814 | - | - | - | 24301 | - | 2863 | 6418 | - |
| FOR SOLID FUELS | 10851 | - | - | - | - | - | - | - | - | - | - |
| FOR GASES | - | - | 2814 | - | - | - | - | - | - | - | - |
| PETROLEUM REFINERIES | - | - | - | - | - | - | - | - | - | - | - |
| THERMO-ELECTRIC PLANTS | 3049 | - | - | - | - | - | 24301 | - | 2863 | 6418 | - |
| ENERGY SECTOR | 75 | 8 | 1 | - | - | - | 1875 | 2 | 6471 | 1284 | 5989 |
| COAL MINES | 75 | - | - | - | - | - | - | - | - | - | 788 |
| OIL AND GAS EXTRACTION | - | - | - | - | - | - | 836 | - | - | - | - |
| PETROLEUM REFINERIES | - | - | - | - | - | - | - | - | - | - | 512 |
| ELECTRIC PLANTS | - | - | - | - | - | - | - | - | - | - | 1997 |
| DISTRIBUTION LOSSES | - | - | - | - | - | - | 1039 | 2 | - | - | 2035 |
| PUMP STORAGE (ELECTR.) | - | - | - | - | - | - | - | - | - | - | 631 |
| OTHER ENERGY SECTOR | - | 8 | 1 | - | - | - | - | - | 6471 | 1284 | 26 |
| FINAL CONSUMPTION | 3189 | 477 | 6029 | - | - | 34 | 66837 | 8 | 5548 | 12029 | 36447 |
| INDUSTRY SECTOR | 421 | 10 | 5941 | - | - | - | 48674 | - | 5548 | 12029 | 23699 |
| IRON AND STEEL | 195 | 6 | 5509 | - | - | - | 10692 | - | 5031 | 9572 | 5526 |
| CHEMICAL | 3 | - | 79 | - | - | - | 16989 | - | 218 | - | 7672 |
| PETROCHEMICAL | - | - | - | - | - | - | - | - | - | - | - |
| NON-FERROUS METAL | 109 | - | 100 | - | - | - | 2423 | - | - | - | 1756 |
| NON-METALLIC MINERAL | - | - | 96 | - | - | - | 3965 | - | - | - | 1301 |
| PAPER PULP AND PRINT | - | - | - | - | - | - | 843 | - | - | - | 1283 |
| MINING AND QUARRYING | - | - | - | - | - | - | - | - | - | - | 252 |
| FOOD AND TOBACCO | 20 | - | 16 | - | - | - | 1225 | - | - | - | 1349 |
| WOOD AND WOOD PRODUCTS | - | - | - | - | - | - | - | - | - | - | 280 |
| MACHINERY | 16 | - | - | - | - | - | - | - | - | - | 1521 |
| TRANSPORT EQUIPMENT | - | - | - | - | - | - | - | - | - | - | 574 |
| CONSTRUCTION | - | - | - | - | - | - | - | - | - | - | 85 |
| TEXTILES AND LEATHER | 2 | - | - | - | - | - | - | - | - | - | 1282 |
| NON SPECIFIED | 76 | 4 | 141 | - | - | - | 12537 | - | 299 | 2457 | 818 |
| NON-ENERGY USES: | | | | | | | | | | | |
| (1)ENERGY PRODUCTS | - | - | - | - | - | - | - | - | - | - | - |
| (2)NON-ENERGY PRODUCTS | - | - | - | - | - | - | - | - | - | - | - |
| TRANSPORT. SECTOR ** | 12 | 1 | 2 | - | - | - | - | - | - | - | 852 |
| AIR TRANSPORT | - | - | - | - | - | - | - | - | - | - | - |
| ROAD TRANSPORT | - | - | - | - | - | - | - | - | - | - | - |
| RAILWAYS | 12 | 1 | 2 | - | - | - | - | - | - | - | 852 |
| INTERNAL NAVIGATION | - | - | - | - | - | - | - | - | - | - | - |
| OTHER SECTORS ** | 2756 | 466 | 86 | - | - | 34 | 18163 | 8 | - | - | 11896 |
| AGRICULTURE | - | - | - | - | - | - | - | - | - | - | - |
| PUBLIC SERVICES | - | - | - | - | - | - | - | - | - | - | - |
| COMMERCE | - | - | - | - | - | - | 4742 | 1 | - | - | 4641 |
| RESIDENTIAL | 2756 | 466 | 86 | - | - | 34 | 13421 | 7 | - | - | 7255 |

(1) INCLUDED IN CHEMICAL OR PETROCHEMICAL INDUSTRY
(2) INCLUDED ONLY IN TOTAL INDUSTRY

| * OF WHICH: HYDRO | 687 |
|---|---|
| NUCLEAR | 148 |
| CONVENTIONAL THERMAL | 41926 |
| GEOTHERMAL | 0 |

** INCLUDED IN THESE TOTALS ARE THE NON-SPECIFIED ELEMENTS

## PRODUCTION ET UTILISATION DES SOURCES D ENERGIE : BELGIQUE

1974

UNIT: 1000 METRIC TONS
UNITE: 1000 TONNES METRIQUES

| OIL PETROLE | | | REFINERY GAS | LIQUEFIED PETROLEUM GASES | AVIATION GASOLINE | MOTOR GASOLINE | JET FUEL | KEROSENE | GAS/DIESEL OIL | RESIDUAL FUEL OIL | NAPHTHA | NON-ENERGY PRODUCTS |
|---|---|---|---|---|---|---|---|---|---|---|---|---|
| CRUDE* BRUT* | NGL GNL | FEEDST. | GAZ DE PETROLE | GAZ LIQUEFIES DE PETROLE | ESSENCE AVION | ESSENCE AUTO | CARBURANT REACTEUR | PETROLE LAMPANT | GAZ/DIESEL OIL | FUEL OIL RESIDUEL | NAPHTHA | PRODUITS NON-ENERGETIQUES |
| 12 | 13 | 14 | 15 | 16 | 17 | 18 | 19 | 20 | 21 | 22 | 23 | 24 |
| - | - | - | 27 | 347 | - | 3756 | 855 | 41 | 9832 | 11251 | 1433 | 1272 |
| - | - | - | - | - | - | - | - | - | - | - | - | - |
| 30574 | - | - | - | 244 | 11 | 622 | 181 | 53 | 2872 | 2854 | 1161 | 1086 |
| -102 | - | - | - | -73 | - | -1856 | -537 | -44 | -3239 | -3293 | -788 | -1081 |
| - | - | - | - | - | - | - | - | - | -472 | -2267 | - | -23 |
| -226 | - | - | - | -2 | - | -2 | -30 | -27 | -636 | -759 | -158 | -53 |
| 30246 | - | - | 27 | 516 | 11 | 2520 | 469 | 23 | 8357 | 7786 | 1648 | 1201 |
| - | - | - | - | - | - | - | - | - | - | - | - | - |
| - | - | - | - | - | - | - | - | - | - | - | - | - |
| 30246 | - | - | 27 | 516 | 11 | 2520 | 469 | 23 | 8357 | 7786 | 1648 | 1201 |
| -102 | - | - | - | 2 | 1 | 9 | - | -1 | -28 | 2 | -1 | -28 |
| 30348 | - | - | 27 | 1 | - | - | - | - | 39 | 4851 | 5 | - |
| - | - | - | - | - | - | - | - | - | - | - | - | - |
| - | - | - | - | 1 | - | - | - | - | - | - | - | - |
| 30348 | - | - | - | - | - | - | - | - | - | - | - | - |
| - | - | - | 27 | - | - | - | - | - | 39 | 4851 | 5 | - |
| - | - | - | - | - | - | - | - | - | - | - | - | - |
| - | - | - | - | - | - | - | - | - | - | - | - | - |
| - | - | - | - | - | - | - | - | - | - | - | - | - |
| - | - | - | - | - | - | - | - | - | - | - | - | - |
| - | - | - | - | - | - | - | - | - | - | - | - | - |
| - | - | - | - | - | - | - | - | - | - | - | - | - |
| - | - | - | - | - | - | - | - | - | - | - | - | - |
| - | - | - | - | - | - | - | - | - | - | - | - | - |
| - | - | - | - | 513 | 10 | 2511 | 469 | 24 | 8346 | 2933 | 1644 | 1229 |
| - | - | - | - | 86 | - | - | 1 | 10 | 1243 | 2279 | 1644 | 1220 |
| - | - | - | - | 4 | - | - | - | - | 72 | 564 | - | - |
| - | - | - | - | 13 | - | - | - | - | 71 | 520 | 14 | - |
| - | - | - | - | - | - | - | - | - | - | 2 | 1630 | - |
| - | - | - | - | - | - | - | - | - | - | - | - | - |
| - | - | - | - | - | - | - | - | - | 232 | 416 | - | - |
| - | - | - | - | - | - | - | - | - | 9 | 102 | - | - |
| - | - | - | - | - | - | - | - | - | 20 | - | - | - |
| - | - | - | - | - | - | - | - | - | 102 | 226 | - | - |
| - | - | - | - | - | - | - | - | - | - | - | - | - |
| - | - | - | - | - | - | - | - | - | 130 | 125 | - | - |
| - | - | - | - | - | - | - | - | - | - | - | - | - |
| - | - | - | - | - | - | - | - | - | - | - | - | - |
| - | - | - | - | - | - | - | - | - | - | - | - | - |
| - | - | - | - | 69 | - | - | 1 | 10 | 607 | 324 | - | 10 |
| - | - | - | 27 | - | - | - | - | - | - | - | 1630 | - |
| - | - | - | - | - | - | - | - | - | - | - | - | 1210 |
| - | - | - | - | 27 | 10 | 2508 | 468 | - | 1397 | - | - | - |
| - | - | - | - | - | 10 | - | 468 | - | - | - | - | - |
| - | - | - | - | 27 | - | 2508 | - | - | 1024 | - | - | - |
| - | - | - | - | - | - | - | - | - | 152 | - | - | - |
| - | - | - | - | - | - | - | - | - | 221 | - | - | - |
| - | - | - | - | 400 | - | 3 | - | 14 | 5706 | 654 | - | 9 |
| - | - | - | - | 10 | - | 3 | - | 5 | 275 | 104 | - | - |
| - | - | - | - | - | - | - | - | - | - | - | - | - |
| - | - | - | - | - | - | - | - | - | - | - | - | - |
| - | - | - | - | 390 | - | - | - | 9 | 5311 | 550 | - | - |

*INCLUDED IN THIS COLUMN IS NGL AND FEEDSTOCKS.

## PRODUCTION AND USES OF ENERGY SOURCES : BELGIUM

1975

| X ENERGY SOURCES / PRODUCTION AND USES | UNIT: 1000 METRIC TONS / UNITE: 1000 TONNES METRIQUES | | | | | | TCAL / TCAL | MANUFACTURED GAS (TCAL) / GAZ MANUFACTURE (TCAL) | | | MILLIONS OF (DE) KWH |
|---|---|---|---|---|---|---|---|---|---|---|---|
| | HARD COAL / HOUILLE | PATENT FUEL / AGGLOMERES | COKE OVEN COKE / COKE DE FOUR | GAS COKE / COKE DE GAZ | BROWN COAL / LIGNITE | BKB / BRIQ. DE LIGNITE | NATURAL GAS / GAZ NATUREL | GAS WORKS / USINES A GAZ | COKE OVENS / COKERIES | BLAST FURNACES / HAUT FOURNEAUX | ELECTRICITY* / ELECTRICITE* |
| | 1 | 2 | 3 | 4 | 5 | 6 | 7 | 8 | 9 | 10 | 11 |
| PRODUCTION | 7479 | 269 | 5728 | - | - | - | 425 | 10 | 10727 | 13459 | 41066 |
| FROM OTHER SOURCES | - | - | - | - | - | - | - | - | - | - | - |
| IMPORT | 6229 | 134 | 601 | - | - | 23 | 90819 | - | - | - | 4215 |
| EXPORT | -398 | -14 | -320 | - | - | - | - | - | - | - | -5068 |
| INTL. MARINE BUNKERS | - | - | - | - | - | - | - | - | - | - | - |
| STOCK CHANGES | -560 | -4 | -6 | - | - | - | -658 | - | - | - | - |
| DOMESTIC SUPPLY | 12750 | 385 | 6003 | - | - | 23 | 90586 | 10 | 10727 | 13459 | 40213 |
| RETURNS TO SUPPLY | - | - | - | - | - | - | - | - | - | - | - |
| TRANSFERS | - | - | - | - | - | - | - | - | - | - | - |
| DOMESTIC AVAILABILITY | 12750 | 385 | 6003 | - | - | 23 | 90586 | 10 | 10727 | 13459 | 40213 |
| STATISTICAL DIFFERENCE | 41 | - | 31 | - | - | - | - | - | - | -34 | 687 |
| TRANSFORM. SECTOR ** | 10285 | - | 1923 | - | - | - | 19824 | - | 1802 | 3821 | - |
| FOR SOLID FUELS | 7639 | - | - | - | - | - | - | - | - | - | - |
| FOR GASES | - | - | 1923 | - | - | - | - | - | - | - | - |
| PETROLEUM REFINERIES | - | - | - | - | - | - | - | - | - | - | - |
| THERMO-ELECTRIC PLANTS | 2646 | - | - | - | - | - | 19824 | - | 1802 | 3821 | - |
| ENERGY SECTOR | 48 | 6 | - | - | - | - | 2890 | 2 | 4865 | 855 | 5913 |
| COAL MINES | 48 | - | - | - | - | - | - | - | - | - | 758 |
| OIL AND GAS EXTRACTION | - | - | - | - | - | - | 913 | - | - | - | - |
| PETROLEUM REFINERIES | - | - | - | - | - | - | - | - | - | - | 535 |
| ELECTRIC PLANTS | - | - | - | - | - | - | - | - | - | - | 2133 |
| DISTRIBUTION LOSSES | - | - | - | - | - | - | 1977 | 2 | - | - | 2113 |
| PUMP STORAGE (ELECTR.) | - | - | - | - | - | - | - | - | - | - | 355 |
| OTHER ENERGY SECTOR | - | 6 | - | - | - | - | - | - | 4865 | 855 | 19 |
| FINAL CONSUMPTION | 2376 | 379 | 4049 | - | - | 23 | 67872 | 8 | 4060 | 8817 | 33613 |
| INDUSTRY SECTOR | 298 | 5 | 3981 | - | - | - | 45923 | - | 4060 | 8817 | 20331 |
| IRON AND STEEL | 151 | 1 | 3707 | - | - | - | 9145 | - | 3708 | 7184 | 4371 |
| CHEMICAL | 1 | - | 64 | - | - | - | 16110 | - | 171 | - | 6277 |
| PETROCHEMICAL | - | - | - | - | - | - | - | - | - | - | - |
| NON-FERROUS METAL | 25 | - | 67 | - | - | - | 2857 | - | - | - | 1520 |
| NON-METALLIC MINERAL | - | - | 63 | - | - | - | 3865 | - | - | - | 1362 |
| PAPER PULP AND PRINT | - | - | - | - | - | - | 803 | - | - | - | 1065 |
| MINING AND QUARRYING | - | - | - | - | - | - | - | - | - | - | 245 |
| FOOD AND TOBACCO | 11 | - | 8 | - | - | - | 1482 | - | - | - | 1404 |
| WOOD AND WOOD PRODUCTS | - | - | - | - | - | - | - | - | - | - | 271 |
| MACHINERY | 21 | - | - | - | - | - | - | - | - | - | 1435 |
| TRANSPORT EQUIPMENT | - | - | - | - | - | - | - | - | - | - | 582 |
| CONSTRUCTION | - | - | - | - | - | - | - | - | - | - | 89 |
| TEXTILES AND LEATHER | 1 | - | - | - | - | - | - | - | - | - | 1085 |
| NON SPECIFIED | 88 | 4 | 72 | - | - | - | 11661 | - | 181 | 1633 | 625 |
| NON-ENERGY USES: | | | | | | | | | | | |
| (1)ENERGY PRODUCTS | - | - | - | - | - | - | - | - | - | - | - |
| (2)NON-ENERGY PRODUCTS | - | - | - | - | - | - | - | - | - | - | - |
| TRANSPORT. SECTOR ** | 10 | - | - | - | - | - | - | - | - | - | 828 |
| AIR TRANSPORT | - | - | - | - | - | - | - | - | - | - | - |
| ROAD TRANSPORT | - | - | - | - | - | - | - | - | - | - | - |
| RAILWAYS | 10 | - | - | - | - | - | - | - | - | - | 828 |
| INTERNAL NAVIGATION | - | - | - | - | - | - | - | - | - | - | - |
| OTHER SECTORS ** | 2068 | 374 | 68 | - | - | 23 | 21949 | 8 | - | - | 12454 |
| AGRICULTURE | - | - | - | - | - | - | - | - | - | - | - |
| PUBLIC SERVICES | - | - | - | - | - | - | - | - | - | - | - |
| COMMERCE | - | - | - | - | - | - | 6052 | 1 | - | - | 4499 |
| RESIDENTIAL | 2068 | 374 | 68 | - | - | 23 | 15897 | 7 | - | - | 7955 |

(1) INCLUDED IN CHEMICAL OR PETROCHEMICAL INDUSTRY
(2) INCLUDED ONLY IN TOTAL INDUSTRY

| * OF WHICH: HYDRO | 431 |
|---|---|
| NUCLEAR | 6784 |
| CONVENTIONAL THERMAL | 33851 |
| GEOTHERMAL | 0 |

** INCLUDED IN THESE TOTALS ARE THE NON-SPECIFIED ELEMENTS

## PRODUCTION ET UTILISATION DES SOURCES D ENERGIE : BELGIQUE

1975

UNIT: 1000 METRIC TONS
UNITE: 1000 TONNES METRIQUES

| OIL / PETROLE | | | REFINERY GAS | LIQUEFIED PETROLEUM GASES | AVIATION GASOLINE | MOTOR GASOLINE | JET FUEL | KEROSENE | GAS/DIESEL OIL | RESIDUAL FUEL OIL | NAPHTHA | NON-ENERGY PRODUCTS |
|---|---|---|---|---|---|---|---|---|---|---|---|---|
| CRUDE* BRUT* | NGL GNL | FEEDST. | GAZ DE PETROLE | GAZ LIQUEFIES DE PETROLE | ESSENCE AVION | ESSENCE AUTO | CARBURANT REACTEUR | PETROLE LAMPANT | GAZ/DIESEL OIL | FUEL OIL RESIDUEL | NAPHTHA | PRODUITS NON-ENERGETIQUES |
| 12 | 13 | 14 | 15 | 16 | 17 | 18 | 19 | 20 | 21 | 22 | 23 | 24 |
| - | - | - | 286 | 388 | - | 4609 | 1040 | 28 | 9187 | 10374 | 1823 | 1140 |
| - | - | - | - | - | - | - | - | - | - | - | - | - |
| 29463 | - | - | - | 266 | 9 | 728 | 86 | 83 | 3276 | 2499 | 982 | 658 |
| -59 | - | - | - | -87 | - | -2647 | -707 | -42 | -3573 | -3423 | -1134 | -852 |
| - | - | - | - | - | - | - | - | - | -569 | -2228 | - | -22 |
| -137 | - | - | - | -8 | 1 | 105 | 18 | 29 | -59 | -269 | 214 | 5 |
| 29267 | - | - | 286 | 559 | 10 | 2795 | 437 | 98 | 8262 | 6953 | 1885 | 929 |
| - | - | - | - | - | - | - | - | - | - | - | -554 | - |
| - | - | - | - | - | - | - | - | - | - | - | - | - |
| 29267 | - | - | 286 | 559 | 10 | 2795 | 437 | 98 | 8262 | 6953 | 1331 | 929 |
| 1 | - | - | - | -3 | 1 | 26 | 8 | 76 | -25 | -76 | 4 | -13 |
| 29266 | - | - | 48 | 4 | - | - | - | - | 32 | 3482 | 1 | - |
| - | - | - | - | - | - | - | - | - | - | - | - | - |
| - | - | - | - | 4 | - | - | - | - | - | - | - | - |
| 29266 | - | - | - | - | - | - | - | - | - | - | - | - |
| - | - | - | 48 | - | - | - | - | - | 32 | 3482 | 1 | - |
| - | - | - | 238 | 32 | - | - | - | - | - | 255 | - | 26 |
| - | - | - | - | - | - | - | - | - | - | - | - | - |
| - | - | - | - | - | - | - | - | - | - | - | - | - |
| - | - | - | 238 | 32 | - | - | - | - | - | 255 | - | 26 |
| - | - | - | - | - | - | - | - | - | - | - | - | - |
| - | - | - | - | - | - | - | - | - | - | - | - | - |
| - | - | - | - | - | - | - | - | - | - | - | - | - |
| - | - | - | - | - | - | - | - | - | - | - | - | - |
| - | - | - | - | 526 | 9 | 2769 | 429 | 22 | 8255 | 3292 | 1326 | 916 |
| - | - | - | - | 80 | - | - | 2 | 9 | 916 | 1948 | 1326 | 912 |
| - | - | - | - | 3 | - | - | - | - | 76 | 398 | - | - |
| - | - | - | - | 13 | - | - | - | - | 50 | 473 | 6 | - |
| - | - | - | - | - | - | - | - | - | - | 2 | 1320 | - |
| - | - | - | - | - | - | - | - | - | - | - | - | - |
| - | - | - | - | - | - | - | - | - | 170 | 420 | - | - |
| - | - | - | - | - | - | - | - | - | 12 | 110 | - | - |
| - | - | - | - | - | - | - | - | - | 22 | - | - | - |
| - | - | - | - | - | - | - | - | - | 97 | 198 | - | - |
| - | - | - | - | - | - | - | - | - | - | - | - | - |
| - | - | - | - | - | - | - | - | - | 110 | 140 | - | - |
| - | - | - | - | - | - | - | - | - | - | - | - | - |
| - | - | - | - | - | - | - | - | - | - | - | - | - |
| - | - | - | - | - | - | - | - | - | - | - | - | - |
| - | - | - | - | 64 | - | - | 2 | 9 | 379 | 207 | - | 10 |
| - | - | - | 48 | - | - | - | - | - | - | - | 1320 | - |
| - | - | - | - | - | - | - | - | - | - | - | - | 902 |
| - | - | - | - | 29 | 9 | 2765 | 427 | - | 1459 | - | - | 1 |
| - | - | - | - | - | 9 | - | 427 | - | - | - | - | 1 |
| - | - | - | - | 29 | - | 2765 | - | - | 1141 | - | - | - |
| - | - | - | - | - | - | - | - | - | 138 | - | - | - |
| - | - | - | - | - | - | - | - | - | 180 | - | - | - |
| - | - | - | - | 417 | - | 4 | - | 13 | 5880 | 1344 | - | 3 |
| - | - | - | - | 10 | - | 4 | - | 4 | 280 | 100 | - | - |
| - | - | - | - | - | - | - | - | - | - | - | - | - |
| - | - | - | - | - | - | - | - | - | - | - | - | - |
| - | - | - | - | 407 | - | - | - | 9 | 5600 | 450 | - | - |

*INCLUDED IN THIS COLUMN IS NGL AND FEEDSTOCKS.

# PRODUCTION AND USES OF ENERGY SOURCES : BELGIUM

1976

| ENERGY SOURCES / PRODUCTION AND USES | UNIT: 1000 METRIC TONS / UNITE: 1000 TONNES METRIQUES | | | | | | TCAL / TCAL | MANUFACTURED GAS (TCAL) / GAZ MANUFACTURE (TCAL) | | | MILLIONS OF (DE) KWH |
|---|---|---|---|---|---|---|---|---|---|---|---|
| | HARD COAL / HOUILLE | PATENT FUEL / AGGLOMERES | COKE OVEN COKE / COKE DE FOUR | GAS COKE / COKE DE GAZ | BROWN COAL / LIGNITE | BKB / BRIQ. DE LIGNITE | NATURAL GAS / GAZ NATUREL | GAS WORKS / USINES A GAZ | COKE OVENS / COKERIES | BLAST FURNACES / HAUT FOURNEAUX | ELECTRICITY* / ELECTRICITE* |
| | 1 | 2 | 3 | 4 | 5 | 6 | 7 | 8 | 9 | 10 | 11 |
| PRODUCTION | 7238 | 165 | 6216 | - | - | - | 282 | 11 | 11345 | 14434 | 47349 |
| FROM OTHER SOURCES | - | - | - | - | - | - | - | - | - | - | - |
| IMPORT | 7274 | 92 | 521 | - | - | 21 | 101650 | - | - | - | 3240 |
| EXPORT | -351 | -12 | -344 | - | - | - | -5042 | - | - | - | -6602 |
| INTL. MARINE BUNKERS | - | - | - | - | - | - | - | - | - | - | - |
| STOCK CHANGES | -333 | 4 | 21 | - | - | - | -188 | - | - | - | - |
| DOMESTIC SUPPLY | 13828 | 249 | 6414 | - | - | 21 | 96702 | 11 | 11345 | 14434 | 43987 |
| RETURNS TO SUPPLY | - | - | - | - | - | - | - | - | - | - | - |
| TRANSFERS | - | - | - | - | - | - | - | - | - | - | - |
| DOMESTIC AVAILABILITY | 13828 | 249 | 6414 | - | - | 21 | 96702 | 11 | 11345 | 14434 | 43987 |
| STATISTICAL DIFFERENCE | -32 | - | - | - | - | - | 789 | - | - | -31 | 725 |
| TRANSFORM. SECTOR ** | 11658 | - | 2060 | - | - | - | 19556 | - | 1997 | 4470 | - |
| FOR SOLID FUELS | 8621 | - | - | - | - | - | - | - | - | - | - |
| FOR GASES | - | - | 2060 | - | - | - | - | - | - | - | - |
| PETROLEUM REFINERIES | - | - | - | - | - | - | - | - | - | - | - |
| THERMO-ELECTRIC PLANTS | 3037 | - | - | - | - | - | 19556 | - | 1997 | 4470 | - |
| ENERGY SECTOR | 16 | 4 | 5 | - | - | - | 2057 | 2 | 5232 | 778 | 6288 |
| COAL MINES | 16 | - | - | - | - | - | - | - | - | - | 739 |
| OIL AND GAS EXTRACTION | - | - | - | - | - | - | 926 | - | - | - | - |
| PETROLEUM REFINERIES | - | - | - | - | - | - | - | - | - | - | 578 |
| ELECTRIC PLANTS | - | - | - | - | - | - | - | - | - | - | 2348 |
| DISTRIBUTION LOSSES | - | - | - | - | - | - | 1131 | 2 | - | - | 2285 |
| PUMP STORAGE (ELECTR.) | - | - | - | - | - | - | - | - | - | - | 318 |
| OTHER ENERGY SECTOR | - | 4 | 5 | - | - | - | - | - | 5232 | 778 | 20 |
| FINAL CONSUMPTION | 2186 | 245 | 4349 | - | - | 21 | 74300 | 9 | 4116 | 9217 | 36974 |
| INDUSTRY SECTOR | 483 | 6 | 4310 | - | - | - | 48772 | - | 4116 | 9217 | 22485 |
| IRON AND STEEL | 194 | 4 | 4048 | - | - | - | 9988 | - | 3715 | 7469 | 4739 |
| CHEMICAL | 11 | - | 71 | - | - | - | 16501 | - | 194 | - | 7115 |
| PETROCHEMICAL | - | - | - | - | - | - | - | - | - | - | - |
| NON-FERROUS METAL | 12 | - | 49 | - | - | - | 3196 | - | - | - | 1685 |
| NON-METALLIC MINERAL | 224 | - | 63 | - | - | - | 4197 | - | - | - | 1478 |
| PAPER PULP AND PRINT | - | - | - | - | - | - | 904 | - | - | - | 1187 |
| MINING AND QUARRYING | - | - | - | - | - | - | - | - | - | - | 254 |
| FOOD AND TOBACCO | 11 | - | 9 | - | - | - | 1390 | - | - | - | 1497 |
| WOOD AND WOOD PRODUCTS | - | - | - | - | - | - | 99 | - | - | - | 299 |
| MACHINERY | 20 | - | - | - | - | - | 965 | - | - | - | 1536 |
| TRANSPORT EQUIPMENT | - | - | - | - | - | - | 717 | - | - | - | 655 |
| CONSTRUCTION | - | - | - | - | - | - | - | - | - | - | 94 |
| TEXTILES AND LEATHER | 1 | - | - | - | - | - | - | - | - | - | 1264 |
| NON SPECIFIED | 10 | 2 | 70 | - | - | - | 10815 | - | 207 | 1748 | 682 |
| NON-ENERGY USES: | | | | | | | | | | | |
| (1)ENERGY PRODUCTS | - | - | - | - | - | - | - | - | - | - | - |
| (2)NON-ENERGY PRODUCTS | - | - | - | - | - | - | - | - | - | - | - |
| TRANSPORT. SECTOR ** | 10 | - | 2 | - | - | - | - | - | - | - | 832 |
| AIR TRANSPORT | - | - | - | - | - | - | - | - | - | - | - |
| ROAD TRANSPORT | - | - | - | - | - | - | - | - | - | - | - |
| RAILWAYS | 10 | - | 2 | - | - | - | - | - | - | - | 832 |
| INTERNAL NAVIGATION | - | - | - | - | - | - | - | - | - | - | - |
| OTHER SECTORS ** | 1693 | 239 | 37 | - | - | 21 | 25528 | 9 | - | - | 13657 |
| AGRICULTURE | - | - | - | - | - | - | - | - | - | - | - |
| PUBLIC SERVICES | - | - | - | - | - | - | - | - | - | - | - |
| COMMERCE | - | - | - | - | - | - | 7195 | 2 | - | - | 4887 |
| RESIDENTIAL | 1693 | 239 | 37 | - | - | 21 | 18333 | 7 | - | - | 8770 |

(1) INCLUDED IN CHEMICAL OR PETROCHEMICAL INDUSTRY
(2) INCLUDED ONLY IN TOTAL INDUSTRY

| * OF WHICH: | |
|---|---|
| HYDRO | 334 |
| NUCLEAR | 10036 |
| CONVENTIONAL THERMAL | 36979 |
| GEOTHERMAL | 0 |

** INCLUDED IN THESE TOTALS ARE THE NON-SPECIFIED ELEMENTS

# PRODUCTION ET UTILISATION DES SOURCES D ENERGIE : BELGIQUE

1976

UNIT: 1000 METRIC TONS
UNITE: 1000 TONNES METRIQUES

| OIL / PETROLE | | | REFINERY GAS | LIQUEFIED PETROLEUM GASES | AVIATION GASOLINE | MOTOR GASOLINE | JET FUEL | KEROSENE | GAS/DIESEL OIL | RESIDUAL FUEL OIL | NAPHTHA | NON-ENERGY PRODUCTS |
|---|---|---|---|---|---|---|---|---|---|---|---|---|
| CRUDE* BRUT* | NGL GNL | FEEDST. | GAZ DE PETROLE | GAZ LIQUEFIES DE PETROLE | ESSENCE AVION | ESSENCE AUTO | CARBURANT REACTEUR | PETROLE LAMPANT | GAZ/DIESEL OIL | FUEL OIL RESIDUEL | NAPHTHA | PRODUITS NON-ENERGETIQUES |
| 12 | 13 | 14 | 15 | 16 | 17 | 18 | 19 | 20 | 21 | 22 | 23 | 24 |
| - | - | - | 206 | 328 | - | 3934 | 1107 | 38 | 9034 | 10648 | 1827 | 2015 |
| - | - | - | - | - | - | - | - | - | - | - | - | - |
| 29226 | - | - | - | 309 | 8 | 1010 | 208 | 108 | 4537 | 2847 | 1020 | 669 |
| - | - | - | - | -94 | - | -1906 | -838 | -62 | -4829 | -4226 | -1204 | -887 |
| - | - | - | - | - | - | - | - | - | -559 | -2135 | - | -23 |
| -27 | - | - | - | 7 | - | -151 | -12 | -2 | 667 | 318 | -180 | 25 |
| 29199 | - | - | 206 | 550 | 8 | 2887 | 465 | 82 | 8850 | 7452 | 1463 | 1799 |
| - | - | - | - | - | - | - | - | - | - | - | - | - |
| - | - | - | - | - | - | - | - | - | - | - | - | - |
| 29199 | - | - | 206 | 550 | 8 | 2887 | 465 | 82 | 8850 | 7452 | 1463 | 1799 |
| -68 | - | - | - | 1 | - | 18 | 31 | 59 | -37 | -26 | 64 | -10 |
| 29267 | - | - | 12 | 3 | - | - | - | - | 27 | 3592 | - | - |
| - | - | - | - | - | - | - | - | - | - | - | - | - |
| - | - | - | - | 3 | - | - | - | - | - | - | - | - |
| 29267 | - | - | - | - | - | - | - | - | - | - | - | - |
| - | - | - | 12 | - | - | - | - | - | 27 | 3592 | - | - |
| - | - | - | 194 | 24 | - | - | - | - | 1 | 353 | - | 880 |
| - | - | - | - | - | - | - | - | - | - | - | - | - |
| - | - | - | - | - | - | - | - | - | - | - | - | - |
| - | - | - | 194 | 24 | - | - | - | - | 1 | 353 | - | 880 |
| - | - | - | - | - | - | - | - | - | - | - | - | - |
| - | - | - | - | - | - | - | - | - | - | - | - | - |
| - | - | - | - | - | - | - | - | - | - | - | - | - |
| - | - | - | - | - | - | - | - | - | - | - | - | - |
| - | - | - | - | 522 | 8 | 2869 | 434 | 23 | 8859 | 3533 | 1399 | 929 |
| - | - | - | - | 81 | - | - | - | 5 | 938 | 3013 | 1399 | 921 |
| - | - | - | - | 2 | - | - | - | - | 69 | 440 | - | - |
| - | - | - | - | 12 | - | - | - | 3 | 62 | 594 | 29 | - |
| - | - | - | - | - | - | - | - | - | - | - | 1370 | - |
| - | - | - | - | 4 | - | - | - | 1 | 20 | 35 | - | - |
| - | - | - | - | 11 | - | - | - | - | 251 | 434 | - | - |
| - | - | - | - | 1 | - | - | - | - | 19 | 107 | - | 2 |
| - | - | - | - | - | - | - | - | - | 28 | 90 | - | - |
| - | - | - | - | 5 | - | - | - | - | 108 | 249 | - | 1 |
| - | - | - | - | - | - | - | - | - | - | - | - | - |
| - | - | - | - | 15 | - | - | - | 1 | 123 | 158 | - | 1 |
| - | - | - | - | - | - | - | - | - | - | - | - | - |
| - | - | - | - | - | - | - | - | - | - | - | - | - |
| - | - | - | - | - | - | - | - | - | - | - | - | - |
| - | - | - | - | 31 | - | - | - | - | 258 | 906 | - | 4 |
| - | - | - | 12 | - | - | - | - | - | - | - | 1370 | - |
| - | - | - | - | - | - | - | - | - | - | - | - | 913 |
| - | - | - | - | 31 | 8 | 2864 | 434 | - | 1619 | - | - | - |
| - | - | - | - | - | 8 | - | 434 | - | - | - | - | - |
| - | - | - | - | 31 | - | 2864 | - | - | 1255 | - | - | - |
| - | - | - | - | - | - | - | - | - | 137 | - | - | - |
| - | - | - | - | - | - | - | - | - | 227 | - | - | - |
| - | - | - | - | 410 | - | 5 | - | 18 | 6302 | 520 | - | 8 |
| - | - | - | - | 10 | - | 5 | - | 2 | 280 | 100 | - | - |
| - | - | - | - | 2 | - | - | - | - | 700 | 100 | - | - |
| - | - | - | - | 100 | - | - | - | - | 800 | 200 | - | - |
| - | - | - | - | 298 | - | - | - | 12 | 4300 | 120 | - | - |

*INCLUDED IN THIS COLUMN IS NGL AND FEEDSTOCKS.

# PRODUCTION AND USES OF ENERGY SOURCES : BELGIUM

1977

| PRODUCTION AND USES / ENERGY SOURCES | UNIT: 1000 METRIC TONS / UNITE: 1000 TONNES METRIQUES | | | | | | TCAL / TCAL | MANUFACTURED GAS (TCAL) / GAZ MANUFACTURE (TCAL) | | | MILLIONS OF (DE) KWH |
|---|---|---|---|---|---|---|---|---|---|---|---|
| | HARD COAL / HOUILLE | PATENT FUEL / AGGLOMERES | COKE OVEN COKE / COKE DE FOUR | GAS COKE / COKE DE GAZ | BROWN COAL / LIGNITE | BKB / BRIQ. DE LIGNITE | NATURAL GAS / GAZ NATUREL | GAS WORKS / USINES A GAZ | COKE OVENS / COKERIES | BLAST FURNACES / HAUT FOURNEAUX | ELECTRICITY* / ELECTRICITE* |
| | 1 | 2 | 3 | 4 | 5 | 6 | 7 | 8 | 9 | 10 | 11 |
| PRODUCTION | 7068 | 126 | 5569 | - | - | - | 345 | 12 | 10215 | 13171 | 47099 |
| FROM OTHER SOURCES | - | - | - | - | - | - | - | - | - | - | - |
| IMPORT | 6475 | 117 | 312 | - | - | 22 | 99357 | - | - | - | 5203 |
| EXPORT | -324 | -6 | -245 | - | - | - | -4123 | - | - | - | -6587 |
| INTL. MARINE BUNKERS | - | - | - | - | - | - | - | - | - | - | - |
| STOCK CHANGES | 487 | - | -22 | - | - | - | -46 | - | - | - | - |
| DOMESTIC SUPPLY | 13706 | 237 | 5614 | - | - | 22 | 95533 | 12 | 10215 | 13171 | 45715 |
| RETURNS TO SUPPLY | - | - | - | - | - | - | - | - | - | - | - |
| TRANSFERS | - | - | - | - | - | - | - | - | - | - | - |
| DOMESTIC AVAILABILITY | 13706 | 237 | 5614 | - | - | 22 | 95533 | 12 | 10215 | 13171 | 45715 |
| STATISTICAL DIFFERENCE | -18 | - | - | - | - | - | - | - | - | -13 | 783 |
| TRANSFORM. SECTOR ** | 11389 | - | 1880 | - | - | - | 14537 | - | 1830 | 4571 | - |
| FOR SOLID FUELS | 7375 | - | - | - | - | - | - | - | - | - | - |
| FOR GASES | - | - | 1880 | - | - | - | - | - | - | - | - |
| PETROLEUM REFINERIES | - | - | - | - | - | - | - | - | - | - | - |
| THERMO-ELECTRIC PLANTS | 4014 | - | - | - | - | - | 14537 | - | 1830 | 4571 | - |
| ENERGY SECTOR | 12 | 3 | 5 | - | - | - | 1439 | 2 | 4625 | 717 | 6432 |
| COAL MINES | 12 | - | - | - | - | - | - | - | - | - | 664 |
| OIL AND GAS EXTRACTION | - | - | - | - | - | - | 966 | - | - | - | - |
| PETROLEUM REFINERIES | - | - | - | - | - | - | - | - | - | - | 706 |
| ELECTRIC PLANTS | - | - | - | - | - | - | - | - | - | - | 2325 |
| DISTRIBUTION LOSSES | - | - | - | - | - | - | 473 | 2 | - | - | 2413 |
| PUMP STORAGE (ELECTR.) | - | - | - | - | - | - | - | - | - | - | 306 |
| OTHER ENERGY SECTOR | - | 3 | 5 | - | - | - | - | - | 4625 | 717 | 18 |
| FINAL CONSUMPTION | 2323 | 234 | 3729 | - | - | 22 | 79557 | 10 | 3760 | 7896 | 38500 |
| INDUSTRY SECTOR | 702 | 10 | 3704 | - | - | - | 50541 | - | 3760 | 7896 | 22876 |
| IRON AND STEEL | 147 | 8 | 3480 | - | - | - | 9921 | - | 3378 | 5770 | 4628 |
| CHEMICAL | 30 | - | 60 | - | - | - | 19279 | - | 178 | - | 7574 |
| PETROCHEMICAL | - | - | - | - | - | - | - | - | - | - | - |
| NON-FERROUS METAL | 9 | - | 31 | - | - | - | 3304 | - | - | - | 1722 |
| NON-METALLIC MINERAL | 500 | - | 56 | - | - | - | 4300 | - | - | - | 1543 |
| PAPER PULP AND PRINT | - | - | - | - | - | - | 789 | - | - | - | 1175 |
| MINING AND QUARRYING | - | - | - | - | - | - | - | - | - | - | 260 |
| FOOD AND TOBACCO | 1 | - | 10 | - | - | - | 1379 | - | - | - | 1532 |
| WOOD AND WOOD PRODUCTS | - | - | - | - | - | - | 86 | - | - | - | 310 |
| MACHINERY | 10 | - | - | - | - | - | 962 | - | - | - | 1604 |
| TRANSPORT EQUIPMENT | - | - | - | - | - | - | 630 | - | - | - | 658 |
| CONSTRUCTION | - | - | - | - | - | - | - | - | - | - | 97 |
| TEXTILES AND LEATHER | 1 | - | - | - | - | - | - | - | - | - | 1132 |
| NON SPECIFIED | 4 | 2 | 67 | - | - | - | 9891 | - | 204 | 2126 | 641 |
| NON-ENERGY USES: | | | | | | | | | | | |
| (1)ENERGY PRODUCTS | - | - | - | - | - | - | - | - | - | - | - |
| (2)NON-ENERGY PRODUCTS | - | - | - | - | - | - | - | - | - | - | - |
| TRANSPORT. SECTOR ** | 9 | - | 1 | - | - | - | - | - | - | - | 869 |
| AIR TRANSPORT | - | - | - | - | - | - | - | - | - | - | - |
| ROAD TRANSPORT | - | - | - | - | - | - | - | - | - | - | - |
| RAILWAYS | 9 | - | 1 | - | - | - | - | - | - | - | 869 |
| INTERNAL NAVIGATION | - | - | - | - | - | - | - | - | - | - | - |
| OTHER SECTORS ** | 1612 | 224 | 24 | - | - | 22 | 29016 | 10 | - | - | 14755 |
| AGRICULTURE | - | - | - | - | - | - | - | - | - | - | - |
| PUBLIC SERVICES | - | - | - | - | - | - | - | - | - | - | - |
| COMMERCE | - | - | - | - | - | - | 8503 | 2 | - | - | 5144 |
| RESIDENTIAL | 1612 | 224 | 24 | - | - | 22 | 20513 | 8 | - | - | 9611 |

(1) INCLUDED IN CHEMICAL OR PETROCHEMICAL INDUSTRY
(2) INCLUDED ONLY IN TOTAL INDUSTRY

| * OF WHICH: HYDRO | 453 |
|---|---|
| NUCLEAR | 11939 |
| CONVENTIONAL THERMAL | 34707 |
| GEOTHERMAL | 0 |

** INCLUDED IN THESE TOTALS ARE THE NON-SPECIFIED ELEMENTS

## PRODUCTION ET UTILISATION DES SOURCES D ENERGIE : BELGIQUE

1977

UNIT: 1000 METRIC TONS
UNITE: 1000 TONNES METRIQUES

| OIL / PETROLE | | | REFINERY GAS / GAZ DE PETROLE | LIQUEFIED PETROLEUM GASES / GAZ LIQUEFIES DE PETROLE | AVIATION GASOLINE / ESSENCE AVION | MOTOR GASOLINE / ESSENCE AUTO | JET FUEL / CARBURANT REACTEUR | KEROSENE / PETROLE LAMPANT | GAS/DIESEL OIL / GAZ/DIESEL OIL | RESIDUAL FUEL OIL / FUEL OIL RESIDUEL | NAPHTHA / NAPHTHA | NON-ENERGY PRODUCTS / PRODUITS NON-ENERGETIQUES |
|---|---|---|---|---|---|---|---|---|---|---|---|---|
| CRUDE* BRUT* | NGL GNL | FEEDST. | | | | | | | | | | |
| 12 | 13 | 14 | 15 | 16 | 17 | 18 | 19 | 20 | 21 | 22 | 23 | 24 |
| - | - | - | 268 | 534 | - | 5077 | 1753 | 130 | 11560 | 13153 | 1709 | 2231 |
| - | - | - | - | - | - | - | - | - | - | - | - | - |
| 36567 | - | - | - | 226 | 5 | 625 | 96 | 181 | 3503 | 1954 | 587 | 688 |
| - | - | - | - | -204 | - | -2597 | -1404 | -243 | -5632 | -5633 | -1211 | -946 |
| - | - | - | - | - | - | - | - | - | -587 | -2155 | - | -19 |
| -29 | - | - | - | -7 | - | -108 | 6 | -9 | 5 | -325 | -44 | 2 |
| 36538 | - | - | 268 | 549 | 5 | 2997 | 451 | 59 | 8849 | 6994 | 1041 | 1956 |
| - | - | - | - | - | - | - | - | - | - | - | - | - |
| - | - | - | - | - | - | - | - | - | - | - | - | - |
| 36538 | - | - | 268 | 549 | 5 | 2997 | 451 | 59 | 8849 | 6994 | 1041 | 1956 |
| 72 | - | - | - | - | - | 19 | 9 | 35 | -64 | 1 | -86 | -7 |
| 36466 | - | - | 15 | 4 | - | - | - | - | 33 | 3128 | - | - |
| - | - | - | - | - | - | - | - | - | - | - | - | - |
| - | - | - | - | 4 | - | - | - | - | - | - | - | - |
| 36466 | - | - | - | - | - | - | - | - | - | - | - | - |
| - | - | - | 15 | - | - | - | - | - | 33 | 3128 | - | - |
| - | - | - | 251 | 26 | - | - | - | - | 46 | 577 | - | 1048 |
| - | - | - | - | - | - | - | - | - | 30 | 86 | - | - |
| - | - | - | - | - | - | - | - | - | - | - | - | - |
| - | - | - | 251 | 26 | - | - | - | - | 1 | 468 | - | 1048 |
| - | - | - | - | - | - | - | - | - | - | - | - | - |
| - | - | - | - | - | - | - | - | - | - | - | - | - |
| - | - | - | - | - | - | - | - | - | - | - | - | - |
| - | - | - | - | - | - | - | - | - | 15 | 23 | - | - |
| - | - | - | 2 | 519 | 5 | 2978 | 442 | 24 | 8834 | 3288 | 1127 | 915 |
| - | - | - | 2 | 71 | - | - | - | 5 | 836 | 2704 | 1127 | 903 |
| - | - | - | - | 2 | - | - | - | - | 63 | 374 | - | - |
| - | - | - | 2 | 7 | - | - | - | 3 | 60 | 540 | 6 | - |
| - | - | - | - | - | - | - | - | - | - | - | 1121 | - |
| - | - | - | - | 2 | - | - | - | 1 | 21 | 42 | - | - |
| - | - | - | - | 11 | - | - | - | - | 200 | 389 | - | - |
| - | - | - | - | 1 | - | - | - | - | 19 | 92 | - | 2 |
| - | - | - | - | - | - | - | - | - | 31 | - | - | - |
| - | - | - | - | 5 | - | - | - | - | 95 | 222 | - | 1 |
| - | - | - | - | - | - | - | - | - | - | - | - | - |
| - | - | - | - | 14 | - | - | - | 1 | 114 | 122 | - | 1 |
| - | - | - | - | - | - | - | - | - | - | - | - | - |
| - | - | - | - | - | - | - | - | - | - | - | - | - |
| - | - | - | - | - | - | - | - | - | - | - | - | - |
| - | - | - | - | 29 | - | - | - | - | 233 | 923 | - | - |
| - | - | - | 15 | - | - | - | - | - | - | - | 1121 | - |
| - | - | - | - | - | - | - | - | - | - | - | - | 899 |
| - | - | - | - | 37 | 5 | 2974 | 442 | - | 1747 | - | - | - |
| - | - | - | - | - | 5 | - | 442 | - | - | - | - | - |
| - | - | - | - | 37 | - | 2974 | - | - | 1393 | - | - | - |
| - | - | - | - | - | - | - | - | - | 134 | - | - | - |
| - | - | - | - | - | - | - | - | - | 220 | - | - | - |
| - | - | - | - | 411 | - | 4 | - | 19 | 6251 | 584 | - | 12 |
| - | - | - | - | 11 | - | 4 | - | 2 | 300 | 200 | - | - |
| - | - | - | - | 2 | - | - | - | - | 690 | 80 | - | - |
| - | - | - | - | 100 | - | - | - | - | 790 | 180 | - | - |
| - | - | - | - | 298 | - | - | - | 12 | 4220 | 120 | - | - |

*INCLUDED IN THIS COLUMN IS NGL AND FEEDSTOCKS.

## PRODUCTION AND USES OF ENERGY SOURCES : BELGIUM

1978

| X XX ENERGY XX XX SOURCES XX XX XX PRODUCTION XX XX AND USES XX | UNIT: 1000 METRIC TONS / UNITE: 1000 TONNES METRIQUES | | | | | | TCAL / TCAL | MANUFACTURED GAS (TCAL) / GAZ MANUFACTURE (TCAL) | | | MILLIONS OF (DE) KWH |
|---|---|---|---|---|---|---|---|---|---|---|---|
| | HARD COAL / HOUILLE | PATENT FUEL / AGGLOMERES | COKE OVEN COKE / COKE DE FOUR | GAS COKE / COKE DE GAZ | BROWN COAL / LIGNITE | BKB / BRIQ. DE LIGNITE | NATURAL GAS / GAZ NATUREL | GAS WORKS / USINES A GAZ | COKE OVENS / COKERIES | BLAST FURNACES / HAUT FOURNEAUX | ELECTRICITY* / ELECTRICITE* |
| | 1 | 2 | 3 | 4 | 5 | 6 | 7 | 8 | 9 | 10 | 11 |
| PRODUCTION | 6590 | 124 | 5747 | - | - | - | 361 | 13 | 10302 | 14372 | 50838 |
| FROM OTHER SOURCES | 41 | - | - | - | - | - | - | - | - | - | - |
| IMPORT | 7007 | 101 | 625 | - | - | 20 | 98925 | - | - | - | 5283 |
| EXPORT | -226 | -22 | -230 | - | - | - | -4311 | - | - | - | -8060 |
| INTL. MARINE BUNKERS | - | - | - | - | - | - | - | - | - | - | - |
| STOCK CHANGES | 429 | 1 | 31 | - | - | - | -178 | - | - | - | - |
| DOMESTIC SUPPLY | 13841 | 204 | 6173 | - | - | 20 | 94797 | 13 | 10302 | 14372 | 48061 |
| RETURNS TO SUPPLY | - | - | - | - | - | - | - | - | - | - | - |
| TRANSFERS | - | - | - | - | - | - | - | - | - | - | - |
| DOMESTIC AVAILABILITY | 13841 | 204 | 6173 | - | - | 20 | 94797 | 13 | 10302 | 14372 | 48061 |
| STATISTICAL DIFFERENCE | - | -2 | - | - | - | - | - | - | - | -144 | - |
| TRANSFORM. SECTOR ** | 11035 | - | 2055 | - | - | - | 14227 | - | 2177 | 5322 | - |
| FOR SOLID FUELS | 7337 | - | - | - | - | - | - | - | - | - | - |
| FOR GASES | - | - | 2055 | - | - | - | - | - | - | - | - |
| PETROLEUM REFINERIES | - | - | - | - | - | - | - | - | - | - | - |
| THERMO-ELECTRIC PLANTS | 3698 | - | - | - | - | - | 14227 | - | 2177 | 5322 | - |
| ENERGY SECTOR | 12 | 3 | 5 | - | - | - | 1254 | 3 | 4484 | 844 | 6715 |
| COAL MINES | 12 | - | - | - | - | - | - | - | - | - | 639 |
| OIL AND GAS EXTRACTION | - | - | - | - | - | - | 1116 | - | - | - | - |
| PETROLEUM REFINERIES | - | - | - | - | - | - | - | - | - | - | 681 |
| ELECTRIC PLANTS | - | - | - | - | - | - | - | - | - | - | 2482 |
| DISTRIBUTION LOSSES | - | - | - | - | - | - | 138 | 3 | - | - | 2529 |
| PUMP STORAGE (ELECTR.) | - | - | - | - | - | - | - | - | - | - | 368 |
| OTHER ENERGY SECTOR | - | 3 | 5 | - | - | - | - | - | 4484 | 844 | 16 |
| FINAL CONSUMPTION | 2794 | 203 | 4113 | - | - | 20 | 79316 | 10 | 3641 | 8350 | 41346 |
| INDUSTRY SECTOR | 1157 | 2 | 4092 | - | - | - | 44858 | - | 3641 | 8350 | 23521 |
| IRON AND STEEL | 169 | - | 3882 | - | - | - | 10309 | - | 3404 | 5940 | 4997 |
| CHEMICAL | 29 | - | 60 | - | - | - | 15718 | - | 82 | - | 7769 |
| PETROCHEMICAL | - | - | - | - | - | - | - | - | - | - | - |
| NON-FERROUS METAL | 6 | - | 19 | - | - | - | 2497 | - | - | - | 1675 |
| NON-METALLIC MINERAL | 935 | - | 44 | - | - | - | 4000 | - | - | - | 1501 |
| PAPER PULP AND PRINT | - | - | - | - | - | - | 769 | - | - | - | 1211 |
| MINING AND QUARRYING | - | - | - | - | - | - | - | - | - | - | 260 |
| FOOD AND TOBACCO | 4 | - | 14 | - | - | - | 772 | - | - | - | 1608 |
| WOOD AND WOOD PRODUCTS | - | - | - | - | - | - | 80 | - | - | - | 313 |
| MACHINERY | 9 | - | - | - | - | - | 900 | - | - | - | 1626 |
| TRANSPORT EQUIPMENT | - | - | - | - | - | - | - | - | - | - | 660 |
| CONSTRUCTION | - | - | - | - | - | - | - | - | - | - | 114 |
| TEXTILES AND LEATHER | 1 | - | - | - | - | - | - | - | - | - | 1117 |
| NON SPECIFIED | 4 | 2 | 73 | - | - | - | 9813 | - | 155 | 2410 | 670 |
| NON-ENERGY USES: | | | | | | | | | | | |
| (1)ENERGY PRODUCTS | - | - | - | - | - | - | - | - | - | - | - |
| (2)NON-ENERGY PRODUCTS | - | - | - | - | - | - | - | - | - | - | - |
| TRANSPORT. SECTOR ** | 4 | - | 1 | - | - | - | - | - | - | - | 907 |
| AIR TRANSPORT | - | - | - | - | - | - | - | - | - | - | - |
| ROAD TRANSPORT | - | - | - | - | - | - | - | - | - | - | - |
| RAILWAYS | 4 | - | 1 | - | - | - | - | - | - | - | 907 |
| INTERNAL NAVIGATION | - | - | - | - | - | - | - | - | - | - | - |
| OTHER SECTORS ** | 1633 | 201 | 20 | - | - | 20 | 34458 | 10 | - | - | 16918 |
| AGRICULTURE | - | - | - | - | - | - | - | - | - | - | - |
| PUBLIC SERVICES | - | - | - | - | - | - | - | - | - | - | - |
| COMMERCE | - | - | - | - | - | - | 10252 | 1 | - | - | 6410 |
| RESIDENTIAL | 1633 | 201 | 20 | - | - | 20 | 24206 | 9 | - | - | 10508 |

(1) INCLUDED IN CHEMICAL OR PETROCHEMICAL INDUSTRY
(2) INCLUDED ONLY IN TOTAL INDUSTRY

| * OF WHICH: HYDRO | 503 |
|---|---|
| NUCLEAR | 12513 |
| CONVENTIONAL THERMAL | 37822 |
| GEOTHERMAL | 0 |

** INCLUDED IN THESE TOTALS ARE THE NON-SPECIFIED ELEMENTS

PRODUCTION ET UTILISATION DES SOURCES D ENERGIE : BELGIQUE

1978

UNIT: 1000 METRIC TONS
UNITE: 1000 TONNES METRIQUES

| OIL / PETROLE | | | REFINERY GAS | LIQUEFIED PETROLEUM GASES | AVIATION GASOLINE | MOTOR GASOLINE | JET FUEL | KEROSENE | GAS/DIESEL OIL | RESIDUAL FUEL OIL | NAPHTHA | NON-ENERGY PRODUCTS |
|---|---|---|---|---|---|---|---|---|---|---|---|---|
| CRUDE* BRUT* | NGL GNL | FEEDST. | GAZ DE PETROLE | GAZ LIQUEFIES DE PETROLE | ESSENCE AVION | ESSENCE AUTO | CARBURANT REACTEUR | PETROLE LAMPANT | GAZ/DIESEL OIL | FUEL OIL RESIDUEL | NAPHTHA | PRODUITS NON-ENERGETIQUES |
| 12 | 13 | 14 | 15 | 16 | 17 | 18 | 19 | 20 | 21 | 22 | 23 | 24 |
| - | - | - | 512 | 503 | - | 4815 | 1496 | 90 | 10730 | 12053 | 1937 | 1409 |
| - | - | - | - | - | - | - | - | - | - | - | - | - |
| 33779 | - | - | - | 251 | 4 | 813 | 80 | 92 | 4420 | 1900 | 496 | 666 |
| -202 | - | - | - | -164 | - | -2617 | -1134 | -110 | -4889 | -4032 | -1223 | -985 |
| - | - | - | - | - | - | - | - | - | -702 | -2098 | - | -20 |
| 232 | - | - | - | -10 | - | 137 | 15 | 10 | -63 | 244 | 98 | 23 |
| 33809 | - | - | 512 | 580 | 4 | 3148 | 457 | 82 | 9496 | 8067 | 1308 | 1093 |
| 70 | - | - | - | - | - | - | - | - | - | - | - | - |
| - | - | - | - | - | - | - | - | - | - | - | - | - |
| 33879 | - | - | 512 | 580 | 4 | 3148 | 457 | 82 | 9496 | 8067 | 1308 | 1093 |
| -5 | - | - | - | -1 | - | 40 | 1 | 54 | -33 | -42 | -10 | -3 |
| 33884 | - | - | 21 | 4 | - | - | - | - | 24 | 3717 | - | - |
| - | - | - | - | - | - | - | - | - | - | - | - | - |
| - | - | - | - | 4 | - | - | - | - | - | - | - | - |
| 33884 | - | - | - | - | - | - | - | - | - | - | - | - |
| - | - | - | 21 | - | - | - | - | - | 24 | 3717 | - | - |
| - | - | - | 491 | 29 | - | - | - | - | 46 | 1067 | - | 167 |
| - | - | - | - | - | - | - | - | - | 34 | 74 | - | - |
| - | - | - | - | - | - | - | - | - | - | - | - | - |
| - | - | - | 491 | 29 | - | - | - | - | 1 | 800 | - | 167 |
| - | - | - | - | - | - | - | - | - | - | 179 | - | - |
| - | - | - | - | - | - | - | - | - | - | - | - | - |
| - | - | - | - | - | - | - | - | - | - | - | - | - |
| - | - | - | - | - | - | - | - | - | 11 | 14 | - | - |
| - | - | - | - | 548 | 4 | 3108 | 456 | 28 | 9459 | 3325 | 1318 | 929 |
| - | - | - | - | 69 | - | - | - | 5 | 879 | 2795 | 1318 | 929 |
| - | - | - | - | 2 | - | - | - | - | 59 | 375 | - | - |
| - | - | - | - | 6 | - | - | - | 3 | 52 | 465 | 8 | - |
| - | - | - | - | 1 | - | - | - | - | - | 10 | 1308 | - |
| - | - | - | - | 3 | - | - | - | - | 22 | 51 | - | - |
| - | - | - | - | 6 | - | - | - | - | 225 | 334 | - | - |
| - | - | - | - | 1 | - | - | - | - | 18 | 71 | - | 2 |
| - | - | - | - | - | - | - | - | - | 25 | - | - | - |
| - | - | - | - | 5 | - | - | - | - | 122 | 227 | - | 1 |
| - | - | - | - | - | - | - | - | - | - | - | - | - |
| - | - | - | - | 10 | - | - | - | 1 | 126 | 143 | - | 1 |
| - | - | - | - | - | - | - | - | - | - | - | - | - |
| - | - | - | - | - | - | - | - | - | - | - | - | - |
| - | - | - | - | - | - | - | - | - | - | - | - | - |
| - | - | - | - | 35 | - | - | - | 1 | 230 | 1119 | 2 | 9 |
| - | - | - | 21 | - | - | - | - | - | - | - | 1308 | - |
| - | - | - | - | - | - | - | - | - | - | - | - | 916 |
| - | - | - | - | 34 | 4 | 3103 | 456 | - | 1725 | - | - | - |
| - | - | - | - | - | 4 | - | 456 | - | - | - | - | - |
| - | - | - | - | 34 | - | 3103 | - | - | 1419 | - | - | - |
| - | - | - | - | - | - | - | - | - | 141 | - | - | - |
| - | - | - | - | - | - | - | - | - | 165 | - | - | - |
| - | - | - | - | 445 | - | 5 | - | 23 | 6855 | 530 | - | - |
| - | - | - | - | 12 | - | 5 | - | 3 | 350 | 200 | - | - |
| - | - | - | - | 2 | - | - | - | - | 775 | 69 | - | - |
| - | - | - | - | 106 | - | - | - | - | 875 | 137 | - | - |
| - | - | - | - | 325 | - | - | - | 14 | 4650 | 120 | - | - |

*INCLUDED IN THIS COLUMN IS NGL AND FEEDSTOCKS.

## PRODUCTION AND USES OF ENERGY SOURCES : BELGIUM

1979

| PRODUCTION AND USES \ ENERGY SOURCES | HARD COAL / HOUILLE 1 | PATENT FUEL / AGGLOMERES 2 | COKE OVEN COKE / COKE DE FOUR 3 | GAS COKE / COKE DE GAZ 4 | BROWN COAL / LIGNITE 5 | BKB / BRIQ. DE LIGNITE 6 | NATURAL GAS / GAZ NATUREL 7 | GAS WORKS / USINES A GAZ 8 | COKE OVENS / COKERIES 9 | BLAST FURNACES / HAUT FOURNEAUX 10 | ELECTRICITY* / ELECTRICITE* 11 |
|---|---|---|---|---|---|---|---|---|---|---|---|
| | UNIT: 1000 METRIC TONS / UNITE: 1000 TONNES METRIQUES | | | | | | TCAL / TCAL | MANUFACTURED GAS (TCAL) / GAZ MANUFACTURE (TCAL) | | | MILLIONS OF (DE) KWH |
| PRODUCTION | 6125 | 153 | 6450 | - | - | - | 316 | 13 | 11474 | 15190 | 52248 |
| FROM OTHER SOURCES | 34 | - | - | - | - | - | - | - | - | - | - |
| IMPORT | 9622 | 126 | 1408 | - | 8 | 32 | 108580 | - | - | - | 6736 |
| EXPORT | -319 | -55 | -864 | - | - | - | -4511 | - | - | - | -7965 |
| INTL. MARINE BUNKERS | - | - | - | - | - | - | - | - | - | - | - |
| STOCK CHANGES | 152 | - | -21 | - | - | - | -912 | - | - | - | - |
| DOMESTIC SUPPLY | 15614 | 224 | 6973 | - | 8 | 32 | 103473 | 13 | 11474 | 15190 | 51019 |
| RETURNS TO SUPPLY | - | - | - | - | - | - | - | - | - | - | - |
| TRANSFERS | - | - | - | - | - | - | - | - | - | - | - |
| DOMESTIC AVAILABILITY | 15614 | 224 | 6973 | - | 8 | 32 | 103473 | 13 | 11474 | 15190 | 51019 |
| STATISTICAL DIFFERENCE | - | - | - | - | - | - | -8 | - | - | -130 | - |
| TRANSFORM. SECTOR ** | 13206 | - | 2172 | - | - | - | 16382 | - | 2602 | 5417 | - |
| FOR SOLID FUELS | 8608 | - | - | - | - | - | - | - | - | - | - |
| FOR GASES | - | - | 2172 | - | - | - | - | - | - | - | - |
| PETROLEUM REFINERIES | - | - | - | - | - | - | - | - | - | - | - |
| THERMO-ELECTRIC PLANTS | 4598 | - | - | - | - | - | 16382 | - | 2602 | 5417 | - |
| ENERGY SECTOR | 9 | 4 | 5 | - | - | - | 741 | 2 | 5354 | 888 | 7109 |
| COAL MINES | 9 | - | - | - | - | - | - | - | - | - | 607 |
| OIL AND GAS EXTRACTION | - | - | - | - | - | - | 741 | - | - | - | - |
| PETROLEUM REFINERIES | - | - | - | - | - | - | - | - | - | - | 712 |
| ELECTRIC PLANTS | - | - | - | - | - | - | - | - | - | - | 2600 |
| DISTRIBUTION LOSSES | - | - | - | - | - | - | - | 2 | - | - | 2699 |
| PUMP STORAGE (ELECTR.) | - | - | - | - | - | - | - | - | - | - | 467 |
| OTHER ENERGY SECTOR | - | 4 | 5 | - | - | - | - | - | 5354 | 888 | 24 |
| FINAL CONSUMPTION | 2399 | 220 | 4796 | - | 8 | 32 | 86358 | 11 | 3518 | 9015 | 43910 |
| INDUSTRY SECTOR | 787 | 2 | 4770 | - | 8 | - | 47387 | - | 3518 | 9015 | 25155 |
| IRON AND STEEL | 121 | - | 4523 | - | - | - | 10730 | - | 3169 | 6351 | 5332 |
| CHEMICAL | 17 | - | 73 | - | - | - | 17831 | - | - | - | 8491 |
| PETROCHEMICAL | - | - | - | - | - | - | - | - | - | - | - |
| NON-FERROUS METAL | 3 | - | 40 | - | - | - | 2162 | - | - | - | 1798 |
| NON-METALLIC MINERAL | 630 | - | 43 | - | 8 | - | 10231 | - | - | - | 1540 |
| PAPER PULP AND PRINT | - | - | - | - | - | - | 894 | - | - | - | 1266 |
| MINING AND QUARRYING | - | - | - | - | - | - | - | - | - | - | 270 |
| FOOD AND TOBACCO | 3 | - | 16 | - | - | - | 1336 | - | - | - | 1719 |
| WOOD AND WOOD PRODUCTS | - | - | - | - | - | - | 70 | - | - | - | 327 |
| MACHINERY | 11 | - | - | - | - | - | 750 | - | - | - | 1708 |
| TRANSPORT EQUIPMENT | - | - | - | - | - | - | - | - | - | - | 681 |
| CONSTRUCTION | - | - | - | - | - | - | - | - | - | - | 115 |
| TEXTILES AND LEATHER | 1 | - | - | - | - | - | - | - | - | - | 1167 |
| NON SPECIFIED | 1 | 2 | 75 | - | - | - | 3383 | - | 349 | 2664 | 741 |
| NON-ENERGY USES: | | | | | | | | | | | |
| (1)ENERGY PRODUCTS | - | - | - | - | - | - | - | - | - | - | - |
| (2)NON-ENERGY PRODUCTS | - | - | - | - | - | - | - | - | - | - | - |
| TRANSPORT. SECTOR ** | 4 | - | 1 | - | - | - | - | - | - | - | 950 |
| AIR TRANSPORT | - | - | - | - | - | - | - | - | - | - | - |
| ROAD TRANSPORT | - | - | - | - | - | - | - | - | - | - | - |
| RAILWAYS | 4 | - | 1 | - | - | - | - | - | - | - | 950 |
| INTERNAL NAVIGATION | - | - | - | - | - | - | - | - | - | - | - |
| OTHER SECTORS ** | 1608 | 218 | 25 | - | - | 32 | 38971 | 11 | - | - | 17805 |
| AGRICULTURE | - | - | - | - | - | - | - | - | - | - | - |
| PUBLIC SERVICES | - | - | - | - | - | - | - | - | - | - | - |
| COMMERCE | - | - | - | - | - | - | 11634 | 2 | - | - | 6777 |
| RESIDENTIAL | 1608 | 218 | 25 | - | - | 32 | 27337 | 9 | - | - | 11028 |

(1) INCLUDED IN CHEMICAL OR PETROCHEMICAL INDUSTRY
(2) INCLUDED ONLY IN TOTAL INDUSTRY

| * OF WHICH: HYDRO | 578 |
|---|---|
| NUCLEAR | 11407 |
| CONVENTIONAL THERMAL | 40263 |
| GEOTHERMAL | 0 |

** INCLUDED IN THESE TOTALS ARE THE NON-SPECIFIED ELEMENTS

## PRODUCTION ET UTILISATION DES SOURCES D ENERGIE : BELGIQUE

1979

UNIT: 1000 METRIC TONS
UNITE: 1000 TONNES METRIQUES

| OIL / PETROLE: CRUDE / BRUT | OIL / PETROLE: NGL / GNL | OIL / PETROLE: FEEDST. | REFINERY GAS / GAZ DE PETROLE | LIQUEFIED PETROLEUM GASES / GAZ LIQUEFIES DE PETROLE | AVIATION GASOLINE / ESSENCE AVION | MOTOR GASOLINE / ESSENCE AUTO | JET FUEL / CARBURANT REACTEUR | KEROSENE / PETROLE LAMPANT | GAS/DIESEL OIL / GAZ/DIESEL OIL | RESIDUAL FUEL OIL / FUEL OIL RESIDUEL | NAPHTHA / NAPHTHA | NON-ENERGY PRODUCTS / PRODUITS NON-ENERGETIQUES |
|---|---|---|---|---|---|---|---|---|---|---|---|---|
| 12 | 13 | 14 | 15 | 16 | 17 | 18 | 19 | 20 | 21 | 22 | 23 | 24 |
| - | - | - | 435 | 552 | - | 5088 | 1515 | 144 | 11803 | 10950 | 1759 | 1616 |
| - | - | - | - | - | - | - | - | - | - | - | - | - |
| 33273 | - | 964 | - | 295 | 4 | 1014 | 127 | 27 | 3978 | 2581 | 736 | 918 |
| - | - | - | - | -216 | - | -3012 | -1129 | -95 | -5144 | -3424 | -966 | -941 |
| - | - | - | - | - | - | - | - | - | -596 | -1890 | - | -21 |
| -253 | - | -102 | - | 4 | - | 55 | -47 | -5 | -252 | -625 | -114 | -28 |
| 33020 | - | 862 | 435 | 635 | 4 | 3145 | 466 | 71 | 9789 | 7592 | 1415 | 1544 |
| - | - | 123 | - | -2 | - | -46 | - | - | - | -72 | - | -3 |
| - | - | - | - | - | - | - | - | - | - | - | - | - |
| 33020 | - | 985 | 435 | 633 | 4 | 3099 | 466 | 71 | 9789 | 7520 | 1415 | 1541 |
| - | - | 1 | - | -6 | - | -33 | 4 | 11 | -29 | -92 | 2 | -8 |
| 33020 | - | 984 | 27 | 2 | - | - | - | - | 22 | 3805 | 1 | - |
| - | - | - | - | - | - | - | - | - | - | - | - | - |
| - | - | - | - | 2 | - | - | - | - | - | - | - | - |
| 33020 | - | 984 | - | - | - | - | - | - | - | - | - | - |
| - | - | - | 27 | - | - | - | - | - | 22 | 3805 | 1 | - |
| - | - | - | 408 | 35 | - | - | - | - | 36 | 1006 | - | 311 |
| - | - | - | - | - | - | - | - | - | 29 | 24 | - | - |
| - | - | - | - | - | - | - | - | - | - | - | - | - |
| - | - | - | 408 | 35 | - | - | - | - | 1 | 795 | - | 311 |
| - | - | - | - | - | - | - | - | - | - | 179 | - | - |
| - | - | - | - | - | - | - | - | - | - | - | - | - |
| - | - | - | - | - | - | - | - | - | - | - | - | - |
| - | - | - | - | - | - | - | - | - | 6 | 8 | - | - |
| - | - | - | - | 602 | 4 | 3132 | 462 | 60 | 9760 | 2801 | 1412 | 1238 |
| - | - | - | - | 90 | - | - | - | 5 | 703 | 2221 | 1412 | 1236 |
| - | - | - | - | 2 | - | - | - | - | 50 | 292 | - | 1 |
| - | - | - | - | 9 | - | - | - | 2 | 49 | 465 | 15 | - |
| - | - | - | - | 18 | - | - | - | - | 1 | 7 | 1391 | - |
| - | - | - | - | 2 | - | - | - | - | 17 | 56 | 6 | - |
| - | - | - | - | 7 | - | - | - | - | 202 | 199 | - | - |
| - | - | - | - | 1 | - | - | - | - | 14 | 66 | - | 1 |
| - | - | - | - | - | - | - | - | - | 22 | - | - | - |
| - | - | - | - | 4 | - | - | - | - | 128 | 186 | - | 1 |
| - | - | - | - | - | - | - | - | - | - | - | - | - |
| - | - | - | - | 9 | - | - | - | 1 | 118 | 144 | - | 1 |
| - | - | - | - | - | - | - | - | - | - | - | - | - |
| - | - | - | - | - | - | - | - | - | - | - | - | - |
| - | - | - | - | - | - | - | - | - | - | - | - | - |
| - | - | - | - | 38 | - | - | - | 2 | 102 | 806 | - | 10 |
| - | - | - | 27 | 18 | - | - | - | - | - | - | 1391 | - |
| - | - | - | - | - | - | - | - | - | - | - | - | 1222 |
| - | - | - | - | 30 | 4 | 3124 | 462 | - | 2013 | - | - | - |
| - | - | - | - | - | 4 | - | 462 | - | - | - | - | - |
| - | - | - | - | 30 | - | 3124 | - | - | 1723 | - | - | - |
| - | - | - | - | - | - | - | - | - | 149 | - | - | - |
| - | - | - | - | - | - | - | - | - | 141 | - | - | - |
| - | - | - | - | 482 | - | 8 | - | 55 | 7044 | 580 | - | 2 |
| - | - | - | - | 14 | - | 8 | - | 6 | 400 | 230 | - | - |
| - | - | - | - | 2 | - | - | - | - | 775 | 77 | - | 1 |
| - | - | - | - | 116 | - | - | - | - | 925 | 140 | - | - |
| - | - | - | - | 350 | - | - | - | 49 | 4844 | 133 | - | 1 |

## PRODUCTION AND USES OF ENERGY SOURCES : BELGIUM

1980

| ENERGY SOURCES / PRODUCTION AND USES | UNIT: 1000 METRIC TONS / UNITE: 1000 TONNES METRIQUES | | | | | | TCAL / TCAL | MANUFACTURED GAS (TCAL) / GAZ MANUFACTURE (TCAL) | | | MILLIONS OF (DE) KWH |
|---|---|---|---|---|---|---|---|---|---|---|---|
| | HARD COAL / HOUILLE | PATENT FUEL / AGGLOMERES | COKE OVEN COKE / COKE DE FOUR | GAS COKE / COKE DE GAZ | BROWN COAL / LIGNITE | BKB / BRIQ. DE LIGNITE | NATURAL GAS / GAZ NATUREL | GAS WORKS / USINES A GAZ | COKE OVENS / COKERIES | BLAST FURNACES / HAUT FOURNEAUX | ELECTRICITY* / ELECTRICITE* |
| | 1 | 2 | 3 | 4 | 5 | 6 | 7 | 8 | 9 | 10 | 11 |
| PRODUCTION | 6324 | 82 | 6048 | - | - | - | 365 | 13 | 10742 | 13333 | 53643 |
| FROM OTHER SOURCES | 12 | - | - | - | - | - | - | - | - | - | - |
| IMPORT | 10139 | 92 | 1261 | - | 95 | 47 | 103504 | - | - | - | 6285 |
| EXPORT | -480 | -23 | -768 | - | - | - | -4698 | - | - | - | -8920 |
| INTL. MARINE BUNKERS | - | - | - | - | - | - | - | - | - | - | - |
| STOCK CHANGES | -49 | 1 | 1 | - | - | - | -164 | - | - | - | - |
| DOMESTIC SUPPLY | 15946 | 152 | 6542 | - | 95 | 47 | 99007 | 13 | 10742 | 13333 | 51008 |
| RETURNS TO SUPPLY | - | - | - | - | - | - | - | - | - | - | - |
| TRANSFERS | - | - | - | - | - | - | - | - | - | - | - |
| DOMESTIC AVAILABILITY | 15946 | 152 | 6542 | - | 95 | 47 | 99007 | 13 | 10742 | 13333 | 51008 |
| STATISTICAL DIFFERENCE | - | - | - | - | - | - | -1 | - | - | -20 | - |
| TRANSFORM. SECTOR ** | 13561 | - | 2009 | - | - | - | 13731 | - | 2547 | 4648 | - |
| FOR SOLID FUELS | 8022 | - | - | - | - | - | - | - | - | - | - |
| FOR GASES | - | - | 2009 | - | - | - | - | - | - | - | - |
| PETROLEUM REFINERIES | - | - | - | - | - | - | - | - | - | - | - |
| THERMO-ELECTRIC PLANTS | 5539 | - | - | - | - | - | 13731 | - | 2547 | 4648 | - |
| ENERGY SECTOR | 11 | 2 | 4 | - | - | - | 611 | 3 | 5089 | 623 | 7521 |
| COAL MINES | 11 | - | - | - | - | - | - | - | - | - | 636 |
| OIL AND GAS EXTRACTION | - | - | - | - | - | - | 611 | - | - | - | - |
| PETROLEUM REFINERIES | - | - | - | - | - | - | - | - | - | - | 745 |
| ELECTRIC PLANTS | - | - | - | - | - | - | - | - | - | - | 2628 |
| DISTRIBUTION LOSSES | - | - | - | - | - | - | - | 3 | - | - | 2756 |
| PUMP STORAGE (ELECTR.) | - | - | - | - | - | - | - | - | - | - | 733 |
| OTHER ENERGY SECTOR | - | 2 | 4 | - | - | - | - | - | 5089 | 623 | 23 |
| FINAL CONSUMPTION | 2374 | 150 | 4529 | - | 95 | 47 | 84666 | 10 | 3106 | 8082 | 43487 |
| INDUSTRY SECTOR | 1041 | 2 | 4498 | - | 95 | - | 44272 | - | 3106 | 8082 | 24083 |
| IRON AND STEEL | 79 | - | 4268 | - | - | - | 9597 | - | 3060 | 6050 | 5009 |
| CHEMICAL | 26 | - | 52 | - | - | - | 17377 | - | - | - | 7803 |
| PETROCHEMICAL | - | - | - | - | - | - | - | - | - | - | - |
| NON-FERROUS METAL | 1 | - | 48 | - | - | - | 2291 | - | - | - | 1671 |
| NON-METALLIC MINERAL | 920 | - | 43 | - | 95 | - | 9121 | - | - | - | 1550 |
| PAPER PULP AND PRINT | - | - | 1 | - | - | - | 877 | - | - | - | 1278 |
| MINING AND QUARRYING | - | - | - | - | - | - | - | - | - | - | 275 |
| FOOD AND TOBACCO | 4 | - | 9 | - | - | - | 1360 | - | - | - | 1779 |
| WOOD AND WOOD PRODUCTS | - | - | - | - | - | - | 10 | - | - | - | 342 |
| MACHINERY | 7 | - | - | - | - | - | 338 | - | - | - | 1721 |
| TRANSPORT EQUIPMENT | - | - | - | - | - | - | - | - | - | - | 617 |
| CONSTRUCTION | - | - | - | - | - | - | - | - | - | - | 120 |
| TEXTILES AND LEATHER | 1 | - | - | - | - | - | 691 | - | - | - | 1171 |
| NON SPECIFIED | 3 | 2 | 77 | - | - | - | 2610 | - | 46 | 2032 | 747 |
| NON-ENERGY USES: | | | | | | | | | | | |
| (1)ENERGY PRODUCTS | - | - | - | - | - | - | 6439 | - | - | - | - |
| (2)NON-ENERGY PRODUCTS | - | - | - | - | - | - | - | - | - | - | - |
| TRANSPORT. SECTOR ** | 2 | - | 1 | - | - | - | - | - | - | - | 965 |
| AIR TRANSPORT | - | - | - | - | - | - | - | - | - | - | - |
| ROAD TRANSPORT | - | - | - | - | - | - | - | - | - | - | - |
| RAILWAYS | 2 | - | 1 | - | - | - | - | - | - | - | 965 |
| INTERNAL NAVIGATION | - | - | - | - | - | - | - | - | - | - | - |
| OTHER SECTORS ** | 1331 | 148 | 30 | - | - | 47 | 40394 | 10 | - | - | 18439 |
| AGRICULTURE | - | - | - | - | - | - | - | - | - | - | - |
| PUBLIC SERVICES | - | - | - | - | - | - | - | - | - | - | - |
| COMMERCE | - | - | - | - | - | - | 12512 | 2 | - | - | 5327 |
| RESIDENTIAL | 1331 | 148 | 30 | - | - | 47 | 27882 | 8 | - | - | 13112 |

(1) INCLUDED IN CHEMICAL OR PETROCHEMICAL INDUSTRY
(2) INCLUDED ONLY IN TOTAL INDUSTRY

| * OF WHICH: | |
|---|---|
| HYDRO | 829 |
| NUCLEAR | 12549 |
| CONVENTIONAL THERMAL | 40265 |
| GEOTHERMAL | 0 |

** INCLUDED IN THESE TOTALS ARE THE NON-SPECIFIED ELEMENTS

## PRODUCTION ET UTILISATION DES SOURCES D ENERGIE : BELGIQUE

1980

UNIT: 1000 METRIC TONS
UNITE: 1000 TONNES METRIQUES

| OIL / PETROLE: CRUDE / BRUT | OIL / PETROLE: NGL / GNL | OIL / PETROLE: FEEDST. | REFINERY GAS / GAZ DE PETROLE | LIQUEFIED PETROLEUM GASES / GAZ LIQUEFIES DE PETROLE | AVIATION GASOLINE / ESSENCE AVION | MOTOR GASOLINE / ESSENCE AUTO | JET FUEL / CARBURANT REACTEUR | KEROSENE / PETROLE LAMPANT | GAS/DIESEL OIL / GAZ/DIESEL OIL | RESIDUAL FUEL OIL / FUEL OIL RESIDUEL | NAPHTHA / NAPHTHA | NON-ENERGY PRODUCTS / PRODUITS NON-ENERGETIQUES |
|---|---|---|---|---|---|---|---|---|---|---|---|---|
| 12 | 13 | 14 | 15 | 16 | 17 | 18 | 19 | 20 | 21 | 22 | 23 | 24 |
| - | - | - | 616 | 516 | - | 5506 | 1707 | 23 | 10932 | 10898 | 1486 | 1755 |
| - | - | - | - | - | - | - | - | - | - | - | - | - |
| 32000 | - | 1474 | - | 267 | 4 | 1390 | 55 | 6 | 4047 | 2702 | 725 | 812 |
| -37 | - | -1 | - | -243 | - | -3662 | -1305 | -18 | -5776 | -4430 | -1158 | -996 |
| - | - | - | - | - | - | - | - | - | -586 | -1845 | - | -24 |
| -12 | - | 80 | - | 4 | - | -294 | -20 | 20 | -205 | 74 | 95 | 1 |
| 31951 | - | 1553 | 616 | 544 | 4 | 2940 | 437 | 31 | 8412 | 7399 | 1148 | 1548 |
| - | - | 108 | - | - | - | -46 | - | - | -6 | -54 | - | -2 |
| - | - | - | - | - | - | - | - | - | - | - | - | - |
| 31951 | - | 1661 | 616 | 544 | 4 | 2894 | 437 | 31 | 8406 | 7345 | 1148 | 1546 |
| - | - | -19 | - | -6 | - | -54 | -34 | 7 | -86 | 26 | 15 | -9 |
| 31951 | - | 1680 | 30 | 1 | - | - | - | - | 5 | 3977 | 1 | - |
| - | - | - | - | - | - | - | - | - | - | - | - | - |
| - | - | - | - | 1 | - | - | - | - | - | - | - | - |
| 31951 | - | 1680 | - | - | - | - | - | - | - | - | - | - |
| - | - | - | 30 | - | - | - | - | - | 5 | 3977 | 1 | - |
| - | - | - | 586 | 19 | - | - | - | - | 91 | 968 | - | 400 |
| - | - | - | - | - | - | - | - | - | 19 | 9 | - | - |
| - | - | - | - | - | - | - | - | - | - | - | - | - |
| - | - | - | 586 | 19 | - | - | - | - | 68 | 750 | - | 400 |
| - | - | - | - | - | - | - | - | - | - | 205 | - | - |
| - | - | - | - | - | - | - | - | - | - | - | - | - |
| - | - | - | - | - | - | - | - | - | - | - | - | - |
| - | - | - | - | - | - | - | - | - | 4 | 4 | - | - |
| - | - | - | - | 530 | 4 | 2948 | 471 | 24 | 8396 | 2374 | 1132 | 1155 |
| - | - | - | - | 57 | - | - | - | 5 | 466 | 1844 | 1132 | 1153 |
| - | - | - | - | 1 | - | - | - | - | 38 | 154 | - | - |
| - | - | - | - | 6 | - | - | - | 2 | 36 | 415 | - | - |
| - | - | - | - | 11 | - | - | - | - | - | 15 | 1125 | - |
| - | - | - | - | 2 | - | - | - | - | 13 | 37 | 7 | - |
| - | - | - | - | 5 | - | - | - | - | 166 | 192 | - | - |
| - | - | - | - | 1 | - | - | - | - | 11 | 54 | - | 1 |
| - | - | - | - | - | - | - | - | - | 20 | - | - | - |
| - | - | - | - | 4 | - | - | - | - | 90 | 194 | - | 1 |
| - | - | - | - | - | - | - | - | - | - | - | - | - |
| - | - | - | - | 5 | - | - | - | 1 | 92 | 116 | - | 1 |
| - | - | - | - | - | - | - | - | - | - | - | - | - |
| - | - | - | - | 10 | - | - | - | - | - | 23 | - | - |
| - | - | - | - | 1 | - | - | - | - | - | 67 | - | 1 |
| - | - | - | - | 11 | - | - | - | 2 | - | 577 | - | 8 |
| - | - | - | 30 | 9 | - | - | - | - | - | - | 1125 | - |
| - | - | - | - | - | - | - | - | - | - | - | - | 1141 |
| - | - | - | - | 39 | 4 | 2943 | 471 | - | 2072 | - | - | - |
| - | - | - | - | - | 4 | - | 471 | - | - | - | - | - |
| - | - | - | - | 39 | - | 2943 | - | - | 1795 | - | - | - |
| - | - | - | - | - | - | - | - | - | 146 | - | - | - |
| - | - | - | - | - | - | - | - | - | 131 | - | - | - |
| - | - | - | - | 434 | - | 5 | - | 19 | 5858 | 530 | - | 2 |
| - | - | - | - | 13 | - | 5 | - | 5 | 276 | 210 | - | - |
| - | - | - | - | 4 | - | - | - | - | 528 | 175 | - | - |
| - | - | - | - | 102 | - | - | - | - | 704 | 25 | - | 1 |
| - | - | - | - | 315 | - | - | - | 14 | 4350 | 120 | - | 1 |

## PRODUCTION AND USES OF ENERGY SOURCES : BELGIUM

1981

| PRODUCTION AND USES / ENERGY SOURCES | UNIT: 1000 METRIC TONS / UNITE: 1000 TONNES METRIQUES | | | | | | TCAL / TCAL | MANUFACTURED GAS (TCAL) / GAZ MANUFACTURE (TCAL) | | | MILLIONS OF (DE) KWH |
|---|---|---|---|---|---|---|---|---|---|---|---|
| | HARD COAL / HOUILLE | PATENT FUEL / AGGLOMERES | COKE OVEN COKE / COKE DE FOUR | GAS COKE / COKE DE GAZ | BROWN COAL / LIGNITE | BKB / BRIQ. DE LIGNITE | NATURAL GAS / GAZ NATUREL | GAS WORKS / USINES A GAZ | COKE OVENS / COKERIES | BLAST FURNACES / HAUT FOURNEAUX | ELECTRICITY* / ELECTRICITE* |
| | 1 | 2 | 3 | 4 | 5 | 6 | 7 | 8 | 9 | 10 | 11 |
| PRODUCTION | 6186 | 54 | 6004 | - | - | - | 304 | 11 | 10796 | 12965 | 50753 |
| FROM OTHER SOURCES | 11 | - | - | - | - | - | - | - | - | - | - |
| IMPORT | 10051 | 92 | 1136 | - | 112 | 54 | 94602 | - | - | - | 5704 |
| EXPORT | -787 | -15 | -822 | - | - | - | -3124 | - | - | - | -5264 |
| INTL. MARINE BUNKERS | - | - | - | - | - | - | - | - | - | - | - |
| STOCK CHANGES | -24 | - | -33 | - | - | - | -469 | - | - | - | - |
| DOMESTIC SUPPLY | 15437 | 131 | 6285 | - | 112 | 54 | 91313 | 11 | 10796 | 12965 | 51193 |
| RETURNS TO SUPPLY | - | - | - | - | - | - | - | - | - | - | - |
| TRANSFERS | - | - | - | - | - | - | - | - | - | - | - |
| DOMESTIC AVAILABILITY | 15437 | 131 | 6285 | - | 112 | 54 | 91313 | 11 | 10796 | 12965 | 51193 |
| STATISTICAL DIFFERENCE | - | - | - | - | - | - | -3 | - | - | -16 | - |
| TRANSFORM. SECTOR ** | 13496 | - | 1994 | - | - | - | 11079 | - | 2830 | 5066 | - |
| FOR SOLID FUELS | 7654 | - | - | - | - | - | - | - | - | - | - |
| FOR GASES | - | - | 1994 | - | - | - | - | - | - | - | - |
| PETROLEUM REFINERIES | - | - | - | - | - | - | - | - | - | - | - |
| THERMO-ELECTRIC PLANTS | 5842 | - | - | - | - | - | 11079 | - | 2830 | 5066 | - |
| ENERGY SECTOR | 5 | 1 | 1 | - | - | - | 551 | 2 | 5011 | 614 | 7639 |
| COAL MINES | 5 | - | - | - | - | - | - | - | - | - | 630 |
| OIL AND GAS EXTRACTION | - | - | - | - | - | - | 551 | - | - | - | - |
| PETROLEUM REFINERIES | - | - | - | - | - | - | - | - | - | - | 709 |
| ELECTRIC PLANTS | - | - | - | - | - | - | - | - | - | - | 2574 |
| DISTRIBUTION LOSSES | - | - | - | - | - | - | - | 2 | - | - | 2776 |
| PUMP STORAGE (ELECTR.) | - | - | - | - | - | - | - | - | - | - | 926 |
| OTHER ENERGY SECTOR | - | 1 | 1 | - | - | - | - | - | 5011 | 614 | 24 |
| FINAL CONSUMPTION | 1936 | 130 | 4290 | - | 112 | 54 | 79686 | 9 | 2955 | 7301 | 43554 |
| INDUSTRY SECTOR | 776 | - | 4254 | - | 112 | - | 39125 | - | 2955 | 7301 | 23664 |
| IRON AND STEEL | 30 | - | 4064 | - | - | - | 8220 | - | 2942 | 4596 | 5020 |
| CHEMICAL | 28 | - | 40 | - | - | - | 16330 | - | - | - | 7731 |
| PETROCHEMICAL | - | - | - | - | - | - | - | - | - | - | - |
| NON-FERROUS METAL | - | - | 41 | - | - | - | 1890 | - | - | - | 1545 |
| NON-METALLIC MINERAL | 694 | - | 33 | - | 112 | - | 7006 | - | - | - | 1396 |
| PAPER PULP AND PRINT | - | - | - | - | - | - | 731 | - | - | - | 1273 |
| MINING AND QUARRYING | - | - | - | - | - | - | - | - | - | - | 261 |
| FOOD AND TOBACCO | 8 | - | 16 | - | - | - | 1060 | - | - | - | 1866 |
| WOOD AND WOOD PRODUCTS | - | - | - | - | - | - | - | - | - | - | 318 |
| MACHINERY | 2 | - | 30 | - | - | - | 299 | - | - | - | 1659 |
| TRANSPORT EQUIPMENT | - | - | - | - | - | - | - | - | - | - | 668 |
| CONSTRUCTION | - | - | - | - | - | - | - | - | - | - | 133 |
| TEXTILES AND LEATHER | 1 | - | - | - | - | - | 456 | - | - | - | 1076 |
| NON SPECIFIED | 13 | - | 30 | - | - | - | 3133 | - | 13 | 2705 | 718 |
| NON-ENERGY USES: | | | | | | | | | | | |
| (1)ENERGY PRODUCTS | - | - | - | - | - | - | - | - | - | - | - |
| (2)NON-ENERGY PRODUCTS | - | - | - | - | - | - | - | - | - | - | - |
| TRANSPORT. SECTOR ** | 1 | - | 1 | - | - | - | - | - | - | - | 1003 |
| AIR TRANSPORT | - | - | - | - | - | - | - | - | - | - | - |
| ROAD TRANSPORT | - | - | - | - | - | - | - | - | - | - | - |
| RAILWAYS | 1 | - | 1 | - | - | - | - | - | - | - | 1003 |
| INTERNAL NAVIGATION | - | - | - | - | - | - | - | - | - | - | - |
| OTHER SECTORS ** | 1159 | 130 | 35 | - | - | 54 | 40561 | 9 | - | - | 18887 |
| AGRICULTURE | - | - | - | - | - | - | - | - | - | - | - |
| PUBLIC SERVICES | - | - | - | - | - | - | - | - | - | - | - |
| COMMERCE | - | - | - | - | - | - | 12846 | 1 | - | - | 5431 |
| RESIDENTIAL | 1159 | 130 | 35 | - | - | 54 | 27715 | 8 | - | - | 13456 |

(1) INCLUDED IN CHEMICAL OR PETROCHEMICAL INDUSTRY
(2) INCLUDED ONLY IN TOTAL INDUSTRY

| * OF WHICH: | |
|---|---|
| HYDRO | 1083 |
| NUCLEAR | 12913 |
| CONVENTIONAL THERMAL | 36757 |
| GEOTHERMAL | 0 |

** INCLUDED IN THESE TOTALS ARE THE NON-SPECIFIED ELEMENTS

UNIT: 1000 METRIC TONS
UNITE: 1000 TONNES METRIQUES

| OIL / PETROLE: CRUDE / BRUT | OIL / PETROLE: NGL / GNL | OIL / PETROLE: FEEDST. | REFINERY GAS / GAZ DE PETROLE | LIQUEFIED PETROLEUM GASES / GAZ LIQUEFIES DE PETROLE | AVIATION GASOLINE / ESSENCE AVION | MOTOR GASOLINE / ESSENCE AUTO | JET FUEL / CARBURANT REACTEUR | KEROSENE / PETROLE LAMPANT | GAS/DIESEL OIL / GAZ/DIESEL OIL | RESIDUAL FUEL OIL / FUEL OIL RESIDUEL | NAPHTHA / NAPHTHA | NON-ENERGY PRODUCTS / PRODUITS NON-ENERGETIQUES |
|---|---|---|---|---|---|---|---|---|---|---|---|---|
| 12 | 13 | 14 | 15 | 16 | 17 | 18 | 19 | 20 | 21 | 22 | 23 | 24 |
| - | - | - | 644 | 465 | - | 4773 | 1783 | 33 | 8776 | 9546 | 1457 | 1514 |
| - | - | - | - | - | - | - | - | - | - | - | - | - |
| 27454 | - | 1464 | - | 352 | 5 | 925 | 92 | 4 | 4061 | 2722 | 398 | 777 |
| - | - | -86 | - | -306 | - | -3320 | -1420 | -9 | -5364 | -4802 | -841 | -914 |
| - | - | - | - | - | - | - | - | - | -627 | -2210 | - | -20 |
| 337 | - | 86 | - | 5 | - | 328 | 40 | - | 819 | 566 | 75 | 30 |
| 27791 | - | 1464 | 644 | 516 | 5 | 2706 | 495 | 28 | 7665 | 5822 | 1089 | 1387 |
| - | - | 65 | - | - | - | - | - | - | - | - | -65 | - |
| - | - | - | - | - | - | - | - | - | - | - | - | - |
| 27791 | - | 1529 | 644 | 516 | 5 | 2706 | 495 | 28 | 7665 | 5822 | 1024 | 1387 |
| -2 | - | -1 | - | 6 | - | -13 | -4 | 4 | -77 | 43 | -4 | -23 |
| 27793 | - | 1530 | 32 | 1 | - | - | - | - | 5 | 3081 | - | 1 |
| - | - | - | - | - | - | - | - | - | - | - | - | - |
| - | - | - | - | 1 | - | - | - | - | - | - | - | - |
| 27793 | - | 1530 | - | - | - | - | - | - | - | - | - | - |
| - | - | - | 32 | - | - | - | - | - | 5 | 3081 | - | 1 |
| - | - | - | 611 | 10 | - | - | - | - | 21 | 721 | - | 366 |
| - | - | - | - | - | - | - | - | - | 20 | 9 | - | 4 |
| - | - | - | - | - | - | - | - | - | - | - | - | - |
| - | - | - | 611 | 10 | - | - | - | - | - | 545 | - | 345 |
| - | - | - | - | - | - | - | - | - | - | 166 | - | - |
| - | - | - | - | - | - | - | - | - | - | - | - | - |
| - | - | - | - | - | - | - | - | - | - | - | - | - |
| - | - | - | - | - | - | - | - | - | 1 | 1 | - | 17 |
| - | - | - | 1 | 499 | 5 | 2719 | 499 | 24 | 7716 | 1977 | 1028 | 1043 |
| - | - | - | 1 | 47 | - | - | - | 5 | 499 | 1559 | 1028 | 1034 |
| - | - | - | - | 1 | - | - | - | - | 30 | 175 | - | - |
| - | - | - | 1 | 5 | - | - | - | 2 | 87 | 572 | - | - |
| - | - | - | - | 13 | - | - | - | - | - | 4 | 1025 | - |
| - | - | - | - | 2 | - | - | - | - | 6 | 97 | 3 | - |
| - | - | - | - | 1 | - | - | - | - | 41 | 210 | - | - |
| - | - | - | - | 1 | - | - | - | - | 12 | 67 | - | 1 |
| - | - | - | - | - | - | - | - | - | 20 | - | - | - |
| - | - | - | - | 3 | - | - | - | - | 83 | 246 | - | 1 |
| - | - | - | - | - | - | - | - | - | - | - | - | - |
| - | - | - | - | 3 | - | - | - | 1 | 72 | 85 | - | - |
| - | - | - | - | - | - | - | - | - | - | - | - | - |
| - | - | - | - | 2 | - | - | - | - | 133 | 21 | - | - |
| - | - | - | - | 1 | - | - | - | - | 15 | 45 | - | 1 |
| - | - | - | - | 15 | - | - | - | 2 | - | 37 | - | 1 |
| - | - | - | - | 13 | - | - | - | - | - | - | 1025 | - |
| - | - | - | - | - | - | - | - | - | - | - | - | 1030 |
| - | - | - | - | 72 | 5 | 2715 | 499 | - | 2132 | - | - | - |
| - | - | - | - | - | 5 | - | 499 | - | - | - | - | - |
| - | - | - | - | 72 | - | 2715 | - | - | 1838 | - | - | - |
| - | - | - | - | - | - | - | - | - | 137 | - | - | - |
| - | - | - | - | - | - | - | - | - | 157 | - | - | - |
| - | - | - | - | 380 | - | 4 | - | 19 | 5085 | 418 | - | 9 |
| - | - | - | - | 10 | - | 4 | - | 5 | 241 | 180 | - | - |
| - | - | - | - | 2 | - | - | - | - | 453 | 148 | - | - |
| - | - | - | - | 91 | - | - | - | 2 | 607 | 20 | - | 5 |
| - | - | - | - | 277 | - | - | - | 12 | 3784 | 70 | - | 4 |

## PRODUCTION AND USES OF ENERGY SOURCES : DENMARK

1971

| ENERGY SOURCES / PRODUCTION AND USES | UNIT: 1000 METRIC TONS / UNITE: 1000 TONNES METRIQUES | | | | | | TCAL / TCAL | MANUFACTURED GAS (TCAL) / GAZ MANUFACTURE (TCAL) | | | MILLIONS / OF (DE) KWH |
|---|---|---|---|---|---|---|---|---|---|---|---|
| | HARD COAL / HOUILLE | PATENT FUEL / AGGLOMERES | COKE OVEN COKE / COKE DE FOUR | GAS COKE / COKE DE GAZ | BROWN COAL / LIGNITE | BKB / BRIQ. DE LIGNITE | NATURAL GAS / GAZ NATUREL | GAS WORKS / USINES A GAZ | COKE OVENS / COKERIES | BLAST FURNACES / HAUT FOURNEAUX | ELECTRICITY* / ELECTRICITE* |
| | 1 | 2 | 3 | 4 | 5 | 6 | 7 | 8 | 9 | 10 | 11 |
| PRODUCTION | - | - | - | 135 | - | - | - | 1606 | - | - | 18624 |
| FROM OTHER SOURCES | - | - | - | - | - | - | - | - | - | - | - |
| IMPORT | 2257 | - | 140 | - | - | 38 | - | - | - | - | 731 |
| EXPORT | - | - | -10 | -46 | - | - | - | - | - | - | -2691 |
| INTL. MARINE BUNKERS | - | - | - | - | - | - | - | - | - | - | - |
| STOCK CHANGES | -11 | - | 36 | - | - | - | - | - | - | - | - |
| DOMESTIC SUPPLY | 2246 | - | 166 | 89 | - | 38 | - | 1606 | - | - | 16664 |
| RETURNS TO SUPPLY | - | - | - | - | - | - | - | - | - | - | - |
| TRANSFERS | - | - | - | - | - | - | - | - | - | - | - |
| DOMESTIC AVAILABILITY | 2246 | - | 166 | 89 | - | 38 | - | 1606 | - | - | 16664 |
| STATISTICAL DIFFERENCE | - | - | - | - | - | - | - | - | - | - | - |
| TRANSFORM. SECTOR ** | 1990 | - | 2 | - | - | - | - | - | - | - | - |
| FOR SOLID FUELS | - | - | - | - | - | - | - | - | - | - | - |
| FOR GASES | 150 | - | - | - | - | - | - | - | - | - | - |
| PETROLEUM REFINERIES | - | - | - | - | - | - | - | - | - | - | - |
| THERMO-ELECTRIC PLANTS | 1840 | - | 2 | - | - | - | - | - | - | - | - |
| ENERGY SECTOR | - | - | - | 20 | - | - | - | 184 | - | - | 2764 |
| COAL MINES | - | - | - | - | - | - | - | - | - | - | - |
| OIL AND GAS EXTRACTION | - | - | - | - | - | - | - | - | - | - | - |
| PETROLEUM REFINERIES | - | - | - | - | - | - | - | - | - | - | - |
| ELECTRIC PLANTS | - | - | - | - | - | - | - | - | - | - | 1084 |
| DISTRIBUTION LOSSES | - | - | - | - | - | - | - | 127 | - | - | 1680 |
| PUMP STORAGE (ELECTR.) | - | - | - | - | - | - | - | - | - | - | - |
| OTHER ENERGY SECTOR | - | - | - | 20 | - | - | - | 57 | - | - | - |
| FINAL CONSUMPTION | 256 | - | 164 | 69 | - | 38 | - | 1422 | - | - | 13900 |
| INDUSTRY SECTOR | 155 | - | 74 | - | - | - | - | 203 | - | - | 3900 |
| IRON AND STEEL | - | - | 45 | - | - | - | - | 3 | - | - | - |
| CHEMICAL | - | - | - | - | - | - | - | 9 | - | - | - |
| PETROCHEMICAL | - | - | - | - | - | - | - | - | - | - | - |
| NON-FERROUS METAL | - | - | - | - | - | - | - | - | - | - | - |
| NON-METALLIC MINERAL | 135 | - | 20 | - | - | - | - | 82 | - | - | - |
| PAPER PULP AND PRINT | 1 | - | - | - | - | - | - | 8 | - | - | - |
| MINING AND QUARRYING | - | - | - | - | - | - | - | - | - | - | - |
| FOOD AND TOBACCO | 10 | - | 4 | - | - | - | - | 33 | - | - | - |
| WOOD AND WOOD PRODUCTS | - | - | - | - | - | - | - | - | - | - | - |
| MACHINERY | - | - | - | - | - | - | - | - | - | - | - |
| TRANSPORT EQUIPMENT | - | - | - | - | - | - | - | - | - | - | - |
| CONSTRUCTION | - | - | - | - | - | - | - | - | - | - | - |
| TEXTILES AND LEATHER | - | - | - | - | - | - | - | - | - | - | - |
| NON SPECIFIED | 9 | - | 5 | - | - | - | - | 68 | - | - | 3900 |
| NON-ENERGY USES: | | | | | | | | | | | |
| (1)ENERGY PRODUCTS | - | - | - | - | - | - | - | - | - | - | - |
| (2)NON-ENERGY PRODUCTS | - | - | - | - | - | - | - | - | - | - | - |
| TRANSPORT. SECTOR ** | 1 | - | - | - | - | - | - | - | - | - | 97 |
| AIR TRANSPORT | - | - | - | - | - | - | - | - | - | - | - |
| ROAD TRANSPORT | - | - | - | - | - | - | - | - | - | - | - |
| RAILWAYS | 1 | - | - | - | - | - | - | - | - | - | 97 |
| INTERNAL NAVIGATION | - | - | - | - | - | - | - | - | - | - | - |
| OTHER SECTORS ** | 100 | - | 90 | 69 | - | 38 | - | 1219 | - | - | 9903 |
| AGRICULTURE | - | - | - | - | - | - | - | - | - | - | - |
| PUBLIC SERVICES | - | - | - | - | - | - | - | - | - | - | - |
| COMMERCE | - | - | - | - | - | - | - | 98 | - | - | - |
| RESIDENTIAL | 100 | - | 90 | 69 | - | 38 | - | 1121 | - | - | - |

(1) INCLUDED IN CHEMICAL OR PETROCHEMICAL INDUSTRY
(2) INCLUDED ONLY IN TOTAL INDUSTRY

| * OF WHICH: HYDRO | 24 |
|---|---|
| NUCLEAR | 0 |
| CONVENTIONAL THERMAL | 18600 |
| GEOTHERMAL | 0 |

** INCLUDED IN THESE TOTALS ARE THE NON-SPECIFIED ELEMENTS

## PRODUCTION ET UTILISATION DES SOURCES D ENERGIE : DANEMARK

**1971**

UNIT: 1000 METRIC TONS
UNITE: 1000 TONNES METRIQUES

| OIL / PETROLE: CRUDE* / BRUT* | OIL / PETROLE: NGL / GNL | OIL / PETROLE: FEEDST. | REFINERY GAS / GAZ DE PETROLE | LIQUEFIED PETROLEUM GASES / GAZ LIQUEFIES DE PETROLE | AVIATION GASOLINE / ESSENCE AVION | MOTOR GASOLINE / ESSENCE AUTO | JET FUEL / CARBURANT REACTEUR | KEROSENE / PETROLE LAMPANT | GAS/DIESEL OIL / GAZ/DIESEL OIL | RESIDUAL FUEL OIL / FUEL OIL RESIDUEL | NAPHTHA / NAPHTHA | NON-ENERGY PRODUCTS / PRODUITS NON-ENERGETIQUES |
|---|---|---|---|---|---|---|---|---|---|---|---|---|
| 12 | 13 | 14 | 15 | 16 | 17 | 18 | 19 | 20 | 21 | 22 | 23 | 24 |
| - | - | - | 59 | 160 | - | 1452 | 67 | 114 | 3303 | 4703 | 187 | 219 |
| - | - | - | - | - | - | - | - | - | - | - | - | - |
| 10544 | - | - | - | 110 | 23 | 661 | 551 | 126 | 3854 | 4523 | 5 | 405 |
| - | - | - | - | -37 | - | -557 | -3 | -22 | -602 | -870 | -39 | -113 |
| - | - | - | - | - | - | - | - | - | -172 | -507 | - | - |
| 7 | - | - | - | -6 | 1 | -1 | -7 | -13 | -307 | -48 | -83 | -6 |
| 10551 | - | - | 59 | 227 | 24 | 1555 | 608 | 205 | 6076 | 7801 | 70 | 505 |
| - | - | - | - | - | - | - | - | - | - | - | - | - |
| - | - | - | - | - | - | - | - | - | - | - | - | - |
| 10551 | - | - | 59 | 227 | 24 | 1555 | 608 | 205 | 6076 | 7801 | 70 | 505 |
| - | - | - | - | - | - | - | - | - | - | 11 | - | - |
| 10551 | - | - | 20 | 35 | - | - | - | - | 4 | 3364 | 68 | - |
| - | - | - | - | - | - | - | - | - | - | - | - | - |
| - | - | - | 20 | 35 | - | - | - | - | - | 1 | 68 | - |
| 10551 | - | - | - | - | - | - | - | - | - | - | - | - |
| - | - | - | - | - | - | - | - | - | 4 | 3363 | - | - |
| - | - | - | - | - | - | - | - | - | - | - | - | - |
| - | - | - | - | - | - | - | - | - | - | - | - | - |
| - | - | - | - | - | - | - | - | - | - | - | - | - |
| - | - | - | - | - | - | - | - | - | - | - | - | - |
| - | - | - | - | - | - | - | - | - | - | - | - | - |
| - | - | - | - | - | - | - | - | - | - | - | - | - |
| - | - | - | - | - | - | - | - | - | - | - | - | - |
| - | - | - | - | - | - | - | - | - | - | - | - | - |
| - | - | - | 39 | 192 | 24 | 1555 | 608 | 205 | 6072 | 4426 | 2 | 505 |
| - | - | - | 39 | 53 | - | - | - | 5 | 691 | 2225 | 2 | 505 |
| - | - | - | - | - | - | - | - | - | 42 | 73 | - | - |
| - | - | - | - | - | - | - | - | - | 48 | 167 | - | - |
| - | - | - | 39 | 53 | - | - | - | 5 | - | - | 2 | - |
| - | - | - | - | - | - | - | - | - | - | - | - | - |
| - | - | - | - | - | - | - | - | - | - | - | - | - |
| - | - | - | - | - | - | - | - | - | - | - | - | - |
| - | - | - | - | - | - | - | - | - | - | - | - | - |
| - | - | - | - | - | - | - | - | - | - | - | - | - |
| - | - | - | - | - | - | - | - | - | - | - | - | - |
| - | - | - | - | - | - | - | - | - | - | - | - | - |
| - | - | - | - | - | - | - | - | - | - | - | - | - |
| - | - | - | - | - | - | - | - | - | - | - | - | - |
| - | - | - | - | - | - | - | - | - | - | - | - | - |
| - | - | - | - | - | - | - | - | - | 601 | 1985 | - | - |
| - | - | - | - | - | - | - | - | - | - | - | - | - |
| - | - | - | - | - | - | - | - | - | - | - | - | 505 |
| - | - | - | - | 37 | 24 | 1473 | 608 | 1 | 892 | 12 | - | - |
| - | - | - | - | - | 24 | - | 608 | - | - | - | - | - |
| - | - | - | - | 37 | - | 1473 | - | - | 431 | - | - | - |
| - | - | - | - | - | - | - | - | - | 93 | - | - | - |
| - | - | - | - | - | - | - | - | 1 | 368 | 12 | - | - |
| - | - | - | - | 102 | - | 82 | - | 199 | 4489 | 2189 | - | - |
| - | - | - | - | 19 | - | 82 | - | 2 | 511 | 179 | - | - |
| - | - | - | - | - | - | - | - | - | - | - | - | - |
| - | - | - | - | - | - | - | - | - | - | - | - | - |
| - | - | - | - | 83 | - | - | - | 195 | 3978 | 2010 | - | - |

*INCLUDED IN THIS COLUMN IS NGL AND FEEDSTOCKS.

## PRODUCTION AND USES OF ENERGY SOURCES : DENMARK

**1972**

| PRODUCTION AND USES / ENERGY SOURCES | UNIT: 1000 METRIC TONS / UNITE: 1000 TONNES METRIQUES | | | | | | TCAL / TCAL | MANUFACTURED GAS (TCAL) / GAZ MANUFACTURE (TCAL) | | | MILLIONS OF (DE) KWH |
|---|---|---|---|---|---|---|---|---|---|---|---|
| | HARD COAL / HOUILLE | PATENT FUEL / AGGLOMERES | COKE OVEN COKE / COKE DE FOUR | GAS COKE / COKE DE GAZ | BROWN COAL / LIGNITE | BKB / BRIQ. DE LIGNITE | NATURAL GAS / GAZ NATUREL | GAS WORKS / USINES A GAZ | COKE OVENS / COKERIES | BLAST FURNACES / HAUT FOURNEAUX | ELECTRICITY* / ELECTRICITE* |
| | 1 | 2 | 3 | 4 | 5 | 6 | 7 | 8 | 9 | 10 | 11 |
| PRODUCTION | - | - | - | 150 | - | - | - | 1580 | - | - | 20574 |
| FROM OTHER SOURCES | - | - | - | - | - | - | - | - | - | - | - |
| IMPORT | 2187 | - | 121 | - | - | 33 | - | - | - | - | 847 |
| EXPORT | - | - | - | -61 | - | - | - | - | - | - | -3115 |
| INTL. MARINE BUNKERS | - | - | - | - | - | - | - | - | - | - | - |
| STOCK CHANGES | -202 | - | -3 | -6 | - | 1 | - | - | - | - | - |
| DOMESTIC SUPPLY | 1985 | - | 118 | 83 | - | 34 | - | 1580 | - | - | 18306 |
| RETURNS TO SUPPLY | - | - | - | - | - | - | - | - | - | - | - |
| TRANSFERS | - | - | - | - | - | - | - | - | - | - | - |
| DOMESTIC AVAILABILITY | 1985 | - | 118 | 83 | - | 34 | - | 1580 | - | - | 18306 |
| STATISTICAL DIFFERENCE | - | - | - | - | - | - | - | - | - | - | - |
| TRANSFORM. SECTOR ** | 1817 | - | - | - | - | - | - | - | - | - | - |
| FOR SOLID FUELS | - | - | - | - | - | - | - | - | - | - | - |
| FOR GASES | 117 | - | - | - | - | - | - | - | - | - | - |
| PETROLEUM REFINERIES | - | - | - | - | - | - | - | - | - | - | - |
| THERMO-ELECTRIC PLANTS | 1700 | - | - | - | - | - | - | - | - | - | - |
| ENERGY SECTOR | - | - | - | 17 | - | - | - | 180 | - | - | 3006 |
| COAL MINES | - | - | - | - | - | - | - | - | - | - | - |
| OIL AND GAS EXTRACTION | - | - | - | - | - | - | - | - | - | - | - |
| PETROLEUM REFINERIES | - | - | - | - | - | - | - | - | - | - | - |
| ELECTRIC PLANTS | - | - | - | - | - | - | - | - | - | - | 1206 |
| DISTRIBUTION LOSSES | - | - | - | - | - | - | - | 125 | - | - | 1800 |
| PUMP STORAGE (ELECTR.) | - | - | - | - | - | - | - | - | - | - | - |
| OTHER ENERGY SECTOR | - | - | - | 17 | - | - | - | 55 | - | - | - |
| FINAL CONSUMPTION | 168 | - | 118 | 66 | - | 34 | - | 1400 | - | - | 15300 |
| INDUSTRY SECTOR | 91 | - | 56 | - | - | - | - | 190 | - | - | 4200 |
| IRON AND STEEL | - | - | 35 | - | - | - | - | 3 | - | - | - |
| CHEMICAL | - | - | - | - | - | - | - | 6 | - | - | - |
| PETROCHEMICAL | - | - | - | - | - | - | - | - | - | - | - |
| NON-FERROUS METAL | - | - | - | - | - | - | - | - | - | - | - |
| NON-METALLIC MINERAL | 70 | - | 11 | - | - | - | - | 82 | - | - | - |
| PAPER PULP AND PRINT | 1 | - | - | - | - | - | - | 8 | - | - | - |
| MINING AND QUARRYING | - | - | - | - | - | - | - | - | - | - | - |
| FOOD AND TOBACCO | 10 | - | 5 | - | - | - | - | 24 | - | - | - |
| WOOD AND WOOD PRODUCTS | - | - | - | - | - | - | - | - | - | - | - |
| MACHINERY | - | - | - | - | - | - | - | - | - | - | - |
| TRANSPORT EQUIPMENT | - | - | - | - | - | - | - | - | - | - | - |
| CONSTRUCTION | - | - | - | - | - | - | - | - | - | - | - |
| TEXTILES AND LEATHER | - | - | - | - | - | - | - | - | - | - | - |
| NON SPECIFIED | 10 | - | 5 | - | - | - | - | 67 | - | - | 4200 |
| NON-ENERGY USES: | | | | | | | | | | | |
| (1)ENERGY PRODUCTS | - | - | - | - | - | - | - | - | - | - | - |
| (2)NON-ENERGY PRODUCTS | - | - | - | - | - | - | - | - | - | - | - |
| TRANSPORT. SECTOR ** | 1 | - | - | - | - | - | - | - | - | - | 99 |
| AIR TRANSPORT | - | - | - | - | - | - | - | - | - | - | - |
| ROAD TRANSPORT | - | - | - | - | - | - | - | - | - | - | - |
| RAILWAYS | 1 | - | - | - | - | - | - | - | - | - | 99 |
| INTERNAL NAVIGATION | - | - | - | - | - | - | - | - | - | - | - |
| OTHER SECTORS ** | 76 | - | 62 | 66 | - | 34 | - | 1210 | - | - | 11001 |
| AGRICULTURE | - | - | - | - | - | - | - | - | - | - | - |
| PUBLIC SERVICES | - | - | - | - | - | - | - | - | - | - | - |
| COMMERCE | - | - | - | - | - | - | - | 95 | - | - | - |
| RESIDENTIAL | 76 | - | 62 | 66 | - | 34 | - | 1115 | - | - | - |

(1) INCLUDED IN CHEMICAL OR PETROCHEMICAL INDUSTRY
(2) INCLUDED ONLY IN TOTAL INDUSTRY

| * OF WHICH: HYDRO | 24 |
|---|---|
| NUCLEAR | 0 |
| CONVENTIONAL THERMAL | 20550 |
| GEOTHERMAL | 0 |

** INCLUDED IN THESE TOTALS ARE THE NON-SPECIFIED ELEMENTS

## PRODUCTION ET UTILISATION DES SOURCES D ENERGIE : DANEMARK

1972

UNIT: 1000 METRIC TONS
UNITE: 1000 TONNES METRIQUES

| OIL / PETROLE: CRUDE* / BRUT* 12 | OIL / PETROLE: NGL / GNL 13 | OIL / PETROLE: FEEDST. 14 | REFINERY GAS / GAZ DE PETROLE 15 | LIQUEFIED PETROLEUM GASES / GAZ LIQUEFIES DE PETROLE 16 | AVIATION GASOLINE / ESSENCE AVION 17 | MOTOR GASOLINE / ESSENCE AUTO 18 | JET FUEL / CARBURANT REACTEUR 19 | KEROSENE / PETROLE LAMPANT 20 | GAS/DIESEL OIL / GAZ/DIESEL OIL 21 | RESIDUAL FUEL OIL / FUEL OIL RESIDUEL 22 | NAPHTHA / NAPHTHA 23 | NON-ENERGY PRODUCTS / PRODUITS NON-ENERGETIQUES 24 |
|---|---|---|---|---|---|---|---|---|---|---|---|---|
| 76 | - | - | 61 | 158 | - | 1422 | 61 | 112 | 3383 | 4170 | 162 | 239 |
| - | - | - | - | - | - | - | - | - | - | - | - | - |
| 10061 | - | - | - | 125 | 17 | 701 | 639 | 120 | 4011 | 5726 | - | 388 |
| -27 | - | - | - | -37 | - | -486 | -1 | -27 | -656 | -944 | -106 | -146 |
| - | - | - | - | - | - | - | - | - | -196 | -518 | - | - |
| 42 | - | - | - | -11 | 1 | -39 | -5 | -7 | -186 | -74 | 5 | 14 |
| 10152 | - | - | 61 | 235 | 18 | 1598 | 694 | 198 | 6356 | 8360 | 61 | 495 |
| - | - | - | - | - | - | - | - | - | - | - | - | - |
| - | - | - | - | - | - | - | - | - | - | - | - | - |
| 10152 | - | - | 61 | 235 | 18 | 1598 | 694 | 198 | 6356 | 8360 | 61 | 495 |
| - | - | - | - | - | - | - | - | - | - | 141 | - | - |
| 10152 | - | - | 22 | 34 | - | - | - | - | 2 | 3958 | 59 | - |
| - | - | - | - | - | - | - | - | - | - | - | - | - |
| - | - | - | 22 | 34 | - | - | - | - | - | 1 | 59 | - |
| 10152 | - | - | - | - | - | - | - | - | - | - | - | - |
| - | - | - | - | - | - | - | - | - | 2 | 3957 | - | - |
| - | - | - | - | - | - | - | - | - | - | - | - | - |
| - | - | - | - | - | - | - | - | - | - | - | - | - |
| - | - | - | - | - | - | - | - | - | - | - | - | - |
| - | - | - | - | - | - | - | - | - | - | - | - | - |
| - | - | - | - | - | - | - | - | - | - | - | - | - |
| - | - | - | - | - | - | - | - | - | - | - | - | - |
| - | - | - | - | - | - | - | - | - | - | - | - | - |
| - | - | - | - | - | - | - | - | - | - | - | - | - |
| - | - | - | 39 | 201 | 18 | 1598 | 694 | 198 | 6354 | 4261 | 2 | 495 |
| - | - | - | 39 | 71 | - | - | - | 8 | 783 | 2221 | 2 | 495 |
| - | - | - | - | - | - | - | - | - | 46 | 123 | - | - |
| - | - | - | - | - | - | - | - | - | 55 | 177 | - | - |
| - | - | - | 39 | 71 | - | - | - | 8 | - | - | 2 | - |
| - | - | - | - | - | - | - | - | - | - | - | - | - |
| - | - | - | - | - | - | - | - | - | - | - | - | - |
| - | - | - | - | - | - | - | - | - | - | - | - | - |
| - | - | - | - | - | - | - | - | - | - | - | - | - |
| - | - | - | - | - | - | - | - | - | - | - | - | - |
| - | - | - | - | - | - | - | - | - | - | - | - | - |
| - | - | - | - | - | - | - | - | - | - | - | - | - |
| - | - | - | - | - | - | - | - | - | - | - | - | - |
| - | - | - | - | - | - | - | - | - | - | - | - | - |
| - | - | - | - | - | - | - | - | - | - | - | - | - |
| - | - | - | - | - | - | - | - | - | 682 | 1921 | - | - |
| - | - | - | - | - | - | - | - | - | - | - | - | - |
| - | - | - | - | - | - | - | - | - | - | - | - | 495 |
| - | - | - | - | 53 | 18 | 1499 | 694 | 1 | 906 | 30 | - | - |
| - | - | - | - | - | 18 | - | 694 | - | - | - | - | - |
| - | - | - | - | 52 | - | 1499 | - | - | 429 | - | - | - |
| - | - | - | - | - | - | - | - | - | 105 | - | - | - |
| - | - | - | - | 1 | - | - | - | 1 | 372 | 30 | - | - |
| - | - | - | - | 77 | - | 99 | - | 189 | 4665 | 2010 | - | - |
| - | - | - | - | 17 | - | 99 | - | 2 | 503 | 196 | - | - |
| - | - | - | - | - | - | - | - | - | - | - | - | - |
| - | - | - | - | - | - | - | - | - | - | - | - | - |
| - | - | - | - | 60 | - | - | - | 186 | 4147 | 1806 | - | - |

*INCLUDED IN THIS COLUMN IS NGL AND FEEDSTOCKS.

## PRODUCTION AND USES OF ENERGY SOURCES : DENMARK

1973

| PRODUCTION AND USES \ ENERGY SOURCES | UNIT: 1000 METRIC TONS / UNITE: 1000 TONNES METRIQUES | | | | | | TCAL / TCAL | MANUFACTURED GAS (TCAL) / GAZ MANUFACTURE (TCAL) | | | MILLIONS OF (DE) KWH |
|---|---|---|---|---|---|---|---|---|---|---|---|
| | HARD COAL / HOUILLE | PATENT FUEL / AGGLOMERES | COKE OVEN COKE / COKE DE FOUR | GAS COKE / COKE DE GAZ | BROWN COAL / LIGNITE | BKB / BRIQ. DE LIGNITE | NATURAL GAS / GAZ NATUREL | GAS WORKS / USINES A GAZ | COKE OVENS / COKERIES | BLAST FURNACES / HAUT FOURNEAUX | ELECTRICITY* / ELECTRICITE* |
| | 1 | 2 | 3 | 4 | 5 | 6 | 7 | 8 | 9 | 10 | 11 |
| PRODUCTION | - | - | - | 83 | - | - | - | 1496 | - | - | 19120 |
| FROM OTHER SOURCES | - | - | - | - | - | - | - | - | - | - | - |
| IMPORT | 3014 | - | 129 | - | - | 25 | - | - | - | - | 1002 |
| EXPORT | - | - | - | -58 | - | - | - | - | - | - | -1226 |
| INTL. MARINE BUNKERS | - | - | - | - | - | - | - | - | - | - | - |
| STOCK CHANGES | 132 | - | -33 | 5 | - | 6 | - | - | - | - | - |
| DOMESTIC SUPPLY | 3146 | - | 96 | 30 | - | 31 | - | 1496 | - | - | 18896 |
| RETURNS TO SUPPLY | - | - | - | - | - | - | - | - | - | - | - |
| TRANSFERS | - | - | - | - | - | - | - | - | - | - | - |
| DOMESTIC AVAILABILITY | 3146 | - | 96 | 30 | - | 31 | - | 1496 | - | - | 18896 |
| STATISTICAL DIFFERENCE | -23 | - | - | - | - | - | - | - | - | - | - |
| TRANSFORM. SECTOR ** | 2715 | - | - | - | - | - | - | - | - | - | - |
| FOR SOLID FUELS | - | - | - | - | - | - | - | - | - | - | - |
| FOR GASES | 122 | - | - | - | - | - | - | - | - | - | - |
| PETROLEUM REFINERIES | - | - | - | - | - | - | - | - | - | - | - |
| THERMO-ELECTRIC PLANTS | 2593 | - | - | - | - | - | - | - | - | - | - |
| ENERGY SECTOR | - | - | - | - | - | - | - | 181 | - | - | 2996 |
| COAL MINES | - | - | - | - | - | - | - | - | - | - | - |
| OIL AND GAS EXTRACTION | - | - | - | - | - | - | - | - | - | - | - |
| PETROLEUM REFINERIES | - | - | - | - | - | - | - | - | - | - | - |
| ELECTRIC PLANTS | - | - | - | - | - | - | - | - | - | - | 1116 |
| DISTRIBUTION LOSSES | - | - | - | - | - | - | - | 125 | - | - | 1880 |
| PUMP STORAGE (ELECTR.) | - | - | - | - | - | - | - | - | - | - | - |
| OTHER ENERGY SECTOR | - | - | - | - | - | - | - | 56 | - | - | - |
| FINAL CONSUMPTION | 454 | - | 96 | 30 | - | 31 | - | 1315 | - | - | 15900 |
| INDUSTRY SECTOR | 378 | - | 29 | - | - | - | - | 180 | - | - | 4250 |
| IRON AND STEEL | - | - | 29 | - | - | - | - | 59 | - | - | 208 |
| CHEMICAL | - | - | - | - | - | - | - | 2 | - | - | 883 |
| PETROCHEMICAL | - | - | - | - | - | - | - | - | - | - | - |
| NON-FERROUS METAL | - | - | - | - | - | - | - | - | - | - | - |
| NON-METALLIC MINERAL | 200 | - | - | - | - | - | - | 85 | - | - | 562 |
| PAPER PULP AND PRINT | 3 | - | - | - | - | - | - | 12 | - | - | 593 |
| MINING AND QUARRYING | - | - | - | - | - | - | - | - | - | - | - |
| FOOD AND TOBACCO | 14 | - | - | - | - | - | - | 13 | - | - | 852 |
| WOOD AND WOOD PRODUCTS | - | - | - | - | - | - | - | - | - | - | 181 |
| MACHINERY | - | - | - | - | - | - | - | - | - | - | - |
| TRANSPORT EQUIPMENT | - | - | - | - | - | - | - | - | - | - | 701 |
| CONSTRUCTION | - | - | - | - | - | - | - | - | - | - | - |
| TEXTILES AND LEATHER | - | - | - | - | - | - | - | - | - | - | 186 |
| NON SPECIFIED | 161 | - | - | - | - | - | - | 9 | - | - | 84 |
| NON-ENERGY USES: | | | | | | | | | | | |
| (1)ENERGY PRODUCTS | - | - | - | - | - | - | - | - | - | - | - |
| (2)NON-ENERGY PRODUCTS | - | - | - | - | - | - | - | - | - | - | - |
| TRANSPORT. SECTOR ** | 2 | - | - | - | - | - | - | - | - | - | 107 |
| AIR TRANSPORT | - | - | - | - | - | - | - | - | - | - | - |
| ROAD TRANSPORT | - | - | - | - | - | - | - | - | - | - | - |
| RAILWAYS | 2 | - | - | - | - | - | - | - | - | - | 107 |
| INTERNAL NAVIGATION | - | - | - | - | - | - | - | - | - | - | - |
| OTHER SECTORS ** | 74 | - | 67 | 30 | - | 31 | - | 1135 | - | - | 11543 |
| AGRICULTURE | - | - | - | - | - | - | - | - | - | - | 900 |
| PUBLIC SERVICES | - | - | - | - | - | - | - | - | - | - | - |
| COMMERCE | - | - | - | - | - | - | - | 90 | - | - | - |
| RESIDENTIAL | 74 | - | 67 | 30 | - | 31 | - | 1045 | - | - | 6600 |

(1) INCLUDED IN CHEMICAL OR PETROCHEMICAL INDUSTRY
(2) INCLUDED ONLY IN TOTAL INDUSTRY

** INCLUDED IN THESE TOTALS ARE THE NON-SPECIFIED ELEMENTS

| * OF WHICH: HYDRO | 24 |
|---|---|
| NUCLEAR | 0 |
| CONVENTIONAL THERMAL | 19096 |
| GEOTHERMAL | 0 |

PRODUCTION ET UTILISATION DES SOURCES D ENERGIE : DANEMARK

1973

UNIT: 1000 METRIC TONS
UNITE: 1000 TONNES METRIQUES

| OIL / PETROLE: CRUDE* / BRUT* | OIL / PETROLE: NGL / GNL | OIL / PETROLE: FEEDST. | REFINERY GAS / GAZ DE PETROLE | LIQUEFIED PETROLEUM GASES / GAZ LIQUEFIES DE PETROLE | AVIATION GASOLINE / ESSENCE AVION | MOTOR GASOLINE / ESSENCE AUTO | JET FUEL / CARBURANT REACTEUR | KEROSENE / PETROLE LAMPANT | GAS/DIESEL OIL / GAZ/DIESEL OIL | RESIDUAL FUEL OIL / FUEL OIL RESIDUEL | NAPHTHA / NAPHTHA | NON-ENERGY PRODUCTS / PRODUITS NON-ENERGETIQUES |
|---|---|---|---|---|---|---|---|---|---|---|---|---|
| 12 | 13 | 14 | 15 | 16 | 17 | 18 | 19 | 20 | 21 | 22 | 23 | 24 |
| 68 | - | - | 55 | 227 | - | 1544 | 13 | 128 | 3551 | 3717 | 178 | 347 |
| - | - | - | - | - | - | - | - | - | - | - | - | - |
| 9799 | - | - | - | 114 | 19 | 720 | 719 | 110 | 4336 | 4959 | 190 | 347 |
| -39 | - | - | - | -33 | - | -533 | - | -34 | -852 | -1088 | -105 | -176 |
| - | - | - | - | - | - | - | - | - | -181 | -521 | - | - |
| -87 | - | - | - | -1 | 3 | - | -6 | 6 | -62 | -379 | 6 | 6 |
| 9741 | - | - | 55 | 307 | 22 | 1731 | 726 | 210 | 6792 | 6688 | 269 | 524 |
| - | - | - | - | - | - | - | - | - | - | - | - | - |
| - | - | - | - | - | - | - | - | - | - | - | - | - |
| 9741 | - | - | 55 | 307 | 22 | 1731 | 726 | 210 | 6792 | 6688 | 269 | 524 |
| -366 | - | - | - | 4 | 5 | 96 | 24 | 31 | 319 | -185 | 4 | -20 |
| 10107 | - | - | 20 | 30 | - | - | - | - | 12 | 2919 | 79 | - |
| - | - | - | - | - | - | - | - | - | - | - | - | - |
| - | - | - | 20 | 30 | - | - | - | - | 1 | - | 79 | - |
| 10107 | - | - | - | - | - | - | - | - | - | - | - | - |
| - | - | - | - | - | - | - | - | - | 11 | 2919 | - | - |
| - | - | - | - | - | - | - | - | - | - | - | - | - |
| - | - | - | - | - | - | - | - | - | - | - | - | - |
| - | - | - | - | - | - | - | - | - | - | - | - | - |
| - | - | - | - | - | - | - | - | - | - | - | - | - |
| - | - | - | - | - | - | - | - | - | - | - | - | - |
| - | - | - | - | - | - | - | - | - | - | - | - | - |
| - | - | - | - | - | - | - | - | - | - | - | - | - |
| - | - | - | - | - | - | - | - | - | - | - | - | - |
| - | - | - | 35 | 273 | 17 | 1635 | 702 | 179 | 6461 | 3954 | 186 | 544 |
| - | - | - | 35 | 130 | - | 7 | - | 6 | 837 | 1692 | 186 | 544 |
| - | - | - | - | - | - | - | - | - | 50 | 120 | - | - |
| - | - | - | - | - | - | - | - | - | 55 | 140 | - | - |
| - | - | - | 35 | 130 | - | 7 | - | 6 | - | - | 183 | - |
| - | - | - | - | - | - | - | - | - | - | - | - | - |
| - | - | - | - | - | - | - | - | - | - | - | - | - |
| - | - | - | - | - | - | - | - | - | - | - | - | - |
| - | - | - | - | - | - | - | - | - | - | - | - | - |
| - | - | - | - | - | - | - | - | - | - | - | - | - |
| - | - | - | - | - | - | - | - | - | - | - | - | - |
| - | - | - | - | - | - | - | - | - | - | - | - | - |
| - | - | - | - | - | - | - | - | - | - | - | - | - |
| - | - | - | - | - | - | - | - | - | - | - | - | - |
| - | - | - | - | - | - | - | - | - | - | - | - | - |
| - | - | - | - | - | - | - | - | - | 732 | 1432 | 3 | - |
| - | - | - | - | - | - | - | - | - | - | - | - | - |
| - | - | - | - | - | - | - | - | - | - | - | - | 544 |
| - | - | - | - | 51 | 17 | 1526 | 702 | - | 978 | 40 | - | - |
| - | - | - | - | - | 17 | - | 702 | - | - | - | - | - |
| - | - | - | - | 50 | - | 1526 | - | - | 434 | - | - | - |
| - | - | - | - | - | - | - | - | - | 104 | - | - | - |
| - | - | - | - | 1 | - | - | - | - | 440 | 40 | - | - |
| - | - | - | - | 92 | - | 102 | - | 173 | 4646 | 2222 | - | - |
| - | - | - | - | 18 | - | 102 | - | 8 | 730 | 276 | - | - |
| - | - | - | - | - | - | - | - | - | - | - | - | - |
| - | - | - | - | - | - | - | - | - | - | - | - | - |
| - | - | - | - | 73 | - | - | - | 165 | 3890 | 1939 | - | - |

*INCLUDED IN THIS COLUMN IS NGL AND FEEDSTOCKS.

## PRODUCTION AND USES OF ENERGY SOURCES : DENMARK

1974

| ENERGY SOURCES / PRODUCTION AND USES | UNIT: 1000 METRIC TONS / UNITE: 1000 TONNES METRIQUES | | | | | | TCAL / TCAL | MANUFACTURED GAS (TCAL) / GAZ MANUFACTURE (TCAL) | | | MILLIONS OF (DE) KWH |
|---|---|---|---|---|---|---|---|---|---|---|---|
| | HARD COAL / HOUILLE | PATENT FUEL / AGGLOMERES | COKE OVEN COKE / COKE DE FOUR | GAS COKE / COKE DE GAZ | BROWN COAL / LIGNITE | BKB / BRIQ. DE LIGNITE | NATURAL GAS / GAZ NATUREL | GAS WORKS / USINES A GAZ | COKE OVENS / COKERIES | BLAST FURNACES / HAUT FOURNEAUX | ELECTRICITY* / ELECTRICITE* |
| | 1 | 2 | 3 | 4 | 5 | 6 | 7 | 8 | 9 | 10 | 11 |
| PRODUCTION | - | - | - | 72 | - | - | - | 1369 | - | - | 18756 |
| FROM OTHER SOURCES | - | - | - | - | - | - | - | - | - | - | - |
| IMPORT | 3471 | - | 158 | - | 1 | 25 | - | - | - | - | 673 |
| EXPORT | - | - | - | -62 | - | - | - | - | - | - | -756 |
| INTL. MARINE BUNKERS | - | - | - | - | - | - | - | - | - | - | - |
| STOCK CHANGES | -756 | - | -57 | -1 | - | - | - | - | - | - | - |
| DOMESTIC SUPPLY | 2715 | - | 101 | 9 | 1 | 25 | - | 1369 | - | - | 18673 |
| RETURNS TO SUPPLY | - | - | - | - | - | - | - | - | - | - | - |
| TRANSFERS | - | - | - | - | - | - | - | - | - | - | - |
| DOMESTIC AVAILABILITY | 2715 | - | 101 | 9 | 1 | 25 | - | 1369 | - | - | 18673 |
| STATISTICAL DIFFERENCE | 4 | - | - | - | - | - | - | - | - | - | - |
| TRANSFORM. SECTOR ** | 2183 | - | - | - | - | - | - | - | - | - | - |
| FOR SOLID FUELS | - | - | - | - | - | - | - | - | - | - | - |
| FOR GASES | 102 | - | - | - | - | - | - | - | - | - | - |
| PETROLEUM REFINERIES | - | - | - | - | - | - | - | - | - | - | - |
| THERMO-ELECTRIC PLANTS | 2081 | - | - | - | - | - | - | - | - | - | - |
| ENERGY SECTOR | - | - | - | - | - | - | - | 154 | - | - | 2953 |
| COAL MINES | - | - | - | - | - | - | - | - | - | - | - |
| OIL AND GAS EXTRACTION | - | - | - | - | - | - | - | - | - | - | - |
| PETROLEUM REFINERIES | - | - | - | - | - | - | - | - | - | - | - |
| ELECTRIC PLANTS | - | - | - | - | - | - | - | - | - | - | 1110 |
| DISTRIBUTION LOSSES | - | - | - | - | - | - | - | 103 | - | - | 1843 |
| PUMP STORAGE (ELECTR.) | - | - | - | - | - | - | - | - | - | - | - |
| OTHER ENERGY SECTOR | - | - | - | - | - | - | - | 51 | - | - | - |
| FINAL CONSUMPTION | 528 | - | 101 | 9 | 1 | 25 | - | 1215 | - | - | 15720 |
| INDUSTRY SECTOR | 449 | - | 34 | - | - | - | - | 170 | - | - | 4500 |
| IRON AND STEEL | - | - | 34 | - | - | - | - | 43 | - | - | 234 |
| CHEMICAL | - | - | - | - | - | - | - | 6 | - | - | 999 |
| PETROCHEMICAL | - | - | - | - | - | - | - | - | - | - | - |
| NON-FERROUS METAL | - | - | - | - | - | - | - | - | - | - | - |
| NON-METALLIC MINERAL | 330 | - | - | - | - | - | - | 70 | - | - | 639 |
| PAPER PULP AND PRINT | 50 | - | - | - | - | - | - | 9 | - | - | 416 |
| MINING AND QUARRYING | - | - | - | - | - | - | - | - | - | - | - |
| FOOD AND TOBACCO | 25 | - | - | - | - | - | - | 15 | - | - | 967 |
| WOOD AND WOOD PRODUCTS | - | - | - | - | - | - | - | - | - | - | 205 |
| MACHINERY | - | - | - | - | - | - | - | - | - | - | - |
| TRANSPORT EQUIPMENT | - | - | - | - | - | - | - | - | - | - | 796 |
| CONSTRUCTION | - | - | - | - | - | - | - | - | - | - | - |
| TEXTILES AND LEATHER | - | - | - | - | - | - | - | - | - | - | 212 |
| NON SPECIFIED | 44 | - | - | - | - | - | - | 27 | - | - | 32 |
| NON-ENERGY USES: | | | | | | | | | | | |
| (1)ENERGY PRODUCTS | - | - | - | - | - | - | - | - | - | - | - |
| (2)NON-ENERGY PRODUCTS | - | - | - | - | - | - | - | - | - | - | - |
| TRANSPORT. SECTOR ** | 2 | - | - | - | - | - | - | - | - | - | 95 |
| AIR TRANSPORT | - | - | - | - | - | - | - | - | - | - | - |
| ROAD TRANSPORT | - | - | - | - | - | - | - | - | - | - | - |
| RAILWAYS | 2 | - | - | - | - | - | - | - | - | - | 95 |
| INTERNAL NAVIGATION | - | - | - | - | - | - | - | - | - | - | - |
| OTHER SECTORS ** | 77 | - | 67 | 9 | 1 | 25 | - | 1045 | - | - | 11125 |
| AGRICULTURE | - | - | - | - | - | - | - | - | - | - | 957 |
| PUBLIC SERVICES | - | - | - | - | - | - | - | - | - | - | - |
| COMMERCE | - | - | - | - | - | - | - | 92 | - | - | 3700 |
| RESIDENTIAL | 77 | - | 67 | 9 | 1 | 25 | - | 953 | - | - | 6263 |

(1) INCLUDED IN CHEMICAL OR PETROCHEMICAL INDUSTRY
(2) INCLUDED ONLY IN TOTAL INDUSTRY

| * OF WHICH: HYDRO | 24 |
|---|---|
| NUCLEAR | 0 |
| CONVENTIONAL THERMAL | 18732 |
| GEOTHERMAL | 0 |

** INCLUDED IN THESE TOTALS ARE THE NON-SPECIFIED ELEMENTS

## PRODUCTION ET UTILISATION DES SOURCES D ENERGIE : DANEMARK

1974

UNIT: 1000 METRIC TONS
UNITE: 1000 TONNES METRIQUES

| OIL / PETROLE: CRUDE* / BRUT* | OIL / PETROLE: NGL / GNL | OIL / PETROLE: FEEDST. | REFINERY GAS / GAZ DE PETROLE | LIQUEFIED PETROLEUM GASES / GAZ LIQUEFIES DE PETROLE | AVIATION GASOLINE / ESSENCE AVION | MOTOR GASOLINE / ESSENCE AUTO | JET FUEL / CARBURANT REACTEUR | KEROSENE / PETROLE LAMPANT | GAS/DIESEL OIL / GAZ/DIESEL OIL | RESIDUAL FUEL OIL / FUEL OIL RESIDUEL | NAPHTHA / NAPHTHA | NON-ENERGY PRODUCTS / PRODUITS NON-ENERGETIQUES |
|---|---|---|---|---|---|---|---|---|---|---|---|---|
| 12 | 13 | 14 | 15 | 16 | 17 | 18 | 19 | 20 | 21 | 22 | 23 | 24 |
| 89 | - | - | 68 | 170 | - | 1536 | 16 | 98 | 3406 | 3199 | 141 | 296 |
| - | - | - | - | - | - | - | - | - | - | - | - | - |
| 9363 | - | - | - | 105 | 13 | 606 | 687 | 77 | 3950 | 4640 | 223 | 378 |
| - | - | - | - | -4 | - | -547 | - | -6 | -977 | -546 | -69 | -265 |
| - | - | - | - | - | - | - | - | - | -142 | -390 | - | - |
| -15 | - | - | - | -1 | -2 | -71 | -10 | 2 | -797 | -304 | -26 | -18 |
| 9437 | - | - | 68 | 270 | 11 | 1524 | 693 | 171 | 5440 | 6599 | 269 | 391 |
| - | - | - | - | - | - | - | - | - | - | - | - | - |
| - | - | - | - | - | - | - | - | - | - | - | - | - |
| 9437 | - | - | 68 | 270 | 11 | 1524 | 693 | 171 | 5440 | 6599 | 269 | 391 |
| 113 | - | - | - | 35 | -3 | 36 | 58 | 47 | 33 | 200 | -7 | -58 |
| 9324 | - | - | 65 | 27 | - | - | - | - | 5 | 3091 | 65 | - |
| - | - | - | - | - | - | - | - | - | - | - | - | - |
| - | - | - | 65 | 27 | - | - | - | - | - | - | 65 | - |
| 9324 | - | - | - | - | - | - | - | - | - | - | - | - |
| - | - | - | - | - | - | - | - | - | 5 | 3091 | - | - |
| - | - | - | - | - | - | - | - | - | - | - | - | - |
| - | - | - | - | - | - | - | - | - | - | - | - | - |
| - | - | - | - | - | - | - | - | - | - | - | - | - |
| - | - | - | - | - | - | - | - | - | - | - | - | - |
| - | - | - | - | - | - | - | - | - | - | - | - | - |
| - | - | - | - | - | - | - | - | - | - | - | - | - |
| - | - | - | - | - | - | - | - | - | - | - | - | - |
| - | - | - | - | - | - | - | - | - | - | - | - | - |
| - | - | - | 3 | 208 | 14 | 1488 | 635 | 124 | 5402 | 3308 | 211 | 449 |
| - | - | - | 3 | 107 | - | 5 | - | 9 | 524 | 1292 | 211 | 449 |
| - | - | - | - | - | - | - | - | - | 31 | 91 | - | - |
| - | - | - | - | - | - | - | - | - | 37 | 105 | - | - |
| - | - | - | 3 | 107 | - | 5 | - | 9 | - | - | 210 | - |
| - | - | - | - | - | - | - | - | - | - | - | - | - |
| - | - | - | - | - | - | - | - | - | - | - | - | - |
| - | - | - | - | - | - | - | - | - | - | - | - | - |
| - | - | - | - | - | - | - | - | - | - | - | - | - |
| - | - | - | - | - | - | - | - | - | - | - | - | - |
| - | - | - | - | - | - | - | - | - | - | - | - | - |
| - | - | - | - | - | - | - | - | - | - | - | - | - |
| - | - | - | - | - | - | - | - | - | - | - | - | - |
| - | - | - | - | - | - | - | - | - | - | - | - | - |
| - | - | - | - | - | - | - | - | - | - | - | - | - |
| - | - | - | - | - | - | - | - | - | 456 | 1096 | 1 | - |
| - | - | - | - | - | - | - | - | - | - | - | - | - |
| - | - | - | - | - | - | - | - | - | - | - | - | 449 |
| - | - | - | - | 38 | 14 | 1410 | 635 | - | 888 | 27 | - | - |
| - | - | - | - | - | 14 | - | 635 | - | - | - | - | - |
| - | - | - | - | 37 | - | 1410 | - | - | 397 | - | - | - |
| - | - | - | - | - | - | - | - | - | 108 | - | - | - |
| - | - | - | - | 1 | - | - | - | - | 383 | 27 | - | - |
| - | - | - | - | 63 | - | 73 | - | 115 | 3990 | 1989 | - | - |
| - | - | - | - | 13 | - | 73 | - | 5 | 589 | 212 | - | - |
| - | - | - | - | - | - | - | - | - | - | - | - | - |
| - | - | - | - | - | - | - | - | - | - | - | - | - |
| - | - | - | - | 49 | - | - | - | 106 | 3343 | 1709 | - | - |

*INCLUDED IN THIS COLUMN IS NGL AND FEEDSTOCKS.

## PRODUCTION AND USES OF ENERGY SOURCES : DENMARK

1975

| PRODUCTION AND USES \ ENERGY SOURCES | UNIT: 1000 METRIC TONS / UNITE: 1000 TONNES METRIQUES | | | | | | TCAL / TCAL | MANUFACTURED GAS (TCAL) / GAZ MANUFACTURE (TCAL) | | | MILLIONS OF (DE) KWH |
|---|---|---|---|---|---|---|---|---|---|---|---|
| | HARD COAL / HOUILLE | PATENT FUEL / AGGLOMERES | COKE OVEN COKE / COKE DE FOUR | GAS COKE / COKE DE GAZ | BROWN COAL / LIGNITE | BKB / BRIQ. DE LIGNITE | NATURAL GAS / GAZ NATUREL | GAS WORKS / USINES A GAZ | COKE OVENS / COKERIES | BLAST FURNACES / HAUT FOURNEAUX | ELECTRICITY* / ELECTRICITE* |
| | 1 | 2 | 3 | 4 | 5 | 6 | 7 | 8 | 9 | 10 | 11 |
| PRODUCTION | - | - | - | 83 | - | - | - | 1303 | - | - | 18687 |
| FROM OTHER SOURCES | - | - | - | - | - | - | - | - | - | - | - |
| IMPORT | 4132 | - | 114 | - | - | 18 | - | - | - | - | 1584 |
| EXPORT | -1 | - | - | -71 | - | - | - | - | - | - | -684 |
| INTL. MARINE BUNKERS | - | - | - | - | - | - | - | - | - | - | - |
| STOCK CHANGES | -767 | - | 8 | 2 | - | 2 | - | - | - | - | - |
| DOMESTIC SUPPLY | 3364 | - | 122 | 14 | - | 20 | - | 1303 | - | - | 19587 |
| RETURNS TO SUPPLY | - | - | - | - | - | - | - | - | - | - | - |
| TRANSFERS | - | - | - | - | - | - | - | - | - | - | - |
| DOMESTIC AVAILABILITY | 3364 | - | 122 | 14 | - | 20 | - | 1303 | - | - | 19587 |
| STATISTICAL DIFFERENCE | 76 | - | 31 | - | - | - | - | - | - | - | -275 |
| TRANSFORM. SECTOR ** | 2753 | - | - | - | - | - | - | - | - | - | - |
| FOR SOLID FUELS | - | - | - | - | - | - | - | - | - | - | - |
| FOR GASES | 121 | - | - | - | - | - | - | - | - | - | - |
| PETROLEUM REFINERIES | - | - | - | - | - | - | - | - | - | - | - |
| THERMO-ELECTRIC PLANTS | 2632 | - | - | - | - | - | - | - | - | - | - |
| ENERGY SECTOR | - | - | - | - | - | - | - | 148 | - | - | 3299 |
| COAL MINES | - | - | - | - | - | - | - | - | - | - | - |
| OIL AND GAS EXTRACTION | - | - | - | - | - | - | - | - | - | - | - |
| PETROLEUM REFINERIES | - | - | - | - | - | - | - | - | - | - | - |
| ELECTRIC PLANTS | - | - | - | - | - | - | - | - | - | - | 1136 |
| DISTRIBUTION LOSSES | - | - | - | - | - | - | - | 100 | - | - | 2163 |
| PUMP STORAGE (ELECTR.) | - | - | - | - | - | - | - | - | - | - | - |
| OTHER ENERGY SECTOR | - | - | - | - | - | - | - | 48 | - | - | - |
| FINAL CONSUMPTION | 535 | - | 91 | 14 | - | 20 | - | 1155 | - | - | 16563 |
| INDUSTRY SECTOR | 488 | - | 63 | - | - | - | - | 160 | - | - | 4581 |
| IRON AND STEEL | - | - | 41 | - | - | - | - | 42 | - | - | 343 |
| CHEMICAL | - | - | - | - | - | - | - | 2 | - | - | 785 |
| PETROCHEMICAL | - | - | - | - | - | - | - | - | - | - | - |
| NON-FERROUS METAL | - | - | - | - | - | - | - | - | - | - | - |
| NON-METALLIC MINERAL | 402 | - | 17 | - | - | - | - | 59 | - | - | 575 |
| PAPER PULP AND PRINT | 56 | - | - | - | - | - | - | 3 | - | - | 410 |
| MINING AND QUARRYING | - | - | - | - | - | - | - | - | - | - | - |
| FOOD AND TOBACCO | 26 | - | 5 | - | - | - | - | 11 | - | - | 1030 |
| WOOD AND WOOD PRODUCTS | - | - | - | - | - | - | - | - | - | - | 212 |
| MACHINERY | - | - | - | - | - | - | - | - | - | - | - |
| TRANSPORT EQUIPMENT | - | - | - | - | - | - | - | - | - | - | 740 |
| CONSTRUCTION | - | - | - | - | - | - | - | - | - | - | - |
| TEXTILES AND LEATHER | - | - | - | - | - | - | - | - | - | - | 189 |
| NON SPECIFIED | 4 | - | - | - | - | - | - | 43 | - | - | 297 |
| NON-ENERGY USES: | | | | | | | | | | | |
| (1)ENERGY PRODUCTS | - | - | - | - | - | - | - | - | - | - | - |
| (2)NON-ENERGY PRODUCTS | - | - | - | - | - | - | - | - | - | - | - |
| TRANSPORT. SECTOR ** | - | - | - | - | - | - | - | - | - | - | 100 |
| AIR TRANSPORT | - | - | - | - | - | - | - | - | - | - | - |
| ROAD TRANSPORT | - | - | - | - | - | - | - | - | - | - | - |
| RAILWAYS | - | - | - | - | - | - | - | - | - | - | 100 |
| INTERNAL NAVIGATION | - | - | - | - | - | - | - | - | - | - | - |
| OTHER SECTORS ** | 47 | - | 28 | 14 | - | 20 | - | 995 | - | - | 11882 |
| AGRICULTURE | - | - | - | - | - | - | - | - | - | - | 1000 |
| PUBLIC SERVICES | - | - | - | - | - | - | - | - | - | - | - |
| COMMERCE | - | - | - | - | - | - | - | - | - | - | 4100 |
| RESIDENTIAL | 47 | - | 28 | 14 | - | 20 | - | 995 | - | - | 6570 |

(1) INCLUDED IN CHEMICAL OR PETROCHEMICAL INDUSTRY
(2) INCLUDED ONLY IN TOTAL INDUSTRY

** INCLUDED IN THESE TOTALS ARE THE NON-SPECIFIED ELEMENTS

| * OF WHICH: HYDRO | 24 |
|---|---|
| NUCLEAR | 0 |
| CONVENTIONAL THERMAL | 18663 |
| GEOTHERMAL | 0 |

## PRODUCTION ET UTILISATION DES SOURCES D ENERGIE : DANEMARK

1975

UNIT: 1000 METRIC TONS
UNITE: 1000 TONNES METRIQUES

| OIL PETROLE CRUDE* BRUT* 12 | NGL GNL 13 | FEEDST. 14 | REFINERY GAS / GAZ DE PETROLE 15 | LIQUEFIED PETROLEUM GASES / GAZ LIQUEFIES DE PETROLE 16 | AVIATION GASOLINE / ESSENCE AVION 17 | MOTOR GASOLINE / ESSENCE AUTO 18 | JET FUEL / CARBURANT REACTEUR 19 | KEROSENE / PETROLE LAMPANT 20 | GAS/DIESEL OIL / GAZ/DIESEL OIL 21 | RESIDUAL FUEL OIL / FUEL OIL RESIDUEL 22 | NAPHTHA / NAPHTHA 23 | NON-ENERGY PRODUCTS / PRODUITS NON-ENERGETIQUES 24 |
|---|---|---|---|---|---|---|---|---|---|---|---|---|
| 148 | - | - | 240 | 97 | - | 1404 | 7 | 103 | 3082 | 2655 | 107 | 306 |
| - | - | - | - | - | - | - | - | - | - | - | - | - |
| 7915 | - | - | - | 91 | 8 | 760 | 724 | 62 | 3785 | 4857 | 237 | 322 |
| -6 | - | - | - | -10 | - | -562 | - | -20 | -1017 | -396 | -89 | -184 |
| - | - | - | - | - | - | - | - | - | -156 | -386 | - | - |
| 22 | - | - | - | 3 | 3 | 21 | 3 | 11 | -42 | -760 | 28 | 5 |
| 8079 | - | - | 240 | 181 | 11 | 1623 | 734 | 156 | 5652 | 5970 | 283 | 449 |
| - | - | - | - | - | - | - | - | - | - | - | - | - |
| - | - | - | - | - | - | - | - | - | - | - | - | - |
| 8079 | - | - | 240 | 181 | 11 | 1623 | 734 | 156 | 5652 | 5970 | 283 | 449 |
| -7 | - | - | -1 | -2 | 1 | 46 | 47 | 36 | -152 | -196 | 70 | 50 |
| 8086 | - | - | 4 | 18 | - | - | - | - | 9 | 2920 | 53 | - |
| - | - | - | - | - | - | - | - | - | - | - | - | - |
| - | - | - | 4 | 18 | - | - | - | - | - | - | 53 | - |
| 8086 | - | - | - | - | - | - | - | - | - | - | - | - |
| - | - | - | - | - | - | - | - | - | 9 | 2920 | - | - |
| - | - | - | 237 | - | - | - | - | - | - | 124 | - | - |
| - | - | - | - | - | - | - | - | - | - | - | - | - |
| - | - | - | - | - | - | - | - | - | - | - | - | - |
| - | - | - | 237 | - | - | - | - | - | - | 124 | - | - |
| - | - | - | - | - | - | - | - | - | - | - | - | - |
| - | - | - | - | - | - | - | - | - | - | - | - | - |
| - | - | - | - | - | - | - | - | - | - | - | - | - |
| - | - | - | - | - | - | - | - | - | - | - | - | - |
| - | - | - | - | 165 | 10 | 1577 | 687 | 120 | 5795 | 3122 | 160 | 399 |
| - | - | - | - | 53 | - | 17 | - | 4 | 565 | 1222 | 160 | 397 |
| - | - | - | - | - | - | - | - | - | 34 | 86 | - | - |
| - | - | - | - | - | - | - | - | - | 39 | 100 | - | - |
| - | - | - | - | 53 | - | 17 | - | 4 | - | - | 160 | - |
| - | - | - | - | - | - | - | - | - | - | - | - | - |
| - | - | - | - | - | - | - | - | - | - | - | - | - |
| - | - | - | - | - | - | - | - | - | - | - | - | - |
| - | - | - | - | - | - | - | - | - | - | - | - | - |
| - | - | - | - | - | - | - | - | - | - | - | - | - |
| - | - | - | - | - | - | - | - | - | - | - | - | - |
| - | - | - | - | - | - | - | - | - | - | - | - | - |
| - | - | - | - | - | - | - | - | - | - | - | - | - |
| - | - | - | - | - | - | - | - | - | - | - | - | - |
| - | - | - | - | - | - | - | - | - | - | - | - | - |
| - | - | - | - | - | - | - | - | - | 492 | 1036 | - | - |
| - | - | - | - | - | - | - | - | - | - | - | - | - |
| - | - | - | - | - | - | - | - | - | - | - | - | 397 |
| - | - | - | - | 31 | 10 | 1503 | 687 | 1 | 1021 | 43 | - | - |
| - | - | - | - | - | 10 | - | 687 | - | - | - | - | - |
| - | - | - | - | 31 | - | 1503 | - | 1 | 488 | - | - | - |
| - | - | - | - | - | - | - | - | - | 105 | - | - | - |
| - | - | - | - | - | - | - | - | - | 428 | 43 | - | - |
| - | - | - | - | 81 | - | 57 | - | 115 | 4209 | 1857 | - | 2 |
| - | - | - | - | 3 | - | 38 | - | 14 | 686 | 193 | - | - |
| - | - | - | - | - | - | - | - | - | - | - | - | - |
| - | - | - | - | - | - | - | - | - | - | - | - | - |
| - | - | - | - | 75 | - | 11 | - | 100 | 3138 | 1490 | - | 1 |

*INCLUDED IN THIS COLUMN IS NGL AND FEEDSTOCKS.

## PRODUCTION AND USES OF ENERGY SOURCES : DENMARK

### 1976

| X / XX ENERGY / XX SOURCES / PRODUCTION AND USES | UNIT: 1000 METRIC TONS / UNITE: 1000 TONNES METRIQUES | | | | | | TCAL / TCAL | MANUFACTURED GAS (TCAL) / GAZ MANUFACTURE (TCAL) | | | MILLIONS / OF (DE) KWH |
|---|---|---|---|---|---|---|---|---|---|---|---|
| | HARD COAL / HOUILLE | PATENT FUEL / AGGLOMERES | COKE OVEN COKE / COKE DE FOUR | GAS COKE / COKE DE GAZ | BROWN COAL / LIGNITE | BKB / BRIQ. DE LIGNITE | NATURAL GAS / GAZ NATUREL | GAS WORKS / USINES A GAZ | COKE OVENS / COKERIES | BLAST FURNACES / HAUT FOURNEAUX | ELECTRICITY* / ELECTRICITE* |
| | 1 | 2 | 3 | 4 | 5 | 6 | 7 | 8 | 9 | 10 | 11 |
| PRODUCTION | - | - | - | 70 | - | - | - | 1383 | - | - | 20928 |
| FROM OTHER SOURCES | - | - | - | - | - | - | - | - | - | - | - |
| IMPORT | 4177 | 1 | 122 | - | - | 17 | - | - | - | - | 2162 |
| EXPORT | - | - | -5 | -42 | - | - | - | - | - | - | -1332 |
| INTL. MARINE BUNKERS | - | - | - | - | - | - | - | - | - | - | - |
| STOCK CHANGES | 452 | - | -9 | 1 | - | 1 | - | - | - | - | - |
| DOMESTIC SUPPLY | 4629 | 1 | 108 | 29 | - | 18 | - | 1383 | - | - | 21758 |
| RETURNS TO SUPPLY | - | - | - | - | - | - | - | - | - | - | - |
| TRANSFERS | - | - | - | - | - | - | - | - | - | - | - |
| DOMESTIC AVAILABILITY | 4629 | 1 | 108 | 29 | - | 18 | - | 1383 | - | - | 21758 |
| STATISTICAL DIFFERENCE | 3 | - | - | - | - | - | - | - | - | - | -110 |
| TRANSFORM. SECTOR ** | 4022 | - | - | - | - | - | - | - | - | - | - |
| FOR SOLID FUELS | - | - | - | - | - | - | - | - | - | - | - |
| FOR GASES | 101 | - | - | - | - | - | - | - | - | - | - |
| PETROLEUM REFINERIES | - | - | - | - | - | - | - | - | - | - | - |
| THERMO-ELECTRIC PLANTS | 3921 | - | - | - | - | - | - | - | - | - | - |
| ENERGY SECTOR | - | - | - | 10 | - | - | - | 158 | - | - | 3488 |
| COAL MINES | - | - | - | - | - | - | - | - | - | - | - |
| OIL AND GAS EXTRACTION | - | - | - | - | - | - | - | - | - | - | - |
| PETROLEUM REFINERIES | - | - | - | - | - | - | - | - | - | - | - |
| ELECTRIC PLANTS | - | - | - | - | - | - | - | - | - | - | 1283 |
| DISTRIBUTION LOSSES | - | - | - | - | - | - | - | 117 | - | - | 2205 |
| PUMP STORAGE (ELECTR.) | - | - | - | - | - | - | - | - | - | - | - |
| OTHER ENERGY SECTOR | - | - | - | 10 | - | - | - | 41 | - | - | - |
| FINAL CONSUMPTION | 604 | 1 | 108 | 19 | - | 18 | - | 1225 | - | - | 18380 |
| INDUSTRY SECTOR | 556 | - | 77 | - | - | - | - | 173 | - | - | 4910 |
| IRON AND STEEL | - | - | 37 | - | - | - | - | 53 | - | - | 380 |
| CHEMICAL | - | - | - | - | - | - | - | 4 | - | - | 960 |
| PETROCHEMICAL | - | - | - | - | - | - | - | - | - | - | - |
| NON-FERROUS METAL | - | - | - | - | - | - | - | - | - | - | - |
| NON-METALLIC MINERAL | 467 | - | 20 | - | - | - | - | 65 | - | - | 490 |
| PAPER PULP AND PRINT | 57 | - | - | - | - | - | - | 5 | - | - | 430 |
| MINING AND QUARRYING | - | - | - | - | - | - | - | - | - | - | - |
| FOOD AND TOBACCO | 30 | - | 5 | - | - | - | - | 13 | - | - | 1090 |
| WOOD AND WOOD PRODUCTS | - | - | - | - | - | - | - | - | - | - | 320 |
| MACHINERY | - | - | - | - | - | - | - | - | - | - | - |
| TRANSPORT EQUIPMENT | - | - | - | - | - | - | - | - | - | - | 810 |
| CONSTRUCTION | - | - | - | - | - | - | - | - | - | - | - |
| TEXTILES AND LEATHER | - | - | - | - | - | - | - | - | - | - | 200 |
| NON SPECIFIED | 2 | - | 15 | - | - | - | - | 33 | - | - | 230 |
| NON-ENERGY USES: | | | | | | | | | | | |
| (1)ENERGY PRODUCTS | - | - | - | - | - | - | - | - | - | - | - |
| (2)NON-ENERGY PRODUCTS | - | - | - | - | - | - | - | - | - | - | - |
| TRANSPORT. SECTOR ** | - | - | - | - | - | - | - | - | - | - | 119 |
| AIR TRANSPORT | - | - | - | - | - | - | - | - | - | - | - |
| ROAD TRANSPORT | - | - | - | - | - | - | - | - | - | - | - |
| RAILWAYS | - | - | - | - | - | - | - | - | - | - | 119 |
| INTERNAL NAVIGATION | - | - | - | - | - | - | - | - | - | - | - |
| OTHER SECTORS ** | 48 | 1 | 31 | 19 | - | 18 | - | 1052 | - | - | 13351 |
| AGRICULTURE | - | - | - | - | - | - | - | - | - | - | 1670 |
| PUBLIC SERVICES | - | - | - | - | - | - | - | - | - | - | - |
| COMMERCE | - | - | - | - | - | - | - | - | - | - | 4720 |
| RESIDENTIAL | 48 | 1 | 31 | 19 | - | 18 | - | 1052 | - | - | 6700 |

(1) INCLUDED IN CHEMICAL OR PETROCHEMICAL INDUSTRY
(2) INCLUDED ONLY IN TOTAL INDUSTRY

| * OF WHICH: HYDRO | 24 |
|---|---|
| NUCLEAR | 0 |
| CONVENTIONAL THERMAL | 20904 |
| GEOTHERMAL | 0 |

** INCLUDED IN THESE TOTALS ARE THE NON-SPECIFIED ELEMENTS

PRODUCTION ET UTILISATION DES SOURCES D ENERGIE : DANEMARK

1976

UNIT: 1000 METRIC TONS
UNITE: 1000 TONNES METRIQUES

| OIL PETROLE | | | REFINERY GAS | LIQUEFIED PETROLEUM GASES | AVIATION GASOLINE | MOTOR GASOLINE | JET FUEL | KEROSENE | GAS/DIESEL OIL | RESIDUAL FUEL OIL | NAPHTHA | NON-ENERGY PRODUCTS |
|---|---|---|---|---|---|---|---|---|---|---|---|---|
| CRUDE* BRUT* | NGL GNL | FEEDST. | GAZ DE PETROLE | GAZ LIQUEFIES DE PETROLE | ESSENCE AVION | ESSENCE AUTO | CARBURANT REACTEUR | PETROLE LAMPANT | GAZ/DIESEL OIL | FUEL OIL RESIDUEL | NAPHTHA | PRODUITS NON-ENERGETIQUES |
| 12 | 13 | 14 | 15 | 16 | 17 | 18 | 19 | 20 | 21 | 22 | 23 | 24 |
| 194 | - | - | 209 | 95 | - | 1397 | - | 102 | 3362 | 2450 | 70 | 347 |
| - | - | - | - | - | - | - | - | - | - | - | - | - |
| 7637 | - | - | - | 116 | 7 | 848 | 718 | 224 | 4326 | 4096 | 273 | 355 |
| -3 | - | - | - | -3 | - | -552 | - | -36 | -1206 | -407 | -56 | -205 |
| - | - | - | - | - | - | - | - | - | -173 | -371 | - | - |
| -13 | - | - | - | -1 | -1 | -57 | - | -11 | -29 | 459 | -2 | 1 |
| 7815 | - | - | 209 | 207 | 6 | 1636 | 718 | 279 | 6280 | 6227 | 285 | 498 |
| - | - | - | - | - | - | - | - | - | - | - | - | - |
| - | - | - | - | - | - | - | - | - | - | - | - | - |
| 7815 | - | - | 209 | 207 | 6 | 1636 | 718 | 279 | 6280 | 6227 | 285 | 498 |
| -400 | - | - | - | 7 | - | -26 | -10 | 154 | -157 | 71 | 50 | 33 |
| 8215 | - | - | 2 | 19 | - | - | - | - | 2 | 2632 | 61 | - |
| - | - | - | - | - | - | - | - | - | - | - | - | - |
| - | - | - | 2 | 19 | - | - | - | - | - | - | 61 | - |
| 8215 | - | - | - | - | - | - | - | - | - | - | - | - |
| - | - | - | - | - | - | - | - | - | 2 | 2632 | - | - |
| - | - | - | 207 | - | - | - | - | - | - | 108 | - | - |
| - | - | - | - | - | - | - | - | - | - | - | - | - |
| - | - | - | - | - | - | - | - | - | - | - | - | - |
| - | - | - | 207 | - | - | - | - | - | - | 108 | - | - |
| - | - | - | - | - | - | - | - | - | - | - | - | - |
| - | - | - | - | - | - | - | - | - | - | - | - | - |
| - | - | - | - | - | - | - | - | - | - | - | - | - |
| - | - | - | - | - | - | - | - | - | - | - | - | - |
| - | - | - | - | 181 | 6 | 1662 | 728 | 125 | 6435 | 3416 | 174 | 465 |
| - | - | - | - | 71 | - | 15 | - | 6 | 627 | 1342 | 174 | 461 |
| - | - | - | - | - | - | - | - | - | 35 | 90 | - | - |
| - | - | - | - | - | - | - | - | - | 40 | 110 | - | - |
| - | - | - | - | 71 | - | 15 | - | 6 | - | - | 174 | - |
| - | - | - | - | - | - | - | - | - | - | - | - | - |
| - | - | - | - | - | - | - | - | - | - | - | - | - |
| - | - | - | - | - | - | - | - | - | - | - | - | - |
| - | - | - | - | - | - | - | - | - | - | - | - | - |
| - | - | - | - | - | - | - | - | - | - | - | - | - |
| - | - | - | - | - | - | - | - | - | - | - | - | - |
| - | - | - | - | - | - | - | - | - | - | - | - | - |
| - | - | - | - | - | - | - | - | - | - | - | - | - |
| - | - | - | - | - | - | - | - | - | - | - | - | - |
| - | - | - | - | - | - | - | - | - | - | - | - | - |
| - | - | - | - | - | - | - | - | - | 552 | 1142 | - | - |
| - | - | - | - | - | - | - | - | - | - | - | - | - |
| - | - | - | - | - | - | - | - | - | - | - | - | 461 |
| - | - | - | - | 19 | 6 | 1582 | 728 | 1 | 964 | 49 | - | - |
| - | - | - | - | - | 6 | - | 728 | - | - | - | - | - |
| - | - | - | - | 18 | - | 1582 | - | 1 | 515 | - | - | - |
| - | - | - | - | - | - | - | - | - | 106 | - | - | - |
| - | - | - | - | 1 | - | - | - | - | 343 | 49 | - | - |
| - | - | - | - | 91 | - | 65 | - | 118 | 4844 | 2025 | - | 4 |
| - | - | - | - | 2 | - | 31 | - | 11 | 816 | 190 | - | - |
| - | - | - | - | 2 | - | 8 | - | 2 | 282 | 226 | - | - |
| - | - | - | - | - | - | - | - | - | - | - | - | - |
| - | - | - | - | 84 | - | 11 | - | 104 | 3535 | 1590 | - | 2 |

*INCLUDED IN THIS COLUMN IS NGL AND FEEDSTOCKS.

# PRODUCTION AND USES OF ENERGY SOURCES : DENMARK

1977

| ENERGY SOURCES / PRODUCTION AND USES | HARD COAL / HOUILLE | PATENT FUEL / AGGLOMERES | COKE OVEN COKE / COKE DE FOUR | GAS COKE / COKE DE GAZ | BROWN COAL / LIGNITE | BKB / BRIQ. DE LIGNITE | NATURAL GAS / GAZ NATUREL | GAS WORKS / USINES A GAZ | COKE OVENS / COKERIES | BLAST FURNACES / HAUT FOURNEAUX | ELECTRICITY* / ELECTRICITE* |
|---|---|---|---|---|---|---|---|---|---|---|---|
| | UNIT: 1000 METRIC TONS / UNITE: 1000 TONNES METRIQUES | | | | | | TCAL / TCAL | MANUFACTURED GAS (TCAL) / GAZ MANUFACTURE (TCAL) | | | MILLIONS OF (DE) KWH |
| | 1 | 2 | 3 | 4 | 5 | 6 | 7 | 8 | 9 | 10 | 11 |
| PRODUCTION | - | - | - | 65 | - | - | - | 1299 | - | - | 22434 |
| FROM OTHER SOURCES | - | - | - | - | - | - | - | - | - | - | - |
| IMPORT | 5564 | - | 108 | - | - | 16 | - | - | - | - | 2529 |
| EXPORT | - | - | -23 | -36 | - | - | - | - | - | - | -1900 |
| INTL. MARINE BUNKERS | - | - | - | - | - | - | - | - | - | - | - |
| STOCK CHANGES | -205 | - | 8 | -10 | - | - | - | - | - | - | - |
| DOMESTIC SUPPLY | 5359 | - | 93 | 19 | - | 16 | - | 1299 | - | - | 23063 |
| RETURNS TO SUPPLY | - | - | - | - | - | - | - | - | - | - | - |
| TRANSFERS | - | - | - | - | - | - | - | - | - | - | - |
| DOMESTIC AVAILABILITY | 5359 | - | 93 | 19 | - | 16 | - | 1299 | - | - | 23063 |
| STATISTICAL DIFFERENCE | 14 | - | - | - | - | - | - | - | - | - | 65 |
| TRANSFORM. SECTOR ** | 4628 | - | - | - | - | - | - | - | - | - | - |
| FOR SOLID FUELS | - | - | - | - | - | - | - | - | - | - | - |
| FOR GASES | 85 | - | - | - | - | - | - | - | - | - | - |
| PETROLEUM REFINERIES | - | - | - | - | - | - | - | - | - | - | - |
| THERMO-ELECTRIC PLANTS | 4543 | - | - | - | - | - | - | - | - | - | - |
| ENERGY SECTOR | - | - | - | 9 | - | - | - | 122 | - | - | 3613 |
| COAL MINES | - | - | - | - | - | - | - | - | - | - | - |
| OIL AND GAS EXTRACTION | - | - | - | - | - | - | - | - | - | - | - |
| PETROLEUM REFINERIES | - | - | - | - | - | - | - | - | - | - | - |
| ELECTRIC PLANTS | - | - | - | - | - | - | - | - | - | - | 1337 |
| DISTRIBUTION LOSSES | - | - | - | - | - | - | - | 100 | - | - | 2276 |
| PUMP STORAGE (ELECTR.) | - | - | - | - | - | - | - | - | - | - | - |
| OTHER ENERGY SECTOR | - | - | - | 9 | - | - | - | 22 | - | - | - |
| FINAL CONSUMPTION | 717 | - | 93 | 10 | - | 16 | - | 1177 | - | - | 19385 |
| INDUSTRY SECTOR | 665 | - | 66 | - | - | - | - | 164 | - | - | 5155 |
| IRON AND STEEL | - | - | 32 | - | - | - | - | 50 | - | - | 450 |
| CHEMICAL | - | - | - | - | - | - | - | 4 | - | - | 990 |
| PETROCHEMICAL | - | - | - | - | - | - | - | - | - | - | - |
| NON-FERROUS METAL | - | - | - | - | - | - | - | - | - | - | - |
| NON-METALLIC MINERAL | 560 | - | 10 | - | - | - | - | 60 | - | - | 430 |
| PAPER PULP AND PRINT | 53 | - | - | - | - | - | - | 2 | - | - | 460 |
| MINING AND QUARRYING | - | - | - | - | - | - | - | - | - | - | - |
| FOOD AND TOBACCO | 49 | - | 5 | - | - | - | - | 10 | - | - | 1190 |
| WOOD AND WOOD PRODUCTS | - | - | - | - | - | - | - | - | - | - | 420 |
| MACHINERY | - | - | - | - | - | - | - | - | - | - | - |
| TRANSPORT EQUIPMENT | - | - | - | - | - | - | - | - | - | - | 765 |
| CONSTRUCTION | - | - | - | - | - | - | - | - | - | - | - |
| TEXTILES AND LEATHER | - | - | - | - | - | - | - | - | - | - | 235 |
| NON SPECIFIED | 3 | - | 19 | - | - | - | - | 38 | - | - | 215 |
| NON-ENERGY USES: | | | | | | | | | | | |
| (1)ENERGY PRODUCTS | - | - | - | - | - | - | - | - | - | - | - |
| (2)NON-ENERGY PRODUCTS | - | - | - | - | - | - | - | - | - | - | - |
| TRANSPORT. SECTOR ** | - | - | - | - | - | - | - | - | - | - | 120 |
| AIR TRANSPORT | - | - | - | - | - | - | - | - | - | - | - |
| ROAD TRANSPORT | - | - | - | - | - | - | - | - | - | - | - |
| RAILWAYS | - | - | - | - | - | - | - | - | - | - | 120 |
| INTERNAL NAVIGATION | - | - | - | - | - | - | - | - | - | - | - |
| OTHER SECTORS ** | 52 | - | 27 | 10 | - | 16 | - | 1013 | - | - | 14110 |
| AGRICULTURE | - | - | - | - | - | - | - | - | - | - | 1730 |
| PUBLIC SERVICES | - | - | - | - | - | - | - | - | - | - | - |
| COMMERCE | - | - | - | - | - | - | - | - | - | - | 5225 |
| RESIDENTIAL | 52 | - | 27 | 10 | - | 16 | - | 1013 | - | - | 6900 |

(1) INCLUDED IN CHEMICAL OR PETROCHEMICAL INDUSTRY
(2) INCLUDED ONLY IN TOTAL INDUSTRY

| * OF WHICH: HYDRO | 22 |
|---|---|
| NUCLEAR | 0 |
| CONVENTIONAL THERMAL | 22412 |
| GEOTHERMAL | 0 |

** INCLUDED IN THESE TOTALS ARE THE NON-SPECIFIED ELEMENTS

PRODUCTION ET UTILISATION DES SOURCES D ENERGIE : DANEMARK

1977

UNIT: 1000 METRIC TONS
UNITE: 1000 TONNES METRIQUES

| OIL / PETROLE | | | REFINERY GAS | LIQUEFIED PETROLEUM GASES | AVIATION GASOLINE | MOTOR GASOLINE | JET FUEL | KEROSENE | GAS/DIESEL OIL | RESIDUAL FUEL OIL | NAPHTHA | NON-ENERGY PRODUCTS |
|---|---|---|---|---|---|---|---|---|---|---|---|---|
| CRUDE* BRUT* | NGL GNL | FEEDST. | GAZ DE PETROLE | GAZ LIQUEFIES DE PETROLE | ESSENCE AVION | ESSENCE AUTO | CARBURANT REACTEUR | PETROLE LAMPANT | GAZ/DIESEL OIL | FUEL OIL RESIDUEL | NAPHTHA | PRODUITS NON-ENERGETIQUES |
| 12 | 13 | 14 | 15 | 16 | 17 | 18 | 19 | 20 | 21 | 22 | 23 | 24 |
| 503 | - | - | 222 | 119 | - | 1405 | 9 | 100 | 3430 | 2346 | 76 | 289 |
| - | - | - | - | - | - | - | - | - | - | - | - | - |
| 7383 | - | - | - | 107 | 4 | 790 | 724 | 191 | 4100 | 4958 | 300 | 406 |
| -99 | - | - | - | -21 | - | -480 | - | -17 | -1042 | -199 | -73 | -172 |
| - | - | - | - | - | - | - | - | - | -164 | -315 | - | - |
| 15 | - | - | - | -1 | 2 | -38 | 12 | -7 | -125 | -482 | 2 | - |
| 7802 | - | - | 222 | 204 | 6 | 1677 | 745 | 267 | 6199 | 6308 | 305 | 523 |
| - | - | - | - | - | - | - | - | - | - | - | - | - |
| - | - | - | - | - | - | - | - | - | - | - | - | - |
| 7802 | - | - | 222 | 204 | 6 | 1677 | 745 | 267 | 6199 | 6308 | 305 | 523 |
| -410 | - | - | - | 3 | - | -16 | -11 | 159 | -160 | 105 | 98 | -6 |
| 8212 | - | - | 3 | 17 | - | - | - | - | 9 | 2723 | 54 | - |
| - | - | - | - | - | - | - | - | - | - | - | - | - |
| - | - | - | 3 | 17 | - | - | - | - | - | - | 54 | - |
| 8212 | - | - | - | - | - | - | - | - | - | - | - | - |
| - | - | - | - | - | - | - | - | - | 9 | 2723 | - | - |
| - | - | - | 219 | - | - | - | - | - | - | 95 | - | - |
| - | - | - | - | - | - | - | - | - | - | - | - | - |
| - | - | - | - | - | - | - | - | - | - | - | - | - |
| - | - | - | 219 | - | - | - | - | - | - | 95 | - | - |
| - | - | - | - | - | - | - | - | - | - | - | - | - |
| - | - | - | - | - | - | - | - | - | - | - | - | - |
| - | - | - | - | - | - | - | - | - | - | - | - | - |
| - | - | - | - | - | - | - | - | - | - | - | - | - |
| - | - | - | - | 184 | 6 | 1693 | 756 | 108 | 6350 | 3385 | 153 | 529 |
| - | - | - | - | 77 | - | 58 | - | 5 | 669 | 1265 | 153 | 526 |
| - | - | - | - | - | - | - | - | - | 37 | 85 | - | - |
| - | - | - | - | - | - | - | - | - | 42 | 100 | - | - |
| - | - | - | - | 77 | - | 58 | - | 5 | - | - | 153 | - |
| - | - | - | - | - | - | - | - | - | - | - | - | - |
| - | - | - | - | - | - | - | - | - | - | - | - | - |
| - | - | - | - | - | - | - | - | - | - | - | - | - |
| - | - | - | - | - | - | - | - | - | - | - | - | - |
| - | - | - | - | - | - | - | - | - | - | - | - | - |
| - | - | - | - | - | - | - | - | - | - | - | - | - |
| - | - | - | - | - | - | - | - | - | - | - | - | - |
| - | - | - | - | - | - | - | - | - | - | - | - | - |
| - | - | - | - | - | - | - | - | - | - | - | - | - |
| - | - | - | - | - | - | - | - | - | - | - | - | - |
| - | - | - | - | - | - | - | - | - | 590 | 1080 | - | - |
| - | - | - | - | - | - | - | - | - | - | - | - | - |
| - | - | - | - | - | - | - | - | - | - | - | - | 526 |
| - | - | - | - | 34 | 6 | 1576 | 756 | 1 | 994 | 42 | - | - |
| - | - | - | - | - | 6 | - | 756 | - | - | - | - | - |
| - | - | - | - | 34 | - | 1576 | - | - | 571 | - | - | - |
| - | - | - | - | - | - | - | - | - | 104 | - | - | - |
| - | - | - | - | - | - | - | - | 1 | 319 | 42 | - | - |
| - | - | - | - | 73 | - | 59 | - | 102 | 4687 | 2078 | - | 3 |
| - | - | - | - | 5 | - | 29 | - | 4 | 821 | 205 | - | - |
| - | - | - | - | 2 | - | 10 | - | 1 | 272 | 207 | - | - |
| - | - | - | - | - | - | - | - | - | - | - | - | - |
| - | - | - | - | 63 | - | 10 | - | 95 | 3391 | 1640 | - | 1 |

*INCLUDED IN THIS COLUMN IS NGL AND FEEDSTOCKS.

## PRODUCTION AND USES OF ENERGY SOURCES : DENMARK

**1978**

| X XX ENERGY XX XX SOURCES XX XX XX PRODUCTION XX XX AND USES XX | UNIT: 1000 METRIC TONS / UNITE: 1000 TONNES METRIQUES | | | | | | TCAL / TCAL | MANUFACTURED GAS (TCAL) / GAZ MANUFACTURE (TCAL) | | | MILLIONS / OF (DE) KWH |
|---|---|---|---|---|---|---|---|---|---|---|---|
| | HARD COAL / HOUILLE | PATENT FUEL / AGGLOMERES | COKE OVEN COKE / COKE DE FOUR | GAS COKE / COKE DE GAZ | BROWN COAL / LIGNITE | BKB / BRIQ. DE LIGNITE | NATURAL GAS / GAZ NATUREL | GAS WORKS / USINES A GAZ | COKE OVENS / COKERIES | BLAST FURNACES / HAUT FOURNEAUX | ELECTRICITY* / ELECTRICITE* |
| | 1 | 2 | 3 | 4 | 5 | 6 | 7 | 8 | 9 | 10 | 11 |
| PRODUCTION | - | - | - | 68 | - | - | - | 1277 | - | - | 20782 |
| FROM OTHER SOURCES | - | - | - | - | - | - | - | - | - | - | - |
| IMPORT | 6110 | - | 114 | - | - | 13 | - | - | - | - | 4385 |
| EXPORT | - | - | -11 | -53 | - | - | - | - | - | - | -706 |
| INTL. MARINE BUNKERS | - | - | - | - | - | - | - | - | - | - | - |
| STOCK CHANGES | -456 | - | -2 | 5 | - | 1 | - | - | - | - | - |
| DOMESTIC SUPPLY | 5654 | - | 101 | 20 | - | 14 | - | 1277 | - | - | 24461 |
| RETURNS TO SUPPLY | - | - | - | - | - | - | - | - | - | - | - |
| TRANSFERS | - | - | - | - | - | - | - | - | - | - | - |
| DOMESTIC AVAILABILITY | 5654 | - | 101 | 20 | - | 14 | - | 1277 | - | - | 24461 |
| STATISTICAL DIFFERENCE | -131 | - | - | - | - | - | - | - | - | - | - |
| TRANSFORM. SECTOR ** | 5015 | - | - | - | - | - | - | - | - | - | - |
| FOR SOLID FUELS | - | - | - | - | - | - | - | - | - | - | - |
| FOR GASES | 92 | - | - | - | - | - | - | - | - | - | - |
| PETROLEUM REFINERIES | - | - | - | - | - | - | - | - | - | - | - |
| THERMO-ELECTRIC PLANTS | 4923 | - | - | - | - | - | - | - | - | - | - |
| ENERGY SECTOR | - | - | - | 10 | - | - | - | 133 | - | - | 3332 |
| COAL MINES | - | - | - | - | - | - | - | - | - | - | - |
| OIL AND GAS EXTRACTION | - | - | - | - | - | - | - | - | - | - | - |
| PETROLEUM REFINERIES | - | - | - | - | - | - | - | - | - | - | - |
| ELECTRIC PLANTS | - | - | - | - | - | - | - | - | - | - | 1259 |
| DISTRIBUTION LOSSES | - | - | - | - | - | - | - | 96 | - | - | 2073 |
| PUMP STORAGE (ELECTR.) | - | - | - | - | - | - | - | - | - | - | - |
| OTHER ENERGY SECTOR | - | - | - | 10 | - | - | - | 37 | - | - | - |
| FINAL CONSUMPTION | 770 | - | 101 | 10 | - | 14 | - | 1144 | - | - | 21129 |
| INDUSTRY SECTOR | 718 | - | 72 | - | - | - | - | 229 | - | - | 5744 |
| IRON AND STEEL | - | - | 34 | - | - | - | - | 52 | - | - | 695 |
| CHEMICAL | - | - | - | - | - | - | - | 4 | - | - | 1187 |
| PETROCHEMICAL | - | - | - | - | - | - | - | - | - | - | - |
| NON-FERROUS METAL | - | - | - | - | - | - | - | - | - | - | - |
| NON-METALLIC MINERAL | 572 | - | 30 | - | - | - | - | 56 | - | - | 436 |
| PAPER PULP AND PRINT | 75 | - | - | - | - | - | - | 5 | - | - | 495 |
| MINING AND QUARRYING | - | - | - | - | - | - | - | - | - | - | 13 |
| FOOD AND TOBACCO | 66 | - | 6 | - | - | - | - | 10 | - | - | 1209 |
| WOOD AND WOOD PRODUCTS | - | - | - | - | - | - | - | - | - | - | 356 |
| MACHINERY | - | - | - | - | - | - | - | - | - | - | - |
| TRANSPORT EQUIPMENT | - | - | - | - | - | - | - | - | - | - | 934 |
| CONSTRUCTION | - | - | - | - | - | - | - | - | - | - | - |
| TEXTILES AND LEATHER | - | - | - | - | - | - | - | - | - | - | 206 |
| NON SPECIFIED | 5 | - | 2 | - | - | - | - | 102 | - | - | 213 |
| NON-ENERGY USES: | | | | | | | | | | | |
| (1)ENERGY PRODUCTS | - | - | - | - | - | - | - | - | - | - | - |
| (2)NON-ENERGY PRODUCTS | - | - | - | - | - | - | - | - | - | - | - |
| TRANSPORT. SECTOR ** | - | - | - | - | - | - | - | - | - | - | 125 |
| AIR TRANSPORT | - | - | - | - | - | - | - | - | - | - | - |
| ROAD TRANSPORT | - | - | - | - | - | - | - | - | - | - | - |
| RAILWAYS | - | - | - | - | - | - | - | - | - | - | 125 |
| INTERNAL NAVIGATION | - | - | - | - | - | - | - | - | - | - | - |
| OTHER SECTORS ** | 52 | - | 29 | 10 | - | 14 | - | 915 | - | - | 15260 |
| AGRICULTURE | - | - | - | - | - | - | - | - | - | - | 1728 |
| PUBLIC SERVICES | - | - | - | - | - | - | - | - | - | - | - |
| COMMERCE | - | - | - | - | - | - | - | - | - | - | 5615 |
| RESIDENTIAL | 52 | - | 29 | 10 | - | 14 | - | 915 | - | - | 7270 |

(1) INCLUDED IN CHEMICAL OR PETROCHEMICAL INDUSTRY
(2) INCLUDED ONLY IN TOTAL INDUSTRY

| * OF WHICH: HYDRO | 20 |
|---|---|
| NUCLEAR | 0 |
| CONVENTIONAL THERMAL | 20762 |
| GEOTHERMAL | 0 |

** INCLUDED IN THESE TOTALS ARE THE NON-SPECIFIED ELEMENTS

PRODUCTION ET UTILISATION DES SOURCES D ENERGIE : DANEMARK

1978

UNIT: 1000 METRIC TONS
UNITE: 1000 TONNES METRIQUES

| OIL / PETROLE: CRUDE* / BRUT* 12 | OIL / PETROLE: NGL / GNL 13 | OIL / PETROLE: FEEDST. 14 | REFINERY GAS / GAZ DE PETROLE 15 | LIQUEFIED PETROLEUM GASES / GAZ LIQUEFIES DE PETROLE 16 | AVIATION GASOLINE / ESSENCE AVION 17 | MOTOR GASOLINE / ESSENCE AUTO 18 | JET FUEL / CARBURANT REACTEUR 19 | KEROSENE / PETROLE LAMPANT 20 | GAS/DIESEL OIL / GAZ/DIESEL OIL 21 | RESIDUAL FUEL OIL / FUEL OIL RESIDUEL 22 | NAPHTHA / NAPHTHA 23 | NON-ENERGY PRODUCTS / PRODUITS NON-ENERGETIQUES 24 |
|---|---|---|---|---|---|---|---|---|---|---|---|---|
| 432 | - | - | 223 | 129 | - | 1416 | 10 | 84 | 3304 | 2476 | 85 | 293 |
| - | - | - | - | - | - | - | - | - | - | - | - | - |
| 7783 | - | - | - | 93 | 7 | 784 | 762 | 136 | 4119 | 4228 | 89 | 480 |
| -102 | - | - | - | -21 | - | -495 | - | -4 | -1032 | -180 | -70 | -174 |
| - | - | - | - | - | - | - | - | - | -186 | -307 | - | -6 |
| -130 | - | - | - | 5 | -1 | 91 | -10 | 28 | 302 | -375 | 16 | 4 |
| 7983 | - | - | 223 | 206 | 6 | 1796 | 762 | 244 | 6507 | 5842 | 120 | 597 |
| - | - | - | - | - | - | - | - | - | - | - | - | - |
| - | - | - | - | - | - | - | - | - | - | - | - | - |
| 7983 | - | - | 223 | 206 | 6 | 1796 | 762 | 244 | 6507 | 5842 | 120 | 597 |
| -622 | - | - | 1 | -1 | 1 | 29 | -38 | 138 | 153 | 212 | 14 | 119 |
| 8605 | - | - | 2 | 16 | - | - | - | - | 9 | 2198 | 28 | - |
| - | - | - | - | - | - | - | - | - | - | - | - | - |
| - | - | - | 2 | 16 | - | - | - | - | 1 | - | 28 | - |
| 8605 | - | - | - | - | - | - | - | - | - | - | - | - |
| - | - | - | - | - | - | - | - | - | 8 | 2198 | - | - |
| - | - | - | 220 | - | - | - | - | - | - | 89 | - | - |
| - | - | - | - | - | - | - | - | - | - | - | - | - |
| - | - | - | - | - | - | - | - | - | - | - | - | - |
| - | - | - | 220 | - | - | - | - | - | - | 89 | - | - |
| - | - | - | - | - | - | - | - | - | - | - | - | - |
| - | - | - | - | - | - | - | - | - | - | - | - | - |
| - | - | - | - | - | - | - | - | - | - | - | - | - |
| - | - | - | - | - | - | - | - | - | - | - | - | - |
| - | - | - | - | 191 | 5 | 1767 | 800 | 106 | 6345 | 3343 | 78 | 478 |
| - | - | - | - | 84 | - | 59 | - | 4 | 765 | 1260 | 78 | 474 |
| - | - | - | - | - | - | - | - | - | 45 | 90 | - | - |
| - | - | - | - | - | - | - | - | - | 50 | 110 | - | - |
| - | - | - | - | 84 | - | 59 | - | 4 | - | - | 78 | - |
| - | - | - | - | - | - | - | - | - | - | - | - | - |
| - | - | - | - | - | - | - | - | - | - | - | - | - |
| - | - | - | - | - | - | - | - | - | - | - | - | - |
| - | - | - | - | - | - | - | - | - | - | - | - | - |
| - | - | - | - | - | - | - | - | - | - | - | - | - |
| - | - | - | - | - | - | - | - | - | - | - | - | - |
| - | - | - | - | - | - | - | - | - | - | - | - | - |
| - | - | - | - | - | - | - | - | - | - | - | - | - |
| - | - | - | - | - | - | - | - | - | - | - | - | - |
| - | - | - | - | - | - | - | - | - | - | - | - | - |
| - | - | - | - | - | - | - | - | - | 670 | 1060 | - | - |
| - | - | - | - | - | - | - | - | - | - | - | - | - |
| - | - | - | - | - | - | - | - | - | - | - | - | 474 |
| - | - | - | - | 40 | 5 | 1650 | 800 | 2 | 995 | 46 | - | - |
| - | - | - | - | - | 5 | - | 800 | - | - | - | - | - |
| - | - | - | - | 40 | - | 1650 | - | 1 | 578 | - | - | - |
| - | - | - | - | - | - | - | - | - | 97 | - | - | - |
| - | - | - | - | - | - | - | - | 1 | 320 | 46 | - | - |
| - | - | - | - | 67 | - | 58 | - | 100 | 4585 | 2037 | - | 4 |
| - | - | - | - | 20 | - | 28 | - | 2 | 821 | 226 | - | - |
| - | - | - | - | 3 | - | 8 | - | 1 | 316 | 196 | - | - |
| - | - | - | - | - | - | - | - | - | - | - | - | - |
| - | - | - | - | 36 | - | 8 | - | 96 | 3221 | 1596 | - | 2 |

*INCLUDED IN THIS COLUMN IS NGL AND FEEDSTOCKS.

## PRODUCTION AND USES OF ENERGY SOURCES : DENMARK

1979

| PRODUCTION AND USES \ ENERGY SOURCES | UNIT: 1000 METRIC TONS / UNITE: 1000 TONNES METRIQUES | | | | | | TCAL / TCAL | MANUFACTURED GAS (TCAL) / GAZ MANUFACTURE (TCAL) | | | MILLIONS OF (DE) KWH |
|---|---|---|---|---|---|---|---|---|---|---|---|
| | HARD COAL / HOUILLE | PATENT FUEL / AGGLOMERES | COKE OVEN COKE / COKE DE FOUR | GAS COKE / COKE DE GAZ | BROWN COAL / LIGNITE | BKB / BRIQ. DE LIGNITE | NATURAL GAS / GAZ NATUREL | GAS WORKS / USINES A GAZ | COKE OVENS / COKERIES | BLAST FURNACES / HAUT FOURNEAUX | ELECTRICITY* / ELECTRICITE* |
| | 1 | 2 | 3 | 4 | 5 | 6 | 7 | 8 | 9 | 10 | 11 |
| PRODUCTION | - | - | - | 66 | - | - | - | 1286 | - | - | 22471 |
| FROM OTHER SOURCES | - | - | - | - | - | - | - | - | - | - | - |
| IMPORT | 7552 | - | 130 | - | - | 22 | - | - | - | - | 4406 |
| EXPORT | - | - | - | -55 | - | - | - | - | - | - | -1293 |
| INTL. MARINE BUNKERS | - | - | - | - | - | - | - | - | - | - | - |
| STOCK CHANGES | -422 | - | -8 | 1 | - | -1 | - | - | - | - | - |
| DOMESTIC SUPPLY | 7130 | - | 122 | 12 | - | 21 | - | 1286 | - | - | 25584 |
| RETURNS TO SUPPLY | - | - | - | - | - | - | - | - | - | - | - |
| TRANSFERS | - | - | - | - | - | - | - | - | - | - | - |
| DOMESTIC AVAILABILITY | 7130 | - | 122 | 12 | - | 21 | - | 1286 | - | - | 25584 |
| STATISTICAL DIFFERENCE | 103 | - | - | - | - | - | - | - | - | - | - |
| TRANSFORM. SECTOR ** | 6241 | - | - | - | - | - | - | - | - | - | - |
| FOR SOLID FUELS | - | - | - | - | - | - | - | - | - | - | - |
| FOR GASES | 90 | - | - | - | - | - | - | - | - | - | - |
| PETROLEUM REFINERIES | - | - | - | - | - | - | - | - | - | - | - |
| THERMO-ELECTRIC PLANTS | 6151 | - | - | - | - | - | - | - | - | - | - |
| ENERGY SECTOR | - | - | - | 10 | - | - | - | 125 | - | - | 3352 |
| COAL MINES | - | - | - | - | - | - | - | - | - | - | - |
| OIL AND GAS EXTRACTION | - | - | - | - | - | - | - | - | - | - | - |
| PETROLEUM REFINERIES | - | - | - | - | - | - | - | - | - | - | - |
| ELECTRIC PLANTS | - | - | - | - | - | - | - | - | - | - | 1374 |
| DISTRIBUTION LOSSES | - | - | - | - | - | - | - | 90 | - | - | 1978 |
| PUMP STORAGE (ELECTR.) | - | - | - | - | - | - | - | - | - | - | - |
| OTHER ENERGY SECTOR | - | - | - | 10 | - | - | - | 35 | - | - | - |
| FINAL CONSUMPTION | 786 | - | 122 | 2 | - | 21 | - | 1161 | - | - | 22232 |
| INDUSTRY SECTOR | 773 | - | 82 | - | - | - | - | 232 | - | - | 5768 |
| IRON AND STEEL | - | - | 45 | - | - | - | - | 55 | - | - | 639 |
| CHEMICAL | - | - | 1 | - | - | - | - | 5 | - | - | 1188 |
| PETROCHEMICAL | - | - | - | - | - | - | - | - | - | - | - |
| NON-FERROUS METAL | - | - | - | - | - | - | - | - | - | - | - |
| NON-METALLIC MINERAL | 565 | - | 24 | - | - | - | - | 55 | - | - | 451 |
| PAPER PULP AND PRINT | 95 | - | - | - | - | - | - | 3 | - | - | 454 |
| MINING AND QUARRYING | - | - | - | - | - | - | - | - | - | - | 13 |
| FOOD AND TOBACCO | 68 | - | 5 | - | - | - | - | 11 | - | - | 1308 |
| WOOD AND WOOD PRODUCTS | - | - | - | - | - | - | - | - | - | - | 353 |
| MACHINERY | - | - | - | - | - | - | - | - | - | - | - |
| TRANSPORT EQUIPMENT | - | - | - | - | - | - | - | - | - | - | 918 |
| CONSTRUCTION | - | - | - | - | - | - | - | - | - | - | - |
| TEXTILES AND LEATHER | - | - | - | - | - | - | - | - | - | - | 167 |
| NON SPECIFIED | 45 | - | 7 | - | - | - | - | 103 | - | - | 277 |
| NON-ENERGY USES: | | | | | | | | | | | |
| (1)ENERGY PRODUCTS | - | - | - | - | - | - | - | - | - | - | - |
| (2)NON-ENERGY PRODUCTS | - | - | - | - | - | - | - | - | - | - | - |
| TRANSPORT. SECTOR ** | - | - | - | - | - | - | - | - | - | - | 130 |
| AIR TRANSPORT | - | - | - | - | - | - | - | - | - | - | - |
| ROAD TRANSPORT | - | - | - | - | - | - | - | - | - | - | - |
| RAILWAYS | - | - | - | - | - | - | - | - | - | - | 130 |
| INTERNAL NAVIGATION | - | - | - | - | - | - | - | - | - | - | - |
| OTHER SECTORS ** | 13 | - | 40 | 2 | - | 21 | - | 929 | - | - | 16334 |
| AGRICULTURE | - | - | - | - | - | - | - | - | - | - | 1920 |
| PUBLIC SERVICES | - | - | - | - | - | - | - | - | - | - | - |
| COMMERCE | - | - | - | - | - | - | - | - | - | - | 6089 |
| RESIDENTIAL | 13 | - | 40 | 2 | - | 21 | - | 929 | - | - | 7680 |

(1) INCLUDED IN CHEMICAL OR PETROCHEMICAL INDUSTRY
(2) INCLUDED ONLY IN TOTAL INDUSTRY

| * OF WHICH: HYDRO | 25 |
|---|---|
| NUCLEAR | 0 |
| CONVENTIONAL THERMAL | 22446 |
| GEOTHERMAL | 0 |

** INCLUDED IN THESE TOTALS ARE THE NON-SPECIFIED ELEMENTS

## PRODUCTION ET UTILISATION DES SOURCES D ENERGIE : DANEMARK



UNIT: 1000 METRIC TONS
UNITE: 1000 TONNES METRIQUES

| OIL PETROLE | | | REFINERY GAS | LIQUEFIED PETROLEUM GASES | AVIATION GASOLINE | MOTOR GASOLINE | JET FUEL | KEROSENE | GAS/DIESEL OIL | RESIDUAL FUEL OIL | NAPHTHA | NON-ENERGY PRODUCTS |
|---|---|---|---|---|---|---|---|---|---|---|---|---|
| CRUDE BRUT | NGL GNL | FEEDST. | GAZ DE PETROLE | GAZ LIQUEFIES DE PETROLE | ESSENCE AVION | ESSENCE AUTO | CARBURANT REACTEUR | PETROLE LAMPANT | GAZ/DIESEL OIL | FUEL OIL RESIDUEL | NAPHTHA | PRODUITS NON-ENERGETIQUES |
| 12 | 13 | 14 | 15 | 16 | 17 | 18 | 19 | 20 | 21 | 22 | 23 | 24 |
| 432 | - | - | 247 | 132 | - | 1416 | 8 | 69 | 3543 | 2952 | 93 | 255 |
| - | - | - | - | - | - | - | - | - | - | - | - | - |
| 7953 | - | 1078 | - | 105 | 6 | 747 | 831 | 82 | 3873 | 2912 | 56 | 344 |
| -143 | - | -422 | - | -8 | - | -536 | -1 | -11 | -818 | -352 | -40 | -142 |
| - | - | - | - | - | - | - | - | - | -138 | -291 | - | -6 |
| 149 | - | -91 | - | -2 | - | -13 | 10 | -22 | 19 | 349 | 2 | -3 |
| 8391 | - | 565 | 247 | 227 | 6 | 1614 | 848 | 118 | 6479 | 5570 | 111 | 448 |
| - | - | - | - | - | - | - | - | - | - | - | - | - |
| - | - | - | - | - | - | - | - | - | - | - | - | - |
| 8391 | - | 565 | 247 | 227 | 6 | 1614 | 848 | 118 | 6479 | 5570 | 111 | 448 |
| -139 | - | 347 | 1 | -2 | 1 | -54 | 110 | -1 | -175 | 26 | 18 | -14 |
| 8530 | - | 218 | 2 | 34 | - | - | - | - | 61 | 1974 | 20 | - |
| - | - | - | - | - | - | - | - | - | - | - | - | - |
| - | - | - | 2 | 34 | - | - | - | - | 2 | - | 20 | - |
| 8530 | - | 218 | - | - | - | - | - | - | - | - | - | - |
| - | - | - | - | - | - | - | - | - | 59 | 1974 | - | - |
| - | - | - | 244 | - | - | - | - | - | - | 113 | - | - |
| - | - | - | - | - | - | - | - | - | - | - | - | - |
| - | - | - | - | - | - | - | - | - | - | - | - | - |
| - | - | - | 244 | - | - | - | - | - | - | 113 | - | - |
| - | - | - | - | - | - | - | - | - | - | - | - | - |
| - | - | - | - | - | - | - | - | - | - | - | - | - |
| - | - | - | - | - | - | - | - | - | - | - | - | - |
| - | - | - | - | - | - | - | - | - | - | - | - | - |
| - | - | - | - | 195 | 5 | 1668 | 738 | 119 | 6593 | 3457 | 73 | 462 |
| - | - | - | - | 83 | - | 10 | - | 4 | 704 | 1311 | 73 | 458 |
| - | - | - | - | - | - | - | - | - | 40 | 100 | - | - |
| - | - | - | - | - | - | - | - | - | 45 | 120 | - | - |
| - | - | - | - | 83 | - | 10 | - | 4 | - | - | 73 | - |
| - | - | - | - | - | - | - | - | - | - | - | - | - |
| - | - | - | - | - | - | - | - | - | - | - | - | - |
| - | - | - | - | - | - | - | - | - | - | - | - | - |
| - | - | - | - | - | - | - | - | - | - | - | - | - |
| - | - | - | - | - | - | - | - | - | - | - | - | - |
| - | - | - | - | - | - | - | - | - | - | - | - | - |
| - | - | - | - | - | - | - | - | - | - | - | - | - |
| - | - | - | - | - | - | - | - | - | - | - | - | - |
| - | - | - | - | - | - | - | - | - | - | - | - | - |
| - | - | - | - | - | - | - | - | - | - | - | - | - |
| - | - | - | - | - | - | - | - | - | 619 | 1091 | - | - |
| - | - | - | - | - | - | - | - | - | - | - | - | - |
| - | - | - | - | - | - | - | - | - | - | - | - | 458 |
| - | - | - | - | 42 | 5 | 1599 | 738 | 6 | 1080 | 43 | - | - |
| - | - | - | - | - | 5 | - | 738 | - | - | - | - | - |
| - | - | - | - | 42 | - | 1594 | - | 5 | 645 | - | - | - |
| - | - | - | - | - | - | - | - | - | 101 | - | - | - |
| - | - | - | - | - | - | 5 | - | 1 | 334 | 43 | - | - |
| - | - | - | - | 70 | - | 59 | - | 109 | 4809 | 2103 | - | 4 |
| - | - | - | - | 17 | - | 26 | - | 8 | 919 | 275 | - | - |
| - | - | - | - | 2 | - | 9 | - | 2 | 370 | 180 | - | - |
| - | - | - | - | - | - | - | - | - | - | - | - | - |
| - | - | - | - | 43 | - | 11 | - | 96 | 3343 | 1624 | - | 2 |

## PRODUCTION AND USES OF ENERGY SOURCES : DENMARK

1980

| ENERGY SOURCES / PRODUCTION AND USES | UNIT: 1000 METRIC TONS / UNITE: 1000 TONNES METRIQUES | | | | | | TCAL / TCAL | MANUFACTURED GAS (TCAL) / GAZ MANUFACTURE (TCAL) | | | MILLIONS OF (DE) KWH |
|---|---|---|---|---|---|---|---|---|---|---|---|
| | HARD COAL / HOUILLE | PATENT FUEL / AGGLOMERES | COKE OVEN COKE / COKE DE FOUR | GAS COKE / COKE DE GAZ | BROWN COAL / LIGNITE | BKB / BRIQ. DE LIGNITE | NATURAL GAS / GAZ NATUREL | GAS WORKS / USINES A GAZ | COKE OVENS / COKERIES | BLAST FURNACES / HAUT FOURNEAUX | ELECTRICITY* / ELECTRICITE* |
| | 1 | 2 | 3 | 4 | 5 | 6 | 7 | 8 | 9 | 10 | 11 |
| PRODUCTION | - | - | - | 66 | - | - | - | 1211 | - | - | 27119 |
| FROM OTHER SOURCES | - | - | - | - | - | - | - | - | - | - | - |
| IMPORT | 9969 | 34 | 112 | - | - | 39 | - | - | - | - | 1980 |
| EXPORT | -2 | - | - | -56 | - | - | - | - | - | - | -3212 |
| INTL. MARINE BUNKERS | - | - | - | - | - | - | - | - | - | - | - |
| STOCK CHANGES | -298 | - | 4 | 1 | - | -1 | - | - | - | - | - |
| DOMESTIC SUPPLY | 9669 | 34 | 116 | 11 | - | 38 | - | 1211 | - | - | 25887 |
| RETURNS TO SUPPLY | - | - | - | - | - | - | - | - | - | - | - |
| TRANSFERS | - | - | - | - | - | - | - | - | - | - | - |
| DOMESTIC AVAILABILITY | 9669 | 34 | 116 | 11 | - | 38 | - | 1211 | - | - | 25887 |
| STATISTICAL DIFFERENCE | -312 | - | - | - | - | - | - | - | - | - | - |
| TRANSFORM. SECTOR ** | 9249 | - | - | - | - | - | - | - | - | - | - |
| FOR SOLID FUELS | - | - | - | - | - | - | - | - | - | - | - |
| FOR GASES | 91 | - | - | - | - | - | - | - | - | - | - |
| PETROLEUM REFINERIES | - | - | - | - | - | - | - | - | - | - | - |
| THERMO-ELECTRIC PLANTS | 9158 | - | - | - | - | - | - | - | - | - | - |
| ENERGY SECTOR | - | - | - | 10 | - | - | - | 120 | - | - | 3552 |
| COAL MINES | - | - | - | - | - | - | - | - | - | - | - |
| OIL AND GAS EXTRACTION | - | - | - | - | - | - | - | - | - | - | - |
| PETROLEUM REFINERIES | - | - | - | - | - | - | - | - | - | - | - |
| ELECTRIC PLANTS | - | - | - | - | - | - | - | - | - | - | 1592 |
| DISTRIBUTION LOSSES | - | - | - | - | - | - | - | 86 | - | - | 1960 |
| PUMP STORAGE (ELECTR.) | - | - | - | - | - | - | - | - | - | - | - |
| OTHER ENERGY SECTOR | - | - | - | 10 | - | - | - | 34 | - | - | - |
| FINAL CONSUMPTION | 732 | 34 | 116 | 1 | - | 38 | - | 1091 | - | - | 22335 |
| INDUSTRY SECTOR | 674 | - | 79 | - | - | - | - | 218 | - | - | 6015 |
| IRON AND STEEL | - | - | 45 | - | - | - | - | 52 | - | - | 600 |
| CHEMICAL | - | - | - | - | - | - | - | 4 | - | - | 1240 |
| PETROCHEMICAL | - | - | - | - | - | - | - | - | - | - | - |
| NON-FERROUS METAL | - | - | - | - | - | - | - | - | - | - | - |
| NON-METALLIC MINERAL | 455 | - | 27 | - | - | - | - | 50 | - | - | 500 |
| PAPER PULP AND PRINT | 82 | - | - | - | - | - | - | 5 | - | - | 475 |
| MINING AND QUARRYING | - | - | - | - | - | - | - | - | - | - | - |
| FOOD AND TOBACCO | 76 | - | 7 | - | - | - | - | 10 | - | - | 1400 |
| WOOD AND WOOD PRODUCTS | - | - | - | - | - | - | - | - | - | - | 300 |
| MACHINERY | - | - | - | - | - | - | - | - | - | - | - |
| TRANSPORT EQUIPMENT | - | - | - | - | - | - | - | - | - | - | 1000 |
| CONSTRUCTION | - | - | - | - | - | - | - | - | - | - | - |
| TEXTILES AND LEATHER | - | - | - | - | - | - | - | - | - | - | 200 |
| NON SPECIFIED | 61 | - | - | - | - | - | - | 97 | - | - | 300 |
| NON-ENERGY USES: | | | | | | | | | | | |
| (1)ENERGY PRODUCTS | - | - | - | - | - | - | - | - | - | - | - |
| (2)NON-ENERGY PRODUCTS | - | - | - | - | - | - | - | - | - | - | - |
| TRANSPORT. SECTOR ** | - | - | - | - | - | - | - | - | - | - | 140 |
| AIR TRANSPORT | - | - | - | - | - | - | - | - | - | - | - |
| ROAD TRANSPORT | - | - | - | - | - | - | - | - | - | - | - |
| RAILWAYS | - | - | - | - | - | - | - | - | - | - | 140 |
| INTERNAL NAVIGATION | - | - | - | - | - | - | - | - | - | - | - |
| OTHER SECTORS ** | 58 | 34 | 37 | 1 | - | 38 | - | 873 | - | - | 16180 |
| AGRICULTURE | 10 | - | - | - | - | - | - | - | - | - | 1900 |
| PUBLIC SERVICES | - | - | - | - | - | - | - | - | - | - | - |
| COMMERCE | - | - | - | - | - | - | - | - | - | - | 6590 |
| RESIDENTIAL | 48 | 34 | 37 | 1 | - | 38 | - | 873 | - | - | 7440 |

(1) INCLUDED IN CHEMICAL OR PETROCHEMICAL INDUSTRY
(2) INCLUDED ONLY IN TOTAL INDUSTRY

| * OF WHICH: HYDRO | 30 |
|---|---|
| NUCLEAR | 0 |
| CONVENTIONAL THERMAL | 27089 |
| GEOTHERMAL | 0 |

** INCLUDED IN THESE TOTALS ARE THE NON-SPECIFIED ELEMENTS

## PRODUCTION ET UTILISATION DES SOURCES D ENERGIE : DANEMARK

1980

UNIT: 1000 METRIC TONS
UNITE: 1000 TONNES METRIQUES

| OIL / PETROLE | | | REFINERY GAS | LIQUEFIED PETROLEUM GASES | AVIATION GASOLINE | MOTOR GASOLINE | JET FUEL | KEROSENE | GAS/DIESEL OIL | RESIDUAL FUEL OIL | NAPHTHA | NON-ENERGY PRODUCTS |
|---|---|---|---|---|---|---|---|---|---|---|---|---|
| CRUDE BRUT | NGL GNL | FEEDST. | GAZ DE PETROLE | GAZ LIQUEFIES DE PETROLE | ESSENCE AVION | ESSENCE AUTO | CARBURANT REACTEUR | PETROLE LAMPANT | GAZ/DIESEL OIL | FUEL OIL RESIDUEL | NAPHTHA | PRODUITS NON-ENERGETIQUES |
| 12 | 13 | 14 | 15 | 16 | 17 | 18 | 19 | 20 | 21 | 22 | 23 | 24 |
| 298 | - | - | 203 | 107 | - | 1106 | 10 | 26 | 2789 | 2116 | 107 | 152 |
| - | - | - | - | - | - | - | - | - | - | - | - | - |
| 5728 | - | 1057 | - | 143 | 4 | 735 | 759 | 56 | 3265 | 2481 | 36 | 452 |
| -36 | - | -394 | - | -11 | - | -346 | - | -1 | -436 | -178 | -61 | -99 |
| - | - | - | - | - | - | - | - | - | -164 | -261 | - | -5 |
| 37 | - | 83 | - | -1 | 1 | 28 | -14 | 1 | -106 | 156 | -3 | -33 |
| 6027 | - | 746 | 203 | 238 | 5 | 1523 | 755 | 82 | 5348 | 4314 | 79 | 467 |
| - | - | - | - | - | - | - | - | - | - | - | - | - |
| - | - | - | - | - | - | - | - | - | - | - | - | - |
| 6027 | - | 746 | 203 | 238 | 5 | 1523 | 755 | 82 | 5348 | 4314 | 79 | 467 |
| -373 | - | 497 | - | -1 | - | -11 | 177 | -10 | -239 | -192 | 20 | -1 |
| 6400 | - | 249 | - | 18 | - | - | - | - | 39 | 1196 | 59 | - |
| - | - | - | - | - | - | - | - | - | - | - | - | - |
| - | - | - | - | 18 | - | - | - | - | - | - | 59 | - |
| 6400 | - | 249 | - | - | - | - | - | - | - | - | - | - |
| - | - | - | - | - | - | - | - | - | 39 | 1196 | - | - |
| - | - | - | 201 | - | - | - | - | - | - | 89 | - | - |
| - | - | - | - | - | - | - | - | - | - | - | - | - |
| - | - | - | 201 | - | - | - | - | - | - | 89 | - | - |
| - | - | - | - | - | - | - | - | - | - | - | - | - |
| - | - | - | - | - | - | - | - | - | - | - | - | - |
| - | - | - | - | - | - | - | - | - | - | - | - | - |
| - | - | - | - | - | - | - | - | - | - | - | - | - |
| - | - | - | 2 | 221 | 5 | 1534 | 578 | 92 | 5548 | 3221 | - | 468 |
| - | - | - | 2 | 93 | - | 7 | - | 3 | 606 | 1288 | - | 464 |
| - | - | - | - | - | - | - | - | - | 40 | 90 | - | - |
| - | - | - | - | - | - | - | - | - | 40 | 110 | - | - |
| - | - | - | 2 | 93 | - | 7 | - | 3 | - | - | - | - |
| - | - | - | - | - | - | - | - | - | - | - | - | - |
| - | - | - | - | - | - | - | - | - | - | - | - | - |
| - | - | - | - | - | - | - | - | - | - | - | - | - |
| - | - | - | - | - | - | - | - | - | - | - | - | - |
| - | - | - | - | - | - | - | - | - | - | - | - | - |
| - | - | - | - | - | - | - | - | - | - | - | - | - |
| - | - | - | - | - | - | - | - | - | - | - | - | - |
| - | - | - | - | - | - | - | - | - | - | - | - | - |
| - | - | - | - | - | - | - | - | - | - | - | - | - |
| - | - | - | - | - | - | - | - | - | - | - | - | - |
| - | - | - | - | - | - | - | - | - | 526 | 1088 | - | - |
| - | - | - | - | - | - | - | - | - | - | - | - | - |
| - | - | - | - | - | - | - | - | - | - | - | - | 464 |
| - | - | - | - | 58 | 4 | 1476 | 578 | 3 | 1100 | 45 | - | - |
| - | - | - | - | - | 4 | 1 | 578 | - | - | - | - | - |
| - | - | - | - | 58 | - | 1468 | - | 3 | 684 | - | - | - |
| - | - | - | - | - | - | - | - | - | 106 | - | - | - |
| - | - | - | - | - | - | 7 | - | - | 310 | 45 | - | - |
| - | - | - | - | 70 | 1 | 51 | - | 86 | 3842 | 1888 | - | 4 |
| - | - | - | - | 17 | - | 22 | - | 6 | 743 | 242 | - | - |
| - | - | - | - | 5 | - | 9 | - | 2 | 307 | 193 | - | - |
| - | - | - | - | - | - | - | - | - | - | - | - | - |
| - | - | - | - | 41 | - | 8 | - | 77 | 2634 | 1430 | - | 2 |

## PRODUCTION AND USES OF ENERGY SOURCES : DENMARK

1981

| ENERGY SOURCES / PRODUCTION AND USES | UNIT: 1000 METRIC TONS / UNITE: 1000 TONNES METRIQUES | | | | | | TCAL / TCAL | MANUFACTURED GAS (TCAL) / GAZ MANUFACTURE (TCAL) | | | MILLIONS OF (DE) KWH |
|---|---|---|---|---|---|---|---|---|---|---|---|
| | HARD COAL / HOUILLE | PATENT FUEL / AGGLOMERES | COKE OVEN COKE / COKE DE FOUR | GAS COKE / COKE DE GAZ | BROWN COAL / LIGNITE | BKB / BRIQ. DE LIGNITE | NATURAL GAS / GAZ NATUREL | GAS WORKS / USINES A GAZ | COKE OVENS / COKERIES | BLAST FURNACES / HAUT FOURNEAUX | ELECTRICITY* / ELECTRICITE* |
| | 1 | 2 | 3 | 4 | 5 | 6 | 7 | 8 | 9 | 10 | 11 |
| PRODUCTION | - | - | - | 70 | - | - | - | 1072 | - | - | 19755 |
| FROM OTHER SOURCES | - | - | - | - | - | - | - | 94 | - | - | - |
| IMPORT | 10886 | 6 | 71 | - | - | 55 | - | - | - | - | 7870 |
| EXPORT | -1 | - | -2 | -39 | - | - | - | - | - | - | -2329 |
| INTL. MARINE BUNKERS | - | - | - | - | - | - | - | - | - | - | - |
| STOCK CHANGES | -2579 | - | 4 | -11 | - | -1 | - | - | - | - | - |
| DOMESTIC SUPPLY | 8306 | 6 | 73 | 20 | - | 54 | - | 1166 | - | - | 25296 |
| RETURNS TO SUPPLY | - | - | - | - | - | - | - | - | - | - | - |
| TRANSFERS | - | - | - | - | - | - | - | - | - | - | - |
| DOMESTIC AVAILABILITY | 8306 | 6 | 73 | 20 | - | 54 | - | 1166 | - | - | 25296 |
| STATISTICAL DIFFERENCE | 370 | - | - | - | - | - | - | - | - | - | - |
| TRANSFORM. SECTOR ** | 7315 | - | - | - | - | - | - | - | - | - | - |
| FOR SOLID FUELS | - | - | - | - | - | - | - | - | - | - | - |
| FOR GASES | 92 | - | - | - | - | - | - | - | - | - | - |
| PETROLEUM REFINERIES | - | - | - | - | - | - | - | - | - | - | - |
| THERMO-ELECTRIC PLANTS | 7223 | - | - | - | - | - | - | - | - | - | - |
| ENERGY SECTOR | - | - | - | 12 | - | - | - | 106 | - | - | 3096 |
| COAL MINES | - | - | - | - | - | - | - | - | - | - | - |
| OIL AND GAS EXTRACTION | - | - | - | - | - | - | - | - | - | - | - |
| PETROLEUM REFINERIES | - | - | - | - | - | - | - | - | - | - | - |
| ELECTRIC PLANTS | - | - | - | - | - | - | - | - | - | - | 1286 |
| DISTRIBUTION LOSSES | - | - | - | - | - | - | - | 80 | - | - | 1810 |
| PUMP STORAGE (ELECTR.) | - | - | - | - | - | - | - | - | - | - | - |
| OTHER ENERGY SECTOR | - | - | - | 12 | - | - | - | 26 | - | - | - |
| FINAL CONSUMPTION | 621 | 6 | 73 | 8 | - | 54 | - | 1060 | - | - | 22200 |
| INDUSTRY SECTOR | 465 | - | 41 | 3 | - | - | - | 95 | - | - | 6280 |
| IRON AND STEEL | - | - | 13 | 3 | - | - | - | 40 | - | - | 700 |
| CHEMICAL | - | - | - | - | - | - | - | 4 | - | - | 1380 |
| PETROCHEMICAL | - | - | - | - | - | - | - | - | - | - | - |
| NON-FERROUS METAL | - | - | - | - | - | - | - | - | - | - | - |
| NON-METALLIC MINERAL | 269 | - | 18 | - | - | - | - | 39 | - | - | 550 |
| PAPER PULP AND PRINT | 80 | - | - | - | - | - | - | 2 | - | - | 460 |
| MINING AND QUARRYING | - | - | - | - | - | - | - | - | - | - | - |
| FOOD AND TOBACCO | 86 | - | 1 | - | - | - | - | 10 | - | - | 1490 |
| WOOD AND WOOD PRODUCTS | - | - | - | - | - | - | - | - | - | - | 300 |
| MACHINERY | - | - | - | - | - | - | - | - | - | - | - |
| TRANSPORT EQUIPMENT | - | - | - | - | - | - | - | - | - | - | 960 |
| CONSTRUCTION | - | - | - | - | - | - | - | - | - | - | - |
| TEXTILES AND LEATHER | - | - | - | - | - | - | - | - | - | - | 210 |
| NON SPECIFIED | 30 | - | 9 | - | - | - | - | - | - | - | 230 |
| NON-ENERGY USES: | | | | | | | | | | | |
| (1)ENERGY PRODUCTS | - | - | - | - | - | - | - | - | - | - | - |
| (2)NON-ENERGY PRODUCTS | - | - | - | - | - | - | - | - | - | - | - |
| TRANSPORT. SECTOR ** | - | - | - | - | - | - | - | - | - | - | 140 |
| AIR TRANSPORT | - | - | - | - | - | - | - | - | - | - | - |
| ROAD TRANSPORT | - | - | - | - | - | - | - | - | - | - | - |
| RAILWAYS | - | - | - | - | - | - | - | - | - | - | 140 |
| INTERNAL NAVIGATION | - | - | - | - | - | - | - | - | - | - | - |
| OTHER SECTORS ** | 156 | 6 | 32 | 5 | - | 54 | - | 965 | - | - | 15780 |
| AGRICULTURE | 36 | - | - | - | - | - | - | - | - | - | 1840 |
| PUBLIC SERVICES | - | - | - | - | - | - | - | - | - | - | - |
| COMMERCE | - | - | - | - | - | - | - | - | - | - | 6330 |
| RESIDENTIAL | 120 | 6 | 32 | 5 | - | 54 | - | 965 | - | - | 7350 |

(1) INCLUDED IN CHEMICAL OR PETROCHEMICAL INDUSTRY
(2) INCLUDED ONLY IN TOTAL INDUSTRY

** INCLUDED IN THESE TOTALS ARE THE NON-SPECIFIED ELEMENTS

| * OF WHICH: | |
|---|---|
| HYDRO | 30 |
| NUCLEAR | 0 |
| CONVENTIONAL THERMAL | 19725 |
| GEOTHERMAL | 0 |

## PRODUCTION ET UTILISATION DES SOURCES D ENERGIE : DANEMARK

1981

UNIT: 1000 METRIC TONS
UNITE: 1000 TONNES METRIQUES

| OIL / PETROLE: CRUDE / BRUT | OIL / PETROLE: NGL / GNL | OIL / PETROLE: FEEDST. | REFINERY GAS / GAZ DE PETROLE | LIQUEFIED PETROLEUM GASES / GAZ LIQUEFIES DE PETROLE | AVIATION GASOLINE / ESSENCE AVION | MOTOR GASOLINE / ESSENCE AUTO | JET FUEL / CARBURANT REACTEUR | KEROSENE / PETROLE LAMPANT | GAS/DIESEL OIL / GAZ/DIESEL OIL | RESIDUAL FUEL OIL / FUEL OIL RESIDUEL | NAPHTHA / NAPHTHA | NON-ENERGY PRODUCTS / PRODUITS NON-ENERGETIQUES |
|---|---|---|---|---|---|---|---|---|---|---|---|---|
| 12 | 13 | 14 | 15 | 16 | 17 | 18 | 19 | 20 | 21 | 22 | 23 | 24 |
| 758 | - | - | 215 | 108 | - | 1160 | 6 | 7 | 2671 | 1801 | 76 | 164 |
| - | - | - | - | - | - | - | - | - | - | - | - | - |
| 5018 | - | 651 | - | 149 | 6 | 661 | 702 | 35 | 2559 | 1604 | 111 | 430 |
| -207 | - | -30 | - | -7 | - | -374 | - | - | -549 | -74 | -68 | -121 |
| - | - | - | - | - | - | - | - | - | -177 | -310 | - | -5 |
| -140 | - | 3 | - | 1 | -1 | 25 | -4 | 8 | 274 | 477 | 1 | 15 |
| 5429 | - | 624 | 215 | 251 | 5 | 1472 | 704 | 50 | 4778 | 3498 | 120 | 483 |
| - | - | - | - | - | - | - | - | - | - | - | - | - |
| - | - | - | - | - | - | - | - | - | - | - | - | - |
| 5429 | - | 624 | 215 | 251 | 5 | 1472 | 704 | 50 | 4778 | 3498 | 120 | 483 |
| -341 | - | 165 | - | 3 | - | 31 | 39 | -33 | -138 | -23 | 64 | 26 |
| 5770 | - | 459 | - | 33 | - | - | - | - | 40 | 635 | 56 | 2 |
| - | - | - | - | - | - | - | - | - | - | - | - | - |
| - | - | - | - | 33 | - | - | - | - | 1 | - | 56 | - |
| 5770 | - | 459 | - | - | - | - | - | - | - | - | - | - |
| - | - | - | - | - | - | - | - | - | 39 | 635 | - | 2 |
| - | - | - | 213 | - | - | - | - | - | - | 96 | - | - |
| - | - | - | - | - | - | - | - | - | - | - | - | - |
| - | - | - | - | - | - | - | - | - | - | - | - | - |
| - | - | - | 213 | - | - | - | - | - | - | 96 | - | - |
| - | - | - | - | - | - | - | - | - | - | - | - | - |
| - | - | - | - | - | - | - | - | - | - | - | - | - |
| - | - | - | - | - | - | - | - | - | - | - | - | - |
| - | - | - | - | - | - | - | - | - | - | - | - | - |
| - | - | - | 2 | 215 | 5 | 1441 | 665 | 83 | 4876 | 2790 | - | 455 |
| - | - | - | 2 | 78 | - | 5 | - | 3 | 488 | 1045 | - | 450 |
| - | - | - | - | - | - | - | - | - | 40 | 90 | - | - |
| - | - | - | - | - | - | - | - | - | 40 | 100 | - | - |
| - | - | - | 2 | 78 | - | 5 | - | 3 | - | - | - | - |
| - | - | - | - | - | - | - | - | - | - | - | - | - |
| - | - | - | - | - | - | - | - | - | - | - | - | - |
| - | - | - | - | - | - | - | - | - | - | - | - | - |
| - | - | - | - | - | - | - | - | - | - | - | - | - |
| - | - | - | - | - | - | - | - | - | - | - | - | - |
| - | - | - | - | - | - | - | - | - | - | - | - | - |
| - | - | - | - | - | - | - | - | - | - | - | - | - |
| - | - | - | - | - | - | - | - | - | - | - | - | - |
| - | - | - | - | - | - | - | - | - | - | - | - | - |
| - | - | - | - | - | - | - | - | - | - | - | - | - |
| - | - | - | - | - | - | - | - | - | 408 | 855 | - | - |
| - | - | - | - | - | - | - | - | - | - | - | - | - |
| - | - | - | - | - | - | - | - | - | - | - | - | 450 |
| - | - | - | - | 69 | 3 | 1394 | 665 | 3 | 1092 | 42 | - | - |
| - | - | - | - | - | 3 | - | 665 | - | - | - | - | - |
| - | - | - | - | 69 | - | 1386 | - | 3 | 688 | - | - | - |
| - | - | - | - | - | - | - | - | - | 128 | - | - | - |
| - | - | - | - | - | - | 8 | - | - | 276 | 42 | - | - |
| - | - | - | - | 68 | 2 | 42 | - | 77 | 3296 | 1703 | - | 5 |
| - | - | - | - | 17 | - | 20 | - | 8 | 649 | 251 | - | - |
| - | - | - | - | 3 | - | 9 | - | 2 | 291 | 150 | - | - |
| - | - | - | - | - | - | - | - | - | - | - | - | - |
| - | - | - | - | 41 | - | 4 | - | 66 | 2224 | 1283 | - | 3 |

## PRODUCTION AND USES OF ENERGY SOURCES : FINLAND

1971

| X / XX ENERGY / XX SOURCES / PRODUCTION XX / AND USES XX | UNIT: 1000 METRIC TONS / UNITE: 1000 TONNES METRIQUES | | | | | | TCAL / TCAL | MANUFACTURED GAS (TCAL) / GAZ MANUFACTURE (TCAL) | | | MILLIONS / OF (DE) KWH |
|---|---|---|---|---|---|---|---|---|---|---|---|
| | HARD COAL / HOUILLE | PATENT FUEL / AGGLOMERES | COKE OVEN COKE / COKE DE FOUR | GAS COKE / COKE DE GAZ | BROWN COAL / LIGNITE | BKB / BRIQ. DE LIGNITE | NATURAL GAS / GAZ NATUREL | GAS WORKS / USINES A GAZ | COKE OVENS / COKERIES | BLAST FURNACES / HAUT FOURNEAUX | ELECTRICITY* / ELECTRICITE* |
| | 1 | 2 | 3 | 4 | 5 | 6 | 7 | 8 | 9 | 10 | 11 |
| PRODUCTION | - | - | - | 112 | - | - | - | 214 | - | 1366 | 21681 |
| FROM OTHER SOURCES | - | - | - | - | - | - | - | - | - | - | - |
| IMPORT | 2930 | - | 714 | - | - | 1 | - | - | - | - | 2590 |
| EXPORT | - | - | -3 | - | - | - | - | - | - | - | - |
| INTL. MARINE BUNKERS | - | - | - | - | - | - | - | - | - | - | - |
| STOCK CHANGES | -312 | - | -119 | - | - | - | - | - | - | - | - |
| DOMESTIC SUPPLY | 2618 | - | 592 | 112 | - | 1 | - | 214 | - | 1366 | 24271 |
| RETURNS TO SUPPLY | - | - | - | - | - | - | - | - | - | - | - |
| TRANSFERS | - | - | - | - | - | - | - | - | - | - | - |
| DOMESTIC AVAILABILITY | 2618 | - | 592 | 112 | - | 1 | - | 214 | - | 1366 | 24271 |
| STATISTICAL DIFFERENCE | - | - | - | - | - | - | - | - | - | - | - |
| TRANSFORM. SECTOR ** | 1267 | - | 204 | - | - | - | - | 4 | - | 509 | - |
| FOR SOLID FUELS | - | - | - | - | - | - | - | - | - | - | - |
| FOR GASES | 154 | - | 204 | - | - | - | - | - | - | - | - |
| PETROLEUM REFINERIES | - | - | - | - | - | - | - | - | - | - | - |
| THERMO-ELECTRIC PLANTS | 1113 | - | - | - | - | - | - | 4 | - | 509 | - |
| ENERGY SECTOR | - | - | 7 | - | - | - | - | 84 | - | - | 2673 |
| COAL MINES | - | - | - | - | - | - | - | - | - | - | - |
| OIL AND GAS EXTRACTION | - | - | - | - | - | - | - | - | - | - | - |
| PETROLEUM REFINERIES | - | - | - | - | - | - | - | - | - | - | 230 |
| ELECTRIC PLANTS | - | - | - | - | - | - | - | - | - | - | 723 |
| DISTRIBUTION LOSSES | - | - | - | - | - | - | - | 8 | - | - | 1720 |
| PUMP STORAGE (ELECTR.) | - | - | - | - | - | - | - | - | - | - | - |
| OTHER ENERGY SECTOR | - | - | 7 | - | - | - | - | 76 | - | - | - |
| FINAL CONSUMPTION | 1351 | - | 381 | 112 | - | 1 | - | 126 | - | 857 | 21598 |
| INDUSTRY SECTOR | 1164 | - | 364 | 112 | - | - | - | 34 | - | 857 | 14823 |
| IRON AND STEEL | - | - | 334 | 112 | - | - | - | - | - | 857 | 705 |
| CHEMICAL | 33 | - | - | - | - | - | - | - | - | - | 1540 |
| PETROCHEMICAL | - | - | - | - | - | - | - | - | - | - | - |
| NON-FERROUS METAL | - | - | - | - | - | - | - | - | - | - | 450 |
| NON-METALLIC MINERAL | - | - | - | - | - | - | - | - | - | - | 420 |
| PAPER PULP AND PRINT | - | - | - | - | - | - | - | - | - | - | 8910 |
| MINING AND QUARRYING | - | - | - | - | - | - | - | - | - | - | 360 |
| FOOD AND TOBACCO | - | - | - | - | - | - | - | 34 | - | - | 540 |
| WOOD AND WOOD PRODUCTS | - | - | - | - | - | - | - | - | - | - | 560 |
| MACHINERY | - | - | - | - | - | - | - | - | - | - | 690 |
| TRANSPORT EQUIPMENT | - | - | - | - | - | - | - | - | - | - | - |
| CONSTRUCTION | - | - | - | - | - | - | - | - | - | - | 160 |
| TEXTILES AND LEATHER | - | - | - | - | - | - | - | - | - | - | 345 |
| NON SPECIFIED | 1131 | - | 30 | - | - | - | - | - | - | - | 143 |
| NON-ENERGY USES: | | | | | | | | | | | |
| (1)ENERGY PRODUCTS | - | - | - | - | - | - | - | - | - | - | - |
| (2)NON-ENERGY PRODUCTS | - | - | - | - | - | - | - | - | - | - | - |
| TRANSPORT. SECTOR ** | 28 | - | - | - | - | - | - | - | - | - | 44 |
| AIR TRANSPORT | - | - | - | - | - | - | - | - | - | - | - |
| ROAD TRANSPORT | - | - | - | - | - | - | - | - | - | - | - |
| RAILWAYS | 28 | - | - | - | - | - | - | - | - | - | 44 |
| INTERNAL NAVIGATION | - | - | - | - | - | - | - | - | - | - | - |
| OTHER SECTORS ** | 159 | - | 17 | - | - | 1 | - | 92 | - | - | 6731 |
| AGRICULTURE | - | - | - | - | - | - | - | - | - | - | 240 |
| PUBLIC SERVICES | - | - | - | - | - | - | - | - | - | - | - |
| COMMERCE | - | - | - | - | - | - | - | - | - | - | 2805 |
| RESIDENTIAL | 159 | - | 17 | - | - | 1 | - | 92 | - | - | 3686 |

(1) INCLUDED IN CHEMICAL OR PETROCHEMICAL INDUSTRY
(2) INCLUDED ONLY IN TOTAL INDUSTRY

| * OF WHICH: HYDRO | 10627 |
|---|---|
| NUCLEAR | 0 |
| CONVENTIONAL THERMAL | 11054 |
| GEOTHERMAL | 0 |

** INCLUDED IN THESE TOTALS ARE THE NON-SPECIFIED ELEMENTS

PRODUCTION ET UTILISATION DES SOURCES D ENERGIE : FINLANDE

1971

UNIT: 1000 METRIC TONS
UNITE: 1000 TONNES METRIQUES

| OIL / PETROLE | | | REFINERY GAS | LIQUEFIED PETROLEUM GASES | AVIATION GASOLINE | MOTOR GASOLINE | JET FUEL | KEROSENE | GAS/DIESEL OIL | RESIDUAL FUEL OIL | NAPHTHA | NON-ENERGY PRODUCTS |
|---|---|---|---|---|---|---|---|---|---|---|---|---|
| CRUDE* BRUT* | NGL GNL | FEEDST. | GAZ DE PETROLE | GAZ LIQUEFIES DE PETROLE | ESSENCE AVION | ESSENCE AUTO | CARBURANT REACTEUR | PETROLE LAMPANT | GAZ/DIESEL OIL | FUEL OIL RESIDUEL | NAPHTHA | PRODUITS NON-ENERGETIQUES |
| 12 | 13 | 14 | 15 | 16 | 17 | 18 | 19 | 20 | 21 | 22 | 23 | 24 |
| - | - | - | - | 58 | - | 1172 | 92 | 7 | 2564 | 3662 | 278 | 335 |
| - | - | - | - | - | - | - | - | - | - | - | - | - |
| 8945 | - | - | - | 10 | 13 | - | 4 | 10 | 1852 | 1053 | 22 | 153 |
| - | - | - | - | -5 | - | -49 | - | - | -16 | - | -113 | -1 |
| - | - | - | - | - | - | - | - | - | -11 | -67 | - | - |
| -79 | - | - | - | 3 | - | -49 | - | 9 | -341 | -312 | -49 | - |
| 8866 | - | - | - | 66 | 13 | 1074 | 96 | 26 | 4048 | 4336 | 138 | 487 |
| - | - | - | - | - | - | - | - | - | - | - | - | - |
| - | - | - | - | - | - | - | - | - | - | - | - | - |
| 8866 | - | - | - | 66 | 13 | 1074 | 96 | 26 | 4048 | 4336 | 138 | 487 |
| - | - | - | - | - | - | - | - | - | - | - | -44 | 49 |
| 8866 | - | - | - | - | - | - | - | - | 6 | 325 | 5 | - |
| - | - | - | - | - | - | - | - | - | - | - | - | - |
| - | - | - | - | - | - | - | - | - | - | - | - | - |
| 8866 | - | - | - | - | - | - | - | - | - | - | - | - |
| - | - | - | - | - | - | - | - | - | 6 | 325 | 5 | - |
| - | - | - | - | - | - | - | - | - | - | - | - | - |
| - | - | - | - | - | - | - | - | - | - | - | - | - |
| - | - | - | - | - | - | - | - | - | - | - | - | - |
| - | - | - | - | - | - | - | - | - | - | - | - | - |
| - | - | - | - | - | - | - | - | - | - | - | - | - |
| - | - | - | - | - | - | - | - | - | - | - | - | - |
| - | - | - | - | - | - | - | - | - | - | - | - | - |
| - | - | - | - | - | - | - | - | - | - | - | - | - |
| - | - | - | - | 66 | 13 | 1074 | 96 | 26 | 4042 | 4011 | 177 | 438 |
| - | - | - | - | 26 | - | - | - | 3 | 365 | 3224 | 177 | 438 |
| - | - | - | - | 1 | - | - | - | - | 15 | 140 | 29 | - |
| - | - | - | - | - | - | - | - | - | 40 | 330 | - | - |
| - | - | - | - | - | - | - | - | - | - | - | 148 | - |
| - | - | - | - | - | - | - | - | - | 5 | 23 | - | - |
| - | - | - | - | - | - | - | - | - | 7 | 60 | - | - |
| - | - | - | - | - | - | - | - | - | 30 | 980 | - | 14 |
| - | - | - | - | - | - | - | - | - | 26 | 58 | - | - |
| - | - | - | - | - | - | - | - | - | 68 | 340 | - | - |
| - | - | - | - | - | - | - | - | - | 17 | 22 | - | - |
| - | - | - | - | - | - | - | - | - | 50 | 58 | - | - |
| - | - | - | - | - | - | - | - | - | 14 | - | - | - |
| - | - | - | - | - | - | - | - | - | 90 | - | - | - |
| - | - | - | - | - | - | - | - | - | - | - | - | - |
| - | - | - | - | 25 | - | - | - | 3 | 3 | 1213 | - | - |
| - | - | - | - | - | - | - | - | - | - | 80 | 148 | - |
| - | - | - | - | - | - | - | - | - | - | - | - | 424 |
| - | - | - | - | 2 | 13 | 1050 | 96 | 10 | 900 | 6 | - | - |
| - | - | - | - | - | 13 | - | 96 | - | - | - | - | - |
| - | - | - | - | 2 | - | 1012 | - | - | 759 | - | - | - |
| - | - | - | - | - | - | - | - | - | 104 | - | - | - |
| - | - | - | - | - | - | 38 | - | 10 | 37 | 6 | - | - |
| - | - | - | - | 38 | - | 24 | - | 13 | 2777 | 781 | - | - |
| - | - | - | - | 4 | - | 24 | - | 7 | 540 | 39 | - | - |
| - | - | - | - | - | - | - | - | - | - | - | - | - |
| - | - | - | - | - | - | - | - | - | - | - | - | - |
| - | - | - | - | 34 | - | - | - | 6 | 2147 | 742 | - | - |

*INCLUDED IN THIS COLUMN IS NGL AND FEEDSTOCKS.

## PRODUCTION AND USES OF ENERGY SOURCES : FINLAND

1972

| PRODUCTION AND USES \ ENERGY SOURCES | UNIT: 1000 METRIC TONS / UNITE: 1000 TONNES METRIQUES | | | | | | TCAL / TCAL | MANUFACTURED GAS (TCAL) / GAZ MANUFACTURE (TCAL) | | | MILLIONS / OF (DE) KWH |
|---|---|---|---|---|---|---|---|---|---|---|---|
| | HARD COAL / HOUILLE | PATENT FUEL / AGGLOMERES | COKE OVEN COKE / COKE DE FOUR | GAS COKE / COKE DE GAZ | BROWN COAL / LIGNITE | BKB / BRIQ. DE LIGNITE | NATURAL GAS / GAZ NATUREL | GAS WORKS / USINES A GAZ | COKE OVENS / COKERIES | BLAST FURNACES / HAUT FOURNEAUX | ELECTRICITY* / ELECTRICITE* |
| | 1 | 2 | 3 | 4 | 5 | 6 | 7 | 8 | 9 | 10 | 11 |
| PRODUCTION | - | - | - | 89 | - | - | - | 202 | - | 1583 | 23305 |
| FROM OTHER SOURCES | - | - | - | - | - | - | - | - | - | - | - |
| IMPORT | 2663 | - | 722 | - | - | - | - | - | - | - | 4219 |
| EXPORT | - | - | -20 | - | - | - | - | - | - | - | - |
| INTL. MARINE BUNKERS | - | - | - | - | - | - | - | - | - | - | - |
| STOCK CHANGES | 155 | - | 41 | - | - | 1 | - | - | - | - | - |
| DOMESTIC SUPPLY | 2818 | - | 743 | 89 | - | 1 | - | 202 | - | 1583 | 27524 |
| RETURNS TO SUPPLY | - | - | - | - | - | - | - | - | - | - | - |
| TRANSFERS | - | - | - | - | - | - | - | - | - | - | - |
| DOMESTIC AVAILABILITY | 2818 | - | 743 | 89 | - | 1 | - | 202 | - | 1583 | 27524 |
| STATISTICAL DIFFERENCE | - | - | - | - | - | - | - | - | - | - | - |
| TRANSFORM. SECTOR ** | 1318 | - | 236 | - | - | - | - | 13 | - | 557 | - |
| FOR SOLID FUELS | - | - | - | - | - | - | - | - | - | - | - |
| FOR GASES | 119 | - | 236 | - | - | - | - | - | - | - | - |
| PETROLEUM REFINERIES | - | - | - | - | - | - | - | - | - | - | - |
| THERMO-ELECTRIC PLANTS | 1199 | - | - | - | - | - | - | 13 | - | 557 | - |
| ENERGY SECTOR | - | - | 5 | - | - | - | - | 71 | - | - | 3016 |
| COAL MINES | - | - | - | - | - | - | - | - | - | - | - |
| OIL AND GAS EXTRACTION | - | - | - | - | - | - | - | - | - | - | - |
| PETROLEUM REFINERIES | - | - | - | - | - | - | - | - | - | - | 250 |
| ELECTRIC PLANTS | - | - | - | - | - | - | - | - | - | - | 835 |
| DISTRIBUTION LOSSES | - | - | - | - | - | - | - | 8 | - | - | 1931 |
| PUMP STORAGE (ELECTR.) | - | - | - | - | - | - | - | - | - | - | - |
| OTHER ENERGY SECTOR | - | - | 5 | - | - | - | - | 63 | - | - | - |
| FINAL CONSUMPTION | 1500 | - | 502 | 89 | - | 1 | - | 118 | - | 1026 | 24508 |
| INDUSTRY SECTOR | 1162 | - | 448 | 89 | - | - | - | 34 | - | 1026 | 16714 |
| IRON AND STEEL | - | - | 396 | 89 | - | - | - | - | - | 1026 | 980 |
| CHEMICAL | 22 | - | 1 | - | - | - | - | - | - | - | 1760 |
| PETROCHEMICAL | - | - | - | - | - | - | - | - | - | - | - |
| NON-FERROUS METAL | - | - | - | - | - | - | - | - | - | - | 450 |
| NON-METALLIC MINERAL | - | - | - | - | - | - | - | - | - | - | 465 |
| PAPER PULP AND PRINT | - | - | - | - | - | - | - | - | - | - | 9860 |
| MINING AND QUARRYING | - | - | - | - | - | - | - | - | - | - | 455 |
| FOOD AND TOBACCO | - | - | - | - | - | - | - | 34 | - | - | 585 |
| WOOD AND WOOD PRODUCTS | - | - | - | - | - | - | - | - | - | - | 640 |
| MACHINERY | - | - | - | - | - | - | - | - | - | - | 800 |
| TRANSPORT EQUIPMENT | - | - | - | - | - | - | - | - | - | - | - |
| CONSTRUCTION | - | - | - | - | - | - | - | - | - | - | 175 |
| TEXTILES AND LEATHER | - | - | - | - | - | - | - | - | - | - | 355 |
| NON SPECIFIED | 1140 | - | 51 | - | - | - | - | - | - | - | 189 |
| NON-ENERGY USES: | | | | | | | | | | | |
| (1)ENERGY PRODUCTS | - | - | - | - | - | - | - | - | - | - | - |
| (2)NON-ENERGY PRODUCTS | - | - | - | - | - | - | - | - | - | - | - |
| TRANSPORT. SECTOR ** | 23 | - | - | - | - | - | - | - | - | - | 53 |
| AIR TRANSPORT | - | - | - | - | - | - | - | - | - | - | - |
| ROAD TRANSPORT | - | - | - | - | - | - | - | - | - | - | - |
| RAILWAYS | 23 | - | - | - | - | - | - | - | - | - | 53 |
| INTERNAL NAVIGATION | - | - | - | - | - | - | - | - | - | - | - |
| OTHER SECTORS ** | 315 | - | 54 | - | - | 1 | - | 84 | - | - | 7741 |
| AGRICULTURE | - | - | - | - | - | - | - | - | - | - | 260 |
| PUBLIC SERVICES | - | - | - | - | - | - | - | - | - | - | - |
| COMMERCE | - | - | - | - | - | - | - | - | - | - | 3164 |
| RESIDENTIAL | 315 | - | 54 | - | - | 1 | - | 84 | - | - | 4317 |

(1) INCLUDED IN CHEMICAL OR PETROCHEMICAL INDUSTRY
(2) INCLUDED ONLY IN TOTAL INDUSTRY

| * OF WHICH: HYDRO | 10323 |
|---|---|
| NUCLEAR | 0 |
| CONVENTIONAL THERMAL | 12982 |
| GEOTHERMAL | 0 |

** INCLUDED IN THESE TOTALS ARE THE NON-SPECIFIED ELEMENTS

## PRODUCTION ET UTILISATION DES SOURCES D ENERGIE : FINLANDE



UNIT: 1000 METRIC TONS
UNITE: 1000 TONNES METRIQUES

| OIL / PETROLE | | | REFINERY GAS | LIQUEFIED PETROLEUM GASES | AVIATION GASOLINE | MOTOR GASOLINE | JET FUEL | KEROSENE | GAS/DIESEL OIL | RESIDUAL FUEL OIL | NAPHTHA | NON-ENERGY PRODUCTS |
|---|---|---|---|---|---|---|---|---|---|---|---|---|
| CRUDE* / BRUT* | NGL / GNL | FEEDST. | GAZ DE PETROLE | GAZ LIQUEFIES DE PETROLE | ESSENCE AVION | ESSENCE AUTO | CARBURANT REACTEUR | PETROLE LAMPANT | GAZ/DIESEL OIL | FUEL OIL RESIDUEL | NAPHTHA | PRODUITS NON-ENERGETIQUES |
| 12 | 13 | 14 | 15 | 16 | 17 | 18 | 19 | 20 | 21 | 22 | 23 | 24 |
| - | - | - | - | 68 | - | 1221 | 133 | 7 | 2750 | 3953 | 154 | 385 |
| - | - | - | - | - | - | - | - | - | - | - | - | - |
| 9235 | - | - | - | 19 | 6 | 22 | 12 | 11 | 2125 | 1536 | 30 | 155 |
| - | - | - | - | -1 | - | -90 | - | - | -40 | - | -16 | -2 |
| - | - | - | - | - | - | - | - | - | -12 | -41 | - | - |
| 262 | - | - | - | -6 | 2 | 17 | -25 | 6 | -688 | -548 | 39 | - |
| 9497 | - | - | - | 80 | 8 | 1170 | 120 | 24 | 4135 | 4900 | 207 | 538 |
| - | - | - | - | - | - | - | - | - | - | - | - | - |
| - | - | - | - | - | - | - | - | - | - | - | - | - |
| 9497 | - | - | - | 80 | 8 | 1170 | 120 | 24 | 4135 | 4900 | 207 | 538 |
| - | - | - | - | - | - | - | - | - | - | - | -23 | 29 |
| 9497 | - | - | - | 5 | - | - | - | - | 28 | 530 | 15 | - |
| - | - | - | - | - | - | - | - | - | - | - | - | - |
| - | - | - | - | 5 | - | - | - | - | - | - | - | - |
| 9497 | - | - | - | - | - | - | - | - | - | - | - | - |
| - | - | - | - | - | - | - | - | - | 28 | 530 | 15 | - |
| - | - | - | - | - | - | - | - | - | - | - | - | - |
| - | - | - | - | - | - | - | - | - | - | - | - | - |
| - | - | - | - | - | - | - | - | - | - | - | - | - |
| - | - | - | - | - | - | - | - | - | - | - | - | - |
| - | - | - | - | - | - | - | - | - | - | - | - | - |
| - | - | - | - | - | - | - | - | - | - | - | - | - |
| - | - | - | - | - | - | - | - | - | - | - | - | - |
| - | - | - | - | - | - | - | - | - | - | - | - | - |
| - | - | - | - | 75 | 8 | 1170 | 120 | 24 | 4107 | 4370 | 215 | 509 |
| - | - | - | - | 35 | - | - | - | 3 | 466 | 3487 | 215 | 509 |
| - | - | - | - | 3 | - | - | - | - | 20 | 190 | 28 | - |
| - | - | - | - | 2 | - | - | - | - | 45 | 354 | - | - |
| - | - | - | - | - | - | - | - | - | - | - | 187 | - |
| - | - | - | - | - | - | - | - | - | 7 | 18 | - | - |
| - | - | - | - | - | - | - | - | - | 4 | 40 | - | - |
| - | - | - | - | - | - | - | - | - | 70 | 1210 | - | 17 |
| - | - | - | - | - | - | - | - | - | 31 | 62 | - | - |
| - | - | - | - | - | - | - | - | - | 73 | 320 | - | - |
| - | - | - | - | - | - | - | - | - | 20 | 29 | - | - |
| - | - | - | - | - | - | - | - | - | 71 | 60 | - | - |
| - | - | - | - | - | - | - | - | - | 17 | - | - | - |
| - | - | - | - | - | - | - | - | - | 95 | - | - | - |
| - | - | - | - | - | - | - | - | - | - | - | - | - |
| - | - | - | - | 30 | - | - | - | 3 | 13 | 1204 | - | - |
| - | - | - | - | - | - | - | - | - | - | 74 | 187 | - |
| - | - | - | - | - | - | - | - | - | - | - | - | 492 |
| - | - | - | - | - | 8 | 1145 | 120 | 10 | 936 | 7 | - | - |
| - | - | - | - | - | 8 | - | 120 | - | - | - | - | - |
| - | - | - | - | - | - | 1102 | - | - | 788 | - | - | - |
| - | - | - | - | - | - | - | - | - | 110 | - | - | - |
| - | - | - | - | - | - | 43 | - | 10 | 38 | 7 | - | - |
| - | - | - | - | 40 | - | 25 | - | 11 | 2705 | 876 | - | - |
| - | - | - | - | - | - | 25 | - | 6 | 575 | 40 | - | - |
| - | - | - | - | - | - | - | - | - | - | - | - | - |
| - | - | - | - | - | - | - | - | - | - | - | - | - |
| - | - | - | - | 40 | - | - | - | 5 | 2035 | 836 | - | - |

*INCLUDED IN THIS COLUMN IS NGL AND FEEDSTOCKS.

# PRODUCTION AND USES OF ENERGY SOURCES : FINLAND

## 1973

| ENERGY SOURCES / PRODUCTION AND USES | HARD COAL / HOUILLE | PATENT FUEL / AGGLOMERES | COKE OVEN COKE / COKE DE FOUR | GAS COKE / COKE DE GAZ | BROWN COAL / LIGNITE | BKB / BRIQ. DE LIGNITE | NATURAL GAS / GAZ NATUREL | GAS WORKS / USINES A GAZ | COKE OVENS / COKERIES | BLAST FURNACES / HAUT FOURNEAUX | ELECTRICITY* / ELECTRICITE* |
|---|---|---|---|---|---|---|---|---|---|---|---|
| | UNIT: 1000 METRIC TONS / UNITE: 1000 TONNES METRIQUES | | | | | | TCAL / TCAL | MANUFACTURED GAS (TCAL) / GAZ MANUFACTURE (TCAL) | | | MILLIONS / OF (DE) KWH |
| | 1 | 2 | 3 | 4 | 5 | 6 | 7 | 8 | 9 | 10 | 11 |
| PRODUCTION | - | - | - | 66 | - | - | - | 164 | - | 1809 | 26102 |
| FROM OTHER SOURCES | - | - | - | - | - | - | - | - | - | - | - |
| IMPORT | 2967 | - | 832 | - | - | - | - | - | - | - | 4556 |
| EXPORT | - | - | -24 | - | - | - | - | - | - | - | -237 |
| INTL. MARINE BUNKERS | - | - | - | - | - | - | - | - | - | - | - |
| STOCK CHANGES | 176 | - | -14 | - | - | - | - | - | - | - | - |
| DOMESTIC SUPPLY | 3143 | - | 794 | 66 | - | - | - | 164 | - | 1809 | 30421 |
| RETURNS TO SUPPLY | - | - | - | - | - | - | - | - | - | - | - |
| TRANSFERS | - | - | - | - | - | - | - | - | - | - | - |
| DOMESTIC AVAILABILITY | 3143 | - | 794 | 66 | - | - | - | 164 | - | 1809 | 30421 |
| STATISTICAL DIFFERENCE | - | - | - | - | - | - | - | - | - | - | - |
| TRANSFORM. SECTOR ** | 1742 | - | 266 | - | - | - | - | - | - | 660 | - |
| FOR SOLID FUELS | - | - | - | - | - | - | - | - | - | - | - |
| FOR GASES | 84 | - | 266 | - | - | - | - | - | - | - | - |
| PETROLEUM REFINERIES | - | - | - | - | - | - | - | - | - | - | - |
| THERMO-ELECTRIC PLANTS | 1658 | - | - | - | - | - | - | - | - | 660 | - |
| ENERGY SECTOR | - | - | 4 | - | - | - | - | 55 | - | - | 3475 |
| COAL MINES | - | - | - | - | - | - | - | - | - | - | - |
| OIL AND GAS EXTRACTION | - | - | - | - | - | - | - | - | - | - | - |
| PETROLEUM REFINERIES | - | - | - | - | - | - | - | - | - | - | 265 |
| ELECTRIC PLANTS | - | - | - | - | - | - | - | - | - | - | 1004 |
| DISTRIBUTION LOSSES | - | - | - | - | - | - | - | 8 | - | - | 2206 |
| PUMP STORAGE (ELECTR.) | - | - | - | - | - | - | - | - | - | - | - |
| OTHER ENERGY SECTOR | - | - | 4 | - | - | - | - | 47 | - | - | - |
| FINAL CONSUMPTION | 1401 | - | 524 | 66 | - | - | - | 109 | - | 1149 | 26946 |
| INDUSTRY SECTOR | 1183 | - | 507 | 66 | - | - | - | 59 | - | 1149 | 18064 |
| IRON AND STEEL | - | - | 464 | 66 | - | - | - | - | - | 1149 | 1140 |
| CHEMICAL | 11 | - | 1 | - | - | - | - | - | - | - | 2010 |
| PETROCHEMICAL | - | - | - | - | - | - | - | - | - | - | - |
| NON-FERROUS METAL | - | - | - | - | - | - | - | - | - | - | 450 |
| NON-METALLIC MINERAL | - | - | - | - | - | - | - | - | - | - | 500 |
| PAPER PULP AND PRINT | - | - | - | - | - | - | - | - | - | - | 10440 |
| MINING AND QUARRYING | - | - | - | - | - | - | - | - | - | - | 510 |
| FOOD AND TOBACCO | - | - | - | - | - | - | - | 59 | - | - | 630 |
| WOOD AND WOOD PRODUCTS | - | - | - | - | - | - | - | - | - | - | 740 |
| MACHINERY | - | - | - | - | - | - | - | - | - | - | 895 |
| TRANSPORT EQUIPMENT | - | - | - | - | - | - | - | - | - | - | - |
| CONSTRUCTION | - | - | - | - | - | - | - | - | - | - | 190 |
| TEXTILES AND LEATHER | - | - | - | - | - | - | - | - | - | - | 370 |
| NON SPECIFIED | 1172 | - | 42 | - | - | - | - | - | - | - | 189 |
| NON-ENERGY USES: | | | | | | | | | | | |
| (1)ENERGY PRODUCTS | - | - | - | - | - | - | - | - | - | - | - |
| (2)NON-ENERGY PRODUCTS | - | - | - | - | - | - | - | - | - | - | - |
| TRANSPORT. SECTOR ** | 20 | - | - | - | - | - | - | - | - | - | 59 |
| AIR TRANSPORT | - | - | - | - | - | - | - | - | - | - | - |
| ROAD TRANSPORT | - | - | - | - | - | - | - | - | - | - | - |
| RAILWAYS | 20 | - | - | - | - | - | - | - | - | - | 59 |
| INTERNAL NAVIGATION | - | - | - | - | - | - | - | - | - | - | - |
| OTHER SECTORS ** | 198 | - | 17 | - | - | - | - | 50 | - | - | 8823 |
| AGRICULTURE | - | - | - | - | - | - | - | - | - | - | 280 |
| PUBLIC SERVICES | - | - | - | - | - | - | - | - | - | - | - |
| COMMERCE | - | - | - | - | - | - | - | - | - | - | 3521 |
| RESIDENTIAL | 198 | - | 17 | - | - | - | - | 50 | - | - | 5022 |

(1) INCLUDED IN CHEMICAL OR PETROCHEMICAL INDUSTRY
(2) INCLUDED ONLY IN TOTAL INDUSTRY

** INCLUDED IN THESE TOTALS ARE THE NON-SPECIFIED ELEMENTS

| * OF WHICH: HYDRO | 10515 |
|---|---|
| NUCLEAR | 0 |
| CONVENTIONAL THERMAL | 15587 |
| GEOTHERMAL | 0 |

## PRODUCTION ET UTILISATION DES SOURCES D ENERGIE : FINLANDE

1973

UNIT: 1000 METRIC TONS
UNITE: 1000 TONNES METRIQUES

| OIL / PETROLE | | | REFINERY GAS | LIQUEFIED PETROLEUM GASES | AVIATION GASOLINE | MOTOR GASOLINE | JET FUEL | KEROSENE | GAS/DIESEL OIL | RESIDUAL FUEL OIL | NAPHTHA | NON-ENERGY PRODUCTS |
|---|---|---|---|---|---|---|---|---|---|---|---|---|
| CRUDE* BRUT* | NGL GNL | FEEDST. | GAZ DE PETROLE | GAZ LIQUEFIES DE PETROLE | ESSENCE AVION | ESSENCE AUTO | CARBURANT REACTEUR | PETROLE LAMPANT | GAZ/DIESEL OIL | FUEL OIL RESIDUEL | NAPHTHA | PRODUITS /NON-ENERGETIQUES |
| 12 | 13 | 14 | 15 | 16 | 17 | 18 | 19 | 20 | 21 | 22 | 23 | 24 |
| - | - | - | - | 83 | - | 1504 | 141 | 7 | 2566 | 3420 | 143 | 391 |
| - | - | - | - | - | - | - | - | - | - | - | - | - |
| 9524 | - | - | - | 9 | 8 | - | 6 | 7 | 1783 | 2253 | 114 | 159 |
| - | - | - | - | -1 | - | - | - | - | -62 | - | -104 | -2 |
| - | - | - | - | - | - | - | - | - | -16 | -66 | - | - |
| -320 | - | - | - | -1 | 1 | -260 | -2 | 9 | 306 | 96 | - | - |
| 9204 | - | - | - | 90 | 9 | 1244 | 145 | 23 | 4577 | 5703 | 153 | 548 |
| - | - | - | - | - | - | - | - | - | - | - | - | - |
| - | - | - | - | - | - | - | - | - | - | - | - | - |
| 9204 | - | - | - | 90 | 9 | 1244 | 145 | 23 | 4577 | 5703 | 153 | 548 |
| 64 | - | - | - | - | - | - | - | - | - | - | -157 | 64 |
| 9140 | - | - | - | 5 | - | - | - | - | 76 | 900 | 6 | - |
| - | - | - | - | - | - | - | - | - | - | - | - | - |
| - | - | - | - | 5 | - | - | - | - | - | - | - | - |
| 9140 | - | - | - | - | - | - | - | - | - | - | - | - |
| - | - | - | - | - | - | - | - | - | 76 | 900 | 6 | - |
| - | - | - | - | - | - | - | - | - | - | - | - | - |
| - | - | - | - | - | - | - | - | - | - | - | - | - |
| - | - | - | - | - | - | - | - | - | - | - | - | - |
| - | - | - | - | - | - | - | - | - | - | - | - | - |
| - | - | - | - | - | - | - | - | - | - | - | - | - |
| - | - | - | - | - | - | - | - | - | - | - | - | - |
| - | - | - | - | - | - | - | - | - | - | - | - | - |
| - | - | - | - | - | - | - | - | - | - | - | - | - |
| - | - | - | - | 85 | 9 | 1244 | 145 | 23 | 4501 | 4803 | 304 | 484 |
| - | - | - | - | 28 | - | - | - | 3 | 419 | 3655 | 304 | 484 |
| - | - | - | - | 4 | - | - | - | - | 100 | 560 | 30 | - |
| - | - | - | - | 3 | - | - | - | - | 29 | 358 | - | - |
| - | - | - | - | - | - | - | - | - | - | - | 274 | - |
| - | - | - | - | - | - | - | - | - | 5 | 22 | - | - |
| - | - | - | - | - | - | - | - | - | 2 | 40 | - | - |
| - | - | - | - | - | - | - | - | - | 33 | 1070 | - | 17 |
| - | - | - | - | - | - | - | - | - | 20 | 56 | - | - |
| - | - | - | - | - | - | - | - | - | 55 | 320 | - | - |
| - | - | - | - | - | - | - | - | - | 16 | 37 | - | - |
| - | - | - | - | - | - | - | - | - | 42 | 62 | - | - |
| - | - | - | - | - | - | - | - | - | 12 | - | - | - |
| - | - | - | - | - | - | - | - | - | 100 | - | - | - |
| - | - | - | - | - | - | - | - | - | - | - | - | - |
| - | - | - | - | 21 | - | - | - | 3 | 5 | 1130 | - | - |
| - | - | - | - | - | - | - | - | - | - | 108 | 274 | - |
| - | - | - | - | - | - | - | - | - | - | - | - | 467 |
| - | - | - | - | - | 9 | 1232 | 145 | 10 | 1008 | 8 | - | - |
| - | - | - | - | - | 9 | - | 145 | - | - | - | - | - |
| - | - | - | - | - | - | 1187 | - | - | 858 | - | - | - |
| - | - | - | - | - | - | - | - | - | 115 | - | - | - |
| - | - | - | - | - | - | 45 | - | 10 | 35 | 8 | - | - |
| - | - | - | - | 57 | - | 12 | - | 10 | 3074 | 1140 | - | - |
| - | - | - | - | - | - | 12 | - | 5 | 585 | 45 | - | - |
| - | - | - | - | - | - | - | - | - | - | - | - | - |
| - | - | - | - | - | - | - | - | - | - | - | - | - |
| - | - | - | - | 57 | - | - | - | 5 | 2381 | 888 | - | - |

*INCLUDED IN THIS COLUMN IS NGL AND FEEDSTOCKS.

## PRODUCTION AND USES OF ENERGY SOURCES : FINLAND

1974

| PRODUCTION AND USES \ ENERGY SOURCES | UNIT: 1000 METRIC TONS / UNITE: 1000 TONNES METRIQUES | | | | | | TCAL / TCAL | MANUFACTURED GAS (TCAL) / GAZ MANUFACTURE (TCAL) | | | MILLIONS OF (DE) KWH |
|---|---|---|---|---|---|---|---|---|---|---|---|
| | HARD COAL / HOUILLE | PATENT FUEL / AGGLOMERES | COKE OVEN COKE / COKE DE FOUR | GAS COKE / COKE DE GAZ | BROWN COAL / LIGNITE | BKB / BRIQ. DE LIGNITE | NATURAL GAS / GAZ NATUREL | GAS WORKS / USINES A GAZ | COKE OVENS / COKERIES | BLAST FURNACES / HAUT FOURNEAUX | ELECTRICITY* / ELECTRICITE* |
| | 1 | 2 | 3 | 4 | 5 | 6 | 7 | 8 | 9 | 10 | 11 |
| PRODUCTION | - | - | - | - | - | - | - | 129 | - | 1678 | 27494 |
| FROM OTHER SOURCES | - | - | - | - | - | - | - | - | - | - | - |
| IMPORT | 3931 | - | 987 | - | - | - | 4215 | - | - | - | 3615 |
| EXPORT | - | - | -8 | - | - | - | - | - | - | - | -475 |
| INTL. MARINE BUNKERS | - | - | - | - | - | - | - | - | - | - | - |
| STOCK CHANGES | -874 | - | -63 | - | - | - | - | - | - | - | - |
| DOMESTIC SUPPLY | 3057 | - | 916 | - | - | - | 4215 | 129 | - | 1678 | 30634 |
| RETURNS TO SUPPLY | - | - | - | - | - | - | - | - | - | - | - |
| TRANSFERS | - | - | - | - | - | - | - | - | - | - | - |
| DOMESTIC AVAILABILITY | 3057 | - | 916 | - | - | - | 4215 | 129 | - | 1678 | 30634 |
| STATISTICAL DIFFERENCE | - | - | - | - | - | - | - | - | - | - | - |
| TRANSFORM. SECTOR ** | 1512 | - | 269 | - | - | - | 1015 | - | - | 697 | - |
| FOR SOLID FUELS | - | - | - | - | - | - | - | - | - | - | - |
| FOR GASES | - | - | 269 | - | - | - | - | - | - | - | - |
| PETROLEUM REFINERIES | - | - | - | - | - | - | - | - | - | - | - |
| THERMO-ELECTRIC PLANTS | 1512 | - | - | - | - | - | 1015 | - | - | 697 | - |
| ENERGY SECTOR | - | - | - | - | - | - | - | 15 | - | - | 3219 |
| COAL MINES | - | - | - | - | - | - | - | - | - | - | - |
| OIL AND GAS EXTRACTION | - | - | - | - | - | - | - | - | - | - | - |
| PETROLEUM REFINERIES | - | - | - | - | - | - | - | - | - | - | 280 |
| ELECTRIC PLANTS | - | - | - | - | - | - | - | - | - | - | 969 |
| DISTRIBUTION LOSSES | - | - | - | - | - | - | - | 14 | - | - | 1970 |
| PUMP STORAGE (ELECTR.) | - | - | - | - | - | - | - | - | - | - | - |
| OTHER ENERGY SECTOR | - | - | - | - | - | - | - | 1 | - | - | - |
| FINAL CONSUMPTION | 1545 | - | 647 | - | - | - | 3200 | 114 | - | 981 | 27415 |
| INDUSTRY SECTOR | 1152 | - | 634 | - | - | - | 2900 | 58 | - | 981 | 18304 |
| IRON AND STEEL | - | - | 593 | - | - | - | 150 | - | - | 981 | 1205 |
| CHEMICAL | 10 | - | 1 | - | - | - | 20 | - | - | - | 2205 |
| PETROCHEMICAL | - | - | - | - | - | - | - | - | - | - | - |
| NON-FERROUS METAL | - | - | - | - | - | - | - | - | - | - | 450 |
| NON-METALLIC MINERAL | - | - | - | - | - | - | 180 | - | - | - | 550 |
| PAPER PULP AND PRINT | - | - | - | - | - | - | 2550 | - | - | - | 10330 |
| MINING AND QUARRYING | - | - | - | - | - | - | - | - | - | - | 515 |
| FOOD AND TOBACCO | - | - | - | - | - | - | - | 58 | - | - | 645 |
| WOOD AND WOOD PRODUCTS | - | - | - | - | - | - | - | - | - | - | 770 |
| MACHINERY | - | - | - | - | - | - | - | - | - | - | 965 |
| TRANSPORT EQUIPMENT | - | - | - | - | - | - | - | - | - | - | - |
| CONSTRUCTION | - | - | - | - | - | - | - | - | - | - | 250 |
| TEXTILES AND LEATHER | - | - | - | - | - | - | - | - | - | - | 360 |
| NON SPECIFIED | 1142 | - | 40 | - | - | - | - | - | - | - | 59 |
| NON-ENERGY USES: | | | | | | | | | | | |
| (1)ENERGY PRODUCTS | - | - | - | - | - | - | - | - | - | - | - |
| (2)NON-ENERGY PRODUCTS | - | - | - | - | - | - | - | - | - | - | - |
| TRANSPORT. SECTOR ** | 13 | - | - | - | - | - | - | - | - | - | 65 |
| AIR TRANSPORT | - | - | - | - | - | - | - | - | - | - | - |
| ROAD TRANSPORT | - | - | - | - | - | - | - | - | - | - | - |
| RAILWAYS | 13 | - | - | - | - | - | - | - | - | - | 65 |
| INTERNAL NAVIGATION | - | - | - | - | - | - | - | - | - | - | - |
| OTHER SECTORS ** | 380 | - | 13 | - | - | - | 300 | 56 | - | - | 9046 |
| AGRICULTURE | - | - | - | - | - | - | - | - | - | - | 300 |
| PUBLIC SERVICES | - | - | - | - | - | - | - | - | - | - | - |
| COMMERCE | - | - | - | - | - | - | - | - | - | - | 3530 |
| RESIDENTIAL | 380 | - | 13 | - | - | - | - | 56 | - | - | 5216 |

(1) INCLUDED IN CHEMICAL OR PETROCHEMICAL INDUSTRY
(2) INCLUDED ONLY IN TOTAL INDUSTRY

| * OF WHICH: | |
|---|---|
| HYDRO | 12648 |
| NUCLEAR | 0 |
| CONVENTIONAL THERMAL | 14846 |
| GEOTHERMAL | 0 |

** INCLUDED IN THESE TOTALS ARE THE NON-SPECIFIED ELEMENTS

UNIT: 1000 METRIC TONS
UNITE: 1000 TONNES METRIQUES

| OIL PETROLE | | | REFINERY GAS | LIQUEFIED PETROLEUM GASES | AVIATION GASOLINE | MOTOR GASOLINE | JET FUEL | KEROSENE | GAS/DIESEL OIL | RESIDUAL FUEL OIL | NAPHTHA | NON-ENERGY PRODUCTS |
|---|---|---|---|---|---|---|---|---|---|---|---|---|
| CRUDE* BRUT* | NGL GNL | FEEDST. | GAZ DE PETROLE | GAZ LIQUEFIES DE PETROLE | ESSENCE AVION | ESSENCE AUTO | CARBURANT REACTEUR | PETROLE LAMPANT | GAZ/DIESEL OIL | FUEL OIL RESIDUEL | NAPHTHA | PRODUITS NON-ENERGETIQUES |
| 12 | 13 | 14 | 15 | 16 | 17 | 18 | 19 | 20 | 21 | 22 | 23 | 24 |
| - | - | - | - | 94 | - | 1411 | 159 | 6 | 2588 | 3464 | 272 | 381 |
| - | - | - | - | - | - | - | - | - | - | - | - | - |
| 9468 | - | - | - | 4 | 9 | 61 | 4 | 9 | 1955 | 2119 | 95 | 196 |
| - | - | - | - | -1 | - | -261 | - | - | - | - | - | -6 |
| - | - | - | - | - | - | - | - | - | -15 | -59 | - | - |
| -139 | - | - | - | -1 | 1 | -30 | -1 | - | -385 | -504 | - | - |
| 9329 | - | - | - | 96 | 10 | 1181 | 162 | 15 | 4143 | 5020 | 367 | 571 |
| - | - | - | - | - | - | - | - | - | - | - | - | - |
| - | - | - | - | - | - | - | - | - | - | - | - | - |
| 9329 | - | - | - | 96 | 10 | 1181 | 162 | 15 | 4143 | 5020 | 367 | 571 |
| 24 | - | - | - | - | - | - | - | - | 141 | 361 | -15 | 84 |
| 9305 | - | - | - | 12 | - | - | - | - | 28 | 880 | 5 | - |
| - | - | - | - | - | - | - | - | - | - | - | - | - |
| - | - | - | - | 12 | - | - | - | - | - | - | - | - |
| 9305 | - | - | - | - | - | - | - | - | - | - | - | - |
| - | - | - | - | - | - | - | - | - | 28 | 880 | 5 | - |
| - | - | - | - | - | - | - | - | - | - | - | - | - |
| - | - | - | - | - | - | - | - | - | - | - | - | - |
| - | - | - | - | - | - | - | - | - | - | - | - | - |
| - | - | - | - | - | - | - | - | - | - | - | - | - |
| - | - | - | - | - | - | - | - | - | - | - | - | - |
| - | - | - | - | - | - | - | - | - | - | - | - | - |
| - | - | - | - | - | - | - | - | - | - | - | - | - |
| - | - | - | - | - | - | - | - | - | - | - | - | - |
| - | - | - | - | 84 | 10 | 1181 | 162 | 15 | 3974 | 3779 | 377 | 487 |
| - | - | - | - | 43 | - | - | - | 1 | 403 | 2864 | 377 | 487 |
| - | - | - | - | 7 | - | - | - | - | 120 | 370 | - | - |
| - | - | - | - | 3 | - | - | - | - | 40 | 408 | 205 | - |
| - | - | - | - | - | - | - | - | - | - | - | 172 | - |
| - | - | - | - | - | - | - | - | - | 5 | 20 | - | - |
| - | - | - | - | - | - | - | - | - | 7 | 47 | - | - |
| - | - | - | - | - | - | - | - | - | 50 | 940 | - | 19 |
| - | - | - | - | - | - | - | - | - | 21 | 60 | - | - |
| - | - | - | - | - | - | - | - | - | 60 | 320 | - | - |
| - | - | - | - | - | - | - | - | - | 16 | 30 | - | - |
| - | - | - | - | - | - | - | - | - | 68 | 65 | - | - |
| - | - | - | - | - | - | - | - | - | 12 | - | - | - |
| - | - | - | - | - | - | - | - | - | - | - | - | - |
| - | - | - | - | - | - | - | - | - | - | - | - | - |
| - | - | - | - | 33 | - | - | - | 1 | 4 | 604 | - | - |
| - | - | - | - | - | - | - | - | - | - | 108 | 172 | - |
| - | - | - | - | - | - | - | - | - | - | - | - | 468 |
| - | - | - | - | - | 10 | 1171 | 162 | 3 | 1016 | - | - | - |
| - | - | - | - | - | 10 | - | 162 | - | - | - | - | - |
| - | - | - | - | - | - | 1129 | - | - | 858 | - | - | - |
| - | - | - | - | - | - | - | - | - | 118 | - | - | - |
| - | - | - | - | - | - | 42 | - | 3 | 40 | - | - | - |
| - | - | - | - | 41 | - | 10 | - | 11 | 2555 | 915 | - | - |
| - | - | - | - | - | - | 10 | - | 2 | 590 | 47 | - | - |
| - | - | - | - | - | - | - | - | - | - | - | - | - |
| - | - | - | - | - | - | - | - | - | - | - | - | - |
| - | - | - | - | 41 | - | - | - | 9 | 1916 | 721 | - | - |

*INCLUDED IN THIS COLUMN IS NGL AND FEEDSTOCKS.

## PRODUCTION AND USES OF ENERGY SOURCES : FINLAND

### 1975

| PRODUCTION AND USES \ ENERGY SOURCES | HARD COAL / HOUILLE | PATENT FUEL / AGGLOMERES | COKE OVEN COKE / COKE DE FOUR | GAS COKE / COKE DE GAZ | BROWN COAL / LIGNITE | BKB / BRIQ. DE LIGNITE | NATURAL GAS / GAZ NATUREL | GAS WORKS / USINES A GAZ | COKE OVENS / COKERIES | BLAST FURNACES / HAUT FOURNEAUX | ELECTRICITY* / ELECTRICITE* |
|---|---|---|---|---|---|---|---|---|---|---|---|
| | UNIT: 1000 METRIC TONS / UNITE: 1000 TONNES METRIQUES | | | | | | TCAL / TCAL | MANUFACTURED GAS (TCAL) / GAZ MANUFACTURE (TCAL) | | | MILLIONS OF (DE) KWH |
| | 1 | 2 | 3 | 4 | 5 | 6 | 7 | 8 | 9 | 10 | 11 |
| PRODUCTION | - | - | - | - | - | - | - | 116 | - | 1708 | 26240 |
| FROM OTHER SOURCES | - | - | - | - | - | - | - | - | - | - | - |
| IMPORT | 3835 | - | 889 | - | - | - | 6888 | - | - | - | 4146 |
| EXPORT | - | - | - | - | - | - | - | - | - | - | -159 |
| INTL. MARINE BUNKERS | - | - | - | - | - | - | - | - | - | - | - |
| STOCK CHANGES | -1119 | - | -6 | - | - | - | - | - | - | - | - |
| DOMESTIC SUPPLY | 2716 | - | 883 | - | - | - | 6888 | 116 | - | 1708 | 30227 |
| RETURNS TO SUPPLY | - | - | - | - | - | - | - | - | - | - | - |
| TRANSFERS | - | - | - | - | - | - | - | - | - | - | - |
| DOMESTIC AVAILABILITY | 2716 | - | 883 | - | - | - | 6888 | 116 | - | 1708 | 30227 |
| STATISTICAL DIFFERENCE | -83 | - | - | - | - | - | - | - | - | - | - |
| TRANSFORM. SECTOR ** | 1475 | - | 272 | - | - | - | 2341 | - | - | 719 | - |
| FOR SOLID FUELS | - | - | - | - | - | - | - | - | - | - | - |
| FOR GASES | - | - | 272 | - | - | - | - | - | - | - | - |
| PETROLEUM REFINERIES | - | - | - | - | - | - | - | - | - | - | - |
| THERMO-ELECTRIC PLANTS | 1475 | - | - | - | - | - | 2341 | - | - | 719 | - |
| ENERGY SECTOR | - | - | - | - | - | - | - | 13 | - | - | 3513 |
| COAL MINES | - | - | - | - | - | - | - | - | - | - | - |
| OIL AND GAS EXTRACTION | - | - | - | - | - | - | - | - | - | - | - |
| PETROLEUM REFINERIES | - | - | - | - | - | - | - | - | - | - | 265 |
| ELECTRIC PLANTS | - | - | - | - | - | - | - | - | - | - | 1106 |
| DISTRIBUTION LOSSES | - | - | - | - | - | - | - | 13 | - | - | 2142 |
| PUMP STORAGE (ELECTR.) | - | - | - | - | - | - | - | - | - | - | - |
| OTHER ENERGY SECTOR | - | - | - | - | - | - | - | - | - | - | - |
| FINAL CONSUMPTION | 1324 | - | 611 | - | - | - | 4547 | 103 | - | 989 | 26714 |
| INDUSTRY SECTOR | 882 | - | 595 | - | - | - | 4247 | 52 | - | 989 | 16812 |
| IRON AND STEEL | - | - | 554 | - | - | - | 240 | - | - | 989 | 1295 |
| CHEMICAL | 10 | - | 1 | - | - | - | 28 | - | - | - | 2065 |
| PETROCHEMICAL | - | - | - | - | - | - | - | - | - | - | - |
| NON-FERROUS METAL | - | - | - | - | - | - | - | - | - | - | 450 |
| NON-METALLIC MINERAL | - | - | - | - | - | - | 300 | - | - | - | 550 |
| PAPER PULP AND PRINT | - | - | - | - | - | - | 3679 | - | - | - | 8660 |
| MINING AND QUARRYING | - | - | - | - | - | - | - | - | - | - | 505 |
| FOOD AND TOBACCO | - | - | - | - | - | - | - | 52 | - | - | 725 |
| WOOD AND WOOD PRODUCTS | - | - | - | - | - | - | - | - | - | - | 650 |
| MACHINERY | - | - | - | - | - | - | - | - | - | - | 1060 |
| TRANSPORT EQUIPMENT | - | - | - | - | - | - | - | - | - | - | - |
| CONSTRUCTION | - | - | - | - | - | - | - | - | - | - | 310 |
| TEXTILES AND LEATHER | - | - | - | - | - | - | - | - | - | - | 365 |
| NON SPECIFIED | 872 | - | 40 | - | - | - | - | - | - | - | 177 |
| NON-ENERGY USES: | | | | | | | | | | | |
| (1)ENERGY PRODUCTS | - | - | - | - | - | - | - | - | - | - | - |
| (2)NON-ENERGY PRODUCTS | - | - | - | - | - | - | - | - | - | - | - |
| TRANSPORT. SECTOR ** | 4 | - | - | - | - | - | - | - | - | - | 90 |
| AIR TRANSPORT | - | - | - | - | - | - | - | - | - | - | - |
| ROAD TRANSPORT | - | - | - | - | - | - | - | - | - | - | - |
| RAILWAYS | 4 | - | - | - | - | - | - | - | - | - | 90 |
| INTERNAL NAVIGATION | - | - | - | - | - | - | - | - | - | - | - |
| OTHER SECTORS ** | 438 | - | 16 | - | - | - | 300 | 51 | - | - | 9812 |
| AGRICULTURE | - | - | - | - | - | - | - | - | - | - | 320 |
| PUBLIC SERVICES | - | - | - | - | - | - | - | - | - | - | - |
| COMMERCE | - | - | - | - | - | - | - | - | - | - | 3854 |
| RESIDENTIAL | 438 | - | 16 | - | - | - | - | 51 | - | - | 5638 |

(1) INCLUDED IN CHEMICAL OR PETROCHEMICAL INDUSTRY
(2) INCLUDED ONLY IN TOTAL INDUSTRY

| * OF WHICH: | |
|---|---|
| HYDRO | 12365 |
| NUCLEAR | 0 |
| CONVENTIONAL THERMAL | 13875 |
| GEOTHERMAL | 0 |

** INCLUDED IN THESE TOTALS ARE THE NON-SPECIFIED ELEMENTS

PRODUCTION ET UTILISATION DES SOURCES D ENERGIE : FINLANDE

1975

UNIT: 1000 METRIC TONS
UNITE: 1000 TONNES METRIQUES

| OIL / PETROLE: CRUDE* / BRUT* | OIL / PETROLE: NGL / GNL | OIL / PETROLE: FEEDST. | REFINERY GAS / GAZ DE PETROLE | LIQUEFIED PETROLEUM GASES / GAZ LIQUEFIES DE PETROLE | AVIATION GASOLINE / ESSENCE AVION | MOTOR GASOLINE / ESSENCE AUTO | JET FUEL / CARBURANT REACTEUR | KEROSENE / PETROLE LAMPANT | GAS/DIESEL OIL / GAZ/DIESEL OIL | RESIDUAL FUEL OIL / FUEL OIL RESIDUEL | NAPHTHA / NAPHTHA | NON-ENERGY PRODUCTS / PRODUITS NON-ENERGETIQUES |
|---|---|---|---|---|---|---|---|---|---|---|---|---|
| 12 | 13 | 14 | 15 | 16 | 17 | 18 | 19 | 20 | 21 | 22 | 23 | 24 |
| - | - | - | - | 85 | - | 1393 | 208 | 5 | 2482 | 3128 | 518 | 277 |
| - | - | - | - | - | - | - | - | - | - | - | - | - |
| 9642 | - | - | - | 3 | 12 | 30 | 8 | 6 | 1832 | 1107 | - | 202 |
| - | - | - | - | -1 | - | -128 | - | - | -2 | - | - | -19 |
| - | - | - | - | - | - | - | - | - | -17 | -82 | - | - |
| -670 | - | - | - | - | -1 | 72 | 4 | - | 83 | 187 | 21 | - |
| 8972 | - | - | - | 87 | 11 | 1367 | 220 | 11 | 4378 | 4340 | 539 | 460 |
| - | - | - | - | - | - | - | - | - | - | - | - | - |
| - | - | - | - | - | - | - | - | - | - | - | - | - |
| 8972 | - | - | - | 87 | 11 | 1367 | 220 | 11 | 4378 | 4340 | 539 | 460 |
| 379 | - | - | - | - | -1 | -9 | 10 | -3 | 114 | -4 | -28 | - |
| 8593 | - | - | - | 11 | - | - | - | - | 27 | 910 | - | - |
| - | - | - | - | - | - | - | - | - | - | - | - | - |
| - | - | - | - | 11 | - | - | - | - | - | - | - | - |
| 8593 | - | - | - | - | - | - | - | - | - | - | - | - |
| - | - | - | - | - | - | - | - | - | 27 | 910 | - | - |
| - | - | - | - | - | - | - | - | - | - | - | - | - |
| - | - | - | - | - | - | - | - | - | - | - | - | - |
| - | - | - | - | - | - | - | - | - | - | - | - | - |
| - | - | - | - | - | - | - | - | - | - | - | - | - |
| - | - | - | - | - | - | - | - | - | - | - | - | - |
| - | - | - | - | - | - | - | - | - | - | - | - | - |
| - | - | - | - | - | - | - | - | - | - | - | - | - |
| - | - | - | - | - | - | - | - | - | - | - | - | - |
| - | - | - | - | 76 | 12 | 1376 | 210 | 14 | 4237 | 3434 | 567 | 460 |
| - | - | - | - | 36 | - | - | - | - | 453 | 2260 | 567 | 460 |
| - | - | - | - | 7 | - | - | - | - | 10 | 107 | - | - |
| - | - | - | - | 5 | - | - | - | - | 23 | 292 | 175 | - |
| - | - | - | - | - | - | - | - | - | - | - | 392 | - |
| - | - | - | - | - | - | - | - | - | 5 | 20 | - | - |
| - | - | - | - | - | - | - | - | - | 6 | 43 | - | - |
| - | - | - | - | - | - | - | - | - | 116 | 1241 | - | 8 |
| - | - | - | - | - | - | - | - | - | 46 | 58 | - | - |
| - | - | - | - | - | - | - | - | - | 81 | 345 | - | - |
| - | - | - | - | - | - | - | - | - | 22 | 29 | - | - |
| - | - | - | - | - | - | - | - | - | 84 | 72 | - | - |
| - | - | - | - | - | - | - | - | - | 20 | - | - | - |
| - | - | - | - | - | - | - | - | - | - | - | - | - |
| - | - | - | - | - | - | - | - | - | - | - | - | - |
| - | - | - | - | 24 | - | - | - | - | 40 | 53 | - | - |
| - | - | - | - | - | - | - | - | - | - | 105 | 392 | - |
| - | - | - | - | - | - | - | - | - | - | - | - | 452 |
| - | - | - | - | - | 12 | 1376 | 210 | 5 | 1012 | - | - | - |
| - | - | - | - | - | 12 | - | 210 | - | - | - | - | - |
| - | - | - | - | - | - | 1331 | - | 5 | 881 | - | - | - |
| - | - | - | - | - | - | - | - | - | 96 | - | - | - |
| - | - | - | - | - | - | 45 | - | - | 35 | - | - | - |
| - | - | - | - | 40 | - | - | - | 9 | 2772 | 1174 | - | - |
| - | - | - | - | - | - | - | - | - | 565 | 50 | - | - |
| - | - | - | - | - | - | - | - | - | - | - | - | - |
| - | - | - | - | - | - | - | - | - | - | - | - | - |
| - | - | - | - | 40 | - | - | - | 9 | 2142 | 1124 | - | - |

*INCLUDED IN THIS COLUMN IS NGL AND FEEDSTOCKS.

## PRODUCTION AND USES OF ENERGY SOURCES : FINLAND

1976

| ENERGY SOURCES / PRODUCTION AND USES | UNIT: 1000 METRIC TONS / UNITE: 1000 TONNES METRIQUES | | | | | | TCAL / TCAL | MANUFACTURED GAS (TCAL) / GAZ MANUFACTURE (TCAL) | | | MILLIONS / OF (DE) KWH |
|---|---|---|---|---|---|---|---|---|---|---|---|
| | HARD COAL / HOUILLE | PATENT FUEL / AGGLOMERES | COKE OVEN COKE / COKE DE FOUR | GAS COKE / COKE DE GAZ | BROWN COAL / LIGNITE | BKB / BRIQ. DE LIGNITE | NATURAL GAS / GAZ NATUREL | GAS WORKS / USINES A GAZ | COKE OVENS / COKERIES | BLAST FURNACES / HAUT FOURNEAUX | ELECTRICITY* / ELECTRICITE* |
| | 1 | 2 | 3 | 4 | 5 | 6 | 7 | 8 | 9 | 10 | 11 |
| PRODUCTION | - | - | - | - | - | - | - | 116 | - | 1785 | 29165 |
| FROM OTHER SOURCES | - | - | - | - | - | - | - | - | - | - | - |
| IMPORT | 2782 | - | 921 | - | - | - | 8399 | - | - | - | 4088 |
| EXPORT | - | - | - | - | - | - | - | - | - | - | -73 |
| INTL. MARINE BUNKERS | - | - | - | - | - | - | - | - | - | - | - |
| STOCK CHANGES | 1161 | - | -49 | - | - | - | - | - | - | - | - |
| DOMESTIC SUPPLY | 3943 | - | 872 | - | - | - | 8399 | 116 | - | 1785 | 33180 |
| RETURNS TO SUPPLY | - | - | - | - | - | - | - | - | - | - | - |
| TRANSFERS | - | - | - | - | - | - | - | - | - | - | - |
| DOMESTIC AVAILABILITY | 3943 | - | 872 | - | - | - | 8399 | 116 | - | 1785 | 33180 |
| STATISTICAL DIFFERENCE | -26 | - | -35 | - | - | - | - | - | - | - | - |
| TRANSFORM. SECTOR ** | 2634 | - | 284 | - | - | - | 2794 | - | - | 714 | - |
| FOR SOLID FUELS | - | - | - | - | - | - | - | - | - | - | - |
| FOR GASES | - | - | 284 | - | - | - | - | - | - | - | - |
| PETROLEUM REFINERIES | - | - | - | - | - | - | - | - | - | - | - |
| THERMO-ELECTRIC PLANTS | 2634 | - | - | - | - | - | 2794 | - | - | 714 | - |
| ENERGY SECTOR | - | - | - | - | - | - | - | 17 | - | - | 3918 |
| COAL MINES | - | - | - | - | - | - | - | - | - | - | - |
| OIL AND GAS EXTRACTION | - | - | - | - | - | - | - | - | - | - | - |
| PETROLEUM REFINERIES | - | - | - | - | - | - | - | - | - | - | 310 |
| ELECTRIC PLANTS | - | - | - | - | - | - | - | - | - | - | 1271 |
| DISTRIBUTION LOSSES | - | - | - | - | - | - | - | 17 | - | - | 2337 |
| PUMP STORAGE (ELECTR.) | - | - | - | - | - | - | - | - | - | - | - |
| OTHER ENERGY SECTOR | - | - | - | - | - | - | - | - | - | - | - |
| FINAL CONSUMPTION | 1335 | - | 623 | - | - | - | 5605 | 99 | - | 1071 | 29262 |
| INDUSTRY SECTOR | 852 | - | 606 | - | - | - | 5377 | 48 | - | 1071 | 17852 |
| IRON AND STEEL | - | - | 565 | - | - | - | 255 | - | - | 1071 | 1465 |
| CHEMICAL | 10 | - | 1 | - | - | - | 30 | - | - | - | 2055 |
| PETROCHEMICAL | - | - | - | - | - | - | - | - | - | - | - |
| NON-FERROUS METAL | - | - | - | - | - | - | - | - | - | - | 450 |
| NON-METALLIC MINERAL | - | - | - | - | - | - | 315 | - | - | - | 530 |
| PAPER PULP AND PRINT | - | - | - | - | - | - | 4777 | - | - | - | 9300 |
| MINING AND QUARRYING | - | - | - | - | - | - | - | - | - | - | 535 |
| FOOD AND TOBACCO | - | - | - | - | - | - | - | 48 | - | - | 735 |
| WOOD AND WOOD PRODUCTS | - | - | - | - | - | - | - | - | - | - | 760 |
| MACHINERY | - | - | - | - | - | - | - | - | - | - | 1105 |
| TRANSPORT EQUIPMENT | - | - | - | - | - | - | - | - | - | - | - |
| CONSTRUCTION | - | - | - | - | - | - | - | - | - | - | 370 |
| TEXTILES AND LEATHER | - | - | - | - | - | - | - | - | - | - | 375 |
| NON SPECIFIED | 842 | - | 40 | - | - | - | - | - | - | - | 172 |
| NON-ENERGY USES: | | | | | | | | | | | |
| (1)ENERGY PRODUCTS | - | - | - | - | - | - | - | - | - | - | - |
| (2)NON-ENERGY PRODUCTS | - | - | - | - | - | - | - | - | - | - | - |
| TRANSPORT. SECTOR ** | - | - | - | - | - | - | - | - | - | - | 120 |
| AIR TRANSPORT | - | - | - | - | - | - | - | - | - | - | - |
| ROAD TRANSPORT | - | - | - | - | - | - | - | - | - | - | - |
| RAILWAYS | - | - | - | - | - | - | - | - | - | - | 120 |
| INTERNAL NAVIGATION | - | - | - | - | - | - | - | - | - | - | - |
| OTHER SECTORS ** | 483 | - | 17 | - | - | - | 228 | 51 | - | - | 11290 |
| AGRICULTURE | - | - | - | - | - | - | - | - | - | - | 340 |
| PUBLIC SERVICES | - | - | - | - | - | - | - | - | - | - | - |
| COMMERCE | - | - | - | - | - | - | - | - | - | - | 4326 |
| RESIDENTIAL | 483 | - | 17 | - | - | - | - | 51 | - | - | 6624 |

(1) INCLUDED IN CHEMICAL OR PETROCHEMICAL INDUSTRY
(2) INCLUDED ONLY IN TOTAL INDUSTRY

| * OF WHICH: HYDRO | 9519 |
|---|---|
| NUCLEAR | 0 |
| CONVENTIONAL THERMAL | 19646 |
| GEOTHERMAL | 0 |

** INCLUDED IN THESE TOTALS ARE THE NON-SPECIFIED ELEMENTS

## PRODUCTION ET UTILISATION DES SOURCES D ENERGIE : FINLANDE

1976

UNIT: 1000 METRIC TONS
UNITE: 1000 TONNES METRIQUES

| OIL / PETROLE | | | REFINERY GAS | LIQUEFIED PETROLEUM GASES | AVIATION GASOLINE | MOTOR GASOLINE | JET FUEL | KEROSENE | GAS/DIESEL OIL | RESIDUAL FUEL OIL | NAPHTHA | NON-ENERGY PRODUCTS |
|---|---|---|---|---|---|---|---|---|---|---|---|---|
| CRUDE* BRUT* | NGL GNL | FEEDST. | GAZ DE PETROLE | GAZ LIQUEFIES DE PETROLE | ESSENCE AVION | ESSENCE AUTO | CARBURANT REACTEUR | PETROLE LAMPANT | GAZ/DIESEL OIL | FUEL OIL RESIDUEL | NAPHTHA | PRODUITS NON-ENERGETIQUES |
| 12 | 13 | 14 | 15 | 16 | 17 | 18 | 19 | 20 | 21 | 22 | 23 | 24 |
| - | - | - | 49 | 87 | - | 1692 | 194 | 4 | 3329 | 4200 | 716 | 251 |
| - | - | - | - | - | - | - | - | - | - | - | - | - |
| 11136 | - | - | - | 6 | 13 | 2 | 6 | 6 | 1414 | 1407 | - | 179 |
| - | - | - | - | -1 | - | -294 | - | - | -33 | -482 | -82 | -23 |
| - | - | - | - | - | - | - | - | - | -16 | -139 | - | - |
| -207 | - | - | - | 1 | 1 | 12 | 4 | - | 28 | 19 | 41 | - |
| 10929 | - | - | 49 | 93 | 14 | 1412 | 204 | 10 | 4722 | 5005 | 675 | 407 |
| - | - | - | - | - | - | - | - | - | - | - | - | - |
| - | - | - | - | - | - | - | - | - | - | - | - | - |
| 10929 | - | - | 49 | 93 | 14 | 1412 | 204 | 10 | 4722 | 5005 | 675 | 407 |
| -53 | - | - | - | - | 4 | 84 | 5 | -4 | -42 | 269 | 52 | -42 |
| 10982 | - | - | 49 | 12 | - | - | - | - | 22 | 1301 | - | - |
| - | - | - | - | - | - | - | - | - | - | - | - | - |
| - | - | - | - | 12 | - | - | - | - | - | - | - | - |
| 10982 | - | - | - | - | - | - | - | - | - | - | - | - |
| - | - | - | 49 | - | - | - | - | - | 22 | 1301 | - | - |
| - | - | - | - | - | - | - | - | - | - | - | - | - |
| - | - | - | - | - | - | - | - | - | - | - | - | - |
| - | - | - | - | - | - | - | - | - | - | - | - | - |
| - | - | - | - | - | - | - | - | - | - | - | - | - |
| - | - | - | - | - | - | - | - | - | - | - | - | - |
| - | - | - | - | - | - | - | - | - | - | - | - | - |
| - | - | - | - | - | - | - | - | - | - | - | - | - |
| - | - | - | - | 81 | 10 | 1328 | 199 | 14 | 4742 | 3435 | 623 | 449 |
| - | - | - | - | 42 | - | - | - | - | 624 | 2088 | 623 | 449 |
| - | - | - | - | 8 | - | - | - | - | 10 | 143 | - | - |
| - | - | - | - | 7 | - | - | - | - | 20 | 272 | 114 | - |
| - | - | - | - | - | - | - | - | - | - | - | 509 | - |
| - | - | - | - | - | - | - | - | - | 5 | 30 | - | - |
| - | - | - | - | - | - | - | - | - | 12 | 48 | - | - |
| - | - | - | - | - | - | - | - | - | 81 | 745 | - | 23 |
| - | - | - | - | - | - | - | - | - | 46 | 52 | - | - |
| - | - | - | - | - | - | - | - | - | 73 | 346 | - | - |
| - | - | - | - | - | - | - | - | - | 32 | 40 | - | - |
| - | - | - | - | - | - | - | - | - | 147 | 80 | - | - |
| - | - | - | - | - | - | - | - | - | 20 | - | - | - |
| - | - | - | - | - | - | - | - | - | 108 | - | - | - |
| - | - | - | - | - | - | - | - | - | - | - | - | - |
| - | - | - | - | 27 | - | - | - | - | 70 | 332 | - | - |
| - | - | - | - | - | - | - | - | - | - | 98 | 509 | - |
| - | - | - | - | - | - | - | - | - | - | - | - | 426 |
| - | - | - | - | - | 10 | 1293 | 199 | 5 | 1014 | - | - | - |
| - | - | - | - | - | 10 | - | 199 | - | - | - | - | - |
| - | - | - | - | - | - | 1293 | - | 5 | 879 | - | - | - |
| - | - | - | - | - | - | - | - | - | 97 | - | - | - |
| - | - | - | - | - | - | - | - | - | 38 | - | - | - |
| - | - | - | - | 39 | - | 35 | - | 9 | 3104 | 1347 | - | - |
| - | - | - | - | - | - | 35 | - | - | 577 | 50 | - | - |
| - | - | - | - | - | - | - | - | - | - | - | - | - |
| - | - | - | - | - | - | - | - | - | - | - | - | - |
| - | - | - | - | 39 | - | - | - | 9 | 2527 | 798 | - | - |

*INCLUDED IN THIS COLUMN IS NGL AND FEEDSTOCKS.

## PRODUCTION AND USES OF ENERGY SOURCES : FINLAND

1977

| PRODUCTION AND USES / ENERGY SOURCES | UNIT: 1000 METRIC TONS / UNITE: 1000 TONNES METRIQUES | | | | | | TCAL / TCAL | MANUFACTURED GAS (TCAL) / GAZ MANUFACTURE (TCAL) | | | MILLIONS / OF (DE) KWH |
|---|---|---|---|---|---|---|---|---|---|---|---|
| | HARD COAL / HOUILLE | PATENT FUEL / AGGLOMERES | COKE OVEN COKE / COKE DE FOUR | GAS COKE / COKE DE GAZ | BROWN COAL / LIGNITE | BKB / BRIQ. DE LIGNITE | NATURAL GAS / GAZ NATUREL | GAS WORKS / USINES A GAZ | COKE OVENS / COKERIES | BLAST FURNACES / HAUT FOURNEAUX | ELECTRICITY* / ELECTRICITE* |
| | 1 | 2 | 3 | 4 | 5 | 6 | 7 | 8 | 9 | 10 | 11 |
| PRODUCTION | - | - | - | - | - | - | - | 96 | - | 2202 | 33065 |
| FROM OTHER SOURCES | - | - | - | - | - | - | - | - | - | - | - |
| IMPORT | 4223 | - | 894 | - | - | - | 8502 | - | - | - | 1393 |
| EXPORT | - | - | - | - | - | - | - | - | - | - | -502 |
| INTL. MARINE BUNKERS | - | - | - | - | - | - | - | - | - | - | - |
| STOCK CHANGES | -453 | - | -4 | - | - | - | - | - | - | - | - |
| DOMESTIC SUPPLY | 3770 | - | 890 | - | - | - | 8502 | 96 | - | 2202 | 33956 |
| RETURNS TO SUPPLY | - | - | - | - | - | - | - | - | - | - | - |
| TRANSFERS | - | - | - | - | - | - | - | - | - | - | - |
| DOMESTIC AVAILABILITY | 3770 | - | 890 | - | - | - | 8502 | 96 | - | 2202 | 33956 |
| STATISTICAL DIFFERENCE | -17 | - | -13 | - | - | - | - | - | - | - | - |
| TRANSFORM. SECTOR ** | 2482 | - | 350 | - | - | - | 3000 | - | - | 1009 | - |
| FOR SOLID FUELS | - | - | - | - | - | - | - | - | - | - | - |
| FOR GASES | - | - | 350 | - | - | - | - | - | - | - | - |
| PETROLEUM REFINERIES | - | - | - | - | - | - | - | - | - | - | - |
| THERMO-ELECTRIC PLANTS | 2482 | - | - | - | - | - | 3000 | - | - | 1009 | - |
| ENERGY SECTOR | - | - | - | - | - | - | - | 4 | - | - | 3887 |
| COAL MINES | - | - | - | - | - | - | - | - | - | - | - |
| OIL AND GAS EXTRACTION | - | - | - | - | - | - | - | - | - | - | - |
| PETROLEUM REFINERIES | - | - | - | - | - | - | - | - | - | - | 340 |
| ELECTRIC PLANTS | - | - | - | - | - | - | - | - | - | - | 1435 |
| DISTRIBUTION LOSSES | - | - | - | - | - | - | - | 4 | - | - | 2112 |
| PUMP STORAGE (ELECTR.) | - | - | - | - | - | - | - | - | - | - | - |
| OTHER ENERGY SECTOR | - | - | - | - | - | - | - | - | - | - | - |
| FINAL CONSUMPTION | 1305 | - | 553 | - | - | - | 5502 | 92 | - | 1193 | 30069 |
| INDUSTRY SECTOR | 740 | - | 537 | - | - | - | 5249 | 41 | - | 1193 | 18144 |
| IRON AND STEEL | - | - | 537 | - | - | - | 241 | - | - | 1193 | 1665 |
| CHEMICAL | 10 | - | - | - | - | - | 28 | - | - | - | 1995 |
| PETROCHEMICAL | - | - | - | - | - | - | - | - | - | - | - |
| NON-FERROUS METAL | - | - | - | - | - | - | - | - | - | - | 450 |
| NON-METALLIC MINERAL | - | - | - | - | - | - | 297 | - | - | - | 510 |
| PAPER PULP AND PRINT | - | - | - | - | - | - | 4683 | - | - | - | 9450 |
| MINING AND QUARRYING | - | - | - | - | - | - | - | - | - | - | 540 |
| FOOD AND TOBACCO | - | - | - | - | - | - | - | 41 | - | - | 740 |
| WOOD AND WOOD PRODUCTS | - | - | - | - | - | - | - | - | - | - | 790 |
| MACHINERY | - | - | - | - | - | - | - | - | - | - | 1090 |
| TRANSPORT EQUIPMENT | - | - | - | - | - | - | - | - | - | - | - |
| CONSTRUCTION | - | - | - | - | - | - | - | - | - | - | 320 |
| TEXTILES AND LEATHER | - | - | - | - | - | - | - | - | - | - | 350 |
| NON SPECIFIED | 730 | - | - | - | - | - | - | - | - | - | 244 |
| NON-ENERGY USES: | | | | | | | | | | | |
| (1)ENERGY PRODUCTS | - | - | - | - | - | - | - | - | - | - | - |
| (2)NON-ENERGY PRODUCTS | - | - | - | - | - | - | - | - | - | - | - |
| TRANSPORT. SECTOR ** | - | - | - | - | - | - | - | - | - | - | 135 |
| AIR TRANSPORT | - | - | - | - | - | - | - | - | - | - | - |
| ROAD TRANSPORT | - | - | - | - | - | - | - | - | - | - | - |
| RAILWAYS | - | - | - | - | - | - | - | - | - | - | 135 |
| INTERNAL NAVIGATION | - | - | - | - | - | - | - | - | - | - | - |
| OTHER SECTORS ** | 565 | - | 16 | - | - | - | 253 | 51 | - | - | 11790 |
| AGRICULTURE | - | - | - | - | - | - | - | - | - | - | 360 |
| PUBLIC SERVICES | - | - | - | - | - | - | - | - | - | - | - |
| COMMERCE | - | - | - | - | - | - | - | - | - | - | 4464 |
| RESIDENTIAL | 565 | - | 16 | - | - | - | - | 51 | - | - | 6966 |

(1) INCLUDED IN CHEMICAL OR PETROCHEMICAL INDUSTRY
(2) INCLUDED ONLY IN TOTAL INDUSTRY

| * OF WHICH: HYDRO | 12249 |
|---|---|
| NUCLEAR | 2686 |
| CONVENTIONAL THERMAL | 18130 |
| GEOTHERMAL | 0 |

** INCLUDED IN THESE TOTALS ARE THE NON-SPECIFIED ELEMENTS

## PRODUCTION ET UTILISATION DES SOURCES D ENERGIE : FINLANDE

1977

UNIT: 1000 METRIC TONS
UNITE: 1000 TONNES METRIQUES

| OIL / PETROLE | | | REFINERY GAS | LIQUEFIED PETROLEUM GASES | AVIATION GASOLINE | MOTOR GASOLINE | JET FUEL | KEROSENE | GAS/DIESEL OIL | RESIDUAL FUEL OIL | NAPHTHA | NON-ENERGY PRODUCTS |
|---|---|---|---|---|---|---|---|---|---|---|---|---|
| CRUDE* BRUT* | NGL GNL | FEEDST. | GAZ DE PETROLE | GAZ LIQUEFIES DE PETROLE | ESSENCE AVION | ESSENCE AUTO | CARBURANT REACTEUR | PETROLE LAMPANT | GAZ/DIESEL OIL | FUEL OIL RESIDUEL | NAPHTHA | PRODUITS NON-ENERGETIQUES |
| 12 | 13 | 14 | 15 | 16 | 17 | 18 | 19 | 20 | 21 | 22 | 23 | 24 |
| - | - | - | 67 | 100 | - | 1839 | 198 | 4 | 3896 | 4104 | 640 | 305 |
| - | - | - | - | - | - | - | - | - | - | - | - | - |
| 11517 | - | - | - | 12 | 11 | - | 3 | 7 | 1487 | 1555 | - | 168 |
| - | - | - | - | - | - | -447 | - | - | -76 | -866 | -71 | -17 |
| - | - | - | - | - | - | - | - | - | -83 | -141 | - | - |
| 46 | - | - | - | -18 | -2 | -25 | -12 | -2 | -238 | -7 | -8 | - |
| 11563 | - | - | 67 | 94 | 9 | 1367 | 189 | 9 | 4986 | 4645 | 561 | 456 |
| - | - | - | - | - | - | - | - | - | - | - | - | - |
| - | - | - | - | - | - | - | - | - | - | - | - | - |
| 11563 | - | - | 67 | 94 | 9 | 1367 | 189 | 9 | 4986 | 4645 | 561 | 456 |
| -251 | - | - | - | -1 | - | 34 | -2 | -3 | 417 | 111 | -9 | -21 |
| 11814 | - | - | 56 | 11 | - | - | - | - | 9 | 954 | - | - |
| - | - | - | - | - | - | - | - | - | - | - | - | - |
| - | - | - | - | 11 | - | - | - | - | - | - | - | - |
| 11814 | - | - | - | - | - | - | - | - | - | - | - | - |
| - | - | - | 56 | - | - | - | - | - | 9 | 954 | - | - |
| - | - | - | - | - | - | - | - | - | - | - | - | - |
| - | - | - | - | - | - | - | - | - | - | - | - | - |
| - | - | - | - | - | - | - | - | - | - | - | - | - |
| - | - | - | - | - | - | - | - | - | - | - | - | - |
| - | - | - | - | - | - | - | - | - | - | - | - | - |
| - | - | - | - | - | - | - | - | - | - | - | - | - |
| - | - | - | - | - | - | - | - | - | - | - | - | - |
| - | - | - | - | - | - | - | - | - | - | - | - | - |
| - | - | - | 11 | 84 | 9 | 1333 | 191 | 12 | 4560 | 3580 | 570 | 477 |
| - | - | - | 11 | 50 | - | 28 | - | - | 461 | 1677 | 570 | 477 |
| - | - | - | - | 11 | - | - | - | - | 8 | 122 | - | - |
| - | - | - | - | 6 | - | - | - | - | 12 | 240 | 67 | - |
| - | - | - | 11 | - | - | - | - | - | - | - | 503 | - |
| - | - | - | - | - | - | - | - | - | 6 | 42 | - | - |
| - | - | - | - | - | - | - | - | - | 20 | 70 | - | - |
| - | - | - | - | - | - | - | - | - | 45 | 520 | - | 31 |
| - | - | - | - | - | - | - | - | - | 25 | 49 | - | - |
| - | - | - | - | - | - | - | - | - | 60 | 350 | - | - |
| - | - | - | - | - | - | - | - | - | 33 | 47 | - | - |
| - | - | - | - | - | - | - | - | - | 101 | 70 | - | - |
| - | - | - | - | - | - | - | - | - | 21 | 35 | - | - |
| - | - | - | - | - | - | - | - | - | 112 | - | - | - |
| - | - | - | - | - | - | - | - | - | - | - | - | - |
| - | - | - | - | 33 | - | 28 | - | - | 18 | 132 | - | - |
| - | - | - | 11 | - | - | - | - | - | - | 92 | 503 | - |
| - | - | - | - | - | - | - | - | - | - | - | - | 446 |
| - | - | - | - | - | 9 | 1270 | 191 | 4 | 1032 | - | - | - |
| - | - | - | - | - | 9 | - | 191 | - | - | - | - | - |
| - | - | - | - | - | - | 1270 | - | 4 | 900 | - | - | - |
| - | - | - | - | - | - | - | - | - | 92 | - | - | - |
| - | - | - | - | - | - | - | - | - | 40 | - | - | - |
| - | - | - | - | 34 | - | 35 | - | 8 | 3067 | 1903 | - | - |
| - | - | - | - | - | - | 35 | - | - | 613 | 62 | - | - |
| - | - | - | - | - | - | - | - | - | - | - | - | - |
| - | - | - | - | - | - | - | - | - | - | - | - | - |
| - | - | - | - | 34 | - | - | - | 8 | 2448 | 1841 | - | - |

*INCLUDED IN THIS COLUMN IS NGL AND FEEDSTOCKS.

## PRODUCTION AND USES OF ENERGY SOURCES : FINLAND

1978

| PRODUCTION AND USES / ENERGY SOURCES | HARD COAL / HOUILLE (UNIT: 1000 METRIC TONS / UNITE: 1000 TONNES METRIQUES) | PATENT FUEL / AGGLOMERES | COKE OVEN COKE / COKE DE FOUR | GAS COKE / COKE DE GAZ | BROWN COAL / LIGNITE | BKB / BRIQ. DE LIGNITE | NATURAL GAS / GAZ NATUREL (TCAL / TCAL) | GAS WORKS / USINES A GAZ (MANUFACTURED GAS (TCAL) / GAZ MANUFACTURE (TCAL)) | COKE OVENS / COKERIES | BLAST FURNACES / HAUT FOURNEAUX | ELECTRICITY* / ELECTRICITE* (MILLIONS OF (DE) KWH) |
|---|---|---|---|---|---|---|---|---|---|---|---|
| | 1 | 2 | 3 | 4 | 5 | 6 | 7 | 8 | 9 | 10 | 11 |
| PRODUCTION | - | - | - | - | - | - | - | 93 | - | 2439 | 35763 |
| FROM OTHER SOURCES | - | - | - | - | - | - | - | - | - | - | - |
| IMPORT | 4789 | - | 930 | - | - | - | 9035 | - | - | - | 1554 |
| EXPORT | - | - | - | - | - | - | - | - | - | - | -277 |
| INTL. MARINE BUNKERS | - | - | - | - | - | - | - | - | - | - | - |
| STOCK CHANGES | 612 | - | 144 | - | - | - | - | - | - | - | - |
| DOMESTIC SUPPLY | 5401 | - | 1074 | - | - | - | 9035 | 93 | - | 2439 | 37040 |
| RETURNS TO SUPPLY | - | - | - | - | - | - | - | - | - | - | - |
| TRANSFERS | - | - | - | - | - | - | - | - | - | - | - |
| DOMESTIC AVAILABILITY | 5401 | - | 1074 | - | - | - | 9035 | 93 | - | 2439 | 37040 |
| STATISTICAL DIFFERENCE | 63 | - | 86 | - | - | - | -55 | - | - | 1 | - |
| TRANSFORM. SECTOR ** | 3832 | - | 822 | - | - | - | 3491 | - | - | 1096 | - |
| FOR SOLID FUELS | - | - | - | - | - | - | - | - | - | - | - |
| FOR GASES | - | - | 822 | - | - | - | - | - | - | - | - |
| PETROLEUM REFINERIES | - | - | - | - | - | - | - | - | - | - | - |
| THERMO-ELECTRIC PLANTS | 3832 | - | - | - | - | - | 3491 | - | - | 1096 | - |
| ENERGY SECTOR | - | - | - | - | - | - | - | 3 | - | - | 4329 |
| COAL MINES | - | - | - | - | - | - | - | - | - | - | - |
| OIL AND GAS EXTRACTION | - | - | - | - | - | - | - | - | - | - | - |
| PETROLEUM REFINERIES | - | - | - | - | - | - | - | - | - | - | 360 |
| ELECTRIC PLANTS | - | - | - | - | - | - | - | - | - | - | 1798 |
| DISTRIBUTION LOSSES | - | - | - | - | - | - | - | 3 | - | - | 2171 |
| PUMP STORAGE (ELECTR.) | - | - | - | - | - | - | - | - | - | - | - |
| OTHER ENERGY SECTOR | - | - | - | - | - | - | - | - | - | - | - |
| FINAL CONSUMPTION | 1506 | - | 166 | - | - | - | 5599 | 90 | - | 1342 | 32711 |
| INDUSTRY SECTOR | 772 | - | 164 | - | - | - | 5242 | 40 | - | 1342 | 19779 |
| IRON AND STEEL | 100 | - | 164 | - | - | - | 309 | - | - | 1342 | 1700 |
| CHEMICAL | 15 | - | - | - | - | - | - | - | - | - | 2290 |
| PETROCHEMICAL | - | - | - | - | - | - | - | - | - | - | - |
| NON-FERROUS METAL | - | - | - | - | - | - | - | - | - | - | 450 |
| NON-METALLIC MINERAL | 480 | - | - | - | - | - | 362 | - | - | - | 510 |
| PAPER PULP AND PRINT | 70 | - | - | - | - | - | 4543 | - | - | - | 10550 |
| MINING AND QUARRYING | - | - | - | - | - | - | - | - | - | - | 550 |
| FOOD AND TOBACCO | 107 | - | - | - | - | - | - | 40 | - | - | 805 |
| WOOD AND WOOD PRODUCTS | - | - | - | - | - | - | 28 | - | - | - | 870 |
| MACHINERY | - | - | - | - | - | - | - | - | - | - | 1155 |
| TRANSPORT EQUIPMENT | - | - | - | - | - | - | - | - | - | - | - |
| CONSTRUCTION | - | - | - | - | - | - | - | - | - | - | 320 |
| TEXTILES AND LEATHER | - | - | - | - | - | - | - | - | - | - | 370 |
| NON SPECIFIED | - | - | - | - | - | - | - | - | - | - | 209 |
| NON-ENERGY USES: | | | | | | | | | | | |
| (1)ENERGY PRODUCTS | - | - | - | - | - | - | - | - | - | - | - |
| (2)NON-ENERGY PRODUCTS | - | - | - | - | - | - | - | - | - | - | - |
| TRANSPORT. SECTOR ** | - | - | - | - | - | - | - | - | - | - | 155 |
| AIR TRANSPORT | - | - | - | - | - | - | - | - | - | - | - |
| ROAD TRANSPORT | - | - | - | - | - | - | - | - | - | - | - |
| RAILWAYS | - | - | - | - | - | - | - | - | - | - | 155 |
| INTERNAL NAVIGATION | - | - | - | - | - | - | - | - | - | - | - |
| OTHER SECTORS ** | 734 | - | 2 | - | - | - | 357 | 50 | - | - | 12777 |
| AGRICULTURE | - | - | - | - | - | - | - | - | - | - | 380 |
| PUBLIC SERVICES | - | - | - | - | - | - | - | - | - | - | - |
| COMMERCE | - | - | - | - | - | - | - | - | - | - | 4845 |
| RESIDENTIAL | 734 | - | 2 | - | - | - | - | 50 | - | - | 7552 |

(1) INCLUDED IN CHEMICAL OR PETROCHEMICAL INDUSTRY
(2) INCLUDED ONLY IN TOTAL INDUSTRY

| * OF WHICH: HYDRO | 9839 |
|---|---|
| NUCLEAR | 3431 |
| CONVENTIONAL THERMAL | 22493 |
| GEOTHERMAL | 0 |

** INCLUDED IN THESE TOTALS ARE THE NON-SPECIFIED ELEMENTS

PRODUCTION ET UTILISATION DES SOURCES D ENERGIE : FINLANDE

1978

UNIT: 1000 METRIC TONS
UNITE: 1000 TONNES METRIQUES

| OIL / PETROLE | | | REFINERY GAS | LIQUEFIED PETROLEUM GASES | AVIATION GASOLINE | MOTOR GASOLINE | JET FUEL | KEROSENE | GAS/DIESEL OIL | RESIDUAL FUEL OIL | NAPHTHA | NON-ENERGY PRODUCTS |
|---|---|---|---|---|---|---|---|---|---|---|---|---|
| CRUDE* BRUT* | NGL GNL | FEEDST. | GAZ DE PETROLE | GAZ LIQUEFIES DE PETROLE | ESSENCE AVION | ESSENCE AUTO | CARBURANT REACTEUR | PETROLE LAMPANT | GAZ/DIESEL OIL | FUEL OIL RESIDUEL | NAPHTHA | PRODUITS NON-ENERGETIQUES |
| 12 | 13 | 14 | 15 | 16 | 17 | 18 | 19 | 20 | 21 | 22 | 23 | 24 |
| - | - | - | 59 | 85 | - | 1970 | 221 | 4 | 3618 | 3710 | 613 | 321 |
| - | - | - | - | - | - | - | - | - | - | - | - | - |
| 10475 | - | - | - | 11 | 7 | 12 | 2 | 4 | 1444 | 1376 | 8 | 173 |
| - | - | - | - | -5 | - | -573 | -20 | - | -534 | -519 | -53 | -24 |
| - | - | - | - | - | - | - | - | - | -110 | -151 | - | - |
| 526 | - | - | - | 8 | 3 | -17 | -5 | 3 | 277 | -225 | 43 | - |
| 11001 | - | - | 59 | 99 | 10 | 1392 | 198 | 11 | 4695 | 4191 | 611 | 470 |
| 199 | - | - | - | - | - | - | - | - | - | - | - | - |
| - | - | - | - | - | - | - | - | - | - | - | - | - |
| 11200 | - | - | 59 | 99 | 10 | 1392 | 198 | 11 | 4695 | 4191 | 611 | 470 |
| -104 | - | - | - | 1 | 1 | 38 | 4 | - | -49 | -178 | 2 | -3 |
| 11304 | - | - | 32 | 11 | - | - | - | - | 7 | 833 | - | - |
| - | - | - | - | - | - | - | - | - | - | - | - | - |
| - | - | - | - | 11 | - | - | - | - | - | - | - | - |
| 11304 | - | - | - | - | - | - | - | - | - | - | - | - |
| - | - | - | 32 | - | - | - | - | - | 7 | 833 | - | - |
| - | - | - | - | - | - | - | - | - | - | - | - | - |
| - | - | - | - | - | - | - | - | - | - | - | - | - |
| - | - | - | - | - | - | - | - | - | - | - | - | - |
| - | - | - | - | - | - | - | - | - | - | - | - | - |
| - | - | - | - | - | - | - | - | - | - | - | - | - |
| - | - | - | - | - | - | - | - | - | - | - | - | - |
| - | - | - | - | - | - | - | - | - | - | - | - | - |
| - | - | - | - | - | - | - | - | - | - | - | - | - |
| - | - | - | 27 | 87 | 9 | 1354 | 194 | 11 | 4737 | 3536 | 609 | 473 |
| - | - | - | 27 | 62 | - | - | - | - | 523 | 1974 | 609 | 473 |
| - | - | - | - | 18 | - | - | - | - | 39 | 152 | - | - |
| - | - | - | - | 5 | - | - | - | - | 47 | 393 | 98 | - |
| - | - | - | 27 | - | - | - | - | - | 6 | 40 | 511 | - |
| - | - | - | - | - | - | - | - | - | 8 | 59 | - | - |
| - | - | - | - | - | - | - | - | - | 58 | 180 | - | - |
| - | - | - | - | - | - | - | - | - | 20 | 480 | - | 22 |
| - | - | - | - | - | - | - | - | - | 6 | 40 | - | - |
| - | - | - | - | - | - | - | - | - | 62 | 380 | - | - |
| - | - | - | - | - | - | - | - | - | 31 | 94 | - | - |
| - | - | - | - | - | - | - | - | - | 73 | 65 | - | - |
| - | - | - | - | - | - | - | - | - | 29 | 45 | - | - |
| - | - | - | - | - | - | - | - | - | 109 | - | - | - |
| - | - | - | - | - | - | - | - | - | - | - | - | - |
| - | - | - | - | 39 | - | - | - | - | 35 | 46 | - | - |
| - | - | - | 27 | - | - | - | - | - | - | 81 | 511 | - |
| - | - | - | - | - | - | - | - | - | - | - | - | 451 |
| - | - | - | - | - | 9 | 1339 | 194 | - | 1048 | - | - | - |
| - | - | - | - | - | 9 | - | 194 | - | - | - | - | - |
| - | - | - | - | - | - | 1339 | - | - | 925 | - | - | - |
| - | - | - | - | - | - | - | - | - | 83 | - | - | - |
| - | - | - | - | - | - | - | - | - | 40 | - | - | - |
| - | - | - | - | 25 | - | 15 | - | 11 | 3166 | 1562 | - | - |
| - | - | - | - | - | - | 15 | - | 4 | 625 | 65 | - | - |
| - | - | - | - | - | - | - | - | - | - | - | - | - |
| - | - | - | - | - | - | - | - | - | - | - | - | - |
| - | - | - | - | 25 | - | - | - | 7 | 2510 | 831 | - | - |

*INCLUDED IN THIS COLUMN IS NGL AND FEEDSTOCKS.

# PRODUCTION AND USES OF ENERGY SOURCES : FINLAND

1979

| ENERGY SOURCES / PRODUCTION AND USES | UNIT: 1000 METRIC TONS / UNITE: 1000 TONNES METRIQUES | | | | | | TCAL / TCAL | MANUFACTURED GAS (TCAL) / GAZ MANUFACTURE (TCAL) | | | MILLIONS /OF (DE) KWH |
|---|---|---|---|---|---|---|---|---|---|---|---|
| | HARD COAL / HOUILLE | PATENT FUEL / AGGLOMERES | COKE OVEN COKE / COKE DE FOUR | GAS COKE / COKE DE GAZ | BROWN COAL / LIGNITE | BKB / BRIQ. DE LIGNITE | NATURAL GAS / GAZ NATUREL | GAS WORKS / USINES A GAZ | COKE OVENS / COKERIES | BLAST FURNACES / HAUT FOURNEAUX | ELECTRICITY* / ELECTRICITE* |
| | 1 | 2 | 3 | 4 | 5 | 6 | 7 | 8 | 9 | 10 | 11 |
| PRODUCTION | - | - | - | - | - | - | - | 89 | - | 2557 | 39168 |
| FROM OTHER SOURCES | - | - | - | - | - | - | - | - | - | - | - |
| IMPORT | 4771 | - | 1262 | - | - | - | 9019 | - | - | - | 2243 |
| EXPORT | - | - | - | - | - | - | - | - | - | - | -1594 |
| INTL. MARINE BUNKERS | - | - | - | - | - | - | - | - | - | - | - |
| STOCK CHANGES | 71 | - | -30 | - | - | - | - | - | - | - | - |
| DOMESTIC SUPPLY | 4842 | - | 1232 | - | - | - | 9019 | 89 | - | 2557 | 39817 |
| RETURNS TO SUPPLY | - | - | - | - | - | - | - | - | - | - | - |
| TRANSFERS | - | - | - | - | - | - | - | - | - | - | - |
| DOMESTIC AVAILABILITY | 4842 | - | 1232 | - | - | - | 9019 | 89 | - | 2557 | 39817 |
| STATISTICAL DIFFERENCE | 32 | - | 132 | - | - | - | 56 | - | - | - | - |
| TRANSFORM. SECTOR ** | 3365 | - | 880 | - | - | - | 4244 | - | - | 1135 | - |
| FOR SOLID FUELS | - | - | - | - | - | - | - | - | - | - | - |
| FOR GASES | - | - | 880 | - | - | - | - | - | - | - | - |
| PETROLEUM REFINERIES | - | - | - | - | - | - | - | - | - | - | - |
| THERMO-ELECTRIC PLANTS | 3365 | - | - | - | - | - | 4244 | - | - | 1135 | - |
| ENERGY SECTOR | - | - | - | - | - | - | - | 15 | - | - | 4386 |
| COAL MINES | - | - | - | - | - | - | - | - | - | - | - |
| OIL AND GAS EXTRACTION | - | - | - | - | - | - | - | - | - | - | - |
| PETROLEUM REFINERIES | - | - | - | - | - | - | - | - | - | - | 430 |
| ELECTRIC PLANTS | - | - | - | - | - | - | - | - | - | - | 1831 |
| DISTRIBUTION LOSSES | - | - | - | - | - | - | - | 15 | - | - | 2125 |
| PUMP STORAGE (ELECTR.) | - | - | - | - | - | - | - | - | - | - | - |
| OTHER ENERGY SECTOR | - | - | - | - | - | - | - | - | - | - | - |
| FINAL CONSUMPTION | 1445 | - | 220 | - | - | - | 4719 | 74 | - | 1422 | 35431 |
| INDUSTRY SECTOR | 659 | - | 216 | - | - | - | 4690 | 37 | - | 1422 | 21760 |
| IRON AND STEEL | 80 | - | 216 | - | - | - | 302 | - | - | 1422 | 1890 |
| CHEMICAL | 12 | - | - | - | - | - | - | - | - | - | 2580 |
| PETROCHEMICAL | - | - | - | - | - | - | - | - | - | - | - |
| NON-FERROUS METAL | - | - | - | - | - | - | - | - | - | - | 450 |
| NON-METALLIC MINERAL | 412 | - | - | - | - | - | 321 | - | - | - | 560 |
| PAPER PULP AND PRINT | 60 | - | - | - | - | - | 4047 | - | - | - | 11670 |
| MINING AND QUARRYING | - | - | - | - | - | - | - | - | - | - | 590 |
| FOOD AND TOBACCO | 95 | - | - | - | - | - | - | 37 | - | - | 850 |
| WOOD AND WOOD PRODUCTS | - | - | - | - | - | - | 20 | - | - | - | 1010 |
| MACHINERY | - | - | - | - | - | - | - | - | - | - | 1235 |
| TRANSPORT EQUIPMENT | - | - | - | - | - | - | - | - | - | - | - |
| CONSTRUCTION | - | - | - | - | - | - | - | - | - | - | 300 |
| TEXTILES AND LEATHER | - | - | - | - | - | - | - | - | - | - | 390 |
| NON SPECIFIED | - | - | - | - | - | - | - | - | - | - | 235 |
| NON-ENERGY USES: | | | | | | | | | | | |
| (1)ENERGY PRODUCTS | - | - | - | - | - | - | - | - | - | - | - |
| (2)NON-ENERGY PRODUCTS | - | - | - | - | - | - | - | - | - | - | - |
| TRANSPORT. SECTOR ** | - | - | - | - | - | - | - | - | - | - | 190 |
| AIR TRANSPORT | - | - | - | - | - | - | - | - | - | - | - |
| ROAD TRANSPORT | - | - | - | - | - | - | - | - | - | - | - |
| RAILWAYS | - | - | - | - | - | - | - | - | - | - | 190 |
| INTERNAL NAVIGATION | - | - | - | - | - | - | - | - | - | - | - |
| OTHER SECTORS ** | 786 | - | 4 | - | - | - | 29 | 37 | - | - | 13481 |
| AGRICULTURE | - | - | - | - | - | - | - | - | - | - | 400 |
| PUBLIC SERVICES | - | - | - | - | - | - | - | - | - | - | - |
| COMMERCE | - | - | - | - | - | - | - | - | - | - | 5148 |
| RESIDENTIAL | 786 | - | 4 | - | - | - | - | 37 | - | - | 7933 |

(1) INCLUDED IN CHEMICAL OR PETROCHEMICAL INDUSTRY
(2) INCLUDED ONLY IN TOTAL INDUSTRY

| * OF WHICH: HYDRO | 10927 |
|---|---|
| NUCLEAR | 6780 |
| CONVENTIONAL THERMAL | 21461 |
| GEOTHERMAL | 0 |

** INCLUDED IN THESE TOTALS ARE THE NON-SPECIFIED ELEMENTS

PRODUCTION ET UTILISATION DES SOURCES D ENERGIE : FINLANDE

1979

UNIT: 1000 METRIC TONS
UNITE: 1000 TONNES METRIQUES

| OIL PETROLE | | | REFINERY GAS | LIQUEFIED PETROLEUM GASES | AVIATION GASOLINE | MOTOR GASOLINE | JET FUEL | KEROSENE | GAS/DIESEL OIL | RESIDUAL FUEL OIL | NAPHTHA | NON-ENERGY PRODUCTS |
|---|---|---|---|---|---|---|---|---|---|---|---|---|
| CRUDE BRUT | NGL GNL | FEEDST. | GAZ DE PETROLE | GAZ LIQUEFIES DE PETROLE | ESSENCE AVION | ESSENCE AUTO | CARBURANT REACTEUR | PETROLE LAMPANT | GAZ/DIESEL OIL | FUEL OIL RESIDUEL | NAPHTHA | PRODUITS NON-ENERGETIQUES |
| 12 | 13 | 14 | 15 | 16 | 17 | 18 | 19 | 20 | 21 | 22 | 23 | 24 |
| - | - | - | 95 | 112 | - | 2161 | 226 | 5 | 4293 | 3753 | 633 | 915 |
| - | - | - | - | - | - | - | - | - | - | - | - | - |
| 12716 | - | - | - | 11 | 8 | - | - | 3 | 1357 | 1527 | 1 | 178 |
| - | - | - | - | -2 | - | -445 | -10 | - | -154 | -423 | -66 | -34 |
| - | - | - | - | - | - | - | - | - | -207 | -355 | - | - |
| -770 | - | - | - | -6 | -2 | -226 | -1 | 1 | -388 | -49 | -35 | - |
| 11946 | - | - | 95 | 115 | 6 | 1490 | 215 | 9 | 4901 | 4453 | 533 | 1059 |
| - | - | 189 | - | - | - | - | - | - | - | - | -189 | - |
| - | - | - | - | - | - | - | - | - | - | - | - | - |
| 11946 | - | 189 | 95 | 115 | 6 | 1490 | 215 | 9 | 4901 | 4453 | 344 | 1059 |
| -225 | - | - | - | 5 | -1 | 79 | -1 | -3 | 122 | 161 | -301 | 9 |
| 12171 | - | 189 | 42 | 10 | - | - | - | - | 26 | 1286 | - | - |
| - | - | - | - | - | - | - | - | - | - | - | - | - |
| - | - | - | - | 10 | - | - | - | - | - | - | - | - |
| 12171 | - | 189 | - | - | - | - | - | - | - | - | - | - |
| - | - | - | 42 | - | - | - | - | - | 26 | 1286 | - | - |
| - | - | - | - | - | - | - | - | - | - | - | - | 542 |
| - | - | - | - | - | - | - | - | - | - | - | - | - |
| - | - | - | - | - | - | - | - | - | - | - | - | - |
| - | - | - | - | - | - | - | - | - | - | - | - | 542 |
| - | - | - | - | - | - | - | - | - | - | - | - | - |
| - | - | - | - | - | - | - | - | - | - | - | - | - |
| - | - | - | - | - | - | - | - | - | - | - | - | - |
| - | - | - | - | - | - | - | - | - | - | - | - | - |
| - | - | - | 53 | 100 | 7 | 1411 | 216 | 12 | 4753 | 3006 | 645 | 508 |
| - | - | - | 53 | 72 | - | - | - | - | 529 | 2045 | 645 | 508 |
| - | - | - | - | 18 | - | - | - | - | 39 | 359 | - | - |
| - | - | - | - | 5 | - | - | - | - | 42 | 371 | - | - |
| - | - | - | 53 | 10 | - | - | - | - | 6 | 59 | 645 | - |
| - | - | - | - | 2 | - | - | - | - | 6 | 51 | - | - |
| - | - | - | - | 15 | - | - | - | - | 56 | 148 | - | - |
| - | - | - | - | 11 | - | - | - | - | 19 | 451 | - | 11 |
| - | - | - | - | - | - | - | - | - | 20 | 65 | - | - |
| - | - | - | - | 3 | - | - | - | - | 60 | 297 | - | - |
| - | - | - | - | - | - | - | - | - | 35 | 89 | - | - |
| - | - | - | - | 7 | - | - | - | - | 72 | 49 | - | - |
| - | - | - | - | - | - | - | - | - | 29 | 35 | - | - |
| - | - | - | - | - | - | - | - | - | - | - | - | - |
| - | - | - | - | - | - | - | - | - | - | - | - | - |
| - | - | - | - | 1 | - | - | - | - | 145 | 71 | - | - |
| - | - | - | 53 | 10 | - | - | - | - | - | 75 | 645 | - |
| - | - | - | - | - | - | - | - | - | - | - | - | 497 |
| - | - | - | - | - | 7 | 1389 | 216 | - | 1181 | - | - | - |
| - | - | - | - | - | 7 | - | 216 | - | - | - | - | - |
| - | - | - | - | - | - | 1389 | - | - | 1047 | - | - | - |
| - | - | - | - | - | - | - | - | - | 86 | - | - | - |
| - | - | - | - | - | - | - | - | - | 48 | - | - | - |
| - | - | - | - | 28 | - | 22 | - | 12 | 3043 | 961 | - | - |
| - | - | - | - | - | - | 22 | - | 5 | 553 | 71 | - | - |
| - | - | - | - | - | - | - | - | - | - | - | - | - |
| - | - | - | - | - | - | - | - | - | - | - | - | - |
| - | - | - | - | 28 | - | - | - | 7 | 2490 | 890 | - | - |

## PRODUCTION AND USES OF ENERGY SOURCES : FINLAND

1980

| ENERGY SOURCES / PRODUCTION AND USES | UNIT: 1000 METRIC TONS / UNITE: 1000 TONNES METRIQUES | | | | | | TCAL / TCAL | MANUFACTURED GAS (TCAL) / GAZ MANUFACTURE (TCAL) | | | MILLIONS OF (DE) KWH |
|---|---|---|---|---|---|---|---|---|---|---|---|
| | HARD COAL / HOUILLE | PATENT FUEL / AGGLOMERES | COKE OVEN COKE / COKE DE FOUR | GAS COKE / COKE DE GAZ | BROWN COAL / LIGNITE | BKB / BRIQ. DE LIGNITE | NATURAL GAS / GAZ NATUREL | GAS WORKS / USINES A GAZ | COKE OVENS / COKERIES | BLAST FURNACES / HAUT FOURNEAUX | ELECTRICITY* / ELECTRICITE* |
| | 1 | 2 | 3 | 4 | 5 | 6 | 7 | 8 | 9 | 10 | 11 |
| PRODUCTION | - | - | - | - | - | - | - | 81 | - | 2549 | 40645 |
| FROM OTHER SOURCES | - | - | - | - | - | - | - | - | - | - | - |
| IMPORT | 4669 | - | 1229 | - | - | - | 8825 | - | - | - | 2364 |
| EXPORT | - | - | - | - | - | - | - | - | - | - | -1154 |
| INTL. MARINE BUNKERS | - | - | - | - | - | - | - | - | - | - | - |
| STOCK CHANGES | 1032 | - | - | - | - | - | - | - | - | - | - |
| DOMESTIC SUPPLY | 5701 | - | 1229 | - | - | - | 8825 | 81 | - | 2549 | 41855 |
| RETURNS TO SUPPLY | - | - | - | - | - | - | - | - | - | - | - |
| TRANSFERS | - | - | - | - | - | - | - | - | - | - | - |
| DOMESTIC AVAILABILITY | 5701 | - | 1229 | - | - | - | 8825 | 81 | - | 2549 | 41855 |
| STATISTICAL DIFFERENCE | -38 | - | 168 | - | - | - | 389 | - | - | - | - |
| TRANSFORM. SECTOR ** | 4016 | - | 893 | - | - | - | 3855 | - | - | 1087 | - |
| FOR SOLID FUELS | - | - | - | - | - | - | - | - | - | - | - |
| FOR GASES | - | - | 893 | - | - | - | - | - | - | - | - |
| PETROLEUM REFINERIES | - | - | - | - | - | - | - | - | - | - | - |
| THERMO-ELECTRIC PLANTS | 4016 | - | - | - | - | - | 3855 | - | - | 1087 | - |
| ENERGY SECTOR | - | - | - | - | - | - | - | 11 | - | - | 4723 |
| COAL MINES | - | - | - | - | - | - | - | - | - | - | - |
| OIL AND GAS EXTRACTION | - | - | - | - | - | - | - | - | - | - | - |
| PETROLEUM REFINERIES | - | - | - | - | - | - | - | - | - | - | 430 |
| ELECTRIC PLANTS | - | - | - | - | - | - | - | - | - | - | 1935 |
| DISTRIBUTION LOSSES | - | - | - | - | - | - | - | 11 | - | - | 2358 |
| PUMP STORAGE (ELECTR.) | - | - | - | - | - | - | - | - | - | - | - |
| OTHER ENERGY SECTOR | - | - | - | - | - | - | - | - | - | - | - |
| FINAL CONSUMPTION | 1723 | - | 168 | - | - | - | 4581 | 70 | - | 1462 | 37132 |
| INDUSTRY SECTOR | 834 | - | 156 | - | - | - | 4555 | 33 | - | 1462 | 22765 |
| IRON AND STEEL | 87 | - | 156 | - | - | - | 282 | - | - | 1462 | 1865 |
| CHEMICAL | 14 | - | - | - | - | - | - | - | - | - | 2790 |
| PETROCHEMICAL | - | - | - | - | - | - | - | - | - | - | - |
| NON-FERROUS METAL | - | - | - | - | - | - | - | - | - | - | 450 |
| NON-METALLIC MINERAL | 540 | - | - | - | - | - | 334 | - | - | - | 590 |
| PAPER PULP AND PRINT | 75 | - | - | - | - | - | 3919 | - | - | - | 12100 |
| MINING AND QUARRYING | - | - | - | - | - | - | - | - | - | - | 625 |
| FOOD AND TOBACCO | 118 | - | - | - | - | - | - | 33 | - | - | 910 |
| WOOD AND WOOD PRODUCTS | - | - | - | - | - | - | 20 | - | - | - | 1100 |
| MACHINERY | - | - | - | - | - | - | - | - | - | - | 1375 |
| TRANSPORT EQUIPMENT | - | - | - | - | - | - | - | - | - | - | - |
| CONSTRUCTION | - | - | - | - | - | - | - | - | - | - | 295 |
| TEXTILES AND LEATHER | - | - | - | - | - | - | - | - | - | - | 390 |
| NON SPECIFIED | - | - | - | - | - | - | - | - | - | - | 275 |
| NON-ENERGY USES: | | | | | | | | | | | |
| (1)ENERGY PRODUCTS | - | - | - | - | - | - | - | - | - | - | - |
| (2)NON-ENERGY PRODUCTS | - | - | - | - | - | - | - | - | - | - | - |
| TRANSPORT. SECTOR ** | - | - | - | - | - | - | - | - | - | - | 220 |
| AIR TRANSPORT | - | - | - | - | - | - | - | - | - | - | - |
| ROAD TRANSPORT | - | - | - | - | - | - | - | - | - | - | - |
| RAILWAYS | - | - | - | - | - | - | - | - | - | - | 220 |
| INTERNAL NAVIGATION | - | - | - | - | - | - | - | - | - | - | - |
| OTHER SECTORS ** | 889 | - | 12 | - | - | - | 26 | 37 | - | - | 14147 |
| AGRICULTURE | - | - | - | - | - | - | - | - | - | - | 420 |
| PUBLIC SERVICES | - | - | - | - | - | - | - | - | - | - | - |
| COMMERCE | - | - | - | - | - | - | - | - | - | - | 5498 |
| RESIDENTIAL | 889 | - | 12 | - | - | - | - | 37 | - | - | 8229 |

(1) INCLUDED IN CHEMICAL OR PETROCHEMICAL INDUSTRY
(2) INCLUDED ONLY IN TOTAL INDUSTRY

| * OF WHICH: HYDRO | 10211 |
|---|---|
| NUCLEAR | 6957 |
| CONVENTIONAL THERMAL | 23477 |
| GEOTHERMAL | 0 |

** INCLUDED IN THESE TOTALS ARE THE NON-SPECIFIED ELEMENTS

PRODUCTION ET UTILISATION DES SOURCES D ENERGIE : FINLANDE

1980

UNIT: 1000 METRIC TONS
UNITE: 1000 TONNES METRIQUES

| OIL PETROLE | | | REFINERY GAS | LIQUEFIED PETROLEUM GASES | AVIATION GASOLINE | MOTOR GASOLINE | JET FUEL | KEROSENE | GAS/DIESEL OIL | RESIDUAL FUEL OIL | NAPHTHA | NON-ENERGY PRODUCTS |
|---|---|---|---|---|---|---|---|---|---|---|---|---|
| CRUDE BRUT | NGL GNL | FEEDST. | GAZ DE PETROLE | GAZ LIQUEFIES DE PETROLE | ESSENCE AVION | ESSENCE AUTO | CARBURANT REACTEUR | PETROLE LAMPANT | GAZ/DIESEL OIL | FUEL OIL RESIDUEL | NAPHTHA | PRODUITS NON-ENERGETIQUES |
| 12 | 13 | 14 | 15 | 16 | 17 | 18 | 19 | 20 | 21 | 22 | 23 | 24 |
| - | - | - | 74 | 116 | - | 1941 | 242 | 6 | 4281 | 4249 | 738 | 837 |
| - | - | - | - | - | - | - | - | - | - | - | - | - |
| 12876 | - | - | - | 9 | 8 | 1 | 4 | 2 | 1391 | 1336 | - | 212 |
| - | - | - | - | - | - | -590 | -16 | - | -489 | -746 | -238 | -20 |
| - | - | - | - | - | - | - | - | - | -170 | -431 | - | - |
| -67 | - | - | - | - | 1 | 18 | 12 | - | -442 | 166 | -16 | - |
| 12809 | - | - | 74 | 125 | 9 | 1370 | 242 | 8 | 4571 | 4574 | 484 | 1029 |
| - | - | 177 | - | - | - | - | - | - | - | - | -177 | - |
| - | - | - | - | - | - | - | - | - | - | - | - | - |
| 12809 | - | 177 | 74 | 125 | 9 | 1370 | 242 | 8 | 4571 | 4574 | 307 | 1029 |
| 315 | - | - | - | 5 | 2 | 34 | 12 | -4 | 89 | 455 | -273 | 3 |
| 12494 | - | 177 | 30 | 10 | - | - | - | - | 18 | 1355 | - | - |
| - | - | - | - | - | - | - | - | - | - | - | - | - |
| - | - | - | - | 10 | - | - | - | - | - | - | - | - |
| 12494 | - | 177 | - | - | - | - | - | - | - | - | - | - |
| - | - | - | 30 | - | - | - | - | - | 18 | 1355 | - | - |
| - | - | - | - | - | - | - | - | - | - | - | - | 515 |
| - | - | - | - | - | - | - | - | - | - | - | - | - |
| - | - | - | - | - | - | - | - | - | - | - | - | 515 |
| - | - | - | - | - | - | - | - | - | - | - | - | - |
| - | - | - | - | - | - | - | - | - | - | - | - | - |
| - | - | - | - | - | - | - | - | - | - | - | - | - |
| - | - | - | - | - | - | - | - | - | - | - | - | - |
| - | - | - | 44 | 110 | 7 | 1336 | 230 | 12 | 4464 | 2764 | 580 | 511 |
| - | - | - | 44 | 83 | - | - | - | - | 471 | 1921 | 580 | 511 |
| - | - | - | - | 19 | - | - | - | - | 35 | 336 | - | - |
| - | - | - | - | 5 | - | - | - | - | 37 | 350 | - | - |
| - | - | - | 44 | 16 | - | - | - | - | 5 | 55 | 580 | - |
| - | - | - | - | 3 | - | - | - | - | 6 | 48 | - | - |
| - | - | - | - | 15 | - | - | - | - | 49 | 137 | - | - |
| - | - | - | - | 14 | - | - | - | - | 17 | 423 | - | 37 |
| - | - | - | - | - | - | - | - | - | 18 | 61 | - | - |
| - | - | - | - | 3 | - | - | - | - | 53 | 279 | - | - |
| - | - | - | - | - | - | - | - | - | 31 | 83 | - | - |
| - | - | - | - | 8 | - | - | - | - | 64 | 46 | - | - |
| - | - | - | - | - | - | - | - | - | 26 | 33 | - | - |
| - | - | - | - | - | - | - | - | - | 113 | - | - | - |
| - | - | - | - | - | - | - | - | - | - | - | - | - |
| - | - | - | - | - | - | - | - | - | 17 | 70 | - | - |
| - | - | - | 44 | 16 | - | - | - | - | - | 73 | 576 | - |
| - | - | - | - | - | - | - | - | - | - | - | - | 474 |
| - | - | - | - | - | 7 | 1320 | 230 | - | 1233 | - | - | - |
| - | - | - | - | - | 7 | - | 230 | - | - | - | - | - |
| - | - | - | - | - | - | 1320 | - | - | 1099 | - | - | - |
| - | - | - | - | - | - | - | - | - | 88 | - | - | - |
| - | - | - | - | - | - | - | - | - | 46 | - | - | - |
| - | - | - | - | 27 | - | 16 | - | 12 | 2760 | 843 | - | - |
| - | - | - | - | - | - | 16 | - | 6 | 540 | 73 | - | - |
| - | - | - | - | - | - | - | - | - | - | - | - | - |
| - | - | - | - | - | - | - | - | - | - | - | - | - |
| - | - | - | - | 27 | - | - | - | 6 | 2220 | 770 | - | - |

## PRODUCTION AND USES OF ENERGY SOURCES : FINLAND

1981

| X / XX ENERGY / XX SOURCES / PRODUCTION XX / AND USES XX | UNIT: 1000 METRIC TONS / UNITE: 1000 TONNES METRIQUES | | | | | | TCAL / TCAL | MANUFACTURED GAS (TCAL) / GAZ MANUFACTURE (TCAL) | | | MILLIONS / OF (DE) KWH |
|---|---|---|---|---|---|---|---|---|---|---|---|
| | HARD COAL / HOUILLE | PATENT FUEL / AGGLOMERES | COKE OVEN COKE / COKE DE FOUR | GAS COKE / COKE DE GAZ | BROWN COAL / LIGNITE | BKB / BRIQ. DE LIGNITE | NATURAL GAS / GAZ NATUREL | GAS WORKS / USINES A GAZ | COKE OVENS / COKERIES | BLAST FURNACES / HAUT FOURNEAUX | ELECTRICITY* / ELECTRICITE* |
| | 1 | 2 | 3 | 4 | 5 | 6 | 7 | 8 | 9 | 10 | 11 |
| PRODUCTION | - | - | - | - | - | - | - | 77 | - | 2505 | 41025 |
| FROM OTHER SOURCES | - | - | - | - | - | - | - | - | - | - | - |
| IMPORT | 5650 | - | 1113 | - | - | - | 7002 | - | - | - | 2770 |
| EXPORT | - | - | - | - | - | - | - | - | - | - | -520 |
| INTL. MARINE BUNKERS | - | - | - | - | - | - | - | - | - | - | - |
| STOCK CHANGES | -2979 | - | - | - | - | - | - | - | - | - | - |
| DOMESTIC SUPPLY | 2671 | - | 1113 | - | - | - | 7002 | 77 | - | 2505 | 43275 |
| RETURNS TO SUPPLY | - | - | - | - | - | - | - | - | - | - | - |
| TRANSFERS | - | - | - | - | - | - | - | - | - | - | - |
| DOMESTIC AVAILABILITY | 2671 | - | 1113 | - | - | - | 7002 | 77 | - | 2505 | 43275 |
| STATISTICAL DIFFERENCE | -38 | - | 48 | - | - | - | - | - | - | - | - |
| TRANSFORM. SECTOR ** | 889 | - | 900 | - | - | - | 2074 | - | - | 1010 | - |
| FOR SOLID FUELS | - | - | - | - | - | - | - | - | - | - | - |
| FOR GASES | - | - | 900 | - | - | - | - | - | - | - | - |
| PETROLEUM REFINERIES | - | - | - | - | - | - | - | - | - | - | - |
| THERMO-ELECTRIC PLANTS | 889 | - | - | - | - | - | 2074 | - | - | 1010 | - |
| ENERGY SECTOR | - | - | - | - | - | - | - | 11 | - | - | 4698 |
| COAL MINES | - | - | - | - | - | - | - | - | - | - | - |
| OIL AND GAS EXTRACTION | - | - | - | - | - | - | - | - | - | - | - |
| PETROLEUM REFINERIES | - | - | - | - | - | - | - | - | - | - | 420 |
| ELECTRIC PLANTS | - | - | - | - | - | - | - | - | - | - | 1955 |
| DISTRIBUTION LOSSES | - | - | - | - | - | - | - | 11 | - | - | 2323 |
| PUMP STORAGE (ELECTR.) | - | - | - | - | - | - | - | - | - | - | - |
| OTHER ENERGY SECTOR | - | - | - | - | - | - | - | - | - | - | - |
| FINAL CONSUMPTION | 1820 | - | 165 | - | - | - | 4928 | 66 | - | 1495 | 38577 |
| INDUSTRY SECTOR | 917 | - | 155 | - | - | - | 4902 | 33 | - | 1495 | 23380 |
| IRON AND STEEL | 85 | - | 155 | - | - | - | 303 | - | - | 1495 | 1900 |
| CHEMICAL | 16 | - | - | - | - | - | - | - | - | - | 2915 |
| PETROCHEMICAL | - | - | - | - | - | - | - | - | - | - | - |
| NON-FERROUS METAL | - | - | - | - | - | - | - | - | - | - | 460 |
| NON-METALLIC MINERAL | 602 | - | - | - | - | - | 360 | - | - | - | 610 |
| PAPER PULP AND PRINT | 84 | - | - | - | - | - | 4217 | - | - | - | 12373 |
| MINING AND QUARRYING | - | - | - | - | - | - | - | - | - | - | 650 |
| FOOD AND TOBACCO | 130 | - | - | - | - | - | - | 33 | - | - | 925 |
| WOOD AND WOOD PRODUCTS | - | - | - | - | - | - | 22 | - | - | - | 1157 |
| MACHINERY | - | - | - | - | - | - | - | - | - | - | 1465 |
| TRANSPORT EQUIPMENT | - | - | - | - | - | - | - | - | - | - | - |
| CONSTRUCTION | - | - | - | - | - | - | - | - | - | - | 300 |
| TEXTILES AND LEATHER | - | - | - | - | - | - | - | - | - | - | 410 |
| NON SPECIFIED | - | - | - | - | - | - | - | - | - | - | 215 |
| NON-ENERGY USES: | | | | | | | | | | | |
| (1)ENERGY PRODUCTS | - | - | - | - | - | - | - | - | - | - | - |
| (2)NON-ENERGY PRODUCTS | - | - | - | - | - | - | - | - | - | - | - |
| TRANSPORT. SECTOR ** | - | - | - | - | - | - | - | - | - | - | 265 |
| AIR TRANSPORT | - | - | - | - | - | - | - | - | - | - | - |
| ROAD TRANSPORT | - | - | - | - | - | - | - | - | - | - | - |
| RAILWAYS | - | - | - | - | - | - | - | - | - | - | 265 |
| INTERNAL NAVIGATION | - | - | - | - | - | - | - | - | - | - | - |
| OTHER SECTORS ** | 903 | - | 10 | - | - | - | 26 | 33 | - | - | 14932 |
| AGRICULTURE | - | - | - | - | - | - | - | - | - | - | 440 |
| PUBLIC SERVICES | - | - | - | - | - | - | - | - | - | - | - |
| COMMERCE | - | - | - | - | - | - | - | - | - | - | 5835 |
| RESIDENTIAL | 903 | - | 10 | - | - | - | - | 33 | - | - | 8657 |

(1) INCLUDED IN CHEMICAL OR PETROCHEMICAL INDUSTRY
(2) INCLUDED ONLY IN TOTAL INDUSTRY

** INCLUDED IN THESE TOTALS ARE THE NON-SPECIFIED ELEMENTS

| * OF WHICH: HYDRO | 13654 |
|---|---|
| NUCLEAR | 14773 |
| CONVENTIONAL THERMAL | 12598 |
| GEOTHERMAL | 0 |

PRODUCTION ET UTILISATION DES SOURCES D ENERGIE : FINLANDE

1981

UNIT: 1000 METRIC TONS
UNITE: 1000 TONNES METRIQUES

| OIL PETROLE | | | REFINERY GAS | LIQUEFIED PETROLEUM GASES | AVIATION GASOLINE | MOTOR GASOLINE | JET FUEL | KEROSENE | GAS/DIESEL OIL | RESIDUAL FUEL OIL | NAPHTHA | NON-ENERGY PRODUCTS |
|---|---|---|---|---|---|---|---|---|---|---|---|---|
| CRUDE BRUT | NGL GNL | FEEDST. | GAZ DE PETROLE | GAZ LIQUEFIES DE PETROLE | ESSENCE AVION | ESSENCE AUTO | CARBURANT REACTEUR | PETROLE LAMPANT | GAZ/DIESEL OIL | FUEL OIL RESIDUEL | NAPHTHA | PRODUITS NON-ENERGETIQUES |
| 12 | 13 | 14 | 15 | 16 | 17 | 18 | 19 | 20 | 21 | 22 | 23 | 24 |
| - | - | - | 96 | 143 | - | 2052 | 248 | 16 | 3915 | 3255 | 513 | 877 |
| - | - | - | - | - | - | - | - | - | - | - | - | - |
| 10774 | - | - | - | 6 | 4 | 1 | 4 | 2 | 1047 | 1493 | - | 163 |
| - | - | - | - | - | - | -651 | - | - | -735 | -324 | -89 | -38 |
| - | - | - | - | - | - | - | - | - | -97 | -489 | - | - |
| 340 | - | - | - | -20 | 2 | 58 | -14 | - | 126 | -137 | 40 | - |
| 11114 | - | - | 96 | 129 | 6 | 1460 | 238 | 18 | 4256 | 3798 | 464 | 1002 |
| - | - | 212 | - | - | - | - | - | - | - | - | -212 | - |
| - | - | - | - | - | - | - | - | - | - | - | - | - |
| 11114 | - | 212 | 96 | 129 | 6 | 1460 | 238 | 18 | 4256 | 3798 | 252 | 1002 |
| 11 | - | - | - | -6 | 1 | 115 | 4 | -2 | 154 | -88 | -272 | -2 |
| 11103 | - | 212 | 41 | 9 | - | - | - | - | 16 | 1216 | - | - |
| - | - | - | - | - | - | - | - | - | - | - | - | - |
| - | - | - | - | 9 | - | - | - | - | - | - | - | - |
| 11103 | - | 212 | - | - | - | - | - | - | - | - | - | - |
| - | - | - | 41 | - | - | - | - | - | 16 | 1216 | - | - |
| - | - | - | - | - | - | - | - | - | - | - | - | 520 |
| - | - | - | - | - | - | - | - | - | - | - | - | - |
| - | - | - | - | - | - | - | - | - | - | - | - | - |
| - | - | - | - | - | - | - | - | - | - | - | - | 520 |
| - | - | - | - | - | - | - | - | - | - | - | - | - |
| - | - | - | - | - | - | - | - | - | - | - | - | - |
| - | - | - | - | - | - | - | - | - | - | - | - | - |
| - | - | - | - | - | - | - | - | - | - | - | - | - |
| - | - | - | 55 | 126 | 5 | 1345 | 234 | 20 | 4086 | 2670 | 524 | 484 |
| - | - | - | 55 | 98 | - | - | - | - | 420 | 2031 | 524 | 484 |
| - | - | - | - | 20 | - | - | - | - | 31 | 355 | - | - |
| - | - | - | - | 6 | - | - | - | - | 33 | 370 | - | - |
| - | - | - | 55 | 27 | - | - | - | - | 4 | 58 | 524 | - |
| - | - | - | - | 3 | - | - | - | - | 5 | 50 | - | - |
| - | - | - | - | 16 | - | - | - | - | 44 | 145 | - | - |
| - | - | - | - | 14 | - | - | - | - | 15 | 447 | - | 33 |
| - | - | - | - | - | - | - | - | - | 16 | 65 | - | - |
| - | - | - | - | 3 | - | - | - | - | 47 | 295 | - | - |
| - | - | - | - | - | - | - | - | - | 28 | 88 | - | - |
| - | - | - | - | 9 | - | - | - | - | 57 | 49 | - | - |
| - | - | - | - | - | - | - | - | - | 23 | 35 | - | - |
| - | - | - | - | - | - | - | - | - | 114 | - | - | - |
| - | - | - | - | - | - | - | - | - | - | - | - | - |
| - | - | - | - | - | - | - | - | - | 3 | 74 | - | - |
| - | - | - | 55 | 27 | - | - | - | - | - | 70 | 522 | - |
| - | - | - | - | - | - | - | - | - | - | - | - | 451 |
| - | - | - | - | - | 5 | 1327 | 234 | - | 1249 | - | - | - |
| - | - | - | - | - | 5 | - | 234 | - | - | - | - | - |
| - | - | - | - | - | - | 1327 | - | - | 1122 | - | - | - |
| - | - | - | - | - | - | - | - | - | 87 | - | - | - |
| - | - | - | - | - | - | - | - | - | 40 | - | - | - |
| - | - | - | - | 28 | - | 18 | - | 20 | 2417 | 639 | - | - |
| - | - | - | - | - | - | 18 | - | 15 | 427 | 81 | - | - |
| - | - | - | - | - | - | - | - | - | - | - | - | - |
| - | - | - | - | - | - | - | - | - | - | - | - | - |
| - | - | - | - | 28 | - | - | - | 5 | 1990 | 558 | - | - |

## PRODUCTION AND USES OF ENERGY SOURCES : FRANCE

1971

| ENERGY SOURCES / PRODUCTION AND USES | UNIT: 1000 METRIC TONS / UNITE: 1000 TONNES METRIQUES | | | | | | TCAL / TCAL | MANUFACTURED GAS (TCAL) / GAZ MANUFACTURE (TCAL) | | | MILLIONS OF (DE) KWH |
|---|---|---|---|---|---|---|---|---|---|---|---|
| | HARD COAL / HOUILLE | PATENT FUEL / AGGLOMERES | COKE OVEN COKE / COKE DE FOUR | GAS COKE / COKE DE GAZ | BROWN COAL / LIGNITE | BKB / BRIQ. DE LIGNITE | NATURAL GAS / GAZ NATUREL | GAS WORKS / USINES A GAZ | COKE OVENS / COKERIES | BLAST FURNACES / HAUT FOURNEAUX | ELECTRICITY* / ELECTRICITE* |
| | 1 | 2 | 3 | 4 | 5 | 6 | 7 | 8 | 9 | 10 | 11 |
| PRODUCTION | 33014 | 3735 | 12505 | 4 | 2752 | - | 67352 | 14085 | 25826 | 37792 | 155862 |
| FROM OTHER SOURCES | 885 | - | - | - | - | - | - | - | - | - | - |
| IMPORT | 13636 | 145 | 2796 | - | - | 253 | 44408 | 215 | - | - | 4186 |
| EXPORT | -827 | -70 | -595 | - | -19 | - | -85 | -135 | - | - | -5608 |
| INTL. MARINE BUNKERS | - | - | - | - | - | - | - | - | - | - | - |
| STOCK CHANGES | 1316 | -25 | -337 | - | -133 | -9 | -3383 | -70 | - | - | - |
| DOMESTIC SUPPLY | 48024 | 3785 | 14369 | 4 | 2600 | 244 | 108292 | 14095 | 25826 | 37792 | 154440 |
| RETURNS TO SUPPLY | - | - | - | - | - | - | - | - | - | - | - |
| TRANSFERS | - | - | - | - | - | - | - | - | - | - | - |
| DOMESTIC AVAILABILITY | 48024 | 3785 | 14369 | 4 | 2600 | 244 | 108292 | 14095 | 25826 | 37792 | 154440 |
| STATISTICAL DIFFERENCE | -14 | - | 8 | - | - | - | - | 284 | - | - | 488 |
| TRANSFORM. SECTOR ** | 35972 | - | 5459 | - | 2042 | - | 23974 | - | 4478 | 11567 | - |
| FOR SOLID FUELS | 19618 | - | 462 | - | - | - | - | - | - | 942 | - |
| FOR GASES | 5 | - | 4997 | - | - | - | 6765 | - | 2389 | - | - |
| PETROLEUM REFINERIES | - | - | - | - | - | - | - | - | - | - | - |
| THERMO-ELECTRIC PLANTS | 16349 | - | - | - | 2042 | - | 17209 | - | 2089 | 10625 | - |
| ENERGY SECTOR | 807 | 10 | 36 | 1 | 6 | - | 7706 | 1177 | 12879 | 2847 | 23776 |
| COAL MINES | 807 | - | - | - | 6 | - | - | - | - | - | 2352 |
| OIL AND GAS EXTRACTION | - | - | - | - | - | - | 597 | - | - | - | 51 |
| PETROLEUM REFINERIES | - | - | - | - | - | - | - | - | - | - | 3693 |
| ELECTRIC PLANTS | - | - | - | - | - | - | - | - | - | - | 6864 |
| DISTRIBUTION LOSSES | - | - | - | - | - | - | 6231 | 645 | 746 | 2847 | 10386 |
| PUMP STORAGE (ELECTR.) | - | - | - | - | - | - | - | - | - | - | 201 |
| OTHER ENERGY SECTOR | - | 10 | 36 | 1 | - | - | 878 | 532 | 12133 | - | 229 |
| FINAL CONSUMPTION | 11259 | 3775 | 8866 | 3 | 552 | 244 | 76612 | 12634 | 8469 | 23378 | 130176 |
| INDUSTRY SECTOR | 5647 | 16 | 8276 | 2 | 450 | - | 45626 | 1592 | 8469 | 23378 | 75655 |
| IRON AND STEEL | 2356 | 2 | 6734 | - | - | - | 6731 | 615 | 5501 | 23282 | 11765 |
| CHEMICAL | 895 | - | 395 | - | 51 | - | 20042 | 37 | 2795 | - | 19185 |
| PETROCHEMICAL | - | - | - | - | - | - | - | - | - | - | - |
| NON-FERROUS METAL | 172 | - | 313 | - | 162 | - | 604 | - | - | - | 11306 |
| NON-METALLIC MINERAL | 416 | 8 | 307 | - | 16 | - | 9996 | - | - | - | 5278 |
| PAPER PULP AND PRINT | 229 | - | - | - | 1 | - | 2331 | - | - | - | 5439 |
| MINING AND QUARRYING | 311 | - | 21 | - | - | - | 174 | - | - | - | 1697 |
| FOOD AND TOBACCO | 192 | 3 | 87 | - | 38 | - | 1079 | - | - | - | 3873 |
| WOOD AND WOOD PRODUCTS | - | - | - | - | - | - | - | - | - | - | 993 |
| MACHINERY | 244 | - | 373 | - | 1 | - | - | - | - | - | 5205 |
| TRANSPORT EQUIPMENT | - | - | - | - | - | - | - | - | - | - | 4096 |
| CONSTRUCTION | - | - | - | - | - | - | - | - | - | - | 624 |
| TEXTILES AND LEATHER | 349 | - | 3 | - | 32 | - | 283 | - | - | - | 3895 |
| NON SPECIFIED | 483 | 3 | 43 | 2 | 149 | - | 4386 | 940 | 173 | 96 | 2299 |
| NON-ENERGY USES: | | | | | | | | | | | |
| (1)ENERGY PRODUCTS | - | - | - | - | - | - | - | - | - | - | - |
| (2)NON-ENERGY PRODUCTS | - | - | - | - | - | - | - | - | - | - | - |
| TRANSPORT. SECTOR ** | 103 | 49 | 29 | - | - | 4 | 180 | - | - | - | 5835 |
| AIR TRANSPORT | - | - | - | - | - | - | - | - | - | - | - |
| ROAD TRANSPORT | - | - | - | - | - | - | 180 | - | - | - | - |
| RAILWAYS | 103 | 49 | 29 | - | - | 4 | - | - | - | - | 5835 |
| INTERNAL NAVIGATION | - | - | - | - | - | - | - | - | - | - | - |
| OTHER SECTORS ** | 5509 | 3710 | 561 | 1 | 102 | 240 | 30806 | 11042 | - | - | 48686 |
| AGRICULTURE | - | - | - | - | - | - | - | - | - | - | 881 |
| PUBLIC SERVICES | - | - | - | - | - | - | - | - | - | - | - |
| COMMERCE | - | - | - | - | - | - | 9369 | 2278 | - | - | 14610 |
| RESIDENTIAL | 5509 | 3710 | 561 | 1 | 102 | 240 | 21437 | 8764 | - | - | 23471 |

(1) INCLUDED IN CHEMICAL OR PETROCHEMICAL INDUSTRY
(2) INCLUDED ONLY IN TOTAL INDUSTRY

| * OF WHICH: | |
|---|---|
| HYDRO | 49361 |
| NUCLEAR | 9336 |
| CONVENTIONAL THERMAL | 97165 |
| GEOTHERMAL | 0 |

** INCLUDED IN THESE TOTALS ARE THE NON-SPECIFIED ELEMENTS

PRODUCTION ET UTILISATION DES SOURCES D ENERGIE : FRANCE

1971

UNIT: 1000 METRIC TONS
UNITE: 1000 TONNES METRIQUES

| OIL PETROLE | | | REFINERY GAS | LIQUEFIED PETROLEUM GASES | AVIATION GASOLINE | MOTOR GASOLINE | JET FUEL | KEROSENE | GAS/DIESEL OIL | RESIDUAL FUEL OIL | NAPHTHA | NON-ENERGY PRODUCTS |
|---|---|---|---|---|---|---|---|---|---|---|---|---|
| CRUDE* BRUT* | NGL GNL | FEEDST. | GAZ DE PETROLE | GAZ LIQUEFIES DE PETROLE | ESSENCE AVION | ESSENCE AUTO | CARBURANT REACTEUR | PETROLE LAMPANT | GAZ/DIESEL OIL | FUEL OIL RESIDUEL | NAPHTHA | PRODUITS NON-ENERGETIQUES |
| 12 | 13 | 14 | 15 | 16 | 17 | 18 | 19 | 20 | 21 | 22 | 23 | 24 |
| 1861 | - | - | 2738 | 2761 | 27 | 13911 | 2776 | 44 | 40471 | 32546 | 1680 | 8220 |
| - | - | - | - | - | - | - | - | - | - | - | - | - |
| 107587 | - | - | - | 280 | 52 | 712 | 59 | 4 | 4425 | 934 | 1223 | 465 |
| - | - | - | - | -562 | - | -1366 | -483 | -67 | -3687 | -3651 | -1018 | -1005 |
| - | - | - | - | - | - | - | - | - | -569 | -3548 | - | -38 |
| -641 | - | - | - | -148 | -29 | 66 | -850 | 71 | -1748 | 1871 | - | - |
| 108807 | - | - | 2738 | 2331 | 50 | 13323 | 1502 | 52 | 38892 | 28152 | 1885 | 7642 |
| - | - | - | - | - | - | - | - | - | - | - | - | - |
| - | - | - | - | - | - | - | - | - | - | - | - | - |
| 108807 | - | - | 2738 | 2331 | 50 | 13323 | 1502 | 52 | 38892 | 28152 | 1885 | 7642 |
| - | - | - | - | - | - | - | - | - | - | - | -1832 | 114 |
| 108807 | - | - | 242 | 318 | - | - | - | - | 223 | 8119 | 250 | - |
| - | - | - | - | - | - | - | - | - | - | - | - | - |
| - | - | - | 242 | 318 | - | - | - | - | - | - | 250 | - |
| 108807 | - | - | - | - | - | - | - | - | - | - | - | - |
| - | - | - | - | - | - | - | - | - | 223 | 8119 | - | - |
| - | - | - | 2496 | - | - | - | - | - | - | 2852 | - | 194 |
| - | - | - | - | - | - | - | - | - | - | - | - | - |
| - | - | - | - | - | - | - | - | - | - | - | - | - |
| - | - | - | 2496 | - | - | - | - | - | - | 2852 | - | 194 |
| - | - | - | - | - | - | - | - | - | - | - | - | - |
| - | - | - | - | - | - | - | - | - | - | - | - | - |
| - | - | - | - | - | - | - | - | - | - | - | - | - |
| - | - | - | - | - | - | - | - | - | - | - | - | - |
| - | - | - | - | 2013 | 50 | 13323 | 1502 | 52 | 38669 | 17181 | 3467 | 7334 |
| - | - | - | - | 541 | - | - | - | - | 9948 | 15066 | 3467 | 7314 |
| - | - | - | - | - | - | - | - | - | 207 | 1893 | 92 | - |
| - | - | - | - | 30 | - | - | - | - | 163 | 2090 | 115 | - |
| - | - | - | - | - | - | - | - | - | - | - | 3260 | - |
| - | - | - | - | - | - | - | - | - | 35 | 371 | - | - |
| - | - | - | - | - | - | - | - | - | 241 | 3930 | - | - |
| - | - | - | - | - | - | - | - | - | 76 | 1230 | - | - |
| - | - | - | - | - | - | - | - | - | - | 426 | - | - |
| - | - | - | - | - | - | - | - | - | - | 2165 | - | - |
| - | - | - | - | - | - | - | - | - | - | 110 | - | - |
| - | - | - | - | - | - | - | - | - | - | 320 | - | - |
| - | - | - | - | - | - | - | - | - | - | 400 | - | - |
| - | - | - | - | - | - | - | - | - | - | - | - | - |
| - | - | - | - | - | - | - | - | - | - | - | - | - |
| - | - | - | - | 511 | - | - | - | - | 9226 | 2131 | - | - |
| - | - | - | - | - | - | - | - | - | - | - | - | - |
| - | - | - | - | - | - | - | - | - | - | - | - | 7314 |
| - | - | - | - | - | 50 | 13323 | 1502 | 5 | 5915 | 159 | - | - |
| - | - | - | - | - | 50 | - | 1502 | - | - | - | - | - |
| - | - | - | - | - | - | 13323 | - | - | 4833 | - | - | - |
| - | - | - | - | - | - | - | - | 5 | 436 | 118 | - | - |
| - | - | - | - | - | - | - | - | - | 646 | 41 | - | - |
| - | - | - | - | 1472 | - | - | - | 47 | 22806 | 1956 | - | 20 |
| - | - | - | - | - | - | - | - | 4 | 1950 | 147 | - | - |
| - | - | - | - | - | - | - | - | - | - | - | - | - |
| - | - | - | - | - | - | - | - | - | - | - | - | - |
| - | - | - | - | 1472 | - | - | - | 23 | 20856 | - | - | 20 |

*INCLUDED IN THIS COLUMN IS NGL AND FEEDSTOCKS.

## PRODUCTION AND USES OF ENERGY SOURCES : FRANCE

### 1972

| ENERGY SOURCES / PRODUCTION AND USES | UNIT: 1000 METRIC TONS / UNITE: 1000 TONNES METRIQUES | | | | | | TCAL / TCAL | MANUFACTURED GAS (TCAL) / GAZ MANUFACTURE (TCAL) | | | MILLIONS OF (DE) KWH |
|---|---|---|---|---|---|---|---|---|---|---|---|
| | HARD COAL / HOUILLE | PATENT FUEL / AGGLOMERES | COKE OVEN COKE / COKE DE FOUR | GAS COKE / COKE DE GAZ | BROWN COAL / LIGNITE | BKB / BRIQ. DE LIGNITE | NATURAL GAS / GAZ NATUREL | GAS WORKS / USINES A GAZ | COKE OVENS / COKERIES | BLAST FURNACES / HAUT FOURNEAUX | ELECTRICITY* / ELECTRICITE* |
| | 1 | 2 | 3 | 4 | 5 | 6 | 7 | 8 | 9 | 10 | 11 |
| PRODUCTION | 29763 | 3351 | 11545 | - | 2962 | - | 69863 | 11981 | 24182 | 37101 | 171226 |
| FROM OTHER SOURCES | 811 | - | - | - | - | - | - | - | - | - | - |
| IMPORT | 11699 | 120 | 3118 | - | - | 234 | 61610 | 66 | - | - | 3005 |
| EXPORT | -865 | -88 | -632 | - | -23 | - | -751 | -48 | - | - | -8932 |
| INTL. MARINE BUNKERS | - | - | - | - | - | - | - | - | - | - | - |
| STOCK CHANGES | -92 | 50 | -245 | - | -279 | -20 | -2490 | 132 | - | - | - |
| DOMESTIC SUPPLY | 41316 | 3433 | 13786 | - | 2660 | 214 | 128232 | 12131 | 24182 | 37101 | 165299 |
| RETURNS TO SUPPLY | - | - | - | - | - | - | - | - | - | - | - |
| TRANSFERS | - | - | - | - | - | - | - | - | - | - | - |
| DOMESTIC AVAILABILITY | 41316 | 3433 | 13786 | - | 2660 | 214 | 128232 | 12131 | 24182 | 37101 | 165299 |
| STATISTICAL DIFFERENCE | -10 | - | 9 | - | - | - | - | -397 | - | - | 467 |
| TRANSFORM. SECTOR ** | 30632 | - | 5287 | - | 2291 | - | 27176 | - | 5104 | 11703 | - |
| FOR SOLID FUELS | 18170 | - | 426 | - | - | - | - | - | - | 912 | - |
| FOR GASES | - | - | 4861 | - | - | - | 5436 | - | 1778 | - | - |
| PETROLEUM REFINERIES | - | - | - | - | - | - | - | - | - | - | - |
| THERMO-ELECTRIC PLANTS | 12462 | - | - | - | 2291 | - | 21740 | - | 3326 | 10791 | - |
| ENERGY SECTOR | 654 | 11 | 22 | - | 6 | - | 8386 | 1149 | 11695 | 2679 | 24920 |
| COAL MINES | 654 | - | - | - | 6 | - | - | - | - | - | 2226 |
| OIL AND GAS EXTRACTION | - | - | - | - | - | - | 752 | - | - | - | 50 |
| PETROLEUM REFINERIES | - | - | - | - | - | - | - | - | - | - | 3907 |
| ELECTRIC PLANTS | - | - | - | - | - | - | - | - | - | - | 7574 |
| DISTRIBUTION LOSSES | - | - | - | - | - | - | 6685 | 508 | 446 | 2679 | 10703 |
| PUMP STORAGE (ELECTR.) | - | - | - | - | - | - | - | - | - | - | 240 |
| OTHER ENERGY SECTOR | - | 11 | 22 | - | - | - | 949 | 641 | 11249 | - | 220 |
| FINAL CONSUMPTION | 10040 | 3422 | 8468 | - | 363 | 214 | 92670 | 11379 | 7383 | 22719 | 139912 |
| INDUSTRY SECTOR | 5067 | 10 | 7964 | - | 286 | - | 51509 | 1383 | 7383 | 22719 | 79098 |
| IRON AND STEEL | 2591 | 2 | 6575 | - | - | - | 8181 | 716 | 5294 | 22616 | 12502 |
| CHEMICAL | 721 | - | 303 | - | 33 | - | 19957 | 36 | 1900 | - | 19570 |
| PETROCHEMICAL | - | - | - | - | - | - | - | - | - | - | - |
| NON-FERROUS METAL | 196 | - | 326 | - | 58 | - | 647 | - | - | - | 11399 |
| NON-METALLIC MINERAL | 239 | 3 | 264 | - | 13 | - | 11234 | - | - | - | 5636 |
| PAPER PULP AND PRINT | 267 | - | - | - | - | - | 1974 | - | - | - | 5669 |
| MINING AND QUARRYING | 295 | - | 16 | - | - | - | 250 | - | - | - | 1741 |
| FOOD AND TOBACCO | 175 | 2 | 82 | - | 39 | - | 1526 | - | - | - | 4132 |
| WOOD AND WOOD PRODUCTS | - | - | - | - | - | - | - | - | - | - | 1109 |
| MACHINERY | 161 | - | 340 | - | 4 | - | - | - | - | - | 5552 |
| TRANSPORT EQUIPMENT | - | - | - | - | - | - | - | - | - | - | 4439 |
| CONSTRUCTION | - | - | - | - | - | - | - | - | - | - | 707 |
| TEXTILES AND LEATHER | 279 | - | 2 | - | 36 | - | 796 | - | - | - | 4068 |
| NON SPECIFIED | 143 | 3 | 56 | - | 103 | - | 6944 | 631 | 189 | 103 | 2574 |
| NON-ENERGY USES: | | | | | | | | | | | |
| (1)ENERGY PRODUCTS | - | - | - | - | - | - | - | - | - | - | - |
| (2)NON-ENERGY PRODUCTS | - | - | - | - | - | - | - | - | - | - | - |
| TRANSPORT. SECTOR ** | 49 | 39 | 22 | - | - | 3 | 155 | - | - | - | 6091 |
| AIR TRANSPORT | - | - | - | - | - | - | - | - | - | - | - |
| ROAD TRANSPORT | - | - | - | - | - | - | 155 | - | - | - | - |
| RAILWAYS | 49 | 39 | 22 | - | - | 3 | - | - | - | - | 6091 |
| INTERNAL NAVIGATION | - | - | - | - | - | - | - | - | - | - | - |
| OTHER SECTORS ** | 4924 | 3373 | 482 | - | 77 | 211 | 41006 | 9996 | - | - | 54723 |
| AGRICULTURE | - | - | - | - | - | - | - | - | - | - | 1017 |
| PUBLIC SERVICES | - | - | - | - | - | - | - | - | - | - | - |
| COMMERCE | - | - | - | - | - | - | 14071 | 2337 | - | - | 16435 |
| RESIDENTIAL | 4924 | 3373 | 482 | - | 77 | 211 | 26935 | 7659 | - | - | 26641 |

(1) INCLUDED IN CHEMICAL OR PETROCHEMICAL INDUSTRY
(2) INCLUDED ONLY IN TOTAL INDUSTRY

** INCLUDED IN THESE TOTALS ARE THE NON-SPECIFIED ELEMENTS

| * OF WHICH: | |
|---|---|
| HYDRO | 49398 |
| NUCLEAR | 14592 |
| CONVENTIONAL THERMAL | 107236 |
| GEOTHERMAL | 0 |

PRODUCTION ET UTILISATION DES SOURCES D ENERGIE : FRANCE

1972

UNIT: 1000 METRIC TONS
UNITE: 1000 TONNES METRIQUES

| OIL / PETROLE: CRUDE* / BRUT* | NGL / GNL | FEEDST. | REFINERY GAS / GAZ DE PETROLE | LIQUEFIED PETROLEUM GASES / GAZ LIQUEFIES DE PETROLE | AVIATION GASOLINE / ESSENCE AVION | MOTOR GASOLINE / ESSENCE AUTO | JET FUEL / CARBURANT REACTEUR | KEROSENE / PETROLE LAMPANT | GAS/DIESEL OIL / GAZ/DIESEL OIL | RESIDUAL FUEL OIL / FUEL OIL RESIDUEL | NAPHTHA / NAPHTHA | NON-ENERGY PRODUCTS / PRODUITS NON-ENERGETIQUES |
|---|---|---|---|---|---|---|---|---|---|---|---|---|
| 12 | 13 | 14 | 15 | 16 | 17 | 18 | 19 | 20 | 21 | 22 | 23 | 24 |
| 1484 | - | - | 3067 | 3051 | 41 | 15852 | 3121 | 69 | 43211 | 36658 | 2305 | 8763 |
| - | - | - | - | - | - | - | - | - | - | - | - | - |
| 118209 | - | - | - | 255 | 33 | 704 | 15 | 23 | 4049 | 2179 | 1310 | 436 |
| - | - | - | - | -520 | - | -1560 | -602 | -69 | -4338 | -3020 | -997 | -1302 |
| - | - | - | - | - | - | - | - | - | -622 | -4203 | - | -39 |
| 266 | - | - | - | -298 | -28 | -474 | -825 | 22 | -818 | 1221 | - | - |
| 119959 | - | - | 3067 | 2488 | 46 | 14522 | 1709 | 45 | 41482 | 32835 | 2618 | 7858 |
| - | - | - | - | - | - | - | - | - | - | - | - | - |
| - | - | - | - | - | - | - | - | - | - | - | - | - |
| 119959 | - | - | 3067 | 2488 | 46 | 14522 | 1709 | 45 | 41482 | 32835 | 2618 | 7858 |
| - | - | - | - | - | - | - | - | - | - | - | -1669 | -268 |
| 119959 | - | - | 273 | 365 | - | - | - | - | 162 | 11053 | 306 | - |
| - | - | - | - | - | - | - | - | - | - | - | - | - |
| - | - | - | 273 | 365 | - | - | - | - | - | - | 251 | - |
| 119959 | - | - | - | - | - | - | - | - | - | - | - | - |
| - | - | - | - | - | - | - | - | - | 162 | 11053 | 55 | - |
| - | - | - | 2794 | - | - | - | - | - | - | 3073 | - | 256 |
| - | - | - | - | - | - | - | - | - | - | - | - | - |
| - | - | - | 2794 | - | - | - | - | - | - | 3073 | - | 256 |
| - | - | - | - | - | - | - | - | - | - | - | - | - |
| - | - | - | - | - | - | - | - | - | - | - | - | - |
| - | - | - | - | - | - | - | - | - | - | - | - | - |
| - | - | - | - | - | - | - | - | - | - | - | - | - |
| - | - | - | - | 2123 | 46 | 14522 | 1709 | 45 | 41320 | 18709 | 3981 | 7870 |
| - | - | - | - | 807 | - | - | - | - | 6518 | 16635 | 3981 | 7850 |
| - | - | - | - | - | - | - | - | - | 225 | 2150 | 50 | - |
| - | - | - | - | 70 | - | - | - | - | 180 | 2500 | 127 | - |
| - | - | - | - | - | - | - | - | - | - | - | 3796 | - |
| - | - | - | - | - | - | - | - | - | 26 | 405 | - | - |
| - | - | - | - | - | - | - | - | - | 256 | 4276 | 8 | - |
| - | - | - | - | - | - | - | - | - | 76 | 1060 | - | - |
| - | - | - | - | - | - | - | - | - | - | 479 | - | - |
| - | - | - | - | - | - | - | - | - | - | 2328 | - | - |
| - | - | - | - | - | - | - | - | - | - | 130 | - | - |
| - | - | - | - | - | - | - | - | - | - | 320 | - | - |
| - | - | - | - | - | - | - | - | - | - | 410 | - | - |
| - | - | - | - | - | - | - | - | - | - | - | - | - |
| - | - | - | - | - | - | - | - | - | - | - | - | - |
| - | - | - | - | 737 | - | - | - | - | 5755 | 2577 | - | - |
| - | - | - | - | - | - | - | - | - | - | - | - | - |
| - | - | - | - | - | - | - | - | - | - | - | - | 7850 |
| - | - | - | - | - | 46 | 14522 | 1709 | 4 | 6595 | 94 | - | - |
| - | - | - | - | - | 46 | - | 1709 | - | - | - | - | - |
| - | - | - | - | - | - | 14522 | - | - | 5430 | - | - | - |
| - | - | - | - | - | - | - | - | 4 | 537 | 49 | - | - |
| - | - | - | - | - | - | - | - | - | 628 | 45 | - | - |
| - | - | - | - | 1316 | - | - | - | 41 | 28207 | 1980 | - | 20 |
| - | - | - | - | - | - | - | - | 1 | 2183 | 150 | - | - |
| - | - | - | - | - | - | - | - | - | - | - | - | - |
| - | - | - | - | - | - | - | - | - | - | - | - | - |
| - | - | - | - | 1316 | - | - | - | 25 | 26024 | - | - | 20 |

*INCLUDED IN THIS COLUMN IS NGL AND FEEDSTOCKS.

## PRODUCTION AND USES OF ENERGY SOURCES : FRANCE

1973

| PRODUCTION AND USES \ ENERGY SOURCES | HARD COAL / HOUILLE | PATENT FUEL / AGGLOMERES | COKE OVEN COKE / COKE DE FOUR | GAS COKE / COKE DE GAZ | BROWN COAL / LIGNITE | BKB / BRIQ. DE LIGNITE | NATURAL GAS / GAZ NATUREL | GAS WORKS / USINES A GAZ | COKE OVENS / COKERIES | BLAST FURNACES / HAUT FOURNEAUX | ELECTRICITY* / ELECTRICITE* |
|---|---|---|---|---|---|---|---|---|---|---|---|
| | UNIT: 1000 METRIC TONS / UNITE: 1000 TONNES METRIQUES | | | | | | TCAL / TCAL | MANUFACTURED GAS (TCAL) / GAZ MANUFACTURE (TCAL) | | | MILLIONS OF (DE) KWH |
| | 1 | 2 | 3 | 4 | 5 | 6 | 7 | 8 | 9 | 10 | 11 |
| PRODUCTION | 25682 | 3233 | 11881 | - | 2764 | - | 70231 | 10000 | 25153 | 39020 | 182528 |
| FROM OTHER SOURCES | 668 | - | - | - | - | - | - | - | - | - | - |
| IMPORT | 12505 | 102 | 3646 | - | - | 236 | 84896 | 2 | - | - | 4654 |
| EXPORT | -878 | -63 | -1012 | - | -29 | - | -878 | - | - | - | -7620 |
| INTL. MARINE BUNKERS | - | - | - | - | - | - | - | - | - | - | - |
| STOCK CHANGES | 2312 | 41 | 268 | - | 40 | -33 | -3895 | 697 | - | - | - |
| DOMESTIC SUPPLY | 40289 | 3313 | 14783 | - | 2775 | 203 | 150354 | 10699 | 25153 | 39020 | 179562 |
| RETURNS TO SUPPLY | - | - | - | - | - | - | - | - | - | - | - |
| TRANSFERS | - | - | - | - | - | - | - | - | - | - | - |
| DOMESTIC AVAILABILITY | 40289 | 3313 | 14783 | - | 2775 | 203 | 150354 | 10699 | 25153 | 39020 | 179562 |
| STATISTICAL DIFFERENCE | -574 | -8 | 2 | - | 24 | -1 | - | 293 | - | - | -391 |
| TRANSFORM. SECTOR ** | 30772 | - | 5558 | - | 2437 | - | 28531 | - | 5923 | 12495 | - |
| FOR SOLID FUELS | 18428 | - | 434 | - | - | - | - | - | - | 854 | - |
| FOR GASES | - | - | 5124 | - | - | - | 5311 | - | 1272 | - | - |
| PETROLEUM REFINERIES | - | - | - | - | - | - | - | - | - | - | - |
| THERMO-ELECTRIC PLANTS | 12344 | - | - | - | 2437 | - | 23220 | - | 4651 | 11641 | - |
| ENERGY SECTOR | 475 | 13 | 22 | - | 5 | - | 9461 | 490 | 12003 | 3124 | 25510 |
| COAL MINES | 475 | - | - | - | 5 | - | - | - | - | - | 2118 |
| OIL AND GAS EXTRACTION | - | - | - | - | - | - | 1478 | - | - | - | 49 |
| PETROLEUM REFINERIES | - | - | - | - | - | - | - | - | - | - | 3519 |
| ELECTRIC PLANTS | - | - | - | - | - | - | - | - | - | - | 8048 |
| DISTRIBUTION LOSSES | - | - | - | - | - | - | 6867 | 408 | 735 | 3124 | 11355 |
| PUMP STORAGE (ELECTR.) | - | - | - | - | - | - | - | - | - | - | 224 |
| OTHER ENERGY SECTOR | - | 13 | 22 | - | - | - | 1116 | 82 | 11268 | - | 197 |
| FINAL CONSUMPTION | 9616 | 3308 | 9201 | - | 309 | 204 | 112362 | 9916 | 7227 | 23401 | 154443 |
| INDUSTRY SECTOR | 4890 | 5 | 8717 | - | 251 | - | 60995 | 1260 | 7227 | 23401 | 90087 |
| IRON AND STEEL | 2437 | 2 | 7236 | - | - | - | 10065 | 737 | 5076 | 23297 | 13672 |
| CHEMICAL | 662 | - | 322 | - | 19 | - | 23684 | 12 | 1983 | - | 21223 |
| PETROCHEMICAL | - | - | - | - | - | - | - | - | - | - | - |
| NON-FERROUS METAL | 276 | - | 374 | - | 41 | - | 684 | - | - | - | 11638 |
| NON-METALLIC MINERAL | 304 | - | 192 | - | 8 | - | 11917 | - | - | - | 5882 |
| PAPER PULP AND PRINT | 189 | - | - | - | 1 | - | 2628 | - | - | - | 5884 |
| MINING AND QUARRYING | 221 | - | 27 | - | 18 | - | 902 | - | - | - | 1790 |
| FOOD AND TOBACCO | 158 | - | 99 | - | 32 | - | 1831 | - | - | - | 4705 |
| WOOD AND WOOD PRODUCTS | - | - | - | - | - | - | - | - | - | - | 1235 |
| MACHINERY | 158 | - | 361 | - | 7 | - | - | - | - | - | 8483 |
| TRANSPORT EQUIPMENT | - | - | - | - | - | - | - | - | - | - | 4108 |
| CONSTRUCTION | - | - | - | - | - | - | - | - | - | - | 789 |
| TEXTILES AND LEATHER | 292 | - | 1 | - | 15 | - | 839 | - | - | - | 4263 |
| NON SPECIFIED | 193 | 3 | 105 | - | 110 | - | 8445 | 511 | 168 | 104 | 6415 |
| NON-ENERGY USES: | | | | | | | | | | | |
| (1)ENERGY PRODUCTS | - | - | - | - | - | - | - | - | - | - | - |
| (2)NON-ENERGY PRODUCTS | - | - | - | - | - | - | - | - | - | - | - |
| TRANSPORT. SECTOR ** | 45 | 32 | 18 | - | - | 3 | 155 | - | - | - | 6399 |
| AIR TRANSPORT | - | - | - | - | - | - | - | - | - | - | - |
| ROAD TRANSPORT | - | - | - | - | - | - | 155 | - | - | - | - |
| RAILWAYS | 45 | 32 | 18 | - | - | 3 | - | - | - | - | 6399 |
| INTERNAL NAVIGATION | - | - | - | - | - | - | - | - | - | - | - |
| OTHER SECTORS ** | 4681 | 3271 | 466 | - | 58 | 201 | 51212 | 8656 | - | - | 57957 |
| AGRICULTURE | - | - | - | - | - | - | - | - | - | - | 1129 |
| PUBLIC SERVICES | - | - | - | - | - | - | - | - | - | - | - |
| COMMERCE | - | - | - | - | - | - | 18802 | 2202 | - | - | 18536 |
| RESIDENTIAL | 4681 | 3271 | 466 | - | 58 | 201 | 32410 | 6454 | - | - | 30368 |

(1) INCLUDED IN CHEMICAL OR PETROCHEMICAL INDUSTRY
(2) INCLUDED ONLY IN TOTAL INDUSTRY

| * OF WHICH: | |
|---|---|
| HYDRO | 48267 |
| NUCLEAR | 14741 |
| CONVENTIONAL THERMAL | 119520 |
| GEOTHERMAL | 0 |

** INCLUDED IN THESE TOTALS ARE THE NON-SPECIFIED ELEMENTS

## PRODUCTION ET UTILISATION DES SOURCES D ENERGIE : FRANCE

1973

UNIT: 1000 METRIC TONS
UNITE: 1000 TONNES METRIQUES

| OIL / PETROLE | | | REFINERY GAS | LIQUEFIED PETROLEUM GASES | AVIATION GASOLINE | MOTOR GASOLINE | JET FUEL | KEROSENE | GAS/DIESEL OIL | RESIDUAL FUEL OIL | NAPHTHA | NON-ENERGY PRODUCTS |
|---|---|---|---|---|---|---|---|---|---|---|---|---|
| CRUDE* BRUT* | NGL GNL | FEEDST. | GAZ DE PETROLE | GAZ LIQUEFIES DE PETROLE | ESSENCE AVION | ESSENCE AUTO | CARBURANT REACTEUR | PETROLE LAMPANT | GAZ/DIESEL OIL | FUEL OIL RESIDUEL | NAPHTHA | PRODUITS NON-ENERGETIQUES |
| 12 | 13 | 14 | 15 | 16 | 17 | 18 | 19 | 20 | 21 | 22 | 23 | 24 |
| 1254 | - | - | 3189 | 2740 | 43 | 16683 | 3319 | 34 | 47481 | 46397 | 5034 | 8978 |
| - | - | - | - | 317 | - | 356 | - | - | 34 | - | - | - |
| 134920 | - | - | - | 267 | 29 | 431 | 4 | 30 | 2648 | 1902 | 1329 | 696 |
| - | - | - | - | -634 | - | -1530 | -626 | -10 | -4363 | -3760 | -1146 | -1376 |
| - | - | - | - | - | - | - | - | - | -720 | -4760 | - | -23 |
| -1154 | - | - | - | 5 | -3 | -274 | -70 | - | 693 | -2243 | - | - |
| 135020 | - | - | 3189 | 2695 | 69 | 15666 | 2627 | 54 | 45773 | 37536 | 5217 | 8275 |
| - | - | - | - | - | - | - | - | - | - | - | - | - |
| - | - | - | - | - | - | - | - | - | - | - | - | - |
| 135020 | - | - | 3189 | 2695 | 69 | 15666 | 2627 | 54 | 45773 | 37536 | 5217 | 8275 |
| -7 | - | - | - | -1 | 21 | -106 | 815 | 10 | 130 | - | - | -229 |
| 135027 | - | - | 45 | 361 | - | - | - | - | 116 | 16096 | 272 | - |
| - | - | - | - | - | - | - | - | - | - | - | - | - |
| - | - | - | 45 | 361 | - | - | - | - | - | 7 | 222 | - |
| 135027 | - | - | - | - | - | - | - | - | - | - | - | - |
| - | - | - | - | - | - | - | - | - | 116 | 16089 | 50 | - |
| - | - | - | 2974 | - | - | - | - | - | - | 3401 | - | 262 |
| - | - | - | - | - | - | - | - | - | - | - | - | - |
| - | - | - | - | - | - | - | - | - | - | - | - | - |
| - | - | - | 2974 | - | - | - | - | - | - | 3401 | - | 262 |
| - | - | - | - | - | - | - | - | - | - | - | - | - |
| - | - | - | - | - | - | - | - | - | - | - | - | - |
| - | - | - | - | - | - | - | - | - | - | - | - | - |
| - | - | - | 170 | 2335 | 48 | 15772 | 1812 | 44 | 45527 | 18039 | 4945 | 8242 |
| - | - | - | 170 | 605 | - | - | - | - | 6284 | 15350 | 4945 | 8217 |
| - | - | - | - | - | - | - | - | - | 213 | 2179 | 92 | - |
| - | - | - | 170 | 70 | - | - | - | - | 580 | 2698 | 105 | - |
| - | - | - | - | - | - | - | - | - | - | - | 4721 | - |
| - | - | - | - | - | - | - | - | - | 31 | 430 | - | - |
| - | - | - | - | - | - | - | - | - | 680 | 4356 | 8 | - |
| - | - | - | - | - | - | - | - | - | 81 | 1194 | - | - |
| - | - | - | - | - | - | - | - | - | - | 480 | - | - |
| - | - | - | - | - | - | - | - | - | - | 2530 | - | - |
| - | - | - | - | - | - | - | - | - | - | 155 | - | - |
| - | - | - | - | - | - | - | - | - | - | 395 | - | - |
| - | - | - | - | - | - | - | - | - | - | 485 | - | - |
| - | - | - | - | - | - | - | - | - | - | - | - | - |
| - | - | - | - | - | - | - | - | - | - | - | - | - |
| - | - | - | - | 535 | - | - | - | - | 4699 | 448 | 19 | - |
| - | - | - | - | - | - | - | - | - | - | - | - | - |
| - | - | - | - | - | - | - | - | - | - | - | - | 8217 |
| - | - | - | - | - | 48 | 15772 | 1812 | - | 7274 | 51 | - | - |
| - | - | - | - | - | 48 | - | 1812 | - | - | - | - | - |
| - | - | - | - | - | - | 15772 | - | - | 5977 | - | - | - |
| - | - | - | - | - | - | - | - | - | 646 | 29 | - | - |
| - | - | - | - | - | - | - | - | - | 651 | 22 | - | - |
| - | - | - | - | 1730 | - | - | - | 44 | 31969 | 2638 | - | 25 |
| - | - | - | - | 109 | - | - | - | - | 2421 | 165 | - | - |
| - | - | - | - | - | - | - | - | - | - | - | - | - |
| - | - | - | - | - | - | - | - | - | - | - | - | - |
| - | - | - | - | 1621 | - | - | - | 28 | 29548 | - | - | 25 |

*INCLUDED IN THIS COLUMN IS NGL AND FEEDSTOCKS.

## PRODUCTION AND USES OF ENERGY SOURCES : FRANCE

1974

| ENERGY SOURCES / PRODUCTION AND USES | UNIT: 1000 METRIC TONS / UNITE: 1000 TONNES METRIQUES | | | | | | TCAL / TCAL | MANUFACTURED GAS (TCAL) / GAZ MANUFACTURE (TCAL) | | | MILLIONS OF (DE) KWH |
|---|---|---|---|---|---|---|---|---|---|---|---|
| | HARD COAL / HOUILLE | PATENT FUEL / AGGLOMERES | COKE OVEN COKE / COKE DE FOUR | GAS COKE / COKE DE GAZ | BROWN COAL / LIGNITE | BKB / BRIQ. DE LIGNITE | NATURAL GAS / GAZ NATUREL | GAS WORKS / USINES A GAZ | COKE OVENS / COKERIES | BLAST FURNACES / HAUT FOURNEAUX | ELECTRICITY* / ELECTRICITE* |
| | 1 | 2 | 3 | 4 | 5 | 6 | 7 | 8 | 9 | 10 | 11 |
| PRODUCTION | 22895 | 3397 | 12282 | - | 2760 | - | 70772 | 8107 | 25873 | 41947 | 186860 |
| FROM OTHER SOURCES | 1112 | - | - | - | - | - | - | - | - | - | - |
| IMPORT | 16421 | 59 | 4620 | - | 22 | 250 | 101457 | 2 | - | - | 6394 |
| EXPORT | -587 | -60 | -1128 | - | -27 | - | -1359 | - | - | - | -6580 |
| INTL. MARINE BUNKERS | - | - | - | - | - | - | - | - | - | - | - |
| STOCK CHANGES | 62 | -1 | 217 | - | 98 | -12 | -13961 | 191 | - | - | - |
| DOMESTIC SUPPLY | 39903 | 3395 | 15991 | - | 2853 | 238 | 156909 | 8300 | 25873 | 41947 | 186674 |
| RETURNS TO SUPPLY | - | - | - | - | - | - | - | - | - | - | - |
| TRANSFERS | - | - | - | - | - | - | - | - | - | - | - |
| DOMESTIC AVAILABILITY | 39903 | 3395 | 15991 | - | 2853 | 238 | 156909 | 8300 | 25873 | 41947 | 186674 |
| STATISTICAL DIFFERENCE | -231 | -2 | -13 | - | -1 | 5 | - | -154 | - | - | - |
| TRANSFORM. SECTOR ** | 30903 | - | 5928 | - | 2462 | - | 28952 | - | 4738 | 14345 | - |
| FOR SOLID FUELS | 19285 | - | 384 | - | - | - | - | - | - | 1039 | - |
| FOR GASES | - | - | 5544 | - | - | - | 4201 | - | 1209 | - | - |
| PETROLEUM REFINERIES | - | - | - | - | - | - | - | - | - | - | - |
| THERMO-ELECTRIC PLANTS | 11618 | - | - | - | 2462 | - | 24751 | - | 3529 | 13306 | - |
| ENERGY SECTOR | 465 | 8 | 28 | - | 1 | - | 6382 | 508 | 12704 | 3138 | 24709 |
| COAL MINES | 465 | - | - | - | 1 | - | - | - | - | - | 2352 |
| OIL AND GAS EXTRACTION | - | - | - | - | - | - | 1841 | - | - | - | 49 |
| PETROLEUM REFINERIES | - | - | - | - | - | - | - | - | - | - | 3514 |
| ELECTRIC PLANTS | - | - | - | - | - | - | - | - | - | - | 6458 |
| DISTRIBUTION LOSSES | - | - | - | - | - | - | 3656 | 433 | 891 | 3138 | 11761 |
| PUMP STORAGE (ELECTR.) | - | - | - | - | - | - | - | - | - | - | 380 |
| OTHER ENERGY SECTOR | - | 8 | 28 | - | - | - | 885 | 75 | 11813 | - | 195 |
| FINAL CONSUMPTION | 8766 | 3389 | 10048 | - | 391 | 233 | 121575 | 7946 | 8431 | 24464 | 161965 |
| INDUSTRY SECTOR | 4468 | 5 | 9638 | - | 321 | - | 65272 | 1236 | 8431 | 24464 | 92279 |
| IRON AND STEEL | 2251 | 1 | 8071 | - | - | - | 10716 | 807 | 5939 | 24366 | 12064 |
| CHEMICAL | 611 | - | 320 | - | 22 | - | 24962 | 10 | 2343 | - | 20335 |
| PETROCHEMICAL | - | - | - | - | - | - | - | - | - | - | - |
| NON-FERROUS METAL | 248 | - | 434 | - | 41 | - | 590 | - | - | - | 11996 |
| NON-METALLIC MINERAL | 287 | - | 257 | - | 7 | - | 12738 | - | - | - | 4893 |
| PAPER PULP AND PRINT | 155 | - | - | - | - | - | 2092 | - | - | - | 5593 |
| MINING AND QUARRYING | 108 | - | 14 | - | 55 | - | 2091 | - | - | - | 1949 |
| FOOD AND TOBACCO | 132 | - | 100 | - | 31 | - | 2184 | - | - | - | 5073 |
| WOOD AND WOOD PRODUCTS | - | - | - | - | - | - | - | - | - | - | 1303 |
| MACHINERY | 133 | - | 371 | - | 6 | - | - | - | - | - | 10102 |
| TRANSPORT EQUIPMENT | - | - | - | - | - | - | - | - | - | - | 4456 |
| CONSTRUCTION | - | - | - | - | - | - | - | - | - | - | 849 |
| TEXTILES AND LEATHER | 254 | - | 1 | - | 9 | - | 774 | - | - | - | 4145 |
| NON SPECIFIED | 289 | 4 | 70 | - | 150 | - | 9125 | 419 | 149 | 98 | 9521 |
| NON-ENERGY USES: | | | | | | | | | | | |
| (1)ENERGY PRODUCTS | - | - | - | - | - | - | - | - | - | - | - |
| (2)NON-ENERGY PRODUCTS | - | - | - | - | - | - | - | - | - | - | - |
| TRANSPORT. SECTOR ** | 35 | 31 | 18 | - | - | 3 | 103 | - | - | - | 6398 |
| AIR TRANSPORT | - | - | - | - | - | - | - | - | - | - | - |
| ROAD TRANSPORT | - | - | - | - | - | - | 103 | - | - | - | - |
| RAILWAYS | 35 | 31 | 18 | - | - | 3 | - | - | - | - | 6398 |
| INTERNAL NAVIGATION | - | - | - | - | - | - | - | - | - | - | - |
| OTHER SECTORS ** | 4263 | 3353 | 392 | - | 70 | 230 | 56200 | 6710 | - | - | 63288 |
| AGRICULTURE | - | - | - | - | - | - | - | - | - | - | 1201 |
| PUBLIC SERVICES | - | - | - | - | - | - | - | - | - | - | - |
| COMMERCE | - | - | - | - | - | - | 20879 | 1799 | - | - | 20312 |
| RESIDENTIAL | 4263 | 3353 | 392 | - | 70 | 230 | 35321 | 4911 | - | - | 33043 |

(1) INCLUDED IN CHEMICAL OR PETROCHEMICAL INDUSTRY
(2) INCLUDED ONLY IN TOTAL INDUSTRY

** INCLUDED IN THESE TOTALS ARE THE NON-SPECIFIED ELEMENTS

| * OF WHICH: | |
|---|---|
| HYDRO | 56830 |
| NUCLEAR | 14695 |
| CONVENTIONAL THERMAL | 115806 |
| GEOTHERMAL | 0 |

UNIT: 1000 METRIC TONS
UNITE: 1000 TONNES METRIQUES

| OIL PETROLE | | | REFINERY GAS | LIQUEFIED PETROLEUM GASES | AVIATION GASOLINE | MOTOR GASOLINE | JET FUEL | KEROSENE | GAS/DIESEL OIL | RESIDUAL FUEL OIL | NAPHTHA | NON-ENERGY PRODUCTS |
|---|---|---|---|---|---|---|---|---|---|---|---|---|
| CRUDE* BRUT* | NGL GNL | FEEDST. | GAZ DE PETROLE | GAZ LIQUEFIES DE PETROLE | ESSENCE AVION | ESSENCE AUTO | CARBURANT REACTEUR | PETROLE LAMPANT | GAZ/DIESEL OIL | FUEL OIL RESIDUEL | NAPHTHA | PRODUITS NON-ENERGETIQUES |
| 12 | 13 | 14 | 15 | 16 | 17 | 18 | 19 | 20 | 21 | 22 | 23 | 24 |
| 1080 | - | - | 2831 | 2831 | 44 | 16224 | 3245 | 43 | 43645 | 44569 | 4700 | 8246 |
| - | - | - | - | 307 | - | 401 | - | - | 70 | - | - | 41 |
| 130650 | - | - | - | 220 | 25 | 276 | 10 | 15 | 1995 | 2478 | 1212 | 697 |
| - | - | - | - | -661 | - | -1805 | -612 | -5 | -3826 | -2279 | -646 | -1372 |
| - | - | - | - | - | - | - | - | - | -636 | -4454 | - | -23 |
| -3651 | - | - | - | -34 | 2 | -143 | -45 | -7 | -1334 | -2073 | - | - |
| 128079 | - | - | 2831 | 2663 | 71 | 14953 | 2598 | 46 | 39914 | 38241 | 5266 | 7589 |
| - | - | - | - | - | - | - | - | - | - | - | - | - |
| - | - | - | - | - | - | - | - | - | - | - | - | - |
| 128079 | - | - | 2831 | 2663 | 71 | 14953 | 2598 | 46 | 39914 | 38241 | 5266 | 7589 |
| 2 | - | - | 4 | 336 | 32 | -277 | 768 | 10 | - | - | - | 146 |
| 128077 | - | - | - | 339 | - | - | - | - | 65 | 15094 | 196 | - |
| - | - | - | - | - | - | - | - | - | - | - | - | - |
| - | - | - | - | 339 | - | - | - | - | - | 7 | 196 | - |
| 128077 | - | - | - | - | - | - | - | - | - | - | - | - |
| - | - | - | - | - | - | - | - | - | 65 | 15087 | - | - |
| - | - | - | 2657 | - | - | - | - | - | - | 3713 | - | 209 |
| - | - | - | - | - | - | - | - | - | - | - | - | - |
| - | - | - | - | - | - | - | - | - | - | - | - | - |
| - | - | - | 2657 | - | - | - | - | - | - | 3713 | - | 209 |
| - | - | - | - | - | - | - | - | - | - | - | - | - |
| - | - | - | - | - | - | - | - | - | - | - | - | - |
| - | - | - | - | - | - | - | - | - | - | - | - | - |
| - | - | - | - | - | - | - | - | - | - | - | - | - |
| - | - | - | 170 | 1988 | 39 | 15230 | 1830 | 36 | 39849 | 19434 | 5070 | 7234 |
| - | - | - | 170 | 165 | - | - | - | - | 5846 | 16963 | 5070 | 7214 |
| - | - | - | - | - | - | - | - | - | 218 | 2371 | 73 | - |
| - | - | - | 170 | 85 | - | - | - | - | 520 | 3130 | - | - |
| - | - | - | - | - | - | - | - | - | - | - | 4997 | - |
| - | - | - | - | - | - | - | - | - | 31 | 451 | - | - |
| - | - | - | - | - | - | - | - | - | 580 | 4420 | - | - |
| - | - | - | - | - | - | - | - | - | 75 | 1375 | - | - |
| - | - | - | - | - | - | - | - | - | - | 707 | - | - |
| - | - | - | - | - | - | - | - | - | - | 2650 | - | - |
| - | - | - | - | - | - | - | - | - | - | 155 | - | - |
| - | - | - | - | - | - | - | - | - | - | 388 | - | - |
| - | - | - | - | - | - | - | - | - | - | 490 | - | - |
| - | - | - | - | - | - | - | - | - | - | - | - | - |
| - | - | - | - | - | - | - | - | - | - | - | - | - |
| - | - | - | - | 80 | - | - | - | - | 4422 | 826 | - | - |
| - | - | - | - | - | - | - | - | - | - | - | - | - |
| - | - | - | - | - | - | - | - | - | - | - | - | 7214 |
| - | - | - | - | - | 39 | 15230 | 1830 | - | 7663 | 38 | - | - |
| - | - | - | - | - | 39 | - | 1830 | - | - | - | - | - |
| - | - | - | - | - | - | 15230 | - | - | 6311 | - | - | - |
| - | - | - | - | - | - | - | - | - | 667 | 17 | - | - |
| - | - | - | - | - | - | - | - | - | 685 | 21 | - | - |
| - | - | - | - | 1823 | - | - | - | 36 | 26340 | 2433 | - | 20 |
| - | - | - | - | 102 | - | - | - | - | 2420 | 214 | - | - |
| - | - | - | - | - | - | - | - | - | - | - | - | - |
| - | - | - | - | - | - | - | - | - | - | - | - | - |
| - | - | - | - | 1721 | - | - | - | 26 | 23920 | - | - | 20 |

*INCLUDED IN THIS COLUMN IS NGL AND FEEDSTOCKS.

## PRODUCTION AND USES OF ENERGY SOURCES : FRANCE

1975

| X ENERGY SOURCES / PRODUCTION AND USES | UNIT: 1000 METRIC TONS / UNITE: 1000 TONNES METRIQUES | | | | | | TCAL / TCAL | MANUFACTURED GAS (TCAL) / GAZ MANUFACTURE (TCAL) | | | MILLIONS / OF (DE) KWH |
|---|---|---|---|---|---|---|---|---|---|---|---|
| | HARD COAL | PATENT FUEL | COKE OVEN COKE | GAS COKE | BROWN COAL | BKB | NATURAL GAS | GAS WORKS | COKE OVENS | BLAST FURNACES | ELECTRICITY* |
| | HOUILLE | AGGLOMERES | COKE DE FOUR | COKE DE GAZ | LIGNITE | BRIQ. DE LIGNITE | GAZ NATUREL | USINES A GAZ | COKERIES | HAUT FOURNEAUX | ELECTRICITE* |
| | 1 | 2 | 3 | 4 | 5 | 6 | 7 | 8 | 9 | 10 | 11 |
| PRODUCTION | 22414 | 2795 | 11445 | - | 3194 | - | 68926 | 6572 | 24581 | 32524 | 185312 |
| FROM OTHER SOURCES | 1238 | - | - | - | - | - | - | - | - | - | - |
| IMPORT | 17410 | 39 | 2772 | - | 10 | 182 | 105660 | 1 | - | - | 8781 |
| EXPORT | -502 | -43 | -730 | - | -16 | - | -1280 | - | - | - | -6276 |
| INTL. MARINE BUNKERS | - | - | - | - | - | - | - | - | - | - | - |
| STOCK CHANGES | -2488 | -19 | -850 | - | -288 | -2 | 1759 | - | - | - | - |
| DOMESTIC SUPPLY | 38072 | 2772 | 12637 | - | 2900 | 180 | 175065 | 6573 | 24581 | 32524 | 187817 |
| RETURNS TO SUPPLY | - | - | - | - | - | - | - | - | - | - | - |
| TRANSFERS | - | - | - | - | - | - | - | - | - | - | - |
| DOMESTIC AVAILABILITY | 38072 | 2772 | 12637 | - | 2900 | 180 | 175065 | 6573 | 24581 | 32524 | 187817 |
| STATISTICAL DIFFERENCE | 147 | - | -9 | - | 16 | - | - | -84 | - | - | 1232 |
| TRANSFORM. SECTOR ** | 29735 | - | 4711 | - | 2597 | - | 33203 | - | 4779 | 11131 | - |
| FOR SOLID FUELS | 17724 | - | 304 | - | - | - | - | - | - | 916 | - |
| FOR GASES | - | - | 4407 | - | - | - | 4326 | - | 865 | - | - |
| PETROLEUM REFINERIES | - | - | - | - | - | - | - | - | - | - | - |
| THERMO-ELECTRIC PLANTS | 12011 | - | - | - | 2597 | - | 28877 | - | 3914 | 10215 | - |
| ENERGY SECTOR | 1390 | 4 | 18 | - | 1 | - | 9425 | 612 | 12280 | 1462 | 25225 |
| COAL MINES | 1390 | - | - | - | 1 | - | - | - | - | - | 2300 |
| OIL AND GAS EXTRACTION | - | - | - | - | - | - | 2142 | - | - | - | 49 |
| PETROLEUM REFINERIES | - | - | - | - | - | - | - | - | - | - | 3199 |
| ELECTRIC PLANTS | - | - | - | - | - | - | - | - | - | - | 6798 |
| DISTRIBUTION LOSSES | - | - | - | - | - | - | 6064 | 554 | 1368 | 1462 | 12392 |
| PUMP STORAGE (ELECTR.) | - | - | - | - | - | - | - | - | - | - | 302 |
| OTHER ENERGY SECTOR | - | 4 | 18 | - | - | - | 1219 | 58 | 10912 | - | 185 |
| FINAL CONSUMPTION | 6800 | 2768 | 7917 | - | 286 | 180 | 132437 | 6045 | 7522 | 19931 | 161360 |
| INDUSTRY SECTOR | 3329 | 4 | 7574 | - | 221 | - | 70134 | 939 | 7522 | 19931 | 85175 |
| IRON AND STEEL | 1796 | 1 | 6378 | - | - | - | 10468 | 660 | 5619 | 19856 | 11342 |
| CHEMICAL | 455 | - | 242 | - | 20 | - | 26175 | 5 | 1773 | - | 20473 |
| PETROCHEMICAL | - | - | - | - | - | - | - | - | - | - | - |
| NON-FERROUS METAL | 191 | - | 315 | - | 41 | - | 588 | - | - | - | 10574 |
| NON-METALLIC MINERAL | 171 | - | 183 | - | 5 | - | 14817 | - | - | - | 4562 |
| PAPER PULP AND PRINT | 81 | - | - | - | - | - | 1964 | - | - | - | 5529 |
| MINING AND QUARRYING | 87 | - | 16 | - | 2 | - | 2150 | - | - | - | 1905 |
| FOOD AND TOBACCO | 84 | - | 100 | - | 28 | - | 2403 | - | - | - | 5413 |
| WOOD AND WOOD PRODUCTS | - | - | - | - | - | - | - | - | - | - | 1263 |
| MACHINERY | 130 | - | 292 | - | 6 | - | - | - | - | - | 9340 |
| TRANSPORT EQUIPMENT | - | - | - | - | - | - | - | - | - | - | 4659 |
| CONSTRUCTION | - | - | - | - | - | - | - | - | - | - | 878 |
| TEXTILES AND LEATHER | 142 | - | 1 | - | 20 | - | 785 | - | - | - | 4471 |
| NON SPECIFIED | 192 | 3 | 47 | - | 99 | - | 10784 | 274 | 130 | 75 | 4766 |
| NON-ENERGY USES: | | | | | | | | | | | |
| (1)ENERGY PRODUCTS | - | - | - | - | - | - | - | - | - | - | - |
| (2)NON-ENERGY PRODUCTS | - | - | - | - | - | - | - | - | - | - | - |
| TRANSPORT. SECTOR ** | 31 | 24 | 13 | - | - | 3 | 84 | - | - | - | 7310 |
| AIR TRANSPORT | - | - | - | - | - | - | - | - | - | - | - |
| ROAD TRANSPORT | - | - | - | - | - | - | 84 | - | - | - | - |
| RAILWAYS | 31 | 24 | 13 | - | - | 3 | - | - | - | - | 7310 |
| INTERNAL NAVIGATION | - | - | - | - | - | - | - | - | - | - | - |
| OTHER SECTORS ** | 3440 | 2740 | 330 | - | 65 | 177 | 62219 | 5106 | - | - | 68875 |
| AGRICULTURE | - | - | - | - | - | - | - | - | - | - | 1238 |
| PUBLIC SERVICES | - | - | - | - | - | - | - | - | - | - | - |
| COMMERCE | - | - | - | - | - | - | 25122 | 1587 | - | - | 15232 |
| RESIDENTIAL | 3440 | 2740 | 330 | - | 65 | 177 | 37097 | 3519 | - | - | 38164 |

(1) INCLUDED IN CHEMICAL OR PETROCHEMICAL INDUSTRY
(2) INCLUDED ONLY IN TOTAL INDUSTRY

| * OF WHICH: HYDRO | 60637 |
|---|---|
| NUCLEAR | 18248 |
| CONVENTIONAL THERMAL | 106886 |
| GEOTHERMAL | 0 |

** INCLUDED IN THESE TOTALS ARE THE NON-SPECIFIED ELEMENTS

PRODUCTION ET UTILISATION DES SOURCES D ENERGIE : FRANCE

1975

UNIT: 1000 METRIC TONS
UNITE: 1000 TONNES METRIQUES

| OIL / PETROLE | | | REFINERY GAS | LIQUEFIED PETROLEUM GASES | AVIATION GASOLINE | MOTOR GASOLINE | JET FUEL | KEROSENE | GAS/DIESEL OIL | RESIDUAL FUEL OIL | NAPHTHA | NON-ENERGY PRODUCTS |
|---|---|---|---|---|---|---|---|---|---|---|---|---|
| CRUDE* BRUT* | NGL GNL | FEEDST. | GAZ DE PETROLE | GAZ LIQUEFIES DE PETROLE | ESSENCE AVION | ESSENCE AUTO | CARBURANT REACTEUR | PETROLE LAMPANT | GAZ/DIESEL OIL | FUEL OIL RESIDUEL | NAPHTHA | PRODUITS NON-ENERGETIQUES |
| 12 | 13 | 14 | 15 | 16 | 17 | 18 | 19 | 20 | 21 | 22 | 23 | 24 |
| 1028 | - | - | 2289 | 2773 | 36 | 15877 | 3516 | 34 | 35556 | 37662 | 3027 | 7426 |
| - | - | - | - | 301 | - | 417 | - | - | 32 | 12 | - | 55 |
| 106081 | - | - | - | 244 | 38 | 578 | 11 | 45 | 1887 | 3183 | 1162 | 763 |
| - | - | - | - | -653 | -15 | -1712 | -752 | -114 | -3595 | -3206 | -143 | -1171 |
| - | - | - | - | - | - | - | -15 | - | -642 | -4063 | - | -21 |
| 1710 | - | - | - | 26 | -3 | 101 | -57 | 69 | 4625 | -1099 | - | - |
| 108819 | - | - | 2289 | 2691 | 56 | 15261 | 2703 | 34 | 37863 | 32489 | 4046 | 7052 |
| - | - | - | - | - | - | - | - | - | - | - | - | - |
| - | - | - | - | - | - | - | - | - | - | - | - | - |
| 108819 | - | - | 2289 | 2691 | 56 | 15261 | 2703 | 34 | 37863 | 32489 | 4046 | 7052 |
| -231 | - | - | 1 | -13 | 19 | -671 | 826 | - | - | - | - | -94 |
| 109050 | - | - | - | 292 | - | - | - | - | 53 | 12189 | 109 | - |
| - | - | - | - | - | - | - | - | - | - | - | - | - |
| - | - | - | - | 292 | - | - | - | - | 1 | 6 | 109 | - |
| 109050 | - | - | - | - | - | - | - | - | - | - | - | - |
| - | - | - | - | - | - | - | - | - | 52 | 12183 | - | - |
| - | - | - | 2143 | 115 | - | 11 | - | - | 25 | 3656 | - | 119 |
| - | - | - | - | - | - | - | - | - | - | - | - | - |
| - | - | - | - | - | - | - | - | - | - | - | - | - |
| - | - | - | 2143 | 115 | - | 11 | - | - | 25 | 3656 | - | 119 |
| - | - | - | - | - | - | - | - | - | - | - | - | - |
| - | - | - | - | - | - | - | - | - | - | - | - | - |
| - | - | - | - | - | - | - | - | - | - | - | - | - |
| - | - | - | - | - | - | - | - | - | - | - | - | - |
| - | - | - | 145 | 2297 | 37 | 15921 | 1877 | 34 | 37785 | 16644 | 3937 | 7027 |
| - | - | - | 145 | 463 | - | - | - | - | 5154 | 14272 | 3937 | 7012 |
| - | - | - | - | - | - | - | - | - | 167 | 1877 | 28 | - |
| - | - | - | 145 | 68 | - | - | - | - | 381 | 3093 | - | - |
| - | - | - | - | - | - | - | - | - | - | - | 3909 | - |
| - | - | - | - | - | - | - | - | - | 32 | 430 | - | - |
| - | - | - | - | - | - | - | - | - | 417 | 3722 | - | - |
| - | - | - | - | - | - | - | - | - | 79 | 1212 | - | - |
| - | - | - | - | - | - | - | - | - | - | 393 | - | - |
| - | - | - | - | - | - | - | - | - | - | 2542 | - | - |
| - | - | - | - | - | - | - | - | - | - | 135 | - | - |
| - | - | - | - | - | - | - | - | - | - | 356 | - | - |
| - | - | - | - | - | - | - | - | - | - | 440 | - | - |
| - | - | - | - | - | - | - | - | - | - | - | - | - |
| - | - | - | - | - | - | - | - | - | - | - | - | - |
| - | - | - | - | 395 | - | - | - | - | 4078 | 72 | - | - |
| - | - | - | - | - | - | - | - | - | - | - | - | - |
| - | - | - | - | - | - | - | - | - | - | - | - | 7012 |
| - | - | - | - | - | 37 | 15921 | 1877 | - | 7757 | 14 | - | - |
| - | - | - | - | - | 37 | - | 1877 | - | - | - | - | - |
| - | - | - | - | - | - | 15921 | - | - | 6426 | - | - | - |
| - | - | - | - | - | - | - | - | - | 646 | 13 | - | - |
| - | - | - | - | - | - | - | - | - | 685 | 1 | - | - |
| - | - | - | - | 1834 | - | - | - | 34 | 24874 | 2358 | - | 15 |
| - | - | - | - | 94 | - | - | - | - | 2235 | 231 | - | - |
| - | - | - | - | - | - | - | - | - | - | - | - | - |
| - | - | - | - | - | - | - | - | - | - | - | - | - |
| - | - | - | - | 1740 | - | - | - | 24 | 22639 | - | - | 15 |

*INCLUDED IN THIS COLUMN IS NGL AND FEEDSTOCKS.

## PRODUCTION AND USES OF ENERGY SOURCES : FRANCE

**1976**

| PRODUCTION AND USES \ ENERGY SOURCES | HARD COAL / HOUILLE (1) | PATENT FUEL / AGGLOMERES (2) | COKE OVEN COKE / COKE DE FOUR (3) | GAS COKE / COKE DE GAZ (4) | BROWN COAL / LIGNITE (5) | BKB / BRIQ. DE LIGNITE (6) | NATURAL GAS / GAZ NATUREL (7) | GAS WORKS / USINES A GAZ (8) | COKE OVENS / COKERIES (9) | BLAST FURNACES / HAUT FOURNEAUX (10) | ELECTRICITY* / ELECTRICITE* (11) |
|---|---|---|---|---|---|---|---|---|---|---|---|
| | UNIT: 1000 METRIC TONS / UNITE: 1000 TONNES METRIQUES | | | | | | TCAL / TCAL | MANUFACTURED GAS (TCAL) / GAZ MANUFACTURE (TCAL) | | | MILLIONS OF (DE) KWH |
| PRODUCTION | 21879 | 2516 | 11313 | - | 3189 | - | 66071 | 4918 | 24236 | 33792 | 203410 |
| FROM OTHER SOURCES | 1501 | - | - | - | - | - | - | - | - | - | - |
| IMPORT | 18834 | 48 | 2707 | - | 11 | 165 | 130962 | 1 | - | - | 9785 |
| EXPORT | -568 | -9 | -1039 | - | -20 | - | -1260 | - | - | - | -7638 |
| INTL. MARINE BUNKERS | - | - | - | - | - | - | - | - | - | - | - |
| STOCK CHANGES | 1200 | 27 | -159 | - | 229 | -12 | -8085 | - | - | - | - |
| DOMESTIC SUPPLY | 42846 | 2582 | 12822 | - | 3409 | 153 | 187688 | 4919 | 24236 | 33792 | 205557 |
| RETURNS TO SUPPLY | - | - | - | - | - | - | - | - | - | - | - |
| TRANSFERS | - | - | - | - | - | - | - | - | - | - | - |
| DOMESTIC AVAILABILITY | 42846 | 2582 | 12822 | - | 3409 | 153 | 187688 | 4919 | 24236 | 33792 | 205557 |
| STATISTICAL DIFFERENCE | -25 | 5 | -3 | - | 6 | - | - | -127 | - | - | 442 |
| TRANSFORM. SECTOR ** | 34811 | - | 4864 | - | 3047 | - | 25607 | - | 5205 | 12565 | - |
| FOR SOLID FUELS | 17082 | - | 329 | - | - | - | - | - | - | 1078 | - |
| FOR GASES | - | - | 4535 | - | - | - | 3324 | - | 888 | - | - |
| PETROLEUM REFINERIES | - | - | - | - | - | - | - | - | - | - | - |
| THERMO-ELECTRIC PLANTS | 17729 | - | - | - | 3047 | - | 22283 | - | 4317 | 11487 | - |
| ENERGY SECTOR | 1548 | - | 17 | - | 80 | - | 8155 | 613 | 11160 | 2354 | 29292 |
| COAL MINES | 1548 | - | - | - | 80 | - | - | - | - | - | 2299 |
| OIL AND GAS EXTRACTION | - | - | - | - | - | - | 2497 | - | - | - | 51 |
| PETROLEUM REFINERIES | - | - | - | - | - | - | - | - | - | - | 4099 |
| ELECTRIC PLANTS | - | - | - | - | - | - | - | - | - | - | 8544 |
| DISTRIBUTION LOSSES | - | - | - | - | - | - | 4434 | 562 | 660 | 2354 | 13481 |
| PUMP STORAGE (ELECTR.) | - | - | - | - | - | - | - | - | - | - | 657 |
| OTHER ENERGY SECTOR | - | - | 17 | - | - | - | 1224 | 51 | 10500 | - | 161 |
| FINAL CONSUMPTION | 6512 | 2577 | 7944 | - | 276 | 153 | 153926 | 4433 | 7871 | 18873 | 175823 |
| INDUSTRY SECTOR | 3188 | 4 | 7627 | - | 215 | - | 80438 | 933 | 7871 | 18873 | 89577 |
| IRON AND STEEL | 1743 | 2 | 6546 | - | - | - | 9603 | 697 | 6061 | 18801 | 14617 |
| CHEMICAL | 476 | - | 235 | - | 24 | - | 31501 | 2 | 1705 | - | 20937 |
| PETROCHEMICAL | - | - | - | - | - | - | - | - | - | - | - |
| NON-FERROUS METAL | 168 | - | 257 | - | 40 | - | 602 | - | - | - | 11322 |
| NON-METALLIC MINERAL | 172 | - | 113 | - | 5 | - | 16202 | - | - | - | 6018 |
| PAPER PULP AND PRINT | 55 | - | - | - | - | - | 2158 | - | - | - | 3972 |
| MINING AND QUARRYING | 48 | - | 10 | - | 2 | - | 2035 | - | - | - | 1836 |
| FOOD AND TOBACCO | 80 | - | 72 | - | 35 | - | 2499 | - | - | - | 5617 |
| WOOD AND WOOD PRODUCTS | - | - | - | - | - | - | - | - | - | - | 1380 |
| MACHINERY | 128 | - | 93 | - | 6 | - | - | - | - | - | 8327 |
| TRANSPORT EQUIPMENT | - | - | - | - | - | - | - | - | - | - | 5174 |
| CONSTRUCTION | - | - | - | - | - | - | - | - | - | - | 910 |
| TEXTILES AND LEATHER | 174 | - | 1 | - | 20 | - | 981 | - | - | - | 4865 |
| NON SPECIFIED | 144 | 2 | 300 | - | 83 | - | 14857 | 234 | 105 | 72 | 4602 |
| NON-ENERGY USES: | | | | | | | | | | | |
| (1)ENERGY PRODUCTS | - | - | - | - | - | - | - | - | - | - | - |
| (2)NON-ENERGY PRODUCTS | - | - | - | - | - | - | - | - | - | - | - |
| TRANSPORT. SECTOR ** | 26 | 18 | 11 | - | - | 2 | 55 | - | - | - | 7060 |
| AIR TRANSPORT | - | - | - | - | - | - | - | - | - | - | - |
| ROAD TRANSPORT | - | - | - | - | - | - | 55 | - | - | - | - |
| RAILWAYS | 26 | 18 | 11 | - | - | 2 | - | - | - | - | 7060 |
| INTERNAL NAVIGATION | - | - | - | - | - | - | - | - | - | - | - |
| OTHER SECTORS ** | 3298 | 2555 | 306 | - | 61 | 151 | 73433 | 3500 | - | - | 79186 |
| AGRICULTURE | - | - | - | - | - | - | - | - | - | - | 1318 |
| PUBLIC SERVICES | - | - | - | - | - | - | - | - | - | - | - |
| COMMERCE | - | - | - | - | - | - | 30301 | 994 | - | - | 20246 |
| RESIDENTIAL | 3298 | 2555 | 306 | - | 61 | 151 | 43132 | 2506 | - | - | 42676 |

(1) INCLUDED IN CHEMICAL OR PETROCHEMICAL INDUSTRY
(2) INCLUDED ONLY IN TOTAL INDUSTRY

| * OF WHICH: | |
|---|---|
| HYDRO | 49271 |
| NUCLEAR | 15778 |
| CONVENTIONAL THERMAL | 138230 |
| GEOTHERMAL | 0 |

** INCLUDED IN THESE TOTALS ARE THE NON-SPECIFIED ELEMENTS

PRODUCTION ET UTILISATION DES SOURCES D ENERGIE : FRANCE

1976

UNIT: 1000 METRIC TONS
UNITE: 1000 TONNES METRIQUES

| OIL / PETROLE: CRUDE* / BRUT* | OIL / PETROLE: NGL / GNL | OIL / PETROLE: FEEDST. | REFINERY GAS / GAZ DE PETROLE | LIQUEFIED PETROLEUM GASES / GAZ LIQUEFIES DE PETROLE | AVIATION GASOLINE / ESSENCE AVION | MOTOR GASOLINE / ESSENCE AUTO | JET FUEL / CARBURANT REACTEUR | KEROSENE / PETROLE LAMPANT | GAS/DIESEL OIL / GAZ/DIESEL OIL | RESIDUAL FUEL OIL / FUEL OIL RESIDUEL | NAPHTHA / NAPHTHA | NON-ENERGY PRODUCTS / PRODUITS NON-ENERGETIQUES |
|---|---|---|---|---|---|---|---|---|---|---|---|---|
| 12 | 13 | 14 | 15 | 16 | 17 | 18 | 19 | 20 | 21 | 22 | 23 | 24 |
| 1057 | - | - | 2712 | 2915 | 38 | 18197 | 3511 | 120 | 40992 | 40528 | 5822 | 6046 |
| - | - | - | - | 293 | - | 368 | - | - | 28 | 60 | - | 3 |
| 121143 | - | - | - | 231 | 24 | 506 | 43 | 8 | 2779 | 2740 | 1291 | 927 |
| - | - | - | - | -493 | - | -1552 | -736 | -8 | -2923 | -2523 | -795 | -989 |
| - | - | - | - | - | - | - | -19 | - | -725 | -4620 | - | -19 |
| -576 | - | - | - | - | - | - | - | -81 | -1803 | 1161 | -1202 | - |
| 121624 | - | - | 2712 | 2946 | 62 | 17519 | 2799 | 39 | 38348 | 37346 | 5116 | 5968 |
| - | - | - | - | - | - | - | - | - | - | - | - | - |
| - | - | - | - | - | - | - | - | - | - | - | - | - |
| 121624 | - | - | 2712 | 2946 | 62 | 17519 | 2799 | 39 | 38348 | 37346 | 5116 | 5968 |
| -278 | - | - | - | 150 | 24 | 761 | 786 | - | - | - | - | 153 |
| 121902 | - | - | - | 294 | - | - | - | - | 60 | 15638 | - | - |
| - | - | - | - | - | - | - | - | - | - | - | - | - |
| - | - | - | - | 294 | - | - | - | - | - | 4 | - | - |
| 121902 | - | - | - | - | - | - | - | - | - | - | - | - |
| - | - | - | - | - | - | - | - | - | 60 | 15634 | - | - |
| - | - | - | 2571 | 126 | - | 10 | - | - | 38 | 3405 | - | 429 |
| - | - | - | - | - | - | - | - | - | - | - | - | - |
| - | - | - | - | - | - | - | - | - | - | - | - | - |
| - | - | - | 2571 | 126 | - | 10 | - | - | 38 | 3405 | - | 429 |
| - | - | - | - | - | - | - | - | - | - | - | - | - |
| - | - | - | - | - | - | - | - | - | - | - | - | - |
| - | - | - | - | - | - | - | - | - | - | - | - | - |
| - | - | - | - | - | - | - | - | - | - | - | - | - |
| - | - | - | 141 | 2376 | 38 | 16748 | 2013 | 39 | 38250 | 18303 | 5116 | 5386 |
| - | - | - | 141 | 488 | - | - | - | - | 4944 | 14988 | 5116 | 5386 |
| - | - | - | - | - | - | - | - | - | 164 | 1955 | - | - |
| - | - | - | 141 | 78 | - | - | - | - | 380 | 3176 | - | - |
| - | - | - | - | - | - | - | - | - | - | - | 4644 | - |
| - | - | - | - | - | - | - | - | - | 30 | 525 | - | - |
| - | - | - | - | - | - | - | - | - | 412 | 3670 | - | - |
| - | - | - | - | - | - | - | - | - | 80 | 1300 | - | - |
| - | - | - | - | - | - | - | - | - | - | 467 | - | - |
| - | - | - | - | - | - | - | - | - | - | 2358 | - | - |
| - | - | - | - | - | - | - | - | - | - | 115 | - | - |
| - | - | - | - | - | - | - | - | - | - | 350 | - | - |
| - | - | - | - | - | - | - | - | - | - | 490 | - | - |
| - | - | - | - | - | - | - | - | - | - | - | - | - |
| - | - | - | - | - | - | - | - | - | - | - | - | - |
| - | - | - | - | 410 | - | - | - | - | 3878 | 582 | 472 | - |
| - | - | - | - | - | - | - | - | - | - | - | - | - |
| - | - | - | - | - | - | - | - | - | - | - | - | 5386 |
| - | - | - | - | - | 38 | 16748 | 2013 | - | 8723 | - | - | - |
| - | - | - | - | - | 38 | - | 2013 | - | - | - | - | - |
| - | - | - | - | - | - | 16748 | - | - | 7547 | - | - | - |
| - | - | - | - | - | - | - | - | - | 536 | - | - | - |
| - | - | - | - | - | - | - | - | - | 640 | - | - | - |
| - | - | - | - | 1888 | - | - | - | 39 | 24583 | 3315 | - | - |
| - | - | - | - | 102 | - | - | - | - | 2300 | 258 | - | - |
| - | - | - | - | - | - | - | - | - | - | - | - | - |
| - | - | - | - | 160 | - | - | - | - | - | - | - | - |
| - | - | - | - | 1626 | - | - | - | 39 | 22283 | - | - | - |

*INCLUDED IN THIS COLUMN IS NGL AND FEEDSTOCKS.

## PRODUCTION AND USES OF ENERGY SOURCES : FRANCE

1977

| ENERGY SOURCES / PRODUCTION AND USES | UNIT: 1000 METRIC TONS / UNITE: 1000 TONNES METRIQUES | | | | | | TCAL / TCAL | MANUFACTURED GAS (TCAL) / GAZ MANUFACTURE (TCAL) | | | MILLIONS OF (DE) KWH |
|---|---|---|---|---|---|---|---|---|---|---|---|
| | HARD COAL / HOUILLE | PATENT FUEL / AGGLOMERES | COKE OVEN COKE / COKE DE FOUR | GAS COKE / COKE DE GAZ | BROWN COAL / LIGNITE | BKB / BRIQ. DE LIGNITE | NATURAL GAS / GAZ NATUREL | GAS WORKS / USINES A GAZ | COKE OVENS / COKERIES | BLAST FURNACES / HAUT FOURNEAUX | ELECTRICITY* / ELECTRICITE* |
| | 1 | 2 | 3 | 4 | 5 | 6 | 7 | 8 | 9 | 10 | 11 |
| PRODUCTION | 21328 | 2222 | 10770 | - | 3080 | - | 71507 | 3010 | 23219 | 30845 | 210712 |
| FROM OTHER SOURCES | 1712 | - | - | - | - | - | - | - | - | - | - |
| IMPORT | 21396 | 77 | 2143 | - | 10 | 158 | 140044 | 1 | - | - | 12107 |
| EXPORT | -540 | -7 | -864 | - | -10 | - | -1592 | - | - | - | -7267 |
| INTL. MARINE BUNKERS | - | - | - | - | - | - | - | - | - | - | - |
| STOCK CHANGES | -556 | 5 | 154 | - | 70 | -8 | -13929 | 2 | - | - | - |
| DOMESTIC SUPPLY | 43340 | 2297 | 12203 | - | 3150 | 150 | 196030 | 3013 | 23219 | 30845 | 215552 |
| RETURNS TO SUPPLY | - | - | - | - | - | - | - | - | - | - | - |
| TRANSFERS | - | - | - | - | - | - | - | - | - | - | - |
| DOMESTIC AVAILABILITY | 43340 | 2297 | 12203 | - | 3150 | 150 | 196030 | 3013 | 23219 | 30845 | 215552 |
| STATISTICAL DIFFERENCE | -8 | - | 120 | - | 10 | - | - | -218 | - | - | 554 |
| TRANSFORM. SECTOR ** | 35787 | - | 4562 | - | 2810 | - | 21023 | - | 4224 | 11914 | - |
| FOR SOLID FUELS | 15707 | - | 286 | - | - | - | - | - | - | 1186 | - |
| FOR GASES | - | - | 4276 | - | - | - | 1835 | - | 666 | - | - |
| PETROLEUM REFINERIES | - | - | - | - | - | - | - | - | - | - | - |
| THERMO-ELECTRIC PLANTS | 20080 | - | - | - | 2810 | - | 19188 | - | 3558 | 10728 | - |
| ENERGY SECTOR | 1470 | - | 17 | - | 50 | - | 6042 | 426 | 10637 | 1728 | 30128 |
| COAL MINES | 1470 | - | - | - | 50 | - | - | - | - | - | 2265 |
| OIL AND GAS EXTRACTION | - | - | - | - | - | - | 2247 | - | - | - | 55 |
| PETROLEUM REFINERIES | - | - | - | - | - | - | - | - | - | - | 4185 |
| ELECTRIC PLANTS | - | - | - | - | - | - | - | - | - | - | 8157 |
| DISTRIBUTION LOSSES | - | - | - | - | - | - | 2665 | 398 | 721 | 1728 | 14619 |
| PUMP STORAGE (ELECTR.) | - | - | - | - | - | - | - | - | - | - | 697 |
| OTHER ENERGY SECTOR | - | - | 17 | - | - | - | 1130 | 28 | 9916 | - | 150 |
| FINAL CONSUMPTION | 6091 | 2297 | 7504 | - | 280 | 150 | 168965 | 2805 | 8358 | 17203 | 184870 |
| INDUSTRY SECTOR | 3040 | 2 | 7208 | - | 220 | - | 88256 | 739 | 8358 | 17203 | 91538 |
| IRON AND STEEL | 1530 | 1 | 6121 | - | 10 | - | 12820 | 505 | 6649 | 17203 | 14249 |
| CHEMICAL | 480 | - | 230 | - | 30 | - | 37029 | 3 | 1682 | - | 21766 |
| PETROCHEMICAL | - | - | - | - | - | - | - | - | - | - | - |
| NON-FERROUS METAL | 162 | - | 273 | - | 40 | - | 740 | - | - | - | 11852 |
| NON-METALLIC MINERAL | 162 | - | 108 | - | 3 | - | 16020 | - | - | - | 6227 |
| PAPER PULP AND PRINT | 53 | - | - | - | - | - | 1636 | - | - | - | 4114 |
| MINING AND QUARRYING | 30 | - | 9 | - | 5 | - | 2174 | - | - | - | 1828 |
| FOOD AND TOBACCO | 109 | - | 96 | - | 30 | - | 2917 | - | - | - | 5935 |
| WOOD AND WOOD PRODUCTS | - | - | - | - | - | - | - | - | - | - | 1427 |
| MACHINERY | 140 | - | 82 | - | 6 | - | - | - | - | - | 8520 |
| TRANSPORT EQUIPMENT | - | - | - | - | - | - | - | - | - | - | 5345 |
| CONSTRUCTION | - | - | - | - | - | - | - | - | - | - | 861 |
| TEXTILES AND LEATHER | 169 | - | - | - | 20 | - | 1003 | - | - | - | 4686 |
| NON SPECIFIED | 205 | 1 | 289 | - | 76 | - | 13917 | 231 | 27 | - | 4728 |
| NON-ENERGY USES: | | | | | | | | | | | |
| (1)ENERGY PRODUCTS | - | - | - | - | - | - | - | - | - | - | - |
| (2)NON-ENERGY PRODUCTS | - | - | - | - | - | - | - | - | - | - | - |
| TRANSPORT. SECTOR ** | 21 | 14 | 10 | - | - | 2 | 54 | - | - | - | 7097 |
| AIR TRANSPORT | - | - | - | - | - | - | - | - | - | - | - |
| ROAD TRANSPORT | - | - | - | - | - | - | 54 | - | - | - | - |
| RAILWAYS | 21 | 14 | 10 | - | - | 2 | - | - | - | - | 7097 |
| INTERNAL NAVIGATION | - | - | - | - | - | - | - | - | - | - | - |
| OTHER SECTORS ** | 3030 | 2281 | 286 | - | 60 | 148 | 80655 | 2066 | - | - | 86235 |
| AGRICULTURE | - | - | - | - | - | - | - | - | - | - | 1247 |
| PUBLIC SERVICES | - | - | - | - | - | - | - | - | - | - | - |
| COMMERCE | - | - | - | - | - | - | 34054 | 583 | - | - | 21716 |
| RESIDENTIAL | 3030 | 2281 | 286 | - | 60 | 148 | 46601 | 1483 | - | - | 47401 |

(1) INCLUDED IN CHEMICAL OR PETROCHEMICAL INDUSTRY
(2) INCLUDED ONLY IN TOTAL INDUSTRY

** INCLUDED IN THESE TOTALS ARE THE NON-SPECIFIED ELEMENTS

| * OF WHICH: | |
|---|---|
| HYDRO | 77072 |
| NUCLEAR | 17986 |
| CONVENTIONAL THERMAL | 115654 |
| GEOTHERMAL | 0 |

PRODUCTION ET UTILISATION DES SOURCES D ENERGIE : FRANCE

1977

UNIT: 1000 METRIC TONS
UNITE: 1000 TONNES METRIQUES

| OIL / PETROLE: CRUDE* / BRUT* | NGL / GNL | FEEDST. | REFINERY GAS / GAZ DE PETROLE | LIQUEFIED PETROLEUM GASES / GAZ LIQUEFIES DE PETROLE | AVIATION GASOLINE / ESSENCE AVION | MOTOR GASOLINE / ESSENCE AUTO | JET FUEL / CARBURANT REACTEUR | KEROSENE / PETROLE LAMPANT | GAS/DIESEL OIL / GAZ/DIESEL OIL | RESIDUAL FUEL OIL / FUEL OIL RESIDUEL | NAPHTHA / NAPHTHA | NON-ENERGY PRODUCTS / PRODUITS NON-ENERGETIQUES |
|---|---|---|---|---|---|---|---|---|---|---|---|---|
| 12 | 13 | 14 | 15 | 16 | 17 | 18 | 19 | 20 | 21 | 22 | 23 | 24 |
| 1037 | - | - | 2559 | 2999 | 29 | 17346 | 3586 | 99 | 40311 | 39901 | 5572 | 5764 |
| - | - | - | - | 322 | - | 408 | - | - | 38 | 64 | - | 6 |
| 117397 | - | - | - | 260 | 16 | 582 | 83 | 11 | 2959 | 1283 | 1504 | 1297 |
| - | - | - | - | -679 | - | -1612 | -828 | -82 | -3744 | -4762 | -769 | -1085 |
| - | - | - | - | - | - | - | -2 | - | -866 | -4576 | - | -20 |
| -272 | - | - | - | - | - | - | - | 13 | -965 | 154 | -1138 | - |
| 118162 | - | - | 2559 | 2902 | 45 | 16724 | 2839 | 41 | 37733 | 32064 | 5169 | 5962 |
| - | - | - | - | - | - | - | - | - | - | - | - | - |
| - | - | - | - | - | - | - | - | - | - | - | - | - |
| 118162 | - | - | 2559 | 2902 | 45 | 16724 | 2839 | 41 | 37733 | 32064 | 5169 | 5962 |
| -911 | - | - | - | 68 | 6 | -253 | 707 | - | - | - | - | 112 |
| 119073 | - | - | - | 238 | - | - | - | - | 56 | 10612 | 40 | - |
| - | - | - | - | - | - | - | - | - | - | - | - | - |
| - | - | - | - | 238 | - | - | - | - | - | 3 | 40 | - |
| 119073 | - | - | - | - | - | - | - | - | - | - | - | - |
| - | - | - | - | - | - | - | - | - | 56 | 10609 | - | - |
| - | - | - | 2450 | 131 | - | - | - | - | 44 | 3391 | - | 604 |
| - | - | - | - | - | - | - | - | - | - | - | - | - |
| - | - | - | - | - | - | - | - | - | - | - | - | - |
| - | - | - | 2450 | 131 | - | - | - | - | 44 | 3391 | - | 604 |
| - | - | - | - | - | - | - | - | - | - | - | - | - |
| - | - | - | - | - | - | - | - | - | - | - | - | - |
| - | - | - | - | - | - | - | - | - | - | - | - | - |
| - | - | - | - | - | - | - | - | - | - | - | - | - |
| - | - | - | 109 | 2465 | 39 | 16977 | 2132 | 41 | 37633 | 18061 | 5129 | 5246 |
| - | - | - | 109 | 517 | - | - | - | - | 4837 | 14799 | 5129 | 5246 |
| - | - | - | - | - | - | - | - | - | 144 | 1831 | - | - |
| - | - | - | 109 | 91 | - | - | - | - | 367 | 3225 | - | - |
| - | - | - | - | - | - | - | - | - | - | - | 4774 | - |
| - | - | - | - | - | - | - | - | - | 30 | 482 | - | - |
| - | - | - | - | - | - | - | - | - | 421 | 3673 | - | - |
| - | - | - | - | - | - | - | - | - | 78 | 1330 | - | - |
| - | - | - | - | - | - | - | - | - | - | 370 | - | - |
| - | - | - | - | - | - | - | - | - | - | 2410 | - | - |
| - | - | - | - | - | - | - | - | - | - | 120 | - | - |
| - | - | - | - | - | - | - | - | - | - | 301 | - | - |
| - | - | - | - | - | - | - | - | - | - | 465 | - | - |
| - | - | - | - | - | - | - | - | - | - | - | - | - |
| - | - | - | - | - | - | - | - | - | - | - | - | - |
| - | - | - | - | 426 | - | - | - | - | 3797 | 592 | 355 | - |
| - | - | - | - | - | - | - | - | - | - | - | - | - |
| - | - | - | - | - | - | - | - | - | - | - | - | 5246 |
| - | - | - | - | - | 39 | 16977 | 2132 | - | 8737 | 12 | - | - |
| - | - | - | - | - | 39 | - | 2132 | - | - | - | - | - |
| - | - | - | - | - | - | 16977 | - | - | 7580 | - | - | - |
| - | - | - | - | - | - | - | - | - | 527 | - | - | - |
| - | - | - | - | - | - | - | - | - | 630 | 12 | - | - |
| - | - | - | - | 1948 | - | - | - | 41 | 24059 | 3250 | - | - |
| - | - | - | - | 124 | - | - | - | - | 2350 | 273 | - | - |
| - | - | - | - | - | - | - | - | - | - | - | - | - |
| - | - | - | - | 167 | - | - | - | - | - | - | - | - |
| - | - | - | - | 1657 | - | - | - | 41 | 21709 | - | - | - |

*INCLUDED IN THIS COLUMN IS NGL AND FEEDSTOCKS.

## PRODUCTION AND USES OF ENERGY SOURCES : FRANCE

1978

| ENERGY SOURCES / PRODUCTION AND USES | UNIT: 1000 METRIC TONS / UNITE: 1000 TONNES METRIQUES | | | | | | TCAL / TCAL | MANUFACTURED GAS (TCAL) / GAZ MANUFACTURE (TCAL) | | | MILLIONS OF (DE) KWH |
|---|---|---|---|---|---|---|---|---|---|---|---|
| | HARD COAL / HOUILLE | PATENT FUEL / AGGLOMERES | COKE OVEN COKE / COKE DE FOUR | GAS COKE / COKE DE GAZ | BROWN COAL / LIGNITE | BKB / BRIQ. DE LIGNITE | NATURAL GAS / GAZ NATUREL | GAS WORKS / USINES A GAZ | COKE OVENS / COKERIES | BLAST FURNACES / HAUT FOURNEAUX | ELECTRICITY* / ELECTRICITE* |
| | 1 | 2 | 3 | 4 | 5 | 6 | 7 | 8 | 9 | 10 | 11 |
| PRODUCTION | 19690 | 2180 | 10682 | - | 2730 | - | 73400 | 1711 | 22474 | 30022 | 226637 |
| FROM OTHER SOURCES | 1476 | - | - | - | - | - | - | - | - | - | - |
| IMPORT | 23441 | 250 | 1716 | - | 10 | 160 | 153860 | 1 | - | - | 15814 |
| EXPORT | -443 | - | -805 | - | -10 | - | -1540 | - | - | - | -11526 |
| INTL. MARINE BUNKERS | - | - | - | - | - | - | - | - | - | - | - |
| STOCK CHANGES | 426 | -10 | 270 | - | -110 | - | -12390 | -1 | - | - | - |
| DOMESTIC SUPPLY | 44590 | 2420 | 11863 | - | 2620 | 160 | 213330 | 1711 | 22474 | 30022 | 230925 |
| RETURNS TO SUPPLY | - | - | - | - | - | - | - | - | - | - | - |
| TRANSFERS | - | - | - | - | - | - | - | - | - | - | - |
| DOMESTIC AVAILABILITY | 44590 | 2420 | 11863 | - | 2620 | 160 | 213330 | 1711 | 22474 | 30022 | 230925 |
| STATISTICAL DIFFERENCE | -9 | -15 | 5 | - | - | - | - | -119 | - | - | - |
| TRANSFORM. SECTOR ** | 37230 | - | 4547 | - | 2340 | - | 16124 | - | 4356 | 10902 | - |
| FOR SOLID FUELS | 15070 | - | 247 | - | - | - | - | - | - | 44 | - |
| FOR GASES | - | - | 4300 | - | - | - | 824 | - | 531 | - | - |
| PETROLEUM REFINERIES | - | - | - | - | - | - | - | - | - | - | - |
| THERMO-ELECTRIC PLANTS | 22160 | - | - | - | 2340 | - | 15300 | - | 3825 | 10858 | - |
| ENERGY SECTOR | 1350 | - | 40 | - | 10 | - | 7533 | 220 | 9135 | 1685 | 33529 |
| COAL MINES | 1350 | - | - | - | 10 | - | - | - | - | - | 2152 |
| OIL AND GAS EXTRACTION | - | - | - | - | - | - | 2425 | - | - | - | 58 |
| PETROLEUM REFINERIES | - | - | - | - | - | - | - | - | - | - | 4282 |
| ELECTRIC PLANTS | - | - | - | - | - | - | - | - | - | - | 9344 |
| DISTRIBUTION LOSSES | - | - | - | - | - | - | 3759 | 211 | 830 | 1685 | 15834 |
| PUMP STORAGE (ELECTR.) | - | - | - | - | - | - | - | - | - | - | 753 |
| OTHER ENERGY SECTOR | - | - | 40 | - | - | - | 1349 | 9 | 8305 | - | 1106 |
| FINAL CONSUMPTION | 6019 | 2435 | 7271 | - | 270 | 160 | 189673 | 1610 | 8983 | 17435 | 197396 |
| INDUSTRY SECTOR | 2910 | 2 | 6966 | - | 200 | - | 97075 | 549 | 8983 | 17435 | 94028 |
| IRON AND STEEL | 1470 | 2 | 5969 | - | - | - | 13546 | 400 | 7452 | 17435 | 14699 |
| CHEMICAL | 380 | - | 220 | - | 10 | - | 40140 | - | 1423 | - | 22316 |
| PETROCHEMICAL | - | - | - | - | - | - | - | - | - | - | - |
| NON-FERROUS METAL | 123 | - | 260 | - | 22 | - | 704 | - | - | - | 11399 |
| NON-METALLIC MINERAL | 150 | - | 105 | - | 1 | - | 19033 | - | - | - | 6401 |
| PAPER PULP AND PRINT | 42 | - | - | - | - | - | 2668 | - | - | - | 4276 |
| MINING AND QUARRYING | 25 | - | - | - | 2 | - | 2346 | - | - | - | 2014 |
| FOOD AND TOBACCO | 114 | - | 95 | - | 37 | - | 3386 | - | - | - | 6416 |
| WOOD AND WOOD PRODUCTS | - | - | - | - | - | - | - | - | - | - | 1480 |
| MACHINERY | 145 | - | 71 | - | 6 | - | - | - | - | - | 8840 |
| TRANSPORT EQUIPMENT | - | - | - | - | - | - | - | - | - | - | 5578 |
| CONSTRUCTION | - | - | - | - | - | - | - | - | - | - | 862 |
| TEXTILES AND LEATHER | 142 | - | - | - | 20 | - | 1199 | - | - | - | 4677 |
| NON SPECIFIED | 319 | - | 246 | - | 102 | - | 14053 | 149 | 108 | - | 5070 |
| NON-ENERGY USES: | | | | | | | | | | | |
| (1)ENERGY PRODUCTS | - | - | - | - | - | - | - | - | - | - | - |
| (2)NON-ENERGY PRODUCTS | - | - | - | - | - | - | - | - | - | - | - |
| TRANSPORT. SECTOR ** | 20 | 13 | 8 | - | - | - | 50 | - | - | - | 7324 |
| AIR TRANSPORT | - | - | - | - | - | - | - | - | - | - | - |
| ROAD TRANSPORT | - | - | - | - | - | - | 50 | - | - | - | - |
| RAILWAYS | 20 | 13 | 8 | - | - | - | - | - | - | - | 7324 |
| INTERNAL NAVIGATION | - | - | - | - | - | - | - | - | - | - | - |
| OTHER SECTORS ** | 3089 | 2420 | 297 | - | 70 | 160 | 92548 | 1061 | - | - | 96044 |
| AGRICULTURE | - | - | - | - | - | - | - | - | - | - | 1401 |
| PUBLIC SERVICES | - | - | - | - | - | - | - | - | - | - | - |
| COMMERCE | - | - | - | - | - | - | 39962 | 294 | - | - | 23911 |
| RESIDENTIAL | 3089 | 2420 | 297 | - | 70 | 160 | 52586 | 767 | - | - | 53268 |

(1) INCLUDED IN CHEMICAL OR PETROCHEMICAL INDUSTRY
(2) INCLUDED ONLY IN TOTAL INDUSTRY

| * OF WHICH: HYDRO | 69308 |
|---|---|
| NUCLEAR | 30485 |
| CONVENTIONAL THERMAL | 126627 |
| GEOTHERMAL | 0 |

** INCLUDED IN THESE TOTALS ARE THE NON-SPECIFIED ELEMENTS

PRODUCTION ET UTILISATION DES SOURCES D ENERGIE : FRANCE

1978

UNIT: 1000 METRIC TONS
UNITE: 1000 TONNES METRIQUES

| OIL PETROLE | | | REFINERY GAS | LIQUEFIED PETROLEUM GASES | AVIATION GASOLINE | MOTOR GASOLINE | JET FUEL | KEROSENE | GAS/DIESEL OIL | RESIDUAL FUEL OIL | NAPHTHA | NON-ENERGY PRODUCTS |
|---|---|---|---|---|---|---|---|---|---|---|---|---|
| CRUDE* BRUT* | NGL GNL | FEEDST. | GAZ DE PETROLE | GAZ LIQUEFIES DE PETROLE | ESSENCE AVION | ESSENCE AUTO | CARBURANT REACTEUR | PETROLE LAMPANT | GAZ/DIESEL OIL | FUEL OIL RESIDUEL | NAPHTHA | PRODUITS NON-ENERGETIQUES |
| 12 | 13 | 14 | 15 | 16 | 17 | 18 | 19 | 20 | 21 | 22 | 23 | 24 |
| 1943 | - | - | 2186 | 2943 | 42 | 18910 | 4100 | 91 | 39965 | 38237 | 5716 | 5831 |
| - | - | - | - | 306 | - | 412 | - | - | 37 | 62 | - | 100 |
| 115635 | - | - | - | 222 | 17 | 364 | 32 | 5 | 3446 | 2091 | 1592 | 1534 |
| - | - | - | - | -551 | - | -1752 | -1033 | -4 | -4108 | -3547 | -657 | -1512 |
| - | - | - | - | - | - | - | -11 | -9 | -791 | -3959 | - | -16 |
| 1707 | - | - | - | -39 | - | 542 | 23 | 15 | 2950 | -361 | 43 | 115 |
| 119285 | - | - | 2186 | 2881 | 59 | 18476 | 3111 | 98 | 41499 | 32523 | 6694 | 6052 |
| - | - | - | - | - | - | - | - | - | - | - | - | - |
| -826 | - | - | - | - | - | - | - | - | - | - | - | - |
| 118459 | - | - | 2186 | 2881 | 59 | 18476 | 3111 | 98 | 41499 | 32523 | 6694 | 6052 |
| 457 | - | - | -42 | -123 | 23 | 889 | 840 | -54 | 508 | -70 | 228 | -88 |
| 118002 | - | - | - | 216 | - | - | - | - | 57 | 12217 | 22 | - |
| - | - | - | - | - | - | - | - | - | - | - | - | - |
| - | - | - | - | 216 | - | - | - | - | - | 3 | 22 | - |
| 118002 | - | - | - | - | - | - | - | - | - | - | - | - |
| - | - | - | - | - | - | - | - | - | 57 | 12214 | - | - |
| - | - | - | 2121 | 112 | - | - | - | - | 21 | 3302 | - | 669 |
| - | - | - | - | - | - | - | - | - | - | - | - | - |
| - | - | - | - | - | - | - | - | - | - | - | - | - |
| - | - | - | 2121 | 112 | - | - | - | - | 21 | 3302 | - | 669 |
| - | - | - | - | - | - | - | - | - | - | - | - | - |
| - | - | - | - | - | - | - | - | - | - | - | - | - |
| - | - | - | - | - | - | - | - | - | - | - | - | - |
| - | - | - | - | - | - | - | - | - | - | - | - | - |
| - | - | - | 107 | 2676 | 36 | 17587 | 2271 | 152 | 40913 | 17074 | 6444 | 5471 |
| - | - | - | 107 | 573 | - | - | - | - | 6100 | 13121 | 6444 | 5470 |
| - | - | - | - | - | - | - | - | - | 130 | 1926 | 10 | - |
| - | - | - | 107 | 110 | - | - | - | - | 209 | 3110 | - | - |
| - | - | - | - | - | - | - | - | - | - | - | 6079 | - |
| - | - | - | - | - | - | - | - | - | 10 | 55 | - | - |
| - | - | - | - | - | - | - | - | - | 239 | 3057 | - | - |
| - | - | - | - | - | - | - | - | - | 72 | 1370 | - | - |
| - | - | - | - | - | - | - | - | - | - | 266 | - | - |
| - | - | - | - | - | - | - | - | - | - | 2415 | - | - |
| - | - | - | - | - | - | - | - | - | - | 120 | - | - |
| - | - | - | - | - | - | - | - | - | - | 501 | - | - |
| - | - | - | - | - | - | - | - | - | - | 301 | - | - |
| - | - | - | - | - | - | - | - | - | - | - | - | - |
| - | - | - | - | - | - | - | - | - | - | - | - | - |
| - | - | - | - | 463 | - | - | - | - | 5440 | - | 355 | - |
| - | - | - | - | - | - | - | - | - | - | - | - | - |
| - | - | - | - | - | - | - | - | - | - | - | - | 5470 |
| - | - | - | - | - | 36 | 17487 | 2271 | - | 9240 | 10 | - | - |
| - | - | - | - | - | 36 | - | 2271 | - | - | - | - | - |
| - | - | - | - | - | - | 17487 | - | - | 8225 | - | - | - |
| - | - | - | - | - | - | - | - | - | 614 | 7 | - | - |
| - | - | - | - | - | - | - | - | - | 401 | 3 | - | - |
| - | - | - | - | 2103 | - | 100 | - | 152 | 25573 | 3943 | - | 1 |
| - | - | - | - | 170 | - | 100 | - | - | 2417 | 326 | - | 1 |
| - | - | - | - | - | - | - | - | - | - | - | - | - |
| - | - | - | - | 183 | - | - | - | - | - | - | - | - |
| - | - | - | - | 1750 | - | - | - | 152 | 23156 | - | - | - |

*INCLUDED IN THIS COLUMN IS NGL AND FEEDSTOCKS.

# PRODUCTION AND USES OF ENERGY SOURCES : FRANCE

1979

| PRODUCTION AND USES \ ENERGY SOURCES | HARD COAL / HOUILLE | PATENT FUEL / AGGLOMERES | COKE OVEN COKE / COKE DE FOUR | GAS COKE / COKE DE GAZ | BROWN COAL / LIGNITE | BKB / BRIQ. DE LIGNITE | NATURAL GAS / GAZ NATUREL | GAS WORKS / USINES A GAZ | COKE OVENS / COKERIES | BLAST FURNACES / HAUT FOURNEAUX | ELECTRICITY* / ELECTRICITE* |
|---|---|---|---|---|---|---|---|---|---|---|---|
| | UNIT: 1000 METRIC TONS / UNITE: 1000 TONNES METRIQUES | | | | | | TCAL / TCAL | MANUFACTURED GAS (TCAL) / GAZ MANUFACTURE (TCAL) | | | MILLIONS OF (DE) KWH |
| | 1 | 2 | 3 | 4 | 5 | 6 | 7 | 8 | 9 | 10 | 11 |
| PRODUCTION | 20630 | 2130 | 11610 | - | 2450 | - | 72500 | 1225 | 24022 | 31010 | 241376 |
| FROM OTHER SOURCES | - | - | - | - | - | - | - | - | - | - | - |
| IMPORT | 27190 | 220 | 2330 | - | 40 | 180 | 164997 | - | - | - | 16431 |
| EXPORT | -520 | - | -1610 | - | -10 | - | -1600 | - | - | - | -10774 |
| INTL. MARINE BUNKERS | - | - | - | - | - | - | - | - | - | - | - |
| STOCK CHANGES | 610 | -10 | 670 | - | 160 | - | -4097 | - | - | - | - |
| DOMESTIC SUPPLY | 47910 | 2340 | 13000 | - | 2640 | 180 | 231800 | 1225 | 24022 | 31010 | 247033 |
| RETURNS TO SUPPLY | - | - | - | - | - | - | - | - | - | - | - |
| TRANSFERS | - | - | - | - | - | - | - | - | - | - | - |
| DOMESTIC AVAILABILITY | 47910 | 2340 | 13000 | - | 2640 | 180 | 231800 | 1225 | 24022 | 31010 | 247033 |
| STATISTICAL DIFFERENCE | -250 | - | - | - | - | - | - | -46 | - | - | - |
| TRANSFORM. SECTOR ** | 40880 | - | 5190 | - | 2350 | - | 15793 | - | 5050 | 13150 | - |
| FOR SOLID FUELS | 16680 | - | 320 | - | - | - | - | - | - | 1477 | - |
| FOR GASES | - | - | 4870 | - | - | - | 430 | - | 628 | - | - |
| PETROLEUM REFINERIES | - | - | - | - | - | - | - | - | - | - | - |
| THERMO-ELECTRIC PLANTS | 24200 | - | - | - | 2350 | - | 15363 | - | 4422 | 11673 | - |
| ENERGY SECTOR | 1340 | - | 10 | - | 10 | - | 7200 | 421 | 10041 | 12741 | 40802 |
| COAL MINES | 1340 | - | - | - | 10 | - | - | - | - | - | 2138 |
| OIL AND GAS EXTRACTION | - | - | - | - | - | - | 2000 | - | - | - | 60 |
| PETROLEUM REFINERIES | - | - | - | - | - | - | - | - | - | - | 4615 |
| ELECTRIC PLANTS | - | - | - | - | - | - | - | - | - | - | 10312 |
| DISTRIBUTION LOSSES | - | - | - | - | - | - | 4000 | 414 | 537 | 1635 | 16064 |
| PUMP STORAGE (ELECTR.) | - | - | - | - | - | - | - | - | - | - | 1032 |
| OTHER ENERGY SECTOR | - | - | 10 | - | - | - | 1200 | 7 | 9504 | 11106 | 6581 |
| FINAL CONSUMPTION | 5940 | 2340 | 7800 | - | 280 | 180 | 208807 | 850 | 8931 | 5119 | 206231 |
| INDUSTRY SECTOR | 2980 | - | 7500 | - | 220 | - | 105605 | 599 | 8931 | 5119 | 101173 |
| IRON AND STEEL | 1400 | - | 6450 | - | 30 | - | 14133 | 422 | 7605 | 5119 | 15396 |
| CHEMICAL | 500 | - | 230 | - | 10 | - | 46387 | 1 | 1296 | - | 21590 |
| PETROCHEMICAL | - | - | - | - | - | - | - | - | - | - | - |
| NON-FERROUS METAL | 220 | - | 300 | - | 40 | - | 649 | - | - | - | 12184 |
| NON-METALLIC MINERAL | 20 | - | 95 | - | - | - | 13212 | - | - | - | 6561 |
| PAPER PULP AND PRINT | 60 | - | - | - | - | - | 2917 | - | - | - | 4392 |
| MINING AND QUARRYING | - | - | - | - | - | - | 2514 | - | - | - | 2018 |
| FOOD AND TOBACCO | - | - | - | - | 30 | - | 3946 | - | - | - | 6820 |
| WOOD AND WOOD PRODUCTS | - | - | - | - | - | - | - | - | - | - | 1551 |
| MACHINERY | - | - | - | - | - | - | - | - | - | - | 8951 |
| TRANSPORT EQUIPMENT | - | - | - | - | - | - | - | - | - | - | 5700 |
| CONSTRUCTION | - | - | - | - | - | - | - | - | - | - | 833 |
| TEXTILES AND LEATHER | - | - | - | - | - | - | - | - | - | - | 4708 |
| NON SPECIFIED | 780 | - | 425 | - | 110 | - | 21847 | 176 | 30 | - | 10469 |
| NON-ENERGY USES: | | | | | | | | | | | |
| (1)ENERGY PRODUCTS | - | - | - | - | - | - | - | - | - | - | - |
| (2)NON-ENERGY PRODUCTS | - | - | - | - | - | - | - | - | - | - | - |
| TRANSPORT. SECTOR ** | 20 | 10 | 10 | - | - | - | 53 | - | - | - | 7519 |
| AIR TRANSPORT | - | - | - | - | - | - | - | - | - | - | - |
| ROAD TRANSPORT | - | - | - | - | - | - | 53 | - | - | - | - |
| RAILWAYS | 20 | 10 | 10 | - | - | - | - | - | - | - | 7519 |
| INTERNAL NAVIGATION | - | - | - | - | - | - | - | - | - | - | - |
| OTHER SECTORS ** | 2940 | 2330 | 290 | - | 60 | 180 | 103149 | 251 | - | - | 97539 |
| AGRICULTURE | - | - | - | - | - | - | - | - | - | - | 1508 |
| PUBLIC SERVICES | - | - | - | - | - | - | - | - | - | - | - |
| COMMERCE | - | - | - | - | - | - | 43529 | 51 | - | - | 25364 |
| RESIDENTIAL | 2940 | 2330 | 290 | - | 60 | 180 | 59620 | 200 | - | - | 58005 |

(1) INCLUDED IN CHEMICAL OR PETROCHEMICAL INDUSTRY
(2) INCLUDED ONLY IN TOTAL INDUSTRY

** INCLUDED IN THESE TOTALS ARE THE NON-SPECIFIED ELEMENTS

| * OF WHICH: HYDRO | 67805 |
|---|---|
| NUCLEAR | 39960 |
| CONVENTIONAL THERMAL | 133611 |
| GEOTHERMAL | 0 |

## PRODUCTION ET UTILISATION DES SOURCES D ENERGIE : FRANCE

1979

UNIT: 1000 METRIC TONS
UNITE: 1000 TONNES METRIQUES

| OIL / PETROLE | | | REFINERY GAS | LIQUEFIED PETROLEUM GASES | AVIATION GASOLINE | MOTOR GASOLINE | JET FUEL | KEROSENE | GAS/DIESEL OIL | RESIDUAL FUEL OIL | NAPHTHA | NON-ENERGY PRODUCTS |
|---|---|---|---|---|---|---|---|---|---|---|---|---|
| CRUDE / BRUT | NGL / GNL | FEEDST. | GAZ DE PETROLE | GAZ LIQUEFIES DE PETROLE | ESSENCE AVION | ESSENCE AUTO | CARBURANT REACTEUR | PETROLE LAMPANT | GAZ/DIESEL OIL | FUEL OIL RESIDUEL | NAPHTHA | PRODUITS NON-ENERGETIQUES |
| 12 | 13 | 14 | 15 | 16 | 17 | 18 | 19 | 20 | 21 | 22 | 23 | 24 |
| 1197 | 808 | - | 2451 | 3343 | 41 | 19255 | 4399 | 113 | 45490 | 40759 | 5774 | 5075 |
| - | - | - | - | 298 | - | 391 | - | - | 47 | 67 | - | 92 |
| 125896 | - | 1260 | - | 379 | 14 | 375 | 39 | 14 | 1940 | 3567 | 2019 | 2061 |
| - | - | - | - | -694 | -8 | -1830 | -1210 | -2 | -4113 | -6025 | -835 | -1669 |
| - | - | - | - | - | - | - | -17 | -2 | -678 | -4244 | - | -17 |
| -1030 | - | 62 | - | -16 | -2 | -737 | -63 | -4 | -902 | -802 | 74 | 43 |
| 126063 | 808 | 1322 | 2451 | 3310 | 45 | 17454 | 3148 | 119 | 41784 | 33322 | 7032 | 5585 |
| - | - | - | - | - | - | - | - | - | - | - | - | - |
| - | -808 | - | - | - | - | 1494 | - | - | - | - | - | 734 |
| 126063 | - | 1322 | 2451 | 3310 | 45 | 18948 | 3148 | 119 | 41784 | 33322 | 7032 | 6319 |
| 336 | - | -609 | 57 | -142 | 11 | 1242 | 682 | 62 | 425 | 720 | -632 | -427 |
| 125727 | - | 1931 | - | 188 | - | - | - | - | 37 | 12545 | 20 | - |
| - | - | - | - | - | - | - | - | - | - | - | - | - |
| - | - | - | - | 188 | - | - | - | - | - | - | 20 | - |
| 125727 | - | 1931 | - | - | - | - | - | - | - | - | - | - |
| - | - | - | - | - | - | - | - | - | 37 | 11476 | - | - |
| - | - | - | 2394 | 129 | - | 5 | - | - | 16 | 3330 | - | 610 |
| - | - | - | - | - | - | - | - | - | - | - | - | - |
| - | - | - | 2394 | 129 | - | 5 | - | - | 16 | 3330 | - | 610 |
| - | - | - | - | - | - | - | - | - | - | - | - | - |
| - | - | - | - | - | - | - | - | - | - | - | - | - |
| - | - | - | - | - | - | - | - | - | - | - | - | - |
| - | - | - | - | - | - | - | - | - | - | - | - | - |
| - | - | - | - | 3135 | 34 | 17701 | 2466 | 57 | 41306 | 16727 | 7644 | 6136 |
| - | - | - | - | 861 | - | - | - | - | 6553 | 14017 | 7644 | 6136 |
| - | - | - | - | - | - | - | - | - | 140 | 1648 | - | - |
| - | - | - | - | 240 | - | - | - | - | 1378 | 3099 | - | - |
| - | - | - | - | - | - | - | - | - | - | - | 7394 | - |
| - | - | - | - | - | - | - | - | - | - | 371 | - | - |
| - | - | - | - | - | - | - | - | - | - | 2981 | - | - |
| - | - | - | - | - | - | - | - | - | - | 1373 | - | - |
| - | - | - | - | - | - | - | - | - | - | 196 | - | - |
| - | - | - | - | 128 | - | - | - | - | - | 2602 | - | - |
| - | - | - | - | - | - | - | - | - | - | - | - | - |
| - | - | - | - | - | - | - | - | - | - | 284 | - | - |
| - | - | - | - | - | - | - | - | - | - | 356 | - | - |
| - | - | - | - | - | - | - | - | - | - | - | - | - |
| - | - | - | - | - | - | - | - | - | - | - | - | - |
| - | - | - | - | 493 | - | - | - | - | 5035 | 1107 | 250 | - |
| - | - | - | - | - | - | - | - | - | - | - | - | - |
| - | - | - | - | - | - | - | - | - | - | - | - | 6136 |
| - | - | - | - | - | 34 | 17611 | 2466 | - | 9988 | 12 | - | - |
| - | - | - | - | - | 34 | - | 2466 | - | - | - | - | - |
| - | - | - | - | - | - | 17611 | - | - | 8783 | - | - | - |
| - | - | - | - | - | - | - | - | - | 615 | 4 | - | - |
| - | - | - | - | - | - | - | - | - | 160 | 3 | - | - |
| - | - | - | - | 2274 | - | 90 | - | 57 | 24765 | 2698 | - | - |
| - | - | - | - | 217 | - | 90 | - | - | 2410 | 202 | - | - |
| - | - | - | - | - | - | - | - | - | - | - | - | - |
| - | - | - | - | 120 | - | - | - | - | - | - | - | - |
| - | - | - | - | 1815 | - | - | - | 57 | 22355 | - | - | - |

## PRODUCTION AND USES OF ENERGY SOURCES : FRANCE

1980

| ENERGY SOURCES / PRODUCTION AND USES | UNIT: 1000 METRIC TONS / UNITE: 1000 TONNES METRIQUES | | | | | | TCAL / TCAL | MANUFACTURED GAS (TCAL) / GAZ MANUFACTURE (TCAL) | | | MILLIONS OF (DE) KWH |
|---|---|---|---|---|---|---|---|---|---|---|---|
| | HARD COAL | PATENT FUEL | COKE OVEN COKE | GAS COKE | BROWN COAL | BKB | NATURAL GAS | GAS WORKS | COKE OVENS | BLAST FURNACES | ELECTRICITY* |
| | HOUILLE | AGGLOMERES | COKE DE FOUR | COKE DE GAZ | LIGNITE | BRIQ. DE LIGNITE | GAZ NATUREL | USINES A GAZ | COKERIES | HAUT FOURNEAUX | ELECTRICITE* |
| | 1 | 2 | 3 | 4 | 5 | 6 | 7 | 8 | 9 | 10 | 11 |
| PRODUCTION | 20190 | 1760 | 11120 | - | 2560 | - | 69052 | 544 | 23278 | 29191 | 257979 |
| FROM OTHER SOURCES | - | - | - | - | - | - | - | - | - | - | - |
| IMPORT | 29410 | 130 | 3000 | - | 10 | 160 | 181154 | - | - | - | 15639 |
| EXPORT | -430 | -10 | -870 | - | -10 | - | -1464 | - | - | - | -12546 |
| INTL. MARINE BUNKERS | - | - | - | - | - | - | - | - | - | - | - |
| STOCK CHANGES | -1090 | -20 | -70 | - | 10 | - | -9556 | - | - | - | - |
| DOMESTIC SUPPLY | 48080 | 1860 | 13180 | - | 2570 | 160 | 239186 | 544 | 23278 | 29191 | 261072 |
| RETURNS TO SUPPLY | - | - | - | - | - | - | - | - | - | - | - |
| TRANSFERS | - | - | - | - | - | - | - | - | - | - | - |
| DOMESTIC AVAILABILITY | 48080 | 1860 | 13180 | - | 2570 | 160 | 239186 | 544 | 23278 | 29191 | 261072 |
| STATISTICAL DIFFERENCE | - | - | - | - | - | - | - | -12 | 77 | - | - |
| TRANSFORM. SECTOR ** | 40780 | - | 5180 | - | 2360 | - | 11101 | - | 5067 | 14048 | - |
| FOR SOLID FUELS | 16290 | - | 330 | - | - | - | - | - | - | 1319 | - |
| FOR GASES | - | - | 4850 | - | - | - | 510 | - | 428 | - | - |
| PETROLEUM REFINERIES | - | - | - | - | - | - | - | - | - | - | - |
| THERMO-ELECTRIC PLANTS | 24490 | - | - | - | 2360 | - | 10591 | - | 4639 | 12729 | - |
| ENERGY SECTOR | 1270 | 30 | 20 | - | - | - | 6636 | 14 | 9488 | 11897 | 49029 |
| COAL MINES | 1270 | - | - | - | - | - | - | - | - | - | 2106 |
| OIL AND GAS EXTRACTION | - | - | - | - | - | - | 2336 | - | - | - | 82 |
| PETROLEUM REFINERIES | - | - | - | - | - | - | - | - | - | - | 4610 |
| ELECTRIC PLANTS | - | - | - | - | - | - | - | - | - | - | 11308 |
| DISTRIBUTION LOSSES | - | - | - | - | - | - | 3000 | 10 | 173 | 1217 | 16967 |
| PUMP STORAGE (ELECTR.) | - | - | - | - | - | - | - | - | - | - | 958 |
| OTHER ENERGY SECTOR | - | 30 | 20 | - | - | - | 1300 | 4 | 9315 | 10680 | 12998 |
| FINAL CONSUMPTION | 6030 | 1830 | 7980 | - | 210 | 160 | 221449 | 542 | 8646 | 3246 | 212043 |
| INDUSTRY SECTOR | 3350 | - | 7710 | - | 160 | - | 110380 | 424 | 8646 | 3246 | 108124 |
| IRON AND STEEL | 1100 | - | 6710 | - | - | - | 16876 | 247 | 7358 | 3246 | 15259 |
| CHEMICAL | 530 | - | 250 | - | 10 | - | 65349 | - | 1270 | - | 20993 |
| PETROCHEMICAL | - | - | - | - | - | - | - | - | - | - | - |
| NON-FERROUS METAL | - | - | - | - | - | - | 517 | 175 | 14 | - | 12374 |
| NON-METALLIC MINERAL | 20 | - | - | - | - | - | 12571 | - | - | - | 6699 |
| PAPER PULP AND PRINT | 70 | - | - | - | - | - | 3358 | - | - | - | 4400 |
| MINING AND QUARRYING | 70 | - | - | - | - | - | 2497 | - | - | - | 2045 |
| FOOD AND TOBACCO | 70 | - | - | - | - | - | 4649 | 1 | - | - | 7348 |
| WOOD AND WOOD PRODUCTS | - | - | - | - | - | - | - | - | - | - | 1625 |
| MACHINERY | - | - | - | - | - | - | - | - | 2 | - | 9480 |
| TRANSPORT EQUIPMENT | - | - | - | - | - | - | - | - | - | - | 5656 |
| CONSTRUCTION | - | - | - | - | - | - | - | - | - | - | 839 |
| TEXTILES AND LEATHER | 90 | - | - | - | - | - | - | - | - | - | 4560 |
| NON SPECIFIED | 1400 | - | 750 | - | 150 | - | 4563 | 1 | 2 | - | 16846 |
| NON-ENERGY USES: | | | | | | | | | | | |
| (1)ENERGY PRODUCTS | - | - | - | - | - | - | - | - | - | - | - |
| (2)NON-ENERGY PRODUCTS | - | - | - | - | - | - | - | - | - | - | - |
| TRANSPORT. SECTOR ** | 10 | 10 | 10 | - | - | - | 55 | - | - | - | 7590 |
| AIR TRANSPORT | - | - | - | - | - | - | - | - | - | - | - |
| ROAD TRANSPORT | - | - | - | - | - | - | 55 | - | - | - | - |
| RAILWAYS | 10 | 10 | 10 | - | - | - | - | - | - | - | 7590 |
| INTERNAL NAVIGATION | - | - | - | - | - | - | - | - | - | - | - |
| OTHER SECTORS ** | 2670 | 1820 | 260 | - | 50 | 160 | 111014 | 118 | - | - | 96329 |
| AGRICULTURE | - | - | - | - | - | - | - | - | - | - | 1541 |
| PUBLIC SERVICES | - | - | - | - | - | - | - | 18 | - | - | - |
| COMMERCE | - | - | - | - | - | - | 47903 | - | - | - | 26045 |
| RESIDENTIAL | 2670 | 1820 | 260 | - | 50 | 160 | 63111 | 100 | - | - | 60247 |

(1) INCLUDED IN CHEMICAL OR PETROCHEMICAL INDUSTRY
(2) INCLUDED ONLY IN TOTAL INDUSTRY

| * OF WHICH: HYDRO | 70682 |
|---|---|
| NUCLEAR | 61251 |
| CONVENTIONAL THERMAL | 126046 |
| GEOTHERMAL | 0 |

** INCLUDED IN THESE TOTALS ARE THE NON-SPECIFIED ELEMENTS

UNIT: 1000 METRIC TONS
UNITE: 1000 TONNES METRIQUES

| OIL PETROLE | | | REFINERY GAS | LIQUEFIED PETROLEUM GASES | AVIATION GASOLINE | MOTOR GASOLINE | JET FUEL | KEROSENE | GAS/DIESEL OIL | RESIDUAL FUEL OIL | NAPHTHA | NON-ENERGY PRODUCTS |
|---|---|---|---|---|---|---|---|---|---|---|---|---|
| CRUDE BRUT | NGL GNL | FEEDST. | GAZ DE PETROLE | GAZ LIQUEFIES DE PETROLE | ESSENCE AVION | ESSENCE AUTO | CARBURANT REACTEUR | PETROLE LAMPANT | GAZ/DIESEL OIL | FUEL OIL RESIDUEL | NAPHTHA | PRODUITS NON-ENERGETIQUES |
| 12 | 13 | 14 | 15 | 16 | 17 | 18 | 19 | 20 | 21 | 22 | 23 | 24 |
| 1491 | 839 | - | 2317 | 3133 | 30 | 16998 | 4622 | 136 | 41486 | 33900 | 4349 | 6046 |
| - | - | - | - | 300 | - | 393 | - | - | 46 | 97 | - | 79 |
| 109495 | - | 4062 | - | 550 | 17 | 645 | - | 3 | 3578 | 3402 | 2412 | 2071 |
| - | - | - | - | -660 | -1 | -1734 | -1187 | -10 | -3055 | -5035 | -466 | -1505 |
| - | - | - | - | - | - | - | -17 | - | -529 | -3509 | - | -45 |
| -279 | - | -331 | - | 64 | - | 131 | -56 | -6 | -2274 | 476 | -26 | -55 |
| 110707 | 839 | 3731 | 2317 | 3387 | 46 | 16433 | 3362 | 123 | 39252 | 29331 | 6269 | 6591 |
| - | - | - | - | - | - | - | - | - | - | - | - | - |
| - | -839 | - | 170 | - | - | 1318 | - | - | - | 489 | - | - |
| 110707 | - | 3731 | 2487 | 3387 | 46 | 17751 | 3362 | 123 | 39252 | 29820 | 6269 | 6591 |
| 928 | - | -487 | 91 | -152 | 15 | 5 | 935 | 58 | -143 | 1186 | -36 | 429 |
| 109779 | - | 4218 | - | 158 | - | - | - | - | 29 | 10606 | 20 | - |
| - | - | - | - | - | - | - | - | - | - | - | - | - |
| - | - | - | - | 158 | - | - | - | - | - | - | 20 | - |
| 109779 | - | 4218 | - | - | - | - | - | - | - | - | - | - |
| - | - | - | - | - | - | - | - | - | 29 | 9510 | - | - |
| - | - | - | 2314 | 114 | - | - | - | - | 19 | 3094 | - | 670 |
| - | - | - | - | - | - | - | - | - | - | - | - | - |
| - | - | - | - | - | - | - | - | - | - | - | - | - |
| - | - | - | 2314 | 114 | - | - | - | - | 19 | 3094 | - | 670 |
| - | - | - | - | - | - | - | - | - | - | - | - | - |
| - | - | - | - | - | - | - | - | - | - | - | - | - |
| - | - | - | - | - | - | - | - | - | - | - | - | - |
| - | - | - | - | - | - | - | - | - | - | - | - | - |
| - | - | - | 82 | 3267 | 31 | 17746 | 2427 | 65 | 39347 | 14934 | 6285 | 5492 |
| - | - | - | 82 | 946 | - | - | - | - | 6770 | 12514 | 6285 | 5492 |
| - | - | - | - | - | - | - | - | - | 140 | 1190 | - | - |
| - | - | - | - | 368 | - | - | - | - | 1460 | 2664 | - | - |
| - | - | - | - | - | - | - | - | - | - | - | 6195 | - |
| - | - | - | - | - | - | - | - | - | - | - | - | - |
| - | - | - | - | - | - | - | - | - | - | - | - | - |
| - | - | - | - | - | - | - | - | - | - | 1341 | - | - |
| - | - | - | - | - | - | - | - | - | - | 237 | - | - |
| - | - | - | - | 145 | - | - | - | - | - | 2429 | - | - |
| - | - | - | - | - | - | - | - | - | - | - | - | - |
| - | - | - | - | - | - | - | - | - | - | 295 | - | - |
| - | - | - | - | - | - | - | - | - | - | 297 | - | - |
| - | - | - | - | - | - | - | - | - | - | - | - | - |
| - | - | - | - | - | - | - | - | - | - | - | - | - |
| - | - | - | 82 | 433 | - | - | - | - | 5170 | 4061 | 90 | - |
| - | - | - | - | - | - | - | - | - | - | - | - | - |
| - | - | - | - | - | - | - | - | - | - | - | - | 5492 |
| - | - | - | - | 16 | 31 | 17666 | 2427 | 6 | 10283 | 10 | - | - |
| - | - | - | - | - | 31 | - | 2427 | - | - | - | - | - |
| - | - | - | - | 16 | - | 17661 | - | - | 9097 | - | - | - |
| - | - | - | - | - | - | - | - | - | 580 | 4 | - | - |
| - | - | - | - | - | - | 5 | - | 6 | 170 | 3 | - | - |
| - | - | - | - | 2305 | - | 80 | - | 59 | 22294 | 2410 | - | - |
| - | - | - | - | 220 | - | 80 | - | - | 2400 | 179 | - | - |
| - | - | - | - | - | - | - | - | - | - | - | - | - |
| - | - | - | - | 199 | - | - | - | - | - | - | - | - |
| - | - | - | - | 1886 | - | - | - | 59 | 19894 | - | - | - |

## PRODUCTION AND USES OF ENERGY SOURCES : FRANCE

1981

| X XX ENERGY XX XX SOURCES XX XX XX PRODUCTION XX XX AND USES XX | UNIT: 1000 METRIC TONS / UNITE: 1000 TONNES METRIQUES | | | | | | TCAL / TCAL | MANUFACTURED GAS (TCAL) / GAZ MANUFACTURE (TCAL) | | | MILLIONS OF (DE) KWH |
|---|---|---|---|---|---|---|---|---|---|---|---|
| | HARD COAL / HOUILLE | PATENT FUEL / AGGLOMERES | COKE OVEN COKE / COKE DE FOUR | GAS COKE / COKE DE GAZ | BROWN COAL / LIGNITE | BKB / BRIQ. DE LIGNITE | NATURAL GAS / GAZ NATUREL | GAS WORKS / USINES A GAZ | COKE OVENS / COKERIES | BLAST FURNACES / HAUT FOURNEAUX | ELECTRICITY* / ELECTRICITE* |
| | 1 | 2 | 3 | 4 | 5 | 6 | 7 | 8 | 9 | 10 | 11 |
| PRODUCTION | 20300 | 1600 | 10720 | - | 2940 | - | 64919 | 532 | 26646 | 30769 | 276100 |
| FROM OTHER SOURCES | - | - | - | - | - | - | - | - | - | - | - |
| IMPORT | 27500 | 120 | 2370 | - | 10 | 150 | 195017 | - | - | - | 10900 |
| EXPORT | -700 | -20 | -970 | - | -10 | - | -1464 | - | - | - | -15700 |
| INTL. MARINE BUNKERS | - | - | - | - | - | - | - | - | - | - | - |
| STOCK CHANGES | -2580 | 30 | -100 | - | -220 | - | -15240 | - | - | - | - |
| DOMESTIC SUPPLY | 44520 | 1730 | 12020 | - | 2720 | 150 | 243232 | 532 | 26646 | 30769 | 271300 |
| RETURNS TO SUPPLY | - | - | - | - | - | - | - | - | - | - | - |
| TRANSFERS | - | - | - | - | - | - | - | - | - | - | - |
| DOMESTIC AVAILABILITY | 44520 | 1730 | 12020 | - | 2720 | 150 | 243232 | 532 | 26646 | 30769 | 271300 |
| STATISTICAL DIFFERENCE | -10 | 10 | 10 | - | 10 | - | - | - | - | - | - |
| TRANSFORM. SECTOR ** | 36910 | - | 5040 | - | 2530 | - | 7405 | - | 5656 | 15031 | - |
| FOR SOLID FUELS | 15400 | - | 340 | - | - | - | - | - | - | 1381 | - |
| FOR GASES | - | - | 4700 | - | - | - | 500 | - | 331 | - | - |
| PETROLEUM REFINERIES | - | - | - | - | - | - | - | - | - | - | - |
| THERMO-ELECTRIC PLANTS | 21510 | - | - | - | 2530 | - | 6905 | - | 5325 | 13650 | - |
| ENERGY SECTOR | 1280 | 20 | 20 | - | - | - | 7060 | 15 | 10526 | 12505 | 56456 |
| COAL MINES | 1280 | - | - | - | - | - | - | - | - | - | 2100 |
| OIL AND GAS EXTRACTION | - | - | - | - | - | - | 2500 | - | - | - | 108 |
| PETROLEUM REFINERIES | - | - | - | - | - | - | - | - | - | - | 4400 |
| ELECTRIC PLANTS | - | - | - | - | - | - | - | - | - | - | 12100 |
| DISTRIBUTION LOSSES | - | - | - | - | - | - | 3060 | 10 | 304 | 1235 | 17100 |
| PUMP STORAGE (ELECTR.) | - | - | - | - | - | - | - | - | - | - | 1200 |
| OTHER ENERGY SECTOR | - | 20 | 20 | - | - | - | 1500 | 5 | 10222 | 11270 | 19448 |
| FINAL CONSUMPTION | 6340 | 1700 | 6950 | - | 180 | 150 | 228767 | 517 | 10464 | 3233 | 214844 |
| INDUSTRY SECTOR | 4040 | - | 6700 | - | 130 | - | 117698 | 420 | 10464 | 3233 | 108614 |
| IRON AND STEEL | 710 | - | 5800 | - | - | - | 15756 | 258 | 8673 | 3233 | 15600 |
| CHEMICAL | 620 | - | 340 | - | 40 | - | 70774 | - | 1777 | - | 19000 |
| PETROCHEMICAL | - | - | - | - | - | - | - | - | - | - | - |
| NON-FERROUS METAL | - | - | - | - | - | - | 517 | 160 | 13 | - | 11700 |
| NON-METALLIC MINERAL | 20 | - | 20 | - | - | - | 12484 | - | - | - | 6575 |
| PAPER PULP AND PRINT | 80 | - | - | - | - | - | 4219 | - | - | - | 4500 |
| MINING AND QUARRYING | 60 | - | 10 | - | - | - | 2411 | - | - | - | 1990 |
| FOOD AND TOBACCO | 80 | - | 110 | - | 40 | - | 5683 | 1 | - | - | 7400 |
| WOOD AND WOOD PRODUCTS | - | - | - | - | - | - | - | - | - | - | 1700 |
| MACHINERY | - | - | - | - | - | - | - | - | 1 | - | 9500 |
| TRANSPORT EQUIPMENT | - | - | - | - | - | - | - | - | - | - | 6000 |
| CONSTRUCTION | - | - | - | - | - | - | - | - | - | - | 849 |
| TEXTILES AND LEATHER | 110 | - | - | - | - | - | - | - | - | - | 4800 |
| NON SPECIFIED | 2360 | - | 420 | - | 50 | - | 5854 | 1 | - | - | 19000 |
| NON-ENERGY USES: | | | | | | | | | | | |
| (1)ENERGY PRODUCTS | - | - | - | - | - | - | - | - | - | - | - |
| (2)NON-ENERGY PRODUCTS | - | - | - | - | - | - | - | - | - | - | - |
| TRANSPORT. SECTOR ** | 10 | - | - | - | - | - | - | - | - | - | 7700 |
| AIR TRANSPORT | - | - | - | - | - | - | - | - | - | - | - |
| ROAD TRANSPORT | - | - | - | - | - | - | - | - | - | - | - |
| RAILWAYS | 10 | - | - | - | - | - | - | - | - | - | 7700 |
| INTERNAL NAVIGATION | - | - | - | - | - | - | - | - | - | - | - |
| OTHER SECTORS ** | 2290 | 1700 | 250 | - | 50 | 150 | 111069 | 97 | - | - | 98530 |
| AGRICULTURE | - | - | - | - | - | - | - | - | - | - | 1600 |
| PUBLIC SERVICES | - | - | - | - | - | - | 14627 | 12 | - | - | - |
| COMMERCE | - | - | - | - | - | - | 34794 | - | - | - | 25750 |
| RESIDENTIAL | 2290 | 1700 | 250 | - | 50 | 150 | 61648 | 85 | - | - | 64700 |

(1) INCLUDED IN CHEMICAL OR PETROCHEMICAL INDUSTRY
(2) INCLUDED ONLY IN TOTAL INDUSTRY

| * OF WHICH: HYDRO | 73300 |
|---|---|
| NUCLEAR | 105175 |
| CONVENTIONAL THERMAL | 97625 |
| GEOTHERMAL | 0 |

** INCLUDED IN THESE TOTALS ARE THE NON-SPECIFIED ELEMENTS

PRODUCTION ET UTILISATION DES SOURCES D ENERGIE : FRANCE

1981

UNIT: 1000 METRIC TONS
UNITE: 1000 TONNES METRIQUES

| OIL / PETROLE: CRUDE / BRUT 12 | NGL / GNL 13 | FEEDST. 14 | REFINERY GAS / GAZ DE PETROLE 15 | LIQUEFIED PETROLEUM GASES / GAZ LIQUEFIES DE PETROLE 16 | AVIATION GASOLINE / ESSENCE AVION 17 | MOTOR GASOLINE / ESSENCE AUTO 18 | JET FUEL / CARBURANT REACTEUR 19 | KEROSENE / PETROLE LAMPANT 20 | GAS/DIESEL OIL / GAZ/DIESEL OIL 21 | RESIDUAL FUEL OIL / FUEL OIL RESIDUEL 22 | NAPHTHA / NAPHTHA 23 | NON-ENERGY PRODUCTS / PRODUITS NON-ENERGETIQUES 24 |
|---|---|---|---|---|---|---|---|---|---|---|---|---|
| 1741 | 760 | - | 2354 | 2831 | - | 18382 | 4366 | 173 | 31270 | 29858 | 2152 | 7067 |
| - | - | - | - | 287 | - | 362 | - | - | 35 | 76 | - | 65 |
| 90289 | - | 4844 | - | 956 | - | 1359 | 32 | 7 | 4025 | 2493 | 3162 | 1737 |
| - | - | - | - | -682 | - | -1328 | -1279 | -40 | -2897 | -6822 | -831 | -1346 |
| - | - | - | - | - | - | - | -20 | - | -438 | -3518 | - | -43 |
| 668 | - | -34 | - | -35 | 15 | 141 | 59 | 15 | 2849 | 565 | 145 | -374 |
| 92698 | 760 | 4810 | 2354 | 3357 | 15 | 18916 | 3158 | 155 | 34844 | 22652 | 4628 | 7106 |
| - | - | 1746 | -148 | - | - | -1171 | - | - | - | -427 | - | - |
| -65 | -760 | 279 | - | - | - | - | - | - | - | - | - | -279 |
| 92633 | - | 6835 | 2206 | 3357 | 15 | 17745 | 3158 | 155 | 34844 | 22225 | 4628 | 6827 |
| 2417 | - | -2260 | -79 | -125 | 15 | -366 | 860 | 103 | -935 | 745 | -557 | 1167 |
| 90216 | - | 9095 | - | 138 | - | - | - | - | 33 | 6607 | - | - |
| - | - | - | - | - | - | - | - | - | - | - | - | - |
| - | - | - | - | 138 | - | - | - | - | - | - | - | - |
| 90216 | - | 9095 | - | - | - | - | - | - | - | - | - | - |
| - | - | - | - | - | - | - | - | - | 33 | 6522 | - | - |
| - | - | - | 2235 | 95 | - | - | - | - | 15 | 2555 | - | 628 |
| - | - | - | - | - | - | - | - | - | - | - | - | - |
| - | - | - | 2235 | 95 | - | - | - | - | 15 | 2555 | - | 628 |
| - | - | - | - | - | - | - | - | - | - | - | - | - |
| - | - | - | - | - | - | - | - | - | - | - | - | - |
| - | - | - | - | - | - | - | - | - | - | - | - | - |
| - | - | - | - | - | - | - | - | - | - | - | - | - |
| - | - | - | 50 | 3249 | - | 18111 | 2298 | 52 | 35731 | 12318 | 5185 | 5032 |
| - | - | - | 50 | 1013 | - | - | - | - | 4432 | 9201 | 5185 | 5032 |
| - | - | - | - | - | - | - | - | - | - | 529 | - | - |
| - | - | - | - | 165 | - | - | - | - | - | 1742 | - | - |
| - | - | - | - | 336 | - | - | - | - | 1937 | 143 | 5111 | - |
| - | - | - | - | - | - | - | - | - | - | 263 | - | - |
| - | - | - | - | - | - | - | - | - | - | - | - | - |
| - | - | - | - | - | - | - | - | - | - | 1066 | - | - |
| - | - | - | - | - | - | - | - | - | - | 109 | - | - |
| - | - | - | - | 139 | - | - | - | - | - | 2322 | - | - |
| - | - | - | - | - | - | - | - | - | - | - | - | - |
| - | - | - | - | - | - | - | - | - | - | - | - | - |
| - | - | - | - | - | - | - | - | - | - | 242 | - | - |
| - | - | - | - | - | - | - | - | - | - | - | - | - |
| - | - | - | - | - | - | - | - | - | - | 413 | - | - |
| - | - | - | 50 | 373 | - | - | - | - | 2495 | 2372 | 74 | - |
| - | - | - | - | - | - | - | - | - | - | - | - | - |
| - | - | - | - | - | - | - | - | - | - | - | - | 5032 |
| - | - | - | - | 42 | - | 18048 | 2298 | 6 | 10447 | 37 | - | - |
| - | - | - | - | - | - | - | 2298 | - | - | - | - | - |
| - | - | - | - | 42 | - | 17865 | - | - | 9397 | - | - | - |
| - | - | - | - | - | - | - | - | - | 554 | 4 | - | - |
| - | - | - | - | - | - | - | - | 6 | 115 | 33 | - | - |
| - | - | - | - | 2194 | - | 63 | - | 46 | 20852 | 3080 | - | - |
| - | - | - | - | 191 | - | 63 | - | 1 | 2350 | 159 | - | - |
| - | - | - | - | - | - | - | - | - | - | - | - | - |
| - | - | - | - | - | - | - | - | - | - | - | - | - |
| - | - | - | - | - | - | - | - | 45 | - | - | - | - |

## PRODUCTION AND USES OF ENERGY SOURCES : GERMANY

1971

| X / XX ENERGY / XX / XX SOURCES / XX / XX / XX / PRODUCTION XX / XX / AND USES XX/ | UNIT: 1000 METRIC TONS / UNITE: 1000 TONNES METRIQUES | | | | | | TCAL / TCAL | MANUFACTURED GAS (TCAL) / GAZ MANUFACTURE (TCAL) | | | MILLIONS / OF (DE) KWH |
|---|---|---|---|---|---|---|---|---|---|---|---|
| | HARD COAL / HOUILLE | PATENT FUEL / AGGLOMERES | COKE OVEN COKE / COKE DE FOUR | GAS COKE / COKE DE GAZ | BROWN COAL / LIGNITE | BKB / BRIQ. DE LIGNITE | NATURAL GAS / GAZ NATUREL | GAS WORKS / USINES A GAZ | COKE OVENS / COKERIES | BLAST FURNACES / HAUT FOURNEAUX | ELECTRICITY* / ELECTRICITE* |
| | 1 | 2 | 3 | 4 | 5 | 6 | 7 | 8 | 9 | 10 | 11 |
| PRODUCTION | 117143 | 2716 | 37537 | 2014 | 104546 | 7986 | 132006 | 8504 | 74630 | 48555 | 259633 |
| FROM OTHER SOURCES | - | - | - | - | - | - | - | 41493 | - | - | - |
| IMPORT | 8188 | 124 | 371 | - | 1156 | 1279 | 54760 | 9 | - | - | 14818 |
| EXPORT | -14085 | -215 | -8838 | -290 | -12 | -712 | -184 | -916 | - | - | -8246 |
| INTL. MARINE BUNKERS | - | - | - | - | - | - | - | - | - | - | - |
| STOCK CHANGES | -1081 | -7 | -4333 | -124 | -51 | 52 | -97 | 9 | - | - | - |
| DOMESTIC SUPPLY | 110165 | 2618 | 24737 | 1600 | 105639 | 8605 | 186485 | 49099 | 74630 | 48555 | 266205 |
| RETURNS TO SUPPLY | - | - | - | - | - | - | - | - | - | - | - |
| TRANSFERS | - | - | - | - | - | - | - | - | - | - | - |
| DOMESTIC AVAILABILITY | 110165 | 2618 | 24737 | 1600 | 105639 | 8605 | 186485 | 49099 | 74630 | 48555 | 266205 |
| STATISTICAL DIFFERENCE | -2018 | - | - | - | - | 14 | -64 | -288 | - | 3 | - |
| TRANSFORM. SECTOR ** | 96495 | - | 7104 | 122 | 96575 | 568 | 45053 | 2420 | 29243 | 12554 | - |
| FOR SOLID FUELS | 51798 | - | 161 | - | 15863 | - | - | - | - | - | - |
| FOR GASES | 2495 | - | 6943 | 122 | - | - | 5764 | - | 25055 | 15 | - |
| PETROLEUM REFINERIES | - | - | - | - | - | - | - | - | - | - | - |
| THERMO-ELECTRIC PLANTS | 42202 | - | - | - | 80712 | 568 | 39289 | 2420 | 4188 | 12539 | - |
| ENERGY SECTOR | 1963 | 12 | 230 | 71 | 4183 | 28 | 3964 | 5589 | 27366 | 3710 | 45720 |
| COAL MINES | 1963 | - | - | - | 4183 | - | - | - | - | - | 9185 |
| OIL AND GAS EXTRACTION | - | - | - | - | - | - | 3964 | - | - | - | - |
| PETROLEUM REFINERIES | - | - | - | - | - | - | - | - | - | - | 3040 |
| ELECTRIC PLANTS | - | - | - | - | - | - | - | - | - | - | 16753 |
| DISTRIBUTION LOSSES | - | - | - | - | - | - | - | 3270 | - | - | 14163 |
| PUMP STORAGE (ELECTR.) | - | - | - | - | - | - | - | - | - | - | 2579 |
| OTHER ENERGY SECTOR | - | 12 | 230 | 71 | - | 28 | - | 2319 | 27366 | 3710 | - |
| FINAL CONSUMPTION | 13725 | 2606 | 17403 | 1407 | 4881 | 7995 | 137532 | 41378 | 18021 | 32288 | 220485 |
| INDUSTRY SECTOR | 8203 | 18 | 13556 | 253 | 4849 | 639 | 108178 | 16973 | 18021 | 32288 | 118480 |
| IRON AND STEEL | 1510 | 5 | 10945 | 43 | - | 130 | 41749 | 10252 | 15158 | 30557 | 19088 |
| CHEMICAL | 3245 | - | 657 | - | 1430 | 226 | 34076 | 1637 | 638 | - | 37155 |
| PETROCHEMICAL | - | - | - | - | - | - | - | - | - | - | - |
| NON-FERROUS METAL | 210 | - | 303 | - | - | 14 | 3714 | 842 | 66 | - | 9677 |
| NON-METALLIC MINERAL | 461 | 7 | 889 | - | 13 | 91 | 18958 | 3114 | - | - | 8258 |
| PAPER PULP AND PRINT | 381 | - | 11 | - | 98 | 38 | 1794 | - | - | - | 7786 |
| MINING AND QUARRYING | 16 | - | - | - | - | - | 546 | - | 1211 | - | 2080 |
| FOOD AND TOBACCO | 530 | - | 73 | - | 107 | - | 2388 | 346 | - | - | 4804 |
| WOOD AND WOOD PRODUCTS | - | - | 1 | - | - | - | - | - | - | - | - |
| MACHINERY | - | - | 82 | - | 45 | - | - | - | - | - | 18210 |
| TRANSPORT EQUIPMENT | - | - | 16 | - | - | - | - | - | - | - | - |
| CONSTRUCTION | - | - | - | - | - | - | - | - | - | - | - |
| TEXTILES AND LEATHER | - | - | - | - | - | - | - | - | - | - | 5120 |
| NON SPECIFIED | 1850 | 6 | 579 | 210 | 3156 | 140 | 4953 | 782 | 948 | 1731 | 6302 |
| NON-ENERGY USES: | | | | | | | | | | | |
| (1)ENERGY PRODUCTS | - | - | - | - | - | - | - | - | - | - | - |
| (2)NON-ENERGY PRODUCTS | - | - | - | - | - | - | - | - | - | - | - |
| TRANSPORT. SECTOR ** | 1331 | 1 | 84 | - | 1 | 39 | - | - | - | - | 8191 |
| AIR TRANSPORT | - | - | - | - | - | - | - | - | - | - | - |
| ROAD TRANSPORT | - | - | - | - | - | - | - | - | - | - | - |
| RAILWAYS | 1319 | 1 | 84 | - | 1 | 39 | - | - | - | - | 8191 |
| INTERNAL NAVIGATION | 12 | - | - | - | - | - | - | - | - | - | - |
| OTHER SECTORS ** | 4191 | 2587 | 3763 | 1154 | 31 | 7317 | 29354 | 24405 | - | - | 93814 |
| AGRICULTURE | - | - | - | - | - | - | - | - | - | - | 5364 |
| PUBLIC SERVICES | - | - | - | - | - | - | - | - | - | - | - |
| COMMERCE | - | - | - | - | - | - | 10250 | 7311 | - | - | 39905 |
| RESIDENTIAL | 2757 | 2583 | 3380 | 1080 | 10 | 7293 | 19104 | 17094 | - | - | 48545 |

(1) INCLUDED IN CHEMICAL OR PETROCHEMICAL INDUSTRY
(2) INCLUDED ONLY IN TOTAL INDUSTRY

** INCLUDED IN THESE TOTALS ARE THE NON-SPECIFIED ELEMENTS

| * OF WHICH: HYDRO | 14044 |
|---|---|
| NUCLEAR | 5812 |
| CONVENTIONAL THERMAL | 239777 |
| GEOTHERMAL | 0 |

PRODUCTION ET UTILISATION DES SOURCES D ENERGIE : ALLEMAGNE

1971

UNIT: 1000 METRIC TONS
UNITE: 1000 TONNES METRIQUES

| OIL / PETROLE: CRUDE* / BRUT* | NGL / GNL | FEEDST. | REFINERY GAS / GAZ DE PETROLE | LIQUEFIED PETROLEUM GASES / GAZ LIQUEFIES DE PETROLE | AVIATION GASOLINE / ESSENCE AVION | MOTOR GASOLINE / ESSENCE AUTO | JET FUEL / CARBURANT REACTEUR | KEROSENE / PETROLE LAMPANT | GAS/DIESEL OIL / GAZ/DIESEL OIL | RESIDUAL FUEL OIL / FUEL OIL RESIDUEL | NAPHTHA / NAPHTHA | NON-ENERGY PRODUCTS / PRODUITS NON-ENERGETIQUES |
|---|---|---|---|---|---|---|---|---|---|---|---|---|
| 12 | 13 | 14 | 15 | 16 | 17 | 18 | 19 | 20 | 21 | 22 | 23 | 24 |
| 7420 | - | - | 5405 | 2036 | - | 13046 | 1494 | 109 | 40409 | 32158 | 4554 | 8121 |
| - | - | - | 1 | 3 | - | 226 | 2 | - | 14 | - | - | 234 |
| 101907 | - | - | - | 208 | 30 | 3445 | 788 | 185 | 18999 | 4218 | 3447 | 2396 |
| -1 | - | - | - | -342 | - | -738 | -127 | -4 | -1798 | -2570 | -1426 | -1531 |
| - | - | - | - | - | - | - | - | - | -794 | -2932 | - | -48 |
| -1019 | - | - | 24 | 423 | 3 | -67 | -5 | -3 | -763 | -63 | 164 | -145 |
| 108307 | - | - | 5430 | 2328 | 33 | 15912 | 2152 | 287 | 56067 | 30811 | 6739 | 9027 |
| - | - | - | - | - | - | - | - | - | - | - | - | - |
| - | - | - | 238 | - | 8 | 1728 | -3 | -200 | 436 | -123 | -2503 | -2 |
| 108307 | - | - | 5668 | 2328 | 41 | 17640 | 2149 | 87 | 56503 | 30688 | 4236 | 9025 |
| - | - | - | - | - | - | - | - | - | - | - | - | - |
| 108307 | - | - | 206 | 218 | 4 | - | - | - | 1 | 5513 | 445 | 404 |
| - | - | - | - | - | - | - | - | - | - | - | - | 404 |
| - | - | - | 66 | 218 | - | - | - | - | - | 42 | 445 | - |
| 108307 | - | - | - | - | 4 | - | - | - | - | - | - | - |
| - | - | - | 140 | - | - | - | - | - | 1 | 5471 | - | - |
| - | - | - | 3266 | - | - | - | - | - | 30 | 4145 | - | 238 |
| - | - | - | - | - | - | - | - | - | - | - | - | - |
| - | - | - | - | - | - | - | - | - | - | - | - | - |
| - | - | - | 3266 | - | - | - | - | - | 30 | 4145 | - | 238 |
| - | - | - | - | - | - | - | - | - | - | - | - | - |
| - | - | - | - | - | - | - | - | - | - | - | - | - |
| - | - | - | - | - | - | - | - | - | - | - | - | - |
| - | - | - | - | - | - | - | - | - | - | - | - | - |
| - | - | - | 2196 | 2110 | 37 | 17640 | 2149 | 87 | 56472 | 21030 | 3791 | 8383 |
| - | - | - | 1465 | 1716 | - | - | - | 36 | 6905 | 19710 | 3791 | 8383 |
| - | - | - | - | 60 | - | - | - | - | 278 | 3446 | - | - |
| - | - | - | - | 120 | - | - | - | 22 | - | 3218 | - | - |
| - | - | - | 1465 | 1184 | - | - | - | - | 463 | 600 | 3791 | - |
| - | - | - | - | 20 | - | - | - | - | 236 | 250 | - | - |
| - | - | - | - | 135 | - | - | - | 6 | 1429 | 4521 | - | - |
| - | - | - | - | 10 | - | - | - | - | 230 | 1513 | - | - |
| - | - | - | - | - | - | - | - | - | 160 | 161 | - | 116 |
| - | - | - | - | - | - | - | - | - | 823 | 1901 | - | - |
| - | - | - | - | - | - | - | - | - | - | - | - | - |
| - | - | - | - | - | - | - | - | - | - | - | - | - |
| - | - | - | - | - | - | - | - | - | - | - | - | - |
| - | - | - | - | - | - | - | - | - | - | - | - | - |
| - | - | - | - | - | - | - | - | - | - | - | - | - |
| - | - | - | - | 187 | - | - | - | 8 | 3286 | 4100 | - | - |
| - | - | - | - | 1184 | - | - | - | - | 463 | 600 | 3791 | - |
| - | - | - | - | - | - | - | - | - | - | - | - | 8267 |
| - | - | - | - | 5 | 37 | 17470 | 2149 | 2 | 8128 | 120 | - | - |
| - | - | - | - | - | 37 | - | 2149 | - | - | - | - | - |
| - | - | - | - | 1 | - | 17470 | - | - | 6679 | - | - | - |
| - | - | - | - | 4 | - | - | - | 2 | 529 | 120 | - | - |
| - | - | - | - | - | - | - | - | - | 920 | - | - | - |
| - | - | - | 731 | 389 | - | 170 | - | 49 | 41439 | 1200 | - | - |
| - | - | - | - | - | - | - | - | - | 1260 | - | - | - |
| - | - | - | - | - | - | - | - | - | - | - | - | - |
| - | - | - | - | - | - | 170 | - | - | - | - | - | - |
| - | - | - | - | 361 | - | - | - | - | 39207 | 982 | - | - |

*INCLUDED IN THIS COLUMN IS NGL AND FEEDSTOCKS.

## PRODUCTION AND USES OF ENERGY SOURCES : GERMANY

1972

| X / XX ENERGY / XX SOURCES / XX / PRODUCTION XX / AND USES XX/ | UNIT: 1000 METRIC TONS / UNITE: 1000 TONNES METRIQUES | | | | | | TCAL / TCAL | MANUFACTURED GAS (TCAL) / GAZ MANUFACTURE (TCAL) | | | MILLIONS / OF (DE) KWH |
|---|---|---|---|---|---|---|---|---|---|---|---|
| | HARD COAL / HOUILLE | PATENT FUEL / AGGLOMERES | COKE OVEN COKE / COKE DE FOUR | GAS COKE / COKE DE GAZ | BROWN COAL / LIGNITE | BKB / BRIQ. DE LIGNITE | NATURAL GAS / GAZ NATUREL | GAS WORKS / USINES A GAZ | COKE OVENS / COKERIES | BLAST FURNACES / HAUT FOURNEAUX | ELECTRICITY* / ELECTRICITE* |
| | 1 | 2 | 3 | 4 | 5 | 6 | 7 | 8 | 9 | 10 | 11 |
| PRODUCTION | 108690 | 2427 | 34451 | 1719 | 110415 | 7000 | 153116 | 7457 | 67229 | 50007 | 274768 |
| FROM OTHER SOURCES | - | - | - | - | - | - | - | 33050 | - | - | - |
| IMPORT | 7721 | 95 | 923 | - | 1195 | 1312 | 88347 | - | - | - | 18652 |
| EXPORT | -12999 | -202 | -8525 | -710 | -15 | -619 | -115 | -480 | - | - | -6795 |
| INTL. MARINE BUNKERS | - | - | - | - | - | - | - | - | - | - | - |
| STOCK CHANGES | -2105 | 9 | -3301 | 160 | 13 | 103 | -645 | -505 | - | - | - |
| DOMESTIC SUPPLY | 101307 | 2329 | 23548 | 1169 | 111608 | 7796 | 240703 | 39522 | 67229 | 50007 | 286625 |
| RETURNS TO SUPPLY | - | - | - | - | - | - | - | - | - | - | - |
| TRANSFERS | - | - | - | - | - | - | - | - | - | - | - |
| DOMESTIC AVAILABILITY | 101307 | 2329 | 23548 | 1169 | 111608 | 7796 | 240703 | 39522 | 67229 | 50007 | 286625 |
| STATISTICAL DIFFERENCE | -1758 | - | - | - | - | 29 | -463 | 206 | -1 | 1 | - |
| TRANSFORM. SECTOR ** | 87467 | - | 7267 | 93 | 102945 | 818 | 54044 | 1292 | 26244 | 12454 | - |
| FOR SOLID FUELS | 47088 | - | 116 | - | 14338 | - | - | - | - | - | - |
| FOR GASES | 2248 | - | 7151 | 93 | - | - | 3075 | - | 22057 | 3 | - |
| PETROLEUM REFINERIES | - | - | - | - | - | - | - | - | - | - | - |
| THERMO-ELECTRIC PLANTS | 38131 | - | - | - | 88607 | 818 | 50969 | 1292 | 4187 | 12451 | - |
| ENERGY SECTOR | 1713 | 22 | 176 | 43 | 3625 | 51 | 4787 | 2458 | 22520 | 5231 | 46071 |
| COAL MINES | 1713 | - | - | - | 3625 | - | - | - | - | - | 8927 |
| OIL AND GAS EXTRACTION | - | - | - | - | - | - | 4787 | - | - | - | - |
| PETROLEUM REFINERIES | - | - | - | - | - | - | - | - | - | - | 3034 |
| ELECTRIC PLANTS | - | - | - | - | - | - | - | - | - | - | 17602 |
| DISTRIBUTION LOSSES | - | - | - | - | - | - | - | 646 | - | - | 14059 |
| PUMP STORAGE (ELECTR.) | - | - | - | - | - | - | - | - | - | - | 2449 |
| OTHER ENERGY SECTOR | - | 22 | 176 | 43 | - | 51 | - | 1812 | 22520 | 5231 | - |
| FINAL CONSUMPTION | 13885 | 2307 | 16105 | 1033 | 5038 | 6898 | 182335 | 35566 | 18466 | 32321 | 240554 |
| INDUSTRY SECTOR | 9301 | 21 | 12642 | 90 | 5012 | 583 | 133201 | 11940 | 18461 | 32321 | 125051 |
| IRON AND STEEL | 1372 | 10 | 10836 | 74 | 1 | 133 | 48042 | 6791 | 16598 | 30494 | 20282 |
| CHEMICAL | 2959 | 1 | 552 | - | 1267 | 188 | 41953 | 1351 | 434 | - | 38823 |
| PETROCHEMICAL | - | - | - | - | - | - | - | - | - | - | - |
| NON-FERROUS METAL | 157 | - | 251 | - | 2 | 5 | 4477 | 1784 | - | - | 10509 |
| NON-METALLIC MINERAL | 302 | 5 | 719 | - | 8 | 83 | 24735 | 907 | 445 | - | 8818 |
| PAPER PULP AND PRINT | 259 | - | 5 | - | 53 | 46 | 3206 | - | - | - | 8175 |
| MINING AND QUARRYING | 8 | - | - | - | 1 | - | 493 | - | 762 | - | 2176 |
| FOOD AND TOBACCO | 375 | - | 64 | - | 49 | - | 3200 | 318 | - | - | 5069 |
| WOOD AND WOOD PRODUCTS | - | - | 1 | - | - | - | - | - | - | - | - |
| MACHINERY | - | - | 79 | - | 41 | - | - | - | - | - | 18980 |
| TRANSPORT EQUIPMENT | - | - | 14 | - | - | - | - | - | - | - | - |
| CONSTRUCTION | - | - | - | - | - | - | - | - | - | - | - |
| TEXTILES AND LEATHER | - | - | - | - | - | - | - | - | - | - | 5240 |
| NON SPECIFIED | 3869 | 5 | 121 | 16 | 3590 | 128 | 7095 | 789 | 222 | 1827 | 6979 |
| NON-ENERGY USES: | | | | | | | | | | | |
| (1)ENERGY PRODUCTS | - | - | - | - | - | - | - | - | - | - | - |
| (2)NON-ENERGY PRODUCTS | - | - | - | - | - | - | - | - | - | - | - |
| TRANSPORT. SECTOR ** | 1045 | - | 76 | - | - | 32 | - | - | - | - | 8603 |
| AIR TRANSPORT | - | - | - | - | - | - | - | - | - | - | - |
| ROAD TRANSPORT | - | - | - | - | - | - | - | - | - | - | - |
| RAILWAYS | 1036 | - | 76 | - | - | 32 | - | - | - | - | 8603 |
| INTERNAL NAVIGATION | 9 | - | - | - | - | - | - | - | - | - | - |
| OTHER SECTORS ** | 3539 | 2286 | 3387 | 943 | 26 | 6283 | 49134 | 23626 | 5 | - | 106900 |
| AGRICULTURE | - | - | - | - | - | - | - | - | - | - | 5757 |
| PUBLIC SERVICES | - | - | - | - | - | - | - | - | - | - | - |
| COMMERCE | - | - | - | - | - | - | 18300 | 8277 | 5 | - | 45476 |
| RESIDENTIAL | 2212 | 2281 | 3040 | 880 | 9 | 6263 | 30834 | 15349 | - | - | 55667 |

(1) INCLUDED IN CHEMICAL OR PETROCHEMICAL INDUSTRY
(2) INCLUDED ONLY IN TOTAL INDUSTRY

| * OF WHICH: HYDRO | 13689 |
|---|---|
| NUCLEAR | 9137 |
| CONVENTIONAL THERMAL | 251942 |
| GEOTHERMAL | 0 |

** INCLUDED IN THESE TOTALS ARE THE NON-SPECIFIED ELEMENTS

PRODUCTION ET UTILISATION DES SOURCES D ENERGIE : ALLEMAGNE

1972

UNIT: 1000 METRIC TONS
UNITE: 1000 TONNES METRIQUES

| OIL / PETROLE | | | REFINERY GAS | LIQUEFIED PETROLEUM GASES | AVIATION GASOLINE | MOTOR GASOLINE | JET FUEL | KEROSENE | GAS/DIESEL OIL | RESIDUAL FUEL OIL | NAPHTHA | NON-ENERGY PRODUCTS |
|---|---|---|---|---|---|---|---|---|---|---|---|---|
| CRUDE* BRUT* | NGL GNL | FEEDST. | GAZ DE PETROLE | GAZ LIQUEFIES DE PETROLE | ESSENCE AVION | ESSENCE AUTO | CARBURANT REACTEUR | PETROLE LAMPANT | GAZ/DIESEL OIL | FUEL OIL RESIDUEL | NAPHTHA | PRODUITS NON-ENERGETIQUES |
| 12 | 13 | 14 | 15 | 16 | 17 | 18 | 19 | 20 | 21 | 22 | 23 | 24 |
| 7098 | - | - | 5203 | 2257 | - | 13429 | 1424 | 142 | 41652 | 33297 | 5039 | 8208 |
| - | - | - | 2 | 2 | - | 203 | 1 | - | 3 | - | - | 245 |
| 104425 | - | - | - | 199 | 33 | 3902 | 1058 | 140 | 20139 | 4775 | 3728 | 3343 |
| - | - | - | - | -318 | -1 | -886 | -78 | -24 | -1736 | -2045 | -1223 | -1491 |
| - | - | - | - | - | - | - | - | - | -829 | -3122 | - | -49 |
| -19 | - | - | 23 | 465 | 2 | -76 | -40 | -25 | -259 | -165 | -412 | -18 |
| 111504 | - | - | 5228 | 2605 | 34 | 16572 | 2365 | 233 | 58970 | 32740 | 7132 | 10238 |
| - | - | - | - | - | - | - | - | - | - | - | - | - |
| - | - | - | 151 | - | - | 2031 | -65 | -149 | 308 | -79 | -2500 | -92 |
| 111504 | - | - | 5379 | 2605 | 34 | 18603 | 2300 | 84 | 59278 | 32661 | 4632 | 10146 |
| - | - | - | - | - | - | - | - | - | - | - | - | - |
| 111504 | - | - | 201 | 240 | 4 | - | - | - | 1 | 6175 | 218 | 720 |
| - | - | - | - | - | - | - | - | - | - | - | - | 720 |
| - | - | - | 51 | 240 | - | - | - | - | - | 39 | 218 | - |
| 111504 | - | - | - | - | 4 | - | - | - | - | - | - | - |
| - | - | - | 150 | - | - | - | - | - | 1 | 6136 | - | - |
| - | - | - | 3513 | - | - | - | - | - | 41 | 4074 | - | 239 |
| - | - | - | - | - | - | - | - | - | - | - | - | - |
| - | - | - | - | - | - | - | - | - | - | - | - | - |
| - | - | - | 3513 | - | - | - | - | - | 41 | 4074 | - | 239 |
| - | - | - | - | - | - | - | - | - | - | - | - | - |
| - | - | - | - | - | - | - | - | - | - | - | - | - |
| - | - | - | - | - | - | - | - | - | - | - | - | - |
| - | - | - | - | - | - | - | - | - | - | - | - | - |
| - | - | - | 1665 | 2365 | 30 | 18603 | 2300 | 84 | 59236 | 22412 | 4414 | 9187 |
| - | - | - | 1181 | 1924 | - | - | - | 35 | 7239 | 20603 | 4414 | 9187 |
| - | - | - | - | 45 | - | - | - | - | 292 | 4181 | - | - |
| - | - | - | - | 110 | - | - | - | 20 | - | 3593 | - | - |
| - | - | - | 1181 | 1309 | - | - | - | - | 498 | 600 | 4414 | - |
| - | - | - | - | 20 | - | - | - | - | 240 | 268 | - | - |
| - | - | - | - | 140 | - | - | - | 6 | 1431 | 4432 | - | - |
| - | - | - | - | 15 | - | - | - | - | 243 | 1483 | - | - |
| - | - | - | - | - | - | - | - | - | 225 | 171 | - | 150 |
| - | - | - | - | - | - | - | - | - | 873 | 1841 | - | - |
| - | - | - | - | - | - | - | - | - | - | - | - | - |
| - | - | - | - | - | - | - | - | - | - | - | - | - |
| - | - | - | - | - | - | - | - | - | - | - | - | - |
| - | - | - | - | - | - | - | - | - | - | - | - | - |
| - | - | - | - | - | - | - | - | - | - | - | - | - |
| - | - | - | - | 285 | - | - | - | 9 | 3437 | 4034 | - | - |
| - | - | - | - | 1309 | - | - | - | - | 498 | 600 | 4414 | - |
| - | - | - | - | - | - | - | - | - | - | - | - | 9037 |
| - | - | - | - | 7 | 30 | 18433 | 2300 | 2 | 8566 | 109 | - | - |
| - | - | - | - | - | 30 | - | 2300 | - | - | - | - | - |
| - | - | - | - | 3 | - | 18433 | - | - | 7103 | - | - | - |
| - | - | - | - | 4 | - | - | - | 2 | 543 | 109 | - | - |
| - | - | - | - | - | - | - | - | - | 920 | - | - | - |
| - | - | - | 484 | 434 | - | 170 | - | 47 | 43431 | 1700 | - | - |
| - | - | - | - | - | - | - | - | - | 1280 | - | - | - |
| - | - | - | - | - | - | - | - | - | - | - | - | - |
| - | - | - | - | - | - | 170 | - | - | - | - | - | - |
| - | - | - | - | 408 | - | - | - | - | 40983 | 1438 | - | - |

*INCLUDED IN THIS COLUMN IS NGL AND FEEDSTOCKS.

## PRODUCTION AND USES OF ENERGY SOURCES : GERMANY

1974

| ENERGY SOURCES / PRODUCTION AND USES | UNIT: 1000 METRIC TONS / UNITE: 1000 TONNES METRIQUES | | | | | | TCAL / TCAL | MANUFACTURED GAS (TCAL) / GAZ MANUFACTURE (TCAL) | | | MILLIONS OF (DE) KWH |
|---|---|---|---|---|---|---|---|---|---|---|---|
| | HARD COAL / HOUILLE | PATENT FUEL / AGGLOMERES | COKE OVEN COKE / COKE DE FOUR | GAS COKE / COKE DE GAZ | BROWN COAL / LIGNITE | BKB / BRIQ. DE LIGNITE | NATURAL GAS / GAZ NATUREL | GAS WORKS / USINES A GAZ | COKE OVENS / COKERIES | BLAST FURNACES / HAUT FOURNEAUX | ELECTRICITY* / ELECTRICITE* |
| | 1 | 2 | 3 | 4 | 5 | 6 | 7 | 8 | 9 | 10 | 11 |
| PRODUCTION | 101484 | 2249 | 34960 | 1544 | 126044 | 6560 | 172758 | 5825 | 67572 | 59199 | 311850 |
| FROM OTHER SOURCES | - | - | - | - | - | - | - | 30872 | - | - | - |
| IMPORT | 6336 | 13 | 1326 | - | 1328 | 1363 | 192262 | - | - | - | 15920 |
| EXPORT | -17009 | -233 | -12122 | -730 | -22 | -648 | -914 | -13 | - | - | -10003 |
| INTL. MARINE BUNKERS | - | - | - | - | - | - | - | - | - | - | - |
| STOCK CHANGES | 5202 | 2 | 5380 | 59 | -15 | 63 | -1391 | 363 | - | - | - |
| DOMESTIC SUPPLY | 96013 | 2031 | 29544 | 873 | 127335 | 7338 | 362715 | 37047 | 67572 | 59199 | 317767 |
| RETURNS TO SUPPLY | - | - | - | - | - | - | - | - | - | - | - |
| TRANSFERS | - | - | - | - | - | - | - | - | - | - | - |
| DOMESTIC AVAILABILITY | 96013 | 2031 | 29544 | 873 | 127335 | 7338 | 362715 | 37047 | 67572 | 59199 | 317767 |
| STATISTICAL DIFFERENCE | -5397 | -5 | -292 | 32 | -9 | 81 | - | -353 | 2 | - | - |
| TRANSFORM. SECTOR ** | 85568 | - | 8624 | - | 119076 | 952 | 126459 | 2102 | 29477 | 17041 | - |
| FOR SOLID FUELS | 46947 | - | 159 | - | 13442 | - | - | - | - | - | - |
| FOR GASES | 1971 | - | 8465 | - | - | - | 2731 | - | 18456 | 11 | - |
| PETROLEUM REFINERIES | - | - | - | - | - | - | - | - | - | - | - |
| THERMO-ELECTRIC PLANTS | 36650 | - | - | - | 105634 | 952 | 123728 | 2102 | 11021 | 17030 | - |
| ENERGY SECTOR | 1320 | 26 | 84 | 90 | 3193 | 122 | 10914 | 1766 | 24196 | 5111 | 50815 |
| COAL MINES | 1320 | - | - | - | 3193 | - | - | - | - | - | 9943 |
| OIL AND GAS EXTRACTION | - | - | - | - | - | - | 4714 | - | - | - | - |
| PETROLEUM REFINERIES | - | - | - | - | - | - | - | - | - | - | 4990 |
| ELECTRIC PLANTS | - | - | - | - | - | - | - | - | - | - | 19252 |
| DISTRIBUTION LOSSES | - | - | - | - | - | - | 6200 | - | - | - | 14383 |
| PUMP STORAGE (ELECTR.) | - | - | - | - | - | - | - | - | - | - | 2247 |
| OTHER ENERGY SECTOR | - | 26 | 84 | 90 | - | 122 | - | 1766 | 24196 | 5111 | - |
| FINAL CONSUMPTION | 14522 | 2010 | 21128 | 751 | 5075 | 6183 | 225342 | 33532 | 13897 | 37047 | 266952 |
| INDUSTRY SECTOR | 10645 | 5 | 17653 | 91 | 5055 | 622 | 149660 | 19530 | 13873 | 37047 | 146513 |
| IRON AND STEEL | 1364 | - | 15748 | 91 | 1 | 172 | 60347 | 12663 | 12160 | 34597 | 24976 |
| CHEMICAL | 4284 | - | 531 | - | 1251 | 255 | 37490 | 3005 | 123 | - | 48497 |
| PETROCHEMICAL | - | - | - | - | - | - | - | - | - | - | - |
| NON-FERROUS METAL | 225 | - | 270 | - | 20 | 8 | 6765 | 1412 | - | - | 16002 |
| NON-METALLIC MINERAL | 448 | 3 | 567 | - | 9 | 44 | 27553 | 1483 | - | - | 9040 |
| PAPER PULP AND PRINT | 216 | - | 5 | - | 69 | 36 | 3983 | - | - | - | 11490 |
| MINING AND QUARRYING | 4 | - | - | - | - | 2 | 427 | - | 1444 | - | 2676 |
| FOOD AND TOBACCO | 373 | - | 82 | - | 29 | 19 | 4636 | 307 | - | - | 5898 |
| WOOD AND WOOD PRODUCTS | - | - | 1 | - | - | - | - | - | - | - | - |
| MACHINERY | - | - | 81 | - | 24 | - | - | - | - | - | 22098 |
| TRANSPORT EQUIPMENT | - | - | 15 | - | - | - | - | - | - | - | - |
| CONSTRUCTION | - | - | - | - | - | - | - | - | - | - | - |
| TEXTILES AND LEATHER | - | - | - | - | - | - | - | - | - | - | 5223 |
| NON SPECIFIED | 3731 | 2 | 353 | - | 3652 | 86 | 8459 | 660 | 146 | 2450 | 613 |
| NON-ENERGY USES: | | | | | | | | | | | |
| (1)ENERGY PRODUCTS | - | - | - | - | - | - | - | - | - | - | - |
| (2)NON-ENERGY PRODUCTS | - | - | - | - | - | - | - | - | - | - | - |
| TRANSPORT. SECTOR ** | 599 | - | 63 | - | - | 30 | - | - | - | - | 8991 |
| AIR TRANSPORT | - | - | - | - | - | - | - | - | - | - | - |
| ROAD TRANSPORT | - | - | - | - | - | - | - | - | - | - | - |
| RAILWAYS | 595 | - | 63 | - | - | 30 | - | - | - | - | 8991 |
| INTERNAL NAVIGATION | 4 | - | - | - | - | - | - | - | - | - | - |
| OTHER SECTORS ** | 3278 | 2005 | 3412 | 660 | 20 | 5531 | 75682 | 14002 | 24 | - | 111448 |
| AGRICULTURE | - | - | - | - | - | - | - | - | - | - | 6139 |
| PUBLIC SERVICES | - | - | - | - | - | - | - | - | - | - | - |
| COMMERCE | - | - | - | - | - | - | 27852 | 4728 | 24 | - | 41475 |
| RESIDENTIAL | 2305 | 2003 | 3129 | 620 | 7 | 5511 | 47830 | 9274 | - | - | 63834 |

(1) INCLUDED IN CHEMICAL OR PETROCHEMICAL INDUSTRY
(2) INCLUDED ONLY IN TOTAL INDUSTRY

** INCLUDED IN THESE TOTALS ARE THE NON-SPECIFIED ELEMENTS

| * OF WHICH: HYDRO | 17876 |
|---|---|
| NUCLEAR | 12276 |
| CONVENTIONAL THERMAL | 281698 |
| GEOTHERMAL | 0 |

## PRODUCTION ET UTILISATION DES SOURCES D ENERGIE : ALLEMAGNE

1974

UNIT: 1000 METRIC TONS
UNITE: 1000 TONNES METRIQUES

| OIL / PETROLE: CRUDE* / BRUT* | OIL / PETROLE: NGL / GNL | OIL / PETROLE: FEEDST. | REFINERY GAS / GAZ DE PETROLE | LIQUEFIED PETROLEUM GASES / GAZ LIQUEFIES DE PETROLE | AVIATION GASOLINE / ESSENCE AVION | MOTOR GASOLINE / ESSENCE AUTO | JET FUEL / CARBURANT REACTEUR | KEROSENE / PETROLE LAMPANT | GAS/DIESEL OIL / GAZ/DIESEL OIL | RESIDUAL FUEL OIL / FUEL OIL RESIDUEL | NAPHTHA / NAPHTHA | NON-ENERGY PRODUCTS / PRODUITS NON-ENERGETIQUES |
|---|---|---|---|---|---|---|---|---|---|---|---|---|
| 12 | 13 | 14 | 15 | 16 | 17 | 18 | 19 | 20 | 21 | 22 | 23 | 24 |
| 6191 | - | - | 5513 | 2803 | - | 16398 | 1546 | 68 | 41261 | 31552 | 5385 | 9062 |
| 12 | - | - | - | 5 | - | - | - | - | - | - | - | - |
| 104458 | - | - | - | 202 | 28 | 3105 | 1171 | 125 | 19032 | 3663 | 5991 | 3680 |
| - | - | - | - | -348 | -1 | -1005 | -180 | -16 | -1663 | -2716 | -1433 | -1988 |
| - | - | - | - | - | - | - | - | - | -546 | -2491 | - | -58 |
| -1428 | - | - | -1 | 10 | - | 224 | -12 | 2 | -1656 | -78 | -105 | 72 |
| 109233 | - | - | 5512 | 2672 | 27 | 18722 | 2525 | 179 | 56428 | 29930 | 9838 | 10768 |
| - | - | - | - | - | - | 8 | - | - | - | - | - | 191 |
| - | - | - | - | 463 | - | -225 | -31 | -113 | -850 | -606 | -4886 | -205 |
| 109233 | - | - | 5512 | 3135 | 27 | 18505 | 2494 | 66 | 55578 | 29324 | 4952 | 10754 |
| -6073 | - | - | 62 | -8 | -1 | 15 | -5 | 3 | 12 | 88 | -15 | -18 |
| 115306 | - | - | 343 | 204 | - | - | - | - | 122 | 6096 | 174 | 748 |
| - | - | - | - | - | - | - | - | - | - | - | - | 748 |
| - | - | - | 173 | 204 | - | - | - | - | - | 23 | 174 | - |
| 115306 | - | - | - | - | - | - | - | - | - | - | - | - |
| - | - | - | 170 | - | - | - | - | - | 122 | 6073 | - | - |
| - | - | - | 3542 | - | - | - | - | - | 74 | 4349 | - | 258 |
| - | - | - | - | - | - | - | - | - | - | - | - | - |
| - | - | - | - | - | - | - | - | - | - | - | - | - |
| - | - | - | 3542 | - | - | - | - | - | 74 | 4349 | - | 258 |
| - | - | - | - | - | - | - | - | - | - | - | - | - |
| - | - | - | - | - | - | - | - | - | - | - | - | - |
| - | - | - | - | - | - | - | - | - | - | - | - | - |
| - | - | - | - | - | - | - | - | - | - | - | - | - |
| - | - | - | 1565 | 2939 | 28 | 18490 | 2499 | 63 | 55370 | 18791 | 4793 | 9766 |
| - | - | - | 1536 | 2454 | - | - | - | 26 | 6141 | 17544 | 4793 | 9766 |
| - | - | - | - | 30 | - | - | - | - | 206 | 3701 | - | - |
| - | - | - | - | 110 | - | - | - | 22 | - | 2700 | - | - |
| - | - | - | 1536 | 1769 | - | - | - | - | 472 | 741 | 4793 | - |
| - | - | - | - | 23 | - | - | - | - | 235 | 240 | - | - |
| - | - | - | - | 143 | - | - | - | 4 | 940 | 3645 | - | - |
| - | - | - | - | 15 | - | - | - | - | 217 | 1386 | - | - |
| - | - | - | - | 15 | - | - | - | - | 212 | 142 | - | 150 |
| - | - | - | - | 11 | - | - | - | - | 839 | 1977 | - | - |
| - | - | - | - | - | - | - | - | - | - | - | - | - |
| - | - | - | - | - | - | - | - | - | - | - | - | - |
| - | - | - | - | - | - | - | - | - | - | - | - | - |
| - | - | - | - | - | - | - | - | - | - | - | - | - |
| - | - | - | - | - | - | - | - | - | - | - | - | - |
| - | - | - | - | 338 | - | - | - | - | 3020 | 3012 | - | - |
| - | - | - | - | 1769 | - | - | - | - | 472 | 741 | 4793 | - |
| - | - | - | - | - | - | - | - | - | - | - | - | 9616 |
| - | - | - | - | 8 | 28 | 18320 | 2499 | 2 | 8449 | 80 | - | - |
| - | - | - | - | - | 28 | - | 2499 | - | - | - | - | - |
| - | - | - | - | 3 | - | 18320 | - | - | 6985 | - | - | - |
| - | - | - | - | 5 | - | - | - | 2 | 589 | 80 | - | - |
| - | - | - | - | - | - | - | - | - | 875 | - | - | - |
| - | - | - | 29 | 477 | - | 170 | - | 35 | 40780 | 1167 | - | - |
| - | - | - | - | - | - | - | - | - | 1280 | - | - | - |
| - | - | - | - | - | - | - | - | - | - | - | - | - |
| - | - | - | - | - | - | 170 | - | - | - | - | - | - |
| - | - | - | - | 460 | - | - | - | - | 38602 | 941 | - | - |

*INCLUDED IN THIS COLUMN IS NGL AND FEEDSTOCKS.

PRODUCTION AND USES OF ENERGY SOURCES : GERMANY

1975

| PRODUCTION AND USES / ENERGY SOURCES | UNIT: 1000 METRIC TONS / UNITE: 1000 TONNES METRIQUES | | | | | | TCAL / TCAL | MANUFACTURED GAS (TCAL) / GAZ MANUFACTURE (TCAL) | | | MILLIONS OF (DE) KWH |
|---|---|---|---|---|---|---|---|---|---|---|---|
| | HARD COAL / HOUILLE | PATENT FUEL / AGGLOMERES | COKE OVEN COKE / COKE DE FOUR | GAS COKE / COKE DE GAZ | BROWN COAL / LIGNITE | BKB / BRIQ. DE LIGNITE | NATURAL GAS / GAZ NATUREL | GAS WORKS / USINES A GAZ | COKE OVENS / COKERIES | BLAST FURNACES / HAUT FOURNEAUX | ELECTRICITY* / ELECTRICITE* |
| | 1 | 2 | 3 | 4 | 5 | 6 | 7 | 8 | 9 | 10 | 11 |
| PRODUCTION | 99161 | 1697 | 34817 | 1250 | 123377 | 5276 | 160068 | 4918 | 67112 | 47877 | 301802 |
| FROM OTHER SOURCES | - | - | - | - | - | - | - | 27928 | - | - | - |
| IMPORT | 6976 | 4 | 1283 | - | 1633 | 1102 | 225932 | - | - | - | 17576 |
| EXPORT | -14448 | -240 | -7117 | -565 | -9 | -478 | -748 | -11 | - | - | -9879 |
| INTL. MARINE BUNKERS | - | - | - | - | - | - | - | - | - | - | - |
| STOCK CHANGES | -5604 | -35 | -6913 | -38 | -226 | -11 | -3179 | 67 | - | - | - |
| DOMESTIC SUPPLY | 86085 | 1426 | 22070 | 647 | 124775 | 5889 | 382073 | 32902 | 67112 | 47877 | 309499 |
| RETURNS TO SUPPLY | - | - | - | - | - | - | - | - | - | - | - |
| TRANSFERS | - | - | - | - | - | - | - | - | - | - | - |
| DOMESTIC AVAILABILITY | 86085 | 1426 | 22070 | 647 | 124775 | 5889 | 382073 | 32902 | 67112 | 47877 | 309499 |
| STATISTICAL DIFFERENCE | -1613 | -27 | -676 | - | 316 | 89 | - | -678 | -1 | 2428 | - |
| TRANSFORM. SECTOR ** | 75328 | 12 | 7229 | - | 122778 | 930 | 138640 | 2563 | 28512 | 13806 | - |
| FOR SOLID FUELS | 46293 | 3 | 156 | - | 13014 | - | - | - | - | - | - |
| FOR GASES | 1725 | - | 7058 | - | - | - | 2724 | - | 18083 | 7 | - |
| PETROLEUM REFINERIES | - | - | - | - | - | - | - | - | - | - | - |
| THERMO-ELECTRIC PLANTS | 27310 | 9 | 15 | - | 109764 | 930 | 135916 | 2563 | 10429 | 13799 | - |
| ENERGY SECTOR | 955 | 10 | 55 | 84 | 181 | 59 | 9746 | 1242 | 25477 | 3719 | 49265 |
| COAL MINES | 928 | 1 | 31 | - | 181 | - | - | - | - | - | 10186 |
| OIL AND GAS EXTRACTION | - | - | - | - | - | - | 7340 | - | - | - | - |
| PETROLEUM REFINERIES | - | - | - | - | - | - | - | - | - | - | 4450 |
| ELECTRIC PLANTS | - | - | - | - | - | - | - | - | - | - | 18057 |
| DISTRIBUTION LOSSES | - | - | - | - | - | - | 2406 | - | - | - | 14672 |
| PUMP STORAGE (ELECTR.) | - | - | - | - | - | - | - | - | - | - | 1900 |
| OTHER ENERGY SECTOR | 27 | 9 | 24 | 84 | - | 59 | - | 1242 | 25477 | 3719 | - |
| FINAL CONSUMPTION | 11415 | 1431 | 15462 | 563 | 1500 | 4811 | 233687 | 29775 | 13124 | 27924 | 260234 |
| INDUSTRY SECTOR | 8156 | 4 | 12844 | 22 | 1459 | 535 | 150793 | 17039 | 13121 | 27924 | 132764 |
| IRON AND STEEL | 1162 | - | 11004 | 22 | - | 73 | 56087 | 11269 | 11307 | 26121 | 21625 |
| CHEMICAL | 3259 | - | 649 | - | 949 | 259 | 43459 | 2830 | 111 | - | 41288 |
| PETROCHEMICAL | - | - | - | - | - | - | - | - | - | - | - |
| NON-FERROUS METAL | 193 | - | 242 | - | 9 | 8 | 6866 | 1235 | - | - | 15522 |
| NON-METALLIC MINERAL | 268 | 3 | 387 | - | 5 | 53 | 26058 | 1165 | - | - | 8459 |
| PAPER PULP AND PRINT | 234 | - | 3 | - | 203 | 29 | 3781 | - | - | - | 10297 |
| MINING AND QUARRYING | 2 | - | 1 | - | 1 | 1 | 565 | - | 1529 | - | 2463 |
| FOOD AND TOBACCO | 350 | 1 | 66 | - | 74 | 16 | 5231 | 229 | - | - | 6289 |
| WOOD AND WOOD PRODUCTS | 38 | - | 1 | - | 4 | 8 | - | - | - | - | - |
| MACHINERY | 50 | - | 83 | - | 76 | 29 | - | - | - | 9 | 21322 |
| TRANSPORT EQUIPMENT | 119 | - | 15 | - | 22 | 19 | - | - | - | - | - |
| CONSTRUCTION | - | - | - | - | - | - | - | - | - | - | - |
| TEXTILES AND LEATHER | - | - | - | - | - | - | - | - | - | - | 4870 |
| NON SPECIFIED | 2481 | - | 393 | - | 116 | 40 | 8746 | 311 | 174 | 1794 | 629 |
| NON-ENERGY USES: | | | | | | | | | | | |
| (1)ENERGY PRODUCTS | - | - | - | - | - | - | - | - | - | - | - |
| (2)NON-ENERGY PRODUCTS | - | - | - | - | - | - | - | - | - | - | - |
| TRANSPORT. SECTOR ** | 302 | - | 57 | - | - | 45 | - | - | - | - | 8857 |
| AIR TRANSPORT | - | - | - | - | - | - | - | - | - | - | - |
| ROAD TRANSPORT | - | - | - | - | - | - | - | - | - | - | - |
| RAILWAYS | 299 | - | 57 | - | - | 45 | - | - | - | - | 8857 |
| INTERNAL NAVIGATION | 3 | - | - | - | - | - | - | - | - | - | - |
| OTHER SECTORS ** | 2957 | 1427 | 2561 | 541 | 41 | 4231 | 82894 | 12736 | 3 | - | 118613 |
| AGRICULTURE | - | - | - | - | - | - | - | - | - | - | 6339 |
| PUBLIC SERVICES | - | - | - | - | - | - | - | - | - | - | - |
| COMMERCE | - | - | - | - | - | - | 29050 | 4343 | 3 | - | 44464 |
| RESIDENTIAL | 1809 | 1425 | 2304 | 501 | 10 | 4213 | 53844 | 8393 | - | - | 67810 |

(1) INCLUDED IN CHEMICAL OR PETROCHEMICAL INDUSTRY
(2) INCLUDED ONLY IN TOTAL INDUSTRY

| * OF WHICH: HYDRO | 17111 |
|---|---|
| NUCLEAR | 21398 |
| CONVENTIONAL THERMAL | 263293 |
| GEOTHERMAL | 0 |

** INCLUDED IN THESE TOTALS ARE THE NON-SPECIFIED ELEMENTS

## PRODUCTION ET UTILISATION DES SOURCES D ENERGIE : ALLEMAGNE

1975

UNIT: 1000 METRIC TONS
UNITE: 1000 TONNES METRIQUES

| OIL PETROLE | | | REFINERY GAS | LIQUEFIED PETROLEUM GASES | AVIATION GASOLINE | MOTOR GASOLINE | JET FUEL | KEROSENE | GAS/DIESEL OIL | RESIDUAL FUEL OIL | NAPHTHA | NON-ENERGY PRODUCTS |
|---|---|---|---|---|---|---|---|---|---|---|---|---|
| CRUDE* BRUT* | NGL GNL | FEEDST. | GAZ DE PETROLE | GAZ LIQUEFIES DE PETROLE | ESSENCE AVION | ESSENCE AUTO | CARBURANT REACTEUR | PETROLE LAMPANT | GAZ/DIESEL OIL | FUEL OIL RESIDUEL | NAPHTHA | PRODUITS NON-ENERGETIQUES |
| 12 | 13 | 14 | 15 | 16 | 17 | 18 | 19 | 20 | 21 | 22 | 23 | 24 |
| 5741 | - | - | 5507 | 2284 | - | 16556 | 1474 | 33 | 36164 | 25556 | 3223 | 8221 |
| 12 | - | - | - | 4 | - | - | - | - | - | - | - | - |
| 91850 | - | - | - | 254 | 58 | 4364 | 1060 | 174 | 19472 | 4249 | 4534 | 3043 |
| -14 | - | - | - | -267 | -1 | -832 | -215 | -4 | -1204 | -1645 | -818 | -1475 |
| - | - | - | - | - | - | - | - | - | -530 | -2283 | - | -54 |
| -3186 | - | - | 2 | 11 | - | -93 | 3 | 15 | 1917 | 711 | 33 | 4 |
| 94403 | - | - | 5509 | 2286 | 57 | 19995 | 2322 | 218 | 55819 | 26588 | 6972 | 9739 |
| - | - | - | - | - | - | 4 | - | - | - | - | - | 202 |
| - | - | - | - | 310 | - | 155 | -63 | -143 | - | -62 | -3417 | -720 |
| 94403 | - | - | 5509 | 2596 | 57 | 20154 | 2259 | 75 | 55819 | 26526 | 3555 | 9221 |
| -4249 | - | - | -28 | -26 | -3 | -20 | 16 | 11 | -80 | -45 | 10 | 14 |
| 98652 | - | - | 351 | 198 | - | - | - | - | 102 | 6087 | 153 | 633 |
| - | - | - | - | - | - | - | - | - | - | - | - | 633 |
| - | - | - | 156 | 198 | - | - | - | - | - | 42 | 153 | - |
| 98652 | - | - | - | - | - | - | - | - | - | - | - | - |
| - | - | - | 195 | - | - | - | - | - | 102 | 6045 | - | - |
| - | - | - | 3684 | - | - | - | - | - | 32 | 3921 | - | 258 |
| - | - | - | - | - | - | - | - | - | - | - | - | - |
| - | - | - | - | - | - | - | - | - | - | - | - | - |
| - | - | - | 3684 | - | - | - | - | - | 32 | 3921 | - | 258 |
| - | - | - | - | - | - | - | - | - | - | - | - | - |
| - | - | - | - | - | - | - | - | - | - | - | - | - |
| - | - | - | - | - | - | - | - | - | - | - | - | - |
| - | - | - | - | - | - | - | - | - | - | - | - | - |
| - | - | - | 1502 | 2424 | 60 | 20174 | 2243 | 64 | 55765 | 16563 | 3392 | 8316 |
| - | - | - | 1476 | 1963 | - | - | - | 27 | 6143 | 15375 | 3392 | 8316 |
| - | - | - | - | 30 | - | - | - | - | 200 | 3023 | - | - |
| - | - | - | - | 110 | - | - | - | 23 | - | 2205 | - | - |
| - | - | - | 1476 | 1313 | - | - | - | - | 444 | 600 | 3392 | - |
| - | - | - | - | 22 | - | - | - | - | 204 | 231 | - | - |
| - | - | - | - | 136 | - | - | - | 4 | 849 | 3192 | - | - |
| - | - | - | - | 19 | - | - | - | - | 212 | 1196 | - | - |
| - | - | - | - | 14 | - | - | - | - | 187 | 123 | - | 127 |
| - | - | - | - | 11 | - | - | - | - | 848 | 1901 | - | - |
| - | - | - | - | - | - | - | - | - | - | - | - | - |
| - | - | - | - | - | - | - | - | - | - | - | - | - |
| - | - | - | - | - | - | - | - | - | - | - | - | - |
| - | - | - | - | - | - | - | - | - | - | - | - | - |
| - | - | - | - | - | - | - | - | - | - | - | - | - |
| - | - | - | - | 308 | - | - | - | - | 3199 | 2904 | - | - |
| - | - | - | - | 1313 | - | - | - | - | 444 | 600 | 3392 | - |
| - | - | - | - | - | - | - | - | - | - | - | - | 8189 |
| - | - | - | - | 8 | 60 | 20004 | 2243 | 2 | 8517 | 58 | - | - |
| - | - | - | - | - | 60 | - | 2243 | - | - | - | - | - |
| - | - | - | - | 3 | - | 20004 | - | - | 7060 | - | - | - |
| - | - | - | - | 5 | - | - | - | 2 | 567 | 58 | - | - |
| - | - | - | - | - | - | - | - | - | 890 | - | - | - |
| - | - | - | 26 | 453 | - | 170 | - | 35 | 41105 | 1130 | - | - |
| - | - | - | - | - | - | - | - | - | 1320 | - | - | - |
| - | - | - | - | - | - | - | - | - | - | - | - | - |
| - | - | - | - | - | - | 170 | - | - | - | - | - | - |
| - | - | - | - | 439 | - | - | - | - | 38865 | 924 | - | - |

*INCLUDED IN THIS COLUMN IS NGL AND FEEDSTOCKS.

## PRODUCTION AND USES OF ENERGY SOURCES : GERMANY

1976

| ENERGY SOURCES / PRODUCTION AND USES | UNIT: 1000 METRIC TONS / UNITE: 1000 TONNES METRIQUES | | | | | | TCAL / TCAL | MANUFACTURED GAS (TCAL) / GAZ MANUFACTURE (TCAL) | | | MILLIONS OF (DE) KWH |
|---|---|---|---|---|---|---|---|---|---|---|---|
| | HARD COAL / HOUILLE | PATENT FUEL / AGGLOMERES | COKE OVEN COKE / COKE DE FOUR | GAS COKE / COKE DE GAZ | BROWN COAL / LIGNITE | BKB / BRIQ. DE LIGNITE | NATURAL GAS / GAZ NATUREL | GAS WORKS / USINES A GAZ | COKE OVENS / COKERIES | BLAST FURNACES / HAUT FOURNEAUX | ELECTRICITY* / ELECTRICITE* |
| | 1 | 2 | 3 | 4 | 5 | 6 | 7 | 8 | 9 | 10 | 11 |
| PRODUCTION | 96325 | 1357 | 31951 | 971 | 134535 | 4810 | 161473 | 1978 | 61976 | 47909 | 333651 |
| FROM OTHER SOURCES | - | - | - | - | - | - | - | 8213 | 1432 | - | - |
| IMPORT | 6651 | - | 1266 | - | 1551 | 1014 | 242247 | - | - | - | 12800 |
| EXPORT | -12679 | -215 | -6875 | -539 | -11 | -450 | -914 | -13 | - | - | -11845 |
| INTL. MARINE BUNKERS | - | - | - | - | - | - | - | - | - | - | - |
| STOCK CHANGES | -1788 | 25 | -4612 | 62 | 78 | 75 | -2469 | 434 | - | - | - |
| DOMESTIC SUPPLY | 88509 | 1167 | 21730 | 494 | 136153 | 5449 | 400337 | 10612 | 63408 | 47909 | 334606 |
| RETURNS TO SUPPLY | - | - | - | - | - | - | - | - | - | - | - |
| TRANSFERS | - | - | - | - | - | - | - | - | - | - | - |
| DOMESTIC AVAILABILITY | 88509 | 1167 | 21730 | 494 | 136153 | 5449 | 400337 | 10612 | 63408 | 47909 | 334606 |
| STATISTICAL DIFFERENCE | 697 | 6 | -926 | - | 59 | 40 | 276 | - | -65 | 1114 | -52 |
| TRANSFORM. SECTOR ** | 76894 | 19 | 7246 | - | 134331 | 886 | 138211 | 141 | 11284 | 13772 | - |
| FOR SOLID FUELS | 42317 | 7 | 167 | - | 11884 | - | - | - | - | - | - |
| FOR GASES | 1252 | - | 7063 | - | - | - | 2532 | - | - | 6 | - |
| PETROLEUM REFINERIES | - | - | - | - | - | - | - | - | - | - | - |
| THERMO-ELECTRIC PLANTS | 33325 | 12 | 16 | - | 122447 | 886 | 135679 | 141 | 11284 | 13766 | - |
| ENERGY SECTOR | 548 | 9 | 55 | 67 | 195 | 99 | 10306 | 1368 | 23942 | 4268 | 52640 |
| COAL MINES | 525 | - | 20 | - | 195 | - | - | - | 636 | - | 10273 |
| OIL AND GAS EXTRACTION | - | - | - | - | - | - | 8264 | - | - | - | - |
| PETROLEUM REFINERIES | - | - | - | - | - | - | - | - | 68 | - | 4867 |
| ELECTRIC PLANTS | - | - | - | - | - | - | - | - | - | - | 20301 |
| DISTRIBUTION LOSSES | - | - | - | - | - | - | 2042 | 142 | 590 | - | 15230 |
| PUMP STORAGE (ELECTR.) | - | - | - | - | - | - | - | - | - | - | 1969 |
| OTHER ENERGY SECTOR | 23 | 9 | 35 | 67 | - | 99 | - | 1226 | 22648 | 4268 | - |
| FINAL CONSUMPTION | 10370 | 1133 | 15355 | 427 | 1568 | 4424 | 251544 | 9103 | 28247 | 28755 | 282018 |
| INDUSTRY SECTOR | 7470 | 4 | 13111 | - | 1532 | 518 | 148083 | 531 | 24856 | 28755 | 145874 |
| IRON AND STEEL | 1343 | - | 11210 | - | - | 9 | 45215 | 9 | 15376 | 25806 | 22895 |
| CHEMICAL | 3406 | - | 638 | - | 1037 | 307 | 47306 | 11 | 2126 | - | 47081 |
| PETROCHEMICAL | - | - | - | - | - | - | - | - | - | - | - |
| NON-FERROUS METAL | 186 | - | 242 | - | - | 8 | 7891 | 42 | 581 | - | 16635 |
| NON-METALLIC MINERAL | 331 | 3 | 401 | - | 8 | 64 | 24780 | 61 | 1036 | - | 8948 |
| PAPER PULP AND PRINT | 235 | - | 3 | - | 205 | 29 | 4528 | 77 | - | - | 11748 |
| MINING AND QUARRYING | 2 | - | 1 | - | 1 | 1 | 565 | - | - | - | 2483 |
| FOOD AND TOBACCO | 305 | 1 | 79 | - | 62 | 11 | 6098 | 96 | 360 | - | 6677 |
| WOOD AND WOOD PRODUCTS | 42 | - | 1 | - | 3 | 9 | - | 9 | - | - | - |
| MACHINERY | 49 | - | 86 | - | 73 | 30 | - | 70 | 657 | 10 | 23455 |
| TRANSPORT EQUIPMENT | 168 | - | 15 | - | 7 | 15 | - | 17 | 2060 | - | - |
| CONSTRUCTION | - | - | - | - | - | - | - | - | - | - | - |
| TEXTILES AND LEATHER | - | - | - | - | - | - | - | 15 | 136 | - | 5244 |
| NON SPECIFIED | 1403 | - | 435 | - | 136 | 35 | 11700 | 124 | 2524 | 2939 | 708 |
| NON-ENERGY USES: | | | | | | | | | | | |
| (1)ENERGY PRODUCTS | - | - | - | - | - | - | - | - | - | - | - |
| (2)NON-ENERGY PRODUCTS | - | - | - | - | - | - | - | - | - | - | - |
| TRANSPORT. SECTOR ** | 150 | - | 52 | - | - | 45 | - | 26 | - | - | 9197 |
| AIR TRANSPORT | - | - | - | - | - | - | - | - | - | - | - |
| ROAD TRANSPORT | - | - | - | - | - | - | - | - | - | - | - |
| RAILWAYS | 149 | - | 52 | - | - | 45 | - | 26 | - | - | 9197 |
| INTERNAL NAVIGATION | 1 | - | - | - | - | - | - | - | - | - | - |
| OTHER SECTORS ** | 2750 | 1129 | 2192 | 427 | 36 | 3861 | 103461 | 8546 | 3391 | - | 126947 |
| AGRICULTURE | - | - | - | - | - | - | - | - | - | - | 6541 |
| PUBLIC SERVICES | - | - | - | - | - | - | - | - | - | - | - |
| COMMERCE | - | - | - | - | - | - | 38235 | 3444 | - | - | 48294 |
| RESIDENTIAL | 1635 | 1128 | 1984 | 395 | 9 | 3844 | 65226 | 5102 | - | - | 72112 |

(1) INCLUDED IN CHEMICAL OR PETROCHEMICAL INDUSTRY
(2) INCLUDED ONLY IN TOTAL INDUSTRY

| * OF WHICH: HYDRO | 14052 |
|---|---|
| NUCLEAR | 24263 |
| CONVENTIONAL THERMAL | 295337 |
| GEOTHERMAL | 0 |

** INCLUDED IN THESE TOTALS ARE THE NON-SPECIFIED ELEMENTS

## PRODUCTION ET UTILISATION DES SOURCES D ENERGIE : ALLEMAGNE

1976

UNIT: 1000 METRIC TONS
UNITE: 1000 TONNES METRIQUES

| OIL / PETROLE | | | REFINERY GAS | LIQUEFIED PETROLEUM GASES | AVIATION GASOLINE | MOTOR GASOLINE | JET FUEL | KEROSENE | GAS/DIESEL OIL | RESIDUAL FUEL OIL | NAPHTHA | NON-ENERGY PRODUCTS |
|---|---|---|---|---|---|---|---|---|---|---|---|---|
| CRUDE* BRUT* | NGL GNL | FEEDST. | GAZ DE PETROLE | GAZ LIQUEFIES DE PETROLE | ESSENCE AVION | ESSENCE AUTO | CARBURANT REACTEUR | PETROLE LAMPANT | GAZ/DIESEL OIL | FUEL OIL RESIDUEL | NAPHTHA | PRODUITS NON-ENERGETIQUES |
| 12 | 13 | 14 | 15 | 16 | 17 | 18 | 19 | 20 | 21 | 22 | 23 | 24 |
| 5524 | - | - | 5557 | 2817 | - | 17346 | 1350 | 49 | 40523 | 27938 | 4370 | 8564 |
| - | - | - | - | 4 | - | - | - | - | - | - | - | - |
| 105291 | - | - | - | 353 | 33 | 3843 | 1415 | 222 | 21404 | 4810 | 5595 | 3100 |
| -31 | - | - | - | -376 | - | -613 | -178 | -5 | -1103 | -1748 | -961 | -1716 |
| - | - | - | - | - | - | - | - | - | -577 | -2139 | - | -58 |
| -2536 | - | - | -2 | -10 | - | 28 | -91 | - | 252 | -30 | -66 | 11 |
| 108248 | - | - | 5555 | 2788 | 33 | 20604 | 2496 | 266 | 60499 | 28831 | 8938 | 9901 |
| - | - | - | - | - | - | 3 | - | - | - | - | - | 230 |
| - | - | - | - | - | - | - | -95 | - | - | -242 | -2310 | -620 |
| 108248 | - | - | 5555 | 2788 | 33 | 20607 | 2401 | 266 | 60499 | 28589 | 6628 | 9511 |
| -1739 | - | - | 8 | -296 | 1 | 562 | -4 | 199 | 342 | 85 | 1701 | 751 |
| 109987 | - | - | 497 | 208 | - | - | - | - | 115 | 6875 | 230 | 645 |
| - | - | - | - | 2 | - | - | - | - | 4 | 5 | 6 | 645 |
| - | - | - | 168 | 206 | - | - | - | - | - | 54 | 224 | - |
| 109987 | - | - | - | - | - | - | - | - | - | - | - | - |
| - | - | - | 329 | - | - | - | - | - | 111 | 6816 | - | - |
| - | - | - | 3532 | 7 | - | - | - | - | 64 | 4170 | 2 | 316 |
| - | - | - | - | - | - | - | - | - | 13 | 15 | - | - |
| - | - | - | - | - | - | - | - | - | 1 | - | - | - |
| - | - | - | 3521 | - | - | - | - | - | 50 | 4155 | - | 316 |
| - | - | - | - | - | - | - | - | - | - | - | - | - |
| - | - | - | - | - | - | - | - | - | - | - | - | - |
| - | - | - | - | - | - | - | - | - | - | - | - | - |
| - | - | - | 11 | 7 | - | - | - | - | - | - | 2 | - |
| - | - | - | 1518 | 2869 | 32 | 20045 | 2405 | 67 | 59978 | 17459 | 4695 | 7799 |
| - | - | - | 1496 | 2208 | - | - | - | 31 | 5517 | 16011 | 4695 | 7799 |
| - | - | - | - | 16 | - | - | - | - | 257 | 3050 | - | - |
| - | - | - | 105 | 110 | - | - | - | 25 | - | 2545 | - | - |
| - | - | - | 1391 | 1585 | - | - | - | - | 113 | 772 | 4695 | - |
| - | - | - | - | 30 | - | - | - | - | 210 | 243 | - | - |
| - | - | - | - | 147 | - | - | - | 6 | 792 | 2665 | - | - |
| - | - | - | - | 25 | - | - | - | - | 30 | 1170 | - | - |
| - | - | - | - | - | - | - | - | - | 19 | 80 | - | 130 |
| - | - | - | - | 35 | - | - | - | - | 862 | 1946 | - | - |
| - | - | - | - | - | - | - | - | - | 211 | 252 | - | - |
| - | - | - | - | 10 | - | - | - | - | 644 | 209 | - | - |
| - | - | - | - | 15 | - | - | - | - | 221 | 480 | - | - |
| - | - | - | - | - | - | - | - | - | - | - | - | - |
| - | - | - | - | - | - | - | - | - | - | - | - | - |
| - | - | - | - | 235 | - | - | - | - | 2158 | 2599 | - | - |
| - | - | - | - | 1585 | - | - | - | - | 113 | 772 | 4695 | - |
| - | - | - | - | - | - | - | - | - | - | - | - | 7669 |
| - | - | - | - | - | 32 | 19430 | 2405 | 1 | 9234 | 84 | - | - |
| - | - | - | - | - | 32 | - | 2405 | - | - | - | - | - |
| - | - | - | - | - | - | 19430 | - | - | 7650 | - | - | - |
| - | - | - | - | - | - | - | - | 1 | 694 | 77 | - | - |
| - | - | - | - | - | - | - | - | - | 890 | 7 | - | - |
| - | - | - | 22 | 661 | - | 615 | - | 35 | 45227 | 1364 | - | - |
| - | - | - | - | - | - | - | - | - | 1300 | - | - | - |
| - | - | - | - | - | - | - | - | - | - | - | - | - |
| - | - | - | - | 402 | - | 170 | - | - | 14954 | 66 | - | - |
| - | - | - | - | 258 | - | - | - | - | 28200 | 1074 | - | - |

*INCLUDED IN THIS COLUMN IS NGL AND FEEDSTOCKS.

## PRODUCTION AND USES OF ENERGY SOURCES : GERMANY

1977

| PRODUCTION AND USES \ ENERGY SOURCES | UNIT: 1000 METRIC TONS / UNITE: 1000 TONNES METRIQUES | | | | | | TCAL / TCAL | MANUFACTURED GAS (TCAL) / GAZ MANUFACTURE (TCAL) | | | MILLIONS OF (DE) KWH |
|---|---|---|---|---|---|---|---|---|---|---|---|
| | HARD COAL / HOUILLE | PATENT FUEL / AGGLOMERES | COKE OVEN COKE / COKE DE FOUR | GAS COKE / COKE DE GAZ | BROWN COAL / LIGNITE | BKB / BRIQ. DE LIGNITE | NATURAL GAS / GAZ NATUREL | GAS WORKS / USINES A GAZ | COKE OVENS / COKERIES | BLAST FURNACES / HAUT FOURNEAUX | ELECTRICITY* / ELECTRICITE* |
| | 1 | 2 | 3 | 4 | 5 | 6 | 7 | 8 | 9 | 10 | 11 |
| PRODUCTION | 92092 | 1305 | 27499 | 809 | 122948 | 4661 | 162626 | 1591 | 52967 | 41466 | 335313 |
| FROM OTHER SOURCES | - | - | - | - | - | - | - | 7130 | 1819 | - | - |
| IMPORT | 6677 | - | 922 | - | 1602 | 1077 | 266991 | - | - | - | 17100 |
| EXPORT | -13778 | -267 | -6226 | -367 | -11 | -462 | -1000 | -13 | - | - | -11174 |
| INTL. MARINE BUNKERS | - | - | - | - | - | - | - | - | - | - | - |
| STOCK CHANGES | -4812 | 34 | -2270 | -48 | -16 | 45 | -4133 | 21 | - | - | - |
| DOMESTIC SUPPLY | 80179 | 1072 | 19925 | 394 | 124523 | 5321 | 424484 | 8729 | 54786 | 41466 | 341239 |
| RETURNS TO SUPPLY | - | - | - | - | - | - | - | - | - | - | - |
| TRANSFERS | - | - | - | - | - | - | - | - | - | - | - |
| DOMESTIC AVAILABILITY | 80179 | 1072 | 19925 | 394 | 124523 | 5321 | 424484 | 8729 | 54786 | 41466 | 341239 |
| STATISTICAL DIFFERENCE | 38 | -12 | -335 | - | 134 | 31 | - | - | -2818 | - | -57 |
| TRANSFORM. SECTOR ** | 69799 | 20 | 6224 | - | 122641 | 877 | 140415 | 129 | 7886 | 13436 | - |
| FOR SOLID FUELS | 35980 | 10 | 143 | - | 11591 | - | - | - | - | - | - |
| FOR GASES | 1036 | - | 6071 | - | - | - | 2300 | - | - | 13 | - |
| PETROLEUM REFINERIES | - | - | - | - | - | - | - | - | - | - | - |
| THERMO-ELECTRIC PLANTS | 32783 | 10 | 10 | - | 111050 | 877 | 138115 | 129 | 7886 | 13423 | - |
| ENERGY SECTOR | 378 | 4 | 45 | 54 | 141 | 56 | 11000 | 1032 | 20395 | 3554 | 51392 |
| COAL MINES | 356 | - | 18 | - | 141 | - | - | - | 864 | 29 | 10406 |
| OIL AND GAS EXTRACTION | - | - | - | - | - | - | 9000 | - | - | - | - |
| PETROLEUM REFINERIES | - | - | - | - | - | - | - | - | 39 | - | 4792 |
| ELECTRIC PLANTS | - | - | - | - | - | - | - | - | - | - | 19917 |
| DISTRIBUTION LOSSES | - | - | - | - | - | - | 2000 | 142 | 387 | - | 14461 |
| PUMP STORAGE (ELECTR.) | - | - | - | - | - | - | - | - | - | - | 1816 |
| OTHER ENERGY SECTOR | 22 | 4 | 27 | 54 | - | 56 | - | 890 | 19105 | 3525 | - |
| FINAL CONSUMPTION | 9964 | 1060 | 13991 | 340 | 1607 | 4357 | 273069 | 7568 | 29323 | 24476 | 289904 |
| INDUSTRY SECTOR | 7477 | 3 | 12096 | - | 1576 | 847 | 143069 | 446 | 25320 | 24476 | 148154 |
| IRON AND STEEL | 1460 | - | 10501 | - | - | 138 | 40000 | 3 | 14363 | 21246 | 22645 |
| CHEMICAL | 3400 | - | 443 | - | 1051 | 285 | 41885 | 8 | 2194 | - | 46392 |
| PETROCHEMICAL | - | - | - | - | - | - | - | - | - | - | - |
| NON-FERROUS METAL | 176 | - | 220 | - | 93 | 14 | 7573 | 69 | 499 | - | 18101 |
| NON-METALLIC MINERAL | 357 | 3 | 299 | - | - | 231 | 30046 | 26 | 2494 | - | 8993 |
| PAPER PULP AND PRINT | 245 | - | 2 | - | 159 | 49 | 7006 | 60 | - | - | 12360 |
| MINING AND QUARRYING | 1 | - | - | - | 1 | - | - | - | - | - | 2437 |
| FOOD AND TOBACCO | 295 | - | 77 | - | 62 | 10 | 6195 | 73 | 658 | - | 6783 |
| WOOD AND WOOD PRODUCTS | 41 | - | 1 | - | 2 | 9 | - | 9 | - | - | - |
| MACHINERY | 44 | - | 90 | - | 74 | 25 | - | 62 | 394 | 9 | 24502 |
| TRANSPORT EQUIPMENT | 156 | - | 17 | - | 14 | 23 | - | 17 | 2103 | - | - |
| CONSTRUCTION | - | - | - | - | - | - | - | - | - | - | - |
| TEXTILES AND LEATHER | - | - | - | - | - | - | - | 15 | 239 | - | 5212 |
| NON SPECIFIED | 1302 | - | 446 | - | 120 | 63 | 10364 | 104 | 2376 | 3221 | 729 |
| NON-ENERGY USES: | | | | | | | | | | | |
| (1)ENERGY PRODUCTS | - | - | - | - | - | - | - | - | - | - | - |
| (2)NON-ENERGY PRODUCTS | - | - | - | - | - | - | - | - | - | - | - |
| TRANSPORT. SECTOR ** | 91 | - | 41 | - | - | 43 | - | 17 | - | - | 9069 |
| AIR TRANSPORT | - | - | - | - | - | - | - | - | - | - | - |
| ROAD TRANSPORT | - | - | - | - | - | - | - | - | - | - | - |
| RAILWAYS | 90 | - | 41 | - | - | 43 | - | 17 | - | - | 9069 |
| INTERNAL NAVIGATION | 1 | - | - | - | - | - | - | - | - | - | - |
| OTHER SECTORS ** | 2396 | 1057 | 1854 | 340 | 31 | 3467 | 130000 | 7105 | 4003 | - | 132681 |
| AGRICULTURE | - | - | - | - | - | - | - | - | - | - | 6683 |
| PUBLIC SERVICES | - | - | - | - | - | - | - | - | - | - | - |
| COMMERCE | - | - | - | - | - | - | 50000 | 2778 | - | - | 50815 |
| RESIDENTIAL | 1430 | 1057 | 1642 | 310 | 8 | 3447 | 80000 | 4327 | - | - | 75183 |

(1) INCLUDED IN CHEMICAL OR PETROCHEMICAL INDUSTRY
(2) INCLUDED ONLY IN TOTAL INDUSTRY

| * OF WHICH: HYDRO | 17595 |
|---|---|
| NUCLEAR | 36050 |
| CONVENTIONAL THERMAL | 281668 |
| GEOTHERMAL | 0 |

** INCLUDED IN THESE TOTALS ARE THE NON-SPECIFIED ELEMENTS

## PRODUCTION ET UTILISATION DES SOURCES D ENERGIE : ALLEMAGNE

1977

UNIT: 1000 METRIC TONS
UNITE: 1000 TONNES METRIQUES

| OIL PETROLE | | | REFINERY GAS | LIQUEFIED PETROLEUM GASES | AVIATION GASOLINE | MOTOR GASOLINE | JET FUEL | KEROSENE | GAS/DIESEL OIL | RESIDUAL FUEL OIL | NAPHTHA | NON-ENERGY PRODUCTS |
|---|---|---|---|---|---|---|---|---|---|---|---|---|
| CRUDE* BRUT* | NGL GNL | FEEDST. | GAZ DE PETROLE | GAZ LIQUEFIES DE PETROLE | ESSENCE AVION | ESSENCE AUTO | CARBURANT REACTEUR | PETROLE LAMPANT | GAZ/DIESEL OIL | FUEL OIL RESIDUEL | NAPHTHA | PRODUITS NON-ENERGETIQUES |
| 12 | 13 | 14 | 15 | 16 | 17 | 18 | 19 | 20 | 21 | 22 | 23 | 24 |
| 5399 | - | - | 5322 | 2759 | - | 18338 | 1268 | 59 | 40703 | 26057 | 3791 | 8728 |
| - | - | - | - | 1 | - | - | - | - | - | - | - | - |
| 102455 | - | - | - | 312 | 28 | 4299 | 1550 | 200 | 20618 | 4473 | 5910 | 3506 |
| -58 | - | - | - | -319 | - | -691 | -217 | -5 | -858 | -1784 | -674 | -1870 |
| - | - | - | - | - | - | - | - | - | -577 | -2318 | - | -66 |
| -1473 | - | - | - | 6 | - | 202 | -41 | -1 | -804 | -236 | 51 | 9 |
| 106323 | - | - | 5322 | 2759 | 28 | 22148 | 2560 | 253 | 59082 | 26192 | 9078 | 10307 |
| - | - | - | - | - | - | 20 | - | - | - | - | - | 262 |
| - | - | - | - | - | - | - | - | - | - | - | -2001 | -964 |
| 106323 | - | - | 5322 | 2759 | 28 | 22168 | 2560 | 253 | 59082 | 26192 | 7077 | 9605 |
| -1452 | - | - | 50 | 39 | - | 894 | 124 | 188 | -150 | -76 | 1848 | 334 |
| 107775 | - | - | 476 | 161 | - | - | - | - | 104 | 5965 | 239 | 623 |
| - | - | - | - | 3 | - | - | - | - | 4 | 5 | 6 | 623 |
| - | - | - | 151 | 158 | - | - | - | - | - | 55 | 233 | - |
| 107775 | - | - | - | - | - | - | - | - | - | - | - | - |
| - | - | - | 325 | - | - | - | - | - | 100 | 5905 | - | - |
| - | - | - | 3429 | 11 | - | - | - | - | 72 | 4098 | 2 | 328 |
| - | - | - | - | - | - | - | - | - | 23 | 64 | - | - |
| - | - | - | - | - | - | - | - | - | 1 | - | - | - |
| - | - | - | 3418 | - | - | - | - | - | 48 | 4034 | - | 328 |
| - | - | - | - | - | - | - | - | - | - | - | - | - |
| - | - | - | - | - | - | - | - | - | - | - | - | - |
| - | - | - | - | - | - | - | - | - | - | - | - | - |
| - | - | - | 11 | 11 | - | - | - | - | - | - | 2 | - |
| - | - | - | 1367 | 2548 | 28 | 21274 | 2436 | 65 | 59056 | 16205 | 4988 | 8320 |
| - | - | - | 1345 | 1881 | - | - | - | 30 | 5662 | 14755 | 4988 | 8320 |
| - | - | - | - | 15 | - | - | - | - | 260 | 2409 | - | - |
| - | - | - | 100 | 90 | - | - | - | 25 | - | 2665 | - | - |
| - | - | - | 1245 | 1291 | - | - | - | - | 80 | 736 | 4988 | - |
| - | - | - | - | 30 | - | - | - | - | 204 | 240 | - | - |
| - | - | - | - | 140 | - | - | - | 5 | 759 | 2348 | - | - |
| - | - | - | - | 25 | - | - | - | - | 22 | 1116 | - | - |
| - | - | - | - | - | - | - | - | - | 24 | 66 | - | 125 |
| - | - | - | - | 35 | - | - | - | - | 792 | 1841 | - | - |
| - | - | - | - | - | - | - | - | - | 222 | 253 | - | - |
| - | - | - | - | 10 | - | - | - | - | 631 | 203 | - | - |
| - | - | - | - | 15 | - | - | - | - | 250 | 451 | - | - |
| - | - | - | - | - | - | - | - | - | - | - | - | - |
| - | - | - | - | - | - | - | - | - | - | - | - | - |
| - | - | - | - | 230 | - | - | - | - | 2418 | 2427 | - | - |
| - | - | - | - | 1291 | - | - | - | - | 80 | 736 | 4988 | - |
| - | - | - | - | - | - | - | - | - | - | - | - | 8195 |
| - | - | - | - | - | 28 | 20648 | 2436 | 1 | 9941 | 76 | - | - |
| - | - | - | - | - | 28 | - | 2436 | - | - | - | - | - |
| - | - | - | - | - | - | 20648 | - | - | 8350 | - | - | - |
| - | - | - | - | - | - | - | - | 1 | 681 | 69 | - | - |
| - | - | - | - | - | - | - | - | - | 910 | 7 | - | - |
| - | - | - | 22 | 667 | - | 626 | - | 34 | 43453 | 1374 | - | - |
| - | - | - | - | - | - | - | - | - | 1250 | - | - | - |
| - | - | - | - | - | - | - | - | - | - | - | - | - |
| - | - | - | - | 403 | - | 170 | - | - | 13606 | 126 | - | - |
| - | - | - | - | 263 | - | - | - | - | 27800 | 1007 | - | - |

*INCLUDED IN THIS COLUMN IS NGL AND FEEDSTOCKS.

## PRODUCTION AND USES OF ENERGY SOURCES : GERMANY

1978

| ENERGY SOURCES / PRODUCTION AND USES | UNIT: 1000 METRIC TONS / UNITE: 1000 TONNES METRIQUES | | | | | | TCAL / TCAL | MANUFACTURED GAS (TCAL) / GAZ MANUFACTURE (TCAL) | | | MILLIONS OF (DE) KWH |
|---|---|---|---|---|---|---|---|---|---|---|---|
| | HARD COAL / HOUILLE | PATENT FUEL / AGGLOMERES | COKE OVEN COKE / COKE DE FOUR | GAS COKE / COKE DE GAZ | BROWN COAL / LIGNITE | BKB / BRIQ. DE LIGNITE | NATURAL GAS / GAZ NATUREL | GAS WORKS / USINES A GAZ | COKE OVENS / COKERIES | BLAST FURNACES / HAUT FOURNEAUX | ELECTRICITY* / ELECTRICITE* |
| | 1 | 2 | 3 | 4 | 5 | 6 | 7 | 8 | 9 | 10 | 11 |
| PRODUCTION | 90104 | 1453 | 25593 | 782 | 123587 | 4868 | 175559 | 1582 | 49592 | 42783 | 353430 |
| FROM OTHER SOURCES | - | - | - | - | - | - | - | 8622 | 1518 | - | - |
| IMPORT | 6931 | - | 925 | - | 1460 | 992 | 292261 | - | - | - | 16416 |
| EXPORT | -18788 | -382 | -8942 | -497 | -11 | -524 | -2386 | -13 | - | - | -13331 |
| INTL. MARINE BUNKERS | - | - | - | - | - | - | - | - | - | - | - |
| STOCK CHANGES | 2300 | -3 | 2479 | 60 | 195 | 16 | -12408 | 13 | - | - | - |
| DOMESTIC SUPPLY | 80547 | 1068 | 20055 | 345 | 125231 | 5352 | 453026 | 10204 | 51110 | 42783 | 356515 |
| RETURNS TO SUPPLY | - | - | - | - | - | - | - | - | - | - | - |
| TRANSFERS | - | - | - | - | - | - | - | - | - | - | - |
| DOMESTIC AVAILABILITY | 80547 | 1068 | 20055 | 345 | 125231 | 5352 | 453026 | 10204 | 51110 | 42783 | 356515 |
| STATISTICAL DIFFERENCE | -424 | 5 | -213 | - | 57 | 15 | 3834 | - | -158 | - | - |
| TRANSFORM. SECTOR ** | 75266 | 20 | 6413 | - | 123511 | 884 | 156724 | 101 | 6818 | 11769 | - |
| FOR SOLID FUELS | 34033 | 10 | 141 | - | 11928 | - | - | - | - | - | - |
| FOR GASES | 1005 | - | 6264 | - | - | - | 2000 | - | - | 17 | - |
| PETROLEUM REFINERIES | - | - | - | - | - | - | - | - | - | - | - |
| THERMO-ELECTRIC PLANTS | 40228 | 10 | 8 | - | 111583 | 884 | 154724 | 101 | 6818 | 11752 | - |
| ENERGY SECTOR | 529 | 8 | 41 | 56 | 168 | 37 | 16609 | 807 | 17966 | 3690 | 51060 |
| COAL MINES | 293 | - | 21 | - | 168 | - | - | - | 529 | 24 | 9996 |
| OIL AND GAS EXTRACTION | - | - | - | - | - | - | 12609 | - | - | - | 413 |
| PETROLEUM REFINERIES | 212 | - | - | - | - | - | - | - | 56 | - | 4423 |
| ELECTRIC PLANTS | - | - | - | - | - | - | - | - | - | - | 20870 |
| DISTRIBUTION LOSSES | - | - | - | - | - | - | 4000 | 158 | 56 | - | 12370 |
| PUMP STORAGE (ELECTR.) | - | - | - | - | - | - | - | - | - | - | 2027 |
| OTHER ENERGY SECTOR | 24 | 8 | 20 | 56 | - | 37 | - | 649 | 17325 | 3666 | 961 |
| FINAL CONSUMPTION | 5176 | 1035 | 13814 | 289 | 1495 | 4416 | 275859 | 9296 | 26484 | 27324 | 305455 |
| INDUSTRY SECTOR | 3327 | 3 | 12132 | - | 1469 | 1190 | 141000 | 459 | 23694 | 27324 | 153403 |
| IRON AND STEEL | 254 | - | 10536 | - | - | 69 | 30000 | 2 | 13780 | 24464 | 23256 |
| CHEMICAL | 1446 | - | 414 | - | 922 | 277 | 32000 | 4 | 3204 | - | 48258 |
| PETROCHEMICAL | - | - | - | - | - | - | - | - | - | - | - |
| NON-FERROUS METAL | 133 | - | 207 | - | 67 | 27 | 2750 | 53 | 493 | - | 18054 |
| NON-METALLIC MINERAL | 475 | 3 | 267 | - | 3 | 640 | 9910 | 31 | 1280 | - | 9455 |
| PAPER PULP AND PRINT | 274 | - | 2 | - | 195 | 37 | 8959 | 60 | - | - | 13072 |
| MINING AND QUARRYING | 1 | - | - | - | - | - | 3000 | - | 4 | - | 2590 |
| FOOD AND TOBACCO | 284 | - | 72 | - | 60 | 6 | 6000 | 80 | 393 | - | 7461 |
| WOOD AND WOOD PRODUCTS | 40 | - | 1 | - | 2 | 10 | - | 4 | - | - | - |
| MACHINERY | 37 | - | 84 | - | 74 | 21 | - | 48 | 352 | 8 | 25843 |
| TRANSPORT EQUIPMENT | 139 | - | 17 | - | 22 | 38 | - | 17 | 1699 | - | - |
| CONSTRUCTION | - | - | - | - | - | - | - | - | - | - | - |
| TEXTILES AND LEATHER | - | - | - | - | - | - | - | 14 | 400 | - | 5261 |
| NON SPECIFIED | 244 | - | 532 | - | 124 | 65 | 48381 | 146 | 2089 | 2852 | 153 |
| NON-ENERGY USES: | | | | | | | | | | | |
| (1)ENERGY PRODUCTS | - | - | - | - | - | - | - | - | - | - | - |
| (2)NON-ENERGY PRODUCTS | - | - | - | - | - | - | - | - | - | - | - |
| TRANSPORT. SECTOR ** | 85 | - | 42 | - | - | 42 | - | 17 | - | - | 9521 |
| AIR TRANSPORT | - | - | - | - | - | - | - | - | - | - | - |
| ROAD TRANSPORT | - | - | - | - | - | - | - | - | - | - | - |
| RAILWAYS | 85 | - | 42 | - | - | 42 | - | 17 | - | - | 9521 |
| INTERNAL NAVIGATION | - | - | - | - | - | - | - | - | - | - | - |
| OTHER SECTORS ** | 1764 | 1032 | 1640 | 289 | 26 | 3184 | 134859 | 8820 | 2790 | - | 142531 |
| AGRICULTURE | - | - | - | - | - | - | - | - | - | - | 7135 |
| PUBLIC SERVICES | - | - | - | - | - | - | - | - | - | - | - |
| COMMERCE | - | - | - | - | - | - | 48000 | 2761 | - | - | 54702 |
| RESIDENTIAL | 1100 | 1032 | 1460 | 264 | 9 | 3164 | 86859 | 6059 | - | - | 80694 |

(1) INCLUDED IN CHEMICAL OR PETROCHEMICAL INDUSTRY
(2) INCLUDED ONLY IN TOTAL INDUSTRY

| * OF WHICH: | |
|---|---|
| HYDRO | 18496 |
| NUCLEAR | 35942 |
| CONVENTIONAL THERMAL | 298991 |
| GEOTHERMAL | 0 |

** INCLUDED IN THESE TOTALS ARE THE NON-SPECIFIED ELEMENTS

## PRODUCTION ET UTILISATION DES SOURCES D ENERGIE : ALLEMAGNE

1978

UNIT: 1000 METRIC TONS
UNITE: 1000 TONNES METRIQUES

| OIL / PETROLE | | | REFINERY GAS | LIQUEFIED PETROLEUM GASES | AVIATION GASOLINE | MOTOR GASOLINE | JET FUEL | KEROSENE | GAS/DIESEL OIL | RESIDUAL FUEL OIL | NAPHTHA | NON-ENERGY PRODUCTS |
|---|---|---|---|---|---|---|---|---|---|---|---|---|
| CRUDE* BRUT* | NGL GNL | FEEDST. | GAZ DE PETROLE | GAZ LIQUEFIES DE PETROLE | ESSENCE AVION | ESSENCE AUTO | CARBURANT REACTEUR | PETROLE LAMPANT | GAZ/DIESEL OIL | FUEL OIL RESIDUEL | NAPHTHA | PRODUITS NON-ENERGETIQUES |
| 12 | 13 | 14 | 15 | 16 | 17 | 18 | 19 | 20 | 21 | 22 | 23 | 24 |
| 5058 | - | - | 5553 | 2835 | - | 19065 | 1329 | 43 | 40431 | 24412 | 3930 | 8590 |
| - | - | - | - | - | - | - | - | - | - | - | - | - |
| 98338 | - | - | - | 330 | 29 | 4822 | 1739 | 87 | 22307 | 6080 | 6643 | 4095 |
| -63 | - | - | - | -316 | -1 | -811 | -149 | -4 | -669 | -1784 | -704 | -1777 |
| - | - | - | - | - | - | - | - | - | -595 | -2203 | - | -66 |
| -987 | - | - | - | -8 | 1 | 154 | -116 | 8 | 547 | -258 | 9 | 306 |
| 102346 | - | - | 5553 | 2841 | 29 | 23230 | 2803 | 134 | 62021 | 26247 | 9878 | 11148 |
| - | - | - | - | 2 | - | 16 | - | - | 711 | - | 1 | 266 |
| 6444 | - | - | - | -58 | - | 398 | -113 | -63 | -237 | -378 | -4361 | -1728 |
| 108790 | - | - | 5553 | 2785 | 29 | 23644 | 2690 | 71 | 62495 | 25869 | 5518 | 9686 |
| 1719 | - | - | 14 | 21 | - | 196 | 11 | 6 | -453 | -343 | -169 | 59 |
| 107071 | - | - | 367 | 148 | - | - | - | - | 102 | 6238 | 254 | 570 |
| - | - | - | - | 3 | - | - | - | - | 4 | 5 | - | 570 |
| - | - | - | 112 | 145 | - | - | - | - | - | 59 | 254 | - |
| 107071 | - | - | - | - | - | - | - | - | - | - | - | - |
| - | - | - | 255 | - | - | - | - | - | 98 | 6174 | - | - |
| - | - | - | 3585 | 13 | - | - | - | - | 95 | 3902 | - | 316 |
| - | - | - | - | - | - | - | - | - | 65 | 104 | - | - |
| - | - | - | - | - | - | - | - | - | 1 | - | - | - |
| - | - | - | 3574 | - | - | - | - | - | 29 | 3798 | - | 316 |
| - | - | - | - | - | - | - | - | - | - | - | - | - |
| - | - | - | - | - | - | - | - | - | - | - | - | - |
| - | - | - | - | - | - | - | - | - | - | - | - | - |
| - | - | - | 11 | 13 | - | - | - | - | - | - | - | - |
| - | - | - | 1587 | 2603 | 29 | 23448 | 2679 | 65 | 62751 | 16072 | 5433 | 8741 |
| - | - | - | 1564 | 1885 | - | - | - | 30 | 6205 | 14400 | 5433 | 8741 |
| - | - | - | - | 30 | - | - | - | - | 104 | 2278 | - | - |
| - | - | - | 106 | 90 | - | - | - | 25 | - | 2897 | - | - |
| - | - | - | 1458 | 1299 | - | - | - | - | 593 | 1212 | 5433 | - |
| - | - | - | - | 30 | - | - | - | - | 204 | 243 | - | - |
| - | - | - | - | 105 | - | - | - | 5 | 835 | 2281 | - | - |
| - | - | - | - | 20 | - | - | - | - | 21 | 1114 | - | - |
| - | - | - | - | - | - | - | - | - | 19 | 52 | - | 115 |
| - | - | - | - | 60 | - | - | - | - | 903 | 1741 | - | - |
| - | - | - | - | - | - | - | - | - | 240 | - | - | - |
| - | - | - | - | 15 | - | - | - | - | 663 | 201 | - | - |
| - | - | - | - | 20 | - | - | - | - | 361 | 526 | - | - |
| - | - | - | - | - | - | - | - | - | - | - | - | - |
| - | - | - | - | - | - | - | - | - | - | - | - | - |
| - | - | - | - | 216 | - | - | - | - | 2262 | 1855 | - | - |
| - | - | - | - | 1299 | - | - | - | - | 593 | 1212 | 5433 | - |
| - | - | - | - | - | - | - | - | - | - | - | - | 8626 |
| - | - | - | - | 2 | 29 | 22824 | 2679 | 1 | 10480 | 42 | - | - |
| - | - | - | - | - | 29 | - | 2679 | - | - | - | - | - |
| - | - | - | - | 2 | - | 22824 | - | - | 8900 | - | - | - |
| - | - | - | - | - | - | - | - | 1 | 670 | 35 | - | - |
| - | - | - | - | - | - | - | - | - | 910 | 7 | - | - |
| - | - | - | 23 | 716 | - | 624 | - | 34 | 46066 | 1630 | - | - |
| - | - | - | - | - | - | - | - | - | 1190 | - | - | - |
| - | - | - | - | - | - | - | - | - | - | - | - | - |
| - | - | - | - | 430 | - | 190 | - | - | 15808 | 405 | - | - |
| - | - | - | - | 286 | - | - | - | - | 28300 | 1027 | - | - |

*INCLUDED IN THIS COLUMN IS NGL AND FEEDSTOCKS.

# PRODUCTION AND USES OF ENERGY SOURCES : GERMANY

1979

| ENERGY SOURCES / PRODUCTION AND USES | UNIT: 1000 METRIC TONS / UNITE: 1000 TONNES METRIQUES | | | | | | TCAL / TCAL | MANUFACTURED GAS (TCAL) / GAZ MANUFACTURE (TCAL) | | | MILLIONS / OF (DE) KWH |
|---|---|---|---|---|---|---|---|---|---|---|---|
| | HARD COAL / HOUILLE | PATENT FUEL / AGGLOMERES | COKE OVEN COKE / COKE DE FOUR | GAS COKE / COKE DE GAZ | BROWN COAL / LIGNITE | BKB / BRIQ. DE LIGNITE | NATURAL GAS / GAZ NATUREL | GAS WORKS / USINES A GAZ | COKE OVENS / COKERIES | BLAST FURNACES / HAUT FOURNEAUX | ELECTRICITY* / ELECTRICITE* |
| | 1 | 2 | 3 | 4 | 5 | 6 | 7 | 8 | 9 | 10 | 11 |
| PRODUCTION | 93311 | 1673 | 26697 | 937 | 130608 | 6261 | 173527 | 1892 | 51531 | 50574 | 372183 |
| FROM OTHER SOURCES | - | - | - | - | - | - | - | 9275 | 1497 | - | - |
| IMPORT | 8321 | - | 1138 | - | 1590 | 856 | 367508 | - | - | - | 15631 |
| EXPORT | -15586 | -391 | -10794 | -526 | -11 | -795 | -51685 | -9 | - | - | -15002 |
| INTL. MARINE BUNKERS | - | - | - | - | - | - | - | - | - | - | - |
| STOCK CHANGES | -467 | 13 | 6238 | 67 | -88 | 74 | - | - | - | - | - |
| DOMESTIC SUPPLY | 85579 | 1295 | 23279 | 478 | 132099 | 6396 | 489350 | 11158 | 53028 | 50574 | 372812 |
| RETURNS TO SUPPLY | - | - | - | - | - | - | - | - | - | - | - |
| TRANSFERS | - | - | - | - | - | - | - | - | - | - | - |
| DOMESTIC AVAILABILITY | 85579 | 1295 | 23279 | 478 | 132099 | 6396 | 489350 | 11158 | 53028 | 50574 | 372812 |
| STATISTICAL DIFFERENCE | 84 | -32 | 273 | - | 50 | 14 | - | - | -150 | - | - |
| TRANSFORM. SECTOR ** | 79264 | 19 | 7570 | - | 130302 | 968 | 159420 | 757 | 6837 | 16304 | - |
| FOR SOLID FUELS | 35809 | 5 | 159 | - | 15311 | 15 | - | - | - | - | - |
| FOR GASES | 1197 | - | 7405 | - | - | - | 3267 | - | - | 43 | - |
| PETROLEUM REFINERIES | - | - | - | - | - | - | - | - | - | - | - |
| THERMO-ELECTRIC PLANTS | 42258 | 14 | 6 | - | 114991 | 953 | 141193 | 757 | 6837 | 16261 | - |
| ENERGY SECTOR | 524 | 9 | 34 | 63 | 136 | 7 | 12844 | 1345 | 19290 | 4097 | 54152 |
| COAL MINES | 292 | - | 19 | - | 136 | - | - | - | 744 | - | 10679 |
| OIL AND GAS EXTRACTION | - | - | - | - | - | - | 7494 | - | - | - | 439 |
| PETROLEUM REFINERIES | 204 | - | - | - | - | - | - | - | 73 | - | 4728 |
| ELECTRIC PLANTS | - | - | - | - | - | - | - | - | - | - | 21699 |
| DISTRIBUTION LOSSES | - | - | - | - | - | - | 5350 | 150 | 47 | - | 13335 |
| PUMP STORAGE (ELECTR.) | - | - | - | - | - | - | - | - | - | - | 2160 |
| OTHER ENERGY SECTOR | 28 | 9 | 15 | 63 | - | 7 | - | 1195 | 18426 | 4097 | 1112 |
| FINAL CONSUMPTION | 5707 | 1299 | 15402 | 415 | 1611 | 5407 | 317086 | 9056 | 27051 | 30173 | 318660 |
| INDUSTRY SECTOR | 3492 | 2 | 13558 | - | 1582 | 1625 | 155610 | 1168 | 24602 | 30173 | 160704 |
| IRON AND STEEL | 336 | - | 11874 | - | - | 89 | 31851 | 664 | 13935 | 25965 | 25042 |
| CHEMICAL | 1416 | - | 449 | - | 1123 | 318 | 35437 | 6 | 3486 | - | 51489 |
| PETROCHEMICAL | - | - | - | - | - | - | 15162 | - | - | - | - |
| NON-FERROUS METAL | 187 | - | 228 | - | 28 | 22 | 4972 | 56 | 503 | - | 18275 |
| NON-METALLIC MINERAL | 525 | 2 | 282 | - | 2 | 987 | 18478 | 29 | 1420 | - | 9818 |
| PAPER PULP AND PRINT | 291 | - | 2 | - | 157 | 68 | 4085 | 43 | 47 | - | 13556 |
| MINING AND QUARRYING | 1 | - | - | - | 2 | - | 3350 | - | - | - | 2678 |
| FOOD AND TOBACCO | 263 | - | 77 | - | 57 | - | 7043 | 117 | 329 | - | 7687 |
| WOOD AND WOOD PRODUCTS | 44 | - | 1 | - | 1 | 10 | - | 10 | - | - | - |
| MACHINERY | 35 | - | 85 | - | 83 | 24 | 8903 | 48 | 339 | 12 | 26899 |
| TRANSPORT EQUIPMENT | 162 | - | 21 | - | 23 | 31 | 4926 | 17 | 2309 | - | - |
| CONSTRUCTION | - | - | - | - | - | - | - | - | - | - | - |
| TEXTILES AND LEATHER | - | - | - | - | - | - | - | 13 | 202 | - | 5250 |
| NON SPECIFIED | 232 | - | 539 | - | 106 | 76 | 21403 | 165 | 2032 | 4196 | 10 |
| NON-ENERGY USES: | | | | | | | | | | | |
| (1)ENERGY PRODUCTS | - | - | - | - | - | - | 15162 | - | - | - | - |
| (2)NON-ENERGY PRODUCTS | - | - | - | - | - | - | - | - | - | - | - |
| TRANSPORT. SECTOR ** | 45 | - | 37 | - | - | 44 | 598 | 52 | - | - | 10501 |
| AIR TRANSPORT | - | - | - | - | - | - | - | - | - | - | - |
| ROAD TRANSPORT | - | - | - | - | - | - | - | - | - | - | - |
| RAILWAYS | 44 | - | 37 | - | - | 44 | 598 | 52 | - | - | 10501 |
| INTERNAL NAVIGATION | 1 | - | - | - | - | - | - | - | - | - | - |
| OTHER SECTORS ** | 2170 | 1297 | 1807 | 415 | 29 | 3738 | 160878 | 7836 | 2449 | - | 147455 |
| AGRICULTURE | - | - | - | - | - | - | - | - | - | - | 7261 |
| PUBLIC SERVICES | - | - | - | - | - | - | - | - | - | - | - |
| COMMERCE | - | - | - | - | - | - | 35700 | 2178 | - | - | 56962 |
| RESIDENTIAL | 1180 | 1297 | 1608 | 379 | 10 | 3700 | 125178 | 5658 | - | - | 83232 |

(1) INCLUDED IN CHEMICAL OR PETROCHEMICAL INDUSTRY
(2) INCLUDED ONLY IN TOTAL INDUSTRY

| * OF WHICH: | | |
|---|---|---|
| | HYDRO | 18502 |
| | NUCLEAR | 42291 |
| | CONVENTIONAL THERMAL | 311390 |
| | GEOTHERMAL | 0 |

** INCLUDED IN THESE TOTALS ARE THE NON-SPECIFIED ELEMENTS

UNIT: 1000 METRIC TONS
UNITE: 1000 TONNES METRIQUES

| OIL / PETROLE: CRUDE / BRUT | OIL / PETROLE: NGL / GNL | OIL / PETROLE: FEEDST. | REFINERY GAS / GAZ DE PETROLE | LIQUEFIED PETROLEUM GASES / GAZ LIQUEFIES DE PETROLE | AVIATION GASOLINE / ESSENCE AVION | MOTOR GASOLINE / ESSENCE AUTO | JET FUEL / CARBURANT REACTEUR | KEROSENE / PETROLE LAMPANT | GAS/DIESEL OIL / GAZ/DIESEL OIL | RESIDUAL FUEL OIL / FUEL OIL RESIDUEL | NAPHTHA / NAPHTHA | NON-ENERGY PRODUCTS / PRODUITS NON-ENERGETIQUES |
|---|---|---|---|---|---|---|---|---|---|---|---|---|
| 12 | 13 | 14 | 15 | 16 | 17 | 18 | 19 | 20 | 21 | 22 | 23 | 24 |
| 4739 | - | - | 6189 | 3165 | - | 21539 | 1293 | 71 | 47363 | 26025 | 4336 | 9673 |
| - | - | - | - | - | - | - | - | - | - | - | - | - |
| 107355 | - | 3519 | - | 436 | 30 | 3048 | 1822 | 120 | 19207 | 4491 | 5892 | 4904 |
| - | - | -90 | - | -371 | -2 | -782 | -159 | -22 | -906 | -1632 | -876 | -1925 |
| - | - | - | - | - | - | - | - | - | -480 | -2420 | - | -69 |
| -1172 | - | 187 | 6 | 3 | -1 | -235 | -18 | -11 | -1688 | -289 | -556 | -424 |
| 110922 | - | 3616 | 6195 | 3233 | 27 | 23570 | 2938 | 158 | 63496 | 26175 | 8796 | 12159 |
| - | - | 2244 | - | - | - | - | - | - | - | - | - | - |
| - | - | 3930 | - | -74 | 1 | 232 | -144 | -98 | -146 | -454 | -2218 | -2186 |
| 110922 | - | 9790 | 6195 | 3159 | 28 | 23802 | 2794 | 60 | 63350 | 25721 | 6578 | 9973 |
| 322 | - | 1171 | 11 | 35 | -1 | 71 | 44 | -19 | -640 | -607 | 29 | -369 |
| 110600 | - | 8619 | 380 | 145 | - | - | - | - | 256 | 5580 | 268 | 725 |
| - | - | - | - | 3 | - | - | - | - | - | - | - | 725 |
| - | - | - | 110 | 141 | - | - | - | - | - | 60 | 268 | - |
| 110600 | - | 8619 | - | - | - | - | - | - | - | - | - | - |
| - | - | - | 270 | - | - | - | - | - | 94 | 5520 | - | - |
| - | - | - | 4125 | 9 | - | - | - | - | 78 | 3941 | - | 429 |
| - | - | - | - | - | - | - | - | - | 60 | 85 | - | - |
| - | - | - | - | - | - | - | - | - | - | - | - | - |
| - | - | - | 4114 | - | - | - | - | - | 15 | 3851 | - | 429 |
| - | - | - | - | - | - | - | - | - | - | - | - | - |
| - | - | - | - | - | - | - | - | - | - | - | - | - |
| - | - | - | - | - | - | - | - | - | - | - | - | - |
| - | - | - | 11 | 9 | - | - | - | - | 3 | 5 | - | - |
| - | - | - | 1679 | 2970 | 29 | 23731 | 2750 | 79 | 63656 | 16807 | 6281 | 9188 |
| - | - | - | 1654 | 2152 | - | - | - | 35 | 6102 | 14846 | 6281 | 9188 |
| - | - | - | - | 35 | - | - | - | - | 97 | 2287 | - | - |
| - | - | - | 100 | 110 | - | - | - | 28 | - | 2664 | - | - |
| - | - | - | 1554 | 1452 | - | - | - | - | 624 | 1494 | 6281 | - |
| - | - | - | - | 30 | - | - | - | - | 205 | 213 | - | - |
| - | - | - | - | 125 | - | - | - | 7 | 780 | 2313 | - | - |
| - | - | - | - | 25 | - | - | - | - | 19 | 1035 | - | - |
| - | - | - | - | 5 | - | - | - | - | 17 | 50 | - | 146 |
| - | - | - | - | 75 | - | - | - | - | 883 | 1682 | - | - |
| - | - | - | - | - | - | - | - | - | 159 | - | - | - |
| - | - | - | - | 20 | - | - | - | - | 644 | 201 | - | - |
| - | - | - | - | 20 | - | - | - | - | 357 | 472 | - | - |
| - | - | - | - | - | - | - | - | - | - | - | - | - |
| - | - | - | - | - | - | - | - | - | - | - | - | - |
| - | - | - | - | 255 | - | - | - | - | 2317 | 2435 | - | - |
| - | - | - | - | 1452 | - | - | - | - | 624 | 1494 | 6281 | - |
| - | - | - | - | - | - | - | - | - | - | - | - | 9042 |
| - | - | - | - | 2 | 29 | 23117 | 2750 | 2 | 11340 | 42 | - | - |
| - | - | - | - | - | 29 | - | 2750 | - | - | - | - | - |
| - | - | - | - | 2 | - | 23117 | - | - | 9650 | - | - | - |
| - | - | - | - | - | - | - | - | 2 | 690 | 35 | - | - |
| - | - | - | - | - | - | - | - | - | 1000 | 7 | - | - |
| - | - | - | 25 | 816 | - | 614 | - | 42 | 46214 | 1919 | - | - |
| - | - | - | - | - | - | - | - | - | 1200 | - | - | - |
| - | - | - | - | - | - | - | - | - | - | - | - | - |
| - | - | - | - | 480 | - | 190 | - | - | 16089 | 813 | - | - |
| - | - | - | - | 336 | - | - | - | - | 28300 | 972 | - | - |

## PRODUCTION AND USES OF ENERGY SOURCES : GERMANY

1980

| ENERGY SOURCES / PRODUCTION AND USES | UNIT: 1000 METRIC TONS / UNITE: 1000 TONNES METRIQUES | | | | | | TCAL / TCAL | MANUFACTURED GAS (TCAL) / GAZ MANUFACTURE (TCAL) | | | MILLIONS OF (DE) KWH |
|---|---|---|---|---|---|---|---|---|---|---|---|
| | HARD COAL / HOUILLE | PATENT FUEL / AGGLOMERES | COKE OVEN COKE / COKE DE FOUR | GAS COKE / COKE DE GAZ | BROWN COAL / LIGNITE | BKB / BRIQ. DE LIGNITE | NATURAL GAS / GAZ NATUREL | GAS WORKS / USINES A GAZ | COKE OVENS / COKERIES | BLAST FURNACES / HAUT FOURNEAUX | ELECTRICITY* / ELECTRICITE* |
| | 1 | 2 | 3 | 4 | 5 | 6 | 7 | 8 | 9 | 10 | 11 |
| PRODUCTION | 94492 | 1455 | 28669 | 678 | 129862 | 6480 | 159104 | 1406 | 55453 | 47439 | 368770 |
| FROM OTHER SOURCES | - | - | - | - | - | - | - | 9477 | 499 | - | - |
| IMPORT | 9641 | - | 1075 | - | 2125 | 1197 | 395119 | - | - | - | 19221 |
| EXPORT | -12369 | -357 | -7500 | -288 | -11 | -861 | -82144 | -8 | - | - | -13463 |
| INTL. MARINE BUNKERS | - | - | - | - | - | - | - | - | - | - | - |
| STOCK CHANGES | -2262 | -10 | 1065 | -26 | 73 | -7 | - | - | - | - | - |
| DOMESTIC SUPPLY | 89502 | 1088 | 23309 | 364 | 132049 | 6809 | 472079 | 10875 | 55952 | 47439 | 374528 |
| RETURNS TO SUPPLY | - | - | - | - | - | - | - | - | - | - | - |
| TRANSFERS | - | - | - | - | - | - | - | - | - | - | - |
| DOMESTIC AVAILABILITY | 89502 | 1088 | 23309 | 364 | 132049 | 6809 | 472079 | 10875 | 55952 | 47439 | 374528 |
| STATISTICAL DIFFERENCE | -288 | -38 | 189 | - | -1 | 18 | - | - | -251 | - | - |
| TRANSFORM. SECTOR ** | 83626 | 4 | 7118 | - | 130346 | 969 | 149880 | 799 | 8240 | 15781 | - |
| FOR SOLID FUELS | 38471 | 1 | 164 | - | 15715 | 12 | 73 | - | - | - | - |
| FOR GASES | 873 | - | 6946 | - | - | - | 2305 | - | - | 24 | - |
| PETROLEUM REFINERIES | - | - | - | - | - | - | - | - | - | - | - |
| THERMO-ELECTRIC PLANTS | 44282 | 3 | 8 | - | 114631 | 957 | 132772 | 799 | 8240 | 15757 | - |
| ENERGY SECTOR | 364 | 13 | 18 | 37 | 148 | 12 | 15096 | 1081 | 22640 | 3982 | 56265 |
| COAL MINES | 340 | - | 18 | - | 148 | - | - | - | 1067 | - | 12350 |
| OIL AND GAS EXTRACTION | - | - | - | - | - | - | 9150 | - | - | - | 440 |
| PETROLEUM REFINERIES | - | - | - | - | - | - | - | - | 804 | - | 5866 |
| ELECTRIC PLANTS | - | - | - | - | - | - | - | - | - | - | 21317 |
| DISTRIBUTION LOSSES | - | - | - | - | - | - | 5778 | 118 | 129 | - | 14523 |
| PUMP STORAGE (ELECTR.) | - | - | - | - | - | - | - | - | - | - | 1769 |
| OTHER ENERGY SECTOR | 24 | 13 | - | 37 | - | 12 | 168 | 963 | 20640 | 3982 | - |
| FINAL CONSUMPTION | 5800 | 1109 | 15984 | 327 | 1556 | 5810 | 307103 | 8995 | 25323 | 27676 | 318263 |
| INDUSTRY SECTOR | 3695 | 2 | 14311 | - | 1519 | 2099 | 162278 | 1039 | 24383 | 27676 | 156736 |
| IRON AND STEEL | 50 | - | 12671 | - | - | 110 | 30466 | 592 | 15021 | 23694 | 24722 |
| CHEMICAL | 1532 | 1 | 443 | - | 1071 | 330 | 33685 | 8 | 3006 | - | 47628 |
| PETROCHEMICAL | - | - | - | - | - | - | 14860 | - | - | - | - |
| NON-FERROUS METAL | 186 | - | 234 | - | 25 | 21 | 5615 | 55 | 495 | - | 18157 |
| NON-METALLIC MINERAL | 930 | 1 | 283 | - | 2 | 1442 | 15130 | 33 | 1287 | - | 9850 |
| PAPER PULP AND PRINT | 300 | - | - | - | 181 | 43 | 5227 | 52 | 90 | - | 13870 |
| MINING AND QUARRYING | 1 | - | - | - | 2 | - | 3770 | - | - | - | 2672 |
| FOOD AND TOBACCO | 267 | - | 73 | - | 57 | 1 | 9310 | 97 | 247 | - | 7810 |
| WOOD AND WOOD PRODUCTS | 40 | - | 1 | - | 1 | 11 | - | 34 | - | - | - |
| MACHINERY | 36 | - | 82 | - | 83 | 15 | 4716 | 41 | 716 | - | 26915 |
| TRANSPORT EQUIPMENT | 197 | - | 26 | - | 18 | 35 | 5186 | 17 | 1983 | - | - |
| CONSTRUCTION | - | - | - | - | - | - | - | - | - | - | - |
| TEXTILES AND LEATHER | 75 | - | 6 | - | 56 | 24 | - | 13 | 275 | - | 5112 |
| NON SPECIFIED | 81 | - | 492 | - | 23 | 67 | 34313 | 97 | 1263 | 3982 | - |
| NON-ENERGY USES: | | | | | | | | | | | |
| (1)ENERGY PRODUCTS | - | - | - | - | - | - | 14860 | - | - | - | - |
| (2)NON-ENERGY PRODUCTS | - | - | - | - | - | - | - | - | - | - | - |
| TRANSPORT. SECTOR ** | 43 | - | 31 | - | - | 37 | 660 | 34 | - | - | 10646 |
| AIR TRANSPORT | - | - | - | - | - | - | - | - | - | - | - |
| ROAD TRANSPORT | - | - | - | - | - | - | - | - | - | - | - |
| RAILWAYS | 43 | - | 31 | - | - | 37 | 660 | 34 | - | - | 10646 |
| INTERNAL NAVIGATION | - | - | - | - | - | - | - | - | - | - | - |
| OTHER SECTORS ** | 2062 | 1107 | 1642 | 327 | 37 | 3674 | 144165 | 7922 | 940 | - | 150881 |
| AGRICULTURE | - | - | - | - | - | - | - | - | - | - | 7099 |
| PUBLIC SERVICES | - | - | - | - | - | - | - | - | - | - | - |
| COMMERCE | - | - | - | - | - | - | 32000 | 2559 | - | - | 58231 |
| RESIDENTIAL | 1429 | 1107 | 1459 | 327 | 37 | 3674 | 112165 | 5363 | - | - | 85551 |

(1) INCLUDED IN CHEMICAL OR PETROCHEMICAL INDUSTRY
(2) INCLUDED ONLY IN TOTAL INDUSTRY

| * OF WHICH: HYDRO | 18650 |
|---|---|
| NUCLEAR | 43700 |
| CONVENTIONAL THERMAL | 306420 |
| GEOTHERMAL | 0 |

** INCLUDED IN THESE TOTALS ARE THE NON-SPECIFIED ELEMENTS

## PRODUCTION ET UTILISATION DES SOURCES D ENERGIE : ALLEMAGNE

1980

UNIT: 1000 METRIC TONS
UNITE: 1000 TONNES METRIQUES

| OIL / PETROLE | | | REFINERY GAS | LIQUEFIED PETROLEUM GASES | AVIATION GASOLINE | MOTOR GASOLINE | JET FUEL | KEROSENE | GAS/DIESEL OIL | RESIDUAL FUEL OIL | NAPHTHA | NON-ENERGY PRODUCTS |
|---|---|---|---|---|---|---|---|---|---|---|---|---|
| CRUDE BRUT | NGL GNL | FEEDST. | GAZ DE PETROLE | GAZ LIQUEFIES DE PETROLE | ESSENCE AVION | ESSENCE AUTO | CARBURANT REACTEUR | PETROLE LAMPANT | GAZ/DIESEL OIL | FUEL OIL RESIDUEL | NAPHTHA | PRODUITS NON-ENERGETIQUES |
| 12 | 13 | 14 | 15 | 16 | 17 | 18 | 19 | 20 | 21 | 22 | 23 | 24 |
| 5202 | - | - | 4321 | 2408 | - | 22472 | 1299 | 55 | 41986 | 24675 | 7435 | 8718 |
| - | - | - | - | - | - | - | - | - | - | - | - | - |
| 97920 | - | - | - | 623 | 36 | 5785 | 1806 | 47 | 17371 | 6289 | 5474 | 2321 |
| -70 | - | - | - | -430 | -8 | -1336 | -310 | -3 | -1498 | -1804 | -530 | -1322 |
| - | - | - | - | - | - | - | - | - | -477 | -2409 | - | -66 |
| -2911 | - | - | - | -15 | -2 | -642 | 159 | 6 | -1089 | 711 | -194 | -602 |
| 100141 | - | - | 4321 | 2586 | 26 | 26279 | 2954 | 105 | 56293 | 27462 | 12185 | 9049 |
| - | - | 3573 | -38 | -104 | - | - | - | - | -61 | - | -3156 | -214 |
| - | - | 11021 | -224 | -356 | 3 | -2516 | -116 | -45 | -1399 | -3676 | -706 | -1986 |
| 100141 | - | 14594 | 4059 | 2126 | 29 | 23763 | 2838 | 60 | 54833 | 23786 | 8323 | 6849 |
| 78 | - | - | 16 | -75 | -9 | -383 | 22 | 8 | 77 | -472 | -119 | -134 |
| 100063 | - | 14594 | 398 | 126 | - | - | - | - | 315 | 5391 | 289 | 600 |
| - | - | - | 5 | 2 | - | - | - | - | - | - | - | 600 |
| - | - | - | 158 | 124 | - | - | - | - | - | - | 289 | - |
| 100063 | - | 14594 | - | - | - | - | - | - | - | - | - | - |
| - | - | - | 205 | - | - | - | - | - | 128 | 5391 | - | - |
| - | - | - | 3633 | - | - | - | - | - | 64 | 4000 | - | 475 |
| - | - | - | - | - | - | - | - | - | 46 | 53 | - | - |
| - | - | - | - | - | - | - | - | - | - | - | - | - |
| - | - | - | 3628 | - | - | - | - | - | 12 | 3872 | - | 475 |
| - | - | - | - | - | - | - | - | - | - | - | - | - |
| - | - | - | - | - | - | - | - | - | - | - | - | - |
| - | - | - | - | - | - | - | - | - | - | - | - | - |
| - | - | - | 5 | - | - | - | - | - | 6 | 75 | - | - |
| - | - | - | 12 | 2075 | 38 | 24146 | 2816 | 52 | 54377 | 14867 | 8153 | 5908 |
| - | - | - | 12 | 1179 | - | - | - | 27 | 4827 | 13733 | 8153 | 5908 |
| - | - | - | - | 40 | - | - | - | - | 75 | 1389 | - | - |
| - | - | - | - | 90 | - | - | - | 22 | - | 2261 | - | - |
| - | - | - | - | 459 | - | - | - | - | 348 | 1694 | 8153 | - |
| - | - | - | - | 30 | - | - | - | - | 189 | 212 | - | - |
| - | - | - | - | 135 | - | - | - | 5 | 537 | 1977 | - | - |
| - | - | - | - | 25 | - | - | - | - | 13 | 992 | - | - |
| - | - | - | - | 5 | - | - | - | - | 11 | 50 | - | 110 |
| - | - | - | - | 85 | - | - | - | - | 781 | 1588 | - | - |
| - | - | - | - | 4 | - | - | - | - | 183 | 269 | - | - |
| - | - | - | - | 20 | - | - | - | - | 558 | 192 | - | - |
| - | - | - | - | 20 | - | - | - | - | 336 | 463 | - | - |
| - | - | - | - | - | - | - | - | - | - | - | - | - |
| - | - | - | - | 20 | - | - | - | - | 216 | 635 | - | - |
| - | - | - | 12 | 246 | - | - | - | - | 1580 | 2011 | - | - |
| - | - | - | - | 459 | - | - | - | - | 348 | 1694 | 8153 | - |
| - | - | - | - | - | - | - | - | - | - | - | - | 5798 |
| - | - | - | - | 3 | 38 | 23531 | 2793 | 1 | 11390 | 38 | - | - |
| - | - | - | - | - | 38 | - | 2793 | - | - | - | - | - |
| - | - | - | - | - | - | 23531 | - | - | 9880 | - | - | - |
| - | - | - | - | 3 | - | - | - | 1 | 670 | 31 | - | - |
| - | - | - | - | - | - | - | - | - | 840 | 7 | - | - |
| - | - | - | - | 893 | - | 615 | 23 | 24 | 38160 | 1096 | - | - |
| - | - | - | - | - | - | - | - | - | 1230 | - | - | - |
| - | - | - | - | - | - | - | - | - | - | - | - | - |
| - | - | - | - | 503 | - | 190 | - | - | 12282 | - | - | - |
| - | - | - | - | 335 | - | - | - | - | 24010 | 979 | - | - |

## PRODUCTION AND USES OF ENERGY SOURCES : GERMANY

1981

| ENERGY SOURCES / PRODUCTION AND USES | UNIT: 1000 METRIC TONS / UNITE: 1000 TONNES METRIQUES | | | | | | TCAL / TCAL | MANUFACTURED GAS (TCAL) / GAZ MANUFACTURE (TCAL) | | | MILLIONS OF (DE) KWH |
|---|---|---|---|---|---|---|---|---|---|---|---|
| | HARD COAL / HOUILLE | PATENT FUEL / AGGLOMERES | COKE OVEN COKE / COKE DE FOUR | GAS COKE / COKE DE GAZ | BROWN COAL / LIGNITE | BKB / BRIQ. DE LIGNITE | NATURAL GAS / GAZ NATUREL | GAS WORKS / USINES A GAZ | COKE OVENS / COKERIES | BLAST FURNACES / HAUT FOURNEAUX | ELECTRICITY* / ELECTRICITE* |
| | 1 | 2 | 3 | 4 | 5 | 6 | 7 | 8 | 9 | 10 | 11 |
| PRODUCTION | 95545 | 1332 | 28216 | 84 | 130649 | 6515 | 162145 | 168 | 54670 | 44181 | 368810 |
| FROM OTHER SOURCES | - | - | - | - | - | - | - | 8131 | 310 | - | - |
| IMPORT | 10786 | - | 983 | - | 2710 | 1395 | 388693 | - | - | - | 21927 |
| EXPORT | -11982 | -365 | -6357 | -153 | -9 | -840 | -95827 | - | - | - | -14028 |
| INTL. MARINE BUNKERS | - | - | - | - | - | - | - | - | - | - | - |
| STOCK CHANGES | -3334 | -6 | -323 | 140 | -434 | 6 | - | - | - | - | - |
| DOMESTIC SUPPLY | 91015 | 961 | 22519 | 71 | 132916 | 7076 | 455011 | 8299 | 54980 | 44181 | 376709 |
| RETURNS TO SUPPLY | - | - | - | - | - | - | - | - | - | - | - |
| TRANSFERS | - | - | - | - | - | - | - | - | - | - | - |
| DOMESTIC AVAILABILITY | 91015 | 961 | 22519 | 71 | 132916 | 7076 | 455011 | 8299 | 54980 | 44181 | 376709 |
| STATISTICAL DIFFERENCE | -227 | -9 | 285 | - | - | - | - | - | 2767 | - | - |
| TRANSFORM. SECTOR ** | 84333 | 1 | 6634 | - | 131205 | 1068 | 118910 | 47 | 8656 | 12485 | - |
| FOR SOLID FUELS | 37739 | 1 | 172 | - | 15278 | - | - | - | - | - | - |
| FOR GASES | 116 | - | 6450 | - | - | - | 1680 | - | - | 15 | - |
| PETROLEUM REFINERIES | - | - | - | - | - | - | - | - | - | - | - |
| THERMO-ELECTRIC PLANTS | 46478 | - | 12 | - | 115927 | 1068 | 103101 | 47 | 8656 | 12470 | - |
| ENERGY SECTOR | 309 | 14 | 16 | 28 | 147 | 15 | 14432 | 466 | 22283 | 4010 | 59184 |
| COAL MINES | 287 | - | 16 | - | 147 | - | - | - | 1140 | - | 13013 |
| OIL AND GAS EXTRACTION | - | - | - | - | - | - | 8148 | - | - | - | 510 |
| PETROLEUM REFINERIES | - | - | - | - | - | - | - | - | 804 | - | 5551 |
| ELECTRIC PLANTS | - | - | - | - | - | - | - | - | - | - | 21547 |
| DISTRIBUTION LOSSES | - | - | - | - | - | - | 6099 | 118 | 82 | - | 15168 |
| PUMP STORAGE (ELECTR.) | - | - | - | - | - | - | - | - | - | - | 2486 |
| OTHER ENERGY SECTOR | 22 | 14 | - | 28 | - | 15 | 185 | 348 | 20257 | 4010 | 909 |
| FINAL CONSUMPTION | 6600 | 955 | 15584 | 43 | 1564 | 5993 | 321669 | 7786 | 21274 | 27686 | 317525 |
| INDUSTRY SECTOR | 4692 | 1 | 14063 | - | 1527 | 2609 | 161901 | 789 | 20737 | 27686 | 151519 |
| IRON AND STEEL | 46 | - | 12519 | - | 6 | 94 | 26090 | 4 | 14891 | 23982 | 23416 |
| CHEMICAL | 2045 | - | 420 | - | 1005 | 436 | 33734 | - | 2030 | - | 46878 |
| PETROCHEMICAL | - | - | - | - | - | - | 16657 | - | - | - | - |
| NON-FERROUS METAL | 178 | - | 238 | - | 126 | 24 | 5065 | 65 | 412 | - | 17740 |
| NON-METALLIC MINERAL | 1340 | 1 | 252 | - | 2 | 1771 | 14994 | 34 | 740 | - | 9132 |
| PAPER PULP AND PRINT | 332 | - | - | - | 146 | 65 | 6023 | 50 | 113 | - | 13937 |
| MINING AND QUARRYING | 1 | - | - | - | 3 | - | 3444 | - | - | - | 2543 |
| FOOD AND TOBACCO | 266 | - | 79 | - | 60 | 18 | 10072 | 93 | 230 | - | 8011 |
| WOOD AND WOOD PRODUCTS | 39 | - | 1 | - | 1 | 8 | - | 211 | - | - | - |
| MACHINERY | 50 | - | 70 | - | 74 | 12 | 4578 | 48 | 653 | - | 24870 |
| TRANSPORT EQUIPMENT | 136 | - | 25 | - | 26 | 36 | 6628 | 17 | 1217 | - | - |
| CONSTRUCTION | - | - | - | - | - | - | - | - | - | - | - |
| TEXTILES AND LEATHER | 111 | - | 11 | - | 56 | 47 | 34616 | 20 | 27 | - | 4766 |
| NON SPECIFIED | 148 | - | 448 | - | 22 | 98 | - | 247 | 424 | 3704 | 226 |
| NON-ENERGY USES: | | | | | | | | | | | |
| (1)ENERGY PRODUCTS | - | - | - | - | - | - | 16657 | - | - | - | - |
| (2)NON-ENERGY PRODUCTS | - | - | - | - | - | - | - | - | - | - | - |
| TRANSPORT. SECTOR ** | 41 | - | 28 | - | - | 35 | 638 | 35 | - | - | 10765 |
| AIR TRANSPORT | - | - | - | - | - | - | - | - | - | - | - |
| ROAD TRANSPORT | - | - | - | - | - | - | - | - | - | - | - |
| RAILWAYS | 41 | - | 28 | - | - | 35 | 638 | 35 | - | - | 10765 |
| INTERNAL NAVIGATION | - | - | - | - | - | - | - | - | - | - | - |
| OTHER SECTORS ** | 1867 | 954 | 1493 | 43 | 37 | 3349 | 159130 | 6962 | 537 | - | 155241 |
| AGRICULTURE | - | - | - | - | - | - | - | - | - | - | 7214 |
| PUBLIC SERVICES | - | - | - | - | - | - | - | - | - | - | - |
| COMMERCE | - | - | - | - | - | - | 30500 | 2318 | - | - | 61186 |
| RESIDENTIAL | 1311 | 954 | 1235 | 43 | 37 | 3349 | 128630 | 4644 | - | - | 86841 |

(1) INCLUDED IN CHEMICAL OR PETROCHEMICAL INDUSTRY
(2) INCLUDED ONLY IN TOTAL INDUSTRY

| * OF WHICH: HYDRO | 19959 |
|---|---|
| NUCLEAR | 53631 |
| CONVENTIONAL THERMAL | 295220 |
| GEOTHERMAL | 0 |

** INCLUDED IN THESE TOTALS ARE THE NON-SPECIFIED ELEMENTS

PRODUCTION ET UTILISATION DES SOURCES D ENERGIE : ALLEMAGNE

1981

UNIT: 1000 METRIC TONS
UNITE: 1000 TONNES METRIQUES

| OIL / PETROLE | | | REFINERY GAS | LIQUEFIED PETROLEUM GASES | AVIATION GASOLINE | MOTOR GASOLINE | JET FUEL | KEROSENE | GAS/DIESEL OIL | RESIDUAL FUEL OIL | NAPHTHA | NON-ENERGY PRODUCTS |
|---|---|---|---|---|---|---|---|---|---|---|---|---|
| CRUDE BRUT | NGL GNL | FEEDST. | GAZ DE PETROLE | GAZ LIQUEFIES DE PETROLE | ESSENCE AVION | ESSENCE AUTO | CARBURANT REACTEUR | PETROLE LAMPANT | GAZ/DIESEL OIL | FUEL OIL RESIDUEL | NAPHTHA | PRODUITS NON-ENERGETIQUES |
| 12 | 13 | 14 | 15 | 16 | 17 | 18 | 19 | 20 | 21 | 22 | 23 | 24 |
| 5031 | - | - | 3284 | 2278 | - | 20024 | 1460 | 46 | 36324 | 21477 | 7603 | 6631 |
| - | - | - | - | - | - | - | - | - | - | - | - | - |
| 79559 | - | - | - | 671 | 46 | 5610 | 1915 | 57 | 14587 | 6607 | 4991 | 1976 |
| - | - | - | - | -542 | -8 | -1344 | -323 | -2 | -1204 | -2075 | -468 | -1347 |
| - | - | - | - | - | - | - | - | - | -522 | -2597 | - | -60 |
| 1345 | - | - | -1 | 20 | -1 | -637 | 137 | 5 | 1941 | 37 | 543 | 32 |
| 85935 | - | - | 3283 | 2427 | 37 | 23653 | 3189 | 106 | 51126 | 23449 | 12669 | 7232 |
| - | - | 4138 | -53 | -191 | - | - | - | - | -210 | - | -3447 | -237 |
| - | - | 10697 | 22 | -260 | - | -1083 | -95 | -47 | -2195 | -4664 | -1607 | -768 |
| 85935 | - | 14835 | 3252 | 1976 | 37 | 22570 | 3094 | 59 | 48721 | 18785 | 7615 | 6227 |
| 33 | - | - | 6 | -81 | 3 | -130 | 115 | 14 | -1367 | -327 | 113 | 74 |
| 85902 | - | 14835 | 285 | 105 | - | - | - | - | 253 | 3200 | 289 | 570 |
| - | - | - | 5 | 1 | - | - | - | - | - | - | - | 570 |
| - | - | - | 129 | 100 | - | - | - | - | - | - | 289 | - |
| 85902 | - | 14835 | - | - | - | - | - | - | - | - | - | - |
| - | - | - | 122 | 4 | - | - | - | - | 124 | 3200 | - | - |
| - | - | - | 2747 | - | - | - | - | - | 133 | 3201 | 4 | 450 |
| - | - | - | - | - | - | - | - | - | 39 | 40 | - | - |
| - | - | - | - | - | - | - | - | - | 1 | - | - | - |
| - | - | - | 2743 | - | - | - | - | - | 5 | 3157 | - | 450 |
| - | - | - | - | - | - | - | - | - | - | - | - | - |
| - | - | - | - | - | - | - | - | - | - | - | - | - |
| - | - | - | - | - | - | - | - | - | - | - | - | - |
| - | - | - | 4 | - | - | - | - | - | 88 | 4 | 4 | - |
| - | - | - | 214 | 1952 | 34 | 22700 | 2979 | 45 | 49702 | 12711 | 7209 | 5133 |
| - | - | - | 214 | 1090 | - | - | - | 20 | 3868 | 10967 | 7209 | 5133 |
| - | - | - | - | 35 | - | - | - | - | 45 | 674 | - | - |
| - | - | - | 54 | 95 | - | - | - | 16 | - | 2621 | - | - |
| - | - | - | 157 | 364 | - | - | - | - | 261 | 1451 | 7209 | - |
| - | - | - | - | 28 | - | - | - | - | 91 | 189 | - | - |
| - | - | - | - | 130 | - | - | - | 4 | 381 | 1206 | - | - |
| - | - | - | - | 26 | - | - | - | - | 7 | 951 | - | - |
| - | - | - | - | 5 | - | - | - | - | 14 | 61 | - | 100 |
| - | - | - | - | 80 | - | - | - | - | 685 | 1545 | - | - |
| - | - | - | - | 4 | - | - | - | - | 152 | 223 | - | - |
| - | - | - | - | 20 | - | - | - | - | 487 | 173 | - | - |
| - | - | - | - | 21 | - | - | - | - | 260 | 376 | - | - |
| - | - | - | - | - | - | - | - | - | - | - | - | - |
| - | - | - | - | 22 | - | - | - | - | 184 | 524 | - | - |
| - | - | - | 3 | 260 | - | - | - | - | 1301 | 973 | - | - |
| - | - | - | 157 | 364 | - | - | - | - | 261 | 1451 | 7209 | - |
| - | - | - | - | - | - | - | - | - | - | - | - | 5033 |
| - | - | - | - | 11 | 34 | 22079 | 2963 | 1 | 11517 | 36 | - | - |
| - | - | - | - | - | 34 | - | 2963 | - | - | - | - | - |
| - | - | - | - | 11 | - | 22079 | - | - | 10070 | - | - | - |
| - | - | - | - | - | - | - | - | 1 | 617 | 29 | - | - |
| - | - | - | - | - | - | - | - | - | 830 | 7 | - | - |
| - | - | - | - | 851 | - | 621 | 16 | 24 | 34317 | 1708 | - | - |
| - | - | - | - | - | - | - | - | - | 1250 | - | - | - |
| - | - | - | - | - | - | - | - | - | - | - | - | - |
| - | - | - | - | 463 | - | 190 | - | - | 11038 | 731 | - | - |
| - | - | - | - | 338 | - | - | - | - | 21435 | 867 | - | - |

## PRODUCTION AND USES OF ENERGY SOURCES : GREECE

1971

| ENERGY SOURCES / PRODUCTION AND USES | UNIT: 1000 METRIC TONS / UNITE: 1000 TONNES METRIQUES | | | | | | TCAL / TCAL | MANUFACTURED GAS (TCAL) / GAZ MANUFACTURE (TCAL) | | | MILLIONS OF (DE) KWH |
|---|---|---|---|---|---|---|---|---|---|---|---|
| | HARD COAL / HOUILLE | PATENT FUEL / AGGLOMERES | COKE OVEN COKE / COKE DE FOUR | GAS COKE / COKE DE GAZ | BROWN COAL / LIGNITE | BKB / BRIQ. DE LIGNITE | NATURAL GAS / GAZ NATUREL | GAS WORKS / USINES A GAZ | COKE OVENS / COKERIES | BLAST FURNACES / HAUT FOURNEAUX | ELECTRICITY* / ELECTRICITE* |
| | 1 | 2 | 3 | 4 | 5 | 6 | 7 | 8 | 9 | 10 | 11 |
| PRODUCTION | - | - | 161 | 14 | 10947 | 88 | - | 36 | - | 690 | 11562 |
| FROM OTHER SOURCES | - | - | - | - | - | - | - | - | - | - | - |
| IMPORT | 331 | - | 51 | - | - | - | - | - | - | - | 10 |
| EXPORT | - | - | - | - | - | - | - | - | - | - | -15 |
| INTL. MARINE BUNKERS | - | - | - | - | - | - | - | - | - | - | - |
| STOCK CHANGES | -19 | - | -21 | - | 76 | 1 | - | - | - | - | - |
| DOMESTIC SUPPLY | 312 | - | 191 | 14 | 11023 | 89 | - | 36 | - | 690 | 11557 |
| RETURNS TO SUPPLY | - | - | - | - | - | - | - | - | - | - | - |
| TRANSFERS | - | - | - | - | - | - | - | - | - | - | - |
| DOMESTIC AVAILABILITY | 312 | - | 191 | 14 | 11023 | 89 | - | 36 | - | 690 | 11557 |
| STATISTICAL DIFFERENCE | - | - | - | - | - | 1 | - | - | - | - | - |
| TRANSFORM. SECTOR ** | 226 | - | - | - | 9847 | - | - | - | - | - | - |
| FOR SOLID FUELS | 205 | - | - | - | 529 | - | - | - | - | - | - |
| FOR GASES | 21 | - | - | - | - | - | - | - | - | - | - |
| PETROLEUM REFINERIES | - | - | - | - | - | - | - | - | - | - | - |
| THERMO-ELECTRIC PLANTS | - | - | - | - | 9318 | - | - | - | - | - | - |
| ENERGY SECTOR | - | - | - | - | 534 | - | - | 6 | - | 221 | 1678 |
| COAL MINES | - | - | - | - | 534 | - | - | - | - | - | 110 |
| OIL AND GAS EXTRACTION | - | - | - | - | - | - | - | - | - | - | - |
| PETROLEUM REFINERIES | - | - | - | - | - | - | - | - | - | - | 74 |
| ELECTRIC PLANTS | - | - | - | - | - | - | - | - | - | - | 519 |
| DISTRIBUTION LOSSES | - | - | - | - | - | - | - | 6 | - | - | 975 |
| PUMP STORAGE (ELECTR.) | - | - | - | - | - | - | - | - | - | - | - |
| OTHER ENERGY SECTOR | - | - | - | - | - | - | - | - | - | 221 | - |
| FINAL CONSUMPTION | 86 | - | 191 | 14 | 642 | 88 | - | 30 | - | 469 | 9879 |
| INDUSTRY SECTOR | 56 | - | 191 | 7 | 565 | - | - | 3 | - | 469 | 5910 |
| IRON AND STEEL | 30 | - | 169 | - | - | - | - | - | - | 469 | 290 |
| CHEMICAL | - | - | - | - | 565 | - | - | - | - | - | 780 |
| PETROCHEMICAL | - | - | - | - | - | - | - | - | - | - | - |
| NON-FERROUS METAL | - | - | - | - | - | - | - | - | - | - | 2421 |
| NON-METALLIC MINERAL | - | - | - | - | - | - | - | - | - | - | 678 |
| PAPER PULP AND PRINT | - | - | - | - | - | - | - | - | - | - | 192 |
| MINING AND QUARRYING | - | - | - | - | - | - | - | - | - | - | 108 |
| FOOD AND TOBACCO | - | - | - | - | - | - | - | - | - | - | 188 |
| WOOD AND WOOD PRODUCTS | - | - | - | - | - | - | - | - | - | - | 50 |
| MACHINERY | - | - | - | - | - | - | - | - | - | - | 160 |
| TRANSPORT EQUIPMENT | - | - | - | - | - | - | - | - | - | - | 44 |
| CONSTRUCTION | - | - | - | - | - | - | - | - | - | - | - |
| TEXTILES AND LEATHER | - | - | - | - | - | - | - | - | - | - | 401 |
| NON SPECIFIED | 26 | - | 22 | 7 | - | - | - | 3 | - | - | 598 |
| NON-ENERGY USES: | | | | | | | | | | | |
| (1) ENERGY PRODUCTS | - | - | - | - | - | - | - | - | - | - | - |
| (2) NON-ENERGY PRODUCTS | - | - | - | - | - | - | - | - | - | - | - |
| TRANSPORT. SECTOR ** | 30 | - | - | - | - | - | - | - | - | - | 45 |
| AIR TRANSPORT | - | - | - | - | - | - | - | - | - | - | - |
| ROAD TRANSPORT | - | - | - | - | - | - | - | - | - | - | - |
| RAILWAYS | 30 | - | - | - | - | - | - | - | - | - | 45 |
| INTERNAL NAVIGATION | - | - | - | - | - | - | - | - | - | - | - |
| OTHER SECTORS ** | - | - | - | 7 | 77 | 88 | - | 27 | - | - | 3924 |
| AGRICULTURE | - | - | - | - | - | - | - | - | - | - | 121 |
| PUBLIC SERVICES | - | - | - | - | - | - | - | - | - | - | - |
| COMMERCE | - | - | - | - | - | - | - | 13 | - | - | 1512 |
| RESIDENTIAL | - | - | - | 7 | 77 | 88 | - | 14 | - | - | 2291 |

(1) INCLUDED IN CHEMICAL OR PETROCHEMICAL INDUSTRY
(2) INCLUDED ONLY IN TOTAL INDUSTRY

| * OF WHICH: | |
|---|---|
| HYDRO | 2652 |
| NUCLEAR | 0 |
| CONVENTIONAL THERMAL | 8910 |
| GEOTHERMAL | 0 |

** INCLUDED IN THESE TOTALS ARE THE NON-SPECIFIED ELEMENTS

PRODUCTION ET UTILISATION DES SOURCES D ENERGIE : GRECE

1971

UNIT: 1000 METRIC TONS
UNITE: 1000 TONNES METRIQUES

| OIL / PETROLE | | | REFINERY GAS | LIQUEFIED PETROLEUM GASES | AVIATION GASOLINE | MOTOR GASOLINE | JET FUEL | KEROSENE | GAS/DIESEL OIL | RESIDUAL FUEL OIL | NAPHTHA | NON-ENERGY PRODUCTS |
|---|---|---|---|---|---|---|---|---|---|---|---|---|
| CRUDE* BRUT* | NGL GNL | FEEDST. | GAZ DE PETROLE | GAZ LIQUEFIES DE PETROLE | ESSENCE AVION | ESSENCE AUTO | CARBURANT REACTEUR | PETROLE LAMPANT | GAZ/DIESEL OIL | FUEL OIL RESIDUEL | NAPHTHA | PRODUITS NON-ENERGETIQUES |
| 12 | 13 | 14 | 15 | 16 | 17 | 18 | 19 | 20 | 21 | 22 | 23 | 24 |
| - | - | - | 58 | 116 | - | 651 | 359 | 75 | 1710 | 2045 | 125 | 170 |
| - | - | - | - | - | - | - | - | - | - | - | - | - |
| 5381 | - | - | - | 23 | 24 | 81 | 352 | - | 340 | 1155 | - | 78 |
| - | - | - | - | - | - | -19 | -41 | -10 | -11 | - | - | - |
| - | - | - | - | - | - | - | - | - | -173 | -371 | - | -67 |
| 4 | - | - | - | 3 | 4 | 10 | -52 | - | 73 | -60 | -1 | 5 |
| 5385 | - | - | 58 | 142 | 28 | 723 | 618 | 65 | 1939 | 2769 | 124 | 186 |
| - | - | - | - | - | - | - | - | - | - | - | - | - |
| - | - | - | - | - | - | - | - | - | - | - | - | - |
| 5385 | - | - | 58 | 142 | 28 | 723 | 618 | 65 | 1939 | 2769 | 124 | 186 |
| - | - | - | - | - | - | - | - | - | - | 2 | - | - |
| 5338 | - | - | - | - | - | - | - | - | 57 | 923 | - | - |
| - | - | - | - | - | - | - | - | - | - | - | - | - |
| - | - | - | - | - | - | - | - | - | - | - | - | - |
| 5338 | - | - | - | - | - | - | - | - | - | - | - | - |
| - | - | - | - | - | - | - | - | - | 57 | 923 | - | - |
| - | - | - | 58 | - | - | - | - | - | 1 | 116 | - | - |
| - | - | - | - | - | - | - | - | - | - | - | - | - |
| - | - | - | - | - | - | - | - | - | - | - | - | - |
| - | - | - | 58 | - | - | - | - | - | 1 | 116 | - | - |
| - | - | - | - | - | - | - | - | - | - | - | - | - |
| - | - | - | - | - | - | - | - | - | - | - | - | - |
| - | - | - | - | - | - | - | - | - | - | - | - | - |
| - | - | - | - | - | - | - | - | - | - | - | - | - |
| 47 | - | - | - | 142 | 28 | 723 | 618 | 65 | 1881 | 1728 | 124 | 186 |
| 47 | - | - | - | 33 | - | 7 | - | - | 139 | 1397 | 124 | 186 |
| - | - | - | - | - | - | - | - | - | 33 | 130 | - | - |
| - | - | - | - | - | - | 1 | - | - | 6 | 180 | - | - |
| 47 | - | - | - | - | - | - | - | - | - | - | 124 | - |
| - | - | - | - | - | - | - | - | - | - | 120 | - | - |
| - | - | - | - | - | - | - | - | - | 7 | - | - | - |
| - | - | - | - | - | - | - | - | - | 3 | 80 | - | - |
| - | - | - | - | - | - | - | - | - | 20 | 58 | - | - |
| - | - | - | - | - | - | - | - | - | 11 | 217 | - | - |
| - | - | - | - | - | - | - | - | - | - | - | - | - |
| - | - | - | - | - | - | - | - | - | - | - | - | - |
| - | - | - | - | - | - | - | - | - | - | - | - | - |
| - | - | - | - | - | - | - | - | - | - | - | - | - |
| - | - | - | - | - | - | - | - | - | - | - | - | - |
| - | - | - | - | 33 | - | 6 | - | - | 59 | 612 | - | - |
| - | - | - | - | - | - | - | - | - | - | - | 124 | - |
| - | - | - | - | - | - | - | - | - | - | - | - | 186 |
| - | - | - | - | - | 28 | 654 | 618 | - | 565 | 74 | - | - |
| - | - | - | - | - | 28 | - | 618 | - | - | - | - | - |
| - | - | - | - | - | - | 652 | - | - | 470 | - | - | - |
| - | - | - | - | - | - | 1 | - | - | 45 | 74 | - | - |
| - | - | - | - | - | - | 1 | - | - | 50 | - | - | - |
| - | - | - | - | 109 | - | 62 | - | 65 | 1177 | 257 | - | - |
| - | - | - | - | - | - | 20 | - | - | 480 | 2 | - | - |
| - | - | - | - | - | - | - | - | - | - | - | - | - |
| - | - | - | - | - | - | - | - | - | - | 59 | - | - |
| - | - | - | - | 109 | - | - | - | 65 | 594 | 196 | - | - |

*INCLUDED IN THIS COLUMN IS NGL AND FEEDSTOCKS.

# PRODUCTION AND USES OF ENERGY SOURCES : GREECE

1972

| ENERGY SOURCES / PRODUCTION AND USES | UNIT: 1000 METRIC TONS / UNITE: 1000 TONNES METRIQUES | | | | | | TCAL / TCAL | MANUFACTURED GAS (TCAL) / GAZ MANUFACTURE (TCAL) | | | MILLIONS OF (DE) KWH |
|---|---|---|---|---|---|---|---|---|---|---|---|
| | HARD COAL / HOUILLE | PATENT FUEL / AGGLOMERES | COKE OVEN COKE / COKE DE FOUR | GAS COKE / COKE DE GAZ | BROWN COAL / LIGNITE | BKB / BRIQ. DE LIGNITE | NATURAL GAS / GAZ NATUREL | GAS WORKS / USINES A GAZ | COKE OVENS / COKERIES | BLAST FURNACES / HAUT FOURNEAUX | ELECTRICITY* / ELECTRICITE* |
| | 1 | 2 | 3 | 4 | 5 | 6 | 7 | 8 | 9 | 10 | 11 |
| PRODUCTION | - | - | 269 | 13 | 11121 | 91 | - | 36 | 611 | 800 | 13121 |
| FROM OTHER SOURCES | - | - | - | - | - | - | - | - | - | - | - |
| IMPORT | 475 | - | 52 | - | - | - | - | - | - | - | 25 |
| EXPORT | - | - | - | - | - | - | - | - | - | - | -31 |
| INTL. MARINE BUNKERS | - | - | - | - | - | - | - | - | - | - | - |
| STOCK CHANGES | 5 | - | -20 | 1 | -195 | - | - | - | - | - | - |
| DOMESTIC SUPPLY | 480 | - | 301 | 14 | 10926 | 91 | - | 36 | 611 | 800 | 13115 |
| RETURNS TO SUPPLY | - | - | - | - | - | - | - | - | - | - | - |
| TRANSFERS | - | - | - | - | - | - | - | - | - | - | - |
| DOMESTIC AVAILABILITY | 480 | - | 301 | 14 | 10926 | 91 | - | 36 | 611 | 800 | 13115 |
| STATISTICAL DIFFERENCE | - | - | - | - | - | - | - | - | - | - | - |
| TRANSFORM. SECTOR ** | 383 | - | - | - | 9665 | - | - | - | - | - | - |
| FOR SOLID FUELS | 365 | - | - | - | 541 | - | - | - | - | - | - |
| FOR GASES | 18 | - | - | - | - | - | - | - | - | - | - |
| PETROLEUM REFINERIES | - | - | - | - | - | - | - | - | - | - | - |
| THERMO-ELECTRIC PLANTS | - | - | - | - | 9124 | - | - | - | - | - | - |
| ENERGY SECTOR | - | - | - | - | 371 | - | - | 6 | 255 | 348 | 1922 |
| COAL MINES | - | - | - | - | 371 | - | - | - | - | - | 125 |
| OIL AND GAS EXTRACTION | - | - | - | - | - | - | - | - | - | - | - |
| PETROLEUM REFINERIES | - | - | - | - | - | - | - | - | - | - | 110 |
| ELECTRIC PLANTS | - | - | - | - | - | - | - | - | - | - | 669 |
| DISTRIBUTION LOSSES | - | - | - | - | - | - | - | 6 | - | - | 1018 |
| PUMP STORAGE (ELECTR.) | - | - | - | - | - | - | - | - | - | - | - |
| OTHER ENERGY SECTOR | - | - | - | - | - | - | - | - | 255 | 348 | - |
| FINAL CONSUMPTION | 97 | - | 301 | 14 | 890 | 91 | - | 30 | 356 | 452 | 11193 |
| INDUSTRY SECTOR | 68 | - | 301 | 7 | 716 | - | - | 3 | 356 | 452 | 6534 |
| IRON AND STEEL | 30 | - | 269 | - | - | - | - | - | 356 | 452 | 411 |
| CHEMICAL | - | - | - | - | 716 | - | - | - | - | - | 863 |
| PETROCHEMICAL | - | - | - | - | - | - | - | - | - | - | - |
| NON-FERROUS METAL | - | - | - | - | - | - | - | - | - | - | 2506 |
| NON-METALLIC MINERAL | - | - | - | - | - | - | - | - | - | - | 749 |
| PAPER PULP AND PRINT | - | - | - | - | - | - | - | - | - | - | 212 |
| MINING AND QUARRYING | - | - | - | - | - | - | - | - | - | - | 120 |
| FOOD AND TOBACCO | - | - | - | - | - | - | - | - | - | - | 207 |
| WOOD AND WOOD PRODUCTS | - | - | - | - | - | - | - | - | - | - | 63 |
| MACHINERY | - | - | - | - | - | - | - | - | - | - | 181 |
| TRANSPORT EQUIPMENT | - | - | - | - | - | - | - | - | - | - | 30 |
| CONSTRUCTION | - | - | - | - | - | - | - | - | - | - | - |
| TEXTILES AND LEATHER | - | - | - | - | - | - | - | - | - | - | 440 |
| NON SPECIFIED | 38 | - | 32 | 7 | - | - | - | 3 | - | - | 752 |
| NON-ENERGY USES: | | | | | | | | | | | |
| (1)ENERGY PRODUCTS | - | - | - | - | - | - | - | - | - | - | - |
| (2)NON-ENERGY PRODUCTS | - | - | - | - | - | - | - | - | - | - | - |
| TRANSPORT. SECTOR ** | 29 | - | - | - | - | - | - | - | - | - | 46 |
| AIR TRANSPORT | - | - | - | - | - | - | - | - | - | - | - |
| ROAD TRANSPORT | - | - | - | - | - | - | - | - | - | - | - |
| RAILWAYS | 29 | - | - | - | - | - | - | - | - | - | 46 |
| INTERNAL NAVIGATION | - | - | - | - | - | - | - | - | - | - | - |
| OTHER SECTORS ** | - | - | - | 7 | 174 | 91 | - | 27 | - | - | 4613 |
| AGRICULTURE | - | - | - | - | - | - | - | - | - | - | 130 |
| PUBLIC SERVICES | - | - | - | - | - | - | - | - | - | - | - |
| COMMERCE | - | - | - | - | - | - | - | 13 | - | - | 1806 |
| RESIDENTIAL | - | - | - | 7 | 174 | 91 | - | 14 | - | - | 2677 |

(1) INCLUDED IN CHEMICAL OR PETROCHEMICAL INDUSTRY
(2) INCLUDED ONLY IN TOTAL INDUSTRY

** INCLUDED IN THESE TOTALS ARE THE NON-SPECIFIED ELEMENTS

| * OF WHICH: | |
|---|---|
| HYDRO | 2677 |
| NUCLEAR | 0 |
| CONVENTIONAL THERMAL | 10444 |
| GEOTHERMAL | 0 |

## PRODUCTION ET UTILISATION DES SOURCES D ENERGIE : GRECE

1972

UNIT: 1000 METRIC TONS
UNITE: 1000 TONNES METRIQUES

| OIL PETROLE | | | REFINERY GAS | LIQUEFIED PETROLEUM GASES | AVIATION GASOLINE | MOTOR GASOLINE | JET FUEL | KEROSENE | GAS/DIESEL OIL | RESIDUAL FUEL OIL | NAPHTHA | NON-ENERGY PRODUCTS |
|---|---|---|---|---|---|---|---|---|---|---|---|---|
| CRUDE* BRUT* | NGL GNL | FEEDST. | GAZ DE PETROLE | GAZ LIQUEFIES DE PETROLE | ESSENCE AVION | ESSENCE AUTO | CARBURANT REACTEUR | PETROLE LAMPANT | GAZ/DIESEL OIL | FUEL OIL RESIDUEL | NAPHTHA | PRODUITS NON-ENERGETIQUES |
| 12 | 13 | 14 | 15 | 16 | 17 | 18 | 19 | 20 | 21 | 22 | 23 | 24 |
| - | - | - | 52 | 104 | - | 723 | 336 | 158 | 1955 | 2818 | 312 | 168 |
| - | - | - | - | - | - | - | - | - | - | - | - | - |
| 7044 | - | - | - | 34 | 13 | 106 | 444 | - | 472 | 1368 | - | 160 |
| - | - | - | - | -2 | - | -3 | -62 | -85 | -5 | - | -129 | - |
| - | - | - | - | - | - | - | - | - | -175 | -621 | - | -54 |
| -321 | - | - | - | - | 3 | 58 | 9 | - | -92 | -198 | 6 | -35 |
| 6723 | - | - | 52 | 136 | 16 | 884 | 727 | 73 | 2155 | 3367 | 189 | 239 |
| - | - | - | - | - | - | - | - | - | - | - | - | - |
| - | - | - | - | - | - | - | - | - | - | - | - | - |
| 6723 | - | - | 52 | 136 | 16 | 884 | 727 | 73 | 2155 | 3367 | 189 | 239 |
| - | - | - | - | - | - | - | - | - | - | - | - | - |
| 6678 | - | - | - | - | - | - | - | - | 57 | 1307 | - | - |
| - | - | - | - | - | - | - | - | - | - | - | - | - |
| - | - | - | - | - | - | - | - | - | - | - | - | - |
| 6678 | - | - | - | - | - | - | - | - | - | - | - | - |
| - | - | - | - | - | - | - | - | - | 57 | 1307 | - | - |
| - | - | - | 52 | - | - | - | - | - | 1 | 127 | - | - |
| - | - | - | - | - | - | - | - | - | - | - | - | - |
| - | - | - | - | - | - | - | - | - | - | - | - | - |
| - | - | - | 52 | - | - | - | - | - | 1 | 127 | - | - |
| - | - | - | - | - | - | - | - | - | - | - | - | - |
| - | - | - | - | - | - | - | - | - | - | - | - | - |
| - | - | - | - | - | - | - | - | - | - | - | - | - |
| - | - | - | - | - | - | - | - | - | - | - | - | - |
| 45 | - | - | - | 136 | 16 | 884 | 727 | 73 | 2097 | 1933 | 189 | 239 |
| 45 | - | - | - | 35 | - | 19 | - | - | 157 | 1561 | 189 | 239 |
| - | - | - | - | - | - | - | - | - | 37 | 176 | - | - |
| - | - | - | - | - | - | - | - | - | 7 | 170 | - | - |
| 45 | - | - | - | - | - | - | - | - | - | - | 189 | - |
| - | - | - | - | - | - | - | - | - | - | 170 | - | - |
| - | - | - | - | - | - | - | - | - | 6 | 470 | - | - |
| - | - | - | - | - | - | - | - | - | 3 | 80 | - | - |
| - | - | - | - | - | - | - | - | - | 20 | 60 | - | - |
| - | - | - | - | - | - | - | - | - | 11 | 220 | - | - |
| - | - | - | - | - | - | - | - | - | - | - | - | - |
| - | - | - | - | - | - | - | - | - | - | - | - | - |
| - | - | - | - | - | - | - | - | - | - | - | - | - |
| - | - | - | - | - | - | - | - | - | - | - | - | - |
| - | - | - | - | 35 | - | 19 | - | - | 73 | 215 | - | - |
| - | - | - | - | - | - | - | - | - | - | - | 189 | - |
| - | - | - | - | - | - | - | - | - | - | - | - | 239 |
| - | - | - | - | - | 16 | 791 | 727 | - | 649 | 86 | - | - |
| - | - | - | - | - | 16 | - | 727 | - | - | - | - | - |
| - | - | - | - | - | - | 791 | - | - | 537 | - | - | - |
| - | - | - | - | - | - | - | - | - | 55 | 86 | - | - |
| - | - | - | - | - | - | - | - | - | 57 | - | - | - |
| - | - | - | - | 101 | - | 74 | - | 73 | 1291 | 286 | - | - |
| - | - | - | - | - | - | 30 | - | - | 527 | 2 | - | - |
| - | - | - | - | - | - | - | - | - | - | - | - | - |
| - | - | - | - | - | - | - | - | - | - | 65 | - | - |
| - | - | - | - | 101 | - | - | - | 73 | 652 | 219 | - | - |

*INCLUDED IN THIS COLUMN IS NGL AND FEEDSTOCKS.

## PRODUCTION AND USES OF ENERGY SOURCES : GREECE

1973

| ENERGY SOURCES / PRODUCTION AND USES | UNIT: 1000 METRIC TONS / UNITE: 1000 TONNES METRIQUES | | | | | | TCAL / TCAL | MANUFACTURED GAS (TCAL) / GAZ MANUFACTURE (TCAL) | | | MILLIONS OF (DE) KWH |
|---|---|---|---|---|---|---|---|---|---|---|---|
| | HARD COAL / HOUILLE | PATENT FUEL / AGGLOMERES | COKE OVEN COKE / COKE DE FOUR | GAS COKE / COKE DE GAZ | BROWN COAL / LIGNITE | BKB / BRIQ. DE LIGNITE | NATURAL GAS / GAZ NATUREL | GAS WORKS / USINES A GAZ | COKE OVENS / COKERIES | BLAST FURNACES / HAUT FOURNEAUX | ELECTRICITY* / ELECTRICITE* |
| | 1 | 2 | 3 | 4 | 5 | 6 | 7 | 8 | 9 | 10 | 11 |
| PRODUCTION | - | - | 400 | 10 | 13118 | 105 | - | 34 | 860 | 1000 | 14817 |
| FROM OTHER SOURCES | - | - | - | - | - | - | - | - | - | - | - |
| IMPORT | 651 | - | 45 | - | - | - | - | - | - | - | 79 |
| EXPORT | - | - | -31 | - | - | - | - | - | - | - | -34 |
| INTL. MARINE BUNKERS | - | - | - | - | - | - | - | - | - | - | - |
| STOCK CHANGES | - | - | - | - | - | - | - | - | - | - | - |
| DOMESTIC SUPPLY | 651 | - | 414 | 10 | 13118 | 105 | - | 34 | 860 | 1000 | 14862 |
| RETURNS TO SUPPLY | - | - | - | - | - | - | - | - | - | - | - |
| TRANSFERS | - | - | - | - | - | - | - | - | - | - | - |
| DOMESTIC AVAILABILITY | 651 | - | 414 | 10 | 13118 | 105 | - | 34 | 860 | 1000 | 14862 |
| STATISTICAL DIFFERENCE | - | - | - | - | - | - | - | - | 13 | 100 | - |
| TRANSFORM. SECTOR ** | 546 | - | - | - | 11600 | - | - | - | - | - | - |
| FOR SOLID FUELS | 529 | - | - | - | 600 | - | - | - | - | - | - |
| FOR GASES | 17 | - | - | - | - | - | - | - | - | - | - |
| PETROLEUM REFINERIES | - | - | - | - | - | - | - | - | - | - | - |
| THERMO-ELECTRIC PLANTS | - | - | - | - | 11000 | - | - | - | - | - | - |
| ENERGY SECTOR | - | - | - | - | 350 | - | - | 6 | 420 | 400 | 2153 |
| COAL MINES | - | - | - | - | 350 | - | - | - | - | - | 145 |
| OIL AND GAS EXTRACTION | - | - | - | - | - | - | - | - | - | - | - |
| PETROLEUM REFINERIES | - | - | - | - | - | - | - | - | - | - | 160 |
| ELECTRIC PLANTS | - | - | - | - | - | - | - | - | - | - | 808 |
| DISTRIBUTION LOSSES | - | - | - | - | - | - | - | 6 | - | - | 1040 |
| PUMP STORAGE (ELECTR.) | - | - | - | - | - | - | - | - | - | - | - |
| OTHER ENERGY SECTOR | - | - | - | - | - | - | - | - | 420 | 400 | - |
| FINAL CONSUMPTION | 105 | - | 414 | 10 | 1168 | 105 | - | 28 | 427 | 500 | 12709 |
| INDUSTRY SECTOR | 80 | - | 414 | 6 | 1147 | - | - | 3 | 427 | 500 | 7367 |
| IRON AND STEEL | 50 | - | 374 | - | 230 | - | - | - | 427 | 500 | 496 |
| CHEMICAL | - | - | - | - | 800 | - | - | - | - | - | 967 |
| PETROCHEMICAL | - | - | - | - | - | - | - | - | - | - | - |
| NON-FERROUS METAL | - | - | - | - | - | - | - | - | - | - | 2895 |
| NON-METALLIC MINERAL | - | - | - | - | - | - | - | - | - | - | 783 |
| PAPER PULP AND PRINT | - | - | - | - | - | - | - | - | - | - | 319 |
| MINING AND QUARRYING | - | - | - | - | - | - | - | - | - | - | 137 |
| FOOD AND TOBACCO | - | - | - | - | - | - | - | - | - | - | 236 |
| WOOD AND WOOD PRODUCTS | - | - | - | - | - | - | - | - | - | - | 64 |
| MACHINERY | - | - | - | - | - | - | - | - | - | - | 218 |
| TRANSPORT EQUIPMENT | - | - | - | - | - | - | - | - | - | - | 59 |
| CONSTRUCTION | - | - | - | - | - | - | - | - | - | - | - |
| TEXTILES AND LEATHER | - | - | - | - | - | - | - | - | - | - | 599 |
| NON SPECIFIED | 30 | - | 40 | 6 | 117 | - | - | 3 | - | - | 594 |
| NON-ENERGY USES: | | | | | | | | | | | |
| (1)ENERGY PRODUCTS | - | - | - | - | - | - | - | - | - | - | - |
| (2)NON-ENERGY PRODUCTS | - | - | - | - | - | - | - | - | - | - | - |
| TRANSPORT. SECTOR ** | 25 | - | - | - | - | - | - | - | - | - | 47 |
| AIR TRANSPORT | - | - | - | - | - | - | - | - | - | - | - |
| ROAD TRANSPORT | - | - | - | - | - | - | - | - | - | - | - |
| RAILWAYS | 25 | - | - | - | - | - | - | - | - | - | 47 |
| INTERNAL NAVIGATION | - | - | - | - | - | - | - | - | - | - | - |
| OTHER SECTORS ** | - | - | - | 4 | 21 | 105 | - | 25 | - | - | 5295 |
| AGRICULTURE | - | - | - | - | - | - | - | - | - | - | 184 |
| PUBLIC SERVICES | - | - | - | - | - | - | - | - | - | - | - |
| COMMERCE | - | - | - | - | - | - | - | 13 | - | - | 2041 |
| RESIDENTIAL | - | - | - | 4 | 21 | 105 | - | 12 | - | - | 3070 |

(1) INCLUDED IN CHEMICAL OR PETROCHEMICAL INDUSTRY
(2) INCLUDED ONLY IN TOTAL INDUSTRY

| * OF WHICH: HYDRO | 2223 |
|---|---|
| NUCLEAR | 0 |
| CONVENTIONAL THERMAL | 12594 |
| GEOTHERMAL | 0 |

** INCLUDED IN THESE TOTALS ARE THE NON-SPECIFIED ELEMENTS

UNIT: 1000 METRIC TONS
UNITE: 1000 TONNES METRIQUES

| OIL PETROLE | | | REFINERY GAS | LIQUEFIED PETROLEUM GASES | AVIATION GASOLINE | MOTOR GASOLINE | JET FUEL | KEROSENE | GAS/DIESEL OIL | RESIDUAL FUEL OIL | NAPHTHA | NON-ENERGY PRODUCTS |
|---|---|---|---|---|---|---|---|---|---|---|---|---|
| CRUDE* BRUT* | NGL GNL | FEEDST. | GAZ DE PETROLE | GAZ LIQUEFIES DE PETROLE | ESSENCE AVION | ESSENCE AUTO | CARBURANT REACTEUR | PETROLE LAMPANT | GAZ/DIESEL OIL | FUEL OIL RESIDUEL | NAPHTHA | PRODUITS NON-ENERGETIQUES |
| 12 | 13 | 14 | 15 | 16 | 17 | 18 | 19 | 20 | 21 | 22 | 23 | 24 |
| - | - | - | 84 | 123 | - | 771 | 456 | 120 | 3457 | 5900 | 1177 | 335 |
| - | - | - | - | - | - | - | - | - | - | - | - | - |
| 13717 | - | - | - | 45 | 10 | 192 | 576 | - | 587 | 828 | - | 228 |
| - | - | - | - | - | - | -128 | -221 | -50 | -1360 | -2135 | -950 | -48 |
| - | - | - | - | - | - | - | - | - | -176 | -665 | - | -76 |
| -1117 | - | - | - | -3 | - | 116 | -5 | - | 19 | 173 | -118 | -100 |
| 12600 | - | - | 84 | 165 | 10 | 951 | 806 | 70 | 2527 | 4101 | 109 | 339 |
| - | - | - | - | - | - | - | - | - | - | - | - | - |
| - | - | - | - | - | - | - | - | - | - | - | - | - |
| 12600 | - | - | 84 | 165 | 10 | 951 | 806 | 70 | 2527 | 4101 | 109 | 339 |
| - | - | - | - | - | - | - | - | - | - | - | - | -10 |
| 12535 | - | - | - | - | - | - | - | - | 124 | 1686 | - | - |
| - | - | - | - | - | - | - | - | - | - | - | - | - |
| - | - | - | - | - | - | - | - | - | - | - | - | - |
| 12535 | - | - | - | - | - | - | - | - | - | - | - | - |
| - | - | - | - | - | - | - | - | - | 124 | 1686 | - | - |
| - | - | - | 84 | - | - | - | - | - | - | 266 | - | - |
| - | - | - | - | - | - | - | - | - | - | - | - | - |
| - | - | - | - | - | - | - | - | - | - | - | - | - |
| - | - | - | 84 | - | - | - | - | - | - | 266 | - | - |
| - | - | - | - | - | - | - | - | - | - | - | - | - |
| - | - | - | - | - | - | - | - | - | - | - | - | - |
| - | - | - | - | - | - | - | - | - | - | - | - | - |
| 65 | - | - | - | 165 | 10 | 951 | 806 | 70 | 2403 | 2149 | 109 | 349 |
| 65 | - | - | - | 42 | - | 12 | - | - | 216 | 1727 | 109 | 349 |
| - | - | - | - | - | - | - | - | - | 50 | 210 | - | - |
| - | - | - | - | - | - | - | - | - | 10 | 174 | - | - |
| 65 | - | - | - | - | - | - | - | - | - | - | 109 | - |
| - | - | - | - | - | - | - | - | - | - | 180 | - | - |
| - | - | - | - | - | - | - | - | - | 6 | - | - | - |
| - | - | - | - | - | - | - | - | - | 4 | 110 | - | - |
| - | - | - | - | - | - | - | - | - | 24 | 60 | - | - |
| - | - | - | - | - | - | - | - | - | 12 | 232 | - | - |
| - | - | - | - | - | - | - | - | - | - | - | - | - |
| - | - | - | - | - | - | - | - | - | - | - | - | - |
| - | - | - | - | - | - | - | - | - | - | - | - | - |
| - | - | - | - | - | - | - | - | - | - | - | - | - |
| - | - | - | - | 42 | - | 12 | - | - | 110 | 761 | - | - |
| - | - | - | - | - | - | - | - | - | - | - | 109 | - |
| - | - | - | - | - | - | - | - | - | - | - | - | 349 |
| - | - | - | - | - | 10 | 854 | 806 | - | 760 | 63 | - | - |
| - | - | - | - | - | 10 | - | 806 | - | - | - | - | - |
| - | - | - | - | - | - | 854 | - | - | 508 | - | - | - |
| - | - | - | - | - | - | - | - | - | 68 | 63 | - | - |
| - | - | - | - | - | - | - | - | - | 184 | - | - | - |
| - | - | - | - | 123 | - | 85 | - | 70 | 1427 | 359 | - | - |
| - | - | - | - | - | - | 40 | - | - | 583 | 2 | - | - |
| - | - | - | - | - | - | - | - | - | - | - | - | - |
| - | - | - | - | - | - | - | - | - | - | 82 | - | - |
| - | - | - | - | 123 | - | - | - | 70 | 720 | 275 | - | - |

*INCLUDED IN THIS COLUMN IS NGL AND FEEDSTOCKS.

## PRODUCTION AND USES OF ENERGY SOURCES : GREECE

1974

| ENERGY SOURCES / PRODUCTION AND USES | HARD COAL / HOUILLE | PATENT FUEL / AGGLOMERES | COKE OVEN COKE / COKE DE FOUR | GAS COKE / COKE DE GAZ | BROWN COAL / LIGNITE | BKB / BRIQ. DE LIGNITE | NATURAL GAS / GAZ NATUREL | GAS WORKS / USINES A GAZ | COKE OVENS / COKERIES | BLAST FURNACES / HAUT FOURNEAUX | ELECTRICITY* / ELECTRICITE* |
|---|---|---|---|---|---|---|---|---|---|---|---|
| | UNIT: 1000 METRIC TONS / UNITE: 1000 TONNES METRIQUES | | | | | | TCAL / TCAL | MANUFACTURED GAS (TCAL) / GAZ MANUFACTURE (TCAL) | | | MILLIONS / OF (DE) KWH |
| | 1 | 2 | 3 | 4 | 5 | 6 | 7 | 8 | 9 | 10 | 11 |
| PRODUCTION | - | - | 372 | 12 | 13928 | 88 | - | 32 | 810 | 910 | 15024 |
| FROM OTHER SOURCES | - | - | - | - | - | - | - | - | - | - | - |
| IMPORT | 843 | - | 30 | - | - | - | - | - | - | - | 79 |
| EXPORT | -27 | - | -42 | - | - | - | - | - | - | - | -38 |
| INTL. MARINE BUNKERS | - | - | - | - | - | - | - | - | - | - | - |
| STOCK CHANGES | - | - | 13 | - | - | - | - | - | - | - | - |
| DOMESTIC SUPPLY | 816 | - | 373 | 12 | 13928 | 88 | - | 32 | 810 | 910 | 15065 |
| RETURNS TO SUPPLY | - | - | - | - | - | - | - | - | - | - | - |
| TRANSFERS | - | - | - | - | - | - | - | - | - | - | - |
| DOMESTIC AVAILABILITY | 816 | - | 373 | 12 | 13928 | 88 | - | 32 | 810 | 910 | 15065 |
| STATISTICAL DIFFERENCE | - | - | - | - | - | - | - | -1 | 15 | 60 | - |
| TRANSFORM. SECTOR ** | 678 | - | - | 5 | 12327 | - | - | - | - | - | - |
| FOR SOLID FUELS | 660 | - | - | - | 600 | - | - | - | - | - | - |
| FOR GASES | 18 | - | - | 5 | - | - | - | - | - | - | - |
| PETROLEUM REFINERIES | - | - | - | - | - | - | - | - | - | - | - |
| THERMO-ELECTRIC PLANTS | - | - | - | - | 11727 | - | - | - | - | - | - |
| ENERGY SECTOR | - | - | - | - | 320 | - | - | 6 | 390 | 450 | 2189 |
| COAL MINES | - | - | - | - | 320 | - | - | - | - | - | 144 |
| OIL AND GAS EXTRACTION | - | - | - | - | - | - | - | - | - | - | - |
| PETROLEUM REFINERIES | - | - | - | - | - | - | - | - | - | - | 157 |
| ELECTRIC PLANTS | - | - | - | - | - | - | - | - | - | - | 828 |
| DISTRIBUTION LOSSES | - | - | - | - | - | - | - | 6 | - | - | 1060 |
| PUMP STORAGE (ELECTR.) | - | - | - | - | - | - | - | - | - | - | - |
| OTHER ENERGY SECTOR | - | - | - | - | - | - | - | - | 390 | 450 | - |
| FINAL CONSUMPTION | 138 | - | 373 | 7 | 1281 | 88 | - | 27 | 405 | 400 | 12876 |
| INDUSTRY SECTOR | 120 | - | 373 | 6 | 1260 | - | - | 3 | 405 | 400 | 7631 |
| IRON AND STEEL | 100 | - | 333 | - | 260 | - | - | - | 405 | 400 | 499 |
| CHEMICAL | - | - | - | - | 850 | - | - | - | - | - | 1007 |
| PETROCHEMICAL | - | - | - | - | - | - | - | - | - | - | - |
| NON-FERROUS METAL | - | - | - | - | - | - | - | - | - | - | 2986 |
| NON-METALLIC MINERAL | - | - | - | - | - | - | - | - | - | - | 875 |
| PAPER PULP AND PRINT | - | - | - | - | - | - | - | - | - | - | 248 |
| MINING AND QUARRYING | - | - | - | - | - | - | - | - | - | - | 140 |
| FOOD AND TOBACCO | - | - | - | - | - | - | - | - | - | - | 242 |
| WOOD AND WOOD PRODUCTS | - | - | - | - | - | - | - | - | - | - | 74 |
| MACHINERY | - | - | - | - | - | - | - | - | - | - | 261 |
| TRANSPORT EQUIPMENT | - | - | - | - | - | - | - | - | - | - | 93 |
| CONSTRUCTION | - | - | - | - | - | - | - | - | - | - | - |
| TEXTILES AND LEATHER | - | - | - | - | - | - | - | - | - | - | 568 |
| NON SPECIFIED | 20 | - | 40 | 6 | 150 | - | - | 3 | - | - | 638 |
| NON-ENERGY USES: | | | | | | | | | | | |
| (1)ENERGY PRODUCTS | - | - | - | - | - | - | - | - | - | - | - |
| (2)NON-ENERGY PRODUCTS | - | - | - | - | - | - | - | - | - | - | - |
| TRANSPORT. SECTOR ** | 15 | - | - | - | - | - | - | - | - | - | 46 |
| AIR TRANSPORT | - | - | - | - | - | - | - | - | - | - | - |
| ROAD TRANSPORT | - | - | - | - | - | - | - | - | - | - | - |
| RAILWAYS | 15 | - | - | - | - | - | - | - | - | - | 46 |
| INTERNAL NAVIGATION | - | - | - | - | - | - | - | - | - | - | - |
| OTHER SECTORS ** | 3 | - | - | 1 | 21 | 88 | - | 24 | - | - | 5199 |
| AGRICULTURE | - | - | - | - | - | - | - | - | - | - | 207 |
| PUBLIC SERVICES | - | - | - | - | - | - | - | - | - | - | - |
| COMMERCE | - | - | - | - | - | - | - | 12 | - | - | 1990 |
| RESIDENTIAL | 3 | - | - | 1 | 21 | 88 | - | 12 | - | - | 3002 |

(1) INCLUDED IN CHEMICAL OR PETROCHEMICAL INDUSTRY
(2) INCLUDED ONLY IN TOTAL INDUSTRY

| * OF WHICH: | |
|---|---|
| HYDRO | 2347 |
| NUCLEAR | 0 |
| CONVENTIONAL THERMAL | 12677 |
| GEOTHERMAL | 0 |

** INCLUDED IN THESE TOTALS ARE THE NON-SPECIFIED ELEMENTS

## PRODUCTION ET UTILISATION DES SOURCES D ENERGIE : GRECE

1974

UNIT: 1000 METRIC TONS
UNITE: 1000 TONNES METRIQUES

| OIL / PETROLE | | | REFINERY GAS | LIQUEFIED PETROLEUM GASES | AVIATION GASOLINE | MOTOR GASOLINE | JET FUEL | KEROSENE | GAS/DIESEL OIL | RESIDUAL FUEL OIL | NAPHTHA | NON-ENERGY PRODUCTS |
|---|---|---|---|---|---|---|---|---|---|---|---|---|
| CRUDE* BRUT* | NGL GNL | FEEDST. | GAZ DE PETROLE | GAZ LIQUEFIES DE PETROLE | ESSENCE AVION | ESSENCE AUTO | CARBURANT REACTEUR | PETROLE LAMPANT | GAZ/DIESEL OIL | FUEL OIL RESIDUEL | NAPHTHA | PRODUITS NON-ENERGETIQUES |
| 12 | 13 | 14 | 15 | 16 | 17 | 18 | 19 | 20 | 21 | 22 | 23 | 24 |
| - | - | - | 79 | 120 | - | 836 | 282 | 44 | 2964 | 5643 | 881 | 218 |
| - | - | - | - | - | - | - | - | - | - | - | - | - |
| 14316 | - | - | - | 38 | 10 | 56 | 439 | - | 275 | 512 | - | 105 |
| -2802 | - | - | - | - | - | -36 | -149 | - | -552 | -738 | -700 | -46 |
| - | - | - | - | - | - | - | - | - | -162 | -478 | - | -68 |
| -351 | - | - | - | -5 | - | -9 | 52 | - | -345 | -782 | -93 | -16 |
| 11163 | - | - | 79 | 153 | 10 | 847 | 624 | 44 | 2180 | 4157 | 88 | 193 |
| - | - | - | - | - | - | - | - | - | - | - | - | - |
| - | - | - | - | - | - | - | - | - | - | - | - | - |
| 11163 | - | - | 79 | 153 | 10 | 847 | 624 | 44 | 2180 | 4157 | 88 | 193 |
| - | - | - | - | - | - | - | - | - | - | - | - | -25 |
| 11154 | - | - | - | - | - | - | - | - | 87 | 1625 | - | - |
| - | - | - | - | - | - | - | - | - | - | - | - | - |
| - | - | - | - | - | - | - | - | - | - | - | - | - |
| 11154 | - | - | - | - | - | - | - | - | - | - | - | - |
| - | - | - | - | - | - | - | - | - | 87 | 1625 | - | - |
| - | - | - | 79 | - | - | - | - | - | - | 392 | - | - |
| - | - | - | - | - | - | - | - | - | - | - | - | - |
| - | - | - | - | - | - | - | - | - | - | - | - | - |
| - | - | - | 79 | - | - | - | - | - | - | 392 | - | - |
| - | - | - | - | - | - | - | - | - | - | - | - | - |
| - | - | - | - | - | - | - | - | - | - | - | - | - |
| - | - | - | - | - | - | - | - | - | - | - | - | - |
| - | - | - | - | - | - | - | - | - | - | - | - | - |
| 9 | - | - | - | 153 | 10 | 847 | 624 | 44 | 2093 | 2140 | 88 | 218 |
| 9 | - | - | - | 35 | - | 7 | - | - | 168 | 1783 | 88 | 218 |
| - | - | - | - | - | - | - | - | - | 39 | 230 | - | - |
| - | - | - | - | - | - | - | - | - | 8 | 166 | - | - |
| 9 | - | - | - | - | - | - | - | - | - | - | 88 | - |
| - | - | - | - | - | - | - | - | - | - | 180 | - | - |
| - | - | - | - | - | - | - | - | - | 9 | 440 | - | - |
| - | - | - | - | - | - | - | - | - | 3 | 87 | - | - |
| - | - | - | - | - | - | - | - | - | 27 | 56 | - | - |
| - | - | - | - | - | - | - | - | - | 13 | 227 | - | - |
| - | - | - | - | - | - | - | - | - | - | - | - | - |
| - | - | - | - | - | - | - | - | - | - | - | - | - |
| - | - | - | - | - | - | - | - | - | - | - | - | - |
| - | - | - | - | - | - | - | - | - | - | - | - | - |
| - | - | - | - | - | - | - | - | - | - | - | - | - |
| - | - | - | - | 35 | - | 7 | - | - | 69 | 397 | - | - |
| - | - | - | - | - | - | - | - | - | - | - | 88 | - |
| - | - | - | - | - | - | - | - | - | - | - | - | 218 |
| - | - | - | - | - | 10 | 748 | 624 | - | 598 | 33 | - | - |
| - | - | - | - | - | 10 | - | 624 | - | - | - | - | - |
| - | - | - | - | - | - | 748 | - | - | 400 | - | - | - |
| - | - | - | - | - | - | - | - | - | 53 | 33 | - | - |
| - | - | - | - | - | - | - | - | - | 145 | - | - | - |
| - | - | - | - | 118 | - | 92 | - | 44 | 1327 | 324 | - | - |
| - | - | - | - | - | - | 45 | - | - | 542 | 2 | - | - |
| - | - | - | - | - | - | - | - | - | - | - | - | - |
| - | - | - | - | - | - | - | - | - | - | 75 | - | - |
| - | - | - | - | 118 | - | - | - | 44 | 670 | 247 | - | - |

*INCLUDED IN THIS COLUMN IS NGL AND FEEDSTOCKS.

## PRODUCTION AND USES OF ENERGY SOURCES : GREECE

1975

| PRODUCTION AND USES / ENERGY SOURCES | HARD COAL / HOUILLE | PATENT FUEL / AGGLOMERES | COKE OVEN COKE / COKE DE FOUR | GAS COKE / COKE DE GAZ | BROWN COAL / LIGNITE | BKB / BRIQ. DE LIGNITE | NATURAL GAS / GAZ NATUREL | GAS WORKS / USINES A GAZ | COKE OVENS / COKERIES | BLAST FURNACES / HAUT FOURNEAUX | ELECTRICITY* / ELECTRICITE* |
|---|---|---|---|---|---|---|---|---|---|---|---|
| | UNIT: 1000 METRIC TONS / UNITE: 1000 TONNES METRIQUES | | | | | | TCAL / TCAL | MANUFACTURED GAS (TCAL) / GAZ MANUFACTURE (TCAL) | | | MILLIONS OF (DE) KWH |
| | 1 | 2 | 3 | 4 | 5 | 6 | 7 | 8 | 9 | 10 | 11 |
| PRODUCTION | - | - | 421 | 11 | 18408 | 90 | - | 30 | 790 | 1100 | 16147 |
| FROM OTHER SOURCES | - | - | - | - | - | - | - | - | - | - | - |
| IMPORT | 778 | - | 34 | - | - | - | - | - | - | - | 108 |
| EXPORT | - | - | -27 | - | - | - | - | - | - | - | -101 |
| INTL. MARINE BUNKERS | - | - | - | - | - | - | - | - | - | - | - |
| STOCK CHANGES | -6 | - | -8 | - | -360 | - | - | - | - | - | - |
| DOMESTIC SUPPLY | 772 | - | 420 | 11 | 18048 | 90 | - | 30 | 790 | 1100 | 16154 |
| RETURNS TO SUPPLY | - | - | - | - | - | - | - | - | - | - | - |
| TRANSFERS | - | - | - | - | - | - | - | - | - | - | - |
| DOMESTIC AVAILABILITY | 772 | - | 420 | 11 | 18048 | 90 | - | 30 | 790 | 1100 | 16154 |
| STATISTICAL DIFFERENCE | - | - | - | - | 1 | - | - | - | 15 | 150 | - |
| TRANSFORM. SECTOR ** | 648 | - | - | 4 | 16324 | - | - | - | - | - | - |
| FOR SOLID FUELS | 631 | - | - | - | 1007 | - | - | - | - | - | - |
| FOR GASES | 17 | - | - | 4 | - | - | - | - | - | - | - |
| PETROLEUM REFINERIES | - | - | - | - | - | - | - | - | - | - | - |
| THERMO-ELECTRIC PLANTS | - | - | - | - | 15317 | - | - | - | - | - | - |
| ENERGY SECTOR | - | - | - | - | 305 | 1 | - | 5 | 380 | 450 | 2472 |
| COAL MINES | - | - | - | - | 305 | - | - | - | - | - | 160 |
| OIL AND GAS EXTRACTION | - | - | - | - | - | - | - | - | - | - | - |
| PETROLEUM REFINERIES | - | - | - | - | - | - | - | - | - | - | 168 |
| ELECTRIC PLANTS | - | - | - | - | - | - | - | - | - | - | 996 |
| DISTRIBUTION LOSSES | - | - | - | - | - | - | - | 5 | - | - | 1148 |
| PUMP STORAGE (ELECTR.) | - | - | - | - | - | - | - | - | - | - | - |
| OTHER ENERGY SECTOR | - | - | - | - | - | 1 | - | - | 380 | 450 | - |
| FINAL CONSUMPTION | 124 | - | 420 | 7 | 1418 | 89 | - | 25 | 395 | 500 | 13682 |
| INDUSTRY SECTOR | 114 | - | 420 | 6 | 1398 | - | - | 3 | 395 | 500 | 8066 |
| IRON AND STEEL | 114 | - | 410 | - | 285 | - | - | - | 395 | 500 | 535 |
| CHEMICAL | - | - | - | - | 947 | - | - | - | - | - | 1225 |
| PETROCHEMICAL | - | - | - | - | - | - | - | - | - | - | - |
| NON-FERROUS METAL | - | - | - | - | - | - | - | - | - | - | 2900 |
| NON-METALLIC MINERAL | - | - | - | - | - | - | - | - | - | - | 901 |
| PAPER PULP AND PRINT | - | - | - | - | - | - | - | - | - | - | 229 |
| MINING AND QUARRYING | - | - | - | - | - | - | - | - | - | - | 133 |
| FOOD AND TOBACCO | - | - | - | - | - | - | - | - | - | - | 292 |
| WOOD AND WOOD PRODUCTS | - | - | - | - | - | - | - | - | - | - | 81 |
| MACHINERY | - | - | - | - | - | - | - | - | - | - | 316 |
| TRANSPORT EQUIPMENT | - | - | - | - | - | - | - | - | - | - | 84 |
| CONSTRUCTION | - | - | - | - | - | - | - | - | - | - | - |
| TEXTILES AND LEATHER | - | - | - | - | - | - | - | - | - | - | 673 |
| NON SPECIFIED | - | - | 10 | 6 | 166 | - | - | 3 | - | - | 697 |
| NON-ENERGY USES: | | | | | | | | | | | |
| (1)ENERGY PRODUCTS | - | - | - | - | - | - | - | - | - | - | - |
| (2)NON-ENERGY PRODUCTS | - | - | - | - | - | - | - | - | - | - | - |
| TRANSPORT. SECTOR ** | 6 | - | - | - | - | - | - | - | - | - | 46 |
| AIR TRANSPORT | - | - | - | - | - | - | - | - | - | - | - |
| ROAD TRANSPORT | - | - | - | - | - | - | - | - | - | - | - |
| RAILWAYS | 6 | - | - | - | - | - | - | - | - | - | 46 |
| INTERNAL NAVIGATION | - | - | - | - | - | - | - | - | - | - | - |
| OTHER SECTORS ** | 4 | - | - | 1 | 20 | 89 | - | 22 | - | - | 5570 |
| AGRICULTURE | - | - | - | - | - | - | - | - | - | - | 233 |
| PUBLIC SERVICES | - | - | - | - | - | - | - | - | - | - | - |
| COMMERCE | - | - | - | - | - | - | - | 11 | - | - | 1997 |
| RESIDENTIAL | 4 | - | - | 1 | 20 | 89 | - | 11 | - | - | 3340 |

(1) INCLUDED IN CHEMICAL OR PETROCHEMICAL INDUSTRY
(2) INCLUDED ONLY IN TOTAL INDUSTRY

** INCLUDED IN THESE TOTALS ARE THE NON-SPECIFIED ELEMENTS

| * OF WHICH: | |
|---|---|
| HYDRO | 2015 |
| NUCLEAR | 0 |
| CONVENTIONAL THERMAL | 14132 |
| GEOTHERMAL | 0 |

## PRODUCTION ET UTILISATION DES SOURCES D ENERGIE : GRECE

1975

UNIT: 1000 METRIC TONS
UNITE: 1000 TONNES METRIQUES

| OIL / PETROLE | | | REFINERY GAS | LIQUEFIED PETROLEUM GASES | AVIATION GASOLINE | MOTOR GASOLINE | JET FUEL | KEROSENE | GAS/DIESEL OIL | RESIDUAL FUEL OIL | NAPHTHA | NON-ENERGY PRODUCTS |
|---|---|---|---|---|---|---|---|---|---|---|---|---|
| CRUDE* BRUT* | NGL GNL | FEEDST. | GAZ DE PETROLE | GAZ LIQUEFIES DE PETROLE | ESSENCE AVION | ESSENCE AUTO | CARBURANT REACTEUR | PETROLE LAMPANT | GAZ/DIESEL OIL | FUEL OIL RESIDUEL | NAPHTHA | PRODUITS NON-ENERGETIQUES |
| 12 | 13 | 14 | 15 | 16 | 17 | 18 | 19 | 20 | 21 | 22 | 23 | 24 |
| - | - | - | 83 | 132 | - | 851 | 644 | 48 | 2940 | 5747 | 890 | 220 |
| - | - | - | - | - | - | - | - | - | - | - | - | - |
| 12922 | - | - | - | 51 | 9 | 98 | 333 | - | 164 | 94 | - | 128 |
| -2494 | - | - | - | -30 | - | -22 | -249 | -8 | -809 | -1191 | -1034 | -26 |
| - | - | - | - | - | - | - | - | - | -248 | -597 | - | -63 |
| 1165 | - | - | - | -2 | - | 21 | -41 | -2 | 1 | 136 | 220 | - |
| 11593 | - | - | 83 | 151 | 9 | 948 | 687 | 38 | 2048 | 4189 | 76 | 259 |
| - | - | - | - | - | - | - | - | - | - | - | - | - |
| - | - | - | - | - | - | - | - | - | - | - | - | - |
| 11593 | - | - | 83 | 151 | 9 | 948 | 687 | 38 | 2048 | 4189 | 76 | 259 |
| -60 | - | - | - | 5 | -1 | 14 | 61 | -16 | -194 | 367 | -52 | -27 |
| 11627 | - | - | - | - | - | 2 | - | - | 119 | 1395 | - | - |
| - | - | - | - | - | - | - | - | - | - | - | - | - |
| - | - | - | - | - | - | - | - | - | - | - | - | - |
| 11627 | - | - | - | - | - | - | - | - | - | - | - | - |
| - | - | - | - | - | - | 2 | - | - | 119 | 1395 | - | - |
| - | - | - | 83 | - | - | - | - | - | - | 319 | - | - |
| - | - | - | - | - | - | - | - | - | - | - | - | - |
| - | - | - | - | - | - | - | - | - | - | - | - | - |
| - | - | - | 83 | - | - | - | - | - | - | 319 | - | - |
| - | - | - | - | - | - | - | - | - | - | - | - | - |
| - | - | - | - | - | - | - | - | - | - | - | - | - |
| - | - | - | - | - | - | - | - | - | - | - | - | - |
| - | - | - | - | - | - | - | - | - | - | - | - | - |
| 26 | - | - | - | 146 | 10 | 932 | 626 | 54 | 2123 | 2108 | 128 | 286 |
| 26 | - | - | - | 28 | - | 8 | - | - | 154 | 1781 | 128 | 286 |
| - | - | - | - | - | - | - | - | - | 36 | 242 | - | - |
| - | - | - | - | - | - | - | - | - | 7 | 153 | - | - |
| 26 | - | - | - | - | - | - | - | - | - | - | 128 | - |
| - | - | - | - | - | - | - | - | - | - | 170 | - | - |
| - | - | - | - | - | - | - | - | - | 7 | 540 | - | - |
| - | - | - | - | - | - | - | - | - | 3 | 93 | - | - |
| - | - | - | - | - | - | - | - | - | 23 | 62 | - | - |
| - | - | - | - | - | - | - | - | - | 11 | 230 | - | - |
| - | - | - | - | - | - | - | - | - | - | - | - | - |
| - | - | - | - | - | - | - | - | - | - | - | - | - |
| - | - | - | - | - | - | - | - | - | - | - | - | - |
| - | - | - | - | - | - | - | - | - | - | - | - | - |
| - | - | - | - | - | - | - | - | - | - | - | - | - |
| - | - | - | - | 28 | - | 8 | - | - | 67 | 291 | - | - |
| - | - | - | - | - | - | - | - | - | - | - | 128 | - |
| - | - | - | - | - | - | - | - | - | - | - | - | 286 |
| - | - | - | - | - | 10 | 805 | 626 | - | 567 | 5 | - | - |
| - | - | - | - | - | 10 | - | 626 | - | - | - | - | - |
| - | - | - | - | - | - | 803 | - | - | 380 | - | - | - |
| - | - | - | - | - | - | - | - | - | 49 | 5 | - | - |
| - | - | - | - | - | - | 2 | - | - | 138 | - | - | - |
| - | - | - | - | 118 | - | 119 | - | 54 | 1402 | 322 | - | - |
| - | - | - | - | - | - | 47 | - | - | 573 | 1 | - | - |
| - | - | - | - | - | - | - | - | - | - | - | - | - |
| - | - | - | - | - | - | - | - | - | - | 74 | - | - |
| - | - | - | - | 118 | - | - | - | 54 | 707 | 247 | - | - |

*INCLUDED IN THIS COLUMN IS NGL AND FEEDSTOCKS.

## PRODUCTION AND USES OF ENERGY SOURCES : GREECE

1976

| X XX ENERGY XX XX SOURCES XX XX XX PRODUCTION XX XX AND USES XX | UNIT: 1000 METRIC TONS UNITE: 1000 TONNES METRIQUES | | | | | | TCAL TCAL | MANUFACTURED GAS (TCAL) GAZ MANUFACTURE (TCAL) | | | MILLIONS OF (DE) KWH |
|---|---|---|---|---|---|---|---|---|---|---|---|
| | HARD COAL | PATENT FUEL | COKE OVEN COKE | GAS COKE | BROWN COAL | BKB | NATURAL GAS | GAS WORKS | COKE OVENS | BLAST FURNACES | ELECTRICITY* |
| | HOUILLE | AGGLOMERES | COKE DE FOUR | COKE DE GAZ | LIGNITE | BRIQ. DE LIGNITE | GAZ NATUREL | USINES A GAZ | COKERIES | HAUT FOURNEAUX | ELECTRICITE* |
| | 1 | 2 | 3 | 4 | 5 | 6 | 7 | 8 | 9 | 10 | 11 |
| PRODUCTION | - | - | 337 | 12 | 22345 | 94 | - | 31 | 756 | 918 | 17861 |
| FROM OTHER SOURCES | - | - | - | - | - | - | - | - | - | - | - |
| IMPORT | 570 | - | 35 | - | - | - | - | - | - | - | 61 |
| EXPORT | - | - | -37 | - | - | - | - | - | - | - | -72 |
| INTL. MARINE BUNKERS | - | - | - | - | - | - | - | - | - | - | - |
| STOCK CHANGES | 57 | - | 11 | - | 30 | - | - | - | - | - | - |
| DOMESTIC SUPPLY | 627 | - | 346 | 12 | 22375 | 94 | - | 31 | 756 | 918 | 17850 |
| RETURNS TO SUPPLY | - | - | - | - | - | - | - | - | - | - | - |
| TRANSFERS | - | - | - | - | - | - | - | - | - | - | - |
| DOMESTIC AVAILABILITY | 627 | - | 346 | 12 | 22375 | 94 | - | 31 | 756 | 918 | 17850 |
| STATISTICAL DIFFERENCE | 1 | - | - | 1 | 7 | - | - | - | 11 | 68 | -17 |
| TRANSFORM. SECTOR ** | 479 | - | - | 5 | 21030 | - | - | - | - | - | - |
| FOR SOLID FUELS | 463 | - | - | - | 857 | - | - | - | - | - | - |
| FOR GASES | 16 | - | - | 5 | - | - | - | - | - | - | - |
| PETROLEUM REFINERIES | - | - | - | - | - | - | - | - | - | - | - |
| THERMO-ELECTRIC PLANTS | - | - | - | - | 20173 | - | - | - | - | - | - |
| ENERGY SECTOR | - | - | - | - | 75 | - | - | 5 | 360 | 450 | 2800 |
| COAL MINES | - | - | - | - | 75 | - | - | - | - | - | 137 |
| OIL AND GAS EXTRACTION | - | - | - | - | - | - | - | - | - | - | - |
| PETROLEUM REFINERIES | - | - | - | - | - | - | - | - | - | - | 179 |
| ELECTRIC PLANTS | - | - | - | - | - | - | - | - | - | - | 1200 |
| DISTRIBUTION LOSSES | - | - | - | - | - | - | - | 5 | - | - | 1284 |
| PUMP STORAGE (ELECTR.) | - | - | - | - | - | - | - | - | - | - | - |
| OTHER ENERGY SECTOR | - | - | - | - | - | - | - | - | 360 | 450 | - |
| FINAL CONSUMPTION | 147 | - | 346 | 6 | 1263 | 94 | - | 26 | 385 | 400 | 15067 |
| INDUSTRY SECTOR | 136 | - | 341 | 5 | 1263 | - | - | 4 | 385 | 400 | 8789 |
| IRON AND STEEL | 132 | - | 335 | - | - | - | - | - | 385 | 400 | 634 |
| CHEMICAL | - | - | - | - | 1114 | - | - | - | - | - | 1299 |
| PETROCHEMICAL | - | - | - | - | - | - | - | - | - | - | - |
| NON-FERROUS METAL | - | - | - | - | - | - | - | - | - | - | 3025 |
| NON-METALLIC MINERAL | - | - | - | - | - | - | - | - | - | - | 1057 |
| PAPER PULP AND PRINT | - | - | - | - | - | - | - | - | - | - | 275 |
| MINING AND QUARRYING | - | - | - | - | - | - | - | - | - | - | 156 |
| FOOD AND TOBACCO | - | - | - | - | - | - | - | - | - | - | 362 |
| WOOD AND WOOD PRODUCTS | - | - | - | - | - | - | - | - | - | - | 87 |
| MACHINERY | - | - | - | - | - | - | - | - | - | - | 314 |
| TRANSPORT EQUIPMENT | - | - | - | - | - | - | - | - | - | - | 75 |
| CONSTRUCTION | - | - | - | - | - | - | - | - | - | - | - |
| TEXTILES AND LEATHER | - | - | - | - | - | - | - | - | - | - | 828 |
| NON SPECIFIED | 4 | - | 6 | 5 | 149 | - | - | 4 | - | - | 677 |
| NON-ENERGY USES: | | | | | | | | | | | |
| (1)ENERGY PRODUCTS | - | - | - | - | - | - | - | - | - | - | - |
| (2)NON-ENERGY PRODUCTS | - | - | - | - | - | - | - | - | - | - | - |
| TRANSPORT. SECTOR ** | 5 | - | - | - | - | - | - | - | - | - | 46 |
| AIR TRANSPORT | - | - | - | - | - | - | - | - | - | - | - |
| ROAD TRANSPORT | - | - | - | - | - | - | - | - | - | - | - |
| RAILWAYS | 5 | - | - | - | - | - | - | - | - | - | 46 |
| INTERNAL NAVIGATION | - | - | - | - | - | - | - | - | - | - | - |
| OTHER SECTORS ** | 6 | - | 5 | 1 | - | 94 | - | 22 | - | - | 6232 |
| AGRICULTURE | - | - | - | - | - | - | - | - | - | - | 238 |
| PUBLIC SERVICES | - | - | - | - | - | - | - | 1 | - | - | - |
| COMMERCE | - | - | - | - | - | - | - | 10 | - | - | 2245 |
| RESIDENTIAL | 6 | - | 5 | 1 | - | 94 | - | 11 | - | - | 3749 |

(1) INCLUDED IN CHEMICAL OR PETROCHEMICAL INDUSTRY
(2) INCLUDED ONLY IN TOTAL INDUSTRY

| * OF WHICH: HYDRO | 1879 |
|---|---|
| NUCLEAR | 0 |
| CONVENTIONAL THERMAL | 15982 |
| GEOTHERMAL | 0 |

** INCLUDED IN THESE TOTALS ARE THE NON-SPECIFIED ELEMENTS

PRODUCTION ET UTILISATION DES SOURCES D ENERGIE : GRECE

1976

UNIT: 1000 METRIC TONS
UNITE: 1000 TONNES METRIQUES

| OIL / PETROLE: CRUDE* BRUT* | NGL GNL | FEEDST. | REFINERY GAS / GAZ DE PETROLE | LIQUEFIED PETROLEUM GASES / GAZ LIQUEFIES DE PETROLE | AVIATION GASOLINE / ESSENCE AVION | MOTOR GASOLINE / ESSENCE AUTO | JET FUEL / CARBURANT REACTEUR | KEROSENE / PETROLE LAMPANT | GAS/DIESEL OIL / GAZ/DIESEL OIL | RESIDUAL FUEL OIL / FUEL OIL RESIDUEL | NAPHTHA / NAPHTHA | NON-ENERGY PRODUCTS / PRODUITS NON-ENERGETIQUES |
|---|---|---|---|---|---|---|---|---|---|---|---|---|
| 12 | 13 | 14 | 15 | 16 | 17 | 18 | 19 | 20 | 21 | 22 | 23 | 24 |
| - | - | - | 83 | 137 | - | 991 | 591 | 51 | 2670 | 5583 | 714 | 195 |
| - | - | - | - | - | - | - | - | - | - | - | - | 7 |
| 14359 | - | - | - | 47 | 9 | 89 | 327 | 9 | 379 | 709 | - | 104 |
| -2489 | - | - | - | -18 | - | -43 | -201 | -2 | -445 | -1099 | -130 | -5 |
| - | - | - | - | - | - | - | - | - | -292 | -744 | - | - |
| -1081 | - | - | - | -5 | - | -22 | -55 | -11 | 137 | -77 | -420 | -9 |
| 10789 | - | - | 83 | 161 | 9 | 1015 | 662 | 47 | 2449 | 4372 | 164 | 292 |
| - | - | - | - | - | - | - | - | - | - | - | - | - |
| - | - | - | - | - | - | - | - | - | - | - | - | - |
| 10789 | - | - | 83 | 161 | 9 | 1015 | 662 | 47 | 2449 | 4372 | 164 | 292 |
| -325 | - | - | - | 4 | - | -41 | - | -3 | -54 | 178 | 39 | 7 |
| 11099 | - | - | - | - | - | - | - | - | 112 | 1292 | - | - |
| - | - | - | - | - | - | - | - | - | - | - | - | - |
| - | - | - | - | - | - | - | - | - | - | - | - | - |
| 11099 | - | - | - | - | - | - | - | - | - | - | - | - |
| - | - | - | - | - | - | - | - | - | 112 | 1292 | - | - |
| - | - | - | 83 | - | - | - | - | - | - | 311 | - | - |
| - | - | - | - | - | - | - | - | - | - | - | - | - |
| - | - | - | - | - | - | - | - | - | - | - | - | - |
| - | - | - | 83 | - | - | - | - | - | - | 311 | - | - |
| - | - | - | - | - | - | - | - | - | - | - | - | - |
| - | - | - | - | - | - | - | - | - | - | - | - | - |
| - | - | - | - | - | - | - | - | - | - | - | - | - |
| 15 | - | - | - | 157 | 9 | 1056 | 662 | 50 | 2391 | 2591 | 125 | 285 |
| 15 | - | - | - | 30 | - | 4 | - | - | 167 | 2081 | 125 | 285 |
| - | - | - | - | - | - | - | - | - | 43 | 171 | - | - |
| - | - | - | - | - | - | - | - | - | 8 | 197 | - | - |
| 15 | - | - | - | - | - | - | - | - | - | - | 125 | - |
| - | - | - | - | - | - | - | - | - | - | 183 | - | - |
| - | - | - | - | - | - | - | - | - | 6 | 643 | - | - |
| - | - | - | - | - | - | - | - | - | 4 | 106 | - | - |
| - | - | - | - | - | - | - | - | - | 27 | 63 | - | - |
| - | - | - | - | - | - | - | - | - | 11 | 231 | - | - |
| - | - | - | - | - | - | - | - | - | - | - | - | - |
| - | - | - | - | - | - | - | - | - | - | - | - | - |
| - | - | - | - | - | - | - | - | - | - | - | - | - |
| - | - | - | - | - | - | - | - | - | - | - | - | - |
| - | - | - | - | - | - | - | - | - | - | - | - | - |
| - | - | - | - | 30 | - | 4 | - | - | 68 | 487 | - | - |
| - | - | - | - | - | - | - | - | - | - | - | 125 | - |
| - | - | - | - | - | - | - | - | - | - | - | - | 285 |
| - | - | - | - | - | 9 | 1002 | 662 | - | 954 | 131 | - | - |
| - | - | - | - | - | 9 | - | 662 | - | - | - | - | - |
| - | - | - | - | - | - | 1000 | - | - | 650 | - | - | - |
| - | - | - | - | - | - | - | - | - | 50 | 3 | - | - |
| - | - | - | - | - | - | 2 | - | - | 254 | 128 | - | - |
| - | - | - | - | 127 | - | 50 | - | 50 | 1270 | 379 | - | - |
| - | - | - | - | - | - | 48 | - | - | 465 | 2 | - | - |
| - | - | - | - | - | - | - | - | - | - | - | - | - |
| - | - | - | - | - | - | - | - | - | 87 | 131 | - | - |
| - | - | - | - | 127 | - | - | - | 50 | 718 | 246 | - | - |

*INCLUDED IN THIS COLUMN IS NGL AND FEEDSTOCKS.

# PRODUCTION AND USES OF ENERGY SOURCES : GREECE

1977

| ENERGY SOURCES / PRODUCTION AND USES | UNIT: 1000 METRIC TONS / UNITE: 1000 TONNES METRIQUES | | | | | | TCAL / TCAL | MANUFACTURED GAS (TCAL) / GAZ MANUFACTURE (TCAL) | | | MILLIONS OF (DE) KWH |
|---|---|---|---|---|---|---|---|---|---|---|---|
| | HARD COAL / HOUILLE | PATENT FUEL / AGGLOMERES | COKE OVEN COKE / COKE DE FOUR | GAS COKE / COKE DE GAZ | BROWN COAL / LIGNITE | BKB / BRIQ. DE LIGNITE | NATURAL GAS / GAZ NATUREL | GAS WORKS / USINES A GAZ | COKE OVENS / COKERIES | BLAST FURNACES / HAUT FOURNEAUX | ELECTRICITY* / ELECTRICITE* |
| | 1 | 2 | 3 | 4 | 5 | 6 | 7 | 8 | 9 | 10 | 11 |
| PRODUCTION | - | - | 255 | 12 | 23572 | 85 | - | 30 | 572 | 737 | 19019 |
| FROM OTHER SOURCES | - | - | - | - | - | - | - | - | - | - | - |
| IMPORT | 483 | - | 88 | - | - | - | - | - | - | - | 67 |
| EXPORT | - | - | - | - | - | - | - | - | - | - | -25 |
| INTL. MARINE BUNKERS | - | - | - | - | - | - | - | - | - | - | - |
| STOCK CHANGES | 12 | - | -58 | - | 206 | - | - | - | - | - | - |
| DOMESTIC SUPPLY | 495 | - | 285 | 12 | 23778 | 85 | - | 30 | 572 | 737 | 19061 |
| RETURNS TO SUPPLY | - | - | - | - | - | - | - | - | - | - | - |
| TRANSFERS | - | - | - | - | - | - | - | - | - | - | - |
| DOMESTIC AVAILABILITY | 495 | - | 285 | 12 | 23778 | 85 | - | 30 | 572 | 737 | 19061 |
| STATISTICAL DIFFERENCE | -1 | - | - | 1 | 8 | - | - | - | - | - | 1 |
| TRANSFORM. SECTOR ** | 376 | - | - | 6 | 22465 | - | - | - | - | - | - |
| FOR SOLID FUELS | 360 | - | - | - | 648 | - | - | - | - | - | - |
| FOR GASES | 16 | - | - | 6 | - | - | - | - | - | - | - |
| PETROLEUM REFINERIES | - | - | - | - | - | - | - | - | - | - | - |
| THERMO-ELECTRIC PLANTS | - | - | - | - | 21817 | - | - | - | - | - | - |
| ENERGY SECTOR | - | - | - | - | 53 | - | - | 5 | 284 | 390 | 3031 |
| COAL MINES | - | - | - | - | 53 | - | - | - | - | - | 150 |
| OIL AND GAS EXTRACTION | - | - | - | - | - | - | - | - | - | - | - |
| PETROLEUM REFINERIES | - | - | - | - | - | - | - | - | - | - | 176 |
| ELECTRIC PLANTS | - | - | - | - | - | - | - | - | - | - | 1319 |
| DISTRIBUTION LOSSES | - | - | - | - | - | - | - | 5 | - | - | 1386 |
| PUMP STORAGE (ELECTR.) | - | - | - | - | - | - | - | - | - | - | - |
| OTHER ENERGY SECTOR | - | - | - | - | - | - | - | - | 284 | 390 | - |
| FINAL CONSUMPTION | 120 | - | 285 | 5 | 1252 | 85 | - | 25 | 288 | 347 | 16029 |
| INDUSTRY SECTOR | 113 | - | 280 | 4 | 1252 | - | - | 4 | 288 | 347 | 8861 |
| IRON AND STEEL | 110 | - | 269 | - | - | - | - | - | 288 | 347 | 671 |
| CHEMICAL | - | - | - | - | 924 | - | - | - | - | - | 1351 |
| PETROCHEMICAL | - | - | - | - | - | - | - | - | - | - | - |
| NON-FERROUS METAL | - | - | - | - | - | - | - | - | - | - | 2702 |
| NON-METALLIC MINERAL | - | - | - | - | - | - | - | - | - | - | 1253 |
| PAPER PULP AND PRINT | - | - | - | - | - | - | - | - | - | - | 301 |
| MINING AND QUARRYING | - | - | - | - | - | - | - | - | - | - | 171 |
| FOOD AND TOBACCO | - | - | - | - | - | - | - | - | - | - | 377 |
| WOOD AND WOOD PRODUCTS | - | - | - | - | - | - | - | - | - | - | 90 |
| MACHINERY | - | - | - | - | - | - | - | - | - | - | 294 |
| TRANSPORT EQUIPMENT | - | - | - | - | - | - | - | - | - | - | 107 |
| CONSTRUCTION | - | - | - | - | - | - | - | - | - | - | - |
| TEXTILES AND LEATHER | - | - | - | - | - | - | - | - | - | - | 904 |
| NON SPECIFIED | 3 | - | 11 | 4 | 328 | - | - | 4 | - | - | 640 |
| NON-ENERGY USES: | | | | | | | | | | | |
| (1)ENERGY PRODUCTS | - | - | - | - | - | - | - | - | - | - | - |
| (2)NON-ENERGY PRODUCTS | - | - | - | - | - | - | - | - | - | - | - |
| TRANSPORT. SECTOR ** | 4 | - | - | - | - | - | - | - | - | - | 45 |
| AIR TRANSPORT | - | - | - | - | - | - | - | - | - | - | - |
| ROAD TRANSPORT | - | - | - | - | - | - | - | - | - | - | - |
| RAILWAYS | 4 | - | - | - | - | - | - | - | - | - | 45 |
| INTERNAL NAVIGATION | - | - | - | - | - | - | - | - | - | - | - |
| OTHER SECTORS ** | 3 | - | 5 | 1 | - | 85 | - | 21 | - | - | 7123 |
| AGRICULTURE | - | - | - | - | - | - | - | - | - | - | 386 |
| PUBLIC SERVICES | - | - | - | - | - | - | - | - | - | - | - |
| COMMERCE | - | - | - | - | - | - | - | 10 | - | - | 2587 |
| RESIDENTIAL | 3 | - | 5 | 1 | - | 85 | - | 11 | - | - | 4150 |

(1) INCLUDED IN CHEMICAL OR PETROCHEMICAL INDUSTRY
(2) INCLUDED ONLY IN TOTAL INDUSTRY

| * OF WHICH: | |
|---|---|
| HYDRO | 1923 |
| NUCLEAR | 0 |
| CONVENTIONAL THERMAL | 17096 |
| GEOTHERMAL | 0 |

** INCLUDED IN THESE TOTALS ARE THE NON-SPECIFIED ELEMENTS

PRODUCTION ET UTILISATION DES SOURCES D ENERGIE : GRECE

1977

UNIT: 1000 METRIC TONS
UNITE: 1000 TONNES METRIQUES

| OIL / PETROLE | | | REFINERY GAS | LIQUEFIED PETROLEUM GASES | AVIATION GASOLINE | MOTOR GASOLINE | JET FUEL | KEROSENE | GAS/DIESEL OIL | RESIDUAL FUEL OIL | NAPHTHA | NON-ENERGY PRODUCTS |
|---|---|---|---|---|---|---|---|---|---|---|---|---|
| CRUDE* BRUT* | NGL GNL | FEEDST. | GAZ DE PETROLE | GAZ LIQUEFIES DE PETROLE | ESSENCE AVION | ESSENCE AUTO | CARBURANT REACTEUR | PETROLE LAMPANT | GAZ/DIESEL OIL | FUEL OIL RESIDUEL | NAPHTHA | PRODUITS NON-ENERGETIQUES |
| 12 | 13 | 14 | 15 | 16 | 17 | 18 | 19 | 20 | 21 | 22 | 23 | 24 |
| - | - | - | 80 | 128 | - | 995 | 502 | 13 | 2736 | 5190 | 651 | 163 |
| - | - | - | - | - | - | - | - | - | - | - | - | - |
| 11840 | - | - | - | 42 | 7 | 452 | 660 | 33 | 807 | 832 | 65 | 112 |
| -1942 | - | - | - | -19 | - | -214 | -335 | -11 | -543 | -856 | -462 | -45 |
| - | - | - | - | - | - | - | - | - | -280 | -616 | - | -2 |
| 538 | - | - | - | 6 | - | -19 | 71 | -3 | -16 | -41 | -21 | -19 |
| 10436 | - | - | 80 | 157 | 7 | 1214 | 898 | 32 | 2704 | 4509 | 233 | 209 |
| - | - | - | - | - | - | - | - | - | - | - | - | - |
| - | - | - | - | - | - | - | - | - | - | - | - | - |
| 10436 | - | - | 80 | 157 | 7 | 1214 | 898 | 32 | 2704 | 4509 | 233 | 209 |
| -122 | - | - | - | -2 | - | 2 | 76 | -9 | 104 | 307 | 99 | 1 |
| 10552 | - | - | - | - | - | - | - | - | 102 | 1258 | - | - |
| - | - | - | - | - | - | - | - | - | - | - | - | - |
| - | - | - | - | - | - | - | - | - | - | - | - | - |
| 10552 | - | - | - | - | - | - | - | - | - | - | - | - |
| - | - | - | - | - | - | - | - | - | 102 | 1258 | - | - |
| - | - | - | 80 | - | - | - | - | - | - | 318 | - | - |
| - | - | - | - | - | - | - | - | - | - | - | - | - |
| - | - | - | - | - | - | - | - | - | - | - | - | - |
| - | - | - | 80 | - | - | - | - | - | - | 318 | - | - |
| - | - | - | - | - | - | - | - | - | - | - | - | - |
| - | - | - | - | - | - | - | - | - | - | - | - | - |
| - | - | - | - | - | - | - | - | - | - | - | - | - |
| - | - | - | - | - | - | - | - | - | - | - | - | - |
| 6 | - | - | - | 159 | 7 | 1212 | 822 | 41 | 2498 | 2626 | 134 | 208 |
| 6 | - | - | - | 32 | - | 4 | - | - | 191 | 2257 | 134 | 208 |
| - | - | - | - | - | - | - | - | - | 47 | 167 | - | - |
| - | - | - | - | - | - | - | - | - | 9 | 190 | - | - |
| 6 | - | - | - | - | - | - | - | - | - | - | 134 | - |
| - | - | - | - | - | - | - | - | - | - | 191 | - | - |
| - | - | - | - | - | - | - | - | - | 11 | 835 | - | - |
| - | - | - | - | - | - | - | - | - | 5 | 87 | - | - |
| - | - | - | - | - | - | - | - | - | 26 | 59 | - | - |
| - | - | - | - | - | - | - | - | - | 14 | 226 | - | - |
| - | - | - | - | - | - | - | - | - | - | - | - | - |
| - | - | - | - | - | - | - | - | - | - | - | - | - |
| - | - | - | - | - | - | - | - | - | - | - | - | - |
| - | - | - | - | - | - | - | - | - | - | - | - | - |
| - | - | - | - | - | - | - | - | - | - | - | - | - |
| - | - | - | - | 32 | - | 4 | - | - | 79 | 502 | - | - |
| - | - | - | - | - | - | - | - | - | - | - | 134 | - |
| - | - | - | - | - | - | - | - | - | - | - | - | 208 |
| - | - | - | - | - | 7 | 1154 | 822 | - | 1000 | 160 | - | - |
| - | - | - | - | - | 7 | - | 822 | - | - | - | - | - |
| - | - | - | - | - | - | 1153 | - | - | 708 | - | - | - |
| - | - | - | - | - | - | - | - | - | 50 | - | - | - |
| - | - | - | - | - | - | 1 | - | - | 242 | 160 | - | - |
| - | - | - | - | 127 | - | 54 | - | 41 | 1307 | 209 | - | - |
| - | - | - | - | - | - | 52 | - | - | 498 | 5 | - | - |
| - | - | - | - | - | - | - | - | - | - | - | - | - |
| - | - | - | - | - | - | - | - | - | 93 | 66 | - | - |
| - | - | - | - | 127 | - | - | - | 41 | 716 | 138 | - | - |

*INCLUDED IN THIS COLUMN IS NGL AND FEEDSTOCKS.

## PRODUCTION AND USES OF ENERGY SOURCES : GREECE

1978

| PRODUCTION AND USES \ ENERGY SOURCES | UNIT: 1000 METRIC TONS / UNITE: 1000 TONNES METRIQUES | | | | | | TCAL / TCAL | MANUFACTURED GAS (TCAL) / GAZ MANUFACTURE (TCAL) | | | MILLIONS OF (DE) KWH |
|---|---|---|---|---|---|---|---|---|---|---|---|
| | HARD COAL / HOUILLE | PATENT FUEL / AGGLOMERES | COKE OVEN COKE / COKE DE FOUR | GAS COKE / COKE DE GAZ | BROWN COAL / LIGNITE | BKB / BRIQ. DE LIGNITE | NATURAL GAS / GAZ NATUREL | GAS WORKS / USINES A GAZ | COKE OVENS / COKERIES | BLAST FURNACES / HAUT FOURNEAUX | ELECTRICITY* / ELECTRICITE* |
| | 1 | 2 | 3 | 4 | 5 | 6 | 7 | 8 | 9 | 10 | 11 |
| PRODUCTION | - | - | 186 | 12 | 21815 | 73 | - | 32 | 417 | 600 | 21050 |
| FROM OTHER SOURCES | - | - | - | - | - | - | - | - | - | - | - |
| IMPORT | 349 | - | 68 | - | - | - | - | - | - | - | 143 |
| EXPORT | - | - | -63 | - | - | - | - | - | - | - | -16 |
| INTL. MARINE BUNKERS | - | - | - | - | - | - | - | - | - | - | - |
| STOCK CHANGES | 16 | - | 51 | -2 | -74 | - | - | - | - | - | - |
| DOMESTIC SUPPLY | 365 | - | 242 | 10 | 21741 | 73 | - | 32 | 417 | 600 | 21177 |
| RETURNS TO SUPPLY | - | - | - | - | - | - | - | - | - | - | - |
| TRANSFERS | - | - | - | - | - | - | - | - | - | - | - |
| DOMESTIC AVAILABILITY | 365 | - | 242 | 10 | 21741 | 73 | - | 32 | 417 | 600 | 21177 |
| STATISTICAL DIFFERENCE | - | - | - | - | - | - | - | - | - | - | 1 |
| TRANSFORM. SECTOR ** | 228 | - | - | 7 | 20489 | - | - | - | - | - | - |
| FOR SOLID FUELS | 213 | - | - | - | 659 | - | - | - | - | - | - |
| FOR GASES | 15 | - | - | 7 | - | - | - | - | - | - | - |
| PETROLEUM REFINERIES | - | - | - | - | - | - | - | - | - | - | - |
| THERMO-ELECTRIC PLANTS | - | - | - | - | 19830 | - | - | - | - | - | - |
| ENERGY SECTOR | - | - | - | - | 59 | - | - | 5 | 207 | 317 | 3656 |
| COAL MINES | - | - | - | - | 59 | - | - | - | - | - | 151 |
| OIL AND GAS EXTRACTION | - | - | - | - | - | - | - | - | - | - | - |
| PETROLEUM REFINERIES | - | - | - | - | - | - | - | - | - | - | 210 |
| ELECTRIC PLANTS | - | - | - | - | - | - | - | - | - | - | 1306 |
| DISTRIBUTION LOSSES | - | - | - | - | - | - | - | 5 | - | - | 1989 |
| PUMP STORAGE (ELECTR.) | - | - | - | - | - | - | - | - | - | - | - |
| OTHER ENERGY SECTOR | - | - | - | - | - | - | - | - | 207 | 317 | - |
| FINAL CONSUMPTION | 137 | - | 242 | 3 | 1193 | 73 | - | 27 | 210 | 283 | 17520 |
| INDUSTRY SECTOR | 131 | - | 233 | 2 | 1193 | - | - | 4 | 210 | 283 | 9061 |
| IRON AND STEEL | 126 | - | 219 | - | - | - | - | - | 210 | 283 | 779 |
| CHEMICAL | - | - | - | - | 830 | - | - | - | - | - | 1202 |
| PETROCHEMICAL | - | - | - | - | - | - | - | - | - | - | - |
| NON-FERROUS METAL | - | - | - | - | - | - | - | - | - | - | 3177 |
| NON-METALLIC MINERAL | - | - | - | - | - | - | - | - | - | - | 1368 |
| PAPER PULP AND PRINT | - | - | - | - | - | - | - | - | - | - | 419 |
| MINING AND QUARRYING | - | - | - | - | - | - | - | - | - | - | 184 |
| FOOD AND TOBACCO | - | - | - | - | - | - | - | - | - | - | 435 |
| WOOD AND WOOD PRODUCTS | - | - | - | - | - | - | - | - | - | - | 93 |
| MACHINERY | - | - | - | - | - | - | - | - | - | - | 319 |
| TRANSPORT EQUIPMENT | - | - | - | - | - | - | - | - | - | - | 105 |
| CONSTRUCTION | - | - | - | - | - | - | - | - | - | - | - |
| TEXTILES AND LEATHER | - | - | - | - | - | - | - | - | - | - | 978 |
| NON SPECIFIED | 5 | - | 14 | 2 | 363 | - | - | 4 | - | - | 2 |
| NON-ENERGY USES: | | | | | | | | | | | |
| (1)ENERGY PRODUCTS | - | - | - | - | - | - | - | - | - | - | - |
| (2)NON-ENERGY PRODUCTS | - | - | - | - | - | - | - | - | - | - | - |
| TRANSPORT. SECTOR ** | 3 | - | - | - | - | - | - | - | - | - | 37 |
| AIR TRANSPORT | - | - | - | - | - | - | - | - | - | - | - |
| ROAD TRANSPORT | - | - | - | - | - | - | - | - | - | - | - |
| RAILWAYS | 3 | - | - | - | - | - | - | - | - | - | 37 |
| INTERNAL NAVIGATION | - | - | - | - | - | - | - | - | - | - | - |
| OTHER SECTORS ** | 3 | - | 9 | 1 | - | 73 | - | 23 | - | - | 8422 |
| AGRICULTURE | - | - | - | - | - | - | - | - | - | - | 381 |
| PUBLIC SERVICES | - | - | - | - | - | - | - | - | - | - | - |
| COMMERCE | - | - | - | - | - | - | - | 11 | - | - | 3262 |
| RESIDENTIAL | 3 | - | 9 | 1 | - | 73 | - | 12 | - | - | 4779 |

(1) INCLUDED IN CHEMICAL OR PETROCHEMICAL INDUSTRY
(2) INCLUDED ONLY IN TOTAL INDUSTRY

| * OF WHICH: HYDRO | 2988 |
|---|---|
| NUCLEAR | 0 |
| CONVENTIONAL THERMAL | 18062 |
| GEOTHERMAL | 0 |

** INCLUDED IN THESE TOTALS ARE THE NON-SPECIFIED ELEMENTS

## PRODUCTION ET UTILISATION DES SOURCES D ENERGIE : GRECE

1978

UNIT: 1000 METRIC TONS
UNITE: 1000 TONNES METRIQUES

| OIL / PETROLE: CRUDE* / BRUT* | OIL / PETROLE: NGL / GNL | OIL / PETROLE: FEEDST. | REFINERY GAS / GAZ DE PETROLE | LIQUEFIED PETROLEUM GASES / GAZ LIQUEFIES DE PETROLE | AVIATION GASOLINE / ESSENCE AVION | MOTOR GASOLINE / ESSENCE AUTO | JET FUEL / CARBURANT REACTEUR | KEROSENE / PETROLE LAMPANT | GAS/DIESEL OIL / GAZ/DIESEL OIL | RESIDUAL FUEL OIL / FUEL OIL RESIDUEL | NAPHTHA / NAPHTHA | NON-ENERGY PRODUCTS / PRODUITS NON-ENERGETIQUES |
|---|---|---|---|---|---|---|---|---|---|---|---|---|
| 12 | 13 | 14 | 15 | 16 | 17 | 18 | 19 | 20 | 21 | 22 | 23 | 24 |
| - | - | - | 78 | 146 | - | 1250 | 701 | 41 | 2801 | 5710 | 513 | 205 |
| - | - | - | - | - | - | - | - | - | - | - | - | - |
| 12630 | - | - | - | 30 | 7 | 278 | 639 | - | 1670 | 911 | 129 | 160 |
| -1010 | - | - | - | -9 | - | -166 | -308 | -21 | -817 | -1182 | -831 | -120 |
| - | - | - | - | - | - | - | - | - | -298 | -725 | - | -14 |
| -20 | - | - | - | -1 | 2 | -6 | 29 | 28 | -164 | 12 | 323 | -20 |
| 11600 | - | - | 78 | 166 | 9 | 1356 | 1061 | 48 | 3192 | 4726 | 134 | 211 |
| - | - | - | - | - | - | - | - | - | - | - | - | - |
| - | - | - | - | - | - | - | - | - | - | - | - | - |
| 11600 | - | - | 78 | 166 | 9 | 1356 | 1061 | 48 | 3192 | 4726 | 134 | 211 |
| 20 | - | - | - | 2 | - | -7 | -1 | 3 | 118 | - | 2 | -1 |
| 11568 | - | - | - | - | - | - | - | - | 90 | 1771 | - | - |
| - | - | - | - | - | - | - | - | - | - | - | - | - |
| - | - | - | - | - | - | - | - | - | - | - | - | - |
| 11568 | - | - | - | - | - | - | - | - | - | - | - | - |
| - | - | - | - | - | - | - | - | - | 90 | 1771 | - | - |
| - | - | - | 78 | - | - | - | - | - | - | 313 | - | - |
| - | - | - | - | - | - | - | - | - | - | - | - | - |
| - | - | - | - | - | - | - | - | - | - | - | - | - |
| - | - | - | 78 | - | - | - | - | - | - | 313 | - | - |
| - | - | - | - | - | - | - | - | - | - | - | - | - |
| - | - | - | - | - | - | - | - | - | - | - | - | - |
| - | - | - | - | - | - | - | - | - | - | - | - | - |
| 12 | - | - | - | 164 | 9 | 1363 | 1062 | 45 | 2984 | 2642 | 132 | 212 |
| 12 | - | - | - | 41 | - | 4 | - | - | 211 | 2436 | 132 | 212 |
| - | - | - | - | - | - | - | - | - | 47 | 148 | - | - |
| - | - | - | - | - | - | - | - | - | 3 | 103 | - | - |
| 12 | - | - | - | - | - | - | - | - | - | - | 132 | - |
| - | - | - | - | - | - | - | - | - | - | 258 | - | - |
| - | - | - | - | - | - | - | - | - | 14 | 974 | - | - |
| - | - | - | - | - | - | - | - | - | 5 | 110 | - | - |
| - | - | - | - | - | - | - | - | - | 29 | 70 | - | - |
| - | - | - | - | - | - | - | - | - | 14 | 264 | - | - |
| - | - | - | - | - | - | - | - | - | - | - | - | - |
| - | - | - | - | - | - | - | - | - | - | - | - | - |
| - | - | - | - | - | - | - | - | - | - | - | - | - |
| - | - | - | - | - | - | - | - | - | - | - | - | - |
| - | - | - | - | - | - | - | - | - | - | - | - | - |
| - | - | - | - | 41 | - | 4 | - | - | 99 | 509 | - | - |
| - | - | - | - | - | - | - | - | - | - | - | 132 | - |
| - | - | - | - | - | - | - | - | - | - | - | - | 212 |
| - | - | - | - | - | 9 | 1307 | 1062 | - | 1049 | 107 | - | - |
| - | - | - | - | - | 9 | - | 1062 | - | - | - | - | - |
| - | - | - | - | - | - | 1237 | - | - | 808 | - | - | - |
| - | - | - | - | - | - | - | - | - | 46 | 1 | - | - |
| - | - | - | - | - | - | 70 | - | - | 195 | 106 | - | - |
| - | - | - | - | 123 | - | 52 | - | 45 | 1724 | 99 | - | - |
| - | - | - | - | - | - | 50 | - | - | 593 | 4 | - | - |
| - | - | - | - | - | - | - | - | - | - | - | - | - |
| - | - | - | - | - | - | - | - | - | 44 | 7 | - | - |
| - | - | - | - | 123 | - | - | - | 45 | 1087 | 88 | - | - |

*INCLUDED IN THIS COLUMN IS NGL AND FEEDSTOCKS.

## PRODUCTION AND USES OF ENERGY SOURCES : GREECE

1979

| X / XX ENERGY / XX SOURCES / PRODUCTION XX / AND USES XX | UNIT: 1000 METRIC TONS / UNITE: 1000 TONNES METRIQUES | | | | | | TCAL / TCAL | MANUFACTURED GAS (TCAL) / GAZ MANUFACTURE (TCAL) | | | MILLIONS OF (DE) KWH |
|---|---|---|---|---|---|---|---|---|---|---|---|
| | HARD COAL / HOUILLE | PATENT FUEL / AGGLOMERES | COKE OVEN COKE / COKE DE FOUR | GAS COKE / COKE DE GAZ | BROWN COAL / LIGNITE | BKB / BRIQ. DE LIGNITE | NATURAL GAS / GAZ NATUREL | GAS WORKS / USINES A GAZ | COKE OVENS / COKERIES | BLAST FURNACES / HAUT FOURNEAUX | ELECTRICITY* / ELECTRICITE* |
| | 1 | 2 | 3 | 4 | 5 | 6 | 7 | 8 | 9 | 10 | 11 |
| PRODUCTION | - | - | 228 | 11 | 23621 | 95 | - | 32 | 511 | 764 | 22102 |
| FROM OTHER SOURCES | - | - | - | - | - | - | - | - | - | - | - |
| IMPORT | 628 | - | 89 | - | - | - | - | - | - | - | 201 |
| EXPORT | - | - | - | - | - | - | - | - | - | - | -23 |
| INTL. MARINE BUNKERS | - | - | - | - | - | - | - | - | - | - | - |
| STOCK CHANGES | -56 | - | -12 | 1 | 152 | - | - | - | - | - | - |
| DOMESTIC SUPPLY | 572 | - | 305 | 12 | 23773 | 95 | - | 32 | 511 | 764 | 22280 |
| RETURNS TO SUPPLY | - | - | - | - | - | - | - | - | - | - | - |
| TRANSFERS | - | - | - | - | - | - | - | - | - | - | - |
| DOMESTIC AVAILABILITY | 572 | - | 305 | 12 | 23773 | 95 | - | 32 | 511 | 764 | 22280 |
| STATISTICAL DIFFERENCE | - | - | - | - | 758 | - | - | - | - | - | - |
| TRANSFORM. SECTOR ** | 394 | - | - | 7 | 21538 | - | - | - | - | - | - |
| FOR SOLID FUELS | 378 | - | - | - | 765 | - | - | - | - | - | - |
| FOR GASES | 16 | - | - | 7 | - | - | - | - | - | - | - |
| PETROLEUM REFINERIES | - | - | - | - | - | - | - | - | - | - | - |
| THERMO-ELECTRIC PLANTS | - | - | - | - | 20773 | - | - | - | - | - | - |
| ENERGY SECTOR | - | - | - | - | 45 | - | - | 7 | 254 | 404 | 4064 |
| COAL MINES | - | - | - | - | 45 | - | - | - | - | - | 157 |
| OIL AND GAS EXTRACTION | - | - | - | - | - | - | - | - | - | - | - |
| PETROLEUM REFINERIES | - | - | - | - | - | - | - | - | - | - | 242 |
| ELECTRIC PLANTS | - | - | - | - | - | - | - | - | - | - | 1363 |
| DISTRIBUTION LOSSES | - | - | - | - | - | - | - | 7 | - | - | 2302 |
| PUMP STORAGE (ELECTR.) | - | - | - | - | - | - | - | - | - | - | - |
| OTHER ENERGY SECTOR | - | - | - | - | - | - | - | - | 254 | 404 | - |
| FINAL CONSUMPTION | 178 | - | 305 | 5 | 1432 | 95 | - | 25 | 257 | 360 | 18216 |
| INDUSTRY SECTOR | 159 | - | 290 | 3 | 1432 | - | - | 3 | 257 | 360 | 9456 |
| IRON AND STEEL | 140 | - | 270 | - | - | - | - | - | 257 | 360 | 851 |
| CHEMICAL | - | - | - | - | 909 | - | - | - | - | - | 1198 |
| PETROCHEMICAL | - | - | - | - | - | - | - | - | - | - | - |
| NON-FERROUS METAL | - | - | - | - | - | - | - | - | - | - | 3242 |
| NON-METALLIC MINERAL | - | - | - | - | - | - | - | - | - | - | 1447 |
| PAPER PULP AND PRINT | - | - | - | - | - | - | - | - | - | - | 468 |
| MINING AND QUARRYING | - | - | - | - | - | - | - | - | - | - | 200 |
| FOOD AND TOBACCO | - | - | - | - | - | - | - | - | - | - | 472 |
| WOOD AND WOOD PRODUCTS | - | - | - | - | - | - | - | - | - | - | 104 |
| MACHINERY | - | - | - | - | - | - | - | - | - | - | 334 |
| TRANSPORT EQUIPMENT | - | - | - | - | - | - | - | - | - | - | 121 |
| CONSTRUCTION | - | - | - | - | - | - | - | - | - | - | - |
| TEXTILES AND LEATHER | - | - | - | - | - | - | - | - | - | - | 1017 |
| NON SPECIFIED | 19 | - | 20 | 3 | 523 | - | - | 3 | - | - | 2 |
| NON-ENERGY USES: | | | | | | | | | | | |
| (1)ENERGY PRODUCTS | - | - | - | - | - | - | - | - | - | - | - |
| (2)NON-ENERGY PRODUCTS | - | - | - | - | - | - | - | - | - | - | - |
| TRANSPORT. SECTOR ** | 3 | - | - | - | - | - | - | - | - | - | 41 |
| AIR TRANSPORT | - | - | - | - | - | - | - | - | - | - | - |
| ROAD TRANSPORT | - | - | - | - | - | - | - | - | - | - | - |
| RAILWAYS | 3 | - | - | - | - | - | - | - | - | - | 41 |
| INTERNAL NAVIGATION | - | - | - | - | - | - | - | - | - | - | - |
| OTHER SECTORS ** | 16 | - | 15 | 2 | - | 95 | - | 22 | - | - | 8719 |
| AGRICULTURE | - | - | - | - | - | - | - | - | - | - | 365 |
| PUBLIC SERVICES | - | - | - | - | - | - | - | - | - | - | - |
| COMMERCE | - | - | - | - | - | - | - | 11 | - | - | 3226 |
| RESIDENTIAL | 16 | - | 15 | 2 | - | 95 | - | 11 | - | - | 5128 |

(1) INCLUDED IN CHEMICAL OR PETROCHEMICAL INDUSTRY
(2) INCLUDED ONLY IN TOTAL INDUSTRY

| * OF WHICH: HYDRO | 3566 |
|---|---|
| NUCLEAR | 0 |
| CONVENTIONAL THERMAL | 18536 |
| GEOTHERMAL | 0 |

** INCLUDED IN THESE TOTALS ARE THE NON-SPECIFIED ELEMENTS

PRODUCTION ET UTILISATION DES SOURCES D ENERGIE : GRECE

1979

UNIT: 1000 METRIC TONS
UNITE: 1000 TONNES METRIQUES

| OIL / PETROLE: CRUDE / BRUT | OIL / PETROLE: NGL / GNL | OIL / PETROLE: FEEDST. | REFINERY GAS / GAZ DE PETROLE | LIQUEFIED PETROLEUM GASES / GAZ LIQUEFIES DE PETROLE | AVIATION GASOLINE / ESSENCE AVION | MOTOR GASOLINE / ESSENCE AUTO | JET FUEL / CARBURANT REACTEUR | KEROSENE / PETROLE LAMPANT | GAS/DIESEL OIL / GAZ/DIESEL OIL | RESIDUAL FUEL OIL / FUEL OIL RESIDUEL | NAPHTHA / NAPHTHA | NON-ENERGY PRODUCTS / PRODUITS NON-ENERGETIQUES |
|---|---|---|---|---|---|---|---|---|---|---|---|---|
| 12 | 13 | 14 | 15 | 16 | 17 | 18 | 19 | 20 | 21 | 22 | 23 | 24 |
| - | - | - | 194 | 186 | - | 1272 | 1278 | 46 | 3634 | 7460 | 990 | 215 |
| - | - | - | - | - | - | - | - | - | - | - | - | - |
| 17153 | - | 18 | - | 9 | 8 | 723 | 748 | - | 1785 | 744 | 395 | 173 |
| -1472 | - | - | - | -31 | - | -471 | -785 | - | -1981 | -2615 | -1286 | -124 |
| - | - | - | - | - | - | - | - | - | -211 | -782 | - | - |
| -256 | - | - | - | 1 | - | -151 | -148 | - | -106 | 130 | 7 | 10 |
| 15425 | - | 18 | 194 | 165 | 8 | 1373 | 1093 | 46 | 3121 | 4937 | 106 | 274 |
| - | - | - | - | - | - | - | - | - | - | - | - | - |
| - | - | - | - | - | - | - | - | - | - | - | - | - |
| 15425 | - | 18 | 194 | 165 | 8 | 1373 | 1093 | 46 | 3121 | 4937 | 106 | 274 |
| 5 | - | - | - | - | - | -2 | 1 | -1 | 5 | 3 | - | - |
| 15407 | - | 18 | - | - | - | - | - | - | 98 | 1835 | - | - |
| - | - | - | - | - | - | - | - | - | - | - | - | - |
| - | - | - | - | - | - | - | - | - | - | - | - | - |
| 15407 | - | 18 | - | - | - | - | - | - | - | - | - | - |
| - | - | - | - | - | - | - | - | - | 98 | 1835 | - | - |
| - | - | - | 194 | - | - | - | - | - | - | 291 | - | - |
| - | - | - | - | - | - | - | - | - | - | - | - | - |
| - | - | - | - | - | - | - | - | - | - | - | - | - |
| - | - | - | 194 | - | - | - | - | - | - | 291 | - | - |
| - | - | - | - | - | - | - | - | - | - | - | - | - |
| - | - | - | - | - | - | - | - | - | - | - | - | - |
| - | - | - | - | - | - | - | - | - | - | - | - | - |
| - | - | - | - | - | - | - | - | - | - | - | - | - |
| 13 | - | - | - | 165 | 8 | 1375 | 1092 | 47 | 3018 | 2808 | 106 | 274 |
| 13 | - | - | - | 41 | - | 5 | - | - | 257 | 2578 | 106 | 274 |
| - | - | - | - | - | - | - | - | - | 15 | 160 | - | - |
| - | - | - | - | - | - | - | - | - | 2 | 93 | - | - |
| 13 | - | - | - | - | - | - | - | - | - | - | 106 | - |
| - | - | - | - | - | - | - | - | - | 43 | 269 | - | - |
| - | - | - | - | - | - | - | - | - | 18 | 1055 | - | - |
| - | - | - | - | - | - | - | - | - | 6 | 117 | - | - |
| - | - | - | - | - | - | - | - | - | 34 | 86 | - | - |
| - | - | - | - | - | - | - | - | - | 16 | 267 | - | - |
| - | - | - | - | - | - | - | - | - | - | - | - | - |
| - | - | - | - | - | - | - | - | - | - | - | - | - |
| - | - | - | - | - | - | - | - | - | - | - | - | - |
| - | - | - | - | - | - | - | - | - | - | - | - | - |
| - | - | - | - | - | - | - | - | - | - | - | - | - |
| - | - | - | - | 41 | - | 5 | - | - | 123 | 531 | - | - |
| - | - | - | - | - | - | - | - | - | - | - | 106 | - |
| - | - | - | - | - | - | - | - | - | - | - | - | 274 |
| - | - | - | - | - | 8 | 1320 | 1092 | - | 1144 | 125 | - | - |
| - | - | - | - | - | 8 | - | 1092 | - | - | - | - | - |
| - | - | - | - | - | - | 1250 | - | - | 828 | - | - | - |
| - | - | - | - | - | - | - | - | - | 49 | - | - | - |
| - | - | - | - | - | - | 70 | - | - | 267 | 125 | - | - |
| - | - | - | - | 124 | - | 50 | - | 47 | 1617 | 105 | - | - |
| - | - | - | - | - | - | 48 | - | - | 632 | 5 | - | - |
| - | - | - | - | - | - | - | - | - | - | - | - | - |
| - | - | - | - | - | - | - | - | - | 84 | 50 | - | - |
| - | - | - | - | 124 | - | - | - | 47 | 901 | 50 | - | - |

## PRODUCTION AND USES OF ENERGY SOURCES : GREECE

1980

| PRODUCTION AND USES \ ENERGY SOURCES | UNIT: 1000 METRIC TONS / UNITE: 1000 TONNES METRIQUES | | | | | | TCAL / TCAL | MANUFACTURED GAS (TCAL) / GAZ MANUFACTURE (TCAL) | | | MILLIONS / OF (DE) KWH |
|---|---|---|---|---|---|---|---|---|---|---|---|
| | HARD COAL / HOUILLE | PATENT FUEL / AGGLOMERES | COKE OVEN COKE / COKE DE FOUR | GAS COKE / COKE DE GAZ | BROWN COAL / LIGNITE | BKB / BRIQ. DE LIGNITE | NATURAL GAS / GAZ NATUREL | GAS WORKS / USINES A GAZ | COKE OVENS / COKERIES | BLAST FURNACES / HAUT FOURNEAUX | ELECTRICITY* / ELECTRICITE* |
| | 1 | 2 | 3 | 4 | 5 | 6 | 7 | 8 | 9 | 10 | 11 |
| PRODUCTION | - | - | 247 | 14 | 23198 | 97 | - | 30 | 552 | 657 | 22652 |
| FROM OTHER SOURCES | - | - | - | - | - | - | - | - | - | - | - |
| IMPORT | 533 | - | 35 | - | - | - | - | - | - | - | 654 |
| EXPORT | - | - | - | - | - | - | - | - | - | - | -38 |
| INTL. MARINE BUNKERS | - | - | - | - | - | - | - | - | - | - | - |
| STOCK CHANGES | 12 | - | -21 | - | -506 | - | - | - | - | - | - |
| DOMESTIC SUPPLY | 545 | - | 261 | 14 | 22692 | 97 | - | 30 | 552 | 657 | 23268 |
| RETURNS TO SUPPLY | - | - | - | - | - | - | - | - | - | - | - |
| TRANSFERS | - | - | - | - | - | - | - | - | - | - | - |
| DOMESTIC AVAILABILITY | 545 | - | 261 | 14 | 22692 | 97 | - | 30 | 552 | 657 | 23268 |
| STATISTICAL DIFFERENCE | - | - | - | - | 75 | - | - | - | - | - | 936 |
| TRANSFORM. SECTOR ** | 401 | - | - | 7 | 21283 | - | - | - | - | - | - |
| FOR SOLID FUELS | 384 | - | - | - | 649 | - | - | - | - | - | - |
| FOR GASES | 17 | - | - | 7 | - | - | - | - | - | - | - |
| PETROLEUM REFINERIES | - | - | - | - | - | - | - | - | - | - | - |
| THERMO-ELECTRIC PLANTS | - | - | - | - | 20634 | - | - | - | - | - | - |
| ENERGY SECTOR | - | - | - | - | 45 | - | - | 5 | 274 | 349 | 3364 |
| COAL MINES | - | - | - | - | 45 | - | - | - | - | - | 168 |
| OIL AND GAS EXTRACTION | - | - | - | - | - | - | - | - | - | - | - |
| PETROLEUM REFINERIES | - | - | - | - | - | - | - | - | - | - | 235 |
| ELECTRIC PLANTS | - | - | - | - | - | - | - | - | - | - | 1363 |
| DISTRIBUTION LOSSES | - | - | - | - | - | - | - | 5 | - | - | 1598 |
| PUMP STORAGE (ELECTR.) | - | - | - | - | - | - | - | - | - | - | - |
| OTHER ENERGY SECTOR | - | - | - | - | - | - | - | - | 274 | 349 | - |
| FINAL CONSUMPTION | 144 | - | 261 | 7 | 1289 | 97 | - | 25 | 278 | 308 | 18968 |
| INDUSTRY SECTOR | 139 | - | 254 | 5 | 1289 | - | - | 3 | 278 | 308 | 9620 |
| IRON AND STEEL | 133 | - | 240 | - | - | - | - | - | 278 | 308 | 947 |
| CHEMICAL | - | - | - | - | 818 | - | - | - | - | - | 1198 |
| PETROCHEMICAL | - | - | - | - | - | - | - | - | - | - | - |
| NON-FERROUS METAL | - | - | - | - | - | - | - | - | - | - | 3184 |
| NON-METALLIC MINERAL | - | - | - | - | - | - | - | - | - | - | 1545 |
| PAPER PULP AND PRINT | - | - | - | - | - | - | - | - | - | - | 486 |
| MINING AND QUARRYING | - | - | - | - | - | - | - | - | - | - | 212 |
| FOOD AND TOBACCO | - | - | - | - | - | - | - | - | - | - | 457 |
| WOOD AND WOOD PRODUCTS | - | - | - | - | - | - | - | - | - | - | 110 |
| MACHINERY | - | - | - | - | - | - | - | - | - | - | 333 |
| TRANSPORT EQUIPMENT | - | - | - | - | - | - | - | - | - | - | 116 |
| CONSTRUCTION | - | - | - | - | - | - | - | - | - | - | - |
| TEXTILES AND LEATHER | - | - | - | - | - | - | - | - | - | - | 1030 |
| NON SPECIFIED | 6 | - | 14 | 5 | 471 | - | - | 3 | - | - | 2 |
| NON-ENERGY USES: | | | | | | | | | | | |
| (1)ENERGY PRODUCTS | - | - | - | - | - | - | - | - | - | - | - |
| (2)NON-ENERGY PRODUCTS | - | - | - | - | - | - | - | - | - | - | - |
| TRANSPORT. SECTOR ** | 3 | - | - | - | - | - | - | - | - | - | 39 |
| AIR TRANSPORT | - | - | - | - | - | - | - | - | - | - | - |
| ROAD TRANSPORT | - | - | - | - | - | - | - | - | - | - | - |
| RAILWAYS | 3 | - | - | - | - | - | - | - | - | - | 39 |
| INTERNAL NAVIGATION | - | - | - | - | - | - | - | - | - | - | - |
| OTHER SECTORS ** | 2 | - | 7 | 2 | - | 97 | - | 22 | - | - | 9309 |
| AGRICULTURE | - | - | - | - | - | - | - | - | - | - | 400 |
| PUBLIC SERVICES | - | - | - | - | - | - | - | - | - | - | - |
| COMMERCE | - | - | - | - | - | - | - | 11 | - | - | 3253 |
| RESIDENTIAL | 2 | - | 7 | 2 | - | 97 | - | 11 | - | - | 5656 |

(1) INCLUDED IN CHEMICAL OR PETROCHEMICAL INDUSTRY
(2) INCLUDED ONLY IN TOTAL INDUSTRY

| * OF WHICH: HYDRO | 3405 |
|---|---|
| NUCLEAR | 0 |
| CONVENTIONAL THERMAL | 19247 |
| GEOTHERMAL | 0 |

** INCLUDED IN THESE TOTALS ARE THE NON-SPECIFIED ELEMENTS

## PRODUCTION ET UTILISATION DES SOURCES D ENERGIE : GRECE

1980

UNIT: 1000 METRIC TONS
UNITE: 1000 TONNES METRIQUES

| OIL PETROLE | | | REFINERY GAS | LIQUEFIED PETROLEUM GASES | AVIATION GASOLINE | MOTOR GASOLINE | JET FUEL | KEROSENE | GAS/DIESEL OIL | RESIDUAL FUEL OIL | NAPHTHA | NON-ENERGY PRODUCTS |
|---|---|---|---|---|---|---|---|---|---|---|---|---|
| CRUDE BRUT | NGL GNL | FEEDST. | GAZ DE PETROLE | GAZ LIQUEFIES DE PETROLE | ESSENCE AVION | ESSENCE AUTO | CARBURANT REACTEUR | PETROLE LAMPANT | GAZ/DIESEL OIL | FUEL OIL RESIDUEL | NAPHTHA | PRODUITS NON-ENERGETIQUES |
| 12 | 13 | 14 | 15 | 16 | 17 | 18 | 19 | 20 | 21 | 22 | 23 | 24 |
| - | - | - | 177 | 182 | 3 | 1139 | 1369 | 41 | 3649 | 6490 | 889 | 195 |
| - | - | - | - | - | - | - | - | - | - | - | - | - |
| 17708 | - | - | - | 25 | 6 | 898 | 1291 | - | 2448 | 891 | 260 | 155 |
| -3174 | - | - | - | -15 | - | -798 | -1509 | - | -2504 | -1628 | -793 | -70 |
| - | - | - | - | - | - | - | - | - | -201 | -654 | - | - |
| -247 | - | - | - | -3 | 1 | 138 | -80 | -5 | -149 | -118 | -241 | -2 |
| 14287 | - | - | 177 | 189 | 10 | 1377 | 1071 | 36 | 3243 | 4981 | 115 | 278 |
| - | - | - | - | - | - | - | - | - | - | - | - | - |
| - | - | - | - | - | - | - | - | - | - | - | - | - |
| 14287 | - | - | 177 | 189 | 10 | 1377 | 1071 | 36 | 3243 | 4981 | 115 | 278 |
| 5 | - | - | - | - | - | - | -1 | - | 4 | 5 | -1 | - |
| 14268 | - | - | - | - | - | - | - | - | 308 | 1871 | - | - |
| - | - | - | - | - | - | - | - | - | - | - | - | - |
| - | - | - | - | - | - | - | - | - | - | - | - | - |
| 14268 | - | - | - | - | - | - | - | - | - | - | - | - |
| - | - | - | - | - | - | - | - | - | 308 | 1871 | - | - |
| - | - | - | 177 | - | - | - | - | - | - | 265 | - | - |
| - | - | - | - | - | - | - | - | - | - | - | - | - |
| - | - | - | - | - | - | - | - | - | - | - | - | - |
| - | - | - | 177 | - | - | - | - | - | - | 265 | - | - |
| - | - | - | - | - | - | - | - | - | - | - | - | - |
| - | - | - | - | - | - | - | - | - | - | - | - | - |
| - | - | - | - | - | - | - | - | - | - | - | - | - |
| - | - | - | - | - | - | - | - | - | - | - | - | - |
| 14 | - | - | - | 189 | 10 | 1377 | 1072 | 36 | 2931 | 2840 | 116 | 278 |
| 14 | - | - | - | 40 | - | 5 | - | - | 245 | 2532 | 116 | 278 |
| - | - | - | - | - | - | - | - | - | 14 | 158 | - | - |
| - | - | - | - | - | - | - | - | - | 2 | 79 | - | - |
| 14 | - | - | - | - | - | - | - | - | - | - | 116 | - |
| - | - | - | - | - | - | - | - | - | 26 | 253 | - | - |
| - | - | - | - | - | - | - | - | - | 17 | 1092 | - | - |
| - | - | - | - | - | - | - | - | - | 4 | 114 | - | - |
| - | - | - | - | - | - | - | - | - | 35 | 61 | - | - |
| - | - | - | - | - | - | - | - | - | 14 | 189 | - | - |
| - | - | - | - | - | - | - | - | - | - | - | - | - |
| - | - | - | - | - | - | - | - | - | - | - | - | - |
| - | - | - | - | - | - | - | - | - | - | - | - | - |
| - | - | - | - | - | - | - | - | - | - | - | - | - |
| - | - | - | - | - | - | - | - | - | - | - | - | - |
| - | - | - | - | 40 | - | 5 | - | - | 133 | 586 | - | - |
| - | - | - | - | - | - | - | - | - | - | 7 | 116 | - |
| - | - | - | - | - | - | - | - | - | - | - | - | 278 |
| - | - | - | - | - | 10 | 1322 | 1072 | - | 1250 | 160 | - | - |
| - | - | - | - | - | 10 | - | 1072 | - | - | - | - | - |
| - | - | - | - | - | - | 1252 | - | - | 886 | - | - | - |
| - | - | - | - | - | - | - | - | - | 45 | - | - | - |
| - | - | - | - | - | - | 70 | - | - | 319 | 160 | - | - |
| - | - | - | - | 149 | - | 50 | - | 36 | 1436 | 148 | - | - |
| - | - | - | - | - | - | 48 | - | - | 645 | 6 | - | - |
| - | - | - | - | - | - | - | - | - | - | - | - | - |
| - | - | - | - | - | - | - | - | - | 39 | 98 | - | - |
| - | - | - | - | 149 | - | - | - | 36 | 752 | 44 | - | - |

## PRODUCTION AND USES OF ENERGY SOURCES : GREECE

1981

| ENERGY SOURCES / PRODUCTION AND USES | UNIT: 1000 METRIC TONS / UNITE: 1000 TONNES METRIQUES | | | | | | TCAL / TCAL | MANUFACTURED GAS (TCAL) / GAZ MANUFACTURE (TCAL) | | | MILLIONS OF (DE) KWH |
|---|---|---|---|---|---|---|---|---|---|---|---|
| | HARD COAL / HOUILLE | PATENT FUEL / AGGLOMERES | COKE OVEN COKE / COKE DE FOUR | GAS COKE / COKE DE GAZ | BROWN COAL / LIGNITE | BKB / BRIQ. DE LIGNITE | NATURAL GAS / GAZ NATUREL | GAS WORKS / USINES A GAZ | COKE OVENS / COKERIES | BLAST FURNACES / HAUT FOURNEAUX | ELECTRICITY* / ELECTRICITE* |
| | 1 | 2 | 3 | 4 | 5 | 6 | 7 | 8 | 9 | 10 | 11 |
| PRODUCTION | - | - | 45 | 13 | 27315 | 198 | - | 30 | 460 | 600 | 23433 |
| FROM OTHER SOURCES | - | - | - | - | - | - | - | - | - | - | - |
| IMPORT | 287 | - | 32 | - | - | - | - | - | - | - | 398 |
| EXPORT | - | - | - | - | - | - | - | - | - | - | -89 |
| INTL. MARINE BUNKERS | - | - | - | - | - | - | - | - | - | - | - |
| STOCK CHANGES | -60 | - | 17 | 2 | -225 | - | - | - | - | - | - |
| DOMESTIC SUPPLY | 227 | - | 94 | 15 | 27090 | 198 | - | 30 | 460 | 600 | 23742 |
| RETURNS TO SUPPLY | - | - | - | - | - | - | - | - | - | - | - |
| TRANSFERS | - | - | - | - | - | - | - | - | - | - | - |
| DOMESTIC AVAILABILITY | 227 | - | 94 | 15 | 27090 | 198 | - | 30 | 460 | 600 | 23742 |
| STATISTICAL DIFFERENCE | - | - | - | - | - | - | - | - | - | - | 959 |
| TRANSFORM. SECTOR ** | 83 | - | - | 8 | 25732 | - | - | - | - | - | - |
| FOR SOLID FUELS | 67 | - | - | - | 507 | - | - | - | - | - | - |
| FOR GASES | 16 | - | - | 8 | - | - | - | - | - | - | - |
| PETROLEUM REFINERIES | - | - | - | - | - | - | - | - | - | - | - |
| THERMO-ELECTRIC PLANTS | - | - | - | - | 25225 | - | - | - | - | - | - |
| ENERGY SECTOR | - | - | - | - | 39 | - | - | 5 | 255 | 320 | 3779 |
| COAL MINES | - | - | - | - | 39 | - | - | - | - | - | 233 |
| OIL AND GAS EXTRACTION | - | - | - | - | - | - | - | - | - | - | 7 |
| PETROLEUM REFINERIES | - | - | - | - | - | - | - | - | - | - | 308 |
| ELECTRIC PLANTS | - | - | - | - | - | - | - | - | - | - | 1554 |
| DISTRIBUTION LOSSES | - | - | - | - | - | - | - | 5 | - | - | 1677 |
| PUMP STORAGE (ELECTR.) | - | - | - | - | - | - | - | - | - | - | - |
| OTHER ENERGY SECTOR | - | - | - | - | - | - | - | - | 255 | 320 | - |
| FINAL CONSUMPTION | 144 | - | 94 | 7 | 1319 | 198 | - | 25 | 205 | 280 | 19004 |
| INDUSTRY SECTOR | 127 | - | 90 | 4 | 1308 | 123 | - | - | 205 | 280 | 9301 |
| IRON AND STEEL | 112 | - | 76 | - | - | 123 | - | - | 205 | 280 | 799 |
| CHEMICAL | - | - | - | - | 928 | - | - | - | - | - | 1222 |
| PETROCHEMICAL | - | - | - | - | - | - | - | - | - | - | - |
| NON-FERROUS METAL | - | - | - | - | - | - | - | - | - | - | 2945 |
| NON-METALLIC MINERAL | - | - | - | - | - | - | - | - | - | - | 1564 |
| PAPER PULP AND PRINT | - | - | - | - | - | - | - | - | - | - | 445 |
| MINING AND QUARRYING | - | - | - | - | - | - | - | - | - | - | 214 |
| FOOD AND TOBACCO | - | - | - | - | - | - | - | - | - | - | 505 |
| WOOD AND WOOD PRODUCTS | - | - | - | - | - | - | - | - | - | - | 106 |
| MACHINERY | - | - | - | - | - | - | - | - | - | - | 342 |
| TRANSPORT EQUIPMENT | - | - | - | - | - | - | - | - | - | - | 142 |
| CONSTRUCTION | - | - | - | - | - | - | - | - | - | - | - |
| TEXTILES AND LEATHER | - | - | - | - | - | - | - | - | - | - | 1014 |
| NON SPECIFIED | 15 | - | 14 | 4 | 380 | - | - | - | - | - | 3 |
| NON-ENERGY USES: | | | | | | | | | | | |
| (1)ENERGY PRODUCTS | - | - | - | - | - | - | - | - | - | - | - |
| (2)NON-ENERGY PRODUCTS | - | - | - | - | - | - | - | - | - | - | - |
| TRANSPORT. SECTOR ** | 2 | - | 1 | - | - | - | - | - | - | - | 40 |
| AIR TRANSPORT | - | - | - | - | - | - | - | - | - | - | - |
| ROAD TRANSPORT | - | - | - | - | - | - | - | - | - | - | - |
| RAILWAYS | 2 | - | 1 | - | - | - | - | - | - | - | 40 |
| INTERNAL NAVIGATION | - | - | - | - | - | - | - | - | - | - | - |
| OTHER SECTORS ** | 15 | - | 3 | 3 | 11 | 75 | - | 25 | - | - | 9663 |
| AGRICULTURE | - | - | - | - | - | - | - | - | - | - | 466 |
| PUBLIC SERVICES | - | - | - | - | - | - | - | 1 | - | - | - |
| COMMERCE | - | - | - | 2 | - | 24 | - | 15 | - | - | 3293 |
| RESIDENTIAL | 15 | - | 3 | 1 | 11 | 43 | - | 9 | - | - | 5904 |

(1) INCLUDED IN CHEMICAL OR PETROCHEMICAL INDUSTRY
(2) INCLUDED ONLY IN TOTAL INDUSTRY

** INCLUDED IN THESE TOTALS ARE THE NON-SPECIFIED ELEMENTS

| * OF WHICH: | |
|---|---|
| HYDRO | 3408 |
| NUCLEAR | 0 |
| CONVENTIONAL THERMAL | 20025 |
| GEOTHERMAL | 0 |

PRODUCTION ET UTILISATION DES SOURCES D ENERGIE : GRECE

1981

UNIT: 1000 METRIC TONS
UNITE: 1000 TONNES METRIQUES

| OIL / PETROLE | | | REFINERY GAS | LIQUEFIED PETROLEUM GASES | AVIATION GASOLINE | MOTOR GASOLINE | JET FUEL | KEROSENE | GAS/DIESEL OIL | RESIDUAL FUEL OIL | NAPHTHA | NON-ENERGY PRODUCTS |
|---|---|---|---|---|---|---|---|---|---|---|---|---|
| CRUDE / BRUT | NGL / GNL | FEEDST. | GAZ DE PETROLE | GAZ LIQUEFIES DE PETROLE | ESSENCE AVION | ESSENCE AUTO | CARBURANT REACTEUR | PETROLE LAMPANT | GAZ/DIESEL OIL | FUEL OIL RESIDUEL | NAPHTHA | PRODUITS NON-ENERGETIQUES |
| 12 | 13 | 14 | 15 | 16 | 17 | 18 | 19 | 20 | 21 | 22 | 23 | 24 |
| 196 | - | - | 200 | 265 | 252 | 1559 | 1398 | 25 | 3945 | 7188 | 782 | 181 |
| - | - | - | - | - | - | - | - | - | - | - | - | - |
| 18497 | - | - | - | 7 | 6 | 809 | 573 | - | 1497 | 372 | 152 | 162 |
| -2290 | - | - | - | -74 | - | -775 | -1194 | - | -2531 | -2162 | -903 | -38 |
| - | - | - | - | - | - | - | - | - | -268 | -774 | - | - |
| -457 | - | - | - | -5 | 1 | -146 | 42 | 4 | 352 | -209 | 87 | 4 |
| 15946 | - | - | 200 | 193 | 259 | 1447 | 819 | 29 | 2995 | 4415 | 118 | 309 |
| - | - | - | - | - | - | - | - | - | - | - | - | - |
| - | - | - | - | - | - | - | - | - | - | - | - | - |
| 15946 | - | - | 200 | 193 | 259 | 1447 | 819 | 29 | 2995 | 4415 | 118 | 309 |
| 2 | - | - | - | - | - | - | -1 | - | -6 | -10 | - | - |
| 15934 | - | - | - | - | - | - | - | - | 160 | 1593 | - | - |
| - | - | - | - | - | - | - | - | - | - | - | - | - |
| - | - | - | - | - | - | - | - | - | - | - | - | - |
| 15934 | - | - | - | - | - | - | - | - | - | - | - | - |
| - | - | - | - | - | - | - | - | - | 160 | 1593 | - | - |
| - | - | - | 200 | - | - | - | - | - | - | 302 | - | - |
| - | - | - | - | - | - | - | - | - | - | - | - | - |
| - | - | - | - | - | - | - | - | - | - | - | - | - |
| - | - | - | 200 | - | - | - | - | - | - | 302 | - | - |
| - | - | - | - | - | - | - | - | - | - | - | - | - |
| - | - | - | - | - | - | - | - | - | - | - | - | - |
| - | - | - | - | - | - | - | - | - | - | - | - | - |
| - | - | - | - | - | - | - | - | - | - | - | - | - |
| 10 | - | - | - | 193 | 259 | 1447 | 820 | 29 | 2841 | 2530 | 118 | 309 |
| 10 | - | - | - | 70 | - | - | - | - | 244 | 2247 | 118 | 309 |
| - | - | - | - | - | - | - | - | - | 11 | 134 | - | - |
| - | - | - | - | - | - | - | - | - | 1 | 44 | - | - |
| 10 | - | - | - | - | - | - | - | - | - | 28 | 118 | - |
| - | - | - | - | - | - | - | - | - | 19 | 218 | - | - |
| - | - | - | - | - | - | - | - | - | 14 | 919 | - | - |
| - | - | - | - | - | - | - | - | - | 3 | 89 | - | - |
| - | - | - | - | - | - | - | - | - | 27 | 40 | - | - |
| - | - | - | - | - | - | - | - | - | 18 | 232 | - | - |
| - | - | - | - | - | - | - | - | - | - | - | - | - |
| - | - | - | - | - | - | - | - | - | - | - | - | - |
| - | - | - | - | - | - | - | - | - | - | - | - | - |
| - | - | - | - | - | - | - | - | - | - | - | - | - |
| - | - | - | - | - | - | - | - | - | 10 | 124 | - | - |
| - | - | - | - | 70 | - | - | - | - | 141 | 419 | - | - |
| - | - | - | - | - | - | - | - | - | - | - | 118 | - |
| - | - | - | - | - | - | - | - | - | - | - | - | 309 |
| - | - | - | - | 23 | 259 | 1394 | 820 | - | 1193 | 171 | - | - |
| - | - | - | - | - | 259 | - | 820 | - | - | - | - | - |
| - | - | - | - | 23 | - | 1394 | - | - | 858 | - | - | - |
| - | - | - | - | - | - | - | - | - | 55 | - | - | - |
| - | - | - | - | - | - | - | - | - | 280 | 171 | - | - |
| - | - | - | - | 100 | - | 53 | - | 29 | 1404 | 112 | - | - |
| - | - | - | - | - | - | 53 | - | - | 583 | - | - | - |
| - | - | - | - | - | - | - | - | - | - | - | - | - |
| - | - | - | - | - | - | - | - | - | 63 | 60 | - | - |
| - | - | - | - | 100 | - | - | - | 29 | 758 | 52 | - | - |

# PRODUCTION AND USES OF ENERGY SOURCES : ICELAND

1971

| ENERGY SOURCES / PRODUCTION AND USES | UNIT: 1000 METRIC TONS / UNITE: 1000 TONNES METRIQUES | | | | | | TCAL / TCAL | MANUFACTURED GAS (TCAL) / GAZ MANUFACTURE (TCAL) | | | MILLIONS / OF (DE) KWH |
|---|---|---|---|---|---|---|---|---|---|---|---|
| | HARD COAL / HOUILLE | PATENT FUEL / AGGLOMERES | COKE OVEN COKE / COKE DE FOUR | GAS COKE / COKE DE GAZ | BROWN COAL / LIGNITE | BKB / BRIQ. DE LIGNITE | NATURAL GAS / GAZ NATUREL | GAS WORKS / USINES A GAZ | COKE OVENS / COKERIES | BLAST FURNACES / HAUT FOURNEAUX | ELECTRICITY* / ELECTRICITE* |
| | 1 | 2 | 3 | 4 | 5 | 6 | 7 | 8 | 9 | 10 | 11 |
| PRODUCTION | - | - | - | - | - | - | - | - | - | - | 1621 |
| FROM OTHER SOURCES | - | - | - | - | - | - | - | - | - | - | - |
| IMPORT | 1 | - | - | - | - | - | - | - | - | - | - |
| EXPORT | - | - | - | - | - | - | - | - | - | - | - |
| INTL. MARINE BUNKERS | - | - | - | - | - | - | - | - | - | - | - |
| STOCK CHANGES | - | - | - | - | - | - | - | - | - | - | - |
| DOMESTIC SUPPLY | 1 | - | - | - | - | - | - | - | - | - | 1621 |
| RETURNS TO SUPPLY | - | - | - | - | - | - | - | - | - | - | - |
| TRANSFERS | - | - | - | - | - | - | - | - | - | - | - |
| DOMESTIC AVAILABILITY | 1 | - | - | - | - | - | - | - | - | - | 1621 |
| STATISTICAL DIFFERENCE | - | - | - | - | - | - | - | - | - | - | - |
| TRANSFORM. SECTOR ** | - | - | - | - | - | - | - | - | - | - | - |
| FOR SOLID FUELS | - | - | - | - | - | - | - | - | - | - | - |
| FOR GASES | - | - | - | - | - | - | - | - | - | - | - |
| PETROLEUM REFINERIES | - | - | - | - | - | - | - | - | - | - | - |
| THERMO-ELECTRIC PLANTS | - | - | - | - | - | - | - | - | - | - | - |
| ENERGY SECTOR | - | - | - | - | - | - | - | - | - | - | 197 |
| COAL MINES | - | - | - | - | - | - | - | - | - | - | - |
| OIL AND GAS EXTRACTION | - | - | - | - | - | - | - | - | - | - | - |
| PETROLEUM REFINERIES | - | - | - | - | - | - | - | - | - | - | - |
| ELECTRIC PLANTS | - | - | - | - | - | - | - | - | - | - | 19 |
| DISTRIBUTION LOSSES | - | - | - | - | - | - | - | - | - | - | 178 |
| PUMP STORAGE (ELECTR.) | - | - | - | - | - | - | - | - | - | - | - |
| OTHER ENERGY SECTOR | - | - | - | - | - | - | - | - | - | - | - |
| FINAL CONSUMPTION | 1 | - | - | - | - | - | - | - | - | - | 1424 |
| INDUSTRY SECTOR | - | - | - | - | - | - | - | - | - | - | 961 |
| IRON AND STEEL | - | - | - | - | - | - | - | - | - | - | - |
| CHEMICAL | - | - | - | - | - | - | - | - | - | - | - |
| PETROCHEMICAL | - | - | - | - | - | - | - | - | - | - | - |
| NON-FERROUS METAL | - | - | - | - | - | - | - | - | - | - | 700 |
| NON-METALLIC MINERAL | - | - | - | - | - | - | - | - | - | - | - |
| PAPER PULP AND PRINT | - | - | - | - | - | - | - | - | - | - | - |
| MINING AND QUARRYING | - | - | - | - | - | - | - | - | - | - | - |
| FOOD AND TOBACCO | - | - | - | - | - | - | - | - | - | - | - |
| WOOD AND WOOD PRODUCTS | - | - | - | - | - | - | - | - | - | - | - |
| MACHINERY | - | - | - | - | - | - | - | - | - | - | - |
| TRANSPORT EQUIPMENT | - | - | - | - | - | - | - | - | - | - | - |
| CONSTRUCTION | - | - | - | - | - | - | - | - | - | - | - |
| TEXTILES AND LEATHER | - | - | - | - | - | - | - | - | - | - | - |
| NON SPECIFIED | - | - | - | - | - | - | - | - | - | - | 261 |
| NON-ENERGY USES: | | | | | | | | | | | |
| (1)ENERGY PRODUCTS | - | - | - | - | - | - | - | - | - | - | - |
| (2)NON-ENERGY PRODUCTS | - | - | - | - | - | - | - | - | - | - | - |
| TRANSPORT. SECTOR ** | - | - | - | - | - | - | - | - | - | - | - |
| AIR TRANSPORT | - | - | - | - | - | - | - | - | - | - | - |
| ROAD TRANSPORT | - | - | - | - | - | - | - | - | - | - | - |
| RAILWAYS | - | - | - | - | - | - | - | - | - | - | - |
| INTERNAL NAVIGATION | - | - | - | - | - | - | - | - | - | - | - |
| OTHER SECTORS ** | 1 | - | - | - | - | - | - | - | - | - | 463 |
| AGRICULTURE | - | - | - | - | - | - | - | - | - | - | - |
| PUBLIC SERVICES | - | - | - | - | - | - | - | - | - | - | - |
| COMMERCE | - | - | - | - | - | - | - | - | - | - | 97 |
| RESIDENTIAL | 1 | - | - | - | - | - | - | - | - | - | 298 |

(1) INCLUDED IN CHEMICAL OR PETROCHEMICAL INDUSTRY
(2) INCLUDED ONLY IN TOTAL INDUSTRY

** INCLUDED IN THESE TOTALS ARE THE NON-SPECIFIED ELEMENTS

| * OF WHICH: | |
|---|---|
| HYDRO | 1559 |
| NUCLEAR | 0 |
| CONVENTIONAL THERMAL | 49 |
| GEOTHERMAL | 13 |

## PRODUCTION ET UTILISATION DES SOURCES D ENERGIE : ISLANDE

1971

UNIT: 1000 METRIC TONS
UNITE: 1000 TONNES METRIQUES

| OIL / PETROLE: CRUDE* / BRUT* | OIL / PETROLE: NGL / GNL | OIL / PETROLE: FEEDST. | REFINERY GAS / GAZ DE PETROLE | LIQUEFIED PETROLEUM GASES / GAZ LIQUEFIES DE PETROLE | AVIATION GASOLINE / ESSENCE AVION | MOTOR GASOLINE / ESSENCE AUTO | JET FUEL / CARBURANT REACTEUR | KEROSENE / PETROLE LAMPANT | GAS/DIESEL OIL / GAZ/DIESEL OIL | RESIDUAL FUEL OIL / FUEL OIL RESIDUEL | NAPHTHA / NAPHTHA | NON-ENERGY PRODUCTS / PRODUITS NON-ENERGETIQUES |
|---|---|---|---|---|---|---|---|---|---|---|---|---|
| 12 | 13 | 14 | 15 | 16 | 17 | 18 | 19 | 20 | 21 | 22 | 23 | 24 |
| - | - | - | - | - | - | - | - | - | - | - | - | - |
| - | - | - | - | - | - | - | - | - | - | - | - | - |
| - | - | - | - | 1 | 3 | 57 | 70 | 2 | 300 | 88 | - | 13 |
| - | - | - | - | - | - | - | - | - | - | - | - | - |
| - | - | - | - | - | - | - | - | - | - | - | - | - |
| - | - | - | - | - | - | 1 | 2 | - | -2 | 10 | - | - |
| - | - | - | - | 1 | 3 | 58 | 72 | 2 | 298 | 98 | - | 13 |
| - | - | - | - | - | - | - | - | - | - | - | - | - |
| - | - | - | - | - | - | - | - | - | - | - | - | - |
| - | - | - | - | 1 | 3 | 58 | 72 | 2 | 298 | 98 | - | 13 |
| - | - | - | - | - | - | - | - | - | - | - | - | - |
| - | - | - | - | - | - | - | - | - | - | 25 | - | - |
| - | - | - | - | - | - | - | - | - | - | - | - | - |
| - | - | - | - | - | - | - | - | - | - | - | - | - |
| - | - | - | - | - | - | - | - | - | - | - | - | - |
| - | - | - | - | - | - | - | - | - | - | 25 | - | - |
| - | - | - | - | - | - | - | - | - | - | - | - | - |
| - | - | - | - | - | - | - | - | - | - | - | - | - |
| - | - | - | - | - | - | - | - | - | - | - | - | - |
| - | - | - | - | - | - | - | - | - | - | - | - | - |
| - | - | - | - | - | - | - | - | - | - | - | - | - |
| - | - | - | - | - | - | - | - | - | - | - | - | - |
| - | - | - | - | - | - | - | - | - | - | - | - | - |
| - | - | - | - | - | - | - | - | - | - | - | - | - |
| - | - | - | - | 1 | 3 | 58 | 72 | 2 | 298 | 73 | - | 13 |
| - | - | - | - | - | - | - | - | - | - | 73 | - | 13 |
| - | - | - | - | - | - | - | - | - | - | - | - | - |
| - | - | - | - | - | - | - | - | - | - | - | - | - |
| - | - | - | - | - | - | - | - | - | - | - | - | - |
| - | - | - | - | - | - | - | - | - | - | - | - | - |
| - | - | - | - | - | - | - | - | - | - | - | - | - |
| - | - | - | - | - | - | - | - | - | - | - | - | - |
| - | - | - | - | - | - | - | - | - | - | - | - | - |
| - | - | - | - | - | - | - | - | - | - | - | - | - |
| - | - | - | - | - | - | - | - | - | - | - | - | - |
| - | - | - | - | - | - | - | - | - | - | - | - | - |
| - | - | - | - | - | - | - | - | - | - | - | - | - |
| - | - | - | - | - | - | - | - | - | - | - | - | - |
| - | - | - | - | - | - | - | - | - | - | - | - | - |
| - | - | - | - | - | - | - | - | - | - | 73 | - | 1 |
| - | - | - | - | - | - | - | - | - | - | - | - | - |
| - | - | - | - | - | - | - | - | - | - | - | - | 12 |
| - | - | - | - | - | 3 | 58 | 72 | - | 180 | - | - | - |
| - | - | - | - | - | 3 | - | 72 | - | - | - | - | - |
| - | - | - | - | - | - | 58 | - | - | 80 | - | - | - |
| - | - | - | - | - | - | - | - | - | - | - | - | - |
| - | - | - | - | - | - | - | - | - | 100 | - | - | - |
| - | - | - | - | 1 | - | - | - | 2 | 118 | - | - | - |
| - | - | - | - | - | - | - | - | - | 5 | - | - | - |
| - | - | - | - | - | - | - | - | - | - | - | - | - |
| - | - | - | - | - | - | - | - | - | - | - | - | - |
| - | - | - | - | - | - | - | - | 2 | 113 | - | - | - |

*INCLUDED IN THIS COLUMN IS NGL AND FEEDSTOCKS.

# PRODUCTION AND USES OF ENERGY SOURCES : ICELAND

1972

| X XX ENERGY XX XX SOURCES XX XX XX PRODUCTION XX XX AND USES XX | UNIT: 1000 METRIC TONS / UNITE: 1000 TONNES METRIQUES | | | | | | TCAL / TCAL | MANUFACTURED GAS (TCAL) / GAZ MANUFACTURE (TCAL) | | | MILLIONS OF (DE) KWH |
|---|---|---|---|---|---|---|---|---|---|---|---|
| | HARD COAL / HOUILLE | PATENT FUEL / AGGLOMERES | COKE OVEN COKE / COKE DE FOUR | GAS COKE / COKE DE GAZ | BROWN COAL / LIGNITE | BKB / BRIQ. DE LIGNITE | NATURAL GAS / GAZ NATUREL | GAS WORKS / USINES A GAZ | COKE OVENS / COKERIES | BLAST FURNACES / HAUT FOURNEAUX | ELECTRICITY* / ELECTRICITE* |
| | 1 | 2 | 3 | 4 | 5 | 6 | 7 | 8 | 9 | 10 | 11 |
| PRODUCTION | - | - | - | - | - | - | - | - | - | - | 1794 |
| FROM OTHER SOURCES | - | - | - | - | - | - | - | - | - | - | - |
| IMPORT | 1 | - | - | - | - | - | - | - | - | - | - |
| EXPORT | - | - | - | - | - | - | - | - | - | - | - |
| INTL. MARINE BUNKERS | - | - | - | - | - | - | - | - | - | - | - |
| STOCK CHANGES | - | - | - | - | - | - | - | - | - | - | - |
| DOMESTIC SUPPLY | 1 | - | - | - | - | - | - | - | - | - | 1794 |
| RETURNS TO SUPPLY | - | - | - | - | - | - | - | - | - | - | - |
| TRANSFERS | - | - | - | - | - | - | - | - | - | - | - |
| DOMESTIC AVAILABILITY | 1 | - | - | - | - | - | - | - | - | - | 1794 |
| STATISTICAL DIFFERENCE | - | - | - | - | - | - | - | - | - | - | - |
| TRANSFORM. SECTOR ** | - | - | - | - | - | - | - | - | - | - | - |
| FOR SOLID FUELS | - | - | - | - | - | - | - | - | - | - | - |
| FOR GASES | - | - | - | - | - | - | - | - | - | - | - |
| PETROLEUM REFINERIES | - | - | - | - | - | - | - | - | - | - | - |
| THERMO-ELECTRIC PLANTS | - | - | - | - | - | - | - | - | - | - | - |
| ENERGY SECTOR | - | - | - | - | - | - | - | - | - | - | 215 |
| COAL MINES | - | - | - | - | - | - | - | - | - | - | - |
| OIL AND GAS EXTRACTION | - | - | - | - | - | - | - | - | - | - | - |
| PETROLEUM REFINERIES | - | - | - | - | - | - | - | - | - | - | - |
| ELECTRIC PLANTS | - | - | - | - | - | - | - | - | - | - | 21 |
| DISTRIBUTION LOSSES | - | - | - | - | - | - | - | - | - | - | 194 |
| PUMP STORAGE (ELECTR.) | - | - | - | - | - | - | - | - | - | - | - |
| OTHER ENERGY SECTOR | - | - | - | - | - | - | - | - | - | - | - |
| FINAL CONSUMPTION | 1 | - | - | - | - | - | - | - | - | - | 1579 |
| INDUSTRY SECTOR | - | - | - | - | - | - | - | - | - | - | 1083 |
| IRON AND STEEL | - | - | - | - | - | - | - | - | - | - | - |
| CHEMICAL | - | - | - | - | - | - | - | - | - | - | - |
| PETROCHEMICAL | - | - | - | - | - | - | - | - | - | - | - |
| NON-FERROUS METAL | - | - | - | - | - | - | - | - | - | - | 790 |
| NON-METALLIC MINERAL | - | - | - | - | - | - | - | - | - | - | - |
| PAPER PULP AND PRINT | - | - | - | - | - | - | - | - | - | - | - |
| MINING AND QUARRYING | - | - | - | - | - | - | - | - | - | - | - |
| FOOD AND TOBACCO | - | - | - | - | - | - | - | - | - | - | - |
| WOOD AND WOOD PRODUCTS | - | - | - | - | - | - | - | - | - | - | - |
| MACHINERY | - | - | - | - | - | - | - | - | - | - | - |
| TRANSPORT EQUIPMENT | - | - | - | - | - | - | - | - | - | - | - |
| CONSTRUCTION | - | - | - | - | - | - | - | - | - | - | - |
| TEXTILES AND LEATHER | - | - | - | - | - | - | - | - | - | - | - |
| NON SPECIFIED | - | - | - | - | - | - | - | - | - | - | 293 |
| NON-ENERGY USES: | | | | | | | | | | | |
| (1)ENERGY PRODUCTS | - | - | - | - | - | - | - | - | - | - | - |
| (2)NON-ENERGY PRODUCTS | - | - | - | - | - | - | - | - | - | - | - |
| TRANSPORT. SECTOR ** | - | - | - | - | - | - | - | - | - | - | - |
| AIR TRANSPORT | - | - | - | - | - | - | - | - | - | - | - |
| ROAD TRANSPORT | - | - | - | - | - | - | - | - | - | - | - |
| RAILWAYS | - | - | - | - | - | - | - | - | - | - | - |
| INTERNAL NAVIGATION | - | - | - | - | - | - | - | - | - | - | - |
| OTHER SECTORS ** | 1 | - | - | - | - | - | - | - | - | - | 496 |
| AGRICULTURE | - | - | - | - | - | - | - | - | - | - | - |
| PUBLIC SERVICES | - | - | - | - | - | - | - | - | - | - | - |
| COMMERCE | - | - | - | - | - | - | - | - | - | - | 109 |
| RESIDENTIAL | 1 | - | - | - | - | - | - | - | - | - | 317 |

(1) INCLUDED IN CHEMICAL OR PETROCHEMICAL INDUSTRY
(2) INCLUDED ONLY IN TOTAL INDUSTRY

| * OF WHICH: HYDRO | 1724 |
|---|---|
| NUCLEAR | 0 |
| CONVENTIONAL THERMAL | 48 |
| GEOTHERMAL | 22 |

** INCLUDED IN THESE TOTALS ARE THE NON-SPECIFIED ELEMENTS

PRODUCTION ET UTILISATION DES SOURCES D ENERGIE : ISLANDE

1972

UNIT: 1000 METRIC TONS
UNITE: 1000 TONNES METRIQUES

| OIL PETROLE | | | REFINERY GAS | LIQUEFIED PETROLEUM GASES | AVIATION GASOLINE | MOTOR GASOLINE | JET FUEL | KEROSENE | GAS/DIESEL OIL | RESIDUAL FUEL OIL | NAPHTHA | NON-ENERGY PRODUCTS |
|---|---|---|---|---|---|---|---|---|---|---|---|---|
| CRUDE* BRUT* | NGL GNL | FEEDST. | GAZ DE PETROLE | GAZ LIQUEFIES DE PETROLE | ESSENCE AVION | ESSENCE AUTO | CARBURANT REACTEUR | PETROLE LAMPANT | GAZ/DIESEL OIL | FUEL OIL RESIDUEL | NAPHTHA | PRODUITS NON-ENERGETIQUES |
| 12 | 13 | 14 | 15 | 16 | 17 | 18 | 19 | 20 | 21 | 22 | 23 | 24 |
| - | - | - | - | - | - | - | - | - | - | - | - | - |
| - | - | - | - | - | - | - | - | - | - | - | - | - |
| - | - | - | - | 1 | 2 | 64 | 79 | 1 | 301 | 94 | - | 13 |
| - | - | - | - | - | - | - | - | - | - | - | - | - |
| - | - | - | - | - | - | - | - | - | - | - | - | - |
| - | - | - | - | - | - | - | - | - | - | - | - | 1 |
| - | - | - | - | 1 | 2 | 64 | 79 | 1 | 301 | 94 | - | 14 |
| - | - | - | - | - | - | - | - | - | - | - | - | - |
| - | - | - | - | - | - | - | - | - | - | - | - | - |
| - | - | - | - | 1 | 2 | 64 | 79 | 1 | 301 | 94 | - | 14 |
| - | - | - | - | - | - | - | - | - | - | - | - | - |
| - | - | - | - | - | - | - | - | - | - | 25 | - | - |
| - | - | - | - | - | - | - | - | - | - | - | - | - |
| - | - | - | - | - | - | - | - | - | - | - | - | - |
| - | - | - | - | - | - | - | - | - | - | - | - | - |
| - | - | - | - | - | - | - | - | - | - | 25 | - | - |
| - | - | - | - | - | - | - | - | - | - | - | - | - |
| - | - | - | - | - | - | - | - | - | - | - | - | - |
| - | - | - | - | - | - | - | - | - | - | - | - | - |
| - | - | - | - | - | - | - | - | - | - | - | - | - |
| - | - | - | - | - | - | - | - | - | - | - | - | - |
| - | - | - | - | - | - | - | - | - | - | - | - | - |
| - | - | - | - | - | - | - | - | - | - | - | - | - |
| - | - | - | - | - | - | - | - | - | - | - | - | - |
| - | - | - | - | 1 | 2 | 64 | 79 | 1 | 301 | 69 | - | 14 |
| - | - | - | - | - | - | - | - | - | - | 69 | - | 14 |
| - | - | - | - | - | - | - | - | - | - | - | - | - |
| - | - | - | - | - | - | - | - | - | - | - | - | - |
| - | - | - | - | - | - | - | - | - | - | - | - | - |
| - | - | - | - | - | - | - | - | - | - | - | - | - |
| - | - | - | - | - | - | - | - | - | - | - | - | - |
| - | - | - | - | - | - | - | - | - | - | - | - | - |
| - | - | - | - | - | - | - | - | - | - | - | - | - |
| - | - | - | - | - | - | - | - | - | - | - | - | - |
| - | - | - | - | - | - | - | - | - | - | - | - | - |
| - | - | - | - | - | - | - | - | - | - | - | - | - |
| - | - | - | - | - | - | - | - | - | - | - | - | - |
| - | - | - | - | - | - | - | - | - | - | - | - | - |
| - | - | - | - | - | - | - | - | - | - | - | - | - |
| - | - | - | - | - | - | - | - | - | - | 69 | - | 2 |
| - | - | - | - | - | - | - | - | - | - | - | - | - |
| - | - | - | - | - | - | - | - | - | - | - | - | 12 |
| - | - | - | - | - | 2 | 64 | 79 | - | 180 | - | - | - |
| - | - | - | - | - | 2 | - | 79 | - | - | - | - | - |
| - | - | - | - | - | - | 64 | - | - | 80 | - | - | - |
| - | - | - | - | - | - | - | - | - | - | - | - | - |
| - | - | - | - | - | - | - | - | - | 100 | - | - | - |
| - | - | - | - | 1 | - | - | - | 1 | 121 | - | - | - |
| - | - | - | - | - | - | - | - | - | 5 | - | - | - |
| - | - | - | - | - | - | - | - | - | - | - | - | - |
| - | - | - | - | - | - | - | - | - | - | - | - | - |
| - | - | - | - | - | - | - | - | 1 | 116 | - | - | - |

*INCLUDED IN THIS COLUMN IS NGL AND FEEDSTOCKS.

## PRODUCTION AND USES OF ENERGY SOURCES : ICELAND

1973

| X ENERGY SOURCES / PRODUCTION AND USES | UNIT: 1000 METRIC TONS / UNITE: 1000 TONNES METRIQUES | | | | | | TCAL / TCAL | MANUFACTURED GAS (TCAL) / GAZ MANUFACTURE (TCAL) | | | MILLIONS OF (DE) KWH |
|---|---|---|---|---|---|---|---|---|---|---|---|
| | HARD COAL / HOUILLE | PATENT FUEL / AGGLOMERES | COKE OVEN COKE / COKE DE FOUR | GAS COKE / COKE DE GAZ | BROWN COAL / LIGNITE | BKB / BRIQ. DE LIGNITE | NATURAL GAS / GAZ NATUREL | GAS WORKS / USINES A GAZ | COKE OVENS / COKERIES | BLAST FURNACES / HAUT FOURNEAUX | ELECTRICITY* / ELECTRICITE* |
| | 1 | 2 | 3 | 4 | 5 | 6 | 7 | 8 | 9 | 10 | 11 |
| PRODUCTION | - | - | - | - | - | - | - | - | - | - | 2320 |
| FROM OTHER SOURCES | - | - | - | - | - | - | - | - | - | - | - |
| IMPORT | 1 | - | - | - | - | - | - | - | - | - | - |
| EXPORT | - | - | - | - | - | - | - | - | - | - | - |
| INTL. MARINE BUNKERS | - | - | - | - | - | - | - | - | - | - | - |
| STOCK CHANGES | - | - | - | - | - | - | - | - | - | - | - |
| DOMESTIC SUPPLY | 1 | - | - | - | - | - | - | - | - | - | 2320 |
| RETURNS TO SUPPLY | - | - | - | - | - | - | - | - | - | - | - |
| TRANSFERS | - | - | - | - | - | - | - | - | - | - | - |
| DOMESTIC AVAILABILITY | 1 | - | - | - | - | - | - | - | - | - | 2320 |
| STATISTICAL DIFFERENCE | - | - | - | - | - | - | - | - | - | - | -34 |
| TRANSFORM. SECTOR ** | - | - | - | - | - | - | - | - | - | - | - |
| FOR SOLID FUELS | - | - | - | - | - | - | - | - | - | - | - |
| FOR GASES | - | - | - | - | - | - | - | - | - | - | - |
| PETROLEUM REFINERIES | - | - | - | - | - | - | - | - | - | - | - |
| THERMO-ELECTRIC PLANTS | - | - | - | - | - | - | - | - | - | - | - |
| ENERGY SECTOR | - | - | - | - | - | - | - | - | - | - | 283 |
| COAL MINES | - | - | - | - | - | - | - | - | - | - | - |
| OIL AND GAS EXTRACTION | - | - | - | - | - | - | - | - | - | - | - |
| PETROLEUM REFINERIES | - | - | - | - | - | - | - | - | - | - | - |
| ELECTRIC PLANTS | - | - | - | - | - | - | - | - | - | - | 30 |
| DISTRIBUTION LOSSES | - | - | - | - | - | - | - | - | - | - | 253 |
| PUMP STORAGE (ELECTR.) | - | - | - | - | - | - | - | - | - | - | - |
| OTHER ENERGY SECTOR | - | - | - | - | - | - | - | - | - | - | - |
| FINAL CONSUMPTION | 1 | - | - | - | - | - | - | - | - | - | 2071 |
| INDUSTRY SECTOR | - | - | - | - | - | - | - | - | - | - | 1500 |
| IRON AND STEEL | - | - | - | - | - | - | - | - | - | - | - |
| CHEMICAL | - | - | - | - | - | - | - | - | - | - | - |
| PETROCHEMICAL | - | - | - | - | - | - | - | - | - | - | - |
| NON-FERROUS METAL | - | - | - | - | - | - | - | - | - | - | 1095 |
| NON-METALLIC MINERAL | - | - | - | - | - | - | - | - | - | - | - |
| PAPER PULP AND PRINT | - | - | - | - | - | - | - | - | - | - | - |
| MINING AND QUARRYING | - | - | - | - | - | - | - | - | - | - | - |
| FOOD AND TOBACCO | - | - | - | - | - | - | - | - | - | - | - |
| WOOD AND WOOD PRODUCTS | - | - | - | - | - | - | - | - | - | - | - |
| MACHINERY | - | - | - | - | - | - | - | - | - | - | - |
| TRANSPORT EQUIPMENT | - | - | - | - | - | - | - | - | - | - | - |
| CONSTRUCTION | - | - | - | - | - | - | - | - | - | - | - |
| TEXTILES AND LEATHER | - | - | - | - | - | - | - | - | - | - | - |
| NON SPECIFIED | - | - | - | - | - | - | - | - | - | - | 405 |
| NON-ENERGY USES: | | | | | | | | | | | |
| (1)ENERGY PRODUCTS | - | - | - | - | - | - | - | - | - | - | - |
| (2)NON-ENERGY PRODUCTS | - | - | - | - | - | - | - | - | - | - | - |
| TRANSPORT. SECTOR ** | - | - | - | - | - | - | - | - | - | - | - |
| AIR TRANSPORT | - | - | - | - | - | - | - | - | - | - | - |
| ROAD TRANSPORT | - | - | - | - | - | - | - | - | - | - | - |
| RAILWAYS | - | - | - | - | - | - | - | - | - | - | - |
| INTERNAL NAVIGATION | - | - | - | - | - | - | - | - | - | - | - |
| OTHER SECTORS ** | 1 | - | - | - | - | - | - | - | - | - | 571 |
| AGRICULTURE | - | - | - | - | - | - | - | - | - | - | - |
| PUBLIC SERVICES | - | - | - | - | - | - | - | - | - | - | - |
| COMMERCE | - | - | - | - | - | - | - | - | - | - | 103 |
| RESIDENTIAL | 1 | - | - | - | - | - | - | - | - | - | 355 |

(1) INCLUDED IN CHEMICAL OR PETROCHEMICAL INDUSTRY
(2) INCLUDED ONLY IN TOTAL INDUSTRY

| * OF WHICH: | |
|---|---|
| HYDRO | 2207 |
| NUCLEAR | 0 |
| CONVENTIONAL THERMAL | 87 |
| GEOTHERMAL | 26 |

** INCLUDED IN THESE TOTALS ARE THE NON-SPECIFIED ELEMENTS

PRODUCTION ET UTILISATION DES SOURCES D ENERGIE : ISLANDE

1973

UNIT: 1000 METRIC TONS
UNITE: 1000 TONNES METRIQUES

| OIL PETROLE CRUDE* BRUT* | NGL GNL | FEEDST. | REFINERY GAS / GAZ DE PETROLE | LIQUEFIED PETROLEUM GASES / GAZ LIQUEFIES DE PETROLE | AVIATION GASOLINE / ESSENCE AVION | MOTOR GASOLINE / ESSENCE AUTO | JET FUEL / CARBURANT REACTEUR | KEROSENE / PETROLE LAMPANT | GAS/DIESEL OIL / GAZ/DIESEL OIL | RESIDUAL FUEL OIL / FUEL OIL RESIDUEL | NAPHTHA / NAPHTHA | NON-ENERGY PRODUCTS / PRODUITS NON-ENERGETIQUES |
|---|---|---|---|---|---|---|---|---|---|---|---|---|
| 12 | 13 | 14 | 15 | 16 | 17 | 18 | 19 | 20 | 21 | 22 | 23 | 24 |
| - | - | - | - | - | - | - | - | - | - | - | - | - |
| - | - | - | - | - | - | - | - | - | - | - | - | - |
| - | - | - | - | 1 | 2 | 80 | 106 | 2 | 356 | 108 | - | 23 |
| - | - | - | - | - | - | - | - | - | - | - | - | - |
| - | - | - | - | - | - | - | - | - | - | - | - | - |
| - | - | - | - | - | - | - | - | - | - | - | - | - |
| - | - | - | - | 1 | 2 | 80 | 106 | 2 | 356 | 108 | - | 23 |
| - | - | - | - | - | - | - | - | - | - | - | - | - |
| - | - | - | - | - | - | - | - | - | - | - | - | - |
| - | - | - | - | 1 | 2 | 80 | 106 | 2 | 356 | 108 | - | 23 |
| - | - | - | - | - | - | - | - | - | - | - | - | - |
| - | - | - | - | - | - | - | - | - | - | 25 | - | - |
| - | - | - | - | - | - | - | - | - | - | - | - | - |
| - | - | - | - | - | - | - | - | - | - | - | - | - |
| - | - | - | - | - | - | - | - | - | - | - | - | - |
| - | - | - | - | - | - | - | - | - | - | 25 | - | - |
| - | - | - | - | - | - | - | - | - | - | - | - | - |
| - | - | - | - | - | - | - | - | - | - | - | - | - |
| - | - | - | - | - | - | - | - | - | - | - | - | - |
| - | - | - | - | - | - | - | - | - | - | - | - | - |
| - | - | - | - | - | - | - | - | - | - | - | - | - |
| - | - | - | - | - | - | - | - | - | - | - | - | - |
| - | - | - | - | - | - | - | - | - | - | - | - | - |
| - | - | - | - | - | - | - | - | - | - | - | - | - |
| - | - | - | - | 1 | 2 | 80 | 106 | 2 | 356 | 83 | - | 23 |
| - | - | - | - | - | - | - | - | - | - | 83 | - | 23 |
| - | - | - | - | - | - | - | - | - | - | - | - | - |
| - | - | - | - | - | - | - | - | - | - | - | - | - |
| - | - | - | - | - | - | - | - | - | - | - | - | - |
| - | - | - | - | - | - | - | - | - | - | - | - | - |
| - | - | - | - | - | - | - | - | - | - | - | - | - |
| - | - | - | - | - | - | - | - | - | - | - | - | - |
| - | - | - | - | - | - | - | - | - | - | - | - | - |
| - | - | - | - | - | - | - | - | - | - | - | - | - |
| - | - | - | - | - | - | - | - | - | - | - | - | - |
| - | - | - | - | - | - | - | - | - | - | - | - | - |
| - | - | - | - | - | - | - | - | - | - | - | - | - |
| - | - | - | - | - | - | - | - | - | - | - | - | - |
| - | - | - | - | - | - | - | - | - | - | - | - | - |
| - | - | - | - | - | - | - | - | - | - | 83 | - | 1 |
| - | - | - | - | - | - | - | - | - | - | - | - | - |
| - | - | - | - | - | - | - | - | - | - | - | - | 22 |
| - | - | - | - | - | 2 | 80 | 106 | - | 185 | - | - | - |
| - | - | - | - | - | 2 | - | 106 | - | - | - | - | - |
| - | - | - | - | - | - | 80 | - | - | 80 | - | - | - |
| - | - | - | - | - | - | - | - | - | - | - | - | - |
| - | - | - | - | - | - | - | - | - | 105 | - | - | - |
| - | - | - | - | 1 | - | - | - | 2 | 171 | - | - | - |
| - | - | - | - | - | - | - | - | - | 5 | - | - | - |
| - | - | - | - | - | - | - | - | - | - | - | - | - |
| - | - | - | - | - | - | - | - | - | - | - | - | - |
| - | - | - | - | - | - | - | - | 2 | 166 | - | - | - |

*INCLUDED IN THIS COLUMN IS NGL AND FEEDSTOCKS.

# PRODUCTION AND USES OF ENERGY SOURCES : ICELAND

1974

| X / XX ENERGY / XX SOURCES / XX / PRODUCTION XX / AND USES XX | UNIT: 1000 METRIC TONS / UNITE: 1000 TONNES METRIQUES | | | | | | TCAL / TCAL | MANUFACTURED GAS (TCAL) / GAZ MANUFACTURE (TCAL) | | | MILLIONS / OF (DE) KWH |
|---|---|---|---|---|---|---|---|---|---|---|---|
| | HARD COAL / HOUILLE | PATENT FUEL / AGGLOMERES | COKE OVEN COKE / COKE DE FOUR | GAS COKE / COKE DE GAZ | BROWN COAL / LIGNITE | BKB / BRIQ. DE LIGNITE | NATURAL GAS / GAZ NATUREL | GAS WORKS / USINES A GAZ | COKE OVENS / COKERIES | BLAST FURNACES / HAUT FOURNEAUX | ELECTRICITY* / ELECTRICITE* |
| | 1 | 2 | 3 | 4 | 5 | 6 | 7 | 8 | 9 | 10 | 11 |
| PRODUCTION | - | - | - | - | - | - | - | - | - | - | 2374 |
| FROM OTHER SOURCES | - | - | - | - | - | - | - | - | - | - | - |
| IMPORT | - | - | - | - | - | - | - | - | - | - | - |
| EXPORT | - | - | - | - | - | - | - | - | - | - | - |
| INTL. MARINE BUNKERS | - | - | - | - | - | - | - | - | - | - | - |
| STOCK CHANGES | - | - | - | - | - | - | - | - | - | - | - |
| DOMESTIC SUPPLY | - | - | - | - | - | - | - | - | - | - | 2374 |
| RETURNS TO SUPPLY | - | - | - | - | - | - | - | - | - | - | - |
| TRANSFERS | - | - | - | - | - | - | - | - | - | - | - |
| DOMESTIC AVAILABILITY | - | - | - | - | - | - | - | - | - | - | 2374 |
| STATISTICAL DIFFERENCE | - | - | - | - | - | - | - | - | - | - | -11 |
| TRANSFORM. SECTOR ** | - | - | - | - | - | - | - | - | - | - | - |
| FOR SOLID FUELS | - | - | - | - | - | - | - | - | - | - | - |
| FOR GASES | - | - | - | - | - | - | - | - | - | - | - |
| PETROLEUM REFINERIES | - | - | - | - | - | - | - | - | - | - | - |
| THERMO-ELECTRIC PLANTS | - | - | - | - | - | - | - | - | - | - | - |
| ENERGY SECTOR | - | - | - | - | - | - | - | - | - | - | 264 |
| COAL MINES | - | - | - | - | - | - | - | - | - | - | - |
| OIL AND GAS EXTRACTION | - | - | - | - | - | - | - | - | - | - | - |
| PETROLEUM REFINERIES | - | - | - | - | - | - | - | - | - | - | - |
| ELECTRIC PLANTS | - | - | - | - | - | - | - | - | - | - | 27 |
| DISTRIBUTION LOSSES | - | - | - | - | - | - | - | - | - | - | 237 |
| PUMP STORAGE (ELECTR.) | - | - | - | - | - | - | - | - | - | - | - |
| OTHER ENERGY SECTOR | - | - | - | - | - | - | - | - | - | - | - |
| FINAL CONSUMPTION | - | - | - | - | - | - | - | - | - | - | 2121 |
| INDUSTRY SECTOR | - | - | - | - | - | - | - | - | - | - | 1494 |
| IRON AND STEEL | - | - | - | - | - | - | - | - | - | - | - |
| CHEMICAL | - | - | - | - | - | - | - | - | - | - | - |
| PETROCHEMICAL | - | - | - | - | - | - | - | - | - | - | - |
| NON-FERROUS METAL | - | - | - | - | - | - | - | - | - | - | 1090 |
| NON-METALLIC MINERAL | - | - | - | - | - | - | - | - | - | - | - |
| PAPER PULP AND PRINT | - | - | - | - | - | - | - | - | - | - | - |
| MINING AND QUARRYING | - | - | - | - | - | - | - | - | - | - | - |
| FOOD AND TOBACCO | - | - | - | - | - | - | - | - | - | - | - |
| WOOD AND WOOD PRODUCTS | - | - | - | - | - | - | - | - | - | - | - |
| MACHINERY | - | - | - | - | - | - | - | - | - | - | - |
| TRANSPORT EQUIPMENT | - | - | - | - | - | - | - | - | - | - | - |
| CONSTRUCTION | - | - | - | - | - | - | - | - | - | - | - |
| TEXTILES AND LEATHER | - | - | - | - | - | - | - | - | - | - | - |
| NON SPECIFIED | - | - | - | - | - | - | - | - | - | - | 404 |
| NON-ENERGY USES: | | | | | | | | | | | |
| (1)ENERGY PRODUCTS | - | - | - | - | - | - | - | - | - | - | - |
| (2)NON-ENERGY PRODUCTS | - | - | - | - | - | - | - | - | - | - | - |
| TRANSPORT. SECTOR ** | - | - | - | - | - | - | - | - | - | - | - |
| AIR TRANSPORT | - | - | - | - | - | - | - | - | - | - | - |
| ROAD TRANSPORT | - | - | - | - | - | - | - | - | - | - | - |
| RAILWAYS | - | - | - | - | - | - | - | - | - | - | - |
| INTERNAL NAVIGATION | - | - | - | - | - | - | - | - | - | - | - |
| OTHER SECTORS ** | - | - | - | - | - | - | - | - | - | - | 627 |
| AGRICULTURE | - | - | - | - | - | - | - | - | - | - | - |
| PUBLIC SERVICES | - | - | - | - | - | - | - | - | - | - | - |
| COMMERCE | - | - | - | - | - | - | - | - | - | - | 102 |
| RESIDENTIAL | - | - | - | - | - | - | - | - | - | - | 416 |

(1) INCLUDED IN CHEMICAL OR PETROCHEMICAL INDUSTRY
(2) INCLUDED ONLY IN TOTAL INDUSTRY

** INCLUDED IN THESE TOTALS ARE THE NON-SPECIFIED ELEMENTS

| * OF WHICH: HYDRO | 2285 |
|---|---|
| NUCLEAR | 0 |
| CONVENTIONAL THERMAL | 82 |
| GEOTHERMAL | 8 |

## PRODUCTION ET UTILISATION DES SOURCES D ENERGIE : ISLANDE

1974

UNIT: 1000 METRIC TONS
UNITE: 1000 TONNES METRIQUES

| OIL / PETROLE | | | REFINERY GAS / GAZ DE PETROLE | LIQUEFIED PETROLEUM GASES / GAZ LIQUEFIES DE PETROLE | AVIATION GASOLINE / ESSENCE AVION | MOTOR GASOLINE / ESSENCE AUTO | JET FUEL / CARBURANT REACTEUR | KEROSENE / PETROLE LAMPANT | GAS/DIESEL OIL / GAZ/DIESEL OIL | RESIDUAL FUEL OIL / FUEL OIL RESIDUEL | NAPHTHA / NAPHTHA | NON-ENERGY PRODUCTS / PRODUITS NON-ENERGETIQUES |
|---|---|---|---|---|---|---|---|---|---|---|---|---|
| CRUDE* BRUT* | NGL GNL | FEEDST. | | | | | | | | | | |
| 12 | 13 | 14 | 15 | 16 | 17 | 18 | 19 | 20 | 21 | 22 | 23 | 24 |
| - | - | - | - | - | - | - | - | - | - | - | - | - |
| - | - | - | - | - | - | - | - | - | - | - | - | - |
| - | - | - | - | - | 1 | 72 | 65 | 2 | 356 | 111 | - | 22 |
| - | - | - | - | - | - | - | - | - | - | - | - | - |
| - | - | - | - | - | - | - | - | - | - | - | - | - |
| - | - | - | - | - | - | - | - | - | - | - | - | - |
| - | - | - | - | - | 1 | 72 | 65 | 2 | 356 | 111 | - | 22 |
| - | - | - | - | - | - | - | - | - | - | - | - | - |
| - | - | - | - | - | - | - | - | - | - | - | - | - |
| - | - | - | - | - | 1 | 72 | 65 | 2 | 356 | 111 | - | 22 |
| - | - | - | - | - | - | - | - | - | - | - | - | - |
| - | - | - | - | - | - | - | - | - | - | 25 | - | - |
| - | - | - | - | - | - | - | - | - | - | - | - | - |
| - | - | - | - | - | - | - | - | - | - | - | - | - |
| - | - | - | - | - | - | - | - | - | - | - | - | - |
| - | - | - | - | - | - | - | - | - | - | 25 | - | - |
| - | - | - | - | - | - | - | - | - | - | - | - | - |
| - | - | - | - | - | - | - | - | - | - | - | - | - |
| - | - | - | - | - | - | - | - | - | - | - | - | - |
| - | - | - | - | - | - | - | - | - | - | - | - | - |
| - | - | - | - | - | - | - | - | - | - | - | - | - |
| - | - | - | - | - | - | - | - | - | - | - | - | - |
| - | - | - | - | - | - | - | - | - | - | - | - | - |
| - | - | - | - | - | - | - | - | - | - | - | - | - |
| - | - | - | - | - | 1 | 72 | 65 | 2 | 356 | 86 | - | 22 |
| - | - | - | - | - | - | - | - | - | - | 86 | - | 22 |
| - | - | - | - | - | - | - | - | - | - | - | - | - |
| - | - | - | - | - | - | - | - | - | - | - | - | - |
| - | - | - | - | - | - | - | - | - | - | - | - | - |
| - | - | - | - | - | - | - | - | - | - | - | - | - |
| - | - | - | - | - | - | - | - | - | - | - | - | - |
| - | - | - | - | - | - | - | - | - | - | - | - | - |
| - | - | - | - | - | - | - | - | - | - | - | - | - |
| - | - | - | - | - | - | - | - | - | - | - | - | - |
| - | - | - | - | - | - | - | - | - | - | - | - | - |
| - | - | - | - | - | - | - | - | - | - | - | - | - |
| - | - | - | - | - | - | - | - | - | - | - | - | - |
| - | - | - | - | - | - | - | - | - | - | - | - | - |
| - | - | - | - | - | - | - | - | - | - | - | - | - |
| - | - | - | - | - | - | - | - | - | - | 86 | - | 1 |
| - | - | - | - | - | - | - | - | - | - | - | - | - |
| - | - | - | - | - | - | - | - | - | - | - | - | 21 |
| - | - | - | - | - | 1 | 72 | 65 | - | 185 | - | - | - |
| - | - | - | - | - | 1 | - | 65 | - | - | - | - | - |
| - | - | - | - | - | - | 72 | - | - | 80 | - | - | - |
| - | - | - | - | - | - | - | - | - | - | - | - | - |
| - | - | - | - | - | - | - | - | - | 105 | - | - | - |
| - | - | - | - | - | - | - | - | 2 | 171 | - | - | - |
| - | - | - | - | - | - | - | - | - | 5 | - | - | - |
| - | - | - | - | - | - | - | - | - | - | - | - | - |
| - | - | - | - | - | - | - | - | - | - | - | - | - |
| - | - | - | - | - | - | - | - | 2 | 166 | - | - | - |

*INCLUDED IN THIS COLUMN IS NGL AND FEEDSTOCKS.

## PRODUCTION AND USES OF ENERGY SOURCES : ICELAND

1975

| ENERGY SOURCES / PRODUCTION AND USES | UNIT: 1000 METRIC TONS / UNITE: 1000 TONNES METRIQUES | | | | | | TCAL / TCAL | MANUFACTURED GAS (TCAL) / GAZ MANUFACTURE (TCAL) | | | MILLIONS OF (DE) KWH |
|---|---|---|---|---|---|---|---|---|---|---|---|
| | HARD COAL / HOUILLE | PATENT FUEL / AGGLOMERES | COKE OVEN COKE / COKE DE FOUR | GAS COKE / COKE DE GAZ | BROWN COAL / LIGNITE | BKB / BRIQ. DE LIGNITE | NATURAL GAS / GAZ NATUREL | GAS WORKS / USINES A GAZ | COKE OVENS / COKERIES | BLAST FURNACES / HAUT FOURNEAUX | ELECTRICITY* / ELECTRICITE* |
| | 1 | 2 | 3 | 4 | 5 | 6 | 7 | 8 | 9 | 10 | 11 |
| PRODUCTION | - | - | - | - | - | - | - | - | - | - | 2327 |
| FROM OTHER SOURCES | - | - | - | - | - | - | - | - | - | - | - |
| IMPORT | - | - | - | - | - | - | - | - | - | - | - |
| EXPORT | - | - | - | - | - | - | - | - | - | - | - |
| INTL. MARINE BUNKERS | - | - | - | - | - | - | - | - | - | - | - |
| STOCK CHANGES | - | - | - | - | - | - | - | - | - | - | - |
| DOMESTIC SUPPLY | - | - | - | - | - | - | - | - | - | - | 2327 |
| RETURNS TO SUPPLY | - | - | - | - | - | - | - | - | - | - | - |
| TRANSFERS | - | - | - | - | - | - | - | - | - | - | - |
| DOMESTIC AVAILABILITY | - | - | - | - | - | - | - | - | - | - | 2327 |
| STATISTICAL DIFFERENCE | - | - | - | - | - | - | - | - | - | - | - |
| TRANSFORM. SECTOR ** | - | - | - | - | - | - | - | - | - | - | - |
| FOR SOLID FUELS | - | - | - | - | - | - | - | - | - | - | - |
| FOR GASES | - | - | - | - | - | - | - | - | - | - | - |
| PETROLEUM REFINERIES | - | - | - | - | - | - | - | - | - | - | - |
| THERMO-ELECTRIC PLANTS | - | - | - | - | - | - | - | - | - | - | - |
| ENERGY SECTOR | - | - | - | - | - | - | - | - | - | - | 259 |
| COAL MINES | - | - | - | - | - | - | - | - | - | - | - |
| OIL AND GAS EXTRACTION | - | - | - | - | - | - | - | - | - | - | - |
| PETROLEUM REFINERIES | - | - | - | - | - | - | - | - | - | - | - |
| ELECTRIC PLANTS | - | - | - | - | - | - | - | - | - | - | 26 |
| DISTRIBUTION LOSSES | - | - | - | - | - | - | - | - | - | - | 233 |
| PUMP STORAGE (ELECTR.) | - | - | - | - | - | - | - | - | - | - | - |
| OTHER ENERGY SECTOR | - | - | - | - | - | - | - | - | - | - | - |
| FINAL CONSUMPTION | - | - | - | - | - | - | - | - | - | - | 2068 |
| INDUSTRY SECTOR | - | - | - | - | - | - | - | - | - | - | 1401 |
| IRON AND STEEL | - | - | - | - | - | - | - | - | - | - | - |
| CHEMICAL | - | - | - | - | - | - | - | - | - | - | - |
| PETROCHEMICAL | - | - | - | - | - | - | - | - | - | - | - |
| NON-FERROUS METAL | - | - | - | - | - | - | - | - | - | - | 1027 |
| NON-METALLIC MINERAL | - | - | - | - | - | - | - | - | - | - | - |
| PAPER PULP AND PRINT | - | - | - | - | - | - | - | - | - | - | - |
| MINING AND QUARRYING | - | - | - | - | - | - | - | - | - | - | - |
| FOOD AND TOBACCO | - | - | - | - | - | - | - | - | - | - | - |
| WOOD AND WOOD PRODUCTS | - | - | - | - | - | - | - | - | - | - | - |
| MACHINERY | - | - | - | - | - | - | - | - | - | - | - |
| TRANSPORT EQUIPMENT | - | - | - | - | - | - | - | - | - | - | - |
| CONSTRUCTION | - | - | - | - | - | - | - | - | - | - | - |
| TEXTILES AND LEATHER | - | - | - | - | - | - | - | - | - | - | - |
| NON SPECIFIED | - | - | - | - | - | - | - | - | - | - | 374 |
| NON-ENERGY USES: | | | | | | | | | | | |
| (1)ENERGY PRODUCTS | - | - | - | - | - | - | - | - | - | - | - |
| (2)NON-ENERGY PRODUCTS | - | - | - | - | - | - | - | - | - | - | - |
| TRANSPORT. SECTOR ** | - | - | - | - | - | - | - | - | - | - | - |
| AIR TRANSPORT | - | - | - | - | - | - | - | - | - | - | - |
| ROAD TRANSPORT | - | - | - | - | - | - | - | - | - | - | - |
| RAILWAYS | - | - | - | - | - | - | - | - | - | - | - |
| INTERNAL NAVIGATION | - | - | - | - | - | - | - | - | - | - | - |
| OTHER SECTORS ** | - | - | - | - | - | - | - | - | - | - | 667 |
| AGRICULTURE | - | - | - | - | - | - | - | - | - | - | - |
| PUBLIC SERVICES | - | - | - | - | - | - | - | - | - | - | - |
| COMMERCE | - | - | - | - | - | - | - | - | - | - | 103 |
| RESIDENTIAL | - | - | - | - | - | - | - | - | - | - | 473 |

(1) INCLUDED IN CHEMICAL OR PETROCHEMICAL INDUSTRY
(2) INCLUDED ONLY IN TOTAL INDUSTRY

| * OF WHICH: HYDRO | 2232 |
|---|---|
| NUCLEAR | 0 |
| CONVENTIONAL THERMAL | 78 |
| GEOTHERMAL | 18 |

** INCLUDED IN THESE TOTALS ARE THE NON-SPECIFIED ELEMENTS

PRODUCTION ET UTILISATION DES SOURCES D ENERGIE : ISLANDE

1975

UNIT: 1000 METRIC TONS
UNITE: 1000 TONNES METRIQUES

| OIL PETROLE | | | REFINERY GAS | LIQUEFIED PETROLEUM GASES | AVIATION GASOLINE | MOTOR GASOLINE | JET FUEL | KEROSENE | GAS/DIESEL OIL | RESIDUAL FUEL OIL | NAPHTHA | NON-ENERGY PRODUCTS |
|---|---|---|---|---|---|---|---|---|---|---|---|---|
| CRUDE* BRUT* | NGL GNL | FEEDST. | GAZ DE PETROLE | GAZ LIQUEFIES DE PETROLE | ESSENCE AVION | ESSENCE AUTO | CARBURANT REACTEUR | PETROLE LAMPANT | GAZ/DIESEL OIL | FUEL OIL RESIDUEL | NAPHTHA | PRODUITS NON-ENERGETIQUES |
| 12 | 13 | 14 | 15 | 16 | 17 | 18 | 19 | 20 | 21 | 22 | 23 | 24 |
| - | - | - | - | - | - | - | - | - | - | - | - | - |
| - | - | - | - | - | - | - | - | - | - | - | - | - |
| - | - | - | - | 1 | 1 | 86 | 44 | 3 | 329 | 81 | - | 19 |
| - | - | - | - | - | - | - | - | - | - | - | - | - |
| - | - | - | - | - | - | - | - | - | - | - | - | - |
| - | - | - | - | - | - | - | - | - | - | - | - | - |
| - | - | - | - | 1 | 1 | 86 | 44 | 3 | 329 | 81 | - | 19 |
| - | - | - | - | - | - | - | - | - | - | - | - | - |
| - | - | - | - | - | - | - | - | - | - | - | - | - |
| - | - | - | - | 1 | 1 | 86 | 44 | 3 | 329 | 81 | - | 19 |
| - | - | - | - | - | - | - | - | - | - | - | - | - |
| - | - | - | - | - | - | - | - | - | - | 25 | - | - |
| - | - | - | - | - | - | - | - | - | - | - | - | - |
| - | - | - | - | - | - | - | - | - | - | - | - | - |
| - | - | - | - | - | - | - | - | - | - | - | - | - |
| - | - | - | - | - | - | - | - | - | - | 25 | - | - |
| - | - | - | - | - | - | - | - | - | - | - | - | - |
| - | - | - | - | - | - | - | - | - | - | - | - | - |
| - | - | - | - | - | - | - | - | - | - | - | - | - |
| - | - | - | - | - | - | - | - | - | - | - | - | - |
| - | - | - | - | - | - | - | - | - | - | - | - | - |
| - | - | - | - | - | - | - | - | - | - | - | - | - |
| - | - | - | - | - | - | - | - | - | - | - | - | - |
| - | - | - | - | - | - | - | - | - | - | - | - | - |
| - | - | - | - | 1 | 1 | 86 | 44 | 3 | 329 | 56 | - | 19 |
| - | - | - | - | - | - | - | - | - | - | 56 | - | 19 |
| - | - | - | - | - | - | - | - | - | - | - | - | - |
| - | - | - | - | - | - | - | - | - | - | - | - | - |
| - | - | - | - | - | - | - | - | - | - | - | - | - |
| - | - | - | - | - | - | - | - | - | - | - | - | - |
| - | - | - | - | - | - | - | - | - | - | - | - | - |
| - | - | - | - | - | - | - | - | - | - | - | - | - |
| - | - | - | - | - | - | - | - | - | - | - | - | - |
| - | - | - | - | - | - | - | - | - | - | - | - | - |
| - | - | - | - | - | - | - | - | - | - | - | - | - |
| - | - | - | - | - | - | - | - | - | - | - | - | - |
| - | - | - | - | - | - | - | - | - | - | - | - | - |
| - | - | - | - | - | - | - | - | - | - | - | - | - |
| - | - | - | - | - | - | - | - | - | - | - | - | - |
| - | - | - | - | - | - | - | - | - | - | 56 | - | 1 |
| - | - | - | - | - | - | - | - | - | - | - | - | - |
| - | - | - | - | - | - | - | - | - | - | - | - | 18 |
| - | - | - | - | - | 1 | 86 | 44 | - | 185 | - | - | - |
| - | - | - | - | - | 1 | - | 44 | - | - | - | - | - |
| - | - | - | - | - | - | 86 | - | - | 80 | - | - | - |
| - | - | - | - | - | - | - | - | - | - | - | - | - |
| - | - | - | - | - | - | - | - | - | 105 | - | - | - |
| - | - | - | - | 1 | - | - | - | 3 | 144 | - | - | - |
| - | - | - | - | - | - | - | - | - | 5 | - | - | - |
| - | - | - | - | - | - | - | - | - | - | - | - | - |
| - | - | - | - | - | - | - | - | - | - | - | - | - |
| - | - | - | - | - | - | - | - | 3 | 139 | - | - | - |

*INCLUDED IN THIS COLUMN IS NGL AND FEEDSTOCKS.

# PRODUCTION AND USES OF ENERGY SOURCES : ICELAND

1976

| ENERGY SOURCES / PRODUCTION AND USES | UNIT: 1000 METRIC TONS / UNITE: 1000 TONNES METRIQUES | | | | | | TCAL / TCAL | MANUFACTURED GAS (TCAL) / GAZ MANUFACTURE (TCAL) | | | MILLIONS OF (DE) KWH |
|---|---|---|---|---|---|---|---|---|---|---|---|
| | HARD COAL / HOUILLE | PATENT FUEL / AGGLOMERES | COKE OVEN COKE / COKE DE FOUR | GAS COKE / COKE DE GAZ | BROWN COAL / LIGNITE | BKB / BRIQ. DE LIGNITE | NATURAL GAS / GAZ NATUREL | GAS WORKS / USINES A GAZ | COKE OVENS / COKERIES | BLAST FURNACES / HAUT FOURNEAUX | ELECTRICITY* / ELECTRICITE* |
| | 1 | 2 | 3 | 4 | 5 | 6 | 7 | 8 | 9 | 10 | 11 |
| PRODUCTION | - | - | - | - | - | - | - | - | - | - | 2452 |
| FROM OTHER SOURCES | - | - | - | - | - | - | - | - | - | - | - |
| IMPORT | - | - | - | - | - | - | - | - | - | - | - |
| EXPORT | - | - | - | - | - | - | - | - | - | - | - |
| INTL. MARINE BUNKERS | - | - | - | - | - | - | - | - | - | - | - |
| STOCK CHANGES | - | - | - | - | - | - | - | - | - | - | - |
| DOMESTIC SUPPLY | - | - | - | - | - | - | - | - | - | - | 2452 |
| RETURNS TO SUPPLY | - | - | - | - | - | - | - | - | - | - | - |
| TRANSFERS | - | - | - | - | - | - | - | - | - | - | - |
| DOMESTIC AVAILABILITY | - | - | - | - | - | - | - | - | - | - | 2452 |
| STATISTICAL DIFFERENCE | - | - | - | - | - | - | - | - | - | - | - |
| TRANSFORM. SECTOR ** | - | - | - | - | - | - | - | - | - | - | - |
| FOR SOLID FUELS | - | - | - | - | - | - | - | - | - | - | - |
| FOR GASES | - | - | - | - | - | - | - | - | - | - | - |
| PETROLEUM REFINERIES | - | - | - | - | - | - | - | - | - | - | - |
| THERMO-ELECTRIC PLANTS | - | - | - | - | - | - | - | - | - | - | - |
| ENERGY SECTOR | - | - | - | - | - | - | - | - | - | - | 273 |
| COAL MINES | - | - | - | - | - | - | - | - | - | - | - |
| OIL AND GAS EXTRACTION | - | - | - | - | - | - | - | - | - | - | - |
| PETROLEUM REFINERIES | - | - | - | - | - | - | - | - | - | - | - |
| ELECTRIC PLANTS | - | - | - | - | - | - | - | - | - | - | 26 |
| DISTRIBUTION LOSSES | - | - | - | - | - | - | - | - | - | - | 247 |
| PUMP STORAGE (ELECTR.) | - | - | - | - | - | - | - | - | - | - | - |
| OTHER ENERGY SECTOR | - | - | - | - | - | - | - | - | - | - | - |
| FINAL CONSUMPTION | - | - | - | - | - | - | - | - | - | - | 2179 |
| INDUSTRY SECTOR | - | - | - | - | - | - | - | - | - | - | 1474 |
| IRON AND STEEL | - | - | - | - | - | - | - | - | - | - | - |
| CHEMICAL | - | - | - | - | - | - | - | - | - | - | - |
| PETROCHEMICAL | - | - | - | - | - | - | - | - | - | - | - |
| NON-FERROUS METAL | - | - | - | - | - | - | - | - | - | - | 1068 |
| NON-METALLIC MINERAL | - | - | - | - | - | - | - | - | - | - | - |
| PAPER PULP AND PRINT | - | - | - | - | - | - | - | - | - | - | - |
| MINING AND QUARRYING | - | - | - | - | - | - | - | - | - | - | - |
| FOOD AND TOBACCO | - | - | - | - | - | - | - | - | - | - | - |
| WOOD AND WOOD PRODUCTS | - | - | - | - | - | - | - | - | - | - | - |
| MACHINERY | - | - | - | - | - | - | - | - | - | - | - |
| TRANSPORT EQUIPMENT | - | - | - | - | - | - | - | - | - | - | - |
| CONSTRUCTION | - | - | - | - | - | - | - | - | - | - | - |
| TEXTILES AND LEATHER | - | - | - | - | - | - | - | - | - | - | - |
| NON SPECIFIED | - | - | - | - | - | - | - | - | - | - | 406 |
| NON-ENERGY USES: | | | | | | | | | | | |
| (1)ENERGY PRODUCTS | - | - | - | - | - | - | - | - | - | - | - |
| (2)NON-ENERGY PRODUCTS | - | - | - | - | - | - | - | - | - | - | - |
| TRANSPORT. SECTOR ** | - | - | - | - | - | - | - | - | - | - | - |
| AIR TRANSPORT | - | - | - | - | - | - | - | - | - | - | - |
| ROAD TRANSPORT | - | - | - | - | - | - | - | - | - | - | - |
| RAILWAYS | - | - | - | - | - | - | - | - | - | - | - |
| INTERNAL NAVIGATION | - | - | - | - | - | - | - | - | - | - | - |
| OTHER SECTORS ** | - | - | - | - | - | - | - | - | - | - | 705 |
| AGRICULTURE | - | - | - | - | - | - | - | - | - | - | - |
| PUBLIC SERVICES | - | - | - | - | - | - | - | - | - | - | - |
| COMMERCE | - | - | - | - | - | - | - | - | - | - | 105 |
| RESIDENTIAL | - | - | - | - | - | - | - | - | - | - | 505 |

(1) INCLUDED IN CHEMICAL OR PETROCHEMICAL INDUSTRY
(2) INCLUDED ONLY IN TOTAL INDUSTRY

| * OF WHICH: HYDRO | 2376 |
|---|---|
| NUCLEAR | 0 |
| CONVENTIONAL THERMAL | 58 |
| GEOTHERMAL | 19 |

** INCLUDED IN THESE TOTALS ARE THE NON-SPECIFIED ELEMENTS

1976

UNIT: 1000 METRIC TONS
UNITE: 1000 TONNES METRIQUES

| OIL PETROLE | | | REFINERY GAS | LIQUEFIED PETROLEUM GASES | AVIATION GASOLINE | MOTOR GASOLINE | JET FUEL | KEROSENE | GAS/DIESEL OIL | RESIDUAL FUEL OIL | NAPHTHA | NON-ENERGY PRODUCTS |
|---|---|---|---|---|---|---|---|---|---|---|---|---|
| CRUDE* BRUT* | NGL GNL | FEEDST. | GAZ DE PETROLE | GAZ LIQUEFIES DE PETROLE | ESSENCE AVION | ESSENCE AUTO | CARBURANT REACTEUR | PETROLE LAMPANT | GAZ/DIESEL OIL | FUEL OIL RESIDUEL | NAPHTHA | PRODUITS NON-ENERGETIQUES |
| 12 | 13 | 14 | 15 | 16 | 17 | 18 | 19 | 20 | 21 | 22 | 23 | 24 |
| - | - | - | - | - | - | - | - | - | - | - | - | - |
| - | - | - | - | - | - | - | - | - | - | - | - | - |
| - | - | - | - | 1 | 2 | 78 | 16 | - | 287 | 103 | - | 13 |
| - | - | - | - | - | - | - | - | - | - | - | - | - |
| - | - | - | - | - | - | - | - | - | - | - | - | - |
| - | - | - | - | - | - | - | - | - | - | - | - | - |
| - | - | - | - | 1 | 2 | 78 | 16 | - | 287 | 103 | - | 13 |
| - | - | - | - | - | - | - | - | - | - | - | - | - |
| - | - | - | - | - | - | - | - | - | - | - | - | - |
| - | - | - | - | 1 | 2 | 78 | 16 | - | 287 | 103 | - | 13 |
| - | - | - | - | - | - | - | - | - | - | - | - | - |
| - | - | - | - | - | - | - | - | - | - | 35 | - | - |
| - | - | - | - | - | - | - | - | - | - | - | - | - |
| - | - | - | - | - | - | - | - | - | - | - | - | - |
| - | - | - | - | - | - | - | - | - | - | - | - | - |
| - | - | - | - | - | - | - | - | - | - | 35 | - | - |
| - | - | - | - | - | - | - | - | - | - | - | - | - |
| - | - | - | - | - | - | - | - | - | - | - | - | - |
| - | - | - | - | - | - | - | - | - | - | - | - | - |
| - | - | - | - | - | - | - | - | - | - | - | - | - |
| - | - | - | - | - | - | - | - | - | - | - | - | - |
| - | - | - | - | - | - | - | - | - | - | - | - | - |
| - | - | - | - | - | - | - | - | - | - | - | - | - |
| - | - | - | - | - | - | - | - | - | - | - | - | - |
| - | - | - | - | 1 | 2 | 78 | 16 | - | 287 | 68 | - | 13 |
| - | - | - | - | - | - | - | - | - | - | 68 | - | 13 |
| - | - | - | - | - | - | - | - | - | - | - | - | - |
| - | - | - | - | - | - | - | - | - | - | - | - | - |
| - | - | - | - | - | - | - | - | - | - | - | - | - |
| - | - | - | - | - | - | - | - | - | - | - | - | - |
| - | - | - | - | - | - | - | - | - | - | - | - | - |
| - | - | - | - | - | - | - | - | - | - | - | - | - |
| - | - | - | - | - | - | - | - | - | - | - | - | - |
| - | - | - | - | - | - | - | - | - | - | - | - | - |
| - | - | - | - | - | - | - | - | - | - | - | - | - |
| - | - | - | - | - | - | - | - | - | - | - | - | - |
| - | - | - | - | - | - | - | - | - | - | - | - | - |
| - | - | - | - | - | - | - | - | - | - | - | - | - |
| - | - | - | - | - | - | - | - | - | - | - | - | - |
| - | - | - | - | - | - | - | - | - | - | 68 | - | 1 |
| - | - | - | - | - | - | - | - | - | - | - | - | - |
| - | - | - | - | - | - | - | - | - | - | - | - | 12 |
| - | - | - | - | - | 2 | 78 | 16 | - | 160 | - | - | - |
| - | - | - | - | - | 2 | - | 16 | - | - | - | - | - |
| - | - | - | - | - | - | 78 | - | - | 70 | - | - | - |
| - | - | - | - | - | - | - | - | - | - | - | - | - |
| - | - | - | - | - | - | - | - | - | 90 | - | - | - |
| - | - | - | - | 1 | - | - | - | - | 127 | - | - | - |
| - | - | - | - | - | - | - | - | - | 5 | - | - | - |
| - | - | - | - | - | - | - | - | - | - | - | - | - |
| - | - | - | - | - | - | - | - | - | - | - | - | - |
| - | - | - | - | - | - | - | - | - | 122 | - | - | - |

*INCLUDED IN THIS COLUMN IS NGL AND FEEDSTOCKS.

# PRODUCTION AND USES OF ENERGY SOURCES : ICELAND

1977

| PRODUCTION AND USES \ ENERGY SOURCES | UNIT: 1000 METRIC TONS / UNITE: 1000 TONNES METRIQUES | | | | | | TCAL / TCAL | MANUFACTURED GAS (TCAL) / GAZ MANUFACTURE (TCAL) | | | MILLIONS OF (DE) KWH |
|---|---|---|---|---|---|---|---|---|---|---|---|
| | HARD COAL / HOUILLE | PATENT FUEL / AGGLOMERES | COKE OVEN COKE / COKE DE FOUR | GAS COKE / COKE DE GAZ | BROWN COAL / LIGNITE | BKB / BRIQ. DE LIGNITE | NATURAL GAS / GAZ NATUREL | GAS WORKS / USINES A GAZ | COKE OVENS / COKERIES | BLAST FURNACES / HAUT FOURNEAUX | ELECTRICITY* / ELECTRICITE* |
| | 1 | 2 | 3 | 4 | 5 | 6 | 7 | 8 | 9 | 10 | 11 |
| PRODUCTION | - | - | - | - | - | - | - | - | - | - | 2635 |
| FROM OTHER SOURCES | - | - | - | - | - | - | - | - | - | - | - |
| IMPORT | - | - | - | - | - | - | - | - | - | - | - |
| EXPORT | - | - | - | - | - | - | - | - | - | - | - |
| INTL. MARINE BUNKERS | - | - | - | - | - | - | - | - | - | - | - |
| STOCK CHANGES | - | - | - | - | - | - | - | - | - | - | - |
| DOMESTIC SUPPLY | - | - | - | - | - | - | - | - | - | - | 2635 |
| RETURNS TO SUPPLY | - | - | - | - | - | - | - | - | - | - | - |
| TRANSFERS | - | - | - | - | - | - | - | - | - | - | - |
| DOMESTIC AVAILABILITY | - | - | - | - | - | - | - | - | - | - | 2635 |
| STATISTICAL DIFFERENCE | - | - | - | - | - | - | - | - | - | - | 2 |
| TRANSFORM. SECTOR ** | - | - | - | - | - | - | - | - | - | - | - |
| FOR SOLID FUELS | - | - | - | - | - | - | - | - | - | - | - |
| FOR GASES | - | - | - | - | - | - | - | - | - | - | - |
| PETROLEUM REFINERIES | - | - | - | - | - | - | - | - | - | - | - |
| THERMO-ELECTRIC PLANTS | - | - | - | - | - | - | - | - | - | - | - |
| ENERGY SECTOR | - | - | - | - | - | - | - | - | - | - | 300 |
| COAL MINES | - | - | - | - | - | - | - | - | - | - | - |
| OIL AND GAS EXTRACTION | - | - | - | - | - | - | - | - | - | - | - |
| PETROLEUM REFINERIES | - | - | - | - | - | - | - | - | - | - | - |
| ELECTRIC PLANTS | - | - | - | - | - | - | - | - | - | - | 28 |
| DISTRIBUTION LOSSES | - | - | - | - | - | - | - | - | - | - | 272 |
| PUMP STORAGE (ELECTR.) | - | - | - | - | - | - | - | - | - | - | - |
| OTHER ENERGY SECTOR | - | - | - | - | - | - | - | - | - | - | - |
| FINAL CONSUMPTION | - | - | - | - | - | - | - | - | - | - | 2333 |
| INDUSTRY SECTOR | - | - | - | - | - | - | - | - | - | - | 1589 |
| IRON AND STEEL | - | - | - | - | - | - | - | - | - | - | - |
| CHEMICAL | - | - | - | - | - | - | - | - | - | - | - |
| PETROCHEMICAL | - | - | - | - | - | - | - | - | - | - | - |
| NON-FERROUS METAL | - | - | - | - | - | - | - | - | - | - | 1147 |
| NON-METALLIC MINERAL | - | - | - | - | - | - | - | - | - | - | - |
| PAPER PULP AND PRINT | - | - | - | - | - | - | - | - | - | - | - |
| MINING AND QUARRYING | - | - | - | - | - | - | - | - | - | - | - |
| FOOD AND TOBACCO | - | - | - | - | - | - | - | - | - | - | - |
| WOOD AND WOOD PRODUCTS | - | - | - | - | - | - | - | - | - | - | - |
| MACHINERY | - | - | - | - | - | - | - | - | - | - | - |
| TRANSPORT EQUIPMENT | - | - | - | - | - | - | - | - | - | - | - |
| CONSTRUCTION | - | - | - | - | - | - | - | - | - | - | - |
| TEXTILES AND LEATHER | - | - | - | - | - | - | - | - | - | - | - |
| NON SPECIFIED | - | - | - | - | - | - | - | - | - | - | 442 |
| NON-ENERGY USES: | | | | | | | | | | | |
| (1)ENERGY PRODUCTS | - | - | - | - | - | - | - | - | - | - | - |
| (2)NON-ENERGY PRODUCTS | - | - | - | - | - | - | - | - | - | - | - |
| TRANSPORT. SECTOR ** | - | - | - | - | - | - | - | - | - | - | - |
| AIR TRANSPORT | - | - | - | - | - | - | - | - | - | - | - |
| ROAD TRANSPORT | - | - | - | - | - | - | - | - | - | - | - |
| RAILWAYS | - | - | - | - | - | - | - | - | - | - | - |
| INTERNAL NAVIGATION | - | - | - | - | - | - | - | - | - | - | - |
| OTHER SECTORS ** | - | - | - | - | - | - | - | - | - | - | 744 |
| AGRICULTURE | - | - | - | - | - | - | - | - | - | - | - |
| PUBLIC SERVICES | - | - | - | - | - | - | - | - | - | - | - |
| COMMERCE | - | - | - | - | - | - | - | - | - | - | 115 |
| RESIDENTIAL | - | - | - | - | - | - | - | - | - | - | 531 |

(1) INCLUDED IN CHEMICAL OR PETROCHEMICAL INDUSTRY
(2) INCLUDED ONLY IN TOTAL INDUSTRY

** INCLUDED IN THESE TOTALS ARE THE NON-SPECIFIED ELEMENTS

| * OF WHICH: | |
|---|---|
| HYDRO | 2546 |
| NUCLEAR | 0 |
| CONVENTIONAL THERMAL | 70 |
| GEOTHERMAL | 16 |

1977

UNIT: 1000 METRIC TONS
UNITE: 1000 TONNES METRIQUES

| OIL PETROLE | | | REFINERY GAS | LIQUEFIED PETROLEUM GASES | AVIATION GASOLINE | MOTOR GASOLINE | JET FUEL | KEROSENE | GAS/DIESEL OIL | RESIDUAL FUEL OIL | NAPHTHA | NON-ENERGY PRODUCTS |
|---|---|---|---|---|---|---|---|---|---|---|---|---|
| CRUDE* BRUT* | NGL GNL | FEEDST. | GAZ DE PETROLE | GAZ LIQUEFIES DE PETROLE | ESSENCE AVION | ESSENCE AUTO | CARBURANT REACTEUR | PETROLE LAMPANT | GAZ/DIESEL OIL | FUEL OIL RESIDUEL | NAPHTHA | PRODUITS /NON-ENERGETIQUES |
| 12 | 13 | 14 | 15 | 16 | 17 | 18 | 19 | 20 | 21 | 22 | 23 | 24 |
| - | - | - | - | - | - | - | - | - | - | - | - | - |
| - | - | - | - | - | - | - | - | - | - | - | - | - |
| - | - | - | - | 1 | 3 | 78 | 82 | 2 | 322 | 124 | - | 18 |
| - | - | - | - | - | - | - | - | - | - | - | - | - |
| - | - | - | - | - | - | - | - | - | - | - | - | - |
| - | - | - | - | - | - | - | - | - | - | - | - | - |
| - | - | - | - | 1 | 3 | 78 | 82 | 2 | 322 | 124 | - | 18 |
| - | - | - | - | - | - | - | - | - | - | - | - | - |
| - | - | - | - | - | - | - | - | - | - | - | - | - |
| - | - | - | - | 1 | 3 | 78 | 82 | 2 | 322 | 124 | - | 18 |
| - | - | - | - | - | - | - | - | - | - | - | - | - |
| - | - | - | - | - | - | - | - | - | - | 42 | - | - |
| - | - | - | - | - | - | - | - | - | - | - | - | - |
| - | - | - | - | - | - | - | - | - | - | - | - | - |
| - | - | - | - | - | - | - | - | - | - | - | - | - |
| - | - | - | - | - | - | - | - | - | - | 42 | - | - |
| - | - | - | - | - | - | - | - | - | - | - | - | - |
| - | - | - | - | - | - | - | - | - | - | - | - | - |
| - | - | - | - | - | - | - | - | - | - | - | - | - |
| - | - | - | - | - | - | - | - | - | - | - | - | - |
| - | - | - | - | - | - | - | - | - | - | - | - | - |
| - | - | - | - | - | - | - | - | - | - | - | - | - |
| - | - | - | - | - | - | - | - | - | - | - | - | - |
| - | - | - | - | - | - | - | - | - | - | - | - | - |
| - | - | - | - | 1 | 3 | 78 | 82 | 2 | 322 | 82 | - | 18 |
| - | - | - | - | - | - | - | - | - | - | 82 | - | 18 |
| - | - | - | - | - | - | - | - | - | - | - | - | - |
| - | - | - | - | - | - | - | - | - | - | - | - | - |
| - | - | - | - | - | - | - | - | - | - | - | - | - |
| - | - | - | - | - | - | - | - | - | - | - | - | - |
| - | - | - | - | - | - | - | - | - | - | - | - | - |
| - | - | - | - | - | - | - | - | - | - | - | - | - |
| - | - | - | - | - | - | - | - | - | - | - | - | - |
| - | - | - | - | - | - | - | - | - | - | - | - | - |
| - | - | - | - | - | - | - | - | - | - | - | - | - |
| - | - | - | - | - | - | - | - | - | - | - | - | - |
| - | - | - | - | - | - | - | - | - | - | - | - | - |
| - | - | - | - | - | - | - | - | - | - | - | - | - |
| - | - | - | - | - | - | - | - | - | - | - | - | - |
| - | - | - | - | - | - | - | - | - | - | 82 | - | - |
| - | - | - | - | - | - | - | - | - | - | - | - | - |
| - | - | - | - | - | - | - | - | - | - | - | - | 18 |
| - | - | - | - | - | 3 | 78 | 82 | - | 180 | - | - | - |
| - | - | - | - | - | 3 | - | 82 | - | - | - | - | - |
| - | - | - | - | - | - | 78 | - | - | 80 | - | - | - |
| - | - | - | - | - | - | - | - | - | - | - | - | - |
| - | - | - | - | - | - | - | - | - | 100 | - | - | - |
| - | - | - | - | 1 | - | - | - | 2 | 142 | - | - | - |
| - | - | - | - | - | - | - | - | - | 5 | - | - | - |
| - | - | - | - | - | - | - | - | - | - | - | - | - |
| - | - | - | - | - | - | - | - | - | - | - | - | - |
| - | - | - | - | - | - | - | - | 2 | 137 | - | - | - |

*INCLUDED IN THIS COLUMN IS NGL AND FEEDSTOCKS.

## PRODUCTION AND USES OF ENERGY SOURCES : ICELAND

1978

| ENERGY SOURCES / PRODUCTION AND USES | HARD COAL / HOUILLE | PATENT FUEL / AGGLOMERES | COKE OVEN COKE / COKE DE FOUR | GAS COKE / COKE DE GAZ | BROWN COAL / LIGNITE | BKB / BRIQ. DE LIGNITE | NATURAL GAS / GAZ NATUREL | GAS WORKS / USINES A GAZ | COKE OVENS / COKERIES | BLAST FURNACES / HAUT FOURNEAUX | ELECTRICITY* / ELECTRICITE* |
|---|---|---|---|---|---|---|---|---|---|---|---|
| | UNIT: 1000 METRIC TONS / UNITE: 1000 TONNES METRIQUES | | | | | | TCAL / TCAL | MANUFACTURED GAS (TCAL) / GAZ MANUFACTURE (TCAL) | | | MILLIONS OF (DE) KWH |
| | 1 | 2 | 3 | 4 | 5 | 6 | 7 | 8 | 9 | 10 | 11 |
| PRODUCTION | - | - | - | - | - | - | - | - | - | - | 2710 |
| FROM OTHER SOURCES | - | - | - | - | - | - | - | - | - | - | - |
| IMPORT | - | - | - | - | - | - | - | - | - | - | - |
| EXPORT | - | - | - | - | - | - | - | - | - | - | - |
| INTL. MARINE BUNKERS | - | - | - | - | - | - | - | - | - | - | - |
| STOCK CHANGES | - | - | - | - | - | - | - | - | - | - | - |
| DOMESTIC SUPPLY | - | - | - | - | - | - | - | - | - | - | 2710 |
| RETURNS TO SUPPLY | - | - | - | - | - | - | - | - | - | - | - |
| TRANSFERS | - | - | - | - | - | - | - | - | - | - | - |
| DOMESTIC AVAILABILITY | - | - | - | - | - | - | - | - | - | - | 2710 |
| STATISTICAL DIFFERENCE | - | - | - | - | - | - | - | - | - | - | - |
| TRANSFORM. SECTOR ** | - | - | - | - | - | - | - | - | - | - | - |
| FOR SOLID FUELS | - | - | - | - | - | - | - | - | - | - | - |
| FOR GASES | - | - | - | - | - | - | - | - | - | - | - |
| PETROLEUM REFINERIES | - | - | - | - | - | - | - | - | - | - | - |
| THERMO-ELECTRIC PLANTS | - | - | - | - | - | - | - | - | - | - | - |
| ENERGY SECTOR | - | - | - | - | - | - | - | - | - | - | 280 |
| COAL MINES | - | - | - | - | - | - | - | - | - | - | - |
| OIL AND GAS EXTRACTION | - | - | - | - | - | - | - | - | - | - | - |
| PETROLEUM REFINERIES | - | - | - | - | - | - | - | - | - | - | - |
| ELECTRIC PLANTS | - | - | - | - | - | - | - | - | - | - | 29 |
| DISTRIBUTION LOSSES | - | - | - | - | - | - | - | - | - | - | 251 |
| PUMP STORAGE (ELECTR.) | - | - | - | - | - | - | - | - | - | - | - |
| OTHER ENERGY SECTOR | - | - | - | - | - | - | - | - | - | - | - |
| FINAL CONSUMPTION | - | - | - | - | - | - | - | - | - | - | 2430 |
| INDUSTRY SECTOR | - | - | - | - | - | - | - | - | - | - | 1599 |
| IRON AND STEEL | - | - | - | - | - | - | - | - | - | - | - |
| CHEMICAL | - | - | - | - | - | - | - | - | - | - | - |
| PETROCHEMICAL | - | - | - | - | - | - | - | - | - | - | - |
| NON-FERROUS METAL | - | - | - | - | - | - | - | - | - | - | 1135 |
| NON-METALLIC MINERAL | - | - | - | - | - | - | - | - | - | - | - |
| PAPER PULP AND PRINT | - | - | - | - | - | - | - | - | - | - | - |
| MINING AND QUARRYING | - | - | - | - | - | - | - | - | - | - | - |
| FOOD AND TOBACCO | - | - | - | - | - | - | - | - | - | - | - |
| WOOD AND WOOD PRODUCTS | - | - | - | - | - | - | - | - | - | - | - |
| MACHINERY | - | - | - | - | - | - | - | - | - | - | - |
| TRANSPORT EQUIPMENT | - | - | - | - | - | - | - | - | - | - | - |
| CONSTRUCTION | - | - | - | - | - | - | - | - | - | - | - |
| TEXTILES AND LEATHER | - | - | - | - | - | - | - | - | - | - | - |
| NON SPECIFIED | - | - | - | - | - | - | - | - | - | - | 464 |
| NON-ENERGY USES: | | | | | | | | | | | |
| (1)ENERGY PRODUCTS | - | - | - | - | - | - | - | - | - | - | - |
| (2)NON-ENERGY PRODUCTS | - | - | - | - | - | - | - | - | - | - | - |
| TRANSPORT. SECTOR ** | - | - | - | - | - | - | - | - | - | - | - |
| AIR TRANSPORT | - | - | - | - | - | - | - | - | - | - | - |
| ROAD TRANSPORT | - | - | - | - | - | - | - | - | - | - | - |
| RAILWAYS | - | - | - | - | - | - | - | - | - | - | - |
| INTERNAL NAVIGATION | - | - | - | - | - | - | - | - | - | - | - |
| OTHER SECTORS ** | - | - | - | - | - | - | - | - | - | - | 831 |
| AGRICULTURE | - | - | - | - | - | - | - | - | - | - | - |
| PUBLIC SERVICES | - | - | - | - | - | - | - | - | - | - | - |
| COMMERCE | - | - | - | - | - | - | - | - | - | - | 156 |
| RESIDENTIAL | - | - | - | - | - | - | - | - | - | - | 603 |

(1) INCLUDED IN CHEMICAL OR PETROCHEMICAL INDUSTRY
(2) INCLUDED ONLY IN TOTAL INDUSTRY

| * OF WHICH: HYDRO | 2634 |
|---|---|
| NUCLEAR | 0 |
| CONVENTIONAL THERMAL | 55 |
| GEOTHERMAL | 20 |

** INCLUDED IN THESE TOTALS ARE THE NON-SPECIFIED ELEMENTS

PRODUCTION ET UTILISATION DES SOURCES D ENERGIE : ISLANDE

1978

UNIT: 1000 METRIC TONS
UNITE: 1000 TONNES METRIQUES

| OIL / PETROLE | | | REFINERY GAS | LIQUEFIED PETROLEUM GASES | AVIATION GASOLINE | MOTOR GASOLINE | JET FUEL | KEROSENE | GAS/DIESEL OIL | RESIDUAL FUEL OIL | NAPHTHA | NON-ENERGY PRODUCTS |
|---|---|---|---|---|---|---|---|---|---|---|---|---|
| CRUDE* BRUT* | NGL GNL | FEEDST. | GAZ DE PETROLE | GAZ LIQUEFIES DE PETROLE | ESSENCE AVION | ESSENCE AUTO | CARBURANT REACTEUR | PETROLE LAMPANT | GAZ/DIESEL OIL | FUEL OIL RESIDUEL | NAPHTHA | PRODUITS NON-ENERGETIQUES |
| 12 | 13 | 14 | 15 | 16 | 17 | 18 | 19 | 20 | 21 | 22 | 23 | 24 |
| - | - | - | - | - | - | - | - | - | - | - | - | - |
| - | - | - | - | - | - | - | - | - | - | - | - | - |
| - | - | - | - | 1 | 3 | 95 | 84 | 2 | 302 | 115 | - | 12 |
| - | - | - | - | - | - | - | - | - | - | - | - | - |
| - | - | - | - | - | - | - | - | - | - | - | - | - |
| - | - | - | - | - | - | -2 | - | - | 9 | 13 | - | - |
| - | - | - | - | 1 | 3 | 93 | 84 | 2 | 311 | 128 | - | 12 |
| - | - | - | - | - | - | - | - | - | - | - | - | - |
| - | - | - | - | - | - | - | - | - | - | - | - | - |
| - | - | - | - | 1 | 3 | 93 | 84 | 2 | 311 | 128 | - | 12 |
| - | - | - | - | - | 1 | 2 | 3 | - | 3 | -5 | - | - |
| - | - | - | - | - | - | - | - | - | - | 45 | - | - |
| - | - | - | - | - | - | - | - | - | - | - | - | - |
| - | - | - | - | - | - | - | - | - | - | - | - | - |
| - | - | - | - | - | - | - | - | - | - | - | - | - |
| - | - | - | - | - | - | - | - | - | - | 45 | - | - |
| - | - | - | - | - | - | - | - | - | - | - | - | - |
| - | - | - | - | - | - | - | - | - | - | - | - | - |
| - | - | - | - | - | - | - | - | - | - | - | - | - |
| - | - | - | - | - | - | - | - | - | - | - | - | - |
| - | - | - | - | - | - | - | - | - | - | - | - | - |
| - | - | - | - | - | - | - | - | - | - | - | - | - |
| - | - | - | - | - | - | - | - | - | - | - | - | - |
| - | - | - | - | - | - | - | - | - | - | - | - | - |
| - | - | - | - | 1 | 2 | 91 | 81 | 2 | 308 | 88 | - | 12 |
| - | - | - | - | - | - | - | - | - | - | 88 | - | 12 |
| - | - | - | - | - | - | - | - | - | - | - | - | - |
| - | - | - | - | - | - | - | - | - | - | - | - | - |
| - | - | - | - | - | - | - | - | - | - | - | - | - |
| - | - | - | - | - | - | - | - | - | - | - | - | - |
| - | - | - | - | - | - | - | - | - | - | - | - | - |
| - | - | - | - | - | - | - | - | - | - | - | - | - |
| - | - | - | - | - | - | - | - | - | - | - | - | - |
| - | - | - | - | - | - | - | - | - | - | - | - | - |
| - | - | - | - | - | - | - | - | - | - | - | - | - |
| - | - | - | - | - | - | - | - | - | - | - | - | - |
| - | - | - | - | - | - | - | - | - | - | - | - | - |
| - | - | - | - | - | - | - | - | - | - | - | - | - |
| - | - | - | - | - | - | - | - | - | - | - | - | - |
| - | - | - | - | - | - | - | - | - | - | 88 | - | - |
| - | - | - | - | - | - | - | - | - | - | - | - | - |
| - | - | - | - | - | - | - | - | - | - | - | - | 12 |
| - | - | - | - | - | 2 | 91 | 81 | - | 180 | - | - | - |
| - | - | - | - | - | 2 | - | 81 | - | - | - | - | - |
| - | - | - | - | - | - | 91 | - | - | 80 | - | - | - |
| - | - | - | - | - | - | - | - | - | - | - | - | - |
| - | - | - | - | - | - | - | - | - | 100 | - | - | - |
| - | - | - | - | 1 | - | - | - | 2 | 128 | - | - | - |
| - | - | - | - | - | - | - | - | - | 5 | - | - | - |
| - | - | - | - | - | - | - | - | - | - | - | - | - |
| - | - | - | - | - | - | - | - | - | - | - | - | - |
| - | - | - | - | - | - | - | - | 2 | 123 | - | - | - |

*INCLUDED IN THIS COLUMN IS NGL AND FEEDSTOCKS.

## PRODUCTION AND USES OF ENERGY SOURCES : ICELAND

1979

| ENERGY SOURCES / PRODUCTION AND USES | UNIT: 1000 METRIC TONS / UNITE: 1000 TONNES METRIQUES | | | | | | TCAL / TCAL | MANUFACTURED GAS (TCAL) / GAZ MANUFACTURE (TCAL) | | | MILLIONS OF (DE) KWH |
|---|---|---|---|---|---|---|---|---|---|---|---|
| | HARD COAL / HOUILLE | PATENT FUEL / AGGLOMERES | COKE OVEN COKE / COKE DE FOUR | GAS COKE / COKE DE GAZ | BROWN COAL / LIGNITE | BKB / BRIQ. DE LIGNITE | NATURAL GAS / GAZ NATUREL | GAS WORKS / USINES A GAZ | COKE OVENS / COKERIES | BLAST FURNACES / HAUT FOURNEAUX | ELECTRICITY* / ELECTRICITE* |
| | 1 | 2 | 3 | 4 | 5 | 6 | 7 | 8 | 9 | 10 | 11 |
| PRODUCTION | - | - | - | - | - | - | - | - | - | - | 2958 |
| FROM OTHER SOURCES | - | - | - | - | - | - | - | - | - | - | - |
| IMPORT | - | - | - | - | - | - | - | - | - | - | - |
| EXPORT | - | - | - | - | - | - | - | - | - | - | - |
| INTL. MARINE BUNKERS | - | - | - | - | - | - | - | - | - | - | - |
| STOCK CHANGES | - | - | - | - | - | - | - | - | - | - | - |
| DOMESTIC SUPPLY | - | - | - | - | - | - | - | - | - | - | 2958 |
| RETURNS TO SUPPLY | - | - | - | - | - | - | - | - | - | - | - |
| TRANSFERS | - | - | - | - | - | - | - | - | - | - | - |
| DOMESTIC AVAILABILITY | - | - | - | - | - | - | - | - | - | - | 2958 |
| STATISTICAL DIFFERENCE | - | - | - | - | - | - | - | - | - | - | - |
| TRANSFORM. SECTOR ** | - | - | - | - | - | - | - | - | - | - | - |
| FOR SOLID FUELS | - | - | - | - | - | - | - | - | - | - | - |
| FOR GASES | - | - | - | - | - | - | - | - | - | - | - |
| PETROLEUM REFINERIES | - | - | - | - | - | - | - | - | - | - | - |
| THERMO-ELECTRIC PLANTS | - | - | - | - | - | - | - | - | - | - | - |
| ENERGY SECTOR | - | - | - | - | - | - | - | - | - | - | 313 |
| COAL MINES | - | - | - | - | - | - | - | - | - | - | - |
| OIL AND GAS EXTRACTION | - | - | - | - | - | - | - | - | - | - | - |
| PETROLEUM REFINERIES | - | - | - | - | - | - | - | - | - | - | - |
| ELECTRIC PLANTS | - | - | - | - | - | - | - | - | - | - | 31 |
| DISTRIBUTION LOSSES | - | - | - | - | - | - | - | - | - | - | 282 |
| PUMP STORAGE (ELECTR.) | - | - | - | - | - | - | - | - | - | - | - |
| OTHER ENERGY SECTOR | - | - | - | - | - | - | - | - | - | - | - |
| FINAL CONSUMPTION | - | - | - | - | - | - | - | - | - | - | 2645 |
| INDUSTRY SECTOR | - | - | - | - | - | - | - | - | - | - | 1769 |
| IRON AND STEEL | - | - | - | - | - | - | - | - | - | - | 162 |
| CHEMICAL | - | - | - | - | - | - | - | - | - | - | - |
| PETROCHEMICAL | - | - | - | - | - | - | - | - | - | - | - |
| NON-FERROUS METAL | - | - | - | - | - | - | - | - | - | - | 1131 |
| NON-METALLIC MINERAL | - | - | - | - | - | - | - | - | - | - | - |
| PAPER PULP AND PRINT | - | - | - | - | - | - | - | - | - | - | - |
| MINING AND QUARRYING | - | - | - | - | - | - | - | - | - | - | - |
| FOOD AND TOBACCO | - | - | - | - | - | - | - | - | - | - | - |
| WOOD AND WOOD PRODUCTS | - | - | - | - | - | - | - | - | - | - | - |
| MACHINERY | - | - | - | - | - | - | - | - | - | - | - |
| TRANSPORT EQUIPMENT | - | - | - | - | - | - | - | - | - | - | - |
| CONSTRUCTION | - | - | - | - | - | - | - | - | - | - | - |
| TEXTILES AND LEATHER | - | - | - | - | - | - | - | - | - | - | - |
| NON SPECIFIED | - | - | - | - | - | - | - | - | - | - | 476 |
| NON-ENERGY USES: | | | | | | | | | | | |
| (1)ENERGY PRODUCTS | - | - | - | - | - | - | - | - | - | - | - |
| (2)NON-ENERGY PRODUCTS | - | - | - | - | - | - | - | - | - | - | - |
| TRANSPORT. SECTOR ** | - | - | - | - | - | - | - | - | - | - | - |
| AIR TRANSPORT | - | - | - | - | - | - | - | - | - | - | - |
| ROAD TRANSPORT | - | - | - | - | - | - | - | - | - | - | - |
| RAILWAYS | - | - | - | - | - | - | - | - | - | - | - |
| INTERNAL NAVIGATION | - | - | - | - | - | - | - | - | - | - | - |
| OTHER SECTORS ** | - | - | - | - | - | - | - | - | - | - | 876 |
| AGRICULTURE | - | - | - | - | - | - | - | - | - | - | - |
| PUBLIC SERVICES | - | - | - | - | - | - | - | - | - | - | - |
| COMMERCE | - | - | - | - | - | - | - | - | - | - | 166 |
| RESIDENTIAL | - | - | - | - | - | - | - | - | - | - | 643 |

(1) INCLUDED IN CHEMICAL OR PETROCHEMICAL INDUSTRY
(2) INCLUDED ONLY IN TOTAL INDUSTRY

** INCLUDED IN THESE TOTALS ARE THE NON-SPECIFIED ELEMENTS

| * OF WHICH: | |
|---|---|
| HYDRO | 2850 |
| NUCLEAR | 0 |
| CONVENTIONAL THERMAL | 59 |
| GEOTHERMAL | 49 |

PRODUCTION ET UTILISATION DES SOURCES D ENERGIE : ISLANDE

1979

UNIT: 1000 METRIC TONS
UNITE: 1000 TONNES METRIQUES

| OIL PETROLE | | | REFINERY GAS | LIQUEFIED PETROLEUM GASES | AVIATION GASOLINE | MOTOR GASOLINE | JET FUEL | KEROSENE | GAS/DIESEL OIL | RESIDUAL FUEL OIL | NAPHTHA | NON-ENERGY PRODUCTS |
|---|---|---|---|---|---|---|---|---|---|---|---|---|
| CRUDE BRUT | NGL GNL | FEEDST. | GAZ DE PETROLE | GAZ LIQUEFIES DE PETROLE | ESSENCE AVION | ESSENCE AUTO | CARBURANT REACTEUR | PETROLE LAMPANT | GAZ/DIESEL OIL | FUEL OIL RESIDUEL | NAPHTHA | PRODUITS NON-ENERGETIQUES |
| 12 | 13 | 14 | 15 | 16 | 17 | 18 | 19 | 20 | 21 | 22 | 23 | 24 |
| - | - | - | - | - | - | - | - | - | - | - | - | - |
| - | - | - | - | - | - | - | - | - | - | - | - | 1 |
| - | - | - | - | - | 2 | 95 | 63 | - | 309 | 161 | - | 19 |
| - | - | - | - | - | - | - | - | - | - | - | - | - |
| - | - | - | - | - | - | - | - | - | - | - | - | - |
| - | - | - | - | - | - | -3 | - | - | 3 | 10 | - | - |
| - | - | - | - | - | 2 | 92 | 63 | - | 312 | 171 | - | 20 |
| - | - | - | - | - | - | - | - | - | - | - | - | - |
| - | - | - | - | - | - | - | - | - | - | - | - | - |
| - | - | - | - | - | 2 | 92 | 63 | - | 312 | 171 | - | 20 |
| - | - | - | - | - | - | 4 | -6 | - | 29 | 10 | - | - |
| - | - | - | - | - | - | - | - | - | - | 55 | - | - |
| - | - | - | - | - | - | - | - | - | - | - | - | - |
| - | - | - | - | - | - | - | - | - | - | - | - | - |
| - | - | - | - | - | - | - | - | - | - | - | - | - |
| - | - | - | - | - | - | - | - | - | - | 55 | - | - |
| - | - | - | - | - | - | - | - | - | - | - | - | - |
| - | - | - | - | - | - | - | - | - | - | - | - | - |
| - | - | - | - | - | - | - | - | - | - | - | - | - |
| - | - | - | - | - | - | - | - | - | - | - | - | - |
| - | - | - | - | - | - | - | - | - | - | - | - | - |
| - | - | - | - | - | - | - | - | - | - | - | - | - |
| - | - | - | - | - | - | - | - | - | - | - | - | - |
| - | - | - | - | - | - | - | - | - | - | - | - | - |
| - | - | - | - | - | 2 | 88 | 69 | - | 283 | 106 | - | 20 |
| - | - | - | - | - | - | - | - | - | - | 106 | - | 20 |
| - | - | - | - | - | - | - | - | - | - | - | - | - |
| - | - | - | - | - | - | - | - | - | - | - | - | - |
| - | - | - | - | - | - | - | - | - | - | - | - | - |
| - | - | - | - | - | - | - | - | - | - | - | - | - |
| - | - | - | - | - | - | - | - | - | - | - | - | - |
| - | - | - | - | - | - | - | - | - | - | - | - | - |
| - | - | - | - | - | - | - | - | - | - | - | - | - |
| - | - | - | - | - | - | - | - | - | - | - | - | - |
| - | - | - | - | - | - | - | - | - | - | - | - | - |
| - | - | - | - | - | - | - | - | - | - | - | - | - |
| - | - | - | - | - | - | - | - | - | - | - | - | - |
| - | - | - | - | - | - | - | - | - | - | - | - | - |
| - | - | - | - | - | - | - | - | - | - | - | - | - |
| - | - | - | - | - | - | - | - | - | - | 106 | - | - |
| - | - | - | - | - | - | - | - | - | - | - | - | - |
| - | - | - | - | - | - | - | - | - | - | - | - | 20 |
| - | - | - | - | - | 2 | 88 | 69 | - | 180 | - | - | - |
| - | - | - | - | - | 2 | - | 69 | - | - | - | - | - |
| - | - | - | - | - | - | 88 | - | - | 80 | - | - | - |
| - | - | - | - | - | - | - | - | - | - | - | - | - |
| - | - | - | - | - | - | - | - | - | 100 | - | - | - |
| - | - | - | - | - | - | - | - | - | 103 | - | - | - |
| - | - | - | - | - | - | - | - | - | 5 | - | - | - |
| - | - | - | - | - | - | - | - | - | - | - | - | - |
| - | - | - | - | - | - | - | - | - | - | - | - | - |
| - | - | - | - | - | - | - | - | - | 98 | - | - | - |

## PRODUCTION AND USES OF ENERGY SOURCES : ICELAND

1980

| PRODUCTION AND USES / ENERGY SOURCES | UNIT: 1000 METRIC TONS / UNITE: 1000 TONNES METRIQUES | | | | | | TCAL / TCAL | MANUFACTURED GAS (TCAL) / GAZ MANUFACTURE (TCAL) | | | MILLIONS OF (DE) KWH |
|---|---|---|---|---|---|---|---|---|---|---|---|
| | HARD COAL / HOUILLE | PATENT FUEL / AGGLOMERES | COKE OVEN COKE / COKE DE FOUR | GAS COKE / COKE DE GAZ | BROWN COAL / LIGNITE | BKB / BRIQ. DE LIGNITE | NATURAL GAS / GAZ NATUREL | GAS WORKS / USINES A GAZ | COKE OVENS / COKERIES | BLAST FURNACES / HAUT FOURNEAUX | ELECTRICITY* / ELECTRICITE* |
| | 1 | 2 | 3 | 4 | 5 | 6 | 7 | 8 | 9 | 10 | 11 |
| PRODUCTION | - | - | - | - | - | - | - | - | - | - | 3186 |
| FROM OTHER SOURCES | - | - | - | - | - | - | - | - | - | - | - |
| IMPORT | 12 | - | 16 | - | - | - | - | - | - | - | - |
| EXPORT | - | - | - | - | - | - | - | - | - | - | - |
| INTL. MARINE BUNKERS | - | - | - | - | - | - | - | - | - | - | - |
| STOCK CHANGES | - | - | - | - | - | - | - | - | - | - | - |
| DOMESTIC SUPPLY | 12 | - | 16 | - | - | - | - | - | - | - | 3186 |
| RETURNS TO SUPPLY | - | - | - | - | - | - | - | - | - | - | - |
| TRANSFERS | - | - | - | - | - | - | - | - | - | - | - |
| DOMESTIC AVAILABILITY | 12 | - | 16 | - | - | - | - | - | - | - | 3186 |
| STATISTICAL DIFFERENCE | - | - | - | - | - | - | - | - | - | - | - |
| TRANSFORM. SECTOR ** | - | - | - | - | - | - | - | - | - | - | - |
| FOR SOLID FUELS | - | - | - | - | - | - | - | - | - | - | - |
| FOR GASES | - | - | - | - | - | - | - | - | - | - | - |
| PETROLEUM REFINERIES | - | - | - | - | - | - | - | - | - | - | - |
| THERMO-ELECTRIC PLANTS | - | - | - | - | - | - | - | - | - | - | - |
| ENERGY SECTOR | - | - | - | - | - | - | - | - | - | - | 324 |
| COAL MINES | - | - | - | - | - | - | - | - | - | - | - |
| OIL AND GAS EXTRACTION | - | - | - | - | - | - | - | - | - | - | - |
| PETROLEUM REFINERIES | - | - | - | - | - | - | - | - | - | - | - |
| ELECTRIC PLANTS | - | - | - | - | - | - | - | - | - | - | 33 |
| DISTRIBUTION LOSSES | - | - | - | - | - | - | - | - | - | - | 291 |
| PUMP STORAGE (ELECTR.) | - | - | - | - | - | - | - | - | - | - | - |
| OTHER ENERGY SECTOR | - | - | - | - | - | - | - | - | - | - | - |
| FINAL CONSUMPTION | 12 | - | 16 | - | - | - | - | - | - | - | 2862 |
| INDUSTRY SECTOR | 12 | - | 16 | - | - | - | - | - | - | - | 1978 |
| IRON AND STEEL | - | - | - | - | - | - | - | - | - | - | 271 |
| CHEMICAL | - | - | - | - | - | - | - | - | - | - | - |
| PETROCHEMICAL | - | - | - | - | - | - | - | - | - | - | - |
| NON-FERROUS METAL | 12 | - | 16 | - | - | - | - | - | - | - | 1225 |
| NON-METALLIC MINERAL | - | - | - | - | - | - | - | - | - | - | - |
| PAPER PULP AND PRINT | - | - | - | - | - | - | - | - | - | - | - |
| MINING AND QUARRYING | - | - | - | - | - | - | - | - | - | - | - |
| FOOD AND TOBACCO | - | - | - | - | - | - | - | - | - | - | - |
| WOOD AND WOOD PRODUCTS | - | - | - | - | - | - | - | - | - | - | - |
| MACHINERY | - | - | - | - | - | - | - | - | - | - | - |
| TRANSPORT EQUIPMENT | - | - | - | - | - | - | - | - | - | - | - |
| CONSTRUCTION | - | - | - | - | - | - | - | - | - | - | - |
| TEXTILES AND LEATHER | - | - | - | - | - | - | - | - | - | - | - |
| NON SPECIFIED | - | - | - | - | - | - | - | - | - | - | 482 |
| NON-ENERGY USES: | | | | | | | | | | | |
| (1)ENERGY PRODUCTS | - | - | - | - | - | - | - | - | - | - | - |
| (2)NON-ENERGY PRODUCTS | - | - | - | - | - | - | - | - | - | - | - |
| TRANSPORT. SECTOR ** | - | - | - | - | - | - | - | - | - | - | - |
| AIR TRANSPORT | - | - | - | - | - | - | - | - | - | - | - |
| ROAD TRANSPORT | - | - | - | - | - | - | - | - | - | - | - |
| RAILWAYS | - | - | - | - | - | - | - | - | - | - | - |
| INTERNAL NAVIGATION | - | - | - | - | - | - | - | - | - | - | - |
| OTHER SECTORS ** | - | - | - | - | - | - | - | - | - | - | 884 |
| AGRICULTURE | - | - | - | - | - | - | - | - | - | - | - |
| PUBLIC SERVICES | - | - | - | - | - | - | - | - | - | - | - |
| COMMERCE | - | - | - | - | - | - | - | - | - | - | 177 |
| RESIDENTIAL | - | - | - | - | - | - | - | - | - | - | 649 |

(1) INCLUDED IN CHEMICAL OR PETROCHEMICAL INDUSTRY
(2) INCLUDED ONLY IN TOTAL INDUSTRY

| * OF WHICH: HYDRO | 3087 |
|---|---|
| NUCLEAR | 0 |
| CONVENTIONAL THERMAL | 48 |
| GEOTHERMAL | 50 |

** INCLUDED IN THESE TOTALS ARE THE NON-SPECIFIED ELEMENTS

PRODUCTION ET UTILISATION DES SOURCES D ENERGIE : ISLANDE

1980

UNIT: 1000 METRIC TONS
UNITE: 1000 TONNES METRIQUES

| OIL / PETROLE | | | REFINERY GAS | LIQUEFIED PETROLEUM GASES | AVIATION GASOLINE | MOTOR GASOLINE | JET FUEL | KEROSENE | GAS/DIESEL OIL | RESIDUAL FUEL OIL | NAPHTHA | NON-ENERGY PRODUCTS |
|---|---|---|---|---|---|---|---|---|---|---|---|---|
| CRUDE BRUT | NGL GNL | FEEDST. | GAZ DE PETROLE | GAZ LIQUEFIES DE PETROLE | ESSENCE AVION | ESSENCE AUTO | CARBURANT REACTEUR | PETROLE LAMPANT | GAZ/DIESEL OIL | FUEL OIL RESIDUEL | NAPHTHA | PRODUITS NON-ENERGETIQUES |
| 12 | 13 | 14 | 15 | 16 | 17 | 18 | 19 | 20 | 21 | 22 | 23 | 24 |
| - | - | - | - | - | - | - | - | - | - | - | - | - |
| - | - | - | - | - | - | - | - | - | - | - | - | - |
| - | - | - | - | - | 2 | 86 | 55 | 2 | 231 | 181 | - | 19 |
| - | - | - | - | - | - | - | - | - | - | - | - | - |
| - | - | - | - | - | - | - | - | - | - | - | - | - |
| - | - | - | - | - | - | 3 | - | - | 23 | 1 | - | - |
| - | - | - | - | - | 2 | 89 | 55 | 2 | 254 | 182 | - | 19 |
| - | - | - | - | - | - | - | - | - | - | - | - | - |
| - | - | - | - | - | - | - | - | - | - | - | - | - |
| - | - | - | - | - | 2 | 89 | 55 | 2 | 254 | 182 | - | 19 |
| - | - | - | - | - | - | - | 7 | - | 23 | 11 | - | - |
| - | - | - | - | - | - | - | - | - | - | 50 | - | - |
| - | - | - | - | - | - | - | - | - | - | - | - | - |
| - | - | - | - | - | - | - | - | - | - | - | - | - |
| - | - | - | - | - | - | - | - | - | - | - | - | - |
| - | - | - | - | - | - | - | - | - | - | 50 | - | - |
| - | - | - | - | - | - | - | - | - | - | - | - | - |
| - | - | - | - | - | - | - | - | - | - | - | - | - |
| - | - | - | - | - | - | - | - | - | - | - | - | - |
| - | - | - | - | - | - | - | - | - | - | - | - | - |
| - | - | - | - | - | - | - | - | - | - | - | - | - |
| - | - | - | - | - | - | - | - | - | - | - | - | - |
| - | - | - | - | - | - | - | - | - | - | - | - | - |
| - | - | - | - | - | - | - | - | - | - | - | - | - |
| - | - | - | - | - | 2 | 89 | 48 | 2 | 231 | 121 | - | 19 |
| - | - | - | - | - | - | - | - | - | - | 121 | - | 19 |
| - | - | - | - | - | - | - | - | - | - | - | - | - |
| - | - | - | - | - | - | - | - | - | - | - | - | - |
| - | - | - | - | - | - | - | - | - | - | - | - | - |
| - | - | - | - | - | - | - | - | - | - | - | - | - |
| - | - | - | - | - | - | - | - | - | - | - | - | - |
| - | - | - | - | - | - | - | - | - | - | - | - | - |
| - | - | - | - | - | - | - | - | - | - | - | - | - |
| - | - | - | - | - | - | - | - | - | - | - | - | - |
| - | - | - | - | - | - | - | - | - | - | - | - | - |
| - | - | - | - | - | - | - | - | - | - | - | - | - |
| - | - | - | - | - | - | - | - | - | - | - | - | - |
| - | - | - | - | - | - | - | - | - | - | - | - | - |
| - | - | - | - | - | - | - | - | - | - | - | - | - |
| - | - | - | - | - | - | - | - | - | - | 121 | - | - |
| - | - | - | - | - | - | - | - | - | - | - | - | - |
| - | - | - | - | - | - | - | - | - | - | - | - | 19 |
| - | - | - | - | - | 2 | 89 | 48 | - | 150 | - | - | - |
| - | - | - | - | - | 2 | - | 48 | - | - | - | - | - |
| - | - | - | - | - | - | 89 | - | - | 80 | - | - | - |
| - | - | - | - | - | - | - | - | - | - | - | - | - |
| - | - | - | - | - | - | - | - | - | 70 | - | - | - |
| - | - | - | - | - | - | - | - | 2 | 81 | - | - | - |
| - | - | - | - | - | - | - | - | - | 5 | - | - | - |
| - | - | - | - | - | - | - | - | - | - | - | - | - |
| - | - | - | - | - | - | - | - | - | - | - | - | - |
| - | - | - | - | - | - | - | - | 2 | 76 | - | - | - |

## PRODUCTION AND USES OF ENERGY SOURCES : ICELAND

1981

| ENERGY SOURCES / PRODUCTION AND USES | UNIT: 1000 METRIC TONS / UNITE: 1000 TONNES METRIQUES | | | | | | TCAL / TCAL | MANUFACTURED GAS (TCAL) / GAZ MANUFACTURE (TCAL) | | | MILLIONS / OF (DE) KWH |
|---|---|---|---|---|---|---|---|---|---|---|---|
| | HARD COAL / HOUILLE | PATENT FUEL / AGGLOMERES | COKE OVEN COKE / COKE DE FOUR | GAS COKE / COKE DE GAZ | BROWN COAL / LIGNITE | BKB / BRIQ. DE LIGNITE | NATURAL GAS / GAZ NATUREL | GAS WORKS / USINES A GAZ | COKE OVENS / COKERIES | BLAST FURNACES / HAUT FOURNEAUX | ELECTRICITY* / ELECTRICITE* |
| | 1 | 2 | 3 | 4 | 5 | 6 | 7 | 8 | 9 | 10 | 11 |
| PRODUCTION | - | - | - | - | - | - | - | - | - | - | 3305 |
| FROM OTHER SOURCES | - | - | - | - | - | - | - | - | - | - | - |
| IMPORT | 24 | - | 27 | - | - | - | - | - | - | - | - |
| EXPORT | - | - | - | - | - | - | - | - | - | - | - |
| INTL. MARINE BUNKERS | - | - | - | - | - | - | - | - | - | - | - |
| STOCK CHANGES | - | - | - | - | - | - | - | - | - | - | - |
| DOMESTIC SUPPLY | 24 | - | 27 | - | - | - | - | - | - | - | 3305 |
| RETURNS TO SUPPLY | - | - | - | - | - | - | - | - | - | - | - |
| TRANSFERS | - | - | - | - | - | - | - | - | - | - | - |
| DOMESTIC AVAILABILITY | 24 | - | 27 | - | - | - | - | - | - | - | 3305 |
| STATISTICAL DIFFERENCE | - | - | - | - | - | - | - | - | - | - | 3 |
| TRANSFORM. SECTOR ** | - | - | - | - | - | - | - | - | - | - | - |
| FOR SOLID FUELS | - | - | - | - | - | - | - | - | - | - | - |
| FOR GASES | - | - | - | - | - | - | - | - | - | - | - |
| PETROLEUM REFINERIES | - | - | - | - | - | - | - | - | - | - | - |
| THERMO-ELECTRIC PLANTS | - | - | - | - | - | - | - | - | - | - | - |
| ENERGY SECTOR | - | - | - | - | - | - | - | - | - | - | 377 |
| COAL MINES | - | - | - | - | - | - | - | - | - | - | - |
| OIL AND GAS EXTRACTION | - | - | - | - | - | - | - | - | - | - | - |
| PETROLEUM REFINERIES | - | - | - | - | - | - | - | - | - | - | - |
| ELECTRIC PLANTS | - | - | - | - | - | - | - | - | - | - | 48 |
| DISTRIBUTION LOSSES | - | - | - | - | - | - | - | - | - | - | 329 |
| PUMP STORAGE (ELECTR.) | - | - | - | - | - | - | - | - | - | - | - |
| OTHER ENERGY SECTOR | - | - | - | - | - | - | - | - | - | - | - |
| FINAL CONSUMPTION | 24 | - | 27 | - | - | - | - | - | - | - | 2925 |
| INDUSTRY SECTOR | 24 | - | 27 | - | - | - | - | - | - | - | 2004 |
| IRON AND STEEL | - | - | - | - | - | - | - | - | - | - | 321 |
| CHEMICAL | - | - | - | - | - | - | - | - | - | - | - |
| PETROCHEMICAL | - | - | - | - | - | - | - | - | - | - | - |
| NON-FERROUS METAL | 20 | - | 27 | - | - | - | - | - | - | - | 1215 |
| NON-METALLIC MINERAL | - | - | - | - | - | - | - | - | - | - | - |
| PAPER PULP AND PRINT | - | - | - | - | - | - | - | - | - | - | - |
| MINING AND QUARRYING | - | - | - | - | - | - | - | - | - | - | - |
| FOOD AND TOBACCO | - | - | - | - | - | - | - | - | - | - | - |
| WOOD AND WOOD PRODUCTS | - | - | - | - | - | - | - | - | - | - | - |
| MACHINERY | - | - | - | - | - | - | - | - | - | - | - |
| TRANSPORT EQUIPMENT | - | - | - | - | - | - | - | - | - | - | - |
| CONSTRUCTION | - | - | - | - | - | - | - | - | - | - | - |
| TEXTILES AND LEATHER | - | - | - | - | - | - | - | - | - | - | - |
| NON SPECIFIED | 4 | - | - | - | - | - | - | - | - | - | 468 |
| NON-ENERGY USES: | | | | | | | | | | | |
| (1)ENERGY PRODUCTS | - | - | - | - | - | - | - | - | - | - | - |
| (2)NON-ENERGY PRODUCTS | - | - | - | - | - | - | - | - | - | - | - |
| TRANSPORT. SECTOR ** | - | - | - | - | - | - | - | - | - | - | - |
| AIR TRANSPORT | - | - | - | - | - | - | - | - | - | - | - |
| ROAD TRANSPORT | - | - | - | - | - | - | - | - | - | - | - |
| RAILWAYS | - | - | - | - | - | - | - | - | - | - | - |
| INTERNAL NAVIGATION | - | - | - | - | - | - | - | - | - | - | - |
| OTHER SECTORS ** | - | - | - | - | - | - | - | - | - | - | 921 |
| AGRICULTURE | - | - | - | - | - | - | - | - | - | - | - |
| PUBLIC SERVICES | - | - | - | - | - | - | - | - | - | - | - |
| COMMERCE | - | - | - | - | - | - | - | - | - | - | 182 |
| RESIDENTIAL | - | - | - | - | - | - | - | - | - | - | 691 |

(1) INCLUDED IN CHEMICAL OR PETROCHEMICAL INDUSTRY
(2) INCLUDED ONLY IN TOTAL INDUSTRY

| * OF WHICH: HYDRO | 3119 |
|---|---|
| NUCLEAR | 0 |
| CONVENTIONAL THERMAL | 0 |
| GEOTHERMAL | 131 |

** INCLUDED IN THESE TOTALS ARE THE NON-SPECIFIED ELEMENTS

UNIT: 1000 METRIC TONS
UNITE: 1000 TONNES METRIQUES

| OIL / PETROLE | | | REFINERY GAS | LIQUEFIED PETROLEUM GASES | AVIATION GASOLINE | MOTOR GASOLINE | JET FUEL | KEROSENE | GAS/DIESEL OIL | RESIDUAL FUEL OIL | NAPHTHA | NON-ENERGY PRODUCTS |
|---|---|---|---|---|---|---|---|---|---|---|---|---|
| CRUDE / BRUT | NGL / GNL | FEEDST. | GAZ DE PETROLE | GAZ LIQUEFIES DE PETROLE | ESSENCE AVION | ESSENCE AUTO | CARBURANT REACTEUR | PETROLE LAMPANT | GAZ/DIESEL OIL | FUEL OIL RESIDUEL | NAPHTHA | PRODUITS NON-ENERGETIQUES |
| 12 | 13 | 14 | 15 | 16 | 17 | 18 | 19 | 20 | 21 | 22 | 23 | 24 |
| - | - | - | - | - | - | - | - | - | - | - | - | - |
| - | - | - | - | - | - | - | - | - | - | - | - | - |
| - | - | - | - | 1 | 2 | 94 | 45 | 2 | 215 | 175 | - | 74 |
| - | - | - | - | - | - | - | - | - | - | - | - | - |
| - | - | - | - | - | - | - | - | - | - | - | - | - |
| - | - | - | - | - | - | -2 | 6 | - | 3 | -5 | - | - |
| - | - | - | - | 1 | 2 | 92 | 51 | 2 | 218 | 170 | - | 74 |
| - | - | - | - | - | - | - | - | - | - | - | - | - |
| - | - | - | - | - | - | - | - | - | - | - | - | - |
| - | - | - | - | 1 | 2 | 92 | 51 | 2 | 218 | 170 | - | 74 |
| - | - | - | - | - | - | - | - | - | - | - | - | - |
| - | - | - | - | - | - | - | - | 2 | 9 | 50 | - | - |
| - | - | - | - | - | - | - | - | - | - | - | - | - |
| - | - | - | - | - | - | - | - | - | - | - | - | - |
| - | - | - | - | - | - | - | - | - | - | - | - | - |
| - | - | - | - | - | - | - | - | - | 9 | 50 | - | - |
| - | - | - | - | - | - | - | - | - | - | - | - | - |
| - | - | - | - | - | - | - | - | - | - | - | - | - |
| - | - | - | - | - | - | - | - | - | - | - | - | - |
| - | - | - | - | - | - | - | - | - | - | - | - | - |
| - | - | - | - | - | - | - | - | - | - | - | - | - |
| - | - | - | - | - | - | - | - | - | - | - | - | - |
| - | - | - | - | - | - | - | - | - | - | - | - | - |
| - | - | - | - | - | - | - | - | - | - | - | - | - |
| - | - | - | - | 1 | 2 | 92 | 51 | - | 209 | 120 | - | 74 |
| - | - | - | - | - | - | - | - | - | 34 | 120 | - | 74 |
| - | - | - | - | - | - | - | - | - | - | - | - | - |
| - | - | - | - | - | - | - | - | - | - | - | - | 2 |
| - | - | - | - | - | - | - | - | - | - | - | - | - |
| - | - | - | - | - | - | - | - | - | - | - | - | - |
| - | - | - | - | - | - | - | - | - | - | - | - | - |
| - | - | - | - | - | - | - | - | - | - | - | - | - |
| - | - | - | - | - | - | - | - | - | - | - | - | - |
| - | - | - | - | - | - | - | - | - | - | - | - | - |
| - | - | - | - | - | - | - | - | - | - | - | - | - |
| - | - | - | - | - | - | - | - | - | - | - | - | - |
| - | - | - | - | - | - | - | - | - | - | - | - | - |
| - | - | - | - | - | - | - | - | - | - | - | - | - |
| - | - | - | - | - | - | - | - | - | - | - | - | - |
| - | - | - | - | - | - | - | - | - | 34 | 120 | - | - |
| - | - | - | - | - | - | - | - | - | - | - | - | - |
| - | - | - | - | - | - | - | - | - | - | - | - | 72 |
| - | - | - | - | - | 2 | 92 | 51 | - | 126 | - | - | - |
| - | - | - | - | - | 2 | - | 51 | - | - | - | - | - |
| - | - | - | - | - | - | 92 | - | - | 28 | - | - | - |
| - | - | - | - | - | - | - | - | - | - | - | - | - |
| - | - | - | - | - | - | - | - | - | 98 | - | - | - |
| - | - | - | - | 1 | - | - | - | - | 49 | - | - | - |
| - | - | - | - | - | - | - | - | - | - | - | - | - |
| - | - | - | - | - | - | - | - | - | - | - | - | - |
| - | - | - | - | 1 | - | - | - | - | - | - | - | - |
| - | - | - | - | - | - | - | - | - | 49 | - | - | - |

# PRODUCTION AND USES OF ENERGY SOURCES : IRELAND

1971

| ENERGY SOURCES / PRODUCTION AND USES | UNIT: 1000 METRIC TONS / UNITE: 1000 TONNES METRIQUES | | | | | | TCAL / TCAL | MANUFACTURED GAS (TCAL) / GAZ MANUFACTURE (TCAL) | | | MILLIONS OF (DE) KWH |
|---|---|---|---|---|---|---|---|---|---|---|---|
| | HARD COAL / HOUILLE | PATENT FUEL / AGGLOMERES | COKE OVEN COKE / COKE DE FOUR | GAS COKE / COKE DE GAZ | BROWN COAL / LIGNITE | BKB / BRIQ. DE LIGNITE | NATURAL GAS / GAZ NATUREL | GAS WORKS / USINES A GAZ | COKE OVENS / COKERIES | BLAST FURNACES / HAUT FOURNEAUX | ELECTRICITY* / ELECTRICITE* |
| | 1 | 2 | 3 | 4 | 5 | 6 | 7 | 8 | 9 | 10 | 11 |
| PRODUCTION | 90 | - | - | 26 | - | - | - | 1018 | - | - | 6304 |
| FROM OTHER SOURCES | - | - | - | - | - | - | - | - | - | - | - |
| IMPORT | 1038 | - | 11 | 3 | - | - | - | - | - | - | - |
| EXPORT | -34 | - | - | -19 | - | - | - | - | - | - | -27 |
| INTL. MARINE BUNKERS | - | - | - | - | - | - | - | - | - | - | - |
| STOCK CHANGES | -31 | - | - | - | - | - | - | - | - | - | - |
| DOMESTIC SUPPLY | 1063 | - | 11 | 10 | - | - | - | 1018 | - | - | 6277 |
| RETURNS TO SUPPLY | - | - | - | - | - | - | - | - | - | - | - |
| TRANSFERS | - | - | - | - | - | - | - | - | - | - | - |
| DOMESTIC AVAILABILITY | 1063 | - | 11 | 10 | - | - | - | 1018 | - | - | 6277 |
| STATISTICAL DIFFERENCE | - | - | - | - | - | - | - | - | - | - | - |
| TRANSFORM. SECTOR ** | 95 | - | - | - | - | - | - | - | - | - | - |
| FOR SOLID FUELS | - | - | - | - | - | - | - | - | - | - | - |
| FOR GASES | 43 | - | - | - | - | - | - | - | - | - | - |
| PETROLEUM REFINERIES | - | - | - | - | - | - | - | - | - | - | - |
| THERMO-ELECTRIC PLANTS | 52 | - | - | - | - | - | - | - | - | - | - |
| ENERGY SECTOR | - | - | - | 1 | - | - | - | 115 | - | - | 1065 |
| COAL MINES | - | - | - | - | - | - | - | - | - | - | 5 |
| OIL AND GAS EXTRACTION | - | - | - | - | - | - | - | - | - | - | - |
| PETROLEUM REFINERIES | - | - | - | - | - | - | - | - | - | - | 52 |
| ELECTRIC PLANTS | - | - | - | - | - | - | - | - | - | - | 334 |
| DISTRIBUTION LOSSES | - | - | - | - | - | - | - | 83 | - | - | 638 |
| PUMP STORAGE (ELECTR.) | - | - | - | - | - | - | - | - | - | - | - |
| OTHER ENERGY SECTOR | - | - | - | 1 | - | - | - | 32 | - | - | 36 |
| FINAL CONSUMPTION | 968 | - | 11 | 9 | - | - | - | 903 | - | - | 5212 |
| INDUSTRY SECTOR | 120 | - | 11 | - | - | - | - | 195 | - | - | 1776 |
| IRON AND STEEL | 1 | - | 11 | - | - | - | - | - | - | - | 100 |
| CHEMICAL | - | - | - | - | - | - | - | - | - | - | 300 |
| PETROCHEMICAL | - | - | - | - | - | - | - | - | - | - | - |
| NON-FERROUS METAL | - | - | - | - | - | - | - | - | - | - | - |
| NON-METALLIC MINERAL | - | - | - | - | - | - | - | - | - | - | - |
| PAPER PULP AND PRINT | - | - | - | - | - | - | - | - | - | - | - |
| MINING AND QUARRYING | - | - | - | - | - | - | - | - | - | - | - |
| FOOD AND TOBACCO | - | - | - | - | - | - | - | - | - | - | - |
| WOOD AND WOOD PRODUCTS | - | - | - | - | - | - | - | - | - | - | - |
| MACHINERY | - | - | - | - | - | - | - | - | - | - | - |
| TRANSPORT EQUIPMENT | - | - | - | - | - | - | - | - | - | - | - |
| CONSTRUCTION | - | - | - | - | - | - | - | - | - | - | - |
| TEXTILES AND LEATHER | - | - | - | - | - | - | - | - | - | - | - |
| NON SPECIFIED | 119 | - | - | - | - | - | - | 195 | - | - | 1376 |
| NON-ENERGY USES: | | | | | | | | | | | |
| (1)ENERGY PRODUCTS | - | - | - | - | - | - | - | - | - | - | - |
| (2)NON-ENERGY PRODUCTS | - | - | - | - | - | - | - | - | - | - | - |
| TRANSPORT. SECTOR ** | - | - | - | - | - | - | - | - | - | - | - |
| AIR TRANSPORT | - | - | - | - | - | - | - | - | - | - | - |
| ROAD TRANSPORT | - | - | - | - | - | - | - | - | - | - | - |
| RAILWAYS | - | - | - | - | - | - | - | - | - | - | - |
| INTERNAL NAVIGATION | - | - | - | - | - | - | - | - | - | - | - |
| OTHER SECTORS ** | 848 | - | - | 9 | - | - | - | 708 | - | - | 3436 |
| AGRICULTURE | - | - | - | - | - | - | - | - | - | - | - |
| PUBLIC SERVICES | - | - | - | - | - | - | - | - | - | - | - |
| COMMERCE | - | - | - | - | - | - | - | - | - | - | 1145 |
| RESIDENTIAL | 848 | - | - | 9 | - | - | - | 708 | - | - | 2291 |

(1) INCLUDED IN CHEMICAL OR PETROCHEMICAL INDUSTRY
(2) INCLUDED ONLY IN TOTAL INDUSTRY

| * OF WHICH: HYDRO | 466 |
|---|---|
| NUCLEAR | 0 |
| CONVENTIONAL THERMAL | 5838 |
| GEOTHERMAL | 0 |

** INCLUDED IN THESE TOTALS ARE THE NON-SPECIFIED ELEMENTS

PRODUCTION ET UTILISATION DES SOURCES D ENERGIE : IRLANDE

1971

UNIT: 1000 METRIC TONS
UNITE: 1000 TONNES METRIQUES

| OIL / PETROLE | | | REFINERY GAS | LIQUEFIED PETROLEUM GASES | AVIATION GASOLINE | MOTOR GASOLINE | JET FUEL | KEROSENE | GAS/DIESEL OIL | RESIDUAL FUEL OIL | NAPHTHA | NON-ENERGY PRODUCTS |
|---|---|---|---|---|---|---|---|---|---|---|---|---|
| CRUDE* BRUT* | NGL GNL | FEEDST. | GAZ DE PETROLE | GAZ LIQUEFIES DE PETROLE | ESSENCE AVION | ESSENCE AUTO | CARBURANT REACTEUR | PETROLE LAMPANT | GAZ/DIESEL OIL | FUEL OIL RESIDUEL | NAPHTHA | PRODUITS NON-ENERGETIQUES |
| 12 | 13 | 14 | 15 | 16 | 17 | 18 | 19 | 20 | 21 | 22 | 23 | 24 |
| - | - | - | - | 40 | - | 495 | 76 | - | 695 | 1424 | 82 | - |
| - | - | - | - | - | - | - | - | - | - | - | - | - |
| 2967 | - | - | - | 41 | 3 | 180 | 270 | 83 | 149 | 1869 | 33 | 346 |
| - | - | - | - | -10 | - | -3 | - | - | -28 | -697 | - | -4 |
| - | - | - | - | - | | - | - | - | -33 | -44 | - | - |
| -40 | - | - | - | 1 | -1 | -6 | 11 | - | 4 | -71 | - | - |
| 2927 | - | - | - | 72 | 2 | 666 | 357 | 83 | 787 | 2481 | 115 | 342 |
| - | - | - | - | - | - | - | - | - | - | | - | - |
| - | - | - | - | - | - | - | - | - | - | - | - | - |
| 2927 | - | - | - | 72 | 2 | 666 | 357 | 83 | 787 | 2481 | 115 | 342 |
| - | - | - | - | - | - | - | - | - | -85 | 80 | - | 123 |
| 2927 | - | - | - | - | - | - | - | - | 19 | 1065 | 115 | - |
| - | - | - | - | - | - | - | - | - | - | - | - | - |
| - | - | - | - | - | - | - | - | - | 19 | 14 | 115 | - |
| 2927 | - | - | - | - | - | - | - | - | - | - | - | - |
| - | - | - | - | - | - | - | - | - | - | 1051 | - | - |
| - | - | - | - | - | - | - | - | - | - | - | - | - |
| - | - | - | - | - | - | - | - | - | - | - | - | - |
| - | - | - | - | - | - | - | - | - | - | - | - | - |
| - | - | - | - | - | - | - | - | - | - | - | - | - |
| - | - | - | - | - | - | - | - | - | - | - | - | - |
| - | - | - | - | - | - | - | - | - | - | - | - | - |
| - | - | - | - | - | - | - | - | - | - | - | - | - |
| - | - | - | - | - | - | - | - | - | - | - | - | - |
| - | - | - | - | 72 | 2 | 666 | 357 | 83 | 853 | 1336 | - | 219 |
| - | - | - | - | 28 | - | - | - | - | 181 | 1204 | - | 219 |
| - | - | - | - | - | - | - | - | - | - | 26 | - | - |
| - | - | - | - | - | - | - | - | - | - | 35 | - | - |
| - | - | - | - | - | - | - | - | - | - | - | - | - |
| - | - | - | - | - | - | - | - | - | - | - | - | - |
| - | - | - | - | - | - | - | - | - | - | - | - | - |
| - | - | - | - | - | - | - | - | - | - | - | - | - |
| - | - | - | - | - | - | - | - | - | - | - | - | - |
| - | - | - | - | - | - | - | - | - | - | - | - | - |
| - | - | - | - | - | - | - | - | - | - | - | - | - |
| - | - | - | - | - | - | - | - | - | - | - | - | - |
| - | - | - | - | - | - | - | - | - | - | - | - | - |
| - | - | - | - | - | - | - | - | - | - | - | - | - |
| - | - | - | - | - | - | - | - | - | - | - | - | - |
| - | - | - | - | 28 | - | - | - | - | 181 | 1143 | - | 4 |
| - | - | - | - | - | - | - | - | - | - | - | - | - |
| - | - | - | - | - | - | - | - | - | - | - | - | 215 |
| - | - | - | - | - | 2 | 666 | 357 | - | 210 | - | - | - |
| - | - | - | - | - | 2 | - | 357 | - | - | - | - | - |
| - | - | - | - | - | - | 666 | - | - | 169 | - | - | - |
| - | - | - | - | - | - | - | - | - | 41 | - | - | - |
| - | - | - | - | - | - | - | - | - | - | - | - | - |
| - | - | - | - | 44 | - | - | - | 83 | 462 | 132 | - | - |
| - | - | - | - | - | - | - | - | 8 | 153 | 16 | - | - |
| - | - | - | - | - | - | - | - | - | - | - | - | - |
| - | - | - | - | - | - | - | - | - | - | - | - | - |
| - | - | - | - | 44 | - | - | - | 75 | 309 | - | - | - |

*INCLUDED IN THIS COLUMN IS NGL AND FEEDSTOCKS.

## PRODUCTION AND USES OF ENERGY SOURCES : IRELAND

1972

| PRODUCTION AND USES / ENERGY SOURCES | UNIT: 1000 METRIC TONS / UNITE: 1000 TONNES METRIQUES | | | | | | TCAL / TCAL | MANUFACTURED GAS (TCAL) / GAZ MANUFACTURE (TCAL) | | | MILLIONS OF (DE) KWH |
|---|---|---|---|---|---|---|---|---|---|---|---|
| | HARD COAL / HOUILLE | PATENT FUEL / AGGLOMERES | COKE OVEN COKE / COKE DE FOUR | GAS COKE / COKE DE GAZ | BROWN COAL / LIGNITE | BKB / BRIQ. DE LIGNITE | NATURAL GAS / GAZ NATUREL | GAS WORKS / USINES A GAZ | COKE OVENS / COKERIES | BLAST FURNACES / HAUT FOURNEAUX | ELECTRICITY* / ELECTRICITE* |
| | 1 | 2 | 3 | 4 | 5 | 6 | 7 | 8 | 9 | 10 | 11 |
| PRODUCTION | 75 | - | - | 27 | - | - | - | 1086 | - | - | 6889 |
| FROM OTHER SOURCES | - | - | - | - | - | - | - | - | - | - | - |
| IMPORT | 892 | - | 14 | 1 | - | - | - | - | - | - | - |
| EXPORT | -78 | - | - | -19 | - | - | - | - | - | - | -32 |
| INTL. MARINE BUNKERS | - | - | - | - | - | - | - | - | - | - | - |
| STOCK CHANGES | 50 | - | - | - | - | - | - | - | - | - | - |
| DOMESTIC SUPPLY | 939 | - | 14 | 9 | - | - | - | 1086 | - | - | 6857 |
| RETURNS TO SUPPLY | - | - | - | - | - | - | - | - | - | - | - |
| TRANSFERS | - | - | - | - | - | - | - | - | - | - | - |
| DOMESTIC AVAILABILITY | 939 | - | 14 | 9 | - | - | - | 1086 | - | - | 6857 |
| STATISTICAL DIFFERENCE | - | - | - | - | - | - | - | - | - | - | - |
| TRANSFORM. SECTOR ** | 92 | - | - | - | - | - | - | - | - | - | - |
| FOR SOLID FUELS | - | - | - | - | - | - | - | - | - | - | - |
| FOR GASES | 50 | - | - | - | - | - | - | - | - | - | - |
| PETROLEUM REFINERIES | - | - | - | - | - | - | - | - | - | - | - |
| THERMO-ELECTRIC PLANTS | 42 | - | - | - | - | - | - | - | - | - | - |
| ENERGY SECTOR | - | - | - | - | - | - | - | 122 | - | - | 1170 |
| COAL MINES | - | - | - | - | - | - | - | - | - | - | 54 |
| OIL AND GAS EXTRACTION | - | - | - | - | - | - | - | - | - | - | - |
| PETROLEUM REFINERIES | - | - | - | - | - | - | - | - | - | - | 30 |
| ELECTRIC PLANTS | - | - | - | - | - | - | - | - | - | - | 360 |
| DISTRIBUTION LOSSES | - | - | - | - | - | - | - | 88 | - | - | 719 |
| PUMP STORAGE (ELECTR.) | - | - | - | - | - | - | - | - | - | - | - |
| OTHER ENERGY SECTOR | - | - | - | - | - | - | - | 34 | - | - | 7 |
| FINAL CONSUMPTION | 847 | - | 14 | 9 | - | - | - | 964 | - | - | 5687 |
| INDUSTRY SECTOR | 87 | - | 14 | - | - | - | - | 220 | - | - | 1932 |
| IRON AND STEEL | 1 | - | 14 | - | - | - | - | - | - | - | 111 |
| CHEMICAL | - | - | - | - | - | - | - | - | - | - | 367 |
| PETROCHEMICAL | - | - | - | - | - | - | - | - | - | - | - |
| NON-FERROUS METAL | - | - | - | - | - | - | - | - | - | - | - |
| NON-METALLIC MINERAL | - | - | - | - | - | - | - | - | - | - | 273 |
| PAPER PULP AND PRINT | - | - | - | - | - | - | - | - | - | - | 195 |
| MINING AND QUARRYING | - | - | - | - | - | - | - | - | - | - | 169 |
| FOOD AND TOBACCO | - | - | - | - | - | - | - | - | - | - | 494 |
| WOOD AND WOOD PRODUCTS | - | - | - | - | - | - | - | - | - | - | - |
| MACHINERY | - | - | - | - | - | - | - | - | - | - | - |
| TRANSPORT EQUIPMENT | - | - | - | - | - | - | - | - | - | - | - |
| CONSTRUCTION | - | - | - | - | - | - | - | - | - | - | - |
| TEXTILES AND LEATHER | - | - | - | - | - | - | - | - | - | - | 183 |
| NON SPECIFIED | 86 | - | - | - | - | - | - | 220 | - | - | 140 |
| NON-ENERGY USES: | | | | | | | | | | | |
| (1)ENERGY PRODUCTS | - | - | - | - | - | - | - | - | - | - | - |
| (2)NON-ENERGY PRODUCTS | - | - | - | - | - | - | - | - | - | - | - |
| TRANSPORT. SECTOR ** | - | - | - | - | - | - | - | - | - | - | - |
| AIR TRANSPORT | - | - | - | - | - | - | - | - | - | - | - |
| ROAD TRANSPORT | - | - | - | - | - | - | - | - | - | - | - |
| RAILWAYS | - | - | - | - | - | - | - | - | - | - | - |
| INTERNAL NAVIGATION | - | - | - | - | - | - | - | - | - | - | - |
| OTHER SECTORS ** | 760 | - | - | 9 | - | - | - | 744 | - | - | 3755 |
| AGRICULTURE | - | - | - | - | - | - | - | - | - | - | - |
| PUBLIC SERVICES | - | - | - | - | - | - | - | - | - | - | - |
| COMMERCE | - | - | - | - | - | - | - | - | - | - | 1302 |
| RESIDENTIAL | 760 | - | - | 9 | - | - | - | 744 | - | - | 2453 |

(1) INCLUDED IN CHEMICAL OR PETROCHEMICAL INDUSTRY
(2) INCLUDED ONLY IN TOTAL INDUSTRY

| * OF WHICH: HYDRO | 682 |
|---|---|
| NUCLEAR | 0 |
| CONVENTIONAL THERMAL | 6207 |
| GEOTHERMAL | 0 |

** INCLUDED IN THESE TOTALS ARE THE NON-SPECIFIED ELEMENTS

PRODUCTION ET UTILISATION DES SOURCES D ENERGIE : IRLANDE

1972

UNIT: 1000 METRIC TONS
UNITE: 1000 TONNES METRIQUES

| OIL / PETROLE | | | REFINERY GAS | LIQUEFIED PETROLEUM GASES | AVIATION GASOLINE | MOTOR GASOLINE | JET FUEL | KEROSENE | GAS/DIESEL OIL | RESIDUAL FUEL OIL | NAPHTHA | NON-ENERGY PRODUCTS |
|---|---|---|---|---|---|---|---|---|---|---|---|---|
| CRUDE* / BRUT* | NGL / GNL | FEEDST. | GAZ DE PETROLE | GAZ LIQUEFIES DE PETROLE | ESSENCE AVION | ESSENCE AUTO | CARBURANT REACTEUR | PETROLE LAMPANT | GAZ/DIESEL OIL | FUEL OIL RESIDUEL | NAPHTHA | PRODUITS NON-ENERGETIQUES |
| 12 | 13 | 14 | 15 | 16 | 17 | 18 | 19 | 20 | 21 | 22 | 23 | 24 |
| - | - | - | - | 41 | - | 476 | 76 | - | 666 | 1302 | 57 | - |
| - | - | - | - | - | - | - | - | - | - | - | - | - |
| 2715 | - | - | - | 46 | 2 | 271 | 265 | 84 | 351 | 1599 | - | 359 |
| - | - | - | - | -5 | - | - | - | - | -34 | -489 | -25 | -3 |
| - | - | - | - | - | - | - | - | - | -28 | -51 | - | - |
| 33 | - | - | - | - | -1 | -37 | -9 | 1 | 8 | -27 | - | - |
| 2748 | - | - | - | 82 | 1 | 710 | 332 | 85 | 963 | 2334 | 32 | 356 |
| - | - | - | - | - | - | - | - | - | - | - | - | - |
| - | - | - | - | - | - | - | - | - | - | - | - | - |
| 2748 | - | - | - | 82 | 1 | 710 | 332 | 85 | 963 | 2334 | 32 | 356 |
| - | - | - | - | - | - | - | - | - | -16 | - | - | 168 |
| 2748 | - | - | - | - | - | - | - | - | 1 | 1096 | 32 | - |
| - | - | - | - | - | - | - | - | - | - | - | - | - |
| - | - | - | - | - | - | - | - | - | 1 | 5 | 32 | - |
| 2748 | - | - | - | - | - | - | - | - | - | - | - | - |
| - | - | - | - | - | - | - | - | - | - | 1091 | - | - |
| - | - | - | - | - | - | - | - | - | - | - | - | - |
| - | - | - | - | - | - | - | - | - | - | - | - | - |
| - | - | - | - | - | - | - | - | - | - | - | - | - |
| - | - | - | - | - | - | - | - | - | - | - | - | - |
| - | - | - | - | - | - | - | - | - | - | - | - | - |
| - | - | - | - | - | - | - | - | - | - | - | - | - |
| - | - | - | - | - | - | - | - | - | - | - | - | - |
| - | - | - | - | - | - | - | - | - | - | - | - | - |
| - | - | - | - | 82 | 1 | 710 | 332 | 85 | 978 | 1238 | - | 188 |
| - | - | - | - | 30 | - | - | - | - | 230 | 1106 | - | 188 |
| - | - | - | - | - | - | - | - | - | - | 26 | - | - |
| - | - | - | - | - | - | - | - | - | - | 35 | - | - |
| - | - | - | - | - | - | - | - | - | - | - | - | - |
| - | - | - | - | - | - | - | - | - | - | - | - | - |
| - | - | - | - | - | - | - | - | - | - | - | - | - |
| - | - | - | - | - | - | - | - | - | - | - | - | - |
| - | - | - | - | - | - | - | - | - | - | - | - | - |
| - | - | - | - | - | - | - | - | - | - | - | - | - |
| - | - | - | - | - | - | - | - | - | - | - | - | - |
| - | - | - | - | - | - | - | - | - | - | - | - | - |
| - | - | - | - | - | - | - | - | - | - | - | - | - |
| - | - | - | - | - | - | - | - | - | - | - | - | - |
| - | - | - | - | - | - | - | - | - | - | - | - | - |
| - | - | - | - | 30 | - | - | - | - | 230 | 1045 | - | 4 |
| - | - | - | - | - | - | - | - | - | - | - | - | - |
| - | - | - | - | - | - | - | - | - | - | - | - | 184 |
| - | - | - | - | - | 1 | 710 | 332 | - | 230 | - | - | - |
| - | - | - | - | - | 1 | - | 332 | - | - | - | - | - |
| - | - | - | - | - | - | 710 | - | - | 188 | - | - | - |
| - | - | - | - | - | - | - | - | - | 42 | - | - | - |
| - | - | - | - | - | - | - | - | - | - | - | - | - |
| - | - | - | - | 52 | - | - | - | 85 | 518 | 132 | - | - |
| - | - | - | - | - | - | - | - | 8 | 172 | 16 | - | - |
| - | - | - | - | - | - | - | - | - | - | - | - | - |
| - | - | - | - | - | - | - | - | - | - | - | - | - |
| - | - | - | - | 52 | - | - | - | 77 | 346 | - | - | - |

*INCLUDED IN THIS COLUMN IS NGL AND FEEDSTOCKS.

## PRODUCTION AND USES OF ENERGY SOURCES : IRELAND

1973

| PRODUCTION AND USES / ENERGY SOURCES | UNIT: 1000 METRIC TONS / UNITE: 1000 TONNES METRIQUES | | | | | | TCAL / TCAL | MANUFACTURED GAS (TCAL) / GAZ MANUFACTURE (TCAL) | | | MILLIONS OF (DE) KWH |
|---|---|---|---|---|---|---|---|---|---|---|---|
| | HARD COAL / HOUILLE | PATENT FUEL / AGGLOMERES | COKE OVEN COKE / COKE DE FOUR | GAS COKE / COKE DE GAZ | BROWN COAL / LIGNITE | BKB / BRIQ. DE LIGNITE | NATURAL GAS / GAZ NATUREL | GAS WORKS / USINES A GAZ | COKE OVENS / COKERIES | BLAST FURNACES / HAUT FOURNEAUX | ELECTRICITY* / ELECTRICITE* |
| | 1 | 2 | 3 | 4 | 5 | 6 | 7 | 8 | 9 | 10 | 11 |
| PRODUCTION | 64 | - | - | 37 | - | - | - | 1289 | - | - | 7348 |
| FROM OTHER SOURCES | - | - | - | - | - | - | - | - | - | - | - |
| IMPORT | 807 | - | 13 | - | - | - | - | - | - | - | 74 |
| EXPORT | -71 | - | - | -34 | - | - | - | - | - | - | -29 |
| INTL. MARINE BUNKERS | - | - | - | - | - | - | - | - | - | - | - |
| STOCK CHANGES | 22 | - | - | - | - | - | - | - | - | - | - |
| DOMESTIC SUPPLY | 822 | - | 13 | 3 | - | - | - | 1289 | - | - | 7393 |
| RETURNS TO SUPPLY | - | - | - | - | - | - | - | - | - | - | - |
| TRANSFERS | - | - | - | - | - | - | - | - | - | - | - |
| DOMESTIC AVAILABILITY | 822 | - | 13 | 3 | - | - | - | 1289 | - | - | 7393 |
| STATISTICAL DIFFERENCE | - | - | - | - | - | - | - | - | - | - | - |
| TRANSFORM. SECTOR ** | 99 | - | - | - | - | - | - | - | - | - | - |
| FOR SOLID FUELS | - | - | - | - | - | - | - | - | - | - | - |
| FOR GASES | 48 | - | - | - | - | - | - | - | - | - | - |
| PETROLEUM REFINERIES | - | - | - | - | - | - | - | - | - | - | - |
| THERMO-ELECTRIC PLANTS | 51 | - | - | - | - | - | - | - | - | - | - |
| ENERGY SECTOR | - | - | - | - | - | - | - | 148 | - | - | 1243 |
| COAL MINES | - | - | - | - | - | - | - | - | - | - | 40 |
| OIL AND GAS EXTRACTION | - | - | - | - | - | - | - | - | - | - | - |
| PETROLEUM REFINERIES | - | - | - | - | - | - | - | - | - | - | 30 |
| ELECTRIC PLANTS | - | - | - | - | - | - | - | - | - | - | 386 |
| DISTRIBUTION LOSSES | - | - | - | - | - | - | - | 105 | - | - | 779 |
| PUMP STORAGE (ELECTR.) | - | - | - | - | - | - | - | - | - | - | - |
| OTHER ENERGY SECTOR | - | - | - | - | - | - | - | 43 | - | - | 8 |
| FINAL CONSUMPTION | 723 | - | 13 | 3 | - | - | - | 1141 | - | - | 6150 |
| INDUSTRY SECTOR | 50 | - | 13 | - | - | - | - | 274 | - | - | 2199 |
| IRON AND STEEL | - | - | 13 | - | - | - | - | - | - | - | 94 |
| CHEMICAL | - | - | - | - | - | - | - | - | - | - | 360 |
| PETROCHEMICAL | - | - | - | - | - | - | - | - | - | - | - |
| NON-FERROUS METAL | - | - | - | - | - | - | - | - | - | - | - |
| NON-METALLIC MINERAL | - | - | - | - | - | - | - | - | - | - | 314 |
| PAPER PULP AND PRINT | - | - | - | - | - | - | - | - | - | - | 174 |
| MINING AND QUARRYING | - | - | - | - | - | - | - | - | - | - | 134 |
| FOOD AND TOBACCO | - | - | - | - | - | - | - | - | - | - | 496 |
| WOOD AND WOOD PRODUCTS | - | - | - | - | - | - | - | - | - | - | 61 |
| MACHINERY | - | - | - | - | - | - | - | - | - | - | 149 |
| TRANSPORT EQUIPMENT | - | - | - | - | - | - | - | - | - | - | 33 |
| CONSTRUCTION | - | - | - | - | - | - | - | - | - | - | 26 |
| TEXTILES AND LEATHER | - | - | - | - | - | - | - | - | - | - | 181 |
| NON SPECIFIED | 50 | - | - | - | - | - | - | 274 | - | - | 177 |
| NON-ENERGY USES: | | | | | | | | | | | |
| (1)ENERGY PRODUCTS | - | - | - | - | - | - | - | - | - | - | - |
| (2)NON-ENERGY PRODUCTS | - | - | - | - | - | - | - | - | - | - | - |
| TRANSPORT. SECTOR ** | - | - | - | - | - | - | - | - | - | - | - |
| AIR TRANSPORT | - | - | - | - | - | - | - | - | - | - | - |
| ROAD TRANSPORT | - | - | - | - | - | - | - | - | - | - | - |
| RAILWAYS | - | - | - | - | - | - | - | - | - | - | - |
| INTERNAL NAVIGATION | - | - | - | - | - | - | - | - | - | - | - |
| OTHER SECTORS ** | 673 | - | - | 3 | - | - | - | 867 | - | - | 3951 |
| AGRICULTURE | - | - | - | - | - | - | - | - | - | - | - |
| PUBLIC SERVICES | - | - | - | - | - | - | - | - | - | - | - |
| COMMERCE | - | - | - | - | - | - | - | - | - | - | 1361 |
| RESIDENTIAL | 673 | - | - | 3 | - | - | - | 867 | - | - | 2590 |

(1) INCLUDED IN CHEMICAL OR PETROCHEMICAL INDUSTRY
(2) INCLUDED ONLY IN TOTAL INDUSTRY

| * OF WHICH: HYDRO | 644 |
|---|---|
| NUCLEAR | 0 |
| CONVENTIONAL THERMAL | 6704 |
| GEOTHERMAL | 0 |

** INCLUDED IN THESE TOTALS ARE THE NON-SPECIFIED ELEMENTS

## PRODUCTION ET UTILISATION DES SOURCES D ENERGIE : IRLANDE

1973

UNIT: 1000 METRIC TONS
UNITE: 1000 TONNES METRIQUES

| OIL / PETROLE: CRUDE* / BRUT* | OIL / PETROLE: NGL / GNL | OIL / PETROLE: FEEDST. | REFINERY GAS / GAZ DE PETROLE | LIQUEFIED PETROLEUM GASES / GAZ LIQUEFIES DE PETROLE | AVIATION GASOLINE / ESSENCE AVION | MOTOR GASOLINE / ESSENCE AUTO | JET FUEL / CARBURANT REACTEUR | KEROSENE / PETROLE LAMPANT | GAS/DIESEL OIL / GAZ/DIESEL OIL | RESIDUAL FUEL OIL / FUEL OIL RESIDUEL | NAPHTHA / NAPHTHA | NON-ENERGY PRODUCTS / PRODUITS NON-ENERGETIQUES |
|---|---|---|---|---|---|---|---|---|---|---|---|---|
| 12 | 13 | 14 | 15 | 16 | 17 | 18 | 19 | 20 | 21 | 22 | 23 | 24 |
| - | - | - | 57 | 68 | - | 459 | 79 | - | 694 | 1253 | 65 | - |
| - | - | - | - | - | - | - | - | - | - | - | - | - |
| 2684 | - | - | - | 155 | 2 | 294 | 200 | 107 | 696 | 1607 | 58 | 222 |
| -5 | - | - | - | -3 | - | -4 | - | - | -30 | -446 | - | -5 |
| - | - | - | - | - | - | - | - | - | -50 | -42 | - | - |
| 124 | - | - | - | - | - | - | - | 25 | - | - | - | - |
| 2803 | - | - | 57 | 220 | 2 | 749 | 279 | 132 | 1310 | 2372 | 123 | 217 |
| - | - | - | - | - | - | - | - | - | - | - | - | - |
| - | - | - | - | - | - | - | - | - | - | - | - | - |
| 2803 | - | - | 57 | 220 | 2 | 749 | 279 | 132 | 1310 | 2372 | 123 | 217 |
| -5 | - | - | - | 128 | - | -47 | 1 | 1 | 220 | 62 | - | - |
| 2808 | - | - | - | - | - | - | - | - | 1 | 1123 | 123 | - |
| | | | | | | | | | | | | |
| - | - | - | - | - | - | - | - | - | - | - | - | - |
| - | - | - | - | - | - | - | - | - | 1 | 16 | 123 | - |
| 2808 | - | - | - | - | - | - | - | - | - | - | - | - |
| - | - | - | - | - | - | - | - | - | - | 1107 | - | - |
| - | - | - | 57 | - | - | - | - | - | - | - | - | - |
| | | | | | | | | | | | | |
| - | - | - | - | - | - | - | - | - | - | - | - | - |
| - | - | - | - | - | - | - | - | - | - | - | - | - |
| - | - | - | 57 | - | - | - | - | - | - | - | - | - |
| - | - | - | - | - | - | - | - | - | - | - | - | - |
| - | - | - | - | - | - | - | - | - | - | - | - | - |
| - | - | - | - | - | - | - | - | - | - | - | - | - |
| - | - | - | - | - | - | - | - | - | - | - | - | - |
| - | - | - | - | 92 | 2 | 796 | 278 | 131 | 1089 | 1187 | - | 217 |
| - | - | - | - | - | - | - | - | - | 73 | 1033 | - | 217 |
| | | | | | | | | | | | | |
| - | - | - | - | - | - | - | - | - | 1 | 31 | - | - |
| - | - | - | - | - | - | - | - | - | 8 | 220 | - | - |
| - | - | - | - | - | - | - | - | - | - | - | - | - |
| - | - | - | - | - | - | - | - | - | - | - | - | - |
| - | - | - | - | - | - | - | - | - | - | - | - | - |
| - | - | - | - | - | - | - | - | - | - | - | - | - |
| - | - | - | - | - | - | - | - | - | - | - | - | - |
| - | - | - | - | - | - | - | - | - | - | - | - | - |
| - | - | - | - | - | - | - | - | - | - | - | - | - |
| - | - | - | - | - | - | - | - | - | - | - | - | - |
| - | - | - | - | - | - | - | - | - | - | - | - | - |
| - | - | - | - | - | - | - | - | - | - | - | - | - |
| - | - | - | - | - | - | - | - | - | - | - | - | - |
| - | - | - | - | - | - | - | - | - | 64 | 782 | - | 6 |
| | | | | | | | | | | | | |
| - | - | - | - | - | - | - | - | - | - | - | - | - |
| - | - | - | - | - | - | - | - | - | - | - | - | 211 |
| - | - | - | - | - | 2 | 796 | 278 | - | 247 | - | - | - |
| | | | | | | | | | | | | |
| - | - | - | - | - | 2 | - | 278 | - | - | - | - | - |
| - | - | - | - | - | - | 796 | - | - | 202 | - | - | - |
| - | - | - | - | - | - | - | - | - | 45 | - | - | - |
| - | - | - | - | - | - | - | - | - | - | - | - | - |
| - | - | - | - | 92 | - | - | - | 131 | 769 | 154 | - | - |
| | | | | | | | | | | | | |
| - | - | - | - | - | - | - | - | 8 | 173 | 20 | - | - |
| - | - | - | - | - | - | - | - | - | - | - | - | - |
| - | - | - | - | - | - | - | - | - | - | - | - | - |
| - | - | - | - | 92 | - | - | - | 123 | 449 | - | - | - |

*INCLUDED IN THIS COLUMN IS NGL AND FEEDSTOCKS.

## PRODUCTION AND USES OF ENERGY SOURCES : IRELAND

1974

| X / XX ENERGY / XX SOURCES / PRODUCTION AND USES | HARD COAL / HOUILLE | PATENT FUEL / AGGLOMERES | COKE OVEN COKE / COKE DE FOUR | GAS COKE / COKE DE GAZ | BROWN COAL / LIGNITE | BKB / BRIQ. DE LIGNITE | NATURAL GAS / GAZ NATUREL | GAS WORKS / USINES A GAZ | COKE OVENS / COKERIES | BLAST FURNACES / HAUT FOURNEAUX | ELECTRICITY* / ELECTRICITE* |
|---|---|---|---|---|---|---|---|---|---|---|---|
| | UNIT: 1000 METRIC TONS / UNITE: 1000 TONNES METRIQUES | | | | | | TCAL / TCAL | MANUFACTURED GAS (TCAL) / GAZ MANUFACTURE (TCAL) | | | MILLIONS OF (DE) KWH |
| | 1 | 2 | 3 | 4 | 5 | 6 | 7 | 8 | 9 | 10 | 11 |
| PRODUCTION | 68 | - | - | 44 | - | - | - | 1266 | - | - | 7899 |
| FROM OTHER SOURCES | - | - | - | - | - | - | - | - | - | - | - |
| IMPORT | 893 | - | 14 | - | - | - | - | - | - | - | 60 |
| EXPORT | -29 | - | - | -41 | - | - | - | - | - | - | -71 |
| INTL. MARINE BUNKERS | - | - | - | - | - | - | - | - | - | - | - |
| STOCK CHANGES | - | - | - | - | - | - | - | - | - | - | - |
| DOMESTIC SUPPLY | 932 | - | 14 | 3 | - | - | - | 1266 | - | - | 7888 |
| RETURNS TO SUPPLY | - | - | - | - | - | - | - | - | - | - | - |
| TRANSFERS | - | - | - | - | - | - | - | - | - | - | - |
| DOMESTIC AVAILABILITY | 932 | - | 14 | 3 | - | - | - | 1266 | - | - | 7888 |
| STATISTICAL DIFFERENCE | - | - | - | - | - | - | - | - | - | - | -117 |
| TRANSFORM. SECTOR ** | 88 | - | - | - | - | - | - | - | - | - | - |
| FOR SOLID FUELS | - | - | - | - | - | - | - | - | - | - | - |
| FOR GASES | 51 | - | - | - | - | - | - | - | - | - | - |
| PETROLEUM REFINERIES | - | - | - | - | - | - | - | - | - | - | - |
| THERMO-ELECTRIC PLANTS | 37 | - | - | - | - | - | - | - | - | - | - |
| ENERGY SECTOR | - | - | - | - | - | - | - | 162 | - | - | 1577 |
| COAL MINES | - | - | - | - | - | - | - | - | - | - | 53 |
| OIL AND GAS EXTRACTION | - | - | - | - | - | - | - | - | - | - | - |
| PETROLEUM REFINERIES | - | - | - | - | - | - | - | - | - | - | 34 |
| ELECTRIC PLANTS | - | - | - | - | - | - | - | - | - | - | 399 |
| DISTRIBUTION LOSSES | - | - | - | - | - | - | - | 118 | - | - | 771 |
| PUMP STORAGE (ELECTR.) | - | - | - | - | - | - | - | - | - | - | 306 |
| OTHER ENERGY SECTOR | - | - | - | - | - | - | - | 44 | - | - | 14 |
| FINAL CONSUMPTION | 844 | - | 14 | 3 | - | - | - | 1104 | - | - | 6428 |
| INDUSTRY SECTOR | 45 | - | 14 | - | - | - | - | 272 | - | - | 2436 |
| IRON AND STEEL | - | - | 14 | - | - | - | - | - | - | - | 86 |
| CHEMICAL | - | - | - | - | - | - | - | - | - | - | 380 |
| PETROCHEMICAL | - | - | - | - | - | - | - | - | - | - | - |
| NON-FERROUS METAL | - | - | - | - | - | - | - | - | - | - | - |
| NON-METALLIC MINERAL | - | - | - | - | - | - | - | - | - | - | 352 |
| PAPER PULP AND PRINT | - | - | - | - | - | - | - | - | - | - | 205 |
| MINING AND QUARRYING | - | - | - | - | - | - | - | - | - | - | 179 |
| FOOD AND TOBACCO | - | - | - | - | - | - | - | - | - | - | 616 |
| WOOD AND WOOD PRODUCTS | - | - | - | - | - | - | - | - | - | - | 60 |
| MACHINERY | - | - | - | - | - | - | - | - | - | - | 196 |
| TRANSPORT EQUIPMENT | - | - | - | - | - | - | - | - | - | - | 32 |
| CONSTRUCTION | - | - | - | - | - | - | - | - | - | - | 25 |
| TEXTILES AND LEATHER | - | - | - | - | - | - | - | - | - | - | 205 |
| NON SPECIFIED | 45 | - | - | - | - | - | - | 272 | - | - | 100 |
| NON-ENERGY USES: | | | | | | | | | | | |
| (1)ENERGY PRODUCTS | - | - | - | - | - | - | - | - | - | - | - |
| (2)NON-ENERGY PRODUCTS | - | - | - | - | - | - | - | - | - | - | - |
| TRANSPORT. SECTOR ** | - | - | - | - | - | - | - | - | - | - | - |
| AIR TRANSPORT | - | - | - | - | - | - | - | - | - | - | - |
| ROAD TRANSPORT | - | - | - | - | - | - | - | - | - | - | - |
| RAILWAYS | - | - | - | - | - | - | - | - | - | - | - |
| INTERNAL NAVIGATION | - | - | - | - | - | - | - | - | - | - | - |
| OTHER SECTORS ** | 799 | - | - | 3 | - | - | - | 832 | - | - | 3992 |
| AGRICULTURE | - | - | - | - | - | - | - | - | - | - | - |
| PUBLIC SERVICES | - | - | - | - | - | - | - | - | - | - | - |
| COMMERCE | - | - | - | - | - | - | - | - | - | - | 1280 |
| RESIDENTIAL | 799 | - | - | 3 | - | - | - | 832 | - | - | 2712 |

(1) INCLUDED IN CHEMICAL OR PETROCHEMICAL INDUSTRY
(2) INCLUDED ONLY IN TOTAL INDUSTRY

| * OF WHICH: | |
|---|---|
| HYDRO | 1234 |
| NUCLEAR | 0 |
| CONVENTIONAL THERMAL | 6889 |
| GEOTHERMAL | 0 |

** INCLUDED IN THESE TOTALS ARE THE NON-SPECIFIED ELEMENTS

## PRODUCTION ET UTILISATION DES SOURCES D ENERGIE : IRLANDE

1974

UNIT: 1000 METRIC TONS
UNITE: 1000 TONNES METRIQUES

| OIL / PETROLE: CRUDE* / BRUT* | OIL / PETROLE: NGL / GNL | OIL / PETROLE: FEEDST. | REFINERY GAS / GAZ DE PETROLE | LIQUEFIED PETROLEUM GASES / GAZ LIQUEFIES DE PETROLE | AVIATION GASOLINE / ESSENCE AVION | MOTOR GASOLINE / ESSENCE AUTO | JET FUEL / CARBURANT REACTEUR | KEROSENE / PETROLE LAMPANT | GAS/DIESEL OIL / GAZ/DIESEL OIL | RESIDUAL FUEL OIL / FUEL OIL RESIDUEL | NAPHTHA / NAPHTHA | NON-ENERGY PRODUCTS / PRODUITS NON-ENERGETIQUES |
|---|---|---|---|---|---|---|---|---|---|---|---|---|
| 12 | 13 | 14 | 15 | 16 | 17 | 18 | 19 | 20 | 21 | 22 | 23 | 24 |
| - | - | - | 53 | 39 | - | 480 | 94 | - | 661 | 1270 | 45 | - |
| - | - | - | - | - | - | - | - | - | - | - | - | - |
| 2684 | - | - | - | 60 | 2 | 348 | 191 | 124 | 433 | 1723 | 87 | 190 |
| - | - | - | - | -3 | - | -5 | - | - | -22 | -395 | - | -1 |
| - | - | - | - | - | - | - | - | - | -46 | -35 | - | - |
| 53 | - | - | - | - | - | - | - | - | - | - | - | - |
| 2737 | - | - | 53 | 96 | 2 | 823 | 285 | 124 | 1026 | 2563 | 132 | 189 |
| - | - | - | - | - | - | - | - | - | - | - | - | - |
| - | - | - | - | - | - | - | - | - | - | - | - | - |
| 2737 | - | - | 53 | 96 | 2 | 823 | 285 | 124 | 1026 | 2563 | 132 | 189 |
| 22 | - | - | - | -3 | - | 25 | - | - | -12 | -14 | 3 | - |
| 2715 | - | - | - | - | - | - | - | - | - | 1224 | 129 | - |
| - | - | - | - | - | - | - | - | - | - | - | - | - |
| - | - | - | - | - | - | - | - | - | - | 12 | 129 | - |
| 2715 | - | - | - | - | - | - | - | - | - | - | - | - |
| - | - | - | - | - | - | - | - | - | - | 1212 | - | - |
| - | - | - | 53 | - | - | - | - | - | - | - | - | - |
| - | - | - | - | - | - | - | - | - | - | - | - | - |
| - | - | - | - | - | - | - | - | - | - | - | - | - |
| - | - | - | 53 | - | - | - | - | - | - | - | - | - |
| - | - | - | - | - | - | - | - | - | - | - | - | - |
| - | - | - | - | - | - | - | - | - | - | - | - | - |
| - | - | - | - | - | - | - | - | - | - | - | - | - |
| - | - | - | - | - | - | - | - | - | - | - | - | - |
| - | - | - | - | 99 | 2 | 798 | 285 | 124 | 1038 | 1353 | - | 189 |
| - | - | - | - | - | - | - | - | - | 397 | 1353 | - | 189 |
| - | - | - | - | - | - | - | - | - | 6 | - | - | - |
| - | - | - | - | - | - | - | - | - | 8 | 276 | - | - |
| - | - | - | - | - | - | - | - | - | - | - | - | - |
| - | - | - | - | - | - | - | - | - | - | - | - | - |
| - | - | - | - | - | - | - | - | - | - | - | - | - |
| - | - | - | - | - | - | - | - | - | - | - | - | - |
| - | - | - | - | - | - | - | - | - | - | - | - | - |
| - | - | - | - | - | - | - | - | - | - | - | - | - |
| - | - | - | - | - | - | - | - | - | - | - | - | - |
| - | - | - | - | - | - | - | - | - | - | - | - | - |
| - | - | - | - | - | - | - | - | - | - | - | - | - |
| - | - | - | - | - | - | - | - | - | - | - | - | - |
| - | - | - | - | - | - | - | - | - | - | - | - | - |
| - | - | - | - | - | - | - | - | - | 383 | 1077 | - | 4 |
| - | - | - | - | - | - | - | - | - | - | - | - | - |
| - | - | - | - | - | - | - | - | - | - | - | - | 185 |
| - | - | - | - | - | 2 | 798 | 285 | - | 261 | - | - | - |
| - | - | - | - | - | 2 | - | 285 | - | - | - | - | - |
| - | - | - | - | - | - | 798 | - | - | 177 | - | - | - |
| - | - | - | - | - | - | - | - | - | 84 | - | - | - |
| - | - | - | - | - | - | - | - | - | - | - | - | - |
| - | - | - | - | 99 | - | - | - | 124 | 380 | - | - | - |
| - | - | - | - | - | - | - | - | 7 | 142 | - | - | - |
| - | - | - | - | - | - | - | - | - | - | - | - | - |
| - | - | - | - | - | - | - | - | - | - | - | - | - |
| - | - | - | - | 99 | - | - | - | 117 | 238 | - | - | - |

*INCLUDED IN THIS COLUMN IS NGL AND FEEDSTOCKS.

## PRODUCTION AND USES OF ENERGY SOURCES : IRELAND

1975

| ENERGY SOURCES / PRODUCTION AND USES | HARD COAL / HOUILLE | PATENT FUEL / AGGLOMERES | COKE OVEN COKE / COKE DE FOUR | GAS COKE / COKE DE GAZ | BROWN COAL / LIGNITE | BKB / BRIQ. DE LIGNITE | NATURAL GAS / GAZ NATUREL | GAS WORKS / USINES A GAZ | COKE OVENS / COKERIES | BLAST FURNACES / HAUT FOURNEAUX | ELECTRICITY* / ELECTRICITE* |
|---|---|---|---|---|---|---|---|---|---|---|---|
| | UNIT: 1000 METRIC TONS / UNITE: 1000 TONNES METRIQUES | | | | | | TCAL / TCAL | MANUFACTURED GAS (TCAL) / GAZ MANUFACTURE (TCAL) | | | MILLIONS OF (DE) KWH |
| | 1 | 2 | 3 | 4 | 5 | 6 | 7 | 8 | 9 | 10 | 11 |
| PRODUCTION | 68 | - | - | 35 | - | 333 | - | 1107 | - | - | 7730 |
| FROM OTHER SOURCES | - | - | - | - | - | - | - | - | - | - | - |
| IMPORT | 690 | - | 7 | - | - | - | - | - | - | - | 83 |
| EXPORT | -56 | - | - | -35 | - | - | - | - | - | - | -82 |
| INTL. MARINE BUNKERS | - | - | - | - | - | - | - | - | - | - | - |
| STOCK CHANGES | -56 | - | - | - | - | - | - | - | - | - | - |
| DOMESTIC SUPPLY | 646 | - | 7 | - | - | 333 | - | 1107 | - | - | 7731 |
| RETURNS TO SUPPLY | - | - | - | - | - | - | - | - | - | - | - |
| TRANSFERS | - | - | - | - | - | - | - | - | - | - | - |
| DOMESTIC AVAILABILITY | 646 | - | 7 | - | - | 333 | - | 1107 | - | - | 7731 |
| STATISTICAL DIFFERENCE | - | - | - | - | - | - | - | - | - | - | - |
| TRANSFORM. SECTOR ** | 96 | - | - | - | - | - | - | - | - | - | - |
| FOR SOLID FUELS | - | - | - | - | - | - | - | - | - | - | - |
| FOR GASES | 48 | - | - | - | - | - | - | - | - | - | - |
| PETROLEUM REFINERIES | - | - | - | - | - | - | - | - | - | - | - |
| THERMO-ELECTRIC PLANTS | 48 | - | - | - | - | - | - | - | - | - | - |
| ENERGY SECTOR | - | - | - | - | - | - | - | 157 | - | - | 1588 |
| COAL MINES | - | - | - | - | - | - | - | - | - | - | 55 |
| OIL AND GAS EXTRACTION | - | - | - | - | - | - | - | - | - | - | - |
| PETROLEUM REFINERIES | - | - | - | - | - | - | - | - | - | - | 34 |
| ELECTRIC PLANTS | - | - | - | - | - | - | - | - | - | - | 390 |
| DISTRIBUTION LOSSES | - | - | - | - | - | - | - | 113 | - | - | 789 |
| PUMP STORAGE (ELECTR.) | - | - | - | - | - | - | - | - | - | - | 305 |
| OTHER ENERGY SECTOR | - | - | - | - | - | - | - | 44 | - | - | 15 |
| FINAL CONSUMPTION | 550 | - | 7 | - | - | 333 | - | 950 | - | - | 6143 |
| INDUSTRY SECTOR | 31 | - | 7 | - | - | - | - | 234 | - | - | 2256 |
| IRON AND STEEL | - | - | 7 | - | - | - | - | - | - | - | 85 |
| CHEMICAL | - | - | - | - | - | - | - | - | - | - | 299 |
| PETROCHEMICAL | - | - | - | - | - | - | - | - | - | - | - |
| NON-FERROUS METAL | - | - | - | - | - | - | - | - | - | - | - |
| NON-METALLIC MINERAL | - | - | - | - | - | - | - | - | - | - | 317 |
| PAPER PULP AND PRINT | - | - | - | - | - | - | - | - | - | - | 138 |
| MINING AND QUARRYING | - | - | - | - | - | - | - | - | - | - | 157 |
| FOOD AND TOBACCO | - | - | - | - | - | - | - | - | - | - | 648 |
| WOOD AND WOOD PRODUCTS | - | - | - | - | - | - | - | - | - | - | 57 |
| MACHINERY | - | - | - | - | - | - | - | - | - | - | 155 |
| TRANSPORT EQUIPMENT | - | - | - | - | - | - | - | - | - | - | 31 |
| CONSTRUCTION | - | - | - | - | - | - | - | - | - | - | 24 |
| TEXTILES AND LEATHER | - | - | - | - | - | - | - | - | - | - | 182 |
| NON SPECIFIED | 31 | - | - | - | - | - | - | 234 | - | - | 163 |
| NON-ENERGY USES: | | | | | | | | | | | |
| (1)ENERGY PRODUCTS | - | - | - | - | - | - | - | - | - | - | - |
| (2)NON-ENERGY PRODUCTS | - | - | - | - | - | - | - | - | - | - | - |
| TRANSPORT. SECTOR ** | - | - | - | - | - | - | - | - | - | - | - |
| AIR TRANSPORT | - | - | - | - | - | - | - | - | - | - | - |
| ROAD TRANSPORT | - | - | - | - | - | - | - | - | - | - | - |
| RAILWAYS | - | - | - | - | - | - | - | - | - | - | - |
| INTERNAL NAVIGATION | - | - | - | - | - | - | - | - | - | - | - |
| OTHER SECTORS ** | 519 | - | - | - | - | 333 | - | 716 | - | - | 3887 |
| AGRICULTURE | - | - | - | - | - | - | - | - | - | - | - |
| PUBLIC SERVICES | - | - | - | - | - | - | - | - | - | - | - |
| COMMERCE | - | - | - | - | - | - | - | - | - | - | 1269 |
| RESIDENTIAL | 519 | - | - | - | - | 333 | - | 716 | - | - | 2618 |

(1) INCLUDED IN CHEMICAL OR PETROCHEMICAL INDUSTRY
(2) INCLUDED ONLY IN TOTAL INDUSTRY

| * OF WHICH: HYDRO | 730 |
|---|---|
| NUCLEAR | 0 |
| CONVENTIONAL THERMAL | 7000 |
| GEOTHERMAL | 0 |

** INCLUDED IN THESE TOTALS ARE THE NON-SPECIFIED ELEMENTS

PRODUCTION ET UTILISATION DES SOURCES D ENERGIE : IRLANDE

1975

UNIT: 1000 METRIC TONS
UNITE: 1000 TONNES METRIQUES

| OIL PETROLE | | | REFINERY GAS | LIQUEFIED PETROLEUM GASES | AVIATION GASOLINE | MOTOR GASOLINE | JET FUEL | KEROSENE | GAS/DIESEL OIL | RESIDUAL FUEL OIL | NAPHTHA | NON-ENERGY PRODUCTS |
|---|---|---|---|---|---|---|---|---|---|---|---|---|
| CRUDE* BRUT* | NGL GNL | FEEDST. | GAZ DE PETROLE | GAZ LIQUEFIES DE PETROLE | ESSENCE AVION | ESSENCE AUTO | CARBURANT REACTEUR | PETROLE LAMPANT | GAZ/DIESEL OIL | FUEL OIL RESIDUEL | NAPHTHA | PRODUITS NON-ENERGETIQUES |
| 12 | 13 | 14 | 15 | 16 | 17 | 18 | 19 | 20 | 21 | 22 | 23 | 24 |
| - | - | - | 52 | 72 | - | 507 | 103 | - | 596 | 1186 | 32 | - |
| - | - | - | - | - | - | - | - | - | - | - | - | - |
| 2574 | - | - | - | 67 | 2 | 312 | 177 | 130 | 515 | 1544 | 85 | 165 |
| - | - | - | - | -1 | - | -10 | - | - | -39 | -384 | -5 | -7 |
| - | - | - | - | - | - | - | - | - | -35 | -31 | - | - |
| - | - | - | - | - | - | -10 | - | - | 9 | 48 | - | - |
| 2574 | - | - | 52 | 138 | 2 | 799 | 280 | 130 | 1046 | 2363 | 112 | 158 |
| - | - | - | - | - | - | - | - | - | - | - | - | - |
| - | - | - | - | - | - | - | - | - | - | - | - | - |
| 2574 | - | - | 52 | 138 | 2 | 799 | 280 | 130 | 1046 | 2363 | 112 | 158 |
| - | - | - | - | - | - | 3 | - | 1 | 13 | 47 | 3 | - |
| 2574 | - | - | - | 3 | - | - | - | - | 1 | 1222 | 109 | - |
| - | - | - | - | - | - | - | - | - | - | - | - | - |
| - | - | - | - | 3 | - | - | - | - | 1 | 10 | 109 | - |
| 2574 | - | - | - | - | - | - | - | - | - | - | - | - |
| - | - | - | - | - | - | - | - | - | - | 1212 | - | - |
| - | - | - | 52 | 34 | - | - | - | - | 7 | 11 | - | - |
| - | - | - | - | - | - | - | - | - | - | - | - | - |
| - | - | - | - | - | - | - | - | - | - | - | - | - |
| - | - | - | 52 | 34 | - | - | - | - | 7 | 11 | - | - |
| - | - | - | - | - | - | - | - | - | - | - | - | - |
| - | - | - | - | - | - | - | - | - | - | - | - | - |
| - | - | - | - | - | - | - | - | - | - | - | - | - |
| - | - | - | - | - | - | - | - | - | - | - | - | - |
| - | - | - | - | 101 | 2 | 796 | 280 | 129 | 1025 | 1083 | - | 158 |
| - | - | - | - | - | - | - | - | 37 | 179 | 1023 | - | 158 |
| - | - | - | - | - | - | - | - | - | - | - | - | - |
| - | - | - | - | - | - | - | - | - | - | - | - | - |
| - | - | - | - | - | - | - | - | - | - | - | - | - |
| - | - | - | - | - | - | - | - | - | - | - | - | - |
| - | - | - | - | - | - | - | - | - | - | - | - | - |
| - | - | - | - | - | - | - | - | - | - | - | - | - |
| - | - | - | - | - | - | - | - | - | - | - | - | - |
| - | - | - | - | - | - | - | - | - | - | - | - | - |
| - | - | - | - | - | - | - | - | - | - | - | - | - |
| - | - | - | - | - | - | - | - | - | - | - | - | - |
| - | - | - | - | - | - | - | - | - | - | - | - | - |
| - | - | - | - | - | - | - | - | - | - | - | - | - |
| - | - | - | - | - | - | - | - | - | - | - | - | - |
| - | - | - | - | - | - | - | - | 37 | 179 | 1023 | - | 4 |
| - | - | - | - | - | - | - | - | - | - | - | - | - |
| - | - | - | - | - | - | - | - | - | - | - | - | 154 |
| - | - | - | - | - | 2 | 796 | 280 | - | 277 | 1 | - | - |
| - | - | - | - | - | 2 | - | 280 | - | - | - | - | - |
| - | - | - | - | - | - | 796 | - | - | 232 | - | - | - |
| - | - | - | - | - | - | - | - | - | 45 | 1 | - | - |
| - | - | - | - | - | - | - | - | - | - | - | - | - |
| - | - | - | - | 101 | - | - | - | 92 | 569 | 59 | - | - |
| - | - | - | - | - | - | - | - | - | 139 | 12 | - | - |
| - | - | - | - | - | - | - | - | 1 | 11 | 10 | - | - |
| - | - | - | - | 40 | - | - | - | 13 | 41 | 37 | - | - |
| - | - | - | - | 61 | - | - | - | 78 | 378 | - | - | - |

*INCLUDED IN THIS COLUMN IS NGL AND FEEDSTOCKS.

## PRODUCTION AND USES OF ENERGY SOURCES : IRELAND

1976

| X XX ENERGY XX XX SOURCES XX XX XX PRODUCTION XX XX AND USES XX | UNIT: 1000 METRIC TONS / UNITE: 1000 TONNES METRIQUES | | | | | | TCAL / TCAL | MANUFACTURED GAS (TCAL) / GAZ MANUFACTURE (TCAL) | | | MILLIONS / OF (DE) KWH |
|---|---|---|---|---|---|---|---|---|---|---|---|
| | HARD COAL / HOUILLE | PATENT FUEL / AGGLOMERES | COKE OVEN COKE / COKE DE FOUR | GAS COKE / COKE DE GAZ | BROWN COAL / LIGNITE | BKB / BRIQ. DE LIGNITE | NATURAL GAS / GAZ NATUREL | GAS WORKS / USINES A GAZ | COKE OVENS / COKERIES | BLAST FURNACES / HAUT FOURNEAUX | ELECTRICITY* / ELECTRICITE* |
| | 1 | 2 | 3 | 4 | 5 | 6 | 7 | 8 | 9 | 10 | 11 |
| PRODUCTION | 65 | - | - | 33 | - | 286 | - | 1080 | - | - | 8609 |
| FROM OTHER SOURCES | - | - | - | - | - | - | - | - | - | - | - |
| IMPORT | 626 | - | 12 | - | - | - | - | - | - | - | - |
| EXPORT | -31 | - | - | -28 | - | - | - | - | - | - | - |
| INTL. MARINE BUNKERS | - | - | - | - | - | - | - | - | - | - | - |
| STOCK CHANGES | 50 | - | - | - | - | - | - | - | - | - | - |
| DOMESTIC SUPPLY | 710 | - | 12 | 5 | - | 286 | - | 1080 | - | - | 8609 |
| RETURNS TO SUPPLY | - | - | - | - | - | - | - | - | - | - | - |
| TRANSFERS | - | - | - | - | - | - | - | - | - | - | - |
| DOMESTIC AVAILABILITY | 710 | - | 12 | 5 | - | 286 | - | 1080 | - | - | 8609 |
| STATISTICAL DIFFERENCE | - | - | - | - | - | - | - | - | - | - | - |
| TRANSFORM. SECTOR ** | 95 | - | - | - | - | - | - | - | - | - | - |
| FOR SOLID FUELS | - | - | - | - | - | - | - | - | - | - | - |
| FOR GASES | 44 | - | - | - | - | - | - | - | - | - | - |
| PETROLEUM REFINERIES | - | - | - | - | - | - | - | - | - | - | - |
| THERMO-ELECTRIC PLANTS | 51 | - | - | - | - | - | - | - | - | - | - |
| ENERGY SECTOR | - | - | - | - | - | - | - | 154 | - | - | 1912 |
| COAL MINES | - | - | - | - | - | - | - | - | - | - | 48 |
| OIL AND GAS EXTRACTION | - | - | - | - | - | - | - | - | - | - | - |
| PETROLEUM REFINERIES | - | - | - | - | - | - | - | - | - | - | 30 |
| ELECTRIC PLANTS | - | - | - | - | - | - | - | - | - | - | 443 |
| DISTRIBUTION LOSSES | - | - | - | - | - | - | - | 110 | - | - | 911 |
| PUMP STORAGE (ELECTR.) | - | - | - | - | - | - | - | - | - | - | 465 |
| OTHER ENERGY SECTOR | - | - | - | - | - | - | - | 44 | - | - | 15 |
| FINAL CONSUMPTION | 615 | - | 12 | 5 | - | 286 | - | 926 | - | - | 6697 |
| INDUSTRY SECTOR | 35 | - | 12 | - | - | - | - | 226 | - | - | 2493 |
| IRON AND STEEL | - | - | 12 | - | - | - | - | - | - | - | 93 |
| CHEMICAL | - | - | - | - | - | - | - | - | - | - | 385 |
| PETROCHEMICAL | - | - | - | - | - | - | - | - | - | - | - |
| NON-FERROUS METAL | - | - | - | - | - | - | - | - | - | - | - |
| NON-METALLIC MINERAL | - | - | - | - | - | - | - | - | - | - | 335 |
| PAPER PULP AND PRINT | - | - | - | - | - | - | - | - | - | - | 136 |
| MINING AND QUARRYING | - | - | - | - | - | - | - | - | - | - | 177 |
| FOOD AND TOBACCO | - | - | - | - | - | - | - | - | - | - | 692 |
| WOOD AND WOOD PRODUCTS | - | - | - | - | - | - | - | - | - | - | 71 |
| MACHINERY | - | - | - | - | - | - | - | - | - | - | 175 |
| TRANSPORT EQUIPMENT | - | - | - | - | - | - | - | - | - | - | 33 |
| CONSTRUCTION | - | - | - | - | - | - | - | - | - | - | 25 |
| TEXTILES AND LEATHER | - | - | - | - | - | - | - | - | - | - | 187 |
| NON SPECIFIED | 35 | - | - | - | - | - | - | 226 | - | - | 184 |
| NON-ENERGY USES: | | | | | | | | | | | |
| (1)ENERGY PRODUCTS | - | - | - | - | - | - | - | - | - | - | - |
| (2)NON-ENERGY PRODUCTS | - | - | - | - | - | - | - | - | - | - | - |
| TRANSPORT. SECTOR ** | - | - | - | - | - | - | - | - | - | - | - |
| AIR TRANSPORT | - | - | - | - | - | - | - | - | - | - | - |
| ROAD TRANSPORT | - | - | - | - | - | - | - | - | - | - | - |
| RAILWAYS | - | - | - | - | - | - | - | - | - | - | - |
| INTERNAL NAVIGATION | - | - | - | - | - | - | - | - | - | - | - |
| OTHER SECTORS ** | 580 | - | - | 5 | - | 286 | - | 700 | - | - | 4204 |
| AGRICULTURE | - | - | - | - | - | - | - | - | - | - | - |
| PUBLIC SERVICES | - | - | - | - | - | - | - | - | - | - | - |
| COMMERCE | - | - | - | - | - | - | - | - | - | - | 1358 |
| RESIDENTIAL | 580 | - | - | 5 | - | 286 | - | 700 | - | - | 2846 |

(1) INCLUDED IN CHEMICAL OR PETROCHEMICAL INDUSTRY
(2) INCLUDED ONLY IN TOTAL INDUSTRY

| * OF WHICH: HYDRO | 895 |
|---|---|
| NUCLEAR | 0 |
| CONVENTIONAL THERMAL | 7714 |
| GEOTHERMAL | 0 |

** INCLUDED IN THESE TOTALS ARE THE NON-SPECIFIED ELEMENTS

UNIT: 1000 METRIC TONS
UNITE: 1000 TONNES METRIQUES

| OIL / PETROLE: CRUDE* / BRUT* | NGL / GNL | FEEDST. | REFINERY GAS / GAZ DE PETROLE | LIQUEFIED PETROLEUM GASES / GAZ LIQUEFIES DE PETROLE | AVIATION GASOLINE / ESSENCE AVION | MOTOR GASOLINE / ESSENCE AUTO | JET FUEL / CARBURANT REACTEUR | KEROSENE / PETROLE LAMPANT | GAS/DIESEL OIL / GAZ/DIESEL OIL | RESIDUAL FUEL OIL / FUEL OIL RESIDUEL | NAPHTHA / NAPHTHA | NON-ENERGY PRODUCTS / PRODUITS NON-ENERGETIQUES |
|---|---|---|---|---|---|---|---|---|---|---|---|---|
| 12 | 13 | 14 | 15 | 16 | 17 | 18 | 19 | 20 | 21 | 22 | 23 | 24 |
| - | - | - | 42 | 52 | - | 415 | 20 | - | 512 | 867 | 20 | - |
| - | - | - | - | - | - | - | - | - | - | - | - | - |
| 1944 | - | - | - | 96 | 1 | 422 | 317 | 84 | 592 | 1678 | 92 | 111 |
| - | - | - | - | - | - | - | - | - | - | -169 | -3 | - |
| - | - | - | - | - | - | - | - | - | -36 | -36 | - | - |
| - | - | - | - | - | -1 | 1 | -5 | -2 | -11 | 60 | 3 | 11 |
| 1944 | - | - | 42 | 148 | - | 838 | 332 | 82 | 1057 | 2400 | 112 | 122 |
| - | - | - | - | - | - | - | - | - | - | - | - | - |
| - | - | - | - | - | - | - | - | - | - | - | - | - |
| 1944 | - | - | 42 | 148 | - | 838 | 332 | 82 | 1057 | 2400 | 112 | 122 |
| - | - | - | - | -16 | - | 16 | 13 | -2 | -3 | -16 | -3 | 6 |
| 1944 | - | - | - | 4 | - | - | - | - | 1 | 1350 | 115 | - |
| - | - | - | - | - | - | - | - | - | - | - | - | - |
| - | - | - | - | 4 | - | - | - | - | 1 | 10 | 115 | - |
| 1944 | - | - | - | - | - | - | - | - | - | - | - | - |
| - | - | - | - | - | - | - | - | - | - | 1340 | - | - |
| - | - | - | 42 | 28 | - | - | - | - | 1 | 9 | - | - |
| - | - | - | - | - | - | - | - | - | - | - | - | - |
| - | - | - | - | - | - | - | - | - | - | - | - | - |
| - | - | - | 42 | 28 | - | - | - | - | 1 | 9 | - | - |
| - | - | - | - | - | - | - | - | - | - | - | - | - |
| - | - | - | - | - | - | - | - | - | - | - | - | - |
| - | - | - | - | - | - | - | - | - | - | - | - | - |
| - | - | - | - | - | - | - | - | - | - | - | - | - |
| - | - | - | - | 132 | - | 822 | 319 | 84 | 1058 | 1057 | - | 116 |
| - | - | - | - | - | - | - | - | 27 | 185 | 998 | - | 116 |
| - | - | - | - | - | - | - | - | - | - | - | - | - |
| - | - | - | - | - | - | - | - | - | - | - | - | - |
| - | - | - | - | - | - | - | - | - | - | - | - | - |
| - | - | - | - | - | - | - | - | - | - | - | - | - |
| - | - | - | - | - | - | - | - | - | - | - | - | - |
| - | - | - | - | - | - | - | - | - | - | - | - | - |
| - | - | - | - | - | - | - | - | - | - | - | - | - |
| - | - | - | - | - | - | - | - | - | - | - | - | - |
| - | - | - | - | - | - | - | - | - | - | - | - | - |
| - | - | - | - | - | - | - | - | - | - | - | - | - |
| - | - | - | - | - | - | - | - | - | - | - | - | - |
| - | - | - | - | - | - | - | - | - | - | - | - | - |
| - | - | - | - | - | - | - | - | - | - | - | - | - |
| - | - | - | - | - | - | - | - | 27 | 185 | 998 | - | - |
| - | - | - | - | - | - | - | - | - | - | - | - | - |
| - | - | - | - | - | - | - | - | - | - | - | - | 116 |
| - | - | - | - | - | - | 822 | 319 | - | 280 | 1 | - | - |
| - | - | - | - | - | - | - | 319 | - | - | - | - | - |
| - | - | - | - | - | - | 822 | - | - | 239 | - | - | - |
| - | - | - | - | - | - | - | - | - | 41 | 1 | - | - |
| - | - | - | - | - | - | - | - | - | - | - | - | - |
| - | - | - | - | 132 | - | - | - | 57 | 593 | 58 | - | - |
| - | - | - | - | - | - | - | - | - | 148 | 12 | - | - |
| - | - | - | - | - | - | - | - | - | 15 | 10 | - | - |
| - | - | - | - | 53 | - | - | - | 8 | 45 | 36 | - | - |
| - | - | - | - | 79 | - | - | - | 49 | 385 | - | - | - |

*INCLUDED IN THIS COLUMN IS NGL AND FEEDSTOCKS.

## PRODUCTION AND USES OF ENERGY SOURCES : IRELAND

1977

| X XX ENERGY XX XX SOURCES XX XX XX PRODUCTION XX XX AND USES XX | UNIT: 1000 METRIC TONS / UNITE: 1000 TONNES METRIQUES | | | | | | TCAL / TCAL | MANUFACTURED GAS (TCAL) / GAZ MANUFACTURE (TCAL) | | | MILLIONS OF (DE) KWH |
|---|---|---|---|---|---|---|---|---|---|---|---|
| | HARD COAL / HOUILLE | PATENT FUEL / AGGLOMERES | COKE OVEN COKE / COKE DE FOUR | GAS COKE / COKE DE GAZ | BROWN COAL / LIGNITE | BKB / BRIQ. DE LIGNITE | NATURAL GAS / GAZ NATUREL | GAS WORKS / USINES A GAZ | COKE OVENS / COKERIES | BLAST FURNACES / HAUT FOURNEAUX | ELECTRICITY* / ELECTRICITE* |
| | 1 | 2 | 3 | 4 | 5 | 6 | 7 | 8 | 9 | 10 | 11 |
| PRODUCTION | 59 | - | - | 31 | - | 343 | - | 1075 | - | - | 9295 |
| FROM OTHER SOURCES | - | - | - | - | - | - | - | - | - | - | - |
| IMPORT | 868 | - | 10 | - | - | - | - | - | - | - | - |
| EXPORT | -50 | - | - | -31 | - | - | - | - | - | - | - |
| INTL. MARINE BUNKERS | - | - | - | - | - | - | - | - | - | - | - |
| STOCK CHANGES | -66 | - | - | - | - | - | - | - | - | - | - |
| DOMESTIC SUPPLY | 811 | - | 10 | - | - | 343 | - | 1075 | - | - | 9295 |
| RETURNS TO SUPPLY | - | - | - | - | - | - | - | - | - | - | - |
| TRANSFERS | - | - | - | - | - | - | - | - | - | - | - |
| DOMESTIC AVAILABILITY | 811 | - | 10 | - | - | 343 | - | 1075 | - | - | 9295 |
| STATISTICAL DIFFERENCE | - | - | - | - | - | - | - | - | - | - | - |
| TRANSFORM. SECTOR ** | 82 | - | - | - | - | - | - | - | - | - | - |
| FOR SOLID FUELS | - | - | - | - | - | - | - | - | - | - | - |
| FOR GASES | 47 | - | - | - | - | - | - | - | - | - | - |
| PETROLEUM REFINERIES | - | - | - | - | - | - | - | - | - | - | - |
| THERMO-ELECTRIC PLANTS | 35 | - | - | - | - | - | - | - | - | - | - |
| ENERGY SECTOR | - | - | - | - | - | - | - | 154 | - | - | 2045 |
| COAL MINES | - | - | - | - | - | - | - | - | - | - | 52 |
| OIL AND GAS EXTRACTION | - | - | - | - | - | - | - | - | - | - | - |
| PETROLEUM REFINERIES | - | - | - | - | - | - | - | - | - | - | 35 |
| ELECTRIC PLANTS | - | - | - | - | - | - | - | - | - | - | 503 |
| DISTRIBUTION LOSSES | - | - | - | - | - | - | - | 110 | - | - | 971 |
| PUMP STORAGE (ELECTR.) | - | - | - | - | - | - | - | - | - | - | 470 |
| OTHER ENERGY SECTOR | - | - | - | - | - | - | - | 44 | - | - | 14 |
| FINAL CONSUMPTION | 729 | - | 10 | - | - | 343 | - | 921 | - | - | 7250 |
| INDUSTRY SECTOR | 45 | - | 10 | - | - | - | - | 221 | - | - | 2738 |
| IRON AND STEEL | - | - | 10 | - | - | - | - | - | - | - | 78 |
| CHEMICAL | - | - | - | - | - | - | - | - | - | - | 415 |
| PETROCHEMICAL | - | - | - | - | - | - | - | - | - | - | - |
| NON-FERROUS METAL | - | - | - | - | - | - | - | - | - | - | - |
| NON-METALLIC MINERAL | - | - | - | - | - | - | - | - | - | - | 367 |
| PAPER PULP AND PRINT | - | - | - | - | - | - | - | - | - | - | 146 |
| MINING AND QUARRYING | - | - | - | - | - | - | - | - | - | - | 234 |
| FOOD AND TOBACCO | - | - | - | - | - | - | - | - | - | - | 738 |
| WOOD AND WOOD PRODUCTS | - | - | - | - | - | - | - | - | - | - | 70 |
| MACHINERY | - | - | - | - | - | - | - | - | - | - | 186 |
| TRANSPORT EQUIPMENT | - | - | - | - | - | - | - | - | - | - | 40 |
| CONSTRUCTION | - | - | - | - | - | - | - | - | - | - | 30 |
| TEXTILES AND LEATHER | - | - | - | - | - | - | - | - | - | - | 229 |
| NON SPECIFIED | 45 | - | - | - | - | - | - | 221 | - | - | 205 |
| NON-ENERGY USES: | | | | | | | | | | | |
| (1)ENERGY PRODUCTS | - | - | - | - | - | - | - | - | - | - | - |
| (2)NON-ENERGY PRODUCTS | - | - | - | - | - | - | - | - | - | - | - |
| TRANSPORT. SECTOR ** | - | - | - | - | - | - | - | - | - | - | - |
| AIR TRANSPORT | - | - | - | - | - | - | - | - | - | - | - |
| ROAD TRANSPORT | - | - | - | - | - | - | - | - | - | - | - |
| RAILWAYS | - | - | - | - | - | - | - | - | - | - | - |
| INTERNAL NAVIGATION | - | - | - | - | - | - | - | - | - | - | - |
| OTHER SECTORS ** | 684 | - | - | - | - | 343 | - | 700 | - | - | 4512 |
| AGRICULTURE | - | - | - | - | - | - | - | - | - | - | - |
| PUBLIC SERVICES | - | - | - | - | - | - | - | - | - | - | - |
| COMMERCE | - | - | - | - | - | - | - | - | - | - | 1463 |
| RESIDENTIAL | 684 | - | - | - | - | 343 | - | 700 | - | - | 3049 |

(1) INCLUDED IN CHEMICAL OR PETROCHEMICAL INDUSTRY
(2) INCLUDED ONLY IN TOTAL INDUSTRY

| * OF WHICH: HYDRO | 1023 |
|---|---|
| NUCLEAR | 0 |
| CONVENTIONAL THERMAL | 8272 |
| GEOTHERMAL | 0 |

** INCLUDED IN THESE TOTALS ARE THE NON-SPECIFIED ELEMENTS

PRODUCTION ET UTILISATION DES SOURCES D ENERGIE : IRLANDE

1977

UNIT: 1000 METRIC TONS
UNITE: 1000 TONNES METRIQUES

| | OIL / PETROLE | | | REFINERY GAS | LIQUEFIED PETROLEUM GASES | AVIATION GASOLINE | MOTOR GASOLINE | JET FUEL | KEROSENE | GAS/DIESEL OIL | RESIDUAL FUEL OIL | NAPHTHA | NON-ENERGY PRODUCTS |
|---|---|---|---|---|---|---|---|---|---|---|---|---|---|
| | CRUDE* BRUT* | NGL GNL | FEEDST. | GAZ DE PETROLE | GAZ LIQUEFIES DE PETROLE | ESSENCE AVION | ESSENCE AUTO | CARBURANT REACTEUR | PETROLE LAMPANT | GAZ/DIESEL OIL | FUEL OIL RESIDUEL | NAPHTHA | PRODUITS NON-ENERGETIQUES |
| | 12 | 13 | 14 | 15 | 16 | 17 | 18 | 19 | 20 | 21 | 22 | 23 | 24 |
| | - | - | - | 47 | 60 | - | 474 | 78 | 1 | 617 | 1003 | 24 | - |
| | - | - | - | - | - | - | - | - | - | - | - | - | - |
| | 2276 | - | - | - | 109 | 2 | 393 | 222 | 102 | 617 | 1894 | 85 | 127 |
| | - | - | - | - | - | - | -4 | - | - | - | -138 | - | - |
| | - | - | - | - | - | - | - | - | - | -57 | -33 | - | - |
| | 23 | - | - | - | -1 | - | 18 | 5 | 2 | 9 | -241 | -1 | 2 |
| | 2299 | - | - | 47 | 168 | 2 | 881 | 305 | 105 | 1186 | 2485 | 108 | 129 |
| | - | - | - | - | - | - | - | - | - | - | - | - | - |
| | - | - | - | - | - | - | - | - | - | - | - | - | - |
| | 2299 | - | - | 47 | 168 | 2 | 881 | 305 | 105 | 1186 | 2485 | 108 | 129 |
| | -11 | - | - | - | - | 1 | 8 | 10 | -10 | 27 | -61 | -2 | 5 |
| | 2310 | - | - | - | 4 | - | - | - | - | - | 1401 | 110 | - |
| | - | - | - | - | - | - | - | - | - | - | - | - | - |
| | - | - | - | - | 4 | - | - | - | - | - | - | 110 | - |
| | 2310 | - | - | - | - | - | - | - | - | - | - | - | - |
| | - | - | - | - | - | - | - | - | - | - | 1401 | - | - |
| | - | - | - | 47 | 40 | - | - | - | - | 2 | 9 | - | - |
| | - | - | - | - | - | - | - | - | - | - | - | - | - |
| | - | - | - | - | - | - | - | - | - | - | - | - | - |
| | - | - | - | 47 | 40 | - | - | - | - | 2 | 9 | - | - |
| | - | - | - | - | - | - | - | - | - | - | - | - | - |
| | - | - | - | - | - | - | - | - | - | - | - | - | - |
| | - | - | - | - | - | - | - | - | - | - | - | - | - |
| | - | - | - | - | - | - | - | - | - | - | - | - | - |
| | - | - | - | - | 124 | 1 | 873 | 295 | 115 | 1157 | 1136 | - | 124 |
| | - | - | - | - | 35 | - | - | - | 16 | 390 | 1047 | - | 124 |
| | - | - | - | - | - | - | - | - | - | - | - | - | - |
| | - | - | - | - | - | - | - | - | - | 1 | - | - | - |
| | - | - | - | - | - | - | - | - | - | - | - | - | - |
| | - | - | - | - | - | - | - | - | - | - | - | - | - |
| | - | - | - | - | - | - | - | - | - | - | - | - | - |
| | - | - | - | - | - | - | - | - | - | - | - | - | - |
| | - | - | - | - | - | - | - | - | - | - | - | - | - |
| | - | - | - | - | - | - | - | - | - | - | - | - | - |
| | - | - | - | - | - | - | - | - | - | - | - | - | - |
| | - | - | - | - | - | - | - | - | - | - | - | - | - |
| | - | - | - | - | - | - | - | - | - | - | - | - | - |
| | - | - | - | - | - | - | - | - | - | - | - | - | - |
| | - | - | - | - | - | - | - | - | - | - | - | - | - |
| | - | - | - | - | 35 | - | - | - | 16 | 389 | 1047 | - | - |
| | - | - | - | - | - | - | - | - | - | - | - | - | - |
| | - | - | - | - | - | - | - | - | - | - | - | - | 124 |
| | - | - | - | - | 3 | 1 | 873 | 295 | - | 317 | - | - | - |
| | - | - | - | - | - | 1 | - | 295 | - | - | - | - | - |
| | - | - | - | - | 3 | - | 873 | - | - | 272 | - | - | - |
| | - | - | - | - | - | - | - | - | - | 45 | - | - | - |
| | - | - | - | - | - | - | - | - | - | - | - | - | - |
| | - | - | - | - | 86 | - | - | - | 99 | 450 | 89 | - | - |
| | - | - | - | - | - | - | - | - | - | 100 | 15 | - | - |
| | - | - | - | - | - | - | - | - | - | - | - | - | - |
| | - | - | - | - | 12 | - | - | - | 2 | 165 | 74 | - | - |
| | - | - | - | - | 74 | - | - | - | 97 | 185 | - | - | - |

*INCLUDED IN THIS COLUMN IS NGL AND FEEDSTOCKS.

## PRODUCTION AND USES OF ENERGY SOURCES : IRELAND

1978

| PRODUCTION AND USES \ ENERGY SOURCES | HARD COAL / HOUILLE (1) | PATENT FUEL / AGGLOMERES (2) | COKE OVEN COKE / COKE DE FOUR (3) | GAS COKE / COKE DE GAZ (4) | BROWN COAL / LIGNITE (5) | BKB / BRIQ. DE LIGNITE (6) | NATURAL GAS / GAZ NATUREL (7) | GAS WORKS / USINES A GAZ (8) | COKE OVENS / COKERIES (9) | BLAST FURNACES / HAUT FOURNEAUX (10) | ELECTRICITY* / ELECTRICITE* (11) |
|---|---|---|---|---|---|---|---|---|---|---|---|
| | UNIT: 1000 METRIC TONS / UNITE: 1000 TONNES METRIQUES | | | | | | TCAL / TCAL | MANUFACTURED GAS (TCAL) / GAZ MANUFACTURE (TCAL) | | | MILLIONS OF (DE) KWH |
| PRODUCTION | 21 | - | - | 30 | - | 337 | - | 1071 | - | - | 9978 |
| FROM OTHER SOURCES | - | - | - | - | - | - | - | - | - | - | - |
| IMPORT | 565 | - | 10 | - | - | - | - | - | - | - | - |
| EXPORT | -54 | - | - | -26 | - | - | - | - | - | - | - |
| INTL. MARINE BUNKERS | - | - | - | - | - | - | - | - | - | - | - |
| STOCK CHANGES | 11 | - | - | - | - | - | - | - | - | - | - |
| DOMESTIC SUPPLY | 543 | - | 10 | 4 | - | 337 | - | 1071 | - | - | 9978 |
| RETURNS TO SUPPLY | - | - | - | - | - | - | - | - | - | - | - |
| TRANSFERS | - | - | - | - | - | - | - | - | - | - | - |
| DOMESTIC AVAILABILITY | 543 | - | 10 | 4 | - | 337 | - | 1071 | - | - | 9978 |
| STATISTICAL DIFFERENCE | - | - | - | - | - | - | - | - | - | - | - |
| TRANSFORM. SECTOR ** | 49 | - | - | - | - | - | - | - | - | - | - |
| FOR SOLID FUELS | - | - | - | - | - | - | - | - | - | - | - |
| FOR GASES | 27 | - | - | - | - | - | - | - | - | - | - |
| PETROLEUM REFINERIES | - | - | - | - | - | - | - | - | - | - | - |
| THERMO-ELECTRIC PLANTS | 22 | - | - | - | - | - | - | - | - | - | - |
| ENERGY SECTOR | - | - | - | - | - | - | - | 158 | - | - | 2181 |
| COAL MINES | - | - | - | - | - | - | - | - | - | - | 51 |
| OIL AND GAS EXTRACTION | - | - | - | - | - | - | - | - | - | - | - |
| PETROLEUM REFINERIES | - | - | - | - | - | - | - | - | - | - | 33 |
| ELECTRIC PLANTS | - | - | - | - | - | - | - | - | - | - | 549 |
| DISTRIBUTION LOSSES | - | - | - | - | - | - | - | 117 | - | - | 1009 |
| PUMP STORAGE (ELECTR.) | - | - | - | - | - | - | - | - | - | - | 526 |
| OTHER ENERGY SECTOR | - | - | - | - | - | - | - | 41 | - | - | 13 |
| FINAL CONSUMPTION | 494 | - | 10 | 4 | - | 337 | - | 913 | - | - | 7797 |
| INDUSTRY SECTOR | 39 | - | 10 | - | - | - | - | 203 | - | - | 2936 |
| IRON AND STEEL | - | - | 10 | - | - | - | - | - | - | - | 65 |
| CHEMICAL | - | - | - | - | - | - | - | - | - | - | 484 |
| PETROCHEMICAL | - | - | - | - | - | - | - | - | - | - | - |
| NON-FERROUS METAL | - | - | - | - | - | - | - | - | - | - | - |
| NON-METALLIC MINERAL | - | - | - | - | - | - | - | - | - | - | 390 |
| PAPER PULP AND PRINT | - | - | - | - | - | - | - | - | - | - | 154 |
| MINING AND QUARRYING | - | - | - | - | - | - | - | - | - | - | 239 |
| FOOD AND TOBACCO | - | - | - | - | - | - | - | - | - | - | 786 |
| WOOD AND WOOD PRODUCTS | - | - | - | - | - | - | - | - | - | - | 70 |
| MACHINERY | - | - | - | - | - | - | - | - | - | - | 216 |
| TRANSPORT EQUIPMENT | - | - | - | - | - | - | - | - | - | - | 43 |
| CONSTRUCTION | - | - | - | - | - | - | - | - | - | - | 31 |
| TEXTILES AND LEATHER | - | - | - | - | - | - | - | - | - | - | 229 |
| NON SPECIFIED | 39 | - | - | - | - | - | - | 203 | - | - | 229 |
| NON-ENERGY USES: | | | | | | | | | | | |
| (1)ENERGY PRODUCTS | - | - | - | - | - | - | - | - | - | - | - |
| (2)NON-ENERGY PRODUCTS | - | - | - | - | - | - | - | - | - | - | - |
| TRANSPORT. SECTOR ** | - | - | - | - | - | - | - | - | - | - | - |
| AIR TRANSPORT | - | - | - | - | - | - | - | - | - | - | - |
| ROAD TRANSPORT | - | - | - | - | - | - | - | - | - | - | - |
| RAILWAYS | - | - | - | - | - | - | - | - | - | - | - |
| INTERNAL NAVIGATION | - | - | - | - | - | - | - | - | - | - | - |
| OTHER SECTORS ** | 455 | - | - | 4 | - | 337 | - | 710 | - | - | 4861 |
| AGRICULTURE | - | - | - | - | - | - | - | - | - | - | - |
| PUBLIC SERVICES | - | - | - | - | - | - | - | - | - | - | - |
| COMMERCE | - | - | - | - | - | - | - | - | - | - | 1578 |
| RESIDENTIAL | 455 | - | - | 4 | - | 337 | - | 710 | - | - | 3283 |

(1) INCLUDED IN CHEMICAL OR PETROCHEMICAL INDUSTRY
(2) INCLUDED ONLY IN TOTAL INDUSTRY

| * OF WHICH: HYDRO | 1030 |
|---|---|
| NUCLEAR | 0 |
| CONVENTIONAL THERMAL | 8948 |
| GEOTHERMAL | 0 |

** INCLUDED IN THESE TOTALS ARE THE NON-SPECIFIED ELEMENTS

PRODUCTION ET UTILISATION DES SOURCES D ENERGIE : IRLANDE

1978

UNIT: 1000 METRIC TONS
UNITE: 1000 TONNES METRIQUES

| OIL / PETROLE: CRUDE* / BRUT* | NGL / GNL | FEEDST. | REFINERY GAS / GAZ DE PETROLE | LIQUEFIED PETROLEUM GASES / GAZ LIQUEFIES DE PETROLE | AVIATION GASOLINE / ESSENCE AVION | MOTOR GASOLINE / ESSENCE AUTO | JET FUEL / CARBURANT REACTEUR | KEROSENE / PETROLE LAMPANT | GAS/DIESEL OIL / GAZ/DIESEL OIL | RESIDUAL FUEL OIL / FUEL OIL RESIDUEL | NAPHTHA / NAPHTHA | NON-ENERGY PRODUCTS / PRODUITS NON-ENERGETIQUES |
|---|---|---|---|---|---|---|---|---|---|---|---|---|
| 12 | 13 | 14 | 15 | 16 | 17 | 18 | 19 | 20 | 21 | 22 | 23 | 24 |
| - | - | - | 41 | 40 | - | 530 | 12 | - | 641 | 966 | 6 | - |
| - | - | - | - | - | - | - | - | - | - | - | - | - |
| 2294 | - | - | - | 109 | - | 458 | 284 | 108 | 772 | 1709 | 102 | 212 |
| - | - | - | - | - | - | - | - | - | - | -43 | - | -8 |
| - | - | - | - | - | - | - | - | - | -55 | -22 | - | - |
| -42 | - | - | - | - | - | -46 | 4 | -1 | -57 | 58 | -1 | -6 |
| 2252 | - | - | 41 | 149 | - | 942 | 300 | 107 | 1301 | 2668 | 107 | 198 |
| - | - | - | - | - | - | - | - | - | - | - | - | - |
| - | - | - | - | - | - | - | - | - | - | - | - | - |
| 2252 | - | - | 41 | 149 | - | 942 | 300 | 107 | 1301 | 2668 | 107 | 198 |
| 11 | - | - | - | 2 | -2 | -34 | 5 | -6 | -36 | 28 | -2 | - |
| 2241 | - | - | - | 3 | - | - | - | - | 11 | 1617 | 109 | - |
| - | - | - | - | - | - | - | - | - | - | - | - | - |
| - | - | - | - | 3 | - | - | - | - | - | - | 109 | - |
| 2241 | - | - | - | - | - | - | - | - | - | - | - | - |
| - | - | - | - | - | - | - | - | - | 11 | 1617 | - | - |
| - | - | - | 41 | 15 | - | - | - | - | 12 | 22 | - | - |
| - | - | - | - | - | - | - | - | - | 10 | 1 | - | - |
| - | - | - | - | - | - | - | - | - | - | - | - | - |
| - | - | - | 41 | 15 | - | - | - | - | 2 | 18 | - | - |
| - | - | - | - | - | - | - | - | - | - | - | - | - |
| - | - | - | - | - | - | - | - | - | - | - | - | - |
| - | - | - | - | - | - | - | - | - | - | - | - | - |
| - | - | - | - | - | - | - | - | - | - | 3 | - | - |
| - | - | - | - | 129 | 2 | 976 | 295 | 113 | 1314 | 1001 | - | 198 |
| - | - | - | - | 35 | - | - | - | 20 | 314 | 861 | - | 198 |
| - | - | - | - | - | - | - | - | - | - | 15 | - | - |
| - | - | - | - | - | - | - | - | - | 14 | 130 | - | - |
| - | - | - | - | - | - | - | - | - | - | - | - | - |
| - | - | - | - | - | - | - | - | - | - | - | - | - |
| - | - | - | - | - | - | - | - | - | 17 | 20 | - | - |
| - | - | - | - | - | - | - | - | - | - | 45 | - | - |
| - | - | - | - | - | - | - | - | - | - | - | - | - |
| - | - | - | - | - | - | - | - | - | 85 | 380 | - | - |
| - | - | - | - | - | - | - | - | - | - | - | - | - |
| - | - | - | - | - | - | - | - | - | 20 | - | - | - |
| - | - | - | - | - | - | - | - | - | - | - | - | - |
| - | - | - | - | - | - | - | - | - | - | - | - | - |
| - | - | - | - | - | - | - | - | - | - | - | - | - |
| - | - | - | - | 35 | - | - | - | 20 | 178 | 271 | - | 4 |
| - | - | - | - | - | - | - | - | - | - | - | - | - |
| - | - | - | - | - | - | - | - | - | - | - | - | 194 |
| - | - | - | - | 5 | 2 | 976 | 295 | - | 361 | - | - | - |
| - | - | - | - | - | 2 | - | 295 | - | - | - | - | - |
| - | - | - | - | 5 | - | 976 | - | - | 322 | - | - | - |
| - | - | - | - | - | - | - | - | - | 36 | - | - | - |
| - | - | - | - | - | - | - | - | - | 3 | - | - | - |
| - | - | - | - | 89 | - | - | - | 93 | 639 | 140 | - | - |
| - | - | - | - | - | - | - | - | 5 | 120 | 40 | - | - |
| - | - | - | - | - | - | - | - | - | - | - | - | - |
| - | - | - | - | 15 | - | - | - | 1 | 220 | 90 | - | - |
| - | - | - | - | 74 | - | - | - | 82 | 240 | - | - | - |

*INCLUDED IN THIS COLUMN IS NGL AND FEEDSTOCKS.

## PRODUCTION AND USES OF ENERGY SOURCES : IRELAND

1979

| PRODUCTION AND USES \ ENERGY SOURCES | HARD COAL / HOUILLE | PATENT FUEL / AGGLOMERES | COKE OVEN COKE / COKE DE FOUR | GAS COKE / COKE DE GAZ | BROWN COAL / LIGNITE | BKB / BRIQ. DE LIGNITE | NATURAL GAS / GAZ NATUREL | GAS WORKS / USINES A GAZ | COKE OVENS / COKERIES | BLAST FURNACES / HAUT FOURNEAUX | ELECTRICITY* / ELECTRICITE* |
|---|---|---|---|---|---|---|---|---|---|---|---|
| | UNIT: 1000 METRIC TONS / UNITE: 1000 TONNES METRIQUES | | | | | | TCAL / TCAL | MANUFACTURED GAS (TCAL) / GAZ MANUFACTURE (TCAL) | | | MILLIONS OF (DE) KWH |
| | 1 | 2 | 3 | 4 | 5 | 6 | 7 | 8 | 9 | 10 | 11 |
| PRODUCTION | 63 | - | - | 27 | - | 340 | 5138 | 1102 | - | - | 11017 |
| FROM OTHER SOURCES | - | - | - | - | - | - | - | - | - | - | - |
| IMPORT | 1206 | - | 31 | - | - | - | - | - | - | - | - |
| EXPORT | -66 | - | - | -17 | - | - | - | - | - | - | - |
| INTL. MARINE BUNKERS | - | - | - | - | - | - | - | - | - | - | - |
| STOCK CHANGES | -20 | - | - | - | - | - | - | - | - | - | - |
| DOMESTIC SUPPLY | 1183 | - | 31 | 10 | - | 340 | 5138 | 1102 | - | - | 11017 |
| RETURNS TO SUPPLY | - | - | - | - | - | - | - | - | - | - | - |
| TRANSFERS | - | - | - | - | - | - | - | - | - | - | - |
| DOMESTIC AVAILABILITY | 1183 | - | 31 | 10 | - | 340 | 5138 | 1102 | - | - | 11017 |
| STATISTICAL DIFFERENCE | 64 | - | - | - | - | - | - | - | - | - | - |
| TRANSFORM. SECTOR ** | 71 | - | - | - | - | - | 2149 | - | - | - | - |
| FOR SOLID FUELS | - | - | - | - | - | - | - | - | - | - | - |
| FOR GASES | 24 | - | - | - | - | - | - | - | - | - | - |
| PETROLEUM REFINERIES | - | - | - | - | - | - | - | - | - | - | - |
| THERMO-ELECTRIC PLANTS | 47 | - | - | - | - | - | 2149 | - | - | - | - |
| ENERGY SECTOR | - | - | - | - | - | - | - | 160 | - | - | 2384 |
| COAL MINES | - | - | - | - | - | - | - | - | - | - | 50 |
| OIL AND GAS EXTRACTION | - | - | - | - | - | - | - | - | - | - | - |
| PETROLEUM REFINERIES | - | - | - | - | - | - | - | - | - | - | 36 |
| ELECTRIC PLANTS | - | - | - | - | - | - | - | - | - | - | 595 |
| DISTRIBUTION LOSSES | - | - | - | - | - | - | - | 120 | - | - | 1113 |
| PUMP STORAGE (ELECTR.) | - | - | - | - | - | - | - | - | - | - | 577 |
| OTHER ENERGY SECTOR | - | - | - | - | - | - | - | 40 | - | - | 13 |
| FINAL CONSUMPTION | 1048 | - | 31 | 10 | - | 340 | 2989 | 942 | - | - | 8633 |
| INDUSTRY SECTOR | 60 | - | 31 | - | - | - | 2989 | 210 | - | - | 3256 |
| IRON AND STEEL | - | - | 31 | - | - | - | - | - | - | - | 54 |
| CHEMICAL | - | - | - | - | - | - | 2989 | - | - | - | 614 |
| PETROCHEMICAL | - | - | - | - | - | - | - | - | - | - | - |
| NON-FERROUS METAL | - | - | - | - | - | - | - | - | - | - | - |
| NON-METALLIC MINERAL | - | - | - | - | - | - | - | - | - | - | 431 |
| PAPER PULP AND PRINT | - | - | - | - | - | - | - | - | - | - | 168 |
| MINING AND QUARRYING | - | - | - | - | - | - | - | - | - | - | 295 |
| FOOD AND TOBACCO | - | - | - | - | - | - | - | - | - | - | 804 |
| WOOD AND WOOD PRODUCTS | - | - | - | - | - | - | - | - | - | - | 48 |
| MACHINERY | - | - | - | - | - | - | - | - | - | - | 234 |
| TRANSPORT EQUIPMENT | - | - | - | - | - | - | - | - | - | - | 42 |
| CONSTRUCTION | - | - | - | - | - | - | - | - | - | - | 34 |
| TEXTILES AND LEATHER | - | - | - | - | - | - | - | - | - | - | 285 |
| NON SPECIFIED | 60 | - | - | - | - | - | - | 210 | - | - | 247 |
| NON-ENERGY USES: | | | | | | | | | | | |
| (1)ENERGY PRODUCTS | - | - | - | - | - | - | - | - | - | - | - |
| (2)NON-ENERGY PRODUCTS | - | - | - | - | - | - | - | - | - | - | - |
| TRANSPORT. SECTOR ** | - | - | - | - | - | - | - | - | - | - | - |
| AIR TRANSPORT | - | - | - | - | - | - | - | - | - | - | - |
| ROAD TRANSPORT | - | - | - | - | - | - | - | - | - | - | - |
| RAILWAYS | - | - | - | - | - | - | - | - | - | - | - |
| INTERNAL NAVIGATION | - | - | - | - | - | - | - | - | - | - | - |
| OTHER SECTORS ** | 988 | - | - | 10 | - | 340 | - | 732 | - | - | 5377 |
| AGRICULTURE | - | - | - | - | - | - | - | - | - | - | - |
| PUBLIC SERVICES | - | - | - | - | - | - | - | - | - | - | - |
| COMMERCE | 113 | - | - | - | - | - | - | - | - | - | 1725 |
| RESIDENTIAL | 875 | - | - | 10 | - | 340 | - | 732 | - | - | 3652 |

(1) INCLUDED IN CHEMICAL OR PETROCHEMICAL INDUSTRY
(2) INCLUDED ONLY IN TOTAL INDUSTRY

| * OF WHICH: HYDRO | 1203 |
|---|---|
| NUCLEAR | 0 |
| CONVENTIONAL THERMAL | 9814 |
| GEOTHERMAL | 0 |

** INCLUDED IN THESE TOTALS ARE THE NON-SPECIFIED ELEMENTS

## PRODUCTION ET UTILISATION DES SOURCES D ENERGIE : IRLANDE

1979

UNIT: 1000 METRIC TONS
UNITE: 1000 TONNES METRIQUES

| OIL PETROLE | | | REFINERY GAS | LIQUEFIED PETROLEUM GASES | AVIATION GASOLINE | MOTOR GASOLINE | JET FUEL | KEROSENE | GAS/DIESEL OIL | RESIDUAL FUEL OIL | NAPHTHA | NON-ENERGY PRODUCTS |
|---|---|---|---|---|---|---|---|---|---|---|---|---|
| CRUDE BRUT | NGL GNL | FEEDST. | GAZ DE PETROLE | GAZ LIQUEFIES DE PETROLE | ESSENCE AVION | ESSENCE AUTO | CARBURANT REACTEUR | PETROLE LAMPANT | GAZ/DIESEL OIL | FUEL OIL RESIDUEL | NAPHTHA | PRODUITS NON-ENERGETIQUES |
| 12 | 13 | 14 | 15 | 16 | 17 | 18 | 19 | 20 | 21 | 22 | 23 | 24 |
| - | - | - | 43 | 36 | - | 519 | 15 | - | 614 | 1074 | 1 | - |
| - | - | - | - | - | - | - | - | - | - | - | - | - |
| 2223 | - | 110 | - | 132 | 1 | 476 | 318 | 108 | 841 | 1919 | 115 | 190 |
| -9 | - | - | - | - | - | -17 | - | - | -15 | -109 | - | -7 |
| - | - | - | - | - | - | -1 | - | - | -28 | -22 | - | -1 |
| 7 | - | -8 | - | -2 | - | 14 | -19 | - | -32 | -6 | - | 7 |
| 2221 | - | 102 | 43 | 166 | 1 | 991 | 314 | 108 | 1380 | 2856 | 116 | 189 |
| - | - | - | - | - | - | - | - | - | - | - | - | - |
| - | - | - | - | - | - | - | - | - | - | - | - | - |
| 2221 | - | 102 | 43 | 166 | 1 | 991 | 314 | 108 | 1380 | 2856 | 116 | 189 |
| 7 | - | 3 | - | -2 | - | 10 | 14 | -10 | 26 | -37 | -3 | - |
| 2214 | - | 99 | - | 4 | - | - | - | - | 4 | 1672 | 119 | - |
| - | - | - | - | - | - | - | - | - | - | - | - | - |
| - | - | - | - | 4 | - | - | - | - | - | - | 119 | - |
| 2214 | - | 99 | - | - | - | - | - | - | - | - | - | - |
| - | - | - | - | - | - | - | - | - | 4 | 1672 | - | - |
| - | - | - | 43 | 14 | - | - | - | - | 10 | 18 | - | - |
| - | - | - | - | - | - | - | - | - | 8 | 3 | - | - |
| - | - | - | - | - | - | - | - | - | - | - | - | - |
| - | - | - | 43 | 14 | - | - | - | - | 1 | 12 | - | - |
| - | - | - | - | - | - | - | - | - | - | - | - | - |
| - | - | - | - | - | - | - | - | - | - | - | - | - |
| - | - | - | - | - | - | - | - | - | - | - | - | - |
| - | - | - | - | - | - | - | - | - | 1 | 3 | - | - |
| - | - | - | - | 150 | 1 | 981 | 300 | 118 | 1340 | 1203 | - | 189 |
| - | - | - | - | 40 | - | - | - | 12 | 261 | 1053 | - | 189 |
| - | - | - | - | - | - | - | - | - | - | 15 | - | - |
| - | - | - | - | - | - | - | - | 2 | 12 | 126 | - | - |
| - | - | - | - | - | - | - | - | - | - | - | - | - |
| - | - | - | - | - | - | - | - | - | - | - | - | - |
| - | - | - | - | - | - | - | - | - | 5 | 92 | - | - |
| - | - | - | - | - | - | - | - | 1 | 1 | 9 | - | - |
| - | - | - | - | - | - | - | - | - | 4 | 40 | - | - |
| - | - | - | - | - | - | - | - | 1 | 78 | 398 | - | - |
| - | - | - | - | - | - | - | - | - | 7 | 2 | - | - |
| - | - | - | - | - | - | - | - | - | 21 | 11 | - | - |
| - | - | - | - | - | - | - | - | - | - | - | - | - |
| - | - | - | - | - | - | - | - | - | - | - | - | - |
| - | - | - | - | - | - | - | - | - | - | - | - | - |
| - | - | - | - | 40 | - | - | - | 8 | 133 | 360 | - | 4 |
| - | - | - | - | - | - | - | - | - | - | - | - | - |
| - | - | - | - | - | - | - | - | - | - | - | - | 185 |
| - | - | - | - | 6 | 1 | 981 | 300 | - | 414 | - | - | - |
| - | - | - | - | - | 1 | - | 300 | - | - | - | - | - |
| - | - | - | - | 6 | - | 981 | - | - | 374 | - | - | - |
| - | - | - | - | - | - | - | - | - | 37 | - | - | - |
| - | - | - | - | - | - | - | - | - | 3 | - | - | - |
| - | - | - | - | 104 | - | - | - | 106 | 665 | 150 | - | - |
| - | - | - | - | - | - | - | - | 3 | 224 | 40 | - | - |
| - | - | - | - | - | - | - | - | 37 | - | - | - | - |
| - | - | - | - | 19 | - | - | - | - | 225 | 100 | - | - |
| - | - | - | - | 85 | - | - | - | 65 | 216 | - | - | - |

## PRODUCTION AND USES OF ENERGY SOURCES : IRELAND

1980

| PRODUCTION AND USES / ENERGY SOURCES | HARD COAL / HOUILLE | PATENT FUEL / AGGLOMERES | COKE OVEN COKE / COKE DE FOUR | GAS COKE / COKE DE GAZ | BROWN COAL / LIGNITE | BKB / BRIQ. DE LIGNITE | NATURAL GAS / GAZ NATUREL | GAS WORKS / USINES A GAZ | COKE OVENS / COKERIES | BLAST FURNACES / HAUT FOURNEAUX | ELECTRICITY* / ELECTRICITE* |
|---|---|---|---|---|---|---|---|---|---|---|---|
| | UNIT: 1000 METRIC TONS / UNITE: 1000 TONNES METRIQUES | | | | | | TCAL / TCAL | MANUFACTURED GAS (TCAL) / GAZ MANUFACTURE (TCAL) | | | MILLIONS OF (DE) KWH |
| | 1 | 2 | 3 | 4 | 5 | 6 | 7 | 8 | 9 | 10 | 11 |
| PRODUCTION | 60 | - | - | - | - | 308 | 8196 | 1130 | - | - | 10883 |
| FROM OTHER SOURCES | - | - | - | - | - | - | - | - | - | - | - |
| IMPORT | 1188 | - | 8 | - | - | - | - | - | - | - | - |
| EXPORT | -39 | - | - | - | - | - | - | - | - | - | - |
| INTL. MARINE BUNKERS | - | - | - | - | - | - | - | - | - | - | - |
| STOCK CHANGES | -143 | - | - | - | - | - | - | - | - | - | - |
| DOMESTIC SUPPLY | 1066 | - | 8 | - | - | 308 | 8196 | 1130 | - | - | 10883 |
| RETURNS TO SUPPLY | - | - | - | - | - | - | - | - | - | - | - |
| TRANSFERS | - | - | - | - | - | - | - | - | - | - | - |
| DOMESTIC AVAILABILITY | 1066 | - | 8 | - | - | 308 | 8196 | 1130 | - | - | 10883 |
| STATISTICAL DIFFERENCE | 49 | - | - | - | - | - | - | - | - | - | - |
| TRANSFORM. SECTOR ** | 68 | - | - | - | - | - | 4335 | - | - | - | - |
| FOR SOLID FUELS | - | - | - | - | - | - | - | - | - | - | - |
| FOR GASES | 21 | - | - | - | - | - | 17 | - | - | - | - |
| PETROLEUM REFINERIES | - | - | - | - | - | - | - | - | - | - | - |
| THERMO-ELECTRIC PLANTS | 47 | - | - | - | - | - | 4318 | - | - | - | - |
| ENERGY SECTOR | - | - | - | - | - | - | 23 | 169 | - | - | 2286 |
| COAL MINES | - | - | - | - | - | - | - | - | - | - | 51 |
| OIL AND GAS EXTRACTION | - | - | - | - | - | - | 23 | - | - | - | - |
| PETROLEUM REFINERIES | - | - | - | - | - | - | - | - | - | - | 26 |
| ELECTRIC PLANTS | - | - | - | - | - | - | - | - | - | - | 584 |
| DISTRIBUTION LOSSES | - | - | - | - | - | - | - | 124 | - | - | 1092 |
| PUMP STORAGE (ELECTR.) | - | - | - | - | - | - | - | - | - | - | 520 |
| OTHER ENERGY SECTOR | - | - | - | - | - | - | - | 45 | - | - | 13 |
| FINAL CONSUMPTION | 949 | - | 8 | - | - | 308 | 3838 | 961 | - | - | 8597 |
| INDUSTRY SECTOR | 137 | - | 8 | - | - | - | 3838 | 215 | - | - | 3210 |
| IRON AND STEEL | - | - | 8 | - | - | - | - | - | - | - | 15 |
| CHEMICAL | - | - | - | - | - | - | 3836 | - | - | - | 550 |
| PETROCHEMICAL | - | - | - | - | - | - | - | - | - | - | - |
| NON-FERROUS METAL | - | - | - | - | - | - | - | - | - | - | - |
| NON-METALLIC MINERAL | - | - | - | - | - | - | - | - | - | - | 408 |
| PAPER PULP AND PRINT | - | - | - | - | - | - | - | - | - | - | 164 |
| MINING AND QUARRYING | - | - | - | - | - | - | - | - | - | - | 271 |
| FOOD AND TOBACCO | - | - | - | - | - | - | - | - | - | - | 862 |
| WOOD AND WOOD PRODUCTS | - | - | - | - | - | - | - | - | - | - | 52 |
| MACHINERY | - | - | - | - | - | - | - | - | - | - | 270 |
| TRANSPORT EQUIPMENT | - | - | - | - | - | - | - | - | - | - | 46 |
| CONSTRUCTION | - | - | - | - | - | - | - | - | - | - | 38 |
| TEXTILES AND LEATHER | - | - | - | - | - | - | - | - | - | - | 275 |
| NON SPECIFIED | 137 | - | - | - | - | - | 2 | 215 | - | - | 259 |
| NON-ENERGY USES: | | | | | | | | | | | |
| (1)ENERGY PRODUCTS | - | - | - | - | - | - | - | - | - | - | - |
| (2)NON-ENERGY PRODUCTS | - | - | - | - | - | - | - | - | - | - | - |
| TRANSPORT. SECTOR ** | - | - | - | - | - | - | - | - | - | - | - |
| AIR TRANSPORT | - | - | - | - | - | - | - | - | - | - | - |
| ROAD TRANSPORT | - | - | - | - | - | - | - | - | - | - | - |
| RAILWAYS | - | - | - | - | - | - | - | - | - | - | - |
| INTERNAL NAVIGATION | - | - | - | - | - | - | - | - | - | - | - |
| OTHER SECTORS ** | 812 | - | - | - | - | 308 | - | 746 | - | - | 5387 |
| AGRICULTURE | - | - | - | - | - | - | - | - | - | - | - |
| PUBLIC SERVICES | - | - | - | - | - | - | - | - | - | - | - |
| COMMERCE | 106 | - | - | - | - | - | - | - | - | - | 1792 |
| RESIDENTIAL | 706 | - | - | - | - | 308 | - | 746 | - | - | 3595 |

(1) INCLUDED IN CHEMICAL OR PETROCHEMICAL INDUSTRY
(2) INCLUDED ONLY IN TOTAL INDUSTRY

** INCLUDED IN THESE TOTALS ARE THE NON-SPECIFIED ELEMENTS

| * OF WHICH: | |
|---|---|
| HYDRO | 1155 |
| NUCLEAR | 0 |
| CONVENTIONAL THERMAL | 9728 |
| GEOTHERMAL | 0 |

## PRODUCTION ET UTILISATION DES SOURCES D ENERGIE : IRLANDE

1980

UNIT: 1000 METRIC TONS
UNITE: 1000 TONNES METRIQUES

| OIL / PETROLE: CRUDE / BRUT 12 | OIL / PETROLE: NGL / GNL 13 | OIL / PETROLE: FEEDST. 14 | REFINERY GAS / GAZ DE PETROLE 15 | LIQUEFIED PETROLEUM GASES / GAZ LIQUEFIES DE PETROLE 16 | AVIATION GASOLINE / ESSENCE AVION 17 | MOTOR GASOLINE / ESSENCE AUTO 18 | JET FUEL / CARBURANT REACTEUR 19 | KEROSENE / PETROLE LAMPANT 20 | GAS/DIESEL OIL / GAZ/DIESEL OIL 21 | RESIDUAL FUEL OIL / FUEL OIL RESIDUEL 22 | NAPHTHA / NAPHTHA 23 | NON-ENERGY PRODUCTS / PRODUITS NON-ENERGETIQUES 24 |
|---|---|---|---|---|---|---|---|---|---|---|---|---|
| - | - | - | 39 | 30 | - | 489 | 19 | - | 539 | 898 | - | - |
| - | - | - | - | - | - | - | - | - | - | - | - | - |
| 1884 | - | 150 | - | 140 | 1 | 532 | 201 | 86 | 768 | 1911 | 94 | 148 |
| - | - | - | - | - | - | - | - | - | - | -179 | - | -1 |
| - | - | - | - | - | - | - | - | - | -35 | -41 | - | -1 |
| -4 | - | 3 | - | -1 | - | -8 | 7 | 1 | 13 | -43 | -2 | -3 |
| 1880 | - | 153 | 39 | 169 | 1 | 1013 | 227 | 87 | 1285 | 2546 | 92 | 143 |
| - | - | - | - | - | - | - | - | - | - | - | - | - |
| - | - | - | - | - | - | - | - | - | - | - | - | - |
| 1880 | - | 153 | 39 | 169 | 1 | 1013 | 227 | 87 | 1285 | 2546 | 92 | 143 |
| - | - | -3 | - | - | - | -5 | 5 | - | 25 | -31 | -3 | - |
| 1880 | - | 156 | - | 4 | - | - | - | - | 2 | 1475 | 95 | - |
| - | - | - | - | - | - | - | - | - | - | - | - | - |
| - | - | - | - | 4 | - | - | - | - | - | - | 95 | - |
| 1880 | - | 156 | - | - | - | - | - | - | - | - | - | - |
| - | - | - | - | - | - | - | - | - | 2 | 1475 | - | - |
| - | - | - | 39 | 11 | - | - | - | - | 11 | 15 | - | - |
| - | - | - | - | - | - | - | - | - | 10 | 4 | - | - |
| - | - | - | - | - | - | - | - | - | - | - | - | - |
| - | - | - | 39 | 11 | - | - | - | - | - | 8 | - | - |
| - | - | - | - | - | - | - | - | - | - | - | - | - |
| - | - | - | - | - | - | - | - | - | - | - | - | - |
| - | - | - | - | - | - | - | - | - | - | - | - | - |
| - | - | - | - | - | - | - | - | - | 1 | 3 | - | - |
| - | - | - | - | 154 | 1 | 1018 | 222 | 87 | 1247 | 1087 | - | 143 |
| - | - | - | - | 35 | - | - | - | 11 | 248 | 958 | - | 143 |
| - | - | - | - | - | - | - | - | - | - | 14 | - | - |
| - | - | - | - | - | - | - | - | 2 | 12 | 93 | - | - |
| - | - | - | - | - | - | - | - | - | - | - | - | - |
| - | - | - | - | - | - | - | - | - | - | - | - | - |
| - | - | - | - | - | - | - | - | - | 5 | 82 | - | - |
| - | - | - | - | - | - | - | - | 1 | 3 | 16 | - | - |
| - | - | - | - | - | - | - | - | - | 3 | 35 | - | - |
| - | - | - | - | - | - | - | - | 1 | 61 | 303 | - | - |
| - | - | - | - | - | - | - | - | - | 4 | 1 | - | - |
| - | - | - | - | - | - | - | - | - | 19 | 6 | - | - |
| - | - | - | - | - | - | - | - | - | - | - | - | - |
| - | - | - | - | - | - | - | - | - | - | - | - | - |
| - | - | - | - | - | - | - | - | - | - | - | - | - |
| - | - | - | - | 35 | - | - | - | 7 | 141 | 408 | - | 3 |
| - | - | - | - | - | - | - | - | - | - | - | - | - |
| - | - | - | - | - | - | - | - | - | - | - | - | 140 |
| - | - | - | - | 12 | 1 | 1018 | 222 | - | 421 | - | - | - |
| - | - | - | - | - | 1 | - | 222 | - | - | - | - | - |
| - | - | - | - | 12 | - | 1018 | - | - | 380 | - | - | - |
| - | - | - | - | - | - | - | - | - | 37 | - | - | - |
| - | - | - | - | - | - | - | - | - | 4 | - | - | - |
| - | - | - | - | 107 | - | - | - | 76 | 578 | 129 | - | - |
| - | - | - | - | 1 | - | - | - | 3 | 192 | 24 | - | - |
| - | - | - | - | 9 | - | - | - | 7 | 110 | 40 | - | - |
| - | - | - | - | 10 | - | - | - | 6 | 105 | 55 | - | - |
| - | - | - | - | 87 | - | - | - | 60 | 171 | - | - | - |

## PRODUCTION AND USES OF ENERGY SOURCES : IRELAND

1981

| ENERGY SOURCES / PRODUCTION AND USES | UNIT: 1000 METRIC TONS / UNITE: 1000 TONNES METRIQUES | | | | | | TCAL / TCAL | MANUFACTURED GAS (TCAL) / GAZ MANUFACTURE (TCAL) | | | MILLIONS OF (DE) KWH |
|---|---|---|---|---|---|---|---|---|---|---|---|
| | HARD COAL / HOUILLE | PATENT FUEL / AGGLOMERES | COKE OVEN COKE / COKE DE FOUR | GAS COKE / COKE DE GAZ | BROWN COAL / LIGNITE | BKB / BRIQ. DE LIGNITE | NATURAL GAS / GAZ NATUREL | GAS WORKS / USINES A GAZ | COKE OVENS / COKERIES | BLAST FURNACES / HAUT FOURNEAUX | ELECTRICITY* / ELECTRICITE* |
| | 1 | 2 | 3 | 4 | 5 | 6 | 7 | 8 | 9 | 10 | 11 |
| PRODUCTION | 69 | 341 | - | - | - | - | 12491 | 826 | - | - | 10909 |
| FROM OTHER SOURCES | - | - | - | - | - | - | - | - | - | - | - |
| IMPORT | 1289 | - | 7 | - | - | 12 | - | - | - | - | - |
| EXPORT | -9 | - | -2 | - | - | - | - | - | - | - | - |
| INTL. MARINE BUNKERS | - | - | - | - | - | - | - | - | - | - | - |
| STOCK CHANGES | -55 | -5 | - | - | - | - | - | - | - | - | - |
| DOMESTIC SUPPLY | 1294 | 336 | 5 | - | - | 12 | 12491 | 826 | - | - | 10909 |
| RETURNS TO SUPPLY | - | - | - | - | - | - | - | - | - | - | - |
| TRANSFERS | - | - | - | - | - | - | - | - | - | - | - |
| DOMESTIC AVAILABILITY | 1294 | 336 | 5 | - | - | 12 | 12491 | 826 | - | - | 10909 |
| STATISTICAL DIFFERENCE | - | - | - | - | - | - | - | - | - | - | - |
| TRANSFORM. SECTOR ** | 31 | - | - | - | - | - | 8268 | 3 | - | - | - |
| FOR SOLID FUELS | - | - | - | - | - | - | - | - | - | - | - |
| FOR GASES | - | - | - | - | - | - | 150 | 3 | - | - | - |
| PETROLEUM REFINERIES | - | - | - | - | - | - | - | - | - | - | - |
| THERMO-ELECTRIC PLANTS | 31 | - | - | - | - | - | 8118 | - | - | - | - |
| ENERGY SECTOR | - | - | - | - | - | - | 13 | 90 | - | - | 2398 |
| COAL MINES | - | - | - | - | - | - | - | - | - | - | 57 |
| OIL AND GAS EXTRACTION | - | - | - | - | - | - | 13 | - | - | - | - |
| PETROLEUM REFINERIES | - | - | - | - | - | - | - | - | - | - | 10 |
| ELECTRIC PLANTS | - | - | - | - | - | - | - | - | - | - | 570 |
| DISTRIBUTION LOSSES | - | - | - | - | - | - | - | 90 | - | - | 1144 |
| PUMP STORAGE (ELECTR.) | - | - | - | - | - | - | - | - | - | - | 605 |
| OTHER ENERGY SECTOR | - | - | - | - | - | - | - | - | - | - | 12 |
| FINAL CONSUMPTION | 1263 | 336 | 5 | - | - | 12 | 4210 | 733 | - | - | 8511 |
| INDUSTRY SECTOR | 201 | - | 5 | - | - | - | 4210 | 177 | - | - | 3124 |
| IRON AND STEEL | - | - | 5 | - | - | - | 27 | - | - | - | 57 |
| CHEMICAL | - | - | - | - | - | - | 4163 | - | - | - | 521 |
| PETROCHEMICAL | - | - | - | - | - | - | - | - | - | - | - |
| NON-FERROUS METAL | - | - | - | - | - | - | - | - | - | - | - |
| NON-METALLIC MINERAL | - | - | - | - | - | - | - | - | - | - | 420 |
| PAPER PULP AND PRINT | - | - | - | - | - | - | - | - | - | - | 89 |
| MINING AND QUARRYING | - | - | - | - | - | - | - | - | - | - | 216 |
| FOOD AND TOBACCO | - | - | - | - | - | - | - | - | - | - | 861 |
| WOOD AND WOOD PRODUCTS | - | - | - | - | - | - | - | - | - | - | 56 |
| MACHINERY | - | - | - | - | - | - | - | - | - | - | 292 |
| TRANSPORT EQUIPMENT | - | - | - | - | - | - | - | - | - | - | 42 |
| CONSTRUCTION | - | - | - | - | - | - | - | - | - | - | 46 |
| TEXTILES AND LEATHER | - | - | - | - | - | - | - | - | - | - | 260 |
| NON SPECIFIED | 201 | - | - | - | - | - | 20 | 177 | - | - | 264 |
| NON-ENERGY USES: | | | | | | | | | | | |
| (1)ENERGY PRODUCTS | - | - | - | - | - | - | - | - | - | - | - |
| (2)NON-ENERGY PRODUCTS | - | - | - | - | - | - | - | - | - | - | - |
| TRANSPORT. SECTOR ** | - | - | - | - | - | - | - | - | - | - | - |
| AIR TRANSPORT | - | - | - | - | - | - | - | - | - | - | - |
| ROAD TRANSPORT | - | - | - | - | - | - | - | - | - | - | - |
| RAILWAYS | - | - | - | - | - | - | - | - | - | - | - |
| INTERNAL NAVIGATION | - | - | - | - | - | - | - | - | - | - | - |
| OTHER SECTORS ** | 1062 | 336 | - | - | - | 12 | - | 556 | - | - | 5387 |
| AGRICULTURE | - | - | - | - | - | - | - | - | - | - | - |
| PUBLIC SERVICES | - | 50 | - | - | - | - | - | - | - | - | - |
| COMMERCE | - | - | - | - | - | - | - | - | - | - | 1828 |
| RESIDENTIAL | 1062 | 286 | - | - | - | 12 | - | 556 | - | - | 3559 |

(1) INCLUDED IN CHEMICAL OR PETROCHEMICAL INDUSTRY
(2) INCLUDED ONLY IN TOTAL INDUSTRY

| * OF WHICH: | |
|---|---|
| HYDRO | 1242 |
| NUCLEAR | 0 |
| CONVENTIONAL THERMAL | 9667 |
| GEOTHERMAL | 0 |

** INCLUDED IN THESE TOTALS ARE THE NON-SPECIFIED ELEMENTS

PRODUCTION ET UTILISATION DES SOURCES D ENERGIE : IRLANDE

1981

UNIT: 1000 METRIC TONS
UNITE: 1000 TONNES METRIQUES

| OIL PETROLE | | | REFINERY GAS | LIQUEFIED PETROLEUM GASES | AVIATION GASOLINE | MOTOR GASOLINE | JET FUEL | KEROSENE | GAS/DIESEL OIL | RESIDUAL FUEL OIL | NAPHTHA | NON-ENERGY PRODUCTS |
|---|---|---|---|---|---|---|---|---|---|---|---|---|
| CRUDE BRUT | NGL GNL | FEEDST. | GAZ DE PETROLE | GAZ LIQUEFIES DE PETROLE | ESSENCE AVION | ESSENCE AUTO | CARBURANT REACTEUR | PETROLE LAMPANT | GAZ/DIESEL OIL | FUEL OIL RESIDUEL | NAPHTHA | PRODUITS NON-ENERGETIQUES |
| 12 | 13 | 14 | 15 | 16 | 17 | 18 | 19 | 20 | 21 | 22 | 23 | 24 |
| - | - | - | 14 | 7 | - | 186 | 7 | - | 189 | 327 | - | - |
| - | - | - | - | - | - | - | - | - | - | - | - | - |
| 608 | - | 60 | - | 158 | 1 | 853 | 184 | 94 | 1132 | 1697 | 62 | 166 |
| - | - | - | - | - | - | - | - | - | - | -88 | - | - |
| - | - | - | - | - | - | - | - | - | -29 | -27 | - | -1 |
| 59 | - | 7 | - | -2 | - | 2 | 12 | - | 7 | 136 | 1 | 2 |
| 667 | - | 67 | 14 | 163 | 1 | 1041 | 203 | 94 | 1299 | 2045 | 63 | 167 |
| - | - | - | - | - | - | - | - | - | - | - | - | - |
| - | - | - | - | - | - | - | - | - | - | - | - | - |
| 667 | - | 67 | 14 | 163 | 1 | 1041 | 203 | 94 | 1299 | 2045 | 63 | 167 |
| 1 | - | -2 | - | - | - | 21 | 20 | 1 | 56 | -60 | 1 | -2 |
| 666 | - | 69 | - | 4 | - | - | - | - | 2 | 1092 | 62 | - |
| - | - | - | - | - | - | - | - | - | - | - | - | - |
| - | - | - | - | 4 | - | - | - | - | - | - | 62 | - |
| 666 | - | 69 | - | - | - | - | - | - | - | - | - | - |
| - | - | - | - | - | - | - | - | - | 2 | 1092 | - | - |
| - | - | - | 14 | 6 | - | - | - | - | 9 | 6 | - | - |
| - | - | - | - | - | - | - | - | - | 8 | 2 | - | - |
| - | - | - | - | - | - | - | - | - | - | - | - | - |
| - | - | - | 14 | 6 | - | - | - | - | - | 3 | - | - |
| - | - | - | - | - | - | - | - | - | - | - | - | - |
| - | - | - | - | - | - | - | - | - | - | - | - | - |
| - | - | - | - | - | - | - | - | - | - | - | - | - |
| - | - | - | - | - | - | - | - | - | 1 | 1 | - | - |
| - | - | - | - | 153 | 1 | 1020 | 183 | 93 | 1232 | 1007 | - | 169 |
| - | - | - | - | 38 | - | - | - | 16 | 241 | 890 | - | 169 |
| - | - | - | - | - | - | - | - | - | 15 | 12 | - | - |
| - | - | - | - | - | - | - | - | 3 | 7 | 86 | - | - |
| - | - | - | - | - | - | - | - | - | - | - | - | - |
| - | - | - | - | - | - | - | - | - | - | - | - | - |
| - | - | - | - | - | - | - | - | - | 3 | 79 | - | - |
| - | - | - | - | - | - | - | - | 1 | 5 | 25 | - | - |
| - | - | - | - | - | - | - | - | - | 3 | 33 | - | - |
| - | - | - | - | - | - | - | - | 1 | 36 | 238 | - | - |
| - | - | - | - | - | - | - | - | - | - | 1 | - | - |
| - | - | - | - | - | - | - | - | - | 16 | 6 | - | - |
| - | - | - | - | - | - | - | - | - | - | - | - | - |
| - | - | - | - | - | - | - | - | - | 26 | - | - | - |
| - | - | - | - | - | - | - | - | - | 3 | - | - | - |
| - | - | - | - | 38 | - | - | - | 11 | 127 | 410 | - | 4 |
| - | - | - | - | - | - | - | - | - | - | - | - | - |
| - | - | - | - | - | - | - | - | - | - | - | - | 165 |
| - | - | - | - | 17 | 1 | 1020 | 183 | - | 409 | - | - | - |
| - | - | - | - | - | 1 | - | 183 | - | - | - | - | - |
| - | - | - | - | 17 | - | 1020 | - | - | 368 | - | - | - |
| - | - | - | - | - | - | - | - | - | 37 | - | - | - |
| - | - | - | - | - | - | - | - | - | 4 | - | - | - |
| - | - | - | - | 98 | - | - | - | 77 | 582 | 117 | - | - |
| - | - | - | - | 1 | - | - | - | 4 | 189 | 19 | - | - |
| - | - | - | - | 9 | - | - | - | 6 | 109 | 39 | - | - |
| - | - | - | - | 8 | - | - | - | 6 | 104 | 59 | - | - |
| - | - | - | - | 80 | - | - | - | 61 | 180 | - | - | - |

## PRODUCTION AND USES OF ENERGY SOURCES : ITALY

1971

| ENERGY SOURCES / PRODUCTION AND USES | UNIT: 1000 METRIC TONS / UNITE: 1000 TONNES METRIQUES | | | | | | TCAL / TCAL | MANUFACTURED GAS (TCAL) / GAZ MANUFACTURE (TCAL) | | | MILLIONS OF (DE) KWH |
|---|---|---|---|---|---|---|---|---|---|---|---|
| | HARD COAL / HOUILLE | PATENT FUEL / AGGLOMERES | COKE OVEN COKE / COKE DE FOUR | GAS COKE / COKE DE GAZ | BROWN COAL / LIGNITE | BKB / BRIQ. DE LIGNITE | NATURAL GAS / GAZ NATUREL | GAS WORKS / USINES A GAZ | COKE OVENS / COKERIES | BLAST FURNACES / HAUT FOURNEAUX | ELECTRICITY* / ELECTRICITE* |
| | 1 | 2 | 3 | 4 | 5 | 6 | 7 | 8 | 9 | 10 | 11 |
| PRODUCTION | 256 | 56 | 6956 | 113 | 1326 | - | 122482 | 6526 | 13107 | 11711 | 124860 |
| FROM OTHER SOURCES | - | - | - | - | - | - | - | - | - | - | - |
| IMPORT | 12034 | 35 | 113 | 6 | 178 | 115 | 304 | - | - | - | 3234 |
| EXPORT | - | - | -420 | - | - | - | - | - | - | - | -1573 |
| INTL. MARINE BUNKERS | - | - | - | - | - | - | - | - | - | - | - |
| STOCK CHANGES | -244 | 2 | -174 | -1 | 1 | - | -2214 | - | - | - | - |
| DOMESTIC SUPPLY | 12046 | 93 | 6475 | 118 | 1505 | 115 | 120572 | 6526 | 13107 | 11711 | 126521 |
| RETURNS TO SUPPLY | - | - | - | - | - | - | - | - | - | - | - |
| TRANSFERS | - | - | - | - | - | - | - | - | - | - | - |
| DOMESTIC AVAILABILITY | 12046 | 93 | 6475 | 118 | 1505 | 115 | 120572 | 6526 | 13107 | 11711 | 126521 |
| STATISTICAL DIFFERENCE | - | - | - | -1 | - | - | 304 | - | - | - | - |
| TRANSFORM. SECTOR ** | 11054 | - | 1673 | - | 1300 | - | 11781 | - | 1528 | 3278 | - |
| FOR SOLID FUELS | 9337 | - | - | - | - | - | - | - | - | - | - |
| FOR GASES | 156 | - | 1673 | - | - | - | 4456 | - | 181 | - | - |
| PETROLEUM REFINERIES | - | - | - | - | - | - | - | - | - | - | - |
| THERMO-ELECTRIC PLANTS | 1561 | - | - | - | 1300 | - | 7325 | - | 1347 | 3278 | - |
| ENERGY SECTOR | 104 | - | 68 | 7 | 2 | - | 2516 | 593 | 6250 | 2170 | 19025 |
| COAL MINES | - | - | - | - | - | - | - | - | - | - | 60 |
| OIL AND GAS EXTRACTION | - | - | - | - | - | - | 933 | - | - | - | 22 |
| PETROLEUM REFINERIES | - | - | - | - | - | - | - | - | - | - | 1819 |
| ELECTRIC PLANTS | - | - | - | - | - | - | - | - | - | - | 5092 |
| DISTRIBUTION LOSSES | 99 | - | 25 | - | 2 | - | 1583 | 366 | 336 | 1503 | 10486 |
| PUMP STORAGE (ELECTR.) | - | - | - | - | - | - | - | - | - | - | 1383 |
| OTHER ENERGY SECTOR | 5 | - | 43 | 7 | - | - | - | 227 | 5914 | 667 | 163 |
| FINAL CONSUMPTION | 888 | 93 | 4734 | 112 | 203 | 115 | 105971 | 5933 | 5329 | 6263 | 107496 |
| INDUSTRY SECTOR | 330 | - | 3996 | 102 | 50 | - | 78658 | 301 | 5329 | 6263 | 68225 |
| IRON AND STEEL | 30 | - | 3372 | 86 | 41 | - | 15729 | - | 3893 | 6263 | 12002 |
| CHEMICAL | 52 | - | 98 | 3 | 7 | - | 28366 | - | 1278 | - | 9337 |
| PETROCHEMICAL | 23 | - | 62 | - | - | - | - | - | - | - | 8280 |
| NON-FERROUS METAL | 51 | - | 35 | - | - | - | 1448 | - | - | - | 3920 |
| NON-METALLIC MINERAL | 156 | - | 104 | - | - | - | 19901 | 36 | 71 | - | 6637 |
| PAPER PULP AND PRINT | - | - | - | - | - | - | 2416 | - | - | - | 4320 |
| MINING AND QUARRYING | - | - | 1 | - | - | - | 74 | - | - | - | 1292 |
| FOOD AND TOBACCO | 5 | - | 48 | - | - | - | 3465 | - | - | - | 3506 |
| WOOD AND WOOD PRODUCTS | - | - | - | - | - | - | - | - | - | - | 1205 |
| MACHINERY | 10 | - | 275 | - | - | - | 5047 | 145 | 87 | - | 6188 |
| TRANSPORT EQUIPMENT | - | - | - | - | - | - | - | - | - | - | 2559 |
| CONSTRUCTION | - | - | - | - | - | - | - | - | - | - | 606 |
| TEXTILES AND LEATHER | 2 | - | 1 | - | - | - | - | - | - | - | 4276 |
| NON SPECIFIED | 1 | - | - | 13 | 2 | - | 2212 | 120 | - | - | 4097 |
| NON-ENERGY USES: | | | | | | | | | | | |
| (1)ENERGY PRODUCTS | - | - | - | - | - | - | - | - | - | - | - |
| (2)NON-ENERGY PRODUCTS | - | - | - | - | - | - | - | - | - | - | - |
| TRANSPORT. SECTOR ** | 258 | - | 6 | - | - | - | 1052 | - | - | - | 3682 |
| AIR TRANSPORT | - | - | - | - | - | - | - | - | - | - | - |
| ROAD TRANSPORT | - | - | - | - | - | - | 1052 | - | - | - | - |
| RAILWAYS | 258 | - | 6 | - | - | - | - | - | - | - | 3682 |
| INTERNAL NAVIGATION | - | - | - | - | - | - | - | - | - | - | - |
| OTHER SECTORS ** | 300 | 93 | 732 | 10 | 153 | 115 | 26261 | 5632 | - | - | 35589 |
| AGRICULTURE | - | - | - | - | - | - | - | - | - | - | 1158 |
| PUBLIC SERVICES | - | - | - | - | - | - | - | - | - | - | - |
| COMMERCE | - | - | - | - | - | - | - | - | - | - | 11441 |
| RESIDENTIAL | 300 | 93 | 732 | - | 153 | 115 | 26261 | 5632 | - | - | 22990 |

(1) INCLUDED IN CHEMICAL OR PETROCHEMICAL INDUSTRY
(2) INCLUDED ONLY IN TOTAL INDUSTRY

| * OF WHICH: HYDRO | 40019 |
|---|---|
| NUCLEAR | 3365 |
| CONVENTIONAL THERMAL | 78812 |
| GEOTHERMAL | 2664 |

** INCLUDED IN THESE TOTALS ARE THE NON-SPECIFIED ELEMENTS

UNIT: 1000 METRIC TONS
UNITE: 1000 TONNES METRIQUES

| OIL PETROLE | | | REFINERY GAS | LIQUEFIED PETROLEUM GASES | AVIATION GASOLINE | MOTOR GASOLINE | JET FUEL | KEROSENE | GAS/DIESEL OIL | RESIDUAL FUEL OIL | NAPHTHA | NON-ENERGY PRODUCTS |
|---|---|---|---|---|---|---|---|---|---|---|---|---|
| CRUDE* BRUT* | NGL GNL | FEEDST. | GAZ DE PETROLE | GAZ LIQUEFIES DE PETROLE | ESSENCE AVION | ESSENCE AUTO | CARBURANT REACTEUR | PETROLE LAMPANT | GAZ/DIESEL OIL | FUEL OIL RESIDUEL | NAPHTHA | PRODUITS NON-ENERGETIQUES |
| 12 | 13 | 14 | 15 | 16 | 17 | 18 | 19 | 20 | 21 | 22 | 23 | 24 |
| 1240 | - | - | 1907 | 2092 | 143 | 12696 | 2757 | 3282 | 23828 | 57574 | 11085 | 3437 |
| 62 | - | - | - | - | - | - | - | - | - | - | - | - |
| 117582 | - | - | - | 145 | 9 | 20 | - | 55 | 540 | 1711 | 552 | 961 |
| - | - | - | - | -312 | -119 | -2932 | -1000 | -1150 | -9119 | -8871 | -3483 | -514 |
| - | - | - | - | - | - | - | - | - | -830 | -6570 | - | -48 |
| 1968 | - | - | - | -106 | 9 | -59 | -147 | -37 | -68 | -1477 | - | 155 |
| 120852 | - | - | 1907 | 1819 | 42 | 9725 | 1610 | 2150 | 14351 | 42367 | 8154 | 3991 |
| - | - | - | - | - | - | - | - | - | - | - | -2072 | - |
| - | - | - | - | - | - | - | - | - | - | - | - | - |
| 120852 | - | - | 1907 | 1819 | 42 | 9725 | 1610 | 2150 | 14351 | 42367 | 6082 | 3991 |
| - | - | - | - | - | - | -2 | - | - | - | - | -186 | 19 |
| 120852 | - | - | 137 | 4 | - | - | - | - | 163 | 13889 | 1081 | 66 |
| - | - | - | - | - | - | - | - | - | - | - | - | - |
| - | - | - | 5 | 4 | - | - | - | - | - | 8 | 148 | - |
| 120852 | - | - | - | - | - | - | - | - | - | - | - | - |
| - | - | - | 132 | - | - | - | - | - | 163 | 13881 | 933 | 66 |
| - | - | - | 1535 | 11 | - | 40 | 10 | 5 | 59 | 2019 | 15 | 374 |
| - | - | - | - | - | - | - | - | - | - | - | - | - |
| - | - | - | - | - | - | - | - | - | - | - | - | - |
| - | - | - | 1535 | 1 | - | - | - | - | 4 | 1989 | - | 374 |
| - | - | - | - | - | - | - | - | - | - | - | - | - |
| - | - | - | - | 10 | - | 40 | 10 | 5 | 55 | 30 | 15 | - |
| - | - | - | - | - | - | - | - | - | - | - | - | - |
| - | - | - | - | - | - | - | - | - | - | - | - | - |
| - | - | - | 235 | 1804 | 42 | 9687 | 1600 | 2145 | 14129 | 26459 | 5172 | 3532 |
| - | - | - | 235 | 308 | - | 45 | 4 | 14 | 324 | 18609 | 5172 | 3532 |
| - | - | - | - | 20 | - | - | - | - | 20 | 1600 | - | - |
| - | - | - | 55 | 4 | - | - | - | - | 12 | 3459 | - | - |
| - | - | - | 180 | 38 | - | - | - | 5 | 152 | 1530 | 5172 | - |
| - | - | - | - | 10 | - | - | - | - | - | 250 | - | - |
| - | - | - | - | 35 | - | - | - | - | 23 | 5500 | - | - |
| - | - | - | - | 3 | - | - | - | - | 10 | 1250 | - | - |
| - | - | - | - | - | - | - | - | - | - | - | - | - |
| - | - | - | - | 15 | - | - | - | - | 12 | 1450 | - | - |
| - | - | - | - | - | - | - | - | - | - | - | - | - |
| - | - | - | - | - | - | 45 | - | 9 | - | 1015 | - | - |
| - | - | - | - | - | - | - | - | - | - | - | - | - |
| - | - | - | - | - | - | - | - | - | - | - | - | - |
| - | - | - | - | - | - | - | - | - | - | - | - | - |
| - | - | - | - | 183 | - | - | 4 | - | 95 | 2555 | - | - |
| - | - | - | - | - | - | - | - | 5 | 152 | - | 5172 | - |
| - | - | - | - | - | - | - | - | - | - | - | - | 3532 |
| - | - | - | - | 500 | 42 | 9371 | 1411 | - | 4480 | - | - | - |
| - | - | - | - | - | 42 | - | 1411 | - | - | - | - | - |
| - | - | - | - | 500 | - | 9306 | - | - | 3940 | - | - | - |
| - | - | - | - | - | - | - | - | - | 155 | - | - | - |
| - | - | - | - | - | - | 65 | - | - | 385 | - | - | - |
| - | - | - | - | 996 | - | 271 | 185 | 2131 | 9325 | 7850 | - | - |
| - | - | - | - | 26 | - | 91 | - | 100 | 1125 | 400 | - | - |
| - | - | - | - | - | - | 180 | 185 | - | 200 | 300 | - | - |
| - | - | - | - | - | - | - | - | - | - | - | - | - |
| - | - | - | - | 970 | - | - | - | 2031 | 8000 | 7150 | - | - |

*INCLUDED IN THIS COLUMN IS NGL AND FEEDSTOCKS.

## PRODUCTION AND USES OF ENERGY SOURCES : ITALY

1972

| PRODUCTION AND USES / ENERGY SOURCES | UNIT: 1000 METRIC TONS / UNITE: 1000 TONNES METRIQUES | | | | | | TCAL / TCAL | MANUFACTURED GAS (TCAL) / GAZ MANUFACTURE (TCAL) | | | MILLIONS OF (DE) KWH |
|---|---|---|---|---|---|---|---|---|---|---|---|
| | HARD COAL / HOUILLE | PATENT FUEL / AGGLOMERES | COKE OVEN COKE / COKE DE FOUR | GAS COKE / COKE DE GAZ | BROWN COAL / LIGNITE | BKB / BRIQ. DE LIGNITE | NATURAL GAS / GAZ NATUREL | GAS WORKS / USINES A GAZ | COKE OVENS / COKERIES | BLAST FURNACES / HAUT FOURNEAUX | ELECTRICITY* / ELECTRICITE* |
| | 1 | 2 | 3 | 4 | 5 | 6 | 7 | 8 | 9 | 10 | 11 |
| PRODUCTION | 157 | 45 | 7024 | 40 | 851 | - | 129811 | 6340 | 13458 | 12845 | 135261 |
| FROM OTHER SOURCES | - | - | - | - | - | - | - | - | - | - | - |
| IMPORT | 11844 | 17 | 109 | 21 | 143 | 91 | 13221 | - | - | - | 2892 |
| EXPORT | - | - | -545 | - | - | - | - | - | - | - | -2692 |
| INTL. MARINE BUNKERS | - | - | - | - | - | - | - | - | - | - | - |
| STOCK CHANGES | -495 | 4 | 77 | 20 | 5 | - | -3138 | - | - | - | - |
| DOMESTIC SUPPLY | 11506 | 66 | 6665 | 81 | 999 | 91 | 139894 | 6340 | 13458 | 12845 | 135461 |
| RETURNS TO SUPPLY | - | - | - | - | - | - | - | - | - | - | - |
| TRANSFERS | - | - | - | - | - | - | - | - | - | - | - |
| DOMESTIC AVAILABILITY | 11506 | 66 | 6665 | 81 | 999 | 91 | 139894 | 6340 | 13458 | 12845 | 135461 |
| STATISTICAL DIFFERENCE | - | - | - | - | - | - | - | - | - | - | - |
| TRANSFORM. SECTOR ** | 10563 | - | 1835 | - | 856 | - | 14463 | - | 1725 | 3842 | - |
| FOR SOLID FUELS | 9514 | - | - | - | - | - | - | - | - | - | - |
| FOR GASES | 52 | - | 1835 | - | - | - | 4676 | - | 115 | - | - |
| PETROLEUM REFINERIES | - | - | - | - | - | - | - | - | - | - | - |
| THERMO-ELECTRIC PLANTS | 997 | - | - | - | 856 | - | 9787 | - | 1610 | 3842 | - |
| ENERGY SECTOR | 146 | - | 83 | 2 | - | - | 3743 | 556 | 6144 | 2578 | 20669 |
| COAL MINES | - | - | - | - | - | - | - | - | - | - | 59 |
| OIL AND GAS EXTRACTION | - | - | - | - | - | - | 1620 | - | - | - | 27 |
| PETROLEUM REFINERIES | - | - | - | - | - | - | - | - | - | - | 1883 |
| ELECTRIC PLANTS | - | - | - | - | - | - | - | - | - | - | 5579 |
| DISTRIBUTION LOSSES | 143 | - | 25 | - | - | - | 2123 | 371 | 384 | 1726 | 10980 |
| PUMP STORAGE (ELECTR.) | - | - | - | - | - | - | - | - | - | - | 1974 |
| OTHER ENERGY SECTOR | 3 | - | 58 | 2 | - | - | - | 185 | 5760 | 852 | 167 |
| FINAL CONSUMPTION | 797 | 66 | 4747 | 79 | 143 | 91 | 121688 | 5784 | 5589 | 6425 | 114792 |
| INDUSTRY SECTOR | 271 | - | 4220 | 71 | 36 | - | 89050 | 260 | 5589 | 6425 | 72287 |
| IRON AND STEEL | 36 | - | 3599 | 59 | 30 | - | 15399 | - | 4134 | 6425 | 13114 |
| CHEMICAL | 23 | - | 111 | 2 | 5 | - | 32482 | - | 1000 | - | 9661 |
| PETROCHEMICAL | 18 | - | 46 | - | - | - | - | - | - | - | 8568 |
| NON-FERROUS METAL | 72 | - | 30 | - | - | - | 1510 | - | - | - | 4415 |
| NON-METALLIC MINERAL | 108 | - | 89 | - | - | - | 21786 | 40 | 162 | - | 6885 |
| PAPER PULP AND PRINT | - | - | - | - | - | - | 3248 | - | - | - | 4618 |
| MINING AND QUARRYING | 1 | - | - | - | - | - | 231 | - | - | - | 1218 |
| FOOD AND TOBACCO | 5 | - | 58 | - | - | - | 4290 | - | - | - | 3728 |
| WOOD AND WOOD PRODUCTS | - | - | - | - | - | - | - | - | - | - | 1325 |
| MACHINERY | 7 | - | 286 | - | - | - | 5379 | 53 | 293 | - | 6501 |
| TRANSPORT EQUIPMENT | - | - | - | - | - | - | - | - | - | - | 2647 |
| CONSTRUCTION | - | - | - | - | - | - | - | - | - | - | 601 |
| TEXTILES AND LEATHER | 1 | - | 1 | - | - | - | - | - | - | - | 4669 |
| NON SPECIFIED | - | - | - | 10 | 1 | - | 4725 | 167 | - | - | 4337 |
| NON-ENERGY USES: | | | | | | | | | | | |
| (1)ENERGY PRODUCTS | - | - | - | - | - | - | - | - | - | - | - |
| (2)NON-ENERGY PRODUCTS | - | - | - | - | - | - | - | - | - | - | - |
| TRANSPORT. SECTOR ** | 214 | - | 6 | - | - | - | 1208 | - | - | - | 3755 |
| AIR TRANSPORT | - | - | - | - | - | - | - | - | - | - | - |
| ROAD TRANSPORT | - | - | - | - | - | - | 1208 | - | - | - | - |
| RAILWAYS | 214 | - | 6 | - | - | - | - | - | - | - | 3755 |
| INTERNAL NAVIGATION | - | - | - | - | - | - | - | - | - | - | - |
| OTHER SECTORS ** | 312 | 66 | 521 | 8 | 107 | 91 | 31430 | 5524 | - | - | 38750 |
| AGRICULTURE | - | - | - | - | - | - | - | - | - | - | 1161 |
| PUBLIC SERVICES | - | - | - | - | - | - | - | - | - | - | - |
| COMMERCE | - | - | - | - | - | - | - | - | - | - | 13259 |
| RESIDENTIAL | 312 | 66 | 521 | - | 107 | 91 | 31430 | 5524 | - | - | 24330 |

(1) INCLUDED IN CHEMICAL OR PETROCHEMICAL INDUSTRY
(2) INCLUDED ONLY IN TOTAL INDUSTRY

| * OF WHICH: | |
|---|---|
| HYDRO | 42715 |
| NUCLEAR | 3626 |
| CONVENTIONAL THERMAL | 86338 |
| GEOTHERMAL | 2582 |

** INCLUDED IN THESE TOTALS ARE THE NON-SPECIFIED ELEMENTS

PRODUCTION ET UTILISATION DES SOURCES D ENERGIE : ITALIE

1972

UNIT: 1000 METRIC TONS
UNITE: 1000 TONNES METRIQUES

| OIL PETROLE | | | REFINERY GAS | LIQUEFIED PETROLEUM GASES | AVIATION GASOLINE | MOTOR GASOLINE | JET FUEL | KEROSENE | GAS/DIESEL OIL | RESIDUAL FUEL OIL | NAPHTHA | NON-ENERGY PRODUCTS |
|---|---|---|---|---|---|---|---|---|---|---|---|---|
| CRUDE* BRUT* | NGL GNL | FEEDST. | GAZ DE PETROLE | GAZ LIQUEFIES DE PETROLE | ESSENCE AVION | ESSENCE AUTO | CARBURANT REACTEUR | PETROLE LAMPANT | GAZ/DIESEL OIL | FUEL OIL RESIDUEL | NAPHTHA | PRODUITS NON-ENERGETIQUES |
| 12 | 13 | 14 | 15 | 16 | 17 | 18 | 19 | 20 | 21 | 22 | 23 | 24 |
| 1152 | - | - | 1831 | 2205 | 95 | 13971 | 2830 | 3438 | 25282 | 58925 | 10717 | 3534 |
| 58 | - | - | - | - | - | - | - | - | - | - | - | - |
| 119857 | - | - | - | 118 | 4 | 11 | - | 101 | 987 | 2700 | 840 | 906 |
| - | - | - | - | -317 | -85 | -3025 | -1195 | -1140 | -8199 | -10889 | -2516 | -456 |
| - | - | - | - | - | - | - | - | - | -880 | -6920 | - | -49 |
| 3851 | - | - | - | -56 | 17 | -412 | -5 | -208 | -92 | -112 | - | -287 |
| 124918 | - | - | 1831 | 1950 | 31 | 10545 | 1630 | 2191 | 17098 | 43704 | 9041 | 3648 |
| - | - | - | - | - | - | - | - | - | - | - | -2000 | - |
| - | - | - | - | - | - | - | - | - | - | - | - | - |
| 124918 | - | - | 1831 | 1950 | 31 | 10545 | 1630 | 2191 | 17098 | 43704 | 7041 | 3648 |
| - | - | - | - | - | - | - | - | - | - | - | 320 | 36 |
| 124918 | - | - | 140 | 5 | - | - | - | - | 155 | 15762 | 846 | 111 |
| - | - | - | - | - | - | - | - | - | - | - | - | - |
| - | - | - | 4 | 5 | - | - | - | - | - | 7 | 137 | - |
| 124918 | - | - | - | - | - | - | - | - | - | - | - | - |
| - | - | - | 136 | - | - | - | - | - | 155 | 15755 | 709 | 111 |
| - | - | - | 1473 | 40 | - | 40 | 10 | 5 | 58 | 2044 | 15 | 409 |
| - | - | - | - | - | - | - | - | - | - | - | - | - |
| - | - | - | - | - | - | - | - | - | - | - | - | - |
| - | - | - | 1473 | 30 | - | - | - | - | 3 | 2014 | - | 409 |
| - | - | - | - | - | - | - | - | - | - | - | - | - |
| - | - | - | - | 10 | - | 40 | 10 | 5 | 55 | 30 | 15 | - |
| - | - | - | - | - | - | - | - | - | - | - | - | - |
| - | - | - | - | - | - | - | - | - | - | - | - | - |
| - | - | - | 218 | 1905 | 31 | 10505 | 1620 | 2186 | 16885 | 25898 | 5860 | 3092 |
| - | - | - | 218 | 350 | - | 45 | 5 | 15 | 670 | 18498 | 5860 | 3092 |
| - | - | - | - | 20 | - | - | - | - | 30 | 1000 | - | - |
| - | - | - | 38 | 4 | - | - | - | - | 20 | 3338 | - | - |
| - | - | - | 180 | 60 | - | - | - | 5 | 400 | 2000 | 5860 | - |
| - | - | - | - | 10 | - | - | - | - | 7 | 100 | - | - |
| - | - | - | - | 41 | - | - | - | - | 62 | 5100 | - | - |
| - | - | - | - | 3 | - | - | - | - | 10 | 1000 | - | - |
| - | - | - | - | - | - | - | - | - | - | - | - | - |
| - | - | - | - | 15 | - | - | - | - | 21 | 1800 | - | - |
| - | - | - | - | - | - | - | - | - | 22 | 200 | - | - |
| - | - | - | - | - | - | 45 | - | 10 | 70 | 1170 | - | - |
| - | - | - | - | - | - | - | - | - | - | 440 | - | - |
| - | - | - | - | - | - | - | - | - | - | - | - | - |
| - | - | - | - | - | - | - | - | - | - | - | - | - |
| - | - | - | - | 197 | - | - | 5 | - | 28 | 2350 | - | - |
| - | - | - | - | - | - | - | - | 5 | 400 | - | 5860 | - |
| - | - | - | - | - | - | - | - | - | - | - | - | 3092 |
| - | - | - | - | 550 | 31 | 10151 | 1415 | - | 4645 | - | - | - |
| - | - | - | - | - | 31 | - | 1415 | - | - | - | - | - |
| - | - | - | - | 550 | - | 10077 | - | - | 4085 | - | - | - |
| - | - | - | - | - | - | - | - | - | 150 | - | - | - |
| - | - | - | - | - | - | 74 | - | - | 410 | - | - | - |
| - | - | - | - | 1005 | - | 309 | 200 | 2171 | 11570 | 7400 | - | - |
| - | - | - | - | 25 | - | 109 | - | 90 | 1150 | 400 | - | - |
| - | - | - | - | - | - | 200 | 200 | - | 300 | 350 | - | - |
| - | - | - | - | - | - | - | - | - | - | - | - | - |
| - | - | - | - | 980 | - | - | - | 2081 | 10120 | 6650 | - | - |

*INCLUDED IN THIS COLUMN IS NGL AND FEEDSTOCKS.

## PRODUCTION AND USES OF ENERGY SOURCES : ITALY

1973

| PRODUCTION AND USES \ ENERGY SOURCES | UNIT: 1000 METRIC TONS / UNITE: 1000 TONNES METRIQUES | | | | | | TCAL / TCAL | MANUFACTURED GAS (TCAL) / GAZ MANUFACTURE (TCAL) | | | MILLIONS OF (DE) KWH |
|---|---|---|---|---|---|---|---|---|---|---|---|
| | HARD COAL / HOUILLE | PATENT FUEL / AGGLOMERES | COKE OVEN COKE / COKE DE FOUR | GAS COKE / COKE DE GAZ | BROWN COAL / LIGNITE | BKB / BRIQ. DE LIGNITE | NATURAL GAS / GAZ NATUREL | GAS WORKS / USINES A GAZ | COKE OVENS / COKERIES | BLAST FURNACES / HAUT FOURNEAUX | ELECTRICITY* / ELECTRICITE* |
| | 1 | 2 | 3 | 4 | 5 | 6 | 7 | 8 | 9 | 10 | 11 |
| PRODUCTION | - | 47 | 7665 | - | 1190 | - | 140205 | 5168 | 15117 | 13671 | 145518 |
| FROM OTHER SOURCES | - | - | - | - | - | - | - | - | - | - | - |
| IMPORT | 11479 | 10 | 82 | 32 | 112 | 88 | 18282 | - | - | - | 3248 |
| EXPORT | - | - | -628 | - | - | - | - | - | - | - | -2369 |
| INTL. MARINE BUNKERS | - | - | - | - | - | - | - | - | - | - | - |
| STOCK CHANGES | 124 | - | -20 | - | -3 | - | -393 | - | - | - | - |
| DOMESTIC SUPPLY | 11603 | 57 | 7099 | 32 | 1299 | 88 | 158094 | 5168 | 15117 | 13671 | 146397 |
| RETURNS TO SUPPLY | - | - | - | - | - | - | - | - | - | - | - |
| TRANSFERS | - | - | - | - | - | - | - | - | - | - | - |
| DOMESTIC AVAILABILITY | 11603 | 57 | 7099 | 32 | 1299 | 88 | 158094 | 5168 | 15117 | 13671 | 146397 |
| STATISTICAL DIFFERENCE | - | 5 | -32 | -12 | - | - | -731 | 1 | - | - | - |
| TRANSFORM. SECTOR ** | 11023 | - | 1953 | - | 1188 | - | 15251 | - | 1772 | 4139 | - |
| FOR SOLID FUELS | 10374 | - | - | - | - | - | - | - | - | - | - |
| FOR GASES | - | - | 1953 | - | - | - | 3870 | - | 124 | - | - |
| PETROLEUM REFINERIES | - | - | - | - | - | - | - | - | - | - | - |
| THERMO-ELECTRIC PLANTS | 649 | - | - | - | 1188 | - | 11381 | - | 1648 | 4139 | - |
| ENERGY SECTOR | 98 | - | 82 | - | - | - | 3614 | 486 | 7386 | 6821 | 23200 |
| COAL MINES | - | - | - | - | - | - | - | - | - | - | 58 |
| OIL AND GAS EXTRACTION | - | - | - | - | - | - | 1601 | - | - | - | 24 |
| PETROLEUM REFINERIES | - | - | - | - | - | - | - | - | - | - | 1976 |
| ELECTRIC PLANTS | - | - | - | - | - | - | - | - | - | - | 6411 |
| DISTRIBUTION LOSSES | 98 | - | 25 | - | - | - | 2013 | 324 | 527 | 1627 | 12223 |
| PUMP STORAGE (ELECTR.) | - | - | - | - | - | - | - | - | - | - | 2324 |
| OTHER ENERGY SECTOR | - | - | 57 | - | - | - | - | 162 | 6859 | 5194 | 184 |
| FINAL CONSUMPTION | 482 | 52 | 5096 | 44 | 111 | 88 | 139960 | 4681 | 5959 | 2711 | 123197 |
| INDUSTRY SECTOR | 242 | - | 4592 | 38 | 35 | - | 98639 | 185 | 5959 | 2711 | 77290 |
| IRON AND STEEL | 37 | - | 3953 | 38 | 26 | - | 20825 | - | 4756 | 2711 | 13878 |
| CHEMICAL | 18 | - | 77 | - | 8 | - | 34459 | - | 853 | - | 10269 |
| PETROCHEMICAL | 15 | - | 38 | - | - | - | - | - | - | - | 9106 |
| NON-FERROUS METAL | 51 | - | 90 | - | - | - | 595 | - | - | - | 5376 |
| NON-METALLIC MINERAL | 105 | - | 84 | - | - | - | 23827 | 40 | 100 | - | 7471 |
| PAPER PULP AND PRINT | - | - | 1 | - | - | - | 2901 | - | - | - | 4818 |
| MINING AND QUARRYING | - | - | 1 | - | - | - | 631 | - | - | - | 1256 |
| FOOD AND TOBACCO | 3 | - | 50 | - | - | - | 4246 | - | - | - | 3924 |
| WOOD AND WOOD PRODUCTS | - | - | - | - | - | - | - | - | - | - | 1431 |
| MACHINERY | 7 | - | 297 | - | - | - | 6385 | 44 | 250 | - | 6999 |
| TRANSPORT EQUIPMENT | - | - | - | - | - | - | - | - | - | - | 2835 |
| CONSTRUCTION | - | - | - | - | - | - | - | - | - | - | 615 |
| TEXTILES AND LEATHER | 1 | - | 1 | - | - | - | - | - | - | - | 4957 |
| NON SPECIFIED | 5 | - | - | - | 1 | - | 4770 | 101 | - | - | 4355 |
| NON-ENERGY USES: | | | | | | | | | | | |
| (1)ENERGY PRODUCTS | - | - | - | - | - | - | - | - | - | - | - |
| (2)NON-ENERGY PRODUCTS | - | - | - | - | - | - | - | - | - | - | - |
| TRANSPORT. SECTOR ** | 200 | - | 6 | - | - | - | 1372 | - | - | - | 3784 |
| AIR TRANSPORT | - | - | - | - | - | - | - | - | - | - | - |
| ROAD TRANSPORT | - | - | - | - | - | - | 1372 | - | - | - | - |
| RAILWAYS | 200 | - | 6 | - | - | - | - | - | - | - | 3784 |
| INTERNAL NAVIGATION | - | - | - | - | - | - | - | - | - | - | - |
| OTHER SECTORS ** | 40 | 52 | 498 | 6 | 76 | 88 | 39949 | 4496 | - | - | 42123 |
| AGRICULTURE | - | - | - | - | - | - | 18 | - | - | - | 1309 |
| PUBLIC SERVICES | - | - | - | - | - | - | - | - | - | - | - |
| COMMERCE | - | - | - | - | - | - | - | - | - | - | 14531 |
| RESIDENTIAL | 40 | 52 | 498 | - | 76 | 88 | 39931 | 4496 | - | - | 26283 |

(1) INCLUDED IN CHEMICAL OR PETROCHEMICAL INDUSTRY
(2) INCLUDED ONLY IN TOTAL INDUSTRY

| * OF WHICH: HYDRO | 39125 |
|---|---|
| NUCLEAR | 3142 |
| CONVENTIONAL THERMAL | 100771 |
| GEOTHERMAL | 2480 |

** INCLUDED IN THESE TOTALS ARE THE NON-SPECIFIED ELEMENTS

UNIT: 1000 METRIC TONS
UNITE: 1000 TONNES METRIQUES

| OIL / PETROLE: CRUDE* / BRUT* 12 | OIL / PETROLE: NGL / GNL 13 | OIL / PETROLE: FEEDST. 14 | REFINERY GAS / GAZ DE PETROLE 15 | LIQUEFIED PETROLEUM GASES / GAZ LIQUEFIES DE PETROLE 16 | AVIATION GASOLINE / ESSENCE AVION 17 | MOTOR GASOLINE / ESSENCE AUTO 18 | JET FUEL / CARBURANT REACTEUR 19 | KEROSENE / PETROLE LAMPANT 20 | GAS/DIESEL OIL / GAZ/DIESEL OIL 21 | RESIDUAL FUEL OIL / FUEL OIL RESIDUEL 22 | NAPHTHA / NAPHTHA 23 | NON-ENERGY PRODUCTS / PRODUITS NON-ENERGETIQUES 24 |
|---|---|---|---|---|---|---|---|---|---|---|---|---|
| 1048 | - | - | 1748 | 2329 | 86 | 14996 | 3215 | 3432 | 28775 | 60238 | 11030 | 3660 |
| 57 | - | - | - | - | - | - | - | - | - | - | - | - |
| 128944 | - | - | - | 59 | 11 | 104 | - | 108 | 483 | 2547 | 823 | 855 |
| - | - | - | - | -376 | -60 | -3381 | -1520 | -1093 | -9394 | -10168 | -2331 | -580 |
| - | - | - | - | - | - | - | - | - | -755 | -6550 | - | -48 |
| -638 | - | - | - | -15 | -4 | -271 | - | -127 | -664 | 1589 | -226 | -431 |
| 129411 | - | - | 1748 | 1997 | 33 | 11448 | 1695 | 2320 | 18445 | 47656 | 9296 | 3456 |
| - | - | - | - | - | - | - | - | 260 | 200 | - | - | 235 |
| - | - | - | - | - | - | - | - | - | - | - | - | - |
| 129411 | - | - | 1748 | 1997 | 33 | 11448 | 1695 | 2580 | 18645 | 47656 | 9296 | 3691 |
| -2617 | - | - | - | - | 7 | 197 | - | - | - | - | -54 | -10 |
| 132028 | - | - | 178 | 5 | - | - | - | - | 162 | 19766 | 647 | 77 |
| - | - | - | - | - | - | - | - | - | - | - | - | - |
| - | - | - | 4 | 5 | - | - | - | - | - | 8 | 117 | - |
| 132028 | - | - | - | - | - | - | - | - | - | - | - | - |
| - | - | - | 174 | - | - | - | - | - | 162 | 19758 | 530 | 77 |
| - | - | - | 1346 | 10 | - | - | 15 | 5 | 65 | 2770 | 20 | 340 |
| - | - | - | - | - | - | - | - | - | - | - | - | - |
| - | - | - | - | - | - | - | - | - | - | - | - | - |
| - | - | - | 1346 | - | - | - | - | - | 5 | 2730 | - | 340 |
| - | - | - | - | - | - | - | - | - | - | - | - | - |
| - | - | - | - | 10 | - | - | 15 | 5 | 60 | 40 | 20 | - |
| - | - | - | - | - | - | - | - | - | - | - | - | - |
| - | - | - | - | - | - | - | - | - | - | - | - | - |
| - | - | - | 224 | 1982 | 26 | 11251 | 1680 | 2575 | 18418 | 25120 | 8683 | 3284 |
| - | - | - | 224 | 434 | - | 50 | 6 | 364 | 830 | 18620 | 8683 | 3284 |
| - | - | - | - | 20 | - | - | - | - | 50 | 1050 | - | - |
| - | - | - | 45 | 10 | - | - | - | 5 | 20 | 3196 | 15 | - |
| - | - | - | 179 | 134 | - | - | - | 349 | 531 | 2100 | 8618 | - |
| - | - | - | - | 10 | - | - | - | - | 8 | 150 | - | - |
| - | - | - | - | 35 | - | - | - | - | 89 | 5375 | - | - |
| - | - | - | - | 10 | - | - | - | - | 17 | 1438 | - | - |
| - | - | - | - | - | - | - | - | - | - | - | - | - |
| - | - | - | - | 10 | - | - | - | - | 35 | 1547 | - | - |
| - | - | - | - | - | - | - | - | - | - | 120 | - | - |
| - | - | - | - | - | - | 50 | - | 10 | - | 1200 | - | - |
| - | - | - | - | - | - | - | - | - | - | 410 | - | - |
| - | - | - | - | - | - | - | - | - | - | - | - | - |
| - | - | - | - | - | - | - | - | - | - | - | - | - |
| - | - | - | - | 205 | - | - | 6 | - | 80 | 2034 | 50 | - |
| - | - | - | - | - | - | - | - | 349 | 531 | - | 8618 | - |
| - | - | - | - | - | - | - | - | - | - | - | - | 3284 |
| - | - | - | - | 455 | 26 | 11100 | 1474 | 4 | 5133 | - | - | - |
| - | - | - | - | - | 26 | - | 1474 | - | - | - | - | - |
| - | - | - | - | 450 | - | 11016 | - | - | 4663 | - | - | - |
| - | - | - | - | - | - | - | - | - | 120 | - | - | - |
| - | - | - | - | 5 | - | 84 | - | 4 | 350 | - | - | - |
| - | - | - | - | 1093 | - | 101 | 200 | 2207 | 12455 | 6500 | - | - |
| - | - | - | - | 25 | - | 101 | - | 71 | 1155 | 450 | - | - |
| - | - | - | - | - | - | - | 200 | - | 300 | 300 | - | - |
| - | - | - | - | - | - | - | - | - | - | - | - | - |
| - | - | - | - | 1068 | - | - | - | 2136 | 11000 | 5750 | - | - |

*INCLUDED IN THIS COLUMN IS NGL AND FEEDSTOCKS.

## PRODUCTION AND USES OF ENERGY SOURCES : ITALY

1974

| PRODUCTION AND USES / ENERGY SOURCES | UNIT: 1000 METRIC TONS / UNITE: 1000 TONNES METRIQUES | | | | | | TCAL / TCAL | MANUFACTURED GAS (TCAL) / GAZ MANUFACTURE (TCAL) | | | MILLIONS OF (DE) KWH |
|---|---|---|---|---|---|---|---|---|---|---|---|
| | HARD COAL / HOUILLE | PATENT FUEL / AGGLOMERES | COKE OVEN COKE / COKE DE FOUR | GAS COKE / COKE DE GAZ | BROWN COAL / LIGNITE | BKB / BRIQ. DE LIGNITE | NATURAL GAS / GAZ NATUREL | GAS WORKS / USINES A GAZ | COKE OVENS / COKERIES | BLAST FURNACES / HAUT FOURNEAUX | ELECTRICITY* / ELECTRICITE* |
| | 1 | 2 | 3 | 4 | 5 | 6 | 7 | 8 | 9 | 10 | 11 |
| PRODUCTION | - | 72 | 8566 | - | 1085 | - | 139949 | 4917 | 16732 | 15563 | 148905 |
| FROM OTHER SOURCES | - | - | - | - | - | - | - | - | - | - | - |
| IMPORT | 12822 | 6 | 128 | 17 | 148 | 90 | 37945 | - | - | - | 4214 |
| EXPORT | - | - | -692 | - | - | - | - | - | - | - | -1921 |
| INTL. MARINE BUNKERS | - | - | - | - | - | - | - | - | - | - | - |
| STOCK CHANGES | 521 | -8 | -34 | - | 1 | - | -476 | - | - | - | - |
| DOMESTIC SUPPLY | 13343 | 70 | 7968 | 17 | 1234 | 90 | 177418 | 4917 | 16732 | 15563 | 151198 |
| RETURNS TO SUPPLY | - | - | - | - | - | - | - | - | - | - | - |
| TRANSFERS | - | - | - | - | - | - | - | - | - | - | - |
| DOMESTIC AVAILABILITY | 13343 | 70 | 7968 | 17 | 1234 | 90 | 177418 | 4917 | 16732 | 15563 | 151198 |
| STATISTICAL DIFFERENCE | - | - | - | 2 | - | 1 | -129 | - | - | - | 993 |
| TRANSFORM. SECTOR ** | 12680 | - | 2223 | - | 1085 | - | 14287 | - | 2333 | 4630 | - |
| FOR SOLID FUELS | 11632 | - | - | - | - | - | - | - | - | - | - |
| FOR GASES | - | - | 2223 | - | - | - | 4127 | - | 129 | - | - |
| PETROLEUM REFINERIES | - | - | - | - | - | - | - | - | - | - | - |
| THERMO-ELECTRIC PLANTS | 1048 | - | - | - | 1085 | - | 10160 | - | 2204 | 4630 | - |
| ENERGY SECTOR | 115 | - | 85 | - | - | - | 3322 | 445 | 7985 | 7844 | 22585 |
| COAL MINES | - | - | - | - | - | - | - | - | - | - | 51 |
| OIL AND GAS EXTRACTION | - | - | - | - | - | - | 1739 | - | - | - | 24 |
| PETROLEUM REFINERIES | - | - | - | - | - | - | - | - | - | - | 2085 |
| ELECTRIC PLANTS | - | - | - | - | - | - | - | - | - | - | 6639 |
| DISTRIBUTION LOSSES | 115 | - | 23 | - | - | - | 1583 | 305 | 479 | 1254 | 11366 |
| PUMP STORAGE (ELECTR.) | - | - | - | - | - | - | - | - | - | - | 2231 |
| OTHER ENERGY SECTOR | - | - | 62 | - | - | - | - | 140 | 7506 | 6590 | 189 |
| FINAL CONSUMPTION | 548 | 70 | 5660 | 15 | 149 | 89 | 159938 | 4472 | 6414 | 3089 | 127620 |
| INDUSTRY SECTOR | 236 | - | 5169 | 15 | 26 | - | 108561 | 148 | 6414 | 3089 | 79638 |
| IRON AND STEEL | 49 | - | 4489 | 15 | 24 | - | 23470 | - | 4824 | 3089 | 15904 |
| CHEMICAL | 26 | - | 46 | - | - | - | 34943 | - | 963 | - | 10161 |
| PETROCHEMICAL | - | - | 29 | - | - | - | - | - | - | - | 9010 |
| NON-FERROUS METAL | 43 | - | 119 | - | - | - | 732 | - | - | - | 5957 |
| NON-METALLIC MINERAL | 95 | - | 92 | - | - | - | 28420 | 32 | 150 | - | 7914 |
| PAPER PULP AND PRINT | - | - | - | - | - | - | 3697 | - | - | - | 4823 |
| MINING AND QUARRYING | - | - | - | - | - | - | 567 | - | - | - | 1262 |
| FOOD AND TOBACCO | 1 | - | 38 | - | - | - | 4868 | - | - | - | 3878 |
| WOOD AND WOOD PRODUCTS | - | - | - | - | - | - | - | - | - | - | 1454 |
| MACHINERY | 9 | - | 352 | - | - | - | 7054 | 52 | 477 | - | 7397 |
| TRANSPORT EQUIPMENT | - | - | - | - | - | - | - | - | - | - | 2818 |
| CONSTRUCTION | - | - | - | - | - | - | - | - | - | - | 658 |
| TEXTILES AND LEATHER | - | - | 1 | - | - | - | - | - | - | - | 4930 |
| NON SPECIFIED | 13 | - | 3 | - | 2 | - | 4810 | 64 | - | - | 3472 |
| NON-ENERGY USES: | | | | | | | | | | | |
| (1)ENERGY PRODUCTS | - | - | - | - | - | - | - | - | - | - | - |
| (2)NON-ENERGY PRODUCTS | - | - | - | - | - | - | - | - | - | - | - |
| TRANSPORT. SECTOR ** | 164 | - | - | - | - | - | 1931 | - | - | - | 4526 |
| AIR TRANSPORT | - | - | - | - | - | - | - | - | - | - | - |
| ROAD TRANSPORT | - | - | - | - | - | - | 1931 | - | - | - | - |
| RAILWAYS | 164 | - | - | - | - | - | - | - | - | - | 4526 |
| INTERNAL NAVIGATION | - | - | - | - | - | - | - | - | - | - | - |
| OTHER SECTORS ** | 148 | 70 | 491 | - | 123 | 89 | 49446 | 4324 | - | - | 43456 |
| AGRICULTURE | - | - | - | - | - | - | 27 | - | - | - | 1421 |
| PUBLIC SERVICES | - | - | - | - | - | - | - | - | - | - | - |
| COMMERCE | - | - | - | - | - | - | - | - | - | - | 14703 |
| RESIDENTIAL | 148 | 70 | 491 | - | 123 | 89 | 49419 | 4324 | - | - | 27332 |

(1) INCLUDED IN CHEMICAL OR PETROCHEMICAL INDUSTRY
(2) INCLUDED ONLY IN TOTAL INDUSTRY

** INCLUDED IN THESE TOTALS ARE THE NON-SPECIFIED ELEMENTS

| * OF WHICH: | |
|---|---|
| HYDRO | 39346 |
| NUCLEAR | 3410 |
| CONVENTIONAL THERMAL | 103647 |
| GEOTHERMAL | 2502 |

## PRODUCTION ET UTILISATION DES SOURCES D ENERGIE : ITALIE

1974

UNIT: 1000 METRIC TONS
UNITE: 1000 TONNES METRIQUES

| OIL / PETROLE: CRUDE* / BRUT* | OIL / PETROLE: NGL / GNL | OIL / PETROLE: FEEDST. | REFINERY GAS / GAZ DE PETROLE | LIQUEFIED PETROLEUM GASES / GAZ LIQUEFIES DE PETROLE | AVIATION GASOLINE / ESSENCE AVION | MOTOR GASOLINE / ESSENCE AUTO | JET FUEL / CARBURANT REACTEUR | KEROSENE / PETROLE LAMPANT | GAS/DIESEL OIL / GAZ/DIESEL OIL | RESIDUAL FUEL OIL / FUEL OIL RESIDUEL | NAPHTHA / NAPHTHA | NON-ENERGY PRODUCTS / PRODUITS NON-ENERGETIQUES |
|---|---|---|---|---|---|---|---|---|---|---|---|---|
| 12 | 13 | 14 | 15 | 16 | 17 | 18 | 19 | 20 | 21 | 22 | 23 | 24 |
| 1076 | - | - | 1750 | 2310 | 89 | 14594 | 2641 | 3124 | 29120 | 54474 | 9222 | 3086 |
| 62 | - | - | - | - | - | - | - | - | - | - | - | - |
| 119991 | - | - | - | 80 | 3 | - | 3 | 92 | 745 | 3185 | 785 | 1043 |
| - | - | - | - | -349 | -79 | -4396 | -1140 | -1045 | -8414 | -5555 | -1931 | -409 |
| - | - | - |  | - | - | - | - | - | -525 | -5565 | - | -43 |
| -372 | - | - | - | 18 | 10 | 274 | - | -93 | -1652 | 985 | -224 | 160 |
| 120757 | - | - | 1750 | 2059 | 23 | 10472 | 1504 | 2078 | 19274 | 47524 | 7852 | 3837 |
| - | - | - | 371 | 159 | - | - | 61 | 285 | 223 | - | 19 | 282 |
| - | - | - | - | - | - | - | - | - | - | - | - | - |
| 120757 | - | - | 2121 | 2218 | 23 | 10472 | 1565 | 2363 | 19497 | 47524 | 7871 | 4119 |
| -1536 | - | - | - | - | -1 | -3 | - | - | - | - | -223 | 11 |
| 122293 | - | - | 108 | 4 | - | - | - | - | 180 | 20303 | 227 | 38 |
| - | - | - | - | - | - | - | - | - | - | - | - | - |
| - | - | - | 5 | 4 | - | - | - | - | - | 4 | 69 | - |
| 122293 | - | - | - | - | - | - | - | - | - | - | - | - |
| - | - | - | 103 | - | - | - | - | - | 180 | 20299 | 158 | 38 |
| - | - | - | 1440 | 12 | - | - | 15 | 5 | 162 | 3391 | 20 | 138 |
| - | - | - | - | - | - | - | - | - | - | - | - | - |
| - | - | - | - | - | - | - | - | - | - | - | - | - |
| - | - | - | 1440 | 2 | - | - | - | - | 102 | 3351 | - | 138 |
| - | - | - | - | - | - | - | - | - | - | - | - | - |
| - | - | - | - | 10 | - | - | 15 | 5 | 60 | 40 | 20 | - |
| - | - | - | - | - | - | - | - | - | - | - | - | - |
| - | - | - | - | - | - | - | - | - | - | - | - | - |
| - | - | - | 573 | 2202 | 24 | 10475 | 1550 | 2358 | 19155 | 23830 | 7847 | 3932 |
| - | - | - | 573 | 595 | - | 50 | 5 | 585 | 1358 | 17680 | 7847 | 3932 |
| - | - | - | - | 29 | - | - | - | - | 52 | 1284 | 3 | - |
| - | - | - | 270 | 20 | - | - | - | 5 | 21 | 2895 | 20 | - |
| - | - | - | 303 | 246 | - | - | - | 570 | 789 | 2227 | 7767 | - |
| - | - | - | - | 16 | - | - | - | - | 8 | 288 | - | - |
| - | - | - | - | 38 | - | - | - | - | 100 | 5290 | - | - |
| - | - | - | - | 12 | - | - | - | - | 18 | 1039 | - | - |
| - | - | - | - | - | - | - | - | - | - | - | - | - |
| - | - | - | - | 12 | - | - | - | - | 64 | 1805 | - | - |
| - | - | - | - | - | - | - | - | - | 20 | - | - | - |
| - | - | - | - | - | - | 50 | - | 10 | 110 | 1110 | - | - |
| - | - | - | - | - | - | - | - | - | - | 400 | - | - |
| - | - | - | - | - | - | - | - | - | - | - | - | - |
| - | - | - | - | - | - | - | - | - | - | - | - | - |
| - | - | - | - | 222 | - | - | 5 | - | 176 | 1342 | 57 | - |
| - | - | - | - | - | - | - | - | 570 | 789 | - | 7767 | - |
| - | - | - | - | - | - | - | - | - | - | - | - | 3932 |
| - | - | - | - | 526 | 24 | 10220 | 1370 | 3 | 5530 | - | - | - |
| - | - | - | - | - | 24 | - | 1370 | - | - | - | - | - |
| - | - | - | - | 519 | - | 10216 | - | - | 4780 | - | - | - |
| - | - | - | - | - | - | - | - | - | 125 | - | - | - |
| - | - | - | - | 7 | - | 4 | - | 3 | 625 | - | - | - |
| - | - | - | - | 1081 | - | 205 | 175 | 1770 | 12267 | 6150 | - | - |
| - | - | - | - | 28 | - | 135 | - | 79 | 1250 | 400 | - | - |
| - | - | - | - | - | - | - | 175 | - | 320 | 300 | - | - |
| - | - | - | - | - | - | - | - | - | - | - | - | - |
| - | - | - | - | 1053 | - | - | - | 1691 | 10697 | 5450 | - | - |

*INCLUDED IN THIS COLUMN IS NGL AND FEEDSTOCKS.

## PRODUCTION AND USES OF ENERGY SOURCES : ITALY

1975

| X XX ENERGY XX SOURCES XX / PRODUCTION XX AND USES XX | UNIT: 1000 METRIC TONS / UNITE: 1000 TONNES METRIQUES | | | | | | TCAL / TCAL | MANUFACTURED GAS (TCAL) / GAZ MANUFACTURE (TCAL) | | | MILLIONS OF (DE) KWH |
|---|---|---|---|---|---|---|---|---|---|---|---|
| | HARD COAL / HOUILLE | PATENT FUEL / AGGLOMERES | COKE OVEN COKE / COKE DE FOUR | GAS COKE / COKE DE GAZ | BROWN COAL / LIGNITE | BKB / BRIQ. DE LIGNITE | NATURAL GAS / GAZ NATUREL | GAS WORKS / USINES A GAZ | COKE OVENS / COKERIES | BLAST FURNACES / HAUT FOURNEAUX | ELECTRICITY* / ELECTRICITE* |
| | 1 | 2 | 3 | 4 | 5 | 6 | 7 | 8 | 9 | 10 | 11 |
| PRODUCTION | - | 32 | 8115 | - | 1361 | - | 133389 | 4671 | 14489 | 14634 | 147333 |
| FROM OTHER SOURCES | - | - | - | - | - | - | - | - | - | - | - |
| IMPORT | 12630 | 4 | 150 | 14 | 71 | 35 | 79569 | - | - | - | 5084 |
| EXPORT | - | - | -799 | - | - | - | - | - | - | - | -2503 |
| INTL. MARINE BUNKERS | - | - | - | - | - | - | - | - | - | - | - |
| STOCK CHANGES | -294 | 5 | -321 | - | 1 | - | -10065 | - | - | - | - |
| DOMESTIC SUPPLY | 12336 | 41 | 7145 | 14 | 1433 | 35 | 202893 | 4671 | 14489 | 14634 | 149914 |
| RETURNS TO SUPPLY | - | - | - | - | - | - | - | - | - | - | - |
| TRANSFERS | - | - | - | - | - | - | - | - | - | - | - |
| DOMESTIC AVAILABILITY | 12336 | 41 | 7145 | 14 | 1433 | 35 | 202893 | 4671 | 14489 | 14634 | 149914 |
| STATISTICAL DIFFERENCE | - | - | - | - | - | - | - | - | - | - | 1979 |
| TRANSFORM. SECTOR ** | 11714 | - | 2091 | - | 1362 | - | 23287 | - | 2243 | 4973 | - |
| FOR SOLID FUELS | 11007 | - | - | - | - | - | - | - | - | - | - |
| FOR GASES | - | - | 2091 | - | - | - | 4319 | - | 119 | - | - |
| PETROLEUM REFINERIES | - | - | - | - | - | - | - | - | - | - | - |
| THERMO-ELECTRIC PLANTS | 707 | - | - | - | 1362 | - | 18968 | - | 2124 | 4973 | - |
| ENERGY SECTOR | 100 | - | 77 | - | - | - | 4017 | 302 | 5971 | 7175 | 23631 |
| COAL MINES | - | - | - | - | - | - | - | - | - | - | 56 |
| OIL AND GAS EXTRACTION | - | - | - | - | - | - | 1556 | - | - | - | 86 |
| PETROLEUM REFINERIES | - | - | - | - | - | - | - | - | - | - | 1952 |
| ELECTRIC PLANTS | - | - | - | - | - | - | - | - | - | - | 6398 |
| DISTRIBUTION LOSSES | 98 | - | 20 | - | - | - | 2461 | 196 | 463 | 1509 | 12622 |
| PUMP STORAGE (ELECTR.) | - | - | - | - | - | - | - | - | - | - | 2255 |
| OTHER ENERGY SECTOR | 2 | - | 57 | - | - | - | - | 106 | 5508 | 5666 | 262 |
| FINAL CONSUMPTION | 522 | 41 | 4977 | 14 | 71 | 35 | 175589 | 4369 | 6275 | 2486 | 124304 |
| INDUSTRY SECTOR | 217 | - | 4738 | 14 | 26 | - | 110468 | 603 | 6275 | 2486 | 78892 |
| IRON AND STEEL | 43 | - | 4180 | 14 | 25 | - | 18053 | - | 5009 | 2486 | 15450 |
| CHEMICAL | 23 | - | 83 | - | - | - | 36627 | - | 731 | - | 11027 |
| PETROCHEMICAL | - | - | - | - | - | - | - | - | - | - | 9686 |
| NON-FERROUS METAL | 42 | - | 91 | - | - | - | 961 | - | - | - | 5401 |
| NON-METALLIC MINERAL | 88 | - | 53 | - | - | - | 30177 | 51 | 127 | - | 7575 |
| PAPER PULP AND PRINT | - | - | - | - | - | - | 3468 | - | - | - | 4315 |
| MINING AND QUARRYING | - | - | 1 | - | - | - | 686 | - | - | - | 1202 |
| FOOD AND TOBACCO | 2 | - | 57 | - | - | - | 6533 | - | - | - | 3867 |
| WOOD AND WOOD PRODUCTS | - | - | - | - | - | - | - | - | - | - | 1403 |
| MACHINERY | 11 | - | 271 | - | - | - | 7260 | 106 | 387 | - | 6991 |
| TRANSPORT EQUIPMENT | - | - | - | - | - | - | - | - | - | - | 3520 |
| CONSTRUCTION | - | - | - | - | - | - | - | - | - | - | 701 |
| TEXTILES AND LEATHER | 1 | - | 1 | - | - | - | - | - | - | - | 4947 |
| NON SPECIFIED | 7 | - | 1 | - | 1 | - | 6703 | 446 | 21 | - | 2807 |
| NON-ENERGY USES: | | | | | | | | | | | |
| (1)ENERGY PRODUCTS | - | - | - | - | - | - | - | - | - | - | - |
| (2)NON-ENERGY PRODUCTS | - | - | - | - | - | - | - | - | - | - | - |
| TRANSPORT. SECTOR ** | 109 | - | - | - | - | - | 2800 | - | - | - | 4926 |
| AIR TRANSPORT | - | - | - | - | - | - | - | - | - | - | - |
| ROAD TRANSPORT | - | - | - | - | - | - | 2800 | - | - | - | - |
| RAILWAYS | 109 | - | - | - | - | - | - | - | - | - | 4926 |
| INTERNAL NAVIGATION | - | - | - | - | - | - | - | - | - | - | - |
| OTHER SECTORS ** | 196 | 41 | 239 | - | 45 | 35 | 62321 | 3766 | - | - | 40486 |
| AGRICULTURE | - | - | - | - | - | - | 37 | - | - | - | 1646 |
| PUBLIC SERVICES | - | - | - | - | - | - | - | - | - | - | - |
| COMMERCE | - | - | - | - | - | - | - | - | - | - | 10962 |
| RESIDENTIAL | 196 | 41 | 239 | - | 45 | 35 | 62284 | 3766 | - | - | 27878 |

(1) INCLUDED IN CHEMICAL OR PETROCHEMICAL INDUSTRY
(2) INCLUDED ONLY IN TOTAL INDUSTRY

| * OF WHICH: HYDRO | 42576 |
|---|---|
| NUCLEAR | 3800 |
| CONVENTIONAL THERMAL | 98474 |
| GEOTHERMAL | 2483 |

** INCLUDED IN THESE TOTALS ARE THE NON-SPECIFIED ELEMENTS

## PRODUCTION ET UTILISATION DES SOURCES D ENERGIE : ITALIE

1975

UNIT: 1000 METRIC TONS
UNITE: 1000 TONNES METRIQUES

| OIL / PETROLE: CRUDE* / BRUT* | OIL / PETROLE: NGL / GNL | OIL / PETROLE: FEEDST. | REFINERY GAS / GAZ DE PETROLE | LIQUEFIED PETROLEUM GASES / GAZ LIQUEFIES DE PETROLE | AVIATION GASOLINE / ESSENCE AVION | MOTOR GASOLINE / ESSENCE AUTO | JET FUEL / CARBURANT REACTEUR | KEROSENE / PETROLE LAMPANT | GAS/DIESEL OIL / GAZ/DIESEL OIL | RESIDUAL FUEL OIL / FUEL OIL RESIDUEL | NAPHTHA / NAPHTHA | NON-ENERGY PRODUCTS / PRODUITS NON-ENERGETIQUES |
|---|---|---|---|---|---|---|---|---|---|---|---|---|
| 12 | 13 | 14 | 15 | 16 | 17 | 18 | 19 | 20 | 21 | 22 | 23 | 24 |
| 1071 | - | - | 1653 | 2165 | 56 | 14107 | 2166 | 2194 | 23330 | 44744 | 5800 | 3132 |
| - | - | - | - | - | - | - | - | - | - | - | - | - |
| 95859 | - | - | - | 175 | - | - | 20 | 49 | 742 | 5879 | 1019 | 1092 |
| - | - | - | - | -330 | -34 | -2803 | -776 | -734 | -5683 | -2787 | -955 | -480 |
| - | - | - | - | - | - | - | - | - | -630 | -5200 | - | -44 |
| 1104 | - | - | - | -10 | -1 | -96 | 4 | 229 | 1652 | -931 | 558 | 81 |
| 98034 | - | - | 1653 | 2000 | 21 | 11208 | 1414 | 1738 | 19411 | 41705 | 6422 | 3781 |
| - | - | - | 338 | 122 | - | - | 94 | 303 | 468 | 236 | 127 | 22 |
| - | - | - | - | - | - | - | - | - | - | - | - | - |
| 98034 | - | - | 1991 | 2122 | 21 | 11208 | 1508 | 2041 | 19879 | 41941 | 6549 | 3803 |
| -2898 | - | - | -66 | - | - | - | - | - | - | -200 | - | -64 |
| 100897 | - | - | 70 | 6 | - | - | - | - | 173 | 18603 | 150 | 63 |
| - | - | - | - | - | - | - | - | - | - | - | - | - |
| - | - | - | 4 | 6 | - | - | - | - | - | 4 | 58 | - |
| 100897 | - | - | - | - | - | - | - | - | - | - | - | - |
| - | - | - | 66 | - | - | - | - | - | 173 | 18599 | 92 | 63 |
| - | - | - | 1470 | 22 | - | - | 15 | 10 | 60 | 3026 | 20 | 315 |
| - | - | - | - | - | - | - | - | - | - | - | - | - |
| - | - | - | - | - | - | - | - | - | - | - | - | - |
| - | - | - | 1470 | 4 | - | - | - | - | - | 2987 | - | 314 |
| - | - | - | - | - | - | - | - | - | - | - | - | - |
| - | - | - | - | 18 | - | - | 15 | 10 | 60 | 39 | 20 | 1 |
| - | - | - | - | - | - | - | - | - | - | - | - | - |
| - | - | - | - | - | - | - | - | - | - | - | - | - |
| 35 | - | - | 517 | 2094 | 21 | 11208 | 1493 | 2031 | 19646 | 20512 | 6379 | 3489 |
| 35 | - | - | 517 | 455 | - | 44 | 6 | 523 | 1715 | 15132 | 6379 | 3489 |
| - | - | - | - | 25 | - | - | - | - | 50 | 1200 | - | - |
| - | - | - | 48 | 10 | - | - | - | 5 | 25 | 1700 | - | - |
| 35 | - | - | 469 | 140 | - | - | - | 508 | 1094 | 2140 | 6379 | - |
| - | - | - | - | 10 | - | - | - | - | 10 | 400 | - | - |
| - | - | - | - | 60 | - | - | - | - | 100 | 4239 | - | - |
| - | - | - | - | 15 | - | - | - | - | 20 | 950 | - | - |
| - | - | - | - | - | - | - | - | - | - | - | - | - |
| - | - | - | - | 15 | - | - | - | - | 80 | 1350 | - | - |
| - | - | - | - | - | - | - | - | - | 30 | - | - | - |
| - | - | - | - | - | - | 44 | - | 10 | 120 | 970 | - | - |
| - | - | - | - | - | - | - | - | - | - | - | - | - |
| - | - | - | - | - | - | - | - | - | - | - | - | - |
| - | - | - | - | - | - | - | - | - | - | - | - | - |
| - | - | - | - | 180 | - | - | 6 | - | 186 | 2183 | - | - |
| - | - | - | - | - | - | - | - | 508 | 1094 | - | 6379 | - |
| - | - | - | - | - | - | - | - | - | - | - | - | 3489 |
| - | - | - | - | 550 | 21 | 11023 | 1277 | - | 4816 | - | - | - |
| - | - | - | - | - | 21 | - | 1277 | - | - | - | - | - |
| - | - | - | - | 550 | - | 11018 | - | - | 4536 | - | - | - |
| - | - | - | - | - | - | - | - | - | 120 | - | - | - |
| - | - | - | - | - | - | 5 | - | - | 160 | - | - | - |
| - | - | - | - | 1089 | - | 141 | 210 | 1508 | 13115 | 5380 | - | - |
| - | - | - | - | 34 | - | 141 | - | 67 | 1465 | 400 | - | - |
| - | - | - | - | - | - | - | 210 | - | 400 | 300 | - | - |
| - | - | - | - | - | - | - | - | - | - | - | - | - |
| - | - | - | - | 1055 | - | - | - | 1441 | 11250 | 4680 | - | - |

*INCLUDED IN THIS COLUMN IS NGL AND FEEDSTOCKS.

# PRODUCTION AND USES OF ENERGY SOURCES : ITALY

1976

| PRODUCTION AND USES \ ENERGY SOURCES | HARD COAL / HOUILLE | PATENT FUEL / AGGLOMERES | COKE OVEN COKE / COKE DE FOUR | GAS COKE / COKE DE GAZ | BROWN COAL / LIGNITE | BKB / BRIQ. DE LIGNITE | NATURAL GAS / GAZ NATUREL | GAS WORKS / USINES A GAZ | COKE OVENS / COKERIES | BLAST FURNACES / HAUT FOURNEAUX | ELECTRICITY* / ELECTRICITE* |
|---|---|---|---|---|---|---|---|---|---|---|---|
| | UNIT: 1000 METRIC TONS / UNITE: 1000 TONNES METRIQUES | | | | | | TCAL / TCAL | MANUFACTURED GAS (TCAL) / GAZ MANUFACTURE (TCAL) | | | MILLIONS OF (DE) KWH |
| | 1 | 2 | 3 | 4 | 5 | 6 | 7 | 8 | 9 | 10 | 11 |
| PRODUCTION | 2 | 25 | 7970 | - | 1296 | - | 143335 | 4781 | 14272 | 15442 | 163550 |
| FROM OTHER SOURCES | - | - | - | - | - | - | - | - | - | - | - |
| IMPORT | 12424 | 4 | 140 | - | 95 | 48 | 108271 | - | - | - | 4104 |
| EXPORT | - | - | -897 | - | - | - | - | - | - | - | -3016 |
| INTL. MARINE BUNKERS | - | - | - | - | - | - | - | - | - | - | - |
| STOCK CHANGES | 22 | - | 150 | - | - | - | -6121 | - | - | - | - |
| DOMESTIC SUPPLY | 12448 | 29 | 7363 | - | 1391 | 48 | 245485 | 4781 | 14272 | 15442 | 164638 |
| RETURNS TO SUPPLY | - | - | - | - | - | - | - | - | - | - | - |
| TRANSFERS | - | - | - | - | - | - | - | - | - | - | - |
| DOMESTIC AVAILABILITY | 12448 | 29 | 7363 | - | 1391 | 48 | 245485 | 4781 | 14272 | 15442 | 164638 |
| STATISTICAL DIFFERENCE | - | - | - | - | - | - | - | - | - | - | - |
| TRANSFORM. SECTOR ** | 11909 | - | 2206 | - | 1296 | - | 39437 | - | 2081 | 5448 | - |
| FOR SOLID FUELS | 10730 | - | - | - | - | - | - | - | - | - | - |
| FOR GASES | - | - | 2206 | - | - | - | 4493 | - | 106 | - | - |
| PETROLEUM REFINERIES | - | - | - | - | - | - | - | - | - | - | - |
| THERMO-ELECTRIC PLANTS | 1179 | - | - | - | 1296 | - | 34944 | - | 1975 | 5448 | - |
| ENERGY SECTOR | - | - | 90 | - | - | - | 3157 | 263 | 6155 | 7121 | 26276 |
| COAL MINES | - | - | - | - | - | - | - | - | - | - | 66 |
| OIL AND GAS EXTRACTION | - | - | - | - | - | - | 1437 | - | - | - | 102 |
| PETROLEUM REFINERIES | - | - | - | - | - | - | - | - | - | - | 2327 |
| ELECTRIC PLANTS | - | - | - | - | - | - | - | - | - | - | 7336 |
| DISTRIBUTION LOSSES | - | - | 15 | - | - | - | 1720 | 157 | 320 | 754 | 13616 |
| PUMP STORAGE (ELECTR.) | - | - | - | - | - | - | - | - | - | - | 2564 |
| OTHER ENERGY SECTOR | - | - | 75 | - | - | - | - | 106 | 5835 | 6367 | 265 |
| FINAL CONSUMPTION | 539 | 29 | 5067 | - | 95 | 48 | 202891 | 4518 | 6036 | 2873 | 138362 |
| INDUSTRY SECTOR | 212 | - | 4850 | - | 27 | - | 125272 | 510 | 6036 | 2873 | 87237 |
| IRON AND STEEL | 29 | - | 4219 | - | 25 | - | 18858 | - | 4956 | 2873 | 17486 |
| CHEMICAL | 10 | - | 76 | - | - | - | 38100 | - | 540 | - | 12346 |
| PETROCHEMICAL | - | - | - | - | - | - | - | - | - | - | 10585 |
| NON-FERROUS METAL | 69 | - | 95 | - | - | - | 988 | - | - | - | 5474 |
| NON-METALLIC MINERAL | 83 | - | 44 | - | - | - | 33882 | 60 | 128 | - | 8113 |
| PAPER PULP AND PRINT | - | - | - | - | - | - | 4236 | - | - | - | 5127 |
| MINING AND QUARRYING | - | - | 1 | - | - | - | 650 | - | - | - | 1240 |
| FOOD AND TOBACCO | 2 | - | 64 | - | - | - | 7659 | - | - | - | 4244 |
| WOOD AND WOOD PRODUCTS | - | - | - | - | - | - | - | - | - | - | 1658 |
| MACHINERY | 9 | - | 349 | - | - | - | 7950 | 85 | 412 | - | 7752 |
| TRANSPORT EQUIPMENT | - | - | - | - | - | - | - | - | - | - | 3463 |
| CONSTRUCTION | - | - | - | - | - | - | - | - | - | - | 767 |
| TEXTILES AND LEATHER | 1 | - | - | - | - | - | - | - | - | - | 6020 |
| NON SPECIFIED | 9 | - | 2 | - | 2 | - | 12949 | 365 | - | - | 2962 |
| NON-ENERGY USES: | | | | | | | | | | | |
| (1)ENERGY PRODUCTS | - | - | - | - | - | - | - | - | - | - | - |
| (2)NON-ENERGY PRODUCTS | - | - | - | - | - | - | - | - | - | - | - |
| TRANSPORT. SECTOR ** | 77 | - | - | - | - | - | 3303 | - | - | - | 5088 |
| AIR TRANSPORT | - | - | - | - | - | - | - | - | - | - | - |
| ROAD TRANSPORT | - | - | - | - | - | - | 3303 | - | - | - | - |
| RAILWAYS | 77 | - | - | - | - | - | - | - | - | - | 5088 |
| INTERNAL NAVIGATION | - | - | - | - | - | - | - | - | - | - | - |
| OTHER SECTORS ** | 250 | 29 | 217 | - | 68 | 48 | 74316 | 4008 | - | - | 46037 |
| AGRICULTURE | - | - | - | - | - | - | 55 | - | - | - | 1838 |
| PUBLIC SERVICES | - | - | - | - | - | - | - | - | - | - | - |
| COMMERCE | - | - | - | - | - | - | - | - | - | - | 14122 |
| RESIDENTIAL | 250 | 29 | 217 | - | 68 | 48 | 74261 | 4008 | - | - | 30077 |

(1) INCLUDED IN CHEMICAL OR PETROCHEMICAL INDUSTRY
(2) INCLUDED ONLY IN TOTAL INDUSTRY

| * OF WHICH: HYDRO | 40943 |
|---|---|
| NUCLEAR | 3807 |
| CONVENTIONAL THERMAL | 116277 |
| GEOTHERMAL | 2523 |

** INCLUDED IN THESE TOTALS ARE THE NON-SPECIFIED ELEMENTS

PRODUCTION ET UTILISATION DES SOURCES D ENERGIE : ITALIE

1976

UNIT: 1000 METRIC TONS
UNITE: 1000 TONNES METRIQUES

| OIL PETROLE | | | REFINERY GAS | LIQUEFIED PETROLEUM GASES | AVIATION GASOLINE | MOTOR GASOLINE | JET FUEL | KEROSENE | GAS/DIESEL OIL | RESIDUAL FUEL OIL | NAPHTHA | NON-ENERGY PRODUCTS |
|---|---|---|---|---|---|---|---|---|---|---|---|---|
| CRUDE* BRUT* | NGL GNL | FEEDST. | GAZ DE PETROLE | GAZ LIQUEFIES DE PETROLE | ESSENCE AVION | ESSENCE AUTO | CARBURANT REACTEUR | PETROLE LAMPANT | GAZ/DIESEL OIL | FUEL OIL RESIDUEL | NAPHTHA | PRODUITS NON-ENERGETIQUES |
| 12 | 13 | 14 | 15 | 16 | 17 | 18 | 19 | 20 | 21 | 22 | 23 | 24 |
| 1102 | - | - | 1956 | 2355 | 48 | 14438 | 2341 | 2319 | 25433 | 45251 | 7136 | 3276 |
| 42 | - | - | - | - | - | - | - | - | - | - | - | - |
| 102795 | - | - | - | 214 | - | 251 | - | 69 | 917 | 6050 | 1565 | 992 |
| - | - | - | - | -488 | -22 | -3708 | -736 | -765 | -4200 | -3414 | -1154 | -555 |
| - | - | - | - | - | - | - | - | - | -714 | -4960 | - | -46 |
| 377 | - | - | - | 9 | -5 | -192 | -50 | -85 | 111 | 479 | -504 | 50 |
| 104316 | - | - | 1956 | 2090 | 21 | 10789 | 1555 | 1538 | 21547 | 43406 | 7043 | 3717 |
| - | - | - | 209 | 148 | - | 67 | 68 | 396 | 619 | 79 | 10 | 17 |
| - | - | - | - | - | - | - | - | - | - | - | - | - |
| 104316 | - | - | 2165 | 2238 | 21 | 10856 | 1623 | 1934 | 22166 | 43485 | 7053 | 3734 |
| -1735 | - | - | - | - | - | - | - | - | - | - | - | - |
| 106017 | - | - | - | 6 | - | - | - | - | 130 | 20646 | 145 | - |
| - | - | - | - | - | - | - | - | - | - | - | - | - |
| - | - | - | - | 6 | - | - | - | - | - | 5 | 55 | - |
| 106017 | - | - | - | - | - | - | - | - | - | - | - | - |
| - | - | - | - | - | - | - | - | - | 130 | 20641 | 90 | - |
| - | - | - | 1772 | 23 | - | - | - | - | 7 | 3097 | - | 208 |
| - | - | - | - | - | - | - | - | - | - | - | - | - |
| - | - | - | - | - | - | - | - | - | - | - | - | - |
| - | - | - | 1772 | 23 | - | - | - | - | 7 | 3097 | - | 208 |
| - | - | - | - | - | - | - | - | - | - | - | - | - |
| - | - | - | - | - | - | - | - | - | - | - | - | - |
| - | - | - | - | - | - | - | - | - | - | - | - | - |
| - | - | - | - | - | - | - | - | - | - | - | - | - |
| 34 | - | - | 393 | 2209 | 21 | 10856 | 1623 | 1934 | 22029 | 19742 | 6908 | 3526 |
| 34 | - | - | 393 | 450 | - | 50 | 10 | 487 | 2279 | 14552 | 6908 | 3526 |
| - | - | - | - | 25 | - | - | - | - | 50 | 1200 | - | - |
| - | - | - | 90 | 10 | - | - | - | - | 25 | 1700 | - | - |
| 34 | - | - | 303 | 140 | - | - | - | 477 | 1709 | 2216 | 6908 | - |
| - | - | - | - | 10 | - | - | - | - | 10 | 400 | - | - |
| - | - | - | - | 60 | - | - | - | - | 100 | 4100 | - | - |
| - | - | - | - | 15 | - | - | - | - | 20 | 900 | - | - |
| - | - | - | - | - | - | - | - | - | - | - | - | - |
| - | - | - | - | 15 | - | - | - | - | 80 | 1300 | - | - |
| - | - | - | - | - | - | - | - | - | 35 | 200 | - | - |
| - | - | - | - | 10 | - | 50 | - | 10 | 140 | 1000 | - | - |
| - | - | - | - | 140 | - | - | - | - | 40 | 450 | - | - |
| - | - | - | - | - | - | - | - | - | - | - | - | - |
| - | - | - | - | - | - | - | - | - | - | - | - | - |
| - | - | - | - | 25 | - | - | 10 | - | 70 | 1086 | - | - |
| - | - | - | - | 140 | - | - | - | 477 | 1709 | - | 6908 | - |
| - | - | - | - | - | - | - | - | - | - | - | - | 3526 |
| - | - | - | - | 670 | 21 | 9993 | 1368 | - | 4856 | - | - | - |
| - | - | - | - | - | 21 | - | 1368 | - | - | - | - | - |
| - | - | - | - | 670 | - | 9853 | - | - | 4350 | - | - | - |
| - | - | - | - | - | - | - | - | - | 120 | - | - | - |
| - | - | - | - | - | - | 140 | - | - | 386 | - | - | - |
| - | - | - | - | 1089 | - | 813 | 245 | 1447 | 14894 | 5190 | - | - |
| - | - | - | - | 30 | - | 153 | - | 46 | 1240 | 400 | - | - |
| - | - | - | - | - | - | 200 | 245 | - | 1100 | 300 | - | - |
| - | - | - | - | - | - | 400 | - | - | 600 | - | - | - |
| - | - | - | - | 1059 | - | - | - | 1371 | 11904 | 4490 | - | - |

*INCLUDED IN THIS COLUMN IS NGL AND FEEDSTOCKS.

## PRODUCTION AND USES OF ENERGY SOURCES : ITALY

1977

| PRODUCTION AND USES \ ENERGY SOURCES | HARD COAL / HOUILLE | PATENT FUEL / AGGLOMERES | COKE OVEN COKE / COKE DE FOUR | GAS COKE / COKE DE GAZ | BROWN COAL / LIGNITE | BKB / BRIQ. DE LIGNITE | NATURAL GAS / GAZ NATUREL | GAS WORKS / USINES A GAZ | COKE OVENS / COKERIES | BLAST FURNACES / HAUT FOURNEAUX | ELECTRICITY* / ELECTRICITE* |
|---|---|---|---|---|---|---|---|---|---|---|---|
| | UNIT: 1000 METRIC TONS / UNITE: 1000 TONNES METRIQUES | | | | | | TCAL / TCAL | MANUFACTURED GAS (TCAL) / GAZ MANUFACTURE (TCAL) | | | MILLIONS OF (DE) KWH |
| | 1 | 2 | 3 | 4 | 5 | 6 | 7 | 8 | 9 | 10 | 11 |
| PRODUCTION | 1 | 28 | 7717 | - | 1176 | - | 125740 | 4817 | 13787 | 15144 | 166545 |
| FROM OTHER SOURCES | - | - | - | - | - | - | - | - | - | - | - |
| IMPORT | 12525 | 4 | 129 | - | 42 | 40 | 118170 | - | - | - | 5622 |
| EXPORT | - | - | -583 | - | - | - | - | - | - | - | -2845 |
| INTL. MARINE BUNKERS | - | - | - | - | - | - | - | - | - | - | - |
| STOCK CHANGES | 49 | - | -57 | - | - | - | - | - | - | - | - |
| DOMESTIC SUPPLY | 12575 | 32 | 7206 | - | 1218 | 40 | 243910 | 4817 | 13787 | 15144 | 169322 |
| RETURNS TO SUPPLY | - | - | - | - | - | - | - | - | - | - | - |
| TRANSFERS | - | - | - | - | - | - | - | - | - | - | - |
| DOMESTIC AVAILABILITY | 12575 | 32 | 7206 | - | 1218 | 40 | 243910 | 4817 | 13787 | 15144 | 169322 |
| STATISTICAL DIFFERENCE | - | - | -8 | - | - | - | - | - | - | - | -217 |
| TRANSFORM. SECTOR ** | 11889 | - | 2100 | - | 1158 | - | 39400 | - | 2010 | 5280 | - |
| FOR SOLID FUELS | 10326 | - | - | - | - | - | - | - | - | - | - |
| FOR GASES | - | - | 2100 | - | - | - | 4400 | - | 102 | - | - |
| PETROLEUM REFINERIES | - | - | - | - | - | - | - | - | - | - | - |
| THERMO-ELECTRIC PLANTS | 1563 | - | - | - | 1158 | - | 35000 | - | 1908 | 5280 | - |
| ENERGY SECTOR | 87 | - | 65 | - | - | - | 3100 | 265 | 5946 | 6952 | 26075 |
| COAL MINES | - | - | - | - | - | - | - | - | - | - | 77 |
| OIL AND GAS EXTRACTION | - | - | - | - | - | - | 1400 | - | - | - | 112 |
| PETROLEUM REFINERIES | - | - | - | - | - | - | - | - | - | - | 2491 |
| ELECTRIC PLANTS | - | - | - | - | - | - | - | - | - | - | 6938 |
| DISTRIBUTION LOSSES | 87 | - | 15 | - | - | - | 1700 | 158 | 309 | 739 | 13944 |
| PUMP STORAGE (ELECTR.) | - | - | - | - | - | - | - | - | - | - | 2255 |
| OTHER ENERGY SECTOR | - | - | 50 | - | - | - | - | 107 | 5637 | 6213 | 258 |
| FINAL CONSUMPTION | 599 | 32 | 5049 | - | 60 | 40 | 201410 | 4552 | 5831 | 2912 | 143464 |
| INDUSTRY SECTOR | 314 | - | 4752 | - | 20 | - | 124000 | 514 | 5831 | 2912 | 89394 |
| IRON AND STEEL | 64 | - | 4130 | - | 20 | - | 18000 | - | 4787 | 2912 | 17883 |
| CHEMICAL | 19 | - | 75 | - | - | - | 38000 | - | 522 | - | 12548 |
| PETROCHEMICAL | - | - | - | - | - | - | - | - | - | - | 10164 |
| NON-FERROUS METAL | 62 | - | 80 | - | - | - | 1097 | - | - | - | 6070 |
| NON-METALLIC MINERAL | 153 | - | 40 | - | - | - | 36117 | 64 | 175 | - | 8516 |
| PAPER PULP AND PRINT | - | - | - | - | - | - | 4265 | - | - | - | 4986 |
| MINING AND QUARRYING | - | - | 1 | - | - | - | 602 | - | - | - | 1266 |
| FOOD AND TOBACCO | 1 | - | 50 | - | - | - | 6680 | - | - | - | 4215 |
| WOOD AND WOOD PRODUCTS | - | - | - | - | - | - | - | - | - | - | 1781 |
| MACHINERY | 9 | - | 375 | - | - | - | 8580 | 85 | 347 | - | 8386 |
| TRANSPORT EQUIPMENT | - | - | - | - | - | - | - | - | - | - | 3567 |
| CONSTRUCTION | - | - | - | - | - | - | - | - | - | - | 784 |
| TEXTILES AND LEATHER | - | - | 1 | - | - | - | - | - | - | - | 6170 |
| NON SPECIFIED | 6 | - | - | - | - | - | 10659 | 365 | - | - | 3058 |
| NON-ENERGY USES: | | | | | | | | | | | |
| (1)ENERGY PRODUCTS | - | - | - | - | - | - | - | - | - | - | - |
| (2)NON-ENERGY PRODUCTS | - | - | - | - | - | - | - | - | - | - | - |
| TRANSPORT. SECTOR ** | 75 | - | - | - | - | - | 3300 | - | - | - | 5207 |
| AIR TRANSPORT | - | - | - | - | - | - | - | - | - | - | - |
| ROAD TRANSPORT | - | - | - | - | - | - | 3300 | - | - | - | - |
| RAILWAYS | 75 | - | - | - | - | - | - | - | - | - | 5207 |
| INTERNAL NAVIGATION | - | - | - | - | - | - | - | - | - | - | - |
| OTHER SECTORS ** | 210 | 32 | 297 | - | 40 | 40 | 74110 | 4038 | - | - | 48863 |
| AGRICULTURE | - | - | - | - | - | - | 50 | - | - | - | 2096 |
| PUBLIC SERVICES | - | - | - | - | - | - | - | - | - | - | - |
| COMMERCE | - | - | - | - | - | - | - | - | - | - | 14927 |
| RESIDENTIAL | 210 | 32 | 297 | - | 40 | 40 | 74060 | 4038 | - | - | 31840 |

(1) INCLUDED IN CHEMICAL OR PETROCHEMICAL INDUSTRY
(2) INCLUDED ONLY IN TOTAL INDUSTRY

| * OF WHICH: HYDRO | 52726 |
|---|---|
| NUCLEAR | 3385 |
| CONVENTIONAL THERMAL | 107933 |
| GEOTHERMAL | 2501 |

** INCLUDED IN THESE TOTALS ARE THE NON-SPECIFIED ELEMENTS

PRODUCTION ET UTILISATION DES SOURCES D ENERGIE : ITALIE

1977

UNIT: 1000 METRIC TONS
UNITE: 1000 TONNES METRIQUES

| OIL / PETROLE | | | REFINERY GAS | LIQUEFIED PETROLEUM GASES | AVIATION GASOLINE | MOTOR GASOLINE | JET FUEL | KEROSENE | GAS/DIESEL OIL | RESIDUAL FUEL OIL | NAPHTHA | NON-ENERGY PRODUCTS |
|---|---|---|---|---|---|---|---|---|---|---|---|---|
| CRUDE* BRUT* | NGL GNL | FEEDST. | GAZ DE PETROLE | GAZ LIQUEFIES DE PETROLE | ESSENCE AVION | ESSENCE AUTO | CARBURANT REACTEUR | PETROLE LAMPANT | GAZ/DIESEL OIL | FUEL OIL RESIDUEL | NAPHTHA | PRODUITS NON-ENERGETIQUES |
| 12 | 13 | 14 | 15 | 16 | 17 | 18 | 19 | 20 | 21 | 22 | 23 | 24 |
| 1083 | - | - | 1705 | 2458 | 47 | 15883 | 1623 | 2970 | 26296 | 46593 | 5414 | 3259 |
| 40 | - | - | - | - | - | - | - | - | - | - | - | - |
| 105830 | - | - | - | 244 | - | 232 | - | 39 | 801 | 4965 | 1776 | 1155 |
| - | - | - | - | -475 | -29 | -5717 | -55 | -1910 | -4948 | -4018 | -1081 | -707 |
| - | - | - | - | - | - | - | - | - | -800 | -4422 | - | -47 |
| 1111 | - | - | - | -3 | - | 242 | -15 | 156 | -160 | -1038 | 104 | -7 |
| 108064 | - | - | 1705 | 2224 | 18 | 10640 | 1553 | 1255 | 21189 | 42080 | 6213 | 3653 |
| - | - | - | 150 | 123 | - | - | 43 | 469 | 210 | 123 | 122 | 293 |
| - | - | - | - | - | - | -90 | 65 | -110 | 213 | -269 | 27 | - |
| 108064 | - | - | 1855 | 2347 | 18 | 10550 | 1661 | 1614 | 21612 | 41934 | 6362 | 3946 |
| -93 | - | - | - | - | - | - | - | - | - | - | - | - |
| 108130 | - | - | - | 10 | - | - | - | - | 67 | 19905 | 190 | - |
| - | - | - | - | - | - | - | - | - | - | - | - | - |
| - | - | - | - | 10 | - | - | - | - | - | 5 | 90 | - |
| 108130 | - | - | - | - | - | - | - | - | - | - | - | - |
| - | - | - | - | - | - | - | - | - | 67 | 19900 | 100 | - |
| - | - | - | 1560 | 131 | - | - | - | - | 1 | 3225 | - | 377 |
| - | - | - | - | - | - | - | - | - | - | - | - | - |
| - | - | - | - | - | - | - | - | - | - | - | - | - |
| - | - | - | 1560 | 131 | - | - | - | - | 1 | 3225 | - | 377 |
| - | - | - | - | - | - | - | - | - | - | - | - | - |
| - | - | - | - | - | - | - | - | - | - | - | - | - |
| - | - | - | - | - | - | - | - | - | - | - | - | - |
| - | - | - | - | - | - | - | - | - | - | - | - | - |
| 27 | - | - | 295 | 2206 | 18 | 10550 | 1661 | 1614 | 21544 | 18804 | 6172 | 3569 |
| 27 | - | - | 295 | 456 | - | 40 | 10 | 588 | 1748 | 14534 | 6172 | 3569 |
| - | - | - | - | 15 | - | - | - | - | 50 | 900 | - | - |
| - | - | - | 45 | 15 | - | - | - | - | 30 | 2100 | - | - |
| 27 | - | - | 250 | 146 | - | - | - | 578 | 1048 | 2109 | 6172 | - |
| - | - | - | - | 10 | - | - | - | - | 10 | 350 | - | - |
| - | - | - | - | 50 | - | - | - | - | 100 | 3000 | - | - |
| - | - | - | - | 20 | - | - | - | - | 25 | 750 | - | - |
| - | - | - | - | - | - | - | - | - | - | - | - | - |
| - | - | - | - | 20 | - | - | - | - | 100 | 1500 | - | - |
| - | - | - | - | - | - | - | - | - | 35 | 200 | - | - |
| - | - | - | - | 10 | - | 40 | - | 10 | 140 | 1200 | - | - |
| - | - | - | - | 140 | - | - | - | - | 40 | 400 | - | - |
| - | - | - | - | - | - | - | - | - | - | - | - | - |
| - | - | - | - | - | - | - | - | - | - | - | - | - |
| - | - | - | - | 30 | - | - | 10 | - | 170 | 2025 | - | - |
| - | - | - | - | 146 | - | - | - | 578 | 1048 | - | 6172 | - |
| - | - | - | - | - | - | - | - | - | - | - | - | 3569 |
| - | - | - | - | 744 | 18 | 9620 | 1651 | - | 7171 | 150 | - | - |
| - | - | - | - | - | 18 | - | 1651 | - | - | - | - | - |
| - | - | - | - | 744 | - | 9620 | - | - | 6628 | - | - | - |
| - | - | - | - | - | - | - | - | - | 180 | 150 | - | - |
| - | - | - | - | - | - | - | - | - | 363 | - | - | - |
| - | - | - | - | 1006 | - | 890 | - | 1026 | 12625 | 4120 | - | - |
| - | - | - | - | 40 | - | 160 | - | 44 | 1355 | 350 | - | - |
| - | - | - | - | - | - | - | - | - | 400 | 300 | - | - |
| - | - | - | - | - | - | 550 | - | - | - | - | - | - |
| - | - | - | - | 966 | - | - | - | 972 | 10820 | 3470 | - | - |

*INCLUDED IN THIS COLUMN IS NGL AND FEEDSTOCKS.

## PRODUCTION AND USES OF ENERGY SOURCES : ITALY

1978

| PRODUCTION AND USES / ENERGY SOURCES | UNIT: 1000 METRIC TONS / UNITE: 1000 TONNES METRIQUES | | | | | | TCAL / TCAL | MANUFACTURED GAS (TCAL) / GAZ MANUFACTURE (TCAL) | | | MILLIONS OF (DE) KWH |
|---|---|---|---|---|---|---|---|---|---|---|---|
| | HARD COAL / HOUILLE | PATENT FUEL / AGGLOMERES | COKE OVEN COKE / COKE DE FOUR | GAS COKE / COKE DE GAZ | BROWN COAL / LIGNITE | BKB / BRIQ. DE LIGNITE | NATURAL GAS / GAZ NATUREL | GAS WORKS / USINES A GAZ | COKE OVENS / COKERIES | BLAST FURNACES / HAUT FOURNEAUX | ELECTRICITY* / ELECTRICITE* |
| | 1 | 2 | 3 | 4 | 5 | 6 | 7 | 8 | 9 | 10 | 11 |
| PRODUCTION | 6 | 12 | 7315 | - | 1202 | - | 125590 | 4866 | 13099 | 13895 | 175041 |
| FROM OTHER SOURCES | - | - | - | - | - | - | - | - | - | - | - |
| IMPORT | 12458 | 4 | 100 | - | 68 | 38 | 128800 | - | - | - | 5125 |
| EXPORT | - | - | -701 | - | - | - | - | - | - | - | -2999 |
| INTL. MARINE BUNKERS | - | - | - | - | - | - | - | - | - | - | - |
| STOCK CHANGES | -50 | - | 505 | - | - | - | -5615 | - | - | - | - |
| DOMESTIC SUPPLY | 12414 | 16 | 7219 | - | 1270 | 38 | 248775 | 4866 | 13099 | 13895 | 177167 |
| RETURNS TO SUPPLY | - | - | - | - | - | - | - | - | - | - | - |
| TRANSFERS | - | - | - | - | - | - | - | - | - | - | - |
| DOMESTIC AVAILABILITY | 12414 | 16 | 7219 | - | 1270 | 38 | 248775 | 4866 | 13099 | 13895 | 177167 |
| STATISTICAL DIFFERENCE | - | - | - | - | - | - | - | - | - | - | - |
| TRANSFORM. SECTOR ** | 11955 | - | 1985 | - | 1202 | - | 29590 | - | 2257 | 4713 | - |
| FOR SOLID FUELS | 9896 | - | - | - | - | - | - | - | - | - | - |
| FOR GASES | - | - | 1985 | - | - | - | 4000 | - | 162 | - | - |
| PETROLEUM REFINERIES | - | - | - | - | - | - | - | - | - | - | - |
| THERMO-ELECTRIC PLANTS | 2059 | - | - | - | 1202 | - | 25590 | - | 2095 | 4713 | - |
| ENERGY SECTOR | 13 | - | 18 | - | - | - | 2974 | 318 | 6469 | 6512 | 28643 |
| COAL MINES | - | - | - | - | - | - | - | - | - | - | 77 |
| OIL AND GAS EXTRACTION | - | - | - | - | - | - | 1300 | - | - | - | 139 |
| PETROLEUM REFINERIES | - | - | - | - | - | - | - | - | - | - | 2541 |
| ELECTRIC PLANTS | - | - | - | - | - | - | - | - | - | - | 7627 |
| DISTRIBUTION LOSSES | 13 | - | - | - | - | - | 1674 | 191 | 187 | 468 | 14820 |
| PUMP STORAGE (ELECTR.) | - | - | - | - | - | - | - | - | - | - | 2765 |
| OTHER ENERGY SECTOR | - | - | 18 | - | - | - | - | 127 | 6282 | 6044 | 674 |
| FINAL CONSUMPTION | 446 | 16 | 5216 | - | 68 | 38 | 216211 | 4548 | 4373 | 2670 | 148524 |
| INDUSTRY SECTOR | 312 | - | 5036 | - | 22 | - | 128765 | 204 | 4373 | 2670 | 88402 |
| IRON AND STEEL | 26 | - | 4325 | - | 22 | - | 24455 | - | 3595 | 2670 | 18715 |
| CHEMICAL | 14 | - | 94 | - | - | - | 37856 | - | 365 | - | 12432 |
| PETROCHEMICAL | - | - | - | - | - | - | - | - | - | - | 9685 |
| NON-FERROUS METAL | 53 | - | 99 | - | - | - | 1147 | - | - | - | 6466 |
| NON-METALLIC MINERAL | 201 | - | 89 | - | - | - | 35301 | 47 | 200 | - | 8772 |
| PAPER PULP AND PRINT | - | - | - | - | - | - | 4571 | - | - | - | 5306 |
| MINING AND QUARRYING | - | - | 1 | - | - | - | 610 | - | - | - | 1259 |
| FOOD AND TOBACCO | 1 | - | 45 | - | - | - | 7276 | - | - | - | 4475 |
| WOOD AND WOOD PRODUCTS | - | - | - | - | - | - | - | - | - | - | 1858 |
| MACHINERY | 10 | - | 373 | - | - | - | 8357 | 51 | 213 | - | 8981 |
| TRANSPORT EQUIPMENT | - | - | - | - | - | - | - | - | - | - | 3181 |
| CONSTRUCTION | - | - | - | - | - | - | - | - | - | - | 762 |
| TEXTILES AND LEATHER | - | - | - | - | - | - | - | - | - | - | 6089 |
| NON SPECIFIED | 7 | - | 10 | - | - | - | 9192 | 106 | - | - | 421 |
| NON-ENERGY USES: | | | | | | | | | | | |
| (1)ENERGY PRODUCTS | - | - | - | - | - | - | - | - | - | - | - |
| (2)NON-ENERGY PRODUCTS | - | - | - | - | - | - | - | - | - | - | - |
| TRANSPORT. SECTOR ** | 60 | - | - | - | - | - | 2702 | - | - | - | 5294 |
| AIR TRANSPORT | - | - | - | - | - | - | - | - | - | - | - |
| ROAD TRANSPORT | - | - | - | - | - | - | 2702 | - | - | - | - |
| RAILWAYS | 60 | - | - | - | - | - | - | - | - | - | 5294 |
| INTERNAL NAVIGATION | - | - | - | - | - | - | - | - | - | - | - |
| OTHER SECTORS ** | 74 | 16 | 180 | - | 46 | 38 | 84744 | 4344 | - | - | 54828 |
| AGRICULTURE | - | - | - | - | - | - | 133 | - | - | - | 2253 |
| PUBLIC SERVICES | - | - | - | - | - | - | - | - | - | - | - |
| COMMERCE | - | - | - | - | - | - | - | - | - | - | 18171 |
| RESIDENTIAL | 74 | 16 | 180 | - | 46 | 38 | 84611 | 4344 | - | - | 34404 |

(1) INCLUDED IN CHEMICAL OR PETROCHEMICAL INDUSTRY
(2) INCLUDED ONLY IN TOTAL INDUSTRY

| * OF WHICH: HYDRO | 47413 |
|---|---|
| NUCLEAR | 4428 |
| CONVENTIONAL THERMAL | 120706 |
| GEOTHERMAL | 2494 |

** INCLUDED IN THESE TOTALS ARE THE NON-SPECIFIED ELEMENTS

UNIT: 1000 METRIC TONS
UNITE: 1000 TONNES METRIQUES

| OIL / PETROLE: CRUDE* / BRUT* | OIL / PETROLE: NGL / GNL | OIL / PETROLE: FEEDST. | REFINERY GAS / GAZ DE PETROLE | LIQUEFIED PETROLEUM GASES / GAZ LIQUEFIES DE PETROLE | AVIATION GASOLINE / ESSENCE AVION | MOTOR GASOLINE / ESSENCE AUTO | JET FUEL / CARBURANT REACTEUR | KEROSENE / PETROLE LAMPANT | GAS/DIESEL OIL / GAZ/DIESEL OIL | RESIDUAL FUEL OIL / FUEL OIL RESIDUEL | NAPHTHA / NAPHTHA | NON-ENERGY PRODUCTS / PRODUITS NON-ENERGETIQUES |
|---|---|---|---|---|---|---|---|---|---|---|---|---|
| 12 | 13 | 14 | 15 | 16 | 17 | 18 | 19 | 20 | 21 | 22 | 23 | 24 |
| 1452 | - | - | 1892 | 2383 | 34 | 16350 | 1960 | 3024 | 29492 | 49061 | 5897 | 3320 |
| 37 | - | - | - | - | - | - | - | - | - | - | - | - |
| 110826 | - | - | - | 257 | - | 281 | - | 205 | 847 | 3342 | 1642 | 892 |
| - | - | - | - | -449 | -19 | -5341 | -383 | -2290 | -6211 | -5489 | -1891 | -736 |
| - | - | - | - | - | - | - | - | - | -810 | -4800 | - | -53 |
| 949 | - | - | - | -30 | - | -146 | 15 | -67 | 366 | -51 | 196 | 50 |
| 113264 | - | - | 1892 | 2161 | 15 | 11144 | 1592 | 872 | 23684 | 42063 | 5844 | 3473 |
| - | - | - | 107 | 142 | - | 58 | 68 | 6 | 107 | 256 | 23 | 230 |
| - | - | - | - | - | - | 56 | -5 | 400 | - | - | -469 | 3 |
| 113264 | - | - | 1999 | 2303 | 15 | 11258 | 1655 | 1278 | 23791 | 42319 | 5398 | 3706 |
| -1888 | - | - | - | - | - | - | - | - | - | - | - | - |
| 115122 | - | - | - | 7 | - | - | - | - | 167 | 21872 | 88 | - |
| - | - | - | - | - | - | - | - | - | - | - | - | - |
| - | - | - | - | 7 | - | - | - | - | - | - | 45 | - |
| 115122 | - | - | - | - | - | - | - | - | - | - | - | - |
| - | - | - | - | - | - | - | - | - | 167 | 21872 | 43 | - |
| - | - | - | 1691 | 51 | - | 60 | 20 | 20 | 66 | 3277 | - | 334 |
| - | - | - | - | - | - | - | - | - | - | - | - | - |
| - | - | - | 1689 | 36 | - | - | - | - | 1 | 3277 | - | 334 |
| - | - | - | - | - | - | - | - | - | - | - | - | - |
| - | - | - | 2 | 15 | - | 60 | 20 | 20 | 65 | - | - | - |
| - | - | - | - | - | - | - | - | - | - | - | - | - |
| 30 | - | - | 308 | 2245 | 15 | 11198 | 1635 | 1258 | 23558 | 17170 | 5310 | 3372 |
| 30 | - | - | 308 | 562 | - | 50 | 5 | 193 | 1785 | 12824 | 5310 | 3372 |
| - | - | - | - | 30 | - | - | - | - | 38 | 940 | - | - |
| - | - | - | 15 | 15 | - | - | - | 5 | 40 | 1975 | - | - |
| 30 | - | - | 293 | 212 | - | - | - | 178 | 955 | 1542 | 5310 | - |
| - | - | - | - | 10 | - | - | - | - | 15 | - | - | - |
| - | - | - | - | 75 | - | - | - | - | 140 | 4140 | - | - |
| - | - | - | - | 15 | - | - | - | - | 30 | 735 | - | - |
| - | - | - | - | - | - | - | - | - | - | - | - | - |
| - | - | - | - | 10 | - | - | - | - | 80 | 1165 | - | - |
| - | - | - | - | - | - | - | - | - | - | - | - | - |
| - | - | - | - | - | - | 50 | - | 10 | 270 | 1095 | - | - |
| - | - | - | - | 160 | - | - | 5 | - | - | - | - | - |
| - | - | - | - | - | - | - | - | - | - | - | - | - |
| - | - | - | - | - | - | - | - | - | - | - | - | - |
| - | - | - | - | 35 | - | - | - | - | 217 | 1232 | - | - |
| - | - | - | - | 212 | - | - | - | 183 | 955 | - | 5310 | - |
| - | - | - | - | - | - | - | - | - | - | - | - | 3372 |
| - | - | - | - | 750 | 15 | 10725 | 1630 | - | 7768 | - | - | - |
| - | - | - | - | - | 15 | - | 1630 | - | - | - | - | - |
| - | - | - | - | 750 | - | 10585 | - | - | 7462 | - | - | - |
| - | - | - | - | - | - | - | - | - | 136 | - | - | - |
| - | - | - | - | - | - | 140 | - | - | 170 | - | - | - |
| - | - | - | - | 933 | - | 423 | - | 1065 | 14005 | 4346 | - | - |
| - | - | - | - | 40 | - | 173 | - | 43 | 1565 | 300 | - | - |
| - | - | - | - | - | - | - | - | - | 400 | 300 | - | - |
| - | - | - | - | - | - | - | - | - | - | - | - | - |
| - | - | - | - | 893 | - | - | - | 1022 | 11520 | 3300 | - | - |

*INCLUDED IN THIS COLUMN IS NGL AND FEEDSTOCKS.

# PRODUCTION AND USES OF ENERGY SOURCES : ITALY

1979

| X ENERGY / SOURCES / PRODUCTION AND USES | UNIT: 1000 METRIC TONS / UNITE: 1000 TONNES METRIQUES | | | | | | TCAL / TCAL | MANUFACTURED GAS (TCAL) / GAZ MANUFACTURE (TCAL) | | | MILLIONS / OF (DE) KWH |
|---|---|---|---|---|---|---|---|---|---|---|---|
| | HARD COAL / HOUILLE | PATENT FUEL / AGGLOMERES | COKE OVEN COKE / COKE DE FOUR | GAS COKE / COKE DE GAZ | BROWN COAL / LIGNITE | BKB / BRIQ. DE LIGNITE | NATURAL GAS / GAZ NATUREL | GAS WORKS / USINES A GAZ | COKE OVENS / COKERIES | BLAST FURNACES / HAUT FOURNEAUX | ELECTRICITY* / ELECTRICITE* |
| | 1 | 2 | 3 | 4 | 5 | 6 | 7 | 8 | 9 | 10 | 11 |
| PRODUCTION | - | 22 | 7501 | - | 1412 | - | 122536 | 4943 | 13558 | 14113 | 181264 |
| FROM OTHER SOURCES | - | - | - | - | - | - | - | - | - | - | - |
| IMPORT | 14128 | 4 | 169 | - | 40 | 45 | 133742 | - | - | - | 7560 |
| EXPORT | - | - | -670 | - | - | - | - | - | - | - | -2167 |
| INTL. MARINE BUNKERS | - | - | - | - | - | - | - | - | - | - | - |
| STOCK CHANGES | 556 | - | 65 | - | - | - | -4390 | - | - | - | - |
| DOMESTIC SUPPLY | 14684 | 26 | 7065 | - | 1452 | 45 | 251888 | 4943 | 13558 | 14113 | 186657 |
| RETURNS TO SUPPLY | - | - | - | - | - | - | - | - | - | - | - |
| TRANSFERS | - | - | - | - | - | - | - | - | - | - | - |
| DOMESTIC AVAILABILITY | 14684 | 26 | 7065 | - | 1452 | 45 | 251888 | 4943 | 13558 | 14113 | 186657 |
| STATISTICAL DIFFERENCE | - | - | - | - | - | - | 796 | - | - | - | - |
| TRANSFORM. SECTOR ** | 13849 | - | 2016 | - | 1352 | - | 31337 | - | 2244 | 5124 | - |
| FOR SOLID FUELS | 10184 | - | - | - | - | - | - | - | - | - | - |
| FOR GASES | - | - | 2016 | - | - | - | 4688 | - | 102 | - | - |
| PETROLEUM REFINERIES | - | - | - | - | - | - | - | - | - | - | - |
| THERMO-ELECTRIC PLANTS | 3665 | - | - | - | 1352 | - | 26649 | - | 2142 | 5124 | - |
| ENERGY SECTOR | 14 | - | 93 | - | - | - | 2678 | 102 | 7017 | 6241 | 30126 |
| COAL MINES | - | - | - | - | - | - | - | - | - | - | 66 |
| OIL AND GAS EXTRACTION | - | - | - | - | - | - | 1200 | - | - | - | 148 |
| PETROLEUM REFINERIES | - | - | - | - | - | - | - | - | - | - | 2592 |
| ELECTRIC PLANTS | - | - | - | - | - | - | - | - | - | - | 8007 |
| DISTRIBUTION LOSSES | 14 | - | 20 | - | - | - | 1478 | 85 | 196 | 616 | 15397 |
| PUMP STORAGE (ELECTR.) | - | - | - | - | - | - | - | - | - | - | 3241 |
| OTHER ENERGY SECTOR | - | - | 73 | - | - | - | - | 17 | 6821 | 5625 | 675 |
| FINAL CONSUMPTION | 821 | 26 | 4956 | - | 100 | 45 | 217077 | 4841 | 4297 | 2748 | 156531 |
| INDUSTRY SECTOR | 536 | - | 4742 | - | 44 | - | 126551 | 127 | 4297 | 2748 | 92644 |
| IRON AND STEEL | 56 | - | 4089 | - | 33 | - | 23461 | - | 3286 | 2748 | 19739 |
| CHEMICAL | 82 | - | 148 | - | - | - | 36554 | - | 548 | - | 13298 |
| PETROCHEMICAL | - | - | - | - | - | - | - | - | - | - | 9760 |
| NON-FERROUS METAL | 54 | - | 77 | - | - | - | 1059 | - | - | - | 6638 |
| NON-METALLIC MINERAL | 319 | - | 100 | - | - | - | 35440 | 42 | 242 | - | 9055 |
| PAPER PULP AND PRINT | 2 | - | - | - | - | - | 4765 | - | - | - | 5613 |
| MINING AND QUARRYING | - | - | 2 | - | - | - | 640 | - | - | - | 1252 |
| FOOD AND TOBACCO | 3 | - | 55 | - | - | - | 7843 | - | - | - | 4820 |
| WOOD AND WOOD PRODUCTS | - | - | - | - | - | - | - | - | - | - | 1991 |
| MACHINERY | 10 | - | 267 | - | - | - | 9431 | 51 | 221 | - | 9572 |
| TRANSPORT EQUIPMENT | - | - | - | - | - | - | - | - | - | - | 3163 |
| CONSTRUCTION | - | - | - | - | - | - | - | - | - | - | 792 |
| TEXTILES AND LEATHER | - | - | - | - | - | - | - | - | - | - | 6531 |
| NON SPECIFIED | 10 | - | 4 | - | 11 | - | 7358 | 34 | - | - | 420 |
| NON-ENERGY USES: | | | | | | | | | | | |
| (1)ENERGY PRODUCTS | - | - | - | - | - | - | - | - | - | - | - |
| (2)NON-ENERGY PRODUCTS | - | - | - | - | - | - | - | - | - | - | - |
| TRANSPORT. SECTOR ** | 65 | - | - | - | - | - | 2758 | - | - | - | 5406 |
| AIR TRANSPORT | - | - | - | - | - | - | - | - | - | - | - |
| ROAD TRANSPORT | - | - | - | - | - | - | 2758 | - | - | - | - |
| RAILWAYS | 65 | - | - | - | - | - | - | - | - | - | 5406 |
| INTERNAL NAVIGATION | - | - | - | - | - | - | - | - | - | - | - |
| OTHER SECTORS ** | 220 | 26 | 214 | - | 56 | 45 | 87768 | 4714 | - | - | 58481 |
| AGRICULTURE | - | - | - | - | - | - | 165 | - | - | - | 2519 |
| PUBLIC SERVICES | - | - | - | - | - | - | - | - | - | - | - |
| COMMERCE | - | - | - | - | - | - | - | - | - | - | 19358 |
| RESIDENTIAL | 220 | 26 | 214 | - | 56 | 45 | 87603 | 4714 | - | - | 36604 |

(1) INCLUDED IN CHEMICAL OR PETROCHEMICAL INDUSTRY
(2) INCLUDED ONLY IN TOTAL INDUSTRY

| * OF WHICH: | |
|---|---|
| HYDRO | 48212 |
| NUCLEAR | 2628 |
| CONVENTIONAL THERMAL | 127924 |
| GEOTHERMAL | 2500 |

** INCLUDED IN THESE TOTALS ARE THE NON-SPECIFIED ELEMENTS

UNIT: 1000 METRIC TONS
UNITE: 1000 TONNES METRIQUES

| OIL / PETROLE | | | REFINERY GAS | LIQUEFIED PETROLEUM GASES | AVIATION GASOLINE | MOTOR GASOLINE | JET FUEL | KEROSENE | GAS/DIESEL OIL | RESIDUAL FUEL OIL | NAPHTHA | NON-ENERGY PRODUCTS |
|---|---|---|---|---|---|---|---|---|---|---|---|---|
| CRUDE BRUT | NGL GNL | FEEDST. | GAZ DE PETROLE | GAZ LIQUEFIES DE PETROLE | ESSENCE AVION | ESSENCE AUTO | CARBURANT REACTEUR | PETROLE LAMPANT | GAZ/DIESEL OIL | FUEL OIL RESIDUEL | NAPHTHA | PRODUITS NON-ENERGETIQUES |
| 12 | 13 | 14 | 15 | 16 | 17 | 18 | 19 | 20 | 21 | 22 | 23 | 24 |
| 1683 | 34 | - | 1816 | 2467 | 65 | 16908 | 2063 | 3344 | 30997 | 48630 | 6332 | 3472 |
| - | - | 40 | - | - | - | - | - | - | - | - | - | - |
| 110488 | - | 4459 | - | 233 | - | 238 | - | 61 | 977 | 3898 | 1315 | 1206 |
| -46 | - | - | - | -416 | -50 | -5175 | -465 | -2247 | -6410 | -5121 | -1996 | -844 |
| - | - | - | - | - | - | - | - | - | -654 | -4481 | - | -59 |
| -392 | - | -240 | - | 41 | - | 190 | - | -43 | -77 | 1080 | 122 | -107 |
| 111733 | 34 | 4259 | 1816 | 2325 | 15 | 12161 | 1598 | 1115 | 24833 | 44006 | 5773 | 3668 |
| - | - | 2044 | - | - | - | - | - | - | 100 | 219 | - | 201 |
| - | - | 480 | - | - | - | - | - | 510 | - | - | -470 | - |
| 111733 | 34 | 6783 | 1816 | 2325 | 15 | 12161 | 1598 | 1625 | 24933 | 44225 | 5303 | 3869 |
| - | - | 498 | - | - | - | - | - | - | - | - | - | - |
| 111733 | 34 | 6263 | 2 | 8 | - | - | - | - | 155 | 22019 | 45 | - |
| - | - | - | - | - | - | - | - | - | - | - | - | - |
| - | - | - | 2 | 8 | - | - | - | - | - | 1 | 45 | - |
| 111733 | 34 | 6263 | - | - | - | - | - | - | - | - | - | - |
| - | - | - | - | - | - | - | - | - | 155 | 22018 | - | - |
| - | - | - | 1648 | 65 | - | - | - | - | - | 3171 | - | 334 |
| - | - | - | - | - | - | - | - | - | - | - | - | - |
| - | - | - | - | - | - | - | - | - | - | - | - | - |
| - | - | - | 1648 | 65 | - | - | - | - | - | 3171 | - | 334 |
| - | - | - | - | - | - | - | - | - | - | - | - | - |
| - | - | - | - | - | - | - | - | - | - | - | - | - |
| - | - | - | - | - | - | - | - | - | - | - | - | - |
| - | - | - | - | - | - | - | - | - | - | - | - | - |
| - | - | 22 | 166 | 2252 | 15 | 12161 | 1598 | 1625 | 24778 | 19035 | 5258 | 3535 |
| - | - | 22 | 166 | 521 | - | 60 | 10 | 460 | 1914 | 14832 | 5258 | 3535 |
| - | - | - | - | 33 | - | - | - | - | 65 | 1053 | - | - |
| - | - | - | - | 10 | - | - | - | 5 | 30 | 2255 | - | - |
| - | - | 22 | 166 | 144 | - | - | - | 440 | 984 | 1626 | 5258 | - |
| - | - | - | - | 15 | - | - | - | - | 20 | - | - | - |
| - | - | - | - | 75 | - | - | - | - | 155 | 4495 | - | - |
| - | - | - | - | 10 | - | - | - | - | 15 | 775 | - | - |
| - | - | - | - | - | - | - | - | - | - | - | - | - |
| - | - | - | - | 11 | - | - | - | - | 90 | 1262 | - | - |
| - | - | - | - | - | - | - | - | - | - | - | - | - |
| - | - | - | - | - | - | 60 | - | 15 | 295 | 1192 | - | - |
| - | - | - | - | 170 | - | - | 10 | - | - | - | - | - |
| - | - | - | - | - | - | - | - | - | - | - | - | - |
| - | - | - | - | - | - | - | - | - | - | - | - | - |
| - | - | - | - | 53 | - | - | - | - | 260 | 2174 | - | - |
| - | - | - | - | 144 | - | - | - | 445 | 984 | 128 | 5258 | - |
| - | - | - | - | - | - | - | - | - | - | - | - | 3535 |
| - | - | - | - | 730 | 15 | 11677 | 1588 | - | 8940 | - | - | - |
| - | - | - | - | - | 15 | - | 1588 | - | - | - | - | - |
| - | - | - | - | 730 | - | 11517 | - | - | 8590 | - | - | - |
| - | - | - | - | - | - | - | - | - | 160 | - | - | - |
| - | - | - | - | - | - | 160 | - | - | 190 | - | - | - |
| - | - | - | - | 1001 | - | 424 | - | 1165 | 13924 | 4203 | - | - |
| - | - | - | - | 46 | - | 174 | - | 37 | 1641 | 400 | - | - |
| - | - | - | - | - | - | - | - | - | 400 | 300 | - | - |
| - | - | - | - | - | - | - | - | - | - | - | - | - |
| - | - | - | - | 955 | - | - | - | 1128 | 11353 | 3053 | - | - |

## PRODUCTION AND USES OF ENERGY SOURCES : ITALY

1980

| ENERGY SOURCES / PRODUCTION AND USES | UNIT: 1000 METRIC TONS / UNITE: 1000 TONNES METRIQUES | | | | | | TCAL / TCAL | MANUFACTURED GAS (TCAL) / GAZ MANUFACTURE (TCAL) | | | MILLIONS OF (DE) KWH |
|---|---|---|---|---|---|---|---|---|---|---|---|
| | HARD COAL / HOUILLE | PATENT FUEL / AGGLOMERES | COKE OVEN COKE / COKE DE FOUR | GAS COKE / COKE DE GAZ | BROWN COAL / LIGNITE | BKB / BRIQ. DE LIGNITE | NATURAL GAS / GAZ NATUREL | GAS WORKS / USINES A GAZ | COKE OVENS / COKERIES | BLAST FURNACES / HAUT FOURNEAUX | ELECTRICITY* / ELECTRICITE* |
| | 1 | 2 | 3 | 4 | 5 | 6 | 7 | 8 | 9 | 10 | 11 |
| PRODUCTION | - | 10 | 8264 | - | 1933 | - | 114031 | 5073 | 14511 | 15190 | 185741 |
| FROM OTHER SOURCES | - | - | - | - | - | - | - | - | - | - | - |
| IMPORT | 17061 | - | 101 | - | 45 | 54 | 130745 | - | - | - | 8072 |
| EXPORT | - | - | -747 | - | - | - | - | - | - | - | -1989 |
| INTL. MARINE BUNKERS | - | - | - | - | - | - | - | - | - | - | - |
| STOCK CHANGES | -37 | - | -239 | - | - | - | 6718 | - | - | - | - |
| DOMESTIC SUPPLY | 17024 | 10 | 7379 | - | 1978 | 54 | 251494 | 5073 | 14511 | 15190 | 191824 |
| RETURNS TO SUPPLY | - | - | - | - | - | - | - | - | - | - | - |
| TRANSFERS | - | - | - | - | - | - | - | - | - | - | - |
| DOMESTIC AVAILABILITY | 17024 | 10 | 7379 | - | 1978 | 54 | 251494 | 5073 | 14511 | 15190 | 191824 |
| STATISTICAL DIFFERENCE | - | - | - | - | - | - | -791 | - | - | - | - |
| TRANSFORM. SECTOR ** | 16182 | - | 2170 | - | 1933 | - | 27428 | - | 2117 | 5612 | - |
| FOR SOLID FUELS | 11223 | - | - | - | - | - | - | - | - | - | - |
| FOR GASES | - | - | 2170 | - | - | - | 5400 | - | 110 | - | - |
| PETROLEUM REFINERIES | - | - | - | - | - | - | - | - | - | - | - |
| THERMO-ELECTRIC PLANTS | 4959 | - | - | - | 1933 | - | 22028 | - | 2007 | 5612 | - |
| ENERGY SECTOR | 14 | - | 127 | - | - | - | 2623 | 102 | 7437 | 6686 | 31491 |
| COAL MINES | - | - | - | - | - | - | - | - | - | - | 71 |
| OIL AND GAS EXTRACTION | - | - | - | - | - | - | 1213 | - | - | - | 153 |
| PETROLEUM REFINERIES | - | - | - | - | - | - | - | - | - | - | 2414 |
| ELECTRIC PLANTS | - | - | - | - | - | - | - | - | - | - | 8349 |
| DISTRIBUTION LOSSES | 14 | - | 20 | - | - | - | 1410 | 85 | 144 | 760 | 16605 |
| PUMP STORAGE (ELECTR.) | - | - | - | - | - | - | - | - | - | - | 3225 |
| OTHER ENERGY SECTOR | - | - | 107 | - | - | - | - | 17 | 7293 | 5926 | 674 |
| FINAL CONSUMPTION | 828 | 10 | 5082 | - | 45 | 54 | 222234 | 4971 | 4957 | 2892 | 160333 |
| INDUSTRY SECTOR | 605 | - | 4822 | - | 22 | - | 124832 | 127 | 4957 | 2892 | 93991 |
| IRON AND STEEL | 50 | - | 4162 | - | 12 | - | 22364 | - | 3791 | 2892 | 19844 |
| CHEMICAL | 14 | - | 150 | - | - | - | 34183 | - | 537 | - | 12930 |
| PETROCHEMICAL | - | - | - | - | - | - | - | - | - | - | 9072 |
| NON-FERROUS METAL | 60 | - | - | - | - | - | 1375 | - | - | - | 6834 |
| NON-METALLIC MINERAL | 430 | - | 80 | - | - | - | 36526 | 42 | 191 | - | 9819 |
| PAPER PULP AND PRINT | 40 | - | - | - | - | - | 4891 | - | - | - | 5663 |
| MINING AND QUARRYING | - | - | 2 | - | - | - | 489 | - | - | - | 1270 |
| FOOD AND TOBACCO | - | - | 55 | - | - | - | 8191 | - | - | - | 4978 |
| WOOD AND WOOD PRODUCTS | - | - | - | - | - | - | - | - | - | - | 2107 |
| MACHINERY | 11 | - | 270 | - | - | - | 9629 | 51 | 268 | - | 10139 |
| TRANSPORT EQUIPMENT | - | - | - | - | - | - | - | - | - | - | 3122 |
| CONSTRUCTION | - | - | 60 | - | 10 | - | - | - | 170 | - | 886 |
| TEXTILES AND LEATHER | - | - | 3 | - | - | - | - | - | - | - | 6913 |
| NON SPECIFIED | - | - | 40 | - | - | - | 7184 | 34 | - | - | 414 |
| NON-ENERGY USES: | | | | | | | | | | | |
| (1)ENERGY PRODUCTS | - | - | - | - | - | - | 24774 | - | - | - | - |
| (2)NON-ENERGY PRODUCTS | - | - | - | - | - | - | - | - | - | - | - |
| TRANSPORT. SECTOR ** | 3 | - | - | - | - | - | 2852 | - | - | - | 5343 |
| AIR TRANSPORT | - | - | - | - | - | - | - | - | - | - | - |
| ROAD TRANSPORT | - | - | - | - | - | - | 2852 | - | - | - | - |
| RAILWAYS | 3 | - | - | - | - | - | - | - | - | - | 5343 |
| INTERNAL NAVIGATION | - | - | - | - | - | - | - | - | - | - | - |
| OTHER SECTORS ** | 220 | 10 | 260 | - | 23 | 54 | 94550 | 4844 | - | - | 60999 |
| AGRICULTURE | - | - | - | - | - | - | 152 | - | - | - | 2594 |
| PUBLIC SERVICES | - | - | - | - | - | - | - | - | - | - | - |
| COMMERCE | - | - | - | - | - | - | - | - | - | - | 20296 |
| RESIDENTIAL | 220 | 10 | 260 | - | 23 | 54 | 94398 | 4844 | - | - | 38109 |

(1) INCLUDED IN CHEMICAL OR PETROCHEMICAL INDUSTRY
(2) INCLUDED ONLY IN TOTAL INDUSTRY

| * OF WHICH: HYDRO | 47511 |
|---|---|
| NUCLEAR | 2208 |
| CONVENTIONAL THERMAL | 133350 |
| GEOTHERMAL | 2672 |

** INCLUDED IN THESE TOTALS ARE THE NON-SPECIFIED ELEMENTS

## PRODUCTION ET UTILISATION DES SOURCES D ENERGIE : ITALIE

1980

UNIT: 1000 METRIC TONS
UNITE: 1000 TONNES METRIQUES

| OIL / PETROLE: CRUDE / BRUT | OIL / PETROLE: NGL / GNL | OIL / PETROLE: FEEDST. | REFINERY GAS / GAZ DE PETROLE | LIQUEFIED PETROLEUM GASES / GAZ LIQUEFIES DE PETROLE | AVIATION GASOLINE / ESSENCE AVION | MOTOR GASOLINE / ESSENCE AUTO | JET FUEL / CARBURANT REACTEUR | KEROSENE / PETROLE LAMPANT | GAS/DIESEL OIL / GAZ/DIESEL OIL | RESIDUAL FUEL OIL / FUEL OIL RESIDUEL | NAPHTHA / NAPHTHA | NON-ENERGY PRODUCTS / PRODUITS NON-ENERGETIQUES |
|---|---|---|---|---|---|---|---|---|---|---|---|---|
| 12 | 13 | 14 | 15 | 16 | 17 | 18 | 19 | 20 | 21 | 22 | 23 | 24 |
| 1800 | 25 | - | 1979 | 2084 | 192 | 14741 | 1840 | 2423 | 26815 | 39468 | 4193 | 4034 |
| - | - | - | - | 57 | - | - | - | - | - | - | - | - |
| 88651 | - | 4612 | - | 595 | - | 195 | - | 52 | 2691 | 8774 | 1858 | 1098 |
| - | - | - | - | -233 | -180 | -3126 | -229 | -1905 | -2806 | -1919 | -525 | -920 |
| - | - | - | - | - | - | - | - | - | -620 | -3610 | - | -53 |
| 817 | - | 61 | - | -45 | - | -292 | - | -68 | -1446 | 364 | -12 | -102 |
| 91268 | 25 | 4673 | 1979 | 2458 | 12 | 11518 | 1611 | 502 | 24634 | 43077 | 5514 | 4057 |
| - | - | 2522 | - | -179 | - | - | - | - | - | -148 | -1336 | 110 |
| - | - | - | -217 | - | - | 711 | - | 817 | -527 | -380 | -711 | 90 |
| 91268 | 25 | 7195 | 1762 | 2279 | 12 | 12229 | 1611 | 1319 | 24107 | 42549 | 3467 | 4257 |
| -107 | - | -446 | - | - | - | -61 | - | 40 | -142 | - | -175 | - |
| 91375 | 25 | 7641 | - | - | - | - | - | - | 249 | 23032 | 53 | - |
| - | - | - | - | - | - | - | - | - | - | - | - | - |
| - | - | - | - | - | - | - | - | - | - | - | 45 | - |
| 91375 | 25 | 7641 | - | - | - | - | - | - | - | - | - | - |
| - | - | - | - | - | - | - | - | - | 249 | 23032 | 8 | - |
| - | - | - | 1671 | 58 | - | - | - | 4 | 4 | 2676 | 9 | 339 |
| - | - | - | - | - | - | - | - | - | - | - | - | - |
| - | - | - | - | - | - | - | - | - | - | - | - | - |
| - | - | - | 1671 | 58 | - | - | - | - | 4 | 2676 | 9 | 339 |
| - | - | - | - | - | - | - | - | - | - | - | - | - |
| - | - | - | - | - | - | - | - | 4 | - | - | - | - |
| - | - | - | - | - | - | - | - | - | - | - | - | - |
| - | - | - | - | - | - | - | - | - | - | - | - | - |
| - | - | - | 91 | 2221 | 12 | 12290 | 1611 | 1275 | 23996 | 16841 | 3580 | 3918 |
| - | - | - | 91 | 400 | - | 70 | 10 | 493 | 1423 | 13581 | 3580 | 3918 |
| - | - | - | - | 33 | - | - | - | - | 65 | 1000 | - | - |
| - | - | - | - | 9 | - | - | - | 5 | 30 | 1800 | - | - |
| - | - | - | 91 | 61 | - | - | - | 473 | 618 | 1450 | 3580 | - |
| - | - | - | - | 17 | - | - | - | - | 20 | - | - | - |
| - | - | - | - | 50 | - | - | - | - | 55 | 4140 | - | - |
| - | - | - | - | 12 | - | - | - | - | 25 | 700 | - | - |
| - | - | - | - | - | - | - | - | - | - | - | - | - |
| - | - | - | - | 12 | - | - | - | - | 90 | 1170 | - | - |
| - | - | - | - | - | - | - | - | - | - | - | - | - |
| - | - | - | - | 156 | - | 70 | - | 15 | 260 | 1100 | - | - |
| - | - | - | - | - | - | - | - | - | - | - | - | - |
| - | - | - | - | - | - | - | - | - | - | - | - | - |
| - | - | - | - | - | - | - | - | - | - | - | - | - |
| - | - | - | - | 50 | - | - | 10 | - | 260 | 2221 | - | - |
| - | - | - | - | 61 | - | - | - | 478 | 618 | 103 | 3580 | - |
| - | - | - | - | - | - | - | - | - | - | - | - | 3918 |
| - | - | - | - | 730 | 12 | 11772 | 1399 | - | 8865 | - | - | - |
| - | - | - | - | - | 12 | - | 1399 | - | - | - | - | - |
| - | - | - | - | 730 | - | 11602 | - | - | 8505 | - | - | - |
| - | - | - | - | - | - | - | - | - | 170 | - | - | - |
| - | - | - | - | - | - | 170 | - | - | 190 | - | - | - |
| - | - | - | - | 1091 | - | 448 | 202 | 782 | 13708 | 3260 | - | - |
| - | - | - | - | 51 | - | 194 | - | 40 | 1658 | 200 | - | - |
| - | - | - | - | - | - | - | 202 | - | 400 | 300 | - | - |
| - | - | - | - | - | - | - | - | - | - | - | - | - |
| - | - | - | - | 1040 | - | - | - | 742 | 10900 | 2310 | - | - |

PRODUCTION AND USES OF ENERGY SOURCES : ITALY

1981

| PRODUCTION AND USES \ ENERGY SOURCES | UNIT: 1000 METRIC TONS / UNITE: 1000 TONNES METRIQUES | | | | | | TCAL / TCAL | MANUFACTURED GAS (TCAL) / GAZ MANUFACTURE (TCAL) | | | MILLIONS OF (DE) KWH |
|---|---|---|---|---|---|---|---|---|---|---|---|
| | HARD COAL / HOUILLE | PATENT FUEL / AGGLOMERES | COKE OVEN COKE / COKE DE FOUR | GAS COKE / COKE DE GAZ | BROWN COAL / LIGNITE | BKB / BRIQ. DE LIGNITE | NATURAL GAS / GAZ NATUREL | GAS WORKS / USINES A GAZ | COKE OVENS / COKERIES | BLAST FURNACES / HAUT FOURNEAUX | ELECTRICITY* / ELECTRICITE* |
| | 1 | 2 | 3 | 4 | 5 | 6 | 7 | 8 | 9 | 10 | 11 |
| PRODUCTION | - | 10 | 8054 | - | 1850 | - | 127791 | 5120 | 14556 | 15304 | 181656 |
| FROM OTHER SOURCES | - | - | - | - | - | - | - | - | - | - | - |
| IMPORT | 18492 | - | 117 | - | 18 | 48 | 126425 | - | - | - | 11602 |
| EXPORT | - | - | -715 | - | - | - | - | - | - | - | -1970 |
| INTL. MARINE BUNKERS | - | - | - | - | - | - | - | - | - | - | - |
| STOCK CHANGES | -604 | - | -150 | - | - | - | -10557 | - | - | - | - |
| DOMESTIC SUPPLY | 17888 | 10 | 7306 | - | 1868 | 48 | 243659 | 5120 | 14556 | 15304 | 191288 |
| RETURNS TO SUPPLY | - | - | - | - | - | - | - | - | - | - | - |
| TRANSFERS | - | - | - | - | - | - | - | - | - | - | - |
| DOMESTIC AVAILABILITY | 17888 | 10 | 7306 | - | 1868 | 48 | 243659 | 5120 | 14556 | 15304 | 191288 |
| STATISTICAL DIFFERENCE | - | - | - | - | - | - | 347 | - | - | - | 5 |
| TRANSFORM. SECTOR ** | 16760 | - | 2180 | - | 1840 | - | 25371 | - | 2120 | 5650 | - |
| FOR SOLID FUELS | 10860 | - | - | - | - | - | - | - | - | - | - |
| FOR GASES | - | - | 2180 | - | - | - | 4677 | - | 110 | - | - |
| PETROLEUM REFINERIES | - | - | - | - | - | - | - | - | - | - | - |
| THERMO-ELECTRIC PLANTS | 5900 | - | - | - | 1840 | - | 20694 | - | 2010 | 5650 | - |
| ENERGY SECTOR | - | - | 125 | - | - | - | 3145 | 110 | 7440 | 6740 | 31920 |
| COAL MINES | - | - | - | - | - | - | - | - | - | - | 75 |
| OIL AND GAS EXTRACTION | - | - | - | - | - | - | 1200 | - | - | - | 229 |
| PETROLEUM REFINERIES | - | - | - | - | - | - | - | - | - | - | 2418 |
| ELECTRIC PLANTS | - | - | - | - | - | - | - | - | - | - | 8159 |
| DISTRIBUTION LOSSES | - | - | 19 | - | - | - | 1945 | 87 | 145 | 770 | 16443 |
| PUMP STORAGE (ELECTR.) | - | - | - | - | - | - | - | - | - | - | 3883 |
| OTHER ENERGY SECTOR | - | - | 106 | - | - | - | - | 23 | 7295 | 5970 | 713 |
| FINAL CONSUMPTION | 1128 | 10 | 5001 | - | 28 | 48 | 214796 | 5010 | 4996 | 2914 | 159363 |
| INDUSTRY SECTOR | 925 | - | 4820 | - | 10 | - | 115197 | 210 | 4996 | 2914 | 90721 |
| IRON AND STEEL | 30 | - | 4180 | - | 10 | - | 20530 | - | 3805 | 2914 | 18222 |
| CHEMICAL | 10 | - | 106 | - | - | - | 29566 | - | 545 | - | 12763 |
| PETROCHEMICAL | - | - | - | - | - | - | - | - | - | - | 7700 |
| NON-FERROUS METAL | 40 | - | - | - | - | - | 1420 | - | - | - | 6602 |
| NON-METALLIC MINERAL | 805 | - | 62 | - | - | - | 23132 | 48 | 196 | - | 10156 |
| PAPER PULP AND PRINT | 30 | - | - | - | - | - | 4504 | - | - | - | 5624 |
| MINING AND QUARRYING | - | - | 1 | - | - | - | 73 | - | - | - | 1243 |
| FOOD AND TOBACCO | - | - | 36 | - | - | - | 8663 | - | - | - | 5242 |
| WOOD AND WOOD PRODUCTS | - | - | - | - | - | - | - | - | - | - | 2109 |
| MACHINERY | 10 | - | 300 | - | - | - | 8791 | 55 | 275 | - | 10003 |
| TRANSPORT EQUIPMENT | - | - | - | - | - | - | - | - | - | - | 2923 |
| CONSTRUCTION | - | - | 90 | - | - | - | 11921 | - | 175 | - | 945 |
| TEXTILES AND LEATHER | - | - | 5 | - | - | - | 4195 | - | - | - | 6778 |
| NON SPECIFIED | - | - | 40 | - | - | - | 2402 | 107 | - | - | 411 |
| NON-ENERGY USES: | | | | | | | | | | | |
| (1)ENERGY PRODUCTS | - | - | - | - | - | - | 19101 | - | - | - | - |
| (2)NON-ENERGY PRODUCTS | - | - | - | - | - | - | - | - | - | - | - |
| TRANSPORT. SECTOR ** | 3 | - | - | - | - | - | 2848 | - | - | - | 5155 |
| AIR TRANSPORT | - | - | - | - | - | - | - | - | - | - | - |
| ROAD TRANSPORT | - | - | - | - | - | - | 2848 | - | - | - | - |
| RAILWAYS | 3 | - | - | - | - | - | - | - | - | - | 5155 |
| INTERNAL NAVIGATION | - | - | - | - | - | - | - | - | - | - | - |
| OTHER SECTORS ** | 200 | 10 | 181 | - | 18 | 48 | 96751 | 4800 | - | - | 63487 |
| AGRICULTURE | - | - | - | - | - | - | 146 | - | - | - | 2794 |
| PUBLIC SERVICES | - | - | 1 | - | - | - | - | - | - | - | - |
| COMMERCE | - | - | - | - | - | - | - | - | - | - | 21839 |
| RESIDENTIAL | 200 | 10 | 180 | - | 18 | 48 | 96605 | 4800 | - | - | 38854 |

(1) INCLUDED IN CHEMICAL OR PETROCHEMICAL INDUSTRY
(2) INCLUDED ONLY IN TOTAL INDUSTRY

| * OF WHICH: HYDRO | 45736 |
|---|---|
| NUCLEAR | 2707 |
| CONVENTIONAL THERMAL | 130549 |
| GEOTHERMAL | 2664 |

** INCLUDED IN THESE TOTALS ARE THE NON-SPECIFIED ELEMENTS

## PRODUCTION ET UTILISATION DES SOURCES D ENERGIE : ITALIE

1981

UNIT: 1000 METRIC TONS
UNITE: 1000 TONNES METRIQUES

| OIL / PETROLE | | | REFINERY GAS | LIQUEFIED PETROLEUM GASES | AVIATION GASOLINE | MOTOR GASOLINE | JET FUEL | KEROSENE | GAS/DIESEL OIL | RESIDUAL FUEL OIL | NAPHTHA | NON-ENERGY PRODUCTS |
|---|---|---|---|---|---|---|---|---|---|---|---|---|
| CRUDE BRUT | NGL GNL | FEEDST. | GAZ DE PETROLE | GAZ LIQUEFIES DE PETROLE | ESSENCE AVION | ESSENCE AUTO | CARBURANT REACTEUR | PETROLE LAMPANT | GAZ/DIESEL OIL | FUEL OIL RESIDUEL | NAPHTHA | PRODUITS NON-ENERGETIQUES |
| 12 | 13 | 14 | 15 | 16 | 17 | 18 | 19 | 20 | 21 | 22 | 23 | 24 |
| 1460 | 27 | - | 1897 | 1892 | 506 | 14816 | 1272 | 2488 | 25246 | 37504 | 3744 | 3871 |
| - | - | - | - | 24 | - | - | - | - | - | - | - | - |
| 85519 | - | 5554 | - | 667 | - | 459 | 23 | - | 1801 | 10301 | 1562 | 1430 |
| - | - | -552 | - | -165 | -166 | -3435 | -74 | -1998 | -4272 | -2452 | -917 | -790 |
| - | - | - | - | - | - | - | - | - | -648 | -3300 | - | -50 |
| 378 | - | -125 | - | 50 | -15 | 391 | 16 | 105 | 1466 | -1899 | 103 | -105 |
| 87357 | 27 | 4877 | 1897 | 2468 | 325 | 12231 | 1237 | 595 | 23593 | 40154 | 4492 | 4356 |
| - | - | 1870 | - | -111 | - | - | - | - | - | -99 | -1109 | - |
| - | - | - | - | - | - | -76 | 76 | 472 | - | -548 | 76 | - |
| 87357 | 27 | 6747 | 1897 | 2357 | 325 | 12155 | 1313 | 1067 | 23593 | 39507 | 3459 | 4356 |
| -395 | - | 112 | - | 21 | - | 110 | - | - | -325 | 113 | - | 103 |
| 87752 | 27 | 6635 | 143 | 66 | - | - | - | - | 477 | 21738 | 29 | - |
| - | - | - | - | - | - | - | - | - | - | - | - | - |
| - | - | - | - | 66 | - | - | - | - | - | - | - | - |
| 87752 | 27 | 6635 | - | - | - | - | - | - | - | - | - | - |
| - | - | - | 143 | - | - | - | - | - | 477 | 21738 | 29 | - |
| - | - | - | 1717 | 32 | - | - | - | 8 | - | 2445 | 12 | 350 |
| - | - | - | - | - | - | - | - | - | - | - | - | - |
| - | - | - | - | - | - | - | - | - | - | - | - | - |
| - | - | - | 1717 | 32 | - | - | - | 8 | - | 2445 | 12 | 350 |
| - | - | - | - | - | - | - | - | - | - | - | - | - |
| - | - | - | - | - | - | - | - | - | - | - | - | - |
| - | - | - | - | - | - | - | - | - | - | - | - | - |
| - | - | - | - | - | - | - | - | - | - | - | - | - |
| - | - | - | 37 | 2238 | 325 | 12045 | 1313 | 1059 | 23441 | 15211 | 3418 | 3903 |
| - | - | - | 37 | 311 | - | 114 | - | 450 | 1241 | 12077 | 3418 | 3903 |
| - | - | - | - | 23 | - | - | - | - | 65 | 780 | - | - |
| - | - | - | - | 36 | - | 44 | - | 5 | 30 | 1370 | - | - |
| - | - | - | 37 | 76 | - | - | - | 430 | 492 | 1652 | 3418 | - |
| - | - | - | - | 16 | - | - | - | - | 20 | - | - | - |
| - | - | - | - | 36 | - | - | - | - | 35 | 750 | - | - |
| - | - | - | - | 10 | - | - | - | - | 25 | 630 | - | - |
| - | - | - | - | - | - | - | - | - | - | - | - | - |
| - | - | - | - | 12 | - | - | - | - | 90 | 1100 | - | - |
| - | - | - | - | - | - | - | - | - | - | - | - | - |
| - | - | - | - | 82 | - | 70 | - | 15 | 260 | 965 | - | - |
| - | - | - | - | - | - | - | - | - | - | - | - | - |
| - | - | - | - | - | - | - | - | - | 20 | 3000 | - | - |
| - | - | - | - | 10 | - | - | - | - | 100 | 810 | - | - |
| - | - | - | - | 10 | - | - | - | - | 104 | 1020 | - | - |
| - | - | - | - | 187 | - | 44 | - | 435 | 492 | 251 | 3418 | - |
| - | - | - | - | - | - | - | - | - | - | - | - | 3903 |
| - | - | - | - | 770 | 142 | 11474 | 1313 | - | 9063 | - | - | - |
| - | - | - | - | - | 142 | - | 1313 | - | - | - | - | - |
| - | - | - | - | 770 | - | 11294 | - | - | 8698 | - | - | - |
| - | - | - | - | - | - | - | - | - | 180 | - | - | - |
| - | - | - | - | - | - | 180 | - | - | 185 | - | - | - |
| - | - | - | - | 1157 | 183 | 457 | - | 609 | 13137 | 3134 | - | - |
| - | - | - | - | 50 | - | 181 | - | 27 | 1398 | 200 | - | - |
| - | - | - | - | - | - | - | - | - | 400 | 300 | - | - |
| - | - | - | - | - | - | - | - | - | - | - | - | - |
| - | - | - | - | 1101 | - | - | - | 578 | 10730 | 2300 | - | - |

## PRODUCTION AND USES OF ENERGY SOURCES : LUXEMBOURG

1971

| PRODUCTION AND USES \ ENERGY SOURCES | UNIT: 1000 METRIC TONS / UNITE: 1000 TONNES METRIQUES | | | | | | TCAL / TCAL | MANUFACTURED GAS (TCAL) / GAZ MANUFACTURE (TCAL) | | | MILLIONS OF (DE) KWH |
|---|---|---|---|---|---|---|---|---|---|---|---|
| | HARD COAL / HOUILLE | PATENT FUEL / AGGLOMERES | COKE OVEN COKE / COKE DE FOUR | GAS COKE / COKE DE GAZ | BROWN COAL / LIGNITE | BKB / BRIQ. DE LIGNITE | NATURAL GAS / GAZ NATUREL | GAS WORKS / USINES A GAZ | COKE OVENS / COKERIES | BLAST FURNACES / HAUT FOURNEAUX | ELECTRICITY* / ELECTRICITE* |
| | 1 | 2 | 3 | 4 | 5 | 6 | 7 | 8 | 9 | 10 | 11 |
| PRODUCTION | - | - | - | - | - | - | - | 52 | - | 11574 | 2347 |
| FROM OTHER SOURCES | - | - | - | - | - | - | - | - | - | - | - |
| IMPORT | 237 | 2 | 3393 | - | - | 57 | 169 | 137 | - | - | 2812 |
| EXPORT | - | - | - | - | - | - | - | - | - | - | -1021 |
| INTL. MARINE BUNKERS | - | - | - | - | - | - | - | - | - | - | - |
| STOCK CHANGES | - | - | 4 | - | - | - | - | - | - | - | - |
| DOMESTIC SUPPLY | 237 | 2 | 3397 | - | - | 57 | 169 | 189 | - | 11574 | 4138 |
| RETURNS TO SUPPLY | - | - | - | - | - | - | - | - | - | - | - |
| TRANSFERS | - | - | - | - | - | - | - | - | - | - | - |
| DOMESTIC AVAILABILITY | 237 | 2 | 3397 | - | - | 57 | 169 | 189 | - | 11574 | 4138 |
| STATISTICAL DIFFERENCE | - | - | - | - | - | - | - | - | - | - | - |
| TRANSFORM. SECTOR ** | - | - | 1661 | - | - | - | 23 | - | - | 2814 | - |
| FOR SOLID FUELS | - | - | - | - | - | - | - | - | - | - | - |
| FOR GASES | - | - | 1655 | - | - | - | - | - | - | - | - |
| PETROLEUM REFINERIES | - | - | - | - | - | - | - | - | - | - | - |
| THERMO-ELECTRIC PLANTS | - | - | 6 | - | - | - | 23 | - | - | 2814 | - |
| ENERGY SECTOR | - | - | - | - | - | - | - | 19 | - | - | 1537 |
| COAL MINES | - | - | - | - | - | - | - | - | - | - | - |
| OIL AND GAS EXTRACTION | - | - | - | - | - | - | - | - | - | - | - |
| PETROLEUM REFINERIES | - | - | - | - | - | - | - | - | - | - | - |
| ELECTRIC PLANTS | - | - | - | - | - | - | - | - | - | - | 78 |
| DISTRIBUTION LOSSES | - | - | - | - | - | - | - | 14 | - | - | 73 |
| PUMP STORAGE (ELECTR.) | - | - | - | - | - | - | - | - | - | - | 1386 |
| OTHER ENERGY SECTOR | - | - | - | - | - | - | - | 5 | - | - | - |
| FINAL CONSUMPTION | 237 | 2 | 1736 | - | - | 57 | 146 | 170 | - | 8760 | 2601 |
| INDUSTRY SECTOR | 222 | - | 1729 | - | - | - | 146 | - | - | 8760 | 2113 |
| IRON AND STEEL | 202 | - | 1726 | - | - | - | 146 | - | - | 8594 | 1742 |
| CHEMICAL | - | - | - | - | - | - | - | - | - | - | 112 |
| PETROCHEMICAL | - | - | - | - | - | - | - | - | - | - | - |
| NON-FERROUS METAL | - | - | - | - | - | - | - | - | - | - | 2 |
| NON-METALLIC MINERAL | - | - | - | - | - | - | - | - | - | - | 44 |
| PAPER PULP AND PRINT | - | - | - | - | - | - | - | - | - | - | - |
| MINING AND QUARRYING | - | - | - | - | - | - | - | - | - | - | 46 |
| FOOD AND TOBACCO | 2 | - | - | - | - | - | - | - | - | - | 29 |
| WOOD AND WOOD PRODUCTS | - | - | - | - | - | - | - | - | - | - | - |
| MACHINERY | - | - | - | - | - | - | - | - | - | - | 35 |
| TRANSPORT EQUIPMENT | - | - | - | - | - | - | - | - | - | - | - |
| CONSTRUCTION | - | - | - | - | - | - | - | - | - | - | - |
| TEXTILES AND LEATHER | - | - | - | - | - | - | - | - | - | - | 22 |
| NON SPECIFIED | 18 | - | 3 | - | - | - | - | - | - | 166 | 81 |
| NON-ENERGY USES: | | | | | | | | | | | |
| (1)ENERGY PRODUCTS | - | - | - | - | - | - | - | - | - | - | - |
| (2)NON-ENERGY PRODUCTS | - | - | - | - | - | - | - | - | - | - | - |
| TRANSPORT. SECTOR ** | - | - | - | - | - | - | - | - | - | - | 29 |
| AIR TRANSPORT | - | - | - | - | - | - | - | - | - | - | - |
| ROAD TRANSPORT | - | - | - | - | - | - | - | - | - | - | - |
| RAILWAYS | - | - | - | - | - | - | - | - | - | - | 29 |
| INTERNAL NAVIGATION | - | - | - | - | - | - | - | - | - | - | - |
| OTHER SECTORS ** | 15 | 2 | 7 | - | - | 57 | - | 170 | - | - | 459 |
| AGRICULTURE | - | - | - | - | - | - | - | - | - | - | - |
| PUBLIC SERVICES | - | - | - | - | - | - | - | - | - | - | - |
| COMMERCE | - | - | - | - | - | - | - | - | - | - | - |
| RESIDENTIAL | 15 | 2 | 7 | - | - | 57 | - | 170 | - | - | 184 |

(1) INCLUDED IN CHEMICAL OR PETROCHEMICAL INDUSTRY
(2) INCLUDED ONLY IN TOTAL INDUSTRY

| * OF WHICH: HYDRO | 1069 |
|---|---|
| NUCLEAR | 0 |
| CONVENTIONAL THERMAL | 1278 |
| GEOTHERMAL | 0 |

** INCLUDED IN THESE TOTALS ARE THE NON-SPECIFIED ELEMENTS

PRODUCTION ET UTILISATION DES SOURCES D ENERGIE : LUXEMBOURG

1971

UNIT: 1000 METRIC TONS
UNITE: 1000 TONNES METRIQUES

| OIL PETROLE CRUDE* BRUT* | NGL GNL | FEEDST. | REFINERY GAS / GAZ DE PETROLE | LIQUEFIED PETROLEUM GASES / GAZ LIQUEFIES DE PETROLE | AVIATION GASOLINE / ESSENCE AVION | MOTOR GASOLINE / ESSENCE AUTO | JET FUEL / CARBURANT REACTEUR | KEROSENE / PETROLE LAMPANT | GAS/DIESEL OIL / GAZ/DIESEL OIL | RESIDUAL FUEL OIL / FUEL OIL RESIDUEL | NAPHTHA / NAPHTHA | NON-ENERGY PRODUCTS / PRODUITS NON-ENERGETIQUES |
|---|---|---|---|---|---|---|---|---|---|---|---|---|
| 12 | 13 | 14 | 15 | 16 | 17 | 18 | 19 | 20 | 21 | 22 | 23 | 24 |
| - | - | - | - | - | - | - | - | - | - | - | - | - |
| - | - | - | - | - | - | - | - | - | - | - | - | - |
| - | - | - | - | 28 | - | 116 | 36 | 1 | 517 | 696 | - | 54 |
| - | - | - | - | -2 | - | - | - | - | -3 | -11 | - | - |
| - | - | - | - | - | - | - | - | - | - | - | - | - |
| - | - | - | - | 1 | - | 1 | - | - | - | - | - | - |
| - | - | - | - | 27 | - | 117 | 36 | 1 | 514 | 685 | - | 54 |
| - | - | - | - | - | - | - | - | - | - | - | - | - |
| - | - | - | - | - | - | - | - | - | - | - | - | - |
| - | - | - | - | 27 | - | 117 | 36 | 1 | 514 | 685 | - | 54 |
| - | - | - | - | - | - | - | - | - | 15 | -6 | - | 13 |
| - | - | - | - | 7 | - | - | - | - | - | 125 | - | - |
| - | - | - | - | - | - | - | - | - | - | - | - | - |
| - | - | - | - | 7 | - | - | - | - | - | - | - | - |
| - | - | - | - | - | - | - | - | - | - | - | - | - |
| - | - | - | - | - | - | - | - | - | - | 125 | - | - |
| - | - | - | - | - | - | - | - | - | - | - | - | - |
| - | - | - | - | - | - | - | - | - | - | - | - | - |
| - | - | - | - | - | - | - | - | - | - | - | - | - |
| - | - | - | - | - | - | - | - | - | - | - | - | - |
| - | - | - | - | - | - | - | - | - | - | - | - | - |
| - | - | - | - | - | - | - | - | - | - | - | - | - |
| - | - | - | - | - | - | - | - | - | - | - | - | - |
| - | - | - | - | - | - | - | - | - | - | - | - | - |
| - | - | - | - | 20 | - | 117 | 36 | 1 | 499 | 566 | - | 41 |
| - | - | - | - | 3 | - | 8 | - | - | 127 | 548 | - | 41 |
| - | - | - | - | 1 | - | 2 | - | - | 53 | 502 | - | 3 |
| - | - | - | - | - | - | - | - | - | 32 | 25 | - | - |
| - | - | - | - | - | - | - | - | - | - | - | - | - |
| - | - | - | - | - | - | - | - | - | - | - | - | - |
| - | - | - | - | - | - | - | - | - | - | - | - | - |
| - | - | - | - | - | - | - | - | - | - | - | - | - |
| - | - | - | - | - | - | - | - | - | - | - | - | - |
| - | - | - | - | - | - | - | - | - | - | - | - | - |
| - | - | - | - | - | - | - | - | - | - | - | - | - |
| - | - | - | - | - | - | - | - | - | - | - | - | - |
| - | - | - | - | - | - | - | - | - | - | - | - | - |
| - | - | - | - | - | - | - | - | - | - | - | - | - |
| - | - | - | - | - | - | - | - | - | - | - | - | - |
| - | - | - | - | 2 | - | 6 | - | - | 42 | 21 | - | 1 |
| - | - | - | - | - | - | - | - | - | - | - | - | - |
| - | - | - | - | - | - | - | - | - | - | - | - | 37 |
| - | - | - | - | 3 | - | 107 | 36 | - | 58 | 6 | - | - |
| - | - | - | - | - | - | - | 36 | - | - | - | - | - |
| - | - | - | - | 3 | - | 107 | - | - | 47 | - | - | - |
| - | - | - | - | - | - | - | - | - | 11 | 6 | - | - |
| - | - | - | - | - | - | - | - | - | - | - | - | - |
| - | - | - | - | 14 | - | 2 | - | 1 | 314 | 12 | - | - |
| - | - | - | - | - | - | 1 | - | 1 | 9 | - | - | - |
| - | - | - | - | - | - | - | - | - | - | - | - | - |
| - | - | - | - | - | - | - | - | - | - | - | - | - |
| - | - | - | - | 14 | - | - | - | - | 305 | 12 | - | - |

*INCLUDED IN THIS COLUMN IS NGL AND FEEDSTOCKS.

# PRODUCTION AND USES OF ENERGY SOURCES : LUXEMBOURG

1972

| PRODUCTION AND USES / ENERGY SOURCES | HARD COAL / HOUILLE | PATENT FUEL / AGGLOMERES | COKE OVEN COKE / COKE DE FOUR | GAS COKE / COKE DE GAZ | BROWN COAL / LIGNITE | BKB / BRIQ. DE LIGNITE | NATURAL GAS / GAZ NATUREL | GAS WORKS / USINES A GAZ | COKE OVENS / COKERIES | BLAST FURNACES / HAUT FOURNEAUX | ELECTRICITY* / ELECTRICITE* |
|---|---|---|---|---|---|---|---|---|---|---|---|
| | UNIT: 1000 METRIC TONS / UNITE: 1000 TONNES METRIQUES | | | | | | TCAL / TCAL | MANUFACTURED GAS (TCAL) / GAZ MANUFACTURE (TCAL) | | | MILLIONS OF (DE) KWH |
| | 1 | 2 | 3 | 4 | 5 | 6 | 7 | 8 | 9 | 10 | 11 |
| PRODUCTION | - | - | - | - | - | - | - | 17 | - | 10632 | 2239 |
| FROM OTHER SOURCES | - | - | - | - | - | - | - | - | - | - | - |
| IMPORT | 298 | 2 | 3282 | - | - | 53 | 1254 | 48 | - | - | 2757 |
| EXPORT | - | - | - | - | - | - | - | - | - | - | -880 |
| INTL. MARINE BUNKERS | - | - | - | - | - | - | - | - | - | - | - |
| STOCK CHANGES | - | - | -10 | - | - | - | - | - | - | - | - |
| DOMESTIC SUPPLY | 298 | 2 | 3272 | - | - | 53 | 1254 | 65 | - | 10632 | 4116 |
| RETURNS TO SUPPLY | - | - | - | - | - | - | - | - | - | - | - |
| TRANSFERS | - | - | - | - | - | - | - | - | - | - | - |
| DOMESTIC AVAILABILITY | 298 | 2 | 3272 | - | - | 53 | 1254 | 65 | - | 10632 | 4116 |
| STATISTICAL DIFFERENCE | - | - | - | - | - | - | - | - | - | - | - |
| TRANSFORM. SECTOR ** | - | - | 1540 | - | - | - | 239 | - | - | 2620 | - |
| FOR SOLID FUELS | - | - | - | - | - | - | - | - | - | - | - |
| FOR GASES | - | - | 1534 | - | - | - | - | - | - | - | - |
| PETROLEUM REFINERIES | - | - | - | - | - | - | - | - | - | - | - |
| THERMO-ELECTRIC PLANTS | - | - | 6 | - | - | - | 239 | - | - | 2620 | - |
| ENERGY SECTOR | - | - | - | - | - | - | - | 4 | - | - | 1360 |
| COAL MINES | - | - | - | - | - | - | - | - | - | - | - |
| OIL AND GAS EXTRACTION | - | - | - | - | - | - | - | - | - | - | - |
| PETROLEUM REFINERIES | - | - | - | - | - | - | - | - | - | - | - |
| ELECTRIC PLANTS | - | - | - | - | - | - | - | - | - | - | 79 |
| DISTRIBUTION LOSSES | - | - | - | - | - | - | - | 3 | - | - | 74 |
| PUMP STORAGE (ELECTR.) | - | - | - | - | - | - | - | - | - | - | 1207 |
| OTHER ENERGY SECTOR | - | - | - | - | - | - | - | 1 | - | - | - |
| FINAL CONSUMPTION | 298 | 2 | 1732 | - | - | 53 | 1015 | 61 | - | 8012 | 2756 |
| INDUSTRY SECTOR | 285 | - | 1725 | - | - | - | 822 | - | - | 8012 | 2211 |
| IRON AND STEEL | 274 | - | 1723 | - | - | - | 767 | - | - | 7850 | 1797 |
| CHEMICAL | - | - | - | - | - | - | - | - | - | - | 147 |
| PETROCHEMICAL | - | - | - | - | - | - | - | - | - | - | - |
| NON-FERROUS METAL | - | - | - | - | - | - | - | - | - | - | 2 |
| NON-METALLIC MINERAL | - | - | - | - | - | - | - | - | - | - | 46 |
| PAPER PULP AND PRINT | - | - | - | - | - | - | - | - | - | - | - |
| MINING AND QUARRYING | - | - | - | - | - | - | - | - | - | - | 46 |
| FOOD AND TOBACCO | - | - | - | - | - | - | - | - | - | - | 30 |
| WOOD AND WOOD PRODUCTS | - | - | - | - | - | - | - | - | - | - | - |
| MACHINERY | - | - | - | - | - | - | - | - | - | - | 33 |
| TRANSPORT EQUIPMENT | - | - | - | - | - | - | - | - | - | - | - |
| CONSTRUCTION | - | - | - | - | - | - | - | - | - | - | - |
| TEXTILES AND LEATHER | - | - | - | - | - | - | - | - | - | - | 28 |
| NON SPECIFIED | 11 | - | 2 | - | - | - | 55 | - | - | 162 | 82 |
| NON-ENERGY USES: | | | | | | | | | | | |
| (1)ENERGY PRODUCTS | - | - | - | - | - | - | - | - | - | - | - |
| (2)NON-ENERGY PRODUCTS | - | - | - | - | - | - | - | - | - | - | - |
| TRANSPORT. SECTOR ** | - | - | - | - | - | - | - | - | - | - | 30 |
| AIR TRANSPORT | - | - | - | - | - | - | - | - | - | - | - |
| ROAD TRANSPORT | - | - | - | - | - | - | - | - | - | - | - |
| RAILWAYS | - | - | - | - | - | - | - | - | - | - | 30 |
| INTERNAL NAVIGATION | - | - | - | - | - | - | - | - | - | - | - |
| OTHER SECTORS ** | 13 | 2 | 7 | - | - | 53 | 193 | 61 | - | - | 515 |
| AGRICULTURE | - | - | - | - | - | - | - | - | - | - | - |
| PUBLIC SERVICES | - | - | - | - | - | - | - | - | - | - | - |
| COMMERCE | - | - | - | - | - | - | 29 | - | - | - | - |
| RESIDENTIAL | 13 | 2 | 7 | - | - | 53 | 164 | 61 | - | - | 196 |

(1) INCLUDED IN CHEMICAL OR PETROCHEMICAL INDUSTRY
(2) INCLUDED ONLY IN TOTAL INDUSTRY

| * OF WHICH: | |
|---|---|
| HYDRO | 936 |
| NUCLEAR | 0 |
| CONVENTIONAL THERMAL | 1303 |
| GEOTHERMAL | 0 |

** INCLUDED IN THESE TOTALS ARE THE NON-SPECIFIED ELEMENTS

PRODUCTION ET UTILISATION DES SOURCES D ENERGIE : LUXEMBOURG

1972

UNIT: 1000 METRIC TONS
UNITE: 1000 TONNES METRIQUES

| OIL PETROLE | | | REFINERY GAS | LIQUEFIED PETROLEUM GASES | AVIATION GASOLINE | MOTOR GASOLINE | JET FUEL | KEROSENE | GAS/DIESEL OIL | RESIDUAL FUEL OIL | NAPHTHA | NON-ENERGY PRODUCTS |
|---|---|---|---|---|---|---|---|---|---|---|---|---|
| CRUDE* BRUT* | NGL GNL | FEEDST. | GAZ DE PETROLE | GAZ LIQUEFIES DE PETROLE | ESSENCE AVION | ESSENCE AUTO | CARBURANT REACTEUR | PETROLE LAMPANT | GAZ/DIESEL OIL | FUEL OIL RESIDUEL | NAPHTHA | PRODUITS NON-ENERGETIQUES |
| 12 | 13 | 14 | 15 | 16 | 17 | 18 | 19 | 20 | 21 | 22 | 23 | 24 |
| - | - | - | - | - | - | - | - | - | - | - | - | - |
| - | - | - | - | - | - | - | - | - | - | - | - | - |
| - | - | - | - | 28 | - | 133 | 46 | 1 | 563 | 679 | - | 33 |
| - | - | - | - | -1 | - | - | - | - | -3 | -2 | - | - |
| - | - | - | - | - | - | - | - | - | - | - | - | - |
| - | - | - | - | - | - | 1 | -2 | - | - | - | - | - |
| - | - | - | - | 27 | - | 134 | 44 | 1 | 560 | 677 | - | 33 |
| - | - | - | - | - | - | - | - | - | - | - | - | - |
| - | - | - | - | - | - | - | - | - | - | - | - | - |
| - | - | - | - | 27 | - | 134 | 44 | 1 | 560 | 677 | - | 33 |
| - | - | - | - | - | - | - | - | - | -5 | 1 | - | 1 |
| - | - | - | - | 7 | - | - | - | - | 1 | 137 | - | - |
| - | - | - | - | - | - | - | - | - | - | - | - | - |
| - | - | - | - | 7 | - | - | - | - | - | - | - | - |
| - | - | - | - | - | - | - | - | - | - | - | - | - |
| - | - | - | - | - | - | - | - | - | 1 | 137 | - | - |
| - | - | - | - | - | - | - | - | - | - | - | - | - |
| - | - | - | - | - | - | - | - | - | - | - | - | - |
| - | - | - | - | - | - | - | - | - | - | - | - | - |
| - | - | - | - | - | - | - | - | - | - | - | - | - |
| - | - | - | - | - | - | - | - | - | - | - | - | - |
| - | - | - | - | - | - | - | - | - | - | - | - | - |
| - | - | - | - | - | - | - | - | - | - | - | - | - |
| - | - | - | - | - | - | - | - | - | - | - | - | - |
| - | - | - | - | 20 | - | 134 | 44 | 1 | 564 | 539 | - | 32 |
| - | - | - | - | 3 | - | 10 | - | - | 129 | 520 | - | 32 |
| - | - | - | - | 1 | - | 3 | - | - | 54 | 481 | - | 2 |
| - | - | - | - | - | - | 1 | - | - | 34 | 16 | - | - |
| - | - | - | - | - | - | - | - | - | - | - | - | - |
| - | - | - | - | - | - | - | - | - | - | - | - | - |
| - | - | - | - | - | - | - | - | - | - | - | - | - |
| - | - | - | - | - | - | - | - | - | - | - | - | - |
| - | - | - | - | - | - | - | - | - | - | - | - | - |
| - | - | - | - | - | - | - | - | - | - | - | - | - |
| - | - | - | - | - | - | - | - | - | - | - | - | - |
| - | - | - | - | - | - | - | - | - | - | - | - | - |
| - | - | - | - | - | - | - | - | - | - | - | - | - |
| - | - | - | - | - | - | - | - | - | - | - | - | - |
| - | - | - | - | - | - | - | - | - | - | - | - | - |
| - | - | - | - | 2 | - | 6 | - | - | 41 | 23 | - | - |
| - | - | - | - | - | - | - | - | - | - | - | - | - |
| - | - | - | - | - | - | - | - | - | - | - | - | 30 |
| - | - | - | - | 4 | - | 122 | 44 | - | 63 | 6 | - | - |
| - | - | - | - | - | - | - | 44 | - | - | - | - | - |
| - | - | - | - | 4 | - | 122 | - | - | 52 | - | - | - |
| - | - | - | - | - | - | - | - | - | 11 | 6 | - | - |
| - | - | - | - | - | - | - | - | - | - | - | - | - |
| - | - | - | - | 13 | - | 2 | - | 1 | 372 | 13 | - | - |
| - | - | - | - | - | - | 1 | - | 1 | 10 | - | - | - |
| - | - | - | - | - | - | - | - | - | - | - | - | - |
| - | - | - | - | - | - | - | - | - | - | - | - | - |
| - | - | - | - | 13 | - | - | - | - | 362 | 13 | - | - |

*INCLUDED IN THIS COLUMN IS NGL AND FEEDSTOCKS.

## PRODUCTION AND USES OF ENERGY SOURCES : LUXEMBOURG

1973

| ENERGY SOURCES / PRODUCTION AND USES | UNIT: 1000 METRIC TONS / UNITE: 1000 TONNES METRIQUES | | | | | | TCAL / TCAL | MANUFACTURED GAS (TCAL) / GAZ MANUFACTURE (TCAL) | | | MILLIONS OF (DE) KWH |
|---|---|---|---|---|---|---|---|---|---|---|---|
| | HARD COAL / HOUILLE | PATENT FUEL / AGGLOMERES | COKE OVEN COKE / COKE DE FOUR | GAS COKE / COKE DE GAZ | BROWN COAL / LIGNITE | BKB / BRIQ. DE LIGNITE | NATURAL GAS / GAZ NATUREL | GAS WORKS / USINES A GAZ | COKE OVENS / COKERIES | BLAST FURNACES / HAUT FOURNEAUX | ELECTRICITY* / ELECTRICITE* |
| | 1 | 2 | 3 | 4 | 5 | 6 | 7 | 8 | 9 | 10 | 11 |
| PRODUCTION | - | - | - | - | - | - | - | - | - | 11235 | 2186 |
| FROM OTHER SOURCES | - | - | - | - | - | - | - | - | - | - | - |
| IMPORT | 305 | 2 | 3247 | - | - | 45 | 2429 | - | - | - | 2827 |
| EXPORT | - | - | - | - | - | - | - | - | - | - | -791 |
| INTL. MARINE BUNKERS | - | - | - | - | - | - | - | - | - | - | - |
| STOCK CHANGES | - | - | -12 | - | - | - | - | - | - | - | - |
| DOMESTIC SUPPLY | 305 | 2 | 3235 | - | - | 45 | 2429 | - | - | 11235 | 4222 |
| RETURNS TO SUPPLY | - | - | - | - | - | - | - | - | - | - | - |
| TRANSFERS | - | - | - | - | - | - | - | - | - | - | - |
| DOMESTIC AVAILABILITY | 305 | 2 | 3235 | - | - | 45 | 2429 | - | - | 11235 | 4222 |
| STATISTICAL DIFFERENCE | - | - | -6 | - | - | - | - | - | - | - | - |
| TRANSFORM. SECTOR ** | - | - | 1684 | - | - | - | 460 | - | - | 2820 | - |
| FOR SOLID FUELS | - | - | - | - | - | - | - | - | - | - | - |
| FOR GASES | - | - | 1677 | - | - | - | - | - | - | - | - |
| PETROLEUM REFINERIES | - | - | - | - | - | - | - | - | - | - | - |
| THERMO-ELECTRIC PLANTS | - | - | 7 | - | - | - | 460 | - | - | 2820 | - |
| ENERGY SECTOR | - | - | - | - | - | - | - | - | - | - | 1255 |
| COAL MINES | - | - | - | - | - | - | - | - | - | - | - |
| OIL AND GAS EXTRACTION | - | - | - | - | - | - | - | - | - | - | - |
| PETROLEUM REFINERIES | - | - | - | - | - | - | - | - | - | - | - |
| ELECTRIC PLANTS | - | - | - | - | - | - | - | - | - | - | 81 |
| DISTRIBUTION LOSSES | - | - | - | - | - | - | - | - | - | - | 88 |
| PUMP STORAGE (ELECTR.) | - | - | - | - | - | - | - | - | - | - | 1086 |
| OTHER ENERGY SECTOR | - | - | - | - | - | - | - | - | - | - | - |
| FINAL CONSUMPTION | 305 | 2 | 1557 | - | - | 45 | 1969 | - | - | 8415 | 2967 |
| INDUSTRY SECTOR | 294 | - | 1552 | - | - | - | 1549 | - | - | 8415 | 2365 |
| IRON AND STEEL | 293 | - | 1550 | - | - | - | 1390 | - | - | 8255 | 1890 |
| CHEMICAL | - | - | - | - | - | - | - | - | - | - | 202 |
| PETROCHEMICAL | - | - | - | - | - | - | - | - | - | - | - |
| NON-FERROUS METAL | - | - | - | - | - | - | - | - | - | - | 2 |
| NON-METALLIC MINERAL | - | - | - | - | - | - | - | - | - | - | 47 |
| PAPER PULP AND PRINT | - | - | - | - | - | - | - | - | - | - | - |
| MINING AND QUARRYING | - | - | - | - | - | - | - | - | - | - | 44 |
| FOOD AND TOBACCO | 1 | - | - | - | - | - | - | - | - | - | 32 |
| WOOD AND WOOD PRODUCTS | - | - | - | - | - | - | - | - | - | - | - |
| MACHINERY | - | - | - | - | - | - | - | - | - | - | 35 |
| TRANSPORT EQUIPMENT | - | - | - | - | - | - | - | - | - | - | - |
| CONSTRUCTION | - | - | - | - | - | - | - | - | - | - | - |
| TEXTILES AND LEATHER | - | - | - | - | - | - | - | - | - | - | 20 |
| NON SPECIFIED | - | - | 2 | - | - | - | 159 | - | - | 160 | 93 |
| NON-ENERGY USES: | | | | | | | | | | | |
| (1)ENERGY PRODUCTS | - | - | - | - | - | - | - | - | - | - | - |
| (2)NON-ENERGY PRODUCTS | - | - | - | - | - | - | - | - | - | - | - |
| TRANSPORT. SECTOR ** | - | - | - | - | - | - | - | - | - | - | 33 |
| AIR TRANSPORT | - | - | - | - | - | - | - | - | - | - | - |
| ROAD TRANSPORT | - | - | - | - | - | - | - | - | - | - | - |
| RAILWAYS | - | - | - | - | - | - | - | - | - | - | 33 |
| INTERNAL NAVIGATION | - | - | - | - | - | - | - | - | - | - | - |
| OTHER SECTORS ** | 11 | 2 | 5 | - | - | 45 | 420 | - | - | - | 569 |
| AGRICULTURE | - | - | - | - | - | - | - | - | - | - | - |
| PUBLIC SERVICES | - | - | - | - | - | - | - | - | - | - | - |
| COMMERCE | - | - | - | - | - | - | 63 | - | - | - | - |
| RESIDENTIAL | 11 | 2 | 5 | - | - | 45 | 357 | - | - | - | 218 |

(1) INCLUDED IN CHEMICAL OR PETROCHEMICAL INDUSTRY
(2) INCLUDED ONLY IN TOTAL INDUSTRY

* OF WHICH: HYDRO 839
NUCLEAR 0
CONVENTIONAL THERMAL 1347
GEOTHERMAL 0

** INCLUDED IN THESE TOTALS ARE THE NON-SPECIFIED ELEMENTS

PRODUCTION ET UTILISATION DES SOURCES D ENERGIE : LUXEMBOURG

1973

UNIT: 1000 METRIC TONS
UNITE: 1000 TONNES METRIQUES

| OIL PETROLE | | | REFINERY GAS | LIQUEFIED PETROLEUM GASES | AVIATION GASOLINE | MOTOR GASOLINE | JET FUEL | KEROSENE | GAS/DIESEL OIL | RESIDUAL FUEL OIL | NAPHTHA | NON-ENERGY PRODUCTS |
|---|---|---|---|---|---|---|---|---|---|---|---|---|
| CRUDE* BRUT* | NGL GNL | FEEDST. | GAZ DE PETROLE | GAZ LIQUEFIES DE PETROLE | ESSENCE AVION | ESSENCE AUTO | CARBURANT REACTEUR | PETROLE LAMPANT | GAZ/DIESEL OIL | FUEL OIL RESIDUEL | NAPHTHA | PRODUITS NON-ENERGETIQUES |
| 12 | 13 | 14 | 15 | 16 | 17 | 18 | 19 | 20 | 21 | 22 | 23 | 24 |
| - | - | - | - | - | - | - | - | - | - | - | - | - |
| - | - | - | - | - | - | - | - | - | - | - | - | - |
| - | - | - | - | 22 | 1 | 162 | 52 | 1 | 620 | 789 | - | 31 |
| - | - | - | - | -1 | - | -1 | - | - | -9 | -1 | - | - |
| - | - | - | - | - | - | - | - | - | - | - | - | - |
| - | - | - | - | - | - | - | - | - | - | - | - | - |
| - | - | - | - | 21 | 1 | 161 | 52 | 1 | 611 | 788 | - | 31 |
| - | - | - | - | - | - | - | - | - | - | - | - | - |
| - | - | - | - | - | - | - | - | - | - | - | - | - |
| - | - | - | - | 21 | 1 | 161 | 52 | 1 | 611 | 788 | - | 31 |
| - | - | - | - | - | - | 3 | 2 | - | 6 | 12 | - | - |
| - | - | - | - | 6 | - | - | - | - | 1 | 111 | - | - |
| - | - | - | - | - | - | - | - | - | - | - | - | - |
| - | - | - | - | 6 | - | - | - | - | - | - | - | - |
| - | - | - | - | - | - | - | - | - | - | - | - | - |
| - | - | - | - | - | - | - | - | - | 1 | 111 | - | - |
| - | - | - | - | - | - | - | - | - | - | - | - | - |
| - | - | - | - | - | - | - | - | - | - | - | - | - |
| - | - | - | - | - | - | - | - | - | - | - | - | - |
| - | - | - | - | - | - | - | - | - | - | - | - | - |
| - | - | - | - | - | - | - | - | - | - | - | - | - |
| - | - | - | - | - | - | - | - | - | - | - | - | - |
| - | - | - | - | - | - | - | - | - | - | - | - | - |
| - | - | - | - | - | - | - | - | - | - | - | - | - |
| - | - | - | - | 15 | 1 | 158 | 50 | 1 | 604 | 665 | - | 31 |
| - | - | - | - | 3 | - | 11 | - | - | 137 | 646 | - | 31 |
| - | - | - | - | 1 | - | 3 | - | - | 57 | 589 | - | 1 |
| - | - | - | - | - | - | 1 | - | - | 36 | 30 | - | - |
| - | - | - | - | - | - | - | - | - | - | - | - | - |
| - | - | - | - | - | - | - | - | - | - | - | - | - |
| - | - | - | - | - | - | - | - | - | - | - | - | - |
| - | - | - | - | - | - | - | - | - | - | - | - | - |
| - | - | - | - | - | - | - | - | - | - | - | - | - |
| - | - | - | - | - | - | - | - | - | - | - | - | - |
| - | - | - | - | - | - | - | - | - | - | - | - | - |
| - | - | - | - | - | - | - | - | - | - | - | - | - |
| - | - | - | - | - | - | - | - | - | - | - | - | - |
| - | - | - | - | - | - | - | - | - | - | - | - | - |
| - | - | - | - | - | - | - | - | - | - | - | - | - |
| - | - | - | - | 2 | - | 7 | - | - | 44 | 27 | - | 1 |
| - | - | - | - | - | - | - | - | - | - | - | - | - |
| - | - | - | - | - | - | - | - | - | - | - | - | 29 |
| - | - | - | - | 3 | 1 | 144 | 50 | - | 68 | 7 | - | - |
| - | - | - | - | - | 1 | - | 50 | - | - | - | - | - |
| - | - | - | - | 3 | - | 144 | - | - | 57 | - | - | - |
| - | - | - | - | - | - | - | - | - | 11 | 7 | - | - |
| - | - | - | - | - | - | - | - | - | - | - | - | - |
| - | - | - | - | 9 | - | 3 | - | 1 | 399 | 12 | - | - |
| - | - | - | - | - | - | 2 | - | 1 | 10 | - | - | - |
| - | - | - | - | - | - | - | - | - | - | - | - | - |
| - | - | - | - | - | - | - | - | - | - | - | - | - |
| - | - | - | - | 9 | - | - | - | - | 389 | 12 | - | - |

*INCLUDED IN THIS COLUMN IS NGL AND FEEDSTOCKS.

# PRODUCTION AND USES OF ENERGY SOURCES : LUXEMBOURG

1974

| X XX ENERGY XX XX SOURCES XX XX XX PRODUCTION XX XX AND USES XX | UNIT: 1000 METRIC TONS / UNITE: 1000 TONNES METRIQUES | | | | | | TCAL / TCAL | MANUFACTURED GAS (TCAL) / GAZ MANUFACTURE (TCAL) | | | MILLIONS OF (DE) KWH |
|---|---|---|---|---|---|---|---|---|---|---|---|
| | HARD COAL / HOUILLE | PATENT FUEL / AGGLOMERES | COKE OVEN COKE / COKE DE FOUR | GAS COKE / COKE DE GAZ | BROWN COAL / LIGNITE | BKB / BRIQ. DE LIGNITE | NATURAL GAS / GAZ NATUREL | GAS WORKS / USINES A GAZ | COKE OVENS / COKERIES | BLAST FURNACES / HAUT FOURNEAUX | ELECTRICITY* / ELECTRICITE* |
| | 1 | 2 | 3 | 4 | 5 | 6 | 7 | 8 | 9 | 10 | 11 |
| PRODUCTION | - | - | - | - | - | - | - | - | - | 9337 | 2078 |
| FROM OTHER SOURCES | - | - | - | - | - | - | - | - | - | - | - |
| IMPORT | 605 | 2 | 3200 | - | - | 51 | 3255 | - | - | - | 3527 |
| EXPORT | - | - | - | - | - | - | - | - | - | - | -846 |
| INTL. MARINE BUNKERS | - | - | - | - | - | - | - | - | - | - | - |
| STOCK CHANGES | - | - | 92 | - | - | - | - | - | - | - | - |
| DOMESTIC SUPPLY | 605 | 2 | 3292 | - | - | 51 | 3255 | - | - | 9337 | 4759 |
| RETURNS TO SUPPLY | - | - | - | - | - | - | - | - | - | - | - |
| TRANSFERS | - | - | - | - | - | - | - | - | - | - | - |
| DOMESTIC AVAILABILITY | 605 | 2 | 3292 | - | - | 51 | 3255 | - | - | 9337 | 4759 |
| STATISTICAL DIFFERENCE | - | - | -5 | - | - | - | - | - | - | - | - |
| TRANSFORM. SECTOR ** | 14 | - | 1399 | - | - | - | 397 | - | - | 2256 | - |
| FOR SOLID FUELS | - | - | - | - | - | - | - | - | - | - | - |
| FOR GASES | - | - | 1394 | - | - | - | - | - | - | - | - |
| PETROLEUM REFINERIES | - | - | - | - | - | - | - | - | - | - | - |
| THERMO-ELECTRIC PLANTS | 14 | - | 5 | - | - | - | 397 | - | - | 2256 | - |
| ENERGY SECTOR | - | - | - | - | - | - | - | - | - | - | 1336 |
| COAL MINES | - | - | - | - | - | - | - | - | - | - | - |
| OIL AND GAS EXTRACTION | - | - | - | - | - | - | - | - | - | - | - |
| PETROLEUM REFINERIES | - | - | - | - | - | - | - | - | - | - | - |
| ELECTRIC PLANTS | - | - | - | - | - | - | - | - | - | - | 72 |
| DISTRIBUTION LOSSES | - | - | - | - | - | - | - | - | - | - | 105 |
| PUMP STORAGE (ELECTR.) | - | - | - | - | - | - | - | - | - | - | 1159 |
| OTHER ENERGY SECTOR | - | - | - | - | - | - | - | - | - | - | - |
| FINAL CONSUMPTION | 591 | 2 | 1898 | - | - | 51 | 2858 | - | - | 7081 | 3423 |
| INDUSTRY SECTOR | 579 | - | 1895 | - | - | - | 2384 | - | - | 7081 | 2755 |
| IRON AND STEEL | 578 | - | 1893 | - | - | - | 2205 | - | - | 6931 | 2011 |
| CHEMICAL | - | - | - | - | - | - | - | - | - | - | 460 |
| PETROCHEMICAL | - | - | - | - | - | - | - | - | - | - | - |
| NON-FERROUS METAL | - | - | - | - | - | - | - | - | - | - | 2 |
| NON-METALLIC MINERAL | - | - | - | - | - | - | - | - | - | - | 48 |
| PAPER PULP AND PRINT | - | - | - | - | - | - | - | - | - | - | - |
| MINING AND QUARRYING | - | - | - | - | - | - | - | - | - | - | 45 |
| FOOD AND TOBACCO | 1 | - | - | - | - | - | - | - | - | - | 34 |
| WOOD AND WOOD PRODUCTS | - | - | - | - | - | - | - | - | - | - | - |
| MACHINERY | - | - | - | - | - | - | - | - | - | - | 40 |
| TRANSPORT EQUIPMENT | - | - | - | - | - | - | - | - | - | - | - |
| CONSTRUCTION | - | - | - | - | - | - | - | - | - | - | - |
| TEXTILES AND LEATHER | - | - | - | - | - | - | - | - | - | - | 20 |
| NON SPECIFIED | - | - | 2 | - | - | - | 179 | - | - | 150 | 95 |
| NON-ENERGY USES: | | | | | | | | | | | |
| (1)ENERGY PRODUCTS | - | - | - | - | - | - | - | - | - | - | - |
| (2)NON-ENERGY PRODUCTS | - | - | - | - | - | - | - | - | - | - | - |
| TRANSPORT. SECTOR ** | - | - | - | - | - | - | - | - | - | - | 38 |
| AIR TRANSPORT | - | - | - | - | - | - | - | - | - | - | - |
| ROAD TRANSPORT | - | - | - | - | - | - | - | - | - | - | - |
| RAILWAYS | - | - | - | - | - | - | - | - | - | - | 38 |
| INTERNAL NAVIGATION | - | - | - | - | - | - | - | - | - | - | - |
| OTHER SECTORS ** | 12 | 2 | 3 | - | - | 51 | 474 | - | - | - | 630 |
| AGRICULTURE | - | - | - | - | - | - | - | - | - | - | - |
| PUBLIC SERVICES | - | - | - | - | - | - | - | - | - | - | - |
| COMMERCE | - | - | - | - | - | - | 71 | - | - | - | - |
| RESIDENTIAL | 12 | 2 | 3 | - | - | 51 | 403 | - | - | - | 250 |

(1) INCLUDED IN CHEMICAL OR PETROCHEMICAL INDUSTRY
(2) INCLUDED ONLY IN TOTAL INDUSTRY

** INCLUDED IN THESE TOTALS ARE THE NON-SPECIFIED ELEMENTS

| * OF WHICH: | |
|---|---|
| HYDRO | 919 |
| NUCLEAR | 0 |
| CONVENTIONAL THERMAL | 1159 |
| GEOTHERMAL | 0 |

PRODUCTION ET UTILISATION DES SOURCES D ENERGIE : LUXEMBOURG

1974

UNIT: 1000 METRIC TONS
UNITE: 1000 TONNES METRIQUES

| OIL PETROLE | | | REFINERY GAS | LIQUEFIED PETROLEUM GASES | AVIATION GASOLINE | MOTOR GASOLINE | JET FUEL | KEROSENE | GAS/DIESEL OIL | RESIDUAL FUEL OIL | NAPHTHA | NON-ENERGY PRODUCTS |
|---|---|---|---|---|---|---|---|---|---|---|---|---|
| CRUDE* BRUT* | NGL GNL | FEEDST. | GAZ DE PETROLE | GAZ LIQUEFIES DE PETROLE | ESSENCE AVION | ESSENCE AUTO | CARBURANT REACTEUR | PETROLE LAMPANT | GAZ/DIESEL OIL | FUEL OIL RESIDUEL | NAPHTHA | PRODUITS NON-ENERGETIQUES |
| 12 | 13 | 14 | 15 | 16 | 17 | 18 | 19 | 20 | 21 | 22 | 23 | 24 |
| - | - | - | - | - | - | - | - | - | - | - | - | - |
| - | - | - | - | - | - | - | - | - | - | - | - | - |
| - | - | - | - | 23 | - | 155 | 54 | 1 | 542 | 667 | - | 120 |
| - | - | - | - | -1 | - | -2 | - | - | -4 | - | - | - |
| - | - | - | - | - | - | - | - | - | - | - | - | - |
| - | - | - | - | - | - | - | - | - | - | - | - | - |
| - | - | - | - | 22 | - | 153 | 54 | 1 | 538 | 667 | - | 120 |
| - | - | - | - | - | - | - | - | - | - | - | - | - |
| - | - | - | - | - | - | - | - | - | - | - | - | - |
| - | - | - | - | 22 | - | 153 | 54 | 1 | 538 | 667 | - | 120 |
| - | - | - | - | 1 | - | - | - | - | 4 | -5 | - | - |
| - | - | - | - | - | - | - | - | - | 23 | 84 | - | - |
| - | - | - | - | - | - | - | - | - | - | - | - | - |
| - | - | - | - | - | - | - | - | - | - | - | - | - |
| - | - | - | - | - | - | - | - | - | - | - | - | - |
| - | - | - | - | - | - | - | - | - | 23 | 84 | - | - |
| - | - | - | - | - | - | - | - | - | - | - | - | - |
| - | - | - | - | - | - | - | - | - | - | - | - | - |
| - | - | - | - | - | - | - | - | - | - | - | - | - |
| - | - | - | - | - | - | - | - | - | - | - | - | - |
| - | - | - | - | - | - | - | - | - | - | - | - | - |
| - | - | - | - | - | - | - | - | - | - | - | - | - |
| - | - | - | - | - | - | - | - | - | - | - | - | - |
| - | - | - | - | - | - | - | - | - | - | - | - | - |
| - | - | - | - | 21 | - | 153 | 54 | 1 | 511 | 588 | - | 120 |
| - | - | - | - | 6 | - | 2 | - | - | 92 | 581 | - | 120 |
| - | - | - | - | 1 | - | 1 | - | - | 38 | 520 | - | - |
| - | - | - | - | 4 | - | - | - | - | 23 | 43 | - | - |
| - | - | - | - | - | - | - | - | - | - | - | - | - |
| - | - | - | - | - | - | - | - | - | - | - | - | - |
| - | - | - | - | - | - | - | - | - | - | - | - | - |
| - | - | - | - | - | - | - | - | - | - | - | - | - |
| - | - | - | - | - | - | - | - | - | - | - | - | - |
| - | - | - | - | - | - | - | - | - | - | - | - | - |
| - | - | - | - | - | - | - | - | - | - | - | - | - |
| - | - | - | - | - | - | - | - | - | - | - | - | - |
| - | - | - | - | - | - | - | - | - | - | - | - | - |
| - | - | - | - | - | - | - | - | - | - | - | - | - |
| - | - | - | - | - | - | - | - | - | - | - | - | - |
| - | - | - | - | 1 | - | 1 | - | - | 31 | 18 | - | 1 |
| - | - | - | - | - | - | - | - | - | - | - | - | - |
| - | - | - | - | - | - | - | - | - | - | - | - | 119 |
| - | - | - | - | 2 | - | 148 | 54 | - | 70 | 1 | - | - |
| - | - | - | - | - | - | - | 54 | - | - | - | - | - |
| - | - | - | - | 2 | - | 148 | - | - | 57 | - | - | - |
| - | - | - | - | - | - | - | - | - | 9 | 1 | - | - |
| - | - | - | - | - | - | - | - | - | 4 | - | - | - |
| - | - | - | - | 13 | - | 3 | - | 1 | 349 | 6 | - | - |
| - | - | - | - | - | - | - | - | 1 | 2 | - | - | - |
| - | - | - | - | - | - | - | - | - | - | - | - | - |
| - | - | - | - | - | - | - | - | - | - | - | - | - |
| - | - | - | - | 13 | - | - | - | - | 341 | 3 | - | - |

*INCLUDED IN THIS COLUMN IS NGL AND FEEDSTOCKS.

## PRODUCTION AND USES OF ENERGY SOURCES : LUXEMBOURG

1975

| ENERGY SOURCES / PRODUCTION AND USES | UNIT: 1000 METRIC TONS / UNITE: 1000 TONNES METRIQUES | | | | | | TCAL / TCAL | MANUFACTURED GAS (TCAL) / GAZ MANUFACTURE (TCAL) | | | MILLIONS OF (DE) KWH |
|---|---|---|---|---|---|---|---|---|---|---|---|
| | HARD COAL / HOUILLE | PATENT FUEL / AGGLOMERES | COKE OVEN COKE / COKE DE FOUR | GAS COKE / COKE DE GAZ | BROWN COAL / LIGNITE | BKB / BRIQ. DE LIGNITE | NATURAL GAS / GAZ NATUREL | GAS WORKS / USINES A GAZ | COKE OVENS / COKERIES | BLAST FURNACES / HAUT FOURNEAUX | ELECTRICITY* / ELECTRICITE* |
| | 1 | 2 | 3 | 4 | 5 | 6 | 7 | 8 | 9 | 10 | 11 |
| PRODUCTION | - | - | - | - | - | - | - | - | - | 6657 | 1483 |
| FROM OTHER SOURCES | - | - | - | - | - | - | - | - | - | - | - |
| IMPORT | 523 | 1 | 2365 | - | - | 40 | 3815 | - | - | - | 2852 |
| EXPORT | - | - | - | - | - | - | -2 | - | - | - | -440 |
| INTL. MARINE BUNKERS | - | - | - | - | - | - | - | - | - | - | - |
| STOCK CHANGES | 1 | - | -55 | - | - | - | - | - | - | - | - |
| DOMESTIC SUPPLY | 524 | 1 | 2310 | - | - | 40 | 3813 | - | - | 6657 | 3895 |
| RETURNS TO SUPPLY | - | - | - | - | - | - | - | - | - | - | - |
| TRANSFERS | - | - | - | - | - | - | - | - | - | - | - |
| DOMESTIC AVAILABILITY | 524 | 1 | 2310 | - | - | 40 | 3813 | - | - | 6657 | 3895 |
| STATISTICAL DIFFERENCE | - | - | - | - | - | - | - | - | - | - | 18 |
| TRANSFORM. SECTOR ** | 7 | - | 976 | - | - | - | 789 | - | - | 1560 | - |
| FOR SOLID FUELS | - | - | - | - | - | - | - | - | - | - | - |
| FOR GASES | - | - | 974 | - | - | - | - | - | - | - | - |
| PETROLEUM REFINERIES | - | - | - | - | - | - | - | - | - | - | - |
| THERMO-ELECTRIC PLANTS | 7 | - | 2 | - | - | - | 789 | - | - | 1560 | - |
| ENERGY SECTOR | - | - | - | - | - | - | - | - | - | - | 766 |
| COAL MINES | - | - | - | - | - | - | - | - | - | - | - |
| OIL AND GAS EXTRACTION | - | - | - | - | - | - | - | - | - | - | - |
| PETROLEUM REFINERIES | - | - | - | - | - | - | - | - | - | - | - |
| ELECTRIC PLANTS | - | - | - | - | - | - | - | - | - | - | 63 |
| DISTRIBUTION LOSSES | - | - | - | - | - | - | - | - | - | - | 75 |
| PUMP STORAGE (ELECTR.) | - | - | - | - | - | - | - | - | - | - | 628 |
| OTHER ENERGY SECTOR | - | - | - | - | - | - | - | - | - | - | - |
| FINAL CONSUMPTION | 517 | 1 | 1334 | - | - | 40 | 3024 | - | - | 5097 | 3111 |
| INDUSTRY SECTOR | 509 | - | 1331 | - | - | - | 2397 | - | - | 5097 | 2360 |
| IRON AND STEEL | 509 | - | 1330 | - | - | - | 2198 | - | - | 4997 | 1645 |
| CHEMICAL | - | - | - | - | - | - | - | - | - | - | 437 |
| PETROCHEMICAL | - | - | - | - | - | - | - | - | - | - | - |
| NON-FERROUS METAL | - | - | - | - | - | - | - | - | - | - | 2 |
| NON-METALLIC MINERAL | - | - | - | - | - | - | - | - | - | - | 42 |
| PAPER PULP AND PRINT | - | - | - | - | - | - | - | - | - | - | - |
| MINING AND QUARRYING | - | - | - | - | - | - | - | - | - | - | 40 |
| FOOD AND TOBACCO | - | - | - | - | - | - | - | - | - | - | 34 |
| WOOD AND WOOD PRODUCTS | - | - | - | - | - | - | - | - | - | - | - |
| MACHINERY | - | - | - | - | - | - | - | - | - | - | 48 |
| TRANSPORT EQUIPMENT | - | - | - | - | - | - | - | - | - | - | - |
| CONSTRUCTION | - | - | - | - | - | - | - | - | - | - | - |
| TEXTILES AND LEATHER | - | - | - | - | - | - | - | - | - | - | 27 |
| NON SPECIFIED | - | - | 1 | - | - | - | 199 | - | - | 100 | 85 |
| NON-ENERGY USES: | | | | | | | | | | | |
| (1)ENERGY PRODUCTS | - | - | - | - | - | - | - | - | - | - | - |
| (2)NON-ENERGY PRODUCTS | - | - | - | - | - | - | - | - | - | - | - |
| TRANSPORT. SECTOR ** | - | - | - | - | - | - | - | - | - | - | 39 |
| AIR TRANSPORT | - | - | - | - | - | - | - | - | - | - | - |
| ROAD TRANSPORT | - | - | - | - | - | - | - | - | - | - | - |
| RAILWAYS | - | - | - | - | - | - | - | - | - | - | 39 |
| INTERNAL NAVIGATION | - | - | - | - | - | - | - | - | - | - | - |
| OTHER SECTORS ** | 8 | 1 | 3 | - | - | 40 | 627 | - | - | - | 712 |
| AGRICULTURE | - | - | - | - | - | - | - | - | - | - | - |
| PUBLIC SERVICES | - | - | - | - | - | - | - | - | - | - | - |
| COMMERCE | - | - | - | - | - | - | 94 | - | - | - | - |
| RESIDENTIAL | 8 | 1 | 3 | - | - | 40 | 533 | - | - | - | 285 |

(1) INCLUDED IN CHEMICAL OR PETROCHEMICAL INDUSTRY
(2) INCLUDED ONLY IN TOTAL INDUSTRY

| * OF WHICH: HYDRO | 500 |
|---|---|
| NUCLEAR | 0 |
| CONVENTIONAL THERMAL | 983 |
| GEOTHERMAL | 0 |

** INCLUDED IN THESE TOTALS ARE THE NON-SPECIFIED ELEMENTS

PRODUCTION ET UTILISATION DES SOURCES D ENERGIE : LUXEMBOURG

1975

UNIT: 1000 METRIC TONS
UNITE: 1000 TONNES METRIQUES

| OIL PETROLE | | | REFINERY GAS | LIQUEFIED PETROLEUM GASES | AVIATION GASOLINE | MOTOR GASOLINE | JET FUEL | KEROSENE | GAS/DIESEL OIL | RESIDUAL FUEL OIL | NAPHTHA | NON-ENERGY PRODUCTS |
|---|---|---|---|---|---|---|---|---|---|---|---|---|
| CRUDE* BRUT* | NGL GNL | FEEDST. | GAZ DE PETROLE | GAZ LIQUEFIES DE PETROLE | ESSENCE AVION | ESSENCE AUTO | CARBURANT REACTEUR | PETROLE LAMPANT | GAZ/DIESEL OIL | FUEL OIL RESIDUEL | NAPHTHA | PRODUITS NON-ENERGETIQUES |
| 12 | 13 | 14 | 15 | 16 | 17 | 18 | 19 | 20 | 21 | 22 | 23 | 24 |
| - | - | - | - | - | - | - | - | - | - | - | - | - |
| - | - | - | - | - | - | - | - | - | - | - | - | - |
| - | - | - | - | 22 | - | 185 | 50 | - | 539 | 512 | - | 35 |
| - | - | - | - | -1 | - | -3 | - | - | -15 | -1 | - | - |
| - | - | - | - | - | - | - | - | - | - | - | - | - |
| - | - | - | - | - | - | -2 | - | - | -7 | 2 | - | - |
| - | - | - | - | 21 | - | 180 | 50 | - | 517 | 513 | - | 35 |
| - | - | - | - | - | - | - | - | - | - | - | - | - |
| - | - | - | - | - | - | - | - | - | - | - | - | - |
| - | - | - | - | 21 | - | 180 | 50 | - | 517 | 513 | - | 35 |
| - | - | - | - | -1 | - | - | - | - | 8 | -3 | - | - |
| - | - | - | - | - | - | - | - | - | 20 | 62 | - | - |
| - | - | - | - | - | - | - | - | - | - | - | - | - |
| - | - | - | - | - | - | - | - | - | - | - | - | - |
| - | - | - | - | - | - | - | - | - | - | - | - | - |
| - | - | - | - | - | - | - | - | - | 20 | 62 | - | - |
| - | - | - | - | - | - | - | - | - | - | - | - | - |
| - | - | - | - | - | - | - | - | - | - | - | - | - |
| - | - | - | - | - | - | - | - | - | - | - | - | - |
| - | - | - | - | - | - | - | - | - | - | - | - | - |
| - | - | - | - | - | - | - | - | - | - | - | - | - |
| - | - | - | - | - | - | - | - | - | - | - | - | - |
| - | - | - | - | - | - | - | - | - | - | - | - | - |
| - | - | - | - | - | - | - | - | - | - | - | - | - |
| - | - | - | - | 22 | - | 180 | 50 | - | 489 | 454 | - | 35 |
| - | - | - | - | 5 | - | 4 | - | - | 64 | 445 | - | 35 |
| - | - | - | - | 1 | - | 1 | - | - | 29 | 397 | - | 1 |
| - | - | - | - | 4 | - | - | - | - | 20 | 35 | - | - |
| - | - | - | - | - | - | - | - | - | - | - | - | - |
| - | - | - | - | - | - | - | - | - | - | - | - | - |
| - | - | - | - | - | - | - | - | - | - | - | - | - |
| - | - | - | - | - | - | - | - | - | - | - | - | - |
| - | - | - | - | - | - | - | - | - | - | - | - | - |
| - | - | - | - | - | - | - | - | - | - | - | - | - |
| - | - | - | - | - | - | - | - | - | - | - | - | - |
| - | - | - | - | - | - | - | - | - | - | - | - | - |
| - | - | - | - | - | - | - | - | - | - | - | - | - |
| - | - | - | - | - | - | - | - | - | - | - | - | - |
| - | - | - | - | - | - | - | - | - | - | - | - | - |
| - | - | - | - | - | - | 3 | - | - | 15 | 13 | - | 1 |
| - | - | - | - | - | - | - | - | - | - | - | - | - |
| - | - | - | - | - | - | - | - | - | - | - | - | 33 |
| - | - | - | - | 3 | - | 175 | 50 | - | 95 | 1 | - | - |
| - | - | - | - | - | - | - | 50 | - | - | - | - | - |
| - | - | - | - | 3 | - | 175 | - | - | 82 | - | - | - |
| - | - | - | - | - | - | - | - | - | 9 | 1 | - | - |
| - | - | - | - | - | - | - | - | - | 4 | - | - | - |
| - | - | - | - | 14 | - | 1 | - | - | 330 | 8 | - | - |
| - | - | - | - | - | - | - | - | - | 4 | - | - | - |
| - | - | - | - | - | - | - | - | - | - | - | - | - |
| - | - | - | - | - | - | - | - | - | - | - | - | - |
| - | - | - | - | 14 | - | - | - | - | 320 | 3 | - | - |

*INCLUDED IN THIS COLUMN IS NGL AND FEEDSTOCKS.

## PRODUCTION AND USES OF ENERGY SOURCES : LUXEMBOURG

1976

| ENERGY SOURCES / PRODUCTION AND USES | UNIT: 1000 METRIC TONS / UNITE: 1000 TONNES METRIQUES | | | | | | TCAL / TCAL | MANUFACTURED GAS (TCAL) / GAZ MANUFACTURE (TCAL) | | | MILLIONS / OF (DE) KWH |
|---|---|---|---|---|---|---|---|---|---|---|---|
| | HARD COAL / HOUILLE | PATENT FUEL / AGGLOMERES | COKE OVEN COKE / COKE DE FOUR | GAS COKE / COKE DE GAZ | BROWN COAL / LIGNITE | BKB / BRIQ. DE LIGNITE | NATURAL GAS / GAZ NATUREL | GAS WORKS / USINES A GAZ | COKE OVENS / COKERIES | BLAST FURNACES / HAUT FOURNEAUX | ELECTRICITY* / ELECTRICITE* |
| | 1 | 2 | 3 | 4 | 5 | 6 | 7 | 8 | 9 | 10 | 11 |
| PRODUCTION | - | - | - | - | - | - | - | - | - | 6884 | 1543 |
| FROM OTHER SOURCES | - | - | - | - | - | - | - | - | - | - | - |
| IMPORT | 613 | 8 | 2105 | - | 3 | 35 | 4360 | - | - | - | 3125 |
| EXPORT | - | - | - | - | - | - | - | - | - | - | -486 |
| INTL. MARINE BUNKERS | - | - | - | - | - | - | - | - | - | - | - |
| STOCK CHANGES | 6 | - | -6 | - | -1 | - | - | - | - | - | - |
| DOMESTIC SUPPLY | 619 | 8 | 2099 | - | 2 | 35 | 4360 | - | - | 6884 | 4182 |
| RETURNS TO SUPPLY | - | - | - | - | - | - | - | - | - | - | - |
| TRANSFERS | - | - | - | - | - | - | - | - | - | - | - |
| DOMESTIC AVAILABILITY | 619 | 8 | 2099 | - | 2 | 35 | 4360 | - | - | 6884 | 4182 |
| STATISTICAL DIFFERENCE | - | - | -1 | - | - | - | - | - | - | - | 26 |
| TRANSFORM. SECTOR ** | - | - | 1017 | - | - | - | 1477 | - | - | 1187 | - |
| FOR SOLID FUELS | - | - | - | - | - | - | - | - | - | - | - |
| FOR GASES | - | - | 1017 | - | - | - | - | - | - | - | - |
| PETROLEUM REFINERIES | - | - | - | - | - | - | - | - | - | - | - |
| THERMO-ELECTRIC PLANTS | - | - | - | - | - | - | 1477 | - | - | 1187 | - |
| ENERGY SECTOR | - | - | - | - | - | - | - | - | - | 633 | 841 |
| COAL MINES | - | - | - | - | - | - | - | - | - | - | - |
| OIL AND GAS EXTRACTION | - | - | - | - | - | - | - | - | - | - | - |
| PETROLEUM REFINERIES | - | - | - | - | - | - | - | - | - | - | - |
| ELECTRIC PLANTS | - | - | - | - | - | - | - | - | - | - | 65 |
| DISTRIBUTION LOSSES | - | - | - | - | - | - | - | - | - | 633 | 69 |
| PUMP STORAGE (ELECTR.) | - | - | - | - | - | - | - | - | - | - | 707 |
| OTHER ENERGY SECTOR | - | - | - | - | - | - | - | - | - | - | - |
| FINAL CONSUMPTION | 619 | 8 | 1083 | - | 2 | 35 | 2883 | - | - | 5064 | 3315 |
| INDUSTRY SECTOR | 612 | 7 | 1081 | - | 2 | - | 2117 | - | - | 5064 | 2476 |
| IRON AND STEEL | 612 | 7 | 1080 | - | 2 | - | 1923 | - | - | 4940 | 1693 |
| CHEMICAL | - | - | - | - | - | - | - | - | - | - | 473 |
| PETROCHEMICAL | - | - | - | - | - | - | - | - | - | - | - |
| NON-FERROUS METAL | - | - | - | - | - | - | - | - | - | - | 1 |
| NON-METALLIC MINERAL | - | - | - | - | - | - | - | - | - | - | 43 |
| PAPER PULP AND PRINT | - | - | - | - | - | - | - | - | - | - | - |
| MINING AND QUARRYING | - | - | - | - | - | - | - | - | - | - | 39 |
| FOOD AND TOBACCO | - | - | - | - | - | - | - | - | - | - | 38 |
| WOOD AND WOOD PRODUCTS | - | - | - | - | - | - | - | - | - | - | - |
| MACHINERY | - | - | - | - | - | - | - | - | - | - | 64 |
| TRANSPORT EQUIPMENT | - | - | - | - | - | - | - | - | - | - | - |
| CONSTRUCTION | - | - | - | - | - | - | - | - | - | - | - |
| TEXTILES AND LEATHER | - | - | - | - | - | - | - | - | - | - | 35 |
| NON SPECIFIED | - | - | 1 | - | - | - | 194 | - | - | 124 | 90 |
| NON-ENERGY USES: | | | | | | | | | | | |
| (1)ENERGY PRODUCTS | - | - | - | - | - | - | - | - | - | - | - |
| (2)NON-ENERGY PRODUCTS | - | - | - | - | - | - | - | - | - | - | - |
| TRANSPORT. SECTOR ** | - | - | - | - | - | - | - | - | - | - | 42 |
| AIR TRANSPORT | - | - | - | - | - | - | - | - | - | - | - |
| ROAD TRANSPORT | - | - | - | - | - | - | - | - | - | - | - |
| RAILWAYS | - | - | - | - | - | - | - | - | - | - | 42 |
| INTERNAL NAVIGATION | - | - | - | - | - | - | - | - | - | - | - |
| OTHER SECTORS ** | 7 | 1 | 2 | - | - | 35 | 766 | - | - | - | 797 |
| AGRICULTURE | - | - | - | - | - | - | - | - | - | - | - |
| PUBLIC SERVICES | - | - | - | - | - | - | - | - | - | - | - |
| COMMERCE | - | - | - | - | - | - | 86 | - | - | - | - |
| RESIDENTIAL | 7 | 1 | 2 | - | - | 35 | 680 | - | - | - | 320 |

(1) INCLUDED IN CHEMICAL OR PETROCHEMICAL INDUSTRY
(2) INCLUDED ONLY IN TOTAL INDUSTRY

** INCLUDED IN THESE TOTALS ARE THE NON-SPECIFIED ELEMENTS

| * OF WHICH: HYDRO | 524 |
|---|---|
| NUCLEAR | 0 |
| CONVENTIONAL THERMAL | 1019 |
| GEOTHERMAL | 0 |

PRODUCTION ET UTILISATION DES SOURCES D ENERGIE : LUXEMBOURG

1976

UNIT: 1000 METRIC TONS
UNITE: 1000 TONNES METRIQUES

| OIL / PETROLE: CRUDE* / BRUT* | OIL / PETROLE: NGL / GNL | OIL / PETROLE: FEEDST. | REFINERY GAS / GAZ DE PETROLE | LIQUEFIED PETROLEUM GASES / GAZ LIQUEFIES DE PETROLE | AVIATION GASOLINE / ESSENCE AVION | MOTOR GASOLINE / ESSENCE AUTO | JET FUEL / CARBURANT REACTEUR | KEROSENE / PETROLE LAMPANT | GAS/DIESEL OIL / GAZ/DIESEL OIL | RESIDUAL FUEL OIL / FUEL OIL RESIDUEL | NAPHTHA / NAPHTHA | NON-ENERGY PRODUCTS / PRODUITS NON-ENERGETIQUES |
|---|---|---|---|---|---|---|---|---|---|---|---|---|
| 12 | 13 | 14 | 15 | 16 | 17 | 18 | 19 | 20 | 21 | 22 | 23 | 24 |
| - | - | - | - | - | - | - | - | - | - | - | - | - |
| - | - | - | - | - | - | - | - | - | - | - | - | - |
| - | - | - | - | 24 | - | 209 | 58 | - | 559 | 583 | - | 35 |
| - | - | - | - | -3 | - | -3 | - | - | -28 | -9 | - | - |
| - | - | - | - | - | - | - | - | - | - | - | - | - |
| - | - | - | - | - | - | -2 | - | - | -3 | -9 | - | - |
| - | - | - | - | 21 | - | 204 | 58 | - | 528 | 565 | - | 35 |
| - | - | - | - | - | - | - | - | - | - | - | - | - |
| - | - | - | - | - | - | - | - | - | - | - | - | - |
| - | - | - | - | 21 | - | 204 | 58 | - | 528 | 565 | - | 35 |
| - | - | - | - | 1 | - | -4 | - | - | 1 | -8 | - | - |
| - | - | - | - | - | - | - | - | - | 20 | 49 | - | - |
| - | - | - | - | - | - | - | - | - | - | - | - | - |
| - | - | - | - | - | - | - | - | - | - | - | - | - |
| - | - | - | - | - | - | - | - | - | - | - | - | - |
| - | - | - | - | - | - | - | - | - | 20 | 49 | - | - |
| - | - | - | - | - | - | - | - | - | - | - | - | - |
| - | - | - | - | - | - | - | - | - | - | - | - | - |
| - | - | - | - | - | - | - | - | - | - | - | - | - |
| - | - | - | - | - | - | - | - | - | - | - | - | - |
| - | - | - | - | - | - | - | - | - | - | - | - | - |
| - | - | - | - | - | - | - | - | - | - | - | - | - |
| - | - | - | - | - | - | - | - | - | - | - | - | - |
| - | - | - | - | - | - | - | - | - | - | - | - | - |
| - | - | - | - | 20 | - | 208 | 58 | - | 507 | 524 | - | 35 |
| - | - | - | - | 6 | - | 3 | - | - | 59 | 508 | - | 35 |
| - | - | - | - | 1 | - | 1 | - | - | 34 | 441 | - | 1 |
| - | - | - | - | 4 | - | - | - | - | 13 | 51 | - | - |
| - | - | - | - | - | - | - | - | - | - | - | - | - |
| - | - | - | - | - | - | - | - | - | - | - | - | - |
| - | - | - | - | - | - | - | - | - | - | - | - | - |
| - | - | - | - | - | - | - | - | - | - | - | - | - |
| - | - | - | - | - | - | - | - | - | - | - | - | - |
| - | - | - | - | - | - | - | - | - | - | - | - | - |
| - | - | - | - | - | - | - | - | - | - | - | - | - |
| - | - | - | - | - | - | - | - | - | - | - | - | - |
| - | - | - | - | - | - | - | - | - | - | - | - | - |
| - | - | - | - | - | - | - | - | - | - | - | - | - |
| - | - | - | - | - | - | - | - | - | - | - | - | - |
| - | - | - | - | 1 | - | 2 | - | - | 12 | 16 | - | - |
| - | - | - | - | - | - | - | - | - | - | - | - | - |
| - | - | - | - | - | - | - | - | - | - | - | - | 34 |
| - | - | - | - | 2 | - | 203 | 58 | - | 83 | - | - | - |
| - | - | - | - | - | - | - | 58 | - | - | - | - | - |
| - | - | - | - | 2 | - | 203 | - | - | 72 | - | - | - |
| - | - | - | - | - | - | - | - | - | 9 | - | - | - |
| - | - | - | - | - | - | - | - | - | 2 | - | - | - |
| - | - | - | - | 12 | - | 2 | - | - | 365 | 16 | - | - |
| - | - | - | - | - | - | - | - | - | 4 | 5 | - | - |
| - | - | - | - | - | - | - | - | - | - | - | - | - |
| - | - | - | - | - | - | - | - | - | - | - | - | - |
| - | - | - | - | 12 | - | - | - | - | 355 | 4 | - | - |

*INCLUDED IN THIS COLUMN IS NGL AND FEEDSTOCKS.

## PRODUCTION AND USES OF ENERGY SOURCES : LUXEMBOURG

1977

| ENERGY SOURCES / PRODUCTION AND USES | UNIT: 1000 METRIC TONS / UNITE: 1000 TONNES METRIQUES | | | | | | TCAL / TCAL | MANUFACTURED GAS (TCAL) / GAZ MANUFACTURE (TCAL) | | | MILLIONS OF (DE) KWH |
|---|---|---|---|---|---|---|---|---|---|---|---|
| | HARD COAL / HOUILLE | PATENT FUEL / AGGLOMERES | COKE OVEN COKE / COKE DE FOUR | GAS COKE / COKE DE GAZ | BROWN COAL / LIGNITE | BKB / BRIQ. DE LIGNITE | NATURAL GAS / GAZ NATUREL | GAS WORKS / USINES A GAZ | COKE OVENS / COKERIES | BLAST FURNACES / HAUT FOURNEAUX | ELECTRICITY* / ELECTRICITE* |
| | 1 | 2 | 3 | 4 | 5 | 6 | 7 | 8 | 9 | 10 | 11 |
| PRODUCTION | - | - | - | - | - | - | - | - | - | 6432 | 1324 |
| FROM OTHER SOURCES | - | - | - | - | - | - | - | - | - | - | - |
| IMPORT | 524 | 1 | 1809 | - | 12 | 36 | 4605 | - | - | - | 2717 |
| EXPORT | - | - | - | - | - | - | - | - | - | - | -198 |
| INTL. MARINE BUNKERS | - | - | - | - | - | - | - | - | - | - | - |
| STOCK CHANGES | 13 | - | 121 | - | - | - | - | - | - | - | - |
| DOMESTIC SUPPLY | 537 | 1 | 1930 | - | 12 | 36 | 4605 | - | - | 6432 | 3843 |
| RETURNS TO SUPPLY | - | - | - | - | - | - | - | - | - | - | - |
| TRANSFERS | - | - | - | - | - | - | - | - | - | - | - |
| DOMESTIC AVAILABILITY | 537 | 1 | 1930 | - | 12 | 36 | 4605 | - | - | 6432 | 3843 |
| STATISTICAL DIFFERENCE | - | - | -1 | - | - | - | - | - | - | - | 100 |
| TRANSFORM. SECTOR ** | - | - | 950 | - | - | - | 1468 | - | - | 1153 | - |
| FOR SOLID FUELS | - | - | - | - | - | - | - | - | - | - | - |
| FOR GASES | - | - | 950 | - | - | - | - | - | - | - | - |
| PETROLEUM REFINERIES | - | - | - | - | - | - | - | - | - | - | - |
| THERMO-ELECTRIC PLANTS | - | - | - | - | - | - | 1468 | - | - | 1153 | - |
| ENERGY SECTOR | - | - | - | - | - | - | - | - | - | 609 | 431 |
| COAL MINES | - | - | - | - | - | - | - | - | - | - | - |
| OIL AND GAS EXTRACTION | - | - | - | - | - | - | - | - | - | - | - |
| PETROLEUM REFINERIES | - | - | - | - | - | - | - | - | - | - | - |
| ELECTRIC PLANTS | - | - | - | - | - | - | - | - | - | - | 54 |
| DISTRIBUTION LOSSES | - | - | - | - | - | - | - | - | - | 609 | 69 |
| PUMP STORAGE (ELECTR.) | - | - | - | - | - | - | - | - | - | - | 308 |
| OTHER ENERGY SECTOR | - | - | - | - | - | - | - | - | - | - | - |
| FINAL CONSUMPTION | 537 | 1 | 981 | - | 12 | 36 | 3137 | - | - | 4670 | 3312 |
| INDUSTRY SECTOR | 531 | - | 979 | - | 12 | - | 2259 | - | - | 4670 | 2397 |
| IRON AND STEEL | 531 | - | 978 | - | 12 | - | 2208 | - | - | 4561 | 1597 |
| CHEMICAL | - | - | - | - | - | - | - | - | - | - | 495 |
| PETROCHEMICAL | - | - | - | - | - | - | - | - | - | - | - |
| NON-FERROUS METAL | - | - | - | - | - | - | - | - | - | - | 2 |
| NON-METALLIC MINERAL | - | - | - | - | - | - | - | - | - | - | 48 |
| PAPER PULP AND PRINT | - | - | - | - | - | - | - | - | - | - | - |
| MINING AND QUARRYING | - | - | - | - | - | - | - | - | - | - | 38 |
| FOOD AND TOBACCO | - | - | - | - | - | - | - | - | - | - | 37 |
| WOOD AND WOOD PRODUCTS | - | - | - | - | - | - | - | - | - | - | - |
| MACHINERY | - | - | - | - | - | - | - | - | - | - | 73 |
| TRANSPORT EQUIPMENT | - | - | - | - | - | - | - | - | - | - | - |
| CONSTRUCTION | - | - | - | - | - | - | - | - | - | - | - |
| TEXTILES AND LEATHER | - | - | - | - | - | - | - | - | - | - | 32 |
| NON SPECIFIED | - | - | 1 | - | - | - | 51 | - | - | 109 | 75 |
| NON-ENERGY USES: | | | | | | | | | | | |
| (1)ENERGY PRODUCTS | - | - | - | - | - | - | - | - | - | - | - |
| (2)NON-ENERGY PRODUCTS | - | - | - | - | - | - | - | - | - | - | - |
| TRANSPORT. SECTOR ** | - | - | - | - | - | - | - | - | - | - | 43 |
| AIR TRANSPORT | - | - | - | - | - | - | - | - | - | - | - |
| ROAD TRANSPORT | - | - | - | - | - | - | - | - | - | - | - |
| RAILWAYS | - | - | - | - | - | - | - | - | - | - | 43 |
| INTERNAL NAVIGATION | - | - | - | - | - | - | - | - | - | - | - |
| OTHER SECTORS ** | 6 | 1 | 2 | - | - | 36 | 878 | - | - | - | 872 |
| AGRICULTURE | - | - | - | - | - | - | - | - | - | - | - |
| PUBLIC SERVICES | - | - | - | - | - | - | - | - | - | - | - |
| COMMERCE | - | - | - | - | - | - | - | - | - | - | - |
| RESIDENTIAL | 6 | 1 | 2 | - | - | 36 | 878 | - | - | - | 355 |

(1) INCLUDED IN CHEMICAL OR PETROCHEMICAL INDUSTRY
(2) INCLUDED ONLY IN TOTAL INDUSTRY

| * OF WHICH: | |
|---|---|
| HYDRO | 269 |
| NUCLEAR | 0 |
| CONVENTIONAL THERMAL | 1055 |
| GEOTHERMAL | 0 |

** INCLUDED IN THESE TOTALS ARE THE NON-SPECIFIED ELEMENTS

## PRODUCTION ET UTILISATION DES SOURCES D ENERGIE : LUXEMBOURG

1977

UNIT: 1000 METRIC TONS
UNITE: 1000 TONNES METRIQUES

| OIL / PETROLE: CRUDE* / BRUT* 12 | OIL / PETROLE: NGL / GNL 13 | OIL / PETROLE: FEEDST. 14 | REFINERY GAS / GAZ DE PETROLE 15 | LIQUEFIED PETROLEUM GASES / GAZ LIQUEFIES DE PETROLE 16 | AVIATION GASOLINE / ESSENCE AVION 17 | MOTOR GASOLINE / ESSENCE AUTO 18 | JET FUEL / CARBURANT REACTEUR 19 | KEROSENE / PETROLE LAMPANT 20 | GAS/DIESEL OIL / GAZ/DIESEL OIL 21 | RESIDUAL FUEL OIL / FUEL OIL RESIDUEL 22 | NAPHTHA / NAPHTHA 23 | NON-ENERGY PRODUCTS / PRODUITS NON-ENERGETIQUES 24 |
|---|---|---|---|---|---|---|---|---|---|---|---|---|
| - | - | - | - | - | - | - | - | - | - | - | - | - |
| - | - | - | - | - | - | - | - | - | - | - | - | - |
| - | - | - | - | 24 | - | 231 | 58 | - | 533 | 544 | - | 37 |
| - | - | - | - | -2 | - | -2 | - | - | -8 | -5 | - | - |
| - | - | - | - | - | - | - | - | - | - | - | - | - |
| - | - | - | - | - | - | -1 | - | - | -5 | 10 | - | - |
| - | - | - | - | 22 | - | 228 | 58 | - | 520 | 549 | - | 37 |
| - | - | - | - | - | - | - | - | - | - | - | - | - |
| - | - | - | - | - | - | - | - | - | - | - | - | - |
| - | - | - | - | 22 | - | 228 | 58 | - | 520 | 549 | - | 37 |
| - | - | - | - | - | - | - | - | - | 5 | 12 | - | 1 |
| - | - | - | - | - | - | - | - | - | - | 57 | - | - |
| - | - | - | - | - | - | - | - | - | - | - | - | - |
| - | - | - | - | - | - | - | - | - | - | - | - | - |
| - | - | - | - | - | - | - | - | - | - | - | - | - |
| - | - | - | - | - | - | - | - | - | - | 57 | - | - |
| - | - | - | - | - | - | - | - | - | - | - | - | - |
| - | - | - | - | - | - | - | - | - | - | - | - | - |
| - | - | - | - | - | - | - | - | - | - | - | - | - |
| - | - | - | - | - | - | - | - | - | - | - | - | - |
| - | - | - | - | - | - | - | - | - | - | - | - | - |
| - | - | - | - | - | - | - | - | - | - | - | - | - |
| - | - | - | - | - | - | - | - | - | - | - | - | - |
| - | - | - | - | - | - | - | - | - | - | - | - | - |
| - | - | - | - | 22 | - | 228 | 58 | - | 515 | 480 | - | 36 |
| - | - | - | - | 10 | - | 2 | - | - | 63 | 458 | - | 36 |
| - | - | - | - | 1 | - | 1 | - | - | 25 | 366 | - | - |
| - | - | - | - | 6 | - | - | - | - | 7 | 31 | - | - |
| - | - | - | - | - | - | - | - | - | - | - | - | - |
| - | - | - | - | - | - | - | - | - | - | - | - | - |
| - | - | - | - | - | - | - | - | - | - | - | - | - |
| - | - | - | - | - | - | - | - | - | - | - | - | - |
| - | - | - | - | - | - | - | - | - | - | - | - | - |
| - | - | - | - | - | - | - | - | - | - | - | - | - |
| - | - | - | - | - | - | - | - | - | - | - | - | - |
| - | - | - | - | - | - | - | - | - | - | - | - | - |
| - | - | - | - | - | - | - | - | - | - | - | - | - |
| - | - | - | - | - | - | - | - | - | - | - | - | - |
| - | - | - | - | - | - | - | - | - | - | - | - | - |
| - | - | - | - | 3 | - | 1 | - | - | 31 | 61 | - | 1 |
| - | - | - | - | - | - | - | - | - | - | - | - | - |
| - | - | - | - | - | - | - | - | - | - | - | - | 35 |
| - | - | - | - | 2 | - | 225 | 58 | - | 68 | 2 | - | - |
| - | - | - | - | - | - | - | 58 | - | - | - | - | - |
| - | - | - | - | 2 | - | 225 | - | - | 60 | - | - | - |
| - | - | - | - | - | - | - | - | - | 8 | 2 | - | - |
| - | - | - | - | - | - | - | - | - | - | - | - | - |
| - | - | - | - | 10 | - | 1 | - | - | 384 | 20 | - | - |
| - | - | - | - | - | - | - | - | - | 4 | 9 | - | - |
| - | - | - | - | - | - | - | - | - | - | - | - | - |
| - | - | - | - | - | - | - | - | - | - | - | - | - |
| - | - | - | - | 10 | - | - | - | - | 364 | 1 | - | - |

*INCLUDED IN THIS COLUMN IS NGL AND FEEDSTOCKS.

## PRODUCTION AND USES OF ENERGY SOURCES : LUXEMBOURG

1978

| ENERGY SOURCES / PRODUCTION AND USES | UNIT: 1000 METRIC TONS / UNITE: 1000 TONNES METRIQUES | | | | | | TCAL / TCAL | MANUFACTURED GAS (TCAL) / GAZ MANUFACTURE (TCAL) | | | MILLIONS OF (DE) KWH |
|---|---|---|---|---|---|---|---|---|---|---|---|
| | HARD COAL / HOUILLE | PATENT FUEL / AGGLOMERES | COKE OVEN COKE / COKE DE FOUR | GAS COKE / COKE DE GAZ | BROWN COAL / LIGNITE | BKB / BRIQ. DE LIGNITE | NATURAL GAS / GAZ NATUREL | GAS WORKS / USINES A GAZ | COKE OVENS / COKERIES | BLAST FURNACES / HAUT FOURNEAUX | ELECTRICITY* / ELECTRICITE* |
| | 1 | 2 | 3 | 4 | 5 | 6 | 7 | 8 | 9 | 10 | 11 |
| PRODUCTION | - | - | - | - | - | - | - | - | - | 6170 | 1380 |
| FROM OTHER SOURCES | - | - | - | - | - | - | - | - | - | - | - |
| IMPORT | 495 | 1 | 2345 | - | 17 | 36 | 5047 | - | - | - | 2840 |
| EXPORT | - | - | - | - | - | - | - | - | - | - | -241 |
| INTL. MARINE BUNKERS | - | - | - | - | - | - | - | - | - | - | - |
| STOCK CHANGES | 6 | - | 3 | - | - | - | - | - | - | - | - |
| DOMESTIC SUPPLY | 501 | 1 | 2348 | - | 17 | 36 | 5047 | - | - | 6170 | 3979 |
| RETURNS TO SUPPLY | - | - | - | - | - | - | - | - | - | - | - |
| TRANSFERS | - | - | - | - | - | - | - | - | - | - | - |
| DOMESTIC AVAILABILITY | 501 | 1 | 2348 | - | 17 | 36 | 5047 | - | - | 6170 | 3979 |
| STATISTICAL DIFFERENCE | - | - | - | - | - | - | - | - | - | 1 | 107 |
| TRANSFORM. SECTOR ** | - | - | 956 | - | - | - | 1500 | - | - | 1309 | - |
| FOR SOLID FUELS | - | - | - | - | - | - | - | - | - | - | - |
| FOR GASES | - | - | 956 | - | - | - | - | - | - | - | - |
| PETROLEUM REFINERIES | - | - | - | - | - | - | - | - | - | - | - |
| THERMO-ELECTRIC PLANTS | - | - | - | - | - | - | 1500 | - | - | 1309 | - |
| ENERGY SECTOR | - | - | - | - | - | - | - | - | - | 532 | 478 |
| COAL MINES | - | - | - | - | - | - | - | - | - | - | - |
| OIL AND GAS EXTRACTION | - | - | - | - | - | - | - | - | - | - | - |
| PETROLEUM REFINERIES | - | - | - | - | - | - | - | - | - | - | - |
| ELECTRIC PLANTS | - | - | - | - | - | - | - | - | - | - | 55 |
| DISTRIBUTION LOSSES | - | - | - | - | - | - | - | - | - | 532 | 67 |
| PUMP STORAGE (ELECTR.) | - | - | - | - | - | - | - | - | - | - | 356 |
| OTHER ENERGY SECTOR | - | - | - | - | - | - | - | - | - | - | - |
| FINAL CONSUMPTION | 501 | 1 | 1392 | - | 17 | 36 | 3547 | - | - | 4328 | 3394 |
| INDUSTRY SECTOR | 496 | - | 1390 | - | 17 | - | 2530 | - | - | 4328 | 2413 |
| IRON AND STEEL | 496 | - | 1390 | - | 17 | - | 2474 | - | - | 4213 | 1582 |
| CHEMICAL | - | - | - | - | - | - | - | - | - | - | 508 |
| PETROCHEMICAL | - | - | - | - | - | - | - | - | - | - | - |
| NON-FERROUS METAL | - | - | - | - | - | - | - | - | - | - | 2 |
| NON-METALLIC MINERAL | - | - | - | - | - | - | - | - | - | - | 63 |
| PAPER PULP AND PRINT | - | - | - | - | - | - | - | - | - | - | - |
| MINING AND QUARRYING | - | - | - | - | - | - | - | - | - | - | 34 |
| FOOD AND TOBACCO | - | - | - | - | - | - | - | - | - | - | 34 |
| WOOD AND WOOD PRODUCTS | - | - | - | - | - | - | - | - | - | - | - |
| MACHINERY | - | - | - | - | - | - | - | - | - | - | 82 |
| TRANSPORT EQUIPMENT | - | - | - | - | - | - | - | - | - | - | - |
| CONSTRUCTION | - | - | - | - | - | - | - | - | - | - | - |
| TEXTILES AND LEATHER | - | - | - | - | - | - | - | - | - | - | 31 |
| NON SPECIFIED | - | - | - | - | - | - | 56 | - | - | 115 | 77 |
| NON-ENERGY USES: | | | | | | | | | | | |
| (1)ENERGY PRODUCTS | - | - | - | - | - | - | - | - | - | - | - |
| (2)NON-ENERGY PRODUCTS | - | - | - | - | - | - | - | - | - | - | - |
| TRANSPORT. SECTOR ** | - | - | - | - | - | - | - | - | - | - | 47 |
| AIR TRANSPORT | - | - | - | - | - | - | - | - | - | - | - |
| ROAD TRANSPORT | - | - | - | - | - | - | - | - | - | - | - |
| RAILWAYS | - | - | - | - | - | - | - | - | - | - | 47 |
| INTERNAL NAVIGATION | - | - | - | - | - | - | - | - | - | - | - |
| OTHER SECTORS ** | 5 | 1 | 2 | - | - | 36 | 1017 | - | - | - | 934 |
| AGRICULTURE | - | - | - | - | - | - | - | - | - | - | - |
| PUBLIC SERVICES | - | - | - | - | - | - | - | - | - | - | - |
| COMMERCE | - | - | - | - | - | - | - | - | - | - | - |
| RESIDENTIAL | 5 | 1 | 2 | - | - | 36 | 1017 | - | - | - | 394 |

(1) INCLUDED IN CHEMICAL OR PETROCHEMICAL INDUSTRY
(2) INCLUDED ONLY IN TOTAL INDUSTRY

** INCLUDED IN THESE TOTALS ARE THE NON-SPECIFIED ELEMENTS

| * OF WHICH: | |
|---|---|
| HYDRO | 320 |
| NUCLEAR | 0 |
| CONVENTIONAL THERMAL | 1060 |
| GEOTHERMAL | 0 |

# PRODUCTION ET UTILISATION DES SOURCES D ENERGIE : LUXEMBOURG

1978

UNIT: 1000 METRIC TONS
UNITE: 1000 TONNES METRIQUES

| OIL / PETROLE: CRUDE* / BRUT* 12 | OIL / PETROLE: NGL / GNL 13 | OIL / PETROLE: FEEDST. 14 | REFINERY GAS / GAZ DE PETROLE 15 | LIQUEFIED PETROLEUM GASES / GAZ LIQUEFIES DE PETROLE 16 | AVIATION GASOLINE / ESSENCE AVION 17 | MOTOR GASOLINE / ESSENCE AUTO 18 | JET FUEL / CARBURANT REACTEUR 19 | KEROSENE / PETROLE LAMPANT 20 | GAS/DIESEL OIL / GAZ/DIESEL OIL 21 | RESIDUAL FUEL OIL / FUEL OIL RESIDUEL 22 | NAPHTHA / NAPHTHA 23 | NON-ENERGY PRODUCTS / PRODUITS NON-ENERGETIQUES 24 |
|---|---|---|---|---|---|---|---|---|---|---|---|---|
| - | - | - | - | - | - | - | - | - | - | - | - | - |
| - | - | - | - | - | - | - | - | - | - | - | - | - |
| - | - | - | - | 24 | - | 259 | 61 | - | 566 | 482 | - | 46 |
| - | - | - | - | -5 | - | -5 | - | - | -7 | -9 | - | -4 |
| - | - | - | - | - | - | - | - | - | - | - | - | - |
| - | - | - | - | 1 | - | -6 | - | - | - | 3 | - | - |
| - | - | - | - | 20 | - | 248 | 61 | - | 559 | 476 | - | 42 |
| - | - | - | - | - | - | - | - | - | - | - | - | - |
| - | - | - | - | - | - | - | - | - | - | - | - | - |
| - | - | - | - | 20 | - | 248 | 61 | - | 559 | 476 | - | 42 |
| - | - | - | - | -2 | - | 4 | - | - | -1 | 1 | - | 1 |
| - | - | - | - | - | - | - | - | - | - | 40 | - | - |
| - | - | - | - | - | - | - | - | - | - | - | - | - |
| - | - | - | - | - | - | - | - | - | - | - | - | - |
| - | - | - | - | - | - | - | - | - | - | - | - | - |
| - | - | - | - | - | - | - | - | - | - | 40 | - | - |
| - | - | - | - | - | - | - | - | - | - | - | - | - |
| - | - | - | - | - | - | - | - | - | - | - | - | - |
| - | - | - | - | - | - | - | - | - | - | - | - | - |
| - | - | - | - | - | - | - | - | - | - | - | - | - |
| - | - | - | - | - | - | - | - | - | - | - | - | - |
| - | - | - | - | - | - | - | - | - | - | - | - | - |
| - | - | - | - | - | - | - | - | - | - | - | - | - |
| - | - | - | - | - | - | - | - | - | - | - | - | - |
| - | - | - | - | 22 | - | 244 | 61 | - | 560 | 435 | - | 41 |
| - | - | - | - | 8 | - | 1 | - | - | 70 | 409 | - | 41 |
| - | - | - | - | 1 | - | - | - | - | 25 | 320 | - | - |
| - | - | - | - | 5 | - | - | - | - | 9 | 60 | - | - |
| - | - | - | - | - | - | - | - | - | - | - | - | - |
| - | - | - | - | - | - | - | - | - | - | - | - | - |
| - | - | - | - | - | - | - | - | - | - | - | - | - |
| - | - | - | - | - | - | - | - | - | - | - | - | - |
| - | - | - | - | - | - | - | - | - | - | - | - | - |
| - | - | - | - | - | - | - | - | - | - | - | - | - |
| - | - | - | - | - | - | - | - | - | - | - | - | - |
| - | - | - | - | - | - | - | - | - | - | - | - | - |
| - | - | - | - | - | - | - | - | - | - | - | - | - |
| - | - | - | - | - | - | - | - | - | - | - | - | - |
| - | - | - | - | - | - | - | - | - | - | - | - | - |
| - | - | - | - | 2 | - | 1 | - | - | 36 | 29 | - | 1 |
| - | - | - | - | - | - | - | - | - | - | - | - | - |
| - | - | - | - | - | - | - | - | - | - | - | - | 40 |
| - | - | - | - | 3 | - | 242 | 61 | - | 93 | 6 | - | - |
| - | - | - | - | - | - | - | 61 | - | - | - | - | - |
| - | - | - | - | 3 | - | 242 | - | - | 82 | - | - | - |
| - | - | - | - | - | - | - | - | - | 9 | - | - | - |
| - | - | - | - | - | - | - | - | - | 2 | 6 | - | - |
| - | - | - | - | 11 | - | 1 | - | - | 397 | 20 | - | - |
| - | - | - | - | - | - | - | - | - | 4 | 11 | - | - |
| - | - | - | - | - | - | - | - | - | - | - | - | - |
| - | - | - | - | - | - | - | - | - | - | - | - | - |
| - | - | - | - | 9 | - | - | - | - | 378 | 5 | - | - |

*INCLUDED IN THIS COLUMN IS NGL AND FEEDSTOCKS.

## PRODUCTION AND USES OF ENERGY SOURCES : LUXEMBOURG

1979

| X XX ENERGY XX XX SOURCES XX XX XX PRODUCTION XX XX AND USES XX | UNIT: 1000 METRIC TONS / UNITE: 1000 TONNES METRIQUES | | | | | | TCAL / TCAL | MANUFACTURED GAS (TCAL) / GAZ MANUFACTURE (TCAL) | | | MILLIONS OF (DE) KWH |
|---|---|---|---|---|---|---|---|---|---|---|---|
| | HARD COAL / HOUILLE | PATENT FUEL / AGGLOMERES | COKE OVEN COKE / COKE DE FOUR | GAS COKE / COKE DE GAZ | BROWN COAL / LIGNITE | BKB / BRIQ. DE LIGNITE | NATURAL GAS / GAZ NATUREL | GAS WORKS / USINES A GAZ | COKE OVENS / COKERIES | BLAST FURNACES / HAUT FOURNEAUX | ELECTRICITY* / ELECTRICITE* |
| | 1 | 2 | 3 | 4 | 5 | 6 | 7 | 8 | 9 | 10 | 11 |
| PRODUCTION | - | - | - | - | - | - | - | - | - | 6019 | 1338 |
| FROM OTHER SOURCES | - | - | - | - | - | - | - | - | - | - | - |
| IMPORT | 349 | 11 | 2345 | - | 26 | 40 | 5235 | - | - | - | 2943 |
| EXPORT | - | - | - | - | - | - | - | - | - | - | -241 |
| INTL. MARINE BUNKERS | - | - | - | - | - | - | - | - | - | - | - |
| STOCK CHANGES | 4 | - | -56 | - | - | - | - | - | - | - | - |
| DOMESTIC SUPPLY | 353 | 11 | 2289 | - | 26 | 40 | 5235 | - | - | 6019 | 4040 |
| RETURNS TO SUPPLY | - | - | - | - | - | - | - | - | - | - | - |
| TRANSFERS | - | - | - | - | - | - | - | - | - | - | - |
| DOMESTIC AVAILABILITY | 353 | 11 | 2289 | - | 26 | 40 | 5235 | - | - | 6019 | 4040 |
| STATISTICAL DIFFERENCE | - | - | - | - | - | - | - | - | - | - | 60 |
| TRANSFORM. SECTOR ** | - | - | 890 | - | - | - | 1500 | - | - | 1397 | - |
| FOR SOLID FUELS | - | - | - | - | - | - | - | - | - | - | - |
| FOR GASES | - | - | 890 | - | - | - | - | - | - | - | - |
| PETROLEUM REFINERIES | - | - | - | - | - | - | - | - | - | - | - |
| THERMO-ELECTRIC PLANTS | - | - | - | - | - | - | 1500 | - | - | 1397 | - |
| ENERGY SECTOR | - | - | - | - | - | - | - | - | - | 579 | 498 |
| COAL MINES | - | - | - | - | - | - | - | - | - | - | - |
| OIL AND GAS EXTRACTION | - | - | - | - | - | - | - | - | - | - | - |
| PETROLEUM REFINERIES | - | - | - | - | - | - | - | - | - | - | - |
| ELECTRIC PLANTS | - | - | - | - | - | - | - | - | - | - | 72 |
| DISTRIBUTION LOSSES | - | - | - | - | - | - | - | - | - | 579 | 56 |
| PUMP STORAGE (ELECTR.) | - | - | - | - | - | - | - | - | - | - | 370 |
| OTHER ENERGY SECTOR | - | - | - | - | - | - | - | - | - | - | - |
| FINAL CONSUMPTION | 353 | 11 | 1399 | - | 26 | 40 | 3735 | - | - | 4043 | 3482 |
| INDUSTRY SECTOR | 348 | 10 | 1397 | - | 26 | - | 2641 | - | - | 4043 | 2437 |
| IRON AND STEEL | 297 | 10 | 1397 | - | 26 | - | 2595 | - | - | 4043 | 1595 |
| CHEMICAL | - | - | - | - | - | - | - | - | - | - | 512 |
| PETROCHEMICAL | - | - | - | - | - | - | - | - | - | - | - |
| NON-FERROUS METAL | - | - | - | - | - | - | - | - | - | - | 2 |
| NON-METALLIC MINERAL | - | - | - | - | - | - | - | - | - | - | 62 |
| PAPER PULP AND PRINT | - | - | - | - | - | - | - | - | - | - | - |
| MINING AND QUARRYING | - | - | - | - | - | - | - | - | - | - | 31 |
| FOOD AND TOBACCO | - | - | - | - | - | - | - | - | - | - | 38 |
| WOOD AND WOOD PRODUCTS | - | - | - | - | - | - | - | - | - | - | - |
| MACHINERY | - | - | - | - | - | - | - | - | - | - | 86 |
| TRANSPORT EQUIPMENT | - | - | - | - | - | - | - | - | - | - | - |
| CONSTRUCTION | - | - | - | - | - | - | - | - | - | - | - |
| TEXTILES AND LEATHER | - | - | - | - | - | - | - | - | - | - | 32 |
| NON SPECIFIED | 51 | - | - | - | - | - | 46 | - | - | - | 79 |
| NON-ENERGY USES: | | | | | | | | | | | |
| (1)ENERGY PRODUCTS | - | - | - | - | - | - | - | - | - | - | - |
| (2)NON-ENERGY PRODUCTS | - | - | - | - | - | - | - | - | - | - | - |
| TRANSPORT. SECTOR ** | - | - | - | - | - | - | - | - | - | - | 52 |
| AIR TRANSPORT | - | - | - | - | - | - | - | - | - | - | - |
| ROAD TRANSPORT | - | - | - | - | - | - | - | - | - | - | - |
| RAILWAYS | - | - | - | - | - | - | - | - | - | - | 52 |
| INTERNAL NAVIGATION | - | - | - | - | - | - | - | - | - | - | - |
| OTHER SECTORS ** | 5 | 1 | 2 | - | - | 40 | 1094 | - | - | - | 993 |
| AGRICULTURE | - | - | - | - | - | - | - | - | - | - | - |
| PUBLIC SERVICES | - | - | - | - | - | - | - | - | - | - | - |
| COMMERCE | - | - | - | - | - | - | - | - | - | - | - |
| RESIDENTIAL | 5 | 1 | 2 | - | - | 40 | 1094 | - | - | - | 429 |

(1) INCLUDED IN CHEMICAL OR PETROCHEMICAL INDUSTRY
(2) INCLUDED ONLY IN TOTAL INDUSTRY

| * OF WHICH: HYDRO | 332 |
|---|---|
| NUCLEAR | 0 |
| CONVENTIONAL THERMAL | 1007 |
| GEOTHERMAL | 0 |

** INCLUDED IN THESE TOTALS ARE THE NON-SPECIFIED ELEMENTS

PRODUCTION ET UTILISATION DES SOURCES D ENERGIE : LUXEMBOURG

1979

UNIT: 1000 METRIC TONS
UNITE: 1000 TONNES METRIQUES

| OIL / PETROLE | | | REFINERY GAS | LIQUEFIED PETROLEUM GASES | AVIATION GASOLINE | MOTOR GASOLINE | JET FUEL | KEROSENE | GAS/DIESEL OIL | RESIDUAL FUEL OIL | NAPHTHA | NON-ENERGY PRODUCTS |
|---|---|---|---|---|---|---|---|---|---|---|---|---|
| CRUDE BRUT | NGL GNL | FEEDST. | GAZ DE PETROLE | GAZ LIQUEFIES DE PETROLE | ESSENCE AVION | ESSENCE AUTO | CARBURANT REACTEUR | PETROLE LAMPANT | GAZ/DIESEL OIL | FUEL OIL RESIDUEL | NAPHTHA | PRODUITS NON-ENERGETIQUES |
| 12 | 13 | 14 | 15 | 16 | 17 | 18 | 19 | 20 | 21 | 22 | 23 | 24 |
| - | - | - | - | - | - | - | - | - | - | - | - | - |
| - | - | - | - | - | - | - | - | - | - | - | - | - |
| - | - | - | - | 25 | - | 287 | 66 | 1 | 600 | 337 | - | 39 |
| - | - | - | - | -2 | - | -3 | - | - | -13 | -18 | - | -1 |
| - | - | - | - | - | - | - | - | - | - | - | - | - |
| - | - | - | - | - | - | -7 | -3 | - | -34 | 3 | - | - |
| - | - | - | - | 23 | - | 277 | 63 | 1 | 553 | 322 | - | 38 |
| - | - | - | - | - | - | - | - | - | - | - | - | - |
| - | - | - | - | - | - | - | - | - | - | - | - | - |
| - | - | - | - | 23 | - | 277 | 63 | 1 | 553 | 322 | - | 38 |
| - | - | - | - | -1 | - | -2 | -3 | - | -20 | 9 | - | 1 |
| - | - | - | - | - | - | - | - | - | - | 30 | - | - |
| - | - | - | - | - | - | - | - | - | - | - | - | - |
| - | - | - | - | - | - | - | - | - | - | - | - | - |
| - | - | - | - | - | - | - | - | - | - | - | - | - |
| - | - | - | - | - | - | - | - | - | - | 30 | - | - |
| - | - | - | - | - | - | - | - | - | - | - | - | - |
| - | - | - | - | - | - | - | - | - | - | - | - | - |
| - | - | - | - | - | - | - | - | - | - | - | - | - |
| - | - | - | - | - | - | - | - | - | - | - | - | - |
| - | - | - | - | - | - | - | - | - | - | - | - | - |
| - | - | - | - | - | - | - | - | - | - | - | - | - |
| - | - | - | - | - | - | - | - | - | - | - | - | - |
| - | - | - | - | - | - | - | - | - | - | - | - | - |
| - | - | - | - | 24 | - | 279 | 66 | 1 | 573 | 283 | - | 37 |
| - | - | - | - | 8 | - | 2 | - | - | 68 | 263 | - | 37 |
| - | - | - | - | 1 | - | - | - | - | 24 | 192 | - | - |
| - | - | - | - | 5 | - | 1 | - | - | 6 | 55 | - | - |
| - | - | - | - | - | - | - | - | - | - | - | - | - |
| - | - | - | - | - | - | - | - | - | - | - | - | - |
| - | - | - | - | - | - | - | - | - | - | - | - | - |
| - | - | - | - | - | - | - | - | - | - | - | - | - |
| - | - | - | - | - | - | - | - | - | - | - | - | - |
| - | - | - | - | - | - | - | - | - | - | - | - | - |
| - | - | - | - | - | - | - | - | - | - | - | - | - |
| - | - | - | - | - | - | - | - | - | - | - | - | - |
| - | - | - | - | - | - | - | - | - | - | - | - | - |
| - | - | - | - | - | - | - | - | - | - | - | - | - |
| - | - | - | - | - | - | - | - | - | - | - | - | - |
| - | - | - | - | 2 | - | 1 | - | - | 38 | 16 | - | 2 |
| - | - | - | - | - | - | - | - | - | - | - | - | - |
| - | - | - | - | - | - | - | - | - | - | - | - | 35 |
| - | - | - | - | 3 | - | 276 | 66 | - | 109 | 4 | - | - |
| - | - | - | - | - | - | - | 66 | - | - | - | - | - |
| - | - | - | - | 3 | - | 276 | - | - | 97 | - | - | - |
| - | - | - | - | - | - | - | - | - | 11 | - | - | - |
| - | - | - | - | - | - | - | - | - | 1 | 4 | - | - |
| - | - | - | - | 13 | - | 1 | - | 1 | 396 | 16 | - | - |
| - | - | - | - | - | - | - | - | 1 | 4 | 8 | - | - |
| - | - | - | - | - | - | - | - | - | - | - | - | - |
| - | - | - | - | - | - | - | - | - | - | - | - | - |
| - | - | - | - | 13 | - | - | - | - | 380 | 4 | - | - |

# PRODUCTION AND USES OF ENERGY SOURCES : LUXEMBOURG

1980

| ENERGY SOURCES / PRODUCTION AND USES | UNIT: 1000 METRIC TONS / UNITE: 1000 TONNES METRIQUES | | | | | | TCAL / TCAL | MANUFACTURED GAS (TCAL) / GAZ MANUFACTURE (TCAL) | | | MILLIONS OF (DE) KWH |
|---|---|---|---|---|---|---|---|---|---|---|---|
| | HARD COAL / HOUILLE | PATENT FUEL / AGGLOMERES | COKE OVEN COKE / COKE DE FOUR | GAS COKE / COKE DE GAZ | BROWN COAL / LIGNITE | BKB / BRIQ. DE LIGNITE | NATURAL GAS / GAZ NATUREL | GAS WORKS / USINES A GAZ | COKE OVENS / COKERIES | BLAST FURNACES / HAUT FOURNEAUX | ELECTRICITY* / ELECTRICITE* |
| | 1 | 2 | 3 | 4 | 5 | 6 | 7 | 8 | 9 | 10 | 11 |
| PRODUCTION | - | - | - | - | - | - | - | - | - | 5387 | 1110 |
| FROM OTHER SOURCES | - | - | - | - | - | - | - | - | - | - | - |
| IMPORT | 364 | 1 | 2292 | - | 28 | 38 | 4715 | - | - | - | 3034 |
| EXPORT | - | - | - | - | - | - | - | - | - | - | -192 |
| INTL. MARINE BUNKERS | - | - | - | - | - | - | - | - | - | - | - |
| STOCK CHANGES | -18 | - | -10 | - | - | - | - | - | - | - | - |
| DOMESTIC SUPPLY | 346 | 1 | 2282 | - | 28 | 38 | 4715 | - | - | 5387 | 3952 |
| RETURNS TO SUPPLY | - | - | - | - | - | - | - | - | - | - | - |
| TRANSFERS | - | - | - | - | - | - | - | - | - | - | - |
| DOMESTIC AVAILABILITY | 346 | 1 | 2282 | - | 28 | 38 | 4715 | - | - | 5387 | 3952 |
| STATISTICAL DIFFERENCE | - | - | - | - | - | - | - | - | - | - | 60 |
| TRANSFORM. SECTOR ** | - | - | 886 | - | - | - | 743 | - | - | 1473 | - |
| FOR SOLID FUELS | - | - | - | - | - | - | - | - | - | - | - |
| FOR GASES | - | - | 886 | - | - | - | - | - | - | - | - |
| PETROLEUM REFINERIES | - | - | - | - | - | - | - | - | - | - | - |
| THERMO-ELECTRIC PLANTS | - | - | - | - | - | - | 743 | - | - | 1473 | - |
| ENERGY SECTOR | - | - | - | - | - | - | - | - | - | 444 | 392 |
| COAL MINES | - | - | - | - | - | - | - | - | - | - | - |
| OIL AND GAS EXTRACTION | - | - | - | - | - | - | - | - | - | - | - |
| PETROLEUM REFINERIES | - | - | - | - | - | - | - | - | - | - | - |
| ELECTRIC PLANTS | - | - | - | - | - | - | - | - | - | - | 57 |
| DISTRIBUTION LOSSES | - | - | - | - | - | - | - | - | - | 444 | 42 |
| PUMP STORAGE (ELECTR.) | - | - | - | - | - | - | - | - | - | - | 293 |
| OTHER ENERGY SECTOR | - | - | - | - | - | - | - | - | - | - | - |
| FINAL CONSUMPTION | 346 | 1 | 1396 | - | 28 | 38 | 3972 | - | - | 3470 | 3500 |
| INDUSTRY SECTOR | 340 | - | 1394 | - | 28 | - | 2730 | - | - | 3470 | 2385 |
| IRON AND STEEL | 232 | - | 1394 | - | 28 | - | 2600 | - | - | 3470 | 1575 |
| CHEMICAL | - | - | - | - | - | - | - | - | - | - | 466 |
| PETROCHEMICAL | - | - | - | - | - | - | - | - | - | - | - |
| NON-FERROUS METAL | - | - | - | - | - | - | - | - | - | - | 2 |
| NON-METALLIC MINERAL | - | - | - | - | - | - | 130 | - | - | - | 75 |
| PAPER PULP AND PRINT | - | - | - | - | - | - | - | - | - | - | - |
| MINING AND QUARRYING | - | - | - | - | - | - | - | - | - | - | 32 |
| FOOD AND TOBACCO | - | - | - | - | - | - | - | - | - | - | 42 |
| WOOD AND WOOD PRODUCTS | - | - | - | - | - | - | - | - | - | - | - |
| MACHINERY | - | - | - | - | - | - | - | - | - | - | 87 |
| TRANSPORT EQUIPMENT | - | - | - | - | - | - | - | - | - | - | - |
| CONSTRUCTION | - | - | - | - | - | - | - | - | - | - | - |
| TEXTILES AND LEATHER | - | - | - | - | - | - | - | - | - | - | 33 |
| NON SPECIFIED | 108 | - | - | - | - | - | - | - | - | - | 73 |
| NON-ENERGY USES: | | | | | | | | | | | |
| (1)ENERGY PRODUCTS | - | - | - | - | - | - | - | - | - | - | - |
| (2)NON-ENERGY PRODUCTS | - | - | - | - | - | - | - | - | - | - | - |
| TRANSPORT. SECTOR ** | - | - | - | - | - | - | - | - | - | - | 45 |
| AIR TRANSPORT | - | - | - | - | - | - | - | - | - | - | - |
| ROAD TRANSPORT | - | - | - | - | - | - | - | - | - | - | - |
| RAILWAYS | - | - | - | - | - | - | - | - | - | - | 45 |
| INTERNAL NAVIGATION | - | - | - | - | - | - | - | - | - | - | - |
| OTHER SECTORS ** | 6 | 1 | 2 | - | - | 38 | 1242 | - | - | - | 1070 |
| AGRICULTURE | - | - | - | - | - | - | - | - | - | - | - |
| PUBLIC SERVICES | - | - | - | - | - | - | - | - | - | - | - |
| COMMERCE | - | - | - | - | - | - | - | - | - | - | - |
| RESIDENTIAL | 6 | 1 | 2 | - | - | 38 | 1242 | - | - | - | 465 |

(1) INCLUDED IN CHEMICAL OR PETROCHEMICAL INDUSTRY
(2) INCLUDED ONLY IN TOTAL INDUSTRY

| * OF WHICH: | |
|---|---|
| HYDRO | 290 |
| NUCLEAR | 0 |
| CONVENTIONAL THERMAL | 820 |
| GEOTHERMAL | 0 |

** INCLUDED IN THESE TOTALS ARE THE NON-SPECIFIED ELEMENTS

UNIT: 1000 METRIC TONS
UNITE: 1000 TONNES METRIQUES

| OIL PETROLE | | | REFINERY GAS | LIQUEFIED PETROLEUM GASES | AVIATION GASOLINE | MOTOR GASOLINE | JET FUEL | KEROSENE | GAS/DIESEL OIL | RESIDUAL FUEL OIL | NAPHTHA | NON-ENERGY PRODUCTS |
|---|---|---|---|---|---|---|---|---|---|---|---|---|
| CRUDE BRUT | NGL GNL | FEEDST. | GAZ DE PETROLE | GAZ LIQUEFIES DE PETROLE | ESSENCE AVION | ESSENCE AUTO | CARBURANT REACTEUR | PETROLE LAMPANT | GAZ/DIESEL OIL | FUEL OIL RESIDUEL | NAPHTHA | PRODUITS NON-ENERGETIQUES |
| 12 | 13 | 14 | 15 | 16 | 17 | 18 | 19 | 20 | 21 | 22 | 23 | 24 |
| - | - | - | - | - | - | - | - | - | - | - | - | - |
| - | - | - | - | - | - | - | - | - | - | - | - | - |
| - | - | - | - | 28 | - | 293 | 63 | - | 549 | 156 | - | 43 |
| - | - | - | - | -3 | - | -2 | - | - | -16 | -28 | - | - |
| - | - | - | - | - | - | - | - | - | - | - | - | - |
| - | - | - | - | - | - | -5 | - | - | -4 | 8 | - | - |
| - | - | - | - | 25 | - | 286 | 63 | - | 529 | 136 | - | 43 |
| - | - | - | - | - | - | - | - | - | - | - | - | - |
| - | - | - | - | - | - | - | - | - | - | - | - | - |
| - | - | - | - | 25 | - | 286 | 63 | - | 529 | 136 | - | 43 |
| - | - | - | - | - | - | - | - | - | 1 | 5 | - | 1 |
| - | - | - | - | - | - | - | - | - | - | 15 | - | - |
| - | - | - | - | - | - | - | - | - | - | - | - | - |
| - | - | - | - | - | - | - | - | - | - | - | - | - |
| - | - | - | - | - | - | - | - | - | - | - | - | - |
| - | - | - | - | - | - | - | - | - | - | 15 | - | - |
| - | - | - | - | - | - | - | - | - | - | - | - | - |
| - | - | - | - | - | - | - | - | - | - | - | - | - |
| - | - | - | - | - | - | - | - | - | - | - | - | - |
| - | - | - | - | - | - | - | - | - | - | - | - | - |
| - | - | - | - | - | - | - | - | - | - | - | - | - |
| - | - | - | - | - | - | - | - | - | - | - | - | - |
| - | - | - | - | - | - | - | - | - | - | - | - | - |
| - | - | - | - | - | - | - | - | - | - | - | - | - |
| - | - | - | - | 25 | - | 286 | 63 | - | 528 | 116 | - | 42 |
| - | - | - | - | 11 | - | 2 | - | - | 63 | 102 | - | 41 |
| - | - | - | - | 1 | - | 1 | - | - | 20 | 58 | - | - |
| - | - | - | - | 4 | - | - | - | - | 2 | 44 | - | - |
| - | - | - | - | - | - | - | - | - | - | - | - | - |
| - | - | - | - | - | - | - | - | - | - | - | - | - |
| - | - | - | - | - | - | - | - | - | - | - | - | - |
| - | - | - | - | - | - | - | - | - | - | - | - | - |
| - | - | - | - | - | - | - | - | - | - | - | - | - |
| - | - | - | - | - | - | - | - | - | 6 | - | - | - |
| - | - | - | - | - | - | - | - | - | - | - | - | - |
| - | - | - | - | - | - | - | - | - | - | - | - | - |
| - | - | - | - | - | - | - | - | - | - | - | - | - |
| - | - | - | - | - | - | - | - | - | - | - | - | - |
| - | - | - | - | - | - | - | - | - | - | - | - | - |
| - | - | - | - | 6 | - | 1 | - | - | 35 | - | - | 1 |
| - | - | - | - | - | - | - | - | - | - | - | - | - |
| - | - | - | - | - | - | - | - | - | - | - | - | 40 |
| - | - | - | - | 4 | - | 282 | 63 | - | 122 | 3 | - | - |
| - | - | - | - | - | - | - | 63 | - | - | - | - | - |
| - | - | - | - | 4 | - | 282 | - | - | 114 | - | - | - |
| - | - | - | - | - | - | - | - | - | 8 | - | - | - |
| - | - | - | - | - | - | - | - | - | - | 1 | - | - |
| - | - | - | - | 10 | - | 2 | - | - | 343 | 11 | - | 1 |
| - | - | - | - | - | - | - | - | - | 3 | 10 | - | - |
| - | - | - | - | - | - | - | - | - | - | - | - | - |
| - | - | - | - | - | - | - | - | - | - | - | - | - |
| - | - | - | - | 10 | - | - | - | - | 329 | - | - | - |

# PRODUCTION AND USES OF ENERGY SOURCES : LUXEMBOURG

1981

| ENERGY SOURCES / PRODUCTION AND USES | UNIT: 1000 METRIC TONS / UNITE: 1000 TONNES METRIQUES | | | | | | TCAL / TCAL | MANUFACTURED GAS (TCAL) / GAZ MANUFACTURE (TCAL) | | | MILLIONS OF (DE) KWH |
|---|---|---|---|---|---|---|---|---|---|---|---|
| | HARD COAL / HOUILLE | PATENT FUEL / AGGLOMERES | COKE OVEN COKE / COKE DE FOUR | GAS COKE / COKE DE GAZ | BROWN COAL / LIGNITE | BKB / BRIQ. DE LIGNITE | NATURAL GAS / GAZ NATUREL | GAS WORKS / USINES A GAZ | COKE OVENS / COKERIES | BLAST FURNACES / HAUT FOURNEAUX | ELECTRICITY* / ELECTRICITE* |
| | 1 | 2 | 3 | 4 | 5 | 6 | 7 | 8 | 9 | 10 | 11 |
| PRODUCTION | - | - | - | - | - | - | - | - | - | 4430 | 1195 |
| FROM OTHER SOURCES | - | - | - | - | - | - | - | - | - | - | - |
| IMPORT | 297 | 2 | 1800 | - | 6 | 53 | 3611 | - | - | - | 3392 |
| EXPORT | - | - | - | - | - | - | - | - | - | - | -465 |
| INTL. MARINE BUNKERS | - | - | - | - | - | - | - | - | - | - | - |
| STOCK CHANGES | 17 | - | 51 | - | - | - | - | - | - | - | - |
| DOMESTIC SUPPLY | 314 | 2 | 1851 | - | 6 | 53 | 3611 | - | - | 4430 | 4122 |
| RETURNS TO SUPPLY | - | - | - | - | - | - | - | - | - | - | - |
| TRANSFERS | - | - | - | - | - | - | - | - | - | - | - |
| DOMESTIC AVAILABILITY | 314 | 2 | 1851 | - | 6 | 53 | 3611 | - | - | 4430 | 4122 |
| STATISTICAL DIFFERENCE | - | - | - | - | - | - | - | - | - | - | - |
| TRANSFORM. SECTOR ** | - | - | 635 | - | - | - | 319 | - | - | 1139 | - |
| FOR SOLID FUELS | - | - | - | - | - | - | - | - | - | - | - |
| FOR GASES | - | - | 635 | - | - | - | - | - | - | - | - |
| PETROLEUM REFINERIES | - | - | - | - | - | - | - | - | - | - | - |
| THERMO-ELECTRIC PLANTS | - | - | - | - | - | - | 319 | - | - | 1139 | - |
| ENERGY SECTOR | - | - | - | - | - | - | - | - | - | 435 | 729 |
| COAL MINES | - | - | - | - | - | - | - | - | - | - | - |
| OIL AND GAS EXTRACTION | - | - | - | - | - | - | - | - | - | - | - |
| PETROLEUM REFINERIES | - | - | - | - | - | - | - | - | - | - | - |
| ELECTRIC PLANTS | - | - | - | - | - | - | - | - | - | - | 43 |
| DISTRIBUTION LOSSES | - | - | - | - | - | - | - | - | - | 435 | 44 |
| PUMP STORAGE (ELECTR.) | - | - | - | - | - | - | - | - | - | - | 642 |
| OTHER ENERGY SECTOR | - | - | - | - | - | - | - | - | - | - | - |
| FINAL CONSUMPTION | 314 | 2 | 1216 | - | 6 | 53 | 3292 | - | - | 2856 | 3393 |
| INDUSTRY SECTOR | 308 | - | 1212 | - | 6 | - | 1933 | - | - | 2856 | 2296 |
| IRON AND STEEL | 226 | - | 1212 | - | 6 | - | 1793 | - | - | 2856 | 1429 |
| CHEMICAL | - | - | - | - | - | - | - | - | - | - | 500 |
| PETROCHEMICAL | - | - | - | - | - | - | - | - | - | - | - |
| NON-FERROUS METAL | - | - | - | - | - | - | - | - | - | - | 2 |
| NON-METALLIC MINERAL | - | - | - | - | - | - | 140 | - | - | - | 90 |
| PAPER PULP AND PRINT | - | - | - | - | - | - | - | - | - | - | - |
| MINING AND QUARRYING | - | - | - | - | - | - | - | - | - | - | 30 |
| FOOD AND TOBACCO | - | - | - | - | - | - | - | - | - | - | 45 |
| WOOD AND WOOD PRODUCTS | - | - | - | - | - | - | - | - | - | - | - |
| MACHINERY | - | - | - | - | - | - | - | - | - | - | 90 |
| TRANSPORT EQUIPMENT | - | - | - | - | - | - | - | - | - | - | - |
| CONSTRUCTION | - | - | - | - | - | - | - | - | - | - | - |
| TEXTILES AND LEATHER | - | - | - | - | - | - | - | - | - | - | 40 |
| NON SPECIFIED | 82 | - | - | - | - | - | - | - | - | - | 70 |
| NON-ENERGY USES: | | | | | | | | | | | |
| (1)ENERGY PRODUCTS | - | - | - | - | - | - | - | - | - | - | - |
| (2)NON-ENERGY PRODUCTS | - | - | - | - | - | - | - | - | - | - | - |
| TRANSPORT. SECTOR ** | - | - | - | - | - | - | - | - | - | - | 46 |
| AIR TRANSPORT | - | - | - | - | - | - | - | - | - | - | - |
| ROAD TRANSPORT | - | - | - | - | - | - | - | - | - | - | - |
| RAILWAYS | - | - | - | - | - | - | - | - | - | - | 46 |
| INTERNAL NAVIGATION | - | - | - | - | - | - | - | - | - | - | - |
| OTHER SECTORS ** | 6 | 2 | 4 | - | - | 53 | 1359 | - | - | - | 1051 |
| AGRICULTURE | - | - | - | - | - | - | - | - | - | - | - |
| PUBLIC SERVICES | - | - | - | - | - | - | - | - | - | - | - |
| COMMERCE | - | - | - | - | - | - | - | - | - | - | - |
| RESIDENTIAL | 6 | 2 | 4 | - | - | 53 | 1359 | - | - | - | 459 |

(1) INCLUDED IN CHEMICAL OR PETROCHEMICAL INDUSTRY
(2) INCLUDED ONLY IN TOTAL INDUSTRY

| * OF WHICH: HYDRO | 573 |
|---|---|
| NUCLEAR | 0 |
| CONVENTIONAL THERMAL | 622 |
| GEOTHERMAL | 0 |

** INCLUDED IN THESE TOTALS ARE THE NON-SPECIFIED ELEMENTS

## PRODUCTION ET UTILISATION DES SOURCES D ENERGIE : LUXEMBOURG

1981

UNIT: 1000 METRIC TONS
UNITE: 1000 TONNES METRIQUES

| OIL PETROLE | | | REFINERY GAS | LIQUEFIED PETROLEUM GASES | AVIATION GASOLINE | MOTOR GASOLINE | JET FUEL | KEROSENE | GAS/DIESEL OIL | RESIDUAL FUEL OIL | NAPHTHA | NON-ENERGY PRODUCTS |
|---|---|---|---|---|---|---|---|---|---|---|---|---|
| CRUDE BRUT | NGL GNL | FEEDST. | GAZ DE PETROLE | GAZ LIQUEFIES DE PETROLE | ESSENCE AVION | ESSENCE AUTO | CARBURANT REACTEUR | PETROLE LAMPANT | GAZ/DIESEL OIL | FUEL OIL RESIDUEL | NAPHTHA | PRODUITS NON-ENERGETIQUES |
| 12 | 13 | 14 | 15 | 16 | 17 | 18 | 19 | 20 | 21 | 22 | 23 | 24 |
| - | - | - | - | - | - | - | - | - | - | - | - | - |
| - | - | - | - | - | - | - | - | - | - | - | - | - |
| - | - | - | - | 27 | - | 315 | 58 | - | 498 | 116 | - | 44 |
| - | - | - | - | -2 | - | -1 | - | - | -8 | -14 | - | -2 |
| - | - | - | - | - | - | - | - | - | - | - | - | - |
| - | - | - | - | - | - | -2 | -1 | - | 7 | 3 | - | - |
| - | - | - | - | 25 | - | 312 | 57 | - | 497 | 105 | - | 42 |
| - | - | - | - | - | - | - | - | - | - | - | - | - |
| - | - | - | - | - | - | - | - | - | - | - | - | - |
| - | - | - | - | 25 | - | 312 | 57 | - | 497 | 105 | - | 42 |
| - | - | - | - | - | - | 1 | -1 | - | 3 | 4 | - | - |
| - | - | - | - | - | - | - | - | - | - | 17 | - | - |
| - | - | - | - | - | - | - | - | - | - | - | - | - |
| - | - | - | - | - | - | - | - | - | - | - | - | - |
| - | - | - | - | - | - | - | - | - | - | - | - | - |
| - | - | - | - | - | - | - | - | - | - | 17 | - | - |
| - | - | - | - | - | - | - | - | - | - | - | - | - |
| - | - | - | - | - | - | - | - | - | - | - | - | - |
| - | - | - | - | - | - | - | - | - | - | - | - | - |
| - | - | - | - | - | - | - | - | - | - | - | - | - |
| - | - | - | - | - | - | - | - | - | - | - | - | - |
| - | - | - | - | - | - | - | - | - | - | - | - | - |
| - | - | - | - | - | - | - | - | - | - | - | - | - |
| - | - | - | - | - | - | - | - | - | - | - | - | - |
| - | - | - | - | 25 | - | 311 | 58 | - | 494 | 84 | - | 42 |
| - | - | - | - | 10 | - | 2 | - | - | 57 | 82 | - | 41 |
| - | - | - | - | 1 | - | 1 | - | - | 15 | 29 | - | - |
| - | - | - | - | 2 | - | - | - | - | 1 | 52 | - | - |
| - | - | - | - | - | - | - | - | - | - | - | - | - |
| - | - | - | - | - | - | - | - | - | - | - | - | - |
| - | - | - | - | - | - | - | - | - | - | - | - | - |
| - | - | - | - | - | - | - | - | - | - | - | - | - |
| - | - | - | - | - | - | - | - | - | - | - | - | - |
| - | - | - | - | - | - | - | - | - | 6 | 1 | - | - |
| - | - | - | - | - | - | - | - | - | - | - | - | - |
| - | - | - | - | - | - | - | - | - | - | - | - | - |
| - | - | - | - | - | - | - | - | - | - | - | - | - |
| - | - | - | - | 4 | - | - | - | - | 18 | - | - | - |
| - | - | - | - | - | - | - | - | - | - | - | - | - |
| - | - | - | - | 3 | - | 1 | - | - | 17 | - | - | 1 |
| - | - | - | - | - | - | - | - | - | - | - | - | - |
| - | - | - | - | - | - | - | - | - | - | - | - | 40 |
| - | - | - | - | 6 | - | 308 | 58 | - | 148 | - | - | - |
| - | - | - | - | - | - | - | 58 | - | - | - | - | - |
| - | - | - | - | 6 | - | 308 | - | - | 139 | - | - | - |
| - | - | - | - | - | - | - | - | - | 9 | - | - | - |
| - | - | - | - | - | - | - | - | - | - | - | - | - |
| - | - | - | - | 9 | - | 1 | - | - | 289 | 2 | - | 1 |
| - | - | - | - | - | - | - | - | - | 4 | 2 | - | - |
| - | - | - | - | - | - | - | - | - | - | - | - | - |
| - | - | - | - | - | - | - | - | - | - | - | - | - |
| - | - | - | - | 9 | - | - | - | - | 285 | - | - | - |

## PRODUCTION AND USES OF ENERGY SOURCES : NETHERLANDS

1971

| X XX ENERGY XX XX SOURCES XX XX XX PRODUCTION XX XX AND USES XX | UNIT: 1000 METRIC TONS UNITE: 1000 TONNES METRIQUES | | | | | | TCAL TCAL | MANUFACTURED GAS (TCAL) GAZ MANUFACTURE (TCAL) | | | MILLIONS OF (DE) KWH |
|---|---|---|---|---|---|---|---|---|---|---|---|
| | HARD COAL HOUILLE | PATENT FUEL AGGLOMERES | COKE OVEN COKE COKE DE FOUR | GAS COKE COKE DE GAZ | BROWN COAL LIGNITE | BKB BRIQ. DE LIGNITE | NATURAL GAS GAZ NATUREL | GAS WORKS USINES A GAZ | COKE OVENS COKERIES | BLAST FURNACES HAUT FOURNEAUX | ELECTRICITY* ELECTRICITE* |
| | 1 | 2 | 3 | 4 | 5 | 6 | 7 | 8 | 9 | 10 | 11 |
| PRODUCTION | 3795 | 585 | 1900 | - | - | - | 368228 | - | 3631 | 7456 | 44904 |
| FROM OTHER SOURCES | - | - | - | - | - | - | - | - | - | - | - |
| IMPORT | 3199 | - | 1240 | - | 29 | - | - | - | - | - | 1 |
| EXPORT | -1381 | -450 | -630 | - | - | - | -146454 | - | - | - | -1083 |
| INTL. MARINE BUNKERS | - | - | - | - | - | - | - | - | - | - | - |
| STOCK CHANGES | -304 | -25 | -50 | - | - | - | - | - | - | - | - |
| DOMESTIC SUPPLY | 5309 | 110 | 2460 | - | 29 | - | 221774 | - | 3631 | 7456 | 43822 |
| RETURNS TO SUPPLY | - | - | - | - | - | - | - | - | - | - | - |
| TRANSFERS | - | - | - | - | - | - | - | - | - | - | - |
| DOMESTIC AVAILABILITY | 5309 | 110 | 2460 | - | 29 | - | 221774 | - | 3631 | 7456 | 43822 |
| STATISTICAL DIFFERENCE | - | - | -10 | - | - | - | -1831 | - | 12 | 2 | -1 |
| TRANSFORM. SECTOR ** | 4156 | - | 736 | - | - | - | 67570 | - | 2231 | 2932 | - |
| FOR SOLID FUELS | 2886 | - | - | - | - | - | - | - | - | - | - |
| FOR GASES | - | - | 736 | - | - | - | - | - | 2231 | - | - |
| PETROLEUM REFINERIES | - | - | - | - | - | - | - | - | - | - | - |
| THERMO-ELECTRIC PLANTS | 1270 | - | - | - | - | - | 67570 | - | - | 2932 | - |
| ENERGY SECTOR | 81 | 10 | - | - | - | - | 5910 | - | 724 | 1259 | 6096 |
| COAL MINES | 81 | - | - | - | - | - | - | - | - | - | 358 |
| OIL AND GAS EXTRACTION | - | - | - | - | - | - | 3740 | - | - | - | 148 |
| PETROLEUM REFINERIES | - | - | - | - | - | - | - | - | - | - | 1071 |
| ELECTRIC PLANTS | - | - | - | - | - | - | - | - | - | - | 2157 |
| DISTRIBUTION LOSSES | - | - | - | - | - | - | 2170 | - | - | 213 | 2307 |
| PUMP STORAGE (ELECTR.) | - | - | - | - | - | - | - | - | - | - | - |
| OTHER ENERGY SECTOR | - | 10 | - | - | - | - | - | - | 724 | 1046 | 55 |
| FINAL CONSUMPTION | 1072 | 100 | 1734 | - | 29 | - | 150125 | - | 664 | 3263 | 37727 |
| INDUSTRY SECTOR | 302 | - | 1724 | - | 29 | - | 67297 | - | 664 | 3263 | 19449 |
| IRON AND STEEL | 21 | - | 1559 | - | - | - | 5261 | - | 117 | 3150 | 2002 |
| CHEMICAL | 80 | - | 130 | - | - | - | 36089 | - | 547 | - | 7378 |
| PETROCHEMICAL | - | - | - | - | - | - | - | - | - | - | - |
| NON-FERROUS METAL | 35 | - | - | - | - | - | 1103 | - | - | - | 2207 |
| NON-METALLIC MINERAL | - | - | - | - | - | - | 7097 | - | - | 113 | 920 |
| PAPER PULP AND PRINT | - | - | - | - | - | - | 3636 | - | - | - | 1632 |
| MINING AND QUARRYING | - | - | - | - | - | - | - | - | - | - | 1 |
| FOOD AND TOBACCO | 2 | - | 14 | - | - | - | 8975 | - | - | - | 1862 |
| WOOD AND WOOD PRODUCTS | - | - | - | - | - | - | 250 | - | - | - | 186 |
| MACHINERY | 3 | - | 17 | - | - | - | 500 | - | - | - | 2026 |
| TRANSPORT EQUIPMENT | - | - | - | - | - | - | 510 | - | - | - | - |
| CONSTRUCTION | - | - | - | - | - | - | - | - | - | - | 195 |
| TEXTILES AND LEATHER | 1 | - | - | - | - | - | 1603 | - | - | - | 729 |
| NON SPECIFIED | 160 | - | 4 | - | 29 | - | 2273 | - | - | - | 311 |
| NON-ENERGY USES: | | | | | | | | | | | |
| (1)ENERGY PRODUCTS | - | - | - | - | - | - | - | - | - | - | - |
| (2)NON-ENERGY PRODUCTS | - | - | - | - | - | - | - | - | - | - | - |
| TRANSPORT. SECTOR ** | 10 | - | - | - | - | - | - | - | - | - | 951 |
| AIR TRANSPORT | - | - | - | - | - | - | - | - | - | - | - |
| ROAD TRANSPORT | - | - | - | - | - | - | - | - | - | - | - |
| RAILWAYS | 10 | - | - | - | - | - | - | - | - | - | 951 |
| INTERNAL NAVIGATION | - | - | - | - | - | - | - | - | - | - | - |
| OTHER SECTORS ** | 760 | 100 | 10 | - | - | - | 82828 | - | - | - | 17327 |
| AGRICULTURE | - | - | - | - | - | - | - | - | - | - | - |
| PUBLIC SERVICES | - | - | - | - | - | - | - | - | - | - | - |
| COMMERCE | - | - | - | - | - | - | 26470 | - | - | - | - |
| RESIDENTIAL | 685 | 100 | 10 | - | - | - | 56358 | - | - | - | 9327 |

(1) INCLUDED IN CHEMICAL OR PETROCHEMICAL INDUSTRY
(2) INCLUDED ONLY IN TOTAL INDUSTRY

** INCLUDED IN THESE TOTALS ARE THE NON-SPECIFIED ELEMENTS

| * OF WHICH: HYDRO | 0 |
|---|---|
| NUCLEAR | 405 |
| CONVENTIONAL THERMAL | 44499 |
| GEOTHERMAL | 0 |

UNIT: 1000 METRIC TONS
UNITE: 1000 TONNES METRIQUES

| OIL / PETROLE | | | REFINERY GAS | LIQUEFIED PETROLEUM GASES | AVIATION GASOLINE | MOTOR GASOLINE | JET FUEL | KEROSENE | GAS/DIESEL OIL | RESIDUAL FUEL OIL | NAPHTHA | NON-ENERGY PRODUCTS |
|---|---|---|---|---|---|---|---|---|---|---|---|---|
| CRUDE* BRUT* | NGL GNL | FEEDST. | GAZ DE PETROLE | GAZ LIQUEFIES DE PETROLE | ESSENCE AVION | ESSENCE AUTO | CARBURANT REACTEUR | PETROLE LAMPANT | GAZ/DIESEL OIL | FUEL OIL RESIDUEL | NAPHTHA | PRODUITS NON-ENERGETIQUES |
| 12 | 13 | 14 | 15 | 16 | 17 | 18 | 19 | 20 | 21 | 22 | 23 | 24 |
| 1714 | - | - | 121 | 785 | 226 | 4833 | 2193 | 1238 | 16923 | 23576 | 4511 | 3134 |
| - | - | - | - | - | - | - | - | - | - | - | - | - |
| 60732 | - | - | - | 77 | 14 | 309 | 50 | 388 | 3638 | 1736 | 1635 | 443 |
| -1 | - | - | - | -498 | -238 | -1988 | -1462 | -428 | -13010 | -11191 | -3380 | -2041 |
| - | - | - | - | - | - | - | - | - | -1282 | -7893 | - | -45 |
| -1167 | - | - | - | -5 | 8 | 88 | -13 | -58 | 309 | 102 | 37 | 38 |
| 61278 | - | - | 121 | 359 | 10 | 3242 | 768 | 1140 | 6578 | 6330 | 2803 | 1529 |
| - | - | - | - | - | - | - | - | - | - | - | - | - |
| - | - | - | - | - | - | - | - | - | - | - | - | - |
| 61278 | - | - | 121 | 359 | 10 | 3242 | 768 | 1140 | 6578 | 6330 | 2803 | 1529 |
| - | - | - | - | - | - | - | - | - | - | -13 | - | - |
| 61278 | - | - | 21 | - | - | - | - | - | 50 | 2875 | - | - |
| - | - | - | - | - | - | - | - | - | - | - | - | - |
| - | - | - | 21 | - | - | - | - | - | 1 | - | - | - |
| 61278 | - | - | - | - | - | - | - | - | - | - | - | - |
| - | - | - | - | - | - | - | - | - | 49 | 2875 | - | - |
| - | - | - | - | - | - | - | - | - | - | - | - | - |
| - | - | - | - | - | - | - | - | - | - | - | - | - |
| - | - | - | - | - | - | - | - | - | - | - | - | - |
| - | - | - | - | - | - | - | - | - | - | - | - | - |
| - | - | - | - | - | - | - | - | - | - | - | - | - |
| - | - | - | - | - | - | - | - | - | - | - | - | - |
| - | - | - | - | - | - | - | - | - | - | - | - | - |
| - | - | - | - | - | - | - | - | - | - | - | - | - |
| - | - | - | 100 | 359 | 10 | 3242 | 768 | 1140 | 6528 | 3468 | 2803 | 1529 |
| - | - | - | 100 | 135 | - | - | - | - | 238 | 2407 | 2803 | 1529 |
| - | - | - | - | 11 | - | - | - | - | 47 | 570 | - | - |
| - | - | - | - | 6 | - | - | - | - | 15 | 150 | - | 75 |
| - | - | - | 100 | 71 | - | - | - | - | - | - | 2803 | - |
| - | - | - | - | - | - | - | - | - | - | 25 | - | - |
| - | - | - | - | 2 | - | - | - | - | 14 | 210 | - | - |
| - | - | - | - | - | - | - | - | - | 2 | 187 | - | - |
| - | - | - | - | - | - | - | - | - | - | - | - | - |
| - | - | - | - | - | - | - | - | - | 5 | 458 | - | - |
| - | - | - | - | - | - | - | - | - | - | - | - | - |
| - | - | - | - | - | - | - | - | - | - | - | - | - |
| - | - | - | - | - | - | - | - | - | - | - | - | - |
| - | - | - | - | - | - | - | - | - | - | - | - | - |
| - | - | - | - | - | - | - | - | - | - | - | - | - |
| - | - | - | - | 45 | - | - | - | - | 155 | 807 | - | 45 |
| - | - | - | - | - | - | - | - | - | - | - | 2803 | - |
| - | - | - | - | - | - | - | - | - | - | - | - | 1409 |
| - | - | - | - | 61 | 10 | 3206 | 768 | 5 | 2085 | 5 | - | - |
| - | - | - | - | - | 10 | - | 768 | - | - | - | - | - |
| - | - | - | - | 60 | - | 3200 | - | - | 1105 | - | - | - |
| - | - | - | - | 1 | - | - | - | - | 55 | - | - | - |
| - | - | - | - | - | - | 6 | - | 5 | 925 | 5 | - | - |
| - | - | - | - | 163 | - | 36 | - | 1135 | 4205 | 1056 | - | - |
| - | - | - | - | 18 | - | 21 | - | 10 | 215 | 15 | - | - |
| - | - | - | - | - | - | - | - | - | - | - | - | - |
| - | - | - | - | - | - | - | - | - | - | - | - | - |
| - | - | - | - | 125 | - | - | - | 1120 | 2800 | 240 | - | - |

*INCLUDED IN THIS COLUMN IS NGL AND FEEDSTOCKS.

# PRODUCTION AND USES OF ENERGY SOURCES : NETHERLANDS

1972

| PRODUCTION AND USES \ ENERGY SOURCES | HARD COAL / HOUILLE | PATENT FUEL / AGGLOMERES | COKE OVEN COKE / COKE DE FOUR | GAS COKE / COKE DE GAZ | BROWN COAL / LIGNITE | BKB / BRIQ. DE LIGNITE | NATURAL GAS / GAZ NATUREL | GAS WORKS / USINES A GAZ | COKE OVENS / COKERIES | BLAST FURNACES / HAUT FOURNEAUX | ELECTRICITY* / ELECTRICITE* |
|---|---|---|---|---|---|---|---|---|---|---|---|
| | UNIT: 1000 METRIC TONS / UNITE: 1000 TONNES METRIQUES | | | | | | TCAL / TCAL | MANUFACTURED GAS (TCAL) / GAZ MANUFACTURE (TCAL) | | | MILLIONS OF (DE) KWH |
| | 1 | 2 | 3 | 4 | 5 | 6 | 7 | 8 | 9 | 10 | 11 |
| PRODUCTION | 2942 | 465 | 1955 | - | - | - | 491226 | - | 3817 | 8243 | 49551 |
| FROM OTHER SOURCES | - | - | - | - | - | - | - | - | - | - | - |
| IMPORT | 3027 | - | 980 | - | 20 | - | - | - | - | - | 5 |
| EXPORT | -1412 | -375 | -760 | - | - | - | -204263 | - | - | - | -1465 |
| INTL. MARINE BUNKERS | - | - | - | - | - | - | - | - | - | - | - |
| STOCK CHANGES | 101 | -30 | 65 | - | - | - | - | - | - | - | - |
| DOMESTIC SUPPLY | 4658 | 60 | 2240 | - | 20 | - | 286963 | - | 3817 | 8243 | 48091 |
| RETURNS TO SUPPLY | - | - | - | - | - | - | - | - | - | - | - |
| TRANSFERS | - | - | - | - | - | - | - | - | - | - | - |
| DOMESTIC AVAILABILITY | 4658 | 60 | 2240 | - | 20 | - | 286963 | - | 3817 | 8243 | 48091 |
| STATISTICAL DIFFERENCE | 48 | - | -60 | - | - | - | -3701 | - | 6 | - | -1 |
| TRANSFORM. SECTOR ** | 3806 | - | 830 | - | - | - | 88126 | - | 2259 | 3125 | - |
| FOR SOLID FUELS | 2844 | - | - | - | - | - | - | - | - | - | - |
| FOR GASES | - | - | 830 | - | - | - | - | - | 2259 | - | - |
| PETROLEUM REFINERIES | - | - | - | - | - | - | - | - | - | - | - |
| THERMO-ELECTRIC PLANTS | 962 | - | - | - | - | - | 88126 | - | - | 3125 | - |
| ENERGY SECTOR | 55 | - | - | - | - | - | 4552 | - | 891 | 1371 | 6637 |
| COAL MINES | 55 | - | - | - | - | - | - | - | - | - | 334 |
| OIL AND GAS EXTRACTION | - | - | - | - | - | - | 2701 | - | - | - | 185 |
| PETROLEUM REFINERIES | - | - | - | - | - | - | - | - | - | - | 1141 |
| ELECTRIC PLANTS | - | - | - | - | - | - | - | - | - | - | 2337 |
| DISTRIBUTION LOSSES | - | - | - | - | - | - | 1851 | - | - | 398 | 2579 |
| PUMP STORAGE (ELECTR.) | - | - | - | - | - | - | - | - | - | - | - |
| OTHER ENERGY SECTOR | - | - | - | - | - | - | - | - | 891 | 973 | 61 |
| FINAL CONSUMPTION | 749 | 60 | 1470 | - | 20 | - | 197986 | - | 661 | 3747 | 41455 |
| INDUSTRY SECTOR | 154 | - | 1460 | - | 20 | - | 85560 | - | 661 | 3747 | 21495 |
| IRON AND STEEL | 16 | - | 1265 | - | - | - | 6303 | - | 130 | 3592 | 2159 |
| CHEMICAL | 45 | - | 160 | - | - | - | 45381 | - | 531 | - | 8313 |
| PETROCHEMICAL | - | - | - | - | - | - | - | - | - | - | - |
| NON-FERROUS METAL | 10 | - | - | - | - | - | 1301 | - | - | - | 2836 |
| NON-METALLIC MINERAL | - | - | - | - | - | - | 9247 | - | - | 155 | 943 |
| PAPER PULP AND PRINT | - | - | - | - | - | - | 5050 | - | - | - | 1726 |
| MINING AND QUARRYING | - | - | - | - | - | - | - | - | - | - | 1 |
| FOOD AND TOBACCO | 1 | - | 17 | - | - | - | 11328 | - | - | - | 1984 |
| WOOD AND WOOD PRODUCTS | - | - | - | - | - | - | 200 | - | - | - | 187 |
| MACHINERY | 2 | - | 16 | - | - | - | 500 | - | - | - | 2138 |
| TRANSPORT EQUIPMENT | - | - | - | - | - | - | 650 | - | - | - | - |
| CONSTRUCTION | - | - | - | - | - | - | - | - | - | - | 215 |
| TEXTILES AND LEATHER | - | - | - | - | - | - | 2099 | - | - | - | 704 |
| NON SPECIFIED | 80 | - | 2 | - | 20 | - | 3501 | - | - | - | 289 |
| NON-ENERGY USES: | | | | | | | | | | | |
| (1)ENERGY PRODUCTS | - | - | - | - | - | - | - | - | - | - | - |
| (2)NON-ENERGY PRODUCTS | - | - | - | - | - | - | - | - | - | - | - |
| TRANSPORT. SECTOR ** | 10 | - | - | - | - | - | - | - | - | - | 922 |
| AIR TRANSPORT | - | - | - | - | - | - | - | - | - | - | - |
| ROAD TRANSPORT | - | - | - | - | - | - | - | - | - | - | - |
| RAILWAYS | 10 | - | - | - | - | - | - | - | - | - | 922 |
| INTERNAL NAVIGATION | - | - | - | - | - | - | - | - | - | - | - |
| OTHER SECTORS ** | 585 | 60 | 10 | - | - | - | 112426 | - | - | - | 19038 |
| AGRICULTURE | - | - | - | - | - | - | - | - | - | - | - |
| PUBLIC SERVICES | - | - | - | - | - | - | - | - | - | - | - |
| COMMERCE | - | - | - | - | - | - | 39726 | - | - | - | - |
| RESIDENTIAL | 540 | 60 | 10 | - | - | - | 72700 | - | - | - | 10010 |

(1) INCLUDED IN CHEMICAL OR PETROCHEMICAL INDUSTRY
(2) INCLUDED ONLY IN TOTAL INDUSTRY

| * OF WHICH: HYDRO | 0 |
|---|---|
| NUCLEAR | 326 |
| CONVENTIONAL THERMAL | 49225 |
| GEOTHERMAL | 0 |

** INCLUDED IN THESE TOTALS ARE THE NON-SPECIFIED ELEMENTS

UNIT: 1000 METRIC TONS
UNITE: 1000 TONNES METRIQUES

| OIL / PETROLE: CRUDE* / BRUT* | NGL / GNL | FEEDST. | REFINERY GAS / GAZ DE PETROLE | LIQUEFIED PETROLEUM GASES / GAZ LIQUEFIES DE PETROLE | AVIATION GASOLINE / ESSENCE AVION | MOTOR GASOLINE / ESSENCE AUTO | JET FUEL / CARBURANT REACTEUR | KEROSENE / PETROLE LAMPANT | GAS/DIESEL OIL / GAZ/DIESEL OIL | RESIDUAL FUEL OIL / FUEL OIL RESIDUEL | NAPHTHA / NAPHTHA | NON-ENERGY PRODUCTS / PRODUITS NON-ENERGETIQUES |
|---|---|---|---|---|---|---|---|---|---|---|---|---|
| 12 | 13 | 14 | 15 | 16 | 17 | 18 | 19 | 20 | 21 | 22 | 23 | 24 |
| 1597 | - | - | 106 | 858 | 220 | 5290 | 3112 | 1259 | 19526 | 26601 | 6103 | 3011 |
| 40 | - | - | - | - | - | - | - | - | - | - | - | - |
| 67788 | - | - | - | 61 | 3 | 300 | 115 | 279 | 2587 | 1791 | 2545 | 512 |
| - | - | - | - | -490 | -206 | -2147 | -2512 | -398 | -12742 | -12834 | -4256 | -1962 |
| - | - | - | - | - | - | - | - | - | -1660 | -9671 | - | -54 |
| 522 | - | - | - | 7 | -7 | -25 | 78 | 60 | -385 | -248 | -18 | -9 |
| 69947 | - | - | 106 | 436 | 10 | 3418 | 793 | 1200 | 7326 | 5639 | 4374 | 1498 |
| - | - | - | - | - | - | - | - | - | - | - | - | - |
| - | - | - | - | - | - | - | - | - | - | - | - | - |
| 69947 | - | - | 106 | 436 | 10 | 3418 | 793 | 1200 | 7326 | 5639 | 4374 | 1498 |
| - | - | - | - | - | - | - | - | - | - | -12 | - | - |
| 69947 | - | - | - | 1 | - | - | - | - | 35 | 2505 | - | - |
| - | - | - | - | - | - | - | - | - | - | - | - | - |
| - | - | - | - | 1 | - | - | - | - | - | - | - | - |
| 69947 | - | - | - | - | - | - | - | - | - | - | - | - |
| - | - | - | - | - | - | - | - | - | 35 | 2505 | - | - |
| - | - | - | - | - | - | - | - | - | - | - | - | - |
| - | - | - | - | - | - | - | - | - | - | - | - | - |
| - | - | - | - | - | - | - | - | - | - | - | - | - |
| - | - | - | - | - | - | - | - | - | - | - | - | - |
| - | - | - | - | - | - | - | - | - | - | - | - | - |
| - | - | - | - | - | - | - | - | - | - | - | - | - |
| - | - | - | - | - | - | - | - | - | - | - | - | - |
| - | - | - | - | - | - | - | - | - | - | - | - | - |
| - | - | - | 106 | 435 | 10 | 3418 | 793 | 1200 | 7291 | 3146 | 4374 | 1498 |
| - | - | - | 106 | 194 | - | - | - | - | 383 | 2087 | 4374 | 1498 |
| - | - | - | - | 12 | - | - | - | - | 52 | 535 | - | 1 |
| - | - | - | - | 3 | - | - | - | - | 15 | 135 | - | 65 |
| - | - | - | 106 | 132 | - | - | - | - | - | 110 | 4374 | - |
| - | - | - | - | - | - | - | - | - | - | - | - | - |
| - | - | - | - | 2 | - | - | - | - | 12 | 115 | - | - |
| - | - | - | - | - | - | - | - | - | 1 | 90 | - | - |
| - | - | - | - | - | - | - | - | - | - | - | - | - |
| - | - | - | - | - | - | - | - | - | 5 | 310 | - | - |
| - | - | - | - | - | - | - | - | - | - | - | - | - |
| - | - | - | - | - | - | - | - | - | - | - | - | - |
| - | - | - | - | - | - | - | - | - | - | - | - | - |
| - | - | - | - | - | - | - | - | - | - | - | - | - |
| - | - | - | - | - | - | - | - | - | - | - | - | - |
| - | - | - | - | 45 | - | - | - | - | 298 | 792 | - | 55 |
| - | - | - | - | - | - | - | - | - | - | - | 4374 | - |
| - | - | - | - | - | - | - | - | - | - | - | - | 1377 |
| - | - | - | - | 83 | 10 | 3386 | 793 | 3 | 2306 | 4 | - | - |
| - | - | - | - | - | 10 | - | 793 | - | - | - | - | - |
| - | - | - | - | 80 | - | 3380 | - | - | 1203 | - | - | - |
| - | - | - | - | 1 | - | - | - | - | 53 | - | - | - |
| - | - | - | - | 2 | - | 6 | - | 3 | 1050 | 4 | - | - |
| - | - | - | - | 158 | - | 32 | - | 1197 | 4602 | 1055 | - | - |
| - | - | - | - | 18 | - | 19 | - | 5 | 217 | 25 | - | - |
| - | - | - | - | - | - | - | - | - | - | - | - | - |
| - | - | - | - | - | - | - | - | - | - | - | - | - |
| - | - | - | - | 125 | - | - | - | 1190 | 3015 | 285 | - | - |

*INCLUDED IN THIS COLUMN IS NGL AND FEEDSTOCKS.

## PRODUCTION AND USES OF ENERGY SOURCES : NETHERLANDS

1973

| ENERGY SOURCES / PRODUCTION AND USES | UNIT: 1000 METRIC TONS / UNITE: 1000 TONNES METRIQUES | | | | | | TCAL / TCAL | MANUFACTURED GAS (TCAL) / GAZ MANUFACTURE (TCAL) | | | MILLIONS / OF (DE) KWH |
|---|---|---|---|---|---|---|---|---|---|---|---|
| | HARD COAL / HOUILLE | PATENT FUEL / AGGLOMERES | COKE OVEN COKE / COKE DE FOUR | GAS COKE / COKE DE GAZ | BROWN COAL / LIGNITE | BKB / BRIQ. DE LIGNITE | NATURAL GAS / GAZ NATUREL | GAS WORKS / USINES A GAZ | COKE OVENS / COKERIES | BLAST FURNACES / HAUT FOURNEAUX | ELECTRICITY* / ELECTRICITE* |
| | 1 | 2 | 3 | 4 | 5 | 6 | 7 | 8 | 9 | 10 | 11 |
| PRODUCTION | 1829 | 250 | 2655 | - | - | - | 597371 | - | 5474 | 10655 | 52627 |
| FROM OTHER SOURCES | - | - | - | - | - | - | - | - | - | - | - |
| IMPORT | 3978 | 2 | 677 | - | 20 | - | - | - | - | - | 7 |
| EXPORT | -1238 | -265 | -680 | - | - | - | -280646 | - | - | - | -1352 |
| INTL. MARINE BUNKERS | - | - | - | - | - | - | - | - | - | - | - |
| STOCK CHANGES | 225 | 65 | 5 | - | - | - | - | - | - | - | - |
| DOMESTIC SUPPLY | 4794 | 52 | 2657 | - | 20 | - | 316725 | - | 5474 | 10655 | 51282 |
| RETURNS TO SUPPLY | - | - | - | - | - | - | - | - | - | - | - |
| TRANSFERS | - | - | - | - | - | - | - | - | - | - | - |
| DOMESTIC AVAILABILITY | 4794 | 52 | 2657 | - | 20 | - | 316725 | - | 5474 | 10655 | 51282 |
| STATISTICAL DIFFERENCE | -97 | 7 | 17 | - | - | - | -4642 | - | 31 | 35 | -3 |
| TRANSFORM. SECTOR ** | 4292 | - | 907 | - | - | - | 104130 | - | 4067 | 3742 | - |
| FOR SOLID FUELS | 3603 | - | - | - | - | - | - | - | - | - | - |
| FOR GASES | - | - | 907 | - | - | - | - | - | 4067 | - | - |
| PETROLEUM REFINERIES | - | - | - | - | - | - | - | - | - | - | - |
| THERMO-ELECTRIC PLANTS | 689 | - | - | - | - | - | 104130 | - | - | 3742 | - |
| ENERGY SECTOR | 29 | - | - | - | - | - | 2845 | - | 679 | 2031 | 6942 |
| COAL MINES | 29 | - | - | - | - | - | - | - | - | - | 291 |
| OIL AND GAS EXTRACTION | - | - | - | - | - | - | 2845 | - | - | - | 196 |
| PETROLEUM REFINERIES | - | - | - | - | - | - | - | - | - | - | 1233 |
| ELECTRIC PLANTS | - | - | - | - | - | - | - | - | - | - | 2400 |
| DISTRIBUTION LOSSES | - | - | - | - | - | - | - | - | - | 380 | 2738 |
| PUMP STORAGE (ELECTR.) | - | - | - | - | - | - | - | - | - | - | - |
| OTHER ENERGY SECTOR | - | - | - | - | - | - | - | - | 679 | 1651 | 84 |
| FINAL CONSUMPTION | 570 | 45 | 1733 | - | 20 | - | 214392 | - | 697 | 4847 | 44343 |
| INDUSTRY SECTOR | 112 | - | 1728 | - | 20 | - | 90502 | - | 697 | 4847 | 22713 |
| IRON AND STEEL | 7 | - | 1523 | - | - | - | 5847 | - | 139 | 4701 | 2152 |
| CHEMICAL | 15 | - | 165 | - | - | - | 48780 | - | 558 | - | 8796 |
| PETROCHEMICAL | - | - | - | - | - | - | - | - | - | - | - |
| NON-FERROUS METAL | 19 | - | - | - | - | - | 1256 | - | - | - | 3149 |
| NON-METALLIC MINERAL | - | - | - | - | - | - | 9763 | - | - | 146 | 1021 |
| PAPER PULP AND PRINT | - | - | - | - | - | - | 6989 | - | - | - | 1765 |
| MINING AND QUARRYING | - | - | - | - | - | - | 42 | - | - | - | 3 |
| FOOD AND TOBACCO | 1 | - | 17 | - | - | - | 12705 | - | - | - | 2241 |
| WOOD AND WOOD PRODUCTS | - | - | - | - | - | - | 250 | - | - | - | 197 |
| MACHINERY | - | - | 7 | - | - | - | 500 | - | - | - | 2149 |
| TRANSPORT EQUIPMENT | - | - | - | - | - | - | 620 | - | - | - | - |
| CONSTRUCTION | - | - | - | - | - | - | - | - | - | - | 230 |
| TEXTILES AND LEATHER | - | - | - | - | - | - | 2040 | - | - | - | 687 |
| NON SPECIFIED | 70 | - | 16 | - | 20 | - | 1710 | - | - | - | 323 |
| NON-ENERGY USES: | | | | | | | | | | | |
| (1)ENERGY PRODUCTS | - | - | - | - | - | - | - | - | - | - | - |
| (2)NON-ENERGY PRODUCTS | - | - | - | - | - | - | - | - | - | - | - |
| TRANSPORT. SECTOR ** | - | - | - | - | - | - | - | - | - | - | 895 |
| AIR TRANSPORT | - | - | - | - | - | - | - | - | - | - | - |
| ROAD TRANSPORT | - | - | - | - | - | - | - | - | - | - | - |
| RAILWAYS | - | - | - | - | - | - | - | - | - | - | 895 |
| INTERNAL NAVIGATION | - | - | - | - | - | - | - | - | - | - | - |
| OTHER SECTORS ** | 458 | 45 | 5 | - | - | - | 123890 | - | - | - | 20735 |
| AGRICULTURE | - | - | - | - | - | - | - | - | - | - | - |
| PUBLIC SERVICES | - | - | - | - | - | - | - | - | - | - | - |
| COMMERCE | - | - | - | - | - | - | 44490 | - | - | - | - |
| RESIDENTIAL | 330 | 45 | 5 | - | - | - | 79400 | - | - | - | 10959 |

(1) INCLUDED IN CHEMICAL OR PETROCHEMICAL INDUSTRY
(2) INCLUDED ONLY IN TOTAL INDUSTRY

** INCLUDED IN THESE TOTALS ARE THE NON-SPECIFIED ELEMENTS

| * OF WHICH: HYDRO | 0 |
|---|---|
| NUCLEAR | 1108 |
| CONVENTIONAL THERMAL | 51519 |
| GEOTHERMAL | 0 |

## PRODUCTION ET UTILISATION DES SOURCES D ENERGIE : PAYS BAS

1973

UNIT: 1000 METRIC TONS
UNITE: 1000 TONNES METRIQUES

| OIL PETROLE | | | REFINERY GAS | LIQUEFIED PETROLEUM GASES | AVIATION GASOLINE | MOTOR GASOLINE | JET FUEL | KEROSENE | GAS/DIESEL OIL | RESIDUAL FUEL OIL | NAPHTHA | NON-ENERGY PRODUCTS |
|---|---|---|---|---|---|---|---|---|---|---|---|---|
| CRUDE* BRUT* | NGL GNL | FEEDST. | GAZ DE PETROLE | GAZ LIQUEFIES DE PETROLE | ESSENCE AVION | ESSENCE AUTO | CARBURANT REACTEUR | PETROLE LAMPANT | GAZ/DIESEL OIL | FUEL OIL RESIDUEL | NAPHTHA | PRODUITS NON-ENERGETIQUES |
| 12 | 13 | 14 | 15 | 16 | 17 | 18 | 19 | 20 | 21 | 22 | 23 | 24 |
| 1492 | - | - | 122 | 966 | 175 | 5776 | 3480 | 1219 | 20559 | 27160 | 6594 | 3385 |
| 64 | - | - | - | - | - | - | - | - | - | - | - | - |
| 72161 | - | - | - | 57 | 1 | 352 | 98 | 209 | 2335 | 1668 | 4392 | 610 |
| - | - | - | - | -542 | -174 | -2453 | -2640 | -346 | -14055 | -13854 | -5450 | -2170 |
| - | - | - | - | - | - | - | - | - | -1653 | -10263 | - | -56 |
| -332 | - | - | - | -5 | 7 | -119 | -82 | 44 | 138 | -32 | -67 | -60 |
| 73385 | - | - | 122 | 476 | 9 | 3556 | 856 | 1126 | 7324 | 4679 | 5469 | 1709 |
| - | - | - | - | - | - | - | - | - | - | - | - | - |
| - | - | - | - | - | - | - | - | - | - | - | - | - |
| 73385 | - | - | 122 | 476 | 9 | 3556 | 856 | 1126 | 7324 | 4679 | 5469 | 1709 |
| - | - | - | - | - | - | - | - | - | -5 | -20 | -24 | - |
| 73385 | - | - | - | 1 | - | - | - | - | 26 | 1597 | - | - |
| - | - | - | - | - | - | - | - | - | - | - | - | - |
| - | - | - | - | 1 | - | - | - | - | - | - | - | - |
| 73385 | - | - | - | - | - | - | - | - | - | - | - | - |
| - | - | - | - | - | - | - | - | - | 26 | 1597 | - | - |
| - | - | - | - | - | - | - | - | - | - | - | - | - |
| - | - | - | - | - | - | - | - | - | - | - | - | - |
| - | - | - | - | - | - | - | - | - | - | - | - | - |
| - | - | - | - | - | - | - | - | - | - | - | - | - |
| - | - | - | - | - | - | - | - | - | - | - | - | - |
| - | - | - | - | - | - | - | - | - | - | - | - | - |
| - | - | - | - | - | - | - | - | - | - | - | - | - |
| - | - | - | - | - | - | - | - | - | - | - | - | - |
| - | - | - | 122 | 475 | 9 | 3556 | 856 | 1126 | 7303 | 3102 | 5493 | 1709 |
| - | - | - | 122 | 201 | - | - | - | - | 417 | 2110 | 5493 | 1709 |
| - | - | - | - | 9 | - | - | - | - | 44 | 484 | - | 1 |
| - | - | - | - | 8 | - | - | - | - | 21 | 123 | - | 78 |
| - | - | - | 122 | 131 | - | - | - | - | - | 179 | 5493 | - |
| - | - | - | - | - | - | - | - | - | - | - | - | - |
| - | - | - | - | 4 | - | - | - | - | 13 | 113 | - | - |
| - | - | - | - | - | - | - | - | - | 1 | 60 | - | - |
| - | - | - | - | - | - | - | - | - | - | - | - | - |
| - | - | - | - | - | - | - | - | - | 7 | 270 | - | - |
| - | - | - | - | - | - | - | - | - | - | - | - | - |
| - | - | - | - | - | - | - | - | - | - | - | - | - |
| - | - | - | - | - | - | - | - | - | - | - | - | - |
| - | - | - | - | - | - | - | - | - | - | - | - | - |
| - | - | - | - | - | - | - | - | - | - | - | - | - |
| - | - | - | - | 49 | - | - | - | - | 331 | 881 | - | 49 |
| - | - | - | - | - | - | - | - | - | - | - | 5493 | - |
| - | - | - | - | - | - | - | - | - | - | - | - | 1581 |
| - | - | - | - | 103 | 9 | 3521 | 856 | 4 | 2457 | - | - | - |
| - | - | - | - | - | 9 | - | 856 | - | - | - | - | - |
| - | - | - | - | 103 | - | 3515 | - | - | 1254 | - | - | - |
| - | - | - | - | - | - | - | - | - | 54 | - | - | - |
| - | - | - | - | - | - | 6 | - | 4 | 1149 | - | - | - |
| - | - | - | - | 171 | - | 35 | - | 1122 | 4429 | 992 | - | - |
| - | - | - | - | 36 | - | 20 | - | 4 | 244 | 32 | - | - |
| - | - | - | - | - | - | - | - | - | - | - | - | - |
| - | - | - | - | - | - | - | - | - | - | - | - | - |
| - | - | - | - | 113 | - | - | - | 1115 | 3153 | 271 | - | - |

*INCLUDED IN THIS COLUMN IS NGL AND FEEDSTOCKS.

## PRODUCTION AND USES OF ENERGY SOURCES : NETHERLANDS

1974

| ENERGY SOURCES / PRODUCTION AND USES | UNIT: 1000 METRIC TONS / UNITE: 1000 TONNES METRIQUES | | | | | | TCAL / TCAL | MANUFACTURED GAS (TCAL) / GAZ MANUFACTURE (TCAL) | | | MILLIONS OF (DE) KWH |
|---|---|---|---|---|---|---|---|---|---|---|---|
| | HARD COAL / HOUILLE | PATENT FUEL / AGGLOMERES | COKE OVEN COKE / COKE DE FOUR | GAS COKE / COKE DE GAZ | BROWN COAL / LIGNITE | BKB / BRIQ. DE LIGNITE | NATURAL GAS / GAZ NATUREL | GAS WORKS / USINES A GAZ | COKE OVENS / COKERIES | BLAST FURNACES / HAUT FOURNEAUX | ELECTRICITY* / ELECTRICITE* |
| | 1 | 2 | 3 | 4 | 5 | 6 | 7 | 8 | 9 | 10 | 11 |
| PRODUCTION | 801 | - | 2685 | - | - | - | 708521 | - | 5538 | 11010 | 55350 |
| FROM OTHER SOURCES | - | - | - | - | - | - | - | - | - | - | - |
| IMPORT | 4219 | 7 | 780 | - | 18 | - | - | - | - | - | 10 |
| EXPORT | -843 | -23 | -720 | - | - | - | -368509 | - | - | - | -1489 |
| INTL. MARINE BUNKERS | - | - | - | - | - | - | - | - | - | - | - |
| STOCK CHANGES | 385 | 20 | -5 | - | - | - | - | - | - | - | - |
| DOMESTIC SUPPLY | 4562 | 4 | 2740 | - | 18 | - | 340012 | - | 5538 | 11010 | 53871 |
| RETURNS TO SUPPLY | - | - | - | - | - | - | - | - | - | - | - |
| TRANSFERS | - | - | - | - | - | - | - | - | - | - | - |
| DOMESTIC AVAILABILITY | 4562 | 4 | 2740 | - | 18 | - | 340012 | - | 5538 | 11010 | 53871 |
| STATISTICAL DIFFERENCE | 231 | -6 | - | - | - | - | -2287 | - | 71 | 73 | 15 |
| TRANSFORM. SECTOR ** | 3923 | - | 919 | - | - | - | 113892 | - | 4067 | 4137 | - |
| FOR SOLID FUELS | 3464 | - | - | - | - | - | - | - | - | - | - |
| FOR GASES | - | - | 919 | - | - | - | - | - | 4067 | - | - |
| PETROLEUM REFINERIES | - | - | - | - | - | - | - | - | - | - | - |
| THERMO-ELECTRIC PLANTS | 459 | - | - | - | - | - | 113892 | - | - | 4137 | - |
| ENERGY SECTOR | 18 | - | - | - | - | - | 3450 | - | 690 | 2041 | 6481 |
| COAL MINES | 18 | - | - | - | - | - | - | - | - | - | 287 |
| OIL AND GAS EXTRACTION | - | - | - | - | - | - | 3450 | - | - | - | 204 |
| PETROLEUM REFINERIES | - | - | - | - | - | - | - | - | - | - | 1098 |
| ELECTRIC PLANTS | - | - | - | - | - | - | - | - | - | - | 2128 |
| DISTRIBUTION LOSSES | - | - | - | - | - | - | - | - | - | 370 | 2673 |
| PUMP STORAGE (ELECTR.) | - | - | - | - | - | - | - | - | - | - | - |
| OTHER ENERGY SECTOR | - | - | - | - | - | - | - | - | 690 | 1671 | 91 |
| FINAL CONSUMPTION | 390 | 10 | 1821 | - | 18 | - | 224957 | - | 710 | 4759 | 47375 |
| INDUSTRY SECTOR | 69 | - | 1816 | - | 18 | - | 95925 | - | 710 | 4759 | 24531 |
| IRON AND STEEL | 2 | - | 1586 | - | - | - | 5853 | - | 130 | 4618 | 2167 |
| CHEMICAL | 19 | - | 200 | - | - | - | 53402 | - | 580 | - | 9401 |
| PETROCHEMICAL | - | - | - | - | - | - | - | - | - | - | - |
| NON-FERROUS METAL | 3 | - | - | - | - | - | 1272 | - | - | - | 4544 |
| NON-METALLIC MINERAL | - | - | - | - | - | - | 10146 | - | - | 141 | 1054 |
| PAPER PULP AND PRINT | - | - | - | - | - | - | 7065 | - | - | - | 1792 |
| MINING AND QUARRYING | - | - | - | - | - | - | 42 | - | - | - | 3 |
| FOOD AND TOBACCO | 1 | - | 15 | - | - | - | 13612 | - | - | - | 2306 |
| WOOD AND WOOD PRODUCTS | - | - | - | - | - | - | 250 | - | - | - | 192 |
| MACHINERY | 1 | - | 4 | - | - | - | 450 | - | - | - | 2038 |
| TRANSPORT EQUIPMENT | - | - | - | - | - | - | 800 | - | - | - | - |
| CONSTRUCTION | - | - | - | - | - | - | - | - | - | - | 245 |
| TEXTILES AND LEATHER | - | - | - | - | - | - | 2100 | - | - | - | 643 |
| NON SPECIFIED | 43 | - | 11 | - | 18 | - | 933 | - | - | - | 146 |
| NON-ENERGY USES: | | | | | | | | | | | |
| (1)ENERGY PRODUCTS | - | - | - | - | - | - | - | - | - | - | - |
| (2)NON-ENERGY PRODUCTS | - | - | - | - | - | - | - | - | - | - | - |
| TRANSPORT. SECTOR ** | - | - | - | - | - | - | - | - | - | - | 900 |
| AIR TRANSPORT | - | - | - | - | - | - | - | - | - | - | - |
| ROAD TRANSPORT | - | - | - | - | - | - | - | - | - | - | - |
| RAILWAYS | - | - | - | - | - | - | - | - | - | - | 900 |
| INTERNAL NAVIGATION | - | - | - | - | - | - | - | - | - | - | - |
| OTHER SECTORS ** | 321 | 10 | 5 | - | - | - | 129032 | - | - | - | 21944 |
| AGRICULTURE | - | - | - | - | - | - | - | - | - | - | - |
| PUBLIC SERVICES | - | - | - | - | - | - | - | - | - | - | - |
| COMMERCE | - | - | - | - | - | - | 47332 | - | - | - | - |
| RESIDENTIAL | 230 | 10 | 5 | - | - | - | 81700 | - | - | - | 11242 |

(1) INCLUDED IN CHEMICAL OR PETROCHEMICAL INDUSTRY
(2) INCLUDED ONLY IN TOTAL INDUSTRY

| * OF WHICH: HYDRO | 0 |
|---|---|
| NUCLEAR | 3277 |
| CONVENTIONAL THERMAL | 52073 |
| GEOTHERMAL | 0 |

** INCLUDED IN THESE TOTALS ARE THE NON-SPECIFIED ELEMENTS

PRODUCTION ET UTILISATION DES SOURCES D ENERGIE : PAYS BAS

1974

UNIT: 1000 METRIC TONS
UNITE: 1000 TONNES METRIQUES

| OIL PETROLE: CRUDE* BRUT* | OIL PETROLE: NGL GNL | OIL PETROLE: FEEDST. | REFINERY GAS / GAZ DE PETROLE | LIQUEFIED PETROLEUM GASES / GAZ LIQUEFIES DE PETROLE | AVIATION GASOLINE / ESSENCE AVION | MOTOR GASOLINE / ESSENCE AUTO | JET FUEL / CARBURANT REACTEUR | KEROSENE / PETROLE LAMPANT | GAS/DIESEL OIL / GAZ/DIESEL OIL | RESIDUAL FUEL OIL / FUEL OIL RESIDUEL | NAPHTHA / NAPHTHA | NON-ENERGY PRODUCTS / PRODUITS NON-ENERGETIQUES |
|---|---|---|---|---|---|---|---|---|---|---|---|---|
| 12 | 13 | 14 | 15 | 16 | 17 | 18 | 19 | 20 | 21 | 22 | 23 | 24 |
| 1461 | - | - | 114 | 826 | 179 | 5696 | 2908 | 765 | 17372 | 23171 | 5988 | 3950 |
| 114 | - | - | - | - | - | - | - | - | - | - | - | - |
| 64585 | - | - | - | 40 | - | 250 | 136 | 106 | 2679 | 1738 | 5090 | 594 |
| -9 | - | - | - | -374 | -165 | -2768 | -2171 | -338 | -12436 | -13411 | -5361 | -2345 |
| - | - | - | - | - | - | - | - | - | -1373 | -8174 | - | -58 |
| -1590 | - | - | - | -7 | -6 | 24 | -23 | 22 | -287 | 82 | -220 | -46 |
| 64561 | - | - | 114 | 485 | 8 | 3202 | 850 | 555 | 5955 | 3406 | 5497 | 2095 |
| - | - | - | - | - | - | - | - | - | - | - | - | - |
| - | - | - | - | - | - | - | - | - | - | - | - | - |
| 64561 | - | - | 114 | 485 | 8 | 3202 | 850 | 555 | 5955 | 3406 | 5497 | 2095 |
| - | - | - | - | - | - | - | - | - | -9 | -13 | -2 | - |
| 64561 | - | - | - | - | - | - | - | - | 9 | 988 | - | - |
| - | - | - | - | - | - | - | - | - | - | - | - | - |
| - | - | - | - | - | - | - | - | - | - | - | - | - |
| 64561 | - | - | - | - | - | - | - | - | - | - | - | - |
| - | - | - | - | - | - | - | - | - | 9 | 988 | - | - |
| - | - | - | - | - | - | - | - | - | - | - | - | - |
| - | - | - | - | - | - | - | - | - | - | - | - | - |
| - | - | - | - | - | - | - | - | - | - | - | - | - |
| - | - | - | - | - | - | - | - | - | - | - | - | - |
| - | - | - | - | - | - | - | - | - | - | - | - | - |
| - | - | - | - | - | - | - | - | - | - | - | - | - |
| - | - | - | - | - | - | - | - | - | - | - | - | - |
| - | - | - | - | - | - | - | - | - | - | - | - | - |
| - | - | - | 114 | 485 | 8 | 3202 | 850 | 555 | 5955 | 2431 | 5499 | 2095 |
| - | - | - | 114 | 181 | - | - | - | - | 287 | 1707 | 5499 | 2085 |
| - | - | - | - | 6 | - | - | - | - | 43 | 558 | - | 1 |
| - | - | - | - | 4 | - | - | - | - | 11 | 105 | - | 58 |
| - | - | - | 114 | 123 | - | - | - | - | - | 196 | 5499 | - |
| - | - | - | - | - | - | - | - | - | - | - | - | - |
| - | - | - | - | 1 | - | - | - | - | 7 | 96 | - | 2 |
| - | - | - | - | - | - | - | - | - | 2 | 40 | - | - |
| - | - | - | - | - | - | - | - | - | - | - | - | - |
| - | - | - | - | - | - | - | - | - | 7 | 175 | - | - |
| - | - | - | - | - | - | - | - | - | - | - | - | - |
| - | - | - | - | - | - | - | - | - | - | - | - | - |
| - | - | - | - | - | - | - | - | - | - | - | - | - |
| - | - | - | - | - | - | - | - | - | - | - | - | - |
| - | - | - | - | - | - | - | - | - | - | - | - | - |
| - | - | - | - | 47 | - | - | - | - | 217 | 537 | - | 33 |
| - | - | - | - | - | - | - | - | - | - | - | 5499 | - |
| - | - | - | - | - | - | - | - | - | - | - | - | 1991 |
| - | - | - | - | 164 | 8 | 3167 | 850 | 2 | 2307 | - | - | - |
| - | - | - | - | - | 8 | - | 850 | - | - | - | - | - |
| - | - | - | - | 164 | - | 3162 | - | - | 1350 | - | - | - |
| - | - | - | - | - | - | - | - | - | 47 | - | - | - |
| - | - | - | - | - | - | 5 | - | 2 | 910 | - | - | - |
| - | - | - | - | 140 | - | 35 | - | 553 | 3361 | 724 | - | 10 |
| - | - | - | - | 37 | - | 20 | - | 2 | 220 | 29 | - | - |
| - | - | - | - | - | - | - | - | - | - | - | - | - |
| - | - | - | - | - | - | - | - | - | - | - | - | - |
| - | - | - | - | 83 | - | - | - | 548 | 2271 | 122 | - | - |

*INCLUDED IN THIS COLUMN IS NGL AND FEEDSTOCKS.

## PRODUCTION AND USES OF ENERGY SOURCES : NETHERLANDS

1975

| ENERGY SOURCES / PRODUCTION AND USES | UNIT: 1000 METRIC TONS / UNITE: 1000 TONNES METRIQUES | | | | | | TCAL / TCAL | MANUFACTURED GAS (TCAL) / GAZ MANUFACTURE (TCAL) | | | MILLIONS OF (DE) KWH |
|---|---|---|---|---|---|---|---|---|---|---|---|
| | HARD COAL / HOUILLE | PATENT FUEL / AGGLOMERES | COKE OVEN COKE / COKE DE FOUR | GAS COKE / COKE DE GAZ | BROWN COAL / LIGNITE | BKB / BRIQ. DE LIGNITE | NATURAL GAS / GAZ NATUREL | GAS WORKS / USINES A GAZ | COKE OVENS / COKERIES | BLAST FURNACES / HAUT FOURNEAUX | ELECTRICITY* / ELECTRICITE* |
| | 1 | 2 | 3 | 4 | 5 | 6 | 7 | 8 | 9 | 10 | 11 |
| PRODUCTION | - | - | 2680 | - | - | - | 763163 | - | 5370 | 9317 | 54259 |
| FROM OTHER SOURCES | - | - | - | - | - | - | - | - | - | - | - |
| IMPORT | 4050 | 9 | 417 | - | 11 | - | - | - | - | - | 53 |
| EXPORT | -93 | -1 | -625 | - | - | - | -414187 | - | - | - | -312 |
| INTL. MARINE BUNKERS | - | - | - | - | - | - | - | - | - | - | - |
| STOCK CHANGES | 15 | - | -169 | - | - | - | - | - | - | - | - |
| DOMESTIC SUPPLY | 3972 | 8 | 2303 | - | 11 | - | 348976 | - | 5370 | 9317 | 54000 |
| RETURNS TO SUPPLY | - | - | - | - | - | - | - | - | - | - | - |
| TRANSFERS | - | - | - | - | - | - | - | - | - | - | - |
| DOMESTIC AVAILABILITY | 3972 | 8 | 2303 | - | 11 | - | 348976 | - | 5370 | 9317 | 54000 |
| STATISTICAL DIFFERENCE | -49 | - | 13 | - | - | - | -4385 | - | 42 | 129 | 13 |
| TRANSFORM. SECTOR ** | 3806 | - | 741 | - | - | - | 109583 | - | 4055 | 3766 | - |
| FOR SOLID FUELS | 3646 | - | - | - | - | - | - | - | - | - | - |
| FOR GASES | - | - | 741 | - | - | - | - | - | 4055 | - | - |
| PETROLEUM REFINERIES | - | - | - | - | - | - | - | - | - | - | - |
| THERMO-ELECTRIC PLANTS | 160 | - | - | - | - | - | 109583 | - | - | 3766 | - |
| ENERGY SECTOR | - | - | - | - | - | - | 3624 | - | 663 | 1643 | 6076 |
| COAL MINES | - | - | - | - | - | - | - | - | - | - | - |
| OIL AND GAS EXTRACTION | - | - | - | - | - | - | 3624 | - | - | - | 208 |
| PETROLEUM REFINERIES | - | - | - | - | - | - | - | - | - | - | 1018 |
| ELECTRIC PLANTS | - | - | - | - | - | - | - | - | - | - | 2335 |
| DISTRIBUTION LOSSES | - | - | - | - | - | - | - | - | - | - | 2421 |
| PUMP STORAGE (ELECTR.) | - | - | - | - | - | - | - | - | - | - | - |
| OTHER ENERGY SECTOR | - | - | - | - | - | - | - | - | 663 | 1643 | 94 |
| FINAL CONSUMPTION | 215 | 8 | 1549 | - | 11 | - | 240154 | - | 610 | 3779 | 47911 |
| INDUSTRY SECTOR | 55 | - | 1544 | - | 11 | - | 90544 | - | 610 | 3779 | 23179 |
| IRON AND STEEL | 3 | - | 1371 | - | - | - | 5015 | - | 125 | 3656 | 1912 |
| CHEMICAL | 17 | - | 138 | - | - | - | 50740 | - | 485 | - | 8322 |
| PETROCHEMICAL | - | - | - | - | - | - | - | - | - | - | - |
| NON-FERROUS METAL | 6 | - | - | - | - | - | 950 | - | - | - | 4781 |
| NON-METALLIC MINERAL | - | - | - | - | - | - | 9167 | - | - | 123 | 983 |
| PAPER PULP AND PRINT | - | - | - | - | - | - | 5913 | - | - | - | 1569 |
| MINING AND QUARRYING | - | - | - | - | - | - | 52 | - | - | - | 4 |
| FOOD AND TOBACCO | - | - | 17 | - | - | - | 13680 | - | - | - | 2313 |
| WOOD AND WOOD PRODUCTS | - | - | - | - | - | - | 400 | - | - | - | 182 |
| MACHINERY | 1 | - | 4 | - | - | - | 450 | - | - | - | 2088 |
| TRANSPORT EQUIPMENT | - | - | - | - | - | - | 800 | - | - | - | - |
| CONSTRUCTION | - | - | - | - | - | - | - | - | - | - | 230 |
| TEXTILES AND LEATHER | - | - | - | - | - | - | 2002 | - | - | - | 580 |
| NON SPECIFIED | 28 | - | 14 | - | 11 | - | 1375 | - | - | - | 215 |
| NON-ENERGY USES: | | | | | | | | | | | |
| (1)ENERGY PRODUCTS | - | - | - | - | - | - | - | - | - | - | - |
| (2)NON-ENERGY PRODUCTS | - | - | - | - | - | - | - | - | - | - | - |
| TRANSPORT. SECTOR ** | - | - | - | - | - | - | - | - | - | - | 900 |
| AIR TRANSPORT | - | - | - | - | - | - | - | - | - | - | - |
| ROAD TRANSPORT | - | - | - | - | - | - | - | - | - | - | - |
| RAILWAYS | - | - | - | - | - | - | - | - | - | - | 900 |
| INTERNAL NAVIGATION | - | - | - | - | - | - | - | - | - | - | - |
| OTHER SECTORS ** | 160 | 8 | 5 | - | - | - | 149610 | - | - | - | 23832 |
| AGRICULTURE | - | - | - | - | - | - | - | - | - | - | - |
| PUBLIC SERVICES | - | - | - | - | - | - | - | - | - | - | - |
| COMMERCE | - | - | - | - | - | - | 52364 | - | - | - | - |
| RESIDENTIAL | 160 | 8 | 5 | - | - | - | 97246 | - | - | - | 12438 |

(1) INCLUDED IN CHEMICAL OR PETROCHEMICAL INDUSTRY
(2) INCLUDED ONLY IN TOTAL INDUSTRY

| * OF WHICH: HYDRO | 0 |
|---|---|
| NUCLEAR | 3335 |
| CONVENTIONAL THERMAL | 50924 |
| GEOTHERMAL | 0 |

** INCLUDED IN THESE TOTALS ARE THE NON-SPECIFIED ELEMENTS

## PRODUCTION ET UTILISATION DES SOURCES D ENERGIE : PAYS BAS

1975

UNIT: 1000 METRIC TONS
UNITE: 1000 TONNES METRIQUES

| OIL / PETROLE | | | REFINERY GAS | LIQUEFIED PETROLEUM GASES | AVIATION GASOLINE | MOTOR GASOLINE | JET FUEL | KEROSENE | GAS/DIESEL OIL | RESIDUAL FUEL OIL | NAPHTHA | NON-ENERGY PRODUCTS |
|---|---|---|---|---|---|---|---|---|---|---|---|---|
| CRUDE* BRUT* | NGL GNL | FEEDST. | GAZ DE PETROLE | GAZ LIQUEFIES DE PETROLE | ESSENCE AVION | ESSENCE AUTO | CARBURANT REACTEUR | PETROLE LAMPANT | GAZ/DIESEL OIL | FUEL OIL RESIDUEL | NAPHTHA | PRODUITS NON-ENERGETIQUES |
| 12 | 13 | 14 | 15 | 16 | 17 | 18 | 19 | 20 | 21 | 22 | 23 | 24 |
| 1419 | - | - | 777 | 929 | 130 | 6444 | 2742 | 595 | 16398 | 21479 | 3767 | 3627 |
| 154 | - | - | - | - | - | - | - | - | - | - | - | - |
| 55225 | - | - | - | 54 | 4 | 297 | 196 | 153 | 2704 | 1640 | 3821 | 584 |
| -6 | - | - | - | -445 | -145 | -3348 | -2139 | -304 | -11356 | -10028 | -3562 | -1754 |
| - | - | - | - | - | - | - | - | - | -1514 | -9153 | - | -57 |
| 263 | - | - | - | 5 | 19 | 83 | 41 | 32 | 221 | 262 | 175 | 56 |
| 57055 | - | - | 777 | 543 | 8 | 3476 | 840 | 476 | 6453 | 4200 | 4201 | 2456 |
| - | - | - | - | - | - | - | - | - | -262 | - | - | - |
| - | - | - | - | - | - | - | - | - | - | - | - | - |
| 57055 | - | - | 777 | 543 | 8 | 3476 | 840 | 476 | 6191 | 4200 | 4201 | 2456 |
| 21 | - | - | - | 2 | - | 3 | -2 | 1 | 5 | -81 | 6 | 2 |
| 57034 | - | - | - | - | - | - | - | - | 15 | 847 | - | - |
| - | - | - | - | - | - | - | - | - | - | - | - | - |
| - | - | - | - | - | - | - | - | - | - | - | - | - |
| 57034 | - | - | - | - | - | - | - | - | - | - | - | - |
| - | - | - | - | - | - | - | - | - | 15 | 847 | - | - |
| - | - | - | 692 | 30 | - | - | - | - | - | 1646 | - | 267 |
| - | - | - | - | - | - | - | - | - | - | - | - | - |
| - | - | - | - | - | - | - | - | - | - | - | - | - |
| - | - | - | 692 | 30 | - | - | - | - | - | 1646 | - | 267 |
| - | - | - | - | - | - | - | - | - | - | - | - | - |
| - | - | - | - | - | - | - | - | - | - | - | - | - |
| - | - | - | - | - | - | - | - | - | - | - | - | - |
| - | - | - | - | - | - | - | - | - | - | - | - | - |
| - | - | - | 85 | 511 | 8 | 3473 | 842 | 475 | 6171 | 1788 | 4195 | 2187 |
| - | - | - | 85 | 149 | - | - | - | - | 514 | 1119 | 4195 | 2180 |
| - | - | - | - | 6 | - | - | - | - | 40 | 384 | - | 1 |
| - | - | - | - | 4 | - | - | - | - | 11 | 76 | - | 56 |
| - | - | - | 85 | 100 | - | - | - | - | - | 193 | 4195 | - |
| - | - | - | - | - | - | - | - | - | - | - | - | - |
| - | - | - | - | 1 | - | - | - | - | 8 | 87 | - | - |
| - | - | - | - | - | - | - | - | - | 2 | 14 | - | - |
| - | - | - | - | - | - | - | - | - | - | - | - | - |
| - | - | - | - | - | - | - | - | - | 10 | 167 | - | - |
| - | - | - | - | - | - | - | - | - | - | - | - | - |
| - | - | - | - | - | - | - | - | - | - | - | - | - |
| - | - | - | - | - | - | - | - | - | - | - | - | - |
| - | - | - | - | - | - | - | - | - | - | - | - | - |
| - | - | - | - | - | - | - | - | - | - | - | - | - |
| - | - | - | - | 38 | - | - | - | - | 443 | 198 | - | 32 |
| - | - | - | - | - | - | - | - | - | - | - | 4195 | - |
| - | - | - | - | - | - | - | - | - | - | - | - | 2091 |
| - | - | - | - | 203 | 8 | 3438 | 842 | 2 | 2443 | - | - | - |
| - | - | - | - | - | 8 | - | 842 | - | - | - | - | - |
| - | - | - | - | 203 | - | 3433 | - | - | 1454 | - | - | - |
| - | - | - | - | - | - | - | - | - | 44 | - | - | - |
| - | - | - | - | - | - | 5 | - | 2 | 945 | - | - | - |
| - | - | - | - | 159 | - | 35 | - | 473 | 3214 | 669 | - | 7 |
| - | - | - | - | 36 | - | 25 | - | - | 216 | 2 | - | - |
| - | - | - | - | - | - | - | - | - | - | - | - | - |
| - | - | - | - | - | - | - | - | - | - | - | - | - |
| - | - | - | - | 95 | - | - | - | 470 | 1751 | 157 | - | - |

*INCLUDED IN THIS COLUMN IS NGL AND FEEDSTOCKS.

## PRODUCTION AND USES OF ENERGY SOURCES : NETHERLANDS

1976

| X / XX ENERGY / XX / XX SOURCES / XX / XX / XX / PRODUCTION XX / XX / AND USES XX/ | UNIT: 1000 METRIC TONS / UNITE: 1000 TONNES METRIQUES | | | | | | TCAL / TCAL | MANUFACTURED GAS (TCAL) / GAZ MANUFACTURE (TCAL) | | | MILLIONS / OF (DE) KWH |
|---|---|---|---|---|---|---|---|---|---|---|---|
| | HARD COAL / HOUILLE | PATENT FUEL / AGGLOMERES | COKE OVEN COKE / COKE DE FOUR | GAS COKE / COKE DE GAZ | BROWN COAL / LIGNITE | BKB / BRIQ. DE LIGNITE | NATURAL GAS / GAZ NATUREL | GAS WORKS / USINES A GAZ | COKE OVENS / COKERIES | BLAST FURNACES / HAUT FOURNEAUX | ELECTRICITY* / ELECTRICITE* |
| | 1 | 2 | 3 | 4 | 5 | 6 | 7 | 8 | 9 | 10 | 11 |
| PRODUCTION | - | - | 2813 | - | - | - | 817325 | - | 5036 | 5643 | 58138 |
| FROM OTHER SOURCES | - | - | - | - | - | - | - | - | - | - | - |
| IMPORT | 4721 | 5 | 240 | - | 13 | - | - | - | - | - | 24 |
| EXPORT | -460 | -5 | -659 | - | - | - | -452570 | - | - | - | -347 |
| INTL. MARINE BUNKERS | - | - | - | - | - | - | - | - | - | - | - |
| STOCK CHANGES | 77 | 4 | -137 | - | -1 | - | -40 | - | - | - | - |
| DOMESTIC SUPPLY | 4338 | 4 | 2257 | - | 12 | - | 364715 | - | 5036 | 5643 | 57815 |
| RETURNS TO SUPPLY | - | - | - | - | - | - | - | - | - | - | - |
| TRANSFERS | - | - | - | - | - | - | - | - | - | - | - |
| DOMESTIC AVAILABILITY | 4338 | 4 | 2257 | - | 12 | - | 364715 | - | 5036 | 5643 | 57815 |
| STATISTICAL DIFFERENCE | -442 | -1 | -29 | - | - | - | -2260 | - | 37 | 251 | 436 |
| TRANSFORM. SECTOR ** | 4593 | - | 847 | - | - | - | 108475 | - | 2401 | 2621 | - |
| FOR SOLID FUELS | 3593 | - | - | - | - | - | - | - | - | - | - |
| FOR GASES | - | - | 847 | - | - | - | - | - | 1308 | - | - |
| PETROLEUM REFINERIES | - | - | - | - | - | - | - | - | - | - | - |
| THERMO-ELECTRIC PLANTS | 1000 | - | - | - | - | - | 108475 | - | 1093 | 2621 | - |
| ENERGY SECTOR | 4 | - | - | - | - | - | 4815 | - | 504 | 364 | 6101 |
| COAL MINES | 4 | - | - | - | - | - | - | - | - | - | - |
| OIL AND GAS EXTRACTION | - | - | - | - | - | - | 3820 | - | - | - | 207 |
| PETROLEUM REFINERIES | - | - | - | - | - | - | 255 | - | - | - | 1149 |
| ELECTRIC PLANTS | - | - | - | - | - | - | 485 | - | - | - | 2080 |
| DISTRIBUTION LOSSES | - | - | - | - | - | - | 255 | - | - | 11 | 2578 |
| PUMP STORAGE (ELECTR.) | - | - | - | - | - | - | - | - | - | - | - |
| OTHER ENERGY SECTOR | - | - | - | - | - | - | - | - | 504 | 353 | 87 |
| FINAL CONSUMPTION | 183 | 5 | 1439 | - | 12 | - | 253685 | - | 2094 | 2407 | 51278 |
| INDUSTRY SECTOR | 75 | - | 1437 | - | 12 | - | 90650 | - | 2094 | 2407 | 24384 |
| IRON AND STEEL | 7 | - | 1223 | - | - | - | 7870 | - | 1919 | 2313 | 1942 |
| CHEMICAL | 44 | - | 165 | - | - | - | 48040 | - | 175 | - | 9280 |
| PETROCHEMICAL | - | - | - | - | - | - | - | - | - | - | - |
| NON-FERROUS METAL | - | - | - | - | - | - | 940 | - | - | - | 4806 |
| NON-METALLIC MINERAL | - | - | - | - | - | - | 8669 | - | - | 94 | 978 |
| PAPER PULP AND PRINT | - | - | - | - | - | - | 4105 | - | - | - | 1660 |
| MINING AND QUARRYING | - | - | - | - | - | - | 70 | - | - | - | 7 |
| FOOD AND TOBACCO | - | - | 21 | - | - | - | 12830 | - | - | - | 2372 |
| WOOD AND WOOD PRODUCTS | - | - | - | - | - | - | 400 | - | - | - | 186 |
| MACHINERY | 8 | - | 28 | - | - | - | 435 | - | - | - | 2142 |
| TRANSPORT EQUIPMENT | - | - | - | - | - | - | 945 | - | - | - | - |
| CONSTRUCTION | - | - | - | - | - | - | - | - | - | - | 240 |
| TEXTILES AND LEATHER | - | - | - | - | - | - | 1934 | - | - | - | 581 |
| NON SPECIFIED | 16 | - | - | - | 12 | - | 4412 | - | - | - | 190 |
| NON-ENERGY USES: | | | | | | | | | | | |
| (1)ENERGY PRODUCTS | - | - | - | - | - | - | - | - | - | - | - |
| (2)NON-ENERGY PRODUCTS | - | - | - | - | - | - | - | - | - | - | - |
| TRANSPORT. SECTOR ** | - | - | - | - | - | - | - | - | - | - | 916 |
| AIR TRANSPORT | - | - | - | - | - | - | - | - | - | - | - |
| ROAD TRANSPORT | - | - | - | - | - | - | - | - | - | - | - |
| RAILWAYS | - | - | - | - | - | - | - | - | - | - | 916 |
| INTERNAL NAVIGATION | - | - | - | - | - | - | - | - | - | - | - |
| OTHER SECTORS ** | 108 | 5 | 2 | - | - | - | 163035 | - | - | - | 25978 |
| AGRICULTURE | - | - | - | - | - | - | - | - | - | - | - |
| PUBLIC SERVICES | - | - | - | - | - | - | - | - | - | - | - |
| COMMERCE | - | - | - | - | - | - | 57035 | - | - | - | - |
| RESIDENTIAL | 74 | 2 | 2 | - | - | - | 106000 | - | - | - | 13511 |

(1) INCLUDED IN CHEMICAL OR PETROCHEMICAL INDUSTRY
(2) INCLUDED ONLY IN TOTAL INDUSTRY

| * OF WHICH: | | |
|---|---|---|
| | HYDRO | 0 |
| | NUCLEAR | 3872 |
| | CONVENTIONAL THERMAL | 54266 |
| | GEOTHERMAL | 0 |

** INCLUDED IN THESE TOTALS ARE THE NON-SPECIFIED ELEMENTS

PRODUCTION ET UTILISATION DES SOURCES D ENERGIE : PAYS BAS

1976

UNIT: 1000 METRIC TONS
UNITE: 1000 TONNES METRIQUES

| OIL / PETROLE: CRUDE* / BRUT* | OIL / PETROLE: NGL / GNL | OIL / PETROLE: FEEDST. | REFINERY GAS / GAZ DE PETROLE | LIQUEFIED PETROLEUM GASES / GAZ LIQUEFIES DE PETROLE | AVIATION GASOLINE / ESSENCE AVION | MOTOR GASOLINE / ESSENCE AUTO | JET FUEL / CARBURANT REACTEUR | KEROSENE / PETROLE LAMPANT | GAS/DIESEL OIL / GAZ/DIESEL OIL | RESIDUAL FUEL OIL / FUEL OIL RESIDUEL | NAPHTHA / NAPHTHA | NON-ENERGY PRODUCTS / PRODUITS NON-ENERGETIQUES |
|---|---|---|---|---|---|---|---|---|---|---|---|---|
| 12 | 13 | 14 | 15 | 16 | 17 | 18 | 19 | 20 | 21 | 22 | 23 | 24 |
| 1371 | - | - | 964 | 1068 | 138 | 6955 | 2987 | 670 | 18029 | 23550 | 5401 | 5182 |
| 175 | - | - | - | - | - | - | - | - | - | - | - | - |
| 63882 | - | - | - | 111 | 1 | 436 | 282 | 211 | 2450 | 1255 | 4370 | 676 |
| -1 | - | - | - | -445 | -131 | -3593 | -2397 | -426 | -12392 | -10212 | -4231 | -2197 |
| - | - | - | - | - | - | - | - | - | -1611 | -9647 | - | -52 |
| -342 | - | - | - | 4 | -1 | -133 | -30 | 3 | 685 | 6 | -229 | 20 |
| 65085 | - | - | 964 | 738 | 7 | 3665 | 842 | 458 | 7161 | 4952 | 5311 | 3629 |
| - | - | - | - | - | - | - | - | - | - | - | - | - |
| - | - | - | - | - | - | - | - | - | - | - | - | - |
| 65085 | - | - | 964 | 738 | 7 | 3665 | 842 | 458 | 7161 | 4952 | 5311 | 3629 |
| - | - | - | - | -1 | - | 6 | 1 | 3 | -9 | -5 | 1 | 1 |
| 65085 | - | - | - | - | - | - | - | - | 10 | 787 | - | - |
| - | - | - | - | - | - | - | - | - | - | - | - | - |
| - | - | - | - | - | - | - | - | - | - | - | - | - |
| 65085 | - | - | - | - | - | - | - | - | - | - | - | - |
| - | - | - | - | - | - | - | - | - | 10 | 787 | - | - |
| - | - | - | 869 | 16 | - | - | - | - | - | 1869 | - | 581 |
| - | - | - | - | - | - | - | - | - | - | - | - | - |
| - | - | - | - | - | - | - | - | - | - | - | - | - |
| - | - | - | 869 | 16 | - | - | - | - | - | 1869 | - | 581 |
| - | - | - | - | - | - | - | - | - | - | - | - | - |
| - | - | - | - | - | - | - | - | - | - | - | - | - |
| - | - | - | - | - | - | - | - | - | - | - | - | - |
| - | - | - | - | - | - | - | - | - | - | - | - | - |
| - | - | - | 95 | 723 | 7 | 3659 | 841 | 455 | 7160 | 2301 | 5310 | 3047 |
| - | - | - | 95 | 241 | - | - | - | - | 526 | 1439 | 5310 | 3040 |
| - | - | - | - | 6 | - | - | - | - | 42 | 484 | - | - |
| - | - | - | - | 5 | - | - | - | - | 71 | 236 | - | 68 |
| - | - | - | 95 | 185 | - | - | - | - | - | 189 | 5310 | 1 |
| - | - | - | - | - | - | - | - | - | - | - | - | - |
| - | - | - | - | 5 | - | - | - | - | 9 | 93 | - | - |
| - | - | - | - | - | - | - | - | - | 2 | 32 | - | - |
| - | - | - | - | - | - | - | - | - | - | - | - | - |
| - | - | - | - | - | - | - | - | - | 15 | 165 | - | - |
| - | - | - | - | - | - | - | - | - | - | - | - | - |
| - | - | - | - | - | - | - | - | - | - | - | - | - |
| - | - | - | - | - | - | - | - | - | - | - | - | - |
| - | - | - | - | - | - | - | - | - | - | - | - | - |
| - | - | - | - | - | - | - | - | - | - | - | - | - |
| - | - | - | - | 40 | - | - | - | - | 387 | 240 | - | 29 |
| - | - | - | - | - | - | - | - | - | - | - | 5310 | - |
| - | - | - | - | - | - | - | - | - | - | - | - | 2942 |
| - | - | - | - | 264 | 7 | 3629 | 841 | 2 | 2948 | 1 | - | - |
| - | - | - | - | - | 7 | - | 841 | - | - | - | - | - |
| - | - | - | - | 264 | - | 3619 | - | - | 1749 | - | - | - |
| - | - | - | - | - | - | - | - | - | 41 | - | - | - |
| - | - | - | - | - | - | 10 | - | 2 | 1158 | 1 | - | - |
| - | - | - | - | 218 | - | 30 | - | 453 | 3686 | 861 | - | 7 |
| - | - | - | - | 36 | - | 30 | - | - | 223 | 4 | - | - |
| - | - | - | - | - | - | - | - | - | - | - | - | - |
| - | - | - | - | - | - | - | - | - | - | - | - | - |
| - | - | - | - | 92 | - | - | - | 450 | 1747 | 156 | - | - |

*INCLUDED IN THIS COLUMN IS NGL AND FEEDSTOCKS.

# PRODUCTION AND USES OF ENERGY SOURCES : NETHERLANDS

1977

| X XX ENERGY XX XX SOURCES XX XX XX PRODUCTION XX XX AND USES XX | UNIT: 1000 METRIC TONS / UNITE: 1000 TONNES METRIQUES | | | | | | TCAL / TCAL | MANUFACTURED GAS (TCAL) / GAZ MANUFACTURE (TCAL) | | | MILLIONS OF (DE) KWH |
|---|---|---|---|---|---|---|---|---|---|---|---|
| | HARD COAL / HOUILLE | PATENT FUEL / AGGLOMERES | COKE OVEN COKE / COKE DE FOUR | GAS COKE / COKE DE GAZ | BROWN COAL / LIGNITE | BKB / BRIQ. DE LIGNITE | NATURAL GAS / GAZ NATUREL | GAS WORKS / USINES A GAZ | COKE OVENS / COKERIES | BLAST FURNACES / HAUT FOURNEAUX | ELECTRICITY* / ELECTRICITE* |
| | 1 | 2 | 3 | 4 | 5 | 6 | 7 | 8 | 9 | 10 | 11 |
| PRODUCTION | - | - | 2501 | - | - | - | 813940 | - | 4873 | 4715 | 58285 |
| FROM OTHER SOURCES | - | - | - | - | - | - | - | - | - | - | - |
| IMPORT | 4785 | 5 | 259 | - | 16 | 14 | 2430 | - | - | - | 986 |
| EXPORT | -476 | - | -726 | - | - | -1 | -456230 | - | - | - | -242 |
| INTL. MARINE BUNKERS | - | - | - | - | - | - | - | - | - | - | - |
| STOCK CHANGES | -81 | - | 96 | - | - | - | -280 | - | - | - | - |
| DOMESTIC SUPPLY | 4228 | 5 | 2130 | - | 16 | 13 | 359860 | - | 4873 | 4715 | 59029 |
| RETURNS TO SUPPLY | - | - | - | - | - | - | - | - | - | - | - |
| TRANSFERS | - | - | - | - | - | - | - | - | - | - | - |
| DOMESTIC AVAILABILITY | 4228 | 5 | 2130 | - | 16 | 13 | 359860 | - | 4873 | 4715 | 59029 |
| STATISTICAL DIFFERENCE | -613 | - | -14 | - | - | -1 | -8870 | - | 83 | 100 | 436 |
| TRANSFORM. SECTOR ** | 4678 | - | 711 | - | - | - | 108320 | - | 2256 | 2428 | - |
| FOR SOLID FUELS | 3204 | - | - | - | - | - | - | - | - | - | - |
| FOR GASES | - | - | 711 | - | - | - | - | - | 1315 | - | - |
| PETROLEUM REFINERIES | - | - | - | - | - | - | - | - | - | - | - |
| THERMO-ELECTRIC PLANTS | 1474 | - | - | - | - | - | 108320 | - | 941 | 2428 | - |
| ENERGY SECTOR | - | - | - | - | - | - | 4540 | - | 542 | 215 | 6137 |
| COAL MINES | - | - | - | - | - | - | - | - | - | - | - |
| OIL AND GAS EXTRACTION | - | - | - | - | - | - | 3540 | - | - | - | 223 |
| PETROLEUM REFINERIES | - | - | - | - | - | - | 280 | - | - | - | 1128 |
| ELECTRIC PLANTS | - | - | - | - | - | - | 580 | - | - | - | 2172 |
| DISTRIBUTION LOSSES | - | - | - | - | - | - | 140 | - | - | - | 2531 |
| PUMP STORAGE (ELECTR.) | - | - | - | - | - | - | - | - | - | - | - |
| OTHER ENERGY SECTOR | - | - | - | - | - | - | - | - | 542 | 215 | 83 |
| FINAL CONSUMPTION | 163 | 5 | 1433 | - | 16 | 14 | 255870 | - | 1992 | 1972 | 52456 |
| INDUSTRY SECTOR | 66 | - | 1430 | - | 16 | - | 100900 | - | 1992 | 1972 | 26107 |
| IRON AND STEEL | 5 | - | 1225 | - | - | - | 9840 | - | 1785 | 1856 | 1847 |
| CHEMICAL | 46 | - | 130 | - | - | - | 52900 | - | 207 | - | 9798 |
| PETROCHEMICAL | - | - | - | - | - | - | - | - | - | - | - |
| NON-FERROUS METAL | - | - | - | - | - | - | 1200 | - | - | - | 4492 |
| NON-METALLIC MINERAL | - | - | - | - | - | - | 8700 | - | - | 116 | 1064 |
| PAPER PULP AND PRINT | - | - | - | - | - | - | 4990 | - | - | - | 2059 |
| MINING AND QUARRYING | - | - | - | - | - | - | - | - | - | - | 11 |
| FOOD AND TOBACCO | - | - | - | - | - | - | 14760 | - | - | - | 2787 |
| WOOD AND WOOD PRODUCTS | - | - | - | - | - | - | 500 | - | - | - | 269 |
| MACHINERY | 1 | - | 20 | - | - | - | 970 | - | - | - | 2770 |
| TRANSPORT EQUIPMENT | - | - | - | - | - | - | 1400 | - | - | - | - |
| CONSTRUCTION | - | - | - | - | - | - | - | - | - | - | 280 |
| TEXTILES AND LEATHER | - | - | - | - | - | - | 2639 | - | - | - | 661 |
| NON SPECIFIED | 14 | - | 55 | - | 16 | - | 3001 | - | - | - | 69 |
| NON-ENERGY USES: | | | | | | | | | | | |
| (1)ENERGY PRODUCTS | - | - | - | - | - | - | - | - | - | - | - |
| (2)NON-ENERGY PRODUCTS | - | - | - | - | - | - | - | - | - | - | - |
| TRANSPORT. SECTOR ** | - | - | - | - | - | - | - | - | - | - | 905 |
| AIR TRANSPORT | - | - | - | - | - | - | - | - | - | - | - |
| ROAD TRANSPORT | - | - | - | - | - | - | - | - | - | - | - |
| RAILWAYS | - | - | - | - | - | - | - | - | - | - | 905 |
| INTERNAL NAVIGATION | - | - | - | - | - | - | - | - | - | - | - |
| OTHER SECTORS ** | 97 | 5 | 3 | - | - | 13 | 154970 | - | - | - | 25444 |
| AGRICULTURE | - | - | - | - | - | - | - | - | - | - | - |
| PUBLIC SERVICES | - | - | - | - | - | - | - | - | - | - | - |
| COMMERCE | - | - | - | - | - | - | 51650 | - | - | - | - |
| RESIDENTIAL | 68 | - | 3 | - | - | - | 103320 | - | - | - | 13632 |

(1) INCLUDED IN CHEMICAL OR PETROCHEMICAL INDUSTRY
(2) INCLUDED ONLY IN TOTAL INDUSTRY

| * OF WHICH: HYDRO | 0 |
|---|---|
| NUCLEAR | 3710 |
| CONVENTIONAL THERMAL | 54575 |
| GEOTHERMAL | 0 |

** INCLUDED IN THESE TOTALS ARE THE NON-SPECIFIED ELEMENTS

PRODUCTION ET UTILISATION DES SOURCES D ENERGIE : PAYS BAS

1977

UNIT: 1000 METRIC TONS
UNITE: 1000 TONNES METRIQUES

| OIL / PETROLE: CRUDE* / BRUT* | OIL / PETROLE: NGL / GNL | OIL / PETROLE: FEEDST. | REFINERY GAS / GAZ DE PETROLE | LIQUEFIED PETROLEUM GASES / GAZ LIQUEFIES DE PETROLE | AVIATION GASOLINE / ESSENCE AVION | MOTOR GASOLINE / ESSENCE AUTO | JET FUEL / CARBURANT REACTEUR | KEROSENE / PETROLE LAMPANT | GAS/DIESEL OIL / GAZ/DIESEL OIL | RESIDUAL FUEL OIL / FUEL OIL RESIDUEL | NAPHTHA / NAPHTHA | NON-ENERGY PRODUCTS / PRODUITS NON-ENERGETIQUES |
|---|---|---|---|---|---|---|---|---|---|---|---|---|
| 12 | 13 | 14 | 15 | 16 | 17 | 18 | 19 | 20 | 21 | 22 | 23 | 24 |
| 1382 | - | - | 840 | 1027 | 123 | 6407 | 3040 | 579 | 17959 | 21855 | 4598 | 4240 |
| 216 | - | - | - | - | - | - | - | - | - | - | - | - |
| 58929 | - | - | - | 173 | 1 | 502 | 218 | 98 | 1325 | 1178 | 4809 | 785 |
| -2 | - | - | - | -361 | -125 | -3168 | -2435 | -335 | -10662 | -9004 | -4169 | -2193 |
| - | - | - | - | - | - | - | - | - | -1561 | -9324 | - | -54 |
| 307 | - | - | - | 3 | 8 | 76 | 42 | 28 | -224 | -219 | 67 | -54 |
| 60832 | - | - | 840 | 842 | 7 | 3817 | 865 | 370 | 6837 | 4486 | 5305 | 2724 |
| - | - | - | - | - | - | - | - | - | - | - | - | - |
| - | - | - | - | - | - | - | - | - | - | - | - | - |
| 60832 | - | - | 840 | 842 | 7 | 3817 | 865 | 370 | 6837 | 4486 | 5305 | 2724 |
| -18 | - | - | - | -1 | - | 17 | -17 | 5 | 25 | -6 | -21 | 3 |
| 60850 | - | - | - | - | - | - | - | - | 8 | 816 | - | - |
| - | - | - | - | - | - | - | - | - | - | - | - | - |
| - | - | - | - | - | - | - | - | - | - | - | - | - |
| 60850 | - | - | - | - | - | - | - | - | - | - | - | - |
| - | - | - | - | - | - | - | - | - | 8 | 816 | - | - |
| - | - | - | 730 | 7 | - | - | - | - | - | 2055 | - | 464 |
| - | - | - | - | - | - | - | - | - | - | - | - | - |
| - | - | - | - | - | - | - | - | - | - | - | - | - |
| - | - | - | 730 | 7 | - | - | - | - | - | 2055 | - | 464 |
| - | - | - | - | - | - | - | - | - | - | - | - | - |
| - | - | - | - | - | - | - | - | - | - | - | - | - |
| - | - | - | - | - | - | - | - | - | - | - | - | - |
| - | - | - | - | - | - | - | - | - | - | - | - | - |
| - | - | - | 110 | 836 | 7 | 3800 | 882 | 365 | 6804 | 1621 | 5326 | 2257 |
| - | - | - | 110 | 291 | - | - | - | - | 499 | 1192 | 5326 | 2251 |
| - | - | - | - | 5 | - | - | - | - | 63 | 336 | - | - |
| - | - | - | - | 5 | - | - | - | - | 28 | 217 | - | 69 |
| - | - | - | 110 | 231 | - | - | - | - | - | 166 | 5326 | - |
| - | - | - | - | - | - | - | - | - | - | - | - | - |
| - | - | - | - | 3 | - | - | - | - | 9 | 98 | - | - |
| - | - | - | - | - | - | - | - | - | 2 | 35 | - | - |
| - | - | - | - | - | - | - | - | - | - | - | - | - |
| - | - | - | - | - | - | - | - | - | 22 | 176 | - | - |
| - | - | - | - | - | - | - | - | - | - | - | - | - |
| - | - | - | - | - | - | - | - | - | - | - | - | - |
| - | - | - | - | - | - | - | - | - | - | - | - | - |
| - | - | - | - | - | - | - | - | - | - | - | - | - |
| - | - | - | - | - | - | - | - | - | - | - | - | - |
| - | - | - | - | 47 | - | - | - | - | 375 | 164 | - | 27 |
| - | - | - | - | - | - | - | - | - | - | - | 5326 | - |
| - | - | - | - | - | - | - | - | - | - | - | - | 2155 |
| - | - | - | - | 324 | 7 | 3765 | 882 | 2 | 3099 | 8 | - | - |
| - | - | - | - | - | 7 | - | 882 | - | - | - | - | - |
| - | - | - | - | 324 | - | 3750 | - | - | 1799 | - | - | - |
| - | - | - | - | - | - | - | - | - | 42 | - | - | - |
| - | - | - | - | - | - | 15 | - | 2 | 1258 | 8 | - | - |
| - | - | - | - | 221 | - | 35 | - | 363 | 3206 | 421 | - | 6 |
| - | - | - | - | 33 | - | 35 | - | - | 232 | 3 | - | - |
| - | - | - | - | - | - | - | - | - | - | - | - | - |
| - | - | - | - | - | - | - | - | - | - | - | - | - |
| - | - | - | - | 97 | - | - | - | 360 | 1701 | 215 | - | - |

*INCLUDED IN THIS COLUMN IS NGL AND FEEDSTOCKS.

## PRODUCTION AND USES OF ENERGY SOURCES : NETHERLANDS

1978

| PRODUCTION AND USES / ENERGY SOURCES | HARD COAL / HOUILLE | PATENT FUEL / AGGLOMERES | COKE OVEN COKE / COKE DE FOUR | GAS COKE / COKE DE GAZ | BROWN COAL / LIGNITE | BKB / BRIQ. DE LIGNITE | NATURAL GAS / GAZ NATUREL | GAS WORKS / USINES A GAZ | COKE OVENS / COKERIES | BLAST FURNACES / HAUT FOURNEAUX | ELECTRICITY* / ELECTRICITE* |
|---|---|---|---|---|---|---|---|---|---|---|---|
| | UNIT: 1000 METRIC TONS / UNITE: 1000 TONNES METRIQUES | | | | | | TCAL / TCAL | MANUFACTURED GAS (TCAL) / GAZ MANUFACTURE (TCAL) | | | MILLIONS OF (DE) KWH |
| | 1 | 2 | 3 | 4 | 5 | 6 | 7 | 8 | 9 | 10 | 11 |
| PRODUCTION | - | - | 2401 | - | - | - | 745334 | - | 4605 | 5869 | 61597 |
| FROM OTHER SOURCES | - | - | - | - | - | - | - | - | - | - | - |
| IMPORT | 5038 | - | 485 | - | 55 | 16 | 14786 | - | - | - | 620 |
| EXPORT | -488 | - | -732 | - | - | -1 | -398017 | - | - | - | -275 |
| INTL. MARINE BUNKERS | - | - | - | - | - | - | - | - | - | - | - |
| STOCK CHANGES | 255 | - | 198 | - | - | - | -461 | - | - | - | - |
| DOMESTIC SUPPLY | 4805 | - | 2352 | - | 55 | 15 | 361642 | - | 4605 | 5869 | 61942 |
| RETURNS TO SUPPLY | - | - | - | - | - | - | - | - | - | - | - |
| TRANSFERS | - | - | - | - | - | - | - | - | - | - | - |
| DOMESTIC AVAILABILITY | 4805 | - | 2352 | - | 55 | 15 | 361642 | - | 4605 | 5869 | 61942 |
| STATISTICAL DIFFERENCE | -337 | - | 20 | - | - | - | -7971 | - | 129 | 201 | 1 |
| TRANSFORM. SECTOR ** | 4985 | - | 875 | - | - | - | 95348 | - | 2066 | 2548 | - |
| FOR SOLID FUELS | 3283 | - | - | - | - | - | - | - | - | - | - |
| FOR GASES | - | - | 875 | - | - | - | - | - | 1199 | - | - |
| PETROLEUM REFINERIES | - | - | - | - | - | - | - | - | - | - | - |
| THERMO-ELECTRIC PLANTS | 1702 | - | - | - | - | - | 95348 | - | 867 | 2548 | - |
| ENERGY SECTOR | - | - | - | - | - | - | 4395 | - | 389 | 411 | 6852 |
| COAL MINES | - | - | - | - | - | - | - | - | - | - | - |
| OIL AND GAS EXTRACTION | - | - | - | - | - | - | 3401 | - | - | - | 235 |
| PETROLEUM REFINERIES | - | - | - | - | - | - | 291 | - | - | - | 1153 |
| ELECTRIC PLANTS | - | - | - | - | - | - | 585 | - | - | - | 2709 |
| DISTRIBUTION LOSSES | - | - | - | - | - | - | 118 | - | - | - | 2674 |
| PUMP STORAGE (ELECTR.) | - | - | - | - | - | - | - | - | - | - | - |
| OTHER ENERGY SECTOR | - | - | - | - | - | - | - | - | 389 | 411 | 81 |
| FINAL CONSUMPTION | 157 | - | 1457 | - | 55 | 15 | 269870 | - | 2021 | 2709 | 55089 |
| INDUSTRY SECTOR | 63 | - | 1454 | - | 54 | - | 101006 | - | 2021 | 2709 | 27771 |
| IRON AND STEEL | 5 | - | 1288 | - | - | - | 4550 | - | 1837 | 2601 | 1939 |
| CHEMICAL | 51 | - | 124 | - | - | - | 39150 | - | 184 | - | 10233 |
| PETROCHEMICAL | - | - | - | - | - | - | 13727 | - | - | - | - |
| NON-FERROUS METAL | - | - | - | - | - | - | 1090 | - | - | - | 4895 |
| NON-METALLIC MINERAL | - | - | - | - | - | - | 9517 | - | - | 108 | 1133 |
| PAPER PULP AND PRINT | - | - | - | - | - | - | 5714 | - | - | - | 2133 |
| MINING AND QUARRYING | - | - | - | - | - | - | - | - | - | - | 12 |
| FOOD AND TOBACCO | - | - | - | - | - | - | 15487 | - | - | - | 3119 |
| WOOD AND WOOD PRODUCTS | - | - | - | - | - | - | 735 | - | - | - | 277 |
| MACHINERY | - | - | 18 | - | - | - | 1266 | - | - | - | 2922 |
| TRANSPORT EQUIPMENT | - | - | - | - | - | - | 1674 | - | - | - | - |
| CONSTRUCTION | - | - | - | - | 54 | - | - | - | - | - | 375 |
| TEXTILES AND LEATHER | - | - | - | - | - | - | 2683 | - | - | - | 658 |
| NON SPECIFIED | 7 | - | 24 | - | - | - | 5413 | - | - | - | 75 |
| NON-ENERGY USES: | | | | | | | | | | | |
| (1)ENERGY PRODUCTS | - | - | - | - | - | - | - | - | - | - | - |
| (2)NON-ENERGY PRODUCTS | - | - | - | - | - | - | - | - | - | - | - |
| TRANSPORT. SECTOR ** | - | - | - | - | - | - | - | - | - | - | 921 |
| AIR TRANSPORT | - | - | - | - | - | - | - | - | - | - | - |
| ROAD TRANSPORT | - | - | - | - | - | - | - | - | - | - | - |
| RAILWAYS | - | - | - | - | - | - | - | - | - | - | 921 |
| INTERNAL NAVIGATION | - | - | - | - | - | - | - | - | - | - | - |
| OTHER SECTORS ** | 94 | - | 3 | - | 1 | 15 | 168864 | - | - | - | 26397 |
| AGRICULTURE | - | - | - | - | - | - | - | - | - | - | - |
| PUBLIC SERVICES | - | - | - | - | - | - | - | - | - | - | - |
| COMMERCE | - | - | - | - | - | - | 56557 | - | - | - | - |
| RESIDENTIAL | 72 | - | 3 | - | - | - | 112307 | - | - | - | 14071 |

(1) INCLUDED IN CHEMICAL OR PETROCHEMICAL INDUSTRY
(2) INCLUDED ONLY IN TOTAL INDUSTRY

| * OF WHICH: HYDRO | 0 |
|---|---|
| NUCLEAR | 4060 |
| CONVENTIONAL THERMAL | 57537 |
| GEOTHERMAL | 0 |

** INCLUDED IN THESE TOTALS ARE THE NON-SPECIFIED ELEMENTS

PRODUCTION ET UTILISATION DES SOURCES D ENERGIE : PAYS BAS

1978

UNIT: 1000 METRIC TONS
UNITE: 1000 TONNES METRIQUES

| OIL PETROLE | | | REFINERY GAS | LIQUEFIED PETROLEUM GASES | AVIATION GASOLINE | MOTOR GASOLINE | JET FUEL | KEROSENE | GAS/DIESEL OIL | RESIDUAL FUEL OIL | NAPHTHA | NON-ENERGY PRODUCTS |
|---|---|---|---|---|---|---|---|---|---|---|---|---|
| CRUDE* BRUT* | NGL GNL | FEEDST. | GAZ DE PETROLE | GAZ LIQUEFIES DE PETROLE | ESSENCE AVION | ESSENCE AUTO | CARBURANT REACTEUR | PETROLE LAMPANT | GAZ/DIESEL OIL | FUEL OIL RESIDUEL | NAPHTHA | PRODUITS NON-ENERGETIQUES |
| 12 | 13 | 14 | 15 | 16 | 17 | 18 | 19 | 20 | 21 | 22 | 23 | 24 |
| 1520 | - | - | 949 | 1096 | 130 | 7128 | 2716 | 498 | 18732 | 20539 | 4074 | 2364 |
| - | - | - | 727 | 135 | - | 203 | - | - | 75 | 120 | - | 1044 |
| 99071 | - | - | - | 297 | - | 499 | 272 | 111 | 2962 | 2706 | 5443 | 1325 |
| -43382 | - | - | - | -303 | -117 | -3491 | -2111 | -281 | -11961 | -7998 | -3625 | -2143 |
| - | - | - | - | - | - | - | - | - | -2000 | -9363 | - | -64 |
| 301 | - | - | - | -1 | -6 | -43 | -25 | 48 | -273 | -168 | 279 | 5 |
| 57510 | - | - | 1676 | 1224 | 7 | 4296 | 852 | 376 | 7535 | 5836 | 6171 | 2531 |
| 1042 | - | - | - | -3 | - | -317 | - | - | -94 | -195 | -342 | -83 |
| - | - | - | - | - | - | - | - | -8 | - | - | - | - |
| 58552 | - | - | 1676 | 1221 | 7 | 3979 | 852 | 368 | 7441 | 5641 | 5829 | 2448 |
| 53 | - | - | -1 | 3 | - | 25 | 4 | 4 | -11 | -11 | 20 | 10 |
| 58499 | - | - | - | - | - | - | - | - | 9 | 1940 | - | - |
| - | - | - | - | - | - | - | - | - | - | - | - | - |
| - | - | - | - | - | - | - | - | - | - | - | - | - |
| 58499 | - | - | - | - | - | - | - | - | - | - | - | - |
| - | - | - | - | - | - | - | - | - | 9 | 1940 | - | - |
| - | - | - | 843 | 14 | - | - | - | - | 2 | 1849 | - | 286 |
| - | - | - | - | - | - | - | - | - | - | - | - | - |
| - | - | - | - | - | - | - | - | - | - | - | - | - |
| - | - | - | 843 | 14 | - | - | - | - | 2 | 1849 | - | 286 |
| - | - | - | - | - | - | - | - | - | - | - | - | - |
| - | - | - | - | - | - | - | - | - | - | - | - | - |
| - | - | - | - | - | - | - | - | - | - | - | - | - |
| - | - | - | - | - | - | - | - | - | - | - | - | - |
| - | - | - | 834 | 1204 | 7 | 3954 | 848 | 364 | 7441 | 1863 | 5809 | 2152 |
| - | - | - | 834 | 474 | 2 | - | - | - | 1875 | 1472 | 5809 | 2146 |
| - | - | - | - | 11 | - | - | - | - | 55 | 375 | - | - |
| - | - | - | - | 8 | - | - | - | - | 20 | 123 | - | 14 |
| - | - | - | 834 | 359 | 2 | - | - | - | 1663 | 508 | 5809 | 54 |
| - | - | - | - | - | - | - | - | - | - | - | - | - |
| - | - | - | - | 14 | - | - | - | - | 10 | 111 | - | - |
| - | - | - | - | - | - | - | - | - | 5 | 31 | - | - |
| - | - | - | - | - | - | - | - | - | - | - | - | - |
| - | - | - | - | - | - | - | - | - | 19 | 211 | - | - |
| - | - | - | - | - | - | - | - | - | - | - | - | - |
| - | - | - | - | - | - | - | - | - | - | - | - | - |
| - | - | - | - | - | - | - | - | - | - | - | - | - |
| - | - | - | - | - | - | - | - | - | - | - | - | - |
| - | - | - | - | - | - | - | - | - | - | - | - | - |
| - | - | - | - | 82 | - | - | - | - | 103 | 113 | - | 26 |
| - | - | - | - | - | - | - | - | - | 1663 | - | 5809 | - |
| - | - | - | - | - | - | - | - | - | - | - | - | 2052 |
| - | - | - | - | 355 | 5 | 3954 | 848 | 2 | 2854 | 10 | - | - |
| - | - | - | - | - | 5 | - | 848 | - | - | - | - | - |
| - | - | - | - | 355 | - | 3952 | - | - | 2120 | - | - | - |
| - | - | - | - | - | - | - | - | - | 39 | - | - | - |
| - | - | - | - | - | - | 2 | - | 2 | 695 | 10 | - | - |
| - | - | - | - | 375 | - | - | - | 362 | 2712 | 381 | - | 6 |
| - | - | - | - | 75 | - | - | - | - | 295 | 2 | - | - |
| - | - | - | - | - | - | - | - | - | - | - | - | - |
| - | - | - | - | - | - | - | - | - | - | - | - | - |
| - | - | - | - | 244 | - | - | - | 362 | 1288 | 166 | - | - |

*INCLUDED IN THIS COLUMN IS NGL AND FEEDSTOCKS.

## PRODUCTION AND USES OF ENERGY SOURCES : NETHERLANDS

1979

| PRODUCTION AND USES \ ENERGY SOURCES | HARD COAL / HOUILLE | PATENT FUEL / AGGLOMERES | COKE OVEN COKE / COKE DE FOUR | GAS COKE / COKE DE GAZ | BROWN COAL / LIGNITE | BKB / BRIQ. DE LIGNITE | NATURAL GAS / GAZ NATUREL | GAS WORKS / USINES A GAZ | COKE OVENS / COKERIES | BLAST FURNACES / HAUT FOURNEAUX | ELECTRICITY* / ELECTRICITE* |
|---|---|---|---|---|---|---|---|---|---|---|---|
| | UNIT: 1000 METRIC TONS / UNITE: 1000 TONNES METRIQUES | | | | | | TCAL / TCAL | MANUFACTURED GAS (TCAL) / GAZ MANUFACTURE (TCAL) | | | MILLIONS OF (DE) KWH |
| | 1 | 2 | 3 | 4 | 5 | 6 | 7 | 8 | 9 | 10 | 11 |
| PRODUCTION | - | - | 2529 | - | - | - | 786546 | - | 5037 | 6677 | 64464 |
| FROM OTHER SOURCES | - | - | - | - | - | - | - | - | - | - | - |
| IMPORT | 6217 | - | 849 | - | 154 | 30 | 17371 | - | - | - | 398 |
| EXPORT | -1042 | - | -739 | - | - | -1 | -439417 | - | - | - | -257 |
| INTL. MARINE BUNKERS | - | - | - | - | - | - | - | - | - | - | - |
| STOCK CHANGES | -140 | - | -130 | - | - | - | -83 | - | - | - | - |
| DOMESTIC SUPPLY | 5035 | - | 2509 | - | 154 | 29 | 364417 | - | 5037 | 6677 | 64605 |
| RETURNS TO SUPPLY | - | - | - | - | - | - | - | - | - | - | - |
| TRANSFERS | - | - | - | - | - | - | - | - | - | - | - |
| DOMESTIC AVAILABILITY | 5035 | - | 2509 | - | 154 | 29 | 364417 | - | 5037 | 6677 | 64605 |
| STATISTICAL DIFFERENCE | 252 | - | - | - | - | - | -3497 | - | 234 | 348 | - |
| TRANSFORM. SECTOR ** | 4634 | - | 983 | - | - | - | 78659 | - | 2310 | 2792 | - |
| FOR SOLID FUELS | 3469 | - | - | - | - | - | - | - | - | - | - |
| FOR GASES | - | - | 983 | - | - | - | - | - | 1315 | - | - |
| PETROLEUM REFINERIES | - | - | - | - | - | - | - | - | - | - | - |
| THERMO-ELECTRIC PLANTS | 1165 | - | - | - | - | - | 78659 | - | 995 | 2792 | - |
| ENERGY SECTOR | - | - | - | - | - | - | 3897 | - | 455 | 417 | 7155 |
| COAL MINES | - | - | - | - | - | - | - | - | - | - | - |
| OIL AND GAS EXTRACTION | - | - | - | - | - | - | 2982 | - | - | - | 232 |
| PETROLEUM REFINERIES | - | - | - | - | - | - | 322 | - | - | - | 1263 |
| ELECTRIC PLANTS | - | - | - | - | - | - | 473 | - | - | - | 2779 |
| DISTRIBUTION LOSSES | - | - | - | - | - | - | 120 | - | - | - | 2793 |
| PUMP STORAGE (ELECTR.) | - | - | - | - | - | - | - | - | - | - | - |
| OTHER ENERGY SECTOR | - | - | - | - | - | - | - | - | 455 | 417 | 88 |
| FINAL CONSUMPTION | 149 | - | 1526 | - | 154 | 29 | 285358 | - | 2038 | 3120 | 57450 |
| INDUSTRY SECTOR | 55 | - | 1524 | - | 152 | - | 105485 | - | 2038 | 3120 | 29072 |
| IRON AND STEEL | 2 | - | 1329 | - | - | - | 4588 | - | 1788 | 3037 | 1976 |
| CHEMICAL | 46 | - | 144 | - | - | - | 38270 | - | 250 | - | 11025 |
| PETROCHEMICAL | - | - | - | - | - | - | 20002 | - | - | - | - |
| NON-FERROUS METAL | - | - | - | - | - | - | 1116 | - | - | - | 4993 |
| NON-METALLIC MINERAL | - | - | - | - | - | - | 8590 | - | - | 83 | 1140 |
| PAPER PULP AND PRINT | - | - | - | - | - | - | 5679 | - | - | - | 2302 |
| MINING AND QUARRYING | - | - | - | - | - | - | - | - | - | - | 12 |
| FOOD AND TOBACCO | - | - | - | - | - | - | 15529 | - | - | - | 3251 |
| WOOD AND WOOD PRODUCTS | - | - | - | - | - | - | 679 | - | - | - | 291 |
| MACHINERY | - | - | 17 | - | - | - | 1383 | - | - | - | 2957 |
| TRANSPORT EQUIPMENT | - | - | - | - | - | - | 1774 | - | - | - | - |
| CONSTRUCTION | - | - | 31 | - | 152 | - | - | - | - | - | 394 |
| TEXTILES AND LEATHER | - | - | - | - | - | - | 2628 | - | - | - | 681 |
| NON SPECIFIED | 7 | - | 3 | - | - | - | 5247 | - | - | - | 50 |
| NON-ENERGY USES: | | | | | | | | | | | |
| (1)ENERGY PRODUCTS | - | - | - | - | - | - | - | - | - | - | - |
| (2)NON-ENERGY PRODUCTS | - | - | - | - | - | - | - | - | - | - | - |
| TRANSPORT. SECTOR ** | - | - | - | - | - | - | - | - | - | - | 952 |
| AIR TRANSPORT | - | - | - | - | - | - | - | - | - | - | - |
| ROAD TRANSPORT | - | - | - | - | - | - | - | - | - | - | - |
| RAILWAYS | - | - | - | - | - | - | - | - | - | - | 952 |
| INTERNAL NAVIGATION | - | - | - | - | - | - | - | - | - | - | - |
| OTHER SECTORS ** | 94 | - | 2 | - | 2 | 29 | 179873 | - | - | - | 27426 |
| AGRICULTURE | - | - | - | - | - | - | - | - | - | - | - |
| PUBLIC SERVICES | - | - | - | - | - | - | - | - | - | - | - |
| COMMERCE | - | - | - | - | - | - | 60245 | - | - | - | - |
| RESIDENTIAL | 68 | - | 2 | - | - | - | 119628 | - | - | - | 15022 |

(1) INCLUDED IN CHEMICAL OR PETROCHEMICAL INDUSTRY
(2) INCLUDED ONLY IN TOTAL INDUSTRY

| * OF WHICH: HYDRO | 0 |
|---|---|
| NUCLEAR | 3489 |
| CONVENTIONAL THERMAL | 60975 |
| GEOTHERMAL | 0 |

** INCLUDED IN THESE TOTALS ARE THE NON-SPECIFIED ELEMENTS

## PRODUCTION ET UTILISATION DES SOURCES D ENERGIE : PAYS BAS

1979

UNIT: 1000 METRIC TONS
UNITE: 1000 TONNES METRIQUES

| OIL / PETROLE | | | REFINERY GAS | LIQUEFIED PETROLEUM GASES | AVIATION GASOLINE | MOTOR GASOLINE | JET FUEL | KEROSENE | GAS/DIESEL OIL | RESIDUAL FUEL OIL | NAPHTHA | NON-ENERGY PRODUCTS |
|---|---|---|---|---|---|---|---|---|---|---|---|---|
| CRUDE / BRUT | NGL / GNL | FEEDST. | GAZ DE PETROLE | GAZ LIQUEFIES DE PETROLE | ESSENCE AVION | ESSENCE AUTO | CARBURANT REACTEUR | PETROLE LAMPANT | GAZ/DIESEL OIL | FUEL OIL RESIDUEL | NAPHTHA | PRODUITS NON-ENERGETIQUES |
| 12 | 13 | 14 | 15 | 16 | 17 | 18 | 19 | 20 | 21 | 22 | 23 | 24 |
| 1316 | 265 | - | 1167 | 1213 | 78 | 7441 | 3503 | 551 | 19852 | 20125 | 4294 | 2578 |
| - | - | - | 921 | - | - | - | - | - | - | - | - | - |
| 58190 | 266 | 950 | - | 264 | 25 | 1946 | 544 | 401 | 6963 | 4608 | 9053 | 2338 |
| -3 | -23 | - | - | -284 | -91 | -6178 | -2957 | -239 | -16579 | -8830 | -5449 | -3558 |
| - | - | - | - | - | - | - | - | - | -1915 | -8631 | - | -70 |
| -1129 | -42 | - | - | -10 | -4 | 22 | -49 | -42 | -177 | 215 | -250 | -130 |
| 58374 | 466 | 950 | 2088 | 1183 | 8 | 3231 | 1041 | 671 | 8144 | 7487 | 7648 | 1158 |
| - | - | - | - | -1 | - | -448 | -1 | - | -16 | -174 | -35 | -111 |
| - | - | - | - | 510 | - | 718 | - | -9 | -1082 | - | -2471 | 1409 |
| 58374 | 466 | 950 | 2088 | 1692 | 8 | 3501 | 1040 | 662 | 7046 | 7313 | 5142 | 2456 |
| -696 | -2 | - | -9 | -291 | 2 | -478 | 80 | 298 | -402 | -1057 | -1737 | -100 |
| 59070 | 468 | 950 | - | - | - | - | - | - | 9 | 4748 | - | - |
| - | - | - | - | - | - | - | - | - | - | - | - | - |
| - | - | - | - | - | - | - | - | - | - | - | - | - |
| 59070 | 468 | 950 | - | - | - | - | - | - | - | - | - | - |
| - | - | - | - | - | - | - | - | - | 9 | 4748 | - | - |
| - | - | - | 1050 | 15 | - | - | - | - | 2 | 1909 | - | 262 |
| - | - | - | - | - | - | - | - | - | - | - | - | - |
| - | - | - | - | - | - | - | - | - | - | - | - | - |
| - | - | - | 1050 | 15 | - | - | - | - | 2 | 1909 | - | 262 |
| - | - | - | - | - | - | - | - | - | - | - | - | - |
| - | - | - | - | - | - | - | - | - | - | - | - | - |
| - | - | - | - | - | - | - | - | - | - | - | - | - |
| - | - | - | - | - | - | - | - | - | - | - | - | - |
| - | - | - | 1047 | 1968 | 6 | 3979 | 960 | 364 | 7437 | 1713 | 6879 | 2294 |
| - | - | - | 1047 | 1266 | - | - | - | - | 2137 | 1337 | 6879 | 2290 |
| - | - | - | - | 6 | - | - | - | - | 56 | 401 | - | - |
| - | - | - | - | 19 | - | - | - | - | 130 | 94 | - | 62 |
| - | - | - | 1047 | 1189 | - | - | - | - | 1772 | 314 | 6879 | 43 |
| - | - | - | - | - | - | - | - | - | - | - | - | - |
| - | - | - | - | 8 | - | - | - | - | 11 | 100 | - | - |
| - | - | - | - | - | - | - | - | - | 9 | 27 | - | - |
| - | - | - | - | - | - | - | - | - | - | - | - | - |
| - | - | - | - | - | - | - | - | - | 24 | 198 | - | - |
| - | - | - | - | - | - | - | - | - | - | - | - | - |
| - | - | - | - | - | - | - | - | - | - | - | - | - |
| - | - | - | - | - | - | - | - | - | - | - | - | - |
| - | - | - | - | - | - | - | - | - | - | - | - | - |
| - | - | - | - | - | - | - | - | - | - | - | - | - |
| - | - | - | - | 44 | - | - | - | - | 135 | 203 | - | 21 |
| - | - | - | - | 982 | - | - | - | - | 1663 | - | 6879 | - |
| - | - | - | - | - | - | - | - | - | - | - | - | 2164 |
| - | - | - | - | 466 | 6 | 3979 | 960 | - | 2583 | 52 | - | - |
| - | - | - | - | - | 6 | - | 960 | - | - | - | - | - |
| - | - | - | - | 466 | - | 3977 | - | - | 1903 | - | - | - |
| - | - | - | - | - | - | - | - | - | 40 | - | - | - |
| - | - | - | - | - | - | 2 | - | - | 640 | 52 | - | - |
| - | - | - | - | 236 | - | - | - | 364 | 2717 | 324 | - | 4 |
| - | - | - | - | 20 | - | - | - | - | 300 | 2 | - | - |
| - | - | - | - | - | - | - | - | - | - | - | - | - |
| - | - | - | - | - | - | - | - | - | - | - | - | - |
| - | - | - | - | 120 | - | - | - | 364 | 1429 | 135 | - | - |

# PRODUCTION AND USES OF ENERGY SOURCES : NETHERLANDS

1980

| PRODUCTION AND USES \ ENERGY SOURCES | UNIT: 1000 METRIC TONS / UNITE: 1000 TONNES METRIQUES | | | | | | TCAL / TCAL | MANUFACTURED GAS (TCAL) / GAZ MANUFACTURE (TCAL) | | | MILLIONS OF (DE) KWH |
|---|---|---|---|---|---|---|---|---|---|---|---|
| | HARD COAL / HOUILLE | PATENT FUEL / AGGLOMERES | COKE OVEN COKE / COKE DE FOUR | GAS COKE / COKE DE GAZ | BROWN COAL / LIGNITE | BKB / BRIQ. DE LIGNITE | NATURAL GAS / GAZ NATUREL | GAS WORKS / USINES A GAZ | COKE OVENS / COKERIES | BLAST FURNACES / HAUT FOURNEAUX | ELECTRICITY* / ELECTRICITE* |
| | 1 | 2 | 3 | 4 | 5 | 6 | 7 | 8 | 9 | 10 | 11 |
| PRODUCTION | - | - | 2455 | - | - | - | 765683 | - | 4912 | 5776 | 64806 |
| FROM OTHER SOURCES | - | - | - | - | - | - | - | - | - | - | - |
| IMPORT | 7156 | 5 | 832 | - | 156 | 38 | 31802 | - | - | - | 511 |
| EXPORT | -1547 | -1 | -702 | - | - | -2 | -459358 | - | - | - | -818 |
| INTL. MARINE BUNKERS | - | - | - | - | - | - | - | - | - | - | - |
| STOCK CHANGES | 364 | - | -222 | - | - | - | 3 | - | - | - | - |
| DOMESTIC SUPPLY | 5973 | 4 | 2363 | - | 156 | 36 | 338130 | - | 4912 | 5776 | 64499 |
| RETURNS TO SUPPLY | - | - | - | - | - | - | - | - | - | - | - |
| TRANSFERS | - | - | - | - | - | - | - | - | - | - | - |
| DOMESTIC AVAILABILITY | 5973 | 4 | 2363 | - | 156 | 36 | 338130 | - | 4912 | 5776 | 64499 |
| STATISTICAL DIFFERENCE | -282 | - | 59 | - | - | - | 1715 | - | 173 | 293 | - |
| TRANSFORM. SECTOR ** | 6071 | - | 913 | - | - | - | 63524 | - | 2045 | 2693 | - |
| FOR SOLID FUELS | 3673 | - | - | - | - | - | - | - | - | - | - |
| FOR GASES | - | - | 913 | - | - | - | - | - | 1247 | - | - |
| PETROLEUM REFINERIES | - | - | - | - | - | - | - | - | - | - | - |
| THERMO-ELECTRIC PLANTS | 2398 | - | - | - | - | - | 63524 | - | 798 | 2693 | - |
| ENERGY SECTOR | - | - | - | - | - | - | 3683 | - | 572 | 307 | 7173 |
| COAL MINES | - | - | - | - | - | - | - | - | - | - | - |
| OIL AND GAS EXTRACTION | - | - | - | - | - | - | 2800 | - | - | - | 235 |
| PETROLEUM REFINERIES | - | - | - | - | - | - | 367 | - | - | - | 1200 |
| ELECTRIC PLANTS | - | - | - | - | - | - | 199 | - | - | - | 2836 |
| DISTRIBUTION LOSSES | - | - | - | - | - | - | 210 | - | - | - | 2813 |
| PUMP STORAGE (ELECTR.) | - | - | - | - | - | - | - | - | - | - | - |
| OTHER ENERGY SECTOR | - | - | - | - | - | - | 107 | - | 572 | 307 | 89 |
| FINAL CONSUMPTION | 184 | 4 | 1391 | - | 156 | 36 | 269208 | - | 2122 | 2483 | 57326 |
| INDUSTRY SECTOR | 85 | - | 1389 | - | 154 | - | 93467 | - | 2122 | 2483 | 28009 |
| IRON AND STEEL | 7 | - | 1226 | - | - | - | 4221 | - | 1785 | 2397 | 1849 |
| CHEMICAL | 65 | - | 81 | - | - | - | 35802 | - | 337 | - | 10257 |
| PETROCHEMICAL | - | - | - | - | - | - | 13537 | - | - | - | - |
| NON-FERROUS METAL | - | - | - | - | - | - | 1020 | - | - | - | 5024 |
| NON-METALLIC MINERAL | - | - | - | - | - | - | 8369 | - | - | - | 1111 |
| PAPER PULP AND PRINT | - | - | - | - | - | - | 5443 | - | - | - | 2353 |
| MINING AND QUARRYING | - | - | - | - | - | - | - | - | - | - | 133 |
| FOOD AND TOBACCO | - | - | 18 | - | - | - | 15204 | - | - | - | 3240 |
| WOOD AND WOOD PRODUCTS | - | - | - | - | - | - | 484 | - | - | - | 277 |
| MACHINERY | - | - | 28 | - | - | - | 1310 | - | - | - | 2664 |
| TRANSPORT EQUIPMENT | 9 | - | - | - | - | - | 1302 | - | - | - | - |
| CONSTRUCTION | 4 | - | 35 | - | 154 | - | - | - | - | 86 | 372 |
| TEXTILES AND LEATHER | - | - | - | - | - | - | 2550 | - | - | - | 643 |
| NON SPECIFIED | - | - | 1 | - | - | - | 4225 | - | - | - | 86 |
| NON-ENERGY USES: | | | | | | | | | | | |
| (1)ENERGY PRODUCTS | - | - | - | - | - | - | - | - | - | - | - |
| (2)NON-ENERGY PRODUCTS | - | - | - | - | - | - | - | - | - | - | - |
| TRANSPORT. SECTOR ** | - | - | - | - | - | - | - | - | - | - | 978 |
| AIR TRANSPORT | - | - | - | - | - | - | - | - | - | - | - |
| ROAD TRANSPORT | - | - | - | - | - | - | - | - | - | - | - |
| RAILWAYS | - | - | - | - | - | - | - | - | - | - | 978 |
| INTERNAL NAVIGATION | - | - | - | - | - | - | - | - | - | - | - |
| OTHER SECTORS ** | 99 | 4 | 2 | - | 2 | 36 | 175741 | - | - | - | 28339 |
| AGRICULTURE | - | - | - | - | - | - | - | - | - | - | - |
| PUBLIC SERVICES | - | - | - | - | - | - | - | - | - | - | - |
| COMMERCE | - | - | - | - | - | - | 48884 | - | - | - | - |
| RESIDENTIAL | 72 | - | - | - | - | - | 126857 | - | - | - | 15635 |

(1) INCLUDED IN CHEMICAL OR PETROCHEMICAL INDUSTRY
(2) INCLUDED ONLY IN TOTAL INDUSTRY

| * OF WHICH: HYDRO | 0 |
|---|---|
| NUCLEAR | 4200 |
| CONVENTIONAL THERMAL | 60606 |
| GEOTHERMAL | 0 |

** INCLUDED IN THESE TOTALS ARE THE NON-SPECIFIED ELEMENTS

## PRODUCTION ET UTILISATION DES SOURCES D ENERGIE : PAYS BAS

1980

UNIT: 1000 METRIC TONS
UNITE: 1000 TONNES METRIQUES

| OIL / PETROLE | | | REFINERY GAS | LIQUEFIED PETROLEUM GASES | AVIATION GASOLINE | MOTOR GASOLINE | JET FUEL | KEROSENE | GAS/DIESEL OIL | RESIDUAL FUEL OIL | NAPHTHA | NON-ENERGY PRODUCTS |
|---|---|---|---|---|---|---|---|---|---|---|---|---|
| CRUDE BRUT | NGL GNL | FEEDST. | GAZ DE PETROLE | GAZ LIQUEFIES DE PETROLE | ESSENCE AVION | ESSENCE AUTO | CARBURANT REACTEUR | PETROLE LAMPANT | GAZ/DIESEL OIL | FUEL OIL RESIDUEL | NAPHTHA | PRODUITS NON-ENERGETIQUES |
| 12 | 13 | 14 | 15 | 16 | 17 | 18 | 19 | 20 | 21 | 22 | 23 | 24 |
| 1280 | 288 | - | 1913 | 1632 | 87 | 9140 | 3301 | 472 | 17511 | 17046 | 3646 | 2490 |
| - | - | - | - | - | - | - | - | - | - | - | - | - |
| 49748 | 104 | 62 | - | 995 | 26 | 2144 | 423 | 153 | 8041 | 7508 | 7835 | 1423 |
| - | -23 | - | - | -545 | -120 | -6550 | -2728 | -300 | -16442 | -7492 | -5254 | -1483 |
| - | - | - | - | - | - | - | - | - | -1729 | -7799 | - | -62 |
| -924 | -5 | - | - | -3 | 14 | 111 | -84 | 22 | 212 | -174 | 227 | -108 |
| 50104 | 364 | 62 | 1913 | 2079 | 7 | 4845 | 912 | 347 | 7593 | 9089 | 6454 | 2260 |
| - | - | 4448 | -13 | -131 | -1 | -490 | - | - | -1499 | - | -2043 | -271 |
| - | - | 2452 | - | -1 | - | -382 | 17 | -103 | -137 | -689 | -1006 | -151 |
| 50104 | 364 | 6962 | 1900 | 1947 | 6 | 3973 | 929 | 244 | 5957 | 8400 | 3405 | 1838 |
| -107 | - | - | - | 7 | - | 18 | -7 | - | 34 | 5 | -4 | -12 |
| 50211 | 364 | 6962 | - | - | - | - | - | - | 5 | 5185 | - | - |
| - | - | - | - | - | - | - | - | - | - | - | - | - |
| - | - | - | - | - | - | - | - | - | - | - | - | - |
| 50211 | 364 | 6962 | - | - | - | - | - | - | - | - | - | - |
| - | - | - | - | - | - | - | - | - | 5 | 5185 | - | - |
| - | - | - | 1049 | 6 | - | 1 | - | - | 3 | 1696 | 1 | 245 |
| - | - | - | - | - | - | - | - | - | - | - | - | - |
| - | - | - | - | - | - | - | - | - | - | - | - | - |
| - | - | - | 1049 | 6 | - | 1 | - | - | 3 | 1696 | 1 | 245 |
| - | - | - | - | - | - | - | - | - | - | - | - | - |
| - | - | - | - | - | - | - | - | - | - | - | - | - |
| - | - | - | - | - | - | - | - | - | - | - | - | - |
| - | - | - | - | - | - | - | - | - | - | - | - | - |
| - | - | - | 851 | 1934 | 6 | 3954 | 936 | 244 | 5915 | 1514 | 3408 | 1605 |
| - | - | - | 851 | 1096 | - | 100 | - | 4 | 1168 | 1112 | 3408 | 1603 |
| - | - | - | - | 11 | - | - | - | 2 | 56 | 295 | - | - |
| - | - | - | - | 11 | - | - | - | 1 | 71 | 118 | - | 55 |
| - | - | - | 851 | 1011 | - | 100 | - | - | 861 | 422 | 3408 | 3 |
| - | - | - | - | - | - | - | - | - | - | - | - | - |
| - | - | - | - | 14 | - | - | - | - | 10 | 79 | - | - |
| - | - | - | - | - | - | - | - | - | 6 | 9 | - | - |
| - | - | - | - | - | - | - | - | - | - | - | - | - |
| - | - | - | - | - | - | - | - | - | 19 | 169 | - | - |
| - | - | - | - | - | - | - | - | - | - | - | - | - |
| - | - | - | - | - | - | - | - | - | - | - | - | - |
| - | - | - | - | - | - | - | - | - | - | - | - | - |
| - | - | - | - | - | - | - | - | - | - | - | - | - |
| - | - | - | - | - | - | - | - | - | - | - | - | - |
| - | - | - | - | 49 | - | - | - | 1 | 145 | 20 | - | 24 |
| - | - | - | 4 | 844 | - | 100 | - | - | 716 | 3 | 3403 | - |
| - | - | - | - | - | - | - | - | - | - | - | - | 1521 |
| - | - | - | - | 696 | 6 | 3854 | 936 | - | 2600 | 98 | - | - |
| - | - | - | - | - | 6 | - | 936 | - | - | - | - | - |
| - | - | - | - | 696 | - | 3851 | - | - | 1986 | - | - | - |
| - | - | - | - | - | - | - | - | - | 47 | - | - | - |
| - | - | - | - | - | - | 3 | - | - | 567 | 98 | - | - |
| - | - | - | - | 142 | - | - | - | 240 | 2147 | 304 | - | 3 |
| - | - | - | - | 21 | - | - | - | - | 375 | - | - | - |
| - | - | - | - | - | - | - | - | - | - | - | - | - |
| - | - | - | - | - | - | - | - | - | - | - | - | - |
| - | - | - | - | 65 | - | - | - | 158 | 1095 | 64 | - | - |

# PRODUCTION AND USES OF ENERGY SOURCES : NETHERLANDS

1981

| PRODUCTION AND USES \ ENERGY SOURCES | HARD COAL / HOUILLE | PATENT FUEL / AGGLOMERES | COKE OVEN COKE / COKE DE FOUR | GAS COKE / COKE DE GAZ | BROWN COAL / LIGNITE | BKB / BRIQ. DE LIGNITE | NATURAL GAS / GAZ NATUREL | GAS WORKS / USINES A GAZ | COKE OVENS / COKERIES | BLAST FURNACES / HAUT FOURNEAUX | ELECTRICITY* / ELECTRICITE* |
|---|---|---|---|---|---|---|---|---|---|---|---|
| | UNIT: 1000 METRIC TONS / UNITE: 1000 TONNES METRIQUES | | | | | | TCAL / TCAL | MANUFACTURED GAS (TCAL) / GAZ MANUFACTURE (TCAL) | | | MILLIONS OF (DE) KWH |
| | 1 | 2 | 3 | 4 | 5 | 6 | 7 | 8 | 9 | 10 | 11 |
| PRODUCTION | - | - | 2242 | - | - | - | 710782 | - | 4538 | 6076 | 64053 |
| FROM OTHER SOURCES | - | - | - | - | - | - | - | - | - | - | - |
| IMPORT | 7949 | 4 | 978 | - | 149 | 17 | 28153 | - | - | - | 333 |
| EXPORT | -910 | -1 | -815 | - | - | -2 | -417231 | - | - | - | -453 |
| INTL. MARINE BUNKERS | - | - | - | - | - | - | - | - | - | - | - |
| STOCK CHANGES | -1061 | - | 290 | - | - | - | -84 | - | - | - | - |
| DOMESTIC SUPPLY | 5978 | 3 | 2695 | - | 149 | 15 | 321620 | - | 4538 | 6076 | 63933 |
| RETURNS TO SUPPLY | - | - | - | - | - | - | - | - | - | - | - |
| TRANSFERS | - | - | - | - | - | - | - | - | - | - | - |
| DOMESTIC AVAILABILITY | 5978 | 3 | 2695 | - | 149 | 15 | 321620 | - | 4538 | 6076 | 63933 |
| STATISTICAL DIFFERENCE | -400 | - | 88 | - | - | - | 1294 | - | 56 | 263 | - |
| TRANSFORM. SECTOR ** | 6217 | - | 987 | - | - | - | 57071 | - | 1745 | 2747 | - |
| FOR SOLID FUELS | 3307 | - | - | - | - | - | - | - | - | - | - |
| FOR GASES | - | - | 987 | - | - | - | - | - | 1048 | - | - |
| PETROLEUM REFINERIES | - | - | - | - | - | - | - | - | - | - | - |
| THERMO-ELECTRIC PLANTS | 2910 | - | - | - | - | - | 57071 | - | 697 | 2747 | - |
| ENERGY SECTOR | - | - | - | - | - | - | 4423 | - | 472 | 415 | 7081 |
| COAL MINES | - | - | - | - | - | - | - | - | - | - | - |
| OIL AND GAS EXTRACTION | - | - | - | - | - | - | 2950 | - | - | - | 231 |
| PETROLEUM REFINERIES | - | - | - | - | - | - | 520 | - | - | - | 1117 |
| ELECTRIC PLANTS | - | - | - | - | - | - | 175 | - | - | - | 2873 |
| DISTRIBUTION LOSSES | - | - | - | - | - | - | 679 | - | - | - | 2775 |
| PUMP STORAGE (ELECTR.) | - | - | - | - | - | - | - | - | - | - | - |
| OTHER ENERGY SECTOR | - | - | - | - | - | - | 99 | - | 472 | 415 | 85 |
| FINAL CONSUMPTION | 161 | 3 | 1620 | - | 149 | 15 | 258832 | - | 2265 | 2651 | 56852 |
| INDUSTRY SECTOR | 74 | - | 1615 | - | 149 | - | 95755 | - | 2265 | 2651 | 27708 |
| IRON AND STEEL | 3 | - | 1493 | - | - | - | 4227 | - | 1904 | 2588 | 1854 |
| CHEMICAL | 58 | - | - | - | - | - | 36312 | - | 361 | - | 9959 |
| PETROCHEMICAL | - | - | 49 | - | - | - | 17520 | - | - | - | - |
| NON-FERROUS METAL | - | - | - | - | - | - | 1019 | - | - | - | 5114 |
| NON-METALLIC MINERAL | - | - | - | - | - | - | 7199 | - | - | - | 1039 |
| PAPER PULP AND PRINT | - | - | - | - | - | - | 5085 | - | - | - | 2247 |
| MINING AND QUARRYING | - | - | - | - | - | - | - | - | - | - | 133 |
| FOOD AND TOBACCO | - | - | 22 | - | - | - | 15043 | - | - | - | 3309 |
| WOOD AND WOOD PRODUCTS | - | - | - | - | - | - | 415 | - | - | - | 288 |
| MACHINERY | - | - | 19 | - | - | - | 1201 | - | - | - | 2658 |
| TRANSPORT EQUIPMENT | 5 | - | - | - | - | - | 1237 | - | - | - | - |
| CONSTRUCTION | 8 | - | 32 | - | 149 | - | - | - | - | 63 | 422 |
| TEXTILES AND LEATHER | - | - | - | - | - | - | 2247 | - | - | - | 626 |
| NON SPECIFIED | - | - | - | - | - | - | 4250 | - | - | - | 59 |
| NON-ENERGY USES: | | | | | | | | | | | |
| (1)ENERGY PRODUCTS | - | - | - | - | - | - | - | - | - | - | - |
| (2)NON-ENERGY PRODUCTS | - | - | - | - | - | - | - | - | - | - | - |
| TRANSPORT. SECTOR ** | - | - | - | - | - | - | - | - | - | - | 1013 |
| AIR TRANSPORT | - | - | - | - | - | - | - | - | - | - | - |
| ROAD TRANSPORT | - | - | - | - | - | - | - | - | - | - | - |
| RAILWAYS | - | - | - | - | - | - | - | - | - | - | 1013 |
| INTERNAL NAVIGATION | - | - | - | - | - | - | - | - | - | - | - |
| OTHER SECTORS ** | 87 | 3 | 5 | - | - | 15 | 163077 | - | - | - | 28131 |
| AGRICULTURE | - | - | - | - | - | - | - | - | - | - | - |
| PUBLIC SERVICES | - | - | - | - | - | - | - | - | - | - | - |
| COMMERCE | - | - | - | - | - | - | 45343 | - | - | - | - |
| RESIDENTIAL | 67 | - | - | - | - | - | 117734 | - | - | - | 15444 |

(1) INCLUDED IN CHEMICAL OR PETROCHEMICAL INDUSTRY
(2) INCLUDED ONLY IN TOTAL INDUSTRY

| * OF WHICH: | |
|---|---|
| HYDRO | 0 |
| NUCLEAR | 3658 |
| CONVENTIONAL THERMAL | 60395 |
| GEOTHERMAL | 0 |

** INCLUDED IN THESE TOTALS ARE THE NON-SPECIFIED ELEMENTS

UNIT: 1000 METRIC TONS
UNITE: 1000 TONNES METRIQUES

| OIL / PETROLE | | | REFINERY GAS | LIQUEFIED PETROLEUM GASES | AVIATION GASOLINE | MOTOR GASOLINE | JET FUEL | KEROSENE | GAS/DIESEL OIL | RESIDUAL FUEL OIL | NAPHTHA | NON-ENERGY PRODUCTS |
|---|---|---|---|---|---|---|---|---|---|---|---|---|
| CRUDE / BRUT | NGL / GNL | FEEDST. | GAZ DE PETROLE | GAZ LIQUEFIES DE PETROLE | ESSENCE AVION | ESSENCE AUTO | CARBURANT REACTEUR | PETROLE LAMPANT | GAZ/DIESEL OIL | FUEL OIL RESIDUEL | NAPHTHA | PRODUITS NON-ENERGETIQUES |
| 12 | 13 | 14 | 15 | 16 | 17 | 18 | 19 | 20 | 21 | 22 | 23 | 24 |
| 1348 | 258 | - | 1926 | 1481 | 95 | 7272 | 2913 | 396 | 13961 | 14561 | 3426 | 5213 |
| - | - | - | - | - | - | - | - | - | - | - | - | - |
| 38302 | 114 | - | - | 2060 | 15 | 2947 | 395 | 70 | 8193 | 9529 | 5587 | 4054 |
| - | -46 | - | - | -846 | -120 | -6341 | -2431 | -234 | -14009 | -7563 | -4355 | -3989 |
| - | - | - | - | - | - | - | - | - | -1875 | -7239 | - | -59 |
| 741 | 27 | - | - | 6 | 17 | -25 | 105 | -28 | 1629 | 326 | -71 | -85 |
| 40391 | 353 | - | 1926 | 2701 | 7 | 3853 | 982 | 204 | 7899 | 9614 | 4587 | 5134 |
| - | - | 7069 | -30 | -22 | - | -62 | - | - | -2229 | - | -2491 | -2235 |
| - | - | 3717 | - | -20 | - | -121 | -71 | -77 | -170 | -1718 | -1012 | -528 |
| 40391 | 353 | 10786 | 1896 | 2659 | 7 | 3670 | 911 | 127 | 5500 | 7896 | 1084 | 2371 |
| 33 | - | - | -10 | 6 | 1 | -37 | 5 | -56 | 37 | -89 | 2 | -29 |
| 40358 | 353 | 10786 | - | - | - | - | - | - | 5 | 5100 | - | - |
| - | - | - | - | - | - | - | - | - | - | - | - | - |
| - | - | - | - | - | - | - | - | - | - | - | - | - |
| 40358 | 353 | 10786 | - | - | - | - | - | - | - | - | - | - |
| - | - | - | - | - | - | - | - | - | 5 | 5100 | - | - |
| - | - | - | 935 | 14 | - | 1 | - | - | 2 | 1574 | - | - |
| - | - | - | - | - | - | - | - | - | - | - | - | - |
| - | - | - | - | - | - | - | - | - | - | - | - | - |
| - | - | - | 931 | 14 | - | 1 | - | - | 2 | 1574 | - | - |
| - | - | - | - | - | - | - | - | - | - | - | - | - |
| - | - | - | - | - | - | - | - | - | - | - | - | - |
| - | - | - | - | - | - | - | - | - | - | - | - | - |
| - | - | - | 4 | - | - | - | - | - | - | - | - | - |
| - | - | - | 971 | 2639 | 6 | 3706 | 906 | 183 | 5456 | 1311 | 1082 | 2400 |
| - | - | - | 971 | 1794 | - | 21 | - | 3 | 1152 | 880 | 1082 | 2397 |
| - | - | - | - | 15 | - | - | - | 1 | 57 | 113 | - | - |
| - | - | - | - | 8 | - | - | - | 1 | 19 | 86 | - | 53 |
| - | - | - | 971 | 1770 | - | 21 | - | - | 814 | 439 | 1082 | 4 |
| - | - | - | - | - | - | - | - | - | - | - | - | - |
| - | - | - | - | 1 | - | - | - | - | 8 | 69 | - | - |
| - | - | - | - | - | - | - | - | - | 6 | 7 | - | - |
| - | - | - | - | - | - | - | - | - | - | - | - | - |
| - | - | - | - | - | - | - | - | - | 20 | 149 | - | - |
| - | - | - | - | - | - | - | - | - | - | - | - | - |
| - | - | - | - | - | - | - | - | - | - | - | - | - |
| - | - | - | - | - | - | - | - | - | - | - | - | - |
| - | - | - | - | - | - | - | - | - | - | - | - | - |
| - | - | - | - | - | - | - | - | - | 10 | - | - | - |
| - | - | - | - | - | - | - | - | 1 | 218 | 17 | - | 28 |
| - | - | - | 28 | 1410 | - | 21 | - | - | 748 | - | 1082 | - |
| - | - | - | - | - | - | - | - | - | - | - | - | 2312 |
| - | - | - | - | 742 | 6 | 3685 | 906 | - | 2796 | 66 | - | - |
| - | - | - | - | - | 6 | - | 906 | - | - | - | - | - |
| - | - | - | - | 742 | - | 3680 | - | - | 2241 | - | - | - |
| - | - | - | - | - | - | - | - | - | 45 | - | - | - |
| - | - | - | - | - | - | 5 | - | - | 510 | 66 | - | - |
| - | - | - | - | 103 | - | - | - | 180 | 1508 | 365 | - | 4 |
| - | - | - | - | 29 | - | - | - | - | 208 | - | - | - |
| - | - | - | - | - | - | - | - | - | - | - | - | - |
| - | - | - | - | - | - | - | - | - | - | - | - | - |
| - | - | - | - | 55 | - | - | - | 119 | 711 | 58 | - | - |

## PRODUCTION AND USES OF ENERGY SOURCES : NORWAY

1971

| X XX ENERGY XX SOURCES XX XX XX PRODUCTION XX AND USES XX | UNIT: 1000 METRIC TONS / UNITE: 1000 TONNES METRIQUES — HARD COAL / HOUILLE | PATENT FUEL / AGGLOMERES | COKE OVEN COKE / COKE DE FOUR | GAS COKE / COKE DE GAZ | BROWN COAL / LIGNITE | BKB / BRIQ. DE LIGNITE | TCAL / TCAL — NATURAL GAS / GAZ NATUREL | MANUFACTURED GAS (TCAL) / GAZ MANUFACTURE (TCAL) — GAS WORKS / USINES A GAZ | COKE OVENS / COKERIES | BLAST FURNACES / HAUT FOURNEAUX | MILLIONS OF (DE) KWH — ELECTRICITY* / ELECTRICITE* |
|---|---|---|---|---|---|---|---|---|---|---|---|
| | 1 | 2 | 3 | 4 | 5 | 6 | 7 | 8 | 9 | 10 | 11 |
| PRODUCTION | 435 | - | 329 | - | - | - | - | 129 | 700 | 491 | 63563 |
| FROM OTHER SOURCES | - | - | - | - | - | - | - | - | - | - | - |
| IMPORT | 454 | - | 424 | 191 | - | 14 | - | - | - | - | 715 |
| EXPORT | -84 | - | -61 | - | - | - | - | - | - | - | -3636 |
| INTL. MARINE BUNKERS | - | - | - | - | - | - | - | - | - | - | - |
| STOCK CHANGES | 12 | - | -11 | - | - | - | - | - | - | - | - |
| DOMESTIC SUPPLY | 817 | - | 681 | 191 | - | 14 | - | 129 | 700 | 491 | 60642 |
| RETURNS TO SUPPLY | - | - | - | - | - | - | - | - | - | - | - |
| TRANSFERS | - | - | - | - | - | - | - | - | - | - | - |
| DOMESTIC AVAILABILITY | 817 | - | 681 | 191 | - | 14 | - | 129 | 700 | 491 | 60642 |
| STATISTICAL DIFFERENCE | - | - | - | - | - | - | - | - | - | - | - |
| TRANSFORM. SECTOR ** | 438 | - | 75 | - | - | - | - | - | - | - | - |
| FOR SOLID FUELS | 425 | - | - | - | - | - | - | - | - | - | - |
| FOR GASES | - | - | 75 | - | - | - | - | - | - | - | - |
| PETROLEUM REFINERIES | - | - | - | - | - | - | - | - | - | - | - |
| THERMO-ELECTRIC PLANTS | 13 | - | - | - | - | - | - | - | - | - | - |
| ENERGY SECTOR | 5 | - | - | - | - | - | - | 15 | 300 | - | 6591 |
| COAL MINES | 5 | - | - | - | - | - | - | - | - | - | 10 |
| OIL AND GAS EXTRACTION | - | - | - | - | - | - | - | - | - | - | - |
| PETROLEUM REFINERIES | - | - | - | - | - | - | - | - | - | - | 110 |
| ELECTRIC PLANTS | - | - | - | - | - | - | - | - | - | - | 641 |
| DISTRIBUTION LOSSES | - | - | - | - | - | - | - | 14 | - | - | 5670 |
| PUMP STORAGE (ELECTR.) | - | - | - | - | - | - | - | - | - | - | 50 |
| OTHER ENERGY SECTOR | - | - | - | - | - | - | - | 1 | 300 | - | 110 |
| FINAL CONSUMPTION | 374 | - | 606 | 191 | - | 14 | - | 114 | 400 | 491 | 54051 |
| INDUSTRY SECTOR | 294 | - | 475 | 30 | - | - | - | 24 | 400 | 491 | 32764 |
| IRON AND STEEL | 212 | - | 290 | - | - | - | - | - | - | 491 | 7307 |
| CHEMICAL | 21 | - | - | - | - | - | - | - | - | - | 5453 |
| PETROCHEMICAL | - | - | - | - | - | - | - | - | - | - | - |
| NON-FERROUS METAL | 28 | - | - | - | - | - | - | - | - | - | 12199 |
| NON-METALLIC MINERAL | - | - | - | - | - | - | - | - | - | - | 641 |
| PAPER PULP AND PRINT | - | - | - | - | - | - | - | - | - | - | 3250 |
| MINING AND QUARRYING | - | - | - | - | - | - | - | - | - | - | 654 |
| FOOD AND TOBACCO | - | - | - | - | - | - | - | - | - | - | 1113 |
| WOOD AND WOOD PRODUCTS | - | - | - | - | - | - | - | - | - | - | 367 |
| MACHINERY | - | - | - | - | - | - | - | - | - | - | 798 |
| TRANSPORT EQUIPMENT | - | - | - | - | - | - | - | - | - | - | 421 |
| CONSTRUCTION | - | - | - | - | - | - | - | - | - | - | 260 |
| TEXTILES AND LEATHER | - | - | - | - | - | - | - | - | - | - | 266 |
| NON SPECIFIED | 33 | - | 185 | 30 | - | - | - | 24 | 400 | - | 35 |
| NON-ENERGY USES: | | | | | | | | | | | |
| (1)ENERGY PRODUCTS | - | - | - | - | - | - | - | - | - | - | - |
| (2)NON-ENERGY PRODUCTS | - | - | - | - | - | - | - | - | - | - | - |
| TRANSPORT. SECTOR ** | - | - | - | - | - | - | - | - | - | - | 501 |
| AIR TRANSPORT | - | - | - | - | - | - | - | - | - | - | - |
| ROAD TRANSPORT | - | - | - | - | - | - | - | - | - | - | - |
| RAILWAYS | - | - | - | - | - | - | - | - | - | - | 501 |
| INTERNAL NAVIGATION | - | - | - | - | - | - | - | - | - | - | - |
| OTHER SECTORS ** | 80 | - | 131 | 161 | - | 14 | - | 90 | - | - | 20786 |
| AGRICULTURE | - | - | - | - | - | - | - | - | - | - | 474 |
| PUBLIC SERVICES | - | - | - | - | - | - | - | - | - | - | - |
| COMMERCE | - | - | - | - | - | - | - | 30 | - | - | 5624 |
| RESIDENTIAL | 80 | - | 131 | 161 | - | 14 | - | 60 | - | - | 14688 |

(1) INCLUDED IN CHEMICAL OR PETROCHEMICAL INDUSTRY
(2) INCLUDED ONLY IN TOTAL INDUSTRY

** INCLUDED IN THESE TOTALS ARE THE NON-SPECIFIED ELEMENTS

| * OF WHICH: | |
|---|---|
| HYDRO | 63280 |
| NUCLEAR | 0 |
| CONVENTIONAL THERMAL | 283 |
| GEOTHERMAL | 0 |

PRODUCTION ET UTILISATION DES SOURCES D ENERGIE : NORVEGE

1971

UNIT: 1000 METRIC TONS
UNITE: 1000 TONNES METRIQUES

| OIL PETROLE | | | REFINERY GAS | LIQUEFIED PETROLEUM GASES | AVIATION GASOLINE | MOTOR GASOLINE | JET FUEL | KEROSENE | GAS/DIESEL OIL | RESIDUAL FUEL OIL | NAPHTHA | NON-ENERGY PRODUCTS |
|---|---|---|---|---|---|---|---|---|---|---|---|---|
| CRUDE* BRUT* | NGL GNL | FEEDST. | GAZ DE PETROLE | GAZ LIQUEFIES DE PETROLE | ESSENCE AVION | ESSENCE AUTO | CARBURANT REACTEUR | PETROLE LAMPANT | GAZ/DIESEL OIL | FUEL OIL RESIDUEL | NAPHTHA | PRODUITS NON-ENERGETIQUES |
| 12 | 13 | 14 | 15 | 16 | 17 | 18 | 19 | 20 | 21 | 22 | 23 | 24 |
| 293 | - | - | 80 | 29 | - | 636 | 106 | 149 | 1731 | 2671 | 181 | 112 |
| - | - | - | - | - | - | - | - | - | - | - | - | - |
| 5710 | - | - | - | 8 | 15 | 412 | 147 | 234 | 1487 | 926 | 145 | 553 |
| -238 | - | - | - | -14 | -4 | -75 | -8 | - | -166 | -1413 | -109 | -16 |
| - | - | - | - | - | - | - | - | - | -205 | -407 | - | -10 |
| 46 | - | - | - | -3 | - | 5 | -16 | -1 | -83 | 306 | 21 | -5 |
| 5811 | - | - | 80 | 20 | 11 | 978 | 229 | 382 | 2764 | 2083 | 238 | 634 |
| - | - | - | - | - | - | - | - | - | - | - | - | - |
| - | - | - | - | - | - | - | - | - | - | - | - | - |
| 5811 | - | - | 80 | 20 | 11 | 978 | 229 | 382 | 2764 | 2083 | 238 | 634 |
| - | - | - | - | - | - | - | - | - | - | - | - | 25 |
| 5811 | - | - | - | - | - | - | - | - | - | - | 68 | - |
| - | - | - | - | - | - | - | - | - | - | - | - | - |
| - | - | - | - | - | - | - | - | - | - | - | 68 | - |
| 5811 | - | - | - | - | - | - | - | - | - | - | - | - |
| - | - | - | - | - | - | - | - | - | - | - | - | - |
| - | - | - | 80 | - | - | - | - | - | - | - | - | - |
| - | - | - | - | - | - | - | - | - | - | - | - | - |
| - | - | - | - | - | - | - | - | - | - | - | - | - |
| - | - | - | 80 | - | - | - | - | - | - | - | - | - |
| - | - | - | - | - | - | - | - | - | - | - | - | - |
| - | - | - | - | - | - | - | - | - | - | - | - | - |
| - | - | - | - | - | - | - | - | - | - | - | - | - |
| - | - | - | - | - | - | - | - | - | - | - | - | - |
| - | - | - | - | 20 | 11 | 978 | 229 | 382 | 2764 | 2083 | 170 | 609 |
| - | - | - | - | 15 | - | - | - | 8 | 405 | 1607 | 170 | 609 |
| - | - | - | - | - | - | - | - | - | 12 | 24 | 35 | - |
| - | - | - | - | - | - | - | - | 4 | 71 | 300 | - | - |
| - | - | - | - | - | - | - | - | - | - | - | 135 | - |
| - | - | - | - | - | - | - | - | - | - | - | - | - |
| - | - | - | - | - | - | - | - | - | - | - | - | - |
| - | - | - | - | - | - | - | - | - | - | - | - | - |
| - | - | - | - | - | - | - | - | - | - | - | - | - |
| - | - | - | - | - | - | - | - | - | - | - | - | - |
| - | - | - | - | - | - | - | - | - | - | - | - | - |
| - | - | - | - | - | - | - | - | - | - | - | - | - |
| - | - | - | - | - | - | - | - | - | - | - | - | - |
| - | - | - | - | - | - | - | - | - | - | - | - | - |
| - | - | - | - | - | - | - | - | - | - | - | - | - |
| - | - | - | - | 15 | - | - | - | 4 | 322 | 1283 | - | 1 |
| - | - | - | - | - | - | - | - | - | - | - | - | - |
| - | - | - | - | - | - | - | - | - | - | - | - | 608 |
| - | - | - | - | - | 11 | 965 | 229 | 5 | 1134 | 90 | - | - |
| - | - | - | - | - | 11 | - | 229 | - | - | - | - | - |
| - | - | - | - | - | - | 964 | - | - | 435 | - | - | - |
| - | - | - | - | - | - | 1 | - | - | 29 | - | - | - |
| - | - | - | - | - | - | - | - | 5 | 670 | 90 | - | - |
| - | - | - | - | 5 | - | 13 | - | 369 | 1225 | 386 | - | - |
| - | - | - | - | - | - | - | - | 5 | 48 | 64 | - | - |
| - | - | - | - | - | - | - | - | - | - | - | - | - |
| - | - | - | - | - | - | - | - | - | - | - | - | - |
| - | - | - | - | 5 | - | - | - | 360 | 980 | 200 | - | - |

*INCLUDED IN THIS COLUMN IS NGL AND FEEDSTOCKS.

## PRODUCTION AND USES OF ENERGY SOURCES : NORWAY

1972

| ENERGY SOURCES / PRODUCTION AND USES | UNIT: 1000 METRIC TONS / UNITE: 1000 TONNES METRIQUES | | | | | | TCAL / TCAL | MANUFACTURED GAS (TCAL) / GAZ MANUFACTURE (TCAL) | | | MILLIONS OF (DE) KWH |
|---|---|---|---|---|---|---|---|---|---|---|---|
| | HARD COAL / HOUILLE | PATENT FUEL / AGGLOMERES | COKE OVEN COKE / COKE DE FOUR | GAS COKE / COKE DE GAZ | BROWN COAL / LIGNITE | BKB / BRIQ. DE LIGNITE | NATURAL GAS / GAZ NATUREL | GAS WORKS / USINES A GAZ | COKE OVENS / COKERIES | BLAST FURNACES / HAUT FOURNEAUX | ELECTRICITY* / ELECTRICITE* |
| | 1 | 2 | 3 | 4 | 5 | 6 | 7 | 8 | 9 | 10 | 11 |
| PRODUCTION | 455 | - | 310 | - | - | - | - | 126 | 700 | 483 | 67615 |
| FROM OTHER SOURCES | - | - | - | - | - | - | - | - | - | - | - |
| IMPORT | 418 | - | 347 | 169 | - | - | - | - | - | - | 343 |
| EXPORT | -88 | - | -91 | - | - | - | - | - | - | - | -4990 |
| INTL. MARINE BUNKERS | - | - | - | - | - | - | - | - | - | - | - |
| STOCK CHANGES | 11 | - | 37 | - | - | - | - | - | - | - | - |
| DOMESTIC SUPPLY | 796 | - | 603 | 169 | - | - | - | 126 | 700 | 483 | 62968 |
| RETURNS TO SUPPLY | - | - | - | - | - | - | - | - | - | - | - |
| TRANSFERS | - | - | - | - | - | - | - | - | - | - | - |
| DOMESTIC AVAILABILITY | 796 | - | 603 | 169 | - | - | - | 126 | 700 | 483 | 62968 |
| STATISTICAL DIFFERENCE | - | - | - | - | - | - | - | - | - | - | - |
| TRANSFORM. SECTOR ** | 424 | - | 64 | - | - | - | - | - | - | - | - |
| FOR SOLID FUELS | 409 | - | - | - | - | - | - | - | - | - | - |
| FOR GASES | - | - | 64 | - | - | - | - | - | - | - | - |
| PETROLEUM REFINERIES | - | - | - | - | - | - | - | - | - | - | - |
| THERMO-ELECTRIC PLANTS | 15 | - | - | - | - | - | - | - | - | - | - |
| ENERGY SECTOR | 2 | - | - | - | - | - | - | 16 | 300 | 21 | 6808 |
| COAL MINES | 2 | - | - | - | - | - | - | - | - | - | 10 |
| OIL AND GAS EXTRACTION | - | - | - | - | - | - | - | - | - | - | - |
| PETROLEUM REFINERIES | - | - | - | - | - | - | - | - | - | - | 120 |
| ELECTRIC PLANTS | - | - | - | - | - | - | - | - | - | - | 550 |
| DISTRIBUTION LOSSES | - | - | - | - | - | - | - | 15 | - | 21 | 5985 |
| PUMP STORAGE (ELECTR.) | - | - | - | - | - | - | - | - | - | - | 33 |
| OTHER ENERGY SECTOR | - | - | - | - | - | - | - | 1 | 300 | - | 110 |
| FINAL CONSUMPTION | 370 | - | 539 | 169 | - | - | - | 110 | 400 | 462 | 56160 |
| INDUSTRY SECTOR | 292 | - | 441 | 25 | - | - | - | 14 | 400 | 462 | 33107 |
| IRON AND STEEL | 180 | - | 312 | - | - | - | - | - | - | 462 | 7060 |
| CHEMICAL | 12 | - | - | - | - | - | - | - | - | - | 5540 |
| PETROCHEMICAL | - | - | - | - | - | - | - | - | - | - | - |
| NON-FERROUS METAL | 26 | - | - | - | - | - | - | - | - | - | 12561 |
| NON-METALLIC MINERAL | - | - | - | - | - | - | - | - | - | - | 728 |
| PAPER PULP AND PRINT | - | - | - | - | - | - | - | - | - | - | 3301 |
| MINING AND QUARRYING | - | - | - | - | - | - | - | - | - | - | 659 |
| FOOD AND TOBACCO | - | - | - | - | - | - | - | - | - | - | 1179 |
| WOOD AND WOOD PRODUCTS | - | - | - | - | - | - | - | - | - | - | 404 |
| MACHINERY | - | - | - | - | - | - | - | - | - | - | 736 |
| TRANSPORT EQUIPMENT | - | - | - | - | - | - | - | - | - | - | 388 |
| CONSTRUCTION | - | - | - | - | - | - | - | - | - | - | 290 |
| TEXTILES AND LEATHER | - | - | - | - | - | - | - | - | - | - | 239 |
| NON SPECIFIED | 74 | - | 129 | 25 | - | - | - | 14 | 400 | - | 22 |
| NON-ENERGY USES: | | | | | | | | | | | |
| (1)ENERGY PRODUCTS | - | - | - | - | - | - | - | - | - | - | - |
| (2)NON-ENERGY PRODUCTS | - | - | - | - | - | - | - | - | - | - | - |
| TRANSPORT. SECTOR ** | - | - | - | - | - | - | - | - | - | - | 511 |
| AIR TRANSPORT | - | - | - | - | - | - | - | - | - | - | - |
| ROAD TRANSPORT | - | - | - | - | - | - | - | - | - | - | - |
| RAILWAYS | - | - | - | - | - | - | - | - | - | - | 511 |
| INTERNAL NAVIGATION | - | - | - | - | - | - | - | - | - | - | - |
| OTHER SECTORS ** | 78 | - | 98 | 144 | - | - | - | 96 | - | - | 22542 |
| AGRICULTURE | - | - | - | - | - | - | - | - | - | - | 471 |
| PUBLIC SERVICES | - | - | - | - | - | - | - | - | - | - | - |
| COMMERCE | - | - | - | - | - | - | - | 11 | - | - | 6733 |
| RESIDENTIAL | 78 | - | 98 | 144 | - | - | - | 85 | - | - | 15338 |

(1) INCLUDED IN CHEMICAL OR PETROCHEMICAL INDUSTRY
(2) INCLUDED ONLY IN TOTAL INDUSTRY

| * OF WHICH: HYDRO | 67440 |
|---|---|
| NUCLEAR | 0 |
| CONVENTIONAL THERMAL | 175 |
| GEOTHERMAL | 0 |

** INCLUDED IN THESE TOTALS ARE THE NON-SPECIFIED ELEMENTS

PRODUCTION ET UTILISATION DES SOURCES D ENERGIE : NORVEGE

1972

UNIT: 1000 METRIC TONS
UNITE: 1000 TONNES METRIQUES

| OIL / PETROLE | | | REFINERY GAS | LIQUEFIED PETROLEUM GASES | AVIATION GASOLINE | MOTOR GASOLINE | JET FUEL | KEROSENE | GAS/DIESEL OIL | RESIDUAL FUEL OIL | NAPHTHA | NON-ENERGY PRODUCTS |
|---|---|---|---|---|---|---|---|---|---|---|---|---|
| CRUDE* BRUT* | NGL GNL | FEEDST. | GAZ DE PETROLE | GAZ LIQUEFIES DE PETROLE | ESSENCE AVION | ESSENCE AUTO | CARBURANT REACTEUR | PETROLE LAMPANT | GAZ/DIESEL OIL | FUEL OIL RESIDUEL | NAPHTHA | PRODUITS NON-ENERGETIQUES |
| 12 | 13 | 14 | 15 | 16 | 17 | 18 | 19 | 20 | 21 | 22 | 23 | 24 |
| 1608 | - | - | 82 | 42 | - | 659 | 196 | 158 | 1897 | 2441 | 299 | 110 |
| - | - | - | - | - | - | - | - | - | - | - | - | - |
| 6517 | - | - | - | 9 | 6 | 510 | 187 | 248 | 1441 | 1000 | 178 | 567 |
| -1613 | - | - | - | -25 | - | -140 | -67 | -15 | -356 | -1464 | -232 | -25 |
| - | - | - | - | - | - | - | - | - | -214 | -453 | - | -9 |
| -362 | - | - | - | -2 | 1 | 8 | -36 | 31 | 178 | 409 | 9 | -3 |
| 6150 | - | - | 82 | 24 | 7 | 1037 | 280 | 422 | 2946 | 1933 | 254 | 640 |
| - | - | - | - | - | - | - | - | - | - | - | - | - |
| - | - | - | - | - | - | - | - | - | - | - | - | - |
| 6150 | - | - | 82 | 24 | 7 | 1037 | 280 | 422 | 2946 | 1933 | 254 | 640 |
| - | - | - | - | - | - | - | - | - | - | - | - | 16 |
| 6150 | - | - | - | - | - | - | - | - | 35 | - | 35 | - |
| - | - | - | - | - | - | - | - | - | - | - | - | - |
| - | - | - | - | - | - | - | - | - | 35 | - | 35 | - |
| 6150 | - | - | - | - | - | - | - | - | - | - | - | - |
| - | - | - | - | - | - | - | - | - | - | - | - | - |
| - | - | - | 82 | - | - | - | - | - | - | - | - | - |
| - | - | - | - | - | - | - | - | - | - | - | - | - |
| - | - | - | - | - | - | - | - | - | - | - | - | - |
| - | - | - | 82 | - | - | - | - | - | - | - | - | - |
| - | - | - | - | - | - | - | - | - | - | - | - | - |
| - | - | - | - | - | - | - | - | - | - | - | - | - |
| - | - | - | - | - | - | - | - | - | - | - | - | - |
| - | - | - | - | - | - | - | - | - | - | - | - | - |
| - | - | - | - | 24 | 7 | 1037 | 280 | 422 | 2911 | 1933 | 219 | 624 |
| - | - | - | - | 21 | - | - | - | 17 | 309 | 1642 | 185 | 624 |
| - | - | - | - | - | - | - | - | - | 12 | 22 | 35 | - |
| - | - | - | - | 1 | - | - | - | 5 | 50 | 300 | - | - |
| - | - | - | - | - | - | - | - | - | - | - | 150 | - |
| - | - | - | - | - | - | - | - | - | - | - | - | - |
| - | - | - | - | - | - | - | - | - | - | - | - | - |
| - | - | - | - | - | - | - | - | - | - | - | - | - |
| - | - | - | - | - | - | - | - | - | - | - | - | - |
| - | - | - | - | - | - | - | - | - | - | - | - | - |
| - | - | - | - | - | - | - | - | - | - | - | - | - |
| - | - | - | - | - | - | - | - | - | - | - | - | - |
| - | - | - | - | - | - | - | - | - | - | - | - | - |
| - | - | - | - | - | - | - | - | - | - | - | - | - |
| - | - | - | - | - | - | - | - | - | - | - | - | - |
| - | - | - | - | 20 | - | - | - | 12 | 247 | 1320 | - | 1 |
| - | - | - | - | - | - | - | - | - | - | - | - | - |
| - | - | - | - | - | - | - | - | - | - | - | - | 623 |
| - | - | - | - | - | 7 | 1006 | 280 | 5 | 1172 | 50 | - | - |
| - | - | - | - | - | 7 | - | 280 | - | - | - | - | - |
| - | - | - | - | - | - | 1006 | - | - | 473 | - | - | - |
| - | - | - | - | - | - | - | - | - | 24 | - | - | - |
| - | - | - | - | - | - | - | - | 5 | 675 | 50 | - | - |
| - | - | - | - | 3 | - | 31 | - | 400 | 1430 | 241 | 34 | - |
| - | - | - | - | - | - | - | - | 6 | 50 | 42 | - | - |
| - | - | - | - | - | - | - | - | - | - | - | - | - |
| - | - | - | - | 3 | - | - | - | 389 | 1180 | 80 | - | - |

*INCLUDED IN THIS COLUMN IS NGL AND FEEDSTOCKS.

## PRODUCTION AND USES OF ENERGY SOURCES : NORWAY

1973

| PRODUCTION AND USES \ ENERGY SOURCES | UNIT: 1000 METRIC TONS / UNITE: 1000 TONNES METRIQUES | | | | | | TCAL / TCAL | MANUFACTURED GAS (TCAL) / GAZ MANUFACTURE (TCAL) | | | MILLIONS OF (DE) KWH |
|---|---|---|---|---|---|---|---|---|---|---|---|
| | HARD COAL / HOUILLE | PATENT FUEL / AGGLOMERES | COKE OVEN COKE / COKE DE FOUR | GAS COKE / COKE DE GAZ | BROWN COAL / LIGNITE | BKB / BRIQ. DE LIGNITE | NATURAL GAS / GAZ NATUREL | GAS WORKS / USINES A GAZ | COKE OVENS / COKERIES | BLAST FURNACES / HAUT FOURNEAUX | ELECTRICITY* / ELECTRICITE* |
| | 1 | 2 | 3 | 4 | 5 | 6 | 7 | 8 | 9 | 10 | 11 |
| PRODUCTION | 415 | - | 320 | - | - | - | - | 122 | 700 | 514 | 73036 |
| FROM OTHER SOURCES | - | - | - | - | - | - | - | - | - | - | - |
| IMPORT | 402 | - | 396 | - | - | - | - | - | - | - | 218 |
| EXPORT | -80 | - | -51 | - | - | - | - | - | - | - | -5411 |
| INTL. MARINE BUNKERS | - | - | - | - | - | - | - | - | - | - | - |
| STOCK CHANGES | 35 | - | -24 | - | - | - | - | - | - | - | - |
| DOMESTIC SUPPLY | 772 | - | 641 | - | - | - | - | 122 | 700 | 514 | 67843 |
| RETURNS TO SUPPLY | - | - | - | - | - | - | - | - | - | - | - |
| TRANSFERS | - | - | - | - | - | - | - | - | - | - | - |
| DOMESTIC AVAILABILITY | 772 | - | 641 | - | - | - | - | 122 | 700 | 514 | 67843 |
| STATISTICAL DIFFERENCE | - | - | 1 | - | - | - | - | - | - | - | - |
| TRANSFORM. SECTOR ** | 371 | - | 75 | - | - | - | - | - | - | - | - |
| FOR SOLID FUELS | 353 | - | - | - | - | - | - | - | - | - | - |
| FOR GASES | - | - | 75 | - | - | - | - | - | - | - | - |
| PETROLEUM REFINERIES | - | - | - | - | - | - | - | - | - | - | - |
| THERMO-ELECTRIC PLANTS | 18 | - | - | - | - | - | - | - | - | - | - |
| ENERGY SECTOR | 2 | - | - | - | - | - | - | 17 | 300 | 33 | 7067 |
| COAL MINES | 2 | - | - | - | - | - | - | - | - | - | 16 |
| OIL AND GAS EXTRACTION | - | - | - | - | - | - | - | - | - | - | - |
| PETROLEUM REFINERIES | - | - | - | - | - | - | - | - | - | - | 121 |
| ELECTRIC PLANTS | - | - | - | - | - | - | - | - | - | - | 492 |
| DISTRIBUTION LOSSES | - | - | - | - | - | - | - | 16 | - | 33 | 6307 |
| PUMP STORAGE (ELECTR.) | - | - | - | - | - | - | - | - | - | - | 37 |
| OTHER ENERGY SECTOR | - | - | - | - | - | - | - | 1 | 300 | - | 94 |
| FINAL CONSUMPTION | 399 | - | 565 | - | - | - | - | 105 | 400 | 481 | 60776 |
| INDUSTRY SECTOR | 373 | - | 459 | - | - | - | - | 13 | 400 | 481 | 37186 |
| IRON AND STEEL | 251 | - | 329 | - | - | - | - | - | - | 481 | 8330 |
| CHEMICAL | 13 | - | - | - | - | - | - | - | - | - | 5691 |
| PETROCHEMICAL | - | - | - | - | - | - | - | - | - | - | - |
| NON-FERROUS METAL | 21 | - | - | - | - | - | - | 4 | - | - | 13512 |
| NON-METALLIC MINERAL | - | - | - | - | - | - | - | - | - | - | 791 |
| PAPER PULP AND PRINT | - | - | - | - | - | - | - | - | - | - | 4496 |
| MINING AND QUARRYING | - | - | - | - | - | - | - | - | - | - | 671 |
| FOOD AND TOBACCO | - | - | - | - | - | - | - | 1 | - | - | 1269 |
| WOOD AND WOOD PRODUCTS | - | - | - | - | - | - | - | - | - | - | 462 |
| MACHINERY | - | - | - | - | - | - | - | - | - | - | 939 |
| TRANSPORT EQUIPMENT | - | - | - | - | - | - | - | - | - | - | 392 |
| CONSTRUCTION | - | - | - | - | - | - | - | - | - | - | 366 |
| TEXTILES AND LEATHER | - | - | - | - | - | - | - | - | - | - | 236 |
| NON SPECIFIED | 88 | - | 130 | - | - | - | - | 8 | 400 | - | 31 |
| NON-ENERGY USES: | | | | | | | | | | | |
| (1)ENERGY PRODUCTS | - | - | - | - | - | - | - | - | - | - | - |
| (2)NON-ENERGY PRODUCTS | - | - | - | - | - | - | - | - | - | - | - |
| TRANSPORT. SECTOR ** | - | - | - | - | - | - | - | - | - | - | 521 |
| AIR TRANSPORT | - | - | - | - | - | - | - | - | - | - | - |
| ROAD TRANSPORT | - | - | - | - | - | - | - | - | - | - | - |
| RAILWAYS | - | - | - | - | - | - | - | - | - | - | 521 |
| INTERNAL NAVIGATION | - | - | - | - | - | - | - | - | - | - | - |
| OTHER SECTORS ** | 26 | - | 106 | - | - | - | - | 92 | - | - | 23069 |
| AGRICULTURE | - | - | - | - | - | - | - | - | - | - | 527 |
| PUBLIC SERVICES | - | - | - | - | - | - | - | - | - | - | - |
| COMMERCE | - | - | - | - | - | - | - | 10 | - | - | 6585 |
| RESIDENTIAL | 26 | - | 106 | - | - | - | - | 82 | - | - | 15957 |

(1) INCLUDED IN CHEMICAL OR PETROCHEMICAL INDUSTRY
(2) INCLUDED ONLY IN TOTAL INDUSTRY

| * OF WHICH: HYDRO | 72893 |
|---|---|
| NUCLEAR | 0 |
| CONVENTIONAL THERMAL | 162 |
| GEOTHERMAL | 0 |

** INCLUDED IN THESE TOTALS ARE THE NON-SPECIFIED ELEMENTS

UNIT: 1000 METRIC TONS
UNITE: 1000 TONNES METRIQUES

| OIL / PETROLE: CRUDE* / BRUT* 12 | NGL / GNL 13 | FEEDST. 14 | REFINERY GAS / GAZ DE PETROLE 15 | LIQUEFIED PETROLEUM GASES / GAZ LIQUEFIES DE PETROLE 16 | AVIATION GASOLINE / ESSENCE AVION 17 | MOTOR GASOLINE / ESSENCE AUTO 18 | JET FUEL / CARBURANT REACTEUR 19 | KEROSENE / PETROLE LAMPANT 20 | GAS/DIESEL OIL / GAZ/DIESEL OIL 21 | RESIDUAL FUEL OIL / FUEL OIL RESIDUEL 22 | NAPHTHA / NAPHTHA 23 | NON-ENERGY PRODUCTS / PRODUITS NON-ENERGETIQUES 24 |
|---|---|---|---|---|---|---|---|---|---|---|---|---|
| 1595 | - | - | 84 | 48 | - | 704 | 202 | 177 | 1948 | 2558 | 269 | 122 |
| - | - | - | - | - | - | - | - | - | - | - | - | - |
| 6076 | - | - | - | 9 | 14 | 553 | 96 | 310 | 1702 | 776 | 333 | 635 |
| -1531 | - | - | - | -30 | - | -182 | - | - | -377 | -1335 | -189 | -21 |
| - | - | - | - | - | - | - | - | - | -207 | -431 | - | -9 |
| 357 | - | - | - | - | - | 20 | -33 | -45 | -87 | 239 | -76 | - |
| 6497 | - | - | 84 | 27 | 14 | 1095 | 265 | 442 | 2979 | 1807 | 337 | 727 |
| - | - | - | - | - | - | - | - | - | - | - | - | - |
| - | - | - | - | - | - | - | - | - | - | - | - | - |
| 6497 | - | - | 84 | 27 | 14 | 1095 | 265 | 442 | 2979 | 1807 | 337 | 727 |
| - | - | - | - | -1 | 7 | - | - | - | - | - | - | 15 |
| 6497 | - | - | - | - | - | - | - | - | - | 13 | 15 | - |
| - | - | - | - | - | - | - | - | - | - | - | - | - |
| - | - | - | - | - | - | - | - | - | - | - | 15 | - |
| 6497 | - | - | - | - | - | - | - | - | - | - | - | - |
| - | - | - | - | - | - | - | - | - | - | 13 | - | - |
| - | - | - | 84 | - | - | - | - | - | - | - | - | - |
| - | - | - | - | - | - | - | - | - | - | - | - | - |
| - | - | - | - | - | - | - | - | - | - | - | - | - |
| - | - | - | 84 | - | - | - | - | - | - | - | - | - |
| - | - | - | - | - | - | - | - | - | - | - | - | - |
| - | - | - | - | - | - | - | - | - | - | - | - | - |
| - | - | - | - | - | - | - | - | - | - | - | - | - |
| - | - | - | - | - | - | - | - | - | - | - | - | - |
| - | - | - | - | 28 | 7 | 1095 | 265 | 442 | 2979 | 1794 | 322 | 712 |
| - | - | - | - | 21 | - | 9 | - | 5 | 461 | 1590 | 320 | 704 |
| - | - | - | - | - | - | - | - | - | - | 110 | - | - |
| - | - | - | - | 5 | - | - | - | 4 | 65 | 215 | - | - |
| - | - | - | - | - | - | - | - | - | - | - | 320 | - |
| - | - | - | - | - | - | - | - | - | - | - | - | - |
| - | - | - | - | - | - | - | - | - | 13 | - | - | - |
| - | - | - | - | - | - | - | - | - | - | - | - | - |
| - | - | - | - | - | - | - | - | - | - | - | - | - |
| - | - | - | - | - | - | - | - | - | - | - | - | - |
| - | - | - | - | - | - | - | - | - | - | - | - | - |
| - | - | - | - | - | - | - | - | - | - | - | - | - |
| - | - | - | - | - | - | - | - | - | - | - | - | - |
| - | - | - | - | - | - | - | - | - | - | - | - | - |
| - | - | - | - | - | - | - | - | - | - | - | - | - |
| - | - | - | - | 16 | - | 9 | - | 1 | 383 | 1265 | - | 6 |
| - | - | - | - | - | - | - | - | - | - | - | - | - |
| - | - | - | - | - | - | - | - | - | - | - | - | 698 |
| - | - | - | - | - | 7 | 1039 | 185 | 20 | 1073 | 17 | - | - |
| - | - | - | - | - | 7 | - | 185 | - | - | - | - | - |
| - | - | - | - | - | - | 1025 | - | - | 627 | - | - | - |
| - | - | - | - | - | - | - | - | - | 24 | - | - | - |
| - | - | - | - | - | - | 14 | - | 20 | 422 | 17 | - | - |
| - | - | - | - | 7 | - | 47 | 80 | 417 | 1445 | 187 | 2 | 8 |
| - | - | - | - | - | - | 1 | - | 1 | 89 | 34 | - | - |
| - | - | - | - | - | - | - | - | - | - | - | - | - |
| - | - | - | - | - | - | - | - | - | - | - | - | - |
| - | - | - | - | 3 | - | 19 | - | 407 | 917 | 101 | - | 6 |

*INCLUDED IN THIS COLUMN IS NGL AND FEEDSTOCKS.

## PRODUCTION AND USES OF ENERGY SOURCES : NORWAY

1974

| X / XX ENERGY / XX SOURCES / PRODUCTION XX / AND USES XX | UNIT: 1000 METRIC TONS / UNITE: 1000 TONNES METRIQUES | | | | | | TCAL / TCAL | MANUFACTURED GAS (TCAL) / GAZ MANUFACTURE (TCAL) | | | MILLIONS OF (DE) KWH |
|---|---|---|---|---|---|---|---|---|---|---|---|
| | HARD COAL / HOUILLE | PATENT FUEL / AGGLOMERES | COKE OVEN COKE / COKE DE FOUR | GAS COKE / COKE DE GAZ | BROWN COAL / LIGNITE | BKB / BRIQ. DE LIGNITE | NATURAL GAS / GAZ NATUREL | GAS WORKS / USINES A GAZ | COKE OVENS / COKERIES | BLAST FURNACES / HAUT FOURNEAUX | ELECTRICITY* / ELECTRICITE* |
| | 1 | 2 | 3 | 4 | 5 | 6 | 7 | 8 | 9 | 10 | 11 |
| PRODUCTION | 436 | - | 320 | - | - | - | 135 | 105 | 700 | 422 | 76700 |
| FROM OTHER SOURCES | - | - | - | - | - | - | - | - | - | - | - |
| IMPORT | 546 | - | 521 | - | - | - | - | - | - | - | 369 |
| EXPORT | -54 | - | -71 | - | - | - | - | - | - | - | -5913 |
| INTL. MARINE BUNKERS | - | - | - | - | - | - | - | - | - | - | - |
| STOCK CHANGES | -72 | - | 27 | - | - | - | - | - | - | - | - |
| DOMESTIC SUPPLY | 856 | - | 797 | - | - | - | 135 | 105 | 700 | 422 | 71156 |
| RETURNS TO SUPPLY | - | - | - | - | - | - | - | - | - | - | - |
| TRANSFERS | - | - | - | - | - | - | - | - | - | - | - |
| DOMESTIC AVAILABILITY | 856 | - | 797 | - | - | - | 135 | 105 | 700 | 422 | 71156 |
| STATISTICAL DIFFERENCE | -50 | - | - | - | - | - | - | - | - | - | - |
| TRANSFORM. SECTOR ** | 453 | - | 60 | - | - | - | - | - | - | - | - |
| FOR SOLID FUELS | 430 | - | - | - | - | - | - | - | - | - | - |
| FOR GASES | - | - | 60 | - | - | - | - | - | - | - | - |
| PETROLEUM REFINERIES | - | - | - | - | - | - | - | - | - | - | - |
| THERMO-ELECTRIC PLANTS | 23 | - | - | - | - | - | - | - | - | - | - |
| ENERGY SECTOR | 2 | - | - | - | - | - | 135 | 12 | 300 | 13 | 7267 |
| COAL MINES | 2 | - | - | - | - | - | - | - | - | - | 18 |
| OIL AND GAS EXTRACTION | - | - | - | - | - | - | 135 | - | - | - | - |
| PETROLEUM REFINERIES | - | - | - | - | - | - | - | - | - | - | 117 |
| ELECTRIC PLANTS | - | - | - | - | - | - | - | - | - | - | 548 |
| DISTRIBUTION LOSSES | - | - | - | - | - | - | - | 11 | - | 13 | 6399 |
| PUMP STORAGE (ELECTR.) | - | - | - | - | - | - | - | - | - | - | 67 |
| OTHER ENERGY SECTOR | - | - | - | - | - | - | - | 1 | 300 | - | 118 |
| FINAL CONSUMPTION | 451 | - | 737 | - | - | - | - | 93 | 400 | 409 | 63889 |
| INDUSTRY SECTOR | 415 | - | 628 | - | - | - | - | 16 | 400 | 409 | 39043 |
| IRON AND STEEL | 267 | - | 526 | - | - | - | - | - | - | 409 | 8752 |
| CHEMICAL | 16 | - | 49 | - | - | - | - | - | - | - | 5742 |
| PETROCHEMICAL | - | - | - | - | - | - | - | - | - | - | - |
| NON-FERROUS METAL | 35 | - | - | - | - | - | - | 2 | - | - | 13916 |
| NON-METALLIC MINERAL | - | - | - | - | - | - | - | - | - | - | 786 |
| PAPER PULP AND PRINT | - | - | - | - | - | - | - | - | - | - | 5141 |
| MINING AND QUARRYING | - | - | - | - | - | - | - | - | - | - | 759 |
| FOOD AND TOBACCO | - | - | - | - | - | - | - | - | - | - | 1366 |
| WOOD AND WOOD PRODUCTS | - | - | - | - | - | - | - | - | - | - | 488 |
| MACHINERY | - | - | - | - | - | - | - | - | - | - | 1013 |
| TRANSPORT EQUIPMENT | - | - | - | - | - | - | - | - | - | - | 470 |
| CONSTRUCTION | - | - | - | - | - | - | - | - | - | - | 312 |
| TEXTILES AND LEATHER | - | - | - | - | - | - | - | - | - | - | 273 |
| NON SPECIFIED | 97 | - | 53 | - | - | - | - | 14 | 400 | - | 25 |
| NON-ENERGY USES: | | | | | | | | | | | |
| (1)ENERGY PRODUCTS | - | - | - | - | - | - | - | - | - | - | - |
| (2)NON-ENERGY PRODUCTS | - | - | - | - | - | - | - | - | - | - | - |
| TRANSPORT. SECTOR ** | - | - | - | - | - | - | - | - | - | - | 527 |
| AIR TRANSPORT | - | - | - | - | - | - | - | - | - | - | - |
| ROAD TRANSPORT | - | - | - | - | - | - | - | - | - | - | - |
| RAILWAYS | - | - | - | - | - | - | - | - | - | - | 527 |
| INTERNAL NAVIGATION | - | - | - | - | - | - | - | - | - | - | - |
| OTHER SECTORS ** | 36 | - | 109 | - | - | - | - | 77 | - | - | 24319 |
| AGRICULTURE | - | - | - | - | - | - | - | - | - | - | 552 |
| PUBLIC SERVICES | - | - | - | - | - | - | - | - | - | - | - |
| COMMERCE | - | - | - | - | - | - | - | 3 | - | - | 7073 |
| RESIDENTIAL | 36 | - | 109 | - | - | - | - | 74 | - | - | 16694 |

(1) INCLUDED IN CHEMICAL OR PETROCHEMICAL INDUSTRY
(2) INCLUDED ONLY IN TOTAL INDUSTRY

| * OF WHICH: HYDRO | 76644 |
|---|---|
| NUCLEAR | 0 |
| CONVENTIONAL THERMAL | 56 |
| GEOTHERMAL | 0 |

** INCLUDED IN THESE TOTALS ARE THE NON-SPECIFIED ELEMENTS

PRODUCTION ET UTILISATION DES SOURCES D ENERGIE : NORVEGE

1974

UNIT: 1000 METRIC TONS
UNITE: 1000 TONNES METRIQUES

| OIL / PETROLE | | | REFINERY GAS | LIQUEFIED PETROLEUM GASES | AVIATION GASOLINE | MOTOR GASOLINE | JET FUEL | KEROSENE | GAS/DIESEL OIL | RESIDUAL FUEL OIL | NAPHTHA | NON-ENERGY PRODUCTS |
|---|---|---|---|---|---|---|---|---|---|---|---|---|
| CRUDE* BRUT* | NGL GNL | FEEDST. | GAZ DE PETROLE | GAZ LIQUEFIES DE PETROLE | ESSENCE AVION | ESSENCE AUTO | CARBURANT REACTEUR | PETROLE LAMPANT | GAZ/DIESEL OIL | FUEL OIL RESIDUEL | NAPHTHA | PRODUITS NON-ENERGETIQUES |
| 12 | 13 | 14 | 15 | 16 | 17 | 18 | 19 | 20 | 21 | 22 | 23 | 24 |
| 1736 | - | - | 183 | 41 | - | 706 | 174 | 106 | 2153 | 2262 | 348 | 96 |
| - | - | - | - | - | - | - | - | - | - | - | - | - |
| 6730 | - | - | - | 10 | 7 | 471 | 110 | 225 | 1351 | 694 | 264 | 647 |
| -1982 | - | - | - | -23 | - | -145 | -12 | - | -446 | -1203 | -247 | -13 |
| - | - | - | - | - | - | - | - | - | -186 | -266 | - | -8 |
| -155 | - | - | - | - | - | -15 | -24 | -37 | -303 | 382 | -11 | - |
| 6329 | - | - | 183 | 28 | 7 | 1017 | 248 | 294 | 2569 | 1869 | 354 | 722 |
| - | - | - | - | - | - | - | - | - | - | - | - | - |
| - | - | - | - | - | - | - | - | - | - | - | - | - |
| 6329 | - | - | 183 | 28 | 7 | 1017 | 248 | 294 | 2569 | 1869 | 354 | 722 |
| -33 | - | - | - | 1 | 2 | - | - | - | -1 | - | - | 40 |
| 6362 | - | - | - | - | - | - | - | - | 1 | 3 | 15 | - |
| - | - | - | - | - | - | - | - | - | - | - | - | - |
| - | - | - | - | - | - | - | - | - | - | - | 15 | - |
| 6362 | - | - | - | - | - | - | - | - | - | - | - | - |
| - | - | - | - | - | - | - | - | - | 1 | 3 | - | - |
| - | - | - | 183 | - | - | - | - | - | - | - | - | - |
| - | - | - | - | - | - | - | - | - | - | - | - | - |
| - | - | - | - | - | - | - | - | - | - | - | - | - |
| - | - | - | 183 | - | - | - | - | - | - | - | - | - |
| - | - | - | - | - | - | - | - | - | - | - | - | - |
| - | - | - | - | - | - | - | - | - | - | - | - | - |
| - | - | - | - | - | - | - | - | - | - | - | - | - |
| - | - | - | - | - | - | - | - | - | - | - | - | - |
| - | - | - | - | 27 | 5 | 1017 | 248 | 294 | 2569 | 1866 | 339 | 682 |
| - | - | - | - | 21 | - | 8 | 22 | 5 | 407 | 1553 | 337 | 675 |
| - | - | - | - | - | - | - | - | - | - | 115 | - | - |
| - | - | - | - | 5 | - | - | - | 4 | 65 | 225 | - | - |
| - | - | - | - | - | - | - | - | - | - | - | 337 | - |
| - | - | - | - | - | - | - | - | - | - | - | - | - |
| - | - | - | - | - | - | - | - | - | 12 | - | - | - |
| - | - | - | - | - | - | - | - | - | - | - | - | - |
| - | - | - | - | - | - | - | - | - | - | - | - | - |
| - | - | - | - | - | - | - | - | - | - | - | - | - |
| - | - | - | - | - | - | - | - | - | - | - | - | - |
| - | - | - | - | - | - | - | - | - | - | - | - | - |
| - | - | - | - | - | - | - | - | - | - | - | - | - |
| - | - | - | - | - | - | - | - | - | - | - | - | - |
| - | - | - | - | - | - | - | - | - | - | - | - | - |
| - | - | - | - | 16 | - | 8 | 22 | 1 | 330 | 1213 | - | 5 |
| - | - | - | - | - | - | - | - | - | - | - | - | - |
| - | - | - | - | - | - | - | - | - | - | - | - | 670 |
| - | - | - | - | - | 5 | 965 | 146 | 35 | 1053 | 67 | - | - |
| - | - | - | - | - | 5 | - | 146 | - | - | - | - | - |
| - | - | - | - | - | - | 953 | - | - | 575 | - | - | - |
| - | - | - | - | - | - | - | - | - | 24 | - | - | - |
| - | - | - | - | - | - | 12 | - | 35 | 454 | 67 | - | - |
| - | - | - | - | 6 | - | 44 | 80 | 254 | 1109 | 246 | 2 | 7 |
| - | - | - | - | - | - | - | - | 1 | 60 | 29 | - | - |
| - | - | - | - | - | - | - | - | - | - | - | - | - |
| - | - | - | - | 3 | - | 21 | - | 248 | 757 | 76 | - | 5 |

*INCLUDED IN THIS COLUMN IS NGL AND FEEDSTOCKS.

## PRODUCTION AND USES OF ENERGY SOURCES : NORWAY

1975

| PRODUCTION AND USES / ENERGY SOURCES | UNIT: 1000 METRIC TONS / UNITE: 1000 TONNES METRIQUES | | | | | | TCAL / TCAL | MANUFACTURED GAS (TCAL) / GAZ MANUFACTURE (TCAL) | | | MILLIONS OF (DE) KWH |
|---|---|---|---|---|---|---|---|---|---|---|---|
| | HARD COAL / HOUILLE | PATENT FUEL / AGGLOMERES | COKE OVEN COKE / COKE DE FOUR | GAS COKE / COKE DE GAZ | BROWN COAL / LIGNITE | BKB / BRIQ. DE LIGNITE | NATURAL GAS / GAZ NATUREL | GAS WORKS / USINES A GAZ | COKE OVENS / COKERIES | BLAST FURNACES / HAUT FOURNEAUX | ELECTRICITY* / ELECTRICITE* |
| | 1 | 2 | 3 | 4 | 5 | 6 | 7 | 8 | 9 | 10 | 11 |
| PRODUCTION | 389 | - | 260 | - | - | - | 1932 | 103 | 520 | 395 | 77486 |
| FROM OTHER SOURCES | - | - | - | - | - | - | - | - | - | - | - |
| IMPORT | 456 | - | 514 | - | - | - | - | - | - | - | 349 |
| EXPORT | -31 | - | -15 | - | - | - | - | - | - | - | -5968 |
| INTL. MARINE BUNKERS | - | - | - | - | - | - | - | - | - | - | - |
| STOCK CHANGES | -62 | - | -23 | - | - | - | - | - | - | - | - |
| DOMESTIC SUPPLY | 752 | - | 736 | - | - | - | 1932 | 103 | 520 | 395 | 71867 |
| RETURNS TO SUPPLY | - | - | - | - | - | - | - | - | - | - | - |
| TRANSFERS | - | - | - | - | - | - | - | - | - | - | - |
| DOMESTIC AVAILABILITY | 752 | - | 736 | - | - | - | 1932 | 103 | 520 | 395 | 71867 |
| STATISTICAL DIFFERENCE | -78 | - | - | - | - | - | - | - | - | - | - |
| TRANSFORM. SECTOR ** | 388 | - | 57 | - | - | - | - | - | - | - | - |
| FOR SOLID FUELS | 370 | - | - | - | - | - | - | - | - | - | - |
| FOR GASES | - | - | 57 | - | - | - | - | - | - | - | - |
| PETROLEUM REFINERIES | - | - | - | - | - | - | - | - | - | - | - |
| THERMO-ELECTRIC PLANTS | 18 | - | - | - | - | - | - | - | - | - | - |
| ENERGY SECTOR | 2 | - | - | - | - | - | 1932 | 12 | 310 | 18 | 7420 |
| COAL MINES | 2 | - | - | - | - | - | - | - | - | - | 15 |
| OIL AND GAS EXTRACTION | - | - | - | - | - | - | 1932 | - | - | - | - |
| PETROLEUM REFINERIES | - | - | - | - | - | - | - | - | - | - | 157 |
| ELECTRIC PLANTS | - | - | - | - | - | - | - | - | - | - | 559 |
| DISTRIBUTION LOSSES | - | - | - | - | - | - | - | 11 | - | 18 | 6449 |
| PUMP STORAGE (ELECTR.) | - | - | - | - | - | - | - | - | - | - | 122 |
| OTHER ENERGY SECTOR | - | - | - | - | - | - | - | 1 | 310 | - | 118 |
| FINAL CONSUMPTION | 440 | - | 679 | - | - | - | - | 91 | 210 | 377 | 64447 |
| INDUSTRY SECTOR | 405 | - | 576 | - | - | - | - | 16 | 210 | 377 | 37956 |
| IRON AND STEEL | 247 | - | 480 | - | - | - | - | - | - | 377 | 8709 |
| CHEMICAL | 17 | - | 46 | - | - | - | - | - | - | - | 5822 |
| PETROCHEMICAL | - | - | - | - | - | - | - | - | - | - | - |
| NON-FERROUS METAL | 21 | - | - | - | - | - | - | - | - | - | 12896 |
| NON-METALLIC MINERAL | - | - | 2 | - | - | - | - | - | - | - | 765 |
| PAPER PULP AND PRINT | - | - | - | - | - | - | - | - | - | - | 4717 |
| MINING AND QUARRYING | 2 | - | - | - | - | - | - | - | - | - | 806 |
| FOOD AND TOBACCO | - | - | - | - | - | - | - | - | - | - | 1357 |
| WOOD AND WOOD PRODUCTS | - | - | - | - | - | - | - | - | - | - | 524 |
| MACHINERY | - | - | - | - | - | - | - | - | - | - | 1153 |
| TRANSPORT EQUIPMENT | - | - | - | - | - | - | - | - | - | - | 556 |
| CONSTRUCTION | - | - | - | - | - | - | - | - | - | - | 341 |
| TEXTILES AND LEATHER | - | - | - | - | - | - | - | - | - | - | 282 |
| NON SPECIFIED | 118 | - | 48 | - | - | - | - | 16 | 210 | - | 28 |
| NON-ENERGY USES: | | | | | | | | | | | |
| (1)ENERGY PRODUCTS | - | - | - | - | - | - | - | - | - | - | - |
| (2)NON-ENERGY PRODUCTS | - | - | - | - | - | - | - | - | - | - | - |
| TRANSPORT. SECTOR ** | - | - | - | - | - | - | - | - | - | - | 532 |
| AIR TRANSPORT | - | - | - | - | - | - | - | - | - | - | - |
| ROAD TRANSPORT | - | - | - | - | - | - | - | - | - | - | - |
| RAILWAYS | - | - | - | - | - | - | - | - | - | - | 532 |
| INTERNAL NAVIGATION | - | - | - | - | - | - | - | - | - | - | - |
| OTHER SECTORS ** | 35 | - | 103 | - | - | - | - | 75 | - | - | 25959 |
| AGRICULTURE | - | - | - | - | - | - | - | - | - | - | 498 |
| PUBLIC SERVICES | - | - | - | - | - | - | - | - | - | - | - |
| COMMERCE | - | - | - | - | - | - | - | 3 | - | - | 7814 |
| RESIDENTIAL | 35 | - | 103 | - | - | - | - | 72 | - | - | 17647 |

(1) INCLUDED IN CHEMICAL OR PETROCHEMICAL INDUSTRY
(2) INCLUDED ONLY IN TOTAL INDUSTRY

** INCLUDED IN THESE TOTALS ARE THE NON-SPECIFIED ELEMENTS

| * OF WHICH: HYDRO | 77415 |
|---|---|
| NUCLEAR | 0 |
| CONVENTIONAL THERMAL | 71 |
| GEOTHERMAL | 0 |

## PRODUCTION ET UTILISATION DES SOURCES D ENERGIE : NORVEGE

1975

UNIT: 1000 METRIC TONS
UNITE: 1000 TONNES METRIQUES

| OIL / PETROLE | | | REFINERY GAS | LIQUEFIED PETROLEUM GASES | AVIATION GASOLINE | MOTOR GASOLINE | JET FUEL | KEROSENE | GAS/DIESEL OIL | RESIDUAL FUEL OIL | NAPHTHA | NON-ENERGY PRODUCTS |
|---|---|---|---|---|---|---|---|---|---|---|---|---|
| CRUDE* BRUT* | NGL GNL | FEEDST. | GAZ DE PETROLE | GAZ LIQUEFIES DE PETROLE | ESSENCE AVION | ESSENCE AUTO | CARBURANT REACTEUR | PETROLE LAMPANT | GAZ/DIESEL OIL | FUEL OIL RESIDUEL | NAPHTHA | PRODUITS NON-ENERGETIQUES |
| 12 | 13 | 14 | 15 | 16 | 17 | 18 | 19 | 20 | 21 | 22 | 23 | 24 |
| 9256 | - | - | 220 | 41 | - | 901 | 213 | 139 | 2662 | 2670 | 513 | 138 |
| - | - | - | - | - | - | - | - | - | - | - | - | - |
| 5904 | - | - | - | 10 | 6 | 376 | 175 | 180 | 1049 | 324 | 73 | 597 |
| -7771 | - | - | - | -13 | - | -180 | -70 | -8 | -626 | -1217 | -392 | -33 |
| - | - | - | - | - | - | - | - | - | -220 | -259 | - | -9 |
| 271 | - | - | - | - | - | 51 | -64 | 24 | 45 | 22 | 83 | - |
| 7660 | - | - | 220 | 38 | 6 | 1148 | 254 | 335 | 2910 | 1540 | 277 | 693 |
| - | - | - | - | - | - | - | - | - | - | - | - | - |
| - | - | - | - | - | - | - | - | - | - | - | - | - |
| 7660 | - | - | 220 | 38 | 6 | 1148 | 254 | 335 | 2910 | 1540 | 277 | 693 |
| -70 | - | - | - | 10 | 1 | - | - | - | -1 | - | - | -13 |
| 7730 | - | - | - | - | - | - | - | - | 3 | 4 | 12 | - |
| | | | | | | | | | | | | |
| - | - | - | - | - | - | - | - | - | - | - | - | - |
| - | - | - | - | - | - | - | - | - | - | - | 12 | - |
| 7730 | - | - | - | - | - | - | - | - | - | - | - | - |
| - | - | - | - | - | - | - | - | - | 3 | 4 | - | - |
| - | - | - | 220 | - | - | - | - | - | - | - | - | - |
| | | | | | | | | | | | | |
| - | - | - | - | - | - | - | - | - | - | - | - | - |
| - | - | - | - | - | - | - | - | - | - | - | - | - |
| - | - | - | 220 | - | - | - | - | - | - | - | - | - |
| - | - | - | - | - | - | - | - | - | - | - | - | - |
| - | - | - | - | - | - | - | - | - | - | - | - | - |
| - | - | - | - | - | - | - | - | - | - | - | - | - |
| - | - | - | - | - | - | - | - | - | - | - | - | - |
| - | - | - | - | 28 | 5 | 1148 | 254 | 335 | 2908 | 1536 | 265 | 706 |
| - | - | - | - | 27 | 1 | 9 | 2 | 5 | 609 | 1271 | 263 | 698 |
| | | | | | | | | | | | | |
| - | - | - | - | - | - | - | - | - | - | 80 | - | - |
| - | - | - | - | 18 | - | 1 | - | 1 | 80 | 150 | - | - |
| - | - | - | - | - | - | - | - | - | - | - | 249 | - |
| - | - | - | - | - | - | - | - | - | - | - | - | - |
| - | - | - | - | 1 | - | - | - | - | 20 | - | - | - |
| - | - | - | - | - | - | - | - | - | - | - | - | - |
| - | - | - | - | - | - | - | - | - | - | - | - | - |
| - | - | - | - | - | - | - | - | - | - | - | - | - |
| - | - | - | - | - | - | - | - | - | - | - | - | 1 |
| - | - | - | - | - | - | - | - | - | - | - | - | - |
| - | - | - | - | - | - | - | - | - | - | - | - | - |
| - | - | - | - | - | - | - | - | - | - | - | - | - |
| - | - | - | - | - | - | - | - | - | - | - | - | - |
| - | - | - | - | 8 | 1 | 8 | 2 | 4 | 509 | 1041 | 14 | 6 |
| | | | | | | | | | | | | |
| - | - | - | - | - | - | - | - | - | - | - | - | - |
| - | - | - | - | - | - | - | - | - | - | - | - | 691 |
| - | - | - | - | - | 4 | 1081 | 170 | 41 | 1288 | 75 | - | 2 |
| | | | | | | | | | | | | |
| - | - | - | - | - | 4 | - | 165 | - | - | - | - | - |
| - | - | - | - | - | - | 1066 | 5 | 30 | 580 | 1 | - | 2 |
| - | - | - | - | - | - | - | - | - | 30 | - | - | - |
| - | - | - | - | - | - | 15 | - | 11 | 678 | 74 | - | - |
| - | - | - | - | 1 | - | 58 | 82 | 289 | 1011 | 190 | 2 | 6 |
| | | | | | | | | | | | | |
| - | - | - | - | - | - | 1 | - | 1 | 71 | 23 | - | - |
| - | - | - | - | - | - | - | - | - | - | - | - | 1 |
| - | - | - | - | - | - | - | - | - | - | - | - | - |
| - | - | - | - | - | - | 19 | - | 280 | 754 | 23 | 2 | 3 |

*INCLUDED IN THIS COLUMN IS NGL AND FEEDSTOCKS.

# PRODUCTION AND USES OF ENERGY SOURCES : NORWAY

1976

| ENERGY SOURCES / PRODUCTION AND USES | UNIT: 1000 METRIC TONS / UNITE: 1000 TONNES METRIQUES | | | | | | TCAL / TCAL | MANUFACTURED GAS (TCAL) / GAZ MANUFACTURE (TCAL) | | | MILLIONS / OF (DE) KWH |
|---|---|---|---|---|---|---|---|---|---|---|---|
| | HARD COAL / HOUILLE | PATENT FUEL / AGGLOMERES | COKE OVEN COKE / COKE DE FOUR | GAS COKE / COKE DE GAZ | BROWN COAL / LIGNITE | BKB / BRIQ. DE LIGNITE | NATURAL GAS / GAZ NATUREL | GAS WORKS / USINES A GAZ | COKE OVENS / COKERIES | BLAST FURNACES / HAUT FOURNEAUX | ELECTRICITY* / ELECTRICITE* |
| | 1 | 2 | 3 | 4 | 5 | 6 | 7 | 8 | 9 | 10 | 11 |
| PRODUCTION | 525 | - | 283 | - | - | - | 3234 | 108 | 555 | 474 | 82133 |
| FROM OTHER SOURCES | - | - | - | - | - | - | - | - | - | - | - |
| IMPORT | 453 | - | 455 | - | - | - | - | - | - | - | 516 |
| EXPORT | -96 | - | - | - | - | - | - | - | - | - | -7152 |
| INTL. MARINE BUNKERS | - | - | - | - | - | - | - | - | - | - | - |
| STOCK CHANGES | -63 | - | -27 | - | - | - | - | - | - | - | - |
| DOMESTIC SUPPLY | 819 | - | 711 | - | - | - | 3234 | 108 | 555 | 474 | 75497 |
| RETURNS TO SUPPLY | - | - | - | - | - | - | - | - | - | - | - |
| TRANSFERS | - | - | - | - | - | - | - | - | - | - | - |
| DOMESTIC AVAILABILITY | 819 | - | 711 | - | - | - | 3234 | 108 | 555 | 474 | 75497 |
| STATISTICAL DIFFERENCE | 61 | - | -54 | - | - | - | - | - | - | - | - |
| TRANSFORM. SECTOR ** | 393 | - | 70 | - | - | - | - | - | - | - | - |
| FOR SOLID FUELS | 372 | - | - | - | - | - | - | - | - | - | - |
| FOR GASES | - | - | 70 | - | - | - | - | - | - | - | - |
| PETROLEUM REFINERIES | - | - | - | - | - | - | - | - | - | - | - |
| THERMO-ELECTRIC PLANTS | 21 | - | - | - | - | - | - | - | - | - | - |
| ENERGY SECTOR | 1 | - | - | - | - | - | 3234 | 17 | 330 | 19 | 8385 |
| COAL MINES | 1 | - | - | - | - | - | - | - | - | - | 15 |
| OIL AND GAS EXTRACTION | - | - | - | - | - | - | 3234 | - | - | - | - |
| PETROLEUM REFINERIES | - | - | - | - | - | - | - | - | - | - | 179 |
| ELECTRIC PLANTS | - | - | - | - | - | - | - | - | - | - | 581 |
| DISTRIBUTION LOSSES | - | - | - | - | - | - | - | 17 | - | 19 | 7374 |
| PUMP STORAGE (ELECTR.) | - | - | - | - | - | - | - | - | - | - | 148 |
| OTHER ENERGY SECTOR | - | - | - | - | - | - | - | - | 330 | - | 88 |
| FINAL CONSUMPTION | 364 | - | 695 | - | - | - | - | 91 | 225 | 455 | 67112 |
| INDUSTRY SECTOR | 329 | - | 595 | - | - | - | - | 25 | 225 | 455 | 38140 |
| IRON AND STEEL | 225 | - | 480 | - | - | - | - | - | - | 455 | 8531 |
| CHEMICAL | 13 | - | 47 | - | - | - | - | - | - | - | 5711 |
| PETROCHEMICAL | - | - | - | - | - | - | - | - | - | - | - |
| NON-FERROUS METAL | 1 | - | - | - | - | - | - | - | - | - | 13474 |
| NON-METALLIC MINERAL | - | - | 25 | - | - | - | - | - | - | - | 728 |
| PAPER PULP AND PRINT | - | - | - | - | - | - | - | - | - | - | 4302 |
| MINING AND QUARRYING | 7 | - | - | - | - | - | - | - | - | - | 868 |
| FOOD AND TOBACCO | - | - | - | - | - | - | - | - | - | - | 1375 |
| WOOD AND WOOD PRODUCTS | - | - | - | - | - | - | - | - | - | - | 519 |
| MACHINERY | - | - | - | - | - | - | - | - | - | - | 1361 |
| TRANSPORT EQUIPMENT | - | - | - | - | - | - | - | - | - | - | 547 |
| CONSTRUCTION | - | - | - | - | - | - | - | - | - | - | 416 |
| TEXTILES AND LEATHER | - | - | - | - | - | - | - | - | - | - | 278 |
| NON SPECIFIED | 83 | - | 43 | - | - | - | - | 25 | 225 | - | 30 |
| NON-ENERGY USES: | | | | | | | | | | | |
| (1)ENERGY PRODUCTS | - | - | - | - | - | - | - | - | - | - | - |
| (2)NON-ENERGY PRODUCTS | - | - | - | - | - | - | - | - | - | - | - |
| TRANSPORT. SECTOR ** | - | - | - | - | - | - | - | - | - | - | 554 |
| AIR TRANSPORT | - | - | - | - | - | - | - | - | - | - | - |
| ROAD TRANSPORT | - | - | - | - | - | - | - | - | - | - | - |
| RAILWAYS | - | - | - | - | - | - | - | - | - | - | 554 |
| INTERNAL NAVIGATION | - | - | - | - | - | - | - | - | - | - | - |
| OTHER SECTORS ** | 35 | - | 100 | - | - | - | - | 66 | - | - | 28418 |
| AGRICULTURE | - | - | - | - | - | - | - | - | - | - | 581 |
| PUBLIC SERVICES | - | - | - | - | - | - | - | - | - | - | - |
| COMMERCE | - | - | - | - | - | - | - | - | - | - | 8634 |
| RESIDENTIAL | 35 | - | 100 | - | - | - | - | 66 | - | - | 19203 |

(1) INCLUDED IN CHEMICAL OR PETROCHEMICAL INDUSTRY
(2) INCLUDED ONLY IN TOTAL INDUSTRY

| * OF WHICH: HYDRO | 82037 |
|---|---|
| NUCLEAR | 0 |
| CONVENTIONAL THERMAL | 96 |
| GEOTHERMAL | 0 |

** INCLUDED IN THESE TOTALS ARE THE NON-SPECIFIED ELEMENTS

PRODUCTION ET UTILISATION DES SOURCES D ENERGIE : NORVEGE

1976

UNIT: 1000 METRIC TONS
UNITE: 1000 TONNES METRIQUES

| OIL PETROLE CRUDE* BRUT* 12 | OIL PETROLE NGL GNL 13 | OIL PETROLE FEEDST. 14 | REFINERY GAS GAZ DE PETROLE 15 | LIQUEFIED PETROLEUM GASES GAZ LIQUEFIES DE PETROLE 16 | AVIATION GASOLINE ESSENCE AVION 17 | MOTOR GASOLINE ESSENCE AUTO 18 | JET FUEL CARBURANT REACTEUR 19 | KEROSENE PETROLE LAMPANT 20 | GAS/DIESEL OIL GAZ/DIESEL OIL 21 | RESIDUAL FUEL OIL FUEL OIL RESIDUEL 22 | NAPHTHA NAPHTHA 23 | NON-ENERGY PRODUCTS PRODUITS NON-ENERGETIQUES 24 |
|---|---|---|---|---|---|---|---|---|---|---|---|---|
| 13828 | - | - | 268 | 30 | 28 | 1050 | 210 | 165 | 3427 | 2633 | 494 | 232 |
| - | - | - | - | - | - | - | - | - | - | - | - | - |
| 8075 | - | - | - | 11 | 7 | 400 | 305 | 194 | 1021 | 274 | 118 | 529 |
| -13573 | - | - | - | -9 | - | -239 | -7 | -24 | -882 | -1024 | -278 | -56 |
| - | - | - | - | - | - | - | - | - | -281 | -341 | - | -11 |
| 128 | - | - | - | - | - | -2 | -228 | 58 | -251 | 112 | -118 | - |
| 8458 | - | - | 268 | 32 | 35 | 1209 | 280 | 393 | 3034 | 1654 | 216 | 694 |
| - | - | - | - | - | - | - | - | - | - | - | - | - |
| - | - | - | - | - | - | - | - | - | - | - | - | - |
| 8458 | - | - | 268 | 32 | 35 | 1209 | 280 | 393 | 3034 | 1654 | 216 | 694 |
| -118 | - | - | - | -2 | 29 | - | - | - | 2 | - | - | -35 |
| 8576 | - | - | - | - | - | 1 | - | - | 3 | 6 | 13 | - |
| - | - | - | - | - | - | - | - | - | - | - | - | - |
| - | - | - | - | - | - | 1 | - | - | - | - | 13 | - |
| 8576 | - | - | - | - | - | - | - | - | - | - | - | - |
| - | - | - | - | - | - | - | - | - | 3 | 6 | - | - |
| - | - | - | 268 | - | - | - | - | - | - | - | - | - |
| - | - | - | - | - | - | - | - | - | - | - | - | - |
| - | - | - | - | - | - | - | - | - | - | - | - | - |
| - | - | - | 268 | - | - | - | - | - | - | - | - | - |
| - | - | - | - | - | - | - | - | - | - | - | - | - |
| - | - | - | - | - | - | - | - | - | - | - | - | - |
| - | - | - | - | - | - | - | - | - | - | - | - | - |
| - | - | - | - | - | - | - | - | - | - | - | - | - |
| - | - | - | - | 34 | 6 | 1208 | 280 | 393 | 3029 | 1648 | 203 | 729 |
| - | - | - | - | 34 | 1 | 8 | 8 | 7 | 558 | 1512 | 202 | 724 |
| - | - | - | - | - | - | - | - | - | - | - | - | - |
| - | - | - | - | 22 | - | 1 | - | 2 | 55 | 442 | - | - |
| - | - | - | - | - | - | - | - | - | - | - | 190 | - |
| - | - | - | - | - | - | - | - | - | - | - | - | - |
| - | - | - | - | 1 | - | - | - | - | 26 | 428 | 5 | - |
| - | - | - | - | - | - | - | - | - | - | - | - | - |
| - | - | - | - | - | - | - | - | - | 38 | 43 | - | 1 |
| - | - | - | - | - | - | 3 | - | 1 | 87 | 2 | - | - |
| - | - | - | - | - | - | 1 | - | 1 | 24 | 88 | - | - |
| - | - | - | - | - | - | - | - | - | - | - | - | - |
| - | - | - | - | - | - | - | - | - | - | - | - | - |
| - | - | - | - | - | - | - | - | - | - | - | - | - |
| - | - | - | - | - | - | - | - | - | - | - | - | - |
| - | - | - | - | 11 | 1 | 3 | 8 | 3 | 328 | 509 | 7 | 3 |
| - | - | - | - | - | - | - | - | - | - | - | - | - |
| - | - | - | - | - | - | - | - | - | - | - | - | 720 |
| - | - | - | - | - | 5 | 1160 | 183 | 37 | 1163 | 52 | - | 2 |
| - | - | - | - | - | 5 | - | 181 | - | 2 | - | - | - |
| - | - | - | - | - | - | 1160 | 2 | 37 | 448 | 2 | - | 2 |
| - | - | - | - | - | - | - | - | - | 26 | - | - | - |
| - | - | - | - | - | - | - | - | - | 687 | 50 | - | - |
| - | - | - | - | - | - | 40 | 89 | 349 | 1308 | 84 | 1 | 3 |
| - | - | - | - | - | - | 9 | - | 1 | 75 | 28 | - | - |
| - | - | - | - | - | - | - | - | 2 | 386 | 11 | 1 | - |
| - | - | - | - | - | - | - | - | - | - | - | - | - |
| - | - | - | - | - | - | 9 | - | 329 | 832 | 18 | - | 3 |

*INCLUDED IN THIS COLUMN IS NGL AND FEEDSTOCKS.

## PRODUCTION AND USES OF ENERGY SOURCES : NORWAY

1977

| ENERGY SOURCES / PRODUCTION AND USES | UNIT: 1000 METRIC TONS / UNITE: 1000 TONNES METRIQUES | | | | | | TCAL / TCAL | MANUFACTURED GAS (TCAL) / GAZ MANUFACTURE (TCAL) | | | MILLIONS OF (DE) KWH |
|---|---|---|---|---|---|---|---|---|---|---|---|
| | HARD COAL / HOUILLE | PATENT FUEL / AGGLOMERES | COKE OVEN COKE / COKE DE FOUR | GAS COKE / COKE DE GAZ | BROWN COAL / LIGNITE | BKB / BRIQ. DE LIGNITE | NATURAL GAS / GAZ NATUREL | GAS WORKS / USINES A GAZ | COKE OVENS / COKERIES | BLAST FURNACES / HAUT FOURNEAUX | ELECTRICITY* / ELECTRICITE* |
| | 1 | 2 | 3 | 4 | 5 | 6 | 7 | 8 | 9 | 10 | 11 |
| PRODUCTION | 455 | - | 317 | - | - | - | 29397 | 88 | 734 | 430 | 72432 |
| FROM OTHER SOURCES | - | - | - | - | - | - | - | - | - | - | - |
| IMPORT | 420 | - | 356 | - | - | - | - | - | - | - | 3548 |
| EXPORT | -164 | - | -54 | - | - | - | -24836 | - | - | - | -2465 |
| INTL. MARINE BUNKERS | - | - | - | - | - | - | - | - | - | - | - |
| STOCK CHANGES | 46 | - | 1 | - | - | - | - | - | - | - | - |
| DOMESTIC SUPPLY | 757 | - | 620 | - | - | - | 4561 | 88 | 734 | 430 | 73515 |
| RETURNS TO SUPPLY | - | - | - | - | - | - | - | - | - | - | - |
| TRANSFERS | - | - | - | - | - | - | - | - | - | - | - |
| DOMESTIC AVAILABILITY | 757 | - | 620 | - | - | - | 4561 | 88 | 734 | 430 | 73515 |
| STATISTICAL DIFFERENCE | - | - | 32 | - | - | - | - | 4 | - | - | - |
| TRANSFORM. SECTOR ** | 400 | - | 59 | - | - | - | - | - | - | - | - |
| FOR SOLID FUELS | 382 | - | - | - | - | - | - | - | - | - | - |
| FOR GASES | - | - | 59 | - | - | - | - | - | - | - | - |
| PETROLEUM REFINERIES | - | - | - | - | - | - | - | - | - | - | - |
| THERMO-ELECTRIC PLANTS | 18 | - | - | - | - | - | - | - | - | - | - |
| ENERGY SECTOR | - | - | - | - | - | - | 4561 | 5 | 441 | 12 | 7989 |
| COAL MINES | - | - | - | - | - | - | - | - | - | - | 15 |
| OIL AND GAS EXTRACTION | - | - | - | - | - | - | 3755 | - | - | - | - |
| PETROLEUM REFINERIES | - | - | - | - | - | - | - | - | - | - | 181 |
| ELECTRIC PLANTS | - | - | - | - | - | - | - | - | - | - | 668 |
| DISTRIBUTION LOSSES | - | - | - | - | - | - | 806 | 4 | - | 12 | 6773 |
| PUMP STORAGE (ELECTR.) | - | - | - | - | - | - | - | - | - | - | 258 |
| OTHER ENERGY SECTOR | - | - | - | - | - | - | - | 1 | 441 | - | 94 |
| FINAL CONSUMPTION | 357 | - | 529 | - | - | - | - | 79 | 293 | 418 | 65526 |
| INDUSTRY SECTOR | 325 | - | 451 | - | - | - | - | 18 | 293 | 418 | 34902 |
| IRON AND STEEL | 207 | - | 400 | - | - | - | - | - | - | 418 | 7675 |
| CHEMICAL | 12 | - | 30 | - | - | - | - | - | - | - | 5089 |
| PETROCHEMICAL | - | - | - | - | - | - | - | - | - | - | - |
| NON-FERROUS METAL | - | - | - | - | - | - | - | - | - | - | 13584 |
| NON-METALLIC MINERAL | - | - | 5 | - | - | - | - | - | - | - | 591 |
| PAPER PULP AND PRINT | - | - | - | - | - | - | - | - | - | - | 3049 |
| MINING AND QUARRYING | 7 | - | - | - | - | - | - | - | - | - | 815 |
| FOOD AND TOBACCO | - | - | - | - | - | - | - | - | - | - | 1329 |
| WOOD AND WOOD PRODUCTS | - | - | - | - | - | - | - | - | - | - | 560 |
| MACHINERY | - | - | - | - | - | - | - | - | - | - | 1036 |
| TRANSPORT EQUIPMENT | - | - | - | - | - | - | - | - | - | - | 457 |
| CONSTRUCTION | - | - | - | - | - | - | - | - | - | - | 480 |
| TEXTILES AND LEATHER | - | - | - | - | - | - | - | - | - | - | 207 |
| NON SPECIFIED | 99 | - | 16 | - | - | - | - | 18 | 293 | - | 30 |
| NON-ENERGY USES: | | | | | | | | | | | |
| (1)ENERGY PRODUCTS | - | - | - | - | - | - | - | - | - | - | - |
| (2)NON-ENERGY PRODUCTS | - | - | - | - | - | - | - | - | - | - | - |
| TRANSPORT. SECTOR ** | - | - | - | - | - | - | - | - | - | - | 589 |
| AIR TRANSPORT | - | - | - | - | - | - | - | - | - | - | - |
| ROAD TRANSPORT | - | - | - | - | - | - | - | - | - | - | - |
| RAILWAYS | - | - | - | - | - | - | - | - | - | - | 589 |
| INTERNAL NAVIGATION | - | - | - | - | - | - | - | - | - | - | - |
| OTHER SECTORS ** | 32 | - | 78 | - | - | - | - | 61 | - | - | 30035 |
| AGRICULTURE | - | - | - | - | - | - | - | - | - | - | 600 |
| PUBLIC SERVICES | - | - | - | - | - | - | - | - | - | - | - |
| COMMERCE | - | - | - | - | - | - | - | - | - | - | 8742 |
| RESIDENTIAL | 32 | - | 78 | - | - | - | - | 61 | - | - | 20693 |

(1) INCLUDED IN CHEMICAL OR PETROCHEMICAL INDUSTRY
(2) INCLUDED ONLY IN TOTAL INDUSTRY

| * OF WHICH: | |
|---|---|
| HYDRO | 72203 |
| NUCLEAR | 0 |
| CONVENTIONAL THERMAL | 229 |
| GEOTHERMAL | 0 |

** INCLUDED IN THESE TOTALS ARE THE NON-SPECIFIED ELEMENTS

PRODUCTION ET UTILISATION DES SOURCES D ENERGIE : NORVEGE

1977

UNIT: 1000 METRIC TONS
UNITE: 1000 TONNES METRIQUES

| OIL / PETROLE: CRUDE* / BRUT* | OIL / PETROLE: NGL / GNL | OIL / PETROLE: FEEDST. | REFINERY GAS / GAZ DE PETROLE | LIQUEFIED PETROLEUM GASES / GAZ LIQUEFIES DE PETROLE | AVIATION GASOLINE / ESSENCE AVION | MOTOR GASOLINE / ESSENCE AUTO | JET FUEL / CARBURANT REACTEUR | KEROSENE / PETROLE LAMPANT | GAS/DIESEL OIL / GAZ/DIESEL OIL | RESIDUAL FUEL OIL / FUEL OIL RESIDUEL | NAPHTHA / NAPHTHA | NON-ENERGY PRODUCTS / PRODUITS NON-ENERGETIQUES |
|---|---|---|---|---|---|---|---|---|---|---|---|---|
| 12 | 13 | 14 | 15 | 16 | 17 | 18 | 19 | 20 | 21 | 22 | 23 | 24 |
| 13686 | - | - | 306 | 45 | - | 1180 | 306 | 286 | 2935 | 2556 | 418 | 262 |
| - | - | - | - | - | - | - | - | - | - | - | - | - |
| 6553 | - | - | - | 54 | 6 | 320 | 214 | 454 | 977 | 388 | 169 | 554 |
| -11438 | - | - | - | -21 | - | -182 | -107 | -7 | -800 | -915 | -190 | -84 |
| - | - | - | - | - | - | - | - | - | -220 | -240 | - | -9 |
| -411 | - | - | - | - | 1 | 4 | -98 | -337 | -111 | -58 | -156 | 4 |
| 8390 | - | - | 306 | 78 | 7 | 1322 | 315 | 396 | 2781 | 1731 | 241 | 727 |
| - | - | - | - | - | - | - | - | - | - | - | - | - |
| - | - | - | - | - | - | - | - | - | - | - | - | - |
| 8390 | - | - | 306 | 78 | 7 | 1322 | 315 | 396 | 2781 | 1731 | 241 | 727 |
| -50 | - | - | - | 42 | 2 | 13 | - | - | 3 | -13 | - | 2 |
| 8440 | - | - | - | - | - | 1 | - | - | 3 | 20 | 10 | - |
| - | - | - | - | - | - | - | - | - | - | - | - | - |
| - | - | - | - | - | - | - | - | - | - | - | 10 | - |
| 8440 | - | - | - | - | - | - | - | - | - | - | - | - |
| - | - | - | - | - | - | 1 | - | - | 3 | 20 | - | - |
| - | - | - | 306 | - | - | - | - | - | 166 | - | - | - |
| - | - | - | - | - | - | - | - | - | - | - | - | - |
| - | - | - | - | - | - | - | - | - | 166 | - | - | - |
| - | - | - | 306 | - | - | - | - | - | - | - | - | - |
| - | - | - | - | - | - | - | - | - | - | - | - | - |
| - | - | - | - | - | - | - | - | - | - | - | - | - |
| - | - | - | - | - | - | - | - | - | - | - | - | - |
| - | - | - | - | - | - | - | - | - | - | - | - | - |
| - | - | - | - | 36 | 5 | 1308 | 315 | 396 | 2609 | 1724 | 231 | 725 |
| - | - | - | - | 36 | - | 9 | 3 | 3 | 500 | 1611 | 231 | 720 |
| - | - | - | - | - | - | - | - | - | - | - | - | - |
| - | - | - | - | 23 | - | 2 | - | 1 | 84 | 463 | - | - |
| - | - | - | - | - | - | - | - | - | - | - | 218 | - |
| - | - | - | - | - | - | - | - | - | - | - | - | - |
| - | - | - | - | 1 | - | - | - | - | 34 | 332 | 7 | - |
| - | - | - | - | - | - | - | - | - | - | - | - | - |
| - | - | - | - | - | - | - | - | - | 38 | 39 | - | 2 |
| - | - | - | - | - | - | 3 | - | - | 101 | 85 | - | - |
| - | - | - | - | - | - | 1 | - | - | 23 | 517 | - | - |
| - | - | - | - | - | - | - | - | - | - | - | - | - |
| - | - | - | - | - | - | - | - | - | - | - | - | - |
| - | - | - | - | - | - | - | - | - | - | - | - | - |
| - | - | - | - | - | - | - | - | - | - | - | - | - |
| - | - | - | - | 12 | - | 3 | 3 | 2 | 220 | 175 | 6 | 2 |
| - | - | - | - | - | - | - | - | - | - | - | - | - |
| - | - | - | - | - | - | - | - | - | - | - | - | 716 |
| - | - | - | - | - | 5 | 1258 | 219 | 41 | 821 | 54 | - | 2 |
| - | - | - | - | - | 5 | - | 219 | - | 3 | - | - | - |
| - | - | - | - | - | - | 1258 | - | 41 | 470 | 5 | - | 2 |
| - | - | - | - | - | - | - | - | - | 37 | - | - | - |
| - | - | - | - | - | - | - | - | - | 311 | 49 | - | - |
| - | - | - | - | - | - | 41 | 93 | 352 | 1288 | 59 | - | 3 |
| - | - | - | - | - | - | 9 | - | 1 | 79 | 27 | - | - |
| - | - | - | - | - | - | - | - | 2 | 388 | 1 | - | 1 |
| - | - | - | - | - | - | - | - | - | - | - | - | - |
| - | - | - | - | - | - | 10 | - | 332 | 815 | 16 | - | 2 |

*INCLUDED IN THIS COLUMN IS NGL AND FEEDSTOCKS.

## PRODUCTION AND USES OF ENERGY SOURCES : NORWAY

1978

| ENERGY SOURCES / PRODUCTION AND USES | UNIT: 1000 METRIC TONS / UNITE: 1000 TONNES METRIQUES | | | | | | TCAL / TCAL | MANUFACTURED GAS (TCAL) / GAZ MANUFACTURE (TCAL) | | | MILLIONS OF (DE) KWH |
|---|---|---|---|---|---|---|---|---|---|---|---|
| | HARD COAL / HOUILLE | PATENT FUEL / AGGLOMERES | COKE OVEN COKE / COKE DE FOUR | GAS COKE / COKE DE GAZ | BROWN COAL / LIGNITE | BKB / BRIQ. DE LIGNITE | NATURAL GAS / GAZ NATUREL | GAS WORKS / USINES A GAZ | COKE OVENS / COKERIES | BLAST FURNACES / HAUT FOURNEAUX | ELECTRICITY* / ELECTRICITE* |
| | 1 | 2 | 3 | 4 | 5 | 6 | 7 | 8 | 9 | 10 | 11 |
| PRODUCTION | 402 | - | 320 | - | - | - | 131340 | 69 | 688 | 478 | 80997 |
| FROM OTHER SOURCES | - | - | - | - | - | - | - | - | - | - | - |
| IMPORT | 450 | - | 331 | - | - | - | - | - | - | - | 534 |
| EXPORT | -77 | - | -80 | - | - | - | -124403 | - | - | - | -3939 |
| INTL. MARINE BUNKERS | - | - | - | - | - | - | - | - | - | - | - |
| STOCK CHANGES | 56 | - | 51 | - | - | - | - | - | - | - | - |
| DOMESTIC SUPPLY | 831 | - | 622 | - | - | - | 6937 | 69 | 688 | 478 | 77592 |
| RETURNS TO SUPPLY | - | - | - | - | - | - | - | - | - | - | - |
| TRANSFERS | - | - | - | - | - | - | - | - | - | - | - |
| DOMESTIC AVAILABILITY | 831 | - | 622 | - | - | - | 6937 | 69 | 688 | 478 | 77592 |
| STATISTICAL DIFFERENCE | 41 | - | 4 | - | - | - | - | 2 | - | - | -1 |
| TRANSFORM. SECTOR ** | 433 | - | 70 | - | - | - | - | - | - | - | - |
| FOR SOLID FUELS | 414 | - | - | - | - | - | - | - | - | - | - |
| FOR GASES | - | - | 70 | - | - | - | - | - | - | - | - |
| PETROLEUM REFINERIES | - | - | - | - | - | - | - | - | - | - | - |
| THERMO-ELECTRIC PLANTS | 19 | - | - | - | - | - | - | - | - | - | - |
| ENERGY SECTOR | - | - | - | - | - | - | 6937 | 6 | 413 | 31 | 8607 |
| COAL MINES | - | - | - | - | - | - | - | - | - | - | 16 |
| OIL AND GAS EXTRACTION | - | - | - | - | - | - | 6616 | - | - | - | - |
| PETROLEUM REFINERIES | - | - | - | - | - | - | - | - | - | - | 185 |
| ELECTRIC PLANTS | - | - | - | - | - | - | - | - | - | - | 767 |
| DISTRIBUTION LOSSES | - | - | - | - | - | - | 321 | 5 | - | 31 | 7317 |
| PUMP STORAGE (ELECTR.) | - | - | - | - | - | - | - | - | - | - | 225 |
| OTHER ENERGY SECTOR | - | - | - | - | - | - | - | 1 | 413 | - | 97 |
| FINAL CONSUMPTION | 357 | - | 548 | - | - | - | - | 61 | 275 | 447 | 68986 |
| INDUSTRY SECTOR | 347 | - | 529 | - | - | - | - | 18 | 275 | 447 | 36944 |
| IRON AND STEEL | 246 | - | 418 | - | - | - | - | - | - | 447 | 7828 |
| CHEMICAL | 98 | - | 45 | - | - | - | - | - | - | - | 5334 |
| PETROCHEMICAL | - | - | - | - | - | - | - | - | - | - | - |
| NON-FERROUS METAL | - | - | - | - | - | - | - | - | - | - | 14108 |
| NON-METALLIC MINERAL | - | - | - | - | - | - | - | - | - | - | 686 |
| PAPER PULP AND PRINT | - | - | - | - | - | - | - | - | - | - | 3402 |
| MINING AND QUARRYING | - | - | - | - | - | - | - | - | - | - | 832 |
| FOOD AND TOBACCO | - | - | - | - | - | - | - | - | - | - | 1513 |
| WOOD AND WOOD PRODUCTS | - | - | - | - | - | - | - | - | - | - | 600 |
| MACHINERY | - | - | - | - | - | - | - | - | - | - | 1228 |
| TRANSPORT EQUIPMENT | - | - | - | - | - | - | - | - | - | - | 605 |
| CONSTRUCTION | - | - | - | - | - | - | - | - | - | - | 528 |
| TEXTILES AND LEATHER | - | - | - | - | - | - | - | - | - | - | 242 |
| NON SPECIFIED | 3 | - | 66 | - | - | - | - | 18 | 275 | - | 38 |
| NON-ENERGY USES: | | | | | | | | | | | |
| (1)ENERGY PRODUCTS | - | - | - | - | - | - | - | - | - | - | - |
| (2)NON-ENERGY PRODUCTS | - | - | - | - | - | - | - | - | - | - | - |
| TRANSPORT. SECTOR ** | - | - | - | - | - | - | - | - | - | - | 594 |
| AIR TRANSPORT | - | - | - | - | - | - | - | - | - | - | - |
| ROAD TRANSPORT | - | - | - | - | - | - | - | - | - | - | - |
| RAILWAYS | - | - | - | - | - | - | - | - | - | - | 594 |
| INTERNAL NAVIGATION | - | - | - | - | - | - | - | - | - | - | - |
| OTHER SECTORS ** | 10 | - | 19 | - | - | - | - | 43 | - | - | 31448 |
| AGRICULTURE | - | - | - | - | - | - | - | - | - | - | 649 |
| PUBLIC SERVICES | - | - | - | - | - | - | - | - | - | - | - |
| COMMERCE | - | - | - | - | - | - | - | - | - | - | 9532 |
| RESIDENTIAL | 10 | - | 19 | - | - | - | - | 43 | - | - | 21267 |

(1) INCLUDED IN CHEMICAL OR PETROCHEMICAL INDUSTRY
(2) INCLUDED ONLY IN TOTAL INDUSTRY

** INCLUDED IN THESE TOTALS ARE THE NON-SPECIFIED ELEMENTS

| * OF WHICH: | |
|---|---|
| HYDRO | 80864 |
| NUCLEAR | 0 |
| CONVENTIONAL THERMAL | 133 |
| GEOTHERMAL | 0 |

UNIT: 1000 METRIC TONS
UNITE: 1000 TONNES METRIQUES

| OIL PETROLE | | | REFINERY GAS | LIQUEFIED PETROLEUM GASES | AVIATION GASOLINE | MOTOR GASOLINE | JET FUEL | KEROSENE | GAS/DIESEL OIL | RESIDUAL FUEL OIL | NAPHTHA | NON-ENERGY PRODUCTS |
|---|---|---|---|---|---|---|---|---|---|---|---|---|
| CRUDE* BRUT* | NGL GNL | FEEDST. | GAZ DE PETROLE | GAZ LIQUEFIES DE PETROLE | ESSENCE AVION | ESSENCE AUTO | CARBURANT REACTEUR | PETROLE LAMPANT | GAZ/DIESEL OIL | FUEL OIL RESIDUEL | NAPHTHA | PRODUITS NON-ENERGETIQUES |
| 12 | 13 | 14 | 15 | 16 | 17 | 18 | 19 | 20 | 21 | 22 | 23 | 24 |
| 17000 | - | - | 311 | 28 | - | 1191 | 280 | 446 | 3773 | 1926 | 518 | 250 |
| - | - | - | - | - | - | - | - | - | - | - | - | - |
| 7247 | - | - | - | 323 | 5 | 332 | 37 | 220 | 904 | 180 | 46 | 615 |
| -15827 | - | - | - | -14 | - | -129 | -23 | -6 | -877 | -469 | -245 | -143 |
| - | - | - | - | - | - | - | - | - | -190 | -232 | - | -8 |
| 173 | - | - | - | - | 1 | 11 | 69 | -194 | -62 | 149 | -92 | 7 |
| 8593 | - | - | 311 | 337 | 6 | 1405 | 363 | 466 | 3548 | 1554 | 227 | 721 |
| - | - | - | - | - | - | -16 | -17 | -46 | -256 | - | -19 | - |
| - | - | - | - | - | - | - | - | - | - | - | - | - |
| 8593 | - | - | 311 | 337 | 6 | 1389 | 346 | 420 | 3292 | 1554 | 208 | 721 |
| -493 | - | - | - | -8 | - | 48 | - | - | 6 | -9 | - | -24 |
| 9086 | - | - | - | - | - | 1 | - | - | 2 | 10 | 8 | - |
| - | - | - | - | - | - | - | - | - | - | - | - | - |
| - | - | - | - | - | - | - | - | - | - | - | 8 | - |
| 9086 | - | - | - | - | - | - | - | - | - | - | - | - |
| - | - | - | - | - | - | 1 | - | - | 2 | 10 | - | - |
| - | - | - | 311 | - | - | - | - | - | 184 | - | - | - |
| - | - | - | - | - | - | - | - | - | - | - | - | - |
| - | - | - | - | - | - | - | - | - | 184 | - | - | - |
| - | - | - | 311 | - | - | - | - | - | - | - | - | - |
| - | - | - | - | - | - | - | - | - | - | - | - | - |
| - | - | - | - | - | - | - | - | - | - | - | - | - |
| - | - | - | - | - | - | - | - | - | - | - | - | - |
| - | - | - | - | - | - | - | - | - | - | - | - | - |
| - | - | - | - | 345 | 6 | 1340 | 346 | 420 | 3100 | 1553 | 200 | 745 |
| - | - | - | - | 345 | 1 | 6 | 8 | 5 | 626 | 1457 | 200 | 742 |
| - | - | - | - | - | - | - | - | - | - | - | - | - |
| - | - | - | - | 21 | - | - | - | 2 | 94 | 369 | - | - |
| - | - | - | - | 312 | - | - | - | - | - | - | 190 | - |
| - | - | - | - | - | - | - | - | - | - | - | - | - |
| - | - | - | - | 1 | - | - | - | - | 36 | 316 | 6 | - |
| - | - | - | - | - | - | - | - | - | - | - | - | - |
| - | - | - | - | - | - | - | - | - | 39 | 41 | - | 1 |
| - | - | - | - | - | - | 2 | - | - | 93 | 80 | - | - |
| - | - | - | - | - | - | 1 | - | - | 25 | 466 | - | - |
| - | - | - | - | - | - | - | - | - | - | - | - | - |
| - | - | - | - | - | - | - | - | - | - | - | - | - |
| - | - | - | - | - | - | - | - | - | - | - | - | - |
| - | - | - | - | - | - | - | - | - | - | - | - | - |
| - | - | - | - | 11 | 1 | 3 | 8 | 3 | 339 | 185 | 4 | 2 |
| - | - | - | - | - | - | - | - | - | - | - | - | - |
| - | - | - | - | - | - | - | - | - | - | - | - | 739 |
| - | - | - | - | - | 5 | 1290 | 249 | 40 | 1271 | 51 | - | 2 |
| - | - | - | - | - | 5 | - | 249 | - | 3 | - | - | - |
| - | - | - | - | - | - | 1290 | - | 40 | 486 | 1 | - | 2 |
| - | - | - | - | - | - | - | - | - | 37 | - | - | - |
| - | - | - | - | - | - | - | - | - | 745 | 50 | - | - |
| - | - | - | - | - | - | 44 | 89 | 375 | 1203 | 45 | - | 1 |
| - | - | - | - | - | - | 14 | - | 1 | 80 | 26 | - | - |
| - | - | - | - | - | - | - | - | - | 400 | 3 | - | - |
| - | - | - | - | - | - | - | - | - | - | - | - | - |
| - | - | - | - | - | - | 6 | - | 356 | 687 | 13 | - | - |

*INCLUDED IN THIS COLUMN IS NGL AND FEEDSTOCKS.

## PRODUCTION AND USES OF ENERGY SOURCES : NORWAY

1979

| ENERGY SOURCES / PRODUCTION AND USES | UNIT: 1000 METRIC TONS / UNITE: 1000 TONNES METRIQUES | | | | | | TCAL / TCAL | MANUFACTURED GAS (TCAL) / GAZ MANUFACTURE (TCAL) | | | MILLIONS OF (DE) KWH |
|---|---|---|---|---|---|---|---|---|---|---|---|
| | HARD COAL / HOUILLE | PATENT FUEL / AGGLOMERES | COKE OVEN COKE / COKE DE FOUR | GAS COKE / COKE DE GAZ | BROWN COAL / LIGNITE | BKB / BRIQ. DE LIGNITE | NATURAL GAS / GAZ NATUREL | GAS WORKS / USINES A GAZ | COKE OVENS / COKERIES | BLAST FURNACES / HAUT FOURNEAUX | ELECTRICITY* / ELECTRICITE* |
| | 1 | 2 | 3 | 4 | 5 | 6 | 7 | 8 | 9 | 10 | 11 |
| PRODUCTION | 282 | - | 341 | - | - | - | 213401 | 67 | 729 | 513 | 89123 |
| FROM OTHER SOURCES | - | - | - | - | - | - | - | - | - | - | - |
| IMPORT | 673 | - | 630 | - | - | - | - | - | - | - | 821 |
| EXPORT | -64 | - | -55 | - | - | - | -205542 | - | - | - | -5472 |
| INTL. MARINE BUNKERS | - | - | - | - | - | - | - | - | - | - | - |
| STOCK CHANGES | -4 | - | -29 | - | - | - | - | - | - | - | - |
| DOMESTIC SUPPLY | 887 | - | 887 | - | - | - | 7859 | 67 | 729 | 513 | 84472 |
| RETURNS TO SUPPLY | - | - | - | - | - | - | - | - | - | - | - |
| TRANSFERS | - | - | - | - | - | - | - | - | - | - | - |
| DOMESTIC AVAILABILITY | 887 | - | 887 | - | - | - | 7859 | 67 | 729 | 513 | 84472 |
| STATISTICAL DIFFERENCE | -55 | - | -35 | - | - | - | 631 | - | - | - | - |
| TRANSFORM. SECTOR ** | 448 | - | 75 | - | - | - | - | - | - | - | - |
| FOR SOLID FUELS | 432 | - | - | - | - | - | - | - | - | - | - |
| FOR GASES | - | - | 75 | - | - | - | - | - | - | - | - |
| PETROLEUM REFINERIES | - | - | - | - | - | - | - | - | - | - | - |
| THERMO-ELECTRIC PLANTS | 16 | - | - | - | - | - | - | - | - | - | - |
| ENERGY SECTOR | - | - | - | - | - | - | 7228 | 6 | 454 | 18 | 9172 |
| COAL MINES | - | - | - | - | - | - | - | - | - | - | 15 |
| OIL AND GAS EXTRACTION | - | - | - | - | - | - | 6878 | - | - | - | - |
| PETROLEUM REFINERIES | - | - | - | - | - | - | - | - | - | - | 155 |
| ELECTRIC PLANTS | - | - | - | - | - | - | - | - | - | - | 865 |
| DISTRIBUTION LOSSES | - | - | - | - | - | - | 350 | 5 | - | 18 | 7655 |
| PUMP STORAGE (ELECTR.) | - | - | - | - | - | - | - | - | - | - | 398 |
| OTHER ENERGY SECTOR | - | - | - | - | - | - | - | 1 | 454 | - | 84 |
| FINAL CONSUMPTION | 494 | - | 847 | - | - | - | - | 61 | 275 | 495 | 75300 |
| INDUSTRY SECTOR | 484 | - | 814 | - | - | - | - | 18 | 275 | 495 | 40291 |
| IRON AND STEEL | 329 | - | 695 | - | - | - | - | - | - | 495 | 9124 |
| CHEMICAL | 129 | - | 55 | - | - | - | - | - | - | - | 6146 |
| PETROCHEMICAL | - | - | - | - | - | - | - | - | - | - | - |
| NON-FERROUS METAL | - | - | 20 | - | - | - | - | - | - | - | 14461 |
| NON-METALLIC MINERAL | 24 | - | - | - | - | - | - | - | - | - | 734 |
| PAPER PULP AND PRINT | - | - | - | - | - | - | - | - | - | - | 4039 |
| MINING AND QUARRYING | - | - | - | - | - | - | - | - | - | - | 867 |
| FOOD AND TOBACCO | - | - | - | - | - | - | - | - | - | - | 1544 |
| WOOD AND WOOD PRODUCTS | - | - | - | - | - | - | - | - | - | - | 658 |
| MACHINERY | - | - | - | - | - | - | - | - | - | - | 1276 |
| TRANSPORT EQUIPMENT | - | - | - | - | - | - | - | - | - | - | 559 |
| CONSTRUCTION | - | - | - | - | - | - | - | - | - | - | 581 |
| TEXTILES AND LEATHER | - | - | - | - | - | - | - | - | - | - | 260 |
| NON SPECIFIED | 2 | - | 44 | - | - | - | - | 18 | 275 | - | 42 |
| NON-ENERGY USES: | | | | | | | | | | | |
| (1)ENERGY PRODUCTS | - | - | - | - | - | - | - | - | - | - | - |
| (2)NON-ENERGY PRODUCTS | - | - | - | - | - | - | - | - | - | - | - |
| TRANSPORT. SECTOR ** | - | - | - | - | - | - | - | - | - | - | 662 |
| AIR TRANSPORT | - | - | - | - | - | - | - | - | - | - | - |
| ROAD TRANSPORT | - | - | - | - | - | - | - | - | - | - | - |
| RAILWAYS | - | - | - | - | - | - | - | - | - | - | 662 |
| INTERNAL NAVIGATION | - | - | - | - | - | - | - | - | - | - | - |
| OTHER SECTORS ** | 10 | - | 33 | - | - | - | - | 43 | - | - | 34347 |
| AGRICULTURE | - | - | - | - | - | - | - | - | - | - | 701 |
| PUBLIC SERVICES | - | - | - | - | - | - | - | - | - | - | - |
| COMMERCE | - | - | - | - | - | - | - | - | - | - | 10895 |
| RESIDENTIAL | 10 | - | 33 | - | - | - | - | 43 | - | - | 22751 |

(1) INCLUDED IN CHEMICAL OR PETROCHEMICAL INDUSTRY
(2) INCLUDED ONLY IN TOTAL INDUSTRY

| * OF WHICH: HYDRO | 88977 |
|---|---|
| NUCLEAR | 0 |
| CONVENTIONAL THERMAL | 146 |
| GEOTHERMAL | 0 |

** INCLUDED IN THESE TOTALS ARE THE NON-SPECIFIED ELEMENTS

## PRODUCTION ET UTILISATION DES SOURCES D ENERGIE : NORVEGE

1979

UNIT: 1000 METRIC TONS
UNITE: 1000 TONNES METRIQUES

| OIL PETROLE | | | REFINERY GAS | LIQUEFIED PETROLEUM GASES | AVIATION GASOLINE | MOTOR GASOLINE | JET FUEL | KEROSENE | GAS/DIESEL OIL | RESIDUAL FUEL OIL | NAPHTHA | NON-ENERGY PRODUCTS |
|---|---|---|---|---|---|---|---|---|---|---|---|---|
| CRUDE BRUT | NGL GNL | FEEDST. | GAZ DE PETROLE | GAZ LIQUEFIES DE PETROLE | ESSENCE AVION | ESSENCE AUTO | CARBURANT REACTEUR | PETROLE LAMPANT | GAZ/DIESEL OIL | FUEL OIL RESIDUEL | NAPHTHA | PRODUITS NON-ENERGETIQUES |
| 12 | 13 | 14 | 15 | 16 | 17 | 18 | 19 | 20 | 21 | 22 | 23 | 24 |
| 18223 | 553 | - | 67 | 158 | - | 1230 | 309 | 446 | 3767 | 1809 | 461 | 381 |
| - | - | - | - | 362 | - | - | - | - | - | - | - | - |
| 5990 | - | 370 | - | 354 | - | 424 | 101 | 278 | 930 | 351 | 70 | 630 |
| -16366 | -161 | - | - | -46 | - | -176 | -25 | -14 | -988 | -460 | -439 | -197 |
| - | - | - | - | - | - | - | - | - | -146 | -217 | - | - |
| 114 | -30 | - | - | - | 1 | -42 | -24 | 11 | -3 | 25 | 29 | -25 |
| 7961 | 362 | 370 | 67 | 828 | 1 | 1436 | 361 | 721 | 3560 | 1508 | 121 | 789 |
| - | - | 522 | - | - | - | -26 | -8 | -238 | -120 | -32 | -72 | - |
| - | - | - | - | - | - | - | - | - | - | - | - | - |
| 7961 | 362 | 892 | 67 | 828 | 1 | 1410 | 353 | 483 | 3440 | 1476 | 49 | 789 |
| 28 | - | - | - | 1 | -5 | -1 | -22 | 11 | -34 | -205 | -28 | -14 |
| 7933 | 362 | 892 | - | - | - | 3 | - | - | 3 | 10 | 8 | - |
| - | - | - | - | - | - | - | - | - | - | - | - | - |
| - | - | - | - | - | - | - | - | - | - | - | 8 | - |
| 7933 | 362 | 892 | - | - | - | - | - | - | - | - | - | - |
| - | - | - | - | - | - | 3 | - | - | 3 | 10 | - | - |
| - | - | - | 67 | 61 | - | 1 | - | - | 68 | 56 | - | - |
| - | - | - | - | - | - | 1 | - | - | 6 | 9 | - | - |
| - | - | - | - | - | - | - | - | - | 61 | - | - | - |
| - | - | - | 67 | 61 | - | - | - | - | 1 | 38 | - | - |
| - | - | - | - | - | - | - | - | - | - | - | - | - |
| - | - | - | - | - | - | - | - | - | - | - | - | - |
| - | - | - | - | - | - | - | - | - | - | - | - | - |
| - | - | - | - | - | - | - | - | - | - | 9 | - | - |
| - | - | - | - | 766 | 6 | 1407 | 375 | 472 | 3403 | 1615 | 69 | 803 |
| - | - | - | - | 674 | - | 34 | - | 5 | 755 | 1386 | 69 | 779 |
| - | - | - | - | 1 | - | 3 | - | - | 14 | 22 | - | - |
| - | - | - | - | 23 | - | 1 | - | 2 | 53 | 272 | - | - |
| - | - | - | - | 576 | - | - | - | - | - | 11 | 68 | - |
| - | - | - | - | 12 | - | 1 | - | - | 22 | 89 | - | - |
| - | - | - | - | 9 | - | 2 | - | - | 40 | 301 | - | - |
| - | - | - | - | 1 | - | 3 | - | - | 19 | 366 | - | - |
| - | - | - | - | - | - | 1 | - | - | 41 | 43 | - | - |
| - | - | - | - | 3 | - | - | - | - | 123 | 194 | - | - |
| - | - | - | - | 1 | - | 2 | - | - | 36 | 17 | - | - |
| - | - | - | - | 4 | - | 4 | - | - | 65 | 26 | - | - |
| - | - | - | - | 2 | - | 1 | - | - | 14 | 8 | - | - |
| - | - | - | - | - | - | - | - | - | - | - | - | - |
| - | - | - | - | - | - | - | - | - | - | - | - | - |
| - | - | - | - | 42 | - | 16 | - | 3 | 328 | 37 | 1 | - |
| - | - | - | - | - | - | - | - | - | - | - | - | - |
| - | - | - | - | - | - | - | - | - | - | - | - | 779 |
| - | - | - | - | - | 6 | 1248 | 282 | 35 | 1531 | 103 | - | - |
| - | - | - | - | - | 6 | - | 282 | - | - | - | - | - |
| - | - | - | - | - | - | 1248 | - | 35 | 548 | - | - | - |
| - | - | - | - | - | - | - | - | - | 28 | - | - | - |
| - | - | - | - | - | - | - | - | - | 955 | 103 | - | - |
| - | - | - | - | 92 | - | 125 | 93 | 432 | 1117 | 126 | - | 24 |
| - | - | - | - | - | - | 15 | - | 1 | 175 | 28 | - | - |
| - | - | - | - | - | - | - | - | - | 456 | 28 | - | - |
| - | - | - | - | - | - | - | - | - | - | - | - | - |
| - | - | - | - | 6 | - | - | - | 428 | 442 | 20 | - | - |

## PRODUCTION AND USES OF ENERGY SOURCES : NORWAY

1980

| ENERGY SOURCES / PRODUCTION AND USES | HARD COAL / HOUILLE | PATENT FUEL / AGGLOMERES | COKE OVEN COKE / COKE DE FOUR | GAS COKE / COKE DE GAZ | BROWN COAL / LIGNITE | BKB / BRIQ. DE LIGNITE | NATURAL GAS / GAZ NATUREL | GAS WORKS / USINES A GAZ | COKE OVENS / COKERIES | BLAST FURNACES / HAUT FOURNEAUX | ELECTRICITY* / ELECTRICITE* |
|---|---|---|---|---|---|---|---|---|---|---|---|
| | UNIT: 1000 METRIC TONS / UNITE: 1000 TONNES METRIQUES | | | | | | TCAL / TCAL | MANUFACTURED GAS (TCAL) / GAZ MANUFACTURE (TCAL) | | | MILLIONS OF (DE) KWH |
| | 1 | 2 | 3 | 4 | 5 | 6 | 7 | 8 | 9 | 10 | 11 |
| PRODUCTION | 288 | - | 349 | - | - | - | 254364 | 54 | 729 | 493 | 84100 |
| FROM OTHER SOURCES | - | - | - | - | - | - | - | - | - | - | - |
| IMPORT | 738 | - | 531 | - | - | - | - | - | - | - | 1787 |
| EXPORT | -101 | - | -36 | - | - | - | -244709 | - | - | - | -2251 |
| INTL. MARINE BUNKERS | - | - | - | - | - | - | - | - | - | - | - |
| STOCK CHANGES | 16 | - | 5 | - | - | - | - | - | - | - | - |
| DOMESTIC SUPPLY | 941 | - | 849 | - | - | - | 9655 | 54 | 729 | 493 | 83636 |
| RETURNS TO SUPPLY | - | - | - | - | - | - | - | - | - | - | - |
| TRANSFERS | - | - | - | - | - | - | - | - | - | - | - |
| DOMESTIC AVAILABILITY | 941 | - | 849 | - | - | - | 9655 | 54 | 729 | 493 | 83636 |
| STATISTICAL DIFFERENCE | 1 | - | 57 | - | - | - | - | - | - | - | - |
| TRANSFORM. SECTOR ** | 443 | - | 75 | - | - | - | - | - | - | - | - |
| FOR SOLID FUELS | 432 | - | - | - | - | - | - | - | - | - | - |
| FOR GASES | - | - | 75 | - | - | - | - | - | - | - | - |
| PETROLEUM REFINERIES | - | - | - | - | - | - | - | - | - | - | - |
| THERMO-ELECTRIC PLANTS | 11 | - | - | - | - | - | - | - | - | - | - |
| ENERGY SECTOR | - | - | - | - | - | - | 9655 | 5 | 320 | 27 | 8809 |
| COAL MINES | - | - | - | - | - | - | - | - | - | - | 15 |
| OIL AND GAS EXTRACTION | - | - | - | - | - | - | 9000 | - | - | - | - |
| PETROLEUM REFINERIES | - | - | - | - | - | - | - | - | - | - | 183 |
| ELECTRIC PLANTS | - | - | - | - | - | - | - | - | - | - | 903 |
| DISTRIBUTION LOSSES | - | - | - | - | - | - | 655 | 4 | - | 27 | 7124 |
| PUMP STORAGE (ELECTR.) | - | - | - | - | - | - | - | - | - | - | 498 |
| OTHER ENERGY SECTOR | - | - | - | - | - | - | - | 1 | 320 | - | 86 |
| FINAL CONSUMPTION | 497 | - | 717 | - | - | - | - | 49 | 409 | 466 | 74827 |
| INDUSTRY SECTOR | 487 | - | 682 | - | - | - | - | 15 | 409 | 466 | 39639 |
| IRON AND STEEL | 312 | - | 585 | - | - | - | - | - | - | 466 | 8420 |
| CHEMICAL | 95 | - | 50 | - | - | - | - | - | - | - | 6116 |
| PETROCHEMICAL | - | - | - | - | - | - | - | - | - | - | - |
| NON-FERROUS METAL | 1 | - | 20 | - | - | - | - | - | - | - | 14616 |
| NON-METALLIC MINERAL | 77 | - | 27 | - | - | - | - | - | - | - | 685 |
| PAPER PULP AND PRINT | - | - | - | - | - | - | - | - | - | - | 3752 |
| MINING AND QUARRYING | - | - | - | - | - | - | - | - | - | - | 846 |
| FOOD AND TOBACCO | - | - | - | - | - | - | - | - | - | - | 1630 |
| WOOD AND WOOD PRODUCTS | - | - | - | - | - | - | - | - | - | - | 672 |
| MACHINERY | - | - | - | - | - | - | - | - | - | - | 1433 |
| TRANSPORT EQUIPMENT | - | - | - | - | - | - | - | - | - | - | 557 |
| CONSTRUCTION | - | - | - | - | - | - | - | - | - | - | 630 |
| TEXTILES AND LEATHER | - | - | - | - | - | - | - | - | - | - | 242 |
| NON SPECIFIED | 2 | - | - | - | - | - | - | 15 | 409 | - | 40 |
| NON-ENERGY USES: | | | | | | | | | | | |
| (1)ENERGY PRODUCTS | - | - | - | - | - | - | - | - | - | - | - |
| (2)NON-ENERGY PRODUCTS | - | - | - | - | - | - | - | - | - | - | - |
| TRANSPORT. SECTOR ** | - | - | - | - | - | - | - | - | - | - | 683 |
| AIR TRANSPORT | - | - | - | - | - | - | - | - | - | - | - |
| ROAD TRANSPORT | - | - | - | - | - | - | - | - | - | - | - |
| RAILWAYS | - | - | - | - | - | - | - | - | - | - | 683 |
| INTERNAL NAVIGATION | - | - | - | - | - | - | - | - | - | - | - |
| OTHER SECTORS ** | 10 | - | 35 | - | - | - | - | 34 | - | - | 34505 |
| AGRICULTURE | - | - | - | - | - | - | - | - | - | - | 683 |
| PUBLIC SERVICES | - | - | - | - | - | - | - | - | - | - | - |
| COMMERCE | - | - | - | - | - | - | - | - | - | - | 11299 |
| RESIDENTIAL | 10 | - | 35 | - | - | - | - | 34 | - | - | 22523 |

(1) INCLUDED IN CHEMICAL OR PETROCHEMICAL INDUSTRY
(2) INCLUDED ONLY IN TOTAL INDUSTRY

| * OF WHICH: | |
|---|---|
| HYDRO | 83963 |
| NUCLEAR | 0 |
| CONVENTIONAL THERMAL | 137 |
| GEOTHERMAL | 0 |

** INCLUDED IN THESE TOTALS ARE THE NON-SPECIFIED ELEMENTS

PRODUCTION ET UTILISATION DES SOURCES D ENERGIE : NORVEGE

1980

UNIT: 1000 METRIC TONS
UNITE: 1000 TONNES METRIQUES

| OIL PETROLE | | | REFINERY GAS | LIQUEFIED PETROLEUM GASES | AVIATION GASOLINE | MOTOR GASOLINE | JET FUEL | KEROSENE | GAS/DIESEL OIL | RESIDUAL FUEL OIL | NAPHTHA | NON-ENERGY PRODUCTS |
|---|---|---|---|---|---|---|---|---|---|---|---|---|
| CRUDE BRUT | NGL GNL | FEEDST. | GAZ DE PETROLE | GAZ LIQUEFIES DE PETROLE | ESSENCE AVION | ESSENCE AUTO | CARBURANT REACTEUR | PETROLE LAMPANT | GAZ/DIESEL OIL | FUEL OIL RESIDUEL | NAPHTHA | PRODUITS NON-ENERGETIQUES |
| 12 | 13 | 14 | 15 | 16 | 17 | 18 | 19 | 20 | 21 | 22 | 23 | 24 |
| 23055 | 1222 | - | 193 | 119 | - | 1196 | 120 | 227 | 3364 | 1830 | 485 | 260 |
| - | - | - | - | 47 | - | - | - | - | - | - | - | - |
| 4323 | - | 393 | - | 92 | - | 393 | 251 | 98 | 1160 | 514 | 52 | 586 |
| -19900 | -508 | - | - | -53 | - | -114 | -57 | -1 | -1002 | -409 | -326 | -128 |
| - | - | - | - | - | - | - | - | - | -102 | -176 | - | -6 |
| -288 | -14 | 51 | - | -1 | 1 | -17 | 15 | -8 | -124 | 9 | -20 | - |
| 7190 | 700 | 444 | 193 | 204 | 1 | 1458 | 329 | 316 | 3296 | 1768 | 191 | 712 |
| - | - | - | - | - | - | - | - | - | - | - | - | - |
| - | -47 | 223 | - | - | - | -10 | - | - | -77 | -59 | -77 | - |
| 7190 | 653 | 667 | 193 | 204 | 1 | 1448 | 329 | 316 | 3219 | 1709 | 114 | 712 |
| 40 | -18 | - | - | -10 | -5 | 57 | -52 | -52 | 22 | 214 | 39 | -7 |
| 7150 | - | 667 | - | - | - | 4 | - | - | 8 | 10 | 6 | - |
| - | - | - | - | - | - | - | - | - | - | - | - | - |
| - | - | - | - | - | - | - | - | - | - | - | 6 | - |
| 7150 | - | 667 | - | - | - | - | - | - | - | - | - | - |
| - | - | - | - | - | - | 4 | - | - | 8 | 10 | - | - |
| - | - | - | 193 | 61 | - | - | - | - | 61 | 47 | - | - |
| - | - | - | - | - | - | - | - | - | 4 | - | - | - |
| - | - | - | - | - | - | - | - | - | 56 | - | - | - |
| - | - | - | 193 | 61 | - | - | - | - | 1 | 43 | - | - |
| - | - | - | - | - | - | - | - | - | - | - | - | - |
| - | - | - | - | - | - | - | - | - | - | - | - | - |
| - | - | - | - | - | - | - | - | - | - | 4 | - | - |
| - | 671 | - | - | 153 | 6 | 1387 | 381 | 368 | 3128 | 1438 | 69 | 719 |
| - | 671 | - | - | 146 | - | 10 | - | 7 | 652 | 1284 | 69 | 715 |
| - | - | - | - | 1 | - | 1 | - | - | 14 | 19 | - | - |
| - | - | - | - | 8 | - | 1 | - | - | 62 | 247 | - | - |
| - | 671 | - | - | 85 | - | - | - | - | - | - | 69 | - |
| - | - | - | - | 39 | - | 1 | - | 2 | 24 | 91 | - | - |
| - | - | - | - | 8 | - | - | - | - | 37 | 256 | - | - |
| - | - | - | - | 1 | - | 1 | - | - | 19 | 393 | - | - |
| - | - | - | - | - | - | 1 | - | 1 | 47 | 33 | - | - |
| - | - | - | - | 1 | - | - | - | - | 116 | 181 | - | - |
| - | - | - | - | 1 | - | 1 | - | - | 34 | 18 | - | - |
| - | - | - | - | 1 | - | - | - | - | 66 | 19 | - | - |
| - | - | - | - | 1 | - | - | - | - | 38 | 6 | - | - |
| - | - | - | - | - | - | 4 | - | 1 | 181 | - | - | - |
| - | - | - | - | - | - | - | - | - | 14 | 17 | - | - |
| - | - | - | - | - | - | - | - | 3 | - | 4 | - | 4 |
| - | - | - | - | - | - | - | - | - | - | - | - | - |
| - | - | - | - | - | - | - | - | - | - | - | - | 711 |
| - | - | - | - | - | 6 | 1361 | 304 | 2 | 1367 | 110 | - | - |
| - | - | - | - | - | 6 | - | 304 | - | - | - | - | - |
| - | - | - | - | - | - | 1356 | - | - | 485 | - | - | - |
| - | - | - | - | - | - | - | - | - | 28 | - | - | - |
| - | - | - | - | - | - | 5 | - | 2 | 854 | 110 | - | - |
| - | - | - | - | 7 | - | 16 | 77 | 359 | 1109 | 44 | - | 4 |
| - | - | - | - | - | - | 16 | - | 1 | 163 | 24 | - | - |
| - | - | - | - | - | - | - | - | 30 | 315 | - | - | - |
| - | - | - | - | - | - | - | - | 9 | 201 | - | - | - |
| - | - | - | - | 7 | - | - | - | 319 | 430 | 20 | - | - |

# PRODUCTION AND USES OF ENERGY SOURCES : NORWAY

1981

| PRODUCTION AND USES \ ENERGY SOURCES | UNIT: 1000 METRIC TONS / UNITE: 1000 TONNES METRIQUES | | | | | | TCAL / TCAL | MANUFACTURED GAS (TCAL) / GAZ MANUFACTURE (TCAL) | | | MILLIONS OF (DE) KWH |
|---|---|---|---|---|---|---|---|---|---|---|---|
| | HARD COAL / HOUILLE | PATENT FUEL / AGGLOMERES | COKE OVEN COKE / COKE DE FOUR | GAS COKE / COKE DE GAZ | BROWN COAL / LIGNITE | BKB / BRIQ. DE LIGNITE | NATURAL GAS / GAZ NATUREL | GAS WORKS / USINES A GAZ | COKE OVENS / COKERIES | BLAST FURNACES / HAUT FOURNEAUX | ELECTRICITY* / ELECTRICITE* |
| | 1 | 2 | 3 | 4 | 5 | 6 | 7 | 8 | 9 | 10 | 11 |
| PRODUCTION | 394 | - | 359 | - | - | - | 252718 | 49 | 707 | 476 | 92770 |
| FROM OTHER SOURCES | - | - | - | - | - | - | - | - | - | - | - |
| IMPORT | 692 | - | 493 | - | - | - | - | - | - | - | 1925 |
| EXPORT | -84 | - | -108 | - | - | - | -244462 | - | - | - | -7143 |
| INTL. MARINE BUNKERS | - | - | - | - | - | - | - | - | - | - | - |
| STOCK CHANGES | -22 | - | 23 | - | - | - | - | - | - | - | - |
| DOMESTIC SUPPLY | 980 | - | 767 | - | - | - | 8256 | 49 | 707 | 476 | 87552 |
| RETURNS TO SUPPLY | - | - | - | - | - | - | - | - | - | - | - |
| TRANSFERS | - | - | - | - | - | - | - | - | - | - | - |
| DOMESTIC AVAILABILITY | 980 | - | 767 | - | - | - | 8256 | 49 | 707 | 476 | 87552 |
| STATISTICAL DIFFERENCE | -14 | - | - | - | - | - | - | - | - | - | - |
| TRANSFORM. SECTOR ** | 440 | - | 75 | - | - | - | - | - | - | - | - |
| FOR SOLID FUELS | 430 | - | - | - | - | - | - | - | - | - | - |
| FOR GASES | - | - | 75 | - | - | - | - | - | - | - | - |
| PETROLEUM REFINERIES | - | - | - | - | - | - | - | - | - | - | - |
| THERMO-ELECTRIC PLANTS | 10 | - | - | - | - | - | - | - | - | - | - |
| ENERGY SECTOR | - | - | - | - | - | - | 8256 | 4 | 309 | 26 | 10351 |
| COAL MINES | - | - | - | - | - | - | - | - | - | - | 19 |
| OIL AND GAS EXTRACTION | - | - | - | - | - | - | 8000 | - | - | - | - |
| PETROLEUM REFINERIES | - | - | - | - | - | - | - | - | - | - | 189 |
| ELECTRIC PLANTS | - | - | - | - | - | - | - | - | - | - | 881 |
| DISTRIBUTION LOSSES | - | - | - | - | - | - | 256 | 4 | - | 26 | 8661 |
| PUMP STORAGE (ELECTR.) | - | - | - | - | - | - | - | - | - | - | 516 |
| OTHER ENERGY SECTOR | - | - | - | - | - | - | - | - | 309 | - | 85 |
| FINAL CONSUMPTION | 554 | - | 692 | - | - | - | - | 45 | 398 | 450 | 77201 |
| INDUSTRY SECTOR | 544 | - | 657 | - | - | - | - | 12 | 398 | 450 | 39973 |
| IRON AND STEEL | 285 | - | 563 | - | - | - | - | - | - | 450 | 7606 |
| CHEMICAL | 98 | - | 46 | - | - | - | - | - | - | - | 6768 |
| PETROCHEMICAL | - | - | - | - | - | - | - | - | - | - | - |
| NON-FERROUS METAL | - | - | 18 | - | - | - | - | - | - | - | 14012 |
| NON-METALLIC MINERAL | 158 | - | 30 | - | - | - | - | - | - | - | 705 |
| PAPER PULP AND PRINT | - | - | - | - | - | - | - | - | - | - | 4730 |
| MINING AND QUARRYING | - | - | - | - | - | - | - | - | - | - | 880 |
| FOOD AND TOBACCO | - | - | - | - | - | - | - | - | - | - | 1675 |
| WOOD AND WOOD PRODUCTS | - | - | - | - | - | - | - | - | - | - | 646 |
| MACHINERY | - | - | - | - | - | - | - | - | - | - | 1478 |
| TRANSPORT EQUIPMENT | - | - | - | - | - | - | - | - | - | - | 573 |
| CONSTRUCTION | - | - | - | - | - | - | - | - | - | - | 630 |
| TEXTILES AND LEATHER | - | - | - | - | - | - | - | - | - | - | 229 |
| NON SPECIFIED | 3 | - | - | - | - | - | - | 12 | 398 | - | 41 |
| NON-ENERGY USES: | | | | | | | | | | | |
| (1)ENERGY PRODUCTS | - | - | - | - | - | - | - | - | - | - | - |
| (2)NON-ENERGY PRODUCTS | - | - | - | - | - | - | - | - | - | - | - |
| TRANSPORT. SECTOR ** | - | - | - | - | - | - | - | - | - | - | 680 |
| AIR TRANSPORT | - | - | - | - | - | - | - | - | - | - | - |
| ROAD TRANSPORT | - | - | - | - | - | - | - | - | - | - | - |
| RAILWAYS | - | - | - | - | - | - | - | - | - | - | 680 |
| INTERNAL NAVIGATION | - | - | - | - | - | - | - | - | - | - | - |
| OTHER SECTORS ** | 10 | - | 35 | - | - | - | - | 33 | - | - | 36548 |
| AGRICULTURE | - | - | - | - | - | - | - | - | - | - | 718 |
| PUBLIC SERVICES | - | - | - | - | - | - | - | - | - | - | - |
| COMMERCE | - | - | - | - | - | - | - | - | - | - | 12176 |
| RESIDENTIAL | 10 | - | 35 | - | - | - | - | 33 | - | - | 23654 |

(1) INCLUDED IN CHEMICAL OR PETROCHEMICAL INDUSTRY
(2) INCLUDED ONLY IN TOTAL INDUSTRY

| * OF WHICH: HYDRO | 92693 |
|---|---|
| NUCLEAR | 0 |
| CONVENTIONAL THERMAL | 77 |
| GEOTHERMAL | 0 |

** INCLUDED IN THESE TOTALS ARE THE NON-SPECIFIED ELEMENTS

PRODUCTION ET UTILISATION DES SOURCES D ENERGIE : NORVEGE

1981

UNIT: 1000 METRIC TONS
UNITE: 1000 TONNES METRIQUES

| OIL / PETROLE: CRUDE / BRUT | OIL / PETROLE: NGL / GNL | OIL / PETROLE: FEEDST. | REFINERY GAS / GAZ DE PETROLE | LIQUEFIED PETROLEUM GASES / GAZ LIQUEFIES DE PETROLE | AVIATION GASOLINE / ESSENCE AVION | MOTOR GASOLINE / ESSENCE AUTO | JET FUEL / CARBURANT REACTEUR | KEROSENE / PETROLE LAMPANT | GAS/DIESEL OIL / GAZ/DIESEL OIL | RESIDUAL FUEL OIL / FUEL OIL RESIDUEL | NAPHTHA / NAPHTHA | NON-ENERGY PRODUCTS / PRODUITS NON-ENERGETIQUES |
|---|---|---|---|---|---|---|---|---|---|---|---|---|
| 12 | 13 | 14 | 15 | 16 | 17 | 18 | 19 | 20 | 21 | 22 | 23 | 24 |
| 22411 | 1092 | - | 263 | 118 | - | 1094 | 295 | 108 | 3327 | 1266 | 513 | 262 |
| - | - | - | - | - | - | - | - | - | - | - | - | - |
| 2851 | - | 194 | - | 94 | - | 396 | 297 | 26 | 897 | 699 | 32 | 525 |
| -18328 | -390 | - | - | -65 | - | -117 | -102 | - | -1398 | -285 | -553 | -118 |
| - | - | - | - | - | - | - | - | - | -30 | -149 | - | - |
| 184 | 19 | 1 | - | - | 1 | 50 | -6 | 46 | 282 | 5 | 37 | - |
| 7118 | 721 | 195 | 263 | 147 | 1 | 1423 | 484 | 180 | 3078 | 1536 | 29 | 669 |
| - | - | - | - | - | - | - | - | - | - | - | - | - |
| - | - | 196 | - | - | - | - | -100 | 100 | -18 | -168 | -10 | - |
| 7118 | 721 | 391 | 263 | 147 | 1 | 1423 | 384 | 280 | 3060 | 1368 | 19 | 669 |
| 211 | 39 | - | - | -8 | -5 | 43 | 14 | 5 | -37 | 173 | -19 | -1 |
| 6907 | - | 391 | - | - | - | 4 | - | - | 7 | 10 | 6 | - |
| - | - | - | - | - | - | - | - | - | - | - | - | - |
| - | - | - | - | - | - | - | - | - | - | - | 6 | - |
| 6907 | - | 391 | - | - | - | - | - | - | - | - | - | - |
| - | - | - | - | - | - | 4 | - | - | 7 | 10 | - | - |
| - | - | - | 263 | - | - | - | - | - | 61 | 41 | - | - |
| - | - | - | - | - | - | - | - | - | 4 | - | - | - |
| - | - | - | - | - | - | - | - | - | 56 | - | - | - |
| - | - | - | 263 | - | - | - | - | - | 1 | 37 | - | - |
| - | - | - | - | - | - | - | - | - | - | - | - | - |
| - | - | - | - | - | - | - | - | - | - | - | - | - |
| - | - | - | - | - | - | - | - | - | - | - | - | - |
| - | - | - | - | - | - | - | - | - | - | 4 | - | - |
| - | 682 | - | - | 155 | 6 | 1376 | 370 | 275 | 3029 | 1144 | 32 | 670 |
| - | 682 | - | - | 148 | - | 10 | - | 5 | 650 | 984 | 32 | 666 |
| - | - | - | - | 1 | - | 1 | - | - | 14 | 15 | - | - |
| - | - | - | - | 8 | - | 1 | - | - | 62 | 222 | - | - |
| - | 682 | - | - | 87 | - | - | - | - | - | - | 32 | - |
| - | - | - | - | 39 | - | 1 | - | 1 | 24 | 70 | - | - |
| - | - | - | - | 8 | - | - | - | - | 37 | 197 | - | - |
| - | - | - | - | 1 | - | 1 | - | - | 19 | 267 | - | - |
| - | - | - | - | - | - | 1 | - | 1 | 47 | 25 | - | - |
| - | - | - | - | 1 | - | - | - | - | 115 | 139 | - | - |
| - | - | - | - | 1 | - | 1 | - | - | 34 | 14 | - | - |
| - | - | - | - | 1 | - | - | - | - | 66 | 15 | - | - |
| - | - | - | - | 1 | - | - | - | - | 38 | 5 | - | - |
| - | - | - | - | - | - | 4 | - | 1 | 180 | - | - | - |
| - | - | - | - | - | - | - | - | - | 14 | 13 | - | - |
| - | - | - | - | - | - | - | - | 2 | - | 2 | - | 4 |
| - | - | - | - | - | - | - | - | - | - | - | - | - |
| - | - | - | - | - | - | - | - | - | - | - | - | 662 |
| - | - | - | - | - | 6 | 1351 | 284 | 2 | 1329 | 120 | - | - |
| - | - | - | - | - | 6 | - | 284 | - | - | - | - | - |
| - | - | - | - | - | - | 1346 | - | - | 496 | - | - | - |
| - | - | - | - | - | - | - | - | - | 28 | - | - | - |
| - | - | - | - | - | - | 5 | - | 2 | 805 | 120 | - | - |
| - | - | - | - | 7 | - | 15 | 86 | 268 | 1050 | 40 | - | 4 |
| - | - | - | - | - | - | 15 | - | - | 150 | 20 | - | - |
| - | - | - | - | - | - | - | - | 22 | 300 | - | - | - |
| - | - | - | - | - | - | - | - | 7 | 200 | - | - | - |
| - | - | - | - | 7 | - | - | - | 239 | 400 | 20 | - | - |

## PRODUCTION AND USES OF ENERGY SOURCES : PORTUGAL

1971

| X XX ENERGY XX XX SOURCES XX XX XX PRODUCTION XX XX AND USES XX | UNIT: 1000 METRIC TONS / UNITE: 1000 TONNES METRIQUES | | | | | | TCAL / TCAL | MANUFACTURED GAS (TCAL) / GAZ MANUFACTURE (TCAL) | | | MILLIONS OF (DE) KWH |
|---|---|---|---|---|---|---|---|---|---|---|---|
| | HARD COAL / HOUILLE | PATENT FUEL / AGGLOMERES | COKE OVEN COKE / COKE DE FOUR | GAS COKE / COKE DE GAZ | BROWN COAL / LIGNITE | BKB / BRIQ. DE LIGNITE | NATURAL GAS / GAZ NATUREL | GAS WORKS / USINES A GAZ | COKE OVENS / COKERIES | BLAST FURNACES / HAUT FOURNEAUX | ELECTRICITY* / ELECTRICITE* |
| | 1 | 2 | 3 | 4 | 5 | 6 | 7 | 8 | 9 | 10 | 11 |
| PRODUCTION | 253 | 37 | - | - | - | - | - | 488 | - | 680 | 7933 |
| FROM OTHER SOURCES | - | - | - | - | - | - | - | - | - | - | - |
| IMPORT | 156 | - | 309 | 2 | - | - | - | - | - | - | 205 |
| EXPORT | - | - | - | - | - | - | - | - | - | - | -27 |
| INTL. MARINE BUNKERS | - | - | - | - | - | - | - | - | - | - | - |
| STOCK CHANGES | 188 | - | 23 | - | - | - | - | - | - | - | - |
| DOMESTIC SUPPLY | 597 | 37 | 332 | 2 | - | - | - | 488 | - | 680 | 8111 |
| RETURNS TO SUPPLY | - | - | - | - | - | - | - | - | - | - | - |
| TRANSFERS | - | - | - | - | - | - | - | - | - | - | - |
| DOMESTIC AVAILABILITY | 597 | 37 | 332 | 2 | - | - | - | 488 | - | 680 | 8111 |
| STATISTICAL DIFFERENCE | - | - | - | - | - | - | - | - | - | - | -58 |
| TRANSFORM. SECTOR ** | 243 | - | 113 | - | - | - | - | - | - | 250 | - |
| FOR SOLID FUELS | 33 | - | - | - | - | - | - | - | - | - | - |
| FOR GASES | - | - | 113 | - | - | - | - | - | - | - | - |
| PETROLEUM REFINERIES | - | - | - | - | - | - | - | - | - | - | - |
| THERMO-ELECTRIC PLANTS | 210 | - | - | - | - | - | - | - | - | 250 | - |
| ENERGY SECTOR | - | - | - | - | - | - | - | 13 | - | 306 | 1307 |
| COAL MINES | - | - | - | - | - | - | - | - | - | - | 8 |
| OIL AND GAS EXTRACTION | - | - | - | - | - | - | - | - | - | - | - |
| PETROLEUM REFINERIES | - | - | - | - | - | - | - | - | - | - | 124 |
| ELECTRIC PLANTS | - | - | - | - | - | - | - | - | - | - | 160 |
| DISTRIBUTION LOSSES | - | - | - | - | - | - | - | 13 | - | 14 | 949 |
| PUMP STORAGE (ELECTR.) | - | - | - | - | - | - | - | - | - | - | 53 |
| OTHER ENERGY SECTOR | - | - | - | - | - | - | - | - | - | 292 | 13 |
| FINAL CONSUMPTION | 354 | 37 | 219 | 2 | - | - | - | 475 | - | 124 | 6862 |
| INDUSTRY SECTOR | 217 | 25 | 195 | 2 | - | - | - | 26 | - | 124 | 4311 |
| IRON AND STEEL | 6 | - | 130 | - | - | - | - | - | - | 124 | 203 |
| CHEMICAL | - | - | - | - | - | - | - | - | - | - | 960 |
| PETROCHEMICAL | - | - | - | - | - | - | - | - | - | - | - |
| NON-FERROUS METAL | - | - | - | - | - | - | - | - | - | - | 587 |
| NON-METALLIC MINERAL | 12 | - | - | - | - | - | - | - | - | - | 431 |
| PAPER PULP AND PRINT | - | - | - | - | - | - | - | - | - | - | 196 |
| MINING AND QUARRYING | - | - | - | - | - | - | - | - | - | - | 68 |
| FOOD AND TOBACCO | 4 | - | - | - | - | - | - | - | - | - | 300 |
| WOOD AND WOOD PRODUCTS | - | - | - | - | - | - | - | - | - | - | 146 |
| MACHINERY | - | - | - | - | - | - | - | - | - | - | 244 |
| TRANSPORT EQUIPMENT | - | - | - | - | - | - | - | - | - | - | 84 |
| CONSTRUCTION | - | - | - | - | - | - | - | - | - | - | 28 |
| TEXTILES AND LEATHER | - | - | - | - | - | - | - | - | - | - | 600 |
| NON SPECIFIED | 195 | 25 | 65 | 2 | - | - | - | 26 | - | - | 464 |
| NON-ENERGY USES: | | | | | | | | | | | |
| (1)ENERGY PRODUCTS | - | - | - | - | - | - | - | - | - | - | - |
| (2)NON-ENERGY PRODUCTS | - | - | - | - | - | - | - | - | - | - | - |
| TRANSPORT. SECTOR ** | 40 | 5 | - | - | - | - | - | - | - | - | 198 |
| AIR TRANSPORT | - | - | - | - | - | - | - | - | - | - | - |
| ROAD TRANSPORT | - | - | - | - | - | - | - | - | - | - | - |
| RAILWAYS | 40 | 5 | - | - | - | - | - | - | - | - | 198 |
| INTERNAL NAVIGATION | - | - | - | - | - | - | - | - | - | - | - |
| OTHER SECTORS ** | 97 | 7 | 24 | - | - | - | - | 449 | - | - | 2353 |
| AGRICULTURE | - | - | - | - | - | - | - | - | - | - | 37 |
| PUBLIC SERVICES | - | - | - | - | - | - | - | 14 | - | - | - |
| COMMERCE | - | - | - | - | - | - | - | 73 | - | - | 901 |
| RESIDENTIAL | 97 | 7 | 24 | - | - | - | - | 237 | - | - | 1415 |

(1) INCLUDED IN CHEMICAL OR PETROCHEMICAL INDUSTRY
(2) INCLUDED ONLY IN TOTAL INDUSTRY

** INCLUDED IN THESE TOTALS ARE THE NON-SPECIFIED ELEMENTS

| * OF WHICH: | |
|---|---|
| HYDRO | 6207 |
| NUCLEAR | 0 |
| CONVENTIONAL THERMAL | 1726 |
| GEOTHERMAL | 0 |

## PRODUCTION ET UTILISATION DES SOURCES D ENERGIE : PORTUGAL

1971

UNIT: 1000 METRIC TONS
UNITE: 1000 TONNES METRIQUES

| OIL / PETROLE: CRUDE* / BRUT* | OIL / PETROLE: NGL / GNL | OIL / PETROLE: FEEDST. | REFINERY GAS / GAZ DE PETROLE | LIQUEFIED PETROLEUM GASES / GAZ LIQUEFIES DE PETROLE | AVIATION GASOLINE / ESSENCE AVION | MOTOR GASOLINE / ESSENCE AUTO | JET FUEL / CARBURANT REACTEUR | KEROSENE / PETROLE LAMPANT | GAS/DIESEL OIL / GAZ/DIESEL OIL | RESIDUAL FUEL OIL / FUEL OIL RESIDUEL | NAPHTHA / NAPHTHA | NON-ENERGY PRODUCTS / PRODUITS NON-ENERGETIQUES |
|---|---|---|---|---|---|---|---|---|---|---|---|---|
| 12 | 13 | 14 | 15 | 16 | 17 | 18 | 19 | 20 | 21 | 22 | 23 | 24 |
| - | - | - | 69 | 93 | - | 536 | 211 | 161 | 850 | 1735 | 273 | 108 |
| - | - | - | - | - | - | - | - | - | - | - | - | - |
| 4067 | - | - | - | 213 | 15 | 20 | 277 | - | 294 | 690 | 15 | 122 |
| - | - | - | - | -1 | - | -9 | - | -92 | -95 | -138 | - | -68 |
| - | - | - | - | - | - | - | - | - | -201 | -587 | - | -1 |
| - | - | - | - | 4 | -1 | 6 | -38 | 3 | -22 | 64 | -1 | -2 |
| 4067 | - | - | 69 | 309 | 14 | 553 | 450 | 72 | 826 | 1764 | 287 | 159 |
| - | - | - | - | - | - | - | - | - | - | - | - | - |
| - | - | - | - | - | - | - | - | - | - | - | - | - |
| 4067 | - | - | 69 | 309 | 14 | 553 | 450 | 72 | 826 | 1764 | 287 | 159 |
| -49 | - | - | - | - | - | - | - | - | - | - | - | - |
| 4116 | - | - | 23 | - | - | - | - | - | 12 | 341 | 87 | - |
| - | - | - | - | - | - | - | - | - | - | - | - | - |
| - | - | - | 23 | - | - | - | - | - | - | - | 87 | - |
| 4116 | - | - | - | - | - | - | - | - | - | - | - | - |
| - | - | - | - | - | - | - | - | - | 12 | 341 | - | - |
| - | - | - | 46 | 7 | - | - | - | - | 12 | 270 | - | - |
| - | - | - | - | - | - | - | - | - | - | - | - | - |
| - | - | - | - | - | - | - | - | - | - | - | - | - |
| - | - | - | 46 | 5 | - | - | - | - | 12 | 270 | - | - |
| - | - | - | - | - | - | - | - | - | - | - | - | - |
| - | - | - | - | 2 | - | - | - | - | - | - | - | - |
| - | - | - | - | - | - | - | - | - | - | - | - | - |
| - | - | - | - | - | - | - | - | - | - | - | - | - |
| - | - | - | - | 302 | 14 | 553 | 450 | 72 | 802 | 1153 | 200 | 159 |
| - | - | - | - | 48 | - | - | - | 2 | 75 | 1099 | 200 | 159 |
| - | - | - | - | 4 | - | - | - | - | 1 | 47 | - | - |
| - | - | - | - | 1 | - | - | - | - | 2 | 36 | - | - |
| - | - | - | - | - | - | - | - | - | 3 | 87 | 200 | - |
| - | - | - | - | - | - | - | - | - | - | - | - | - |
| - | - | - | - | 24 | - | - | - | - | 10 | 505 | - | - |
| - | - | - | - | - | - | - | - | - | - | 196 | - | - |
| - | - | - | - | - | - | - | - | - | - | 5 | - | - |
| - | - | - | - | - | - | - | - | - | 9 | 160 | - | - |
| - | - | - | - | - | - | - | - | - | - | - | - | - |
| - | - | - | - | - | - | - | - | - | - | - | - | - |
| - | - | - | - | - | - | - | - | - | 7 | - | - | - |
| - | - | - | - | - | - | - | - | - | - | - | - | - |
| - | - | - | - | - | - | - | - | - | - | - | - | - |
| - | - | - | - | 19 | - | - | - | 2 | 43 | 63 | - | 2 |
| - | - | - | - | - | - | - | - | - | - | - | 200 | - |
| - | - | - | - | - | - | - | - | - | - | - | - | 157 |
| - | - | - | - | - | 14 | 553 | 450 | - | 618 | 32 | - | - |
| - | - | - | - | - | 14 | - | 450 | - | - | - | - | - |
| - | - | - | - | - | - | 553 | - | - | 566 | - | - | - |
| - | - | - | - | - | - | - | - | - | 44 | 31 | - | - |
| - | - | - | - | - | - | - | - | - | 8 | 1 | - | - |
| - | - | - | - | 254 | - | - | - | 70 | 109 | 22 | - | - |
| - | - | - | - | 1 | - | - | - | 33 | 8 | 2 | - | - |
| - | - | - | - | - | - | - | - | 14 | - | 10 | - | - |
| - | - | - | - | - | - | - | - | - | - | - | - | - |
| - | - | - | - | 253 | - | - | - | - | 99 | 10 | - | - |

*INCLUDED IN THIS COLUMN IS NGL AND FEEDSTOCKS.

## PRODUCTION AND USES OF ENERGY SOURCES : PORTUGAL

1972

| ENERGY SOURCES / PRODUCTION AND USES | UNIT: 1000 METRIC TONS / UNITE: 1000 TONNES METRIQUES | | | | | | TCAL / TCAL | MANUFACTURED GAS (TCAL) / GAZ MANUFACTURE (TCAL) | | | MILLIONS OF (DE) KWH |
|---|---|---|---|---|---|---|---|---|---|---|---|
| | HARD COAL / HOUILLE | PATENT FUEL / AGGLOMERES | COKE OVEN COKE / COKE DE FOUR | GAS COKE / COKE DE GAZ | BROWN COAL / LIGNITE | BKB / BRIQ. DE LIGNITE | NATURAL GAS / GAZ NATUREL | GAS WORKS / USINES A GAZ | COKE OVENS / COKERIES | BLAST FURNACES / HAUT FOURNEAUX | ELECTRICITY* / ELECTRICITE* |
| | 1 | 2 | 3 | 4 | 5 | 6 | 7 | 8 | 9 | 10 | 11 |
| PRODUCTION | 252 | 35 | 161 | - | - | - | - | 493 | 178 | 621 | 8905 |
| FROM OTHER SOURCES | - | - | - | - | - | - | - | - | - | - | - |
| IMPORT | 367 | 1 | 177 | - | - | - | - | - | - | - | 151 |
| EXPORT | - | - | -4 | - | - | - | - | - | - | - | -112 |
| INTL. MARINE BUNKERS | - | - | - | - | - | - | - | - | - | - | - |
| STOCK CHANGES | -97 | - | -30 | - | - | - | - | - | - | - | - |
| DOMESTIC SUPPLY | 522 | 36 | 304 | - | - | - | - | 493 | 178 | 621 | 8944 |
| RETURNS TO SUPPLY | - | - | - | - | - | - | - | - | - | - | - |
| TRANSFERS | - | - | - | - | - | - | - | - | - | - | - |
| DOMESTIC AVAILABILITY | 522 | 36 | 304 | - | - | - | - | 493 | 178 | 621 | 8944 |
| STATISTICAL DIFFERENCE | - | - | - | - | - | - | - | - | - | - | - |
| TRANSFORM. SECTOR ** | 384 | - | 103 | - | - | - | - | - | 6 | 251 | - |
| FOR SOLID FUELS | 258 | - | - | - | - | - | - | - | - | - | - |
| FOR GASES | - | - | 103 | - | - | - | - | - | - | - | - |
| PETROLEUM REFINERIES | - | - | - | - | - | - | - | - | - | - | - |
| THERMO-ELECTRIC PLANTS | 126 | - | - | - | - | - | - | - | 6 | 251 | - |
| ENERGY SECTOR | - | - | - | - | - | - | - | 1 | 95 | 289 | 1507 |
| COAL MINES | - | - | - | - | - | - | - | - | - | - | 9 |
| OIL AND GAS EXTRACTION | - | - | - | - | - | - | - | - | - | - | - |
| PETROLEUM REFINERIES | - | - | - | - | - | - | - | - | - | - | 134 |
| ELECTRIC PLANTS | - | - | - | - | - | - | - | - | - | - | 179 |
| DISTRIBUTION LOSSES | - | - | - | - | - | - | - | 1 | 13 | 73 | 1077 |
| PUMP STORAGE (ELECTR.) | - | - | - | - | - | - | - | - | - | - | 93 |
| OTHER ENERGY SECTOR | - | - | - | - | - | - | - | - | 82 | 216 | 15 |
| FINAL CONSUMPTION | 138 | 36 | 201 | - | - | - | - | 492 | 77 | 81 | 7437 |
| INDUSTRY SECTOR | 75 | 29 | 192 | - | - | - | - | 24 | 77 | 81 | 4510 |
| IRON AND STEEL | 7 | - | 144 | - | - | - | - | - | 77 | 81 | 276 |
| CHEMICAL | - | - | - | - | - | - | - | - | - | - | 955 |
| PETROCHEMICAL | - | - | - | - | - | - | - | - | - | - | - |
| NON-FERROUS METAL | - | - | - | - | - | - | - | - | - | - | 648 |
| NON-METALLIC MINERAL | 22 | - | - | - | - | - | - | - | - | - | 613 |
| PAPER PULP AND PRINT | - | - | - | - | - | - | - | - | - | - | 222 |
| MINING AND QUARRYING | - | - | - | - | - | - | - | - | - | - | 71 |
| FOOD AND TOBACCO | 2 | - | - | - | - | - | - | - | - | - | 343 |
| WOOD AND WOOD PRODUCTS | - | - | - | - | - | - | - | - | - | - | 138 |
| MACHINERY | - | - | - | - | - | - | - | - | - | - | 272 |
| TRANSPORT EQUIPMENT | - | - | - | - | - | - | - | - | - | - | 99 |
| CONSTRUCTION | - | - | - | - | - | - | - | - | - | - | 39 |
| TEXTILES AND LEATHER | - | - | - | - | - | - | - | - | - | - | 704 |
| NON SPECIFIED | 44 | 29 | 48 | - | - | - | - | 24 | - | - | 130 |
| NON-ENERGY USES: | | | | | | | | | | | |
| (1)ENERGY PRODUCTS | - | - | - | - | - | - | - | - | - | - | - |
| (2)NON-ENERGY PRODUCTS | - | - | - | - | - | - | - | - | - | - | - |
| TRANSPORT. SECTOR ** | 43 | 1 | - | - | - | - | - | - | - | - | 215 |
| AIR TRANSPORT | - | - | - | - | - | - | - | - | - | - | - |
| ROAD TRANSPORT | - | - | - | - | - | - | - | - | - | - | - |
| RAILWAYS | 43 | 1 | - | - | - | - | - | - | - | - | 215 |
| INTERNAL NAVIGATION | - | - | - | - | - | - | - | - | - | - | - |
| OTHER SECTORS ** | 20 | 6 | 9 | - | - | - | - | 468 | - | - | 2712 |
| AGRICULTURE | - | - | - | - | - | - | - | - | - | - | 46 |
| PUBLIC SERVICES | - | - | - | - | - | - | - | 16 | - | - | - |
| COMMERCE | - | - | - | - | - | - | - | 76 | - | - | 1132 |
| RESIDENTIAL | 20 | 6 | 9 | - | - | - | - | 247 | - | - | 1534 |

(1) INCLUDED IN CHEMICAL OR PETROCHEMICAL INDUSTRY
(2) INCLUDED ONLY IN TOTAL INDUSTRY

| * OF WHICH: HYDRO | 7151 |
|---|---|
| NUCLEAR | 0 |
| CONVENTIONAL THERMAL | 1754 |
| GEOTHERMAL | 0 |

** INCLUDED IN THESE TOTALS ARE THE NON-SPECIFIED ELEMENTS

## PRODUCTION ET UTILISATION DES SOURCES D ENERGIE : PORTUGAL

1972

UNIT: 1000 METRIC TONS
UNITE: 1000 TONNES METRIQUES

| OIL PETROLE | | | REFINERY GAS | LIQUEFIED PETROLEUM GASES | AVIATION GASOLINE | MOTOR GASOLINE | JET FUEL | KEROSENE | GAS/DIESEL OIL | RESIDUAL FUEL OIL | NAPHTHA | NON-ENERGY PRODUCTS |
|---|---|---|---|---|---|---|---|---|---|---|---|---|
| CRUDE* BRUT* | NGL GNL | FEEDST. | GAZ DE PETROLE | GAZ LIQUEFIES DE PETROLE | ESSENCE AVION | ESSENCE AUTO | CARBURANT REACTEUR | PETROLE LAMPANT | GAZ/DIESEL OIL | FUEL OIL RESIDUEL | NAPHTHA | PRODUITS NON-ENERGETIQUES |
| 12 | 13 | 14 | 15 | 16 | 17 | 18 | 19 | 20 | 21 | 22 | 23 | 24 |
| - | - | - | 88 | 101 | - | 543 | 256 | 160 | 961 | 1833 | 231 | 130 |
| - | - | - | - | - | - | - | - | - | - | - | - | - |
| 4383 | - | - | - | 238 | 8 | 107 | 248 | - | 238 | 645 | 72 | 102 |
| - | - | - | - | -2 | -3 | -10 | -6 | -103 | -82 | -106 | - | -60 |
| - | - | - | - | - | - | - | - | - | -193 | -565 | - | -2 |
| -72 | - | - | - | 5 | 4 | -28 | 32 | 14 | - | 57 | -20 | -11 |
| 4311 | - | - | 88 | 342 | 9 | 612 | 530 | 71 | 924 | 1864 | 283 | 159 |
| - | - | - | - | - | - | - | - | - | - | - | - | - |
| - | - | - | - | - | - | - | - | - | - | - | - | - |
| 4311 | - | - | 88 | 342 | 9 | 612 | 530 | 71 | 924 | 1864 | 283 | 159 |
| -52 | - | - | - | - | - | - | - | - | -33 | - | - | - |
| 4363 | - | - | 23 | - | - | - | - | - | 17 | 320 | 50 | - |
| - | - | - | - | - | - | - | - | - | - | - | - | - |
| - | - | - | 23 | - | - | - | - | - | - | - | 50 | - |
| 4363 | - | - | - | - | - | - | - | - | - | - | - | - |
| - | - | - | - | - | - | - | - | - | 17 | 320 | - | - |
| - | - | - | 65 | 5 | - | - | - | - | 12 | 270 | - | - |
| - | - | - | - | - | - | - | - | - | - | - | - | - |
| - | - | - | - | - | - | - | - | - | - | - | - | - |
| - | - | - | 65 | 4 | - | - | - | - | 12 | 270 | - | - |
| - | - | - | - | - | - | - | - | - | - | - | - | - |
| - | - | - | - | 1 | - | - | - | - | - | - | - | - |
| - | - | - | - | - | - | - | - | - | - | - | - | - |
| - | - | - | - | - | - | - | - | - | - | - | - | - |
| - | - | - | - | 337 | 9 | 612 | 530 | 71 | 928 | 1274 | 233 | 159 |
| - | - | - | - | 65 | - | - | - | 1 | 76 | 1209 | 233 | 159 |
| - | - | - | - | 5 | - | - | - | - | 1 | 37 | - | - |
| - | - | - | - | 1 | - | - | - | - | 2 | 37 | - | - |
| - | - | - | - | - | - | - | - | - | 3 | 85 | 233 | - |
| - | - | - | - | - | - | - | - | - | - | - | - | - |
| - | - | - | - | 32 | - | - | - | - | 8 | 500 | - | - |
| - | - | - | - | - | - | - | - | - | - | 240 | - | - |
| - | - | - | - | - | - | - | - | - | 5 | 7 | - | - |
| - | - | - | - | 10 | - | - | - | - | 11 | 147 | - | - |
| - | - | - | - | - | - | - | - | - | - | 12 | - | - |
| - | - | - | - | - | - | - | - | - | - | - | - | - |
| - | - | - | - | - | - | - | - | - | 6 | - | - | - |
| - | - | - | - | - | - | - | - | - | - | - | - | - |
| - | - | - | - | - | - | - | - | - | - | - | - | - |
| - | - | - | - | 17 | - | - | - | 1 | 40 | 144 | - | 10 |
| - | - | - | - | - | - | - | - | - | - | - | 233 | - |
| - | - | - | - | - | - | - | - | - | - | - | - | 149 |
| - | - | - | - | - | 9 | 612 | 530 | - | 753 | 32 | - | - |
| - | - | - | - | - | 9 | - | 530 | - | - | - | - | - |
| - | - | - | - | - | - | 612 | - | - | 691 | - | - | - |
| - | - | - | - | - | - | - | - | - | 45 | 31 | - | - |
| - | - | - | - | - | - | - | - | - | 17 | 1 | - | - |
| - | - | - | - | 272 | - | - | - | 70 | 99 | 33 | - | - |
| - | - | - | - | - | - | - | - | 35 | 9 | 3 | - | - |
| - | - | - | - | - | - | - | - | 13 | - | 22 | - | - |
| - | - | - | - | - | - | - | - | - | 10 | - | - | - |
| - | - | - | - | 272 | - | - | - | - | 79 | 8 | - | - |

*INCLUDED IN THIS COLUMN IS NGL AND FEEDSTOCKS.

## PRODUCTION AND USES OF ENERGY SOURCES : PORTUGAL

1973

| ENERGY SOURCES / PRODUCTION AND USES | UNIT: 1000 METRIC TONS / UNITE: 1000 TONNES METRIQUES | | | | | | TCAL / TCAL | MANUFACTURED GAS (TCAL) / GAZ MANUFACTURE (TCAL) | | | MILLIONS OF (DE) KWH |
|---|---|---|---|---|---|---|---|---|---|---|---|
| | HARD COAL / HOUILLE | PATENT FUEL / AGGLOMERES | COKE OVEN COKE / COKE DE FOUR | GAS COKE / COKE DE GAZ | BROWN COAL / LIGNITE | BKB / BRIQ. DE LIGNITE | NATURAL GAS / GAZ NATUREL | GAS WORKS / USINES A GAZ | COKE OVENS / COKERIES | BLAST FURNACES / HAUT FOURNEAUX | ELECTRICITY* / ELECTRICITE* |
| | 1 | 2 | 3 | 4 | 5 | 6 | 7 | 8 | 9 | 10 | 11 |
| PRODUCTION | 221 | 34 | 269 | - | - | - | - | 557 | 460 | 583 | 9821 |
| FROM OTHER SOURCES | - | - | - | - | - | - | - | - | - | - | - |
| IMPORT | 431 | - | 38 | - | - | - | - | - | - | - | 68 |
| EXPORT | - | - | -16 | - | - | - | - | - | - | - | -78 |
| INTL. MARINE BUNKERS | - | - | - | - | - | - | - | - | - | - | - |
| STOCK CHANGES | 153 | -1 | 15 | - | - | - | - | - | - | - | - |
| DOMESTIC SUPPLY | 805 | 33 | 306 | - | - | - | - | 557 | 460 | 583 | 9811 |
| RETURNS TO SUPPLY | - | - | - | - | - | - | - | - | - | - | - |
| TRANSFERS | - | - | - | - | - | - | - | - | - | - | - |
| DOMESTIC AVAILABILITY | 805 | 33 | 306 | - | - | - | - | 557 | 460 | 583 | 9811 |
| STATISTICAL DIFFERENCE | - | - | - | - | - | - | - | - | - | - | 1 |
| TRANSFORM. SECTOR ** | 704 | - | 75 | - | - | - | - | - | 63 | 199 | - |
| FOR SOLID FUELS | 386 | - | - | - | - | - | - | - | - | - | - |
| FOR GASES | - | - | 75 | - | - | - | - | - | - | - | - |
| PETROLEUM REFINERIES | - | - | - | - | - | - | - | - | - | - | - |
| THERMO-ELECTRIC PLANTS | 318 | - | - | - | - | - | - | - | 63 | 199 | - |
| ENERGY SECTOR | - | - | - | - | - | - | - | 20 | 208 | 349 | 1634 |
| COAL MINES | - | - | - | - | - | - | - | - | - | - | 7 |
| OIL AND GAS EXTRACTION | - | - | - | - | - | - | - | - | - | - | - |
| PETROLEUM REFINERIES | - | - | - | - | - | - | - | - | - | - | 120 |
| ELECTRIC PLANTS | - | - | - | - | - | - | - | - | - | - | 231 |
| DISTRIBUTION LOSSES | - | - | - | - | - | - | - | 20 | 37 | 36 | 1222 |
| PUMP STORAGE (ELECTR.) | - | - | - | - | - | - | - | - | - | - | 42 |
| OTHER ENERGY SECTOR | - | - | - | - | - | - | - | - | 171 | 313 | 12 |
| FINAL CONSUMPTION | 101 | 33 | 231 | - | - | - | - | 537 | 189 | 35 | 8176 |
| INDUSTRY SECTOR | 51 | 27 | 201 | - | - | - | - | 27 | 189 | 35 | 5109 |
| IRON AND STEEL | 7 | - | 163 | - | - | - | - | - | 189 | 35 | 263 |
| CHEMICAL | - | - | - | - | - | - | - | - | - | - | 887 |
| PETROCHEMICAL | - | - | - | - | - | - | - | - | - | - | - |
| NON-FERROUS METAL | - | - | - | - | - | - | - | - | - | - | 256 |
| NON-METALLIC MINERAL | 15 | - | - | - | - | - | - | - | - | - | 728 |
| PAPER PULP AND PRINT | - | - | - | - | - | - | - | - | - | - | 462 |
| MINING AND QUARRYING | - | - | - | - | - | - | - | - | - | - | 71 |
| FOOD AND TOBACCO | 3 | - | - | - | - | - | - | - | - | - | 398 |
| WOOD AND WOOD PRODUCTS | - | - | - | - | - | - | - | - | - | - | 188 |
| MACHINERY | - | - | - | - | - | - | - | - | - | - | 273 |
| TRANSPORT EQUIPMENT | - | - | - | - | - | - | - | - | - | - | 99 |
| CONSTRUCTION | - | - | - | - | - | - | - | - | - | - | 43 |
| TEXTILES AND LEATHER | - | - | - | - | - | - | - | - | - | - | 885 |
| NON SPECIFIED | 26 | 27 | 38 | - | - | - | - | 27 | - | - | 556 |
| NON-ENERGY USES: | | | | | | | | | | | |
| (1)ENERGY PRODUCTS | - | - | - | - | - | - | - | - | - | - | - |
| (2)NON-ENERGY PRODUCTS | - | - | - | - | - | - | - | - | - | - | - |
| TRANSPORT. SECTOR ** | 32 | - | - | - | - | - | - | - | - | - | 218 |
| AIR TRANSPORT | - | - | - | - | - | - | - | - | - | - | - |
| ROAD TRANSPORT | - | - | - | - | - | - | - | - | - | - | - |
| RAILWAYS | 32 | - | - | - | - | - | - | - | - | - | 218 |
| INTERNAL NAVIGATION | - | - | - | - | - | - | - | - | - | - | - |
| OTHER SECTORS ** | 18 | 6 | 30 | - | - | - | - | 510 | - | - | 2849 |
| AGRICULTURE | - | - | - | - | - | - | - | - | - | - | 51 |
| PUBLIC SERVICES | - | - | - | - | - | - | - | 22 | - | - | - |
| COMMERCE | - | - | - | - | - | - | - | 114 | - | - | 1129 |
| RESIDENTIAL | 18 | 6 | 30 | - | - | - | - | 246 | - | - | 1669 |

(1) INCLUDED IN CHEMICAL OR PETROCHEMICAL INDUSTRY
(2) INCLUDED ONLY IN TOTAL INDUSTRY

| * OF WHICH: | |
|---|---|
| HYDRO | 7354 |
| NUCLEAR | 0 |
| CONVENTIONAL THERMAL | 2467 |
| GEOTHERMAL | 0 |

** INCLUDED IN THESE TOTALS ARE THE NON-SPECIFIED ELEMENTS

## PRODUCTION ET UTILISATION DES SOURCES D ENERGIE : PORTUGAL

1973

UNIT: 1000 METRIC TONS
UNITE: 1000 TONNES METRIQUES

| OIL / PETROLE | | | REFINERY GAS | LIQUEFIED PETROLEUM GASES | AVIATION GASOLINE | MOTOR GASOLINE | JET FUEL | KEROSENE | GAS/DIESEL OIL | RESIDUAL FUEL OIL | NAPHTHA | NON-ENERGY PRODUCTS |
|---|---|---|---|---|---|---|---|---|---|---|---|---|
| CRUDE* BRUT* | NGL GNL | FEEDST. | GAZ DE PETROLE | GAZ LIQUEFIES DE PETROLE | ESSENCE AVION | ESSENCE AUTO | CARBURANT REACTEUR | PETROLE LAMPANT | GAZ/DIESEL OIL | FUEL OIL RESIDUEL | NAPHTHA | PRODUITS NON-ENERGETIQUES |
| 12 | 13 | 14 | 15 | 16 | 17 | 18 | 19 | 20 | 21 | 22 | 23 | 24 |
| - | - | - | 83 | 92 | - | 548 | 252 | 141 | 921 | 1852 | 193 | 140 |
| - | - | - | - | - | - | - | - | - | - | - | - | - |
| 4348 | - | - | - | 284 | 11 | 153 | 354 | - | 289 | 694 | 70 | 100 |
| - | - | - | - | -2 | -2 | -10 | -16 | -77 | -66 | - | - | -48 |
| - | - | - | - | - | - | - | - | - | -224 | -629 | - | -7 |
| -147 | - | - | - | 2 | - | 17 | -26 | 1 | 96 | 78 | 17 | 2 |
| 4201 | - | - | 83 | 376 | 9 | 708 | 564 | 65 | 1016 | 1995 | 280 | 187 |
| - | - | - | - | - | - | - | - | - | - | - | - | - |
| 4201 | - | - | 83 | 376 | 9 | 708 | 564 | 65 | 1016 | 1995 | 280 | 187 |
| -73 | - | - | - | 13 | 1 | -6 | -8 | -4 | 21 | -53 | -2 | -2 |
| 4274 | - | - | 24 | - | - | - | - | 6 | 19 | 318 | 90 | - |
| - | - | - | - | - | - | - | - | - | - | - | - | - |
| - | - | - | 24 | - | - | - | - | - | - | - | 90 | - |
| 4274 | - | - | - | - | - | - | - | - | - | - | - | - |
| - | - | - | - | - | - | - | - | 6 | 19 | 318 | - | - |
| - | - | - | 59 | 2 | - | - | - | - | 6 | 268 | - | 6 |
| - | - | - | - | - | - | - | - | - | - | - | - | - |
| - | - | - | 59 | 2 | - | - | - | - | 6 | 268 | - | 6 |
| - | - | - | - | - | - | - | - | - | - | - | - | - |
| - | - | - | - | - | - | - | - | - | - | - | - | - |
| - | - | - | - | - | - | - | - | - | - | - | - | - |
| - | - | - | - | - | - | - | - | - | - | - | - | - |
| - | - | - | - | 361 | 8 | 714 | 572 | 63 | 970 | 1462 | 192 | 183 |
| - | - | - | - | 71 | - | 5 | - | 1 | 48 | 1393 | 192 | 183 |
| - | - | - | - | 6 | - | - | - | - | 1 | 25 | - | - |
| - | - | - | - | 1 | - | 1 | - | - | 2 | 44 | - | - |
| - | - | - | - | - | - | - | - | - | 3 | 93 | 192 | - |
| - | - | - | - | - | - | - | - | - | - | - | - | - |
| - | - | - | - | 35 | - | 1 | - | - | 10 | 502 | - | - |
| - | - | - | - | - | - | - | - | - | - | 217 | - | - |
| - | - | - | - | - | - | - | - | - | 5 | 12 | - | - |
| - | - | - | - | - | - | - | - | - | 11 | 150 | - | - |
| - | - | - | - | - | - | - | - | - | - | 10 | - | - |
| - | - | - | - | - | - | - | - | - | - | - | - | - |
| - | - | - | - | - | - | - | - | - | 4 | - | - | - |
| - | - | - | - | - | - | - | - | - | - | - | - | - |
| - | - | - | - | - | - | - | - | - | - | - | - | - |
| - | - | - | - | 29 | - | 3 | - | 1 | 12 | 340 | - | 20 |
| - | - | - | - | - | - | - | - | - | - | - | 192 | - |
| - | - | - | - | - | - | - | - | - | - | - | - | 163 |
| - | - | - | - | - | 8 | 664 | 572 | - | 754 | 36 | - | - |
| - | - | - | - | - | 8 | - | 572 | - | - | - | - | - |
| - | - | - | - | - | - | 664 | - | - | 681 | - | - | - |
| - | - | - | - | - | - | - | - | - | 46 | 35 | - | - |
| - | - | - | - | - | - | - | - | - | 27 | 1 | - | - |
| - | - | - | - | 290 | - | 45 | - | 62 | 168 | 33 | - | - |
| - | - | - | - | - | - | 1 | - | 41 | 9 | 4 | - | - |
| - | - | - | - | - | - | - | - | 21 | 56 | 25 | - | - |
| - | - | - | - | - | - | - | - | - | 70 | - | - | - |
| - | - | - | - | 290 | - | - | - | - | 32 | 4 | - | - |

*INCLUDED IN THIS COLUMN IS NGL AND FEEDSTOCKS.

## PRODUCTION AND USES OF ENERGY SOURCES : PORTUGAL

1974

| PRODUCTION AND USES / ENERGY SOURCES | UNIT: 1000 METRIC TONS / UNITE: 1000 TONNES METRIQUES | | | | | | TCAL / TCAL | MANUFACTURED GAS (TCAL) / GAZ MANUFACTURE (TCAL) | | | MILLIONS OF (DE) KWH |
|---|---|---|---|---|---|---|---|---|---|---|---|
| | HARD COAL / HOUILLE | PATENT FUEL / AGGLOMERES | COKE OVEN COKE / COKE DE FOUR | GAS COKE / COKE DE GAZ | BROWN COAL / LIGNITE | BKB / BRIQ. DE LIGNITE | NATURAL GAS / GAZ NATUREL | GAS WORKS / USINES A GAZ | COKE OVENS / COKERIES | BLAST FURNACES / HAUT FOURNEAUX | ELECTRICITY* / ELECTRICITE* |
| | 1 | 2 | 3 | 4 | 5 | 6 | 7 | 8 | 9 | 10 | 11 |
| PRODUCTION | 230 | 6 | 196 | - | - | - | - | 543 | 345 | 409 | 10745 |
| FROM OTHER SOURCES | - | - | - | - | - | - | - | - | - | - | - |
| IMPORT | 306 | - | 51 | - | - | - | - | - | - | - | 339 |
| EXPORT | - | - | -15 | - | - | - | - | - | - | - | -295 |
| INTL. MARINE BUNKERS | - | - | - | - | - | - | - | - | - | - | - |
| STOCK CHANGES | 136 | 1 | -20 | - | - | - | - | - | - | - | - |
| DOMESTIC SUPPLY | 672 | 7 | 212 | - | - | - | - | 543 | 345 | 409 | 10789 |
| RETURNS TO SUPPLY | - | - | - | - | - | - | - | - | - | - | - |
| TRANSFERS | - | - | - | - | - | - | - | - | - | - | - |
| DOMESTIC AVAILABILITY | 672 | 7 | 212 | - | - | - | - | 543 | 345 | 409 | 10789 |
| STATISTICAL DIFFERENCE | - | - | - | - | - | - | - | -40 | - | - | - |
| TRANSFORM. SECTOR ** | 520 | - | 51 | - | - | - | - | - | 9 | 214 | - |
| FOR SOLID FUELS | 270 | - | - | - | - | - | - | - | - | - | - |
| FOR GASES | - | - | 51 | - | - | - | - | - | - | - | - |
| PETROLEUM REFINERIES | - | - | - | - | - | - | - | - | - | - | - |
| THERMO-ELECTRIC PLANTS | 250 | - | - | - | - | - | - | - | 9 | 214 | - |
| ENERGY SECTOR | - | - | - | - | - | - | - | 17 | 174 | 186 | 1844 |
| COAL MINES | - | - | - | - | - | - | - | - | - | - | 7 |
| OIL AND GAS EXTRACTION | - | - | - | - | - | - | - | - | - | - | - |
| PETROLEUM REFINERIES | - | - | - | - | - | - | - | - | - | - | 143 |
| ELECTRIC PLANTS | - | - | - | - | - | - | - | - | - | - | 267 |
| DISTRIBUTION LOSSES | - | - | - | - | - | - | - | 17 | 19 | 35 | 1326 |
| PUMP STORAGE (ELECTR.) | - | - | - | - | - | - | - | - | - | - | 85 |
| OTHER ENERGY SECTOR | - | - | - | - | - | - | - | - | 155 | 151 | 16 |
| FINAL CONSUMPTION | 152 | 7 | 161 | - | - | - | - | 566 | 162 | 9 | 8945 |
| INDUSTRY SECTOR | 101 | 6 | 160 | - | - | - | - | 32 | 162 | 9 | 5337 |
| IRON AND STEEL | 11 | - | 118 | - | - | - | - | - | 162 | 9 | 286 |
| CHEMICAL | - | - | - | - | - | - | - | - | - | - | 1216 |
| PETROCHEMICAL | - | - | - | - | - | - | - | - | - | - | - |
| NON-FERROUS METAL | - | - | - | - | - | - | - | - | - | - | 230 |
| NON-METALLIC MINERAL | 24 | - | - | - | - | - | - | - | - | - | 737 |
| PAPER PULP AND PRINT | - | - | - | - | - | - | - | - | - | - | 480 |
| MINING AND QUARRYING | - | - | - | - | - | - | - | - | - | - | 77 |
| FOOD AND TOBACCO | 4 | - | - | - | - | - | - | - | - | - | 422 |
| WOOD AND WOOD PRODUCTS | - | - | - | - | - | - | - | - | - | - | 197 |
| MACHINERY | - | - | - | - | - | - | - | - | - | - | 340 |
| TRANSPORT EQUIPMENT | - | - | - | - | - | - | - | - | - | - | 116 |
| CONSTRUCTION | - | - | - | - | - | - | - | - | - | - | 50 |
| TEXTILES AND LEATHER | - | - | - | - | - | - | - | - | - | - | 913 |
| NON SPECIFIED | 62 | 6 | 42 | - | - | - | - | 32 | - | - | 273 |
| NON-ENERGY USES: | | | | | | | | | | | |
| (1)ENERGY PRODUCTS | - | - | - | - | - | - | - | - | - | - | - |
| (2)NON-ENERGY PRODUCTS | - | - | - | - | - | - | - | - | - | - | - |
| TRANSPORT. SECTOR ** | 35 | - | - | - | - | - | - | - | - | - | 220 |
| AIR TRANSPORT | - | - | - | - | - | - | - | - | - | - | - |
| ROAD TRANSPORT | - | - | - | - | - | - | - | - | - | - | - |
| RAILWAYS | 35 | - | - | - | - | - | - | - | - | - | 220 |
| INTERNAL NAVIGATION | - | - | - | - | - | - | - | - | - | - | - |
| OTHER SECTORS ** | 16 | 1 | 1 | - | - | - | - | 534 | - | - | 3388 |
| AGRICULTURE | - | - | - | - | - | - | - | - | - | - | 60 |
| PUBLIC SERVICES | - | - | - | - | - | - | - | 24 | - | - | - |
| COMMERCE | - | - | - | - | - | - | - | 120 | - | - | 1487 |
| RESIDENTIAL | 16 | 1 | 1 | - | - | - | - | 256 | - | - | 1841 |

(1) INCLUDED IN CHEMICAL OR PETROCHEMICAL INDUSTRY
(2) INCLUDED ONLY IN TOTAL INDUSTRY

| * OF WHICH: | |
|---|---|
| HYDRO | 7888 |
| NUCLEAR | 0 |
| CONVENTIONAL THERMAL | 2857 |
| GEOTHERMAL | 0 |

** INCLUDED IN THESE TOTALS ARE THE NON-SPECIFIED ELEMENTS

## PRODUCTION ET UTILISATION DES SOURCES D ENERGIE : PORTUGAL

1974

UNIT: 1000 METRIC TONS
UNITE: 1000 TONNES METRIQUES

| OIL PETROLE | | | REFINERY GAS | LIQUEFIED PETROLEUM GASES | AVIATION GASOLINE | MOTOR GASOLINE | JET FUEL | KEROSENE | GAS/DIESEL OIL | RESIDUAL FUEL OIL | NAPHTHA | NON-ENERGY PRODUCTS |
|---|---|---|---|---|---|---|---|---|---|---|---|---|
| CRUDE* BRUT* | NGL GNL | FEEDST. | GAZ DE PETROLE | GAZ LIQUEFIES DE PETROLE | ESSENCE AVION | ESSENCE AUTO | CARBURANT REACTEUR | PETROLE LAMPANT | GAZ/DIESEL OIL | FUEL OIL RESIDUEL | NAPHTHA | PRODUITS NON-ENERGETIQUES |
| 12 | 13 | 14 | 15 | 16 | 17 | 18 | 19 | 20 | 21 | 22 | 23 | 24 |
| - | - | - | 91 | 135 | - | 703 | 267 | 74 | 1225 | 2783 | 289 | 135 |
| - | - | - | - | - | - | - | - | - | - | - | - | - |
| 5758 | - | - | - | 251 | 9 | 46 | 248 | 1 | 195 | 404 | - | 98 |
| - | - | - | - | -1 | -1 | -27 | -4 | -8 | -123 | -114 | - | -42 |
| - | - | - | - | - | - | - | - | - | -210 | -746 | - | -6 |
| 44 | - | - | - | -7 | -2 | -36 | 3 | 7 | -50 | -70 | - | -13 |
| 5802 | - | - | 91 | 378 | 6 | 686 | 514 | 74 | 1037 | 2257 | 289 | 172 |
| - | - | - | - | - | - | - | - | - | - | - | - | - |
| 5802 | - | - | 91 | 378 | 6 | 686 | 514 | 74 | 1037 | 2257 | 289 | 172 |
| 22 | - | - | - | -1 | - | 3 | -21 | 10 | 32 | -53 | - | - |
| 5780 | - | - | 25 | - | - | - | - | - | 6 | 480 | 30 | - |
| - | - | - | - | - | - | - | - | - | - | - | - | - |
| - | - | - | 25 | - | - | - | - | - | - | - | 30 | - |
| 5780 | - | - | - | - | - | - | - | - | - | - | - | - |
| - | - | - | - | - | - | - | - | - | 6 | 480 | - | - |
| - | - | - | 66 | 6 | - | - | - | - | - | 276 | - | 9 |
| - | - | - | - | - | - | - | - | - | - | - | - | - |
| - | - | - | - | - | - | - | - | - | - | - | - | - |
| - | - | - | 66 | 6 | - | - | - | - | - | 276 | - | 9 |
| - | - | - | - | - | - | - | - | - | - | - | - | - |
| - | - | - | - | - | - | - | - | - | - | - | - | - |
| - | - | - | - | - | - | - | - | - | - | - | - | - |
| - | - | - | - | - | - | - | - | - | - | - | - | - |
| - | - | - | - | 373 | 6 | 683 | 535 | 64 | 999 | 1554 | 259 | 163 |
| - | - | - | - | 118 | - | 7 | - | 3 | 107 | 1473 | 259 | 163 |
| - | - | - | - | 3 | - | - | - | - | - | 3 | - | - |
| - | - | - | - | - | - | 1 | - | - | 2 | 43 | - | - |
| - | - | - | - | 1 | - | - | - | - | 3 | 92 | 259 | - |
| - | - | - | - | - | - | - | - | - | - | - | - | - |
| - | - | - | - | 38 | - | - | - | 1 | 11 | 558 | - | - |
| - | - | - | - | - | - | - | - | - | - | 220 | - | - |
| - | - | - | - | - | - | - | - | - | - | 7 | - | - |
| - | - | - | - | - | - | - | - | - | 10 | 150 | - | - |
| - | - | - | - | - | - | - | - | - | - | - | - | - |
| - | - | - | - | - | - | - | - | - | - | - | - | - |
| - | - | - | - | - | - | - | - | - | 4 | - | - | - |
| - | - | - | - | - | - | - | - | - | - | - | - | - |
| - | - | - | - | - | - | - | - | - | - | - | - | - |
| - | - | - | - | 76 | - | 6 | - | 2 | 77 | 400 | - | 11 |
| - | - | - | - | - | - | - | - | - | - | - | 259 | - |
| - | - | - | - | - | - | - | - | - | - | - | - | 152 |
| - | - | - | - | - | 6 | 633 | 535 | 1 | 769 | 40 | - | - |
| - | - | - | - | - | 6 | - | 535 | - | - | - | - | - |
| - | - | - | - | - | - | 633 | - | 1 | 699 | - | - | - |
| - | - | - | - | - | - | - | - | - | 47 | 21 | - | - |
| - | - | - | - | - | - | - | - | - | 23 | 19 | - | - |
| - | - | - | - | 255 | - | 43 | - | 60 | 123 | 41 | - | - |
| - | - | - | - | 3 | - | - | - | 47 | 9 | 5 | - | - |
| - | - | - | - | - | - | - | - | 4 | 34 | 30 | - | - |
| - | - | - | - | - | - | - | - | - | 43 | - | - | - |
| - | - | - | - | 252 | - | - | - | - | 36 | 6 | - | - |

*INCLUDED IN THIS COLUMN IS NGL AND FEEDSTOCKS.

# PRODUCTION AND USES OF ENERGY SOURCES : PORTUGAL

1975

| PRODUCTION AND USES / ENERGY SOURCES | UNIT: 1000 METRIC TONS / UNITE: 1000 TONNES METRIQUES | | | | | | TCAL / TCAL | MANUFACTURED GAS (TCAL) / GAZ MANUFACTURE (TCAL) | | | MILLIONS OF (DE) KWH |
|---|---|---|---|---|---|---|---|---|---|---|---|
| | HARD COAL / HOUILLE | PATENT FUEL / AGGLOMERES | COKE OVEN COKE / COKE DE FOUR | GAS COKE / COKE DE GAZ | BROWN COAL / LIGNITE | BKB / BRIQ. DE LIGNITE | NATURAL GAS / GAZ NATUREL | GAS WORKS / USINES A GAZ | COKE OVENS / COKERIES | BLAST FURNACES / HAUT FOURNEAUX | ELECTRICITY* / ELECTRICITE* |
| | 1 | 2 | 3 | 4 | 5 | 6 | 7 | 8 | 9 | 10 | 11 |
| PRODUCTION | 222 | 1 | 222 | - | - | - | - | 538 | 403 | 402 | 10728 |
| FROM OTHER SOURCES | - | - | - | - | - | - | - | - | - | - | - |
| IMPORT | 380 | - | 48 | - | - | - | - | - | - | - | 466 |
| EXPORT | - | - | - | - | - | - | - | - | - | - | -266 |
| INTL. MARINE BUNKERS | - | - | - | - | - | - | - | - | - | - | - |
| STOCK CHANGES | -14 | - | 27 | - | - | - | - | - | - | - | - |
| DOMESTIC SUPPLY | 588 | 1 | 297 | - | - | - | - | 538 | 403 | 402 | 10928 |
| RETURNS TO SUPPLY | - | - | - | - | - | - | - | - | - | - | - |
| TRANSFERS | - | - | - | - | - | - | - | - | - | - | - |
| DOMESTIC AVAILABILITY | 588 | 1 | 297 | - | - | - | - | 538 | 403 | 402 | 10928 |
| STATISTICAL DIFFERENCE | 10 | - | -4 | - | - | - | - | - | - | 1 | - |
| TRANSFORM. SECTOR ** | 489 | - | 50 | - | - | - | - | - | 18 | 137 | - |
| FOR SOLID FUELS | 303 | - | - | - | - | - | - | - | - | - | - |
| FOR GASES | - | - | 50 | - | - | - | - | - | - | - | - |
| PETROLEUM REFINERIES | - | - | - | - | - | - | - | - | - | - | - |
| THERMO-ELECTRIC PLANTS | 186 | - | - | - | - | - | - | - | 18 | 137 | - |
| ENERGY SECTOR | - | - | - | - | - | - | - | 29 | 211 | 256 | 1656 |
| COAL MINES | - | - | - | - | - | - | - | - | - | - | 6 |
| OIL AND GAS EXTRACTION | - | - | - | - | - | - | - | - | - | - | - |
| PETROLEUM REFINERIES | - | - | - | - | - | - | - | - | - | - | 127 |
| ELECTRIC PLANTS | - | - | - | - | - | - | - | - | - | - | 319 |
| DISTRIBUTION LOSSES | - | - | - | - | - | - | - | 28 | 44 | 11 | 1145 |
| PUMP STORAGE (ELECTR.) | - | - | - | - | - | - | - | - | - | - | 38 |
| OTHER ENERGY SECTOR | - | - | - | - | - | - | - | 1 | 167 | 245 | 21 |
| FINAL CONSUMPTION | 89 | 1 | 251 | - | - | - | - | 509 | 174 | 8 | 9272 |
| INDUSTRY SECTOR | 48 | - | 251 | - | - | - | - | 27 | 174 | 8 | 5224 |
| IRON AND STEEL | 8 | - | 237 | - | - | - | - | - | 174 | 8 | 295 |
| CHEMICAL | 3 | - | 14 | - | - | - | - | - | - | - | 994 |
| PETROCHEMICAL | - | - | - | - | - | - | - | - | - | - | 12 |
| NON-FERROUS METAL | - | - | - | - | - | - | - | - | - | - | 315 |
| NON-METALLIC MINERAL | 29 | - | - | - | - | - | - | - | - | - | 728 |
| PAPER PULP AND PRINT | - | - | - | - | - | - | - | - | - | - | 556 |
| MINING AND QUARRYING | - | - | - | - | - | - | - | - | - | - | 78 |
| FOOD AND TOBACCO | 4 | - | - | - | - | - | - | - | - | - | 439 |
| WOOD AND WOOD PRODUCTS | - | - | - | - | - | - | - | - | - | - | 187 |
| MACHINERY | - | - | - | - | - | - | - | - | - | - | 315 |
| TRANSPORT EQUIPMENT | - | - | - | - | - | - | - | - | - | - | 122 |
| CONSTRUCTION | - | - | - | - | - | - | - | - | - | - | 65 |
| TEXTILES AND LEATHER | - | - | - | - | - | - | - | - | - | - | 891 |
| NON SPECIFIED | 4 | - | - | - | - | - | - | 27 | - | - | 227 |
| NON-ENERGY USES: | | | | | | | | | | | |
| (1)ENERGY PRODUCTS | - | - | - | - | - | - | - | - | - | - | - |
| (2)NON-ENERGY PRODUCTS | - | - | - | - | - | - | - | - | - | - | - |
| TRANSPORT. SECTOR ** | 30 | - | - | - | - | - | - | - | - | - | 225 |
| AIR TRANSPORT | - | - | - | - | - | - | - | - | - | - | - |
| ROAD TRANSPORT | - | - | - | - | - | - | - | - | - | - | - |
| RAILWAYS | 30 | - | - | - | - | - | - | - | - | - | 225 |
| INTERNAL NAVIGATION | - | - | - | - | - | - | - | - | - | - | - |
| OTHER SECTORS ** | 11 | 1 | - | - | - | - | - | 482 | - | - | 3823 |
| AGRICULTURE | - | - | - | - | - | - | - | - | - | - | 68 |
| PUBLIC SERVICES | 4 | 1 | - | - | - | - | - | 17 | - | - | - |
| COMMERCE | 1 | - | - | - | - | - | - | 86 | - | - | 1717 |
| RESIDENTIAL | 6 | - | - | - | - | - | - | 249 | - | - | 2038 |

(1) INCLUDED IN CHEMICAL OR PETROCHEMICAL INDUSTRY
(2) INCLUDED ONLY IN TOTAL INDUSTRY

** INCLUDED IN THESE TOTALS ARE THE NON-SPECIFIED ELEMENTS

| * OF WHICH: | |
|---|---|
| HYDRO | 6437 |
| NUCLEAR | 0 |
| CONVENTIONAL THERMAL | 4291 |
| GEOTHERMAL | 0 |

## PRODUCTION ET UTILISATION DES SOURCES D ENERGIE : PORTUGAL

1975

UNIT: 1000 METRIC TONS
UNITE: 1000 TONNES METRIQUES

| OIL / PETROLE | | | REFINERY GAS | LIQUEFIED PETROLEUM GASES | AVIATION GASOLINE | MOTOR GASOLINE | JET FUEL | KEROSENE | GAS/DIESEL OIL | RESIDUAL FUEL OIL | NAPHTHA | NON-ENERGY PRODUCTS |
|---|---|---|---|---|---|---|---|---|---|---|---|---|
| CRUDE* BRUT* | NGL GNL | FEEDST. | GAZ DE PETROLE | GAZ LIQUEFIES DE PETROLE | ESSENCE AVION | ESSENCE AUTO | CARBURANT REACTEUR | PETROLE LAMPANT | GAZ/DIESEL OIL | FUEL OIL RESIDUEL | NAPHTHA | PRODUITS NON-ENERGETIQUES |
| 12 | 13 | 14 | 15 | 16 | 17 | 18 | 19 | 20 | 21 | 22 | 23 | 24 |
| - | - | - | 60 | 150 | - | 754 | 366 | 68 | 1237 | 2433 | 284 | 132 |
| - | - | - | - | - | - | - | - | - | - | - | - | - |
| 5573 | - | - | - | 262 | 4 | 16 | 165 | - | 143 | 544 | - | 62 |
| - | - | - | - | -1 | - | -5 | -3 | -4 | -76 | - | - | -26 |
| - | - | - | - | - | - | - | - | - | -186 | -491 | - | -5 |
| 94 | - | - | - | 5 | 1 | 30 | 3 | 19 | -16 | 49 | -2 | 19 |
| 5667 | - | - | 60 | 416 | 5 | 795 | 531 | 83 | 1102 | 2535 | 282 | 182 |
| - | - | - | - | - | - | - | - | - | - | - | - | - |
| - | - | - | - | - | - | - | - | - | - | - | - | - |
| 5667 | - | - | 60 | 416 | 5 | 795 | 531 | 83 | 1102 | 2535 | 282 | 182 |
| 6 | - | - | - | 1 | - | -9 | -12 | 14 | 7 | -20 | 2 | 5 |
| 5661 | - | - | 26 | - | - | - | - | - | 58 | 774 | 26 | - |
| - | - | - | - | - | - | - | - | - | - | - | - | - |
| - | - | - | 26 | - | - | - | - | - | - | - | 26 | - |
| 5661 | - | - | - | - | - | - | - | - | - | - | - | - |
| - | - | - | - | - | - | - | - | - | 58 | 774 | - | - |
| - | - | - | 34 | 23 | - | - | - | - | 9 | 265 | - | 15 |
| - | - | - | - | - | - | - | - | - | - | - | - | - |
| - | - | - | - | - | - | - | - | - | - | - | - | - |
| - | - | - | 34 | 23 | - | - | - | - | 9 | 265 | - | 15 |
| - | - | - | - | - | - | - | - | - | - | - | - | - |
| - | - | - | - | - | - | - | - | - | - | - | - | - |
| - | - | - | - | - | - | - | - | - | - | - | - | - |
| - | - | - | - | - | - | - | - | - | - | - | - | - |
| - | - | - | - | 392 | 5 | 804 | 543 | 69 | 1028 | 1516 | 254 | 162 |
| - | - | - | - | 81 | - | 3 | - | 5 | 100 | 1447 | 254 | 162 |
| - | - | - | - | 2 | - | - | - | - | 2 | 14 | - | - |
| - | - | - | - | 2 | - | - | - | - | 4 | 135 | - | - |
| - | - | - | - | - | - | - | - | - | - | 12 | 254 | - |
| - | - | - | - | 1 | - | - | - | - | - | 4 | - | - |
| - | - | - | - | 40 | - | - | - | 2 | 10 | 548 | - | - |
| - | - | - | - | 1 | - | - | - | - | 4 | 216 | - | - |
| - | - | - | - | - | - | - | - | - | 6 | 15 | - | 1 |
| - | - | - | - | 12 | - | 1 | - | 1 | 12 | 160 | - | 1 |
| - | - | - | - | 2 | - | - | - | - | 4 | 10 | - | - |
| - | - | - | - | 2 | - | - | - | - | - | - | - | - |
| - | - | - | - | 3 | - | 1 | - | - | 6 | 3 | - | - |
| - | - | - | - | - | - | - | - | - | - | - | - | - |
| - | - | - | - | - | - | - | - | - | - | - | - | - |
| - | - | - | - | 16 | - | 1 | - | 2 | 52 | 330 | - | 9 |
| - | - | - | - | - | - | - | - | - | - | - | 254 | - |
| - | - | - | - | - | - | - | - | - | - | - | - | 151 |
| - | - | - | - | - | 5 | 754 | 543 | - | 805 | 16 | - | - |
| - | - | - | - | - | 5 | - | 543 | - | - | - | - | - |
| - | - | - | - | - | - | 754 | - | - | 752 | - | - | - |
| - | - | - | - | - | - | - | - | - | 47 | 16 | - | - |
| - | - | - | - | - | - | - | - | - | 6 | - | - | - |
| - | - | - | - | 311 | - | 47 | - | 64 | 123 | 53 | - | - |
| - | - | - | - | 2 | - | - | - | 23 | 9 | 5 | - | - |
| - | - | - | - | 5 | - | - | - | 15 | 37 | 34 | - | - |
| - | - | - | - | 6 | - | 1 | - | 26 | 46 | 8 | - | - |
| - | - | - | - | 298 | - | - | - | - | 30 | 6 | - | - |

*INCLUDED IN THIS COLUMN IS NGL AND FEEDSTOCKS.

## PRODUCTION AND USES OF ENERGY SOURCES : PORTUGAL

1976

| ENERGY SOURCES / PRODUCTION AND USES | UNIT: 1000 METRIC TONS / UNITE: 1000 TONNES METRIQUES | | | | | | TCAL / TCAL | MANUFACTURED GAS (TCAL) / GAZ MANUFACTURE (TCAL) | | | MILLIONS OF (DE) KWH |
|---|---|---|---|---|---|---|---|---|---|---|---|
| | HARD COAL / HOUILLE | PATENT FUEL / AGGLOMERES | COKE OVEN COKE / COKE DE FOUR | GAS COKE / COKE DE GAZ | BROWN COAL / LIGNITE | BKB / BRIQ. DE LIGNITE | NATURAL GAS / GAZ NATUREL | GAS WORKS / USINES A GAZ | COKE OVENS / COKERIES | BLAST FURNACES / HAUT FOURNEAUX | ELECTRICITY* / ELECTRICITE* |
| | 1 | 2 | 3 | 4 | 5 | 6 | 7 | 8 | 9 | 10 | 11 |
| PRODUCTION | 193 | 1 | 246 | - | - | - | - | 558 | 429 | 418 | 10146 |
| FROM OTHER SOURCES | - | - | - | - | - | - | - | - | - | - | - |
| IMPORT | 380 | - | 46 | - | - | - | - | - | - | - | 1845 |
| EXPORT | - | - | - | - | - | - | - | - | - | - | -120 |
| INTL. MARINE BUNKERS | - | - | - | - | - | - | - | - | - | - | - |
| STOCK CHANGES | -1 | - | 14 | - | - | - | - | - | - | - | - |
| DOMESTIC SUPPLY | 572 | 1 | 306 | - | - | - | - | 558 | 429 | 418 | 11871 |
| RETURNS TO SUPPLY | - | - | - | - | - | - | - | - | - | - | - |
| TRANSFERS | - | - | - | - | - | - | - | - | - | - | - |
| DOMESTIC AVAILABILITY | 572 | 1 | 306 | - | - | - | - | 558 | 429 | 418 | 11871 |
| STATISTICAL DIFFERENCE | - | - | 1 | - | - | - | - | -2 | - | 1 | - |
| TRANSFORM. SECTOR ** | 496 | - | 54 | - | - | - | - | - | 55 | 236 | - |
| FOR SOLID FUELS | 338 | - | - | - | - | - | - | - | - | - | - |
| FOR GASES | - | - | 54 | - | - | - | - | - | - | - | - |
| PETROLEUM REFINERIES | - | - | - | - | - | - | - | - | - | - | - |
| THERMO-ELECTRIC PLANTS | 158 | - | - | - | - | - | - | - | 55 | 236 | - |
| ENERGY SECTOR | - | - | - | - | - | - | - | 22 | 237 | 173 | 1882 |
| COAL MINES | - | - | - | - | - | - | - | - | - | - | 5 |
| OIL AND GAS EXTRACTION | - | - | - | - | - | - | - | - | - | - | - |
| PETROLEUM REFINERIES | - | - | - | - | - | - | - | - | - | - | 133 |
| ELECTRIC PLANTS | - | - | - | - | - | - | - | - | - | - | 349 |
| DISTRIBUTION LOSSES | - | - | - | - | - | - | - | 21 | 66 | 10 | 1234 |
| PUMP STORAGE (ELECTR.) | - | - | - | - | - | - | - | - | - | - | 143 |
| OTHER ENERGY SECTOR | - | - | - | - | - | - | - | 1 | 171 | 163 | 18 |
| FINAL CONSUMPTION | 76 | 1 | 251 | - | - | - | - | 538 | 137 | 8 | 9989 |
| INDUSTRY SECTOR | 39 | - | 250 | - | - | - | - | 28 | 137 | 8 | 5541 |
| IRON AND STEEL | 12 | - | 227 | - | - | - | - | - | 137 | 8 | 331 |
| CHEMICAL | 3 | - | 22 | - | - | - | - | - | - | - | 919 |
| PETROCHEMICAL | - | - | - | - | - | - | - | - | - | - | 13 |
| NON-FERROUS METAL | - | - | - | - | - | - | - | - | - | - | 381 |
| NON-METALLIC MINERAL | 17 | - | - | - | - | - | - | - | - | - | 783 |
| PAPER PULP AND PRINT | - | - | - | - | - | - | - | - | - | - | 584 |
| MINING AND QUARRYING | - | - | - | - | - | - | - | - | - | - | 77 |
| FOOD AND TOBACCO | 4 | - | - | - | - | - | - | - | - | - | 458 |
| WOOD AND WOOD PRODUCTS | - | - | - | - | - | - | - | - | - | - | 220 |
| MACHINERY | - | - | - | - | - | - | - | - | - | - | 350 |
| TRANSPORT EQUIPMENT | - | - | - | - | - | - | - | - | - | - | 131 |
| CONSTRUCTION | - | - | - | - | - | - | - | - | - | - | 57 |
| TEXTILES AND LEATHER | - | - | - | - | - | - | - | - | - | - | 960 |
| NON SPECIFIED | 3 | - | 1 | - | - | - | - | 28 | - | - | 277 |
| NON-ENERGY USES: | | | | | | | | | | | |
| (1)ENERGY PRODUCTS | - | - | - | - | - | - | - | - | - | - | - |
| (2)NON-ENERGY PRODUCTS | - | - | - | - | - | - | - | - | - | - | - |
| TRANSPORT. SECTOR ** | 27 | - | - | - | - | - | - | - | - | - | 233 |
| AIR TRANSPORT | - | - | - | - | - | - | - | - | - | - | - |
| ROAD TRANSPORT | - | - | - | - | - | - | - | - | - | - | - |
| RAILWAYS | 27 | - | - | - | - | - | - | - | - | - | 233 |
| INTERNAL NAVIGATION | - | - | - | - | - | - | - | - | - | - | - |
| OTHER SECTORS ** | 10 | 1 | 1 | - | - | - | - | 510 | - | - | 4215 |
| AGRICULTURE | - | - | - | - | - | - | - | - | - | - | 73 |
| PUBLIC SERVICES | 5 | - | - | - | - | - | - | 18 | - | - | - |
| COMMERCE | - | 1 | - | - | - | - | - | 93 | - | - | 1797 |
| RESIDENTIAL | 5 | - | 1 | - | - | - | - | 262 | - | - | 2345 |

(1) INCLUDED IN CHEMICAL OR PETROCHEMICAL INDUSTRY
(2) INCLUDED ONLY IN TOTAL INDUSTRY

| * OF WHICH: HYDRO | 4887 |
|---|---|
| NUCLEAR | 0 |
| CONVENTIONAL THERMAL | 5259 |
| GEOTHERMAL | 0 |

** INCLUDED IN THESE TOTALS ARE THE NON-SPECIFIED ELEMENTS

## PRODUCTION ET UTILISATION DES SOURCES D ENERGIE : PORTUGAL

1976

UNIT: 1000 METRIC TONS
UNITE: 1000 TONNES METRIQUES

| OIL PETROLE | | | REFINERY GAS | LIQUEFIED PETROLEUM GASES | AVIATION GASOLINE | MOTOR GASOLINE | JET FUEL | KEROSENE | GAS/DIESEL OIL | RESIDUAL FUEL OIL | NAPHTHA | NON-ENERGY PRODUCTS |
|---|---|---|---|---|---|---|---|---|---|---|---|---|
| CRUDE* BRUT* | NGL GNL | FEEDST. | GAZ DE PETROLE | GAZ LIQUEFIES DE PETROLE | ESSENCE AVION | ESSENCE AUTO | CARBURANT REACTEUR | PETROLE LAMPANT | GAZ/DIESEL OIL | FUEL OIL RESIDUEL | NAPHTHA | PRODUITS NON-ENERGETIQUES |
| 12 | 13 | 14 | 15 | 16 | 17 | 18 | 19 | 20 | 21 | 22 | 23 | 24 |
| - | - | - | 44 | 146 | - | 767 | 368 | 73 | 1250 | 2580 | 242 | 149 |
| - | - | - | - | - | - | - | - | - | - | - | - | - |
| 5971 | - | - | - | 300 | - | 61 | 59 | - | 211 | 731 | 18 | 99 |
| - | - | - | - | - | - | -5 | -3 | -3 | -34 | - | - | -17 |
| - | - | - | - | - | - | - | - | - | -165 | -413 | - | -7 |
| -198 | - | - | - | - | - | -23 | 2 | 5 | 52 | 29 | -2 | -2 |
| 5773 | - | - | 44 | 446 | - | 800 | 426 | 75 | 1314 | 2927 | 258 | 222 |
| 58 | - | - | - | - | - | - | - | - | - | - | - | - |
| - | - | - | - | - | - | - | - | - | - | - | - | - |
| 5831 | - | - | 44 | 446 | - | 800 | 426 | 75 | 1314 | 2927 | 258 | 222 |
| 20 | - | - | - | -7 | - | 19 | -36 | 4 | 100 | -3 | -2 | 4 |
| 5811 | - | - | 25 | - | - | - | - | - | 96 | 987 | 27 | - |
| - | - | - | - | - | - | - | - | - | - | - | - | - |
| - | - | - | 25 | - | - | - | - | - | - | - | 27 | - |
| 5811 | - | - | - | - | - | - | - | - | - | - | - | - |
| - | - | - | - | - | - | - | - | - | 96 | 987 | - | - |
| - | - | - | 19 | 19 | - | - | - | - | 5 | 265 | - | 31 |
| - | - | - | - | - | - | - | - | - | - | - | - | - |
| - | - | - | 19 | 19 | - | - | - | - | 5 | 265 | - | 31 |
| - | - | - | - | - | - | - | - | - | - | - | - | - |
| - | - | - | - | - | - | - | - | - | - | - | - | - |
| - | - | - | - | - | - | - | - | - | - | - | - | - |
| - | - | - | - | - | - | - | - | - | - | - | - | - |
| - | - | - | - | 434 | - | 781 | 462 | 71 | 1113 | 1678 | 233 | 187 |
| - | - | - | - | 100 | - | 4 | - | 7 | 108 | 1571 | 233 | 187 |
| - | - | - | - | 2 | - | - | - | - | 1 | 21 | - | - |
| - | - | - | - | 1 | - | - | - | - | 4 | 146 | - | - |
| - | - | - | - | - | - | - | - | - | - | 13 | 233 | - |
| - | - | - | - | 1 | - | - | - | - | - | 5 | - | - |
| - | - | - | - | 44 | - | - | - | 2 | 10 | 619 | - | - |
| - | - | - | - | 1 | - | - | - | - | 3 | 232 | - | - |
| - | - | - | - | - | - | - | - | - | 6 | 3 | - | 1 |
| - | - | - | - | 17 | - | 1 | - | 2 | 13 | 155 | - | 2 |
| - | - | - | - | 2 | - | - | - | - | 5 | 16 | - | - |
| - | - | - | - | 1 | - | - | - | - | - | - | - | - |
| - | - | - | - | 4 | - | 1 | - | - | 6 | 3 | - | - |
| - | - | - | - | - | - | - | - | - | - | - | - | - |
| - | - | - | - | - | - | - | - | - | - | - | - | - |
| - | - | - | - | 27 | - | 2 | - | 3 | 60 | 358 | - | 14 |
| - | - | - | - | - | - | - | - | - | - | - | 233 | - |
| - | - | - | - | - | - | - | - | - | - | - | - | 170 |
| - | - | - | - | - | - | 722 | 462 | - | 904 | 7 | - | - |
| - | - | - | - | - | - | - | 462 | - | - | - | - | - |
| - | - | - | - | - | - | 722 | - | - | 846 | - | - | - |
| - | - | - | - | - | - | - | - | - | 50 | 6 | - | - |
| - | - | - | - | - | - | - | - | - | 8 | 1 | - | - |
| - | - | - | - | 334 | - | 55 | - | 64 | 101 | 100 | - | - |
| - | - | - | - | 3 | - | - | - | 28 | 9 | 6 | - | - |
| - | - | - | - | 5 | - | - | - | 29 | 37 | 33 | - | - |
| - | - | - | - | 9 | - | 14 | - | 7 | 33 | 59 | - | - |
| - | - | - | - | 316 | - | - | - | - | 20 | - | - | - |

*INCLUDED IN THIS COLUMN IS NGL AND FEEDSTOCKS.

## PRODUCTION AND USES OF ENERGY SOURCES : PORTUGAL

1977

| ENERGY SOURCES / PRODUCTION AND USES | HARD COAL / HOUILLE (1) | PATENT FUEL / AGGLOMERES (2) | COKE OVEN COKE / COKE DE FOUR (3) | GAS COKE / COKE DE GAZ (4) | BROWN COAL / LIGNITE (5) | BKB / BRIQ. DE LIGNITE (6) | NATURAL GAS / GAZ NATUREL (7) | GAS WORKS / USINES A GAZ (8) | COKE OVENS / COKERIES (9) | BLAST FURNACES / HAUT FOURNEAUX (10) | ELECTRICITY* / ELECTRICITE* (11) |
|---|---|---|---|---|---|---|---|---|---|---|---|
| | UNIT: 1000 METRIC TONS / UNITE: 1000 TONNES METRIQUES | | | | | | TCAL / TCAL | MANUFACTURED GAS (TCAL) / GAZ MANUFACTURE (TCAL) | | | MILLIONS OF (DE) KWH |
| PRODUCTION | 195 | 1 | 258 | - | - | - | - | 615 | 427 | 413 | 13818 |
| FROM OTHER SOURCES | - | - | - | - | - | - | - | - | - | - | - |
| IMPORT | 415 | - | 82 | - | - | - | - | - | - | - | 381 |
| EXPORT | - | - | - | - | - | - | - | - | - | - | -927 |
| INTL. MARINE BUNKERS | - | - | - | - | - | - | - | - | - | - | - |
| STOCK CHANGES | -92 | - | -26 | - | - | - | - | - | - | - | - |
| DOMESTIC SUPPLY | 518 | 1 | 314 | - | - | - | - | 615 | 427 | 413 | 13272 |
| RETURNS TO SUPPLY | - | - | - | - | - | - | - | - | - | - | - |
| TRANSFERS | - | - | - | - | - | - | - | - | - | - | - |
| DOMESTIC AVAILABILITY | 518 | 1 | 314 | - | - | - | - | 615 | 427 | 413 | 13272 |
| STATISTICAL DIFFERENCE | -17 | - | -31 | - | - | - | - | -1 | - | - | - |
| TRANSFORM. SECTOR ** | 447 | - | 53 | - | - | - | - | - | 50 | 207 | - |
| FOR SOLID FUELS | 347 | - | - | - | - | - | - | - | - | - | - |
| FOR GASES | - | - | 53 | - | - | - | - | - | - | - | - |
| PETROLEUM REFINERIES | - | - | - | - | - | - | - | - | - | - | - |
| THERMO-ELECTRIC PLANTS | 100 | - | - | - | - | - | - | - | 50 | 207 | - |
| ENERGY SECTOR | - | - | - | - | - | - | - | 43 | 245 | 198 | 2046 |
| COAL MINES | - | - | - | - | - | - | - | - | - | - | 6 |
| OIL AND GAS EXTRACTION | - | - | - | - | - | - | - | - | - | - | - |
| PETROLEUM REFINERIES | - | - | - | - | - | - | - | - | - | - | 141 |
| ELECTRIC PLANTS | - | - | - | - | - | - | - | - | - | - | 358 |
| DISTRIBUTION LOSSES | - | - | - | - | - | - | - | 42 | 62 | 10 | 1462 |
| PUMP STORAGE (ELECTR.) | - | - | - | - | - | - | - | - | - | - | 61 |
| OTHER ENERGY SECTOR | - | - | - | - | - | - | - | 1 | 183 | 188 | 18 |
| FINAL CONSUMPTION | 88 | 1 | 292 | - | - | - | - | 573 | 132 | 8 | 11226 |
| INDUSTRY SECTOR | 60 | 1 | 288 | - | - | - | - | 27 | 132 | 8 | 6499 |
| IRON AND STEEL | 28 | - | 257 | - | - | - | - | - | 132 | 8 | 381 |
| CHEMICAL | 2 | 1 | 31 | - | - | - | - | - | - | - | 1121 |
| PETROCHEMICAL | - | - | - | - | - | - | - | - | - | - | 11 |
| NON-FERROUS METAL | - | - | - | - | - | - | - | - | - | - | 608 |
| NON-METALLIC MINERAL | 23 | - | - | - | - | - | - | - | - | - | 913 |
| PAPER PULP AND PRINT | - | - | - | - | - | - | - | - | - | - | 639 |
| MINING AND QUARRYING | - | - | - | - | - | - | - | - | - | - | 85 |
| FOOD AND TOBACCO | 4 | - | - | - | - | - | - | - | - | - | 542 |
| WOOD AND WOOD PRODUCTS | - | - | - | - | - | - | - | - | - | - | 242 |
| MACHINERY | - | - | - | - | - | - | - | - | - | - | 432 |
| TRANSPORT EQUIPMENT | - | - | - | - | - | - | - | - | - | - | 143 |
| CONSTRUCTION | - | - | - | - | - | - | - | - | - | - | 52 |
| TEXTILES AND LEATHER | - | - | - | - | - | - | - | - | - | - | 1008 |
| NON SPECIFIED | 3 | - | - | - | - | - | - | 27 | - | - | 322 |
| NON-ENERGY USES: | | | | | | | | | | | |
| (1)ENERGY PRODUCTS | - | - | - | - | - | - | - | - | - | - | - |
| (2)NON-ENERGY PRODUCTS | - | - | - | - | - | - | - | - | - | - | - |
| TRANSPORT. SECTOR ** | 18 | - | - | - | - | - | - | - | - | - | 231 |
| AIR TRANSPORT | - | - | - | - | - | - | - | - | - | - | - |
| ROAD TRANSPORT | - | - | - | - | - | - | - | - | - | - | - |
| RAILWAYS | 18 | - | - | - | - | - | - | - | - | - | 231 |
| INTERNAL NAVIGATION | - | - | - | - | - | - | - | - | - | - | - |
| OTHER SECTORS ** | 10 | - | 4 | - | - | - | - | 546 | - | - | 4496 |
| AGRICULTURE | - | - | - | - | - | - | - | - | - | - | 79 |
| PUBLIC SERVICES | 5 | - | - | - | - | - | - | 20 | - | - | - |
| COMMERCE | - | - | - | - | - | - | - | 101 | - | - | 1826 |
| RESIDENTIAL | 5 | - | 4 | - | - | - | - | 279 | - | - | 2591 |

(1) INCLUDED IN CHEMICAL OR PETROCHEMICAL INDUSTRY
(2) INCLUDED ONLY IN TOTAL INDUSTRY

** INCLUDED IN THESE TOTALS ARE THE NON-SPECIFIED ELEMENTS

| * OF WHICH: HYDRO | 10009 |
|---|---|
| NUCLEAR | 0 |
| CONVENTIONAL THERMAL | 3809 |
| GEOTHERMAL | 0 |

PRODUCTION ET UTILISATION DES SOURCES D ENERGIE : PORTUGAL

1977

UNIT: 1000 METRIC TONS
UNITE: 1000 TONNES METRIQUES

| OIL PETROLE | | | REFINERY GAS | LIQUEFIED PETROLEUM GASES | AVIATION GASOLINE | MOTOR GASOLINE | JET FUEL | KEROSENE | GAS/DIESEL OIL | RESIDUAL FUEL OIL | NAPHTHA | NON-ENERGY PRODUCTS |
|---|---|---|---|---|---|---|---|---|---|---|---|---|
| CRUDE* BRUT* | NGL GNL | FEEDST. | GAZ DE PETROLE | GAZ LIQUEFIES DE PETROLE | ESSENCE AVION | ESSENCE AUTO | CARBURANT REACTEUR | PETROLE LAMPANT | GAZ/DIESEL OIL | FUEL OIL RESIDUEL | NAPHTHA | PRODUITS NON-ENERGETIQUES |
| 12 | 13 | 14 | 15 | 16 | 17 | 18 | 19 | 20 | 21 | 22 | 23 | 24 |
| - | - | - | 53 | 144 | - | 763 | 387 | 84 | 1283 | 2590 | 291 | 157 |
| - | - | - | - | - | - | - | - | - | - | - | - | - |
| 6214 | - | - | - | 322 | 6 | - | 107 | - | 152 | 550 | - | 108 |
| - | - | - | - | - | - | -5 | -2 | -1 | -7 | - | - | -27 |
| - | - | - | - | - | - | - | - | - | -167 | -461 | - | -7 |
| -389 | - | - | - | -7 | - | -19 | 10 | - | -44 | -46 | 6 | -4 |
| 5825 | - | - | 53 | 459 | 6 | 739 | 502 | 83 | 1217 | 2633 | 297 | 227 |
| 78 | - | - | - | - | - | - | - | - | - | - | - | - |
| - | - | - | - | - | - | - | - | - | - | - | - | - |
| 5903 | - | - | 53 | 459 | 6 | 739 | 502 | 83 | 1217 | 2633 | 297 | 227 |
| 23 | - | - | - | 6 | 2 | -21 | -10 | 7 | -21 | -128 | 4 | -5 |
| 5880 | - | - | 27 | - | - | - | - | - | 8 | 695 | 26 | - |
| - | - | - | - | - | - | - | - | - | - | - | - | - |
| - | - | - | 27 | - | - | - | - | - | - | - | 26 | - |
| 5880 | - | - | - | - | - | - | - | - | - | - | - | - |
| - | - | - | - | - | - | - | - | - | 8 | 695 | - | - |
| - | - | - | 26 | 1 | - | - | - | - | 2 | 306 | - | - |
| - | - | - | - | - | - | - | - | - | - | - | - | - |
| - | - | - | - | - | - | - | - | - | - | - | - | - |
| - | - | - | 26 | 1 | - | - | - | - | 2 | 306 | - | - |
| - | - | - | - | - | - | - | - | - | - | - | - | - |
| - | - | - | - | - | - | - | - | - | - | - | - | - |
| - | - | - | - | - | - | - | - | - | - | - | - | - |
| - | - | - | - | - | - | - | - | - | - | - | - | - |
| - | - | - | - | 452 | 4 | 760 | 512 | 76 | 1228 | 1760 | 267 | 232 |
| - | - | - | - | 88 | - | 4 | - | 10 | 115 | 1681 | 267 | 232 |
| - | - | - | - | 4 | - | - | - | - | 1 | 26 | - | - |
| - | - | - | - | 2 | - | - | - | - | 3 | 163 | - | - |
| - | - | - | - | - | - | - | - | - | - | - | 267 | - |
| - | - | - | - | 2 | - | - | - | - | - | 6 | - | - |
| - | - | - | - | 46 | - | - | - | 2 | 12 | 656 | - | - |
| - | - | - | - | 1 | - | - | - | - | 3 | 245 | - | - |
| - | - | - | - | - | - | - | - | - | 6 | 2 | - | 1 |
| - | - | - | - | 11 | - | 1 | - | 4 | 14 | 174 | - | 2 |
| - | - | - | - | 1 | - | - | - | - | 6 | 20 | - | - |
| - | - | - | - | 1 | - | - | - | - | - | - | - | - |
| - | - | - | - | 3 | - | 1 | - | - | 6 | 3 | - | - |
| - | - | - | - | - | - | - | - | - | - | - | - | - |
| - | - | - | - | - | - | - | - | - | - | - | - | - |
| - | - | - | - | 17 | - | 2 | - | 4 | 64 | 386 | - | 11 |
| - | - | - | - | - | - | - | - | - | - | - | 267 | - |
| - | - | - | - | - | - | - | - | - | - | - | - | 218 |
| - | - | - | - | - | 4 | 696 | 512 | - | 1007 | 6 | - | - |
| - | - | - | - | - | 4 | - | 512 | - | - | - | - | - |
| - | - | - | - | - | - | 696 | - | - | 950 | - | - | - |
| - | - | - | - | - | - | - | - | - | 50 | 1 | - | - |
| - | - | - | - | - | - | - | - | - | 7 | 5 | - | - |
| - | - | - | - | 364 | - | 60 | - | 66 | 106 | 73 | - | - |
| - | - | - | - | 2 | - | - | - | 27 | 10 | 6 | - | - |
| - | - | - | - | - | - | - | - | 32 | 36 | 20 | - | - |
| - | - | - | - | 10 | - | 17 | - | 7 | 44 | 37 | - | - |
| - | - | - | - | 350 | - | - | - | - | 3 | 7 | - | - |

*INCLUDED IN THIS COLUMN IS NGL AND FEEDSTOCKS.

## PRODUCTION AND USES OF ENERGY SOURCES : PORTUGAL

1978

| X XX ENERGY XX XX SOURCES XX XX XX PRODUCTION XX XX AND USES XX | UNIT: 1000 METRIC TONS / UNITE: 1000 TONNES METRIQUES | | | | | | TCAL / TCAL | MANUFACTURED GAS (TCAL) / GAZ MANUFACTURE (TCAL) | | | MILLIONS OF (DE) KWH |
|---|---|---|---|---|---|---|---|---|---|---|---|
| | HARD COAL / HOUILLE | PATENT FUEL / AGGLOMERES | COKE OVEN COKE / COKE DE FOUR | GAS COKE / COKE DE GAZ | BROWN COAL / LIGNITE | BKB / BRIQ. DE LIGNITE | NATURAL GAS / GAZ NATUREL | GAS WORKS / USINES A GAZ | COKE OVENS / COKERIES | BLAST FURNACES / HAUT FOURNEAUX | ELECTRICITY* / ELECTRICITE* |
| | 1 | 2 | 3 | 4 | 5 | 6 | 7 | 8 | 9 | 10 | 11 |
| PRODUCTION | 180 | - | 244 | - | - | - | - | 580 | 364 | 399 | 14653 |
| FROM OTHER SOURCES | - | - | - | - | - | - | - | - | - | - | - |
| IMPORT | 412 | 1 | 109 | - | - | - | - | - | - | - | 872 |
| EXPORT | - | - | - | - | - | - | - | - | - | - | -1090 |
| INTL. MARINE BUNKERS | - | - | - | - | - | - | - | - | - | - | - |
| STOCK CHANGES | 38 | - | -28 | - | - | - | - | - | - | - | - |
| DOMESTIC SUPPLY | 630 | 1 | 325 | - | - | - | - | 580 | 364 | 399 | 14435 |
| RETURNS TO SUPPLY | - | - | - | - | - | - | - | - | - | - | - |
| TRANSFERS | - | - | - | - | - | - | - | - | - | - | - |
| DOMESTIC AVAILABILITY | 630 | 1 | 325 | - | - | - | - | 580 | 364 | 399 | 14435 |
| STATISTICAL DIFFERENCE | 14 | - | - | - | - | - | - | - | - | 2 | - |
| TRANSFORM. SECTOR ** | 509 | - | 50 | - | - | - | - | - | 6 | 210 | - |
| FOR SOLID FUELS | 336 | - | - | - | - | - | - | - | - | - | - |
| FOR GASES | - | - | 50 | - | - | - | - | - | - | - | - |
| PETROLEUM REFINERIES | - | - | - | - | - | - | - | - | - | - | - |
| THERMO-ELECTRIC PLANTS | 173 | - | - | - | - | - | - | - | 6 | 210 | - |
| ENERGY SECTOR | - | - | - | - | - | - | - | 40 | 189 | 187 | 2252 |
| COAL MINES | - | - | - | - | - | - | - | - | - | - | 6 |
| OIL AND GAS EXTRACTION | - | - | - | - | - | - | - | - | - | - | - |
| PETROLEUM REFINERIES | - | - | - | - | - | - | - | - | - | - | 138 |
| ELECTRIC PLANTS | - | - | - | - | - | - | - | - | - | - | 416 |
| DISTRIBUTION LOSSES | - | - | - | - | - | - | - | 40 | 25 | - | 1592 |
| PUMP STORAGE (ELECTR.) | - | - | - | - | - | - | - | - | - | - | 77 |
| OTHER ENERGY SECTOR | - | - | - | - | - | - | - | - | 164 | 187 | 23 |
| FINAL CONSUMPTION | 107 | 1 | 275 | - | - | - | - | 540 | 169 | - | 12183 |
| INDUSTRY SECTOR | 91 | 1 | 273 | - | - | - | - | 25 | 169 | - | 7019 |
| IRON AND STEEL | 53 | - | 250 | - | - | - | - | - | 169 | - | 466 |
| CHEMICAL | 4 | 1 | 22 | - | - | - | - | - | - | - | 1101 |
| PETROCHEMICAL | - | - | - | - | - | - | - | - | - | - | 10 |
| NON-FERROUS METAL | - | - | - | - | - | - | - | - | - | - | 768 |
| NON-METALLIC MINERAL | 26 | - | - | - | - | - | - | - | - | - | 1019 |
| PAPER PULP AND PRINT | - | - | - | - | - | - | - | - | - | - | 649 |
| MINING AND QUARRYING | - | - | - | - | - | - | - | - | - | - | 88 |
| FOOD AND TOBACCO | 5 | - | - | - | - | - | - | - | - | - | 580 |
| WOOD AND WOOD PRODUCTS | - | - | - | - | - | - | - | - | - | - | 259 |
| MACHINERY | - | - | - | - | - | - | - | - | - | - | 469 |
| TRANSPORT EQUIPMENT | - | - | - | - | - | - | - | - | - | - | 148 |
| CONSTRUCTION | - | - | - | - | - | - | - | - | - | - | 54 |
| TEXTILES AND LEATHER | - | - | - | - | - | - | - | - | - | - | 1042 |
| NON SPECIFIED | 3 | - | 1 | - | - | - | - | 25 | - | - | 366 |
| NON-ENERGY USES: | | | | | | | | | | | |
| (1)ENERGY PRODUCTS | - | - | - | - | - | - | - | - | - | - | - |
| (2)NON-ENERGY PRODUCTS | - | - | - | - | - | - | - | - | - | - | - |
| TRANSPORT. SECTOR ** | 9 | - | - | - | - | - | - | - | - | - | 235 |
| AIR TRANSPORT | - | - | - | - | - | - | - | - | - | - | - |
| ROAD TRANSPORT | - | - | - | - | - | - | - | - | - | - | - |
| RAILWAYS | 9 | - | - | - | - | - | - | - | - | - | 235 |
| INTERNAL NAVIGATION | - | - | - | - | - | - | - | - | - | - | - |
| OTHER SECTORS ** | 7 | - | 2 | - | - | - | - | 515 | - | - | 4929 |
| AGRICULTURE | - | - | - | - | - | - | - | - | - | - | 85 |
| PUBLIC SERVICES | 5 | - | - | - | - | - | - | 20 | - | - | - |
| COMMERCE | - | - | - | - | - | - | - | 95 | - | - | 2031 |
| RESIDENTIAL | 2 | - | 2 | - | - | - | - | 263 | - | - | 2813 |

(1) INCLUDED IN CHEMICAL OR PETROCHEMICAL INDUSTRY
(2) INCLUDED ONLY IN TOTAL INDUSTRY

| * OF WHICH: HYDRO | 10865 |
|---|---|
| NUCLEAR | 0 |
| CONVENTIONAL THERMAL | 3788 |
| GEOTHERMAL | 0 |

** INCLUDED IN THESE TOTALS ARE THE NON-SPECIFIED ELEMENTS

## PRODUCTION ET UTILISATION DES SOURCES D ENERGIE : PORTUGAL

1978

UNIT: 1000 METRIC TONS
UNITE: 1000 TONNES METRIQUES

| OIL / PETROLE | | | REFINERY GAS | LIQUEFIED PETROLEUM GASES | AVIATION GASOLINE | MOTOR GASOLINE | JET FUEL | KEROSENE | GAS/DIESEL OIL | RESIDUAL FUEL OIL | NAPHTHA | NON-ENERGY PRODUCTS |
|---|---|---|---|---|---|---|---|---|---|---|---|---|
| CRUDE* BRUT* | NGL GNL | FEEDST. | GAZ DE PETROLE | GAZ LIQUEFIES DE PETROLE | ESSENCE AVION | ESSENCE AUTO | CARBURANT REACTEUR | PETROLE LAMPANT | GAZ/DIESEL OIL | FUEL OIL RESIDUEL | NAPHTHA | PRODUITS NON-ENERGETIQUES |
| 12 | 13 | 14 | 15 | 16 | 17 | 18 | 19 | 20 | 21 | 22 | 23 | 24 |
| - | - | - | 58 | 132 | - | 776 | 354 | 83 | 1307 | 2843 | 296 | 198 |
| - | - | - | - | - | - | - | - | - | - | - | - | - |
| 6296 | - | - | - | 324 | 4 | 6 | 167 | - | 227 | 336 | - | 150 |
| - | - | - | - | -1 | -1 | -22 | -7 | - | -24 | -72 | -16 | -23 |
| - | - | - | - | - | - | - | - | - | -202 | -410 | - | -7 |
| 212 | - | - | - | 2 | - | -4 | 14 | 1 | 82 | 153 | -22 | -5 |
| 6508 | - | - | 58 | 457 | 3 | 756 | 528 | 84 | 1390 | 2850 | 258 | 313 |
| 89 | - | - | - | - | - | - | - | - | - | - | - | - |
| - | - | - | - | - | - | - | - | - | - | - | - | - |
| 6597 | - | - | 58 | 457 | 3 | 756 | 528 | 84 | 1390 | 2850 | 258 | 313 |
| 16 | - | - | - | -2 | - | 3 | -15 | 2 | 26 | 15 | -2 | -2 |
| 6581 | - | - | 26 | - | - | - | - | - | 22 | 682 | 29 | - |
| - | - | - | - | - | - | - | - | - | - | - | - | - |
| - | - | - | 26 | - | - | - | - | - | - | - | 29 | - |
| 6581 | - | - | - | - | - | - | - | - | - | - | - | - |
| - | - | - | - | - | - | - | - | - | 22 | 682 | - | - |
| - | - | - | 32 | 3 | - | - | - | - | 5 | 287 | - | 63 |
| - | - | - | - | - | - | - | - | - | - | - | - | - |
| - | - | - | - | - | - | - | - | - | - | - | - | - |
| - | - | - | 32 | 3 | - | - | - | - | 3 | 285 | - | 63 |
| - | - | - | - | - | - | - | - | - | - | - | - | - |
| - | - | - | - | - | - | - | - | - | 2 | 2 | - | - |
| - | - | - | - | - | - | - | - | - | - | - | - | - |
| - | - | - | - | - | - | - | - | - | - | - | - | - |
| - | - | - | - | 456 | 3 | 753 | 543 | 82 | 1337 | 1866 | 231 | 252 |
| - | - | - | - | 89 | - | - | - | 10 | 116 | 1628 | 231 | 252 |
| - | - | - | - | 2 | - | - | - | - | 2 | 31 | - | - |
| - | - | - | - | 1 | - | - | - | - | 4 | 167 | - | - |
| - | - | - | - | - | - | - | - | - | - | - | 231 | - |
| - | - | - | - | 1 | - | - | - | - | - | 5 | - | - |
| - | - | - | - | 43 | - | - | - | 2 | 11 | 641 | - | - |
| - | - | - | - | 1 | - | - | - | 2 | 3 | 240 | - | - |
| - | - | - | - | - | - | - | - | - | - | - | - | - |
| - | - | - | - | 17 | - | - | - | - | 14 | 161 | - | 3 |
| - | - | - | - | 2 | - | - | - | - | 5 | 16 | - | - |
| - | - | - | - | 1 | - | - | - | - | - | - | - | - |
| - | - | - | - | 4 | - | - | - | - | 6 | 3 | - | - |
| - | - | - | - | - | - | - | - | - | - | - | - | - |
| - | - | - | - | - | - | - | - | - | - | - | - | - |
| - | - | - | - | 17 | - | - | - | 6 | 71 | 364 | - | 9 |
| - | - | - | - | - | - | - | - | - | - | - | 231 | - |
| - | - | - | - | - | - | - | - | - | - | - | - | 240 |
| - | - | - | - | - | 3 | 750 | 543 | - | 1152 | - | - | - |
| - | - | - | - | - | 3 | - | 543 | - | - | - | - | - |
| - | - | - | - | - | - | 750 | - | - | 1092 | - | - | - |
| - | - | - | - | - | - | - | - | - | 52 | - | - | - |
| - | - | - | - | - | - | - | - | - | 8 | - | - | - |
| - | - | - | - | 367 | - | 3 | - | 72 | 69 | 238 | - | - |
| - | - | - | - | 3 | - | - | - | 2 | 16 | 6 | - | - |
| - | - | - | - | - | - | - | - | 58 | 22 | 83 | - | - |
| - | - | - | - | 15 | - | 3 | - | 8 | 28 | 139 | - | - |
| - | - | - | - | 348 | - | - | - | - | 3 | 10 | - | - |

*INCLUDED IN THIS COLUMN IS NGL AND FEEDSTOCKS.

# PRODUCTION AND USES OF ENERGY SOURCES : PORTUGAL

1979

| X XX ENERGY XX XX SOURCES XX XX XX PRODUCTION XX XX AND USES XX | UNIT: 1000 METRIC TONS / UNITE: 1000 TONNES METRIQUES | | | | | | TCAL / TCAL | MANUFACTURED GAS (TCAL) / GAZ MANUFACTURE (TCAL) | | | MILLIONS / OF (DE) KWH |
|---|---|---|---|---|---|---|---|---|---|---|---|
| | HARD COAL / HOUILLE | PATENT FUEL / AGGLOMERES | COKE OVEN COKE / COKE DE FOUR | GAS COKE / COKE DE GAZ | BROWN COAL / LIGNITE | BKB / BRIQ. DE LIGNITE | NATURAL GAS / GAZ NATUREL | GAS WORKS / USINES A GAZ | COKE OVENS / COKERIES | BLAST FURNACES / HAUT FOURNEAUX | ELECTRICITY* / ELECTRICITE* |
| | 1 | 2 | 3 | 4 | 5 | 6 | 7 | 8 | 9 | 10 | 11 |
| PRODUCTION | 179 | - | 237 | - | - | - | - | 580 | 432 | 430 | 16153 |
| FROM OTHER SOURCES | - | - | - | - | - | - | - | - | - | - | - |
| IMPORT | 380 | 1 | 107 | - | - | - | - | - | - | - | 931 |
| EXPORT | - | - | - | - | - | - | - | - | - | - | -1134 |
| INTL. MARINE BUNKERS | - | - | - | - | - | - | - | - | - | - | - |
| STOCK CHANGES | 70 | - | -7 | - | - | - | - | - | - | - | - |
| DOMESTIC SUPPLY | 629 | 1 | 337 | - | - | - | - | 580 | 432 | 430 | 15950 |
| RETURNS TO SUPPLY | - | - | - | - | - | - | - | - | - | - | - |
| TRANSFERS | - | - | - | - | - | - | - | - | - | - | - |
| DOMESTIC AVAILABILITY | 629 | 1 | 337 | - | - | - | - | 580 | 432 | 430 | 15950 |
| STATISTICAL DIFFERENCE | 19 | - | - | - | - | - | - | - | - | - | - |
| TRANSFORM. SECTOR ** | 525 | - | 50 | - | - | - | - | - | 20 | 223 | - |
| FOR SOLID FUELS | 306 | - | - | - | - | - | - | - | - | - | - |
| FOR GASES | - | - | 50 | - | - | - | - | - | - | - | - |
| PETROLEUM REFINERIES | - | - | - | - | - | - | - | - | - | - | - |
| THERMO-ELECTRIC PLANTS | 219 | - | - | - | - | - | - | - | 20 | 223 | - |
| ENERGY SECTOR | - | - | - | - | - | - | - | 40 | 246 | 207 | 2573 |
| COAL MINES | - | - | - | - | - | - | - | - | - | - | 6 |
| OIL AND GAS EXTRACTION | - | - | - | - | - | - | - | - | - | - | - |
| PETROLEUM REFINERIES | - | - | - | - | - | - | - | - | - | - | 230 |
| ELECTRIC PLANTS | - | - | - | - | - | - | - | - | - | - | 475 |
| DISTRIBUTION LOSSES | - | - | - | - | - | - | - | 40 | 62 | - | 1782 |
| PUMP STORAGE (ELECTR.) | - | - | - | - | - | - | - | - | - | - | 54 |
| OTHER ENERGY SECTOR | - | - | - | - | - | - | - | - | 184 | 207 | 26 |
| FINAL CONSUMPTION | 85 | 1 | 287 | - | - | - | - | 540 | 166 | - | 13377 |
| INDUSTRY SECTOR | 75 | 1 | 280 | - | - | - | - | 25 | 166 | - | 7749 |
| IRON AND STEEL | 43 | - | 246 | - | - | - | - | - | 166 | - | 496 |
| CHEMICAL | - | 1 | 17 | - | - | - | - | - | - | - | 1267 |
| PETROCHEMICAL | - | - | - | - | - | - | - | - | - | - | 10 |
| NON-FERROUS METAL | - | - | - | - | - | - | - | - | - | - | 861 |
| NON-METALLIC MINERAL | 26 | - | - | - | - | - | - | - | - | - | 1100 |
| PAPER PULP AND PRINT | - | - | - | - | - | - | - | - | - | - | 721 |
| MINING AND QUARRYING | - | - | - | - | - | - | - | - | - | - | 91 |
| FOOD AND TOBACCO | 4 | - | - | - | - | - | - | - | - | - | 645 |
| WOOD AND WOOD PRODUCTS | - | - | - | - | - | - | - | - | - | - | 295 |
| MACHINERY | - | - | - | - | - | - | - | - | - | - | 512 |
| TRANSPORT EQUIPMENT | - | - | - | - | - | - | - | - | - | - | 152 |
| CONSTRUCTION | - | - | - | - | - | - | - | - | - | - | 52 |
| TEXTILES AND LEATHER | - | - | - | - | - | - | - | - | - | - | 1151 |
| NON SPECIFIED | 2 | - | 17 | - | - | - | - | 25 | - | - | 396 |
| NON-ENERGY USES: | | | | | | | | | | | |
| (1)ENERGY PRODUCTS | - | - | - | - | - | - | - | - | - | - | - |
| (2)NON-ENERGY PRODUCTS | - | - | - | - | - | - | - | - | - | - | - |
| TRANSPORT. SECTOR ** | 4 | - | - | - | - | - | - | - | - | - | 242 |
| AIR TRANSPORT | - | - | - | - | - | - | - | - | - | - | - |
| ROAD TRANSPORT | - | - | - | - | - | - | - | - | - | - | - |
| RAILWAYS | 4 | - | - | - | - | - | - | - | - | - | 242 |
| INTERNAL NAVIGATION | - | - | - | - | - | - | - | - | - | - | - |
| OTHER SECTORS ** | 6 | - | 7 | - | - | - | - | 515 | - | - | 5386 |
| AGRICULTURE | - | - | - | - | - | - | - | - | - | - | 90 |
| PUBLIC SERVICES | 5 | - | - | - | - | - | - | 20 | - | - | - |
| COMMERCE | - | - | - | - | - | - | - | 95 | - | - | 2254 |
| RESIDENTIAL | 1 | - | 7 | - | - | - | - | 260 | - | - | 3042 |

(1) INCLUDED IN CHEMICAL OR PETROCHEMICAL INDUSTRY
(2) INCLUDED ONLY IN TOTAL INDUSTRY

| * OF WHICH: | |
|---|---|
| HYDRO | 11251 |
| NUCLEAR | 0 |
| CONVENTIONAL THERMAL | 4902 |
| GEOTHERMAL | 0 |

** INCLUDED IN THESE TOTALS ARE THE NON-SPECIFIED ELEMENTS

UNIT: 1000 METRIC TONS
UNITE: 1000 TONNES METRIQUES

| OIL / PETROLE: CRUDE / BRUT 12 | OIL / PETROLE: NGL / GNL 13 | OIL / PETROLE: FEEDST. 14 | REFINERY GAS / GAZ DE PETROLE 15 | LIQUEFIED PETROLEUM GASES / GAZ LIQUEFIES DE PETROLE 16 | AVIATION GASOLINE / ESSENCE AVION 17 | MOTOR GASOLINE / ESSENCE AUTO 18 | JET FUEL / CARBURANT REACTEUR 19 | KEROSENE / PETROLE LAMPANT 20 | GAS/DIESEL OIL / GAZ/DIESEL OIL 21 | RESIDUAL FUEL OIL / FUEL OIL RESIDUEL 22 | NAPHTHA / NAPHTHA 23 | NON-ENERGY PRODUCTS / PRODUITS NON-ENERGETIQUES 24 |
|---|---|---|---|---|---|---|---|---|---|---|---|---|
| - | - | - | 41 | 173 | - | 1033 | 456 | 118 | 1901 | 3716 | 304 | 178 |
| - | - | - | - | - | - | - | - | - | - | - | - | - |
| 8478 | - | 7 | - | 330 | 3 | 3 | 183 | - | 255 | 439 | - | 126 |
| - | - | - | - | -1 | - | -196 | -28 | -37 | -251 | -311 | -21 | -17 |
| - | - | - | - | - | - | - | - | - | -182 | -324 | - | -10 |
| -183 | - | -5 | - | -22 | - | -90 | -76 | -8 | -157 | -277 | -9 | 221 |
| 8295 | - | 2 | 41 | 480 | 3 | 750 | 535 | 73 | 1566 | 3243 | 274 | 498 |
| - | - | 90 | - | - | - | - | - | - | - | - | - | - |
| - | - | - | - | - | - | - | - | - | - | - | - | - |
| 8295 | - | 92 | 41 | 480 | 3 | 750 | 535 | 73 | 1566 | 3243 | 274 | 498 |
| 8 | - | 1 | - | 3 | 1 | 2 | 4 | 1 | 32 | 20 | -2 | -10 |
| 8287 | - | 91 | 28 | 1 | - | - | - | - | 22 | 1053 | 29 | - |
| - | - | - | - | - | - | - | - | - | - | - | - | - |
| - | - | - | 28 | 1 | - | - | - | - | - | - | 29 | - |
| 8287 | - | 91 | - | - | - | - | - | - | - | - | - | - |
| - | - | - | - | - | - | - | - | - | 22 | 1053 | - | - |
| - | - | - | 13 | 5 | - | - | - | - | 5 | 178 | - | 41 |
| - | - | - | - | - | - | - | - | - | - | - | - | - |
| - | - | - | - | - | - | - | - | - | - | - | - | - |
| - | - | - | 13 | 5 | - | - | - | - | 3 | 177 | - | 41 |
| - | - | - | - | - | - | - | - | - | - | - | - | - |
| - | - | - | - | - | - | - | - | - | 2 | 1 | - | - |
| - | - | - | - | - | - | - | - | - | - | - | - | - |
| - | - | - | - | - | - | - | - | - | - | - | - | - |
| - | - | - | - | 471 | 2 | 748 | 531 | 72 | 1507 | 1992 | 247 | 467 |
| - | - | - | - | 95 | - | 2 | - | 12 | 123 | 1754 | 247 | 467 |
| - | - | - | - | 2 | - | - | - | - | 2 | 30 | - | - |
| - | - | - | - | 1 | - | - | - | - | 4 | 170 | - | - |
| - | - | - | - | - | - | - | - | - | - | - | 247 | - |
| - | - | - | - | 1 | - | - | - | - | - | 7 | - | - |
| - | - | - | - | 37 | - | - | - | - | 11 | 742 | - | - |
| - | - | - | - | 2 | - | - | - | - | 4 | 255 | - | - |
| - | - | - | - | - | - | - | - | - | - | 2 | - | - |
| - | - | - | - | 14 | - | - | - | - | 13 | 173 | - | 4 |
| - | - | - | - | 2 | - | - | - | - | 6 | 12 | - | - |
| - | - | - | - | 2 | - | - | - | - | - | - | - | - |
| - | - | - | - | 4 | - | - | - | - | 10 | 5 | - | - |
| - | - | - | - | - | - | - | - | - | - | - | - | - |
| - | - | - | - | - | - | - | - | - | - | - | - | - |
| - | - | - | - | 30 | - | 2 | - | 12 | 73 | 358 | - | 11 |
| - | - | - | - | - | - | - | - | - | - | - | 247 | - |
| - | - | - | - | - | - | - | - | - | - | - | - | 452 |
| - | - | - | - | - | 2 | 744 | 531 | - | 1274 | - | - | - |
| - | - | - | - | - | 2 | - | 531 | - | - | - | - | - |
| - | - | - | - | - | - | 744 | - | - | 1208 | - | - | - |
| - | - | - | - | - | - | - | - | - | 58 | - | - | - |
| - | - | - | - | - | - | - | - | - | 8 | - | - | - |
| - | - | - | - | 376 | - | 2 | - | 60 | 110 | 238 | - | - |
| - | - | - | - | 4 | - | - | - | 2 | 14 | 7 | - | - |
| - | - | - | - | - | - | - | - | 19 | 40 | 71 | - | - |
| - | - | - | - | 104 | - | 2 | - | 17 | 54 | 140 | - | - |
| - | - | - | - | 268 | - | - | - | - | - | 20 | - | - |

## PRODUCTION AND USES OF ENERGY SOURCES : PORTUGAL

1980

| ENERGY SOURCES / PRODUCTION AND USES | UNIT: 1000 METRIC TONS / UNITE: 1000 TONNES METRIQUES | | | | | | TCAL / TCAL | MANUFACTURED GAS (TCAL) / GAZ MANUFACTURE (TCAL) | | | MILLIONS OF (DE) KWH |
|---|---|---|---|---|---|---|---|---|---|---|---|
| | HARD COAL / HOUILLE | PATENT FUEL / AGGLOMERES | COKE OVEN COKE / COKE DE FOUR | GAS COKE / COKE DE GAZ | BROWN COAL / LIGNITE | BKB / BRIQ. DE LIGNITE | NATURAL GAS / GAZ NATUREL | GAS WORKS / USINES A GAZ | COKE OVENS / COKERIES | BLAST FURNACES / HAUT FOURNEAUX | ELECTRICITY* / ELECTRICITE* |
| | 1 | 2 | 3 | 4 | 5 | 6 | 7 | 8 | 9 | 10 | 11 |
| PRODUCTION | 177 | - | 216 | - | - | - | - | 590 | 439 | 482 | 15263 |
| FROM OTHER SOURCES | - | - | - | - | - | - | - | - | - | - | - |
| IMPORT | 398 | 1 | 102 | - | - | - | - | - | - | - | 2346 |
| EXPORT | - | - | - | - | - | - | - | - | - | - | -518 |
| INTL. MARINE BUNKERS | - | - | - | - | - | - | - | - | - | - | - |
| STOCK CHANGES | 29 | - | -1 | - | - | - | - | - | - | - | - |
| DOMESTIC SUPPLY | 604 | 1 | 317 | - | - | - | - | 590 | 439 | 482 | 17091 |
| RETURNS TO SUPPLY | - | - | - | - | - | - | - | - | - | - | - |
| TRANSFERS | - | - | - | - | - | - | - | - | - | - | - |
| DOMESTIC AVAILABILITY | 604 | 1 | 317 | - | - | - | - | 590 | 439 | 482 | 17091 |
| STATISTICAL DIFFERENCE | -8 | - | - | - | - | - | - | - | - | - | - |
| TRANSFORM. SECTOR ** | 519 | - | 40 | - | - | - | - | - | 10 | 262 | - |
| FOR SOLID FUELS | 307 | - | - | - | - | - | - | - | - | - | - |
| FOR GASES | - | - | 40 | - | - | - | - | - | - | - | - |
| PETROLEUM REFINERIES | - | - | - | - | - | - | - | - | - | - | - |
| THERMO-ELECTRIC PLANTS | 212 | - | - | - | - | - | - | - | 10 | 262 | - |
| ENERGY SECTOR | - | - | - | - | - | - | - | 41 | 260 | 220 | 2747 |
| COAL MINES | - | - | - | - | - | - | - | - | - | - | 5 |
| OIL AND GAS EXTRACTION | - | - | - | - | - | - | - | - | - | - | - |
| PETROLEUM REFINERIES | - | - | - | - | - | - | - | - | - | - | 228 |
| ELECTRIC PLANTS | - | - | - | - | - | - | - | - | - | - | 537 |
| DISTRIBUTION LOSSES | - | - | - | - | - | - | - | 41 | 62 | - | 1870 |
| PUMP STORAGE (ELECTR.) | - | - | - | - | - | - | - | - | - | - | 82 |
| OTHER ENERGY SECTOR | - | - | - | - | - | - | - | - | 198 | 220 | 25 |
| FINAL CONSUMPTION | 93 | 1 | 277 | - | - | - | - | 549 | 169 | - | 14344 |
| INDUSTRY SECTOR | 84 | 1 | 276 | - | - | - | - | 24 | 169 | - | 8210 |
| IRON AND STEEL | 53 | - | 259 | - | - | - | - | - | 169 | - | 486 |
| CHEMICAL | 3 | 1 | 16 | - | - | - | - | - | - | - | 1291 |
| PETROCHEMICAL | - | - | - | - | - | - | - | - | - | - | 10 |
| NON-FERROUS METAL | - | - | - | - | - | - | - | - | - | - | 861 |
| NON-METALLIC MINERAL | 23 | - | - | - | - | - | - | - | - | - | 1160 |
| PAPER PULP AND PRINT | - | - | - | - | - | - | - | - | - | - | 816 |
| MINING AND QUARRYING | - | - | - | - | - | - | - | - | - | - | 99 |
| FOOD AND TOBACCO | 2 | - | - | - | - | - | - | - | - | - | 702 |
| WOOD AND WOOD PRODUCTS | - | - | - | - | - | - | - | - | - | - | 329 |
| MACHINERY | - | - | - | - | - | - | - | - | - | - | 558 |
| TRANSPORT EQUIPMENT | - | - | - | - | - | - | - | - | - | - | 160 |
| CONSTRUCTION | - | - | - | - | - | - | - | - | - | - | 56 |
| TEXTILES AND LEATHER | - | - | - | - | - | - | - | - | - | - | 1268 |
| NON SPECIFIED | 3 | - | 1 | - | - | - | - | 24 | - | - | 414 |
| NON-ENERGY USES: | | | | | | | | | | | |
| (1)ENERGY PRODUCTS | - | - | - | - | - | - | - | - | - | - | - |
| (2)NON-ENERGY PRODUCTS | - | - | - | - | - | - | - | - | - | - | - |
| TRANSPORT. SECTOR ** | 1 | - | - | - | - | - | - | - | - | - | 246 |
| AIR TRANSPORT | - | - | - | - | - | - | - | - | - | - | - |
| ROAD TRANSPORT | - | - | - | - | - | - | - | - | - | - | - |
| RAILWAYS | 1 | - | - | - | - | - | - | - | - | - | 246 |
| INTERNAL NAVIGATION | - | - | - | - | - | - | - | - | - | - | - |
| OTHER SECTORS ** | 8 | - | 1 | - | - | - | - | 525 | - | - | 5888 |
| AGRICULTURE | - | - | - | - | - | - | - | - | - | - | 107 |
| PUBLIC SERVICES | 6 | - | - | - | - | - | - | 18 | - | - | - |
| COMMERCE | - | - | - | - | - | - | - | 94 | - | - | 2506 |
| RESIDENTIAL | 1 | - | 1 | - | - | - | - | 265 | - | - | 3275 |

(1) INCLUDED IN CHEMICAL OR PETROCHEMICAL INDUSTRY
(2) INCLUDED ONLY IN TOTAL INDUSTRY

| * OF WHICH: | |
|---|---|
| HYDRO | 8072 |
| NUCLEAR | 0 |
| CONVENTIONAL THERMAL | 7190 |
| GEOTHERMAL | 1 |

** INCLUDED IN THESE TOTALS ARE THE NON-SPECIFIED ELEMENTS

PRODUCTION ET UTILISATION DES SOURCES D ENERGIE : PORTUGAL

1980

UNIT: 1000 METRIC TONS
UNITE: 1000 TONNES METRIQUES

| OIL PETROLE | | | REFINERY GAS | LIQUEFIED PETROLEUM GASES | AVIATION GASOLINE | MOTOR GASOLINE | JET FUEL | KEROSENE | GAS/DIESEL OIL | RESIDUAL FUEL OIL | NAPHTHA | NON-ENERGY PRODUCTS |
|---|---|---|---|---|---|---|---|---|---|---|---|---|
| CRUDE BRUT | NGL GNL | FEEDST. | GAZ DE PETROLE | GAZ LIQUEFIES DE PETROLE | ESSENCE AVION | ESSENCE AUTO | CARBURANT REACTEUR | PETROLE LAMPANT | GAZ/DIESEL OIL | FUEL OIL RESIDUEL | NAPHTHA | PRODUITS NON-ENERGETIQUES |
| 12 | 13 | 14 | 15 | 16 | 17 | 18 | 19 | 20 | 21 | 22 | 23 | 24 |
| - | - | - | 28 | 220 | 13 | 975 | 419 | 73 | 1866 | 3473 | 203 | 339 |
| - | - | - | - | - | - | - | - | - | - | - | - | - |
| 8260 | - | 56 | - | 280 | 7 | - | 70 | - | 150 | 692 | 47 | 95 |
| - | - | - | - | -1 | - | -185 | - | -1 | -49 | -139 | - | -12 |
| - | - | - | - | - | - | - | - | - | -168 | -262 | - | -5 |
| -704 | - | 11 | - | 5 | -5 | -34 | 16 | 5 | -18 | 40 | 5 | -22 |
| 7556 | - | 67 | 28 | 504 | 15 | 756 | 505 | 77 | 1781 | 3804 | 255 | 395 |
| - | - | 75 | - | - | - | - | - | - | - | - | - | - |
| - | - | - | - | - | - | - | - | - | -9 | -31 | - | - |
| 7556 | - | 142 | 28 | 504 | 15 | 756 | 505 | 77 | 1772 | 3773 | 255 | 395 |
| 9 | - | 4 | -1 | 4 | - | 5 | 8 | 10 | 30 | -24 | 2 | -12 |
| 7547 | - | 138 | 28 | - | - | - | - | - | 56 | 1407 | 30 | - |
| - | - | - | - | - | - | - | - | - | - | - | - | - |
| - | - | - | 28 | - | - | - | - | - | - | - | 30 | - |
| 7547 | - | 138 | - | - | - | - | - | - | - | - | - | - |
| - | - | - | - | - | - | - | - | - | 56 | 1407 | - | - |
| - | - | - | 1 | 2 | - | - | - | - | 11 | 345 | - | 76 |
| - | - | - | - | - | - | - | - | - | - | - | - | - |
| - | - | - | 1 | 2 | - | - | - | - | 6 | 343 | - | 76 |
| - | - | - | - | - | - | - | - | - | - | - | - | - |
| - | - | - | - | - | - | - | - | - | 5 | 2 | - | - |
| - | - | - | - | - | - | - | - | - | - | - | - | - |
| - | - | - | - | - | - | - | - | - | - | - | - | - |
| - | - | - | - | 498 | 15 | 751 | 497 | 67 | 1675 | 2045 | 223 | 331 |
| - | - | - | - | 106 | - | 1 | - | 11 | 131 | 1987 | 223 | 323 |
| - | - | - | - | 8 | - | - | - | - | 2 | 26 | - | - |
| - | - | - | - | 2 | - | - | - | - | 4 | 236 | - | - |
| - | - | - | - | - | - | - | - | - | - | - | 223 | - |
| - | - | - | - | 2 | - | - | - | - | 1 | 10 | - | - |
| - | - | - | - | 21 | - | - | - | - | 8 | 996 | - | - |
| - | - | - | - | 2 | - | - | - | - | 4 | 395 | - | - |
| - | - | - | - | - | - | - | - | - | 6 | 12 | - | - |
| - | - | - | - | 12 | - | - | - | - | 12 | 232 | - | - |
| - | - | - | - | - | - | - | - | - | - | - | - | - |
| - | - | - | - | 3 | - | - | - | - | 1 | 10 | - | - |
| - | - | - | - | 4 | - | - | - | - | 15 | 6 | - | - |
| - | - | - | - | - | - | - | - | - | - | - | - | - |
| - | - | - | - | - | - | - | - | - | - | - | - | - |
| - | - | - | - | 52 | - | 1 | - | 11 | 78 | 64 | - | - |
| - | - | - | - | - | - | - | - | - | - | - | 223 | - |
| - | - | - | - | - | - | - | - | - | - | - | - | 323 |
| - | - | - | - | - | 15 | 747 | 497 | - | 1188 | 13 | - | - |
| - | - | - | - | - | 15 | - | 497 | - | - | - | - | - |
| - | - | - | - | - | - | 747 | - | - | 1129 | - | - | - |
| - | - | - | - | - | - | - | - | - | 50 | - | - | - |
| - | - | - | - | - | - | - | - | - | 9 | - | - | - |
| - | - | - | - | 392 | - | 3 | - | 56 | 356 | 45 | - | 8 |
| - | - | - | - | - | - | - | - | 1 | 300 | 7 | - | - |
| - | - | - | - | - | - | 2 | - | 52 | 15 | 17 | - | 8 |
| - | - | - | - | 105 | - | - | - | - | 41 | - | - | - |
| - | - | - | - | 287 | - | - | - | - | - | 21 | - | - |

## PRODUCTION AND USES OF ENERGY SOURCES : PORTUGAL

1981

| ENERGY SOURCES / PRODUCTION AND USES | UNIT: 1000 METRIC TONS / UNITE: 1000 TONNES METRIQUES | | | | | | TCAL / TCAL | MANUFACTURED GAS (TCAL) / GAZ MANUFACTURE (TCAL) | | | MILLIONS OF (DE) KWH |
|---|---|---|---|---|---|---|---|---|---|---|---|
| | HARD COAL / HOUILLE | PATENT FUEL / AGGLOMERES | COKE OVEN COKE / COKE DE FOUR | GAS COKE / COKE DE GAZ | BROWN COAL / LIGNITE | BKB / BRIQ. DE LIGNITE | NATURAL GAS / GAZ NATUREL | GAS WORKS / USINES A GAZ | COKE OVENS / COKERIES | BLAST FURNACES / HAUT FOURNEAUX | ELECTRICITY* / ELECTRICITE* |
| | 1 | 2 | 3 | 4 | 5 | 6 | 7 | 8 | 9 | 10 | 11 |
| PRODUCTION | 183 | - | 198 | - | - | - | - | 595 | 388 | 393 | 13948 |
| FROM OTHER SOURCES | - | - | - | - | - | - | - | - | - | - | - |
| IMPORT | 313 | - | 52 | - | - | - | - | - | - | - | 3200 |
| EXPORT | - | - | - | - | - | - | - | - | - | - | -140 |
| INTL. MARINE BUNKERS | - | - | - | - | - | - | - | - | - | - | - |
| STOCK CHANGES | 70 | 1 | 13 | - | - | - | - | - | - | - | - |
| DOMESTIC SUPPLY | 566 | 1 | 263 | - | - | - | - | 595 | 388 | 393 | 17008 |
| RETURNS TO SUPPLY | - | - | - | - | - | - | - | - | - | - | - |
| TRANSFERS | - | - | - | - | - | - | - | - | - | - | - |
| DOMESTIC AVAILABILITY | 566 | 1 | 263 | - | - | - | - | 595 | 388 | 393 | 17008 |
| STATISTICAL DIFFERENCE | -1 | - | 5 | - | - | - | - | - | - | - | - |
| TRANSFORM. SECTOR ** | 493 | - | 50 | - | - | - | - | - | 9 | 188 | - |
| FOR SOLID FUELS | 272 | - | - | - | - | - | - | - | - | - | - |
| FOR GASES | - | - | 50 | - | - | - | - | - | - | - | - |
| PETROLEUM REFINERIES | - | - | - | - | - | - | - | - | - | - | - |
| THERMO-ELECTRIC PLANTS | 221 | - | - | - | - | - | - | - | 9 | 188 | - |
| ENERGY SECTOR | - | - | - | - | - | - | - | 45 | 227 | 205 | 2837 |
| COAL MINES | - | - | - | - | - | - | - | - | - | - | 5 |
| OIL AND GAS EXTRACTION | - | - | - | - | - | - | - | - | - | - | - |
| PETROLEUM REFINERIES | - | - | - | - | - | - | - | - | - | - | 267 |
| ELECTRIC PLANTS | - | - | - | - | - | - | - | - | - | - | 571 |
| DISTRIBUTION LOSSES | - | - | - | - | - | - | - | 45 | 59 | 27 | 1860 |
| PUMP STORAGE (ELECTR.) | - | - | - | - | - | - | - | - | - | - | 108 |
| OTHER ENERGY SECTOR | - | - | - | - | - | - | - | - | 168 | 178 | 26 |
| FINAL CONSUMPTION | 74 | 1 | 208 | - | - | - | - | 550 | 152 | - | 14171 |
| INDUSTRY SECTOR | 69 | 1 | 206 | - | - | - | - | 24 | 152 | - | 8111 |
| IRON AND STEEL | 45 | - | 193 | - | - | - | - | - | 152 | - | 480 |
| CHEMICAL | 2 | 1 | 12 | - | - | - | - | - | - | - | 1275 |
| PETROCHEMICAL | - | - | - | - | - | - | - | - | - | - | 10 |
| NON-FERROUS METAL | - | - | - | - | - | - | - | - | - | - | 851 |
| NON-METALLIC MINERAL | 16 | - | - | - | - | - | - | - | - | - | 1146 |
| PAPER PULP AND PRINT | - | - | - | - | - | - | - | - | - | - | 806 |
| MINING AND QUARRYING | - | - | - | - | - | - | - | - | - | - | 98 |
| FOOD AND TOBACCO | 3 | - | - | - | - | - | - | - | - | - | 694 |
| WOOD AND WOOD PRODUCTS | - | - | - | - | - | - | - | - | - | - | 325 |
| MACHINERY | - | - | 1 | - | - | - | - | - | - | - | 551 |
| TRANSPORT EQUIPMENT | - | - | - | - | - | - | - | - | - | - | 158 |
| CONSTRUCTION | - | - | - | - | - | - | - | - | - | - | 55 |
| TEXTILES AND LEATHER | 2 | - | - | - | - | - | - | - | - | - | 1253 |
| NON SPECIFIED | 1 | - | - | - | - | - | - | 24 | - | - | 409 |
| NON-ENERGY USES: | | | | | | | | | | | |
| (1)ENERGY PRODUCTS | - | - | - | - | - | - | - | - | - | - | - |
| (2)NON-ENERGY PRODUCTS | - | - | - | - | - | - | - | - | - | - | - |
| TRANSPORT. SECTOR ** | 1 | - | 1 | - | - | - | - | - | - | - | 243 |
| AIR TRANSPORT | - | - | - | - | - | - | - | - | - | - | - |
| ROAD TRANSPORT | - | - | - | - | - | - | - | - | - | - | - |
| RAILWAYS | 1 | - | 1 | - | - | - | - | - | - | - | 243 |
| INTERNAL NAVIGATION | - | - | - | - | - | - | - | - | - | - | - |
| OTHER SECTORS ** | 4 | - | 1 | - | - | - | - | 526 | - | - | 5817 |
| AGRICULTURE | - | - | - | - | - | - | - | - | - | - | 106 |
| PUBLIC SERVICES | 1 | - | - | - | - | - | - | 18 | - | - | - |
| COMMERCE | 2 | - | 1 | - | - | - | - | 95 | - | - | 2476 |
| RESIDENTIAL | - | - | - | - | - | - | - | 265 | - | - | 3235 |

(1) INCLUDED IN CHEMICAL OR PETROCHEMICAL INDUSTRY
(2) INCLUDED ONLY IN TOTAL INDUSTRY

| * OF WHICH: HYDRO | 5193 |
|---|---|
| NUCLEAR | 0 |
| CONVENTIONAL THERMAL | 8755 |
| GEOTHERMAL | 0 |

** INCLUDED IN THESE TOTALS ARE THE NON-SPECIFIED ELEMENTS

UNIT: 1000 METRIC TONS
UNITE: 1000 TONNES METRIQUES

| OIL<br>PETROLE | | | REFINERY GAS<br>GAZ DE PETROLE | LIQUEFIED PETROLEUM GASES<br>GAZ LIQUEFIES DE PETROLE | AVIATION GASOLINE<br>ESSENCE AVION | MOTOR GASOLINE<br>ESSENCE AUTO | JET FUEL<br>CARBURANT REACTEUR | KEROSENE<br>PETROLE LAMPANT | GAS/DIESEL OIL<br>GAZ/DIESEL OIL | RESIDUAL FUEL OIL<br>FUEL OIL RESIDUEL | NAPHTHA<br>NAPHTHA | NON-ENERGY PRODUCTS<br>PRODUITS NON-ENERGETIQUES |
|---|---|---|---|---|---|---|---|---|---|---|---|---|
| CRUDE<br>BRUT | NGL<br>GNL | FEEDST. | | | | | | | | | | |
| 12 | 13 | 14 | 15 | 16 | 17 | 18 | 19 | 20 | 21 | 22 | 23 | 24 |
| - | - | - | - | 270 | - | 1085 | 553 | 69 | 2049 | 3440 | 153 | 223 |
| - | - | - | - | - | - | - | - | - | - | - | - | - |
| 7447 | - | 115 | - | 268 | 1 | - | 43 | - | 84 | 994 | 22 | 79 |
| - | - | - | - | -1 | - | -420 | -119 | - | -51 | -36 | - | -20 |
| - | - | - | - | - | - | - | - | - | -161 | -259 | - | - |
| 454 | - | -12 | - | -1 | - | 66 | 21 | -5 | -43 | -58 | 6 | 56 |
| 7901 | - | 103 | - | 536 | 1 | 731 | 498 | 64 | 1878 | 4081 | 181 | 338 |
| - | - | - | - | - | - | - | - | - | - | - | - | - |
| - | - | - | 26 | -26 | - | - | -2 | 1 | -26 | 22 | - | -53 |
| 7901 | - | 103 | 26 | 510 | 1 | 731 | 496 | 65 | 1852 | 4103 | 181 | 285 |
| -4 | - | -29 | - | 8 | - | -45 | 1 | 11 | 28 | -9 | -16 | 3 |
| 7905 | - | 132 | 26 | - | - | - | - | - | 71 | 1683 | 28 | - |
| - | - | - | - | - | - | - | - | - | - | - | - | - |
| - | - | - | 26 | - | - | - | - | - | - | - | 28 | - |
| 7905 | - | 132 | - | - | - | - | - | - | - | - | - | - |
| - | - | - | - | - | - | - | - | - | 71 | 1683 | - | - |
| - | - | - | - | - | - | - | - | - | 5 | 387 | - | - |
| - | - | - | - | - | - | - | - | - | - | - | - | - |
| - | - | - | - | - | - | - | - | - | - | - | - | - |
| - | - | - | - | - | - | - | - | - | - | 378 | - | - |
| - | - | - | - | - | - | - | - | - | - | - | - | - |
| - | - | - | - | - | - | - | - | - | 5 | 9 | - | - |
| - | - | - | - | - | - | - | - | - | - | - | - | - |
| - | - | - | - | - | - | - | - | - | - | - | - | - |
| - | - | - | - | 502 | 1 | 776 | 495 | 54 | 1748 | 2042 | 169 | 282 |
| - | - | - | - | 119 | - | - | - | 9 | 139 | 1829 | 169 | 273 |
| - | - | - | - | 9 | - | - | - | - | 2 | 27 | - | - |
| - | - | - | - | 2 | - | - | - | - | 4 | 218 | - | - |
| - | - | - | - | - | - | - | - | - | - | - | 169 | - |
| - | - | - | - | 2 | - | - | - | - | 1 | 9 | - | - |
| - | - | - | - | 24 | - | - | - | - | 8 | 918 | - | - |
| - | - | - | - | 2 | - | - | - | - | 4 | 364 | - | - |
| - | - | - | - | - | - | - | - | - | 7 | 7 | - | - |
| - | - | - | - | 13 | - | - | - | - | 13 | 214 | - | - |
| - | - | - | - | 1 | - | - | - | - | 4 | 30 | - | - |
| - | - | - | - | 3 | - | - | - | - | 1 | 9 | - | - |
| - | - | - | - | 4 | - | - | - | - | 16 | 6 | - | - |
| - | - | - | - | 1 | - | - | - | 1 | 67 | 5 | - | - |
| - | - | - | - | - | - | - | - | - | - | 22 | - | - |
| - | - | - | - | 58 | - | - | - | 8 | 12 | - | - | - |
| - | - | - | - | - | - | - | - | - | - | - | 169 | - |
| - | - | - | - | - | - | - | - | - | - | - | - | 273 |
| - | - | - | - | - | 1 | 776 | 495 | - | 1292 | 17 | - | - |
| - | - | - | - | - | 1 | - | 495 | - | - | - | - | - |
| - | - | - | - | - | - | 776 | - | - | 1197 | - | - | - |
| - | - | - | - | - | - | - | - | - | 54 | 1 | - | - |
| - | - | - | - | - | - | - | - | - | 41 | - | - | - |
| - | - | - | - | 383 | - | - | - | 45 | 317 | 196 | - | 9 |
| - | - | - | - | 5 | - | - | - | 1 | 300 | 7 | - | - |
| - | - | - | - | - | - | - | - | 28 | - | 159 | - | 1 |
| - | - | - | - | 106 | - | - | - | 15 | 15 | 17 | - | 7 |
| - | - | - | - | 272 | - | - | - | - | - | 13 | - | - |

## PRODUCTION AND USES OF ENERGY SOURCES : SPAIN

1971

| X ENERGY SOURCES / PRODUCTION AND USES | HARD COAL / HOUILLE (UNIT: 1000 METRIC TONS / UNITE: 1000 TONNES METRIQUES) | PATENT FUEL / AGGLOMERES | COKE OVEN COKE / COKE DE FOUR | GAS COKE / COKE DE GAZ | BROWN COAL / LIGNITE | BKB / BRIQ. DE LIGNITE | NATURAL GAS / GAZ NATUREL (TCAL / TCAL) | GAS WORKS / USINES A GAZ (MANUFACTURED GAS (TCAL) / GAZ MANUFACTURE (TCAL)) | COKE OVENS / COKERIES | BLAST FURNACES / HAUT FOURNEAUX | ELECTRICITY* / ELECTRICITE* (MILLIONS OF (DE) KWH) |
|---|---|---|---|---|---|---|---|---|---|---|---|
| | 1 | 2 | 3 | 4 | 5 | 6 | 7 | 8 | 9 | 10 | 11 |
| PRODUCTION | 10715 | 180 | 4136 | 4 | 3081 | - | 295 | 3064 | 7148 | 10996 | 62516 |
| FROM OTHER SOURCES | - | - | - | - | - | - | - | - | - | - | - |
| IMPORT | 3034 | - | 60 | - | 5 | - | 3828 | - | - | - | 228 |
| EXPORT | -145 | - | -8 | - | - | - | - | - | - | - | -2723 |
| INTL. MARINE BUNKERS | -18 | - | - | - | - | - | - | - | - | - | - |
| STOCK CHANGES | 643 | - | -114 | - | 24 | - | -155 | - | - | - | - |
| DOMESTIC SUPPLY | 14229 | 180 | 4074 | 4 | 3110 | - | 3968 | 3064 | 7148 | 10996 | 60021 |
| RETURNS TO SUPPLY | - | - | - | - | - | - | - | - | - | - | - |
| TRANSFERS | - | - | - | - | - | - | - | - | - | - | - |
| DOMESTIC AVAILABILITY | 14229 | 180 | 4074 | 4 | 3110 | - | 3968 | 3064 | 7148 | 10996 | 60021 |
| STATISTICAL DIFFERENCE | -289 | 17 | 54 | - | 7 | - | 9 | - | - | - | -7 |
| TRANSFORM. SECTOR ** | 9612 | - | 1640 | - | 2365 | - | 1508 | - | 93 | 734 | - |
| FOR SOLID FUELS | 5838 | - | - | - | - | - | - | - | - | - | - |
| FOR GASES | 5 | - | 1640 | - | - | - | 448 | - | - | - | - |
| PETROLEUM REFINERIES | - | - | - | - | - | - | 727 | - | - | - | - |
| THERMO-ELECTRIC PLANTS | 3769 | - | - | - | 2365 | - | 333 | - | 93 | 734 | - |
| ENERGY SECTOR | 559 | 2 | - | 2 | 31 | - | 606 | 345 | 2975 | - | 12768 |
| COAL MINES | 559 | - | - | - | 31 | - | - | - | - | - | 732 |
| OIL AND GAS EXTRACTION | - | - | - | - | - | - | 342 | - | - | - | 7 |
| PETROLEUM REFINERIES | - | - | - | - | - | - | - | - | - | - | 596 |
| ELECTRIC PLANTS | - | - | - | - | - | - | - | - | - | - | 2587 |
| DISTRIBUTION LOSSES | - | - | - | - | - | - | 264 | 331 | - | - | 7494 |
| PUMP STORAGE (ELECTR.) | - | - | - | - | - | - | - | - | - | - | 1140 |
| OTHER ENERGY SECTOR | - | 2 | - | 2 | - | - | - | 14 | 2975 | - | 212 |
| FINAL CONSUMPTION | 4347 | 161 | 2380 | 2 | 707 | - | 1845 | 2719 | 4080 | 10262 | 47260 |
| INDUSTRY SECTOR | 2506 | 61 | 2376 | 2 | 679 | - | 1611 | 139 | 4080 | 10262 | 30820 |
| IRON AND STEEL | 690 | - | 1966 | - | - | - | 188 | - | 3308 | 10262 | 5145 |
| CHEMICAL | 298 | - | 16 | - | 164 | - | 199 | - | 772 | - | 5968 |
| PETROCHEMICAL | - | - | - | - | - | - | - | - | - | - | - |
| NON-FERROUS METAL | - | - | - | - | - | - | 234 | - | - | - | 2720 |
| NON-METALLIC MINERAL | - | - | - | - | - | - | 559 | - | - | - | 3238 |
| PAPER PULP AND PRINT | - | - | - | - | - | - | 117 | - | - | - | 2160 |
| MINING AND QUARRYING | - | - | - | - | - | - | - | - | - | - | 667 |
| FOOD AND TOBACCO | - | - | - | - | - | - | 29 | - | - | - | 1852 |
| WOOD AND WOOD PRODUCTS | - | - | - | - | - | - | - | - | - | - | 391 |
| MACHINERY | - | - | - | - | - | - | - | - | - | - | 1773 |
| TRANSPORT EQUIPMENT | - | - | - | - | - | - | - | - | - | - | 776 |
| CONSTRUCTION | - | - | - | - | - | - | - | - | - | - | 588 |
| TEXTILES AND LEATHER | - | - | - | - | - | - | - | - | - | - | 1739 |
| NON SPECIFIED | 1518 | 61 | 394 | 2 | 515 | - | 285 | 139 | - | - | 3803 |
| NON-ENERGY USES: | | | | | | | | | | | |
| (1)ENERGY PRODUCTS | - | - | - | - | - | - | 199 | - | - | - | - |
| (2)NON-ENERGY PRODUCTS | - | - | - | - | - | - | - | - | - | - | - |
| TRANSPORT. SECTOR ** | 23 | 98 | 3 | - | - | - | - | - | - | - | 1303 |
| AIR TRANSPORT | - | - | - | - | - | - | - | - | - | - | - |
| ROAD TRANSPORT | - | - | - | - | - | - | - | - | - | - | - |
| RAILWAYS | 23 | 98 | 3 | - | - | - | - | - | - | - | 1303 |
| INTERNAL NAVIGATION | - | - | - | - | - | - | - | - | - | - | - |
| OTHER SECTORS ** | 1818 | 2 | 1 | - | 28 | - | 234 | 2580 | - | - | 15137 |
| AGRICULTURE | - | - | - | - | - | - | - | - | - | - | 1145 |
| PUBLIC SERVICES | - | - | - | - | - | - | - | - | - | - | - |
| COMMERCE | - | - | - | - | - | - | - | 526 | - | - | 4882 |
| RESIDENTIAL | 1818 | 2 | 1 | - | 28 | - | 205 | 2054 | - | - | 9110 |

(1) INCLUDED IN CHEMICAL OR PETROCHEMICAL INDUSTRY
(2) INCLUDED ONLY IN TOTAL INDUSTRY

| * OF WHICH: HYDRO | 32747 |
|---|---|
| NUCLEAR | 2523 |
| CONVENTIONAL THERMAL | 27246 |
| GEOTHERMAL | 0 |

** INCLUDED IN THESE TOTALS ARE THE NON-SPECIFIED ELEMENTS

## PRODUCTION ET UTILISATION DES SOURCES D ENERGIE : ESPAGNE

1971

UNIT: 1000 METRIC TONS
UNITE: 1000 TONNES METRIQUES

| OIL / PETROLE | | | REFINERY GAS | LIQUEFIED PETROLEUM GASES | AVIATION GASOLINE | MOTOR GASOLINE | JET FUEL | KEROSENE | GAS/DIESEL OIL | RESIDUAL FUEL OIL | NAPHTHA | NON-ENERGY PRODUCTS |
|---|---|---|---|---|---|---|---|---|---|---|---|---|
| CRUDE* BRUT* | NGL GNL | FEEDST. | GAZ DE PETROLE | GAZ LIQUEFIES DE PETROLE | ESSENCE AVION | ESSENCE AUTO | CARBURANT REACTEUR | PETROLE LAMPANT | GAZ/DIESEL OIL | FUEL OIL RESIDUEL | NAPHTHA | PRODUITS NON-ENERGETIQUES |
| 12 | 13 | 14 | 15 | 16 | 17 | 18 | 19 | 20 | 21 | 22 | 23 | 24 |
| 125 | - | - | 540 | 1205 | 1 | 3504 | 1487 | 277 | 7678 | 17111 | 695 | 3023 |
| - | - | - | - | - | - | - | - | - | - | - | - | - |
| 35435 | - | - | - | 466 | 58 | - | 17 | - | 55 | 496 | - | 693 |
| - | - | - | - | -123 | - | -278 | -351 | -34 | -1632 | -1412 | -259 | -182 |
| - | - | - | - | - | - | - | - | - | -461 | -1470 | - | - |
| -353 | - | - | - | 48 | -9 | -130 | -8 | -48 | -448 | - | -112 | -63 |
| 35207 | - | - | 540 | 1596 | 50 | 3096 | 1145 | 195 | 5192 | 14725 | 324 | 3471 |
| - | - | - | - | - | - | - | - | - | - | - | - | - |
| - | - | - | - | - | - | - | - | - | - | - | - | - |
| 35207 | - | - | 540 | 1596 | 50 | 3096 | 1145 | 195 | 5192 | 14725 | 324 | 3471 |
| - | - | - | 57 | - | - | - | - | - | - | 221 | - | - |
| 35207 | - | - | - | - | - | - | - | - | 91 | 3677 | 80 | - |
| - | - | - | - | - | - | - | - | - | - | - | - | - |
| - | - | - | - | - | - | - | - | - | 6 | 8 | 80 | - |
| 35207 | - | - | - | - | - | - | - | - | - | - | - | - |
| - | - | - | - | - | - | - | - | - | 85 | 3669 | - | - |
| - | - | - | 406 | - | - | - | - | - | - | 579 | - | 999 |
| - | - | - | - | - | - | - | - | - | - | - | - | - |
| - | - | - | - | - | - | - | - | - | - | - | - | - |
| - | - | - | 406 | - | - | - | - | - | - | 579 | - | 999 |
| - | - | - | - | - | - | - | - | - | - | - | - | - |
| - | - | - | - | - | - | - | - | - | - | - | - | - |
| - | - | - | - | - | - | - | - | - | - | - | - | - |
| - | - | - | - | - | - | - | - | - | - | - | - | - |
| - | - | - | 77 | 1596 | 50 | 3096 | 1145 | 195 | 5101 | 10248 | 244 | 2472 |
| - | - | - | 77 | - | - | - | - | - | 122 | 8875 | 244 | 2472 |
| - | - | - | - | - | - | - | - | - | - | 738 | - | - |
| - | - | - | - | - | - | - | - | - | 10 | 1070 | - | - |
| - | - | - | 77 | - | - | - | - | - | - | - | 244 | - |
| - | - | - | - | - | - | - | - | - | - | - | - | - |
| - | - | - | - | - | - | - | - | - | - | 2900 | - | - |
| - | - | - | - | - | - | - | - | - | - | 660 | - | - |
| - | - | - | - | - | - | - | - | - | 21 | - | - | - |
| - | - | - | - | - | - | - | - | - | 10 | 1015 | - | - |
| - | - | - | - | - | - | - | - | - | - | - | - | - |
| - | - | - | - | - | - | - | - | - | - | - | - | - |
| - | - | - | - | - | - | - | - | - | 10 | 200 | - | - |
| - | - | - | - | - | - | - | - | - | - | - | - | - |
| - | - | - | - | - | - | - | - | - | - | - | - | - |
| - | - | - | - | - | - | - | - | - | 71 | 2292 | - | - |
| - | - | - | - | - | - | - | - | - | 10 | 1070 | 244 | - |
| - | - | - | - | - | - | - | - | - | - | - | - | 2472 |
| - | - | - | - | - | 50 | 3096 | 1145 | - | 3404 | 719 | - | - |
| - | - | - | - | - | 50 | - | 1145 | - | - | - | - | - |
| - | - | - | - | - | - | 3096 | - | - | 2460 | - | - | - |
| - | - | - | - | - | - | - | - | - | 172 | 321 | - | - |
| - | - | - | - | - | - | - | - | - | 772 | 398 | - | - |
| - | - | - | - | 1596 | - | - | - | 195 | 1575 | 654 | - | - |
| - | - | - | - | - | - | - | - | - | 1430 | - | - | - |
| - | - | - | - | - | - | - | - | - | - | - | - | - |
| - | - | - | - | - | - | - | - | - | - | - | - | - |
| - | - | - | - | 1596 | - | - | - | - | 145 | 654 | - | - |

*INCLUDED IN THIS COLUMN IS NGL AND FEEDSTOCKS.

PRODUCTION AND USES OF ENERGY SOURCES : SPAIN

1972

| X ENERGY SOURCES / PRODUCTION AND USES | UNIT: 1000 METRIC TONS / UNITE: 1000 TONNES METRIQUES | | | | | | TCAL / TCAL | MANUFACTURED GAS (TCAL) / GAZ MANUFACTURE (TCAL) | | | MILLIONS OF (DE) KWH |
|---|---|---|---|---|---|---|---|---|---|---|---|
| | HARD COAL / HOUILLE | PATENT FUEL / AGGLOMERES | COKE OVEN COKE / COKE DE FOUR | GAS COKE / COKE DE GAZ | BROWN COAL / LIGNITE | BKB / BRIQ. DE LIGNITE | NATURAL GAS / GAZ NATUREL | GAS WORKS / USINES A GAZ | COKE OVENS / COKERIES | BLAST FURNACES / HAUT FOURNEAUX | ELECTRICITY* / ELECTRICITE* |
| | 1 | 2 | 3 | 4 | 5 | 6 | 7 | 8 | 9 | 10 | 11 |
| PRODUCTION | 11098 | 162 | 4449 | 2 | 3068 | - | 18 | 3034 | 7260 | 11813 | 68904 |
| FROM OTHER SOURCES | - | - | - | - | - | - | - | - | - | - | - |
| IMPORT | 2811 | - | 292 | - | 38 | - | 7965 | - | - | - | 413 |
| EXPORT | -42 | - | -7 | - | -1 | - | - | - | - | - | -2249 |
| INTL. MARINE BUNKERS | -15 | - | - | - | - | - | - | - | - | - | - |
| STOCK CHANGES | 145 | - | 126 | - | -16 | - | -86 | -2 | - | - | - |
| DOMESTIC SUPPLY | 13997 | 162 | 4860 | 2 | 3089 | - | 7897 | 3032 | 7260 | 11813 | 67068 |
| RETURNS TO SUPPLY | - | - | - | - | - | - | - | - | - | - | - |
| TRANSFERS | - | - | - | - | - | - | - | - | - | - | - |
| DOMESTIC AVAILABILITY | 13997 | 162 | 4860 | 2 | 3089 | - | 7897 | 3032 | 7260 | 11813 | 67068 |
| STATISTICAL DIFFERENCE | -593 | -1 | 286 | - | - | - | 137 | 2 | - | - | 17 |
| TRANSFORM. SECTOR ** | 10010 | - | 1760 | - | 2516 | - | 3661 | - | 100 | 716 | - |
| FOR SOLID FUELS | 5995 | - | - | - | - | - | - | - | - | - | - |
| FOR GASES | 3 | - | 1760 | - | - | - | 1101 | - | - | - | - |
| PETROLEUM REFINERIES | - | - | - | - | - | - | 1996 | - | - | - | - |
| THERMO-ELECTRIC PLANTS | 4012 | - | - | - | 2516 | - | 564 | - | 100 | 716 | - |
| ENERGY SECTOR | 276 | 2 | - | 2 | 31 | - | 637 | 318 | 3135 | - | 13999 |
| COAL MINES | 276 | - | - | - | 31 | - | - | - | - | - | 753 |
| OIL AND GAS EXTRACTION | - | - | - | - | - | - | 182 | - | - | - | 7 |
| PETROLEUM REFINERIES | - | - | - | - | - | - | - | - | - | - | 630 |
| ELECTRIC PLANTS | - | - | - | - | - | - | - | - | - | - | 2879 |
| DISTRIBUTION LOSSES | - | - | - | - | - | - | 455 | 304 | - | - | 8102 |
| PUMP STORAGE (ELECTR.) | - | - | - | - | - | - | - | - | - | - | 1413 |
| OTHER ENERGY SECTOR | - | 2 | - | 2 | - | - | - | 14 | 3135 | - | 215 |
| FINAL CONSUMPTION | 4304 | 161 | 2814 | - | 542 | - | 3462 | 2712 | 4025 | 11097 | 53052 |
| INDUSTRY SECTOR | 2486 | 145 | 2809 | - | 510 | - | 3030 | 147 | 4025 | 11097 | 34085 |
| IRON AND STEEL | 681 | - | 2500 | - | - | - | 157 | - | 3471 | 11097 | 5740 |
| CHEMICAL | 300 | - | 36 | - | 144 | - | 429 | - | 547 | - | 6766 |
| PETROCHEMICAL | - | - | - | - | - | - | - | - | - | - | - |
| NON-FERROUS METAL | - | - | - | - | - | - | 610 | - | - | - | 3223 |
| NON-METALLIC MINERAL | - | - | - | - | - | - | 857 | - | - | - | 3535 |
| PAPER PULP AND PRINT | - | - | - | - | - | - | 259 | - | - | - | 1828 |
| MINING AND QUARRYING | - | - | - | - | - | - | - | - | - | - | 773 |
| FOOD AND TOBACCO | - | - | - | - | - | - | 85 | - | - | - | 2073 |
| WOOD AND WOOD PRODUCTS | - | - | - | - | - | - | - | - | - | - | 528 |
| MACHINERY | - | - | - | - | - | - | - | - | - | - | 2270 |
| TRANSPORT EQUIPMENT | - | - | - | - | - | - | - | - | - | - | 943 |
| CONSTRUCTION | - | - | - | - | - | - | - | - | - | - | 696 |
| TEXTILES AND LEATHER | - | - | - | - | - | - | - | - | - | - | 1921 |
| NON SPECIFIED | 1505 | 145 | 273 | - | 366 | - | 633 | 147 | 7 | - | 3789 |
| NON-ENERGY USES: | | | | | | | | | | | |
| (1)ENERGY PRODUCTS | - | - | - | - | - | - | 429 | - | - | - | - |
| (2)NON-ENERGY PRODUCTS | - | - | - | - | - | - | - | - | - | - | - |
| TRANSPORT. SECTOR ** | 17 | 6 | 2 | - | - | - | - | - | - | - | 1315 |
| AIR TRANSPORT | - | - | - | - | - | - | - | - | - | - | - |
| ROAD TRANSPORT | - | - | - | - | - | - | - | - | - | - | - |
| RAILWAYS | 17 | 6 | 2 | - | - | - | - | - | - | - | 1315 |
| INTERNAL NAVIGATION | - | - | - | - | - | - | - | - | - | - | - |
| OTHER SECTORS ** | 1801 | 10 | 3 | - | 32 | - | 432 | 2565 | - | - | 17652 |
| AGRICULTURE | - | - | - | - | - | - | - | - | - | - | 1181 |
| PUBLIC SERVICES | - | - | - | - | - | - | - | - | - | - | - |
| COMMERCE | - | - | - | - | - | - | - | 526 | - | - | 6401 |
| RESIDENTIAL | 1801 | 10 | 3 | - | 32 | - | 371 | 2039 | - | - | 10070 |

(1) INCLUDED IN CHEMICAL OR PETROCHEMICAL INDUSTRY
(2) INCLUDED ONLY IN TOTAL INDUSTRY

** INCLUDED IN THESE TOTALS ARE THE NON-SPECIFIED ELEMENTS

| * OF WHICH: | |
|---|---|
| HYDRO | 36458 |
| NUCLEAR | 4751 |
| CONVENTIONAL THERMAL | 27695 |
| GEOTHERMAL | 0 |

PRODUCTION ET UTILISATION DES SOURCES D ENERGIE : ESPAGNE

1972

UNIT: 1000 METRIC TONS
UNITE: 1000 TONNES METRIQUES

| OIL / PETROLE: CRUDE* / BRUT* | OIL / PETROLE: NGL / GNL | OIL / PETROLE: FEEDST. | REFINERY GAS / GAZ DE PETROLE | LIQUEFIED PETROLEUM GASES / GAZ LIQUEFIES DE PETROLE | AVIATION GASOLINE / ESSENCE AVION | MOTOR GASOLINE / ESSENCE AUTO | JET FUEL / CARBURANT REACTEUR | KEROSENE / PETROLE LAMPANT | GAS/DIESEL OIL / GAZ/DIESEL OIL | RESIDUAL FUEL OIL / FUEL OIL RESIDUEL | NAPHTHA / NAPHTHA | NON-ENERGY PRODUCTS / PRODUITS NON-ENERGETIQUES |
|---|---|---|---|---|---|---|---|---|---|---|---|---|
| 12 | 13 | 14 | 15 | 16 | 17 | 18 | 19 | 20 | 21 | 22 | 23 | 24 |
| 140 | - | - | 643 | 1419 | - | 3889 | 1771 | 207 | 8434 | 17661 | 1039 | 2910 |
| - | - | - | - | - | - | - | - | - | - | - | - | - |
| 37436 | - | - | - | 420 | 40 | 43 | 77 | - | 123 | 202 | 81 | 446 |
| - | - | - | - | -188 | - | -392 | -538 | -8 | -2057 | -1251 | -532 | -212 |
| - | - | - | - | - | - | - | - | - | -514 | -1690 | - | - |
| -12 | - | - | - | 39 | -2 | 21 | -10 | 3 | -275 | - | -182 | -478 |
| 37564 | - | - | 643 | 1690 | 38 | 3561 | 1300 | 202 | 5711 | 14922 | 406 | 2666 |
| - | - | - | - | - | - | - | - | - | - | - | - | - |
| - | - | - | - | - | - | - | - | - | - | - | - | - |
| 37564 | - | - | 643 | 1690 | 38 | 3561 | 1300 | 202 | 5711 | 14922 | 406 | 2666 |
| - | - | - | 51 | - | - | - | - | - | - | 190 | - | - |
| 37564 | - | - | - | - | - | - | - | - | 99 | 4256 | 100 | - |
| - | - | - | - | - | - | - | - | - | - | - | - | - |
| - | - | - | - | - | - | - | - | - | 6 | 4 | 100 | - |
| 37564 | - | - | - | - | - | - | - | - | - | - | - | - |
| - | - | - | - | - | - | - | - | - | 93 | 4252 | - | - |
| - | - | - | 489 | - | - | - | - | - | - | 1083 | - | 509 |
| - | - | - | - | - | - | - | - | - | - | - | - | - |
| - | - | - | - | - | - | - | - | - | - | - | - | - |
| - | - | - | 489 | - | - | - | - | - | - | 1083 | - | 509 |
| - | - | - | - | - | - | - | - | - | - | - | - | - |
| - | - | - | - | - | - | - | - | - | - | - | - | - |
| - | - | - | - | - | - | - | - | - | - | - | - | - |
| - | - | - | - | - | - | - | - | - | - | - | - | - |
| - | - | - | 103 | 1690 | 38 | 3561 | 1300 | 202 | 5612 | 9393 | 306 | 2157 |
| - | - | - | 103 | - | - | - | - | - | 133 | 8268 | 306 | 2157 |
| - | - | - | - | - | - | - | - | - | - | 980 | - | - |
| - | - | - | - | - | - | - | - | - | 9 | 1382 | - | - |
| - | - | - | 103 | - | - | - | - | - | - | - | 306 | - |
| - | - | - | - | - | - | - | - | - | - | - | - | - |
| - | - | - | - | - | - | - | - | - | - | 3115 | - | - |
| - | - | - | - | - | - | - | - | - | - | 680 | - | - |
| - | - | - | - | - | - | - | - | - | 30 | - | - | - |
| - | - | - | - | - | - | - | - | - | 18 | 990 | - | - |
| - | - | - | - | - | - | - | - | - | - | - | - | - |
| - | - | - | - | - | - | - | - | - | - | - | - | - |
| - | - | - | - | - | - | - | - | - | 10 | - | - | - |
| - | - | - | - | - | - | - | - | - | - | - | - | - |
| - | - | - | - | - | - | - | - | - | - | - | - | - |
| - | - | - | - | - | - | - | - | - | 66 | 1121 | - | - |
| - | - | - | - | - | - | - | - | - | 9 | 1382 | 306 | - |
| - | - | - | - | - | - | - | - | - | - | - | - | 2157 |
| - | - | - | - | - | 38 | 3561 | 1300 | - | 3747 | 507 | - | - |
| - | - | - | - | - | 38 | - | 1300 | - | - | - | - | - |
| - | - | - | - | - | - | 3561 | - | - | 2708 | - | - | - |
| - | - | - | - | - | - | - | - | - | 190 | 145 | - | - |
| - | - | - | - | - | - | - | - | - | 849 | 362 | - | - |
| - | - | - | - | 1690 | - | - | - | 202 | 1732 | 618 | - | - |
| - | - | - | - | - | - | - | - | - | 1572 | - | - | - |
| - | - | - | - | - | - | - | - | - | - | - | - | - |
| - | - | - | - | - | - | - | - | - | - | - | - | - |
| - | - | - | - | 1690 | - | - | - | - | 160 | 618 | - | - |

*INCLUDED IN THIS COLUMN IS NGL AND FEEDSTOCKS.

## PRODUCTION AND USES OF ENERGY SOURCES : SPAIN

1973

| X XX ENERGY XX XX SOURCES XX XX XX PRODUCTION XX XX AND USES XX | UNIT: 1000 METRIC TONS UNITE: 1000 TONNES METRIQUES | | | | | | TCAL TCAL | MANUFACTURED GAS (TCAL) GAZ MANUFACTURE (TCAL) | | | MILLIONS OF (DE) KWH |
|---|---|---|---|---|---|---|---|---|---|---|---|
| | HARD COAL HOUILLE | PATENT FUEL AGGLOMERES | COKE OVEN COKE COKE DE FOUR | GAS COKE COKE DE GAZ | BROWN COAL LIGNITE | BKB BRIQ. DE LIGNITE | NATURAL GAS GAZ NATUREL | GAS WORKS USINES A GAZ | COKE OVENS COKERIES | BLAST FURNACES HAUT FOURNEAUX | ELECTRICITY* ELECTRICITE* |
| | 1 | 2 | 3 | 4 | 5 | 6 | 7 | 8 | 9 | 10 | 11 |
| PRODUCTION | 9991 | 147 | 4475 | - | 3003 | - | 14 | 3174 | 7684 | 11616 | 76272 |
| FROM OTHER SOURCES | - | - | - | - | - | - | - | - | - | - | - |
| IMPORT | 3116 | - | 459 | - | 22 | - | 10338 | - | - | - | 315 |
| EXPORT | -8 | - | -2 | - | -1 | - | - | - | - | - | -2331 |
| INTL. MARINE BUNKERS | -4 | - | - | - | - | - | - | - | - | - | - |
| STOCK CHANGES | 161 | - | 417 | - | 38 | - | 137 | -1 | - | - | - |
| DOMESTIC SUPPLY | 13256 | 147 | 5349 | - | 3062 | - | 10489 | 3173 | 7684 | 11616 | 74256 |
| RETURNS TO SUPPLY | - | - | - | - | - | - | - | - | - | - | - |
| TRANSFERS | - | - | - | - | - | - | - | - | - | - | - |
| DOMESTIC AVAILABILITY | 13256 | 147 | 5349 | - | 3062 | - | 10489 | 3173 | 7684 | 11616 | 74256 |
| STATISTICAL DIFFERENCE | - | - | -2 | - | - | - | -21 | 1 | 336 | - | 116 |
| TRANSFORM. SECTOR ** | 10665 | - | 1734 | - | 2626 | - | 4970 | - | 72 | 456 | - |
| FOR SOLID FUELS | 6543 | - | - | - | - | - | - | - | - | - | - |
| FOR GASES | - | - | 1734 | - | - | - | 1094 | - | - | - | - |
| PETROLEUM REFINERIES | - | - | - | - | - | - | 2412 | - | - | - | - |
| THERMO-ELECTRIC PLANTS | 4122 | - | - | - | 2626 | - | 1464 | - | 72 | 456 | - |
| ENERGY SECTOR | 350 | 2 | - | - | 28 | - | 567 | 338 | 2929 | - | 15108 |
| COAL MINES | 350 | - | - | - | 28 | - | - | - | - | - | 800 |
| OIL AND GAS EXTRACTION | - | - | - | - | - | - | 318 | - | - | - | 7 |
| PETROLEUM REFINERIES | - | - | - | - | - | - | - | - | - | - | 650 |
| ELECTRIC PLANTS | - | - | - | - | - | - | - | - | - | - | 3349 |
| DISTRIBUTION LOSSES | - | - | - | - | - | - | 249 | 327 | - | - | 8582 |
| PUMP STORAGE (ELECTR.) | - | - | - | - | - | - | - | - | - | - | 1501 |
| OTHER ENERGY SECTOR | - | 2 | - | - | - | - | - | 11 | 2929 | - | 219 |
| FINAL CONSUMPTION | 2241 | 145 | 3617 | - | 408 | - | 4973 | 2834 | 4347 | 11160 | 59032 |
| INDUSTRY SECTOR | 1741 | 121 | 3615 | - | 407 | - | 4371 | 151 | 4347 | 11160 | 37946 |
| IRON AND STEEL | 600 | - | 2879 | - | - | - | 195 | - | 3756 | 11160 | 7194 |
| CHEMICAL | 300 | - | 34 | - | 163 | - | 696 | - | 591 | - | 6897 |
| PETROCHEMICAL | - | - | - | - | - | - | - | - | - | - | - |
| NON-FERROUS METAL | - | - | - | - | - | - | 835 | - | - | - | 3195 |
| NON-METALLIC MINERAL | - | - | - | - | - | - | 1259 | - | - | - | 3837 |
| PAPER PULP AND PRINT | - | - | - | - | - | - | 346 | - | - | - | 2157 |
| MINING AND QUARRYING | - | - | - | - | - | - | - | - | - | - | 831 |
| FOOD AND TOBACCO | - | - | - | - | - | - | 172 | - | - | - | 2298 |
| WOOD AND WOOD PRODUCTS | - | - | - | - | - | - | - | - | - | - | 565 |
| MACHINERY | - | - | - | - | - | - | - | - | - | - | 2861 |
| TRANSPORT EQUIPMENT | - | - | - | - | - | - | - | - | - | - | 1057 |
| CONSTRUCTION | - | - | - | - | - | - | - | - | - | - | 766 |
| TEXTILES AND LEATHER | - | - | - | - | - | - | - | - | - | - | 2357 |
| NON SPECIFIED | 841 | 121 | 702 | - | 244 | - | 868 | 151 | - | - | 3931 |
| NON-ENERGY USES: | | | | | | | | | | | |
| (1)ENERGY PRODUCTS | - | - | - | - | - | - | 696 | - | - | - | - |
| (2)NON-ENERGY PRODUCTS | - | - | - | - | - | - | - | - | - | - | - |
| TRANSPORT. SECTOR ** | - | - | - | - | - | - | - | - | - | - | 1453 |
| AIR TRANSPORT | - | - | - | - | - | - | - | - | - | - | - |
| ROAD TRANSPORT | - | - | - | - | - | - | - | - | - | - | - |
| RAILWAYS | - | - | - | - | - | - | - | - | - | - | 1453 |
| INTERNAL NAVIGATION | - | - | - | - | - | - | - | - | - | - | - |
| OTHER SECTORS ** | 500 | 24 | 2 | - | 1 | - | 602 | 2683 | - | - | 19633 |
| AGRICULTURE | - | - | - | - | - | - | - | - | - | - | 1316 |
| PUBLIC SERVICES | - | - | - | - | - | - | - | - | - | - | - |
| COMMERCE | - | - | - | - | - | - | 103 | 604 | - | - | 7465 |
| RESIDENTIAL | 500 | 24 | 2 | - | 1 | - | 499 | 2079 | - | - | 10852 |

(1) INCLUDED IN CHEMICAL OR PETROCHEMICAL INDUSTRY
(2) INCLUDED ONLY IN TOTAL INDUSTRY

** INCLUDED IN THESE TOTALS ARE THE NON-SPECIFIED ELEMENTS

| * OF WHICH: | |
|---|---|
| HYDRO | 29524 |
| NUCLEAR | 6545 |
| CONVENTIONAL THERMAL | 40203 |
| GEOTHERMAL | 0 |

# PRODUCTION ET UTILISATION DES SOURCES D ENERGIE : ESPAGNE

1973

UNIT: 1000 METRIC TONS
UNITE: 1000 TONNES METRIQUES

| OIL PETROLE | | | REFINERY GAS | LIQUEFIED PETROLEUM GASES | AVIATION GASOLINE | MOTOR GASOLINE | JET FUEL | KEROSENE | GAS/DIESEL OIL | RESIDUAL FUEL OIL | NAPHTHA | NON-ENERGY PRODUCTS |
|---|---|---|---|---|---|---|---|---|---|---|---|---|
| CRUDE* BRUT* | NGL GNL | FEEDST. | GAZ DE PETROLE | GAZ LIQUEFIES DE PETROLE | ESSENCE AVION | ESSENCE AUTO | CARBURANT REACTEUR | PETROLE LAMPANT | GAZ/DIESEL OIL | FUEL OIL RESIDUEL | NAPHTHA | PRODUITS NON-ENERGETIQUES |
| 12 | 13 | 14 | 15 | 16 | 17 | 18 | 19 | 20 | 21 | 22 | 23 | 24 |
| 654 | - | - | 614 | 1439 | - | 4491 | 1943 | 224 | 9662 | 20603 | 806 | 3345 |
| - | - | - | - | - | - | - | - | - | - | - | - | - |
| 42970 | - | - | - | 469 | 31 | 32 | - | - | - | 576 | 74 | 320 |
| - | - | - | - | -76 | - | -314 | -50 | -1 | -2228 | -846 | -543 | -158 |
| - | - | - | - | - | - | - | - | - | -543 | -1546 | - | - |
| -554 | - | - | - | - | - | -163 | - | - | -782 | -565 | 979 | - |
| 43070 | - | - | 614 | 1832 | 31 | 4046 | 1893 | 223 | 6109 | 18222 | 1316 | 3507 |
| - | - | - | - | - | - | - | - | - | - | - | - | - |
| - | - | - | - | - | - | - | - | - | - | - | - | - |
| 43070 | - | - | 614 | 1832 | 31 | 4046 | 1893 | 223 | 6109 | 18222 | 1316 | 3507 |
| - | - | - | 35 | -152 | -84 | - | 72 | -18 | - | - | - | -64 |
| 43070 | - | - | - | - | - | - | - | - | 106 | 5344 | 306 | - |
| - | - | - | - | - | - | - | - | - | - | - | - | - |
| - | - | - | - | - | - | - | - | - | 6 | - | 306 | - |
| 43070 | - | - | - | - | - | - | - | - | - | - | - | - |
| - | - | - | - | - | - | - | - | - | 100 | 5344 | - | - |
| - | - | - | 445 | - | - | - | - | - | - | 1073 | - | 474 |
| - | - | - | - | - | - | - | - | - | - | - | - | - |
| - | - | - | 445 | - | - | - | - | - | - | 1073 | - | 474 |
| - | - | - | - | - | - | - | - | - | - | - | - | - |
| - | - | - | - | - | - | - | - | - | - | - | - | - |
| - | - | - | - | - | - | - | - | - | - | - | - | - |
| - | - | - | - | - | - | - | - | - | - | - | - | - |
| - | - | - | 134 | 1984 | 115 | 4046 | 1821 | 241 | 6003 | 11805 | 1010 | 3097 |
| - | - | - | 134 | 69 | - | - | - | - | 144 | 10391 | 1010 | 3097 |
| - | - | - | - | - | - | - | - | - | - | 1234 | - | - |
| - | - | - | - | - | - | - | - | - | 12 | 1737 | - | - |
| - | - | - | 134 | - | - | - | - | - | - | - | 1010 | - |
| - | - | - | - | - | - | - | - | - | - | - | - | - |
| - | - | - | - | - | - | - | - | - | 6 | 2980 | - | - |
| - | - | - | - | - | - | - | - | - | - | 720 | - | - |
| - | - | - | - | - | - | - | - | - | 30 | - | - | - |
| - | - | - | - | - | - | - | - | - | 11 | 980 | - | - |
| - | - | - | - | - | - | - | - | - | - | - | - | - |
| - | - | - | - | - | - | - | - | - | - | - | - | - |
| - | - | - | - | - | - | - | - | - | 14 | 180 | - | - |
| - | - | - | - | - | - | - | - | - | - | - | - | - |
| - | - | - | - | - | - | - | - | - | - | - | - | - |
| - | - | - | - | 69 | - | - | - | - | 71 | 2560 | - | - |
| - | - | - | - | - | - | - | - | - | 12 | 1737 | 1010 | - |
| - | - | - | - | - | - | - | - | - | - | - | - | 3097 |
| - | - | - | - | 22 | 115 | 4046 | 1821 | - | 4007 | 637 | - | - |
| - | - | - | - | - | 115 | - | 1821 | - | - | - | - | - |
| - | - | - | - | 22 | - | 4046 | - | - | 2896 | - | - | - |
| - | - | - | - | - | - | - | - | - | 203 | 182 | - | - |
| - | - | - | - | - | - | - | - | - | 908 | 455 | - | - |
| - | - | - | - | 1893 | - | - | - | 241 | 1852 | 777 | - | - |
| - | - | - | - | 9 | - | - | - | - | 1682 | - | - | - |
| - | - | - | - | - | - | - | - | - | - | - | - | - |
| - | - | - | - | - | - | - | - | - | - | - | - | - |
| - | - | - | - | 1884 | - | - | - | - | 170 | 748 | - | - |

*INCLUDED IN THIS COLUMN IS NGL AND FEEDSTOCKS.

## PRODUCTION AND USES OF ENERGY SOURCES : SPAIN

1974

| ENERGY SOURCES / PRODUCTION AND USES | HARD COAL / HOUILLE | PATENT FUEL / AGGLOMERES | COKE OVEN COKE / COKE DE FOUR | GAS COKE / COKE DE GAZ | BROWN COAL / LIGNITE | BKB / BRIQ. DE LIGNITE | NATURAL GAS / GAZ NATUREL | GAS WORKS / USINES A GAZ | COKE OVENS / COKERIES | BLAST FURNACES / HAUT FOURNEAUX | ELECTRICITY* / ELECTRICITE* |
|---|---|---|---|---|---|---|---|---|---|---|---|
| | UNIT: 1000 METRIC TONS / UNITE: 1000 TONNES METRIQUES | | | | | | TCAL / TCAL | MANUFACTURED GAS (TCAL) / GAZ MANUFACTURE (TCAL) | | | MILLIONS OF (DE) KWH |
| | 1 | 2 | 3 | 4 | 5 | 6 | 7 | 8 | 9 | 10 | 11 |
| PRODUCTION | 10404 | 115 | 3870 | - | 2884 | - | 13 | 3180 | 7644 | 12253 | 80855 |
| FROM OTHER SOURCES | - | - | - | - | - | - | - | - | - | - | - |
| IMPORT | 3243 | - | 444 | - | - | - | 10627 | - | - | - | 664 |
| EXPORT | - | - | - | - | - | - | - | - | - | - | -1799 |
| INTL. MARINE BUNKERS | - | - | - | - | - | - | - | - | - | - | - |
| STOCK CHANGES | -245 | - | - | - | - | - | -579 | - | - | - | - |
| DOMESTIC SUPPLY | 13402 | 115 | 4314 | - | 2884 | - | 10061 | 3180 | 7644 | 12253 | 79720 |
| RETURNS TO SUPPLY | - | - | - | - | - | - | - | - | - | - | - |
| TRANSFERS | - | - | - | - | - | - | - | - | - | - | - |
| DOMESTIC AVAILABILITY | 13402 | 115 | 4314 | - | 2884 | - | 10061 | 3180 | 7644 | 12253 | 79720 |
| STATISTICAL DIFFERENCE | -1 | - | - | - | - | - | -3 | -1 | - | - | 1006 |
| TRANSFORM. SECTOR ** | 10834 | - | 1829 | - | 2392 | - | 4224 | - | 119 | 1762 | - |
| FOR SOLID FUELS | 6034 | - | - | - | - | - | - | - | - | - | - |
| FOR GASES | - | - | 1829 | - | - | - | 902 | - | - | - | - |
| PETROLEUM REFINERIES | - | - | - | - | - | - | 2287 | - | - | - | - |
| THERMO-ELECTRIC PLANTS | 4800 | - | - | - | 2392 | - | 1035 | - | 119 | 1762 | - |
| ENERGY SECTOR | 412 | 6 | - | - | - | - | 403 | 214 | 3107 | - | 15102 |
| COAL MINES | 412 | - | - | - | - | - | - | - | - | - | 679 |
| OIL AND GAS EXTRACTION | - | - | - | - | - | - | 296 | - | - | - | 9 |
| PETROLEUM REFINERIES | - | - | - | - | - | - | - | - | - | - | 752 |
| ELECTRIC PLANTS | - | - | - | - | - | - | - | - | - | - | 3646 |
| DISTRIBUTION LOSSES | - | - | - | - | - | - | 107 | 202 | - | - | 8121 |
| PUMP STORAGE (ELECTR.) | - | - | - | - | - | - | - | - | - | - | 1113 |
| OTHER ENERGY SECTOR | - | 6 | - | - | - | - | - | 12 | 3107 | - | 782 |
| FINAL CONSUMPTION | 2157 | 109 | 2485 | - | 492 | - | 5437 | 2967 | 4418 | 10491 | 63612 |
| INDUSTRY SECTOR | 1489 | 20 | 2477 | - | 432 | - | 4756 | 156 | 4418 | 10491 | 42251 |
| IRON AND STEEL | 623 | - | 2181 | - | - | - | 186 | - | 3958 | 10491 | 7205 |
| CHEMICAL | 259 | - | 103 | - | 240 | - | 737 | - | 460 | - | 8600 |
| PETROCHEMICAL | - | - | - | - | - | - | - | - | - | - | - |
| NON-FERROUS METAL | 18 | - | 34 | - | - | - | 914 | - | - | - | 3859 |
| NON-METALLIC MINERAL | 420 | - | 27 | - | 105 | - | 1453 | - | - | - | 4353 |
| PAPER PULP AND PRINT | 33 | - | - | - | 10 | - | 339 | - | - | - | 2407 |
| MINING AND QUARRYING | - | - | - | - | - | - | - | - | - | - | 990 |
| FOOD AND TOBACCO | 50 | - | 24 | - | - | - | 232 | - | - | - | 2354 |
| WOOD AND WOOD PRODUCTS | - | - | - | - | - | - | - | - | - | - | 702 |
| MACHINERY | - | - | - | - | - | - | - | - | - | - | 2860 |
| TRANSPORT EQUIPMENT | - | - | - | - | - | - | - | - | - | - | 1491 |
| CONSTRUCTION | - | - | - | - | - | - | - | - | - | - | 834 |
| TEXTILES AND LEATHER | - | - | - | - | - | - | - | - | - | - | 2628 |
| NON SPECIFIED | 86 | 20 | 108 | - | 77 | - | 895 | 156 | - | - | 3968 |
| NON-ENERGY USES: | | | | | | | | | | | |
| (1)ENERGY PRODUCTS | - | - | - | - | - | - | 737 | - | - | - | - |
| (2)NON-ENERGY PRODUCTS | - | - | - | - | - | - | - | - | - | - | - |
| TRANSPORT. SECTOR ** | 37 | 6 | - | - | - | - | - | - | - | - | 1497 |
| AIR TRANSPORT | - | - | - | - | - | - | - | - | - | - | - |
| ROAD TRANSPORT | - | - | - | - | - | - | - | - | - | - | - |
| RAILWAYS | 17 | 6 | - | - | - | - | - | - | - | - | 1497 |
| INTERNAL NAVIGATION | 20 | - | - | - | - | - | - | - | - | - | - |
| OTHER SECTORS ** | 631 | 83 | 8 | - | 60 | - | 681 | 2811 | - | - | 19864 |
| AGRICULTURE | - | - | - | - | - | - | - | - | - | - | 1388 |
| PUBLIC SERVICES | - | - | - | - | - | - | - | - | - | - | - |
| COMMERCE | - | - | - | - | - | - | 116 | 642 | - | - | 7087 |
| RESIDENTIAL | 631 | 83 | 8 | - | 60 | - | 565 | 2169 | - | - | 11389 |

(1) INCLUDED IN CHEMICAL OR PETROCHEMICAL INDUSTRY
(2) INCLUDED ONLY IN TOTAL INDUSTRY

** INCLUDED IN THESE TOTALS ARE THE NON-SPECIFIED ELEMENTS

| * OF WHICH: HYDRO | 31347 |
|---|---|
| NUCLEAR | 7225 |
| CONVENTIONAL THERMAL | 42285 |
| GEOTHERMAL | 0 |

PRODUCTION ET UTILISATION DES SOURCES D ENERGIE : ESPAGNE

1974

UNIT: 1000 METRIC TONS
UNITE: 1000 TONNES METRIQUES

| OIL / PETROLE: CRUDE* / BRUT* | NGL / GNL | FEEDST. | REFINERY GAS / GAZ DE PETROLE | LIQUEFIED PETROLEUM GASES / GAZ LIQUEFIES DE PETROLE | AVIATION GASOLINE / ESSENCE AVION | MOTOR GASOLINE / ESSENCE AUTO | JET FUEL / CARBURANT REACTEUR | KEROSENE / PETROLE LAMPANT | GAS/DIESEL OIL / GAZ/DIESEL OIL | RESIDUAL FUEL OIL / FUEL OIL RESIDUEL | NAPHTHA / NAPHTHA | NON-ENERGY PRODUCTS / PRODUITS NON-ENERGETIQUES |
|---|---|---|---|---|---|---|---|---|---|---|---|---|
| 12 | 13 | 14 | 15 | 16 | 17 | 18 | 19 | 20 | 21 | 22 | 23 | 24 |
| 1892 | - | - | 642 | 1148 | - | 4521 | 2022 | 200 | 9517 | 22901 | 1653 | 1334 |
| - | - | - | - | - | - | - | - | - | - | - | - | - |
| 43866 | - | - | - | 684 | 25 | 19 | - | - | 22 | 672 | - | 233 |
| -206 | - | - | - | -16 | - | -352 | -149 | -3 | -1889 | -56 | -246 | -216 |
| - | - | - | - | - | - | - | - | - | -616 | -1543 | - | - |
| -565 | - | - | - | - | - | -58 | - | - | -102 | -854 | 17 | - |
| 44987 | - | - | 642 | 1816 | 25 | 4130 | 1873 | 197 | 6932 | 21120 | 1424 | 1351 |
| - | - | - | - | - | - | - | - | - | - | - | - | - |
| - | - | - | - | - | - | - | - | - | - | - | - | - |
| 44987 | - | - | 642 | 1816 | 25 | 4130 | 1873 | 197 | 6932 | 21120 | 1424 | 1351 |
| - | - | - | 19 | - | - | - | - | - | 786 | 495 | - | - |
| 44987 | - | - | - | - | - | - | - | - | 102 | 6907 | 285 | - |
| - | - | - | - | - | - | - | - | - | - | - | - | - |
| - | - | - | - | - | - | - | - | - | 2 | - | 285 | - |
| 44987 | - | - | - | - | - | - | - | - | - | - | - | - |
| - | - | - | - | - | - | - | - | - | 100 | 6907 | - | - |
| - | - | - | 459 | - | - | - | - | - | - | 1521 | - | - |
| - | - | - | - | - | - | - | - | - | - | - | - | - |
| - | - | - | - | - | - | - | - | - | - | - | - | - |
| - | - | - | 459 | - | - | - | - | - | - | 1521 | - | - |
| - | - | - | - | - | - | - | - | - | - | - | - | - |
| - | - | - | - | - | - | - | - | - | - | - | - | - |
| - | - | - | - | - | - | - | - | - | - | - | - | - |
| - | - | - | - | - | - | - | - | - | - | - | - | - |
| - | - | - | 164 | 1816 | 25 | 4130 | 1873 | 197 | 6044 | 12197 | 1139 | 1351 |
| - | - | - | 164 | 63 | - | - | - | - | 118 | 10584 | 1139 | 1351 |
| - | - | - | - | - | - | - | - | - | - | 1257 | - | - |
| - | - | - | - | - | - | - | - | - | 10 | 1770 | - | - |
| - | - | - | 164 | - | - | - | - | - | - | - | 1139 | - |
| - | - | - | - | - | - | - | - | - | - | - | - | - |
| - | - | - | - | - | - | - | - | - | 6 | 3015 | - | - |
| - | - | - | - | - | - | - | - | - | - | 820 | - | - |
| - | - | - | - | - | - | - | - | - | 32 | - | - | - |
| - | - | - | - | - | - | - | - | - | 20 | 1070 | - | - |
| - | - | - | - | - | - | - | - | - | - | - | - | - |
| - | - | - | - | - | - | - | - | - | - | - | - | - |
| - | - | - | - | - | - | - | - | - | 14 | 220 | - | - |
| - | - | - | - | - | - | - | - | - | - | - | - | - |
| - | - | - | - | - | - | - | - | - | - | - | - | - |
| - | - | - | - | 63 | - | - | - | - | 36 | 2432 | - | - |
| - | - | - | - | - | - | - | - | - | 10 | 1770 | 1139 | - |
| - | - | - | - | - | - | - | - | - | - | - | - | 1351 |
| - | - | - | - | 20 | 25 | 4130 | 1873 | - | 3419 | 1059 | - | - |
| - | - | - | - | - | 25 | - | 1873 | - | - | - | - | - |
| - | - | - | - | 20 | - | 4130 | - | - | 2357 | - | - | - |
| - | - | - | - | - | - | - | - | - | 141 | 180 | - | - |
| - | - | - | - | - | - | - | - | - | 921 | 879 | - | - |
| - | - | - | - | 1733 | - | - | - | 197 | 2507 | 554 | - | - |
| - | - | - | - | 8 | - | - | - | - | 2337 | - | - | - |
| - | - | - | - | - | - | - | - | - | - | - | - | - |
| - | - | - | - | - | - | - | - | - | - | - | - | - |
| - | - | - | - | 1725 | - | - | - | - | 170 | 498 | - | - |

*INCLUDED IN THIS COLUMN IS NGL AND FEEDSTOCKS.

## PRODUCTION AND USES OF ENERGY SOURCES : SPAIN

1975

| PRODUCTION AND USES / ENERGY SOURCES | UNIT: 1000 METRIC TONS / UNITE: 1000 TONNES METRIQUES | | | | | | TCAL / TCAL | MANUFACTURED GAS (TCAL) / GAZ MANUFACTURE (TCAL) | | | MILLIONS OF (DE) KWH |
|---|---|---|---|---|---|---|---|---|---|---|---|
| | HARD COAL / HOUILLE | PATENT FUEL / AGGLOMERES | COKE OVEN COKE / COKE DE FOUR | GAS COKE / COKE DE GAZ | BROWN COAL / LIGNITE | BKB / BRIQ. DE LIGNITE | NATURAL GAS / GAZ NATUREL | GAS WORKS / USINES A GAZ | COKE OVENS / COKERIES | BLAST FURNACES / HAUT FOURNEAUX | ELECTRICITY* / ELECTRICITE* |
| | 1 | 2 | 3 | 4 | 5 | 6 | 7 | 8 | 9 | 10 | 11 |
| PRODUCTION | 10435 | 103 | 3980 | - | 3380 | - | 11 | 3346 | 8530 | 11581 | 82482 |
| FROM OTHER SOURCES | - | - | - | - | - | - | - | - | - | - | - |
| IMPORT | 3980 | - | 352 | - | - | - | 12162 | - | - | - | 791 |
| EXPORT | - | - | - | - | - | - | - | - | - | - | -2073 |
| INTL. MARINE BUNKERS | - | - | - | - | - | - | - | - | - | - | - |
| STOCK CHANGES | 601 | - | - | - | - | - | 159 | - | - | - | - |
| DOMESTIC SUPPLY | 15016 | 103 | 4332 | - | 3380 | - | 12332 | 3346 | 8530 | 11581 | 81200 |
| RETURNS TO SUPPLY | - | - | - | - | - | - | - | - | - | - | - |
| TRANSFERS | - | - | - | - | - | - | - | - | - | - | - |
| DOMESTIC AVAILABILITY | 15016 | 103 | 4332 | - | 3380 | - | 12332 | 3346 | 8530 | 11581 | 81200 |
| STATISTICAL DIFFERENCE | -1 | - | - | - | - | - | 1 | 3 | 453 | - | 689 |
| TRANSFORM. SECTOR ** | 12440 | - | 1730 | - | 3140 | - | 5334 | - | 45 | 632 | - |
| FOR SOLID FUELS | 6378 | - | - | - | - | - | - | - | - | - | - |
| FOR GASES | - | - | 1730 | - | - | - | 1050 | - | - | - | - |
| PETROLEUM REFINERIES | - | - | - | - | - | - | 2796 | - | - | - | - |
| THERMO-ELECTRIC PLANTS | 6062 | - | - | - | 3140 | - | 1488 | - | 45 | 632 | - |
| ENERGY SECTOR | 340 | 19 | - | - | - | - | 626 | 249 | 3399 | - | 15353 |
| COAL MINES | 340 | - | - | - | - | - | - | - | - | - | 830 |
| OIL AND GAS EXTRACTION | - | - | - | - | - | - | 520 | - | - | - | 7 |
| PETROLEUM REFINERIES | - | - | - | - | - | - | - | - | - | - | 720 |
| ELECTRIC PLANTS | - | - | - | - | - | - | - | - | - | - | 3959 |
| DISTRIBUTION LOSSES | - | - | - | - | - | - | 106 | 235 | - | - | 8124 |
| PUMP STORAGE (ELECTR.) | - | - | - | - | - | - | - | - | - | - | 547 |
| OTHER ENERGY SECTOR | - | 19 | - | - | - | - | - | 14 | 3399 | - | 1166 |
| FINAL CONSUMPTION | 2237 | 84 | 2602 | - | 240 | - | 6371 | 3094 | 4633 | 10949 | 65158 |
| INDUSTRY SECTOR | 1580 | 20 | 2598 | - | 190 | - | 5627 | 172 | 4633 | 10949 | 43596 |
| IRON AND STEEL | 688 | - | 2233 | - | - | - | 192 | - | 3233 | 10949 | 7363 |
| CHEMICAL | 343 | - | 112 | - | 137 | - | 846 | - | 1400 | - | 9317 |
| PETROCHEMICAL | - | - | - | - | - | - | - | - | - | - | - |
| NON-FERROUS METAL | 15 | - | 32 | - | - | - | 924 | - | - | - | 3762 |
| NON-METALLIC MINERAL | 340 | - | 68 | - | 30 | - | 1773 | - | - | - | 4607 |
| PAPER PULP AND PRINT | 26 | - | - | - | 3 | - | 338 | - | - | - | 3070 |
| MINING AND QUARRYING | - | - | - | - | - | - | - | - | - | - | 1023 |
| FOOD AND TOBACCO | 48 | - | 44 | - | - | - | 235 | - | - | - | 2526 |
| WOOD AND WOOD PRODUCTS | - | - | - | - | - | - | - | - | - | - | 728 |
| MACHINERY | - | - | - | - | - | - | - | - | - | - | 2849 |
| TRANSPORT EQUIPMENT | - | - | - | - | - | - | - | - | - | - | 1371 |
| CONSTRUCTION | - | - | - | - | - | - | - | - | - | - | 816 |
| TEXTILES AND LEATHER | - | - | - | - | - | - | - | - | - | - | 2570 |
| NON SPECIFIED | 120 | 20 | 109 | - | 20 | - | 1319 | 172 | - | - | 3594 |
| NON-ENERGY USES: | | | | | | | | | | | |
| (1)ENERGY PRODUCTS | - | - | - | - | - | - | 846 | - | - | - | - |
| (2)NON-ENERGY PRODUCTS | - | - | - | - | - | - | - | - | - | - | - |
| TRANSPORT. SECTOR ** | 1 | 4 | - | - | - | - | - | - | - | - | 1495 |
| AIR TRANSPORT | - | - | - | - | - | - | - | - | - | - | - |
| ROAD TRANSPORT | - | - | - | - | - | - | - | - | - | - | - |
| RAILWAYS | 1 | 4 | - | - | - | - | - | - | - | - | 1495 |
| INTERNAL NAVIGATION | - | - | - | - | - | - | - | - | - | - | - |
| OTHER SECTORS ** | 656 | 60 | 4 | - | 50 | - | 744 | 2922 | - | - | 20067 |
| AGRICULTURE | - | - | - | - | - | - | - | - | - | - | 1438 |
| PUBLIC SERVICES | - | - | - | - | - | - | - | - | - | - | - |
| COMMERCE | - | - | - | - | - | - | 130 | 635 | - | - | 6226 |
| RESIDENTIAL | 656 | 60 | 4 | - | 50 | - | 614 | 2287 | - | - | 12403 |

(1) INCLUDED IN CHEMICAL OR PETROCHEMICAL INDUSTRY
(2) INCLUDED ONLY IN TOTAL INDUSTRY

** INCLUDED IN THESE TOTALS ARE THE NON-SPECIFIED ELEMENTS

| * OF WHICH: | |
|---|---|
| HYDRO | 26448 |
| NUCLEAR | 7544 |
| CONVENTIONAL THERMAL | 48402 |
| GEOTHERMAL | 0 |

PRODUCTION ET UTILISATION DES SOURCES D ENERGIE : ESPAGNE

1975

UNIT: 1000 METRIC TONS
UNITE: 1000 TONNES METRIQUES

| OIL / PETROLE | | | REFINERY GAS | LIQUEFIED PETROLEUM GASES | AVIATION GASOLINE | MOTOR GASOLINE | JET FUEL | KEROSENE | GAS/DIESEL OIL | RESIDUAL FUEL OIL | NAPHTHA | NON-ENERGY PRODUCTS |
|---|---|---|---|---|---|---|---|---|---|---|---|---|
| CRUDE* BRUT* | NGL GNL | FEEDST. | GAZ DE PETROLE | GAZ LIQUEFIES DE PETROLE | ESSENCE AVION | ESSENCE AUTO | CARBURANT REACTEUR | PETROLE LAMPANT | GAZ/DIESEL OIL | FUEL OIL RESIDUEL | NAPHTHA | PRODUITS NON-ENERGETIQUES |
| 12 | 13 | 14 | 15 | 16 | 17 | 18 | 19 | 20 | 21 | 22 | 23 | 24 |
| 2028 | - | - | 704 | 987 | - | 4697 | 2139 | 125 | 8155 | 21988 | 1519 | 2227 |
| - | - | - | - | 233 | - | - | - | - | - | - | 1 | - |
| 41417 | - | - | - | 826 | 26 | 7 | - | - | 174 | 566 | 14 | 270 |
| -345 | - | - | - | -7 | - | -335 | -245 | - | -1080 | -117 | -61 | -344 |
| - | - | - | - | - | - | - | - | - | -344 | -772 | - | - |
| 529 | - | - | - | -29 | 1 | 163 | -20 | 28 | 258 | -102 | 36 | -18 |
| 43629 | - | - | 704 | 2010 | 27 | 4532 | 1874 | 153 | 7163 | 21563 | 1509 | 2135 |
| - | - | - | - | - | - | - | - | - | - | - | - | - |
| - | - | - | - | - | - | - | - | - | - | - | - | - |
| 43629 | - | - | 704 | 2010 | 27 | 4532 | 1874 | 153 | 7163 | 21563 | 1509 | 2135 |
| -336 | - | - | - | 14 | - | 153 | 1 | 6 | 65 | 471 | -43 | 23 |
| 43965 | - | - | - | - | - | - | - | - | 123 | 7540 | 232 | - |
| - | - | - | - | - | - | - | - | - | - | - | - | - |
| - | - | - | - | - | - | - | - | - | 8 | - | 232 | - |
| 43965 | - | - | - | - | - | - | - | - | - | - | - | - |
| - | - | - | - | - | - | - | - | - | 115 | 7540 | - | - |
| - | - | - | 683 | 3 | - | - | - | - | 2 | 1583 | 6 | 3 |
| - | - | - | - | - | - | - | - | - | - | - | - | - |
| - | - | - | - | - | - | - | - | - | - | - | - | - |
| - | - | - | 683 | 3 | - | - | - | - | 2 | 1583 | 6 | 3 |
| - | - | - | - | - | - | - | - | - | - | - | - | - |
| - | - | - | - | - | - | - | - | - | - | - | - | - |
| - | - | - | - | - | - | - | - | - | - | - | - | - |
| - | - | - | - | - | - | - | - | - | - | - | - | - |
| - | - | - | 21 | 1993 | 27 | 4379 | 1873 | 147 | 6973 | 11969 | 1314 | 2109 |
| - | - | - | 21 | 69 | - | 14 | - | 3 | 150 | 10382 | 1314 | 2109 |
| - | - | - | - | - | - | - | - | - | - | 1233 | - | - |
| - | - | - | - | - | - | - | - | - | 10 | 1736 | - | - |
| - | - | - | 21 | - | - | - | - | - | - | - | 1314 | - |
| - | - | - | - | - | - | - | - | - | - | - | - | - |
| - | - | - | - | - | - | - | - | - | - | 2750 | - | - |
| - | - | - | - | - | - | - | - | - | - | 760 | - | - |
| - | - | - | - | - | - | - | - | - | 40 | - | - | - |
| - | - | - | - | - | - | - | - | - | 12 | 1100 | - | - |
| - | - | - | - | - | - | - | - | - | - | - | - | - |
| - | - | - | - | - | - | - | - | - | - | - | - | - |
| - | - | - | - | - | - | 14 | - | - | 14 | - | - | - |
| - | - | - | - | - | - | - | - | - | - | - | - | - |
| - | - | - | - | - | - | - | - | - | - | - | - | - |
| - | - | - | - | 69 | - | - | - | 3 | 74 | 2803 | - | - |
| - | - | - | - | - | - | - | - | - | 10 | 1736 | 1314 | - |
| - | - | - | - | - | - | - | - | - | - | - | - | 2109 |
| - | - | - | - | 22 | 27 | 4284 | 1873 | - | 4518 | 721 | - | - |
| - | - | - | - | - | 27 | - | 1873 | - | - | - | - | - |
| - | - | - | - | 22 | - | 4284 | - | - | 3127 | - | - | - |
| - | - | - | - | - | - | - | - | - | 180 | 179 | - | - |
| - | - | - | - | - | - | - | - | - | 1211 | 542 | - | - |
| - | - | - | - | 1902 | - | 81 | - | 144 | 2305 | 866 | - | - |
| - | - | - | - | 9 | - | 72 | - | 7 | 2129 | - | - | - |
| - | - | - | - | - | - | - | - | - | - | - | - | - |
| - | - | - | - | - | - | - | - | - | - | - | - | - |
| - | - | - | - | 1893 | - | 9 | - | - | 176 | 866 | - | - |

*INCLUDED IN THIS COLUMN IS NGL AND FEEDSTOCKS.

## PRODUCTION AND USES OF ENERGY SOURCES : SPAIN

1976

| X XX ENERGY XX XX SOURCES XX XX XX PRODUCTION XX XX AND USES XX | UNIT: 1000 METRIC TONS / UNITE: 1000 TONNES METRIQUES | | | | | | TCAL / TCAL | MANUFACTURED GAS (TCAL) / GAZ MANUFACTURE (TCAL) | | | MILLIONS OF (DE) KWH |
|---|---|---|---|---|---|---|---|---|---|---|---|
| | HARD COAL / HOUILLE | PATENT FUEL / AGGLOMERES | COKE OVEN COKE / COKE DE FOUR | GAS COKE / COKE DE GAZ | BROWN COAL / LIGNITE | BKB / BRIQ. DE LIGNITE | NATURAL GAS / GAZ NATUREL | GAS WORKS / USINES A GAZ | COKE OVENS / COKERIES | BLAST FURNACES / HAUT FOURNEAUX | ELECTRICITY* / ELECTRICITE* |
| | 1 | 2 | 3 | 4 | 5 | 6 | 7 | 8 | 9 | 10 | 11 |
| PRODUCTION | 10517 | 90 | 3980 | - | 3770 | - | 12 | 3450 | 7714 | 10613 | 90821 |
| FROM OTHER SOURCES | - | - | - | - | - | - | - | - | - | - | - |
| IMPORT | 4566 | - | 352 | - | - | - | 15950 | - | - | - | 1640 |
| EXPORT | - | - | - | - | - | - | - | - | - | - | -2597 |
| INTL. MARINE BUNKERS | - | - | - | - | - | - | - | - | - | - | - |
| STOCK CHANGES | -779 | - | - | - | - | - | 129 | - | - | - | - |
| DOMESTIC SUPPLY | 14304 | 90 | 4332 | - | 3770 | - | 16091 | 3450 | 7714 | 10613 | 89864 |
| RETURNS TO SUPPLY | - | - | - | - | - | - | - | - | - | - | - |
| TRANSFERS | - | - | - | - | - | - | - | - | - | - | - |
| DOMESTIC AVAILABILITY | 14304 | 90 | 4332 | - | 3770 | - | 16091 | 3450 | 7714 | 10613 | 89864 |
| STATISTICAL DIFFERENCE | -2 | - | - | - | - | - | 186 | 3 | - | - | 1551 |
| TRANSFORM. SECTOR ** | 12464 | - | 1580 | - | 3618 | - | 7943 | - | 45 | 546 | - |
| FOR SOLID FUELS | 6362 | - | - | - | - | - | - | - | - | - | - |
| FOR GASES | - | - | 1580 | - | - | - | 1152 | - | - | - | - |
| PETROLEUM REFINERIES | - | - | - | - | - | - | 3055 | - | - | - | - |
| THERMO-ELECTRIC PLANTS | 6102 | - | - | - | 3618 | - | 3736 | - | 45 | 546 | - |
| ENERGY SECTOR | 325 | 16 | - | - | - | - | 392 | 175 | 3001 | - | 17913 |
| COAL MINES | 325 | - | - | - | - | - | - | - | - | - | 825 |
| OIL AND GAS EXTRACTION | - | - | - | - | - | - | 329 | - | - | - | 6 |
| PETROLEUM REFINERIES | - | - | - | - | - | - | - | - | - | - | 798 |
| ELECTRIC PLANTS | - | - | - | - | - | - | - | - | - | - | 4353 |
| DISTRIBUTION LOSSES | - | - | - | - | - | - | 63 | 164 | - | - | 8331 |
| PUMP STORAGE (ELECTR.) | - | - | - | - | - | - | - | - | - | - | 2252 |
| OTHER ENERGY SECTOR | - | 16 | - | - | - | - | - | 11 | 3001 | - | 1348 |
| FINAL CONSUMPTION | 1517 | 74 | 2752 | - | 152 | - | 7570 | 3272 | 4668 | 10067 | 70400 |
| INDUSTRY SECTOR | 1070 | 19 | 2748 | - | 126 | - | 6663 | 150 | 4668 | 10067 | 47188 |
| IRON AND STEEL | 439 | - | 2383 | - | - | - | 204 | - | 4218 | 10067 | 8143 |
| CHEMICAL | 258 | - | 112 | - | 94 | - | 1156 | - | 450 | - | 10616 |
| PETROCHEMICAL | - | - | - | - | - | - | - | - | - | - | - |
| NON-FERROUS METAL | 13 | - | 32 | - | - | - | 1133 | - | - | - | 3816 |
| NON-METALLIC MINERAL | 210 | - | 68 | - | 21 | - | 2063 | - | - | - | 4766 |
| PAPER PULP AND PRINT | 25 | - | - | - | 3 | - | 405 | - | - | - | 3396 |
| MINING AND QUARRYING | - | - | - | - | - | - | - | - | - | - | 1032 |
| FOOD AND TOBACCO | 42 | - | 44 | - | - | - | 281 | - | - | - | 2712 |
| WOOD AND WOOD PRODUCTS | - | - | - | - | - | - | - | - | - | - | 799 |
| MACHINERY | - | - | - | - | - | - | - | - | - | - | 2996 |
| TRANSPORT EQUIPMENT | - | - | - | - | - | - | - | - | - | - | 1466 |
| CONSTRUCTION | - | - | - | - | - | - | - | - | - | - | 834 |
| TEXTILES AND LEATHER | - | - | - | - | - | - | - | - | - | - | 2827 |
| NON SPECIFIED | 83 | 19 | 109 | - | 8 | - | 1421 | 150 | - | - | 3785 |
| NON-ENERGY USES: | | | | | | | | | | | |
| (1)ENERGY PRODUCTS | - | - | - | - | - | - | 1156 | - | - | - | - |
| (2)NON-ENERGY PRODUCTS | - | - | - | - | - | - | - | - | - | - | - |
| TRANSPORT. SECTOR ** | 1 | 2 | - | - | - | - | - | - | - | - | 1603 |
| AIR TRANSPORT | - | - | - | - | - | - | - | - | - | - | - |
| ROAD TRANSPORT | - | - | - | - | - | - | - | - | - | - | - |
| RAILWAYS | 1 | 2 | - | - | - | - | - | - | - | - | 1603 |
| INTERNAL NAVIGATION | - | - | - | - | - | - | - | - | - | - | - |
| OTHER SECTORS ** | 446 | 53 | 4 | - | 26 | - | 907 | 3122 | - | - | 21609 |
| AGRICULTURE | - | - | - | - | - | - | - | - | - | - | 1529 |
| PUBLIC SERVICES | - | - | - | - | - | - | - | - | - | - | - |
| COMMERCE | - | - | - | - | - | - | 183 | 702 | - | - | 5969 |
| RESIDENTIAL | 446 | 53 | 4 | - | 26 | - | 724 | 2420 | - | - | 14111 |

(1) INCLUDED IN CHEMICAL OR PETROCHEMICAL INDUSTRY
(2) INCLUDED ONLY IN TOTAL INDUSTRY

| * OF WHICH: HYDRO | 22508 |
|---|---|
| NUCLEAR | 7555 |
| CONVENTIONAL THERMAL | 60758 |
| GEOTHERMAL | 0 |

** INCLUDED IN THESE TOTALS ARE THE NON-SPECIFIED ELEMENTS

## PRODUCTION ET UTILISATION DES SOURCES D ENERGIE : ESPAGNE

1976

UNIT: 1000 METRIC TONS
UNITE: 1000 TONNES METRIQUES

| OIL / PETROLE | | | REFINERY GAS | LIQUEFIED PETROLEUM GASES | AVIATION GASOLINE | MOTOR GASOLINE | JET FUEL | KEROSENE | GAS/DIESEL OIL | RESIDUAL FUEL OIL | NAPHTHA | NON-ENERGY PRODUCTS |
|---|---|---|---|---|---|---|---|---|---|---|---|---|
| CRUDE* / BRUT* | NGL / GNL | FEEDST. | GAZ DE PETROLE | GAZ LIQUEFIES DE PETROLE | ESSENCE AVION | ESSENCE AUTO | CARBURANT REACTEUR | PETROLE LAMPANT | GAZ/DIESEL OIL | FUEL OIL RESIDUEL | NAPHTHA | PRODUITS NON-ENERGETIQUES |
| 12 | 13 | 14 | 15 | 16 | 17 | 18 | 19 | 20 | 21 | 22 | 23 | 24 |
| 1508 | - | - | 762 | 1111 | - | 5166 | 2189 | 117 | 10148 | 25643 | 2411 | 2517 |
| - | - | - | - | 312 | - | - | - | - | - | - | 2 | - |
| 48517 | - | - | - | 773 | 22 | 39 | 31 | - | 120 | 471 | - | 341 |
| - | - | - | - | -31 | - | -158 | -303 | - | -1444 | -267 | -408 | -489 |
| - | - | - | - | - | - | - | - | - | -351 | -890 | - | - |
| 694 | - | - | - | 54 | 1 | -206 | -43 | -29 | -192 | -330 | -193 | -201 |
| 50719 | - | - | 762 | 2219 | 23 | 4841 | 1874 | 88 | 8281 | 24627 | 1812 | 2168 |
| - | - | - | - | - | - | - | - | - | - | - | - | - |
| - | - | - | - | - | - | - | - | - | - | - | - | - |
| 50719 | - | - | 762 | 2219 | 23 | 4841 | 1874 | 88 | 8281 | 24627 | 1812 | 2168 |
| -583 | - | - | - | 53 | 1 | -1 | -3 | 1 | - | -556 | -4 | -21 |
| 51302 | - | - | - | - | - | - | - | - | - | 10554 | 217 | - |
| - | - | - | - | - | - | - | - | - | - | - | - | - |
| - | - | - | - | - | - | - | - | - | - | - | 217 | - |
| 51302 | - | - | - | - | - | - | - | - | - | - | - | - |
| - | - | - | - | - | - | - | - | - | - | 10554 | - | - |
| - | - | - | 740 | 4 | - | - | - | - | - | 1756 | 6 | 2 |
| - | - | - | - | - | - | - | - | - | - | - | - | - |
| - | - | - | - | - | - | - | - | - | - | - | - | - |
| - | - | - | 740 | 4 | - | - | - | - | - | 1756 | 6 | 2 |
| - | - | - | - | - | - | - | - | - | - | - | - | - |
| - | - | - | - | - | - | - | - | - | - | - | - | - |
| - | - | - | - | - | - | - | - | - | - | - | - | - |
| - | - | - | - | - | - | - | - | - | - | - | - | - |
| - | - | - | 22 | 2162 | 22 | 4842 | 1877 | 87 | 8281 | 12873 | 1593 | 2187 |
| - | - | - | 22 | 277 | - | 3 | - | - | 126 | 11020 | 1593 | 2187 |
| - | - | - | - | - | - | - | - | - | - | 864 | - | - |
| - | - | - | - | 28 | - | - | - | - | 12 | 1756 | - | - |
| - | - | - | 22 | - | - | - | - | - | - | - | 1593 | - |
| - | - | - | - | 101 | - | - | - | - | 7 | 625 | - | - |
| - | - | - | - | 104 | - | - | - | - | 9 | 3984 | - | - |
| - | - | - | - | - | - | - | - | - | 8 | 846 | - | - |
| - | - | - | - | - | - | - | - | - | 31 | 196 | - | - |
| - | - | - | - | 12 | - | - | - | - | 13 | 1414 | - | - |
| - | - | - | - | - | - | - | - | - | 2 | 142 | - | - |
| - | - | - | - | - | - | - | - | - | - | - | - | - |
| - | - | - | - | - | - | 3 | - | - | 14 | 216 | - | - |
| - | - | - | - | - | - | - | - | - | - | - | - | - |
| - | - | - | - | - | - | - | - | - | - | - | - | - |
| - | - | - | - | 32 | - | - | - | - | 30 | 977 | - | - |
| - | - | - | - | - | - | - | - | - | 12 | 1756 | 1593 | - |
| - | - | - | - | - | - | - | - | - | - | - | - | 2187 |
| - | - | - | - | 62 | 22 | 4839 | 1877 | - | 5023 | 1088 | - | - |
| - | - | - | - | - | 22 | - | 1877 | - | - | - | - | - |
| - | - | - | - | 62 | - | 4839 | - | - | 4387 | - | - | - |
| - | - | - | - | - | - | - | - | - | 191 | 13 | - | - |
| - | - | - | - | - | - | - | - | - | 445 | 1075 | - | - |
| - | - | - | - | 1823 | - | - | - | 87 | 3132 | 765 | - | - |
| - | - | - | - | 11 | - | - | - | 6 | 2394 | 41 | - | - |
| - | - | - | - | - | - | - | - | - | - | - | - | - |
| - | - | - | - | 206 | - | - | - | - | 295 | 316 | - | - |
| - | - | - | - | 1606 | - | - | - | - | 443 | 408 | - | - |

*INCLUDED IN THIS COLUMN IS NGL AND FEEDSTOCKS.

# PRODUCTION AND USES OF ENERGY SOURCES : SPAIN

1977

| ENERGY SOURCES / PRODUCTION AND USES | UNIT: 1000 METRIC TONS / UNITE: 1000 TONNES METRIQUES | | | | | | TCAL / TCAL | MANUFACTURED GAS (TCAL) / GAZ MANUFACTURE (TCAL) | | | MILLIONS / OF (DE) KWH |
|---|---|---|---|---|---|---|---|---|---|---|---|
| | HARD COAL / HOUILLE | PATENT FUEL / AGGLOMERES | COKE OVEN COKE / COKE DE FOUR | GAS COKE / COKE DE GAZ | BROWN COAL / LIGNITE | BKB / BRIQ. DE LIGNITE | NATURAL GAS / GAZ NATUREL | GAS WORKS / USINES A GAZ | COKE OVENS / COKERIES | BLAST FURNACES / HAUT FOURNEAUX | ELECTRICITY* / ELECTRICITE* |
| | 1 | 2 | 3 | 4 | 5 | 6 | 7 | 8 | 9 | 10 | 11 |
| PRODUCTION | 11874 | 76 | 4277 | - | 5804 | - | 9 | 3500 | 7725 | 10471 | 93803 |
| FROM OTHER SOURCES | - | - | - | - | - | - | - | - | - | - | - |
| IMPORT | 4319 | - | 184 | - | 12 | - | 14768 | - | - | - | 1403 |
| EXPORT | -62 | - | -3 | - | - | - | - | - | - | - | -2341 |
| INTL. MARINE BUNKERS | - | - | - | - | - | - | - | - | - | - | - |
| STOCK CHANGES | -1165 | - | 4 | - | 277 | - | 108 | - | - | - | - |
| DOMESTIC SUPPLY | 14966 | 76 | 4462 | - | 6093 | - | 14885 | 3500 | 7725 | 10471 | 92865 |
| RETURNS TO SUPPLY | - | - | - | - | - | - | - | - | - | - | - |
| TRANSFERS | - | - | - | - | - | - | - | - | - | - | - |
| DOMESTIC AVAILABILITY | 14966 | 76 | 4462 | - | 6093 | - | 14885 | 3500 | 7725 | 10471 | 92865 |
| STATISTICAL DIFFERENCE | - | - | - | - | - | - | 110 | - | - | - | 2682 |
| TRANSFORM. SECTOR ** | 13548 | - | 1560 | - | 5985 | - | 6043 | - | 357 | 1333 | - |
| FOR SOLID FUELS | 6156 | - | - | - | - | - | - | - | - | - | - |
| FOR GASES | - | - | 1560 | - | - | - | 1156 | - | - | - | - |
| PETROLEUM REFINERIES | - | - | - | - | - | - | 2872 | - | - | - | - |
| THERMO-ELECTRIC PLANTS | 7392 | - | - | - | 5985 | - | 2015 | - | 357 | 1333 | - |
| ENERGY SECTOR | 66 | 12 | - | - | 8 | - | 364 | 160 | 3491 | - | 18121 |
| COAL MINES | 66 | - | - | - | 8 | - | - | - | - | - | 841 |
| OIL AND GAS EXTRACTION | - | - | - | - | - | - | 300 | - | - | - | 3 |
| PETROLEUM REFINERIES | - | - | - | - | - | - | - | - | - | - | 835 |
| ELECTRIC PLANTS | - | - | - | - | - | - | - | - | - | - | 4118 |
| DISTRIBUTION LOSSES | - | - | - | - | - | - | 64 | 150 | - | - | 9090 |
| PUMP STORAGE (ELECTR.) | - | - | - | - | - | - | - | - | - | - | 1592 |
| OTHER ENERGY SECTOR | - | 12 | - | - | - | - | - | 10 | 3491 | - | 1642 |
| FINAL CONSUMPTION | 1352 | 64 | 2902 | - | 100 | - | 8368 | 3340 | 3877 | 9138 | 72062 |
| INDUSTRY SECTOR | 976 | 11 | 2900 | - | 69 | - | 7413 | 150 | 3877 | 9138 | 48409 |
| IRON AND STEEL | 422 | - | 2482 | - | - | - | 210 | - | 3407 | 9138 | 8804 |
| CHEMICAL | 226 | - | 105 | - | 39 | - | 1825 | - | 470 | - | 9745 |
| PETROCHEMICAL | - | - | - | - | - | - | - | - | - | - | - |
| NON-FERROUS METAL | 11 | - | 117 | - | - | - | 1162 | - | - | - | 3739 |
| NON-METALLIC MINERAL | 206 | - | 77 | - | 30 | - | 2174 | - | - | - | 4740 |
| PAPER PULP AND PRINT | 16 | - | - | - | - | - | 506 | - | - | - | 2772 |
| MINING AND QUARRYING | 11 | - | - | - | - | - | - | - | - | - | 1113 |
| FOOD AND TOBACCO | 27 | - | 43 | - | - | - | 272 | - | - | - | 2918 |
| WOOD AND WOOD PRODUCTS | - | - | - | - | - | - | - | - | - | - | 852 |
| MACHINERY | - | - | - | - | - | - | - | - | - | - | 2983 |
| TRANSPORT EQUIPMENT | - | - | - | - | - | - | - | - | - | - | 1546 |
| CONSTRUCTION | - | - | - | - | - | - | - | - | - | - | 825 |
| TEXTILES AND LEATHER | - | - | - | - | - | - | - | - | - | - | 2876 |
| NON SPECIFIED | 57 | 11 | 76 | - | - | - | 1264 | 150 | - | - | 5496 |
| NON-ENERGY USES: | | | | | | | | | | | |
| (1)ENERGY PRODUCTS | - | - | - | - | - | - | 1825 | - | - | - | - |
| (2)NON-ENERGY PRODUCTS | - | - | - | - | - | - | - | - | - | - | - |
| TRANSPORT. SECTOR ** | 1 | 2 | - | - | - | - | - | - | - | - | 1632 |
| AIR TRANSPORT | - | - | - | - | - | - | - | - | - | - | - |
| ROAD TRANSPORT | - | - | - | - | - | - | - | - | - | - | - |
| RAILWAYS | 1 | 2 | - | - | - | - | - | - | - | - | 1632 |
| INTERNAL NAVIGATION | - | - | - | - | - | - | - | - | - | - | - |
| OTHER SECTORS ** | 375 | 51 | 2 | - | 31 | - | 955 | 3190 | - | - | 22021 |
| AGRICULTURE | - | - | - | - | - | - | - | - | - | - | 1574 |
| PUBLIC SERVICES | - | - | - | - | - | - | - | - | - | - | - |
| COMMERCE | 5 | 31 | - | - | - | - | 218 | 700 | - | - | 6036 |
| RESIDENTIAL | 370 | 20 | 2 | - | 31 | - | 737 | 2490 | - | - | 14411 |

(1) INCLUDED IN CHEMICAL OR PETROCHEMICAL INDUSTRY
(2) INCLUDED ONLY IN TOTAL INDUSTRY

| * OF WHICH: HYDRO | 40741 |
|---|---|
| NUCLEAR | 6525 |
| CONVENTIONAL THERMAL | 46537 |
| GEOTHERMAL | 0 |

** INCLUDED IN THESE TOTALS ARE THE NON-SPECIFIED ELEMENTS

UNIT: 1000 METRIC TONS
UNITE: 1000 TONNES METRIQUES

| OIL / PETROLE | | | REFINERY GAS | LIQUEFIED PETROLEUM GASES | AVIATION GASOLINE | MOTOR GASOLINE | JET FUEL | KEROSENE | GAS/DIESEL OIL | RESIDUAL FUEL OIL | NAPHTHA | NON-ENERGY PRODUCTS |
|---|---|---|---|---|---|---|---|---|---|---|---|---|
| CRUDE* BRUT* | NGL GNL | FEEDST. | GAZ DE PETROLE | GAZ LIQUEFIES DE PETROLE | ESSENCE AVION | ESSENCE AUTO | CARBURANT REACTEUR | PETROLE LAMPANT | GAZ/DIESEL OIL | FUEL OIL RESIDUEL | NAPHTHA | PRODUITS NON-ENERGETIQUES |
| 12 | 13 | 14 | 15 | 16 | 17 | 18 | 19 | 20 | 21 | 22 | 23 | 24 |
| 844 | - | - | 771 | 1081 | - | 4879 | 2172 | 61 | 10463 | 22580 | 2995 | 2983 |
| - | - | - | - | 240 | - | - | - | - | - | - | - | - |
| 47582 | - | - | - | 1009 | 14 | 33 | 31 | - | 207 | 236 | - | 310 |
| -19 | - | - | - | -6 | -8 | -104 | -108 | -5 | -577 | -1368 | -1 | -605 |
| - | - | - | - | - | - | - | - | - | -330 | -869 | - | - |
| -893 | - | - | - | -83 | 10 | 256 | -55 | - | -483 | 101 | -803 | -340 |
| 47514 | - | - | 771 | 2241 | 16 | 5064 | 2040 | 56 | 9280 | 20680 | 2191 | 2348 |
| - | - | - | - | - | - | - | - | - | - | - | - | - |
| - | - | - | - | - | - | - | - | - | - | - | - | - |
| 47514 | - | - | 771 | 2241 | 16 | 5064 | 2040 | 56 | 9280 | 20680 | 2191 | 2348 |
| -19 | - | - | - | - | - | - | - | - | - | - | - | - |
| 47533 | - | - | - | 8 | - | - | - | - | - | 6030 | 214 | - |
| - | - | - | - | - | - | - | - | - | - | - | - | - |
| - | - | - | - | 8 | - | - | - | - | - | - | 214 | - |
| 47533 | - | - | - | - | - | - | - | - | - | - | - | - |
| - | - | - | - | - | - | - | - | - | - | 6030 | - | - |
| - | - | - | 750 | 15 | - | - | - | - | - | 1730 | 41 | 7 |
| - | - | - | - | - | - | - | - | - | - | - | - | - |
| - | - | - | - | - | - | - | - | - | - | - | - | - |
| - | - | - | 750 | 15 | - | - | - | - | - | 1730 | 41 | 7 |
| - | - | - | - | - | - | - | - | - | - | - | - | - |
| - | - | - | - | - | - | - | - | - | - | - | - | - |
| - | - | - | - | - | - | - | - | - | - | - | - | - |
| - | - | - | - | - | - | - | - | - | - | - | - | - |
| - | - | - | 21 | 2218 | 16 | 5064 | 2040 | 56 | 9280 | 12920 | 1936 | 2341 |
| - | - | - | 21 | 443 | - | - | - | - | 151 | 11268 | 1786 | 2341 |
| - | - | - | - | - | - | - | - | - | - | 860 | - | - |
| - | - | - | - | 30 | - | - | - | - | 15 | 1800 | - | - |
| - | - | - | 21 | - | - | - | - | - | - | 1810 | 1786 | - |
| - | - | - | - | - | - | - | - | - | 8 | 650 | - | - |
| - | - | - | - | - | - | - | - | - | 10 | 3180 | - | - |
| - | - | - | - | - | - | - | - | - | 10 | 860 | - | - |
| - | - | - | - | - | - | - | - | - | 40 | 210 | - | - |
| - | - | - | - | - | - | - | - | - | 15 | 1470 | - | - |
| - | - | - | - | - | - | - | - | - | 3 | 158 | - | - |
| - | - | - | - | - | - | - | - | - | - | - | - | - |
| - | - | - | - | - | - | - | - | - | 15 | 220 | - | - |
| - | - | - | - | - | - | - | - | - | - | - | - | - |
| - | - | - | - | - | - | - | - | - | - | - | - | - |
| - | - | - | - | 413 | - | - | - | - | 35 | 50 | - | 5 |
| - | - | - | - | - | - | - | - | - | 15 | 1800 | 1786 | - |
| - | - | - | - | - | - | - | - | - | - | - | - | 2336 |
| - | - | - | - | 93 | 16 | 5064 | 2040 | - | 5346 | 519 | - | - |
| - | - | - | - | - | 16 | - | 2040 | - | - | - | - | - |
| - | - | - | - | 93 | - | 5064 | - | - | 4800 | - | - | - |
| - | - | - | - | - | - | - | - | - | 310 | 18 | - | - |
| - | - | - | - | - | - | - | - | - | 236 | 501 | - | - |
| - | - | - | - | 1682 | - | - | - | 56 | 3783 | 1133 | 150 | - |
| - | - | - | - | 10 | - | - | - | 6 | 1850 | 52 | - | - |
| - | - | - | - | - | - | - | - | - | - | - | - | - |
| - | - | - | - | 67 | - | - | - | - | 450 | 420 | - | - |
| - | - | - | - | 1605 | - | - | - | - | 550 | 470 | - | - |

*INCLUDED IN THIS COLUMN IS NGL AND FEEDSTOCKS.

## PRODUCTION AND USES OF ENERGY SOURCES : SPAIN

1978

| ENERGY SOURCES / PRODUCTION AND USES | UNIT: 1000 METRIC TONS / UNITE: 1000 TONNES METRIQUES | | | | | | TCAL / TCAL | MANUFACTURED GAS (TCAL) / GAZ MANUFACTURE (TCAL) | | | MILLIONS OF (DE) KWH |
|---|---|---|---|---|---|---|---|---|---|---|---|
| | HARD COAL / HOUILLE | PATENT FUEL / AGGLOMERES | COKE OVEN COKE / COKE DE FOUR | GAS COKE / COKE DE GAZ | BROWN COAL / LIGNITE | BKB / BRIQ. DE LIGNITE | NATURAL GAS / GAZ NATUREL | GAS WORKS / USINES A GAZ | COKE OVENS / COKERIES | BLAST FURNACES / HAUT FOURNEAUX | ELECTRICITY* / ELECTRICITE* |
| | 1 | 2 | 3 | 4 | 5 | 6 | 7 | 8 | 9 | 10 | 11 |
| PRODUCTION | 11387 | 62 | 3887 | - | 8261 | - | 8 | 3525 | 7750 | 10050 | 99534 |
| FROM OTHER SOURCES | - | - | - | - | - | - | - | - | - | - | - |
| IMPORT | 3443 | - | 248 | - | 6 | - | 15950 | - | - | - | 1729 |
| EXPORT | -10 | - | - | - | - | - | - | - | - | - | -3260 |
| INTL. MARINE BUNKERS | - | - | - | - | - | - | - | - | - | - | - |
| STOCK CHANGES | -1627 | - | -85 | - | -106 | - | -229 | - | - | - | - |
| DOMESTIC SUPPLY | 13193 | 62 | 4050 | - | 8161 | - | 15729 | 3525 | 7750 | 10050 | 98003 |
| RETURNS TO SUPPLY | - | - | - | - | - | - | - | - | - | - | - |
| TRANSFERS | - | - | - | - | - | - | - | - | - | - | - |
| DOMESTIC AVAILABILITY | 13193 | 62 | 4050 | - | 8161 | - | 15729 | 3525 | 7750 | 10050 | 98003 |
| STATISTICAL DIFFERENCE | - | - | - | - | - | - | -142 | - | - | - | - |
| TRANSFORM. SECTOR ** | 12041 | - | 1500 | - | 8086 | - | 5887 | - | 255 | 1102 | - |
| FOR SOLID FUELS | 5223 | - | - | - | - | - | - | - | - | - | - |
| FOR GASES | - | - | 1500 | - | - | - | 1303 | - | - | - | - |
| PETROLEUM REFINERIES | - | - | - | - | - | - | 2926 | - | - | - | - |
| THERMO-ELECTRIC PLANTS | 6818 | - | - | - | 8086 | - | 1658 | - | 255 | 1102 | - |
| ENERGY SECTOR | 53 | 10 | - | - | 8 | - | 453 | 165 | 3500 | - | 18676 |
| COAL MINES | 53 | - | - | - | 8 | - | - | - | - | - | 779 |
| OIL AND GAS EXTRACTION | - | - | - | - | - | - | 204 | - | - | - | 8 |
| PETROLEUM REFINERIES | - | - | - | - | - | - | - | - | - | - | 837 |
| ELECTRIC PLANTS | - | - | - | - | - | - | - | - | - | - | 4298 |
| DISTRIBUTION LOSSES | - | - | - | - | - | - | 249 | 150 | - | - | 9563 |
| PUMP STORAGE (ELECTR.) | - | - | - | - | - | - | - | - | - | - | 1783 |
| OTHER ENERGY SECTOR | - | 10 | - | - | - | - | - | 15 | 3500 | - | 1408 |
| FINAL CONSUMPTION | 1099 | 52 | 2550 | - | 67 | - | 9531 | 3360 | 3995 | 8948 | 79327 |
| INDUSTRY SECTOR | 753 | 11 | 2548 | - | 31 | - | 8311 | 150 | 3995 | 8948 | 49877 |
| IRON AND STEEL | 306 | - | 2265 | - | - | - | 220 | - | 3505 | 8948 | 8983 |
| CHEMICAL | 203 | - | 63 | - | 22 | - | 1952 | - | 490 | - | 9541 |
| PETROCHEMICAL | - | - | - | - | - | - | - | - | - | - | - |
| NON-FERROUS METAL | 20 | - | 70 | - | - | - | 1496 | - | - | - | 5511 |
| NON-METALLIC MINERAL | 167 | - | 42 | - | 9 | - | 1925 | - | - | - | 4892 |
| PAPER PULP AND PRINT | 2 | - | - | - | - | - | 518 | - | - | - | 3693 |
| MINING AND QUARRYING | - | - | - | - | - | - | - | - | - | - | 1120 |
| FOOD AND TOBACCO | 12 | - | 40 | - | - | - | 328 | - | - | - | 2822 |
| WOOD AND WOOD PRODUCTS | - | - | - | - | - | - | - | - | - | - | 859 |
| MACHINERY | - | - | - | - | - | - | - | - | - | - | 2990 |
| TRANSPORT EQUIPMENT | - | - | - | - | - | - | - | - | - | - | 1671 |
| CONSTRUCTION | - | - | - | - | - | - | - | - | - | - | 789 |
| TEXTILES AND LEATHER | - | - | - | - | - | - | - | - | - | - | 3000 |
| NON SPECIFIED | 43 | 11 | 68 | - | - | - | 1872 | 150 | - | - | 4006 |
| NON-ENERGY USES: | | | | | | | | | | | |
| (1)ENERGY PRODUCTS | - | - | - | - | - | - | 1952 | - | - | - | - |
| (2)NON-ENERGY PRODUCTS | - | - | - | - | - | - | - | - | - | - | - |
| TRANSPORT. SECTOR ** | 1 | 2 | - | - | - | - | - | - | - | - | 1613 |
| AIR TRANSPORT | - | - | - | - | - | - | - | - | - | - | - |
| ROAD TRANSPORT | - | - | - | - | - | - | - | - | - | - | - |
| RAILWAYS | 1 | 2 | - | - | - | - | - | - | - | - | 1613 |
| INTERNAL NAVIGATION | - | - | - | - | - | - | - | - | - | - | - |
| OTHER SECTORS ** | 345 | 39 | 2 | - | 36 | - | 1220 | 3210 | - | - | 27837 |
| AGRICULTURE | - | - | - | - | - | - | - | - | - | - | 1759 |
| PUBLIC SERVICES | - | - | - | - | - | - | - | - | - | - | - |
| COMMERCE | - | 19 | - | - | - | - | 339 | 710 | - | - | 8792 |
| RESIDENTIAL | 345 | 20 | 2 | - | 36 | - | 881 | 2500 | - | - | 17286 |

(1) INCLUDED IN CHEMICAL OR PETROCHEMICAL INDUSTRY
(2) INCLUDED ONLY IN TOTAL INDUSTRY

** INCLUDED IN THESE TOTALS ARE THE NON-SPECIFIED ELEMENTS

| * OF WHICH: | |
|---|---|
| HYDRO | 41497 |
| NUCLEAR | 7649 |
| CONVENTIONAL THERMAL | 50388 |
| GEOTHERMAL | 0 |

UNIT: 1000 METRIC TONS
UNITE: 1000 TONNES METRIQUES

| OIL / PETROLE: CRUDE* / BRUT* | OIL / PETROLE: NGL / GNL | OIL / PETROLE: FEEDST. | REFINERY GAS / GAZ DE PETROLE | LIQUEFIED PETROLEUM GASES / GAZ LIQUEFIES DE PETROLE | AVIATION GASOLINE / ESSENCE AVION | MOTOR GASOLINE / ESSENCE AUTO | JET FUEL / CARBURANT REACTEUR | KEROSENE / PETROLE LAMPANT | GAS/DIESEL OIL / GAZ/DIESEL OIL | RESIDUAL FUEL OIL / FUEL OIL RESIDUEL | NAPHTHA / NAPHTHA | NON-ENERGY PRODUCTS / PRODUITS NON-ENERGETIQUES |
|---|---|---|---|---|---|---|---|---|---|---|---|---|
| 12 | 13 | 14 | 15 | 16 | 17 | 18 | 19 | 20 | 21 | 22 | 23 | 24 |
| 980 | - | - | 693 | 1035 | - | 5215 | 2405 | 21 | 10867 | 22268 | 2605 | 3216 |
| - | - | - | - | 231 | - | - | - | - | - | - | - | - |
| 46758 | - | - | - | 1082 | 11 | - | 31 | - | 350 | 718 | 157 | 379 |
| - | - | - | - | -2 | - | -21 | -323 | - | -566 | -745 | -283 | -669 |
| - | - | - | - | - | - | - | - | - | -456 | -969 | - | - |
| 2423 | - | - | - | 51 | 2 | 260 | 96 | 26 | -267 | -10 | -709 | -361 |
| 50161 | - | - | 693 | 2397 | 13 | 5454 | 2209 | 47 | 9928 | 21262 | 1770 | 2565 |
| - | - | - | - | - | - | - | - | - | - | - | - | - |
| - | - | - | - | - | - | - | - | - | - | - | - | - |
| 50161 | - | - | 693 | 2397 | 13 | 5454 | 2209 | 47 | 9928 | 21262 | 1770 | 2565 |
| -178 | - | - | - | - | - | - | - | - | - | - | - | - |
| 50339 | - | - | - | 8 | - | - | - | - | - | 6242 | 215 | - |
| - | - | - | - | - | - | - | - | - | - | - | - | - |
| - | - | - | - | 8 | - | - | - | - | - | - | 215 | - |
| 50339 | - | - | - | - | - | - | - | - | - | - | - | - |
| - | - | - | - | - | - | - | - | - | - | 6242 | - | - |
| - | - | - | 676 | 13 | - | - | - | - | - | 1647 | 24 | 11 |
| - | - | - | - | - | - | - | - | - | - | - | - | - |
| - | - | - | 676 | 13 | - | - | - | - | - | 1647 | 24 | 11 |
| - | - | - | - | - | - | - | - | - | - | - | - | - |
| - | - | - | - | - | - | - | - | - | - | - | - | - |
| - | - | - | - | - | - | - | - | - | - | - | - | - |
| - | - | - | - | - | - | - | - | - | - | - | - | - |
| - | - | - | 17 | 2376 | 13 | 5454 | 2209 | 47 | 9928 | 13373 | 1531 | 2554 |
| - | - | - | 17 | 474 | - | - | - | - | 162 | 11662 | 1381 | 2554 |
| - | - | - | - | - | - | - | - | - | - | 890 | - | - |
| - | - | - | - | 32 | - | - | - | - | 16 | 1863 | - | - |
| - | - | - | 17 | - | - | - | - | - | - | 1873 | 1381 | - |
| - | - | - | - | - | - | - | - | - | 8 | 600 | - | - |
| - | - | - | - | - | - | - | - | - | 10 | 3500 | - | - |
| - | - | - | - | - | - | - | - | - | 10 | 800 | - | - |
| - | - | - | - | - | - | - | - | - | 40 | 200 | - | - |
| - | - | - | - | - | - | - | - | - | 15 | 1400 | - | - |
| - | - | - | - | - | - | - | - | - | - | - | - | - |
| - | - | - | - | - | - | - | - | - | - | - | - | - |
| - | - | - | - | - | - | - | - | - | 15 | - | - | - |
| - | - | - | - | - | - | - | - | - | - | - | - | - |
| - | - | - | - | - | - | - | - | - | - | - | - | - |
| - | - | - | - | 442 | - | - | - | - | 48 | 536 | - | - |
| - | - | - | - | - | - | - | - | - | 16 | 1863 | 1381 | - |
| - | - | - | - | - | - | - | - | - | - | - | - | 2554 |
| - | - | - | - | 100 | 13 | 5454 | 2209 | - | 5719 | 538 | - | - |
| - | - | - | - | - | 13 | - | 2209 | - | - | - | - | - |
| - | - | - | - | 100 | - | 5454 | - | - | 5135 | - | - | - |
| - | - | - | - | - | - | - | - | - | 332 | 19 | - | - |
| - | - | - | - | - | - | - | - | - | 252 | 519 | - | - |
| - | - | - | - | 1802 | - | - | - | 47 | 4047 | 1173 | 150 | - |
| - | - | - | - | 11 | - | - | - | 5 | 1979 | 54 | - | - |
| - | - | - | - | - | - | - | - | - | - | - | - | - |
| - | - | - | - | 72 | - | - | - | - | 481 | 435 | - | - |
| - | - | - | - | 1719 | - | - | - | - | 587 | 470 | - | - |

*INCLUDED IN THIS COLUMN IS NGL AND FEEDSTOCKS.

## PRODUCTION AND USES OF ENERGY SOURCES : SPAIN

1979

| ENERGY SOURCES / PRODUCTION AND USES | HARD COAL / HOUILLE | PATENT FUEL / AGGLOMERES | COKE OVEN COKE / COKE DE FOUR | GAS COKE / COKE DE GAZ | BROWN COAL / LIGNITE | BKB / BRIQ. DE LIGNITE | NATURAL GAS / GAZ NATUREL | GAS WORKS / USINES A GAZ | COKE OVENS / COKERIES | BLAST FURNACES / HAUT FOURNEAUX | ELECTRICITY* / ELECTRICITE* |
|---|---|---|---|---|---|---|---|---|---|---|---|
| | UNIT: 1000 METRIC TONS / UNITE: 1000 TONNES METRIQUES | | | | | | TCAL / TCAL | MANUFACTURED GAS (TCAL) / GAZ MANUFACTURE (TCAL) | | | MILLIONS OF (DE) KWH |
| | 1 | 2 | 3 | 4 | 5 | 6 | 7 | 8 | 9 | 10 | 11 |
| PRODUCTION | 11852 | 40 | 3843 | - | 10696 | - | - | 3852 | 6939 | 10395 | 105778 |
| FROM OTHER SOURCES | - | - | - | - | - | - | - | - | - | - | - |
| IMPORT | 4198 | - | 548 | - | - | - | 17545 | - | - | - | 2010 |
| EXPORT | -15 | - | -3 | - | - | - | - | - | - | - | -3500 |
| INTL. MARINE BUNKERS | - | - | - | - | - | - | - | - | - | - | - |
| STOCK CHANGES | -957 | - | -532 | - | -550 | - | -281 | - | - | - | - |
| DOMESTIC SUPPLY | 15078 | 40 | 3856 | - | 10146 | - | 17264 | 3852 | 6939 | 10395 | 104288 |
| RETURNS TO SUPPLY | - | - | - | - | - | - | - | - | - | - | - |
| TRANSFERS | - | - | - | - | - | - | - | - | - | - | - |
| DOMESTIC AVAILABILITY | 15078 | 40 | 3856 | - | 10146 | - | 17264 | 3852 | 6939 | 10395 | 104288 |
| STATISTICAL DIFFERENCE | -30 | - | - | - | 1 | - | -174 | - | - | - | - |
| TRANSFORM. SECTOR ** | 13250 | - | 1500 | - | 10051 | - | 6282 | - | 207 | 1392 | - |
| FOR SOLID FUELS | 5600 | - | - | - | - | - | - | - | - | - | - |
| FOR GASES | - | - | 1500 | - | - | - | 1200 | - | - | - | - |
| PETROLEUM REFINERIES | - | - | - | - | - | - | 3037 | - | - | - | - |
| THERMO-ELECTRIC PLANTS | 7650 | - | - | - | 10051 | - | 2045 | - | 207 | 1392 | - |
| ENERGY SECTOR | 30 | 4 | - | - | 2 | - | 638 | 224 | 2916 | - | 19665 |
| COAL MINES | 30 | - | - | - | 2 | - | - | - | - | - | 822 |
| OIL AND GAS EXTRACTION | - | - | - | - | - | - | 561 | - | - | - | 4 |
| PETROLEUM REFINERIES | - | - | - | - | - | - | - | - | - | - | 954 |
| ELECTRIC PLANTS | - | - | - | - | - | - | - | - | - | - | 4522 |
| DISTRIBUTION LOSSES | - | - | - | - | - | - | 77 | 216 | - | - | 10234 |
| PUMP STORAGE (ELECTR.) | - | - | - | - | - | - | - | - | - | - | 1567 |
| OTHER ENERGY SECTOR | - | 4 | - | - | - | - | - | 8 | 2916 | - | 1562 |
| FINAL CONSUMPTION | 1828 | 36 | 2356 | - | 92 | - | 10518 | 3628 | 3816 | 9003 | 84623 |
| INDUSTRY SECTOR | 992 | 14 | 2312 | - | 45 | - | 9288 | 92 | 3816 | 9003 | 53540 |
| IRON AND STEEL | 300 | - | 2154 | - | - | - | 203 | - | 3346 | 9003 | 9967 |
| CHEMICAL | 208 | - | 28 | - | 11 | - | 2060 | - | 470 | - | 9894 |
| PETROCHEMICAL | - | - | - | - | - | - | - | - | - | - | - |
| NON-FERROUS METAL | 40 | - | 81 | - | - | - | 1503 | - | - | - | 6122 |
| NON-METALLIC MINERAL | 382 | - | - | - | 34 | - | 1836 | - | - | - | 5033 |
| PAPER PULP AND PRINT | 2 | - | 2 | - | - | - | 510 | - | - | - | 2991 |
| MINING AND QUARRYING | - | - | 1 | - | - | - | - | - | - | - | 1211 |
| FOOD AND TOBACCO | 12 | - | 26 | - | - | - | 480 | - | - | - | 2911 |
| WOOD AND WOOD PRODUCTS | - | - | - | - | - | - | - | - | - | - | 933 |
| MACHINERY | - | - | - | - | - | - | - | - | - | - | 3328 |
| TRANSPORT EQUIPMENT | - | - | - | - | - | - | - | - | - | - | 1802 |
| CONSTRUCTION | - | - | - | - | - | - | - | - | - | - | 729 |
| TEXTILES AND LEATHER | - | - | - | - | - | - | - | - | - | - | 3013 |
| NON SPECIFIED | 48 | 14 | 20 | - | - | - | 2696 | 92 | - | - | 5606 |
| NON-ENERGY USES: | | | | | | | | | | | |
| (1)ENERGY PRODUCTS | - | - | - | - | - | - | 2060 | - | - | - | - |
| (2)NON-ENERGY PRODUCTS | - | - | - | - | - | - | - | - | - | - | - |
| TRANSPORT. SECTOR ** | 16 | 2 | 1 | - | - | - | - | - | - | - | 1615 |
| AIR TRANSPORT | - | - | - | - | - | - | - | - | - | - | - |
| ROAD TRANSPORT | - | - | - | - | - | - | - | - | - | - | - |
| RAILWAYS | 16 | 2 | 1 | - | - | - | - | - | - | - | 1615 |
| INTERNAL NAVIGATION | - | - | - | - | - | - | - | - | - | - | - |
| OTHER SECTORS ** | 820 | 20 | 43 | - | 47 | - | 1230 | 3536 | - | - | 29468 |
| AGRICULTURE | - | - | - | - | - | - | - | - | - | - | 1922 |
| PUBLIC SERVICES | - | - | - | - | - | - | - | - | - | - | - |
| COMMERCE | - | - | - | - | - | - | 320 | 815 | - | - | 8436 |
| RESIDENTIAL | 820 | 20 | 43 | - | 47 | - | 910 | 2721 | - | - | 19110 |

(1) INCLUDED IN CHEMICAL OR PETROCHEMICAL INDUSTRY
(2) INCLUDED ONLY IN TOTAL INDUSTRY

** INCLUDED IN THESE TOTALS ARE THE NON-SPECIFIED ELEMENTS

| * OF WHICH: | |
|---|---|
| HYDRO | 47473 |
| NUCLEAR | 6700 |
| CONVENTIONAL THERMAL | 51605 |
| GEOTHERMAL | 0 |

## PRODUCTION ET UTILISATION DES SOURCES D ENERGIE : ESPAGNE

1979

UNIT: 1000 METRIC TONS
UNITE: 1000 TONNES METRIQUES

| OIL PETROLE | | | REFINERY GAS | LIQUEFIED PETROLEUM GASES | AVIATION GASOLINE | MOTOR GASOLINE | JET FUEL | KEROSENE | GAS/DIESEL OIL | RESIDUAL FUEL OIL | NAPHTHA | NON-ENERGY PRODUCTS |
|---|---|---|---|---|---|---|---|---|---|---|---|---|
| CRUDE BRUT | NGL GNL | FEEDST. | GAZ DE PETROLE | GAZ LIQUEFIES DE PETROLE | ESSENCE AVION | ESSENCE AUTO | CARBURANT REACTEUR | PETROLE LAMPANT | GAZ/DIESEL OIL | FUEL OIL RESIDUEL | NAPHTHA | PRODUITS NON-ENERGETIQUES |
| 12 | 13 | 14 | 15 | 16 | 17 | 18 | 19 | 20 | 21 | 22 | 23 | 24 |
| 1121 | - | - | 765 | 1031 | - | 5453 | 2275 | 22 | 11097 | 22516 | 2552 | 2489 |
| - | - | - | - | 247 | - | - | - | - | - | - | - | - |
| 47125 | 247 | - | - | 1304 | 12 | 507 | - | 14 | 586 | 525 | 194 | 489 |
| - | - | - | - | -1 | - | -173 | -26 | - | -325 | -532 | -136 | -958 |
| - | - | - | - | - | - | - | -962 | - | -390 | -1429 | - | - |
| 224 | - | - | - | - | - | -60 | -58 | - | -166 | -460 | 40 | 569 |
| 48470 | 247 | - | 765 | 2581 | 12 | 5727 | 1229 | 36 | 10802 | 20620 | 2650 | 2589 |
| - | - | - | - | - | - | - | - | - | - | - | - | - |
| - | - | - | - | - | - | - | - | - | - | - | - | - |
| 48470 | 247 | - | 765 | 2581 | 12 | 5727 | 1229 | 36 | 10802 | 20620 | 2650 | 2589 |
| -304 | - | - | -1 | 3 | - | -16 | -17 | -9 | 80 | 60 | -1 | 13 |
| 48706 | - | - | 7 | 16 | - | - | - | - | 103 | 6306 | 224 | - |
| - | - | - | - | - | - | - | - | - | - | - | - | - |
| - | - | - | - | 16 | - | - | - | - | - | - | 224 | - |
| 48706 | - | - | - | - | - | - | - | - | - | - | - | - |
| - | - | - | 7 | - | - | - | - | - | 103 | 6306 | - | - |
| - | - | - | 734 | 7 | - | - | - | - | - | 1565 | - | - |
| - | - | - | - | - | - | - | - | - | - | - | - | - |
| - | - | - | - | - | - | - | - | - | - | - | - | - |
| - | - | - | 734 | 7 | - | - | - | - | - | 1565 | - | - |
| - | - | - | - | - | - | - | - | - | - | - | - | - |
| - | - | - | - | - | - | - | - | - | - | - | - | - |
| - | - | - | - | - | - | - | - | - | - | - | - | - |
| - | - | - | - | - | - | - | - | - | - | - | - | - |
| 68 | 247 | - | 25 | 2555 | 12 | 5743 | 1246 | 45 | 10619 | 12689 | 2427 | 2576 |
| 68 | - | - | 25 | 412 | - | 5 | - | 8 | 641 | 10602 | 2410 | 2576 |
| - | - | - | - | - | - | - | - | - | 28 | 655 | - | - |
| 68 | - | - | - | 107 | - | - | - | 2 | 208 | 1915 | - | - |
| - | - | - | 25 | - | - | - | - | - | - | - | 2410 | - |
| - | - | - | - | 84 | - | - | - | - | 12 | 518 | - | - |
| - | - | - | - | 132 | - | - | - | - | 101 | 4222 | - | - |
| - | - | - | - | 5 | - | - | - | - | 8 | 139 | - | - |
| - | - | - | - | 3 | - | - | - | - | 34 | 199 | - | - |
| - | - | - | - | 18 | - | - | - | - | 136 | 1131 | - | - |
| - | - | - | - | 4 | - | - | - | - | 12 | 816 | - | - |
| - | - | - | - | 53 | - | - | - | - | 25 | 177 | - | - |
| - | - | - | - | - | - | 5 | - | - | 19 | 163 | - | - |
| - | - | - | - | - | - | - | - | - | - | - | - | - |
| - | - | - | - | - | - | - | - | - | - | - | - | - |
| - | - | - | - | 6 | - | - | - | 6 | 58 | 667 | - | - |
| 68 | - | - | - | - | - | - | - | - | 208 | 1915 | 2410 | - |
| - | - | - | - | - | - | - | - | - | - | - | - | 2576 |
| - | - | - | - | 127 | 12 | 5729 | 1152 | - | 5317 | 1695 | - | - |
| - | - | - | - | - | 12 | - | 1152 | - | - | - | - | - |
| - | - | - | - | 127 | - | 5726 | - | - | 4403 | - | - | - |
| - | - | - | - | - | - | - | - | - | 192 | 38 | - | - |
| - | - | - | - | - | - | 3 | - | - | 722 | 1657 | - | - |
| - | 247 | - | - | 2016 | - | 9 | 94 | 37 | 4661 | 392 | 17 | - |
| - | - | - | - | 13 | - | - | - | 2 | 2161 | 22 | - | - |
| - | - | - | - | - | - | - | 94 | - | - | - | - | - |
| - | - | - | - | 169 | - | - | - | - | 635 | 150 | - | - |
| - | 247 | - | - | 1834 | - | 9 | - | - | 865 | 28 | - | - |

## PRODUCTION AND USES OF ENERGY SOURCES : SPAIN

1980

| PRODUCTION AND USES / ENERGY SOURCES | HARD COAL / HOUILLE | PATENT FUEL / AGGLOMERES | COKE OVEN COKE / COKE DE FOUR | GAS COKE / COKE DE GAZ | BROWN COAL / LIGNITE | BKB / BRIQ. DE LIGNITE | NATURAL GAS / GAZ NATUREL | GAS WORKS / USINES A GAZ | COKE OVENS / COKERIES | BLAST FURNACES / HAUT FOURNEAUX | ELECTRICITY* / ELECTRICITE* |
|---|---|---|---|---|---|---|---|---|---|---|---|
| | UNIT: 1000 METRIC TONS / UNITE: 1000 TONNES METRIQUES | | | | | | TCAL / TCAL | MANUFACTURED GAS (TCAL) / GAZ MANUFACTURE (TCAL) | | | MILLIONS OF (DE) KWH |
| | 1 | 2 | 3 | 4 | 5 | 6 | 7 | 8 | 9 | 10 | 11 |
| PRODUCTION | 12838 | 60 | 3900 | - | 15454 | - | - | 3950 | 7078 | 8319 | 110483 |
| FROM OTHER SOURCES | - | - | - | - | - | - | - | - | - | - | - |
| IMPORT | 5678 | - | 560 | - | 7 | - | 17286 | - | - | - | 2306 |
| EXPORT | -17 | - | -3 | - | - | - | - | - | - | - | -3688 |
| INTL. MARINE BUNKERS | - | - | - | - | - | - | - | - | - | - | - |
| STOCK CHANGES | -1968 | - | -540 | - | -770 | - | 458 | - | - | - | - |
| DOMESTIC SUPPLY | 16531 | 60 | 3917 | - | 14691 | - | 17744 | 3950 | 7078 | 8319 | 109101 |
| RETURNS TO SUPPLY | - | - | - | - | - | - | - | - | - | - | - |
| TRANSFERS | - | - | - | - | - | - | - | - | - | - | - |
| DOMESTIC AVAILABILITY | 16531 | 60 | 3917 | - | 14691 | - | 17744 | 3950 | 7078 | 8319 | 109101 |
| STATISTICAL DIFFERENCE | - | - | - | - | 3 | - | - | - | - | - | -1162 |
| TRANSFORM. SECTOR ** | 15191 | - | 1500 | - | 14580 | - | 7625 | - | 269 | 1440 | - |
| FOR SOLID FUELS | 5688 | - | - | - | - | - | - | - | - | - | - |
| FOR GASES | 5 | - | 1500 | - | - | - | 1102 | - | - | - | - |
| PETROLEUM REFINERIES | - | - | - | - | - | - | 3612 | - | - | - | - |
| THERMO-ELECTRIC PLANTS | 9498 | - | - | - | 14580 | - | 2911 | - | 269 | 1440 | - |
| ENERGY SECTOR | 30 | 7 | - | - | 3 | - | 784 | 224 | 2984 | - | 20498 |
| COAL MINES | 30 | - | - | - | 3 | - | - | - | - | - | 867 |
| OIL AND GAS EXTRACTION | - | - | - | - | - | - | 619 | - | - | - | 6 |
| PETROLEUM REFINERIES | - | - | - | - | - | - | - | - | - | - | 1013 |
| ELECTRIC PLANTS | - | - | - | - | - | - | - | - | - | - | 5271 |
| DISTRIBUTION LOSSES | - | - | - | - | - | - | 165 | 214 | - | - | 9966 |
| PUMP STORAGE (ELECTR.) | - | - | - | - | - | - | - | - | - | - | 1858 |
| OTHER ENERGY SECTOR | - | 7 | - | - | - | - | - | 10 | 2984 | - | 1517 |
| FINAL CONSUMPTION | 1310 | 53 | 2417 | - | 105 | - | 9335 | 3726 | 3825 | 6879 | 89765 |
| INDUSTRY SECTOR | 897 | 24 | 2369 | - | 52 | - | 8056 | 92 | 3825 | 6879 | 58002 |
| IRON AND STEEL | 213 | - | 2195 | - | - | - | 210 | - | 3354 | 6879 | 10296 |
| CHEMICAL | 257 | - | 30 | - | 13 | - | 1041 | - | 471 | - | 9547 |
| PETROCHEMICAL | - | - | - | - | - | - | - | - | - | - | - |
| NON-FERROUS METAL | 4 | - | 39 | - | - | - | 1534 | - | - | - | 8236 |
| NON-METALLIC MINERAL | 349 | - | 63 | - | 39 | - | 1759 | - | - | - | 5440 |
| PAPER PULP AND PRINT | 18 | - | - | - | - | - | 441 | - | - | - | 3005 |
| MINING AND QUARRYING | 2 | - | - | - | - | - | - | - | - | - | 1245 |
| FOOD AND TOBACCO | 4 | - | 29 | - | - | - | 608 | - | - | - | 3104 |
| WOOD AND WOOD PRODUCTS | - | - | - | - | - | - | - | - | - | - | 966 |
| MACHINERY | 42 | - | - | - | - | - | - | - | - | - | 3118 |
| TRANSPORT EQUIPMENT | - | - | - | - | - | - | - | - | - | - | 2067 |
| CONSTRUCTION | - | - | - | - | - | - | - | - | - | - | 772 |
| TEXTILES AND LEATHER | - | - | - | - | - | - | - | - | - | - | 2478 |
| NON SPECIFIED | 8 | 24 | 13 | - | - | - | 2463 | 92 | - | - | 7728 |
| NON-ENERGY USES: | | | | | | | | | | | |
| (1)ENERGY PRODUCTS | - | - | - | - | - | - | 1041 | - | - | - | - |
| (2)NON-ENERGY PRODUCTS | - | - | - | - | - | - | - | - | - | - | - |
| TRANSPORT. SECTOR ** | 12 | 4 | 1 | - | - | - | - | - | - | - | 1912 |
| AIR TRANSPORT | - | - | - | - | - | - | - | - | - | - | - |
| ROAD TRANSPORT | - | - | - | - | - | - | - | - | - | - | - |
| RAILWAYS | 12 | 4 | 1 | - | - | - | - | - | - | - | 1912 |
| INTERNAL NAVIGATION | - | - | - | - | - | - | - | - | - | - | - |
| OTHER SECTORS ** | 401 | 25 | 47 | - | 53 | - | 1279 | 3634 | - | - | 29851 |
| AGRICULTURE | - | - | - | - | - | - | - | - | - | - | 2124 |
| PUBLIC SERVICES | - | - | - | - | - | - | - | 850 | - | - | - |
| COMMERCE | - | - | - | - | - | - | 335 | - | - | - | 8161 |
| RESIDENTIAL | 401 | 25 | 47 | - | 53 | - | 944 | 2784 | - | - | 19566 |

(1) INCLUDED IN CHEMICAL OR PETROCHEMICAL INDUSTRY
(2) INCLUDED ONLY IN TOTAL INDUSTRY

** INCLUDED IN THESE TOTALS ARE THE NON-SPECIFIED ELEMENTS

| * OF WHICH: | |
|---|---|
| HYDRO | 30807 |
| NUCLEAR | 5186 |
| CONVENTIONAL THERMAL | 74490 |
| GEOTHERMAL | 0 |

## PRODUCTION ET UTILISATION DES SOURCES D ENERGIE : ESPAGNE

1980

UNIT: 1000 METRIC TONS
UNITE: 1000 TONNES METRIQUES

| OIL / PETROLE: CRUDE / BRUT 12 | OIL / PETROLE: NGL / GNL 13 | OIL / PETROLE: FEEDST. 14 | REFINERY GAS / GAZ DE PETROLE 15 | LIQUEFIED PETROLEUM GASES / GAZ LIQUEFIES DE PETROLE 16 | AVIATION GASOLINE / ESSENCE AVION 17 | MOTOR GASOLINE / ESSENCE AUTO 18 | JET FUEL / CARBURANT REACTEUR 19 | KEROSENE / PETROLE LAMPANT 20 | GAS/DIESEL OIL / GAZ/DIESEL OIL 21 | RESIDUAL FUEL OIL / FUEL OIL RESIDUEL 22 | NAPHTHA / NAPHTHA 23 | NON-ENERGY PRODUCTS / PRODUITS NON-ENERGETIQUES 24 |
|---|---|---|---|---|---|---|---|---|---|---|---|---|
| 1602 | - | - | 685 | 962 | - | 5344 | 2194 | 42 | 10790 | 22924 | 2603 | 3201 |
| - | - | - | - | 153 | - | - | - | - | - | - | - | - |
| 47430 | 153 | 86 | - | 1503 | 16 | 191 | 635 | 13 | 457 | 872 | 196 | 717 |
| - | - | - | - | -10 | - | -3 | -682 | -2 | -394 | -652 | -23 | -1436 |
| - | - | - | - | - | - | - | - | - | -395 | -1253 | - | - |
| 56 | - | 67 | - | -25 | -2 | -111 | -158 | -29 | 154 | 558 | 60 | -9 |
| 49088 | 153 | 153 | 685 | 2583 | 14 | 5421 | 1989 | 24 | 10612 | 22449 | 2836 | 2473 |
| - | - | 152 | 95 | - | - | - | - | - | - | - | - | -152 |
| - | - | -95 | - | - | - | - | - | - | - | - | - | - |
| 49088 | 153 | 210 | 780 | 2583 | 14 | 5421 | 1989 | 24 | 10612 | 22449 | 2836 | 2321 |
| 6 | - | - | - | - | - | - | - | - | - | - | - | 66 |
| 49021 | - | 210 | - | 25 | - | - | - | - | 78 | 9095 | 242 | - |
| - | - | - | - | - | - | - | - | - | - | 10 | - | - |
| - | - | - | - | 21 | - | - | - | - | 4 | 2 | 242 | - |
| 49021 | - | 210 | - | - | - | - | - | - | - | - | - | - |
| - | - | - | - | - | - | - | - | - | 74 | 9082 | - | - |
| - | - | - | 760 | 4 | - | - | - | - | 3 | 1539 | 2 | 5 |
| - | - | - | - | - | - | - | - | - | 3 | - | - | - |
| - | - | - | - | - | - | - | - | - | - | - | - | - |
| - | - | - | 760 | 4 | - | - | - | - | - | 1539 | 2 | 5 |
| - | - | - | - | - | - | - | - | - | - | - | - | - |
| - | - | - | - | - | - | - | - | - | - | - | - | - |
| - | - | - | - | - | - | - | - | - | - | - | - | - |
| - | - | - | - | - | - | - | - | - | - | - | - | - |
| 61 | 153 | - | 20 | 2554 | 14 | 5421 | 1989 | 24 | 10531 | 11815 | 2592 | 2250 |
| 61 | - | - | 20 | 364 | - | 2 | - | 3 | 533 | 9905 | 2592 | 2250 |
| - | - | - | - | - | - | - | - | - | 9 | 593 | - | - |
| 61 | - | - | - | 59 | - | - | - | - | 160 | 1756 | - | - |
| - | - | - | 20 | - | - | - | - | - | - | - | 2592 | - |
| - | - | - | - | 83 | - | - | - | - | 26 | 561 | - | - |
| - | - | - | - | 131 | - | - | - | - | 47 | 3797 | - | - |
| - | - | - | - | - | - | - | - | - | 11 | 782 | - | - |
| - | - | - | - | - | - | - | - | - | 41 | 202 | - | - |
| - | - | - | - | 18 | - | - | - | - | 139 | 1132 | - | - |
| - | - | - | - | - | - | - | - | - | 8 | 139 | - | - |
| - | - | - | - | 55 | - | - | - | - | 25 | 171 | - | - |
| - | - | - | - | - | - | 2 | - | - | 23 | 160 | - | - |
| - | - | - | - | - | - | - | - | - | - | - | - | - |
| - | - | - | - | - | - | - | - | - | - | - | - | - |
| - | - | - | - | 18 | - | - | - | 3 | 44 | 612 | - | - |
| 61 | - | - | - | 59 | - | - | - | - | 160 | 1756 | 2592 | - |
| - | - | - | - | - | - | - | - | - | - | - | - | 2250 |
| - | - | - | - | 115 | 14 | 5419 | 1907 | - | 5347 | 1455 | - | - |
| - | - | - | - | - | 14 | - | 1907 | - | - | - | - | - |
| - | - | - | - | 115 | - | 5419 | - | - | 4561 | - | - | - |
| - | - | - | - | - | - | - | - | - | 192 | 12 | - | - |
| - | - | - | - | - | - | - | - | - | 588 | 1443 | - | - |
| - | 153 | - | - | 2075 | - | - | 82 | 21 | 4651 | 455 | - | - |
| - | - | - | - | 13 | - | - | - | 1 | 2046 | 22 | - | - |
| - | - | - | - | - | - | - | 82 | - | - | - | - | - |
| - | - | - | - | 160 | - | - | - | - | 680 | 195 | - | - |
| - | 153 | - | - | 1902 | - | - | - | - | 836 | 34 | - | - |

## PRODUCTION AND USES OF ENERGY SOURCES : SPAIN

1981

| PRODUCTION AND USES / ENERGY SOURCES | UNIT: 1000 METRIC TONS / UNITE: 1000 TONNES METRIQUES | | | | | | TCAL / TCAL | MANUFACTURED GAS (TCAL) / GAZ MANUFACTURE (TCAL) | | | MILLIONS OF (DE) KWH |
|---|---|---|---|---|---|---|---|---|---|---|---|
| | HARD COAL / HOUILLE | PATENT FUEL / AGGLOMERES | COKE OVEN COKE / COKE DE FOUR | GAS COKE / COKE DE GAZ | BROWN COAL / LIGNITE | BKB / BRIQ. DE LIGNITE | NATURAL GAS / GAZ NATUREL | GAS WORKS / USINES A GAZ | COKE OVENS / COKERIES | BLAST FURNACES / HAUT FOURNEAUX | ELECTRICITY* / ELECTRICITE* |
| | 1 | 2 | 3 | 4 | 5 | 6 | 7 | 8 | 9 | 10 | 11 |
| PRODUCTION | 14162 | 60 | 3800 | - | 20886 | - | - | 3628 | 7100 | 8500 | 111232 |
| FROM OTHER SOURCES | - | - | - | - | - | - | - | - | - | - | - |
| IMPORT | 7045 | - | 500 | - | 7 | - | 22155 | - | - | - | 2668 |
| EXPORT | -14 | - | - | - | - | - | - | - | - | - | -4116 |
| INTL. MARINE BUNKERS | - | - | - | - | - | - | - | - | - | - | - |
| STOCK CHANGES | -2234 | - | -450 | - | 100 | - | -815 | - | - | - | - |
| DOMESTIC SUPPLY | 18959 | 60 | 3850 | - | 20993 | - | 21340 | 3628 | 7100 | 8500 | 109784 |
| RETURNS TO SUPPLY | - | - | - | - | - | - | - | - | - | - | - |
| TRANSFERS | - | - | - | - | - | - | - | - | - | - | - |
| DOMESTIC AVAILABILITY | 18959 | 60 | 3850 | - | 20993 | - | 21340 | 3628 | 7100 | 8500 | 109784 |
| STATISTICAL DIFFERENCE | - | - | - | - | - | - | 169 | - | - | - | -639 |
| TRANSFORM. SECTOR ** | 17311 | - | 1500 | - | 20885 | - | 12225 | - | 269 | 1440 | - |
| FOR SOLID FUELS | 6811 | - | - | - | - | - | - | - | - | - | - |
| FOR GASES | 5 | - | 1500 | - | - | - | 1122 | - | - | - | - |
| PETROLEUM REFINERIES | - | - | - | - | - | - | 2190 | - | - | - | - |
| THERMO-ELECTRIC PLANTS | 10495 | - | - | - | 20885 | - | 8913 | - | 269 | 1440 | - |
| ENERGY SECTOR | 30 | 7 | - | - | 4 | - | 466 | 210 | 2984 | - | 19308 |
| COAL MINES | 30 | - | - | - | 4 | - | - | - | - | - | 940 |
| OIL AND GAS EXTRACTION | - | - | - | - | - | - | 290 | - | - | - | 6 |
| PETROLEUM REFINERIES | - | - | - | - | - | - | - | - | - | - | 1006 |
| ELECTRIC PLANTS | - | - | - | - | - | - | - | - | - | - | 5095 |
| DISTRIBUTION LOSSES | - | - | - | - | - | - | 176 | 203 | - | - | 8921 |
| PUMP STORAGE (ELECTR.) | - | - | - | - | - | - | - | - | - | - | 1760 |
| OTHER ENERGY SECTOR | - | 7 | - | - | - | - | - | 7 | 2984 | - | 1580 |
| FINAL CONSUMPTION | 1618 | 53 | 2350 | - | 104 | - | 8480 | 3418 | 3847 | 7060 | 91115 |
| INDUSTRY SECTOR | 1106 | 25 | 2300 | - | 52 | - | 7200 | 85 | 3847 | 7060 | 58985 |
| IRON AND STEEL | 280 | - | 2130 | - | - | - | 210 | - | 3376 | 7060 | 9770 |
| CHEMICAL | 310 | - | 30 | - | 13 | - | 1070 | - | 471 | - | 8880 |
| PETROCHEMICAL | - | - | - | - | - | - | - | - | - | - | - |
| NON-FERROUS METAL | 5 | - | 40 | - | - | - | 1550 | - | - | - | 10180 |
| NON-METALLIC MINERAL | 350 | - | 65 | - | 39 | - | 1710 | - | - | - | 5600 |
| PAPER PULP AND PRINT | 25 | - | - | - | - | - | 400 | - | - | - | 2360 |
| MINING AND QUARRYING | 2 | - | - | - | - | - | - | - | - | - | 1125 |
| FOOD AND TOBACCO | 5 | - | 30 | - | - | - | 550 | - | - | - | 3240 |
| WOOD AND WOOD PRODUCTS | - | - | - | - | - | - | - | - | - | - | 915 |
| MACHINERY | 45 | - | - | - | - | - | - | - | - | - | 2530 |
| TRANSPORT EQUIPMENT | - | - | - | - | - | - | - | - | - | - | 1880 |
| CONSTRUCTION | - | - | - | - | - | - | - | - | - | - | 750 |
| TEXTILES AND LEATHER | - | - | - | - | - | - | - | - | - | - | 1970 |
| NON SPECIFIED | 84 | 25 | 5 | - | - | - | 1710 | 85 | - | - | 9785 |
| NON-ENERGY USES: | | | | | | | | | | | |
| (1)ENERGY PRODUCTS | - | - | - | - | - | - | 1070 | - | - | - | - |
| (2)NON-ENERGY PRODUCTS | - | - | - | - | - | - | - | - | - | - | - |
| TRANSPORT. SECTOR ** | 12 | 3 | - | - | - | - | - | - | - | - | 1915 |
| AIR TRANSPORT | - | - | - | - | - | - | - | - | - | - | - |
| ROAD TRANSPORT | - | - | - | - | - | - | - | - | - | - | - |
| RAILWAYS | 12 | 3 | - | - | - | - | - | - | - | - | 1915 |
| INTERNAL NAVIGATION | - | - | - | - | - | - | - | - | - | - | - |
| OTHER SECTORS ** | 500 | 25 | 50 | - | 52 | - | 1280 | 3333 | - | - | 30215 |
| AGRICULTURE | - | - | - | - | - | - | - | - | - | - | 2250 |
| PUBLIC SERVICES | - | - | - | - | - | - | - | 766 | - | - | - |
| COMMERCE | - | - | - | - | - | - | 335 | - | - | - | 9580 |
| RESIDENTIAL | 500 | 25 | 50 | - | 52 | - | 945 | 2567 | - | - | 18385 |

(1) INCLUDED IN CHEMICAL OR PETROCHEMICAL INDUSTRY
(2) INCLUDED ONLY IN TOTAL INDUSTRY

| * OF WHICH: HYDRO | 23247 |
|---|---|
| NUCLEAR | 10122 |
| CONVENTIONAL THERMAL | 0 |
| GEOTHERMAL | 0 |

** INCLUDED IN THESE TOTALS ARE THE NON-SPECIFIED ELEMENTS

## PRODUCTION ET UTILISATION DES SOURCES D ENERGIE : ESPAGNE

1981

UNIT: 1000 METRIC TONS
UNITE: 1000 TONNES METRIQUES

| OIL / PETROLE | | | REFINERY GAS | LIQUEFIED PETROLEUM GASES | AVIATION GASOLINE | MOTOR GASOLINE | JET FUEL | KEROSENE | GAS/DIESEL OIL | RESIDUAL FUEL OIL | NAPHTHA | NON-ENERGY PRODUCTS |
|---|---|---|---|---|---|---|---|---|---|---|---|---|
| CRUDE BRUT | NGL GNL | FEEDST. | GAZ DE PETROLE | GAZ LIQUEFIES DE PETROLE | ESSENCE AVION | ESSENCE AUTO | CARBURANT REACTEUR | PETROLE LAMPANT | GAZ/DIESEL OIL | FUEL OIL RESIDUEL | NAPHTHA | PRODUITS NON-ENERGETIQUES |
| 12 | 13 | 14 | 15 | 16 | 17 | 18 | 19 | 20 | 21 | 22 | 23 | 24 |
| 1226 | - | - | 597 | 872 | - | 5053 | 1862 | 57 | 10304 | 22066 | 2921 | 2987 |
| - | - | - | - | - | - | - | - | - | - | - | - | - |
| 45677 | 219 | - | - | 1565 | 11 | 193 | 669 | - | 626 | 1094 | 294 | 848 |
| - | - | - | - | -1 | - | -6 | - | -1 | -356 | -1247 | -224 | -1268 |
| - | - | - | - | - | - | - | - | - | -406 | -1058 | - | - |
| -39 | - | - | - | 19 | -1 | 415 | -512 | -26 | -391 | -888 | -291 | -591 |
| 46864 | 219 | - | 597 | 2455 | 10 | 5655 | 2019 | 30 | 9777 | 19967 | 2700 | 1976 |
| - | - | - | - | - | - | - | - | - | - | - | - | - |
| - | - | - | - | - | - | - | - | - | - | - | - | - |
| 46864 | 219 | - | 597 | 2455 | 10 | 5655 | 2019 | 30 | 9777 | 19967 | 2700 | 1976 |
| 77 | - | - | - | - | - | - | - | - | - | - | - | - |
| 46719 | - | - | - | - | - | - | - | - | 77 | 8823 | 225 | - |
| - | - | - | - | - | - | - | - | - | - | - | - | - |
| - | - | - | - | - | - | - | - | - | - | - | 225 | - |
| 46719 | - | - | - | - | - | - | - | - | - | - | - | - |
| - | - | - | - | - | - | - | - | - | 77 | 8823 | - | - |
| - | - | - | 597 | 2 | - | - | - | - | 7 | 1376 | - | - |
| - | - | - | - | - | - | - | - | - | 5 | - | - | - |
| - | - | - | - | - | - | - | - | - | 2 | - | - | - |
| - | - | - | 597 | 2 | - | - | - | - | - | 1364 | - | - |
| - | - | - | - | - | - | - | - | - | - | - | - | - |
| - | - | - | - | - | - | - | - | - | - | - | - | - |
| - | - | - | - | - | - | - | - | - | - | - | - | - |
| - | - | - | - | - | - | - | - | - | - | 12 | - | - |
| 68 | 219 | - | - | 2453 | 10 | 5655 | 2019 | 30 | 9693 | 9768 | 2475 | 1976 |
| 68 | - | - | - | 448 | - | - | - | 7 | 460 | 7766 | 2475 | 1976 |
| - | - | - | - | 118 | - | - | - | - | 50 | 1173 | - | - |
| 68 | - | - | - | 120 | - | - | - | - | 150 | 1400 | 220 | - |
| - | - | - | - | 110 | - | - | - | - | - | - | 2255 | - |
| - | - | - | - | - | - | - | - | - | 40 | 500 | - | - |
| - | - | - | - | - | - | - | - | - | - | 2200 | - | - |
| - | - | - | - | - | - | - | - | - | 20 | 740 | - | - |
| - | - | - | - | - | - | - | - | - | 60 | 45 | - | - |
| - | - | - | - | - | - | - | - | - | 140 | 920 | - | - |
| - | - | - | - | - | - | - | - | - | - | - | - | - |
| - | - | - | - | - | - | - | - | - | - | 13 | - | - |
| - | - | - | - | - | - | - | - | - | - | 52 | - | - |
| - | - | - | - | 70 | - | - | - | - | - | 60 | - | - |
| - | - | - | - | - | - | - | - | - | - | 40 | - | - |
| - | - | - | - | 30 | - | - | - | 7 | - | 623 | - | - |
| 68 | - | - | - | 230 | - | - | - | - | 150 | 1400 | 2475 | - |
| - | - | - | - | - | - | - | - | - | - | - | - | 1976 |
| - | - | - | - | 105 | 10 | 5655 | 2019 | - | 5608 | 806 | - | - |
| - | - | - | - | - | 10 | - | 2019 | - | - | - | - | - |
| - | - | - | - | 105 | - | 5655 | - | - | 4500 | - | - | - |
| - | - | - | - | - | - | - | - | - | 180 | - | - | - |
| - | - | - | - | - | - | - | - | - | 928 | 806 | - | - |
| - | 219 | - | - | 1900 | - | - | - | 23 | 3625 | 1196 | - | - |
| - | - | - | - | 10 | - | - | - | - | 1889 | 19 | - | - |
| - | - | - | - | - | - | - | - | - | - | - | - | - |
| - | - | - | - | 170 | - | - | - | - | 610 | 152 | - | - |
| - | 219 | - | - | 1720 | - | - | - | - | 820 | 5 | - | - |

## PRODUCTION AND USES OF ENERGY SOURCES : SWEDEN

1971

| ENERGY SOURCES / PRODUCTION AND USES | UNIT: 1000 METRIC TONS / UNITE: 1000 TONNES METRIQUES | | | | | | TCAL / TCAL | MANUFACTURED GAS (TCAL) / GAZ MANUFACTURE (TCAL) | | | MILLIONS OF (DE) KWH |
|---|---|---|---|---|---|---|---|---|---|---|---|
| | HARD COAL / HOUILLE | PATENT FUEL / AGGLOMERES | COKE OVEN COKE / COKE DE FOUR | GAS COKE / COKE DE GAZ | BROWN COAL / LIGNITE | BKB / BRIQ. DE LIGNITE | NATURAL GAS / GAZ NATUREL | GAS WORKS / USINES A GAZ | COKE OVENS / COKERIES | BLAST FURNACES / HAUT FOURNEAUX | ELECTRICITY* / ELECTRICITE* |
| | 1 | 2 | 3 | 4 | 5 | 6 | 7 | 8 | 9 | 10 | 11 |
| PRODUCTION | - | - | 499 | 371 | - | - | - | 1340 | 865 | 3500 | 66549 |
| FROM OTHER SOURCES | - | - | - | - | - | - | - | - | - | - | - |
| IMPORT | 1422 | - | 1218 | - | - | 8 | - | - | - | - | 5181 |
| EXPORT | -10 | - | - | - | - | - | - | - | - | - | -3551 |
| INTL. MARINE BUNKERS | - | - | - | - | - | - | - | - | - | - | - |
| STOCK CHANGES | 50 | - | -127 | 14 | - | 2 | - | - | - | - | - |
| DOMESTIC SUPPLY | 1462 | - | 1590 | 385 | - | 10 | - | 1340 | 865 | 3500 | 68179 |
| RETURNS TO SUPPLY | - | - | - | - | - | - | - | - | - | - | - |
| TRANSFERS | - | - | - | - | - | - | - | - | - | - | - |
| DOMESTIC AVAILABILITY | 1462 | - | 1590 | 385 | - | 10 | - | 1340 | 865 | 3500 | 68179 |
| STATISTICAL DIFFERENCE | - | - | - | - | - | - | - | 70 | - | - | -260 |
| TRANSFORM. SECTOR ** | 1067 | - | 520 | - | - | - | - | - | - | 520 | - |
| FOR SOLID FUELS | 646 | - | - | - | - | - | - | - | - | - | - |
| FOR GASES | 416 | - | 520 | - | - | - | - | - | - | - | - |
| PETROLEUM REFINERIES | - | - | - | - | - | - | - | - | - | - | - |
| THERMO-ELECTRIC PLANTS | 5 | - | - | - | - | - | - | - | - | 520 | - |
| ENERGY SECTOR | - | - | - | 48 | - | - | - | 100 | 300 | 1950 | 8022 |
| COAL MINES | - | - | - | - | - | - | - | - | - | - | - |
| OIL AND GAS EXTRACTION | - | - | - | - | - | - | - | - | - | - | - |
| PETROLEUM REFINERIES | - | - | - | - | - | - | - | - | - | - | 210 |
| ELECTRIC PLANTS | - | - | - | - | - | - | - | - | - | - | 1476 |
| DISTRIBUTION LOSSES | - | - | - | - | - | - | - | - | - | 420 | 6290 |
| PUMP STORAGE (ELECTR.) | - | - | - | - | - | - | - | - | - | - | 20 |
| OTHER ENERGY SECTOR | - | - | - | 48 | - | - | - | 100 | 300 | 1530 | 26 |
| FINAL CONSUMPTION | 395 | - | 1070 | 337 | - | 10 | - | 1170 | 565 | 1030 | 60417 |
| INDUSTRY SECTOR | 320 | - | 953 | 280 | - | - | - | 260 | 565 | 1030 | 34316 |
| IRON AND STEEL | 105 | - | 813 | - | - | - | - | - | 565 | 1030 | 5442 |
| CHEMICAL | 25 | - | 5 | - | - | - | - | - | - | - | 4767 |
| PETROCHEMICAL | - | - | - | - | - | - | - | - | - | - | - |
| NON-FERROUS METAL | - | - | 3 | - | - | - | - | - | - | - | 2072 |
| NON-METALLIC MINERAL | - | - | 47 | - | - | - | - | - | - | - | 1184 |
| PAPER PULP AND PRINT | - | - | - | - | - | - | - | 20 | - | - | 10616 |
| MINING AND QUARRYING | - | - | 70 | - | - | - | - | - | - | - | 1804 |
| FOOD AND TOBACCO | - | - | 5 | - | - | - | - | 40 | - | - | 1106 |
| WOOD AND WOOD PRODUCTS | - | - | - | - | - | - | - | - | - | - | 1055 |
| MACHINERY | - | - | 10 | - | - | - | - | 10 | - | - | 2579 |
| TRANSPORT EQUIPMENT | - | - | - | - | - | - | - | - | - | - | 1010 |
| CONSTRUCTION | - | - | - | - | - | - | - | - | - | - | 745 |
| TEXTILES AND LEATHER | - | - | - | - | - | - | - | - | - | - | 370 |
| NON SPECIFIED | 190 | - | - | 280 | - | - | - | 190 | - | - | 1566 |
| NON-ENERGY USES: | | | | | | | | | | | |
| (1)ENERGY PRODUCTS | - | - | - | - | - | - | - | - | - | - | - |
| (2)NON-ENERGY PRODUCTS | - | - | - | - | - | - | - | - | - | - | - |
| TRANSPORT. SECTOR ** | 1 | - | 1 | - | - | - | - | - | - | - | 1938 |
| AIR TRANSPORT | - | - | - | - | - | - | - | - | - | - | - |
| ROAD TRANSPORT | - | - | - | - | - | - | - | - | - | - | - |
| RAILWAYS | 1 | - | 1 | - | - | - | - | - | - | - | 1938 |
| INTERNAL NAVIGATION | - | - | - | - | - | - | - | - | - | - | - |
| OTHER SECTORS ** | 74 | - | 116 | 57 | - | 10 | - | 910 | - | - | 24163 |
| AGRICULTURE | - | - | - | - | - | - | - | - | - | - | 1820 |
| PUBLIC SERVICES | - | - | - | - | - | - | - | - | - | - | - |
| COMMERCE | - | - | - | - | - | - | - | - | - | - | 10293 |
| RESIDENTIAL | 74 | - | 81 | 57 | - | 10 | - | 910 | - | - | 12050 |

(1) INCLUDED IN CHEMICAL OR PETROCHEMICAL INDUSTRY
(2) INCLUDED ONLY IN TOTAL INDUSTRY

| * OF WHICH: HYDRO | 52027 |
|---|---|
| NUCLEAR | 90 |
| CONVENTIONAL THERMAL | 14432 |
| GEOTHERMAL | 0 |

** INCLUDED IN THESE TOTALS ARE THE NON-SPECIFIED ELEMENTS

PRODUCTION ET UTILISATION DES SOURCES D ENERGIE : SWEDE

1971

UNIT: 1000 METRIC TONS
UNITE: 1000 TONNES METRIQUES

| OIL PETROLE | | | REFINERY GAS | LIQUEFIED PETROLEUM GASES | AVIATION GASOLINE | MOTOR GASOLINE | JET FUEL | KEROSENE | GAS/DIESEL OIL | RESIDUAL FUEL OIL | NAPHTHA | NON-ENERGY PRODUCTS |
|---|---|---|---|---|---|---|---|---|---|---|---|---|
| CRUDE* BRUT* | NGL GNL | FEEDST. | GAZ DE PETROLE | GAZ LIQUEFIES DE PETROLE | ESSENCE AVION | ESSENCE AUTO | CARBURANT REACTEUR | PETROLE LAMPANT | GAZ/DIESEL OIL | FUEL OIL RESIDUEL | NAPHTHA | PRODUITS NON-ENERGETIQUES |
| 12 | 13 | 14 | 15 | 16 | 17 | 18 | 19 | 20 | 21 | 22 | 23 | 24 |
| - | - | - | - | 164 | - | 1342 | 137 | 10 | 3491 | 5136 | 180 | 889 |
| - | - | - | - | - | - | - | - | - | - | 32 | - | 124 |
| 11911 | - | - | - | 11 | 38 | 1729 | 368 | 233 | 6636 | 8819 | 769 | 420 |
| - | - | - | - | -30 | - | -109 | -27 | -9 | -331 | -638 | -250 | -267 |
| - | - | - | - | - | - | - | - | - | -416 | -746 | - | - |
| -369 | - | - | - | - | - | -138 | -72 | -76 | -639 | -293 | 155 | 20 |
| 11542 | - | - | - | 145 | 38 | 2824 | 406 | 158 | 8741 | 12310 | 854 | 1186 |
| - | - | - | - | - | - | - | - | - | - | - | - | - |
| - | - | - | - | - | - | - | - | - | - | - | - | - |
| 11542 | - | - | - | 145 | 38 | 2824 | 406 | 158 | 8741 | 12310 | 854 | 1186 |
| - | - | - | - | - | - | - | - | - | - | - | - | - |
| 11542 | - | - | - | 20 | - | - | - | 10 | 50 | 2780 | 56 | - |
| - | - | - | - | - | - | - | - | - | - | - | - | - |
| - | - | - | - | 20 | - | - | - | - | - | 30 | 56 | - |
| 11542 | - | - | - | - | - | - | - | - | - | - | - | - |
| - | - | - | - | - | - | - | - | 10 | 50 | 2750 | - | - |
| - | - | - | - | - | - | - | - | - | - | - | - | - |
| - | - | - | - | - | - | - | - | - | - | - | - | - |
| - | - | - | - | - | - | - | - | - | - | - | - | - |
| - | - | - | - | - | - | - | - | - | - | - | - | - |
| - | - | - | - | - | - | - | - | - | - | - | - | - |
| - | - | - | - | - | - | - | - | - | - | - | - | - |
| - | - | - | - | - | - | - | - | - | - | - | - | - |
| - | - | - | - | - | - | - | - | - | - | - | - | - |
| - | - | - | - | 125 | 38 | 2824 | 406 | 148 | 8691 | 9530 | 798 | 1186 |
| - | - | - | - | 108 | - | 79 | - | - | 825 | 5390 | 798 | 1154 |
| - | - | - | - | 45 | - | - | - | - | 185 | 910 | - | - |
| - | - | - | - | - | - | - | - | - | 5 | 95 | - | - |
| - | - | - | - | - | - | - | - | - | - | - | 798 | - |
| - | - | - | - | - | - | - | - | - | - | 42 | - | - |
| - | - | - | - | 23 | - | - | - | - | 45 | 525 | - | 30 |
| - | - | - | - | - | - | - | - | - | 27 | 1601 | - | - |
| - | - | - | - | - | - | - | - | - | 10 | 146 | - | - |
| - | - | - | - | - | - | - | - | - | 70 | 332 | - | - |
| - | - | - | - | - | - | - | - | - | 30 | 90 | - | - |
| - | - | - | - | - | - | - | - | - | 156 | 420 | - | - |
| - | - | - | - | - | - | - | - | - | - | - | - | - |
| - | - | - | - | - | - | - | - | - | - | - | - | - |
| - | - | - | - | - | - | - | - | - | - | - | - | - |
| - | - | - | - | 40 | - | 79 | - | - | 297 | 1229 | - | - |
| - | - | - | - | - | - | - | - | - | - | - | 798 | - |
| - | - | - | - | - | - | - | - | - | - | - | - | 1124 |
| - | - | - | - | - | 38 | 2725 | 406 | 9 | 1235 | 15 | - | - |
| - | - | - | - | - | 38 | - | 406 | - | - | - | - | - |
| - | - | - | - | - | - | 2605 | - | 9 | 990 | - | - | - |
| - | - | - | - | - | - | - | - | - | 85 | - | - | - |
| - | - | - | - | - | - | 120 | - | - | 160 | 15 | - | - |
| - | - | - | - | 17 | - | 20 | - | 139 | 6631 | 4125 | - | 32 |
| - | - | - | - | - | - | 20 | - | 10 | 300 | - | - | - |
| - | - | - | - | - | - | - | - | - | - | - | - | - |
| - | - | - | - | - | - | - | - | 129 | 5945 | 3900 | - | - |

*INCLUDED IN THIS COLUMN IS NGL AND FEEDSTOCKS.

## PRODUCTION AND USES OF ENERGY SOURCES : SWEDEN

1972

| X ENERGY SOURCES / PRODUCTION AND USES | UNIT: 1000 METRIC TONS / UNITE: 1000 TONNES METRIQUES | | | | | | TCAL / TCAL | MANUFACTURED GAS (TCAL) / GAZ MANUFACTURE (TCAL) | | | MILLIONS OF (DE) KWH |
|---|---|---|---|---|---|---|---|---|---|---|---|
| | HARD COAL / HOUILLE | PATENT FUEL / AGGLOMERES | COKE OVEN COKE / COKE DE FOUR | GAS COKE / COKE DE GAZ | BROWN COAL / LIGNITE | BKB / BRIQ. DE LIGNITE | NATURAL GAS / GAZ NATUREL | GAS WORKS / USINES A GAZ | COKE OVENS / COKERIES | BLAST FURNACES / HAUT FOURNEAUX | ELECTRICITY* / ELECTRICITE* |
| | 1 | 2 | 3 | 4 | 5 | 6 | 7 | 8 | 9 | 10 | 11 |
| PRODUCTION | - | - | 536 | 120 | - | - | - | 1350 | 840 | 3448 | 71682 |
| FROM OTHER SOURCES | - | - | - | - | - | - | - | - | - | - | - |
| IMPORT | 986 | - | 1207 | - | - | 6 | - | - | - | - | 6177 |
| EXPORT | - | - | -4 | - | - | - | - | - | - | - | -4858 |
| INTL. MARINE BUNKERS | - | - | - | - | - | - | - | - | - | - | - |
| STOCK CHANGES | 146 | - | -139 | -1 | - | -1 | - | - | - | - | - |
| DOMESTIC SUPPLY | 1132 | - | 1600 | 119 | - | 5 | - | 1350 | 840 | 3448 | 73001 |
| RETURNS TO SUPPLY | - | - | - | - | - | - | - | - | - | - | - |
| TRANSFERS | - | - | - | - | - | - | - | - | - | - | - |
| DOMESTIC AVAILABILITY | 1132 | - | 1600 | 119 | - | 5 | - | 1350 | 840 | 3448 | 73001 |
| STATISTICAL DIFFERENCE | - | - | - | - | - | - | - | 90 | - | - | 22 |
| TRANSFORM. SECTOR ** | 804 | - | 520 | - | - | - | - | - | - | 540 | - |
| FOR SOLID FUELS | 653 | - | - | - | - | - | - | - | - | - | - |
| FOR GASES | 150 | - | 520 | - | - | - | - | - | - | - | - |
| PETROLEUM REFINERIES | - | - | - | - | - | - | - | - | - | - | - |
| THERMO-ELECTRIC PLANTS | 1 | - | - | - | - | - | - | - | - | 540 | - |
| ENERGY SECTOR | - | - | - | 9 | - | - | - | 130 | 300 | 1848 | 8844 |
| COAL MINES | - | - | - | - | - | - | - | - | - | - | - |
| OIL AND GAS EXTRACTION | - | - | - | - | - | - | - | - | - | - | - |
| PETROLEUM REFINERIES | - | - | - | - | - | - | - | - | - | - | 210 |
| ELECTRIC PLANTS | - | - | - | - | - | - | - | - | - | - | 1634 |
| DISTRIBUTION LOSSES | - | - | - | - | - | - | - | - | - | 420 | 6929 |
| PUMP STORAGE (ELECTR.) | - | - | - | - | - | - | - | - | - | - | 41 |
| OTHER ENERGY SECTOR | - | - | - | 9 | - | - | - | 130 | 300 | 1428 | 30 |
| FINAL CONSUMPTION | 328 | - | 1080 | 110 | - | 5 | - | 1130 | 540 | 1060 | 64135 |
| INDUSTRY SECTOR | 276 | - | 1059 | 110 | - | - | - | 240 | 540 | 1060 | 36195 |
| IRON AND STEEL | 95 | - | 859 | - | - | - | - | - | 540 | 1060 | 5536 |
| CHEMICAL | 38 | - | 10 | - | - | - | - | - | - | - | 4818 |
| PETROCHEMICAL | - | - | - | - | - | - | - | - | - | - | - |
| NON-FERROUS METAL | - | - | 3 | - | - | - | - | 4 | - | - | 2213 |
| NON-METALLIC MINERAL | - | - | 52 | - | - | - | - | - | - | - | 1197 |
| PAPER PULP AND PRINT | - | - | - | - | - | - | - | 20 | - | - | 11800 |
| MINING AND QUARRYING | - | - | 69 | - | - | - | - | - | - | - | 1894 |
| FOOD AND TOBACCO | - | - | 5 | - | - | - | - | 38 | - | - | 1143 |
| WOOD AND WOOD PRODUCTS | - | - | - | - | - | - | - | - | - | - | 1131 |
| MACHINERY | - | - | 21 | - | - | - | - | 10 | - | - | 2615 |
| TRANSPORT EQUIPMENT | - | - | - | - | - | - | - | - | - | - | 1089 |
| CONSTRUCTION | - | - | - | - | - | - | - | - | - | - | 764 |
| TEXTILES AND LEATHER | - | - | - | - | - | - | - | - | - | - | 365 |
| NON SPECIFIED | 143 | - | 40 | 110 | - | - | - | 168 | - | - | 1630 |
| NON-ENERGY USES: | | | | | | | | | | | |
| (1)ENERGY PRODUCTS | - | - | - | - | - | - | - | - | - | - | - |
| (2)NON-ENERGY PRODUCTS | - | - | - | - | - | - | - | - | - | - | - |
| TRANSPORT. SECTOR ** | - | - | - | - | - | - | - | - | - | - | 1975 |
| AIR TRANSPORT | - | - | - | - | - | - | - | - | - | - | - |
| ROAD TRANSPORT | - | - | - | - | - | - | - | - | - | - | - |
| RAILWAYS | - | - | - | - | - | - | - | - | - | - | 1975 |
| INTERNAL NAVIGATION | - | - | - | - | - | - | - | - | - | - | - |
| OTHER SECTORS ** | 52 | - | 21 | - | - | 5 | - | 890 | - | - | 25965 |
| AGRICULTURE | - | - | - | - | - | - | - | - | - | - | 1903 |
| PUBLIC SERVICES | - | - | - | - | - | - | - | - | - | - | - |
| COMMERCE | - | - | - | - | - | - | - | - | - | - | 10411 |
| RESIDENTIAL | 52 | - | 15 | - | - | 5 | - | 890 | - | - | 13651 |

(1) INCLUDED IN CHEMICAL OR PETROCHEMICAL INDUSTRY
(2) INCLUDED ONLY IN TOTAL INDUSTRY

** INCLUDED IN THESE TOTALS ARE THE NON-SPECIFIED ELEMENTS

| * OF WHICH: HYDRO | 53772 |
|---|---|
| NUCLEAR | 1465 |
| CONVENTIONAL THERMAL | 16445 |
| GEOTHERMAL | 0 |

## PRODUCTION ET UTILISATION DES SOURCES D ENERGIE : SWEDE

1972

UNIT: 1000 METRIC TONS
UNITE: 1000 TONNES METRIQUES

| | OIL PETROLE | | | REFINERY GAS | LIQUEFIED PETROLEUM GASES | AVIATION GASOLINE | MOTOR GASOLINE | JET FUEL | KEROSENE | GAS/DIESEL OIL | RESIDUAL FUEL OIL | NAPHTHA | NON-ENERGY PRODUCTS |
|---|---|---|---|---|---|---|---|---|---|---|---|---|---|
| | CRUDE* BRUT* | NGL GNL | FEEDST. | GAZ DE PETROLE | GAZ LIQUEFIES DE PETROLE | ESSENCE AVION | ESSENCE AUTO | CARBURANT REACTEUR | PETROLE LAMPANT | GAZ/DIESEL OIL | FUEL OIL RESIDUEL | NAPHTHA | PRODUITS NON-ENERGETIQUES |
| | 12 | 13 | 14 | 15 | 16 | 17 | 18 | 19 | 20 | 21 | 22 | 23 | 24 |
| | - | - | - | - | 186 | - | 1259 | 108 | 10 | 3509 | 4922 | 221 | 925 |
| | - | - | - | - | - | - | - | - | - | - | 31 | - | 132 |
| | 11202 | - | - | - | 14 | 38 | 1742 | 445 | 198 | 6330 | 8695 | 886 | 427 |
| | - | - | - | - | -35 | - | -159 | -40 | -10 | -376 | -755 | -118 | -323 |
| | - | - | - | - | - | - | - | - | - | -460 | -790 | - | - |
| | 174 | - | - | - | - | - | 96 | -41 | -57 | -42 | 321 | 28 | 40 |
| | 11376 | - | - | - | 165 | 38 | 2938 | 472 | 141 | 8961 | 12424 | 1017 | 1201 |
| | - | - | - | - | - | - | - | - | - | - | - | - | - |
| | - | - | - | - | - | - | - | - | - | - | - | - | - |
| | 11376 | - | - | - | 165 | 38 | 2938 | 472 | 141 | 8961 | 12424 | 1017 | 1201 |
| | - | - | - | - | - | - | - | - | - | - | - | - | - |
| | 11376 | - | - | - | 20 | - | - | - | 5 | 55 | 2890 | 110 | - |
| | - | - | - | - | - | - | - | - | - | - | - | - | - |
| | - | - | - | - | 20 | - | - | - | - | - | 30 | 110 | - |
| | 11376 | - | - | - | - | - | - | - | - | - | - | - | - |
| | - | - | - | - | - | - | - | - | 5 | 55 | 2860 | - | - |
| | - | - | - | - | - | - | - | - | - | - | - | - | - |
| | - | - | - | - | - | - | - | - | - | - | - | - | - |
| | - | - | - | - | - | - | - | - | - | - | - | - | - |
| | - | - | - | - | - | - | - | - | - | - | - | - | - |
| | - | - | - | - | - | - | - | - | - | - | - | - | - |
| | - | - | - | - | - | - | - | - | - | - | - | - | - |
| | - | - | - | - | - | - | - | - | - | - | - | - | - |
| | - | - | - | - | - | - | - | - | - | - | - | - | - |
| | - | - | - | - | 145 | 38 | 2938 | 472 | 136 | 8906 | 9534 | 907 | 1201 |
| | - | - | - | - | 129 | - | 78 | - | - | 905 | 5230 | 907 | 1169 |
| | - | - | - | - | 40 | - | - | - | - | 185 | 895 | - | - |
| | - | - | - | - | - | - | - | - | - | 5 | 95 | - | - |
| | - | - | - | - | - | - | - | - | - | - | - | 907 | - |
| | - | - | - | - | - | - | - | - | - | - | 45 | - | - |
| | - | - | - | - | 20 | - | - | - | - | 45 | 640 | - | 30 |
| | - | - | - | - | - | - | - | - | - | 28 | 1622 | - | - |
| | - | - | - | - | - | - | - | - | - | 10 | 140 | - | - |
| | - | - | - | - | - | - | - | - | - | 70 | 387 | - | - |
| | - | - | - | - | - | - | - | - | - | 30 | 90 | - | - |
| | - | - | - | - | - | - | - | - | - | 170 | 420 | - | - |
| | - | - | - | - | - | - | - | - | - | - | - | - | - |
| | - | - | - | - | - | - | - | - | - | - | - | - | - |
| | - | - | - | - | - | - | - | - | - | - | - | - | - |
| | - | - | - | - | 69 | - | 78 | - | - | 362 | 896 | - | - |
| | - | - | - | - | - | - | - | - | - | - | - | 907 | - |
| | - | - | - | - | - | - | - | - | - | - | - | - | 1139 |
| | - | - | - | - | - | 38 | 2840 | 472 | 8 | 1235 | 10 | - | - |
| | - | - | - | - | - | 38 | - | 472 | - | - | - | - | - |
| | - | - | - | - | - | - | 2710 | - | 8 | 990 | - | - | - |
| | - | - | - | - | - | - | - | - | - | 85 | - | - | - |
| | - | - | - | - | - | - | 130 | - | - | 160 | 10 | - | - |
| | - | - | - | - | 16 | - | 20 | - | 128 | 6766 | 4294 | - | 32 |
| | - | - | - | - | - | - | 20 | - | 10 | 300 | - | - | - |
| | - | - | - | - | - | - | - | - | - | - | - | - | - |
| | - | - | - | - | - | - | - | - | - | - | - | - | - |
| | - | - | - | - | - | - | - | - | 118 | 6070 | 4170 | - | - |

*INCLUDED IN THIS COLUMN IS NGL AND FEEDSTOCKS.

## PRODUCTION AND USES OF ENERGY SOURCES : SWEDEN

1973

| ENERGY SOURCES / PRODUCTION AND USES | UNIT: 1000 METRIC TONS / UNITE: 1000 TONNES METRIQUES | | | | | | TCAL / TCAL | MANUFACTURED GAS (TCAL) / GAZ MANUFACTURE (TCAL) | | | MILLIONS OF (DE) KWH |
|---|---|---|---|---|---|---|---|---|---|---|---|
| | HARD COAL / HOUILLE | PATENT FUEL / AGGLOMERES | COKE OVEN COKE / COKE DE FOUR | GAS COKE / COKE DE GAZ | BROWN COAL / LIGNITE | BKB / BRIQ. DE LIGNITE | NATURAL GAS / GAZ NATUREL | GAS WORKS / USINES A GAZ | COKE OVENS / COKERIES | BLAST FURNACES / HAUT FOURNEAUX | ELECTRICITY* / ELECTRICITE* |
| | 1 | 2 | 3 | 4 | 5 | 6 | 7 | 8 | 9 | 10 | 11 |
| PRODUCTION | - | - | 533 | - | - | - | - | 1200 | 865 | 3500 | 78080 |
| FROM OTHER SOURCES | - | - | - | - | - | - | - | - | - | - | - |
| IMPORT | 1027 | - | 1495 | - | - | 10 | - | - | - | - | 5950 |
| EXPORT | -13 | - | -11 | - | - | - | - | - | - | - | -5216 |
| INTL. MARINE BUNKERS | - | - | - | - | - | - | - | - | - | - | - |
| STOCK CHANGES | 98 | - | -251 | - | - | -4 | - | - | - | - | - |
| DOMESTIC SUPPLY | 1112 | - | 1766 | - | - | 6 | - | 1200 | 865 | 3500 | 78814 |
| RETURNS TO SUPPLY | - | - | - | - | - | - | - | - | - | - | - |
| TRANSFERS | - | - | - | - | - | - | - | - | - | - | - |
| DOMESTIC AVAILABILITY | 1112 | - | 1766 | - | - | 6 | - | 1200 | 865 | 3500 | 78814 |
| STATISTICAL DIFFERENCE | - | - | - | - | - | - | - | 60 | - | - | -10 |
| TRANSFORM. SECTOR ** | 701 | - | 520 | - | - | - | - | - | - | 540 | - |
| FOR SOLID FUELS | 643 | - | - | - | - | - | - | - | - | - | - |
| FOR GASES | - | - | 520 | - | - | - | - | - | - | - | - |
| PETROLEUM REFINERIES | - | - | - | - | - | - | - | - | - | - | - |
| THERMO-ELECTRIC PLANTS | 58 | - | - | - | - | - | - | - | - | 540 | - |
| ENERGY SECTOR | - | - | - | - | - | - | - | 20 | 281 | 1750 | 9619 |
| COAL MINES | - | - | - | - | - | - | - | - | - | - | - |
| OIL AND GAS EXTRACTION | - | - | - | - | - | - | - | - | - | - | - |
| PETROLEUM REFINERIES | - | - | - | - | - | - | - | - | - | - | 201 |
| ELECTRIC PLANTS | - | - | - | - | - | - | - | - | - | - | 1693 |
| DISTRIBUTION LOSSES | - | - | - | - | - | - | - | - | - | 360 | 7668 |
| PUMP STORAGE (ELECTR.) | - | - | - | - | - | - | - | - | - | - | 29 |
| OTHER ENERGY SECTOR | - | - | - | - | - | - | - | 20 | 281 | 1390 | 28 |
| FINAL CONSUMPTION | 411 | - | 1246 | - | - | 6 | - | 1120 | 584 | 1210 | 69205 |
| INDUSTRY SECTOR | 379 | - | 1193 | - | - | - | - | 220 | 584 | 1210 | 39543 |
| IRON AND STEEL | 97 | - | 973 | - | - | - | - | - | 584 | 1160 | 5823 |
| CHEMICAL | 35 | - | 11 | - | - | - | - | 6 | - | - | 5379 |
| PETROCHEMICAL | - | - | - | - | - | - | - | - | - | - | - |
| NON-FERROUS METAL | - | - | 3 | - | - | - | - | - | - | - | 2296 |
| NON-METALLIC MINERAL | - | - | 58 | - | - | - | - | - | - | - | 1327 |
| PAPER PULP AND PRINT | - | - | - | - | - | - | - | 27 | - | - | 13153 |
| MINING AND QUARRYING | - | - | 82 | - | - | - | - | - | - | 50 | 2117 |
| FOOD AND TOBACCO | - | - | 4 | - | - | - | - | 40 | - | - | 1173 |
| WOOD AND WOOD PRODUCTS | - | - | - | - | - | - | - | - | - | - | 1286 |
| MACHINERY | - | - | 21 | - | - | - | - | 24 | - | - | 2867 |
| TRANSPORT EQUIPMENT | - | - | - | - | - | - | - | - | - | - | 1197 |
| CONSTRUCTION | - | - | - | - | - | - | - | - | - | - | 757 |
| TEXTILES AND LEATHER | - | - | - | - | - | - | - | - | - | - | 391 |
| NON SPECIFIED | 247 | - | 41 | - | - | - | - | 123 | - | - | 1777 |
| NON-ENERGY USES: | | | | | | | | | | | |
| (1)ENERGY PRODUCTS | - | - | - | - | - | - | - | - | - | - | - |
| (2)NON-ENERGY PRODUCTS | - | - | - | - | - | - | - | - | - | - | - |
| TRANSPORT. SECTOR ** | - | - | - | - | - | - | - | - | - | - | 2077 |
| AIR TRANSPORT | - | - | - | - | - | - | - | - | - | - | - |
| ROAD TRANSPORT | - | - | - | - | - | - | - | - | - | - | - |
| RAILWAYS | - | - | - | - | - | - | - | - | - | - | 2077 |
| INTERNAL NAVIGATION | - | - | - | - | - | - | - | - | - | - | - |
| OTHER SECTORS ** | 32 | - | 53 | - | - | 6 | - | 900 | - | - | 27585 |
| AGRICULTURE | - | - | - | - | - | - | - | - | - | - | 1918 |
| PUBLIC SERVICES | - | - | - | - | - | - | - | - | - | - | - |
| COMMERCE | - | - | - | - | - | - | - | - | - | - | 11118 |
| RESIDENTIAL | 32 | - | 37 | - | - | 6 | - | 900 | - | - | 14549 |

(1) INCLUDED IN CHEMICAL OR PETROCHEMICAL INDUSTRY
(2) INCLUDED ONLY IN TOTAL INDUSTRY

| * OF WHICH: HYDRO | 59892 |
|---|---|
| NUCLEAR | 2111 |
| CONVENTIONAL THERMAL | 16077 |
| GEOTHERMAL | 0 |

** INCLUDED IN THESE TOTALS ARE THE NON-SPECIFIED ELEMENTS

UNIT: 1000 METRIC TONS
UNITE: 1000 TONNES METRIQUES

| OIL PETROLE | | | REFINERY GAS | LIQUEFIED PETROLEUM GASES | AVIATION GASOLINE | MOTOR GASOLINE | JET FUEL | KEROSENE | GAS/DIESEL OIL | RESIDUAL FUEL OIL | NAPHTHA | NON-ENERGY PRODUCTS |
|---|---|---|---|---|---|---|---|---|---|---|---|---|
| CRUDE* BRUT* | NGL GNL | FEEDST. | GAZ DE PETROLE | GAZ LIQUEFIES DE PETROLE | ESSENCE AVION | ESSENCE AUTO | CARBURANT REACTEUR | PETROLE LAMPANT | GAZ/DIESEL OIL | FUEL OIL RESIDUEL | NAPHTHA | PRODUITS NON-ENERGETIQUES |
| 12 | 13 | 14 | 15 | 16 | 17 | 18 | 19 | 20 | 21 | 22 | 23 | 24 |
| - | - | - | - | 187 | - | 1301 | 116 | 12 | 3250 | 4486 | 178 | 855 |
| - | - | - | - | - | - | - | - | - | - | 14 | - | 137 |
| 10606 | - | - | - | 44 | 31 | 1881 | 451 | 213 | 6798 | 8616 | 968 | 410 |
| - | - | - | - | -21 | - | -64 | -4 | -11 | -444 | -494 | -85 | -269 |
| - | - | - | - | - | - | - | - | - | -456 | -679 | - | - |
| 45 | - | - | - | -19 | - | - | -44 | -75 | 319 | 342 | -10 | 10 |
| 10651 | - | - | - | 191 | 31 | 3118 | 519 | 139 | 9467 | 12285 | 1051 | 1143 |
| - | - | - | - | - | - | - | - | - | - | - | - | - |
| - | - | - | - | - | - | - | - | - | - | - | - | - |
| 10651 | - | - | - | 191 | 31 | 3118 | 519 | 139 | 9467 | 12285 | 1051 | 1143 |
| -48 | - | - | - | - | - | 10 | - | - | - | -96 | - | -15 |
| 10651 | - | - | - | 22 | - | - | - | 1 | 47 | 2390 | 96 | - |
| - | - | - | - | - | - | - | - | - | - | - | - | - |
| - | - | - | - | 22 | - | - | - | - | - | 4 | 96 | - |
| 10651 | - | - | - | - | - | - | - | - | - | - | - | - |
| - | - | - | - | - | - | - | - | 1 | 47 | 2386 | - | - |
| - | - | - | - | - | - | - | - | - | - | 96 | - | - |
| - | - | - | - | - | - | - | - | - | - | - | - | - |
| - | - | - | - | - | - | - | - | - | - | - | - | - |
| - | - | - | - | - | - | - | - | - | - | 96 | - | - |
| - | - | - | - | - | - | - | - | - | - | - | - | - |
| - | - | - | - | - | - | - | - | - | - | - | - | - |
| - | - | - | - | - | - | - | - | - | - | - | - | - |
| - | - | - | - | - | - | - | - | - | - | - | - | - |
| 48 | - | - | - | 169 | 31 | 3108 | 519 | 138 | 9420 | 9895 | 955 | 1158 |
| 48 | - | - | - | 141 | - | 83 | - | - | 1145 | 5860 | 955 | 1124 |
| - | - | - | - | 61 | - | - | - | - | 130 | 820 | - | - |
| 48 | - | - | - | - | - | - | - | - | 73 | 418 | - | - |
| - | - | - | - | - | - | - | - | - | 1 | 54 | 955 | - |
| - | - | - | - | - | - | - | - | - | - | 40 | - | - |
| - | - | - | - | 25 | - | - | - | - | 160 | 844 | - | 34 |
| - | - | - | - | - | - | - | - | - | 20 | 1587 | - | - |
| - | - | - | - | - | - | - | - | - | 10 | 132 | - | - |
| - | - | - | - | - | - | - | - | - | 69 | 360 | - | - |
| - | - | - | - | - | - | - | - | - | 30 | 91 | - | - |
| - | - | - | - | - | - | - | - | - | 200 | 470 | - | - |
| - | - | - | - | - | - | - | - | - | - | - | - | - |
| - | - | - | - | - | - | - | - | - | - | - | - | - |
| - | - | - | - | - | - | - | - | - | - | - | - | - |
| - | - | - | - | 55 | - | 83 | - | - | 452 | 1044 | - | - |
| - | - | - | - | - | - | - | - | - | - | - | 955 | - |
| - | - | - | - | - | - | - | - | - | - | - | - | 1090 |
| - | - | - | - | - | 31 | 3005 | 519 | 10 | 1333 | 5 | - | - |
| - | - | - | - | - | 31 | - | 519 | - | - | - | - | - |
| - | - | - | - | - | - | 2870 | - | 10 | 1116 | - | - | - |
| - | - | - | - | - | - | - | - | - | 87 | - | - | - |
| - | - | - | - | - | - | 135 | - | - | 130 | 5 | - | - |
| - | - | - | - | 28 | - | 20 | - | 128 | 6942 | 4030 | - | 34 |
| - | - | - | - | - | - | 20 | - | 10 | 368 | - | - | - |
| - | - | - | - | - | - | - | - | - | - | - | - | - |
| - | - | - | - | - | - | - | - | - | - | - | - | - |
| - | - | - | - | - | - | - | - | 118 | 6278 | 3890 | - | - |

*INCLUDED IN THIS COLUMN IS NGL AND FEEDSTOCKS.

## PRODUCTION AND USES OF ENERGY SOURCES : SWEDEN

1974

| ENERGY SOURCES / PRODUCTION AND USES | UNIT: 1000 METRIC TONS / UNITE: 1000 TONNES METRIQUES | | | | | | TCAL / TCAL | MANUFACTURED GAS (TCAL) / GAZ MANUFACTURE (TCAL) | | | MILLIONS OF (DE) KWH |
|---|---|---|---|---|---|---|---|---|---|---|---|
| | HARD COAL / HOUILLE | PATENT FUEL / AGGLOMERES | COKE OVEN COKE / COKE DE FOUR | GAS COKE / COKE DE GAZ | BROWN COAL / LIGNITE | BKB / BRIQ. DE LIGNITE | NATURAL GAS / GAZ NATUREL | GAS WORKS / USINES A GAZ | COKE OVENS / COKERIES | BLAST FURNACES / HAUT FOURNEAUX | ELECTRICITY* / ELECTRICITE* |
| | 1 | 2 | 3 | 4 | 5 | 6 | 7 | 8 | 9 | 10 | 11 |
| PRODUCTION | - | - | 481 | - | - | - | - | 1150 | 815 | 3500 | 75130 |
| FROM OTHER SOURCES | - | - | - | - | - | - | - | - | - | - | - |
| IMPORT | 1500 | - | 1599 | - | - | 13 | - | - | - | - | 6681 |
| EXPORT | -60 | - | -24 | - | - | - | - | - | - | - | -3742 |
| INTL. MARINE BUNKERS | - | - | - | - | - | - | - | - | - | - | - |
| STOCK CHANGES | -467 | - | -202 | - | - | -6 | - | - | - | - | - |
| DOMESTIC SUPPLY | 973 | - | 1854 | - | - | 7 | - | 1150 | 815 | 3500 | 78069 |
| RETURNS TO SUPPLY | - | - | - | - | - | - | - | - | - | - | - |
| TRANSFERS | - | - | - | - | - | - | - | - | - | - | - |
| DOMESTIC AVAILABILITY | 973 | - | 1854 | - | - | 7 | - | 1150 | 815 | 3500 | 78069 |
| STATISTICAL DIFFERENCE | - | - | - | - | - | - | - | 55 | - | - | - |
| TRANSFORM. SECTOR ** | 649 | - | 520 | - | - | - | - | - | - | 540 | - |
| FOR SOLID FUELS | 597 | - | - | - | - | - | - | - | - | - | - |
| FOR GASES | - | - | 520 | - | - | - | - | - | - | - | - |
| PETROLEUM REFINERIES | - | - | - | - | - | - | - | - | - | - | - |
| THERMO-ELECTRIC PLANTS | 52 | - | - | - | - | - | - | - | - | 540 | - |
| ENERGY SECTOR | - | - | - | - | - | - | - | 20 | 267 | 1760 | 8349 |
| COAL MINES | - | - | - | - | - | - | - | - | - | - | - |
| OIL AND GAS EXTRACTION | - | - | - | - | - | - | - | - | - | - | - |
| PETROLEUM REFINERIES | - | - | - | - | - | - | - | - | - | - | 215 |
| ELECTRIC PLANTS | - | - | - | - | - | - | - | - | - | - | 1644 |
| DISTRIBUTION LOSSES | - | - | - | - | - | - | - | - | - | 360 | 6372 |
| PUMP STORAGE (ELECTR.) | - | - | - | - | - | - | - | - | - | - | 28 |
| OTHER ENERGY SECTOR | - | - | - | - | - | - | - | 20 | 267 | 1400 | 90 |
| FINAL CONSUMPTION | 324 | - | 1334 | - | - | 7 | - | 1075 | 548 | 1200 | 69720 |
| INDUSTRY SECTOR | 311 | - | 1312 | - | - | - | - | 220 | 548 | 1200 | 40017 |
| IRON AND STEEL | 98 | - | 1115 | - | - | - | - | - | 548 | 1130 | 5965 |
| CHEMICAL | 45 | - | 19 | - | - | - | - | - | - | - | 5497 |
| PETROCHEMICAL | - | - | - | - | - | - | - | - | - | - | - |
| NON-FERROUS METAL | - | - | 4 | - | - | - | - | - | - | - | 2265 |
| NON-METALLIC MINERAL | - | - | 56 | - | - | - | - | - | - | - | 1331 |
| PAPER PULP AND PRINT | - | - | - | - | - | - | - | 20 | - | - | 13529 |
| MINING AND QUARRYING | - | - | 80 | - | - | - | - | - | - | 70 | 2230 |
| FOOD AND TOBACCO | - | - | 5 | - | - | - | - | 32 | - | - | 1169 |
| WOOD AND WOOD PRODUCTS | - | - | - | - | - | - | - | - | - | - | 1164 |
| MACHINERY | - | - | 33 | - | - | - | - | 24 | - | - | 2925 |
| TRANSPORT EQUIPMENT | - | - | - | - | - | - | - | - | - | - | 1116 |
| CONSTRUCTION | - | - | - | - | - | - | - | - | - | - | 665 |
| TEXTILES AND LEATHER | - | - | - | - | - | - | - | - | - | - | 416 |
| NON SPECIFIED | 168 | - | - | - | - | - | - | 144 | - | - | 1745 |
| NON-ENERGY USES: | | | | | | | | | | | |
| (1)ENERGY PRODUCTS | - | - | - | - | - | - | - | - | - | - | - |
| (2)NON-ENERGY PRODUCTS | - | - | - | - | - | - | - | - | - | - | - |
| TRANSPORT. SECTOR ** | 10 | - | - | - | - | - | - | - | - | - | 2115 |
| AIR TRANSPORT | - | - | - | - | - | - | - | - | - | - | - |
| ROAD TRANSPORT | - | - | - | - | - | - | - | - | - | - | - |
| RAILWAYS | 10 | - | - | - | - | - | - | - | - | - | 2115 |
| INTERNAL NAVIGATION | - | - | - | - | - | - | - | - | - | - | - |
| OTHER SECTORS ** | 3 | - | 22 | - | - | 7 | - | 855 | - | - | 27588 |
| AGRICULTURE | - | - | - | - | - | - | - | - | - | - | 1877 |
| PUBLIC SERVICES | - | - | - | - | - | - | - | - | - | - | - |
| COMMERCE | - | - | - | - | - | - | - | - | - | - | 11546 |
| RESIDENTIAL | 3 | - | 15 | - | - | 7 | - | 855 | - | - | 14165 |

(1) INCLUDED IN CHEMICAL OR PETROCHEMICAL INDUSTRY
(2) INCLUDED ONLY IN TOTAL INDUSTRY

** INCLUDED IN THESE TOTALS ARE THE NON-SPECIFIED ELEMENTS

| * OF WHICH: | |
|---|---|
| HYDRO | 57285 |
| NUCLEAR | 2054 |
| CONVENTIONAL THERMAL | 15791 |
| GEOTHERMAL | 0 |

## PRODUCTION ET UTILISATION DES SOURCES D ENERGIE : SWEDE

1974

UNIT: 1000 METRIC TONS
UNITE: 1000 TONNES METRIQUES

| OIL / PETROLE: CRUDE* / BRUT* 12 | OIL / PETROLE: NGL / GNL 13 | OIL / PETROLE: FEEDST. 14 | REFINERY GAS / GAZ DE PETROLE 15 | LIQUEFIED PETROLEUM GASES / GAZ LIQUEFIES DE PETROLE 16 | AVIATION GASOLINE / ESSENCE AVION 17 | MOTOR GASOLINE / ESSENCE AUTO 18 | JET FUEL / CARBURANT REACTEUR 19 | KEROSENE / PETROLE LAMPANT 20 | GAS/DIESEL OIL / GAZ/DIESEL OIL 21 | RESIDUAL FUEL OIL / FUEL OIL RESIDUEL 22 | NAPHTHA / NAPHTHA 23 | NON-ENERGY PRODUCTS / PRODUITS NON-ENERGETIQUES 24 |
|---|---|---|---|---|---|---|---|---|---|---|---|---|
| - | - | - | - | 163 | - | 1113 | 115 | 13 | 3277 | 4270 | 289 | 840 |
| - | - | - | - | - | - | - | - | - | - | 11 | - | 149 |
| 10049 | - | - | - | 66 | 30 | 1891 | 349 | 132 | 6154 | 8716 | 1007 | 706 |
| -23 | - | - | - | -21 | - | -82 | -28 | -8 | -231 | -377 | -248 | -302 |
| - | - | - | - | - | - | - | - | - | -402 | -814 | - | - |
| 203 | - | - | - | -35 | - | - | 24 | -48 | -915 | 167 | 61 | -90 |
| 10229 | - | - | - | 173 | 30 | 2922 | 460 | 89 | 7883 | 11973 | 1109 | 1303 |
| - | - | - | - | - | - | - | - | - | - | - | - | - |
| - | - | - | - | - | - | - | - | - | - | - | - | - |
| 10229 | - | - | - | 173 | 30 | 2922 | 460 | 89 | 7883 | 11973 | 1109 | 1303 |
| 45 | - | - | - | -16 | - | 61 | - | - | - | -114 | - | 34 |
| 10130 | - | - | - | 21 | - | - | - | - | 38 | 2856 | 88 | - |
| - | - | - | - | - | - | - | - | - | - | - | - | - |
| - | - | - | - | 21 | - | - | - | - | - | 6 | 88 | - |
| 10130 | - | - | - | - | - | - | - | - | - | - | - | - |
| - | - | - | - | - | - | - | - | - | 38 | 2850 | - | - |
| - | - | - | - | - | - | - | - | - | - | 114 | - | - |
| - | - | - | - | - | - | - | - | - | - | - | - | - |
| - | - | - | - | - | - | - | - | - | - | - | - | - |
| - | - | - | - | - | - | - | - | - | - | 114 | - | - |
| - | - | - | - | - | - | - | - | - | - | - | - | - |
| - | - | - | - | - | - | - | - | - | - | - | - | - |
| - | - | - | - | - | - | - | - | - | - | - | - | - |
| - | - | - | - | - | - | - | - | - | - | - | - | - |
| 54 | - | - | - | 168 | 30 | 2861 | 460 | 89 | 7845 | 9117 | 1021 | 1269 |
| 54 | - | - | - | 150 | - | - | - | - | 753 | 5722 | 1021 | 1243 |
| - | - | - | - | 60 | - | - | - | - | 117 | 856 | - | - |
| 54 | - | - | - | 18 | - | - | - | - | 61 | 582 | - | - |
| - | - | - | - | - | - | - | - | - | - | - | 1021 | - |
| - | - | - | - | - | - | - | - | - | - | 42 | - | - |
| - | - | - | - | 22 | - | - | - | - | 101 | 843 | - | 25 |
| - | - | - | - | - | - | - | - | - | 25 | 1612 | - | - |
| - | - | - | - | - | - | - | - | - | 12 | 107 | - | - |
| - | - | - | - | - | - | - | - | - | 71 | 412 | - | - |
| - | - | - | - | - | - | - | - | - | 30 | 89 | - | - |
| - | - | - | - | - | - | - | - | - | 200 | 420 | - | - |
| - | - | - | - | - | - | - | - | - | - | - | - | - |
| - | - | - | - | - | - | - | - | - | - | - | - | - |
| - | - | - | - | - | - | - | - | - | - | - | - | - |
| - | - | - | - | 50 | - | - | - | - | 136 | 759 | - | - |
| - | - | - | - | - | - | - | - | - | - | - | 1021 | - |
| - | - | - | - | - | - | - | - | - | - | - | - | 1218 |
| - | - | - | - | - | 30 | 2861 | 460 | 18 | 1527 | 10 | - | - |
| - | - | - | - | - | 30 | - | 460 | - | - | - | - | - |
| - | - | - | - | - | - | 2861 | - | 18 | 1353 | - | - | - |
| - | - | - | - | - | - | - | - | - | 90 | - | - | - |
| - | - | - | - | - | - | - | - | - | 84 | 10 | - | - |
| - | - | - | - | 18 | - | - | - | 71 | 5565 | 3385 | - | 26 |
| - | - | - | - | - | - | - | - | - | 282 | - | - | - |
| - | - | - | - | - | - | - | - | - | - | - | - | - |
| - | - | - | - | - | - | - | - | - | - | - | - | - |
| - | - | - | - | - | - | - | - | 71 | 5237 | 3330 | - | - |

*INCLUDED IN THIS COLUMN IS NGL AND FEEDSTOCKS.

## PRODUCTION AND USES OF ENERGY SOURCES : SWEDEN

1975

| X / XX ENERGY / XX / XX SOURCES / XX / XX / XX / PRODUCTION XX / XX / AND USES XX/ | UNIT: 1000 METRIC TONS / UNITE: 1000 TONNES METRIQUES | | | | | | TCAL / TCAL | MANUFACTURED GAS (TCAL) / GAZ MANUFACTURE (TCAL) | | | MILLIONS / OF (DE) KWH |
|---|---|---|---|---|---|---|---|---|---|---|---|
| | HARD COAL / HOUILLE | PATENT FUEL / AGGLOMERES | COKE OVEN COKE / COKE DE FOUR | GAS COKE / COKE DE GAZ | BROWN COAL / LIGNITE | BKB / BRIQ. DE LIGNITE | NATURAL GAS / GAZ NATUREL | GAS WORKS / USINES A GAZ | COKE OVENS / COKERIES | BLAST FURNACES / HAUT FOURNEAUX | ELECTRICITY* / ELECTRICITE* |
| | 1 | 2 | 3 | 4 | 5 | 6 | 7 | 8 | 9 | 10 | 11 |
| PRODUCTION | 83 | - | 820 | - | - | - | - | 1016 | 1380 | 4611 | 80573 |
| FROM OTHER SOURCES | - | - | - | - | - | - | - | - | - | - | - |
| IMPORT | 1632 | - | 1202 | - | - | 15 | - | - | - | - | 6313 |
| EXPORT | -34 | - | -18 | - | - | - | - | - | - | - | -5369 |
| INTL. MARINE BUNKERS | - | - | - | - | - | - | - | - | - | - | - |
| STOCK CHANGES | -289 | - | 330 | - | - | - | - | - | - | - | - |
| DOMESTIC SUPPLY | 1392 | - | 2334 | - | - | 15 | - | 1016 | 1380 | 4611 | 81517 |
| RETURNS TO SUPPLY | - | - | - | - | - | - | - | - | - | - | - |
| TRANSFERS | - | - | - | - | - | - | - | - | - | - | - |
| DOMESTIC AVAILABILITY | 1392 | - | 2334 | - | - | 15 | - | 1016 | 1380 | 4611 | 81517 |
| STATISTICAL DIFFERENCE | - | - | - | - | - | - | - | - | - | - | - |
| TRANSFORM. SECTOR ** | 1107 | - | 688 | - | - | - | - | - | - | 339 | - |
| FOR SOLID FUELS | 1082 | - | - | - | - | - | - | - | - | - | - |
| FOR GASES | - | - | 688 | - | - | - | - | - | - | - | - |
| PETROLEUM REFINERIES | - | - | - | - | - | - | - | - | - | - | - |
| THERMO-ELECTRIC PLANTS | 25 | - | - | - | - | - | - | - | - | 339 | - |
| ENERGY SECTOR | - | - | - | - | - | - | - | 44 | 624 | 953 | 9665 |
| COAL MINES | - | - | - | - | - | - | - | - | - | - | - |
| OIL AND GAS EXTRACTION | - | - | - | - | - | - | - | - | - | - | - |
| PETROLEUM REFINERIES | - | - | - | - | - | - | - | - | - | - | 217 |
| ELECTRIC PLANTS | - | - | - | - | - | - | - | - | - | - | 1947 |
| DISTRIBUTION LOSSES | - | - | - | - | - | - | - | 24 | 188 | 813 | 7363 |
| PUMP STORAGE (ELECTR.) | - | - | - | - | - | - | - | - | - | - | 30 |
| OTHER ENERGY SECTOR | - | - | - | - | - | - | - | 20 | 436 | 140 | 108 |
| FINAL CONSUMPTION | 285 | - | 1646 | - | - | 15 | - | 972 | 756 | 3319 | 71852 |
| INDUSTRY SECTOR | 276 | - | 1618 | - | - | - | - | 104 | 756 | 3319 | 38702 |
| IRON AND STEEL | 32 | - | 1406 | - | - | - | - | - | 720 | 3212 | 5863 |
| CHEMICAL | 52 | - | 25 | - | - | - | - | 4 | - | 9 | 5389 |
| PETROCHEMICAL | - | - | - | - | - | - | - | - | - | - | - |
| NON-FERROUS METAL | 52 | - | 4 | - | - | - | - | 4 | - | - | 2171 |
| NON-METALLIC MINERAL | 68 | - | 67 | - | - | - | - | - | - | - | 1211 |
| PAPER PULP AND PRINT | 5 | - | - | - | - | - | - | 24 | - | - | 12441 |
| MINING AND QUARRYING | 67 | - | 80 | - | - | - | - | - | 36 | 98 | 2309 |
| FOOD AND TOBACCO | - | - | 5 | - | - | - | - | 36 | - | - | 1291 |
| WOOD AND WOOD PRODUCTS | - | - | - | - | - | - | - | - | - | - | 1242 |
| MACHINERY | - | - | 31 | - | - | - | - | 24 | - | - | 3150 |
| TRANSPORT EQUIPMENT | - | - | - | - | - | - | - | - | - | - | 1253 |
| CONSTRUCTION | - | - | - | - | - | - | - | - | - | - | 754 |
| TEXTILES AND LEATHER | - | - | - | - | - | - | - | - | - | - | 372 |
| NON SPECIFIED | - | - | - | - | - | - | - | 12 | - | - | 1256 |
| NON-ENERGY USES: | | | | | | | | | | | |
| (1)ENERGY PRODUCTS | - | - | - | - | - | - | - | - | - | - | - |
| (2)NON-ENERGY PRODUCTS | - | - | - | - | - | - | - | - | - | - | - |
| TRANSPORT. SECTOR ** | 1 | - | - | - | - | - | - | - | - | - | 2013 |
| AIR TRANSPORT | - | - | - | - | - | - | - | - | - | - | - |
| ROAD TRANSPORT | - | - | - | - | - | - | - | - | - | - | - |
| RAILWAYS | - | - | - | - | - | - | - | - | - | - | 2013 |
| INTERNAL NAVIGATION | 1 | - | - | - | - | - | - | - | - | - | - |
| OTHER SECTORS ** | 8 | - | 28 | - | - | 15 | - | 868 | - | - | 31137 |
| AGRICULTURE | - | - | - | - | - | - | - | - | - | - | 1997 |
| PUBLIC SERVICES | - | - | - | - | - | - | - | - | - | - | - |
| COMMERCE | - | - | - | - | - | - | - | - | - | - | 13017 |
| RESIDENTIAL | 8 | - | 20 | - | - | 15 | - | 868 | - | - | 16123 |

(1) INCLUDED IN CHEMICAL OR PETROCHEMICAL INDUSTRY
(2) INCLUDED ONLY IN TOTAL INDUSTRY

| * OF WHICH: HYDRO | 57669 |
|---|---|
| NUCLEAR | 11969 |
| CONVENTIONAL THERMAL | 10935 |
| GEOTHERMAL | 0 |

** INCLUDED IN THESE TOTALS ARE THE NON-SPECIFIED ELEMENTS

UNIT: 1000 METRIC TONS
UNITE: 1000 TONNES METRIQUES

| OIL PETROLE | | | REFINERY GAS | LIQUEFIED PETROLEUM GASES | AVIATION GASOLINE | MOTOR GASOLINE | JET FUEL | KEROSENE | GAS/DIESEL OIL | RESIDUAL FUEL OIL | NAPHTHA | NON-ENERGY PRODUCTS |
|---|---|---|---|---|---|---|---|---|---|---|---|---|
| CRUDE* BRUT* | NGL GNL | FEEDST. | GAZ DE PETROLE | GAZ LIQUEFIES DE PETROLE | ESSENCE AVION | ESSENCE AUTO | CARBURANT REACTEUR | PETROLE LAMPANT | GAZ/DIESEL OIL | FUEL OIL RESIDUEL | NAPHTHA | PRODUITS NON-ENERGETIQUES |
| 12 | 13 | 14 | 15 | 16 | 17 | 18 | 19 | 20 | 21 | 22 | 23 | 24 |
| - | - | - | - | 132 | - | 1528 | 129 | - | 3529 | 5089 | 114 | 957 |
| - | - | - | - | - | - | - | - | - | - | - | - | - |
| 12322 | - | - | - | 64 | 29 | 1894 | 495 | 138 | 5801 | 8870 | 857 | 584 |
| -10 | - | - | - | -13 | - | -164 | -30 | -12 | -454 | -833 | -214 | -246 |
| - | - | - | - | - | - | - | - | - | -211 | -911 | - | - |
| -851 | - | - | - | - | - | -10 | -107 | -42 | -406 | -1059 | 85 | -72 |
| 11461 | - | - | - | 183 | 29 | 3248 | 487 | 84 | 8259 | 11156 | 842 | 1223 |
| 162 | - | - | - | - | - | - | - | - | - | - | - | - |
| - | - | - | - | - | - | - | - | - | - | - | - | - |
| 11623 | - | - | - | 183 | 29 | 3248 | 487 | 84 | 8259 | 11156 | 842 | 1223 |
| 26 | - | - | - | -4 | 1 | - | - | 8 | - | - | - | - |
| 11575 | - | - | - | 22 | - | - | - | - | 28 | 1631 | 87 | 30 |
| - | - | - | - | - | - | - | - | - | - | - | - | 30 |
| - | - | - | - | 22 | - | - | - | - | - | 4 | 87 | - |
| 11575 | - | - | - | - | - | - | - | - | - | - | - | - |
| - | - | - | - | - | - | - | - | - | 28 | 1627 | - | - |
| - | - | - | - | - | - | - | - | - | 4 | 243 | - | - |
| - | - | - | - | - | - | - | - | - | - | - | - | - |
| - | - | - | - | - | - | - | - | - | - | - | - | - |
| - | - | - | - | - | - | - | - | - | 4 | 243 | - | - |
| - | - | - | - | - | - | - | - | - | - | - | - | - |
| - | - | - | - | - | - | - | - | - | - | - | - | - |
| - | - | - | - | - | - | - | - | - | - | - | - | - |
| - | - | - | - | - | - | - | - | - | - | - | - | - |
| 22 | - | - | - | 165 | 28 | 3248 | 487 | 76 | 8227 | 9282 | 755 | 1193 |
| 22 | - | - | - | 148 | - | - | - | - | 852 | 4906 | 755 | 1166 |
| - | - | - | - | 60 | - | - | - | - | 92 | 745 | - | - |
| 22 | - | - | - | 3 | - | - | - | - | 45 | 426 | - | - |
| - | - | - | - | - | - | - | - | - | - | 114 | 755 | - |
| - | - | - | - | 13 | - | - | - | - | 19 | 42 | - | - |
| - | - | - | - | 26 | - | - | - | - | 91 | 691 | - | 27 |
| - | - | - | - | 10 | - | - | - | - | 29 | 1617 | - | - |
| - | - | - | - | - | - | - | - | - | 12 | 183 | - | - |
| - | - | - | - | 9 | - | - | - | - | 63 | 396 | - | - |
| - | - | - | - | - | - | - | - | - | 31 | 94 | - | - |
| - | - | - | - | - | - | - | - | - | 209 | 480 | - | - |
| - | - | - | - | - | - | - | - | - | - | - | - | - |
| - | - | - | - | - | - | - | - | - | - | - | - | - |
| - | - | - | - | - | - | - | - | - | - | - | - | - |
| - | - | - | - | 27 | - | - | - | - | 261 | 118 | - | - |
| - | - | - | - | - | - | - | - | - | - | - | 755 | - |
| - | - | - | - | - | - | - | - | - | - | - | - | 1139 |
| - | - | - | - | 1 | 28 | 3248 | 487 | 14 | 1333 | 27 | - | - |
| - | - | - | - | - | 28 | - | 487 | - | - | - | - | - |
| - | - | - | - | 1 | - | 3248 | - | 14 | 1169 | - | - | - |
| - | - | - | - | - | - | - | - | - | 81 | - | - | - |
| - | - | - | - | - | - | - | - | - | 83 | 27 | - | - |
| - | - | - | - | 16 | - | - | - | 62 | 6042 | 4349 | - | 27 |
| - | - | - | - | - | - | - | - | - | 375 | 84 | - | - |
| - | - | - | - | - | - | - | - | - | - | - | - | - |
| - | - | - | - | - | - | - | - | 62 | 5615 | 2564 | - | - |

*INCLUDED IN THIS COLUMN IS NGL AND FEEDSTOCKS.

## PRODUCTION AND USES OF ENERGY SOURCES : SWEDEN

1976

| ENERGY SOURCES / PRODUCTION AND USES | UNIT: 1000 METRIC TONS / UNITE: 1000 TONNES METRIQUES | | | | | | TCAL / TCAL | MANUFACTURED GAS (TCAL) / GAZ MANUFACTURE (TCAL) | | | MILLIONS / OF (DE) KWH |
|---|---|---|---|---|---|---|---|---|---|---|---|
| | HARD COAL / HOUILLE | PATENT FUEL / AGGLOMERES | COKE OVEN COKE / COKE DE FOUR | GAS COKE / COKE DE GAZ | BROWN COAL / LIGNITE | BKB / BRIQ. DE LIGNITE | NATURAL GAS / GAZ NATUREL | GAS WORKS / USINES A GAZ | COKE OVENS / COKERIES | BLAST FURNACES / HAUT FOURNEAUX | ELECTRICITY* / ELECTRICITE* |
| | 1 | 2 | 3 | 4 | 5 | 6 | 7 | 8 | 9 | 10 | 11 |
| PRODUCTION | 15 | - | 1071 | - | - | - | - | 1044 | 1912 | 4463 | 86416 |
| FROM OTHER SOURCES | - | - | - | - | - | - | - | - | - | - | - |
| IMPORT | 2019 | - | 1099 | - | - | 9 | - | - | - | - | 7868 |
| EXPORT | -6 | - | -76 | - | - | - | - | - | - | - | -5766 |
| INTL. MARINE BUNKERS | - | - | - | - | - | - | - | - | - | - | - |
| STOCK CHANGES | -179 | - | -87 | - | - | - | - | - | - | - | - |
| DOMESTIC SUPPLY | 1849 | - | 2007 | - | - | 9 | - | 1044 | 1912 | 4463 | 88518 |
| RETURNS TO SUPPLY | - | - | - | - | - | - | - | - | - | - | - |
| TRANSFERS | - | - | - | - | - | - | - | - | - | - | - |
| DOMESTIC AVAILABILITY | 1849 | - | 2007 | - | - | 9 | - | 1044 | 1912 | 4463 | 88518 |
| STATISTICAL DIFFERENCE | - | - | - | - | - | - | - | - | - | - | 50 |
| TRANSFORM. SECTOR ** | 1479 | - | 666 | - | - | - | - | - | - | 215 | - |
| FOR SOLID FUELS | 1479 | - | - | - | - | - | - | - | - | - | - |
| FOR GASES | - | - | 666 | - | - | - | - | - | - | - | - |
| PETROLEUM REFINERIES | - | - | - | - | - | - | - | - | - | - | - |
| THERMO-ELECTRIC PLANTS | - | - | - | - | - | - | - | - | - | 215 | - |
| ENERGY SECTOR | - | - | - | - | - | - | - | 80 | 904 | 1216 | 11064 |
| COAL MINES | - | - | - | - | - | - | - | - | - | - | - |
| OIL AND GAS EXTRACTION | - | - | - | - | - | - | - | - | - | - | - |
| PETROLEUM REFINERIES | - | - | - | - | - | - | - | - | - | - | 295 |
| ELECTRIC PLANTS | - | - | - | - | - | - | - | - | - | - | 2295 |
| DISTRIBUTION LOSSES | - | - | - | - | - | - | - | 56 | 224 | 1073 | 8338 |
| PUMP STORAGE (ELECTR.) | - | - | - | - | - | - | - | - | - | - | 34 |
| OTHER ENERGY SECTOR | - | - | - | - | - | - | - | 24 | 680 | 143 | 102 |
| FINAL CONSUMPTION | 370 | - | 1341 | - | - | 9 | - | 964 | 1008 | 3032 | 77404 |
| INDUSTRY SECTOR | 364 | - | 1320 | - | - | - | - | 100 | 1008 | 3032 | 40054 |
| IRON AND STEEL | 39 | - | 1129 | - | - | - | - | - | 972 | 2898 | 5678 |
| CHEMICAL | 58 | - | 15 | - | - | - | - | - | - | 10 | 5426 |
| PETROCHEMICAL | - | - | - | - | - | - | - | - | - | - | - |
| NON-FERROUS METAL | 83 | - | 6 | - | - | - | - | - | - | - | 2292 |
| NON-METALLIC MINERAL | 105 | - | 66 | - | - | - | - | - | - | - | 1192 |
| PAPER PULP AND PRINT | 7 | - | - | - | - | - | - | 20 | - | - | 12938 |
| MINING AND QUARRYING | 72 | - | 74 | - | - | - | - | - | 36 | 124 | 2511 |
| FOOD AND TOBACCO | - | - | 4 | - | - | - | - | 32 | - | - | 1357 |
| WOOD AND WOOD PRODUCTS | - | - | - | - | - | - | - | - | - | - | 1363 |
| MACHINERY | - | - | 26 | - | - | - | - | 40 | - | - | 3286 |
| TRANSPORT EQUIPMENT | - | - | - | - | - | - | - | - | - | - | 1305 |
| CONSTRUCTION | - | - | - | - | - | - | - | - | - | - | 816 |
| TEXTILES AND LEATHER | - | - | - | - | - | - | - | - | - | - | 380 |
| NON SPECIFIED | - | - | - | - | - | - | - | 8 | - | - | 1510 |
| NON-ENERGY USES: | | | | | | | | | | | |
| (1)ENERGY PRODUCTS | - | - | - | - | - | - | - | - | - | - | - |
| (2)NON-ENERGY PRODUCTS | - | - | - | - | - | - | - | - | - | - | - |
| TRANSPORT. SECTOR ** | - | - | - | - | - | - | - | - | - | - | 2118 |
| AIR TRANSPORT | - | - | - | - | - | - | - | - | - | - | - |
| ROAD TRANSPORT | - | - | - | - | - | - | - | - | - | - | - |
| RAILWAYS | - | - | - | - | - | - | - | - | - | - | 2118 |
| INTERNAL NAVIGATION | - | - | - | - | - | - | - | - | - | - | - |
| OTHER SECTORS ** | 6 | - | 21 | - | - | 9 | - | 864 | - | - | 35232 |
| AGRICULTURE | - | - | - | - | - | - | - | - | - | - | 2115 |
| PUBLIC SERVICES | - | - | - | - | - | - | - | - | - | - | - |
| COMMERCE | - | - | - | - | - | - | - | - | - | - | 14374 |
| RESIDENTIAL | 6 | - | 15 | - | - | 9 | - | 864 | - | - | 18743 |

(1) INCLUDED IN CHEMICAL OR PETROCHEMICAL INDUSTRY
(2) INCLUDED ONLY IN TOTAL INDUSTRY

** INCLUDED IN THESE TOTALS ARE THE NON-SPECIFIED ELEMENTS

| * OF WHICH: | |
|---|---|
| HYDRO | 54856 |
| NUCLEAR | 15993 |
| CONVENTIONAL THERMAL | 15567 |
| GEOTHERMAL | 0 |

## PRODUCTION ET UTILISATION DES SOURCES D ENERGIE : SWEDE

1976

UNIT: 1000 METRIC TONS
UNITE: 1000 TONNES METRIQUES

| OIL PETROLE | | | REFINERY GAS | LIQUEFIED PETROLEUM GASES | AVIATION GASOLINE | MOTOR GASOLINE | JET FUEL | KEROSENE | GAS/DIESEL OIL | RESIDUAL FUEL OIL | NAPHTHA | NON-ENERGY PRODUCTS |
|---|---|---|---|---|---|---|---|---|---|---|---|---|
| CRUDE* BRUT* | NGL GNL | FEEDST. | GAZ DE PETROLE | GAZ LIQUEFIES DE PETROLE | ESSENCE AVION | ESSENCE AUTO | CARBURANT REACTEUR | PETROLE LAMPANT | GAZ/DIESEL OIL | FUEL OIL RESIDUEL | NAPHTHA | PRODUITS NON-ENERGETIQUES |
| 12 | 13 | 14 | 15 | 16 | 17 | 18 | 19 | 20 | 21 | 22 | 23 | 24 |
| 3 | - | - | - | 152 | - | 2459 | 82 | 8 | 4633 | 6149 | 200 | 662 |
| - | - | - | - | - | - | - | - | - | - | - | - | 148 |
| 13571 | - | - | - | 41 | 30 | 1449 | 389 | 150 | 5959 | 7361 | 1105 | 582 |
| - | - | - | - | -22 | -1 | -245 | -6 | -9 | -397 | -1113 | -9 | -119 |
| - | - | - | - | - | - | - | - | - | -223 | -1059 | - | - |
| 940 | - | - | - | - | -1 | -238 | 28 | -78 | -779 | 1190 | -322 | -240 |
| 14514 | - | - | - | 171 | 28 | 3425 | 493 | 71 | 9193 | 12528 | 974 | 1033 |
| 178 | - | - | - | - | - | - | - | - | - | - | - | - |
| - | - | - | - | - | - | - | - | - | - | - | - | - |
| 14692 | - | - | - | 171 | 28 | 3425 | 493 | 71 | 9193 | 12528 | 974 | 1033 |
| - | - | - | - | - | - | - | - | - | - | - | - | - |
| 14692 | - | - | - | 24 | - | - | - | 2 | 11 | 2561 | 90 | 6 |
| - | - | - | - | - | - | - | - | - | - | - | - | 6 |
| - | - | - | - | 24 | - | - | - | - | - | 4 | 90 | - |
| 14692 | - | - | - | - | - | - | - | - | - | - | - | - |
| - | - | - | - | - | - | - | - | 2 | 11 | 2557 | - | - |
| - | - | - | - | - | - | - | - | - | 7 | 389 | - | - |
| - | - | - | - | - | - | - | - | - | - | - | - | - |
| - | - | - | - | - | - | - | - | - | - | - | - | - |
| - | - | - | - | - | - | - | - | - | 1 | 389 | - | - |
| - | - | - | - | - | - | - | - | - | 6 | - | - | - |
| - | - | - | - | - | - | - | - | - | - | - | - | - |
| - | - | - | - | - | - | - | - | - | - | - | - | - |
| - | - | - | - | - | - | - | - | - | - | - | - | - |
| - | - | - | - | 147 | 28 | 3425 | 493 | 69 | 9175 | 9578 | 884 | 1027 |
| - | - | - | - | 132 | - | - | - | - | 908 | 4865 | 884 | 999 |
| - | - | - | - | 47 | - | - | - | - | 96 | 716 | - | - |
| - | - | - | - | 1 | - | - | - | - | 49 | 411 | - | - |
| - | - | - | - | - | - | - | - | - | - | 99 | 881 | - |
| - | - | - | - | 12 | - | - | - | - | 20 | 45 | - | - |
| - | - | - | - | 26 | - | - | - | - | 90 | 592 | - | 28 |
| - | - | - | - | 12 | - | - | - | - | 30 | 1684 | - | - |
| - | - | - | - | - | - | - | - | - | 14 | 189 | - | - |
| - | - | - | - | 4 | - | - | - | - | 74 | 400 | - | - |
| - | - | - | - | - | - | - | - | - | 32 | 120 | - | - |
| - | - | - | - | - | - | - | - | - | 263 | 489 | - | - |
| - | - | - | - | 26 | - | - | - | - | - | - | - | - |
| - | - | - | - | - | - | - | - | - | - | - | - | - |
| - | - | - | - | - | - | - | - | - | - | - | - | - |
| - | - | - | - | 4 | - | - | - | - | 240 | 120 | 3 | - |
| - | - | - | - | - | - | - | - | - | - | - | 881 | - |
| - | - | - | - | - | - | - | - | - | - | - | - | 971 |
| - | - | - | - | - | 28 | 3425 | 493 | 11 | 1510 | 32 | - | - |
| - | - | - | - | - | 28 | - | 493 | - | - | - | - | - |
| - | - | - | - | - | - | 3425 | - | 11 | 1360 | - | - | - |
| - | - | - | - | - | - | - | - | - | 70 | - | - | - |
| - | - | - | - | - | - | - | - | - | 80 | 32 | - | - |
| - | - | - | - | 15 | - | - | - | 58 | 6757 | 4681 | - | 28 |
| - | - | - | - | - | - | - | - | - | 400 | 80 | - | - |
| - | - | - | - | - | - | - | - | - | - | - | - | - |
| - | - | - | - | - | - | - | - | - | - | - | - | - |
| - | - | - | - | - | - | - | - | 58 | 6316 | 2404 | - | - |

*INCLUDED IN THIS COLUMN IS NGL AND FEEDSTOCKS.

## PRODUCTION AND USES OF ENERGY SOURCES : SWEDEN

1977

| X XX ENERGY XX SOURCES XX XX XX PRODUCTION XX AND USES XX | UNIT: 1000 METRIC TONS / UNITE: 1000 TONNES METRIQUES | | | | | | TCAL / TCAL | MANUFACTURED GAS (TCAL) / GAZ MANUFACTURE (TCAL) | | | MILLIONS OF (DE) KWH |
|---|---|---|---|---|---|---|---|---|---|---|---|
| | HARD COAL / HOUILLE | PATENT FUEL / AGGLOMERES | COKE OVEN COKE / COKE DE FOUR | GAS COKE / COKE DE GAZ | BROWN COAL / LIGNITE | BKB / BRIQ. DE LIGNITE | NATURAL GAS / GAZ NATUREL | GAS WORKS / USINES A GAZ | COKE OVENS / COKERIES | BLAST FURNACES / HAUT FOURNEAUX | ELECTRICITY* / ELECTRICITE* |
| | 1 | 2 | 3 | 4 | 5 | 6 | 7 | 8 | 9 | 10 | 11 |
| PRODUCTION | 2 | - | 918 | - | - | - | - | 996 | 1540 | 3104 | 90018 |
| FROM OTHER SOURCES | - | - | - | - | - | - | - | - | - | - | - |
| IMPORT | 1399 | - | 752 | - | - | 6 | - | - | - | - | 3328 |
| EXPORT | -29 | - | -49 | - | - | - | - | - | - | - | -5183 |
| INTL. MARINE BUNKERS | - | - | - | - | - | - | - | - | - | - | - |
| STOCK CHANGES | 222 | - | -93 | - | - | - | - | - | - | - | - |
| DOMESTIC SUPPLY | 1594 | - | 1528 | - | - | 6 | - | 996 | 1540 | 3104 | 88163 |
| RETURNS TO SUPPLY | - | - | - | - | - | - | - | - | - | - | - |
| TRANSFERS | - | - | - | - | - | - | - | - | - | - | - |
| DOMESTIC AVAILABILITY | 1594 | - | 1528 | - | - | 6 | - | 996 | 1540 | 3104 | 88163 |
| STATISTICAL DIFFERENCE | - | - | - | - | - | - | - | - | - | - | - |
| TRANSFORM. SECTOR ** | 1241 | - | 464 | - | - | - | - | 4 | - | 140 | - |
| FOR SOLID FUELS | 1211 | - | - | - | - | - | - | - | - | - | - |
| FOR GASES | - | - | 464 | - | - | - | - | - | - | - | - |
| PETROLEUM REFINERIES | - | - | - | - | - | - | - | - | - | - | - |
| THERMO-ELECTRIC PLANTS | 30 | - | - | - | - | - | - | 4 | - | 140 | - |
| ENERGY SECTOR | - | - | - | - | - | - | - | 52 | 680 | 910 | 10066 |
| COAL MINES | - | - | - | - | - | - | - | - | - | - | - |
| OIL AND GAS EXTRACTION | - | - | - | - | - | - | - | - | - | - | - |
| PETROLEUM REFINERIES | - | - | - | - | - | - | - | - | - | - | 285 |
| ELECTRIC PLANTS | - | - | - | - | - | - | - | - | - | - | 2570 |
| DISTRIBUTION LOSSES | - | - | - | - | - | - | - | 44 | 144 | 779 | 7064 |
| PUMP STORAGE (ELECTR.) | - | - | - | - | - | - | - | - | - | - | 42 |
| OTHER ENERGY SECTOR | - | - | - | - | - | - | - | 8 | 536 | 131 | 105 |
| FINAL CONSUMPTION | 353 | - | 1064 | - | - | 6 | - | 940 | 860 | 2054 | 78097 |
| INDUSTRY SECTOR | 347 | - | 1051 | - | - | - | - | 88 | 860 | 2054 | 38590 |
| IRON AND STEEL | 33 | - | 876 | - | - | - | - | - | 828 | 1942 | 4987 |
| CHEMICAL | 40 | - | 10 | - | - | - | - | - | - | 9 | 4956 |
| PETROCHEMICAL | - | - | - | - | - | - | - | - | - | - | - |
| NON-FERROUS METAL | 64 | - | 3 | - | - | - | - | - | - | - | 2248 |
| NON-METALLIC MINERAL | 158 | - | 61 | - | - | - | - | - | - | - | 1136 |
| PAPER PULP AND PRINT | 3 | - | - | - | - | - | - | 16 | - | - | 12854 |
| MINING AND QUARRYING | 49 | - | 75 | - | - | - | - | - | 32 | 103 | 2249 |
| FOOD AND TOBACCO | - | - | 5 | - | - | - | - | 32 | - | - | 1423 |
| WOOD AND WOOD PRODUCTS | - | - | - | - | - | - | - | - | - | - | 1461 |
| MACHINERY | - | - | 21 | - | - | - | - | 32 | - | - | 3290 |
| TRANSPORT EQUIPMENT | - | - | - | - | - | - | - | - | - | - | 1323 |
| CONSTRUCTION | - | - | - | - | - | - | - | - | - | - | 870 |
| TEXTILES AND LEATHER | - | - | - | - | - | - | - | - | - | - | 398 |
| NON SPECIFIED | - | - | - | - | - | - | - | 8 | - | - | 1395 |
| NON-ENERGY USES: | | | | | | | | | | | |
| (1)ENERGY PRODUCTS | - | - | - | - | - | - | - | - | - | - | - |
| (2)NON-ENERGY PRODUCTS | - | - | - | - | - | - | - | - | - | - | - |
| TRANSPORT. SECTOR ** | - | - | - | - | - | - | - | - | - | - | 2107 |
| AIR TRANSPORT | - | - | - | - | - | - | - | - | - | - | - |
| ROAD TRANSPORT | - | - | - | - | - | - | - | - | - | - | - |
| RAILWAYS | - | - | - | - | - | - | - | - | - | - | 2107 |
| INTERNAL NAVIGATION | - | - | - | - | - | - | - | - | - | - | - |
| OTHER SECTORS ** | 6 | - | 13 | - | - | 6 | - | 852 | - | - | 37400 |
| AGRICULTURE | - | - | - | - | - | - | - | - | - | - | 2240 |
| PUBLIC SERVICES | - | - | - | - | - | - | - | - | - | - | - |
| COMMERCE | - | - | - | - | - | - | - | - | - | - | 15116 |
| RESIDENTIAL | 6 | - | 9 | - | - | 6 | - | 852 | - | - | 20044 |

(1) INCLUDED IN CHEMICAL OR PETROCHEMICAL INDUSTRY
(2) INCLUDED ONLY IN TOTAL INDUSTRY

** INCLUDED IN THESE TOTALS ARE THE NON-SPECIFIED ELEMENTS

| * OF WHICH: HYDRO | 53524 |
|---|---|
| NUCLEAR | 19913 |
| CONVENTIONAL THERMAL | 16581 |
| GEOTHERMAL | 0 |

PRODUCTION ET UTILISATION DES SOURCES D ENERGIE : SWEDE

1977

UNIT: 1000 METRIC TONS
UNITE: 1000 TONNES METRIQUES

| OIL / PETROLE: CRUDE* / BRUT* | OIL / PETROLE: NGL / GNL | OIL / PETROLE: FEEDST. | REFINERY GAS / GAZ DE PETROLE | LIQUEFIED PETROLEUM GASES / GAZ LIQUEFIES DE PETROLE | AVIATION GASOLINE / ESSENCE AVION | MOTOR GASOLINE / ESSENCE AUTO | JET FUEL / CARBURANT REACTEUR | KEROSENE / PETROLE LAMPANT | GAS/DIESEL OIL / GAZ/DIESEL OIL | RESIDUAL FUEL OIL / FUEL OIL RESIDUEL | NAPHTHA / NAPHTHA | NON-ENERGY PRODUCTS / PRODUITS NON-ENERGETIQUES |
|---|---|---|---|---|---|---|---|---|---|---|---|---|
| 12 | 13 | 14 | 15 | 16 | 17 | 18 | 19 | 20 | 21 | 22 | 23 | 24 |
| 1 | - | - | - | 158 | - | 2480 | 139 | 8 | 4840 | 6151 | 76 | 664 |
| - | - | - | - | - | - | - | - | - | - | - | - | 150 |
| 14288 | - | - | - | 83 | 31 | 1415 | 396 | 153 | 4972 | 8781 | 782 | 570 |
| - | - | - | - | -33 | -1 | -364 | -2 | -28 | -331 | -1539 | - | -116 |
| - | - | - | - | - | - | - | - | - | -235 | -897 | - | - |
| 606 | - | - | - | -38 | -8 | 28 | -9 | -70 | -470 | -332 | -134 | -301 |
| 14895 | - | - | - | 170 | 22 | 3559 | 524 | 63 | 8776 | 12164 | 724 | 967 |
| 129 | - | - | - | - | - | - | - | - | - | - | - | - |
| - | - | - | - | - | - | - | - | - | - | - | - | - |
| 15024 | - | - | - | 170 | 22 | 3559 | 524 | 63 | 8776 | 12164 | 724 | 967 |
| - | - | - | - | - | - | - | - | - | - | - | - | - |
| 15024 | - | - | - | 25 | - | - | - | - | 14 | 2633 | 83 | 1 |
| - | - | - | - | - | - | - | - | - | - | - | - | 1 |
| - | - | - | - | 25 | - | - | - | - | - | 3 | 83 | - |
| 15024 | - | - | - | - | - | - | - | - | - | - | - | - |
| - | - | - | - | - | - | - | - | - | 14 | 2630 | - | - |
| - | - | - | - | - | - | - | - | - | 7 | 432 | - | - |
| - | - | - | - | - | - | - | - | - | - | - | - | - |
| - | - | - | - | - | - | - | - | - | - | - | - | - |
| - | - | - | - | - | - | - | - | - | 1 | 432 | - | - |
| - | - | - | - | - | - | - | - | - | 6 | - | - | - |
| - | - | - | - | - | - | - | - | - | - | - | - | - |
| - | - | - | - | - | - | - | - | - | - | - | - | - |
| - | - | - | - | - | - | - | - | - | - | - | - | - |
| - | - | - | - | 145 | 22 | 3559 | 524 | 63 | 8755 | 9099 | 641 | 966 |
| - | - | - | - | 130 | - | - | - | - | 840 | 4505 | 641 | 938 |
| - | - | - | - | 46 | - | - | - | - | 84 | 643 | - | - |
| - | - | - | - | - | - | - | - | - | 43 | 422 | - | - |
| - | - | - | - | - | - | - | - | - | - | 93 | 638 | - |
| - | - | - | - | 15 | - | - | - | - | 21 | 45 | - | - |
| - | - | - | - | 26 | - | - | - | - | 92 | 525 | - | 27 |
| - | - | - | - | 13 | - | - | - | - | 25 | 1569 | - | - |
| - | - | - | - | - | - | - | - | - | 15 | 156 | - | - |
| - | - | - | - | 4 | - | - | - | - | 71 | 368 | - | - |
| - | - | - | - | - | - | - | - | - | 29 | 126 | - | - |
| - | - | - | - | - | - | - | - | - | 246 | 447 | - | - |
| - | - | - | - | 22 | - | - | - | - | - | - | - | - |
| - | - | - | - | - | - | - | - | - | - | - | - | - |
| - | - | - | - | - | - | - | - | - | - | - | - | - |
| - | - | - | - | 4 | - | - | - | - | 214 | 111 | 3 | - |
| - | - | - | - | - | - | - | - | - | - | - | 638 | - |
| - | - | - | - | - | - | - | - | - | - | - | - | 911 |
| - | - | - | - | - | 22 | 3559 | 524 | 8 | 1583 | 27 | - | - |
| - | - | - | - | - | 22 | - | 524 | - | - | - | - | - |
| - | - | - | - | - | - | 3559 | - | 8 | 1438 | - | - | - |
| - | - | - | - | - | - | - | - | - | 70 | - | - | - |
| - | - | - | - | - | - | - | - | - | 75 | 27 | - | - |
| - | - | - | - | 15 | - | - | - | 55 | 6332 | 4567 | - | 28 |
| - | - | - | - | - | - | - | - | - | 350 | 80 | - | - |
| - | - | - | - | - | - | - | - | - | - | - | - | - |
| - | - | - | - | - | - | - | - | - | - | - | - | - |
| - | - | - | - | - | - | - | - | 55 | 5939 | 2207 | - | - |

*INCLUDED IN THIS COLUMN IS NGL AND FEEDSTOCKS.

## PRODUCTION AND USES OF ENERGY SOURCES : SWEDEN

1978

| X XX ENERGY XX XX SOURCES XX XX XX PRODUCTION XX XX AND USES XX | UNIT: 1000 METRIC TONS<br>UNITE: 1000 TONNES METRIQUES | | | | | | TCAL<br>TCAL | MANUFACTURED GAS (TCAL)<br>GAZ MANUFACTURE (TCAL) | | | MILLIONS OF (DE) KWH |
|---|---|---|---|---|---|---|---|---|---|---|---|
| | HARD COAL<br>HOUILLE | PATENT FUEL<br>AGGLOMERES | COKE OVEN COKE<br>COKE DE FOUR | GAS COKE<br>COKE DE GAZ | BROWN COAL<br>LIGNITE | BKB<br>BRIQ. DE LIGNITE | NATURAL GAS<br>GAZ NATUREL | GAS WORKS<br>USINES A GAZ | COKE OVENS<br>COKERIES | BLAST FURNACES<br>HAUT FOURNEAUX | ELECTRICITY*<br>ELECTRICITE* |
| | 1 | 2 | 3 | 4 | 5 | 6 | 7 | 8 | 9 | 10 | 11 |
| PRODUCTION | 16 | - | 933 | - | - | - | - | 984 | 1600 | 3084 | 92903 |
| FROM OTHER SOURCES | - | - | - | - | - | - | - | - | - | - | - |
| IMPORT | 1543 | - | 423 | - | - | 6 | - | - | - | - | 2412 |
| EXPORT | -32 | - | -95 | - | - | - | - | - | - | - | -3417 |
| INTL. MARINE BUNKERS | - | - | - | - | - | - | - | - | - | - | - |
| STOCK CHANGES | 102 | - | 323 | - | - | -3 | - | - | - | - | - |
| DOMESTIC SUPPLY | 1629 | - | 1584 | - | - | 3 | - | 984 | 1600 | 3084 | 91898 |
| RETURNS TO SUPPLY | - | - | - | - | - | - | - | - | - | - | - |
| TRANSFERS | - | - | - | - | - | - | - | - | - | - | - |
| DOMESTIC AVAILABILITY | 1629 | - | 1584 | - | - | 3 | - | 984 | 1600 | 3084 | 91898 |
| STATISTICAL DIFFERENCE | - | - | - | - | - | - | - | - | - | - | - |
| TRANSFORM. SECTOR ** | 1236 | - | 462 | - | - | - | - | 8 | - | 267 | - |
| FOR SOLID FUELS | 1227 | - | - | - | - | - | - | - | - | - | - |
| FOR GASES | - | - | 462 | - | - | - | - | - | - | - | - |
| PETROLEUM REFINERIES | - | - | - | - | - | - | - | - | - | - | - |
| THERMO-ELECTRIC PLANTS | 9 | - | - | - | - | - | - | 8 | - | 267 | - |
| ENERGY SECTOR | - | - | - | - | - | - | - | 68 | 684 | 754 | 10967 |
| COAL MINES | - | - | - | - | - | - | - | - | - | - | - |
| OIL AND GAS EXTRACTION | - | - | - | - | - | - | - | - | - | - | - |
| PETROLEUM REFINERIES | - | - | - | - | - | - | - | - | - | - | 302 |
| ELECTRIC PLANTS | - | - | - | - | - | - | - | - | - | - | 2577 |
| DISTRIBUTION LOSSES | - | - | - | - | - | - | - | 52 | 76 | 604 | 7955 |
| PUMP STORAGE (ELECTR.) | - | - | - | - | - | - | - | - | - | - | 27 |
| OTHER ENERGY SECTOR | - | - | - | - | - | - | - | 16 | 608 | 150 | 106 |
| FINAL CONSUMPTION | 393 | - | 1122 | - | - | 3 | - | 908 | 916 | 2063 | 80931 |
| INDUSTRY SECTOR | 391 | - | 1112 | - | - | - | - | 76 | 916 | 2063 | 39338 |
| IRON AND STEEL | 23 | - | 941 | - | - | - | - | - | 880 | 1967 | 4951 |
| CHEMICAL | 36 | - | 12 | - | - | - | - | 12 | - | 9 | 5056 |
| PETROCHEMICAL | - | - | - | - | - | - | - | - | - | - | - |
| NON-FERROUS METAL | 78 | - | 8 | - | - | - | - | - | - | - | 2273 |
| NON-METALLIC MINERAL | 185 | - | 58 | - | - | - | - | - | - | - | 1132 |
| PAPER PULP AND PRINT | 3 | - | - | - | - | - | - | 12 | - | - | 13793 |
| MINING AND QUARRYING | 66 | - | 70 | - | - | - | - | - | 36 | 87 | 1895 |
| FOOD AND TOBACCO | - | - | 5 | - | - | - | - | 20 | - | - | 1470 |
| WOOD AND WOOD PRODUCTS | - | - | - | - | - | - | - | - | - | - | 1525 |
| MACHINERY | - | - | 18 | - | - | - | - | 32 | - | - | 3252 |
| TRANSPORT EQUIPMENT | - | - | - | - | - | - | - | - | - | - | 1369 |
| CONSTRUCTION | - | - | - | - | - | - | - | - | - | - | 836 |
| TEXTILES AND LEATHER | - | - | - | - | - | - | - | - | - | - | 389 |
| NON SPECIFIED | - | - | - | - | - | - | - | - | - | - | 1397 |
| NON-ENERGY USES: | | | | | | | | | | | |
| (1)ENERGY PRODUCTS | - | - | - | - | - | - | - | - | - | - | - |
| (2)NON-ENERGY PRODUCTS | - | - | - | - | - | - | - | - | - | - | - |
| TRANSPORT. SECTOR ** | - | - | - | - | - | - | - | - | - | - | 2153 |
| AIR TRANSPORT | - | - | - | - | - | - | - | - | - | - | - |
| ROAD TRANSPORT | - | - | - | - | - | - | - | - | - | - | - |
| RAILWAYS | - | - | - | - | - | - | - | - | - | - | 2153 |
| INTERNAL NAVIGATION | - | - | - | - | - | - | - | - | - | - | - |
| OTHER SECTORS ** | 2 | - | 10 | - | - | 3 | - | 832 | - | - | 39440 |
| AGRICULTURE | - | - | - | - | - | - | - | - | - | - | 2360 |
| PUBLIC SERVICES | - | - | - | - | - | - | - | - | - | - | - |
| COMMERCE | - | - | - | - | - | - | - | - | - | - | 15989 |
| RESIDENTIAL | 2 | - | 7 | - | - | 3 | - | 832 | - | - | 21091 |

(1) INCLUDED IN CHEMICAL OR PETROCHEMICAL INDUSTRY
(2) INCLUDED ONLY IN TOTAL INDUSTRY

| * OF WHICH: HYDRO | 57772 |
|---|---|
| NUCLEAR | 23781 |
| CONVENTIONAL THERMAL | 11350 |
| GEOTHERMAL | 0 |

** INCLUDED IN THESE TOTALS ARE THE NON-SPECIFIED ELEMENTS

PRODUCTION ET UTILISATION DES SOURCES D ENERGIE : SWEDE

1978

UNIT: 1000 METRIC TONS
UNITE: 1000 TONNES METRIQUES

| OIL / PETROLE: CRUDE* / BRUT* | OIL / PETROLE: NGL / GNL | OIL / PETROLE: FEEDST. | REFINERY GAS / GAZ DE PETROLE | LIQUEFIED PETROLEUM GASES / GAZ LIQUEFIES DE PETROLE | AVIATION GASOLINE / ESSENCE AVION | MOTOR GASOLINE / ESSENCE AUTO | JET FUEL / CARBURANT REACTEUR | KEROSENE / PETROLE LAMPANT | GAS/DIESEL OIL / GAZ/DIESEL OIL | RESIDUAL FUEL OIL / FUEL OIL RESIDUEL | NAPHTHA / NAPHTHA | NON-ENERGY PRODUCTS / PRODUITS NON-ENERGETIQUES |
|---|---|---|---|---|---|---|---|---|---|---|---|---|
| 12 | 13 | 14 | 15 | 16 | 17 | 18 | 19 | 20 | 21 | 22 | 23 | 24 |
| 1 | - | - | - | 117 | - | 2437 | 173 | 1 | 5079 | 6777 | 65 | 639 |
| - | - | - | - | - | - | - | - | - | - | - | - | - |
| 16276 | - | - | - | 62 | 20 | 1526 | 422 | 156 | 4385 | 5090 | 832 | 705 |
| -121 | - | - | - | -27 | - | -391 | -4 | -18 | -599 | -1552 | -5 | -264 |
| - | - | - | - | - | - | - | - | - | -172 | -939 | - | - |
| -813 | - | - | - | -11 | - | 125 | 3 | 1 | 278 | 896 | 47 | -1 |
| 15343 | - | - | - | 141 | 20 | 3697 | 594 | 140 | 8971 | 10272 | 939 | 1079 |
| 197 | - | - | - | - | - | - | - | - | - | - | -197 | - |
| 636 | - | - | - | - | - | 5 | -72 | -79 | -233 | -146 | - | -70 |
| 16176 | - | - | - | 141 | 20 | 3702 | 522 | 61 | 8738 | 10126 | 742 | 1009 |
| 549 | - | - | - | -50 | 3 | 43 | -27 | - | -212 | 93 | 8 | 157 |
| 15627 | - | - | - | 24 | - | - | - | - | 18 | 2811 | 80 | 11 |
| - | - | - | - | - | - | - | - | - | - | - | - | 11 |
| - | - | - | - | 24 | - | - | - | - | - | 3 | 80 | - |
| 15627 | - | - | - | - | - | - | - | - | - | - | - | - |
| - | - | - | - | - | - | - | - | - | 18 | 2808 | - | - |
| - | - | - | - | - | - | - | - | - | 3 | 423 | - | - |
| - | - | - | - | - | - | - | - | - | - | - | - | - |
| - | - | - | - | - | - | - | - | - | - | - | - | - |
| - | - | - | - | - | - | - | - | - | 1 | 423 | - | - |
| - | - | - | - | - | - | - | - | - | 2 | - | - | - |
| - | - | - | - | - | - | - | - | - | - | - | - | - |
| - | - | - | - | - | - | - | - | - | - | - | - | - |
| - | - | - | - | - | - | - | - | - | - | - | - | - |
| - | - | - | - | 167 | 17 | 3659 | 549 | 61 | 8929 | 6799 | 654 | 841 |
| - | - | - | - | 134 | - | - | - | - | 818 | 4236 | 654 | 790 |
| - | - | - | - | 48 | - | - | - | - | 78 | 571 | 1 | - |
| - | - | - | - | 1 | - | - | - | - | 59 | 418 | - | - |
| - | - | - | - | - | - | - | - | - | - | 91 | 653 | - |
| - | - | - | - | 14 | - | - | - | - | 24 | 49 | - | - |
| - | - | - | - | 30 | - | - | - | - | 92 | 454 | - | 40 |
| - | - | - | - | 13 | - | - | - | - | 24 | 1546 | - | - |
| - | - | - | - | - | - | - | - | - | 18 | 108 | - | - |
| - | - | - | - | 4 | - | - | - | - | 75 | 364 | - | - |
| - | - | - | - | - | - | - | - | - | 39 | 113 | - | - |
| - | - | - | - | - | - | - | - | - | 213 | 416 | - | - |
| - | - | - | - | 20 | - | - | - | - | - | - | - | - |
| - | - | - | - | - | - | - | - | - | - | - | - | - |
| - | - | - | - | - | - | - | - | - | - | - | - | - |
| - | - | - | - | 4 | - | - | - | - | 196 | 106 | - | - |
| - | - | - | - | - | - | - | - | - | - | - | 653 | - |
| - | - | - | - | - | - | - | - | - | - | - | - | 750 |
| - | - | - | - | - | 17 | 3659 | 549 | 11 | 1632 | 27 | - | - |
| - | - | - | - | - | 17 | - | 549 | - | - | - | - | - |
| - | - | - | - | - | - | 3659 | - | 11 | 1491 | - | - | - |
| - | - | - | - | - | - | - | - | - | 74 | 11 | - | - |
| - | - | - | - | - | - | - | - | - | 67 | 16 | - | - |
| - | - | - | - | 33 | - | - | - | 50 | 6479 | 2536 | - | 51 |
| - | - | - | - | - | - | - | - | - | 315 | 114 | - | - |
| - | - | - | - | - | - | - | - | - | - | - | - | - |
| - | - | - | - | - | - | - | - | - | - | - | - | - |
| - | - | - | - | - | - | - | - | 50 | 6121 | 1386 | - | - |

*INCLUDED IN THIS COLUMN IS NGL AND FEEDSTOCKS.

# PRODUCTION AND USES OF ENERGY SOURCES : SWEDEN

1979

| ENERGY SOURCES / PRODUCTION AND USES | UNIT: 1000 METRIC TONS / UNITE: 1000 TONNES METRIQUES | | | | | | TCAL / TCAL | MANUFACTURED GAS (TCAL) / GAZ MANUFACTURE (TCAL) | | | MILLIONS OF (DE) KWH |
|---|---|---|---|---|---|---|---|---|---|---|---|
| | HARD COAL / HOUILLE | PATENT FUEL / AGGLOMERES | COKE OVEN COKE / COKE DE FOUR | GAS COKE / COKE DE GAZ | BROWN COAL / LIGNITE | BKB / BRIQ. DE LIGNITE | NATURAL GAS / GAZ NATUREL | GAS WORKS / USINES A GAZ | COKE OVENS / COKERIES | BLAST FURNACES / HAUT FOURNEAUX | ELECTRICITY* / ELECTRICITE* |
| | 1 | 2 | 3 | 4 | 5 | 6 | 7 | 8 | 9 | 10 | 11 |
| PRODUCTION | 14 | - | 1153 | - | - | - | - | 960 | 1988 | 3891 | 95204 |
| FROM OTHER SOURCES | - | - | - | - | - | - | - | - | - | - | - |
| IMPORT | 2119 | - | 622 | - | - | 3 | - | - | - | - | 5433 |
| EXPORT | -24 | - | -27 | - | - | - | - | - | - | - | -4085 |
| INTL. MARINE BUNKERS | - | - | - | - | - | - | - | - | - | - | - |
| STOCK CHANGES | -66 | - | 44 | - | - | - | - | - | - | - | - |
| DOMESTIC SUPPLY | 2043 | - | 1792 | - | - | 3 | - | 960 | 1988 | 3891 | 96552 |
| RETURNS TO SUPPLY | - | - | - | - | - | - | - | - | - | - | - |
| TRANSFERS | - | - | - | - | - | - | - | - | - | - | - |
| DOMESTIC AVAILABILITY | 2043 | - | 1792 | - | - | 3 | - | 960 | 1988 | 3891 | 96552 |
| STATISTICAL DIFFERENCE | - | - | - | - | - | - | - | - | - | - | - |
| TRANSFORM. SECTOR ** | 1617 | - | 581 | - | - | - | - | 12 | - | 293 | - |
| FOR SOLID FUELS | 1577 | - | - | - | - | - | - | - | - | - | - |
| FOR GASES | - | - | 581 | - | - | - | - | - | - | - | - |
| PETROLEUM REFINERIES | - | - | - | - | - | - | - | - | - | - | - |
| THERMO-ELECTRIC PLANTS | 40 | - | - | - | - | - | - | 12 | - | 293 | - |
| ENERGY SECTOR | - | - | - | - | - | - | - | 92 | 1020 | 927 | 11019 |
| COAL MINES | - | - | - | - | - | - | - | - | - | - | - |
| OIL AND GAS EXTRACTION | - | - | - | - | - | - | - | - | - | - | - |
| PETROLEUM REFINERIES | - | - | - | - | - | - | - | - | - | - | 295 |
| ELECTRIC PLANTS | - | - | - | - | - | - | - | - | - | - | 2555 |
| DISTRIBUTION LOSSES | - | - | - | - | - | - | - | 72 | 188 | 816 | 7857 |
| PUMP STORAGE (ELECTR.) | - | - | - | - | - | - | - | - | - | - | 197 |
| OTHER ENERGY SECTOR | - | - | - | - | - | - | - | 20 | 832 | 111 | 115 |
| FINAL CONSUMPTION | 426 | - | 1211 | - | - | 3 | - | 856 | 968 | 2671 | 85533 |
| INDUSTRY SECTOR | 423 | - | 1201 | - | - | - | - | 72 | 968 | 2671 | 41410 |
| IRON AND STEEL | 28 | - | 1037 | - | - | - | - | - | 928 | 2593 | 5221 |
| CHEMICAL | 50 | - | 11 | - | - | - | - | - | - | 9 | 5213 |
| PETROCHEMICAL | - | - | - | - | - | - | - | - | - | - | - |
| NON-FERROUS METAL | 62 | - | 7 | - | - | - | - | - | - | - | 2258 |
| NON-METALLIC MINERAL | 218 | - | 62 | - | - | - | - | - | - | - | 1177 |
| PAPER PULP AND PRINT | 6 | - | - | - | - | - | - | 8 | - | - | 14625 |
| MINING AND QUARRYING | 57 | - | 57 | - | - | - | - | - | 40 | 69 | 2187 |
| FOOD AND TOBACCO | - | - | 5 | - | - | - | - | 28 | - | - | 1526 |
| WOOD AND WOOD PRODUCTS | - | - | - | - | - | - | - | - | - | - | 1569 |
| MACHINERY | - | - | 22 | - | - | - | - | 36 | - | - | 3536 |
| TRANSPORT EQUIPMENT | - | - | - | - | - | - | - | - | - | - | 1393 |
| CONSTRUCTION | - | - | - | - | - | - | - | - | - | - | 885 |
| TEXTILES AND LEATHER | - | - | - | - | - | - | - | - | - | - | 340 |
| NON SPECIFIED | 2 | - | - | - | - | - | - | - | - | - | 1480 |
| NON-ENERGY USES: | | | | | | | | | | | |
| (1)ENERGY PRODUCTS | - | - | - | - | - | - | - | - | - | - | - |
| (2)NON-ENERGY PRODUCTS | - | - | - | - | - | - | - | - | - | - | - |
| TRANSPORT. SECTOR ** | 1 | - | - | - | - | - | - | - | - | - | 2256 |
| AIR TRANSPORT | - | - | - | - | - | - | - | - | - | - | - |
| ROAD TRANSPORT | - | - | - | - | - | - | - | - | - | - | - |
| RAILWAYS | - | - | - | - | - | - | - | - | - | - | 2256 |
| INTERNAL NAVIGATION | 1 | - | - | - | - | - | - | - | - | - | - |
| OTHER SECTORS ** | 2 | - | 10 | - | - | 3 | - | 784 | - | - | 41867 |
| AGRICULTURE | - | - | - | - | - | - | - | - | - | - | 2496 |
| PUBLIC SERVICES | - | - | - | - | - | - | - | - | - | - | - |
| COMMERCE | - | - | - | - | - | - | - | - | - | - | 16711 |
| RESIDENTIAL | 1 | - | 6 | - | - | 3 | - | 784 | - | - | 22660 |

(1) INCLUDED IN CHEMICAL OR PETROCHEMICAL INDUSTRY
(2) INCLUDED ONLY IN TOTAL INDUSTRY

| * OF WHICH: | |
|---|---|
| HYDRO | 61218 |
| NUCLEAR | 21039 |
| CONVENTIONAL THERMAL | 12947 |
| GEOTHERMAL | 0 |

** INCLUDED IN THESE TOTALS ARE THE NON-SPECIFIED ELEMENTS

PRODUCTION ET UTILISATION DES SOURCES D ENERGIE : SWEDE

1979

UNIT: 1000 METRIC TONS
UNITE: 1000 TONNES METRIQUES

| OIL / PETROLE | | | REFINERY GAS | LIQUEFIED PETROLEUM GASES | AVIATION GASOLINE | MOTOR GASOLINE | JET FUEL | KEROSENE | GAS/DIESEL OIL | RESIDUAL FUEL OIL | NAPHTHA | NON-ENERGY PRODUCTS |
|---|---|---|---|---|---|---|---|---|---|---|---|---|
| CRUDE BRUT | NGL GNL | FEEDST. | GAZ DE PETROLE | GAZ LIQUEFIES DE PETROLE | ESSENCE AVION | ESSENCE AUTO | CARBURANT REACTEUR | PETROLE LAMPANT | GAZ/DIESEL OIL | FUEL OIL RESIDUEL | NAPHTHA | PRODUITS NON-ENERGETIQUES |
| 12 | 13 | 14 | 15 | 16 | 17 | 18 | 19 | 20 | 21 | 22 | 23 | 24 |
| 1 | - | - | - | 141 | - | 2464 | 181 | 11 | 5283 | 6927 | 272 | 821 |
| - | - | - | - | - | - | - | - | - | - | - | - | - |
| 16019 | - | - | - | 94 | 10 | 1670 | 495 | 107 | 5004 | 7543 | 1031 | 574 |
| -78 | - | -145 | - | -15 | -2 | -456 | -4 | -18 | -613 | -1862 | - | -393 |
| - | - | - | - | - | - | - | - | - | -113 | -778 | - | - |
| 156 | - | -27 | - | -19 | 8 | 46 | -61 | 25 | -296 | -1019 | -29 | -1 |
| 16098 | - | -172 | - | 201 | 16 | 3724 | 611 | 125 | 9265 | 10811 | 1274 | 1001 |
| - | - | 205 | - | -41 | - | - | - | - | - | -23 | -141 | - |
| - | - | 434 | - | - | 1 | 3 | -43 | -55 | -84 | -172 | - | -84 |
| 16098 | - | 467 | - | 160 | 17 | 3727 | 568 | 70 | 9181 | 10616 | 1133 | 917 |
| 309 | - | 78 | - | -37 | 1 | 91 | 43 | 11 | -56 | 262 | 68 | -108 |
| 15789 | - | 389 | - | 26 | - | - | - | - | 31 | 3228 | 77 | 3 |
| - | - | - | - | - | - | - | - | - | - | - | - | 3 |
| - | - | - | - | 26 | - | - | - | - | - | - | 77 | - |
| 15789 | - | 389 | - | - | - | - | - | - | - | - | - | - |
| - | - | - | - | - | - | - | - | - | 31 | 3228 | - | - |
| - | - | - | - | - | - | - | - | - | 8 | 326 | - | - |
| - | - | - | - | - | - | - | - | - | - | - | - | - |
| - | - | - | - | - | - | - | - | - | - | - | - | - |
| - | - | - | - | - | - | - | - | - | - | 322 | - | - |
| - | - | - | - | - | - | - | - | - | 8 | - | - | - |
| - | - | - | - | - | - | - | - | - | - | - | - | - |
| - | - | - | - | - | - | - | - | - | - | - | - | - |
| - | - | - | - | - | - | - | - | - | - | 4 | - | - |
| - | - | - | - | 171 | 16 | 3636 | 525 | 59 | 9198 | 6800 | 988 | 1022 |
| - | - | - | - | 146 | - | - | - | - | 862 | 4191 | 988 | 974 |
| - | - | - | - | 54 | - | - | - | - | 70 | 574 | 2 | - |
| - | - | - | - | 1 | - | - | - | - | 62 | 467 | - | - |
| - | - | - | - | - | - | - | - | - | - | - | 986 | - |
| - | - | - | - | 15 | - | - | - | - | 25 | 49 | - | - |
| - | - | - | - | 33 | - | - | - | - | 91 | 428 | - | - |
| - | - | - | - | 15 | - | - | - | - | 30 | 1531 | - | - |
| - | - | - | - | - | - | - | - | - | 18 | 146 | - | - |
| - | - | - | - | 4 | - | - | - | - | 71 | 370 | - | - |
| - | - | - | - | - | - | - | - | - | 32 | 104 | - | - |
| - | - | - | - | - | - | - | - | - | 200 | 249 | - | - |
| - | - | - | - | 20 | - | - | - | - | 57 | 175 | - | - |
| - | - | - | - | - | - | - | - | - | - | - | - | - |
| - | - | - | - | - | - | - | - | - | - | - | - | - |
| - | - | - | - | 4 | - | - | - | - | 206 | 98 | - | - |
| - | - | - | - | - | - | - | - | - | - | 86 | 781 | - |
| - | - | - | - | - | - | - | - | - | - | - | - | 974 |
| - | - | - | - | 1 | 16 | 3636 | 525 | 19 | 1581 | 31 | - | - |
| - | - | - | - | - | 16 | - | 525 | - | - | - | - | - |
| - | - | - | - | - | - | 3636 | - | 19 | 1448 | - | - | - |
| - | - | - | - | 1 | - | - | - | - | 43 | 10 | - | - |
| - | - | - | - | - | - | - | - | - | 90 | 21 | - | - |
| - | - | - | - | 24 | - | - | - | 40 | 6755 | 2578 | - | 48 |
| - | - | - | - | - | - | - | - | - | 545 | 169 | - | - |
| - | - | - | - | 11 | - | - | - | - | - | - | - | - |
| - | - | - | - | - | - | - | - | - | - | - | - | - |
| - | - | - | - | - | - | - | - | 40 | 6169 | 1343 | - | - |

## PRODUCTION AND USES OF ENERGY SOURCES : SWEDEN

1980

| PRODUCTION AND USES / ENERGY SOURCES | UNIT: 1000 METRIC TONS / UNITE: 1000 TONNES METRIQUES | | | | | | TCAL / TCAL | MANUFACTURED GAS (TCAL) / GAZ MANUFACTURE (TCAL) | | | MILLIONS OF (DE) KWH |
|---|---|---|---|---|---|---|---|---|---|---|---|
| | HARD COAL / HOUILLE | PATENT FUEL / AGGLOMERES | COKE OVEN COKE / COKE DE FOUR | GAS COKE / COKE DE GAZ | BROWN COAL / LIGNITE | BKB / BRIQ. DE LIGNITE | NATURAL GAS / GAZ NATUREL | GAS WORKS / USINES A GAZ | COKE OVENS / COKERIES | BLAST FURNACES / HAUT FOURNEAUX | ELECTRICITY* / ELECTRICITE* |
| | 1 | 2 | 3 | 4 | 5 | 6 | 7 | 8 | 9 | 10 | 11 |
| PRODUCTION | 18 | - | 1189 | - | - | - | - | 880 | 2048 | 3169 | 97046 |
| FROM OTHER SOURCES | - | - | - | - | - | - | - | - | - | - | - |
| IMPORT | 2182 | - | 453 | - | - | 3 | - | - | - | - | 3369 |
| EXPORT | -4 | - | -114 | - | - | -1 | - | - | - | - | -2834 |
| INTL. MARINE BUNKERS | - | - | - | - | - | - | - | - | - | - | - |
| STOCK CHANGES | -27 | - | 19 | - | - | - | - | - | - | - | - |
| DOMESTIC SUPPLY | 2169 | - | 1547 | - | - | 2 | - | 880 | 2048 | 3169 | 97581 |
| RETURNS TO SUPPLY | - | - | - | - | - | - | - | - | - | - | - |
| TRANSFERS | - | - | - | - | - | - | - | - | - | - | - |
| DOMESTIC AVAILABILITY | 2169 | - | 1547 | - | - | 2 | - | 880 | 2048 | 3169 | 97581 |
| STATISTICAL DIFFERENCE | - | - | - | - | - | - | - | - | - | - | - |
| TRANSFORM. SECTOR ** | 1737 | - | 473 | - | - | - | - | 48 | 8 | 229 | - |
| FOR SOLID FUELS | 1654 | - | - | - | - | - | - | - | - | - | - |
| FOR GASES | - | - | 473 | - | - | - | - | - | - | - | - |
| PETROLEUM REFINERIES | - | - | - | - | - | - | - | - | - | - | - |
| THERMO-ELECTRIC PLANTS | 83 | - | - | - | - | - | - | 48 | 8 | 229 | - |
| ENERGY SECTOR | - | - | - | - | - | - | - | 76 | 1024 | 858 | 10972 |
| COAL MINES | - | - | - | - | - | - | - | - | - | - | - |
| OIL AND GAS EXTRACTION | - | - | - | - | - | - | - | - | - | - | - |
| PETROLEUM REFINERIES | - | - | - | - | - | - | - | - | - | - | 313 |
| ELECTRIC PLANTS | - | - | - | - | - | - | - | - | - | - | 3610 |
| DISTRIBUTION LOSSES | - | - | - | - | - | - | - | 68 | 176 | 745 | 6493 |
| PUMP STORAGE (ELECTR.) | - | - | - | - | - | - | - | - | - | - | 541 |
| OTHER ENERGY SECTOR | - | - | - | - | - | - | - | 8 | 848 | 113 | 15 |
| FINAL CONSUMPTION | 432 | - | 1074 | - | - | 2 | - | 756 | 1016 | 2082 | 86609 |
| INDUSTRY SECTOR | 427 | - | 1058 | - | - | - | - | 76 | 1016 | 2082 | 40909 |
| IRON AND STEEL | 29 | - | 886 | - | - | - | - | - | 1016 | 2073 | 5031 |
| CHEMICAL | 70 | - | 16 | - | - | - | - | 8 | - | 9 | 5445 |
| PETROCHEMICAL | - | - | - | - | - | - | - | - | - | - | - |
| NON-FERROUS METAL | 50 | - | 7 | - | - | - | - | - | - | - | 2249 |
| NON-METALLIC MINERAL | 213 | - | 55 | - | - | - | - | - | - | - | 1161 |
| PAPER PULP AND PRINT | 5 | - | - | - | - | - | - | 12 | - | - | 14345 |
| MINING AND QUARRYING | 51 | - | 67 | - | - | - | - | - | - | - | 2178 |
| FOOD AND TOBACCO | - | - | 5 | - | - | - | - | 21 | - | - | 1607 |
| WOOD AND WOOD PRODUCTS | - | - | - | - | - | - | - | - | - | - | 1519 |
| MACHINERY | 9 | - | 22 | - | - | - | - | 35 | - | - | 2289 |
| TRANSPORT EQUIPMENT | - | - | - | - | - | - | - | - | - | - | 2609 |
| CONSTRUCTION | - | - | - | - | - | - | - | - | - | - | 857 |
| TEXTILES AND LEATHER | - | - | - | - | - | - | - | - | - | - | 407 |
| NON SPECIFIED | - | - | - | - | - | - | - | - | - | - | 1212 |
| NON-ENERGY USES: | | | | | | | | | | | |
| (1)ENERGY PRODUCTS | - | - | - | - | - | - | - | - | - | - | - |
| (2)NON-ENERGY PRODUCTS | - | - | - | - | - | - | - | - | - | - | - |
| TRANSPORT. SECTOR ** | - | - | - | - | - | - | - | - | - | - | 2262 |
| AIR TRANSPORT | - | - | - | - | - | - | - | - | - | - | - |
| ROAD TRANSPORT | - | - | - | - | - | - | - | - | - | - | - |
| RAILWAYS | - | - | - | - | - | - | - | - | - | - | 2262 |
| INTERNAL NAVIGATION | - | - | - | - | - | - | - | - | - | - | - |
| OTHER SECTORS ** | 5 | - | 16 | - | - | 2 | - | 680 | - | - | 43438 |
| AGRICULTURE | - | - | - | - | - | - | - | - | - | - | 902 |
| PUBLIC SERVICES | - | - | - | - | - | - | - | - | - | - | - |
| COMMERCE | - | - | - | - | - | - | - | - | - | - | 17745 |
| RESIDENTIAL | 5 | - | 16 | - | - | 2 | - | 680 | - | - | 24791 |

(1) INCLUDED IN CHEMICAL OR PETROCHEMICAL INDUSTRY
(2) INCLUDED ONLY IN TOTAL INDUSTRY

** INCLUDED IN THESE TOTALS ARE THE NON-SPECIFIED ELEMENTS

| * OF WHICH: HYDRO | 59247 |
|---|---|
| NUCLEAR | 26488 |
| CONVENTIONAL THERMAL | 11311 |
| GEOTHERMAL | 0 |

## PRODUCTION ET UTILISATION DES SOURCES D ENERGIE : SWEDE

1980

UNIT: 1000 METRIC TONS
UNITE: 1000 TONNES METRIQUES

| OIL PETROLE | | | REFINERY GAS | LIQUEFIED PETROLEUM GASES | AVIATION GASOLINE | MOTOR GASOLINE | JET FUEL | KEROSENE | GAS/DIESEL OIL | RESIDUAL FUEL OIL | NAPHTHA | NON-ENERGY PRODUCTS |
|---|---|---|---|---|---|---|---|---|---|---|---|---|
| CRUDE BRUT | NGL GNL | FEEDST. | GAZ DE PETROLE | GAZ LIQUEFIES DE PETROLE | ESSENCE AVION | ESSENCE AUTO | CARBURANT REACTEUR | PETROLE LAMPANT | GAZ/DIESEL OIL | FUEL OIL RESIDUEL | NAPHTHA | PRODUITS NON-ENERGETIQUES |
| 12 | 13 | 14 | 15 | 16 | 17 | 18 | 19 | 20 | 21 | 22 | 23 | 24 |
| 25 | - | - | - | 110 | - | 2745 | 176 | 4 | 6005 | 7758 | 119 | 696 |
| - | - | - | - | - | - | - | - | - | - | - | - | - |
| 17899 | - | - | - | 131 | 10 | 1511 | 477 | 23 | 4268 | 5182 | 721 | 528 |
| -88 | - | -98 | - | -7 | - | -526 | - | -47 | -1112 | -2652 | -13 | -448 |
| - | - | - | - | - | - | - | - | - | -138 | -729 | - | - |
| -1117 | - | 181 | - | -20 | 1 | -170 | -79 | 3 | -1116 | 44 | 19 | -12 |
| 16719 | - | 83 | - | 214 | 11 | 3560 | 574 | -17 | 7907 | 9603 | 846 | 764 |
| - | - | 131 | - | -15 | - | - | - | - | - | -18 | -98 | - |
| - | - | 302 | - | - | -1 | 1 | -78 | 16 | -121 | -39 | -22 | -81 |
| 16719 | - | 516 | - | 199 | 10 | 3561 | 496 | -1 | 7786 | 9546 | 726 | 683 |
| -654 | - | 200 | - | 23 | -1 | 45 | -24 | -32 | -247 | -30 | -7 | -198 |
| 17373 | - | 316 | - | 28 | - | - | - | - | 20 | 2702 | 66 | - |
| - | - | - | - | - | - | - | - | - | - | - | - | - |
| - | - | - | - | 28 | - | - | - | - | - | - | 66 | - |
| 17373 | - | 316 | - | - | - | - | - | - | - | - | - | - |
| - | - | - | - | - | - | - | - | - | 20 | 2702 | - | - |
| - | - | - | - | - | - | - | - | - | 8 | 351 | - | - |
| - | - | - | - | - | - | - | - | - | - | - | - | - |
| - | - | - | - | - | - | - | - | - | - | - | - | - |
| - | - | - | - | - | - | - | - | - | - | 348 | - | - |
| - | - | - | - | - | - | - | - | - | 8 | - | - | - |
| - | - | - | - | - | - | - | - | - | - | - | - | - |
| - | - | - | - | - | - | - | - | - | - | - | - | - |
| - | - | - | - | - | - | - | - | - | - | 3 | - | - |
| - | - | - | - | 148 | 11 | 3516 | 520 | 31 | 8005 | 6523 | 667 | 881 |
| - | - | - | - | 133 | - | - | - | - | 807 | 3862 | 667 | 841 |
| - | - | - | - | 56 | - | - | - | - | 65 | 474 | 7 | - |
| - | - | - | - | 1 | - | - | - | - | 41 | 464 | - | - |
| - | - | - | - | - | - | - | - | - | - | - | 660 | - |
| - | - | - | - | 17 | - | - | - | - | 25 | 51 | - | - |
| - | - | - | - | 31 | - | - | - | - | 71 | 412 | - | - |
| - | - | - | - | - | - | - | - | - | 31 | 1373 | - | - |
| - | - | - | - | - | - | - | - | - | 13 | 144 | - | - |
| - | - | - | - | 4 | - | - | - | - | 64 | 360 | - | - |
| - | - | - | - | - | - | - | - | - | 38 | 106 | - | - |
| - | - | - | - | - | - | - | - | - | 178 | 202 | - | - |
| - | - | - | - | 20 | - | - | - | - | 54 | 184 | - | - |
| - | - | - | - | - | - | - | - | - | - | - | - | - |
| - | - | - | - | - | - | - | - | - | - | - | - | - |
| - | - | - | - | 4 | - | - | - | - | 227 | 92 | - | - |
| - | - | - | - | - | - | - | - | - | - | 83 | 627 | - |
| - | - | - | - | - | - | - | - | - | - | - | - | 841 |
| - | - | - | - | 1 | 11 | 3516 | 520 | 7 | 1462 | 65 | - | - |
| - | - | - | - | - | 11 | - | 520 | - | - | - | - | - |
| - | - | - | - | - | - | 3516 | - | 7 | 1388 | - | - | - |
| - | - | - | - | 1 | - | - | - | - | 18 | 10 | - | - |
| - | - | - | - | - | - | - | - | - | 56 | 55 | - | - |
| - | - | - | - | 14 | - | - | - | 24 | 5736 | 2596 | - | 40 |
| - | - | - | - | - | - | - | - | - | 466 | 96 | - | - |
| - | - | - | - | - | - | - | - | - | - | - | - | - |
| - | - | - | - | - | - | - | - | - | - | - | - | - |
| - | - | - | - | 14 | - | - | - | 24 | 5228 | 1371 | - | - |

# PRODUCTION AND USES OF ENERGY SOURCES : SWEDEN

1981

| ENERGY SOURCES / PRODUCTION AND USES | UNIT: 1000 METRIC TONS / UNITE: 1000 TONNES METRIQUES | | | | | | TCAL / TCAL | MANUFACTURED GAS (TCAL) / GAZ MANUFACTURE (TCAL) | | | MILLIONS OF (DE) KWH |
|---|---|---|---|---|---|---|---|---|---|---|---|
| | HARD COAL / HOUILLE | PATENT FUEL / AGGLOMERES | COKE OVEN COKE / COKE DE FOUR | GAS COKE / COKE DE GAZ | BROWN COAL / LIGNITE | BKB / BRIQ. DE LIGNITE | NATURAL GAS / GAZ NATUREL | GAS WORKS / USINES A GAZ | COKE OVENS / COKERIES | BLAST FURNACES / HAUT FOURNEAUX | ELECTRICITY* / ELECTRICITE* |
| | 1 | 2 | 3 | 4 | 5 | 6 | 7 | 8 | 9 | 10 | 11 |
| PRODUCTION | 28 | - | 1094 | - | - | - | - | 792 | 1896 | 2238 | 102739 |
| FROM OTHER SOURCES | - | - | - | - | - | - | - | - | - | - | - |
| IMPORT | 2028 | - | 237 | - | - | 2 | - | - | - | - | 3498 |
| EXPORT | -1 | - | -233 | - | - | - | - | - | - | - | -6161 |
| INTL. MARINE BUNKERS | - | - | - | - | - | - | - | - | - | - | - |
| STOCK CHANGES | 55 | - | 84 | - | - | - | - | - | - | - | - |
| DOMESTIC SUPPLY | 2110 | - | 1182 | - | - | 2 | - | 792 | 1896 | 2238 | 100076 |
| RETURNS TO SUPPLY | - | - | - | - | - | - | - | - | - | - | - |
| TRANSFERS | - | - | - | - | - | - | - | - | - | - | - |
| DOMESTIC AVAILABILITY | 2110 | - | 1182 | - | - | 2 | - | 792 | 1896 | 2238 | 100076 |
| STATISTICAL DIFFERENCE | - | - | - | - | - | - | - | - | - | - | -54 |
| TRANSFORM. SECTOR ** | 1670 | - | 334 | - | - | - | - | 116 | 20 | 243 | - |
| FOR SOLID FUELS | 1498 | - | - | - | - | - | - | - | - | - | - |
| FOR GASES | - | - | 334 | - | - | - | - | - | - | - | - |
| PETROLEUM REFINERIES | - | - | - | - | - | - | - | - | - | - | - |
| THERMO-ELECTRIC PLANTS | 172 | - | - | - | - | - | - | 116 | 20 | 243 | - |
| ENERGY SECTOR | - | - | - | - | - | - | - | 28 | 880 | 896 | 11592 |
| COAL MINES | - | - | - | - | - | - | - | - | - | - | - |
| OIL AND GAS EXTRACTION | - | - | - | - | - | - | - | - | - | - | - |
| PETROLEUM REFINERIES | - | - | - | - | - | - | - | - | - | - | 300 |
| ELECTRIC PLANTS | - | - | - | - | - | - | - | - | - | - | 2781 |
| DISTRIBUTION LOSSES | - | - | - | - | - | - | - | 20 | 184 | 759 | 7849 |
| PUMP STORAGE (ELECTR.) | - | - | - | - | - | - | - | - | - | - | 647 |
| OTHER ENERGY SECTOR | - | - | - | - | - | - | - | 8 | 696 | 137 | 15 |
| FINAL CONSUMPTION | 440 | - | 848 | - | - | 2 | - | 648 | 996 | 1099 | 88538 |
| INDUSTRY SECTOR | 434 | - | 836 | - | - | - | - | 68 | 996 | 1099 | 40645 |
| IRON AND STEEL | 25 | - | 744 | - | - | - | - | - | 922 | 1089 | 4998 |
| CHEMICAL | 65 | - | 13 | - | - | - | - | 8 | - | 7 | 5240 |
| PETROCHEMICAL | - | - | - | - | - | - | - | - | - | - | - |
| NON-FERROUS METAL | 61 | - | 7 | - | - | - | - | - | - | - | 2263 |
| NON-METALLIC MINERAL | 200 | - | 39 | - | - | - | - | - | - | - | 1095 |
| PAPER PULP AND PRINT | 21 | - | - | - | - | - | - | 12 | - | - | 14425 |
| MINING AND QUARRYING | 47 | - | 6 | - | - | - | - | - | - | - | 2005 |
| FOOD AND TOBACCO | 4 | - | 5 | - | - | - | - | 28 | - | - | 1679 |
| WOOD AND WOOD PRODUCTS | - | - | - | - | - | - | - | - | - | - | 1471 |
| MACHINERY | 11 | - | 22 | - | - | - | - | 20 | - | - | 2345 |
| TRANSPORT EQUIPMENT | - | - | - | - | - | - | - | - | - | - | 2673 |
| CONSTRUCTION | - | - | - | - | - | - | - | - | - | - | 860 |
| TEXTILES AND LEATHER | - | - | - | - | - | - | - | - | - | - | 386 |
| NON SPECIFIED | - | - | - | - | - | - | - | - | 74 | 3 | 1205 |
| NON-ENERGY USES: | | | | | | | | | | | |
| (1)ENERGY PRODUCTS | - | - | - | - | - | - | - | - | - | - | - |
| (2)NON-ENERGY PRODUCTS | - | - | - | - | - | - | - | - | - | - | - |
| TRANSPORT. SECTOR ** | - | - | - | - | - | - | - | - | - | - | 2261 |
| AIR TRANSPORT | - | - | - | - | - | - | - | - | - | - | - |
| ROAD TRANSPORT | - | - | - | - | - | - | - | - | - | - | - |
| RAILWAYS | - | - | - | - | - | - | - | - | - | - | 2261 |
| INTERNAL NAVIGATION | - | - | - | - | - | - | - | - | - | - | - |
| OTHER SECTORS ** | 6 | - | 12 | - | - | 2 | - | 580 | - | - | 45632 |
| AGRICULTURE | - | - | - | - | - | - | - | - | - | - | 917 |
| PUBLIC SERVICES | - | - | - | - | - | - | - | - | - | - | - |
| COMMERCE | - | - | - | - | - | - | - | - | - | - | 18290 |
| RESIDENTIAL | 6 | - | 12 | - | - | 2 | - | 580 | - | - | 26425 |

(1) INCLUDED IN CHEMICAL OR PETROCHEMICAL INDUSTRY
(2) INCLUDED ONLY IN TOTAL INDUSTRY

| * OF WHICH: | |
|---|---|
| HYDRO | 59374 |
| NUCLEAR | 37839 |
| CONVENTIONAL THERMAL | 5526 |
| GEOTHERMAL | 0 |

** INCLUDED IN THESE TOTALS ARE THE NON-SPECIFIED ELEMENTS

PRODUCTION ET UTILISATION DES SOURCES D ENERGIE : SWEDE

1981

UNIT: 1000 METRIC TONS
UNITE: 1000 TONNES METRIQUES

| OIL PETROLE: CRUDE BRUT 12 | OIL PETROLE: NGL GNL 13 | OIL PETROLE: FEEDST. 14 | REFINERY GAS / GAZ DE PETROLE 15 | LIQUEFIED PETROLEUM GASES / GAZ LIQUEFIES DE PETROLE 16 | AVIATION GASOLINE / ESSENCE AVION 17 | MOTOR GASOLINE / ESSENCE AUTO 18 | JET FUEL / CARBURANT REACTEUR 19 | KEROSENE / PETROLE LAMPANT 20 | GAS/DIESEL OIL / GAZ/DIESEL OIL 21 | RESIDUAL FUEL OIL / FUEL OIL RESIDUEL 22 | NAPHTHA / NAPHTHA 23 | NON-ENERGY PRODUCTS / PRODUITS NON-ENERGETIQUES 24 |
|---|---|---|---|---|---|---|---|---|---|---|---|---|
| 6 | - | - | - | 82 | - | 2379 | 153 | 16 | 4629 | 5679 | 212 | 594 |
| - | - | - | - | - | - | - | - | - | - | - | - | - |
| 14743 | - | - | - | 98 | 11 | 1367 | 415 | 19 | 3318 | 4231 | 562 | 668 |
| -4 | - | -92 | - | -2 | - | -400 | - | -3 | -1298 | -2159 | -15 | -295 |
| - | - | - | - | - | - | - | - | - | -139 | -519 | - | - |
| -277 | - | -17 | - | 27 | - | 82 | 2 | 19 | 875 | 744 | -26 | 12 |
| 14468 | - | -109 | - | 205 | 11 | 3428 | 570 | 51 | 7385 | 7976 | 733 | 979 |
| - | - | 91 | - | - | - | - | - | - | - | - | -91 | - |
| - | - | 225 | - | - | 1 | 7 | -58 | -14 | -5 | -22 | -50 | -84 |
| 14468 | - | 207 | - | 205 | 12 | 3435 | 512 | 37 | 7380 | 7954 | 592 | 895 |
| 706 | - | -63 | - | 33 | - | -26 | -21 | 3 | -234 | -126 | -32 | 72 |
| 13762 | - | 270 | - | 25 | - | - | - | - | 21 | 1762 | 62 | - |
| - | - | - | - | - | - | - | - | - | - | - | - | - |
| - | - | - | - | 25 | - | - | - | - | - | - | 62 | - |
| 13762 | - | 270 | - | - | - | - | - | - | - | - | - | - |
| - | - | - | - | - | - | - | - | - | 21 | 1762 | - | - |
| - | - | - | - | - | - | - | - | - | 3 | 326 | - | 2 |
| - | - | - | - | - | - | - | - | - | - | - | - | - |
| - | - | - | - | - | - | - | - | - | - | - | - | - |
| - | - | - | - | - | - | - | - | - | 1 | 324 | - | 2 |
| - | - | - | - | - | - | - | - | - | 2 | - | - | - |
| - | - | - | - | - | - | - | - | - | - | - | - | - |
| - | - | - | - | - | - | - | - | - | - | - | - | - |
| - | - | - | - | - | - | - | - | - | - | 2 | - | - |
| - | - | - | - | 147 | 12 | 3461 | 533 | 34 | 7590 | 5992 | 562 | 821 |
| - | - | - | - | 132 | - | - | - | - | 690 | 3287 | 562 | 786 |
| - | - | - | - | 50 | - | - | - | - | 51 | 368 | 1 | - |
| - | - | - | - | - | - | - | - | - | 35 | 361 | - | - |
| - | - | - | - | - | - | - | - | - | - | - | 561 | - |
| - | - | - | - | 12 | - | - | - | - | 21 | 49 | - | - |
| - | - | - | - | 24 | - | - | - | - | 54 | 337 | - | - |
| - | - | - | - | - | - | - | - | - | 26 | 1195 | - | - |
| - | - | - | - | - | - | - | - | - | 8 | 101 | - | - |
| - | - | - | - | - | - | - | - | - | 55 | 348 | - | - |
| - | - | - | - | - | - | - | - | - | 23 | 96 | - | - |
| - | - | - | - | - | - | - | - | - | 158 | 232 | - | - |
| - | - | - | - | - | - | - | - | - | 45 | 117 | - | - |
| - | - | - | - | - | - | - | - | - | - | - | - | - |
| - | - | - | - | - | - | - | - | - | 19 | 80 | - | - |
| - | - | - | - | 46 | - | - | - | - | 195 | 3 | - | - |
| - | - | - | - | - | - | - | - | - | - | 77 | 541 | - |
| - | - | - | - | - | - | - | - | - | - | - | - | 786 |
| - | - | - | - | - | 12 | 3461 | 533 | 15 | 1415 | 51 | - | - |
| - | - | - | - | - | 12 | - | 533 | - | - | - | - | - |
| - | - | - | - | - | - | 3461 | - | 15 | 1323 | - | - | - |
| - | - | - | - | - | - | - | - | - | 27 | 10 | - | - |
| - | - | - | - | - | - | - | - | - | 65 | 41 | - | - |
| - | - | - | - | 15 | - | - | - | 19 | 5485 | 2654 | - | 35 |
| - | - | - | - | - | - | - | - | - | 403 | 81 | - | - |
| - | - | - | - | - | - | - | - | - | - | - | - | - |
| - | - | - | - | - | - | - | - | - | - | - | - | - |
| - | - | - | - | 15 | - | - | - | 19 | 5045 | 1312 | - | - |

## PRODUCTION AND USES OF ENERGY SOURCES : SWITZERLAND

1971

| ENERGY SOURCES / PRODUCTION AND USES | UNIT: 1000 METRIC TONS / UNITE: 1000 TONNES METRIQUES | | | | | | TCAL / TCAL | MANUFACTURED GAS (TCAL) / GAZ MANUFACTURE (TCAL) | | | MILLIONS OF (DE) KWH |
|---|---|---|---|---|---|---|---|---|---|---|---|
| | HARD COAL / HOUILLE | PATENT FUEL / AGGLOMERES | COKE OVEN COKE / COKE DE FOUR | GAS COKE / COKE DE GAZ | BROWN COAL / LIGNITE | BKB / BRIQ. DE LIGNITE | NATURAL GAS / GAZ NATUREL | GAS WORKS / USINES A GAZ | COKE OVENS / COKERIES | BLAST FURNACES / HAUT FOURNEAUX | ELECTRICITY* / ELECTRICITE* |
| | 1 | 2 | 3 | 4 | 5 | 6 | 7 | 8 | 9 | 10 | 11 |
| PRODUCTION | - | - | - | 104 | - | - | - | 1571 | - | - | 32145 |
| FROM OTHER SOURCES | - | - | - | - | - | - | - | - | - | - | - |
| IMPORT | 283 | 23 | 184 | - | - | 76 | 512 | 500 | - | - | 6873 |
| EXPORT | -5 | - | - | -13 | - | - | -18 | -7 | - | - | -7953 |
| INTL. MARINE BUNKERS | - | - | - | - | - | - | - | - | - | - | - |
| STOCK CHANGES | 52 | 1 | 26 | 1 | - | 1 | - | - | - | - | - |
| DOMESTIC SUPPLY | 330 | 24 | 210 | 92 | - | 77 | 494 | 2064 | - | - | 31065 |
| RETURNS TO SUPPLY | - | - | - | - | - | - | - | - | - | - | - |
| TRANSFERS | - | - | - | - | - | - | - | - | - | - | - |
| DOMESTIC AVAILABILITY | 330 | 24 | 210 | 92 | - | 77 | 494 | 2064 | - | - | 31065 |
| STATISTICAL DIFFERENCE | - | - | - | - | - | - | - | - | - | - | - |
| TRANSFORM. SECTOR ** | 170 | - | - | - | - | - | 352 | - | - | - | - |
| FOR SOLID FUELS | - | - | - | - | - | - | - | - | - | - | - |
| FOR GASES | 170 | - | - | - | - | - | 352 | - | - | - | - |
| PETROLEUM REFINERIES | - | - | - | - | - | - | - | - | - | - | - |
| THERMO-ELECTRIC PLANTS | - | - | - | - | - | - | - | - | - | - | - |
| ENERGY SECTOR | - | - | - | 62 | - | - | - | 236 | - | - | 4932 |
| COAL MINES | - | - | - | - | - | - | - | - | - | - | - |
| OIL AND GAS EXTRACTION | - | - | - | - | - | - | - | - | - | - | - |
| PETROLEUM REFINERIES | - | - | - | - | - | - | - | - | - | - | 115 |
| ELECTRIC PLANTS | - | - | - | - | - | - | - | - | - | - | 558 |
| DISTRIBUTION LOSSES | - | - | - | - | - | - | - | 144 | - | - | 2882 |
| PUMP STORAGE (ELECTR.) | - | - | - | - | - | - | - | - | - | - | 1377 |
| OTHER ENERGY SECTOR | - | - | - | 62 | - | - | - | 92 | - | - | - |
| FINAL CONSUMPTION | 160 | 24 | 210 | 30 | - | 77 | 142 | 1828 | - | - | 26133 |
| INDUSTRY SECTOR | 110 | - | 34 | - | - | - | 67 | 310 | - | - | 10529 |
| IRON AND STEEL | - | - | 27 | - | - | - | - | - | - | - | 727 |
| CHEMICAL | 12 | - | - | - | - | - | - | 90 | - | - | 1914 |
| PETROCHEMICAL | - | - | - | - | - | - | - | - | - | - | - |
| NON-FERROUS METAL | - | - | - | - | - | - | 23 | - | - | - | 2021 |
| NON-METALLIC MINERAL | 23 | - | - | - | - | - | - | - | - | - | - |
| PAPER PULP AND PRINT | 20 | - | - | - | - | - | - | 10 | - | - | 1068 |
| MINING AND QUARRYING | - | - | - | - | - | - | - | - | - | - | 60 |
| FOOD AND TOBACCO | - | - | - | - | - | - | 30 | 60 | - | - | 599 |
| WOOD AND WOOD PRODUCTS | - | - | - | - | - | - | - | - | - | - | 122 |
| MACHINERY | - | - | - | - | - | - | - | - | - | - | 1571 |
| TRANSPORT EQUIPMENT | - | - | - | - | - | - | - | - | - | - | - |
| CONSTRUCTION | - | - | - | - | - | - | - | - | - | - | - |
| TEXTILES AND LEATHER | - | - | - | - | - | - | - | - | - | - | 859 |
| NON SPECIFIED | 55 | - | 7 | - | - | - | 14 | 150 | - | - | 1588 |
| NON-ENERGY USES: | | | | | | | | | | | |
| (1)ENERGY PRODUCTS | - | - | - | - | - | - | - | - | - | - | - |
| (2)NON-ENERGY PRODUCTS | - | - | - | - | - | - | - | - | - | - | - |
| TRANSPORT. SECTOR ** | - | - | - | - | - | - | - | - | - | - | 2016 |
| AIR TRANSPORT | - | - | - | - | - | - | - | - | - | - | - |
| ROAD TRANSPORT | - | - | - | - | - | - | - | - | - | - | - |
| RAILWAYS | - | - | - | - | - | - | - | - | - | - | 2016 |
| INTERNAL NAVIGATION | - | - | - | - | - | - | - | - | - | - | - |
| OTHER SECTORS ** | 50 | 24 | 176 | 30 | - | 77 | 75 | 1518 | - | - | 13588 |
| AGRICULTURE | - | - | - | - | - | - | - | - | - | - | 414 |
| PUBLIC SERVICES | - | - | - | - | - | - | - | - | - | - | - |
| COMMERCE | - | - | - | - | - | - | - | - | - | - | 6818 |
| RESIDENTIAL | 50 | 24 | 176 | 30 | - | 77 | 75 | 1518 | - | - | 6356 |

(1) INCLUDED IN CHEMICAL OR PETROCHEMICAL INDUSTRY
(2) INCLUDED ONLY IN TOTAL INDUSTRY

| * OF WHICH: | |
|---|---|
| HYDRO | 27839 |
| NUCLEAR | 1391 |
| CONVENTIONAL THERMAL | 2915 |
| GEOTHERMAL | 0 |

** INCLUDED IN THESE TOTALS ARE THE NON-SPECIFIED ELEMENTS

## PRODUCTION ET UTILISATION DES SOURCES D ENERGIE : SUISSE

1971

UNIT: 1000 METRIC TONS
UNITE: 1000 TONNES METRIQUES

| OIL / PETROLE: CRUDE* / BRUT* | OIL / PETROLE: NGL / GNL | OIL / PETROLE: FEEDST. | REFINERY GAS / GAZ DE PETROLE | LIQUEFIED PETROLEUM GASES / GAZ LIQUEFIES DE PETROLE | AVIATION GASOLINE / ESSENCE AVION | MOTOR GASOLINE / ESSENCE AUTO | JET FUEL / CARBURANT REACTEUR | KEROSENE / PETROLE LAMPANT | GAS/DIESEL OIL / GAZ/DIESEL OIL | RESIDUAL FUEL OIL / FUEL OIL RESIDUEL | NAPHTHA / NAPHTHA | NON-ENERGY PRODUCTS / PRODUITS NON-ENERGETIQUES |
|---|---|---|---|---|---|---|---|---|---|---|---|---|
| 12 | 13 | 14 | 15 | 16 | 17 | 18 | 19 | 20 | 21 | 22 | 23 | 24 |
| - | - | - | 20 | 46 | - | 845 | 123 | 5 | 2126 | 1648 | 110 | 135 |
| - | - | - | - | - | - | - | - | - | - | - | - | - |
| 5363 | - | - | - | 12 | 8 | 1564 | 415 | 11 | 4807 | 843 | 70 | 495 |
| - | - | - | - | -7 | - | -11 | - | - | -4 | -111 | - | -9 |
| - | - | - | - | - | - | - | - | - | - | - | - | - |
| -14 | - | - | - | - | - | -43 | -3 | - | -47 | -3 | - | -2 |
| 5349 | - | - | 20 | 51 | 8 | 2355 | 535 | 16 | 6882 | 2377 | 180 | 619 |
| - | - | - | - | - | - | - | - | - | - | - | - | - |
| - | - | - | - | - | - | - | - | - | - | - | - | - |
| 5349 | - | - | 20 | 51 | 8 | 2355 | 535 | 16 | 6882 | 2377 | 180 | 619 |
| - | - | - | - | - | - | - | - | - | - | - | - | - |
| 5349 | - | - | 20 | 13 | - | - | - | - | 12 | 383 | 76 | - |
| - | - | - | - | - | - | - | - | - | - | - | - | - |
| - | - | - | - | 13 | - | - | - | - | 9 | - | 76 | - |
| 5349 | - | - | - | - | - | - | - | - | - | - | - | - |
| - | - | - | 20 | - | - | - | - | - | 3 | 383 | - | - |
| - | - | - | - | - | - | - | - | - | - | - | - | - |
| - | - | - | - | - | - | - | - | - | - | - | - | - |
| - | - | - | - | - | - | - | - | - | - | - | - | - |
| - | - | - | - | - | - | - | - | - | - | - | - | - |
| - | - | - | - | - | - | - | - | - | - | - | - | - |
| - | - | - | - | - | - | - | - | - | - | - | - | - |
| - | - | - | - | - | - | - | - | - | - | - | - | - |
| - | - | - | - | - | - | - | - | - | - | - | - | - |
| - | - | - | - | 38 | 8 | 2355 | 535 | 16 | 6870 | 1994 | 104 | 619 |
| - | - | - | - | 24 | - | 12 | - | 6 | 960 | 1744 | 104 | 619 |
| - | - | - | - | - | - | - | - | - | - | - | - | - |
| - | - | - | - | - | - | - | - | - | - | - | - | - |
| - | - | - | - | - | - | - | - | - | - | - | 104 | - |
| - | - | - | - | - | - | - | - | - | - | - | - | - |
| - | - | - | - | - | - | - | - | - | - | - | - | - |
| - | - | - | - | - | - | - | - | - | - | - | - | - |
| - | - | - | - | - | - | - | - | - | - | - | - | - |
| - | - | - | - | - | - | - | - | - | - | - | - | - |
| - | - | - | - | - | - | - | - | - | - | - | - | - |
| - | - | - | - | - | - | - | - | - | - | - | - | - |
| - | - | - | - | - | - | - | - | - | - | - | - | - |
| - | - | - | - | - | - | - | - | - | - | - | - | - |
| - | - | - | - | - | - | - | - | - | - | - | - | - |
| - | - | - | - | 24 | - | 12 | - | 6 | 960 | 1744 | - | - |
| - | - | - | - | - | - | - | - | - | - | - | - | - |
| - | - | - | - | - | - | - | - | - | - | - | - | 619 |
| - | - | - | - | - | 8 | 2307 | 535 | - | 676 | - | - | - |
| - | - | - | - | - | 8 | - | 535 | - | - | - | - | - |
| - | - | - | - | - | - | 2307 | - | - | 611 | - | - | - |
| - | - | - | - | - | - | - | - | - | 20 | - | - | - |
| - | - | - | - | - | - | - | - | - | 45 | - | - | - |
| - | - | - | - | 14 | - | 36 | - | 10 | 5234 | 250 | - | - |
| - | - | - | - | - | - | 36 | - | 1 | 53 | - | - | - |
| - | - | - | - | - | - | - | - | - | - | - | - | - |
| - | - | - | - | - | - | - | - | - | - | - | - | - |
| - | - | - | - | - | - | - | - | 7 | 5181 | 250 | - | - |

*INCLUDED IN THIS COLUMN IS NGL AND FEEDSTOCKS.

# PRODUCTION AND USES OF ENERGY SOURCES : SWITZERLAND

1972

| X XX ENERGY XX XX SOURCES XX XX XX PRODUCTION XX XX AND USES XX | UNIT: 1000 METRIC TONS / UNITE: 1000 TONNES METRIQUES | | | | | | TCAL / TCAL | MANUFACTURED GAS (TCAL) / GAZ MANUFACTURE (TCAL) | | | MILLIONS / OF (DE) KWH |
|---|---|---|---|---|---|---|---|---|---|---|---|
| | HARD COAL / HOUILLE | PATENT FUEL / AGGLOMERES | COKE OVEN COKE / COKE DE FOUR | GAS COKE / COKE DE GAZ | BROWN COAL / LIGNITE | BKB / BRIQ. DE LIGNITE | NATURAL GAS / GAZ NATUREL | GAS WORKS / USINES A GAZ | COKE OVENS / COKERIES | BLAST FURNACES / HAUT FOURNEAUX | ELECTRICITY* / ELECTRICITE* |
| | 1 | 2 | 3 | 4 | 5 | 6 | 7 | 8 | 9 | 10 | 11 |
| PRODUCTION | - | - | - | 91 | - | - | - | 1463 | - | - | 33030 |
| FROM OTHER SOURCES | - | - | - | - | - | - | - | - | - | - | - |
| IMPORT | 147 | 20 | 169 | - | - | 53 | 1147 | 254 | - | - | 7847 |
| EXPORT | -2 | - | - | -28 | - | - | -89 | -61 | - | - | -8329 |
| INTL. MARINE BUNKERS | - | - | - | - | - | - | - | - | - | - | - |
| STOCK CHANGES | 139 | - | 26 | -6 | - | 7 | - | - | - | - | - |
| DOMESTIC SUPPLY | 284 | 20 | 195 | 57 | - | 60 | 1058 | 1656 | - | - | 32548 |
| RETURNS TO SUPPLY | - | - | - | - | - | - | - | - | - | - | - |
| TRANSFERS | - | - | - | - | - | - | - | - | - | - | - |
| DOMESTIC AVAILABILITY | 284 | 20 | 195 | 57 | - | 60 | 1058 | 1656 | - | - | 32548 |
| STATISTICAL DIFFERENCE | - | - | - | - | - | - | - | - | - | - | - |
| TRANSFORM. SECTOR ** | 166 | - | - | - | - | - | 285 | - | - | - | - |
| FOR SOLID FUELS | - | - | - | - | - | - | - | - | - | - | - |
| FOR GASES | 166 | - | - | - | - | - | 285 | - | - | - | - |
| PETROLEUM REFINERIES | - | - | - | - | - | - | - | - | - | - | - |
| THERMO-ELECTRIC PLANTS | - | - | - | - | - | - | - | - | - | - | - |
| ENERGY SECTOR | - | - | - | 23 | - | - | 77 | 222 | - | - | 5526 |
| COAL MINES | - | - | - | - | - | - | - | - | - | - | - |
| OIL AND GAS EXTRACTION | - | - | - | - | - | - | - | - | - | - | - |
| PETROLEUM REFINERIES | - | - | - | - | - | - | - | - | - | - | 119 |
| ELECTRIC PLANTS | - | - | - | - | - | - | - | - | - | - | 732 |
| DISTRIBUTION LOSSES | - | - | - | - | - | - | 77 | 160 | - | - | 3031 |
| PUMP STORAGE (ELECTR.) | - | - | - | - | - | - | - | - | - | - | 1644 |
| OTHER ENERGY SECTOR | - | - | - | 23 | - | - | - | 62 | - | - | - |
| FINAL CONSUMPTION | 118 | 20 | 195 | 34 | - | 60 | 696 | 1434 | - | - | 27022 |
| INDUSTRY SECTOR | 82 | - | 35 | - | - | - | 100 | 328 | - | - | 10869 |
| IRON AND STEEL | - | - | 21 | - | - | - | - | - | - | - | 750 |
| CHEMICAL | 15 | - | - | - | - | - | - | 96 | - | - | 1909 |
| PETROCHEMICAL | - | - | - | - | - | - | - | - | - | - | - |
| NON-FERROUS METAL | - | - | - | - | - | - | 45 | - | - | - | 1875 |
| NON-METALLIC MINERAL | 19 | - | - | - | - | - | - | - | - | - | - |
| PAPER PULP AND PRINT | 22 | - | - | - | - | - | - | 10 | - | - | 1133 |
| MINING AND QUARRYING | - | - | - | - | - | - | - | - | - | - | 69 |
| FOOD AND TOBACCO | - | - | - | - | - | - | 39 | 65 | - | - | 668 |
| WOOD AND WOOD PRODUCTS | - | - | - | - | - | - | - | - | - | - | 128 |
| MACHINERY | - | - | - | - | - | - | - | - | - | - | 1586 |
| TRANSPORT EQUIPMENT | - | - | - | - | - | - | - | - | - | - | - |
| CONSTRUCTION | - | - | - | - | - | - | - | - | - | - | - |
| TEXTILES AND LEATHER | - | - | - | - | - | - | - | - | - | - | 882 |
| NON SPECIFIED | 26 | - | 14 | - | - | - | 16 | 157 | - | - | 1869 |
| NON-ENERGY USES: | | | | | | | | | | | |
| (1)ENERGY PRODUCTS | - | - | - | - | - | - | - | - | - | - | - |
| (2)NON-ENERGY PRODUCTS | - | - | - | - | - | - | - | - | - | - | - |
| TRANSPORT. SECTOR ** | - | - | - | - | - | - | - | - | - | - | 2011 |
| AIR TRANSPORT | - | - | - | - | - | - | - | - | - | - | - |
| ROAD TRANSPORT | - | - | - | - | - | - | - | - | - | - | - |
| RAILWAYS | - | - | - | - | - | - | - | - | - | - | 2011 |
| INTERNAL NAVIGATION | - | - | - | - | - | - | - | - | - | - | - |
| OTHER SECTORS ** | 36 | 20 | 160 | 34 | - | 60 | 596 | 1106 | - | - | 14142 |
| AGRICULTURE | - | - | - | - | - | - | - | - | - | - | 325 |
| PUBLIC SERVICES | - | - | - | - | - | - | - | - | - | - | - |
| COMMERCE | - | - | - | - | - | - | - | - | - | - | 7606 |
| RESIDENTIAL | 36 | 20 | 160 | 34 | - | 60 | 596 | 1106 | - | - | 6211 |

(1) INCLUDED IN CHEMICAL OR PETROCHEMICAL INDUSTRY
(2) INCLUDED ONLY IN TOTAL INDUSTRY

| * OF WHICH: HYDRO | 25620 |
|---|---|
| NUCLEAR | 3840 |
| CONVENTIONAL THERMAL | 3570 |
| GEOTHERMAL | 0 |

** INCLUDED IN THESE TOTALS ARE THE NON-SPECIFIED ELEMENTS

## PRODUCTION ET UTILISATION DES SOURCES D ENERGIE : SUISSE

1972

UNIT: 1000 METRIC TONS
UNITE: 1000 TONNES METRIQUES

| OIL / PETROLE | | | REFINERY GAS | LIQUEFIED PETROLEUM GASES | AVIATION GASOLINE | MOTOR GASOLINE | JET FUEL | KEROSENE | GAS/DIESEL OIL | RESIDUAL FUEL OIL | NAPHTHA | NON-ENERGY PRODUCTS |
|---|---|---|---|---|---|---|---|---|---|---|---|---|
| CRUDE* BRUT* | NGL GNL | FEEDST. | GAZ DE PETROLE | GAZ LIQUEFIES DE PETROLE | ESSENCE AVION | ESSENCE AUTO | CARBURANT REACTEUR | PETROLE LAMPANT | GAZ/DIESEL OIL | FUEL OIL RESIDUEL | NAPHTHA | PRODUITS /NON-ENERGETIQUES |
| 12 | 13 | 14 | 15 | 16 | 17 | 18 | 19 | 20 | 21 | 22 | 23 | 24 |
| - | - | - | 17 | 53 | - | 739 | 115 | 3 | 2251 | 1622 | 112 | 172 |
| - | - | - | - | - | - | - | - | - | - | - | - | - |
| 5363 | - | - | - | 15 | 7 | 1759 | 533 | 11 | 4800 | 942 | 79 | 437 |
| - | - | - | - | -5 | - | - | - | - | -4 | -112 | - | -12 |
| - | - | - | - | - | - | - | - | - | - | - | - | - |
| 22 | - | - | - | - | - | -34 | - | - | -112 | 7 | - | - |
| 5385 | - | - | 17 | 63 | 7 | 2464 | 648 | 14 | 6935 | 2459 | 191 | 597 |
| - | - | - | - | - | - | - | - | - | - | - | - | - |
| - | - | - | - | - | - | - | - | - | - | - | - | - |
| 5385 | - | - | 17 | 63 | 7 | 2464 | 648 | 14 | 6935 | 2459 | 191 | 597 |
| - | - | - | - | - | - | - | - | - | 3 | - | - | - |
| 5385 | - | - | 17 | 23 | - | - | - | - | 22 | 355 | 85 | - |
| - | - | - | - | - | - | - | - | - | - | - | - | - |
| - | - | - | - | 23 | - | - | - | - | 18 | - | 85 | - |
| 5385 | - | - | - | - | - | - | - | - | - | - | - | - |
| - | - | - | 17 | - | - | - | - | - | 4 | 355 | - | - |
| - | - | - | - | - | - | - | - | - | - | - | - | - |
| - | - | - | - | - | - | - | - | - | - | - | - | - |
| - | - | - | - | - | - | - | - | - | - | - | - | - |
| - | - | - | - | - | - | - | - | - | - | - | - | - |
| - | - | - | - | - | - | - | - | - | - | - | - | - |
| - | - | - | - | - | - | - | - | - | - | - | - | - |
| - | - | - | - | - | - | - | - | - | - | - | - | - |
| - | - | - | - | - | - | - | - | - | - | - | - | - |
| - | - | - | - | 40 | 7 | 2464 | 648 | 14 | 6910 | 2104 | 106 | 597 |
| - | - | - | - | 25 | - | 12 | - | 5 | 960 | 1844 | 106 | 597 |
| - | - | - | - | - | - | - | - | - | - | - | - | - |
| - | - | - | - | - | - | - | - | - | - | - | - | - |
| - | - | - | - | - | - | - | - | - | - | - | 106 | - |
| - | - | - | - | - | - | - | - | - | - | - | - | - |
| - | - | - | - | - | - | - | - | - | - | - | - | - |
| - | - | - | - | - | - | - | - | - | - | - | - | - |
| - | - | - | - | - | - | - | - | - | - | - | - | - |
| - | - | - | - | - | - | - | - | - | - | - | - | - |
| - | - | - | - | - | - | - | - | - | - | - | - | - |
| - | - | - | - | - | - | - | - | - | - | - | - | - |
| - | - | - | - | - | - | - | - | - | - | - | - | - |
| - | - | - | - | - | - | - | - | - | - | - | - | - |
| - | - | - | - | - | - | - | - | - | - | - | - | - |
| - | - | - | - | 25 | - | 12 | - | 5 | 960 | 1844 | - | - |
| - | - | - | - | - | - | - | - | - | - | - | - | - |
| - | - | - | - | - | - | - | - | - | - | - | - | 597 |
| - | - | - | - | - | 7 | 2416 | 648 | - | 678 | - | - | - |
| - | - | - | - | - | 7 | - | 648 | - | - | - | - | - |
| - | - | - | - | - | - | 2416 | - | - | 613 | - | - | - |
| - | - | - | - | - | - | - | - | - | 20 | - | - | - |
| - | - | - | - | - | - | - | - | - | 45 | - | - | - |
| - | - | - | - | 15 | - | 36 | - | 9 | 5272 | 260 | - | - |
| - | - | - | - | - | - | 36 | - | 1 | 53 | - | - | - |
| - | - | - | - | - | - | - | - | - | - | - | - | - |
| - | - | - | - | - | - | - | - | - | - | - | - | - |
| - | - | - | - | - | - | - | - | 6 | 5219 | 260 | - | - |

*INCLUDED IN THIS COLUMN IS NGL AND FEEDSTOCKS.

## PRODUCTION AND USES OF ENERGY SOURCES : SWITZERLAND

1973

| ENERGY SOURCES / PRODUCTION AND USES | UNIT: 1000 METRIC TONS / UNITE: 1000 TONNES METRIQUES | | | | | | TCAL / TCAL | MANUFACTURED GAS (TCAL) / GAZ MANUFACTURE (TCAL) | | | MILLIONS OF (DE) KWH |
|---|---|---|---|---|---|---|---|---|---|---|---|
| | HARD COAL / HOUILLE | PATENT FUEL / AGGLOMERES | COKE OVEN COKE / COKE DE FOUR | GAS COKE / COKE DE GAZ | BROWN COAL / LIGNITE | BKB / BRIQ. DE LIGNITE | NATURAL GAS / GAZ NATUREL | GAS WORKS / USINES A GAZ | COKE OVENS / COKERIES | BLAST FURNACES / HAUT FOURNEAUX | ELECTRICITY* / ELECTRICITE* |
| | 1 | 2 | 3 | 4 | 5 | 6 | 7 | 8 | 9 | 10 | 11 |
| PRODUCTION | - | - | - | 100 | - | - | - | 1538 | - | - | 38024 |
| FROM OTHER SOURCES | - | - | - | - | - | - | - | - | - | - | - |
| IMPORT | 133 | 22 | 158 | - | - | 56 | 1681 | 14 | - | - | 7018 |
| EXPORT | -3 | - | - | -29 | - | - | - | - | - | - | -10516 |
| INTL. MARINE BUNKERS | - | - | - | - | - | - | - | - | - | - | - |
| STOCK CHANGES | 128 | - | 27 | - | - | 12 | - | - | - | - | - |
| DOMESTIC SUPPLY | 258 | 22 | 185 | 71 | - | 68 | 1681 | 1552 | - | - | 34526 |
| RETURNS TO SUPPLY | - | - | - | - | - | - | - | - | - | - | - |
| TRANSFERS | - | - | - | - | - | - | - | - | - | - | - |
| DOMESTIC AVAILABILITY | 258 | 22 | 185 | 71 | - | 68 | 1681 | 1552 | - | - | 34526 |
| STATISTICAL DIFFERENCE | - | - | - | - | - | - | - | - | - | - | 162 |
| TRANSFORM. SECTOR ** | 134 | - | - | - | - | - | 244 | - | - | - | - |
| FOR SOLID FUELS | - | - | - | - | - | - | - | - | - | - | - |
| FOR GASES | 134 | - | - | - | - | - | 244 | - | - | - | - |
| PETROLEUM REFINERIES | - | - | - | - | - | - | - | - | - | - | - |
| THERMO-ELECTRIC PLANTS | - | - | - | - | - | - | - | - | - | - | - |
| ENERGY SECTOR | - | - | - | 23 | - | - | 205 | 298 | - | - | 5882 |
| COAL MINES | - | - | - | - | - | - | - | - | - | - | - |
| OIL AND GAS EXTRACTION | - | - | - | - | - | - | - | - | - | - | - |
| PETROLEUM REFINERIES | - | - | - | - | - | - | - | - | - | - | 130 |
| ELECTRIC PLANTS | - | - | - | - | - | - | - | - | - | - | 869 |
| DISTRIBUTION LOSSES | - | - | - | - | - | - | 205 | 139 | - | - | 3159 |
| PUMP STORAGE (ELECTR.) | - | - | - | - | - | - | - | - | - | - | 1724 |
| OTHER ENERGY SECTOR | - | - | - | 23 | - | - | - | 159 | - | - | - |
| FINAL CONSUMPTION | 124 | 22 | 185 | 48 | - | 68 | 1232 | 1254 | - | - | 28482 |
| INDUSTRY SECTOR | 67 | - | 47 | - | - | - | 154 | 376 | - | - | 10945 |
| IRON AND STEEL | - | - | 27 | - | - | - | - | - | - | - | 777 |
| CHEMICAL | 12 | - | - | - | - | - | - | 124 | - | - | 2014 |
| PETROCHEMICAL | - | - | - | - | - | - | - | - | - | - | - |
| NON-FERROUS METAL | - | - | - | - | - | - | 45 | - | - | - | 1937 |
| NON-METALLIC MINERAL | 20 | - | - | - | - | - | - | - | - | - | - |
| PAPER PULP AND PRINT | 20 | - | - | - | - | - | - | 16 | - | - | 1224 |
| MINING AND QUARRYING | - | - | - | - | - | - | - | - | - | - | 72 |
| FOOD AND TOBACCO | - | - | - | - | - | - | 40 | 61 | - | - | 696 |
| WOOD AND WOOD PRODUCTS | - | - | - | - | - | - | - | - | - | - | 136 |
| MACHINERY | - | - | - | - | - | - | - | - | - | - | 1599 |
| TRANSPORT EQUIPMENT | - | - | - | - | - | - | - | - | - | - | - |
| CONSTRUCTION | - | - | - | - | - | - | - | - | - | - | - |
| TEXTILES AND LEATHER | - | - | - | - | - | - | - | - | - | - | 907 |
| NON SPECIFIED | 15 | - | 20 | - | - | - | 69 | 175 | - | - | 1583 |
| NON-ENERGY USES: | | | | | | | | | | | |
| (1)ENERGY PRODUCTS | - | - | - | - | - | - | - | - | - | - | - |
| (2)NON-ENERGY PRODUCTS | - | - | - | - | - | - | - | - | - | - | - |
| TRANSPORT. SECTOR ** | - | - | - | - | - | - | - | - | - | - | 2027 |
| AIR TRANSPORT | - | - | - | - | - | - | - | - | - | - | - |
| ROAD TRANSPORT | - | - | - | - | - | - | - | - | - | - | - |
| RAILWAYS | - | - | - | - | - | - | - | - | - | - | 2027 |
| INTERNAL NAVIGATION | - | - | - | - | - | - | - | - | - | - | - |
| OTHER SECTORS ** | 57 | 22 | 138 | 48 | - | 68 | 1078 | 878 | - | - | 15510 |
| AGRICULTURE | - | - | - | - | - | - | - | - | - | - | 341 |
| PUBLIC SERVICES | - | - | - | - | - | - | - | - | - | - | - |
| COMMERCE | - | - | - | - | - | - | - | - | - | - | 8346 |
| RESIDENTIAL | 57 | 22 | 138 | 48 | - | 68 | 1078 | 878 | - | - | 6823 |

(1) INCLUDED IN CHEMICAL OR PETROCHEMICAL INDUSTRY
(2) INCLUDED ONLY IN TOTAL INDUSTRY

| * OF WHICH: | |
|---|---|
| HYDRO | 29110 |
| NUCLEAR | 6310 |
| CONVENTIONAL THERMAL | 2604 |
| GEOTHERMAL | 0 |

** INCLUDED IN THESE TOTALS ARE THE NON-SPECIFIED ELEMENTS

## PRODUCTION ET UTILISATION DES SOURCES D ENERGIE : SUISSE

1973

UNIT: 1000 METRIC TONS
UNITE: 1000 TONNES METRIQUES

| OIL / PETROLE: CRUDE* / BRUT* | OIL / PETROLE: NGL / GNL | OIL / PETROLE: FEEDST. | REFINERY GAS / GAZ DE PETROLE | LIQUEFIED PETROLEUM GASES / GAZ LIQUEFIES DE PETROLE | AVIATION GASOLINE / ESSENCE AVION | MOTOR GASOLINE / ESSENCE AUTO | JET FUEL / CARBURANT REACTEUR | KEROSENE / PETROLE LAMPANT | GAS/DIESEL OIL / GAZ/DIESEL OIL | RESIDUAL FUEL OIL / FUEL OIL RESIDUEL | NAPHTHA / NAPHTHA | NON-ENERGY PRODUCTS / PRODUITS NON-ENERGETIQUES |
|---|---|---|---|---|---|---|---|---|---|---|---|---|
| 12 | 13 | 14 | 15 | 16 | 17 | 18 | 19 | 20 | 21 | 22 | 23 | 24 |
| - | - | - | 204 | 68 | - | 924 | 124 | 4 | 2376 | 2125 | 131 | 170 |
| - | - | - | - | - | - | - | - | - | - | - | - | - |
| 6180 | - | - | - | 17 | 5 | 1598 | 525 | 13 | 5312 | 730 | 39 | 481 |
| - | - | - | - | -2 | - | -1 | - | - | -3 | -225 | - | -5 |
| - | - | - | - | - | - | - | - | - | - | - | - | - |
| 1 | - | - | - | - | 1 | -11 | 3 | - | 102 | 10 | - | -2 |
| 6181 | - | - | 204 | 83 | 6 | 2510 | 652 | 17 | 7787 | 2640 | 170 | 644 |
| - | - | - | - | - | - | - | - | - | - | - | - | - |
| - | - | - | - | - | - | - | - | - | - | - | - | - |
| 6181 | - | - | 204 | 83 | 6 | 2510 | 652 | 17 | 7787 | 2640 | 170 | 644 |
| - | - | - | - | - | - | - | - | - | -14 | -1 | - | - |
| 6181 | - | - | 19 | 32 | - | - | - | - | 19 | 413 | 66 | - |
| - | - | - | - | - | - | - | - | - | - | - | - | - |
| - | - | - | - | 32 | - | - | - | - | - | - | 66 | - |
| 6181 | - | - | - | - | - | - | - | - | - | - | - | - |
| - | - | - | 19 | - | - | - | - | - | 19 | 413 | - | - |
| - | - | - | 185 | - | - | - | - | - | - | 76 | - | - |
| - | - | - | - | - | - | - | - | - | - | - | - | - |
| - | - | - | - | - | - | - | - | - | - | - | - | - |
| - | - | - | 185 | - | - | - | - | - | - | 76 | - | - |
| - | - | - | - | - | - | - | - | - | - | - | - | - |
| - | - | - | - | - | - | - | - | - | - | - | - | - |
| - | - | - | - | - | - | - | - | - | - | - | - | - |
| - | - | - | - | - | - | - | - | - | - | - | - | - |
| - | - | - | - | 51 | 6 | 2510 | 652 | 17 | 7782 | 2152 | 104 | 644 |
| - | - | - | - | 33 | - | 12 | - | 6 | 1075 | 1887 | 104 | 644 |
| - | - | - | - | - | - | - | - | - | - | - | - | - |
| - | - | - | - | - | - | - | - | - | - | - | - | - |
| - | - | - | - | - | - | - | - | - | - | - | 104 | - |
| - | - | - | - | - | - | - | - | - | - | - | - | - |
| - | - | - | - | - | - | - | - | - | - | - | - | - |
| - | - | - | - | - | - | - | - | - | - | - | - | - |
| - | - | - | - | - | - | - | - | - | - | - | - | - |
| - | - | - | - | - | - | - | - | - | - | - | - | - |
| - | - | - | - | - | - | - | - | - | - | - | - | - |
| - | - | - | - | - | - | - | - | - | - | - | - | - |
| - | - | - | - | - | - | - | - | - | - | - | - | - |
| - | - | - | - | - | - | - | - | - | - | - | - | - |
| - | - | - | - | - | - | - | - | - | - | - | - | - |
| - | - | - | - | 33 | - | 12 | - | 6 | 1075 | 1887 | - | - |
| - | - | - | - | - | - | - | - | - | - | - | - | - |
| - | - | - | - | - | - | - | - | - | - | - | - | 644 |
| - | - | - | - | - | 6 | 2462 | 652 | - | 756 | - | - | - |
| - | - | - | - | - | 6 | - | 652 | - | - | - | - | - |
| - | - | - | - | - | - | 2462 | - | - | 691 | - | - | - |
| - | - | - | - | - | - | - | - | - | 20 | - | - | - |
| - | - | - | - | - | - | - | - | - | 45 | - | - | - |
| - | - | - | - | 18 | - | 36 | - | 11 | 5951 | 265 | - | - |
| - | - | - | - | - | - | 36 | - | 1 | 55 | - | - | - |
| - | - | - | - | - | - | - | - | - | - | - | - | - |
| - | - | - | - | - | - | - | - | - | - | - | - | - |
| - | - | - | - | - | - | - | - | - | 5896 | 265 | - | - |

*INCLUDED IN THIS COLUMN IS NGL AND FEEDSTOCKS.

## PRODUCTION AND USES OF ENERGY SOURCES : SWITZERLAND

1974

| X XX ENERGY XX XX SOURCES XX XX XX PRODUCTION XX XX AND USES XX | UNIT: 1000 METRIC TONS / UNITE: 1000 TONNES METRIQUES | | | | | | TCAL / TCAL | MANUFACTURED GAS (TCAL) / GAZ MANUFACTURE (TCAL) | | | MILLIONS OF (DE) KWH |
|---|---|---|---|---|---|---|---|---|---|---|---|
| | HARD COAL / HOUILLE | PATENT FUEL / AGGLOMERES | COKE OVEN COKE / COKE DE FOUR | GAS COKE / COKE DE GAZ | BROWN COAL / LIGNITE | BKB / BRIQ. DE LIGNITE | NATURAL GAS / GAZ NATUREL | GAS WORKS / USINES A GAZ | COKE OVENS / COKERIES | BLAST FURNACES / HAUT FOURNEAUX | ELECTRICITY* / ELECTRICITE* |
| | 1 | 2 | 3 | 4 | 5 | 6 | 7 | 8 | 9 | 10 | 11 |
| PRODUCTION | - | - | - | 40 | - | - | - | 1044 | - | - | 38315 |
| FROM OTHER SOURCES | - | - | - | - | - | - | - | - | - | - | - |
| IMPORT | 243 | 23 | 201 | - | 2 | 66 | 3556 | 14 | - | - | 6274 |
| EXPORT | -34 | - | -32 | -15 | - | - | - | - | - | - | -9505 |
| INTL. MARINE BUNKERS | - | - | - | - | - | - | - | - | - | - | - |
| STOCK CHANGES | -37 | - | 26 | - | - | -7 | - | - | - | - | - |
| DOMESTIC SUPPLY | 172 | 23 | 195 | 25 | 2 | 59 | 3556 | 1058 | - | - | 35084 |
| RETURNS TO SUPPLY | - | - | - | - | - | - | - | - | - | - | - |
| TRANSFERS | - | - | - | - | - | - | - | - | - | - | - |
| DOMESTIC AVAILABILITY | 172 | 23 | 195 | 25 | 2 | 59 | 3556 | 1058 | - | - | 35084 |
| STATISTICAL DIFFERENCE | -58 | - | - | - | - | - | - | - | - | - | 49 |
| TRANSFORM. SECTOR ** | 78 | - | - | - | - | - | 254 | - | - | - | - |
| FOR SOLID FUELS | - | - | - | - | - | - | - | - | - | - | - |
| FOR GASES | 78 | - | - | - | - | - | 254 | - | - | - | - |
| PETROLEUM REFINERIES | - | - | - | - | - | - | - | - | - | - | - |
| THERMO-ELECTRIC PLANTS | - | - | - | - | - | - | - | - | - | - | - |
| ENERGY SECTOR | - | - | - | 8 | - | - | 608 | 210 | - | - | 5651 |
| COAL MINES | - | - | - | - | - | - | - | - | - | - | - |
| OIL AND GAS EXTRACTION | - | - | - | - | - | - | - | - | - | - | - |
| PETROLEUM REFINERIES | - | - | - | - | - | - | - | - | - | - | 134 |
| ELECTRIC PLANTS | - | - | - | - | - | - | - | - | - | - | 905 |
| DISTRIBUTION LOSSES | - | - | - | - | - | - | 608 | 94 | - | - | 3071 |
| PUMP STORAGE (ELECTR.) | - | - | - | - | - | - | - | - | - | - | 1541 |
| OTHER ENERGY SECTOR | - | - | - | 8 | - | - | - | 116 | - | - | - |
| FINAL CONSUMPTION | 152 | 23 | 195 | 17 | 2 | 59 | 2694 | 848 | - | - | 29384 |
| INDUSTRY SECTOR | 112 | - | 60 | - | 2 | - | 1206 | 177 | - | - | 11197 |
| IRON AND STEEL | - | - | 32 | - | - | - | - | - | - | - | 803 |
| CHEMICAL | 20 | - | - | - | 2 | - | 652 | 47 | - | - | 2115 |
| PETROCHEMICAL | - | - | - | - | - | - | - | - | - | - | - |
| NON-FERROUS METAL | - | - | - | - | - | - | 47 | - | - | - | 1958 |
| NON-METALLIC MINERAL | 20 | - | - | - | - | - | - | - | - | - | 72 |
| PAPER PULP AND PRINT | 25 | - | - | - | - | - | - | 16 | - | - | 1298 |
| MINING AND QUARRYING | - | - | - | - | - | - | - | - | - | - | 72 |
| FOOD AND TOBACCO | - | - | - | - | - | - | 49 | 65 | - | - | 702 |
| WOOD AND WOOD PRODUCTS | - | - | - | - | - | - | - | - | - | - | 138 |
| MACHINERY | - | - | - | - | - | - | - | - | - | - | 1630 |
| TRANSPORT EQUIPMENT | - | - | - | - | - | - | - | - | - | - | - |
| CONSTRUCTION | - | - | - | - | - | - | - | - | - | - | - |
| TEXTILES AND LEATHER | - | - | - | - | - | - | - | - | - | - | 877 |
| NON SPECIFIED | 47 | - | 28 | - | - | - | 458 | 49 | - | - | 1532 |
| NON-ENERGY USES: | | | | | | | | | | | |
| (1)ENERGY PRODUCTS | - | - | - | - | - | - | - | - | - | - | - |
| (2)NON-ENERGY PRODUCTS | - | - | - | - | - | - | - | - | - | - | - |
| TRANSPORT. SECTOR ** | - | - | - | - | - | - | - | - | - | - | 1974 |
| AIR TRANSPORT | - | - | - | - | - | - | - | - | - | - | - |
| ROAD TRANSPORT | - | - | - | - | - | - | - | - | - | - | - |
| RAILWAYS | - | - | - | - | - | - | - | - | - | - | 1974 |
| INTERNAL NAVIGATION | - | - | - | - | - | - | - | - | - | - | - |
| OTHER SECTORS ** | 40 | 23 | 135 | 17 | - | 59 | 1488 | 671 | - | - | 16213 |
| AGRICULTURE | - | - | - | - | - | - | - | - | - | - | 335 |
| PUBLIC SERVICES | - | - | - | - | - | - | - | - | - | - | - |
| COMMERCE | - | - | - | - | - | - | 36 | - | - | - | 8220 |
| RESIDENTIAL | 40 | 23 | 135 | 17 | - | 59 | 1452 | 671 | - | - | 7450 |

(1) INCLUDED IN CHEMICAL OR PETROCHEMICAL INDUSTRY
(2) INCLUDED ONLY IN TOTAL INDUSTRY

| * OF WHICH: HYDRO | 28850 |
|---|---|
| NUCLEAR | 7200 |
| CONVENTIONAL THERMAL | 2265 |
| GEOTHERMAL | 0 |

** INCLUDED IN THESE TOTALS ARE THE NON-SPECIFIED ELEMENTS

UNIT: 1000 METRIC TONS
UNITE: 1000 TONNES METRIQUES

| OIL PETROLE | | | REFINERY GAS | LIQUEFIED PETROLEUM GASES | AVIATION GASOLINE | MOTOR GASOLINE | JET FUEL | KEROSENE | GAS/DIESEL OIL | RESIDUAL FUEL OIL | NAPHTHA | NON-ENERGY PRODUCTS |
|---|---|---|---|---|---|---|---|---|---|---|---|---|
| CRUDE* BRUT* | NGL GNL | FEEDST. | GAZ DE PETROLE | GAZ LIQUEFIES DE PETROLE | ESSENCE AVION | ESSENCE AUTO | CARBURANT REACTEUR | PETROLE LAMPANT | GAZ/DIESEL OIL | FUEL OIL RESIDUEL | NAPHTHA | PRODUITS NON-ENERGETIQUES |
| 12 | 13 | 14 | 15 | 16 | 17 | 18 | 19 | 20 | 21 | 22 | 23 | 24 |
| - | - | - | 208 | 81 | - | 971 | 146 | 4 | 2439 | 1744 | 120 | 187 |
| - | - | - | - | - | - | - | - | - | - | - | - | - |
| 5999 | - | - | - | 10 | 6 | 1552 | 507 | 8 | 4748 | 613 | 35 | 444 |
| - | - | - | - | -14 | - | - | - | - | -12 | -166 | - | -3 |
| - | - | - | - | - | - | - | - | - | - | - | - | - |
| -45 | - | - | - | - | - | -66 | -9 | -1 | -450 | 36 | -3 | -8 |
| 5954 | - | - | 208 | 77 | 6 | 2457 | 644 | 11 | 6725 | 2227 | 152 | 620 |
| - | - | - | - | - | - | - | - | - | - | - | - | - |
| - | - | - | - | - | - | - | - | - | - | - | - | - |
| 5954 | - | - | 208 | 77 | 6 | 2457 | 644 | 11 | 6725 | 2227 | 152 | 620 |
| 1 | - | - | - | - | - | - | - | - | -11 | - | - | - |
| 5953 | - | - | 18 | 22 | - | - | - | - | - | 352 | 37 | - |
| - | - | - | - | - | - | - | - | - | - | - | - | - |
| - | - | - | - | 22 | - | - | - | - | - | - | 37 | - |
| 5953 | - | - | - | - | - | - | - | - | - | - | - | - |
| - | - | - | 18 | - | - | - | - | - | - | 352 | - | - |
| - | - | - | 190 | - | - | - | - | - | - | 77 | - | - |
| - | - | - | - | - | - | - | - | - | - | - | - | - |
| - | - | - | - | - | - | - | - | - | - | - | - | - |
| - | - | - | 190 | - | - | - | - | - | - | 77 | - | - |
| - | - | - | - | - | - | - | - | - | - | - | - | - |
| - | - | - | - | - | - | - | - | - | - | - | - | - |
| - | - | - | - | - | - | - | - | - | - | - | - | - |
| - | - | - | - | - | - | - | - | - | - | - | - | - |
| - | - | - | - | 55 | 6 | 2457 | 644 | 11 | 6736 | 1798 | 115 | 620 |
| - | - | - | - | 35 | - | - | - | 5 | 980 | 1568 | 115 | 620 |
| - | - | - | - | - | - | - | - | - | - | - | - | - |
| - | - | - | - | - | - | - | - | - | - | - | - | - |
| - | - | - | - | - | - | - | - | - | - | - | 115 | - |
| - | - | - | - | - | - | - | - | - | - | - | - | - |
| - | - | - | - | - | - | - | - | - | - | - | - | - |
| - | - | - | - | - | - | - | - | - | - | - | - | - |
| - | - | - | - | - | - | - | - | - | - | - | - | - |
| - | - | - | - | - | - | - | - | - | - | - | - | - |
| - | - | - | - | - | - | - | - | - | - | - | - | - |
| - | - | - | - | - | - | - | - | - | - | - | - | - |
| - | - | - | - | - | - | - | - | - | - | - | - | - |
| - | - | - | - | - | - | - | - | - | - | - | - | - |
| - | - | - | - | - | - | - | - | - | - | - | - | - |
| - | - | - | - | 35 | - | - | - | 5 | 980 | 1568 | - | - |
| - | - | - | - | - | - | - | - | - | - | - | - | - |
| - | - | - | - | - | - | - | - | - | - | - | - | 620 |
| - | - | - | - | - | 6 | 2457 | 644 | - | 609 | - | - | - |
| - | - | - | - | - | 6 | - | 644 | - | - | - | - | - |
| - | - | - | - | - | - | 2457 | - | - | 549 | - | - | - |
| - | - | - | - | - | - | - | - | - | 18 | - | - | - |
| - | - | - | - | - | - | - | - | - | 42 | - | - | - |
| - | - | - | - | 20 | - | - | - | 6 | 5147 | 230 | - | - |
| - | - | - | - | - | - | - | - | 1 | 51 | - | - | - |
| - | - | - | - | - | - | - | - | - | - | - | - | - |
| - | - | - | - | - | - | - | - | - | - | - | - | - |
| - | - | - | - | - | - | - | - | - | 5096 | 230 | - | - |

*INCLUDED IN THIS COLUMN IS NGL AND FEEDSTOCKS.

## PRODUCTION AND USES OF ENERGY SOURCES : SWITZERLAND

1975

| PRODUCTION AND USES \ ENERGY SOURCES | HARD COAL / HOUILLE | PATENT FUEL / AGGLOMERES | COKE OVEN COKE / COKE DE FOUR | GAS COKE / COKE DE GAZ | BROWN COAL / LIGNITE | BKB / BRIQ. DE LIGNITE | NATURAL GAS / GAZ NATUREL | GAS WORKS / USINES A GAZ | COKE OVENS / COKERIES | BLAST FURNACES / HAUT FOURNEAUX | ELECTRICITY* / ELECTRICITE* |
|---|---|---|---|---|---|---|---|---|---|---|---|
| | UNIT: 1000 METRIC TONS / UNITE: 1000 TONNES METRIQUES | | | | | | TCAL / TCAL | MANUFACTURED GAS (TCAL) / GAZ MANUFACTURE (TCAL) | | | MILLIONS OF (DE) KWH |
| | 1 | 2 | 3 | 4 | 5 | 6 | 7 | 8 | 9 | 10 | 11 |
| PRODUCTION | - | - | - | - | - | - | - | 408 | - | - | 43891 |
| FROM OTHER SOURCES | - | - | - | - | - | - | - | - | - | - | - |
| IMPORT | 123 | 17 | 141 | - | - | 39 | 5747 | 13 | - | - | 4301 |
| EXPORT | -12 | - | -13 | - | - | - | -7 | - | - | - | -14026 |
| INTL. MARINE BUNKERS | - | - | - | - | - | - | - | - | - | - | - |
| STOCK CHANGES | 4 | - | 18 | - | - | 8 | - | - | - | - | - |
| DOMESTIC SUPPLY | 115 | 17 | 146 | - | - | 47 | 5740 | 421 | - | - | 34166 |
| RETURNS TO SUPPLY | - | - | - | - | - | - | - | - | - | - | - |
| TRANSFERS | - | - | - | - | - | - | - | - | - | - | - |
| DOMESTIC AVAILABILITY | 115 | 17 | 146 | - | - | 47 | 5740 | 421 | - | - | 34166 |
| STATISTICAL DIFFERENCE | -1 | - | - | - | - | - | - | - | - | - | 201 |
| TRANSFORM. SECTOR ** | - | - | - | - | - | - | 249 | - | - | - | - |
| FOR SOLID FUELS | - | - | - | - | - | - | - | - | - | - | - |
| FOR GASES | - | - | - | - | - | - | 249 | - | - | - | - |
| PETROLEUM REFINERIES | - | - | - | - | - | - | - | - | - | - | - |
| THERMO-ELECTRIC PLANTS | - | - | - | - | - | - | - | - | - | - | - |
| ENERGY SECTOR | - | - | - | - | - | - | 807 | 86 | - | - | 5383 |
| COAL MINES | - | - | - | - | - | - | - | - | - | - | - |
| OIL AND GAS EXTRACTION | - | - | - | - | - | - | - | - | - | - | - |
| PETROLEUM REFINERIES | - | - | - | - | - | - | - | - | - | - | 120 |
| ELECTRIC PLANTS | - | - | - | - | - | - | - | - | - | - | 897 |
| DISTRIBUTION LOSSES | - | - | - | - | - | - | 807 | 27 | - | - | 3168 |
| PUMP STORAGE (ELECTR.) | - | - | - | - | - | - | - | - | - | - | 1198 |
| OTHER ENERGY SECTOR | - | - | - | - | - | - | - | 59 | - | - | - |
| FINAL CONSUMPTION | 116 | 17 | 146 | - | - | 47 | 4684 | 335 | - | - | 28582 |
| INDUSTRY SECTOR | 97 | - | 41 | - | - | - | 2339 | 70 | - | - | 10537 |
| IRON AND STEEL | 12 | - | 24 | - | - | - | - | - | - | - | 748 |
| CHEMICAL | 25 | - | 12 | - | - | - | 1465 | - | - | - | 2071 |
| PETROCHEMICAL | - | - | - | - | - | - | - | - | - | - | - |
| NON-FERROUS METAL | - | - | - | - | - | - | 92 | - | - | - | 1830 |
| NON-METALLIC MINERAL | 23 | - | 2 | - | - | - | - | - | - | - | 59 |
| PAPER PULP AND PRINT | 25 | - | - | - | - | - | - | 12 | - | - | 1137 |
| MINING AND QUARRYING | - | - | - | - | - | - | - | - | - | - | 120 |
| FOOD AND TOBACCO | - | - | - | - | - | - | 127 | 34 | - | - | 719 |
| WOOD AND WOOD PRODUCTS | - | - | - | - | - | - | - | - | - | - | 138 |
| MACHINERY | - | - | - | - | - | - | - | - | - | - | 1578 |
| TRANSPORT EQUIPMENT | - | - | - | - | - | - | - | - | - | - | - |
| CONSTRUCTION | - | - | - | - | - | - | - | - | - | - | - |
| TEXTILES AND LEATHER | - | - | - | - | - | - | - | - | - | - | 755 |
| NON SPECIFIED | 12 | - | 3 | - | - | - | 655 | 24 | - | - | 1382 |
| NON-ENERGY USES: | | | | | | | | | | | |
| (1)ENERGY PRODUCTS | - | - | - | - | - | - | - | - | - | - | - |
| (2)NON-ENERGY PRODUCTS | - | - | - | - | - | - | - | - | - | - | - |
| TRANSPORT. SECTOR ** | - | - | - | - | - | - | - | - | - | - | 1885 |
| AIR TRANSPORT | - | - | - | - | - | - | - | - | - | - | - |
| ROAD TRANSPORT | - | - | - | - | - | - | - | - | - | - | - |
| RAILWAYS | - | - | - | - | - | - | - | - | - | - | 1885 |
| INTERNAL NAVIGATION | - | - | - | - | - | - | - | - | - | - | - |
| OTHER SECTORS ** | 19 | 17 | 105 | - | - | 47 | 2345 | 265 | - | - | 16160 |
| AGRICULTURE | - | - | - | - | - | - | - | - | - | - | 295 |
| PUBLIC SERVICES | - | - | - | - | - | - | - | - | - | - | - |
| COMMERCE | - | - | - | - | - | - | 36 | - | - | - | 8396 |
| RESIDENTIAL | 19 | 17 | 105 | - | - | 47 | 2309 | 265 | - | - | 7469 |

(1) INCLUDED IN CHEMICAL OR PETROCHEMICAL INDUSTRY
(2) INCLUDED ONLY IN TOTAL INDUSTRY

** INCLUDED IN THESE TOTALS ARE THE NON-SPECIFIED ELEMENTS

| * OF WHICH: HYDRO | 34314 |
|---|---|
| NUCLEAR | 7834 |
| CONVENTIONAL THERMAL | 1743 |
| GEOTHERMAL | 0 |

## PRODUCTION ET UTILISATION DES SOURCES D ENERGIE : SUISSE

1975

UNIT: 1000 METRIC TONS
UNITE: 1000 TONNES METRIQUES

| OIL PETROLE | | | REFINERY GAS | LIQUEFIED PETROLEUM GASES | AVIATION GASOLINE | MOTOR GASOLINE | JET FUEL | KEROSENE | GAS/DIESEL OIL | RESIDUAL FUEL OIL | NAPHTHA | NON-ENERGY PRODUCTS |
|---|---|---|---|---|---|---|---|---|---|---|---|---|
| CRUDE* BRUT* | NGL GNL | FEEDST. | GAZ DE PETROLE | GAZ LIQUEFIES DE PETROLE | ESSENCE AVION | ESSENCE AUTO | CARBURANT REACTEUR | PETROLE LAMPANT | GAZ/DIESEL OIL | FUEL OIL RESIDUEL | NAPHTHA | PRODUITS NON-ENERGETIQUES |
| 12 | 13 | 14 | 15 | 16 | 17 | 18 | 19 | 20 | 21 | 22 | 23 | 24 |
| - | - | - | 177 | 88 | - | 859 | 161 | 4 | 1915 | 1204 | 71 | 155 |
| - | - | - | - | - | - | - | - | - | - | - | - | - |
| 4702 | - | - | - | 10 | 5 | 1616 | 490 | 5 | 4837 | 594 | 37 | 375 |
| - | - | - | - | -25 | - | -59 | - | - | -3 | -51 | - | -2 |
| - | - | - | - | - | - | - | - | - | -8 | - | - | - |
| -12 | - | - | - | - | 1 | 28 | 6 | 2 | - | -53 | 9 | - |
| 4690 | - | - | 177 | 73 | 6 | 2444 | 657 | 11 | 6741 | 1694 | 117 | 528 |
| - | - | - | - | - | - | - | - | - | - | - | - | - |
| - | - | - | - | - | - | - | - | - | - | - | - | - |
| 4690 | - | - | 177 | 73 | 6 | 2444 | 657 | 11 | 6741 | 1694 | 117 | 528 |
| - | - | - | - | -2 | - | - | - | - | - | - | - | - |
| 4690 | - | - | 16 | 10 | - | - | - | - | - | 412 | 16 | - |
| - | - | - | - | - | - | - | - | - | - | - | - | - |
| - | - | - | - | 10 | - | - | - | - | - | - | 16 | - |
| 4690 | - | - | - | - | - | - | - | - | - | - | - | - |
| - | - | - | 16 | - | - | - | - | - | - | 412 | - | - |
| - | - | - | 161 | - | - | - | - | - | - | 57 | - | - |
| - | - | - | - | - | - | - | - | - | - | - | - | - |
| - | - | - | - | - | - | - | - | - | - | - | - | - |
| - | - | - | 161 | - | - | - | - | - | - | 57 | - | - |
| - | - | - | - | - | - | - | - | - | - | - | - | - |
| - | - | - | - | - | - | - | - | - | - | - | - | - |
| - | - | - | - | - | - | - | - | - | - | - | - | - |
| - | - | - | - | - | - | - | - | - | - | - | - | - |
| - | - | - | - | 65 | 6 | 2444 | 657 | 11 | 6741 | 1225 | 101 | 528 |
| - | - | - | - | 35 | - | - | - | 5 | 1276 | 984 | 101 | 528 |
| - | - | - | - | - | - | - | - | - | - | 76 | - | - |
| - | - | - | - | - | - | - | - | - | - | - | - | - |
| - | - | - | - | - | - | - | - | - | - | - | 101 | - |
| - | - | - | - | - | - | - | - | - | - | - | - | - |
| - | - | - | - | - | - | - | - | - | - | - | - | - |
| - | - | - | - | - | - | - | - | - | - | - | - | - |
| - | - | - | - | - | - | - | - | - | - | - | - | - |
| - | - | - | - | - | - | - | - | - | - | - | - | - |
| - | - | - | - | - | - | - | - | - | - | - | - | - |
| - | - | - | - | - | - | - | - | - | - | - | - | - |
| - | - | - | - | - | - | - | - | - | - | - | - | - |
| - | - | - | - | - | - | - | - | - | - | - | - | - |
| - | - | - | - | - | - | - | - | - | - | - | - | - |
| - | - | - | - | 35 | - | - | - | 5 | 1276 | 908 | - | - |
| - | - | - | - | - | - | - | - | - | - | - | - | - |
| - | - | - | - | - | - | - | - | - | - | - | - | 528 |
| - | - | - | - | - | 6 | 2413 | 657 | - | 461 | - | - | - |
| - | - | - | - | - | 6 | - | 657 | - | - | - | - | - |
| - | - | - | - | - | - | 2413 | - | - | 444 | - | - | - |
| - | - | - | - | - | - | - | - | - | 9 | - | - | - |
| - | - | - | - | - | - | - | - | - | 8 | - | - | - |
| - | - | - | - | 30 | - | 31 | - | 6 | 5004 | 241 | - | - |
| - | - | - | - | - | - | 25 | - | 1 | 62 | - | - | - |
| - | - | - | - | - | - | - | - | - | - | - | - | - |
| - | - | - | - | - | - | - | - | - | - | - | - | - |
| - | - | - | - | - | - | - | - | - | 4928 | 220 | - | - |

*INCLUDED IN THIS COLUMN IS NGL AND FEEDSTOCKS.

## PRODUCTION AND USES OF ENERGY SOURCES : SWITZERLAND

1976

| X / ENERGY SOURCES / PRODUCTION AND USES | UNIT: 1000 METRIC TONS / UNITE: 1000 TONNES METRIQUES | | | | | | TCAL / TCAL | MANUFACTURED GAS (TCAL) / GAZ MANUFACTURE (TCAL) | | | MILLIONS OF (DE) KWH |
|---|---|---|---|---|---|---|---|---|---|---|---|
| | HARD COAL / HOUILLE | PATENT FUEL / AGGLOMERES | COKE OVEN COKE / COKE DE FOUR | GAS COKE / COKE DE GAZ | BROWN COAL / LIGNITE | BKB / BRIQ. DE LIGNITE | NATURAL GAS / GAZ NATUREL | GAS WORKS / USINES A GAZ | COKE OVENS / COKERIES | BLAST FURNACES / HAUT FOURNEAUX | ELECTRICITY* / ELECTRICITE* |
| | 1 | 2 | 3 | 4 | 5 | 6 | 7 | 8 | 9 | 10 | 11 |
| PRODUCTION | - | - | - | - | - | - | - | 298 | - | - | 37105 |
| FROM OTHER SOURCES | - | - | - | - | - | - | - | - | - | - | - |
| IMPORT | 114 | 16 | 138 | - | - | 39 | 6031 | 13 | - | - | 7179 |
| EXPORT | - | - | -1 | - | - | - | -26 | - | - | - | -9094 |
| INTL. MARINE BUNKERS | - | - | - | - | - | - | - | - | - | - | - |
| STOCK CHANGES | -6 | - | 2 | - | - | 8 | - | - | - | - | - |
| DOMESTIC SUPPLY | 108 | 16 | 139 | - | - | 47 | 6005 | 311 | - | - | 35190 |
| RETURNS TO SUPPLY | - | - | - | - | - | - | - | - | - | - | - |
| TRANSFERS | - | - | - | - | - | - | - | - | - | - | - |
| DOMESTIC AVAILABILITY | 108 | 16 | 139 | - | - | 47 | 6005 | 311 | - | - | 35190 |
| STATISTICAL DIFFERENCE | - | - | - | - | - | - | - | - | - | - | 381 |
| TRANSFORM. SECTOR ** | - | - | - | - | - | - | 219 | - | - | - | - |
| FOR SOLID FUELS | - | - | - | - | - | - | - | - | - | - | - |
| FOR GASES | - | - | - | - | - | - | 219 | - | - | - | - |
| PETROLEUM REFINERIES | - | - | - | - | - | - | - | - | - | - | - |
| THERMO-ELECTRIC PLANTS | - | - | - | - | - | - | - | - | - | - | - |
| ENERGY SECTOR | - | - | - | - | - | - | 643 | 56 | - | - | 5402 |
| COAL MINES | - | - | - | - | - | - | - | - | - | - | - |
| OIL AND GAS EXTRACTION | - | - | - | - | - | - | - | - | - | - | - |
| PETROLEUM REFINERIES | - | - | - | - | - | - | - | - | - | - | 115 |
| ELECTRIC PLANTS | - | - | - | - | - | - | - | - | - | - | 864 |
| DISTRIBUTION LOSSES | - | - | - | - | - | - | 643 | 18 | - | - | 3079 |
| PUMP STORAGE (ELECTR.) | - | - | - | - | - | - | - | - | - | - | 1344 |
| OTHER ENERGY SECTOR | - | - | - | - | - | - | - | 38 | - | - | - |
| FINAL CONSUMPTION | 108 | 16 | 139 | - | - | 47 | 5143 | 255 | - | - | 29407 |
| INDUSTRY SECTOR | 92 | - | 61 | - | - | - | 2473 | 42 | - | - | 10453 |
| IRON AND STEEL | - | - | 24 | - | - | - | - | - | - | - | 737 |
| CHEMICAL | 21 | - | 12 | - | - | - | 1348 | - | - | - | 2223 |
| PETROCHEMICAL | - | - | - | - | - | - | - | - | - | - | - |
| NON-FERROUS METAL | - | - | - | - | - | - | 115 | - | - | - | 1656 |
| NON-METALLIC MINERAL | 23 | - | 6 | - | - | - | - | - | - | - | 62 |
| PAPER PULP AND PRINT | 32 | - | - | - | - | - | - | 9 | - | - | 1169 |
| MINING AND QUARRYING | - | - | - | - | - | - | - | - | - | - | 115 |
| FOOD AND TOBACCO | - | - | - | - | - | - | 225 | 14 | - | - | 730 |
| WOOD AND WOOD PRODUCTS | - | - | - | - | - | - | - | - | - | - | 142 |
| MACHINERY | - | - | - | - | - | - | - | - | - | - | 1530 |
| TRANSPORT EQUIPMENT | - | - | - | - | - | - | - | - | - | - | - |
| CONSTRUCTION | - | - | - | - | - | - | - | - | - | - | - |
| TEXTILES AND LEATHER | - | - | - | - | - | - | - | - | - | - | 776 |
| NON SPECIFIED | 16 | - | 19 | - | - | - | 785 | 19 | - | - | 1313 |
| NON-ENERGY USES: | | | | | | | | | | | |
| (1)ENERGY PRODUCTS | - | - | - | - | - | - | - | - | - | - | - |
| (2)NON-ENERGY PRODUCTS | - | - | - | - | - | - | - | - | - | - | - |
| TRANSPORT. SECTOR ** | - | - | - | - | - | - | - | - | - | - | 1945 |
| AIR TRANSPORT | - | - | - | - | - | - | - | - | - | - | - |
| ROAD TRANSPORT | - | - | - | - | - | - | - | - | - | - | - |
| RAILWAYS | - | - | - | - | - | - | - | - | - | - | 1945 |
| INTERNAL NAVIGATION | - | - | - | - | - | - | - | - | - | - | - |
| OTHER SECTORS ** | 16 | 16 | 78 | - | - | 47 | 2670 | 213 | - | - | 17009 |
| AGRICULTURE | - | - | - | - | - | - | - | - | - | - | 293 |
| PUBLIC SERVICES | - | - | - | - | - | - | - | - | - | - | - |
| COMMERCE | - | - | - | - | - | - | 42 | - | - | - | 8718 |
| RESIDENTIAL | 16 | 16 | 78 | - | - | 47 | 2628 | 213 | - | - | 7740 |

(1) INCLUDED IN CHEMICAL OR PETROCHEMICAL INDUSTRY
(2) INCLUDED ONLY IN TOTAL INDUSTRY

| * OF WHICH: | |
|---|---|
| HYDRO | 26888 |
| NUCLEAR | 8015 |
| CONVENTIONAL THERMAL | 2202 |
| GEOTHERMAL | 0 |

** INCLUDED IN THESE TOTALS ARE THE NON-SPECIFIED ELEMENTS

## PRODUCTION ET UTILISATION DES SOURCES D ENERGIE : SUISSE

1976

UNIT: 1000 METRIC TONS
UNITE: 1000 TONNES METRIQUES

| OIL / PETROLE: CRUDE* / BRUT* | OIL / PETROLE: NGL / GNL | OIL / PETROLE: FEEDST. | REFINERY GAS / GAZ DE PETROLE | LIQUEFIED PETROLEUM GASES / GAZ LIQUEFIES DE PETROLE | AVIATION GASOLINE / ESSENCE AVION | MOTOR GASOLINE / ESSENCE AUTO | JET FUEL / CARBURANT REACTEUR | KEROSENE / PETROLE LAMPANT | GAS/DIESEL OIL / GAZ/DIESEL OIL | RESIDUAL FUEL OIL / FUEL OIL RESIDUEL | NAPHTHA / NAPHTHA | NON-ENERGY PRODUCTS / PRODUITS NON-ENERGETIQUES |
|---|---|---|---|---|---|---|---|---|---|---|---|---|
| 12 | 13 | 14 | 15 | 16 | 17 | 18 | 19 | 20 | 21 | 22 | 23 | 24 |
| - | - | - | 171 | 62 | - | 990 | 172 | 5 | 2139 | 1101 | 43 | 180 |
| - | - | - | - | - | - | - | - | - | - | - | - | - |
| 4866 | - | - | - | 10 | 7 | 1558 | 494 | 6 | 5477 | 532 | 59 | 332 |
| - | - | - | - | -15 | - | -47 | - | - | - | -25 | - | - |
| - | - | - | - | - | - | - | - | - | - | - | - | - |
| 45 | - | - | - | -1 | -1 | -62 | - | - | -251 | 44 | -3 | -1 |
| 4911 | - | - | 171 | 56 | 6 | 2439 | 666 | 11 | 7365 | 1652 | 99 | 511 |
| - | - | - | - | - | - | - | - | - | - | - | - | - |
| - | - | - | - | - | - | - | - | - | - | - | - | - |
| 4911 | - | - | 171 | 56 | 6 | 2439 | 666 | 11 | 7365 | 1652 | 99 | 511 |
| - | - | - | - | - | - | - | -2 | - | - | - | - | - |
| 4911 | - | - | 14 | 8 | - | - | - | - | 11 | 431 | 16 | - |
| - | - | - | - | - | - | - | - | - | - | - | - | - |
| - | - | - | - | 8 | - | - | - | - | - | - | 16 | - |
| 4911 | - | - | - | - | - | - | - | - | - | - | - | - |
| - | - | - | 14 | - | - | - | - | - | 11 | 431 | - | - |
| - | - | - | 157 | - | - | - | - | - | - | 53 | - | - |
| - | - | - | - | - | - | - | - | - | - | - | - | - |
| - | - | - | - | - | - | - | - | - | - | - | - | - |
| - | - | - | 157 | - | - | - | - | - | - | 53 | - | - |
| - | - | - | - | - | - | - | - | - | - | - | - | - |
| - | - | - | - | - | - | - | - | - | - | - | - | - |
| - | - | - | - | - | - | - | - | - | - | - | - | - |
| - | - | - | - | - | - | - | - | - | - | - | - | - |
| - | - | - | - | 48 | 6 | 2439 | 668 | 11 | 7354 | 1168 | 83 | 511 |
| - | - | - | - | 23 | - | 5 | - | 5 | 1232 | 938 | 83 | 511 |
| - | - | - | - | - | - | - | - | - | - | - | - | - |
| - | - | - | - | - | - | - | - | - | - | - | - | - |
| - | - | - | - | - | - | - | - | - | - | - | 83 | - |
| - | - | - | - | - | - | - | - | - | - | - | - | - |
| - | - | - | - | - | - | - | - | - | - | - | - | - |
| - | - | - | - | - | - | - | - | - | - | - | - | - |
| - | - | - | - | - | - | - | - | - | - | - | - | - |
| - | - | - | - | - | - | - | - | - | - | - | - | - |
| - | - | - | - | - | - | - | - | - | - | - | - | - |
| - | - | - | - | - | - | - | - | - | - | - | - | - |
| - | - | - | - | - | - | - | - | - | - | - | - | - |
| - | - | - | - | - | - | - | - | - | - | - | - | - |
| - | - | - | - | - | - | - | - | - | - | - | - | - |
| - | - | - | - | 23 | - | 5 | - | 5 | 1232 | 938 | - | - |
| - | - | - | - | - | - | - | - | - | - | - | - | - |
| - | - | - | - | - | - | - | - | - | - | - | - | 511 |
| - | - | - | - | - | 6 | 2409 | 668 | - | 458 | - | - | - |
| - | - | - | - | - | 6 | - | 668 | - | - | - | - | - |
| - | - | - | - | - | - | 2409 | - | - | 441 | - | - | - |
| - | - | - | - | - | - | - | - | - | 9 | - | - | - |
| - | - | - | - | - | - | - | - | - | 8 | - | - | - |
| - | - | - | - | 25 | - | 25 | - | 6 | 5664 | 230 | - | - |
| - | - | - | - | - | - | 25 | - | 1 | 64 | - | - | - |
| - | - | - | - | - | - | - | - | - | - | - | - | - |
| - | - | - | - | - | - | - | - | - | - | - | - | - |
| - | - | - | - | - | - | - | - | - | 5513 | 210 | - | - |

*INCLUDED IN THIS COLUMN IS NGL AND FEEDSTOCKS.

## PRODUCTION AND USES OF ENERGY SOURCES : SWITZERLAND

1977

| ENERGY SOURCES / PRODUCTION AND USES | UNIT: 1000 METRIC TONS / UNITE: 1000 TONNES METRIQUES | | | | | | TCAL / TCAL | MANUFACTURED GAS (TCAL) / GAZ MANUFACTURE (TCAL) | | | MILLIONS OF (DE) KWH |
|---|---|---|---|---|---|---|---|---|---|---|---|
| | HARD COAL / HOUILLE | PATENT FUEL / AGGLOMERES | COKE OVEN COKE / COKE DE FOUR | GAS COKE / COKE DE GAZ | BROWN COAL / LIGNITE | BKB / BRIQ. DE LIGNITE | NATURAL GAS / GAZ NATUREL | GAS WORKS / USINES A GAZ | COKE OVENS / COKERIES | BLAST FURNACES / HAUT FOURNEAUX | ELECTRICITY* / ELECTRICITE* |
| | 1 | 2 | 3 | 4 | 5 | 6 | 7 | 8 | 9 | 10 | 11 |
| PRODUCTION | - | - | - | - | - | - | - | 188 | - | - | 46784 |
| FROM OTHER SOURCES | - | - | - | - | - | - | - | - | - | - | - |
| IMPORT | 143 | 14 | 119 | - | - | 39 | 6905 | 14 | - | - | 5046 |
| EXPORT | - | - | - | - | - | - | -48 | - | - | - | -15231 |
| INTL. MARINE BUNKERS | - | - | - | - | - | - | - | - | - | - | - |
| STOCK CHANGES | -5 | - | 27 | - | - | 1 | - | - | - | - | - |
| DOMESTIC SUPPLY | 138 | 14 | 146 | - | - | 40 | 6857 | 202 | - | - | 36599 |
| RETURNS TO SUPPLY | - | - | - | - | - | - | - | - | - | - | - |
| TRANSFERS | - | - | - | - | - | - | - | - | - | - | - |
| DOMESTIC AVAILABILITY | 138 | 14 | 146 | - | - | 40 | 6857 | 202 | - | - | 36599 |
| STATISTICAL DIFFERENCE | - | - | - | - | - | - | - | - | - | - | 389 |
| TRANSFORM. SECTOR ** | 6 | - | - | - | - | - | 54 | - | - | - | - |
| FOR SOLID FUELS | - | - | - | - | - | - | - | - | - | - | - |
| FOR GASES | - | - | - | - | - | - | 54 | - | - | - | - |
| PETROLEUM REFINERIES | - | - | - | - | - | - | - | - | - | - | - |
| THERMO-ELECTRIC PLANTS | 6 | - | - | - | - | - | - | - | - | - | - |
| ENERGY SECTOR | - | - | - | - | - | - | 578 | 55 | - | - | 5426 |
| COAL MINES | - | - | - | - | - | - | - | - | - | - | - |
| OIL AND GAS EXTRACTION | - | - | - | - | - | - | - | - | - | - | - |
| PETROLEUM REFINERIES | - | - | - | - | - | - | - | - | - | - | 116 |
| ELECTRIC PLANTS | - | - | - | - | - | - | - | - | - | - | 881 |
| DISTRIBUTION LOSSES | - | - | - | - | - | - | 578 | 22 | - | - | 3152 |
| PUMP STORAGE (ELECTR.) | - | - | - | - | - | - | - | - | - | - | 1277 |
| OTHER ENERGY SECTOR | - | - | - | - | - | - | - | 33 | - | - | - |
| FINAL CONSUMPTION | 132 | 14 | 146 | - | - | 40 | 6225 | 147 | - | - | 30784 |
| INDUSTRY SECTOR | 111 | - | 60 | - | - | - | 3363 | 24 | - | - | 10850 |
| IRON AND STEEL | - | - | 30 | - | - | - | - | - | - | - | 687 |
| CHEMICAL | 16 | - | 10 | - | - | - | 2398 | - | - | - | 2359 |
| PETROCHEMICAL | - | - | - | - | - | - | - | - | - | - | - |
| NON-FERROUS METAL | - | - | - | - | - | - | 231 | - | - | - | 1740 |
| NON-METALLIC MINERAL | 48 | - | 6 | - | - | - | - | - | - | - | 74 |
| PAPER PULP AND PRINT | 23 | - | - | - | - | - | - | 3 | - | - | 1249 |
| MINING AND QUARRYING | - | - | - | - | - | - | - | - | - | - | 116 |
| FOOD AND TOBACCO | - | - | - | - | - | - | 232 | 17 | - | - | 762 |
| WOOD AND WOOD PRODUCTS | - | - | - | - | - | - | - | - | - | - | 153 |
| MACHINERY | - | - | 11 | - | - | - | - | - | - | - | 1613 |
| TRANSPORT EQUIPMENT | - | - | - | - | - | - | - | - | - | - | - |
| CONSTRUCTION | - | - | - | - | - | - | - | - | - | - | - |
| TEXTILES AND LEATHER | - | - | - | - | - | - | - | - | - | - | 802 |
| NON SPECIFIED | 24 | - | 3 | - | - | - | 502 | 4 | - | - | 1295 |
| NON-ENERGY USES: | | | | | | | | | | | |
| (1)ENERGY PRODUCTS | - | - | - | - | - | - | - | - | - | - | - |
| (2)NON-ENERGY PRODUCTS | - | - | - | - | - | - | - | - | - | - | - |
| TRANSPORT. SECTOR ** | - | - | - | - | - | - | - | - | - | - | 1999 |
| AIR TRANSPORT | - | - | - | - | - | - | - | - | - | - | - |
| ROAD TRANSPORT | - | - | - | - | - | - | - | - | - | - | - |
| RAILWAYS | - | - | - | - | - | - | - | - | - | - | 1999 |
| INTERNAL NAVIGATION | - | - | - | - | - | - | - | - | - | - | - |
| OTHER SECTORS ** | 21 | 14 | 86 | - | - | 40 | 2862 | 123 | - | - | 17935 |
| AGRICULTURE | - | - | - | - | - | - | 102 | - | - | - | 317 |
| PUBLIC SERVICES | - | - | - | - | - | - | - | - | - | - | - |
| COMMERCE | - | - | - | - | - | - | 656 | - | - | - | 9226 |
| RESIDENTIAL | 21 | 14 | 86 | - | - | 40 | 2104 | 123 | - | - | 8189 |

(1) INCLUDED IN CHEMICAL OR PETROCHEMICAL INDUSTRY
(2) INCLUDED ONLY IN TOTAL INDUSTRY

** INCLUDED IN THESE TOTALS ARE THE NON-SPECIFIED ELEMENTS

| * OF WHICH: | |
|---|---|
| HYDRO | 36653 |
| NUCLEAR | 8114 |
| CONVENTIONAL THERMAL | 2017 |
| GEOTHERMAL | 0 |

PRODUCTION ET UTILISATION DES SOURCES D ENERGIE : SUISSE

1977

UNIT: 1000 METRIC TONS
UNITE: 1000 TONNES METRIQUES

| OIL / PETROLE | | | REFINERY GAS | LIQUEFIED PETROLEUM GASES | AVIATION GASOLINE | MOTOR GASOLINE | JET FUEL | KEROSENE | GAS/DIESEL OIL | RESIDUAL FUEL OIL | NAPHTHA | NON-ENERGY PRODUCTS |
|---|---|---|---|---|---|---|---|---|---|---|---|---|
| CRUDE* BRUT* | NGL GNL | FEEDST. | GAZ DE PETROLE | GAZ LIQUEFIES DE PETROLE | ESSENCE AVION | ESSENCE AUTO | CARBURANT REACTEUR | PETROLE LAMPANT | GAZ/DIESEL OIL | FUEL OIL RESIDUEL | NAPHTHA | PRODUITS NON-ENERGETIQUES |
| 12 | 13 | 14 | 15 | 16 | 17 | 18 | 19 | 20 | 21 | 22 | 23 | 24 |
| - | - | - | 160 | 85 | - | 955 | 187 | 4 | 1923 | 1048 | 22 | 168 |
| - | - | - | - | - | - | - | - | - | - | - | - | - |
| 4594 | - | - | - | 12 | 7 | 1811 | 581 | 6 | 5553 | 728 | 71 | 324 |
| - | - | - | - | -27 | - | -44 | - | - | -5 | -32 | - | -1 |
| - | - | - | - | - | - | - | - | - | - | - | - | - |
| -1 | - | - | - | - | - | -140 | -10 | - | -322 | -5 | 7 | 13 |
| 4593 | - | - | 160 | 70 | 7 | 2582 | 758 | 10 | 7149 | 1739 | 100 | 504 |
| - | - | - | - | - | - | - | - | - | - | - | - | - |
| - | - | - | - | - | - | - | - | - | - | - | - | - |
| 4593 | - | - | 160 | 70 | 7 | 2582 | 758 | 10 | 7149 | 1739 | 100 | 504 |
| - | - | - | - | - | - | - | - | - | - | - | - | - |
| 4593 | - | - | 8 | 8 | - | - | - | - | 13 | 393 | 15 | - |
| - | - | - | - | - | - | - | - | - | - | - | - | - |
| - | - | - | - | 8 | - | - | - | - | - | - | 15 | - |
| 4593 | - | - | - | - | - | - | - | - | - | - | - | - |
| - | - | - | 8 | - | - | - | - | - | 13 | 393 | - | - |
| - | - | - | 152 | - | - | - | - | - | - | 47 | - | - |
| - | - | - | - | - | - | - | - | - | - | - | - | - |
| - | - | - | - | - | - | - | - | - | - | - | - | - |
| - | - | - | 152 | - | - | - | - | - | - | 47 | - | - |
| - | - | - | - | - | - | - | - | - | - | - | - | - |
| - | - | - | - | - | - | - | - | - | - | - | - | - |
| - | - | - | - | - | - | - | - | - | - | - | - | - |
| - | - | - | - | - | - | - | - | - | - | - | - | - |
| - | - | - | - | 62 | 7 | 2582 | 758 | 10 | 7136 | 1299 | 85 | 504 |
| - | - | - | - | 30 | - | 9 | - | 4 | 1170 | 1059 | 85 | 504 |
| - | - | - | - | - | - | - | - | - | - | - | - | - |
| - | - | - | - | - | - | - | - | - | - | - | - | - |
| - | - | - | - | - | - | - | - | - | - | - | 85 | - |
| - | - | - | - | - | - | - | - | - | - | - | - | - |
| - | - | - | - | - | - | - | - | - | - | - | - | - |
| - | - | - | - | - | - | - | - | - | - | - | - | - |
| - | - | - | - | - | - | - | - | - | - | - | - | - |
| - | - | - | - | - | - | - | - | - | - | - | - | - |
| - | - | - | - | - | - | - | - | - | - | - | - | - |
| - | - | - | - | - | - | - | - | - | - | - | - | - |
| - | - | - | - | - | - | - | - | - | - | - | - | - |
| - | - | - | - | - | - | - | - | - | - | - | - | - |
| - | - | - | - | - | - | - | - | - | - | - | - | - |
| - | - | - | - | 30 | - | 9 | - | 4 | 1170 | 1059 | - | - |
| - | - | - | - | - | - | - | - | - | - | - | - | - |
| - | - | - | - | - | - | - | - | - | - | - | - | 504 |
| - | - | - | - | - | 7 | 2548 | 758 | - | 476 | - | - | - |
| - | - | - | - | - | 7 | - | 758 | - | - | - | - | - |
| - | - | - | - | - | - | 2548 | - | - | 458 | - | - | - |
| - | - | - | - | - | - | - | - | - | 10 | - | - | - |
| - | - | - | - | - | - | - | - | - | 8 | - | - | - |
| - | - | - | - | 32 | - | 25 | - | 6 | 5490 | 240 | - | - |
| - | - | - | - | - | - | 25 | - | 1 | 64 | - | - | - |
| - | - | - | - | - | - | - | - | - | - | - | - | - |
| - | - | - | - | - | - | - | - | - | - | - | - | - |
| - | - | - | - | - | - | - | - | - | 5337 | 220 | - | - |

*INCLUDED IN THIS COLUMN IS NGL AND FEEDSTOCKS.

## PRODUCTION AND USES OF ENERGY SOURCES : SWITZERLAND

1978

| ENERGY SOURCES / PRODUCTION AND USES | UNIT: 1000 METRIC TONS / UNITE: 1000 TONNES METRIQUES | | | | | | TCAL / TCAL | MANUFACTURED GAS (TCAL) / GAZ MANUFACTURE (TCAL) | | | MILLIONS OF (DE) KWH |
|---|---|---|---|---|---|---|---|---|---|---|---|
| | HARD COAL / HOUILLE | PATENT FUEL / AGGLOMERES | COKE OVEN COKE / COKE DE FOUR | GAS COKE / COKE DE GAZ | BROWN COAL / LIGNITE | BKB / BRIQ. DE LIGNITE | NATURAL GAS / GAZ NATUREL | GAS WORKS / USINES A GAZ | COKE OVENS / COKERIES | BLAST FURNACES / HAUT FOURNEAUX | ELECTRICITY* / ELECTRICITE* |
| | 1 | 2 | 3 | 4 | 5 | 6 | 7 | 8 | 9 | 10 | 11 |
| PRODUCTION | - | - | - | - | - | - | - | 153 | - | - | 43204 |
| FROM OTHER SOURCES | - | - | - | - | - | - | - | - | - | - | - |
| IMPORT | 141 | 11 | 121 | - | - | 38 | 7622 | 14 | - | - | 7653 |
| EXPORT | - | - | - | - | - | - | -99 | - | - | - | -13047 |
| INTL. MARINE BUNKERS | - | - | - | - | - | - | - | - | - | - | - |
| STOCK CHANGES | 8 | 2 | 5 | - | - | 2 | - | - | - | - | - |
| DOMESTIC SUPPLY | 149 | 13 | 126 | - | - | 40 | 7523 | 167 | - | - | 37810 |
| RETURNS TO SUPPLY | - | - | - | - | - | - | - | - | - | - | - |
| TRANSFERS | - | - | - | - | - | - | - | - | - | - | - |
| DOMESTIC AVAILABILITY | 149 | 13 | 126 | - | - | 40 | 7523 | 167 | - | - | 37810 |
| STATISTICAL DIFFERENCE | - | - | - | - | - | - | - | - | - | - | - |
| TRANSFORM. SECTOR ** | 8 | - | - | - | - | - | 347 | - | - | - | - |
| FOR SOLID FUELS | - | - | - | - | - | - | - | - | - | - | - |
| FOR GASES | - | - | - | - | - | - | - | - | - | - | - |
| PETROLEUM REFINERIES | - | - | - | - | - | - | - | - | - | - | - |
| THERMO-ELECTRIC PLANTS | 8 | - | - | - | - | - | 197 | - | - | - | - |
| ENERGY SECTOR | - | - | - | - | - | - | 648 | 37 | - | - | 5464 |
| COAL MINES | - | - | - | - | - | - | - | - | - | - | - |
| OIL AND GAS EXTRACTION | - | - | - | - | - | - | - | - | - | - | - |
| PETROLEUM REFINERIES | - | - | - | - | - | - | - | - | - | - | 118 |
| ELECTRIC PLANTS | - | - | - | - | - | - | - | - | - | - | 854 |
| DISTRIBUTION LOSSES | - | - | - | - | - | - | 648 | 12 | - | - | 3131 |
| PUMP STORAGE (ELECTR.) | - | - | - | - | - | - | - | - | - | - | 1361 |
| OTHER ENERGY SECTOR | - | - | - | - | - | - | - | 25 | - | - | - |
| FINAL CONSUMPTION | 141 | 13 | 126 | - | - | 40 | 6528 | 130 | - | - | 32346 |
| INDUSTRY SECTOR | 111 | - | 65 | - | - | - | 3305 | 20 | - | - | 11004 |
| IRON AND STEEL | - | - | 21 | - | - | - | - | - | - | - | 781 |
| CHEMICAL | 14 | - | 14 | - | - | - | 1687 | - | - | - | 2280 |
| PETROCHEMICAL | - | - | - | - | - | - | - | - | - | - | - |
| NON-FERROUS METAL | 3 | - | - | - | - | - | 440 | - | - | - | 1763 |
| NON-METALLIC MINERAL | 63 | - | 6 | - | - | - | - | - | - | - | 81 |
| PAPER PULP AND PRINT | 17 | - | - | - | - | - | - | 3 | - | - | 1366 |
| MINING AND QUARRYING | - | - | - | - | - | - | - | - | - | - | 119 |
| FOOD AND TOBACCO | 4 | - | - | - | - | - | 330 | 15 | - | - | 770 |
| WOOD AND WOOD PRODUCTS | - | - | - | - | - | - | - | - | - | - | 153 |
| MACHINERY | 10 | - | 13 | - | - | - | - | - | - | - | 1566 |
| TRANSPORT EQUIPMENT | - | - | - | - | - | - | - | - | - | - | - |
| CONSTRUCTION | - | - | - | - | - | - | - | - | - | - | - |
| TEXTILES AND LEATHER | - | - | - | - | - | - | - | - | - | - | 807 |
| NON SPECIFIED | - | - | 11 | - | - | - | 848 | 2 | - | - | 1318 |
| NON-ENERGY USES: | | | | | | | | | | | |
| (1)ENERGY PRODUCTS | - | - | - | - | - | - | - | - | - | - | - |
| (2)NON-ENERGY PRODUCTS | - | - | - | - | - | - | - | - | - | - | - |
| TRANSPORT. SECTOR ** | - | - | - | - | - | - | - | - | - | - | 2034 |
| AIR TRANSPORT | - | - | - | - | - | - | - | - | - | - | - |
| ROAD TRANSPORT | - | - | - | - | - | - | - | - | - | - | - |
| RAILWAYS | - | - | - | - | - | - | - | - | - | - | 2034 |
| INTERNAL NAVIGATION | - | - | - | - | - | - | - | - | - | - | - |
| OTHER SECTORS ** | 30 | 13 | 61 | - | - | 40 | 3223 | 110 | - | - | 19308 |
| AGRICULTURE | - | - | - | - | - | - | 110 | - | - | - | 372 |
| PUBLIC SERVICES | - | - | - | - | - | - | - | - | - | - | - |
| COMMERCE | - | - | - | - | - | - | 969 | - | - | - | 9852 |
| RESIDENTIAL | 30 | 13 | 61 | - | - | 40 | 2144 | 110 | - | - | 8675 |

(1) INCLUDED IN CHEMICAL OR PETROCHEMICAL INDUSTRY
(2) INCLUDED ONLY IN TOTAL INDUSTRY

| * OF WHICH: HYDRO | 32835 |
|---|---|
| NUCLEAR | 8395 |
| CONVENTIONAL THERMAL | 1974 |
| GEOTHERMAL | 0 |

** INCLUDED IN THESE TOTALS ARE THE NON-SPECIFIED ELEMENTS

UNIT: 1000 METRIC TONS
UNITE: 1000 TONNES METRIQUES

| OIL PETROLE | | | REFINERY GAS | LIQUEFIED PETROLEUM GASES | AVIATION GASOLINE | MOTOR GASOLINE | JET FUEL | KEROSENE | GAS/DIESEL OIL | RESIDUAL FUEL OIL | NAPHTHA | NON-ENERGY PRODUCTS |
|---|---|---|---|---|---|---|---|---|---|---|---|---|
| CRUDE* BRUT* | NGL GNL | FEEDST. | GAZ DE PETROLE | GAZ LIQUEFIES DE PETROLE | ESSENCE AVION | ESSENCE AUTO | CARBURANT REACTEUR | PETROLE LAMPANT | GAZ/DIESEL OIL | FUEL OIL RESIDUEL | NAPHTHA | PRODUITS NON-ENERGETIQUES |
| 12 | 13 | 14 | 15 | 16 | 17 | 18 | 19 | 20 | 21 | 22 | 23 | 24 |
| - | - | - | 158 | 86 | - | 886 | 202 | 5 | 1815 | 921 | 22 | 141 |
| - | - | - | - | - | - | - | - | - | - | - | - | - |
| 4246 | - | - | - | 15 | 8 | 1759 | 535 | 5 | 5798 | 915 | 66 | 370 |
| - | - | - | - | -22 | - | -6 | - | - | -1 | -21 | - | -1 |
| - | - | - | - | - | - | - | - | - | - | - | - | - |
| 31 | - | - | - | - | - | -31 | 20 | - | -38 | -178 | 6 | 2 |
| 4277 | - | - | 158 | 79 | 8 | 2608 | 757 | 10 | 7574 | 1637 | 94 | 512 |
| - | - | - | - | - | - | - | - | - | - | - | - | - |
| - | - | - | - | - | - | - | - | - | - | - | - | - |
| 4277 | - | - | 158 | 79 | 8 | 2608 | 757 | 10 | 7574 | 1637 | 94 | 512 |
| - | - | - | - | - | - | - | - | - | - | - | - | - |
| 4277 | - | - | 7 | 10 | - | - | - | - | 20 | 316 | 13 | - |
| - | - | - | - | - | - | - | - | - | - | - | - | - |
| - | - | - | - | 10 | - | - | - | - | - | - | 13 | - |
| 4277 | - | - | - | - | - | - | - | - | - | - | - | - |
| - | - | - | 7 | - | - | - | - | - | 20 | 316 | - | - |
| - | - | - | 151 | - | - | - | - | - | - | 35 | - | - |
| - | - | - | - | - | - | - | - | - | - | - | - | - |
| - | - | - | 151 | - | - | - | - | - | - | 35 | - | - |
| - | - | - | - | - | - | - | - | - | - | - | - | - |
| - | - | - | - | - | - | - | - | - | - | - | - | - |
| - | - | - | - | - | - | - | - | - | - | - | - | - |
| - | - | - | - | 69 | 8 | 2608 | 757 | 10 | 7554 | 1286 | 81 | 512 |
| - | - | - | - | 36 | - | 10 | - | 5 | 1250 | 1046 | 81 | 512 |
| - | - | - | - | - | - | - | - | - | - | - | - | - |
| - | - | - | - | - | - | - | - | - | - | - | - | - |
| - | - | - | - | - | - | - | - | - | - | - | 81 | - |
| - | - | - | - | - | - | - | - | - | - | - | - | - |
| - | - | - | - | - | - | - | - | - | - | - | - | - |
| - | - | - | - | - | - | - | - | - | - | - | - | - |
| - | - | - | - | - | - | - | - | - | - | - | - | - |
| - | - | - | - | - | - | - | - | - | - | - | - | - |
| - | - | - | - | - | - | - | - | - | - | - | - | - |
| - | - | - | - | - | - | - | - | - | - | - | - | - |
| - | - | - | - | - | - | - | - | - | - | - | - | - |
| - | - | - | - | - | - | - | - | - | - | - | - | - |
| - | - | - | - | - | - | - | - | - | - | - | - | - |
| - | - | - | - | 36 | - | 10 | - | 5 | 1250 | 1046 | - | - |
| - | - | - | - | - | - | - | - | - | - | - | - | - |
| - | - | - | - | - | - | - | - | - | - | - | - | 512 |
| - | - | - | - | - | 8 | 2573 | 757 | - | 511 | - | - | - |
| - | - | - | - | - | 8 | - | 757 | - | - | - | - | - |
| - | - | - | - | - | - | 2573 | - | - | 493 | - | - | - |
| - | - | - | - | - | - | - | - | - | 10 | - | - | - |
| - | - | - | - | - | - | - | - | - | 8 | - | - | - |
| - | - | - | - | 33 | - | 25 | - | 5 | 5793 | 240 | - | - |
| - | - | - | - | - | - | 25 | - | - | 65 | - | - | - |
| - | - | - | - | - | - | - | - | - | - | - | - | - |
| - | - | - | - | - | - | - | - | - | - | - | - | - |
| - | - | - | - | - | - | - | - | - | 5641 | 240 | - | - |

*INCLUDED IN THIS COLUMN IS NGL AND FEEDSTOCKS.

# PRODUCTION AND USES OF ENERGY SOURCES : SWITZERLAND

1979

| PRODUCTION AND USES / ENERGY SOURCES | HARD COAL / HOUILLE | PATENT FUEL / AGGLOMERES | COKE OVEN COKE / COKE DE FOUR | GAS COKE / COKE DE GAZ | BROWN COAL / LIGNITE | BKB / BRIQ. DE LIGNITE | NATURAL GAS / GAZ NATUREL | GAS WORKS / USINES A GAZ | COKE OVENS / COKERIES | BLAST FURNACES / HAUT FOURNEAUX | ELECTRICITY* / ELECTRICITE* |
|---|---|---|---|---|---|---|---|---|---|---|---|
| | UNIT: 1000 METRIC TONS / UNITE: 1000 TONNES METRIQUES | | | | | | TCAL / TCAL | MANUFACTURED GAS (TCAL) / GAZ MANUFACTURE (TCAL) | | | MILLIONS OF (DE) KWH |
| | 1 | 2 | 3 | 4 | 5 | 6 | 7 | 8 | 9 | 10 | 11 |
| PRODUCTION | - | - | - | - | - | - | - | 199 | - | - | 46574 |
| FROM OTHER SOURCES | - | - | - | - | - | - | - | - | - | - | - |
| IMPORT | 317 | 18 | 138 | - | - | 44 | 8594 | - | - | - | 8868 |
| EXPORT | -5 | - | -1 | - | - | - | -155 | - | - | - | -15915 |
| INTL. MARINE BUNKERS | - | - | - | - | - | - | - | - | - | - | - |
| STOCK CHANGES | -169 | -2 | 1 | - | - | - | - | - | - | - | - |
| DOMESTIC SUPPLY | 143 | 16 | 138 | - | - | 44 | 8439 | 199 | - | - | 39527 |
| RETURNS TO SUPPLY | - | - | - | - | - | - | - | - | - | - | - |
| TRANSFERS | - | - | - | - | - | - | - | - | - | - | - |
| DOMESTIC AVAILABILITY | 143 | 16 | 138 | - | - | 44 | 8439 | 199 | - | - | 39527 |
| STATISTICAL DIFFERENCE | - | - | - | - | - | - | - | - | - | - | - |
| TRANSFORM. SECTOR ** | 8 | - | - | - | - | - | 639 | - | - | - | - |
| FOR SOLID FUELS | - | - | - | - | - | - | - | - | - | - | - |
| FOR GASES | - | - | - | - | - | - | - | - | - | - | - |
| PETROLEUM REFINERIES | - | - | - | - | - | - | - | - | - | - | - |
| THERMO-ELECTRIC PLANTS | 8 | - | - | - | - | - | 389 | - | - | - | - |
| ENERGY SECTOR | - | - | - | - | - | - | 732 | 46 | - | - | 5883 |
| COAL MINES | - | - | - | - | - | - | - | - | - | - | - |
| OIL AND GAS EXTRACTION | - | - | - | - | - | - | - | - | - | - | - |
| PETROLEUM REFINERIES | - | - | - | - | - | - | - | - | - | - | 122 |
| ELECTRIC PLANTS | - | - | - | - | - | - | - | - | - | - | 1023 |
| DISTRIBUTION LOSSES | - | - | - | - | - | - | 732 | 16 | - | - | 3152 |
| PUMP STORAGE (ELECTR.) | - | - | - | - | - | - | - | - | - | - | 1586 |
| OTHER ENERGY SECTOR | - | - | - | - | - | - | - | 30 | - | - | - |
| FINAL CONSUMPTION | 135 | 16 | 138 | - | - | 44 | 7068 | 153 | - | - | 33644 |
| INDUSTRY SECTOR | 130 | - | 60 | - | - | - | 3918 | 25 | - | - | 11417 |
| IRON AND STEEL | - | - | 19 | - | - | - | - | - | - | - | 840 |
| CHEMICAL | 16 | - | 9 | - | - | - | 1900 | - | - | - | 2416 |
| PETROCHEMICAL | - | - | - | - | - | - | - | - | - | - | - |
| NON-FERROUS METAL | 5 | - | - | - | - | - | 139 | - | - | - | 1710 |
| NON-METALLIC MINERAL | 71 | - | 8 | - | - | - | 157 | - | - | - | 86 |
| PAPER PULP AND PRINT | 23 | - | - | - | - | - | 405 | - | - | - | 1407 |
| MINING AND QUARRYING | - | - | - | - | - | - | - | - | - | - | 124 |
| FOOD AND TOBACCO | 3 | - | - | - | - | - | 308 | - | - | - | 797 |
| WOOD AND WOOD PRODUCTS | - | - | - | - | - | - | - | - | - | - | 162 |
| MACHINERY | 10 | - | 17 | - | - | - | 237 | - | - | - | 1699 |
| TRANSPORT EQUIPMENT | - | - | - | - | - | - | - | - | - | - | - |
| CONSTRUCTION | - | - | - | - | - | - | - | - | - | - | - |
| TEXTILES AND LEATHER | - | - | - | - | - | - | - | - | - | - | 812 |
| NON SPECIFIED | 2 | - | 7 | - | - | - | 772 | 25 | - | - | 1364 |
| NON-ENERGY USES: | | | | | | | | | | | |
| (1)ENERGY PRODUCTS | - | - | - | - | - | - | - | - | - | - | - |
| (2)NON-ENERGY PRODUCTS | - | - | - | - | - | - | - | - | - | - | - |
| TRANSPORT. SECTOR ** | - | - | - | - | - | - | - | - | - | - | 2062 |
| AIR TRANSPORT | - | - | - | - | - | - | - | - | - | - | - |
| ROAD TRANSPORT | - | - | - | - | - | - | - | - | - | - | - |
| RAILWAYS | - | - | - | - | - | - | - | - | - | - | 2062 |
| INTERNAL NAVIGATION | - | - | - | - | - | - | - | - | - | - | - |
| OTHER SECTORS ** | 5 | 16 | 78 | - | - | 44 | 3150 | 128 | - | - | 20165 |
| AGRICULTURE | - | - | - | - | - | - | 115 | - | - | - | 337 |
| PUBLIC SERVICES | - | - | - | - | - | - | - | - | - | - | - |
| COMMERCE | - | - | - | - | - | - | 956 | - | - | - | 9886 |
| RESIDENTIAL | 5 | 16 | 78 | - | - | 44 | 2079 | 128 | - | - | 9526 |

(1) INCLUDED IN CHEMICAL OR PETROCHEMICAL INDUSTRY
(2) INCLUDED ONLY IN TOTAL INDUSTRY

** INCLUDED IN THESE TOTALS ARE THE NON-SPECIFIED ELEMENTS

| * OF WHICH: HYDRO | 32669 |
|---|---|
| NUCLEAR | 11805 |
| CONVENTIONAL THERMAL | 2100 |
| GEOTHERMAL | 0 |

## PRODUCTION ET UTILISATION DES SOURCES D ENERGIE : SUISSE

1979

UNIT: 1000 METRIC TONS
UNITE: 1000 TONNES METRIQUES

| OIL / PETROLE: CRUDE / BRUT 12 | OIL / PETROLE: NGL / GNL 13 | OIL / PETROLE: FEEDST. 14 | REFINERY GAS / GAZ DE PETROLE 15 | LIQUEFIED PETROLEUM GASES / GAZ LIQUEFIES DE PETROLE 16 | AVIATION GASOLINE / ESSENCE AVION 17 | MOTOR GASOLINE / ESSENCE AUTO 18 | JET FUEL / CARBURANT REACTEUR 19 | KEROSENE / PETROLE LAMPANT 20 | GAS/DIESEL OIL / GAZ/DIESEL OIL 21 | RESIDUAL FUEL OIL / FUEL OIL RESIDUEL 22 | NAPHTHA / NAPHTHA 23 | NON-ENERGY PRODUCTS / PRODUITS NON-ENERGETIQUES 24 |
|---|---|---|---|---|---|---|---|---|---|---|---|---|
| - | - | - | 170 | 92 | - | 986 | 208 | 5 | 1970 | 958 | 25 | 159 |
| - | - | - | - | - | - | - | - | - | - | - | - | - |
| 4203 | - | 430 | - | 10 | 8 | 1645 | 559 | 6 | 5446 | 579 | 72 | 422 |
| - | - | - | - | -16 | - | -4 | - | - | - | -16 | - | -1 |
| - | - | - | - | - | - | - | - | - | - | - | - | - |
| -2 | - | -11 | - | - | - | -33 | -19 | - | -337 | - | -4 | -7 |
| 4201 | - | 419 | 170 | 86 | 8 | 2594 | 748 | 11 | 7079 | 1521 | 93 | 573 |
| - | - | - | - | - | - | - | - | - | - | - | - | - |
| - | - | - | - | - | - | - | - | - | - | - | - | - |
| 4201 | - | 419 | 170 | 86 | 8 | 2594 | 748 | 11 | 7079 | 1521 | 93 | 573 |
| - | - | - | - | - | - | - | - | - | - | - | - | - |
| 4201 | - | 419 | 14 | 10 | - | - | - | - | 15 | 298 | 12 | - |
| - | - | - | - | - | - | - | - | - | - | - | - | - |
| - | - | - | - | 10 | - | - | - | - | - | - | 12 | - |
| 4201 | - | 419 | - | - | - | - | - | - | - | - | - | - |
| - | - | - | 14 | - | - | - | - | - | 15 | 298 | - | - |
| - | - | - | 156 | - | - | - | - | - | - | 36 | 1 | - |
| - | - | - | - | - | - | - | - | - | - | - | - | - |
| - | - | - | - | - | - | - | - | - | - | - | - | - |
| - | - | - | 156 | - | - | - | - | - | - | 36 | 1 | - |
| - | - | - | - | - | - | - | - | - | - | - | - | - |
| - | - | - | - | - | - | - | - | - | - | - | - | - |
| - | - | - | - | - | - | - | - | - | - | - | - | - |
| - | - | - | - | - | - | - | - | - | - | - | - | - |
| - | - | - | - | 76 | 8 | 2594 | 748 | 11 | 7064 | 1187 | 80 | 573 |
| - | - | - | - | 42 | - | 9 | - | 6 | 1075 | 998 | 80 | 573 |
| - | - | - | - | - | - | - | - | - | - | - | - | - |
| - | - | - | - | - | - | - | - | - | - | - | - | - |
| - | - | - | - | - | - | - | - | - | - | - | 80 | - |
| - | - | - | - | - | - | - | - | - | - | - | - | - |
| - | - | - | - | - | - | - | - | - | - | - | - | - |
| - | - | - | - | - | - | - | - | - | - | - | - | - |
| - | - | - | - | - | - | - | - | - | - | - | - | - |
| - | - | - | - | - | - | - | - | - | - | - | - | - |
| - | - | - | - | - | - | - | - | - | - | - | - | - |
| - | - | - | - | - | - | - | - | - | - | - | - | - |
| - | - | - | - | - | - | - | - | - | - | - | - | - |
| - | - | - | - | - | - | - | - | - | - | - | - | - |
| - | - | - | - | - | - | - | - | - | - | - | - | - |
| - | - | - | - | 42 | - | 9 | - | 6 | 1075 | 998 | - | - |
| - | - | - | - | - | - | - | - | - | - | - | - | - |
| - | - | - | - | - | - | - | - | - | - | - | - | 573 |
| - | - | - | - | - | 8 | 2560 | 748 | - | 521 | - | - | - |
| - | - | - | - | - | 8 | - | 748 | - | - | - | - | - |
| - | - | - | - | - | - | 2560 | - | - | 504 | - | - | - |
| - | - | - | - | - | - | - | - | - | 10 | - | - | - |
| - | - | - | - | - | - | - | - | - | 7 | - | - | - |
| - | - | - | - | 34 | - | 25 | - | 5 | 5468 | 189 | - | - |
| - | - | - | - | - | - | 25 | - | - | 66 | - | - | - |
| - | - | - | - | - | - | - | - | - | - | - | - | - |
| - | - | - | - | - | - | - | - | - | - | - | - | - |
| - | - | - | - | - | - | - | - | - | 5315 | 189 | - | - |

# PRODUCTION AND USES OF ENERGY SOURCES : SWITZERLAND

1980

| ENERGY SOURCES / PRODUCTION AND USES | UNIT: 1000 METRIC TONS / UNITE: 1000 TONNES METRIQUES | | | | | | TCAL / TCAL | MANUFACTURED GAS (TCAL) / GAZ MANUFACTURE (TCAL) | | | MILLIONS OF (DE) KWH |
|---|---|---|---|---|---|---|---|---|---|---|---|
| | HARD COAL / HOUILLE | PATENT FUEL / AGGLOMERES | COKE OVEN COKE / COKE DE FOUR | GAS COKE / COKE DE GAZ | BROWN COAL / LIGNITE | BKB / BRIQ. DE LIGNITE | NATURAL GAS / GAZ NATUREL | GAS WORKS / USINES A GAZ | COKE OVENS / COKERIES | BLAST FURNACES / HAUT FOURNEAUX | ELECTRICITY* / ELECTRICITE* |
| | 1 | 2 | 3 | 4 | 5 | 6 | 7 | 8 | 9 | 10 | 11 |
| PRODUCTION | - | - | - | - | - | - | - | 191 | - | - | 49247 |
| FROM OTHER SOURCES | - | - | - | - | - | - | - | - | - | - | - |
| IMPORT | 574 | 17 | 127 | - | - | 49 | 10099 | - | - | - | 9947 |
| EXPORT | - | - | - | - | - | - | -163 | - | - | - | -18128 |
| INTL. MARINE BUNKERS | - | - | - | - | - | - | - | - | - | - | - |
| STOCK CHANGES | -259 | -10 | 4 | - | - | -3 | - | - | - | - | - |
| DOMESTIC SUPPLY | 315 | 7 | 131 | - | - | 46 | 9936 | 191 | - | - | 41066 |
| RETURNS TO SUPPLY | - | - | - | - | - | - | - | - | - | - | - |
| TRANSFERS | - | - | - | - | - | - | - | - | - | - | - |
| DOMESTIC AVAILABILITY | 315 | 7 | 131 | - | - | 46 | 9936 | 191 | - | - | 41066 |
| STATISTICAL DIFFERENCE | - | - | - | - | - | - | 2 | - | - | - | - |
| TRANSFORM. SECTOR ** | 6 | - | - | - | - | - | 594 | - | - | - | - |
| FOR SOLID FUELS | - | - | - | - | - | - | - | - | - | - | - |
| FOR GASES | - | - | - | - | - | - | - | - | - | - | - |
| PETROLEUM REFINERIES | - | - | - | - | - | - | - | - | - | - | - |
| THERMO-ELECTRIC PLANTS | 6 | - | - | - | - | - | 344 | - | - | - | - |
| ENERGY SECTOR | - | - | - | - | - | - | 870 | 44 | - | - | 5938 |
| COAL MINES | - | - | - | - | - | - | - | - | - | - | - |
| OIL AND GAS EXTRACTION | - | - | - | - | - | - | - | - | - | - | - |
| PETROLEUM REFINERIES | - | - | - | - | - | - | - | - | - | - | 124 |
| ELECTRIC PLANTS | - | - | - | - | - | - | - | - | - | - | 1085 |
| DISTRIBUTION LOSSES | - | - | - | - | - | - | 870 | 15 | - | - | 3198 |
| PUMP STORAGE (ELECTR.) | - | - | - | - | - | - | - | - | - | - | 1531 |
| OTHER ENERGY SECTOR | - | - | - | - | - | - | - | 29 | - | - | - |
| FINAL CONSUMPTION | 309 | 7 | 131 | - | - | 46 | 8470 | 147 | - | - | 35128 |
| INDUSTRY SECTOR | 296 | - | 53 | - | - | - | 4457 | 24 | - | - | 11775 |
| IRON AND STEEL | - | - | 17 | - | - | - | 81 | - | - | - | 868 |
| CHEMICAL | 30 | - | 8 | - | - | - | 2245 | - | - | - | 2631 |
| PETROCHEMICAL | - | - | - | - | - | - | - | - | - | - | - |
| NON-FERROUS METAL | 5 | - | 4 | - | - | - | 136 | - | - | - | 1887 |
| NON-METALLIC MINERAL | 179 | - | 7 | - | - | - | 177 | - | - | - | 80 |
| PAPER PULP AND PRINT | 42 | - | - | - | - | - | 457 | - | - | - | 1462 |
| MINING AND QUARRYING | - | - | - | - | - | - | - | - | - | - | 127 |
| FOOD AND TOBACCO | 7 | - | 1 | - | - | - | 372 | - | - | - | 824 |
| WOOD AND WOOD PRODUCTS | - | - | - | - | - | - | - | - | - | - | 166 |
| MACHINERY | 11 | - | 15 | - | - | - | 269 | - | - | - | 1754 |
| TRANSPORT EQUIPMENT | - | - | - | - | - | - | - | - | - | - | - |
| CONSTRUCTION | - | - | - | - | - | - | - | - | - | - | - |
| TEXTILES AND LEATHER | - | - | - | - | - | - | - | - | - | - | 824 |
| NON SPECIFIED | 22 | - | 1 | - | - | - | 720 | 24 | - | - | 1152 |
| NON-ENERGY USES: | | | | | | | | | | | |
| (1)ENERGY PRODUCTS | - | - | - | - | - | - | - | - | - | - | - |
| (2)NON-ENERGY PRODUCTS | - | - | - | - | - | - | - | - | - | - | - |
| TRANSPORT. SECTOR ** | - | - | - | - | - | - | - | - | - | - | 2088 |
| AIR TRANSPORT | - | - | - | - | - | - | - | - | - | - | - |
| ROAD TRANSPORT | - | - | - | - | - | - | - | - | - | - | - |
| RAILWAYS | - | - | - | - | - | - | - | - | - | - | 2088 |
| INTERNAL NAVIGATION | - | - | - | - | - | - | - | - | - | - | - |
| OTHER SECTORS ** | 13 | 7 | 78 | - | - | 46 | 4013 | 123 | - | - | 21265 |
| AGRICULTURE | - | - | - | - | - | - | 110 | - | - | - | 327 |
| PUBLIC SERVICES | - | - | - | - | - | - | - | - | - | - | - |
| COMMERCE | - | - | - | - | - | - | 896 | - | - | - | 10317 |
| RESIDENTIAL | 13 | 7 | 78 | - | - | 46 | 3007 | 123 | - | - | 10177 |

(1) INCLUDED IN CHEMICAL OR PETROCHEMICAL INDUSTRY
(2) INCLUDED ONLY IN TOTAL INDUSTRY

** INCLUDED IN THESE TOTALS ARE THE NON-SPECIFIED ELEMENTS

| * OF WHICH: | |
|---|---|
| HYDRO | 33877 |
| NUCLEAR | 14346 |
| CONVENTIONAL THERMAL | 1024 |
| GEOTHERMAL | 0 |

PRODUCTION ET UTILISATION DES SOURCES D ENERGIE : SUISSE

1980

UNIT: 1000 METRIC TONS
UNITE: 1000 TONNES METRIQUES

| OIL PETROLE | | | REFINERY GAS | LIQUEFIED PETROLEUM GASES | AVIATION GASOLINE | MOTOR GASOLINE | JET FUEL | KEROSENE | GAS/DIESEL OIL | RESIDUAL FUEL OIL | NAPHTHA | NON-ENERGY PRODUCTS |
|---|---|---|---|---|---|---|---|---|---|---|---|---|
| CRUDE BRUT | NGL GNL | FEEDST. | GAZ DE PETROLE | GAZ LIQUEFIES DE PETROLE | ESSENCE AVION | ESSENCE AUTO | CARBURANT REACTEUR | PETROLE LAMPANT | GAZ/DIESEL OIL | FUEL OIL RESIDUEL | NAPHTHA | PRODUITS NON-ENERGETIQUES |
| 12 | 13 | 14 | 15 | 16 | 17 | 18 | 19 | 20 | 21 | 22 | 23 | 24 |
| - | - | - | 160 | 94 | - | 1096 | 222 | 5 | 2018 | 802 | 20 | 133 |
| - | - | - | - | - | - | - | - | - | - | - | - | - |
| 3832 | - | 772 | - | 11 | 8 | 1676 | 562 | 5 | 5295 | 470 | 67 | 459 |
| - | - | - | - | -8 | - | -11 | - | - | -6 | -19 | - | -4 |
| - | - | - | - | - | - | - | - | - | - | - | - | - |
| -18 | - | 4 | - | 1 | -1 | -17 | -24 | - | -169 | 18 | 1 | 1 |
| 3814 | - | 776 | 160 | 98 | 7 | 2744 | 760 | 10 | 7138 | 1271 | 88 | 589 |
| - | - | - | - | - | - | - | - | - | - | - | - | - |
| - | - | - | - | - | - | - | - | - | - | - | - | - |
| 3814 | - | 776 | 160 | 98 | 7 | 2744 | 760 | 10 | 7138 | 1271 | 88 | 589 |
| - | - | - | - | - | - | - | - | - | - | - | - | - |
| 3814 | - | 776 | 10 | 11 | - | - | - | - | 2 | 53 | 9 | - |
| - | - | - | - | - | - | - | - | - | - | - | - | - |
| - | - | - | - | 11 | - | - | - | - | - | - | 9 | - |
| 3814 | - | 776 | - | - | - | - | - | - | - | - | - | - |
| - | - | - | 10 | - | - | - | - | - | 2 | 53 | - | - |
| - | - | - | 150 | - | - | - | - | - | - | 47 | - | - |
| - | - | - | - | - | - | - | - | - | - | - | - | - |
| - | - | - | - | - | - | - | - | - | - | - | - | - |
| - | - | - | 150 | - | - | - | - | - | - | 47 | - | - |
| - | - | - | - | - | - | - | - | - | - | - | - | - |
| - | - | - | - | - | - | - | - | - | - | - | - | - |
| - | - | - | - | - | - | - | - | - | - | - | - | - |
| - | - | - | - | - | - | - | - | - | - | - | - | - |
| - | - | - | - | 87 | 7 | 2744 | 760 | 10 | 7136 | 1171 | 79 | 589 |
| - | - | - | - | 45 | - | 11 | - | 6 | 1120 | 1021 | 79 | 589 |
| - | - | - | - | - | - | - | - | - | - | - | - | - |
| - | - | - | - | - | - | - | - | - | - | - | - | - |
| - | - | - | - | - | - | - | - | - | - | - | 79 | - |
| - | - | - | - | - | - | - | - | - | - | - | - | - |
| - | - | - | - | - | - | - | - | - | - | - | - | - |
| - | - | - | - | - | - | - | - | - | - | - | - | - |
| - | - | - | - | - | - | - | - | - | - | - | - | - |
| - | - | - | - | - | - | - | - | - | - | - | - | - |
| - | - | - | - | - | - | - | - | - | - | - | - | - |
| - | - | - | - | - | - | - | - | - | - | - | - | - |
| - | - | - | - | - | - | - | - | - | - | - | - | - |
| - | - | - | - | - | - | - | - | - | - | - | - | - |
| - | - | - | - | - | - | - | - | - | - | - | - | - |
| - | - | - | - | 45 | - | 11 | - | 6 | 1120 | 1021 | - | - |
| - | - | - | - | - | - | - | - | - | - | - | - | - |
| - | - | - | - | - | - | - | - | - | - | - | - | 589 |
| - | - | - | - | - | 7 | 2709 | 760 | - | 556 | - | - | - |
| - | - | - | - | - | 7 | - | 760 | - | - | - | - | - |
| - | - | - | - | - | - | 2709 | - | - | 536 | - | - | - |
| - | - | - | - | - | - | - | - | - | 11 | - | - | - |
| - | - | - | - | - | - | - | - | - | 9 | - | - | - |
| - | - | - | - | 42 | - | 24 | - | 4 | 5460 | 150 | - | - |
| - | - | - | - | - | - | 24 | - | - | 67 | - | - | - |
| - | - | - | - | - | - | - | - | - | - | - | - | - |
| - | - | - | - | - | - | - | - | - | - | - | - | - |
| - | - | - | - | - | - | - | - | - | 5306 | 150 | - | - |

## PRODUCTION AND USES OF ENERGY SOURCES : SWITZERLAND

1981

| ENERGY SOURCES / PRODUCTION AND USES | UNIT: 1000 METRIC TONS / UNITE: 1000 TONNES METRIQUES | | | | | | TCAL / TCAL | MANUFACTURED GAS (TCAL) / GAZ MANUFACTURE (TCAL) | | | MILLIONS OF (DE) KWH |
|---|---|---|---|---|---|---|---|---|---|---|---|
| | HARD COAL / HOUILLE | PATENT FUEL / AGGLOMERES | COKE OVEN COKE / COKE DE FOUR | GAS COKE / COKE DE GAZ | BROWN COAL / LIGNITE | BKB / BRIQ. DE LIGNITE | NATURAL GAS / GAZ NATUREL | GAS WORKS / USINES A GAZ | COKE OVENS / COKERIES | BLAST FURNACES / HAUT FOURNEAUX | ELECTRICITY* / ELECTRICITE* |
| | 1 | 2 | 3 | 4 | 5 | 6 | 7 | 8 | 9 | 10 | 11 |
| PRODUCTION | - | - | - | - | - | - | - | 148 | - | - | 52666 |
| FROM OTHER SOURCES | - | - | - | - | - | - | - | - | - | - | - |
| IMPORT | 863 | 17 | 102 | - | - | 43 | 10590 | - | - | - | 9839 |
| EXPORT | - | - | -1 | - | - | - | -203 | - | - | - | -20551 |
| INTL. MARINE BUNKERS | - | - | - | - | - | - | - | - | - | - | - |
| STOCK CHANGES | -296 | -3 | 5 | - | - | -3 | - | - | - | - | - |
| DOMESTIC SUPPLY | 567 | 14 | 106 | - | - | 40 | 10387 | 148 | - | - | 41954 |
| RETURNS TO SUPPLY | - | - | - | - | - | - | - | - | - | - | - |
| TRANSFERS | - | - | - | - | - | - | - | - | - | - | - |
| DOMESTIC AVAILABILITY | 567 | 14 | 106 | - | - | 40 | 10387 | 148 | - | - | 41954 |
| STATISTICAL DIFFERENCE | - | - | - | - | - | - | - | - | - | - | - |
| TRANSFORM. SECTOR ** | 13 | - | - | - | - | - | 1104 | - | - | - | - |
| FOR SOLID FUELS | - | - | - | - | - | - | - | - | - | - | - |
| FOR GASES | - | - | - | - | - | - | - | - | - | - | - |
| PETROLEUM REFINERIES | - | - | - | - | - | - | - | - | - | - | - |
| THERMO-ELECTRIC PLANTS | 13 | - | - | - | - | - | 244 | - | - | - | - |
| ENERGY SECTOR | - | - | - | - | - | - | 562 | 34 | - | - | 5881 |
| COAL MINES | - | - | - | - | - | - | - | - | - | - | - |
| OIL AND GAS EXTRACTION | - | - | - | - | - | - | - | - | - | - | - |
| PETROLEUM REFINERIES | - | - | - | - | - | - | - | - | - | - | 121 |
| ELECTRIC PLANTS | - | - | - | - | - | - | - | - | - | - | 1151 |
| DISTRIBUTION LOSSES | - | - | - | - | - | - | 562 | 12 | - | - | 3214 |
| PUMP STORAGE (ELECTR.) | - | - | - | - | - | - | - | - | - | - | 1395 |
| OTHER ENERGY SECTOR | - | - | - | - | - | - | - | 22 | - | - | - |
| FINAL CONSUMPTION | 554 | 14 | 106 | - | - | 40 | 8721 | 114 | - | - | 36073 |
| INDUSTRY SECTOR | 541 | - | 58 | - | - | - | 4170 | 19 | - | - | 11952 |
| IRON AND STEEL | - | - | 17 | - | - | - | - | - | - | - | 820 |
| CHEMICAL | 33 | - | 8 | - | - | - | 2351 | - | - | - | 2535 |
| PETROCHEMICAL | - | - | - | - | - | - | - | - | - | - | - |
| NON-FERROUS METAL | 11 | - | 5 | - | - | - | 211 | - | - | - | 1841 |
| NON-METALLIC MINERAL | 384 | - | 7 | - | - | - | 242 | - | - | - | 91 |
| PAPER PULP AND PRINT | 68 | - | - | - | - | - | 468 | - | - | - | 1522 |
| MINING AND QUARRYING | - | - | - | - | - | - | - | - | - | - | 91 |
| FOOD AND TOBACCO | 7 | - | 3 | - | - | - | 321 | - | - | - | 836 |
| WOOD AND WOOD PRODUCTS | - | - | - | - | - | - | - | - | - | - | 172 |
| MACHINERY | 20 | - | 15 | - | - | - | 227 | - | - | - | 1963 |
| TRANSPORT EQUIPMENT | - | - | - | - | - | - | - | - | - | - | - |
| CONSTRUCTION | - | - | - | - | - | - | - | - | - | - | - |
| TEXTILES AND LEATHER | - | - | - | - | - | - | 177 | - | - | - | 803 |
| NON SPECIFIED | 18 | - | 3 | - | - | - | 173 | 19 | - | - | 1278 |
| NON-ENERGY USES: | | | | | | | | | | | |
| (1)ENERGY PRODUCTS | - | - | - | - | - | - | - | - | - | - | - |
| (2)NON-ENERGY PRODUCTS | - | - | - | - | - | - | - | - | - | - | - |
| TRANSPORT. SECTOR ** | - | - | - | - | - | - | - | - | - | - | 2105 |
| AIR TRANSPORT | - | - | - | - | - | - | - | - | - | - | - |
| ROAD TRANSPORT | - | - | - | - | - | - | - | - | - | - | - |
| RAILWAYS | - | - | - | - | - | - | - | - | - | - | 2105 |
| INTERNAL NAVIGATION | - | - | - | - | - | - | - | - | - | - | - |
| OTHER SECTORS ** | 13 | 14 | 48 | - | - | 40 | 4551 | 95 | - | - | 22016 |
| AGRICULTURE | - | - | - | - | - | - | 136 | - | - | - | 393 |
| PUBLIC SERVICES | - | - | - | - | - | - | 602 | - | - | - | - |
| COMMERCE | - | - | - | - | - | - | 523 | - | - | - | 10889 |
| RESIDENTIAL | 13 | 14 | 48 | - | - | 40 | 3290 | 95 | - | - | 10244 |

(1) INCLUDED IN CHEMICAL OR PETROCHEMICAL INDUSTRY
(2) INCLUDED ONLY IN TOTAL INDUSTRY

| * OF WHICH: HYDRO | 36458 |
|---|---|
| NUCLEAR | 15185 |
| CONVENTIONAL THERMAL | 1023 |
| GEOTHERMAL | 0 |

** INCLUDED IN THESE TOTALS ARE THE NON-SPECIFIED ELEMENTS

PRODUCTION ET UTILISATION DES SOURCES D ENERGIE : SUISSE

1981

UNIT: 1000 METRIC TONS
UNITE: 1000 TONNES METRIQUES

| OIL PETROLE | | | REFINERY GAS | LIQUEFIED PETROLEUM GASES | AVIATION GASOLINE | MOTOR GASOLINE | JET FUEL | KEROSENE | GAS/DIESEL OIL | RESIDUAL FUEL OIL | NAPHTHA | NON-ENERGY PRODUCTS |
|---|---|---|---|---|---|---|---|---|---|---|---|---|
| CRUDE BRUT | NGL GNL | FEEDST. | GAZ DE PETROLE | GAZ LIQUEFIES DE PETROLE | ESSENCE AVION | ESSENCE AUTO | CARBURANT REACTEUR | PETROLE LAMPANT | GAZ/DIESEL OIL | FUEL OIL RESIDUEL | NAPHTHA | PRODUITS NON-ENERGETIQUES |
| 12 | 13 | 14 | 15 | 16 | 17 | 18 | 19 | 20 | 21 | 22 | 23 | 24 |
| - | - | - | 132 | 89 | - | 1103 | 232 | 6 | 1686 | 587 | 17 | 129 |
| - | - | - | - | - | - | - | - | - | - | - | - | - |
| 3309 | - | 680 | - | 21 | 8 | 1822 | 547 | 4 | 4523 | 452 | 67 | 420 |
| - | - | - | - | -13 | - | -4 | - | - | -7 | -18 | - | -6 |
| - | - | - | - | - | - | - | - | - | -34 | - | - | - |
| 35 | - | -6 | - | - | -1 | -70 | -61 | 1 | 151 | 52 | 2 | 5 |
| 3344 | - | 674 | 132 | 97 | 7 | 2851 | 718 | 11 | 6319 | 1073 | 86 | 548 |
| - | - | - | - | - | - | - | - | - | - | - | - | - |
| - | - | - | - | - | - | - | - | - | - | - | - | - |
| 3344 | - | 674 | 132 | 97 | 7 | 2851 | 718 | 11 | 6319 | 1073 | 86 | 548 |
| - | - | - | - | - | - | - | - | - | - | - | - | - |
| 3344 | - | 674 | 5 | 10 | - | - | - | - | - | 66 | 10 | - |
| - | - | - | - | - | - | - | - | - | - | - | - | - |
| - | - | - | - | 10 | - | - | - | - | - | - | 10 | - |
| 3344 | - | 674 | - | - | - | - | - | - | - | - | - | - |
| - | - | - | 5 | - | - | - | - | - | - | 66 | - | - |
| - | - | - | 127 | - | - | - | - | - | - | 57 | - | - |
| - | - | - | - | - | - | - | - | - | - | - | - | - |
| - | - | - | - | - | - | - | - | - | - | - | - | - |
| - | - | - | 127 | - | - | - | - | - | - | 57 | - | - |
| - | - | - | - | - | - | - | - | - | - | - | - | - |
| - | - | - | - | - | - | - | - | - | - | - | - | - |
| - | - | - | - | - | - | - | - | - | - | - | - | - |
| - | - | - | - | - | - | - | - | - | - | - | - | - |
| - | - | - | - | 87 | 7 | 2851 | 718 | 11 | 6319 | 950 | 76 | 548 |
| - | - | - | - | 44 | - | 7 | - | 11 | 1193 | 855 | 76 | 548 |
| - | - | - | - | - | - | - | - | - | - | - | - | - |
| - | - | - | - | - | - | 2 | - | - | - | - | - | - |
| - | - | - | - | - | - | - | - | - | - | - | 76 | - |
| - | - | - | - | - | - | - | - | - | - | - | - | - |
| - | - | - | - | - | - | - | - | - | - | - | - | - |
| - | - | - | - | - | - | - | - | - | - | - | - | - |
| - | - | - | - | - | - | - | - | - | - | - | - | - |
| - | - | - | - | - | - | - | - | - | - | - | - | - |
| - | - | - | - | - | - | - | - | - | - | - | - | - |
| - | - | - | - | - | - | - | - | - | - | - | - | - |
| - | - | - | - | - | - | - | - | - | - | - | - | - |
| - | - | - | - | - | - | - | - | - | 93 | - | - | - |
| - | - | - | - | - | - | - | - | - | - | - | - | - |
| - | - | - | - | 44 | - | 5 | - | 11 | 1100 | 855 | - | - |
| - | - | - | - | - | - | - | - | - | - | - | - | - |
| - | - | - | - | - | - | - | - | - | - | - | - | 548 |
| - | - | - | - | - | 7 | 2821 | 718 | - | 560 | - | - | - |
| - | - | - | - | - | 7 | - | 718 | - | - | - | - | - |
| - | - | - | - | - | - | 2821 | - | - | 542 | - | - | - |
| - | - | - | - | - | - | - | - | - | 10 | - | - | - |
| - | - | - | - | - | - | - | - | - | 8 | - | - | - |
| - | - | - | - | 43 | - | 23 | - | - | 4566 | 95 | - | - |
| - | - | - | - | - | - | 23 | - | - | 68 | - | - | - |
| - | - | - | - | - | - | - | - | - | - | - | - | - |
| - | - | - | - | - | - | - | - | - | 898 | - | - | - |
| - | - | - | - | - | - | - | - | - | 3600 | 95 | - | - |

## PRODUCTION AND USES OF ENERGY SOURCES : TURKEY

1971

| ENERGY SOURCES / PRODUCTION AND USES | HARD COAL / HOUILLE | PATENT FUEL / AGGLOMERES | COKE OVEN COKE / COKE DE FOUR | GAS COKE / COKE DE GAZ | BROWN COAL / LIGNITE | BKB / BRIQ. DE LIGNITE | NATURAL GAS / GAZ NATUREL | GAS WORKS / USINES A GAZ | COKE OVENS / COKERIES | BLAST FURNACES / HAUT FOURNEAUX | ELECTRICITY* / ELECTRICITE* |
|---|---|---|---|---|---|---|---|---|---|---|---|
| | UNIT: 1000 METRIC TONS / UNITE: 1000 TONNES METRIQUES | | | | | | TCAL / TCAL | MANUFACTURED GAS (TCAL) / GAZ MANUFACTURE (TCAL) | | | MILLIONS OF (DE) KWH |
| | 1 | 2 | 3 | 4 | 5 | 6 | 7 | 8 | 9 | 10 | 11 |
| PRODUCTION | 4640 | 11 | 1288 | 60 | 4217 | - | - | 534 | 2405 | 2815 | 9781 |
| FROM OTHER SOURCES | - | - | - | - | - | - | - | - | - | - | - |
| IMPORT | - | - | - | - | - | - | - | - | - | - | - |
| EXPORT | -14 | - | - | - | - | - | - | - | - | - | - |
| INTL. MARINE BUNKERS | - | - | - | - | - | - | - | - | - | - | - |
| STOCK CHANGES | 20 | - | - | - | -5 | - | - | - | - | - | - |
| DOMESTIC SUPPLY | 4646 | 11 | 1288 | 60 | 4212 | - | - | 534 | 2405 | 2815 | 9781 |
| RETURNS TO SUPPLY | - | - | - | - | - | - | - | - | - | - | - |
| TRANSFERS | - | - | - | - | - | - | - | - | - | - | - |
| DOMESTIC AVAILABILITY | 4646 | 11 | 1288 | 60 | 4212 | - | - | 534 | 2405 | 2815 | 9781 |
| STATISTICAL DIFFERENCE | - | - | - | - | - | - | - | - | - | - | 36 |
| TRANSFORM. SECTOR ** | 3275 | - | 420 | - | 1168 | - | - | - | 539 | 763 | - |
| FOR SOLID FUELS | 1945 | - | - | - | 20 | - | - | - | - | - | - |
| FOR GASES | 150 | - | 420 | - | - | - | - | - | 6 | - | - |
| PETROLEUM REFINERIES | - | - | - | - | - | - | - | - | - | - | - |
| THERMO-ELECTRIC PLANTS | 1180 | - | - | - | 1148 | - | - | - | 533 | 763 | - |
| ENERGY SECTOR | 26 | - | - | - | - | - | - | 86 | 361 | 816 | 1907 |
| COAL MINES | 26 | - | - | - | - | - | - | - | - | - | 380 |
| OIL AND GAS EXTRACTION | - | - | - | - | - | - | - | - | - | - | - |
| PETROLEUM REFINERIES | - | - | - | - | - | - | - | - | - | - | 85 |
| ELECTRIC PLANTS | - | - | - | - | - | - | - | - | - | - | 450 |
| DISTRIBUTION LOSSES | - | - | - | - | - | - | - | 84 | 2 | 222 | 992 |
| PUMP STORAGE (ELECTR.) | - | - | - | - | - | - | - | - | - | - | - |
| OTHER ENERGY SECTOR | - | - | - | - | - | - | - | 2 | 359 | 594 | - |
| FINAL CONSUMPTION | 1345 | 11 | 868 | 60 | 3044 | - | - | 448 | 1505 | 1236 | 7838 |
| INDUSTRY SECTOR | 181 | - | 475 | - | 1090 | - | - | 28 | 1505 | 1236 | 5172 |
| IRON AND STEEL | - | - | 434 | - | - | - | - | - | 1505 | 1236 | 536 |
| CHEMICAL | 17 | - | - | - | 800 | - | - | - | - | - | 432 |
| PETROCHEMICAL | - | - | - | - | - | - | - | - | - | - | - |
| NON-FERROUS METAL | - | - | - | - | - | - | - | - | - | - | 290 |
| NON-METALLIC MINERAL | - | - | - | - | - | - | - | - | - | - | - |
| PAPER PULP AND PRINT | - | - | - | - | - | - | - | - | - | - | 230 |
| MINING AND QUARRYING | - | - | - | - | - | - | - | - | - | - | 30 |
| FOOD AND TOBACCO | - | - | - | - | - | - | - | - | - | - | 330 |
| WOOD AND WOOD PRODUCTS | - | - | - | - | - | - | - | - | - | - | - |
| MACHINERY | - | - | - | - | - | - | - | - | - | - | - |
| TRANSPORT EQUIPMENT | - | - | - | - | - | - | - | - | - | - | - |
| CONSTRUCTION | - | - | - | - | - | - | - | - | - | - | - |
| TEXTILES AND LEATHER | - | - | - | - | - | - | - | - | - | - | - |
| NON SPECIFIED | 164 | - | 41 | - | 290 | - | - | 28 | - | - | 3324 |
| NON-ENERGY USES: | | | | | | | | | | | |
| (1)ENERGY PRODUCTS | - | - | - | - | - | - | - | - | - | - | - |
| (2)NON-ENERGY PRODUCTS | - | - | - | - | - | - | - | - | - | - | - |
| TRANSPORT. SECTOR ** | 815 | 11 | - | - | 100 | - | - | - | - | - | 155 |
| AIR TRANSPORT | - | - | - | - | - | - | - | - | - | - | - |
| ROAD TRANSPORT | - | - | - | - | - | - | - | - | - | - | - |
| RAILWAYS | 715 | 11 | - | - | 100 | - | - | - | - | - | 155 |
| INTERNAL NAVIGATION | 100 | - | - | - | - | - | - | - | - | - | - |
| OTHER SECTORS ** | 349 | - | 393 | 60 | 1854 | - | - | 420 | - | - | 2511 |
| AGRICULTURE | - | - | - | - | - | - | - | - | - | - | 28 |
| PUBLIC SERVICES | - | - | - | - | - | - | - | - | - | - | - |
| COMMERCE | - | - | - | - | - | - | - | - | - | - | 983 |
| RESIDENTIAL | 349 | - | 393 | 60 | 1854 | - | - | 420 | - | - | 1500 |

(1) INCLUDED IN CHEMICAL OR PETROCHEMICAL INDUSTRY
(2) INCLUDED ONLY IN TOTAL INDUSTRY

| * OF WHICH: | |
|---|---|
| HYDRO | 2501 |
| NUCLEAR | 0 |
| CONVENTIONAL THERMAL | 7280 |
| GEOTHERMAL | 0 |

** INCLUDED IN THESE TOTALS ARE THE NON-SPECIFIED ELEMENTS

PRODUCTION ET UTILISATION DES SOURCES D ENERGIE : TURQUIE

1971

UNIT: 1000 METRIC TONS
UNITE: 1000 TONNES METRIQUES

| OIL PETROLE | | | REFINERY GAS | LIQUEFIED PETROLEUM GASES | AVIATION GASOLINE | MOTOR GASOLINE | JET FUEL | KEROSENE | GAS/DIESEL OIL | RESIDUAL FUEL OIL | NAPHTHA | NON-ENERGY PRODUCTS |
|---|---|---|---|---|---|---|---|---|---|---|---|---|
| CRUDE* BRUT* | NGL GNL | FEEDST. | GAZ DE PETROLE | GAZ LIQUEFIES DE PETROLE | ESSENCE AVION | ESSENCE AUTO | CARBURANT REACTEUR | PETROLE LAMPANT | GAZ/DIESEL OIL | FUEL OIL RESIDUEL | NAPHTHA | PRODUITS NON-ENERGETIQUES |
| 12 | 13 | 14 | 15 | 16 | 17 | 18 | 19 | 20 | 21 | 22 | 23 | 24 |
| 3452 | - | - | 176 | 227 | - | 1162 | 111 | 483 | 2080 | 4022 | 129 | 199 |
| - | - | - | - | - | - | - | - | - | - | - | - | - |
| 5469 | - | - | - | 57 | - | 17 | - | 7 | 158 | 248 | - | 139 |
| - | - | - | - | - | - | -42 | -13 | - | -33 | - | - | -5 |
| - | - | - | - | - | - | - | - | - | -3 | -83 | - | - |
| -60 | - | - | - | - | - | -185 | 2 | -5 | -85 | -87 | 3 | -3 |
| 8861 | - | - | 176 | 284 | - | 952 | 100 | 485 | 2117 | 4100 | 132 | 330 |
| - | - | - | - | - | - | - | - | - | - | - | - | - |
| - | - | - | - | - | - | - | - | - | - | - | - | - |
| 8861 | - | - | 176 | 284 | - | 952 | 100 | 485 | 2117 | 4100 | 132 | 330 |
| - | - | - | - | - | - | - | - | - | - | - | - | -1 |
| 8861 | - | - | - | - | - | - | - | - | 100 | 1100 | - | - |
| - | - | - | - | - | - | - | - | - | - | - | - | - |
| - | - | - | - | - | - | - | - | - | - | - | - | - |
| 8861 | - | - | - | - | - | - | - | - | - | - | - | - |
| - | - | - | - | - | - | - | - | - | 100 | 1100 | - | - |
| - | - | - | 176 | - | - | - | - | - | - | - | - | - |
| - | - | - | - | - | - | - | - | - | - | - | - | - |
| - | - | - | - | - | - | - | - | - | - | - | - | - |
| - | - | - | 176 | - | - | - | - | - | - | - | - | - |
| - | - | - | - | - | - | - | - | - | - | - | - | - |
| - | - | - | - | - | - | - | - | - | - | - | - | - |
| - | - | - | - | - | - | - | - | - | - | - | - | - |
| - | - | - | - | - | - | - | - | - | - | - | - | - |
| - | - | - | - | 284 | - | 952 | 100 | 485 | 2017 | 3000 | 132 | 331 |
| - | - | - | - | - | - | - | - | - | 40 | 1510 | 132 | 331 |
| - | - | - | - | - | - | - | - | - | 40 | 80 | - | - |
| - | - | - | - | - | - | - | - | - | - | 30 | - | - |
| - | - | - | - | - | - | - | - | - | - | 100 | 132 | - |
| - | - | - | - | - | - | - | - | - | - | - | - | - |
| - | - | - | - | - | - | - | - | - | - | - | - | - |
| - | - | - | - | - | - | - | - | - | - | - | - | - |
| - | - | - | - | - | - | - | - | - | - | - | - | - |
| - | - | - | - | - | - | - | - | - | - | - | - | - |
| - | - | - | - | - | - | - | - | - | - | - | - | - |
| - | - | - | - | - | - | - | - | - | - | - | - | - |
| - | - | - | - | - | - | - | - | - | - | - | - | - |
| - | - | - | - | - | - | - | - | - | - | - | - | - |
| - | - | - | - | - | - | - | - | - | - | - | - | - |
| - | - | - | - | - | - | - | - | - | - | 1300 | - | 4 |
| - | - | - | - | - | - | - | - | - | - | - | 132 | - |
| - | - | - | - | - | - | - | - | - | - | - | - | 327 |
| - | - | - | - | - | - | 952 | 100 | - | 1280 | 540 | - | - |
| - | - | - | - | - | - | - | 100 | - | - | - | - | - |
| - | - | - | - | - | - | 952 | - | - | 1200 | - | - | - |
| - | - | - | - | - | - | - | - | - | 80 | 240 | - | - |
| - | - | - | - | - | - | - | - | - | - | 300 | - | - |
| - | - | - | - | 284 | - | - | - | 485 | 697 | 950 | - | - |
| - | - | - | - | - | - | - | - | - | 650 | - | - | - |
| - | - | - | - | - | - | - | - | - | 47 | - | - | - |
| - | - | - | - | - | - | - | - | - | - | - | - | - |
| - | - | - | - | 284 | - | - | - | 485 | - | 950 | - | - |

*INCLUDED IN THIS COLUMN IS NGL AND FEEDSTOCKS.

## PRODUCTION AND USES OF ENERGY SOURCES : TURKEY

1972

| ENERGY SOURCES / PRODUCTION AND USES | UNIT: 1000 METRIC TONS / UNITE: 1000 TONNES METRIQUES | | | | | | TCAL / TCAL | MANUFACTURED GAS (TCAL) / GAZ MANUFACTURE (TCAL) | | | MILLIONS OF (DE) KWH |
|---|---|---|---|---|---|---|---|---|---|---|---|
| | HARD COAL / HOUILLE | PATENT FUEL / AGGLOMERES | COKE OVEN COKE / COKE DE FOUR | GAS COKE / COKE DE GAZ | BROWN COAL / LIGNITE | BKB / BRIQ. DE LIGNITE | NATURAL GAS / GAZ NATUREL | GAS WORKS / USINES A GAZ | COKE OVENS / COKERIES | BLAST FURNACES / HAUT FOURNEAUX | ELECTRICITY* / ELECTRICITE* |
| | 1 | 2 | 3 | 4 | 5 | 6 | 7 | 8 | 9 | 10 | 11 |
| PRODUCTION | 4641 | 22 | 1300 | 30 | 4673 | - | - | 481 | 2418 | 3433 | 11242 |
| FROM OTHER SOURCES | - | - | - | - | - | - | - | - | - | - | - |
| IMPORT | - | - | - | - | - | - | - | - | - | - | - |
| EXPORT | - | - | - | - | - | - | - | - | - | - | - |
| INTL. MARINE BUNKERS | - | - | - | - | - | - | - | - | - | - | - |
| STOCK CHANGES | 44 | - | - | - | -18 | - | - | - | - | - | - |
| DOMESTIC SUPPLY | 4685 | 22 | 1300 | 30 | 4655 | - | - | 481 | 2418 | 3433 | 11242 |
| RETURNS TO SUPPLY | - | - | - | - | - | - | - | - | - | - | - |
| TRANSFERS | - | - | - | - | - | - | - | - | - | - | - |
| DOMESTIC AVAILABILITY | 4685 | 22 | 1300 | 30 | 4655 | - | - | 481 | 2418 | 3433 | 11242 |
| STATISTICAL DIFFERENCE | - | - | - | - | - | - | - | - | - | - | 59 |
| TRANSFORM. SECTOR ** | 3381 | - | 450 | - | 1080 | - | - | - | 471 | 880 | - |
| FOR SOLID FUELS | 2077 | - | - | - | 20 | - | - | - | - | - | - |
| FOR GASES | 287 | - | 450 | - | - | - | - | - | 6 | - | - |
| PETROLEUM REFINERIES | - | - | - | - | - | - | - | - | - | - | - |
| THERMO-ELECTRIC PLANTS | 1017 | - | - | - | 1060 | - | - | - | 465 | 880 | - |
| ENERGY SECTOR | 50 | - | - | - | - | - | - | 73 | 307 | 1307 | 2136 |
| COAL MINES | 50 | - | - | - | - | - | - | - | - | - | 380 |
| OIL AND GAS EXTRACTION | - | - | - | - | - | - | - | - | - | - | - |
| PETROLEUM REFINERIES | - | - | - | - | - | - | - | - | - | - | 85 |
| ELECTRIC PLANTS | - | - | - | - | - | - | - | - | - | - | 540 |
| DISTRIBUTION LOSSES | - | - | - | - | - | - | - | 72 | 5 | 255 | 1131 |
| PUMP STORAGE (ELECTR.) | - | - | - | - | - | - | - | - | - | - | - |
| OTHER ENERGY SECTOR | - | - | - | - | - | - | - | 1 | 302 | 1052 | - |
| FINAL CONSUMPTION | 1254 | 22 | 850 | 30 | 3575 | - | - | 408 | 1640 | 1246 | 9047 |
| INDUSTRY SECTOR | 190 | - | 490 | - | 1105 | - | - | 26 | 1640 | 1246 | 5872 |
| IRON AND STEEL | - | - | 450 | - | - | - | - | - | 1640 | 1246 | 564 |
| CHEMICAL | 5 | - | - | - | 805 | - | - | - | - | - | 450 |
| PETROCHEMICAL | - | - | - | - | - | - | - | - | - | - | - |
| NON-FERROUS METAL | - | - | - | - | - | - | - | - | - | - | 290 |
| NON-METALLIC MINERAL | - | - | - | - | - | - | - | - | - | - | - |
| PAPER PULP AND PRINT | - | - | - | - | - | - | - | - | - | - | 250 |
| MINING AND QUARRYING | - | - | - | - | - | - | - | - | - | - | 60 |
| FOOD AND TOBACCO | - | - | - | - | - | - | - | - | - | - | 374 |
| WOOD AND WOOD PRODUCTS | - | - | - | - | - | - | - | - | - | - | - |
| MACHINERY | - | - | - | - | - | - | - | - | - | - | - |
| TRANSPORT EQUIPMENT | - | - | - | - | - | - | - | - | - | - | - |
| CONSTRUCTION | - | - | - | - | - | - | - | - | - | - | - |
| TEXTILES AND LEATHER | - | - | - | - | - | - | - | - | - | - | - |
| NON SPECIFIED | 185 | - | 40 | - | 300 | - | - | 26 | - | - | 3884 |
| NON-ENERGY USES: | | | | | | | | | | | |
| (1)ENERGY PRODUCTS | - | - | - | - | - | - | - | - | - | - | - |
| (2)NON-ENERGY PRODUCTS | - | - | - | - | - | - | - | - | - | - | - |
| TRANSPORT. SECTOR ** | 753 | 22 | - | - | 100 | - | - | - | - | - | 160 |
| AIR TRANSPORT | - | - | - | - | - | - | - | - | - | - | - |
| ROAD TRANSPORT | - | - | - | - | - | - | - | - | - | - | - |
| RAILWAYS | 703 | 22 | - | - | 100 | - | - | - | - | - | 160 |
| INTERNAL NAVIGATION | 50 | - | - | - | - | - | - | - | - | - | - |
| OTHER SECTORS ** | 311 | - | 360 | 30 | 2370 | - | - | 382 | - | - | 3015 |
| AGRICULTURE | - | - | - | - | - | - | - | - | - | - | 38 |
| PUBLIC SERVICES | - | - | - | - | - | - | - | - | - | - | - |
| COMMERCE | - | - | - | - | - | - | - | - | - | - | 1437 |
| RESIDENTIAL | 311 | - | 360 | 30 | 2370 | - | - | 382 | - | - | 1540 |

(1) INCLUDED IN CHEMICAL OR PETROCHEMICAL INDUSTRY
(2) INCLUDED ONLY IN TOTAL INDUSTRY

** INCLUDED IN THESE TOTALS ARE THE NON-SPECIFIED ELEMENTS

| * OF WHICH: | |
|---|---|
| HYDRO | 3209 |
| NUCLEAR | 0 |
| CONVENTIONAL THERMAL | 8033 |
| GEOTHERMAL | 0 |

## PRODUCTION ET UTILISATION DES SOURCES D ENERGIE : TURQUIE

1972

UNIT: 1000 METRIC TONS
UNITE: 1000 TONNES METRIQUES

| OIL / PETROLE: CRUDE* / BRUT* 12 | NGL / GNL 13 | FEEDST. 14 | REFINERY GAS / GAZ DE PETROLE 15 | LIQUEFIED PETROLEUM GASES / GAZ LIQUEFIES DE PETROLE 16 | AVIATION GASOLINE / ESSENCE AVION 17 | MOTOR GASOLINE / ESSENCE AUTO 18 | JET FUEL / CARBURANT REACTEUR 19 | KEROSENE / PETROLE LAMPANT 20 | GAS/DIESEL OIL / GAZ/DIESEL OIL 21 | RESIDUAL FUEL OIL / FUEL OIL RESIDUEL 22 | NAPHTHA / NAPHTHA 23 | NON-ENERGY PRODUCTS / PRODUITS NON-ENERGETIQUES 24 |
|---|---|---|---|---|---|---|---|---|---|---|---|---|
| 3388 | - | - | 252 | 334 | - | 1488 | 214 | 489 | 2607 | 4878 | 230 | 233 |
| - | - | - | - | - | - | - | - | - | - | - | - | - |
| 7969 | - | - | - | - | - | - | - | - | 31 | 57 | - | 138 |
| - | - | - | - | - | - | -319 | -70 | - | -237 | -154 | -98 | - |
| - | - | - | - | - | - | - | - | - | -7 | -98 | - | - |
| -404 | - | - | - | -1 | - | -63 | 1 | 16 | 9 | 32 | -3 | 5 |
| 10953 | - | - | 252 | 333 | - | 1106 | 145 | 505 | 2403 | 4715 | 129 | 376 |
| - | - | - | - | - | - | - | - | - | - | - | - | - |
| - | - | - | - | - | - | - | - | - | - | - | - | - |
| 10953 | - | - | 252 | 333 | - | 1106 | 145 | 505 | 2403 | 4715 | 129 | 376 |
| - | - | - | - | - | - | - | - | - | - | - | - | -9 |
| 10953 | - | - | - | - | - | - | - | - | 150 | 1125 | - | - |
| - | - | - | - | - | - | - | - | - | - | - | - | - |
| - | - | - | - | - | - | - | - | - | - | - | - | - |
| 10953 | - | - | - | - | - | - | - | - | - | - | - | - |
| - | - | - | - | - | - | - | - | - | 150 | 1125 | - | - |
| - | - | - | 252 | - | - | - | - | - | - | - | - | - |
| - | - | - | - | - | - | - | - | - | - | - | - | - |
| - | - | - | - | - | - | - | - | - | - | - | - | - |
| - | - | - | 252 | - | - | - | - | - | - | - | - | - |
| - | - | - | - | - | - | - | - | - | - | - | - | - |
| - | - | - | - | - | - | - | - | - | - | - | - | - |
| - | - | - | - | - | - | - | - | - | - | - | - | - |
| - | - | - | - | - | - | - | - | - | - | - | - | - |
| - | - | - | - | 333 | - | 1106 | 145 | 505 | 2253 | 3590 | 129 | 385 |
| - | - | - | - | - | - | - | - | - | 80 | 1835 | 129 | 385 |
| - | - | - | - | - | - | - | - | - | 50 | 85 | - | - |
| - | - | - | - | - | - | - | - | - | - | 50 | - | - |
| - | - | - | - | - | - | - | - | - | - | 100 | 129 | - |
| - | - | - | - | - | - | - | - | - | - | - | - | - |
| - | - | - | - | - | - | - | - | - | - | - | - | - |
| - | - | - | - | - | - | - | - | - | - | - | - | - |
| - | - | - | - | - | - | - | - | - | - | - | - | - |
| - | - | - | - | - | - | - | - | - | - | - | - | - |
| - | - | - | - | - | - | - | - | - | - | - | - | - |
| - | - | - | - | - | - | - | - | - | - | - | - | - |
| - | - | - | - | - | - | - | - | - | - | - | - | - |
| - | - | - | - | - | - | - | - | - | - | - | - | - |
| - | - | - | - | - | - | - | - | - | - | - | - | - |
| - | - | - | - | - | - | - | - | - | 30 | 1600 | - | 5 |
| - | - | - | - | - | - | - | - | - | - | - | 129 | - |
| - | - | - | - | - | - | - | - | - | - | - | - | 380 |
| - | - | - | - | - | - | 1106 | 145 | - | 1380 | 660 | - | - |
| - | - | - | - | - | - | - | 145 | - | - | - | - | - |
| - | - | - | - | - | - | 1106 | - | - | 1300 | - | - | - |
| - | - | - | - | - | - | - | - | - | 80 | 260 | - | - |
| - | - | - | - | - | - | - | - | - | - | 400 | - | - |
| - | - | - | - | 333 | - | - | - | 505 | 793 | 1095 | - | - |
| - | - | - | - | - | - | - | - | - | 700 | - | - | - |
| - | - | - | - | - | - | - | - | - | 93 | - | - | - |
| - | - | - | - | - | - | - | - | - | - | - | - | - |
| - | - | - | - | 333 | - | - | - | 505 | - | 1095 | - | - |

*INCLUDED IN THIS COLUMN IS NGL AND FEEDSTOCKS.

## PRODUCTION AND USES OF ENERGY SOURCES : TURKEY

1973

| X XX ENERGY XX XX SOURCES XX XX XX PRODUCTION XX XX AND USES XX | UNIT: 1000 METRIC TONS / UNITE: 1000 TONNES METRIQUES | | | | | | TCAL / TCAL | MANUFACTURED GAS (TCAL) / GAZ MANUFACTURE (TCAL) | | | MILLIONS OF (DE) KWH |
|---|---|---|---|---|---|---|---|---|---|---|---|
| | HARD COAL / HOUILLE | PATENT FUEL / AGGLOMERES | COKE OVEN COKE / COKE DE FOUR | GAS COKE / COKE DE GAZ | BROWN COAL / LIGNITE | BKB / BRIQ. DE LIGNITE | NATURAL GAS / GAZ NATUREL | GAS WORKS / USINES A GAZ | COKE OVENS / COKERIES | BLAST FURNACES / HAUT FOURNEAUX | ELECTRICITY* / ELECTRICITE* |
| | 1 | 2 | 3 | 4 | 5 | 6 | 7 | 8 | 9 | 10 | 11 |
| PRODUCTION | 4643 | - | 1280 | - | 5732 | 10 | - | 465 | 2278 | 2718 | 14311 |
| FROM OTHER SOURCES | - | - | - | - | - | - | - | - | - | - | - |
| IMPORT | - | - | - | - | - | - | - | - | - | - | - |
| EXPORT | - | - | - | - | - | - | - | - | - | - | - |
| INTL. MARINE BUNKERS | - | - | - | - | - | - | - | - | - | - | - |
| STOCK CHANGES | -63 | - | - | - | 38 | - | - | - | - | - | - |
| DOMESTIC SUPPLY | 4580 | - | 1280 | - | 5770 | 10 | - | 465 | 2278 | 2718 | 14311 |
| RETURNS TO SUPPLY | - | - | - | - | - | - | - | - | - | - | - |
| TRANSFERS | - | - | - | - | - | - | - | - | - | - | - |
| DOMESTIC AVAILABILITY | 4580 | - | 1280 | - | 5770 | 10 | - | 465 | 2278 | 2718 | 14311 |
| STATISTICAL DIFFERENCE | 14 | - | - | - | 14 | - | - | - | - | - | 226 |
| TRANSFORM. SECTOR ** | 3273 | - | 450 | - | 2184 | - | - | - | 432 | 876 | - |
| FOR SOLID FUELS | 1943 | - | - | - | 14 | - | - | - | - | - | - |
| FOR GASES | 281 | - | 450 | - | - | - | - | - | 5 | - | - |
| PETROLEUM REFINERIES | - | - | - | - | - | - | - | - | - | - | - |
| THERMO-ELECTRIC PLANTS | 1049 | - | - | - | 2170 | - | - | - | 427 | 876 | - |
| ENERGY SECTOR | 122 | - | - | - | - | - | - | 60 | 568 | 974 | 2470 |
| COAL MINES | 122 | - | - | - | - | - | - | - | - | - | 380 |
| OIL AND GAS EXTRACTION | - | - | - | - | - | - | - | - | - | - | - |
| PETROLEUM REFINERIES | - | - | - | - | - | - | - | - | - | - | 110 |
| ELECTRIC PLANTS | - | - | - | - | - | - | - | - | - | - | 595 |
| DISTRIBUTION LOSSES | - | - | - | - | - | - | - | 59 | 24 | 167 | 1385 |
| PUMP STORAGE (ELECTR.) | - | - | - | - | - | - | - | - | - | - | - |
| OTHER ENERGY SECTOR | - | - | - | - | - | - | - | 1 | 544 | 807 | - |
| FINAL CONSUMPTION | 1171 | - | 830 | - | 3572 | 10 | - | 405 | 1278 | 868 | 11615 |
| INDUSTRY SECTOR | 181 | - | 490 | - | 1214 | - | - | 20 | 1278 | 868 | 8140 |
| IRON AND STEEL | - | - | 450 | - | - | - | - | - | 1278 | 868 | 600 |
| CHEMICAL | - | - | - | - | 974 | - | - | - | - | - | 865 |
| PETROCHEMICAL | - | - | - | - | - | - | - | - | - | - | - |
| NON-FERROUS METAL | - | - | - | - | - | - | - | - | - | - | 290 |
| NON-METALLIC MINERAL | - | - | - | - | - | - | - | - | - | - | - |
| PAPER PULP AND PRINT | - | - | - | - | - | - | - | - | - | - | 280 |
| MINING AND QUARRYING | - | - | - | - | - | - | - | - | - | - | 110 |
| FOOD AND TOBACCO | - | - | - | - | - | - | - | - | - | - | 395 |
| WOOD AND WOOD PRODUCTS | - | - | - | - | - | - | - | - | - | - | - |
| MACHINERY | - | - | - | - | - | - | - | - | - | - | - |
| TRANSPORT EQUIPMENT | - | - | - | - | - | - | - | - | - | - | - |
| CONSTRUCTION | - | - | - | - | - | - | - | - | - | - | - |
| TEXTILES AND LEATHER | - | - | - | - | - | - | - | - | - | - | - |
| NON SPECIFIED | 181 | - | 40 | - | 240 | - | - | 20 | - | - | 5600 |
| NON-ENERGY USES: | | | | | | | | | | | |
| (1)ENERGY PRODUCTS | - | - | - | - | - | - | - | - | - | - | - |
| (2)NON-ENERGY PRODUCTS | - | - | - | - | - | - | - | - | - | - | - |
| TRANSPORT. SECTOR ** | 720 | - | - | - | 160 | - | - | - | - | - | 100 |
| AIR TRANSPORT | - | - | - | - | - | - | - | - | - | - | - |
| ROAD TRANSPORT | - | - | - | - | - | - | - | - | - | - | - |
| RAILWAYS | 670 | - | - | - | 160 | - | - | - | - | - | 100 |
| INTERNAL NAVIGATION | 50 | - | - | - | - | - | - | - | - | - | - |
| OTHER SECTORS ** | 270 | - | 340 | - | 2198 | 10 | - | 385 | - | - | 3375 |
| AGRICULTURE | - | - | - | - | - | - | - | - | - | - | 130 |
| PUBLIC SERVICES | - | - | - | - | - | - | - | - | - | - | - |
| COMMERCE | - | - | - | - | - | - | - | - | - | - | 1445 |
| RESIDENTIAL | 270 | - | 340 | - | 2198 | 10 | - | 385 | - | - | 1800 |

(1) INCLUDED IN CHEMICAL OR PETROCHEMICAL INDUSTRY
(2) INCLUDED ONLY IN TOTAL INDUSTRY

| * OF WHICH: HYDRO | 2621 |
|---|---|
| NUCLEAR | 0 |
| CONVENTIONAL THERMAL | 11690 |
| GEOTHERMAL | 0 |

** INCLUDED IN THESE TOTALS ARE THE NON-SPECIFIED ELEMENTS

## PRODUCTION ET UTILISATION DES SOURCES D ENERGIE : TURQUIE

1973

UNIT: 1000 METRIC TONS
UNITE: 1000 TONNES METRIQUES

| OIL / PETROLE: CRUDE* / BRUT* | OIL / PETROLE: NGL / GNL | OIL / PETROLE: FEEDST. | REFINERY GAS / GAZ DE PETROLE | LIQUEFIED PETROLEUM GASES / GAZ LIQUEFIES DE PETROLE | AVIATION GASOLINE / ESSENCE AVION | MOTOR GASOLINE / ESSENCE AUTO | JET FUEL / CARBURANT REACTEUR | KEROSENE / PETROLE LAMPANT | GAS/DIESEL OIL / GAZ/DIESEL OIL | RESIDUAL FUEL OIL / FUEL OIL RESIDUEL | NAPHTHA / NAPHTHA | NON-ENERGY PRODUCTS / PRODUITS NON-ENERGETIQUES |
|---|---|---|---|---|---|---|---|---|---|---|---|---|
| 12 | 13 | 14 | 15 | 16 | 17 | 18 | 19 | 20 | 21 | 22 | 23 | 24 |
| 3511 | - | - | 184 | 399 | - | 1901 | 241 | 566 | 3055 | 5697 | 241 | 249 |
| - | - | - | - | - | - | - | - | - | - | - | - | - |
| 9306 | - | - | - | - | - | - | - | - | - | 20 | - | 151 |
| - | - | - | - | - | - | -368 | -94 | - | -186 | -78 | -90 | - |
| - | - | - | - | - | - | - |  | - | - | -90 | - | - |
| 164 | - | - | - | - | - | - | - | -18 | - | - | - | 31 |
| 12981 | - | - | 184 | 399 | - | 1533 | 147 | 548 | 2869 | 5549 | 151 | 431 |
| - | - | - | - | - | - | - | - | - | - | - | - | - |
| - | - | - | - | - | - | - | - | - | - | - | - | - |
| 12981 | - | - | 184 | 399 | - | 1533 | 147 | 548 | 2869 | 5549 | 151 | 431 |
| - | - | - | - | -41 | - | 192 | 5 | - | 134 | - | - | -1 |
| 12981 | - | - | - | - | - | - | - | - | 180 | 1161 | - | - |
|  |  |  |  |  |  |  |  |  |  |  |  |  |
| - | - | - | - | - | - | - | - | - | - | - | - | - |
| - | - | - | - | - | - | - | - | - | - | 29 | - | - |
| 12981 | - | - | - | - | - | - | - | - | - | - | - | - |
| - | - | - | - | - | - | - | - | - | 180 | 1132 | - | - |
| - | - | - | 184 | - | - | - | - | - | 13 | 382 | 5 | - |
|  |  |  |  |  |  |  |  |  |  |  |  |  |
| - | - | - | - | - | - | - | - | - | - | - | - | - |
| - | - | - | - | - | - | - | - | - | - | - | - | - |
| - | - | - | 184 | - | - | - | - | - | 13 | 382 | 5 | - |
| - | - | - | - | - | - | - | - | - | - | - | - | - |
| - | - | - | - | - | - | - | - | - | - | - | - | - |
| - | - | - | - | - | - | - | - | - | - | - | - | - |
| - | - | - | - | - | - | - | - | - | - | - | - | - |
| - | - | - | - | 440 | - | 1341 | 142 | 548 | 2542 | 4006 | 146 | 432 |
| - | - | - | - | - | - | - | - | - | 109 | 1995 | 146 | 432 |
|  |  |  |  |  |  |  |  |  |  |  |  |  |
| - | - | - | - | - | - | - | - | - | 58 | 91 | - | - |
| - | - | - | - | - | - | - | - | - | - | 69 | - | - |
| - | - | - | - | - | - | - | - | - | - | 112 | 146 | - |
| - | - | - | - | - | - | - | - | - | - | - | - | - |
| - | - | - | - | - | - | - | - | - | - | - | - | - |
| - | - | - | - | - | - | - | - | - | - | - | - | - |
| - | - | - | - | - | - | - | - | - | - | - | - | - |
| - | - | - | - | - | - | - | - | - | - | - | - | - |
| - | - | - | - | - | - | - | - | - | - | - | - | - |
| - | - | - | - | - | - | - | - | - | - | - | - | - |
| - | - | - | - | - | - | - | - | - | - | - | - | - |
| - | - | - | - | - | - | - | - | - | - | - | - | - |
| - | - | - | - | - | - | - | - | - | - | - | - | - |
| - | - | - | - | - | - | - | - | - | 51 | 1723 | - | 5 |
|  |  |  |  |  |  |  |  |  |  |  |  |  |
| - | - | - | - | - | - | - | - | - | - | - | 146 | - |
| - | - | - | - | - | - | - | - | - | - | - | - | 427 |
| - | - | - | - | - | - | 1341 | 142 | - | 1503 | 845 | - | - |
|  |  |  |  |  |  |  |  |  |  |  |  |  |
| - | - | - | - | - | - | - | 142 | - | - | - | - | - |
| - | - | - | - | - | - | 1341 | - | - | 1422 | - | - | - |
| - | - | - | - | - | - | - | - | - | 81 | 287 | - | - |
| - | - | - | - | - | - | - | - | - | - | 558 | - | - |
| - | - | - | - | 440 | - | - | - | 548 | 930 | 1166 | - | - |
|  |  |  |  |  |  |  |  |  |  |  |  |  |
| - | - | - | - | - | - | - | - | - | 776 | - | - | - |
| - | - | - | - | - | - | - | - | - | 154 | - | - | - |
| - | - | - | - | - | - | - | - | - | - | - | - | - |
| - | - | - | - | 440 | - | - | - | 548 | - | 1166 | - | - |

*INCLUDED IN THIS COLUMN IS NGL AND FEEDSTOCKS.

## PRODUCTION AND USES OF ENERGY SOURCES : TURKEY

### 1974

| ENERGY SOURCES / PRODUCTION AND USES | UNIT: 1000 METRIC TONS / UNITE: 1000 TONNES METRIQUES | | | | | | TCAL / TCAL | MANUFACTURED GAS (TCAL) / GAZ MANUFACTURE (TCAL) | | | MILLIONS OF (DE) KWH |
|---|---|---|---|---|---|---|---|---|---|---|---|
| | HARD COAL / HOUILLE | PATENT FUEL / AGGLOMERES | COKE OVEN COKE / COKE DE FOUR | GAS COKE / COKE DE GAZ | BROWN COAL / LIGNITE | BKB / BRIQ. DE LIGNITE | NATURAL GAS / GAZ NATUREL | GAS WORKS / USINES A GAZ | COKE OVENS / COKERIES | BLAST FURNACES / HAUT FOURNEAUX | ELECTRICITY* / ELECTRICITE* |
| | 1 | 2 | 3 | 4 | 5 | 6 | 7 | 8 | 9 | 10 | 11 |
| PRODUCTION | 4965 | - | 1241 | - | 6340 | 10 | - | 450 | 2200 | 2800 | 13477 |
| FROM OTHER SOURCES | - | - | - | - | - | - | - | - | - | - | - |
| IMPORT | - | - | - | - | - | - | - | - | - | - | - |
| EXPORT | - | - | - | - | - | - | - | - | - | - | - |
| INTL. MARINE BUNKERS | - | - | - | - | - | - | - | - | - | - | - |
| STOCK CHANGES | - | - | - | - | - | - | - | - | - | - | - |
| DOMESTIC SUPPLY | 4965 | - | 1241 | - | 6340 | 10 | - | 450 | 2200 | 2800 | 13477 |
| RETURNS TO SUPPLY | - | - | - | - | - | - | - | - | - | - | - |
| TRANSFERS | - | - | - | - | - | - | - | - | - | - | - |
| DOMESTIC AVAILABILITY | 4965 | - | 1241 | - | 6340 | 10 | - | 450 | 2200 | 2800 | 13477 |
| STATISTICAL DIFFERENCE | 46 | - | - | - | 25 | - | - | - | - | - | -355 |
| TRANSFORM. SECTOR ** | 3660 | - | 460 | - | 2550 | - | - | - | 400 | 880 | - |
| FOR SOLID FUELS | 2190 | - | - | - | 14 | - | - | - | - | - | - |
| FOR GASES | 270 | - | 460 | - | - | - | - | - | - | - | - |
| PETROLEUM REFINERIES | - | - | - | - | - | - | - | - | - | - | - |
| THERMO-ELECTRIC PLANTS | 1200 | - | - | - | 2536 | - | - | - | 400 | 880 | - |
| ENERGY SECTOR | 10 | - | - | - | - | - | - | 51 | 550 | 1050 | 2861 |
| COAL MINES | 10 | - | - | - | - | - | - | - | - | - | 443 |
| OIL AND GAS EXTRACTION | - | - | - | - | - | - | - | - | - | - | - |
| PETROLEUM REFINERIES | - | - | - | - | - | - | - | - | - | - | 355 |
| ELECTRIC PLANTS | - | - | - | - | - | - | - | - | - | - | 708 |
| DISTRIBUTION LOSSES | - | - | - | - | - | - | - | 50 | - | 200 | 1355 |
| PUMP STORAGE (ELECTR.) | - | - | - | - | - | - | - | - | - | - | - |
| OTHER ENERGY SECTOR | - | - | - | - | - | - | - | 1 | 550 | 850 | - |
| FINAL CONSUMPTION | 1249 | - | 781 | - | 3765 | 10 | - | 399 | 1250 | 870 | 10971 |
| INDUSTRY SECTOR | 300 | - | 501 | - | 1198 | - | - | 20 | 1250 | 870 | 7965 |
| IRON AND STEEL | - | - | 460 | - | - | - | - | - | 1250 | 870 | 656 |
| CHEMICAL | 100 | - | - | - | 1084 | - | - | - | - | - | 928 |
| PETROCHEMICAL | - | - | - | - | - | - | - | - | - | - | - |
| NON-FERROUS METAL | - | - | - | - | - | - | - | - | - | - | 221 |
| NON-METALLIC MINERAL | - | - | - | - | - | - | - | - | - | - | 1073 |
| PAPER PULP AND PRINT | - | - | - | - | - | - | - | - | - | - | 571 |
| MINING AND QUARRYING | - | - | - | - | - | - | - | - | - | - | 172 |
| FOOD AND TOBACCO | - | - | - | - | - | - | - | - | - | - | 360 |
| WOOD AND WOOD PRODUCTS | - | - | - | - | - | - | - | - | - | - | - |
| MACHINERY | - | - | - | - | - | - | - | - | - | - | 190 |
| TRANSPORT EQUIPMENT | - | - | - | - | - | - | - | - | - | - | - |
| CONSTRUCTION | - | - | - | - | - | - | - | - | - | - | 13 |
| TEXTILES AND LEATHER | - | - | - | - | - | - | - | - | - | - | 554 |
| NON SPECIFIED | 200 | - | 41 | - | 114 | - | - | 20 | - | - | 3227 |
| NON-ENERGY USES: | | | | | | | | | | | |
| (1)ENERGY PRODUCTS | - | - | - | - | - | - | - | - | - | - | - |
| (2)NON-ENERGY PRODUCTS | - | - | - | - | - | - | - | - | - | - | - |
| TRANSPORT. SECTOR ** | 651 | - | - | - | 158 | - | - | - | - | - | 111 |
| AIR TRANSPORT | - | - | - | - | - | - | - | - | - | - | - |
| ROAD TRANSPORT | - | - | - | - | - | - | - | - | - | - | - |
| RAILWAYS | 596 | - | - | - | 158 | - | - | - | - | - | 111 |
| INTERNAL NAVIGATION | 55 | - | - | - | - | - | - | - | - | - | - |
| OTHER SECTORS ** | 298 | - | 280 | - | 2409 | 10 | - | 379 | - | - | 2895 |
| AGRICULTURE | - | - | - | - | - | - | - | - | - | - | 53 |
| PUBLIC SERVICES | - | - | - | - | - | - | - | - | - | - | - |
| COMMERCE | - | - | - | - | - | - | - | - | - | - | 1347 |
| RESIDENTIAL | 298 | - | 280 | - | 2409 | 10 | - | 379 | - | - | 1495 |

(1) INCLUDED IN CHEMICAL OR PETROCHEMICAL INDUSTRY
(2) INCLUDED ONLY IN TOTAL INDUSTRY

** INCLUDED IN THESE TOTALS ARE THE NON-SPECIFIED ELEMENTS

| * OF WHICH: HYDRO | 3356 |
|---|---|
| NUCLEAR | 0 |
| CONVENTIONAL THERMAL | 10121 |
| GEOTHERMAL | 0 |

PRODUCTION ET UTILISATION DES SOURCES D ENERGIE : TURQUIE

1974

UNIT: 1000 METRIC TONS
UNITE: 1000 TONNES METRIQUES

| OIL PETROLE | | | REFINERY GAS | LIQUEFIED PETROLEUM GASES | AVIATION GASOLINE | MOTOR GASOLINE | JET FUEL | KEROSENE | GAS/DIESEL OIL | RESIDUAL FUEL OIL | NAPHTHA | NON-ENERGY PRODUCTS |
|---|---|---|---|---|---|---|---|---|---|---|---|---|
| CRUDE* BRUT* | NGL GNL | FEEDST. | GAZ DE PETROLE | GAZ LIQUEFIES DE PETROLE | ESSENCE AVION | ESSENCE AUTO | CARBURANT REACTEUR | PETROLE LAMPANT | GAZ/DIESEL OIL | FUEL OIL RESIDUEL | NAPHTHA | PRODUITS NON-ENERGETIQUES |
| 12 | 13 | 14 | 15 | 16 | 17 | 18 | 19 | 20 | 21 | 22 | 23 | 24 |
| 3309 | - | - | 185 | 430 | - | 1999 | 361 | 510 | 3111 | 5587 | 306 | 305 |
| - | - | - | - | - | - | - | - | - | - | - | - | - |
| 9962 | - | - | - | 51 | - | - | - | - | - | 202 | - | 172 |
| - | - | - | - | - | - | -468 | -184 | - | -34 | -2 | -15 | - |
| - | - | - | - | - | - | - | - | - | -8 | -79 | - | - |
| -301 | - | - | - | - | - | - | - | -42 | - | - | - | -66 |
| 12970 | - | - | 185 | 481 | - | 1531 | 177 | 468 | 3069 | 5708 | 291 | 411 |
| - | - | - | - | - | - | - | - | - | - | - | - | - |
| 12970 | - | - | 185 | 481 | - | 1531 | 177 | 468 | 3069 | 5708 | 291 | 411 |
| - | - | - | - | 3 | - | 125 | 6 | - | 174 | 42 | 73 | 14 |
| 12970 | - | - | - | - | - | - | - | - | 191 | 1149 | - | - |
| - | - | - | - | - | - | - | - | - | - | - | - | - |
| - | - | - | - | - | - | - | - | - | - | 29 | - | - |
| 12970 | - | - | - | - | - | - | - | - | - | - | - | - |
| - | - | - | - | - | - | - | - | - | 191 | 1120 | - | - |
| - | - | - | 185 | - | - | - | - | - | 19 | 552 | 29 | - |
| - | - | - | - | - | - | - | - | - | - | - | - | - |
| - | - | - | - | - | - | - | - | - | - | - | - | - |
| - | - | - | 185 | - | - | - | - | - | 19 | 552 | 29 | - |
| - | - | - | - | - | - | - | - | - | - | - | - | - |
| - | - | - | - | - | - | - | - | - | - | - | - | - |
| - | - | - | - | - | - | - | - | - | - | - | - | - |
| - | - | - | - | - | - | - | - | - | - | - | - | - |
| - | - | - | - | 478 | - | 1406 | 171 | 468 | 2685 | 3965 | 189 | 397 |
| - | - | - | - | - | - | - | - | - | 115 | 1975 | 189 | 397 |
| - | - | - | - | - | - | - | - | - | 61 | 90 | - | - |
| - | - | - | - | - | - | - | - | - | - | 68 | - | - |
| - | - | - | - | - | - | - | - | - | - | 111 | 189 | - |
| - | - | - | - | - | - | - | - | - | - | - | - | - |
| - | - | - | - | - | - | - | - | - | - | - | - | - |
| - | - | - | - | - | - | - | - | - | - | - | - | - |
| - | - | - | - | - | - | - | - | - | - | - | - | - |
| - | - | - | - | - | - | - | - | - | - | - | - | - |
| - | - | - | - | - | - | - | - | - | - | - | - | - |
| - | - | - | - | - | - | - | - | - | - | - | - | - |
| - | - | - | - | - | - | - | - | - | - | - | - | - |
| - | - | - | - | - | - | - | - | - | - | - | - | - |
| - | - | - | - | - | - | - | - | - | - | - | - | - |
| - | - | - | - | - | - | - | - | - | 54 | 1706 | - | - |
| - | - | - | - | - | - | - | - | - | - | - | 189 | - |
| - | - | - | - | - | - | - | - | - | - | - | - | 397 |
| - | - | - | - | - | - | 1406 | 171 | - | 1588 | 836 | - | - |
| - | - | - | - | - | - | - | 171 | - | - | - | - | - |
| - | - | - | - | - | - | 1406 | - | - | 1503 | - | - | - |
| - | - | - | - | - | - | - | - | - | 85 | 284 | - | - |
| - | - | - | - | - | - | - | - | - | - | 552 | - | - |
| - | - | - | - | 478 | - | - | - | 468 | 982 | 1154 | - | - |
| - | - | - | - | - | - | - | - | - | 820 | - | - | - |
| - | - | - | - | - | - | - | - | - | 162 | - | - | - |
| - | - | - | - | - | - | - | - | - | - | - | - | - |
| - | - | - | - | 478 | - | - | - | 468 | - | 1154 | - | - |

*INCLUDED IN THIS COLUMN IS NGL AND FEEDSTOCKS.

## PRODUCTION AND USES OF ENERGY SOURCES : TURKEY

1975

| PRODUCTION AND USES / ENERGY SOURCES | HARD COAL / HOUILLE | PATENT FUEL / AGGLOMERES | COKE OVEN COKE / COKE DE FOUR | GAS COKE / COKE DE GAZ | BROWN COAL / LIGNITE | BKB / BRIQ. DE LIGNITE | NATURAL GAS / GAZ NATUREL | GAS WORKS / USINES A GAZ | COKE OVENS / COKERIES | BLAST FURNACES / HAUT FOURNEAUX | ELECTRICITY* / ELECTRICITE* |
|---|---|---|---|---|---|---|---|---|---|---|---|
| | UNIT: 1000 METRIC TONS / UNITE: 1000 TONNES METRIQUES | | | | | | TCAL / TCAL | MANUFACTURED GAS (TCAL) / GAZ MANUFACTURE (TCAL) | | | MILLIONS OF (DE) KWH |
| | 1 | 2 | 3 | 4 | 5 | 6 | 7 | 8 | 9 | 10 | 11 |
| PRODUCTION | 4813 | - | 1260 | - | 6199 | 20 | - | 513 | 2497 | 2797 | 15623 |
| FROM OTHER SOURCES | - | - | - | - | - | - | - | - | - | - | - |
| IMPORT | - | - | - | - | - | - | - | - | - | - | - |
| EXPORT | - | - | - | - | - | - | - | - | - | - | 96 |
| INTL. MARINE BUNKERS | - | - | - | - | - | - | - | - | - | - | - |
| STOCK CHANGES | -55 | - | - | - | 33 | - | - | - | - | - | - |
| DOMESTIC SUPPLY | 4758 | - | 1260 | - | 6232 | 20 | - | 513 | 2497 | 2797 | 15719 |
| RETURNS TO SUPPLY | - | - | - | - | - | - | - | - | - | - | - |
| TRANSFERS | - | - | - | - | - | - | - | - | - | - | - |
| DOMESTIC AVAILABILITY | 4758 | - | 1260 | - | 6232 | 20 | - | 513 | 2497 | 2797 | 15719 |
| STATISTICAL DIFFERENCE | 173 | - | - | - | 111 | 2 | - | - | - | - | -413 |
| TRANSFORM. SECTOR ** | 3444 | - | 467 | - | 2410 | - | - | - | 473 | 902 | - |
| FOR SOLID FUELS | 2168 | - | - | - | 19 | - | - | - | - | - | - |
| FOR GASES | 224 | - | 467 | - | - | - | - | - | 5 | - | - |
| PETROLEUM REFINERIES | - | - | - | - | - | - | - | - | - | - | - |
| THERMO-ELECTRIC PLANTS | 1052 | - | - | - | 2391 | - | - | - | 468 | 902 | - |
| ENERGY SECTOR | 9 | - | - | - | - | - | - | 66 | 622 | 1002 | 3303 |
| COAL MINES | 9 | - | - | - | - | - | - | - | - | - | 530 |
| OIL AND GAS EXTRACTION | - | - | - | - | - | - | - | - | - | - | - |
| PETROLEUM REFINERIES | - | - | - | - | - | - | - | - | - | - | 390 |
| ELECTRIC PLANTS | - | - | - | - | - | - | - | - | - | - | 802 |
| DISTRIBUTION LOSSES | - | - | - | - | - | - | - | 65 | 26 | 172 | 1581 |
| PUMP STORAGE (ELECTR.) | - | - | - | - | - | - | - | - | - | - | - |
| OTHER ENERGY SECTOR | - | - | - | - | - | - | - | 1 | 596 | 830 | - |
| FINAL CONSUMPTION | 1132 | - | 793 | - | 3711 | 18 | - | 447 | 1402 | 893 | 12829 |
| INDUSTRY SECTOR | 243 | - | 508 | - | 1176 | - | - | 22 | 1402 | 893 | 9294 |
| IRON AND STEEL | - | - | 467 | - | - | - | - | - | 1402 | 893 | 740 |
| CHEMICAL | 132 | - | - | - | 1079 | - | - | - | - | - | 1060 |
| PETROCHEMICAL | - | - | - | - | - | - | - | - | - | - | - |
| NON-FERROUS METAL | - | - | - | - | - | - | - | - | - | - | 680 |
| NON-METALLIC MINERAL | - | - | - | - | - | - | - | - | - | - | 1225 |
| PAPER PULP AND PRINT | - | - | - | - | - | - | - | - | - | - | 655 |
| MINING AND QUARRYING | - | - | - | - | - | - | - | - | - | - | 210 |
| FOOD AND TOBACCO | - | - | - | - | - | - | - | - | - | - | 390 |
| WOOD AND WOOD PRODUCTS | - | - | - | - | - | - | - | - | - | - | - |
| MACHINERY | - | - | - | - | - | - | - | - | - | - | 220 |
| TRANSPORT EQUIPMENT | - | - | - | - | - | - | - | - | - | - | - |
| CONSTRUCTION | - | - | - | - | - | - | - | - | - | - | 13 |
| TEXTILES AND LEATHER | - | - | - | - | - | - | - | - | - | - | 635 |
| NON SPECIFIED | 111 | - | 41 | - | 97 | - | - | 22 | - | - | 3466 |
| NON-ENERGY USES: | | | | | | | | | | | |
| (1)ENERGY PRODUCTS | - | - | - | - | - | - | - | - | - | - | - |
| (2)NON-ENERGY PRODUCTS | - | - | - | - | - | - | - | - | - | - | - |
| TRANSPORT. SECTOR ** | 647 | - | - | - | - | - | - | - | - | - | 125 |
| AIR TRANSPORT | - | - | - | - | - | - | - | - | - | - | - |
| ROAD TRANSPORT | - | - | - | - | - | - | - | - | - | - | - |
| RAILWAYS | 592 | - | - | - | - | - | - | - | - | - | 125 |
| INTERNAL NAVIGATION | 55 | - | - | - | - | - | - | - | - | - | - |
| OTHER SECTORS ** | 242 | - | 285 | - | 2535 | 18 | - | 425 | - | - | 3410 |
| AGRICULTURE | - | - | - | - | - | - | - | - | - | - | 60 |
| PUBLIC SERVICES | - | - | - | - | - | - | - | - | - | - | - |
| COMMERCE | - | - | - | - | - | - | - | - | - | - | 1633 |
| RESIDENTIAL | 242 | - | 285 | - | 2535 | 18 | - | 425 | - | - | 1717 |

(1) INCLUDED IN CHEMICAL OR PETROCHEMICAL INDUSTRY
(2) INCLUDED ONLY IN TOTAL INDUSTRY

** INCLUDED IN THESE TOTALS ARE THE NON-SPECIFIED ELEMENTS

| * OF WHICH: HYDRO | 5904 |
|---|---|
| NUCLEAR | 0 |
| CONVENTIONAL THERMAL | 9719 |
| GEOTHERMAL | 0 |

UNIT: 1000 METRIC TONS
UNITE: 1000 TONNES METRIQUES

| OIL PETROLE | | | REFINERY GAS | LIQUEFIED PETROLEUM GASES | AVIATION GASOLINE | MOTOR GASOLINE | JET FUEL | KEROSENE | GAS/DIESEL OIL | RESIDUAL FUEL OIL | NAPHTHA | NON-ENERGY PRODUCTS |
|---|---|---|---|---|---|---|---|---|---|---|---|---|
| CRUDE* BRUT* | NGL GNL | FEEDST. | GAZ DE PETROLE | GAZ LIQUEFIES DE PETROLE | ESSENCE AVION | ESSENCE AUTO | CARBURANT REACTEUR | PETROLE LAMPANT | GAZ/DIESEL OIL | FUEL OIL RESIDUEL | NAPHTHA | PRODUITS NON-ENERGETIQUES |
| 12 | 13 | 14 | 15 | 16 | 17 | 18 | 19 | 20 | 21 | 22 | 23 | 24 |
| 3096 | - | - | 190 | 371 | - | 2128 | 260 | 413 | 3150 | 5685 | 347 | 379 |
| - | - | - | - | 26 | - | 49 | - | - | - | 13 | - | - |
| 9634 | - | - | - | 145 | - | - | - | - | 103 | 458 | - | 77 |
| - | - | - | - | - | - | -264 | -95 | -1 | -16 | - | -127 | - |
| - | - | - | - | - | - | - | - | - | -9 | -84 | - | - |
| 329 | - | - | - | 1 | - | 14 | -16 | 46 | 18 | 49 | 1 | 23 |
| 13059 | - | - | 190 | 543 | - | 1927 | 149 | 458 | 3246 | 6121 | 221 | 479 |
| - | - | - | - | - | - | - | - | - | - | - | - | - |
| - | - | - | - | - | - | - | - | - | - | - | - | - |
| 13059 | - | - | 190 | 543 | - | 1927 | 149 | 458 | 3246 | 6121 | 221 | 479 |
| - | - | - | - | 2 | - | 1 | -3 | -2 | -16 | 170 | -6 | - |
| 13046 | - | - | - | - | - | - | - | - | 215 | 1212 | - | - |
| - | - | - | - | - | - | - | - | - | - | - | - | - |
| - | - | - | - | - | - | - | - | - | - | 30 | - | - |
| 13046 | - | - | - | - | - | - | - | - | - | - | - | - |
| - | - | - | - | - | - | - | - | - | 215 | 1182 | - | - |
| - | - | - | 190 | - | - | 2 | - | - | 18 | 554 | - | - |
| - | - | - | - | - | - | - | - | - | - | - | - | - |
| - | - | - | - | - | - | - | - | - | - | - | - | - |
| - | - | - | 190 | - | - | 2 | - | - | 18 | 554 | - | - |
| - | - | - | - | - | - | - | - | - | - | - | - | - |
| - | - | - | - | - | - | - | - | - | - | - | - | - |
| - | - | - | - | - | - | - | - | - | - | - | - | - |
| - | - | - | - | - | - | - | - | - | - | - | - | - |
| 13 | - | - | - | 541 | - | 1924 | 152 | 460 | 3029 | 4185 | 227 | 479 |
| 13 | - | - | - | 81 | - | 24 | - | - | 130 | 2084 | 227 | 479 |
| - | - | - | - | - | - | - | - | - | 69 | 95 | - | - |
| - | - | - | - | - | - | - | - | - | - | 72 | - | - |
| - | - | - | - | - | - | - | - | - | - | 117 | 227 | - |
| - | - | - | - | - | - | - | - | - | - | - | - | - |
| - | - | - | - | - | - | - | - | - | - | 829 | - | - |
| - | - | - | - | - | - | - | - | - | - | - | - | - |
| - | - | - | - | - | - | - | - | - | - | - | - | - |
| - | - | - | - | - | - | - | - | - | - | - | - | - |
| - | - | - | - | - | - | - | - | - | - | - | - | - |
| - | - | - | - | - | - | - | - | - | - | - | - | - |
| - | - | - | - | - | - | - | - | - | - | - | - | - |
| - | - | - | - | - | - | - | - | - | - | - | - | - |
| - | - | - | - | - | - | - | - | - | - | - | - | - |
| 13 | - | - | - | 81 | - | 24 | - | - | 61 | 971 | - | 5 |
| - | - | - | - | - | - | - | - | - | - | - | 227 | - |
| - | - | - | - | - | - | - | - | - | - | - | - | 474 |
| - | - | - | - | - | - | 1875 | 152 | - | 1791 | 883 | - | - |
| - | - | - | - | - | - | - | 152 | - | - | - | - | - |
| - | - | - | - | - | - | 1875 | - | - | 1695 | - | - | - |
| - | - | - | - | - | - | - | - | - | 96 | 300 | - | - |
| - | - | - | - | - | - | - | - | - | - | 583 | - | - |
| - | - | - | - | 460 | - | 25 | - | 460 | 1108 | 1218 | - | - |
| - | - | - | - | - | - | 25 | - | - | 925 | - | - | - |
| - | - | - | - | - | - | - | - | - | 183 | - | - | - |
| - | - | - | - | - | - | - | - | - | - | - | - | - |
| - | - | - | - | 460 | - | - | - | 460 | - | 1218 | - | - |

*INCLUDED IN THIS COLUMN IS NGL AND FEEDSTOCKS.

## PRODUCTION AND USES OF ENERGY SOURCES : TURKEY

1976

| PRODUCTION AND USES / ENERGY SOURCES | HARD COAL / HOUILLE (1) | PATENT FUEL / AGGLOMERES (2) | COKE OVEN COKE / COKE DE FOUR (3) | GAS COKE / COKE DE GAZ (4) | BROWN COAL / LIGNITE (5) | BKB / BRIQ. DE LIGNITE (6) | NATURAL GAS / GAZ NATUREL (7) | GAS WORKS / USINES A GAZ (8) | COKE OVENS / COKERIES (9) | BLAST FURNACES / HAUT FOURNEAUX (10) | ELECTRICITY* / ELECTRICITE* (11) |
|---|---|---|---|---|---|---|---|---|---|---|---|
| | UNIT: 1000 METRIC TONS / UNITE: 1000 TONNES METRIQUES | | | | | | TCAL / TCAL | MANUFACTURED GAS (TCAL) / GAZ MANUFACTURE (TCAL) | | | MILLIONS OF (DE) KWH |
| PRODUCTION | 4632 | - | 1210 | - | 7493 | 17 | - | 250 | 2400 | 2700 | 18283 |
| FROM OTHER SOURCES | - | - | - | - | - | - | - | - | - | - | - |
| IMPORT | - | - | - | - | - | - | - | - | - | - | 337 |
| EXPORT | - | - | - | - | - | - | - | - | - | - | -5 |
| INTL. MARINE BUNKERS | - | - | - | - | - | - | - | - | - | - | - |
| STOCK CHANGES | 62 | - | - | - | 7 | - | - | - | - | - | - |
| DOMESTIC SUPPLY | 4694 | - | 1210 | - | 7500 | 17 | - | 250 | 2400 | 2700 | 18615 |
| RETURNS TO SUPPLY | - | - | - | - | - | - | - | - | - | - | - |
| TRANSFERS | - | - | - | - | - | - | - | - | - | - | - |
| DOMESTIC AVAILABILITY | 4694 | - | 1210 | - | 7500 | 17 | - | 250 | 2400 | 2700 | 18615 |
| STATISTICAL DIFFERENCE | 179 | - | - | - | 170 | -1 | - | - | - | - | 235 |
| TRANSFORM. SECTOR ** | 3380 | - | 450 | - | 3183 | - | - | - | 450 | 880 | - |
| FOR SOLID FUELS | 2080 | - | - | - | 16 | - | - | - | - | - | - |
| FOR GASES | 110 | - | 450 | - | - | - | - | - | - | - | - |
| PETROLEUM REFINERIES | - | - | - | - | - | - | - | - | - | - | - |
| THERMO-ELECTRIC PLANTS | 1190 | - | - | - | 3167 | - | - | - | 450 | 880 | - |
| ENERGY SECTOR | 10 | - | - | - | - | - | - | 30 | 550 | 970 | 3527 |
| COAL MINES | 10 | - | - | - | - | - | - | - | - | - | 586 |
| OIL AND GAS EXTRACTION | - | - | - | - | - | - | - | - | - | - | - |
| PETROLEUM REFINERIES | - | - | - | - | - | - | - | - | - | - | 405 |
| ELECTRIC PLANTS | - | - | - | - | - | - | - | - | - | - | 824 |
| DISTRIBUTION LOSSES | - | - | - | - | - | - | - | 30 | 25 | 170 | 1712 |
| PUMP STORAGE (ELECTR.) | - | - | - | - | - | - | - | - | - | - | - |
| OTHER ENERGY SECTOR | - | - | - | - | - | - | - | - | 525 | 800 | - |
| FINAL CONSUMPTION | 1125 | - | 760 | - | 4147 | 18 | - | 220 | 1400 | 850 | 14853 |
| INDUSTRY SECTOR | 312 | - | 490 | - | 1429 | - | - | 10 | 1400 | 850 | 9342 |
| IRON AND STEEL | - | - | 450 | - | - | - | - | - | 1400 | 850 | 1229 |
| CHEMICAL | 147 | - | - | - | 1259 | - | - | - | - | - | 929 |
| PETROCHEMICAL | - | - | - | - | - | - | - | - | - | - | - |
| NON-FERROUS METAL | - | - | - | - | - | - | - | - | - | - | 1050 |
| NON-METALLIC MINERAL | - | - | - | - | - | - | - | - | - | - | 1778 |
| PAPER PULP AND PRINT | - | - | - | - | - | - | - | - | - | - | 815 |
| MINING AND QUARRYING | - | - | - | - | - | - | - | - | - | - | 164 |
| FOOD AND TOBACCO | - | - | - | - | - | - | - | - | - | - | 1094 |
| WOOD AND WOOD PRODUCTS | - | - | - | - | - | - | - | - | - | - | - |
| MACHINERY | - | - | - | - | - | - | - | - | - | - | 385 |
| TRANSPORT EQUIPMENT | - | - | - | - | - | - | - | - | - | - | - |
| CONSTRUCTION | - | - | - | - | - | - | - | - | - | - | 15 |
| TEXTILES AND LEATHER | - | - | - | - | - | - | - | - | - | - | 1668 |
| NON SPECIFIED | 165 | - | 40 | - | 170 | - | - | 10 | - | - | 215 |
| NON-ENERGY USES: | | | | | | | | | | | |
| (1)ENERGY PRODUCTS | - | - | - | - | - | - | - | - | - | - | - |
| (2)NON-ENERGY PRODUCTS | - | - | - | - | - | - | - | - | - | - | - |
| TRANSPORT. SECTOR ** | 588 | - | - | - | - | - | - | - | - | - | 174 |
| AIR TRANSPORT | - | - | - | - | - | - | - | - | - | - | - |
| ROAD TRANSPORT | - | - | - | - | - | - | - | - | - | - | - |
| RAILWAYS | 542 | - | - | - | - | - | - | - | - | - | 174 |
| INTERNAL NAVIGATION | 46 | - | - | - | - | - | - | - | - | - | - |
| OTHER SECTORS ** | 225 | - | 270 | - | 2718 | 18 | - | 210 | - | - | 5337 |
| AGRICULTURE | - | - | - | - | - | - | - | - | - | - | 105 |
| PUBLIC SERVICES | - | - | - | - | - | - | - | - | - | - | - |
| COMMERCE | - | - | - | - | - | - | - | - | - | - | 2916 |
| RESIDENTIAL | 225 | - | 270 | - | 2718 | 18 | - | 210 | - | - | 2316 |

(1) INCLUDED IN CHEMICAL OR PETROCHEMICAL INDUSTRY
(2) INCLUDED ONLY IN TOTAL INDUSTRY

| * OF WHICH: HYDRO | 8375 |
|---|---|
| NUCLEAR | 0 |
| CONVENTIONAL THERMAL | 9908 |
| GEOTHERMAL | 0 |

** INCLUDED IN THESE TOTALS ARE THE NON-SPECIFIED ELEMENTS

PRODUCTION ET UTILISATION DES SOURCES D ENERGIE : TURQUIE

1976

UNIT: 1000 METRIC TONS
UNITE: 1000 TONNES METRIQUES

| OIL / PETROLE: CRUDE* / BRUT* | OIL / PETROLE: NGL / GNL | OIL / PETROLE: FEEDST. | REFINERY GAS / GAZ DE PETROLE | LIQUEFIED PETROLEUM GASES / GAZ LIQUEFIES DE PETROLE | AVIATION GASOLINE / ESSENCE AVION | MOTOR GASOLINE / ESSENCE AUTO | JET FUEL / CARBURANT REACTEUR | KEROSENE / PETROLE LAMPANT | GAS/DIESEL OIL / GAZ/DIESEL OIL | RESIDUAL FUEL OIL / FUEL OIL RESIDUEL | NAPHTHA / NAPHTHA | NON-ENERGY PRODUCTS / PRODUITS NON-ENERGETIQUES |
|---|---|---|---|---|---|---|---|---|---|---|---|---|
| 12 | 13 | 14 | 15 | 16 | 17 | 18 | 19 | 20 | 21 | 22 | 23 | 24 |
| 2595 | - | - | 174 | 349 | - | 1960 | 178 | 520 | 3314 | 5959 | 380 | 511 |
| - | - | - | - | - | - | - | - | - | - | - | - | - |
| 11230 | - | - | - | 234 | - | 110 | 19 | 10 | 410 | 841 | - | 101 |
| - | - | - | - | - | - | -58 | -26 | -9 | -8 | -1 | -151 | - |
| - | - | - | - | - | - | - | - | - | -9 | -78 | - | - |
| -325 | - | - | - | -2 | - | -14 | -37 | -16 | -63 | 54 | -3 | -7 |
| 13500 | - | - | 174 | 581 | - | 1998 | 134 | 505 | 3644 | 6775 | 226 | 605 |
| - | - | - | - | - | - | - | - | - | - | - | - | - |
| - | - | - | - | - | - | - | - | - | - | - | - | - |
| 13500 | - | - | 174 | 581 | - | 1998 | 134 | 505 | 3644 | 6775 | 226 | 605 |
| - | - | - | - | 1 | - | -51 | -47 | -41 | -135 | 74 | -6 | -16 |
| 13487 | - | - | - | - | - | - | - | - | 264 | 1375 | - | - |
| - | - | - | - | - | - | - | - | - | - | - | - | - |
| - | - | - | - | - | - | - | - | - | - | 30 | - | - |
| 13487 | - | - | - | - | - | - | - | - | - | - | - | - |
| - | - | - | - | - | - | - | - | - | 264 | 1345 | - | - |
| - | - | - | 174 | 2 | - | - | - | - | 20 | 588 | - | - |
| - | - | - | - | - | - | - | - | - | - | - | - | - |
| - | - | - | - | - | - | - | - | - | - | - | - | - |
| - | - | - | 174 | 2 | - | - | - | - | 20 | 588 | - | - |
| - | - | - | - | - | - | - | - | - | - | - | - | - |
| - | - | - | - | - | - | - | - | - | - | - | - | - |
| - | - | - | - | - | - | - | - | - | - | - | - | - |
| - | - | - | - | - | - | - | - | - | - | - | - | - |
| 13 | - | - | - | 578 | - | 2049 | 181 | 546 | 3495 | 4738 | 232 | 621 |
| 13 | - | - | - | 87 | - | 24 | - | - | 141 | 2638 | 232 | 621 |
| - | - | - | - | - | - | - | - | - | 75 | 100 | - | - |
| - | - | - | - | - | - | - | - | - | - | 75 | - | - |
| - | - | - | - | - | - | - | - | - | - | 120 | 232 | - |
| - | - | - | - | - | - | - | - | - | - | - | - | - |
| - | - | - | - | - | - | - | - | - | - | 900 | - | - |
| - | - | - | - | - | - | - | - | - | - | - | - | - |
| - | - | - | - | - | - | - | - | - | - | - | - | - |
| - | - | - | - | - | - | - | - | - | - | - | - | - |
| - | - | - | - | - | - | - | - | - | - | - | - | - |
| - | - | - | - | - | - | - | - | - | - | - | - | - |
| - | - | - | - | - | - | - | - | - | - | - | - | - |
| - | - | - | - | - | - | - | - | - | - | - | - | - |
| - | - | - | - | - | - | - | - | - | - | - | - | - |
| 13 | - | - | - | 87 | - | 24 | - | - | 66 | 1443 | - | 8 |
| - | - | - | - | - | - | - | - | - | - | - | 232 | - |
| - | - | - | - | - | - | - | - | - | - | - | - | 613 |
| - | - | - | - | - | - | 2000 | 181 | - | 2073 | 900 | - | - |
| - | - | - | - | - | - | - | 181 | - | - | - | - | - |
| - | - | - | - | - | - | 2000 | - | - | 1960 | - | - | - |
| - | - | - | - | - | - | - | - | - | 113 | 300 | - | - |
| - | - | - | - | - | - | - | - | - | - | 600 | - | - |
| - | - | - | - | 491 | - | 25 | - | 546 | 1281 | 1200 | - | - |
| - | - | - | - | - | - | 25 | - | - | 1055 | - | - | - |
| - | - | - | - | - | - | - | - | - | 226 | - | - | - |
| - | - | - | - | 91 | - | - | - | - | - | - | - | - |
| - | - | - | - | 400 | - | - | - | 546 | - | 1200 | - | - |

*INCLUDED IN THIS COLUMN IS NGL AND FEEDSTOCKS.

## PRODUCTION AND USES OF ENERGY SOURCES : TURKEY

1977

| ENERGY SOURCES / PRODUCTION AND USES | UNIT: 1000 METRIC TONS / UNITE: 1000 TONNES METRIQUES | | | | | | TCAL / TCAL | MANUFACTURED GAS (TCAL) / GAZ MANUFACTURE (TCAL) | | | MILLIONS / OF (DE) KWH |
|---|---|---|---|---|---|---|---|---|---|---|---|
| | HARD COAL / HOUILLE | PATENT FUEL / AGGLOMERES | COKE OVEN COKE / COKE DE FOUR | GAS COKE / COKE DE GAZ | BROWN COAL / LIGNITE | BKB / BRIQ. DE LIGNITE | NATURAL GAS / GAZ NATUREL | GAS WORKS / USINES A GAZ | COKE OVENS / COKERIES | BLAST FURNACES / HAUT FOURNEAUX | ELECTRICITY* / ELECTRICITE* |
| | 1 | 2 | 3 | 4 | 5 | 6 | 7 | 8 | 9 | 10 | 11 |
| PRODUCTION | 4416 | - | 1100 | - | 8557 | 19 | - | 160 | 2150 | 1550 | 20565 |
| FROM OTHER SOURCES | - | - | - | - | - | - | - | - | - | - | - |
| IMPORT | - | - | - | - | - | - | - | - | - | - | 492 |
| EXPORT | - | - | - | - | - | - | - | - | - | - | - |
| INTL. MARINE BUNKERS | - | - | - | - | - | - | - | - | - | - | - |
| STOCK CHANGES | - | - | - | - | - | - | - | - | - | - | - |
| DOMESTIC SUPPLY | 4416 | - | 1100 | - | 8557 | 19 | - | 160 | 2150 | 1550 | 21057 |
| RETURNS TO SUPPLY | - | - | - | - | - | - | - | - | - | - | - |
| TRANSFERS | - | - | - | - | - | - | - | - | - | - | - |
| DOMESTIC AVAILABILITY | 4416 | - | 1100 | - | 8557 | 19 | - | 160 | 2150 | 1550 | 21057 |
| STATISTICAL DIFFERENCE | - | - | - | - | - | - | - | - | - | - | 393 |
| TRANSFORM. SECTOR ** | 3090 | - | 245 | - | 3706 | - | - | - | 400 | 450 | - |
| FOR SOLID FUELS | 1865 | - | - | - | 18 | - | - | - | - | - | - |
| FOR GASES | 70 | - | 245 | - | - | - | - | - | - | - | - |
| PETROLEUM REFINERIES | - | - | - | - | - | - | - | - | - | - | - |
| THERMO-ELECTRIC PLANTS | 1155 | - | - | - | 3688 | - | - | - | 400 | 450 | - |
| ENERGY SECTOR | 10 | - | - | - | - | - | - | 20 | 550 | 600 | 4112 |
| COAL MINES | 10 | - | - | - | - | - | - | - | - | - | 583 |
| OIL AND GAS EXTRACTION | - | - | - | - | - | - | - | - | - | - | - |
| PETROLEUM REFINERIES | - | - | - | - | - | - | - | - | - | - | 417 |
| ELECTRIC PLANTS | - | - | - | - | - | - | - | - | - | - | 1010 |
| DISTRIBUTION LOSSES | - | - | - | - | - | - | - | 20 | 80 | 200 | 2102 |
| PUMP STORAGE (ELECTR.) | - | - | - | - | - | - | - | - | - | - | - |
| OTHER ENERGY SECTOR | - | - | - | - | - | - | - | - | 470 | 400 | - |
| FINAL CONSUMPTION | 1316 | - | 855 | - | 4851 | 19 | - | 140 | 1200 | 500 | 16552 |
| INDUSTRY SECTOR | 365 | - | 610 | - | 1600 | - | - | 5 | 1200 | 500 | 10393 |
| IRON AND STEEL | - | - | 570 | - | - | - | - | - | 1200 | 500 | 1370 |
| CHEMICAL | 180 | - | - | - | 1400 | - | - | - | - | - | 1011 |
| PETROCHEMICAL | - | - | - | - | - | - | - | - | - | - | - |
| NON-FERROUS METAL | - | - | - | - | - | - | - | - | - | - | 1170 |
| NON-METALLIC MINERAL | - | - | - | - | - | - | - | - | - | - | 1984 |
| PAPER PULP AND PRINT | - | - | - | - | - | - | - | - | - | - | 909 |
| MINING AND QUARRYING | - | - | - | - | - | - | - | - | - | - | 182 |
| FOOD AND TOBACCO | - | - | - | - | - | - | - | - | - | - | 1220 |
| WOOD AND WOOD PRODUCTS | - | - | - | - | - | - | - | - | - | - | - |
| MACHINERY | - | - | - | - | - | - | - | - | - | - | 430 |
| TRANSPORT EQUIPMENT | - | - | - | - | - | - | - | - | - | - | - |
| CONSTRUCTION | - | - | - | - | - | - | - | - | - | - | 17 |
| TEXTILES AND LEATHER | - | - | - | - | - | - | - | - | - | - | 1860 |
| NON SPECIFIED | 185 | - | 40 | - | 200 | - | - | 5 | - | - | 240 |
| NON-ENERGY USES: | | | | | | | | | | | |
| (1)ENERGY PRODUCTS | - | - | - | - | - | - | - | - | - | - | - |
| (2)NON-ENERGY PRODUCTS | - | - | - | - | - | - | - | - | - | - | - |
| TRANSPORT. SECTOR ** | 688 | - | - | - | - | - | - | - | - | - | 194 |
| AIR TRANSPORT | - | - | - | - | - | - | - | - | - | - | - |
| ROAD TRANSPORT | - | - | - | - | - | - | - | - | - | - | - |
| RAILWAYS | 634 | - | - | - | - | - | - | - | - | - | 194 |
| INTERNAL NAVIGATION | 54 | - | - | - | - | - | - | - | - | - | - |
| OTHER SECTORS ** | 263 | - | 245 | - | 3251 | 19 | - | 135 | - | - | 5965 |
| AGRICULTURE | - | - | - | - | - | - | - | - | - | - | 116 |
| PUBLIC SERVICES | - | - | - | - | - | - | - | - | - | - | - |
| COMMERCE | - | - | - | - | - | - | - | - | - | - | 3256 |
| RESIDENTIAL | 263 | - | 245 | - | 3251 | 19 | - | 135 | - | - | 2593 |

(1) INCLUDED IN CHEMICAL OR PETROCHEMICAL INDUSTRY
(2) INCLUDED ONLY IN TOTAL INDUSTRY

** INCLUDED IN THESE TOTALS ARE THE NON-SPECIFIED ELEMENTS

| * OF WHICH: | |
|---|---|
| HYDRO | 8592 |
| NUCLEAR | 0 |
| CONVENTIONAL THERMAL | 11973 |
| GEOTHERMAL | 0 |

## PRODUCTION ET UTILISATION DES SOURCES D ENERGIE : TURQUIE

1977

UNIT: 1000 METRIC TONS
UNITE: 1000 TONNES METRIQUES

| OIL / PETROLE | | | REFINERY GAS | LIQUEFIED PETROLEUM GASES | AVIATION GASOLINE | MOTOR GASOLINE | JET FUEL | KEROSENE | GAS/DIESEL OIL | RESIDUAL FUEL OIL | NAPHTHA | NON-ENERGY PRODUCTS |
|---|---|---|---|---|---|---|---|---|---|---|---|---|
| CRUDE* BRUT* | NGL GNL | FEEDST. | GAZ DE PETROLE | GAZ LIQUEFIES DE PETROLE | ESSENCE AVION | ESSENCE AUTO | CARBURANT REACTEUR | PETROLE LAMPANT | GAZ/DIESEL OIL | FUEL OIL RESIDUEL | NAPHTHA | PRODUITS NON-ENERGETIQUES |
| 12 | 13 | 14 | 15 | 16 | 17 | 18 | 19 | 20 | 21 | 22 | 23 | 24 |
| 2604 | - | - | 170 | 393 | - | 2421 | 182 | 589 | 3393 | 6487 | 366 | 620 |
| - | - | - | - | - | - | - | - | - | - | - | - | - |
| 12065 | - | - | - | 242 | - | 134 | 8 | - | 1225 | 953 | - | 74 |
| - | - | - | - | - | - | - | -8 | -1 | -18 | -2 | -18 | - |
| - | - | - | - | - | - | - | - | - | -3 | -27 | - | - |
| -108 | - | - | - | 1 | - | -54 | 6 | 3 | - | -32 | - | - |
| 14561 | - | - | 170 | 636 | - | 2501 | 188 | 591 | 4597 | 7379 | 348 | 694 |
| - | - | - | - | - | - | - | - | - | - | - | - | - |
| - | - | - | - | - | - | - | - | - | - | - | - | - |
| 14561 | - | - | 170 | 636 | - | 2501 | 188 | 591 | 4597 | 7379 | 348 | 694 |
| -124 | - | - | - | -4 | - | -4 | 1 | - | -29 | 210 | - | - |
| 14680 | - | - | - | - | - | - | - | - | 326 | 1573 | - | - |
| - | - | - | - | - | - | - | - | - | - | - | - | - |
| - | - | - | - | - | - | - | - | - | - | 30 | - | - |
| 14680 | - | - | - | - | - | - | - | - | - | - | - | - |
| - | - | - | - | - | - | - | - | - | 326 | 1543 | - | - |
| - | - | - | 170 | - | - | 5 | - | - | 14 | 611 | - | 188 |
| - | - | - | - | - | - | - | - | - | - | - | - | - |
| - | - | - | - | - | - | - | - | - | - | - | - | - |
| - | - | - | 170 | - | - | 5 | - | - | 14 | 611 | - | 188 |
| - | - | - | - | - | - | - | - | - | - | - | - | - |
| - | - | - | - | - | - | - | - | - | - | - | - | - |
| - | - | - | - | - | - | - | - | - | - | - | - | - |
| - | - | - | - | - | - | - | - | - | - | - | - | - |
| 5 | - | - | - | 640 | - | 2500 | 187 | 591 | 4286 | 4985 | 348 | 506 |
| 5 | - | - | - | 90 | - | 25 | - | - | 140 | 2835 | 348 | 506 |
| - | - | - | - | - | - | - | - | - | 80 | 100 | - | - |
| - | - | - | - | - | - | - | - | - | - | 75 | - | - |
| - | - | - | - | - | - | - | - | - | - | 120 | 348 | - |
| - | - | - | - | - | - | - | - | - | - | - | - | - |
| - | - | - | - | - | - | - | - | - | - | 1040 | - | - |
| - | - | - | - | - | - | - | - | - | - | - | - | - |
| - | - | - | - | - | - | - | - | - | - | - | - | - |
| - | - | - | - | - | - | - | - | - | - | - | - | - |
| - | - | - | - | - | - | - | - | - | - | - | - | - |
| - | - | - | - | - | - | - | - | - | - | - | - | - |
| - | - | - | - | - | - | - | - | - | - | - | - | - |
| - | - | - | - | - | - | - | - | - | - | - | - | - |
| - | - | - | - | - | - | - | - | - | - | - | - | - |
| 5 | - | - | - | 90 | - | 25 | - | - | 60 | 1500 | - | 10 |
| - | - | - | - | - | - | - | - | - | - | - | 348 | - |
| - | - | - | - | - | - | - | - | - | - | - | - | 496 |
| - | - | - | - | - | - | 2450 | 187 | - | 2562 | 900 | - | - |
| - | - | - | - | - | - | - | 187 | - | - | - | - | - |
| - | - | - | - | - | - | 2450 | - | - | 2422 | - | - | - |
| - | - | - | - | - | - | - | - | - | 140 | 300 | - | - |
| - | - | - | - | - | - | - | - | - | - | 600 | - | - |
| - | - | - | - | 550 | - | 25 | - | 591 | 1584 | 1250 | - | - |
| - | - | - | - | - | - | 25 | - | - | 1304 | - | - | - |
| - | - | - | - | - | - | - | - | - | 280 | - | - | - |
| - | - | - | - | 100 | - | - | - | - | - | - | - | - |
| - | - | - | - | 450 | - | - | - | 591 | - | 1250 | - | - |

*INCLUDED IN THIS COLUMN IS NGL AND FEEDSTOCKS.

## PRODUCTION AND USES OF ENERGY SOURCES : TURKEY

1978

| PRODUCTION AND USES \ ENERGY SOURCES | UNIT: 1000 METRIC TONS / UNITE: 1000 TONNES METRIQUES | | | | | | TCAL / TCAL | MANUFACTURED GAS (TCAL) / GAZ MANUFACTURE (TCAL) | | | MILLIONS OF (DE) KWH |
|---|---|---|---|---|---|---|---|---|---|---|---|
| | HARD COAL / HOUILLE | PATENT FUEL / AGGLOMERES | COKE OVEN COKE / COKE DE FOUR | GAS COKE / COKE DE GAZ | BROWN COAL / LIGNITE | BKB / BRIQ. DE LIGNITE | NATURAL GAS / GAZ NATUREL | GAS WORKS / USINES A GAZ | COKE OVENS / COKERIES | BLAST FURNACES / HAUT FOURNEAUX | ELECTRICITY* / ELECTRICITE* |
| | 1 | 2 | 3 | 4 | 5 | 6 | 7 | 8 | 9 | 10 | 11 |
| PRODUCTION | 4440 | - | 1106 | - | 9190 | 20 | - | 102 | 1329 | 1450 | 21726 |
| FROM OTHER SOURCES | - | - | - | - | - | - | - | - | - | - | - |
| IMPORT | - | - | - | - | - | - | - | - | - | - | 621 |
| EXPORT | - | - | - | - | - | - | - | - | - | - | - |
| INTL. MARINE BUNKERS | - | - | - | - | - | - | - | - | - | - | - |
| STOCK CHANGES | - | - | - | - | - | - | - | - | - | - | - |
| DOMESTIC SUPPLY | 4440 | - | 1106 | - | 9190 | 20 | - | 102 | 1329 | 1450 | 22347 |
| RETURNS TO SUPPLY | - | - | - | - | - | - | - | - | - | - | - |
| TRANSFERS | - | - | - | - | - | - | - | - | - | - | - |
| DOMESTIC AVAILABILITY | 4440 | - | 1106 | - | 9190 | 20 | - | 102 | 1329 | 1450 | 22347 |
| STATISTICAL DIFFERENCE | - | - | - | - | - | - | - | - | - | - | -1 |
| TRANSFORM. SECTOR ** | 3107 | - | 246 | - | 3979 | - | - | - | 170 | 468 | - |
| FOR SOLID FUELS | 1875 | - | - | - | 19 | - | - | - | - | - | - |
| FOR GASES | 70 | - | 246 | - | - | - | - | - | - | - | - |
| PETROLEUM REFINERIES | - | - | - | - | - | - | - | - | - | - | - |
| THERMO-ELECTRIC PLANTS | 1162 | - | - | - | 3960 | - | - | - | 170 | 468 | - |
| ENERGY SECTOR | 10 | - | - | - | - | - | - | 25 | 263 | 565 | 4385 |
| COAL MINES | 10 | - | - | - | - | - | - | - | - | - | 610 |
| OIL AND GAS EXTRACTION | - | - | - | - | - | - | - | - | - | - | - |
| PETROLEUM REFINERIES | - | - | - | - | - | - | - | - | - | - | 395 |
| ELECTRIC PLANTS | - | - | - | - | - | - | - | - | - | - | 1226 |
| DISTRIBUTION LOSSES | - | - | - | - | - | - | - | 25 | 25 | 200 | 2154 |
| PUMP STORAGE (ELECTR.) | - | - | - | - | - | - | - | - | - | - | - |
| OTHER ENERGY SECTOR | - | - | - | - | - | - | - | - | 238 | 365 | - |
| FINAL CONSUMPTION | 1323 | - | 860 | - | 5211 | 20 | - | 77 | 896 | 417 | 17963 |
| INDUSTRY SECTOR | 367 | - | 613 | - | 1721 | - | - | - | 896 | 417 | 11339 |
| IRON AND STEEL | - | - | 573 | - | - | - | - | - | 896 | 417 | 1406 |
| CHEMICAL | 181 | - | - | - | 1506 | - | - | - | - | - | 920 |
| PETROCHEMICAL | - | - | - | - | - | - | - | - | - | - | - |
| NON-FERROUS METAL | - | - | - | - | - | - | - | - | - | - | 1485 |
| NON-METALLIC MINERAL | - | - | - | - | - | - | - | - | - | - | 2025 |
| PAPER PULP AND PRINT | - | - | - | - | - | - | - | - | - | - | 933 |
| MINING AND QUARRYING | - | - | - | - | - | - | - | - | - | - | 176 |
| FOOD AND TOBACCO | - | - | - | - | - | - | - | - | - | - | 1285 |
| WOOD AND WOOD PRODUCTS | - | - | - | - | - | - | - | - | - | - | - |
| MACHINERY | - | - | - | - | - | - | - | - | - | - | 470 |
| TRANSPORT EQUIPMENT | - | - | - | - | - | - | - | - | - | - | - |
| CONSTRUCTION | - | - | - | - | - | - | - | - | - | - | 18 |
| TEXTILES AND LEATHER | - | - | - | - | - | - | - | - | - | - | 1922 |
| NON SPECIFIED | 186 | - | 40 | - | 215 | - | - | - | - | - | 699 |
| NON-ENERGY USES: | | | | | | | | | | | |
| (1)ENERGY PRODUCTS | - | - | - | - | - | - | - | - | - | - | - |
| (2)NON-ENERGY PRODUCTS | - | - | - | - | - | - | - | - | - | - | - |
| TRANSPORT. SECTOR ** | 692 | - | - | - | - | - | - | - | - | - | 275 |
| AIR TRANSPORT | - | - | - | - | - | - | - | - | - | - | - |
| ROAD TRANSPORT | - | - | - | - | - | - | - | - | - | - | - |
| RAILWAYS | 638 | - | - | - | - | - | - | - | - | - | 275 |
| INTERNAL NAVIGATION | 54 | - | - | - | - | - | - | - | - | - | - |
| OTHER SECTORS ** | 264 | - | 247 | - | 3490 | 20 | - | 77 | - | - | 6349 |
| AGRICULTURE | - | - | - | - | - | - | - | - | - | - | 150 |
| PUBLIC SERVICES | - | - | - | - | - | - | - | - | - | - | - |
| COMMERCE | - | - | - | - | - | - | - | - | - | - | 3420 |
| RESIDENTIAL | 264 | - | 247 | - | 3490 | 20 | - | 77 | - | - | 2779 |

(1) INCLUDED IN CHEMICAL OR PETROCHEMICAL INDUSTRY
(2) INCLUDED ONLY IN TOTAL INDUSTRY

| * OF WHICH: | |
|---|---|
| HYDRO | 9358 |
| NUCLEAR | 0 |
| CONVENTIONAL THERMAL | 12236 |
| GEOTHERMAL | 0 |

** INCLUDED IN THESE TOTALS ARE THE NON-SPECIFIED ELEMENTS

PRODUCTION ET UTILISATION DES SOURCES D ENERGIE : TURQUIE

1978

UNIT: 1000 METRIC TONS
UNITE: 1000 TONNES METRIQUES

| OIL PETROLE | | | REFINERY GAS | LIQUEFIED PETROLEUM GASES | AVIATION GASOLINE | MOTOR GASOLINE | JET FUEL | KEROSENE | GAS/DIESEL OIL | RESIDUAL FUEL OIL | NAPHTHA | NON-ENERGY PRODUCTS |
|---|---|---|---|---|---|---|---|---|---|---|---|---|
| CRUDE* BRUT* | NGL GNL | FEEDST. | GAZ DE PETROLE | GAZ LIQUEFIES DE PETROLE | ESSENCE AVION | ESSENCE AUTO | CARBURANT REACTEUR | PETROLE LAMPANT | GAZ/DIESEL OIL | FUEL OIL RESIDUEL | NAPHTHA | PRODUITS NON-ENERGETIQUES |
| 12 | 13 | 14 | 15 | 16 | 17 | 18 | 19 | 20 | 21 | 22 | 23 | 24 |
| 2734 | - | - | 170 | 366 | - | 2026 | 172 | 580 | 2686 | 5500 | 400 | 950 |
| - | - | - | - | - | - | - | - | - | - | - | - | - |
| 10248 | - | - | - | 250 | - | 250 | - | - | 1514 | 700 | - | 50 |
| - | - | - | - | - | - | - | - | - | - | - | - | - |
| - | - | - | - | - | - | - | - | - | - | - | - | - |
| -262 | - | - | - | - | - | - | - | - | - | - | - | - |
| 12720 | - | - | 170 | 616 | - | 2276 | 172 | 580 | 4200 | 6200 | 400 | 1000 |
| - | - | - | - | - | - | - | - | - | - | - | - | - |
| - | - | - | - | - | - | - | - | - | - | - | - | - |
| 12720 | - | - | 170 | 616 | - | 2276 | 172 | 580 | 4200 | 6200 | 400 | 1000 |
| -190 | - | - | - | - | - | - | - | - | - | - | - | - |
| 12910 | - | - | - | - | - | - | - | - | 300 | 1580 | - | - |
| - | - | - | - | - | - | - | - | - | - | - | - | - |
| - | - | - | - | - | - | - | - | - | - | 30 | - | - |
| 12910 | - | - | - | - | - | - | - | - | - | - | - | - |
| - | - | - | - | - | - | - | - | - | 300 | 1550 | - | - |
| - | - | - | 170 | - | - | - | - | - | - | 600 | - | 180 |
| - | - | - | - | - | - | - | - | - | - | - | - | - |
| - | - | - | - | - | - | - | - | - | - | - | - | - |
| - | - | - | 170 | - | - | - | - | - | - | 600 | - | 180 |
| - | - | - | - | - | - | - | - | - | - | - | - | - |
| - | - | - | - | - | - | - | - | - | - | - | - | - |
| - | - | - | - | - | - | - | - | - | - | - | - | - |
| - | - | - | - | - | - | - | - | - | - | - | - | - |
| - | - | - | - | 616 | - | 2276 | 172 | 580 | 3900 | 4020 | 400 | 820 |
| - | - | - | - | 90 | - | 35 | - | - | 140 | 2070 | 400 | 820 |
| - | - | - | - | - | - | - | - | - | 80 | 100 | - | - |
| - | - | - | - | - | - | - | - | - | - | 75 | - | - |
| - | - | - | - | - | - | - | - | - | - | 120 | 400 | - |
| - | - | - | - | - | - | - | - | - | - | - | - | - |
| - | - | - | - | - | - | - | - | - | - | - | - | - |
| - | - | - | - | - | - | - | - | - | - | - | - | - |
| - | - | - | - | - | - | - | - | - | - | - | - | - |
| - | - | - | - | - | - | - | - | - | - | - | - | - |
| - | - | - | - | - | - | - | - | - | - | - | - | - |
| - | - | - | - | - | - | - | - | - | - | - | - | - |
| - | - | - | - | - | - | - | - | - | - | - | - | - |
| - | - | - | - | - | - | - | - | - | - | - | - | - |
| - | - | - | - | - | - | - | - | - | - | - | - | - |
| - | - | - | - | 90 | - | 35 | - | - | 60 | 1775 | - | 9 |
| - | - | - | - | - | - | - | - | - | - | - | 400 | - |
| - | - | - | - | - | - | - | - | - | - | - | - | 811 |
| - | - | - | - | - | - | 2200 | 172 | - | 2280 | 850 | - | - |
| - | - | - | - | - | - | - | 172 | - | - | - | - | - |
| - | - | - | - | - | - | 2200 | - | - | 2180 | - | - | - |
| - | - | - | - | - | - | - | - | - | 100 | 300 | - | - |
| - | - | - | - | - | - | - | - | - | - | 550 | - | - |
| - | - | - | - | 526 | - | 41 | - | 580 | 1480 | 1100 | - | - |
| - | - | - | - | - | - | 41 | - | - | 1200 | - | - | - |
| - | - | - | - | - | - | - | - | - | 280 | - | - | - |
| - | - | - | - | 100 | - | - | - | - | - | - | - | - |
| - | - | - | - | 426 | - | - | - | 580 | - | 1100 | - | - |

*INCLUDED IN THIS COLUMN IS NGL AND FEEDSTOCKS.

## PRODUCTION AND USES OF ENERGY SOURCES : TURKEY

1979

| X XX ENERGY XX XX SOURCES XX XX XX PRODUCTION XX XX AND USES XX | UNIT: 1000 METRIC TONS / UNITE: 1000 TONNES METRIQUES | | | | | | TCAL / TCAL | MANUFACTURED GAS (TCAL) / GAZ MANUFACTURE (TCAL) | | | MILLIONS OF (DE) KWH |
|---|---|---|---|---|---|---|---|---|---|---|---|
| | HARD COAL / HOUILLE | PATENT FUEL / AGGLOMERES | COKE OVEN COKE / COKE DE FOUR | GAS COKE / COKE DE GAZ | BROWN COAL / LIGNITE | BKB / BRIQ. DE LIGNITE | NATURAL GAS / GAZ NATUREL | GAS WORKS / USINES A GAZ | COKE OVENS / COKERIES | BLAST FURNACES / HAUT FOURNEAUX | ELECTRICITY* / ELECTRICITE* |
| | 1 | 2 | 3 | 4 | 5 | 6 | 7 | 8 | 9 | 10 | 11 |
| PRODUCTION | 3910 | - | 1106 | 175 | 11065 | 31 | - | 560 | 2544 | 2906 | 22522 |
| FROM OTHER SOURCES | - | - | - | - | - | - | - | - | - | - | - |
| IMPORT | - | - | - | - | - | - | - | - | - | - | 1044 |
| EXPORT | - | - | - | - | - | - | - | - | - | - | - |
| INTL. MARINE BUNKERS | - | - | - | - | - | - | - | - | - | - | - |
| STOCK CHANGES | - | - | - | -58 | 16 | - | - | - | - | - | - |
| DOMESTIC SUPPLY | 3910 | - | 1106 | 117 | 11081 | 31 | - | 560 | 2544 | 2906 | 23566 |
| RETURNS TO SUPPLY | - | - | - | - | - | - | - | - | - | - | - |
| TRANSFERS | - | - | - | - | - | - | - | - | - | - | - |
| DOMESTIC AVAILABILITY | 3910 | - | 1106 | 117 | 11081 | 31 | - | 560 | 2544 | 2906 | 23566 |
| STATISTICAL DIFFERENCE | - | - | - | - | - | - | - | - | - | - | - |
| TRANSFORM. SECTOR ** | 3181 | - | 245 | - | 5375 | - | - | - | 341 | 1232 | - |
| FOR SOLID FUELS | 2100 | - | - | - | 22 | - | - | - | - | - | - |
| FOR GASES | 275 | - | 245 | - | - | - | - | - | - | - | - |
| PETROLEUM REFINERIES | - | - | - | - | - | - | - | - | - | - | - |
| THERMO-ELECTRIC PLANTS | 806 | - | - | - | 5353 | - | - | - | 341 | 1232 | - |
| ENERGY SECTOR | - | - | - | - | - | - | - | 33 | 790 | 1266 | 4642 |
| COAL MINES | - | - | - | - | - | - | - | - | - | - | 643 |
| OIL AND GAS EXTRACTION | - | - | - | - | - | - | - | - | - | - | - |
| PETROLEUM REFINERIES | - | - | - | - | - | - | - | - | - | - | 417 |
| ELECTRIC PLANTS | - | - | - | - | - | - | - | - | - | - | 1340 |
| DISTRIBUTION LOSSES | - | - | - | - | - | - | - | 33 | 130 | 496 | 2242 |
| PUMP STORAGE (ELECTR.) | - | - | - | - | - | - | - | - | - | - | - |
| OTHER ENERGY SECTOR | - | - | - | - | - | - | - | - | 660 | 770 | - |
| FINAL CONSUMPTION | 729 | - | 861 | 117 | 5706 | 31 | - | 527 | 1413 | 408 | 18924 |
| INDUSTRY SECTOR | 290 | - | 615 | - | 1324 | - | - | 139 | 1413 | 408 | 11946 |
| IRON AND STEEL | - | - | 575 | - | - | - | - | - | 1413 | 408 | 1481 |
| CHEMICAL | - | - | - | - | 626 | - | - | - | - | - | 970 |
| PETROCHEMICAL | - | - | - | - | - | - | - | - | - | - | - |
| NON-FERROUS METAL | 7 | - | - | - | 9 | - | - | - | - | - | 1565 |
| NON-METALLIC MINERAL | 133 | - | - | - | 569 | - | - | - | - | - | 2130 |
| PAPER PULP AND PRINT | - | - | - | - | - | - | - | - | - | - | 985 |
| MINING AND QUARRYING | - | - | - | - | - | - | - | - | - | - | 185 |
| FOOD AND TOBACCO | - | - | - | - | - | - | - | - | - | - | 1350 |
| WOOD AND WOOD PRODUCTS | - | - | - | - | - | - | - | - | - | - | - |
| MACHINERY | - | - | - | - | - | - | - | - | - | - | 495 |
| TRANSPORT EQUIPMENT | - | - | - | - | - | - | - | - | - | - | - |
| CONSTRUCTION | - | - | - | - | - | - | - | - | - | - | 18 |
| TEXTILES AND LEATHER | - | - | - | - | - | - | - | - | - | - | 2025 |
| NON SPECIFIED | 150 | - | 40 | - | 120 | - | - | 139 | - | - | 742 |
| NON-ENERGY USES: | | | | | | | | | | | |
| (1)ENERGY PRODUCTS | - | - | - | - | - | - | - | - | - | - | - |
| (2)NON-ENERGY PRODUCTS | - | - | - | - | - | - | - | - | - | - | - |
| TRANSPORT. SECTOR ** | 237 | - | - | - | 241 | - | - | - | - | - | 315 |
| AIR TRANSPORT | - | - | - | - | - | - | - | - | - | - | - |
| ROAD TRANSPORT | - | - | - | - | - | - | - | - | - | - | - |
| RAILWAYS | 197 | - | - | - | 241 | - | - | - | - | - | 315 |
| INTERNAL NAVIGATION | 40 | - | - | - | - | - | - | - | - | - | - |
| OTHER SECTORS ** | 202 | - | 246 | 117 | 4141 | 31 | - | 388 | - | - | 6663 |
| AGRICULTURE | - | - | - | - | - | - | - | - | - | - | 173 |
| PUBLIC SERVICES | - | - | - | - | - | - | - | - | - | - | - |
| COMMERCE | - | - | - | - | - | - | - | 46 | - | - | 3647 |
| RESIDENTIAL | 202 | - | 246 | 117 | 4141 | 31 | - | 342 | - | - | 2843 |

(1) INCLUDED IN CHEMICAL OR PETROCHEMICAL INDUSTRY
(2) INCLUDED ONLY IN TOTAL INDUSTRY

** INCLUDED IN THESE TOTALS ARE THE NON-SPECIFIED ELEMENTS

| * OF WHICH: | |
|---|---|
| HYDRO | 10304 |
| NUCLEAR | 0 |
| CONVENTIONAL THERMAL | 12218 |
| GEOTHERMAL | 0 |

PRODUCTION ET UTILISATION DES SOURCES D ENERGIE : TURQUIE

1979

UNIT: 1000 METRIC TONS
UNITE: 1000 TONNES METRIQUES

| OIL PETROLE | | | REFINERY GAS | LIQUEFIED PETROLEUM GASES | AVIATION GASOLINE | MOTOR GASOLINE | JET FUEL | KEROSENE | GAS/DIESEL OIL | RESIDUAL FUEL OIL | NAPHTHA | NON-ENERGY PRODUCTS |
|---|---|---|---|---|---|---|---|---|---|---|---|---|
| CRUDE BRUT | NGL GNL | FEEDST. | GAZ DE PETROLE | GAZ LIQUEFIES DE PETROLE | ESSENCE AVION | ESSENCE AUTO | CARBURANT REACTEUR | PETROLE LAMPANT | GAZ/DIESEL OIL | FUEL OIL RESIDUEL | NAPHTHA | PRODUITS NON-ENERGETIQUES |
| 12 | 13 | 14 | 15 | 16 | 17 | 18 | 19 | 20 | 21 | 22 | 23 | 24 |
| 2823 | - | - | 172 | 383 | 1 | 2002 | 198 | 442 | 2423 | 4566 | 333 | 526 |
| - | - | - | - | - | - | - | - | - | - | - | - | - |
| 8174 | - | - | - | 313 | - | 11 | - | - | 1505 | 1506 | 44 | 36 |
| - | - | - | - | - | - | -15 | -3 | -2 | -30 | -3 | - | - |
| - | - | - | - | - | - | - | - | - | - | -2 | - | - |
| 150 | - | - | - | 3 | - | 65 | -1 | 24 | 38 | 88 | 8 | 3 |
| 11147 | - | - | 172 | 699 | 1 | 2063 | 194 | 464 | 3936 | 6155 | 385 | 565 |
| - | - | 65 | - | - | - | - | - | - | - | - | - | - |
| - | - | - | - | - | - | - | - | - | - | - | - | - |
| 11147 | - | 65 | 172 | 699 | 1 | 2063 | 194 | 464 | 3936 | 6155 | 385 | 565 |
| - | - | - | - | - | - | - | - | - | - | - | - | - |
| 11145 | - | 65 | - | - | - | - | - | - | 263 | 1450 | - | - |
| - | - | - | - | - | - | - | - | - | - | - | - | - |
| - | - | - | - | - | - | - | - | - | - | 30 | - | - |
| 11145 | - | 65 | - | - | - | - | - | - | - | - | - | - |
| - | - | - | - | - | - | - | - | - | 263 | 1420 | - | - |
| - | - | - | 171 | - | - | - | - | - | 5 | 610 | - | - |
| - | - | - | - | - | - | - | - | - | - | - | - | - |
| - | - | - | - | - | - | - | - | - | - | - | - | - |
| - | - | - | 171 | - | - | - | - | - | 5 | 610 | - | - |
| - | - | - | - | - | - | - | - | - | - | - | - | - |
| - | - | - | - | - | - | - | - | - | - | - | - | - |
| - | - | - | - | - | - | - | - | - | - | - | - | - |
| - | - | - | - | - | - | - | - | - | - | - | - | - |
| 2 | - | - | 1 | 699 | 1 | 2063 | 194 | 464 | 3668 | 4095 | 385 | 565 |
| 2 | - | - | 1 | 104 | - | 28 | - | 21 | 107 | 2231 | 385 | 565 |
| - | - | - | - | - | - | - | - | - | 70 | 100 | - | - |
| - | - | - | - | - | - | - | - | - | - | 75 | - | - |
| - | - | - | - | - | - | - | - | - | - | 120 | 385 | - |
| - | - | - | - | - | - | - | - | - | - | - | - | - |
| - | - | - | - | - | - | - | - | - | - | - | - | - |
| - | - | - | - | - | - | - | - | - | - | - | - | - |
| - | - | - | - | - | - | - | - | - | - | - | - | - |
| - | - | - | - | - | - | - | - | - | - | - | - | - |
| - | - | - | - | - | - | - | - | - | - | - | - | - |
| - | - | - | - | - | - | - | - | - | - | - | - | - |
| - | - | - | - | - | - | - | - | - | - | - | - | - |
| - | - | - | - | - | - | - | - | - | - | - | - | - |
| - | - | - | - | - | - | - | - | - | - | - | - | - |
| 2 | - | - | 1 | 104 | - | 28 | - | 21 | 37 | 1936 | - | 10 |
| - | - | - | - | - | - | - | - | - | - | - | 385 | - |
| - | - | - | - | - | - | - | - | - | - | - | - | 555 |
| - | - | - | - | - | 1 | 2006 | 194 | - | 2204 | 788 | - | - |
| - | - | - | - | - | 1 | - | 194 | - | - | - | - | - |
| - | - | - | - | - | - | 2006 | - | - | 2104 | - | - | - |
| - | - | - | - | - | - | - | - | - | 100 | 250 | - | - |
| - | - | - | - | - | - | - | - | - | - | 538 | - | - |
| - | - | - | - | 595 | - | 29 | - | 443 | 1357 | 1076 | - | - |
| - | - | - | - | - | - | 29 | - | - | 1133 | - | - | - |
| - | - | - | - | - | - | - | - | - | 224 | - | - | - |
| - | - | - | - | 100 | - | - | - | - | - | - | - | - |
| - | - | - | - | 495 | - | - | - | 443 | - | 1076 | - | - |

## PRODUCTION AND USES OF ENERGY SOURCES : TURKEY

1980

| PRODUCTION AND USES / ENERGY SOURCES | HARD COAL / HOUILLE | PATENT FUEL / AGGLOMERES | COKE OVEN COKE / COKE DE FOUR | GAS COKE / COKE DE GAZ | BROWN COAL / LIGNITE | BKB / BRIQ. DE LIGNITE | NATURAL GAS / GAZ NATUREL | GAS WORKS / USINES A GAZ | COKE OVENS / COKERIES | BLAST FURNACES / HAUT FOURNEAUX | ELECTRICITY* / ELECTRICITE* |
|---|---|---|---|---|---|---|---|---|---|---|---|
| | UNIT: 1000 METRIC TONS / UNITE: 1000 TONNES METRIQUES | | | | | | TCAL / TCAL | MANUFACTURED GAS (TCAL) / GAZ MANUFACTURE (TCAL) | | | MILLIONS OF (DE) KWH |
| | 1 | 2 | 3 | 4 | 5 | 6 | 7 | 8 | 9 | 10 | 11 |
| PRODUCTION | 3552 | - | 1100 | 154 | 13639 | 31 | - | 519 | 2560 | 2930 | 23275 |
| FROM OTHER SOURCES | - | - | - | - | - | - | - | - | - | - | - |
| IMPORT | - | - | - | - | - | - | - | - | - | - | 1341 |
| EXPORT | - | - | - | - | - | - | - | - | - | - | - |
| INTL. MARINE BUNKERS | - | - | - | - | - | - | - | - | - | - | - |
| STOCK CHANGES | - | - | - | -34 | -133 | - | - | - | - | - | - |
| DOMESTIC SUPPLY | 3552 | - | 1100 | 120 | 13506 | 31 | - | 519 | 2560 | 2930 | 24616 |
| RETURNS TO SUPPLY | - | - | - | - | - | - | - | - | - | - | - |
| TRANSFERS | - | - | - | - | - | - | - | - | - | - | - |
| DOMESTIC AVAILABILITY | 3552 | - | 1100 | 120 | 13506 | 31 | - | 519 | 2560 | 2930 | 24616 |
| STATISTICAL DIFFERENCE | - | - | - | - | - | - | - | - | - | - | - |
| TRANSFORM. SECTOR ** | 2742 | - | 250 | - | 5478 | - | - | - | 350 | 1240 | - |
| FOR SOLID FUELS | 1788 | - | - | - | 20 | - | - | - | - | - | - |
| FOR GASES | 226 | - | 250 | - | - | - | - | - | - | - | - |
| PETROLEUM REFINERIES | - | - | - | - | - | - | - | - | - | - | - |
| THERMO-ELECTRIC PLANTS | 728 | - | - | - | 5458 | - | - | - | 350 | 1240 | - |
| ENERGY SECTOR | - | - | - | - | - | - | - | 32 | 790 | 1280 | 4760 |
| COAL MINES | - | - | - | - | - | - | - | - | - | - | 675 |
| OIL AND GAS EXTRACTION | - | - | - | - | - | - | - | - | - | - | - |
| PETROLEUM REFINERIES | - | - | - | - | - | - | - | - | - | - | 437 |
| ELECTRIC PLANTS | - | - | - | - | - | - | - | - | - | - | 1248 |
| DISTRIBUTION LOSSES | - | - | - | - | - | - | - | 32 | 130 | 500 | 2400 |
| PUMP STORAGE (ELECTR.) | - | - | - | - | - | - | - | - | - | - | - |
| OTHER ENERGY SECTOR | - | - | - | - | - | - | - | - | 660 | 780 | - |
| FINAL CONSUMPTION | 810 | - | 850 | 120 | 8028 | 31 | - | 487 | 1420 | 410 | 19856 |
| INDUSTRY SECTOR | 545 | - | 580 | - | 1669 | - | - | 171 | 1420 | 410 | 12531 |
| IRON AND STEEL | - | - | 540 | - | - | - | - | - | 1420 | 410 | 1554 |
| CHEMICAL | - | - | - | - | 584 | - | - | - | - | - | 1018 |
| PETROCHEMICAL | - | - | - | - | - | - | - | - | - | - | - |
| NON-FERROUS METAL | 2 | - | - | - | 22 | - | - | - | - | - | 1642 |
| NON-METALLIC MINERAL | 373 | - | - | - | 684 | - | - | - | - | - | 2234 |
| PAPER PULP AND PRINT | - | - | - | - | - | - | - | - | - | - | 1033 |
| MINING AND QUARRYING | - | - | - | - | - | - | - | - | - | - | 188 |
| FOOD AND TOBACCO | - | - | - | - | - | - | - | - | - | - | 1417 |
| WOOD AND WOOD PRODUCTS | - | - | - | - | - | - | - | - | - | - | - |
| MACHINERY | - | - | - | - | - | - | - | - | - | - | 524 |
| TRANSPORT EQUIPMENT | - | - | - | - | - | - | - | - | - | - | - |
| CONSTRUCTION | - | - | - | - | - | - | - | - | - | - | 20 |
| TEXTILES AND LEATHER | - | - | - | - | - | - | - | - | - | - | 2124 |
| NON SPECIFIED | 170 | - | 40 | - | 379 | - | - | 171 | - | - | 777 |
| NON-ENERGY USES: | | | | | | | | | | | |
| (1)ENERGY PRODUCTS | - | - | - | - | - | - | - | - | - | - | - |
| (2)NON-ENERGY PRODUCTS | - | - | - | - | - | - | - | - | - | - | - |
| TRANSPORT. SECTOR ** | 241 | - | - | - | 125 | - | - | - | - | - | 330 |
| AIR TRANSPORT | - | - | - | - | - | - | - | - | - | - | - |
| ROAD TRANSPORT | - | - | - | - | - | - | - | - | - | - | - |
| RAILWAYS | 213 | - | - | - | 125 | - | - | - | - | - | 330 |
| INTERNAL NAVIGATION | 28 | - | - | - | - | - | - | - | - | - | - |
| OTHER SECTORS ** | 24 | - | 270 | 120 | 6234 | 31 | - | 316 | - | - | 6995 |
| AGRICULTURE | - | - | - | - | - | - | - | - | - | - | 182 |
| PUBLIC SERVICES | - | - | - | - | - | - | - | - | - | - | - |
| COMMERCE | - | - | - | - | - | - | - | 48 | - | - | 3830 |
| RESIDENTIAL | 24 | - | 270 | 120 | 6234 | 31 | - | 268 | - | - | 2983 |

(1) INCLUDED IN CHEMICAL OR PETROCHEMICAL INDUSTRY
(2) INCLUDED ONLY IN TOTAL INDUSTRY

| * OF WHICH: HYDRO | 11348 |
|---|---|
| NUCLEAR | 0 |
| CONVENTIONAL THERMAL | 11927 |
| GEOTHERMAL | 0 |

** INCLUDED IN THESE TOTALS ARE THE NON-SPECIFIED ELEMENTS

## PRODUCTION ET UTILISATION DES SOURCES D ENERGIE : TURQUIE

1980

UNIT: 1000 METRIC TONS
UNITE: 1000 TONNES METRIQUES

| OIL PETROLE | | | REFINERY GAS | LIQUEFIED PETROLEUM GASES | AVIATION GASOLINE | MOTOR GASOLINE | JET FUEL | KEROSENE | GAS/DIESEL OIL | RESIDUAL FUEL OIL | NAPHTHA | NON-ENERGY PRODUCTS |
|---|---|---|---|---|---|---|---|---|---|---|---|---|
| CRUDE BRUT | NGL GNL | FEEDST. | GAZ DE PETROLE | GAZ LIQUEFIES DE PETROLE | ESSENCE AVION | ESSENCE AUTO | CARBURANT REACTEUR | PETROLE LAMPANT | GAZ/DIESEL OIL | FUEL OIL RESIDUEL | NAPHTHA | PRODUITS NON-ENERGETIQUES |
| 12 | 13 | 14 | 15 | 16 | 17 | 18 | 19 | 20 | 21 | 22 | 23 | 24 |
| 2330 | - | - | 212 | 394 | 3 | 2083 | 149 | 475 | 3106 | 5264 | 504 | 470 |
| - | - | - | - | - | - | - | - | - | - | 6 | - | - |
| 10490 | - | - | - | 348 | - | 9 | - | - | 1129 | 1496 | - | 32 |
| - | - | - | - | - | - | -70 | -7 | -1 | -27 | -2 | -100 | -21 |
| - | - | - | - | - | - | - | - | - | - | - | - | - |
| -32 | - | -16 | - | - | - | -69 | -9 | -41 | -79 | -128 | -2 | 24 |
| 12788 | - | -16 | 212 | 742 | 3 | 1953 | 133 | 433 | 4129 | 6636 | 402 | 505 |
| - | - | 73 | - | - | - | - | - | - | - | - | -73 | - |
| 12788 | - | 57 | 212 | 742 | 3 | 1953 | 133 | 433 | 4129 | 6636 | 329 | 505 |
| - | - | - | - | - | - | - | -13 | - | - | - | - | - |
| 12782 | - | 57 | - | - | - | - | - | - | 259 | 1299 | - | - |
| - | - | - | - | - | - | - | - | - | - | - | - | - |
| - | - | - | - | - | - | - | - | - | - | 15 | - | - |
| 12782 | - | 57 | - | - | - | - | - | - | - | - | - | - |
| - | - | - | - | - | - | - | - | - | 259 | 1284 | - | - |
| - | - | - | 211 | - | - | - | - | - | 2 | 709 | - | - |
| - | - | - | - | - | - | - | - | - | - | - | - | - |
| - | - | - | - | - | - | - | - | - | - | - | - | - |
| - | - | - | 211 | - | - | - | - | - | 2 | 635 | - | - |
| - | - | - | - | - | - | - | - | - | - | - | - | - |
| - | - | - | - | - | - | - | - | - | - | - | - | - |
| - | - | - | - | - | - | - | - | - | - | - | - | - |
| - | - | - | - | - | - | - | - | - | - | 74 | - | - |
| 6 | - | - | 1 | 742 | 3 | 1953 | 146 | 433 | 3868 | 4628 | 329 | 505 |
| 6 | - | - | 1 | 111 | - | 26 | - | 20 | 133 | 2636 | 329 | 505 |
| - | - | - | - | - | - | - | - | - | 81 | 100 | - | - |
| - | - | - | - | - | - | - | - | - | - | 75 | - | - |
| - | - | - | - | - | - | - | - | - | - | 120 | 329 | - |
| - | - | - | - | - | - | - | - | - | - | - | - | - |
| - | - | - | - | - | - | - | - | - | - | - | - | - |
| - | - | - | - | - | - | - | - | - | - | - | - | - |
| - | - | - | - | - | - | - | - | - | - | - | - | - |
| - | - | - | - | - | - | - | - | - | - | - | - | - |
| - | - | - | - | - | - | - | - | - | - | - | - | - |
| - | - | - | - | - | - | - | - | - | - | - | - | - |
| - | - | - | - | - | - | - | - | - | - | - | - | - |
| - | - | - | - | - | - | - | - | - | - | - | - | - |
| - | - | - | - | - | - | - | - | - | - | - | - | - |
| 6 | - | - | 1 | 111 | - | 26 | - | 20 | 52 | 2341 | - | 9 |
| - | - | - | - | - | - | - | - | - | - | - | 329 | - |
| - | - | - | - | - | - | - | - | - | - | - | - | 496 |
| - | - | - | - | - | 3 | 1900 | 146 | - | 2311 | 852 | - | - |
| - | - | - | - | - | 3 | - | 146 | - | - | - | - | - |
| - | - | - | - | - | - | 1900 | - | - | 2311 | - | - | - |
| - | - | - | - | - | - | - | - | - | - | 250 | - | - |
| - | - | - | - | - | - | - | - | - | - | 602 | - | - |
| - | - | - | - | 631 | - | 27 | - | 413 | 1424 | 1140 | - | - |
| - | - | - | - | - | - | 27 | - | - | 1189 | - | - | - |
| - | - | - | - | - | - | - | - | - | 235 | - | - | - |
| - | - | - | - | 100 | - | - | - | - | - | - | - | - |
| - | - | - | - | 531 | - | - | - | 413 | - | 1140 | - | - |

# PRODUCTION AND USES OF ENERGY SOURCES : TURKEY

1981

| ENERGY SOURCES / PRODUCTION AND USES | UNIT: 1000 METRIC TONS / UNITE: 1000 TONNES METRIQUES | | | | | | TCAL / TCAL | MANUFACTURED GAS (TCAL) / GAZ MANUFACTURE (TCAL) | | | MILLIONS OF (DE) KWH |
|---|---|---|---|---|---|---|---|---|---|---|---|
| | HARD COAL / HOUILLE | PATENT FUEL / AGGLOMERES | COKE OVEN COKE / COKE DE FOUR | GAS COKE / COKE DE GAZ | BROWN COAL / LIGNITE | BKB / BRIQ. DE LIGNITE | NATURAL GAS / GAZ NATUREL | GAS WORKS / USINES A GAZ | COKE OVENS / COKERIES | BLAST FURNACES / HAUT FOURNEAUX | ELECTRICITY* / ELECTRICITE* |
| | 1 | 2 | 3 | 4 | 5 | 6 | 7 | 8 | 9 | 10 | 11 |
| PRODUCTION | 3970 | - | 1899 | 158 | 15889 | - | - | 403 | 3332 | 4101 | 24673 |
| FROM OTHER SOURCES | - | - | - | - | - | - | - | - | - | - | - |
| IMPORT | 650 | - | - | - | - | - | - | - | - | - | 1616 |
| EXPORT | -2 | - | - | - | - | - | - | - | - | - | - |
| INTL. MARINE BUNKERS | - | - | - | - | - | - | - | - | - | - | - |
| STOCK CHANGES | -166 | - | - | -56 | 119 | - | - | - | - | - | - |
| DOMESTIC SUPPLY | 4452 | - | 1899 | 102 | 16008 | - | - | 403 | 3332 | 4101 | 26289 |
| RETURNS TO SUPPLY | - | - | - | - | - | - | - | - | - | - | - |
| TRANSFERS | - | - | - | - | - | - | - | - | - | - | - |
| DOMESTIC AVAILABILITY | 4452 | - | 1899 | 102 | 16008 | - | - | 403 | 3332 | 4101 | 26289 |
| STATISTICAL DIFFERENCE | - | - | - | - | - | - | - | - | - | - | -2 |
| TRANSFORM. SECTOR ** | 3772 | - | 300 | - | 6400 | - | - | - | 396 | 1798 | - |
| FOR SOLID FUELS | 2840 | - | - | - | - | - | - | - | - | - | - |
| FOR GASES | 233 | - | 300 | - | - | - | - | - | - | - | - |
| PETROLEUM REFINERIES | - | - | - | - | - | - | - | - | - | - | - |
| THERMO-ELECTRIC PLANTS | 699 | - | - | - | 6400 | - | - | - | 396 | 1798 | - |
| ENERGY SECTOR | - | - | 67 | - | - | - | - | 57 | 836 | 828 | 4743 |
| COAL MINES | - | - | - | - | - | - | - | - | - | - | 733 |
| OIL AND GAS EXTRACTION | - | - | - | - | - | - | - | - | - | - | - |
| PETROLEUM REFINERIES | - | - | - | - | - | - | - | - | - | - | 474 |
| ELECTRIC PLANTS | - | - | - | - | - | - | - | - | - | - | 1342 |
| DISTRIBUTION LOSSES | - | - | - | - | - | - | - | 55 | 150 | 300 | 2194 |
| PUMP STORAGE (ELECTR.) | - | - | - | - | - | - | - | - | - | - | - |
| OTHER ENERGY SECTOR | - | - | 67 | - | - | - | - | 2 | 686 | 528 | - |
| FINAL CONSUMPTION | 680 | - | 1532 | 102 | 9608 | - | - | 346 | 2100 | 1475 | 21548 |
| INDUSTRY SECTOR | 266 | - | 1240 | - | 3890 | - | - | - | 2100 | 1475 | 13600 |
| IRON AND STEEL | - | - | 1200 | - | - | - | - | - | 2100 | 1475 | 1686 |
| CHEMICAL | - | - | - | - | 1300 | - | - | - | - | - | 1105 |
| PETROCHEMICAL | - | - | - | - | - | - | - | - | - | - | - |
| NON-FERROUS METAL | - | - | - | - | 20 | - | - | - | - | - | 1782 |
| NON-METALLIC MINERAL | - | - | - | - | 920 | - | - | - | - | - | 2423 |
| PAPER PULP AND PRINT | - | - | - | - | - | - | - | - | - | - | 1122 |
| MINING AND QUARRYING | - | - | - | - | - | - | - | - | - | - | 205 |
| FOOD AND TOBACCO | - | - | - | - | - | - | - | - | - | - | 1538 |
| WOOD AND WOOD PRODUCTS | - | - | - | - | - | - | - | - | - | - | - |
| MACHINERY | - | - | - | - | - | - | - | - | - | - | 569 |
| TRANSPORT EQUIPMENT | - | - | - | - | - | - | - | - | - | - | - |
| CONSTRUCTION | - | - | - | - | - | - | - | - | - | - | 19 |
| TEXTILES AND LEATHER | - | - | - | - | - | - | - | - | - | - | 2305 |
| NON SPECIFIED | 266 | - | 40 | - | 1650 | - | - | - | - | - | 846 |
| NON-ENERGY USES: | | | | | | | | | | | |
| (1)ENERGY PRODUCTS | - | - | - | - | - | - | - | - | - | - | - |
| (2)NON-ENERGY PRODUCTS | - | - | - | - | - | - | - | - | - | - | - |
| TRANSPORT. SECTOR ** | 293 | - | - | - | 118 | - | - | - | - | - | 357 |
| AIR TRANSPORT | - | - | - | - | - | - | - | - | - | - | - |
| ROAD TRANSPORT | - | - | - | - | - | - | - | - | - | - | - |
| RAILWAYS | 293 | - | - | - | 118 | - | - | - | - | - | 357 |
| INTERNAL NAVIGATION | - | - | - | - | - | - | - | - | - | - | - |
| OTHER SECTORS ** | 121 | - | 292 | 102 | 5600 | - | - | 346 | - | - | 7591 |
| AGRICULTURE | - | - | - | - | - | - | - | - | - | - | 198 |
| PUBLIC SERVICES | 13 | - | - | - | - | - | - | - | - | - | - |
| COMMERCE | - | - | - | - | - | - | - | 37 | - | - | 4157 |
| RESIDENTIAL | 108 | - | 292 | 102 | 5600 | - | - | 309 | - | - | 3236 |

(1) INCLUDED IN CHEMICAL OR PETROCHEMICAL INDUSTRY
(2) INCLUDED ONLY IN TOTAL INDUSTRY

** INCLUDED IN THESE TOTALS ARE THE NON-SPECIFIED ELEMENTS

| * OF WHICH: | |
|---|---|
| HYDRO | 12616 |
| NUCLEAR | 0 |
| CONVENTIONAL THERMAL | 0 |
| GEOTHERMAL | 0 |

## PRODUCTION ET UTILISATION DES SOURCES D ENERGIE : TURQUIE

1981

UNIT: 1000 METRIC TONS
UNITE: 1000 TONNES METRIQUES

| OIL / PETROLE: CRUDE / BRUT | OIL / PETROLE: NGL / GNL | OIL / PETROLE: FEEDST. | REFINERY GAS / GAZ DE PETROLE | LIQUEFIED PETROLEUM GASES / GAZ LIQUEFIES DE PETROLE | AVIATION GASOLINE / ESSENCE AVION | MOTOR GASOLINE / ESSENCE AUTO | JET FUEL / CARBURANT REACTEUR | KEROSENE / PETROLE LAMPANT | GAS/DIESEL OIL / GAZ/DIESEL OIL | RESIDUAL FUEL OIL / FUEL OIL RESIDUEL | NAPHTHA / NAPHTHA | NON-ENERGY PRODUCTS / PRODUITS NON-ENERGETIQUES |
|---|---|---|---|---|---|---|---|---|---|---|---|---|
| 12 | 13 | 14 | 15 | 16 | 17 | 18 | 19 | 20 | 21 | 22 | 23 | 24 |
| 2363 | - | - | 223 | 323 | - | 2080 | 209 | 306 | 3538 | 5494 | 549 | 591 |
| - | - | - | - | - | - | - | - | - | - | - | - | - |
| 11598 | - | - | - | 448 | 11 | - | - | - | 775 | 874 | - | 29 |
| - | - | - | - | - | - | -171 | -62 | -4 | -27 | -3 | -118 | - |
| - | - | - | - | - | - | - | - | - | - | - | - | - |
| -389 | - | - | - | -6 | - | -19 | -3 | 6 | -79 | 29 | -2 | -28 |
| 13572 | - | - | 223 | 765 | 11 | 1890 | 144 | 308 | 4207 | 6394 | 429 | 592 |
| - | - | 52 | - | - | - | - | - | - | - | - | - | - |
| - | - | - | - | - | - | - | - | - | - | - | - | - |
| 13572 | - | 52 | 223 | 765 | 11 | 1890 | 144 | 308 | 4207 | 6394 | 429 | 592 |
| 84 | - | -4 | - | - | - | - | - | - | - | - | - | - |
| 13482 | - | 56 | - | - | - | - | - | - | 350 | 1051 | - | - |
| - | - | - | - | - | - | - | - | - | - | - | - | - |
| - | - | - | - | - | - | - | - | - | - | 15 | - | - |
| 13482 | - | 56 | - | - | - | - | - | - | - | - | - | - |
| - | - | - | - | - | - | - | - | - | 350 | 1036 | - | - |
| - | - | - | 223 | - | - | 2 | - | - | 1 | 579 | - | 1 |
| - | - | - | - | - | - | - | - | - | - | - | - | - |
| - | - | - | - | - | - | - | - | - | - | - | - | - |
| - | - | - | 223 | - | - | - | - | - | 1 | 577 | - | 1 |
| - | - | - | - | - | - | - | - | - | - | - | - | - |
| - | - | - | - | - | - | - | - | - | - | - | - | - |
| - | - | - | - | - | - | - | - | - | - | - | - | - |
| - | - | - | - | - | - | 2 | - | - | - | 2 | - | - |
| 6 | - | - | - | 765 | 11 | 1888 | 144 | 308 | 3856 | 4764 | 429 | 591 |
| 6 | - | - | - | 38 | - | 33 | - | 1 | 159 | 3550 | 429 | 591 |
| - | - | - | - | - | - | 3 | - | 1 | 29 | 400 | - | - |
| - | - | - | - | - | - | - | - | - | - | 650 | - | - |
| - | - | - | - | - | - | - | - | - | - | 320 | 421 | - |
| - | - | - | - | - | - | - | - | - | 50 | 240 | - | - |
| - | - | - | - | - | - | - | - | - | 15 | 220 | - | - |
| - | - | - | - | - | - | - | - | - | 13 | 250 | - | - |
| - | - | - | - | - | - | - | - | - | 10 | 910 | - | - |
| - | - | - | - | - | - | - | - | - | 1 | 55 | - | - |
| - | - | - | - | - | - | - | - | - | - | 18 | - | - |
| - | - | - | - | - | - | - | - | - | - | - | - | - |
| - | - | - | - | - | - | - | - | - | - | 3 | - | - |
| - | - | - | - | - | - | - | - | - | - | - | - | - |
| - | - | - | - | - | - | - | - | - | - | 120 | - | - |
| 6 | - | - | - | 38 | - | 30 | - | - | 41 | 364 | 8 | 10 |
| - | - | - | - | - | - | - | - | - | - | - | 429 | - |
| - | - | - | - | - | - | - | - | - | - | - | - | 581 |
| - | - | - | - | - | 11 | 1825 | 144 | - | 2040 | 177 | - | - |
| - | - | - | - | - | 11 | - | 144 | - | - | - | - | - |
| - | - | - | - | - | - | 1825 | - | - | 1836 | - | - | - |
| - | - | - | - | - | - | - | - | - | 140 | 76 | - | - |
| - | - | - | - | - | - | - | - | - | 64 | 101 | - | - |
| - | - | - | - | 727 | - | 30 | - | 307 | 1657 | 1037 | - | - |
| - | - | - | - | - | - | 30 | - | - | 1357 | - | - | - |
| - | - | - | - | - | - | - | - | 21 | 300 | 350 | - | - |
| - | - | - | - | 150 | - | - | - | - | - | - | - | - |
| - | - | - | - | 577 | - | - | - | 286 | - | 387 | - | - |

## PRODUCTION AND USES OF ENERGY SOURCES : UNITED KINGDOM

1971

| ENERGY SOURCES / PRODUCTION AND USES | UNIT: 1000 METRIC TONS / UNITE: 1000 TONNES METRIQUES | | | | | | TCAL / TCAL | MANUFACTURED GAS (TCAL) / GAZ MANUFACTURE (TCAL) | | | MILLIONS OF (DE) KWH |
|---|---|---|---|---|---|---|---|---|---|---|---|
| | HARD COAL / HOUILLE | PATENT FUEL / AGGLOMERES | COKE OVEN COKE / COKE DE FOUR | GAS COKE / COKE DE GAZ | BROWN COAL / LIGNITE | BKB / BRIQ. DE LIGNITE | NATURAL GAS / GAZ NATUREL | GAS WORKS / USINES A GAZ | COKE OVENS / COKERIES | BLAST FURNACES / HAUT FOURNEAUX | ELECTRICITY* / ELECTRICITE* |
| | 1 | 2 | 3 | 4 | 5 | 6 | 7 | 8 | 9 | 10 | 11 |
| PRODUCTION | 148058 | 1357 | 19150 | 958 | - | - | 173905 | 21395 | 31525 | 28123 | 256709 |
| FROM OTHER SOURCES | 2300 | - | - | - | - | - | - | 90443 | - | - | - |
| IMPORT | 4241 | 307 | 37 | - | - | - | 8366 | - | - | - | 118 |
| EXPORT | -2667 | -15 | -450 | -113 | - | - | - | - | - | - | -1 |
| INTL. MARINE BUNKERS | - | - | - | - | - | - | - | - | - | - | - |
| STOCK CHANGES | -4177 | -133 | -1081 | - | - | - | - | - | - | - | - |
| DOMESTIC SUPPLY | 147755 | 1516 | 17656 | 845 | - | - | 182271 | 111838 | 31525 | 28123 | 256826 |
| RETURNS TO SUPPLY | - | - | - | - | - | - | - | - | - | - | - |
| TRANSFERS | - | - | - | - | - | - | - | - | - | - | - |
| DOMESTIC AVAILABILITY | 147755 | 1516 | 17656 | 845 | - | - | 182271 | 111838 | 31525 | 28123 | 256826 |
| STATISTICAL DIFFERENCE | - | - | - | - | - | - | - | - | - | - | - |
| TRANSFORM. SECTOR ** | 109128 | - | 3793 | 29 | - | - | 86587 | - | 5594 | 4112 | - |
| FOR SOLID FUELS | 28528 | - | - | - | - | - | - | - | - | - | - |
| FOR GASES | 1558 | - | 3622 | - | - | - | 79959 | - | 5594 | - | - |
| PETROLEUM REFINERIES | - | - | - | - | - | - | - | - | - | - | - |
| THERMO-ELECTRIC PLANTS | 79042 | - | 171 | 29 | - | - | 6628 | - | - | 4112 | - |
| ENERGY SECTOR | 1582 | - | 307 | 44 | - | - | 580 | 22982 | 14742 | 5040 | 47434 |
| COAL MINES | 1582 | - | - | - | - | - | - | - | 176 | - | 5089 |
| OIL AND GAS EXTRACTION | - | - | - | - | - | - | 126 | - | - | - | - |
| PETROLEUM REFINERIES | - | - | - | - | - | - | - | - | - | - | 2778 |
| ELECTRIC PLANTS | - | - | - | - | - | - | - | - | - | - | 18215 |
| DISTRIBUTION LOSSES | - | - | - | - | - | - | 454 | 22201 | - | 2772 | 19007 |
| PUMP STORAGE (ELECTR.) | - | - | - | - | - | - | - | - | - | - | 1209 |
| OTHER ENERGY SECTOR | - | - | 307 | 44 | - | - | - | 781 | 14566 | 2268 | 1136 |
| FINAL CONSUMPTION | 37045 | 1516 | 13556 | 772 | - | - | 95104 | 88856 | 11189 | 18971 | 209392 |
| INDUSTRY SECTOR | 15693 | 82 | 9224 | 117 | - | - | 52718 | 10383 | 11189 | 18971 | 83093 |
| IRON AND STEEL | 569 | - | 8429 | 35 | - | - | 5821 | 2823 | 10635 | 18971 | 12506 |
| CHEMICAL | 2642 | - | 128 | - | - | - | 21748 | 328 | 277 | - | 18363 |
| PETROCHEMICAL | - | - | - | - | - | - | - | - | - | - | - |
| NON-FERROUS METAL | 1250 | - | - | - | - | - | 2041 | 630 | - | - | 4271 |
| NON-METALLIC MINERAL | 4707 | - | 198 | - | - | - | 4738 | 680 | 126 | - | 4833 |
| PAPER PULP AND PRINT | 1400 | - | 37 | - | - | - | 2570 | 270 | - | - | 5533 |
| MINING AND QUARRYING | - | - | - | - | - | - | 756 | - | - | - | 1584 |
| FOOD AND TOBACCO | 1891 | - | 93 | - | - | - | 1562 | 1058 | - | - | 5709 |
| WOOD AND WOOD PRODUCTS | - | - | - | - | - | - | - | - | - | - | 700 |
| MACHINERY | - | - | - | - | - | - | 8870 | 4461 | 151 | - | 11000 |
| TRANSPORT EQUIPMENT | - | - | 330 | - | - | - | - | - | - | - | 6100 |
| CONSTRUCTION | - | - | - | - | - | - | - | - | - | - | 635 |
| TEXTILES AND LEATHER | - | - | - | - | - | - | - | - | - | - | 5600 |
| NON SPECIFIED | 3234 | 82 | 9 | 82 | - | - | 4612 | 133 | - | - | 6259 |
| NON-ENERGY USES: | | | | | | | | | | | |
| (1)ENERGY PRODUCTS | - | - | - | - | - | - | - | - | - | - | - |
| (2)NON-ENERGY PRODUCTS | - | - | - | - | - | - | - | - | - | - | - |
| TRANSPORT. SECTOR ** | 204 | - | 10 | 9 | - | - | - | - | - | - | 2765 |
| AIR TRANSPORT | - | - | - | - | - | - | - | - | - | - | - |
| ROAD TRANSPORT | - | - | - | - | - | - | - | - | - | - | - |
| RAILWAYS | 204 | - | 10 | 9 | - | - | - | - | - | - | 2765 |
| INTERNAL NAVIGATION | - | - | - | - | - | - | - | - | - | - | - |
| OTHER SECTORS ** | 21148 | 1434 | 4322 | 646 | - | - | 42386 | 78473 | - | - | 123534 |
| AGRICULTURE | - | - | 35 | - | - | - | - | - | - | - | 3718 |
| PUBLIC SERVICES | - | - | 540 | - | - | - | 1865 | 4032 | - | - | - |
| COMMERCE | - | - | 390 | - | - | - | 4687 | 11239 | - | - | 39142 |
| RESIDENTIAL | 17654 | 1434 | 3357 | 646 | - | - | 35834 | 63202 | - | - | 80674 |

(1) INCLUDED IN CHEMICAL OR PETROCHEMICAL INDUSTRY
(2) INCLUDED ONLY IN TOTAL INDUSTRY

** INCLUDED IN THESE TOTALS ARE THE NON-SPECIFIED ELEMENTS

| * OF WHICH: HYDRO | 4311 |
|---|---|
| NUCLEAR | 27548 |
| CONVENTIONAL THERMAL | 224850 |
| GEOTHERMAL | 0 |

PRODUCTION ET UTILISATION DES SOURCES D ENERGIE : ROYAUME UNI

1971

UNIT: 1000 METRIC TONS
UNITE: 1000 TONNES METRIQUES

| OIL PETROLE | | | REFINERY GAS | LIQUEFIED PETROLEUM GASES | AVIATION GASOLINE | MOTOR GASOLINE | JET FUEL | KEROSENE | GAS/DIESEL OIL | RESIDUAL FUEL OIL | NAPHTHA | NON-ENERGY PRODUCTS |
|---|---|---|---|---|---|---|---|---|---|---|---|---|
| CRUDE* BRUT* | NGL GNL | FEEDST. | GAZ DE PETROLE | GAZ LIQUEFIES DE PETROLE | ESSENCE AVION | ESSENCE AUTO | CARBURANT REACTEUR | PETROLE LAMPANT | GAZ/DIESEL OIL | FUEL OIL RESIDUEL | NAPHTHA | PRODUITS NON-ENERGETIQUES |
| 12 | 13 | 14 | 15 | 16 | 17 | 18 | 19 | 20 | 21 | 22 | 23 | 24 |
| 83 | - | - | 2667 | 1236 | 60 | 12522 | 3831 | 2540 | 24453 | 43171 | 5728 | 4416 |
| 125 | - | - | - | - | - | - | - | - | 2 | - | 12 | 147 |
| 107736 | - | - | - | 117 | 63 | 3718 | 908 | 657 | 1955 | 8205 | 2695 | 1051 |
| -1569 | - | - | - | -131 | -52 | -1117 | -731 | -576 | -6477 | -6436 | -623 | -1021 |
| - | - | - | - | - | - | - | - | - | -725 | -4930 | - | - |
| -1033 | - | - | - | -40 | -8 | -159 | -258 | -7 | -824 | -742 | -189 | -213 |
| 105342 | - | - | 2667 | 1182 | 63 | 14964 | 3750 | 2614 | 18384 | 39268 | 7623 | 4380 |
| - | - | - | - | - | - | - | - | - | - | - | - | - |
| - | - | - | - | - | - | - | - | - | - | - | - | - |
| 105342 | - | - | 2667 | 1182 | 63 | 14964 | 3750 | 2614 | 18384 | 39268 | 7623 | 4380 |
| - | - | - | -10 | - | - | - | - | - | 650 | -263 | - | - |
| 105342 | - | - | 294 | 428 | - | - | - | - | 754 | 15818 | 1898 | - |
| - | - | - | - | - | - | - | - | - | - | - | - | - |
| - | - | - | 294 | 428 | - | - | - | - | 55 | 87 | 1898 | - |
| 105342 | - | - | - | - | - | - | - | - | - | - | - | - |
| - | - | - | - | - | - | - | - | - | 699 | 15731 | - | - |
| - | - | - | 2314 | - | - | - | - | - | - | - | - | - |
| - | - | - | - | - | - | - | - | - | - | - | - | - |
| - | - | - | - | - | - | - | - | - | - | - | - | - |
| - | - | - | 2314 | - | - | - | - | - | - | - | - | - |
| - | - | - | - | - | - | - | - | - | - | - | - | - |
| - | - | - | - | - | - | - | - | - | - | - | - | - |
| - | - | - | - | - | - | - | - | - | - | - | - | - |
| - | - | - | - | - | - | - | - | - | - | - | - | - |
| - | - | - | 69 | 754 | 63 | 14964 | 3750 | 2614 | 16980 | 23713 | 5725 | 4380 |
| - | - | - | 69 | 676 | - | - | - | 439 | 5212 | 19179 | 5725 | 4380 |
| - | - | - | - | 133 | - | - | - | - | 485 | 4409 | - | - |
| - | - | - | - | - | - | - | - | - | 289 | - | - | - |
| - | - | - | 69 | - | - | - | - | 439 | - | 2758 | 5725 | - |
| - | - | - | - | - | - | - | - | - | 126 | 364 | - | - |
| - | - | - | - | - | - | - | - | - | 334 | 2156 | - | - |
| - | - | - | - | - | - | - | - | - | 98 | 1550 | - | - |
| - | - | - | - | - | - | - | - | - | 356 | 235 | - | - |
| - | - | - | - | - | - | - | - | - | 349 | 2189 | - | - |
| - | - | - | - | - | - | - | - | - | 43 | 110 | - | - |
| - | - | - | - | - | - | - | - | - | 608 | 1723 | - | - |
| - | - | - | - | - | - | - | - | - | 236 | 840 | - | - |
| - | - | - | - | - | - | - | - | - | - | - | - | - |
| - | - | - | - | - | - | - | - | - | - | - | - | - |
| - | - | - | - | 543 | - | - | - | - | 2288 | 2845 | - | - |
| - | - | - | 69 | - | - | - | - | 439 | - | - | 5725 | - |
| - | - | - | - | - | - | - | - | - | - | - | - | 4380 |
| - | - | - | - | - | 63 | 14964 | 3750 | 14 | 6878 | 398 | - | - |
| - | - | - | - | - | 63 | - | 3750 | - | - | - | - | - |
| - | - | - | - | - | - | 14964 | - | - | 5186 | - | - | - |
| - | - | - | - | - | - | - | - | 14 | 983 | 99 | - | - |
| - | - | - | - | - | - | - | - | - | 709 | 299 | - | - |
| - | - | - | - | 78 | - | - | - | 2161 | 4890 | 4136 | - | - |
| - | - | - | - | - | - | - | - | 54 | 1024 | 358 | - | - |
| - | - | - | - | - | - | - | - | - | - | - | - | - |
| - | - | - | - | - | - | - | - | - | - | - | - | - |
| - | - | - | - | 78 | - | - | - | 2107 | 3866 | - | - | - |

*INCLUDED IN THIS COLUMN IS NGL AND FEEDSTOCKS.

## PRODUCTION AND USES OF ENERGY SOURCES : UNITED KINGDOM

1972

| ENERGY SOURCES / PRODUCTION AND USES | UNIT: 1000 METRIC TONS / UNITE: 1000 TONNES METRIQUES | | | | | | TCAL / TCAL | MANUFACTURED GAS (TCAL) / GAZ MANUFACTURE (TCAL) | | | MILLIONS OF (DE) KWH |
|---|---|---|---|---|---|---|---|---|---|---|---|
| | HARD COAL / HOUILLE | PATENT FUEL / AGGLOMERES | COKE OVEN COKE / COKE DE FOUR | GAS COKE / COKE DE GAZ | BROWN COAL / LIGNITE | BKB / BRIQ. DE LIGNITE | NATURAL GAS / GAZ NATUREL | GAS WORKS / USINES A GAZ | COKE OVENS / COKERIES | BLAST FURNACES / HAUT FOURNEAUX | ELECTRICITY* / ELECTRICITE* |
| | 1 | 2 | 3 | 4 | 5 | 6 | 7 | 8 | 9 | 10 | 11 |
| PRODUCTION | 119519 | 1252 | 17129 | 259 | - | - | 250942 | 15347 | 26687 | 27695 | 263681 |
| FROM OTHER SOURCES | 2311 | - | - | - | - | - | - | 78070 | - | - | - |
| IMPORT | 4998 | 313 | 91 | 16 | - | - | 7711 | - | - | - | 485 |
| EXPORT | -1796 | -9 | -453 | -9 | - | - | - | - | - | - | -5 |
| INTL. MARINE BUNKERS | - | - | - | - | - | - | - | - | - | - | - |
| STOCK CHANGES | -716 | -96 | -265 | 127 | - | - | - | - | - | - | - |
| DOMESTIC SUPPLY | 124316 | 1460 | 16502 | 393 | - | - | 258653 | 93417 | 26687 | 27695 | 264161 |
| RETURNS TO SUPPLY | - | - | - | - | - | - | - | - | - | - | - |
| TRANSFERS | - | - | - | - | - | - | - | - | - | - | - |
| DOMESTIC AVAILABILITY | 124316 | 1460 | 16502 | 393 | - | - | 258653 | 93417 | 26687 | 27695 | 264161 |
| STATISTICAL DIFFERENCE | - | - | - | - | - | - | - | - | - | - | - |
| TRANSFORM. SECTOR ** | 93038 | - | 3644 | 12 | - | - | 90619 | - | 2092 | 3679 | - |
| FOR SOLID FUELS | 24835 | - | - | - | - | - | - | - | - | - | - |
| FOR GASES | 536 | - | 3475 | - | - | - | 74743 | - | 2092 | - | - |
| PETROLEUM REFINERIES | - | - | - | - | - | - | - | - | - | - | - |
| THERMO-ELECTRIC PLANTS | 67667 | - | 169 | 12 | - | - | 15876 | - | - | 3679 | - |
| ENERGY SECTOR | 1406 | - | 285 | 21 | - | - | 16758 | 12449 | 13482 | 4813 | 47573 |
| COAL MINES | 1406 | - | - | - | - | - | - | - | 151 | - | 4673 |
| OIL AND GAS EXTRACTION | - | - | - | - | - | - | 50 | - | - | - | - |
| PETROLEUM REFINERIES | - | - | - | - | - | - | - | - | - | - | 3369 |
| ELECTRIC PLANTS | - | - | - | - | - | - | - | - | - | - | 18417 |
| DISTRIBUTION LOSSES | - | - | - | - | - | - | 16708 | 11013 | - | 3377 | 18917 |
| PUMP STORAGE (ELECTR.) | - | - | - | - | - | - | - | - | - | - | 1184 |
| OTHER ENERGY SECTOR | - | - | 285 | 21 | - | - | - | 1436 | 13331 | 1436 | 1013 |
| FINAL CONSUMPTION | 29872 | 1460 | 12573 | 360 | - | - | 151276 | 80968 | 11113 | 19203 | 216588 |
| INDUSTRY SECTOR | 10896 | 70 | 8580 | 43 | - | - | 81976 | 11541 | 11113 | 19203 | 82737 |
| IRON AND STEEL | 304 | - | 7879 | 4 | - | - | 9097 | 1915 | 10206 | 19203 | 12227 |
| CHEMICAL | 779 | - | 129 | - | - | - | 31702 | 681 | 453 | - | 17982 |
| PETROCHEMICAL | - | - | - | - | - | - | - | - | - | - | - |
| NON-FERROUS METAL | 1180 | - | - | - | - | - | 2394 | 907 | - | - | 5017 |
| NON-METALLIC MINERAL | 3556 | - | 131 | - | - | - | 9349 | 806 | 227 | - | 4815 |
| PAPER PULP AND PRINT | 890 | - | 33 | - | - | - | 5116 | 302 | - | - | 5467 |
| MINING AND QUARRYING | - | - | - | - | - | - | 580 | - | - | - | 1639 |
| FOOD AND TOBACCO | 1619 | - | 78 | - | - | - | 3326 | 1109 | - | - | 5883 |
| WOOD AND WOOD PRODUCTS | - | - | - | - | - | - | - | - | - | - | 800 |
| MACHINERY | - | - | - | - | - | - | 12373 | 4637 | 227 | - | 10700 |
| TRANSPORT EQUIPMENT | - | - | 320 | - | - | - | - | - | - | - | 6000 |
| CONSTRUCTION | - | - | - | - | - | - | - | - | - | - | 562 |
| TEXTILES AND LEATHER | - | - | - | - | - | - | - | - | - | - | 5600 |
| NON SPECIFIED | 2568 | 70 | 10 | 39 | - | - | 8039 | 1184 | - | - | 6045 |
| NON-ENERGY USES: | | | | | | | | | | | |
| (1)ENERGY PRODUCTS | - | - | - | - | - | - | - | - | - | - | - |
| (2)NON-ENERGY PRODUCTS | - | - | - | - | - | - | - | - | - | - | - |
| TRANSPORT. SECTOR ** | 171 | - | 4 | 3 | - | - | - | - | - | - | 2665 |
| AIR TRANSPORT | - | - | - | - | - | - | - | - | - | - | - |
| ROAD TRANSPORT | - | - | - | - | - | - | - | - | - | - | - |
| RAILWAYS | 171 | - | 4 | 3 | - | - | - | - | - | - | 2665 |
| INTERNAL NAVIGATION | - | - | - | - | - | - | - | - | - | - | - |
| OTHER SECTORS ** | 18805 | 1390 | 3989 | 314 | - | - | 69300 | 69427 | - | - | 131186 |
| AGRICULTURE | - | - | 40 | - | - | - | - | - | - | - | 3840 |
| PUBLIC SERVICES | - | - | 540 | - | - | - | 4561 | 4561 | - | - | - |
| COMMERCE | - | - | 390 | - | - | - | 6981 | 8997 | - | - | 40457 |
| RESIDENTIAL | 15558 | 1390 | 3019 | 314 | - | - | 57758 | 55869 | - | - | 86889 |

(1) INCLUDED IN CHEMICAL OR PETROCHEMICAL INDUSTRY
(2) INCLUDED ONLY IN TOTAL INDUSTRY

| * OF WHICH: HYDRO | 4305 |
|---|---|
| NUCLEAR | 29378 |
| CONVENTIONAL THERMAL | 229998 |
| GEOTHERMAL | 0 |

** INCLUDED IN THESE TOTALS ARE THE NON-SPECIFIED ELEMENTS

## PRODUCTION ET UTILISATION DES SOURCES D ENERGIE : ROYAUME UNI

1972

UNIT: 1000 METRIC TONS
UNITE: 1000 TONNES METRIQUES

| OIL / PETROLE: CRUDE* / BRUT* | OIL / PETROLE: NGL / GNL | OIL / PETROLE: FEEDST. | REFINERY GAS / GAZ DE PETROLE | LIQUEFIED PETROLEUM GASES / GAZ LIQUEFIES DE PETROLE | AVIATION GASOLINE / ESSENCE AVION | MOTOR GASOLINE / ESSENCE AUTO | JET FUEL / CARBURANT REACTEUR | KEROSENE / PETROLE LAMPANT | GAS/DIESEL OIL / GAZ/DIESEL OIL | RESIDUAL FUEL OIL / FUEL OIL RESIDUEL | NAPHTHA / NAPHTHA | NON-ENERGY PRODUCTS / PRODUITS NON-ENERGETIQUES |
|---|---|---|---|---|---|---|---|---|---|---|---|---|
| 12 | 13 | 14 | 15 | 16 | 17 | 18 | 19 | 20 | 21 | 22 | 23 | 24 |
| 83 | - | - | 2603 | 1463 | 31 | 13632 | 4571 | 2649 | 25535 | 41001 | 5728 | 4386 |
| 250 | - | - | - | - | - | - | - | - | 5 | - | 105 | 116 |
| 107706 | - | - | - | 148 | 80 | 3284 | 953 | 587 | 1907 | 9854 | 2742 | 1271 |
| -3558 | - | - | - | -136 | -32 | -1243 | -992 | -511 | -6097 | -5335 | -591 | -1041 |
| - | - | - | - | - | - | - | - | - | -770 | -4454 | - | - |
| 2499 | - | - | - | -28 | -14 | 226 | -526 | 244 | 387 | 750 | -593 | -96 |
| 106980 | - | - | 2603 | 1447 | 65 | 15899 | 4006 | 2969 | 20967 | 41816 | 7391 | 4636 |
| - | - | - | - | - | - | - | - | - | - | - | - | - |
| - | - | - | - | - | - | - | - | - | - | - | - | - |
| 106980 | - | - | 2603 | 1447 | 65 | 15899 | 4006 | 2969 | 20967 | 41816 | 7391 | 4636 |
| - | - | - | -24 | - | - | - | - | - | 615 | 412 | - | - |
| 106980 | - | - | 292 | 356 | - | - | - | - | 1680 | 19464 | 1469 | - |
| - | - | - | - | - | - | - | - | - | - | - | - | - |
| - | - | - | 292 | 356 | - | - | - | - | 55 | 118 | 1469 | - |
| 106980 | - | - | - | - | - | - | - | - | - | - | - | - |
| - | - | - | - | - | - | - | - | - | 1625 | 19346 | - | - |
| - | - | - | 2234 | - | - | - | - | - | - | - | - | - |
| - | - | - | - | - | - | - | - | - | - | - | - | - |
| - | - | - | - | - | - | - | - | - | - | - | - | - |
| - | - | - | 2234 | - | - | - | - | - | - | - | - | - |
| - | - | - | - | - | - | - | - | - | - | - | - | - |
| - | - | - | - | - | - | - | - | - | - | - | - | - |
| - | - | - | - | - | - | - | - | - | - | - | - | - |
| - | - | - | - | - | - | - | - | - | - | - | - | - |
| - | - | - | 101 | 1091 | 65 | 15899 | 4006 | 2969 | 18672 | 21940 | 5922 | 4636 |
| - | - | - | 101 | 1008 | - | - | - | 442 | 6096 | 17968 | 5922 | 4636 |
| - | - | - | - | 62 | - | - | - | - | 445 | 4235 | - | - |
| - | - | - | - | - | - | - | - | - | 278 | - | - | - |
| - | - | - | 101 | 11 | - | - | - | 442 | - | 2726 | 5922 | - |
| - | - | - | - | - | - | - | - | - | 148 | 335 | - | - |
| - | - | - | - | - | - | - | - | - | 380 | 1821 | - | - |
| - | - | - | - | - | - | - | - | - | 110 | 1525 | - | - |
| - | - | - | - | - | - | - | - | - | 411 | 209 | - | - |
| - | - | - | - | - | - | - | - | - | 424 | 2198 | - | - |
| - | - | - | - | - | - | - | - | - | 49 | 67 | - | - |
| - | - | - | - | - | - | - | - | - | 724 | 1567 | - | - |
| - | - | - | - | - | - | - | - | - | 269 | 752 | - | - |
| - | - | - | - | - | - | - | - | - | - | - | - | - |
| - | - | - | - | - | - | - | - | - | - | - | - | - |
| - | - | - | - | 935 | - | - | - | - | 2858 | 2533 | - | - |
| - | - | - | 101 | 11 | - | - | - | 442 | - | - | 5922 | - |
| - | - | - | - | - | - | - | - | - | - | - | - | 4636 |
| - | - | - | - | - | 65 | 15899 | 4006 | 14 | 6867 | 301 | - | - |
| - | - | - | - | - | 65 | - | 4006 | - | - | - | - | - |
| - | - | - | - | - | - | 15899 | - | - | 5254 | - | - | - |
| - | - | - | - | - | - | - | - | 14 | 942 | 77 | - | - |
| - | - | - | - | - | - | - | - | - | 671 | 224 | - | - |
| - | - | - | - | 83 | - | - | - | 2513 | 5709 | 3671 | - | - |
| - | - | - | - | - | - | - | - | 47 | 1184 | 354 | - | - |
| - | - | - | - | - | - | - | - | - | - | - | - | - |
| - | - | - | - | - | - | - | - | - | - | - | - | - |
| - | - | - | - | 83 | - | - | - | 2466 | 4525 | - | - | - |

*INCLUDED IN THIS COLUMN IS NGL AND FEEDSTOCKS.

## PRODUCTION AND USES OF ENERGY SOURCES : UNITED KINGDOM

1973

| X ENERGY SOURCES / PRODUCTION AND USES | UNIT: 1000 METRIC TONS / UNITE: 1000 TONNES METRIQUES | | | | | | TCAL / TCAL | MANUFACTURED GAS (TCAL) / GAZ MANUFACTURE (TCAL) | | | MILLIONS OF (DE) KWH |
|---|---|---|---|---|---|---|---|---|---|---|---|
| | HARD COAL / HOUILLE | PATENT FUEL / AGGLOMERES | COKE OVEN COKE / COKE DE FOUR | GAS COKE / COKE DE GAZ | BROWN COAL / LIGNITE | BKB / BRIQ. DE LIGNITE | NATURAL GAS / GAZ NATUREL | GAS WORKS / USINES A GAZ | COKE OVENS / COKERIES | BLAST FURNACES / HAUT FOURNEAUX | ELECTRICITY* / ELECTRICITE* |
| | 1 | 2 | 3 | 4 | 5 | 6 | 7 | 8 | 9 | 10 | 11 |
| PRODUCTION | 130239 | 1185 | 17776 | 212 | - | - | 271650 | 18346 | 30139 | 28678 | 282048 |
| FROM OTHER SOURCES | 1800 | - | - | - | - | - | - | 49972 | - | - | - |
| IMPORT | 1682 | 195 | 53 | - | - | - | 7392 | - | - | - | 177 |
| EXPORT | -2708 | -4 | -665 | -8 | - | - | - | - | - | - | -114 |
| INTL. MARINE BUNKERS | - | - | - | - | - | - | - | - | - | - | - |
| STOCK CHANGES | 33 | 85 | -130 | -69 | - | - | - | - | - | - | - |
| DOMESTIC SUPPLY | 131046 | 1461 | 17034 | 135 | - | - | 279042 | 68318 | 30139 | 28678 | 282111 |
| RETURNS TO SUPPLY | - | - | - | - | - | - | - | - | - | - | - |
| TRANSFERS | - | - | - | - | - | - | - | - | - | - | - |
| DOMESTIC AVAILABILITY | 131046 | 1461 | 17034 | 135 | - | - | 279042 | 68318 | 30139 | 28678 | 282111 |
| STATISTICAL DIFFERENCE | -2 | 73 | - | - | - | - | -572 | - | - | - | - |
| TRANSFORM. SECTOR ** | 101368 | - | 3919 | 7 | - | - | 55208 | - | 1361 | 5653 | - |
| FOR SOLID FUELS | 25908 | - | 192 | - | - | - | - | - | - | - | - |
| FOR GASES | 486 | - | 3571 | - | - | - | 44723 | - | 1361 | - | - |
| PETROLEUM REFINERIES | - | - | - | - | - | - | - | - | - | - | - |
| THERMO-ELECTRIC PLANTS | 74974 | - | 156 | 7 | - | - | 10485 | - | - | 5653 | - |
| ENERGY SECTOR | 1560 | - | 45 | 5 | - | - | 20198 | 9778 | 15876 | 4789 | 49038 |
| COAL MINES | 1380 | - | - | - | - | - | 731 | - | 277 | - | 5006 |
| OIL AND GAS EXTRACTION | - | - | - | - | - | - | 1259 | - | - | - | - |
| PETROLEUM REFINERIES | - | - | - | - | - | - | - | - | - | - | 3456 |
| ELECTRIC PLANTS | - | - | - | - | - | - | - | - | - | - | 19169 |
| DISTRIBUTION LOSSES | - | - | - | - | - | - | 16495 | 9601 | - | 3705 | 19586 |
| PUMP STORAGE (ELECTR.) | - | - | - | - | - | - | - | - | - | - | 882 |
| OTHER ENERGY SECTOR | 180 | - | 45 | 5 | - | - | 1713 | 177 | 15599 | 1084 | 939 |
| FINAL CONSUMPTION | 28120 | 1388 | 13070 | 123 | - | - | 204208 | 58540 | 12902 | 18236 | 233073 |
| INDUSTRY SECTOR | 11842 | 67 | 9360 | 14 | - | - | 104669 | 7888 | 12902 | 18236 | 91269 |
| IRON AND STEEL | 355 | - | 8543 | - | - | - | 9527 | 328 | 11743 | 18236 | 13010 |
| CHEMICAL | 686 | - | 127 | - | - | - | 42117 | 504 | 579 | - | 20526 |
| PETROCHEMICAL | - | - | - | - | - | - | - | - | - | - | - |
| NON-FERROUS METAL | 1150 | - | - | - | - | - | 3723 | 485 | - | - | 6778 |
| NON-METALLIC MINERAL | 3941 | - | 125 | - | - | - | 11971 | 378 | 303 | - | 5188 |
| PAPER PULP AND PRINT | 1401 | - | 34 | - | - | - | 6406 | 353 | - | - | 5771 |
| MINING AND QUARRYING | - | - | - | - | - | - | 601 | - | - | - | 1814 |
| FOOD AND TOBACCO | 1314 | - | 83 | - | - | - | 6065 | 806 | - | - | 6460 |
| WOOD AND WOOD PRODUCTS | - | - | - | - | - | - | - | - | - | - | 900 |
| MACHINERY | - | - | - | - | - | - | 16401 | 4177 | 277 | - | 11700 |
| TRANSPORT EQUIPMENT | 660 | - | 398 | - | - | - | - | - | - | - | 6400 |
| CONSTRUCTION | - | - | - | - | - | - | - | - | - | - | 750 |
| TEXTILES AND LEATHER | - | - | - | - | - | - | - | - | - | - | 6200 |
| NON SPECIFIED | 2335 | 67 | 50 | 14 | - | - | 7858 | 857 | - | - | 5772 |
| NON-ENERGY USES: | | | | | | | | | | | |
| (1)ENERGY PRODUCTS | - | - | - | - | - | - | - | - | - | - | - |
| (2)NON-ENERGY PRODUCTS | - | - | - | - | - | - | - | - | - | - | - |
| TRANSPORT. SECTOR ** | 102 | - | 1 | - | - | - | - | - | - | - | 2613 |
| AIR TRANSPORT | - | - | - | - | - | - | - | - | - | - | - |
| ROAD TRANSPORT | - | - | - | - | - | - | - | - | - | - | - |
| RAILWAYS | 90 | - | 1 | - | - | - | - | - | - | - | 2613 |
| INTERNAL NAVIGATION | 12 | - | - | - | - | - | - | - | - | - | - |
| OTHER SECTORS ** | 16176 | 1321 | 3709 | 109 | - | - | 99539 | 50652 | - | - | 139191 |
| AGRICULTURE | 80 | - | 50 | - | - | - | - | - | - | - | 3953 |
| PUBLIC SERVICES | 2030 | - | 530 | - | - | - | 8492 | 4410 | - | - | - |
| COMMERCE | 340 | - | 380 | - | - | - | 9777 | 6174 | - | - | 43939 |
| RESIDENTIAL | 11280 | 1321 | 2749 | 109 | - | - | 81270 | 40068 | - | - | 91299 |

(1) INCLUDED IN CHEMICAL OR PETROCHEMICAL INDUSTRY
(2) INCLUDED ONLY IN TOTAL INDUSTRY

| * OF WHICH: HYDRO | 4554 |
|---|---|
| NUCLEAR | 27997 |
| CONVENTIONAL THERMAL | 249497 |
| GEOTHERMAL | 0 |

** INCLUDED IN THESE TOTALS ARE THE NON-SPECIFIED ELEMENTS

## PRODUCTION ET UTILISATION DES SOURCES D ENERGIE : ROYAUME UNI

1973

UNIT: 1000 METRIC TONS
UNITE: 1000 TONNES METRIQUES

| OIL PETROLE | | | REFINERY GAS | LIQUEFIED PETROLEUM GASES | AVIATION GASOLINE | MOTOR GASOLINE | JET FUEL | KEROSENE | GAS/DIESEL OIL | RESIDUAL FUEL OIL | NAPHTHA | NON-ENERGY PRODUCTS |
|---|---|---|---|---|---|---|---|---|---|---|---|---|
| CRUDE* BRUT* | NGL GNL | FEEDST. | GAZ DE PETROLE | GAZ LIQUEFIES DE PETROLE | ESSENCE AVION | ESSENCE AUTO | CARBURANT REACTEUR | PETROLE LAMPANT | GAZ/DIESEL OIL | FUEL OIL RESIDUEL | NAPHTHA | PRODUITS NON-ENERGETIQUES |
| 12 | 13 | 14 | 15 | 16 | 17 | 18 | 19 | 20 | 21 | 22 | 23 | 24 |
| 88 | - | - | 2774 | 1655 | 63 | 14842 | 4864 | 2717 | 27853 | 42024 | 6607 | 4932 |
| 284 | - | - | - | - | - | - | - | - | 6 | - | 143 | 194 |
| 115472 | - | - | - | 161 | 59 | 3377 | 833 | 604 | 1572 | 7053 | 3219 | 1421 |
| -3235 | - | - | - | -168 | -41 | -1257 | -888 | -521 | -6832 | -5575 | -488 | -1634 |
| - | - | - | - | - | - | - | - | - | -997 | -4502 | - | - |
| 437 | - | - | - | 18 | -2 | -332 | 32 | -57 | -397 | 1035 | 327 | -84 |
| 113046 | - | - | 2774 | 1666 | 79 | 16630 | 4841 | 2743 | 21205 | 40035 | 9808 | 4829 |
| - | - | - | - | - | - | - | - | - | - | - | - | - |
| - | - | - | - | - | - | - | - | - | - | - | - | - |
| 113046 | - | - | 2774 | 1666 | 79 | 16630 | 4841 | 2743 | 21205 | 40035 | 9808 | 4829 |
| -1429 | - | - | -20 | 77 | 16 | -297 | 568 | -477 | 447 | 526 | 1410 | 33 |
| 114475 | - | - | 294 | 261 | - | - | - | - | 894 | 18480 | 1614 | - |
| - | - | - | - | - | - | - | - | - | - | - | - | - |
| - | - | - | 294 | 261 | - | - | - | - | 41 | 162 | 1614 | - |
| 114338 | - | - | - | - | - | - | - | - | - | - | - | - |
| 137 | - | - | - | - | - | - | - | - | 853 | 18318 | - | - |
| - | - | - | 2379 | - | - | - | - | - | - | - | - | - |
| - | - | - | - | - | - | - | - | - | - | - | - | - |
| - | - | - | 2379 | - | - | - | - | - | - | - | - | - |
| - | - | - | - | - | - | - | - | - | - | - | - | - |
| - | - | - | - | - | - | - | - | - | - | - | - | - |
| - | - | - | - | - | - | - | - | - | - | - | - | - |
| - | - | - | 121 | 1328 | 63 | 16927 | 4273 | 3220 | 19864 | 21029 | 6784 | 4796 |
| - | - | - | 121 | 1237 | - | - | - | 417 | 6230 | 16276 | 6784 | 4796 |
| - | - | - | - | 56 | - | - | - | - | 512 | 4081 | - | - |
| - | - | - | - | - | - | - | - | - | 288 | - | - | - |
| - | - | - | 121 | 11 | - | - | - | 417 | - | 2757 | 6759 | - |
| - | - | - | - | - | - | - | - | - | 172 | 311 | - | - |
| - | - | - | - | - | - | - | - | - | 407 | 1631 | - | - |
| - | - | - | - | - | - | - | - | - | 124 | 1467 | - | - |
| - | - | - | - | - | - | - | - | - | 478 | 136 | - | - |
| - | - | - | - | - | - | - | - | - | 436 | 2298 | - | - |
| - | - | - | - | - | - | - | - | - | 61 | 62 | - | - |
| - | - | - | - | - | - | - | - | - | 874 | 1512 | - | - |
| - | - | - | - | - | - | - | - | - | 311 | 690 | - | - |
| - | - | - | - | - | - | - | - | - | - | - | - | - |
| - | - | - | - | - | - | - | - | - | - | - | - | - |
| - | - | - | - | 1170 | - | - | - | - | 2567 | 1331 | 25 | - |
| - | - | - | 121 | 11 | - | - | - | 417 | - | - | 6759 | - |
| - | - | - | - | - | - | - | - | - | - | - | - | 4796 |
| - | - | - | - | - | 63 | 16927 | 4273 | 14 | 7403 | 291 | - | - |
| - | - | - | - | - | 63 | - | 4273 | - | - | - | - | - |
| - | - | - | - | - | - | 16927 | - | - | 5658 | - | - | - |
| - | - | - | - | - | - | - | - | 14 | 970 | 51 | - | - |
| - | - | - | - | - | - | - | - | - | 775 | 240 | - | - |
| - | - | - | - | 91 | - | - | - | 2789 | 6231 | 4462 | - | - |
| - | - | - | - | - | - | - | - | 42 | 1245 | 375 | - | - |
| - | - | - | - | - | - | - | - | - | 2956 | 2435 | - | - |
| - | - | - | - | - | - | - | - | - | 1128 | 538 | - | - |
| - | - | - | - | 91 | - | - | - | 2747 | 902 | 67 | - | - |

*INCLUDED IN THIS COLUMN IS NGL AND FEEDSTOCKS.

## PRODUCTION AND USES OF ENERGY SOURCES : UNITED KINGDOM

1974

| ENERGY SOURCES / PRODUCTION AND USES | UNIT: 1000 METRIC TONS / UNITE: 1000 TONNES METRIQUES | | | | | | TCAL / TCAL | MANUFACTURED GAS (TCAL) / GAZ MANUFACTURE (TCAL) | | | MILLIONS OF (DE) KWH |
|---|---|---|---|---|---|---|---|---|---|---|---|
| | HARD COAL / HOUILLE | PATENT FUEL / AGGLOMERES | COKE OVEN COKE / COKE DE FOUR | GAS COKE / COKE DE GAZ | BROWN COAL / LIGNITE | BKB / BRIQ. DE LIGNITE | NATURAL GAS / GAZ NATUREL | GAS WORKS / USINES A GAZ | COKE OVENS / COKERIES | BLAST FURNACES / HAUT FOURNEAUX | ELECTRICITY* / ELECTRICITE* |
| | 1 | 2 | 3 | 4 | 5 | 6 | 7 | 8 | 9 | 10 | 11 |
| PRODUCTION | 109001 | 992 | 15776 | 16 | - | - | 327691 | 10508 | 24116 | 26057 | 273132 |
| FROM OTHER SOURCES | 1200 | - | - | - | - | - | - | 34398 | - | - | - |
| IMPORT | 3546 | 167 | 3 | - | - | - | 6133 | - | - | - | 225 |
| EXPORT | -1589 | -4 | -1771 | -42 | - | - | - | - | - | - | -175 |
| INTL. MARINE BUNKERS | - | - | - | - | - | - | - | - | - | - | - |
| STOCK CHANGES | 4871 | 158 | 1219 | 198 | - | - | - | - | - | - | - |
| DOMESTIC SUPPLY | 117029 | 1313 | 15227 | 172 | - | - | 333824 | 44906 | 24116 | 26057 | 273182 |
| RETURNS TO SUPPLY | - | - | - | - | - | - | - | - | - | - | - |
| TRANSFERS | - | - | - | - | - | - | - | - | - | - | - |
| DOMESTIC AVAILABILITY | 117029 | 1313 | 15227 | 172 | - | - | 333824 | 44906 | 24116 | 26057 | 273182 |
| STATISTICAL DIFFERENCE | -12 | - | 4 | - | - | - | -232 | - | - | - | - |
| TRANSFORM. SECTOR ** | 88584 | - | 3496 | 2 | - | - | 58934 | - | 756 | 4999 | - |
| FOR SOLID FUELS | 22821 | - | 188 | - | - | - | - | - | - | - | - |
| FOR GASES | 91 | - | 3155 | - | - | - | 31233 | - | 756 | - | - |
| PETROLEUM REFINERIES | - | - | - | - | - | - | - | - | - | - | - |
| THERMO-ELECTRIC PLANTS | 65672 | - | 153 | 2 | - | - | 27701 | - | - | 4999 | - |
| ENERGY SECTOR | 1426 | - | 40 | 1 | - | - | 20361 | 6526 | 13608 | 4360 | 46537 |
| COAL MINES | 1256 | - | - | - | - | - | 680 | - | 252 | - | 4434 |
| OIL AND GAS EXTRACTION | - | - | - | - | - | - | 1035 | - | - | - | - |
| PETROLEUM REFINERIES | - | - | - | - | - | - | - | - | - | - | 3417 |
| ELECTRIC PLANTS | - | - | - | - | - | - | - | - | - | - | 18831 |
| DISTRIBUTION LOSSES | - | - | - | - | - | - | 16580 | 6350 | - | 3226 | 18221 |
| PUMP STORAGE (ELECTR.) | - | - | - | - | - | - | - | - | - | - | 896 |
| OTHER ENERGY SECTOR | 170 | - | 40 | 1 | - | - | 2066 | 176 | 13356 | 1134 | 738 |
| FINAL CONSUMPTION | 27031 | 1313 | 11687 | 169 | - | - | 254761 | 38380 | 9752 | 16698 | 226645 |
| INDUSTRY SECTOR | 11070 | 110 | 7616 | 26 | - | - | 120452 | 4939 | 9752 | 16698 | 86870 |
| IRON AND STEEL | 357 | - | 6893 | - | - | - | 9590 | 176 | 8492 | 16698 | 12146 |
| CHEMICAL | 622 | - | 111 | - | - | - | 48151 | 252 | 630 | - | 20027 |
| PETROCHEMICAL | - | - | - | - | - | - | - | - | - | - | - |
| NON-FERROUS METAL | 1100 | - | - | - | - | - | 3800 | 312 | - | - | 7255 |
| NON-METALLIC MINERAL | 3476 | - | 105 | - | - | - | 12399 | 277 | 328 | - | 4839 |
| PAPER PULP AND PRINT | 1189 | - | 29 | - | - | - | 6991 | 302 | - | - | 5593 |
| MINING AND QUARRYING | - | - | - | - | - | - | 774 | - | - | - | 1723 |
| FOOD AND TOBACCO | 1232 | - | 72 | - | - | - | 8251 | 580 | - | - | 6624 |
| WOOD AND WOOD PRODUCTS | - | - | - | - | - | - | - | - | - | - | 804 |
| MACHINERY | - | - | - | - | - | - | 21291 | 2611 | 302 | - | 10777 |
| TRANSPORT EQUIPMENT | 650 | - | 361 | - | - | - | - | - | - | - | 5613 |
| CONSTRUCTION | - | - | - | - | - | - | - | - | - | - | 720 |
| TEXTILES AND LEATHER | - | - | - | - | - | - | - | - | - | - | 5645 |
| NON SPECIFIED | 2444 | 110 | 45 | 26 | - | - | 9205 | 429 | - | - | 5104 |
| NON-ENERGY USES: | | | | | | | | | | | |
| (1)ENERGY PRODUCTS | - | - | - | - | - | - | - | - | - | - | - |
| (2)NON-ENERGY PRODUCTS | - | - | - | - | - | - | - | - | - | - | - |
| TRANSPORT. SECTOR ** | 91 | - | - | - | - | - | - | - | - | - | 2713 |
| AIR TRANSPORT | - | - | - | - | - | - | - | - | - | - | - |
| ROAD TRANSPORT | - | - | - | - | - | - | - | - | - | - | - |
| RAILWAYS | 79 | - | - | - | - | - | - | - | - | - | 2713 |
| INTERNAL NAVIGATION | 12 | - | - | - | - | - | - | - | - | - | - |
| OTHER SECTORS ** | 15870 | 1203 | 4071 | 143 | - | - | 134309 | 33441 | - | - | 137062 |
| AGRICULTURE | 60 | - | 40 | - | - | - | - | - | - | - | 3944 |
| PUBLIC SERVICES | 1870 | - | 580 | - | - | - | 11090 | 2520 | - | - | - |
| COMMERCE | 460 | - | 350 | - | - | - | 13725 | 4738 | - | - | 40492 |
| RESIDENTIAL | 11127 | 1203 | 3101 | 143 | - | - | 109494 | 26183 | - | - | 92626 |

(1) INCLUDED IN CHEMICAL OR PETROCHEMICAL INDUSTRY
(2) INCLUDED ONLY IN TOTAL INDUSTRY

| * OF WHICH: HYDRO | 4796 |
|---|---|
| NUCLEAR | 33617 |
| CONVENTIONAL THERMAL | 234719 |
| GEOTHERMAL | 0 |

** INCLUDED IN THESE TOTALS ARE THE NON-SPECIFIED ELEMENTS

## PRODUCTION ET UTILISATION DES SOURCES D ENERGIE : ROYAUME UNI

1974

UNIT: 1000 METRIC TONS
UNITE: 1000 TONNES METRIQUES

| OIL PETROLE | | | REFINERY GAS | LIQUEFIED PETROLEUM GASES | AVIATION GASOLINE | MOTOR GASOLINE | JET FUEL | KEROSENE | GAS/DIESEL OIL | RESIDUAL FUEL OIL | NAPHTHA | NON-ENERGY PRODUCTS |
|---|---|---|---|---|---|---|---|---|---|---|---|---|
| CRUDE* BRUT* | NGL GNL | FEEDST. | GAZ DE PETROLE | GAZ LIQUEFIES DE PETROLE | ESSENCE AVION | ESSENCE AUTO | CARBURANT REACTEUR | PETROLE LAMPANT | GAZ/DIESEL OIL | FUEL OIL RESIDUEL | NAPHTHA | PRODUITS NON-ENERGETIQUES |
| 12 | 13 | 14 | 15 | 16 | 17 | 18 | 19 | 20 | 21 | 22 | 23 | 24 |
| 88 | - | - | 2617 | 1602 | 13 | 14520 | 4729 | 2564 | 27641 | 40020 | 6448 | 5804 |
| 322 | - | - | - | - | - | - | - | - | - | - | 151 | 132 |
| 112822 | - | - | - | 48 | 95 | 3193 | 567 | 349 | 902 | 6156 | 2580 | 1160 |
| -1404 | - | - | - | -167 | -26 | -899 | -1027 | -327 | -6739 | -3407 | -822 | -1217 |
| - | - | - | - | - | - | - | - | - | -811 | -3948 | - | - |
| -2238 | - | - | - | -17 | -17 | -300 | -38 | -103 | -673 | -1321 | 69 | -192 |
| 109590 | - | - | 2617 | 1466 | 65 | 16514 | 4231 | 2483 | 20320 | 37500 | 8426 | 5687 |
| - | - | - | - | - | - | - | - | - | - | - | - | - |
| - | - | - | - | - | - | - | - | - | - | - | - | - |
| 109590 | - | - | 2617 | 1466 | 65 | 16514 | 4231 | 2483 | 20320 | 37500 | 8426 | 5687 |
| -1787 | - | - | - | 52 | 11 | 30 | 479 | -325 | 1221 | 177 | 705 | 52 |
| 111377 | - | - | 155 | 72 | - | - | - | - | 757 | 18816 | 958 | - |
| | | | | | | | | | | | | |
| - | - | - | - | - | - | - | - | - | - | - | - | - |
| - | - | - | 155 | 72 | - | - | - | - | 30 | 124 | 958 | - |
| 111217 | - | - | - | - | - | - | - | - | - | - | - | - |
| 160 | - | - | - | - | - | - | - | - | 727 | 18692 | - | - |
| - | - | - | 2345 | - | - | - | - | - | - | - | - | 556 |
| | | | | | | | | | | | | |
| - | - | - | - | - | - | - | - | - | - | - | - | - |
| - | - | - | - | - | - | - | - | - | - | - | - | - |
| - | - | - | 2345 | - | - | - | - | - | - | - | - | 556 |
| - | - | - | - | - | - | - | - | - | - | - | - | - |
| - | - | - | - | - | - | - | - | - | - | - | - | - |
| - | - | - | - | - | - | - | - | - | - | - | - | - |
| - | - | - | - | - | - | - | - | - | - | - | - | - |
| - | - | - | 117 | 1342 | 54 | 16484 | 3752 | 2808 | 18342 | 18507 | 6763 | 5079 |
| - | - | - | 117 | 1251 | - | - | - | 358 | 5389 | 14518 | 6763 | 5079 |
| | | | | | | | | | | | | |
| - | - | - | - | 38 | - | - | - | - | 433 | 3097 | - | - |
| - | - | - | - | - | - | - | - | - | 250 | - | - | - |
| - | - | - | 117 | 27 | - | - | - | 358 | - | 2226 | 6743 | - |
| - | - | - | - | - | - | - | - | - | 156 | 300 | - | - |
| - | - | - | - | - | - | - | - | - | 354 | 1531 | - | - |
| - | - | - | - | - | - | - | - | - | 113 | 1321 | - | - |
| - | - | - | - | - | - | - | - | - | 413 | 72 | - | - |
| - | - | - | - | - | - | - | - | - | 428 | 2148 | - | - |
| - | - | - | - | - | - | - | - | - | 54 | 51 | - | - |
| - | - | - | - | - | - | - | - | - | 812 | 1381 | - | - |
| - | - | - | - | - | - | - | - | - | 292 | 603 | - | - |
| - | - | - | - | - | - | - | - | - | - | - | - | - |
| - | - | - | - | - | - | - | - | - | - | - | - | - |
| - | - | - | - | 1186 | - | - | - | - | 2084 | 1788 | 20 | - |
| | | | | | | | | | | | | |
| - | - | - | 117 | 27 | - | - | - | 358 | - | - | 6743 | - |
| - | - | - | - | - | - | - | - | - | - | - | - | 5079 |
| - | - | - | - | - | 54 | 16484 | 3752 | 14 | 7349 | 275 | - | - |
| | | | | | | | | | | | | |
| - | - | - | - | - | 54 | - | 3752 | - | - | - | - | - |
| - | - | - | - | - | - | 16484 | - | - | 5518 | - | - | - |
| - | - | - | - | - | - | - | - | 14 | 907 | 45 | - | - |
| - | - | - | - | - | - | - | - | - | 924 | 230 | - | - |
| - | - | - | - | 91 | - | - | - | 2436 | 5604 | 3714 | - | - |
| | | | | | | | | | | | | |
| - | - | - | - | - | - | - | - | 33 | 1026 | 311 | - | - |
| - | - | - | - | - | - | - | - | - | 2738 | 2047 | - | - |
| - | - | - | - | - | - | - | - | - | 1020 | 477 | - | - |
| - | - | - | - | 91 | - | - | - | 2403 | 820 | 65 | - | - |

*INCLUDED IN THIS COLUMN IS NGL AND FEEDSTOCKS.

## PRODUCTION AND USES OF ENERGY SOURCES : UNITED KINGDOM

1975

| X XX ENERGY XX XX SOURCES XX XX XX PRODUCTION XX XX AND USES XX | UNIT: 1000 METRIC TONS / UNITE: 1000 TONNES METRIQUES | | | | | | TCAL / TCAL | MANUFACTURED GAS (TCAL) / GAZ MANUFACTURE (TCAL) | | | MILLIONS OF (DE) KWH |
|---|---|---|---|---|---|---|---|---|---|---|---|
| | HARD COAL / HOUILLE | PATENT FUEL / AGGLOMERES | COKE OVEN COKE / COKE DE FOUR | GAS COKE / COKE DE GAZ | BROWN COAL / LIGNITE | BKB / BRIQ. DE LIGNITE | NATURAL GAS / GAZ NATUREL | GAS WORKS / USINES A GAZ | COKE OVENS / COKERIES | BLAST FURNACES / HAUT FOURNEAUX | ELECTRICITY* / ELECTRICITE* |
| | 1 | 2 | 3 | 4 | 5 | 6 | 7 | 8 | 9 | 10 | 11 |
| PRODUCTION | 127819 | 1189 | 15859 | - | - | - | 341128 | 4637 | 25124 | 22201 | 271987 |
| FROM OTHER SOURCES | 857 | - | - | - | - | - | - | 19354 | - | - | - |
| IMPORT | 5083 | 120 | 3 | - | - | - | 8442 | - | - | - | 196 |
| EXPORT | -1853 | -5 | -1274 | - | - | - | - | - | - | - | -121 |
| INTL. MARINE BUNKERS | - | - | - | - | - | - | - | - | - | - | - |
| STOCK CHANGES | -9351 | -17 | -1091 | - | - | - | - | - | - | - | - |
| DOMESTIC SUPPLY | 122555 | 1287 | 13497 | - | - | - | 349570 | 23991 | 25124 | 22201 | 272062 |
| RETURNS TO SUPPLY | - | - | - | - | - | - | - | - | - | - | - |
| TRANSFERS | - | - | - | - | - | - | - | - | - | - | - |
| DOMESTIC AVAILABILITY | 122555 | 1287 | 13497 | - | - | - | 349570 | 23991 | 25124 | 22201 | 272062 |
| STATISTICAL DIFFERENCE | 328 | - | - | - | - | - | 196 | - | - | - | - |
| TRANSFORM. SECTOR ** | 97767 | - | 3284 | - | - | - | 39261 | - | 252 | 3889 | - |
| FOR SOLID FUELS | 22978 | - | 218 | - | - | - | - | - | - | - | - |
| FOR GASES | 9 | - | 2863 | - | - | - | 17640 | - | 252 | - | - |
| PETROLEUM REFINERIES | - | - | - | - | - | - | - | - | - | - | - |
| THERMO-ELECTRIC PLANTS | 74780 | - | 203 | - | - | - | 21621 | - | - | 3889 | - |
| ENERGY SECTOR | 1191 | - | 33 | - | - | - | 17872 | 6023 | 14490 | 3629 | 47518 |
| COAL MINES | 1023 | - | - | - | - | - | 731 | - | 302 | - | 4904 |
| OIL AND GAS EXTRACTION | - | - | - | - | - | - | 2872 | - | - | - | - |
| PETROLEUM REFINERIES | - | - | - | - | - | - | - | - | - | - | 3065 |
| ELECTRIC PLANTS | - | - | - | - | - | - | - | - | - | - | 18107 |
| DISTRIBUTION LOSSES | - | - | - | - | - | - | 12127 | 5947 | - | 2747 | 19472 |
| PUMP STORAGE (ELECTR.) | - | - | - | - | - | - | - | - | - | - | 1430 |
| OTHER ENERGY SECTOR | 168 | - | 33 | - | - | - | 2142 | 76 | 14188 | 882 | 540 |
| FINAL CONSUMPTION | 23269 | 1287 | 10180 | - | - | - | 292241 | 17968 | 10382 | 14683 | 224544 |
| INDUSTRY SECTOR | 9684 | 81 | 6990 | - | - | - | 125595 | 2218 | 10382 | 14683 | 84902 |
| IRON AND STEEL | 261 | - | 6518 | - | - | - | 9248 | 101 | 8719 | 14683 | 11637 |
| CHEMICAL | 563 | - | 89 | - | - | - | 48761 | 76 | 832 | - | 18642 |
| PETROCHEMICAL | - | - | - | - | - | - | - | - | - | - | - |
| NON-FERROUS METAL | 1043 | - | - | - | - | - | 4259 | 151 | - | - | 7336 |
| NON-METALLIC MINERAL | 3528 | - | 84 | - | - | - | 12625 | 100 | 428 | - | 4643 |
| PAPER PULP AND PRINT | 1062 | - | 21 | - | - | - | 6804 | 126 | - | - | 5271 |
| MINING AND QUARRYING | - | - | - | - | - | - | 857 | - | - | - | 1689 |
| FOOD AND TOBACCO | 933 | - | 51 | - | - | - | 9677 | 303 | - | - | 6686 |
| WOOD AND WOOD PRODUCTS | - | - | - | - | - | - | - | - | - | - | 859 |
| MACHINERY | - | - | - | - | - | - | 23536 | 1134 | 403 | - | 11035 |
| TRANSPORT EQUIPMENT | 629 | - | 219 | - | - | - | - | - | - | - | 5626 |
| CONSTRUCTION | - | - | - | - | - | - | - | - | - | - | 801 |
| TEXTILES AND LEATHER | - | - | - | - | - | - | - | - | - | - | 5498 |
| NON SPECIFIED | 1665 | 81 | 8 | - | - | - | 9828 | 227 | - | - | 5179 |
| NON-ENERGY USES: | | | | | | | | | | | |
| (1)ENERGY PRODUCTS | - | - | - | - | - | - | - | - | - | - | - |
| (2)NON-ENERGY PRODUCTS | - | - | - | - | - | - | - | - | - | - | - |
| TRANSPORT. SECTOR ** | 72 | - | 3 | - | - | - | - | - | - | - | 2897 |
| AIR TRANSPORT | - | - | - | - | - | - | - | - | - | - | - |
| ROAD TRANSPORT | - | - | - | - | - | - | - | - | - | - | - |
| RAILWAYS | 60 | - | - | - | - | - | - | - | - | - | 2897 |
| INTERNAL NAVIGATION | 12 | - | 3 | - | - | - | - | - | - | - | - |
| OTHER SECTORS ** | 13513 | 1206 | 3187 | - | - | - | 166646 | 15750 | - | - | 136745 |
| AGRICULTURE | 41 | - | 30 | - | - | - | - | - | - | - | 3650 |
| PUBLIC SERVICES | 1486 | - | 465 | - | - | - | 13860 | 1184 | - | - | - |
| COMMERCE | 350 | - | 257 | - | - | - | 16808 | 2092 | - | - | 43881 |
| RESIDENTIAL | 9558 | 1206 | 2026 | - | - | - | 135978 | 12474 | - | - | 89214 |

(1) INCLUDED IN CHEMICAL OR PETROCHEMICAL INDUSTRY
(2) INCLUDED ONLY IN TOTAL INDUSTRY

* OF WHICH: HYDRO 4948
NUCLEAR 30338
CONVENTIONAL THERMAL 236796
GEOTHERMAL 0

** INCLUDED IN THESE TOTALS ARE THE NON-SPECIFIED ELEMENTS

## PRODUCTION ET UTILISATION DES SOURCES D ENERGIE : ROYAUME UNI

1975

UNIT: 1000 METRIC TONS
UNITE: 1000 TONNES METRIQUES

| OIL / PETROLE: CRUDE* / BRUT* | OIL / PETROLE: NGL / GNL | OIL / PETROLE: FEEDST. | REFINERY GAS / GAZ DE PETROLE | LIQUEFIED PETROLEUM GASES / GAZ LIQUEFIES DE PETROLE | AVIATION GASOLINE / ESSENCE AVION | MOTOR GASOLINE / ESSENCE AUTO | JET FUEL / CARBURANT REACTEUR | KEROSENE / PETROLE LAMPANT | GAS/DIESEL OIL / GAZ/DIESEL OIL | RESIDUAL FUEL OIL / FUEL OIL RESIDUEL | NAPHTHA / NAPHTHA | NON-ENERGY PRODUCTS / PRODUITS NON-ENERGETIQUES |
|---|---|---|---|---|---|---|---|---|---|---|---|---|
| 12 | 13 | 14 | 15 | 16 | 17 | 18 | 19 | 20 | 21 | 22 | 23 | 24 |
| 1383 | - | - | 2319 | 1447 | 16 | 13940 | 4193 | 2299 | 23323 | 36053 | 3968 | 5120 |
| 185 | - | - | 3 | - | - | - | - | - | - | - | 182 | 48 |
| 91366 | - | - | - | 54 | 62 | 2660 | 950 | 267 | 1600 | 4163 | 2178 | 852 |
| -1524 | - | - | - | -176 | -31 | -1155 | -805 | -307 | -5751 | -4171 | -523 | -1005 |
| - | - | - | - | - | - | - | - | - | -749 | -2695 | - | - |
| 1305 | - | - | - | 9 | 8 | 338 | -41 | 187 | 887 | 647 | 118 | 145 |
| 92715 | - | - | 2322 | 1334 | 55 | 15783 | 4297 | 2446 | 19310 | 33997 | 5923 | 5160 |
| - | - | - | - | - | - | - | - | - | - | - | - | - |
| - | - | - | - | - | - | - | - | - | - | - | - | - |
| 92715 | - | - | 2322 | 1334 | 55 | 15783 | 4297 | 2446 | 19310 | 33997 | 5923 | 5160 |
| -1046 | - | - | 1 | 58 | 5 | -342 | 431 | -200 | 846 | 185 | 807 | -20 |
| 93761 | - | - | 52 | 53 | - | - | - | - | 433 | 12714 | 446 | - |
| - | - | - | - | - | - | - | - | - | - | - | - | - |
| - | - | - | 52 | 53 | - | - | - | - | 22 | 120 | 446 | - |
| 93579 | - | - | - | - | - | - | - | - | - | - | - | - |
| 182 | - | - | - | - | - | - | - | - | 411 | 12594 | - | - |
| - | - | - | 2168 | - | - | - | - | - | - | 3342 | - | 521 |
| - | - | - | - | - | - | - | - | - | - | - | - | - |
| - | - | - | - | - | - | - | - | - | - | - | - | - |
| - | - | - | 2168 | - | - | - | - | - | - | 3342 | - | 521 |
| - | - | - | - | - | - | - | - | - | - | - | - | - |
| - | - | - | - | - | - | - | - | - | - | - | - | - |
| - | - | - | - | - | - | - | - | - | - | - | - | - |
| - | - | - | - | - | - | - | - | - | - | - | - | - |
| - | - | - | 101 | 1223 | 50 | 16125 | 3866 | 2646 | 18031 | 17756 | 4670 | 4659 |
| - | - | - | 101 | 1131 | - | - | - | 318 | 4950 | 14139 | 4670 | 4659 |
| - | - | - | - | 44 | - | - | - | - | 317 | 2951 | - | - |
| - | - | - | - | - | - | - | - | - | 257 | - | - | - |
| - | - | - | 101 | 18 | - | - | - | 318 | - | 2799 | 4660 | - |
| - | - | - | - | - | - | - | - | - | 106 | 255 | - | - |
| - | - | - | - | - | - | - | - | - | 294 | 1052 | - | - |
| - | - | - | - | - | - | - | - | - | 112 | 1127 | - | - |
| - | - | - | - | - | - | - | - | - | 377 | 42 | - | - |
| - | - | - | - | - | - | - | - | - | 441 | 1865 | - | - |
| - | - | - | - | - | - | - | - | - | 59 | 53 | - | - |
| - | - | - | - | - | - | - | - | - | 797 | 1334 | - | - |
| - | - | - | - | - | - | - | - | - | 252 | 531 | - | - |
| - | - | - | - | - | - | - | - | - | - | - | - | - |
| - | - | - | - | - | - | - | - | - | - | - | - | - |
| - | - | - | - | 1069 | - | - | - | - | 1938 | 2130 | 10 | - |
| - | - | - | 101 | 18 | - | - | - | 318 | - | - | 4660 | - |
| - | - | - | - | - | - | - | - | - | - | - | - | 4659 |
| - | - | - | - | 2 | 50 | 16125 | 3866 | 14 | 7347 | 182 | - | - |
| - | - | - | - | - | 50 | - | 3866 | - | - | - | - | - |
| - | - | - | - | 2 | - | 16125 | - | - | 5414 | - | - | - |
| - | - | - | - | - | - | - | - | 14 | 865 | 46 | - | - |
| - | - | - | - | - | - | - | - | - | 1068 | 136 | - | - |
| - | - | - | - | 90 | - | - | - | 2314 | 5734 | 3435 | - | - |
| - | - | - | - | - | - | - | - | 27 | 1058 | 300 | - | - |
| - | - | - | - | - | - | - | - | 13 | 2853 | 1878 | - | - |
| - | - | - | - | - | - | - | - | - | 980 | 422 | - | - |
| - | - | - | - | 90 | - | - | - | 2274 | 843 | 61 | - | - |

*INCLUDED IN THIS COLUMN IS NGL AND FEEDSTOCKS.

## PRODUCTION AND USES OF ENERGY SOURCES : UNITED KINGDOM

1976

| PRODUCTION AND USES / ENERGY SOURCES | UNIT: 1000 METRIC TONS / UNITE: 1000 TONNES METRIQUES | | | | | | TCAL / TCAL | MANUFACTURED GAS (TCAL) / GAZ MANUFACTURE (TCAL) | | | MILLIONS OF (DE) KWH |
|---|---|---|---|---|---|---|---|---|---|---|---|
| | HARD COAL / HOUILLE | PATENT FUEL / AGGLOMERES | COKE OVEN COKE / COKE DE FOUR | GAS COKE / COKE DE GAZ | BROWN COAL / LIGNITE | BKB / BRIQ. DE LIGNITE | NATURAL GAS / GAZ NATUREL | GAS WORKS / USINES A GAZ | COKE OVENS / COKERIES | BLAST FURNACES / HAUT FOURNEAUX | ELECTRICITY* / ELECTRICITE* |
| | 1 | 2 | 3 | 4 | 5 | 6 | 7 | 8 | 9 | 10 | 11 |
| PRODUCTION | 122208 | 1184 | 15764 | - | - | - | 362346 | 1688 | 25326 | 25553 | 276712 |
| FROM OTHER SOURCES | 1592 | - | - | - | - | - | - | 5317 | - | - | - |
| IMPORT | 2837 | 82 | - | - | - | - | 9677 | - | - | - | 17 |
| EXPORT | -1227 | -6 | -1044 | - | - | - | - | - | - | - | -116 |
| INTL. MARINE BUNKERS | - | - | - | - | - | - | - | - | - | - | - |
| STOCK CHANGES | -1958 | -26 | -633 | - | - | - | - | - | - | - | - |
| DOMESTIC SUPPLY | 123452 | 1234 | 14087 | - | - | - | 372023 | 7005 | 25326 | 25553 | 276613 |
| RETURNS TO SUPPLY | - | - | - | - | - | - | - | - | - | - | - |
| TRANSFERS | - | - | - | - | - | - | - | - | - | - | - |
| DOMESTIC AVAILABILITY | 123452 | 1234 | 14087 | - | - | - | 372023 | 7005 | 25326 | 25553 | 276613 |
| STATISTICAL DIFFERENCE | -151 | - | 87 | - | - | - | -27 | - | - | - | - |
| TRANSFORM. SECTOR ** | 101493 | - | 3576 | - | - | - | 23693 | - | 1666 | 4612 | - |
| FOR SOLID FUELS | 22698 | - | 210 | - | - | - | - | - | - | - | - |
| FOR GASES | 8 | - | 3291 | - | - | - | 4561 | - | 227 | - | - |
| PETROLEUM REFINERIES | - | - | - | - | - | - | - | - | - | - | - |
| THERMO-ELECTRIC PLANTS | 78787 | - | 75 | - | - | - | 19132 | - | 1439 | 4612 | - |
| ENERGY SECTOR | 971 | - | 35 | - | - | - | 18616 | 1663 | 14187 | 4738 | 48314 |
| COAL MINES | 863 | - | - | - | - | - | 756 | - | 302 | - | 5007 |
| OIL AND GAS EXTRACTION | - | - | - | - | - | - | 1714 | - | - | - | - |
| PETROLEUM REFINERIES | - | - | - | - | - | - | - | - | - | - | 3376 |
| ELECTRIC PLANTS | - | - | - | - | - | - | - | - | - | - | 19005 |
| DISTRIBUTION LOSSES | - | - | - | - | - | - | 13760 | 1613 | - | 3503 | 18730 |
| PUMP STORAGE (ELECTR.) | - | - | - | - | - | - | - | - | - | - | 1729 |
| OTHER ENERGY SECTOR | 108 | - | 35 | - | - | - | 2386 | 50 | 13885 | 1235 | 467 |
| FINAL CONSUMPTION | 21139 | 1234 | 10389 | - | - | - | 329741 | 5342 | 9473 | 16203 | 228299 |
| INDUSTRY SECTOR | 8271 | 72 | 7521 | - | - | - | 139987 | 680 | 9473 | 16203 | 91303 |
| IRON AND STEEL | 154 | - | 7171 | - | - | - | 10883 | 50 | 7911 | 16203 | 13164 |
| CHEMICAL | 1 | - | 52 | - | - | - | 52673 | 25 | 781 | - | 20830 |
| PETROCHEMICAL | - | - | - | - | - | - | - | - | - | - | - |
| NON-FERROUS METAL | 1101 | - | - | - | - | - | 4738 | 51 | - | - | 7850 |
| NON-METALLIC MINERAL | 2950 | - | 64 | - | - | - | 13381 | 50 | 378 | - | 5045 |
| PAPER PULP AND PRINT | 926 | - | 16 | - | - | - | 7963 | 25 | - | - | 5558 |
| MINING AND QUARRYING | - | - | - | - | - | - | 1260 | - | - | - | 1735 |
| FOOD AND TOBACCO | 882 | - | 40 | - | - | - | 10710 | 126 | - | - | 7255 |
| WOOD AND WOOD PRODUCTS | - | - | - | - | - | - | - | - | - | - | 918 |
| MACHINERY | - | - | - | - | - | - | 26888 | 303 | 403 | - | 11445 |
| TRANSPORT EQUIPMENT | 647 | - | 169 | - | - | - | - | - | - | - | 5991 |
| CONSTRUCTION | - | - | - | - | - | - | - | - | - | - | 817 |
| TEXTILES AND LEATHER | - | - | - | - | - | - | - | - | - | - | 5727 |
| NON SPECIFIED | 1610 | 72 | 9 | - | - | - | 11491 | 50 | - | - | 4968 |
| NON-ENERGY USES: | | | | | | | | | | | |
| (1)ENERGY PRODUCTS | - | - | - | - | - | - | - | - | - | - | - |
| (2)NON-ENERGY PRODUCTS | - | - | - | - | - | - | - | - | - | - | - |
| TRANSPORT. SECTOR ** | 68 | - | 4 | - | - | - | - | - | - | - | 2868 |
| AIR TRANSPORT | - | - | - | - | - | - | - | - | - | - | - |
| ROAD TRANSPORT | - | - | - | - | - | - | - | - | - | - | - |
| RAILWAYS | 57 | - | 4 | - | - | - | - | - | - | - | 2868 |
| INTERNAL NAVIGATION | 11 | - | - | - | - | - | - | - | - | - | - |
| OTHER SECTORS ** | 12800 | 1162 | 2864 | - | - | - | 189754 | 4662 | - | - | 134128 |
| AGRICULTURE | 30 | - | 25 | - | - | - | - | - | - | - | 3623 |
| PUBLIC SERVICES | 1686 | - | 424 | - | - | - | 16934 | 378 | - | - | - |
| COMMERCE | 261 | - | 219 | - | - | - | 20387 | 630 | - | - | 45388 |
| RESIDENTIAL | 10823 | 1162 | 2196 | - | - | - | 152433 | 3654 | - | - | 85117 |

(1) INCLUDED IN CHEMICAL OR PETROCHEMICAL INDUSTRY
(2) INCLUDED ONLY IN TOTAL INDUSTRY

| * OF WHICH: HYDRO | 5121 |
|---|---|
| NUCLEAR | 36155 |
| CONVENTIONAL THERMAL | 235436 |
| GEOTHERMAL | 0 |

** INCLUDED IN THESE TOTALS ARE THE NON-SPECIFIED ELEMENTS

## PRODUCTION ET UTILISATION DES SOURCES D ENERGIE : ROYAUME UNI

1976

UNIT: 1000 METRIC TONS
UNITE: 1000 TONNES METRIQUES

| | OIL / PETROLE | | | REFINERY GAS | LIQUEFIED PETROLEUM GASES | AVIATION GASOLINE | MOTOR GASOLINE | JET FUEL | KEROSENE | GAS/DIESEL OIL | RESIDUAL FUEL OIL | NAPHTHA | NON-ENERGY PRODUCTS |
|---|---|---|---|---|---|---|---|---|---|---|---|---|---|
| | CRUDE* BRUT* | NGL GNL | FEEDST. | GAZ DE PETROLE | GAZ LIQUEFIES DE PETROLE | ESSENCE AVION | ESSENCE AUTO | CARBURANT REACTEUR | PETROLE LAMPANT | GAZ/DIESEL OIL | FUEL OIL RESIDUEL | NAPHTHA | PRODUITS NON-ENERGETIQUES |
| | 12 | 13 | 14 | 15 | 16 | 17 | 18 | 19 | 20 | 21 | 22 | 23 | 24 |
| | 11765 | - | - | 2666 | 1575 | 26 | 15232 | 4376 | 2458 | 24198 | 35761 | 4583 | 5751 |
| | 404 | - | - | 59 | 75 | - | - | - | - | - | - | 238 | 37 |
| | 90466 | - | - | - | 77 | 78 | 2857 | 775 | 306 | 1369 | 2371 | 2024 | 852 |
| | -4285 | - | - | - | -316 | -48 | -1276 | -810 | -241 | -6080 | -5467 | -614 | -1136 |
| | - | - | - | - | - | - | - | - | - | -756 | -2813 | - | - |
| | -600 | - | - | - | -5 | 6 | -121 | -30 | -31 | 283 | 626 | -59 | -70 |
| | 97750 | - | - | 2725 | 1406 | 62 | 16692 | 4311 | 2492 | 19014 | 30478 | 6172 | 5434 |
| | - | - | - | - | - | - | - | - | - | - | - | - | - |
| | - | - | - | - | - | - | - | - | - | - | - | - | - |
| | 97750 | - | - | 2725 | 1406 | 62 | 16692 | 4311 | 2492 | 19014 | 30478 | 6172 | 5434 |
| | -327 | - | - | 20 | 76 | 16 | -187 | 320 | -141 | 436 | -413 | 768 | - |
| | 98077 | - | - | 35 | 46 | - | - | - | - | 504 | 11635 | 161 | - |
| | - | - | - | - | - | - | - | - | - | - | - | - | - |
| | - | - | - | 35 | 46 | - | - | - | - | 15 | 109 | 161 | - |
| | 97784 | - | - | - | - | - | - | - | - | - | - | - | - |
| | 293 | - | - | - | - | - | - | - | - | 489 | 11526 | - | - |
| | - | - | - | 2508 | - | - | - | - | - | - | 3066 | - | 768 |
| | - | - | - | - | - | - | - | - | - | - | - | - | - |
| | - | - | - | - | - | - | - | - | - | - | - | - | - |
| | - | - | - | 2508 | - | - | - | - | - | - | 3066 | - | 768 |
| | - | - | - | - | - | - | - | - | - | - | - | - | - |
| | - | - | - | - | - | - | - | - | - | - | - | - | - |
| | - | - | - | - | - | - | - | - | - | - | - | - | - |
| | - | - | - | - | - | - | - | - | - | - | - | - | - |
| | - | - | - | 162 | 1284 | 46 | 16879 | 3991 | 2633 | 18074 | 16190 | 5243 | 4666 |
| | - | - | - | 162 | 1191 | - | - | - | 297 | 4709 | 12863 | 5243 | 4666 |
| | - | - | - | - | 52 | - | - | - | - | 223 | 2513 | - | - |
| | - | - | - | - | - | - | - | - | - | 167 | - | - | - |
| | - | - | - | 162 | 21 | - | - | - | 297 | - | 2026 | 5228 | - |
| | - | - | - | - | - | - | - | - | - | 108 | 235 | - | - |
| | - | - | - | - | - | - | - | - | - | 268 | 1090 | - | - |
| | - | - | - | - | - | - | - | - | - | 105 | 1175 | - | - |
| | - | - | - | - | - | - | - | - | - | 319 | 42 | - | - |
| | - | - | - | - | - | - | - | - | - | 415 | 1811 | - | - |
| | - | - | - | - | - | - | - | - | - | 59 | 59 | - | - |
| | - | - | - | - | - | - | - | - | - | 745 | 1258 | - | - |
| | - | - | - | - | - | - | - | - | - | 263 | 550 | - | - |
| | - | - | - | - | - | - | - | - | - | - | - | - | - |
| | - | - | - | - | - | - | - | - | - | - | - | - | - |
| | - | - | - | - | 1118 | - | - | - | - | 2037 | 2104 | 15 | - |
| | - | - | - | 162 | 21 | - | - | - | 297 | - | - | 5228 | - |
| | - | - | - | - | - | - | - | - | - | - | - | - | 4666 |
| | - | - | - | - | 2 | 46 | 16879 | 3991 | 14 | 7534 | 138 | - | - |
| | - | - | - | - | - | 46 | - | 3991 | - | - | - | - | - |
| | - | - | - | - | 2 | - | 16879 | - | - | 5594 | - | - | - |
| | - | - | - | - | - | - | - | - | 14 | 813 | 47 | - | - |
| | - | - | - | - | - | - | - | - | - | 1127 | 91 | - | - |
| | - | - | - | - | 91 | - | - | - | 2322 | 5831 | 3189 | - | - |
| | - | - | - | - | - | - | - | - | 24 | 984 | 300 | - | - |
| | - | - | - | - | - | - | - | - | 12 | 2993 | 1946 | - | - |
| | - | - | - | - | - | - | - | - | - | 1024 | 410 | - | - |
| | - | - | - | - | 91 | - | - | - | 2286 | 830 | 62 | - | - |

*INCLUDED IN THIS COLUMN IS NGL AND FEEDSTOCKS.

## PRODUCTION AND USES OF ENERGY SOURCES : UNITED KINGDOM

1977

| ENERGY SOURCES / PRODUCTION AND USES | UNIT: 1000 METRIC TONS / UNITE: 1000 TONNES METRIQUES | | | | | | TCAL / TCAL | MANUFACTURED GAS (TCAL) / GAZ MANUFACTURE (TCAL) | | | MILLIONS OF (DE) KWH |
|---|---|---|---|---|---|---|---|---|---|---|---|
| | HARD COAL / HOUILLE | PATENT FUEL / AGGLOMERES | COKE OVEN COKE / COKE DE FOUR | GAS COKE / COKE DE GAZ | BROWN COAL / LIGNITE | BKB / BRIQ. DE LIGNITE | NATURAL GAS / GAZ NATUREL | GAS WORKS / USINES A GAZ | COKE OVENS / COKERIES | BLAST FURNACES / HAUT FOURNEAUX | ELECTRICITY* / ELECTRICITE* |
| | 1 | 2 | 3 | 4 | 5 | 6 | 7 | 8 | 9 | 10 | 11 |
| PRODUCTION | 120674 | 1073 | 14194 | - | - | - | 378600 | 656 | 22755 | 21874 | 283092 |
| FROM OTHER SOURCES | 1476 | - | - | - | - | - | - | 1890 | - | - | - |
| IMPORT | 2439 | 86 | 9 | - | - | - | 16808 | - | - | - | - |
| EXPORT | -1835 | -7 | -812 | - | - | - | - | - | - | - | - |
| INTL. MARINE BUNKERS | - | - | - | - | - | - | - | - | - | - | - |
| STOCK CHANGES | 1581 | -4 | -547 | - | - | - | - | - | - | - | - |
| DOMESTIC SUPPLY | 124335 | 1148 | 12844 | - | - | - | 395408 | 2546 | 22755 | 21874 | 283092 |
| RETURNS TO SUPPLY | - | - | - | - | - | - | - | - | - | - | - |
| TRANSFERS | - | - | - | - | - | - | - | - | - | - | - |
| DOMESTIC AVAILABILITY | 124335 | 1148 | 12844 | - | - | - | 395408 | 2546 | 22755 | 21874 | 283092 |
| STATISTICAL DIFFERENCE | 357 | - | -5 | - | - | - | 3946 | - | - | - | - |
| TRANSFORM. SECTOR ** | 101355 | - | 3156 | - | - | - | 16980 | - | 1410 | 4104 | - |
| FOR SOLID FUELS | 20391 | - | 190 | - | - | - | - | - | - | - | - |
| FOR GASES | 7 | - | 2896 | - | - | - | 1336 | - | - | - | - |
| PETROLEUM REFINERIES | - | - | - | - | - | - | - | - | - | - | - |
| THERMO-ELECTRIC PLANTS | 80957 | - | 70 | - | - | - | 15644 | - | 1410 | 4104 | - |
| ENERGY SECTOR | 1027 | - | 56 | - | - | - | 22954 | 807 | 12650 | 3780 | 50491 |
| COAL MINES | 846 | - | - | - | - | - | 882 | - | 176 | - | 5137 |
| OIL AND GAS EXTRACTION | - | - | - | - | - | - | 3175 | - | - | - | - |
| PETROLEUM REFINERIES | - | - | - | - | - | - | - | - | - | - | 3094 |
| ELECTRIC PLANTS | - | - | - | - | - | - | - | - | - | - | 19477 |
| DISTRIBUTION LOSSES | - | - | - | - | - | - | 16304 | 782 | - | 2470 | 20757 |
| PUMP STORAGE (ELECTR.) | - | - | - | - | - | - | - | - | - | - | 1608 |
| OTHER ENERGY SECTOR | 181 | - | 56 | - | - | - | 2593 | 25 | 12474 | 1310 | 418 |
| FINAL CONSUMPTION | 21596 | 1148 | 9637 | - | - | - | 351528 | 1739 | 8695 | 13990 | 232601 |
| INDUSTRY SECTOR | 8310 | 81 | 6784 | - | - | - | 146907 | 302 | 8695 | 13990 | 91992 |
| IRON AND STEEL | 100 | - | 6324 | - | - | - | 11876 | 25 | 7083 | 13990 | 12854 |
| CHEMICAL | 28 | - | 76 | - | - | - | 53888 | 50 | 806 | - | 20893 |
| PETROCHEMICAL | - | - | - | - | - | - | - | - | - | - | - |
| NON-FERROUS METAL | 1185 | - | - | - | - | - | 4662 | 25 | - | - | 7952 |
| NON-METALLIC MINERAL | 2966 | - | 80 | - | - | - | 13784 | 25 | 403 | - | 5119 |
| PAPER PULP AND PRINT | 972 | - | 20 | - | - | - | 8341 | - | - | - | 5602 |
| MINING AND QUARRYING | - | - | - | - | - | - | 1083 | - | - | - | 1727 |
| FOOD AND TOBACCO | 957 | - | 50 | - | - | - | 11315 | 75 | - | - | 6986 |
| WOOD AND WOOD PRODUCTS | - | - | - | - | - | - | - | - | - | - | 952 |
| MACHINERY | - | - | - | - | - | - | 28501 | 75 | 403 | - | 12038 |
| TRANSPORT EQUIPMENT | 659 | - | 211 | - | - | - | - | - | - | - | 5869 |
| CONSTRUCTION | - | - | - | - | - | - | - | - | - | - | 805 |
| TEXTILES AND LEATHER | - | - | - | - | - | - | - | - | - | - | 5706 |
| NON SPECIFIED | 1443 | 81 | 23 | - | - | - | 13457 | 27 | - | - | 5489 |
| NON-ENERGY USES: | | | | | | | | | | | |
| (1)ENERGY PRODUCTS | - | - | - | - | - | - | - | - | - | - | - |
| (2)NON-ENERGY PRODUCTS | - | - | - | - | - | - | - | - | - | - | - |
| TRANSPORT. SECTOR ** | 66 | - | 5 | - | - | - | - | - | - | - | 2932 |
| AIR TRANSPORT | - | - | - | - | - | - | - | - | - | - | - |
| ROAD TRANSPORT | - | - | - | - | - | - | - | - | - | - | - |
| RAILWAYS | 55 | - | 5 | - | - | - | - | - | - | - | 2932 |
| INTERNAL NAVIGATION | 11 | - | - | - | - | - | - | - | - | - | - |
| OTHER SECTORS ** | 13220 | 1067 | 2848 | - | - | - | 204621 | 1437 | - | - | 137677 |
| AGRICULTURE | 27 | - | 20 | - | - | - | - | - | - | - | 3961 |
| PUBLIC SERVICES | 1805 | - | 422 | - | - | - | 17994 | - | - | - | - |
| COMMERCE | 250 | - | 220 | - | - | - | 21670 | 328 | - | - | 47814 |
| RESIDENTIAL | 11138 | 1067 | 2186 | - | - | - | 164957 | 1109 | - | - | 85902 |

(1) INCLUDED IN CHEMICAL OR PETROCHEMICAL INDUSTRY
(2) INCLUDED ONLY IN TOTAL INDUSTRY

| * OF WHICH: | |
|---|---|
| HYDRO | 5232 |
| NUCLEAR | 40021 |
| CONVENTIONAL THERMAL | 237839 |
| GEOTHERMAL | 0 |

** INCLUDED IN THESE TOTALS ARE THE NON-SPECIFIED ELEMENTS

PRODUCTION ET UTILISATION DES SOURCES D ENERGIE : ROYAUME UNI

1977

UNIT: 1000 METRIC TONS
UNITE: 1000 TONNES METRIQUES

| OIL PETROLE | | | REFINERY GAS | LIQUEFIED PETROLEUM GASES | AVIATION GASOLINE | MOTOR GASOLINE | JET FUEL | KEROSENE | GAS/DIESEL OIL | RESIDUAL FUEL OIL | NAPHTHA | NON-ENERGY PRODUCTS |
|---|---|---|---|---|---|---|---|---|---|---|---|---|
| CRUDE* BRUT* | NGL GNL | FEEDST. | GAZ DE PETROLE | GAZ LIQUEFIES DE PETROLE | ESSENCE AVION | ESSENCE AUTO | CARBURANT REACTEUR | PETROLE LAMPANT | GAZ/DIESEL OIL | FUEL OIL RESIDUEL | NAPHTHA | PRODUITS NON-ENERGETIQUES |
| 12 | 13 | 14 | 15 | 16 | 17 | 18 | 19 | 20 | 21 | 22 | 23 | 24 |
| 37542 | - | - | 2663 | 1539 | 41 | 14805 | 4096 | 2462 | 23476 | 33454 | 4488 | 5552 |
| 708 | - | - | 177 | 208 | - | - | - | - | - | - | 262 | 57 |
| 70697 | - | - | - | 106 | 53 | 2377 | 840 | 295 | 1831 | 4769 | 1961 | 818 |
| -16853 | - | - | - | -465 | -33 | -926 | -520 | -169 | -4836 | -5467 | -626 | -1252 |
| - | - | - | - | - | - | - | - | - | -793 | -2036 | - | - |
| 1354 | - | - | - | 6 | -6 | 182 | 127 | -66 | 398 | 292 | 62 | -5 |
| 93448 | - | - | 2840 | 1394 | 55 | 16438 | 4543 | 2522 | 20076 | 31012 | 6147 | 5170 |
| - | - | - | - | - | - | - | - | - | - | - | - | - |
| - | - | - | - | - | - | - | - | - | - | - | - | - |
| 93448 | - | - | 2840 | 1394 | 55 | 16438 | 4543 | 2522 | 20076 | 31012 | 6147 | 5170 |
| -551 | - | - | 93 | 74 | 8 | -898 | 372 | -105 | 451 | 267 | 968 | -524 |
| 93999 | - | - | 57 | 26 | - | - | - | - | 878 | 11579 | 98 | - |
| - | - | - | - | - | - | - | - | - | - | - | - | - |
| - | - | - | 57 | 26 | - | - | - | - | 9 | 102 | 98 | - |
| 93615 | - | - | - | - | - | - | - | - | - | - | - | - |
| 384 | - | - | - | - | - | - | - | - | 869 | 11477 | - | - |
| - | - | - | 2521 | - | - | - | - | - | - | 2973 | - | 744 |
| - | - | - | - | - | - | - | - | - | - | - | - | - |
| - | - | - | - | - | - | - | - | - | - | - | - | - |
| - | - | - | 2521 | - | - | - | - | - | - | 2973 | - | 744 |
| - | - | - | - | - | - | - | - | - | - | - | - | - |
| - | - | - | - | - | - | - | - | - | - | - | - | - |
| - | - | - | - | - | - | - | - | - | - | - | - | - |
| - | - | - | - | - | - | - | - | - | - | - | - | - |
| - | - | - | 169 | 1294 | 47 | 17336 | 4171 | 2627 | 18747 | 16193 | 5081 | 4950 |
| - | - | - | 169 | 1164 | - | - | - | 310 | 4863 | 12736 | 5081 | 4950 |
| - | - | - | - | 55 | - | - | - | - | 244 | 2318 | - | - |
| - | - | - | - | - | - | - | - | - | 210 | - | - | - |
| - | - | - | 169 | 19 | - | - | - | 310 | - | 2275 | 5071 | - |
| - | - | - | - | - | - | - | - | - | 109 | 217 | - | - |
| - | - | - | - | - | - | - | - | - | 254 | 1011 | - | - |
| - | - | - | - | - | - | - | - | - | 120 | 1135 | - | - |
| - | - | - | - | - | - | - | - | - | 310 | 57 | - | - |
| - | - | - | - | - | - | - | - | - | 396 | 1834 | - | - |
| - | - | - | - | - | - | - | - | - | 62 | 66 | - | - |
| - | - | - | - | - | - | - | - | - | 745 | 1270 | - | - |
| - | - | - | - | - | - | - | - | - | 270 | 563 | - | - |
| - | - | - | - | - | - | - | - | - | - | - | - | - |
| - | - | - | - | - | - | - | - | - | - | - | - | - |
| - | - | - | - | 1090 | - | - | - | - | 2143 | 1990 | 10 | - |
| - | - | - | 169 | 19 | - | - | - | 310 | - | - | 5071 | - |
| - | - | - | - | - | - | - | - | - | - | - | - | 4950 |
| - | - | - | - | - | 47 | 17336 | 4171 | 14 | 7647 | 147 | - | - |
| - | - | - | - | - | 47 | - | 4171 | - | - | - | - | - |
| - | - | - | - | - | - | 17336 | - | - | 5711 | - | - | - |
| - | - | - | - | - | - | - | - | 14 | 808 | 60 | - | - |
| - | - | - | - | - | - | - | - | - | 1128 | 87 | - | - |
| - | - | - | - | 130 | - | - | - | 2303 | 6237 | 3310 | - | - |
| - | - | - | - | - | - | - | - | 22 | 1031 | 330 | - | - |
| - | - | - | - | - | - | - | - | 15 | 3248 | 2024 | - | - |
| - | - | - | - | - | - | - | - | - | 1113 | 427 | - | - |
| - | - | - | - | 130 | - | - | - | 2266 | 845 | 64 | - | - |

*INCLUDED IN THIS COLUMN IS NGL AND FEEDSTOCKS.

## PRODUCTION AND USES OF ENERGY SOURCES : UNITED KINGDOM

1978

| X XX ENERGY XX XX SOURCES XX XX XX PRODUCTION XX XX AND USES XX | HARD COAL / HOUILLE | PATENT FUEL / AGGLOMERES | COKE OVEN COKE / COKE DE FOUR | GAS COKE / COKE DE GAZ | BROWN COAL / LIGNITE | BKB / BRIQ. DE LIGNITE | NATURAL GAS / GAZ NATUREL | GAS WORKS / USINES A GAZ | COKE OVENS / COKERIES | BLAST FURNACES / HAUT FOURNEAUX | ELECTRICITY* / ELECTRICITE* |
|---|---|---|---|---|---|---|---|---|---|---|---|
| | UNIT: 1000 METRIC TONS / UNITE: 1000 TONNES METRIQUES | | | | | | TCAL / TCAL | MANUFACTURED GAS (TCAL) / GAZ MANUFACTURE (TCAL) | | | MILLIONS OF (DE) KWH |
| | 1 | 2 | 3 | 4 | 5 | 6 | 7 | 8 | 9 | 10 | 11 |
| PRODUCTION | 121695 | 1053 | 12394 | - | - | - | 362548 | 529 | 19656 | 19681 | 287689 |
| FROM OTHER SOURCES | 1882 | - | - | - | - | - | - | 857 | - | - | - |
| IMPORT | 2352 | 77 | 15 | - | - | - | 47602 | - | - | - | 7 |
| EXPORT | -2253 | -7 | -1044 | - | - | - | - | - | - | - | -83 |
| INTL. MARINE BUNKERS | - | - | - | - | - | - | - | - | - | - | - |
| STOCK CHANGES | -2993 | -23 | 483 | - | - | - | - | - | - | - | - |
| DOMESTIC SUPPLY | 120683 | 1100 | 11848 | - | - | - | 410150 | 1386 | 19656 | 19681 | 287613 |
| RETURNS TO SUPPLY | - | - | - | - | - | - | - | - | - | - | - |
| TRANSFERS | - | - | - | - | - | - | - | - | - | - | - |
| DOMESTIC AVAILABILITY | 120683 | 1100 | 11848 | - | - | - | 410150 | 1386 | 19656 | 19681 | 287613 |
| STATISTICAL DIFFERENCE | 206 | - | -48 | - | - | - | -1987 | - | - | - | - |
| TRANSFORM. SECTOR ** | 101170 | - | 2804 | - | - | - | 11486 | - | 1398 | 4609 | - |
| FOR SOLID FUELS | 17956 | - | 155 | - | - | - | - | - | - | - | - |
| FOR GASES | 6 | - | 2580 | - | - | - | 202 | - | - | - | - |
| PETROLEUM REFINERIES | - | - | - | - | - | - | - | - | - | - | - |
| THERMO-ELECTRIC PLANTS | 83208 | - | 69 | - | - | - | 11284 | - | 1398 | 4609 | - |
| ENERGY SECTOR | 857 | - | 44 | - | - | - | 25599 | 580 | 10660 | 3679 | 50944 |
| COAL MINES | 803 | - | - | - | - | - | 756 | - | 51 | - | 5188 |
| OIL AND GAS EXTRACTION | - | - | - | - | - | - | 5116 | - | - | - | - |
| PETROLEUM REFINERIES | - | - | - | - | - | - | - | - | - | - | 3209 |
| ELECTRIC PLANTS | - | - | - | - | - | - | - | - | - | - | 18885 |
| DISTRIBUTION LOSSES | - | - | - | - | - | - | 16958 | 580 | - | 2394 | 21812 |
| PUMP STORAGE (ELECTR.) | - | - | - | - | - | - | - | - | - | - | 1429 |
| OTHER ENERGY SECTOR | 54 | - | 44 | - | - | - | 2769 | - | 10609 | 1285 | 421 |
| FINAL CONSUMPTION | 18450 | 1100 | 9048 | - | - | - | 375052 | 806 | 7598 | 11393 | 236669 |
| INDUSTRY SECTOR | 7972 | 100 | 6471 | - | - | - | 148784 | 151 | 7598 | 11393 | 93401 |
| IRON AND STEEL | 108 | - | 6082 | - | - | - | 10976 | - | 6061 | 11393 | 14384 |
| CHEMICAL | 28 | - | 74 | - | - | - | 54677 | 50 | 781 | - | 19997 |
| PETROCHEMICAL | - | - | - | - | - | - | - | - | - | - | - |
| NON-FERROUS METAL | 1119 | - | - | - | - | - | 4511 | - | - | - | 7944 |
| NON-METALLIC MINERAL | 3089 | - | 67 | - | - | - | 14339 | - | 378 | - | 5288 |
| PAPER PULP AND PRINT | 940 | - | 17 | - | - | - | 8215 | - | - | - | 5826 |
| MINING AND QUARRYING | - | - | - | - | - | - | 1008 | - | - | - | 1775 |
| FOOD AND TOBACCO | 820 | - | 42 | - | - | - | 12474 | 50 | - | - | 7122 |
| WOOD AND WOOD PRODUCTS | - | - | - | - | - | - | - | - | - | - | 975 |
| MACHINERY | - | - | - | - | - | - | 29257 | 51 | 378 | - | 11995 |
| TRANSPORT EQUIPMENT | 612 | - | 179 | - | - | - | - | - | - | - | 5966 |
| CONSTRUCTION | - | - | - | - | - | - | - | - | - | - | 874 |
| TEXTILES AND LEATHER | - | - | - | - | - | - | - | - | - | - | 5831 |
| NON SPECIFIED | 1256 | 100 | 10 | - | - | - | 13327 | - | - | - | 5424 |
| NON-ENERGY USES: | | | | | | | | | | | |
| (1)ENERGY PRODUCTS | - | - | - | - | - | - | - | - | - | - | - |
| (2)NON-ENERGY PRODUCTS | - | - | - | - | - | - | - | - | - | - | - |
| TRANSPORT. SECTOR ** | 67 | - | 4 | - | - | - | - | - | - | - | 2971 |
| AIR TRANSPORT | - | - | - | - | - | - | - | - | - | - | - |
| ROAD TRANSPORT | - | - | - | - | - | - | - | - | - | - | - |
| RAILWAYS | 60 | - | 4 | - | - | - | - | - | - | - | 2971 |
| INTERNAL NAVIGATION | 7 | - | - | - | - | - | - | - | - | - | - |
| OTHER SECTORS ** | 10411 | 1000 | 2573 | - | - | - | 226268 | 655 | - | - | 140297 |
| AGRICULTURE | 25 | - | 12 | - | - | - | - | - | - | - | 4024 |
| PUBLIC SERVICES | 1699 | - | 396 | - | - | - | 19862 | - | - | - | - |
| COMMERCE | 250 | - | 200 | - | - | - | 23910 | 176 | - | - | 50471 |
| RESIDENTIAL | 8437 | 1000 | 1965 | - | - | - | 182496 | 479 | - | - | 85802 |

(1) INCLUDED IN CHEMICAL OR PETROCHEMICAL INDUSTRY
(2) INCLUDED ONLY IN TOTAL INDUSTRY

| * OF WHICH: HYDRO | 5222 |
|---|---|
| NUCLEAR | 37224 |
| CONVENTIONAL THERMAL | 245243 |
| GEOTHERMAL | 0 |

** INCLUDED IN THESE TOTALS ARE THE NON-SPECIFIED ELEMENTS

UNIT: 1000 METRIC TONS
UNITE: 1000 TONNES METRIQUES

| OIL PETROLE | | | REFINERY GAS | LIQUEFIED PETROLEUM GASES | AVIATION GASOLINE | MOTOR GASOLINE | JET FUEL | KEROSENE | GAS/DIESEL OIL | RESIDUAL FUEL OIL | NAPHTHA | NON-ENERGY PRODUCTS |
|---|---|---|---|---|---|---|---|---|---|---|---|---|
| CRUDE* BRUT* | NGL GNL | FEEDST. | GAZ DE PETROLE | GAZ LIQUEFIES DE PETROLE | ESSENCE AVION | ESSENCE AUTO | CARBURANT REACTEUR | PETROLE LAMPANT | GAZ/DIESEL OIL | FUEL OIL RESIDUEL | NAPHTHA | PRODUITS NON-ENERGETIQUES |
| 12 | 13 | 14 | 15 | 16 | 17 | 18 | 19 | 20 | 21 | 22 | 23 | 24 |
| 54006 | - | - | 2547 | 1650 | 37 | 15959 | 4859 | 2614 | 24064 | 33792 | 4809 | 5248 |
| - | - | - | 125 | 10 | - | - | - | - | - | - | 94 | 63 |
| 68144 | - | - | - | 81 | 37 | 2404 | 432 | 161 | 1681 | 3845 | 2204 | 701 |
| -25205 | - | - | - | -412 | -35 | -1049 | -612 | -117 | -5061 | -3707 | -924 | -1273 |
| - | - | - | - | - | - | - | - | - | -797 | -1826 | - | - |
| -578 | - | - | -1 | -4 | 13 | 110 | 87 | 156 | -170 | 181 | 24 | - |
| 96367 | - | - | 2671 | 1325 | 52 | 17424 | 4766 | 2814 | 19717 | 32285 | 6207 | 4739 |
| 916 | - | - | - | - | - | - | - | - | - | - | - | - |
| -215 | - | - | - | 52 | - | - | - | - | - | - | - | - |
| 97068 | - | - | 2671 | 1377 | 52 | 17424 | 4766 | 2814 | 19717 | 32285 | 6207 | 4739 |
| 605 | - | - | - | 22 | 6 | -925 | 255 | 154 | 202 | 778 | 1108 | -112 |
| 96463 | - | - | 154 | 28 | - | - | - | - | 735 | 12762 | 62 | - |
| - | - | - | - | - | - | - | - | - | - | - | - | - |
| - | - | - | 154 | 28 | - | - | - | - | 7 | 95 | 62 | - |
| 96463 | - | - | - | - | - | - | - | - | - | - | - | - |
| - | - | - | - | - | - | - | - | - | 728 | 12667 | - | - |
| - | - | - | 2400 | 37 | - | 1 | - | - | 40 | 3274 | 183 | 488 |
| - | - | - | - | - | - | - | - | - | - | - | - | - |
| - | - | - | - | - | - | - | - | - | - | - | - | - |
| - | - | - | 2400 | 37 | - | 1 | - | - | 40 | 3274 | 183 | 488 |
| - | - | - | - | - | - | - | - | - | - | - | - | - |
| - | - | - | - | - | - | - | - | - | - | - | - | - |
| - | - | - | - | - | - | - | - | - | - | - | - | - |
| - | - | - | - | - | - | - | - | - | - | - | - | - |
| - | - | - | 117 | 1290 | 46 | 18348 | 4511 | 2660 | 18740 | 15471 | 4854 | 4363 |
| - | - | - | 117 | 1136 | - | - | - | 383 | 3291 | 12240 | 4854 | 4363 |
| - | - | - | - | 60 | - | - | - | - | 271 | 2196 | - | - |
| - | - | - | - | - | - | - | - | - | 193 | - | - | - |
| - | - | - | 117 | 67 | - | - | - | 383 | - | 2130 | 4850 | - |
| - | - | - | - | - | - | - | - | - | 115 | 208 | - | - |
| - | - | - | - | - | - | - | - | - | 270 | 965 | - | - |
| - | - | - | - | - | - | - | - | - | 108 | 1207 | - | - |
| - | - | - | - | - | - | - | - | - | 323 | 62 | - | - |
| - | - | - | - | - | - | - | - | - | 389 | 1852 | - | - |
| - | - | - | - | - | - | - | - | - | 62 | 64 | - | - |
| - | - | - | - | - | - | - | - | - | 721 | 1226 | - | - |
| - | - | - | - | - | - | - | - | - | 246 | 519 | - | - |
| - | - | - | - | - | - | - | - | - | - | - | - | - |
| - | - | - | - | - | - | - | - | - | - | - | - | - |
| - | - | - | - | 1009 | - | - | - | - | 593 | 1811 | 4 | - |
| - | - | - | 117 | 67 | - | - | - | 383 | - | - | 4850 | - |
| - | - | - | - | - | - | - | - | - | - | - | - | 4363 |
| - | - | - | - | - | 46 | 18348 | 4511 | 14 | 7813 | 146 | - | - |
| - | - | - | - | - | 46 | - | 4511 | - | - | - | - | - |
| - | - | - | - | - | - | 18348 | - | - | 5875 | - | - | - |
| - | - | - | - | - | - | - | - | 14 | 824 | 57 | - | - |
| - | - | - | - | - | - | - | - | - | 1114 | 89 | - | - |
| - | - | - | - | 154 | - | - | - | 2263 | 7636 | 3085 | - | - |
| - | - | - | - | - | - | - | - | 18 | 1041 | 316 | - | - |
| - | - | - | - | - | - | - | - | 13 | 4228 | 1853 | - | - |
| - | - | - | - | - | - | - | - | - | 1555 | 400 | - | - |
| - | - | - | - | 154 | - | - | - | 2232 | 812 | 64 | - | - |

*INCLUDED IN THIS COLUMN IS NGL AND FEEDSTOCKS.

# PRODUCTION AND USES OF ENERGY SOURCES : UNITED KINGDOM

1979

| ENERGY SOURCES / PRODUCTION AND USES | UNIT: 1000 METRIC TONS / UNITE: 1000 TONNES METRIQUES | | | | | | TCAL / TCAL | MANUFACTURED GAS (TCAL) / GAZ MANUFACTURE (TCAL) | | | MILLIONS OF (DE) KWH |
|---|---|---|---|---|---|---|---|---|---|---|---|
| | HARD COAL / HOUILLE | PATENT FUEL / AGGLOMERES | COKE OVEN COKE / COKE DE FOUR | GAS COKE / COKE DE GAZ | BROWN COAL / LIGNITE | BKB / BRIQ. DE LIGNITE | NATURAL GAS / GAZ NATUREL | GAS WORKS / USINES A GAZ | COKE OVENS / COKERIES | BLAST FURNACES / HAUT FOURNEAUX | ELECTRICITY* / ELECTRICITE* |
| | 1 | 2 | 3 | 4 | 5 | 6 | 7 | 8 | 9 | 10 | 11 |
| PRODUCTION | 120637 | 980 | 12512 | - | - | - | 366101 | 580 | 20941 | 21622 | 299864 |
| FROM OTHER SOURCES | 1732 | - | - | - | - | - | - | 428 | - | - | - |
| IMPORT | 4375 | 92 | 132 | - | - | - | 83260 | - | - | - | 1 |
| EXPORT | -2175 | -4 | -893 | - | - | - | - | - | - | - | -3 |
| INTL. MARINE BUNKERS | - | - | - | - | - | - | - | - | - | - | - |
| STOCK CHANGES | 5168 | -25 | 848 | - | - | - | - | - | - | - | - |
| DOMESTIC SUPPLY | 129737 | 1043 | 12599 | - | - | - | 449361 | 1008 | 20941 | 21622 | 299862 |
| RETURNS TO SUPPLY | - | - | - | - | - | - | - | - | - | - | - |
| TRANSFERS | - | - | - | - | - | - | - | - | - | - | - |
| DOMESTIC AVAILABILITY | 129737 | 1043 | 12599 | - | - | - | 449361 | 1008 | 20941 | 21622 | 299862 |
| STATISTICAL DIFFERENCE | 352 | - | -167 | - | - | - | -1462 | - | - | - | - |
| TRANSFORM. SECTOR ** | 109206 | - | 3120 | - | - | - | 8708 | - | 825 | 4556 | - |
| FOR SOLID FUELS | 17919 | - | 136 | - | - | - | - | - | - | - | - |
| FOR GASES | 6 | - | 2915 | - | - | - | - | - | - | - | - |
| PETROLEUM REFINERIES | - | - | - | - | - | - | - | - | - | - | - |
| THERMO-ELECTRIC PLANTS | 91281 | - | 69 | - | - | - | 8708 | - | 825 | 4556 | - |
| ENERGY SECTOR | 738 | - | 30 | - | - | - | 32000 | 101 | 11163 | 3478 | 53238 |
| COAL MINES | 693 | - | - | - | - | - | 781 | - | - | - | 5450 |
| OIL AND GAS EXTRACTION | - | - | - | - | - | - | 8165 | - | - | - | - |
| PETROLEUM REFINERIES | - | - | - | - | - | - | - | - | - | - | 3244 |
| ELECTRIC PLANTS | - | - | - | - | - | - | - | - | - | - | 19702 |
| DISTRIBUTION LOSSES | - | - | - | - | - | - | 19756 | 101 | - | 2092 | 22963 |
| PUMP STORAGE (ELECTR.) | - | - | - | - | - | - | - | - | - | - | 1424 |
| OTHER ENERGY SECTOR | 45 | - | 30 | - | - | - | 3298 | - | 11163 | 1386 | 455 |
| FINAL CONSUMPTION | 19441 | 1043 | 9616 | - | - | - | 410115 | 907 | 8953 | 13588 | 246624 |
| INDUSTRY SECTOR | 8648 | 89 | 7044 | - | - | - | 154010 | 176 | 8953 | 13588 | 96347 |
| IRON AND STEEL | 200 | - | 6579 | - | - | - | 13376 | - | 7163 | 13588 | 14670 |
| CHEMICAL | 58 | - | 68 | - | - | - | 57143 | 50 | 882 | - | 21235 |
| PETROCHEMICAL | - | - | - | - | - | - | - | - | - | - | - |
| NON-FERROUS METAL | 1144 | - | - | - | - | - | 4662 | - | - | - | 8143 |
| NON-METALLIC MINERAL | 3320 | - | 77 | - | - | - | 13515 | - | 454 | - | 5389 |
| PAPER PULP AND PRINT | 974 | - | 19 | - | - | - | 7852 | - | - | - | 6005 |
| MINING AND QUARRYING | - | - | - | - | - | - | 1032 | - | - | - | 1958 |
| FOOD AND TOBACCO | 912 | - | 47 | - | - | - | 13063 | 50 | - | - | 7190 |
| WOOD AND WOOD PRODUCTS | - | - | - | - | - | - | - | - | - | - | 1004 |
| MACHINERY | - | - | - | - | - | - | 29071 | 76 | 454 | - | 12092 |
| TRANSPORT EQUIPMENT | 664 | - | 202 | - | - | - | - | - | - | - | 6193 |
| CONSTRUCTION | - | - | - | - | - | - | - | - | - | - | 956 |
| TEXTILES AND LEATHER | - | - | - | - | - | - | - | - | - | - | 5868 |
| NON SPECIFIED | 1376 | 89 | 52 | - | - | - | 14296 | - | - | - | 5644 |
| NON-ENERGY USES: | | | | | | | | | | | |
| (1)ENERGY PRODUCTS | - | - | - | - | - | - | - | - | - | - | - |
| (2)NON-ENERGY PRODUCTS | - | - | - | - | - | - | - | - | - | - | - |
| TRANSPORT. SECTOR ** | 65 | - | 3 | - | - | - | - | - | - | - | 2966 |
| AIR TRANSPORT | - | - | - | - | - | - | - | - | - | - | - |
| ROAD TRANSPORT | - | - | - | - | - | - | - | - | - | - | - |
| RAILWAYS | 58 | - | 3 | - | - | - | - | - | - | - | 2966 |
| INTERNAL NAVIGATION | 7 | - | - | - | - | - | - | - | - | - | - |
| OTHER SECTORS ** | 10728 | 954 | 2569 | - | - | - | 256105 | 731 | - | - | 147311 |
| AGRICULTURE | 31 | - | 15 | - | - | - | - | - | - | - | 4112 |
| PUBLIC SERVICES | 1705 | - | 380 | - | - | - | 22389 | - | - | - | - |
| COMMERCE | 190 | - | 196 | - | - | - | 26952 | 227 | - | - | 53527 |
| RESIDENTIAL | 8802 | 954 | 1978 | - | - | - | 206764 | 504 | - | - | 89672 |

(1) INCLUDED IN CHEMICAL OR PETROCHEMICAL INDUSTRY
(2) INCLUDED ONLY IN TOTAL INDUSTRY

| * OF WHICH: | |
|---|---|
| HYDRO | 5464 |
| NUCLEAR | 38308 |
| CONVENTIONAL THERMAL | 256092 |
| GEOTHERMAL | 0 |

** INCLUDED IN THESE TOTALS ARE THE NON-SPECIFIED ELEMENTS

## PRODUCTION ET UTILISATION DES SOURCES D ENERGIE : ROYAUME UNI

1979

UNIT: 1000 METRIC TONS
UNITE: 1000 TONNES METRIQUES

| OIL / PETROLE | | | REFINERY GAS | LIQUEFIED PETROLEUM GASES | AVIATION GASOLINE | MOTOR GASOLINE | JET FUEL | KEROSENE | GAS/DIESEL OIL | RESIDUAL FUEL OIL | NAPHTHA | NON-ENERGY PRODUCTS |
|---|---|---|---|---|---|---|---|---|---|---|---|---|
| CRUDE BRUT | NGL GNL | FEEDST. | GAZ DE PETROLE | GAZ LIQUEFIES DE PETROLE | ESSENCE AVION | ESSENCE AUTO | CARBURANT REACTEUR | PETROLE LAMPANT | GAZ/DIESEL OIL | FUEL OIL RESIDUEL | NAPHTHA | PRODUITS NON-ENERGETIQUES |
| 12 | 13 | 14 | 15 | 16 | 17 | 18 | 19 | 20 | 21 | 22 | 23 | 24 |
| 77026 | 35 | - | 2430 | 1712 | 67 | 16112 | 5323 | 2709 | 25482 | 32057 | 5404 | 5825 |
| - | - | - | - | 793 | - | - | - | - | - | - | 90 | 65 |
| 57642 | - | 2738 | - | 145 | 27 | 2149 | 459 | 123 | 1024 | 5558 | 1917 | 633 |
| -39538 | - | -660 | - | -767 | -39 | -919 | -625 | -178 | -5044 | -3636 | -649 | -1502 |
| - | - | - | - | - | - | - | - | - | -890 | -1781 | - | - |
| -456 | - | - | -1 | 3 | -5 | -44 | -200 | -57 | -228 | -468 | -53 | -59 |
| 94674 | 35 | 2078 | 2429 | 1886 | 50 | 17298 | 4957 | 2597 | 20344 | 31730 | 6709 | 4962 |
| - | - | 606 | - | - | - | - | - | - | - | -606 | - | - |
| - | - | - | 175 | - | - | - | - | - | - | - | - | - |
| 94674 | 35 | 2684 | 2604 | 1886 | 50 | 17298 | 4957 | 2597 | 20344 | 31124 | 6709 | 4962 |
| -461 | - | - | 35 | 29 | 6 | -1388 | 288 | -101 | 451 | 181 | 1680 | -45 |
| 95135 | 35 | 2684 | 160 | 166 | - | - | - | - | 612 | 12102 | 68 | - |
| - | - | - | - | - | - | - | - | - | - | - | - | - |
| - | - | - | 160 | 166 | - | - | - | - | 14 | 89 | 68 | - |
| 95135 | 35 | 2684 | - | - | - | - | - | - | - | - | - | - |
| - | - | - | - | - | - | - | - | - | 598 | 12013 | - | - |
| - | - | - | 2262 | 277 | - | 1 | - | - | 33 | 3456 | 162 | 516 |
| - | - | - | - | - | - | - | - | - | - | - | - | - |
| - | - | - | - | 169 | - | - | - | - | - | - | - | - |
| - | - | - | 2262 | 108 | - | 1 | - | - | 33 | 3456 | 162 | 516 |
| - | - | - | - | - | - | - | - | - | - | - | - | - |
| - | - | - | - | - | - | - | - | - | - | - | - | - |
| - | - | - | - | - | - | - | - | - | - | - | - | - |
| - | - | - | - | - | - | - | - | - | - | - | - | - |
| - | - | - | 147 | 1414 | 44 | 18685 | 4669 | 2698 | 19248 | 15385 | 4799 | 4491 |
| - | - | - | 147 | 1248 | - | - | - | 416 | 3503 | 12152 | 4797 | 4491 |
| - | - | - | - | 24 | - | - | - | - | 302 | 2228 | - | - |
| - | - | - | - | - | - | - | - | - | 206 | - | - | - |
| - | - | - | 147 | 96 | - | - | - | 416 | - | 2027 | 4797 | - |
| - | - | - | - | - | - | - | - | - | 115 | 197 | - | - |
| - | - | - | - | - | - | - | - | - | 273 | 879 | - | - |
| - | - | - | - | - | - | - | - | - | 96 | 1147 | - | - |
| - | - | - | - | - | - | - | - | - | 333 | 67 | - | - |
| - | - | - | - | - | - | - | - | - | 425 | 1809 | - | - |
| - | - | - | - | - | - | - | - | - | 60 | 60 | - | - |
| - | - | - | - | - | - | - | - | - | 710 | 1190 | - | - |
| - | - | - | - | - | - | - | - | - | 264 | 495 | - | - |
| - | - | - | - | - | - | - | - | - | - | - | - | - |
| - | - | - | - | - | - | - | - | - | - | - | - | - |
| - | - | - | - | 1128 | - | - | - | - | 719 | 2053 | - | - |
| - | - | - | 147 | 96 | - | - | - | 416 | - | - | 4797 | - |
| - | - | - | - | - | - | - | - | - | - | - | - | 4491 |
| - | - | - | - | - | 44 | 18685 | 4669 | 16 | 8026 | 150 | - | - |
| - | - | - | - | - | 44 | - | 4669 | - | - | - | - | - |
| - | - | - | - | - | - | 18685 | - | - | 6057 | - | - | - |
| - | - | - | - | - | - | - | - | 16 | 811 | 47 | - | - |
| - | - | - | - | - | - | - | - | - | 1158 | 103 | - | - |
| - | - | - | - | 166 | - | - | - | 2266 | 7719 | 3083 | 2 | - |
| - | - | - | - | - | - | - | - | 16 | 1028 | 316 | - | - |
| - | - | - | - | - | - | - | - | 12 | 4307 | 1789 | - | - |
| - | - | - | - | - | - | - | - | - | 1659 | 400 | - | - |
| - | - | - | - | 166 | - | - | - | 2238 | 725 | 66 | - | - |

## PRODUCTION AND USES OF ENERGY SOURCES : UNITED KINGDOM

1980

| PRODUCTION AND USES \ ENERGY SOURCES | UNIT: 1000 METRIC TONS / UNITE: 1000 TONNES METRIQUES | | | | | | TCAL / TCAL | MANUFACTURED GAS (TCAL) / GAZ MANUFACTURE (TCAL) | | | MILLIONS / OF (DE) KWH |
|---|---|---|---|---|---|---|---|---|---|---|---|
| | HARD COAL / HOUILLE | PATENT FUEL / AGGLOMERES | COKE OVEN COKE / COKE DE FOUR | GAS COKE / COKE DE GAZ | BROWN COAL / LIGNITE | BKB / BRIQ. DE LIGNITE | NATURAL GAS / GAZ NATUREL | GAS WORKS / USINES A GAZ | COKE OVENS / COKERIES | BLAST FURNACES / HAUT FOURNEAUX | ELECTRICITY* / ELECTRICITE* |
| | 1 | 2 | 3 | 4 | 5 | 6 | 7 | 8 | 9 | 10 | 11 |
| PRODUCTION | 128209 | 926 | 10060 | - | - | - | 348037 | 2495 | 15599 | 8870 | 284937 |
| FROM OTHER SOURCES | 1888 | - | - | - | - | - | - | - | - | - | - |
| IMPORT | 7334 | 172 | - | - | - | - | 99993 | - | - | - | 22 |
| EXPORT | -3809 | -5 | -1265 | - | - | - | - | - | - | - | -19 |
| INTL. MARINE BUNKERS | - | - | - | - | - | - | - | - | - | - | - |
| STOCK CHANGES | -9779 | -40 | -1499 | - | - | - | - | - | - | - | - |
| DOMESTIC SUPPLY | 123843 | 1053 | 7296 | - | - | - | 448030 | 2495 | 15599 | 8870 | 284940 |
| RETURNS TO SUPPLY | - | - | - | - | - | - | - | - | - | - | - |
| TRANSFERS | - | - | - | - | - | - | - | - | - | - | - |
| DOMESTIC AVAILABILITY | 123843 | 1053 | 7296 | - | - | - | 448030 | 2495 | 15599 | 8870 | 284940 |
| STATISTICAL DIFFERENCE | 383 | - | -149 | - | - | - | -1436 | 1613 | - | - | - |
| TRANSFORM. SECTOR ** | 106588 | - | 1407 | - | - | - | 6164 | - | 561 | 1570 | - |
| FOR SOLID FUELS | 14609 | - | 12 | - | - | - | - | - | - | - | - |
| FOR GASES | 1 | - | 1324 | - | - | - | - | - | - | - | - |
| PETROLEUM REFINERIES | - | - | - | - | - | - | - | - | - | - | - |
| THERMO-ELECTRIC PLANTS | 91978 | - | 71 | - | - | - | 6164 | - | 561 | 1570 | - |
| ENERGY SECTOR | 645 | - | 115 | - | - | - | 29355 | 101 | 9173 | 454 | 50608 |
| COAL MINES | 623 | - | - | - | - | - | 806 | - | - | - | 5688 |
| OIL AND GAS EXTRACTION | - | - | - | - | - | - | 12197 | - | - | - | - |
| PETROLEUM REFINERIES | - | - | - | - | - | - | - | - | - | - | 2953 |
| ELECTRIC PLANTS | - | - | - | - | - | - | - | - | - | - | 18625 |
| DISTRIBUTION LOSSES | - | - | - | - | - | - | 12852 | 101 | - | - | 21534 |
| PUMP STORAGE (ELECTR.) | - | - | - | - | - | - | - | - | - | - | 1453 |
| OTHER ENERGY SECTOR | 22 | - | 115 | - | - | - | 3500 | - | 9173 | 454 | 355 |
| FINAL CONSUMPTION | 16227 | 1053 | 5923 | - | - | - | 413947 | 781 | 5865 | 6846 | 234332 |
| INDUSTRY SECTOR | 5472 | 47 | 3674 | - | - | - | 150003 | 126 | 5865 | 6846 | 87285 |
| IRON AND STEEL | 121 | - | 3296 | - | - | - | 11286 | - | 4127 | 6846 | 10061 |
| CHEMICAL | 20 | - | 60 | - | - | - | 57696 | 26 | 882 | - | 19118 |
| PETROCHEMICAL | - | - | - | - | - | - | - | - | - | - | - |
| NON-FERROUS METAL | 151 | - | - | - | - | - | 4410 | - | - | - | 8453 |
| NON-METALLIC MINERAL | 3026 | - | 70 | - | - | - | 11818 | - | 428 | - | 5249 |
| PAPER PULP AND PRINT | 181 | - | 1 | - | - | - | 8014 | - | - | - | 5731 |
| MINING AND QUARRYING | - | - | - | - | - | - | 907 | - | - | - | 1980 |
| FOOD AND TOBACCO | 633 | - | 35 | - | - | - | 13350 | 50 | - | - | 7099 |
| WOOD AND WOOD PRODUCTS | - | - | - | - | - | - | - | - | - | - | 923 |
| MACHINERY | - | - | - | - | - | - | 28147 | 50 | 428 | - | 11472 |
| TRANSPORT EQUIPMENT | 484 | - | 174 | - | - | - | - | - | - | - | 6213 |
| CONSTRUCTION | - | - | - | - | - | - | - | - | - | - | 847 |
| TEXTILES AND LEATHER | 382 | - | 21 | - | - | - | 5015 | - | - | - | 4891 |
| NON SPECIFIED | 474 | 47 | 17 | - | - | - | 9360 | - | - | - | 5248 |
| NON-ENERGY USES: | | | | | | | | | | | |
| (1)ENERGY PRODUCTS | - | - | - | - | - | - | - | - | - | - | - |
| (2)NON-ENERGY PRODUCTS | - | - | - | - | - | - | - | - | - | - | - |
| TRANSPORT. SECTOR ** | 57 | - | 7 | - | - | - | - | - | - | - | 3040 |
| AIR TRANSPORT | - | - | - | - | - | - | - | - | - | - | - |
| ROAD TRANSPORT | - | - | - | - | - | - | - | - | - | - | - |
| RAILWAYS | 51 | - | 7 | - | - | - | - | - | - | - | 3040 |
| INTERNAL NAVIGATION | 6 | - | - | - | - | - | - | - | - | - | - |
| OTHER SECTORS ** | 10698 | 1006 | 2242 | - | - | - | 263944 | 655 | - | - | 144007 |
| AGRICULTURE | 28 | - | 10 | - | - | - | - | - | - | - | 3999 |
| PUBLIC SERVICES | 1471 | - | 313 | - | - | - | 23814 | 76 | - | - | - |
| COMMERCE | - | - | - | - | - | - | 27946 | - | - | - | 53901 |
| RESIDENTIAL | 8946 | 1006 | 1704 | - | - | - | 212184 | 479 | - | - | 86107 |

(1) INCLUDED IN CHEMICAL OR PETROCHEMICAL INDUSTRY
(2) INCLUDED ONLY IN TOTAL INDUSTRY

| * OF WHICH: HYDRO | 5123 |
|---|---|
| NUCLEAR | 37023 |
| CONVENTIONAL THERMAL | 242791 |
| GEOTHERMAL | 0 |

** INCLUDED IN THESE TOTALS ARE THE NON-SPECIFIED ELEMENTS

## PRODUCTION ET UTILISATION DES SOURCES D ENERGIE : ROYAUME UNI

1980

UNIT: 1000 METRIC TONS
UNITE: 1000 TONNES METRIQUES

| OIL / PETROLE | | | REFINERY GAS | LIQUEFIED PETROLEUM GASES | AVIATION GASOLINE | MOTOR GASOLINE | JET FUEL | KEROSENE | GAS/DIESEL OIL | RESIDUAL FUEL OIL | NAPHTHA | NON-ENERGY PRODUCTS |
|---|---|---|---|---|---|---|---|---|---|---|---|---|
| CRUDE BRUT | NGL GNL | FEEDST. | GAZ DE PETROLE | GAZ LIQUEFIES DE PETROLE | ESSENCE AVION | ESSENCE AUTO | CARBURANT REACTEUR | PETROLE LAMPANT | GAZ/DIESEL OIL | FUEL OIL RESIDUEL | NAPHTHA | PRODUITS NON-ENERGETIQUES |
| 12 | 13 | 14 | 15 | 16 | 17 | 18 | 19 | 20 | 21 | 22 | 23 | 24 |
| 79350 | 1117 | - | 2138 | 1497 | 66 | 16609 | 5198 | 2034 | 22172 | 27226 | 3666 | 4938 |
| - | - | - | - | 409 | - | - | - | - | - | - | 94 | 54 |
| 43262 | - | 3455 | - | 155 | 28 | 2674 | 356 | 37 | 1417 | 2776 | 1283 | 519 |
| -38895 | -488 | -797 | - | -364 | -58 | -848 | -622 | -113 | -4737 | -5121 | -807 | -1440 |
| - | - | - | - | - | - | - | - | - | -758 | -1699 | - | - |
| -1059 | - | - | 2 | -26 | 9 | -43 | 99 | 106 | 40 | 1137 | 24 | -109 |
| 82658 | 629 | 2658 | 2140 | 1671 | 45 | 18392 | 5031 | 2064 | 18134 | 24319 | 4260 | 3962 |
| - | - | 2005 | - | - | - | - | - | - | - | -2005 | - | - |
| - | -409 | - | - | - | - | - | - | - | - | - | - | - |
| 82658 | 220 | 4663 | 2140 | 1671 | 45 | 18392 | 5031 | 2064 | 18134 | 22314 | 4260 | 3962 |
| 1150 | -2 | - | -23 | -69 | 2 | -753 | 346 | -39 | 490 | -369 | 858 | -112 |
| 81508 | 222 | 4663 | 22 | 165 | - | - | - | - | 560 | 7942 | 70 | - |
| - | - | - | - | - | - | - | - | - | - | - | - | - |
| - | - | - | 22 | 165 | - | - | - | - | 8 | 45 | 70 | - |
| 81508 | 222 | 4663 | - | - | - | - | - | - | - | - | - | - |
| - | - | - | - | - | - | - | - | - | 552 | 7897 | - | - |
| - | - | - | 2046 | 319 | - | - | - | - | 19 | 3526 | 125 | 470 |
| - | - | - | - | - | - | - | - | - | - | - | - | - |
| - | - | - | - | 188 | - | - | - | - | - | - | - | - |
| - | - | - | 2046 | 131 | - | - | - | - | 19 | 3526 | 125 | 470 |
| - | - | - | - | - | - | - | - | - | - | - | - | - |
| - | - | - | - | - | - | - | - | - | - | - | - | - |
| - | - | - | - | - | - | - | - | - | - | - | - | - |
| - | - | - | - | - | - | - | - | - | - | - | - | - |
| - | - | - | 95 | 1256 | 43 | 19145 | 4685 | 2103 | 17065 | 11215 | 3207 | 3604 |
| - | - | - | 95 | 1028 | - | - | - | 359 | 3554 | 8637 | 3206 | 3604 |
| - | - | - | - | 18 | - | - | - | - | 232 | 1094 | - | - |
| - | - | - | - | - | - | - | - | - | 166 | 1479 | - | - |
| - | - | - | 95 | 96 | - | - | - | 359 | - | - | 3206 | - |
| - | - | - | - | - | - | - | - | - | 95 | 168 | - | - |
| - | - | - | - | - | - | - | - | - | 222 | 712 | - | - |
| - | - | - | - | - | - | - | - | - | 74 | 884 | - | - |
| - | - | - | - | - | - | - | - | - | 318 | 61 | - | - |
| - | - | - | - | - | - | - | - | - | 346 | 1574 | - | - |
| - | - | - | - | - | - | - | - | - | 47 | 46 | - | - |
| - | - | - | - | - | - | - | - | - | 552 | 930 | - | - |
| - | - | - | - | - | - | - | - | - | 208 | 355 | - | - |
| - | - | - | - | - | - | - | - | - | 814 | 91 | - | - |
| - | - | - | - | - | - | - | - | - | 119 | 881 | - | - |
| - | - | - | - | 914 | - | - | - | - | 361 | 362 | - | - |
| - | - | - | 95 | 96 | - | - | - | 359 | - | - | 3206 | - |
| - | - | - | - | - | - | - | - | - | - | - | - | 3604 |
| - | - | - | - | - | 43 | 19145 | 4685 | 16 | 7728 | 120 | - | - |
| - | - | - | - | - | 43 | - | 4685 | - | - | - | - | - |
| - | - | - | - | - | - | 19145 | - | - | 5854 | - | - | - |
| - | - | - | - | - | - | - | - | 16 | 790 | 41 | - | - |
| - | - | - | - | - | - | - | - | - | 1084 | 79 | - | - |
| - | - | - | - | 228 | - | - | - | 1728 | 5783 | 2458 | 1 | - |
| - | - | - | - | - | - | - | - | 12 | 813 | 227 | - | - |
| - | - | - | - | - | - | - | - | 12 | 2637 | 1397 | - | - |
| - | - | - | - | - | - | - | - | - | 857 | 427 | - | - |
| - | - | - | - | 228 | - | - | - | 1704 | 563 | 58 | - | - |

## PRODUCTION AND USES OF ENERGY SOURCES : UNITED KINGDOM

1981

| X / XX ENERGY / XX SOURCES / PRODUCTION XX / AND USES XX/ | HARD COAL / HOUILLE | PATENT FUEL / AGGLOMERES | COKE OVEN COKE / COKE DE FOUR | GAS COKE / COKE DE GAZ | BROWN COAL / LIGNITE | BKB / BRIQ. DE LIGNITE | NATURAL GAS / GAZ NATUREL | GAS WORKS / USINES A GAZ | COKE OVENS / COKERIES | BLAST FURNACES / HAUT FOURNEAUX | ELECTRICITY* / ELECTRICITE* |
|---|---|---|---|---|---|---|---|---|---|---|---|
| | UNIT: 1000 METRIC TONS / UNITE: 1000 TONNES METRIQUES | | | | | | TCAL / TCAL | MANUFACTURED GAS (TCAL) / GAZ MANUFACTURE (TCAL) | | | MILLIONS OF (DE) KWH |
| | 1 | 2 | 3 | 4 | 5 | 6 | 7 | 8 | 9 | 10 | 11 |
| PRODUCTION | 125301 | 976 | 9059 | - | - | - | 347256 | 2318 | 14565 | 12675 | 277735 |
| FROM OTHER SOURCES | 2063 | - | - | - | - | - | - | - | - | - | - |
| IMPORT | 4290 | 120 | - | - | - | - | 106848 | - | - | - | - |
| EXPORT | -9113 | -5 | -1498 | - | - | - | - | - | - | - | - |
| INTL. MARINE BUNKERS | - | - | - | - | - | - | - | - | - | - | - |
| STOCK CHANGES | -4566 | -115 | 1343 | - | - | - | - | - | - | - | - |
| DOMESTIC SUPPLY | 117975 | 976 | 8904 | - | - | - | 454104 | 2318 | 14565 | 12675 | 277735 |
| RETURNS TO SUPPLY | - | - | - | - | - | - | - | - | - | - | - |
| TRANSFERS | - | - | - | - | - | - | - | - | - | - | - |
| DOMESTIC AVAILABILITY | 117975 | 976 | 8904 | - | - | - | 454104 | 2318 | 14565 | 12675 | 277735 |
| STATISTICAL DIFFERENCE | -646 | - | -85 | - | - | - | -1436 | 1537 | - | - | - |
| TRANSFORM. SECTOR ** | 102902 | - | 2000 | - | - | - | 4534 | - | 408 | 1970 | - |
| FOR SOLID FUELS | 13291 | - | 38 | - | - | - | - | - | - | - | - |
| FOR GASES | - | - | 1892 | - | - | - | - | - | - | - | - |
| PETROLEUM REFINERIES | - | - | - | - | - | - | - | - | - | - | - |
| THERMO-ELECTRIC PLANTS | 89611 | - | 70 | - | - | - | 4534 | - | 408 | 1970 | - |
| ENERGY SECTOR | 610 | - | 96 | - | - | - | 35150 | 101 | 7912 | 655 | 47874 |
| COAL MINES | 576 | - | - | - | - | - | 756 | - | - | - | 5782 |
| OIL AND GAS EXTRACTION | - | - | - | - | - | - | 14842 | - | - | - | - |
| PETROLEUM REFINERIES | - | - | - | - | - | - | - | - | - | - | 2643 |
| ELECTRIC PLANTS | - | - | - | - | - | - | - | - | - | - | 17796 |
| DISTRIBUTION LOSSES | - | - | - | - | - | - | 15876 | 101 | - | - | 20123 |
| PUMP STORAGE (ELECTR.) | - | - | - | - | - | - | - | - | - | - | 1196 |
| OTHER ENERGY SECTOR | 34 | - | 96 | - | - | - | 3676 | - | 7912 | 655 | 334 |
| FINAL CONSUMPTION | 15109 | 976 | 6893 | - | - | - | 415856 | 680 | 6245 | 10050 | 229861 |
| INDUSTRY SECTOR | 4645 | 61 | 4973 | - | - | - | 142386 | 126 | 6245 | 10050 | 83985 |
| IRON AND STEEL | 140 | - | 4389 | - | - | - | 10268 | - | 5162 | 10050 | 11193 |
| CHEMICAL | 51 | - | 65 | - | - | - | 59290 | 26 | 529 | - | 18712 |
| PETROCHEMICAL | - | - | - | - | - | - | - | - | - | - | - |
| NON-FERROUS METAL | 213 | - | - | - | - | - | 3780 | - | - | - | 7841 |
| NON-METALLIC MINERAL | 2249 | - | 110 | - | - | - | 10583 | - | 277 | - | 4761 |
| PAPER PULP AND PRINT | 137 | - | 3 | - | - | - | 7132 | - | - | - | 5100 |
| MINING AND QUARRYING | - | - | - | - | - | - | 832 | - | - | - | 1817 |
| FOOD AND TOBACCO | 492 | - | 56 | - | - | - | 12218 | 50 | - | - | 7038 |
| WOOD AND WOOD PRODUCTS | - | - | - | - | - | - | - | - | - | - | 900 |
| MACHINERY | - | - | - | - | - | - | 24762 | 50 | 277 | - | 11200 |
| TRANSPORT EQUIPMENT | 474 | - | 283 | - | - | - | - | - | - | - | 5221 |
| CONSTRUCTION | - | - | - | - | - | - | - | - | - | - | 812 |
| TEXTILES AND LEATHER | 378 | - | 35 | - | - | - | 4738 | - | - | - | 4418 |
| NON SPECIFIED | 511 | 61 | 32 | - | - | - | 8783 | - | - | - | 4972 |
| NON-ENERGY USES: | | | | | | | | | | | |
| (1)ENERGY PRODUCTS | - | - | - | - | - | - | - | - | - | - | - |
| (2)NON-ENERGY PRODUCTS | - | - | - | - | - | - | - | - | - | - | - |
| TRANSPORT. SECTOR ** | 56 | - | 1 | - | - | - | - | - | - | - | 3022 |
| AIR TRANSPORT | - | - | - | - | - | - | - | - | - | - | - |
| ROAD TRANSPORT | - | - | - | - | - | - | - | - | - | - | - |
| RAILWAYS | 51 | - | 1 | - | - | - | - | - | - | - | 3022 |
| INTERNAL NAVIGATION | 5 | - | - | - | - | - | - | - | - | - | - |
| OTHER SECTORS ** | 10408 | 915 | 1919 | - | - | - | 273470 | 554 | - | - | 142854 |
| AGRICULTURE | 25 | - | 10 | - | - | - | - | - | - | - | 3782 |
| PUBLIC SERVICES | 1386 | - | 287 | - | - | - | 24267 | 76 | - | - | - |
| COMMERCE | - | - | - | - | - | - | 28753 | - | - | - | 54633 |
| RESIDENTIAL | 8627 | 915 | 1477 | - | - | - | 220450 | 403 | - | - | 84439 |

(1) INCLUDED IN CHEMICAL OR PETROCHEMICAL INDUSTRY
(2) INCLUDED ONLY IN TOTAL INDUSTRY

| * OF WHICH: HYDRO | 5385 |
|---|---|
| NUCLEAR | 37969 |
| CONVENTIONAL THERMAL | 234381 |
| GEOTHERMAL | 0 |

** INCLUDED IN THESE TOTALS ARE THE NON-SPECIFIED ELEMENTS

PRODUCTION ET UTILISATION DES SOURCES D ENERGIE : ROYAUME UNI

1981

UNIT: 1000 METRIC TONS
UNITE: 1000 TONNES METRIQUES

| OIL / PETROLE: CRUDE / BRUT | OIL / PETROLE: NGL / GNL | OIL / PETROLE: FEEDST. | REFINERY GAS / GAZ DE PETROLE | LIQUEFIED PETROLEUM GASES / GAZ LIQUEFIES DE PETROLE | AVIATION GASOLINE / ESSENCE AVION | MOTOR GASOLINE / ESSENCE AUTO | JET FUEL / CARBURANT REACTEUR | KEROSENE / PETROLE LAMPANT | GAS/DIESEL OIL / GAZ/DIESEL OIL | RESIDUAL FUEL OIL / FUEL OIL RESIDUEL | NAPHTHA / NAPHTHA | NON-ENERGY PRODUCTS / PRODUITS NON-ENERGETIQUES |
|---|---|---|---|---|---|---|---|---|---|---|---|---|
| 12 | 13 | 14 | 15 | 16 | 17 | 18 | 19 | 20 | 21 | 22 | 23 | 24 |
| 88216 | 1168 | - | 1846 | 1534 | 57 | 17140 | 4559 | 1904 | 20429 | 22059 | 3488 | 4484 |
| - | - | - | - | 402 | - | - | - | - | - | - | - | 45 |
| 33072 | - | 3783 | - | 208 | 18 | 2183 | 539 | 22 | 1261 | 3057 | 1665 | 449 |
| -51397 | -537 | -272 | - | -466 | -43 | -1126 | -439 | -93 | -4613 | -3654 | -566 | -1311 |
| - | - | - | - | - | - | - | - | - | -577 | -1496 | - | - |
| 1671 | - | - | - | 3 | 3 | -183 | 45 | 198 | 814 | 991 | -64 | 46 |
| 71562 | 631 | 3511 | 1846 | 1681 | 35 | 18014 | 4704 | 2031 | 17314 | 20957 | 4523 | 3713 |
| - | - | 2486 | - | - | - | - | - | - | - | -1865 | -621 | - |
| - | -402 | - | - | - | - | - | - | - | - | - | - | - |
| 71562 | 229 | 5997 | 1846 | 1681 | 35 | 18014 | 4704 | 2031 | 17314 | 19092 | 3902 | 3713 |
| -554 | 6 | - | 1 | 6 | 1 | -704 | 209 | 125 | 192 | 446 | 164 | -44 |
| 72116 | 223 | 5997 | 21 | 155 | - | - | - | - | 421 | 6327 | 73 | - |
| - | - | - | - | - | - | - | - | - | - | - | - | - |
| - | - | - | 21 | 155 | - | - | - | - | 6 | 2 | 73 | - |
| 72116 | 223 | 5997 | - | - | - | - | - | - | - | - | - | - |
| - | - | - | - | - | - | - | - | - | 415 | 6325 | - | - |
| - | - | - | 1771 | 329 | - | - | - | - | 18 | 2990 | 82 | 490 |
| - | - | - | - | - | - | - | - | - | - | - | - | - |
| - | - | - | - | 186 | - | - | - | - | - | - | - | - |
| - | - | - | 1771 | 143 | - | - | - | - | 18 | 2990 | 82 | 490 |
| - | - | - | - | - | - | - | - | - | - | - | - | - |
| - | - | - | - | - | - | - | - | - | - | - | - | - |
| - | - | - | - | - | - | - | - | - | - | - | - | - |
| - | - | - | - | - | - | - | - | - | - | - | - | - |
| - | - | - | 53 | 1191 | 34 | 18718 | 4495 | 1906 | 16683 | 9329 | 3583 | 3267 |
| - | - | - | 53 | 964 | - | - | - | 378 | 3881 | 6898 | 3582 | 3267 |
| - | - | - | - | 19 | - | - | - | - | 225 | 1046 | - | - |
| - | - | - | - | - | - | - | - | - | 180 | 1064 | - | - |
| - | - | - | 53 | 75 | - | - | - | 378 | 561 | 11 | 3582 | - |
| - | - | - | - | - | - | - | - | - | 78 | 123 | - | - |
| - | - | - | - | - | - | - | - | - | 233 | 566 | - | - |
| - | - | - | - | - | - | - | - | - | 40 | 710 | - | - |
| - | - | - | - | - | - | - | - | - | 308 | 32 | - | - |
| - | - | - | - | - | - | - | - | - | 332 | 1253 | - | - |
| - | - | - | - | - | - | - | - | - | 40 | 40 | - | - |
| - | - | - | - | - | - | - | - | - | 506 | 778 | - | - |
| - | - | - | - | - | - | - | - | - | 193 | 324 | - | - |
| - | - | - | - | - | - | - | - | - | 753 | 81 | - | - |
| - | - | - | - | - | - | - | - | - | 106 | 684 | - | - |
| - | - | - | - | 870 | - | - | - | - | 326 | 186 | - | - |
| - | - | - | 53 | 75 | - | - | - | 378 | 561 | 11 | 3582 | - |
| - | - | - | - | - | - | - | - | - | - | - | - | 3267 |
| - | - | - | - | - | 34 | 18718 | 4495 | 16 | 7281 | 77 | - | - |
| - | - | - | - | - | 34 | - | 4495 | - | - | - | - | - |
| - | - | - | - | - | - | 18718 | - | - | 5549 | - | - | - |
| - | - | - | - | - | - | - | - | 16 | 763 | 29 | - | - |
| - | - | - | - | - | - | - | - | - | 969 | 48 | - | - |
| - | - | - | - | 227 | - | - | - | 1512 | 5521 | 2354 | 1 | - |
| - | - | - | - | - | - | - | - | 12 | 781 | 190 | - | - |
| - | - | - | - | - | - | - | - | 12 | 2525 | 1395 | - | - |
| - | - | - | - | - | - | - | - | - | 789 | 384 | - | - |
| - | - | - | - | 227 | - | - | - | 1488 | 529 | 56 | - | - |

| 1 PRODUCTION | PRODUKTION | PRODUZIONE | PRODUCCION |
|---|---|---|---|
| 2 AUTRES SOURCES ** | ANDERE QUELLEN ** | ALTRE FONTI ** | OTRAS FUENTES ** |
| 3 IMPORTATIONS (+) | IMPORTE (+) | IMPORTAZIONE (+) | IMPORTACIONES (+) |
| 4 EXPORTATIONS (-) | EXPORTE (-) | ESPORTAZIONE (-) | EXPORTACIONES (-) |
| 5 SOUTAGES | BUNKERS | BUNKERAGGI | ALMACENAMIENTOS ALTA MAR |
| 6 VARIATIONS DE STOCKS | BESTANDSVERAENDERUNGEN | VARIAZIONE DEGLI STOCKS | CAMBIO EN STOCKS |
| 7 APPROVISIONNEMENT INTERIEUR | INLANDSAUFKOMMEN | IMMISSIONE AL CONSUMO | SUMINISTRO AL CONSUMO |
| 8 RETOURS AUX INDUSTRIES (+) | VERSORGUNGSRUECKLAUF (+) | RITORNI ALLE RAFFINERIE (+) | RECICLOS INTERNOS (+) |
| 9 TRANSFERTS (+ OR -) | TRANSFER (+ ODER -) | TRASFERIMENTI (+ O -) | TRANSFERENCIAS (+ O -) |
| 10 DISPONIBILITE INTERIEURE | INLANDSVERFUEGBARKEIT | DISPONIBILITA INTERNA | DISPONIBILIDAD CONSUMO INTERNO |
| 11 ECART STATISTIQUE | STATIST. DIFFERENZEN | DIFFERENZA STATISTICA | DIFERENCIA ESTADISTICA |
| 12 SECTEUR TRANSFORMATION | UMWANDLUNGSBEREICH | SETTORE DI TRASFORMAZIONE | SECTOR TRANSFORMACION |
| 13 COMBUSTIBLES SOLIDES | FESTE BRENNSTOFFE | COMBUSTIBILI SOLIDI | PARA COMBUSTIBLES SOLIDOS |
| 14 GAZ | GASFORMIGE BRENNSTOFFE | GASSOSI | PARA GASES |
| 15 RAFFINERIES DE PETROLE | RAFFINERIEN | RAFFINERIE DI PETROLIO | REFINERIAS DE PETROLEO |
| 16 CENTRALES THERMIQUES | WAERMEKRAFTWERKE | CENTRALI TERMOELETTRICHE | CENTRALES TERMOELECTRICAS |
| 17 SECTEUR ENERGIE | ENERGIESEKTOR | SETTORE DI ENERGIA | SECTOR ENERGIA |
| 18 MINES DE CHARBON | KOHLENBERGBAU | MINIERE DI CARBONE | MINAS DE CARBON |
| 19 EXTRACT. PETROLE ET GAZ NAT. | ERDOEL-UND ERDGASGEWINNUNG | ESTRAZIONE DI PETROLIO E GAS | EXTRACION DE PETROLEO Y GAS |
| 20 RAFFINERIES DE PETROLE | RAFFINERIEN | RAFFINERIE DI PETROLIO | REFINERIAS DE PETROLEO |
| 21 CENTRALES ELECTRIQUES | WAERMEKRAFTWERKE | CENTRALI ELETTRICHE | CENTRALES ELECTRICAS |
| 22 PERTES DE DISTRIBUTION | VERTEILUNGSVERLUSTE | PERDITE DI SISTRIBUZIONE | PERDIDAS DE DISTRIBUCION |
| 23 POMPAGE (ELECTRICITE) | PUMPSPEICHER VERBRAUCH | POMPAGGIO | BOMBEO (ELECTRICIDAD) |
| 24 AUTRES SECTEURS D'ENERGIE | UEBRIGER ENERGIESEKTOR | ALTRI SETTORI ENERGETICI | OTROS SECTORES ENERGETICOS |
| 25 CONSOMMATION FINALE | ENDENERGIEVERBRAUCH | CONSUMO FINALE | CONSUMO FINAL |
| 26 SECTEUR INDUSTRIE | INDUSTRIE | SETTORE DELL'INDUSTRIA | SECTOR INDUSTRIA |
| 27 SIDERURGIE | EISEN-UND STAHLINDUSTRIE | SIDERURGICO | SIDERURGICO |
| 28 INDUSTRIE CHIMIQUE | CHEMISCHE INDUSTRIE | CHIMICO | QUIMICO |
| 29 PETROCHIMIE | PETROCHEMIE | PETROLCHIMICO | PETROQUIMICO |
| 30 METAUX NON-FERREUX | NE-METALLERZEUGUNG | METALLI NON FERROSI | METALES NO FERROSOS |
| 31 PROD. MINER. NON METALLIQ. | GLAS-UND KERAMIKINDUSTRIE | MINERALI NON METALLICI | MINERAL NO METALICO |
| 32 PATES ET PAPIER D'IMPRIMER | ZELLSTOFF, PAPIER, PAPPE-ERZEUGUNG | CARTARIA E GRAFICA | PAPEL PULPA E IMPRESION |
| 33 INDUSTRIES EXTRACTIVES | UEBRIGER BERGBAU | ESTRATTIVA | EXTRACCION Y MINAS |
| 34 IND. ALIMENTAIRE ET TABACS | NAHRUNGS-UND GENUSSMITTELGEWERBE | ALIMENTARE E DEL TABACCO | ALIMENTACION Y TABACO |
| 35 BOIS ET PRODUITS DERIVES | HOLZ UND HOLZPRODUKTE | LEGNO E PRODOTTI DEL LEGNO | MADERERA |
| 36 MACHINES | MASCHINENBAU | MACCHINARI | MAQUINARIA |
| 37 MATERIEL DE TRANSPORT | FAHRZEUGBAU | EQUIPAGGIAMENTO PER TRASPORTI | EQUIPOS DE TRANSPORTE |
| 38 CONSTRUCTION | BAUGEWERBE | COSTRUZIONI | CONSTRUCCION |
| 39 IND. TEXTILE ET DU CUIR | TEXTIL-UND LEDERINDUSTRIE | TESSILE E DELLA PELLE | TEXTIL Y PIEL |
| 40 NON SPECIFIES | SONSTIGE | NON SPECIFICATO | SIN ESPECIFICAR |
| 41 USAGES NON ENERGETIQUES: | NICHTENERGETISCHER VERBRAUCH: | USI NON ENERGETICI: | USOS NO ENERGETICOS: |
| 42 (1) PROD. ENERGETIQUES | (1) ENEGIEPRODUKTE | (1) PRODOTTI ENERGETICI | (1) PRODUCTOS ENERGETICOS |
| 43 (2) PROD. NON ENERGETIQUES | (2) NICHT-ENERGIEPRODUKTE | (2) PRODOTTI NON ENERGETICI | (2) PRODUCTOS NO ENERGETICOS |
| 44 SECTEUR TRANSPORT | VERKEHRSSEKTOR | SETTORE DEI TRASPORTI | SECTOR TRANSPORTE |
| 45 TRANSPORT AERIEN | LUFTVERKEHR | TRASPORTI AEREI | TRANSPORTE AEREO |
| 46 TRANSPORT ROUTIER | STRASSENVERKEHR | TRASPORTI STRADALI | TRANSPORTE POR CARRETERA |
| 47 TRANSPORT FERROVIAIRE | SCHIENENVERKEHR | TRASPORTI FERROVIARI | FERROCARIL |
| 48 NAVIGATION INTERIEURE | BINNENSCHIFFAHRT | TRASPORTI PER VIA D'ACQUA | NAVEGACION INTERIOR |
| 49 AUTRES SECTEURS | ANDERE SEKTOREN | ALTRI SETTORI | OTROS SECTORES |
| 50 AGRICULTURE | LANDWIRTSCHAFT | AGRICOLTURA | AGRICULTURA |
| 51 COMMERCES | HANDEL | COMMERCIO | COMERCIO |
| 52 SERVICES PUBLICS | OEFFENTLICHE DIENSTE | SERVIZI PUBBLICI | SERVICIOS PUBLICOS |
| 53 RESIDENTIEL | HAUSHALTE | DOMESTICI | RESIDENCIAL |
| DONT: HYDRO | DAVON: WASSERKAFT | DI CUI: IDRICO | DESGLOSE: HIDROELECTRICO |
| NUCLEAIRE | KERNENERGIE | NUCLEARE | NUCLEAR |
| THERMIQUE CONVENTIONNEL | HERKOEMML. WAERME | TERMICO CONVENZIONALE | TERMICO CONVENZIONAL |
| GEOTHERMIQUE | ERDWAERME | GEOTERMICO | GEOTERMICA |